T0237535

HANDBUCH DER HAUT- UND GESCHLECHTSKRANKHEITEN

J. JADASSOHN

ERGÄNZUNGSWERK

BEARBEITET VON

G. ACHTEN · J. ALKIEWICZ · R. ANDRADE · R. D. AZULAY · H.-J. BANDMANN · L. M. BECHELLI
M. BETETTO · H. H. BIBERSTEIN † · R. M. BOHNSTEDT · G. BONSE · S. BORELLI · W. BORN
O. BRAUN-FALCO · I. BRODY · S. R. BRUNAUER · W. BURCKHARDT · J. CABRÉ · F. T. CALLOMON†
C. CARRIÉ · H. CHIARI · G. B. COTTINI · H. J. CRAMER · R. DOEPFMER † · G. DOTZAUER · CHR.
EBERHARTINGER · H. EBNER · G. EHLERS · G. EHRMANN · R. A. ELLIS · A. ENGELHARDT · F.
FEGELER · E. FISCHER · H. FISCHER · H. FLEISCHHACKER · H. FRITZ-NIGGLI · H. GÄRTNER
O. GANS · M. GARZA TOBA · P. E. GEHRELS · H. GÖTZ · L. GOLDMAN · H. GOLDSCHMIDT
A. GREITHER · H. GRIMMER · P. GROSS · TH. GRÜNEBERG · J. HÄMEL · E. HAGEN · D.
HARDER · W. HAUSER · E. HEERD · E. HEINKE · H.-J. HEITE · S. HELLERSTRÖM · A. HENSCH-
LER-GREIFELT · J. J. HERZBERG · J. HEWITT · G. VON DER HEYDT · G. E. HEYDT · H. HILMER
H. HOBITZ · H. HOFF · K. HOLUBAR · G. HOPF · O. HORNSTEIN · L. ILLIG · W. JADASSOHN
M. JÄNNER · E. G. JUNG · R. KADEN · K. H. KÄRCHER · FR. KAIL · K. W. KALKOFF · W. D.
KEIDEL · PH. KELLER · J. KIMMIG · G. KLINGMÜLLER · N. KLÜKEN · W. KLUNKER · A. G.
KOCHS† · H. U. KOECKE · FR. KOGOJ · G. W. KORTING · E. KRÜGER-THIEMER · H. KUSKE
F. LATAPI · H. LAUSECKER† · P. LAVALLE · A. LEINBROCK · K. LENNERT · G. LEONHARDI
W. F. LEVER · W. LINDEMAYR · K. LINSER H. LÖHE† · L. LÖHNER · L. J. A. LOEWENTHAL
A. LUGER · E. MACHER · F. D. MALKINSON · C. MARCH · J. T. McCARTHY · R. T. McCLUSKEY
K. MEINICKE · W. MEISTERERNST · N. MELCZER · A. M. MEMMESHEIMER · J. MEYER-ROHN
A. MIESCHER · G. MIESCHER† · P. A. MIESCHER · G. MORETTI · E. MÜLLER · A. MUSGER
TH. NASEMANN · FR. NEUWALD · G. NIEBAUER · H. NIERMANN · W. NIKOLOWSKI · F. NÖDL
H. OLLENDORFF-CURTH · F. PASCHER · H. PFISTER · K. PHILIPP · A. PILLAT · H. PINKUS
P. POCHI · W. POHLIT · H. PORTUGAL · M. I. QUIROGA · W. RAAB · R. V. RAJAM · B. RAJEW-
SKY · J. RAMOS E SILVA · H. REICH · R. RICHTER · G. RIEHL · H. RIETH · H. RÖCKL · N. F.
ROTHFIELD · ST. ROTHMAN† · M. RUPEC · S. RUST · T. ŠALAMON · S. A. P. SAMPAIO · R.
SANTLER · K. F. SCHALLER · E. SCHEICHER-GOTTRON · A. SCHIMPF · C. SCHIRREN · C.
G. SCHIRREN · H. SCHLIACK · W. SCHMIDT, MANNHEIM · W. SCHMIDT, MÜNCHEN · R.
SCHMITZ · W. SCHNEIDER · U. W. SCHNYDER · H. E. SCHREINER · H. SCHUERMANN† · K.-H.
SCHULZ · H.-J. SCHUPPENER · R. SCHUPPLI · E. SCHWARZ · J. SCHWARZ · M. SCHWARZ-SPECK
H.-P.-R. SEELIGER · R. D. G. PH. SIMONS† · J. SÖLTZ'-SZÖTS · E. SOHAR · C. E. SONCK · H.W.
SPIER · R. SPITZER · D. STARCK · Z. STARY · G. K. STEIGLEDER · H. STORCK · J. S. STRAUSS
G. STÜTTGEN · M. SULZBERGER · A. SZAKALL† · L. TAMÁSKA · A. TANAY · J. TAPPEINER
J. THEUNE · W.THIES · W. UNDEUTSCH · G. VELTMAN · J. VONKENNEL† · F.WACHSMANN
G. WAGNER · W. H. WAGNER · E. WALCH · G. WEBER · R. WEHRMANN · K. WEINGARTEN · G. G.
WENDT · A. WIEDMANN · H. WILDE · A. WINKLER · D. WISE · A. WISKEMANN · P. WODNIANSKY
KH. WOEBER · H. WÜST · K. WULF · L. ZALA · H. ZAUN · J. ZEITLHOFER · J. ZELGER · M. ZINGS-
HEIM · L. ZIPRKOWSKI

HERAUSGEGEBEN GEMEINSAM MIT

R. DOEPFMER† · O. GANS · H. GÖTZ · H. A. GOTTRON · J. KIMMIG · A. LEIN-
BROCK · G. MIESCHER† · TH. NASEMANN · H.RÜCKL · C.G.SCHIRREN · U.W.
SCHNYDER · H. SCHUERMANN† · H. W. SPIER · G. K. STEIGLEDER · H. STORCK
A. WIEDMANN

VON

A. MARCHIONINI†

SCHRIFTLEITUNG: C. G. SCHIRREN

DRITTER BAND · ZWEITER TEIL

SPRINGER-VERLAG BERLIN HEIDELBERG GMBH 1969

NICHT ENTZÜNDLICHE DERMATOSEN II

BEARBEITET VON

H. FISCHER · H. GÖTZ · A. GREITHER · TH. GRÜNEBERG
M. JÄNNER · J. KIMMIG · W. SCHNEIDER · H.-J. SCHUPPENER
J. THEUNE

HERAUSGEGEBEN VON

H. A. GOTTRON

MIT 302 TEILS FARBIGEN ABBILDUNGEN

SPRINGER-VERLAG BERLIN HEIDELBERG GMBH 1969

ISBN 978-3-662-27153-7   ISBN 978-3-662-28636-4 (eBook)
DOI 10.1007/978-3-662-28636-4

© by Springer-Verlag Berlin Heidelberg 1969
Ursprünglich erschienen bei Springer-Verlag Berlin · Heidelberg 1969
Softcover reprint of the hardcover 1st edition 1969

Library of Congress Catalog Card Number 28-17078

Titel-Nr. 5525

Inhaltsverzeichnis

Systemische Keratosen

Ichthyosen, Follikuläre Keratosen, Palmar-Plantar-Keratosen, Erythrokeratodermien, Dyskeratosen (einschließlich Morbus Darier) und Keratotische Dysplasien

Von

Aloys Greither, Düsseldorf

Mit 100 Abbildungen

Vorbemerkungen

In den letzten rund 4 Jahrzehnten, seit dem Erscheinen der die erblichen und nichterblichen Keratosen betreffenden Beiträge im Handbuch von JADASSOHN, sind die Erkenntnisse auf dem Gebiet der erblichen Keratosen erheblich erweitert worden. Neben dem morphologischen Bild sind Erbgang und Histologie zu wichtigen, oft entscheidenden Klassifizierungsmethoden geworden. Ganze Gruppen erblicher Keratosen wie etwa die verschiedenen Formen der Ichthyosis und der Palmar-Plantar-Keratosen sind heute befriedigender geordnet und besser gegen ihre Phänokopien und gegen die nichterblichen Formen, die ebenfalls zahlreich sind, abgegrenzt. Dennoch stehen wir erst am Anfang der genetischen, histogenetischen und biochemischen Erschließung dieses großen Gebietes und infolgedessen sind die hier nachzutragenden neuen Ergebnisse in vielem noch als vorläufig anzusehen. Dazu kommt noch eine weitere grundsätzliche Schwierigkeit: das Schrifttum, das vor 40 Jahren sich auf einige deutsche und wenige fremdsprachliche Zeitschriften beschränkte, ist inzwischen unübersehbar geworden. Stellt man an den Bearbeiter eines Handbuchbeitrages die Forderung, daß er die verwendete Literatur im Original gelesen habe, so wird die Beschränkung eklatant, zumal inzwischen auch die slawischen Sprachen über wichtige, damals noch nicht existierende Fachorgane verfügen. Vollständigkeit bei der Berücksichtigung des Schrifttums anzustreben ist also eine Illusion; wichtiger muß die Herausarbeitung der Forschungsrichtung der letzten 4 Jahrzehnte und die Darstellung des — von Einzelarbeiten unabhängigen — wissenschaftlichen Gesamtprofils sein.

Der Entwurf zu diesem Beitrag war vor 10 Jahren abgeschlossen. In der Zwischenzeit sind die neuen Erkenntnisse, das Gebiet der Keratosen betreffend, vielleicht reicher geflossen als in den 30 Jahren zuvor. Daraus mag ersehen werden, welche Schwierigkeiten sich der Überarbeitung in den Weg stellten. Vor kurzem (1966) haben SCHNYDER und KLUNKER die Genetik der erblichen Verhornungsstörungen der Haut dargestellt; dieser Beitrag hat auch dem hier vorzulegenden eine Reihe von Bedingungen gesetzt. Manches ist zwar vorweggenommen, vieles bleibt aber vom klinischen Blickwinkel her auszuführen. Trotz der Abstimmung beider Beiträge aufeinander werden infolgedessen weder die Einteilung (zu der noch die nichterblichen Keratosen hinzukommen) noch die Akzentsetzungen völlig übereinstimmen können. Der Beitrag von SCHNYDER und KLUNKER ist auch insofern als eine — vorweggenommene — Ergänzung anzusehen, als in ihm ausführlich besprochene Daten (z. B. Labor- und elektronenmikroskopische Befunde) hier nicht wiederholt werden.

A. Die Ichthyosen

Nosologische Einteilung

BRUHNS hat in seinem Handbuchbeitrag „Ichthyosis" vom Jahre 1931 sich vorwiegend an die Gliederung RIECKEs gehalten, der 3 Gruppen: die Ichthyosis congenita, die Ichthyosis larvata und die Ichthyosis congenita tarda unterschieden hatte. Bei der Prüfung der Frage, welche Beziehungen die im Jahre 1902 von BROCQ beschriebene Erythrodermie congénitale ichtyosiforme avec Hyperépidermotrophie (die Keratosis rubra congenita RILLEs vom Jahre 1903) zur Ichthyosis habe, kam BRUHNS zu dem Schluß, daß die Erythrodermie congénitale ichtyosiforme den Typen II und noch mehr III RIECKEs entspreche. Grundsätzlich schied BRUHNS die mit dem Leben nicht vereinbare Ichthyosis congenita von den übrigen Formen, vor allem von der Ichthyosis vulgaris, ohne daß es für die Trennung spezifische Merkmale gebe; nicht einmal der — damals noch wenig übersichtliche und verwirrende — Erbgang der verschiedenen Formen wurde von BRUHNS als ein zuverlässiges Unterscheidungsmerkmal angesehen. Als von der Ichthyosis congenita und vulgaris grundsätzlich verschieden wurde die Seborrhoea oleosa (Exfoliatio lamellosa) neonatorum angesehen, ein nach Tagen, spätestens nach Wochen beendeter Zustand ohne Mißbildungen.

SIEMENS hat die I. Form RIECKEs als Ichthyosis congenita gravis bezeichnet, dessen Ichthyosis larvata als Ichthyosis congenita mitis. In der III. Form RIECKEs, der „Ichthyosis congenita tarda", die erst einige Zeit nach der Geburt einsetzt, sieht SIEMENS einen terminologischen Widerspruch: was congenital sei, könne nicht erst verspätet, also bei Geburt nicht sichtbar, auftreten. SIEMENS nennt diesen III. Typ (wegen der inversen Lokalisation gegenüber der Ichthyosis vulgaris) Ichthyosis inversa.

Auf dem XI. Internationalen Dermatologen-Kongreß in Stockholm hat A. TOURAINE in seinem einleitenden Referat zu dem Symposion „Ichthyosiforme Genodermatosen" einen großangelegten Versuch der Klassifikation dieses umfangreichen Gebietes unternommen.

TOURAINE hat seine Gliederung einerseits nach der Ausdehnung der Veränderungen und dem Grad der Verhornung, andererseits nach dem Grad der dermalen Veränderungen ausgerichtet.

Seine *I. Gruppe* umfaßt *reine Störungen der Keratinisation* in Form einer mehr oder minder starken Keratose.

1. Grad: leichte Keratosen (Xerodermie, Ichthyosis simplex);

2. Grad: stärkere Keratosen (Ichthyosis nitida, Ichthyosis serpentina einschließlich der follikulären Varianten);

3. Grad: mächtige Hyperkeratose (Ichthyosis hystrix, generalisierte und dissipierte Keratosen verschiedener Typen, verruköse Naevi, Morbus Darier, Epidermolysis bullosa simplex, piläre und follikuläre Keratosen, lokalisierte Keratome);

4. Grad: massive Hyperkeratose (Kollodion-Babies, Ichthyosis congenita, Ichthyosis foetalis).

Bei der *II. Gruppe* kommen zu den epidermalen *dermale Veränderungen hinzu.*

1. Grad: einfaches Erythem (initiale Phase der Erythrodermie ichthyosiforme BROCQ, circinäre variable Erytheme, Erythema palmo-plantare [red palms]);

2. Grad: Erythem mit leichter Keratose (z. B. Keratosis exfoliativa universalis congenita);

3. Grad: Erythem mit mäßig starker Keratose (Erythrodermie ichtyosiforme BROCQ, Erythrokeratodermien, keratotische Angiome, follikuläre Keratosen wie Keratosis pilaris rubra);

4. Grad: Erythem mit starker Keratose (z. B. Erythrokeratodermia generalisata vel disseminata mit Varietäten, Keratoma palmare UNNA-THOST);

5. Grad: Erythem mit massiver Keratose (Ichthyosis congenita larvata, Keratoma malignum vel Ichthyosis gravis).

Die *III. Gruppe. Keratosen mit Entwicklungsstörungen der Epidermis*, stellt eine Aufgliederung der verschiedenen Formen nach histologischen Gesichtspunkten, je nach Art der epidermalen Veränderungen (Parakeratose, Dyskeratose, Akanthose, Akantholyse und Papillomatose) und der beteiligten Anhangsgebilde bzw. der begleitenden Störungen des Nervensystems und des Mesoderms dar. Als mit den genannten Keratosen möglicherweise *kombinierte Anomalien* werden 1. Störungen von seiten der Anhangsgebilde der Haut (Schweißdrüsen, Talgdrüsen, Nägel), 2. Störungen des neuralen Ektoderms (neurologische und psychische Abweichungen, Veränderungen an Auge und Ohr), 3. Störungen des Mesoderms (Drüsen mit innerer Sekretion, Skelet) und 4. allgemein-trophische Störungen zusammengestellt. Hier in der III. Gruppe werden also alle in I und II besprochenen Formen, ohne daß neue klinische Entitäten dazukämen, noch einmal nach feingeweblichen Gesichtspunkten geordnet.

Die Gliederung von TOURAINE bedeutet durch ihre Umständlichkeit, Unübersichtlichkeit und die in den einzelnen Gruppen vorkommenden Überschneidungen und Wiederholungen keinen nosologischen Gewinn: erstaunlich ist an ihr die fehlende genetische Ausrichtung, obgleich TOURAINE auch ein bedeutender Erbforscher war. TOURAINEs Einteilung von 1957 beweist, daß die wichtigsten neuen Erkenntnisse auf dem Gebiet der keratotischen Genodermatosen erst im letzten Jahrzehnt gewonnen wurden.

Erst in den letzten Jahren (GREITHER, 1964; SCHNYDER, 1967) sind wir einer nosologisch befriedigenden Einteilung der Ichthyosen um ein gutes Stück näher gekommen. Als wichtigste Errungenschaft darf wohl gelten, daß der verwirrende Unterschied zwischen Ichthyosis congenita (der Grade I—III) und der Erythrodermie congénitale ichtyosiforme BROCQ gefallen ist und die Identität beider Formen (trotz aller Übergänge und fakultativen Merkmale) feststeht. Eine *grundsätzliche nosologische Trennung* verlangen freilich die *trockenen und die bullösen Formen*, wobei der wichtige Unterschied der Blase klinisch nur vorübergehend ausgeprägt sein (klinisch also fehlen) kann und nur die histologisch immer nachweisbar bleibende granuläre Degeneration des Stachelzellagers eine klassifizierende Einteilung erlaubt. — Die sog. Kollodiumhaut [Seborrhoea oleosa (Exfoliatio lamellosa) neonatorum], die zu vielen Mißdeutungen und Fehlinterpretationen geführt hat, ist inzwischen auch weitgehend aufgeklärt. Schließlich sind noch von den nichtbullösen und bullösen congenitalen Ichthyosen zu trennen die verschiedenen Formen der Ichthyosis vulgaris. Nimmt man bei allen Gruppen noch die mit assoziierten Symptomen einhergehenden Formen — neben dem Erbgang — hinzu, so sind die wichtigsten Kriterien für eine nosologisch brauchbare, auch klinisch befriedigende Einteilung der Ichthyosen geschaffen.

I. Ichthyosis congenita (gravis, mitis, tarda) = nichtbullöse Erythrodermia congenitalis ichthyosiformis

An sich bleibt es also weitgehend dem Belieben überlassen, ob man von Ichthyosis congenita verschiedenen Grades RIECKE-SIEMENS, der nichtbullösen Eryhtrodermie congénitale ichtyosiforme BROCQ, der Hyperkeratosis congenita KOGOJ oder der Keratosis rubra congenita RILLE (neben all den anderen Synonymen, s. SCHNYDER und KLUNKER, dieses Handbuch, VII) spricht. Da aber die Identität der angeführten Begriffe erst seit kurzem feststeht[1], müssen wir festhalten, daß noch im älteren Schrifttum der Berichtszeit die schwere Form der Ichthyosis congenita von allen übrigen Ichthyosis-Formen abgetrennt wurde.

---

[1] Noch 1938 trennte RILLE die Brocqsche Form (bzw. die Keratosis rubra congenita) von der Ichthyosis; ZIELER ordnete die überlebenden Formen der Ichthyosis congenita — unter Betonung aller Übergänge — der Brocqschen Form zu; RIECKE blieb bei der Dreiteilung der ichthyosiformen Dermatosen in Ichthyosis vulgaris, Ichthyosis congenita und Keratosis rubra pilaris.

Klinik

Es ist gut verständlich, was mit der schwersten Form (= Ichthyosis congenita gravis) gemeint ist: eine universelle, schuppenpanzerartige Bedeckung des Integuments bei nur Stunden oder Tagen diese schwere Mißbildungen überlebenden Neugeborenen, die meist auch zu früh geboren sind. Die Größe der Hornplatten wechselt stark, die kleinsten Schuppen finden sich über den Gelenken; die massive Verhornung der ganzen Körperhaut führt zu kennzeichnenden Mißbildungen:

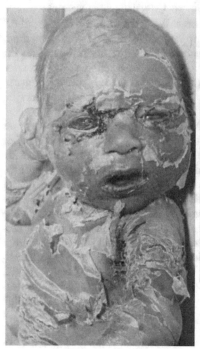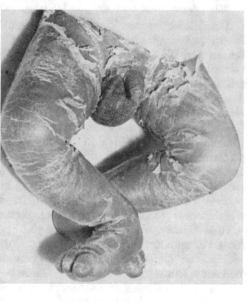

Abb. 1. Ichthyosis congenita gravis (I). (G. WOLFRAM, Univ.-Hautklinik Greifswald) *

fischmaulartig aufgeworfenen, klaffenden Lippen, wulstartigen Ektropien der Lider, einer eingeengten Nase, klumpig verdickten oder eingezogenen Ohrmuscheln. Die Augenbrauen und Cilien fehlen, die Bulbi liegen tief in den Höhlen, wodurch der Aspekt eines Frosch- oder Fischgesichtes noch verstärkt wird (Abb. 1). Die Gliedmaßen sind oft mißgebildet (Klumphände und -füße), die panzerartige Haut ist an manchen Stellen zu weit, an anderen zu eng; letzteres führt zu Abschnürungen, möglicherweise zu Gangrän. Penis und Scrotum sind oft verkümmert, eine Hypospadie ist nicht selten. Die Vulva ist wulstig und weit geöffnet, die Behaarung (Kopf- und Lanugo-Haare) ist wenig ausgeprägt oder fehlt ganz. Die Nägel sind unvollständig entwickelt oder fehlen. Bei den Kindern, die lebend zur Welt kommen, erschwert oder verhindert die Unbeweglichkeit der Lippen den Saugakt; sie sterben an Inanition oder durch septische Prozesse an der für Infekte besonders disponierten Haut.

---

* Die in der Herkunft nicht näher bezeichneten Abbildungen stammen aus der Universitäts-Hautklinik Heidelberg (damalige Direktoren: Prof. Dr. Dr. W. SCHÖNFELD und Prof. Dr. Dr. J. HÄMEL). Die in den Bildunterschriften mit (D) bezeichneten Abbildungen stammen aus der Düsseldorfer Universitäts-Hautklinik (Direktor: Professor Dr. Dr. A. GREITHER); alle Leihgaben sind nach ihrer Herkunft bezeichnet.

Im neueren Schrifttum finden sich zahlreiche Berichte, bei denen infolge der Schwere der Veränderungen schon kurz nach der Geburt der Tod eingetreten ist. Die längste Überlebenszeit, über die BRUHNS berichtet (22 Tage bei OREL) wird zum Teil wesentlich überschritten; auch die

Terminologie,

die wir von einer Reihe von Fällen im einzelnen anführen, ist ungleich.

Über den wenige Stunden nach der Geburt eingetretenen Tod berichten GOTTRON (unter der Diagnose *Ichthyosis congenita*), GANTES (*schwere fetale Ichthyosis*), ECKARDT und BORN (*Ichthyosis congenita*), FALK, TRAISMAN und AHERN (*Ichthyosis congenita*); von den beiden Beobachtungen von WHITTLE und LYELL (*Ichthyosis congenita*) war das eine Mädchen 3 Monate alt, die Schwester war nach 2 Tagen als „*Collodion Fetus*" verstorben. COLLA und PAZZAGLIA (1963) berichten über drei von derselben Mutter stammende Feten mit „*malignem congenitalem Keratom*", von denen zwei ungefähr mit 8, der dritte mit 7 Monaten geboren wurden. Der erste lebte 95 Std, der zweite Fetus 2 Std, der dritte wurde tot geboren. Alle drei männlichen Feten stammten vom gleichen Vater, der in früherer Ehe zwei gesunde Söhne hatte. Auch ein voreheliches Kind der Mutter (von einem anderen Vater) war gesund. GIORDANOs Fall (*Ichthyosis fetalis*) starb ebenfalls nach 2 Tagen, ebenso die Schwester eines überlebenden, jetzt 3jährigen Mädchens, das als „*Harlekin-Fetus*" geboren und als *Ichthyosis congenita* bezeichnet wurde (WHITTLE und LYELL, 1953). Über einen nach 5 Tagen verstorbenen *Harlekin-Fetus* (*Ichthyosis congenita*), der bei der Sektion außer an der Haut auch Veränderungen an Leber, Nieren und Genitalien zeigte, berichten LATTUADA und PARKER. Die Beobachtungen von LAUGIER, WEILL und RODIER (*Ichthyosis fetalis*) starben am 6. Tag, ebenso diejenigen von VASILESCU und PETRESCU (*Ichtyose congénitale grave*), die von RENDELSTEIN (*Ichthyosis congenita*) nach 9 Tagen. Der Fall von USAMI (*Ichthyosis congenita gravis*) starb in den ersten Wochen; die Mutter hatte vorher zweimal ichthyotische Feten abortiert. POZZOLOs Beobachtung starb am 30. Tag an einer interkurrenten Pneumonie. BURGER stellte unter der anfechtbaren Diagnose „*Ichthyosis fetalis*" einen 6jährigen Knaben vor; eher angebracht scheint diese Bezeichnung bei dem im Alter von 10 Monaten an Inanition verstorbenen Geschwister, das die gleichen Hautveränderungen aufwies.

Offen bleiben muß das Schicksal von an *Ichthyosis congenita* leidenden Säuglingen, die zur Berichtszeit noch lebten: das 24 Tage alte Kind, der Beobachtung von LUNDQUIST, das 4 Wochen alte Kind bei BRDLIK, der 2 Monate alte Knabe bei GADE (*Ichthyosis gravis congenita*), der über 3 Monate alte Knabe bei BÜCKEL (der ältere Bruder war allerdings am 3. Tag verstorben).

Bei den noch länger überlebenden Ichthyosis-Trägern ist die Verwendung des Begriffs Ichthyosis congenita gravis anfechtbar, dagegen schließt der nicht näher zu differenzierende Terminus „Ichthyosis congenita" auch die lebensfähigen Fälle ein. Man darf hier freilich nicht vergessen, daß durch die neueste Therapie mit Cortisonen sich die Prognose früher nicht lebensfähiger Kinder erheblich geändert hat: die Überlebenszeit hat sich verlängert (GARCÉS und DONOSO berichteten 1956 über ein frühgeborenes, mit schwerster congenitaler Ichthyosis behaftetes Mädchen, das mehr als 1 Jahr gelebt hat), wenn nicht überhaupt solche Säuglinge am Leben bleiben. So stellten LYELL und WHITTLE (1960) fest, daß unter 62 Neugeborenen mit Ichthyosis congenita nur 11 starben. Von den Überlebenden zeigten nach 1 Monat 7 normale, 11 geringgradige, 18 mäßig ausgeprägte und 26 schwere Befunde. Bei Befall mehrerer Geschwister war der Verlauf der Krankheit bei den jüngeren meist milder. Auch bei den schwerer Befallenen trat bis zur Pubertät eine allmähliche Besserung ein. Der Fall von HANSSLER (1957) legt (als erster des deutschen Schrifttums) sogar die Frage nahe, ob die Corticosteroide nicht überhaupt imstande sind, eine Ichthyosis congenita gravis zu heilen bzw. sie in eine mildere, sogar der Ichthyosis vulgaris ähnelnde Verlaufsform überzuführen.

Bleiben wir jedoch noch einmal bei den Berichten *vor* der Cortisonära: wird in ihnen die Überlebenszeit länger als 1 Jahr, so handelt es sich meist nicht um die eigentliche Ichthyosis congenita gravis, auch wenn dieser Ausdruck zum Teil noch verwendet wird.

Williamson berichtet unter der Diagnose „*congenitale Ichthyosis*" über ein 13 Monate altes Mädchen, Buffam unter der Diagnose „*Ichthyosis fetalis*" über ein 19 Monate altes Kind, das als Frühgeburt zur Welt kam (ein älteres Geschwister, in gleicher Weise behaftet, starb bei der Geburt); Merklen, Solente und Deschâtre unter der Diagnose „*Ichtyose grave congénitale*", ebenfalls über ein 19 Monate altes Mädchen. Die Kinder aus den Berichten von Frühwald und Pavia (*Ichthyosis congenita*) waren je 3 Jahre alt, diejenigen von Goldschlag und Rosenbusch sowie von Mussa 4 Jahre alt (*Ichthyosis congenita*), bei Lanzenberg und Silber (*Ichtyose généralisée*) 6 Jahre, bei Schipke 8 Jahre, bei Gade 9 Jahre, bei Wiersema 12 Jahre, bei Berggreen 12 Jahre, bei Heilesen 16 Jahre (in den letzten sieben Berichten unter der Diagnose *Ichthyosis congenita*).

Einen terminologischen Kompromiß schließen etwa Coste, Piquet und Civatte, die bei einem 54jährigen Mann von einer „*Ichtyose congénitale vulgaire*" sprechen; bei einem 5jährigen Kind, das die Berliner Charité im Jahre 1956 vorstellte, wurde die Diagnose „*Ichthyosis congenita typus benignus*" verwendet.

Die *terminologische und nosologische Unsicherheit* wird verstärkt durch die fließenden Übergänge, die die einzelnen Formen nach Ausdehnung und Schweregrad der ichthyotischen Erscheinungen haben. Ist zwar die Form I meist nicht lebensfähig (gewesen), so verwandelt sie sich, spontan oder unter Behandlung, in eine abgeschwächte Form II; letztere kann aber auch primär, ohne Übergang aus I auftreten; noch schwieriger werden die Verhältnisse bei Form III. Es sei kurz versucht, das klinische Bild der Formen II und III zu beschreiben.

Unter *Ichthyosis congenita larvata* (Riecke) bzw. *Ichthyosis congenita mitis* (Siemens) ist die abgemilderte Form der schweren congenitalen Ichthyosis zu verstehen. Die Symptomatologie ist die gleiche wie bei der schweren Form, nur der Befall ist milder. Die Erscheinungen sind zwar auch meist angeboren, sie sind aber graduell so abgeschwächt, daß sie mit dem Leben des Trägers vereinbar sind. Die Kinder werden meist ausgetragen geboren, der Hornpanzer ist viel schwächer ausgeprägt, die Hornlamellen sind dünner und gleichen mehr der Ichthyosis vulgaris (Abb. 2). Die Gelenkbeugen sind bevorzugt befallen, auch der Stamm, es können aber einzelne Anteile des Gesichtes oder des Stammes ausgespart sein. Mißbildungen sind wesentlich seltener, wenn sie vorkommen, ebenfalls schwächer ausgeprägt. Meistens fehlen sie. Wichtig ist der bei aller Großflächigkeit der Erscheinungen nicht vollständige bzw. verschieden starke Befall der Körperhaut (Abb. 2); deshalb wird es verständlich, daß Autoren, um die schwere congenitale Ichthyosis zu bezeichnen, häufig das Attribut „universell" verwenden (Ellis, Hutsebaut, Lanzenberg, u. a.). Der Vorschlag von Siemens, Rieckes I. Form „Ichthyosis congenita gravis" und die II. Form „Ichthyosis congenita mitis" zu nennen, ist durchaus berechtigt und bei der I. mehr als bei der II. Form auch häufig durchgeführt worden.

Riecke nennt die III. Form „*Ichthyosis congenita tarda*"; er will damit zum Ausdruck bringen, daß sie zwar als angeborenes Leiden anzusehen, jedoch bei der Geburt noch nicht vorhanden ist und erst einige Zeit nach der Geburt entsteht. Sie unterscheidet sich von der II. Form also nicht sosehr durch das klinische Bild (Abb. 3) und den Schweregrad der Verhornungen, als durch den anderen Verlauf, der erst einige Zeit nach der Geburt mit den kennzeichnenden Erscheinungen einsetzt. Siemens sieht, wie bereits ausgeführt wurde, in dieser Terminologie einen begrifflichen Widerspruch; er schlägt die Bezeichnung „Ichthyosis congenita inversa" vor. Das ist aber — nicht ein logischer Fehler, sondern — ein Gedankensprung: verglichen wird hier die Lokalisation der III. Form (die mit der II. übereinstimmt) mit der Ichthyosis vulgaris, also mit einer Krankheit, die außerhalb dieser 3 Formen liegt. Ebenfalls wie die III. ist auch die II. invers gegenüber der Ichthyosis vulgaris, was die mögliche Lokalisation über Gelenkbeugen anlangt, die bei der Ichthyosis vulgaris in der Regel ausgespart bleiben.

Fälle von *Ichthyosis congenita tarda* sind mehrfach von GOTTRON, von P. W. SCHMIDT, WALDECKER u. a. beschrieben worden; der von P. W. SCHMIDT als eine besondere Form herausgestellte Fall der III. Gruppe wurde als „Ichthyosis congenita tarda hystriciformis cum Erythrodermia figurata variabilis et Papillomatosis et Lipodystrophia" bezeichnet. Es

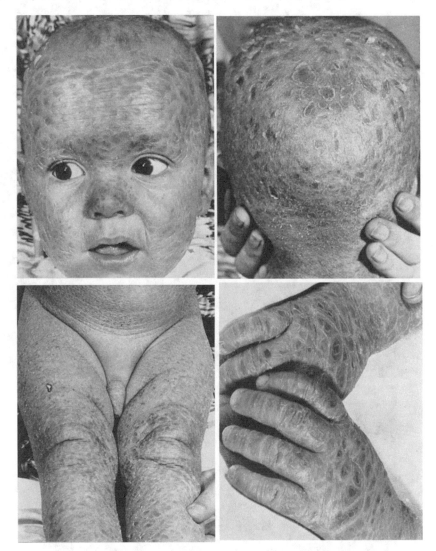

Abb. 2. Ichthyosis congenita II, frühere Ichthyosis mitior, der Ichthyosis vulgaris angenähert   (D)

handelt sich dabei um eine Kombination von Erythrokeratodermie am Stamm und panzerartigen Hyperkeratosen an den unteren Gliedmaßen. Die Erscheinungen traten bald nach der Geburt auf.

Daß eine mildere Form der Ichthyosis congenita auch abheilen kann, hat SIEMENS aufgrund 3 eigener und von 2 Schrifttumsfällen unter dem Begriff „*Ichthyosis congenita partim sanata*" (bzw. *sanescens*) herausgestellt. Durch die Abheilung größerer Hautareale wird eine Ichthyosis vulgaris vorgetäuscht, weshalb nach Auffassung von SIEMENS diese wichtige Abart nur wenig bekannt ist. Für das Vorliegen einer Ichthyosis congenita sprechen aber der stärkere Befall

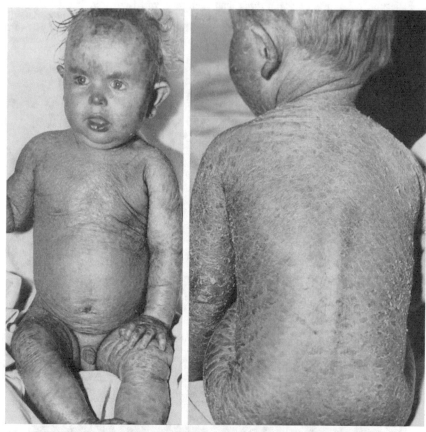

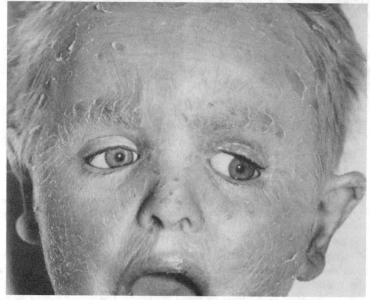

Abb. 3. Ichthyosis congenita (tarda) III

des Bauches gegenüber dem Rücken, das Hineinziehen der Keratosen in die Achselhöhlen, die Innenseiten der Arme, der Befall der vorderen und hinteren Schweißrinne, des vorderen und hinteren Halsausschnittes, der oberen Hälfte des Gesichtes, besonders der Schläfen- und der Augenumgebung und des Gehörgangs. Frei bleiben die untere Hälfte des Gesichtes, Streckseiten der Arme, die Brust oberhalb der Mamillen, die entsprechenden oberen Partien des Rückens und die Glutäen. Auffallend und kennzeichnend ist der starke Wechsel der Intensität der Schuppung und die gute, wenn auch nicht anhaltende therapeutische Beeinflußbarkeit.

1. Assoziierte Symptome (Syndrome mit Ichthyosis congenita)

Die Schwere der ektodermalen Mißbildung bei der Ichthyosis congenita legt nahe, daß außer der Haut auch andere Organe, die sich vom gleichen Keimblatt ableiten, Schädigungen zeigen können. Beobachtet wurden Kleinwuchs, Gehirndefekte, Oligophrenie, spastische Paresen, Hypotrichie, Syndaktylie, Taubstummheit, Katarakte, Hypogenitalismus und Kryptorchismus, Herzfehler. Diese Befunde wurden von BRUHNS ausführlich gewürdigt. Inzwischen interessieren nicht so sehr die möglichen assoziierten Schäden als solche, sondern diejenigen mit der Ichthyosis congenita assoziierten Symptome, die (u. E. nicht immer mit ausreichender Berechtigung) zu eigenen Syndromen verselbständigt wurden. Es handelt sich dabei um 1. das Netherton-Syndrom, 2. das Rud-Syndrom, 3. das Sjögren-Larsson-Syndrom und 4. das Syndrom Ichthyosis congenita mit Hypogenitalismus.

a) Netherton-Syndrom, 1958

Die nach NETHERTON (1958) benannte Merkmalskombination (*Ichthyosis congenita — Bambushaar — atopische Diathese*) ist selten. Ihre Selbständigkeit ist umstritten (SCHNYDER und KLUNKER). Es handelt sich bei der Haaranomalie nicht um eine bloße Knotenbildung, sondern um eine Invagination (der konkave Teil des Intussusceptionsrandes liegt proximal der Haarwurzel, WILKINSON, BROWN und CURTIS, 1961). Alle bisher beobachteten Merkmalsträger waren weiblichen Geschlechts. Bei der Patientin von WILKINSON u. Mitarb. waren die Eltern des erkrankten Kindes Vetter und Base 3. Grades; der Vater hatte eine atopische Dermatitis, die Mutter eine Psoriasis. VILANOVA und DE MORAGAS (1964) betonen bei ihrem 4. Fall der Weltliteratur (der 3. stammt von MARSHALL und BREDE, 1961), daß die Eltern nicht blutsverwandt und 2 Brüder der vor der Menarche stehenden Kranken hautgesund seien. Bei der Sektion letaler Fälle soll eine Hypoplasie der Schilddrüsen und Nebennieren festgestellt worden sein (SCHNYDER und KLUNKER).

b) Rud-Syndrom, 1927

Unter diesem Begriff (RUD, 1927, 1929) werden folgende Symptome zusammengefaßt: *Ichthyosis congenita, Epilepsie, Idiotie, Hypogenitalismus, partieller Riesenwuchs* und *Polyneuritis*. Eine zusätzliche *Retinitis pigmentosa* beobachtete STEWART (1939), dazu *Muskelatrophie* und *Arachnodaktylie*. In den Fällen von VAN BOGAERT (1935) fehlten z. T. die Augenerscheinungen. Symptomatik und Erbgang rücken dieses Syndrom in die Nähe des folgenden.

c) Sjögren-Larsson-Syndrom, 1957

Die Kombination von *Ichthyosis congenita, Oligophrenie* und *spastischen Paresen vom Little-Typ* hat zu Recht als ein selbständiges Syndrom zu gelten, über das bereits eine Reihe gut untersuchter Fälle vorliegt. Die *Haut* zeigt eine, sich im ersten Lebensjahr manifestierende trockene ichthyosiforme Erythrodermie mit reptilartiger Felderung; die Beugen und Teile des Rumpfes zeigen schwarze, kammartige, an eine Ichthyosis hystrix (mitior) gemahnende Keratosen. Die Hautveränderungen sind stationär, selten progredient (Wallis und Kaluschiner, 1960), Nägel und Haare sind normal.

Sjögren und Larsson haben 1957 den Anspruch erhoben, die Erstbeschreiber des Syndroms zu sein; das trifft indessen nicht zu. Die gleiche Kombination lag bereits in dem von Pardo-Castello und Faz (1932) beschriebenen Fall vor. Dennoch ist richtig, daß Schwachsinn bei der Ichthyosis vulgaris viel geläufiger ist als bei der Ichthyosis congenita; so konnte noch Driessen (1951) — ebenfalls unzutreffenderweise — behaupten, Idiotie bei Ichthyosis congenita sei noch nicht beschrieben.

Die Untersuchungen von Sjögren und Larsson beziehen sich zwar nur auf einen Distrikt Schwedens — Varbötten im Norden des langhingestreckten Landes — erfassen dort aber Sippen von über 2000 Angehörigen. Die Hauptgruppe der Erkrankten besteht in 29 Fällen, von denen 25 genau untersucht wurden. Vier zu dieser Gruppe zu zählende Merkmalsträger waren im frühesten Kindesalter verstorben, und es waren keine ausreichenden Berichte über sie vorhanden. 24 Probanden wiesen die Trias: Oligophrenie, spastische Störungen und Ichthyosis congenita komplett auf; die Ichthyosis congenita war — wie die Autoren bestätigen — vom Typ der „trockenen" Erythrodermie congénitale ichthyosiforme. Ein einziger Merkmalsträger zeigte nur die Ichthyosis congenita und die Oligophrenie, ließ aber die spastischen Störungen vermissen. Bemerkenswert ist indessen, daß in der Verwandtschaft dieses Kranken 4 Angehörige eine Oligophrenie mit spastischen Störungen — ohne Ichthyosis — aufwiesen.

Die *Oligophrenie* war in allen 24 Fällen angeboren und stationär. In 17 Fällen war sie (IQ bis zu 30) als Idiotie, in den übrigen sieben Fällen (IQ bis zu 50) als Imbezillität zu bezeichnen. Keiner der Probanden wies Zeichen von Mongolismus, Kretinismus oder Mikrocephalie auf; bei einem einzigen wurden in der frühesten Kindheit krampfartige Zustände angegeben, während keiner der Kranken — im Gegensatz zu noch zu besprechenden Berichten über Ichthyosis vulgaris — Zeichen von Epilepsie erkennen ließ.

Die *spastischen Störungen* glichen in stärker ausgeprägten Fällen ganz der Little-Krankheit. 12 Kranke konnten nicht gehen, fünf nur mit fremder Hilfe, sechs zeigten einen spastischen Gang und beim letzten war der Gang spastisch, ohne daß sich andere neurologische Symptome fanden. Bei einigen Kranken war es gewiß, daß der Grad der spastischen Störungen sich schrittweise verschlechtert hatte. Die spastischen Störungen, die stärker die Beine als die Arme betrafen, bestanden in Paralyse oder Parese und in einem Hypertonus der Gliedmaßen-Muskulatur. Die Sehnenreflexe waren verstärkt auslösbar, der Babinsky regelmäßig positiv. In einigen Fällen war eine Atrophie der distalen Partien der Beinmuskeln vorhanden; in einem Fall ergab die feingewebliche Untersuchung Veränderungen, die denjenigen bei primärer Myopathie glichen. Gleichwohl kann diese Atrophie allein durch die Inaktivität verschuldet sein.

Ataktische Zeichen fanden sich nicht. Ein leichter Tremor der Hände war in drei Fällen vorhanden.

Die *Körpergröße* der Kranken blieb 4% unter der Norm ihrer unbefallenen Verwandten, ohne jede Zeichen von Zwergwuchs. Es fanden sich auch *keine* sonstigen *Mißbildungen*, die Entwicklung der Geschlechtsteile und der sekundären Geschlechtsmerkmale war normal. Zwei biochemisch und serologisch genau untersuchte Fälle zeigten keinerlei Abweichungen; die Wa.R. war bei fünf Kranken im Blut und bei drei außerdem im Liquor negativ.

Die in 11 Fällen durchgeführten ophthalmologischen Untersuchungen, die sich wegen der Oligophrenie der Untersuchten schwierig gestalteten, ergaben verminderte Sehschärfe bei allen und eine Degeneration des Pigmentepithels der Macula und ihrer Umgebung in drei Fällen.

Die Mortalität (errechnet an den bereits 14 von den insgesamt 28 verstorbenen Kranken) ist hoch; die Lebenserwartung beträgt nur 50% der übrigen Bevölkerung.

Blutverwandtschaft ist häufig; in 8 von 13 Familien, in denen beide Eltern bekannt waren, konnte Konsanguinität festgestellt werden. Abortive Formen der einzelnen Symptome — seien es Oligophrenie, Ichthyosis oder spastische Störungen — kamen in den Sippen der Befallenen indessen nicht vor.

Die genaue genetische Analyse ergibt, daß das Syndrom durch die Mutation eines einzigen Gens zustande kommen muß: der Erbgang ist autosomal monohybrid recessiv.

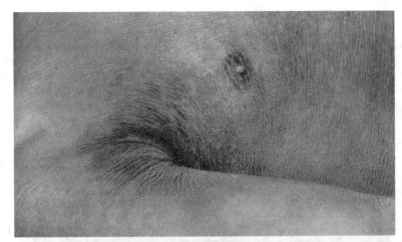

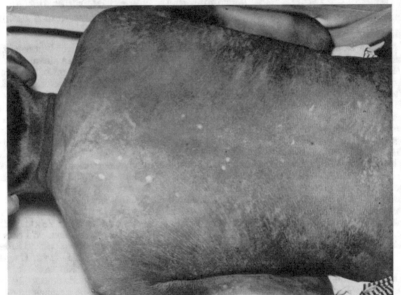

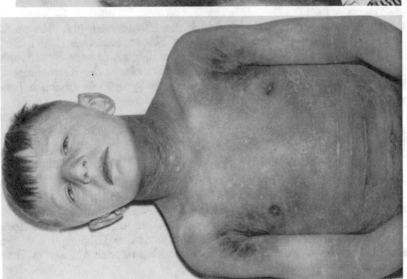

Abb. 4. Sjögren-Larsson-Syndrom. [Nach GREITHER, Hautarzt **10**, 403—408 (1959)]

SJÖGREN-LARSSON betonen mit Recht, daß die von ihnen beobachteten psychisch-neurologischen Störungen von ganz anderer Art sind als die bei der Ichthyosis vulgaris in der Literatur beschriebenen; diese Frage ist jedoch schwer zu beantworten. So wurde der von FRAZIER (1959) als fragliches Sjögren-Larsson-Syndrom vorgestellte Fall in der Diskussion von SCHNEIDERMAN abgelehnt.

Es handelt sich um einen 22 Monate alten Knaben, der bei Geburt hautnormal war. Später entwickelte sich eine alligatorähnliche Ichthyosis an beiden Beinen, am übrigen Körper war die Haut lediglich trocken. Mit 9 Monaten kam das Kind in Behandlung wegen cerebraler Lähmungen und verzögerter geistiger Entwicklung; Anfälle waren vorausgegangen! Das Körperwachstum war altersentsprechend. SCHNEIDERMAN lehnte eine Zuordnung des Falles zu dem Syndrom von SJÖGREN-LARSSON aus verschiedenen Gründen ab: einmal, weil der Zustand nicht angeboren war, ferner die Beugeseiten frei waren. Es gebe auch bei der Ichthyosis vulgaris die Kombination mit Infantilismus, Zwergenwuchs, Atrophie des Genitale, Epilepsie, verzögerte Zahnbildung, Spinnenfingerigkeit usw.

Inzwischen sind weitere Beobachtungen über das sog. Syndrom von SJÖGREN und LARSSON (M. SCHACHTER begründet diese Nomenklatur mit der ausführlichen klinischen und erbbiologischen Analyse, die diese Autoren dem Krankheitsbild gewidmet gaben) veröffentlicht worden.

LINK und ROLDAU haben 1958 über einen 7jährigen Knaben (Sohn nicht blutsverwandter Eltern) mit voller Symptomatik berichtet, ebenso GREITHER (1959) über einen klassischen Fall (Knabe) (Abb. 4). STEVANOVIĆ und KONSTANTINOVIČ haben 1959 — unter Berufung auf die Arbeit von SJÖGREN und LARSSON — die Kombination von geringgradigem Schwachsinn, Keratosis areolae mammae naeviformis, Verkrümmungen mit Osteoporose der langen Röhrenknochen und einer Pseudopelade Brocq bei Hyperkeratosis ichthyosis congenita (ohne Erwähnung des neurologischen Befundes) beschrieben. WALLIS und KALUSHINER haben 1960 über eine Familie aus dem Irak, mit vier Befallenen unter neun Mitgliedern, bei zwei Merkmalsträgern mit einer Macula-Degeneration beschrieben. Die Eltern waren Vettern. SCHACHTER hat 1961 eine bereits 10 Jahre zurückliegende Beobachtung bei einem damals 6jährigen Mädchen, Frühgeburt, mit den drei obligaten Symptomen, aber normaler Körperentwicklung und normalem Augenbefund publiziert. HEIJER und REED haben 1965 sechs neue Fälle (vier schwedische und zwei amerikanische) beschrieben und die alten vier Fälle von SJÖGREN und LARSSON nachuntersucht. Außer der klassischen Trias fanden sie fast stets eine Macula-Degeneration und Schmelzdefekte. Eine Aminoacidurie fanden sie nicht. SELMANOWITZ berichtete 1966 über drei befallene Geschwister. Weitere Beiträge stammen von YAKELOV (1958), ICHTARDS, RUNDLE und WILDING (1957), LINK und ROLDAN (1958), BLUMEL, WATKINS und EGGERS (1958), BAAR, FRIGYESI und MAUTNER (1960), WILLIAMS und TANG (1960), RICHARDS (1960), MEREU und CAREDDU (1961), TIMPANY (1962), ZALESKI (1962), HANAFY, HASSANEIN und EL-KHATEEB (1963), CHLOND (1963), WARIN und WALSH (1963). Ein weiterer, bislang unpublizierter Fall wurde an der Düsseldorfer Kinderklinik (Prof. Dr. v. HARNACK) und Hautklinik 1968 beobachtet, der nicht sosehr hystrixartige Keratosen als die Erscheinungen einer Ichthyosis congenita zeigt.

Einen neuen Gesichtspunkt hinsichtlich der Pathogenese (der Enzymdefekt darf als sehr hypothetisch gelten) diskutieren HOOFT u. Mitarb (1967), die bei einem Kind mit den klassischen Symptomen des Sjögren-Larsson-Syndroms und gleichzeitiger Enteropathie durch eine Diät mit Fettsäuren der Kettenlänge C_{8-12} nicht nur die Enteropathie, sondern alle übrigen Symptome erheblich bessern konnten.

Das feingewebliche Bild entspricht dem der Ichthyosis congenita; der Erbgang ist autosomal recessiv (Einzelheiten s. Kapitel Histologie und Pathogenese).

d) Das Syndrom Ichthyosis congenita und Hypogenitalismus

LYNCH, OZER, McNUTT, JOHNSON und JAMPOLKSY haben 1960 diese Merkmalskombination, die durch Konduktorinnen übertragen wird, an 3 Geschwisterschaften mit je einem Solitärfall und einer Geschwisterschaft mit 2 Merkmalsträgern festgestellt. Da neben dem von den Autoren angenommenen x-chromosomalen recessiven Erbgang ein autosomal-dominanter Erbgang nicht auszuschließen ist, ferner — trotz der brieflichen Zusicherung der Autoren an SCHNY-

DER — an dem Charakter der Ichthyosis congenita Zweifel bleiben (eine Ichthyosis vulgaris würde sowohl zum Hypogenitalismus wie zu x-chromosomal recessivem Erbgang viel besser passen) verweisen wir hinsichtlich von Einzelheiten auf SCHNYDER und KLUNKER (dieses Handbuch, Bd. VII, S. 870).

2. Weitere, mit Ichthyosis congenita assoziierte Symptome

Mit den erörterten Syndromen sind die möglichen bei Ichthyosis congenita vorkommenden Symptome nicht erschöpft. In Ergänzung zu BRUHNS seien einige Beobachtungen erwähnt, die sich auf die Ichthyosis congenita bzw. auf die trockene Erythrodermia congenitalis ichthyosiformis beziehen.

Über *Schädel- und Gliedmaßendeformierungen, Bewegungseinschränkung der Gliedmaßen, Infantilismus, stark verzögerte Pubertät* in einem Fall von Erythrodermie ichtyosiforme congénitale berichten DUPERRAT und BOUCCARA (1959); die bei ihrem Patienten im Alter von 26 Jahren bestehende *Lidschrumpfung* ist auch von G. WEBER (1953) bei einer 66jährigen Patientin mit Ichthyosis congenita beobachtet worden. Die Lidschrumpfung begann erst im Alter von 34 Jahren mit einer zunehmenden Starrheit der Lider und nächtlichem Tränenträufeln und nahm trotz mehrmaliger Ektropium-Operationen ständig zu. Gleichzeitig bestanden auch *neurologische Störungen* in Form choreaähnlicher Bewegungsunruhe mit Zuckungen.

In einem tödlich verlaufenen Fall von Erythrodermie ichtyosiforme congénitale, den FITZGERALD und BOOKER (1951) beschrieben, wurde eine *Mikrogyrie* des linken Frontal- und Temporallappens, Fehlen des vorderen Teils des linken Corpus striatum einschließlich der inneren Kapsel gefunden.

FRANCESCHETTI und SCHLÄPPI haben 1957 eine *bandförmige Degeneration und Dystrophie der Cornea* in einem Fall von Ichthyosis congenita beschrieben.

KISSEL und BEURY haben 1952/53 unter 10 ,,sporadischen" Fällen von Ichthyosis congenita 3mal ein pathologisches EEG unter 19 familiären Fällen (8 Familien) *2mal Epilepsie, 7mal Oligophrenie* und *12mal EEG-Störungen* (cerebrale Dysrhythmie, hypersynchrone oder δ-Wellen) festgestellt. Bei 14 familiären Fällen waren Hauterscheinungen und zentralnervöse Störungen kombiniert. Die Autoren sehen deshalb in der *Ichthyosis congenita eine congenitale Mißbildung des Neuroektoderms.*

Das Symptom *Asthma bronchiale* in Verbindung mit den verschiedenen Formen von Ichthyosis, über das der Beitrag von BRUHNS nur wenig Aufschluß gibt, ist auch in den letzten Jahrzehnten nur selten erwähnt worden. Aber wahrscheinlich gehen diese Mitteilungen in den Kapiteln Allergie und Ekzem unter.

Aus dem neueren Schrifttum sind einige Mitteilungen bemerkenswert, die offenbar die Ichthyosis congenita betreffen.

DUVERNE und BONNAYME berichteten 1947 über einen 50jährigen Mann, dessen Ichthyosis als ,,Erythro-kératodermie verruqueuse" deklariert ist, aber wegen des frühen Auftretens und der ständigen Zunahme der Hauterscheinungen (schon DARIER kannte den Kranken) als Ichthyosis congenita gelten muß. Gleichzeitig bestand eine chronische Bronchitis, bei der sich bronchoskopisch eine zylindrische Erweiterung der Bronchien zeigte, möglicherweise als Bronchiektasien (und kein Asthma bronchiale).

Sicherer ist der Fall 29 vom 11. Internationalen Dermatologenkongreß in Stockholm 1957: es handelt sich um eine 16jährige Kranke mit Erythroderma ichthyosiforme congenitum und Asthma bronchiale. Bemerkenswert ist folgendes: der Vater leidet an Asthma bronchiale, die Mutter an Ichthyosis und Asthma bronchiale.

Über Asthma bei Ichthyosis vulgaris s. S. 41.

II. Kollodiumhaut

(Collodion baby, Harlekin fetus, Exfoliatio oleosa neonatorum) = Ichthyosis congenita mitior

Die Möglichkeit, durch Corticosteroide bislang nicht lebensfähige Neugeborene mit Ichthyosis congenita am Leben zu erhalten und die bedrohlichen Erscheinungen schnell zu beheben, hat einen Übergang der Ichthyosis congenita gravis in die mitis-Form entstehen lassen, der von der — spontan abheilenden bzw. sich spontan bessernden — sog. Exfoliatio oleosa neonatorum nicht mehr zu unterscheiden ist. In der neuesten Literatur hat sich — statt der Exfoliatio oleosa neonatorum — der Begriff der Kollodiumhaut oder der „Collodion babies" eingebürgert, der solche dramatisch abheilenden Fälle von Ichthyosis congenita (gravis) einschließt (Gleiss, Clark, Hermans, Lapière, Scott und Stone, G. Wolfram, Woringer, Sacrez und Lévy, u. a.). Lapière weist allerdings darauf hin, daß der Begriff „Kollodiumhaut" einmal eine sich in eine Erythrodermie ichtyosiforme congénitale Brocq zurückbildende Ichthyosis congenita (sei es durch Behandlung, sei es spontan, wie in einem Fall von Woringer u. Mitarb.), zum anderen aber das — spontan abfallende — fetale Periderm meinen kann. Finlay und Bound schließen sogar 3 Zustände unter der „collodion skin" ein: 1. Die Kolloidhaut im hergebrachten Sinn, die in einer nur einige Tage bzw. Wochen dauernden Abschuppung nach der Geburt besteht, 2. eine echte Ichthyosis congenita und 3. wegen einer zu kurzen Beobachtungszeit nicht rubrizierbare Fälle.

Geht man aber der Kollodiumhaut im engeren Sinn, d. h. der Exfoliatio oleosa neonatorum, nach, so finden sich im neueren Schrifttum nur wenig kritische Stellungnahmen. Meistens wird die alte Theorie des persistierenden fetalen Epitrichiums diskussionslos übernommen (z. B. Lapière, Shelmire). Am ausführlichsten haben sich mit der Pathogenese der Seborrhoe oleosa neonatorum Freyer und auch G. Wolfram beschäftigt.

Der feingewebliche Befund ist gekennzeichnet durch Veränderungen, die fast ausschließlich das Stratum corneum betreffen, während die übrige Epidermis, Cutis, Subcutis und die Anhangsgebilde der Haut normal sind. Die eigentliche Hornschicht selbst, das Stratum corneum, ist dünn, indessen von einer dicken parakeratotischen Schicht bedeckt, die sich von ersterer an vielen Stellen abhebt. Diese Parakeratose stellt physiologisch eine Dyskeratose im Sinne einer Störung der follikulären Hornfettbildung dar. Die Parakeratose kann von einer gewissen Verschmälerung der Körnerschicht und einer Acanthose begleitet sein, die noch einige Zeit nach Abstoßung der Collodiumhaut anzuhalten vermag.

Die Haarfollikel zeigen nicht die bei der Ichthyosis congenita anzutreffenden trichterförmigen Erweiterungen, die durch die Einsenkung des proliferierten Stratum corneum bedingt sind, sondern höchstens eine Umscheidung des ausgetretenen Haarschaftes von abgestoßenen Hornlamellen.

Hinsichtlich der *Pathogenese* sind es 2 Theorien, die zur Erklärung herangezogen werden: 1. die des Epitrichiums und 2. die einer vermehrten Vernix caseosa.

Zu 1. Bei vielen Säugetieren kommt das sog. Epitrichium vor, am deutlichsten vielleicht beim Faultier, das bei der Geburt in einer dehnbaren dicken Hornhaut liegt, die von der darunter liegenden bleibenden Hornhaut abgehoben ist, bei Geburt einreißt und sich ablöst wie ein Sack, aus dem das junge Tier herausschlüpft. Die Entstehung des Epitrichiums wird nur durch ein starkes Haarkleid bei gleichzeitig starker Hornbildung möglich: es stellt in flächenhafter Ausdehnung, die das ganze Integument einnimmt, die durch das Wachstum der Haare bedingte Abhebung einer äußeren Hornschicht von der bleibenden Hornschicht dar. Das Haarkleid des Menschen ist indessen zu spärlich ausgebildet und zu wenig über den ganzen Körper verteilt, als daß bei der Collodiumhaut ein dem tierischen Epitrichium analoger Vorgang angenommen werden dürfte. Indessen könnte ein verwandter Prozeß vor sich gegangen sein: Eine lamellös-flächenhafte Abhebung der oberen Hornschicht, die der Häutung einer Schlange vergleichbar wäre. Dieser Vorgang würde indessen besser als Periderm-Bildung bezeichnet. Er wäre als seltene Rekapitulation einer ontogenetisch und phylogenetisch erklärbaren Variante während der Embryonalentwicklung aufzufassen und als Umweg der Ontogenie über ein Organisationsmerkmal primitiverer Form erklärbar.

Zu 2. Die zweite Erklärung steht nicht so sehr mit der Vernix caseosa als mit der Seborrhoe (in wörtlichem Sinn) im Zusammenhang. Man muß dabei freilich die primäre Bedeutung des Begriffes Seborrhoe im Auge behalten, die nicht eine Steigerung der Talgdrüsen-Sekretion, sondern eine Störung der normalen Umwandlung von der Epithelzelle zur Hornzelle und vom Epithelzell-Protoplasma zum Hornfett darstellt (deshalb schlägt Moro vor, statt von Seborrhoe von einer Dyskeratosis seborrhoiformis zu sprechen). Legt man bei der Seborrhoe den

Hauptakzent auf die Dyskeratose (statt etwa auf den nicht eigentlichen vermehrten Talg-fluß) und trennt man Sekretfette (Talg) von den zur Verhornung beitragenden Zellfetten, so kommt man auch einer Erklärung der Seborrhoea oleosa neonatorum näher, wobei die Vernix caseosa gleichsam das Bindeglied für das Verständnis darstellt. Letztere zeigt nämlich den gleichen Gehalt an Cholesterin und dasselbe Verhältnis von freiem Cholesterin zu Cholesterin-Estern wie das Hornfett. Im Gegensatz zu den Sekretfetten enthalten die Zellfette der Ober-haut wie auch die Vernix caseosa kein Oxycholesterin. Die Vernix caseosa ist schließlich, wie STRAUMFJORD gezeigt hat, experimentell durch die etwa 6 Wochen lange Einwirkung von Fruchtwasser auf Hornzellen zu erzeugen.

Nach dieser Auffassung wäre die Seborrhoea oleosa neonatorum nichts anderes als das intrauterine Gegenstück zur Seborrhoe, verstanden als Dyskeratose im Sinne einer Störung der Hornfette. Dabei müßte aber die Kollodiumhaut der Seborrhoe relativ schnell entstehen: Für die Bildung der konnatalen Kollodium-haut müßte ein Zeitpunkt kurz vor der Geburt angenommen werden, denn im extrauterinen Leben entsteht eine Kollodiumhaut auf seborrhoischer Grundlage in wenigen Tagen; ihr folgt in kurzer Zeit die spontane Ablösung.

Diese Erklärungen der Kollodiumhaut als Phänokopie der sich zur Ichthyosis congenita mitior abschwächenden schweren Form (FINLAY und BOUND, FREYER, GREITHER, 1964; LAPIÈRE, SHELMIRE, STRAUMFJORD, WOLFRAM) sind hypo-thetisch und nicht recht plausibel. Das Periderm als Erklärungsmöglichkeit scheidet aus, weil es beim Menschen nicht vorkommt. Die Seborrhoea oleosa ist aber auch unwahrscheinlich, weil sie 1. innerhalb kurzer Zeit prä- und perinatal entstehen müßte, was nur schwer vorstellbar ist. 2. ist es unwahrscheinlich, da die steroidbedingte Abwandlung der Ichthyosis congenita gravis in die Mitior-Form in der gleichen Weise bei einer Phänokopie vor sich ginge, die eher spontan als durch Behandlung abheilen sollte. 3. durch die Steroidbehandlung ist nicht mehr unterscheidbar, was eine zu milderem Ablauf gewandelte Ichthyosis con-genita gravis und was eine Kollodiumhaut sein soll. Wir kennen also die angebliche Kollodiumhaut überhaupt nicht mehr, was nicht gerade für ihre Existenz spricht. 4. Die Schrifttumsberichte zeigen deutlich, daß in vielen Fällen die sog. Kollodium-haut nicht einfach abheilt, sondern in eine beständige mildere Ichthyosis con-genita oder trockene Erythrodermie congénitale übergeht. 5. Die sog. Kollodium-haut ist häufig familiär bzw. erblich.

Im Fall von S. W. SMITH wurde nach einer Schuppung die „Collodiumhaut" zwar normal, aber der Verf. spricht dennoch von einer „Ichthyosis congenita mitior". Bei einem ähnlich verlaufenen Fall sprechen ÉCALLE und SUZOR von einem „Revêtement kératosique exfoliant chez un nouveau-né", fügen aber die Bezeichnung „ichtyose congénitale" hinzu.

Analysiert man die weiteren, als Seborrhoea oleosa neonatorum in Frage kommenden Fälle des Schrifttums (die z. B. SHELMIRE als solche ansieht), dann hält kaum ein weiterer einer strengen Prüfung stand.

Bei dem Neugeborenen von SHELMIRE selber, das vorübergehend Ektropium, Eklabium, Deformitäten des äußeren Ohrs, Unbeweglichkeit und Ödem der Gliedmaßen und eine Druck-Ischämie aufwies, war zwar nach 4 Wochen die Collodium-Membran bis auf Kopf und Glied-maßen abgestoßen, aber das Kind hatte im Alter von 3 Monaten, als es zum letzten Mal ge-sehen wurde, eine generalisierte Xerodermie mit einer extrem trockenen und schuppenden Haut. Etwas ähnliches zeigte der Fall von BREMERS, GEORGE und SUNIT. Noch zweifelhafter ist der Fall von CLARK: nach Abstoßung der Collodiumhaut trat eine Ichthyosis auf, die auch im Alter von 6 Jahren noch vorhanden war. Das gleiche gilt für den Fall von WILLIAMSON, auch für den von SEITZ, bei dem sich später eine generalisierte Ichthyosis mit Fortbestand des Ektropiums und Eklabiums herausstellte.

Der Fall von SHIELDS und BOWMAN, unter der Diagnose „Keratosis diffusa foetalis" veröffentlicht, ist aufgrund seiner Erscheinungen (Mißbildungen und Hyperkeratosen) wohl als eine echte Ichthyosis congenita gravis anzusehen, zumal das Kind — obgleich der Prozeß an Schwere abzunehmen schien — nach 3 Tagen starb.

Die eindrucksvolle Beobachtung von G. WOLFRAM (1958, Abb. 1) von „konnataler Kollodiumhaut" ging unter Steroiden und Vitamin A-Behandlung

in eine Ichthyosis congenita bzw. Erythrodermie congénitale ichtyosiforme
BROCQ über.

Auch LAPIÈRE sieht neuerdings (1958, 1961) die Kollodiumhaut als echte
Ichthyosis congenita an. Ihm folgen BLOOM und GOODFRIED (1962), die im
Kollodion-Baby den „minor type" der Ichthyosis fetalis (= major type) mit

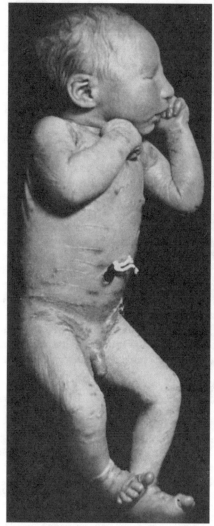
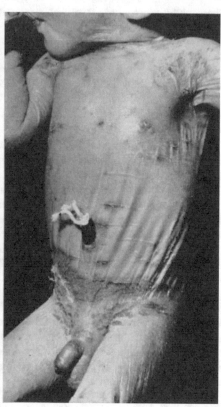

Abb. 5. Ichthyosis congenita (= trockene Form,
autosomal recessiv) unter dem Bild einer sog. Collodiumhaut (D)

recessiv autosomalem Erbgang sehen; der überwiegende Teil der Schrifttumsfälle
ist familiär (NIX, KLOEPFER und DERBES, 1963). Auch die Kollodiumhaut im
Fall von MERKLEN, MELKI und COTTENOT (1964) wuchs sich zu einer bleibenden
Ichthyosis aus. SMEENK berichtete 1966 über 2 Familien mit Kollodion-Babys;
in der einen entwickelten alle Befallenen eine Ichthyosis congenita partim sanata
(der Begriff stammt von SIEMENS); in der anderen war die Kollodiumhaut der
Vorläufer einer Erythrodermie congénitale ichtyosiforme. SCHNYDER und KLUNKER
reihen 1966 die Kollodiumhaut ebenfalls endgültig in die Ichthyosis congenita ein.

Zusammenfassend ist also festzustellen: die sog. Kollodiumhaut ist keine Phäno-kopie, sondern eine echte bzw. die häufigste Form der Ichthyosis congenita gravis (I), die spontan, meist aber unter Steroid-Behandlung, eine dramatische Abschwächung zu einer bleibenden Form II oder III erfährt.

Abb. 5 zeigt eine klassische Ichthyosis congenita II unter dem Bild der sog. Kollodiumhaut noch *vor* der Steroid-Behandlung. Eine früh einsetzende Steroid-Behandlung vermag meist den Zustand einer Ichthyosis congenita mitior herbei-zuführen (G. WOLFRAM).

III. Erythrodermia congenitalis ichthyosiformis bullosa

Seit BROCQ, LAPIÈRE, KOGOJ, SCHNYDER u. v. a. weiß man, daß es 2 Formen der Erythrodermia congenitalis ichthyosiformis gibt: die trockene und die bullöse. Im Schrifttum findet sich eine Fülle von z. T. spitzfindigen Unter-suchungen, mit dem Bestreben, die Unterschiede zwischen Ichthyosis congenita und Erythrodermia congenitalis ichthyosiformis herauszuarbeiten. Diese Ver-suche sind, insofern sie den Vergleich zwischen Ichthyosis congenita und trockener Erythrodermia ichthyosiformis congenita betreffen, müßig und obsolet, da es zwischen diesen beiden Formen keine verbindlichen Unterschiede gibt. Alle über die Ichthyosis congenita hinausgehenden Merkmale der trockenen Erythrodermia congenitalis ichthyosiformis (Erythem, Befall der Handteller und Fußsohlen, normale Talg- und Schweißdrüsenfunktion, späteres Auftreten) sind fakultativer und höchstens quantitativer Natur. Als Regel darf aber wohl gelten, daß *die genannten Unterschiede nicht die trockene, sondern die bullöse Form betreffen,* die außer den genannten Merkmalen noch ein grundsätzliches Kriterium aufweist, das beide Formen in verschiedene Entitäten trennt: die Blase bzw. das histo-logische Äquivalent der granulären Degeneration. Diese Trennung ist nicht nur klinisch-histologisch, sondern auch genetisch fundiert: die trockene Erythro-dermia congenitalis ichthyosiformis wird (wie die Ichthyosis congenita) autosomal recessiv, die bullöse Erythrodermia congenitalis ichthyosiformis autosomal domi-nant vererbt. *Um terminologische Mißverständnisse zu vermeiden, verwenden wir im folgenden, in Übereinstimmung mit SCHNYDER und KLUNKER, den Begriff Erythrodermia congenitalis ichthyosiformis immer für die bullöse, autosomal domi-nant vererbte Form, während der Begriff der Ichthyosis congenita auf die autosomal recessiv vererbte trockene Form der erblichen Ichthyosen angewandt wird.*

Synonyma. Erythrodermie congénitale ichtyosiforme bulleuse (ou type bulleux), Erythro-dermie congénitale ichtyosiforme, avec ou sans hyperépidermotrophie, avec ou sans bulles (BROCQ), Bullous congenital ichthyosiform erythroderma, Congenital keratosis with bullae, Erythrodermia ichthyosiformis cum eruptione pemphigoide, Erythrokeratodermia ichthyosi-formis cum hyperepidermotrophia et hyperkeratosi, Hyperkeratosis ichthyosiformis congenita, Hyperkératose ichtyosiforme congénitale (DARIER), hystrixartige Erythrodermie ichtyosi-forme.

Wenn wir uns im folgenden den Unterschieden zwischen Ichthyosis congenita und Erythrodermia congenitalis ichthyosiformis zuwenden, so bezieht sich diese Untersuchung auf die bullöse Form, die freilich im Schrifttum nicht immer ge-nügend berücksichtigt wird. So ist es zu verstehen, daß diese unterschiedlichen Merkmale als fakultativ gelten: sie fehlen bei der trockenen, mit der Ichthyosis congenita identischen Form, und finden sich (mehr oder minder regelmäßig, jedenfalls häufiger) bei der bullösen Form.

Das *Erythem* hat bei der Namensgebung Pate gestanden. Dennoch hat BROCQ aufgrund späterer Beobachtungen das nur fakultative Vorkommen des — vorausgehenden oder begleitenden — Erythems zugeben müssen: DARIER und BLUM haben deshalb die Erythrodermie ichtyosiforme congénitale in *Hyperkeratosis ichthyosiformis* umbenannt. Den Standpunkt der nur fakultativen Bedeutung des Erythems nimmt KOGOJ mit allem Nachdruck ein, der auch die Bezeichnung „Hyperkeratosis ichthyosiformis" der von BROCQ gewählten Nomenklatur vorzieht.

Als ein wichtiger Unterschied hat der starke, oft *flächenhafte Befall der Handteller und Fußsohlen* und ein mehr *umschriebener, nicht universeller Befall am Stamm* zu gelten.

Hierher gehören etwa der Fall von JAEGER, DELACRÉTAZ und CHAPUIS, bei dem nur die Gelenkbeugen befallen waren, oder von NICOLAS, ROUSSET und RACOUCHOT mit Befall von Schulter, Brust, Armen und der oberen Bauchabschnitte. Im Fall von SWEITZER waren nur Achseln, Hals, Glutäen und Lenden befallen; BIRNBAUM berichtet nur über eine Rötung, aber keine Keratosen der Palmae und Plantae. Unbefallen waren Handteller und Fußsohlen in den Fällen von SIMON und COIGNERAL, PRETORIUS und SCOTT, sowie im Fall von LANDES (hier war STÜHMER versucht, wegen des Freibleibens der Handteller auf eine Ichthyosis vulgaris zu schließen, bei der er freilich die Erythrodermie nicht unterbrachte), sowie im Fall von KUSKE und SOLTERMANN wie auch von PAKULA.

Als besonders stark erwähnt die *Palmar-Plantar-Keratosen* BEJARANO, leichter als am übrigen Körper sind sie in den Fällen von BUTTERWORTH, ferner MITCHELL und NOMLAND. In zu erwartendem Maße vorhanden sind sie in den Fällen von BEJARANO, BLUM, DE LA CHAUX; GOTTRON; IWAMA; LIEBERMANN; MICHEL und ROSSAND, RATHJENS, NICOLAS, ROUSSET und RACOUCHOT; NISHIMURA; OTA; PARDO CASTELLO u. Mitarb.; SENEAR und SHELLOW; TOURAINE und IGERT.

In den meisten Fällen ist die *Behaarung*, sowie die *Schweiß-* und *Talgdrüsensekretion erhalten*.

Lediglich GOUGEROT und GRACIANSKY fanden die Schweißsekretion, die auf Magnesiumgaben in Gang kam und zu einer Besserung auch der übrigen Erscheinungen führte, herabgesetzt, sowie NICOLAS, LEBEUF und WEIGERT. SENEAR und SHELLOW vermißten sie in ihren Fällen vollständig. KOCHS berichtet über eine (2mal aufgetretene, also nicht dauerhafte) Alopecie.

Mißbildungen sind im neueren Schrifttum nur spärlich, dazu in milderer Ausprägung, bekannt geworden.

Über *Ectropium* in ihren Fällen berichten BECKMANN, BIRNBAUM, CARLI, GROSS, SENEAR und SHELLOW, WORINGER u. Mitarb. CARLI fand außerdem Rhagaden an Mund und Nase, eine Rigidität der Haut über den Gelenkfalten und Handtellern. *Mißbildungen* der Ohren und rudimentäre Brustwarzen fanden SENEAR und SHELLOW (auch BIRNBAUM berichtet über verkrüppelte Ohrmuscheln), Kontraktionen an Knie- bzw. Fingergelenken fand BECKMANN bzw. RUNTOVÁ, Knochenveränderungen LIEBERMANN. JOULIA, TEXIER und FRUCHARD berichten über die Kombination von Erythrodermie congénitale ichtyosiforme und hypophysären Infantilismus, WORINGER und HÉE über die Kombination mit Morbus Basedow (nach Thyreoidektomie wurde die Haut für 3 Monate normal). Über *Leukoplakien im Mund* hat in dem uns erreichbaren Schrifttum lediglich GROSS berichtet. Über gotischen Gaumen und „Beistrich"-Uvula bei Hyperkeratosis ichthyosiformis berichtet KOGOJ. Der von ROSTENBERG, MEDANSKY und FOX (1960) bei einem 39jährigen Mann mit Erythrodermie ichtyosiforme congénitale beobachtete Tumor oberhalb des Mons pubis ist weder als malignes Melanom erwiesen, noch ist seine Abhängigkeit von der Grundkrankheit wahrscheinlich.

Bei dem von GOTTRON im Jahre 1942 als „hystrixartige Erythrodermie ichthyosiforme" vorgestellten, damals 8jährigen Knaben, den HORNSTEIN (1961) nachuntersucht hat, sind die multiplen Skelet-Anomalien bemerkenswert (Spina bifida des 2. Sacralwirbels, rechtsseitige Hüftgelenksluxation, Klumpfüße). Dazu kommen muskuläre Hypotrophie und Zwergwuchs. Genitalbefund und Intelligenz sind unauffällig. Wiederholte cytogenetische Untersuchungen zeigten einen normalen Karyotyp.

Als weiterer Unterschied wird das bei Geburt nicht vorhandene, erst Wochen und Monate *nach der Geburt einsetzende erste Auftreten der Erscheinungen* bei der Erythrodermia congenitalis ichthyosiformis angesehen. Die Schrifttumsangaben sind jedoch widersprechend, wahrscheinlich wegen der ungenügenden Trennung zwischen der trockenen und der bullösen Form der Erythrodermia congenitalis ichthyosiformis. Dieser Umstand gilt auch für die übrigen möglichen Unterschiede, so daß wir uns jetzt dem einzig sicheren Unterschied zuwenden wollen, der beide Zustände entscheidend trennt: *die Blasenbildung bzw. ihr feingewebliches Substrat.*

Um die Erforschung der selbständig-blasigen Form der Erythrodermia congenitalis ichthyosiformis hat sich vor allem LAPIÈRE verdient gemacht. Zwar hatte auch er zunächst (1932) von einer *„ichthyosiformen Epidermolysis bullosa"* (freilich damals schon mit dem Untertitel *„Erythrodermie ichtyosiforme congénitale forme bulleuse de* BROCQ) gesprochen, in seinen späteren Arbeiten (ab 1953) jedoch die Selbständigkeit beanspruchende Variante der Erythrodermie ichtyosiforme congénitale stärker hervorgehoben. LAPIÈRE unterscheidet neben der trockenen, nichtbullösen Form 2 blasige Abarten: einmal eine letale und dann eine mildere, mit dem Leben vereinbare bullöse Variante. Die Blasen sind nicht als sekundär (z. B. als bullöse Pyodermie) aufzufassen, was auch BAKER und SACHS (1953) betont haben, die in der bullösen Form der ichthyosiformen congenitalen Erythrodermie ebenso eine Variante wie bei der Ichthyosis vulgaris in der Ichthyosis hystrix sehen. Bei der Epidermolysis bullosa entstehen die Blasen auf gesunder Haut, bei der Erythrodermie ichtyosiforme congénitale auf erythrodermatischer Haut. Es fehlen auch — im Gegensatz zur Epidermolysis bullosa — das Nikolsky-Phänomen sowie die Beschränkung der Lokalisation der Blasen an Druckstellen. Die Blasen kommen nie an der Schleimhaut vor, sie sind nie hämorrhagisch und hinterlassen keine Narben. Die von PARKHURST beschriebene Kombination von Erythrodermie ichthyosiforme congénitale und Epidermolysis bullosa wäre vielleicht unglaubhaft, wenn nicht KOGOJ über die gleiche Kombination berichtet und dabei darauf hingewiesen hätte, daß die Besonderheit des histologischen Bildes bei der blasigen Hyperkeratosis ichthyosiformis unverkennbar sei. Die Beobachtung von FITZGERALD und BOOKER, ein Kind, starb mit 13 Monaten an einem komplizierenden Ekzema herpeticatum; hier bestand primär keine blasige Form von Hyperkeratosis ichthyosiformis. Bemerkenswert ist aber der Hinweis von A. L. WELSH, daß Kranke mit der bullösen Form der ichthyosiformen congenitalen Erythrodermie nur während des Bestehens von Blasen nach einer Impfung mit einem Ekzema herpeticatum reagieren.

Die *Blasen* können zugleich mit den ichthyotischen Veränderungen vorhanden sein (CURTIS, EPSTEIN und HEERSMA, LOCKWOOD), sie können nur einige Zeit die Keratodermie komplizieren (ASEL, CHIVINGTON, SPILLER und RAUSCHKOLB); ebenso aber können die ichthyotischen Läsionen den Blasen vorausgehen (DELACRÉTAZ und GEISER). Weitere Fallberichte stammen unter anderem von GOUGEROT und GRAZIANSKY, HARTUNG (1. Fall), HEIMENDINGER und SCHNYDER, JABLONSKA u. Mitarb., MARSHALL und MARTIN, MAES, PARDO CASTELLO u. Mitarb., ŠALAMON und LAZOVIĆ, SWEITZER, SIMPSON, TIBOR und LAZOVIĆ, REED, GALVANEK und LUBRITZ, NIKOLAU und BALUS, ASEL u. Mitarb., BARKER und SACHS, BRUNSTING u. Mitarb., REED u. Mitarb., SCULLI.

Klinisches Bild

Die Erythrodermie congénitale ichtyosiforme bulleuse ist beim Neugeborenen in Form des „verbrühten Kindes" (enfant brûlé) weitgehend typisch: auf einer universell roten Haut finden sich großfetzige Epidermisabhebungen, die der sog. Kollodiumhaut gleichen können, nur zeigt letztere (als trockene Form der Ichthyosis congenita) keine so flammend rote Haut. Dieser Zustand ist jedoch sehr flüchtig; auch die eigentlichen (klinischen) Blasen finden sich — neben der als Blasendecke aufzufassenden großlamellösen Epidermisabhebung — nur spärlich und sporadisch bzw. schubweise. Bald treten in den Vordergrund des klinischen

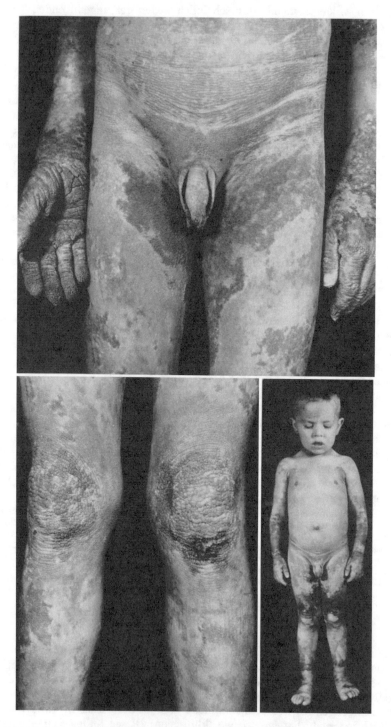

Abb. 6. Erythrodermia congenitalis ichthyosiformis bullosa: Beginn mit 4 Wochen als Rötung und rauhe Haut. Fast universeller Befall mit starker arealweiser Betonung (D)

Bildes keratotische Formationen, die zum Teil der Ichthyosis vulgaris (oder der
Ichthyosis congenita mitior) gleichen, z. T. aber — vor allem arealweise —
hystrix- und kammartige, leicht krümelnde Hornbildungen zeigen. Die Rötung,
insofern sie überhaupt vorhanden war, verliert sich ganz, die Haut ist trocken
verdickt. Einzelne Körperstellen sind ausgespart, oft auch das Gesicht sowie
verschiedene Anteile des Rumpfes (Abb. 6, 7, 8). Neben den massiven, arealweise

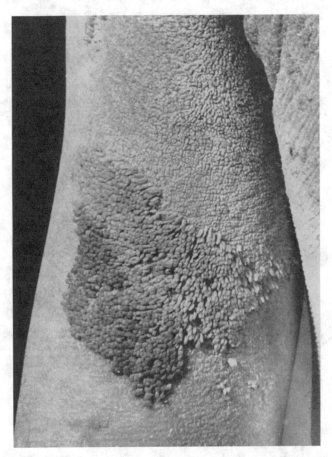

a
Abb. 7a. Erythrodermie congenitalis ichthyosiformis bullosa. Zottenartige Keratosen an der Innenseite des
Oberarms (D)

festzustellenden kammartigen, schwärzlichen Hyperkeratosen (Ellenbeugen,
Achselhöhlen) finden sich auch mehr oder minder diffuse Palmar-Plantar-Keratosen (Abb. 7, 8). Bei manchen Fällen, wie dem an der Heidelberger Hautklinik
über mehrere Jahrzehnte verfolgten und 1959 von FALKENBERG vorgestellten,
fanden sich klinisch nie Blasen; nur anamnestisch ließen sich in den ersten
Lebensjahren einzelne Blasenschübe eruieren. Andererseits können Blasen, wie
auch die Symptomatik des „verbrühten Kindes", ganz fehlen, wie der in den
Abb. 6, 7, 8 dargestellte Fall der Düsseldorfer Hautklinik zeigt, bei dem
erythrokeratotische Hauterscheinungen im Alter von 4 Wochen begannen (1964
vorgestellt von N. HOFMANN). Der Befall ist universell wie bei der trockenen Form
der Ichthyosis congenita, doch in der Intensität sehr verschieden; die arealweise

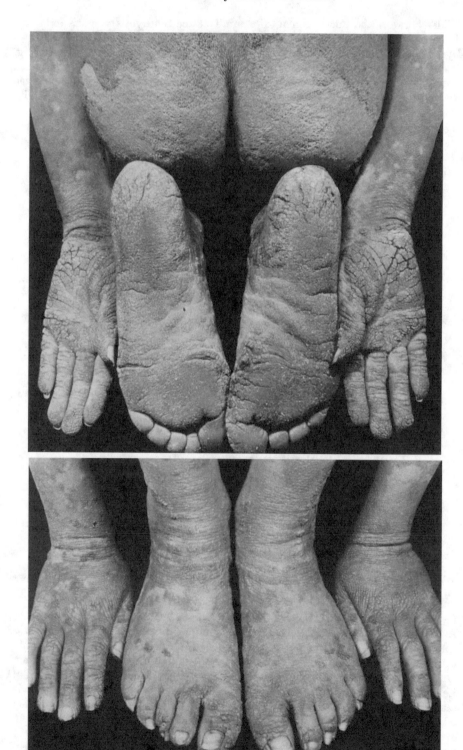

Abb. 7 b. Erythrodermia congenitalis ichthyosiformis bullosa. Mächtige Palmar-Plantar-Keratosen mit Befall der Dorsa (D)

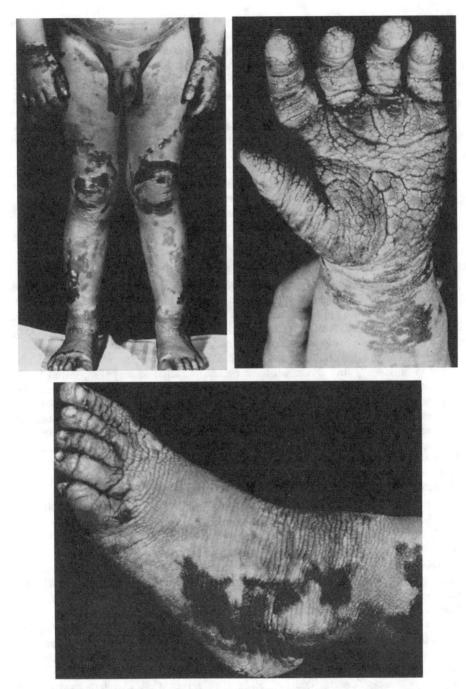

Abb. 8. Erythrodermia congenitalis ichthyosiformis bullosa. Hystrixartige und rhagadiforme Areale an den Gliedmaßen (D)

hystrixartigen, fast schwarzen, zottigen Keratosen sind sehr eindrucksvoll (Abb. 7, 8). Die Annäherung an die Ichthyosis hystrix (unter der sich histologisch ebenfalls blasige Formen verbergen können) ist an einzelnen Stellen noch deutlicher, doch zeigt der insgesamt weitgehend universelle, wenn auch verschieden starke Befall, zusammen mit den diffusen und mächtigen Palmar-Plantar-Keratosen eine sichere Ichthyosis congenita, klinisch vom trockenen Typ. Erst die Histologie (s. dort) verrät den eigentlichen Charakter der Erythrodermie congénitale ichtyosiforme bulleuse.

Diese Dinge sind verwirrend, zumal sie weitgehend unbekannt sind: *die für die Erythrodermie congénitale ichtyosiforme bulleuse für charakteristisch gehaltene Form des „enfant brûlé" kann sehr flüchtig sein oder vollständig fehlen; klinisch bleibt nicht einmal die Erythrodermie* (trotz weitgehend universeller Ausbreitung) *ein beständiges Merkmal. Das klinische Bild*, das außerdem ständig fortzuschreiten scheint und (so wie die hystrixartigen Formen beim Sjögren-Larssson-Syndrom) gegen Steroide resistent ist, *stellt eine Mischung von Ichthyosis congenita tarda (bzw. Ichthyosis vulgaris) mit hystrixartigen Keratosen und Palmar-Plantar-Keratosen dar. Zu seiner Erkennung ist die histologische Untersuchung unabdinglich.* (LAPIÈRE, KOGOJ, SCHNYDER, GREITHER, u. a.).

Histologie

Die bullösen Veränderungen finden sich (nach ASEL u. Mitarb., BARKER und SACHS, CURTIS, DELACRÉTAZ und GEISER, GASSER, HEIMENDINGER und SCHNYDER, JUNG und SCHNYDER, KOGOJ, LAPIÈRE, ŠALAMON und LAZOVIČ, SCHNYDER, SCHNYDER und KLUNKER, PEARSON und SAQUETON, SCHNYDER und KONRAD, u. a.) im Stratum granulosum und im Übergang zum Stratum spinosum. Außer den eigentlichen Lückenbildungen sind eine granuläre Degeneration („dégénérescence granuleuse") und dyskeratotisch geblähte Zellen anzutreffen, deren Cytoplasma basophil tingierte Körner und schalenartige Gebilde — bei Auflösung der Zellgrenzen — zeigen (Abb. 9). Die Degeneration der elastischen Fasern ist diskreter als bei der Epidermolysis bullosa. PETRUZZELLIS (1965) beobachtete histioradiographisch eine perinucleäre Trübung und das Vorhandensein von Keratohyalinkörpern, die auch lichtoptisch sichtbar sind (Abb. 9, 10, 12). Diese Befunde weisen auf eine vorzeitige Verhornung der akantholytischen Zellen im Sinn einer Dyskeratose hin. Elektronenmikroskopisch fällt die Seltenheit der Desmosomen in den höheren Anteilen des Stratum Malpighi auf.

Die granuläre Degeneration geht nicht parallel zur Stärke des klinischen Befalls. Sie kann nur angedeutet sein (Abb. 10) bei hystrixartigen Keratosen (Fall, Abb. 11) und kann sich massiv darstellen (Abb. 12) bei klinisch milder Ausprägung (Fall, Abb. 13).

Die granulär degenerierten dyskeratotischen Zellen (Abb. 9, 10) stellen eine grundlegende Störung des Epidermisaufbaus und der Verhornung dar, wie wir ihr bei den Dyskeratosen wieder begegnen werden. WEIBEL und SCHNYDER konnten *elektronenmikroskopisch* zeigen, daß es sich bei diesen unregelmäßigen und großen Granula um eine Agglomeration von Tonofibrillen und Keratohyalin handelt (1966). Die Tonofilamente werden überproduziert und zeigen eine Vermehrung von Ribosomen und Mitochondrien. Die Tonofibrillen sind verklumpt, bilden perinucleäre Schalen und zeigen eine von der Norm abweichende Querstreifung, was als Tonofibrillen-Fehlbildung aufgefaßt wird. Durch das vermehrte, große Schollen bildende Keratohyalin ist die Hornbildung qualitativ gestört.

ISHIBASHI und KLINGMÜLLER (1968) haben 3 Fälle von Erythrodermia congenitalis ichthyosiformis bullosa klinisch und histologisch eingehend untersucht. Interessant sind ihre *elektronenmikroskopischen* Befunde. Sie zeigen, daß 1. die Basalzellen nach Gestalt und Struktur weitgehend normal sind, 2. die neu

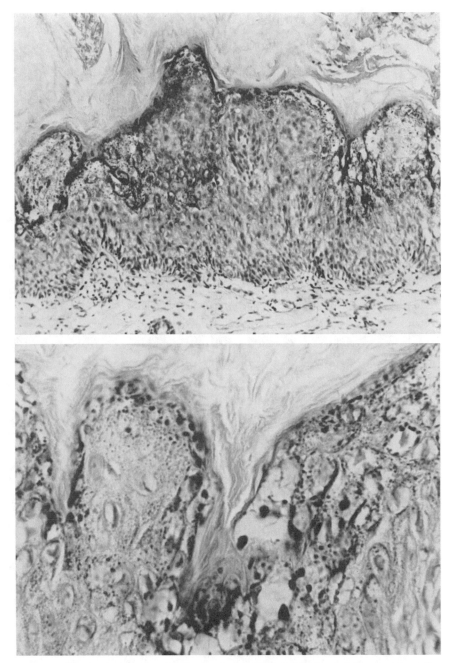

Abb. 9. Histologie des Falles Abb. 6—8. Erythrodermia congenitalis ichthyosiformis bullosa. Orthokeratotische Hyperkeratose, Acanthose, granuläre Degeneration im Str. granulosum und spinosum (D)

gebildeten Tonofilamente und ihre Bündelungen in den Basal- oder ,,Übergangszellen'' in der untersten Stachelzellschicht ebenfalls normal zu sein scheinen, 3. die regelrechte Einordnung der Tonofilamentbündel in der Stachelzelle gestört ist, 4. die Tonofilamentbündel keine zarte reticuläre Verletzung aufweisen, wie sie in

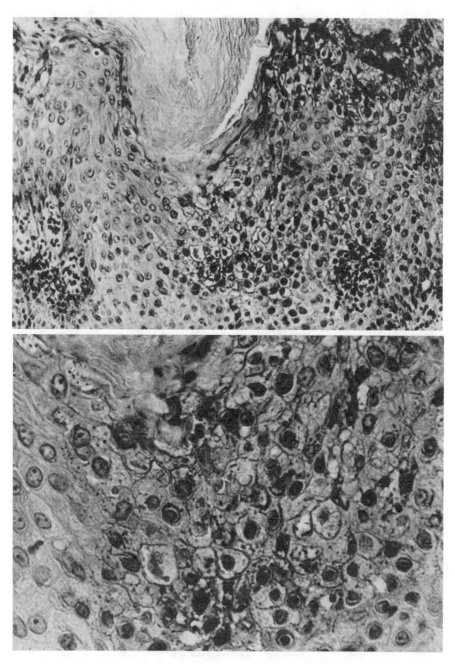

Abb. 10. Histologie des Falles Abb. 9. Relativ diskret ausgeprägte granuläre Degeneration bei klinisch massivem, hystrixartigem Befall. Unregelmäßig „dyskeratotische" Zellen (D)

normalen Stachelzellen gesehen werden, 5. in der Stachelzelle sich deutliche intracytoplasmatische Ödeme finden, die in der Regel zur oberen Schicht hin immer mächtiger werden. Diese Ödeme scheinen von der Klumpenbildung abzuhängen. 6. die intracellulären Spalten meist leicht erweitert sind, vor allem in der mittleren

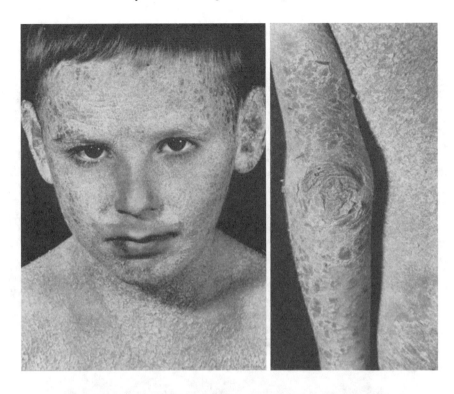

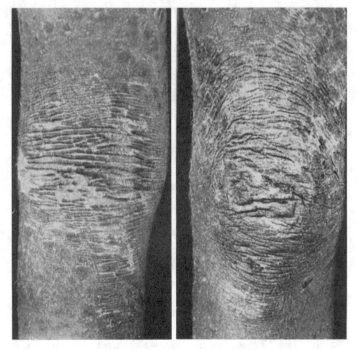

Abb. 11. Erythrodermia congenitalis ichthyosiformis. Beginn seit der Geburt mit Blasen am ganzen Körper, jetzt keine Blasen, histologisch diskrete granuläre Degeneration. Palmae und Plantae frei   (D)

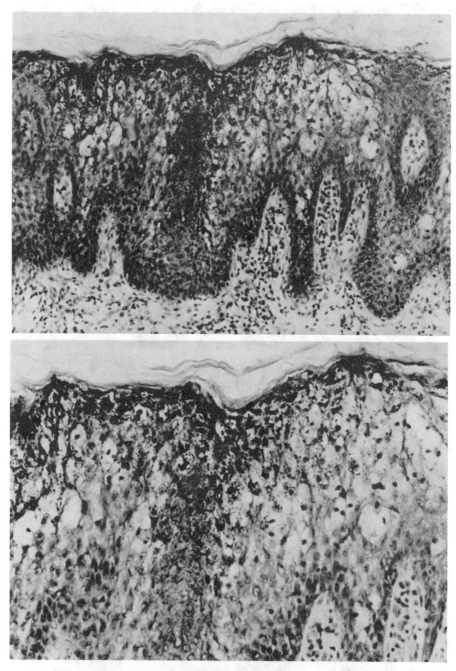

Abb. 12. Histologie des Falles Abb. 10. Massiv granuläre Degeneration bei klinisch blandem, einer Erythro-Keratodermie gleichenden Befund (D)

Stachelzellschicht. Die Chromosomen sind weitgehend normal. Es finden sich keine sicheren Hinweise für akantholytische Prozesse. 7. daß es zu einer deutlichen Vermehrung der Ribosomen kommt, die nach oben immer auffälliger wird. Diese

Vermehrung läßt sich nicht nur bei stärkerer Klumpenbildung, sondern auch schon bei „Strähnenbildungen" erkennen.

Eine ähnliche granuläre Degeneration findet sich bei der trockenen Ichthyosis congenita nicht. Bei letzterer kommen zwar gelegentlich — sekundär anzusehende — Blasen ohne granuläre Degeneration vor. Dagegen gehören (nach GASSER, 1964; SCHNYDER und KLUNKER, 1966) zwei weitere, noch nicht genügend geklärte Zustände zum Formenkreis der Erythrodermia congenitalis ichthyosiformis bullosa.

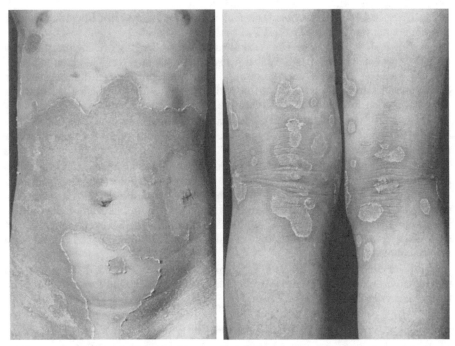

Abb. 13. Erythrodermia congenitalis ichthyosiformis bullosa. Klinisch blande Form (einer Erythrokeratodermie bzw. der Ichthyosis vulgaris gleichend), histologisch mit stärkster granulöser Degeneration (D)

1. *Systematisierte, keratotische, Ichthyosis hystrix-artige Naevi,* die eine gleiche histologische Struktur und ein intrafamiliäres *Alternieren mit der Erythrodermia congenitalis ichthyosiformis bullosa* zeigen (Fälle von BARKER und SACHS, 1953; GOTTRON, 1943; HORNSTEIN, 1966; NIKOLOWSKI und LEHMANN, 1960). ZELIGMAN und POMERANZ berichteten 1965 über 4 Fälle von Ichthyosis hystrix und einen Fall von Naevus unius lateris, die histologisch eine granuläre Degeneration zeigten und als (bullöse) Abarten der Erythrodermia congenita ichthyosiformis angesehen werden.

2. Eine noch nicht näher abgegrenzte Gruppe von *Palmar-Plantar-Keratosen,* die feingeweblich ebenfalls *eine granuläre Degeneration* aufweisen (Fälle von SELMANOWITZ, 1927; H. OLLENDORFF-CURTH und MACKLIN, 1954).

Man kann GASSER nur zustimmen, der seine sehr sorgfältigen Untersuchungen über die Erythrodermie congénitale ichtyosiforme bulleuse (1964) mit der Feststellung beschließt: „In dem Maße, wie man bei *Ichthyosis-congenita*-Fällen Blasen oder deren histologisches Äquivalent (granulöse Degeneration) findet, gehören sie zum Formenkreis der *Erythrodermia congenitalis ichthyosiformis bullosa".

IV. Ichthyosis vulgaris

Der Ichthyosis congenita und der Erythrodermia congenitalis ichthyosiformis bullosa steht als weitere nosologisch selbständige Gruppe diejenige der Ichthyosis vulgaris gegenüber. Unterscheidungsmerkmale sind vor allem:

1. *Das spätere Auftreten*. Die Krankheit ist nicht angeboren, die ersten Erscheinungen treten um das 1. Lebensjahr auf. Spätere Manifestation (bis ins 4. Dezennium) ist möglich. Der Verlauf ist zunächst (meist etwa bis zur Pubertät) progredient, um dann stationär zu werden.

2. *Eine andere Lokalisation*. Die Gelenkbeugen bleiben im allgemeinen frei, meistens auch die Handteller und Fußsohlen.

3. *Ein anderer Erbgang*. Die Verhältnisse sind allerdings noch komplizierter als bei den bisher besprochenen Ichthyosisformen, als zwei verschiedene Erbmodi bei der gleichen Gruppe vorkommen: neben einem autosomal-dominanten ein x-chromosomal recessiver. Der autosomal-dominante Erbgang ist allerdings für die geläufigsten Formen der Ichthyosis vulgaris anzunehmen.

Die große Schwankungsbreite des Manifestationsalters und der stark variierende Schweregrad machen das klinische Bild der Ichthyosis fast noch bunter als bei der Ichthyosis congenita I bis III.

HEBRA unterschied eine *Ichthyosis simplex, nitida* und *hystrix*; KAPOSI eine *Ichthyosis simplex, nitida* (beide sollten einer Gruppe angehören), eine *Ichthyosis serpentina und hystrix*. Die Ichthyosis serpentina wird häufig als Sauriasis bezeichnet. BRUHNS hielt sich in seinem Beitrag im großen und ganzen an die Gliederung KAPOSIs. DEGOS unterscheidet eine Xérodermie, eine Ichtyose scutulaire et serpentine, eine Ichtyose cornée (Sauriasis und Ichthyosis hystrix) und eine Ichtyose noire.

Von der Ichthyosis vulgaris (IV) trennen wir als selbständige Gruppen ab: die Ichthyosis hystrix gravior (V), die Ichthyosis vulgaris bullosa (VI) und die Ichthyosis vulgaris localisata (VII).

Klinisches Bild

In der Regel werden (auch BRUHNS geht so vor) der Ichthyosis vulgaris 2 führende klinische Symptome zugeordnet:

1. eine abnorme Trockenheit (Xerodermie) und auf dieser extrem trockenen Haut

2. eine — in ihrer Stärke außerordentlich wechselnde — Schuppung.

Es fragt sich, ob diese Deutung richtig ist, d. h. ob die bei der Ichthyosis vulgaris anzutreffende Verminderung der Talg- und Schweißdrüsensekretion als unabhängig von der Schuppung betrachtet werden darf. Es könnte nämlich sein, daß die fehlende Durchfeuchtung der Hautoberfläche auch verantwortlich ist für den festeren Zusammenhalt des Stratum corneum, das nicht mehr in unmerklicher und fortgesetzter Weise abgestoßen werden kann, und infolge dieser fehlenden Abstoßung zu dem Phänomen der Schuppenbildung führt. Dieser „Monismus" der Symptomatologie scheint mindestens für die leichtesten Formen der Ichthyosis vulgaris, die Xerodermie und die Ichthyosis simplex annehmbar zu sein. Bei der ersteren, der *Xerodermie* ist die — mikroskopisch nachweisbare — Schuppung klinisch kaum zu fassen; die Hautoberfläche fällt lediglich als sehr trocken und spröde auf (Abb. 14). Erst der über die Haut hinstreichende Fingernagel hinterläßt eine weiße Spur, in der die feinen, kleieförmigen Hornlamellen aufgerauht und optisch sichtbar gemacht sind. Bei der *Ichthyosis simplex* ist die Schuppung bereits so stark, daß sie ins Auge fällt (Abb. 15). Die Bewegung des Muskelspiels bedingt jedoch Einrisse in dem festhaftenden, wenn auch noch zarten — und durchaus nicht den ganzen Körper einnehmenden — Schuppenkleid, das in seiner Zusammensetzung wohl nicht so sehr der Hautfelderung, sondern den Gesetzen von Zug und Druck folgt: es entstehen auf diese Weise facettierte Muster, rauten-förmige Begrenzungen einzelner Schuppenareale, die aber noch kaum durch Furchen voneinander getrennt sind (Abb. 15). Die Beugeseiten bleiben fast immer frei, was vielleicht — woran wohl noch kaum gedacht wurde, worüber jedenfalls keine Untersuchungen existieren — eine mechanische Erklärung finden könnte: die Gelenkbeugen als besonders beanspruchte Stellen würden sozusagen durch

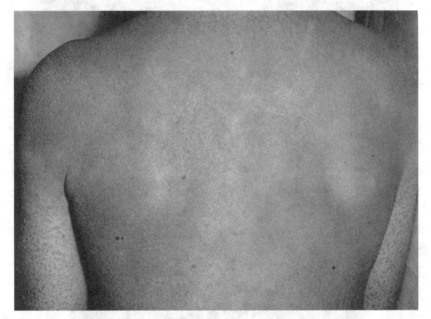

Abb. 14. Xerodermie. Die kleinlamellöse Schuppung ist erst nach einem Kratzstrich bzw. mit der Lupe zu erkennen

die Aktion der Bewegung, die hier am größten ist, von jeder Schuppenbildung freigehalten.

Bei den stärkeren Formen der Ichthyosis vulgaris kann die mangelnde Durch-feuchtung der Hautoberfläche wohl nicht allein für die Ausbildung von Schuppen verantwortlich gemacht werden; hier trifft es wahrscheinlich zu, daß Trockenheit der Haut und Schuppung als ursächlich nicht ausreichend miteinander korreliert anzusehen sind. Vielleicht gilt das bereits für die *Ichthyosis nitida*, deren recht-eckige (aber auch runde oder ovale) Schuppen intensiv weiß, am Rande eingerollt (also von der Unterfläche abgehoben), im Zentrum jedoch dunkler getönt er-scheinen können (Abb. 16). Bei der *Ichthyosis serpentina* werden die Schuppen noch dicker, ihr Kolorit wird dunkelgrau oder grünlich, auch schwärzlich (*Ichthyo-sis nigricans*)[1]. Die Franzosen sprechen von einer Ichtyose scutulaire et serpentine (Abb. 17, 18). Durch die gleichzeitig tiefer werdenden Furchen zwischen den

---

[1] Über Fälle von *Ichthyosis nigricans* berichteten SCHÖNFELD sowie GIANELLI und MON-TERO. Fälle von *Ichthyosis serpentina* wurden vorgestellt von BÁRD, von FALKENSTEIN, von MUSGER (Kombination von Ichthyosis simplex und serpentina), von PASTINSKY (Ichthyosis serpentina nigricans), von SPILLMANN, WEIS und ROSENTHAL (Sauriasis-Form, die von den Autoren allerdings ohne ausreichende Anhaltspunkte mit einer connatalen Syphilis in Zu-sammenhang gebracht wurde) und von VOSTRČIL.

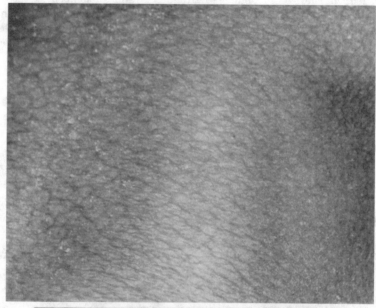

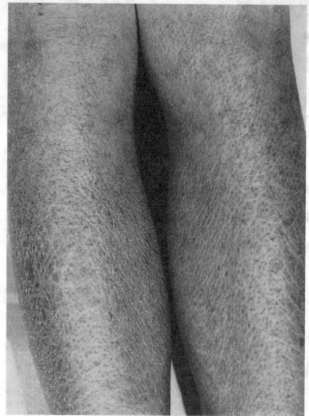

Abb. 15. Ichthyosis vulgaris simplex

einzelnen Schuppen wird das Aussehen den Schuppenplättchen der Schlangenhaut ähnlich, was auch mit der regelmäßigen Form der einzelnen Schuppen zusammen hängt. Mit der Schwere der Ausprägung nimmt die Ausdehnung des Befalls zu, was auf ein weiteres pathogenetisches Moment schließen läßt: bei der Xerodermie und der Ichthyosis simplex sind es vorwiegend die Streckseiten der Gliedmaßen und seitliche Teile des Rumpfes, bei der Ichthyosis nitida Gliedmaßen und Rumpf, bei der Ichthyosis serpentina außer Gliedmaßen und Rumpf auch Hals und Gesicht, die ergriffen werden können.

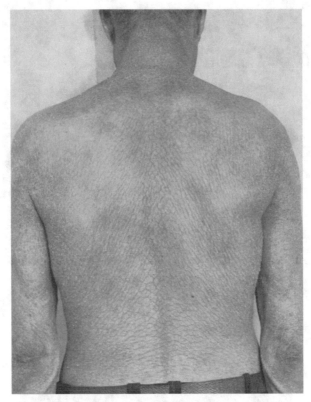

Abb. 16. Ichthyosis vulgaris nitida

Als der stärkste Grad der Ichthyosis vulgaris ist die *Ichthyosis hystrix* anzusehen, bei der jedoch gewisse terminologische Überschneidungen zu beachten sind, auf die vor allem SCHNYDER und KLUNKER hingewiesen haben. Die rein deskriptive Bezeichnung meint lediglich eine zotten- oder kegelartige Verstärkung einer ichthyotischen Hautveränderung (Abb. 19). Eine solche findet sich bei 3 verschiedenen, nosologisch zu trennenden Ichthyosen:

1. als stärkster Verhornungsgrad der Ichthyosis vulgaris, zu bezeichnen als Ichthyosis (vulgaris) hystrix mitior,

2. bei der Erythrodermia congenita ichthyosiformis bullosa, wenn auch meist nur in einzelnen Arealen (Beugeseiten, Rumpf),

3. in einem morphologisch exzessiven Grad bei monströsen Ichthyosen, der Ichthyosis hystrix gravior (Abschnitt V).

Bei der Ichthyosis hystrix mitior finden sich also auf einer insgesamt ichthyotischen Haut (meist vom Typ der Ichthyosis serpentina) an bevorzugten Stellen,

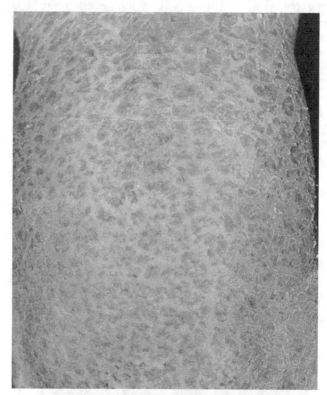

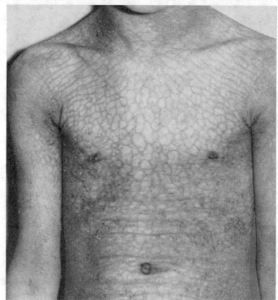

Abb. 17. Ichthyosis vulgaris serpentina

im allgemeinen über den Gelenkbeugen, mächtige Hornauflagerungen, die wulst-
kamm- oder stachelförmig sich hoch über das Niveau der Haut erheben (Abb. 19)

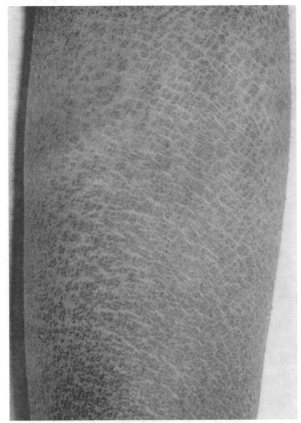

Abb. 18. Ichthyosis vulgaris nigricans

Zur Kasuistik

Ohne Besonderheiten, als Ichthyosis (= Ichthyosis vulgaris) beschrieben, sind etwa die Fälle von MADERNA, ROA und JAPULUCCI, SALIN. KOLLERS Fall zeigt ein Merkmal, das häufig zu beobachten ist, obgleich im Schrifttum darüber wenig Hinweise zu finden sind (SCHÖN-FELD betont dieses Zusammentreffen immer wieder). Bei der Ichthyosis simplex, oft auch bei der bloßen Xerodermie, finden sich nämlich außer den Schuppenherden am Körper (Streck-seiten der Gliedmaßen, Glutäen) stärkere, oft *schwielenartige Hyperkeratosen über Ellbogen und Knien.* Diese Veränderungen lassen auch dann auf das Vorliegen einer (latenten) Ichthyosis schließen, wenn die übrigen Erscheinungen schwach ausgeprägt oder durch Hautpflege temporär verschwunden sind.

Blasen kommen bei der Ichthyosis vulgaris nicht vor. Diesen Standpunkt vertritt KOGOJ mit aller Entschiedenheit, der in mehr als 100 genau untersuchten Fällen von Ichthyosis vulgaris nie Blasen sah. Die Auffassung von KOGOJ ist als Regel richtig, auch wenn wir einen eigenen Abschnitt (VI) der sehr seltenen, mechanisch bedingten Ichthyosis vulgaris bullosa widmen.

Beteiligung der *Schleimhäute* bei der Ichthyosis vulgaris ist kaum bekannt. Der von BROWN und GORLIN (1960) beschriebene Fall bei einem 14jährigen Mädchen war ein keratotischer Naevus vom Typ der Ichthyosis hystrix: befallen waren — in halbseitiger Anordnung — Nacken, Augenlider, Mundschleimhaut, Rücken, Bauch- und Anogenitalbereich. Auch noch in anderen Schrifttumsfällen von halbseitigem keratotischem Naevus ist Schleimhautbefall vermerkt.

Als ungewöhnlich hat bei der Ichthyosis vulgaris, vor allem bei der Ichthyosis simplex, der *Befall von Handtellern und Fußsohlen* zu gelten. MONCORPS hat in seinem

Handbuchbeitrag betont, daß Ichthyosis vulgaris und Palmar-Plantar-Keratosen zwei zu trennende Zustände sind; dieser Auffassung ist auch M. Friedländer. Streng von der Ichthyosis vulgaris zu trennen (rein zufällig kombiniert) sind etwa *striäre Palmar-Plantar-Keratosen* (Abb. 20). Beide (autosomal dominant vererbten) Zustände sind relativ häufig und können deshalb gelegentlich zusammentreffen.

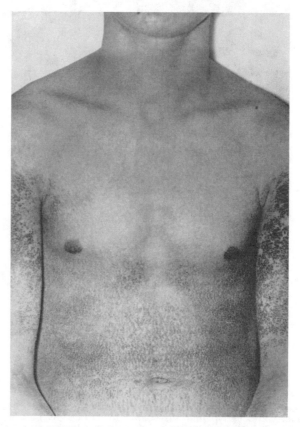

Abb. 19. Ichthyosis vulgaris hystrix, partim nigricans. Zottenartig-schwärzliche Keratosen, Ellbeugen frei

Bei dem 12jährigen Patienten von Politzer stellten Wise und Gross in der Diskussion die Diagnose Keratoma palmare et plantare, so daß auch hier wahrscheinlich zwei verschiedene Zustände vorlagen. Der Fall von Goldschlag (20jähriges Mädchen) zeigt die ichthyotischen Veränderungen nur schwach ausgeprägt (am stärksten in Lenden- und Kreuzbeingegend); indessen leiden von insgesamt 6 Geschwistern 3 an einer Ichthyosis vulgaris. Einwandfrei scheinen die Beobachtungen von Matras, sowie Wise. Der Fall von Barraquer-Bordas zeigt nicht nur eine (ausschließliche) Ichthyosis der Beine und Plantarkeratosen, sondern gleichzeitig andere Ausfallserscheinungen im Sinn einer dysrhaphischen (medullo- und radikulär-dysplastischen) Fehlentwicklung.

1. Assoziierte Symptome — Randsymptome — Übergänge zu den Dysplasien

Bei der Ichthyosis vulgaris finden sich weitere Defekte, fast häufiger als bei der Ichthyosis congenita und den mit ihr verbundenen Syndromen.

Die Vielfalt der vorkommenden Kombinationsformen und die Übergänge zu den dysplastischen Syndromen lassen das Gebiet der Ichthyosis vulgaris als kaum

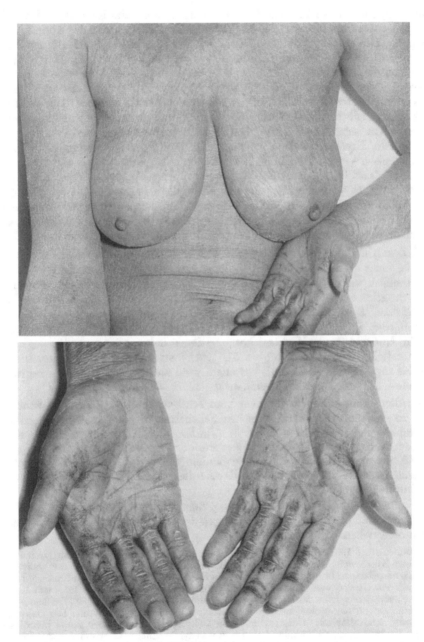

Abb. 20. Ichthyosis vulgaris simplex mit striären Palmarkeratosen (zufällige Kombination zweier autosomal dominanter Keratosen)

scharf abgrenzbar erscheinen. Haben uns bei der bisherigen Einteilung vor allem genetische Gesichtspunkte geleitet, so wird dieses Ordnungsprinzip hinsichtlich der unscharfen morphologischen Grenzen durchaus fraglich. Bei einem nicht unerheblichen Teil der Schrifttumsfälle, vor allem, wenn sie nur als „Ichthyosis" deklariert sind, ist eine sichere Zuordnung nicht möglich, zumal Ichthyosis vulgaris und die trockene Form der Erythrodermia congenita ichthyosiformis das späte

Auftreten, den autosomal-recessiven Erbgang (soweit der Erbmodus überhaupt geklärt ist, was für die allermeisten Fälle nicht zutrifft!) und das klinische Erscheinungsbild gemeinsam haben können. Nicht umsonst stellt H. OLLENDORFF-CURTH fest, daß in der gleichen Familie verschiedene Formen der Ichthyosis alternierend miteinander vorkommen können; auch GAHLEN betont die fließenden Übergänge der Ichthyosen untereinander. Trotz seines Festhaltens an einer genetisch orientierten Klassifikation der Ichthyosen hat GREITHER (1959) anläßlich eines schwer rubrizierbaren Falles die Frage aufgeworfen, ob es nicht fließende Übergänge zwischen Ichthyosis vulgaris und Ichthyosis congenita gibt, zumal die nichtbullöse Erythrodermia congenita ichthyosiformis — zumindest klinisch morphologisch — eine Art Bindeglied zwischen Ichthyosis vulgaris und Ichthyosis congenita darstellt. Andererseits darf nicht übersehen werden, daß das Alternieren von Ichthyosis congenita und vulgaris in der gleichen Familie, wie FLIEGEL-MAN (1962) an einer Negerfamilie festgestellt hat, sich auf 2 verschiedene Gene und verschiedenen Erbgang (einfach recessiv bei der Ichthyosis congenita und dominant mit geringer Penetranz bei der Ichthyosis vulgaris) zurückführen läßt.

SALFELD und LINDLEY haben 1963 diesen Gedanken aufgenommen und am Beispiel einer — den Ichthyosen und den Dysplasien gemeinsamen — Randsymptomatik weitergesponnen. In ihrem Fall bestanden neben einer (nur schwer als solche erkennbaren) Ichthyosis vulgaris Bambushaarbildung und Zeichen einer hidrotischen Dysplasie. Gerade die *Ichthyosis vulgaris scheint sowohl zu den Dyskeratosen als auch zu den Dysplasien hinsichtlich ihrer Randsymptome affin zu sein.* Nur wenige der Merkmalskombinationen haben es zu einer nosologischen Selbständigkeit gebracht (wie etwa die Ichthyosis vulgaris mit Kryptorchismus und das sog. Refsum-Syndrom), vor allem wohl auch deshalb, weil die zugrunde liegende Ichthyosis-Form nicht eindeutig geklärt ist.

Zu den kaum exakt zu definierenden Ichthyosis-Formen scheinen auch die Fälle zu gehören, die im französischen Schrifttum in Kombination mit ossärer Dystrophie und retardierter Pubertät (JOULIA, 1959; DUPERRAT, 1959), mutilierender Akropathie und ossifizierender Periostose (ROUSSELOT u. Mitarb., 1967) beschrieben wurden. Die diesen Zuständen zugrunde liegende Verhornungsanomalie ist teils als „Ichthyosis", teils als (offenbar nichtbullöse) Erythrodermie congénitale ichtyosiforme bezeichnet.

Wenden wir uns nun den *assoziierten Symptomen bei Ichthyosis vulgaris* zu, so fällt auf, daß im Vordergrund Störungen der *Intelligenz* und die *neurologischen* Symptome stehen.

BREDMOSE ist 1937, angeregt durch die Befunde von HENRICHS an einem großen norwegischen Krankengut, der Kombination zwischen Ichthyosis vulgaris und cerebralen Störungen nachgegangen. Er fand in einer Reihe von Fällen eine Ichthyosis mit Epilepsie, Migräne, verschiedenen Graden von Imbezillität und Trunksucht vergesellschaftet. In einem Einzelfall, der zur Sektion kam, fand sich — es handelte sich um ein 28jähriges Mädchen — die Kombination von monogoloider Idiotie, spastischer Parese und Ichthyosis. Die makroskopische und mikroskopische Untersuchung von Gehirn und Rückenmark zeigte neurohistologische Veränderungen im Sinne von VOGTS Status dysmyelinisatus: Atrophie und Zellverfall des Gehirns, vermehrtem Pigmentgehalt und lipoider Reaktion des Pallidum und der Substantia nigra, sowie primärer Pyramidenbahndegeneration. Dieser Fall zeigt also, wenn auch nicht von der Ichthyosis congenita, sondern von der Ichthyosis vulgaris her, eine gewisse Analogie mit dem von SJÖGREN und LARSSON beschriebenen Syndrom.

LAUBENTHAL hat 1939 richtungsweisende Befunde über *Schwachsinn und Idiotie bei Ichthyosis vulgaris* veröffentlicht. Seine Untersuchungen gingen zunächst von 23 nicht ausgesuchten Kranken der Bonner Hautklinik aus, die an Ichthyosis vulgaris verschiedenen Schweregrades litten. 21 Sippen dieser primären Ichthyosis-Kranken wurden mit insgesamt 458 Angehörigen (außer den 23 Probanden) erfaßt und untersucht; unter ihnen fanden sich weitere 50 Fälle von Ichthyosis vulgaris (Sekundärfälle).

Bei den 23 Primärfällen mußten 6 als intellektuell unterwertig, teilweise auch antriebsschwach, gewertet werden. Drei davon waren als schwachsinnig zu bezeichnen. Endogene Verstimmungen wurden 3mal, psychopathische Reaktionsweisen verschiedener Form ebenfalls 3mal festgestellt. Bei den 50 Sekundärfällen fanden sich 4mal Schwachsinn, intellektuelle Minderbegabung 9mal, Störungen des Antriebs ohne wesentliche intellektuelle Minderbegabung lagen in 3 Fällen vor. Ausgesprochene cyclothyme Verstimmung wurde in 3 Fällen festgestellt.

In *neurologischer Hinsicht* fand sich 12mal ein Tremor, der in seiner Art am ehesten an die Zittererscheinungen bei Basedowscher Krankheit erinnerte. Außerdem zeigten sich Erkrankungen des extrapyramidalen Systems. Vier Fälle hatten eine Paralysis agitans, 5 weitere Fälle zeigten Erkrankungen der Stammganglien, deren klinische Symptomatologie (teils Hypo-, teils Hyperkinesen) keinen Anhalt für eine exogene Auslösung zeigten. Auch spinale Symptome kamen „häufig" vor (abgeschwächte oder fehlende Patellarreflexe, umschriebene progrediente Vorderhornerkrankungen).

Auf die dermatologischen und endokrinologischen Befunde Laubenthals wird später einzugehen sein; zunächst seien noch weitere Angaben über *neurologische Störungen* angeführt.

2. Neurologische Störungen

Helman (1947) fand unter den 4 Kindern eines normalen, nicht blutsverwandten Elternpaares, daß das 1. Kind ein Kretin war, das 2. und 3. normal, das 4. (zur Zeit der Untersuchung 18 Monate alt) eine Ichthyosis vulgaris aufwies. Hier war also Kretinismus und Ichthyosis nur in der gleichen Familie, nicht am gleichen Kranken kombiniert.

Sundt fand 1947 unter 18 eigenen Fällen von Ichthyosis vulgaris 5, bei denen weitere Mißbildungen bestanden (Pseudoaphroditismus, Albinismus, atrophische Ohrmuscheln, Imbezillität, Skeletveränderungen). Sundt zieht daraus den pathogenetischen Schluß, daß die Ätiologie der Ichthyosis vulgaris nicht in einer bloßen Persistenz des embryonalen Epitrichiums zu suchen sein könne (was bislang höchstens für die sog. Collodiumhaut diskutiert worden war).

Interessant sind die Beobachtungen Ploogs (1947), der an 5 bzw. 4 ichthyotischen Kranken im Zusammenwirken von Mangelernährung und Insolation das Auftreten spastischataktischer tetraplegischer Symptome beobachtet hat.

Maruri (1949) bestätigt die Auffassung von Touraine, der die Ichthyosis vulgaris wegen der neurologisch-psychischen Störungen als „Psycho-Ectodermose" bezeichnet. In der Ascendenz, nicht an den Ichthyosis-Kranken selbst, fanden sich wechselweise mongoloide Idiotie, adiposogenitales Syndrom und zahlreiche psychische Störungen, die zum Teil unregelmäßig dominant, zum Teil recessiv übertragen werden.

3. Weitere mögliche Mißbildungen bei Ichthyosis vulgaris,

die das Bild erheblich komplizieren, sind auch noch beschrieben. Einschränkend muß freilich bemerkt werden, daß mehrere Autoren nur schlechthin von „Ichthyosis" sprechen und eine Entscheidung, welche Form vorliege, oft nicht möglich ist.

Während bei der Ichthyosis congenita Mißbildungen oder Störungen der Genitalorgane und der Fortpflanzungsfunktion nicht geläufig sind, wurden bei der *Ichthyosis vulgaris Kryptorchismus* (Lieblein, Heller, Sonneck) und *Hodenatrophie* (Uehida) beschrieben. Bekannt sind *Onychogryposis* und *Dupuytrensche Kontrakturen* (Bisgaard-Frantzen), *Hohlfuß* mit atrophischen Störungen (Barraquer-Bordas), *trophische Störungen* der Hände (Bureau und Rollinat), *Krallenhände und -füße* (Fahlbusch), *Perthessche Krankheit* (nichttuberkulöse Deformation des Femurkopfes und Veränderungen der Hüftpfanne) (Kojima-Tozawa), *akrofaciale Dysostose* (Korting), *Zahnveränderungen*, allerdings bei gleichzeitiger latenter Syphilis (Gaté und Charpy, Gebhardt, 1966; siehe auch bei Laubenthal), *Verdauungsstörungen* bei Ichthyosis vulgaris haben Iancu und Manu gesehen. Darüber haben ferner Kuhlmann und Wagner ausführlich berichtet: bei 6 von 12 Ichthyosis-Kranken fanden sich schon klinisch Hinweise auf Magen-Darmstörungen, wie wechselnde Stuhlbefunde, Plätschern in der Ascendensgegend und Druckempfindlichkeit am Ileum- und Jejunum-Punkt. Röntgenologisch ließ sich eine chronische Enteritis, meist vom hypermotorischen Typ, nachweisen. Die Gesamtpassage des Dünndarms war beschleunigt, es fanden sich Tonusstörungen meist segmentärer Art, Dilatationen, die mit stark segmentierten Stellen abwechselten. Stets fand sich eine Sekretvermehrung im Dünndarm.

Bemerkenswert sind die Befunde weiterer dermatologischer sowie endokriner Störungen, die LAUBENTHAL (außer den bereits besprochenen psychischen und neurologischen Störungen, sowie dem Schwachsinn) an den 458 Sippenangehörigen von 23 Ichthyotikern (mit 50 Sekundärfällen von Ichthyosis) gefunden hat.

Bei den 23 Ausgangsfällen wiesen $^1/_3$ Verhornungsanomalien an Handinnenflächen und Fußsohlen auf, $^1/_5$ der Fälle Ekzeme, bei einem weiteren Fünftel fand sich eine Cyanose der distalen Gliedmaßenanteile und in einem Siebtel Gefäßerweiterungen der Wangen- und Brustgegend. Ähnlich (ohne Zahlenangaben) waren die Befunde bei den 50 Sekundärfällen. Sind diese *dermatologischen* Befunde als nicht besonders auffällig zu bezeichnen (68 der Untersuchten zeigten eine Keratosis pilaris ohne Ichthyosis vulgaris), so sind die Besonderheiten im Körperbau bemerkenswert: es fanden sich 10 Fälle von Magerwuchs, 5 Fälle von asthenischem Hochwuchs und 9 Fälle von Kleinwuchs in der Primär- und Sekundärgruppe. (Eine somatische Unterentwicklung bei Ichthyosis vulgaris fand unter anderem auch PISACANE.) Am auffälligsten waren die Wachstumsstörungen der *Acren:* unter den Primärfällen fand sich 4mal eine Arachnodaktylie, einmal eine Kamptodaktylie des Kleinfingers, 2mal eine Krümmung des Kleinfingers; unter den sekundären 6mal Kurzfingrigkeit, einmal Polydaktylie und 3mal Arachnodaktylie. Unter den Ausgangsfällen fand sich 2mal eine endogene Fettsucht; unter den Sekundärfällen einmal eine Dystrophia adiposogenitalis. Unter den 458 Sippenangehörigen wurde ferner gefunden: ein Epicanthus (8mal), Lagophthalmus (2mal), Katarakte verschiedener Art (13mal), Kolobome (2mal), Prognathie oder sonstige Störungen der Kieferentwicklung (20mal), auffallende Breite des Gaumens (10mal), Diastase der Schneidezähne (6mal), sonstige Zahnstellungs- und Entwicklungsanomalien (13mal), Kyphosen (4mal). In *endokriner* Hinsicht sind Häufung von Diabetes, ovariellen Störungen, Hypogenitalismus, Störungen des Fettstoffwechsels bei Ichthyotikern bemerkenswert, während sich Schilddrüsenkrankheiten nicht gehäuft feststellen ließen.

LAUBENTHAL zieht aus der Fülle der an seinen Ichthyosisfällen aufgefundenen Symptome den Schluß, daß die Ichthyosis als eine endokrine Funktionsstörung mit primärem Angriffspunkt im Hypophysen-Zwischenhirn-System anzusehen ist; sie führt als eine erblich bedingte Störung zu einer polyphänen Merkmalsgestaltung.

Damit sind aber die bei Ichthyosis vulgaris beschriebenen Komplikationen von seiten anderer Organe nicht erschöpft: es sollen noch einige kasuistische Mitteilungen über weiteren Organbefall folgen.

Ichthyosis vulgaris im Verein mit *Myxödem* sah SIEBEN, vor ihm schon JORDAN. Schwer zu bewerten sind Angaben — im Sinne des ursächlichen Zusammenhangs — über *Alopecie* (MARZOLLO, MUSGER), ebenso über *Blasen* bzw. *Geschwüre* (CLASSENS); SIEMENS lehnt das Vorkommen von Blasen bei der Ichthyosis vulgaris ab, ebenso KOGOJ. Andere hyperkeratotische Veränderungen, wie *Tylosis* und *Carcinom* wie bei dem Fall von O'DONOVAN sind äußerst zweifelhaft; GOUGEROT u. Mitarb. beobachteten Ichthyosis vulgaris im Verein mit einem Naevus verrucosus. *Augenveränderungen* (Pannus der Cornea) sind von CORDES sowie TAUSSIG beschrieben, ohne daß es sicher wäre, daß ihre Fälle, die nur als Ichthyosis deklariert wurden, wirklich zur Ichthyosis vulgaris gehören. Anomalien der Ohrmuschel (Verkleinerung mit Verbreiterung und Verdickung des Helixrandes, im Verein mit Zahnanomalien) beschrieb — bislang als einziger — GEBHARDT (1966). — Insgesamt ist die Ichthyosis vulgaris (wie auch die Ichthyosis congenita) der *ektodermalen Dysplasie* eng benachbart, worauf SALFELD und LINDLEY (1963) anläßlich eines Falles von Ichthyosis vulgaris mit *Trichorrhexis nodosa, Bambushaarbildung* und *Trichodysplasie* hinweisen.

Augenveränderungen bei Ichthyosis vulgaris leiten über zu einem eigenen *Syndrom,* dessen komplette Form in der Kombination von *Cornea-Dystrophie, Ichthyosis vulgaris* und allergischen Manifestationen (*Heufieber* bzw. *Asthma*) besteht.

SAVIN berichtete 1957 über männliche Krankheitsträger mit kompletter bzw. abortiver Ausbildung des Syndroms. Die 1. Generation der untersuchten Familie war frei; in der 2. Generation fanden sich zwei — bereits verstorbene — männliche Merkmalsträger, der eine mit Ichthyosis und allergischen Erscheinungen, der andere mit Ichthyosis allein. In der 3. Generation wurden — außer 2 Kranken mit kompletter Ausbildung des Syndroms — festgestellt: ein Mann mit Ichthyosis und cornealer Dystrophie, ein weiterer mit cornealer Dystrophie und allergischen Erscheinungen, eine Frau hat — als abortive Cornea-Dystrophie — einen „weißen Ring" in der Cornea.

Außerhalb des genannten Syndroms ist die Kombination von *Ichthyosis vulgaris* und *Asthma* bzw. *Bronchitiden* wenig bekannt (über die gleiche Kombination bei Ichthyosis congenita, s. S. 13). Auf eine diesbezügliche Anfrage von internistischer Seite wies GREITHER (1959) auf die wenig geklärten Beziehungen zwischen beiden Zuständen hin. Der Mitbefall des Bronchialepithels bei der Ichthyosis (vulgaris wie congenita) wäre jedoch denkbar. Es wäre wünschenswert, wenn darüber mehr Beobachtungen vorlägen.

4. Ichthyosis vulgaris und Ekzem

Schwierig, und in dem hier gegebenen Rahmen thematisch nur anzudeuten, keinesfalls zu erschöpfen, ist die Rolle des *Ekzems* bei der Ichthyosis vulgaris. Ein Ekzem bei bestehender Ichthyosis vulgaris als Ausdruck des letzteren anzusehen, wie WORINGER es in einem Fall tat, hat PAUTRIER abgelehnt; die Zusammenhänge sind indessen in mehrfacher Art denkbar. Eine erste, und durchaus plausible Möglichkeit ist folgende: die Ichthyosis vulgaris bedingt eine gewisse Minderwertigkeit des Hautorgans, die für toxisch-degenerative Einflüsse im Sinn des vulgären und degenerativen Ekzems in stärkerer Weise als eine normale Haut disponiert. Darauf weisen unter anderem die Untersuchungen von ZIERZ, KIESSLING und BERG (1960) hin, die bei Ichthyotikern eine — hinsichtlich Alkaliresistenz und -neutralisation — minderwertige Haut gefunden haben. Dies kann jedoch nicht die einzige Relation sein, die zwischen Ichthyosis vulgaris und Ekzem besteht; denn auch das endogene Ekzem, die „atopic dermatitis" im amerikanischen Sprachgebrauch, kommt, wie ein vorsichtiger Schluß aus den vorliegenden Publikationen annehmen läßt, bei der Ichthyosis vulgaris häufiger vor. Hier können es nicht bloß toxisch-degenerative Einflüsse sein, hier sind die Beziehungen viel komplizierter. Von der Kombination: Cornea-Atrophie, Ichthyosis vulgaris und Asthma bronchiale bzw. Heuschnupfen war bereits die Rede; die wohlbekannte Kombination von Ichthyosis vulgaris und atopischer Dermatitis wäre ein Pendant dazu.

So einig sich die Forscher über die — vorsichtig ausgesprochen — „disponierende" Rolle der Ichthyosis vulgaris für ein gleichzeitig bestehendes Ekzem sind (u. a. BUFFAM, KUHLMANN und WAGNER, LAUBENTHAL, RAJKA, REYNAERS, SCHÖNFELD), so fehlen doch systematische Untersuchungen über die zahlenmäßige Häufigkeit der einzelnen Ekzemformen (vulgäres bzw. degeneratives Ekzem, Kontakt-Ekzem, endogenes Ekzem, Lichen chronicus VIDAL) gegenüber Normalen. So können wir es in dem hier gesteckten Rahmen nicht als unsere Aufgabe betrachten, die verstreuten Einzelberichte zu dem Thema, das noch einer systematischen Bearbeitung bedarf, zu sammeln und zu diskutieren.

5. Mit Ichthyosis vulgaris (zufällig) vorkommende Dermatosen

Über das Vorkommen folgender Dermatosen bei Ichthyosis vulgaris ist berichtet worden:

Psoriasis vulgaris (FRITZSCHE, GERKE, KONRAD, MINAMI, P. W. SCHMIDT), *Acrodermatitis atrophicans* (P. W. SCHMIDT), *Lymphogranulomatose* (BUREAU, PICARD und BARRIÈRE, SNEDDON, STEVANOVIČ, WEBSTER, BLUEFARB und SICKLEY), *Epidermodysplasia verruciformis* LEWANDOWSKY-LUTZ (GOTTRON).

Palmar-Plantar-Keratosen kommen im allgemeinen bei der Ichthyosis vulgaris nicht vor. Das schließt nicht aus, daß eine Ichthyosis vulgaris z. B. mit flächenhaften oder dissipierten Palmar-Plantar-Keratosen einhergehen kann (s. etwa den Fall KIRSCH, 1957/58; WOLFF, 1964). Hier handelt es sich um eine Kombination zweier verschiedener Krankheitszustände. Diese Frage ist im Kapitel Palmar-Plantar-Keratosen noch ausführlich abzuhandeln.

Bei manchen Zuständen muß es offenbleiben, ob sie mehr als zufällig mit einer Ichthyosis vulgaris kombiniert sind. Landor (1951) nimmt z. B. an, daß die bei seinem 39jährigen Kranken mit Ichthyosis vulgaris (in milder Form) vergesellschafteten *Syringocystadenome* an Hals, Brust und Bauch insofern nicht zufällig seien, als die trockene, schuppende Haut der Ichthyosis die normalen Schweißdrüsen in ihrer Funktion zu behindern und die Proliferation von embryonalen Schweißdrüsen zu fördern vermöge.

6. Selbständige Syndrome mit Ichthyosis vulgaris

Unter den mit Ichthyosis vulgaris vorkommenden assoziierten Symptomen haben 2 die Selbständigkeit von Syndromen erhalten:
1. die Ichthyosis vulgaris mit Kryptorchismus und
2. das sog. Refsum-Syndrom.

a) Ichthyosis vulgaris mit Kryptorchismus

Schon beim Syndrom Ichthyosis congenita mit Hypogenitalismus haben wir den Verdacht geäußert, daß es sich nicht um eine Ichthyosis congenita, sondern um eine Ichthyosis vulgaris handele. Andererseits ist bei den hier einschlägigen Fällen der Charakter der mit Kryptorchismus einhergehenden Verhornungsanomalien als Ichthyosis nicht sicher belegbar (Fälle von Lieblein sowie Bloch, s. Schnyder und Klunker). Sichere Fälle der erwähnten Kombination stammen von Sonneck (1952), O. Heller (1937), Nékám (1929). Der von Salfeld und Lindley beobachtete Fall von Ichthyosis, Kryptorchismus, Trichorrhexis nodosa (Bambushaar mit Invagination), Hypotrichie, Nagelstörungen, Gesichtsmißbildungen und Intelligenzschwäche, der insgesamt die Züge einer ektodermalen Dysplasie trägt, wird von den Autoren der Ichthyosis vulgaris zugeordnet (Histologie, Verlauf usw.), obgleich uns das Vorliegen einer Ichthyosis congenita nicht ausschließbar erscheint.

b) Refsum-Syndrom, 1946
(Heredopathia atactica polyneuritiformis, Heredoataxia hemeralopica polyneuritiformis)

Das sog. Refsum-Syndrom ist ein nicht obligat mit Ichthyosis verbundener, zunächst als „Heredopathia atactica polyneuritiformis" beschriebener Zustand mit recessiver (vor allem in blutsverwandten Ehen auftretender) Vererbung. Die Symptome sind: Nachtblindheit, atypische Retinitis pigmentosa mit konzentrisch eingeengtem Gesichtsfeld, chronisch-polyneuritisähnliche Zustände, mit Ataxien und anderen cerebellaren Symptomen. Ferner finden sich Abweichungen im EKG, Zell- und Eiweißerhöhung im Liquor. Nicht regelmäßig vorhanden sind neurogene Gehörschwächung und epiphysäre Dysplasien des Ellbogen-, Schulter- und Kniegelenks. Von den Originalfällen starben 3 an einer Respirationsparalyse. In der Originalbeschreibung Refsums (1946) ist eine Ichthyosis in keinem der 5 monographisch genau beschriebenen Fälle vermerkt. 1949 bestätigten Refsum u. Mitarb. das Syndrom an 4 Kindern im Alter von 7—9 Jahren; bei den ersten beiden (Zwillingen) waren die Großeltern Geschwister, beim 4. Fall waren die Eltern Vettern. Die Eltern des 3. Kindes waren nicht blutsverwandt. Hier steigerte sich in allen Fällen die Hörschwäche bis zur Taubheit und es kam eine Ichthyosis (vulgaris) dazu, die nun — nachträglich — bei 2 von den Originalfällen (1946) zugegeben wurde. Fall 1 starb ebenfalls plötzlich.

Es sind aber nicht nur die Hauterscheinungen inkonstant, sondern auch die neurologischen Erscheinungen. Ashenhurst, Millar und Milliken beschrieben 1958 3 Fälle (Geschwister im Alter von 20—23 Jahren), bei denen die Erscheinungen sehr spät auftraten, und auch nicht die Form einer chronischen, progressiven Polyneuritis aufwiesen, sondern in Form akuter Attacken, in Fall 2 mit akutem Herztod, verliefen. Dazu kam (als Komplikation der Retinitis pigmentosa) eine hintere Linsentrübung und Aminacidurie (Fall 2). Eine leichte Schuppung der Hände und Füße wurde nur im Fall 1 vermerkt, in Fall 2 nicht erwähnt und in Fall 3 in Abrede gestellt.

Im Fall von CLARK und CRITCHLEY (1951) ist über den Hautzustand nichts erwähnt (30jähriger Mann aus einer Verwandtenehe), auch nicht bei R. FLEMING (1957), der über 2 Geschwister (30jährigen Mann und 26jährige Frau) berichtet, deren Eltern Vettern 1. Grades waren.

In einer sorgfältigen genetischen Studie bestätigen RICHTERICH, ROSIN und ROSSI (1965) den Erbgang als autosomal-recessiv; *pathogenetisch* nehmen sie als Ursache des Refsum-Syndroms einen Enzymdefekt (Störung des 3,7,11,15-Tetramethyl-Hexadecansäure-Stoffwechsels) an.

Weitere Einzelheiten, vor allem hinsichtlich der Differentialdiagnose, s. SCHNYDER und KLUNKER, dieses Handbuch, Bd. VII, S. 880f.

V. Ichthyosis hystrix gravior = monströse, naevusartige Keratose

Synonyma. Sauriasis, Ichthyosis sauroderma, Porcupine-man, Maleformatio ectodermalis generalisata, Hyperkeratosis monstruosa.

Die Gruppe der sog. Ichthyosis hystrix ist genetisch, klinisch und histologisch heterogen. Außer der zur Ichthyosis vulgaris gehörenden Ichthyosis hystrix (mitior), die gleichzeitig auch meist eine Ichthyosis vulgaris nigricans ist, gibt es eine wiederum in mehrere Formen zerfallende Ichthyosis hystrix major.

Es handelt sich dabei um oft geradezu abstruse, atavistisch anmutende Hornkleider, die bei der Geburt vorhanden sind oder sich bald nach der Geburt entwickeln, aber — im Gegensatz zur Erythrodermie congénitale ichtyosiforme oder Ichthyosis congenita — das Leben ihres Trägers in keiner Weise gefährden. Diese monströsen Keratosen sprengen aber andererseits ebenso den Rahmen der Ichthyosis vulgaris (und der Ichthyosis hystrix mitior), da sie trotz der Ausbildung abstruser Hornmassen eine sehr willkürliche und kaum einmal das ganze Integument befallende Lokalisation zeigen. Für eine lokalisierte Ichthyosis vulgaris zu schwer im Ausprägungsgrad der Keratosen, für eine generalisierte Ichthyosis nicht allgemein genug ausgebreitet, für eine Ichthyosis congenita gravis zu indifferent im Sinn einer Gefährdung des Trägers, vereinigt diese Gruppe Mißbildungen, die — insofern sie nicht der Erythrodermia congenitalis ichthyosiformis bullosa zugehören (Abb. 6—9) — als monströs-dysplastische keratotische Naevi aufgefaßt werden können, jedenfalls den Rahmen der Ichthyosis vulgaris überschreiten.

Der *Ichthyosis hystrix mitior* sind Fälle zuzuzählen, bei denen sich zottige Auflagerungen an einzelnen Körperstellen (Ellenbeugen, Achselhöhlen) mit einer allgemeinen *Ichthyosis vulgaris* meist vom Typ der *Ichthyosis serpentina* verbinden. Hierher gehören — mit geringen Spielarten untereinander — wohl die Fälle von BEDGHET, BERGGREEN, CORTELLEZZI, FRIEDMANN, GROSS, HADJITHEODOROU, HOPF, MALONEY, McFARLAND, MUSGER, O'DONOVAN, ROTTER, SAMMAN, SELLORS, WILLARD.

Zu den monströsen Keratosen, die den Schweregrad der Ichthyosis hystrix überschreiten, gehört der berühmte Kranke *Lambert*, den der Mathematiker und Astronom JOHN MACHIN im März 1731 — in seiner Eigenschaft als Schriftführer — vor der Königlich Wissenschaftlichen Gesellschaft in London vorgestellt hat. Dieser Fall wurde, wie BRUHNS erwähnt, außer von MACHIN von E. BAKER,

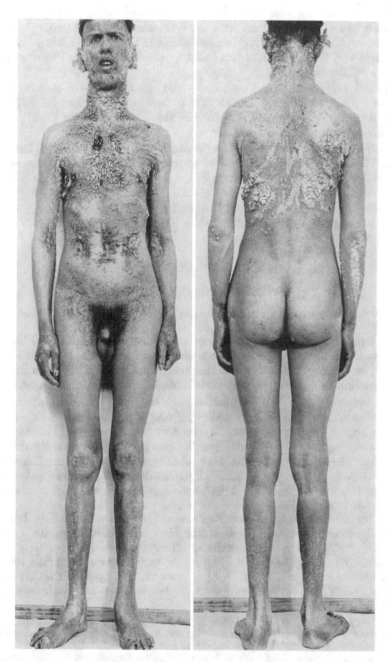

Abb. 21a u. b. Ichthyosis hystrix gravior, Sauriasis. (Nach BÄFVERSTEDT, 1957)

ASCANIUS, TILESIUS, ALIBERT und PETTIGREW in seinem Erscheinungsbild geschildert und von GASSMANN als Naevus angesehen. Inzwischen haben BETT,
MCFARLAND sowie MARMELZAT erneut über diesen Fall und das weitere Schicksal
der Familie berichtet. Der lange falsch interpretierte Stammbaum ist von PEN-
ROSE und STERN (1958) vervollständigt und richtig gedeutet worden.

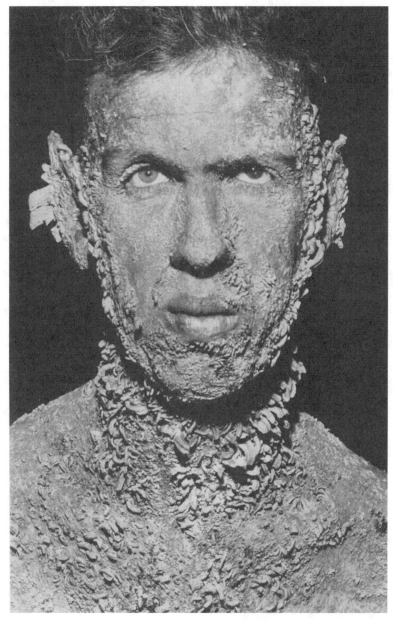

Abb. 21 b

Es handelte sich um den 14jährigen Sohn eines Landarbeiters aus Suffolk, der eine stachel-
artige Verdickung der Haut des ganzen Körpers, bis auf Gesicht, Handteller und Fußsohlen,
aufwies. Die Veränderung hatte bei Geburt nicht bestanden und begann nach einigen Lebensmonaten. Jeden Herbst „häutete" sich der Knabe. Die Eltern und Geschwister waren normal.
25 Jahre später berichtete H. BAKER von diesem Kranken, daß er in London als „Stachel-
schweinmann" zur Schau gestellt wurde; 5 von seinen 6 Kindern starben, das 6. war — wie
auch der Patient selbst — nach Erkrankung an den Pocken vorübergehend erscheinungsfrei.
Wie die Nachuntersuchungen von McFARLAND ergeben haben, kam in 4 weiteren Generationen
dieser Familie die Krankheit noch 10mal, nur bei Männern, vor.

Wegen des ausschließlichen Befalls von Männern in 6 Generationen wurde bislang ein holandrischer Erbmodus angenommen; bei der Revision des Stammbaums durch Penrose und Stern (1958) zeigte sich überzeugend ein autosomaldominanter Erbgang. Wegen fehlender histologischer Untersuchungen muß ungeklärt bleiben, ob die Erscheinungen nicht in die (autosomal-dominante) *Erythrodermia congenitalis ichthyosiformis bullosa* gehören.

In die letztere gehört der Fall von Ingram, bei dem gleichzeitig vorhandene Blasen die Richtung weisen.

Es handelte sich um einen als farnkrautähnlich geschilderten hyperkeratotischen Naevus, der beinahe den ganzen Rumpf und die Gliedmaßen bedeckte. Der Naevus bestand seit der Geburt, wobei das Verhältnis zwischen den Blasen und den verrukös-hyperkeratotischen Formationen offenbar so war, daß die Hyperkeratosen die Blasen verdrängten und sich an ihrer Stelle ausbildeten.

Offenbleiben muß die Einordnung des von Idelberger und Haberler als *Ichthyosis vulgaris* aufgefaßten Falles mit monströsen Keratosen. Eine Zuordnung zur Ichthyosis vulgaris hat Schnyder und vor ihm bereits Hoede abgelehnt.

Die massiven Verhornungen betrafen bei dem 54jährigen Mann die Hände und Unterarme sowie die unteren zwei Drittel der Beine, wobei die durch Beugekontrakturen fixierten Finger und Zehen in einem unförmigen Klumpen von Hyperkeratosen förmlich verschwanden. Die unteren Gliedmaßen wirkten wie die Beine eines Kamels, wobei ein ungewöhnlich stark ausgeprägter Plattfuß mit Steilstellung des Talus die Ähnlichkeit mit einem plumpen Huf noch steigerte.

Die Untersuchung der Sippe zeigte, daß zwar die unförmigen Keratosen und der angeborene Plattfuß nicht weiter vorkamen, aber häufig eine Ichthyosis vulgaris, die dominant vererbt wurde, deutlich in der Intensität bei den einzelnen Trägern schwankte und keine nachweisbare Beziehung zum Geschlechtschromosom erkennen ließ. Mehrmals war Debilität — die auch bei dem geschilderten Patienten mit dem monströsen keratotischen Naevus vorlag — nachweisbar. Das gemeinsame Vorkommen von Klump- bzw. Plattfuß und Ichthyosis ist nach Auffassung der Autoren als zufällig anzusehen, das Zusammentreffen von Ichthyosis und Debilität unter Umständen auch korrelativ erklärbar.

B. Bäfverstedt hat im Jahre 1941 einen Fall von genereller, naevusartiger Hyperkeratose mit Imbezillität und Epilepsie beschrieben; der gleiche, außerordentlich eindrucksvolle Kranke wurde von ihm auf dem XI. Internationalen Dermatologen-Kongreß in Stockholm am 3. August 1957 vorgestellt.

Es handelte sich um einen 1922 geborenen Mann, der aus vollständig gesunder Familie stammt; die Eltern wie weitere 7 Geschwister sind gesund. Nach einer anfänglichen Rötung der Haut, die zuerst als Milchschorf angesehen wurde, traten im Alter von 6—7 Jahren kleine Hornstacheln im Gesicht, am Hals und in den Achselhöhlen auf. Die Erscheinungen ließen sich lange Zeit auf äußerliche Behandlung hin beherrschen; erst im frühen Erwachsenenalter trat eine wesentliche Verschlimmerung ein.

Der Kranke ist imbezill, hat keine Schule besucht; seit 1934 treten epileptische Anfälle auf, bis zu mehrmals im Monat. Seit 1934 fand verschiedentlich Anstaltsbehandlung statt.

Der Zustand an der Haut wird am besten durch die nebenstehenden Abbildungen (Abb. 21a und b) veranschaulicht; nahezu frei ist der untere Teil des Rückens und der Großteil der Gliedmaßen. An den seitlichen Partien des Thorax stehen gruppierte follikuläre Knötchen, die erst gegen Brust, Achselhöhlen, Hals, Nacken und Gesicht die abstrusen, horn- und stachelartigen Formen annehmen.

Histologisch findet sich nichts Besonderes; eine leichte Hyperplasie der Epidermis mit leichter Papillomatose, darüber eine ausgesprochene bis abnorme Hyperkeratose. Um die Gefäße sind sehr spärliche Rundzellinfiltrate zu beobachten.

Pathogenetisch wurde in der Diskussion in Stockholm, vor allem von St. Rothman, eine Moniliasis angenommen. In seinem Schlußwort führte Bäfverstedt aus, daß der systematisierte, naevoide Charakter und vor allem die Imbezillität und Epilepsie eine dysplastische ektodermale Störung so gut wie sicher mache. Inzwischen ist auch, wie Bäfverstedt brieflich mitteilte, die Suche nach Monilien ergebnislos verlaufen.

Der Fall von Bäfverstedt ist auch therapeutisch interessant: während Abschleifen (auch großer Flächen) schnell zu Rezidiven führte, und Vitamin A und D zunächst wirkungslos zu sein schienen, hat nun eine hochdosierte Langzeitbehandlung mit Vitamin A zu einer weitgehenden Abheilung geführt (LODIN, LAGERHOLM und FRITHZ, 1966).

Die klinisch uneinheitliche Gruppe der monströsen Keratosen zerfällt zumindest genetisch in zwei Formen: in die Ichthyosis hystrix gravior (Familie Lambert), die möglicherweise auch eine Erythrodermia congenitalis ichthyosiformis bullosa darstellt, und in das ichthyotische Sauroderma, das x-chromosomal recessiv vererbt wird (KERR und WELLS, 1965; SCHNYDER und KLUNKER, 1966).

Das histologische Merkmal der granulären Degeneration findet sich auch bei den *systematisierten keratotischen Naevi* (SCHNYDER, SCHNYDER und KONRAD, NICOLAU und BĂLUS, NIKOLOWSKY und LEHMANN, REYES, ROSTENBERG und KERSTING, ZELIGMAN und POMERANZ) und der *Keratosis palmo-plantaris* VOERNER (H. OLLENDORFF-CURTH und MACKLIN, SCHNYDER, VOERNER). Einen einschlägigen Fall von systematisiert-segmentalem keratotischen Naevus mit granulärer Degeneration zeigt Abb. 22, 23 (Dermatologische Universitätsklinik München, Prof. Dr. BRAUN-FALCO, 1968).

Anhang: Circumscripte naeviforme Keratosen

Aus dem Gebiet der systemischen Keratosen sind verschiedene Zustände herauszunehmen, die noch im JADASSOHN-Handbuch von MONCORPS abgehandelt wurden. Dazu gehören etwa die Pityriasis senescentium (vel cachecticorum), die Clavi und Calli, das Keratoma senile und die Cornua cutanea. Das Gebiet der keratotischen Naevi überschreitet ebenfalls die hier abgesteckte Zuständigkeit. Und doch muß hier wenigstens stichwortartig eine gewisse Aufzählung der sich mit dem Naevus-Kapitel überschneidenden Zustände versucht werden, und dies um so mehr, als mehrere bereits besprochene Keratosen von manchen Autoren zu den naeviformen Veränderungen gerechnet werden.

Unter die naevogenen Bildungen dürften zu zählen sein unter anderem: der *Comedonen-Naevus* die *Lentiginose profuse kératosique*, die in die Keratose ausgeschiedenes Melanin zeigt, die *monströsen Hyperkeratosen* vom Typ der Ichthyosis hystrix (die Abgrenzung der systematisierten, *ichthyosiformen Naevi* von der Ichthyosis hystrix dürfte mitunter sehr schwer sein: GOTTRON hat sich in einem 1939 vorgestellten Fall genauer damit beschäftigt; ZELLWEGER und UEHLINGER haben 1948 die interessante Verbindung von Naevus ichthyosiformis mit halbseitiger Chondromatose der Röhrenknochen beschrieben). Die Selbständigkeit des *Keratoma dissipatum naeviforme palmare et plantare* BRAUER (S. 154) gegenüber dem *Keratoma dissipatum palmare et plantare* dürfte nicht genügend erwiesen sein, auch die *Porokeratosis papillomatoa palmaris et plantaris* BROCQ-MANTOUX (S. 152) ist in ihrem Naevus-Charakter (wie als klinische Entität überhaupt) durchaus fraglich. Bei den *dissipierten Palmar-Plantarkeratosen* mußte die Auffassung von HOPF, daß es sich (bei den verschiedenen Formen) um circumscripte Hornbildungsanomalien handle, erwähnt werden (S. 244). GANS und KOCHS sehen in der *Erythrokeratodermia figurata variabilis* einen naeviformen Zustand (S. 166).

Hier wären ferner, wenn auch nicht abzuhandeln, so doch zu erwähnen, verschiedene, bislang noch nicht besprochene Fälle bzw. Gruppen keratotischer Naevi.

Systematisierte, zum Teil lineäre keratotische Naevi, teils bei Geburt angelegt, teils später manifestiert, sind in großer Anzahl vorgestellt worden (z. B. von BEJARANO und MUNUZURI, 1933; SCHUBERT, 1937/38; HARGRAEVES, 1947; Berliner Dermatologische Gesellschaft, 1949; KESSENS, 1949/50; PARISI, 1950), ebenso *striäre* (nichtsystematisierte) *keratotische Naevi* (der *Naevus keratodes linearis*, (SAGHER, 1934; GAMMEL, 1938; Begriff „Dyskeratosis naevica"; TAPPEINER, 1938; PELLERAT, VAYRE und GATÉ, 1951; Fall der Städtischen Hautklinik Stuttgart, 1952; SCHREUS, 1952; LINDEMAYR, 1954; PRUNIERAS, 1954; QUEIROZ, 1957). Der von STEWART u. Mitarb. beschriebene Fall von Hyperkeratosis congenita generalisata cum cornubus (1951), der mit der präcancerösen naevoiden Erythrokeratodermie MILIANS Ähnlichkeit hatte, wäre hier zu erwähnen. Außerdem wäre an diese Stelle auch zu zählen die

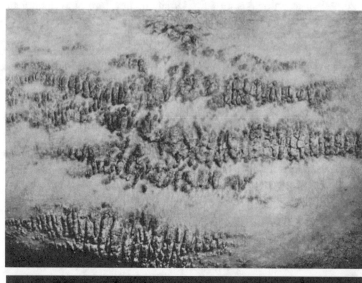

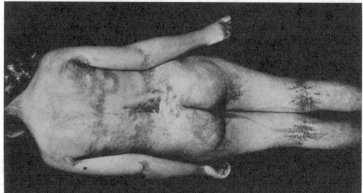

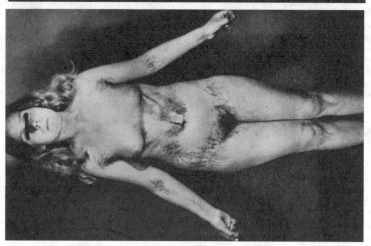

Abb. 22a. Systematisiert-segmentaler keratotischer Naevus (Dermat. Univ.-Klinik München, Prof. Dr. BRAUN-FALCO)

Keratosis areolae mammae naeviformis[1] (Abb. 23). (NIKOLOWSKY spricht von „akanthotischem Naevus papillomatosus verrucosus der Mamille, 1957). Keratotische Naevi können auch *acneiform* sein (z. B. der Fall von SAYER, 1937; als Naevus acneiformis unilateralis bzw. Naevus follicularis keratosus vorgestellt). GOUGEROT und ELIASCHEFF (1935) sprechen von

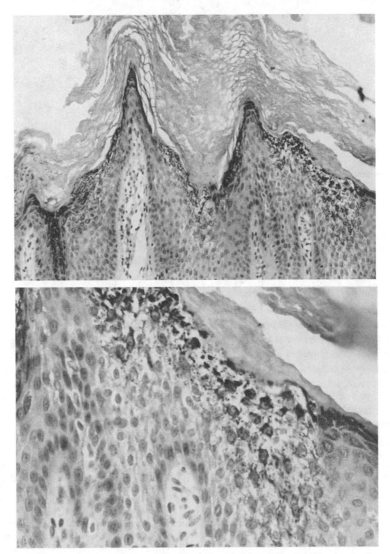

Abb. 22 b. Histologie: massive orthokeratotische Hyperkeratose, Acanthose, Papillomatose und granuläre Degeneration. (Dermat. Univ.-Klinik München, Prof. Dr. BRAUN-FALCO)

einer „*Kératodermie naevique*" (die wohl eine Erythrokeratodermie darstellen dürfte). Keratotische Naevi können als *Nebenbefund bei anderen Keratosen* vorkommen: so berichtete beispielsweise RÖSCHL (1950) von einem systematisierten keratotischen Naevus bei einer Erythrodermia congenita progressiva symmetrica (GOTTRON).

Über die *Angiokeratome* s. Beitrag von SCHNYDER, über die *Naevi im allgemeinen Sinn* den Beitrag von REICH (gut- und bösartige Tumoren der Haut und des Corium).

---

[1] Der Kranke der Abb. 23 hatte gleichzeitig striäre und inselförmige Palmar-Plantar-Keratosen und einen ausgedehnten Naevus flammeus am Bauch.

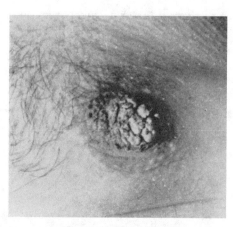

Abb. 23. Keratosis areolae mammae naeviformis bei systematisiert-segmentalem keratotischem Naevus. Der Patient hatte gleichzeitig striäre und inselförmige Palmar-Plantar-Keratosen sowie einen ausgedehnten Naevus flammeus am Bauch.

VI. Sonderformen der Ichthyosis vulgaris

1. Ichthyosis (vulgaris) bullosa Siemens

Synonyma. Ichthyosis epidermolytica, Hyperkeratosis ichthyosiformis epidermolytica, Keratosis mit symptomatischer Bullosis mechanica.

Die Regel KOGOJs, daß bei der Ichthyosis vulgaris keine Blasenbildung (im Sinn der granulären Degeneration wie bei der bullösen Erythrodermia congenita ichthyosiformis) vorkomme, gilt so absolut, daß immer wieder die einzige (und sehr seltene), *mechanisch* ausgelöste Form der bullösen Ichthyosis vulgaris mit der Epidermolysis bullosa zusammengebracht bzw. als eine Kombination mit ihr aufgefaßt wurde, so von KOGOJ noch im Jahre 1961. SIEMENS hat 1937 diese Frage anhand von 20 Fallberichten von Ichthyosis bullosa kontrolliert und keinen einzigen anerkennen können außer seiner eigenen Beobachtung von „Keratosis mit symptomatischer Bullosis mechanica" (1922).

Klinisch handelt es sich um eine etwa am Ende des 1. Lebensjahres sich manifestierende Ichthyosis vulgaris, bei der in den ersten Jahren traumatisch (künstlich) auslösbare Blasen an den Gliedmaßen auftreten, die der Epidermolysis bullosa simplex entsprechen. Die Ichthyosis vulgaris zeigt teilweise schärfere Begrenzungen (periaxillär, periumbilical). Schleimhaut- und Nagelveränderungen sowie Befall der Palmae und Plantae fehlen. In der Familie von SIEMENS (1937) fanden sich 6 männliche Kranke; trotz des Vorkommens nur männlicher Kranker ist der Erbgang nicht geschlechtsgebunden (es fehlen weibliche Nachkommen überhaupt), sondern regelmäßig dominant. Nach SIEMENS handelt es sich weder um eine Kombination von Ichthyosis vulgaris mit Epidermolysis bullosa noch um einen Übergang der einen in die andere, sondern um ein eigenes, seltenes Krankheitsbild (außer der Sippe bei SIEMENS gibt es keine weitere Beobachtung). Bei 3 von den 6 Kranken von SIEMENS fand sich in 2 Geschwisterschaften Kryptorchismus, so daß die Beziehung zwischen der Ichthyosis vulgaris bullosa zur „Ichthyosis vulgaris mit Kryptorchismus" offen bleiben muß.

Insgesamt handelt es sich also um ein äußerst seltenes, bislang nur an 6 Kranken einer Sippe beobachtetes Krankheitsbild, das klinisch eine der Ichthyosis vulgaris entsprechende Morphe und die zeitweilige Kombination mit mechanisch ausgelösten Blasen zeigt. Die echte bullöse Ichthyosis weist indessen die sog. granuläre Degeneration des Stachelzellagers auf; sie kommt bei der Ichthyosis vulgaris überhaupt nicht vor und ist — was immer sonst als Ichthyosis bullosa bezeichnet werden mag — der bullösen Erythrodermia congenita ichthyosiformis zugehörig.

2. Ichthyosis vulgaris localisata

Unter diesem Begriff versteht man eine Ichthyosis vulgaris der Handteller und Fußsohlen. Von einer hereditären Palmar-Plantar-Keratose unterscheidet sie sich 1. durch eine stärkere Abblätterung der Schuppen, 2. durch unscharfe Begrenzung gegen das Gesunde und einen fehlenden Randsaum, 3. einer Hypo- oder Anhidrose (bei Onychogryphose der Zehennägel). Alle diese Merkmale würden aber nicht zu einer Differenzierung ausreichen, wenn nicht 4. die *Ichthyosis vulgaris localisata* in der gleichen Familie alternierend mit einer *Ichthyosis vulgaris generalisata* vorkäme, d. h. ihre Zugehörigkeit zur Ichthyosis vulgaris durch intrafamiliäre Alternation mit letzterer nahelegen würde. HERMANN hat 1951 eine solche Familie mit beiden alternierenden Ichthyosis-Formen in 5 Generationen veröffentlicht.

Viel häufiger ist es indessen, daß die Fälle von sog. Ichthyosis localisata bei näherer Betrachtung anderen Keratose-Formen zuzuordnen sind, vor allem den Palmar-Plantar-Keratosen und den circumscripten Erythrokeratodermien. Wieder andere sind, auch wenn sie in irgendeiner Modifikation den Namen ,,Ichthyosis'' tragen, sicher nicht hierhergehörig.

Im Folgenden werden noch einige *Solitärfälle* angeführt, von denen die meisten der Forderung einer umschriebenen Ichthyosis vulgaris nicht entsprechen bzw. in eine der oben erwähnten Gruppen (Palmar-Plantar-Keratosen bzw. Erythro-keratodermien) gehören.

Bei dem Fall, den THALER als *lokalisierte Ichthyosis* beschreibt, handelt es sich um eine ausschließliche Palmar-Plantar-Keratose, die unter die Ichthyosis vulgaris einzuordnen gar kein Anlaß besteht. Fehlende Schweißdrüsensekretion und fehlender roter Randsaum reichen nicht aus, um das Vorliegen einer — isolierten — Ichthyosis der Handteller und Fußsohlen zu begründen.

Der gleiche Einwand gilt für die Fälle von H. HERMANN, die in einer Sippe — neben solchen mit generalisierter Ichthyosis — ausschließlich Palmar-Plantar-Keratosen aufwiesen.

Lediglich auf mangelnde Pflege dürften die pflastersteinförmigen Hyperkeratosen des Falles von P. W. SCHMIDT, die im Gesicht lokalisiert und mit Imbezillität und Cutis laxa verbunden waren, zurückzuführen sein. Der Fall wurde als *lokalisierte Hyperkeratose* vorgestellt.

Ein Fall von KURIHARA, der als ,,*Keratosis disseminata circumscripta*'' bezeichnet wurde, zeigt einerseits Züge der Erythrodermie congénitale ichtyosiforme, mutet andererseits aber durch Knötchenbildung, Nässen, Juckreiz wie ein chronisches Ekzem an. GOUGEROT und HAMBURGER beschrieben als ,,*Ichthyose progressive localisée réticulée*'' eine netzförmige, dazu lokalisierte Ichthyosis bei einem 3jährigen Knaben, die im Alter von einem Jahr im Anschluß an Varicellen aufgetreten war. Befallen waren Beugeseiten der Glieder (ohne Beugen) und linkes Abdomen. Die netzförmige Anordnung wird mit den Maschen der anastomosierenden Capillaren in Zusammenhang gebracht. Schließlich stammt von GOUGEROT, BLUM und BRUN noch eine Beobachtung *isolierter Ichthyosis* bei einem 15jährigen Hindu, die seit dem 2. Lebensjahr symmetrisch an den Streckseiten der Unterarme, am Rumpf unterhalb des Nabels und den unteren Gliedmaßen lokalisiert ist. Die Autoren betonen, daß die Ichthyosis nur dort ihren Sitz habe, wo die Haut durch die Kleidung gerieben wird und daß ferner Herde von Keratosis vorhanden sind, die hier zur Ichthyosis gehören und von der selbständigen Keratosis pilaris abzugrenzen seien.

Gerade der letzte Fall scheint besser als die übrigen zu erweisen, daß — höchst selten und in typischer Ausbildung der Einzeleffflorescenzen — eine Lokalisation der Ichthyosis vulgaris möglich ist, die zwar Vorzugssitze, aber nicht das ganze Integument befällt.

Anhang: Zur Frage der sog. Ichthyosis follicularis

BRUHNS hat die Frage der Ichthyosis follicularis bzw. der möglichen Beziehungen zwischen Keratosis suprafollicularis und Ichthyosis vulgaris ein eigenes Kapitel gewidmet. Die Diskussion über die Existenz einer echten follikulären

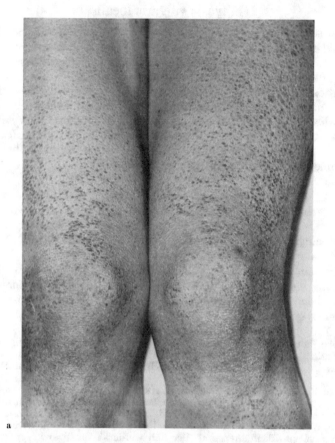

a

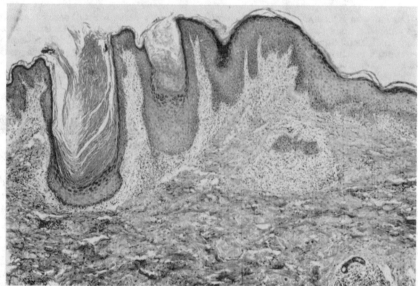

b

Abb. 24a u. b. Ichthyosis vulgaris, z. T. als follikuläre Ichthyosis (von der typischen Lokalisation der Keratosis suprafollicularis). b Histologie des gleichen Falles: Es finden sich, auch parafollikulär, keine für Ichthyosis vulgaris, sondern für Keratosis suprafollicularis kennzeichnenden Veränderungen

Ichthyosis ist ungefähr auf dem Stand von 1931 stehengeblieben. Gegen die Annahme einer selbständigen Ichthyosis follicularis sprechen folgende Argumente:

1. Nicht in allen Fällen findet sich bei der Ichthyosis vulgaris eine stärkere Follikelverhornung vom Typ der Keratosis suprafollicularis. Vor allem fehlt sie oft im Beginn der Ichthyosis vulgaris, so daß sie nicht als initiales Symptom einer Ichthyosis vulgaris aufgefaßt werden kann, auch nicht als deren leichtestes Symptom, wie es noch Kaposi tat.

2. Niemals entwickelt sich aus einer lokalisierten Keratosis suprafollicularis eine Ichthyosis vulgaris (Gassmann).

3. Die sog. Ichthyosis follicularis findet sich nur an dem typischen Sitz der Keratosis suprafollicularis.

4. Auch die Histologie spricht in gewisser Weise für einen Unterschied zwischen Keratosis suprafollicularis und Ichthyosis vulgaris. Die Verhornung bei der Ichthyosis betrifft die ganze Wandung des Follikelhalses mit dem Ergebnis, daß eine Hornperle den ausgeweiteten Follikel füllt, während bei der Keratosis suprafollicularis das Ostium durch die Verhornung verschlossen wird und sekundär eine Hornansammlung vom Typ der Retentionscyste im Follikeltrichter entsteht. Gans weist ferner darauf hin, daß die der Ichthyosis vulgaris eigentümliche Parakeratose der Keratosis suprafollicularis ganz fehle.

Dennoch gibt es sicher Mischbilder, bei denen es schwer, wenn nicht unmöglich sein dürfte, zu entscheiden, ob die an den Follikeln bestimmter Gliedmaßengegenden auffallenden knötchenförmigen Verhornungen — bei stark ausgeprägter sonstiger Ichthyosis vulgaris — eine zusätzliche Keratosis suprafollicularis darstellen (Abb. 24). Für eine solche Entscheidung sind die genannten Merkmale nicht ausreichend, zudem sie teilweise überspitzt formuliert sein dürften, wie etwa die leicht konstruierten histologischen Merkmale.

Festhalten darf man also, daß es eine isolierte Ichthyosis follicularis nicht zu geben scheint; bei dem Nebeneinander von allgemeiner Ichthyosis vulgaris und follikulären Keratosen vom Typ der Keratosis suprafollicularis dürfte es indessen schwer sein, zu entscheiden, ob wirklich getrennte Zustände vorliegen, oder ob nicht — was eigentlich viel näher läge anzunehmen — die Ichthyosis vulgaris an den schon physiologisch stärker ausgeprägten Follikelmündungen der Streckseiten der Gliedmaßen eine Verhornung zuwege bringen, die mit dem klinischen Bild der Keratosis suprafollicularis übereinstimmt. Dagegen spricht aber der histologische Befund von Abb. 24b.

Zeligman und Fleisher stellten 1959 anhand einer der sog. Ichthyosis follicularis gewidmeten Studie fest, daß dieser Begriff irreführend ist: diese Dermatose geht im sog. Lichen pilaris auf.

Einen keratotischen Naevus dürfte der von Oppenheim beschriebene Fall von *Ichthyosis follicularis* mit Atrophodermia vermiculata faciei darstellen, bei dem die Beugeseiten der Arme, Axillen, seitliche Bauchwand und Gesicht mit follikulären Hornstacheln besetzt waren. Histologisch trennt Oppenheim die Erscheinungen vom Lichen spinulosus ab, weil nur Hornstacheln, keine Haare auffindbar waren. Läßt schon der Oppenheimsche Fall den Verdacht einer Acanthosis nigricans aufkommen, so trifft dies noch viel mehr für die Fälle von Kurihara zu, die er — unter Bedacht dieser Differentialdiagnose — als „Keratosis parvivermiculata disseminata" beschrieben hat.

Vergleichende Histologie der Ichthyosis-Formen

Mit Ausnahme der Erythrodermia congenitalis ichthyosiformis bullosa, deren histologisches Symptom der granulösen Degeneration entscheidend für die Diagnose (beim Fehlen klinisch sichtbarer Blasen) ist und deshalb bereits besprochen wurde, sind die übrigen Ichthyosis-Formen mehr graduell als grundsätzlich in ihrem feingeweblichen Bild verschieden: soweit wesentliche Unterschiede bestehen (können), sollen sie — neben den Übergängen — hervorgehoben werden.

Die Ausführlichkeit, mit der Bruhns die histologischen Befunde bei den einzelnen Ichthyosisformen besprochen hat, braucht nicht wiederholt zu werden, zumal wesentliche neue Erkenntnisse nicht allzu zahlreich sind. Wichtig erscheint, daß *zu der* bereits besprochenen *bullösen Abart auch die abstrusen Hyperkeratosen*, die *Ichthyosis hystrix gravior* (in der Lever keine Ichthyosis, sondern einen keratotischen Naevus sieht) und die *keratotischen Naevi* (mit besonderen Formen der Palmar-Plantar-Keratosen) *gehören*. Diese ganze Gruppe wird im amerikanischen Schrifttum neuerdings häufig als „epidermolytic hyperkeratosis" bezeichnet (Frost und van Scott, 1966).

Die Angaben über die feingeweblichen Veränderungen bei der (trockenen)

Ichthyosis congenita

sind nicht übereinstimmend, und zwar nicht nur wegen der an einzelnen Stellen des gleichen Kranken stark wechselnden Intensität der Befunde, sondern wohl grundsätzlich.

Die klinisch stark imponierende Schuppenbildung zeigt sich auch feingeweblich in einer mächtig geschichteten, meist *ortho-*, selten *parakeratotischen Hyperkeratose*. Die *Epidermis* ist normal oder *mäßig verbreitert*, wobei meist besonders das *Stratum granulosum vermehrt* ist (Schnyder und Konrad, 1968). Die Angaben darüber sind aber nicht einheitlich; so zeigen die eindrucksvollen Fälle von Lynch u. Mitarb. (1967), die allerdings außer einer Ichthyosis congenita die Kombination von Xeroderma pigmentosum und vereinzelt malignen Melanomen aufweisen, teilweise eine verstärkte, teilweise eine fehlende Körnerschicht. Auch nach Hadida, Streit und Sayag (1964) zeigt die trockene Ichthyosis congenita ein fehlendes Str. granulosum. Greithers Heidelberger Fall belegt diese Befunde: die Körnerschicht ist meist nur ein-, höchstens zweizeilig (Abb. 25). Die mächtige Hyperkeratose ist orthokeratotisch, die Verdickung der Epidermis durch eine mäßige Acanthose, aber auch eine starke Papillomatose mit sägezahnartigem Epidermisprofil bedingt. Die Pigmentschicht ist gut entwickelt; die Talg- und Schweißdrüsen sind im allgemeinen gut erhalten. Im Corium finden sich erweiterte Gefäße mit einer geringen lymphocytären und fibroblastären Reaktion.

Histochemisch ist die Hornschicht bei der Ichthyosis congenita (sicca) weniger reich an α-Aminosäuren, SH- und SS-Gruppen und Lipiden (Schnyder und Konrad, 1968; Schnyder u. Mitarb., 1968) als bei der Ichthyosis vulgaris.

Zu dem eben beschriebenen histologischen Typ der Ichthyosis gehören nach Schnyder und Konrad: 1. die trockene Ichthyosis congenita, 2. die Ichthyosis beim Sjögren-Larsson-Syndrom und 3. die x-chromosomal-recessive Ichthyosis (Wells und Kerr, Lynch u. Mitarb.). Ferner ist diesem Typ zuzuzählen die im amerikanischen Schrifttum als „lamelläre Ichthyosis" bezeichnete Form (Wells und Kerr, 1965; Frost und van Scott, 1966): gemeint ist damit die Kollodiumhaut, die ja der Ichthyosis congenita bzw. der trockenen Erythrodermia congenitalis ichthyosiformis zuzuzählen ist. Auch sie ist durch eine verdickte Körnerschicht ausgezeichnet.

Die Veränderungen der

Ichthyosis vulgaris

(in ihren verschiedenen Stärkegraden) sind etwa folgendermaßen zu beschreiben:

Die in ihrer Dicke stark wechselnde Hornschicht ist überwiegend ortho-, gelegentlich parakeratotisch. Die Epidermis selbst ist kaum verbreitert, normal oder sogar verdünnt; das Stratum lucidum fehlt, in der Regel auch das Stratum

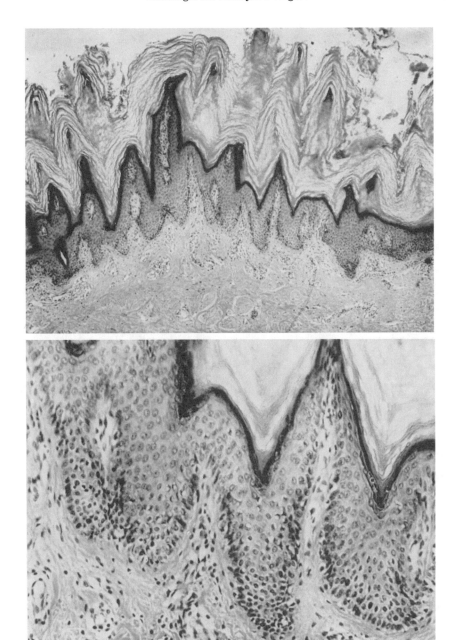

Abb. 25. Trockene Ichthyosis congenita bei Sjögren-Larsson-Syndrom. Mächtige orthokeratotische Hyperkeratose, sägezahnartige Acanthose und Papillomatose, 1—2zeiliges Stratum granulosum, starke
Melaninpigmentierung der Basalzellschicht. [GREITHER, Hautarzt 10, 403—408 (1959)]

granulosum (FROST und VAN SCOTT, SCHNYDER und KONRAD) (Abb. 26). Es ist
indessen fraglich, ob das für alle Grade der Ichthyosis vulgaris zutrifft. Bei den
schwächeren Formen (Ichthyosis simplex) ist die Epidermis auf große Strecken
an Dicke reduziert und zeigt eine bandartig verstrichene Epidermis-Cutis-Grenze.
Andererseits finden sich auch hoch hinaufreichende, in wechselnden Richtungen

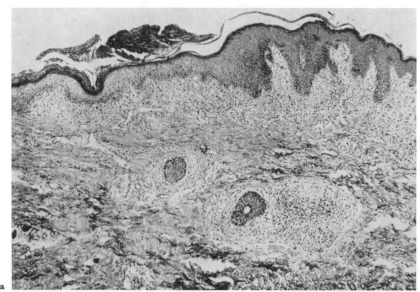

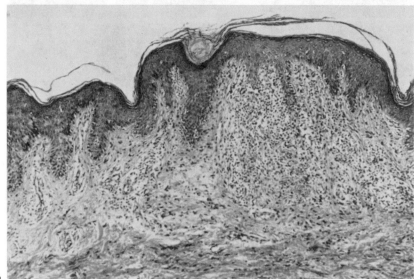

Abb. 26a u. b. Ichthyosis vulgaris. Mehr verdünnte als verdickte Epidermis, z.T. bandartig abgeflacht. Horn-schicht z.T. parakeratotisch (auch Detritus enthaltend). Stratum granulosum teils fehlend, teils schwach ent-wickelt. Pigment nicht vermehrt. Mächtige lymphocytäre Infiltrate in der Cutis, Haare und Follikel atrophisch (b)

stehende Papillen. Die Verhornung nimmt an den Follikeln oft stärkere Formen an; interfollikuläre und follikuläre Verhornung finden sich nebeneinander.

In der Cutis und im oberen Corium finden sich in wechselnder Stärke, z. T. sogar ziemlich massiv wie in Abb. 26b Zellinfiltrate aus Leukocyten mit Mast-zellen. Eine Hypertrophie der Arrectores pilorum betonen GANS und STEIGLEDER. Eine wesentliche Alteration der elastischen Fasern (mitunter sind sie im Stratum subpapillare spärlich) und des Kollagens konnten wir nicht finden. Die Befunde an den Schweißdrüsen sind wechselnd; normale Anzahl, Hypertrophie und spär-liche Ausbildung werden gefunden. Die Talgdrüsen sind oft cystisch erweitert und bis in die Ausführungsgänge hinab verhornt; Haare und Follikel atrophieren (Abb. 26a).

Histochemisch verhält sich die Hornschicht bei der Ichthyosis vulgaris wie die sog. Barriere von SZAKAL: sie ist reich an Lipiden, vor allem Phospholipiden, enthält unter anderem α-Aminosäuren und proteingebundene SH- und SS-Gruppen. Sie ist grampositiv und enthält nur eine kleine Menge PAS-positiver, diastaseresistenter Substanz. Bei diesem Ichthyose-Typ fehlt also die Umwandlung des Prokeratins in das Keratin vollständig (SCHNYDER und KONRAD, 1968).

Der eben beschriebene histologische Ichthyosis-Typ findet sich nach SCHNYDER und KONRAD: 1. bei der dominanten Ichthyosis vulgaris, 2. bei der lokalisierten Ichthyosis HERMANN und 3. bei dem JUNG-VOGEL-Syndrom.

Eine *verstärkte Melanogenese* betonen bei der Ichthyosis congenita LYNCH u. Mitarb., SCHNYDER und KONRAD, bei der Ichthyosis vulgaris R. und M. ROLLIER. Die starke Melanineinlagerung im Stratum corneum bei der Ichthyosis vulgaris ist auf die verzögerte Abschilferung und die langanhaltende Haftung der Schuppen zurückzuführen (YAMAYA).

FROST und VAN SCOTT haben 1966 die Ichthyosis-Formen aufgrund biometrischer Zellmessungen histologisch folgendermaßen eingeteilt: 1. *Ichthyosis vulgaris* (mit fehlender Körnerschicht), 2. *lamelläre Ichthyosis:* diese Form umschließt, wie bereits ausgeführt, die Kollodiumhaut, d. h. gewisse Formen der Ichthyosis congenita. Histologisches Hauptmerkmal ist die *verdickte Körnerschicht.* 3. die sog. ,,*epidermolytische Hyperkeratose*, die sowohl die bullöse Erythrodermia congenitalis ichthyosiformis als auch keratotische Naevi und monströse Keratosen im Sinn der Ichthyosis hystrix gravior umfaßt und 4. das ,,*psoriasiforme Erythroderm*", das von einer psoriatischen Erythrodermie nicht zu unterscheiden ist. Unseres Erachtens werden auch hier die Züge einer Ichthyosis congenita beschrieben, bei der eine starke sägezahnartige Wellung der Epidermis auffällt, bei der aber im Gegensatz zur Ichthyosis congenita (wie in unserem Fall von Sjögren-Larsson-Syndrom) das Stratum granulosum fehlt. Damit würde noch einmal unterstrichen, daß *es bei der Ichthyosis congenita sowohl fehlendes als auch vermehrtes Stratum granulosum* gibt. Vielleicht sind es diejenigen Formen von Ichthyosis congenita, die klinisch der Ichthyosis hystrix gleichen, bei denen — neben einer stark gewellten, normalen, verdickten oder verdünnten Epidermis — die Körnerschicht fehlt. Der Unterschied zur Ichthyosis vulgaris ist durch die gewellte Epidermis immer noch deutlich.

Vererbung und Pathogenese der Ichthyosis-Formen, Laborbefunde

Nicht nur die Phänogenese (SCHNYDER und KLUNKER), sondern auch die Pathogenese der einzelnen Ichthyosis-Formen ist weitgehend unbekannt. Solange man die Ichthyosen als Erbkrankheiten betrachtet und auch vorwiegend nach genetischen Gesichtspunkten klassifiziert, liegt der Nachdruck auf der krankhaften Anlage, dem mit dem mutierten Gen verbundenen Erbgang, sowie auf Fragen der Spezifität, Expressivität und Penetranz (TIMOFÉEFF und RESSOVSKY). Statt einer möglichst scharfen Trennung der Erbgänge kann man auch, wie GAHLEN (1960) und R. ZABEL (1963) es versucht haben, die Frage der Neumutation in den Vordergrund stellen, die mögliche polyphäne Wirkung eines Gens und die bei einer frühen ontogenetischen Störung vielfältigen, bei einer späteren Manifestation der Genschädigung mehr lokalisierten Anomalien, oder den Ausfall mehrerer Genloci oder die Kopplung pathologischer Gene in den Vordergrund stellen. Bei einer solchen mehr unitaristischen Auffassung werden schließlich alle Keratosen und die mit ihnen verbundenen ,,Schädigungsmuster" auf eine einzige Anlage zurückgeführt, die je nach ihrer monotropen oder pleiotropen Mutation

alle Variationen des klinischen Erscheinungsbildes, von den lokalisierten zu den
generalisierten Formen umfaßt, wobei der Erbgang — der ebenso mutieren kann
wie die chromosomale Erbsubstanz — keine klassifikatorische Rolle mehr spielt.
Ohne die wichtige Rolle der Neumutationen (die sicher vielen sog. solitären Fällen
zugrunde liegt) vernachlässigen und die fließenden Übergänge der einzelnen
klinischen Formen untereinander leugnen zu wollen, beeinträchtigt diese uni-
taristische genetische Hypothese die bisher geschaffene klassifikatorische Ordnung
erheblich, ohne die wir uns in dem schier unabsehbaren Gebiet der erblichen Verhornungsanomalien hoffnungslos verlieren.

Schwierig wird bei den sog. Solitärfällen — die nicht nur einer Neumutation
entspringen können — immer die Frage sein, wieweit eine — durch ein mono- oder
pleiotropes Gen verursachte — Anlagestörung von einer *Embryopathie*, also von
einer frühen Fruchtschädigung abgetrennt werden kann. Nach Šalamon und
Bogdanović (1966) sollte man gerade bei allen Solitärfällen einer (bullösen oder
nichtbullösen) Erythrodermie congénitale ichtyosiforme nach einer solchen
phänokopischen Embryopathie fahnden. Der Zeitpunkt einer solchen Embryopathie (auch des Wirksamwerdens eines abartigen Gens) ist bei der Ichthyosis
etwa zwischen der 2. und 5. Embryonalwoche anzusetzen; vor allem klinisch
ungewöhnliche Formen wie eine halbseitige ichthyosiforme Erythrodermie, verbunden mit Amelie, sollte nach Rossmann, Shapiro und Freeman (1963) als
Ausdruck eines solchen teratogenen Effektes angesehen werden. Korting und
Ruther betonen bei einem Kind mit Ichthyosis vulgaris, Debilität und Finger-
und Zehenverwachsungen, daß die Mutter während der Schwangerschaft operiert
wurde, diskutieren also ebenfalls einen teratogenen Schaden (1954).

Schnyder und Klunker haben 1966 den *Erbgang der einzelnen Ichthyosis-
Formen* eingehend besprochen. Die von Schnyder inzwischen überarbeitete,
nebenstehend abgebildete Tabelle (1968) ist anschaulicher als ein langer Text. In
dem vorliegenden klinischen Beitrag über die Ichthyosis-Formen wurde die Einteilung Schnyders weitgehend übernommen; das Jung-Vogel-Syndrom indessen,
das eine ektodermale Dysplasie mit Palmar-Plantar-Keratosen, Ichthyosis, An-
bzw. Hypohidrose, Hypotrichose, Hypodontose und Hornhaut-Veränderungen
umfaßt, wird im Kapitel F (Keratotische Dysplasien) abgehandelt.

Neuerdings (1968) heben Schnyder u. Mitarb. außer den 3 Formen: 1. Ichthyosis vulgaris, 2. (trockene) Ichthyosis congenita, 3. Ichthyosis hystrix (mit ihren
3 Unterformen: bullöse Erythrodermia congenitalis ichthyosiformis, Ichthyosis
hystrix gravior und Maleformatio ectodermalis generalisata) die möglichen
Übergangsformen („formes de passage") hervor (z. B. die x-chromosomale Ichthyosis „vulgaris" von Wells und Kerr, die klinisch zwischen Ichthyosis vulgaris
und congenita steht).

Außer den genetischen sind andere Faktoren für die Ätiopathogenese in letzter
Zeit kaum mehr ernstlich diskutiert worden. Immer noch wird, wenn auch vereinzelt, die *Syphilis* nicht nur als auslösender, sondern als ätiologischer Faktor
diskutiert (Gaté, Gougerot, Lanteri). Gougerot fand unter 60 Fällen von
Ichthyosis in 20% mit Sicherheit eine konnatale Syphilis, in weiteren 33% mit
Wahrscheinlichkeit. Durch die antisyphilitische Behandlung (ohne örtliche Maßnahmen) wurde in den meisten Fällen eine weitgehende Besserung der Ichthyosis
erzielt. Gaté und Charpy sehen in Ichthyosis und konnataler Syphilis nur ein
zufälliges Nebeneinander, während Lanteri eine ätiologische Bedeutung der
Syphilis in dem Sinne annimmt, daß die Syphilis auf dem Umweg über das endokrine System die Hautanomalie bewirkt habe. Wenn die endokrinen Störungen
evident sind, will Lanteri sogar von einer Endocrinopathia luica sprechen. Auch
die Besserung des Zustandes der Haut nach antisyphilitischer Behandlung (es

Tabelle 1. *Klinisch-genetische Klassifizierung der Ichthyosen. (Nach* Schnyder, *1968)*

	Klinischer Typ der Ichthyose				P.P.K.	Erbgang		Kon-genital
	I.vulg.	I.cong.	I.hy.	Ü-For-formen		ges.	fragl.	
I. Autosomal-dominante Ichthyosen								
1. Ichthyosis vulg. simplex	+					+		−
„ „ nitida	+					+		−
„ „ serpentina	+					+		−
2. Erythrodermie cong. ichth. bull. (Brocq)			+		(+)	+		+
3. Ichthyosis vulg. localisata (Hermann)	+				(+)	+		−
4. Ichthyosis vulg. bullosa (Siemens)	+					+		−
5. Ichthyosis hystrix gravior (Lambert)			+			+		+
6. Ichthyosis vulg. mit Kryptorchismus (Sonneck)	+						+	−
II. Autosomal-recessive Ichthyosen								
1. Ichthyosis cong. gravis (Riecke I)		+			(+)	+		+
„ „ mitis (Riecke II)		+			(+)	+		+
„ „ tarda (Riecke III)		+			(+)	+		−
2. Sjögren-Larsson-Syndrom		+			(+)	+		+
3. Rud-Syndrom		+			(+)	+		+
4. Refsum-Syndrom	+					+		−
5. Ichthyosis vulg, (Spindler)	+					+	?	
6. Maleformatio ectodermalis generalisata „Porcupine Man" (Bäfverstedt)			+			+		+
7. Jung-Vogel-Syndrom	+				+	+		?
III. X-chromosomal-recessive Ichthyosen								
1. Ichthyosis "vulgaris" (Wells u. Kerr)				+	(+)	+		+/−
2. Ichthyosis m Hypogenitalismus		?			?	+		+

I. vulg. = Ichthyosis vulgaris; I. cong. = Ichthyosis congenita; I. hy. = Ichthyosis hystrix;
Ü.-Formen = Übergangsformen; P.P.K. = Palmoplantarkeratose; ges. = gesichert;
fragl. = fraglich; (+) = fakultativ; ? = nosologische Beziehungen unklar.

handelt sich übrigens bei den beiden Knaben um eine Syphilis connata der zweiten Generation) bestätige, wie auch Verotti betont, in gewisser Weise die Annahme eines ätiologischen Zusammenhanges zwischen beiden Krankheiten.

Außer der Syphilis werden ernsthaft kaum andere Infektionen erwogen; die Vorstellung Unnas, daß die Ichthyosis vulgaris eine *Infektion* darstelle, ist heute ebenso überholt wie diejenige Tommasolis, daß sie eine erworbene Krankheit, eine *autotoxisch entstandene Keratodermie* sei. Die Beziehungen zum endokrinen System (Dysfunktion der Hypophyse (Montesano), Störungen im endokrinen System (Liebermann, Schwartz u. Mitarb.)) — soweit sie nicht schon erörtert wurden — werden uns bei der Besprechung der Therapie noch einmal begegnen.

Dagegen spielen heute

Laborbefunde

eine wichtige Rolle bei der Aufklärung der Pathogenese, da sie möglicherweise über die biochemischen Auswirkungen eines pathologischen Gens (z. B. Enzymdefekt) und damit nicht nur für die Ätiologie, sondern auch für eine kausale Therapie eine entscheidende Bedeutung haben können. Wir können uns hier nur kurz fassen, zumal Schnyder und Klunker die bei den einzelnen Ichthyosis-Formen erhobenen Laborbefunde bereits erörtert haben. Soweit wir die Literatur übersehen, sind sichere Enzymdefekte nur vereinzelt nachgewiesen worden. Richterich, Rosin und Rossi haben 1965 beim Refsum-Syndrom eine Störung

im Metabolismus der 3,7,11,15-Tetramethyl-Hexadecansäure gefunden. Holzmann, Denk und Morsches (1966) untersuchten bei 10 Kranken mit Ichthyosis
vulgaris die Aktivität von 7 Enzymen der Glykolysekette in den Erythrocyten
und fanden eine Aktivitätsminderung der Glycerin-Aldehyd-Dehydrogenase um
23% gegenüber gesunden Kontrollpersonen. Gleichzeitig war die Glucose-
6-Phosphat-Dehydrogenase im Serum erhöht; dieses selbe Enzym fanden Hashimoto und Lever (1966) bei Enzymuntersuchungen an 10—18 Wochen alten Feten
mit dem Vorgang der Keratinisation korreliert, so daß ein Defekt im Energie-
stoffwechsel — als pathogenetischer Faktor — durchaus denkbar ist. Summerly
und Yardley (1967) fanden die Cholesterin-Synthese an 13 Kranken mit milder,
autosomal-dominanter Ichthyosis vulgaris nicht verringert. Durch autoradio-
graphische Untersuchungen (Markierung von Thymidin und Glycin) stellten
Frost, Weinstein und van Scott bei der lamellären Ichthyosis (also Ichthyosis
congenita, Collodion skin) und bei der epidermolytischen Hyperkeratose (bullöse
Erythrodermia congenitalis ichthyosiformis und Ichthyosis hystrix gravior) eine
wesentlich erhöhte Anzahl markierter epidermaler Zellen und auch einen erhöhten
Transit epithelialer Zellen durch die Epidermis fest; diese Befunde fehlen bei der
Ichthyosis vulgaris, so daß die bei letzterer anzutreffende Schuppung nicht auf
eine erhöhte epidermale Zellaktivität zurückgeführt werden kann (sie ist bedingt
durch eine verzögerte Abschilferung und Schuppenretention). Ferner ist — nach
Frost, Weinstein, Bothwell und Wildnauer (1968) — der hygrometrisch
gemessene transepidermale Wasserverlust erheblich vermehrt, am stärksten indessen bei der sog. epidermolytischen Hyperkeratose. Korting, Holzmann und
Morsches (1967) studierten den Magnesiumgehalt der Erythrocyten bei endogenen
Ekzematikern (z. T. mit ichthyosiformer Hautbeschaffenheit) und Kranken mit
Ichthyosis vulgaris. Bei 15 Ekzematikern ohne und 7 mit ichthyosiformer Hautbeschaffenheit war der Magnesium-Gehalt der Erythrocyten normal, während er
bei Kranken mit Ichthyosis vulgaris signifikant erniedrigt ist. Daraus ziehen sie
den Schluß, daß die ichthyosiforme Hautbeschaffenheit bei Ekzematikern nicht
ohne weiteres als eine Kombination mit Ichthyosis vulgaris aufgefaßt werden darf.

Differentialdiagnose der Ichthyosis-Formen

Die differentialdiagnostischen Schwierigkeiten liegen einmal in der Abgrenzung
der Ichthyosis-Formen untereinander, dann in deren Unterscheidung von den sog.
Phänokopien. Trotz der hier versuchten Ordnung sind die Übergänge zwischen
den einzelnen Ichthyosis-Formen fließend, auch wenn z. B. die schwere Ichthyosis
congenita, zu der wir auch die sog. Kollodiumhaut zählen, kaum zu verkennen ist.
Die bullöse Erythrodermia congenita ichthyosiformis ist histologisch (durch die
granuläre Degeneration) zu sichern; die Frage ist freilich, ob die trockene Erythrodermia congenita ichthyosiformis ganz in der Ichthyosis congenita aufgeht. Im
Kapitel Histologie haben wir gesehen, daß es sowohl Formen *mit* vermehrtem
Stratum granulosum (wie bei der Ichthyosis congenita) als auch *ohne* solche Vermehrung (z. B. beim Sjögren-Larsson-Syndrom) gibt. Die (trockene) Form der
Erythrodermia congenita ichthyosiformis ist also möglicherweise (trotz der Abtrennung der Erythrodermia congenita ichthyosiformis bullosa) immer noch eine
heterogene Gruppe.

Steht, wie es bisher zur — sicher etwas überspitzten — Abgrenzung zwischen
Ichthyosis congenita und Erythrodermia congenita ichthyosiformis geschehen ist,
die *Erythrodermie* (gegenüber der Schuppung) im Vordergrund, kommt differentialdiagnostisch die *Dermatitis exfoliativa neonatorum* in Betracht; letztere dürfte
indessen vor allem durch das starke Nässen und die fehlende Schuppenbildung

zu unterscheiden sein. Der Fall von SHAPIRO, von ihm als „congenital ichthyosiform erythroderma" vorgestellt, wurde in der Diskussion angezweifelt und entweder für eine Poikilodermia atrophicans vascularis, eine Mycosis fungoides oder eine Pityriasis rubra pilaris gehalten.

Bei komplizierenden *Blasen* (im Bild der Erythrodermie congénitale ichtyosiforme) kommt vor allem die *Epidermolysis bullosa hereditaria* (simplex und dystrophica) in Betracht, doch dürfte das Gesamtbild (es sei denn, die Erythrodermie congénitale ichtyosiforme besteht in einzelnen gruppierten Herden) mit Erythrodermie und Schuppung eine Unterscheidung ermöglichen. Hierher gehören wohl die Fälle von EVERALL mit Blasen, die einer Tylosis palmaris et plantaris und an anderen Körperstellen lokalisierten Keratosen vorausgingen und als Variante der Epidermolysis bullosa aufgefaßt wurden. Nach LAPIÈRE ist auch noch der bullöse Morbus Darier, vor allem seine schwere, oft tödliche congenitale Form, differentialdiagnostisch zu berücksichtigen. Die von SIEMENS beschriebene mechanisch ausgelöste *Ichthyosis (epidermolytica) bullosa* wurde in einem eigenen Kapitel besprochen.

Schwierigkeiten gegen andere Zustände, wie auch gegenüber der Ichthyosis vulgaris, abzugrenzen, treten um so mehr auf, je umschriebener lokalisiert (statt generalisiert) die Ichthyosis imponiert.

BRUHNS erwähnt hier die *Erythrodermie pityriasique en plaques disseminée*, deren erythematöser wie auch hyperkeratotischer Charakter uns indessen doch zu diskret erscheint, um zu einer Verwechslung Anlaß zu geben. Auch das *chronische umschriebene Ekzem* bzw. die *Neurodermitis* scheint uns kaum in Frage zu kommen, indessen um so mehr die *Psoriasis vulgaris*, vor allem in ihren inveterierten Formen (so wurde z. B. der von CHARGIN als Erythrodermite (sic!) congénitale ichtyosiforme vorgestellte Fall in der Diskussion von ROSEN als Psoriasis erklärt). Für die Abgrenzung gegen eine *Pityriasis rubra pilaris* wäre außer fehlenden Mißbildungen und einer etwas anderen Lokalisation (Fingerrücken) das Fehlen der follikulären Komponente der Verhornung von Wichtigkeit.

Vorsicht scheint geboten mit der Diagnose Ichthyosis congenita (noch mehr bei der Ichthyosis vulgaris) beim Vorliegen ausschließlicher *Palmar-Plantar-Keratosen* (Ichthyosis localisata HERMANN). Hier sind zu erwägen außer den erblichen Palmar-Plantar-Keratosen (s. Näheres in den entsprechenden Kapiteln) alle symptomatischen Formen (nach Arsen, bei Gonorrhoe, Syphilis, Epidermophytie, Psoriasis inversa usw.).

Als Ichthyosis der Handteller und Fußsohlen abzulehnen sind die Fälle von LIEBNER (der fehlende Schweiß genügt für eine Abgrenzung von den Palmar-Plantar-Keratosen nicht) und von SPRAFKE (letzteren Fall hat bereits FRÜHWALD in der Diskussion als Keratoma palmare et plantare bezeichnet). Der Fall von GATÉ, MICHEL und CHARPY, der unter der Diagnose „Dermatose diffuse caractérisée par des éléments lenticulaires hyperkératosique disséminée et affectant un type de kératose ponctuée dans les regions palmaires et plantaires" publiziert wurde, bleibt unklar.

Nicht auf Handteller und Fußsohlen beschränkt, sondern diffus auf größere Körperareale ausgebreitet, können zahlreiche Formen der

symptomatischen Ichthyosis

vorkommen, die durch bestimmte Ereignisse (Traumen, Infektionskrankheiten, Neoplasien, endokrine Störungen usw.) ausgelöst werden und nur zeitweise oder an dem geschädigten Organ bestehen.

Eine Ichthyosis simplex kann durch die *Altershaut* vorgetäuscht werden (*Pityriasis senilis*, der GOTTRON ein umschriebenes, knötchenförmiges Analogon, die Hyperkeratosis follicularis senilis, an die Seite stellt), ferner durch *trophisch bedingte Hyperkeratosen*, nach *chirurgischen Eingriffen* (CEVALUCCI), besonders aber nach *Syringomyelie* (FUSS, GERTLER) und nach *Nervenschädigung* bei Torticollis (MIESCHER) oder nach *unfallbedingter Lähmung* (HAXTHAUSEN) kann eine symptomatische Ichthyosis auftreten.

Die *symptomatische Ichthyosis* (*Pityriasis tabescentium sive aegrotorum*, Abb. 27) ist pathogenetisch einer *Ichthyosis vulgaris vergleichbar:* durch die stärkere Trockenheit der alternden oder kranken (neurovegetativ gestörten) Haut, durch selteneres Waschen und mangelnde Pflege wird die normale Abschilferung der Hornschicht verzögert und es entsteht eine Retentionshyperkeratose. Ihr entspricht histologisch auch (wie bei der Ichthyosis vulgaris) eine leicht oder stärker verdünnte Epidermis).

Eine symptomatische Ichthyosis findet sich weiterhin bei (oder nach) einer *Avitaminose* (hierher gehört vielleicht der merkwürdige Fall von MASSOT und COUDRAY, den die Autoren als ein nichtgonorrhoisches Syndrom von MASSOT und JACQUET bezeichnen). Ein besonderes Kapitel sind die bei *Hyperthyreoidismus* (wahrscheinlich über eine Störung des Vitamin A-Stoffwechsels entstehenden) und bei *Reticulopathien* (*Lymphogranulomatose:* BUREAU, PICARD und BARRIÈRE, STEVANOVIĆ, SNEDDON, WEBSTER, BLUEFARB und SICKLEY, DEGOS, LORTAT-JACOB und VERON, DUGOIS, ABLARD und DUFOUR, BALABANOFF und ANDREEV; Lymphosarkom, Reticulosarkomatose, Mycosis fungoides) auftretenden ichthyotischen Zustände, die

Abb. 27. Pseudo-Ichthyosis. Pityriasis tabescentium sive aegrotorum (D)

nach BORDA, STRINGA, ABULAFIA und VILLA ebenfalls über eine hormonell-endokrine Störung (wie bei der Schwangerschaft, GOUGEROT) des VitaminA -Stoffwechsels ausgelöst werden. Wie GLAZEBROOK und TOMASZEWSKI gezeigt haben, sind bei Lymphogranulomatose tatsächlich erniedrigte Plasmawerte für Vitamin A und Carotin und eine pathologische Vitamin A-Ausscheidung im Urin nachzuweisen.

Nicht nur *retikuläre Tumoren* (Retothelsarkom, VAN DIJK) können ichthyotische Zustände erzeugen, sondern die Ichthyosis kann das erste klinische Symptom eines *inneren Carcinoms* sein (Bronchus-Carcinom im Fall von BRUN, MOULIN, QUENOU und MOULINIER). Auch *Infektionskrankheiten* können mit einem ichthyotischen Hautzustand einhergehen: *Tuberkulose* (SIMONEL, DE GANS und VINET); *Typhus exanthematicus* (BERGMAN), *Lepra* (E. J. SCHULTZ).

Trotz der im allgemeinen möglichen Unterscheidung einer ichthyotischen Genodermatose von einer symptomatischen Phänokopie durch Zeit des Auftretens (auch eine Ichthyosis vulgaris manifestiert sich nicht mehr im Alter von 70 Jahren; doch kann sie dann einem klinisch noch nicht manifesten inneren Carcinom um Monate vorausgehen), Verlauf, Grundkrankheit, so bleiben eine Reihe von Fällen übrig, *die schwer einzuordnen sind.*

So etwa die beiden Fälle von WOHNLICH, die durch den Befall von Lippen und der Genito-Analgegend gewisse Züge einer *Acanthosis nigricans* haben, andererseits durch die strichförmigen Hyperkeratosen an den Fingern entfernt an eine *Pityriasis rubra pilaris* erinnern. Ob hier freilich noch von einer Ichthyosis congenita die Rede sein kann, deren Symptomatologie einerseits einzuengen, andererseits zu erweitern wäre, ist schwer zu entscheiden; es wäre ebenso denkbar, daß solche Fälle Übergänge darstellen zur *Keratosis rubra* RILLE (die heute, historisch vollkommen ungerechtfertigt, meist als *Erythrokeratodermia variabilis* MENDES-DA COSTA erscheint) bzw. zur *Erythrodermia symmetrica progressiva* GOTTRON. HARTUNG sieht in der letzteren einen Zustand, der einen Übergang von der Ichthyosis zum ichthyosiformen Naevus darstellt. Übergänge sind auch in anderer Richtung möglich und beschrieben: von SANNICANDRO wurde ein Fall veröffentlicht, der eine Kombination eines Rothmund-Syndroms mit Neurodermitis und congenitaler ichthyosiformer Erythrodermie darstellt. Die möglichen Kombinationen sind unerschöpflich: DÖLLKEN beschrieb einen Fall unter der Bezeichnung „generalisierte Keratodermie", der im klinischen Bild eine Kombination von Ichthyosis vulgaris (bzw. Erythrodermie congénitale ichtyosiforme), Keratosis suprafollicularis und Pityriasis rubra pilaris (letztere in abortiver Form) darstellte.

LOUSTE, RABUT und GADAUD konnten einen von ihnen 1931 beschriebenen Fall nicht näher bestimmen, den sie „Erythrodermie desquamative et kératosique" nannten. Die Erscheinungen paßten weder zur Pityriasis rubra pilaris noch zur Erythrodermie ichtyosiforme BROCQ. Der histologische Befund ließ sowohl an eine diffuse, subakute Sklerodermie mit Erythrodermie und Exfoliation als auch an eine Keratodermie denken. PELLERAT und CARIAGE berichteten 1953 über eine 30jährige Frau, bei der 2 Monate nach der Geburt ein diffuses Erythem an Handtellern und Fußsohlen, sowie in der Prästernal- und Interskapulargegend auftrat. Daneben fanden sich Herde vom Typ der Ichthyosis serpentina im Gesicht, am Nakken, am Rumpf und an den Gliedmaßen. Den Autoren fällt die Unterscheidung zwischen angeborener ichthyosiformer Erythrodermie und Ichthyosis serpentina schwer, sie nehmen zwar letztere an, finden aber dennoch die Intensität des Erythems ungewöhnlich für Ichthyosis vulgaris.

Unklar hinsichtlich seiner Einordnung muß auch der Fall von SUURMOND (1961) bleiben, bei dem, wie SIEMENS in der Diskussion ausführte, die follikulären Keratosen teilweise an eine Keratosis follicularis spinulosa decalvans erinnerten, wobei jedoch die Augenbrauen ausgespart waren. Die übrigen Befunde mit Befall der Wangen, der rechten Achselhöhle, beider Kniekehlen und Ellenbeugen, mehr follikulärer Befall der Streckseiten der Gliedmaßen ließen eher an eine (atypische ?) Ichthyosis congenita denken, zumal die Rötung im Gesicht bereits bei Geburt vorhanden war und die Keratosen im 3. Lebensmonat begannen.

Verlauf und Behandlung der Ichthyosis-Formen

Alle hereditären Ichthyosis-Formen haben die Tendenz, sich schon in den ersten Lebensjahren, vor allem aber im späteren Leben abzuschwächen, wenn nicht überhaupt (wie die Ichthyosis vulgaris) gänzlich zu verschwinden. Sogar die schwere Form der Ichthyosis congenita (heute meist als Kollodiumhaut bezeichnet) kann sich spontan, meist aber durch Behandlung (s. im folgenden) sehr schnell bessern. Die Steroidbehandlung hat sogar die schwersten, früher letalen Formen in lebensfähige (und z. T. weitgehend abheilende) verwandelt. Der Grundsatz, daß die Chancen eines günstigen Verlaufes um so besser seien, je später die Ichthyosis auftrete, gilt heute nicht mehr. Sogar die früher als völlig therapieresistent angesehene Ichthyosis hystrix gravior (z. B. Fall von BÄFVERSTEDT), die zuerst auf Vitamin A-Behandlung nicht ansprach (1941), wurde inzwischen durch massive und kontinuierliche Behandlung erheblich gebessert (LODIN, LAGERHOLM und FRITHZ, 1966). Keiner Besserung zugänglich ist im allgemeinen die mit dem Sjögren-Larsson-Syndrom einhergehende Ichthyosis congenita (Fall GREITHER, 1959).

Der günstige, sich schnell oder allmählich in der Stärke abschwächende Verlauf der verschiedenen Ichthyosis-Formen ist jedoch nicht immer kontinuierlich, sondern wird oft durch *neue Schübe* unterbrochen, die sich häufig im Sommer ereignen (FANINGER und MARKOVIC-VRISK, R. und M. ROLLIER). So wie eine Ichthyosis durch Infektionskrankheiten ausgelöst werden kann (GOUGEROT und HAMBURGER, PAKULA), kann sie von interkurrenten Infekten, vor allem Masern, (möglicherweise über die banale Wirkung des Schweißes) günstig beeinflußt werden und vorübergehend abheilen (Goldschlag, Nomland, Roederer). Andererseits spielt auch die gegen Infekte gerichtete Behandlung mit Antibiotica — freilich in Kombination mit anderen Mitteln — eine nicht zu unterschätzende Rolle, vor allem im Kindesalter (Garcés und Donoso, 1956; G. Wolfram, 1958).

Schwieriger ist der Verlauf der *bullösen Erythrodermia congenita ichthyosiformis* zu übersehen. Die Rezidive sind anfänglich von Blasen bestimmt, wobei den Blasen oft allgemeines Krankheitsgefühl vorausgeht (McCurdy und Beare, 1967). Die Entwicklung von Blasen schwankt nach Simpson (1964) innerhalb von 3 Monaten und 40 Jahren. Meist hören aber die Blasen viel früher auf, wobei nicht nur sie, sondern allmählich auch die ichthyotischen Erscheinungen schwächer werden. Nach Simpson starben insgesamt an der bullösen Form der Ichthyosis congenita 8 Kranke (innerhalb von Tagen bis 4 Jahren).

Die äußere Behandlung

hat für alle Formen der Ichthyosis ihren Wert behalten, sie braucht, da nur wenig Neues dazugekommen ist, nur skizziert zu werden.

Ihr wesentliches Prinzip beruht auf erweichenden, z. T. auch nur fettenden Salben, meist mit schwachen Salicylzusätzen, ferner in häufigen Bädern. Erinnert sei hier noch an die vielleicht zu wenig beachtete äußere Behandlung mit feuchtwarmen Kochsalzumschlägen und 3% Kochsalz enthaltenden Vollbädern, im Verein mit einer langsam von 1% auf 10% zu steigernden NaCl-Lanolin-Salbe. Nach den Beobachtungen von Ljungström erzielt diese Behandlung nicht nur eine schnelle Normalisierung der ichthyotischen Haut, sondern auch längere Zeiten der Rezidivfreiheit. Ein ähnliches Prinzip ist in der von Ph. Keller empfohlenen, das Wasser an die Haut bindenden Ichthyosis-Salbe wirksam (Ac. salic. 1,0, Glycerini 10,0, Sol. Calc. chlorat. 25%, Eucerini anhydr. āā ad 100,0). Orfuss (1958) erzielte mit einer 10%igen Natriumchloridsalbe — außer auf dem behaarten Kopf — ebenfalls gute Ergebnisse. Lascheid, Potts und Clendenning (1958) brachten ein mit einer Ichthyosis congenita geborenes Negerkind in einen Inkubator mit sehr feuchter Luft, rieben es mit Aquaphor ein (und gaben innerlich Vitamin A). Nach 2 Wochen stieß sich die Hornschicht ab, mit 6 Monaten zeigte das Kind nur mehr eine milde Ichthyosis. Insgesamt darf man annehmen, daß die Behandlung mit 10—25%igen Kochsalzlösungen oder entsprechenden Salben zu einer Hydratation des Stratum corneum führt; da bei der Ichthyosis die Schweißdrüsen nur mangelhaft funktionieren und die pathologische Verhornung auch weitgehend durch eine fehlende Abstoßung der Hornlamellen bedingt wird, vermag eine Wasserretention möglicherweise dem pathologischen Zusammenhalt der Lamellen entgegenzuwirken und zu einer normalen Abschilferung beizutragen.

Zur äußeren Behandlung zu zählen ist — auch wenn sie, aufgrund der starken transcutanen Resorption und der damit verbundenen Wirkung auf die Nebennieren (Greither und Goerz, 1964) als eine innere anzusehen ist — der Occlusiv-Verband mit Steroid-Salben. Diese naheliegende, wenn auch vielleicht etwas umständliche Behandlungsart scheint noch wenig benützt und empfohlen worden zu sein. Wie wirksam sie ist, betonen Saint-André und Biot (1966); die Wirkung eines 48 Std liegenden Occlusiv-Verbandes mit einer Steroid-Salbe genügt für einen Monat bzw. ersetzt eine über einen solchen Zeitraum durchgeführte Heliotherapie.

Die innere Behandlung

hat in den letzten Jahrzehnten ebenfalls an Umfang, Bedeutung und Wirksamkeit erhebliche Fortschritte gemacht.

Zu den mehr konventionellen Mitteln, die bereits von Bruhns erwähnt wurden, zählen innerliche Gaben von *Magnesia usta*, die auch von Cedercreutz, Gougerot u. Mitarb., Pastinszky empfohlen wurden (innerlich 3mal 0,2 Magnesia usta kombiniert mit 10%igen Magnesia usta-Salben, eventuell ferner mit 2% Salicyl-Vaseline). Eine interessante Beobachtung hat Molitch bekanntgegeben: mit 1,2,4-α-Dinitrophenol mit dem Ziel der Abmagerung behandelte Kranke schwitzen außerordentlich stark. Der Versuch, mit diesem Mittel die Schweißbildung bei Ichthyotikern zu steigern, schlug indessen fehl: es kam zwar zu einer Erhöhung des Grundumsatzes (zum Zeichen dafür, daß die Kranken auf das Mittel überhaupt reagierten), aber zu keiner Schweißbildung, offenbar, weil die Schweißdrüsen zu insuffizient sind, um auf schweißtreibende Mittel zu reagieren. Folgerichtig nahmen die Ichthyotiker auf dieses Mittel auch nicht an Gewicht ab.

Einen großen Raum nimmt im neueren Schrifttum die *Vitamin-Behandlung* der verschiedenen Ichthyosis-Formen ein. Voran das *Vitamin A* (es wurde erwähnt, daß nach Vitamin A-Belastung bei Ichthyotikern verminderte Werte für Vitamin A und Carotin — z.B. von BRANDAO und OLIVERA, PROCHAZKA-FISHER, MIESCHER — im Blutserum gefunden wurden). Die Behandlungserfolge mit Vitamin A bei Ichthyosis congenita und vulgaris werden unter anderem von BRANDAO und OLIVERA, CLARAMUNT (im Verein mit Penicillin und Vitamin A), PROCHAZKA-FISHER, HELLERSTRÖM, HUTSEBAUT, LEIPOLD, MIESCHER, VAYRE, VELTMANN berichtet. Die Vitamin A-Säure scheint (Versuche unserer Klinik, STÜTTGEN, unveröffentlicht) dem Vitamin A nicht überlegen zu sein.

Die durchschnittlichen Dosen betragen 75000—400000 E täglich, die über viele Wochen, ja Monate (bis zu einem halben Jahr) fortzusetzen sind. Die Autoren sind sich darüber einig, daß mit Absetzen der Vitamin A-Behandlung die Ichthyosis wieder zunimmt; FOELSCH betont, daß die perorale Anwendung zwar eine gewisse Wirkung zeige, daß aber erst in der Kombination mit Einspritzungen, 2mal wöchentlich (à 300000 i E) ein Effekt deutlich werde. Andererseits ist oft die Wirkung des Vitamin A kaum abzuschätzen, weil es mit den noch zu besprechenden Corticosteroiden kombiniert angewendet wird. SHAW, MASON und KALZ berichteten über einen Behandlungserfolg in einem Fall mit erhöhtem Grundumsatz (und einem echten Vitamin A-Defizit infolge herabgesetzter Synthese aus dem Carotin der Leber), in dem die Behandlung mit Thyreoidin (3mal täglich 0,13 g) und Vitamin A (täglich 3mal 500000 E) zu einer Normalisierung des Grundumsatzes, einem Verschwinden der Carotinämie und einer Abheilung der Hauterscheinungen führte. Einen kompletten Mißerfolg berichtet HAXHAUSEN nach Vitamin A in einem Fall von traumatisch ausgelöster Ichthyosis vulgaris. VERMA sah weder von der Anwendung einer 3%igen Vitamin A-Salbe im Verein mit Injektionen einen Erfolg. Der zunächst erfolglos behandelte Fall von BÄFVERSTEDT heilte im Verlauf einer 7jährigen Behandlung mit Vitamin A bei täglichen Dosen von 200000—300000 E nahezu vollständig ab, ohne daß Zeichen einer Hypervitaminose auftraten (LODIN, LAGERHOLM und FRITHZ, 1966).

LINDLEY hat 1956 in einer Dissertation die Wirkungsweise des Vitamin A behandelt. Tieruntersuchungen machen es deutlich, daß es sich nicht um die Substitutionstherapie eines latenten Vitamin A-Defizits, sondern um eine spezifische pharmakodynamische Wirkung im Sinne einer Differenzierungshemmung gegenüber Verhornungsprozessen handelt. Behandelt man graue Mäuse mit Benzpyren und gleichzeitig hohen Dosen von Vitamin A, so wird gegenüber der (ohne zusätzliche Vitamin A-Gabe vorbehandelten) Kontrolltieren die hyperkeratotische Warzenbildung in entscheidender Weise gebremst, ohne daß die Neubildung selbst meßbar beeinflußt würde.

Als weitere Vitamine wurden empfohlen: Vitamin F 99 (GIARDINO), Vitamin H (BECKMANN), Vitamin B_{12} (ROOS). LODIN, GENTELE und LAGERHOLM sahen von der Kombination extrem hoher Dosen von Vitamin B_{12} und Vitamin C Besserung in 5 auf diese Weise behandelten Fällen von congenitaler ichthyosiformer Erythrodermie; die Besserung setzte erst nach 2—3wöchiger Behandlung ein; Rückfälle traten schon 1 Woche nach Behandlungsende auf.

Die bereits erwähnten, bei verschiedenen Formen von Ichthyosis mitunter anzutreffenden Störungen des *endokrinen Gleichgewichts* legen Therapieversuche mit Hypophysenvorderlappenhormon (HELLER, KYLIN, WERSÄLL), Schilddrüsenextrakt (ANDERSON, MARAÑON und CASCOS, SIEBEN, SHAW, MASON und KALZ) nahe.

Die Erfolge sind zweifelhaft. Das zeigt besonders deutlich die Beobachtung von WORINGER und HÉE: bei einer 21jährigen Patientin, in deren Familie gehäuft Morbus Basedow vorkommt, führte die Entfernung der Schilddrüse zwar zu einer Abheilung der gleichzeitig — und seit frühester Kindheit — bestehenden Erythrodermie ichtyosiforme congénitale BROCQ; 3 Monate später stellte sich jedoch der alte Zustand wieder ein: mit dem erneuten Ansteigen des Grundumsatzes rezidivierten die Hauterscheinungen.

Niizawa berichtete über gute Erfolge mit der wiederholten Anwendung eines von den Eltern der Ichthyotiker entnommenen, 30 min mit *UV-Licht bestrahlten Serums*. O'Leary u. Mitarb. empfehlen *Bluttransfusionen* und *Röntgenstrahlen*. Galeota hält jedwede Therapie für machtlos.

Als die bemerkenswerteste Neuerung in der Behandlung der Ichthyosis (congenita) hat die Anwendung von Corticosteroiden zu gelten.

Den ersten Bericht verdanken wir — soweit das Schrifttum übersehbar ist — Coste, Piguet und Civatte, die bei einem 54jährigen Mann mit chronischer Polyarthritis — und gleichzeitiger, seit Geburt bestehender Ichthyosis vulgaris (die Verff. nennen den Fall sogar „Ichtyose congénitale vulgaire") — eine bemerkenswerte Besserung der Hauterscheinungen feststellten. Das Cortison brachte sogar die Funktion der Schweißdrüsen wieder in Gang.

Wird man bei erwachsenen Kranken mit Ichthyosis congenita oder vulgaris dem Cortison einen nur beschränkten, mit dem Absetzen des Mittels aufhörenden Effekt zubilligen, so kommt den Corticosteroiden bei jungen Kranken mit Ichthyosis congenita eine lebensrettende Rolle zu. Dies gilt z. B. für den Patienten von Jabłońska, Sidi, Melki und Hincky (einen 8jährigen Knaben, der durch ACTH, Penicillin und Aureomycin in einem leidlichen Zustand gehalten werden konnte und durch Prednison sogar vorübergehend vollständig abheilte), noch mehr vielleicht für die frisch geborenen Fälle von schwerer Ichthyosis congenita, die durch die Behandlung mit Corticosteroiden nicht nur am Leben gehalten werden können, sondern bei denen die frühzeitige Behandlung sogar zu einer mehr oder minder vollständigen Heilung (unter Zurücklassung einer lediglich trockenen Haut) führt. Solch ein dramatischer Erfolg liegt z. B. dem Bericht von Hanssler (1957) zugrunde. Dieser Fall ist um so eindrucksvoller, als 2 vor dem genannten Kind geborene Geschwister an Ichthyosis congenita in den ersten Lebenstagen starben. Die — lebenserhaltende — Behandlung bestand in 25 mg Cortison täglich, in der 4. Lebenswoche wurde die Dosis um ein Viertel reduziert. Nach 77 Behandlungstagen wurde das Kind bei gutem Befinden entlassen, das Cortison wurde weiter verabreicht. Im Alter von 6 Monaten trat eine Encephalitis auf; trotz der sofortigen Unterbrechung der Cortison-Behandlung trat keine Verschlimmerung des Hautleidens ein. Die in den ersten 5 Lebenstagen zusätzlich durchgeführte Vitamin A-Behandlung (täglich 120000 E) dürfte kaum eine wesentliche Rolle für den Erfolg gespielt haben.

In ähnlicher Weise waren von lebensrettender Bedeutung Cortison-Behandlungen in dem Fall von Garcés und Donoso (1956) (weibliche Frühgeburt im 7. Monat mit schwersten Erscheinungen einer Ichthyosis fetalis gravis), das Prednison in den Fällen von Essigke (1958) und G. Wolfram (1958); der Fall von Wolfram wurde bereits ausführlich besprochen; Essigke berichtet über einen 10 Wochen alten männlichen Säugling, der in der 7. Lebenswoche eine schwere, z. T. blasige Erythrodermie ichtyosiforme congénitale entwickelte. Als der schlimme Ausgang schon unabwendbar schien, brachte Cortison eine schlagartige Besserung; das Medikament mußte jedoch wegen eines zentral-bedingten Nystagmus und wegen der ungünstigen Mineralwirkungen auf Prednison (Decortin) umgesetzt werden. Unter Decortin heilten die Hauterscheinungen rasch ab; 24 Tage nach Klinikaufnahme konnte der Säugling in gutem Allgemeinzustand mit einem Gewicht von 5100 g geheilt entlassen werden. Rezidive traten während einer 7 Monate dauernden Nachbeobachtung nicht auf. In einem Fall von Rollier und Grangette (1958) trat trotz Behandlung mit Vitamin A und K sowie Steroidhormonen — nach einer gewissen Besserung — der Tod ein.

In den letzten Jahren finden sich kaum mehr Angaben über Neugeborene mit schwerer Ichthyosis congenita, die — trotz rechtzeitiger und kombinierter Behandlung (zumindest Steroide und Vitamin A, womöglich auch noch Antibiotica) — verstorben wären. Dennoch ist daran festzuhalten, daß die Wirkung innerlich verabreichter Steroidhormone bei spät (in der Kinderzeit oder im Erwachsenenalter) erfolgter Behandlung gering ist oder fehlt. Hier empfehlen sich neben äußerer Occlusiv-Behandlung mit Steroid-Salben hohe Vitamin A-Gaben, abschuppende und wasserbindende Salben und Licht-Behandlung.

Auch die in der Dermato-Venerologie zunehmend an Bedeutung gewinnende *Psychotherapie*, und zwar in Form der *Hypnose-Behandlung*, ist bei der Ichthyosis congenita versucht worden. Sie wurde zuerst von Mason (1952) und Sonneck (1954) angewandt; letzterer konnte in einem Fall den Zustand durch Hypnose bessern. Wink führte 1961 diese Behandlung bei 2 kongenital ichthyotischen Schwestern durch. In der Hypnose suggerierte er ihnen die Besserung bestimmter Areale, erst wöchentlich, später in größeren Abständen. Bereits nach einigen

Monaten zeigten die der Suggestion unterzogenen Körperstellen eine deutliche, von der „unbehandelten" Haut sich unterscheidende Besserung. Eine Erklärung dieses Erfolges wurde weder von WINK noch seinen Vorgängern angegeben.

B. Follikuläre Keratosen

Die Gruppe der follikulären Hyperkeratosen ist unabsehbar. Eine verwirrende Nomenklatur, unzureichende Beschreibungen, die nur teilweise nachweisbare Vererblichkeit und infolgedessen die fast stets unbekannte Pathogenese machen eine klare Gliederung unmöglich. Dazu kommt, daß die follikulären Keratosen zum Teil der Ausdruck übergeordneter Krankheiten (also symptomatischer Natur) sind, wie etwa — abgesehen von den exogen ausgelösten Formen — die follikulär-spinulösen Trichophytide, Syphilide, Tuberkulide, Lepride usw. Andererseits reichen sie auch in das Gebiet der nicht nur follikulär gebundenen, generalisierten oder umschriebenen, kongenitalen oder idiopathischen Keratosen hinein (z.B. follikuläre Ichthyosis). Nur ein Teil der follikulären Keratosen sind also Genodermatosen.

H. W. SIEMENS hat bereits im Jahre 1922 folgende Gliederung der follikulären Keratosen versucht:
Lichenoide Keratosis follicularis.
Spinulöse Keratosis follicularis.
Akneiforme Keratosis follicularis.
Zu der *lichenoiden* Keratosis follicularis gehören:
1. Keratosis follicularis sive pilaris (Lichen pilaris),
2. Ulerythema ophryogenes.
3. Die zur Ichthyosis vulgaris gehörende piläre Keratose, die gegenüber der gewöhnlichen ohne Narben verläuft.
Die *spinulöse* Keratosis follicularis ist ein Syndrom, das verschiedene Ursachen haben kann (spinulöse Trichophytide, Syphilide, Tuberkulide, Lepride); darüber hinaus soll es eine Keratosis follicularis spinulosa als eigene Krankheitsform geben, deren Ätiologie und Symptomatologie unklar sind.
Die *akneiforme* Keratosis follicularis weist folgende Arten auf:
1. Keratosis follicularis contagiosa MORROW-BROOKE.
2. Acne cornea.
3. Akneiforme Keratosis follicularis Typus SIEMENS.

Dieser Ordnungsversuch ist heute in vielem nicht mehr als stichhaltig anzusehen. So hat sich 1. die von BROOKE angenommene „Kontagiosität" der Keratosis follicularis (contagiosa) rubra et alba nicht bestätigt, somit hat diese Form neben dem Lichen pilaris ruber et albus keine Existenzberechtigung mehr. Inzwischen sind weitere follikuläre Formen beschrieben worden, die zwar „epidemisch" auftreten, deren infektiöser Charakter jedoch keineswegs geklärt, wahrscheinlich sogar abzulehnen ist. 2. Der Unterschied zwischen follikulär (lichenoid) — spinulös — akneiform ist unergiebig, wenn nicht sogar verwirrend. Es bestehen fließende Übergänge zwischen den 3 verschiedenen Kalibern follikulärer Keratosen; der Vergleich mit der Akne ist sogar falsch. Mit ihr haben diese Keratosen nur das komedonenartige Bild (mitunter die Lokalisation), nicht aber die Pustel gemeinsam. Sie und die Narbenbildung fehlen den follikulär-„akneiformen" Keratosen.

BORDA hat 1961 eine Einteilung der follikulären Keratosen nach folgenden Gesichtspunkten angeregt:
1. angeborene follikuläre Keratosen;
2. allergisch-bakterielle (oder infektiöse) follikuläre Keratosen (Syphilide, Lepride, Framböside, Leishmanide, Tuberkulide, Mykide usw.);
3. follikuläre Karenz-Keratosen (Vitamin A-Mangel), Stoffwechselstörungen;
4. toxische follikuläre Keratosen (Chlor, Schmieröl usw.);
5. heterogene Gruppe mit Lichen ruber pilaris, follikulären Lichenifikationen, Ekzematoiden, staphylogener follikulärer Keratose und mucinöser Alopecie.

5*

Auch diese Einteilung ist unbefriedigend, da sie einmal auf die klinische Morphe (follikuläre, spinulöse, „akneiforme" Keratose) keine Rücksicht nimmt und andererseits auch ätiologisch nur zum Teil ergiebig ist. In der 1. Gruppe sind z. B. auch nicht-erbliche follikuläre Keratosen aufgenommen (Keratosis follicularis Jadassohn-Lewandowsky, Morbus Kyrle usw.), andererseits bleibt auch bei diesem Versuch eine sehr unbefriedigende heterogene 5. Gruppe übrig.

Eine verbindliche Einteilung ist in unserem Falle so schwer, weil 1. die Morphe, 2. auch die Erblichkeit berücksichtigt werden soll, 3. aber verschiedene hier einschlägige follikuläre Keratosen unter anderen Kapiteln, in anderem Zusammenhang und von anderen Autoren abzuhandeln sind: etwa die exogen bedingte Chlor-Akne, die — symptomatischen — follikulär-spinulösen Keratosen, der Lichen ruber, die Pityriasis rubra pilaris, die Vitamin-Mangel- und stoffwechselbedingten follikulären Keratosen.

Alle diese zu berücksichtigenden Umstände lassen etwa folgende Einteilung der follikulären Keratosen geboten erscheinen:

I. *Erbliche follikuläre Keratosen*
  1. Die sog. Keratosis follicularis Morrow-Brooke
  2. Keratosis (supra-)follicularis rubra et alba, Lichen pilaris albus et ruber, Keratosis pilaris
  3. Keratosis follicularis spinulosa congenita
  4. Die dominante Keratosis follicularis congenita Siemens
  5. Ulerythema ophryogenes Unna-Taenzer
  6. Keratosis follicularis spinulosa decalvans Siemens 1926
     Anhang:
     Keratosis follicularis squamosa Dohi (und Momose) 1903

II. *Ätiologisch unklare, sicher oder wahrscheinlich nicht-erbliche follikuläre Keratosen*
  1. Keratosis follicularis epidemica Schuppli (Basler Krankheit)
  2. Hyperkeratosis follicularis et parafollicularis in cutem penetrans Kyrle
  3. Keratosis follicularis serpiginosa (Elastosis perforans Lutz-Miescher-Grüneberg
  4. Akrokeratoelastoidosis Costa
  5. Hyperkeratosis lenticularis perstans Flegel

III. *Symptomatische follikuläre und spinulöse Keratosen* (zugleich *Differentialdiagnose* follikulärer Keratosen)
  1. bei Dermatosen
  2. als -id-Reaktionen bei Infektionen
  3. nach Erzneimitteln
  4. durch follikeltoxische exogene Noxen
  5. bei Vitaminmangelerscheinungen, endokrinen und Stoffwechselstörungen
  6. bei inneren Krankheiten und Organkrebsen

IV. *Sonderformen follikulärer Keratosen*
  1. Atrophisierende und hypertrophische Formen follikulärer Keratosen
     a) die atrophischen Formen
     b) die hypertrophischen follikulären Keratosen
  2. Die decalvierenden (follikulären und spinulösen) Keratosen
     a) die teilweise atrophisierenden follikelbedingten Keratosen
     b) die Gruppe der Pseudopelade

I. Erbliche follikuläre Keratosen

In diesem Kapitel soll eine Gliederung nach genetischen Gesichtspunkten versucht werden. Die Einzelmorphe kann in Größe und Form (spinulös — lichenoid — knötchenförmig) stark schwanken.

Eine Ausnahme macht lediglich die erste zu besprechende Dermatose, die nur zum Teil hereditär ist. Ihre Besprechung ist aus historischen und terminologischen Gründen wichtig; sie muß sogar an den Anfang gestellt werden, weil sie dem Verständnis nicht nur der erblichen Formen, sondern dem der Genese einer Reihe follikulärer Keratosen dient.

1. Die sog. Keratosis follicularis Morrow-Brooke

hat nach unseren heutigen Erkenntnissen keine Selbständigkeit mehr zu beanspruchen; sie ist als polyätiologisch bedingte Dermatose anzusehen. Die lange angenommene ,,Kontagiosität'' hat SIEMENS schon 1922 entschieden abgelehnt; er hat ferner darauf hingewiesen, daß die Keratosis Brooke in vielen Fällen durch äußere Einflüsse zustande komme, wie durch Metallstaub (Fall BLASCHKO), durch Schmieröle (FRIEBOES); an äußere Einflüsse dachte auch OPPENHEIM, der auf die Ähnlichkeit der exogen bedingten Keratosis follicularis mit dem Lichen ruber acuminatus hinweist. Auch die Häufung und die lange angenommene Infektion will SIEMENS durch äußere Einflüsse erklären, wie etwa die Reizung durch schlechte Seife. In vielen Fällen nimmt er die einfache Kombination von Keratosis follicularis mit Akne vulgaris an.

Es ist bezeichnend, daß es in den letzten Jahren um diese Dermatose sehr still wurde und die wenigen Fallberichte (PIECZOWSKI, 1940; P. W. SCHMIDT, 1940; GOTTRON, 1938 (Corpus iconum III, S. 760); KARRENBERG, 1932) älteren Datums sind. FLEGEL hat 1964 überzeugend nachgewiesen, daß — wir würden sagen ein Teil der Fälle — mit der Keratosis suprafollicularis identisch ist. Ein weiterer Teil geht in der sog. ,,Basler Krankheit'' auf (GONIN, auch TOURAINE scheint letztere in der Brookeschen Form aufgehen zu lassen). SIEMENS hat 1922 eine eigene, kongenitale Form aus dieser polyätiologischen Gruppe herausgelöst, die er akneiforme bzw. comedonenartige Keratosis follicularis (später Keratosis multiformis bzw. Keratoma folliculare) nannte. Es ist anzunehmen, daß TOURAINE, wenn er — vorsichtig — von der Erblichkeit der Keratosis BROOKE spricht (''elle est tenue . . . comme congénitale et pourrait etre héréditaire'') diese Form SIEMENS meint.

Insgesamt können sich unter der sog. Keratosis follicularis Brooke also folgende Dermatosen verbergen:

1. Exogen bedingte follikuläre Keratosen, zum Teil mit Superinfektion.
2. Der Lichen pilaris (FLEGEL).
3. Der Lichen pilaris im Verein mit einer gewöhnlichen Akne (SIEMENS).
4. Die sog. Keratosis follicularis epidemica (,,Basler Krankheit'').
5. Die Keratosis follicularis Siemens (Keratosis multiformis usw.).

Ein Teil der Unklarheiten, die das Gebiet der follikulären Keratosen verwirren, ist also sicher auf die uneinheitliche Natur der sog. Keratosis follicularis Brooke zurückzuführen. Gemeinsam bleiben ihr, trotz verschiedener Genese, gewisse Besonderheiten hinsichtlich Efflorescenzen und Lokalisation, die kurz besprochen sein sollen.

Das *klinische Bild* ist einmal bestimmt durch die verschiedene Größe und den unterschiedlichen Verhornungsgrad der mehr exanthematisch vorkommenden, nicht juckenden Knötchen, die als kleinste schwarze Punkte beginnen; während die Haut der Umgebung einen schmutzig grauen Farbton annimmt und vergröberte Felderung zeigt, erheben sich die Follikel zu stecknadelkopf- bis linsengroßen Papeln, die einen aus der Follikelmündung hervorragenden comedoartigen Zapfen oder einen plumpen Stachel, gelegentlich auch ein erhaltenes Härchen

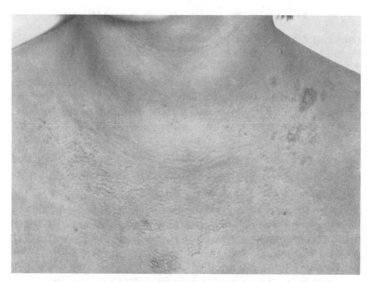

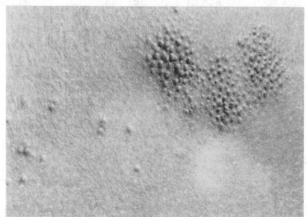

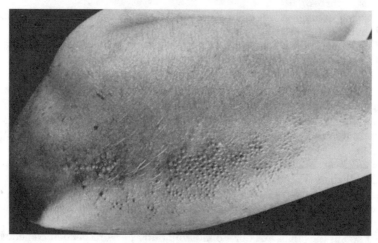

Abb. 28. Keratosis foll. (contagiosa) Morrow-Brooke. Größere, keratotische Papeln und follikuläre
Hornknötchen

erkennen lassen. Die Art der Hornbildung wird nicht nur von der Größe (und dem Alter) der Efflorescenzen, sondern auch etwas von der Körperregion bestimmt: am Hals, am Nacken und in der Achselhöhle sind die Hornknötchen mehr borsten- oder stachelförmig, an den Gliedmaßen mehr zapfen- oder comedoartig. Aus den größeren, gelbbraun gefärbten Papeln (Abb. 28) läßt sich die zentrale, harte und linsenförmig eingelagerte Hornmasse oft nur schwer, unter Schmerzen und mit einer kleinen Blutung verlaufend, herauslösen. Es bleibt dann ein nicht allzu tiefer Trichter zurück, dessen Grund unregelmäßig gestaltet ist. Das comedoartige Horn- kegelchen aus kleineren Efflorescenzen ist nicht ausdrückbar, indessen ist die — kleineren Knötchen öfter aufsitzende — gelbbraune Hornschuppe leicht abzu- kratzen. Die Intensität des chronisch verlaufenden Prozesses schwankt zeiten- und stellenweise, die — mitunter spontan abheilenden — Herde hinterlassen pigmen- tierte, leicht eingezogene, regelmäßig rundovale Narben.

SIEMENS hebt als weitere Besonderheiten der sog. Keratosis follicularis Brooke hervor: Bevorzugung des Rumpfes, Neigung zur Bildung oft symmetrischer und oft kreisrunder Herde. Beteiligung aller Follikel im befallenen Gebiet, helle Farben und geringe Größe der Horngebilde, häufiges Freibleiben von Gesicht, Händen und Füßen und die gute therapeutische Ansprechbarkeit.

Sind schon diese erwähnten Besonderheiten auf die polyätiologisch bedingten Schrift- tumsfälle bezogen, so wird man beim histologischen Bild überhaupt keine Regel erwarten dürfen, auch wenn SIEMENS das Überwiegen der Parakeratose betont. Seine — noch zu be- sprechende — Sonderform hat ein ganz anderes Bild als die zum Lichen pilaris gehörenden Fälle vom sog. Keratosis follicularis Brooke.

Zu den genannten 5 Möglichkeiten, die eine sog. Keratosis follicularis Brooke verursachen können, kommen sicher noch weitere, die ebenfalls gegen eine einheit- liche Genese dieser Dermatose sprechen. So beschrieben JONQUIÈRES und FINKEL- BERG 1960 eine sog. Keratosis follicularis Brooke, die klinisch und histologisch einem Morbus Kyrle glich.

Die *Differentialdiagnose* hat (von der Verteilung, nicht von der Art der Efflorescenzen her) unter Umständen ein *papulonekrotisches Tuberkulid* auszuschließen, ferner die *Keratosis suprafollicularis*. Der *Lichen spinulosus* zeigt Tendenz zu Gruppenbildung. Ein *Morbus Kyrle* wird histologisch auszuschließen sein, ferner können größere Efflorescenzen mit dem massiven Hornkrater in der Mitte ein *Keratoakanthom* vortäuschen. Auch eine *Prurigo nodularis* oder ein *Lichen urticatus* ZUMBUSCH *(Urticaria papulosa perstans)*, *Prurigo simplex subacuta* können von der Größe und der Verteilung der Efflorescenzen her zu erwägen sein; bei genauerer Analyse dürften jedoch beide Affektionen ausgeschlossen werden können. Die Differential- diagnose gegen den *Morbus Darier* dürfte klinisch und histologisch nicht schwer sein; eine Verwechslungsmöglichkeit liegt lediglich in dem amerikanischen *Gebrauch der Bezeichnung* „*Keratosis follicularis*" für den Morbus Darier. Ein *circumscripter Erythematodes*, vor allem im Gesicht, kann als Keratosis follicularis beginnen (SCHOCH); beim *Lichen ruber follicularis* ist es vor allem die atrophische Variante auf dem Kopf, die differentialdiagnostische Schwierig- keiten bereitet (SILVER und SACHS). Darüber wird bei den decalvierenden follikulären Kera- tosen noch zu sprechen sein.

Die *Behandlung* richtet sich nach der Grundkrankheit. Trotz Keratolytica und Vitamin A- Gaben ist sie — wie oft bei follikulären Keratosen — weitgehend machtlos.

2. Keratosis suprafollicularis alba et rubra, Lichen pilaris albus et ruber, Keratosis pilaris

Synonyma. Von den zahlreichen Synonyma dieser Dermatose war lange Zeit die von UNNA im Jahre 1894 geschaffene Bezeichnung ‚Keratosis suprafollicularis alba et rubra' die üblichste; die Epitheta ‚alba et rubra' sind mittlerweile fast ganz außer Gebrauch gekommen. Auch die Bezeichnung ‚suprafollicularis' wird nur mehr von wenigen Autoren angewendet (z.B. E. FISCHER, FLEISCHHAUER, JOHNSON).

Der Begriff ‚Keratosis pilaris', der heute noch viel benützt wird, wurde von JACKSON im Jahre 1886 geprägt und von HYDE 1888 übernommen. BROCQ sprach — die Terminologie von UNNA und von JACKSON kombinierend — von einer „Kératose pilaire blanche et rouge".

Die im deutschsprachigen Schrifttum häufigsten Bezeichnungen sind: Lichen pilaris, Keratosis follicularis lichenoides, Keratosis pilaris, Keratosis follicularis alba et rubra (WILSON, 1876; TILBURY FOX, 1879), follikuläre Keratose. Der Begriff „Phrynoderma" ist fast ganz außer Gebrauch gekommen (STROUD III, LOEWENTHAL u. a. verwenden ihn).

Das *klinische Bild* ist mit der von UNNA geschaffenen Krankheitsbezeichnung Keratosis suprafollicularis alba et rubra gut beschrieben. In den klassischen Fällen handelt es sich um follikelgebundene, aber den Follikel auch nach den Seiten hin überragende Hornkegel, die als stecknadelkopfgroße Knötchen, mitunter auch als etwas größere Schüppchen imponieren. Sie stehen in Gruppen und bevorzugen die Außenseite der Oberarme und Oberschenkel und das Gesäß, kommen aber auch

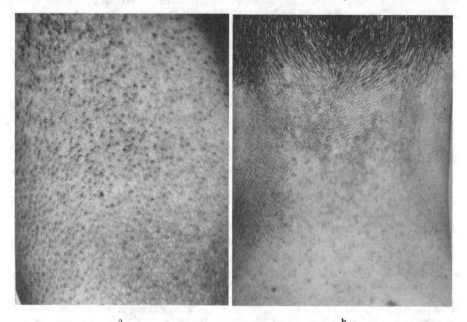

a   b

Abb. 29a u. b. Keratosis suprafollicularis alba et rubra. Follikuläre Keratosen, a in gleichmäßiger Verteilung (Oberschenkel), b gruppiert (Nacken)

an anderen Stellen des Körpers (Abb. 29) (mit oder ohne begleitende Ichthyosis simplex) vor. An den genannten Vorzugssitzen, vor allem an den Oberarmen, sind die Hornpapeln rötlich, oder genauer: sie stehen in einer lividroten, akrocyanotischen, von Witterungseinflüssen deutlich abhängigen Umgebung. Andere Efflorescenzen wiederum, oft unmittelbar an solche rötlichen Bezirke anschließend, erscheinen dagegen weiß, vor allem an ihrem den Hornkegel einfassenden ringartigen Rand. Dieser Wechsel von roten und weißlichen Papeln ist sehr kennzeichnend; deswegen erscheint es uns nicht als richtig, wenn z. B. PIGNOT die rote Abart der Keratosis follicularis dem Ulerythema ophryogenes zuordnen will. Außerdem befällt die Keratosis suprafollicularis im Gegensatz zum Ulerythema das Gesicht selten. Die „rote" und die „weiße" Form als getrennte Typen zu betrachten, erscheint überflüssig, da sie in der Regel kombiniert vorkommen und es vom Terrain und vom Durchblutungszustand abhängt, ob die Keratosen rot (Akrocyanose) oder weißlich erscheinen.

Der beschriebene Sitz an den Vorzugsstellen, der vor allem bei zahlreichen jungen Mädchen während und nach der Pubertät zu beobachten ist, sich später weitgehend verlieren kann, ist durchaus nicht immer die Regel. Es kann z. B. ausschließlich der Rücken befallen sein, wie es COOMBS und BUTTERWORTH in

10 Fällen beschrieben. Es können circumscripte Herde, fleckartig an Gliedmaßen oder am Stamm festzustellen sein (Fuss, Sprafke, Wise), der Stamm allein (Babes und Schmitzer), Rücken, Ober- und Unterarme sowie beide Lenden (Kogoj), schließlich kann auch nahezu die ganze Körperhaut befallen werden. Unter den Formen, die gruppierte Herde zeigen, finden sich solche, die früher wohl der Keratosis follicularis Brooke zugeordnet worden wären (Abb. 30). Gerade Siemens betonte die herdweise Lokalisation.

Die Dermatose ist eine Krankheit des Jugendalters. Sie tritt in der Regel spätestens in der Pubertät auf. E. Fischer findet bei seinem 21jährigen Mann ungewöhnlich, daß die follikuläre Keratose erst mit 19 Jahren auftrat; noch bemer-

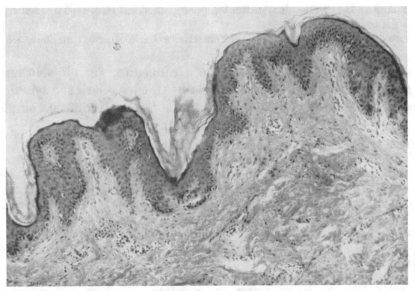

Abb. 30. Keratosis suprafollicularis. Follikuläre Verhornung, mit eingesenkten, z. T. erweiterten Ostien. (Histologie des Falles Abb. 29a)

kenswerter dürften Neumanns Beobachtungen einer 50jährigen Frau sein, die erst seit einem Jahr an Stirn, Schläfengegend, Hals, vorderer und hinterer Schweißrinne rote, verhornende, follikuläre Papeln aufwies, wobei die Möglichkeit einer toxisch-allergischen Auslösung offengelassen werden muß. Nicht immer heilt diese follikuläre Keratose im frühen Erwachsenenalter ab. Die Kombination mit Kräuselhaaren (C. Schirren, 1963) ist sicher zufällig, d.h. der Kombination zweier verschiedener Gene zuzuschreiben.

Die Dermatose ist häufig, nach Darier ist angeblich ein Drittel aller Menschen beiderlei Geschlechts — vorübergehend, wie wir hinzufügen möchten — befallen. Oft ist das Nebeneinander von Keratosis pilaris und Ichthyosis simplex (oder einer Ichthyosis schwereren Grades) zu beobachten. Die Annahme, daß der Lichen pilaris die follikelgebundene Variante der Ichthyosis vulgaris darstelle, ist schon deshalb unwahrscheinlich, weil der Lichen pilaris noch häufiger ist als die Ichthyosis und öfter ohne sie als mit ihr vorkommt.

Die *Histologie* zeigt eine Hyperkeratose über und an den erweiterten Follikelmündungen. Durch Anstauung seines in normaler Weise gebildeten, aber nicht normal entleerten Inhaltes erweitert sich der Follikeltrichter, durch die Verhornung des Ostiums bedingt, in seinen oberen Anteilen. Das ist ein wichtiger Unterschied gegenüber der Ichthyosis und ein bedeutendes Argument für die Trennung beider (möglicherweise miteinander vorkommenden) Affektionen. Die Abb. 30 (Histologie des Falles von Abb. 29a und b) zeigt mehr diskrete, überwiegend follikulär gebundene Hornkegel bei einer im großen und ganzen unveränderten Epidermis und Cutis. Bei der Ichthyosis kommt es zu tütenförmigen, ineinandergeschachtelten Hornlamellen, die den Haarbalgtrichter in seiner Ausdehnung von unten nach oben erweitern; der Follikelinhalt stellt bei der Ichthyosis als ein Produkt der Trichterwandung eine *Hornperle* dar, während der Inhalt des Follikels bei der Keratosis suprafollicularis durch Verschluß des Ostiums, Stauung des Materials und Aussackung des Trichters bedingt, einer Retentionscyste vergleichbar wäre. Ferner können die im cystisch erweiterten Follikeltrichter bei Folliculitis suprafollicularis zu beobachtenden, gedrehten oder geknickten Haare bei der Ichthyosis nicht gefunden werden.

Von den vielen symptomatischen Formen des Spinulosismus unterscheidet sich

3. die Keratosis follicularis spinulosa congenita, der als selbständig angesehene Lichen follicularis spinulosus (Lichen pilaris seu spinulosus Crocker, Keratosis follicularis spinulosa Unna, Keratosis spinulosa Salinier usw.)

dadurch, daß er oft mit dem Lichen pilaris kombiniert vorkommt (Abb. 31), aber auch bei (fast) ausschließlich spinulöser Ausprägung viele Merkmale mit letzterem gemeinsam hat. 1. Die Anordnung ist ebenfalls gruppiert bzw. an die gleichen Vorzugssitze gebunden. 2. Es sind ebenfalls Kinder und jugendliche Erwachsene befallen. 3. Die Erscheinungen heilen mit zunehmendem Lebensalter allmählich ab. 4. Der Lichen spinulosus macht ebensowenig wie der Lichen pilaris Beschwerden. 5. Der Erbgang ist bei der pilären und bei der spinulösen Variante der Keratosis follicularis autosomal dominant (SCHNYDER, MEYER, STOLP und KNAPP, 1965).

Die genauere Beschreibung hat noch einige Besonderheiten zu berücksichtigen. Die stachelförmigen Hornfortsätze, meist fadenartige, einige Millimeter lange Gebilde, erheben sich aus kleinen hautfarbenen Papeln von höchstens Stecknadelkopf- bis Hirsekorngröße. Diese Papeln brauchen nicht unbedingt follikulär gebunden zu sein, sondern können auch — wie histologisch zu verfolgen ist — über Schweißdrüsenausführungsgänge, ja sogar unabhängig von Anhangsgebilden der Haut entstehen. Sie hinterlassen eine grübchenförmige Vertiefung und zeigen mitunter — wenn sie follikelgebunden sind — ein trockenes abgebrochenes Härchen, das auch aus dem erhaltenen Stachel herausragen kann. Die beschriebenen Papeln mit ihren filiformen Hornfortsätzen haben die Neigung, zu Gruppen oder mindestens größeren Plaques zusammenzufließen; Vorzugssitze sind Hals, Nacken, Schulterregion, Rücken und Bauch. An den Gliedmaßen sind es Oberarme (Übergang von den Schultern her) und Oberschenkel (Trochanter-Glutealregion), die bevorzugt befallen sind. Eine Tendenz zur Symmetrie ist ebenfalls vorhanden. Außerhalb geschlossener gruppierter Herde können vereinzelte, man möchte sagen „aberrierende" Hornstacheln angetroffen werden.

Der obigen Beschreibung der als selbständig anzusehenden Keratosis spinulosa entspricht der in Abb. 31a und b dargestellte Fall. Es handelt sich um einen 17jährigen Jungen, bei dem die Erscheinungen seit 10 Jahren bestehen. Befallen sind Hals- und Nackenregion und die Streckseiten der Gliedmaßen. Vor allem an letzteren ist der spinulöse Charakter der Verhornungen deutlich. Eine Ähnlichkeit mit der Keratosis suprafollicularis ist unverkennbar, allein schon aufgrund der weitgehend übereinstimmenden Lokalisation. Wahrscheinlich handelt es sich — mindestens im vorliegenden Fall — um eine Variante der ersteren mit Ausbildung teilweise spinulöser Elemente; denn es ist auffällig, daß nicht überall Hornstacheln

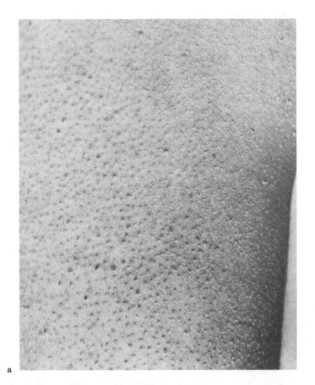

a

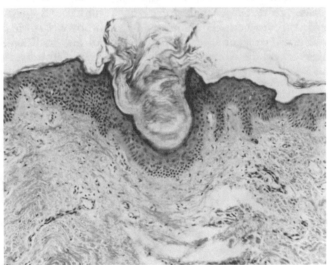

b

Abb. 31a u. b. Keratosis follicularis spinulosa. a Klinisches, b histologisches Bild des gleichen Falles (17jähriger Junge)

nachweisbar sind. Dieser Befund läßt sich aber zwanglos so erklären, daß die zarten Horn-stacheln bei Erreichung einer gewissen Länge abbrechen und wahrscheinlich schon gering-fügigen Traumen zum Opfer fallen.

Auch für die meisten Schrifttumsfälle scheint es zuzutreffen, daß die spinulöse Verhornung nicht ausschließlich vorhanden ist, sondern neben follikulären Papeln besteht. Die Aufzählung der Schrifttumsfälle ist auch deshalb schwierig, weil nicht aus allen Bezeichnungen mit Sicherheit hervorgeht, welcher Form spinulöser Keratosen sie einzugliedern sind. Doch scheinen hierher zu gehören u.a. die Berichte von H. D. Bock 1954 (der als Lichen spinulosus von Ayres 1934 vorgestellte Fall wurde in der Diskussion einstimmig als Lichen ruber erklärt), ein Fall der Essener Hautklinik 1937, von Fenyes 1935, Hermans und Schokking 1934, Jona 1931, Moncorps 1933 (verbunden mit einem Naevus keratodes linearis und einem systematisierten Talgdrüsen-Naevus), Pisacane 1931, Ribuffo 1952 (5 Fälle), Steiger-Kázal 1932, Thorne 1956.

Histologie. Die feingeweblichen Veränderungen unterscheiden sich von der Keratosis suprafollicularis nur durch die stärkere Ausprägung des dornartigen, die Epidermis überragenden Dornfortsatzes (Abb. 31 b). Am häufigsten ist die spinulöse Hyperkeratose follikelgebunden, sie muß es aber nicht sein.

Differentialdiagnose. Siehe symptomatische follikuläre und spinulöse Keratosen.

4. Die dominante Keratosis follicularis congenita Siemens (Akneiforme bzw. comedonenähnliche Keratosis follicularis, Keratosis multiformis, Keratoma folliculare)

wurde 1922 an einem 10jährigen Jungen und dessen Mutter beschrieben. Die kennzeichnenden Merkmale waren: ein follikuläres Exanthem, mit Bevorzugung der Ellbogen und Knie; verschieden große, stecknadelkopf- bis linsengroße hornige Papeln, keine Tendenz zur Gruppierung. Ferner bestanden circumscripte Keratosen an Handtellern und Fußsohlen, eine Pachyonychie sowie Leukokeratosen in der Mundhöhle. Histologisch hebt Siemens im befallenen Follikel die schalen- bis kegelförmig ineinandergeschachtelten, vorwiegend parakeratotischen Hornmassen hervor. Bei seiner Literaturbesprechung erwähnt Siemens unter den einschlägigen Fällen auch pemphigoide Blasen (Jadassohn und Lewandowsky). Trotz des follikulär-keratotischen Charakters (vor allem im histologischen Bild) ist diese Dermatose später zu den *Dyskeratosen* gerechnet worden und — außer an Siemens — an die Eigennamen Jadassohn und Lewandowsky sowie Schäfer als Keratosis follicularis congenita geknüpft worden. An diesem Beispiel zeigt sich wieder, wie verwirrend die Nomenklatur der follikulären Keratosen ist.

Im späteren Schrifttum ist dann eine Art Zweigleisigkeit festzustellen: Die als *Dyskeratosen* betrachteten Fälle werden uns später beschäftigen. Als follikuläre Keratosen wurden nur wenige Fälle bezeichnet. Bakker stellte 1960 einen Fall von Keratosis follicularis Siemens ohne Pachyonychie und Leukoplakie vor, in dessen Diskussion Siemens seinen früheren Begriff „Keratosis multiformis" verteidigte. Gertler beschrieb 1956 eine „Keratosis follicularis hereditaria in 4 Generationen", bei der bemerkenswert ist, daß die ältesten Mitglieder (Generation I und II) den Originalfällen von Siemens entsprachen, und die III. Generation von Gottron 1937 beschrieben worden war. Gertler fügt noch die IV. Generation mit zwei weiteren Fällen hinzu; die Symptomatologie blieb die gleiche.

Braun-Falco und Marghescu beschrieben 1967 einen Fall (23jährigen Mann), der seit frühester Kindheit eine systematisierte follikuläre Atrophodermie, eine Keratosis follicularis, Hyperhidrosis palmo-plantaris und eine Keratosis dissipata palmo-plantaris aufwies. Auch dieses Syndrom (zu dem noch Skeletveränderungen und Pseudopelade kommen) gehört wohl zu den Dyskeratosen (rezessiver Erbgang). Auf diese Dermatose wird unter dem Kapitel „Dysplastische Keratosen" noch einzugehen sein.

5. Ulerythema ophryogenes Unna-Taenzer
(Ulerythema sykosiforme, Folliculitis ulerythematosa reticulata)

Die *Nomenklatur* ist uneinheitlich und bringt den Charakter der follikulären Keratose — außer der Bezeichnung Brocqs „Kératose pilaire rouge atrophiante de la face" — kaum zum Ausdruck. Während noch Unna unter Ulerythema (Narbenerythem) einen Vorgang verstand, bei dem es zu einer Narbe nur durch Rückgang eines entzündlichen Infiltrates, ohne Eiterung und Abscedierung, gekommen war (der Erythematodes sollte nach Unnas Vorschlag „Ulerythema centrifugum" heißen), schuf Taenzer im Jahre 1888 den Begriff des Ulerythema ophryogenes, der wohl der Folliculitis rubra Wilsons entsprach. Im Jahre 1889 engte Unna den Begriff auf eine Abart dieser Keratose, nämlich das Ulerythema sycosiforme, ein. Und im Jahre 1918 schließlich prägten MAC KEE und PAROUNAGIAN die Bezeichnung „Folliculitis ulerythematosa reticulata", die vielleicht identisch ist mit WHITEs Naevus follicularis keratosus. Die Bezeichnung „Cicatrical redness of the eyebrows" geht auf HUBBARD zurück.

Auch von einer „*Facies ulerythematosa*" ist im Schrifttum seit langem die Rede. Gemeint ist damit der Haarausfall an den seitlichen Partien der Augenbrauen (der indessen auch auf andere Vorgänge wie das seborrhoische Ekzem oder den Erythematodes zurückgehen kann) und die von den Augenbrauen auf die Schläfen ziehende Rötung, die von follikulären Keratosen durchsetzt ist. Die Erscheinungen ziehen z. T. auch auf die Wangen, den Hals; an den Wangen

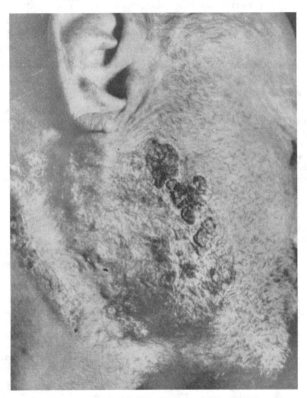

Abb. 32. Ulerythema sykosiforme. [Nach STEPPERT, Hautarzt **6**, 505 (1955)]

ist das Entstehen größerer Knoten mit Ausprägung serpiginös gestalteter Ränder mit dem Namen Ulerythema sycosiforme verknüpft (Abb. 32). Die örtlichen Lymphknoten können vergrößert sein.

Das *klinische Bild* beschränkt sich durchaus nicht auf die Efflorescenzen einer follikulären Keratose. Solche sind durchaus vorhanden, dazu mit bestimmter Lokalisation, nämlich im Gesicht, und zwar im Bereich der Stirnhaargrenze, der Augenbrauen und Wangen (Abb. 32). Meist ist der Befall symmetrisch. Anfänglich ist ein Erythem vorhanden, das zusammen mit den Keratosen eine gewisse Affinität zum Erythematodes herstellt. Die Abheilung erfolgt mit deutlich atrophischen Narben, die wegen der gruppierten Lokalisation der Primärefflorescenzen oft netzartig imponieren (Folliculitis ulerythematosa reticulata). Die besonders an Augenbrauen und am Capillitium entstehende definitive Atrophie kann eine gewisse Ähnlichkeit mit der Pseudopelade Brocq haben. Schließlich ergänzen Comedonen (Ulerythema acneiforme) und möglicherweise Pusteln (Ulerythema sycosiforme) sowie eine seborrhoische Disposition das sich langsam entwickelnde, in der frühen Kindheit beginnende Krankheitsbild.

Das *Erythem* ist ein konstituierendes Merkmal, wenngleich von verschiedenen Autoren (z. B. Steppert) die Erythem-Form von der Keratose-Form geschieden wird. O. Dittrich hat in seiner sehr lesenswerten Arbeit vom Jahre 1931 dem Erythem eine zentrale Stellung in der Pathogenese zugewiesen: es ist — nicht entzündlich bedingt — eine kongenital angelegte Vergrößerung des Gefäßkalibers, vergleichbar mit gewissen dauerhaften Zuständen bei vasculären Naevi. Dieser cystiformen Erweiterung der Gefäße würde eine erhöhte celluläre Aktivität entsprechen, die zu der follikulären Hyperkeratose führt. Hier wäre also die Pathogenese auf einen gemeinsamen Nenner gebracht, was sehr plausibel erscheint. Dittrich hat auch noch in anderer Weise die Beziehung hergestellt zu der beim — allzu lokalisiert gesehenen — Ulerythema ophryogenes bestehenden Neigung zu allgemeiner Keratose: die follikulären Hyperkeratosen sind in einer nahezu generalisierten Form an anderen Partien des Körpers (Schultern, Nates, Gliedmaßen) nachweisbar (kongenitale Keratosis pilaris).

Dafür sprechen auch verschiedene Befunde anderer Autoren. Cornbleet und Pace haben bei ihrer Kranken, einer 22jährigen Negerin, auch an Rumpf und Gliedmaßen follikuläre Excrescenzen gesehen, die ebenso wie die Erscheinungen im Gesicht seit Geburt bestanden. Raubitschek erwähnt das gleichzeitige Bestehen von *Palmar-Plantarkeratosen* (die auch bei Vater, Bruder und 2 von dessen Kindern bestanden, während die Kinder der 41jährigen Patientin gesund waren). Bei dem von der Hautklinik der Berliner Charité am 12. 5. 1956 vorgestellten Fall (13jähriger Schüler) war zusätzlich eine leichte Keratosis suprafollicularis an Oberarmen und Oberschenkeln vorhanden. Der 26jährige Patient von Chevallier und Civatte zeigt an den Gliedmaßen eine Keratosis pilaris rubra.

Über das *Alter* der Befallenen finden sich im Schrifttum Angaben, die um eine große Spanne differieren. Neben Jugendlichen (z. B. Zakon und Goldberg: 6jähriger Junge, Sprafke: Junge mit 8 Jahren, Kalz: Mädchen mit 8 Jahren, Rapp und Burgess: je ein Mädchen mit 14 Jahren, Schubert: Mädchen mit 15 Jahren, Dittrich: 16jähriges Mädchen, Baer: Mädchen mit 17 Jahren) findet sich häufig das jüngere Erwachsenenalter vertreten (Funk: Frau von 20, Dittrich: Mann mit 24 Jahren, Gabay: Mann mit 24, Maschkilleisson: 28jähriger Mann, Walther: Mann mit 29 Jahren). Bei den älteren Kranken zeigt sich, daß das Leiden keineswegs von Jugend auf bestehen muß: im Falle von Walther trat es, ebenso wie bei dem 35jährigen Mann von Finnerud erst 1½ Jahre vorher auf. Bemerkenswert ist die Angabe von Schmitz, daß bei einer 45jährigen Kranken der Beginn des Leidens nur 3 Jahre zurückliegt und seine Entwicklung mit dem Eintreten der Menopause deutlicher wurde. Auch ältere Kranke kommen im Schrifttum vor: unter anderem ein Mann und eine Frau von 45 Jahren bei Photinos, eine 50jährige Frau bei Rezecny, ein 60jähriger Mann bei Rappert und bei Jamieson und ein 61jähriger Mann bei Hopf.

Trotz der erblichen Disposition (diese Keratose ist, wie Schnyder und Klunker aus Schrifttums- und eigenen Fällen dargetan haben, *unregelmäßig dominant*) kommt eine *infektiös-pyodermatische* Teilkomponente hinzu, die — zusammen mit der *Narbenbildung* — den komplexen Charakter dieser Keratose beleuchtet. Follikuläre Papulo-Vesikeln sind von zahlreichen Autoren bezeugt (Finnerud, Hopf, Maschkilleisson, Matras, Raubitschek, in den in Kopenhagen (1930) und an der Berliner Charité (1956) vorgestellten Fällen). Maschkilleisson hält die — in seinem Fall aus den Pusteln gezüchteten — Staphylokokken (unter anderem hat sie auch Steppert gezüchtet) für pathogenetisch wichtig, daneben freilich auch als konstitutionelle Ursache die Minderwertigkeit des Bindegewebes, die — unter normalen Verhältnissen überwundene — Schäden entstehen läßt. Nach Stevanović (1960) geben japanische Autoren als Erreger das Myceloblatonon Ota an. Bemerkenswert ist der Fall von Hopf, in dem neben einer Sycosis simplex (also einer ausschließlich durch Kokken hervorgerufenen Dermatose) ein Ulerythema ophryogenes bestand, so daß Hopf das letztere als atrophisierende Folliculitis ansieht, die möglicherweise nur eine besondere Form der Sycosis darstellt. Mit dieser Betrachtungsweise wäre die Rolle der Erreger stark in den Vordergrund gerückt.

Zakon und Goldberg (1951) fanden bei ihrem 6jährigen Kranken die Plasma-Carotine und den Vitamin A-Gehalt im Blutserum erniedrigt.

Die Abheilung eines Ulerythema ophryogenes erfolgt oft unter dem Bild der sog. *Atrophodermia vermiculata*, die sich nach zahlreichen follikulär-entzündlichen Prozessen einstellt. Abb. 33 zeigt einen solchen Fall, bei dem neben der wurmstichartigen Atrophie auch noch Reste einer Folliculitis ulerythematosa (möglicherweise naevogener Herkunft) vorhanden sind.

Histologie. Auch im feingeweblichen Bild macht sich der infektiös-entzündliche Anteil bemerkbar. CHEVALLIER und CIVATTE sehen als primäre Erkrankung den ringförmigen Entzündungsherd um den Follikelhals an. Die perifollikulären und perivasculären Infiltrate, die bis ins Fettgewebe reichen können, bestehen vor-

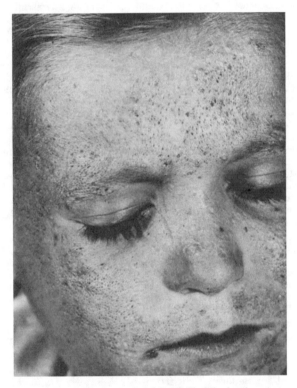

Abb. 33. Atrophodermia vermiculata bei Folliculitis ulerythematosa

wiegend aus Plasmazellen und Lymphocyten (WEIDEMANN), ferner Mastzellen und gewucherten mesenchymalen Zellen mit großen Kernen (STEPPERT), außerdem aus Epitheloidzellen, Fibroblasten, vereinzelten Leukocyten. Das Infiltrat dringt sogar zwischen die beiden Haarscheiden ein (MASCHKILLEISSON). Auch im Stratum spinosum besteht eine leukocytäre Infiltration. Vereinzelt sind in den Infiltraten mehrkernige Riesenzellen vom Langhans-Typ beschrieben (SCHUBERT, STEPPERT).

Die Epidermis zeigt nur zu Beginn eine Acanthose, später eine Verschmälerung bzw. Atrophie. Die in verschiedener Dicke vorhandene Hyperkeratose (ohne Parakeratose) füllt die Follikel vollständig aus, wobei die Haare, die nur im peripheren Anteil eine Zeitlang noch intakt sind, von den trichterförmigen Hornmassen an die Follikelwand gedrückt und im Bulbusbereich in eine amorphe Masse aufgelöst werden. In späteren Stadien sind oft nur spärliche Reste des Haares und seiner Hüllen bzw. des ehemaligen Follikels vorhanden.

Das Stratum granulosum ist nur am Follikel mehrere Lagen breit und zeigt zahlreiche extracellulär verstreute Keratohyalinkörner und Lockerung des Zellgefüges; im Stratum spinosum und basale sind Lückenbildung und Randstellung der Kerne, aber keine Corps ronds oder grains nachweisbar (DITTRICH).

Talgdrüsen fehlen, Schweißdrüsen sind meist noch vorhanden (MARX und STEPPERT erwähnen sie als ebenfalls untergegangen). Das kollagene Bindegewebe ist mitunter etwas zerfasert, aber noch normal färbbar. Die elastischen Fasern sind insbesondere im Bereich der Infiltrate weitgehend zerstört. Vor allem DITTRICH unterstreicht die perifollikuläre Sklerose des Bindegewebes.

Die *Differentialdiagnose* hat eine Reihe anderer Zustände auszuschließen. Im Falle von POPOFF wurden *sycosiforme Syphilome* erwogen, der Fall JAMIESON legte das Nebeneinander von Ulerythema ophryogenes und Syphilis nahe. Im Fall von RAPP diagnostizierten HERXHEIMER und H. MÜLLER eine *Granulosis rubra*, den Fall FUNK hielt SPIER für eine *Erythrosis interfollicularis*. Durch Sitz, Erythem und follikuläre Hyperkeratose ist die nächstliegende Differentialdiagnose wohl stets der *Erythematodes*, bei den mit stärkerer Atrophie und Alopecie einhergehenden Formen die *Pseudopélade* BROCQ und die *Folliculitis decalvans chronica*. Im Bartbereich sind beim Ulerythema sycosiforme eine *Sycosis simplex* und eine *tiefe Trichophytie* (letztere vor allem durch Pilznachweis und den kürzeren Bestand) auszuschließen. Die *Keratosis suprafollicularis rubra* des Gesichtes kann klinisch und histologisch sehr ähnlich sein; sie hinterläßt jedoch keine so ausgesprochenen Narben wie das Ulerythema ophryogenes.

MASCHKILLEISSON hebt die differentialdiagnostischen Unterschiede gegenüber der *Sycosis simplex* folgendermaßen hervor: beim Ulerythema sycosiforme bestehen nicht viele verstreute, sondern nur 1—2 Herde; wichtig sind ferner eine scharfe Abgrenzung gegen das Gesunde, die deutliche Ausprägung zweier Zonen (eine breite zentrale narbige und eine schmale periphere in Form einer Walze, auf der sich Knötchen, Bläschen und Pusteln finden), eine glatte Narbe (die bei der Sycosis simplex fehlt), die Eiterherde nicht als konstituierendes, sondern als sekundäres Element, die Therapieresistenz und histologisch die Zerstörung der Haare und die stark plasmazellhaltigen Infiltrate.

Gegen die sog. *Pseudopelade* BROCQ spricht die Lokalisation nicht nur auf der Kopfhaut, sondern auch an den behaarten Gesichtsanteilen und an den Schläfen, die Ausbildung zweier Zonen, die Spärlichkeit der Herde. Der Pseudopelade fehlen Entzündungserscheinungen und vor allem Follikulitiden. Im atrophischen Endzustand kann (nach STEVANOVIČ) das Ulerythema ophryogenes an die Pseudopelade erinnern. Die *Folliculitis decalvans chronica* ist nur auf die behaarte Kopfhaut beschränkt, sie weist zahlreiche Herde auf, die 2 Zonen sind nicht ausgeprägt. Follikulitiden kommen vor, nicht aber das Erythem.

Kurz zu streifen ist hier noch ein nur auf dem Kopf zu beobachtender hyperkeratotischer Zustand, der die Haare hornig umscheidet, zu einem strähnigen Schuppenbelag des Capillitiums und Trockenheit des leicht geröteten Haarbodens führt. Die Veränderung, von ALIBERT im Jahre 1825 als „Teigne amiantacée" beschrieben, wird im neueren Schrifttum als *Keratosis (follicularis) amiantacea* (KIESS, 1925) bezeichnet. JOSSEL konnte zeigen, daß die die Haare umscheidenden Massen eine Fortsetzung der die Follikel erweiternden Hyperkeratosen darstellen. Die Talgdrüsen können dem Prozeß ganz zum Opfer fallen. Es scheint nicht mit genügender Sicherheit geklärt zu sein, ob die Veränderung eine Keratose sui generis ist, oder nicht durch das seborrhoische Ekzem, den Lichen ruber acuminatus, die Psoriasis vulgaris, ja sogar durch Mykosen vorgetäuscht werden kann. Letzteres nimmt auch RABUT an.

Die *Behandlung* des Ulerythema ophryogenes gilt als sehr undankbar und wenig aussichtsreich. Als Standardmittel werden keratolytische Salben und mehr pflegerische Maßnahmen empfohlen: am Barthaar Scheren und tägliches 2maliges Waschen mit heißem Wasser und Seife und anschließender Auflage einer 10%igen Schwefelzink- oder Resorcinpaste (ARNDT). Zinnober-Schwefel-Trockenpinselungen und Pasten sowie andere Hg- oder Schwefelpräparate (E. HOFFMANN). Die Röntgenepilation empfehlen E. HOFFMANN, MASCHKILLEISSON, STÜHMER u.a.; FINNERUD rät zur Vorsicht. RIEHL sah in seinem Fall (62jähriger Mann) Besserung nach Bucky-Strahlen. STEVANOVIČ hält das Ulerythema ophryogenes gegen jede Therapie (einschließlich antibiotischer Behandlung) resistent. CHEVALLIER und CIVATTE gaben mit Erfolg Vitamin C. Über einen eklatanten Erfolg, die Abheilung eines seit 15 Jahren bestehenden Ulerythema sycosiforme bei einem 60jährigen Mann berichtet STEPPERT: nach 8 Tagen einer täglichen Gabe von 4mal 250 mg Terramycin waren die Pusteln verschwunden, das Erythem abgeblaßt, nach 20 g die Abheilung endgültig.

Gerade dieser Erfolg — dessen Bestätigung durch weitere Fälle abzuwarten ist — würde für die wesentliche Rolle der Staphylokokken in der Pathogenese des Ulerythema ophryogenes sprechen.

6. Keratosis follicularis spinulosa decalvans Siemens, 1926

BRÜNAUER hat diese von SIEMENS im Jahre 1926 beschriebene Keratose bereits ausführlich gewürdigt und SCHNYDER und KLUNKER haben 1966 die Erkenntnisse der letzten Jahre nachgetragen. Bei dieser decalvierenden Keratose, die zwar auch die Frauen der beschriebenen Sippe betroffen, die Alopecie aber nur bei den Männern ausgeprägt zeigt, finden sich follikuläre, und namentlich spinulöse Verhornungsvorgänge, die unbedeckte Körperstellen (Gesicht, Nacken, Unterarme, Handrücken) bevorzugen. Gegenüber der Graham-Littleschen Form, die dem Lichen ruber zuzuordnen ist, dürften die von SIEMENS beschriebenen Fälle durch 3 Besonderheiten ausgezeichnet sein:

1. Der zur Zeit der Pubertät beginnende Prozeß der Selbstheilung führt auch an den Herden am Körper zu einer Atrophie.

2. Die Alopecie der Augenbrauen und Wimpern (mit Tränenträufeln, Tylosis, Ektropionierung der Lider, Trübungen und Panni der Hornhaut) betrifft — nach SIEMENS — nur Männer, obgleich die Frauen am übrigen Körper in analoger Weise befallen sind.

3. Der Stammbaum zeigt, daß sich die Krankheit von den befallenen Männern auf sämtliche Töchter, aber auf keinen der Söhne vererbt. Das weist auf das Vorliegen eines *geschlechtsgebundenen Erbganges* hin, der sich jedoch nicht, wie sonst üblich, rezessiv, sondern *unregelmäßig dominant* verhält, da auch die heterozygoten Frauen klinisch befallen sind.

Von dieser Keratose sind heute mindestens 3 Sippen bekannt; eine in der Nähe von München, eine zweite in Holland und eine dritte von FRANCESCHETTI in der Schweiz aufgefundene und näher untersuchte Familie.

THELEN hat 1941 einen Angehörigen der von SIEMENS im Jahre 1925 beschriebenen Münchner Sippe nachuntersuchen können. Bei dem 28jährigen Polsterer waren die Barthaare spärlich vorhanden, die Augenbrauen und Cilien fehlten größtenteils. Im Bereich des Nackens und des Kopfwirbels bestand eine diffuse Alopecie. Follikuläre Keratosen fanden sich im Nacken und an den Ohrmuschelrändern, in geringerem Maß auch auf der Oberlippe, an der vorderen Schweißrinne, in der oberen Glutealgegend und im Bereich beider Oberschenkel. Beide Ober- und Unterschenkel sowie die Arme waren haarlos, an den Streckseiten der Gliedmaßen fanden sich follikulär angeordnete haarförmige spinulöse Hyperkeratosen. Der Augenbefund zeigte eine hochgradige Myopie, Hornhauttrübungen, Entzündungen der Lidränder und Lichtscheu. Weitere Angehörige der Sippe hat THELEN offenbar nicht untersucht; von 44 Familienmitgliedern waren 10 Männer und (in abortiver Form) 10 Frauen befallen. Auch er gibt den Erbgang als unvollständig dominant und unvollständig geschlechtsgebunden an.

Die von SIEMENS ebenfalls im Jahre 1925 beschriebene holländische Sippe war von LAMERIS und ROCHAT im Jahre 1905 entdeckt worden; nachuntersucht wurde sie von HOLTHUIS (1943) und von JONKERS (1950). Es ist vor allem das Verdienst von JONKERS und FRANCESCHETTI, sowie FRANCESCHETTI, JACOTTET und JADASSOHN, Einzelheiten des von SIEMENS beschriebenen Krankheitsbildes vervollständigt zu haben. Die von REISS (1958) als „Keratodermatitis follicularis decalvans" beschriebene 69jährige Patientin mit Diabetes stellt einen Solitärfall dar und gehört nicht zu der erblichen Form von SIEMENS.

Die wichtigste Neuerkenntnis gegenüber den Befunden von SIEMENS ist diejenige, daß Frauen nicht nur abortiven Hautbefall, sondern auch Augenveränderungen zeigen können. JONKERS hat in der holländischen Familie heterozygote Frauen mit Hautveränderungen gefunden, die z. T. sogar Corneabeteiligung hatten.

Franceschetti hat sowohl in der holländischen Sippe wie an der eigenen in der Schweiz beschriebenen befallene Frauen unter der Spaltlampe untersucht und die klinischen und feingeweblichen Befunde ausführlich beschrieben. Bei den Männern handelt es sich um kleine, oberflächliche Hornhautinfiltrate, mit Gefäß-sprossung und Photophobie; bei den Frauen führt die epitheliale Hornhaut-dystrophie nicht zu punkt- und staubförmigen Trübungen, sondern zu rezidivie-renden Erosionen. Aufgrund der Tatsache, daß bei den Konduktorinnen durch-weg nur die unvollständige Form des Leidens in Erscheinung tritt (die Haut-erscheinungen also meist abortiver Natur sind), schlägt Franceschetti vor, hier von einer intermediär-geschlechtsgebundenen Vererbung zu sprechen.

Differentialdiagnostisch kommen eine Reihe von anderen, z.T. ätiologisch unklaren decal-vierenden follikulären (und nichtfollikulären Keratosen in Frage, die später eigens besprochen werden sollten (s. Kapitel IV).

Anhang: Keratosis follicularis squamosa Dohi (und Momose), 1903

Die Unklarheit, die in Europa über diese bei Japanern vorkommende folliku-läre Dermatose besteht, und die auch Brünauer zu einer skizzenhaften Beschrei-bung im Nachtrag anregte, ist inzwischen nicht gänzlich beseitigt worden. Zwar weiß man nunmehr, daß die Affektion auch außerhalb Japans beobachtet wurde (in Korea von Morijama und Hanazono, in Rußland von Arutjunow u. Mitarb.). Letztere (und Aoki, 1936) beschrieben die Dermatose sogar relativ ausführlich in deutscher Sprache.

Das männliche Geschlecht ist stärker befallen (76 Männer gegen 21 Frauen im übersehbaren Schrifttum). Das Prädilektionsalter schwankt zwischen 21 und 55 Jahren, jedoch nimmt Aoki an, daß die Krankheit in der Kindheit beginnt und sich in der Pubertät voll entwickelt.

Über die Erblichkeit sind keine bindenden Aussagen zu machen: Unter 96 Fällen fand Aoki in 6 ein familiäres Auftreten der Affektion. Wegen mehrfach beschrie-benen Geschwisterbefalls denken auch Schnyder und Klunker an eine mögliche erbliche Disposition. Lieblingssitze sind Unterbauch, Gesäß und Lendengegend; die Einzeleffloreszenzen sind kleinste scheibenförmige Knötchen bzw. Schuppen, die den Bereich eines Follikelostiums überragen. Letzterer markiert als schwärzlicher Punkt die Mitte. Ferner scheint den Efflorescenzen eigentümlich zu sein, daß die Schuppe in der Mitte (am Ort der Follikelmündung) fest fixiert erscheint, während die Ränder sich leicht über die Hautoberfläche erheben, offenbar etwas aufgekrem-pelt erscheinen. Neben der follikulären ist auch eine spinulöse Komponente an einzelnen Stellen, aber offenbar nicht bei allen Kranken, zu beobachten.

Histologisch findet sich eine Hyper- und Parakeratose mit cystisch erweiterten Follikeln. Stellenweise sind comedonenähnliche Hornpfröpfe anzutreffen, die aus der Hornschicht der Hautoberfläche gegen die Tiefe zu vordringen. Die Hornschicht in der den Follikel umgebenden Epidermis ist lamellär aufgebaut und zeigt in den meisten Fällen eine mächtige Hyper-keratose. Die Körnerschicht ist meist gut entwickelt. Die Zellen des Stratum spinosum zeigen stellenweise normale Verhältnisse, aber an anderen Stellen bisweilen Vacuolenbildung in ihrem Protoplasma und Atrophie ihres Kernes. Als Regel bleiben die Basalzellen normal, mitunter sind sie etwas abgeplattet. Die Schweißdrüsenmündung ist häufig an der Verhornung beteiligt, aber diese Drüsen und ihre Kanälchen bleiben immer normal. In den meisten Fällen ist das Bindegewebe unverändert, nur teilweise zeigt es ein leichtes Ödem. In der Umgebung der erweiterten Blutgefäße und in den Papillen findet man zuweilen eine leichte Zellansamm-lung, die hauptsächlich aus Lymphocyten und Fibroblasten besteht. Arutjunow u. Mitarb. betonen das Vorkommen zahlreicher Nerven im Gebiet der ekkrinen Schweißdrüsen und das Vorhandensein von sauren Mucopolysacchariden, was auf eine mögliche Beteiligung des vegetativen Nervensystems hinweise.

Die hierher gehörende *Pityriasis rubra pilaris* Devergie (1857) ist von G. Stüttgen im Ergänzungswerk Band III/1, S. 355—358 abgehandelt.

II. Ätiologisch unklare, nicht-erbliche follikuläre Keratosen

In diesem ebenfalls weitläufigen Kapitel werden eine Reihe von follikulären und parafollikulären Keratosen abgehandelt, deren klinisches Bild zwar weitgehend oder annähernd eindeutig ist, deren Pathogenese jedoch im Dunklen liegt. Die vermutete Ursache — insofern eine mögliche Genese überhaupt diskutiert wurde — reichen von der Infektiosität über die toxische Entstehung bis zur fraglichen erblichen Disposition. Es muß betont werden, daß aber gerade die letztere bei den hier zu beschreibenden Formen nie erwiesen wurde.

Da die hierher gehörigen follikulären Keratosen erst in den letzten Jahren und Jahrzehnten eine größere Rolle gespielt haben, können wir uns bei ihrer Beschreibung eine gewisse Ausführlichkeit nicht versagen.

1. Keratosis follicularis epidemica Schuppli

Die Anfang 1947 in Basel und Umgebung epidemieartig aufgetretene, dann auch andernorts beobachtete Dermatose hat klinisch verschiedene Verlaufsbilder, die nicht immer akneiform bzw. follikelgebunden sind. Ihre Ätiologie und Patho-

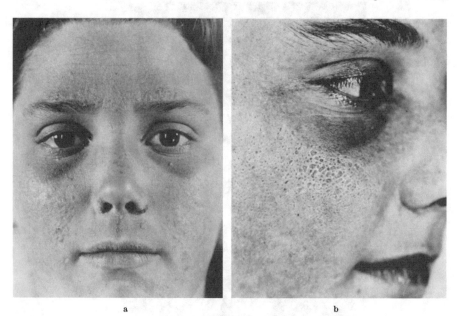

a   b

Abb. 34a u. b. Keratosis follicularis epidemica Schuppli. a Unter dem Bild einer Comedonen-Acne. b Abheilung als „Atrophia vermiculata" (Prof. Dr. SCHUPPLI, Basel)

genese ist unklar; die Häufung in bestimmten Landschaften, dazu in bestimmten Wohnvierteln und Familien ließ SCHUPPLI als Ursache ein infektiöses Agens vermuten. Nach dem Stand der heutigen Erkenntnisse hat die infektiöse Genese durchaus als fraglich zu gelten; dennoch spielt die Sekundärinfektion sicher eine Rolle.

Am häufigsten ist die unter dem Bild der *Comedonenakne* verlaufende Form, die SCHUPPLI bei 90% der befallenen Kinder als einzige Veränderung festgestellt hat. Innerhalb einiger Wochen entstehen Comedonen und Horncystchen, die sich über das ganze Gesicht ausbreiten (Abb. 34). Im Gegensatz zu Akne lassen sich

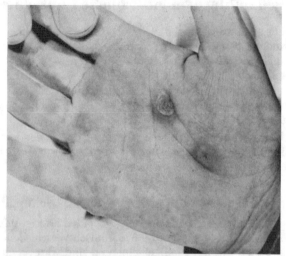

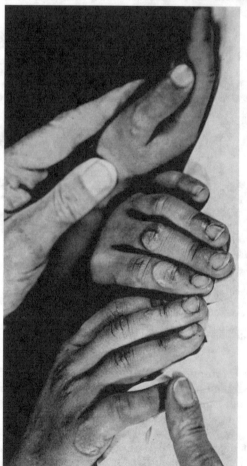

Abb. 35. Keratosis follicularis epidemica Schuppli. 2. Typ, dem Granuloma anulare ähnlich (SCHUPPLI, Basel)

die Comedonen nur schwer ausdrücken und hinterlassen nach der Entfernung ein kleines Kraterchen, das später zu einer eingezogenen Narbe führt. In fortgeschrittenen Fällen sitzen die Comedonen milienartigen Horncystchen auf, die sich auch isoliert neben den Comedonen finden, die dann oft stachelartig aus der Haut hervortreten. Bei längerem Bestand der Cystchen und durch unzweckmäßige Behandlung entstehen gerötete Papeln und Papulopusteln.

Die Abheilung erfolgt unter Hinterlassung wurmstichartiger, eingesunkener, grübchenförmiger Narben. Dieses Bild ist kennzeichnend, und entspricht der „*Atrophodermia vermiculata*", die freilich nur einen Endzustand — verschiedener Genese — bezeichnet (Abb. 33, s. auch Abb. 34). Es bestehen gleichermaßen — neben den eingesunkenen Närbchen[1] — die follikulären Verhornungen bzw. Comedonen, die den Verdacht auf eine exogen-toxische Entstehung unterstreichen.

Außer dem Gesicht sind Nacken, Rücken und Vorderarme in etwa 10%, Bauch und Beine in 1—2% der kindlichen Fälle betroffen.

Der *zweite* von SCHUPPLI beschriebene *Typ* zeigt rund-ovale, 1—3 cm im Durchmesser große, erhabene und im Zentrum eingesunkene Herde an Handrücken oder Handtellern, die dem Granuloma annulare ähneln (Abb. 35).

Der *dritte, exanthematische Typ*, zeigt wiederum zwei verschiedene Formen: a) Ein aus reinen Horncystchen bestehendes Exanthem, das innerhalb weniger Tage Gesicht, Rumpf, Arme und Kopfhaut befällt und neben Comedonen vor allem milienartige Horncystchen, später multiple Absceßchen, aufweist. Diese Form ist bei Erwachsenen am häufigsten (Abb. 36a). Seltener ist b), ein kleinpapulöses, dem Lichen ruber ähnliches Exanthem (Abb. 36b). Die einzelnen Formen können am gleichen Kranken vermischt und in verschiedener Schwere nebeneinander auftreten.

Histologie. Beim akneartigen Typ läßt sich in leichteren Fällen nur eine Keratose der Follikelmündung nachweisen, in schwereren Fällen ist jedoch der ganze Follikel verbreitert. Darüber staut sich, meist ohne stärkere Parakeratose, eine dicke Hornschicht an. Die cystisch aufgetriebenen Follikel sind mit Hornlamellen gefüllt, in denen meist noch ein Haar sichtbar ist (Abb. 36a). Die Cysten liegen oft tief im Corium (Abb. 36b). In anderen Fällen ist die Follikelmündung durch angestaute Hornlamellen verbreitert (Abb. 36b). Die Talgdrüsen sind unverändert. In einzelnen Fällen fehlen auch bei Vorhandensein größerer Cysten entzündliche Erscheinungen, in anderen ist schon bei geringer Ausbildung der Follikelkeratose in der Nachbarschaft der Follikel eine lockere Anhäufung von Rundzellen und Riesenzellen vom Fremdkörpertyp nachweisbar (Abb. 36b).

Bei den Formen, die dem Granuloma anulare und dem Lichen ruber ähneln, liegt außer der follikulären Hornpfropfbildung eine diffuse Verbreiterung des Epithels mit einer z.T. an eine Verruca plana erinnernde Acanthose vor.

Therapie. Die Behandlung ist schwierig. Die übliche Schälbehandlung führt meist nicht zum Ziel; eine 5% Resorcin und 10% Glycerin enthaltende Salbe erweicht die Hornfröpfe, die sich anschließend leichter herausdrücken lassen. Das Ausdrücken kann durch nachts aufgelegtes Heftpflaster schmerzloser gestaltet werden. Bei den generalisierten Formen führt Schwefelbehandlung und Höhensonne nicht zum Ziel, dagegen scheint Schmierseife im Wechsel mit Chrysarobin einen gewissen Erfolg zu haben. Vitamin A, das von OLDENBERG in hohen Dosen empfohlen wird, hat keinen nennenswerten Effekt. Sulfonamide mit zusätzlicher Fieberbehandlung scheinen einen gewissen Erfolg zu versprechen.

Schon in der Diskussion zu dem Originalvortrag SCHUPPLIs bezweifelte KUSKE die infektiöse Genese der Basler Krankheit und nahm, aufgrund des klinischen Bildes und des gehäuften Auftretens am gleichen Ort eine toxische Schädigung durch chlorierte Kohlenwasserstoffe an. In Frage kämen beispielsweise Einwickel-

---

[1] Der unter der Diagnose „Atrophodermia vermiculata nach Keratosis follicularis epidemica" vorgestellte Fall der Jenaer Hautklinik (1957) hat als ursächlich ungeklärt zu gelten. Der Fall (Casus pro diagnosi: Keratosis follicularis epidemica?) von Stockholm (XI. Internationaler Dermatologenkongreß 1957) dürfte einen Lupus miliaris faciei darstellen.

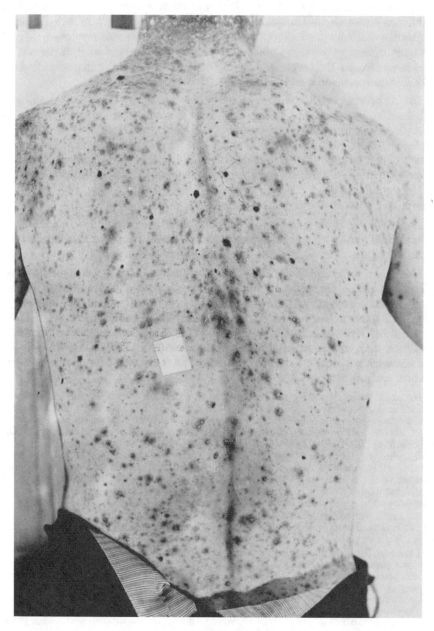

Abb. 36a u. b. Keratosis follicularis epidemica Schuppli. a 3. Typ, einer Acne conglobata gleichend. b 3. Typ, kleinpapulöses Exanthem (Prof. Dr. SCHUPPLI, Basel)

papier von Lebensmittelpackungen (Wachsüberzug) oder Paraffinüberzüge über ausländisches Obst, die mit chlorierten Kohlenwasserstoffen verfälscht sein können.

Geklärt scheint die Genese bei den Irrenanstaltsinsassen zu sein, über die SCHENKER berichtet hat. Bei dieser im Jahre 1946 beobachteten Epidemie war die auslösende Ursache ein Klebemittel, das zur Befestigung von Seidenpapier an Stanniolfolien benutzt wurde und aus einer Mischung eines neuen Paraffins mit Wachs und anderen Zusätzen bestand. Bei den ebenfalls im Jahre 1946 in Lausanne beobachteten 30 Fällen vermutete JAEGER als Ursache Nahrungsprodukte, die durch die Hautdrüsen ausgeschieden werden. In den 14 Fällen ROVENSKYs bei der Brünner Epidemie konnten Igelithöschen oder eine Igelitunterlage in den Betten als schuldiges Agens ermittelt werden. Ätiologisch unklar blieben die etwa 20 Fälle in einem Dorf bei Fribourg, über die GONIN unter der Diagnose „Kératose folliculaire contagieuse de BROOKE" berichtete, obgleich sie den übrigen Epidemien analog sind.

Schwer zu beurteilen ist der unter der Diagnose „Keratosis follicularis epidemica SCHUPP-LI" 1951 in Düsseldorf von GAHLEN vorgestellte Fall, da ihm der endemische Charakter fehlt.

Von SCHUPPLIs Beobachtungen weichen indessen die in Südafrika 1954 und 1955 beschriebenen 45 Fälle von Keratosis follicularis epidemica, bei denen nach dem Bericht von COCHRANE und LOEWENTHAL die Allgemeinerscheinungen stark ausgeprägt waren und die Hautausschläge mit Röteln oder Arzneimittelexanthem verwechselt werden konnten, vor allem histologisch erheblich ab. LURIE und LOEWENTHAL beschrieben das feingewebliche Bild

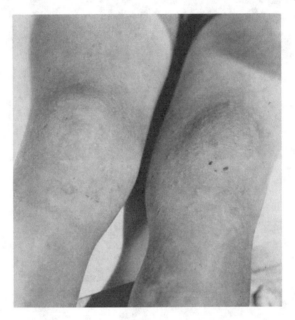

Abb. 36 b

folgendermaßen: Der vorherrschende pathologisch-anatomische Vorgang besteht in einer Angiitis und in einer Entzündung der Hautanhangsgebilde. Die Angiitis führt zu Ödem und Bläschenbildung, kleinen Hämorrhagien und Infarkten; die Perifolliculitis oder die Blutung um die Follikel führt zur Ausbildung einer comedoartigen Veränderung. Die histopathologischen Kennzeichen sind unspezifisch und mit einer Rickettsien- oder Virusinfektion in den Blutgefäßen der Hautanhangsgebilde, aber auch mit einer Antigen-Antikörper-Reaktion vereinbar.

Außer Paraffin- und Wachsüberzügen, Igelit-Unterlagen, paraffin- bzw. wachshaltigen Klebstoffen kommen als Auslösung chloriertes Paraffin in verunreinigten Speisefetten oder kosmetische Salben, die Reste verunreinigter Vaseline enthalten, in Frage. Für die exogen-toxische Ursache der Basler Krankheit spricht weiterhin der Umstand, daß die erwiesenermaßen auf diese Weise entstandenen Krankheitsbilder (also die Chlorakne im weitesten Sinn) ein übereinstimmendes Aussehen haben. Abb. 38 zeigt eine nach einer handelsüblichen Kinder-Crème entstandene Keratosis follicularis.

Andererseits lassen die starken Allgemeinerscheinungen sowie der nicht nur epidemische, sondern infektiös anmutende Charakter der Krankheit eine gewisse Vorsicht bei der ausschließlich exogen-toxischen Erklärung für geboten erscheinen.

Träfe die toxische, auf höhere chlorierte Kohlenwasserstoffe zurückzuführende Ätiologie auch bei der Basler Krankheit zu, würde sie aus dem Kapitel „Folliku-läre Keratosen möglicherweise infektiöser Herkunft" herauszunehmen und in die Gruppe „Follikuläre Keratosen bekannter Ätiologie" einzureihen sein. Letztere

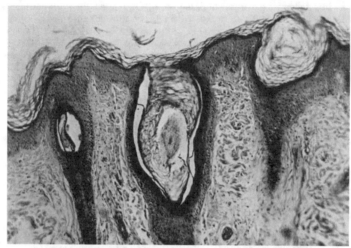

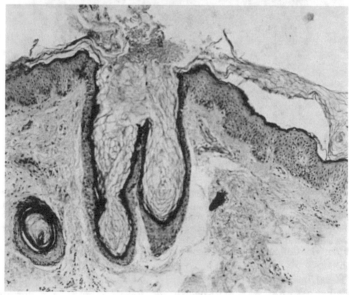

Abb. 37a u. b. Keratosis follicularis epidemica Schuppli. a Follikelverhornung mit Rest eines Haarbulbus, keine wesentliche Entzündung. b Cystisch aufgetriebener, mit Hornlamellen angefüllter Follikel-Cysten (Haarreste) im Corium, rundzellige Entzündung (Prof. Dr. SCHUPPLI, Basel)

sind fast ausschließlich toxischer Natur (bedingt durch chlorierte Kohlenwasser-stoffe, Kunstharze, Teer, Maschinenöle, Salvarsan, Arsen usw.); sie werden in den Kapiteln „Die beruflichen Hautkrankheiten" bzw. „Arzneiexantheme" von W. BURCKHARDT (Band II/1, S. 369—474 u. 545—596) abgehandelt. Siehe auch: Differentialdiagnose follikulärer Keratosen, S. 112ff.

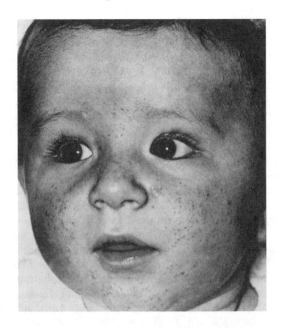

Abb 38. Keratosis follicularis toxica, nach einer handelsüblichen Kindercréme entstanden

2. Hyperkeratosis follicularis et parafollicularis in cutem penetrans (Kyrle)

KYRLE hat bei seiner Erstbeschreibung dieser Dermatose (1916) noch als Ursache ein infektiöses Agens, am wahrscheinlichsten ein Virus, vermutet, ebenso eine gewisse klinische Ähnlichkeit seiner universell ausgebreiteten, der Trägerin indessen keine Beschwerden verursachenden Dermatose mit dem Morbus Darier vermutet. Die infektiöse Genese scheint außerordentlich hypothetisch zu sein. Auch hat man inzwischen gelernt, die Nachbarschaft dieses Krankheitsbildes zum Morbus Darier nicht so nahe zu sehen, wie KYRLE (bei aller Hervorhebung der klinischen und feingeweblichen Unterschiede) noch anzunehmen bereit war. KYRLEs Auffassung, daß seinem Fall eine Sonderstellung zukomme, hat sich in der Zwischenzeit wohl am sichersten bestätigt[1], wenn vielleicht auch nicht aufgrund der Merkmale, die KYRLE für ausschlaggebend hielt. Das von ihm als konstituierend angesehene Zeichen, nämlich der im histologischen Bild erkennbare Durchbruch von Hornmassen durch die Basalzellreihe in die Cutis, wird heute nicht mehr von allen Untersuchern als erforderliches oder gar kennzeichnendes Merkmal anerkannt (dies betonen unter anderem PRAKKEN, ARNOLD, QUIROGA u. Mitarb., MACKENNA, auch der Fall von C. H. BECK ließ dieses Zeichen vermissen). Der Fall, den PIECZKOWSKI (1940) als Keratosis follicularis Morrow-Brooke publizierte, zeigt histologisch den kennzeichnenden Durchbruch von Hornmassen durch die Basalzellreihe; auch das klinische Bild ist eher mit einem Morbus Kyrle als mit einer Keratosis follicularis Morrow-Brooke vereinbar.

PRAKKEN (1954) läßt an echten Fällen von Morbus Kyrle nach 1930 (davor den von JERSILD und KRISTJANSEN) nur folgende gelten: diejenigen von GUSS-

---

[1] VAN HAREN (1939) geht sogar so weit, zu behaupten, daß außer dem Originalfall von KYRLE kein einziger sicherer in der späteren Literatur zu finden sei. Er hält den Morbus KYRLE nach wie vor für eine Abart des Morbus DARIER. Zwei holländische Fälle erwiesen sich bei der Nachkontrolle als Fehldiagnose: der eine war eine Mykose, verursacht von Mycotorula albicans, der andere ein congenitaler verrucöser und linearer Naevus.

Mann (1936), Benedek und de Oreo (1946), Simpson (1947), Scutt und MacKenna (1948) (der gleiche Fall wurde von MacKenna und Seville auf dem 10. Internationalen Dermatologen-Kongreß in London, 1951, vorgestellt), Helmke (1949), Thyresson (1951). De Graciansky, Boulle, Boulle und Dalion zählen den Fall Helmke übrigens zu den zweifelhaften Fällen, dafür rechnen sie einige vor 1930 publizierte dazu (Fried, 1922; Pawloff, 1926; Jersild und Kristjansen, 1928; Bartos, 1929). Aus dem Schrifttum der letzten Jahre dürften einige weitere sichere Fälle dazugekommen sein: diejenigen von Gougerot, Duperrat, de Sablet und Vissian (1947), von Beck (1954), die 2 Fälle von Prakken (1954) (de Graciansky u. Mitarb. rechnen den zweiten, von Prakken nicht selbst untersuchten allerdings zu den unsicheren Fällen), von MacKenna und Seville (1951), Bettley und Haber (1955), de Graciansky u. Mitarb. (1955), von Gómez Orbaneja und Quiñones (1955), von Meyhöfer und Knoth (1956), von Quiroga, Cordero und Follmann (1955), von Kaminsky, Kaplan, Kaplan und Abulafia (1957), möglicherweise auch der Fall von Zanchi (1957) sowie der in Stockholm (1957) (XI. Internationaler Dermatologen-Kongreß) unter dieser Diagnose vorgestellte und von Björneberg (1959) in der Derm. Wschr. beschriebene Patient. Dazu kommen noch Fallbeobachtungen von Zambal (1958) (der freilich den Morbus Kyrle mit dem Morbus Lutz-Miescher identifiziert, was ebenso Fleischmayer und Charoenvej, 1967, tun), Abele und Dobson (1961) (der 1. Fall eines Negers), H. Hauss (1963), Peterson, Goltz und Hult (1965) und Civatte (1965).

Der Fall von Kreibich 1931, der mit einem Morbus Darier kombiniert gewesen sein soll, ist wohl ein Morbus Darier allein, zumal der Durchbruch von Hornzapfen durch die Epidermis auch bei letzterem vorkommt; der Fall von Dowling 1933 ist zu wenig ausgeprägt und nicht sicher zu rubrizieren. Bei dem Fall von Ronzani 1937 läßt die gleichzeitig bestehende Poikilodermie, die nur auf die Vorderarme beschränkte Keratose und die pluriglanduläre hormonale Störung berechtigte Zweifel an einem Morbus Kyrle zu. Der Bericht von Ullmo 1939 verbucht keinen eigenen Fall; die Fälle von Bloch 1931, de Burg Wenniger 1934 und Bloemen 1936 sind wegen der überwiegenden oder gar ausschließlichen Beteiligung der Mundschleimhaut ebenfalls abzulehnen. Halters Fall 1938 dürfte wie Prakken annimmt, eine Keratosis areolae mammae naeviformis sein. Der Fall von Arnold 1947 wies nur insgesamt 14 auf die Palmae beschränkte Hornknötchen auf: ein Fall also, der wohl dem Keratoma dissipatum zuzuordnen ist. Arnold hat übrigens für den Begriff Morbus Kyrle die Bezeichnung „Hyperkeratosis penetrans" vorgeschlagen, aber sich selber widerlegt, da sein Fall alle histologischen Kennzeichen dieses Durchbruchs der Hornmassen in die Cutis vermissen ließ[1]. Bei dem Fall von Torres, Pérez und Quiñones 1954 macht die nach 6wöchiger Vitamin A-Gabe (nach erst 4monatigem Bestand der Erscheinungen) erfolgte Abheilung das Vorliegen eines Morbus Kyrle unwahrscheinlich; im Fall von Grana 1955 handelt es sich wohl um vulgäre Warzen. Der Fall von Ballin 1956 ist ein Morbus Darier, bei dem erst in der Diskussion neben manchen anderen Diagnosen ein Morbus Kyrle erwogen wurde. Der Fall von Gadrat, Bazex und Dupré 1954 wurde bereits von Quiroga u. Mitarb. angezweifelt; derjenige von Jadassohn und Paillard 1957 wurde von Miescher für einen Comedonennaevus gehalten. Dagegen scheint es sich in dem Fall von Gropen 1959 (23jährige Kaukasierin) nach der klinischen und feingeweblichen Beschreibung um einen echten Morbus Kyrle zu handeln.

Das *klinische Bild* stimmt mit den follikelgebundenen Keratosen nurmehr bedingt überein. Die verhornten Knötchen sind im allgemeinen größer, meist linsenförmig (der parafollikuläre Anteil läßt den follikulären zurücktreten), im Farbton selten hautfarben, meist mehr jenen graubraunen Farbtönen sich nähernd, die beim Morbus Darier zu beobachten sind. Mit letzterem hat der Morbus Kyrle auch eine stärkere Ähnlichkeit des Sitzes gemeinsam: häufig befallen sind Rücken, Brust, Bauch, Flanken und Schultern; dann erst die Gliedmaßen (Abb. 39), vor allem die Außenseiten, wie bei der Keratosis suprafollicularis. Merkwürdig ist indessen (und das nähert den Morbus Kyrle den erblichen Keratosen) der Befall

---

[1] Das gilt auch für die — ebenfalls auf die Handteller und Fußsohlen beschränkte — Beobachtung von Fischer, Stamps und Skipworth 1968.

auch der Handteller und Fußsohlen. Das ist deutlich im Fall von HELMKE (3 Geschwister), in den beiden Fällen von PRAKKEN (2 Geschwister), das scheint aber, wie die Nachuntersuchung durch KREN lehrt, auch für den Originalfall KYRLEs zu gelten. Die in diesen Fällen deutliche Heredität und der Befall der Handteller und Fußsohlen (in Form eines Keratoma dissipatum) lassen PRAKKEN vermuten, der Morbus Kyrle sei überhaupt eine Modifikation des Keratoma dissipatum. Nur

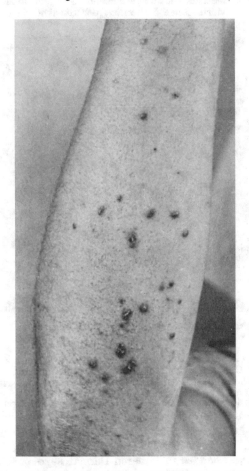

Abb. 39. Morbus Kyrle. [Nach GRACIANSKY et al., Ann. Derm. Syph. (Paris) **82**, 14 (1955)]

darf man dann nicht Fälle dazuzählen, die ausschließlich die Erscheinungen eines (auf Palmae und Plantae beschränkten) Keratoma dissipatum aufweisen (Fall ARNOLD). Über einen ungewöhnlichen Fall mit Beteiligung der Mundschleimhaut berichtet NIEBAUER (1968).

Die übrigen gelegentlich erhobenen Befunde wie Leberinsuffizienz (QUIROGA u. Mitarb.), pluriglanduläre Insuffizienz, Vitamin A-Mangel usw. reichen nicht aus, um darauf pathogenetische Schlüsse aufzubauen.

Das *Gewebsbild* zeigt eine je nach Ort und Stadium veränderte Epidermis: sie ist hyper-, para- und dyskeratotisch einerseits, atrophisch andererseits. Die durch geschichtete Hornmassen ausgefüllten Follikel sind cystisch erweitert; gelegentlich treten die Hornmassen durch die Follikelwand hindurch und unterhalten in den Papillen und im Corium ein entzündliches Infiltrat, in dem sich Fremdkörper-Riesenzellen mit Leukocyten und Rundzellen finden, vermischt mit nekrotischen Bezirken. Daß es weder zum „Penetrieren" der Hornmassen noch zu einer entzündlichen Reaktion kommen muß, zeigt unter anderem das histologische Bild eines Falles von MAC KENNA und SEVILLE (Histologie von HABER): zwei unmittelbar benachbarte Hornzapfen, die in den oberen Lagen parakeratotisch sind, drücken auf die schalenartig erweiterte Epidermis, in die die Zapfen eingebettet liegen. Die Epidermis ist teilweise atrophisch, doch fehlen alle Zeichen des Durchbruchs wie auch der stärkeren Entzündung im Corium (Abb. 40).

Die *Behandlung* ist auf die Dauer gesehen machtlos. Das erfuhr schon KYRLE in seinem progredient fortschreitenden Fall. Die äußere Behandlung besteht in keratolytischen Mitteln, elektrogalvanischer oder chirurgischer Entfernung der Hornknötchen. Innerlich ist die An-

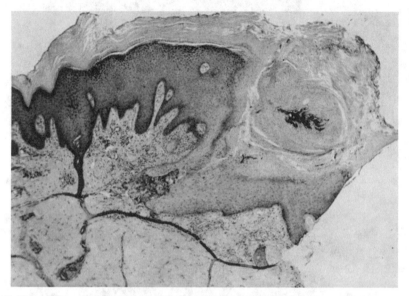

Abb. 40. Morbus Kyrle. (Nach McKENNA und SEVILLE, Proc. 10th Internat. Congr. Dermatology, London 1953, p. 463)

wendung von Vitamin A zu versuchen, obgleich sie allein nicht zum Ziel zu führen scheint (THYRESSON). GOMEZ ORBANEJA u. Mitarb. sahen Erfolg in der Kombination von Thyroxin und Vitamin A (bei Unterfunktion der Schilddrüse), MEYHÖFER und KNOTH in der Kombination von Grenzstrahlen, Hydrocortisonacetat-Salbe und Vitamin A. SCUTT und MAC KENNA sahen gute Erfolge mit Vitamin A, GOUGEROT u. Mitarb. wandten es erfolglos an. BJÖRNEBERG empfiehlt aufgrund eigener guter Erfolge wiederholte Kohlensäureschnee-Anwendung.

Die Selbständigkeit des Morbus Kyrle ist — abgesehen von der ungeklärten Pathogenese — nicht unumstritten. Es bestehen zweifellos enge Beziehungen zu der im folgenden zu besprechenden follikulären Dermatose, die nach LUTZ, MIESCHER und GRÜNEBERG benannt ist. ZAMBAL sieht den Morbus Kyrle als mit der letzteren identisch an (s. nächster Abschnitt). Neuerdings wird auch eine erbliche Komponente erwogen; WINER (1967) beobachtete die Krankheit an 2 Geschwistern.

3. Keratosis follicularis serpiginosa (Lutz)
Elastoma interpapillare perforans verruciforme (Miescher)
Keratosis follicularis et parafollicularis serpiginosa (Grüneberg)

Unter diesen Termini wurden einige — offenbar auf Jugendliche bzw. jüngere Personen beschränkte — Fälle einer seltenen Dermatose beschrieben, die, wenn auch nicht klinisch, so doch histologisch, dem Morbus Kyrle ähnlich ist. Wenigstens trifft dies für den 2. Fall von GRÜNEBERG, den von STORCK/MIESCHER und für den Fall von ZAMBAL zu (letzterer nimmt sogar die Identität beider Zustände an).

Die hier zur Diskussion stehenden Fälle sind unter anderem folgende: ein 21jähriger Mann (LUTZ, 1952/53), ein 12jähriger Junge (MIESCHER, 1955), ein 13jähriges Mädchen (BEENING und RUITER, 1954/55), ein 19jähriger Mann (MIESCHER, 1956), ein 24jähriger Mann, ein 19jähriges Mädchen und ein 16jähriger Junge (GRÜNEBERG, 1956), eine 23jährige Frau und ein 17jähriger Junge (FEGE-LER, 1955), ein 13- und ein 14jähriger Junge (MARSHALL und LURIE, 1956 und 1957), ein 17jähriger Junge (11. Internationaler Dermatologen-Kongreß Stockholm, 1957), ein 21jähriger Mann (ANTONESCU und ZELICOV, 1958), ein 11jähriger Knabe (CABALLERO, JONQUIÈRES und BOSQ, 1958), ein 16jähriger Junge (DAM-MERT und PUTKONEN, 1958), ein 19jähriges Mädchen (GÖTZ, RÖCKL und BAND-MANN, 1958), ein ?jähriges Mädchen[1] (KLESSENS, 1958), ein 21jähriger Mann (VAN STEENBERGEN und JANSEN, 1958), eine 23jährige Frau (ZAMBAL, 1958), ein 13- und ein 12jähriger Junge (WOERDEMANN und SCOTT, 1959), ein 16jähriger Junge (BIEBL und STREITMANN, 1963), eine „junge" Frau (MACAULAY und FARGO, 1963), ein 14jähriger Schüler (H. HAUSS, 1963), ein 21jähriger Mann (PASCHOUD, 1964), ein 14- und ein 15jähriger Knabe (NANNELLI und SBERNA, 1965), ein 35jähriger Mann (SCHUTT, 1965), 3 Geschwister (eine 20jährige Schwester und ein 4 Jahre älterer und ein 2 Jahre jüngerer Bruder) (WOERDEMANN, BOUR und BIJILSMA, 1965), ein 21jähriger Schüler (mit Cutis laxa, KORTING), ein 21jähriger Mann (KRÜGER und WINKLER, 1967), eine eigene Beobachtung (Heidelberg, 1960) wurde nicht publiziert (Bilder in diesem Kapitel); es handelte sich um eine 30jährige Frau aus den Staaten.

Weitere Mitteilungen finden sich bei HABER 1959, HITCH und LUND 1959, LAUGIER, GOMET und WORINGER 1959, WILKINSON 1959, EPSTEIN und SULLIVAN 1960, HASHIMOTO und HILL 1960, RITCHIE und MCCUISTION 1960, WHYTE und WINKELMANN 1960, HERZBERG 1961, CORSON 1962, SMITH u. Mitarb. 1962, WALSHE 1963, WORINGER und LAUGIER 1960 und 1963, REED und PIDGEON 1964.

Der allererste Fall dürfte wohl der von STORCK im Jahre 1948 als Morbus KYRLE vorge-stellte Fall sein, den MIESCHER in seiner zweiten Arbeit als Elastoma interpapillare perforans verruciforme deklariert hat. MIESCHER spricht infolgedessen von einem zweiten Typ, der disseminiert auftritt und dem Morbus KYRLE täuschend ähnlich sieht.

Das *männliche Geschlecht* ist bevorzugt (5:1 KORTING) befallen. Die *Mani-festation* schwankt zwischen früher Jugend und Erwachsenenalter und dürfte um das 13. Lebensjahr am häufigsten auftreten. Das *klinische Bild* besteht in nicht nur follikulär gebundenen keratotischen Knötchen, die mit Vorliebe am seitlichen Hals oder Nacken und in Ellbogennähe okalisiert sind und zu serpiginös-gruppier-ten und moniliform-verruciform-girlandären Herden zusammenfließen (Abb. 41). Der periphere Rand ist erhaben, leistenartig prominent, das Zentrum eingesunken, leicht atrophisch und zeigt in der Übergangszone teilweise follikuläre Papeln. Die Herde erinnern — außer an tuberoserpiginöse Syphilome — an einen Lichen ruber acuminatus, noch mehr aber an die Parakeratosis Mibelli (Fall von CABALLERO, JONQUIÈRES und BOSQ); gegenüber der letzteren ist indessen der Randwall zu breit und zu deutlich knötchenförmig. Gegen tuberoserpiginöse Syphilome spricht — außer sonstigen Zeichen der Lues — der keratotische Charakter der Läsionen. Zum Teil können die Herde auch verrukös-follikulär sein (Abb. 41b). Als unge-wöhnlicher Sitz ist die seitliche Nase anzusehen (unveröffentlichter Fall der Heidelberger Hautklinik, Abb. 42). Klinisch war die Fehldiagnose eines z.T. knötchenförmigen, z.T. sklerodermiformen Basalioms gestellt worden.

Das *feingewebliche Bild* zeigt nach LUTZ, daß der papulöse, keratotische Randwall aus cystischen Gebilden besteht, die aus Hornlamellen zusammengesetzt sind, „die unter der unveränderten Epidermis im Corium eingelagert waren und die ihren Ursprung wohl von Sprossungen der Haarfollikel oder eventuell auch breiteren Retezapfen genommen haben müssen".

---

[1] Alter im Original nicht angegeben.

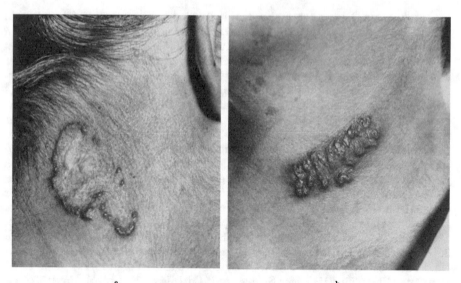

a   b

Abb. 41a u. b. Elastoma interpapillare perforans verruciforme. a Girlandäre Plaque, b verruköser Herd an der gleichen Kranken

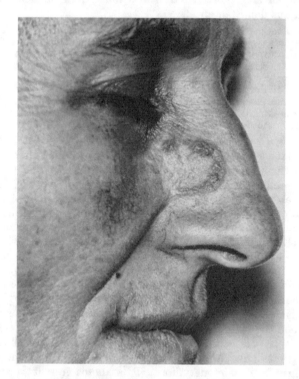

Abb. 42. Elastoma verruciforme interpapillare unter dem Bild eines Basalioms. Unveröffentlichter Fall der Heidelberger Hautklinik

MIESCHER hat die Vorstellungen von einer möglichen Pathogenese durch seine Untersuchungen außerordentlich gefördert. Er wies nach, daß das klinische Bild zwar durch die Verhornung bestimmt wird, daß aber histologisch nicht — wie etwa beim Morbus Kyrle — ein von der Epidermis ausgehender Prozeß nach unten in die Cutis perforiert, sondern daß umgekehrt eine vom Papillarsystem ausgehende Bildung pathologisch veränderten Gewebes durch die Epidermis — bei begleitender starker Verhornung — nach oben abgestoßen wird. Im Mittelpunkt der Befunde von Miescher stehen die Veränderungen des *elastischen Gewebes*.

Vereinzelte Papillen sind von einem dichten Knäuel kräftiger, gut gefärbter elastischer Fasern „vollgepfropft"; die von den elastischen Massen ausgefüllten Papillen sind oft verlängert; die übrigen Elemente der Papillen (Capillaren, Fibroblasten, kollagene Fasern) sind meist nicht mehr zu erkennen. Es bestehen unmittelbare Zusammenhänge zwischen der interpapillären Elastose (im Durchbruchsgebiet) mit dem kräftigen elastischen Netz der oberen Grenze des Stratum reticulare (Abb. 43).

Der nach oben durchbrechende, an elastischen Fasern reiche Zapfen ist oft schmal und gewunden, er kann sich vielfach gabeln. Seine Zusammensetzung zeigt an Kerntrümmern reichen Detritus und erst in der obersten Zone Hornmassen, was darauf hinweist, daß die — das klinische Bild ganz beherrschende — Verhornung nur ein Begleitvorgang ist. „Die Konfiguration der Zapfen, ihre Umkleidung mit Epithel entspricht den Verhältnissen einer Papille. Wenn wir weiter den ganz ungewöhnlichen Befund maximal mit elastischen Fasern angefüllter Papillen in der näheren und weiteren Umgebung der pathologischen Herde berücksichtigen, dann liegt der Schluß nahe, daß es solche durch Elasticahypertrophie deformierte Papillen sind, welche, vom Epithel fast vollständig eingeschlossen, zugrunde gehen und unter Auflösung ihrer Elemente durch die Epidermis hindurch ausgestoßen werden, wobei auch das wandständige Epithel teilweise mit in den Untergang einbezogen wird und außerdem, vor allem im oberen Abschnitt, mit Acanthose, Hyper- und Parakeratose reagiert."

Miescher sieht also den Ursprung der Störung in einer interpapillären Hyperplasie des elastischen Gewebes, sei es von naevusartigem oder anderem, z.B. infektiösem Charakter, dem — nach Untergang der in ihrer Ernährung gestörten Papille — die unter reaktiver Akantholyse, Hyper- und Parakeratose verlaufende Ausstoßung der Masse folgt. Grüneberg dagegen hält an der epidermalen Genese der Dermatose fest. Nach seinen Beobachtungen stellen die nekrobiotischen Partien nicht von der Epidermis umfaßte Papillen dar, sondern sie bilden innerhalb akanthotischer Zapfen den untersten Abschnitt voluminöser orthoparakeratotischer Pfröpfe. Man kann den epithelialen Aufbau meist mehr oder minder deutlich erkennen.

Die auch von Grüneberg beobachteten Elastica-Knäuel können nach seiner Ansicht nicht als Ausgangspunkt des Prozesses angesehen werden, da sie vieldeutig sind (sie kommen z.B. auch in der Umgebung einwachsender Hauttransplantate, am Rande tuberkulöser Granulome, und bei Jugendlichen als häufig zu beobachtende Störung des Elastica-Netzes vor). Grüneberg bezweifelt ferner, ob es sich dabei um genuine Elastica handelt: dagegen spreche die leuchtend rote Farbe bei HE-Färbung, außerdem ergebe auch degeneriertes kollagenes Gewebe Elastinfarbe, weshalb die Elastinfärbung nicht als spezifisch angesehen werden dürfe. „Der Prozeß ist nach unseren Feststellungen primär epidermal, die klinisch und histologisch so stark dominierende Hyperkeratose das Wesentliche und die diskrete Fremdkörperreaktion der Cutis nicht gegen Elastome, sondern die Penetration gewebsfremder Substanz gerichtet."

Aus diesem Grund verwendet Grüneberg eine Terminologie, die der Namengebung von Lutz „Keratosis follicularis serpiginosa" noch das Epitheton Kyrles „et parafollicularis" hinzusetzt.

Eine Mittelstellung zwischen der Auffassung von Miescher und derjenigen von Grüneberg scheinen Marshall und Lurie einzunehmen: Diese Autoren sehen mit Miescher in den „Elastomen" ein alteriertes Bindegewebe, halten aber die Primärläsion möglicherweise durch die Ruptur von Haarfollikeln oder Schweißdrüsenausführungsgängen verursacht. Ihr histologischer Bericht zeigt auch eine stärkere entzündliche Fremdkörperreaktion in der Cutis. In Anlehnung an Marshall und Lurie nimmt Woerdemann (1959) aufgrund zweier eigener Fälle an, daß der Krankheitsprozeß primär von den Talgdrüsen ausgehe, jedenfalls von dem Morbus Kyrle different sei. Gegen Marshall und Lurie wiederum haben

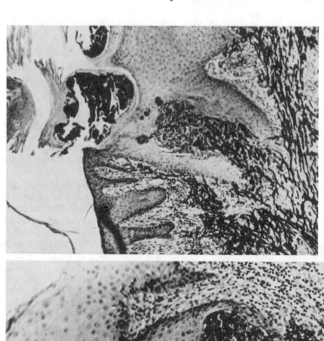

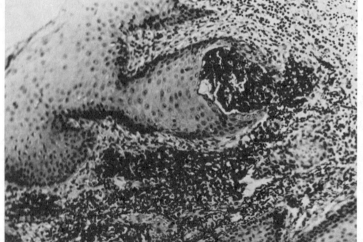

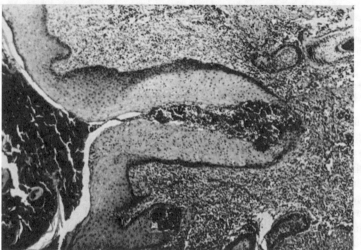

Abb. 43. Elastoma interpapillare perforans verruciforme. „Elastische" Konglomerate in der Papillarschicht und, nach Durchbruch durch die Epidermis, in der Hornschicht. [Nach Miescher, Hautarzt **7**, 195 (1956)]

Götz, Röckl und Bandmann eingewendet, daß es sich nicht um degeneriertes, elasticapositives Kollagen, wie die englischen Autoren annehmen, sondern um echtes Elasticagewebe handle. Die Elasticavermehrung haben auch Dammert und Putkonen nachgewiesen (sie vermuten eine vielleicht hormonelle Ursache für diesen Vorgang); Antonescu und Zelicov fanden das elastische Gewebe ebenfalls vermehrt, was sie in der Auffassung bestärkt, daß die pathogenetischen Konzeptionen Mieschers richtig seien.

Zambal hat nun neuerdings eine Beobachtung veröffentlicht, die aufgrund ihrer besonderen Befunde die Identität von Keratosis follicularis serpiginosa Lutz, Elastoma interpapillare perforans verruciforme Miescher und sogar von Morbus Kyrle nahelegt.

Es handelt sich um eine 23jährige Landarbeiterin, die eine Kombination circinär-serpiginösen, papulös-verrukösen und maculosquamösen Elementen aufweist. Ferner besteht eine Cutis hyperelastica (Hyperflexibilität der Finger). Histologisch fanden sich die von Miescher beschriebenen Veränderungen der elastischen (und kollagenen) Fasern bei einer allgemeinen Vermehrung der elastischen Fasern (Cutis laxa).

Der Prozeß wird von Zambal als follikelgebunden angesehen; die Perforation erfolgt wahrscheinlich durch das Haar und Fragmente der Haar-Cuticula. Die Perforation ist obligat für die Diagnose-Stellung. Zambal *muß infolgedessen alle Fälle von Morbus Kyrle, bei denen die Perforation fehlt, als nicht zu dem beschriebenen Krankheitsbild gehörig ablehnen.* Außer den Veränderungen der Epidermis sind Fremdkörpergranulome mit phagocytierten Fragmenten zu finden; im Follikel (in der Nähe der Perforationsstelle) sind auch mycelähnliche, nicht näher identifizierte Fasern nachweisbar.

Das gleichzeitige Vorliegen einer Cutis laxa gestattet Zambal auch eine Hypothese in *pathogenetischer Hinsicht:* Die Hyperelastizität der Haut gibt nämlich dem Verlauf des Follikels eine andere Richtung, so daß sich das Haar stärker als sonst krümmen muß. Im unteren Teil des Follikels, der nicht ganz keratinisiert ist, kann sich das Haar dem neuen Verlauf leicht anpassen; im oberen, vollständig keratinisierten Teil indessen kommt es leicht zur Perforation. Möglicherweise ist das Haar bereits von der Perforation fragmentiert.

Hier wäre also die Cutis laxa in mittelbarem Sinn für die Perforation des in der Richtung geänderten Haares verantwortlich zu machen. Zambal sieht die Cutis bzw. die Elastica als das Grundelement der perforierenden follikulären Keratose an und glaubt, daß letztere eine dysembryoplastische Erkrankung darstellt.

Korting stellte 1966 diese Befunde in einen größeren Zusammenhang, indem er darauf hinweist, daß eine Reihe der von ihm sorgfältig überprüften Schrifttumsfälle mit *kongenitalen Anomalien* assoziiert sind, so daß Elastosis perforans serpiginosa als *leichtes ektodermales Randsymptom* bei einer schwerwiegenden mesenchymalen — erblichen — Störung anzusehen wäre. Auch sein Fall, ein 21jähriger Schüler mit einem Marfan-artigen Habitus, dysplastischem Gesichtsschädel und dysplastischen Ohren hatte, ebenso wie die Fälle von Zambal, Laugier u. Mitarb., Homer, eine Cutis laxa im Sinne eines ausgedehnten Ehlers-Danlos-Syndroms. Ferner finden sich in anderen Schrifttumsfällen: Osteogenesis imperfecta (Reed und Pidgeon), Poikilodermien (1. Fall von White und Winkelmann), Mongoloidismus (Wilkinson), Neigung zu Keloiden (Fegeler, Götz, Röckl und Bandmann, Grüneberg, Marshall und Lurie, Miescher, Zambal, eigener 1. Fall 1960), Marfan-Syndrom (Storck, Haber), Pseudoxanthoma elasticum (Schutt, Smith u. Mitarb.). Diese Betrachtungsweise würde nicht nur hinsichtlich der *Pathogenese* von Bedeutung sein, sondern dieser Dermatose — als Randsymptom einer übergeordneten Störung — eine andere Stellung geben, auch wenn damit über die Frage der *Erblichkeit* noch nichts Entscheidendes ausgesagt ist (auch Korting bleibt in dieser Hinsicht zurückhaltend). Eine erbliche Disposition sicher oder gar einen bestimmten Erbgang anzunehmen, erlauben die Schrifttumsfälle nicht. Außer bei Grünebergs 2. Fall, bei dem eine — nicht näher bezeichnete — Blutsverwandtschaft der Eltern vermerkt wird, liegen kaum verwertbare Angaben vor.

Daß man die Elastosis perforans serpiginosa von einem traumatisch entstandenen *Kollagenom* trennen muß, lehrt die Beobachtung von Laugier und Woringer 1963. Das durch ein Trauma veränderte Kollagen wirkt pathogenetisch als ein Fremdkörper, der durch Hautfisteln abgestoßen wird.

Die *Therapie* der Dermatose ist im erwähnten Schrifttum kaum erörtert worden. Grüneberg empfiehlt die Anwendung keratolytischer und antiparasitärer Mittel. Die eigene Erfahrung lehrt (was auch vereinzelt bestätigt wird), daß keine Art der Behandlung, Röntgen, Kaustik, Fräsen, Excision zum Ziel führt, sondern stets von Rezidiven und keloidartigen Narben gefolgt ist.

4. Hyperkeratosis lenticularis perstans Flegel

Als eine vom Morbus Kyrle abzusondernde Entität scheint sich die von Flegel (1958) beschriebene Hyperkeratosis lenticularis perstans herauszukristallisieren, auch wenn Grüneberg (1963) sie entweder der Akrokeratosis verruciformis Hopf (die bei den dysplastischen Keratosen abzuhandeln ist) zuordnet oder als abortive Form eines Morbus Darier ansieht. Dagegen haben Kocsard und Ofner (1966) und Kocsard, Bear und Constance sie an weiteren Fällen bestätigt. Donald und Hunter haben 1967 zwei Fälle publiziert, die sie (Hunter und Donald) 1968 noch einmal ausführlicher beschrieben haben. Es handelt sich um einen 37jährigen Mann und eine 57jährige Frau. Die Autoren unterscheiden einen nur auf die Gliedmaßen (einschließlich Palmae und Plantae) beschränkten Befall (Typ Flegel) und einen disseminierten Typ (dyskeratotische psoriasiforme Dermatose). Möglicherweise gehören noch zwei weitere Fälle zu dem Krankheitsbild: eine Beobachtung von Paver (1967) und von Russell (1967). Ein 7. (bzw. 9.) Fall wurde an der Düsseldorfer Hautklinik beobachtet (1968, Abb. 44c).

An den Gliedmaßen, vor allem über Hand- und Fußrücken, aber auch, proximal an Zahl abnehmend, an den Unter- und Oberschenkeln, finden sich 1—5 mm im Durchmesser große Papeln von rund-ovaler Gestalt, deren Rand leicht erhaben und deren Zentrum oft leicht eingesunken ist. Die kleinsten, punktförmigen, zeigen noch keine deutliche Hornschuppe, die größeren aber eine oft bizarr geformte, etwa 1 mm hohe, festhaftende Schuppe (Abb. 44a, b). Nach Ablösen der Keratose entsteht im Zentrum eine tautropfenartige Blutung; dieses leicht glänzende Zentrum liegt im Hautniveau. Am Rand findet sich oft eine collerette-ähnliche Betonung der Schuppung; größere Herde neigen zur Konfluenz.

Histologisch steht im Mittelpunkt ein umschriebenes, knötchenförmiges bzw. bandartiges entzündliches Infiltrat (aus Rundzellen, Reticulumzellen, Plasmazellen und Fibrocyten), das die Epidermis von unten her komprimiert (Abb. 45); auf ihr sitzt eine mächtige Hyperkeratose, die oft durch das subepidermale Infiltrat kuppelartig (oder dachartig) vorgewölbt wird (Abb. 45a). In dem beschriebenen Infiltrat fällt der Reichtum an Capillaren auf. Die Elastica ist in diesem Bereich zerstört; die Silberimprägnation zeigt reichlich argentaffine Fasern zwischen Stratum basale und Stratum papillare im Bereich der Infiltrate, die schon durch ihren Gehalt an Reticulumzellen aus dem Rahmen der bisher besprochenen umschriebenen bzw. follikulären Keratosen fallen.

Der Patient Flegels war 50 Jahre alt und wies die Erscheinungen seit 20 Jahren auf, ohne daß sich etwas an ihnen geändert hätte. Donald und

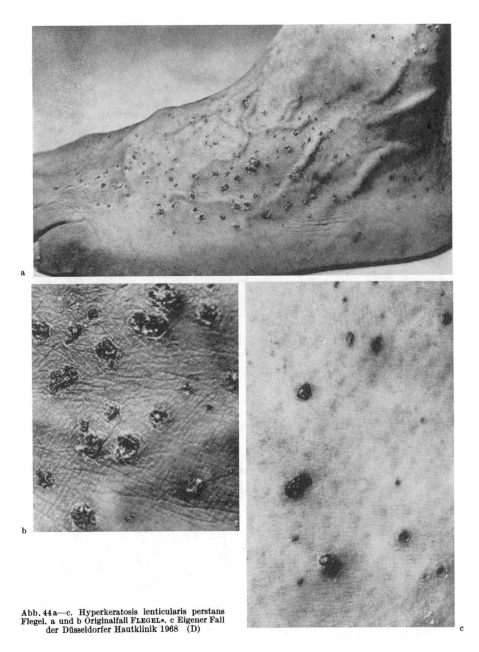

Abb. 44a—c. Hyperkeratosis lenticularis perstans Flegel. a und b Originalfall FLEGELs. c Eigener Fall der Düsseldorfer Hautklinik 1968 (D)

HUNTER erzielten mit einer Betamethason-17-Valeriat-Crème vollständige Abheilung. Der Kranke von KOCSARD u. Mitarb. war 71 Jahre alt und wies die Erscheinungen seit 20—30 Jahren auf. Auch KOCSARD u. Mitarb. betonen die entzündliche Natur der seltenen, aber von ihnen als selbständig betrachteten Keratose. In ihrem Fall bestanden übrigens auch kleinste Läsionen am Stamm. Die Natur der Affektion ist unbekannt; trotz des entzündlichen Charakters diskutieren KOCSARD u. Mitarb., daß es sich um eine Genodermatose mit spätem Beginn handeln könne.

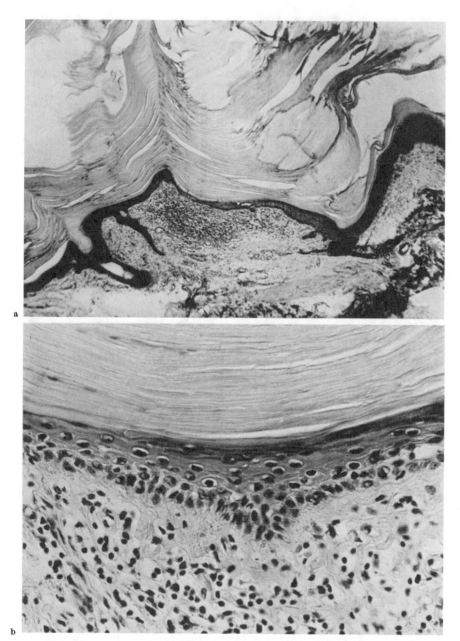

Abb. 45a—c. Hyperkeratosis lenticularis perstans (D). Dellenartig eingesenkte massive parakeratotische Hyperkeratose, in diesem Bereich Atrophie der Epidermis (am Rand Acanthose). Im Corium Rundzell-Infiltrate und Gefäßweitstellung bzw. Capillarwucherung

III. Symptomatische follikuläre und spinulöse Keratosen

(zugleich: Differentialdiagnose follikulärer Keratosen)

Zahlreiche übergeordnete Dermatosen, äußere Einflüsse, Stoffwechselstörungen, innere Krankheiten, Avitaminosen u. a. m. können follikelgebundene

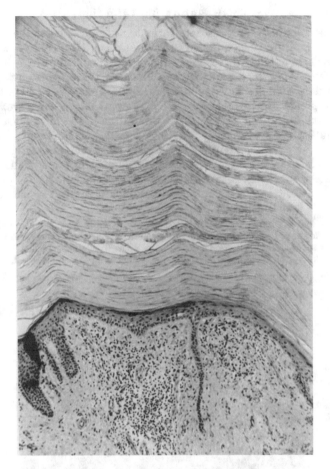

Abb. 45 c. Hyperkeratosis lenticularis perstans

Keratosen vortäuschen oder ausbilden. Dabei kann das klinische Bild einmal mehr follikulär, das andere Mal mehr spinulös sein. Beide Formen können auch nebeneinander vorkommen. Dennoch ist als Regel festzuhalten, daß mehr follikuläre Verhornungen der Ausdruck übergeordneter Dermatosen, mehr spinulöse Keratosen eine allergische -id-Reaktion bei infektiösen Prozessen darstellen.

1. Dermatosen mit follikelbetonten Keratosen

Zu den wichtigsten Dermatosen, die — zeitweise oder an einzelnen Körperstellen — unter dem Bild follikelbetonter Keratosen einhergehen können, zählen: der *Lichen ruber*, die *Pityriasis rubra pilaris*, der *discoid-chronische Erythematodes*, der *Morbus Fox-Fordyce*, die *Mykosis fungoides*, der *Morbus Darier* (der in der amerikanischen Literatur sogar „follicular keratosis" heißt), die *Psoriasis vulgaris*, *Comedonen-Naevi* und *follikuläre Naevi* (Keratosis follicularis naevica — evtl. sogar in Verbindung mit einem Naevus depigmentosus, Beobachtung von SIEMENS, 1965), die *Poikilodermia vascularis atrophicans*, die einer *Atrophodermia vermiculata vorausgehenden Zustände*, die Sklerodermie in Form der „*white spot disease*", schließlich die *Mucinosis follicularis*.

2. -id-Reaktion bei Infektionen

Alle diese follikulär-keratotischen Varianten übergeordneter Dermatosen sind zwar kurz — im Sinn einer differentialdiagnostischen Übersicht — zu erwähnen, aber hier nicht in extenso zu besprechen. Das gleiche gilt für die mehr *spinulösen symptomatischen -id-Reaktionen:* den sog. *Lichen scrophulosorum* (wohl der häufigste sekundäre Spinulosismus), den *mikropapulös-spinulösen Lichen syphiliticus*, den *Lichen spinulosus trichophyticus, follikulär-spinulöse Lepride, Framböside*, das *follikulär-spinulöse Salvarsan-Exanthem.* Brünauer führte auch noch einen möglichen Spinulosismus bei *Demodex-Milben* (Darier) an. Beim sekundären Spinulosismus (gleich welcher Genese) handelt es sich meist um rush-artig auftretende, mehr oder minder generalisiert verlaufende spinulöse Keratosen, die fast immer als Allergid gewisser Infektionskrankheiten anzusehen sind. Nach Pisacane wird das Auftreten eines Lichen spinulosus durch eine besondere — neurovegetative und cutane — konstitutionelle Disposition gefördert.

Nicht alle hier einschlägigen neueren Schrifttumsberichte halten einer Prüfung stand. Die von Perpignano 1938 an 3 Familienmitgliedern beschriebene und als *Tuberkulose* gedeutete Keratosis spinulosa (Perpignano spricht nicht von einem Lichen scrophulosorum bzw. einem sekundären Spinulosismus) sind ursächlich unbewiesen. Auch der von Masch-

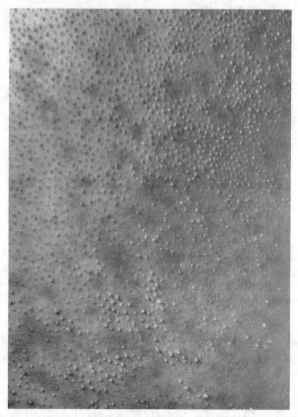

Abb. 46. Follikulär-spinulöse Arsen-Keratosen (mit AS-Melanose) auf Salvarsan bei 37jährigem Patienten

Killeisson und Neradov 1936 beschriebene Fall von Porokeratosis spinulosa palmaris et plantaris bei einem 34jährigen Mann mit einer *aktiven Lungentuberkulose* ist sowohl in der Diagnose wie in der vermuteten Ätiologie anfechtbar. Nicht generalisiert, sondern auf die Stellen von Zoster-Narben beschränkt, ist der von Sidi und Melki beschriebene *Lichen*

scrophulosorum bei einer 42jährigen Frau. Die spinulösen Keratosen, histologisch mit tuberkulösen Strukturen einhergehend, beschränkten sich auf das Narbengebiet eines cervikalen
Zoster. Der *Zoster* als solcher wird von COZZANI in einem Fall als ätiologisches Moment eines
generalisierten Lichen spinulosus — analog dem Lichen scrophulosorum — angesehen. Ungeklärt ist der Fall von BONCINELLI 1936: ein 15jähriges psoriatisches Mädchen wies eine spinulöse Keratose an Ellbogen und Knien auf. Hier scheint eine follikulär-spinulöse *Psoriasis*
vorzuliegen. Die gleichzeitig vorhandene Funktionsstörung der Eierstöcke ist ursächlich nicht
zu verwerten. Eine Oligomenorrhoe (allerdings verbunden mit epileptischen Anfällen, erhöhtem Grundumsatz ($+14\%$) und neurovegetativ bedingten Magenkrisen) lag auch in dem
Fall von AZUA und OLIVARES 1952 vor.

Außer gewissen Infektionskrankheiten sind es wohl vor allem folgende Zustände, die zu rush-artigen follikulär-spinulösen symptomatischen Keratosen
führen können: 3. Arzneimittel, 4. follikeltoxische exogene Noxen, 5. Vitaminmangelerscheinungen, endokrine und Stoffwechselstörungen und 6. innere Krankheiten und Organkrebse.

3. Arzneimittel

Das follikulär-spinulöse Salvarsan-Exanthem (das seit Anwendung des Peni-
cillins, also seit mehr als 20 Jahren, nicht mehr vorkommt, Abb. 46) wurde

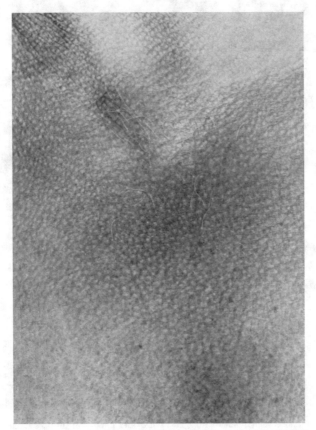

Abb. 47. Symptomatische Follikel-Keratosen. Erythrosis linearis punctata colli Sagher   (D)

bereits erwähnt. KLEINE-NATROP wies auf eine akneiform-abscedierende Form der
Salvarsan-Nebenwirkung hin, die er „Keratosis follicularis (arsenobenzoica) acneiformis abscedens" nannte. DEGOS, GARNIER und LABET berichteten über eine

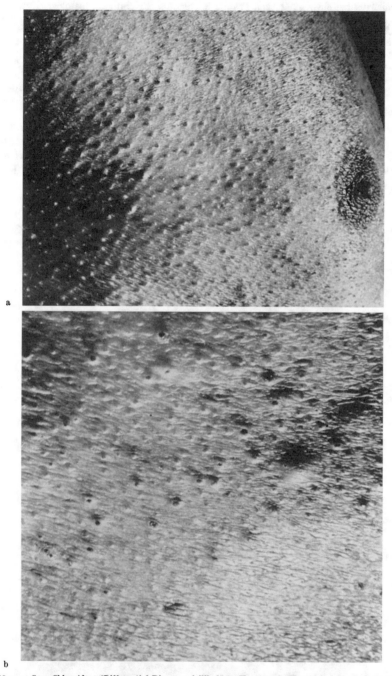

a

b

Abb. 48a—c. Sog. Chlor-Akne (Differential-Diagnose follikulärer Keratosen). Keratosis follicularis toxica nach Paraffinum liquidum. Follikelkeratosen und Retentionscysten nach 10jähriger Einnahme von Paraffinum liquidum als Abführmittel (gleichzeitig bestand ein Ulcus duodeni)

durch Vitamin D_2 ausgelöste follikuläre Keratose (und nahmen an, daß der Wirkungsmechanismus über eine Vitamin A-Verarmung führe). Über follikuläre Keratosen nach Gold berichtete REYNAERS.

Differentialdiagnostisch ist die neuartige, nach längerer örtlicher Steroid-
anwendung zu beobachtende *Erythrosis linearis punctata colli* SAGHER (Abb. 47)
bzw. die *Erythrosis interfollicularis* wichtig.

Sinngemäß gehört hierher auch die von THIEL beschriebene „randständige Hyperkeratosis
als Strahlenreaktion", die nur nach Chaoulscher Nahbestrahlung und nur bei klimakterischen
Kranken zu beobachten war. Sie dürfte wohl einem — follikelbetonten — sog. Pseudorezidiv
entsprechen.

4. Follikeltoxische exogene (und endogene) Noxen

Hier nur schlagwortartig zu erwähnen sind die durch Perchlornaphthalin
(Chlorakne, Abb. 48, deren exogene Entstehung W. BRAUN experimentell nach-

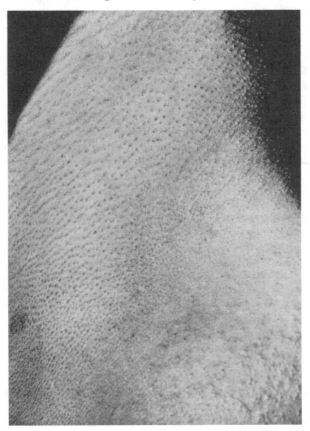

Abb. 48c. Sog. Paraffin-Akne

gewiesen hat), Schmieröle, Paraffin, Vaselinen, Igelit usw. ausgelösten follikulären
Keratosen, die an den Gliedmaßen an Druckstellen der Unterwäsche oder der
Oberbekleidung, im Gesicht (toxische Akne) auftreten. Hierher gehört möglicherweise auch die sog. Basler Krankheit (Keratosis follicularis epidemica Schuppli),
die wir bereits besprochen haben, und bei der die Möglichkeit einer toxischen
Auslösung, etwa durch paraffinhaltige Konservierungsmittel (Obst) besteht. Die
in Abb. 48 dargestellte toxische follikuläre Keratose wurde durch den 10 Jahre
fortgesetzten Gebrauch von *Paraffinum liquidum als Abführmittel* ausgelöst.

Sogar bloßes UV-Licht kann (statt einer Dermatitis solaris), eine Keratosis
follicularis verursachen (COSTELLO). Dasselbe gilt für die Kälte (FORMAN). Eine

follikuläre Keratose kann schließlich durch exogene Traumen hervorgerufen werden, wenn es dabei zu der von Melczer (1948) beschriebenen *Keratocystomatose* kommt. Durch die Verletzung von Hautanhangsgebilden entstehen posttraumatische Epidermiscystchen. Fließen mehrere keratinhaltige Cysten zusammen, so entstehen leistenartige Erhebungen, in denen unregelmäßige Gänge verlaufen. Das auf diese Weise entstehende Bild kann einer — umschriebenen — follikulären Keratose gleichen.

5. Vitaminmangelerscheinungen, endokrine und Stoffwechselstörungen

Diese Gruppe gehört, auch wenn es zunächst befremden mag, zusammen, wie die weitere Besprechung zeigen wird.

Forman betont, daß das Follikelepithel gewisser disponierter Menschen an den Prädilektionsstellen der Keratosis suprafollicularis auf verschiedene Einflüsse mit der Ausbildung keratotischer Knötchen reagiert. Diese Einflüsse sind (außer Kälte) vor allem: Stoffwechselstörungen, Vitaminmangel, endokrine Faktoren.

Bei den Stoffwechselstörungen sind es Mangel an Fettsäuren, bei den Vitaminen ein Unterangebot von A-, B_2- und C-Vitamin (nicht hierher gehören gewerbliche, vor allem durch Teerprodukte und Schmieröle bedingte follikuläre Keratosen). Pemberton, der in 5% von 3000 untersuchten Kindern aus verschiedenen Gegenden Englands eine follikuläre Keratose an den Streckseiten der Gliedmaßen, an Rücken und Bauch fand, nimmt einen Vitamin A-Mangel an (Lubowe fand in einem untersuchten Fall den Vitamin-A-Spiegel des Blutes normal), Itô, Itô und Kuroda vermuten einen Mangel von Vitamin A, B_2, Calcium, Fett und tierischem Eiweiß als wahrscheinliche Ursache von follikulären Keratosen und Xerophthalmie. E. György sieht die Ursache von follikulären Keratosen und Xerophthalmie, die durch entsprechende Substitutionstherapie zu beseitigen ist, in einem Mangel an Vitamin C. Bemerkenswert ist der Fall Formans: Bei einem 14jährigen Mädchen fand sich eine Keratosis pilaris im Verein mit einem Myxödem. Im Serum war das β-Carotin leicht erhöht (358 mg-%), Vitamin A leicht erniedrigt (42 IE). Das Blutcholesterin betrug 425 mg-%, der Grundumsatz —47 bzw. —37%. Forman betont, daß beim Myxödem das Carotin nicht in Vitamin A übergeführt werden kann. Eine mehrwöchige Behandlung mit Schilddrüsenextrakt besserte sowohl die Keratosis wie das Myxödem. Das β-Carotin ging auf 117 mg-% herunter, das Serumcholesterin auf 220 mg-%.

Weiterhin kommt wahrscheinlich dem Vitamin D_2 ein auf die Follikelverhornung wirksamer Effekt zu: Degos, Garnier und Labet stellten bei einer mit Vitamin D_2 behandelten Kranken eine zunächst auf einen Arm beschränkte, dann sich generalisierende Keratosis follicularis fest, die 2 Monate nach Absetzen des Vitamin D_2 wieder verschwunden war.

Nicht nur beim Myxödem kann die Vitamin-A-Synthese gestört sein, sondern offenbar auch beim akuten Kropf: Jona beobachtete die Abheilung eines symptomatischen Spinulosismus zugleich mit dem Verschwinden eines Kropfs bei einem $3^1/_2$jährigen Mädchen.

Differentialdiagnostisch wichtig ist schließlich die (wohl hormonell über die Mutter her entstandene) sog. *Akne infantum bzw. neonatorum* (Fall Steigleder und Klink, 1947).

Therapie. In dieser Gruppe avitaminotisch-endokrin-stoffwechselbedingter follikulär-spinulöser Keratosen bewährt sich — außer der Anwendung keratolytischer Mittel — die Gabe von Vitamin A (Ribuffo), B_2 und C (E. György), die über mehrere Wochen oder Monate zu verabreichen sind. Calvert kombiniert

Vitamin A, Salicyl-Salbe und Aureomycin mit Erfolg (ob letzteres nötig ist, darf bezweifelt werden). TANAKA empfiehlt das — Wismut u. a., nicht genauer bezeichnete Wirkstoffe enthaltende — Ivotin bei Keratosis pilaris (und Warzen). RIBUFFO schließt aus der therapeutischen Wirkung des Lactoflavins in 5 Fällen spinulöser Keratosis, daß durch das Mittel entweder die gestörten oxydo-reduktiven Vorgänge reguliert, oder der gestörte Vitamin B_2-Haushalt normalisiert wurde.

6. Innere Krankheiten und Organkrebse

Zweifellos noch am wenigsten erforscht sind die symptomatischen follikulärspinulösen Keratosen bei Krankheiten und Neoplasmen innerer Organe. Das bereits erwähnte *Myxödem* und der *Kropf* sind sicher nicht die einzigen internen Krankheiten, bei denen sich symptomatische follikuläre Keratosen finden können. Der *Marasmus* und die *Alterskachexie* können — außer zur Pityriasis tabescentium — auch zu follikulär-spinulösen Keratosen führen. Noch wenig bekannt sind die nach solitären oder systemischen Neoplasien vorkommenden follikulären Keratosen: Bei *Magen-* oder *Bronchialkrebsen* finden sich nicht nur seborrhoische „Ekzematide", sondern auch follikuläre Keratosen; ebenso bei *Leukämien*, der *Lymphogranulomatose*, der *Mykosis fungoides* (beim Befall innerer Organe). Hierüber ist im Schrifttum bislang kaum etwas zu finden. Daß diese Zusammenhänge bestehen, wird auch dadurch belegt, daß diese symptomatisch bedingten Keratosen mit der Beseitigung der Grundkrankheit verschwinden. Der Pädiater NIGGEMEYER (1966) faßt einen bei Kindern häufig zu beobachtenden *Lichen pilaris* (im Gesicht und am Stamm), im Verein mit unklaren Beschwerden (Kopfschmerz, Inappetenz, Kollapsneigung usw.) als Ausdruck einer *Fokaltoxikose* auf.

IV. Sonderformen follikulärer Keratosen

Schließlich bleiben noch 2 Gruppen follikulärer Keratosen übrig, bei denen der follikuläre Charakter kaum mehr ausgeprägt ist: sei es infolge Hypertrophie oder Narbenbildung. Hier muß die Einteilung eine rein beschreibend-morphologische sein. Die beiden Gruppen sind unter sich wieder heterogen, teils idiopathisch, teils symptomatisch, ohne daß die Zuordnung immer genau erfolgen könnte. Erbliche Formen scheinen sich — außer der bereits im Kapitel I) besprochenen Keratosis spinulosa decalvans Siemens — nicht darunter zu befinden.

1. Atrophisierende und hypertrophische Formen der Keratosis follicularis

Hier betreten wir ein Gebiet, das die follikulären Keratosen nur mehr am Rande berührt, terminologisch ungeordnet ist und in seiner Problematik nur angedeutet werden kann.

a) Die atrophischen Formen

Für einen primären, vorwiegend oder ausschließlich am Follikel stattfindenden Verhornungsprozeß ist die Ausbildung einer narbigen Atrophie ungewöhnlich, da sie nicht bei einem epidermalen, sondern nur bei einem dermalen Krankheitsvorgang zu erwarten ist. Die atrophische Abart wird übrigens ausschließlich auf der Kopfhaut beobachtet; da wiederum die Kopfhaut nur selten bei der Keratosis befallen wird, schränkt sich die Möglichkeit atrophisierender follikulärer Keratosen weiter ein. Wichtig ist ferner, daß die ausschließlich am Capillitium zu beobachtende Atrophie und Alopecie mit — nicht atrophisierenden — follikulärspinulösen Keratosen an anderen Körperstellen verbunden ist. Wir werden deshalb die fakultativ atrophisierende Form follikulärer Keratosen im 2. Abschnitt „decalvierende (follikulär-spinulöse) Keratosen" besprechen.

b) Die hypertrophischen Formen follikulärer Keratosen

Noch schwieriger ist es, aus der Fülle der Bezeichnungen für — zum Teil — follikuläre hypertrophische Keratosen den Anteil herauszulösen, der mit einiger Berechtigung verselbständigt werden darf. Das gilt am ehesten für den von Pautrier als „Lichen corneus hypertrophicus" beschriebenen Zustand, der freilich wiederum gegen eine Reihe ähnlicher Dermatosen abzugrenzen ist.

Am stärksten sind wohl die Überschneidungen mit dem Lichen ruber, von dem eine hypertrophische, verruköse und moniliforme Abart von dem Typus Pautrier unterschieden werden muß. Übrigens scheint auch der sog. Lichen ruber moniliformis nichts mit dem Lichen ruber zu tun zu haben, weshalb Wise und Rein die Krankheitsbezeichnung „Morbus moniliformis lichenoides" vorschlagen. Auch der Begriff des Lichen obtusus (Darier) überschneidet sich teilweise mit Pautriers Lichen corneus hypertrophicus. Darier selbst zählt zum Lichen obtusus 1. eine obtuse, 2. eine moniliforme Abart des Lichen ruber und 3. eine selbständige Form, den Lichen obtusus im engeren Sinn, den er als idiosynkrasische und individuelle Reaktion auf das Kratzen in Form einer abnormalen Lichenifikation ansieht. Nur diese letztere Form (also der Lichen obtusus Dariers im engeren Sinn) entspricht dem Lichen corneus hypertrophicus Pautriers.

Die möglichen Beziehungen zum Lichen ruber sind indessen durch seine verrukösen und obtusen Abarten nicht erschöpft. Lieberthal beschrieb 1915 und 1916 eine ungewöhnliche Form, den Lichen planus ocreaformis (= gamaschenförmiger Lichen ruber), aus dem Haymena und Erger (1951) in einer sorgfältigen Analyse bei Prüfung aller unter dieser Diagnose in den USA publizierten Fällen diejenigen herausstellten, die nicht dem Lichen ruber zuzuordnen sind, sondern als Lichen ocreaformis (ohne Epitheton ruber oder planus) als selbständige Entität anzusehen und mit dem Lichen corneus hypertrophicus Pautriers und dem Lichen obtusus (in der engeren Fassung Dariers) identisch sind.

Von dieser allein hier kurz zu betrachtenden Form, dem Lichen corneus hypertrophicus bzw. Lichen obtusus bzw. Lichen ocreaformis sind indessen weiter abzugrenzen: Der Lichen obtusus corneus (der ein Synonym der Prurigo nodularis Hyde oder der Lichénification circonscrite chronique nodulaire darstellt) und klinisch am ähnlichsten dem Lichen amyloidosus ist, indessen nur durch den histologischen Nachweis des Amyloids erfaßt werden kann. (Lieberthal kannte bei seiner Beschreibung des Lichen planus ocreaformis den Lichen amyloidosus noch nicht.) Schließlich kommt auch der Lichen chronicus simplex differentialdiagnostisch für die hier beschriebenen Dermatosen in Frage.

Bei den 3 Fällen, die Hyman und Erger als — nicht zum Lichen ruber gehörenden — selbständigen Lichen ocreaformis gelten lassen (Sweitzer, 1944: 87jähriger Mann, Obermayer, 1947: 45jährige Frau, Rothman, 1948: 25jähriger Mann) bestanden ausschließlich an den Knöcheln oder zwischen Knöcheln und Knien rote, aber auch wachsfarbene, feste, leicht schuppende Papeln von 2—4 mm Durchmesser, die teils zu kleinen Gruppen zusammenflossen, teils auch mehr rosenkranzförmig aufgereiht standen. Diese Lokalisation trifft auch für die beiden Geschwister zu, über die Woringer 1951 berichtete, auch für den Fall von Wells 1954 bei einem 69jährigen Japaner. Zweifelhaft erscheint der Fall von Cl. Lutz 1951, einem 60jährigen Mann, bei dem seit 5 Jahren allgemeiner Juckreiz am Körper bestand. Die zahlreich vorhandenen Kratzspuren waren an Unterarmen und Oberschenkeln hypertrophisch und wiesen einen fast unerträglich starken Juckreiz auf. Bei den übrigen Fällen des Schrifttums ist der Juckreiz nicht so stark angegeben. Ugazio und Spera berichten über maligne Entartung bei einem Fall von Lichen corneus hypertrophicus, die aber ebenso einer lang durchgeführten Behandlung mit Arsen und Röntgenstrahlen zugeschrieben werden kann.

Hyman und Erger bilden in ihrer mehrfach genannten Arbeit den klinischen Befund bei einem 22jährigen Mann ab mit einem gruppierten Herd lichenifizierter, hypertrophischer Knötchen am rechten medialen Knöchel, die außerordentlich stark einem Lichen amyloidosus gleichen. Feingeweblich werden von diesem und 3 anderen Kranken (Männer von 27, 32 und 30 Jahren) sehr instruktive Abbildungen gezeigt, bei denen die starke Hyperkeratose, Acanthose und Papillomatose durchaus an umschriebene Keratosen erinnern. Gegen eine solche spricht aber die starke Fältelung der Epidermis, die Sklerosierung des Bindegewebes und die (mitunter nur diskrete, mitunter jedoch stärkere) perivasculäre Zellansammlung, die aus banalen Elementen besteht.

Hier ist ferner der

Keratosis verrucosa Weidenfeld

zu gedenken. Wie die eingehenden Studien von KEINING gezeigt haben, ist das klinische Bild dieser aus keratotischen Papeln bestehenden, erwachsene Männer bevorzugende Dermatose zwar eindeutig, indessen ist unter diesem Begriff *weder eine selbständige Krankheit* (die KNIERER in ihr sehen wollte, und zwar im Sinn einer follikulären Dyskeratose), *noch eine primäre Keratose* zu verstehen. Eine Reihe von Zuständen kann zu einer Keratosis verrucosa führen: Am häufigsten wohl der Lichen ruber (verrucosus), wie es im 1. Fall KEININGs sich erwies und im 2. wahrscheinlich gemacht werden konnte (beide Fälle gleichen denjenigen von POEHLMANN bzw. KNIERER weitestgehend), ferner der Lichen corneus, der Lichen obtusus, die Neurodermitis verrucosa (zu der FRÜHWALD die Keratosis verrucosa Weidenfeld rechnet) und die Urticaria perstans verrucosa. Ungeklärt blieb die Zuordnung der Fälle von KRUMEICH, SPRAFKE, THELEN. Der Fall von GOLLNICK (1952/53) gehört zur Urticaria papulosa perstans.

Die von MONCORPS als *Keratosis supracapitularis (sive pulvinata)* bezeichnete Dermatose, die nur über den Capitula der Fingerphalangen vorkommt, dürfte den Nuckle pads (Fingerknöchelpolstern) zuzuzählen sein. Es handelt sich um polsterförmige, an der Oberfläche wie gepunzt erscheinende Veränderungen, die histologisch außer Hyperkeratose und Acanthose erhebliche Gefäßveränderungen (Wandverdickung, Auffaserung der Elastica, endarteriitische Veränderungen) erkennen lassen.

Die Beurteilung und Deutung der Pathogenese der hier herausgestellten Formen (Lichen corneus hypertrophicus, Lichen obtusus, Lichen ocreaformis, evtl. auch Keratosis verrucosa Weidenfeld) ist schwierig. Es ist nicht sicher zu entscheiden, ob eine echte follikuläre Keratose vorliegt. DARIER wie auch PAUTRIER neigen dazu, diese Form als eine *individuelle Reaktion auf das Kratzen oder wiederholte andere Traumen bei besonders dazu veranlagten Personen (neurovegetativ Labilen)* anzusehen.

Auch aus der *therapeutischen* Ansprechbarkeit lassen sich keine ätiologischen Schlüsse ziehen: UGAZIO und SPERA wandten (wohl wegen der malignen Entartung) chirurgische Behandlung an, CL. LUTZ kam in ihrem (ebenfalls zweifelhaften) Fall mit Injektionen von 5%iger Paraaminobenzoesäure und Betupfen mit Trichloressigsäure zur Linderung bzw. Beseitigung des Juckreizes aus. Die übrigen therapeutischen Angaben sind spärlich, sie lassen lediglich darauf schließen, daß die Dermatose immerhin wesentlich leichter in ihrer klinischen Erscheinung und in ihrem Juckreiz zu beeinflussen ist als etwa die Prurigo nodularis.

2. Die decalvierenden (follikulären und spinulösen) Keratosen

Unter diesem — absichtlich etwas weit formulierten — Oberbegriff finden sich mehrere, z. T. nur schwer voneinander unterscheidbare Zustände, die nicht in ihrer Gesamtheit zu unserem Thema gehören. Das Problem kann also nur skizziert, nicht aber erschöpfend dargestellt werden.

Die topographische Besonderheit der atrophisierenden umschriebenen Alopecien ist, daß nur die Kopfhaut (bzw. Stellen mit Borstenhaaren) von der Kahlheit betroffen werden, auch wenn andere keratotische Herde am nicht behaarten Körper bestehen. Die nosologische Besonderheit ist ihr polyätiologischer, nur teilweise mit keratotischen Vorgängen verbundener Charakter.

a) Die teilweise atrophisierenden follikelbedingten Keratosen

Wie bereits im Abschnitt über Keratosis suprafollicularis angedeutet wurde, können alle follikulär verhornenden Prozesse, zumindest teilweise, d. h. an Körperstellen mit Borstenhaaren und auf dem Kopf, zu Atrophien und umschriebenen Alopecien führen. Dies gilt ganz allgemein, nicht nur für die besondere *von* SIEMENS *beschriebene — erbliche — Form* (Kapitel I, 6).

Dennoch muß gesagt werden, daß das Gebiet der teilweise vernarbenden follikulär-spinulösen Keratosen recht verworren ist. Die Kasuistik darüber ist nicht allzu zahlreich, weil sich die Grenzen zu den nicht ausschließlich follikulärgebundenen keratotischen Prozessen, die ebenfalls zu umschriebener Haarlosigkeit führen können, verwischen. Festzuhalten ist immerhin das Nebeneinander von follikulär-spinulösen Elementen am Körper (Handrücken, Bauch, Flanken), die nicht atrophisieren, und anderen auf dem Kopf oder an Bart, Achselhöhlen und Pubes, die zu Atrophie und nachfolgender Haarlosigkeit führen können.

Hierher gehören unter anderem die — überwiegend unter der Diagnose *,,Lichen spinulosus mit narbiger Atrophie"* beschriebenen — Fälle von AUCKLAND (1955), BARBER (1935), BIEBER (1954), GATÉ, VAYRE und DALMAIS (1954), HARE (1953), WAUGH und NOMLAND (1931), WILLIAMS (1953).

Hier müssen auch noch einige, etwas aus dem Rahmen fallende Beobachtungen ausführlich erwähnt werden.

WOLFRAM hat unter der Bezeichnung *,,Eigenartige follikuläre Dermatose"* 1951 einen Fall vorgestellt, den TAPPEINER in der Diskussion aufgrund einer eigenen ähnlichen Beobachtung als *,,Keratosis follicularis atrophicans"* definiert hat. Eigenartig ist sowohl die hauptsächliche Lokalisation auf dem behaarten Kopf, wie auch die Neigung zu Atrophie, die zu Haarausfall führt. Neben diesen auf gerötetem Grund stehenden Knötchen auf dem behaarten Kopf fielen auch gruppierte Herde am Körper (Nacken, Rücken, seitliche Thoraxpartien) mit den gleichen Efflorescenzen, z.T. auch mit atrophischen Stellen, auf. Hier wäre also, wie bei der von SIEMENS beschriebenen decalvierenden Form, bemerkenswert, daß die follikulären spinulösen Keratosen auch am übrigen Körper, zumindest teilweise, zu narbiger Abheilung führen können. TAPPEINER reiht dieses Krankheitsbild zwischen die Keratosis suprafollicularis und den Lichen spinulosus ein; *differentialdiagnostisch* sind auszuschließen der *Erythematodes*, die *Pseudopelade* BROCQ und der *Lichen ruber acuminatus*.

Wie verworren die Verhältnisse bei den follikulär-spinulösen decalvierenden Keratosen (die nicht immer Keratosen sind!) liegen, mag abschließend ein Fall von REISS, REISCH und BUNCKE (1958) zeigen: Bei einer 69jährigen Frau bestanden seit 3 Monaten auf dem Kopf und an den Schultern, Armen und an den seitlichen Partien des Gesichts keratotische, erythematöse Papeln. Auf dem behaarten Kopf und an den Augenbrauen führten sie zu einer dauernden und narbigen Alopecie. Feingeweblich findet sich eine leichte Atrophie der Epidermis, eine Erweiterung der Follikel mit geschichteten Hornmassen im erweiterten Follikelhals, entzündlichen, hauptsächlich lymphocytären perifollikulären Zellansammlungen und Narben in der Umgebung des Follikels. Die Autoren erwägen *differentialdiagnostisch* folgende Zustände: Ulerythema ophryogenes, Folliculitis decalvans, Alopecia cicatrisata, Lichen planopilaris, Lichen pilaris, Lichen spinulosus, Lichen planus circumscriptus, Alopecia mucinosa (H. PINKUS, 1957), Keratosis follicularis contagiosa MORROW-BROOKE, ohne sich dazu entschließen zu können, den beschriebenen Fall einer bestimmten Form definitiv zuzuordnen (übrigens lehnt GAHLEN die Zugehörigkeit dieser als ,,Keratodermitis follicularis decalvans" beschriebenen Dermatose zu den follikulären Keratosen ab). Dabei ist von den genannten Autoren in ihren differentialdiagnostischen Erwägungen nicht erwähnt die *Aplasia pilorum moniliformis*, die durch die kurzen, oft nur wenige Millimeter langen Haare und durch die (klinisch und histologisch erkennbare) Verhornung des Follikelostiums eine follikulär-spinulöse Keratose vortäuschen kann, wie etwa im Fall des 7. Internationalen Dermatologen-Kongresses in Stockholm 1957.

b) Die Gruppe der Pseudopelade

Hier beginnen eigentlich erst die Überschneidungen mit unserem Gebiet bzw. hier endet unsere nur mehr bedingt zu postulierende Zuständigkeit. Zwar hat BROCQ schon bei seiner Erstbeschreibung im Jahre 1896 die unter anderem vorhandene keratotische Komponente des Prozesses betont (MIESCHER und LENGGENHAGER haben 1947 sowohl die peripiläre Rötung als auch die follikuläre Schuppung als mögliche Initialsymptome hervorgehoben), aber sie ist nur ein Teilsymptom des insgesamt sehr komplexen Vorgangs, der in seiner nosologischen Selbständigkeit recht fragwürdig geworden ist. Während das nach GRAHAM, LITTLE und LASSUEUR benannte Syndrom (bei dem die cicatrielle Alopecie *und* die follikuläre Keratose deutlich ist) schon seit längerer Zeit als *Lichen ruber planus follicularis* angesehen wird (was unter anderem SPIER, PIERINI und SANTOJANNI betonen), hat PAUTRIER (1945) die Selbständigkeit der Pseudopelade noch verfochten, ihr aber, als einer trockenen Perifolliculitis endokriner Genese, drei weitere Formen cicatrieller umschriebener Alopecie gegenübergestellt: die — bereits besprochene — *Keratosis pilaris* als kongenitale Mißbildung, den formes frustes der Ichthyosis benachbart; zweitens den Lichen spinulosus Piccardi-Lassueur-Little, der im *Lichen ruber peripilaris* aufgeht und drittens *trockene, noch nicht zu klassifizierende Perifollikulitiden* mit z.T. recht erheblichen Alopecieherden (s. eigener Fall von PAUTRIER), wahrscheinlich *endokriner Herkunft.*

DEGOS u. Mitarb. haben 1954 anhand einer Studie von über 100 Fällen die Selbständigkeit der sog. Pseudopelade BROCQ aufgegeben. Trotz ihres in den verschiedenen Stadien recht kennzeichnenden Bildes ist die Pseudopelade ein Zustand bzw. das Ergebnis verschiedener Ursachen. Ein Drittel der Fälle zeigte nur isolierte Alopecieherde auf dem Kopf, die übrigen 2 Drittel haben sonstige — z.T. nicht cicatrielle — Erscheinungen am übrigen Körper. Erschwerend ist der Umstand, daß verschiedene Dermatosen auf dem Kopf (wie an der Schleimhaut) ihr kennzeichnendes histologisches Bild vermissen lassen. Dies gilt vor allem für den *Lichen ruber planus.* Als Ursachen der Pseudopelade kommen außer dem Lichen ruber planus follicularis bzw. perifollicularis ferner noch der *circumscripte Erythematodes*, die *Sklerodermie* und die — bereits besprochene — *Keratosis pilaris* in Frage, seltener *suppurierende Follikulitiden* oder die *Lepra* (MILIAN, 1909).

Zu den möglicherweise *infektiös bedingten atrophisierenden* Follikulitiden ist zu sagen, daß die infektiöse Genese des Ulerythema ophryogenes nicht erwiesen ist, die — seltenen — *suppurierenden*, zu cicatrieller Alopecie führenden *Follikulitiden* indessen keine follikulären Keratosen darstellen (Fall von Stockholm, 1957: Bei einem 42jährigen Mann fand sich außer einer seit dem 2. Lebensjahr bestehenden staphylogenen Folliculitis decalvans eine chronische Nephritis seit dem 10. und eine chronische Otitis media dextra seit dem 17. Lebensjahr).

Der Vollständigkeit halber sei noch das — über eine Keratosis follicularis führende — *Phrynoderm* (Vitamin A-Mangelkrankheit) erwähnt, das durch eine vielherdige, mehr dem syphilitischen „Mottenfraß" ähnelnde Alopecie gekennzeichnet ist.

Die *Therapie* ist gegenüber den — keratotisch bedingten — cicatriellen Alopecien machtlos (übrigens nicht nur was den hier besprochenen Ausschnitt aus dem Gebiet der sog. Pseudopelade ausmacht). Einzelheiten können wir uns sparen.

C. Flächenhafte und dissipierte (erbliche und nicht-erbliche) Palmar-Plantar-Keratosen

In dem großen Kapitel der erblichen Keratosen stehen die Palmar-Plantar-Keratosen (denen sich auch nicht-erbliche Formen, Phänokopien also, hinzugesellen) aus mehreren Gründen zentral: Einmal aus historischen Gründen, weil die Abtrennung des sog. Keratoma palmare et plantare hereditarium von der Ichthyosis

vor rund 80 Jahren durch UNNA (1883) erfolgte, ehe die Erblichkeit (oder
der Erbgang) anderer Keratosen klar herausgestellt war. Zum anderen aber, weil
der Befall von Handtellern und Fußsohlen gleichsam die konstanteste Lokalisation
innerhalb der zahlreichen Keratose-Formen verkörpert. Bereits bei der Besprechung der Ichthyosis hat sich gezeigt, daß die Palmae und Plantae einbezogen
(Erythrodermie ichtyosiforme congénitale bulleuse) oder isoliert befallen sein
können (fragliche isolierte Ichthyosis vulgaris). Dies trifft auch noch für verschiedene andere, später zu besprechende Keratose-Formen zu, bei denen sich
— in bloßem Überschreiten oder in distantem Befall — weitere Lokalisationen
und weitere Symptome dazu gruppieren.

Die Palmar-Plantar-Keratosen sind also gleichsam ein Schnittpunkt innerhalb
der Keratosen: Die isolierten Keratodermien der Handteller und Fußsohlen sind
die Mitte, um die sich die erweiterten Formen gruppieren. Damit wird auch klar,
daß bei der Häufigkeit des Vorkommens der Palmar-Plantar-Keratosen nicht nur
echte erbliche Formen, sondern auch Phänokopien zahlreich sind: Ein Umstand,
der bislang die Übersicht über diese große Gruppe genodermatischer und symptomatischer Dermatosen am meisten erschwert hat.

Seit dem Beitrag von MONCORPS ist diese große Gruppe dennoch wesentlich
übersichtlicher geworden. Es ist vor allem das Verdienst von KOGOJ, neuerdings
von FRANCESCHETTI, GREITHER, HEIERLI-FORRER und SCHNYDER, gezeigt zu
haben, daß sich durch die Berücksichtigung von Erbgang und Phänotypus die
erblichen Palmar-Plantar-Keratosen wesentlich klarer gruppieren und in ihrem
Wesen besser erfassen lassen als nach klinischen, von MONCORPS noch bevorzugt
angewandten Gesichtspunkten. Werden die echten erblichen Formen deutlich,
so fällt es auch leichter, die symptomatischen Formen, die Phänokopien, zu
erfassen.

Bei den erblichen Palmar-Plantar-Keratosen gehen nicht nur (wie auch bei
der Ichthyosis) Ausbreitungs- und Stärkegrad parallel, sondern mit Abnahme der
Ausbreitung (also mit der Auflösung des flächenhaften in dissipierten Befall)
nehmen assoziierte (nicht unbedingt keratotische) Symptome zu.

Ferner zeigt sich, daß bei dominanter Vererbung mehr isolierte Palmar-
Keratosen, bei rezessiver Vererbung mehr solche mit anderen zugeordneten Symptomen — im Rahmen einer umfassenderen ektodermalen Störung — zu beobachten sind.

Bei der Klassifikation der Palmar-Plantar-Keratosen soll — im Gegensatz zu
der rein genetisch ausgerichteten Betrachtungsweise von SCHNYDER und KLUN-
KER — das klinische Bild vor dem Erbgang den Vorrang haben. Den flächenhaften
Palmar-Plantar-Keratosen werden die circumscripten und disseminierten, den
isolierten Palmar-Plantar-Keratosen die Formen mit assoziierten Symptomen
gegenübergestellt.

I. Die flächenhaften symmetrischen erblichen
Palmar-Plantar-Keratosen

Hier werden 5 Formen besprochen, die mit flächenhaften, die ganze Hohlhand
bzw. den ganzen Hohlfuß einnehmenden Keratosen einhergehen, aber — bis auf
die erste und zweite, nach UNNA-THOST bzw. VOHWINKEL benannte Form — mit
dem Befall der Handteller und Fußsohlen nicht erschöpft sind. Die 3. Form umfaßt
die Krankheit von Meleda, die 4. und 5. stellen Abarten der letzteren dar.

1. Keratosis palmo-plantaris Unna-Thost

Terminologie. Die originale, auf UNNA zurückgehende Bezeichnung ist „Keratoma palmare et plantare hereditarium". Sie wird neuerdings zwar noch recht häufig angewendet, findet aber keine ungeteilte Anerkennung mehr. Die Endung -om erinnert mehr an ein Neoplasma als an eine Keratose. Vor einer solchen Verwechslung sollte der Begriff des Keratoms allein schon durch sein Alter geschützt sein. Indessen ist die Bezeichnung „Keratosis", die von SIEMENS, MONCORPS, GRIMMER, GAHLEN und vielen anderen befürwortet oder bevorzugt wird, besser. Daneben kommt als gleichwertige Bezeichnung der Begriff der „Keratodermie" in Frage, der von TAPPEINER und im britischen und französischen Schrifttum fast ausschließlich verwendet wird. Auch die — induziert von der „Keratosis" — falsche Begriffsbildung „Keratoma palmaris" findet sich leider nicht allzu selten. Schließlich wird auch noch der Begriff „Keratoderma" verwendet (z. B. LEVIN, MICHAEL, NEXMAND).

Bei der Beschreibung des klinischen Bildes können wir uns kurz fassen: THOST hat bereits in seiner Heidelberger Dissertation vom Jahre 1880 (das Verdienst von UNNA besteht, wie bereits erwähnt, darin, 1883 die Krankheit von der Ichthyosis abgetrennt zu haben) den Befall derart beschrieben, daß Palmae und Plantae gleichmäßig und ausschließlich von einer dicken Hornschicht überzogen sind. Den Keratosen geht oft am seitlichen Rand des Fußes oder der Hand eine schmale, bläulich-rot verfärbte Zone voraus. Das Erythem kann innerhalb einer größeren Sippe alternierend mit Palmar-Plantar-Keratosen vorkommen und deren genetisches Äquivalent darstellen (GAHLEN). Dieser Randsaum verschwindet meist, wenn die Keratosen entwickelt sind (EHRMANN). So wird es verständlich, daß Befunde einander gegenüberstehen, die ihn verzeichnen (LEDERMANN, C. SCHIRREN und DINGER) und andere, die ihn vermissen (NOSKO). Die Neigung zu stärkerem Schwitzen ist am ganzen Körper, aber auch an den befallenen Hautstellen meist ausgeprägt. Die Hyperhidrosis ist das gewöhnliche (BLOCH, Fall der Essener Hautklinik, 1937; KIENZLER, LEDERMANN, NOSKO, C. SCHIRREN und DINGER). Als gering bezeichnet FUHS, als fehlend notiert BLOOM die Hyperhidrosis. Die starke Weißfärbung der Keratosen ist ein Zeichen der durch den Schweiß erfolgten Maceration der Hornmassen. Die Hyperhidrosis ist jedoch sicher geringer als bei der Meleda-Krankheit.

Geschlechterbefall. Nach einigen Angaben des Schrifttums (z. B. CARTAGENOVA, NAEGELI, PEDERSEN) scheint das männliche Geschlecht leicht zu überwiegen (C. SCHIRREN und DINGER). TAPPEINER hat allerdings anhand von rund 20 Fällen die Beteiligung der Geschlechter gleich häufig gefunden. Die Häufigkeit des Leidens überhaupt beziffert TAPPEINER mit 0,01%, bezogen auf 21 Fälle diffuser Palmar-Plantar-Keratosen unter 185400 Kranken der Wiener Hautklinik in 10 Jahren. Der Prozentsatz verringert sich freilich unwesentlich, weil sich darunter 2 Fälle einer Krankheit von Meleda und einige nicht ganz sicher zur Krankheit Unna-Thost zu zählende Fälle befinden.

Über den *Beginn des Leidens* liegen widersprechende Angaben vor, wenn auch die meisten Autoren ein frühes Auftreten verzeichnen.

Bei Geburt vorhanden waren die Palmar-Plantar-Keratosen z. B. in den Fällen von BAZEX u. Mitarb., BERGGREEN, BLAICH, BAUMÜLLER, CACCIALANZA und GIANOTTI, CAVALIERI, CARTAGENOVA, FRÜHWALD, HEMPEL, MELKI u. Mitarb., NOSKO, TAPPEINER (3 Fälle), in den Stockholmer Fällen (1957). Nach 3 Tagen traten sie in einem Fall von LEDERMANN, nach 14 Tagen in einem Fall von LINSER auf; nach 5 Wochen im Fall von MACAULAY. KATHE gibt als Zeit des Auftretens den 3. Monat, BEZECNY 4 Monate, ELLER 5 Monate, PALM einige Monate, LACASSAGNE und MOUTIER geben 6 Monate, VOLAVSEK den 8. Monat, BLOOM 1¹/₂ Jahre, NORDIN 3 Jahre, SIMON das 5. Jahr, FUSS das 6. Jahr an. TAPPEINER sah mehrfach das 2., 3. und 4. Lebensjahr bzw. die frühe Kindheit als Beginn der Keratosen. Bei dem Solitärfall von FRED u. Mitarb. begannen die Keratosen erst im 15. Lebensjahr. Auch *äußere Einflüsse* (vor allem schwere Handarbeit) scheint für die Zeit des Auftretens eine Rolle zu spielen; HECHT beobachtete den Befall der rechten Arbeitshand vor dem der linken Hand. TAPPEINER beobachtete mehrfach, daß der Beginn des Laufens die Erscheinungen an den Fußsohlen provozierte. Auch müssen Palmae und Plantae nicht gleichzeitig befallen werden (in einem Fall von Biagini trat die Keratose an den Fußsohlen mit 9 und an den Handtellern mit 15 Jahren auf). Oberreit berichtete über einen Schlosser, bei dem das Leiden mit 15 Jahren auftrat und bei dem später eine Berufskrankheit abgelehnt wurde. Die Pubertät scheint die obere Grenze des zeitlichen Auftretens für die Diagnose idiopathische Palmar-Plantar-Keratosen darzustellen (Goldschlag gibt in einem seiner Fälle 16 Jahre an), wenngleich auch noch ein späterer Beginn vereinzelt in der Literatur verzeichnet wird (20 Jahre in einem — allerdings nicht ganz sicheren — Fall von Wise, 39 Jahre bei Baumüller bzw. Klauder; das 4. Lebensjahrzehnt bei Prieto; 53(!) Jahre bei Ferrari).

Die *Lokalisation*, die, wie bereits ausgeführt wurde, in typisch ausgeprägten Fällen eine scharfe Begrenzung der flächenhaften Keratosen an den Hand- und Fußrändern zeigt, weist gewisse Varianten auf, die dennoch von der Krankheit von Meleda gut unterscheidbar sind. Die Keratosen sind zwar meist zusammenhängend (Abb. 49), aber im Oberflächenrelief nicht immer gleichmäßig hoch (Abb. 49); an den Fersen zeigt sich häufig eine stärkere Verdickung mit oft kammartig erhabenen Hornmassen (Abb. 49). Auch findet sich mitunter eine pflastersteinförmige Felderung der Keratosen (Tappeiner) (Abb. 49). Hier sind auch mehr oder minder tiefe (meist schmerzhafte) Rhagaden anzutreffen, mitunter sogar ausgesprochene Furchen in den Hornplatten (Abb. 49); an anderen Stellen zeigen sich in den flächenhaften Keratosen grübchenförmige Vertiefungen. Auf diese Weise kann die Kontinuität der Keratosen stellenweise unterbrochen sein, der Befall also teils diffus, teils inselförmig sein (Fuss); immer aber ist der größte Teil der Palmae und/oder Plantae befallen. Es können nur die Palmae (Amshell, Dowling (fraglicher Fall), Delbos, Lomholt, Tappeiner) befallen sein; die Fälle von Delbos sind deshalb wichtig, weil sie — in gewisser Weise der Krankheit von Meleda vergleichbar — Einwohner der Insel Korsika betreffen. Der ausschließliche Befall der Fußsohlen ist selten.

Auch ein gewisses *Übergreifen* der Keratosen auf die Dorsa in Form einzelner papulös-verruköser Knötchen kommt vor (Abb. 50), es ist indessen für die Form Unna-Thost die Ausnahme (für die Meleda-Form aber die Regel).

Ein „zwickelartiges" Übergreifen der Plantarkeratosen auf den Ansatz der Achillessehnen an den Fersen (Abb. 50) berichteten unter anderen Baumüller, Bošnjaković, Melki u. Mitarb., Meyer-Rohn, Tappeiner; die Ausbildung einiger „Inseln" auf den Dorsa, die z. T. einer Akrokeratosis verruciformis ähneln, Goldschlag, Günther, Photinos und Souvatzides, Samek; ein Fall der Stockholmer Klinik (1957). Gottron beobachtete in einem Fall unterhalb beider Kniescheiben größere keratotische Plaques. Eine Besonderheit in der teilweisen Aussparung der Handflächen weist der Fall von Moncorps auf, in dem — bei vollständigem Befall der Plantae — der Hypothenar und der 5. Finger frei blieben. Unabhängig von dorsalen Keratosen scheinen die in einem Fall von Kochs (von Keining) erwähnten Nuckle pads zu sein, die auch von Fabry sowie Trinkaus beobachtet wurden.

Weitere *Atypien bei der Keratosis palmo-plantaris Unna-Thost* bestehen in:

Nagelveränderungen, meist in Form von Onychogryposis, kommen relativ selten vor (Naegeli, Nosko, Tappeiner). Gottron erwähnt nur stärker gewölbte Nägel.

Schleimhautbeteiligung, vor allem an der Wangenschleimhaut in Form weißlicher Plaques, ist gelegentlich vermerkt worden (Biagini, Frohn); hyperkeratotische Polster am Gaumenbogen sahen Wasmer und Nonclerq.

Zahndefekte bei der Form Unna-Thost sind so gut wie unbekannt. Sie sind merkmalbestimmend bei einer später zu besprechenden Abart der Meleda-Krankheit, ferner kommen sie bei Polykeratosen vor. Letzteren zuzuordnen sind auch die von Dowling (1936) und Sanna (1951) notierten Zahndefekte. Alle übrigen, auch jüngst (1960) von Möslein zitierten Angaben über Zahnanomalien bei Keratosis palmo-plantaris gehören nicht hierher[1].

---

[1] Eine *mögliche Ausnahme* ist vielleicht der 1. Fall von Mohr (1954); es handelt sich um ein 12jähriges Mädchen mit einer angeborenen Zahnunterzahl und Zahnunterentwicklung bei einer — wie die Abbildung der Hände schließen läßt — Keratosis palmaris et plantaris. Für die Form Unna-Thost spricht, daß die Zwillingsschwester die gleichen Zahn- und Haut-

Nicht wegen der Zahndefekte, sonder anderer zugeordneter Symptome sind den *Poly-keratosen* zuzuordnen unter anderem die Fälle von BAZEX, SALVADOR, DUPRÉ, PARANT und BESSIÈRE, DUTHIL u. Mitarb., GRIMMER, KIENZLER, MELKI, HARTER und MERCIER[1]. Fälsch-lich der Meleda-Krankheit zugeordnete und hier, bei der Keratosis Unna-Thost einzureihende Fälle stammen von BATAILLE und DUPERRAT (Fall 3 und 4), CORDIVIOLA und CORDIVIOLA, COULON und PAYENNEVILLE, DOUGAS, GATÉ und MOREAU, HUTINEL, DIRIART und DREYFUSS, NILES und KLUMPP (teilweise), PHOTINOS und SOUVATZIDES, ROUSSET, SEIER, WALTON, WEYERS (3. Fall).

Weitere Merkmals-Kombinationen

Über die Kombination von multiplen *Lipomen* in einem sicheren Fall von Unna-Thostscher Keratose berichtet HANHART, krankhafte Veränderungen im *Encephalogramm* fanden MON-TILLI, PISANI und SERRA. Hierher sind auch die — fälschlich als Meleda-Krankheit rubri-zierten — Fälle von HURIEZ und DESMONS zu zählen, bei denen elektronencephalographisch faßbare Störungen gefunden wurden: beim Vater im Sinne einer zur Ruhe gekommen, beim 6jährigen Sohn vom Typ einer psychomotorischen Epilepsie. Eine *Neuritis retrobulbaris chronica* bestand in dem Fall von HASIDUME. *Hornhautveränderungen* sind nach FRANCES-CHETTI und THIER bei der Form von UNNA-THOST äußerst selten; außer den — vor unserer Berichtszeit liegenden — Fällen von SPANLANG (1927) und FUSS (1928) zeigte eine Kranke TAPPEINERs (Fall 9, 1937) eine oberflächliche, zarte, strichförmige Epitheltrübung parazentral, zentral und im unteren Abschnitt. *Blasen* sah EVERALL (allerdings in einem als ,,Tylosis palmaris et plantaris" deklarierten familiären Fall, der ebenso wie die von DENGER als ,,Tylosis" beschriebene familiäre Beobachtung terminologisch unklar bleiben muß). Die von RIMBAUD, RAVOIRE und DUNTZE beobachteten *arthrotischen Wirbelsäulenveränderungen* bei Palmar-Plantar-Keratosen, die z.T. als tylotisches Ekzem oder Eczéma corné WILSON deklariert sind bzw. mit einer Akrodermatitis continua HALLOPEAU einhergingen, beziehen sich offenbar nicht sicher auf erbliche, diffuse Palmar-Plantar-Keratosen UNNA-THOST. CHUNG erwähnt in drei ausgedehnten Sippen ein einziges Mal die — zufällige — Kombination mit *Syringomyelie,* GÜNTHER die Kombination mit *Klino-* und *Kamptodaktylie. Syndaktylie* be-stand in einem bei der Berliner Dermatologischen Gesellschaft 1956 vorgestellten Fall; die Kombination mit *Kräuselhaar* beobachtete TAPPEINER bei zwei einseitigen Zwillingen. Über das gleichzeitige Vorkommen von Keratosis palmo-plantaris UNNA-THOST mit einem *Ulery-thema ophryogenes* berichtet RAUBITSCHEK, über die Kombination von juvenilem *Akanthosis nigricans* und Palmo-Plantar-Keratom KARRENBERG, über das Nebeneinander von *Ichthyosis (vulgaris)* und Keratosis palmo-plantaris FRIEDLÄNDER, FUSS und JANNARONE, wobei letzterer beide Zustände identifiziert.

Ungeklärt ist ferner die Zuordnung des sog. *Morbus* CAPDEPONT zu der Keratose UNNA-THOST. Die mit dieser Krankheit kombinierten, dominant vererbten Palmar-Plantar-Keratosen können ebenso einer dissipierten Palmar-Keratose (oder einer Phänokopie) angehören; die bisherigen Schrifttumsangaben sind für eine dermatologische Einordnung zu dürftig.

Beim *Morbus* CAPDEPONT (die Zahnveränderungen wurden zuerst von STAINTON im Jahre 1892 als ,,crownless teeth" beschrieben; CAPDEPONT wies 1905 auf die Vererbbarkeit des Leidens hin) kommt es zu keinem Zahnausfall, sogar Caries ist selten. Der Durchbruch der Zähne und der Wechsel vom Milch- zum bleibenden Gebiß ist regelrecht. Die Zähne — des Milch- und des bleibenden Gebisses — sind karamelfarben tingiert, erscheinen leicht durch-sichtig und sind kleiner als normal, sie machen einen abgenutzten, abradierten Eindruck. Der Kauakt ist unbeeinträchtigt, indessen ist die Krone gegenüber der Wurzel verschmälert. Eine Vorbeugung der unaufhaltsamen Abnutzungsvorgänge ist nicht möglich, weil das Dentin dem Hals einer Krone nicht den nötigen Halt gibt.

---

veränderungen aufweist und die Mutter ebenfalls mit einer Palmo-Plantar-Keratose behaftet ist. Bemerkenswert ist auch die nächste Beobachtung MOHRs, ein ebenfalls 12jähriges Mäd-chen, auch mit Hypodontie, Koilonychie, körperlicher Unterentwicklung, aber offenbar *ohne* Keratosen. Die Mutter leidet seit ihrem 9. Lebensjahr an einer Psoriasis (übrigens ist nicht mit genügender Sicherheit auszuschließen, daß nicht auch im 1. Fall eine — inverse — Psoriasis vorlag. Deshalb muß auch diese mögliche Ausnahme mit größter Zurückhaltung bewertet werden).

[1] Neuerdings (1960) hat MÖSLEIN bei seinem Versuch, wie YOSHIDA zwischen d-Typ (UNNA-THOST), m-Typ (progrediens-, transgrediens-Formen, Meleda) und a-Typ (lineären, streifen- und punktförmigen Keratosen) zu unterscheiden, die Unordnung noch vergrößert; seine eigenen Fälle gehören nämlich (trotz flächenhafter, transgredierter Palmar-Plantar-Keratosen) nicht dem m-Typ an, sondern wegen weiterer keratotischer Herde am Körper, Alopecien, Nageldystrophien und Mikrocephalie in die Gruppe der Polykeratosen.

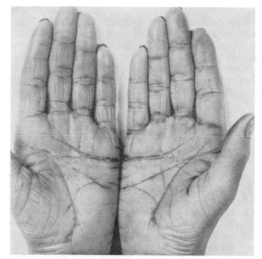

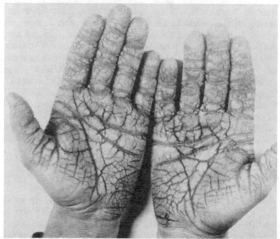

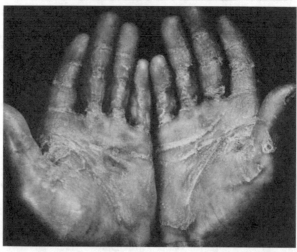

Abb. 49. Keratosis palmoplantaris Unna-Thost. Flächenhafte Keratosen der Handteller verschiedener Stärke mit Rhagaden und z.T. pflastersteinförmiger Felderung der Keratosen

Die Untersuchung der inneren Organe zeigt nichts Besonderes, der Kalkstoffwechsel ist normal, Dysfunktionen des endokrinen Systems sind nicht erkennbar (CHAPUT u. Mitarb., JAHN und ZELLNER). Histologisch findet sich eine als Anlage erkennbare Anomalie sowohl am Schmelz als auch am Dentin.

Daß angeborene Schmelz-Dentin-Defekte auch mit verstärkter Neigung zu Caries einhergehen können und nicht von Palmar-Plantar-Keratosen begleitet sind, zeigt eine Zusammenstellung von GÜRTLER (1957).

Insgesamt also ist das Vorkommen von Zahnveränderungen bei der Form Unna-Thost als äußerst fraglich anzusehen.

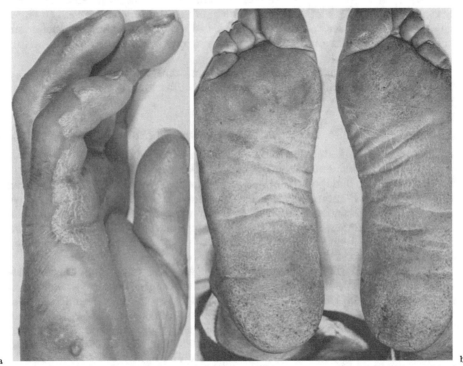

a   b

Abb. 50a u. b. Keratosis palmoplantaris Unna-Thost. a Scharfe laterale Begrenzung, „Übergreifen" nur in Form einzelner papulös-verruköser Knötchen. b Fußsohlenbefall: stärkere Verhornung im Fersenbereich

Erbgang. Der Erbmodus bei der Keratosis palmo-plantaris Unna-Thost ist, wie durch zahlreiche Untersuchungen erwiesen ist, regelmäßig dominant. HOEDE betont, daß es bei dieser Genodermatose äußerlich gesunde Erbträger (Konduktoren) nicht gibt. Die genetische Analyse zeigt ferner, daß es sich bei der Vererbung der krankhaften Anlage nur um ein einziges Gen handeln kann. Die einer Keratosis palmo-plantaris möglicherweise korrelierten zentralen Störungen (MONTILLI, PISANI und SERRA), ferner die Gefäßabartigkeiten (COTTINI, YAMADA) würden übergeordnete Phäne darstellen, die die Hauterscheinungen induzieren. Diese — freilich nicht regelmäßig erhobenen — Befunde ändern nichts an dem Wesen einer durch ein einziges Gen verursachten Anomalia simplex. Das betonen auch TURPIN und DE BAROCHEZ; nach ihnen besteht eine geringe Wahrscheinlichkeit des Beisammenliegens des Locus für das Rh-Gen und das Gen der Keratose Unna-Thost.

Der Erbfaktor bewirkt bei dieser Art des Erbgangs schon in einfacher Dosis die Manifestation des Hautleidens, ohne daß eine Verdoppelung der Dosis bei Homozygoten eine Verstärkung der Expressivität der Keratose zur Folge hätte

(HANHART). Wegen der hohen Penetranz ist das Überspringen einer Generation selten (MICHAEL, TAPPEINER, YOSHIDA).

Ein rezessiver Erbgang ist nur bei solchen Fällen beobachtet worden, bei denen außer der palmo-plantaren Keratose beträchtliche Abweichungen hinsichtlich der übrigen Lokalisation sowie zusätzliche Merkmale auftraten, also insgesamt der Typus UNNA-THOST verlassen wird (s. u.). Weitere Einzelheiten bei SCHNYDER und KLUNKER.

Histologie, Differentialdiagnose und *Therapie* werden im Zusammenhang mit den übrigen Palmar-Plantar-Keratosen besprochen.

Verlauf und *Prognose.* Der Verlauf ist stationär und neigt zu keiner Spontaninvolution in den stark ausgeprägten Fällen, in den leichteren aber doch zu einem gewissen Stillstand. Das zeigen vor allem die — nach 3—10 Jahren — nachuntersuchten Fälle von TAPPEINER. Die Prognose ist quoad vitam gut, quoad sanationem schlecht.

Als eine eigene Abart flächenhafter, kaum transgredienter Palmar-Plantar-Keratosen (die ebenfalls *dominant erblich* und bei der Meleda-Krankheit nicht zu beobachten ist) muß

2. die Keratosis palmo-plantaris mutilans

angesehen werden. Unter dieser Bezeichnung beschrieb VOHWINKEL (1929) (die Abbildung findet sich in NÉKÁMs Bildbericht 1938 vom Internationalen Dermatologen-Kongreß in Budapest 1935) — nach WIRZ, 1925 — eine zu Abschnürungen führende Palmar-Plantar-Keratose. Unabhängig von ihm berichteten im gleichen Jahr PARDO-CASTELLO und MESTRE sowie WIGLEY über die Kombination von symmetrischen Palmar-Plantar-Keratosen mit Ainhum (= Daktylolysis spontanea). Inzwischen sind weitere Fälle mit wechselnder Stärke der Abschnürung bekannt geworden (AZÚA-DACHAO: Abschnürung beider Kleinzehen, BENDA, ferner BIAGINI: Abschnürung beider Kleinfinger, CAVALIERI: Einschnürung der 5. Finger, DANBOLT: Einschnürung des rechten Ringfingers, FRÜHWALD: Abschnürung der Endphalangen der Kleinfinger, MAZZACURATI: Abschnürung der rechten Großzehe, MIANI und RASPONI: Abschnürung der 5. Finger und Zehen TAPPEINER: Umschnürung der Fingerphalangen, VIDAL und GARCIA-FANJUI, DEGOS u. Mitarb., KEIR und BETTLEY: Einschnürung der Kleinzehen, WISKEMANN: Abschnürung der 5. Zehe links, GIBBS und FRANK: verschiedene Zehen. Weitere Berichte (DUBRY, AUCKLAND, BERGNER und WINFIEDL, RILEY und CANTRELL, VAUGEL) sind nicht sicher der Keratosis palmo-plantaris mutilans zuzuordnen.

Bemerkenswert ist übrigens, daß VOHWINKEL eine gewisse Transgredienz in Form von mehr warzenartigen Knötchen an Fuß- und Handrücken sowie an den Knien beschrieb. Besonders an den Händen gleichen die Effloreszenzen planen Warzen, an den Knien mehr vulgären Warzen.

PARDO-CASTELLO und MESTRE hatten in der von ihnen beobachteten Familie neben ihrer 17jährigen Patientin mit Palmar-Plantar-Keratosen und Einschnürungen in 3 Generationen mehrere Fälle mit bloßen Fingereinschnürungen gefunden; interessant ist nun die Beobachtung von NOCKEMANN (1961) mit der immer vorhandenen Kombination von Fingermutilationen mit Palmar-Keratosen in 4 Fällen (3 Generationen); nur die jüngste Beobachtung zeigte ausschließlich die Keratosen, und noch nicht die Abschnürung. Deshalb plädiert NOCKEMANN (der übrigens auch eine verwaschene Sprache und Innenohrschwerhörigkeit an seinen Probanden beobachtete) für die Identität von Ainhum und mutilierenden Keratosen.

MELKI und HARTER beschrieben 1956 eine vorwiegend ulnare Palmar-Keratose, die weder die ganzen Handteller noch die Plantae in Mitleidenschaft zog, aber an den Kleinfingern zu einer Beugekontraktur führte. Die Keratose besteht seit der Geburt und kommt bei 2 Geschwistern vor; zwei weitere Geschwister sind frei, die Eltern ebenfalls. Möglicherweise gehört diese zwar nicht mutilierende, aber doch zu einer Beugekontraktur führende Keratose hierher.

Abb. 51 zeigt einen Fall, der der Keratosis palmo-plantaris mutilans zuzuordnen ist, auch wenn erst das Stadium der Strangulation der Fingerendglieder, und noch nicht die eigentliche Mutilation erreicht ist.

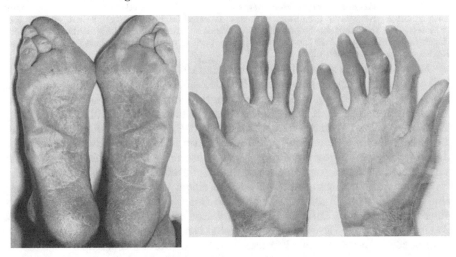

Abb. 51. Keratosis palmoplantaris mutilans. Starke Einschnürungen der Finger, noch ohne Mutilationen

3. Die Krankheit von Meleda (Mljet)

Keratosis palmo-plantaris transgrediens Siemens
Keratosis extremitatum hereditaria progrediens Kogoj
Keratosis palmo-plantaris Typus Meleda

Histologisches. Die jugoslawische Insel Mljet (die italienische Form Meleda lehnt Kogoj als politisch unberechtigt ab; historisch hat aber Meleda den Vorrang, ganz abgesehen davon, daß es sich viel leichter ausspricht als das jugoslawische Mljet) liegt im Adriatischen Meer, nordwestlich von Ragusa. Sie ist 40 km lang und 4—6 km breit und hat etwa 2000 Einwohner. Im Altertum hieß sie, ebenso wie Malta, Melitta. Der Name „Morbus melitensis'' hätte sich für sie geboten, wäre er nicht für den Begriff „Maltafieber'' vergeben. Meleda wurde außerdem mit Melada verwechselt (Moncorps), eine ebenfalls der Dalmatinischen Küste vorgelagerte Insel mit dem jugoslawischen Namen Molat. Letztere hat weder mit einer erblichen Keratose noch mit einem infektiösen Fieber etwas zu tun; in die Medizingeschichte geriet diese Insel infolge eines Mißverständnisses, nämlich durch die Konfusion von Meleda mit Melada.

Die auf der Insel Meleda einheimische Erbkrankheit ist seit mindestens 170 Jahren bekannt und dort bisher über 300mal festgestellt worden. Verwandschaftsehen sind auf Mljet sehr stark verbreitet; deshalb ist es denkbar, daß durch die Konsanguinität die Keratose allmählich zur Erbkrankheit wurde. Sie gilt auf der Insel als eine Strafe Gottes, die über einen früheren Einwohner bzw. über seine Nachkommen wegen eines Sakrilegs verhängt wurde.

Bereits im Jahre 1826 hat der in Ragusa tätige Arzt Stulli das Krankheitsbild genau beschrieben. Diese Veröffentlichung ist Unna (1883) aus deren Erwähnung im Lehrbuch von Fuchs (Die krankhaften Veränderungen der Haut und ihrer Anhänge usw. Band I, S. 698, Göttingen, 1840) bekannt gewesen. Fuchs stellt bereits das Eigenartige dieser Keratose heraus, daß sie „vorzugsweise Hautstellen befällt, welche von den anderen Ichthyosisformen gern verschont bleiben, nämlich die Fußsohlen und Handteller; mit der Zeit geht sie aber auch auf andere Körperteile, vorzüglich die Gelenke, das Knie, den Ellbogen usw., über''. Unna, der diese Sätze wörtlich anführt, folgert jedoch, daß diese Ausbreitung des Übels auf andere Gegenden als die Handteller und Fußsohlen allein noch nicht die Möglichkeit ausschließen würde, daß es sich um eine dem Keratoma palmare et plantare analoge Affektion gehandelt habe. „Das Hauptaugenmerk müßte auf hereditäre Verhältnisse gerichtet sein''. Damit trifft er den Nagel auf den Kopf.

13 Jahre nach diesem klaren Hinweis UNNAs verfiel HOVARKA (1896) bei der Klassifizierung der Krankheit von Meleda in einen schweren Irrtum, indem er sie als endemische Lepra erklärte, diese Auffassung jedoch nach Kenntnisnahme der Stullischen Publikation 1 Jahr später gemeinsam mit EHLERS widerrief.

Der nächste, der die Krankheit an Ort und Stelle erforschte, war I. NEUMANN. 1898 besuchte er Meleda und konnte 3 Fälle genauer untersuchen; obwohl er das „Fortschreiten" der Erkrankung über die beim Keratoma Unna-Thost befallene Lokalisation verzeichnet hat, trennte er die Krankheit nicht vom Keratoma Unna-Thost, sondern schlug die allgemeine Bezeichnung „Keratoma hereditarium" vor. Inzwischen hat SCHNYDER mit einigen Mitarbeitern eine medizinische Expedition nach Meleda durchgeführt. Die gesamte Auswertung dieser Untersuchungen, über die SCHNYDER dem Verf. in mündlicher Diskussion berichtet hat, liegt z. Z. Korrektur noch nicht vor.

MONCORPS hat in seinem Handbuchbeitrag 1931 die Selbständigkeit der Krankheit von Meleda (die er konsequent Mal de Melada nannte) bezweifelt und mehr als Variante des Keratoma palmare et plantare angesehen. Im Gegensatz zu ihm haben SIEMENS (1929), KOGOJ (1934), später BOŠNJAKOVIČ (1939), HOEDE (1942), GREITHER (1952/54) und FRANCESCHETTI und SCHNYDER (1960) die klinischen Besonderheiten und den Erbgang dieser von der Form Unna-Thost abzutrennenden Keratose herausgestellt. Französische Autoren (zuerst PAPILLON und LEFÈVRE, 1924) haben das Augenmerk auf die möglichen Zahnveränderungen gelenkt. Es wird später zu zeigen sein, daß letztere einem besonderen Typus zuzuordnen sind. Außer STULLI, NEUMANN, KOGOJ und BOŠNJAKOVIČ hat neuerdings DÖRKEN einen einzelnen Fall auf der Insel Mljet studiert. Einen verwandtschaftlichen Zusammenhang mit Einwohnern der Insel haben, wenn auch außerhalb von Mljet, HOEDE sowie BRUNNER und FUHRMANN in ihren Fällen beobachtet.

Die Keratose kommt indessen auch außerhalb der Insel Meleda vor. Das beweisen die zahlreichen in Zentraleuropa beschriebenen Fälle (AGUILERA-MARURI, BLUM und MARLINGUE, CIVATTE, MELKI und GOETSCHEL, DORN, DOUGAS, FUSS, GATÉ, MICHEL und CHARPY, GREITHER, KOCHS, KORTING, LÖHE, MELCZER, MONCORPS, MEYER-ROHN, NICOLAS und ROUSSET, PHOTINOS und SOUVATZIDES, TAPPEINER, P. W. SCHMIDT). Außerhalb Europas ist die Krankheit ebenfalls belegt. In Amerika (außer dem auf Meleda zurückgehenden Fall von BRUNNER und FUHRMANN) von ABEL, NILES und KLUMPP (im 2., 3. und 4. Fall). In Südamerika von DASSEN, in Indien von SATYANRAYANA. Diese Aufzählung betrifft jedoch nur die einigermaßen sicheren Fälle; auf die zahlreichen unsicheren und nicht-echten, wenn auch unter der Diagnose Meleda-Krankheit publizierten Fälle werden wir noch zurückkommen.

Besonderheiten

1. Die *Zeit des Auftretens* hat die Krankheit von Meleda mit der Keratosis Unna-Thost gemeinsam, vielleicht beginnen die Erscheinungen im allgemeinen früher und treten nicht später als Ende der Kindheit auf.

Als kongenital bzw. in frühester Kindheit entstehend, bezeichnen die Dermatose unter anderem BLUM und MALRINGUE, BOŠNJAKOVIČ, GREITHER, KOCHS, KORTING, NILES und KLUMPP. DOUGAS datiert die Entstehung auf den 5. Lebensmonat, ABEL auf den 8. Monat. Bei GATÉ, MICHEL und CHARPY entstand sie mit 4 bzw. 7 Jahren, bei TAPPEINER im 8. Jahr (Fußsohlen) bzw. im 10. Jahr (Knie und Ellbogen). Der Bericht von TOURAINE und PALEY über das Auftreten mit 25 Jahren macht den Fall sehr zweifelhaft; das gleiche gilt für den Fall von WISE (Auftreten ebenfalls mit 25 Jahren). Spätmanifestationen gibt es bei der Krankheit von Meleda offenbar nicht.

2. Die Keratose ist — gegenüber der Form Unna-Thost — *progredient* und *transgredient*. Das heißt einmal: Die Dermatose nimmt stetig an Ausdehnung und Stärke zu; ferner: die — symmetrisch angelegten — Keratosen greifen über — die bei der Form Unna-Thost in der Regel gewahrte Lokalisation, d. h. über — die Palmae und Plantae hinaus. Nicht nur, indem z. B. — wie auch bei der Form

Unna-Thost beobachtet werden kann — die Achillessehne zwickelförmig von der Keratose erfaßt wird, sondern indem Teile der Dorsa, der Zehen, der Finger, der Hand- und Fußrücken, eingescheidet werden. Das kann an den Händen — mindestens teilweise — handschuhförmig erfolgen (Abb. 52), wobei auch das untere Drittel der Unterarme einbezogen werden kann. Zum Teil also greifen die Keratosen zungenförmig bzw. handschuhförmig auf die Dorsa über (es kann durch die völlige Umscheidung ein sklerodermieartiges Bild entstehen wie in dem Fall von Blum und Marlingue, s. auch in der Abbildung des eigenen Falles, Nr. 52), z.t. finden sich einzelne oder mehrere, meist rund-ovale keratotische Inseln auf den Dorsa der Hände und Füße, dazu aber auch anderen Körperstellen, vorwiegend an den Unterarmen, über den Ellbogen, Knien, Knöcheln, am Kreuzbein. Die Lokalisation an den übrigen Körperstellen hält im allgemeinen die genannten Areale ein, wenn auch im Einzelfall mannigfache Variationen, was die Form und Größe der Körperherde anlangt, zu beobachten sind (so sah z.B. Dörken bei einem auf Meleda beobachteten Fall einen keratotischen Befall der Mundwinkel, Fuss beschreibt außer Herden auf dem Fußrücken und an der Ulnarseite des Unterarmes keratotische Plaques im oberen Teil der Afterfalte und über den Sitzbeinhöckern).

Will man dieses ,,Übergreifen" in einen klaren Begriff bringen, so bieten sich Ausdrücke wie ,,progredient" und ,,transgradient" an. Progredient meint mehr die Zunahme des Schweregrades in zeitlichem Sinn (so wie wir oben den Begriff gebraucht haben), hat aber den Vorteil, intransitiv zu sein und als Begriff selbständig verwendet werden zu können. Infolgedessen ist die Bezeichnung von Kogoj ,,Keratosis extremitatum hereditaria progrediens" philologisch richtig, aber sie schließt das ,,Übergreifen" nicht so anschaulich ein wie der Ausdruck von Siemens ,,Keratosis palmo-plantaris transgrediens", der indessen philologisch nicht ganz korrekt ist, da transgredi intransitiv ist und deshalb bezeichnet werden müßte, was überschritten wird. Es müßte deshalb eigentlich heißen: Keratosis palmo-plantaris, palmas et plantas transgrediens. Will man die Progredienz in der Zeit noch ausdrücken, müßte man hinzufügen: et progrediens. Dieser kleine philologische Exkurs mag zeigen, daß der Begriff ,,Meleda-Krankheit" vorzuziehen ist, vorausgesetzt, daß man das Vorkommen nicht auf die Jugoslawische Insel beschränkt.

3. Im Vergleich mit der Form Unna-Thost besteht bei der Meleda-Krankheit eine noch stärkere *Hyperhidrosis* der Handteller und Fußsohlen, die zur Zersetzung der kompakten Hornmassen (Abb. 53) und zu einem fötiden, abstoßenden Geruch führt. Dieser Befund ist die Regel, Ausnahmen sind uns nicht bekannt. Auch scheint ein *roter Randsaum* häufiger als bei der Form von Unna-Thost die Keratosen zu umgeben; aber er ist nach Kogoj nicht obligat. Erwähnt ist er unter anderem von Abel, Dougas, Kochs, Moncorps, Niles und Klumpp, Tappeiner. Über seltene Merkmalskombinationen s. später.

4. Der *Erbgang* bei der Krankheit von Meleda wird seit den genealogischen Untersuchungen von Bošnjaković auf der Insel Mljet als recessiv angesehen (Gaté u. Mitarb., Greither, Kochs, Korting, Meyer-Rohn, Moncorps, Niles und Klumpp, Satyanrayana, Tappeiner, Yoshida); neuerdings (1966) sehen Schnyder und Klunker die recessive Vererbung als nicht gesichert an und reihen die Meleda-Krankheit bei den Palmar-Plantar-Keratosen mit unklarem Erbgang ein. Schnyders neueste Untersuchungen in Meleda scheinen den autosomal-rezessiven Erbgang zu bestätigen (mündliche Mitteilungen).

Legt man den Maßstab dieser mindestens vier genannten Besonderheiten an, so werden zahlreiche Fälle, die als Meleda-Krankheit veröffentlicht wurden, zweifelhaft oder müssen abgelehnt werden. Es scheint, daß mit dieser Diagnose etwas zu freizügig operiert wurde.

Der von Fürst (1929) unter der Diagnose: Keratoma palmare et plantare hereditarium vorgestellte Fall wurde von Siemens in der Diskussion wegen des Übergreifens auf Hand- und Handgelenkrücken, sowie wegen des Befalls der Ellbogen als Krankheit von Meleda

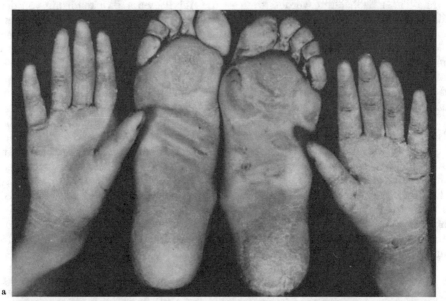

a

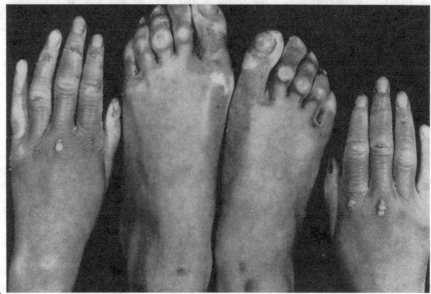

b

Abb. 52a—c. Krankheit von Meleda. Deutliche, flächenhafte (nicht nur knötchenförmige) Transgredienz der flächenhaften Palmar-Plantar-Keratosen. [Hautarzt **5**, 449 (1954), nach Greither]

anerkannt. Die Eltern sind frei, 2 Kinder befallen; diese Hinweise lassen eine rezessive Vererbung mit großer Wahrscheinlichkeit annehmen.

Die Beobachtungen von Riehl jr., der 1930 eine Reihe von untereinander verwandten Fällen unter der Diagnose „Keratoma hereditarium palmare et plantare mit Übergreifen auf die Dorsalflächen" vorstellte, stimmen klinisch mit der Diagnose Krankheit von Meleda überein, lassen aber einen dominanten Erbgang erkennen.

Einen dominanten Erbgang (und nur angedeutete Transgredienz auf die Fersen) zeigen die Fälle von Babonneix und Lautmann (1936), eine reine Palmar-Plantar-Keratose bei Mutter und Tochter der Bericht von Basch und Siguier (1939) (obgleich die Autoren die

Diagnose Mal de Méléda für unzweifelhaft halten und als deren Ursache eine Hyperthyreose (Grundumsatz um 18 bzw. 10% erhöht) anschuldigen. BASCH und SIGUIER haben die gleichen Fälle bereits 1934 publiziert). Auch die Fälle von ROJAS und OBIGLIO (1938) (Mutter und Tochter) betreffen Palmar-Plantar-Keratosen, die Fälle von ROUSSET (1939) Palmar-Keratosen. In dem 1951 von WALTON als Mal de Méléda vorgestellten Fall einer 26jährigen Japanerin liegt — trotz der Diagnose von NILES und KLUMPP — nur eine Palmar-Keratose vor.

Nicht alle Fälle von NILES und KLUMPP können zur Krankheit von Mljet gerechnet werden. Fall 1 hat SIEMENS in seinem Referat über die Arbeit der beiden Autoren bezweifelt, weil die Transgredienz fehlt (sie trat aber auf, wenn auch erst sehr spät, nämlich unter der

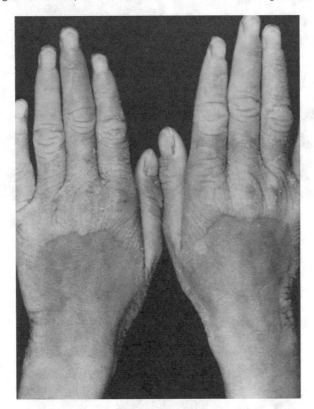

Abb. 52 c

Behandlung, und sehr gering, nämlich auf die Gegend der Handgelenke und dorsal auf die Gegend der Fingerzwischenräume beschränkt. Wahrscheinlich hat SIEMENS trotzdem Recht in der Ablehnung des Falles als Meleda-Krankheit; HOEDE wollte den Fall aber der Abbildung wegen anerkennen. Er täuschte sich jedoch, denn dieser Fall ist gar nicht abgebildet, es liegen nur Photos von Fall 2 und 4 vor). Der Fall 2 ist sicher eine Krankheit von Meleda und ist als solche auch, wie im Text erwähnt wird, von WHITE-HOUSE, MACKEE und F. WISE anerkannt worden. Die Eltern sind Vetter und Base 2. Grades, aber frei; 2 Kinder sind befallen. Die Fälle 3 und 4 lassen bei gesunder Familie keine Rückschlüsse auf eine Erbkrankheit zu.

Der von GATÉ und MOREAU als „Maladie die Méléda" publizierte Fall zeigt in der Familie dominante Vererbung; ferner Beschränkung auf Handteller und Fußsohlen. Der von ZAGANARIS, DEMERTZIS und VENIOS als „Morbus von Meleda" vorgestellte Fall, dessen Keratosen auf die Handteller beschränkt blieben, wurde von PHOTINOS und RELIAS für eine Hyperkeratosis palmaris gehalten. Auch im 2. Fall von ROUSSET (Maladie de Méléda) bestand nur eine palmare Keratose.

Der Fall von HUTINEL, DIRIART und DREYFUSS (1932) ist wegen des häufigen Vorkommens einer ausschließlichen Palmar-Plantar-Keratose in der gleichen Familie (28mal) als eine Kombination von Ichthyosis vulgaris und Keratoma Unna-Thost anzusehen. Etwas Ähnliches gilt für den Fall von COULON und PAYENNEVILLE (1933), der eine Kombination von Keratosis

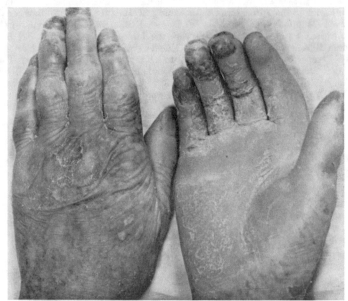

Abb. 53a u. b. Krankheit von Meleda. Massive diffuse Keratosen, an den Fußsohlen mit kraterförmigen Einsenkungen und Maceration infolge der starken Hyperhidrose. a (GREITHER) Hautarzt **5**, 449 (1954). b Fußsohlen (bislang unpubliziert) des gleichen Falles

Unna-Thost mit einer Erythrodermie congénitale ichtyosiforme BROCQ, wenn nicht nur mit einer Ichthyosis vulgaris (wie die Abbildungen nahezulegen scheinen) darstellt.

Der von WEISSENBACH, FERNET und BROCARD im Jahre 1935 als „Maladie de Méléda" wieder vorgestellte Fall (DUBREUILH diagnostizierte im Jahre 1905 den Fall als „Kératodermie érythémateuse disséminée, BROCQ im Jahre 1908 als Erythrokératodermie symétrique en placards bzw. als Naevus érythrodermique hyperkératosique") ist weder eine kongenitale noch familiäre Keratose, sondern steht wohl den Erythrokeratodermien nahe. SEIERS Fall, vorgestellt als „Ichthyosis mit Mal de Meleda" ist eine Keratosis palmaris et plantaris in der Kombination mit einer Ichthyosis vulgaris. Schon HERXHEIMER hat damals in der Diskussion das Vorliegen einer Krankheit von Mljet abgelehnt. Schließlich hat der von DE SENIBUS beschriebene Fall (Malattia di Meletta in gravidanza), bei dem es während zweier Schwangerschaften zu einem Palmar-Plantar-Erythem und stellenweise einer Keratose (offenbar in Zusammenhang mit einer Schweißdrüseninsuffizienz) gekommen war, nichts mit der Krankheit von Mljet zu tun; Schilddrüsengaben vermochten die Erscheinungen bei der 2. Schwangerschaft vollständig zu beheben.

Ein Urteil über den Fall von THEODOSIU, TRAIAN und BUCSA [1938, der uns im Original nicht zugänglich ist, steht uns nicht zu; nach dem Titel — ein Fall von Keratodermatitis (sic!) — der Hohlhand und Fußsohlen (Typ der Meledaschen Krankheit)] läßt große Zweifel über die richtige Einordnung aufkommen. Ferner ist uns nicht zugänglich die Arbeit von LOVELL, L. und A. MARTINEZ PAZOS [Keratodermia palma-plantaris congenita hereditaria. Meleda-Krankheit (EHLERS und HOVARKA, 1941)], sowie diejenige von PAYENNEVILLE (un cas de maladie de Méléda 1940). Schwer zu beurteilen ist der Fall von NICOLAS und ROUSSET, der 2 Schwestern von 8 und 3 Jahren mit Zeichen einer connatalen Syphilis betrifft; die Palmar-Plantar-Keratose greift nicht eigentlich auf die Dorsa über, es finden sich lediglich auf den Handrücken isolierte, warzenähnliche Herde. Es besteht keine Hyperhidrose, aber das Nagelwachstum ist gestört. Bei der älteren Schwester greift die Keratose offenbar etwas auf die Dorsalfläche des Handgelenks über. Der Fall muß, trotz seiner Beschreibung als Krankheit von Meleda, wegen des Fehlens von Abbildungen und einer näheren Familienuntersuchung und wegen der fraglichen (wenn wahrscheinlich auch unwesentlichen) Rolle der Syphilis als ungeklärt gelten.

Weiter müssen als reine Palmar-Plantar-Keratosen angesehen werden die Fälle von CORDIVIOLA und CORDIVIOLA (1950), CIVATTE, MELKI und GOETSCHEL (1951), DE AUSTER und GALANTE (1953), HURIEZ und DESMONS (1954), SCHMIDT-LA-BAUME (1955). Der Fall von TOURAINE und PALEY (1942) ist — wie bereits eingangs erwähnt — wegen des späten Auftretens (25. Lebensjahr) zweifelhaft. Der Fall von DORN (1958) ist wohl den Erythrokeratodermien zuzurechnen; die von R. ZABEL (1963) versuchte Unterbewertung des Erbgangs bzw. die Grenzverwischung zwischen Erythrodermia congenita ichthyosiformis BROCQ und Meleda-Krankheit wurde bereits von SCHNYDER und EICHHOFF (1963) zurückgewiesen.

Andererseits sind einige der Keratosis Unna-Thost zugeordnete Fälle der Meleda-Krankheit zu subsumieren.

Hierher gehört z. B. der von FENYÖ (1934) vorgestellte Fall, bei dem der Autor das Übergreifen auf die Dorsa und die inselförmigen Keratosen der Handrücken nicht einzuordnen wußte und als im Schrifttum ungeläufig bezeichnete. Auch der 9. von TAPPEINERs Fällen gehört, wie bereits erwähnt, zur Meleda-Krankheit.

Seltene Komplikationen

Hier soll noch einiger seltener Merkmale bzw. Kombinationen gedacht werden.

Der rot-livide *Randsaum* ist, wie bereits erwähnt, nicht obligat (KOGOJ). *Blasen* kommen nach KOGOJ bei der Meleda-Krankheit sicher nicht vor, dagegen mitunter, jedoch nicht häufiger als bei anderen keimplasmatischen Mißbildungen, ein *gotischer Gaumen*.

Störungen des Nagelwachstums sind nicht obligat. MONCORPS beobachtete subunguale Keratosen. BOŠNJAKOVIČ sah indessen bei den Fällen von der Insel Mljet relativ häufig Störungen des Nagelwachstums. GATÉ u. Mitarb. fanden die Nägel normal. GREITHER fand bei 3 Fällen (aus zwei verschiedenen Sippen) die Nagelplatten deformiert und dabei eine leichte Onychogryposis. Die *Papillarlinien* der Finger blieben unzerstört, wie TAPPEINER ausdrücklich vermerkt; der Fall von ROJAS und OBIGLIO, in dem die Papillarlinien zerstört waren, gehört, wie bereits ausgeführt wurde, nicht zur Meleda-Krankheit.

Das an eine *Sklerodaktylie* gemahnende Bild infolge des „Übergreifens" der Keratose auf die Dorsa wurde bereits erwähnt (BLUM und MARLINGUE; BOŠNJAKOVIČ und KOGOJ, GREITHER); dennoch scheinen eigentliche *Mutilationen* wie bei der Keratose Unna-Thost, bei der Meleda-Krankheit nicht beobachtet worden zu sein.

Zufällige Kombinationen mit der Krankheit von Meleda dürften folgende Befunde bzw. Krankheiten darstellen: *Debilität* (MONCORPS), *Syphilis* (NICOLAS und ROUSSET), soweit der

Fall überhaupt sicher ist. Ungewöhnlich dürfte die Kombination von Meleda-Krankheit und Pemphigus vulgaris sein (GREITHER); schließlich ist noch die Kombination mit einer *Lipofibromatose* (DASSEN) erwähnenswert, ohne daß dieses Zusammentreffen besondere pathogenetische Rückschlüsse auf die Krankheit von Meleda zuließe.

Histologie, Differentialdiagnose und *Therapie* s. später.

Verlauf und *Prognose.* Der Verlauf ist — wie bereits ausgeführt wurde — progredient. Spontanheilung kommt nicht vor. Die Befallenen sind von den Palmar-Plantar-Keratosen meist stark behindert und oft zu differenzierter Arbeit unfähig, auch wegen der starken Schweißbildung (z. B. bei den eigenen Fällen), mitunter können sie jedoch ihrem Beruf nachgehen. Die 28jährige Kranke ABELS z. B. ist sogar als Stenotypistin tätig.

4. Keratosis palmo-plantaris mit Periodontopathie (Papillon und Lefèvre)

Diese Sonderform, die noch im Jahre 1924 von PAPILLON und LEFÈVRE der Meleda-Krankheit zugeordnet wurde, ist erst vor kurzem als eine eigene Entität herausgestellt worden. Ihre besonderen Merkmale, die in kennzeichnenden, nur bei dieser Dermatose vorkommenden Zahnveränderungen bestehen, werden bei der Meleda-Krankheit (auf und außerhalb der Insel) vermißt. Dieser Umstand veranlaßte BATAILLE und DUPERRAT (1952), eine „nicht-illyrische" Form (eben mit diesen Zahnveränderungen) der Meleda-Krankheit anzunehmen. Da auch alle echten, nicht auf die Insel beschränkten und keine Beziehungen zu den dortigen Einwohnern aufweisenden Fälle „nicht-illyrische" sind, ist diese Unterscheidung ungenügend und irreführend. Am besten läßt man eine Anspielung auf Meleda in der Terminologie ganz weg.

Es ist übrigens von Interesse, anzufügen, daß diese Krankheit, wie DUPERRAT und MONTFORT (1955) gezeigt haben, auf einer kleinen, Frankreich vorgelagerten Insel des Atlantischen Ozeans, endemisch vorzukommen scheint. Es handelt sich um die Ile d'Yeu, auf der, ähnlich wie auf Meleda, Heiraten der Einwohner untereinander häufig sind.

Die Verselbständigung dieser Keratose-Form ist durch die relativ große Zahl einwandfreier Beobachtungen, die GREITHER (1959) zusammengestellt und analysiert hat, berechtigt. Von insgesamt 25 Autoren liegen — bis 1960 — 32 Beobachtungen, über 18 männliche und 14 weibliche Kranke vor. Die in Dermatologica (**119**, p. 257, 1959) veröffentlichte Tabelle ist zu ergänzen durch einen männlichen Fall von KOLINSKY (1957) und 2 Fälle (männlich) und weiblich von GINESTET und JAQUET (1959). Eine sorgfältige Analyse der Zahnveränderungen verdanken wir J. KÖHLER. Seit 1960 kamen dazu: Beobachtungen von STEVANOVIČ (1961), ZIPRKOWSKI, RAMON und BRISH (1963), Fall der Mayo Clinic Minnesota 1964, THOREL (1964), HAIM und MUNK (1965), PFISTER (1965), McVICAR und PEARLSTEIN (1966), SCHAFFER und PEARLSTEIN (1967), KLUGE (1968).

Betrachten wir nun die Besonderheiten dieser Palmar-Plantar-Keratose mit Zahnanomalien:

a) Die *Keratosen* haben mit der Krankheit von Meleda gemeinsam, transgredient zu sein, also über die Hohlhände und -füße fortzuschreiten, wobei auch isolierte Herde an anderen Körperstellen (Knien, Ellbogen usw.) vorkommen.

Diese Transgredienz hat bereits die Erstbeschreiber dieser Abart, PAPILLON und LEFÈVRE, veranlaßt, das Vorliegen einer Meleda-Krankheit anzunehmen. Deutliches Übergreifen zeigen ferner die Fälle von PETGES und DELGUEL, BATAILLE und DUPERRAT, JONATA, BATAILLE, BOISRAMÉ, KÖHLER und GREITHER, GEDDA und PIGNATELLI, RAINOVA, DUPERRAT und MONTFORT, JANSEN und DEKKER, WEYERS, BARRIÈRE und DELAIRE, KOLINSKY, GINESTET und JAQUET, ZIPRKOWSKI u. Mitarb., PFISTER.

Der *Unterschied* zur Meleda-Krankheit hinsichtlich der Keratosen besteht aber in folgendem:

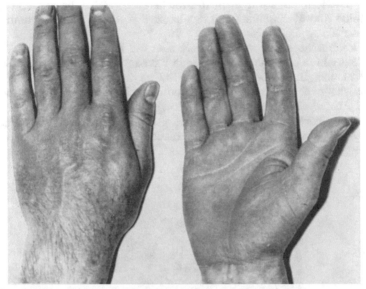

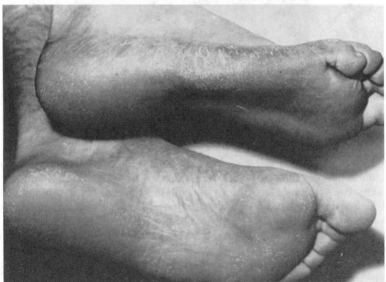

Abb. 54. Keratosis palmoplantaris transgrediens cum Periodonthopathia Papillon-Lefevre. Schwach ausgeprägte transgredierende Palmar-Plantar-Keratosen. [GREITHER, Dermatologica (Basel) **119**, 248—263 (1959)]

α) Die Palmar-Plantar-Keratosen sind viel schwächer ausgeprägt (Abb. 54) und behindern ihre Träger kaum. Es fehlt auch eine übermäßige Schweißbildung, die bei der Meleda-Krankheit die Regel ist. Die Keratosen können mehr disseminiert als flächenhaft sein (SCHAFFER und PEARLSTEIN).

β) Es fehlt — bei gewahrter Transgredienz — ferner die Progredienz. Die Keratosen nehmen mit dem Alter nicht an Schwere zu, sondern bilden sich zurück. Diese weitgehende Spontaninvolution zeigen vor allem die Fälle von GREITHER und KÖHLER besonders deutlich. Bei den beiden bei der letzten Untersuchung 22 und 21 Jahre alten Brüdern waren — bei noch deutlichen Keratosen der Fußsohlen — die Hohlhände nur mehr diskret befallen, wobei die grobe körperliche Arbeit (beide sind Mechaniker) und das häufige Waschen und Abschmirgeln der Hände einer Therapie gleichkommen.

Dazu kommt noch ein weiteres Merkmal. Die Keratosen verlaufen, wie die eigenen Fälle lehren und was unter anderem PETGES und DELGUEL sowie BATAILLE festgestellt haben, in *Schüben*, die mit der Stärke der Pyorrhoe am Kiefer parallel gehen und sich nach Rückgang der entzündlichen Erscheinungen und noch mehr nach dem Ausfall sämtlicher Zähne bessern.

Schubweise stärkere Ausprägung (bei insgesamt schwacher Manifestation) und eine gewisse Spontaninvolution sind ein besonderes Kennzeichen dieser Keratose.

b) Der größte Unterschied betrifft jedoch die *Zahnveränderungen*. Es handelt sich dabei um folgende Vorgänge:

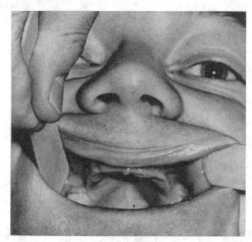

Abb. 55. Anodontie (bis auf 8/8) bei Periodontopathie Papillon-Lefevre

Die ersten Zähne des Milchgebisses erscheinen regelrecht. Dann beginnt indessen, oft schon im 2., meist aber im 3. Lebensjahr, der Zahnausfall, dem alle Milchzähne zum Opfer fallen. Dann wiederholt sich das gleiche bei dem Dauergebiß: die Zähne kommen zwar, fallen aber nach und nach ebenfalls alle wieder aus. Dieser Zustand führt zu dauernder Zahnlosigkeit (Abb. 55).

Der diesem Zahnausfall zugrunde liegende pathologisch-anatomische Vorgang ist eine Parodontitis, die zu einer fortschreitenden Auflösung des Parodontiums führt; die ihres Halteapparats beraubten Zähne fallen, obgleich sie regelrecht und vollständig angelegt waren, wieder aus. Verschont bleiben allein die Weisheitszähne, die von der Auflösung des Alveolarknochens nicht erreicht werden und erst zu ihrem normalen Durchbruch kommen, wenn ein definitiver Zustand am Kieferknochen eingetreten ist[1].

---

[1] Folgende 2 Fälle müssen wohl als nicht hierher gehörig abgelehnt werden. In dem Fall von DOWLING (1936) traten bei dem damals 28jährigen Mann die Hautveränderungen erst im Alter von 20 Jahren auf; die Palmae (von den Plantae ist nicht die Rede) sind hyperkeratotisch, die Nägel atrophisch, außerdem besteht auf dem Capillitium eine narbige, diffuse Alopecie. Die Zähne waren immer klein; z.Z. der Untersuchung war nur ein einziger Molar vorhanden. Der Fall von SANNA (1951) betrifft einen 11jährigen Jungen mit einer Keratose der linken Palma und beider Fußsohlen, Debilität, körperlicher Unterentwicklung und Zahndefekten (aber nicht systematisiertem Zahnausfall). Ausgeschieden wurde ferner der 3. Fall von WEYERS, der außer einer Palmo-Plantar-Keratose einen doppelseitigen Mikrophthalmus, Mikrodontie, Schmelzdysplasie und einen vorzeitigen Ausfall der parodontisch gelockerten Zähne aufwies. Der Fall gehört wohl in die Gruppe der Polykeratosen.

Diese Osteomyelitis des Alveolarfortsatzknochens verursacht zunächst starke entzündliche Erscheinungen; die paradentale Schleimhaut ist schwammig geschwollen, verschieblich und neigt zu Blutungen, es bestehen tiefe Zahnfleischtaschen, aus denen sich spontan mäßig viel und auf Druck reichlich Eiter entleert. Die gelockerten Zähne stehen unregelmäßig, die Zähne wandern und kippen in die Lücken der bereits ausgefallenen Vorgänger, so daß ein regelloses Zahnbild entsteht (Abb. 56). Noch imponierender sind die Veränderungen im Röntgenbild: An den vom Ausfall bedrohten Zähnen läßt sich kein Parodontium mehr nachweisen, der Alveolarfortsatz wird aufgelöst, bis der Zahn vollständig vom Knochen entblößt ist und frei zu schweben scheint: Die Zähne hängen klinisch nur mehr an kleinen Schleimhautbrücken.

Nach Ausstoßung der — normal angelegten und regelrecht ausgebildeten — Zähne verlieren sich Entzündung und Eiterung sehr schnell; die zahnlosen Kieferabschnitte sind reizlos und zeigen eine normal durchblutete Schleimhaut.

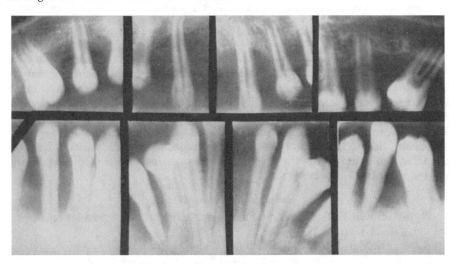

Abb. 56. Regelloses Zahnbild bei Periodontopathie und Polyalveolyse (PAPILLON-LEFÈVRE). [GREITHER, Dermatologica (Basel) **119**, 248—263 (1959)]

Im Gegensatz zu jeder anderen Krankheitsform zeigt die hier zu beobachtende Osteomyelitis keinerlei Regenerationserscheinungen; infolgedessen ist jede Therapie machtlos. Nur in den Fällen von HAIM und MUNK betraf die Zahnstörung nur das Milchgebiß, so daß also die bleibenden Zähne sich normal entwickelten. Die Fälle (10 Merkmalsträger in einer indischen Familie) sind auch insofern ungewöhnlich, als Knochenveränderungen der Hände (Arachnodaktylie und Verkrümmung der Endglieder) zu beobachten waren.

Das Besondere an dieser — ohne Regenerationserscheinungen verlaufenden — Periodontopathie ist indessen, daß sie nur in Kombination mit den erwähnten transgredienten Palmo-Plantar-Keratosen vorkommt. *isoliert also nicht zu beobachten ist. Sie ist also spezifisch für diese Keratose,* was die Verselbständigung dieser Form auch vom Standpunkt des Odontologen her gerechtfertigt erscheinen läßt.

Kaum eine andere Form des Zahnausfalls betrifft Milch- *und* Dauergebiß zugleich. Am *Milchgebiß* spielt die bei der Feerschen Krankheit zu beobachtende Polyalveolyse, am *Dauergebiß* spielen meist endokrin bedingte und temporäre Parodontitiden eine Rolle.

Bei der *Feerschen Krankheit* (auch nach SELTER, 1903 und SWIFT, 1914 infantile Akrodynie genannt) handelt es sich um ein algotropho-vasomotorisches Syndrom, das durch eine Vielzahl von Erscheinungen gekennzeichnet ist; Muskelschmerzen (in ihrer Folge Schlaflosigkeit), Schweißausbrüche, Erythrocyanose (möglicherweise bis zur Gangrän führend), erythematös-squamöse Hauterscheinungen vor allem an den Akren, Tachykardie, psychische Störungen, Katarrhe, Cystitis usw. An der Mundschleimhaut kommen Entzündungen (Stomatitiden), auf der Zunge Ulcera vor. An den Zähnen: eine Dentitio praecox, Zähne mit dystrophischen Kronen, auch ein von Entzündungserscheinungen begleiteter Zahnausfall. Aber er betrifft immer nur einzelne Zähne, es handelt sich um eine trophoneurotisch bedingte Polyalveolyse und um keine Osteomyelitis (Hoffmann-Axthelm). Die Feersche Krankheit dauert zwischen 6 Wochen und 1 Jahr, sie befällt Kinder im Alter von 6 Monaten bis 4 Jahren. Sie heilt aus, sie betrifft nur einzelne Zähne des Milchgebisses; dennoch können durch die entstandenen Lücken die Keime der bleibenden Zähne verlagert werden.

Die Ähnlichkeit zwischen beiden Zuständen ist nicht groß. Boisramé hat seine beiden Fälle ursprünglich für eine jugendliche Akrodynie gehalten, ehe er von der Arbeit von Papillon und Lefèvre Kenntnis hatte. Für die Unterschiede zwischen beiden Syndromen ist der Fall von Hoffmann-Axthelm mit Akrodynie instruktiv: Lockerung von 5 Zähnen, Lageveränderungen der Zähne, lamellöse Dyshidrose an Händen und Füßen. Abheilung nach Behandlung eines unbekannten interkurrenten Infektes.

Auch beim *Morbus* Capdepont handelt es sich, wie bei der Keratosis palmo-plantaris Unna-Thost ausgeführt wurde, um keinen Zahnausfall, sondern um eine karamelfarbene Tingierung der Zähne und eine vorzeitige Abnutzung der von einem minderwertigen Dentin ungenügend gestützten Kronen.

Hier mag verständlich werden, daß die ungenügende Trennung zwischen den einzelnen erblichen Palmar-Plantar-Keratosen zu einer ungerechtfertigten Zuordnung von Zahnveränderungen zu Formen führt, denen bestimmte Zahnveränderungen *nicht* zukommen. Es ist nicht statthaft, von Zahnveränderungen bei Palmar-Plantar-Keratosen schlechthin zu sprechen, weil man dabei riskiert, sowohl der Form Unna-Thost, als auch der Meleda-Krankheit Zahnanomalien zuzuschreiben, die bei beiden Formen nicht vorkommen. Nur die genaue Trennung der einzelnen Formen kann auch die Verwirrung hinsichtlich möglicher koordinierter Symptome beheben helfen.

Assoziierte Symptome

Hyperhidrosis. Handteller und Fußsohlen schwitzen, aber nicht exzessiv wie bei der Meleda-Krankheit.

Nägel. Stärkere Wachstumsstörungen fehlen.

Im Fall von Thorel ($4^1/_2$jähriges Mädchen) fand sich außerdem *Taubheit*, in den Fällen von Haim und Munk (einer indischen Familie mit 10 Merkmalsträgern) bestanden *Arachnodaktylie* und eine krallenartige *Deformität* der volarwärts gebogenen Endphalangen. Die Fälle von Jadwiga Schwann (1963) mit transgredienten Palmar-Plantar-Keratosen, angeborener Taubheit, Leukonychie und Parodontopathie (sowie Dupuytrenschen Kontrakturen und weiteren assoziierten Symptomen) gehören wohl in die Gruppe der Dyskeratosen.

Histologie, Differentialdiagnose und *Therapie* s. später.

c) *Geschlechterbefall und Erblichkeit.* Das Verhältnis von 18 befallenen männlichen zu 14 weiblichen Kranken bedeutet keinen signifikanten Unterschied. Das Verhältnis der befallenen zu den unbefallenen Kindern (von Jansen und Dekker mit 1:3 berechnet), läßt sich nicht genau bestimmen, weil nicht in allen Publikationen die Anzahl der Geschwister vermerkt ist. An dem rezessiven Erbgang kann indessen kein Zweifel sein. In keinem Bericht läßt sich ein dominanter Erbgang nachweisen, nie zeigt ein Elternteil der Merkmalsträger die gleichen Haut- und Zahnveränderungen. Ferner ist Blutsverwandtschaft zwischen den Eltern der Merkmalsträger häufig. Sie ist in den Fällen von Papillon und Lefèvre, Wannenmacher und Harndt, Bataille und Duperrat, Jansen und Dekker, Barrière und Delaire, Thorel belegt, in weiteren Fällen sehr wahrscheinlich (Köhler und Greither). Es mag für manche anderen Fälle des Schrifttums gelten, daß die Blutsverwandtschaft (wenn überhaupt nach ihr gefragt wurde) verschwiegen wurde. So wiesen in den eigenen Fällen die Eltern der beiden befallenen Brüder eine solche Möglichkeit der Blutsverwandtschaft weit von sich, obgleich sie — aufgrund weiterer Erhebungen in dem betreffenden Dorf — äußerst wahrscheinlich ist. Bei genauer Erfassung der Sippen würden daher wohl manche sog. Solitärfälle (nicht nur bei dieser Keratose) sichere Hinweise auf einen recessiven Erbgang ergeben.

5. Keratosis extremitatum hereditaria progrediens mit dominantem Erbgang Greither

GREITHER hat im Jahre 1952 an einer größeren Sippe in einem Vorort Heidelbergs das — wie KOGOJ es nannte — dominante Gegenstück zur Krankheit von Meleda beschrieben. Das Bemerkenswerte an dieser Entität ist also einerseits die für die Meleda-Krankheit typische Transgredienz (Übergreifen der Palmar-Plantar-Keratose auf die Hand- und Fußrücken, Vorkommen herdförmiger Keratosen über Knien, Ellbogen usw.), andererseits aber der die Form Unna-Thost kennzeichnende dominante Erbgang. Man könnte an der Sonderstellung dieser Form, was die Fälle GREITHERs anlangt, indessen Zweifel haben, zumal seine — stark befallenen— Patienten die Palmar-Plantar-Keratosen wesentlich schwächer ausgeprägt zeigen als bei der Meleda-Krankheit üblich ist (die starke Hyperhidrosis ist indessen vorhanden); aus diesem Grund hat auch HÖFER eine Einordnung dieser Fälle in die Gruppe der Erythrokeratodermien erwogen. Nun hat aber ŠALAMON (1960) eine analoge Sippe beschrieben, bei der auch die Palmar-Plantar-Keratosen viel stärker als in den Fällen GREITHERs ausgeprägt sind, hier also das von KOGOJ geforderte dominante Gegenstück zur Meleda-Krankheit in allen Merkmalen vorhanden ist. ŠALAMON weist — wie GREITHER — auf die verschiedene Expressivität hin: er beschreibt drei stark ausgeprägte und vier abortive Fälle, GREITHER zwei stärker ausgeprägte und 15 abortive Fälle. Wie KOGOJ räumen auch ŠALAMON, ferner FRANCESCHETTI und SCHNYDER dieser Form eine Sonderstellung ein. MELKI, HARTER und MERCIER haben bereits 1956 — unter Bezugnahme auf GREITHER — eine analoge Sippe beschrieben, bei der Vater, eine Tochter und ein Sohn befallen waren: sie zeigten starke, auf die Dorsa übergreifende Palmar-Plantar-Keratosen, Pachyonychie und Hyperodontie. MELKI u. Mitarb. diskutieren deshalb — außer der möglichen Zuordnung zu der Form von GREITHER — einen Übergang zu den Polykeratosen (auf die übrigens auch ŠALAMON bei der Diskussion dieser Keratoseform aufmerksam macht, zumal er bei einigen seiner Fälle Nagelveränderungen gefunden hat). Inzwischen ist die Selbständigkeit dieser Keratose durch weitere Autoren bestätigt worden. MICHALOWSKI und MITURSKA berichteten 1963 über eine dominante, transgrediente Palmar-Plantar-Keratose bei einem 15jährigen Mädchen, deren 52jähriger Tante und dem 77jährigen Großvater. BERG beschrieb 1966 die Dermatose an einer Familie, in der die Mutter und 4 von 10 Kindern befallen waren. ROOK bestätigte 1967 die Keratose als „GREITHERs Syndrom" an einer 43jährigen Frau, deren 14jähriger Tochter und 5jährigem Sohn.

Besonderheiten

Die wesentlichen Merkmale dieser Keratose seien noch einmal im einzelnen kurz besprochen, wobei die Heidelberger Fälle zugrunde gelegt, aber durch die Beobachtungen ŠALAMONs ergänzt werden sollen.

a) Die Palmar-Plantar-Keratosen sind, wie bei den übrigen flächenhaften erblichen Formen, symmetrisch angelegt. Die schwächere Ausprägung der Palmar-Plantar-Keratosen gegenüber den übrigen Körperherden (bei ausgeprägter Transgredienz) in den Fällen GREITHERs (Abb. 57) darf wohl nicht so sehr, wie HÖFER es versuchte, als Übergang dieser Form zu den Erythrokeratodermien gewertet werden, als vielmehr als ein Zeichen schwächerer Expressivität. ŠALAMON hat den Beweis erbracht, daß es das dominante Gegenstück zur Meleda-Krankheit auch in derselben Manifestationsstärke wie die letztere gibt.

b) Ist die Expressivität stark, so treten die Keratosen so früh auf wie die Meleda-Krankheit, bei ŠALAMON in der 2. Hälfte des 1. Lebensjahres; bei

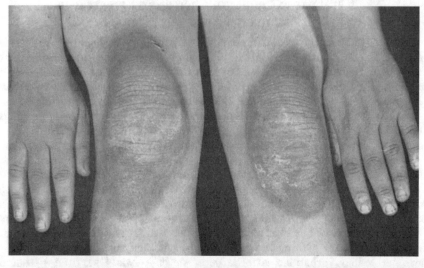

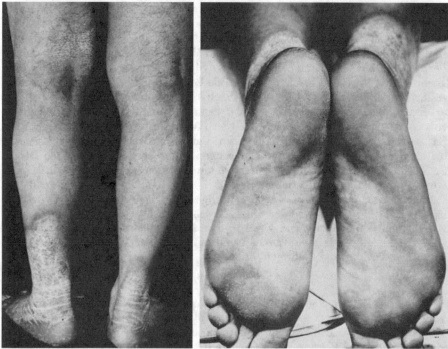

Abb. 57. Keratosis palmoplantaris transgrediens mit dominantem Erbgang. [Greither, Hautarzt **3**, 198—203 (1952)]

schwächerer Ausprägung (Heidelberger Fälle) treten die Keratosen später, zwischen 4. und 8. Lebensjahr auf. Mit der schwächeren Expressivität hängt es ferner zusammen, daß — in den Heidelberger Fällen — die Keratose nur eine gewisse Zeit progredient ist: bis zum Erwachsenenalter nämlich. Dann tritt ein Stillstand, später sogar eine spontane Rückbildung ein, die, in der zweiten Lebenshälfte, bis zu einer nahezu vollständigen Abheilung führen kann.

c) Die keratotischen Herde zeigen einen livid-erythematösen Randsaum.

d) Die Hyperhidrosis ist — in stärker ausgeprägten Fällen — erheblich, jedoch viel geringer als bei der Meleda-Krankheit.

e) Zahnveränderungen scheinen nicht vorzukommen. Die von MELKI u. Mitarb. beobachtete Hyperodontie ist mit Reserve zu bewerten, da die Einordnung ihrer Fälle in diese Gruppe nicht absolut sicher ist.

f) Nagelveränderungen scheinen in stärkerem Maß ebenfalls nicht vorhanden zu sein. In den Fällen GREITHERs fehlen sie völlig, die Pachyonychie in den Fällen von MELKI u. Mitarb. weist mehr zu den Polykeratosen hin, ebenso wie die — histologisch nicht sehr überzeugenden — Keratosen an den Lippen bei der jüngsten Kranken von MICHALOWSKI und MATURSKA. ŠALAMON berichtet über längsgefurchte Nägel. Die Veränderungen waren aber z.T. auf einzelne Nägel beschränkt (Fall 1 und 4), z.T. nur mit der Lupe sichtbar (Fall 2). Die Nägel waren z.T. atrophisch, stark gewölbt, subunguale Keratosen fehlten. Insgesamt also müssen diese Veränderungen als diskret bezeichnet werden.

Im Gegensatz zu den Polykeratosen, bei denen auch bei geringen keratotischen Befunden massive Nagelveränderungen geläufig sind, scheinen Nagelveränderungen bei den flächenhaften erblichen Palmar-Plantar-Keratosen zu fehlen bzw. erst dann in schwacher Ausprägung vorzukommen, wenn die Keratosen eine starke Expressivität zeigen. *Sie sind nicht so sehr an bestimmte Formen erblicher Palmar-Plantar-Keratosen, als an deren Ausprägungsstärke gebunden; stets aber scheinen sie diskret zu bleiben.*

g) Stammbaum der Heidelberger Sippe.

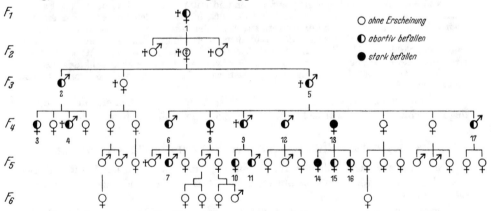

Auffällig ist das Freisein in der 2. Generation; hier ist jedoch zu vermerken, daß die 2 Knaben dieser Generation in früher Jugend, vor der Zeit möglichen Befalls, gestorben sind und von der überlebenden Schwester nicht sicher überliefert ist, ob sie frei oder behaftet war. Das bisherige Freisein von F^6 beruht darauf, daß sämtliche F^6-Nachkommen zur Zeit der Beschreibung der Keratose erst 1—7 Jahre alt waren.

Der Stammbaum zeigt also einen dominanten Erbgang mit wechselnder Expressivität.

Die von FISCHER und SCHNYDER (1958) beschriebenen, rezessiv vererbten flächenhaften, wenn auch unscharf begrenzten Palmar-Plantar-Keratosen mit subungualen Keratosen, kongenitaler Hypotrichie und Spitzgaumen müssen wir in die Gruppe der Polykeratosen zählen.

In der Tabelle 2 sind die wichtigsten Merkmale der 5 genannten erblichen Palmar-Plantar-Keratosen und damit auch die Unterschiede zwischen den einzelnen Formen zusammengestellt.

Tabelle 2. *Die flächenhaften erblichen Palmar-Plantar-Keratosen*

	Stärke-grad	Trans-gredienz	Hyper-hidrosis	Zahn-schäden	Beginn	Verlauf	Behinde-rung	Erbgang
Form Unna-Thost	++	(+)	+	∅	nach 2 Jahren	Progredienz und Stillstand	+	dominent
Form Vohwinkel	+++	+	+	∅	im 2. Jahr	Progredienz, Abschnürungen	++	dominant
Meleda-Krankheit	+++	++	+++	∅	post partum	Progredienz	+++	recessiv (bzw. unklar)
Form Papillon-Lefèvre	+	+	++	+++	erste Lebens-jahre	in Schüben, schließlich Involution	+	recessiv
Form Greither	(+)	+++	+	∅	1. bis 8. Jahr	Involution	(+)	dominant

Anhang: Akrokeratoelastoidosis Costa, 1953

Von Schnyder und Klunker zu den transgredienten Palmar-Plantar-Keratosen gerechnet wird auch der von O. G. Costa (1953) als Akrokeratoelastoidosis beschriebene Zustand. Doch scheint die sehr diskrete, wenn auch diffuse Palmar-Plantar-Keratose gegenüber den an den Dorsa der Extremitäten lokalisierten papulösen Einzelefflorescenzen zurückzutreten.

Es handelt sich dabei um offenbar ausschließlich bei Frauen (brasilianischen Negerinnen) beobachtete, 1—3 mm im Durchmesser große, oft durchscheinende, z. T. genabelte, keratotische Knötchen, die isoliert oder gruppiert stehen und mit Vorliebe an Daumenballen, Fingerrücken, Fersen, innerem Fußsohlenrand und Fußrücken sitzen. Kleinere, mehr Warzen gleichende Elemente, die auch an den Fingern sitzen können, sind besser zu tasten als zu sehen. Die größeren werden bei Spannen der Haut deutlicher. Unter Glasspateldruck werden sie gelbbraun. Subjektive Beschwerden fehlen. *Histologisch* besteht eine starke Hyperkeratose, Granulose, Acanthose, eine Pigmentarmut der Basalzellschicht, und — als Charakteristikum — eine Verminderung und Fragmentierung der elastischen Fasern mit einzelnen Arealen homogenisierten Kollagens.

Weitere Beobachtungen, auch außerhalb Brasiliens, scheinen nicht vorzuliegen. Erblichkeit ist wahrscheinlich, der Erbgang steht noch nicht fest.

Histologie der diffusen, erblichen Palmar-Plantar-Keratosen

Das feingewebliche Bild der flächenhaften, kompakten Palmo-Plantar-Keratosen ist recht eintönig und bis auf mehr fakultative bzw. graduelle Unterschiede allen 4 Formen gemeinsam.

Die wesentliche Veränderung besteht in einer massiven, oft das Mehrfache der Epidermisdicke betragenden Zunahme der kernlosen Hornschicht und in einer — nicht an allen Stellen gleichmäßigen — Verbreiterung der übrigen Schichten der Epidermis, vor allem des Stratum granulosum und spinosum bei meist stark ausgebildetem Stratum lucidum. Die Epidermiszapfen können gut ausgeprägt sein und von gut ausgebildeten Papillen alterniert werden, so daß ein sägezahnartiges Epidermisbild, mit einer kompakten, ebenfalls wellenförmig verlaufenden Hornschicht entstehen kann; ebenso aber können die Epidermiszapfen plump sein und die untere Begrenzung der verdickten Epidermis samt Hornschicht kann relativ flach verlaufen. Die Veränderungen im Papillarkörper sind im allgemeinen gering; entzündliche Erscheinungen fehlen selten ganz, sind aber meist nicht sehr erheblich.

Eine „periporale Aufhellung" in der Umgebung der epithelialen Anteile der Ausführungsgänge der Schweißdrüsen, wie sie früher als kennzeichnend für die Keratosis Unna-Thost

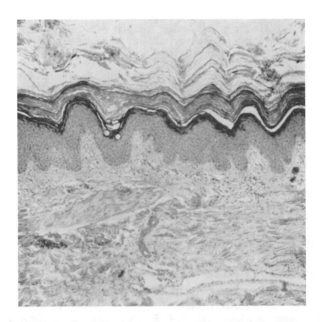

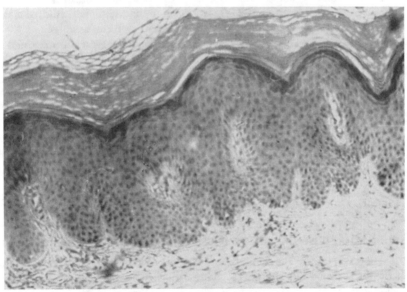

Abb. 58. Keratosis palmoplantaris transgrediens mit dominantem Erbgang. Starke orthokeratotische Hyperkeratose, gut entwickeltes Stratum granulosum, Acanthose mit geringer Papillomatose. Im Corium Schlängelung und Neubildung von Capillaren

galt, ist ebenso bei der Krankheit von Meleda anzutreffen. Dieser Unterschied genügt jedenfalls nicht für eine histologische Trennung beider Affektionen (KOGOJ). Im Gegenteil, die Veränderungen an den Schweißdrüsen, was ihre Erweiterung und Vermehrung anlangt (und auf die Wirkung des Schweißes ist auch das Phänomen der periporalen Aufhellung zurückzuführen), sind bei der Meleda-Krankheit ausgeprägter. MELCZER nimmt sogar an, daß die um die erweiterten Gefäße und Schweißdrüsen-Ausführungsgänge — bei der Krankheit von Meleda — anzutreffenden rundzelligen Infiltrate den Schluß erlauben, die Entzündung werde von der chemischen Wirkung des in die Umgebung gelangenden Schweißes ausgelöst. MELCZER nimmt weiter an, daß auch die Hornverdickung durch die zellreizende Wirkung des

Schweißes ausgelöst werde. Zu seinen Befunden bei der Meleda-Krankheit (die in gewisser Weise von KOGOJ, TOURAINE u.a. bestätigt werden) paßt der gegenteilige Befund, eine Obliteration der Ausführungsgänge und ein vollständiges Fehlen der Talg- und Schweißdrüsen in einem Fall von COULON und PAYENNEVILLE, der zwar als Maladie de Méléda bezeichnet ist, aber wohl eine Keratosis Unna-Thost darstellt.

Eine gelegentliche Parakeratose kann bei der Krankheit von Meleda vorkommen (KOGOJ, MELCZER); in dem verbreiterten (KOGOJ, P. W. SCHMIDT), nach MELCZER überwiegend normalen Stratum granulosum können sich dyskeratotische Zellen finden (KOGOJ, MELCZER), im Stratum spinosum auch vermehrt Mitosen.

Die nach KOGOJ bei der Meleda-Krankheit stark in ihrer Intensität wechselnde Entzündung in der Cutis zeigt in leichteren Fällen eine geringe perivasculäre Zellvermehrung in der Papillarschicht bei kaum erweiterten Gefäßen. In stärkeren Fällen jedoch besteht ein Ödem im oberen Drittel der Cutis und ein aus kleinen Lymphocyten und Fibroblasten gebildete Infiltration, in der neutrophile und eosinophile Leukocyten weitgehend fehlen, dafür aber reichlich Mastzellen anzutreffen sind.

Die von PARVIS, LEVI und CISOTTI aufgrund histochemischer Untersuchungen getroffene Feststellung, daß zumindest ein Teil der Keratosen Lipide darstellen, bezieht sich auf einen Fall von Meleda-Krankheit ohne vergleichende Untersuchungen bei anderen (flächenhaften) Palmar-Plantar-Keratosen.

KOGOJ hält die entzündlichen Erscheinungen in der Hauptsache für eine Wirkung äußerer Reize (Arbeit usw.), während MELCZER, wie bereits erwähnt, im Schweiß die auslösende Ursache sieht.

Die Keratosis palmo-plantaris mit Periodontopathie (PAPILLON-LEFÈVRE) zeigt ein mit der Meleda-Krankheit übereinstimmendes, stark an Intensität schwankendes histologisches Bild. Bei der Keratosis extremitatum hereditaria mit dominantem Erbgang fand GREITHER ein feingewebliches Bild, das keine wesentlichen Abweichungen von den beschriebenen Befunden bietet.

Die mächtige lamellös geschichtete Hyperkeratose ist durchgehend kernlos und ohne andere pathologische Einschlüsse. Stratum lucidum, granulosum und spinosum sind gleichmäßig verbreitert. Die Verbreiterung der Hornschicht und der Epidermis verläuft in gleichmäßigen, parallelen Wellen (Abb. 58); den hohen Papillen entsprechen Vorwölbungen der Epidermis, so daß die Hornschicht nie über Epithelverdünnungen zu liegen kommt. Auffallend ist das Verhalten des Pigments, es ist weder in der Basalzellschicht noch in der Cutis nachweisbar (KOGOJ beschrieb es in seinen Fällen auch eher vermindert als vermehrt). Im Corium findet sich eine starke Schlängelung der Capillaren, vielleicht auch mit teilweiser Capillarneubildung und Wucherung adventitieller Zellen. Um die Gefäße, aber auch um die Haarfollikel finden sich spärliche Lymphocyteninfiltrate unter Beimengung einzelner gelapptkerniger Leukocyten und eosinophiler Zellen. Talgdrüsen fehlen. Die geringfügige Entzündung ist wohl nicht primär, sondern mit KOGOJ als reaktiv zu deuten. — Ferner fiel der Reichtum an Nerven auf; dieser Befund könnte den Umstand erklären, daß die beiden eigenen Patienten (Mutter und Tochter) ein ausgesprochenes Schmerzgefühl, vor allem bei Kälte, an den keratotischen Hautarealen angaben.

Differentialdiagnose der diffusen erblichen Palmar-Plantar-Keratosen

Die Diagnose einer flächenhaften erblichen Palmar-Plantar-Keratose wird durch folgende Umstände gesichert: symmetrischer (wenn auch im einzelnen an Intensität und in der Begrenzung wechselnder) und flächenhafter Befall der Handteller und Fußsohlen, frühes Auftreten, Erblichkeit. Alle vier genannten diffusen erblichen Palmar-Plantar-Keratosen manifestieren sich in den ersten Lebensjahren bzw. bis spätestens in der ersten Schulzeit, während alle Phänokopien erst später Erscheinungen machen.

Schwierigkeiten können z.B. entstehen hinsichtlich der Beurteilung der Transgredienz: bei einem zwickelartigen Befall der Fersen im Rahmen einer Keratosis Unna-Thost gegenüber dem eigentlichen Übergreifen bei der Meleda-Krankheit. Vor allem muß man sich hüten, *vulgäre Warzen* (in selteneren Fällen „nuckle pads"), die oft auf Hand- oder Fußrücken vorkommen, fälschlicherweise für den Beweis des „Übergreifens" zu halten. Die gar nicht so seltene Kombination von

Keratoma palmare et plantare mit Verrucae vulgares ist, um nur einige wenige zu nennen, in den Fällen von PILAU (1935) und mit dem Fall 40 des Internationalen Dermatologen-Kongresses in Stockholm 1957 veranschaulicht. Das „Übergreifen" ist jedoch unbezweifelbar, wenn die Dorsa der Phalangen handschuhförmig, jedoch nicht in ihrer ganzen Ausdehnung, von den Keratosen eingefaßt werden. Die Differentialdiagnose der sicher transgredienten Fälle ist nicht schwierig, da außer der Meleda-Krankheit nur deren dominante Variante (Heidelberger Fälle) bzw. die Form *Papillon-Lefèvre* vorkommt. Bei der letzteren aber, die oft als solitär vorkommend imponiert, ist der zu definitiver Zahnlosigkeit führende Ausfall der Milch- und der bleibenden Zähne, unter massiven Erscheinungen der Pyorrhoe am Kiefer, so typisch, daß eine Verwechslung nicht möglich ist.

Die bei ausschließlichen Palmar-Plantar-Keratosen möglichen Verwechslungen mit Phänokopien sollen hier kurz erwähnt werden; ihre ausführliche Besprechung leitet indessen zu den nichtflächenhaften, circumscripten Palmar-Plantar-Keratosen über (s. später).

Die wichtigste Differentialdiagnose ist vielleicht die hyperkeratotische *Epidermophytie* [auch der mykotische Nagelbefall kann die bei Palmar-Plantar-Keratosen vom Typus Unna-Thost zwar selten vorkommenden Wachstumsstörungen der Nägel vortäuschen; auch die Kombination von Palmar-Plantar-Keratosen mit Nagelmykose (BEZECNY) ist möglich]. Für die Diagnose entscheidend ist die mehr lamellöse, nicht so mächtig ausgeprägte Hyperkeratose und der Pilznachweis. Weiterhin kommt differentialdiagnostisch in Frage eine *Psoriasis vulgaris* mit Typus inversus; hier muß der übrige Befund, Anamnese usw. zur richtigen Diagnose führen. [Der Fall von SAYER (1933) mit Keratosis palmaris et plantaris wurde in der Diskussion als Psoriasis vulgaris erklärt]. Die *Parapsoriasis* kann, wie ein Fall von MILIAN und BAUSSAN zeigt, außer den Körperherden auch Plaques, allerdings nicht zusammenhängender Art, an Palmae und Plantae hervorrufen. Ein *tylotisches Ekzem* dürfte mehr bei den später zu besprechenden diffusen Palmar-Plantar-Keratosen differentialdiagnostisch in Frage kommen; das gleiche gilt für *Schwielen, Clavi, Fußsohlenwarzen* und *Arsenkeratosen*. Monströse, indessen nicht auf die Handteller oder Fußsohlen beschränkt bleibende, zottenartige Hyperkeratosen mit Deformationen, vor allem der Füße, kommen bei der *Ichthyosis hystrix* bzw. bei *keratotischen Naevi* vor; zur ersteren ist wohl der Fall von MONCORPS (1937) (Keratosis palmo-plantaris transgrediens excessiva bei einem 23jährigen Mädchen) zu zählen.

MELCZER hat unbedingt recht, wenn er eine Reihe von transgredienten Palmar-Plantar-Keratosen aufzählt, die weder der Form Unna-Thost noch der Krankheit von Meleda zu subsumieren sind. Manche Fälle lösen sich aber bei näherer Betrachtung doch als in eine der beiden Formen rubrizierbar auf: So ist die Keratosis palmo-plantaris erythematosa congenita transgrediens von P. W. SCHMIDT eindeutig der Krankheit von Meleda zuzuordnen; lediglich der erythematöse Charakter, der auch im histologischen Bild zum Ausdruck kommt, aber mit der Krankheit von Meleda vereinbar ist, zeigt sich in diesem Fall stärker ausgeprägt. In der von GAHLEN beschriebenen Sippe wechseln flächenhafte Keratosen mit deren abortiver Form, dem Erythem (Form Unna-Thost). Die mit Warzen und Schleimhautveränderungen beginnenden bzw. kombinierten Fälle werden uns bei der Besprechung der *kongenitalen Dyskeratosen* bzw. *Polykeratosen* begegnen. Die Fälle von HUTINEL, dominant vererbt, sind wohl nichts anderes als eine Kombination von Keratoma palmare et plantare mit Ichthyosis vulgaris. Manche anderen Fälle gehen in der *Erythrodermie congénitale ichtyosiforme Brocq* — mit ausgeprägten oder abortiven Palmar-Plantar-Keratosen — auf, wieder andere Formen, die ein etwas mythisches Dasein führen, wie z.B. die *Eythrodermie palmaire et plantaire avec porokératose*, stehen sozusagen zwischen dem Palmar-Erythem und den dissipierten Palmar-Keratosen (im nächsten Kapitel werden wir noch einmal auf die hier nicht vollständige Differentialdiagnose zurückkommen).

Die Behandlung der diffusen erblichen Palmar-Plantar-Keratosen

Die Behandlung dieser Genodermatosen ist undankbar und in ihrer Wirkung beschränkt, d.h. sie bleibt symptomatisch. Auch die neuerdings so beliebt gewordene Verwendung von Vitamin A in hohen Dosen (täglich 100000—400000 E über Wochen bzw. Monate verabreicht) im Verein mit Vitamin A-haltigen Salben versagt bei den massiven Hornauflagerungen der diffusen Palmar-Plantar-Keratosen. CACCIALANZA und GIANOTTI sahen von Vitamin A bei der Form von Unna-Thost und bei der Meleda-Krankheit nur gewisse Erfolge während der Verabreichung. Unsere eigenen Erfahrungen bei allen 4 Formen sind, auf die Dauer gesehen, ernüchternd.

Hier hat also die alte Behandlung mit keratolytischen Salben im Verein mit Bädern sowie Strahlenbehandlung immer noch ihr Recht.

Die Indikation wie auch der Erfolg der *Strahlenbehandlung* sind nicht unbestritten; BEZECNY sah bei der Keratosis Unna-Thost von Röntgenstrahlen (im Verein mit Kohlensäureschnee-Behandlung) keinen Erfolg. Örtliche Röntgenbehandlung, auf die Keratosen, empfehlen z.B. CACCIALANZA und GIANOTTI; GROTTENMÜLLER verwendet Röntgen-Nahbestrahlung (5 Tage lang 500 r bei einer HWS von 0,29 mm Al., FHD 4 cm), KNIERER (nach CHAOUL) täglich 500 r, FHD 5 cm, Gesamtdosis 2500 r. Wir haben uns an der Heidelberger Klinik weder bei der Keratosis Unna-Thost, noch bei der Krankheit von Meleda vom Erfolg der Röntgenstrahlen (ohne Dauerschaden) überzeugen können.

Die Bestrahlung nicht der Herde selbst, sondern der Achselhöhlen und Inguines empfiehlt FERRARI (Methode von GOUIN): 180 kV Rö., 0,5 mm Cu + 1 mm Al. in monatlichen Abständen, 3mal mit insgesamt 850 r. Die Röntgenbestrahlung des Lumbalmarks empfehlen LACASSAGNE und MOUTIER, des Hypothalamus HERRERA u.Mitarb. (1968). In dem Fall von WINKLER (der von BRÜNAUER und KUMER schon mehrfach vorgestellt worden war) mußten tumorartige Wucherungen an den Fußsohlen, die wohl infolge der Röntgenstrahlen entstanden waren, operativ entfernt werden.

Bei stärkerer Behinderung der Palmar-Keratosen ist — nach erfolgloser medikamentöser Behandlung — neuerdings die *plastische Deckung* der Hohlhand (in mehreren Sitzungen) von PUPO und FARINA (1953), WILLIAMS (1953), LANDAZURI (1959) mit Erfolg durchgeführt worden.

Bei den *keratolytischen Salben bzw. Pflastern* wird man Salicylsäure bis etwa 60% anwenden können (aber nicht, ohne dabei auf die Nieren zu achten); GROTTENMÜLLER berichtet jedoch, daß sich nach 60%igem Salicyl-Guttaplast die schwielenartigen Keratosen verhärteten; man wird also bei niedrigeren Konzentrationen (Salben mit 5—10%) und bei Pflastern mit 40% auskommen. Aber auch Keratolytica wirken nur bedingt: ihr Versagen berichten unter anderem JOULIA, POINOT und TEXIER.

KOGOJ, der in seinen Fällen von Morbus Meleda die örtliche Röntgenbestrahlung ebenfalls ohne Erfolg versucht hat, empfiehlt eine Salbe mit folgender Zusammensetzung: Liq. Alum. acet. 30,0, Bals. peruv., Ol. Vaselini āā 15,0, Sulf. praec. 90,0, Acid. salicyl. 180,0, Resorcin 45,0, Sapon. Kalin. 400,0, Eucerini anhydr. 500,0. Französische Autoren (LACASSAGNE, LIÉGEOIS und FRIESS) empfehlen eine innerliche Behandlung mit *Magnesia usta* (täglich 0,4 g peroral), das in 1 Fall einer seit Kindheit bestehenden Palmar-Plantar-Keratose bei einem jungen Mann eine schnell einsetzende und anhaltende Wirkung zeigte. STRAUSS empfiehlt (auch ohne gleichzeitiges Vorliegen einer Syphilis) Arsphenamin; SMITH sah ausgezeichnete Erfolge nach einer 33%igen Magnesium-Oxydsalbe, OGAWA sah nach *Pilocarpin* bei monatelanger Anwendung eine deutliche Besserung eines Keratoma palmare et plantare hereditarium.

Auch die Okklusiv-Behandlung mit steroidhaltigen Salben scheint, zumindest bei massiven Keratosen, keine überzeugende Wirkung zu haben, wie eigene Versuche gezeigt haben.

Günstiger sind die zu einer gewissen Spontanheilung tendierenden Formen (PAPILLON-LEFÈVRE, GREITHER). Bei den Heidelberger Fällen genügte die Anwendung keratolytischer Salben (von denen allerdings die bei Kälte geklagten Beschwerden der stärker befallenen Merkmalsträgerinnen nicht völlig behoben wurden); die schwächer befallenen Kranken, auch die beiden Brüder mit der Form Papillon-Lefèvre, kamen mit einer sorgfältigen Hautpflege in Form häufiger Waschungen und der Anwendung von Bimsstein, danach milden keratolytischen Salben, aus.

6. Anhang:
Flächenhafte Palmar-Plantar-Keratosen mit assoziierten Symptomen

Wie bereits im Kapitel Differentialdiagnose erörtert wurde, gibt es eine Reihe von (übergeordneten oder assoziierten) Zuständen, mit denen eine diffuse Palmar-Plantar-Keratose vergesellschaftet sein kann. Relativ leicht ist die Abgrenzung etwa bei den Ichthyosen, schwierig bei den Dyskeratosen. Doch gehören die von SCHNYDER und KLUNKER unter den erblichen Palmar-Plantar-Keratosen aufgeführte

Dermatose pigmentaire réticulaire (Keratosis palmo-plantaris mit Hautpigmentationen) NAEGELI, 1926; FRANCESCHETTI und JADASSOHN, 1954, ferner die

Ektodermale anhidrotische Dysplasie Franceschetti (1953) mit intermediärem Erbgang zu den Dyskeratosen bzw. Dysplasien.

Hier noch zu besprechen sind jedoch folgende Formen:

a) Keratosis palmo-plantaris mit Oesophagus-Carcinom
(Clarke, Howel-Evans und McConnel, 1957)

Bei dieser flächenhaften, diffusen, möglicherweise auf die Plantae beschränkten Keratose, die das männliche Geschlecht bevorzugt, ist die Prädisposition für den Speiseröhrenkrebs bemerkenswert. Von 48 Befallenen in 2 Familien bekamen 18 ein Oesophagus-Carcinom. Die Wahrscheinlichkeit, zusätzlich an einem solchen zu erkranken, beträgt im Alter von 35—40 Jahren zwischen 15 und 25%, mit 65 Jahren bereits 95%. Von den 87 Angehörigen ohne Keratose erkrankte keiner an Speiseröhrenkrebs. Diesem Syndrom liegt eine Mutation eines pleiotropen autosomal-dominanten Gens zugrunde.

b) Keratosis palmo-plantaris mit Hypotrichose

HUDELO und RABUT beschrieben 1928 die Kombination von diffuser Palmar-Plantar-Keratose, Hyperhidrosen, subungualen Keratosen oder Nageldysplasien, Hypertrichose, Dyskranie und Zahnaplasie. FISCHER und SCHNYDER fanden 1958 eine ähnliche Kombination. SCHNYDER und KLUNKER zählen hierher auch die Fälle von MÖSLEIN. Ist in diesen Fällen die Vererbung autosomal-recessiv, so in einer analogen Beobachtung von THIERS und CHANIAL (1957) autosomaldominant. Letztere ist als Polykeratosis Touraine deklariert, so daß auch diese Form wohl den Dyskeratosen zuzuzählen ist.

c) Keratosis palmo-plantaris mit Uhrglasnägeln und Knochenhypertrophie

Bei dieser von BUREAU, BARRIÈRE und THOMAS (1959) beschriebenen Form sind die flächenhaften Palmar-Plantar-Keratosen nirgends transgredient; die starke Schweißabsonderung beschränkt sich nicht auf die Keratosen, sondern besteht am ganzen Integument. Ferner finden sich Uhrglasnägel sowie eine Hypertrophie der langen Röhrenknochen mit einer Verschmälerung der Corticalis.

d) Keratosis palmo-plantaris mit Hypercarotinämie und A-Hypovitaminose

Ob es sich bei dieser von Delacrétaz, Geiser und Frenk (1964), Frenk (1965) beschriebenen diffusen, gelb gefärbten Palmar-Plantar-Keratose mit den Befunden der Hypercarotinämie und A-Hypovitaminose um eine Erbkrankheit handelt, ist noch offen.

e) Sklero-atrophierende, keratodermische, häufig degenerative Genodermatose der Gliedmaßen
(Huriez, Deminatti, Agache und Mennecier, 1967)

Dagegen ist in der von Huriez u. Mitarb. im Jahre 1967 beschriebenen Dermatose eine Sonderform der flächenhaften Palmar-Plantar-Keratosen zu sehen.

Die klinischen Symptome setzen sich zusammen aus 1. einer diffusen Skleroatrophie der Hände (die einem Raynaud-Syndrom gleichen), 2. hypoplastischen Nagelveränderungen, die von Längsrillung, Plat- und Koilonychie über die Leukonychie bis zur Nagelaplasie reichen und 3. einer diskreten aber flächenhaften Keratosis palmaris et plantaris, die an den Handflächen stärker ausgeprägt ist als an den Fußsohlen. Die Ränder der Keratose sind scharf, mitunter besteht eine lamelläre Schuppung. Achillesferse und Handgelenk werden verschont (also keine Transgredienz).

Diese degenerativ-sklerodermiform-atrophische Palmar-Plantar-Keratose wurde in 3 Familien unter 156 Sippenangehörigen an 44 Mitgliedern gefunden. Genetisch ist nicht nur eine regelmäßig autosomal-dominante Vererbung (mit unvollständiger Penetranz) bemerkenswert, sondern der Umstand, daß das die Krankheit auslösende Gen mit dem Trägersystem der Blutgruppe MNSs gekoppelt ist.

Die Dermatose ist angeboren, entwickelt sich schnell bis zur vollen Symptomatik und bleibt dann stationär. Infolge der Verletzlichkeit der atrophischsklerodermiformen Acren führen berufsbedingte Traumen zu schlecht heilenden Ulcera; eine krebsige Entartung war bei 6 von 42 Befallenen (zweier Familien) festzustellen.

II. Circumscripte (insel- und streifenförmige, sowie papulöse) erbliche Palmo-Plantar-Keratosen

In diesem folgenden Abschnitt erwarten uns noch größere terminologische Schwierigkeiten. Nach Moncorps handelt es sich um eines der „verworrensten Kapitel in der Dermatologie". Dennoch hat sich — aufgrund neuerer Erkenntnisse — das Dunkel etwas gelichtet, so daß auch die circumscripten erblichen Palmar-Plantar-Keratosen einigermaßen überschaubar geworden sind. Dafür werden die Überschneidungen mit den nichterblichen, idiopathischen und symptomatischen Formen wieder größer.

Insgesamt sind hier an Palmae und Plantae lokalisierte Keratosen zu besprechen, die im Gegensatz zu den im vorigen Kapitel abgehandelten Formen Handteller und Fußsohlen nicht in kontinuierlicher, flächenhafter Ausdehnung, sondern nur teilweise bedecken. Die Form des circumscripten Befalls kann in mannigfacher Weise wechseln, sowohl was die Größe der einzelnen, als auch die Dichte der aggregierten keratotischen Herde anlangt. Bei sehr dichter Apposition — vor allem papulöser Efflorescenzen — kann nahezu das Bild diffusen Befalls entstehen, zumal auch bei den flächenhaften Palmar-Plantar-Keratosen einzelne grübchenartige Einsenkungen (von ehemaligen Hornpapeln stammend) in die Hornplatten eingelassen sind.

Neben den bereits besprochenen flächenhaften diffusen Palmar-Plantar-Keratosen unterscheiden wir

1. insel- und streifenförmige und
2. dissipiert papulöse Palmar-Plantar-Keratosen.

Diese vor allem morphologisch orientierte Einteilung ist nur bedingt durchführbar[1]. Einmal ist über die Größenordnung der papulösen bzw. inselförmigen Primär- oder Einzeleffloreszenzen keine Verabredung getroffen, zum anderen kann durch Konfluenz papulöser Herde ein inselförmiges Areal entstehen, zumal die Verteilung der circumscripten Keratosen über die Handteller und Fußsohlen unregelmäßig ist. Zwar erweist sich, daß bei den im folgenden zu besprechenden Formen die Druckstellen stärker befallen sind als die der Belastung weniger ausgesetzten Teile der Hände und Füße, dennoch bedingt allein die lose Verteilung der Keratosen gewisse Unsicherheiten in der Bestimmung der klinischen Grundmorphe.

1. Die inselförmigen erblichen Palmar-Plantar-Keratosen

MONCORPS hat die inselförmigen Palmar-Plantar-Keratosen als abortive Form der Keratosis Unna-Thost angesehen, bei der die schwächere Expressivität des Gens statt eines flächenhaften einen nur inselförmigen Befall zur Folge hätte. Diese Auffassung darf bezweifelt werden, weil Heterophänie zwischen flächenhaftem und inselförmigem Befall innerhalb der gleichen Sippe kaum bekannt ist.

Dagegen ist Heterophänie zwischen flächenhaften Keratosen (vor allem an den Fußsohlen) und streifenförmigen (mehr an den Handtellern) geläufig und gerade für diese Gruppe wichtig. Die inselförmigen Keratosen der Plantae sind Fußsohlenwarzen bzw. Schwielen sehr ähnlich, auch Schmerzhaftigkeit kann vorkommen. Arsenkeratosen, die alle Formen circumscripter Palmar-Plantar-Keratosen zu phänokopieren vermögen, sind von erblichen Keratosen oft kaum unterscheidbar. Deshalb ist es wahrscheinlich, daß mehr circumscripte Palmar-Plantar-Keratosen, als bislang angenommen wurde (vor allem die echten Solitärfälle) symptomatischer Natur sind. Ist das Gebiet der erblichen umschriebenen Palmar-Plantar-Keratosen zusammengeschrumpft, so haben die symptomatischen noch mehr an Bedeutung gewonnen.

a) Die dominanten insel- und streifenförmigen Palmar-Plantar-Keratosen
Keratosis palmo-plantaris striata sive linearis Brünauer-Fuhs, 1924
Keratosis palmo-plantaris areata Siemens, 1927
Keratosis palmo-plantaris varians Wachters, 1963

Es ist zunächst verwirrend, daß in dieser Gruppe zwei alternierende, voneinander gut unterscheidbare Formen zusammengefaßt sind: die inselförmigen,

---

[1] HOPF nimmt an, daß unter den verschiedenen dissipierten Palmo-Plantar-Keratosen bezüglich ihrer *Morphogenese* überhaupt keine wesentlichen Unterschiede bestünden. Die initialen Veränderungen aller Formen manifestieren sich als feine Unterbrechungen der Papillarleisten, d.h. die, wenn auch sehr kleinen keratotischen Herde deformieren an einzelnen Stellen die Papillarleiste, ehe sie sich zu größeren, auch makroskopisch sichtbaren Herden entwickeln. HOPF betont, daß die Palmar-Veränderungen des Morbus Darier sich in der gleichen Weise manifestieren. Sie scheinen indessen, auch wenn ihre Histologie der der dissipierten Keratosen entspricht, in der Größenordnung der für die eigentlichen Palmar-Plantar-Keratosen initialen Herde stehen zu bleiben. Aus dem gleichen Beginn auf eine Wesensgleichheit der verschiedenen Palmar-Plantar-Keratosen zu schließen, scheint uns weder angängig, noch für das Verständnis der dissipierten Palmo-Plantar-Keratosen von Gewinn zu sein.

schwielenartigen und die striären, oft radiär von der Palma auf die Finger aus-strahlenden, verrukös zusammengesetzten. Es ist das Verdienst von Siemens (1929), darauf hingewiesen zu haben, daß meist die Fußsohlen inselförmige, die Handflächen streifige Keratosen zeigen, bzw. daß es zwei verschiedene Formen des Befalls gibt: eine ziemlich streng radiäre, bei der die keratotischen Streifen von den Handtellern radiär auf die Finger übergeht; bei der 2. Form bleibt die striäre Keratose auf die Volarseite der Finger beschränkt, während die Palmae eine mehr diffuse (zumindest aus größeren Arealen zusammengesetzte) Keratose aufweisen (Abb. 59).

Wachters hat 1963 als „Keratosis palmo-plantaris varians" eine Form heraus-gestellt, bei der innerhalb der gleichen Sippe inselförmiger Befall (meist an den Fußsohlen) mit striärem und diffus-membranösem Befall (meist an den Händen) wechselt. Ferner ist das Eponychium verdickt, es finden sich außerdem an den Ellbogen, über den Knien, an Fußrücken und Knöcheln münzenförmige, graue, feinkörnige, unscharf begrenzte, z.T. erythematöse feine Keratosen. Schnyder und Klunker haben die Form von Wachters den Keratosen von Brünauer, Fuhs und Siemens übergeordnet, zumal auch in der Schweiz durch Storck, Schnyder und Schwarz eine Sippe mit den gleichen alternierenden Keratosen und zusätzlichem Kräuselhaar entdeckt und durch eine Doktorandin Schnyders, Frau G. D. Sutton-Williams, näher beschrieben wurde (1968). Dieser Zuordnung stellen sich jedoch Bedenken mehrfacher Art entgegen:

1. ist das Symptom der diffus-membranösen Keratosen an den Palmae neu und in den Beschreibungen von Brünauer und Fuhs sowie Siemens nicht enthalten. Hier könnte man — mit Moncorps — wirklich von einer „abortiven Form Unna-Thost" sprechen. 2. handelt es sich nicht um ausschließliche circumscripte Palmar-Plantar-Keratosen, sondern um intrafamiliär stark variierende Keratosen an Handtellern, Fußsohlen und an anderen Körperstellen mit weiteren assoziierten Symptomen, von denen in der von Sutton-Williams (vorher von Storck, Schnyder und Schwarz) beschriebenen Sippe vor allem das Kräuselhaar auffällt.

Zu den nach Brünauer-Fuhs und Siemens benannten Formen zählen wir — neben den möglicherweise doch Eigenständigkeit verlangenden Fällen von Wachters, Storck, Schnyder und Schwarz sowie Sutton-Williams die als inselförmig beschriebenen, dominanten Erbgang erkennen lassenden Fälle von Bettley und Calnan (1953), Fuhs (1942), Gasser (1950) (2. Fall), Kliegel (1942), Koller (1936,) Schubert (1937), Volavsek (1940), Waldecker (1938), Baloga (1965).

Über die klinische Form ist damit bereits genügend gesagt: an den Plantae ist das Bild von Fußsohlenwarzen bzw. Schwielen kaum zu trennen: es handelt sich um runde bis rund-ovale, oft schmerzhafte Hornplatten von Münzengröße, die vor allem an den Fersen, Zehenballen und lateralen Teilen des Fußes (also an Stellen stärkeren statischen Druckes) lokalisiert sind. Hier ist auch anzuführen, daß mechanischer Druck bei den circumscripten Palmo-Plantar-Keratosen deut-licher als bei den diffusen Formen zu den Manifestationsfaktoren gehört. An den Fersen und über den Zehenballen können auch größere Inseln zusammenhängen-der, leicht auf den Ansatz der Achillessehnen übergreifender Hornplatten ent-stehen; größere Inseln können im Zentrum Eindellungen zeigen.

An den Hohlhänden imponiert das aus kleinsten Papeln zu Streifen zusammen-gesetzte Bild vor allem an der Haut über den Beugersehnen, sowohl der Finger als auch der Hohlhand, soweit die letztere nicht in Form einer mehr diffus an-mutenden Keratose befallen ist (diese z.T. noch diffusen circumscripten Formen verleiteten wohl Moncorps zur Annahme einer abortiven Keratosis Unna-Thost). Vereinzelt kommen an den Fingerknöcheln kleinherdige Keratosen vor (Brehm, Franceschetti und Schnyder), ferner subunguale Keratosen, indessen keine sonstigen assoziierten Symptome.

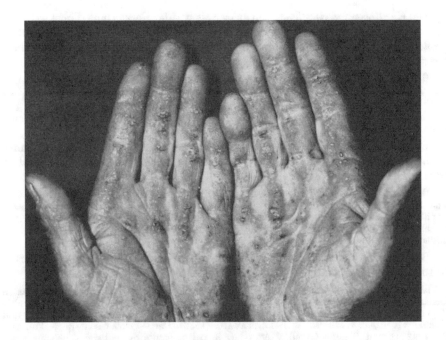

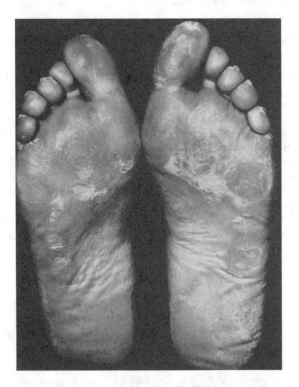

Abb. 59. Keratosis palmoplantaris striata sive areata. An den Handtellern mehr striäre, an den Fußsohlen mehr inselförmige Keratosen (D)

Die Keratosen *manifestieren* sich später als bei der Form Unna-Thost, nämlich in der Regel innerhalb des 1. Lebensjahrzehnts, jedoch früher (und in nicht so großer Streuungsbreite) als bei der disseminiert-papulösen, später zu besprechenden, ebenfalls dominanten Form.

Bei Geburt vorhanden erwähnen die Keratosen FUHS, seit frühester Kindheit KOLLER, TAPPEINER, VOLAVSEK, in der Kindheit entstanden GERTLER, in der Pubertät BEZDIČEK, KLIEGEL, P. W. SCHMIDT, erst im 20. Jahr WALDECKER.

Im Gegensatz zu der Keratosis Unna-Thost ist *Hyperhidrosis* regelmäßig vorhanden (u.a. FUHS, VOLAVSEK).

Die *Füße* können *stärker befallen* sein als die Hände (VOLAVSEK); es können auch *nur die Hände* befallen sein (GERTLER) oder *ausschließlich die Fußsohlen* (BALOGA).

Das *feingewebliche Bild* zeigt eine mächtig verdickte Hornschicht, die wellenförmig über eine hochgradig acanthotische Epidermis (FUHS, TAPPEINER, VOLAVSEK) hinzieht. Die Papillen sind schmal und lang, die Epidermis senkt sich mit tiefen Zapfen in die schlauchartig verschmälerten Papillen hinab (VOLAVSEK). Im Corium finden sich banal-entzündliche Zellinfiltrate (FUHS).

Der *Erbgang* ist ausnahmslos, und von allen in diesem Abschnitt zitierten Autoren bestätigt, *dominant* (BALOGA verfolgte 5 Generationen).

Keinen bestimmten Erbgang (meist infolge mangelnder Familienuntersuchungen) lassen folgende Fälle erkennen: der vor der Berliner Dermatologischen Gesellschaft am 8. November 1953 demonstrierte Fall, ferner die Fälle von BAUMANN (1954), CAJKOVAC (1937), MELKI und HARTER (1956), P. W. SCHMIDT (1935), TAKADA (1932). Der — sicher solitäre — Fall von DELACRÉTAZ und GEISER (1960), Kératodermie palmo-plantaire en bandes, scheint nicht hierherzugehören (symptomatischer Natur?).

b) Die dominante Keratosis palmo-plantaris cum degeneratione granulosa Voerner, 1901

ist klinisch durch eine pflastersteinförmige Verhornung, die mehr inselartig als diffus imponiert, gekennzeichnet. Wegen der histologisch nachweisbaren und kennzeichnenden granulösen Degeneration (bzw. Akanthokeratolyse) diskutiert SCHNYDER eine Heterophänie mit der — ebenfalls durch eine granulöse Degeneration gekennzeichneten — bullösen Erythrodermie congénitale ichthyosiforme. Eine solche ist in den bekannten Familien dieser Palmar-Plantar-Keratose nicht vorhanden, während eine Heterophänie zwischen den systematisierten hystrikoiden Naevi und der bullösen Erythrodermie congenitale ichthyosiforme bekannt ist (s. Abschn. B). Auch die weiteren hier einschlägigen Beobachtungen (MONTGOMERY und KLAUS, 1962; BRUNSTING, KIERLING, PERRY und WINKELMANN, 1962) bringen kein weiteres Licht in diese mehr inselförmige als diffuse, dominante Palmar-Plantar-Keratose ohne sonstige assoziierte Symptome.

2. Die dominant erblichen disseminiert-papulösen Palmo-Plantar-Keratosen

Früher waren mindestens vier verschiedene Formen, die teils als erblich, teils als nichterblich betrachtet wurden, zu unterscheiden. Daß sie alle zusammengehörig und alle dominant erblich sind, ist zwar seit langem vermutet worden; den strikten Nachweis haben wir vor allem E. HEIERLI-FORRER zu verdanken.

Es ist hier also nur eine einzige, autosomal dominant vererbte Form zu besprechen, deren Synonyma allerdings verwirrend zahlreich sind. Die wichtigsten Synonyma — einschließlich ihrer Beschreiber — sind:

**Disseminated clavus of the hands and feet Davies-Colley, 1879
Keratodermia maculosa symmetrica disseminata palmaris
et plantaris Buschke und Fischer, 1906
Keratoma dissipatum palmare et plantare Brauer, 1913
Keratosis palmo-plantaris papulosa Siemens, 1929**

Weitere Synonyma sind: Keratodermia punctata disseminata symmetrica, Keratoma hereditarium palmo-plantare punctatum, Keratodermia symmetrica disseminata papulosa palmaris et plantaris, Keratodermia idiopathica disseminata palmaris et plantaris, Kératome ponctiforme ou miliaire, Kératodermie cupuliforme héréditaire et familiale.

Schon MONCORPS hatte die Tendenz, die beiden wichtigsten Formen, die erbliche nach BRAUER und die angeblich nichterbliche nach BUSCHKE-FISCHER miteinander zu identifizieren. Auch BRAUER und nach ihm FUHS, NEUBER, NEXMAND, SIEMENS haben die beiden Zustände als gleichartig erachtet.

Aus der Originalarbeit von BUSCHKE und FISCHER (1906 und 1910) — und einer späteren Publikation von BUSCHKE (1927) — geht klar hervor, daß eine persönliche Untersuchung der übrigen Familienmitglieder nicht stattgefunden hatte und somit die Deklaration als Solitärfall jeder Verbindlichkeit entbehrte.

Die übrigen 2 Unterschiede in BRAUERs Beobachtungen (1913) waren ebenfalls relativ; die von BUSCHKE-FISCHER vermißte, von BRAUER gefundene „Parakeratose" war, wie BRANN zeigte, ein Farbniederschlag; die fehlende bläuliche Verfärbung im Zentrum der keratotischen Dellen war durch stärkere Verhornungsvorgänge bedingt (BRANN, CALLOMON, GALEWSKY).

E. HEIERLI-FORRER hat (unter Anleitung von U. W. SCHNYDER) eine sorgfältige Analyse der verwertbaren Schrifttumsfälle durchgeführt und an Beobachtungen der Züricher Klinik die Wertlosigkeit aller von den Patienten über weiteren Familienbefall gemachten Angaben dargetan.

Es zeigte sich, daß nicht nur Patienten von ihren nächsten Verwandten nicht wußten, daß sie befallen waren (was bei längerer Trennung und späterer Manifestation des Leidens möglich ist), sondern es zeigten sich auch Familienmitglieder befallen, die sich in einer schriftlichen Befragung als frei bezeichnet hatten. Bei Genodermatosen, die geringe objektive und subjektive Erscheinungen machen, dazu spät auftreten können, ist nur die persönliche Untersuchung imstande, den familiär-erblichen Charakter aufzudecken.

Klinisches Bild. Die Keratosen treten im allgemeinen symmetrisch (wenn auch nicht gleichzeitig) an Handtellern und Fußsohlen auf. Das alleinige Vorkommen an einer der beiden Lokalisationen ist nicht berichtet, wenn auch verschieden starker Befall (LICHTER: Handteller stärker). Nun sind die Hände der (eigenen und fremden) Beobachtung zugänglicher als die Fußsohlen. Die Entwicklung geht im allgemeinen langsam und über Jahre bis zur vollen Ausprägung des klinischen Bildes vor sich.

Die Wirkung *mechanischen Druckes* (grobe Handarbeit, Stehen) scheint für die Manifestation von Bedeutung zu sein (BECKER und OBERMAYER, FUHS, HOPF, MICHAEL, NEXMAND). HEIERLI-FORRER hat allerdings in ihren Fällen bei statistischem Vergleich von Manifestationsstärke der Keratosen und Beruf der Träger keine signifikante Abhängigkeit des Ausbildungsgrades von mechanischen Faktoren gefunden. Die Keratosen können, vor allem an den Füßen, bei Belastung in geringer Weise schmerzhaft werden; E. HEIERLI-FORRER betont das Fehlen jeglicher Beschwerden bei allen ihren Kranken.

Der Hautbefund, wenn auch *in der Stärke der Ausprägung und in der Zahl der möglichen Efflorescenzen in breiten Grenzen wechselnd*, ist recht kennzeichnend. Die Primärefflorescenz ist eine runde, leicht erhabene, auch gedellte Papel. Zur grübchenförmigen Einsenkung der Mitte (die Papel wird oft kugelig, „cupuliform", Abb. 60, 61) kommt es nach der Entfernung der Hornauflagerung, die jedoch, wie HEIERLI-FORRER betont, nie spontan vor sich geht. Die Papeln wachsen auch immer an der gleichen Stelle wieder nach. Kleinste, nur stecknadelkopfgroße Papeln sind unscheinbar, auf dem Lichtbild können sie durch Reflexbildung als

Vertiefungen imponieren. In mittelschweren Fällen sind die Hornpapeln zahlreicher (6—10 pro cm²), größer und alle gedellt (Abb. 60b, c, 61). In schweren Fällen sehen die Einzelefflorescenzen wie prominente Warzen aus (Fälle von E. FISCHER, 1956), das Zentrum ist gehöckert, von einer kreisförmigen Furche begrenzt und von einem breiten hyperkeratotischen Wall umgeben. Bei enger Aneinanderlagerung können ganze Hornplatten entstehen, in denen jedoch die einzelnen „Warzen" durch Furchen voneinander getrennt sind. Solche größeren Hornmassen entstehen vor allem an den Fersen (HAUFE), sie können auch Rhagaden aufweisen. Die Verteilung der (verschieden großen) gedellten Hornpapeln kann gleichmäßig sein, ebenso aber an verschiedenen Stellen eine mehr gruppen-

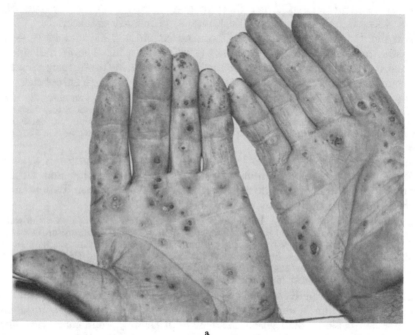

a

Abb. 60a—c. Keratosis palmoplantaris papulosa. Verschieden starke Ausbildungsgrade an den Handtellern

förmige Anordnung (Abb. 60a, 61) zeigen. Palmae oder Plantae können von Hornpapeln geradezu übersät sein (SMELOFF); LICHTER zählte an einer Hohlhand über 100 Efflorescenzen.

Hyperhidrose wird von FUHS, ferner von POPPER angegeben. Ihr Fehlen erwähnt EDEL, auch die Fälle der Züricher Klinik ließen eine Hyperhidrose (wie auch sonstige assoziierte Syndrome, Nagel-, Haar- und Zahnstörungen) vermissen.

Histologie. FUHS beschreibt das feingewebliche Bild folgendermaßen: die Hornschicht ist mächtig verdickt, wobei eine zentrale zapfenförmige Einsenkung ins acanthotisch gewucherte, sie krebsscherenförmig umgebende Rete eindringt. Darunter im Corium findet sich eine banale reaktiv-entzündliche Reaktion. Bei schwacher Ausprägung der Keratosen scheint jede entzündliche Reaktion zu fehlen (HELLER, TJON AKIEN).

Das *Manifestationsalter* schwankt wie kaum bei einer anderen Genodermatose in breiten Grenzen.

Es mögen nur einige Angaben der Literatur folgen. Seit Geburt bestehend geben die Keratosen FUHS, WOLFRAM an; in früher Jugend entstanden KORTING, REITER, WALDECKER; im ersten Jahrzehnt FETZER, HELLER, NOSKO. Wesentlich häufiger sind die Angaben über späteres Auftreten: im 2. Lebensjahrzehnt ALLEGRA, GOMEZ-ORBANEJA, POZIETA und

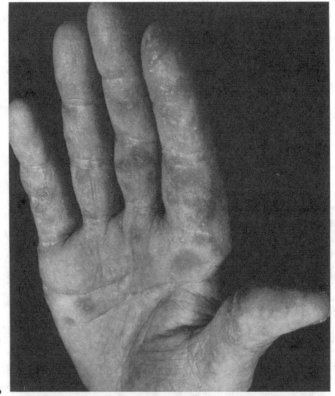

b

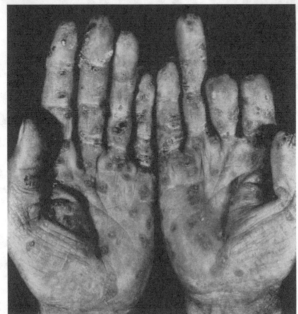

c

Abb. 60b u. c. Keratosis palmoplantaris papulosa. Bei c: Fingerverstümmelung nach Unfall

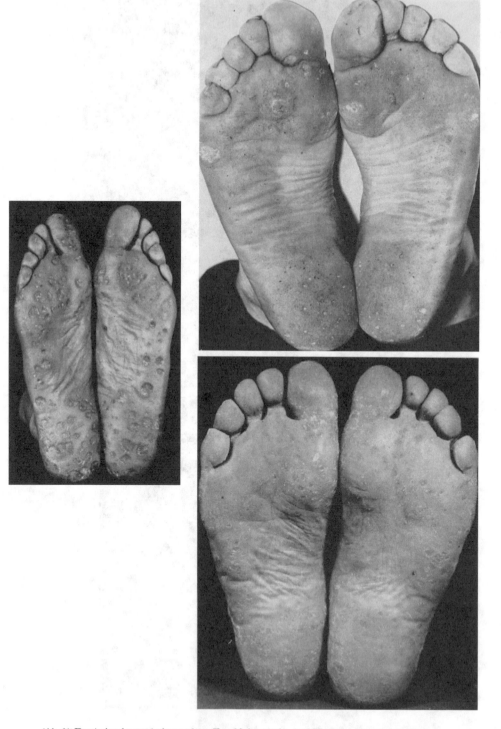

Abb. 61. Keratosis palmopantaris papulosa. Verschieden starke Ausbildungsgrade an den Fußsohlen.
Grübchenförmige Einsenkung (z. T. „cupuliform"), z. T. angedeutet gruppierte Anordnung

PÉREZ, HAXTHAUSEN, LEVIN. Im 3. Jahrzehnt: ČAJKOVAC, FUHS, POPPER, WEISSENBACH und THIBAUT, SIMS; im 4. Jahrzehnt COUPE und USHER, EDEL, GROSS, HOPF, OBERMÜLLER, STUMPFF, TJON AKIEN; im 5. Lebensjahrzehnt SÉZARY, P. W. SCHMIDT und schließlich sogar noch im 6. Lebensjahrzehnt HAUFE, LICHTER, ROSS.

Nach der Schrifttumsanalyse von HEIERLI-FORRER zeigen 17% aller Kranken das Leiden mit 15 Jahren, im 30. Altersjahr 69%, im 40. Jahr schon 89% aller Fälle. Erst im Alter von 65 aber sind alle manifestiert. Im Krankengut der Züricher Klinik manifestierten 17 Fälle zwischen 16 und 40 Jahren, ein Fall mit zwei und ein Fall mit 55 Jahren.

Geschlechterverhältnis. BRÜNAUER nahm noch an, es seien nur Männer befallen. Dies ist zwar lange als Irrtum erkannt, dennoch überwiegt in vielen Berichten das männliche Geschlecht. HEIERLI-FORRER hat gezeigt, daß beide Geschlechter gleich häufig befallen sind, wenn man bei der statistischen Analyse das mögliche späte Manifestationsalter berücksichtigt. Auf die Schwierigkeiten von Familienuntersuchungen weisen C. SCHIRREN und R. DINGER hin.

Erbgang. Eine Y-chromosomale Vererbung, wie sie COCKAYNE und LENZ erwogen, liegt nicht vor. Es handelt sich um einen autosomal regelmäßig dominanten Erbgang. BUCHANAN fand 25 Befallene in 5 Generationen. Die Erkrankungswahrscheinlichkeit beträgt bei Berücksichtigung der Möglichkeit der Spätmanifestation 50%[1]. ESTELLER, FORTEZZA und SORNI fanden keine chromosomalen Abweichungen.

FUHS hat einmal in einer Sippe Heterophänie beobachtet, also abwechselnd striär-inselförmige und papulös-disseminierte Manifestation. HEIERLI-FORRER hat in ihrem Material nie Heterophänie beobachtet. Es ist wahrscheinlich, daß die relativ große klinische Variationsbreite mit der Möglichkeit der Ausbildung auch größerer Hornplaques eine Heterophänie vorgetäuscht hat.

Verlauf. Das Leiden ist nach Erreichung der vollen Manifestation stationär. Spontanabheilung tritt nicht ein. Über Therapie s. später.

3. Dissipierte Palmar-Plantar-Keratosen mit assoziierten Symptomen

Sowohl diffuse als auch circumscripte Palmar-Plantar-Keratosen, denen im Rahmen der erblichen Verhornungsstörungen eine zentrale Bedeutung zukommt, können sowohl bei übergeordneten Verhornungsstörungen als auch im Verein mit anderen Symptomen bei dyskeratotischen und dysplastischen Keratosen vorkommen. Die wichtigsten Syndrome, zu denen — unter anderem — dissipierte Palmar-Plantar-Keratosen gehören, sind:

a) Pachyonychia congenita-Syndrom

a) Pachyonychia congenita-Syndrom (JADASSOHN und LEWANDOWSKY, 1906; H. FISCHER, 1921; SPANLANG-TAPPEINER, 1927, 1937; BRÜNAUER, 1924, 1925; SCHÄFER, 1925).

b) Keratosis palmo-plantaris mit Lipomen (HANHART, 1947) (dominant).

c) Keratosis palmo-plantaris circumscripta areata mit Oligophrenie und Augenveränderungen (RICHNER, 1938; HANHART, 1947) (rezessiv).

d) Papulöse Palmar-Plantar-Keratosen mit Osteopoikilodermie (AIGNER), *Kolbendaumen* (WALDECKER), *Epilepsie* (VOSICKY) und *anderen Symptomen.*

Während die unter a) genannte Gruppe des Pachyonychia congenita-Syndroms (das heute mit TOURAINE unter die Polykeratosen gezählt wird) im Kapitel „Dyskeratosen" (E) (und die mit dissipierten Palmar-Plantar-Keratosen einhergehenden Dysplasien im Kapitel F) abzuhandeln sind, haben wir uns mit den

---

[1] Keine oder nicht ausreichende Angaben über das familiäre Vorkommen liegen unter anderem in folgenden Berichten vor: BAUMANN, BAZEK und SALVADOR, BERGERMANN (1940), DUPERRAT, PRINGUET und MASCARO (1962), HELLER (1930), HOPF (1932), KORTING (1951), KVORNING (1956), MATRAS (1936), OBERSTE-LEHN (1953), OPPENHEIM (1932), SÉZARY und HOROWITZ (1936), SIMS (1932), P. W. SCHMIDT (1936), STUMPFF (1937), TJON AKIEN (1933); sowie in folgenden Fallberichten: Jena 1953, Bremen 1952, Berlin 1952 und 1953.

übrigen Formen näher zu beschäftigen. Dabei ist zu berücksichtigen, daß die Übergänge zwischen den einzelnen Formen fließend sind und daß sich schwer rubrizierbare Merkmalskombinationen finden.

b) Keratosis palmo-plantaris mit Lipomen (Hanhart, 1947)

Im gesamten Schrifttum gibt es nur die Beobachtung Hanharts, die eine Vergesellschaftung papulöser Palmar-Plantar-Keratosen mit multiplen Lipomen zeigt. Es handelt sich aber hier wohl nicht um ein pleiotropes Gen, sondern um das zufällige Zusammentreffen zweier autosomal dominant erblicher Leiden, auch wenn es sich 7mal wiederholte. Bemerkenswert ist übrigens, daß die älteren Merkmalsträger noch multiple Lipome, die jüngeren nur mehr isolierte aufwiesen. Es wurden hier also zwei dominante Gene, von denen mindestens eines wechselnde Expressivität aufweist, weitervererbt.

c) Keratosis palmo-plantaris mit Oligophrenie und Augenveränderungen

Dieses autosomal recessiv vererbte Syndrom setzt sich aus einer Reihe von Merkmalen zusammen, die erst allmählich bekannt wurden. Die Augenerscheinungen hat als erster Richner (1938), die Oligophrenie Hanhart (1947) beschrieben. Schnyder (1964) fand bei den Patienten Richners noch eine Brachytelephalangie und bei einem Kranken eine ausgedehnte Divertikulose des Darmes und der Blase. Franceschetti hat die Form der Augenveränderungen (in eigenen Fällen, wie auch in den Fällen von Kuske und Hanhart) genauer studiert. Er hat nicht nur gefunden, daß die Corneadystrophie herpetiform und mit Lichtscheu verknüpft ist, sondern daß diese typische Corneadystrophie auch ohne Keratosen auftreten kann. Von 2 Geschwistern, die er 1958 untersuchte, zeigte die ältere Schwester eine schmerzhafte, clavus-artige Keratose *und* die Hornhautdystrophie, der jüngere Bruder nur die letztere (Franceschetti und Thier, 1961). Schnyder hat bei der Nachuntersuchung eines sporadischen Falles von Hanhart festgestellt, daß die dissipierten Palmar-Plantar-Keratosen inzwischen abgeheilt waren.

Die Keratosen sind — im Gegensatz zu den vorhin beschriebenen — rein inselförmig, nie striär. Sie imponieren als rund-ovale Hornplatten, wie Fußsohlenwarzen und Schwielen, sind fast immer schmerzhaft. Die Fußsohlen sind im allgemeinen stärker als die Hohlhände befallen.

Des weiteren sind (außer den bereits erwähnten Fällen) hierher zu zählen die Beobachtungen von Brünauer (1924) und Kuske (1959). Nicht rubrizierbar ist — wegen ungenau angegebener Augenveränderungen — der Fall von Schäfer (1928); ein Fall der Essener Hautklinik (1937) (als Keratosis palmo-plantaris Brünauer-Fuhs bezeichnet, aber mit assoziierten Symptomen, vor allem „Pannusbildung") gehört möglicherweise auch hierher.

Diese Form zeigt *recessiven* Erbgang [im Fall Hanhart (1947) sind die Eltern blutsverwandt]. Fälle mit recessivem Erbgang haben weiterhin Fuhs (1942) und Lenartowicz beschrieben (bei letzterem hat Goldschlag in der Diskussion den recessiven Erbgang ausdrücklich hervorgehoben); die Fälle sind aber nicht verwertbar, weil ophthalmologische Untersuchungen fehlen.

Bei diesem Syndrom scheinen nicht alle Symptome (Keratosen, Intelligenzminderung, Augenveränderungen) gleichzeitig und in gleicher Stärke vorhanden zu sein, ferner kommen auch noch andere als die beschriebenen Veränderungen vor. Das zeigen vor allem die Beobachtungen von Šalamon und Lazović (1962), die mit „*Keratosis palmo-plantaris insularis sive circumscripta, Schwachsinn, Skelet- und Augenhintergrundsveränderungen*" einhergehen.

Der Vater der am stärksten befallenen beiden Geschwister hatte eine abortive Form der diffusen plantaren Keratodermie. Fall 1, ein 9jähriges Mädchen, zeigte circumskripte, z.T. inselförmige Keratosen der Handteller und Fußsohlen, einen Hypertelorismus, ferner weitere

Skeletanomalien in Form eines gotischen Gaumens, einer knöchern überbrückten Sella turcica, Veränderungen am Augenhintergrund; sie war ferner debil. Der 16jährige Bruder zeigte neben den erwähnten Keratosen der Handteller und Fußsohlen eine Keraotsis follicularis der Ober- und Unterarme und eine Hypertrichosis der Unterschenkel. Auch er war debil. Der abortive Befall des Vaters legt einen dominanten Erbgang mit Heterophänie der einzelnen keratotischen Merkmale nahe; insgesamt ist das Symptomenbild der Polykératose congénitale angenähert.

ŠALAMON, GRIN und SALČIČ beschrieben 1963 eine weitere Sippe mit

circumscripter Palmar-Plantar-Keratose und Oligophrenie.

An 4 Geschwistern (unter insgesamt 14, von denen 5 schon verstorben waren) fanden sich inselförmige Palmar-Plantar-Keratosen. Zwei dieser befallenen Kinder waren eineiige Zwillinge; sie und ein weiteres Geschwister waren außerdem oligophren, das vierte befallene Kind zeigt nur die Palmar-Plantar-Keratosen. Bei keinem der Befallenen fanden sich Hornhautveränderungen. Die Eltern sind zwar gesund, aber blutsverwandt.

Hier muß ferner erwähnt werden der Bericht von ŽMEGAČ und SARAJLIČ (1965) über disseminierte *Palmar-Plantar-Keratosen und Hornhautveränderungen* in drei Generationen, also mit *dominantem Erbgang*.

Die Keratosen zeigten verschiedene Stärkegrade, die zwischen punktförmigen Keratosen über größere, mehr rundliche Areale zu fast flächenhaft massiven, teils striär wirkenden Keratosen sich ausdehnten. Die Augenerscheinungen bestanden im schwersten (behandlungsbedürftigen) Fall in Cornea-Erosion, Photophobie, Epiphora; bei den übrigen Probanden (6 unter 23 Mitgliedern) zeigten sich oberflächliche gräuliche Hornhauttrübungen ohne entzündliche Erscheinungen.

Schließlich sei erwähnt, daß ŠALAMON und FLEGER (1965) dystrophische *Hornhautanomalien* bei einem 57jährigen Mann fanden, der an beiden Handtellern und Fußsohlen *disseminierte warzenartige Kerato-Angiome* aufwies, die sowohl als Angiome bzw. Angiokeratome als auch hinsichtlich des solitären Vorkommens schwer einzuordnen sind.

d) Papulöse Palmar-Plantar-Keratosen mit verschiedenen Symptomen (Osteopoikilie, Epilepsie, Knochenveränderungen usw.)

Die hier zu besprechenden Merkmalskombinationen stützen sich meist auf Einzelberichte und lassen weder häufigeres Vorkommen noch regelmäßige Kombination der in Frage stehenden Merkmale erkennen. Infolgedessen kommt diesen Berichten kaum einmal Syndrom-Charakter zu.

α) Papulöse erbliche Palmar-Plantar-Keratosen mit Knochenveränderungen

AIGNER berichtete 1953 über das Vorkommen dieser Merkmale anhand einer Sippe im Mürztal, in der insgesamt 6 Personen nur die papulösen Palmar-Plantar-Keratosen, drei die Kombination von *Osteopoikilie* und Keratosen aufwiesen. Eine weitere, nur 4 km entfernt beheimatete Familie zeigte nur Merkmalsträger mit dissipierten Palmar-Plantar-Keratosen ohne Knochenveränderungen.

Die Osteopoikilie ist eine harmlose, offenbar ebenfalls dominant vererbbare Anomalie, bei der sich — bei röntgenologischer Kontrolle des Skelets — Inseln von Kompakta in der Spongiosa finden; diese Verdichtungsherde stellen multiple Enostosen, indessen keine Osteome dar. AIGNER vermutet zwar, daß es sich bei Keratosen und Knochenveränderungen um eine genetische und morphologische Verwandtschaft der beiden Anomalien handle. Bislang ist indessen nicht erwiesen, daß eine gesetzmäßige Kombination beider Gene oder eine induzierte Abhängigkeit der Knochenanomalien von dem für die Keratosis verantwortlichen Gen vorliegt.

Als eine weitere Kombination hat WALDECKER (1937/38) die Vergesellschaftung von papulösen Palmar-Plantar-Keratosen mit *beiderseitigem Kolbendaumen* beobachtet.

Leider ist von ihm nur ein Proband selbst untersucht worden, der etwas atypische, teils transgrediente (bzw. an den Knien symptomatische?) Palmar-Plantar-Keratosen und den beiderseitigen Kolbendaumen aufwies. Während ein weiterer Bruder nur die Keratosen (angeblich) zeigt, soll eine Schwester beide Affektionen vereinigen. Der Kolbendaumen ist dominant vererbbar; leider ist die Familie auf beide Erbleiden hin nicht näher untersucht worden.

Hierher gehören wohl auch die von BUREAU, HOREAU, BASSIÈRE und DUFAYE beobachteten *Auftreibungen der Finger und Zehen (Osteohypertrophie)* bei zumindest teilweise papulösen Palmar-Plantar-Keratosen. Die Einordnung der Fälle ist schwierig; sie gehören sicher nicht zu der Akromegalie oder der Osteoarthritis hypertrophicans von P. MARIE (vor allem wegen des Fehlens der Pachydermie); am meisten nähern sie sich der akromegaloiden Osteose (ARNOLD 1891, OEHME 1919), doch fehlen synoviale und artikuläre Erscheinungen. Möglicherweise sind die Palmo-Plantar-Keratosen symptomatisch-hormoneller Natur.

β) Weitere Merkmalskombinationen

VOSICKY berichtete 1951/52 über die Kombination mit *Epilepsie*, KIENZLER (1936) über die Kombination mit *Vitiligo* (seine Fälle sind wohl ebenfalls den Polykeratosen zuzuzählen). Nicht nur bei den diffusen, sondern auch bei den dissipierten Palmar-Plantar-Keratosen sind (wohl symptomatisch aufzufassende) *Carcinome* zu beobachten (DOBSON, YOUNG und PINTO, 1965; VILANOVA und CAPDEVILA, 1965, allerdings vom Typ Mantoux). Diese Fragen werden uns noch ausführlicher im nächsten Abschnitt beschäftigen.

Sehr selten sind Berichte von Carcinomen in solchen Palmar-Plantar-Keratosen selbst: FEUERSTEIN (1951) beobachtete einen solchen am keratotisch befallenen Mittelfinger einer als erblich deklarierten Palmar-Plantar-Keratose. An einer keratotisch befallenen Ferse beobachteten NICOLAS, LEBEUF und CHARPY ebenfalls ein Stachelzellcarcinom.

III. Nicht-erbliche, idiopathische und symptomatische Palmar-Plantar-Keratosen (Phänokopien)

Von den eben besprochenen erblichen sind nicht-erbliche Formen zu unterscheiden, bei denen freilich die Übergänge von den idiopathischen zu den symptomatischen fließend sind. Die bei MONCORPS noch umfangreiche Gruppe der idiopathischen Formen ist allein durch die Zuordnung der Form Buschke-Fischer zu der erblichen Form Brauer wesentlich verkleinert worden; insgesamt sind jedoch die Möglichkeiten der Phänokopie vielfältiger und wohl auch zahlreicher als die erblichen Palmar-Plantar-Keratosen selbst. Mit der Abhandlung der (idiopathischen und symptomatischen) Phänokopien treten wir gleichzeitig in das schwierige Kapitel der *Differentialdiagnose* der circumscripten Palmar-Plantar-Keratosen ein.

1. (Fraglich) idiopathische Formen

Hier sollen einige Formen besprochen werden, die insbesamt keine große Rolle (mehr) spielen, im einzelnen sogar in ihrer Natur ungenügend geklärt sind. Ferner sind einige Zustände zu erwähnen, die zwar vielleicht erblicher Natur, aber keine Keratosen mehr sind. Die Übergänge zu den rein symptomatischen Formen sind fließend, und wenn hier noch den (fraglich) idiopathischen Zuständen ein eigener Abschnitt gewidmet wird, dann vor allem in dem Bestreben, die folgenden, rein symptomatischen Formen deutlicher herauszustellen.

a) Porokeratosis papillomatosa palmaris et plantaris Mantoux

Das einzige, was man von diesem höchst nebelhaften Zustand mit Sicherheit weiß, ist die Tatsache, daß es sich dabei um keine erbliche Palmo-Plantar-

Keratose handelt, oder zumindest um keinen eigenen Zustand innerhalb dieser Gruppe. Obgleich die Literatur darüber spärlich ist, scheint unter diesem Begriff verschiedenes subsumiert zu sein.

MANTOUX hat 1903 den Zustand an einem 22-jährigen Dienstmädchen beschrieben, bei dem, innerhalb von 18 Monaten, ziemlich eruptiv, das Leiden entstanden war, das keinen familiären Charakter aufwies. Das Besondere des klinischen Bildes bestand 1. in der angedeuteten Gruppierung der zunächst papulösen Herde (die übrigens, nach dem Originalbericht von MANTOUX zu schließen, durchaus nicht auf Palmae und Plantae beschränkt waren); 2. in einer punktförmigen Schwärzung in der Mitte der Hornpapeln; 3. im rosigen Durchschimmern des Papillarkörpers nach dem (spontanen) Ausfallen des schwärzlichen Hornpfropfes. Nach der Erweiterung des zentralen Kraters treten papillomatöse Einlagerungen zutage, die nach MANTOUX das Wesen der Dermatose ausmachen.

Der *histologische Befund*, den MANTOUX erhob, ergibt weder eine Abhängigkeit von den Schweißdrüsen (wie sie der Begriff Porokeratosis vermuten ließe) noch eine Übereinstimmung mit einer papulösen Palmar-Plantar-Keratose. Die Untersuchung der ,,bouquetartigen Vorstülpung" ließ einen epithelialen und einen bindegewebigen Anteil erkennen. In der Mitte lagen mächtig erweiterte und von einem Mantel von Bindegewebszellen umgebene Capillaren, auch extravasale Hämorrhagien. Um dieses vasculär-bindegewebige Gebilde liegt ein Mantel von konzentrisch geschichteten, epidermalen Zellen mit abgeplatteten Kernen (Parakeratose); diese ,,Zellgarbe" ist offenbar das anatomische Substrat des im klinischen Bild auffallenden schwarzen Punktes.

Betrachten wir kurz die weiteren Fälle des Schrifttums bzw. die Meinungen der Autoren darüber, so verschwimmen die eben gezogenen Konturen wieder. Die Terminologie von MANTOUX wenden (genau) nur COSTA (1953), FEIT (1933), INGRAM (1953), BAZEX u. Mitarb. (1953) an. Dabei ist der Fall von COSTA mit einem Naevus verrucosus et lichenoides kombiniert, der von FEIT sogar mit einer Keratodermia disseminata palmaris et plantaris, von FEIT dem Typ Buschke-Fischer zugeordnet. LORTAT-JACOB und LEGRAIN (1926) und SÉZARY und HOROWITZ (1936) haben ihre Fälle (unter der Diagnose ,,Kératodermie verruqueuse nodulaire" und ,,Kératodermie palmo-plantaire à éléments cupuliformes") wohl fälschlich der Form Mantoux zugeschrieben. Der von BAZEX unter der Diagnose ,,Kératodermie ponctué palmo-plantaire, type Brocq-Mantoux" beschriebene Fall ist, nach der Histologie zu schließen, eine papulöse Palmar-Plantar-Keratose.

Der von GOUGEROT, LEBLAYE, DEBRAYE, MIKOL und DUPERRAT (1951) unter der Diagnose Porokeratosis palmo-plantaris Mantoux vorgestellte Fall ließ in den Hornpapeln Diplokokken nachweisen, deren Natur (Gonokokken?) nicht geklärt werden konnte.

Am nächsten kommen den wahren Verhältnissen wohl BRAUER (1913), MASUMOTO (1918), FUHS (1924) und am entschiedensten HEIERLI-FORRER (1960), die alle in der von MANTOUX beschriebenen Form ein *Angio-Keratom* sehen (während GALLOWAY [1918] das Vorliegen von planen Warzen annahm). Hierher ist infolgedessen auch das von SANNICANDRO (1937) beschriebene ,,*Akroangiokeratoma symmetricum der Handteller und Fußsohlen mit multiplen Herden*" zu zählen, das der Autor sowohl von der Form Mantoux als auch von der Form Brauer-Buschke-Fischer (er trennt diese Formen noch) unterscheiden möchte. Auch er berichtet histologisch über zahlreiche neugebildete Gefäßräume. Ferner gehören hierher die Fälle von BRAIN (1937), LANDES (1951/52). Dagegen stellt der Fall von BAZEX u. Mitarb. einen linearen keratotischen Naevus dar, der in der Hohlhand (und am Arm) lichenoide Papeln zeigt.

Der von GANS beobachtete Fall von *Keratoma periporale* (1924), bei dem die Verhornung auf die Schweißdrüsenausführungsgänge beschränkt ist (hier wäre also, im Gegensatz zum Sprachgebrauch von MANTOUX, die Bezeichnung ,,Porokeratosis" angemessen), scheint keine weiteren einschlägigen Beobachtungen im Gefolge gehabt zu haben. GANS hat in der weiteren (gemeinsam mit STEIGLEDER veranstalteten) Auflage seiner ,,Histologie der Hautkrankheiten" den entsprechenden Passus ohne neue Zusätze übernommen.

Wieweit die *Keratodermia palmaris et plantaris symmetrica erythematosa Besnier* hierher gehört, hat schon MONCORPS beschäftigt, der insgesamt bei der Einordnung der Porokeratosis

Mantoux zwischen deren Zuteilung zu den symptomatischen Formen und zu den echten dissipierten Palmar-Plantar-Keratosen schwankte. Eine Identität der Keratodermia Besnier mit der Porokeratosis Mantoux lehnt er zu Recht ab, nicht nur wegen des bei der Form Mantoux fehlenden erythematösen Randsaums. Damit bleibt freilich noch offen, wohin die nach BESNIER benannte Keratodermie gehört (wahrscheinlich zu dem noch zu besprechenden Keratoderma climactericum).

Nicht mit der Keratosis palmo-plantaris papulosa zu verwechseln ist das

b) Keratoma dissipatum naeviforme palmare et plantare Brauer,

das BRAUER (1926) als ,,Naevusform" vom erstgenannten (von ihm 1913 beschriebenen Keratoma dissipatum palmare et plantare) abgesondert hat.

Von ersterem unterscheidet es sich dadurch, daß a) der Befall der Palmae und Plantae nicht symmetrisch gleichartig, sondern in segmentaler Anordnung lokalisiert ist; b) die disseminierten Hyperkeratosen nicht auf Palmae und Plantae beschränkt, sondern der Ausdruck eines auch an anderen Körpergegenden lokalisierten Naevus keratodes sind. Die Erscheinungen sind ebenfalls angeboren, das feingewebliche Bild ist mit dem der Keratosis palmo-plantaris papulosa identisch, zeigt also keine granuläre Degeneration.

Zu den von MONCORPS in seinem Handbuchbeitrag aufgezählten Fällen — außer dem von BRAUER die unsicheren von BIBERSTEIN, sowie MASCHKILLEISSON und PER — sind wenige weitere gekommen. Dazu gehört wohl ein Fall von LIMA (1932), bei dessen 22jährigem Patienten eine groteske, stelzfußartige Keratose der Plantarfläche beider Fersen bestand. Ungeklärt an dem Fall ist die Rolle einer wahrscheinlich gleichzeitig bestehenden Syphilis, ferner fehlt eine histologische Untersuchung, es fehlen weiterhin Angaben über den Befund an den Handtellern sowie erbbiologische Daten. Ein die Handteller kaum mehr in Mitleidenschaft ziehender keratotischer Naevus (im Bereich von C_7 und C_8) lag (dazu mit einem Lichen spinulosus kombiniert) im Fall von OLIVIER und REBOUL (1956) vor.

Bei dem erstgenannten Fall von LIMA bestehen fließende Übergänge zu den *monströsen Keratosen*, die wir im Anschluß an die Ichthyosis besprochen haben.

c) Erythema palmare hereditarium (red palms)

Das von LANE (1929) beschriebene Krankheitsbild hat mit unserem Gebiet insofern zu tun, als verschiedene Autoren (z. B. MONCORPS, SCHMIDT-LA BAUME) erwogen haben, ob es sich dabei nicht um eine abortive erbliche Palmo-(Plantar-) Keratose handeln könne. Das trifft für eine Reihe von Fällen auch wirklich zu; vor allem GAHLEN hat (1964) überzeugend dargetan, daß bloße Erytheme heterophän mit diffusen Palmar-Plantar-Keratosen alternieren können. Unabhängig davon gibt es aber das nicht mit diffusen Keratosen alternierende Erythema palmare et plantare.

Der Zustand betrifft fast nur die Hände, nicht in totalem Befall (stärker sind Thenar und Hypothenar befallen) und tritt meist erst in vorgerücktem Alter, vorwiegend bei Männern auf. Eine ausführliche Besprechung ist hier nicht am Platze. Der Zustand ist unregelmäßig dominant (AMBLER, DORN, KADEN und WEISE, KERL, MEIROWSKY, OLIVIER, SACHS, SCHMIDT-LA BAUME).

Daß aber der gleiche Zustand *symptomatischer Natur* sein kann (und eine Besprechung hier einigermaßen rechtfertigt) beweisen die Beobachtungen von GERTLER (1951) (Erythema palmoplantare symmetricum bei postencephalitischem Parkinsonismus) und von BLAND, O'BRIEN und BOUCHARD, die 1958 bei — nicht mehr frischem — Gelenkrheumatismus das Vorkommen von Palmar-Erythemen in nicht mehr zufälliger Häufigkeit (unter 152 Kranken 61 bzw. 63%) gefunden haben.

Es wurde bereits erwähnt, daß vielleicht die *Keratodermia palmaris et plantaris symmetrica erythematosa Besnier* mit den ,,red palms" identisch ist. Eine Entscheidung darüber ist aufgrund der neueren Schrifttumsberichte nicht möglich.

Im Fall von VERCELLINO (1930) scheint es sich um eine endokrin ausgelöste symptomatische Form zu handeln, wohl auch in den Fällen von MADERNA (1938), bei denen ausdrücklich vermerkt ist, daß die erfolgreiche Röntgen-Bestrahlung des Sympathicus offenbar auch eine Umstimmung der inkretorischen Drüsen bewirkt habe.

2. Symptomatische circumskripte Palmar-Plantar-Keratosen

Die nichterblichen und nichtidiopathischen, von bestimmten Grundkrankheiten ausgelösten, temporären oder auch länger bestehenden Palmar-Plantar-Keratosen sind zahlreich und wahrscheinlich insgesamt wesentlich häufiger als die erblichen circumscripten Formen. Für die *Differentialdiagnose* und die Entscheidung, ob eine erbliche Keratose vorliegt, spielt die klinische Morphe nur eine untergeordnete Rolle (wichtig ist beispielsweise, ob die Grundkrankheit noch andere Symptome macht außer an den Handtellern und Fußsohlen; ferner kann bei infektiös oder toxisch bedingten der Nachweis der Erreger bzw. der toxischen Substanz eine wichtige Rolle spielen). Oft jedoch ist vom Klinischen her eine Differenzierung nicht möglich. Deshalb läßt bei den erblichen Formen nur eine genaue Familienanamnese und anschließend die erbbiologische Untersuchung der Familie eine verbindliche Aussage zu. Damit werden bei erblichen Keratosen sog. Solitärfälle, die nur auf den Angaben dieses angeblich solitär Befallenen und nicht auf der Untersuchung der Familie beruhen, wertlos. Dies ist um so wichtiger zu betonen, als es bei abnehmender Penetranz echte Solitärfälle gibt, die auch Rückschlüsse auf den Erbgang zulassen.

Die Vielzahl der möglichen Phänokopien soll nach einzelnen Gruppen eingeteilt werden. Zunächst seien besprochen:

a) durch endokrine Störungen ausgelöste Palmar-Plantar-Keratosen

Hier hat sich eine besondere Form herauskristallisiert, die mit dem Klimakterium der Frau (aber auch des Mannes) zusammenhängt, indessen wohl — außer der Involution der Keimdrüsen — noch anderer Ursachen bedarf, auch durch andere Dysfunktionen der Keimdrüsen ausgelöst werden kann.

Auf HAXTHAUSEN (1934) geht der Begriff des *Keratoma (post)climactericum* (bzw. der *Keratodermia climacterica*) zurück.

Die Veränderungen treten symmetrisch an Handtellern und Fußsohlen in Form papulöser, verhornter Efflorescenzen auf, sie nehmen an Größe zu, werden dann aber durch hartnäckige Ekzeme kompliziert, so daß flächenhafter Befall vorgetäuscht werden kann. Das Bild gleicht, auch histologisch, jedoch mehr einer Psoriasis inversa, ferner zahlreiche, oft sehr schmerzhafte Rhagaden und Fissuren, die durch die Keratosen ziehen, kennzeichnend.

Befallen sind Frauen kurz vor oder nach Beginn des Klimakteriums (MIESCHER: 1 Jahr davor; BISHOP und BARBER: 8 Monate danach; WOLF: 1 Jahr danach), bei denen gleichzeitig Fettsucht und Hypertension und Arthritis bestehen. Der Blutdruck kann nach BECKER und OBERMAYER normal sein; indessen weisen ENGMAN und WEISS auf die häufig festzustellende Hyperthyreose sowie einen erhöhten Cholesteringehalt im Blut hin. BISHOP und BARBER betonen, daß es eine 2. Gruppe klimakterischer Frauen gibt, die statt der Hypertension und Fettsucht einen hohen Blutharnsäurespiegel aufweisen und ebenfalls mit symptomatischen Palmar-Plantar-Keratosen reagieren. Die häufig gleichzeitig vorhandene Arthritis betrifft vor allem die Kniegelenke (HAXTHAUSEN; GOLDBERG).

Analoge Veränderungen beim älteren Mann nannte HENSCHEN (1940) „*Keratoderma senile volae manuum et plantae pedum*".

Der Bericht bezieht sich nur auf einen Fall. Außer einer allgemeinen Schwäche waren bei dem 74jährigen Kranken keine besonderen internen Befunde zu erheben.

1948 hat R. KRETSCHMER — als angeblich neues Krankheitsbild — die „*Palmitis et plantitis gravidarum*" beschrieben.

Bei Schwangeren im 2.—3. Monat tritt nach kurzen Prodromen und subfebrilen Temperaturen eine entzündliche Rötung an beiden Handflächen, wenige Tage darauf an den Fußsohlen auf. Nach zusätzlicher Infiltration nimmt die Rötung wieder ab, die Haut wird nun sehr trocken, spröde und hyperkeratotisch. Es bilden sich Rhagaden, die Nägel hypertrophieren und lösen sich unter Krümmung vom Nagelwall ab. Erst einige Zeit nach der Geburt bildet sich der Zustand zurück, der in der Gravidität gegenüber Roborantien, Leber- und Reizkörpertherapie resistent ist.

Daß es symptomatische Palmo-Plantar-Keratosen auch bei geschlechtsreifen Frauen mit Menstruationsstörungen oder innerhalb der Schwangerschaft gibt, hatten indessen DOHI und MYAKO bereits 1924 festgestellt und als „*Keratodermia tylodes palmaris progressiva*" beschrieben.

Abweichend ist indessen, daß die japanischen Berichte (außer der Originalbeschreibung diejenigen von GOTO, KAWABE, MITSUYA und SHIMIZU, SUSUKI, TAKESITA, YAMADA) nur einen Befall der Handteller erwähnen. Die Affektion betrifft junge Frauen zwischen dem 16. und 19. Jahr, meist bald nach der 1. Menstruation. Maßgeblich für die Auslösung ist eine Hyperfunktion der Schilddrüse und eine Unterfunktion des Ovars. Uterusexstirpation (GOTO) oder Schwangerschaft (TAKESITA) können zu den gleichen Erscheinungen an den Händen führen. Auch mechanische Arbeit spielt nach TAKESITA eine wesentliche Rolle. MITSUYA und SHIMIZU führen die Keratose auf eine Hypofunktion der Schweißdrüsen zurück und behandeln erfolgreich mit Diathermie.

Die Affektion kommt auch bei (offenbar jungen) Männern vor, ohne daß bei ihnen endokrine Störungen faßbar wären.

MIESCHER hat 1957 bei einer Patientin mit dem sog. *Pterygium-Syndrom* Typ Bonneville-Ullrich eine circumskripte Palmo-Plantar-Keratose beobachtet. Bei diesem mit zahlreichen ektodermalen Mißbildungen einhergehenden Syndrom besteht auch Unterwuchs und Hypogenitalismus. MIESCHER vermutet, daß die symptomatische Palmo-Plantar-Keratose ebenso wie beim Keratoderma climactericum auf die Unterbilanz des östrogenen Hormons zurückzuführen ist.

Therapie. Bei diesen endokrin ausgelösten symptomatischen Keratosen ist die Behandlung aussichtsreich. Über erfolgreiche Behandlung mit Oestrogenen berichten HAXTHAUSEN, BISHOP und BARBER; MIESCHER, GOLDBERG. Die letzten beiden kombinierten allerdings mit Röntgenstrahlen. Keinen Erfolg auf Oestrogen sah WOLF. HENSCHEN hatte bei seinem Kranken einen ausgezeichneten Erfolg mit Perandren. KRETSCHMER behandelte bei seinen schwangeren Frauen mit roborierenden Mitteln ohne Erfolg; die Schwangerschaft läßt Oestrogene als kontraindiziert erscheinen. Auch die japanischen Autoren berichten über gute Erfolge mit Schilddrüsen- und Keimdrüsenhormonen, z.T. auch von Diathermie (MITSUYA und SHIMIZU).

Unabhängig von Keimdrüsenstörungen kann auch die *Unterfunktion der Schilddrüse* (Morbus Basedow) zu analogen Erscheinungen an Handtellern und Fußsohlen führen [DUEMLING (1934), MUSSIO-FOURNIER (1932), CERVINO, BERTOLINI und LARROSA HELGUERA (1938)]. Substitutionsbehandlung (gleichzeitig eine Diagnosis ex juvantibus) mit Schilddrüsenextrakt führt zur Abheilung.

b) Infektiös bedingte circumscripte Palmar-Plantar-Keratosen

Hier spielen eine Rolle: Gonorrhoe, Syphilis, Frambösie, Pilzinfektionen, sehr fraglich die Tuberkulose. Die durch die genannten Krankheiten entstehenden Phänokopien circumscripter Palmar-Plantar-Keratosen können hier — als nur differentialdiagnostisch zu unserem Gebiet gehörig — nur kurz gestreift werden.

Vor allem können hier die Probleme, die die *Gonorrhoe* betreffen, nicht erörtert werden.

Wenn auch im neueren Schrifttum noch Berichte über gonorrhoische Palmar-Plantar-Keratosen zu finden sind (MATRAS, MYERSON und KATZENSTEIN, SCHWARZ und KLINGMA), so wird weit weit häufiger das Symptom der Palmar-Plantar-Keratosen nicht der Gonorrhoe, sondern dem *Morbus Reiter* zugewiesen (AUCKLAND, CAMERON), bzw. die Rolle der (meist vor längerer Zeit vorhanden gewesenen) Gonorrhoe bezweifelt (REYMANN, WEISSENBACH u. Mitarb., im Fall von GOUGEROT u. Mitarb. konnte die gonorrhoische Natur der in den Keratosen nachgewiesenen Gonokokken nicht gesichert werden). Für eine Zuordnung zum Morbus Reiter spricht auch das bunte Bild dieser Krankheit, bei der außer Ausfluß und weiteren Schleimhauterscheinungen, einer Balanitis circinata, noch solche der Gelenke und der Haut bestehen, letztere ziemlich mannigfaltig, weder auf Handteller und Fußsohlen beschränkt, noch ausschließlich in keratotischen Efflorescenzen bestehend. Es finden sich neben großherdigen und papulösen Keratosen an Handtellern und Fußsohlen auch Bläschen und Pusteln. Der Gesamtzustand der Krankheit dürfte bei sorgfältiger Untersuchung kaum die Gefahr der Verwechslung mit einer circumskripten erblichen Palmo-Plantar-Keratose in sich schließen.

Bei der *Syphilis* kommt in deren Frühstadium (im Sekundärstadium nach alter Nomenklatur), jedoch nicht sehr häufig, eine Verwechslungsmöglichkeit in Frage, wenn auch die französische Schule für die passageren Fälle von Palmar-Plantar-

Keratosen fast immer einen syphilitischen Ursprung annimmt (GOUGEROT u. Mitarb.).

Das Palmar-Plantar-Syphilid besteht aus kaum prominenten, meist auch nicht sehr stark hyperkeratotischen (oft nur leicht schuppenden) Papeln, die in Form der Keratosis palmoplantaris papulosa über Handteller und Fußsohlen verstreut sind. Die Erscheinungen sind — bei genauer Untersuchung — wesentlich diskreter, und weniger keratotisch als bei einer erblichen dissipierten Keratose. Immerhin sind Verwechslungen möglich (HEIERLI-FORRER, VERBUNT). Die Rolle der Spätsyphilis, wie sie in dem ursächlich ungeklärten Fall von HERRERA u. Mitarb. vorlag, muß indessen sehr vorsichtig beurteilt werden. Nur die Neuro-Syphilis vermag, als Ausdruck trophischer Störungen, zu solchen Erscheinungen zu führen.

Auch die *Frambösie* kann zu einer schwielenartigen Hyperkeratose, vornehmlich der Fußsohlen, führen (CATTERALL, VERBUNT). CASTELLANI hat das als Keratoma cibratum (Keratodermia cibrata) bezeichnete Krankheitsbild, bei dem durch Ausfallen der Hornpapeln an Handtellern und Fußsohlen ein siebartiges Bild entsteht, ohne nähere Angaben der Syphilis und Frambösie zugeordnet.

Schließlich sind noch verschiedene *Pilzinfektionen* differentialdiagnostisch zu erwägen.

In den Tropen ist es vor allem die *Keratosis nigricans* (Keratomykosis nigricans, Tinea nigra palmaris), deren Erreger das Cladosporium mansoni CASTELLANI (1905) darstellt. Befallen sind nur die Hohlhände in Form einer schwärzlich tingierten, nicht diffusen Keratose (SILVA, DA FONSECCA FILHO u. Mitarb.).

Davon zu trennen ist indessen das ebenfalls nach CASTELLANI benannte *Keratoma plantare sulcatum*, das nur an den Fußsohlen vorkommt, keine Mykose darstellt und vor allem an den dem Druck ausgesetzten Stellen des Hohlfußes, vorwiegend bei männlichen barfußgehenden Kranken in der tropischen Regenzeit auftritt (AARS, CASTELLANI). Es scheint sich dabei um eine von äußeren Faktoren abhängige symptomatische Plantar-Keratose zu handeln, die den Trägern kaum Beschwerden macht.

In unseren Breiten kommt differentialdiagnostisch eine *squamöse Epidermophytie bzw. Trichophytie* in Frage (Fälle von HAXTHAUSEN, LIEBNER). Entscheidend für die Diagnose ist der Befall der Interdigitalräume und Nägel und der Pilznachweis.

Die Rolle der *Tuberkulose* für die Entstehung einer papulösen Palmar-Plantar-Keratose ist zweifelhaft.

MILIAN beschreibt 1931 einen Fall von einer 39jährigen Frau, die außer einem atypischen Erythema induratum an Hohlhänden (und Dorsa) verschiedene kalottenartige Plaques aufweist, die er als Tuberkulid deutet.

c) Äußere (mechanische, toxische) Faktoren

Die äußeren Faktoren, die herdförmige Palmar-Plantar-Keratosen hervorrufen können, sind mannigfaltig.

Erwähnt wurde bereits beim Keratoma sulcatum Castellani die Rolle von statischer Belastung, Barfußgehen und tropischem Regen. Hier wären zu erwähnen die *Schwielen* an den Handtellern, die bei Angehörigen bestimmter Berufe z.B. bei Schmieden, Schlossern, Akrobaten usw. vorkommen und circumscripte Verhornungen an Handtellern und volaren Seiten der Finger verursachen; oder aber, die Hyperkeratosen sind lokalisiert an der Innenseite des Daumens und Zeigefingers (bei Melkern), an Kleinfingerballen, Fingerbeeren und Dorsalseiten des ersten Metacarpus bei den Reisprüfern (DINIZ), an den Fingerbeeren der linken Hand bei Spielern von Streichinstrumenten, in der Hohlhand nach fortgesetztem Gebrauch bestimmter Werkzeuge, z.B. des Hammers bei einem Koffermacher.

Die *Fußsohlenwarzen* (Verrucae plantares, Dornwarzen) spielen gegenüber circumskripten Plantar-Keratosen eine so wichtige differentialdiagnostische Rolle, weil sie infolge ihrer terrainbedingten Modifikation oft verkannt werden (sie sind infektiös, doch spielen statischer Druck und gestörte Blutzirkulation so wichtige Hilfsfaktoren, daß wir sie hier abhandeln können). Sie sind, wie LOMHOLT gezeigt hat, außerordentlich häufig. Im Gegensatz zu vulgären Warzen anderer Lokalisation, die als erhabene, papilläre Wucherungen hervortreten, entwickelt sich die Warze an der Fußsohle, durch den steten Druck des auf ihr lastenden Körpergewichts bedingt, ohne deutliche Vorwölbung der Epidermis. Sie wächst in die Tiefe und imponiert an der Oberfläche als eine die Epidermis gar nicht oder nur gering überragende Hornplatte. Durch das von Anfang an gegen die Cutis gerichtete Wachstum ist die Plantarwarze äußerst schmerzhaft. Auch hinsichtlich der Größe weicht sie von vulgären Warzen

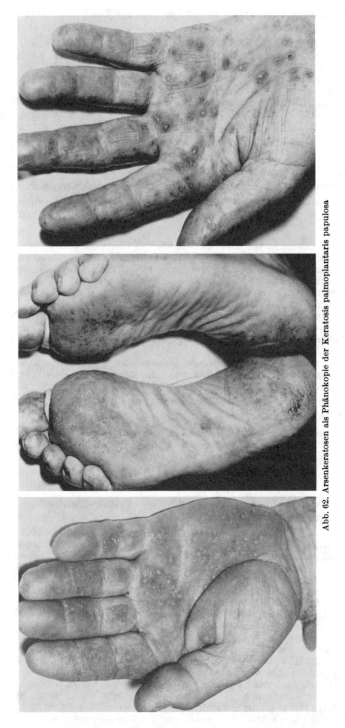

Abb. 62. Arsenkeratosen als Phänokopie der Keratosis palmoplantaris papulosa

stark ab: sie kann zu inselförmigen, münzengroßen Plaques auswachsen, darin den *Schwielen* gleichend. Letztere unterscheiden sich davon durch den fehlenden Schmerz (zumindest ist er wesentlich geringer). Schwielen entstehen durch lange einwirkenden Druck und finden sich, wenn auch in verschiedenen Stärkegraden, bei fast allen Menschen, die viel in — mehr der Mode als dem Wohlbefinden — angepaßten Schuhen gehen.

Die von GILLIS beschriebenen Fälle „erblicher Plantarwarzen" waren wahrscheinlich eine Kombination einer Keratosis plantaris papulosa mit Fußsohlenwarzen; die letzteren waren schmerzhaft, die ersteren nicht.

Clavi (Hühneraugen, Leichdorn) kommen kaum an der Planta vor, höchstens am medialen Rand des Großzehenballens und an den seitlichen Rändern der Ferse. Clavi sind ringförmige, sehr schmerzhafte Erhebungen.

Die *Helodermia simplex et anularis (Voerner)* schließlich, die differentialdiagnostisch bei der Abgrenzung circumskripter Palmar-Plantar-Keratosen in Frage kommt, ist keine eigentliche Keratose. Sie imponiert zwar klinisch als eine ähnliche Veränderung: auf der Volarseite der Hände und Finger (aber auch an den Rändern und auf dem Dorsum) finden sich hühneraugenähnliche, gedellte Knötchen, die gelegentlich Kreisformen bilden. Das histologische Substrat zeigt eine Vermehrung des cutanen Bindegewebes, eine geringgradige perivasculäre Zellinfiltration sowie eine Verbreiterung des Epithels mit zentraler Desquamation der Hornschicht. Die Ringbildung ist bedingt durch eine infolge der entzündlichen Veränderungen eintretenden Nekrose des Bindegewebes, dessen Hyperplasie pathogenetisch im Vordergrund steht.

Unter den *toxischen* Einflüssen steht — außer dem *Paraform* (G. WEBER und BARNISKE) — das *Arsen* obenan.

As wurde nicht nur viele Jahrzehnte medikamentös viel verabreicht in Form der Fowlerschen Lösung, der Arsenobenzole und Salvarsane, sondern spielt auch bei der Schädlingsbekämpfung, vor allem als bis 1938 gebrauchtes Spritzmittel im Weinbau, eine große Rolle. Es ist erwiesen, daß das Intervall zwischen As-Kontakt und Ausbildung der Keratosen Jahrzehnte betragen kann, so daß wir, obgleich das As-haltige Schädlingsbekämpfungsmittel seit 1938 nicht mehr im Gebrauch ist, immer noch As-Schäden (der Haut und der Lungen) zu Gesicht bekommen.

Das klinische Bild der As-Keratosen ist mannigfaltig, sie finden sich an Handtellern und Fußsohlen in Form inselförmiger, aber auch papulöser Efflorescenzen (Abb. 62). Dazu kommen hornige Knötchen, sowie scheibenartige Plaques (bowenoid) an der Haut des übrigen Körpers, an Handrücken, Unterarmen, Stamm. Auch Kranke mit dem gefürchteten As-Krebs der Lungen haben meist As-Keratosen an der Haut (W. BRAUN).

Berichte über As-bedingte Palmar-Plantar-Keratosen liegen vor von ARGUMOSA, RAUSCHKOLB, THOMAS und HOFFSTEIN, STRAUSS. Wahrscheinlich, aber nicht erwiesen, sind sie in den Fällen von FLEISCHMANN, TULIPAN. FRÜHWALD berichtete über Keratosen der Handteller und Fußsohlen nach einem Salvarsan-Exanthem; im Gegensatz zu den As-Keratosen der Winzer entstanden diese Keratosen im Verlauf einer akuten Intoxikation und klangen wohl rasch ab (wie wir dies ebenfalls in analogen Fällen sahen); Spätschäden in Form von Palmar-Plantar-Keratosen nach Salvarsan und anderen Arsenobenzolen scheinen selten zu sein. Bei den 3 Fällen von SCOTT, COSTELLO und SIMUANGCO besteht die Möglichkeit, daß die Keratosen der ersten beiden Fälle wegen der Gabe von Arsenobenzolen als dissipierte Arsenkeratosen zu erklären sind.

d) Trophische Palmar-Plantar-Keratosen

Hierher gehören meist inselförmige, doppelseitige Palmar-Keratosen bei *Syringomyelie* (SCHIRNER, THIERS u. Mitarb.). Einseitig auf eine Handfläche beschränkt werden sie gefunden bei *Cervicalarthrosen* (mit Radiculitis) z. B. von PADOVANI und LORD, TÉMIME und RODDE), auch doppelseitig (ARRIGHI), ferner sowohl an Palmae wie Plantae (MARGAROT, RIMBAUD und RAVOIRE, RIMBAUD, RAVOIRE und DUNTZE). Bei Befall der Plantae sind, wie RIMBAUD u. Mitarb. an mehr als einem Dutzend Kranker gezeigt haben, die arthrotischen Veränderungen im Bereich der lumbalen Wirbelsäule lokalisiert. Bei einem 55jährigen Kranken mit *Fahrscher Krankheit* (mit Gang- und Sprachstörungen, röntgenologisch nachweisbarer Verkalkung der grauen Kerne) fanden GIRARD u. Mitarb. inselförmige und papulöse Efflorescenzen an den Handtellern ohne trophische Störungen. Letztere fehlten auch in einem Fall von VOLLMER, der eine papilläre Hyperkeratose an einem Handstumpf *nach Unfall* beobachtete.

Auf die zahlreichen, bei Störungen in der *peripheren Durchblutung* bzw. bei *Lymphstauung* möglichen Hyperkeratosen an Handtellern und Fußsohlen (und nicht nur an diesen Stellen), wie sie bei Varicen, Elephantiasis, Akrocyanose, Arteriosklerose usw. zu beobachten sind, kann hier nicht eingegangen werden. Hierher wäre wohl auch die umschriebene Keratodermie einer Hohlhand bei Katzenkratzkrankheit (in der Nähe des Primäraffektes) zu zählen, über die de Casaban berichtet hat.

Erwähnenswert ist ferner, daß *striäre* Palmar-Plantar-Keratosen nicht mit *Dupuytrenschen Kontrakturen* verwechselt werden dürfen.

Schließlich sind noch

e) Keratotische Krankheiten (zum Teil Heterogenien)

zu erwähnen, die circumscripte Palmo-Plantar-Keratosen phänokopieren können. Auch annähernd flächenhafter Befall der Handteller und Fußsohlen kommt vor, aber er ist nicht so massiv, auch nicht so zusammenhängend wie bei diffusen erblichen Palmar-Plantar-Keratosen.

Die *Epidermophytie* in ihrer squamösen, annähernd diffusen Form wurde bei den Keratosen infektiöser Genese bereits erwähnt. Hinzukommt die *Psoriasis inversa*, deren Abgrenzung oft auch dann Schwierigkeiten macht, wenn weitere, auf die Diagnose hinweisende Befunde vorhanden sind (Hunt, Laugier, Tenchio) oder sogar beim Vorliegen eines *Morbus Reiter*, bei dem Auckland vorschlägt, eine mit echter Psoriasis verlaufende Form von der gewöhnlichen zu unterscheiden. In der Differentialdiagnose hilft das *histologische Bild* kaum weiter; wichtig sind *Nagelveränderungen*, der mehr schuppende als hornige Charakter der Efflorescenzen in Hohlhand und Hohlfuß sowie das Vorkommen weiterer Körperherde und der intermittierende Verlauf. Von der Anamnese ist kein großer Gewinn zu erwarten, da auch die Psoriasis (mit unregelmäßigem Schwellenwerteffekt) dominant ist und eine große Breite des Manifestationsalters aufweist, wegen ihrer Häufigkeit aber erbbiologisch nur schwer zu erfassen ist.

Selten kopiert der *Lichen ruber* eine Palmar-Plantar-Keratose. Témime u. Mitarb. beschreiben diesen ungewöhnlichen Befund bei einem Fall von generalisiertem Lichen ruber; an der Düsseldorfer Hautklinik verfügen wir über eine analoge (nicht ausführlich publizierte) Beobachtung. Hier machen also die Allgemeinerscheinungen (ebenso wie bei der *Pityriasis rubra pilaris*) die Differentialdiagnose leicht.

Schließlich kommt das *Ekzem*, vor allem in seiner tylotischen Form differentialdiagnostisch in Frage; es ist gegen *Schwielen*, evtl. gegen Warzen abzugrenzen. Kaum einmal wird eine circumskripte erbliche Palmar-Keratose von einem zusätzlichen Ekzem kompliziert; dies gilt eigentlich nur für das symptomatische Keratoderma climactericum. Die Annahme eines keratotoxischen Ekzems (de Giorgio) aufgrund intestinaler Störungen wirkt etwas gezwungen. Einzelheiten überschreiten den hier gebotenen Rahmen.

Auch *sekundäre Erythrodermien* (z. B. Arzneimittelexantheme, Lichen ruber und Pityriasis rubra pilaris in exanthematischer Form, unter Umständen Mycosis fungoides) können papulös-squamöse Palmo-Plantar-Keratosen phänokopieren. In dem Fall von Gerhards ist leider die Ursache der symptomatischen Palmar-Plantar-Keratosen nicht angegeben.

Der Befall nur der Dorsa (S. W. Becker) freilich führt in das Gebiet der Dyskeratosen und Erythrokeratodermien.

Dennoch bleiben manche Fälle übrig, die kaum einzuordnen sind, z. T. weil die Untersuchungsbefunde nicht ausreichen (Baumann, Gahlen, Samek, Scott u. Mitarb., Fall der Stuttgarter Hautklinik 1957 und viele andere mehr), z. T. aber auch deshalb, weil das hier benutzte Einteilungsschema nicht starr angewandt werden kann (Brehm, Delacrétaz und Geiser, Gasser u. a.). So wie z. B. bei der Ichthyosis einzelne Fälle hinzunehmen sind, die zwar als Ichthyosis unbezweifelbar sind, deren Zuordnung zu einer ihrer Formen fast unmöglich ist, so gilt das gleiche für die großen Gruppen, die von den Palmar-Plantar-Keratosen, den Dyskeratosen und den Erythrokeratodermien gekennzeichnet werden. Für die Palmar-Plantar-Keratosen gilt dies in besonderem Maße, weil der mögliche (diffuse oder partielle) Befall der Handteller und Fußsohlen gleichsam das zentrale Symptom ist, um das sich generalisierte und circumscripte Keratosen gruppieren. Der Befall von Handtellern und Fußsohlen ist schon innerhalb der keratotischen Genodermatosen vieldeutig; durch die Vielzahl der möglichen Heterogenien und Phänokopien aber wird das Gebiet noch schwieriger und dem oberflächlichen Betrachter nahezu unentwirrbar.

Über das Vorkommen von Palmar-Plantar-Keratosen im Rahmen der übrigen systematischen Keratosen und über die wichtigsten Phänokopien informiert die folgende Tabelle.

Tabelle 3.

Palmo-Plantar-Keratosen im Rahmen der übrigen (nicht auf Handteller und Fußsohlen beschränkten) erblichen Keratosen

Diffus oder circumscript:

Follikuläre Keratosen (Ulerythema ophryogenes)
Ichthyosis congenita
Erythrodermia congenitalis ichtyosiformis bullosa
Ichthyosis vulgaris (Ichthyosis localisata)
Erythrokeratodermien
Dyskeratosen (Polykeratosen) einschließlich Morbus Darier

Diffus oder fast diffus:

Psoriasis inversa $\left.\right\}$
Pityriasis rubra pilaris $\left.\right\}$ als sekundäre Erythrodermien
Lichen ruber planus $\left.\right\}$
Toxische universelle Erythrodermien
Squamöse Epidermophytie
Ekzeme verschiedener Genese
Acanthosis nigricans
Keratoderma climactericum
Red palms

Papulös, inselförmig, striär:

Psoriasis (inversa)
Clavi
Schwielen
Verrucae vulgares
Tylotisches Ekzem
Circumskripte Epidermophytie
Lichen ruber, Psoriasis vulgaris (circumscript)
Arsenkeratosen
Papulöse Syphilis
Morbus Reiter (Gonorrhoe)
Trophische Keratosen

Therapie

Die — sehr beschränkten — Möglichkeiten der Behandlung wurden bereits bei den diffusen erblichen Palmar-Plantar-Keratosen besprochen. Sie gelten in gleicher Weise für die circumscripten erblichen Formen. Dagegen sind die Aussichten gut bei den symptomatischen Palmo-Plantar-Keratosen, wie bei deren Abhandlung erwähnt wurde.

Die circumscripten Formen bringen es mit sich, daß die für die umschriebenen Herde induzierte Methode der *Elektrokoagulation* viel verwendet wird; sie führt indessen stets zu Rezidiven, was nicht weiter verwunderlich ist. In Frage zu kommen scheint außer der Anwendung häufiger Bäder und nur beschränkt wirksamer keratolytischer Mittel die *Iontophorese mit Ätznatron*, wie sie in Rußland angewendet wird (ZONIN). Nach einem 15 min dauernden Bad in heißem, 0,5%igem Salmiakspiritus wird die Iontophorese mit 0,5%igem Natrium-Hydroxyd 15 min lang durchgeführt, wobei die negative Elektrode der aktive Pol ist (Stromstärke 5—10 mA auf 1 cm²). Dann folgt noch einmal ein Bad über 15 min in 0,5%igem Salmiakspiritus. Danach können mit einem stumpfen Skalpell die schwielenartigen Hyperkeratosen abgetragen werden.

Vitamin A-Gaben sind erfolglos (Bettley und Calnan), dagegen empfiehlt Gahlen die *Röntgenbestrahlung* nach Chaoul mit insgesamt 2500 r.

Erfreulicherweise sind die Träger erblicher circumscripter Palmar-Plantar-Keratosen wenig oder gar nicht in ihrer Arbeit behindert. Der Therapeut braucht nicht zu resignieren, nur muß er sich bewußt bleiben, daß er mit jeder Art der Behandlung, sei sie konservativ oder modern, sei sie innerlich oder äußerlich, nur bescheidene, vor allem nur temporäre Erfolge erzielt.

D. Die (lokalisierten) Erythrokeratodermien

Diese Gruppe ist zwar nicht allzu umfangreich, dafür aber recht unübersichtlich und noch ungenügend geordnet. Gertler hat vor kurzem den mutigen Versuch gemacht, ein System in die lokalisierten Erythrokeratodermien zu bringen. Er hat einmal *symptomatische* Formen angenommen, wie sie nach seiner Auffassung in zwei eigenen Fällen vorlagen und durch rasche Entwicklung und ebenso schnellen Rückgang der Herde bei der möglichen pathogenetischen Rolle von Foci gegeben sind; die symptomatische Form würde dem Erythema keratodes Brooke entsprechen. Den symptomatischen stellt er die *anlagebedingten* Erythrokeratodermien gegenüber; letztere teilt er in 3 Gruppen ein: 1. die Papillomatose confluente et réticulée; 2. die Keratodermia figurata variabilis und 3. die Erythrokeratodermia symmetrica progressiva.

Bevor wir dem Ordnungsversuch von Gertler den eigenen gegenüberstellen, ist eine Erläuterung des Begriffes „lokalisierte Erythrokeratodermien" notwendig. Im Gegensatz zu den generalisierten (Erythro-) Keratodermien, wie sie etwa durch die Erythrodermie congénitale ichtyosiforme, die Pityriasis rubra und andere verkörpert werden, sind hier auf einzelne Stellen der Körperhaut beschränkte, mehr oder minder scharf umschriebene keratotische Plaques mit einer wechselnd starken erythrodermatischen Komponente — in der Umgebung der keratotischen Plaques oder unabhängig von ihnen — gemeint. Die Lokalisation wechselt nicht nur von Fall zu Fall, sondern auch beim einzelnen Kranken innerhalb bestimmter Zeitabschnitte recht wesentlich; sie kann das Gesicht, die Gliedmaßen, den Stamm — in meist symmetrischer Anordnung — betreffen. Palmae und Plantae bleiben in der Regel unbefallen.

Als weiteres wesentliches Merkmal dieser Gruppe darf gelten, daß — im Gegensatz etwa zu der Ichthyosis congenita oder zu der im nächsten Kapitel zu besprechenden Dyskeratosis congenita und den Polykeratosen — nur das Hautorgan betroffen ist und Störungen oder Mißbildungen anderer (innerer) Organe fehlen.

Was nun die Einteilung der lokalisierten Erythrokeratodermien betrifft, so halten wir die Abgrenzung einer symptomatischen Form für sehr fraglich, da auch die kongenitalen (idiotypischen) Formen zusätzlichen äußeren Faktoren unterliegen, die in ihrem Verlauf variieren (Miescher). Von den kongenital angelegten Erythrokeratodermien besprechen wir 1. die Keratosis rubra figurata und die ihr zuzuordnenden Entsprechungen einschließlich der Grenzfälle; 2. die Erythrokeratodermia progressiva symmetrica und 3. einige weniger wichtig erscheinende und schwer oder nicht zu rubrizierende Formen. Denn trotz allen Ordnungsversuches bleiben Fälle übrig, die einerseits Übergangsformen zur Erythrodermie congénitale ichtyosiforme und andererseits zu den ichthyosiformen Naevi darstellen.

I. Keratosis rubra figurata (sive variegata) (Rille 1922)
Erythrokeratodermia figurata variabilis (Mendes da Costa 1925)
Kerato- et Erythrodermia variabilis (Rinsema 1929)
Keratodermia figurata variabilis (Miescher und Stäheli 1949)

Mit dieser Aufzählung von Bezeichnungen sind die *Synonyma* dieser Form der Erythrokeratodermie noch nicht erschöpft. Wahrscheinlich gehört hierher auch, jedenfalls von MIESCHER als erste einschlägige Beobachtung gezählt, der Fall von NICOLAS und JAMBON (1909) (von den Autoren für eine mögliche Psoriasis gehalten) und die Erythrokératodermie verruqueuse en nappes, symétrique et progressive (DARIER, 1911). *Weitere Synonyma:* Erythrokeratoderma ichthyosiforme variabile, Erythrokératodermie en placards à extension géographique, Erythrokératodermie familiale. Erythroderma congenitum symmetricum progressivum (Typus variabilis Mendes da Costa). Erythrodermie congénitale ichtyosiforme, forme atypique. Eritroqueratodermía figurada en placas.

Da alle diese genannten, miteinander als identisch zu betrachtenden Formen im Handbuchbeitrag von 1931 etwas zu kurz kamen und ihre Besprechung nur andeutungsweise im Rahmen der Ichthyosis erfolgte, sollen sie hier etwas ausführlicher behandelt sein. Das wird auch die schwierige Frage entscheiden helfen, wie die in der Zwischenzeit beobachteten Fälle zu rubrizieren sind.

Die gemeinsamen Merkmale der Fälle von RILLE sowie MENDES DA COSTA (die übrigens bei beiden Autoren eine Mutter mit Tochter betrafen) und damit Kennzeichen der Erythrokeratodermia figurata variabilis (dieser Name ist anschaulicher und genauer als RILLES Bezeichnung) scheinen zu sein: 1. Angeborener Zustand der erythrokeratodermatischen Plaques; 2. Symmetrische Anordnung mit Bevorzugung von Gesicht, Stamm und distalen Gliedmaßenanteilen; 3. Ausbildung polycyclischer, landkartenförmiger Areale, z.T. als Erythem, z.T. als Keratodermie (Abb. 63, 64). DA COSTA läßt es offen, ob der Keratose ein Erythem vorausging. RILLE beschreibt um die keratotischen Herde (neben ihnen bestehen auch erythematöse) einen braun-roten Saum. 4. Wechsel der Intensität wie auch der Lokalisation, also schubweiser Verlauf, wobei die keratotischen Herde sich stationärer verhalten als die erythematösen.

RINSEMA, der seine Beobachtung 1929 an einem 19jährigen Mann als „Erythro- et Keratodermia variabilis" bezeichnete, setzt den Beginn der Krankheitserscheinungen erst ins 6. Lebensjahr. Die einzelnen Herde (am Hals und Unterkiefer) begannen mit einer Rötung, der eine Keratose folgte; sie heilten innerhalb einiger Jahre ab, um an anderen Stellen neu zu erscheinen.

Bei den beiden Kranken von MIESCHER und STÄHELI (1949/50), zwei Schwestern von 14 und 4 Jahren, traten die Erscheinungen in der 4. bzw. 9. Lebenswoche auf. Sie nahmen vor allem den Hals und die seitlichen Teile des Stammes in symmetrischer Weise ein, schritten zentrifugal fort, wobei die Pro- wie auch die Regression in Schüben vor sich ging. Die multiplen Herde wiesen polycyclische Konturen und einen dunkleren und stärker keratotischen Randsaum auf. Auch in den zentralen Partien war die Schuppung deutlich. Wegen des Fehlens der erythematösen Komponente(bzw. rein erythematöser Herde) nehmen MIESCHER und STÄHELI eine Abart des Krankheitsbildes an, die sie — ohne das Erythem zu erwähnen — als Keratodermia figurata variabilis bezeichnen.

Aus dem Schrifttum der letzten fast 4 Dezennien sind einige Beobachtungen erwähnenswert. Beginnen wir mit den als gesichert anzusehenden Fällen.

HERMANS und SCHOKKING berichteten 1934 über 6 Kinder (5 Mädchen und 1 Junge) und ihren Vater mit Erythrokeratodermia variabilis. Es waren sowohl rote Flecke wie keratotische Herde vorhanden, die kurz nach der Geburt oder im Verlauf der ersten 6 Lebensjahre entstanden. Die einzelnen Herde (vor allem die Flecke) verschwanden zeitweise fast vollständig.

11*

Ausführlich ist der Bericht von BUDLOVSKY (1935) über ein 20jähriges Mädchen und dessen angeblich seit Geburt in gleicher Weise befallene Mutter. Es bestehen nebeneinander erythematöse Flecke und reine Hyperkeratosen. Die Behandlung erreichte nie eine Abheilung einzelner Herde; dagegen sind die Erscheinungen an den Ohren mit Eintritt der Menarche verschwunden. Die ersten Zeichen des Hautleidens traten im 2. Lebensjahr an Wangen und Ohren, 2 Jahre später auch um den Mund und an den Händen auf. Die Herde im Gesicht, die flügelförmig die Nase und auch die Lider umfassen, sind erythematös, tragen aber z.T. auch eine diskrete Schuppung. Nägel und Haare sind o.B. In der Hohlhand finden sich kleine, kreisförmige keratotische Plaques ohne Erythem.

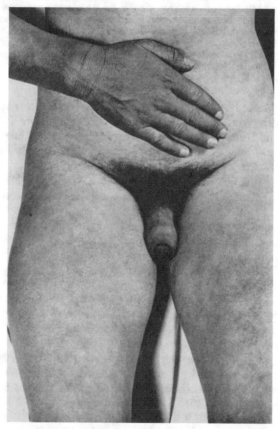

Abb. 63. Erythrokeratodermia figurata variabilis. Fließender Übergang der Keratodermie in das Erythem, Palmae und Plantae frei. (Unveröffentlichter Fall der Heidelberger Hautklinik)

BOLGERT, LEVY und LE SOURD berichteten 1951 über eine bereits im Jahre 1922 von JEANSELME als Erythrokeratodermie vorgestellte Kranke, bei der die Herde an Hals, Schenkeln und Gesäß inzwischen verschwunden waren. Eine um 3 Jahre jüngere Schwester der Kranken (die das 5. Kind von 10 ist) hat ähnliche Herde, die sich gleicherweise spontan zurückbilden.

TOURAINE, ROEDERER und DE LESTRADE (1951) betonen, daß in ihren familiären Fällen die Handteller und Fußsohlen frei sind (nur an den Belastungsstellen finden sich leichte Keratosen).

Wohl das größte Krankengut ist in der Dissertation von NOORDHOEK (1950) beigesteuert; es umfaßt in 4 Generationen 31 Merkmalsträger. Den Stammbaum haben SCHNYDER und KLUNKER (1966) übernommen.

Die Beobachtungen von GANS und KOCHS (1951) verdienen ein besonderes Interesse: einmal, weil die Erythrokeratodermie in 4 Generationen (bei insgesamt 6 Merkmalsträgern) nachweisbar ist und wahrscheinlich dominant vererbt wird;

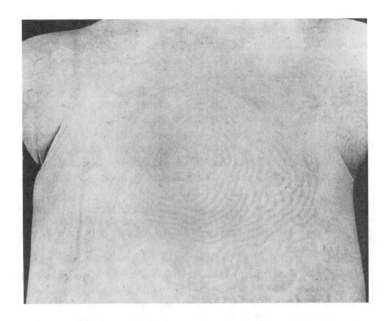

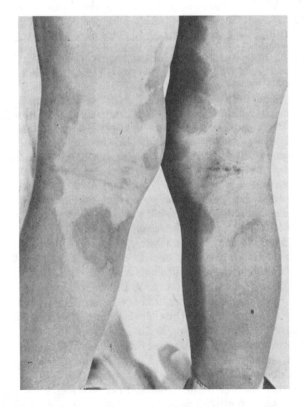

Abb. 64. Erythrokeratodermia figurata variabilis. Girlandäre Ausprägung der „wechselnden" erythrokeratotischen Plaques, diskreter Befall der Plantae. (Vorgestellt am 3. 5. 1964 auf der Gemeinschaftstagung der
Nordrhein-Westfälischen und der Südwestdeutschen Dermatologentagung in Düsseldorf) (D)

ferner, weil der Verlauf (Auftreten der Erscheinungen in den ersten Lebensmonaten, Lokalisation, später Involution) bei allen Kranken gleichartig ist. Befallen sind ausschließlich die distalen Gliedmaßenanteile (Hand- und Fußrücken, Achillessehne, Knöchel, Knie); die Palmae und Plantae sind stets frei. Die Herde sind überall erythrokeratotisch; das Variable der Lokalisation wird durch äußere Einwirkung (Druck) an den Gliedmaßen bedingt (abgesehen von der spontanen Involution nach dem 60. Lebensjahr); die Autoren nennen dieses Phänomen die Wirkung des isomorphen Reizeffektes, den auch WOHNLICH (1949) bei seinen schwer rubrifizierbaren, aber vielleicht doch ins Gebiet der Erythrokeratodermien gehörenden Beobachtungen (herdförmige Keratosen an Fingern, Lippen, Genitale und Anus, mit einer zusätzlichen Keratosis follicularis) notiert hat. BORZA und VANKOS (1960) haben den isomorphen Reizeffekt sogar als „charakteristisch" bezeichnet.

Über die beiden, auf der Versammlung Südwestdeutscher Dermatologen am 26. Oktober 1952 in Würzburg gezeigten Fälle (12jähriges Mädchen und ihre 17jährige Schwester), die zweifellos zur Erythrokeratodermia figurata variabilis gehören, sind leider zu wenig Einzelheiten bekannt.

Keinen Zweifel lassen die gut untersuchten Fälle von SOMMACAL-SCHOPF und SCHNYDER (1957) mit 14 Merkmalsträgern in 4 Generationen zu (6 davon sind von den Verfassern untersucht worden). Die Intensität des Befalls schwankt bei den einzelnen Merkmalsträgern, das erythrodermatische Element der Hauterscheinungen ist stärker variabel und von zusätzlichen äußeren Reizen stärker abhängig als das keratotische. Die Krankheit wird regelmäßig dominant vererbt und ist mit keinen anderen Anomalien verbunden (Abb. 65).

Einen typischen Fall von Erythrokeratodermia figurata variabilis hat KOCH (1958) (allerdings ohne systematische Untersuchung der Familie) beschrieben. Der gleiche Fall wurde von Wulf (1959) noch einmal vorgestellt, dann 1960 von WULF, H. KOCH und K. H. SCHULZ ausführlicher beschrieben. WULF publizierte 1961 noch 3 weitere Fälle (einen im Alter von 14 Tagen, zwei von 4 Monaten).

SAUL (1960) beobachtete 3 Fälle (1 von 1 Jahr und 2 Geschwister von 9 Monaten), WELLS (1962) ein 2 Monate altes Kind. CARTEAUD und DORFMAN beschrieben 1963 eine Sippe, deren Ausgangsfall, ein 7jähriges Mädchen, ausführlich geschildert wird. Die 42jährige Mutter, bei der die Erscheinungen mit dem 12. Lebensjahr begannen, war während der Pubertät erscheinungsfrei, und danach wieder befallen. Ein jetzt 52jähriger Bruder der Mutter verlor die Erscheinungen im Alter von 50 Jahren, ein weiterer 48jähriger Bruder ist noch befallen. Nach Angaben der Familie soll auch die Großmutter mütterlicherseits und ein Bruder dieser Mutter ähnliche Erscheinungen aufgewiesen haben. CORTÉS, HENHAO und GÓMEZ beschrieben 1963 6 Fälle, CORTÉZ, GÓMEZ und HENHAO (1964) einen weiteren Fall (innerhalb einer Familie mit 3 Merkmalsträgern), allerdings als Erythrokeratodermia progressiva. Im Jahre 1964 wurde eine Reihe von Fällen publiziert: 1 Fall in der Dermatologischen Gesellschaft von Chicago, 2 Fälle von E. JUNG, 3 Fälle (Mutter und 2 Töchter) von LANDES, 1 Fall (30jährige Frau, die seit dem 3. Lebensjahr erkrankt ist) von RESSA und APRÁ, ein Geschwisterpaar von SIDI und BOURGEOIS-SPINASSE (als Erythrodermia familiaris circumscripta). BORDA und LAZCANO beschrieben 1965 einen 38jährigen Mann, seit dem 25. Lebensjahr befallen, dessen Mutter und Halbschwester das gleiche Leiden aufweisen. KANAAR (1965) führte bei einem Fall (9jähriger Junge) bemerkenswerte histochemische Untersuchungen durch (s. später). BROWN und KIERLAND beschrieben 1966 3 Fälle in der gleichen Familie: einen 18 Monate alten weiblichen Säugling, dessen 23jährige Mutter und deren 57jähriger Vater. Auch der von W. G. ROTH (1968) unter der etwas eigenwilligen Diagnose „Erythema figuratum variabile cum Keratodermia hypertrichotica symmetrica" publizierte Fall zeigt eine typische

Erythrokeratodermia figurata variabilis, mit der Besonderheit, daß sich in der Nähe (einiger) keratotischer Plaques eine verstärkte Lanugobehaarung findet.

Bei einer Reihe weiterer Fälle ist nicht immer mit Sicherheit zu entscheiden, ob sie zur Erythrokeratodermia figurata variabilis gehören.

Schwer zu rubrizieren ist der Fall von DÖLLKEN (1937), bei dem die Generalisation und die teilweise follikuläre Komponente zwischen Erythrodermie congénitale ichtyosiforme Brocq und einer Pityriasis rubra pilaris schwanken ließ.

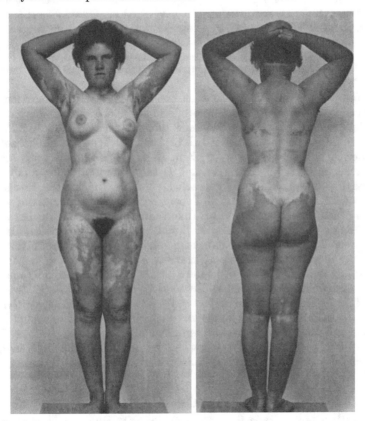

Abb. 65. Erythrokeratodermia figurata variabilis. Handteller und Fußsohlen frei. (Nach SOMMACAL-SCHOPF u. SCHNYDER)

Auch der Fall von MORDANT (1953) ist nicht ganz typisch. Bei dem 4jährigen Kind, das seit Geburt befallen ist (eine Schwester, die mit 5 Monaten starb, hatte die gleichen Erscheinungen), wechselten zwar die Herde an Ausdehnung und Stärke, aber sie nahmen fast das ganze Integument, einschließlich der Kopfhaut und der Handteller und Fußsohlen, ein. Frei sind lediglich Ellbeugen und Kniekehlen. Der Fall scheint ebenfalls zur Erythrodermie congénitale ichtyosiforme zu zählen.

Schwer zu rubrizieren ist ferner der Fall von FLECK (1957), als „Spätform von Erythrokeratodermia figurata variabilis" aufgefaßt. Bei dem 55jährigen Mann trat die Erythrokeratodermia erst im 4. Lebensjahrzehnt auf, und 4 Jahre später eine Keratosis palmaris et plantaris. Ferner bestand eine Leukokeratosis oris et praeputii. Ein Wechsel der Erscheinungen bzw. eine Veränderung der Lokalisation fehlte ebenfalls. Ungewöhnlich ist schließlich der Therapieerfolg: während die Erythrokeratodermia figurata variabilis ansonsten jeder Behandlung trotzt (indessen nach unübersehbaren Gesetzen, es sei denn die von GANS und KOCHS nachgewiesene äußere Einwirkung, spontan abzuheilen pflegt), reagierte der Fall von Fleck, der einen erniedrigten Vitamin A-Spiegel im Blut aufwies, sehr gut auf die kombinierte Behandlung mit Vitamin A, Thorium X-Salbe und keratolytischen Externa. Diese Beobachtung, die durch spätes Auftreten, fehlenden Wechsel der Erscheinungen, Kombination mit Palmar-Plantar-Keratosen und Leukokeratose aus dem Rahmen der Erythrokeratodermia figurata variabilis fällt, entzieht sich einer Deutung und sicheren Einordnung; vielleicht handelt es sich hier doch um eine symptomatische Form, wie sie Gertler bei seinem Ordnungsversuch der lokalisierten Erythrokeratodermien (1957) im Auge hat.

Wohl nicht hierher gehört die von Miescher (1957) beschriebene Kombination von Pterygium-Syndrom Bonnevie-Ullrich mit einer palmaren und plantaren Erythrokeratodermie, die er — wegen der vorliegenden hormonellen Störungen — als Pendant zum Keratoderma postclimactericum ansieht.

W. Höfer hat sich 1959 ausführlich mit den Erythrokeratodermien, speziell den congenitalen erythematösen Keratodermien beschäftigt. Er konnte in einer Sippe, in der eine Erythrokeratodermie dominant vererbt wird, 2 Probanden (34jährigen Mann und 3jährige Tochter) untersuchen. Die Lokalisation der erythrodermatischen Keratosen war: Kniescheiben und Ellbogen (am stärksten), in schwächerem Ausmaß Unterschenkel, Gesäß, Hände und Füße (auch Handteller und Fußsohlen, jedoch in schwachem Befall), Gesicht. Die Erscheinungen begannen sehr früh, nämlich im 3. Lebensmonat, nahmen langsam zu, in der Pubertät scheint auch eine gewisse Inkonstanz einzelner Herde bestanden zu haben. Bei den (nichtuntersuchten) Merkmalsträgern soll eine gewisse Involution zwischen dem 40. und 60. Lebensjahr eingesetzt haben. — Höfer betont zurecht eine große Ähnlichkeit mit der von Greither in Heidelberg beschriebenen Sippe von „transgredienter" Keratose; letztere aber der Erythrokeratodermia figurata variabilis zuordnen zu wollen, ist schlechterdings unmöglich. *Eher gehören Höfers Fälle, bei denen ohnedies kaum von einer Variablität der Herde gesprochen werden kann, zu der gleichen Gruppe wie die Heidelberger Fälle.* Denkbar sind natürlich Übergänge zwischen den circumscripten Keratosen und den variablen Erythrokeratodermien; aber man soll die Grenzen nicht mehr verwischen als nötig.

Bei dem Fall von Montagnani (1959) handelt es sich, wie auch der Verf. zugibt, wohl eher um einen keratotischen Naevus als um eine Erythrokeratodermie.

Histologie

Die Erythrokeratodermia figurata variabilis zeigt eine — je nach dem Vorliegen einer mehr erythematösen oder keratotischen Entnahmestelle — wechselnd starke, z.T. exzessive (Brown und Kierland) orthokeratotische Hyperkeratose, verbunden mit Acanthose und Papillomatose. Die Anordnung und der morphologische Aspekt der Zellen des Stratum Malpighi ist normal. Der Pigmentgehalt ist wechselnd stark. Der Papillarkörper, in keratotischen Plaques oft stark gewellt, kann in erythematösen Bezirken mehr verstrichen und flachwellig verlaufen. Die Veränderungen in der Cutis sind auffallend gering (Abb. 66). Gans und Kochs sowie Budlovsky geben stärkere Dilatation der Blut- und Lymphräume an als Miescher. Gans und Kochs deuten die „stationäre Gefäßerweiterung des Plexus als ein dem gesamten naeviformen Zustand zugehöriges Teilsymptom". Um die *Gefäße* finden sich diskrete Infiltrate aus Lymphocyten (Brown und Kierland). Kollagen und Elastica sind normal, nach Miescher auch Schweißdrüsen und Follikel (letztere zeigen keine Verhornung der Trichter); Gans und Kochs fanden (allerdings an einem sehr stark keratotischen Herd am Knie) die Talgdrüsen stark atrophisch, den Befund an den Schweißdrüsen, die z.T. im Zerfall begriffen waren (was auch an normalen Drüsen vorkommt), schwer zu deuten.

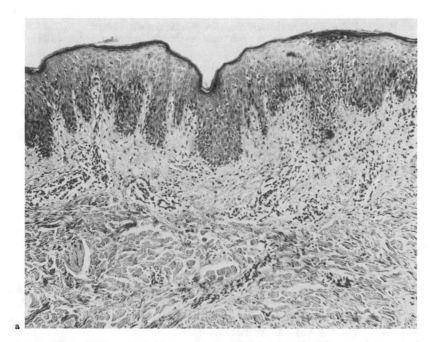

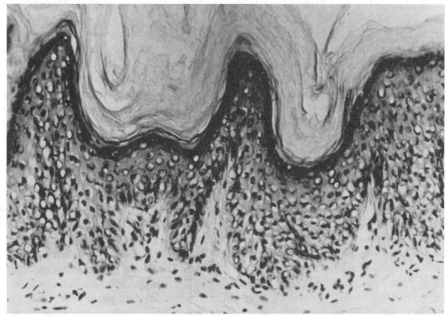

Abb. 66a u. b. Erythrokeratodermia figurata variabilis, Histologie. Stets orthokeratotische Hyperkeratose (in a bereits abgelöst), Acanthose, Papillomatose, Gefäßdilatation in der Cutis mit diskreten lymphocytären Infiltraten. a Histologie des Falles Abb. 61. b Histologie des Falles Abb. 62

Bemerkenswert sind die Befunde von KANAAR (1965) hinsichtlich der *veränderten Enzym-aktivitäten* bei einem Fall von Erythrokeratodermia figurata variabilis. Die alkalischen Phosphatasen zeigten eine mäßig gesteigerte, die Adenosintriphosphatasen eine stark gesteigerte Aktivität; die 5-Nucleotidase war vor allem im Bereich der Capillaren erhöht, die Leucinaminopeptidasen fanden sich in der Basalmembran leicht erhöht, die Indoxylesterase war im

Stratum corneum, im Stratum granulosum und im oberen Stratum spinosum erhöht. Nach örtlicher Steroid-Behandlung normalisierten sich alle Enzymaktivitäten.

Brown und Kierland fanden in zwei ihrer — daraufhin untersuchten Fälle — cytogenetisch ein *normales Chromosomenmosaik*.

Versucht man, die für die Diagnose der Erythrokeratodermia figurata variabilis unabdingbaren Merkmale herauszustellen, so lassen sich vielleicht folgende Aussagen machen:

1. Das Auftreten schwankt zwischen den ersten Lebensmonaten und etwa dem 3. Lebensjahrzehnt. Nach der Pubertät schwächt sich die Stärke der Erscheinungen ab; allmähliche Spontaninvolutionen sind möglich.

2. Familiäre Fälle lassen auf einfach dominanten Erbgang schließen; sog. Solitärfälle sind nicht beweiskräftig oder weisen auf einen anderen Erbmodus und auf andere Keratoseformen (z.B. die Erythrodermie congénitale ichtyosiforme) hin.

3. Das Nebeneinander von erythematösen Flecken und umschriebenen Keratodermien ist weitgehend charakteristisch; doch gibt es sicher, wie auch Schnyder betont, sowohl eine erythrokeratotische, als auch eine keratotische Form. Beide sind dominant erblich. Liegt die kombinierte vor, so sind die Flecken stärker variabel als die Keratosen.

4. Die einzelnen Herde sind in Lokalisation und Stärkegrad variabel. Meist verändern sie sich in Wochen und Monaten, heilen ab, kommen an anderen Stellen wieder. Die keratotischen Herde sind konstanter als die erythematösen. Letztere reagieren auch stärker auf äußere Einflüsse.

5. Handteller und Fußsohlen bleiben im allgemeinen frei. Haare, Zähne, Nägel und Schweißdrüsen sind normal.

6. Eine weitgehende Therapieresistenz schließt eine spontane Abheilung nicht aus. Ob die von Wulf, Koch und Schulz (1960) berichtete auffallende Abheilung nach Vitamin A diesen Grundsatz durchbricht oder ob der therapeutische Erfolg der Autoren in eine solche Phase der spontanen Involution fiel, sei dahingestellt.

Schwierig zu beantworten ist die Frage, warum bei einer Genodermatose ein solcher Wechsel in der Stärke und im Sitz der Erscheinungen möglich ist. Dazu ist einmal zu sagen, daß bei allen Affektionen erythematösen Charakters eine stetige Schwankung der Intensität das Übliche ist, da ja die Erweiterung bestimmter Anteile des terminalen Plexus keine starre Gegebenheit, sondern ein von einem komplizierten Gefäßnervenspiel abhängiger Vorgang ist. Ferner ist dabei, wie Miescher das ausführt, zu bedenken, daß möglicherweise nur die Anlage zur Erythrokeratodermie vererbt wird, das eigentliche Krankheitsprinzip aber ein selbständiger körpereigener Faktor ist. Miescher denkt dabei vor allem an parasitäre Ursachen, für die nicht nur der schubweise Verlauf, sondern auch das exzentrisch-progressive Wachstum der einzelnen Herde sprechen würde. Gans und Kochs schließlich schuldigen für die Manifestation der Hauterscheinungen äußere physikalische Einflüsse (Druck) im Sinne des isomorphen Reizeffektes an; auch diese Komponente ist bei der Erklärung der Variabilität der Erscheinungen zu berücksichtigen. Schließlich aber sollte man nicht nur parasitäre Ursachen, sondern auch die Rolle einer veränderten Immunisationslage (im Gefolge von Infekten) im Auge behalten: so ist es nichts Ungewöhnliches, daß eine Erythrokeratodermie congénitale ichtyosiforme oder eine Ichthyosis congenita (sogar eine Psoriasis vulgaris) nach einem überstandenen Infekt (wie Masern, Scharlach usw.) für einige Zeit gebessert wird oder sogar vorübergehend ganz abheilt.

Fehlen also für den wechselnden Charakter der Erythrokeratodermia figurata variabilis im einzelnen noch lückenlose Erklärungen, so bietet er dem theoretischen Verständnis doch keine unüberwindlichen Schwierigkeiten.

II. Erythrokeratodermia congenitalis progressiva symmetrica Gottron 1922

(Erythro-kératodermie verruqueuse en nappes, symétrique et progressive, congénitale, Hudelo u. Mitarb., 1922)

Unter der Diagnose ,,Erythrokeratodermia congenitalis progressiva symmetrica" hat GOTTRON (1922) einen 9jährigen Knaben vorgestellt, bei dem sich sehr schnell, nämlich innerhalb weniger Wochen, scharf begrenzte, symmetrische, hyperkeratotische und zerklüftet aussehende Krankheitsherde an beiden Ohrläppchen, am Kinn, an Händen, Ellenbogen, Füßen gebildet hatten. Die Herde waren von einem braun-roten Saum umgeben.

Seitdem sind nicht sehr viele Berichte unter der gleichen Diagnose gefolgt. Gleichzeitig (1922) und unabhängig von GOTTRON haben (wie auch SCHNYDER und KLUNKER annehmen) offenbar das gleiche Krankheitsbild HUDELO, BOULANGER-PILET und CAILLIAU als ,,Erythro-Kératodermie verruqueuse en nappes, symétrique et progressive, congénitale" beschrieben. Allerdings scheint der angeborene Zustand nicht obligat zu sein; denn HUDELO, RICHON und CAILLIAU haben (ebenfalls 1922) eine ,,Erythro-Kératodermie en nappes symétriques, non congénitale et non familiale" beobachtet. Bemerkenswert sind in den französischen Fällen der Befall der Palmae und Plantae und die osteofollikulären Keratosen an den Handrücken. GOTTRONS Beschreibung und Begriffsbildung scheint also distinkter zu sein als von HUDELO u. Mitarb. Denn es kann keinem Zweifel unterliegen, daß der von GOTTRON beschriebene Typ der Erythrokeratodermien nichts mit dem nach MENDES DA COSTA benannten zu tun hat und Selbständigkeit beanspruchen darf. Eine solche erkennen ihm auch RICHTER, HÜLLSTRUNG, RÖSCHL, GERTLER, SCHNYDER und KLUNKER zu.

Die Besonderheiten des Typus Gottron können folgendermaßen zusammengefaßt werden:

1. Die Erythrokeratodermie ist zwar kongenital angelegt, tritt aber erst in der späteren Kindheit auf; eine familiäre Häufung kann nicht beobachtet werden.

2. Die Herde sind scharf begrenzt, symmetrisch; die Hyperkeratose steht im Vordergrund des klinischen Bildes, bloße Erytheme kommen nicht vor, nur als braun-rote Randsäume der Keratosen (Abb. 67).

3. Lieblingssitze sind Knie, Ellenbogen, distale Anteile der Hände und Füße. *Palmae und Plantae* können offenbar — wenn auch nicht der Originalfall GOTTRONS, so die Fälle von HUDELO u. Mitarb., SCHNELLER, unveröffentlichter Fall der Heidelberger Hautklinik — wesentlich stärker befallen sein als bei der Form von MENDES DA COSTA. Vielleicht ist dieser Befund sogar ein *weiteres wichtiges Unterscheidungsmerkmal* zwischen beiden Formen (Abb. 68). Außerdem befallen ist das Gesicht; der Stamm bleibt gewöhnlich frei.

4. Die Herde sind stationär, lediglich eine Progredienz, kein Wechsel der Intensität und der Lokalisation ist festzustellen.

Die sich auf GOTTRON beziehenden Fallberichte sind, wie bereits erwähnt wurde, spärlich. Bei dem 20jährigen Patienten von HÜLLSTRUNG (1938) waren die an Handrücken, Ellbogen, Fußrücken, Knien und Achselfalten lokalisierten erythrokeratotischen Herde erst vor kurzem entstanden; bei dem 12jährigen Mädchen im Fall RICHTERs (1941) mit etwa 10 Jahren. Die symmetrisch lokalisierten Keratosen schritten langsam fort und waren an Händen, Ellbogen, Knien und Füßen (ohne die Palmae und Plantae einzubeziehen) lokalisiert.

GOUGEROT und CARTEAUD haben im Jahre 1949 den Fall von ,,*Erythrokeratodermie en plaques*", den DUBREUILH und BROCQ (1908) an der gleichen Patientin beschrieben hatten, noch einmal vorgestellt. Die seit 52 Jahren an Gesicht und Gliedmaßen bestehenden, z.T. großflächigen Erythrokeratodermien hatten sich nur an einzelnen Stellen, vor allem im Gesicht (und wohl als Folge einer Radium-Applikation in der Jugend) zurückgebildet; in der Menopause kamen sie indessen auch im Gesicht wieder.

GERTLER geht wohl nicht fehl, wenn er die Erythrokeratodermie en plaques der Erythrokeratodermia symmetrica progressiva zuordnet. Diesem Bild dürfte auch der von CARRIÉ unter der Diagnose „Erythrokeratodermie" im Jahre 1950 vorgestellte 7jährige Junge entsprechen, der an Kopf, Stamm und Armen bis handtellergroße keratotische Plaques aufwies, die 8 Wochen zuvor entstanden

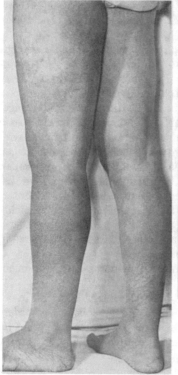
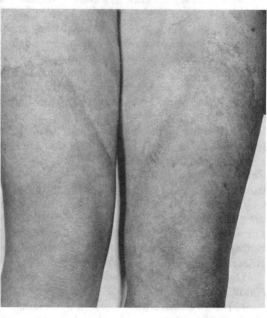

Abb. 67. Erythrokeratodermia congenitalis progressiva symmetrica Gottron. Scharfe Begrenzung der Keratodermie, ausgeprägter Randsaum (ohne Erythem). (Unveröffentlichter Fall der Heidelberger Hautklinik)

waren, mit Cignolin und Penicillin vergeblich behandelt worden waren und nach interkurrent durchgemachten Masern fast vollständig abgeheilt waren.

Fraglich sind die beiden Fälle von RÖSCHL (1950), die GERTLER zwar zur Erythrokeratodermia congenita progressiva symmetrica Gottron rechnet, wohl wegen der (auch bei den Fällen von RICHTER und HÜLLSTRUNG) gelungenen Auslösung des isomorphen Reizeffektes. Der erste Fall von RÖSCHL (ein 20jähriger Mann) bekam die Hauterscheinungen bereits im 2.—3. Lebensjahr, ferner waren die Herde nicht scharf begrenzt, während die Lokalisation übereinstimmte. Als nicht uninteressanter Nebenbefund besteht ein systematisierter keratotischer Naevus am linken Bein. Beim zweiten Kranken (einem 36jährigen Mann) dagegen begannen die Hauterscheinungen erst mit 35 Jahren an Handrücken, Hohlhänden(!), Fußgelenken, Fußrücken, Hohlfüßen(!), Gesäß und Lenden. RÖSCHL deutet infolgedessen seine beiden Fälle als „formes frustes" der Erythrodermia ichthyosiformis congenita Brocq.

Als sicher (auch als progressive Erythrokeratodermie bezeichnet) ist der Fall von INGRAM (1963) anzusehen.

Einen äußerst interessanten Fall publizierten BASAN und SCHWARZBACH (1965) aus der Rostocker Hautklinik unter dem Titel „Palmar-Plantar-Keratose mit atypischer Lokalisation".

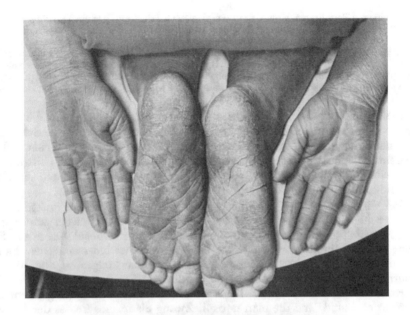

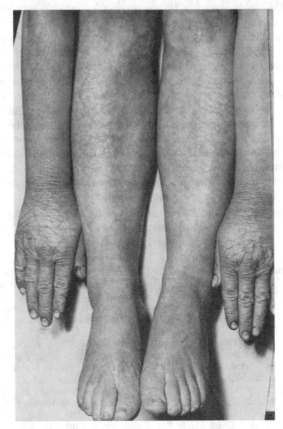

Abb. 68. Erythrokeratodermia congenitalis progressiva symmetrica Gottron. Gleicher Fall wie in Abb. 67. Starke Palmar-Plantar-Keratosen

Bei einem 13¹/₂jährigen Knaben fanden sich nach längerem Bestehen „aufgesprungener Hände", leichter Kopfschuppung und einer „Windflechte" im Gesicht plötzlich Erytheme, Hyperkeratosen und Schuppung an verschiedenen Körperstellen. Erythrokeratotische Herde, z.T. girlandär, fanden sich an Gliedmaßen und z.T. am Stamm; Palmae und Plantae zeigten eine teils rhagadiforme, teils flächenhafte Hyperkeratose; an den Fingern fanden sich auch subunguale Hyperkeratosen. Unter 8 Geschwistern zeigten 3 Schwestern Plantar-Keratosen, 2 ein vergröbertes Hautrelief an den Handtellern, und bei einer Schwester fanden sich keratotische Veränderungen an den Ellbogen.

An diesem Fall paßt nahezu alles zu der Form von Gottron, auch die Palmar-Plantar-Keratosen (auch der sonst unbefallenen Geschwister) und die Schuppung fallen nicht aus dem Rahmen. Da aber Gottron sogar die Psoriasis als wichtige Differentialdiagnose nennt, darf man diese Fälle vielleicht doch der Gottronschen Erythrokeratodermie zuordnen, der, nach Meinung der Autorinnen, ihr Kranheitsbild „am nächsten steht".

Man wird indessen mit der Deutung des Typus Gottron nicht doktrinär sein dürfen; schließlich darf man nicht vergessen, daß seine Definition zunächst für einen Einzelfall geprägt wurde und eine Reihe weiterer Beobachtungen zur Festlegung der Streubreite der Symptome bedarf. Soviel ist indessen sicher: Es gibt umschriebene Erythrokeratodermien, die zwar offenbar kongenital, aber nicht bei Geburt ausgebildet sind, und erst in der Kindheit und späteren Jugend entstehen, mehr auf die Gliedmaßen als auf den Stamm lokalisiert sind, progredient aber nicht variabel sind, und die man nur mit Zwang als formes frustes der Erythrodermie congénitale ichtyosiforme Brocq deuten könnte. Wie man diese Formen nennt, ist eine andere (und sogar sekundäre) Frage; doch hat der Terminus Gottrons „Erythrokeratodermia congenita progressiva symmetrica" im historischen Sinne Priorität zu beanspruchen, auch ist er anschaulich und annähernd genau (daß die Ausbreitung nicht universell, sondern inselförmig ist, wird zwar nicht expressis verbis betont, geht aber aus den Begriffen progressiv und symmetrisch, die beide einen universalen Befall ausschließen, zur Genüge hervor). Das Entscheidende dieser Form ist das stationäre bzw. stetig progrediente (aber nicht variable) Verhalten der umschriebenen Erythrokeratodermie-Herde, bei denen nie ausschließliche Erytheme, sondern nur erythematöse Randsäume um die keratotischen Herde vorkommen. Ferner wird man auch dieser Form, wie neuere Beobachtungen nahelegen, nicht nur den kongenitalen Charakter, sondern auch frühes unter Umständen familiäres Auftreten mit der Möglichkeit einer einfach dominanten Vererbung zubilligen müssen.

Geht man das neuere Schrifttum durch, so finden sich einige Fälle, die hier einzuordnen wären, auch wenn sie unter anderer Diagnose publiziert sind und einige Züge von den oben geschilderten abweichen.

So kommt — bei gleicher Lokalisation und relativ spätem Auftreten — eine familiäre Häufung vor. Touraine, Roederer und De Lestrade berichten unter der Diagnose „Erythrokératodermie familiale" über eine 63jährige Mutter, ihren 20jährigen Sohn und die 19jährige Tochter, die seit der Kindheit bzw. etwa seit dem 8. Lebensjahr flächenhafte, symmetrische Erythrokeratodermie-Herde an den vorderen und seitlichen Anteilen der Unterschenkel, an den Knien, an der unteren Hälfte der Oberschenkel und an der Rückseite der Vorderarme aufweisen.

Der Fall von Coles (1954) (Erythemato-keratotische Phakomatose) ist insofern abweichend, als schon bald nach der Geburt dem 8jährigen Jungen eine Schuppung und Verdickung der Haut beider Beine und Arme auftrat, die seitdem bestehen blieb. Die Ausbreitung ist handschuh- bzw. strumpfförmig, wobei Handteller und Fußsohlen ausgespart sind. An den Beinen reichen die roten, schuppenden, von einem stärker pigmentierten Randsaum eingefaßten Herde bis zum Gesäß. Einzelne Herde finden sich an Wangen und Stirn.

Schneller stellte 1955 einen 41jährigen Mann vor, der mit dem 30. Lebensjahr symmetrische, erythematös-hyperkeratotische Herde an Handrücken, Ellbogen, Gesäß, Knien und Füßen — jedoch auch an Palmae und Plantae — entwickelte.

Für die Selbständigkeit der Gottronschen Form spricht nicht zuletzt die

Histologie

Im feingeweblichen Bild zeigen sich verschiedene Stärkegrade der z.T. parakeratotischen Hyperkeratose und Acanthose, z.T. in Form sägezahnartiger Umwandlung der papillomatösen Epidermis, mit einer Gefäßerweiterung in der Cutis und mit diskreten banalen Zellinfiltraten. Die Befunde weichen von denen von KOGOJ, COLES, TOURAINE, ROEDERER und DE LESTRADE nicht ab. GERTLER be-

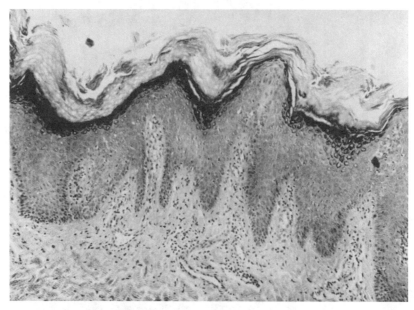

Abb. 69 a. Erythrokeratodermia congenitalis progressiva symmetrica Gottron. Massive, z.T. parakeratotische (Beginn am rechten Bildrand) Hyperkeratose, mächtige Acanthose und Papillomatose mit sägezahnartiger Wallung der verdickten Epidermis, Cutis-Veränderungen diskret. (Unveröffentlichter Fall der Heidelberger Hautklinik)

tont indessen, daß bei der Erythrokeratodermia symmetrica progressiva als einziger Form der Erythrokeratodermien inselförmige Stellen von Parakeratose vorhanden sind (Abb. 69a). Der Befund kann, zusammen mit der sehr mächtigen, z.T. parakeratotischen Hyperkeratose, ein weiteres Unterscheidungsmerkmal sein.

III. Atypische (erbliche) Erythrokeratodermien

Hier sind einige atypische erbliche Erythrokeratodermien anzuführen, die z.T. bereits Selbständigkeit beanspruchen können, zum anderen Teil aber wohl erblich sind, aber in keine der bisher beschriebenen Formen hineinpassen. Bei der Besprechung dieser Gruppe wurde die Einteilung von SCHNYDER und KLUNKER (1966) weitgehend übernommen.

1. Degos-Krankheit, 1947
(Genodermatosis erythemato-squamosa circinata et variabilis)

Synonyma. Erythème desquamatif en plaques congénital et familial, Génodermatose erythémato-squameuse circinée variable, Genodermatosis escarpela de Degos et al., Genodermatosis eritemato-escamosa circinada y variable.

Die Merkmale der von Degos, Delzant und Morival beschriebenen Erythrokeratodermie sind: ausschließlicher Befall der unteren Gliedmaßen (ohne die Fußsohlen) in Form von erythemato-squamösen Erscheinungen mit kokardenähn-

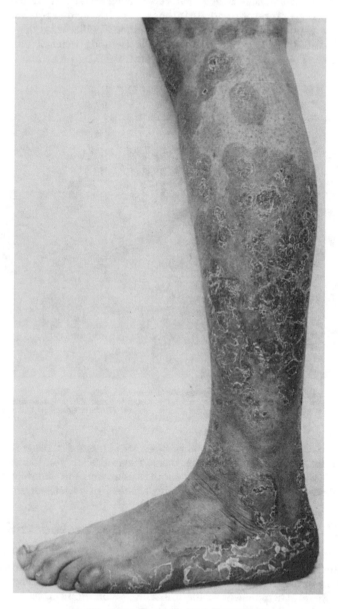

Abb. 69 b. Degos-Krankheit. (Prof. Degos, Paris)

lichen zentralen Plaques; die Hyperkeratose (ohne Erythem) bleibt auf die Knie beschränkt (Abb. 69 b). Das Leiden ist angeboren oder beginnt im Kindesalter. Degos u. Mitarb. beschrieben zwei befallene Brüder, von denen einer eine kranke Tochter hat, während Gougerot und Grupper einen weiblichen Solitärfall beobachteten (1948). Eine 3. Beobachtung stammt von Barrière (1950) mit der

Besonderheit, daß die Erscheinungen im Sommer verschwinden. Die Herde sind variabel hinsichtlich ihrer Intensität, aber fix hinsichtlich ihrem Sitz. In der 4. Beobachtung von BUREAU, JARRY und BARRIÈRE (1955) begannen die Erscheinungen im Alter von 3 Jahren. Die Herde zeigen 3 Zonen: 1. ein normal erscheinendes Zentrum, dann 2. eine erythematöse, leicht erhabene Zone und 3. eine periphere Schuppe in Colerette-Form. Ein Hauptunterschied zwischen der DEGOS-Krankheit und der Form von MENDES DA COSTA besteht darin, daß bei letzterer die roten Flecken außerordentlich flüchtig und Rötung und Hyperkeratose nie gleichzeitig an derselben Stelle vorhanden sind, d.h., daß die keratotischen Plaques von keinem roten Hof umgeben sind (DEGOS, briefliche Mitteilung vom 12. 9. 1968). Histologisch fällt eine Erweiterung des papillären Gefäßplexus auf. Die bislang letzte Beobachtung des Schrifttums stammt von POMPOSIELLO (1961). Sie betrifft ein 20jähriges Mädchen, das seit dem 5. Lebensjahr an einer Chorea minor leidet. Die Hauterscheinungen begannen im 10. Lebensjahr, mit runden, erythemato-squamösen Plaques zwischen Knien und Knöcheln. Die Größe wechselt, im Sommer heilen die Erscheinungen ab. Außer Chorea minor finden sich auch diffuse Palmar-Plantar-Keratosen, die über die von DEGOS u. Mitarb. beschriebene Symptomatologie hinausgehen. POMPOSIELLO ordnet die Beobachtung jedoch der Degos-Krankheit zu.

2. Erythrokeratodermia extremitatum symmetrica et hyperchromica dominans Kogoj, 1956

Diese in 4 Generationen regelmäßig dominant vererbte, auf Männer beschränkte, aber nicht alle Männer befallende Genodermatose, die etwa im 6. Lebensmonat auftritt und sich etwa bis zum 20. Monat entwickelt, dann stationär bleibt, zeigt keine Variabilität. Die erythemato-squamösen Herde sind stationär. Die Dermatose variiert auch intrafamiliär nicht; die untersuchten Befallenen zeigen symmetrisch-identische Lokalisation. Es handelt sich um lokalisierte Keratosen auf geröteter Haut in beiden Ellenbogen, an den Ellbogen, an Handrücken und Dorsalseiten der Finger, an den distalen Unterarmdritteln, beiden Kniekehlen, über den Knien, über Fuß- und Zehenrücken sowie an den distalen Teilen der Unterschenkel. Es bestanden keine Palmar-Plantar-Keratosen, keine Hyperhidrosis; die Nägel und Haare waren unverändert. Die Keratosen wechseln in Farbe und Dicke, sie können glatt, rauh, warzen- und kraterförmig, mit oder ohne „Punzung" aussehen. Außer den erythemato-keratotischen Herden kommen andere vor, die eine stärkere Pigmentierung zeigen; sie finden sich vor allem an der Supraclavicularregion und am Übergang vom Nacken in den Rücken vor. „Die Pigmentierung ist nicht gleichmäßig diffus, denn sie fehlt punktförmig an den leicht vorgewölbten Follikeln. Beim Spannen der Haut macht sich das durch kleine, hirsekorngroße, rundliche, weiße oder kaum pigmentierte Scheibchen kund, so daß die überpigmentierte Haut ein fein retikuliertes Aussehen bietet. Dieselbe Art von Überfärbung der Haut ist beiderseitig im Bereich der vorderen Achselfalte, in der ganzen Gürtelzirkumferenz, besonders seitlich periumbilical und in den Inguinalfalten vorhanden" (KOGOJ). Das regelmäßige Vorkommen von Erythrokeratodermien und Pigmentierungen ist offenbar das Zeichen einer Polyphänie; auch liegt wohl keine geschlechtsgebundene Vererbung vor.

Histologie. Es finden sich eine orthokeratotische Hyperkeratose, Granulose und Acanthose. Im oberen Corium sind diskrete perivasculäre Infiltrate; die Blutgefäße sind (auch in tieferen Abschnitten, ohne entzündliche Zellvermehrung) deutlich erweitert.

Weitere Beobachtungen scheinen bisher nicht vorzuliegen.

3. Erythrokeratodermia progressiva
(partim symmetrica mit somatischer und psychischer Retardierung)
(Schnyder, Wissler, Wendt, Storck und Šalamon, 1964)

Das bei der Vorstellung (1964) 8jährige Mädchen begann im Alter von 2 Monaten Verhornungsstörungen zu entwickeln, die zunächst an Knien und Ellbogen lokalisiert waren, sich aber in den folgenden Jahren vor allem auf die Streckseite der Arme und Beine langsam ausbreiteten. Jetzt besteht über den großen Gelenken eine pachydermieartige, schmutzig-braune Keratose, die an den Streckseiten der Gliedmaßen in eine follikuläre Keratose übergeht. Die Handteller und Fußsohlen sind von einer diffusen, honiggelben Keratose mit stecknadelkopfgroßen Papeln bedeckt. Die Nägel sind normal, eine starke Photophobie zeigt kein organisch faßbares Substrat.

Mit den Keratosen sind folgende weitere Symptome vergesellschaftet: 1. Verzögerung der Entwicklung in bezug auf Körpergröße, Gewicht und Knochenreifung; 2. mangelhaft entwickelte Muskulatur (Elektromyogramm und Histologie normal); 3. dünne, aber normal strukturierte lange Röhrenknochen; 4. Bewegungseinschränkung in einer Reihe von Gelenken, die zu einem Gang wie bei einer alten Frau, mit gebeugten Knien und Hüften, führt; 5. stark verzögerte Sprachentwicklung bei normaler intellektueller Entwicklung.

Einen von Schnyder als analog betrachteten Fall publizierten Pindborg und Gorlin als „oral changes in Acanthosis nigricans (juvenile type)". Im dänischen Fall bestehen außerdem Schleimhautkeratosen und Nagelveränderungen, doch ist die Kranke 10 Jahre älter. Bei der juvenilen Acanthosis nigricans gibt es, wie Schnyder zurecht betont, keine solchen ausgedehnten Hautveränderungen mit Entwicklungsrückstand. Šalamon u. Mitarb. betonen die Ähnlichkeit (hinsichtlich Palmar-Plantar-Keratosen und Lichen pilaris, allerdings ohne sprachliche Retardierung) mit den Fällen von Hudelo, Boulanger-Pilet und Cailliau bzw. Hudelo, Richon und Cailliau. Sie betrachten ihren sehr einprägsamen Fall als recessive Variante von progressiver Erythrokeratodermie.

4. Weitere atypische Erythrokeratodermien

Schon die Besprechung der bisherigen Typen zeigte, daß die Symptomatik der aufgeführten Formen schwankt, und zwar mehr als bei den übrigen Keratosen. Das hängt zu einem großen Teil mit der — mehr zeitlichen als örtlichen — „Variabilität" zusammen, zum anderen aber mit dem Umstand, daß Randsymptome mehr oder minder häufig sind. Man sollte deren Wichtigkeit nicht überschätzen und nicht etwa, wie im Falle von Roth, bei sonst klassischer Ausprägung, wegen einer in der Nähe einzelner keratotischer Plaques aufgetretenen stärkeren Lanugobehaarung, einen neuen Typ konstruieren. Schwierigkeiten können der Einordnung Palmar-Plantar-Keratosen bereiten. Sie sind bei der Form von Mendes da Costa ungeläufig, finden sich aber bei dem Typus von Gottron, Degos, Kogoj und Schnyder u. Mitarb. Deshalb ist es auch nicht angängig, die dominante und transgrediente diffuse Palmar-Plantar-Keratose Greither den Erythrokeratodermien zuzuordnen, wie Höfer es versucht hat; dennoch sind in den Fällen von Greither Annäherungen an die Beobachtungen von Gans und Kochs vorhanden, die zurecht der Erythrokeratodermie Mendes da Costa zuzuordnen sind. Wir werden also eine Reihe von Fällen erwarten dürfen, die einerseits den Palmar-Plantar-Keratosen, andererseits den trockenen Formen der Erythrodermie congénitale ichtyosiforme angenähert sind.

a) Keratosis multiformis mit Atrophie der Handrücken, Pigmentationen und Mißbildungen am Skelet (Šalomon u. Marinkovič, 1959)

Einen *Übergang zwischen Meleda-Krankheit und circumscripten Erythrokeratodermien* scheint die Beobachtung von ŠALAMON und MARINKOVIČ (1959) darzustellen, bei der zu den follikulären und herdförmigen (auch die Handteller und Fußsohlen einnehmenden) Keratosen noch weitere Anomalien kamen: Atrophie der Haut und Pigmentierungen, Hypotrichose und Skeletanomalien. Schleimhauterscheinungen fehlen (sonst könnte man auch an eine Polykeratose denken). Indessen liegt sicher dominante Vererbung vor. Die Verfasser beschreiben die Krankheit als „Keratosis multiformis mit Atrophie der Handrücken, Pigmentationen und Mißbildungen am Skelet".

b) Lokalisierte Erythrokeratodermie Faninger

FANINGER beschrieb 1956 eine lokalisierte, symmetrisch von den Handtellern auf die Unterarme übergreifende Erythrokeratodermie bei einer 54jährigen Frau und deren 29jähriger Tochter. Die Krankheit manifestiert sich erst spät (3. bis 4. Lebensjahrzehnt) und entwickelt sich langsam; Keratose und Erythem sind in ihr vermischt. Auch nach SCHNYDER und KLUNKER muß es fraglich bleiben, ob eine Einordnung in die Erythrokeratodermien möglich ist.

c) Erythrokeratoderma ichthyosiforme variabile mit isomorphem Reizeffekt (Borza u. Vankos)

Als einen Übergang zwischen Erythrodermie congénitale ichtyosiforme und lokalisierten Erythrokeratodermien betrachten BORZA und VANKOS (1960) ihren (isolierten) Fall, in dem eine starke erythrodermatisch-keratotische Komponente, Befall der Handteller und Fußsohlen, auch follikuläre Keratosen das Bild beherrschen. Die Krankheit trat bei dem damals 21jährigen Mädchen im Alter von 8 Jahren auf, die Herde waren stets erythrokeratotisch (nicht allein erythematös), variabel und zeigten ein deutliches Köbner-Phänomen. BORZA berichtete 1963 noch einmal über den gleichen Fall und ergänzte seine Ausführungen über den isomorphen Reizeffekt: letzterer zeigte sich nach Ritzen der Haut als erythrohyperkeratotische Verdickung. Ein stumpfes Trauma läßt das Phänomen nicht auslösen. Wird nun eine quadratische Hautfläche, in der durch Skarifikation das Köbner-Phänomen ausgelöst wurde, mit einer UV-Erythemadosis belegt, so wandelt sich die ganze Fläche stufenweise in einen zusammenhängenden erythrokeratotischen Herd um. Die Abheilung ist z.T. (in der Umgebung) leukodermisch. Im Leukoderm läßt sich das isomorphe Reizphänomen nicht mehr auslösen; es ist aber auch an den übrigen gesund erscheinenden Hautstellen nur verzögert zu provozieren, da offenbar die ganze Dermatose in einem regressiven Stadium sich befindet. Auch bei seiner neuen Publikation hält BORZA daran fest, daß dieser Fall sich in keine der bekannten nosologischen Gruppen einreihen lasse.

5. Die sog. Ichthyosis linearis circumflexa (Comèl, 1949)

Synonyma. Kongenitale circinäre Dermatose vom Typus Eczématide papulo-circinée migratrice Miescher, Dyskeratosis ichthyosiformis congenita migrans Stevanovič und Pavič. Erythroderma ichthyosiforme systematisatum.

Mit SCHNYDER sind wir der Ansicht, daß diese Sonderform nicht zur Ichthyosis im engeren Sinn gehört, sondern zwischen ihr und den Erythrokeratodermien steht. Sie gehört jedoch keinesfalls zu den Dyskeratosen, wie die unglückliche Terminologie von STEVANOVIČ und PAVIČ nahelegen könnte.

Fast könnte man geneigt sein, nicht den von Comèl (1949) beschriebenen Fall als ersten anzusehen, sondern den im Corpus iconum morborum cutaneorum unter den Abb. 1725, 2728 und 2730 von Szathmáry als „Erythroderma ichthyosiforme systematisatum" vorgestellten 40jährigen Arbeiter. Liest man jedoch die kurze Beschreibung im Textband nach, so zeigt die schnelle Entwicklung wie auch die nach 1¹/₂ Monaten eingetretene Spontanheilung, daß nur eine gewisse klinische Ähnlichkeit bestehen kann, während es sich im Wesen um zwei ganz verschiedene Zustände handelt.

Bei der 23jährigen Kranken von Comèl war die Dermatose schon in den ersten Lebenstagen vorhanden, doch wurde sie erst im 12. Lebensjahr stärker ausgeprägt und von diesem Zeitpunkt ab mit verschiedenen Salben behandelt. Handteller und Fußsohlen weisen eine Hyperhidrose auf, die Haare sind gut entwickelt und normal verteilt, das Gesicht ist frei von Veränderungen. Die Hauterscheinungen finden sich vorwiegend am Rücken, am Abdomen sowie an den Streck- und Beugeseiten der Gliedmaßen. An diesen Partien sieht man eigenartige serpiginöse und polycyclische lineäre Erhebungen, die durch einen einige Millimeter breiten Rand eingesäumt sind. Die Mitte des Randes zeigt — in gewisser Weise der Parakeratosis Mibelli vergleichbar, ohne daß Comèl diese Analogie verzeichnet hätte — zwei stärker vorspringende, parallel verlaufende Kanten, zwischen denen eine weniger stark keratotische vertiefte Rinne verläuft. Diese lineären Erhebungen wandern langsam nach der Peripherie weiter und nehmen dabei polycyclische Gestalt an. In den abgeheilten Partien kommen neue Erhebungen zur Ausbildung. Ringförmige geschlossene Herde sind z. Z. nicht zu sehen.

Histologisch findet sich ein verdicktes, kernloses Stratum corneum, eine Hypertrophie der ganzen Epidermis (Papillomatose) und vermehrter Wölbung der dermo-epidermalen Grenzlinie. Die interpapillären Zapfen sind oft verdoppelt. Auch die „Kanten" des Randwalls sind Verdoppelungen der Epidermis. Die Cutisgefäße sind erweitert, perivasculäre Infiltrate aus Lymphocyten, Fibroblasten und wenigen Mastzellen finden sich in diskreter Form.

In der nosologischen Zuordnung des Falles ist Comèl — Lutz hat übrigens in der 2. Auflage seines Lehrbuches auf S. 105 den Fall Comèls abgebildet — nicht konsequent. Nachdem er alle in Frage kommenden parasitären Krankheiten, die Gruppe der Psoriasis und Parapsoriasis sowie die kleinfleckigen Dermatosen ausgeschlossen hat, betont er die Notwendigkeit, den Fall unter den nichtichthyotischen Dermatosen einzureihen. Er stellt ferner gewisse innere Beziehungen zur Hyperkeratosis congenita ichthyosiformis (Riecke) bzw. zur Erythrodermie congénitale ichtyosiforme (Brocq) her (die Gemeinsamkeit besteht in kongenitaler Entstehung, ausgedehnter Hyperkeratose und Bevorzugung der Beugeseiten, hypertrophischem Zustand der Epidermis, dem Erythem, dem progressiven Wachstum), um dann aber — aus Gründen der ikonographischen Ähnlichkeit mit der Ichthyosis vera — schließlich doch beim Begriff „Ichthyosis" anzulangen.

Vorsichtiger mit der Benennung waren Miescher, Fischer und Plüss bei ihrem analogen Fall, den sie unter der Diagnose „Kongenitale circinäre Dermatose, Typus Eczématide papulo-circinée migratrice Darier" 1953/54 vorgestellt haben.

Es handelte sich um einen damals 19jährigen Lehrling, bei dem die Erscheinungen ebenfalls seit Geburt bestanden. Die Eltern sind möglicherweise Vettern. Auch in diesem Fall sind Gesicht und Hals frei. Das Bild ähnelt dem von Comèl beschriebenen, wobei jedoch außer den girlandären Herden auch eine Aussaat kleinster, etwa stecknadelkopfgroßer Papeln mit Schuppen und Schuppenkrusten besteht. Nirgendwo Zeichen von Atrophie.

Histologisch zeigt sich ein unregelmäßig verdicktes Epithel mit fleckförmig spongiotischen Auflockerungen bis zur Blasenbildung. Dieser Befund hat Miescher dazu verführt, eine ekzematide Dermatose anzunehmen, mit der freilich der lange Bestand schwer vereinbar ist.

Frank (1956) hat sich bei der Beschreibung seines Falles, eines 23jährigen Mannes, bei dem die Erscheinungen ebenfalls seit den ersten Lebensmonaten bestehen, weitgehend an Comèl gehalten.

„Von der eigentlichen Dermatose sind befallen der Stamm sowie die Extremitäten, besonders in ihren oberen Anteilen, Gesicht, Genitale, Hände und Füße sind frei von Veränderungen, doch zeigen Fußsohlen und Handinnenflächen deutliche Hyperhidrosis. In regelloser Anordnung finden sich an den obengenannten Körperpartien eigenartige serpiginös und polycyclisch gestaltete Krankheitsherde verschiedener Größe. Diese Herde bestehen aus rosaroten, durchschnittlich 4 mm breiten, leicht erhabenen erythematösen Säumen, die sich rauh bzw. körnig anfühlen, und die teilweise peripher von einem lineären, ziemlich fest haftenden Schuppensaum, der sich aus kleinen feinen Lamellen zusammensetzt, eingefaßt werden. Zum Teil handelt es sich, besonders am Stamm, um polycyclisch *geschlossene* Herde, z. T. jedoch um *offene*, serpiginös gestaltete linienförmige Herde. Bei den geschlossenen Herden greift der erythematöse Randsaum in flächenhafter Ausbreitung auch auf die zentralen Anteile über, besonders bei frisch entstandenen Herden. In beiden Kniekehlen besteht deutliche Lichenifizierung und Infiltration der Haut, an eine Neurodermitis circumscripta erinnernd. Sämtliche Herde haben stark wandernden Charakter, so daß die Lokalisation und die Form der Erscheinungen sehr wechselnd ist. Jedoch spielt sich der Prozeß vorwiegend an den oben wiedergegebenen Hautpartien ab. Es wird zeitweiliger Juckreiz angegeben, besonders bei Temperaturwechsel."

Die *Histologie* zeigt in beiden Fällen eine Hypertrophie des Stratum Malpighi und Papillomatose sowie eine mehr oder minder dichte, teilweise abgehobene Hyperkeratose ohne Parakeratose. Im Corium finden sich Zellinfiltrate aus verschiedenen Bestandteilen zusammengesetzt.

Die von BAZEX, DUPRÉ und REILHAC im Jahre 1956 beschriebene Dermatose, der SCHNYDER und KLUNKER Eigenständigkeit zuschrieben, geht in der Ichthyosis liniaris circumflexa auf, worauf BAZEX selbst 1968 hingewiesen hat. Sie besteht in variablen, circinären, squamösen Erythemen mit einer randständigen, pseudomykotischen Schuppung in „Colerette-Form"; der Grad der Variabilität schwankt zwischen Stunden (selten), Wochen (die Regel) und Monaten, ferner bestehen periorale, mediofaciale und perianovulväre, fixe Erytheme; schließlich findet sich eine narbige Hypotrichose.

Als „Casus pro diagnosi" stellen KUSKE, PASCHOUD und SOLTERMANN 1956/57 einen Fall von Ichthyosis liniaris circumflexa vor.

Es handelte sich um ein 17jähriges, ebenfalls seit frühester Kindheit befallenes Mädchen (keine Familienanamnese angegeben). Am Stamm und an den Gliedmaßen finden sich serpiginöse und polycyclische, entzündlich gerötete, wenig erhabene, lineäre Efflorescenzen mit grauer Schuppendecke; anuläre Herde mit reizlosem Zentrum fanden sich seltener. Die Kniekehlen und Ellenbeugen waren lichenifiziert. Histologisch fanden sich, wie bei MIESCHER, Herde von spongiotischer Auflockerung und Bläschenbildung. Die Autoren zitieren, ohne sich diagnostisch festzulegen, die Fälle aus dem Corpus iconum morborum cutaneorum 1938, von COMÈL, FRANK und MIESCHER.

STEVANOVIČ und PAVIČ haben neuerdings (1958) einen weiteren einschlägigen Fall unter der irreführenden Bezeichnung „Dyskeratosis ichthyosiformis congenita migrans" veröffentlicht.

Es handelt sich um einen Solitärfall, einen 20jährigen Mann, mit analogen Hautveränderungen: anuläre Läsionen, mit leicht erhabenen Rändern und Schuppung, vor allem am Stamm. In den Leistenbeugen finden sich 2 Blasen. Axillae, Kniekehlen und Ellbeugen sind verdickt, bräunlich verfärbt. Handteller und Fußsohlen schwitzen stark, die Kopfhaut schuppt. *Histologisch* fällt eine verdickte Epidermis mit losem Hornlager (parakeratotisch) auf, im Corium finden sich zarte perivasculäre Infiltrate. Die Autoren deuten die Dermatose als eine Variante des ichthyosiformen Erythroderma mit wahrscheinlich recessiver Vererbung.

Aus der gleichen Klinik (von ILIČ in Belgrad) berichtete in dem gleichen Jahr 1958 MANOK über einen weiteren Fall, dieses Mal unter der Diagnose „Ichthyosis linearis circumflexa".

Es handelt sich ebenfalls um einen 20jährigen Mann, mit ähnlichem Befund, jedoch ohne komplizierende Blasen (über den Fall haben inzwischen STORCK, SCHNYDER und SCHWARZ in „Dermatologica" 1960 berichtet). Der Erbgang ist noch nicht mit genügender Sicherheit geklärt, vielleicht ist er recessiv.

Ein weiterer Fall von Ichthyosis linearis circumflexa wurde 1959 von M. FLECK kurz beschrieben.

Die Dermatose geht bei der 18jährigen Stenotypistin ebenfalls bis in die Kindheit zurück; das klinische Bild entspricht dem der übrigen Autoren vollständig.

Faninger und Markovič-Vrisk lassen bei ihrem Fall (einem 16jährigen Mädchen) offen, ob der Fall der Entität Comèl, der Erythrokeratodermie vom Typ Mendes da Costa oder Degos oder Dariers Eczématide papulo-circinée migratrice oder einer übergeordneten Entität zuzuordnen sei.

Dimitrowa und Georgiewa weisen 1961 — als erste nach Bazex und Dupré (1956) — auf mögliche Haaranomalien hin, die zuletzt Schnyder und Wiegand (1968) bei 2 eigenen Fällen so kritisch beschrieben haben, daß ihre Annahme, die Krankheit Comèl sei mit dem bei den Ichthyosen besprochenen, S. 9 — Syndrom von Netherton identisch, wohl zurecht besteht.

Storck, Schnyder und Schwarz zeigten 1961, daß der von Miescher (1954) beschriebene Fall cytogenetisch keine Abweichungen aufweist.

Vineyard, Lumpkin und Lawler (1961) beschrieben 2 Geschwister von 6 und 11 Jahren, die kurz nach der Geburt die ersten Erscheinungen zeigten und außer den circumflexen Erscheinungen auch eine Lichenifikation der Gelenkbeugen aufwiesen.

In den Fällen von Schneider, Coppenrath und Bock (1962) (5jähriger Junge) waren 2 Umstände bemerkenswert: einmal die starke Variabilität der Erscheinungen (das Erythem des Gesichtes bildete sich in kürzester Zeit wieder zurück, um einer verstärkten, kleinlamellösen Schuppung Platz zu machen, der wiederum schmutzig-bräunliche Hyperkeratosen von geringer Bestandsdauer folgten, die ihrerseits aber wieder von einem neuen Erythem abgelöst wurden); zum anderen litten 2 Brüder des Kranken und sein Vater an einer Ichthyosis vulgaris. Die Verfasser nehmen deshalb an, daß die Krankheit Comèl, in der sie eine erbliche Keratose sehen, mehr den variablen Erythrodermien als der Ichthyosis angenähert sei, wobei auch eine enge Nachbarschaft der Ichthyosis vulgaris zu den variablen Erythrokeratodermien angenommen wird.

Růžička, Jorda und Rothschild berichteten 1963 über ein 18jähriges Mädchen, das seit dem 2. Lebensmonat befallen ist. Die Mutter leidet an einer Schuppenflechte. An den Palmae und Plantae ist die Schweißbildung abgeschwächt, im Serum sind Carotine und Vitamin A erniedrigt.

Frühwald, der keinen eigenen Fall beisteuert, nennt (1964) Rille als den Erstbeschreiber der Dermatose (1922).

Im Fall von Andrews (1963) war — wie in anderen Schrifttumsfällen — keine Blutsverwandtschaft der Eltern festzustellen.

Fleger, Bokonjič und Šalamon fanden 1966 bei ihrem 5¹⁄₂jährigen, seit dem 6. Lebensmonat befallenen Patienten den vor der Behandlung normalen Carotin- und Vitamin A-Gehalt im Serum nach der Behandlung erniedrigt.

Abb. 70 zeigt einen unpublizierten Fall der Düsseldorfer Hautklinik (8jähriger Junge, dessen Familie noch nicht näher untersucht werden konnte) mit den typischen klinischen Erscheinungen im Gesicht und an den Gliedmaßen, Abb. 71 die feingeweblichen Veränderungen. Bei letzteren finden sich: unregelmäßige Acanthose ohne stärkere Papillomatose, Ortho-Hyperkeratose, stellenweise Parakeratose, mehrzeiliges Stratum granulosum, darunter spongiotische Auflockerung, z. T. mit Leukocytendurchwanderung. In der Hornschicht finden sich z. T. auch Kerntrümmer.

Schnyder und Wiegand fanden 1968 bei 2 Fällen von Ichthyosis circumflexa Comèl eine trichologische Randsymptomatik. Bambushaare (Trichorrhexis invaginata) und Trichorrhexis nodosa-artige Haare, seltener Pili torti sowie moniliforme und leukodystrophische Haare gehören offenbar häufiger, als bisher angenommen, zum Krankheitsbild der Ichthyosis linearis circumflexa, in der wohl

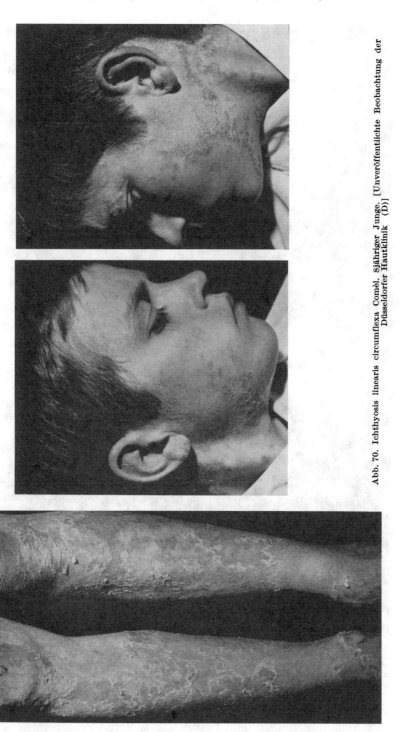

Abb. 70. Ichthyosis linearis circumflexa Comèl. 8jähriger Junge. [Unveröffentlichte Beobachtung der Düsseldorfer Hautklinik (D)]

das sog. Netherton-Syndrom aufgeht. Trotz des starken Überwiegens des weiblichen Geschlechts hält SCHNYDER eine autosomal recessive Vererbung für wahrscheinlich.

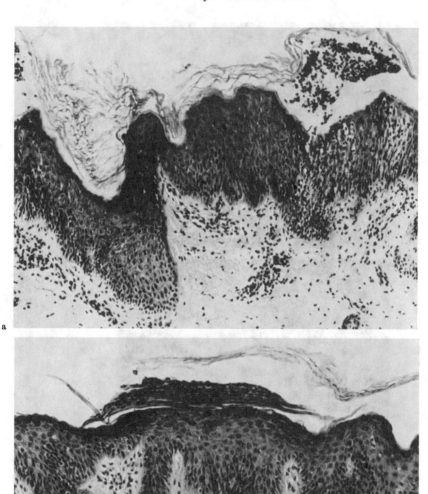

Abb. 71 a—c. Ichthyosis linearis circumflexa Comèl, Histologie. Acanthose, Papillomatose, Ortho-, z. T. parakeratotische Hyperkeratose, mehrzelliges Str. granulosum, spongiolische Bläschen mit Leukocytendurchwanderung. Im Corium lockere perivasculäre Infiltrate aus Rundzellen und Histiocyten. [Unpublizierter Fall der Düsseldorfer Klinik (D)]

IV. Weitere, nicht-erbliche, atypische Erythrokeratodermien

Den sicher erblichen, kongenitalen und wahrscheinlich erblichen umschriebenen Erythrokeratodermien stehen nichterbliche und symptomatische gegenüber. Je weiter wir uns von den wenigen fest umrissenen Formen entfernen, um so vager

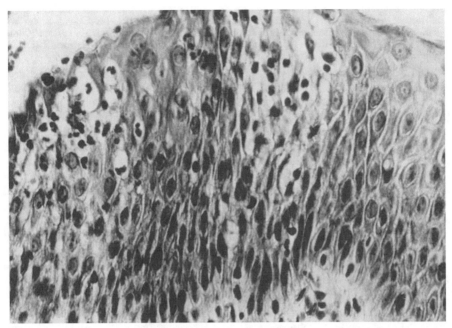

Abb. 71c. Ichthyosis linearis circumflexa

wird die Zuordnung der noch zu besprechenden Dermatosen zu den umschriebenen, atypischen Erythrokeratodermien. Hierher gehören vor allem 1. die Papillomatosen Gougerots und 2. symptomatische Erythrokeratodermien (gleichzeitig Besprechung der Differentialdiagnose).

1. Die Papillomatosen Gougerots

Gertler hat bei seinem Ordnungsversuch der umschriebenen Erythrokeratodermien die „Papillomatose confluente réticulée" als selbständige Form anerkannt. Sie bildet indessen nur eine Unterart der zahlreichen — anhand von jeweils 1 bis 4 Beobachtungen von Gougerot u. Mitarb. beschriebenen — Papillomatosen, denen ihre Beschreiber eine parasitäre Genese zuzubilligen geneigt sind. Dieser Umstand läßt ihre Zuordnung zu den umschriebenen Erythrokeratodermien als fragwürdig erscheinen. Neuerdings werden die Papillomatosen, nicht zuletzt wegen ihres auch histologisch sehr ähnlichen Bildes, der Acanthosis nigricans-Gruppe zugeordnet; Heite und v. d. Heydt haben die pigmentierten papillären Dystrophien im Erg.-Werk, Bd. III/1, S. 937—979 (1963) besprochen.

2. Die symptomatischen umschriebenen Erythrokeratodermien (= Differentialdiagnose)

In bewundernswerter Klarheit hat Gertler das Wenige, das wir über die symptomatischen Erythrokeratodermien umschriebener Ausdehnung wissen, zusammengestellt und 2 eigene Fälle genau beschrieben.

Bei seinen Beobachtungen (Frauen von 64 und 63 Jahren), Solitärfälle, wiesen folgende Befunde auf den symptomatischen Charakter der umschriebenen Erythrokeratodermien hin: 1. das sehr späte Auftreten der Keratosen (vor 8 Wochen bzw. $^1/_2$ Jahr, d.h. also im 7. Dezennium), die an Palmae und Plantae, stärker aber an Hand- und Fußrücken (mit zwickelartigem Übergreifen), ferner streifenartig an der Außenseite des Unterschenkels, mit isolierten Herden in den Schamfalten, an den Sitzbeinhöckern (Fall 2) lokalisiert sind. 2. der von der äußeren Therapie weitgehend unabhängige Verlauf; 3. das Vorliegen eines Infekts (Cholecystitis) im 1. Fall und einer Eiweißabbau-Störung (in Magen und Duodenum) bei stark erhöhter BKS im 2. Fall; 4. der schnelle Rückgang der Erscheinungen.

Die Auslösung umschriebener symptomatischer Erythrokeratodermien durch ähnliche Störungen ist bekannt. Vor allem ist hier zu nennen das *Erythema keratodes* von BROOKE (von dem GERTLER seine Fälle abgrenzt, da sie nicht primär und überwiegend Palmar-Plantar-Keratosen darstellen. KLEINE-NATROP hat 1949/50 einen der wenigen nach dem 2. Weltkrieg bekannt gewordenen Fälle beschrieben). Das Erythema keratodes Brooke besteht in einer relativ diskreten, jedenfalls die genuinen Palmar-Plantar-Keratosen an Stärke und Ausbildung nicht erreichenden flächenhaften Verhornung der Handteller und Fußsohlen, dessen erythrodermatische Komponente vor allem in Form eines roten Randsaums gut erkennbar ist. Die beiden von BROOKE beschriebenen Fälle aus dem Jahre 1891 wiesen eine von BROOKE freilich nicht ursächlich gedeutete — Dyspepsie auf. Das Erythema keratodes entsteht rasch, bessert sich auch relativ schnell, zeigt aber ebenso Rezidive nach kurzer Zeit.

Hierher gehört wohl auch die — langsam entstehende und persistierende — *Keratodermia erythematosa symmetrica* (BESNIER).

Als eine weitere — nur Palmae und Plantae betreffende — Form der symptomatischen lokalisierten Erythrokeratodermien ist das bereits bei den Palmar-Plantar-Keratosen besprochene *Keratoma postclimactericum* (HAXTHAUSEN) anzusehen, bei dem jedoch — außer der Klimax — Hochdruck, Fettsucht und Arthritis eine provozierende Rolle spielen.

Nicht an den Hohlhänden und -füßen, sondern an der Dorsalseite der Handgelenke und Finger lokalisiert ist eine symptomatische Form der umschriebenen Erythrokeratodermien, die bei pellagroiden Zuständen vorkommt und nach CZILLAG als *Erythema hyperkeratoticum dyspepticum supraarticulare manus* bezeichnet wird.

Die einzige Beobachtung, die wir im neueren Schrifttum finden konnten, stammt von DRAMOFF und LUNDT (1939). Es handelt sich um einen 59jährigen Mann, der seit mehreren Jahren im Bereich der Radialseiten beider Handrücken und Fingerstreckseiten eine flächenhafte braune Pigmentierung und vor allem über den Fingergelenken warzenartige Hyperkeratosen aufweist. Durch das Zusammenstehen dieser Hyperkeratosen kommen plattenartige Infiltrate zustande. Die Pellagra ist wegen des Fehlens sonstiger Erscheinungen aus dem Hautbild nicht zu diagnostizieren, GOTTRON diagnostizierte in diesem Fall deshalb auch nur ein Pellagroid der Haut.

Die übrige *Differentialdiagnose* bewegt sich — abgesehen von Psoriasis vulgaris, Pityriasis rubra pilaris, Parapsoriasis, Morbus Darier, um nur die wichtigsten zu nennen — vor allem zwischen Erythrodermie congénitale ichtyosiforme (trockene Form) einerseits und Palmar-Plantar-Keratosen (die ja auch transgredient sein können) andererseits.

Diejenigen Fälle, die zwar die Handteller und Fußsohlen verschonen, aber ausgedehnte Areale (vor allem des Stammes, nicht nur der Gliedmaßen) betroffen zeigen, sind von der abortiven, oder spät manifestierten Erythrodermie congénitale ichtyosiforme Brocq abzugrenzen. Befall der Gelenkbeugen, mehr oder minder flächenhafter Befall des Stammes bei sonst weitgehender Aussparung der Gliedmaßen spricht stets mehr für die Diagnose Erythrodermie congénitale ichtyosiforme Brocq als für Erythrokeratodermia symmetrica progressiva. Umgekehrt kennzeichnet der Befall von Gesicht, Hals, distalen Gliedmaßenanteilen (Handrücken, Knien, Ellbogen bei Aussparung der Palmae und Plantae) — und möglicherweise Befall der lateralen Thoraxpartien — die Erythrokeratodermia figurata variabilis; Befall vorzugsweise der unteren Gliedmaßen (einschließlich Palmae und Plantae) spricht für die Erythrokeratodermia progressiva symmetrica.

Die Grenze in der anderen Richtung wird gebildet durch den Befall der Handteller und Fußsohlen. Beherrschen die Palmar-Plantar-Keratosen in flächenhafter und massiver Verhornung das Bild (mit „Punzung", Rhagaden, Hyperhidrosis usw.) und kommen nur einige inselförmige keratotische Felder an den Dorsa oder den übrigen Teilen der Gliedmaßen vor, so spricht das nicht gegen eine — genuine oder essentielle — Palmar-Plantar-Keratose. Greifen die Palmar-Plantar-Keratosen auf die Dorsa über und finden sich andere keratotische Herde (wobei aber immer die Palmar-Plantar-Keratosen das Bild beherrschen) sowie ein familiärer Befall, so müssen die recessiv erbliche (?) Krankheit von Meleda und die transgrediente, dominant erbliche Form der Heidelberger Fälle, die sehr viel Züge von der symmetrischen, progressiven Erythrokeratodermie haben und gewissermaßen zwischen ihr und der Krankheit von Meleda stehen, ausgeschlossen werden.

Nicht nur die Keratosen untereinander, sondern auch andere hyperkeratotische Krankheiten können erhebliche differentialdiagnostische Schwierigkeiten bereiten. Zu nennen sind vor allem die Psoriasis vulgaris und die Pityriasis rubra pilaris. Die letztere kann sogar, wie GERTLER betont hat, Handteller und Fußsohlen mit zwickelartig die Achillessehnen umgreifenden Fortsätzen befallen; fehlen auf dem Hand- bzw. den Fingerrücken typische follikuläre Herde, kann die Diagnose der Pityriasis rubra pilaris, die auch längere Zeit lokalisiert bestehen zu bleiben vermag, außerordentlich schwierig sein. So scheint beispielsweise, um nur einen Fall zu nennen, die von SCHNELLER (1951) vorgestellte „Erythrokeratodermie der distalen Extremitätenpartien", wie BINDER in der Diskussion vermutete, eine Pityriasis rubra pilaris gewesen zu sein. Für die Diagnose der umschriebenen Erythrokeratodermien ist vor allem das Fehlen der follikulären Hornstacheln an typischer Stelle (z.B. Hand- und Fingerrücken) wichtig.

Theoretisch sind auch Dyskeratosen bzw. *Polykeratosen* zu berücksichtigen, bei denen auch isolierte keratotische Herde an Handtellern und Fußsohlen vorkommen können. Das übrige klinische Bild, die Leukokeratosen und Nagelveränderungen, dazu die Störungen innerer Organe, werden aber etwaige Zweifel schnell beseitigen helfen.

E. Erbliche Dyskeratosen (i. w. S.), Parakeratosen und überwiegend keratotische Polykeratosen

Diese Gruppe macht einer übersichtlichen Ordnung Schwierigkeiten vor allem deshalb, weil zu den (flächenhaften oder inselförmigen, oft auch nur abortiv ausgeprägten) Palmar-Plantar-Keratosen bzw. den an der übrigen Körperhaut oder an den Schleimhäuten lokalisierten herdförmigen Keratosen noch andere, nicht-keratotische Merkmale hinzukommen. Des weiteren ist es schwer, die Grenze dieser Gruppe zu bestimmen, weil sie fließend in das Gebiet der nicht-keratotischen Dysplasien der Haut übergeht.

Wenden wir uns zunächst der Terminologie zu. Der Begriff der „*Dyskeratosen*" ist vieldeutig, weil er eine histologische und zwei klinische Bedeutungen einschließt (GREITHER, 1962).

DARIER hat im Jahre 1900 die Bezeichnung Dyskeratose für solche *histologischen* Veränderungen des Epithels vorgeschlagen, bei denen sich einzelne Malpighi-Zellen differenzieren und sich aus dem Zusammenhang mit den übrigen Zellen absondern (ségrégation), um dann besonders individuelle morphologische und chemische Umwandlungen im Sinne einer

abnormen, überstürzten Verhornung durchzumachen. Diese Zellen können Keratohyalingranula enthalten, die sich mit einer Membran umgeben, sie können aber auch in toto
verhornen. Der ségrégation geht oft ein Verlust der Intercellularbrücken (Desmolyse) voraus.
Mit dem Begriff der Dyskeratose bzw. ségrégation sollte man also nur bestimmte abnorme
Verhornungsvorgänge im Stratum Malpighi, nicht aber in der Hornschicht (z.B. die *Parakeratose*) bezeichnen. Letztere ist eine überstürzte fehlerhafte Verhornung ohne ségrégation
und Anarchie der Malpighizellen (z.B. Parakeratosis Mibelli).

Neben dem Begriff der „Dyskeratosen" bietet sich infolgedessen der der
„Parakeratosen" an, wie ihn auch Schnyder und Klunker bei ihrer genetischen
Ordnung der Keratosen (1966) verwendet haben.

Histologisch ist also die Dyskeratose eine Fehlentwicklung im Stratum
Malpighi mit dem Ergebnis der durch ségrégation und pathologische Verhornung
gekennzeichneten Anarchie.

Das histologische Zeichen der Dyskeratose zeigen in gutartiger Weise der Morbus Darier,
in bösartiger Form der Morbus Paget und der Morbus Bowen. Dsykeratotische Veränderungen
kommen aber bei einer Reihe anderer Zustände vor, z.B. bei Warzen, Keratosen, beim
Molluscum contagiosum, bei Carcinomen und Naevo-Carcinomen. Der Begriff des Dyskeratoma (einer besonderen Form der seborrhoischen Warze), in dem ein gewisser neoplastischer Charakter angedeutet wird, soll uns hier nicht interessieren.

Die *klinische* Bedeutung des Begriffes „Dyskeratose" ist 2fach: Im engeren
Sinn ist damit der Morbus Darier gemeint, bei dem der histologische Begriff der
Dyskeratosis unter Hinzufügung des Adjektivs „follicularis" zu einem klinischen
erhoben wurde. Im deutschen Schrifttum ist dieser Begriff allerdings weniger
üblich; im angelsächsisch-amerikanischen Sprachgebrauch sind jedoch Mißverständnisse denkbar, die durch die Beachtung des Epithetons „follicularis" vermieden werden können.

Die *Dyskeratosen im weiteren klinischen Sinn* umfassen ein Syndrom, das
mancherlei Befunde der Fehlentwicklung zusammenfaßt, im Sinne einer aus
mehreren Komponenten zusammengesetzten Dysplasie, unter denen auch Keratosen neben anderen nicht-keratotischen ektodermalen — und nicht-ekto-
dermalen — Störungen eine Rolle spielen.

Wenn wir recht sehen, so ist der eigentliche Schöpfer des Begriffes „Dyskeratosis
congenita" Lenglet, der damit bereits 1903 eine Reihe prinzipiell möglicher — und untereinander kombinierter — Störungen zusammenfaßte. Jadassohn und Lewandowsky haben
dann 1906, allerdings unter dem Begriff „Pachyonychia congenita" einige weitere Symptome
hinzugefügt. Schäfer (1925) und Cole, Rauschkolb und Toomey (1930) sind also mit
ihrer Terminologie „Dyskeratosis congenita" durchaus als Epigonen anzusehen, auch wenn
vor allem die amerikanischen Autoren wertvolle Beobachtungen zu dieser Symptomen-
verbindung beigetragen haben.

Um den recht vieldeutigen Begriff der Dyskeratosen schärfer zu fassen, hat
Touraine im Jahre 1954 den Begriff der *Polykératose congénitale* geprägt, der
heute eine Art Überbegriff über die hier einzureihenden Typen- und Merkmalsverbindungen darstellt, dem es aber ebenfalls an der wünschenswerten Präzision
mangelt.

Philologisch und historisch gesehen ist die „Polykératose" nichts anderes als die griechische
Fassung des Begriffes „Keratosis multiformis", der auf Siemens (1922) zurückgeht und unter
dem Moncorps in seinem Handbuchbeitrag die „nichts präjudizierenden" Formen versteht,
die neben inselförmigen Palmar-Plantar-Keratosen noch andere Verhornungsanomalien (und
heute würden wir hinzufügen, noch weitere nicht-keratotische ektodermale und nicht unbedingt
ektodermale) Schäden aufweisen.

Touraine versteht unter Polykeratosen familiär-erbliche Polydysplasien, bei
denen die Verhornungsvorgänge im Vordergrund stehen. Die für die einzelnen
Merkmale verantwortlichen Gene sind im gleichen Chromosom aufgereiht; sie
können insgesamt vererbt, aber auch einzeln weitergegeben werden, wobei die
Vorgänge des „crossing over", in der Phase der Prämciose, bei der Formierung
der Gameten, eine Rolle spielen.

TOURAINE stellt die ganze Gruppe der Polykeratosen wegen der möglicherweise mit psychischen oder neurologischen Störungen einhergehenden Kombinationen in die übergeordnete Gruppe der Neuro-Dermo-Ektodermose.

Hält man sich an die Definition TOURAINEs, daß bei der Gruppe der Polykeratosen — in aller Vielzahl der möglichen Merkmalsverbindungen — noch die Verhornungsvorgänge im Vordergrund des klinischen Bildes stehen, oder noch vorsichtiger ausgedrückt, zumindest noch vorhanden sein müssen, so läßt sich vielleicht die fließende Grenze gegen die *Dysplasien* hin leichter abstecken. Bei den ektodermalen, nicht-keratotischen Dysplasien spielen zwar dystrophisch-aplastische Störungen der Haut und ihrer Anhangsgebilde, aber keine keratotischen Veränderungen die wesentliche Rolle. Dennoch faßt wohl auch TOURAINE den Begriff der Polykeratosen zu weit, da er ihm beispielsweise die Palmar-Plantar-Keratosen vom Typus Unna-Thost, nicht aber die Krankheit von Meleda subsumiert. Das hängt natürlich auch damit zusammen, daß nach ihm alle zur Polykeratose gehörenden Typen regelmäßig oder unregelmäßig dominant vererbt werden, eine Vereinfachung, die, wie noch zu zeigen sein wird, keineswegs für alle hierher zu zählenden Formen gilt.

Gleich, wie eng oder weit man den Begriff *Polykeratosen* fassen möge, so sind darunter pleiotrope Schädigungsmuster zu verstehen, die *außer bestimmten Keratosen* (circumscripten Palmo-Plantar-Keratosen, herdförmigen oder follikulären Keratosen) *Wachstumsstörungen der Anhangsgebilde der Haut* (Haare, Nägel, Zähne, Schweißdrüsen) aufweisen. TOURAINE zählt hierher aber nur die überschießenden Wuchsformen, also Kombinationen mit Hypertrichose, Hyperodontie, keratotischen Nagelwucherungen, Hyperhidrose, nicht aber Mangelfunktionen oder fehlende Funktionen wie Hypo- und Atrichien, Hyphidrosis (bzw. Anhidrosis), Nagelatrophie. Diese letzteren mit Hypoplasie der Anhangsgebilde einhergehenden Merkmale aber ausschließlich dem Formenkreis der ektodermalen Dysplasien zuzuweisen, ist nicht angängig; denn es finden sich Typen, bei denen Hypotrichie, Hyp- oder Anhidrosis und Hypodontie mit Palmar-Plantar-Keratosen oder anderen Keratosen vergesellschaftet sind und der Forderung TOURAINEs, als Polykeratosen dominant vererbt zu werden, genügen. Ferner kommen bei dieser Gruppe mögliche Störungen des Hautpigments hinzu; indessen sind — nach unserer Fassung des Begriffes Polykeratosen — nicht alle mit Pigmentierungen einhergehenden Dysplasien hier einzureihen. Legen wir strenge Maßstäbe, also das Vorhandensein von Palmar-Plantar-Keratosen oder anderen, herdförmigen oder follikulären *Keratosen* an, so läßt sich einerseits das Kapitel der Polykeratosen übersichtlich gestalten und andererseits die Grenze gegen die *nicht-keratotischen Dysplasien* hin einigermaßen scharf abstecken.

Die *Parakeratosen und Dyskeratosen* (Polykeratosen i.e.S.) lassen sich folgendermaßen gliedern:

   I. Parakeratosen und Dyskeratosis follicularis
      1. Parakeratosis Mibelli
      2. Dyskeratosis follicularis Darier
  II. Überwiegend keratotische Dys- (Poly-)Keratosen
      1. Pachyonychia congenita-Syndrom (Dyskeratosis congenita, Keratosis multiformis)
      2. Polykeratosis congenita i.e.S.
      3. Dyskeratose Typ Franceschetti
      4. Polykeratose Typ Fischer-Schnyder
 III. Das Syndrom der Dyskeratosis congenita cum pigmentatione (Zinsser-Cole-Engman-Syndrom).

I. Parakeratosen und Dyskeratosis follicularis

Unter dieser Überschrift fassen wir zwei Zustände zusammen, von denen der erste umschrieben und in wenigen Efflorescenzen vorkommt, während der zweite — in voller Ausbildung — systemischen Hautbefall zeigt.

1. Die sog. Parakeratosis Mibelli

Neuerdings macht sich die Tendenz geltend, diese mehr den Erythrokeratodermien ähnelnde Dermatose zu den Dyskeratosen bzw. Parakeratosen (SCHNYDER und KLUNKER) zu zählen. Dafür sprechen einmal das — mit Dyskeratosen einhergehende — histologische Bild, ferner der mögliche Schleimhautbefall, schließlich weitere assoziierte Symptome. BOPP, dem wir eine Monographie (1954) über die Parakeratosis Mibelli verdanken, sieht in ihr wegen der — neben dem Hauptbefund — vorkommenden trophoneurotischen Störungen (Oligophrenie, EEG-Störungen, dysrhaphische Symptome) eine Systemkrankheit von der Art einer neuroektodermalen Dysplasie.

Synonyma. Hyperkeratosis centrifuga atrophicans (DUCREY und RESPIGHI, 1898) Hyperelastoidosis excentrica atrophicans Marinotti; Parakeratosis anularis Mibelli (MIESCHER, 1940); Hyperkeratosis (gyrata) figurata centrifuga(ta) atrophicans, Naevus kératoatrophique, Keratoatrophodermia hereditaria chronica et progressiva.

BLAŽEK, ČERNY und KÚTA (1956) sprechen bei 2 typischen Fällen von einer „Hyperkeratosis excentrica atrophicans"; die Bezeichnung „Parakeratosis (anularis) Mibelli" haben nach MIESCHER u.a. BURCKHARDT sowie TAPPEINER angenommen. Unklar muß die Zugehörigkeit der „Porokeratosis striata lichenoides" von NÉKÁM (von KAPOSI am gleichen Fall zuvor als Lichen ruber verrucosus et reticularis beschrieben und als Variante der Pityriasis rubra pilaris aufgefaßt) sowie die von P. W. SCHMIDT erwähnte Porokeratosis vera non perstans bleiben.

Die bis heute vorwiegend als „Porokeratosis Mibelli" bezeichnete Dermatose, die durch frühes Auftreten, familiäre Häufung und oft einseitigen Befall gewisse Züge eines Naevus trägt, andererseits aber, durch zentrifugale Ausbreitung bei zentraler Heilung bzw. Atrophie an immunbiologische Vorgänge erinnert, trägt den Namen „Porokeratosis" zu Unrecht, da sie weder an den pori (= Ausführungsgängen der Schweißdrüsen) beginnt, noch die letzteren in wesentlicher Weise in den pathologischen Prozeß einbezieht. Gegen eine solche Annahme der pathogenetischen Bedeutung der Schweißdrüsen spricht allein schon der recht häufige Schleimhautbefall (Mund, Genitale): hier gibt es nämlich keine Schweißdrüsen. Es ist das Verdienst von MIESCHER (1940), die histopathologischen Vorgänge bei der sog. Porokeratosis Mibelli noch deutlicher als die frühen Kritiker MIBELLIS (DUCREY und RESPIGHI, MARINOTTI) in ihrem eigentlichen Wesen herausgestellt zu haben.

Das an sich recht seltene Krankheitsbild ist im Schrifttum in einer erstaunlich großen Zahl von Fällen belegt, wobei viele Einzelberichte das Gewohnte nur bestätigen. Da MONCORPS 1931 die Klinik in ausführlicher Weise beschrieben hat, darf der zu liefernde Nachtrag, der nur das wesentliche der neueren Literatur herausstellen soll, knapp formuliert werden.

Geschlechterverhältnis. Männer sind etwa doppelt so häufig befallen wie Frauen (92:46) nach einer Zählung der wichtigsten Fälle des neueren Schrifttums. Dieses Verhältnis stimmt auch für die kleineren Zahlenreihen, so etwa für die 20 von KOBAYASI in einem japanischen Fischerdorf gezählten Fälle (14 Männer und 6 Frauen). Ebenso waren in den 20 Fällen von BATAILLARD und CIVATTE (1957) 14 Männer und 6 Frauen befallen.

Vorkommen. Die Krankheit kommt anscheinend überall und bei allen Rassen vor. Besonders häufig ist sie in Japan beschrieben worden; ferner ist sie vielleicht in Italien häufiger als im übrigen Europa (BESSONE: unter 29 Familienmitgliedern bei 9 Befallenen, CAVALIERI, CORDERO in je 4 Eigenbeobachtungen; PASINI: unter 37 Familienmitgliedern

26 Befallene). Eine besondere Bevorzugung bestimmter Rassen ist anhand des uns zugänglichen Schrifttums nicht nachweisbar.

Zeit des Auftretens. Die Angaben über den Beginn der Hauterscheinungen schwanken zwischen frühester Kindheit und spätem Erwachsenenalter. Seit Geburt bestehend wird die Affektion allerdings nur in einem Fall der Leidener Hautklinik (1932) angegeben; in die 1. Lebensmonate reicht der Fall von GANDOLA (1951). Bis ins 1. Lebensjahr geht der Bestand der Erscheinungen in dem Fall von BREUCKMANN (1940) zurück, ins 2. Jahr der Fall GOTTRON-KIMMIG-KIESSLING (1948/50); von DUPERRAT und BASTARD (1955); ins 3. Jahr zurück gehen die Fälle von SANTOJANNI (1933), VIGNE (1942); ins 4. Jahr die Fälle von DOWLING und SEVILLE (1952/53); TILLMAN (1952), SAVAGE und LEDERER; ins 5. und 6. Jahr die Fälle von CAVALIERI (1955), DEGOS, DELORT und GARNIER (1955), RUPPERT (1955), SPRENGER (1951/52). In der „frühen Kindheit" begannen die Erscheinungen bei ABATE (1953), FREUND (1934), HOPF (1939/40); in die Schulzeit bzw. die Zeit von 7—14 Jahren reichen die Fälle von AMBLER (1932), CANIZARES (1956), KONDO (1931), PORTER und SEVILLE (1952), SANDOLA (1951), SCHUMACHER (1932/33), VERROTTI (1933). Zwischen dem 15. und 25. Lebensjahr begannen die Hauterscheinungen in den Fällen von BEAUZAMY (1956), CASAZZA (1934), COLE, DRIVER und COLE jr. (1951), GROSS (1931), HOEDE (1938/39), MANTEGAZZA (1939), NEUMANN (1938). Eine Kranke WORINGER (1952) gab den Beginn der Krankheit mit 32 Jahren an; mit 40 Jahren VIVARELLI (1956), mit 43 Jahren ein Patient von MAZZANTI (1953). Mit 47 Jahren begannen die Hauterscheinungen nach Angaben von NEUMANN (1937/38), SCHUBERT (1935), mit über 50 Jahren nach EJIRI (1937).

Lokalisation. Die Parakeratosis Mibelli kann am ganzen Körper, einschließlich der Schleimhäute, vorkommen. Am häufigsten scheint das Gesicht und der distale Teil der Gliedmaßen befallen zu werden; am Stamm steigt die Häufigkeit proximalwärts gegen die Gliedmaßen hin an. Am häufigsten sind Gesicht und Unterarme, vor allem die Handrücken (nach ABATE, 1953, auch die Unterschenkel) betroffen. Diese Verteilung ergibt sich aus der Analyse von 81 Fällen (Dissertation BERCHTENBREITER, 1948). Sogar der behaarte Kopf kann befallen sein. Die Zahl der Herde schwankt außerordentlich: zahlreich sind die Fälle mit Solitärherden, andere weisen bis zu zehn auf (KOBAYASI fand, daß bei 10jährigen Kindern insgesamt nicht mehr als 10 Herde vorhanden, bei Erwachsenen aber bis zu 1000 zu zählen waren). Bei Vorhandensein zahlreicherer Herde verteilen sie sich oft auf mehrere, voneinander entfernte Areale, können aber auch an der gleichen Stelle gruppiert sein.

Klinisches Bild

Die Primäreffloreszenz der sog. Parakeratosis Mibelli ist eine punktförmige Hornpapel; aus ihr wird eine etwas größere warzige Papel mit einer comedoartig imponierenden oder auch kraterförmig ausgestanzten Mitte. Dieser „punktförmige Typ" (u.a. ANDERSON, 1950) geht meist mit einer Vielzahl klinischer Morphen einher und ist mit besonderer Vorliebe (wie die spätere, größere Plaque auch) am Handrücken lokalisiert. Sind diese Elemente zwar von sich aus bereits diagnostizierbar, so entstehen die eigentlichen, pathognomonischen Herde erst durch weiteres peripheres Wachstum, indem ringförmige, ovale oder unregelmäßig polycyclische Figuren gebildet werden, die von einem kennzeichnenden Randwall umschlossen werden, der seinerseits wieder von einer schmalen Furche durchzogen wird (Abb. 72). Bei kaum einer anderen Dermatose zeigt sich so stark wie bei der Parakeratosis Mibelli, daß das klinische Bild nur im Zusammenhang mit den feingeweblichen Zügen in angemessener Weise beschrieben werden kann: da nämlich gerade dieser von einer grabenartigen Furche durchzogene Randwall — zusammen mit dem leicht atrophischen, oft einen komedoähnlichen Hornkegel beherbergenden Zentrum — das klinische wie histologische Kardinalsymptom dieser Dermatose ausmacht. Diese geschlossenen, wenn auch nicht immer kreisrunden Figuren (MIESCHER macht darauf aufmerksam, daß zu Beginn alle Effloreszenzen rund sind), die im allgemeinen münzengroß werden, einen Durchmesser von 10 cm aber kaum überschreiten, sind unverkennbar (Abb. 72).

Neben diesen als klassisch zu bezeichnenden größeren Plaques kommen Weiterentwicklungen der gleichen Morphe vor, die schwerer zu erkennen sind.

Verrotti (1933) beschrieb eine *hypertrophische Form* (der von Goetschel 1955 so gedeutete Fall wurde allerdings von Touraine angezweifelt), die durch eine mächtige, hornartige Hyperkeratose ausgezeichnet ist.

Verrotti hat das Besondere seines Falles darin gesehen, daß die Erscheinungen spät (im Alter von 32 Jahren) auftraten, relativ ausgebreitet waren und an einzelnen Stellen (Fuß-gelenk und Wade) als 5—6 cm lange, bananenförmige Hyperkeratosen imponierten. Aus diesen hornartigen Herden war histologisch ein stärkerer granulomatöser Prozeß wahrnehm-bar. Verrotti hat diesen Fall mehr als eine naevusartige Bildung angesehen.

Solche hypertrophischen Formen kommen (nicht ausschließlich, sonst wäre ihre Diagnose kaum zu stellen) an Handtellern und Fußsohlen vor (unter anderem die Fälle von Mukai, 1931/32; Sugimoto, 1937; Kauczynski, 1932/33). Im Fall von Mukai fanden sich außerdem um den After keratotische Wucherungen vom

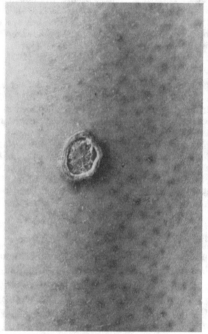
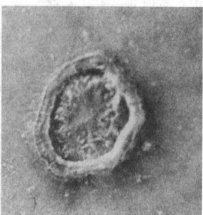

Abb. 72. Parakeratosis Mibelli. Solitärherd am linken Unterschenkel einer 38jährigen Frau, im Verein mit einer diskreten Keratosis suprafollicularis (D)

Bild der Condylomata acuminata, die sich indessen histologisch als Parakeratosis Mibelli erwiesen. Mantegazza (1933) spricht ebenfalls von „wahren Haut-hörnern" an Hand- und Fußrücken, ebenso Santojanni (1933); von einem „gigantischen Typ" spricht Mazzanti (1953). Hier war allerdings ein besonderes Terrain vorhanden: die mächtigen Hörner entwickelten sich auf dem Boden einer Ulcus cruris-Narbe. Berichte über solche hypertrophischen Formen am Stamm konnten wir nicht finden; es scheinen einerseits doch die besonderen Durch-blutungsverhältnisse der Gliedmaßen bzw. zusätzliche Reize (z.B. intertriginöse Reibung) nötig zu sein, um solche hypertrophischen Formen zu erzeugen.

Das Gegenstück zu der hypertrophischen Form Verrottis ist die nach Pasini benannte „Forma minima" (u.a. Freund, Comèl), die besonders zarte und kleine Läsionen bezeichnen will; ihre Größe überschreitet einen Durchmesser von 1—4 mm nicht, auch nicht nach längerem Bestand. Comèl überlegte noch, ob solche diskreten Herde nicht den Beginn der Krankheit darstellen, doch dürfte die längere Bestandsdauer (12 Jahre bei Pasini z.B.) dagegen sprechen.

Ferner ist zu erwähnen eine gelegentliche einseitige und *zosterähnliche* Anordnung der Efflorescenzen (NAZARRO, 1953; DEGOS, DELORT und GARNIER, 1935), die leicht zur Annahme der Naevus-Natur der Parakeratosis Mibelli führen könnte. An *besonderen Sitzen* heben wir besonders hervor den Befall der *Ohrmuscheln* (u.a. Fälle von MUKAI, 1930/31; CASAZZA, 1934; NEUMANN, 1938), an den *Lidern* mit Übergang auf die Conjunctiva mit Ausfall der Wimpern und möglicher narbiger Verziehung (AZZOLINI, 1941; CHAPUIS und NGUYEN VAN UT, 1958). Einzigartig dürfte die Beobachtung des Befalls der Cornea in dem Fall von GOTTRON und KIMMIG, beschrieben von KIESSLING (1952) sein.

Auch *Nageldeformationen* werden gelegentlich angegeben (z.B. von SAVAGE und LEDERER, 1951; der Fall von HAXTHAUSEN, 1955, ist fraglich, im Fall von KOBAYASI scheint es ein ungualer Herd von Parakeratosis Mibelli gewesen zu sein, der die Deformität des Nagels zur Folge hatte).

Schleimhäute. Betrachtet man die Möglichkeit des Schleimhautbefalls näher, so zeigt sich häufig nicht die eigentliche Schleimhaut, sondern das Übergangsepithel betroffen, z.B. Glans, Unter- oder Oberlippe (DEL GUASTA, 1939; LOVELL und PUCHOL, 1947; LEDO, 1949; ROEDERER und WORINGER, 1951; WORINGER, 1952). Daneben gibt es zweifellos auch sicheren Befall der Mundschleimhaut selbst, wenn auch wohl nicht so häufig, wie im allgemeinen vermutet wird. Dies gilt beispielsweise für den bemerkenswerten Fall von GANDOLA (1951), der bereits von TRUFFI (1905) und von FLARER (1928) eingehend untersucht und beschrieben wurde. Der progrediente Verlauf läßt sich bereits 46 Jahre lang verfolgen. Außer einer exanthematischen Aussaat am Körper bestand ein Befall von Mundschleimhaut, Praeputium, Glans; an der Glans kam es auf dem Boden eines Herdes von Parakeratosis Mibelli am inneren Vorhautblatt zur Entwicklung eines Stachelzellkrebses, der die Amputation des Penis erforderlich machte. Über carcinomatöse Entartung eines Herdes von Parakeratosis Mibelli am Handrücken berichtete RODIN (1953), über die krebsige Entartung eines Herdes an der Radialseite des rechten Handgelenkes berichtete VIGNE (1942), über ein Carcinom auf dem Boden einer Parakeratosis Mibelli LOVELL und PUCHOL (1947) sowie CIAULA (1966). Die — offenbar zufällige — Kombination von Parakeratosis Mibelli und Zahnmißbildung (Verwachsung der oberen 4 Schneidezähne zu 2 Zähnen) bestand in einem Fall von HOEDE (1938/39). Die von SAVAGE und LEDERER (1951) in ihrem Fall beobachteten Atrophien der Zunge sind wohl nicht spezifisch aufzufassen.

Histologisches Bild

Um hier eine Beschränkung auf die wesentlichen neuen Erkenntnisse zu ermöglichen und eine lähmende Breite der Darstellung zu vermeiden, seien die Untersuchungen MIESCHERs (1940) in den Vordergrund gestellt, die in ihrer Meisterschaft unübertroffen sind.

Die wichtigsten Befunde MIESCHERs sind: 1. Es handelt sich nicht eigentlich um eine Keratose, sondern um eine zentrifugal sich ausbreitende, zur Parakeratose führende Erkrankung des Oberflächenepithels mit acanthotischer und hyperkeratotischer Reaktion der Umgebung. 2. Ätiologisch bzw. pathogenetisch deutbare Veränderungen an Schweißdrüsen (und Follikeln) liegen nicht vor; soweit solche Veränderungen vorhanden sind, müssen sie als sekundärer Natur und durch die exzentrische Ausbreitung der Krankheit entstanden angesehen werden.

Betrachtet man das feingewebliche Bild der Parakeratosis Mibelli, so scheint tatsächlich die breite, überwiegend parakeratotische Hornschicht die wichtigste, mindestens die imponierendste Veränderung darzustellen. Ihr ist eine mäßig acanthotische, nur unwesentlich veränderte Epidermis zugeordnet, in der das Stratum granulosum stellenweise sehr stark entwickelt ist. Das Verhältnis von Epithelzapfen und Papillen ist regelrecht. Im Corium finden sich in wechselnder Stärke einzelne Haufen entzündlicher Zellen.

Die breite Hornschicht zeigt sich bei näherer Betrachtung nicht als homogen. Die horizontal geschichteten Lamellen, die übrigens überall parakeratotisch sind (oder zumindest, es sein können), werden in schräger Richtung von Hornpflöcken (oder Hornsäulen) durchsetzt, die sich von dem horizontalen Band nicht durch die Parakeratose, sondern durch zwei andere Umstände unterscheiden: 1. Eine blassere (oder auch dunklere) Tingierung der Hornschicht, 2. Durch das Vorkommen gebläht erscheinender Zellen vor allem in den unteren, in die Epidermis überleitenden Anteilen dieser Hornpflöcke bzw. -säulen. An einzelnen Stellen zeigt sich sogar, wie diese parakeratotischen Pflöcke in die eigentliche Epidermis einbrechen bzw. aus ihr hervorgehen; den Übergang bezeichnen diese leicht geblähten, in gewisser Weise an die corps ronds beim Morbus Darier erinnernden Zellen, die sich aus dem Stratum granulosum zu entwickeln scheinen (Vivarelli, 1956, hat besonders auf diese dyskeratotischen Zellen hingewiesen).

Diese schräg in das Hornband eingelassenen Pflöcke, die der „cornoiden Lamelle" Mibellis entsprechen, haben eine bestimmte Zuordnung zueinander. Miescher hat nachgewiesen, daß sie, durch Serienschnitte verfolgbar, einander zugeneigt sind und zuletzt sich in Form einer Arkade berühren. Dort, wo sie einander berühren, entsteht klinisch ein bloßer Wall, wo aber diese die Hornschicht durchstoßenden und sie überragenden Pflöcke durch ein mehr oder minder breites Hornband voneinander getrennt sind, entsteht klinisch der Eindruck einer Furche oder eines Grabens.

Ergänzend zu der Beschreibung Mieschers sei auf folgende Umstände verwiesen: 1. Diese schräg in das Hornband — nach Miescher wie ein Fremdkörper — eingelassene Lamelle ist in unseren Beobachtungen nicht im Gegensatz zu dem breiten Hornband, sondern ebenso wie letzteres, parakeratotisch. Nicht erst in diesem Pflock wird die Hornschicht parakeratotisch.

Ebenso aber kann dieser durch die ganze Hornschicht verfolgbare, oft angeschnittene und nur teilweise darstellbare Hornpflock ausschließlich aus geblähten (dyskeratotischen) Zellen bestehen, oder aber aus einem Wechsel parakeratotischer, gezwirbelt erscheinender Hornlamellen und solchen Nestern geblähter Zellen. Dieser Vorgang kann durch die Epidermis und die Hornschicht hindurch verfolgt werden; mitunter scheint er sich sogar auf die Pori von Schweißdrüsen fortzusetzen, was wohl die Vorstellung der Porokeratosis nahegelegt hat.

2. Die Zuordnung solcher von peripher auf die Mitte hin aufeinander zuwachsender Hornpflöcke ist mitunter schwer oder gar nicht zu erkennen. In dem abgebildeten Fall sind zahlreiche, meist nicht einander zugeneigte, sondern parallel gestellte Hornpflöcke sichtbar, die mitunter nur in einem Teil ihres Verlaufs angeschnitten sind. Diese Vielzahl weist wohl auf das Alter und die multizentrische Entstehung dieser mächtigen Plaque aus vielen „minimen" Papeln hin. Das Phänomen als solches bleibt indessen das gleiche; es ist so kennzeichnend, daß histologisch kein anderes Krankheitsbild in Frage kommt.

Hinsichtlich der Beziehungen dieser das Stratum corneum durchsetzenden Pflöcke (der parakeratotischen Leisten) zu den Schweißdrüsen sagt Miescher wörtlich:

„Die parakeratotische Leiste stellt sich bei Serienschnitten als eine kontinuierliche Bildung dar, welche zu den Anhangsorganen nur insoweit Beziehung aufweist, als sie mit denselben auf ihrem Wege zwangsläufig zusammentrifft."

„In der ganzen Schnittserie (etwa 200 Schnitte) finden sich 7 Schweißdrüsenausführungsgänge, von denen einer unmittelbar im Gebiet der Leiste, drei außerhalb und drei innerhalb davon münden. Der erstere, dessen Einmündungsstelle am hinteren Rand der parakeratotischen

Leiste liegt, zeigt eine leichte Erweiterung des intraepidermalen Abschnittes und Zeichen von gestörter Verhornung der Wandzellen, durch Verquellung und Bildung parakeratotischer Kerne. Der so veränderte Porus bildet den Ausgangspunkt einer schmalen parakeratotischen, die Hornschicht S-förmig durchziehenden Spur, welche sich in mittlerer Höhe mit der parakeratotischen Leiste verbindet. Die drei innerhalb und relativ nahe der Leiste liegenden Schweißdrüsenausführungsgänge weisen dieselben pathologischen Veränderungen auf, d. h. auch hier entspringt der Mündung, wie eine schmale Rauchsäule, ein parakeratotischer Streifen. Die drei außerhalb der Leiste gelegenen Poren sind dagegen nach Gestalt und Verhornungstypus vollkommen normal" (l. c. 536/37).

Solche Zusammenhänge sind auch in unseren Schnitten erkennbar, ohne daß der Schluß erlaubt wäre, die Keratose (z. T. wie eine Dyskeratose imponierend), ginge ursächlich von den Pori aus.

Ergänzungen. Das Stratum corneum kann im Zentrum atrophisch sein — ABATE läßt die histologischen Merkmale der Parakeratosis Mibelli sich zwischen Atrophie und Hyperkeratose bewegen — an den Rändern ist es aber stets massiv hyperkeratotisch. RITCHIE und BECKER bezeichnen die gebläht erscheinenden Zellen als eine „frühzeitige, individuelle Keratinisation" (also als eine Dyskeratose). VIVARELLI erinnert an die Analogie dieser Zellen mit dem Morbus Darier. Mit transplantiertem Material läßt sich eine analoge Keratinisation auch am Meerschweinchen erzeugen. Auch RITCHIE und BECKER lehnen die Theorie des Ursprungs der Krankheit von den Schweißdrüsen ab. EJIRI betont die Vermehrung des Pigments in den parakeratotischen Säulen und z. T. auch in der Cutis. FREUND, der die kennzeichnenden Hornzapfen (ebenso wie EJIRI) wenigstens teilweise von den Schweißporen ausgehen läßt, sah trichoepitheliomatöse Formen und knospenartige Wucherungen am Haarfollikel, was ihn in der Annahme bestärkt, die Parakeratosis Mibelli als Naevus zu deuten. CORDERO weist auf die starken vasculären Veränderungen in der Cutis hin, die er für pathogenetisch bedeutsam hält; SCOTTI unterstreicht die Alterationen des Kollagens sowohl in der oberen wie in der tieferen Cutis und die Anhäufung der Mucopolysaccharide in allen Bindegewebsschichten mit einer Verdichtung des perivasculären Bindegewebes.

Ätiologie, Pathogenese, Vererbung

Hinsichtlich der Ätiologie der Parakeratosis Mibelli bewegen sich die Auffassungen der Autoren zwischen der Annahme einer naevogenen Anlage und der einer Infektion. Für die Deutung der Dermatose als Naevus sprechen das häufige frühe Auftreten, die stetige Progredienz bis zu einem weitgehenden Stillstand der Erscheinungen, die häufig einseitige Lokalisation, die stellenweise den Hautlinien von BLASCHKO entspricht (FREUND, 1934; NAZZARO, 1953).

In diesem Sinne stellte A. E. SCHILLER einen Fall von „Porokeratosis of naevoid type" vor, KAUCZYŃSKI hält die Affektion für einen Naevus, ebenso MANTEGAZZA, ferner FREUND, der, wie bereits erwähnt, die einem Trichoepitheliom gleichenden histologischen Befunde als Beweis für die Naevus-Natur deutet.

Andererseits sind die für einen Naevus sprechenden Argumente keineswegs zwingend; gegen sie sprechen die wechselnde Intensität der Erscheinungen und ihre zentrifugale, „fressende" Ausbreitung. Eine Mittelstellung zwischen beiden Auffassungen nehmen etwa HASSELMANN und WERNSDÖRFER ein, die die Parakeratosis Mibelli als eine erworbene Trophoneurose auf dem Boden einer naevogenen, angeborenen Disposition auffassen.

MIESCHER, der gründliche Kenner der Parakeratosis Mibelli, hat das Phänomen der ringförmigen Ausbreitung bei zentraler Abheilung in den Mittelpunkt seiner pathogenetischen Überlegungen gerückt. Dieses Phänomen des anulären Wachstums erinnert so auffällig an Prozesse, die infektiös bedingt sind bzw. mit einer sich örtlich ausbildenden Immunität einhergehen, daß sich geradezu zwangsläufig solche Parallelen zu infektiösen und toxisch-immunisatorischen Vorgängen aufdrängen. Bleibt MIESCHER in seiner ätiologischen Deutung vorsichtig, so nehmen andere Autoren die infektiöse Genese mit größerer Bestimmtheit an. FERNANDEZ und JAPALUCCI haben bereits 1936 ein filtrierbares Virus als Ursache postuliert, ebenso nimmt HIGOUMENAKIS (1950) ein epitheliotropes Virus als

Ursache an. Ritchie und Becker haben 1932, da sie durch Transplantate am Meerschweinchen die gleiche frühzeitige „individuelle", der Parakeratosis Mibelli eigentümliche Verhornung erzeugen konnten, ebenfalls — wenn auch mit großer Zurückhaltung — auf einen infektiösen Prozeß geschlossen. Die Inoculationsversuche an Meerschweinchen verliefen bei Savage und Lederer (1951) negativ; diejenigen von Tamponi (1937 und 1951) sind schwer zu deuten: die Transplantate gesunder Haut in kranke Haut zeigen nach 1 Jahr und später keine Veränderungen, die Verpflanzungen kranker in gesunde Haut verlieren im gesunden Milieu allmählich die typischen histologischen Merkmale der Parakeratosis Mibelli, wenn sie auch klinisch nicht ganz abheilen. Diese Befunde — nur an wenigen Fällen studiert — lassen weder für die infektiöse noch für die Naevus-Theorie einen bindenden Schluß zu.

Bopp (1954), der noch eine Abstammung der Krankheit von den Schweißdrüsen annimmt und die trophoneurotischen Störungen (Oligophrenie, EEG-Störungen und dysrhaphische Symptome) von der gleichen Anlage ableitet, sieht in der Parakeratosis Mibelli eine Systemkrankheit von der Art einer neuroektodermalen Dysplasie.

Der Erbgang ist, wie aus zahlreichen Literaturberichten hervorgeht und wie auch Schnyder und Klunker (1966) betonen, unregelmäßig dominant, wobei eine gewisse Bevorzugung des männlichen Geschlechtes auffällig ist. Neben der ererbten Anlage bedarf es wohl gewisser Realisationsfaktoren. Zu ihnen gehören außer möglichen infektiösen Reizen auch Witterungs- und Temperatur-Einflüsse (Abheilung im Sommer, Rückfall im Winter, unter anderem Schumacher, 1933; Rogmans, 1951; Besserung in den Wintermonaten, Emmerson, 1965). Auf sie weist auch das Phänomen des anulären Wachstums und des zentralen Abgrasens hin, das zwar infektions-toxische bzw. -allergische Parallelen hat, aber für die Parakeratosis Mibelli als ätiologisch noch ungeklärt zu gelten hat.

Differentialdiagnose

Die *histologische* Diagnose ist, wie bei der Besprechung des feingeweblichen Bildes bereits betont wurde, nicht schwierig, wenn die Charakteristika der Krankheit: parakeratotisch verbreiterte Hornschicht mit schräg in sie eingelassenen (teils leicht dyskeratotischen) Hornsäulen deutlich ausgeprägt sind. Anlaß zu Fehldeutungen könnten höchstens die gebläht erscheinenden, dyskeratotischen Zellen geben, die — außer an einen Morbus Darier — auch an einen Morbus Paget oder einen Morbus Bowen erinnern können. Die gesamte Struktur der Veränderungen wird indessen eine Praecancerose ebeso wie einen Stachelzellkrebs ausschließen lassen.

Schwieriger kann die *klinische* Diagnose sein. Bei isolierten, annähernd kreisrunden und stark verhornten Herden muß ein verhornender Stachelzellkrebs (weniger ein Basaliom) ausgeschlossen werden, ferner kann ein Elastoma interpapillare perforans, ein discoider Erythematodes, eine Tuberculosis verrucosa cutis, ein Lupus verrucosus, ein Lichen ruber planus anularis (z.B. Fall von Price) in Frage kommen. Nur histologisch zu erkennen dürfte ein Angiokeratom oder ein keratotisches Lymphangiom sein (Diskussion zu einem Fall von Cole, Driver und Cole jr., 1951). Bei stärkerer Disseminierung der Herde kann eine Pityriasis rubra pilaris erwogen werden müssen, ein Lichen ruber verrucosus, bei halbseitiger und zosterähnlicher Anordnung auch ein keratotischer Naevus. Schwierig kann die Differenzierung werden, wenn mehrere Erscheinungen nebeneinander bestehen. Nicht ungewöhnlich ist etwa das Nebeneinander von Keratosis pilaris (an den Armen) und Parakeratosis Mibelli an den unteren Gliedmaßen (Duperrat und Bastard, 1955; Abb. 72, eigener Fall); dagegen ist das Nebeneinander von Parakeratosis Mibelli an beiden Retromalleolarpartien, einer Purpura anularis teleangiektodes an beiden Beinen und eines Lichen ruber planus an den Armen ungewöhnlich (JAUSION in der Diskussion zu einem Fall von DEGOS, DELORT und GARNIER, 1955).

Therapie

Die Behandlung der Parakeratosis Mibelli ist äußerst undankbar. Das Leiden ist progredient, zwar in der Intensität wechselnd (im Sommer Besserung, im Winter Verschlechterung oder umgekehrt), aber es ist kaum möglich, eine Dauerheilung auch nur einzelner Herde zu erzielen. Es versagen hier in gleicher Weise keratolytische Salben (besser sind noch Salicylpflaster), Grenz- und Röntgenstrahlen. Die von KIESSLING berichtete Abheilung des Hautherdes der Patientin von GOTTRON und KIMMIG war nur temporär (der Herd an der Hornhaut sprach auf die gleiche Behandlung, Thorium X, nicht an). Das gute Ergebnis, das SAVAGE und LEDERER (1951) vom Salicylpflaster sahen, bedarf ebenfalls der Nachprüfung. Bei Einzelherden, vor allem auf dem Handrücken und im Gesicht, ist die Totalexcision und plastische Deckung, wie sie etwa LOWELL (1953) empfiehlt, zu erwägen, CAVALIERI empfiehlt die Kombination von Röntgenstrahlen (bzw. Elektrokoagulation oder CO_2-Schnee) mit Vitamin A. Nach EMMERSON (1965) ist jede Behandlung ergebnislos.

2. Morbus Darier[1]

Seit dem Handbuchbeitrag von BRÜNAUER vom Jahre 1931 ist eine umfangreiche Kasuistik erschienen, die zum Wesen dieser Krankheit jedoch keine neuen Erkenntnisse beigesteuert hat. Die Therapie ist bereichert worden, ohne daß indessen der Morbus Darier heute zu den „heilbaren Dermatosen" gerechnet werden dürfte.

BRÜNAUER hat in der Einleitung seines Beitrages, sich auf BETTMANN berufend, das Wesen des Krankheitsprozesses so formuliert, daß der Morbus Darier eine angeborene und besondere Reaktionslage der Haut darstelle, „derzufolge die charakteristischen Veränderungen der Darierschen Krankheit aus ganz verschiedenen Hautläsionen sich entwickeln können".

GOTTRON hat 1935 in einem Vortrag „Hautkrankheiten unter dem Gesichtspunkt der Vererblichkeit" den *Morbus Darier* als eine Dystrophie und Dysfunktion der Haut bezeichnet, bei der klinisch die dyskeratotischen Vorgänge im Vordergrund stehen. Das ist, wenn man den Zusatz „erblich bedingt" (der ja implicit gemeint war) ausdrücklich hinzufügt, eine der kürzesten Definitionen des Morbus Darier. Sie deutet zugleich die Grenze unseres Wissens hinsichtlich des Wesens dieser Krankheit an.

In der ganzen Berichtszeit gilt der Morbus Darier, wie das umfangreiche Schrifttum zeigt, als eine gut umrissene Krankheit, deren Morphologie trotz aller schillernden Vielfalt geläufig ist.

Terminologie (Synonyma)

Die alte Bezeichnung „*Psorospermosis follicularis vegetans*", die DARIER (1889) in der fälschlichen Deutung der dyskeratotischen Zellen als Psorospermien geschaffen und 1896 selbst wieder aufgegeben hatte, wird noch erstaunlich oft gebraucht, vor allem in den Jahren 1930—1938, vereinzelt auch danach.

---

[1] Ursprünglich war für den Morbus Darier, wie im Handbuch von JADASSOHN, ein eigenes Kapitel vorgesehen. Daraus erklärt sich auch die Ausführlichkeit der vorliegenden Abhandlung. Letztere wurde wegen der Wichtigkeit dieser Dermatose weitgehend beibehalten, doch wurde der Morbus Darier dem Hauptabschnitt „Dyskeratosen" untergeordnet.

Den Begriff Psorospermosis follicularis vegetans verwenden folgende Autoren: KLAUSNER (1930), KREN (1930), MÜNSTERER (1930), VILANOVA (1930), DÖRFFEL (1931), GEIGER (1931), MICHELSON (1931), KONRAD (1932—1938), RADAELI (1932), REVFFY (1935), COTTINI (1936), WOLFRAM (1937), SANDBACKA-HOLMSTRÖM (1938), STRANDBERG (1941), die Münstersche Klinik (1947), HAUSNER (1951), KAPPESSER (1953).

Im anglo-amerikanischen Schrifttum ist die — an sich mißverständliche — Bezeichnung „Keratosis follicularis" die übliche, die allerdings oft auch als „Dyskeratosis follicularis" bezeichnet oder durch die Anfügung des Eigennamens des Erstbeschreibers erläutert wird. So sprechen von einer „Keratosis follicularis (DARIER)" u. a. MINTZER (1933), KESTEN (1933), CAMPBELL (1937), PELS und GOODMAN (1939). Übrigens kommt die Bezeichnung „Keratosis follicularis" vereinzelt auch im deutschen Schrifttum vor (z. B. NEUMANN, 1936). Als verfehlt muß der Begriff „Keratosis suprafollicularis" (allerdings durch den Zusatz „DARIER's disease" erläutert) gelten (Fall der Mayo-Clinic 1929/30).

Als der weitaus häufigste Begriff hat die — auf J. JADASSOHN zurückgehende — Bezeichnung „Morbus Darier" (Dariersche Krankheit, Darier's disease, Maladie de Darier usw.) zu gelten. Von einer „Darierschen Dermatose" sprechen POLANO (1935), HAMANN (1941) und gelegentlich GOTTRON (1942). Auch die Bezeichnung „Dyskeratosis follicularis vegetans", die von dem ursprünglichen Begriff das „vegetans" übernommen hat, wird gebraucht (z. B. von PETERS, 1940; OBERSTE-LEHN, 1953).

In der ungarischen Dermatologie wird gelegentlich die Bezeichnung „Dyskeratosis miliaris Darier" verwendet (NYARY, 1941 und 1943; STRANDBERG, 1941; SZODORAY, 1941; KOVACS, 1943). Sie ist wohl in einer gewissen Analogie zu der „Epitheliomatosis miliaris" entstanden, wie NÉKÁM den Morbus Darier bezeichnete. CHIARENZA schlug im Jahre 1955 für den Morbus Darier die Bezeichnung „Discheratosi verrucoide chronica recidivante" vor (Dyskeratosis verrucoides chronica recidivans).

Weitere Bezeichnungen (außer geringfügigen Abänderungen wie z. B. mit dem Zusatz „systematisiert" oder „familiar" usw.) kommen im neueren Schrifttum nicht vor. BELLINIs Bezeichnung „Dyskeratoma naevicum" hat sich wie auch der Begriff „Epithelioma miliare (BRÜNAUER schreibt „miliarum") keratogenum" von SCHWENINGER und BUZZI nicht durchgesetzt.

Zeit des Auftretens

Der Morbus Darier gilt im allgemeinen als eine Dermatose, die am häufigsten im 2. Lebensjahrzehnt, etwa vor, während und nach der Pubertät auftritt. Die Fälle, die bereits bei der Geburt die Ausbildung des Leidens zeigten, sind noch seltener als die Beobachtungen, die den Beginn der Dermatose in der frühen Kindheit aufweisen.

Vielleicht darf man — analog zur Ichthyosis congenita — annehmen, daß die Krankheit, je früher sie auftritt, um so stärkere Ausprägung und Schwere aufweist. LAPIÈRE spricht z. B. von nicht lebensfähigen bullösen Formen des Morbus Darier, die angeboren sind.

Sichtet man das Schrifttum nach den angeblich kongenitalen Fällen, so ist die Ausbeute nicht allzu groß. CRAPS berichtet 1948, daß eine Patientin die Krankheit seit der Geburt aufwies, während ihre Tochter die ersten Erscheinungen erst mit 8 Jahren entwickelte. STEIGLEDER (1955) gibt in seinem Fall den Bestand „angeblich solange erinnerlich" an; E. SCHMIDT stellte 1938 einen Mann vor, der seit Geburt befallen war und eine Tochter hat, die seit Geburt an einer Erythrodermia ichthyosiformis congenita leidet. Y. BUREAU u. Mitarb. berichten über einen bullösen Morbus Darier, dessen erste Erscheinungen als „Warzen" an den Handrücken im Alter von 5 Monaten begannen (1965). Seit Geburt befallen war der Fall von bullösem Morbus Darier bei ANTAKI (1965). COHEN-HADRIA und CIVATTE (1939) geben den Beginn der Erscheinungen mit 7 Monaten, OBERSTE-LEHN (1953) mit 1 Jahr, BORN (1955) mit 2 Jahren an. Von der „frühesten Kindheit" als Zeit des Krankheitsbeginns sprechen unter anderem STÖCKER (1933), CARRIÉ (1935), POLANO (1935), COUNTER (1954),

MOONEY (1955). Bei ELEK (1944) ist es das 3. Jahr, bei LYNCH und CORDARO (1949) und bei BREZOVSKY (1943) das 6. Jahr, bei LOEB (1932) und KAPPESSER (1955) das 7. Jahr, ebenso bei POEHLMANN (1940/41), bei GILLESPIE (1931) das 8. Jahr, ebenso STREITMANN (1935), PIERINI u. Mitarb. (1936). KIMMIG (1949) nennt in einem Fall als Beginn das 9. Jahr, GRIEBEL (1955) das 8. und 10. Jahr.

In den allermeisten Schrifttumsfällen begann die Krankheit im 2. Dezennium; Einzelberichte anzuführen, verbietet die unabsehbare Literatur. Auch nach dem 30. Lebensjahr kann der Morbus Darier noch auftreten (4. Jahrzehnt: u.a. KIMMIG, 1949; KAZBEKOWA, 1936; 5. Jahrzehnt: KRESBACH, 1966; nach dem 50. Jahr: ALT und SACREZ, 1950).

Geschlechtsverteilung

BRÜNAUER hat sich sehr bemüht, das Verhältnis der Geschlechter, das von einzelnen Autoren sehr verschieden angegeben wird, in seiner wahren Relation aufzudecken. Er zitiert eine Tabelle HIDAKAs, die 66 männliche gegen 52 weibliche (bei vier unklaren) Fällen aufführt. Zusammen mit anderen Schrifttumsangaben kam BRÜNAUER zu dem Schluß, daß ein sicheres Überwiegen eines Geschlechtes bei dem Morbus Darier nicht festzustellen sei. Dies gilt unseres Erachtens heute noch; aus dem neueren Krankengut läßt sich das signifikante Überwiegen eines Geschlechtes beim Morbus Darier nicht erweisen.

Klinisches Bild

Primäreffloreszenz. Es ist bemerkenswert, daß bei einer morphologisch so gut erforschten Dermatose widersprechende Angaben über die Art der Primär-effloreszenz zu finden sind. So wenig es einem Zweifel unterliegen kann, daß die voll ausgebildete, dem Morbus Darier zugehörende Effloreszenz eine verhornte Papel darstellt (Abb. 73) (nach GOTTRON sind in Gruppen stehende, z.T. follikulär angeordnete stecknadelkopfgroße, ganz flach gegenüber der Umgebung sich vorwölbende Gebilde „bis zu einem gewissen Grade die sog. Primärefflores-cenzen der Darierschen Dermatose"), so besteht doch hinsichtlich der Frage möglicher Vorläufer dieser verhornten Papel keine volle Einigkeit. Die Unter-suchungen APRÀs (1954) haben gezeigt, daß auch in klinisch unveränderter Haut, bei fehlenden Anzeichen irgendeiner Primäreffloreszenz histologische Verände-rungen im Sinne eines Morbus Darier (Einzelheiten im histologischen Teil) nach-weisbar sind. PÉRIN hat 1934 in dunkel pigmentierten Flecken nachgewiesen, daß sie nicht nur Pigment, sondern die klassischen histologischen Läsionen des Morbus Darier enthalten können; hier wäre also der (pigmentierte) Fleck eine — wenn auch nicht unbedingt primäre, da auch im Sinn der Rückbildung deutbare — klinische Effloreszenz des Morbus Darier. BERNHARDT (1931) hat die frische Primäreffloreszenz des Morbus Darier in einem perifollikulären Bläschen sehen wollen, wobei er sich auf analoge Beobachtungen von MILIAN und PÉRIN sowie BRUNER berief. Auch ein von MILIAN und PÉRIN (1931) beschriebener Kranker gab an, daß er seit 14 Jahren als Initialeffloreszenz kleine Bläschen beobachtete, die 2—3 Wochen bestünden, therapieresistent seien und später in typische Papeln übergingen. Nach HIDAKA, NEUMANN (1940) und KORTING (1955) sind das erste klinische Zeichen, das wegen seiner Flüchtigkeit selten beobachtet wird, weißliche Flecken, aus denen sich — sowohl klinisch als auch histologisch nachweisbar — die typischen Morbus Darier-Papeln entwickeln.

Trifft diese — unseres Erachtens noch ungenügend bestätigte — Beobachtung zu, so wäre die Reihenfolge der klinischen Manifestation folgende: weißlicher Fleck — pigmentierter Fleck — typische Papel. Im weißlichen Fleck ist histo-morphologisch das Substrat des Morbus Darier nicht erkennbar, im pigmentierten Fleck bedarf es der histologischen Bestätigung, in den flachen, gruppierten, nur

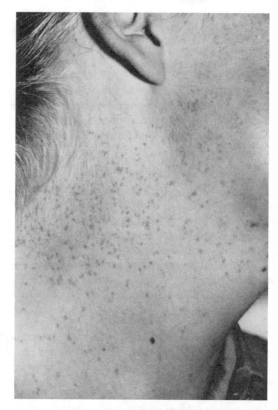

Abb. 73. Morbus Darier ,sog. Primärefflorescenz (D)

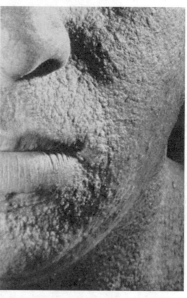

Abb. 74. Voll ausgeprägtes Bild des M. Darier
mit aggregierten, nur z.T. follikulär
gebundenen Papeln (D)

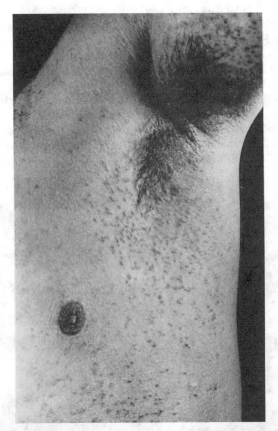

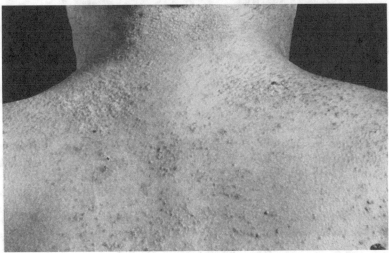

Abb. 75. Morbus Darier. Exanthematisch angeordnete Papeln an Rumpf und Schultern   (D)

teilweise follikulär angeordneten Papeln ist das klinische Bild voll ausgebildet
(Abb. 74), wenn auch noch nicht bis zur letzten Möglichkeit (s. Blasen, wuchernde
Vegetationen usw.) entwickelt.

Sitz und Ausbreitung der Efflorescenzen

Bei aller Vielfältigkeit wie auch allen Besonderheiten des Sitzes und der Ausbreitung der Efflorescenzen des Morbus Darier darf als Regel gelten, daß die sog. *seborrhoische Lokalisation* fast immer gewahrt bleibt. Dies trifft sogar für beginnende Fälle zu, die am häufigsten an den Schläfen, der Stirn-Haargrenze, hinter den Ohren und am Hals beginnen.

Außer *Gesicht* und *Hals* (Abb. 74) können schon in beginnenden Fällen (Abb. 73) einzelne, in ausgeprägten Fällen zahlreiche Herde am *Stamm* (Abb. 75) (GOLDSCHLAG, 1935), am *Kreuzbein* (FRÜHWALD, 1934) vorhanden sein; in fortgeschrittenen Fällen wird die vordere und hintere *Schweißrinne* in geradezu klassischer seborrhoischer Ausprägung von z.T. großflächig konfluierten Efflores-

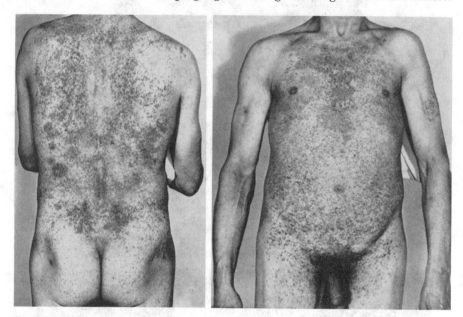

Abb. 76. Morbus Darier. Bevorzugung der sog. seborrhoischen Lokalisation, z.T. in Form konfluierter Areale

cenzen eingenommen (Abb. 76, 77) (u.a. die Fälle von LEIGHEB, 1933; FUNK, 1935; MATRAS, 1937; NEUMANN, 1939; TRINKAUS, 1951; KATABIRA, 1954, vom XI. Internationalen Dermatologen-Kongreß in Stockholm 1957; GETZLER und FLINT, 1966). Der *behaarte Kopf* (Abb. 78), ebenfalls ein bevorzugter Sitz, kann den Beginn der Erscheinungen tragen (COVISA und BEJARANO, 1931) oder bei Befall des Stammes auch in mehr oder minder starker Weise mitbeteiligt sein (u.a. FROST, 1935; GUGGENHEIM, 1937; WHITE, 1937; NEUMANN, 1939; FUSS, 1940; BREZOVSKY, 1941/42; KONRAD, 1942; MÜNSTERER, 1942/43; SCHWANDER, 1952; BORN, 1955).

Die *Gliedmaßen* treten gegenüber Gesicht, Kopf und Stamm im Befall zurück, können aber befallen werden (Abb. 79), in abortiven Fällen sogar ausschließlich (z.B. Fall von LINSER, 1952: 46jährige Frau, die seit 12 Jahren Herde nur an Händen und Handgelenkbeugen aufweist). Der Befall der Gliedmaßen kann, vor allem wenn er *einseitig* (SUTTON, 1956) ist, an einen linearen, z.T. verrukösen Naevus erinnern (ROBINSON jr., 1950; SNYDER, 1958). AGUILERA-MARURI beobachtete 1952 einen Fall, bei dem der — histologisch erwiesene — Morbus Darier sich auf einen Herd an der Vorderfläche des Unterschenkels beschränkte, genau

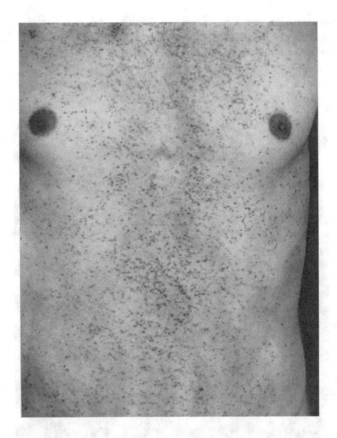

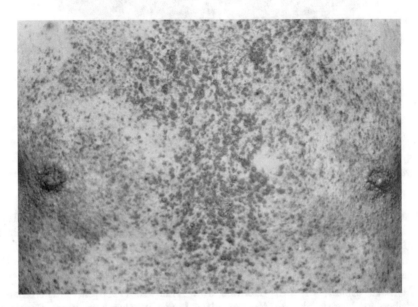

Abb. 77. Morbus Darier. Bevorzugung der sog. seborrhoischen Lokalisation in mehr disseminiert-exanthematischer
Aussaat   (D)

auf die Stelle, an der vor 3 Monaten ein Ekzem gesessen hatte. Der Verfasser spricht von einem „Zell-Gedächtnis" in diesem Falle und vergleicht den Vorgang mit dem Köbner-Phänomen. Auf den besonderen Befall der Hand- und Fuß-rücken werden wir noch zurückkommen.

Asymmetrie, d.h. halbseitiger Befall des Stammes kann einen Zoster vor-täuschen (Abb. 80) (z.B. Fälle von Vero, 1933; Carrié, 1935; Sauer, 1935:

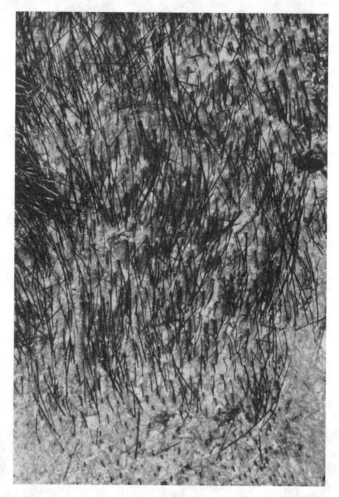

Abb. 78. Morbus Darier. Starker Befall der Kopfhaut in Form dicht stehender Papeln, die oft von einem Haar durchbohrt sind   (D)

Anke, 1937; Cohen-Hadria und Civatte, 1939; Kresbach, 1966). Die Asym-metrie braucht nicht nur den Stamm (oder, wie bereits ausgeführt, eine einzige Gliedmaße), sondern kann eine ganze Körperhälfte betreffen: im Fall von Gougerot und Eliascheff (1930) z.B. war die ganze linke Seite wesentlich stärker befallen als die rechte.

Isolierter Befall, wie ihn Graham und Hellwig (1958) in Form einzelner Knötchen an Kopfhaut und Nacken alter Leute beschrieben, kann Basaliome, senile Keratosen und cystische Bildungen vortäuschen.

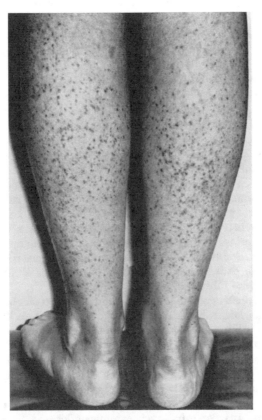

Abb. 79. Morbus Darier. Befall der Unterschenkel, an eine Keratosis suprafollicularis erinnernd   (D)

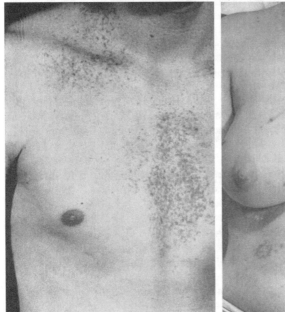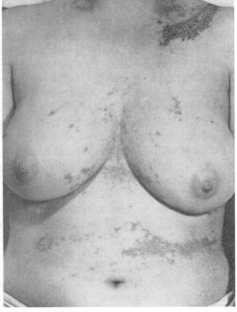

Abb. 80. Morbus Darier: z. T. segmentaler Befall   (D)

Die Weiterentwicklung der Primäreffloresceuzen

„Die typische, junge Efflorescenz bei der Darierschen Dermatose ist eine mit einer grau-braunen Kruste bedeckte Papel von Stecknadelkopfgröße bis Linsengröße. Beim Abheben des harten und verhornten, vorspringenden oder abgeflachten, ziemlich fest haftenden Schüppchens stellt man fest, daß es in eine trichterförmige Depression mit erhabenen Rändern eingelassen ist, in welche es eine weiche, gelbliche, talgartige Verlängerung entsendet. Diese Depression ist die Mündung eines Haartalgfollikels." Aus dieser auf Darier zurückgehenden, von Gougerot und Carteaud zitierten Beschreibung der follikulären Keratose darf jedoch nicht die follikuläre Gebundenheit des Morbus Darier geschlossen werden. Der Follikel ist — in der Regel — weder der Ausgangspunkt noch der Sitz der den Morbus Darier kennzeichnenden Erscheinungen: das Follikelepithel ist von der Dyskeratose meist weitgehend unbetroffen. Das wußte bereits Darier, nach ihm hat es Kren betont; neuerdings weist Ellis (1944) mit Nachdruck darauf hin, daß die „Keratosis follicularis" primär keine follikuläre Krankheit sei. Der dornartige Zapfen, der einen Teil der Verhornung der Darier-Papel ausmacht und in den Follikelhals paßt, darf nicht zu der Deutung des Morbus Darier als einer follikulären Keratose führen.

Wegen der eigenartigen, ins Bräunliche spielenden Farbe ist der Charakter der — nicht allzu leicht entfernbaren — Schuppe, im Schrifttum oft „Kruste" genannt, nicht deutlich; auch ist das Relief der Oberfläche, sowohl in der einzelnen Papel als auch in konfluierten Herden unregelmäßig. Durch die Imbibierung mit Schweiß (und exogenen Stoffen, wie besonders ungepflegte Kranke dies zeigen) kommt es zur *Zersetzung* der grau-braunen Hornmassen, fötidem Geruch und sogar zu andeutungsweisem Nässen, das jedoch nicht mit dem Nässen eines Ekzems verwechselt werden darf. Die äußeren Reize üben auch einen proliferierenden Einfluß aus: so erhalten zusammengeflossene Herde mitunter einen *vegetierenden Charakter* (Abb. 81), der *tumorähnliche* Ausmaße annehmen kann. Besonders zur Ausbildung von wuchernden Vegetationen neigen die am stärksten mit Talgdrüsen versehenen (seborrhoischen) Stellen wie Ohrmuscheln, bzw. die Gegend hinter den Ohren (Frühwald, 1939; Konrad, 1941; Hampel, 1941), oder intertriginöse Stellen wie die Genito-Femoral-Gegend, deren Vegetationen an kondylomartige Beete gemahnen können (Talaat, 1932; Frühwald, 1934; Grütz, 1934; Polano, 1935; Bruder, 1938; Sonneck, 1951; Freiburger Fall, 1955; Tappeiner, 1956; Chieregato, 1960; Elsbach und Nater, 1960). (Die Versuche, die Aprà, in Kontrolle der Befunde Sanninos, zur experimentellen Erzeugung von tumorförmigen Herden mit einem Antigen aus flachen Morbus Darier-Efflorescenzen unternommen hat, sind in ihrem Ergebnis nicht eindeutig).

Nicht nur der seborrhoische (oder intertriginöse) Sitz ist für die Art der Weiterentwicklung einer Morbus Darier-Efflorescenz wichtig, sondern auch etwa der senile, dystrophische Zustand der Haut, im Zusammenhang mit aktinischatmosphärischen Reizen (von der provozierenden Rolle exogener Faktoren, was die Auslösung eines Morbus Darier überhaupt anlangt, wird noch gesondert die Rede sein); so berichtet L. Pfleger-Schwarz über zwei alte Patienten (einen Mann von 62 und eine Frau von 73 Jahren), bei denen die Efflorescenzen den Charakter molluscumartiger, gruppierter Knötchen hatten; die Hornmassen waren oft durch eine zentrale Delle bezeichnet und ließen sich in Form eines comedoähnlichen, weißen Tropfens auspressen.

Hinsichtlich der beim Morbus Darier möglichen *Pigment-Störungen* ist bereits bei der Besprechung der Primäreffloresceuzen die Rede gewesen. Über Jahre persistierende Flecken, vor allem am Stamm, aber auch beispielsweise an Handtellern und Fußsohlen (Périn, Boulle und Gauget, 1937) oder perioral, wo sie

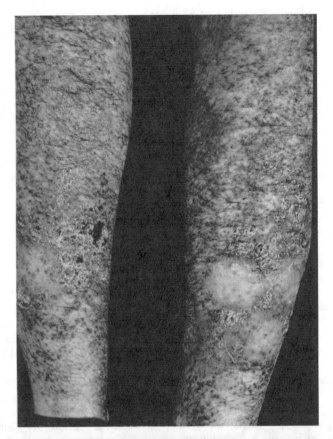

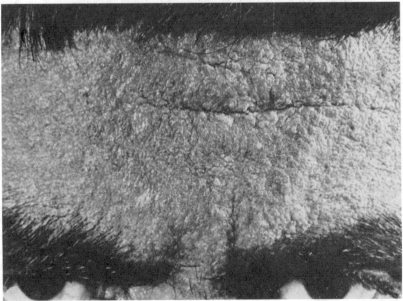

Abb. 81. Morbus Darier: vegetierend-knotiger Befall

einen Morbus Addison vortäuschen können, wie der Fall von Lindemayr (1952) zeigt, vom Aussehen von pigmentierten flachen Mälern oder Café au lait-Flecken beim Morbus Recklinghausen, sind als Pendant zu den papulo-squamösen Primäreffloreszenzen anzusehen; sie enthalten auch, wie die histologische Untersuchung lehrt, nicht nur vermehrt Pigment, sondern auch dyskeratotische Zellen. Ferner aber können ausgedehnte Pigmentierungen als Residuen abheilender oder weitgehend abgeheilter — papulöser — Herde vorkommen, auch Depigmentierungen vom Typ des Leukoderms. Vor allem unter der Tropensonne sind, worauf Cohen-Hadria und Civatte (1939) hinwiesen, bei den primär dunkelhäutigen Menschen häufiger Pigmentverluste nach Abheilung primär pigmentierter Krankheiten zu beobachten. Schließlich aber ist zu berücksichtigen, daß die bräunliche Tönung der papulösen Morbus Darier-Effloreszenzen nicht nur durch die hyperkeratotischen und dyskeratotischen Epithelveränderungen, sondern durch vermehrtes Pigment bedingt ist; J. W. Mu hat 1930 aus dem Vorkommen von Melanin in Corps ronds und Grains sogar geschlossen, daß die dyskeratotischen Zellen des Morbus Darier von Melanoblasten der Basalzellschicht abstammen.

Blasenbildung

Als ein ganz besonderes Vorkommnis, das schwerlich allein von äußeren Reizen abhängig sein dürfte, muß das Auftreten von Blasen gewertet werden, auch wenn die klinisch sichtbare Blase ihren — klinisch nicht sichtbaren — histologischen Vorläufer in regelmäßig anzutreffenden Lacunen- und Spaltbildungen des Epithels hat. Trotz dieser histologischen Entsprechung ist die klinisch ausgebildete Blase eine Komplikation, die den Morbus Darier differentialdiagnostisch an die Seite einiger wichtiger anderer Dermatosen stellt und pathogenetisch und nosologisch eine Reihe z.T. ungeklärter Fragen auslöst.

Lapière, der die blasigen Formen verschiedener Erbkrankheiten genauer studiert hat, berichtete 1953 über 4 auf 3 Generationen verteilte weibliche Familienmitglieder, bei denen von Geburt an die Blasenbildung im Vordergrund stand und erst später die gewohnten papulösen Effloreszenzen des Morbus Darier dazukamen. Da Lapière über einen analogen Fall von Erythrodermie ichtyosiforme berichtet, der bei Geburt mit Blasen begann und erst später kerato-erythrodermatische Symptome der Krankheit zeigte, scheint bei beiden erblichen Dermatosen die Blasenbildung ein Zeichen der Schwere des Krankheitsbildes zu sein. Dabei wäre immer noch möglich, daß die bei Geburt bestehenden Blasen ätiologisch nicht zum Morbus Darier gehören, z.B. Ausdruck einer bullöseu Pyodermie sind. Diese Möglichkeit nimmt Darier, allerdings nicht bei Neugeborenen, sondern bei dem 34jährigen Patienten von Milian und Périn (1930/31), an, zumal die angeblichen Blasen, wie bei vielen seiner eigenen Fälle, an der Mundschleimhaut lokalisiert waren. Milian und Périn selber glauben nicht an eine Pyodermie, zumal bakteriologische Untersuchungen steril blieben.

Es gibt noch eine Reihe anderer Möglichkeiten, die einen Morbus Darier — temporär — komplizierenden Blasen zu erklären. So halten Bolgert, Levy, Mikol, Kahn und Deluzenne (1954) in ihrem Fall die einen Morbus Darier komplizierenden Blasen möglicherweise für ein bullöses Arzneimittelexanthem auf Antipyretica. Sachs, Hyman und Gray (1947) bezweifeln die von Goodman (1939) ins amerikanische Schrifttum eingeführte bullöse Variante, die manche Anhänger fand, z.B. Reiss (1947), und sehen in ihr keinen Morbus Darier, sondern eine Epidermolysis bullosa. Woringer berichtete 1954 über einen Fall von Pemphigus vulgaris, der am Kopf unter den histologischen Zeichen eines Morbus Darier begann, sich aber dann (einschließlich der aphthenähnlichen Schleimhautherde) als echter Pemphigus vulgaris erwies.

Überraschend ist die Angabe von ORMEA und DEPAOLI (1947), die blasige Eruption in einem Fall von Morbus Darier sei das Vorstadium einer Spontanabheilung gewesen. REISS beschrieb 1965 einen Fall von generalisiertem bullösen Morbus Darier, der sich allmählich in eine Psoriasis vulgaris umwandelte.

Eine schwierige Frage, die hier nur berührt sei (und an anderer Stelle, bei den blasenbildenden Krankheiten von LEVER in diesem Handbuch Bd. II/2 ausführlich besprochen ist), betrifft die Beziehungen zwischen blasigem Morbus Darier und sog. *familiärem benignem Pemphigus Hailey-Hailey* (1939).

Für eine solche Gleichsetzung beider Zustände spräche außer der verblüffenden Ähnlichkeit des klinischen Bildes der gleiche Sitz, nämlich die seitlichen Teile des Halses. ELLIS (1950), der ein Krankengut von 22 Fällen vom bullösen Typus genauer untersucht hat, möchte statt der Bezeichnungen „familiärer gutartiger Pemphigus Hailey-Hailey", „rezidivierende herpetiforme akute Dermatitis", „familiäre gutartige chronische bullöse Dermatose" nur mehr von einer bullösen (im Gegensatz zur nicht-bullösen) Darierschen Krankheit sprechen. Die beiden Varianten werden nicht durch ätiologische Unterschiede bestimmt, sondern hängen von der Geschwindigkeit, mit der die epidermalen Zellen sich entwickeln, und dem Grad ihrer dyskeratotischen Veränderungen ab. Die trockene Form ist die häufigere, sie befällt vor allem Kopf und Stamm, während die bullöse Variante mehr im Nacken und an den intertriginösen Stellen auftritt.

Für eine *Identität von blasigem Morbus Darier und Morbus Hailey-Hailey* sind ferner u.a. eingetreten: PELS und GOODMAN (1939), REISS (1947), FINNERUD und SZYMANSKI (1950), BOULLE, BOULLE und DUPERRAT (1951), GOUGEROT, CARTEAUD und LEMAIRE (1951) [übrigens hat GOUGEROT stets, zuletzt 1950, wie auch SCHNYDER und KLUNKER betonen, auf die Priorität (1933: GOUGEROT und ALLEE) des sog. Morbus Hailey-Hailey hingewiesen], WINER und LEEB (1953), LINDSTRÖM (1954), HADIDA, TIMSIT und STREIT (1956). Das gemeinsame Vorkommen von Morbus Darier und Morbus Hailey-Hailey veranlaßte GABOR und SAGHER (1965), eine nahe Verwandtschaft beider Krankheiten anzunehmen, während die gleiche Beobachtung für ANTAKI (1965), DEGOS u. Mitarb. (1965), BUREAU u. Mitarb. (1965) der Anlaß ist, auf die Verschiedenheit beider Zustände zu schließen.

An der *Selbständigkeit* (und Verschiedenheit vom Morbus Darier) des sog. *Morbus Hailey-Hailey* halten u.a. fest: PINKUS und EPSTEIN (1946), CREMER und PRAKKEN (1947), CARO, WEIDMAN und HAILEY (1950), HERZBERG (1955), BOLGERT u. Mitarb. (1957), JABLONSKA u. Mitarb. (1958), KOVÁCS (1960). DUPONT hat 1960 die Verschiedenheit beider Zustände eingehend histologisch belegt: beim Morbus Darier findet sich ein frühzeitiges und allgemeines Altern der Stachelzellen mit deren Umwandlung in amorphe Körner, während beim Morbus Hailey-Hailey nur die Zwischenzellbrücken der Stachelzellen verschwinden, ohne die cytologischen Merkmale dieser Zellen, ihre Entwicklung und Vitalität zu hemmen. Die beiden Krankheiten gemeinsame Lückenbildung in der Epidermis ist also ganz verschiedener Art: beim Morbus Darier handelt es sich um einen Vorgang, der in der normalen Haut in einer Freilegung der verhornten Zellen endet, hier aber viel rascher vor sich geht; der Morbus Hailey-Hailey stellt aber eine reine Acantholyse dar, ähnlich derjenigen, wie man sie beim chronischen Pemphigus vulgaris und seinen Varianten findet.

Die Uneinigkeit der Zuordnung zeigt sich auch darin, daß manche Autoren im Morbus Hailey-Hailey nicht eine bullöse Form des Morbus Darier, sondern eine *Epidermolysis bullosa* (z.B. SACHS, HYMAN und GRAY, 1947) oder einen *Morbus Duhring* (z.B. AYRES und ANDERSON, 1939) sehen.

Befall der Handteller, Fußsohlen und Handrücken

Es ist ein dem Morbus Darier ausschließlich zukommendes Merkmal, an Handtellern (und Fußsohlen) Initialefflorescenzen von so winziger Größe darzubieten, daß sie dem unbewaffneten Auge entgehen, und nur im Dermatogramm als kleinste, *punktförmige Unterbrechungen der Papillarlinien* imponieren. Dieses diagnostische Hilfsmittel der Erfassung der kleinsten Efflorescenzen (die durch das Kaliber der Papillarlinien gegeben sind) wurde von Bettmann ausgebaut; Schönfeld hat diese Tradition wie kaum ein anderer gepflegt (Abb. 82 zeigt ein Dermatogramm der Heidelberger Hautklinik). Es scheint, daß dieses dif-

a

Abb. 82a u. b. Morbus Darier: Initialefflorescenzen an den Fingerbeeren. a Im Dermatogramm (vergrößert); b im (vergrößerten) Foto (D)

b

ferentialdiagnostische Mittel (etwa auch gegen den Morbus Hailey-Hailey) nicht genügend beachtet wurde. Im Schrifttum finden sich nur wenige Hinweise; 1951 empfahlen Brett und Gans (der auch noch aus der Tradition Bettmann kommt) die Daktyloskopie beim Morbus Darier. Schnyder und Klunker publizierten 1966 ein dem Lehrbuch Schönfelds (9. Auflage) entnommenes Daktylogramm beim Morbus Darier.

Sind diese mit unbewaffnetem Auge nur schwer erkennbaren, aber schon in schwacher Vergrößerung sichtbar zu machenden (Abb. 82b) initialen Papeln nur dem Morbus Darier eigen, so haben die größeren, dem Auge unmittelbar zugänglichen papulösen Keratosen das klinische Aussehen mit anderen dissipierten *Palmar-Plantar-Keratosen* gemein. Es handelt sich also um vereinzelte, stecknadelkopf- bis linsengroße, warzenförmige, mehr oder minder verhornte, flache (d.h. eingesunkene) Knötchen, hin und wieder auch mehr flächenhafte Verhornungen (Abb. 83), die im Schrifttum von zahlreichen Autoren vermerkt werden, u.a. von Gragger (1930), (als Keratodermia maculosa beschrieben), Bechet (1931), Kesten (1933) (Handteller), Ureña (1934) (als Komplikation einer mit Radium behandelten Plantar-Keratose kam es zu Ulcus, Sepsis und Exitus letalis), Frost (1935) (2 Fälle), Solano (1935) (in Form von Schwielen an den Händen) Kazbekowa (1936), Gottron (1939) und 1942, Gočkowski (1939) (hornige

Knötchen an den Handtellern), STEINMETZ (1939), NÉKÁM (1941) (stecknadelkopfgroße, transparente, gelbe Hornzapfen), BREZOVSKY (1943), KIMMIG (1949) (an Palmae und Plantae dicke Hornmassen), CAMAÑO u. Mitarb. (1951), LESSEL (1949), KNAPP (1953) (an der linken Palma streifige, an der rechten Palma und an beiden Plantae disseminierte Hyperkeratosen).

Bei dem Befall der Handteller und Fußsohlen in Form disseminierter oder auch mehr flächenhafter Keratosen besteht (im Gegensatz zu den pathognomonischen Unterbrechungen der Papillarlinien) indessen immer die Möglichkeit, daß es sich nicht um Erscheinungen des Morbus Darier, sondern um die Kombination mit anderen Palmar-Plantar-Keratosen (vor allem bei der flächenhaften Form)

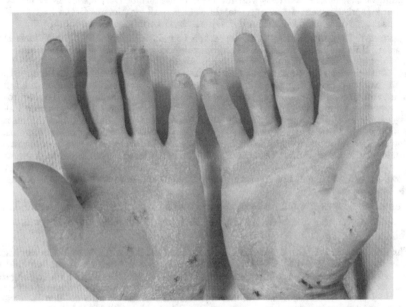

Abb. 83. Morbus Darier: Massiver Befall der Handteller, eine diffuse Palmar-Keratose nachahmend

handelt. Wie schwierig die Abgrenzung werden kann, soll am *Befall der Handrücken*, der in den letzten Jahrzehnten eine wichtige differentialdiagnostische Bedeutung erhalten hat, gezeigt werden.

Von den Berichten, die warzenähnlichen Befall der *Hand-* und/oder *Fußrücken* (oft kombiniert mit disseminierten Keratosen der Handteller und Fußsohlen) erwähnen, lassen sich 3 Gruppen unterscheiden. In der 1. werden solche „warzenähnlichen" Gebilde beschrieben, ohne daß histologisch geklärt wurde, ob sie mit den übrigen Erscheinungen des Morbus Darier (an Gesicht, Hals, Stamm usw.), die meist feingeweblich erhärtet wurden, identisch waren.

Zu dieser Gruppe wären zu rechnen unter anderem die Berichte von SZILÁGYI (1931/32) (Handrücken), KLÖVEKORN (1931/32) (Handrücken), BIRNBAUM (1932/33) (Handrücken), BUSSALAI (1933) (Handrücken), ELSÄSSER (1934) (Handrücken), GOLDSCHLAG (1935) (Hand- und Fußrücken), PIERINI, GONZALEZ und BASSO (1936) (Handrücken), PENNER (1935) (Hand- und Fußrücken), GOLDSCHLAG (1937) (zum Fall LESCZYNSKI: Hand- und Fußrücken). GEORGIEFF (1939) (Handrücken), GOTTRON (1939) (Handrücken), KESTEN (1939) (Handteller und Handrücken), KETZAN (1940) (Hand- und Fußrücken), FUNK (1941, 1955) (Handrücken und Handteller), SEEBERG (1943) (Handrücken), WEISSENBACH und RENAULT (1942) (aus ihrem Bericht geht nicht mit genügender Deutlichkeit hervor, ob die histologische Untersuchung aus Palmar-Plantar-Keratosen, Warzen an Hand- oder Fußrücken oder aus den Körperherden stammt, doch scheint sinngemäß das letzte angenommen werden zu müssen, BREZOVSKY (1943) (Hand- und Fußrücken, Handteller und Fußsohlen), PIERARD und BAES

(1950), Pfleger-Schwarz (1951) (Handrücken), Acker und Kunzelmann (1953), Brandt (1953), Riehl (1956).

Bei einer 2. Gruppe von Autoren ergab die feingewebliche Untersuchung von solchen dorsalen Warzen, daß sie die histologischen Kennzeichen des Morbus Darier vermissen ließen.

Nach 1930 hat Darier in der Diskussion zu einem einschlägigen Fall, der auf dem Internationalen Dermatologen-Kongreß in Kopenhagen vorgestellt wurde, auf 2 Fälle hingewiesen, bei denen die flachen Warzen auf dem Handrücken und die hornigen Eintreibungen der Palmarflächen mikroskopisch keine dyskeratotischen Zellen erkennen ließen. Hopf begründete in den Jahren 1930—1933 die Abtrennung der „Akrokeratosis verruciformis" vom Morbus Darier mit eben diesem Fehlen der histologischen Kennzeichen; über die Beziehung zwischen Akrokeratosis verruciformis und Morbus Darier wird noch etwas ausführlicher zu sprechen sein. Miescher wies darauf hin, daß ein Morbus Darier an Handtellern und Fußsohlen zunächst die Zeichen der Dyskeratose vermissen lassen kann.

Gougerot, Vial und Nékám (1937) sprechen von einer Kombination von Morbus Darier an Gesicht, Hals und Stamm und banalen, warzenförmigen Herden an beiden Handrücken. Die histologische Untersuchung der letzteren ergab das Vorliegen von flachen Warzen. Ähnlich äußern sich Gougerot und Carteaud (1942): die verrukösen, weitgehend konfluierten Auflagerungen am Handrücken in einem Fall von Morbus Darier zeigten die Struktur von flachen Warzen; nur an einer Stelle sei die Andeutung einer Dyskeratose zu finden gewesen (womit offen bleibt, wie der Fall rubriziert werden soll). Über einen Fall mit sehr eigenartigem Verlauf berichten Ormea und Depaoli (1957): ein 46jähriger Mann zeigte seit 3 Jahren die Vorläufer eines Morbus Darier in Form eines seborrhoischen Ekzems, das histologisch — auch in warzenähnlichen Herden auf den Handrücken — die kennzeichnenden Merkmale des Morbus Darier vermissen ließ. Nach Auftreten von Bläschen kam es zur Abheilung; 2 Monate danach zeigte die histologische Untersuchung — leider wurde nur ein Herd am Stamm, nicht eine „Warze" vom Handrücken untersucht — das typische Bild des Morbus Darier.

Bei einer 3. Gruppe schließlich stimmte das Ergebnis feingeweblicher Untersuchung aus solchen dorsalen „Warzen" mit der Annahme eines Morbus Darier überein.

Für den Befund von Gougerot und Eliascheff (1932) gilt freilich die Einschränkung, daß die untersuchte „Warze", die denjenigen auf den Handrücken im klinischen Bild entsprach, vom Thorax stammte; infolgedessen darf dieser positive Befund nicht mitgezählt werden. Bei dem Fall von Bechet (1938) geht aus dem Bericht nicht eindeutig hervor, ob die histologischen Untersuchungen von den warzenähnlichen Elementen auf den Handrücken oder aus den Stirnherden stammten. Richter (1951) hat bei den zarten lichenoiden Knötchen an Hand- und Fußrücken den histologischen Nachweis der Corps ronds und Grains und beginnender Spaltbildung geführt. Aus dem kurzen Bericht über den Fall von Funk (1954/55) geht nur sinngemäß, aber nicht mit eindeutiger Sicherheit hervor, daß das histologische Ergebnis, das mit Morbus Darier vereinbare Befunde zeigt, sich auf die warzenähnlichen Herde auf den Handrücken bezieht.

Mit dieser Aufzählung sind indessen noch nicht alle Möglichkeiten erschöpft. Es erhebt sich nämlich noch die Frage, inwieweit die Fälle von Dorsalpapeln und disseminierten Palmar-Plantar-Keratosen, die zunächst histologisch kein Morbus Darier sind und auch keine typischen anderen Körperherde darbieten, nicht doch als Initialfälle eines Morbus Darier angesehen werden müssen: dann nämlich, wenn im Laufe der Jahre sich bei den Kranken doch noch ein typischer Morbus Darier entwickelt. Dafür könnte vor allem der von Hopf in Kopenhagen 1930 (als *Akrokeratosis verruciformis* vorgestellte) Fall, der 1949 von Jordan und Spier als ausgedehnter Morbus Darier (Morbus Darier-Veränderungen als Späterscheinungen bei Akrokeratosis verruciformis) noch einmal demonstriert wurde, als Beweis gelten. Dafür spricht auch etwa der Befund von Holtschmidt und Herzberg (1953): bei Mutter, Sohn und Tochter ließ sich aus multiplen Papeln an Handrücken und Unterarmen (bei den Kindern auch am seitlichen Hals) histologisch das typische Bild des Morbus Darier feststellen. Auch die Angabe, daß oft Warzen an Hand- und Fußrücken (und an Handtellern und Fußsohlen) den übrigen Erscheinungen eines Morbus Darier jahrelang vorausgehen können

(u. a. GOUGEROT und ELIASCHEFF, 1932; BUSSALAI, 1933; STREITMANN, 1936) würde es nahelegen, daß die an plane Warzen gemahnenden Herde an Hand- und Fußrücken gewissermaßen Früherscheinungen des Morbus Darier sind. Diese Annahme ist jedoch unbewiesen und eine vielleicht unerlaubte Vereinfachung: denn es steht der Nachweis, daß solche dorsalen Papeln zuerst nur plane Warzen, später aber echte Morbus Darier-Efflorescenzen darstellen, in die sie sich verwandelt hätten, völlig aus. MEYER-ROHN hat in einem Fall, den er als ,,Morbus Darier unter dem Bilde einer Akrokeratosis verruciformis Hopf" vorgestellt hat, in 4 Serien von histologischen Schnitten keine für Morbus Darier kennzeichnenden Veränderungen und mehr eine an Akrokeratosis verruciformis gemahnende histologische Struktur gefunden; LISSIA (1959) erhob in einem Fall von Morbus Darier den Befund eines Morbus Hopf.

Diese ganze Frage muß also offenbleiben. Es ist ungenügend geklärt, ob der Akrokeratosis verruciformis Hopf eine volle Selbständigkeit zukommt, oder ob sie ein Initialsyndrom des Morbus Darier darstellt, wie etwa WAISMAN (1960) annimmt. Schließlich ist aber noch eine Kombination beider Krankheiten (wie sie etwa aus der Vorstellung des Falles von TRINKAUS, 1956 hervorgeht) denkbar, deren Bedeutung und Umfang durch die Häufigkeitsanalyse zu klären wäre. Vorher aber müßte diese Frage noch viel gründlicher histologisch bearbeitet werden; grundsätzlich scheint es nicht angängig zu sein, aus Dorsalwarzen (und dissipierten Palmar-Plantar-Keratosen) auf das Vorliegen eines Morbus Darier zu schließen, oder deshalb, weil solche Warzen an Hand- und Fußrücken vorhanden sind, anzunehmen, daß andere suspekte Herde am Körper wirklich ein Morbus Darier seien.

Nagelveränderungen

Die Finger- und Zehennägel werden, wenn auch nicht regelmäßig, so doch häufig beim Morbus Darier mitbetroffen. Die Veränderungen, die BRÜNAUER

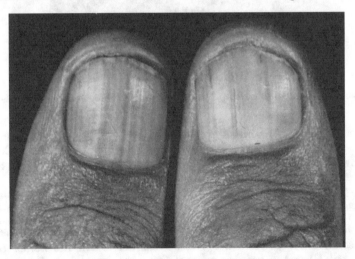

Abb. 84. Morbus Darier: Nagelbefall: weißliche Flecken und Längsstreifen von subungualen Keratosen, Rillenbildung, Pigmentierung (D)

erschöpfend beschrieben hat, brauchen hier nur kurz wiederholt zu werden. Wesentlich ist eine Vermehrung der Hornsubstanz sowie eine Deformation der Oberfläche. Die befallenen Nägel werden einstimmig als verdickt, längsgestreift und undurchsichtig beschrieben (u. a. ILIESCOU und POPESCOU, 1929/30; LEDER-

Mann, 1932; Polano, 1935; Berggreen und Mietke, 1937; Matras, 1937, Gottron, 1939; Grütte, 1939; Fuss, 1940; Schäfer, 1940; Poehlmann 1940/41; Nékám, 1941; Brezovsky, 1943; Vlavsek, 1943; Harris und White, 1949; Lessel, 1949; Gumpesberger, 1954; Kappesser, 1955; H. Schubert, 1966; Getzler und Flint, 1966). Außer der rillenförmigen wird auch eine weißliche Längsstreifung beschrieben (Abb. 84), stärkere Wölbung der verdickten (und von subungualen Keratosen vorgetriebenen) Nagelplatten, Aufsplitterung — ähnlich einer Onychoschisis — am distalen Teil, so daß zwischen Fingerkuppen und Nagelbett eine mehr dystrophische Zone entstehen kann, in der die Nägel wie angeknabbert aussehen. Die Hyperkeratosen der Nägel gehen insgesamt mit einer erhöhten Brüchigkeit einher.

Schleimhauterscheinungen

Die Mitbeteiligung der Schleimhäute beim Morbus Darier ist häufig. Als Regel ist vielleicht aufzustellen, daß Schleimhauterscheinungen dem Befall der Haut erst später folgen (Ausnahmen bestätigen die Regel): aber sie treten wohl in der

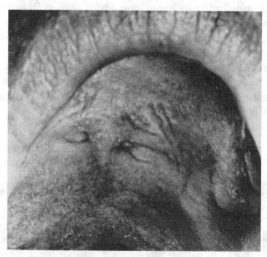

Abb. 85. Morbus Darier: Befall des harten und weichen Gaumens mit diffus-keratotischen Knötchen, die z.T. eine punktförmige Delle aufweisen (D)

Hälfte der Fälle auf. Berggreen und Mietke (1937) geben sogar 60% an, wovon allein 50% auf den harten (weniger auf den weichen) Gaumen fallen. Der Mund ist ohne Zweifel am häufigsten befallen; ihm gegenüber treten die übrigen Schleimhauterscheinungen, auch die des Oesophagus und Enddarmes, zurück.

Den Befall der *Mundschleimhaut* ohne nähere Lokalisation geben unter anderem Baer (1931), Berggreen (1942) (sogar mit Beginn des Morbus Darier an der Mundschleimhaut), Castellino (1936), H. Neumann (1936), Penner (1937), Miani (1939) (mit nachfolgender Atrophie), Konrad (1941), Gottron (1943), Münsterer (1943), Kappesser (1955) an.

In besonders kennzeichnender Weise wird der Befall des *harten Gaumens* (mitunter mit Übergang auf den *weichen* Gaumen) geschildert. Es handelt sich um pflastersteinförmig nebeneinander gelagerte flache Knötchen mit weißlich verdicktem Epithel und einer punktförmigen Einsenkung (Abb. 85), mitunter einem Lichen ruber ähnlich (Studdiford, 1932), als „graue Zotten" von Grupper und Bernard (1951), als „warzige Excrescenzen" von Ledermann (1932) bezeichnet. Weissenbach und Renault (1942) weisen auf den „aspect granité" hin.

Aus der unübersehbaren Fülle der Angaben von Befall des harten Gaumens (und teilweise des weichen Gaumens) seien nur einige herausgegriffen: KRANTZ (1930), FÉNYES (1931), KREIBICH (1931), MILIAN und PÉRIN (1931), KLÖVEKORN (1932, BIRNBAUM (1933), GOUGEROT, BURNIER und ELIASCHEFF (1933), MATRAS (1935/36), GOLDSCHLAG (1936), WERNER (1936), MEMMESHEIMER (1937), GOTTRON (1939), MÖLLER (1939), BOLDT (1940), FRÖHLICH (1940), FUSS (1940), H. NEUMANN (1940), POEHLMANN (1941), VLAVSEK (1943), GOTTRON (1949) (Beginn des Morbus Darier am harten Gaumen), HARRIS und WHITE (1949), BOHNSTEDT (1951), HAUSNER (1951), SCHWARZ (1951), KAPPESSER (1953), WASCILY (1956).

Gegenüber den zahlreichen Angaben über den Befall des Gaumens werden die übrigen Lokalisationen von Morbus Darier-Efflorescenzen in der Mundhöhle: Zunge, Wangenschleimhaut und Zahnfleisch viel seltener erwähnt und ungenauer beschrieben.

Die *Zungenoberfläche* wirkt verdickt, die Papillen sind vergröbert. Es finden sich (außer einzelnen zottenartig verlängerten Papillen) umschriebene keratotische Auflagerungen [MATRAS (1936/37), WIEMERS (1951), Klinik MONCORPS (1947)], die an eine Lingua geographica [TAPPEINER (1956)] oder an eine Lingua plicata [PFLEGER-SCHWARZ (1955)] erinnern können. FINSEN (1930) beschrieb den möglichen Beginn der Krankheit als Stomatitis (mit gleichzeitigen Blasen am Penis).

Die Herde an der *Wangenschleimhaut*, ebenfalls — wie am Gaumen — in Form weißlicher Papeln auftretend, werden einstimmig als leukoplakieähnlich beschrieben (u.a. von MÜNSTERER, 1930; ROTHMAN, 1936; SCHWARZ, 1951; BREHM, 1957; SPOUGE u. Mitarb., 1966). Man darf sie nicht mit ektopen Talgdrüsen (PÉRIN, 1931) verwechseln. APRÀ hat 1960 in 2 Fällen von Morbus Darier auch in der scheinbar unveränderten Mundschleimhaut eine ständige Ablösung der Basalzellschicht von der Malpighi-Zone festgestellt; aus diesen Ablösungen entwickelten sich echte Lacunen.

Die Veränderungen am *Zahnfleisch* sind weniger eindeutig; sie lassen eine eigentliche Hyperkeratose vermissen. Die Herde werden als hypertrophisch, vor allem als „schwammartig" beschrieben (HÖFER, 1930; MATRAS, 1935; H. NEUMANN, 1940; HARRIS und WHITE, 1947; SCHWARZ, 1951). Am genauesten hat sie SCHREINEMACHER (1933) als miliare, stecknadelkopfgroße, z.T. gedellte Efflorescenzen beschrieben, die das Niveau der Schleimhaut überragen; SCHWARZ spricht von „feinkörnigen Granulationen".

PANAGIOTIS und PHOTINOS haben 1929 den Befall der Schleimhäute der *Nase* und des *Genitale* noch als unbeschrieben dargestellt und einen angeblich ersten Fall von Morbus Darier mit Beteiligung der Schleimhäute der großen Labien und der Clitoris beschrieben. Wenn die Angabe der griechischen Autoren als übertrieben und durch die von BRÜNAUER erwähnten Fälle als widerlegt zu gelten hat, so ist gegenüber dem häufigen Befall der Inguines, der Perigenital- und Perianalgegend die Beteiligung der eigentlichen Genitalschleimhaut selten genug. Auch GOTTRON hat bei zahlreichen Fallvorstellungen immer wieder vermerkt, daß Labia und Introitus vaginae frei seien. Morbus Darier an der männlichen Genitalschleimhaut ist unseres Wissens nicht beschrieben. In dem Fall von MARZIANI (1932) ist außer den Pubes die Haut des ganzen Penis befallen, aber nicht, wie wir der Originalarbeit zu entnehmen glauben, die Eichel und das innere Vorhautblatt. Der Befall des äußeren Genitale ist häufig (Abb. 86).

Das *Naseninnere*, dessen Befall von BRÜNAUER nicht vermerkt ist, wurde unseres Wissens das erste Mal von MIANI (1942) und dann an einem Fall der Klinik MONCORPS (1947) festgestellt. Den ebenfalls seltenen, aber bekannten Befall der *Conjunctiven* scheinen nur FINNERUD (1932) und MIANI (1942) (letzterer allerdings nur in Form einer — sekundären — Atrophie) beobachtet zu haben.

Ebenso wie die Schleimhäute des Mundes können der Oesophagus und der Enddarm Sitz von Morbus Darier-Veränderungen sein. Zu der Diagnose der

Beteiligung von Kopf- und Enddarm gehören freilich endoskopische bzw. röntgenologische Untersuchungen; da meist keine besonderen Beschwerden von seiten dieser Organe vorhanden sind, entgehen entsprechende Veränderungen wohl oftmals der Diagnose.

*Oesophagus*beteiligung beim Morbus Darier wurde von MERCADAL PEYRI, VALLS und DULANTO (1941), HALTER (1949), SCHWARZ (1951), TRINKAUS (1951/52), MURTALA und COASSOLO (1954) beschrieben. Es wurden endoskopisch

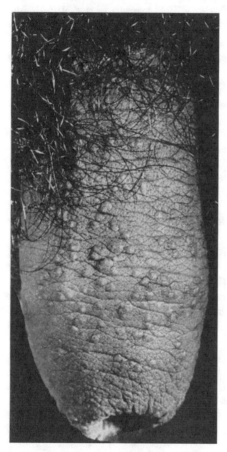

stecknadelkopfgroße Infiltrationen (TRINKAUS), höckerige Wucherungen oder Knötchen (SCHWARZ), bis zur Cardia ziehende weißlich-graue, kalottenförmig in das Lumen vorspringende Knötchen von Stecknadelkopf- bis Reiskorngröße (HALTER) festgestellt. Bei der Röntgen-Reliefdiagnostik zeigt sich eine deutliche Zähnelung der Konturen und Schlängelung der Schleimhautfalten (HALTER).

Der Befall des *Anus* und der *Rectalschleimhaut* geben CASTELLINO (1936), MARCADAL PEYRI, VALLS und DULANTO (1941), HAUSNER (1951) (letzterer vermerkt negative Oesophago- und Gastroskopie) an; HAUSNER beschreibt Anus- und Rectalschleimhaut in dichter Aussaat bis zum Sigmoid mit weißlich-rötlichen Knötchen bedeckt, die ein geriffeltes Aussehen der Schleimhaut zur Folge haben. JADASSOHN und PAILLARD (1952) ordnen die Rectumstriktur eines ihrer Patienten mit Morbus Darier offenbar nicht der Grundkrankheit zu, und sprechen von einer „unbekannten Genese".

Impetiginisierung, Ekzematisation

Im Schrifttum finden sich, wenn auch nicht häufig, so doch mit einer gewissen Regelmäßigkeit Angaben, die nicht nur von Bläschen, sondern von ausgesprochenen Impetigines berichten.

Abb. 86. Morbus Darier: Befall des äußeren Genitale (D)

Demnach dürfte in einer Reihe von Fällen die Grenze zwischen Blasen und Pusteln nicht scharf sein. PÉRIN (1933) bezeichnet die Pustelbildung nur als Verstärkung der intraepidermalen Höhlenbildung. PILAU (1933) beschreibt einen Teil der Papeln als nässend, einen anderen als mit impetiginösen Borken bedeckt. Nun darf wohl angenommen werden, daß die Terminologie zwischen Borke und Pustel fließend ist, bzw. daß eingetrockneter Blaseninhalt, der sich mit dem keratotischen Teil der Papel zu einer schwer definierbaren „Borken"-Schicht verbindet, mitunter bereits als „Impetiginisierung" gewertet wird. Dennoch scheint es sich in manchen Fällen nicht nur um eingetrocknetes Sekret aus Blasen, sondern um echte Pustelbildung zu handeln, zu der die — teils blasigen, teils sich an intertriginösen Stellen zersetzenden —

Efflorescenzen des Morbus Darier offenbar in gewisser Weise neigen. GOUGEROT, RABUT und ELIASCHEFF (1933) schildern die Efflorescenzen des Morbus Darier bei einer 30jährigen Kranken an den Beinen ähnlich einer pustulösen Folliculitis bzw. einem infizierten Ekzem. LOUSTE, RABUT und RACINE (1933) vermerken auch im Bereich des Gesichtes und des Thorax Follikulitiden und Impetigines mit histologisch typischem Bild für Morbus Darier (der Zustand im Gesicht wird mit einer „dermite streptococcique" verglichen). EICHHOFF (1935) beschreibt Fieber- schübe und Pusteln, KREMENTCHOUSKY (1939) spricht von einer Sekundärinfek- tion und Ekzematisierung, KOCH (1939) berichtet über einen Fall, der als aus- gedehntes pustulöses Exanthem begann, zunächst als Impetigo herpetiformis diagnostiziert wurde und nach Abheilung der Blasen an gleicher Stelle papulöse Efflorescenzen des Morbus Darier entwickelte.

Neben den Fällen, die als sekundäre Impetiginisierung nässender oder auch trockener Efflorescenzen des Morbus Darier aufzufassen sind, gibt es sicher von der Grundkrankheit weitgehend unabhängige Infekte; das gilt beispielsweise für den Fall von VAN BRUGGEN (1941), bei dem zu klassischen Efflorescenzen Furun- kel hinzukamen; auch die Beobachtung STÖCKERs (1932) (Auftreten von Pyo- dermien nach Kochsalzinfusionen) gehört wohl hierher, ebenso wohl die Angabe häufiger Superinfektionen (CAMAÑO u. Mitarb., 1951). Die Perifolliculitis abscedens et suffodiens, die Fälle von MATRAS (1934/35) und POLANO (1935) komplizierte, siedelte sich zwar auf von Morbus Darier befallenem Terrain an, war aber — min- destens im histologisch kontrollierten Fall von MATRAS — eine abscedierende Folliculitis. Über eine ursächlich ungeklärte — offenbar nicht mit Superinfek- tionen in Zusammenhang stehende — Skleradenitis totalis bei Morbus Darier berichtete K. H. SCHULZ (1955).

Von der Grundkrankheit unabhängige Nebenbefunde

Während bei der Sekundärinfektion noch das Terrain von bereits bestehenden Efflorescenzen des Morbus Darier gewahrt bleibt und der Zusammenhang mit der Grundkrankheit insofern angenommen werden muß, als ohne sie keine „Sekun- där"- oder „Superinfektion" zustandekommen könnte, gibt es zahlreiche Möglich- keiten rein zufälliger Kombinationen. Hier sind, als zufälliges Nebeneinander, zahllose Möglichkeiten denkbar, deren Aufzählung für die Kenntnis des Wesens der Darier-Krankheit keine Förderung bedeutet. Die Aufzählung wählt infolge- dessen nur einige wenige Kombinationen aus.

Ungewöhnlich dürfte nicht so sehr das Nebeneinander von *Psoriasis* und Morbus Darier sein [MERCADAL PEYRI, VALLS und DULANTO (1941)] als die allmähliche Ablösung eines blasigen Morbus Darier durch eine Psoriasis vulgaris [REISS (1965)]. Die Kombination von *Tuberkulose* und Morbus Darier kam in einem Fall von RAMEL (1932) vor [in einem Fall von BABES und SCHMITZER (1937) war nur die Moro-Reaktion positiv; die unter Fieber und Verschlechterung der Hauterscheinungen des Morbus Darier aufgetretenen Knoten in der Lunge im Fall von DEGOS u. Mitarb. (1951) waren wohl keine Tuberkulose]. *Tumoren* lagen in einer Reihe von Fällen vor; bei *Carcinomen der Nase* [STREITMANN (1937), MATRAS (1935), WIERSEMA (1940)] ist noch ein gewisser Zusammenhang mit der Grundkrankheit denkbar, ebenso bei einem Carcinom der Schläfe [MÜNSTERER (1942/43)], wahrscheinlich auch bei einer *carcinomatösen Elephantiasis* [CHARACHE (1937)], unwahrscheinlich jedoch bei den *naevusartigen Tumoren* an der Stirn im Fall von JOHNSON (1940) (wenn sie nicht, wie im klinisch sehr ähnlichen Fall von PFLEGER-SCHWARZ hyperplastische, auf alterierter Haut entstandene echte Efflorescenzen des Morbus Darier waren). Keinen Bezug zur Grund- krankheit dürften ferner folgende Neubildungen haben: *Cysten* im Kiefer und in anderen Knochen [2 Fälle von GRIEBEL (1955)], ein *Naevus syringocystadenomatosus papilliferus* [BEERMAN (1949)], *Eleiome* [MARSON (1957)], ein *Reticulumzellsarkom* [KRINITZ (1966)]. KOFFERATH (1940) beobachtete als Nebenbefund eine *Aktinomykose*; die *positive WaR* im Fall von COTTINI (1936) dürfte ätiologisch für den Morbus Darier bedeutungslos sein. *Ekzema vaccinatum* bei Morbus Darier beobachteten GERSTEIN und SHELLEY (1960).

Beschwerden, Provokation, Verlauf

Hinsichtlich der subjektiven *Beschwerden* und des Allgemeinbefindens ist der Darstellung von Brünauer nichts hinzuzufügen. Das Allgemeinbefinden ist — bis auf die seltenen generalisierten Fälle, die meist auch stärkere Zersetzung, Rhagaden, wuchernde oder blasige Herde zeigen — in der Regel gut und nicht erheblich gestört. Die Kranken geben indessen mitunter Juckreiz, Brennen oder auch Schmerzen an (z.B. bei Marziani, 1932; Kazbekowa, 1936; Gougerot, Vial und Nékám, 1937); auch leiden sie unter der oft gesteigerten Schweißsekretion wie auch unter dem üblen Geruch der sich durch Maceration zersetzenden Herde. Die Beschwerden sind stärker in der heißen Jahreszeit (s. Verlauf), der Stärkegrad der Beschwerden wird häufig durch eine gewisse psychische Stumpfheit (s. unter Symptomen von seiten anderer Organe) gedämpft.

Provokation. Wenn auch ein Phänomen wie z.B. der isomorphe Reizeffekt beim Morbus Darier nicht geläufig ist, so gibt es doch eine Reihe von äußeren (oder inneren) Einflüssen, die die Krankheit auszulösen, zu verschlimmern oder auch zu bessern vermögen.

Wie bereits erwähnt, spielt die *Sonne* einen provozierenden Einfluß, so daß bei fast allen Kranken die Erscheinungen im Sommer stärker sind [E. Schmidt (1931), Marziani (1932), Elsässer (1934) (Aufenthalt an der See), Polano (1935), Gougerot, Vial und Nékám 1937, White (1937), Jaeger (1947), Blum und Bralez (1950), Camano, Spilzinger und Guershanik (1951), Gollnick (1952/53), Cornbleet, Barsky und Sickley (1954), Counter (1954), Kunze (1956) (Beginn der Krankheit nach intensiver Sonnenbestrahlung)].

Von den Infektionskrankheiten sind es vor allem die *Masern*, die einen Morbus Darier auslösen können [Trow (1932), Delbeck (1937), Colombo, Galli und Cardama (1952)]; ebenso aber kann ein interkurrenter Infekt eine vorübergehende Besserung der Hauterscheinungen herbeiführen [Rolle einer interkurrenten Bronchitis bei einem Kranken von Frost (1935)].

Bei Frauen spielt die *Schwangerschaft* (und der monatliche Cyclus) einen häufig verschlechternden Einfluß, während das Gegenteil, eine Besserung in der Gravidität, unseres Wissens nicht vermerkt ist. Verschlimmerungen geben unter anderem an Lomholt (1930), Martenstein (1932) (Auftreten der Krankheit während der Gravidität), Dahmen (1933) (Auftreten der Krankheit während der Schwangerschaft), Blassmann (1935), Fasal (1936), Krementchousky (1939) (nach einer Fehlgeburt Generalisierung), Jaeger (1947) (Verschlechterung intra menses), Knapp (1953) (Auftreten nach der Entbindung), Meyer (1957). Die Anfälligkeit während des Cyclus kann sich durch weitere Einflüsse als Verschlechterung des Hautzustandes bemerkbar machen: Ärger, gewisse Nahrungsmittel, Ermüdung usw. [Jaeger (1947)] wirken in diesem Sinne.

Der *Verlauf* der Krankheit ist ausnahmslos progredient. Es gibt zwar Remissionen, auch nach vorübergehender Generalisierung, auch längerem Stillstand, aber die Krankheit heilt weder spontan noch durch Behandlung definitiv ab (s. auch das Kapitel Therapie). Die durch Behandlung zu erzielenden Besserungen bzw. „Heilungen" sind temporär. Die von Ormea und Depaoli (1957) beschriebene Spontanheilung nach Auftreten blasiger Herde dürfte, da die Ereignisse sich mehrmals wiederholten, kaum als definitiv anzusehen sein. Bei einem Fall berichtet West (1933), daß er in Colorado „geheilt" sei; wie lange dieser Erfolg anhielt, ist nicht bekannt. Auch im Alter erlischt die Dermatose nicht; Fälle, die mehrere Jahrzehnte lang verfolgt werden konnten und sich progressiv entwickelten, sind im Schrifttum in großer Zahl niedergelegt. Hier sei nur die 62jährige Kranke erwähnt, die im Jahre 1916 in den Proceedings of the Royal Society of Medicine ausführlich beschrieben und von Mitchell-Heggs und Feiwell auf dem 10. Internationalen Dermatologen-Kongreß in London 1952 wiedervorgestellt wurde, ohne daß sich in den vergangenen fast 4 Jahrzehnten trotz unablässiger Behandlung im Hautzustand etwas Wesentliches geändert hätte. Eine Patientin Bruners (1920), die Potrzobowski im Jahre 1955 wiedervorgestellt hat, war in der Zwischenzeit wesentlich gebessert.

Symptome von seiten anderer Organe

Die Zuständigkeit des *Internisten* wurde bei der Besprechung der Schleimhaut-beteiligung (Magen-Darm-Trakt, vor allem des Oesophagus) bereits berührt. Darüber hinaus ist nicht viel nachzutragen; die wenigen Angaben über ander-weitige internistische Befunde haben kaum mehr als Zufallscharakter. Die mög-lichen geringfügigen Abweichungen in peripherem *Blutbild*, Blutkörperchen-Senkungsgeschwindigkeit usw. übergehen wir hier, da sich aus zahlreichen An-gaben im Schrifttum nichts Besonderes ergibt.

DEGOS, EVEN und DELORT berichteten 1951 über eine 32jährige Frau, die gleichzeitig mit der Verschlechterung ihres Hautzustandes subfebrile Temperaturen entwickelte, abmagerte und sich schlecht fühlte. $1^1/_2$ Monate später wurden im Röntgenbild symmetrische Knötchen im oberen Drittel beider *Lungen* ohne Kavernenbildung entdeckt, die sich auch bronchoskopisch und im Tomogramm nicht näher klären ließen. Eine tuberkulöse Ätiologie war unwahrscheinlich. Durch eine Allgemeinbehandlung besserte sich der Zustand, der wohl als von der Grundkrankheit unabhängig gedeutet werden muß. Zur Grundkrankheit gehörig deuten MEZARD und VERMENOUZE (1961) die Hilus-Lymphknotenschwellungen bei einem Kranken mit Morbus Darier, und regen an, bei dieser Krankheit stets auf mögliche Lungen-veränderungen untersuchen zu lassen.

Vereinzelte Berichte legen die Annahme *endokriner Störungen* nahe. ARTOM (1931) fand nicht nur bei der Mutter einer Kranken mit Morbus Darier eine Störung der Schilddrüse, sondern bei der Patientin selber ein Überwiegen des Sympathicotonus und ein zurückgeblie-benes körperliches (und geistiges) Wachstum. NAKABISHI (1932) erwähnt eine sehr kleine Sella turcica bei einer 58jährigen Kranken, MARZIANI (1932) beschrieb einen Fall mit Sympathico-tonie und Hypothyreoidismus (mit einer verbreiterten Sella turcica im Röntgenbild); MATRAS (1939) berichtet über eine Dysthyreoidie (mit einem Morbus Basedow-ähnlichen Zustand) bei einer forme fruste von Morbus Darier. Schließlich lassen therapeutische Erfolge mit den Extrakten verschiedener Hormone — wenn auch mit großer Vorsicht — Schlüsse auf endokrine Störungen zu; wir verweisen auf Ausführungen im therapeutischen Teil. Über die Kombination eines Morbus Darier mit Knochencysten berichteten erstmals THAMBIAH u. Mitarb. (1966).

Psychische und intellektuelle Defekte

Häufig gehen mit dem Morbus Darier seelische und geistige Defekte einher; sie können zwischen *charakterlicher Auffälligkeit* [muffiges, unfreundliches Wesen, mürrische Zurückhaltung, „neurasthenische" Züge (VAN BRUGGEN, 1941) bei guter Intelligenz und stärkeren Graden der *Debilität* (GOTTRON, 1935, 1939; COCKRAYNE, 1933; TOURAINE, 1939; HOEDE, 1940; DÖRFFEL, 1942; GÜNDEL, 1942; OERTEL, 1942; MÜNSTERER, 1943; REICH, 1947/48; LYNCH, 1949; BRACALI und ZANETTI, 1954; LOEWENTHAL, 1960, u.a.)] schwanken. OERTEL, der 1942 das Krankengut der Klinik GOTTRON ausgewertet hat, fand Debilität, paranoide Gedanken, krankhaft gesteigerte Erregbarkeit, Affektkälte, fahriges Wesen, Un-leidlichkeit, Renitenz; er betont die gleichzeitig vorhandene körperliche Unter-entwicklung.

Der Intelligenzdefekt kann erst einige Zeit nach einer anscheinend normalen Entwicklung einsetzen; so berichtet VILANOVA (1930), daß sich bei einem Kind, noch vor dem Auftreten der typischen Hautherde, ein Rückgang der Intelligenz bemerkbar machte. Mitunter ist schon in der Ascendenz zwar nicht die Haut-krankheit, aber Geisteskrankheit vorhanden; der Vater einer 30jährigen Kranken, über die FUNK (1936) berichtete, beging Selbstmord, während die Mutter an „Nervenzusammenbruch" starb; DELBECK (1937) berichtet über eine 50jährige Frau mit *schizophrenen* Wesensveränderungen. Mehrere Verwandte mütterlicher-seits befinden sich in Heil- und Pflegeanstalten. COVISA und BEJARANO (1931) erwähnen Charakterstörungen, CASTELLINO (1936) spricht von psychischer und körperlicher Minderwertigkeit, TOURAINE und NÉRET (1939) weisen auf die ner-vöse und psychische Veränderung einer 20jährigen Kranken hin. LYNCH (1949) berichtet über eine etwas zurückgebliebene geistige Entwicklung und geschlechtliche Gefühlskälte. Gottron, der mehrfach Fälle mit psychischen Abweichungen beobachtet hat (milde Intelligenzdefekte mit eingeschränkter Konzentrations-, Aufmerksamkeits- und Merkfähigkeit bis zur Debilität mittleren Grades), betont — ebenso wie Oertel — die Notwendigkeit psychiatrischer Behandlung.

Münsterer (1943) nimmt in einem Siebentel, Gottron in einem Zehntel aller Fälle von Morbus Darier schwere geistige Störungen an. Übrigens handelt es sich nicht immer um eine stumpfe und stumme, passive Debilität, sondern es kommen auch psychotische Zustände mit Depressionen, Angst und Verwirrungszuständen, ja *epileptische Anfälle* vor (Fiocco, 1932; Münsterer, 1943; Bracali und Zanetti, 1954). Bemerkenswert sind vor allem die Befunde von Bracali und Zanetti. Eine Kranke, die mit 21 Jahren die ersten Hauterscheinungen des Morbus Darier bemerkt hatte, bekam mit 31 Jahren periodenweise psychotische Zustände mit Depression, Angst- und Verwirrungszuständen. Mit 43 Jahren starb sie. Die Autopsie zeigte ausgedehnte atheromatöse Gefäßveränderungen und Ödem des Großhirns, eine kleine cystische Höhlung im linken Linsenkern, Hyperplasie des Anterohypophysenvorderlappens und diffuse histologische Veränderungen der Hirnrinde (mit Ödem, Veränderungen der kleinen Gefäße, strichweiser Zellarmut und Gliareaktion).

Feingewebliches Bild (lichtmikroskopisch)

Die histologischen Veränderungen beim Morbus Darier sind von Brünauer mit einer Ausführlichkeit beschrieben worden, die hier nicht wiederholt zu werden braucht, zumal kaum neue Erkenntnisse dazugekommen sind.

Als wesentliche Merkmale können beim Morbus Darier folgende histologische Besonderheiten mit einer gewissen Regelmäßigkeit, wenn auch in verschiedener Stärke, angetroffen werden: 1. Hyperkeratose, Parakeratose und Acanthose; 2. Dyskeratotische Zellen; 3. Lücken und Spaltbildungen im Epithel; 4. Ein besonderes Verhalten der Basalzellreihe und 5. eine entzündliche Reaktion unterhalb der Epidermis.

zu 1. Zu den Eigenschaften des Morbus Darier als einer Keratose gehören die Merkmale der *Hyperkeratose, Parakeratose, Acanthose.* Der Grad dieser Veränderungen wechselt — im gleichen Präparat — außerordentlich stark. Die Hyperkeratose ist nicht nur follikulär, sondern ebenso parafollikulär gebunden, worüber schon seit langem kein Zweifel mehr besteht (Iliescou und Popescou, 1929/30; Brünauer, 1931; Hopf, 1933; Oppenheim, 1934; Ellis, 1944; Lever, 1949; Weise, 1958); auch aus diesem Grund ist die Bezeichnung „Dyskeratosis follicularis", die falsche Assoziationen hervorruft, zu vermeiden. Die hyperkeratotischen Schuppen zeigen stellenweise Zapfen, die teils in Follikelostien hinabreichen (Abb. 87), teils aber wie Keile zwischen die Retezapfen hineingetrieben erscheinen (Brünauer), teils mit Schweißdrüsen in Zusammenhang stehen (nach Hopf 4mal häufiger als mit Follikeln). Im Bereich dieser Hornpfröpfe fehlt das Stratum granulosum mitunter. Eine gesetzmäßige Relation zwischen Dicke des Stratum granulosum und des Stratum corneum besteht jedoch nicht (Abb. 88). Über die im Bereich des verdickten Epithels vorkommenden Unregelmäßigkeiten hinsichtlich der Zellformen siehe unter 2. Wichtig ist noch zu erwähnen, daß die Hyperkeratose stellenweise durch eine Kruste, infolge von Exsudation, Maceration oder auch Impetiginisierung abgelöst wird.

zu 2. Zum Wesen des Morbus Darier gehören *dyskeratotische Zellen* (Abb. 88, 89), die zwar auch bei anderen Prozessen, wenn auch nicht mit der gleichen Regelmäßigkeit, zu beobachten sind. Die ursprüngliche Ansicht Dariers, daß diese Gebilde (vor allem die Corps ronds) die vermuteten Erreger (Psorospermien,

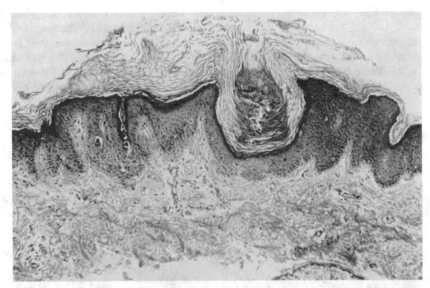

Abb. 87. Morbus Darier: Histologie. Starke orthokeratotische, follikuläre und parafollikuläre Hyperkeratose, Acanthose. Auch bei schwacher Vergrößerung sind dyskeratotische Zellen erkennbar

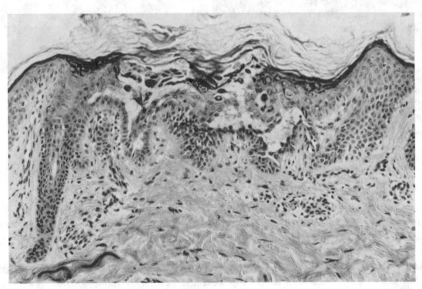

Abb. 88. Morbus Darier: Histologie. Dyskeratotische Zellen (Corps ronds), Lücken- und Spaltenbildungen

später wurde auch an Coccidien gedacht) enthielten, braucht hier nicht mehr diskutiert zu werden, da sie noch DARIER selbst aufgegeben hat. Die von BRÜNAUER stark betonte Membran der Corps ronds lehnt HOPF (1933) ab. „Einen sog. Mantel oder eine Kapsel der Corps ronds gibt es nicht. Die nichtfärbbaren Teile in den Corps ronds sind vielmehr nichts anderes als eine Vakuole" (HOPF). Bis vor kurzem wurden beide Zellarten, die Grains und die Corps ronds, als Ausdruck einer fehlerhaften Verhornung angesehen, die an echte Neubildungen erinnern. LEVER spricht zwar von einer „benignen" Dyskeratose, im Gegensatz zur „malignen" beim Morbus Bowen oder beim verhornenden Plattenepithelcarcinom.

Die Grains wurden bis vor kurzem als Vorstufe der Corps ronds gesehen (KYRLE, LEVER, GANS); NEUMANN schloß indessen bereits 1940 aus dem frühen Vorkommen der Grains, daß sie gesondert von den Corps ronds aus den Rete-Zellen abstammen. Die Corps ronds haben große, runde, homogene, sich gut basophil anfärbende Kerne und ein homogenes, hyalinisiertes eosinophiles Plasma, das membranartig begrenzt wird (Abb. 89a, b). Die Grains sind viel kleiner als die

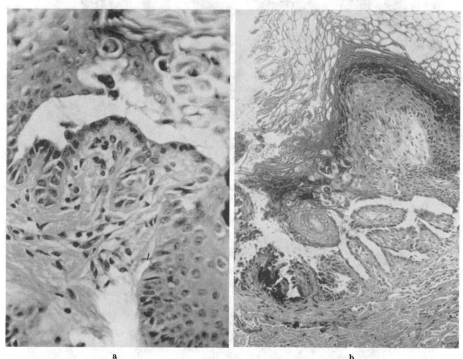

a b

Abb. 89a u. b. Morbus Darier: Histologie. a Spaltbildungen und Lacunen (b), Villi (b), Corps ronds (a, b), fingerförmige Spalten mit Durchbrechung der Basalzellschicht. Zum Teil reicht die Lacune von der Basalzellschicht bis zum Stratum corneum (b)

Corps ronds, sie gleichen parakeratotischen Zellen, nur sind ihre Kerne im Verhältnis zum Plasma viel größer. Letztere haben längliche, strichartige Form. Beide Zellarten finden sich auch innerhalb der Spaltbildungen.

zu 3. Als ein weiteres histologisches Merkmal des Morbus Darier haben die *Lücken- und Spaltbildungen* in der Epidermis zu gelten. Immer wieder wurde daran gedacht, daß es sich dabei um Kunstprodukte handeln könne (noch 1939 von GOĆKOWSKI), die aber, wie BRÜNAUER und KREIBICH zurecht betonen, bei gleicher Fixations- und Aufbereitungstechnik, auch bei anderen Dermatosen auftreten müßten. Die Spalten schieben sich horizontal, parallel zum Verlauf des Epidermisbandes, zwischen die Basalzellschicht und das Stratum Malpighi, auch wenn die Lückenbildung teilweise eine vertikale Richtung in Form fingerförmig ausgeweiteter Hohlräume zeigt; letztere trennen die einzelnen Inseln oder Schollen von zusammenhängenden Zellen des Stratum Malpighi (Abb. 89b). Diese spaltförmigen Hohlräume enthalten meist — aber nicht immer — dyskeratotische Zellen; sie sind, dem Ausgangsort ihrer Entstehung entsprechend, nur nach unten von zylindrischen Zellen (denen der Basalzellreihe) gesäumt, während sie nach den Seiten und nach oben keine „Wandungen" tragen (Ausnahmen bei den sog. Villi

s. unter 4). Es kann auch vorkommen, daß an das Stratum basale und die an sie angrenzende Lücke sofort die — dann oft parakeratotische — Hornschicht folgt (Abb. 89b). Es sind jedoch nicht nur Corps ronds und Grains, die innerhalb und außerhalb solcher Spalten liegen, sondern es fällt eine unregelmäßige Dichte der normal gebliebenen Zellen des Stratum Malpighi auf: insgesamt bestimmt eine starke Zellunruhe das Bild, wenn auch Mitosen relativ selten sind (Abb. 89a).

zu 4. Die Basalzellschicht bildet vielerorts den Boden der oft horizontalen und weiter aufgefächerten Spaltbildungen. Die Rete-Zapfen sind beim Morbus Darier im allgemeinen breit, sie komprimieren die Papillen oft zu schmalen Bindegewebssepten. Von den breiten Retezapfen gehen oft schlauch- oder fingerförmige Fortsätze aus, die nur von einer Lage (selten zwei Lagen) von zylindrischen (Basal-) Zellen bekleidet sind. Hier können schmale Hohlräume entstehen, die — im Gegensatz zu den unter 3 besprochenen Spaltbildungen — überall von Zylinderepithel bekleidet sind. Man nennt sie vielleicht am besten villöse oder pseudovillöse Räume, um sie von den Lücken ohne Epithelbelag zu unterscheiden. Diese fingerförmigen Epithelfortsätze können außerordentlich an pseudoepitheliomatöse Wucherungen erinnern (STÜHMER, 1935; NÉKÁM, 1941; WIEDMANN, 1956), die schlauchartigen, von Basalzellepithel besetzten „Villi" an Syringocystadenome (STRANDBERG, 1940). Das Vorkommen der „Villi" stellt weiterhin eine Gemeinsamkeit mit dem benignen familiären Pemphigus Hailey-Hailey (und unter anderem dem Pemphigus vulgaris) dar (Abb. 89b). Bei stärker vegetierenden Formen des Morbus Darier können die pseudoepitheliomatösen Proliferationen des Epithels mit zapfenartigen Ausläufern der Basalzellreihe sogar Stachelzellkrebse vortäuschen.

zu 5. Im Corium findet sich eine chronische Entzündung wechselnder Stärke. Sie ist teils haufenweise, teils bandartig angeordnet, vorwiegend perivasculär (um Blutgefäße und Lymphspalten) lokalisiert und besteht hauptsächlich aus Lymphocyten, die gelegentlich von Plasmazellen, granulierten Leukocyten, eosinophilen Leukocyten, Mastzellen oder Histiocyten durchsetzt sind. Die Entzündungszellen sind am stärksten subbasal und subpapillär vorhanden, sie finden sich aber auch in den tieferen Schichten des Bindegewebes. Die Zellinfiltrate sind wesentlich ausgeprägter als bei den bisher besprochenen Keratosen; die Rundzellen beherrschen fast ausschließlich das Bild (Abb. 87, 88).

Blasenbildung. Histologische Befunde über echte Blasen beim Morbus DARIER sind im neueren Schrifttum — wie auch im älteren — selten; die klinisch diagnostizierten Blasen wurden histologisch nicht erfaßt oder waren zum Zeitpunkt der Untersuchung bereits sekundär verändert. Es wurde bereits mehrfach betont, daß die Spalten und Lückenbildungen, d. h. der Vorgang der Acantholyse als Vorstadium oder als — wie BRÜNAUER sagt — „mißglückte" Blasenbildung angesehen werden kann; dennoch ist das Bindeglied zwischen Spalten und echten Blasen bzw. der Übergang vom einen ins andere nicht genügend erwiesen. Blasen wurden beschrieben von FREUND (1931), PELS und GOODMAN (1940), BOLGERT, LEVY, MIKOL, KAHN und DELUZENNE (1954). Letztere konnten jedoch das Vorliegen eines begleitenden bullösen Arzneimittelexanthems nicht ausschließen. GANS und STEIGLEDER (1951) sprechen vorsichtig von blasenartigen Bildungen. Diese Frage wurde bei dem Versuch der Abgrenzung des Morbus Darier gegen den benignen, familiären Pemphigus Hailey-Hailey bereits berührt; es sei noch einmal daran erinnert, daß DUPONT (1951 und 1960) das ähnliche feingewebliche Bild bei beiden Krankheiten — vor allem die Lückenbildung — auf eine verschiedene Pathogenese zurückführt: beim Morbus Darier mündet die überstürzte Verhornung in amorphe Körper (bzw. Zellauflösung), beim Morbus Hailey-Hailey findet zwar eine diffuse Acantholyse statt, die jedoch den aus dem Zusammenhang gelösten Zellen ihre volle Vitalität beläßt.

Pigment. Die Auffassung von Périn und später von Aprà, daß die erste Efflorescenz des Morbus Darier ein Pigmentfleck sei, wird histologisch durch einen gewissen Pigmentreichtum in sehr frühen (zum Teil noch gar nicht faßbaren) Herden bestätigt. Mit Ausbildung der typischen Spalten und dyskeratotischen Zellen und einer Acanthose schwindet das Pigment in der Basalzellreihe nahezu vollständig. Mu hatte (ausführlich von Brünauer gewürdigt) sogar aus dem Nachweis von Pigmentkörnchen in Stachel- und dyskeratotischen Zellen geschlossen, daß die Corps ronds und Grains von den Melanoblasten der Basalzellen abstammen und hat deshalb nicht von einer Dyskeratose, sondern von einer Dysfunktion und Dysplasie der Basalzellreihe gesprochen. Eine Bestätigung dieser von Brünauer sehr ernst genommenen und zum Verständnis der Pathogenese des Morbus Darier herangezogenen Theorie steht aus.

Elektronenmikroskopie. Schnyder und Klunker haben 1966 bereits auf die elektronenmikroskopischen Befunde von Charles (1961), Caulfield und Wilgram (1963) hingewiesen. Ergänzend zu erwähnen sind hier noch die wichtigen Untersuchungen von Hoede, Forssmann und Holzmann bzw. Forssmann, Holzmann und Hoede (1967). Diese Autoren konnten nachweisen, daß die Grains nicht als eine Entwicklungsstufe degenerierender bzw. umgebildeter Corps ronds (Kyrle, 1925) noch als Entwicklungsstadien auf dem Weg zu Corps ronds (Steigleder und Gans, 1964) aufgefaßt werden können. Beide Zellarten gehen in eigenständiger und gleichzeitiger Entwicklung aus den Retezellen hervor. Grains zeigen nur elektronenoptisch nachweisbare Spuren von Keratin, d. h. sie haben die Fähigkeit der Keratinbildung fast vollständig verloren. Die Grains sind also eigentlich keine dyskeratotischen Zellformen, sondern akeratotische Zellen, deren licht- und elektronenoptisch dichter Randsaum von ribosomalem Material und einigen Tonofibrillen gebildet wird. Die Corps ronds und die ihnen verwandten pathologischen Zellformen zeichnen sich durch ihre Volumenzunahme, Abrundung und mehr oder weniger mächtige Keratinschollen aus. Durch Schrumpfung oder Vacuolisierung (letztere besonders bei den Corps ronds) können beide Zellformen lichtoptisch schwer unterscheidbar werden und untergehen.

Die histologische Differentialdiagnose

bewegt sich zwischen benignem familiärem Pemphigus Hailey-Hailey einerseits und Neoplasien andererseits. Vor allem die schlauchartigen Ausläufer, die Gans und Steigleder Epithelsproßbildungen nennen, können zu Verwechslungen mit Basaliomen, Hidradenomen, Hidrokystomen, und schließlich — durch die Hornkugeln ähnelnden dyskeratotischen Zellen — mit verhornenden Stachelzellkrebsen führen. Milian und Périn (1931) betonen die histologischen Beziehungen des Morbus Darier zu cancerösen Dermatosen; wegen dieser pseudoepitheliomatösen Wucherungen hatte Nékám den Begriff „Epitheliomatosis miliaris" für den Morbus Darier geprägt. — Schließlich ist noch des Morbus Kyrle zu gedenken, den Kreibich im Morbus Darier aufgehen lassen wollte. Auch beim Morbus Kyrle kommen Spaltbildungen vor, wenn auch keine Corps ronds und Grains. Nach Van Haren ist das auch nicht nötig, da die von Kyrle beschriebenen Epitheldegenerationen als eine Vorstufe dieser parakeratotischen Veränderungen aufgefaßt werden können. Der Durchbruch der Hornschicht bis in die Cutis ist nach Van Haren auch beim Morbus Darier möglich. Bettley und Haber beschrieben 1955 einen beginnenden Fall von Morbus Darier, der histologisch stellenweise an einen Morbus Kyrle erinnerte. Nach Oppenheim (1934) ist der Morbus Kyrle wahrscheinlich eine Übergangsform zum Morbus Darier. Inzwischen erscheint die Selbständigkeit des Morbus Kyrle durchaus nicht sicher: ein Teil der Fälle geht sicher im Elastoma interpapillare, ein anderer Teil möglicherweise in der Keratosis follicularis epidemica und ein letzter im Morbus Darier auf.

Klinische Differentialdiagnose

Die Gesichtspunkte der klinischen Differentialdiagnose sind wesentlich andere als bei der feingeweblichen Differenzierung. Die voll entwickelten Fälle, die durch Einzelefflorescenzen, Lokalisation, durch vegetierende Vegetationen an intertriginösen Stellen, Schleimhauterscheinungen u. a. m. auffällig genug sind, dürften bei der Erkennung keine erheblichen Schwierigkeiten bereiten. Anders ist es mit den beginnenden Fällen, vor allem wenn sie Efflorescenzen in exanthematischer Aussaat darbieten. Hier käme, bei Befall des Gesichts und des oberen Stammes, eine follikulär gebundene *Akne vulgaris* (OPPENHEIM, 1934; RABUT und RAMAKERS, 1949), ein *Lichen ruber planus* (STUDDIFORD, 1932; FROST und HALLORAN, 1933; LINSER, 1934), eine *atypische Prurigo* (nodularis) (RASCH, 1931), eine *Pityriasis rubra pilaris* (PARKHURST, NETHERTON, BARNEY, MISKJIAN, COLE zum Fall von COLE und DRIVER, 1931), eine Aussaat von *Verrucae planae juveniles* im Gesicht in Betracht. Von *follikulären Keratosen* (kommen außer Lichen ruber und Pityriasis rubra pilaris) bei Beschränkung der Dermatose auf kleinere Areale die *Keratosis follicularis contagiosa Morrow-Brooke*, die durch schwarze Punkte bzw. Fortsätze in der Mitte der follikulären Papeln gekennzeichnet ist, eine *Keratosis follicularis epidemica* (bei Sitz im Gesicht), eine *Keratosis follicularis in cutem penetrans* an den Gliedmaßen (so man dem Morbus Kyrle gegenüber dem Morbus Darier Selbständigkeit zubilligt) in Frage. (Ein Lichen pilaris kann *neben* einem Morbus Darier bestehen, wie etwa im Fall von LEIGHEB, 1932). Warzenähnliche Herde an Hand- und Fußrücken können, wenn sonstige Herde fehlen, nur schwer gegen eine *Akrokeratosis verruciformis Hopf* abgegrenzt werden, leichter wird die Differentialdiagnose gegenüber den etwas größeren Efflorescenzen einer *Epidermodysplasia verruciformis Lewandowsky-Lutz* sein. Einseitige, oder angedeutet symmetrisch angeordnete Herde müssen an *systematisierte verruköse Naevi* denken lassen (ein Fall von DIASIO, 1932, sah klinisch einem Morbus Darier gleich, war aber histologisch eine naevoide Dyskeratose, der nahezu alle feingeweblichen Merkmale des Morbus Darier fehlten).

Von anderen Systemkrankheiten kann nicht nur der *Morbus Pringle*, wie die Diskussion zu einem fraglichen Fall von FINSTERLIN (1932) (HERXHEIMER, SACHS, MÜLLER) zeigte, sondern sogar ein *Morbus Recklinghausen* (FELKE) erwogen werden müssen (der erwähnte Fall von FINSTERLIN, ein 23jähriges Mädchen, zeigte an Stirn, Nasolabialfalten, Wangen und Kinn tautropfenartige, glänzende, solide, kleinste bis erbsengroße, teils konfluierende rötliche Papeln, ferner fibröse Knötchen an Fingern und Nagelfalz).

Stark vegetierende Formationen in den Achselhöhlen und im Genitalbereich können eine *Acanthosis nigricans* vortäuschen, vor einer Verwechslung mit *Condylomata lata* wird das Übergreifen der wuchernden Beete auf die Inguines, sowie die geringe Ähnlichkeit der übrigen Herde des Morbus Darier mit Krankheitserscheinungen der frischen Syphilis schützen. Eine *Ichthyosis vulgaris* zeigt — abgesehen vom anderen Typ der nur flach schuppenden Herde — einen universellen Befall und das Freibleiben der Gelenkbeugen, ein *seborrhoisches Ekzem* könnte höchstens bei schwerem Befall der Kopfhaut, bei Bildung sekundär infizierter Knoten und Wülste eine *Folliculitis abscedens et suffodiens* in Frage kommen; stärker erhabene, gedellte Papeln hinter den Ohren können *Mollusca contagiosa* vortäuschen (PFLEGER-SCHWARZ, 1951). Von umschriebenen Keratosen kommen die *dissipierten Palmar-Plantar-Keratosen* (idiotypischer oder symptomatischer Natur) in Frage, doch werden die übrigen Erscheinungen des Morbus

Darier (einschließlich der Scheimhaut) die Diagnose erleichtern. Beginnt der Morbus Darier im *Mund*, so kann die Differentialdiagnose gegen eine *Leukoplakie* verschiedener Genese (an Zunge, Wangen und Gaumen), *Exfoliatio areata linguae* und *Lichen ruber* (des Zungenrückens), eine *Leukokeratosis nicotinica palati* (am Gaumen) sehr schwer sein. Vor allem die letztere erzeugt dem Morbus Darier ähnliche Bilder mit pflastersteinförmigen, in der Mitte eine Einsenkung tragenden Plaques.

Vererbung

Der Morbus Darier wird wohl regelmäßig autosomal dominant vererbt. Einzelheiten s. Schnyder und Klunker (1966) (dieses Handbuch Bd. VII, 928—932).

Pathogenese und Ätiologie

Wesen und Ursache des Morbus Darier sind weitgehend unbekannt. Unser ganzes Wissen ist auf zwei Erkenntnisse beschränkt: erstens, daß die die Morphogenese der Krankheit bestimmenden Veränderungen sich am Epithel abspielen (und wahrscheinlich auch von ihm ausgehen) und zweitens, daß wir im Morbus Darier eine Genodermatose erblicken müssen, die autosomal dominant vererbt wird.

Was die epitheliale Genese anlangt, so läßt sich vielleicht noch genauer aussagen, daß die entscheidende Störung wohl am Stratum basale ansetzt: die geschädigten Basalzellen sind es, die für sämtliche den Morbus Darier kennzeichnenden Veränderungen verantwortlich gemacht werden müssen. Die Fehlentwicklung geht gleichsam in zwei Richtungen vor sich: nach oben zu in einer fehlerhaften Verhornung, die zu Acanthose, Hyperkeratose, dyskeratotischen Zellen mit mangelhaftem Zusammenhalt untereinander (infolge der wahrscheinlich bereits in den Basalzellen geschädigten Zellfortsätze) und Lückenbildung führt, und nach unten zu, indem die Basalzellen schlauch- und zapfenartige Fortsätze in die Cutis aussendet, die an epitheliomatöse Prozesse verschiedenster Art erinnern. Diese Auffassung von der primären (in ihrer Qualität freilich gänzlich unbekannten) Schädigung der Zellen des Stratum basale ist nicht an die Richtigkeit der — inzwischen weder betätigten noch widerlegten — Theorie von MU gebunden, daß die Abstammung der Grains und Corps ronds von Basalmelanoblasten an den gelegentlich in ihnen nachweisbaren Reste von Pigment erkennbar sei: auch ohne die Identifizierung der dyskeratotischen Zellen mit Melanoblasten gilt — in einem allgemeineren Sinn — die Auffassung, daß die Fehlentwicklung der Verhornung bereits in den Basalzellen beginne. Mit diesen beiden von den Basalzellen ausgehenden Fehlentwicklungen sind auch die Pole bzw. Kriterien beschrieben, zwischen denen sich der Morbus Darier nosologisch bewegt: Dyskeratose (mit Zeichen der Keratose) und pseudoepitheliomatöse Wucherung. Er verbindet im klinischen Bild die Züge abnormer Verhornung mit denen der Neubildung. Damit ist freilich nichts ausgesagt über das Wesen der verantwortlichen Ursache, die man wohl nicht nur auf eine ungenügende Fähigkeit, Vitamin A zu adsorbieren bzw. das Provitamin umzuwandeln (Lutz, 1948) zurückführen darf. Alles, was über die Ursache des Morbus Darier ausgesprochen wird, ist unseres Erachtens reine Spekulation. Gans und Steigleder (1955) beschließen ihre Ausführungen über die Pathogenese des Morbus Darier in folgendem, sehr nach Resignation klingenden Satz: „In erster Linie dürfte es darauf ankommen, die Bedingungen zu erforschen, unter denen die ebenfalls noch unbekannte auslösende Ursache in jenen Zellen die schlummernden Kräfte wachruft, welche zu den Veränderungen führen".

Behandlung

Am besten gliedern wir die Besprechung der Therapie in die Abschnitte
1. Strahlenbehandlung, 2. äußere Behandlung einschließlich chirurgischer Eingriffe und 3. innere Behandlung.

Strahlenbehandlung

Die Ansichten über die Wirksamkeit der einzelnen Strahlenarten gehen bei
den einzelnen Autoren auseinander, auch hinsichtlich der Dauer des zu erzielenden
Erfolges. Insgesamt geben die weitaus meisten Autoren der Grenzstrahlenbehandlung die größten Chancen.

WUCHERPFENNIG (1930) hielt die Grenzstrahlen jedoch für ungeeignet und empfahl Röntgenstrahlen; ähnlich äußerte sich auch STÖCKER (1932). BETZ (1932), der nach der Methode
von WUCHERPFENNIG zunächst Erfolge verzeichnete, sah nach 1 Jahr ein Rezidiv; WUCHER-
PFENNIG gab dann im Jahr 1940/41 an Stelle von Röntgenstrahlen Thorium X-Lack an.
Zahlreicher sind die Stimmen, die statt *Röntgen Grenz*strahlen empfehlen. Nach SAMEK
(1931) und nach STOLTZ (1933) sind Grenzstrahlen, auch wenn auf Röntgen keine Besserung
eintrat, noch von Erfolg; nach NELLEN (1937 ist die Grenzstrahlen- der Bucky-Behandlung
vorzuziehen. Der gleichen Auffassung sind FUHS, KONRAD, MATRAS und viele andere.
Ohne Vergleich zwischen beiden Strahlenarten geben *Erfolge auf Röntgenstrahlen* an u.a.:
KEDRINSKA (1931), KLÖVEKORN (1931), SCHMIDT (1931), BROWN (1932), GRÜTTE (1939),
POEHLMANN (1940/41), K. H. SCHULTZ (1955), ALT und SACREZ (1954). Über *Erfolglosigkeit
der Röntgenstrahlen* berichten u.a. TYE (1952), FRIEDMANN und MEYER (1932), FUHS (1934,
1940), SCHÄFER (1940), NÉKÁM (1941), MÜNSTERER (1941/42).
Am günstigsten scheinen, wie bereits eingangs erwähnt, die Aussichten einer Grenzstrahlenbehandlung zu sein, die mindestens eine vorübergehende Besserung, mitunter sogar
eine länger anhaltende Abheilung erzielen kann. *Besserungen nach Grenzstrahlen* verzeichnen
u.a. NEUMANN (1935), BERING (1935/36), STOLTZ (1937), FRÜHWALD (1937/38), BOLDT (1939),
RUDING (1940), DIETZ (1943), THIEL (1950), ACKER und KUNZLMANN (1953), FUCHS (1954),
CHIARENZA (1955), MEMMESHEIMER (1956). Eine *vollständige*, zwischen 2 und 6 Jahren
anhaltende *Abheilung nach Grenzstrahlen* beobachteten vor allem KONRAD (1932—1935), FUHS
(1934), MATRAS (1935), POEHLMANN (1940), CRAPS (1948).
Den Grenzstrahlen annähernd adäquat dürfte *Dermopan Stufe I* sein (SCHÖLDGEN, 1954);
Besserungen auf *Thorium X-Lack*, der auch in der neueren Zeit noch verwendet wird, sahen
unter anderem die LÖHESche Klinik 1950 (verbunden mit Röntgen-Segment-Bestrahlung des
Grenzstrangs), BORN (1955) (Kombination mit Grenzstrahlen), GRIEBEL (1955), VOLLMER
(1955) (Kombination mit Grenzstrahlen).
Als *ungewöhnliche Wirkungen* nach Strahlenbehandlung dürfte die von GUMPESBERGER
(1954) durch Grenzstrahlen provozierten Jackson-Anfälle sein, ferner die von URUEÑA (1934)
berichtete fehlerhafte Anwendung von Radium an der Fußsohle, die — im Gefolge eines
Ulcus — zu Lymphödem, Sekundärinfektion, Sepsis und Tod führte.
Ein kurzes Wort noch über die *angewandten Dosen* und *Bedingungen* für die verschiedenen
Strahlenqualitäten. WUCHERPFENNIG (1930) gab als optimale Dosis eine einmalige Röntgen-
bestrahlung mit 550—650 r bei einer Strahlenhärte von 1,3 mm Al HWS an; ALT und
SACREZ (1954) wandten verschieden harte Röntgenstrahlen und verschieden hohe Dosen an:
250 und 500 r bei 60 und 100 kV, ungefiltert und mit 1 mm Al-Filter sowie bei 20 kV 500 und
2000 r. Nur an dem mit 2000 r (und 20 kV bei 1 mm Al) bestrahlten Feld trat nach 20 Tagen
eine exsudative Reaktion ein, 2 Monate später bestand nur mehr eine Pigmentierung an
Stelle des früheren Herdes.
Für *Thorium X* gab WUCHERPFENNIG (1940/41) eine 2malige Verabreichung (im Abstand
von 4 Monaten) mit jeweils 1000 EsE Thorium X-Alkohol je cm² an (diese Dosis verwandte
auch BORN, 1955).
Für die *Grenzstrahlenbehandlung* gibt BERING (1936) je 100 r/Feld, KONRAD (1932/33 in
2 Sitzungen insgesamt 1400 r bei 10 kV, 10 cm FHA, bei einer HWS von 0,0185 mm Al;
POEHLMANN (1940) insgesamt 1400 r. KREN bestätigt zwar die guten Erfolge bei diesem
Vorgehen, konnte jedoch auch bei Gesamtdosen von 2000 r unter sonst gleichen Bedingungen
an Herden auf dem Kopf keinen Erfolg erzielen. MATRAS (1935) benötigt auch nur 1200 r.
FUHS (1934) warnt davor, 2000 r als Gesamtdosis zu überschreiten, auch STOLTZ (1937) kam
mit Dosen unter 2000 r aus. SAMEK (1930) erzielte bereits mit 500 r/Feld einer Strahlung
von 0,02 HWS in Al eine — z.Z. des Berichts bereits 8 Monate währende — Abheilung,
obgleich der Fall röntgenrefraktär war. Die guten Erfolge der Grenzstrahlen sind wohl darauf
zurückzuführen, daß die Grenzstrahlen intensiver als selbst weiche ungefilterte Röntgenstrahlen von den erkrankten Epidermisschichten adsorbiert werden.

O'Donovan und Thorne (1953) berichteten über erfolglose Anwendung von radioaktivem Phosphor in intravenöser Anwendung; übrigens ließ sich die Konzentration des radioaktiven Phosphors gut in den Follikeln nachweisen.

Äußere Behandlung einschließlich chirurgischer Verfahren

Die Behandlung mit Externa hat sich in den letzten Jahrzehnten vor allem darin geändert, daß sie an Bedeutung gegenüber den Strahlen- und der inneren Behandlung zurücktritt. Was die verwendeten Mittel betrifft, so kann vielleicht allgemein eine zunehmende Tendenz nach äußerlich indifferenter Behandlung festgestellt werden. Die von Brünauer noch erwähnten *Ätzungen* mit Kalium causticum oder Milchsäure spielen keine Rolle mehr. Auch höherprozentige *Hg-Pflaster* sind nicht mehr erwähnt; 40% iges *Salicyl-Guttaplast* verwendete u. a. noch Baumgartner (1939). Erfolglose Anwendung von *Salicyl-Salbe* berichtete Sauer (1955). Die Reizbarkeit des Morbus Darier gegenüber Salben betonte Finsen (1930) (allerdings wurde zusätzlich *Arsenik* verwendet, der im neueren Schrifttum kaum mehr eine Rolle spielt und der am besten aus dem gesamten Arzneimittelschatz wegen seiner cancerogenen Wirkung verbannt wird). Die Anwendungsbreite der Salben schwankt zwischen Konzentrationen, die eine *Schälung* bezwecken sollen (vor allem mit Salicylsäure 5—40%) und *indifferenten Grundlagen*, deren therapeutische Wirkung nicht überschätzt werden darf. Tye (1952) empfiehlt *Salzwasserbäder*, Roux und Charbonnier (1951) empfehlen Bäder mit Trichloressigsäure.

CO_2-*Schnee* (in Verbindung mit Radium) empfiehlt Kasimura (1938), Abtragung einzelner hypertrophischer Papeln mit *Paquelin* bzw. *Kaltkaustik* Kronenberg (1932) und Brandt (1953). Durch *hochtouriges Schleifen* entfernte Herde rezidivierten (Schöldgen, 1955), während die Behandlung mit Röntgenstrahlen (Dermopan Stufe I, 1500 r) zu einer vollständigen Abheilung führte. Die umgekehrte Erfahrung, nämlich die größere Wirksamkeit des hochtourigen Schleifens (gegenüber Stereoid-Okklusiv- und Röntgentherapie) haben wir in den letzten Jahren an mehreren Fällen der Düsseldorfer Hautklinik gemacht (unveröffentlicht).

Innerliche Behandlung

In den letzten Jahrzehnten hat die innere Behandlung an Bedeutung gewonnen. Sie verwendet Schwermetalle, Hormone und Vitamine, wobei die letzteren die größte Rolle spielen.

Hinsichtlich der Behandlung mit *Vitamin A* schwankt die Beurteilung des Erfolges außerordentlich: die Angaben bewegen sich zwischen skeptischer Zurückhaltung und enthusiastischem Lob. Die Wahrheit scheint in der Mitte zu liegen: Vitamin A ist von Erfolg, aber nur unter bestimmten Bedingungen, zu denen unter anderem höhere Dosierung und mehrmonatige Fortsetzung der Behandlung gehören. Längere Nachwirkungen nach Absetzen der Behandlung sind nicht zu erwarten.

Die Frage, ob dem Morbus Darier Störungen des Vitamin A-Haushaltes (sei es in der Leber, sei es in der Haut) zugrunde liegen, ist schwer zu beantworten; die vorhandenen Untersuchungen reichen unseres Erachtens nicht aus, um die Annahme von Lutz (1948) zu bestätigen, daß beim Morbus Darier eine Unfähigkeit, Vitamin A zu adsorbieren bzw. das Provitamin umzuwandeln, vorliege. Nach Peck, Chargin und Sobotka (1941) ist der Vitamin A-Spiegel im Blut erniedrigt; nach Porter und Brunauer (1949) sowie Cornbleet (1954) normal. Nach Cornbleet ist auch in der Leber (Biopsie) die Verteilung des Vitamin A normal; auch Porter und Brunauer konnten (u. a.) keinen sicheren Anhalt für einen Leberschaden beim Morbus Darier finden.

Keinen Erfolg nach Vitamin A-Darreichung verzeichnen u.a.: COLOMBO, GATTI und CARDAMA (1951) (hohe Dosen von 300000 E täglich), TYE (1952), MITCHELL-HEGGS und FEIWELL (1952/53), CHIARENZA (1955), SAUER (1955). Es scheint von mehreren Faktoren abzuhängen, ob nach Vitamin A ein Erfolg eintritt oder ob er ausbleibt; einmal kommt es auf das *Lösungsmittel* an. So berichten GRACIANSKY und CORONE (1951) bei Anwendung von natürlichem Vitamin A in öliger Suspension nur eine leichte Besserung, während die Gaben von 300000 E in alkoholischer Suspension bereits nach 10 Tagen eine deutliche Besserung sämtlicher Herde erkennen ließen. Zum anderen scheint aber auch die *übrige Behandlung* von Wichtigkeit zu sein. CHIARENZA (1955) stellte fest, daß Vitamin A allein keinen Einfluß zeigt, auch nicht in der Verbindung mit Ultraschall. Zusammen mit Röntgenstrahlen führt es zum Erfolg (aber Röntgen allein auch). ROUX und CHARBONNIER (1951) sahen unter Vitamin A-Behandlung (intramuskulär und peroral, täglich 100000 E, über 2 Monate verabreicht) und örtlicher Anwendung von 33%iger Trichloressigsäure weitgehende Rückbildung. Die Darreichung von Vitamin A kann auch *provozierenden* Einfluß haben (JACOBSON und WALKER (1953) mit Dosen von 300000 E 3mal wöchentlich i.m. und 150000 E täglich peroral). Einen nur *anfangs bessernden* Erfolg der Vitamin A-Behandlung berichten CAMAÑO u. Mitarb.(1951), LYNCH und CORDERO (1949) nennen den Erfolg dürftig, MIESCHER (1949) bezeichnet ihn als zweifelhaft, BLAICH (1950) spricht von einem mäßigen Erfolg (Vitamin A und Nicotinsäureamid). Eine erhebliche oder *wesentliche Besserung* gaben u.a. an: PECK, CHARGIN und SOBOTKA (1941), JAEGER (1947) (solange die Behandlung fortgesetzt wird), HARRIS und WHITE (1949), GRACIANSKY und CORONE (1951), GRUPPER und BERNARD (1951), ROUX und CHARBONNIER (1951), MEMMESHEIMER (1958) (z.T. mit Grenzstrahlen bzw. Salicyl-Salbe kombiniert). Von *Abheilung* berichten u.a. ACKER und KUNZLMANN (1953) (300000 E pro Tag), KLEINSCHMITT (1954) (abortiver Fall), CACCIALANZA und BELLONE (1955) bei einem ausgedehnten Fall, BURGOON u. Mitarb. (1963), GETZLER und FLINT (1966).

Gegenüber Vitamin A treten die Angaben über die Behandlung mit *anderen Vitaminen* zurück. Eine vorübergehende Besserung nach *Vitamin B_2-Gaben* (keine Einzelheiten bekannt) erwähnt DOLLMANN v. OYE (1939); PECK (1961) empfiehlt die Kombination von Vitamin A- und B-Injektionen. Einen Rückgang der Erscheinungen bei einem 11jährigen Jungen auf *Vitamin D_3* (3mal wöchentlich 50000 E) sah die Klinik LANGER (1950) (nach Beendigung der Vigantolkur setzte wieder Verschlechterung ein).

Auch die Berichte über die Anwendung von *Hormonen* sind spärlich. KEDRINSKA (1932) sah günstigen Einfluß von *ovarieller* Hormonzufuhr (plus Röntgen-Behandlung), MIESCHER (1949) berichtete über einen eigenen durch *Perandren* geheilten Fall von Morbus Darier. DAUBRESSE und KONDIREFF (1954) verwendeten ebenfalls (neben vielen anderen Mitteln) *Testoviron*. CAMPBELL (1937) sah — nach einem Rezidiv auf Natriumjodat — Erfolg durch die Kombination von *Schilddrüsenextrakt*, Natriumjodat und Calcium. RIEHL (1956) hatte von der Kombination von Grenzstrahlen und Placenta-Sanol (36 Injektionen wurden verabreicht) einen günstigen Eindruck. Die Behandlung mit *Corticosteroiden*, die bei fast allen chronischen (und akuten) Hautkrankheiten heute versucht wird, scheint beim Morbus Darier noch nicht Mode geworden zu sein; bei MOONEY (1955) findet sich immerhin die Angabe, daß Hydrocortison und Vitamin A nur unwesentliche Besserung erzielt hätten.

Von *Schwermetallen* war es das *Gold*, das bis etwa zum 2. Weltkrieg in Gebrauch war. DITTRICH, der die Behandlung 1935 eingeführt hat, verwendete Solganal B oleosum. Wie WERNER (1935) ausführte, wirken kleine Dosen besser als höhere. So konnten Gaben von 0,0001 — nach vorheriger Anwendung von 0,0002 — einen auffallend schnellen Rückgang der Erscheinungen (bei zusätzlicher keratolytischer Behandlung) bezwecken. DITTRICH gab als Erstdosis 0,002, verdoppelte die Dosis jede Woche, bis nach 7 Injektionen 0,2 g erreicht waren. Nach einer Pause von 11 Tagen wurde 6 Wochen lang 0,002 2mal wöchentlich gegeben. Nach dem 2. Monat (0,427 Solgonal B) gingen die Krankheitsherde zurück. Nach seinen Anweisungen behandelten mit gutem Erfolg u.a. BENNETZ (1938), NEUMANN (1938), HAMANN (1941). Auch MIAMI (1939) gab Erfolg an.

Eine ungewollte Provokation nach *Stickstoff-Lost* beschrieb Freund (1951); der Patient wurde wegen eines inneren Leidens cytostatisch behandelt. In der Folge exacerbierte der seit 30 Jahren bestehende Morbus Darier des 54jährigen Kranken. Sonstige Angaben über *cytostatische* Behandlung beim Morbus Darier scheinen nicht vorzuliegen. Das *Germanin* (das ja kein Cytostaticum ist) wird kaum mehr verwendet. Eine der letzten Angaben (über erfolglose Anwendung) dürfte aus der Klinik Memmesheimer (1937) stammen.

II. Überwiegend keratotische (nicht-pigmentierte) Dys-(Poly-) Keratosen

Bei dieser Gruppe kommen zu den (mehr inselförmigen als diffusen) Palmar-Plantar-Keratosen Verhornungsstörungen der Nägel und Leukokeratosen, aber auch (nicht-keratotische) Wachstums- und Funktionsstörungen der Haare und Schweißdrüsen, evtl. der Augen und endokrine Störungen hinzu. Pigmentierungen fehlen in dieser Gruppe vollständig.

Hierher gehören:

1. Das sog. Pachyonychia congenita-Syndrom.
2. Die Polykeratosis congenita im engeren Sinn.
3. Die Dyskeratosis vom Typ Franceschetti.
4. Die Polykeratosis vom Typ Fischer-Schnyder.

1. Das sog. Pachyonychia congenita-Syndrom

umfaßt wieder mehrere Spielarten, bei denen die einzelnen Symptome etwas wechseln:

Pachyonychia congenita Jadassohn und Lewandowsky (1906).
Keratosis multiformis idiopathica Siemens, 1922.
Pachyonychia congenita Jadassohn und Lewandowsky, 1906.
Dyskeratosis congenita Schäfer, 1925.
H. Fischer-Syndrom, 1921.
Spanlang-Tappeiner-Syndrom, 1927, 1937.
Brünauer-Syndrom, 1924, 1925.

Am eindeutigsten ist die Pachyonychia congenita hinsichtlich ihrer Symptomatik: Konstant sind symmetrische, mehr inselförmige als flächenhafte *Palmar-Plantar-Keratosen*, mächtige *Nagelverdickungen* (s. Šalamon: ,,Erbkrankheiten der Nägel"), *folliculäre Keratosen der Körperhaut*, *Leukokeratosen* der Mundschleimhaut (Abb. 90) und *Cornea-Veränderungen* (letztere sind nicht immer vorhanden).

Der Begriff der *Pachyonychia congenita* wird im neueren Schrifttum nur mehr selten verwendet. Er findet sich z.B. noch bei Grace (1937), Hadida, Mariel, Timsit und Streit (1952) und Merklen und Guillard (1954), Kumer und Loos (1935) unterscheiden 3 Typen: der 1. zeigt Pachyonychia, Palmar-Plantar-Keratosen und folliculäre Keratosen am Körper, beim 2. Typ kommt eine Leukokeratose der Mundschleimhaut, beim 3. Typ kommen Cornea-Veränderungen hinzu. Lanig, Hayes und Scharf beschrieben 1966 drei eindrucksvolle Fälle von Pachyonychia congenita bei einer Negerin und zweien ihrer Kinder.

Niebauer beschrieb 1968 ein 17 Monate altes Mädchen mit Pachyonychia congenita-Syndrom, bei dem Blasen dem klassischen Bild der Pachyonychia congenita vorausgingen. Alkiewicz und Lebioda beschrieben 1961 das klinische und feingewebliche Bild der Pachyonychia congenita ausführlich. Die Blasenbildung kann vor allem an der Mundschleimhaut beobachtet werden. In den subungualen Hornmassen finden sich feingeweblich systematisch angeordnete Konglomerate amorpher Schollen cellulärer Herkunft, die eine positive PAS-Reaktion zeigen.

Eine weitere familiäre Beobachtung von abortivem Jadassohn-Lewandowsky-Syndrom mit Palmar-Plantar-Keratosen und Ulcus corneae beobachteten Rimbaud, Cazaban und

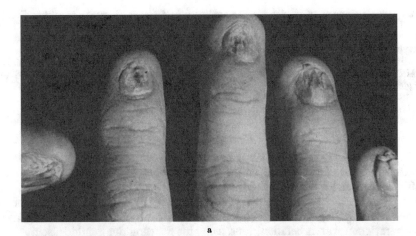

a

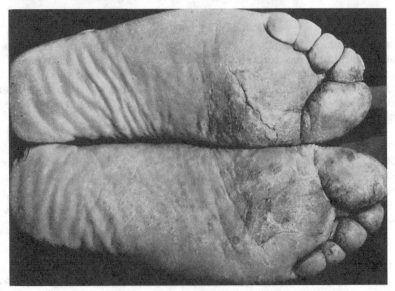

b

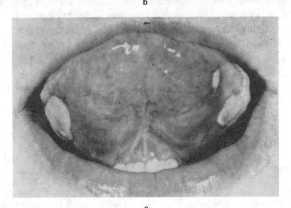

c

Abb. 90a—c. Pachyonychia congenita. a Nageldystrophien; b herdförmige Palmar-Plantar-Keratosen; c Leukokeratosen. [Unveröffentlicht (D)]

Izarn (1954); sinngemäß gehört hierher auch das in 5 Generationen untersuchte Syndrom von J. Schwann (1963) mit Palmar-Plantar-Keratosen, erblicher Taubheit und totaler Leukonychie; alternierend kamen Hypertrichosis, spitzer Gaumen, Parodontopathie, Syndaktylie und Lichen pilaris vor.

Mit dem Begriff der Pachyonychia congenita identisch ist die *Keratosis multiformisi idiopathica Siemens* (1922). Sein Originalfall wurde von Gottron erneut im Jahre 1938 unter der gleichen Diagnose vorgestellt. Auch der Begriff der Keratosis multiformis ist im neueren Schrifttum selten; er findet sich z.B. bei Korting (1951) und bei einer Fallvorstellung vor der Berliner Dermatologischen Gesellschaft 1953.

Fischer-Syndrom

In dem nach H. Fischer (1921) benannten *Syndrom*, das als Palmar-Plantar-Keratose beschrieben wurde, fehlte die Leukokeratose der Mundschleimhaut. Dafür fanden sich: Hyperhidrose bei diffusen Palmar-Plantar-Keratosen, spärlicher Haarwuchs, keulenförmige Verdickung der Endglieder der Finger und Zehen. Die Onychogryphose ging später in Onycholyse über; beim Ausgangsfall (5 Generationen waren befallen) fand sich eine Störung der Schilddrüsenfunktion.

Spanlang-Tappeiner-Syndrom

Das nach Spanlang (1927) und Tappeiner (1937) benannte *Syndrom* zeigt folgende Symptome: inselförmige (z.T. diffuse) Palmar-Plantar-Keratosen, Hyperhidrose (in diesem Bereich), Corneadystrophie, Hypotrichose und komplette oder inkomplette Vierfingerfurche. Von Fuhs (1928) stammt eine analoge Beobachtung. Der Fall von Matsuoka (1916) wurde von Franceschetti und Schnyder (1960) ausgeschieden.

Brünauer-Syndrom

Beim sog. *Brünauer-Syndrom* (1924, 1925) finden sich analoge inselförmige, massive Palmar-Plantar-Keratosen (offenbar ohne Hyperhidrose), subunguale Keratosen und onychogryphotische Veränderungen (stärker an den Zehen als an den Fingern), Cornea-Trübung, Leukokeratosen der Wangenschleimhaut, Verfärbung, Aufrauhung und Furchung der Schneidezähne, geistige Retardierung.

Dyskeratosis congenita Schaefer

Die auf H. Schäfer (1925) zurückgehende *Dyskeratosis congenita* umfaßt folgende Symptome: Schwielenartige Palmar-Plantar-Keratosen mit Hyperhidrose, Leukokeratosen der Mundschleimhaut, follikuläre Keratosen der Körperhaut, herdförmige Hypotrichosis, Sehstörungen (Katarakt oder Cornea-Trübung), allgemeine körperliche und geistige Entwicklungsstörungen.

Kann man also alle die aufgeführten Syndrome unter dem Oberbegriff der Pachyonychia congenita zusammenfassen (auch wenn die Symptomatik im einzelnen etwas variiert), so sind *sinngemäß eine Reihe von Fällen hierher zu zählen, die unter keinem der erwähnten Begriffe publiziert* sind. Wegen der meist spärlichen dyskeratotischen Symptomatik zeigen sie oft eine komplizierte, wenn nicht verwirrende Nomenklatur.

Hierher gehören u.a.: der Fall von Stryker (1930) (congenitale totale Alopecie mit einseitiger Palmar-Keratose und Nageldystrophie), von Kaiser (1931) (Keratoma hereditarium palmare et plantare vereint mit Keratodermia punctata disseminata symmetrica regionum digitorum et digitorum pedis), von Schoff (1931) (congenitale Keratosen der Lippen, Handteller, Fußsohlen, großen Labien und Anus), von Neuber (1931) mit disseminierten Keratodermien der Handteller und Fußsohlen, aber auch über den Handgelenken und an den Unterarmen, die von Kienzler (1936) in 5 Generationen nachgewiesene Merkmalskombination von Palmar-Plantar-Keratosen, Hyperhidrosis, Alopecie, Vitiligo, Onychogryposis, Kräuselhaar, der Fall von Nadel (1936) (Keratoma palmare et plantare

atypicum mit verstreuten inselförmigen Hyperkeratosen an anderen Körperstellen, Nagelstörungen, Kolbenfingern, Imbezillität), der Fall von Suzuki und Nakano (1939) (Akne
cornea mit inselförmigen Palmar-Plantar-Keratosen und Nagelverdickung), von Grimmer
(1950) (ein Fall von Keratosis palmaris et plantaris mit Nagel- und Schleimhautbeteiligung),
von Lausecker (1950) (Palmo-Plantar-Keratose, Nagelverdickung, Leukoplakie der Mundschleimhaut, Zahnveränderungen, pannusartige Streifen der Cornea), von Brehm (1956)
(striäre Palmar-Plantar-Keratosen mit umschriebenen Keratosen der Dorsa, akzessorischen
Mamillen, zahlreichen Pigmentmälern am Stamm, systematisierten verrukösen Naevi über
den Clavikeln und einer diskreten Netzzeichnung in der Mundhöhle, Bazex, Salvador,
Dupré, Parant und Bessière (1957) (palmo-plantare Keratodermie, Pachyonychie und
hypertrophische Keratose der Glans penis). H. Dorn (1958), allerdings als Keratosis extremitatum hereditaria progrediens deklariert, aber wegen fehlender Erscheinungen an Palmae
und Plantae, periorifiziellen Keratosen, Leukokeratosen der Schleimhaut und Nagelveränderungen dem Syndrom Pachyonychia congenita zugehörig, schließlich von Delacrétaz
und Geiser (1960) (inselförmige Palmar-Plantar-Keratosen, Pachyonychia und subunguale
Keratosen, Keratosis pilaris, Dupuytrensche Kontrakturen).

2. Die Polykeratosis congenita (Polykératose congénitale) im engeren Sinn

Gegenüber der allzu weiten und als Oberbegriff gemeinten Fassung der Polykeratose (unter der nach Touraine u. a. auch die Keratosis palmo-plantaris Unna-
Thost zu rubrizieren wäre) hat sich der Begriff der Polykeratosis congenita im
engeren Sinn durchgesetzt, der nicht nur philologisch, sondern auch inhaltlich
der Keratosis multiformis entspricht.

Moncorps hatte die „Keratosis multiformis" mit der Keratosis Riehl gleichgesetzt
(„eigenartige Keratosis palmaris et plantaris mit Nagelveränderungen"). Ehe Touraine den
Begriff der „Polykératose congénitale" schuf, hatte er solche der Keratosis Riehl entsprechenden Fälle besonders gut studiert; sie sind als „Pachyonychie congénitale avec
kératodermie et kératose disséminées de la peau de muqueuses" bezeichnet. Diese Terminologie geht aber, wie wir wissen, auf Jadassohn und Lewandowsky zurück. Sowohl die
Pachyonychia congenita als auch die Keratosis multiformis standen dem Begriff der „Polykératose congénitale" von Touraine Pate.

Auch diese Polykeratosis congenita, wie sie heute im engeren Sinn gebraucht
wird, ist eine vorwiegend keratotische Dyskeratose und mit dem Pachyonychie-
Syndrom weitgehend identisch. Das beweist die Aufzählung der ihr zugehörigen
Symptome, von denen die *keratotischen* das Bild beherrschen. Es sind: herdförmige Palmar-Plantar-Keratosen mit Pachyonychie, Onychogrypose, subungualen Keratosen, umschriebenen Keratosen über Sehnen und Knochenvorsprüngen
(vor allem an den Ellbogen), akneiforme follikuläre Keratosen und Leukokeratosen. Die Palmar-Plantar-Keratosen können nicht nur herdförmig, sondern
massiv flächenhaft sein, wie der Fall von Stüttgen, Berres und Schrudde
(1965) zeigt (Abb. 91).

An *nicht-keratotischen* Störungen kommen als mögliche Symptome dazu:
Hyperhidrose, Hypotrichose, Trommelschlegelfinger, pemphigoide Blasen und
Pigmentstörungen, seltener: Heiserkeit, Katarakte, Epiphora, Zahnanomalien
(vor allem Zahnausfall) und psychische Störungen. *Bei der Polykeratosis congenita
im engeren Sinn kommt keine Pigmentierung vor; erst im Integrationsversuch von
Touraine wurde die nicht-pigmentierte Polykeratosis congenita mit der pigmentierten Form von Cole u. Mitarb. zusammengeworfen.*

Die französischen Autoren halten sich z. T. an die weite Fassung der Polykeratose, z. T. ordnen sie ihr auch abortive Fälle zu.

Degos und Ebrard (1958) fassen familiär beobachtete papillomatöse Leukokeratosen
der Mundschleimhaut und des Genitale als Erscheinungen der Polykératose congénitale
Touraine bzw. als Teilform des Syndroms von Jadassohn und Lewandowsky auf; Bureau,
Barrière und Thomas ordnen 1959 familiäre Fälle mit Palmar-Plantar-Keratosen, angeborenen hippokratischen Fingern und Knochenveränderungen dem Syndrom „Polykeratose" zu.

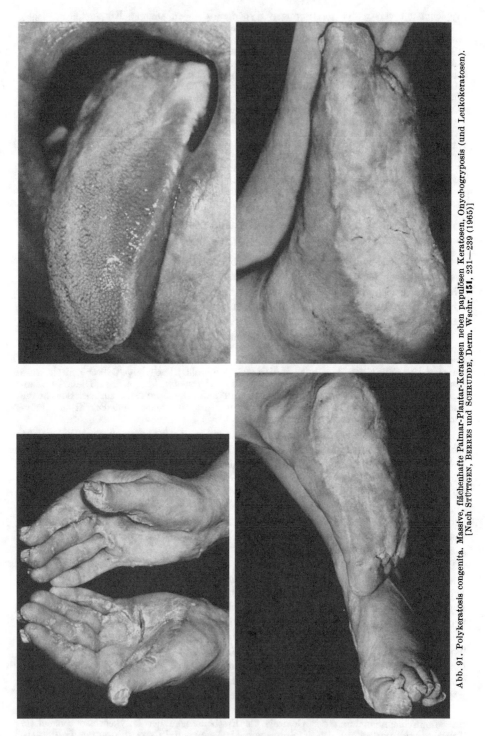

Abb. 91. Polykeratosis congenita. Massive, flächenhafte Palmar-Plantar-Keratosen neben papulösen Keratosen, Onychogryposis (und Leukokeratosen). [Nach STÜTTGEN, BERRES und SCHRUDDE, Derm. Wschr. **151**, 231—239 (1965)]

NOCKEMANN (1961) ordnet seine dominanten Fälle von mutilierenden und trans-gredierenden Palmar-Plantar-Keratosen wegen gleichzeitig bestehender verwaschener Sprache und Innenohrschwerhörigkeit der Polykeratose (im weiteren Sinn) zu.

Im neueren Schrifttum finden sich eine Reihe von Fällen von Polykeratosis congenita im engeren Sinn, die zugleich auch die nahe Verwandtschaft mit dem Pachyonychia-Syndrom zeigen.

In den familiären Fällen von THIERS und CHANIAL (1957) bestanden inselförmige Keratosen mehr der Fußsohlen als der Handteller, Hypotrichie, Onychogrypose, Hyperhidrose sowie erhebliche Zahnstörungen (Hypodontie bzw. verspätete Dentition). Dazu kamen Verkalkungsstörungen des Skelets, an den Epiphysen der Kniegelenke, am Becken, an den Händen und Füßen. Der Stammbaum zeigt dominante Vererbung; in 4 Generationen fanden sich unter 25 Familienmitgliedern 11 Befallene.

Keine neuen Gesichtspunkte bringen die familiären Fälle von TEODORESCU, COLTUI, NICOLESCU und DIACONU (1965); dagegen zeigt die von STÜTTGEN, BERRES und SCHRUDDE (1965) publizierte Beobachtung von Polykeratosis congenita eine deutliche Abhängigkeit der flächen- und warzenartigen Keratosen und Leukokeratosen auf mechanischen Druck oder Reibung. Der Fall gleicht in manchem der Erythrokeratodermia; sicher handelt es sich um eine solche in dem von SIDI und BOURGOIS-SPINASSE (1964) beobachteten Fall von ,,Erythrokeratodermia familiaris circumscripta", auch wenn er den kongenitalen Polykeratosen (i.w.S.) zugerechnet wird.

Sinngemäß (nicht als Polykeratosis congenita deklariert) wäre hierher zu zählen der Fall von DUTHIL, COUMARIANOS und SEGRESTA (1957) mit Palmar-Plantar-Keratosen, Hyperkeratosen an Knien und Ellbogen, der Nägel, des Haarbodens, mit Ausfall der mittleren oberen Schneidezähne und verfrühtem Ausfall bzw. verfrühter Caries verschiedener Prämolaren und Molaren, Pigmentierungen und pathologischen Porphyrinen im Urin sowie einem thymusbedingten Erethismus.

Den vorwiegend keratotischen Dys- und Polykeratosen sind noch zwei weitere Formen anzufügen, die vor allem genetisch aus dem Rahmen fallen, also keine regelmäßig autosomale Dominanz zeigen.

3. Dyskeratose Typ Franceschetti

Im Jahre 1953 beschrieb FRANCESCHETTI eine Dyskeratosis mit der Kombination von diffusen, nicht-circumskripten Palmar-Plantar-Keratosen, Hypodontie und Hypotrichose mit wahrscheinlich intermediärem, geschlechtsgebundenem Erbgang. Es handelt sich hier um eine Einzelbeobachtung an 2 Schwestern(?), die aber — ebenso wie der folgende Typ — die Annahme TOURAINEs, daß die Polykeratosen stets einfache Dominanz zeigten, widerlegt.

4. Polykeratose Typ Fischer-Schnyder

Einen rezessiv vererbten Typ der Polykeratose haben FISCHER und SCHNYDER (1958) mit dem Untertitel ,,Keratodermia palmo-plantaris mit Hypotrichose und subungualen Keratosen" beschrieben.

Die Kranke, ein 19jähriges Mädchen, zeigt die Veränderungen seit dem Kleinkindesalter ohne Schwankungen in der Intensität. Die *Haare* sind — sowohl auf dem Kopf (Abb. 92) als auch am Körper — schütter, zu einem großen Teil abgebrochen, teilweise nur zart pigmentiert. Die *Haut* ist im Bereich der pathologischen Behaarung glatt und zeigt klinisch keine follikulären Keratosen. Die Streckseiten der Gliedmaßen weisen eine Xérodermie ichtyosiforme, die Palmae und Plantae eine diffuse, mäßige, lederartige Verdickung der Haut mit geringgradiger Keratose auf. Alle *Nägel* sind bogenförmig gekrümmt und von ihrer Unterlage durch längsverlaufende, rillenförmige subunguale Keratosen abgehoben (Abb. 92).

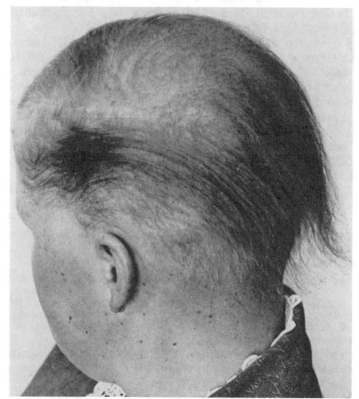

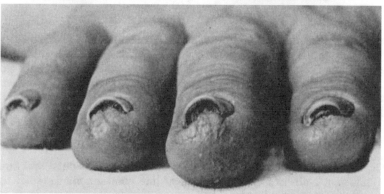

Abb. 92. Polykeratose Typ Fischer-Schnyder. [Dermatologica (Basel) **116**, 365 (1958)]

Bemerkenswert sind die Befunde bei den — wahrscheinlich blutsverwandten — Eltern und den 9 Geschwistern.

Der Vater zeigt Platonychie, die Mutter Hypohidrosis der Palmae und Plantae. Die Geschwister zeigen isolierte Veränderungen. Die 25jährige Schwester: Lichen pilaris, Xerodermie der Unterschenkel, Hyperhidrose der Handteller und Fußsohlen mit diffuser Keratose, sowie eine Platonychie der Finger- und Zehennägel beiderseits I—III. Der 24jährige Bruder: Keratoma palmare et plantare Unna-Thost mit Hyperhidrosis, Platonychie der Fingernägel. Der 23jährige Bruder: Hyperhidrose der Hände und Füße, Platonychie der Fingernägel. Der 22jährige Bruder: Lichen pilaris der Oberarme, Hyperhidrose der Hände und Füße, Platonychie, Spitzgaumen. Die 20jährige Schwester: Hyperhidrose der Hände und Füße, Platonychie der Fingernägel. Der 17jährige Bruder: Lichen pilaris der Oberarme, Hyperhidrose der Hände und Füße. Die 14jährige Schwester: Lichen pilaris, Platonychie der Zehennägel. Die 13jährige Schwester: Lichen pilaris der Oberarme und Unterschenkel, Hyp- bis Anhydrose der Palmae und Plantae. Die 9jährige Schwester: Lichen pilaris der Oberarme. Die 3jährige Schwester: Lichen pilaris der Oberarme, Platonychie der Finger- und Zehennägel.

Histologie, Geschlechterbefall, Erbgang der überwiegend keratotischen Dys- und Polykeratosen

Histologisch findet man bei den verschiedenen Polykeratosen vorwiegend eine Hyperkeratose und Acanthose mit stellenweiser Parakeratose, aber auch Abweichungen, die den Namen „Dyskeratosen" rechtfertigen und gewisse Analogien zum Morbus Darier zeigen. Man begegnet nämlich vereinzelten dyskeratotischen Zellen im tieferen Stratum Malpighi (was BAZEX und DUPRÉ aber verneinen). Die Follikelmündungen können dilatiert und hyperkeratotisch sein, die Cutis zeigt gelegentlich leichte perivasculäre Zellansammlungen.

Geschlechterbefall, Erbverhältnisse. Nach den von TOURAINE im Jahre 1937 zusammengestellten Fällen (die hier nicht aufgeschlüsselt werden können) ist das männliche Geschlecht häufiger befallen: 43 Männer stehen 16 Frauen gegenüber, mit Einschluß der unvollständigen Fälle sind es 61 gegen 26. Das Leiden wurde in einzelnen Familien durch 3, 4 und 5 Generationen verfolgt. Von 20 Familien sind vollständige Geschwisterschaften bekannt. Das Verhältnis der Kranken zu den Gesunden beträgt in ihnen 37:39. Das legt eine dominante Vererbung nahe, die TOURAINE ja auch, wie bereits ausgeführt wurde, für die Vererbung der sich auf Einzelsymptome beschränkenden Fälle (z.B. inselförmige Plantar-Palmar-Keratosen oder subunguale Keratosen) annimmt. Besonders eindrucksvoll ist der — 4 Generationen umfassende — Stammbaum in der von THIERS und CHANIAL beschriebenen Sippe.

Nach COCKAYNE (der dieses Kapitel in seinem Buch „Inherited abnormalities of the skin and its appendages" aus folgenden Überschriften zusammensetzt: Keratosis follicularis, Pachyonychia congenita, Dyskeratosis congenita palmaris et plantaris, Leukokeratosis mucosae oris, Dystrophia cornea) sind slawische Juden im Befall bevorzugt. Die Vererbung ist sicher nicht recessiv, obgleich das für Dominanz zu erwartende Geschlechterverhältnis von 1:1 nicht zutrifft. Das Verhältnis von Männern zu Frauen beträgt 25:14, z.T. sogar 21:5. Nach COCKAYNE muß die Anomalie dominant vererbt werden, wobei aber das Vorliegen zweier autosomaler Gene anzunehmen ist, von denen eines allein keine Abweichung hervorzurufen vermag.

Weitere Einzelheiten bei SCHNYDER und KLUNKER (1966).

III. Das Syndrom der Dyskeratosis congenita cum pigmentatione

Das bei der Polykeratosis congenita (i.e.S.) noch fakultative Merkmal der Pigmentierung wird obligat bei einem Syndrom, das zwar einen gewissen Übergang zu den Dysplasien darstellt, aber immer noch — im Gegensatz zu den nicht mehr keratotischen Dysplasien — mit Dyskeratosen einhergeht. Das kommt auch in der Terminologie zum Ausdruck, die den bereits bekannten Begriff der Dyskeratosis aufnimmt, aber die Pigmentierung zusätzlich erwähnt.

Synonyma. Reticuläre Pigmentierung der Haut mit Atrophie (ENGMAN, 1926), Atrophia cutis reticularis cum pigmentatione, dystrophica ungium et leukoplakia oris (ZINSSER, 1910),

Dyskeratosis congenita mit Pigmentierungen, Dystrophie der Nägel und Leukokeratose (Cole, Rauschkolb und Toomey, 1930), Pachyonychia congenita (Keratosis palmaris et plantaris, Dystrophia ungium and leukoplakia oris) (Wise, 1949), Pigmentatio parvo-reticularis cum leukoplakia et dystrophia ungium (Jansen, 1951).

Cole, Rauschkolb und Toomey haben 1930 den von Schäfer (1925) angewendeten Begriff der „Dyskeratosis congenita" aufgegriffen, und einige Symptome, die bislang bereits in ihm enthalten waren, zusätzlich hervorgehoben (z.B. die Dystrophie der Nägel und die Leukokeratosen); neu ist indessen die Pigmentierung. Da sie allein nicht selbstverständlich im Begriff der „Dyskeratosis congenita" enthalten ist, wird sie z.T. auch von den Autoren, die den Begriff „Dyskeratosis congenita" im neuen Sinn aufgenommen haben, zusätzlich erwähnt.

Cole, Rauschkolb und Toomey haben 1930 die „*Dyskeratosis congenita mit Pigmentierungen, Dystrophie der Nägel und Leukokeratose*" an einem 20jährigen Mann beschrieben; Zinsser hatte 1910 an 2 Brüdern von 18 und 17 Jahren in der „Ikonographia Dermatologica", pp. 219—223 ein weitgehend analoges Krankheitsbild als „*Atrophia cutis reticularis cum pigmentatione, dystrophia ungium et leukoplakia oris*" bezeichnet. Zinssers historischer Anteil an dem Syndrom ist den meisten Autoren, die darüber berichtet haben, offenbar entgangen; immerhin haben Bazex und Dupré (1957) darauf hingewiesen, den Namen Zinsser dem Syndrom hinzugefügt und betont, daß Zinssers Begriff anschaulicher sei als der neugeprägte der amerikanischen Autoren.

Hier ist indessen noch eine weitere Etappe der Begriffsbildung nachzutragen: Im Jahre 1926 bereits hatte Engman die *retikuläre Pigmentierung der Haut mit Atrophie* beschrieben, die noch deutlicher auf das Vorbild Zinssers anspielt. In der amerikanischen Literatur ist der Name Engman oft zusammen mit Cole genannt bzw. es werden beide Zustände weitgehend identifiziert. Das ist wohl auch möglich, da bei dem von Engman (1926) definierten Krankheitsbild nicht nur eine Poikilodermie mit Atrophie, die stark an eine Akrodermatitis atrophicans erinnert, anzutreffen ist (befallen sind indessen nicht nur die Gliedmaßen, sondern auch der Stamm; Engman beschrieb die Poikilodermie als kleine weiße Flecken, die von dunklem Pigment eingefaßt sind), sondern auch Leukoplakien an Zunge und Wangen wie auch Nageldystrophien an Fingern und Zehen vorkommen.

In dem Fall von Cole, Rauschkolb und Toomey fanden sich retikulär zusammengesetzte Flecken, die auch eine follikulär-keratotische Komponente zeigen am Hals, eine Akrocyanose der Hände und Füße, eine diffuse, jedoch leichte Hyperkeratose der Palmae, eine Hyperhidrosis der Handteller und Fußsohlen, eine Dystrophie sämtlicher Nägel sowie leukoplakische Herde an Zunge und hartem Gaumen.

Der Patient hatte drei gesunde Schwestern, mehr war über die Familienanamnese nicht bekannt. Die gleichen Autoren berichteten 1955, daß ihr Patient Knochenmarksveränderungen mit Hypersplenie bekam; er starb — wie Garb in einer persönlichen Mitteilung erfuhr — im Jahre 1956 im Alter von 49 Jahren an einem Carcinom der Mundhöhle.

Der *histologische* Befund zeigt eine Parakeratose, ferner eine Dyskeratose der Stachelzellen und dichte Klumpen von Pigmentzellen im oberen Corium mit Zellinfiltraten, etwas Ödem. Die Gefäße sind teilweise vermehrt, das Endothel geschwollen, um die Gefäße findet sich eine zellige Infiltration mit einigen Fibroblasten, sowie Ödem. Die Epidermis ist im Stachelzell-Lager teilweise verdünnt, Pigment findet sich noch tief im Corium. Die kollagenen Fasern im oberen Corium sind etwas kürzer und teilweise leicht hyalin verändert.

Seit der richtungweisenden Mitteilung von Cole, Rauschkolb und Toomey sind, vor allem im amerikanischen Schrifttum (in dem die Fallberichte z.T. numeriert wurden), eine Reihe weiterer Fälle publiziert worden.

Garb und Rubin berichteten im Jahre 1944 unter der gleichen Diagnose über 2 Brüder (amerikanische Juden) von 25 und 21 Jahren mit netzartig pigmentierten Herden im Gesicht, am Hals, an der oberen Hälfte des Stammes und an den Gliedmaßen, Fissuren an Palmae und Plantae, Hyperhidrosis der Fingerspitzen,

Dystrophie der Nägel, mächtigen leukokeratotischen Plaques, Hämorrhagien und Blasen an Lippen, Mundschleimhaut und Zunge. Es bestanden keine endokrinen Störungen. Die Erscheinungen waren bei dem älteren Bruder etwas ausgeprägter als bei dem jüngeren; ein weiterer Bruder und eine Schwester sind frei. Das histologische Bild stimmt mit dem von COLE u. Mitarb. beschriebenen überein.

GARB hat 1947 das Krankheitsbild als Hypadrenalismus zu deuten versucht und mit Testosteronpropionat und Nebennierenrinden-Hormonen eine gewisse klinische Besserung der Pigmentierungen erzielt. 1958 und 1960 hat er katamnestisch über die beiden inzwischen verstorbenen Brüder berichtet. Der Ältere starb im Jahre 1953 mit 36 Jahren an Mund- und Darmkrebsen, der jüngere 1955 mit 33 Jahren an Milzvergrößerung, Strikturen der Harnröhre und aplastischer Anämie im Zustand der Urämie.

Hierher gehören ferner die beiden Fälle, die F. WISE unter der etwas abweichenden Bezeichnung „*Pachyonychia congenita (Keratosis palmaris et plantaris. Dystrophia ungium and leukoplakia oris)*" 1949 publiziert hat. Es handelt sich um eine 40jährige Frau und ihren 6jährigen Sohn, die beide harte, dicke, schmerzhafte Hyperkeratosen an Fußsohlen, Fersen und Zehen, Hypertrophie und Dyskeratose der Finger- und Zehennägel sowie Leukoplakien der Mundschleimhaut aufwiesen. WISE hat in der Diskussion den Fall mit dem von COLE u. Mitarb. identifiziert.

JANSEN berichtete 1951 über einen 21jährigen Mann mit den gleichen Hauterscheinungen; internistisch bestand eine Hypersplenie. Wegen der Verworrenheit der Terminologie und der Verwechslungsmöglichkeit mit der Pachyonychia congenita (der „Dyskeratosis congenita" alter Fassung) schlägt er die Bezeichnung „Pigmentatio parvo-reticularis cum leukoplakia et dystrophia ungium" vor.

Die beiden folgenden Mitteilungen sind wohl als Außenseiter zu betrachten:

Weder auf die Dyskeratosis congenita noch auf ZINSSER bezugnehmend, berichten KITAMURA und HIRAKO (1955) „Über zwei japanische Fälle einer eigenartigen retikulären Pigmentierung". Es handelt sich um eine 32jährige Frau und einen — nicht mit ihr verwandten — Knaben von 14 Jahren mit einer universell retikulären Pigmentierung, mit Nageldystrophien, einer Palmar-Plantar-Keratose, fehlenden Leukokeratosen. Histologisch zeigt die Pigmentierung keine Gefäßveränderungen, nur Pigment.

Der 1956 erschienene Beitrag von APLAS trägt den Titel „Zur Kenntnis der Poikilodermie, Parapsoriasis und Atrophia reticularis cutis cum pigmentatione, dystrophia ungium et leukoplakia oris Zinsser-,Dyskeratosis congenita' ". Der Verfasser setzt sich mit ZINSSER, aber wohl nicht in genügender Weise mit der Dyskeratosis congenita auseinander. Es handelt sich um einen 28jährigen Mann, bei dem die retikuläre Pigmentierung erst nach dem 20. Lebensjahr auftrat. Sie ist im Gesicht (untere zwei Drittel), am Nacken, Hals, an den seitlichen Thoraxpartien und am Bauch, sowie an den Gliedmaßen in netzförmiger Anordnung ausgeprägt und zeigt leichte Schuppung. Die Handteller und Fußsohlen zeigen Hyperhidrose, Hyperkeratosen fehlen. Die Nagelwälle sind verdickt, die Daumennägel an ihren distalen Enden verdünnt, abgeplattet in queren Furchen aufgesplittert und schmutziggrau verfärbt. Die Lippen tragen einige leichte Leukoplakien. Histologisch zeigt die Poikilodermie erhebliche Gefäßveränderungen, vor allem des Endothels, kaum Pigmenteinlagerung.

Eine ausgezeichnete Darstellung der Dyskeratosis congenita mit einer Ergänzung ihrer Symptome verdanken wir weiterhin COSTELLO und BUNCKE, die 1956 über einen 18jährigen Mann italienischer Herkunft mit blutsverwandten Eltern berichteten. Die Erscheinungen bestehen seit Geburt und gleichen einem Poikiloderma vasculare atrophicans. Die Verfasser unterscheiden hervorstechende und weniger wichtige Züge der Krankheit. Zu den *schweren* Symptomen der Dyskeratosis congenita gehören: 1. die poikilodermieartigen Veränderungen im Gesicht, am Hals und am Stamm mit ausgesprochener Dyskeratose, 2. Die Hyperpigmentierung. 3. Die Deformitäten der Hände, Füße, Ellbogen, Knie. Diese

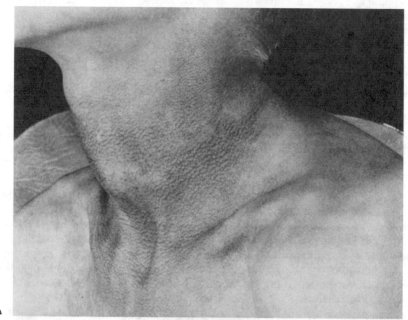

a

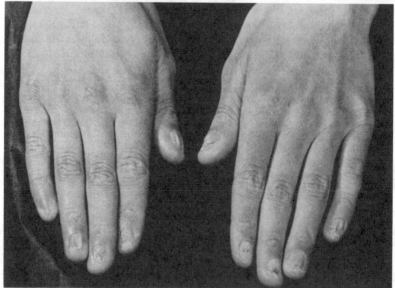

b

Abb. 93 a—c. Dyskeratosis congenita nach COLE, RAUSCHKOLB u. TOOMEY. CORFANOS und GARTMANN,
Univ.-Hautklinik, Köln

Veränderungen erinnern, wie die Dyskeratose, an die Epidermolysis bullosa.
4. Die Atrophie der Finger und Zehen mit Schwund der Nägel. 5. Erscheinungen
an den Körperöffnungen: leukoplakieartige Bilder an Lippen und Mundschleimhaut (auch Blasenbildung) mit möglicher sekundärer Krebsentstehung. Im Falle
von COSTELLO und BUNCKE war eine leukoplakieartige Stenose des Afters vorhanden. (Über die Krebsentstehung konnte COSTELLO ein Jahr später an dem

inzwischen 21jährigen Patienten auf dem linken Handrücken mit Absiedlung in die Lymphknoten der Achselhöhle berichten.)

Die *leichteren* Veränderungen bestehen in 1. Augenerscheinungen (Verhornung und Obliteration der Puncta lacrimalia, Conjunctivitis und Ektropium). 2. Transparenten Trommelfellen infolge des Fehlens der äußersten Epithelschicht. 3. Dysphagie (Oesophagus bifurcatus). 4. Zahndystrophien. 5. Anomalien des Uro-

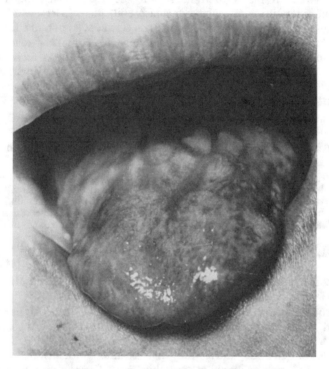

Abb. 93c. Dyskeratosis congenita. (Univ.-Hautklinik Köln)

genitaltrakts. 6. Blasenbildung. 7. Hyperhidrosis der Handteller und Fußsohlen. 8. sonstigen Zügen (schwache Skeletzeichnung, zurückgebliebene geistige Entwicklung).

Diese Aufzählung ist zu ergänzen durch die (neben den sekundären Carcinomen) häufig vorkommenden Knochenmarks- und Blutbildveränderungen.

Der Fall von BAZEX und DUPRÉ (1957), wiedervorgestellt von SOREL u. Mitarb., ophthalmologisch bearbeitet von CALMETTES u. Mitarb., der im Titel die Eigennamen ZINSSER-COLE-ENGMAN vereinigt, zeigt außer den Haut- und Nagelveränderungen bei einem 11jährigen Jungen eine konstitutionelle Myelopathie mit thrombopenischer und neutropenischer Pupura; deshalb kommt zu den Leukoplakien und Blasen in der Mundhöhle eine hämorrhagische Komponente; die Pigmentierung der Haut stellt eine Melanodermie dar.

In dem Fall von PASTINSZKY, VÁNKOS und RÁCZ (1957) handelt es sich um einen männlichen Kranken, bei dem im Alter von 5 Jahren die Augenerscheinungen mit Keratinisation und Obliteration der Tränenpunkte, Epiphora, Blepharoconjunctivitis und Ausfallen der Cilien begannen. Später traten Hauterscheinungen vom Typ des Poikiloderma atrophicans vasculare mit linsengroßen, pigment- und gefäßarmen, nicht-atrophischen, hellen Flecken auf. Ferner bestand eine Leukokeratosis mucosae conjunctivae, oris, labii, anorectalis et orificii urethrae. Die Gliedmaßen waren akrocyanotisch und zeigten der Dermatitis atrophicans ähnliche Erscheinungen. Neben einer Nagel- und Zahndystrophie waren ungewöhnliche Befunde die Poliosis und Canities praematura, sowie eine Hyperhidrosis palmo-plantaris. Blutsverwandtschaft der Eltern war nicht nachweisbar. Bei den Laboratoriums-befunden fielen eine Sideropenie des Serums und ein hoher Spiegel des Schwefels in Disulfidbindung auf. Die Verfasser möchten die Bezeichnung Dyskeratosis congenita ersetzt wissen durch den Ausdruck „Polydysplasia ectodermica, Typ Cole-Rauschkolb-Toomey".

Wesentliche neue Gesichtspunkte bringt die Arbeit von COLE, COLE jr. und LASCHEID (1957). In ihr werden nicht nur die Hauterscheinungen mit dem Poikiloderma atrophicans vasculare Jacobi (1960) identifiziert, sondern es wird die bereits im Original vorhandene, ferner von JANSEN (1951) und KOSZECEWSKI und HUBBARD (1956) beobachtete Hypersplenie als hypoplastische bzw. apla-stische Anämie im Sinn von FANCONI gedeutet. *Die Autoren sehen also in der Dyskeratosis congenita und im Fanconi-Syndrom analoge Zustände*, ebenso BODALSKI u. Mitarb. (1963) (die Autoren sprechen vom Fanconi-Zinsser-Syn-drom), TEXIER und MALEVILLE (1963).

In dem Fall von SCHAMBERG (1960) stand eine seit Jahren bestehende Dysphagie mit einem ulcerierten Carcinom des Oesophagus im Vordergrund der Symptomatik.

SORROW und HITCH berichteten 1963 über den ersten bekannten weiblichen Fall von Dyskeratosis congenita cum pigmentatione.

Es handelt sich um eine 31jährige ledige Weiße mit Anämie, Poikilodermie, längsgerillten und atrophischen Fingernägeln, verruciformen Leukoplakien der Wangenschleimhaut, der Zunge, ferner bestand ein verhornendes Stachelzellcarcinom der Vagina und Cervix (bei Striktur der Vagina). Nach 30 Monaten starb die Kranke an einem strahlenresistenten Pelvis-Carcinom. Über die Familie wird nichts erwähnt, die Ähnlichkeit zum Fanconi-Syndrom betont.

MILGROM, STOLL und CRISSEY stellten 1964 unter der Diagnose Dyskeratosis congenita einen 41jährigen Neger vor, der außer retikulärer Pigmentierung, Nagel- und Mundbefall eine Anämie, narbige Alopecie, aber auch eine Mittelohr-Miß-bildung sowie eine Schizophrenie zeigt.

BRYAN und NIXON fanden 1965 in einer Sippe von 35 Personen vier sichere und einen wahrscheinlichen (bereits verstorbenen) Angehörigen mit den Zügen einer pigmentierten Dyskeratosis congenita einschließlich Anämie. Da die Fanconi-Anämie nicht nur bei Männern anzutreffen ist, halten sie bei beiden Syndromen einen verschiedenen Vererbungsmodus für wahr-scheinlich.

ORFANOS und GARTMANN (1966) betrachten die Terminologie der sog. Dys-keratosis congenita an Hand eines eigenen Falles (12jähriger Junge) kritisch. Vor allem stellen sie fest, daß das sog. Zinsser-Cole-Engman-Syndrom von den beiden Typen der Incontinentia pigmenti (FRANCESCHETTI-JADASSOHN und BLOCH-SULZBERGER) zu trennen sei. Ferner bezweifeln sie, ob es sich bei der sog. Dys-keratosis immer um ein congenitales Leiden handele; ein recessiver Erbgang ist nicht erwiesen. Wenn die Krankheit auch überwiegend Männer befällt, so ist sie nicht geschlechtsgebunden. Es bestehen auffällige Beziehungen zum Fanconi-Syndrom; bei längerem Bestand des Leidens ist auch die Neigung zur Tumor-bildung unverkennbar.

ORFANOS und GARTMANN haben in ihrer grundlegenden Arbeit nicht nur eine Übersicht über die bislang publizierten 25 einschlägigen Fälle (23 Männer und 2 Frauen) gegeben, sondern auch die Symptomatologie nach obligaten, häufigen und weniger häufigen Zeichen geordnet.

Obligat sind: retikuläre Pigmentierung, Onychodystrophie und Leukokeratosis (Abb. 93).

Häufige Begleitsymptome sind: Augenbeteiligung, Splenomegalie und Anämie, Hyperhidrosis palmo-plantaris, Zahnanomalien.

Weniger häufige Begleitsymptome sind: Hypoadrenie, Hypogenitalismus, Dysphagie, Hypotrichie, Krebsbildung, Intelligenzdefekte.

Der eigene Fall der Autoren wies außer der obligaten Trias auf: Blepharitis, Hypotrichose der Cilien, Obliteration des Ductus lacrimalis und Epiphora, ferner, wie in der Korrektur nachgetragen wird, Bronchiektasien, die zu einer Unterlappenresektion links führten. Erwähnenswert ist die verzögerte Schweißsekretion am Körper (bei Hyperhidrosis der Handteller und Fußsohlen). ORFANOS und GARTMANN halten den Begriff „Dyskeratosis congenita" für unberechtigt, einmal weil histologisch keine Zeichen der Dyskeratose vorliegen (sie beschreiben den feingeweblichen Befund der retikulären Pigmentierung), und zum anderen, weil die Dermatose nicht sicher congenital sei.

Zusammenfassend ist festzustellen: Im Gegensatz zur Pachyonychia congenita (Dyskeratosis congenita im alten Sinn) ist das Zinsser-Cole-Engman-Syndrom zwar durch eine retikuläre Pigmentierung (evtl. Poikilodermie) und Nageldystrophien gekennzeichnet, aber es fehlen „Dyskeratosen". Die angeborenen — in einer großen Streubreite vorkommenden — Mißbildungen beweisen nicht den congenitalen Charakter des Leidens, das progredient verläuft und vielleicht eine Organmanifestation in bestimmter Reihenfolge zeigt. Das Zinsser-Cole-Engman-Syndrom hat enge Beziehungen zum Fanconi-Syndrom, ist aber nicht mit ihm identisch. Bei letzterem kommen zwar Pigmentierungen, aber keine Nageldystrophien (und auch keine Keratosen oder Dyskeratosen) vor.

F. Keratotische Dysplasien

Hält man sich an die ursprüngliche Definition des Begriffes „Dysplasie" von WEECH (1929) und an dessen vorbildliche Erläuterung durch FRANCESCHETTI (1953), so wird man bei den Dysplasien, die erbliche Störungen von seiten der *Haare, Zähne* und *Nägel* darstellen, vergeblich nach Keratosen suchen. Nicht einmal in der von TOURAINE geschaffenen Erweiterung des Begriffes im Sinne der „Polydysplasie ectodérmique" 1936 stößt man auf Keratosen. Dennoch haben einige mit Keratosen einhergehende congenitale Zustände den Namen „Dysplasien" erhalten; ob zurecht, steht hier nicht zur Diskussion. Es war bereits mehrmals Anlaß, auf die möglichen fließenden Übergänge zwischen Dys- und Polykeratosen einerseits und Dysplasien andererseits hinzuweisen; als das Symptom, das beide Gruppen weitgehend trennt, ist die *Pigmentierung* anzusehen. Nun ist auch letztere in der ursprünglichen Definition des Begriffes Dysplasien nicht enthalten; TOURAINE hat sie freilich den ektodermalen Polydysplasien hinzugefügt. Da indessen die Pigmentierung bzw. Poikilodermie nie allein vorkommt (das sog. Poikiloderma atrophicans vasculare Jacobi ist keine eigene Entität), bestimmen die assoziierten Symptome, ob eine Dyskeratose (oder Polykeratose) oder eine Dysplasie vorliegt. Dem am Schluß des vorigen Kapitels besprochenen Zinsser-Cole-Engman-Syndrom ist die sog. Incontinentia pigmenti mit ihren beiden Formen eng benachbart; die eine von ihnen betrifft noch die Zuständigkeit dieses Beitrags, während Rothmund- und Werner- (auch Thomson-) Syndrom nur differentialdiagnostisch kurz zu erwähnen sind.

Stellt man die *Symptomatik der Dyskeratosen* und der *keratotischen Dysplasien* einander gegenüber, und wertet man die Zeichen von seiten der Haut, der Nägel, der Haare und der Zähne als Symptome erster Ordnung, die der Augen und der inneren Organe als Symptome zweiter Ordnung, so ergibt sich folgendes Schema:

Tabelle 4. *Symptomatik der Dyskeratosen und keratotischen Dysplasien*

	Dyskeratosen (Polykeratosen i.e.S.)	keratotische Dysplasien	
Keratosen	circumscripte Palmar-Plantar-Keratosen, herdförmige, follikuläre Keratosen, Leukokeratosen	seltener diffuse Palmar-Plantar-Keratosen, verruciforme Keratosen	
Sonstige Hautveränderungen	(Pigmentierungen) Atrophie	*Pigmentierungen* Atrophien Blasen Ulcera	Symptome 1. Ordnung
Anhangsgebilde	Onychogryposen, subunguale Keratosen, Nageldystrophien, Zahnanomalien (in Form und Zahl)	Nageldystrophien, Zahnanomalien (in Form und Zahl), Hyphidrosis, Anhidrosis	
Augen	—	Katarakte	
Sonstige	endokrine Störungen, Carcinome innerer Organe, Oligrophrenie	endokrine Störungen, Oligophrenie	Symptome 2. Ordnung

Die keratotischen Dysplasien umfassen:

I. Verruciforme Dysplasien
  1. Akrokeratosis verruciformis Hopf (1930
  2. Epidermodysplasia verruciformis Lewandowsky und Lutz (1922)
II. Dysplasien mit gestörter Funktion der Hautanhänge
  1. Anhidrotische Form
  2. Hidrotische Form
  3. Heidelberger Sippe L.
  4. Heidelberger Beobachtung Greither-Tritsch
III. Pigmentierte keratotische Dysplasien
  1. Naegeli-Franceschetti-Jadassohn-Syndrom
    Differentialdiagnose: Incontinentia pigmenti Typ Bloch-Sulzberger, Rothmund-, Werner-, Thomson-Syndrom
  2. Erbliche Dysplasie mit Keratosen und Pigmentierung (Sippe F.)

I. Verruciforme Dysplasien

Hier sind 2 Zustände abzuhandeln, deren Selbständigkeit mit gewichtigen Gründen angezweifelt werden darf; zumal beim zweiten hat der Erstbeschreiber die zunächst angenommene Selbständigkeit später selbst widerrufen.

1. Die Akrokeratosis verruciformis Hopf

Synonyma. Akrokeratoma hystriciforme hereditarium, Akanthokeratosis verruciformis universalis, Verrucosis universalis.

Die Besonderheiten dieser von Hopf im Jahre 1931 beschriebenen (und 1933 an Hand von 6 Fällen ausführlicher dargestellten) Keratose sind: eine Aussaat von warzenähnlichen Efflorescenzen an den Hand- und Fußrücken, aber auch an

Palmae und Plantae. An den Hohlhänden können die initialen Herde so klein sein, daß sie nur als Unterbrechungen der Papillarleisten imponieren: Ein Befund, der — wie auch die gelegentlichen Schleimhauterscheinungen — eine Deutung der Affektion als Morbus Darier nahelegt. Hopf hat 1933 darauf hingewiesen, daß in 5 Vergleichsfällen von Keratosis palmo-plantaris papulosa bzw. Keratoma dissipatum die initiale Efflorescenz ebenfalls als Unterbrechung der Papillarleisten imponierte. Man könnte indessen hinzufügen und erwidern, daß aber nur beim Morbus Darier (und der Akrokeratosis verruciformis) die Efflorescenzen diese Größe beibehalten und infolgedessen bloße Unterbrechungen der Papillarlinien bleiben, während bei den dissipierten Palmar-Plantar-Keratosen die keratotischen Papeln wesentlich größer werden und die Dimensionen der Papillarlinien überschreiten, Hopf sieht die disseminierten, an Händen und Füßen vorkommenden Keratosen als einheitliche Bildungen an, gleich ob sie volar oder dorsal vorkommen. Ihr wesentliches Substrat ist die Hyperkeratose. Auch genetisch soll eine weitgehende Ähnlichkeit bestehen; die Keratosen treten meist in der Kindheit oder Pubertät schubartig auf und bleiben dann stationär; Hopf rechnet sie den circumscripten naevoiden Hornbildungsanomalien zu. Zwischen dem Befallensein der Dorsalseiten gegenüber den Volarflächen scheinen insofern Beziehungen zu bestehen, als die stärkere Ausbildung auf der einen die schwächere bzw. das Fehlen auf der anderen bedingt.

Merkwürdig ist, daß — nicht nur im klinischen Bild, was durch den Vorzugssitz an Hand- und Fußrücken zu erklären wäre, sondern auch — histologisch Annäherungen an die Epidermodysplasia verruciformis bestehen. Darauf hat Goldschlag im Falle von Lenartovicz, ferner Ramel bei dem in Kopenhagen 1931 vorgestellten Fall von Hopf hingewiesen. Umgekehrt vermerkt Carleton in seinem Fallbericht von Epidermodysplasia verruciformis, daß die Histologie mehr für Akrokeratosis verruciformis spreche.

Schwer einzuordnen, aber wohl nicht hierher gehörig sind — trotz des ähnlichen Krankheitsbegriffes — die von Touraine und Rouzaud an 12 Fällen beschriebene „Acrodermatite ponctuée kératogène". Auf der Dorsalseite oder der seitlichen Fläche der Finger erscheinen punktförmige, später hyperkeratotische Papeln, die schmerzhaft sind und bis zur Größe einer Frostbeule anwachsen. Die Histologie zeigt Hyperkeratose und Dyskeratosen.

Die Durchsicht des Schrifttums lehrt, daß hinsichtlich der nosologischen Einordnung der Akrokeratosis verruciformis eine gewisse Behutsamkeit waltet. Die Selbständigkeit dieser Keratose, die ja Hopf selber nur sehr bedingt verficht, wird — mitunter mit gewissen Vorbehalten — von Arrighi, Beal, Borda, Costa und Morais, Drake, Kovács, Lopéz-Gonzalés, Loveman und Graham, Nathan, Oliveira-Ribeiro, Rook und Stevanovič, Soares und Zilberberg angenommen. Am gewichtigsten tritt Niedelman für die Selbständigkeit der Akrokeratosis verruciformis ein, da er ein besonderes Argument vorzubringen hat: der bei seinen 14 Fällen sich auf 4 Generationen verteilende Befall. Da indessen alle Befallenen eine dunkle Hautfarbe sowie eine leichte Ichthyosis aufwiesen, muß offenbleiben, ob die Fälle Niedelmans wirklich der Akrokeratosis verruciformis zuzuordnen sind.

Die — mit dem Morbus Darier übereinstimmenden — Erbverhältnisse haben Schnyder und Klunker (1966) eingehend dargestellt; die Autoren scheinen an der Selbständigkeit der Akrokeratosis verruciformis festzuhalten.

Andererseits gibt es zahlreiche Autoren, die an der Selbständigkeit dieser Dermatose zweifeln. Einerseits wird ihre Identität mit der — im folgenden zu besprechenden — Epidermodysplasia verruciformis Lewandowsky-Lutz diskutiert (Rabbiosi, Touraine), andererseits wird sie dem Morbus Darier zugeordnet (Rook und Stevanovič, 1957; Greither und Köhler, 1960; Sedlaček und Hambach, 1963; Gottron, 1965). Berechtigte Zweifel heften sich bereits an den von Hopf im Jahre 1931 in Kopenhagen vorgestellten Originalfall: er erwies sich

bei der Nachuntersuchung durch JORDAN und SPIER (1949) als eindeutiger
Morbus Darier. Auch der Fall von BORN, bei dem erst ein ausgedehnter Morbus
Darier am Stamm vorlag und bei dem erst später keratotische Papeln an den Hand-
rücken dazukamen, wurde in der Diskussion von JORDAN, SIEMENS sowie NÖDL
(typische Herde in der Mundhöhle) als eindeutiger Morbus Darier angesehen.
Dasselbe gilt für den von DANBOLT beobachteten Fall, der einen sicheren Morbus
Darier, eine angebliche Akrokeratosis verruciformis und eine dominant vererbte
Keratosis palmo-plantaris dissipata Brauer vereinigte. Hier löst sich die Sympto-
matologie der Akrokeratosis verruciformis (an Hand- und Fußrücken) im Morbus
Darier auf, während die — für die Akrokeratosis zu großherdigen — Plantar-
Keratosen eine davon unabhängige Keratosis dissipata darstellen. Auch der
Fall von v. EICKSTEDT ist — nur — ein Morbus Darier. MIESCHER hat zurecht
betont, daß der Morbus Darier an den Händen und Füßen die kennzeichnenden
histologischen Veränderungen, wie sie durch Dissoziation und Dyskeratose ver-
einzelter Zellen repräsentiert werden, vermissen lassen kann. Sind diese Merkmale
dennoch vorhanden, können sie wegen der Vakuolisierung der dyskeratotischen
Zellen, wie schon ausgeführt wurde, eine Epidermodysplasia verruciformis vortäuschen. Das sind indessen Übergangsbefunde; weder für die Akrokeratosis
verruciformis noch für den Morbus Darier sind so systematisch auftretende
Aufhellungen der Zellen des Stratum spinosum und granulosum zu erwarten.

Wenn HOPF betont (und mit ihm etwa ROOK und STEVANOVIČ), daß die
Akrokeratosis verruciformis zusammen mit dem *Morbus Darier* vorkommen
könne, so scheint uns folgende nosologische Zuordnung befriedigender: wo ein
Morbus Darier vorhanden ist, geht die Akrokeratosis verruciformis stets in ihm
auf. Sind die Palmar-Plantar-Keratosen ausgesprochen und dissipiert (größer als
das Kaliber der Papillarlinien-Unterbrechungen), dann liegen — außerdem —
erbliche oder nicht-erbliche, dissipierte Palmar-Plantar-Keratosen vor. Bei ihnen
sind Streuherde auf den Dorsa denkbar. (Natürlich müssen auch immer As-
Keratosen ausgeschlossen werden.)

So haben HAEBERLIN und BIELINSKI (1960) einen Fall von Akrokeratosis
verruciformis HOPF mit Palmar-Plantar-Keratosen vorgestellt, der in der Diskussion von BRUNNER als Krankheit von Meleda bezeichnet wurde. Ein noch
größeres Feld für Verwechslungsmöglichkeiten bieten die Polykeratosen, bei
denen — mit oder ohne Palmar-Plantar-Keratosen — keratotische Einzeleffflorescenzen an den Dorsa der Hände und Füße sowie vereinzelte Leukokeratosen
anzutreffen sind.

In dieser Sicht würden die kleinherdigen Formen der Akrokeratosis verruciformis HOPF (Unterbrechung der Papillarlinie) im Morbus Darier aufgehen, die
großherdigen (mit Palmar-Plantar-Keratosen) bei den diffusen Palmar-Plantar-
Keratosen, bei denen aberrierende Hornpapeln an den Dorsa geläufig sind (dies
gilt unter Vorbehalten auch für die papulösen Palmar-Plantar-Keratosen!); die
ohne Palmar-Plantar-Keratosen einhergehenden Formen aber würden zu den
Polykeratosen zu zählen sein, vor allem wenn gleichzeitig Nagel- oder Zahnstörungen (oder Pigmentierungen) vorliegen.

Die nosologische Selbständigkeit der Akrokeratosis verruciformis ist abzulehnen.

2. Die Epidermodysplasia verruciformis Lewandowsky-Lutz

In ihrer Erstbeschreibung (1922) haben LEWANDOWSKY und LUTZ wegen der
unverkennbaren Ähnlichkeit der flachen, über den Körper disseminierten keratotischen Papeln mit planen Warzen den Namen „Epidermodysplasia verruci-

formis" vorgeschlagen, jedoch damals die Selbständigkeit dieser Dermatose gegenüber Warzen betont. Im Jahre 1945 hat Lutz aufgrund geglückter Transplantationsversuche die Selbständigkeit der Epidermodysplasia verruciformis aufgegeben und sie als eine „generalisierte Eruption von Warzen mit etwas besonderen Kennzeichen" angesprochen. Den Unterschied gegenüber gewöhnlichen Warzen erklärt Lutz dadurch, daß „das Terrain, auf dem sich das Virus in diesen Fällen angesiedelt hat, aufgrund individueller Eigenschaften mit einer etwas ungewöhnlichen Veränderung der Epithelzellen reagiert und so das vom gewöhnlichen Typus abweichende Aussehen und Verhalten der Efflorescenzen bedingt."

Lutz ist nicht der einzige gewesen, der schließlich in dem nach ihm benannten Krankheitsbild durch das Terrain modifizierte Warzen annahm. E. Hoffmann hat in der Epidermodysplasia verruciformis schon lange eine generalisierte Warzenaussaat gesehen, ebenso Kogoj. Miescher hat 1948 (in einer Diskussionsbemerkung zu einem Fall von Burckhardt) das Ausbleiben einer Immunität gegenüber dem Warzenvirus als mögliche Ursache angesehen, und Jabłońska und Milewski (1957) sowie Jabłońska und Formas (1959) haben durch neuerdings gelungene Übertragungsversuche der infektiösen Genese wieder Gewicht verliehen.

Das *klinische Bild* besteht in flachen, verrukösen Papeln, die in ihren kleinsten Exemplaren das Aussehen von flachen Warzen haben, in den größeren Efflorescenzen aber münzenförmige Plaques in unregelmäßig disseminierter Aussaat darstellen. Befallen sind mit Vorliebe die Hand- und Fußrücken, erst in zweiter Linie das Gesicht, der Stamm und die Streckseiten der Gliedmaßen (Abb. 94). Die *Mundschleimhaut* war, soweit das Schrifttum zu übersehen ist, nur in dem 4. Fall Midanas befallen. *Handteller und Fußsohlen* zeigen bei folgenden Autoren Keratosen: im Originalfall von Lewandowsky und Lutz (1922) waren die Handteller dissipiert befallen, im 1. Fall von Maschkilleisson (1931) die Palmae und Plantae, die Palmae mit vereinzelten Herden bei der älteren Kranken von Anderson (1948), die Palmae und Plantae im Fall von Teodorescu, Fellner und Conu (1949).

Eine Besonderheit ist die relativ häufige *Entartung* der verrukösen Papeln in Stachelzellkrebse; eine Beobachtung, die bereits im Orignalfall von Lewandowsky und Lutz gemacht und inzwischen von zahlreichen Autoren bestätigt wurde (u.a. von Ormea, der diesen Befund in 16 von 62 Fällen angibt, Vilanova und Cardenal, Landes, Lomuto, Biazzi (Carcinom in klinisch unverdächtigen Herden); Degos, Delzant und Baptista (mit bowenoider Entartung), Bilancia, Jaqueti u. Mitarb.

Für das *Gewebsbild* ist (außer der Hyperkeratose und Acanthose) kennzeichnend, daß die das Stratum spinosum und granulosum konstituierenden Zellen vacuolig degeneriert sind, einen mützenförmigen Kern (Maschkilleisson) und im Cytoplasma eine netzförmige Wabenstruktur (Kogoj) aufweisen (Abb. 95). Die Zellen sind vollständig aufgehellt, jedoch stets intakt. Diese starke Vacuolisierung der Epithelzellen (u.a. auch Bilancia, Jaqueti) ist für plane Warzen ungewöhnlich.

Versucht man sich ein Bild von der Häufigkeit dieses Krankheitsbildes und seiner Deutung bei den verschiedenen Autoren zu machen, so wird man von der relativ großen Zahl der im Schrifttum niedergelegten Beobachtungen überrascht.

Maschkilleisson hat 1931 bereits 21 Fälle gezählt und aufgrund einer eingehenden Untersuchung sich gegen die Auffassung des Krankheitsbildes als Verrucosis generalisata gewandt und in der Epidermodysplasia verruciformis

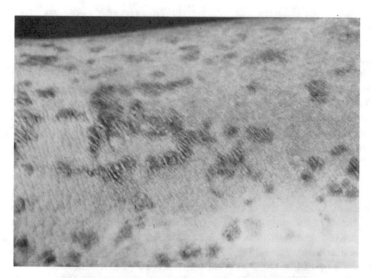

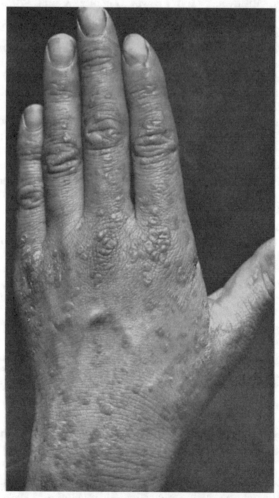

Abb. 94. Epidermodysplasia verruciformis Lewandowsky-Lutz nach Jabłońska und Milewski

eine Genodermatose gesehen, die zur Gruppe der Hautdystrophien gehört und sich den präcancerösen Zuständen der Haut nähert. CHIALE hat bis einschließlich 1941 insgesamt 50 Fälle dieser Dermatose registriert, ORMEA (1949) insgesamt 62, MIDANA fast gleichzeitig (ebenfalls 1949) insgesamt 79. ORMEA sowohl wie MIDANA sehen in der Epidermodysplasia verruciformis eine Genodermatose. HERMANN zählte 1955 bereits 87 Fälle, LOMUTO berichtete im gleichen Jahr über den 110. Fall; BILANCIA zählte 1964 bereits 124 Fälle. Seit der Zusammenstellung von LOMUTO sind zu erwähnen die Fälle von: DE AUSTER (1954), BINAZZI (1955),

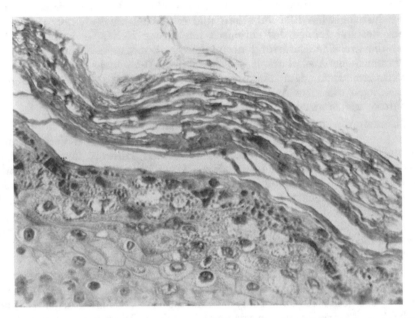

Abb. 95. Epidermodysplasia verruciformis Lewandowsky-Lutz. Histologie: vacuolige Degeneration der Zellen des Str. spinosum und granulosum nach JABLOŃSKA und MILEWSKI mit mützenförmigem Kern. [Dermatologica (Basel) **115**, 17 (1957)]

HODGSON-JONES (1956), JABLOŃSKA und MILEWSKI (1957), BOLGERT u. Mitarb. (1958), BILANCIA (1964), BUREAU u. Mitarb. (1965), JAQUETI u. Mitarb. (1966), LAZZARO u. Mitarb. (1966).

Versucht man nun das Für und Wider in der Argumentation (generalisierte Warzenaussaat auf besonderem Terrain — Genodermatose) gegeneinander abzuwägen, so lassen sich die einzelnen Argumente folgendermaßen formulieren. Die Verfechter der Genodermatose (MASCHKILLEISSON, LANDES, ORMEA, HERMANN, SBERNA, TEODORESCU u. Mitarb., DE AUSTER, BILANCIA, BUREAU u. Mitarb., JAQUETI u. Mitarb., LAZZARO u. Mitarb.) betonen den frühen Krankheitsbeginn, das familiäre Vorkommen, die von Warzen abweichende Histologie, die Bereitschaft zu maligner Entartung, die Therapieresistenz. Bei gelungenen Übertragungen zweifeln sie (wie ORMEA es bei den Versuchen von LUTZ tat) die Bündigkeit dieses Beweises bzw. die Richtigkeit der ursprünglichen Diagnose an. Es muß indessen festgestellt werden, daß alle diese Argumente für die Annahme einer Genodermatose nicht genügen. Beim familiären Vorkommen ist der Befall der Geschwister ebenso eine Stütze der infektiösen Genese, die sichere Vererbung durch mehrere Generationen ist noch keineswegs erwiesen (da die Erscheinungen bei der Geburt noch nicht vorhanden und möglicherweise infektiös sind, kann der

Befall mehrerer Geschlechter ebenso durch Ansteckung erklärt werden). Die übrigen Befunde: unveränderlicher Bestand der Erscheinungen, besonders fein-gewebliches Bild, Therapieresistenz, ja sogar carcinomatöse Entartung sind durch-aus mit der Theorie einer Warzenaussaat auf besonderem Terrain vereinbar. Wir wissen zwar nicht, worin dieses besondere Terrain besteht (MIESCHER erklärt es mit dem Ausbleiben einer Immunität gegen das Warzenvirus), aber diese abweichende Reaktion gegenüber der sonst harmlosen und vom Körper innerhalb einer gewissen Zeit bewältigten Infektion gibt eben den Grund dafür ab, daß die Erscheinungen unverändert bestehen bleiben, absolut therapieresistent sind, ein eigenes histologisches Bild aufweisen und schließlich auch — nach jahrzehnte-langem Bestand infolge des chronisch infektiösen Reizes — krebsig entarten. Weder die krebsige Entartung noch die von BOLGERT u. Mitarb. beobachtete posttraumatische Auslösbarkeit des Zustandes (Entstehung der Dermatose erst am verletzten Bein, dann am übrigen Körper) sprechen gegen eine Genoder-matose. Sogar die Virus-Ätiologie spricht nicht gegen das Vorliegen einer Geno-dermatose, wie SCHNYDER und KLUNKER (1966) betont haben.

Ob man die mitunter gleichzeitig beobachteten sonstigen Mißbildungen (Naevi) und psychischen Abwegigkeiten (BILANCIA; EEG-Veränderungen: BILANCIA; JAQUETI u. Mitarb.) als ausreichenden Hinweis für die Annahme einer Genodermatose gelten lassen darf (MASCHKILLEISSON, MIDANA, LOMUTO, DEGOS u. Mitarb. usw.) muß offen bleiben. Negativ verlaufene Inoculations-versuche (MASCHKILLEISSON, ROEDERER u. Mitarb., JAQUETI u. Mitarb.) bewei-sen biologisch nichts; die gelungenen Versuche (LUTZ, JABLOŃSKA und MILEWSKI, JABLOŃSKA und FORMAS) bedeuten eine nicht unerhebliche Stütze der Virus-Ätiologie, die indessen — wie bereits betont — das Vorliegen einer Genodermatose nicht ausschließt.

ROEDERER u. Mitarb. haben 1955 bei einer eigenen Beobachtung betont, daß sie sicher zur Gruppe der Genodermatosen gehöre, dabei aber offen gelassen, ob es nicht auch gesicherte Fälle gebe, die generalisierte Verrukosen seien. Daß beide Möglichkeiten zutreffen, halten wir nicht für sehr wahrscheinlich; offenbar kom-biniert sich die Virusgenese mit einer Genodermatose. SCHNYDER und KLUNKER weisen darauf hin, daß sich das Vorkommen dieser Dermatose bei Eltern und Kindern sowie Geschwistern zwar auch mit der Virus-Hypothese erklären lasse; die eindeutig erhöhte Konsanguinitätsrate spricht aber zum mindesten für geno-typische Einflüsse und im engeren Sinn für Rezessivität. VOGEL und DORN (1964) nehmen eine recessive Vererbung mit Frühmanifestation und bösartigem Verlauf, ferner aber eine zweite spät auftretende, gutartige und dominante Form der Epidermodysplasia verruciformis an.

II. Dysplasien vorwiegend mit gestörter Ausbildung und/oder Funktion der Hautanhänge

Dieses Gebiet der eigentlichen Dysplasien mit Störungen von seiten der Haut-anhänge überschreitet generell den Rahmen dieses Beitrages (s. KORTING: Fehl-bildungen der Haut, Erg. Band III/1, p. 396ff.). Doch bedürfen die hier ein-schlägigen Formen insofern einer kurzen Erwähnung (wenn auch nicht voll-ständiger Abhandlung), als zumindest die eine der hierher gehörenden Formen *follikuläre Keratosen* zeigt.

Die schwerste Störung der Anlage und Funktion der Hautanhänge (die sog. major-Form) stellt die

1. Anhidrosis hypotrichotica mit Hyp- bzw. Anodontie (Siemens)

dar, bei der Schweißdrüsen, Haare, Zähne im Sinn einer erheblichen Unterfunktion bzw. einer sogar fehlenden Ausbildung betroffen sind. Dazu kommen außerdem Hypoplasien der Nägel sowie neurologische Störungen wie z.B. Friedreichsche Ataxie (KLINGMÜLLER und KIRCHHOF, BRAUN-FALCO und GÜRTLER, FETTICH, FRANZOT und POGAČAR). Die Kranken, bei denen oft (neben nur spärlich vorhandenen oder fehlenden Kopfhaaren) Cilien, Augenbrauen und Lanugo völlig vermißt werden, sehen vorzeitig gealtert und einander weitgehend ähnlich aus. Die Schweißsekretion fehlt oft nahezu völlig, was bei Hitze zu lebensbedrohlichen Zuständen führen kann, histologisch läßt sich zeigen (BRAUN-FALCO und GÜRTLER), daß sowohl ekkrine wie auch apokrine Schweißdrüsen fehlen, ferner auch die Talgdrüsen zahlenmäßig verändert und dysplastisch sind. Dazu kommen Nasendeformitäten mit Ozaena, was dem ohnedies ausdruckslosen Gesicht einen stumpfen Charakter verleiht und an Bilder der konnatalen Syphilis erinnert (LOCKWOOD und COWAN). Auch der *Follikelapparat* ist gestört, es finden sich *papulös-follikuläre Keratosen* in einer atrophischen Haut mit stellenweiser *Retentionshyperkeratose*, sowie Veränderungen der Papillarleisten. Von der Mißbildung und dem Fehlen einzelner Zähne bis zu völliger Zahnlosigkeit und Atrophie des Alveolarfortsatzes gibt es alle Übergänge.

Mit der anhidrotischen Ektodermaldysplasie können auch *diffuse, z.T. papulöse Palmar-Plantar-Keratosen* sowie eine *ichthyosiforme Retentionshyperkeratose*

Tabelle 5. *Fälle von anhidrotischer Ektodermaldysplasie mit Hornhautdystrophie.*
[*Nach* JUNG *und* VOGEL, *Schweiz. med. Wschr.* **96**, *1482 (1966)*]

	Fall 1 von SILVA (1939)	Fall von FRIEDERICH und SEITZ (1955)	Fall 2 von PERABO u. Mitarb. (1956/57) nachuntersucht von FRANCESCHETTI und THIER (1961)	Fall von SCHIRREN und HOFFMANN (1959, 1960)	Fall von JUNG und VOGEL (1966)
Geschlecht	männlich	weiblich	männlich	männlich	weiblich
Erbgang	X-chromosomal,	solitär	solitär	solitär	solitär
			intermediär		
Hypohidrose	+	+	+	+	+
Hypotrichose	+	+	+	+	+
Hypodontie	+	−	+	+	−
Schleimhaut-veränderungen	−	−	+	−	−
Speicheldrüsen hypoplastisch	+	−	+	−	−
Tränendrüsen hypoplastisch	−	−	+	−	−
Brustdrüsen hypoplastisch	−	−	−	−	+
Ichthyosiforme Retentionshyper-keratose	−	+ (foll.)	−	−	+
Palmo-Plantar-Keratose	−	−	(+)	−	+
Nageldystrophien	−	−	−	−	(+)
Hornhautdystrophien	+	+	+	+	+

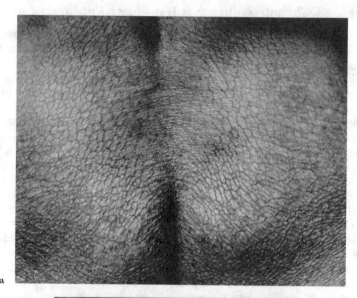

a

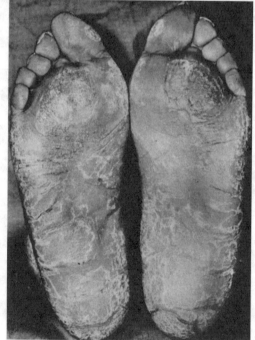

b

Abb. 96 a—c. Anhidrotische ektodermale Dysplasie mit Palmar-Plantar-Keratosen und ichthyosiformer Retentionshyperkeratose Jung-Vogel. [Schweiz. med. Wschr. **96**, 1478, 1480 (1966)]

(Abb. 96), ferner *Hornhautdysplasien* einhergehen (Jung und Vogel, 1966). Die Kombination von anhidrotischer (bzw. hypohidrotischer), hypotrichotischer und hypodontotischer ektodermaler Dysplasie im Verein mit Hornhautdystrophie scheint bislang fünfmal beobachtet worden zu sein, wie die Tabelle von Jung und Vogel zeigt. Aus ihr geht auch hervor, daß die Kombination mit ausgedehnten Palmar-Plantar-Keratosen nur im FALL von JUNG und VOGEL, abortiv im Fall von PERABO u. Mitarb., FRANCESCHETTI und THIER und die ichthyosiforme Retentionshyperkeratose nur im Fall von FRIEDERICH und SEITZ und im Fall von JUNG und VOGEL beobachtet werden konnte.

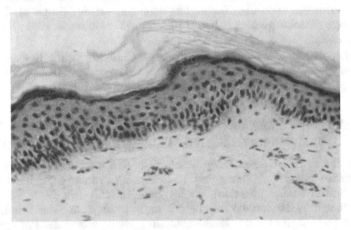

Abb. 96 c

Der Erbgang dieser schweren, subletalen Genodermatose ist autosomal rezessiv. Im Gegensatz dazu ist bei der

2. hidrotischen Form der ektodermalen Dysplasie

die Schweißdrüsenfunktion erhalten, auch die Zähne sind meist regelrecht und vollzählig gebildet. Außer dem Kopfhaar kann auch die Lanugobehaarung fehlen, die Nägel sind meist dystrophisch (dünn, platt oder schüsselförmig, verwachsen, oft hart und aufgesplittert). Als weitere Schäden können hinzukommen, z.B. Augenstörungen (GÖTZ und AZULAY): Iridocyclitis, Cataracta complicata, periphere Chorioiditis. Auch der hidrotische minor-Typ der ektodermalen Dysplasie kann ausgeprägte *Palmar-Plantar-Keratosen* aufweisen, wie der Fall von THEISEN (1963) zeigt, bei dem sich außer den genannten Keratosen, die annähernd dem Typ Unna-Thost glichen (also sehr ausgeprägt, und nicht abortiv waren) folgende Symptome fanden: eingesunkene Geheimratsecken, Tonsurglatze, periorale Blässe, völliger Zahnmangel und Rarefikation mehrerer Nägel. THEISEN weist darauf hin, daß der hidrotische minor-Typ der ektodermalen Dysplasie mit einer bunteren Randsymptomatik verknüpft ist als der major-Typ der anhidrotischen, hypotrichotischen ektodermalen Dysplasie.

Im Gegensatz zu der anhidrotischen, schweren Form ist die hidrotische eine wesentlich leichtere Störung; sie wird nicht-geschlechtsgebunden dominant vererbt.

Nicht immer ist die Trias: Hypotrichie, Zahnlosigkeit, fehlende Schweißfunktion vollständig ausgeprägt. Dies zeigte bereits die hidrotische Form der kongenitalen ektodermalen Dysplasie, auch wenn bei ihr Nageldystrophien die Regel sind. Eine Reihe von ektodermalen Dysplasien zeigen nur mehr 2 Symptome, z.B. Haar- und Nagelveränderungen oder auch nur mehr ein Symptom (zumindest von seiten der Haut).

Hierher gehören zahlreiche, im einzelnen nicht aufzuzählende Möglichkeiten, wie z.B. die Kombination von *Mikroodontie mit Mikrocephalie* (HOGGINS und MARSLAND), oder die Kombination von *Kräuselhaaren und Koilonychie*, die übrigens dominant ist (W. KOCH), hierher wäre auch zu zählen die ebenfalls dominant vererbte *Hypotrichosis congenita hereditaria M. Unna* (1925), eine — im großen und ganzen — monosymptomatische Störung, bei der die zum Ausfall neigenden Haare auch Abweichungen ihrer Form (sie sind verdickt, gedreht, brüchig) aufweisen, wie die Nachuntersuchungen an der Sippe M. Unnas und anderweitige Berichte gezeigt haben (LUDWIG, 1953; BORELLI, 1954; LANDES und LANGER, 1956).

Der Hypotrichosis congenita hereditaria M. Unna klinisch weitgehend ähnlich, aber polysymptomatisch und als eine keratotische Dysplasie anzusehen ist ein Syndrom, das GREITHER (1960) an der Pfälzer Sippe L. als

3. Erbliche, auf Frauen beschränkte Keratosis follicularis mit Alopecie, Hyphidrose und abortiven Palmar-Plantar-Keratosen

beschrieben hat. In 3 Generationen (es handelte sich um eine Sippe in der Rheinpfalz) wurden unter 3 Männern und 13 Frauen 7 Frauen gefunden (von ihnen konnten fünf untersucht werden), die folgende auffällige, in dieser Form bislang nicht beobachtete Merkmalskombination aufweisen: mehr oder minder starke, sich spät (bei beginnender Geschlechtsreife) manifestierende *Palmar-Plantar-Keratosen* (Abb. 97), eine von der Pubertät bis zum Klimakterium fortschreitende, dann aber zum Stillstand kommende *Alopecie* (Abb. 97) sowohl des Kopfhaares als auch der Lanugohaare; dabei darf als Besonderheit verbucht werden, daß diese Alopecie — mindestens stellenweise — mit einer *Keratosis follicularis* kombiniert ist, wobei die letztere auch ursächlich für die Alopecie bedeutsam erscheint. Die Haare sind — im Gegensatz zu der Hypotrichosis M. Unna — mikroskopisch nicht wesentlich verändert. Dazu kommen noch als weitere Defekte: *schadhafte,* wenn auch vollzählig angelegte *Zähne, längsgeriffelte und brüchige Nägel,* eine *Lentiginosis centrofacialis* (Abb. 97) mit gewissen *psychischen Abweichungen* (muffig-stumpfes Wesen bei herabgeminderter Intelligenz) sowie eine Unterfunktion der Schweißdrüsen. Befallen waren wie gesagt nur Frauen, wobei in dem Stammbaum das fast völlige Fehlen lebender männlicher Individuen auffiel (zwei waren in der Jugend, drei im mittleren Mannesalter gestorben), so daß möglicherweise ein subletaler oder letaler Faktor vorliegt. Es muß noch offen bleiben, ob hier dominant autosomale oder dominant-geschlechtsgebundene Vererbung vorliegt, wahrscheinlich handelt es sich — in Übereinstimmung mit der anhidrotischen Form der ektodermalen Dysplasie — um eine geschlechtsgebunden vererbte, polydysplastische ektodermale Fehlbildung.

Dieses Syndrom zeigt also in besonders augenfälliger Weise, wie sich keratotische Manifestationen mit Zügen einer ektodermalen Dysplasie vereinen können. (S. zu diesem Syndrom auch H. OLLENDORFF-CURTH: Genetik der mit Pigmentstörungen einhergehenden Dermatosen, Erg. Werk Band VII, p. 775f.).

Wie bei kaum einer anderen ektodermalen Schädigung sind die Einzelsymptome der Dysplasie variabel, auch wenn wir nur die Formen betrachten, die noch Verhornungsstörungen zeigen (auch bei den stärker pigmentierten wird sich das erweisen). Dazu kommt, daß wahrscheinlich nicht alle Formen der Dysplasie genetisch bedingt sind. Obgleich „congenital" vorhanden, können sie ebenso durch eine frühembryonale, etwa im 3. Fetalmonat einsetzende Fruchtschädigung wie durch eine genetische Störung oder eine chromosomale Fehlsteuerung bedingt sein.

Das zeigt die von GREITHER und TRITSCH (1962) beschriebene Einzelbeobachtung, die als

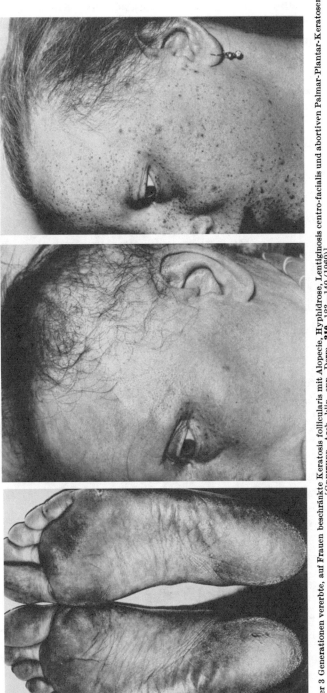

Abb. 97. Über 3 Generationen vererbte, auf Frauen beschränkte Keratosis follicularis mit Alopecie, Hyphidrose, Lentiginosis centro-facialis und abortiven Palmar-Plantar-Keratosen. [GREITHER, Arch. klin. exp. Derm. **210**, 123—140 (1960)]

4. Anhidrotische ektodermale Dysplasie mit nahezu vollständiger Alopecie, transgredienten Palmar-Plantar-Keratosen, Macula-Degeneration sowie anderen Augenstörungen, Zahnanomalien und einem Pseudo-Klinefelter-Syndrom

rubriziert wurde.

Der Fall zeigt in der auffälligen Symptomenkombination Züge sowohl der ektodermalen anhidrotischen Dysplasie (major-Typ) als auch der Palmar-Plantar-Keratosen und der Dyskeratosen. Der 46jährige, ledige und kinderlose Mann wies

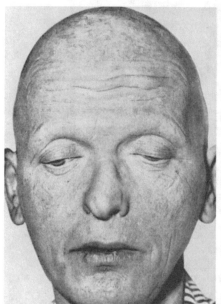
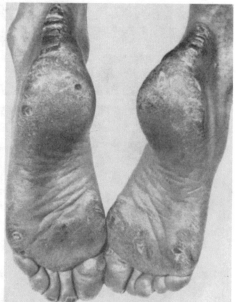

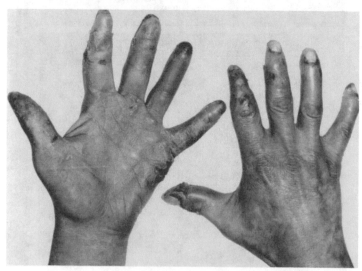

Abb. 98. Anhidrotische ektodermale Dysplasie mit Alopecie, transgredienten Palmar-Plantar-Keratosen, Augenstörungen, Zahnanomalien und Pseudo-Klinefelter-Syndrom. [Nach Greither-Tritsch, Arch. klin. exp. Derm. **216**, 50—62 (1963)]

folgende Symptome auf: 1. eine nahezu vollständige Alopecie (Abb. 98), 2. eine — bis auf die Achselhöhlen — vollständige Anhidrosis, 3. zu frühzeitigem Verlust des 1. und 2. Gebisses führende Zahnschmelzschäden, 4. teils flächenhafte, teils inselförmige, transgrediente Palmar-Plantar-Keratosen (Abb. 98), 5. beidseitige Macula-Degeneration, Fehlen der Wimpern und Blepharitis (Abb. 98), 6. Nageldystrophien und 7. einen hypergonadotropen Hypogonadismus mit sog. idiopathischer Tubulus-Degeneration bei chromatin-männlichem Geschlecht (sog. Pseudo-Klinefelter-Syndrom). Die — hier besonders interessierenden — Keratosen waren vom Typ der transgredienten Palmar-Plantar-Keratosen, wobei die Fußsohlen mehr flächenhaft, die Handteller mehr insel- und streifenförmig befallen waren (Abb. 98). Der Vorgeschichte nach sind sie spätmanifestiert, doch weisen die Einrisse, die der Kranke bereits ins 9. Lebensjahr verlegt, darauf hin, daß die Keratosen nicht erst mit 30 Jahren begonnen haben. Sie haben jedoch an Stärke und Ausdehnung ständig zugenommen, und zuletzt zu starker manueller Behinderung bei der Arbeit geführt. Die Zahnschäden beruhen nicht, wie etwa beim Papillon-Lefèvre-Syndrom, auf einer Periodontopathie, sondern auf Schmelzdefekten. Sie führen nicht eigentlich zu Zahnausfall, sondern die cariös deformierten oder abgebrochenen Zähne müssen entfernt werden. Bemerkenswert ist, daß die als komplexe Genodermatose imponierende Beobachtung durch den andrologischen und cytogenetischen Befund mit einer gewissen Wahrscheinlichkeit als Phänokopie angesprochen werden kann.

III. Pigmentierte keratotische Dysplasien

Mit dem Oberbegriff „Incontinentia pigmenti" wird heute ein dysplastisches Syndrom bezeichnet, bei dem eine ausgedehnte, entweder retikuläre oder striäre Pigmentierung im Vordergrund des klinischen Bildes steht. Nicht alle Formen dieser Gruppe zeigen Keratosen, sind also keratotische Dysplasien; hierher zu zählen ist jedoch die Incontinentia pigmenti Typ Naegeli-Franceschetti-Jadassohn.

1. Incontinentia pigmenti Typ Naegeli-Franceschetti-Jadassohn

Synonyma. Dermatose pigmentaire réticulée, retikuläre Pigmentdermatose.

Die Symptomatik ist — neben der Pigmentierung — von Keratosen, aber auch Dyskeratosen beherrscht. Es finden sich annähernd diffuse, gut ausgeprägte Palmar-Plantar-Keratosen, ferner follikuläre Keratosen. Dazu kommen Nagel- und Zahnmißbildungen (letztere in Form schadhafter Zähne mit Schmelzdefekten), sowie Hyp- und Anhidrosis. Die Pigmentierung ist retikulär, der Livedo racemosa ähnlich, und vorwiegend am Stamm lokalisiert. Der Erbgang ist autosomal-dominant.

GAHLEN beschrieb 1964 als „*Dermatopathia pigmentosa reticularis hypohidrotica et atrophica*" eine Form, die vom Typ Naegeli-Franceschetti-Jadassohn durch das Fehlen von Keratosen abwich (GAHLEN hebt auch die Hautatrophie neben der Pigmentierung stärker hervor). Der Fall wäre also als „atypisch" zu bezeichnen; doch legt GAHLEN mehr Wert auf das Kollektiv der möglichen Schädigungsmuster, nicht so sehr auf die im Einzelfall vorhandene Symptomenkombination.

Der zweite Typ der Incontinentia pigmenti, der heute nach BLOCH und SULZBERGER (z.T. auch noch nach anderen Autoren benannt wird) gehört nicht mehr zu den keratotischen Dysplasien. Aus *differentialdiagnostischen* Gründen soll er (zusammen mit einigen anderen Poikilodermie-Syndromen) kurz erwähnt werden.

Die *Incontinentia pigmenti*, *Typ Bloch-Sulzberger*, besteht in einer mehr streifen- und spritzerartig angeordneten Pigmentierung, z.T. gehen den Pigmentierungen Blasen voraus. Dazu kommen Augenveränderungen, Keratosen fehlen. Es ist noch nicht entschieden, ob eine intrauterine Infektion oder ein recessives Erbleiden vorliegt.

Recht vieldeutig verwendet wird heute der Begriff des *Poikiloderma congenitum*. Thomson hat 1923 zwei, und im Jahre 1936 drei Fälle beschrieben, die von Geburt an bestehende, an ein Erythema caloricum erinnernde Poikilodermie im Gesicht und am Gesäß ohne wesentliche Zeichen einer Keratose (außer diskreten follikulären Papeln am Hals in einem Fall) aufwiesen. In der Literatur sind nur wenige Berichte gleicher Art erfolgt; zu ihnen zählt vielleicht der Fall von Rook und Whimster (1949); bei den übrigen, die die Bezeichnung „Poikiloderma congenitum" tragen, kommen von Thomson nicht beobachtete Keratosen hinzu. Zum Teil wird der Begriff heute noch vermengt mit dem

Rothmund-Syndrom[1]. Darunter versteht man heute eine Merkmalsverbindung, die zuerst Rothmund im Jahre 1866 an einigen Fällen im Kleinen Walsertal beschrieben hat: Frühe, bereits im 4.—6. Lebensjahr auftretende Katarakte, verbunden mit einer merkwürdigen, teils mit Atrophie einhergehenden Pigmentierung und allgemeinen Zeichen der Degeneration: Kleinwuchs, Hypogenitalismus bzw. Sterilität. Die Lebenserwartung ist indessen — bei ungestörter Intelligenz — gleich hoch wie bei Gesunden (Einzelheiten bei Greither).

Eine ähnliche, bei genauer Analyse jedoch wesentlich verschiedene Symptomenkombination liegt beim sog. *Werner-Syndrom* vor: die Pigmentierungen sind diskreter, die Atrophie der Haut indessen stärker ausgeprägt, so daß es zu sklerodermieartigen Zuständen an den Akren mit hartnäckigen Ulcera (Knöchel) kommt. Das Gesicht ist greisenhaft, die Haare ergrauen frühzeitig, die Stimme ist heiser. Es liegen zahlreiche endokrine Störungen mit Hypogenitalismus vor, die Katarakte treten wesentlich später als beim Rothmund-Syndrom, nämlich erst im Erwachsenenalter, auf. Keratosen kommen kaum vor.

Hierher gehören ebenfalls nicht mehr die Progerie, die Akrogerie Gottron usw.

Außer der nach Naegeli-Franceschetti-Jadassohn benannten Form der Incontinentia pigmenti gibt es zweifellos noch weitere Dysplasien, bei denen eine Poikilodermie mit erheblichen keratotischen Störungen einhergeht. Als ein weiteres Beispiel, selbst wenn es eine Einzelkasuistik darstellen sollte, seien die von Greither auf dem Internationalen Dermatologen-Kongreß in Stockholm 1957 bekanntgegebenen Beobachtungen erwähnt, die als

2. Erbliche Dysplasie der Haut mit Keratosen und Pigmentstörungen (Keratosis palmo-plantaris partim dissipata cum pigmentatione)

1958 publiziert wurde.

Die hier vorliegende Symptomenkombination ist von der — bereits besprochenen — Dyskeratosis congenita cum pigmentatione (Zinsser-Cole-Engman) zu trennen, obgleich sie einige Züge von ihr trägt.

Es handelt sich um 2 Brüder von 26 und 23 Jahren, die folgende Erscheinungen aufweisen: 1. eine Keratose, die an Hand- und Fußrücken, in der Mundschleimhaut in Form von warzenähnlichen Papeln imponiert, also an eine Akrokeratosis verruciformis erinnert, an den Handtellern und Fußsohlen aber in flächenhafte Palmar-Plantar-Keratosen übergeht; 2. eine im Gesicht, an Hals, Armen, Beinen und Gesäß lokalisierte Poikilodermie, der indessen feingeweblich besonders Gefäßveränderungen fehlen. Die Nägel sind intakt, endokrine oder andere Störungen fehlen, auch von seiten der Haare.

Diese Fälle Greithers, die am-besten als „Keratosis palmo-plantaris partim dissipata cum pigmentatione" zu bezeichnen wären, unterscheiden sich von der Dyskeratosis congenita cum pigmentatione (Zinsser-Cole-Engman) sowohl durch die stark ausgeprägten dissipierten als auch durch die beträchtlichen Palmar-Plantar-Keratosen (Abb. 99), durch die andere Pigmentierung (eine bunt-

---

[1] Das gilt etwa für die Fälle von Sexton (1954); Greither hat auf dem 11. Internationalen Dermatologen-Kongreß in Stockholm (Symposion über ichthyosiforme Genodermatosen, Diskussion am 1.8.1957) auf die Zugehörigkeit der Fälle Sextons zum Rothmund-Syndrom hingewiesen. Auch der von Dowling und Rees (1951) als Poikiloderma congenitum vorgestellte Fall, der mit zahlreichen dissipierten Keratosen vergesellschaftet war, von denen einzelne in Stachelzellkrebse übergingen, geht im Begriff des Poikiloderma congenitum auf; der Fall gehört wohl aber zu der Dyskeratosis congenita mit Pigmentierung.

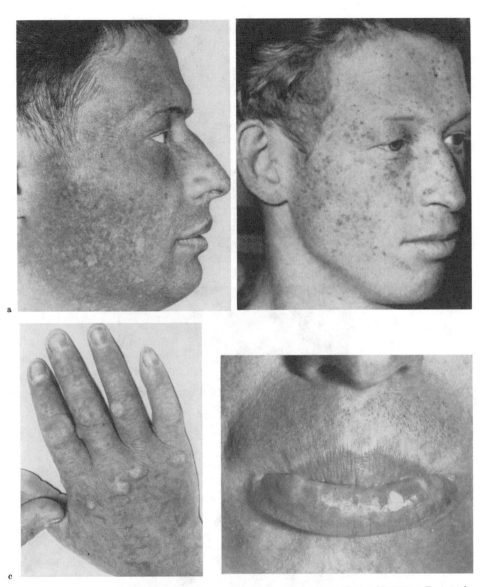

Abb. 99a—d. Mit Keratosen und Pigmentstörungen einhergehende Dysplasie der Haut 1. [GREITHER, Hautarzt **9**, 364—369 (1958)]

gescheckte im Bereich des Gesichts, der Arme und Hände, der Beine und Füße) mit unterschiedlich braunen, polygonalen und rundlichen Stippchen von Stecknadelkopf- bis Kleinlinsengröße, größerflächigen Verfärbungen (im Gesicht) und weißlichen, bis zu fingernagelgroßen, leicht atrophischen Flecken (Abb. 99), schließlich durch die fehlenden Nageldystrophien und das Fehlen sonstiger Mißbildungen (z. B. an den Augen, am Urogenitaltrakt, an den Zähnen und Haaren, im Knochenmark usw.). Als dyskeratotische Zeichen finden sich die Leukokeratosen (Abb. 99), und, wiederum den keratotischen Dysplasien angenähert, die verruciformen Keratosen an Fußrändern und Handrücken (Abb. 99), die auch histologisch eine verruciforme Hyperplasie bzw. Dysplasie zeigen (Abb. 100). Am ähnlichsten

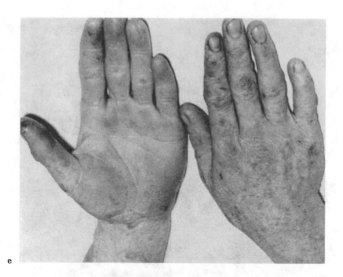

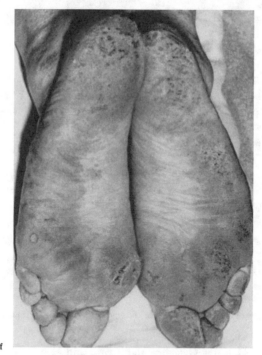

Abb. 99e u. f. Mit Keratosen und Pigmentstörungen einhergehende Dysplasie der Haut 1. [GREITHER, Hautarzt 9, 364—369 (1958)]

sind diese Beobachtungen GREITHERs (die sich auf eine Pfälzer Sippe beziehen) den — bei der Dyskeratosis congenita cum pigmentatione besprochenen — Fällen von KITAMURA und HIRAKO, vor allem in der Art der Pigmentierung (wenn auch nicht hinsichtlich der Nageldystrophie). Auch der — ebenfalls bereits erwähnte — Fall von APLAS nimmt eine Sonderstellung ein. Die ältere Kranke von KITAMURA und HIRAKO sowie der Patient von APLAS zeigten einen wesentlich späteren Beginn der Krankheitserscheinungen, nämlich im 3. Lebensjahrzehnt, während bei der Dyskeratosis congenita cum pigmentatione — deren Charakter als recessiv vererbte Genodermatose kaum in Frage steht; als epidermaler Defekt steht sie der Epidermolysis bullosa hereditaria nahe — der Krankheitsbeginn in die Zeit nach der Geburt, spätestens mit Abschluß des ersten Dezenniums, fällt. Ferner werden bei den Kranken der beiden Japaner sowie beim Patienten von APLAS weitere, zur Dyskeratosis congenita gehörige Veränderungen vermißt.

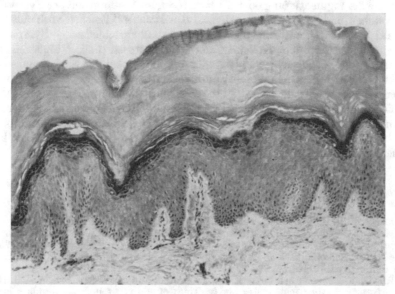

Abb. 100. Mit Keratosen und Pigmentstörungen einhergehende Dysplasie der Haut 2. Histologie einer verruciformen Dysplasie am Finger. [GREITHER, Hautarzt **9**, 364—369 (1958)]

Bei schematischer Aufzeichnung der wichtigsten Symptome, wie sie für die Diagnose Dyskeratosis congenita cum pigmentatione erforderlich sind, zeigen die Fälle von ZINSSER, von KITAMURA und HIRAKO, von APLAS und von GREITHER die stärksten Abweichungen (Tabelle 6).

Tabelle 6

	Pigment-störungen	Nagel-dystrophie	Leuko-plakien	Palmar-Plantar-keratosen	Zahn-störungen	Sonstige Veränderungen
Dyskeratosis congenita mit Pigmentierung (ZINSSER-COLE-ENGMAN)	+	+	+	(+)	+	++
Fälle von ZINSSER	+	+	+	∅	∅	∅
Fälle von KITAMURA und HIRAKO	+	+	∅	+	∅	∅
Fall von APLAS	+	(+)	+	∅	∅	∅
Fälle von GREITHER	+	∅	+	++	∅	∅

Wie sehr die Keratosen und pigmentierten Dysplasien ineinander übergreifen, zeigt die Beobachtung von DÜSTER (1968), bei der intrafamiliär Ichthyosis vulgaris, Keratosis suprafollicularis und „Poikilodermia" faciei alternieren.

Damit mögen die Ausführungen über die keratotischen Dysplasien abgeschlossen sein. Da letztere ohnedies nur einen Teil der Dysplasien ausmachen, sei — hinsichtlich Pathogenese, Histologie, Histochemie, Therapie — auf den größeren

Rahmen verwiesen. Auch steht außer Frage, daß die hier versuchte Einteilung in Dyskeratosen und keratotische Dysplasien in manchem etwas schematisch ist, und daß sie vielleicht eng zusammengehörige Zustände stärker trennt, als der täglichen Erfahrung entspricht. Diese grundsätzliche Trennung ist aber für die Klassifikation der Einzelsymptomatik und für die hier gebotene Analyse nicht ohne Vorteil. Es ist für das ordnende Verständnis von Bedeutung, ob bei einer Dysplasie die Pigmentierung oder die Keratosen im Vordergrund des Symptomenbildes stehen und welche der übrigen „dysplastischen" Zeichen vorhanden sind. In praxi gliedert sich natürlich die — im Einzelfall verschiedene — Symptomatik zwanglos einem breiten Kollektiv der Dyskeratosen und Dysplasien (nach TOURAINE: der ektodermalen Polydysplasien) ein, wobei das Schädigungsmuster im Einzelfall, wie GAHLEN betont, außerordentlich verschieden sein kann. Vor diesem Kollektiv tritt im Einzelfall die Wertung „typisch" oder „atypisch" hinsichtlich der konkret vorliegenden Symptomenkombination zurück. Andererseits soll man die mögliche Klassifikation nach hervorstechenden Grundsymptomen beibehalten, solange damit ein nosologischer Gewinn, nämlich der einer klaren Einsicht in das Grundgrüst klassifizierender Ordnung, verbunden ist.

Literatur

A. Ichthyosis

ANDERSON, N. P.: Congenital ichthyosiform erythroderma. Arch. Derm. Syph. (Chic.) 27, 543 (1933). — ASEL, N., P. CHIVINGTON, W. SPILLER, and J. E. RAUSCHKOLB: Congenital ichthyosiform erythroderma in a man aged 30. Arch. Derm Syph. (Chic.) 64, 80—81 (1951). — ASEL, N., W. SPILLER, and J. E. RAUSCHKOLB: Congenital ichthyosiform erythroderma. Arch. Derm. Syph. (Chic.) 64, 79—80 (1951). — ASHENHURST, E. M., J. H. D. MILLAR, and T. G. MILLIKEN: Refsum's syndrome effecting a brother and two sisters. Brit. med. J. 1958 II, 415. — AYRES, S., JR.: Ichthyosis of body. Tinea of scalp? Arch. Derm. Syph. (Chic.) 32, 128—129 (1935).

BABINI, G.: L'ittiosis mallattia famigliare. Ereditarietà di tipo diaginico in un interessante ceppo famigliare. Arch. ital. Derm. 28, 123—132 (1956). — BÄFVERSTEDT, B.: Fall von genereller, nævusartiger Hyperkeratose, Imbecillität, Epilepsie. Acta derm.-venereol. (Stockh.) 22, 207—212 (1941). — Fallvorstellung auf dem 11. Int. Dermatologenkongr. in Stockholm 1957. — Maleformatio ectodermalis generalisata. One hundred clinical cases presented at the 11. Internat. Congr. of Dermatology, Stockholm 1957. Stockholm 1958, p. 108—109. — BALABANOFF, K., u. V. CH. ANDREEV: Ichthyosis acquisita bei Morbus Hodgkin. Hautarzt 17, 252—256 (1966). — BALMÈS, J.: Les dystrophies ichtyosiques du nouveau-né. Montpellier méd. 54, 255—263 (1958). — BARBER, H. W.: Two cases of congenital ichthyosiform erythrodermia. Proc. roy. Soc. Med. 24, 513 (1931). — BARD, R.: Ichthyosis familiaris serpentina. Ref. Zbl. Haut- u. Geschl.-Kr. 65, 198 (1940). — BARKER, L. P., and W. SACHS: Bullous congenital ichthiosiform erythroderma. Arch. Derm. Syph. (Chic.) 67, 443—445 (1953). — BARRAQUER-BORDAS, L.: Pied creux bilatéral, arréflexie des extrémités inférieures et discrète atrophie thénar unilatérale avec ichtyose et hyperkératose plantaire. Confin. neurol. (Basel) 11, 83—86 (1951). — BECKMANN, M.: Erythrodermie ichtyosiforme congénitale Brocq. Ref. Zbl. Haut- u. Geschl.-Kr. 53, 442 (1936). — BEDGHET, H.: Considérations concernant le problème si l'on doit ou non distinguer les ichtyoses 'hystrix' des ichtyoses vulgaires. Bull. Soc. franç. Derm. Syph. 41, 710—716 (1934). — BEERMAN: Diskussionsbemerkung zu LOCKWOOD. Arch. Derm. 81, 267 (1960). — BEJARANO, J.: Angeborene ichthyosiforme Erythrodermie. Act. dermosifiliogr. (Madr.) 25, 149—151 (1932). — Ichthyosiforme angeborene Erythrodermie, ihre Beziehungen zur Ichthyosis vulgaris und congenita und zu den regionalen Keratosen. Act. dermo-sifiliogr. (Madr.) 25, 297—307 (1933). — BERGGREEN, P.: Ichthyosis congenita. Ref. Zbl. Haut- u. Geschl.-Kr. 67, 284 (1941). — BETT, W. R.: John Machin, mathematician and astronomer, and the first description of ichthyosis hystrix. Brit. J. Derm. 64, 59—60 (1952). — BIRNBAUM: Kongenitale ichthyosiforme Erythrodermie (BROCQ). Ref. Zbl. Haut- u. Geschl.-Kr. 44, 136 (1933). — BISGAARD-FRANTZEN, H.: Über das Vorkommen von Ichthyosis vulgaris, Onychogryphosis, Dupuytren-Kontrakturen und Favus in Grönland. Ref. Zbl. Haut-u. Geschl.-Kr. 83, 126 (1953). — BLAZQUEZ MONTORO, E.: Ein Fall von Erythrodermia ichthyosiformis congenita. Act. dermo-sifiliogr. (Madr.) 32, 808—810 (1941). — BLOCH, B.: Zit. T. SALAMON, Erbkrankheiten der Haare und Nägel. In: Erg.-Werk zum J. Jadassohnschen Handbuch der Haut- und Geschlechtskrankheiten, Bd. VII. Berlin-Heidelberg-New York: Springer 1966. — BLOOM, D., and M. S. GOODFRIED: Lamellar ichthyosis of the newborn. The 'collodion baby': a clinical and genetic entity; report of a case and review of the literature with special considerations of pathogenesis and classification. Arch. Derm. 86, 336—342 (1962). — BOER, P.: Familiär-hereditäre Ichthyosis. Ref. Zbl. Haut- u. Geschl.-Kr. 41, 780 (1932). — BOGAERT, L. VAN: Les dysplasies neuro-éktodermiques congénitales. Rev. neurol. 63, 353—398 (1935). — BORDA, J. M., S. G. STRINGA, J. ABULAFIA y M. VILLA: Estados ictiosiformes adquiridos. Arch. arg. Dermat. 6, 47—61 (1956). — BOTTLER: Erythrodermia ichthyosiformis congenitalis. Ref. Zbl. Haut- u. Geschl.-Kr. 48, 100 (1934). — BOULGAKOW, B., and SH. ABDEL MALEK: Congenital foetal ichthyosis. (Grave form). J. Egypt. med. Ass. 36, 50—58 (1953). — BOZZOLA, A.: Un caso di ittiosi congenita. Rilievi e considerazioni. Clin. pediat. (Bologna) 14, 737—743 (1932). — BRANDAO, N., y A. DE OLIVEIRA: Hiperqueratose ictiosiforme. Estudio de 2 casos. Ref. Ann. Derm. Syph. (Paris) 83, 458 (1956). — BRDLÍK: Ichthyosis congenita. Ref. Zbl. Haut- u. Geschl.-Kr. 51, 244 (1935). — BREDMOSE, G. V.: Neuropsychiatrische Syndrome und erbliche Dermatosen (im besonderen Ichthyose). Nord. med. T. 14, 1453—1456 (1937). — Mongoloide Idiotie und Ichthyosis mit neurohistologischen Veränderungen. Nord. Med. 1940, 440—442. — BREMERS, H. H., C. GEORGE, and C. SUNIT: Ichthyosis congenita (mild type). Arch. Derm. Syph. (Chic.) 66, 293 (1952). — BROWN, H. M., and R. J. GORLIN: Oral mucosal involvement in nevus unius lateris (ichthyosis hystrix). A review of the literature and report of a case. Arch. Derm. 81, 509—515 (1960). — BRUHNS, C.: Ichthyosis. In: Handbuch der Haut- und Geschlechtskrankheiten, Bd. VIII/2. Berlin: Springer 1931. — BRUN, J., G. MOULIN, P. QUÉNOU et J. MOULINIER: Ichtyose diffuse acquise, première manifestation d'un cancer bronchopulmonaire. Bull. Soc. franç. Derm. Syph. 72, 92—94 (1965). — BRUNSTING, L. A., R. R. KIERLAND, H. O. PERRY, and R. K. WINKELMANN: Epidermolysis bullosa versus keratoderma palmaris et plantaris. Arch. Derm. 85, 676—677 (1962). — BUFFAM, G. B.: Two cases of ichthyosis fetalis. Canad. med. Ass. J. 64, 531—532 (1951). — BUREAU, Y., R. PICARD et H. BARRIÈRE: Ichtyose acquise et maladie de Hodgkin. Ann. Derm. Syph. (Paris) 85, 30—40 (1958). — BUREAU, Y., et ROLLINAT: Troubles trophiques des deux mains chez un malade atteint d'hyperkératose ichthyosiforme. Bull. Soc. franç. Derm. Syph. 45 (5), 857—858 (1938). — BURGER: Ichthyosis fetalis. Ref. Zbl. Haut- u. Geschl.-Kr. 97, 318 (1957). — BUTTERWORTH, TH.: Congenital ichthyosiform erythroderma (circumscribed type?). Arch. Derm. Syph. (Chic.) 35, 1160—1161 (1937).

CARLI, G.: Considerazioni su di un caso di ipercheratosi congenita generalizzata o eritrodermia ittiosiforme di BROCQ. Minerva derm. 31, 183—185 (1956). — CASCOS, A.: Allgemeine Hyperkeratosis ichthyosiformis. Act. dermo-sifiliogr. (Madr.) 25, 64 (1932). — CAVALUCCI, U.: Ittiosi e pseudo-ittiosi cornee. Contributo anatomo-clinico e patogenetico. Arch. ital. Derm. 6, 385—395 (1931). — CEDERCREUTZ, A.: Magnesia usta äußerlich und innerlich bei Ichthyosis. Münch. med. Wschr. 1933 (I), 149—150. — CHARGIN, L.: Erythrodermite congénitale ichtyosiforme. Arch. Derm. Syph. (Chic.) 26, 172 (1932). — CHLOND, H.: Beschreibung eines Falles von Ichthyosis, Oligophrenie und spastischer Tetraplegie (Sjögren-Larsson-Syndrom). Kinderärztl. Prax. 31, 355—359 (1963). — CLAIRBOIS, M.: Hyperkératose ichtyosiforme. Arch. belges Derm. 11, 54 (1955). — CLARAMUNT, C.: Queratoma difuso congénito. Act. dermo-sifiliogr. (Madr.) 45, 268—272 (1954). — CLARK, D. B.: Heredopathia atactica polyneuritiformis (Refsum's syndrome). Proc. roy. Soc. Med. 44, 689—690 (1951). — CLARK, T. J.: Ichthyosis (embryonic epitrichial layer persistent at birth). Arch. Derm. Syph. (Chic.) 23, 1120—1121 (1941). — CLASSENS: Ichthyosis. Arch. Derm. Syph. (Chic.) 23, 1120—1121 (1941). — COCKAYNE, E. A.: Inherited abnormalities of the skin and its appendages. Oxford University Press, London: Milford 1933. — COFANO, A. R.: Su di un caso di ipercheratosi ittiosiforme con eritrodermia (eritrodermia ittiosiforme congenita). Ann. ital. Derm. (Sif.) 10, 213—227 (1955). — COFFIN: Zit. H. V. FREYER. Z. Kinderheilk. 69, 368—386 (1951). — COLLA, G.: Il cheratoma maligno diffuso congenita. Minerva ginec. 8, 999—1003 (1956). — COLLA, G., e L. PAZZAGLIA: Sull'etiopatogenesi del cheratoma maligno congenito. Minerva derm. 38, 353—360 (1963). — CONTINI, P. O.: Su un caso di 'ichtyosis foetalis gravis'. Med. ital. 21, 1—8 (1940). — CORDES, F. C., and M. J. HOGAN: Ocular ichthyosis. Report of a case. Arch. Ophthal. 22, 590—594 (1939). — CORDIVIOLA, L. A., y H. J. SANCHEZ CABALLERO: Eritrodermia ictiosiforme congenita. Semana méd. (B. Aires) 1954, 459—464. — CORTELEZZI, E. D.: Ichthyosis hystrix. Semana méd. (B. Aires) 1930 (II), 881—883. — COSTE, F., B. PIGUET et J. CIVATTE: Un cas d'ichtyose congénitale vulgaire amélioré par la cortisone avec réapparation des fonctions secrétoires cutanées. Bull. Soc. franç, Derm. Syph. 59, 87—88 (1952). — COURTIN, W.: Ichthyosis congenita unter dem Bilde der Erythrodermie congénitale ichtyosiforme (BROCQ). Z. Kinderheilk. 55, 384—388 (1933). — CURTH, H. O., and M. T. MACKLIN: The genetic bases of various types of ichthyosis in a family group. Amer. J. hum. Genet. 6, 371—382 (1954). — CURTIS, G. H.: Bullous congenital ichthiosiform erythroderma in a girl aged 17 years. Arch. Derm. Syph. (Chic.) 64, 80 (1951).

Degos, R.: Dermatologie, chap. XII, Kératoses, p. 643—672. Paris: Editions médicales Flammarion 1953. — Degos, R., E. Lortat-Jacob et P. Verón: Ichthyose diffuse en cours d'une maladie de Hodgkin. Carence extrême en vitamine A. Bull. Soc. franç. Derm. Syph. 68, 12 (1961). — De la Chaux: Erythrodermia congenitalis ichthyosiformis. Ref. Zbl. Haut- u. Geschl.-Kr. 51, 330 (1935). — Delacrétaz, J., et I.-D. Geiser: Erythrodermie congénitale ichtyosiforme bulleuse. Dermatologica (Basel) 122, 37—39 (1961). — Delacrétaz, J., et R.-M. Lorétan: Sur un cas d'erythrodermie congénitale ichtyosiforme bulleuse. Etude histo-clinique et discussion nosologique. Proc. 11th Int. Congr. Dermatology Stockholm 1957, 3, 659—666 (1960). — Delmotte, A.: Hyperkératose ichtyosiforme. Arch. belges Derm. 10, 224—225 (1954). — Dijk, E. van: Ichthyosiform atrophy of the skin associated with internal malignant diseases. Dermatologica (Basel) 127, 413—428 (1963). — Dosa, A.: Ichthyosis simplex. Ref. Zbl. Haut- u. Geschl.-Kr. 60, 589 (1938). — Driessen, A. O.: Ichthyosis und exsudative Diathese. Mschr. Kindergeneesk. 19, 282—285 (1951). — Dugois, P., P. Ablard et H. Dufour: Un nouveau cas d'ichtyose apparue tardivement sur maladie de Hodgkin. Bull. Soc. franç. Derm. Syph. 73, 329—330 (1966). — Duperrat, B., et L. Bouccara: Erythrodermie ichtyosiforme avec dystrophie osseuse et retard pubertaire. Bull. Soc. franç. Derm. Syph. 66, 421—425 (1959). — Duverne, J., et R. Bonnayme: Erythro-kératodermie verruqueuse avec dilatation bronchique transformée par le traitement bismutique. Bull. Soc. franç. Derm. Syph. 54, 125 (1947).

Ecalle et Suzor: Revêtement kératosique exfoliant chez un nouveau-né (ichtyose congénitale). Bull. Soc. Obstét. (Gynéc. Paris 26, 717—718 (1937). — Eckardt, F., u. E. Born: Beitrag zum Krankheitsbild der Ichthyosis congenita. Z. Kinderheilk. 103, 518—522 (1955). — Edeskuty, O. v.: Ichthyosis corneae. Klin. Mbl. Augenheilk. 108, 170—176 (1942). — Ellis, F. A.: Universal ichthyosis. Occurence in three siblings without family history of major dermatoses. Arch. Derm. Syph. (Chic.) 63, 252—254 (1951). — Epstein, St., and J. R. Heersma: Congenital ichthyosiform erythroderma in father and daughter. Arch. Derm. 82, 134—135 (1960). — Essigke, G.: Zur Behandlung der Hyperkeratosen unter besonderer Berücksichtigung der Erythrodermia ichthyosiformis congenitalis Brocq. Ärztl. Wschr. 13, 534—537 (1958). — Everall, J.: Tylosis palmaris et plantaris with unusual bullous lesions. Brit. J. Derm. 66, 54—56 (1954). — Ewing, J. A.: The association of oligophrenia and dyskeratoses. Am. J. ment. Defic. 60, 89—114, 307—319, 575—581, 799—812 (1955).

Fahlbusch: Ichthyosis vulgaris mit Krallenhänden und -füßen. Ref. Zbl. Haut- u. Geschl.-Kr. 54, 292 (1937). — Falk, A. B., H. S. Traisman, and G. J. Ahern: Ichthyosis congenita. J. Dis. Child. 93, 259—262 (1957). — Falkenberg: Ichthyosis congenita. Ref. Zbl. Haut- u. Geschl.-Kr. 104, 8 (1959). — Falkenstein: Ichthyosis serpentina. Ref. Zbl. Haut- u. Geschl.-Kr. 43, 131 (1933). — Fallot: Hyperkératose ichtyosiforme congénitale. Bull. Soc. franç. Derm. Syph. 59, 313 (1952). — Fallvorstellung: Klinik Bremen, Verslg Nordwestdtsch. Derm. Ges., 33. Tagg am 6. u. 7. 9. 1952. Ref. Derm. Wschr. 127, 601 (1953). — Fallvorstellung: Charité Berlin, Derm. Ges. der Univ. Berlin, 16. Sitzg am 5. 1956. Ref. Zbl. Haut- u. Geschl.-Kr. 98, 317 (1957). — Fallvorstellung: Derm. Ges. der Univ. Berlin, 16. Sitzg am 12. 10. 1956. Ref. Derm. Wschr. 137, 501 (1958). — Fallvorstellung: Stockholm, 11. Int. Derm.-Kongr. 1957. One hundred clinical cases etc., Stockh. 1958, p. 60—63.— Faninger, A., u. A. Marković-Vrisk: Ein Beitrag zur Kenntnis der kongenitalen ichthyosiformen Zustände der Haut. Dermatologica (Basel) 122, 449—454 (1961). — Fergusson, A. G.: Ichthyosiform erythrodermia (Brocq). Brit. J. Derm. 70, 146 (1958). — Finlay, H. V. L., and J. P. Bound: Collodion skin in the neonate due to lamellar ichthyosis. Arch. Dis. Childh. 27, 438—441 (1952). — Fitzgerald, W. C., and A. P. Booker: Congenital ichthyosiform erythroderma. Report of two cases in siblings, one complicated by Kaposi's varicelliform eruption. Arch. Derm. Syph. (Chic.) 64, 611—619 (1951). — Fivoli: Ipercheratosi ittiosiforme generalizzata congenita. Atti Soc. ital. Derm. Sif. 1937, 281—282. — Fleming, R.: Refsum's syndrome. An unusal hereditary neuropathy. Neurology (Minneap.) 7, 476—479 (1957). — Fliegelman, M. T.: Ichthyosiform erythroderma and ichthyosis vulgaris. Occurence in a negro family. Arch. Derm. 86, 222—225 (1962). — Földvári, F.: Erythrodermie ichthyosiforme congénitale. Ref. Zbl. Haut- u. Geschl.-Kr. 47, 660 (1934). — Fölsch, F., u. F. Heinecke: Die Vitamin A-Behandlung der Ichthyosis congenita. Ref. Derm. Wschr. 127, 564 (1953). — Franceschetti, A., et V. Schläppi: Dégénérescence en bandelette et dystrophie prédescémétique de la cornée, dans un cas d'ichtyose congénitale. Dermatologica (Basel) 115, 217—223 (1957). — Frazier, Ch.: Oligophrenia, ichthyosis and spastic diplegia. (Sjögren-Larsson-syndrome?). Arch. Derm. 79, 607—608 (1959). — Freyer, H. U.: Die konnatale Kollodiumhaut und ihre verschiedene Pathogenese. Z. Kinderheilk. 69, 368—386 (1951). — Friederich, H. C., u. R. Seitz: Über eine Form der ektodermalen Dysplasie unter dem Bilde der Pili torti mit Augenbeteiligung und Störung der Schweißsekretion. Derm. Wschr. 131, 277—283 (1955). — Friedländer, M.: Über das gleichzeitige Vorkommen allgemeiner und lokalisierter primärer Verhornungsanomalien der Haut. Derm. Wschr. 93, 1333—1340 (1931). — Friedmann, M.: Ichthyosis hystrix. Ref. Zbl. Haut- u. Geschl.-Kr.

41, 543 (1932). — FRITZSCHE, W.: Kombination von Psoriasis und Ichthyosis. Inaug.-Diss. Leipzig 1932. — FROST, PH., and E. J. VAN SCOTT: The ichthyosiform dermatoses. Classification based on anatomic and biometric observations. Arch. Derm. **94**, 113—126 (1966). — FROST, PH., G. D. WEINSTEIN, J. W. BOTHWELL, and R. WILDNAUER: Ichthyosiform Dermatoses. III. Studies of transepidermal water loss. Arch. Derm. **98**, 230—233 (1968). — FROST, PH., G. D. WEINSTEIN, and E. J. VAN SCOTT: The ichthyosiform dermatoses. II. Autoradiographic studies of epidermal proliferation. J. invest. Derm. **47**, 561—567 (1966). — FRÜHWALD: Ichthyosis congenita. Ref. Zbl. Haut- u. Geschl.-Kr. **45**, 297 (1933). — FUHS, H.: Hyperkeratosen der Beugeseite der Hände bei Syringomyelie. Ref. Zbl. Haut- u. Geschl.-Kr. **65**, 273 (1940).

GADE, M.: Ichthyosis gravis congenita. Acta derm.-venereol. (Stockh.) **35**, 228—229 (1955). — GAHLEN, W.: Keratosen. In: H. A. GOTTRON u. W. SCHÖNFELD, Dermatologie und Venerologie, Bd. IV, S. 77ff. Stuttgart: Georg Thieme 1960. — GALEOTA, A.: Su tre casi di ittiosi vulgare. Pediatra Riv. **46**, 159—170 (1938). — GALEWSKY: Erythrodermia congenitalis ichthyosiformis. Ref. Zbl. Haut- u. Geschl.-Kr. **37**, 22 (1931). — GANS, O., u. G. K. STEIGLEDER: Histologie der Hautkrankheiten, Bd. I, S. 54ff., Ichthyosis. Berlin-Göttingen-Heidelberg: Springer 1955. — GARCÉS, H., y F. DONOSO: Ictiosis fetal grave. Relato de un caso con sobrevida de más de un año. Rev. chil. Pediat. **27**, 159—161 (1956). — GARNIER, G.: Un cas d'hyperkératose congenitale ichtyosiforme. Bull. Soc. franç. Derm. Syph. **45** (4), 591—592 (1938). — GASPER, W.: Ichthyosiforme Erythrodermie (Erythrodermie congénitale ichtyosiforme Brocq, Keratosis rubra congenita Rille. Derm. Wschr. **96**, 150—159 (1933). — GASSER, U.: Zur Klinik, Histologie und Genetik der Erythrodermie congénitale ichtyosiforme bulleuse (Brocq). Inaug.-Diss. Zürich 1963. — GATÉ, J., J.-P. MICHEL et J. CHARPY: Ichtyose chez un enfant présentant des dystrophies dentaires et un crâne natiforme. Bull. Soc. franç. Derm. Syph. **38**, 389—390 (1931). — Dermatose diffuse caractérisée par des éléments lenticulaires hyperkératosiques disséminés et affectant un type de kératose ponctuée dans les régions palmaires et plantaires. (Casus pro diagnosi.) Bull. Soc. franç. Derm. Syph. **39**, 1573—1575. (1932). — GEBHARDT, R.: Ohr- und Zahnanomalien als Randsymptom bei Ichthyosis vulgaris. Z. Haut- u. Geschl.-Kr. **41**, 465—467 (1966). — GERKE, J.: Über das gleichzeitige Vorkommen von Ichthyosis und Psoriasis. Arch. Derm. Syph. (Berl.) **169**, 485—493 (1934). — GERTLER: Hyperkeratosen bei Syringomyelie. Ref. Zbl. Haut- u. Geschl.-Kr. **69**, 58—59 (1943). — GIANELLI, C., y M. E. MANTERO: Ichthyosis nigricans. Arch. Pediat. Urug. **7**, 478—482 (1936). — GIARDINO, G.: Un caso di ittiosi curato con vitamina F '99' e considerazioni sul valore curativo di questa vitamina su alcuni stati patodermici. Dermatologia (Napoli) **3**, 12—17 (1952). — GIORDANO, A.: Studi sulla patologia del feto e del neonato. XVIII. Contributo allo studio morfologico et patogenetico dell'ittiosi fetale. G. ital. Derm. **79**, 765—789 (1938). — GLAZEBROOK, A. J., and W. TOMASZEWSKI: Ichthyosiform changes of the skin associated with internal diseases. Arch. Derm. Syph. (Chic.) **55**, 28—36 (1947). — GLEISS, J.: Beitrag zur Beurteilung Ichthyosis-ähnlicher Zustände des Neugeborenen. Arch. Kinderheilk. **135**, 100—109 (1948). — GOLDSCHLAG, F.: Erythrodermia ichthyosiformis congenita Brocq. Ref. Zbl. Haut- u. Geschl.-Kr. **38**, 593 (1931). — Erythrodermia congenita ichthyosiformis Brocq. Ref. Zbl. Haut- u. Geschl.-Kr. **46**, 128—129 (1933). — Erythrodermia ichthyosiformis Brocq. Ref. Zbl. Haut- u. Geschl.-Kr. **51**, 161 (1935). — Ichthyosis vulgaris mitis. Keratoma palmare et plantare. Ref. Zbl. Haut- u. Geschl.-Kr. **51**, 162 (1935). — GOLDSCHLAG, F., u. ROSENBUSCH: Ichthyosis congenita? Ref. Zbl. Haut- u. Geschl.-Kr. **53**, 595 (1936). — GOTTRON, H.: Ichthyosis foetalis larvata. Ref. Zbl. Haut- u. Geschl.-Kr. **43**, 612 (1933). — Ichthyosisfälle. Ref. Zbl. Haut- u. Geschl.-Kr. **62**, 93 (1939). — Ichthyosis congenita larvata. Ref. Zbl. Haut- u. Geschl.-Kr. **69**, 55 (1943). — Hystrixartige ichthyosiforme Erythrodermie bei 8jährigem Jungen. Ref. Zbl. Haut- u. Geschl.-Kr. **69**, 607 (1943). — Erythrodermia ichthyosiformis. Ref. Zbl. Haut- u. Geschl.-Kr. **70**, 469—470 (1943). — Hystrixartige Erythrodermie ichthyosiforme (bei 8jährigem Jungen). Derm. Wschr. **116**, 333 (1943). — GOUGEROT, H.: Ichtyoses tardives. Arch. derm.-syph. (Paris) **3**, 462—463 (1931). — Ichtyose et hérédosyphilis. Amélioration par le traitement antisyphilitique. Arch. derm.-syph. (Paris) **3**, 467—469 (1931). — GOUGEROT, H., P. BLUM et J. BRUN: Ichtyose localisée. Arch. derm.-syph. (Paris) **3**, 470—473 (1931). — GOUGEROT, H., et HAMBURGER: Ichtyose progressive localisée et réticulée. Arch. derm.-syph. (Paris) **8**, 323—325 (1936). — GOUGEROT, H., et HAMBURGER: Ichtyose progressive localisée et réticulée. Bull. Soc. franç. Derm. Syph. **42**, 1403—1404 (1935). — GOUGEROT, H., et P. DE GRACIANSKY: Erythrodermie ichtyosiforme réticulée. Bull. Soc. franç. Derm. Syph. **44**, 1695—1697 (1937). — GOUGEROT, H., A. DURUY et O. ÉLIASCHEFF: Ichtyose localisée aux quatre membres et naevi verruqueux dans les deux membres gauches. Bull. Soc. franç. Derm. Syph. **47**, 106—110 (1940). — GREITHER, A.: Ist etwas über Zusammenhänge zwischen Ichthyosis bzw. Ichthyosis vulgaris und Bronchitiden bekannt? Dtsch. med. Wschr. **84**, 922 (1959). — GREITHER, A.: Über das Syndrom: Ichthyosis congenita, Schwachsinn und spastische Störungen vom Typ der Littleschen Krankheit. Hautarzt **10**, 403—408 (1959). — GREITHER, A.: Zur Klassifikation der Ichthyosis-Gruppe.

Dermatologica (Basel) 128, 464—482 (1964). — GREITHER, A., u. G. GOERZ: Grenzen und Gefahren der Corticoid-Behandlung in der Dermatologie. Dtsch. med. Wschr. 89, 1241—1247 (1964). — GROSS, H.: Ein Fall von Erythrodermia ichtyosiformis congenitalis Brocq mit universellem Ödem. Arch. Kinderheilk. 149, 72—75 (1954). — GROSS, P.: Ichthyosis hystrix in a twin. Arch. Derm. Syph. (Chic.) 35, 520 (1937). — GÜCKEL, G.: Ein Beitrag zur Kasuistik der Ichthyosis congenita. Mit besonderer Berücksichtigung der Erbbiologie. Arch. Kinderheilk. 117, 272—277 (1939).

HADIDA, E., R. STREIT et J. SAYAG: Erythrodermie congénitale ichtyosiforme. Bull. Soc. franç. Derm Syph. 71, 411—413 (1964). — HADJITHEODOROU, TH.: Über Ichthyosis hystrix und Ichthyosis congenita gravis. Wien. klin. Wschr. 1938 (II), 783—785. — HALLET, J.: Le kératome malin diffus congénital. Acta paediat. belg. 9, 19—28 (1955). — HANSSLER, H.: Die Behandlung der Ichthyosis congenita gravis mit Cortison. Dtsch. med. Wschr. 82, 1733—1734 (1957). — HARRIS, H.: A pedigree of sex-linked ichthyosis vulgaris. Ann. Eugen. (Lond.) 14, 9 (1947). — HARTUNG, J.: Über atypische Ichthyosisfälle. Derm. Wschr. 104, 149—158 (1937). — HASHIMOTO, T., and W. F. LEVER: Histochemical demonstration of glucose-6-phosphate dehydrogenase in skin of human embryos. J. invest. Derm. 47, 421—425 (1966). — HAXTHAUSEN, H.: Hyperkeratosis ichthyosiformis? Acanthosis nigricans? in a 4 year old girl with congenital deafness. Acta derm.-venereol. (Stockh.) 35, 191—192 (1955). — Ichthyosis simplex? Ichthyosis-like scaling said to have arisen in the past 6 months. Severe fracture of the skull involving pareses in 1953. Acta derm.-venereol. (Stockh.) 36, 237 (1956). — HEIJER, A., and W. B. REED: Sjögren-Larsson syndrome. Congenital ichthyosis, spastic paralysis, and oligophrenia. Arch. Derm. 92, 545—552 (1965). — HEILESEN, BJ.: Ichthyosis congenita. Acta derm.-venereol. (Stockh.) 35, 200—201 (1955). — HEIMENDINGER, J., u. U. W. SCHNYDER: Bullöse ‚Erythrodermie ichtyosiforme congénitale' in zwei Generationen. Helv. paediat. Acta 17, 47—55 (1962). — HELLER, O.: Über das Syndrom Ichthyosis und Kryptorchismus. Med. Klin. 33, 271—272 (1937). — HELLERSTRÖM, S.: Fall von kongenitaler Ichthyosis mit A- und D-Vitamin-Injektionen erfolgreich behandelt. Ref. Zbl. Haut- u. Geschl.-Kr. 67, 570 (1941). — HELMAN, J.: Sporadic cretinism and ichthyosis in the same family. S. Afr. med. J. 21, 358 (1947). — HERMANN, H.: Über lokalisierte Ichthyosis vulgaris. Derm. Wschr. 124, 1097—1102 (1951). — HERMANS, E. H.: Collodion babies. Proc. 11th Int. Congr. Dermatology, Stockholm 1957, vol. III, 676—677 (1960).— Kollodiumbabies. Dermatologica (Basel) 119, 164—185 (1959). — HODGSON, G.: Ichthyosiform erythroderma. Brit. J. Derm. 61, 380 (1949). — HOEDE, K.: Zur Erbbiologie der Ichthyosis vulgaris. Bemerkungen zu der Mitteilung von K. IDELBERGER u. G. HABERLER, Kasuistische Beiträge zur Erbbiologie der Ichthyosis vulgaris in Nr 12 Derm. Wschr. S. 361— 367. Derm. Wschr. 105, 1030—1032 (1937). — HOFMANN, N.: Erythrodermie ichtyosiforme congénitale (klinisch trockene, histologisch granulär degenerierte (blasige) Form). Derm. Wschr. 152, 71 (1966). — HOLZMANN, H., R. DENK u. B. MORSCHES: Aktivitätsmuster einiger Enzyme des Glucose-Abbaues in Erythrocyten von Kranken mit Ichthyosis vulgaris. Arch. klin. exp. Derm. 226, 430—435 (1966). — HOOFT, C.: Sjögren-Larsson-syndrome with exsudative enteropathy. Influence of medium-chain triglycerides on the symptomatology. Helv. paediat. Acta 22, 447—458 (1967). — HOPF, G.: Ichthyosis hystrix. Ref. Zbl. Haut- u. Geschl.-Kr. 59, 126 (1938). — HORNSTEIN, O.: Erythrodermie ichtyosiforme congénitale bulleuse (Brocq). Derm. Wschr. 151, 1255—1265 (1965). — HUTSEBAUT, A.: Ichtyose congénitale généraliseée. Arch. belges Derm. 9, 307—308 (1954). — Evolution d'un cas d'ichtyose congénitale généralisée sous l'influence de la vitamine E en solution aqueuse. Arch. belges Derm. 10, 226—229 (1954).

IANCU, A., et A. MANU: Sur un cas d'ichtyose héréditaire. Bull. Sect. Endocrin. Soc. roum. Neurol. 4, 469—473 (1938). Ref. Zbl. Haut- u. Geschl.-Kr. 62, 400—401 (1939). — IDELBERGER, K.: Zur Erbbiologie der Ichthyosis vulgaris. Schlußwort zu der vorstehenden Entgegnung HOEDEs. Derm. Wschr. 105, 1032—1033 (1937). — IDELBERGER, K., u. G. HABERLER: Kasuistische Beiträge zur Erbbiologie der Ichthyosis vulgaris. Derm. Wschr. 104, 361—367 (1937). — INGRAM, J. T.: A case of bullous naevus, ichthyosis hystrix type in a child. Brit. J. Derm. 47, 373—374 (1965). — ISHIBASI, Y., u. G. KLINGMÜLLER: Erythrodermia ichthyosiformis congenita bullosa Brocq. Über die sog. granulöse Degeneration. I. Einleitung und Kasuistik. Arch. klin. exp. Derm. 231, 424—436 (1968). — ISHIBASI, Y., u. G. KLINGMÜLLER: Erythrodermia ichthyosiformis congenita bullosa Brocq. Über die sog. granulöse Degeneration. II. Elektronenmikroskopische Untersuchungen der Basal- und Stachelzellschicht. Arch. klin. exp. Derm. 232, 205—224 (1968). — ITO, M.: Genetical studies on skin diseases. V. Ichthyosis. Ref. Zbl. Haut- u. Geschl.-Kr. 80, 179 (1957). — IWAMA, M.: Ein Fall von Erythrodermia ichthyosiformis congenita. Ref. Zbl. Haut- u. Geschl.-Kr. 61, 676 (1939).

JABLONSKA, S., E. SIDI, G. R. MELKI et M. HINCKY: Erythrodermie congénitale ichtyosiforme bulleuse. Bull. Soc. franç. Derm. Syph. 62, 316—317 (1955). — JAEGER, H., J. DELACRÉTAZ et H. CHAPUIS: Erythrodermie ichtyosiforme. Dermatologica (Basel) 110, 377 (1955).—

JAQUETI-DEL-POZO, y DAUDÉN-SALA: Eritrodermia ictiosiforme congenita. Act. dermosifiliogr. (Madr.) **45**, 342—343 (1954). — JOULIA, P., L. TEXIER et J. FRUCHARD: Erythrodermie ichtyosiforme congénitale et infantilisme hypophysaire. Ann. Derm. Syph. (Paris) **79**, 296—301 (1952). — JUNG, E. G., u. U. W. SCHNYDER: Die ,Erythrodermie ichtyosiforme congénitale': ein heterogenes Syndrom. Dermatologica (Basel) **124**, 189—191 (1962).

KELLER, PH.: Die Behandlung der Haut- und Geschlechtskrankheiten in der Sprechstunde. Berlin-Göttingen-Heidelberg: Springer 1952. — KERR, C. B., and R. S. WELLS: Sex-linked ichthyosis. Ann. hum. Genet. **29**, 33—50 (1965). — KIRSCH: Ichthyosis vulgaris nitida und Keratoma dissipatum. Derm. Wschr. **137**, 638 (1958). — KISSEL, P., et J. BEUREY: VIII. Congr. de Dermatologistes et Syphiligraphes Nancy 1953. — KISSEL, P., J. BEUREY et J. BARBIER: Les génodermatoses. Presse méd. **60**, 803—805 (1952). — KLAUDER, J. V.: Ichthyosis vulgaris in two brothers. Arch. Derm. Syph. (Chic.) **26**, 952—953 (1932). — KOCHS: Erythrodermie ichtyosiforme congénitale Brocq. Ref. Zbl. Haut- u. Geschl.-Kr. **78**, 398 (1952). — KOGOJ, F.: Hyperkeratosis ichthyosiformis. Acta derm.-venereol. (Stockh.) **30**, 206—219 (1950). — Über Blasenbildung bei Hyperkeratosis ichthyosiformis. Hautarzt **12**, 391—395 (1961). — Formenkreis der ichthyosiformen und keratotischen Hauterkrankungen. In: RIECKE-BODE-KORTING, Lehrbuch der Haut- und Geschlechtskrankheiten, S. 390ff. Stuttgart: Gustav Fischer 1962. — KOJIMA, RIICHI u. Kô TOZAWA: Ein Fall von Ichthyosis simplex mit Perthesscher Krankheit. Jap. J. Derm. **49**, 29 (1941). — KOLLER, L.: Ichthyosis simplex. Ref. Zbl. Haut- u. Geschl.-Kr. **60**, 474 (1938). — KONRAD: Ichthyosis und Psoriasis. Ref. Zbl. Haut- u. Geschl.-Kr. **49**, 583 (1035). — KORTING, G. W., H. HOLZMANN u. B. MORSCHES: Über einen Unterschied des Magnesium-Gehalts der Eythrozyten von endogenen Ekzematikern und Kranken mit Ichthyosis vulgaris. Arch. klin. exp. Derm. **229**, 126—130 (1967). — KORTING, G. W., u. H. RUTHER: Ichthyosis vulgaris und akrofaciale Dysostose. Arch. Derm. Syph. (Berl.) **197**, 91—104 (1954). — KOVÁCS, S.: Erythrodermie ichtyosiforme congénitale. Ref. Zbl. Haut- u. Geschl.-Kr. **56**, 11 (1937). — KUHLMANN, F., u. D. WAGNER: Über Zusammenhänge zwischen Ichthyosis vulgaris und Darmstörungen. Arch. Derm. Syph. (Berl.) **179**, 639—650 (1939). — KURIHARA, Y.: Ichthyosis und ichthyosisähnliche Krankheiten. I. Über zwei Fälle von Keratosis parvimaculata disseminata. Ref. Zbl. Haut- u. Geschl.-Kr. **55**, 132 (1937). — Ichthyosis und ichthyosisähnliche Krankheiten. II. Über einen Fall von Erythrodermie congénitale ichtyosiforme Brocq. Ref. Zbl. Haut- u. Geschl.-Kr. **56**, 461 (1937). — Ichthyosis und ichthyosisähnliche Krankheiten. III. Ein Fall von kongenitaler Dyskeratose. Ref. Zbl. Haut- u. Geschl.-Kr. **59**, 579—580 (1938). — KUSKE, H., u. W. SOLTERMANN: Ichthyosis congenita (Erythrodermia ichthyosiformis congenitalis) (gemeinsame Beobachtung mit Dr. FIVAZ, Zürich). Dermatologica (Basel) **116**, 386—387 (1958). — KWIATKOWSKI: Ichthyosis et erythrodermia ichthyosiformis Brocq circumscripta. Ref. Zbl. Haut- u. Geschl.-Kr. **51**, 529 (1955). — KYLIN, E.: Ein Fall von Ichthyosis mit erfolgreicher Behandlung durch Hypophysentransplantation. Svenska Läk.-Tidn. **1938**, 1123—1124.

LANDES: Erythrodermia ichthyosiformis congenita. Ref. Zbl. Haut- u. Geschl.-Kr. **75**, 303 (1950/51). — LANDOR, J. V.: Syringocystadenoma associated with ichthyosis. Med. J. Aust. **1951**, 909—911. — LANTERI, G.: Nuovo contributo (due casi) al rapporto tra ittiosi volgare e sifilide congenita. Boll. Soc. med.-chir. Catania **1**, 142—150 (1933). — LANZENBERG, P., et J. SILBER: Ichtyose généraliseé. Mort en vingt-quatre heures avec lésions de congéstion des centres nerveux s'accompagnant d'acidose. Bull. Soc. franç. Derm. Syph. **38**, 288—291 (1931). — LAPIÈRE, S.: Epidermolyse ichtyosiforme congénitale (Erythrodermie ichtyosiforme congénitale forme bulleuse Brocq). Ann. Derm. Syph. (Paris) **3**, 401—415 (1932). — Les génodermatoses hyperkératosiques de type bulleux. Ann. Derm. Syph. (Paris) **80**, 597—614 (1953). — L'érythrodermie ichtyosiforme congénitale bulleuse létale. Ann. Derm. Syph. (Paris) **84**, 5—21 (1957). — Deux cas familiaux de bébés-collodion. Arch. belges Derm. **14**, 40—51 (1958). — A propos d'un cas létal de bébé-parchemin-collodion. Bull. Soc. franç. Derm. Syph. **68**, 215—219 (1961). — LARRALDE, J.: Erythrodermie congénitale ichtyosiforme. Arch. Derm. **85**, 810—811 (1962). — LASCHEID, W. P., L. W. POTTS, and W. E. CLENDENNING: Congenital ichthyosiform erythroderma. Arch. Derm. **77**, 612—613 (1958). — LASHINSKY, I. M.: Erythrodermie congénitale ichtyosiforme. Arch. Derm. Syph. (Chic.) **26**, 203 (1932). — LATTUADA, H. P., and M. S. PARKER: Congenital ichthyosis. Amer. J. Surg. **82**, 236—239 (1951). — LAUBENTHAL, F.: Über den Erbkreis der Ichthyosis vulgaris. Arch. Derm. Syph. (Berl.) **179**, 674—684 (1939). — Nervensystem und Ichthyosis (Erbbiologisch-pathogenetische Studie an Ichthyosissippen). Z. ges. Neurol. Psychiat. **168**, 722—767 (1940). — LAUGIER, P., R. WEILL et P. RODIER: Ichtyose foetale. Bull. Soc. franç. Derm. Syph. **59**, 494—495 (1952). — LAWLESS, T. K.: Congenital ichthyosiform erythroderma. Arch. Derm. Syph. (Chic.) **44**, 30—36 (1941). — LAYMON, C. W., and R. MURPHY: Congenital ichthyosiform erythroderma. Arch. Derm. Syph. (Chic.) **57**, 615—624 (1948). — LEIPOLD, W.: Vitaminbehandlung in der Dermatologie. Hautarzt **1**, 386—400 (1950). — LEVER, F. W.: Histopathology of the skin. Philadelphia-London-Montreal: J. B. LIPPINCOTT Co. 1954. — LIEBERMANN, S.: Zur Frage der ,ichthyosisartigen Erythrodermie'. Derm. Wschr. **93**, 1881—1888 (1931). — Lieblein, V.: Ichthyosis vulgaris und Kryptochismus. Zit. O. Heller. — Liebner, A.: Atypische Ichthyosis mit Hyperepidermotrophie an Händen und Füßen. Ref. Zbl. Haut- u. Geschl.-Kr. **46**, 148 (1933). — Lindley, M.: Klinische und tierexperimentelle Untersuchung über die therapeutische Beeinflußbarkeit pathologischer Verhornungsprozesse durch Vitamin A. Inaug.-Diss. Marburg 1956. — Link, J. K., and E. C. Roldan: Mental deficiency, spasticity and congenital ichthyosis. J. Pediat. **52**, 712—714 (1958). — Ljungström, C. E.: Eine einfache und wirksame Therapie bei Ichthyosis. Acta med. scand. **108**, 98—105 (1941). — Lockwood, J. H.: Congenital ichthyosiform erythroderma. Arch. Derm. **81**, 266—267 (1960). — Lodin, A., H. Gentele, and B. Lagerholm: Vitamin B_{12} in the treatment of congenital ichthyosiform erythroderma. Acta derm.-venereol. (Stockh.) **38**, 51—67 (1958). — Lodin, A., B. Lagerholm, and A. Frithz: Vitamin A in the treatment of maleformatio ectodermalis generalisata — ,porcupine man'. Acta derm.-venereol. (Stockh.) **46**, 412—422 (1966). — Lorétan, R. M.: Erythrodermie congénitale ichtyosiforme bulleuse, lein hypothétique entre les génodermatoses bulleuses et ichtyosiques. Rev. suisse Méd. **78**, 152 (1958). — Louste, Rabut et Gadaud: Erythrodermie desquamative et kératosique. Bull. Soc. franç. Derm. Syph. **38**, 29—31 (1931). — Lundquist, O.: Ein Fall von Ichthyosis congenita. Acta paediat. (Stockh.) **23**, 252—257 (1938). — Lyell, A., and C. H. Whittle: The long-term prognosis in ichthyosis congenita. Proc. 11th Int. Congr. Dermatology Stockholm 1957, vol. III, p. 667—675. — Lynch, H. T., D. E. Anderson, J. L. Smith, J. B. Howell, and A. J. Krush: Xeroderma pigmentatum, malignant melanoma, and congenital ichthyosis. A family study. Arch. Derm. **96**, 625—635 (1967). — Lynch, H. T., F. Ozer, C. W. McNutt, J. E. Johnson, and N. A. Jampolsky: Secondary male hypogonadism and congenital ichthyosis: association of two rare genetic conditions. Amer. J. hum. Genet. **12**, 440—447 (1960).

Mackee, G. M., and I. Rosen: Erythrodermie congénitale ichthyosiforme. Report of cases with a discussion of the clinical and histological features and a review of the literature. J. cutan. Dis. **35**, 235—251, 343—361, 511—540 (1917). — Maderna, N.: Riccerche istologiche sulla cheratopoiesi nella evoluzione della ittiosi. Rinasc. med. **17**, 647—649 (1940). — Maes, E.: Erythrodermie ichtyosiforme avec épidermolyse bulleuse. Arch. belges Derm. **8**, 304—305 (1952). — McFarland, J.: Ichthyosis hystrix in a chinese. Review of the literature. Arch. Derm. Syph. (Chic.) **22**, 307—317 (1930). — Maloney, E. R.: Ichthyosis hystrix with unusual distribution of lesions. Arch. Derm. Syph. (Chic.) **26**, 1161 (1932). — Marañón, G., u. M. Lavarez Cascos: Über die ichthyosiforme generalisierte Hyperkeratosis von Darier. (Kongenitale Erythrodermia ichthyosiformis von Brocq.) An. Med. int. **1**, 783—809 (1932). — Marmelzat, W. L.: Story of the original 'porcupine men'. Classic descriptions of ichthyosis hystrix. Arch. Derm. Syph. (Chic.) **58**, 349—353 (1948). — Marshall, H., and H. H. Brede: Black piedra in a child with pili contorti, bamboo hair, and congenital ichthyosiform erythroderma. S. Afr. med. J. **35**, 221—228 (1961). — Marshall, H., and J. M. Martin: Congenital ichthyosiform erythrodermia. Description of a case and discussion of the relationsships of some bullous dermatoses. S. Afr. med. J. **1952**, 991—995. — Maruri, C. A.: Ichtyose vulgaire (psycho-éctodermose). Arch. belges Derm. **5**, 291 (1949). — Marzollo, E.: Ichthyosis vulgaris und Alopecie. Arch. Derm. Syph. (Berl.) **174**, 171—176 (1936). — Mason, A. A.: A case of congenital ichthyosiform erythrodermia of Brocq treated by hypnosis. Brit. med. J. **1952 II**, 422—423. — Massot, H., et Ch. Coudray: Un cas d'hyperkératose avec polyarthrite. Syndrome de Vidal et Jacquet non blennorragique. Bull. Soc. franç. Derm. Syph. **42**, 1437—1441 (1935). — Matras: Ichthyosis simplex mit atypischer Lokalisation an Handtellern und Fußsohlen. Ref. Zbl. Haut- u. Geschl.-Kr. **45**, 147 (1933). — McCurdy, J. (for J. M. Beare): Congenital bullous ichthyosiform erythroderma. Brit. J. Derm. **79**, 294—297 (1967). — Mérand: Hyperkeratoichthyosiformis bullosa. Ref. Zbl. Haut- u. Geschl.-Kr. **92**, 400 (1955). — Mérand, A., et R. Pfister: Hyperkératose ichtyosiforme bulleuse. Bull. Soc. franç. Derm. Syph. **62**, 90—91 (1955). — Merklen, F.-P., G.-R. Melki et F. Cottenot: Ichtyose localisée chez un ancien ,bébé-collodion'. Bull. Soc. franç. Derm. Syph. **71**, 311—312 (1964). — Merklen, F.-P., G. Solente et A. Deschâtres: Ichtyose grave congénitale. Bull. Soc. franç. Derm. Syph. **59**, 9 (1952). — Michel, P.-J., et L. Rossand: Erythrodermie ichtyosiforme congénitale. Erythrokératodermie ichtyosiforme circonscrite apparue peu après la naissance, à evolution progressive associée à une kératodermie palmo-plantaire et à un érythème curieusement figuré. Bull. Soc. franç. Derm. Syph. **62**, 70—71 (1955). — Miescher, G.: Trophisch bedingte Hyperkeratose kombiniert mit Hyperaesthesie, nach Nervenschädigung. Schweiz. med. Wschr. **1936** (II), 921. — Die Behandlung der Ichthyosis mit Vitamin A. Dermatologica (Basel) **108**, 300—303 (1954). — Minami, S.: Einige Dermatosen, kombiniert mit Ichthyosis. Jap. J. Derm. **33**, 43 (1933). — Mitchell, J. H., and R. Nomland: Ichthyosiform erythroderma. Arch. Derm. Syph. (Chic.) **22**, 1091 (1930). — Miyazaki, M.: Über die Ichthyosis infolge blutsverwandter Eltern. Jap. J. Derm. Urol. **32**, 621—625 (1932). Einige Fälle von Ichthyosis und Xeroderma pigmentosum infolge blutsverwandter Eltern. Jap. J. Derm. **32**, 32 (1932). — Molitch, M.: Di-nitrophenol in treatment of ichthyosis.

Arch. Derm. Syph. (Chic.) **32**, 466—467 (1935). — MONTAGNANI, A.: Ipercheratosi ittiosiforme congenita bullosa e distrofie cutanee. Minerva derm. **31**, 364—373 (1956). — MONTESANO, V., jr.: Un caso di eritrodermia congenita ittiosiforme. Arch. ital. Derm. **13**, 229—246 (1937). — MUSGER: Ichthyosis serpentina partim hystrix. Ref. Zbl. Haut- u. Geschl.-Kr. **142**, 292—294 (1932). — Ichthyosis simplex et serpentina. Ref. Zbl. Haut- u. Geschl.-Kr. **52**, 275 (1936). — Ichthyosis vulgaris partim serpentina, partim hystrix mit Alopecie. Ref. Zbl. Haut- u. Geschl.-Kr. **53**, 604 (1936). — MUSSA, B.: Considerazioni su un caso di ittiosi congenita. Clin. e Igiene infant. **6**, 395—407 (1931).

NÉKÁM: Zit. SCHNYDER u. KLUNKER, Erg.-Werk zum J. Jadassohnschen Handbuch der Haut- und Geschlechtskrankheiten, Bd. VII, S. 879. Berlin-Göttingen-Heidelberg: Springer 1962. — NETHERTON, E. W.: A unique case of trichorrhexis nodosa. ‚Bamboo hair'. Arch. Derm. **78**, 488—489 (1961). — NICOLAS, J., F. LEBEUF et H. WEIGERT: Erythrodermie ichtyosiforme avec hyperépidermotrophie. Bull. Soc. franç. Derm. Syph. **38**, 255—256 (1931). — NICOLAS, J., et J. ROUSSET: Erythrodermie ichtyosiforme atypique. Bull. Soc. franç. Derm. Syph. **44**, 1123—1124 (1937). — NICOLAS, J., J. ROUSSET et J. RACOUCHOT: Erythrodermie ichtyosiforme avec kératodermie palmare et plantaire du type Méléda. Bull. Soc. franç. Derm. Syph. **45**, 167—171 (1938). — NICOLAU, ST. GH., u. L. BĂLUS: Über die Identität der histopathologischen Veränderungen bei Erythrodermie ichthyosiformis congenita bullosa und der systematisierten hyperkeratotischen Naevi. Derm. Wschr. **143**, 462—469 (1961). — NIKOLOWSKI, W., u. LEHMANN: Naevus ichthyosiformis hystrix. Derm. Wschr. **141**, 279, 282, 283 (1960). — NISHIMURA, E.: Notes on erythrodermia congénitale ichtyosiforme Brocq. Mitt. med. Akad. Kioto **7**, 449—459 (1933). — NIX, TH. E., H. W. KLOEPFER, and V. Y. DERBES: Ichthyosis — lamellar exfoliative type. Dermatologica tropica **2**, 142—152 (1963).

O'DONOVAN, W. J.: Ichthyosis with familial tylosis and multiple rodent ulcers. Proc. roy. Soc. Med. **25**, 920—922 (1932). — O'DONOVAN, W. J.: Ichthyosis hystrix (familial). Proc. roy. Soc. Med. **26**, 1555—1556 (1933). — O'LEARY, P. A., H. MONTGOMERY, and L. A. BRUNSTING: Congenital ichthyosiform erythroderma; Hodgkin's disease. Arch. Derm. Syph. (Chic.) **31**, 406 (1935). — OLLENDORFF-CURTH, H., and M. T. MACKLIN: The genetic base of various types of ichthyosis in a family group. Amer. J. hum. Genet. **6**, 371—382 (1954). — OPPENHEIM: Ichthyosis follicularis mit Atrophodermia vermiculata faciei. Ref. Zbl. Haut- u. Geschl.-Kr. **144**, 501 (1933). — ORFUSS, A. J.: Ichthyosis treated with 10% sodium chloride ointment. Arch. Derm. **78**, 663—664 (1958). — OTA, M.: Erythrodermie ichtyosiforme congénitale (Brocq). Ref. Zbl. Haut- u. Geschl.-Kr. **62**, 303 (1939).

PAKULA, S. F.: Erythrodermia: congenital, ichthyosiform, of the hystrix type. Arch. Derm. Syph. (Chic.) **28**, 429—430 (1933). — PARDO-CASTELLO, V., and H. FÁZ: Ichthyosis — Little's disease. Arch. Derm. Syph. (Chic.) **26**, 915 (1932). — PARDO-CASTELLO, V., J. GRAU, J. J. MESTRE, and S. ROSELL: Erythrodermia congenita ichthyosiformis. Arch. Derm. Syph. (Chic.) **26**, 905—906 (1932). — PARDO-CASTELLO, V., J. J. MESTRE y S. ROSELL: Erythrodermia congenita ichthyosiformis. Bol. Soc. cuba. Derm. **2**, 238 (1931). — PARKHURST, H. J.: Congenital epidermal defect with features of ichthyosis and epidermolysis bullosa hereditaria. Arch. Derm. Syph. (Chic.) **23**, 167—168 (1931). — PASTINSZKY, ST.: Ichthyosis vulgaris serpentina. Ref. Zbl. Haut- u. Geschl.-Kr. **68**, 613 (1942). — Ichthyosis serpentina nigricans. Ref. Zbl. Haut- u. Geschl.-Kr. **69**, 587 (1943). — PAVIA, M.: Su un caso di ittiosi congenita. Boll. Sez. region. Soc. ital. Derm. **3**, 244—246 (1934). — PEARSON, R. W., and A. C. SAQUETIN: Congenital ichthyosiform erythroderma. Arch. Derm. **94**, 802—803 (1966). — PELLERAT, J., et J. L. CARIAGE: Erythrodermie congénitale ichtyosiforme ou ichtyose serpentine. Bull. Soc. franç. Derm. Syph. **60**, 179—180 (1953). — PENROSE, L. S., and C. STERN: Reconsideration of the Lambert pedigree (ichthyosis hystrix gravior). Ann. hum. Genet. **22**, 258—283 (1958). — PETRUZZELLIS, V.: Contributo alla conoscenza della ipercheratosi ittiosiforme congenita con distrofia bollosa. G. ital. Derm. **106**, 161—180 (1965). — PISACANE, C.: Sull'ittiosi familiare. Boll. Sez. region. Soc. ital. Derm. **3**, 216—218 (1935). — PLOOG, D.: Insolationsschäden des Nervensystems bei Mangelernährung und Ichthyosis. Nervenarzt **18**, 402—415 (1947). — POLLITZER, S.: Ichthyosis. Arch. Derm. Syph. (Chic.) **23**, 768—769 (1931). — PRETORIUS, H. P. J., and F. P. SCOTT: Congenitale ichtyosiforme eritrodermie. S. Afr. med. J. **29**, 381—386 (1955). — PROCHAZKA FISHER, J.: Die Behandlung der Ichthyosis mit Vitamin A. Arch. Derm. Syph. (Berl.) **199**, 459—473 (1955).

RAJKA, G.: The question of congenital keratoses. Acta derm.-venereol. (Stockh.) **45**, 186—195 (1965). — RATHJENS: Erythrodermie ichtyosiforme congénitale. Ref. Zbl. Haut- u. Geschl.-Kr. **78**, 400 (1952). — RAVAUT et MAISLER: Un cas d'hyperkératose ichtyosiforme. Bull. Soc. franç. Derm. Syph. **39**, 681—684 (1932). — REED, R. J., E. G. GALVANEK, and R. R. LUBRITZ: Bullous congenital ichthyosiform hyperkeratoses. Arch. Derm. **89**, 665—674 (1964). — REFSUM, S.: Heredopathia atactica polyneuritiformis. Acta psychiat. (Kbh.), Suppl. **38** (1946). — REFSUM, S., L. SALOMONSEN, and M. SKATVEDT: Heredopathia atactica polyneuritiformis in children. J. Pediat. **35**, 335—343 (1949). — RENDELSTEIN, F.:

Beitrag zur Frage der Ichthyosis congenita. Wien. klin. Wschr. **1948**, 355—357. — Reyes, J. G.: Epidermodysplasia hystricoides bullosa. Report of a case with histopathologic study. Arch. Derm. Syph. (Chic.) **52**, 328—334 (1945). — Reynaers, H.: Eczéma hyperkératosique chronique ‚en gants' chez ichtyosique. Arch. belges Derm. **8**, 85—86 (1952). — Richterich, R., S. Rosin, and E. Rossi: Refsum's disease (Heredopathia atactica polyneuritiformis). An inborn error of lipid metabolism with storage of 3,7,11,15-tetramethylhexadecanoid acid. Formal genetics. Humangenetik **1**, 333—336 (1965). — Riecke, E.: Diskussionsbemerkung zu Rille. Arch. Derm. Syph. (Berl.) **177**, 236 (1938). — Rille: Über ichthyosisähnliche Erkrankungen. Ref. Zbl. Haut- u. Geschl.-Kr. **57**, 486 (1938). — Über ichthyosisähnliche Erkrankungen (ichthyosiforme Erythrodermie und Erythrokeratodermie variegata). Arch. Derm. Syph. (Berl.) **177**, 235—236 (1938). — Roa, A. O. de, u. L. Iapalucci: Über einen Fall von familiärer Ichthyose. Ref. Zbl. Haut- u. Geschl.-Kr. **58**, 273 (1938). — Roederer, J.: Erythrodermie congénitale ichtyosiforme. Bull. Soc. franç. Derm. Syph. **45**, 116—118 (1938). — Rollier, R., et L. Grangette: Erythrodermie congénitale ichtyosiforme, forme de passage avec le kératome malin. Bull. Soc. franç. Derm. Syph. **65**, 607 (1958). — Rollier, R., et M. Rollier: Une génodermatose ichtyosiforme en dominance, à poussées estivales Bull. Soc. franç. Derm. Syph. **69**, 829—832 (1962). — Roos, B.-E.: Ein mit Vitamin B_{12} behandelter Fall von Ichthyosis vulgaris. Svenska Läk.-Tidn. **1957**, 798—800. — Rossmann, R. E., E. M. Shapiro, and R. G. Freeman: Unilateral ichthyosiform erythroderma. Arch. Derm. **88**, 567—571 (1963). — Rostenberg, A., and D. W. Kersting: Generalized epithelial nevus (ichthyosis hystrix). Arch. Derm. **72**, 585—587 (1955). — Rostenberg, A., Jr., R. S. Medansky, and J. M. Fox: Congenital ichthyosiform erythroderma with the development of a mitotic lesion. Arch. Derm. **81**, 633 (1960). — Rotter: Ichthyosis hystrix. Ref. Zbl. Haut- u. Geschl.-Kr. **59**, 376 (1938). — Rousselot, R., C. I. Abram, J. Gougeon et J. Bignon: Ichtyose avec acropathie ulcéro-mutilante non familiale et périostite ossifiante. Bull. Soc. franç. Derm. Syph. **74**, 51—56 (1967). — Rud, E. (1927).: Zit. U. W. Schnyder u. W. Klunker, Erg.-Werk zum J. Jadassohn'schen Handbuch für Haut- u. Geschlechtskrankheiten, Bd. VII, S. 947. Berlin-Göttingen-Heidelberg: Springer 1962. — Runtová: Erythrodermie ichtyosiforme congenitale. Ref. Zbl. Haut- u. Geschl.-Kr. **51**, 245 (1935).

Saint-André, P., et J. Biot: Un traitement local de l'ichtyose. Les crèmes corticoides en pensement hermétique. Bull. Soc. franç. Derm Syph. **72**, 755—756 (1966). — Šalamon, T., u. B. Bogdanovič: Über einen Fall der klinisch nicht bullösen Form der Erythrodermia ichthyosiformis congenita. Z. Haut- u. Geschl.-Kr. **41**, 125—131 (1966). — Šalamon, T., u. O. Lazovič: Über einen Fall von Erythrodermia ichthyosiformis congenita bullosa (Brocq, 1902). Arch. klin. exp. Derm. **210**, 547—557 (1960). — Salfeld, K., u. M. Lindley: Zur Frage der Merkmalskombination bei Ichthyosis vulgaris mit Bambushaarbildung und ektodermaler Dysplasie. Derm. Wschr. **147**, 118—128 (1963). — Salin: Ichthyosis. Ref. Zbl. Haut- u. Geschl.-Kr. **40**, 176 (1932). — Samman, P. D.: Ichthyosis hystrix and other congenital defects. Proc. 10th Int. Congr. Dermatology, London 1952, 543 (1953). — Sannicandro, G.: Neurodermite e eritrodermia ittiosiforme congenita associata a cataratte (cataratta dermatogena). Arch. ital. Derm. **12**, 84—104 (1936). — Santoianni, P.: Su tre casi ipercheratosi ittiosiforme congenita. Minerva derm. **33**, 331—335 (1958). — Savin, L. H.: Corneal dystrophy associated with congenital ichthyosis and allergic manifestations in male members of family. Brit. J. Ophthal. **40**, 82—89 (1956). — Schachter, M.: Oligophrenie, paraplégie spasmodique (type Little) et ichtyose congénitale chez une petite prématurée. Syndrome de Sjögren-Larsson. Acta pediat. esp. **219**, 195—199 (1961). — Schields, J. J., and J. E. Bowman: Keratosis diffusa foetalis (ichthyosis congenita). Arch. Pediat. **57**, 756 (1940). — Schipke: Ichthyosis congenita. Ref. Zbl. Haut- u. Geschl.-Kr. **59**, 640 (1938). — Schirren, C., D. Hoffmann, J. Kühnau jr., G. Pfeiffer u. W. Rasch: Ektodermale Dysplasie mit Hypohidrosis, Hypotrichosis und Hypodontie. Hautarzt **11**, 70—75 (1960). — Schmidt, P. W.: Über eine besondere Form der Ichthyosis congenita tarda (Ichthyosis congenita tarda hystriciformis cum Erythrodermia figurata variabilis et Papillomatosis et Lipodystrophia). Arch. Derm. Syph. (Berl.) **168**, 296—317 (1933). — Acrodermatitis chronica atrophicans mit Ichthyosis vulgaris. Ref. Zbl. Haut- u. Geschl.-Kr. **52**, 196 (1936). — Imbezillität. Lokalisierte Keratose. Cutis laxa. Ref. Zbl. Haut- u. Geschl.-Kr. **54**, 296 (1937). — Ichthyosis congenita larvata. Ref. Zbl. Haut- u. Geschl.-Kr. **54**, 296 (1937). — Atypische Psoriasis? und Ichthyosis. Ref. Zbl. Haut- u. Geschl.-Kr. **54**, 296 (1937). — Schneck, J. M.: Ichthyosis treated with hypnosis. Dis. nerv. Syst. **15**, 211—214 (1954). — Schnyder, U. W.: Zur Histogenetik der granulösen Degeneration. Pathol. et Microbiol. (Basel) **27**, 486—493 (1964). — New findings in the ichthyosis and epidermolysis group. Proc. Human Genet. 1966, Baltimore: J. Hopkins Press 1967, p. 447—454. — Schnyder, U. W., u. W. Klunker: Erbliche Verhornungsstörungen der Haut. Erg.-Werk zum J. Jadassohn'schen Handbuch der Haut- und Geschlechtskrankheiten, Bd. VII, S. 861 ff., Berlin-Heidelberg-New York: Springer 1966. — Schnyder, U. W., et B. Konrad: De l'histopathologie et l'histochimie des ichtyoses. Bull. Soc. franç. Derm. Syph. **75**, 8—10 (1968). — Schnyder, U. W., B. Konrad,

K. Schreier, P. Nerz u. W. Crefeld: Über Ichthyosen. Dtsch. med. Wschr. 93, 423—428 (1968). — Schönfeld: Ichthyosis vulgaris. Ref. Zbl. Haut- u. Geschl.-Kr. 57, 245 (1938). — Schonberg, I. L.: Congenital ichthyosiform erythroderma. Arch. Derm. Syph. (Chic.) 64, 79 (1951). — Schulz, E. J.: Ichthyosiform conditions occuring in leprosy. Brit. J. Derm. 77, 151—157 (1965). — Schwartz, L. L., G. J. Busman, and A. R. Woodburne: Congenital ichthyosiforme erythroderma. Arch. Derm. Syph. (Chic.) 22, 1106—1107 (1930). — Scott, O., and D. Stone: Lamellar desquamation of the new-born. ,Collodion baby'. Brit. J. Derm. 67, 189—195 (1955). — Scully, J. P.: Congenital ichthyosiform erythroderma. Arch. Derm. Syph. (Chic.) 62, 762—764 (1950). — Seitz, R. P.: Congenital ichthyosis (collodion skin). Calif. west. Med. 44, 500 (1936). — Sellors, T. B.: A case of ichthyosis hystrix. Brit. med. J. 1932 I, 630—631. — Selmanowitz, V.: Sjögren-Larsson-syndrome (in a kinship of three siblings). Arch. Derm. 93, 772—777 (1966). — Senear, F. E., and H. Shellow: Congenital ichthyosiform erythroderma. Arch. Derm. Syph. (Chic.) 40, 835—836 (1939). — Shapiro, A.: Congenital ichthyosiform erythroderma. Arch. Derm. Syph. (Chic.) 63, 662 (1951). — Shaw, W. M., E. H. Mason, and F. G. Kalz: Hypothyroidism, liver damage, and vitamin A deficiency as factors in hyperkeratosis. Arch. Derm. Syph. (Chic.) 66, 197—203 (1952). — Shelmire, J. B., Jr.: Lamellar exfoliation of the new-born. Arch. Derm. Syph. (Chic.) 71, 471—475 (1955). — Sieben, H.: Hyperthyreose als Ursache der Ichthyosis. Med. Klin. 94, 50—51 (1932). — Ichthyosis als Folge endokriner Störung. Derm. Wschr. 94, 710—712 (1932). — Siemens, H. W.: Die Ichthyosis congenita partim sanata. Arch. Derm. Syph. (Berl.) 167, 514—521 (1933). — Dichtung und Wahrheit über die ,Ichthyosis bullosa' mit Bemerkungen zur Systematik der Epidermolysen. Arch. Derm. Syph. (Berl.) 175, 590—608 (1937). — Ichthyosis vulgaris granulosa familiaris. Dermatologica (Basel) 118, 175 (1959). — Diskussionsbemerkung zu Suurmond. Dermatologica (Basel) 122, 61—62 (1961). — Simon, Cl., et Coigneral: Cas pour diagnostic: Erythrodermie ichtyosiforme en placard, localisée et symétrique? Bull. Soc. franç. Derm. Syph. 38, 209—211 (1931). — Simonel, A., G. de Gans et Vinet: Rôle possible d'une primo-infection dans l'apparition d'une ichtyose simplex. Bull. Soc. franç. Derm. Syph. 62, 102—104 (1955). — Simpson, J. R.: Congenital ichthyosiform erythrodermia. Trans. St. John's Hosp. derm. Soc., N. S. 50, 93—104 (1964). — Sjögren, T.: Oligophrenia combined with congenital ichthyosiform erythrodermia, spastic syndrome and macular retinal degeneration. Acta genet. (Basel) 6, 80—91 (1956). — Sjögren, T., and T. Larsson: Oligophrenia in combination with congenital ichthyosis and spastic disorders. A clinical and genetic study. Kopenhagen: Munksgaard 1957. — Smeenk, G.: Two families with collodion babies. Brit. J. Derm. 78, 81—86 (1966). — Smith, S. W.: A case of ichthyosis congenita. Brit. J. Derm. 49, 115—116 (1937). — Sneddon, J. B.: Acquired ichthyosis in Hodgkin's disease. Brit. med. J. 1955 II, 763—764. — Sonneck, H. J.: Über gleichzeitiges Vorkommen von Ichthyosis und Kryptorchismus. Derm. Wschr. 126, 662—667 (1952). — Spencer, M. C.: Congenital ichthyosiform erythroderma. Tinea capitis and tinea corporis — trichophyton violaceum. Arch. Derm. Syph. (Chic.) 69, 751—753 (1954). — Spillmann, Weis et Rosenthal: Ichtyoses familiales. Bull. Soc. franç. Derm. Syph. 40, 1246—1247 (1933). — Spindler, A.: Hereditary transmission of ichthyosis vulgaris. Urol. cutan. Rev. 42, 761—763 (1938). — Sprafke: Ichthyosis. Ref. Zbl. Haut- u. Geschl.-Kr. 52, 410 (1936). — Stevanovič, D. V.: Hodgkin's disease of the skin. Acquired ichthyosis preceding tumoral and ulcerating lesions for seven years. Arch. Derm. 82, 96—99 (1960). — Stevanovič, D. V., and S. Konstantinovič: Hyperkeratosis ichthyosiformis congenita. Association with keratosis areola mammae neviformis, low-grade feeblemindedness, bone deformities, and pseudopelade. Arch. Derm. 80, 56—58 (1959). — Stewart, R. M.: Congenital ichthyosis, idiocy, infantilism, and epilepsy. The syndrome of Rud. J. ment. Sci. 85, 256 (1939). — Stokes, J. H.: A case for diagnosis: ichthyosis, hypothyroidism or acrodermatitis chronica atrophicans(?). Arch. Derm. Syph. (Chic.) 27, 349—350 (1933). — Straumfjord: Zit. H. U. Freyer. Z. Kinderheilk. 69, 368 (1951). — Summerly, R., and H. J. Yardley: Cholesterol synthesis in ichthyosis vulgaris. Brit. J. Derm. 79, 378—385 (1967). — Sundt, Chr. G.: Ichthyosis vulgaris combined with other developmental anomalies. Acta derm.-venereol. (Stockh.) 27, 469—478 (1947). — Suurmond, D.: Casus pro diagnosi: Ichthyosis vulgaris congenita atypica? Erythrodermia congenita ichthyosiformis? Dermatologica (Basel) 122, 61—62 (1961). — Sweitzer, S. E.: Ichthyosiform erythroderma. Arch. Derm. Syph. (Chic.) 26, 1134 (1932).

Taussig, L. R.: Ichthyosis with involrement of the cornea. Arch. Derm. Syph.(Chic.) 40, 504—505 (1939). — Témime, P., Montagnac et M. R. Mourgues: Hyperkératose ichtyosiforme congénitale généralisée (ses rapports avec les autres formes d'hyperéctodermose). Bull. Soc. franç. Derm. Syph. 56, 382—384 (1949). — Thaler, E.: Ein Beitrag zur lokalisierten Ichthyosis vulgaris. Z. Haut- u. Geschl.-Kr. 16, 375—376 (1954). — Tibor, S., u. D. Lazovic: Über einen Fall von Erythrodermia ichthyosiformis congenita bullosa (Brocq, 1902). Arch. klin. exp. Derm. 210, 547—557 (1960). — Touraine, A.: Ichtyose vulgaire familiale en récessivité limitée au sexe féminin. Bull. Soc. franç. Derm. Syph. 48, 626—627 (1941). —

L'hérédité en médicine. Paris: Masson & Cie. 1955. — Génodermatoses ichtyosiformes. Proc. 11th Int. Congr. Dermatology, Stockholm 1957, **3**, 653—658 (1960). — Essai de classification des kératoses congénitales. Ann. Derm. Syph. (Paris) **85**, 257—266 (1958). — TOURAINE, A., E. BERNARD et A. DAVY: Ichtyose en récessivité sexuelle. Ann. Derm. Syph. (Paris) **8**, 277 (1942). — TOURAINE, A., et M. IGERT: Erythrodermie ichtyosiforme familiale en récessivité. Bull. Soc. franç. Derm. Syph. **55**, 373 (1949).

UEHIDA, SH.: Über einen Fall von Ichthyosis, kombiniert mit Hodenatrophie. Jap. J. Derm. Urol. **31**, 121—122 (1931). — USAMI, M.: Über einen Sektionsfall von Ichthyosis congenita gravis. Trans. Soc. Path. jap. **30**, 501—505 (1940).

VASILESCU, C. V., et S. PETRESCU: Ichtyose congénitale grave chez un prématuré qui a survécu 6 jours; contribution anatomo-pathologique. Bull. Soc. méd. Hôp. Bucarest **22**, 365—395 (1940). — VAYRE, M. J.: Ichtyose très améliorée par un traitement prolongé par la vitamine A. Bull. Soc. franç. Derm. Syph. **63**, 235—236 (1956). — VELTMANN, G.: Zur Behandlung von Keratosen mit hohen Dosen Vitamin A. Hautarzt **1**, 495—502 (1950). — VERMA, BH. S.: Ichthyosis and vitamin A. Indian J. Derm. **24**, 149—154 (1958). — VILA-NOVA, X., y J. M. DE MORAGAS: Enfermedad de Netherton. Act. dermo-sifiliogr. (Madr.) **55**, 367—375 (1964). — VIRDIS, S., e D. BATOLO: Amartia del derma in un caso di cheratosi congenita. Acta paediat. lat. (Reggio Emilia) **9**, 648—661 (1956). — VOGEL, F.: Dermatologische Untersuchungen an eineiigen Zwillingen: Vitiligo, Ichthyosis simplex, Psoriasis. Z. Haut- u. Geschl.-Kr. **20**, 1—4 (1956). — VOSTRČIL: Ichthyosis serpentina. Ref. Zbl. Haut- u. Geschl.-Kr. **56**, 597 (1937). — VUKAS, A.: Erythroderma ichthyosiforme congenitum. Epidermotectoscopical description of a case. Arch. Derm. Syph. (Chic.) **64**, 36—40 (1951).

WALDECKER: Ichthyosis fetalis larvata mit Beteiligung der Augen. Ref. Zbl. Haut- u. Geschl.-Kr. **59**, 636 (1938). — WALLIS, K., and A. KALUSHINER: Oligophrenie in combination with congenital ichthyosis, spastic disorders and macular degeneration (Sjögren-Larsson-syndrome). Ann. paediat. (Basel) **194**, 115—124 (1960). — WARING, J. I.: Early mention of a harlequin fetus in America. Amer. J. Dis. Child. **43**, 442 (1932). — WEBER, G.: Über einen Fall von Ichthyosis congenita mit Lidschrumpfung. Derm. Wschr. **128**, 1144—1149 (1953). — WEBSTER, J., S. BLUEFARB, and J. F. SICKLEY: Ichthyosis associated with Hodgkin's disease. Arch. Derm. Syph. (Chic.) **65**, 368—369 (1952). — WEIBEL, R. S., u. U. W. SCHNYDER: Zur Ultrastruktur und Histochemie der granulösen Degeneration bei bullöser Erythrodermie congénitale ichtyosiforme. Arch. klin. exp. Derm. **225**, 286—298 (1966). — WEISS, R.: Diskussionsbemerkung zu BARKER u. SACHS. Arch. Derm. Syph. (Chic.) **67**, 453—454 (1953). — WELLS, R. S., and C. B. KERR: Genetic classification of ichthyosis. Arch. Derm. Syph. (Chic.) **92**, 1—6 (1965). — WELSH, A. L.: Diskussionsbemerkung zu BARKER u. SACHS. Arch. Derm. Syph. (Chic.) **67**, 454 (1953). — WERSÄLL, J.: Behandlung eincs Falles von Ichthyosis mit Hypophysenvorderlappenhormon. Svenska Läk.-Tidn. **1941**, 1032—1033. — WHITTLE, C. H., and A. LYELL: Ichthyosis congenita. Early and late phase. Brit. J. Derm. **62**, 270 (1950). — Ichthyosis congenita. Proc. 10th Int. Congr. Dermatology, London 1952, 447 (1953). — WIERSMA, M. U.: Ichthyosis congenita. Ned. T. Geneesk. **1937**, 4764. — WILKINSON, R. D., R. P. BROWN, and G. H. CURTIS: Congenital ichthyosiform erythroderma with ‚bamboo hairs' and atopic diathesis — ‚Netheron's syndrome'. Arch. Derm. **84**, 518—521 (1961). — WILLARD, L.: Ichthyosis hystrix linearis. Arch. Derm. Syph. (Chic.) **24**, 906 (1931). — WILLIAMSON, G. R.: Congenital ichthyosis. J. Pediat. **5**, 484 (1934). — WINK, C. A. S.: Congenital ichthyosiform erythrodermia treated by hypnosis. Report of two cases. Brit. med. J. **1961** II, 741—743. — WISE, F.: Ichthyosis associated with keratodermia palmare et plantare. Arch. Derm. Syph. (Chic.) **34**, 540—541 (1936). — WOHNLICH, H.: Erweiterung der Symptomatologie der Erythrodermia ichthyosiformis congenitalis. Derm. Wschr. **119**, 285—290 (1947/48). — WOLFF: Excessive Keratosis plantaris bei Ichthyosis vulgaris. Ref. Derm. Wschr. **149**, 206 (1964). — WOLFRAM, G.: Ein Beitrag zur konnatalen Kollodiumhaut. Derm. Wschr. **137**, 650—657 (1958). — Ichthyosis congenita. Derm. Wschr. **143**, 131 (1961). — WORINGER, FR.: Ichtyose faisant suite à l'éczéma du nourrisson. Bull. Soc. franç. Derm. Syph. **46**, 538—542 (1939). — WORINGER, FR., et P. HÉE: Un cas d'erythrodermie ichtyosiforme congénitale de Brocq. Bull. Soc. franç. Derm. Syph. **59**, 496—497 (1952). — WORINGER, FR., R. SACRÉZ et J.-M. LÉVY: Menace d'évolution d'une dermite collodionnée du nouveau-né vers l'érythrodermie ichtyosiforme de Brocq. Bull. Soc. franç. Derm. Syph. **67**, 155—156 (1960).

YAMAYA, Y.: A study on the pigment in the skin affected by ichthyosis vulgaris. Jap. J. Derm. Urol. **76**, 409—410 (1966).

ZELIGMAN, J., and T. L. FLEISHER: Ichthyosis follicularis. Arch. Derm. **80**, 413—420 (1959). — ZELIGMAN, J., and J. POMERANZ: Variations of congenital ichthyosiform erythroderma. Report of cases of ichthyosis hystric and nevus unius lateris. Arch. Derm. **91**, 120—125 (1965). — ZIELER: Diskussionsbemerkung zu RILLE. Arch. Derm. Syph. (Berl.) **177**, 236 (1938). — ZIERZ, P., W. KIESSLING u. A. BERG: Experimentelle Prüfung der Hautfunktion bei Ichthyosis vulgaris. Arch. klin. exp. Derm. **209**, 592—599 (1960).

B. Follikuläre Keratosen

ABELE, D. C., and R. L. DOBSON: Hyperkeratosis penetrans (Kyrle's disease). Report of a case in a Negro with autopsy findings. Arch. Derm. 83, 277—283 (1961). — AGIUS, J. R. G.: Grouped periorbital Comedones. Brit. J. Derm. 76, 158—164 (1964). — ANTONESCU, ST., u. S. ZELICOV: Serpiginöse Keratosis follicularis (Lutz) oder intrapapilläres perforierendes warzenförmiges Elastom (Miescher). Derm.-Vener. (Buc.) 3, 113—120 (1958). — ARNOLD, H. L., jr.: Hyperkeratosis penetrans. Report of a probable variant of Kyrle's disease. Arch. Derm. Syph. (Chic.) 55, 633 (1947). — ARUTJONOW, W. J., I. A. KAUFMANN u. W. F. KRASSAWINA: Über einige klinische, histologische und histochemische Beobachtungen bei der Keratosis follicularis squamosa Dohi. Hautarzt 15, 408—413 (1964). — AUCKLAND, G.: Lichen spinulosus with cicatricial alopecia. Brit. J. Derm. 67, 27 (1955). — AYRES, S., JR.: Lichen spinulosus. Arch. Derm. Syph. (Chic.) 29, 733—734 (1934). — AZUA y OLIVARES: Espinulosismo. Act. dermo-sifiliogr. (Madr.) 44, 65—66 (1952). — AZÚA-DOCHAO y OLIVARES-BAQUÉ: Espinulosismo. Act.-dermosifiliogr. (Madr.) 44, 190—193 (1953).

BABES, A., u. J. SCHMITZER: Ein Fall von Keratosis follicularis des Stammes und der Gliedmaßen. Ref. Zbl. Haut- u. Geschl.-Kr. 56, 12 (1937). — BAER, TH.: Ulerythema ophryogenes. Zbl. Haut- u. Geschl.-Kr. 40, 169 (1932). — BAKKER: Keratosis follicularis Siemens ohne Pachyonychie und Leukoplakie. Ref. Dermatologica (Basel) 122, 395 (1961). — BALLIN, D.: Follicular keratosis: a case for diagnosis. Arch. Derm. 73, 172—173 (1956). — BARBER, H. W.: Lichen spinulosus with cicatricial alopecia. Proc. roy. Soc. Med. 28, 1547 (1935). — BECK, C. H.: Hyperkeratosis follicularis et parafollicularis atrophicans. Dermatologica (Basel) 109, 217—221 (1954). — BEENING, G. W., and M. RUITER: Keratosis follicularis serpiginosa (Lutz?). Dermatologica (Basel) 110, 175 (1955). — BENEDEK, T., and G. A. DE OREO: Hyperkeratosis follicularis et parafollicularis in cutem penetrans (Kyrle's disease). Arch. Derm. Syph. (Chic.) 54, 361 (1946). — BIEBER, PH.: Pseudopelade avec lichen spinulosus. Bull. Soc. franç. Derm. Syph. 61, 394—395 (1954). — BJÖRNEBERG, A.: Fall von Morbus Kyrle. Derm. Wschr. 140, 899—902 (1959). — BLOCH: Schwerer Fall von — wahrscheinlich — Kyrlescher Krankheit (Hyperkeratosis follicularis et parafollicularis in cutem penetrans) mit Beteiligung der Nägel und Mundschleimhaut. Zbl. Haut- u. Geschl.-Kr. 44, 52 (1933). — BLOEMEN, J. J.: Kyrle-Krankheit. Ned. T. Geneesk. 1936, 1045—1049. — BOCK, H. D.: Zur Kasuistik der Keratosis spinulosa. Hautarzt 5, 81—82 (1954). — BONCINELLI, U.: Lichen spinulosus o spinulosismo? Boll. Sez. region. Soc. ital. Derm. 2, 141—142 (1936). — BORDA, J. M.: Queratosis folliculares. Arch. argent. Derm. 11, 113—137 (1961). — BRAUN, W.: Chlorakne. Akneartige Veränderungen durch chlorierte aromatische Kohlenwasserstoffe. Aulendorf: Editio Cantor 1955. — BRAUN-FALCO, O., u. S. MARGHESCU: Über eine systematisierte follikuläre Atrophodermie mit Keratosis palmoplantaris dissipata und Keratosis follicularis. Hautarzt 18, 13—17 (1967). — BRÜNAUER, ST. R.: Follikuläre Hyperkeratosen. In: J. JADASSOHN, Handbuch der Haut- und Geschlechtskrankheiten, Bd. VIII, S. 102ff. Berlin: Springer 1931. — BURGESS, N.: Folliculitis ulerythematosa reticulata: With a report of a case. Brit. J. Derm. 44, 357—367 (1932). — BURG WENNIGER, L. M. DE: Hyperkeratosis follicularis et parafollicularis in cutem penetrans (Kyrle). Ned. T. Geneesk. 1934, 836.

CABALLERO, J. S., D. L. JONQUIÈRES et P. BOSQ: Elastoma intrapapillare perforans (Miescher) (non verruciforme et imitant la Porokératose de Mibelli). Dermatologica (Basel) 117, 460—463 (1958). — CALVERT, H. T.: Keratosis pilaris and pseudopelade (consecutive macular atrophy). Brit. J. Derm. 67, 76 (1955). — CHERNOVSKY, M. E., and R. G. FREEMAN: Disseminated superficial actinic porokeratosis (DSAP). Arch. Derm. 96, 611—624 (1967). — CHEVALLIER, P., et A. CIVATTE: Un cas d'ulérythème ophryogène. Bull. Soc. franç. Derm. Syph. 43, 760—769 (1936). — CIVATTE, J.: Maladie de Kyrle. Ann. Derm. Syph. (Paris) 92, 397—401 (1965). — COCHRANE, J. C., and L. J. A. LOEWENTHAL: Epidemic follicular Keratosis in Transvaal. Med. Proc. 1, 19—25 (1955). — COOMBS, F. P., and T. BUTTERWORTH: Atypical keratosis pilaris. Arch. Derm. Syph. (Chic.) 62, 305—313 (1950). — CORDIVIOLA, L. A., y P. BOSQ: Acroqueratoelastoidosis. Rev. argent. Dermatosif. 42, 49—61 (1958). — CORNBLEET, T., and E. R. PACE: Folliculitis ulerythematosa reticulata, with naevus comedonicus and naevus papillomatosus. Arch. Derm. Syph. (Chic.) 36, 231 (1937). — CORSON, J. K.: Elastosis perforans serpiginosa. Arch. Derm. 85, 425—426 (1962). — COSTA, O. G.: Acrokeratoelastoidosis. Dermatologica (Basel) 107, 164 (1953). — Acrokeratoelastoidosis. Arch. Derm. Syph. (Chic.) 70, 228—231 (1954). — Acrokératoélastoidose. Ann. Derm. Syph. (Paris) 83, 146—157 (1956). — COSTELLO, M. J.: Keratosis follicularis. Arch. Derm. Syph. (Chic.) 66, 635 (1952). — COZZANI, G.: Contributo allo studio della cheratosi spinulosa e dello spinulosismo. Raro caso di spinulosismo. Spinulosismo successivo a herpes zoster. Arch. ital. Derm. 17, 142—155 (1941).

DAMMERT, K., and T. PUTKONEN: Keratosis follicularis serpiginosa Lutz. (Elastoma intrapapillare perforans verruficorme Miescher.) Dermatologica (Basel) 116, 143—155 (1958). — DAVENPORT, D. D.: Ulerythema ophryogenes. Arch. Derm. 89, 74—80 (1964). — DEGOS, R., G. GARNIER et R. LABET: Kératose folliculaire récidivante éruptive après traitement par vitamine D₂. Bull. Soc. franç. Derm. Syph. **60**, 260—261 (1953). — Degos, R., R. Rabut, B. Duperrat et R. Leclercq: L'état pseudo-peladique. Reflexions à propos de cent cas d'alopecies cicatricielles en aires, d'apparence primitive du type pseudo-pélade. Ann. Derm. Syph. (Paris) **81**, 5—26 (1954). — Dittrich, O.: Das Ulerythema ophryogenes und seine Beziehungen zur kongenitalen Keratosis pilaris. Arch. Derm. Syph. (Berl.) **164**, 383—392 (1931). — Donald, G. F., and G. A. Hunter: Hyperkeratosis lenticularis perstans (Flegel): Report of a case in which the application of betamethasone-17-valeriate cream caused complete clearing of the lesions. Austr. J. Derm. **9**, 31—36 (1967). — Dowling, G. B.: Ulerythema ophryogenes (Unna). Proc. roy. Soc. Med. **23**, 1638 (1930). — Downing, J. G., and F. P. McCarthy: Kyrles disease (?). Arch. Derm. Syph. (Chic.) **27**, 1022—1023 (1933).

Fallvorstellungen: Ulerythema acneiforme. Kopenhagen, 8. Int. Kongr. f. Dermatologie und Syphilidologie vom 5.—9. 8. 1930. Zbl. Haut- u. Geschl.-Kr. **37**, 740 (1931). — Keratosis spinulosa. Hautklinik Essen, 61. Tagg der Vereinigg Rheinisch-Westfälischer Dermatologen, Sitzg v. 14. 3. 1937. Ref. Zbl. Haut- u. Geschl.-Kr. **57**, 168 (1938). — Keratosis follicularis congenita partim spinulosa (Typus Jadassohn-Lewandowsky). Derm. Ges. der Univ. Berlin, 10. Sitzg am 14. 3. 1951. Ref. Zbl. Haut- u. Geschl.-Kr. **78**, 410 (1952). — Ulerythema sycosiforme. Derm. Ges. der Univ. Berlin, 16. Sitzg am 12. 5. 56. Ref. Zbl. Haut- u. Geschl.-Kr. **98**, 317 (1957). — Ulerythema ophryogenes. Derm. Ges. der Univ. Berlin, 16. Sitzg am 12. 5. 1956. Ref. Zbl. Haut- u. Geschl.-Kr. **98**, 317 (1957). — Ulerythema ophryogenes. Derm. Ges. der Univ. Berlin, 16. Sitzg vom 12. 5. 1956. Derm. Wschr. **137**, 501 (1958). — Ulerythema sycosiforme. Derm. Ges. der Univ. Berlin, 16. Sitzg am 12. 10. 1956. Derm. Wschr. **137**, 501 (1958). — Ulerythema sycosiforme capillitii barbae et cutis corporis. Derm. Ges. der Univ. Berlin, 17. Sitzg am 15. 12. 1956. Ref. Zbl. Haut- u. Geschl.-Kr. **100**, 164 (1958). — Dermatrophia vermiculosa nach Keratosis follicularis (?). 4. Mitteldtsch. Dermatologentagg d. Univ. Jena am 6. 4. 1957. Derm. Wschr. **137**, 225 (1958). — Casus pro diagnosi. (Keratosis follicularis epidemica?) One hundred clinical cases presented at the 11. Internat. Congr. of Dermatology, Stockholm 1957. Stockholm 1958, p. 24. — Hyperkeratosis follicularis et parafollicularis in cutem penetrans (Morbus Kyrle). One hundred clinical cases presented at the 11. Internat. Congr. of Dermatology, Stockholm 1957. Stockholm 1958, p. 76—77. — Keratosis follicularis serpiginosa Lutz (Elastoma intrapapillare perforans verruciforme Miescher). One hundred clinical cases presented at the 11. Internat. Congr. of Dermatology, Stockholm 1957. Stockholm 1958, p. 88—89. — Fegeler, F., u. Bertlich: Eigene Beobachtungen von Elastoma interpapillare perforans verruciforme. Derm. Wschr. **133**, 435 (1956). — Fényes, J.: Lichen spinulosus. Zbl. Haut- u. Geschl.-Kr. **49**, 577 (1935). — Finnerud, C. W.: Ulerythema sycosiforme (lupoid sycosis). Arch. Derm. Syph. (Chic.) **22**, 344 (1930). — Fischer, E.: Keratosis suprafollicularis. Dermatologica (Basel) **112**, 540—541 (1956). — Fischer, R. W., Ph. Stamps, and G. B. Skipworth: A proposed variant of Hyperkeratosis penetrans. Arch. Derm. **98**, 270—272 (1968). — Flegel, H.: Hyperkeratosis lenticularis perstans. Hautarzt **9**, 362—364 (1958). — Gibt es eine Keratosis follicularis Morrow-Brooke? Hautarzt **15**, 595—598 (1964). — Fleischhauer: Keratosis suprafollicularis pilaris alba. Ref. Zbl. Haut- u. Geschl.-Kr. **56**, 234 (1937). — Forman, L.: Cicatricial alopecia of the scalp with keratosis pilaris. Proc. roy. Soc. Med. **28**, 1174 (1935). — Forman, L.: Keratosis pilaris associated with myxoedema. Proc. roy. Soc. Med. **44**, 683—684 (1951). — Keratosis pilaris. Brit. J. Derm. **66**, 279—282 (1954). — Kératose pilaire. Bull. Soc. franç. Derm. Syph. **61**, 192—194 (1954). — Franceschetti, A., M. Jacottet et W. Jadassohn: Manifestations cornéennes dans la keratosis follicularis spinulosa decalvans (Siemens). Ophthalmologica (Basel) **133**, 259—263 (1957). — Franceschetti, A., R. Rossano, W. Jadassohn et R. Paillard: Keratosis follicularis spinulosa decalvans. Dermatologica (Basel) **112**, 512—514 (1956). Frazier, C. N., and Ch'uan-K'Uei Hu: Nature and distribution according to age of cutaneous manifestations of Vitamin A deficiency. A study of two hundred and seven cases. Arch. Derm. Syph. (Chic.) **33**, 825—852 (1936). — Frühwald: Keratosis verrucosa Weidenfeld. Ref. Zbl. Haut- u. Geschl.-Kr. **42**, 46 (1932). — Fuhs: Keratosis follicularis partim spinulosa Ref. Zbl. Haut- u. Geschl.-Kr. **48**, 451 (1934). — Funk: Ulerythema ophryogenes. Ref. Zbl. Haut- u. Geschl.-Kr. **91**, 229 (1955).

Gabay: Ulerythema sycosiforme. Ref. Zbl. Haut- u. Geschl.-Kr. **60**, 587 (1938). — Gadrat, Mm., Bazex et Dupré: Maladie de Kyrle avec dégénerescence épithéliomateuse. Bull. Soc. franç. Derm. Syph. **61**, 291—292 (1954). — Gahlen, W.: Keratosis follicularis "epidemica" (Schuppli) bei einem 8jähr. Jungen. Ref. Zbl. Haut- u. Geschl.-Kr. **81**, 402 (1952). — Gaté, J., J. Vayre et J. Dalmais: Spinulosisme des flancs et de l'abdomen associé à un pityriasis capitis. Bull. Soc. franç. Derm. Syph. **61**, 46—47 (1954). — Gertler: Keratosis follicularis hereditaria in 4 Generationen. Derm. Wschr. **151**, 70—71 (1965). — Götz, H., H. Röckl u. H. J. Bandmann: Beitrag zur Kenntnis der Keratosis follicularis serpiginosa Lutz (Elastoma intrapapillare perforans verruciforme Miescher). Dermatologica (Basel) **117**, 231—241 (1958). — Goldstein, N.: Multiple minute digitate hyperkeratoses. Arch. Derm. **96**, 692f. (1967). — Gollnick: Keratosis verrucosa Weidenfeld. Derm. Wschr. **127**, 564—565

(1953). — Gómez Orbaneja, J., y P. A. Quiñones: Hyperkeratosis follicularis et parafollicularis in cutem penetrans (Kyrle). Act. dermo-sifiliogr. (Madr.) 46, 237—247 (1955). — Gonin, R.: Demonstrationen. Epidémie de kératose folliculaire contagieuse de Brooke. Dermatologica (Basel) 94, 199—200 (1947). — Goodwin, G. P.: A cutaneous manifestation of vitamin A deficiency. Brit. med. J. 1934 II, 113—114. — Gottron, H. A.: Keratosis multiformis Siemens. Zbl. Haut- u. Geschl.-Kr. 57, 565 (1937). — Keratosis follicularis hereditaria in drei Generationen. Zbl. Haut- u. Geschl.-Kr. 57, 565 (1938). — Keratosis follicularis congenita, die zunächst durch spontane Blasenbildung in Erscheinung trat. Ref. Zbl. Haut- u. Geschl.-Kr. 58, 409 (1938). — Keratosis follicularis hereditaria in drei Generationen. Ref. Zbl. Haut- u. Geschl.-Kr. 68, 266 (1942). — Graciansky, P. de, S. Boulle, M. Boulle et J. Dalion: La Maladie de Kyrle. Étude critique à propos d'une observation. Ann. Derm. Syph. (Paris) 82, 8—33 (1955). — Grana, A.: Hyperkeratosis follicularis et parafollicularis in cutem penetrans (Morbus Kyrle). G. ital. Derm. 96, 125—141 (1955). — Gropen, J.: Kyrle's disease: Hyperkeratosis follicularis et parafollicularis in cutem penetrans. Arch. Derm. 79, 495—496 (1959). — Grüneberg, T.: Keratosis follicularis et parafollicularis serpiginosa. Hautarzt 7, 150—156 (1956). — Hyperkeratosis lenticularis perstans (Flegel) (als Akrokeratosis verruciformis [Hopf] bzw. abortive Form eines Morbus Darier [?] vorgestellt). 2 Fälle. Derm. Wschr. 148, 219—221 (1963). — Guszman, J., u. E. Földes: Fall von Kyrle'scher Krankheit. Börgyögy. vener. Szle 14, 133—138 (1936). Ref. Zbl. Haut- u. Geschl.-Kr. 55, 445 (1937). — György, E.: Beiträge zur Heilwirkung des Vitamin C bei follikulärer Hyperkeratose. Zbl. Haut- u. Geschl.-Kr. 55, 426 (1937). — Neuerer Beitrag zur Heilwirkung des C-Vitamins bei follikulärer Hyperkeratose. Ref. Zbl. Haut- u. Geschl.-Kr. 56, 461 (1937). — Vitamin C gegen follikuläre Hyperkeratosis. Arch. Derm. Syph. (Berl.) 175, 706—709 (1937).

Haber, H.: Miescher's elastoma. (Elastoma intrapapillare perforans verruciforme.) Brit. J. Derm. 71, 85—96 (1959). — Halter, K.: Isoliert mammilläre Hyperkeratosis follicularis et parafollicularis in cutem penetrans (Kyrle). Arch. Derm. Syph. (Berl.) 176, 689—693 (1938). — Hanson, J. D., u. H. Meyer: Elastosis perforans serpiginosa. Derm. Wschr. 149, 614—618 (1964). — Hare, P. J.: Lichen spinulosus with cicatricial alopecia. Proc. roy. Soc. Med. 46, 903—904 (1953). — Haren, H. V. van: Dariersche Krankheit und Kyrlesche Krankheit. Ned. T. Geneesk. 1939, 4484—4485. — Hasegawa, E.: Über einen Fall von Keratosis follicularis squamosa Dohi. Ref. Zbl. Haut- u. Geschl.-Kr. 49, 324 (1935). — Hauss, H.: Keratosis follicularis serpiginosa Lutz (Elastoma intrapapillare perforans verruciforme Miescher) und Hyperkeratosis follicularis et parafollicularis in cutem penetrans Kyrle. Derm. Wschr. 147, 550—562 (1963). — Helmke, R.: Über einen abortiven Fall von Hyperkeratosis follicularis et parafollicularis in cutem penetrans. Derm. Wschr. 120, 74—77 (1949). — Helwig, E. B.: Inverted follicular Keratosis. Seminar on the Skin Neoplasms and Dermatoses, Washington, Am. Soc. Clin. Path. 1955. — Hermans, E. H., u. C. P. Schokking: Keratosis spinulosa. Ned. T. Geneesk. 1934, 843. — Herzberg, J. J.: Elastosis perforans serpiginosa Miescher. Hautarzt 12, 340—346 (1961). — Hoede, K.: Keratosis pilaris. In: Erbpathologie der menschlichen Haut; G. Just, Handbuch der Erbpathologie des Menschen, Bd. III, S. 473 ff. Berlin: Springer 1940. — Hoffmann, E.: Zur Klassifizierung und Benennung der atrophisierenden bzw. narbigen Alopecien und Folliculitiden. Arch. Derm. Syph. (Berl.) 164, 317—333 (1931). — Homer, R. S.: Elastosis perforans serpiginosa. Arch. Derm. 87, 766—767 (1963). — Hopf, G.: Ulerythema sycosiforme. Zbl. Haut- u. Geschl.-Kr. 40, 737 (1932). — Ulerythema sycosiforme. Zbl. Haut- u. Geschl.-Kr. 57, 571 (1938). — Hunter, G. A., and G. F. Donald: Hyperkeratosis lenticularis perstans (Flegel) or Dyskeratotic psoriasiform dermatosis: a single dermatosis or two? Arch. Derm. Syph. (Chic.) 98, 239—249 (1968). — Hyman, A. B., and B. D. Erger: Lichen corneus hypertrophicus (lichen ocreaformis, lichen obtusus). Arch. Derm. Syph. (Chic.) 64, 588—603 (1951).

Itô, K.: A study on hyperkeratosis. II. Follicular hyperkeratosis and chronic nutritional insufficiency. Ref. Zbl. Haut- u. Geschl.-Kr. 90, 306 (1955). — Itô, K., and K. Kuroda: A study on hyperkeratosis. I. On serum vitamin A and B$_2$ levels in follicular hyperkeratosis. Ref. Zbl. Haut- u. Geschl.-Kr. 90, 306 (1955).

Jadassohn, W., et R. Paillard: Hyperkeratosis follicularis in cutem penetrans. Maladie de Kyrle? Dermatologica (Basel) 114, 270 f. (1957). — Jaeger, H.: Recherches sur la kératose folliculaire apparu en Suisse en 1946. Schweiz. med. Wschr. 78, 1182 (1948). — Jamieson, R. C.: Ulerythema ophryogenes and syphilis. Arch. Derm. Syph. (Chic.) 24, 161—162 (1931). — Jersild, O.: Genitalgangrän, Syphilis, Kyrlesche Krankheit. Zbl. Haut- u. Geschl.-Kr. 36, 729 (1931). — Hyperkeratosis follicularis et parafollicularis in cutem penetrans. Morbus Kyrle. Zbl. Haut- u. Geschl.- Kr. 37, 744 (1931). — Johnson, H. H.: An unusual case of Keratosis suprafollicularis with pili incarnati inciting foreign body reaction. Arch. Derm. Syph. (Chic.) 42, 371—372 (1940). — Jona, G.: Contributo allo studio dell'eziopatogenesi della keratosis spinulosa. Dermosifilografo 6, 27—29 (1931). — Joncquières, E. J.: Starke follikuläre Keratose. Rec. Asoc. méd. argent. 50, 206—208 (1937). — Jonkers, J. H.: Hyperkeratosis follicularis and corneal degeneration. Ned. T. Geneesk. 94, 1464—1467 (1950). — Jonquières,

E. D. L., y M. Finkelberg: Keratosis follicularis llamada contagiosa de Brooke. Sus relaciónes con la enfermedad de Kyrle y otros cuadros afines. Rev. argent. Dermatosif. **14**, 157—162 (1960). — Kalz: Ulerythema ophryogenes. Zbl. Haut- u. Geschl.-Kr. **47**, 665 (1934). — Kaminsky, A., H. Kaplan, A. Kaplan y J. Abulafia: Enfermedad de Kyrle. Arch. argent. Derm. **7**, 189—191 (1957). — Karrenberg: Keratosis follicularis Morrow-Brooke (verschlimmert durch Schmieröl). Zbl. Haut- u. Geschl.-Kr. **39**, 26 (1932). — Keining, E.: Zur Berechtigung des Krankheitsbildes der Keratosis verrucosa Weidenfeld. Zbl. Haut- u. Geschl.-Kr. **57**, 577 (1938). — Kimura, I.: Fall von Keratosis follicularis squamosa Dohi. Ref. Zbl. Haut- u. Geschl.-Kr. **51**, 489 (1936). — Kleine-Natrop, H. E.: Keratosis follicularis (arsenobenzoica) acneiformis abscedens. Arch. Derm. Syph. (Berl.) **186**, 353—362 (1947). — Kleine-Natrop, H. E., u. J. Liedeka: Congenitales Ulerythema ophryogenes. Z. Haut- u. Geschl.-Kr. **5**, 284 (1948). — Klessens, N. F. E.: Elastoma interpapillare perforans verruciforme. Ned. T. Geneesk. **102**, 255f. (1958). — Knierer, W.: Zur Histologie der Keratosis verrucosa Weidenfeld. Arch. Derm. Syph. (Berl.) **173**, 168—172 (1936). — Kocsard, E.: Keratoelastoidosis marginalis of the hands. Dermatologica (Basel) **131**, 169—175 (1965). — Kocsard, E., C. L. Bear, and T. J. Constance: Hyperkeratosis lenticularis perstans (Flegel). Dermatologica (Basel) **136**, 35—42 (1968). — Kocsard, E., and F. Ofner: Keratoelastoidosis verrucosa of the extremities (Stucco keratoses of the extremities). Dermatologica (Basel) **133**, 225—235 (1966). — Kogoj: Keratosis pilaris universalis. Ref. Zbl. Haut- u. Geschl.-Kr. **49**, 405 (1935). — Kojima, R.: Keratosis follicularis squamosa (Dohi). Ref. Zbl. Haut- u. Geschl.-Kr. **39**, 309 (1932). — Korting, G. W.: Elastosis perforans serpiginosa als ektodermales Randsymptom bei Cutis laxa. Arch. klin. exp. Derm. **224**, 437—446 (1966). — Kreibich, C.: Hyperkeratose (Kyrle) und Dyskeratose (Darier). Arch. Derm. Syph. (Berl.) **163**, 215—222 (1931). — Krumeich: Keratosis Weidenfeld(?). Zbl. Haut- u. Geschl.-Kr. **52**, 68 (1936). — Kuske, H.: Diskussionsbemerkung zu Schuppli. Dermatologica (Basel) **94**, 44—72 (1947).

Lapière: Diskussionsbemerkung zu Reynaers. Arch. belges Derm. **10**, 46—47 (1954). — Laugier, P., Ch. Gomet et F. Woringer: Acrogeria (Gottron) et Kératose folliculaire serpigineuse (Lutz). Bull. Soc. franç. Derm. Syph. **66**, 80—92 (1959). — Laugier, P., et F. Woringer: Réflexions au sujet d'un collagénome perforant verruciforme. Ann. Derm. Syph. (Paris) **90**, 29—36 (1963). — Ledo, E.: Papulo-follikuläre, erythrodermieartige Eruption vom Typ der „Pityriasis rubra pilaris". Act. dermo-sifiliogr. (Madr.) **40**, 809—813 (1949). — Lieberthal, D.: Unusual case of lichen planus. J. cutan. Dis. **33**, 395 (1915). — Shinguard type or lichen planus ocreaformis. J. Amer. med. Ass. **67**, 1582 (1916). — Loewenthal, L. J. A.: A new cutaneous manifestation in the syndrome of Vitamin A deficiency. Arch. Derm. Syph. (Chic.) **28**, 700 (1933). — Lubowe, I.: Follicular hyperkeratosis in a patient with atopic history and normal blood vitamin A. Arch. Derm. Syph. (Chic.) **66**, 751—752 (1952). — Lurie, H. I., and L. J. A. Loewenthal: The histopathology of epidemic follicular keratosis. Brit. J. Derm. **68**, 120—127 (1956). — Lutz, C.: Un cas de lichen corné hypertrophique traité per l'acide trichloracétique et le Paraminan. Bull. Soc. franç. Derm. Syph. **58**, 591—592 (1951). — Lutz, W.: Keratosis follicularis serpiginosa. Dermatologica (Basel) **106**, 318—320 (1953).

MacKenna, R. M. B., and R. H. Seville: Hyperkeratosis follicularis in cutem penetrans (Kyrle). Proc. 10th Internat. Congr. Dermat. (Lond.) **1953**, 462—464. — Marshall, J., and H. I. Lurie: Keratosis follicularis serpiginosa (Lutz). Elastoma intrapapillare perforans verruciforme (Miescher). Clinical and histological study of a new case. Dermatologica (Basel) **113**, 13—25 (1956). — Keratosis follicularis serpiginosa (Lutz). Elastoma intrapapillare perforans verruciforme (Miescher). Brit. J. Derm. **69**, 315—318 (1957). — Marx, W.: Beitrag zur Histologie des Ulerythema ophryogenes. Arch. Derm. Syph. (Berl.) **163**, 6—17 (1931). — Maschkilleisson, L. N.: Über Ulerythema sycosiforme Unna (Sycosis lupoides Brocq). Acta derm.-venereol. (Stockh.) **12**, 115—128 (1931). — Maschkilleisson, L. N., u. L. A. Neradov: Porokeratosis spinulosa palmaris et plantaris. Acta derm.-venereol. (Stockh.) **17**, 37—42 (1936). — Matras: Ulerythema ophryogenes. Zbl. Haut- u. Geschl.-Kr. **66**, 296 (1941). — Mehregan, A. H.: Inverted follicular keratosis. Arch. Derm. **89**, 229—235 (1964). — Melczer, N.: Ein Fall von Keratocystomatose. Dermatologica (Basel) **94**, 8—14 (1948). — Meyer, D., A. Stolp u. A. Knapp: Über eine Familie mit Keratosis follicularis spinulosa bei vermutlich dominantem Erbgang. Derm. Wschr. **151**, 201—206 (1965). — Meyhöfer, W., u. W. Knoth: Hyperkeratosis follicularis et parafollicularis in cutem penetrans. (Kasuistischer Beitrag.) Z. Haut- u. Geschl.-Kr. **20**, 181—184 (1956). — Miescher, G.: Über einen weiteren Fall von Elastoma intrapapillare perforans verruciforme (Keratosis follicularis serpiginosa Lutz). Hautarzt **7**, 194—197 (1956). — Diskussionsbemerkung zu W. Jadassohn u. R. Paillard. Dermatologica (Basel) **114**, 270—274 (1957). — Miescher, G., u. Lenggenhager: Über Pseudopelade Brocq. Dermatologica (Basel) **94**, 122—130 (1947). — Moncorps, C.: Naevus keratodes linearis, systematisierter Talgdrüsennaevus und Keratosis spinulosa. Zbl. Haut- u. Geschl.-Kr. **46**, 9 (1933). — Moncorps, C.: Keratosis supracapitularis pulvinata. Zbl. Haut- u. Geschl.-Kr. **54**, 291 (1937). — Moriyama, G., u.

M. HANAZONO: Über Keratosis follicularis squamosa Dohi und Pityriasis circinata Toyama bei Koreanern. Ref. Zbl. Haut- u. Geschl.-Kr. 52, 648 (1936).

NANNELLI, M., e P. SBERNA: Keratosis follicularis serpiginosa, mallattia di Lutz-Miescher: a proposito di due osservazioni. Rass. Derm. Sif. 18, 17—26 (1965). — NEUMANN, H.: Keratosis follicularis. Zbl. Haut- u. Geschl.-Kr. 52, 7 (1936). — NIEBAUER, G.: Ungewöhnlicher Fall von universeller follikulärer und parafollikulärer Hyperkeratose mit Mundschleimhautbeteiligung (histologisch unter dem Bild der Hyperkeratosis follicularis et parafollicularis in cutem penetrans Kyrle entsprechend). Derm. Wschr. 154, 514—516 (1968). — NIGGEMEYER, H.: Lichen pilaris. Ein Symptom der Fokaltoxikose. Pädiat. Praxis 5, 269—272 (1966).

OBERMAYER, M. E.: A case for diagnosis: Lichen ruber monififormis(?), Dermatitis actinica from Roentgen ray therapy of legs. Arch. Derm. Syph. (Chic.) 56, 404 (1947). — OLDENBERG, F.: Vitamin A bei Keratosis follicularis und ähnlichen Dermatosen. Praxis 38, 343—346 (1949).

PASCHOUD, J. M.: Keratosis follicularis serpiginosa Lutz. Dermatologica (Basel) 129, 172—182 (1964). — PAUTRIER, L. M.: Les lichénifications. In: J. DARIER, Nouvelle pratique dermatologique, tome 7. Paris: Masson & Cie. 1936. — PAUTRIER, L. M.: Sur un nouveau type de péri-folliculites sèches, atrophiantes, hyperkeratosiques et cicatricielles, ayant dépilé la presque totalité du cuir chevelu. Dermatologica (Basel) 91, 157—169 (1945). — Alopécie à type anormal de pseudo-pelade en grandes plaques, s'accompagnant de lésions spinulosiques généralisées des téguments, ce tout du à de la kératose pilaire. Dermatologica (Basel) 91, 169—176 (1945). — PAVER, W. K.: Case shown at the Meeting of inauguration of the Australian College of Dermatologists, May 1967. Cit. von HUNTER und DONALD. — PEMBERTON, J.: Follicular hyperkeratosis: A sign of malnutrition? Lancet 1940 I, 871—872. — PEREIRO MIGUÉNS, M.: Elastosis perforante serpiginosa. Act. dermosifiliogr. (Madr.) 55, 229—241 (1964). — PERPIGNANO, G.: Cheratosi spinulosa a carattere famigliare. Dermosifilografo 13, 442—449 (1938). — PETERSON, W. C., JR., R. W. GOLTZ, and A. M. HULT: Hyperkeratosis penetrans (Kyrle's disease). Arch. Derm. 85, 210—214 (1963). — PHOTINOS, G., u. SOUVATZIDES: Ulerythema sycosiforme. Zbl. Haut- u. Geschl.-Kr. 59, 116 (1938). — PHOTINOS, P.: Ulerythema sycosiforme (Folliculitis sycosiformis atrophicans capillitii). Zbl. Haut- u. Geschl.-Kr. 39, 30 (1932). — PIERINI, L. E., y J. M. C. BORDA: Pseudopelada y lichen plano. Es la pseudopelada una forma de lichen plano? Rev. argent. Dermatosif. 33, 45—67 (1949). — PIGNOT: Keratosis pilaris. In: J. DARIER, Nouvelle pratique dermatologique, tome 7. Paris: Masson & Cie. 1936. — PISACANE, C.: Contributo allo studio della cheratosi spinulosa. Arch. ital. Derm. 7, 479—495 (1931). — POEHLMANN, A.: Keratosis verrucosa (Weidenfeld). Kasuistik in Bildern. Derm. Wschr. 103, 1263 (1936). — POPOFF, L.: Ulerythema sycosiforme Unna oder Syphilides sycosiformes tertiaires. Zbl. Haut- u. Geschl.-Kr. 37, 329 (1931). — PRAKKEN, J. R.: Kyrle's disease (Hyperkeratosis follicularis et parafollicularis in cutem penetrans). Acta derm.-venereol. (Stockh.) 34, 360—367 (1954).

QUIROGA, M. I., A. A. CORDERO y E. FOLLMANN: Enfermedad de Kyrle. Rev. argent. Dermatosif. 39, 311—319 (1955). — Enfermedad de Kyrle. Acta derm.-venereol. (Stockh.) 36, 167—176 (1956).

RABUT, R.: La kératose amiantacée du cuir chevelu. (Teigne amiantacée d'Alibert). Paris méd. 1, 219—222 (1939). — RAPP: Ulerythema ophryogenes. Zbl. Haut- u. Geschl.-Kr. 39, 129 (1932). — RAUBITSCHEK, F.: Ulerythema ophryogenes und Palmar-Plantarkeratose. Zbl. Haut- u. Geschl.-Kr. 56, 3 (1937). — Ulerythema sycosiforme. Zbl. Haut- u. Geschl.-Kr. 57, 91 (1938). — REED, W. B., and J. W. PIDGEON: Elastosis perforans serpiginosa with osteogenesis imperfecta. Arch. Derm. 89, 342—344 (1964). — REISS, F., M. REISCH, and C. M. BUNCKE: Keratodermatitis follicularis decalvans. Arch. Derm. 78, 619—624 (1958). — REYNAERS, H.: Aurides avec kératose pilaire. Arch. belges Derm. 10, 46—47 (1954). — Kératose folliculaire généralisée. Arch. belges Derm. 11, 163—164 (1955). — REZECNY, R.: Ulerythema ophryogenes Tänzer. Zbl. Haut- u. Geschl.-Kr. 37, 321 (1931). — RIBUFFO, A.: Lattoflavina e cheratosi spinulosa. (Risultati terapeutici.) Dermatologia (Napoli) 3, 108—111 (1952). — RIEHL: Ulerythema sycosiforme. Klin. Med. (Wien) 3, 231 (1948). — RITCHIE, E. B., and C. H. MCCUISTION: Elastosis perforans serpiginosa. Arch. Derm. 82, 976—979 (1960). — RONZANI, M.: Poikilodermia reticularis atrophicans e morbo di Kyrle in soggetto con probabile disendocrinia plurima Zbl. Haut- u. Geschl.-Kr. 59, 161 (1938). — ROTHMAN, S.: A case for diagnosis (Lichen obtusus? Prurigo nodularis?) Arch. Derm. Syph. (Chic.) 57, 477 (1948). — ROVENSKY, J.: The epidemy of the follicular keratosis in the children's age in Brno and surrounding. Ref. Zbl. Haut- u. Geschl.-Kr. 91, 60 (1955). — RUSSELL, B.: Case shown at Brit. Assoc. of Dermatology Clinical Meeting, London, July 1967. Cit. von HUNTER und DONALD.

SANTOJANNI, G.: Forme minime e fruste del lichen follicolare cheratosico atrofizzante. Ancora sulla questione della pseudo-area. Ann. ital. Derm. Sif. 6, 262—278 (1951). — SCHEER, M., and H. KEIL: Follicular lesions in vitamin A and C deficiencies. Arch. Derm. Syph. (Chic.) 30, 177 (1934). — SCHENKER, O.: Beobachtungen zur ,,Basler Krankheit''. Schweiz. med.

Wschr. **78**, 1182 (1948). — SCHIRREN, C.: Gemeinsames Auftreten von Kräuselhaaren und Keratosis follicularis lichenoides bei Vater und Sohn. Arch. klin. exp. Derm. **216**, 186—193 (1963). — SCHMIDT, P. W.: Keratosis follicularis Morrow-Brooke. Zbl. Haut- u. Geschl.-Kr. **63**, 471 (1940). — SCHMITZ: Ulerythema (Gesicht). Zbl. Haut- u. Geschl.-Kr. **49**, 301 (1935). — SCHOCH: Lupus erythematodes faciei mit Keratosis follicularis als erstem Symptom. Zbl. Haut- u. Geschl.-Kr. **44**, 526 (1933). — SCHREUS, H.: Keratosis follicularis. Zbl. Haut- u. Geschl.-Kr. **53**, 529 (1936). — SCHUBERT, M.: Chronisch entzündlicher Prozeß der rechten Augenbrauengegend nach Trauma (Ulerythema ophryogenes?). Zbl. Haut- u. Geschl.-Kr. **53**, 440 (1936). — SCHUPPLI, R.: Keratosis follicularis „epidemica". Dermatologica (Basel) **94**, 44—72 (1947). — SCHUTT, D. A.: Pseudoxanthoma elasticum and elastosis perforans serpiginosa. Arch. Derm. **91**, 151 (1965). — SCUTT, R., and R. M. B. MACKENNA: Hyperkeratosis follicularis et parafollicularis in cutem penetrans (Kyrle). Proc. roy. Soc. Med. **41**, 763 (1948). — SHRANK, A. B.: Keratosis circumscripta. Arch. Derm. **93**, 408—410 (1966). — SIDI, E., et G. R. MELKI: „Lichen scrofulosorum" développé sur cicatrices de zona. Bull. Soc. franç. Derm. Syph. **63**, 441—442 (1956). — SIEMENS, H. W.: Über Keratosis follicularis. Arch. Derm. Syph. (Berl.) **139**, 62—72 (1922). — Keratosis follicularis spinulosa decalvans. Arch. Derm. Syph. (Berl.) **151**, 384—386 (1926). — Diskussionsbemerkung zu BAKKER. Dermatologica (Basel) **122**, 395 (1961). — Keratosis follicularis im Bereich eines streifenförmigen (systematisierten) Naevus depigmentosus. Hautarzt **16**, 425f. (1965). — SILVER, H., and P. M. SACHS: Lichen planopilaris (lichen planus follicularis). Proc. 10th Internat. Congr. of Dermat. London **1953**, 330. — SIMPSON, J. R.: Hyperkeratosis follicularis et parafollicularis in cutem penetrans (Kyrle). Proc. roy. Soc. Med. **40**, 262 (1947). — SMITH, E. W., J. A. MALAK, R. M. GOODMAN, and V. A. McKUSICK: Reactive perforating elastosis: a feature of certain genetic disorders. Bull. Johns Hopk. Hosp. **111**, 235—251 (1962). — SPIER: Diskussionsbemerkung zu FUNK. Ref. Zbl. Haut- u. Geschl.-Kr. **91**, 229 (1955). — SPRAFKE: Ulerythema ophryogenes. Zbl. Haut- u. Geschl.-Kr. **48**, 435 (1934). — Keratosis Weidenfeld. Zbl. Haut- u. Geschl.-Kr. **55**, 190 (1937). — Keratosis follicularis. Zbl. Haut- u. Geschl.-Kr. **62**, 610 (1939). — Ulerythema ophryogenes. Zbl. Haut- u. Geschl.-Kr. **62**, 611 (1939). — STEENBERGEN, E. P. VAN, and L. H. JANSEN: Two cases of silicotic granuloma. Ned. T. Geneesk. **97**, 3050—3053 (1953). — STEIGER-KAZAL, D.: Keratosis spinulosa follicularis. Zbl. Haut- u. Geschl.-Kr. **41**, 297 (1932). — STEIGLEDER, G. K., u. E. KLINK: Keratosis follicularis faciei infantum (Akne neonatorum). Derm. Wschr. **150**, 146f. (1947). — STEPPERT, A.: Terramycin beim Ulerythema sycosiforme. Hautarzt **6**, 504—505 (1955). — STEVANOVIĆ, D. V.: Ulérythème sycosiforme. Bull. Soc. franç. Derm. Syph. **67**, 206—207 (1960). — STORCK, H.: Hyperkeratosis follicularis et perifollicularis in cutem penetrans (Kyrle). Dermatologica (Basel) **98**, 332—335 (1949). — STROUD, III, G. M.: Phrynoderma. Arch. Derm. Syph. (Chic.) **43**, 1080 (1941). — STÜHMER: Diskussionsbemerkung zu PHOTINOS. Ref. Zbl. Haut- u. Geschl.-Kr. **39**, 30 (1932). — SWEITZER, S. E.: Lichen planus ocreaformis. Arch. Derm. Syph. (Chic.) **49**, 450 (1944). — SZÁTMARY, S.: Ein außergewöhnlicher histologischer Befund bei Keratosis hypovitaminosa und Lues latens. Zbl. Haut- u. Geschl.-Kr. **65**, 193 (1940).

TANAKA, K.: Über Heilung von Verruca und Hyperkeratosis pilaris durch das von mir neu hergestellte „Ivotin". Ref. Zbl. Haut- u. Geschl.-Kr. **55**, 273f. (1937). — TAPPEINER, S.: Diskussionsbemerkung zu WOLFRAM. Zbl. Haut- u. Geschl.-Kr. **76**, 408 (1951). — THELEN: Keratosis follicularis spinulosa decalvans (Siemens). Zbl. Haut- u. Geschl.-Kr. **66**, 5 (1941). — Keratosis verrucosa Weidenfeld. Zbl. Haut- u. Geschl.-Kr. **66**, 6 (1941). — THIEL, E.: Randständige Hyperkeratosis follicularis als Strahlenreaktion. Dtsch. Gesundh.-Wes. **4**, 584—586 (1949). — THORNE, N. A.: Lichen pilaris seu spinulosus. Brit. J. Derm. **68**, 374—375 (1956). — THYRESSON, N.: Hyperkeratosis follicularis et parafollicularis in cutem penetrans. Acta derm.-venereol. (Stockh.) **31**, 287—289 (1951). — TORRES, M., G. PÉREZ y A. QUIÑONES: Hyperkeratosis follicularis et parafollicularis in cutem penetrans (Kyrle). Act. dermo-sifiliogr. (Madr.) **45**, 333—335 (1954).

UGAZIO, D., y M. SPERA: Liquen córneo hipertrófico. Su indicación quirúrgica. Arch. argent. Derm. **2**, 139—140 (1952). — ULLMO, A.: Hyperkeratose folliculaire et parafolliculaire in cutem penetrans, ou maladie de Kyrle. Rev. franç. Derm. Vénér. **15**, 47—52 (1939). — URBACH: Ulerythema ophryogenes (Tänzer). Wien. med. Wschr. **81**, 1250—1251 (1931).

VOGEL, L.: Atrophodermia vermiculata. Derm. Wschr. **122**, 669 (1950).

WAISMAN, M., and R. L. SUTTON: Frictional lichenoid eruption in children. Recurrent pityriasis in the elbows and knees. Arch. Derm. **94**, 592f. (1967). — WALSHE, M. M.: Keratosis follicularis serpiginosa. Trans. St. John's Hosp. derm. Soc. (Lond.) **49**, 141—143 (1963). — WALTHER: Ulerythema sycosiforme. Zbl. Haut- u. Geschl.-Kr. **40**, 294 (1932). — WAUGH, J. F., and R. NOMLAND: Lichen spinulosus. Arch. Derm. Syph. (Chic.) **23**, 808—809 (1931). — WEIDEMANN, W.: Zur Kenntnis der Folliculitis sycosiformis atrophicans capillitii (Ulerythema sycosiforme Unna). Münster (Westf.) Diss. 1932, 23 S. — WELLS, F. C.: Lichen corneus hypertrophicus (Pautrier?). Arch. Derm. Syph. (Chic.) **70**, 130—131 (1954). — WILKINSON, D. S.:

Keratosis follicularis serpiginosa. Brit. J. Derm. **71**, 77 (1959). — WILLIAMS, D. I.: Lichen spinulosus. Proc. roy. Soc. Med. **46**, 903 (1953). — WINER, J.: Kyrle's disease: Hyperkeratosis follicularis et parafollicularis in cutem penetrans in siblings. Arch. Derm. **95**, 329 f. (1967). — WISE, F.: Keratosis pilaris circumscripta. Arch. Derm. Syph. (Chic.) **34**, 541—542 (1936). — WISE, F., and C. R. REIN: Lichen ruber moniliformis (Morbus moniliformis lichenoides). Arch. Derm. Syph. (Chic.) **34**, 830—849 (1936). — WOERDEMAN, M. J., D. J. H. BOUR, and J. B. BIJLSMA: Elastosis perforans serpiginosa. Arch. Derm. **92**, 559—560 (1965). — WOERDEMAN, M. J., and F. P. SCOTT: Keratosis follicularis serpiginosa (Lutz). Dermatologica (Basel) **118**, 18—26 (1959). — WOLFRAM, S.: Eigenartige follikuläre Keratose. Zbl. Haut- u. Geschl.-Kr. **76**, 408 (1951). — Ein Fall eines Ulerythema sycosiforme. Zbl. Haut- u. Geschl.-Kr. **78**, 393 (1952). — WORINGER, F.: Lichen corné hypertrophique chez frère et soeur. Bull. Soc. franç. Derm. Syph. **58**, 592 (1951). — WORINGER, F., et P. LAUGIER: Maladie de Lutz-Miescher. Ann. Derm. Syph. (Paris) **87**, 601—611 (1960).

YASUI, S., u. I. HIRAMATU: Ein Fall von keratotischer follikulärer Hautveränderung, wahrscheinlich durch Vitamin A- und C-Mangel bedingt. Ref. Zbl. Haut- u. Geschl.-Kr. **67**, 313 (1941).

ZAKON, S. J., and A. L. GOLDBERG: Ulerythema ophryogenes (Unna-Tänzer). Arch. Derm. Syph. (Chic.) **64**, 785—787 (1951). — ZANCHI, M.: Un caso di malattia di Kyrle. Rass. Derm. Sif. **10**, 13—21 (1957).

C. Palmar-Plantar-Keratosen

AARS, CH. G.: Keratoma plantare sulcatum Castellani. Arch. Derm. Syph. (Chic.) **24**, 271—279 (1931). — AARS, CH. G., and M. RIVIEREZ: Keratoma plantare sulcatum (Castellani). J. trop. Med. Hyg. **37**, 372—373 (1934). — ABEL, R.: Congenital hyperkeratosis of the palms and soles (mal de Meleda ?). Arch. Derm. **78**, 126 (1958). — ÁGUILERA-MARURI, C.: Enfermedad de Meleda. Queratosis de las extremidades progresiva y hereditaria (Kogoj). Act. dermosifiliogr. (Madr.) **55**, 317—343 (1964). — AIGNER, R.: Über Osteopoikilie, verbunden mit Keratoma hereditarium dissipatum palmare et plantare (Brauer). Wien. klin. Wschr. **1953**, 860—862. — ALLEGRA, F.: Keratoma hereditarium palmare et plantare circumscriptum. Minerva derm. **36**, 414—416 (1961). — AMBLER, J. V.: Erythema palmare hereditarium. Arch. Derm. Syph. (Chic.) **25**, 1156—1157 (1932). — AMSHELL, F.: Keratosis palmaris hereditaria. Arch. Derm. Syph. (Chic.) **24**, 336—337 (1931). — ANDERSON, I.: Tylosis palmaris et plantaris: Bericht über 1 Fall mit einigen Besonderheiten. Ref. Derm. Wschr. **124**, 1261 (1951). — AOKI, T.: Über die Keratosis follicularis squamosa Dohi. Derm. Wschr. **102**, 282—284 (1936). — ARGUMOSA, J. A. DE: Queratodermia arsenical. Rev. clin. esp. **39**, 117—119 (1950). — ARRIGHI, F.: Kératose palmaire et arthrose des trous de conjugaison du rachis cervical. Bull. Soc. franç. Derm. Syph. **63**, 121 (1956). — AUCKLAND, G.: Keratodermia blennorrhagica. Report of a case and a suggestion concerning its nature. Brit. J. vener. Dis. **27**, 143—149 (1951). — AUSTER, M. J. T. DE, y E. GALANTE: Éxito en el tratamiento de un caso de enfermedad de Meleda. Rev. argent. Dermatosif. **37**, 53—55 (1953). — AZÚA-DOCHAO, L. DE, A. ZUBIRI-VIDAL y R. G. GARCÍA-FANJUL: Un caso de queratodermía palmo-plantar con estrangulación de los dedos pequeños de los pies. Ainhum ? Act. dermo-sifiliogr. (Madr.) **41**, 531—533 (1950).

BABONNEIX, L., et LAUTMANN: Maladie de Méléda. Bull. Soc. franç. Derm. Syph. **43**, 759—760 (1936). — BALBAN: Keratoma maculosum disseminatum symmetricum palmarum. Ref. Zbl. Haut- u. Geschl.-Kr. **44**, 505 (1933). — BALOGA, E. I.: Ein Fall von plantarer, inselförmiger Keratose in fünf Generationen mit dominantem Erbgang. Hautarzt **10**, 231—234 (1964). — BARBER, H. W.: Hyperkeratosis of the palms associated with a high blood uric acid. Proc. roy. Soc. Med. **26**, 497 (1933). — BARRIÈRE et DELAIRE: Kératodermie. Type Papillon-Lefèvre. Bull. Soc. franç. Derm. Syph. **65**, 114—115 (1958). — BASCH, G., A. SIGUIER et F. SIGUIER: Kératodermie palmo-plantaire héréditaire et familiale (Maladie de Méléda). Bull. Soc. franç. Derm. Syph. **41**, 945—946 (1934). — BATAILLE, R.: Les paradontoses des kératodermies palmo-plantaires. La maladie de Méléda. Rev. Stomat. (Paris) **54**, 139—146 (1953). — BATAILLE, R., et B. DUPERRAT: La dentition dans les kératodermies palmo-plantaires congénitales. Bull. Soc. franç. Derm. Syph. **121**—123 (1952). — BAUMANN, R.: Keratosis idiopathica disseminata palmoplantaris. Hautarzt **5**, 135—136 (1954). — BAUMÜLLER, A.: Keratoma palmare et plantare hereditarium. Ref. Zbl. Haut- u. Geschl.-Kr. **52**, 487 (1936). — BAZEX: Disk.-Bemerkung zu SCHNYDER, Réunion de la Soc. de Dermatologie franc., Paris, 15. Mars 1968. — BAZEX, A.: Kératodermie ponctuée palmo-plantaire, type Brocq-Mantoux. Bull. Soc. franç. Derm. Syph. **60**, 200 (1953). — BAZEX, A., A. DUPRÉ et PARANT: Deux cas de kératodermie palmo-plantaire congénitale atypique: I. Porokératose de Mantoux associée à un naevus linéaire zoniforme et à des lesions lichénoïdes. II. Kératodermie associant le type disséminé de Buschke-Fischer et le type strié en bande de Brünauer-Fuhs. Bull. Soc. franç. Derm. Syph. **64**, 799—800 (1957). — BAZEX, A., A. DUPRÉ, M. PARANT et B. CHRISTOL-JALBY: Kératodermies palmo-plantaires arsenicales par intoxication familiale chez le frère et la soeur,

datant de l'enfance; épithéliomatoses multiples. Bull. Soc. franç. Derm. Syph. 68, 440 (1961).—
BAZEX, A., et R. SALVADOR: Kératodermie palmo-plantaire congénitale type clavus disséminé,
forme Siemens-Buschke-Fischer-Brauer. Bull. Soc. franç. Derm. Syph. 68, 443 (1961). —
BECKER, S. W.: Hyperkeratosis (circumscribed). Arch. Derm. Syph. (Chic.) 26, 524 (1932). —
BECKER, S. W., and M. E. OBERMAYER: Keratoderma climactericum (Haxthausen). Arch.
Derm. Syph. (Chic.) 36, 646—647 (1937). — Modern dermatology and syphilology. Philadelphia: J. B. Lippincott Co. 1947. — BEHÇET, H.: Hauthörner bei Keratoma palmare und
plantare. Ref. Zbl. Haut- u. Geschl.-Kr. 60, 480 (1938). — BELLENGER, E.: Chute précoce des
dents temporaires et permanentes (alvéolyse infantile) et kératose palmo-plantaire. Un syndrome recessif. Thèse Paris 1954. — BENASSI, E.: Sulla fisioterapia della cheratosi. Dermosifilografo 11, 198—200 (1936). — BENDA: Keratoma palmare et plantare. Ref. Zbl. Haut- u.
Geschl.-Kr. 48, 435 (1934). — BERG: Keratoma palmare et plantare transgrediens (Greither).
Z. Haut- u. Geschl.-Kr. 41, 207—208 (1966). — BERGERMANN: Keratoma palmare et plantare.
Ref. Zbl. Haut- u. Geschl.-Kr. 67, 110 (1941). — BERGGREEN, P.: Keratoma palmare et plantare. Ref. Zbl. Haut- u. Geschl.-Kr. 67, 284 (1941). — BETTLEY, F. R., and C. D. CALNAN:
Keratoma palmo-plantaris. Proc. 10th Int. Congr. Dermatology London 1952, p. 423—424
(1953). — BEZDIČEK, J.: Epidermolysis bullosa dystrophica kombiniert mit Keratosis palmaris et plantaris striata. Ref. Zbl. Haut- u. Geschl.-Kr. 46, 318 (1933). — BEZECNY: Keratosis
palmaris und plantaris, interdigitale und Nagelmykose. Ref. Zbl. Haut- u. Geschl.-Kr. 44,
621 (1933). — BEZECNY, R.: Keratosis palmaris et plantaris bei Mutter und Kind. Ref. Zbl.
Haut- u. Geschl.-Kr. 59, 560 (1938). — BIAGINI, E.: Keratoma palmo-plantare amputans e
sindrome di Jadassohn-Lewandowsky. G. ital. Derm. 82, 844—862 (1941). — BISHOP, P. M. F.,
and H. W. BARBER: Keratoderma climactericum (Haxthausen) treated with oestrone. Proc.
roy. Soc. Med. 30, 738—740 (1937). — BLAICH: Keratoma palmare et plantare. Ref. Zbl.
Haut- u. Geschl.-Kr. 56, 514 (1937). — BLOCH: Follicularcysten mit Hyperkeratosis palmaris
et plantaris, Nagelveränderungen, Hirndruck, Erweiterung der Sella. Ref. Zbl. Haut- u.
Geschl.-Kr. 44, 52 (1933). — BLOOM, D.: Keratosis palmaris et plantaris hereditaria (occuring
in four generations). Arch. Derm. Syph. (Chic.) 25, 1123 (1932). — BLUM, P., et G. MAR-
LINGUE: Type sclérodermiforme de la maladie de Méléda. Bull. Soc. franç. Derm. Syph. 46,
643—646 (1939). — BÖRLIN, E.: Demonstrationen. Dermatologica (Basel) 94, 176—177
(1947). — BOISRAMÉ, R.: Polyalvéolyse chez deux enfants atteintes d'une kératodermie
palmo-plantaire. Rev. Stomat. (Paris) 54, 242—249 (1953). — BOŠNJAKOVIČ, S.: Über die
sogenannte Krankheit von Mljet („Mal de Meleda"). Ref. Zbl. Haut- u. Geschl.-Kr. 38, 784—
785 (1931). — Sogenannte Krankheit von Mljet („Mal de Meleda"), Keratosis palmo-plantaris
hereditaria transgrediens. Ref. Zbl. Haut- u. Geschl.-Kr. 51, 322 (1935). — Keratoma palmare
et plantare hereditarium, typus Unna; Lichen ruber planus. Ref. Zbl. Haut- u. Geschl.-Kr.
51, 322 (1935). — Vererbungsverhältnisse bei der sogenannten Krankheit von Mljet („Mal de
Meleda"). Acta derm.-venereol. (Stockh.) 19, 88—122 (1938). — Krankheit von Mljet („Mal
de Meleda"). Ref. Zbl. Haut- u. Geschl.-Kr. 67, 524 (1941). — Keratoma palmo-plantare hereditarium, Typus Unna-Thost-Duhring. Ref. Zbl. Haut- u. Geschl.-Kr. 67, 528 (1941). —
BRAIN, R. T.: Keratosis punctata. Proc. roy. Soc. Med. 30, 198—199 (1937). — BRAUER, A.:
Keratoma dissipatum naeviforme palmare et plantare und Keratoma dissipatum hereditarium
palmare et plantare. Arch. Derm. Syph. (Berl.) 152, 404—414 (1926). — BRAUN, W.: Chlor-
akne. Akneartige Hautveränderungen durch chlorierte aromatische Kohlenwasserstoffe.
Aulendorf: Editio Cantor 1955. — BRAUN-FALCO, O., u. S. MARGHESCU: Kongenitales tele-
angiektatisches Erythem (Bloom-Syndrom) und Diabetes insipidus. Hautarzt 17, 155—161
(1966). — BREHM, G.: Ungewöhnliche striäre Palmar- und Plantarkeratose mit dorsalen
Hyperkeratosen. Derm. Wschr. 134, 1173—1178 (1956). — BRIL, M.: Neun Fälle von typischen
Keratoma hereditarium palmare et plantare (Unna-Thost) in einer Familie. Ref. Zbl. Haut- u.
Geschl.-Kr. 81, 181 (1952). — BRUNNER, M. J., and D. L. FUHRMANN: Mal de Meleda. Report
of a case and results of treatment with vitamin A. Arch. Derm. Syph. (Chic.) 61, 820—823
(1950). — BRUNSTING, L. A., R. R. KIERLING, O. PERRY, and R. K. WINKELMANN: Epidermolysis bullosa versus keratoderma palmare et plantare. Arch. Derm. 85, 676—677 (1962).
BUCHANAN, R. N.: Keratosis punctata palmaris et plantaris. Arch. Derm. 88, 644—650
(1963). — BUREAU, Y., H. BARRIÈRE et M. THOMAS: Hipocratisme digital congénital avec
hyperkératose palmoplantarie et troubles osseux. Ann. Derm. Syph. (Paris) 1959, 611—622. —
BUREAU, Y., M. HOREAU, H. BARRIÈRE et DUFAYE: Deux observations de doigts en baguettes
de tambours avec hyperkératose palmo-plantaire et lésions osseuses. Bull. Soc. franç. Derm.
Syph. 65, 328—330 (1958).
      CACCIALANZA, P., e F. GIANOTTI: Osservazioni e ricerche su alcuni casi di cheratoma palmo-
plantare (tipo Thost-Unna et tipo Meleda). G. ital. Derm. 96, 445—454 (1955). — ČAJKOVAC:
Keratoma palmo-plantare areatum. Ref. Zbl. Haut- u. Geschl.-Kr. 60, 197 (1938). — Keratoma
dissipatum hereditarium typus Brauer. Ref. Zbl. Haut- u. Geschl.-Kr. 63, 307 (1940). —
CARTAGENOVA, L.: Il cheratoma palmare e plantare congenito o tilose ereditaria. Prat. pediat.
8, 269—272 (1930). — CASTELLANI, A.: Minor tropical diseases, keratoma cribratum (kerato-

dermia cribrata). Trans. roy. Soc. trop. Med. Hyg. 24, 408, 413—420 (1931). — Minor tropical diseases. Keratoma plantare sulcatum (keratolysis plantaris sulcata). Trans. roy. Soc. trop. Med. Hyg. 24, 408—409, 413—420 (1931). — CATTERALL, R. D.: Plantar hyperkeratosis ? Yaws. Brit. J. Derm. 70, 258 (1958). — CAVALIERI, R.: Strozzamento anulare del quinto dito in un caso di cheratodermia palmo-plantare. Dermosifilografo 25, 559—576 (1950). — CER-VINO, J. M., A. BERTOLINI, and R. A. LARROSA HELGUERA: Keratodermias of the hands and feet and thyroid deficiency. Endocrinology 22, 615 (1938). — CHUNG, H.-L.: Keratoma palmare et plantare hereditarium. With special reference to its mode of inheritance as traced in six and seven generations, respectively, in two Chinese families. Arch. Derm. Syph. (Chic.) 36, 303—313 (1937). — CIVATTE, A., G. R. MELKI et G. E. GOETSCHEL: Maladie de Méléda: amélioration remarquable de l'hyperkératose par un traitement à l'acide trichloracétique. Bull. Soc. franç. Derm. Syph. 58, 531—532 (1951). — COCKAYNE, E. A.: Inherited abnormalities of the skin and its appendages. London: Oxford University Press 1933. — CORDIVIOLA, L. A., y C. C. QUEVEDO DE CORDIVIOLA: Hipercheratosis palmoplantar congenita y familiar. (Enfermedad de Meleda.) Rev. argent. Dermatosif. 34, 234, 236 (1950). — CORSON, E. F.: Keratosis palmaris et plantaris with dental alteration. Arch. Derm. Syph. (Chic.) 40, 639 (1939). — COSTA, O. G.: Porokeratosis Mantoux. Kombination mit Naevus verrucosus et lichenoides. Hautarzt 4, 173—175 (1953). — Acroceratoses (Ceratodermias palmo-plantares). Belo Hori-zonte-M.D.-Brasil 1962. — COTTINI, G. B.: E'il cheratoma palmo-plantare una collagenosi vasculopatica ? Minerva derm. 2, 15 (1953). — COULON et PAYENNEVILLE: Un cas de maladie de Méléda. Bull. Soc. franç. Derm. Syph. 40, 1158—1166 (1933). — COUPE, R., and B. USHER: Keratosis punctata palmaris et plantaris. Arch. Derm. 87, 93—95 (1963).

DANBOLT, N.: Keratoma hereditaria mutilans. Acta derm.-venereol. (Stockh.) 39, 116—117 (1959). — DASSEN, R.: Contribución al conocimiento genético de la enfermedad de Meleda y a la excepcional asociación (quizá única) con la lipofibromatosis intestinal. Pren. méd. argent. 1951, 1084—1088. — DEGOS, R., J. DELORT et J. CHARLAS: Ainhum avec kérato-dermie palmo-plantaire. Bull. Soc. franç. Derm. Syph. 70, 136—138 (1963). — DELACRÉTAZ, J., et I.-D. GEISER: Kératodermie palmo-plantaire (en bandes). Dermatologica (Basel) 121, 180—182 (1960). — DELACRÉTAZ, J., I.-D. GEISER et E. FRENK: Démonstrations cliniques. Dermatologica (Basel) 131, 140 (1965). — DELBOS, M.: Kératodermie symétrique héréditaire. Bull. Soc. franç. Derm. Syph. 63, 302 (1956). — DENGER, D.: Tylosis. Brit. J. plast. Surg. 6, 130 (1953). — DINIZ, O.: Queratosis palmar de los clasificadores de arroz. Arch. argent. Derm. 4, 11—14 (1954). — DOBSON, R. L., TH. R. YOUNG, and J. S. PINTO: Palmar keratoses and cancer. Arch. Derm. 92, 553—556 (1965). — DÖRKEN, H.: Mal de Meleda (Keratosis extremi-tatum hereditaria progrediens Mljet). Hautarzt 6, 474—476 (1955). — DORN, H.: Keratoma palmare et plantare hereditarium Unna-Thost, Keratosis extremitatum hereditaria progrediens. Z. Haut- u. Geschl.-Kr. 25, 169—177 (1958). — DORN, H., R. KADEN u. H. J. WEISE: Un-regelmäßig dominanter Erbgang bei Erythema palmare et plantare (Lane). Z. Haut- u. Geschl.-Kr. 25, 141—145 (1958). — DOUGAS, CHR.: Heureux effects de la vitamine E dans un cas de lupus erythémateux avec poïkilodermie et un cas de maladie de Méléda. Bull. Soc. franç. Derm. Syph. 56, 449—450 (1949). — DOWLING, G. B.: Congenital ectodermal defect: hyperkeratosis of palms; atrophy of nails and adjoining skin over dorsum of terminal phalanges; microdontism; cicatrical alopecia. Proc. roy. Soc. Med. 29, 1633 (1936). — DUEML-LING, W. W.: Dystrophy of the hair and nails; keratoderma of the palms and soles; hypo-thyroidism. Arch. Derm. Syph. (Chic.) 29, 163—164 (1934). — DUPERRAT, B., et MONTFORT: Kératodermie palmo-plantaire type Papillon-Lefèvre. Bull. Soc. franç. Derm. Syph. 62, 266—267 (1955). — DUPERRAT, B., R. PRINGUET et J. MASCARO: Kératodermie palmo-plantaire circinée, tardive, familiale. Bull. Soc. franç. Derm. Syph. 69, 276—277 (1962).

EDEL, K.: Keratodermia papulosa hereditaria manuum et pedum. Ned. T. Geneesk. 1937, 2961—2962. — EHRMANN, G.: Keratoma palmare et plantare hereditarium. Ref. Zbl. Haut-u. Geschl.-Kr. 85, 250 (1953). — ELIASSOW: Keratoma hereditarium palmare et plantare. Ref. Zbl. Haut- u. Geschl.-Kr. 40, 214 (1932). — ELLER, J. J.: Keratosis palmaris et plantaris. Ref. Zbl. Haut- u. Geschl.-Kr. 24, 501 (1931). — ENGMAN, M. E.: Diskussionsbemerkung zu BECKER u. OBERMAYER. Arch. Derm. Syph. (Chic.) 36, 647 (1937). — ESTELLER, J., G. FOR-TEZZA y G. SORNI: Estudio citogenético de dos casos de xeroderma pigmentosum y uno de queratodermia de Brauer. Act. dermo-sifiliogr. (Madr.) 55, 521—528 (1964). — EVERALL, J.: Tylosis palmaris et plantaris with unusual bullous lesions. Brit. J. Derm. 66, 54—56 (1954).

FABRY: Helodermie, circumscripte Keratosen und Fingerknöchelpolster. Ref. Zbl. Haut-u. Geschl.-Kr. 89, 112 (1954). — Fallbericht: Keratoma palmare et plantare. Hautklinik Essen 1937. Ref. Zbl. Haut- u. Geschl.-Kr. 57, 166 (1938). — Fallbericht: Keratosis palmoplantaris (striata) BRÜNAUER-FUHS. Hautklinik Essen 1937. Ref. Zbl. Haut- u. Geschl.-Kr. 57, 166 (1938). — Fallbericht: Keratoma palmare et plantare hereditarium UNNA-THOST. Hautklinik Essen 1937. Ref. Zbl. Haut- u. Geschl.-Kr. 57, 167 (1938). — Fallbericht: Keratoma palmare et plantare. Univ. Berlin 1951. Ref. Zbl. Haut- u. Geschl.-Kr. 78, 412 (1952). — Fallbericht:

Keratodermia disseminata maculosa et papulosa palmaris (Typus BUSCHKE-FISCHER ?). Univ. Berlin 1952. Ref. Zbl. Haut- u. Geschl.-Kr. 83, 309 (1953). — Fallbericht: Keratoma hereditarium dissipatum palmare et plantare. Univ. Berlin 1953. Ref. Zbl. Haut- u. Geschl.-Kr. 88, 196 (1954). — Fallbericht: Keratosis palmo-plantaris areata et striata. Univ. Berlin 1953. Ref. Zbl. Haut- u. Geschl.-Kr. 88, 196 (1954). — Fallbericht: Keratodermia maculosa disseminata palmaris et plantaris (Typ BUSCHKE-FISCHER). Univ. Berlin 1953. Ref. Zbl. Haut- u. Geschl.-Kr. 89, 371 (1954). — Fallbericht: Keratoma palmare et plantare hereditarium (UNNA-THOST) mit Syndaktylie der 2. und 3. Zehe. Univ. Berlin 1956. Ref. Zbl. Haut- u. Geschl.-Kr. 100, 165 (1958). — Fallbericht: Keratoma palmare et plantare hereditarium (UNNA-THOST). Univ. Berlin 1956. Ref. Zbl. Haut- u. Geschl.-Kr. 100, 165 (1958). — Fallbericht: Keratoma palmare et plantare hereditarium (UNNA-THOST). Univ. Berlin 1956. Ref. Zbl. Haut- u. Geschl.-Kr. 100, 165 (1958). — Fallbericht: Keratoma palmare et plantare dissipatum (BUSCHKE-FISCHER). Univ. Berlin 1956. Ref. Zbl. Haut- u. Geschl.-Kr. 100, 165 (1958). — Fallbericht: Keratoma palmare et plantare hereditarium. Univ. Berlin 1956. Derm. Wschr. 137, 501 (1958). — Fallbericht: Palmar plantar hyperkeratosis with periodontosis (Papillon-Lefèvre syndrome). Mayo-Clinic 1964. Arch. Derm. 90, 330 (1964). — Fallbericht: Keratoma palmare et plantare hereditarium. One hundred clinical cases presented at the 11. Internat. Congr. of Dermatology, Stockholm 1957. Stockholm 1958, p. 84—85. — Fallbericht: Keratoma palmare et plantare hereditarium and verrucae vulgares manuum et pedum amborum. One hundred clinical cases presented at the 11. Internat. Congr. of Dermatology, Stockholm 1957. Stockholm 1958, p. 86—87. — Fallbericht: Univ. Berlin 1956. Ref. Zbl. Haut- u. Geschl.-Kr. 100, 164 (1958). — Fallbericht: Univ. Berlin 1956. Ref. Derm. Wschr. 137, 501 (1958). — Fallbericht: Mayo-Clinic 1964. Ref. Arch. Derm. 90, 330 (1964). — FEIT, H.: Kératodermies ponctuées (Mantoux): Keratodermia disseminata palmaris et plantaris (Buschke und Fischer). Arch. Derm. Syph. (Chic.) 28, 903 (1933). — FELDMAN, S.: Keratosis palmaris et plantaris. Arch. Derm. Syph. (Chic.) 33, 378—379 (1936). — FENYÖ, J.: Keratoma hereditarium palmare et plantare. Ref. Zbl. Haut- u. Geschl.-Kr. 48, 517 (1934). — FERRARI, A. V.: Cheratodermia palmare et plantare simmetrica tardiva guarita colla irradiazone locale del simpatico. Boll. Sez. region. Soc. ital. Derm. 5, 303 (1931). — Radioterapia del simpatico cutaneo e cheratodermia palmare et plantare simmetrica non ereditaria. Dermosifilografo 7, 237—247 (1932). — FEUERSTEIN, W.: Keratoma palmare et plantare dissipatum (hereditarium). Ref. Derm. Wschr. 123, 229 (1951). — FISCHER, E.: Keratoma dissipatum palmare et plantare (Brauer) (2 Fälle). Dermatologica (Basel) 112, 537—540 (1956). — FISCHER, E., u. U. W. SCHNYDER: Keratodermia palmo-plantaris mit Hypohidrose und subungualen Keratosen. Dermatologica (Basel) 116, 363 (1958). — FONSECCA, E. DA, e A. FERREIRA DA ROSA: Über die schwärzliche Keratomykose des Handtellers. Rev. méd.-cirurg. Brasil 38, 337—340 (1930). — FORGÁCZ, J., and A. FRANCESCHETTI: Histological aspect of corneal changes due to hereditary, metabolic, and cutaneous affections. Amer. J. Ophthal. 47, 191—202 (1959). — FRANCESCHETTI, A., u. U. W. SCHNYDER: Versuch einer klinisch-genetischen Klassifikation der hereditären Palmoplantarkeratosen unter Berücksichtigung assoziierter Symptome. Dermatologica (Basel) 120, 154—178 (1960). — FRANCESCHETTI, A., u. C. J. THIER: Über Hornhautdystrophien bei Genodermatosen unter besonderer Berücksichtigung der Palmoplantarkeratosen (klinische, genetische und histologische Studien). Albrecht v. Graefes Arch. Ophthal. 162, 610—670 (1961). — FRED, H. L., R. G. GIESER, W. R. BERRY, and J. M. EIBAND: Keratosis palmaris et plantaris. Arch. intern. Med. 113, 866—871 (1964). — FRENK, E.: Etat kératodermique avec taux sérique abaissé de la vitamine A et hypercarontinémie. Dermatologica (Basel) 132, 96—98 (1966). — FRIEDLÄNDER, M.: Über das gleichzeitige Vorkommen allgemeiner und lokalisierter primärer Verhornungsanomalien der Haut. Derm. Wschr. 93, 1333—1340 (1931). — FROHN: Keratoma palmare et plantare hereditarium mit Schleimhauterscheinungen in Gestalt von weißen keratotischen Auflagerungen, Poliosis der Cilien des linken Oberlides. Ref. Zbl. Haut- u. Geschl.-Kr. 56, 232 (1937). — FRÜHWALD: Keratoma der Hände und Füße. Ref. Zbl. Haut- u. Geschl.-Kr. 41, 301 (1932). — Keratose der Handteller und Fußsohlen nach Salvarsanexanthem. Ref. Zbl. Haut- u. Geschl.-Kr. 45, 291 (1933). — FUCHS: Die krankhaften Veränderungen der Haut und ihrer Anhänge, Teil I, S. 698. Göttingen: Dieterichsche Buchhandlung 1840. — FUHS: Keratoma palmare et plantare. Ref. Zbl. Haut- u. Geschl.-Kr. 46, 292 (1933). — Keratosis palmo-plantare papulosa. Ref. Zbl. Haut- u. Geschl.-Kr. 49, 587 (1935). — Keratosis palmo-plantaris papulosa (H. W. Siemens). Ref. Zbl. Haut- u. Geschl.-Kr. 64, 572 (1940). — Keratosis palmo-plantaris papulosa. Ref. Zbl. Haut- u. Geschl.-Kr. 68, 148 (1942). — Heterophänie bei dominant erblich bedingten Palmo-Plantarkeratosen. 1. Keratosis palmo-plantaris papulosa. Ref. Zbl. Haut- u. Geschl.-Kr. 68, 207 (1942). — Heterophänie bei dominant erblich bedingten Palmo-Plantarkeratosen. 2. Keratosis striata plantaris. Ref. Zbl. Haut- u. Geschl.-Kr. 68, 207 (1942). — Keratosis palmo-plantaris transgrediens. Ref. Zbl. Haut- u. Geschl.-Kr. 68, 410—411 (1942). — Keratosis palmo-plantaris striata und areata bei eineiigen Zwillingen. Ref. Zbl. Haut- u. Geschl.-Kr. 69, 32 (1943). — Keratitis palmo-plantaris diffusa et areata. Ref. Zbl. Haut- u. Geschl.-Kr.

69, 52 (1943). — Keratosis palmaris papulosa. Ref. Zbl. Haut- u. Geschl.-Kr. **69**, 213 (1943).

GAHLEN, W.: Circumscripte Keratosen: günstige Beeinflussung durch Röntgenbestrahlung. Ref. Zbl. Haut- u. Geschl.-Kr. **81**, 406 (1952). — Keratosen: In: H. A. GOTTRON u. W. SCHÖNFELD, Dermatologie und Venerologie, Bd. IV, S. 78ff. Stuttgart: Georg Thieme 1960. — Erythema palmoplantare als genetisches Äquivalent zur Keratodermia palmoplantaris eines scheinbaren Solitärfalles. Hautarzt **15**, 242—245 (1964). — GALEWSKY: Keratodermia maculosa disseminata symmetrica palmaris. Ref. Zbl. Haut- u. Geschl.-Kr. **43**, 252 (1933). — GANS: Keratoma periporale. Arch. Derm. Syph. (Berl.) **145**, 324—325 (1924). — GARB, J.: Keratoderma plantaris. Arch. Derm. **73**, 171—172 (1956). — GASSER, L.: Über atypische Palmo-Plantarkeratosen. Derm. Wschr. **121**, 289—296 (1950). — GATÉ, J., J. P. MICHEL et CHARPY: Maladie de Méléda chez deux soeurs. Bull. Soc. franç. Derm. Syph. **38**, 493—494 (1931). — GATÉ, J., et P. MOREAU: Un cas de maladie de Méléda. Bull. Soc. franç. Derm. Syph. **45**, 1376—1378 (1938). — GEDDA, L., e A. PIGNATELLI: Cheratosi palmo-plantare e allotopa associata a grave malattia dentaria in due fratelli mononati. Acta Genet. med. (Roma) **3**, 133—142 (1954). — GERTLER: Keratoma palmare striatum mit dominantem Erbgang. Ref. Zbl. Haut- u. Geschl.-Kr. **69**, 623 (1943). — Erythema palmoplantare symmetricum bei postencephalitischem Parkinsonismus. Derm. Wschr. **124**, 1105 (1951). — GIBBS, R. C., and S. B. FRANK: Keratoma hereditaria mutilans (Vohwinkel). Differentiating features of conditions with constriction of digits. Arch. Derm. **94**, 619—625 (1966). — GILLIS, E.: Verrucosités plantaires héréditaires. Arch. belges Derm. **9**, 304—305 (1953). — Verrucosités plantaires héréditaires. Arch. belges Derm. **10**, 304—305 (1954). — GILMAN, R. L.: Keratosis palmaris et plantaris with contractures. Arch. Derm. Syph. (Chic.) **28**, 299 (1933). — GINESTET, G., et A. JAQUET: La maladie de Méléda: deux observations. Rev. franç. Odonto-stomat. **6**, 1463—1470 (1959). — GIORGIO, A. DE: Cheratoma plantare. Boll. Sez. region. Soc. ital. Derm. **1**, 49—51 (1936). — GIRARD, P., J. ROUSSET, J. COUDERT et F. ARCADIO: Kératodermie disséminée ponctuée de Siemens chez un sujet atteint de maladie de Fahr. Bull. Soc. franç. Derm. Syph. **66**, 738 (1959). — GOLDBERG, L. C.: Keratoderma climactericum (Haxthausen's disease). Arch. Derm. Syph. (Chic.) **40**, 67—69 (1939). — GOLDSCHLAG: Diskussionsbemerkung zu LENARTOWICZ. Zbl. Haut- u. Geschl.-Kr. **49**, 3 (1935). — Keratoma hereditarium plantare et palmare. Ref. Zbl. Haut- u. Geschl.-Kr. **53**, 594 (1936). — Keratoma palmare et plantare. Ref. Zbl. Haut- u. Geschl.-Kr. **59**, 467 (1938). — GÓMEZ ORBANEJA, J., A. LEDO POZIETA y A. GARCIA PÉREZ: Queratosis palmo-plantar punctata. Act. dermo-sifiliogr. (Madr.) **52**, 265—271 (1961). — GOTO, SH.: Über einen Fall von Keratodermia tylodes palmaris progressiva, die nach der Exstirpation des Uterus entstand. Ref. Zbl. Haut- u. Geschl.-Kr. **53**, 657 (1936). — GOTTRON, H. A.: Keratoma hereditarium palmare et plantare. Ref. Zbl. Haut- u. Geschl.-Kr. **40**, 158 (1932). — GOUGEROT, H., BURNIER et VIAL: Erythrokératodermies palmo-plantaires transitoires non syphilitiques de cause inconnue, diagnostic avec la syphilis. Ann. Mal. vénér. **32**, 313—317 (1937). — GOUGEROT, H., J.-R. LE BLAYE, C. MIKOL et B. DUPERRAT: Porokératose palmo-plantaire de Mantoux, avec présence, dans les squames, d'un diplocoque: gonocoque à discuter. Bull. Soc. franç. Derm. Syph. **58**, 6—7 (1951). — GREITHER, A.: Diskussionsbemerkung zu KOCHS. Ref. Zbl. Haut- u. Geschl.-Kr. **78**, 406 (1952). — Keratosis extremitatum hereditaria progrediens mit dominantem Erbgang. Hautarzt **3**, 198—203 (1952). — Queratosis hereditarias circunscritas. Act. dermo-sifiliogr. (Madr.) **44**, 405—413 (1953). — Die Krankheit von Meleda (Mljet). Hautarzt **5**, 447—450 (1954). — Keratosis palmo-plantaris mit Periodontopathie (Papillon-Lefèvre). Dermatologica (Basel) **119**, 248—263 (1959). — GREITHER, A., u. J. KÖHLER: Zähne und Haut. In: H. A. GOTTRON u. W. SCHÖNFELD, Dermatologie und Venerologie, Bd. IV, S. 1026ff. Stuttgart: Georg Thieme 1960. — GRIN, E., T. ŠALAMON u. M. MILIŠEVIČ: Keratosis palmo-plantaris transgrediens hereditaria mit dominantem Erbgang. Arch. klin. exp. Derm. **214**, 378—393 (1962). — GROSS: Keratoma dissipatum hereditarium palmare et plantare. Ref. Zbl. Haut- u. Geschl.-Kr. **63**, 478 (1940). — GROTTENMÜLLER: Keratoma palmare et plantare dissipatum. Ref. Zbl. Haut- u. Geschl.-Kr. **91**, 125 (1955). — GÜNTHER, H.: Beobachtungen von Keratoma hereditarium palmoplantare (Typus Unna). Arch. Derm. Syph. (Berl.) **165**, 475—489 (1932).

HAIM, S., and J. MUNK: Keratosis palmo-plantaris congenita, with periodontosis, arachnodactyly and a peculiar deformity of the terminal phalanges. Brit. J. Derm. **77**, 42—54 (1965). — HAMANN: Keratoma palmare et plantare. Ref. Zbl. Haut- u. Geschl.-Kr. **69**, 60 (1943). — HANHART, E.: Neue Sonderformen von Keratosis palmo-plantaris, unter anderem eine regelmäßig dominante mit systematisierten Lipomen, ferner zwei einfach-rezessive mit Schwachsinn und zum Teil mit Hornhautveränderungen des Auges (Ektodermalsyndrom). Dermatologica (Basel) **94**, 286—308 (1947). — HARNDT: In: Jugendzahnpflege. Paradentitis und Paradentose. München: C. Hanser 1950. — HASIDUME, T.: Zwei Fälle von Keratoma palmare et plantare hereditarium. Ref. Zbl. Haut- u. Geschl.-Kr. **68**, 125 (1942). — HAUFE, U.: Keratodermia maculosa disseminata palmaris et plantaris (Buschke-Fischer). Derm. Wschr. **143**, 127 (1961). — HAXTHAUSEN, H.: Keratoma dissipatum palm. et plant. (Brauer?) Porokeratosis

Mibelli atypica? Acta derm.-venereol. (Stockh.) 35, 205—206 (1955). — Hecht, H.: Erblichkeit bei Hautkrankheiten. II. Keratosis palmo-plantaris diffusa hereditaria. Derm. Wschr. 91, 1022—1027 (1930). — Heierli-Forrer, E.: Zur Klinik und Genetik der hereditären papulösen Palmoplantarkeratosen. Dermatologica (Basel) 119, 309—327 (1959). — Zur Klinik und Genetik der hereditären papulösen Palmoplantarkeratosen. Med. Inaug.-Diss. Zürich 1960. Basel: Karger. — Heller, N. B.: A case of keratoderma punctatum. Urol. cutan. Rev. 34, 822—823 (1930). — Hempel, H.-C.: Palmo-Plantarkeratose (Unna-Thost) im Kindesalter. Kinderärztl. Prax. 12, 42—45 (1941). — Henschen, C.: Über das Keratoderma senile volae manuum et plantae pedum und seine Heilung durch Perandren. Schweiz. med. Wschr. 70, 690—694 (1940). — Medizin-historischer Nachtrag zu der Arbeit: „Über das Keratoderma senile volae manuum et plantae pedum." Schweiz. med. Wschr. 71, 97—98 (1941). — Herrera, J. A., P. Maissa y J. E. Barragué: Queratodermia plantar gigante con paquioniquia tratada con radioterapia hipotalámica. Arch. argent. Derm. 9, 68—70 (1959). — Herxheimer: Diskussionsbemerkung zu Seier. Zbl. Haut- u. Geschl.-Kr. 40, 175 (1932). — Hoede, K.: Palmar-Plantar-Keratosen. In: Handbuch der Erbbiologie des Menschen, Bd. III, S. 440ff. Berlin: Springer 1939. — Die Meleda-Krankheit (Keratosis hereditaria palmoplantaris transgrediens). Arch. Derm. Syph. (Berl.) 182, 383—395 (1942). — Erbkrankheiten mit Ausnahme von Ichthyosis und Follikular-Keratosen. In: H. A. Gottron u. W. Schönfeld, Dermatologie und Venerologie, Bd. IV, S. 1ff. Stuttgart: Georg Thieme 1960. — Hoffmann-Axthelm, W.: Feer'sche Krankheit und Unterkieferosteomyelitis als differentialdiagnostisches Problem. Dtsch. Stomat. Stomat. 6, 526—529 (1956). — Hopf, G.: Keratosis palmo-plantaris disseminata (Keratoma dissipatum). Ref. Zbl. Haut- u. Geschl.-Kr. 40, 726 (1932). — Über die keratotische Destruktion der Papillarleisten bei den disseminierten palmo-plantaren Keratosen. Derm. Z. 65, 12—24 (1932). — Großpapulöses Keratoma dissipatum. Ref. Zbl. Haut- u. Geschl.-Kr. 56, 358 (1937). — Horwitz, O.: Diffuse Keratosis palmaris et plantaris. Acta derm.-venereol. (Stockh.) 36, 204—205 (1956). — Hovarka, O.: Über einen bisher unbekannten endemischen Lepraherd in Dalmatien. Arch. Derm. Dyph. (Berl.) 34, 51 (1896). — Hovarka, O., u. E. Ehlers: Mal de Meleda. Arch. Derm. Syph. (Berl.) 40, 251 (1897). — Howel-Evans, W., R. B. McConnell, C. A. Clarke, and P. M. Sheppard: Carcinoma of the oesophagus with keratosis palmaris et plantaris (tylosis). Quart. J. Med. 27, 413—429 (1958). — Hudelo, L., et R. Rabut: Kératodermie palmo-plantaire avec aplasie unguéale, pilaire et dentaire. Bull. Soc. franç.Derm. Syph. 35, 204—205 (1928). — Hunt, E.: Hyperkeratosis of the soles. Proc. roy. Soc. Med. 26, 835—836 (1933). — Huriez, Cl., et F. Desmons: Etude électro-encéphalographique de deux malades d'une même famille atteints de maladie de Méléda. Ann. Derm. Syph. (Paris) 81, 288 (1954). — Hutinel, J., H. Diriart et A.-G. Dreyfuss: 28 cas d'hyperkératose palmo-plantaire (maladie de Méléda) revelés dans une même famille. Bull. Soc. Pédiat. (Paris) 30, 220—222 (1932).

Iancou, A., et A. Od: Kératodermie palmaire et plantaire familiale. Rev. franç. Pédiat. 13, 204—208 (1937). — Ingram, J. T.: Porokeratosis palmaris (Mantoux) and dermatomyositis. Brit. J. Derm. 65, 100 (1953).

Jannarone, G.: Sulla identità dell'ittiosi e del cheratoma palmare e plantare. G. Med. milit. 87, 405—411 (1939). — Jansen, L. H., and G. Dekker: Hyperkeratosis palmo-plantaris with periodontosis (Papillon-Lefèvre). Dermatologica (Basel) 113, 207—219 (1956). — Jonata, J.: Displasie ectodermiche nelle ipercheratosi palmoplantari. Riv. ital. Stomat. 7, 305—319 (1952). — Jossel, B.: Zur Kenntnis der sogenannten Alibert'schen Tinea amiantacea (Keratosis follicularis amiantacea Kiess). Derm. Wschr. 94, 677—680 (1932). — Joulia, P., Poinot et L. Texier: Kératodermie palmo-plantaire. Bull. Soc. franç. Derm. Syph. 59, 313 (1952). — Jusem, R.: Dos casos de grave reabsorción alveolar en la enfancia. Rev. odont. B. Aires 33, 87—105 (1945). — Jusem, R., y C. G. Mainini: Un nuevo caso de paradentosis en la enfancia. Rev. odont. B. Aires 36, 123 (1948).

Karrenberg: Akanthosis nigricans (juvenile Form?) und Keratoma palmo-plantare hereditarium. Ref. Zbl. Haut- u. Geschl.-Kr. 36, 726 (1931). — Akanthosis nigricans mit Keratoma palmare et plantare. Ref. Zbl. Haut- u. Geschl.-Kr. 39, 27 (1932). — Kawabe, M.: Studien über die sogenannte Keratodermia tylodes palmaris progressiva. Ref. Zbl. Haut- u. Geschl.-Kr. 48, 128 (1934). — Keining, E.: Zur Berechtigung des Krankheitsbildes der Keratosis verrucosa Weidenfeld. Derm. Wschr. 108, 729—736 (1939). — Keir, M. (for F. R. Bettley): Keratodermia palmaris et plantaris. Brit. J. Derm. 79, 419—421 (1967). — Kerl: Erythema palmare hereditarium (red palms). Ref. Zbl. Haut- u. Geschl.-Kr. 53, 602 (1936). — Kienzler, L.: Keratoma palmare et plantare in Korrelation mit anderen keimplasmatisch bedingten Anomalien. Derm. Wschr. 103, 1630—1635 (1936). — Kimmig, J.: Atrophodermia vermiculata. Arch. Derm. Syph. (Berl.) 191, 691—692 (1950). — Klauder, J. V.: Keratoderma palmare et plantare. Arch. Derm. Syph. (Chic.) 37, 130—131 (1938). — Kliegel: Keratoma palmare et plantare striatum et insuliforme. Ref. Zbl. Haut- u. Geschl.-Kr. 69, 623 (1943). — Klövekorn: Keratoma palmare et plantare hereditarium bei Vater und Sohn. Ref. Zbl. Haut- u. Geschl.-Kr. 39, 25 (1932). — Kluge: Keratosis palmo-plantaris mit

Periodontopathie (Papillon-Lefèvre). Z. Haut- u. Geschl.-Kr. 43, 565 (1968). — KNIERER, W.: Zur Behandlung der Keratoma palmare et plantare hereditarium mit der Röntgen-Nahbestrahlung nach Chaoul. Hautarzt 2, 372—373 (1951). — KOCHS: Keratoma palmare et plantare transgrediens hereditarium. Typ Mal de Meleda. Ref. Zbl. Haut- u. Geschl.-Kr. 78, 407 (1952). — Keratoma palmare et plantare transgrediens. Mal de Meleda bei 58jähr. Schuhmacher. Ref. Zbl. Haut- u. Geschl.-Kr. 78, 407 (1952). — 24jähr. Pat. Keratoma plantare et palmare hereditarium. Ref. Zbl. Haut- u. Geschl.-Kr. 79, 295 (1954). — KÖHLER, J. A.: Paradentopathie Jugendlicher und Keratoma palmare et plantare. Dtsch. zahnärztl. Z. 8, 885—898 (1953). — KOGOJ, FR.: Die Krankheit von Mljet. („Mal de Meleda"). Acta derm.-venereol. (Stockh.) 15, 264—299 (1934). — Keratodermiae palmo-plantares. Hautarzt 4, 11—14 (1953). — Keratodermiae palmo-plantares. Proc. 10th Int. Congr. Dermatology London 1952, 410—411 (1953). — Mljetska Bolest. Zagreb 1963. — KOLINSKÝ, J.: Hyperkeratosis palmo-plantaris cum paradontosi (Papillon-Lefèvre). Čs. Derm. 32, 328—332 (1957). — KOLLER, L.: Hyperkeratosis circumscripta congenita. Ref. Zbl. Haut- u. Geschl.-Kr. 52, 485 (1936). — KORTING, G. W.: Zur Klinik der atypischen Palmo-Plantar-Keratosen. Z. Haut- u. Geschl.-Kr. 11, 149—152 (1951). — KRETSCHMER, R.: Die „Palmitis et Plantitis keratosa gravidarum" — ein neues Krankheitsbild. Z. Haut- u. Geschl.-Kr. 4, 107—110 (1948). — KUSKE, H.: Ektodermales Syndrom mit Keratosis palmo-plantaris, hochgradigem Astigmatismus, Keratitis, Debilität (sog. Syndrom von RICHNER-HANHART). Dermatologica (Basel) 118, 352 (1959). — KVORNING, S. A.: Keratoderma punctatum with marked cornification of palms and soles. Acta derm.-venereol. (Stockh.) 36, 233 (1956).

LACASSAGNE, J., LIÉGEOIS et FRIESS: Traitement par des composés magnésiens d'un cas de kératose palmaire et plantaire. Disparition rapide des lésions. Bull. Soc. franç. Derm. Syph. 39, 8—10 (1932). — LACASSAGNE, J., et MOUTIER: Kératodermie familiale. Bull. Soc. franç. Derm. Syph. 38, 243—244 (1931). — LANDAZURI, H. F.: Keratosis palmaris et plantaris and its surgical treatment. Plast. reconstr. Surg. 22, 557—561 (1958). — LANDES: Angiokeratoma Mibelli und Angiokeratoma scroti und Keratoma plantarum et manus sinistrae, 73jähr. Rentner. Ref. Zbl. Haut- u. Geschl.-Kr. 78, 398 (1952). — LAUGIER, P.: Hyperkératose palmoplantaire et onychogryphose considérable: atteinte des parties molles et des os des phalangettes. Bull. Soc. franç. Derm. Syph. 61, 258—260 (1954). — LAUSECKER, H.: Ungewöhnliche Veränderung einer Keratosis plamo-plantaris nach Bestrahlung. Dermatologica (Basel) 101, 172—177 (1950). — LEDERMANN: Keratoma palmare et plantare hereditarium. Ref. Zbl. Haut- u. Geschl.-Kr. 43, 613—614 (1933). — LENARTOWICZ: Keratoma hereditarium palmare et plantare. Ref. Zbl. Haut- u. Geschl.-Kr. 49, 3 (1935). — LENSTRUP, E., u. O. BRINCH: Ein ungewöhnlicher Fall von jugendlicher Paradentose. Paradentium 9, 102 (1937). — LEVIN, H. M.: Keratoderma disseminatum palmaris et plantaris. Arch. Derm. Syph. (Chic.) 81, 620—621 (1960). — LICHTER, A.: Keratodermie. Ref. Zbl. Haut- u. Geschl.-Kr. 50, 11 (1935). — LIEBNER, E.: Disseminierte Keratodermie der Handteller und Fußsohlen. Ref. Zbl. Haut- u. Geschl.-Kr. 37, 422 (1931). — LIMA, J. A. P. DE: Un cas d'hyperkératose symétrique des extrémités inférieures. Ann. Derm. Syph. (Paris) 3, 345—348 (1932). — LINSER, K.: Keratoma palmare et plantare hereditarium. Ref. Zbl. Haut- u. Geschl.-Kr. 41, 675 (1932). — Keratoma palmare et plantare hereditarium. Ref. Zbl. Haut-u. Gschl.-Kr. 58, 8 (1938). — LÖHE: Mal de Meleda. Ref. Derm. Wschr. 123, 152 (1951). — LOMHOLT: Familiäre Keratodermie, in fünf Generationen beobachtet. Ref. Zbl. Haut- u. Geschl.-Kr. 47, 119 (1934). — LOMHOLT, S.: Einiges über Hyperkeratosen an den Fußsohlen (Warzen, Hühneraugen, Verhärtungen). Ref. Zbl. Haut- u. Geschl.-Kr. 49, 148 (1935). — LORTAT-JACOB, L., et P. LEGRAIN: Un cas de kératodermie verruqueuse nodulaire. Bull. Soc. franç. Derm. Syph. 33, 81—83 (1926). — LOUYOT, P.: Un cas de kératodermie palmaire et plantaire familiale. Bull. Soc. franç. Derm. Syph. 44, 1626—1627 (1937). — LOVELL, L. A., y A. M. PAZOS: Queratodermía palmo-plantar congenita hereditaria. Enfermedad de Meleda (Ehlers y Neumann). Act. dermo-sifiliogr. (Madr.) 32, 557—560 (1941).

MACAULAY, D.: Keratoderma palmaris et plantaris congenitalis. Brit. med. J. 1951 I, 334—336. — MADERNA, C.: Cheratoma di Besnier e röntgenterapia simpatica. Rinasc. med. 15, 687—688 (1938). — MARGAROT, J., P. RIMBAUD et J. RAVOIRE: Kératodermies palmoplantaires et arthrose vertébrale. Bull. Soc. franç. Derm. Syph. 63, 455—456 (1956). — MATRAS: Keratoma dissipatum palmare et plantare. Ref. Zbl. Haut- u. Geschl.-Kr. 53, 602 (1936). — MAZZACURATI, T.: Su di un caso di keratoma plantaris amputans. Atti Soc. ital. Derm. Sif. 1959, 560—563. — McVICAR, D. N., and H. H. PEARLSTEIN: Papillon-Lefèvre syndrome: hyperkeratosis palmoplantaris with periodontosis. Arch. Derm. 94, 231—232 (1966). — MEIROWSKY, L.: Über das Krankheitsbild des Erythema palmo-plantare symmetricum hereditarium. Arch. Derm. Syph. (Berl.) 168, 420 (1933). — MELCZER, N.: Ein Fall von Keratosis palmo-plantaris transgrediens. Derm. Wschr. 108, 65—71 (1939). — MELKI, G. R., et P. HARTER: Kératodermie palmaire à dominance cubitale bloquant le petit doigt en flexion. Bull. Soc. franç. Derm. Syph. 63, 388—389 (1956). — MELKI, G. R., P. HARTER et J. N. MERCIER: Kératodermie palmo-plantaire de type intermédiaire (syndrome de Thost-Unna avec atteinte de la face dorsale). Bull. Soc. franç. Derm. Syph. **63**, 387—388 (1956). — MEYER-ROHN, J.: Keratoma hereditarium palmare et plantare Unna-Thost und Meledakrankheit. Derm. Wschr. **129**, 49—52 (1954). — MIANI, G., e L. RASPONI: Strozzamenti anulari, amputazioni spontanee delle dita nelle cheratodermie. Rilievi e istologici. Arch. ital. Derm. **25**, 23—30 (1952). — MICHAEL, J. C.: Keratoderma disseminatum palmare et plantare. Its mode of inheritance. Arch. Derm. Syph. (Chic.) **27**, 78—88 (1933). — MICHA-LOWSKI, R., u. M. MITURSKA: Dominante Keratodermia palmo-plantaris transgrediens mit juxtaartikulären Keratosen und Beteiligung der Lippen. Derm. Wschr. **148**, 355—361 (1963). MIESCHER, G.: Keratoderma postclimactericum (Haxthausen). Dermatologica (Basel) **83**, 108 (1941). — Pterygiumsyndrom Typ Bonnevie-Ullrich mit Erythrokeratosis palmaris et plantaris. Dermatologica (Basel) **115**, 759—761 (1957). — MILIAN, G.: Kératomes en nappe des mains. Rev. franç. Derm. **7**, 214—216 (1931). — MILIAN, G., et de BAUSSAN: Erythrodermie pityriasique en plaques et kératodermie palmaire et plantaire. Bull. Soc. franç. Derm. Syph. **39**, 171—174 (1932). — MITSUYA, J., u. K. SHIMIZU: Über Diathermiebehandlung von sogenannter Keratodermia tylodes palmaris progressiva. Ref. Zbl. Haut- u. Geschl.-Kr. **49**, 324 (1935). — MÖSLEIN, P.: Beitrag zum Keratoma hereditarium palmare et plantare atypicum. Dermatologica (Basel) **121**, 212—227 (1960). — MOHR, G.: Über angeborene Zahnunterzahl. Dtsch. zahnärztl. Z. **9**, 1117—1121 (1954). — MONCORPS, C.: Generalisierte (diffuse), regionäre (flächenhafte) und circumscripte (solitär, gruppiert oder disseminiert auftretende) Keratosen. In: J. JADASSOHNS Handbuch der Haut- und Geschlechtskrankheiten, Bd. VIII/2, S. 281ff. Berlin: Springer 1931. — Keratoma palmo-plantare diffusum transgrediens (Mal de Meleda). Ref. Zbl. Haut- u. Geschl.-Kr. **39**, 266 (1932). — Keratosis diffusa palmo-plantaris herditaria. Ref. Zbl. Haut- u. Geschl.-Kr. **42**, 31 (1932). — Keratosis palmo-plantaris transgrediens excessiva bei einem 23jähr. Mädchen. Ref. Zbl. Haut- u. Geschl.-Kr. **54**, 291 (1937). — MONT-GOMERY, H., and S. N. KLAUS: Keratosis palmaris et plantaris (case 14). Read at meeting of Pacific Derm. Ass. San Francisco. Zit. bei SCHNYDER u. KLUNKER. — MONTILLI, G., M. PISANI e C. SERRA: Su alcuni casi di cheratodermia palmoplantare. Contributo clinico, biologico, elettroencefalografico ed elettromiografico. Minerva derm. **32**, 33—49 (1957). — MOUTOT, H.: Pemphigus congénital successif. Lésions albo-papuloides? Association de kératodermie palmaire et plantaire congénitale. Bull. Soc. franç. Derm. Syph. **37**, 798—804 (1930). — MÜLLER, FR.: Keratodermia symmetrica palmaris et plantaris adultorum. Ref. Zbl. Haut- u. Geschl.-Kr. **53**, 225 (1936). — MÜLLER, W.: Keratoma palmare et plantare hereditarium. Ref. Zbl. Haut- u. Geschl.-Kr. **57**, 501 (1938). — MUSSIO-FOURNIER, J. C.: Kératodermie plantaire chez une hypothyroidienne. Sa guérison par la thyroidone. Bull. Soc. méd. Hôp. Paris **48**, 1236—1237 (1932).

NADEL, A.: Keratoma palmare et plantare atypicum. Arch. Derm. Syph. (Berl.) **174**, 404—412 (1936). — NAEGELI, O.: Keratosis palmaris et plantaris hereditaria. Ref. Zbl. Haut- u. Geschl.-Kr. **39**, 140 (1932). — NEUMANN, J.: Über Keratoma hereditarium. Arch. Derm. Syph. (Berl.) **42**, 163 (1898). — NEXMAND, P. H.: Keratoderma palmare et plantare diseminatum. With special reference to its mode of inheritance and the influence of mechanical factors of its development. Report of ten cases in one family in four generations. Dermatologica (Basel) **99**, 157—164 (1949). — NICOLAS, J., F. LEBEUF et J. CHARPY: Kératodermie avec épithélioma du talon. Bull. Soc. franç. Derm. Syph. **39**, 319 (1932). — NICOLAS, J., et J. ROUSSET: Maladie de Méléda chez deux soeurs hérédo-syphilitiques. Bull. Soc. franç. Derm. Syph. **43**, 8—9 (1936). — NILES, H. D.: Mal de Meleda. Arch. Derm. Syph. (Chic.) **36**, 436—437 (1937). — NILES, H. D., and M. M. KLUMPP: Mal de Meleda. Review of the literature and report of four cases. Arch. Derm. Syph. (Chic.) **39**, 409—421 (1939). — NOCKEMANN, P. F.: Erbliche Hornhautverdickung mit Schnürfurchen an Fingern und Zehen und Innenohrschwerhörigkeit. Med. Welt **1961**, 1894—1900, 1886—1887. — NORDIN, G.: Keratoma hereditarium. Ref. Zbl. Haut- u. Geschl.-Kr. **58**, 405 (1938). — NOSKO, L.: Keratoma palmare et plantare. Ref. Zbl. Haut- u. Geschl.-Kr. **85**, 252 (1953). — Keratoma hereditarium diffusum palmoplantare Unna-Thost. Ref. Zbl. Haut- u. Geschl.-Kr. **85**, 257 (1953). — Keratoma dissipatum. Ref. Zbl. Haut- u. Geschl.-Kr. **85**, 259 (1953).

OBERREIT: Keratoma palmare et plantare hereditarium mit Handekzem, Berufskrankheit abgelehnt. Ref. Zbl. Haut- u. Geschl.-Kr. **58**, 514 (1938). — OBERSTE-LEHN: Keratoma dissipatum hereditarium palmare et plantare (Brauer). Ref. Zbl. Haut- u. Geschl.-Kr. **85**, 120 (1953). — OGAWA, N.: Therapeutische Erfahrungen mit Pilocarpin beim Keratoma palmare et plantare hereditarium. Ref. Zbl. Haut- u. Geschl.-Kr. **49**, 516 (1935). — OLIVIER, J.: Erythème palmo-plantaire héréditaire. Maladie de Lane. Arch. belges Derm. **12**, 202—207 (1956). — OLIVIER, L., et R. REBOUL: Kératose congénitale non familiale à disposition radiculaire prédominant à droite avec léger spinulosisme. Bull. Soc. franç. Derm. Syph. **63**, 232—233 (1956). — OPPENHEIM: Keratoma dissipatum hereditarium palmare et plantare. Ref. Zbl. Haut- u. Geschl.-Kr. **41**, 563 (1932).

PALM, G.: Keratoma palmare et plantare in Verbindung mit anderen degenerativen Zeichen. Arch. Kinderheilk. **93**, 307—309 (1931). — PAPILLON et P. LEFÈVRE: Deux cas de kératodermie palmaire et plantaire symétrique familiale (maladie de Méléda) chez le frère et la soeur. Coexistence dans les deux cas d'altérations dentaires graves. Bull. Soc. franç. Derm. Syph. **31**, 82—84 (1924). — PARDO-CASTELLO, V., and J. J. MESTRE: Symmetric palmar and plantar keratoderma and ainhum. Arch. Derm. Syph. (Chic.) **19**, 154 (1929). — PAYENNEVILLE: Un cas de maladie de Méléda. Bull. Soc. franç. Derm. Syph. **47**, 55—57 (1940). — PEDERSEN, H. J.: Keratosis palmaris et plantaris. Ugeskr. Laeg. **1934**, 695. — PETGES, G., et DELGUEL: Hyperkératose palmo-plantaire congénitale, et polyarthrite, alvéolo-dentaire suppuré, précoce, récidivante, expulsive de toutes les dents temporaires et permanentes. Gaz. hebd. Sci. méd. Bordeaux **22**, 348—350 (1927). — PFISTER, R.: Das Papillon-Lefèvre-Syndrom. Fortschr. Med. **83**, 717—720 (1965). — PHOTINOS, G., u. RELIAS: Diskussionsbemerkung zu ZAGANARIS, DEMERTZIS u. VENIOS. Ref. Zbl. Haut- u. Geschl.-Kr. **59**, 116 (1938). — PHOTINOS, P., et A. SOUVATZIDES: Trois cas de maladie de Méléda (premiers cas observé en Grèce). Bull. Soc. franç. Derm. Syph. **46**, 177—180 (1939). — PICARD: Keratoma palmare et plantare hereditarium. Ref. Zbl. Haut- u. Geschl.-Kr. **45**, 678 (1933). — PIECZKOWSKI, O.: Ein Beitrag zum Krankheitsbild der Keratosis follicularis (Morrow-Brooke). Derm. Wschr. **111**, 743—750 (1940). — PILAU, G.: Fall von Keratoma palmare et plantare symmetricum mit Warzen kompliziert. Ref. Zbl. Haut- u. Geschl.-Kr. **51**, 488 (1935). — PLANQUES, J., A. BAZEX, J. ARLET, A. DUPRÉ et GOMBERT: Kératodermie palmo-plantaire et épithéliomatose multiple par intoxication arsenicale professionelle. Bull. Soc. franç. Derm. Syph. **68**, 441 (1961). — PLATHNER, C. H.: Verlust bleibender Zähne durch Paradentitis marginalis chronica progressiva im Wechselgebiß. Dtsch. zahnärztl. Z. **6**, 361—368 (1951). — POMPOSIELLO, I. M., y R. CALANDRA: Queratodermía palmoplantar con paradentosis (Papillon-Lefèvre). Arch. argent. Derm. **11**, 385—393 (1961). — POPPER: Keratoma palmare et plantare hereditarium dissipatum (Brauer). Ref. Zbl. Haut- u. Geschl.-Kr. **52**, 283 (1936). — PRETO PAPVIS, V., L. LEVI e F. CISOTTI: Studio istochimico dei lipidi epidermici nella ipercheratosi palmo-plantare (malattia di Meleda). G. ital. Derm. **108**, 197—210 (1967). — PRIETO, J. G.: Un caso de queratodermia palmo-plantar. Actas dermo-sifiliogr. **45**, 797 (1954). — PUPO, J. A., and R. FARINA: Palmo-Plantarkeratodermia and its treatment by plastic surgery. Plast. reconstr. Surg. **12**, 446 (1953).

RAINOVA, I.: Über Insufficientia parodontalis (Parodontosis, Amphodontosis) bei Kindern. Dtsch. Stomat. **5**, 681—686 (1955). — RAUBITSCHEK, F.: Ulerythema ophryogenes und Palmar-Plantar-Keratosen. Ref. Zbl. Haut- u. Geschl.-Kr. **56**, 3 (1937). — RAUSCHKOLB, J. E.: Superficial epitheliomatosis (generalized); keratoses, arsenical in origin (palms and soles). Arch. Derm. Syph. (Chic.) **66**, 539—540 (1952). — REISS: Keratoma palmare et plantare hereditarium. Ref. Zbl. Haut- u. Geschl.-Kr. **44**, 623 (1933). — REITER, H. F. H.: Hereditary punctate keratoderma palmaris et plantaris. Acta derm.-venereol. (Stockh.) **36**, 206 (1956). — REYMANN, FL.: Gonorrhoeic keratoderma. Acta derm.-venereol. (Stockh.) **36**, 194—195 (1956). — RICHNER, H.: Hornhautaffektion bei Keratoma palmare et plantare hereditarium. Klin. Mbl. Augenheilk. **100**, 580—588 (1938). — RICHTER, W.: Keratodermia maculosa symmetrica disseminata palmaris et plantaris (Buschke-Fischer). Ref. Zbl. Haut- u. Geschl.-Kr. **47**, 21 (1934). — RIEHL jr.: Keratoma hereditaria palmaris et plantaris mit Übergreifen auf die Dorsalflächen. Ref. Zbl. Haut- u. Geschl.-Kr. **33**, 543 (1930). — RIMBAUD, P.: Kératodermie limitée à un doigt avec syndrome causalgique. Bull. Soc. franç. Derm. Syph. **65**, 321 (1958). — RIMBAUD, P., J. RAVOIRE et F. DUNTZE: Kératodermies palmaires et avec arthrose rachidienne (14 nouveaux cas). Bull. Soc. franç. Derm. Syph. **65**, 319—320 (1958). — Kératodermie palmaire. Arthrose vertébrale et acrodermatite d'Hallopeau. Bull. Soc. franç. Derm. Syph. **65**, 320—321 (1958). — ROJAS, N., u. J. R. OBIGLIO: Ein Fall von familiärer krankhafter Zerstörung der Fingerleisten (Meledasche Krankheit). Ref. Zbl. Haut- u. Geschl.-Kr. **58**, 642 (1938). — ROOK, A. J.: Progressive palmo-plantar erythroderma. Greither's syndrome. Brit. J. Derm. **79**, 302 (1967). — ROSENTHAL, S. L.: Periodontosis in a child resulting in exfoliation of the teeth. J. Periodont. **22**, 101—104 (1951). — Ross, J. B.: Keratosis punctata. Brit. J. Derm. **75**, 478—483 (1963). — ROUSSET, J.: Un cas de maladie de Méléda. Bull. Soc. franç. Derm. Syph. **46**, 933—934 (1939).

SACHS, W.: Persistent erythema of palms and soles (hereditary) in four generations. Arch. Derm. **73**, 184—185 (1956). — ŠALAMON, T.: Über einige Fälle von Keratosis extremitatum hereditaria progrediens mit dominantem Erbgang (Greither). Z. Haut- u. Geschl.-Kr. **29**, 289—298 (1960). — ŠALAMON, T., u. J. FLEGER: Kerato-Angiomatosis palmoplantaris symmetrica mit dystrophischen Hornhaut-Anomalien. Arch. klin. exp. Derm. **221**, 358—367 (1965). — ŠALAMON, T., E. GRIN u. Č. SALČIĆ: Das Syndrom Keratodermia palmo-plantaris circumscripta mit Oligophrenie. Arch. klin. exp. Derm. **216**, 456—467 (1963). — ŠALAMON, T., et O. LAZOVIĆ: Contribution au problème de la maladie de Mljet (mal de Méléda). J. Génét. hum. **10**, 172—201 (1961). — Keratosis palmo-plantaris insularis sive circumscripta, Schwachsinn, Skeletanomalien und Augenhintergrundveränderungen. Hautarzt **13**, 216—220 (1962). — SALFELD, K., u. M. J. LINDLEY: Zur Frage der Merkmalskombination bei Ichthyosis vulgaris mit Bambushaarbildung und ektodermaler Dysplasie. Derm. Wschr. **147**,

118—128 (1963). — SAMEK: Keratoma dissipatum palmare et plantare. Ref. Zb. Haut- u. Geschl.-Kr. **44**, 622 (1933). — Striäre Dermatose mit symmetrischen Hyperkeratosen an Handflächen und Fußsohlen. Ref. Zbl. Haut- u. Geschl.-Kr. **46**, 531—532 (1933). — SANNA, L.: Breve nota su un caso di ipercheratosi palmoplantare essenziale congenita: syndrome nevoide a tipo di distrofia ectodermica. Dermosifilograf. **25**, Suppl., 757—765 (1951). — SANNICANDRO, G.: Akroangiokeratoma symmetricum der Handteller und Fußsohlen mit multiplen Herden. Derm. Wschr. **105**, 1003—1006 (1937). — SARKANY, I.: Keratolysis plantare sulcatum. Brit. J. Derm. **77**, 281—282 (1965). — SATYANRAYANA, B. V.: Mal de Meleda. Review of the literature and report of two cases. Indian J. Derm. **26**, 54—58 (1960). — SAYER, A.: Keratosis palmaris et plantaris. Arch. Derm. Syph. (Chic.) **28**, 289—290 (1933). — SCHAFFER, A. W., and H. H. PEARLSTEIN: Hyperkeratosis palmoplantaris with periodontosis (Papillon-Lefèvre syndrome). Report of a case. Oral Surg. **24**, 180—185 (1967). — SCHIRNER, G.: Hyperkeratosen der Handteller als Früherscheinung bei Syringomyelie. Ein Beitrag zur Lehre von sogenannten trophischen Hautveränderungen. Arch. Derm. Syph. (Berl.) **173**, 27—33 (1935). — SCHIRREN, C., u. R. DINGER: Untersuchungen bei Keratosis hereditaria palmoplantaris diffusa. Arch. klin. exp. Derm. **220**, 266—282 (1964). — Untersuchungen bei Keratosis palmo-plantaris papulosa. Arch. klin. exp. Derm. **221**, 481—495 (1965). — SCHMIDT, P. W.: Keratosis palmo-plantaris erythematosa congenita transgrediens und ihre Beziehungen zu den übrigen Palmar- und Plantarkeratosen. Arch. Derm. Syph. (Berl.) **165**, 377—388 (1932). — Keratoma palmare et plantare striatum tardum hereditarium. Ref. Zbl. Haut- u. Geschl.-Kr. **52**, 195 (1936). — Erythematodes und Keratosis palmaris et plantaris, narbige Atrophie an Hand- und Fingerrücken. Ref. Zbl. Haut- u. Geschl.-Kr. **52**, 196 (1936). — Keratoma palmare et plantare punctatum. Ref. Zbl. Haut- u. Geschl.-Kr. **54**, 297 (1937). — Keratoma palmare et plantare striatum tardum hereditarium. Ref. Zbl. Haut- u. Geschl.-Kr. **54**, 297 (1937). — SCHMIDT-LA BAUME, F.: Zur Kenntnis des Erythema palmo-plantare symmetricum hereditarium. Derm. Wschr. **109**, 1107—1110 (1939). — Keratosis palmaris et plantaris (mal de Meleda). Arch. Derm. Syph. (Berl.) **200**, 601 (1955). — SCHNYDER, U. W.: Richner-Hanhart-Syndrom. Arch. klin. exp. Derm. **219**, 1024—1025 (1964). — SCHNYDER, U. W., u. D. EICHHOFF: Bemerkungen zur Arbeit von R. ZABEL. Genetische Betrachtungen und historischer Rückblick an Hand eines Falles von Erythrodermie congenitale ichtyosiforme Brocq mit Zügen eines exzessiv ausgeprägten „Mal de Méléda" (Arch. klin. exp. Derm. **215**, 461—495, 1963) und Stellungsnahme zu den Bemerkungen von U. W. SCHNYDER u. D. EICHHOFF von R. ZABEL. Arch. klin. exp. Derm. **216**, 650—654 (1963). — SCHUBERT, M.: Inselförmige Palmo-Plantarkeratose. Ref. Zbl. Haut- u. Geschl.-Kr. **57**, 497 (1938). — SCHUMACHER, C.: Ein der Keratodermia maculosa palmaris et plantaris (Buschke-Fischer) ähnliches Bild. Ref. Zbl. Haut- u. Geschl.-Kr. **45**, 9—10 (1933). — SCHWANN, J.: Keratosis palmaris et plantaris cum surditate congenita et leuconychia totali unguium. Dermatologica (Basel) **126**, 335—353 (1963). —SCOTT, M. J., M. J. COSTELLO, and S. SIMUANGCO: Keratosis punctata palmaris et plantaris. Arch. Derm. Syph. (Chic.) **64**, 301—308 (1951). — SEIER: Ichthyosis mit Mal de Meleda. Ref. Zbl. Haut- u. Geschl.-Kr. **40**, 172 (1932). — SENIBUS, M. DE: Un caso di malattia di Meleda (ipercheratosi plantopalmare) in gravidanza. Riv. Ostet. Ginec. **22**, 271—273 (1940). — SÉZARY, A., et A. HOROWITZ: Kératodermie palmo-plantaire à éléments cupiliformes. Bull. Soc. franç. Derm. Syph. **43**, 1224—1227 (1936). — SIEMENS, H. W.: Keratosis palmo-plantaris striata. Arch. Derm. Syph. (Berl.) **157**, 392—408 (1929). — Die Vererbung in der Ätiologie der Hautkrankheiten. In: J. JADASSOHNs Handbuch der Haut- und Geschlechtskrankheiten, Bd. III. Berlin: Springer 1929. — SILVA, F.: Kératose nigricans (Alexandre Cerqueira, 1891), Tinea nigra (Castellani, 1905). Ann. Derm. Syph. (Paris) **6**, 928—936 (1935). — SIMON, P.: Keratodermia palmaris et plantaris hereditaria. Ref. Zbl. Haut- u. Geschl.-Kr. **48**, 518 (1934). — SIMS, CH. F.: Keratodermia palmaris et plantaris (Keratodermia punctatum); report of a case. Arch. Derm. Syph. (Chic.) **26**, 635—638 (1932). — SMELOFF, N. S.: Keratodermia maculosa symmetrica palmaris et plantaris. Derm. Wschr. **138**, 1021 (1958). — SMITH: Diskussionsbemerkung zu KLAUDER. Arch. Derm. Syph. (Chic.) **37**, 131 (1938). — SPILLMANN, L., et WEIS: Hyperkératose palmoplantaire bilatérale et symétrique congénitale. Bull. Soc. franç. Derm. Syph. **40**, 10—12 (1933). — SPITZER, E.: Keratodermia disseminata palmaris et plantaris. Ref. Zbl. Haut- u. Geschl.-Kr. **59**, 382 (1938). — STEINER: Keratodermia disseminata macularis symmetrica palmo-plantaris Buschke-Fischer. Ref. Zbl. Haut- u. Geschl.-Kr. **37**, 785 (1931). — STEVANOVIČ, D. V.: Keratoderma with periodontopathy. Dermatologica (Basel) **123**, 119—128 (1961). — STEVENSON, A. C., and D. N. F. S. PEARSON: The inheritance of tylosis palmaris et plantaris in a large family. Ann. Eugen. (Lond.) **18**, 9—12 (1953). — STORCK, H., U. W. SCHNYDER u. K. SCHWARZ: Keratosis palmo-plantaris striata s. linearis mit Ulotrichie. Dermatologica (Basel) **122**, 332 (1961). — STRAUSS: Diskussionsbemerkung zu KLAUDER. Arch. Derm. Syph. (Chic.) **37**, 131 (1938). — STRAUSS, J. S.: Multiple sclerosis. Hyperkeratosis of palms and soles. Multiple multicentric superficial basalcell epitheliomas, secondary to ingestion of arsenic. Arch. Derm. **81**, 154—155 (1960). — STUMPFF, A.: Keratoma (heredi-

tarium) dissipatum palmare et plantare. Ref. Zbl. Haut- u. Geschl.-Kr. 56, 293 (1937). —
Susuki, S.: Klinische Beobachtungen über die sogenannte Keratodermia tylodes palmaris
progressiva (Dohi und Miyake). Ref. Zbl. Haut- u. Geschl.-Kr. 53, 317 (1936). — Sutton-
Williams, G. D.: Keratosis palmo-plantaris varians mit Helicotrichie. Med. Inaug.-Diss.
Zürich 1968 (im Manuskript).
    Takesita, S.: Statistische Beobachtung über Keratodermia tylodes palmaris progressiva.
Ref. Zbl. Haut- u. Geschl.-Kr. 57, 606 (1938). — Tappeiner, S.: Zur Klinik der idiopathischen diffusen palmoplantaren Keratodermien. Arch. Derm. Syph. (Berl.) 175, 453—466
(1937). — Keratoma palmare et plantare hereditarium partim striatum, partim dissipatum.
Ref. Zbl. Haut- u. Geschl.-Kr. 55, 617 (1937). — Keratoma palmare et plantare hereditarium
atypicum. Ref. Zbl. Haut- u. Geschl.-Kr. 55, 619 (1937). — Keratosis plantaris hereditaria
mit Nagelveränderungen. Ref. Zbl. Haut- u. Geschl.-Kr. 56, 441 (1937). — Keratoma palmare
et plantare hereditarium partim striatum partim dissipatum. Ref. Zbl. Haut- u. Geschl.-Kr.
57, 644 (1938). — Keratosis palmoplantaris transgrediens (Siemens) „Mal de Meleda". Ref.
Zbl. Haut- u. Geschl.-Kr. 57, 644 (1938). — Keratosis plantaris hereditaria. Ref. Zbl. Haut-
u. Geschl.-Kr. 57, 644 (1938). — Témime, P., J. Dusan et Y. Privat: Importante kératodermie palmo-plantaire avec onychose au cours d'un lichen plan généralisé. Bull. Soc. franç.
Derm. Syph. 66, 586 (1959). — Témime, P., et A. Rodde: Kératose palmaire unilatérale par
troubles sympathiques d'origine cervicarthrosique. Bull. Soc. franç. Derm. Syph. 60, 381—382
(1953). — Teodosiu, T., u. T. Bucsa: Ein Fall von Keratodermatitis der Hohlhand und
Fußsohle vom Typ der Meledaschen Krankheit. Ref. Zbl. Haut- u. Geschl.-Kr. 61, 143 (1939).
Thiers, H., D. Colomb, J. Fayolle, B. Taine et G. Moulin: Hyperkératose palmaire
verruqueuse avec cheiromégalie et arthropathie du pouce d'origine syringomyélique. Bull. Soc.
franç. Derm. Syph. 64, 313—314 (1957). — Thomas, C. C., and L. D. Hoffstein: Multiple
epitheliomatosis; arsenical keratoses of the palms and soles. Arch. Derm. Syph. (Chic.) 65,
112—113 (1952). — Thorel, F.: Un cas de maladie de Méléda, variété Papillon-Lefèvre avec
surdité. Bull. Soc. franç. Derm. Syph. 71, 707—708 (1964). — Thost, A.: Über erbliche
Ichthyosis palmaris et plantaris cornea. Inaug.-Diss. Heidelberg 1880. — Tjon Akien, R.:
Keratodermia punctata palmaris. Ned. T. Geneesk. 1933, 2127. — Touraine, A., et P. Paley:
Maladie de Méléda. Ann. Derm. Syph. (Paris) 8, 276 (1942). — Touraine, A., Solente et
Golé: Kératodermie palmo-plantaire héréditaire et familiale (trois cas dans la même famille).
Bull. Soc. franç. Derm. Syph. 39, 659—661 (1932). — Trinkaus, Th.: Zur Bewertung knuckle
pads-artiger Veränderungen bei Keratoma palmare et plantare. Derm. Wschr. 126, 879—883
(1952). — Tsukada, S.: Keratoma hereditarium palmare et plantare mäßigen Grades durch
drei Generationen. Ref. Zbl. Haut- u. Geschl.-Kr. 49, 516 (1935). — Tulipan, L.: Keratosis
palmaris et plantaris. Arch. Derm. Syph. (Chic.) 24, 140—141 (1931). — Turpin, R., Y. de
Barochez et J. Lejeune: Étude d'une forme familiale de kératodermie palmo-plantaire
diffuse (type Thost-Unna). Recherche d'une liaison factorielle éventuelle. Ann. Pédiat. 35,
282—286 (1959).
    Unna, P. G.: Über das Keratoma palmare et plantare hereditarium. Arch. Derm. Syph.
(Berl.) 15, 231—270 (1883).
    Verbunt, J. A.: Über Keratodermien. Ned. T. Geneesk. 1935, 4948—4955. — Vercel-
lino, L.: Sulla cheratodermia palmare e plantare simmetrica eritematosa (Besnier). Arch.
ital. Derm. 6, 254—272 (1930). — Vilanova, X., y J. M. Capdevila: Asociación de epitelioma pagetoide y queratodermía palmoplantar (tipo Mantoux). Arsenicismo crónico? Act.
dermo-sifiliogr. (Madr.) 56, 337—338 (1965). — Voerner, A.: Zur Kenntnis des Keratoma
hereditarium palmare at plantare. Arch. Derm. Syph. (Berl.) 56, 3—31 (1903). — Vohwinkel,
K. H.: Keratoma hereditarium mutilans. Arch. Derm. Syph. (Berl.) 158, 354—364 (1929). —
Keratoma hereditarium mutilans. In: Corpus iconum morborum cutan. Leipzig: Johann
Ambrosius Barth 1938, I. Nr 3900, 3903, 3901; III. p. 762—763. — Volavsek: Inselförmige
Keratosen beider Handteller und Fußsohlen. Ref. Zbl. Haut- u. Geschl.-Kr. 65, 275 (1940). —
Keratodermia diffusa palmoplantaris hereditaria. Ref. Zbl. Haut- u. Geschl.-Kr. 68, 661
(1942). — Vollmer, E.: Über einen Fall von papillärer Keratose der rechten Hand. Z. Haut-
u. Geschl.-Kr. 13, 89 (1952). — Vosicky, H.: Ein Fall von Keratoma plantare et palmare
dissipatum, angeblich gleichzeitig mit den ersten epileptischen Anfällen vor ca. 10 Jahren
aufgetreten. Ref. Zbl. Haut- u. Geschl.-Kr. 78, 392 (1952). — Vukas, A.: Epidermotekto-
skopie bei Keratoderma punctatum palmo-plantare. Hautarzt 3, 317—318 (1952).
    Wachters, D. H. J.: Over de verschillende morphologische vormen van de keratosis
palmoplantaris, in het bijzonder over de keratosis palmoplantaris varians. Med. Inaug.-Diss.
Leiden 1963. — Waldecker: Multiple-kleinherdförmige Palmar- und Plantarkeratose
(Keratoma dissipatum, zum Teil transgrediens) bei gleichzeitigem Vorhandensein von heredi-
tärem Kolbendaumen. Ref. Zbl. Haut- u. Geschl.-Kr. 59, 5 (1938). — Insel- und streifen-
förmiges Keratoma palmare et plantare hereditarium. Ref. Zbl. Haut- u. Geschl.-Kr. 59, 5
(1938). — Keratoma palmare et plantare dissipatum. Ref. Zbl. Haut- u. Geschl.-Kr. 59, 9
(1938). — Wannenmacher, E.: Paradentopathie eines 9jährigen Jungen mit Keratoma

palm. et plant. Zbl. f. d. ges. Zahn-, Mund- und Kieferheilkunde 3, 81—96 (1938). — Umschau auf dem Gebiete der Paradentopathien. Zbl. ges. Zahn-, Mund- und Kieferheilk. 7, 1—15 (1942). — Wasmer, A., et E. Nonclercq: Kératodermie palmo-plantaire de Unna-Thost. Bull. Soc. franç. Derm. Syph. 63, 64 (1956). — Weber, G., u. R. Barniske: Paraform-Hyperkeratosen nach Art des Keratoma palmare et plantare. Berufsdermatosen 8, 306—312 (1960). — Weiss, R.-G.: Diskussionsbemerkung zu Becker u. Obermayer. Arch. Derm. Syph. (Chic.) 36, 647 (1937). — Weissenbach, R. J., P. Fernet et H. Brocard: Un cas de maladie de Méléda. Bull. Soc. franç. Derm. Syph. 42, 1751—1753 (1935). — Weissenbach, R. J., et Thibaut: Kératodermie cupuliforme héréditaire et familiale. Modification des lésions sous l'influence d'irritations externes. Bull. Soc. franç. Derm. Syph. 43, 1260—1263 (1936). — Weyers, H.: Die dystrophische Parodontitis im Milchgebiß als Manifestation einer ektodermalen Akropathie (parodontopathia acro-ectodermalis). Dtsch. Stomat. 7, 342—353 (1957). — Wigley, J. E. M.: A case of hyperkeratosis palmaris et plantaris associated with ainhum-like constriction of the fingers. Brit. J. Derm. 41, 188—191 (1929). — Williams, D. W.: Plantar keratodermia treated by split skin graft. Brit. J. plast. Surg. 6, 123 (1953). — Williams, G.: Siehe Sutton-Williams. — Winkler: Keratoma palmare et plantare. Ref. Zbl. Haut- u. Geschl.-Kr. 88, 367—368 (1953). — Wirz, F.: Falldemonstration. Münch. med. Wschr. 48, 2084 (1925). — Eine neue Abart des Keratoma hereditarium palmare et plantare. „Acrokeratosen". Arch. Derm. Syph. (Berl.) 166, 423—426 (1932). — Wise, F.: Keratoderma palmare et plantare (noncongenital). Arch. Derm. Syph. (Chic.) 39, 592 (1939). — Wiskemann, A.: Keratoma hereditarium mutilans. Derm. Wschr. 140, 1267—1268 (1959). — Wolf, J.: Keratoderma climactericum (Haxthausen). Arch. Derm. Syph. (Chic.) 43, 731—732 (1941). — Wolfram: Keratodermia maculosa disseminata symmetrica plantaris (Buschke-Fischer). Ref. Zbl. Haut- u. Geschl.-Kr. 45, 147 (1933). — Keratoma hereditarium dissipatum palmare. Ref. Zbl. Haut- u. Geschl.-Kr. 53, 602 (1936). — Woods, E. C., and W. R. J. Wallace: A case of alveolar atrophy of unknow origin in a child. Oral Surg. 27, 676 (1941).

Yamada, S.: Studies on basal body temperature curves in keratodermia tylodes palmaris progressiva. Jap. J. Derm. Urol. 69, 856—882 (1959). — Yoshida, Y.: Genetical studies on skin disease. IV. Keratoma palmare et plantare herditarium. Tohoku J. exp. Med. 53, 83—87 (1950).

Zabel, R.: Betrachtung und historischer Rückblick an Hand eines Falles von Erythrodermie congénitale ichtyosiforme Brocq mit Zügen eines exzessiv ausgeprägten „Mal de Meleda". Arch. klin. exp. Derm. 215, 461—495 (1963). — Zaganaris, Demertzis u. Venios: Morbus von Meleda. Ref. Zbl. Haut- u. Geschl.-Kr. 59, 116 (1938). — Ziprkowski, L., Y. Ramon, and M. Brish: Hyperkeratosis palmo-plantaris with periodontosis (Papillon-Lefèvre). Arch. Derm. 85, 207—209 (1963). — Žmegač, Z. J., and M. V. Sarajlič: A rare form of an inheritable palmar and plantar keratosis. Dermatologica (Basel) 130, 40—52 (1965). — Zonin, B. A.: Die Behandlung der Keratodermie durch Ionophorese von Natriumhydroxyd in Kombination mit Bearbeitung mit einer Lösung von Salmiakspiritus. Ref. Zbl. Haut- u. Geschl.-Kr. 91, 256 (1955).

D. Erythrokeratodermien

Andrews, G. C.: Generalized skin eruption. Arch. Derm. 89, 611—612 (1964). — Barrière, H.: Eruption congénitale, érythémato-squameuse variable: Génodermatose de Degos. Bull. Soc. franç. Derm. Syph. 57, 547—548 (1950). — Basan, M., u. I. Schwarzbach: Palmar-Plantar-Keratose mit atypischer Lokalisation. Dermatologica (Basel) 131, 191—198 (1965). — Bazex, A., et A. Dupré: Génodermatoses à érythèmes circinés variables. Ann. Derm. Syph. (Paris) 83, 612—617 (1956). — Binder: Diskussionsbemerkung zu Schneller. Ref. Zbl. Haut- u. Geschl.-Kr. 78, 406 (1952). — Bolgert, M., G. Lévy et M. Le Sourd: Erythro-kératodermie ancienne d'évolution régressive. Bull. Soc. franç. Derm. Syph. 58, 392—393 (1951). — Borda, J. M., y R. Lazcano: Genodermatosis eritematoescamosa circinada variable. Arch. argent. Derm. 15, 52—66 (1965). — Borza, L.: Weiteres zur Kenntnis des Erythrokeratoderma ichthyosiforme variable. Z. Haut- u. Geschl.-Kr. 17, 153—160 (1963). — Borza, L., u. J. Vankos: Erythrokeratoderma ichthyosiforme variabile mit charakteristischem isomorphem Reizeffekt. Z. Haut- u. Geschl.-Kr. 29, 346—357 (1960). — Brown, J., and R. R. Kierland: Erythrokeratodermia variabilis. Report of three cases and review of the literature. Arch. Derm. 93, 194—201 (1966). — Budlovsky, G.: Kerato- et Erythrodermia variabilis. Arch. Derm. Syph. (Berl.) 171, 204—207 (1935). — Bureau, Y., Jarry et H. Barrière: Génodermatose à type d'érythème desquamatif récidivant par poussées depuis l'enfance. Bull. Soc. franç. Derm. Syph. 62, 25—26 (1955).

Carrié: Erythrokeratodermie. Ref. Zbl. Haut- u. Geschl.-Kr. 82, 400 (1952). — Carteaud, A.: Un cas de papillomatose papuleuse confluente et réticulée de Gougerot et Carteaud, complètement blanchie par antibiotiques. Bull. Soc. franç. Derm. Syph. 72, 396—397 (1965). — Carteaud, A., et L. Dorfman: Erythrokératodermie variable de Mendes da Costa. Presse méd. 71, 2685—2687 (1963). — Coles, R. B.: Erythemato-keratotic phacomatosis. Brit. J.

Derm. **66**, 225—226 (1954). — Comèl, M.: Ichthyosis linearis circumflexa. Dermatologica (Basel) **98**, 133—136 (1949). — Cortés, A., H. Gómez u. M. Henhao: Erythrokeratodermia progressiva. Erfolgreiche Behandlung mit Vitamin A. Hautarzt **15**, 521 (1964). — Cortés, A., M. Henhao y H. Gómez: Eritroqueratodermia variable. Dermatologia (Méx.) **7**, 217—223 (1963).

Darier, J.: Erythrokératodermie verruqueuse en nappes, symétrique et progressive. Bull. Soc. franç. Derm. Syph. **22**, 252 (1911). — Debré, R., et G. Desbuquois: Kératodermie congénitale généralisée avec onychose, trichose et kératose. Bull. Soc. Pédiat. (Paris) **32**, 335—343 (1934). — Degos, R., O. Delzant et H. Morival: Erythème desquamatif en plaques congénital et familial (génodermatose nouvelle ?). Bull. Soc. franç. Derm. Syph. **54**, 442 (1947). — Dimitrowa, J., u. S. Georgiewa: Ichthyosis linearis circumflexa mit subcornealen Bläschen. Derm. Wschr. **144**, 1041—1046 (1961). — Döllken, H.: Beitrag zur Pathogenese von generalisierten Keratodermien. Derm. Wschr. **105**, 1357—1364 (1937). — Duperrat et Golé: Erythro-kératodermie congénitale avec éruption profuse de verrues séborrhéiques. Bull. Soc. franç. Derm. Syph. **64**, 157—158 (1957). — Dramoff u. Lundt: Erythema hyperkeratoticum dyspepticum supraarticulare manus. Ref. Zbl. Haut- u. Geschl.-Kr. **62**, 458 (1939).

Fallbericht: Erythrokeratoderma congenitum symmetricum progressivum. Typus variabilis Mendes da Costa. Würzburg 1952. Ref. Zbl. Haut- u. Geschl.-Kr. **86**, 93 (1953/54). — Fallbericht: Erythrokeratoderma congenitum symmetricum progressivum. Typus variabilis Mendes da Costa. Würzburg 1952. Ref. Zbl. Haut- u. Geschl.-Kr. **86**, 94 (1953/54). — Fallbericht: Erythrokeratodermia variabilis (Keratosis rubra figurata). Chicago 1964. Ref. Arch. Derm. **90**, 373—374 (1964). — Fallbericht: Keratosis rubra figurata. Minnesota 1965. Ref. Arch. Derm. **93**, 777—780 (1966). — Faninger, A.: Ein kasuistischer Beitrag zur lokalisierten Erythrokeratodermie. Hautarzt **7**, 231 (1956). — Faninger, A., u. A. Markovič-Vrisk: Ein Beitrag zur Kenntnis der kongenitalen ichthyosiformen Zustände der Haut. Dermatologica (Basel) **122**, 449—454 (1961). — Fleck, F.: Zur Symptomatik und Behandlung einer Spätform von Erythrokeratodermia figurata variabilis. Derm. Wschr. **135**, 393—401 (1957). — Fleck, M.: Ichthyosis linearis circumflexa (Comèl). Ref. Derm. Wschr. **140**, 1385—1387 (1959). — Fleger, J., M. Bokonjič u. T. Šalamon: Ein Fall von Ichthyosis linearis circumflexa. Hautarzt **7**, 421—422 (1956). — Frank, H.: Ichthyosis linearis circumflexa. Hautarzt **7**, 421—422 (1956). — Frühwald, R.: Zur Frage der Comèlschen Krankheit. Derm. Wschr. **150**, 289—290 (1964).

Gans, O., u. A. G. Kochs: Zur Kenntnis der erythemato-keratotischen Phakomatosen (Erythroderma congenitum symmetricum progressivum, Typus variabilis Mendes da Costa). Hautarzt **2**, 389—392 (1951). — Gertler, W.: Lokalisierte Erythrokeratodermien. Derm. Wschr. **136**, 1257—1272 (1957). — Gottron, H. A.: Congenital angelegte symmetrische progressive Erythrokeratodermie. Ref. Zbl. Haut- u. Geschl.-Kr. **4**, 493—494 (1922). — Diskussionsbemerkung zu Dramoff u. Lundt. Ref. Zbl. Haut- u. Geschl.-Kr. **62**, 458 (1939). Gougerot, H., u. A. Carteaud: Neue Formen der Papillomatose. Arch. Derm. Syph. (Berl.) **165**, 232—267 (1932). — La papillomatose papuleuse confluente et réticulée. Bull. Soc. franç. Derm. Syph. **54**, 325—329 (1947). — Erythrokératodermie en plaques depuis 52 ans. Bull. Soc. franç. Derm. Syph. **56**, 338—340 (1949). — Gougerot, H., et Ch. Grupper: Génodermatose érythémato-squameuse variable: ‚Maladie de Degos'. Bull. Soc. franç. Derm. Syph. **55**, 396 (1948). — Gougerot, H., et L. Marceron: Début spinulosique d'une érythro-kératodermie localisée. Bull. Soc. franç. Derm. Syph. **47**, 343—344 (1940).

Heite, H.-J., u. G. von der Heydt: Pigmentierte papilläre Dystrophien (Acanthosis nigricans-Gruppe). In: Erg.-Werk zum J. Jadassohn'schen Handbuch der Haut- und Geschlechtskrankheiten, Bd. III/1, S. 937ff. Berlin-Göttingen-Heidelberg: Springer 1963. — Hermans, E. H., u. C. Ph. Schokking: Erythrokeratodermia variabilis. Ned. T. Geneesk. **1934**, 843. — Höfer, W.: Über Erythrokeratodermien. Speziell über kongenitale erythematöse Keratodermien. Arch. klin. exp. Derm. **208**, 616—631 (1959). — Hofmann, N.: Erythrokeratodermia figurata variabilis bei Geschwistern. Derm. Wschr. **152**, 72—73 (1966). — Hudelo, Boulanger-Pilet et Cailliau: Erythrokératodermie verruqueuse en nappes, symétrique et progressive, congénitale. Bull. Soc. franç. Derm. Syph. **29**, 45—50 (1922). — Hudelo, Richon et Cailliau: Erythrokératodermie en nappes symétriques, non congénitale et non familiale. Bull. Soc. franç. Derm. Syph. **29**, 349—350 (1922). — Hüllstrung, H.: Zur Kenntnis der kongenital angelegten Erythrokeratodermia progressiva symmetrica (Gottron). Derm. Wschr. **107**, 889—894 (1938). — Huriez, Cl., M. Deminatti, P. Agache et M. Mennecier: Une Génodysplasie non encore individualisée: La génodermatose scléro-atrophiante et kératodermique des extrémités fréquemment dégénérative. Sem. Hôp. Paris **43**, 1—7 (1967).

Ingram, J. T.: Progressive erythrokeratoderma. Brit. J. Derm. **75**, 294 (1963).

Jung, E.: Erythrokeratodermia figurata variabilis. Fall 55 und Fall 56. Arch. klin. exp. Derm. **219**, 1019—1021 (1964).

Kanaar, P.: Zur Histochemie und symptomatischen Therapie der Erythro- et Keratodermia variabilis. (Mendes de Costa). Hautarzt 16, 126—129 (1965). — Kleine-Natrop: Symmetrische Keratodermie (Erythema keratodes Brooke). Ref. Zbl. Haut- u. Geschl.-Kr. 74, 349 (1950). — Koch, H.: Erythrokeratodermia figurata variabilis vom Typ Mendes da Costa. Derm. Wschr. 138, 1123 (1958). — Kogoj, Fr.: Erythrokeratodermia extremitatum symmetrica et Hyperchromia dominans. Z. Haut- u. Geschl.-Kr. 20, 187—192 (1956). — Kuske, H., J. M. Paschoud u. W. Soltermann: Ichthyosis linearis circumflexa Comèl. Dermatologica (Basel) 114, 306—307 (1957).

Landes, E.: Erythrokeratodermie mit dominantem Erbgang. Erythrokeratodermia figurata variabilis. 3 Fallvorstellungen. Derm. Wschr. 150, 141—144 (1964). — Leclercq, M. R.: Génodermatose en cocardes. Suite de l'observation princeps (Degos). Atteinte de deux descendants directs. Bull. Soc. franç. Derm. Syph. 69, 855—860 (1963). — Lutz, W.: Lehrbuch der Haut- und Geschlechtskrankheiten, S. 105. Basel: S. Karger 1957.

Manok, M.: Noch ein weiterer Fall von Ichthyosis linearis circumflexa. Hautarzt 9, 461—463 (1958). — Miescher, G.: Erythrokeratodermia papillaris et reticularis. Dermatologica (Basel) 108, 303—309 (1954). — Miescher, G., E. Fischer u. J. Plüss: Kongenitale circinäre Dermatose. Typus Eczématide papulo-circinée migratrice Darier. Dermatologica (Basel) 108, 403—404 (1954). — Miescher, G., u. E. Stäheli: Keratodermia figurata variabilis. Dermatologica (Basel) 98, 205—211 (1949). — Montagnani, A.: Cheratodermia a focolai mutipli o nevo ipercheratosico? Dermatologia (Napoli) 10, 196—200 (1959). — Mordant, H.: Érythrokératodermie variabilis. Arch. belges Derm. 9, 191—192 (1953).

Nordhoek, F. J.: Over erythro- et keratodermia variabilis. Thesis Utrecht 1950. Zit. Schnyder u. Klunker 1966.

Pindborg, J. J., and R. J. Gorlin: Oral changes in acanthosis nigricans (juvenile type). Acta derm.-venereol. (Stockh.) 42, 63—71 (1962). — Pomposiello, I. M.: Genodermatitis eritemato-escamosa circinada y variable. (Genodermatosis en escarpela de Degos, Delzant y Morival.) Arch. argent. Derm. 11, 163—176 (1961).

Reilhac, G.: Érythèmes circinés variables, érythèmes péri-orificiels et hypotrichose congénitaux. Thèse Toulouse 1955. Ref. Ann. Derm. Syph. (Paris) 83, 450 (1956). — Ressa, P., e A. Aprá: Cheratodermia figurata variabile, tipo Miescher, associata a eritrocheratodermia palmo-plantare. Minerva derm. 39, 144—147 (1964). — Richter, R.: Erythro-Keratodermia progressiva symmetrica (Gottron). Ref. Zbl. Haut- u. Geschl.-Kr. 66, 500 (1941). — Zum Wesen der kongenital angelegten Erythro-Keratodermia progressiva symmetrica (Gottron). Arch. Derm. Syph. (Berl.) 182, 396—401 (1941). — Rille: Keratosis rubra figurata. Ref. Zbl. Haut- u. Geschl.-Kr. 7, 161 (1923). — Über ichthyosisähnliche Erkrankungen (ichthyosiforme Erythrodermie und Erythrokeratodermia variegata). Ref. Arch. Derm. Syph. (Berl.) 177, 235—236 (1938). — Rinsema, P. G.: Kerato- et Erythrodermia variabilis. Ref. Zbl. Haut- u. Geschl.-Kr. 27, 737 (1929). — Röschl, K.: Zur Kasuistik der lokalisierten Erythro-Keratodermien. Z. Haut- u. Geschl.-Kr. 8, 423—429 (1950). — Roth, W. G.: Erythema figuratum variabile cum Keratodermia hypertrichotica symmetrica. Z. Haut- u. Geschl.-Kr. 43, 465—472 (1968). — Rothschild, L., J. Ružička, and V. Jorda: Ichthyosis linearis circumflexa Comèl. Cs. Derm. 39, 162—165 (1964). — Ružicka, J., V. Jorda u. L. Rothschild: Beitrag zur Pathogenese der Ichthyosis linearis circumflexa (Comèl). Derm. Wschr. 148, 301—309 (1963).

Šalamon, T., u. B. Marinkovič: Über einen Fall von Keratosis multiformis mit Atrophie der Handrücken, Pigmentationen und Mißbildungen am Skelet. Arch. klin. exp. Derm. 209, 243—257 (1959). — Šalamon, T., U. W. Schnyder, H. Storck, G. G. Wendt u. H. Wissler: Erythro-Keratodermia progressiva partim symmetrica mit somatischer und psychischer Retardierung. Im Druck. — Saúl, A.: Eritroqueratodermia figurada en places congénita y familiar. Comentarios a propósito de dos casos en dos hermanas. Dermatologia (Méx.) 4, 40—48 (1960). — Schneider, W., R. Coppenrath u. H. D. Bock: Ichthyosis linearis circumflexa (Comèl) bei familiärem Auftreten von Ichthyosis vulgaris. Arch. klin. exp. Derm. 215, 79—92 (1962). — Schneller: Erythrokeratodermie der distalen Extremitätenpartien. Arch. Derm. Syph. (Berl.) 200, 601 (1955). — Schnyder, U. W., u. K. Wiegand: Haaranomalien bei Ichthyosis linearis circumflexa Comèl. Hautarzt 19, 494—499 (1968). — Schnyder, U. W., H. Wissler u. G. G. Wendt: Eine weitere Form von atypischer Erythrokeratodermie mit Schwerhörigkeit und cerebraler Schädigung. Helv. paediat. Acta 23, 220—230 (1968). — Schnyder, U. W., H. Wissler, G. G. Wendt, H. Storck u. T. Šalamon: Erythrokeratodermia progressiva. Arch. klin. exp. Derm. 219, 973—974 (1964). — Sidi, E., u. J. Bourgeois-Spinasse: Erythrokeratodermia familiaris circumscripta. Hautarzt 15, 552—555 (1964). — Sommacal-Schopf, D., u. U. W. Schnyder: Über eine Familie mit 14 Fällen von Erythrokeratodermia figurata variabilis. Hautarzt 8, 174—176 (1957). — Stevanovic, D. V., and R. L. Pavic: Dyskeratosis ichthyosiformis congenita migrans. A variant of congenital ichthyosiform erythroderma. Arch. Derm. 78, 625—629 (1958). — Storck, H., U. W. Schnyder u. K. Schwarz: Ein weiterer Fall von Ichthyosis linearis circumflexa Comèl. Dermatologica

(Basel) 121, 141–143 (1960). — Kongenitale ekzematoide circinäre Dermatose (sog. Ichthyosis linearis circumflexa Comèl). Dermatologica (Basel) 122, 306 (1961). — SZATHMÁRY: Erythroderma ichthyosiforme systematisatum. In: Corpus isonum morborum cutaneorum, Abb. 2725, 2728, 2730, Bd. III, S. 517—518; Bd. I, S. 104. Leipzig: Johann Ambrosius Barth 1938.

TOURAINE, A., J. ROEDERER et B. DE LESTRADE: Erythrokératodermie familiale. Bull. Soc. franç. Derm. Syph. 58, 389 (1951). — TOURAINE, A., et G. SOLENTE: Erythrokératodermie du cuir et ,trichorrhexis nodosa familiaris'. Bull. Soc. franç. Derm. Syph. 44, 1011—1014 (1937).

VINEYARD, W. R., L. R. LUMPKIN, and J. C. LAWLER: Ichthyosis linearis circumflexa. A variant of congenital ichthyosiform erythroderma. Arch. Derm. 83, 630—635 (1961).

WELLS, G. C.: Erythrokeratodermia variabilis. Brit. J. Derm. 74, 153 (1962). — WOHNLICH, H.: Erweiterung der Symptomatologie der Erythrodermia ichthyosiformis congenitalis. Derm. Wschr. 119, 185—290 (1947). — WULF, K.: Erythrokeratoderma figurata variabilis vom Typ Mendes da Costa. Ref. Derm. Wschr. 139, 219 (1959). — Erythrokeratodermia figurata variabilis. Arch. klin. exp. Derm. 213, 872—875 (1961). — WULF, K., H. KOCH u. K. H. SCHULZ: Erythrokeratodermia figurata variabilis vom Typ Mendes da Costa, eine durch Vitamin A beeinflußbare Dermatose. Derm. Wschr. 142, 1012—1016 (1960).

E. Dyskeratosen

Dieses Kapitel ist so umfangreich, weil der — ursprünglich als eigener Abschnitt geplante — Morbus Darier den Dyskeratosen untergeordnet wurde. Um die Übersichtlichkeit zu erleichtern, wird auch die Literatur aufgegliedert in: Parakeratosis Mibelli, Morbus Darier und die übrigen Dyskeratosen.

Parakeratosis Mibelli

ABATE, A.: Su un caso di porocheratosi Mibelli diffusa. Ann. ital. Derm. Sif. 8, 303—309 (1953). — AMBLER, J. V.: Porokeratosis (Mibelli). Arch. Derm. Syph. (Chic.) 25, 1157—1158 (1932). — ANDERSON, N. P.: A case for diagnosis (porokeratosis Mibelli?). Arch. Derm. Syph. (Chic.) 61, 505 (1950). — AZZOLINI, U.: Su un caso di ,porocheratosi di Mibelli' della palpebra. Boll. Oculist. 20, 259—269 (1941).

BATAILLARD, et J. CIVATTE: Porokératose de Mibelli familiale (20 cas sur 3 générations). Bull. Soc. franç. Derm. Syph. 64, 673—674 (1957). — BEAUZAMY, M.: Trois cas familiaux de porokératose de Mibelli. Bull. Soc. franç. Derm. Syph. 63, 166—167 (1956). — BERCHTENBREITER, A.: Über einen Fall von Porokeratosis Mibelli. Med. Inaug.-Diss. Heidelberg 1948. — BESSONE, L.: Contributo alla conoscenza della porocheratosi di Mibelli. Aggiorn. pediat. 4, 111—130 (1953). — BLAŽEK, J., ČERNY, and A. KUTÁ: Porokeratosis Mibelli. Ref. Zbl. Haut- u. Geschl.-Kr. 97, 187 (1937). — BOPP, C.: Poroceratose de Mibelli. Inaug.-Diss. Porto Alegre, 1954. — Parakératose de Mibelli. Ref. Ann. Derm. Syph. (Paris) 83, 466 (1956). — BREUCKMANN, H.: Porokeratosis Mibelli. Ref. Zbl. Haut- u. Geschl.-Kr. 63, 105—106 (1940). — BURCKHARDT, W.: Parakeratosis Mibelli. Dermatologica (Basel) 112, 558 (1956).

CANIZARES, O.: Porokeratosis of Mibelli. Arch. Derm. 73, 81—82 (1956). — CASAZZA, R.: Morphologische Untersuchung eines Falles von Porokeratosis Mibelli mit außergewöhnlich starken Hornwucherungen. Arch. Derm. Syph. (Berl.) 170, 12—25 (1934). — CAVALIERI, R.: Porocheratosi di Mibelli. Dall'esame di quattro casi. Ref. Ann. Derm. Syph. (Paris) 83, 467 (1956). — CHAPUIS, J. L., et NGUYÊN VAN UT: Porokératose de Mibelli. Bull. Soc. franç. Derm. Syph. 65, 155 (1958). — CIAULA, V.: Epitelioma spinocellulare insorto su porocheratosi del Mibelli. Minerva derm. 41, 354—357 (1966). — COLE, H. N., J. R. DRIVER, and H. N. COLE, JR.: Porokeratosis (Mibelli). Arch. Derm. Syph. (Chic.) 60, 83—84 (1951). — COMÈL, M.: Porocheratosi sistematizzata confforme in bambina. Boll. Sez. region. Soc. ital. Derm. 2, 118—122 (1934). — CORDERO, A.: Osservazioni su alcuni casi di porocheratosi di Mibelli. Minerva derm. 30, Suppl. 2, 146—147 (1955). — Contributo allo studio della porocheratosi di Mibelli. Arch. ital. Derm. 27, 251—270 (1955).

DEGOS, R., J. DELORT et G. GARNIER: Porokératose de Mibelli zoniforme. Bull. Soc. franç. Derm. Syph. 62, 264—265 (1955). — DOWLING, G. B., and R. H. SEVILLE: Porokeratosis Mibelli. Proc. 10th Int. Congr. Dermatology London 1952, 530 (1953). — DUPERRAT, B., et BASTARD: Porokératose de Mibelli en bande zoniforme du membre inférieur chez une fillette de 5 ans. Bull. Soc. franç. Derm. Syph. 62, 473—474 (1955).

EMMERSON, R. W.: Porokeratosis (Mibelli). Brit. J. Derm. 77, 462—464 (1965). — EJIRI, I.: Über einen ungewöhnlichen Fall von Porokeratosis Mibelli. Ref. Zbl. Haut- u. Geschl.-Kr. 57, 601 (1938). — Fallbericht: Univ.-Hautklinik Leiden 1932. Ref. Zbl. Haut- u. Gschl.-Kr. 43, 260 (1933). — Fallbericht: Univ.-Hautklinik Münster 1936. Ref. Zbl. Haut- u. Geschl.-Kr. 54, 570—571 (1937). — Fallbericht: Univ.-Hautklinik Münster 1947. Ref. Derm. Wschr. 119, 527—528 (1947/48). — Fallbericht: Univ.-Hautklinik Münster 1947. Ref. Zbl. Haut- u. Geschl.-Kr. 73, 239 (1949). — FENTON, M. J.: Porokeratosis (Mibelli). Proc. roy. Soc. Med. 28, 1531—1533

(1935). — Fernandez, A. A., y L. Iapalucci: Porokeratosis Mibelli-Majocchi. Rev. Asoc. méd. argent. 49, 217—224 (1936). — Freund, E.: Caso di porocheratosi (Mibelli) sistematizzata in soggetto giovanissimo. G. ital. Derm. 75, 218—222 (1934). — Su un caso di porocheratosi di Mibelli con rari reperti istologici. (Com. prev.) Boll. Sez. region. Soc. ital. Derm. 1, 34—39 (1935). — Su reperti istologici non ancora descritti nella porocheratosi Mibelli. Verh. 9. int. Kongr. Derm. 1, 751—756 (1935).

Gandola, M.: La porocheratosi di Mibelli. Aspetti evolutivi tardivi e associazioni morbose insolite. Boll. Soc. med.-chir. Pavia 65, 273—292 (1951). — Goetschel, G.: Evolution d'une porokératose de Mibelli (Forme hypertrophique avec sclérose dermique). Bull. Soc. franç. Derm. Syph. 62, 268—269 (1955). — Gross, P.: A case for diagnosis (porokeratosis Mibelli ?). Arch. Derm. Syph. (Chic.) 27, 879—880 (1933). — Guasta, F. del: Caso di porocheratosi del Mibelli a piccola lesione unica. Dermosifilografo 14, 231—235 (1939).

Hasselmann, C. M., u. R. Wernsdörfer: Porokeratosis unilateralis zosteriformis systematisata. Arch. Derm. Syph. (Berl.) 187, 321—330 (1948). — Haxthausen, H.: Keratoma dissipatum palm. et plant. (Brauer ?). Porokeratosis Mibelli atypica ? Acta derm.-venereol. (Stockh.) 35, 205—206 (1955). — Higoumenakis, G.: A propos d'un cas de porokératose de Mibelli. Bull. Soc. franç. Derm. Syph. 57, 595—596 (1950). — Hoede, K.: Porokeratosis Mibelli, Mißbildung der Zähne. Ref. Zbl. Heut- u. Geschl.-Kr. 62, 21 (1939). — Hopf, G.: Porokeratosis Mibelli. Ref. Zöl. Haut- u. Geschl.-Yr. 63, 339 (1940).

Jaeger, H.: Porokeratosis (Parakeratosis [Mibelli unius lateralis]). Dermatologica (Basel) 102, 341—343 (1951).

Kauczyński, K.: Ein Fall von Porokeratosis Mibelli. Derm. Wschr. 100, 560—566 (1935). Kiessling, W.: Porokeratosis Mibelli mit Beteiligung der Hornhaut des Auges. Derm. Wschr. 126, 1168—1170 (1952). — Kimmig, J.: Porokeratosis Mibelli. Ref. Zbl. Haut- u. Geschl.-Kr. 74, 39 (1950). — Kobayasi, T.: Über die familiär vorkommende sogenannte Porokeratosis Mibelli, insbesondere über die Nagelaffektion und den klinisch/histologischen Befund der Primäreffloreszenz. Ref. Zbl. Haut- u. Gschl.-Kr. 45, 59—60 (1933). — Über einen generalisierten Fall von Porokeratosis Mibelli mit Mundlippenschleimhaut- und Nagelläsion. Ref. Zbl. Haut- u. Gschl.-Kr. 50, 129—130 (1935). — Kondo, S.: Ein Fall von generalisierter Porokeratosis Mibelli. Ref. Zbl. Haut- u. Geschl.-Kr. 40, 619 (1932). — Kreibich: Porokeratosis Mibelli. Ref. Zbl. Haut- u. Geschl.-Kr. 40, 452 (1932).

Ledo, E.: Poroqueratosis de Mibelli: Queratosis centrifuga atrofiante de Respighi. Act. dermo-sifiliogr. (Madr.) 40, 406—409 (1949). — Lovell, A., y J. R. Puchol: Sobre dos casos de poroqueratosis de Mibelli. Act. dermo-sifiliogr. (Madr.) 38, 929—935 (1947). — Lovell, A.: Tratamiento quirúrgico con injertos de Wolf-Krause de algunas formas de lupus eritomatoso localizado y poroqueratosis de Mibelli. Act. dermo-sifiliogr. (Madr.) 44, 451—452 (1953).

Mantegazza, U.: Sopra un caso non comune di porocheratosi del Mibelli. Boll. Sez. region. Soc. ital. Derm. 1, 64 (1933). — Die ‚Porokeratosis Mibelli'. Arch. Derm. Syph. (Berl.) 170, 1 (1934). — Mazzanti, C.: ‚Porocheratosi di Mibelli' con manifestazioni di tipo gigante. Rass. Derm. Sif. 6, 151—160 (1953). — Miescher, G.: Über ‚Porokeratosis Mibelli'. Arch. Derm. Syph. (Berl.) 181, 532—548 (1940). — Mitsuya, T., u. T. Sakabikara: Fälle von Porokeratosis Mibelli, vom Vater auf die Tochter vererbt, Ref. Zbl. Haut- u. Geschl.-Kr. 50, 579 (1935). — Mukai, T.: Eine besondere Form von sogenannter Porokeratosis Mibelli. Ref. Zbl. Haut- u. Geschl.-Kr. 35, 775 (1931).

Nazzaro, P.: Porocheratosi di Mibelli zoniforme. Minerva derm. 28, 47—48 (1953). — Neumann, H.: Porokeratosis Mibelli. Ref. Zbl. Haut- u. Geschl.-Kr. 57, 499 (1938).

Pasini, A.: Porocheratosi Mibelli minima. Boll. Sez. region. Soc. ital. Derm. 2, 142—144 (1935). — Porter, A. D., and R. H. Seville: Porokeratosis (Mibelli). Proc. 10th Int. Congr. Dermatology London 1952, 461—462 (1953). — Price, H.: Porokeratosis (Mibelli). Arch. Derm. 77, 477—478 (1958). — Probst, A.: Porokeratosis Mibelli. Ref. Zbl. Haut- u. Geschl.-Kr. 57, 89 (1938).

Ritchie, E. B., and S. W. Becker: Porokeratosis (Mibelli). Report of a case, histologic study and animal inoculation. Arch. Derm. Syph. (Chic.) 26, 1032—1039 (1932). — Rodin, H. H.: Porokeratosis (Mibelli). Arch. Derm. Syph. (Chic.) 67, 526—527 (1953). — Roederer, J., et W. Woringer: Un cas de porokératose de Mibelli de la lèvre inférieure. Bull. Soc. franç. Derm. Syph. 58, 593—594 (1951). — Rogmans, G.: Porokeratosis Mibelli. Ref. Zbl. Haut- u. Geschl.-Kr. 76, 391—392 (1951). — Ruppert: Parakeratosis Mibelli. Arch. Derm. Syph. (Berl.) 200, 585 (1955).

Santojanni, G.: Un caso di porocheratosi di Mibelli con intenso e raro processo ipercheratosico. Arch. ital. Derm. 9, 204—216 (1933). — Savage, J., and H. Lederer: Porokeratosis (Mibelli). A case with extensive lesions. Results of animal inoculation. Brit. J. Derm. 63, 187—192 (1951). — Schiller, A. E.: Porokeratosis of naevoid type. Arch. Derm. Syph. (Chic.) 35, 1187 (1937). — Schnyder, U. W., u. W. Klunker: Erbliche Verhornungsstörungen der Haut. In: Erg.-Werk zum J. Jadassohn'schen Handbuch der Haut- und Geschlechtskrankheiten, Bd. VII, Kapitel ‚Porokeratosis Mibelli', S. 938ff. Berlin-Heidelberg-

New York: Springer 1966. — SCHUBERT, M.: Porokeratosis Mibelli. Ref. Zbl. Haut- u. Geschl.-Kr. 50, 557 (1935). — SCHUMACHER, C.: Porokeratosis Mibelli. Ref. Zbl. Haut- u. Geschl.-Kr. 45, 9 (1933). — SCOTTI, G.: Su di un caso di porocheratosi del Mibelli con particolari caratteristiche istologiche. Ann. ital. Derm. Sif. 9, 223—237 (1954). — SHIMAGOSHI, H.: Ein Fall von Porokeratosis Mibelli. Ref. Zbl. Haut- u. Geschl.-Kr. 48, 397 (1934). — SPRENGER: Porokeratosis Mibelli. Ref. Zbl. Haut- u. Geschl.-Kr. 78, 401 (1952). — STREMPEL: Porokeratosis Mibelli. Ref. Zbl. Haut- u. Geschl.-Kr. 39, 23 (1932). — SUGIMOTO, T.: Ein Fall von systematisierter sogenannter Porokeratosis (Mibelli). Ref. Zbl. Haut- u. Geschl.-Kr. 38, 274 (1938).

TAMPONI, M.: Autotrapianti di cute porocheratosica. Boll. Sez. region. Soc. ital. Derm. 3, 366—368 (1937). — Ulteriori rilievi sul comportamento di trapianti autoplastici nella porocheratosi del Mibelli. Dermosifilografo 25, Suppl., 199—211 (1951). — TAPPEINER, S.: Ein Fall von Porokeratosis Mibelli bei 48jähr. Mann. Ref. Zbl. Haut- u. Geschl.-Kr. 80, 111 (1952). — TILLMAN, W.: Porokeratosis (Mibelli). Proc. 10th Int. Congr. Dermatology London 1952, 530—531 (1953).

VERROTTI, G.: Un caso singolare della „porocheratosi" di Mibelli con corneomi a gruppo. Rilievi di ordine istopatogenetico. G. ital. Derm. 74, 3—13 (1933). — VIGNE, P.: Porokératose de Mibelli. Trois cas familiaux. Transformation néoplasique chez l'un d'eux. Ann. Derm. Syph. (Paris) 8, 5—28 (1942). — VIVARELLI, I.: Caso di porocheratosi di Mibelli con localizzazione al viso. Minerva derm. 31, Suppl., 85—87 (1956).

WEYHBRECHT: Porokeratosis Mibelli. Arch. Derm. Syph. (Berl.) 191, 714 (1950). — WIGLEY, J. E. M.: Porokeratosis striata (Nékám). Proc. roy. Soc. Med. 47, 173 (1954). — WORINGER, F.: Porokératose de Mibelli, guérison par la neige d'ac. carbonique, puis récidive au centre de la cicatrice. Bull. Soc. franç. Derm. Syph. 59, 493—494 (1952).

Morbus Darier

AGUILERA-MARURI, C.: „Memoria celular" en la enfermedad de Darier. (Localización limitida y asimetrica.) Act.-dermo-sifiliogr. (Madr.) 43, 528—532 (1952). — ALT, J., et A. SACREZ: Maladie de Darier. Influence de la radiothérapie. Bull. Soc. franç. Derm. Syph. 61, 389 (1954). — ANKE: Halbseitiger Morbus Darier in zosteriformer Anordnung. Zbl. Haut- u. Geschl.-Kr. 58, 513 (1938). — ANTAKI, L.: Maladie de Darier et pemphigus chronique bénin familial de Hailey-Hailey. Bull. Soc. franç. Derm. Syph. 72, 129—130 (1965). — APRÀ, A.: Sopra la forma a tumore del morbo di Darier. Dermosifilografo 25, Suppl., 270—276 (1951). — Sulle alterazioni della cute apparentemente sana del morbo di Darier. Minerva derm. 29, 111—113 (1954). — Considerazioni sulle lesioni mucose del morbo di Darier. Minerva derm. 35, 63—64 (1960). — ARTOM, M.: Nuovo contributo allo studio del valore dei fattori costitusionali nella malattia di Darier. Dermosifilografo 6, 159—171 (1931). — AYRES, S., jr., and N. P. ANDERSON: Recurrent herpetiform dermatits repens. Arch. Derm. Syph. (Chic.) 40, 402—413 (1939).

BAER, H.: Morbus Darier. Ref. Zbl. Haut- u. Geschl.-Kr. 36, 533 (1931). — BAUMGARTNER: Morbus Darier. Ref. Zbl. Haut- u. Geschl.-Kr. 63, 469 (1940). — BECHET, P.: Keratosis follicularis. Arch. Derm. Syph. (Chic.) 24, 315 (1931). — BEERMAN, H.: Hypertrophic Darier's disease and nevus syringocystadenomatosus papilliferus. Histopathologic study. Arch. Derm. Syph. (Chic.) 60, 500—527 (1949). — BENNETZ: Diskussionsbemerkung zu ANKE. Ref. Zbl. Haut- u. Geschl.-Kr. 58, 513 (1938). — BERGGREEN, P.: Morbus Darier. Derm. Wschr. 114, 427 (1942). — BERGGREEN, P., u. MIETKE: 12. Morbus Darier. Ref. Derm. Wschr. 102, 292 (1936). — 13. Morbus Darier. Derm. Wschr. 104, 578—579 (1937). — BERNHARDT, R.: Über Frühstadien der Morbus Darier-Efflorescenzen. Ref. Zbl. Haut u. Geschl.-Kr. 44, 264 (1933). — BETTLEY, F. R., and H. HABER: Darier's disease. Brit. J. Derm. 67, 351—352 (1955). — BIRNBAUM: Dariersche Krankheit (Dyskeratosis vegetans). Ref. Zbl. Haut- u. Geschl.-Kr. 44, 136 (1933). — BLANK, H.: Keratosis follicularis (Darier's disease) treated with grenz rays. Arch. Derm. Syph. (Chic.) 65, 634—635 (1952). — BLEISCH: Morbus Darier. Ref. Zbl. Haut- u. Geschl.-Kr. 74, 446 (1950). — BLUM, P., u. J. BRALEZ: Ref. Derm. Wschr. 114, 322 (1942). — BOHNSTEDT, R. M.: Kasuistik in Bildern. Derm. Wschr. 133, 277 (1956). — BOLDT: Morbus Darier. Ref. Zbl. Haut- u. Geschl.-Kr. 63, 533 (1940). — BOLGERT, M., G. LEVY, C. MIKOL, KAHN et R. DELUZENNE: Lésions bulleuses des aisselles dans un cas de maladie de Darier avec études histologique et cytologique. Ann. Derm. Syph. (Paris) 81, 33—42 (1954). — BOLGERT, M., J. TABERNAT et M. BONNET GAJDOS: Un cas de pemphigus Hailey-Hailey. Bull. Soc. franç. Derm. Syph. 64, 130—131 (1957). — BORN: Morbus Darier. Ref. Zbl. Haut- u. Geschl.-Kr. 92, 396 (1955). — BOULLE, S., M. BOULLE et B. DUPERRAT: Cas pour diagnostic. Maladie de Darier localisée ou pemphigus de Gougerot-Hailey-Hailey. Bull. Soc. franç. Derm. Syph. 58, 540—541 (1951). — BRACALI, G., e G. ZANETTI: Su di un caso di malattia di Darier con disturbi psichici e fibrolipomatose pancreatica. Considerazioni anatomi-cliniche. Arch. ital. Derm. 26, 15—58 (1954). — BRANDT: Morbus Darier. Ref. Derm. Wschr. 128, 723 (1953). — BRETT: Diskussionsbemerkung zu

WIEMERS. Derm. Wschr. 123, 419 (1951). — BREZOVSKY, E.: Dyskeratosis follicularis vegetans (Darier). Ref. Zbl. Haut- u. Geschl.-Kr. 70, 116 (1943). — BROWN, M.: A case of mild Darier's disease. Arch. Derm. Syph. (Chic.) 25, 562 (1932). — BRUDER, K.: Kasuistik in Bildern. Derm. Wschr. 107, 1467 (1938). — BRUGGEN, D. J. VAN: 28. Dyskeratosis follicularis (Morbus Darier). Derm. Wschr. 112, 470 (1941). — BUREAU, Y., H. BARRIÈRE, P. LITOUX et B. BUREAU: Darier bulleux ou association de maladie de Darier et pemphigus de Hailey-Hailey? Bull. Soc. franç. Derm. Syph. 72, 410—411 (1965). — BURGOON, C. F., J. H. GRAHAM, F. URBACH, and R. MUSGNUG: Effect of vitamin A on epithelial cells of skin. Arch. Derm. 87, 63—89 (1963). — BUSSALAI: Morbo di Darier famigliare. Boll. Sez. region. Soc. ital. Derm. 1, 83—84 (1933).

CACCIALANZA, P., e A. G. BELLONE: Malattia di Darier con manifestazioni insolitamente estese curata con vitamina A. Dermatologia (Napoli) 6, 1—7 (1955). — CAMAÑO, O. A. L., J. M. SPILZINGER y L. GUERSHANIK: Enfermedad de Darier. Psorospermosis folicular vegetante o disqueratosis folicular. Prensa. méd. argent. 1951, 919—921. — CAMPBELL, H. S.: Keratosis follicularis (Darier) in mother and child. Arch. Derm. Syph. (Chic.) 36, 1107 (1937). CARO, M., F. WEIDMANN, and H. HAILEY: Disk.-Bemerkungen zu FINNERUD u. SZYMANSKI. Arch. Derm. Syph. (Chic.) 61, 744—749 (1950). — CARRIÉ, C.: Morbus Darier. Ref. Zbl. Haut- u. Geschl.-Kr. 52, 6 (1936). — CASTELLINO, P. G.: Un caso di malattia del Darier. (Contributo clinico-istologico-patogenetico). Arch. ital. Derm. 12, 268—284 (1936). — CAULFIELD, J. B., and G. F. WILGRAM: An electron-microscope study of dyskeratosis and acantholysis in Darier's disease. J. invest. Derm. 41, 57—65 (1963). — CHARACHE, H.: Darier's disease with malignant transformation. Arch. Derm. Syph. (Chic.) 35, 480—484 (1937). — CHIARENZA, A.: Considerazioni cliniche e terapeutiche su di un caso di malattia di Darier. (Discheratosi verrucoide cronica recidivante.) Minerva derm. 30, 401—406 (1955). — CHIEREGATO, G.: Su un caso di malattia di Darier a carattere ipertrofico. Minerva derm. 35, 448—451 (1960). — COCKAYNE, E. A.: Inherited abnormalities of the skin and its appendages. London: Oxford University Press 1933. — COHEN-HADRIA et CIVATTE: Maladie de Darier (premier cas publié en Afrique du Nord); début très précoce; lésions zoniformes; leucodermie résiduelle. Bull. Soc. franç. Derm. Syph. 46, 1478—1481 (1939). — COLE, H. N., and J. R. DRIVER: A case for diagnosis (keratosis follicularis?). Arch. Derm. Syph. (Chic.) 24, 917 (1931). — COLOMBO, V. H., J. C. GATTI y J. E. CARDAMA: Enfermedad de Darier. Presentación de un caso. Rev. argent. Dermatosif. 36, 312—315 (1952). — CORNBLEET, TH.: Liver vitamin A in Darier's and Devergie's disease. J. invest. Derm. 23, 71—73 (1954). — CORNBLEET, TH., S. BARSKY, and J. F. SICKLEY: Keratosis follicularis. Arch. Derm. Syph. (Chic.) 69, 375—376 (1954). — COTTINI, G. B.: Su di un caso di psorospermosi follicolare vegetante. (Malattia di Darier.) Boll. Soc. med.-chir. Catania 4, 122—145 (1936). — COUNTER, C.: Keratosis follicularis. Arch. Derm. Syph. (Chic.) 69, 382—383 (1954). — COVISA, J. S., u. J. BEJARANO: Zum Studium der Darierschen Krankheit. Ref. Zbl. Haut- u. Geschl.-Kr. 41, 783 (1932). — CRAPS, M.: Maladie de Darier. Arch. belges Derm. 4, 61—63 (1948). — CREMER, G., and J. R. PRAKKEN: Hailey's disease (familial benign chronic pemphigus recurrent herpetiform dermatitis repens). Dermatologica (Basel) 94, 207—213 (1947).

DAUBRESSE, E., et S. KONDIREFF: Un cas de maladie de Darier. Arch. belges Derm. 10, 220—221 (1954). — DEGOS, R., R. EVEN et J. DELORT: Maladie de Darier avec coéxistence chronologique de lésions nodulaires de poumons. Bull. Soc. franç. Derm. Syph. 58, 473—474 (1951). — DEGOS, R. J. GUILAINE et J. CIVATTE: Nouveau cas de Hailey-Hailey associé à une maladie de Darier. Bull. Soc. franç. Derm. Syph. 72, 117—119 (1965). — DELBECK, K.: Morbus Darier. Derm. Wschr. 105, 1182 (1937). — DIASIO, F. A.: Keratosis follicularis sine dyskeratosis. A nevoid anomaly of development. Report of a case. Arch. Derm. Syph. (Chic.) 26, 60—67 (1932). — DIETZ, J.: Morbus Darier. Derm. Wschr. 116, 290 (1943). — Morbus Darier. Arch. Derm. Syph. (Berl.) 184, 468 (1943). — DITTRICH, O.: Erfolgreiche Behandlung des Morbus Darier. Derm. Z. 74, 207—211 (1936). — DÖRFFEL, J.: Kasuistik in Bildern. 1. Morbus Darier. Derm. Wschr. 114, 179 (1942). — DOLLMANN, O. W. v.: Morbus Darier. Ref. Zbl. Haut- u. Geschl.-Kr. 63, 108 (1940). — DORSEY, C. S.: Darier's disease. Arch. Derm. 77, 758—760 (1958). — DUPONT, A.: Les caractères histologiques différentiels du pemphigus familial héréditaire bénin, de la maladie de Darier et du pemphigus chronique vulgaire. Bull. Soc. franç. Derm. Syph. 58, 254—255 (1951) — Sind Dyskeratosis follicularis Darier und Pemphigus familiaris hereditarius benignus Hailey-Hailey zwei verschiedene Krankheiten? Bemerkungen zur Histologie dieser Dermatosen. Hautarzt 11, 75—77 (1960).

EICHHOFF: Drei Fälle von Morbus Darier, unter denen zwei Mutter und Tochter sind. Ref. Zbl. Haut- u. Geschl.-Kr. 52, 201 (1936). — ELLIS, F. A.: Vesicular Darier's disease (so-called benign familial pemphigus). A variant of Darier's disease. Arch. Derm. Syph. (Chic.) 61, 715—736 (1950). — ELSBACH, E. M., et J. P. NATER: La forme hypertrophique de la maladie de Darier. Dermatologica (Basel) 120, 93—112 (1960).

FASAL, P.: Morbus Darier. Ref. Zbl. Haut- u. Geschl.-Kr. 55, 188 (1937). — FÉNYES, I.: Morbus Darier. Ref. Zbl. Haut- u. Geschl.-Kr. 39, 611 (1932). — FINNERUD: Diskussions-

bemerkung zu Trow. Arch. Derm. Syph. (Chic.) 25, 177 (1932). — Finnerud, C. W., and J. F. Szymanski: Chronic benign familial pemphigus, a possible vesicular variant of keratosis follicularis. Arch. Derm. Syph. (Chic.) 61, 737—749 (1950). — Finsterlin: Morbus Darier? Derm. Wschr. 94, 452 (1932). — Fiocco, S.: Su di un caso di malattia di Darier. (Discheratoma nevico.) Dermosifilografo 7, 281—290 (1932). — Fliegelman, M. T., and A. B. Loveman: Tumor-like keratoses. Report of a case. Arch. Derm. Syph. (Chic.) 66, 353—357 (1952). — Forssmann, W. G., H. Holzmann u. N. Hoede: Elektronenmikroskopische Untersuchungen der Haut beim Morbus Darier. II. Der stufenweise Ablauf der Dyskeratose und die Degeneration der pathologischen Zellformen. Z. Haut- u. Geschl.-Kr. 42, 211—228 (1967). — Frank, S. B., and C. R. Rein: Dyskeratoid dermatosis. Arch. Derm. Syph. (Chic.) 45, 129 (1942). — Freund, H.: Darier-ähnliche Atypie eines Keratoma senile mit Blasenbildung. Arch. Derm. Syph. (Berl.) 162, 733—738 (1931). — Morbus Darier mit Exacerbation nach cytostatischer Behandlung. Hautarzt 2, 473 (1951). — Frost, K.: Dyskeratosis follicularis (Darier's disease). Arch. Derm. Syph. (Chic.) 31, 508—511 (1935). — Frost, K., and Chr. R. Halloran: Dyskeratosis follicularis (Darier's disease). Arch. Derm. Syph. (Chic.) 27, 539 (1933). — Frühwald: Morbus Darier. Ref. Zbl. Haut- u. Geschl.-Kr. 48, 436 (1934). — Grenzstrahlen bei Morbus Darier. Ref. Zbl. Haut- u. Geschl.-Kr. 58, 512 (1938). — Morbus Darier geheilt. Derm. Wschr. 107, 898 (1938). — Fuchs, F.: Radiodermatitis bei Morbus Darier. Derm. Wschr. 129, 247 (1954). — Funk: 4. Morbus Darier. Derm. Wschr. 103, 1004 (1936). — Morbus Darier. Ref. Zbl. Haut- u. Geschl.-Kr. 91, 232 (1955). — Fuhs, H.: Morbus Darier mit Dauerheilresultat und stellenweiser Spätschädigung nach Grenzstrahlenbehandlung. Ref. Zbl. Haut- u. Geschl.-Kr. 49, 417 (1935). — Morbus Darier. Derm. Wschr. 111, 840 (1940).
Ganor, S., and F. Sagher: Keratosis follicularis (Darier) and familial benign chronic pemphigus (Hailey-Hailey) in the same patient. Brit. J. Derm. 77, 24—29 (1965). — Gans, O.: Diskussionsbemerkung zu Wiemers. Derm. Wschr. 123, 429 (1951). — Gans, O., u. G. K. Steigleder: Histologie der Hautkrankheiten, Bd. II. Berlin-Göttingen-Heidelberg: Springer 1957. — Gaté, J., D. Colomb et J. Fayolle: Maladie de Darier. Bull. Soc. franç. Derm. Syph. 62, 363 (1955). — Gerstein, W., and W. B. Shelley: Eczema vaccinatum as a complication of keratosis follicluaris. New Engl. J. Med. 262, 1166—1168 (1960). — Getzler, N. A., and A. Flint: Keratosis follicularis. A study of one family. Arch. Derm. 93, 545—549 (1966). — Gillespie, E.: Keratosis follicularis (Darier's disease). Arch. Derm. Syph. (Chic.) 23, 167 (1931). — Goćkowski, J.: Beobachtung der Darierschen Krankheit. Ref. Zbl. Haut- u. Geschl.-Kr. 64, 211 (1940). — Gönczöl, I., u. L. Szodoray: Hailey-Haileysche Pemphigus-Fälle bei Großvater und Enkel. Dermatologica (Basel) 120, 214—223 (1960). — Goldschlag: Morbus Darier. Ref. Zbl. Haut- u. Geschl.Kr. 51, 529 (1935). — Morbus Darier. Ref. Zbl. Haut- u. Geschl.Kr. 53, 68 (1936). — Goodman, M. H., and I. R. Pels: Bullous dyskeratosis of keratosis follicularis (Darier) type. Arch. Derm. Syph. (Chic.) 44, 359—370 (1941). — Gottron, H. A.: Morbus Darier. Ref. Zbl. Haut- u. Geschl.-Kr. 62, 93 (1939). — Dariersche Dermatose. Ref. Zbl. Haut- u. Geschl.-Kr. 69, 56 (1943). — Morbus Darier. Ref. Zbl. Haut- u. Geschl.-Kr. 69, 619 (1943). — Morbus Darier. Ref. Derm. Wschr. 120, 322 (1949). — Gougerot, H., et Allée: Zit. Gougerot et al. 1950. — Gougerot, H., u. A. Carteaud: Neue Formen der Papillomatose. Arch. Derm. Syph. (Berl.) 165, 232—267 (1932). — Maladie de Darier avec lésions lichenoides des mains. Ann. Derm. Syph. (Paris) 49, 498 (1942). — Gougerot, H., A. Carteaud et A. Lemaire: Diskussionsbemerkung über Morbus Darier und Pemphigus benignus Gougerot-Hailey-Heiley. Bull. Soc. franç. Derm. Syph. 58, 383 (1951). — Gougerot, H., et O. Eliascheff: Maladie de Darier débutante avec papillomatose plus ancienne du dos et des mains. Bull. Soc. franç. Derm. Syph. 39, 163—165 (1932). — Un cas de maladie de Darier avec lésions de la muqueuse palatine et lésions pustuleuses des jambes. Bull. Soc. franç. Derm. Syph. 40, 1697—1699 (1933). — Gougerot, H., M. de Sablet, L. Vissian et B. Duperrat: Revendication de priorité au sujet du pemphigus familial bénin. Bull. Soc. franç. Derm. Syph. 57, 272—274 (1950). — Gougerot, H., Vial et Nékám: Maladie de Darier. Association des lésions typiques et des lésions atypiques. Verrues d'aspect banal des mains. Evolution saisonnière estivale. Hôp. St. Louis 9, 377—380 (1937). — Graciansky, P. de, et P. Corone: Maladie de Darier très étendue, considérablement améliorée par l'administration de vitamine A synthétique. Bull. Soc. franç. Derm. Syph. 58, 283—285 (1951). — Graham, J. H., and E. B. Helwig: Isolated dyskeratosis follicularis. Arch. Derm. 77, 377—389 (1958). — Griebel: Morbus Darier. Ref. Zbl. Haut- u. Geschl.-Kr. 92, 395 (1955). — Grütte: Morbus Darier. Ref. Zbl. Haut- u. Geschl.-Kr. 63, 473 (1940). — Grupper, Ch., et M. Bernard: Maladie de Darier très améliorée par la vitamine A synthétique. Bull. Soc. franç. Derm. Syph. 58, 285—287 (1951). — Guggenheim, L.: Morbus Darier. Ref. Derm. Wschr. 104, 132 (1937). — Gumpesberger: Morbus Darier. Ref. Zöl. Haut- u. Geschl.-Kr. 88, 354 (1954).
Hadida, E., Ed. Timsit et R. Streit: A propos des rapports entre la forme vésiculo-bulleuse de la maladie de Darier et le pemphigus de Hailey/Hailey. Bull. Soc. franç. Derm.

Syph. **63**, 35—37 (1956). — HAILEY, H., and H. HAILEY: Familial benign chronic pemphigus. Arch. Derm. Syph. (Chic.) **39**, 679 (1939). — HALTER, K.: Röntgenologisch und endoskopisch erfaßbare Speiseröhrenveränderungen bei Morbus Darier und Morbus Pringle. Z. Haut- u. Geschl.-Kr. **6**, 228—229 (1949). — HAMANN: Dariersche Dermatose. Ref. Zbl. Haut- u. Geschl.-Kr. **67**, 124 (1941). — HAREN, H. B. VAN: Dariersche Krankheit und „Kyrlesche Krankheit". Ned. T. Geneesk. **1939**, 4484—4485. — HARRIS, R. H., and CL. H. WHITE: Keratosis follicularis with changes in the skin, mucoid membrane and nails. Report of a case. Arch. Derm. Syph. (Chic.) **59**, 346—347 (1949). — HAUSNER: Psorospermosis follicularis vegetans Darier. Ref. Derm. Wschr. **123**, 567 (1951). — HERZBERG, J. J.: Pemphigus Gougerot-Hailey-Hailey. Arch. klin. exp. Derm. **202**, 21—44 (1955). — HOEDE, N., W. G. FORSSMANN u. H. HOLZMANN: Elektronenmikroskopische Untersuchungen der Haut beim Morbus Darier. I. Die Anfangsstadien der Akantholyse. Z. Hautkr. **42**, 175—184 (1967). — HOLTSCHMIDT u. HERZBERG: Morbus Darier unter dem Bilde einer Acrokeratosis verruciformis Hopf. Derm. Wschr. **128**, 1221 (1953). — HOPF, G.: Über die bei Darierscher Krankheit an Händen und Füßen vorkommenden Keratosen. Acta derm.-venereol. (Stockh.) **13**, 720—734 (1933).

JABLONSKA, S., u. T. CHORZELSKI: Zur Klassifikation des Pemphigus Hailey-Hailey. Seine Beziehung zum Pemphigus vulgaris und zur vesikulösen Variante des Morbus Darier. Dermatologica (Basel) **117**, 24—38 (1958). — Bullous diseases. IV. Bullous variety of Darier's disease. Przegl. derm. **46**, 141—146 (1959). — JACOBSON, J., and J. WALKER: A case of Darier's disease. S. Afr. med. J. **27**, 954—957 (1953). — JADASSOHN, W., u. R. BRUN: Die Vitamine in der Dermatologie. Arch. klin. exp. Derm. **206**, 454—476 (1957). — JADASSOHN, W., et R. PAILLARD: Maladie de Darier. Dermatologica (Basel) **104**, 329 (1952). — JAEGER, H.: 7. Dyskeratosis follicularis Darier, durch Vitamin A wesentlich gebessert. Dermatologica (Basel) **94**, 189—199 (1947). — JOHNSON, H. M.: Darier's diesease, with possible nevoid changes on the forehead. Arch. Derm. Syph. (Chic.) **41**, 448—449 (1940). — JORDAN u. SPIER: Morbus Darier-Veränderungen als Späterscheinungen bei Akrokeratosis verruciformis. Arch. Derm. Syph. (Berl.) **189**, 441 (1949).

KAPPESSER: Psoropsermosis follicularis vegetans sive Morbus Darier. Arch. Derm. Syph. (Berl.) **200**, 581 (1955). — Morbus Darier. Arch. Derm. Syph. (Berl.) **200**, 616 (1955). — KATABIRA, Y.: Skin manifestations in the seborrhoic areas. III. Eczematide Darier. Ref. Zbl. Haut- u. Geschl.-Kr. **91**, 69 (1955). — KESTEN, B. M.: Keratosis follicularis with intermittent vesicular eruption. Arch. Derm. Syph. (Chic.) **66**, 763—764 (1952). — KLÖVEKORN: Morbus Darier. Ref. Zbl. Haut- u. Geschl.-Kr. **39**, 25 (1932). — KONRAD: Morbus Darier. Anhaltender Erfolg nach Grenzstrahlenbehandlung. Ref. Zbl. Haut- u. Geschl.-Kr. **51**, 395 (1935). — Psorospermosis follicularis (Morbus Darier). Ref. Zbl. Haut- u. Geschl.-Kr. **53**, 155 (1936). — Morbus Darier bei eineiigen Zwillingen. Ref. Zbl. Haut- u. Geschl.-Kr. **66**, 82 (1941). — KORTING, G. W.: Diskussionsbemerkung zu FUNK. Ref. Zbl. Haut- u. Geschl.-Kr. **91**, 232 (1955). — KOVACS, S.: Dyskeratosis miliaris Darier (forme fruste). Derm. Wschr. **116**, 36 (1943). — KREIBICH, C.: Hyperkeratosen (Kyrle) und Dyskeratose (Darier). Ref. Zbl. Haut- u. Geschl.-Kr. **39**, 308 (1932). — KREMENTCHOUSKY, A.: Maladie de Darier. Bull. Soc. franç. Derm. Syph. **45**, 1749—1752 (1938). — KRINITZ, K.: Tumoröse Veränderungen bei Morbus Darier. Hautarzt **17**, 445—450 (1966). — KUNZE: Dyskeratosis follicularis vegetans (Darier). Ref. Derm. Wschr. **131**, 550 (1956).

LAPIÈRE, S.: Les génodermatoses hyperkeratosiques de type bulleux. Ann. Derm. Syph. (Paris) **80**, 597—614 (1953). — Une série héréditaire familiale de cas de maladie de Darier de type bulleux. Un cas d'érythrodermie ichtyosiforme de type bulleux. Arch. belges Derm. **9**, 249—253 (1953). — LEDERMANN, R.: Morbus Darier. Ref. Zbl. Haut- u. Geschl.-Kr. **42**, 572 (1932). — LEIGHEB, V.: Atypischer Fall von Morbus Darier. Boll. Sez. region. Soc. ital. Derm. **2**, 98—103 (1932). — LEIPOLD, W.: Vitaminbehandlung in der Dermatologie. Hautarzt **1**, 386—400 (1950). — LINDSTROM, K.: Keratosis follicularis (Darier's disease) of bullous type (benign familial pemphigus)? Arch. Derm. Syph. (Chic.) **69**, 121—123 (1954). — LINSER, K.: 4. Dariersche Krankheit. Ref. Derm. Wschr. **98**, 600 (1934). — 7. Morbus Darier. Ref. Derm. Wschr. **125**, 202 (1952). — LISSIA, G.: Malattia di Darier o acrocheratosi verruciforme di Hopf? (Considerazioni anatomo-cliniche.) Minerva derm. **34**, 297—299 (1959). — LOEB, H.: Morbus Darier. Ref. Zbl. Haut- u. Geschl.-Kr. **41**, 551 (1932). — LOEWENTHAL, L. J. A.: Genodermatosis. Brit. J. Derm. **72**, 196 (1960). — LOUSTE, RABUT et RACINE: Un cas de maladie de Darier. Bull. Soc. franç. Derm. Syph. **40**, 398—401 (1933). — LOUSTE et RACINE: Maladie de Darier. Bull. Soc. franç. Derm. Syph. **40**, 558—560 (1933). — LUTZ, W.: Durch quantitative Fehler in der Ernährung bedingte Hautveränderungen. Dermatologica (Basel) **95**, 136—143 (1948). — LYNCH, H., y A. A. CORDARO: Enfermedad de Darier. Presentación del enfermo. Rev. argent. Dermatosif. **33**, 134 (1949).

MARRAS, A.: Über einen Fall von Morbus Darier bei Dysthyreoidie. Boll. Sez. region. Soc. ital. Derm. **17**, 197 (1939). — MARSON, G.: Su di un caso di elaiomi multipli simmetrici con concomitante malattia di Darier. Minerva derm. **32**, 86—89 (1957). — MARTENSTEIN: Morbus

Darier. Ref. Zbl. Haut- u. Geschl.-Kr. 41, 302 (1932). — MARZIANI, A.: Contributo allo studio della malattia di Darier. Ateneo parmenese 4, 505—516 (1932). — MATRAS, A.: Morbus Darier. Ref. Zbl. Haut- u. Geschl.-Kr. 50, 553 (1935). — Morbus Darier — Buckybestrahlung. Ref. Zbl. Haut- u. Geschl.-Kr. 51, 396 (1935). — MEMMESHEIMER: 29. Morbus Darier (Abb. 10, 11). Derm. Wschr. 105, 1321 (1937). — MERCADAL PEYRI, J., A. VALLS y F. DULANTO: Un caso de coexistencia de psoriasis y enfermedad de Darier con lesions tipicas de esta última en las mucosas esophágica y rectal. Act. dermo-sifiliogr. (Madr.) 32, 608—616 (1941). — MESCON, H.: Keratosis follicularis. Arch. Derm. 84, 686 (1961). — MEYER-ROHN, J.: Morbus Darier unter dem Bilde einer Acrokeratosis verruciformis Hopf. Derm. Wschr. 133, 624 (1956). — MÉZARD, J., et P. VERMENOUZE: Maladie de Darier avec localisations respiratoires. Bull. Soc. franç. Derm. Syph. 68, 494—495 (1961). — MIANI, G.: La malattia di Darier allo stato attuale delle nostre conoscenze. Arch. ital. Derm. 15, 433—510 (1939). — MICHELSON, H. E.: Psoropsermosis follicularis vegetans. Ref. Zbl. Haut- u. Geschl.-Kr. 40, 621 (1932). — MIESCHER, G.: Neuere in- und ausländische Ergebnisse auf dem Gebiet der Therapie der Haut- und Geschlechtskrankheiten. Ref. Zbl. Haut- u. Geschl.-Kr. 73, 145—147 (1949). — MILIAN, G., et L. PÉRIN: Dyskératose folliculaire (maladie de Darier) avec bulles. Bull. Soc. franç. Derm. Syph. 37, 1280—1287 (1930). — Dyskératose folliculaire (maladie de Darier) avec, bulles. Rev. franç. Derm. Vénér. 7, 74—90 (1931). — MINTZER, I.: Keratosis follicularis Darier. Arch. Derm. Syph. (Chic.) 27, 531—532 (1933). — MITCHELL-HEGGS, G. B., and M. FEIWELL: Darier's disease. Proc. 10th Int. Congr. Dermatology London 1952, 456 (1953). MÖLLER, I. O. L.: Morbus Darier. Ref. Zbl. Haut- u. Geschl.-Kr. 63, 533 (1940). — MOON, Y, J. L.: Darier's disease. Arch. Derm. 72, 590—591 (1955). — MU, J. W.: Beitrag zur Untersuchung der Pigmentverhältnisse bei Morbus Darier. Acta derm.-venereol. (Stochk.) 11, 365—372 (1930). — MÜNSTERER, H.: Morbus Darier (Psoropsermosis follicularis vegetans). Ref. Zbl. Haut- u. Geschl.-Kr. 69, 665 (1943). — MURTALA, G., e M. COASSOLO: In tema di manifestazioni mucose nella malattia di Darier. Contributo endoscopico ed anatomo patologico. Minerva derm. 29, 88—93 (1954).

NELLEN, C.: Die Grenzstrahlenbehandlung des Morbus Darier. Inaug.-Diss. Köln 1937. — NEUMANN, H.: Morbus Darier bei Vater (38 Jahre) und Sohn (12 Jahre). Ref. Zbl. Haut-u. Geschl.-Kr. 57, 499 (1938). — Morbus Darier. Ref. Zbl. Haut- u. Geschl.-Kr. 63, 259 (1940). — Über die Primäreffloreszenz des Morbus Darier. Arch. Derm. Syph. (Berl.) 180, 204—207 (1940).

OBERSTE-LEHN: Dyskeratosis follicularis vegetans (Darier). Ref. Zbl. Haut- u. Geschl.-Kr. 85, 120 (1953). — O'DONOVAN, W. J., and N. A. THORNE: Keratosis follicularis (Darier's disease). Proc. 10th Int. Congr. Dermatology London 1952, 523—524 (1953). — OERTEL, J.-G.: Dariersche Dermatose und psychische Anomalien. Ref. Derm. Wschr. 117, 516 (1943). ORMEA, F., e M. DEPAOLI: Malattia di Darier ad insolita evoluzione clinica. Dermatologica (Basel) 115, 685—689 (1957).

PANAGIOTIS, B., et G. PHOTINOS: Maladie de Darier (psorospermose folliculaire). Étude clinique et histologique à l'occasion d'un cas rare de cette dermatose. Rev. franç. Derm. Vénér. 5, 576 (1929). — PECK, S. M.: Diagnosis: Darier's disease. Arch. Derm. 84, 868—870 (1961). — PECK, S. M., L. CHARGIN, and H. SOBOTKA: Keratosis follicularis (Darier's disease). Arch. Derm. Syph. (Chic.) 43, 223 (1941). — PELS, I. R., and M. H. GOODMAN: Criteria for the histologic diagnosis of keratosis follicularis (Darier). Report of a case with vesiculation. Arch. Derm. Syph. (Chic.) 39, 438—455 (1939). — PENNER: Morbus Darier. Ref. Zbl. Haut- u. Geschl.-Kr. 56, 193 (1937). — PÉRIN, L.: Maladie de Darier avec taches pigmentaires. Bull. Soc. franç. Derm. Syph. 38, 1312—1318 (1931). — Diskussionsbemerkung zu LOUSTE u. RACINE: Bull. Soc. franç. Derm. Syph. 40, 401 (1933). — Histologie d'une tache pigmentaire au cours de la maladie de Darier. Bull. Soc. franç. Derm. Syph. 41, 28—32 (1934). — PÉRIN, L., S. BOULLE et A. GAUGET: Maladie de Darier avec pigmentation périanale. Verrues des mains présentant histologiquement de la dyskératose. Bull. Soc. franç. Derm. Syph. 44, 625—631 (1937). — PFLEGER-SCHWARZ, L.: Atypische Erscheinungsform bei Morbus Darier. Arch. Derm. Syph. (Berl.) 192, 106—112 (1951). — Morbus Darier. Derm. Wschr. 132, 878 (1955). — PIATTI, A.: Sulla malattia di Darier. Arch. ital. Otol. 70, 250—259 (1959). — PIERINI, D. O.: Pénfigo familiar benigno (Hailey-Hailey). Arch. argent. Derm. 5, 359—360 (1955). — PINKUS, H., and S. EPSTEIN: Familial benign chronic pemphigus. Arch. Derm. Syph. (Chic.) 53, 119 (1946). — POEHLMANN: Morbus Darier. Ref. Zbl. Haut- u. Geschl.-Kr. 66, 1 (1941). — POLANO, M. K.: Dariersche Dermatose und ihre Beziehungen zur Folliculitis und Perifolliculitis Hoffmann. Arch. Derm. Syph. (Berl.) 171, 409—411 (1935). — PORTER, A., and S. R. BRUNAUER: Liver function in Darier's disease and pityriasis rubra pilaris. Brit. J. Derm. 61, 277—281 (1949). — PORTER, A., E. W. GODDING, and S. R. BRUNAUER: Vitamin A in Darier's disease. Arch. Derm. Syph. (Chic.) 56, 306—316 (1947).

QUIROGA, M. I., A. DELACROIX y R. N. CORTI: Enfermedad de Darier segmentaria. Rev. argent. Dermatosif. 42, 195—198 (1958).

RABUT et RAMAKERS: Morbus Darier. Bull. Soc. franç. Derm. Syph. **56**, 123 (1949). — RADAELI, A.: Psorospermosi folliculare vegetante atipica (Morbo di Darier). Boll. Sez.region. Soc. ital. Derm. **5**, 309—310 (1932). — RAJAM, R. V., P. N. RANGIAH, A. S. THAMBIAH, and V. C. ANGULI: Chronic benign pemphigus of Hailey and Hailey. Indian J. Derm. **22**, 73—78 (1956). — RAMEL: Maladie de Darier. Ref. Zbl. Haut- u. Geschl.-Kr. **46**, 17 (1933). — REISS, F.: Generalized bullous dyskeratosis (generalized bullous Darier's disease), with special reference to histogenesis and metabolic changes. J. invest. Derm. **9**, 17—30 (1947). — Die Umwandlung einer generalisierten bullösen Dyskeratose (generalisierte bullöse Dariersche Krankheit) in eine Psoriasis vulgaris. Hautarzt **16**, 57—60 (1965). — RIEHL: Morbus Darier. Derm. Wschr. **133**, 301 (1956). — ROBINSON, H. M.: Keratosis follicularis. Report of a case with linear arrangement of lesions limited to the right lower extremity. Arch. Derm. Syph. (Chic.) **62**, 137—141 (1950). — ROTHMAN, ST.: 5. Morbus Darier. Ref. Derm. Wschr. **102**, 561 (1936). — ROUX, J., et A. CHARBONNIER: Maladie de Darier très améliorée par la vitamine A à hautes doses et l'acide trichloracétique. Bull. Soc. franç. Derm. Syph. **58**, 311—312 (1951).

SACHS, W., A. B. HYMAN, and M. B. GRAY: Epidermolysis bullosa. A recently described variant. Arch. Derm. Syph. (Chic.) **55**, 91—100 (1947). — SAMEK: Morbus Darier nach Grenzstrahltherapie. Ref. Zbl. Haut- u. Geschl.-Kr. **39**, 204 (1932). — SAUER, G. C.: Localized Darier's disease. Arch. Derm. **72**, 590 (1955). — SCHREINEMACHER, A.: Über Schleimhautveränderungen bei Morbus Darier der Mundhöhle. Derm. Z. **65**, 311—325 (1933). — SCHUBERT, H.: Nagelveränderungen bei Morbus Darier. Z. Haut- u. Geschl.-Kr. **41**, 239—244 (1966). — SCHWANDER, R.: Morbus Darier. Dermatologica (Basel) **104**, 360—361 (1952). — SCHWARZ, L.: Ein Fall von Morbus Darier mit Befallensein von Stamm, Extremitäten, Hals und Kopf. Ref. Zbl. Haut- u. Geschl.-Kr. **76**, 412 (1951). — SEEBERG: Fall von Morbus Darier. Ref. Zbl. Haut- u. Geschl.-Kr. **70**, 233 (1943). — SNYDER, W.: Unilateral keratosis follicularis. Report of a case clinically resembling nevus unius lateris. Arch. Derm. **78**, 95—96 (1958). — SONNECK: Morbus Darier. Ref. Derm. Wschr. **124**, 1011 (1951). — SONNTAG: 3 Fälle von Morbus Darier, die angeblich alle Einzelfälle der Familie sind. Ref. Zbl. Haut- u. Geschl.-Kr. **70**, 601 (1943). — SPOUGE, J. D. TROTT, and G. V. CHESKO: Darier-White's disease: a cause of white lesions of the mucosa. Report of four cases. Oral Surg. **21**, 441—457 (1966). — STEIGLEDER, G. K.: Morbus Darier. Arch. Derm. Syph. (Berl.) **200**, 615 (1955). — STEIGLEDER, G. K., u. O. GANS: Dyskeratose. In: Erg.-Werk zum J. Jadassohnschen Handbuch der Haut- und Geschlechtskrankheiten, Bd. I/2, S. 192ff. Berlin-Göttingen-Heidelberg-New York: Springer 1964. — STOLTZ, E.: Zur Grenzstrahlentherapie bei Morbus Darier. Ref. Derm. Wschr. **105**, 1266 (1937). — STRANDBERG, J.: Fall von Darierscher Krankheit (Psorospermosis follicularis, Dyskeratosis miliaris). Ref. Zbl. Haut- u. Geschl.-Kr. **66**, 81 (1941). — STREITMANN: Morbus Darier mit Epitheliom. Ref. Zbl. Haut- u. Geschl.-Kr. **57**, 647 (1938). — STUDDIFORD, M. T. VAN: Keratosis follicularis (Darier's disease). Arch. Derm. Syph. (Chic.) **25**, 956—957 (1932). — STÜHMER: Diskussionsbemerkung zu EICHHOFF: Ref. Zbl. Haut- u. Geschl.-Kr. **52**, 210 (1936). — SUTTON, R. L.: Diseases of the skin, p. 953. St. Louis: C. V. Mosby Co. 1956. — SVENDSEN, I. B., and B. ALBRECTSEN: The prevalence of dyskeratosis follicularis (Darier's disease) in Denmark. An investigation of the heredity in 22 families. Arch. derm.-venereol. (Stockh.) **39**, 256—269 (1959). — SZODORAY, L.: Dyskeratosis miliaris Darier. Ref. Derm. Wschr. **113**, 1009 (1941).

TÉMIME, P., L. MATHURIN, P. SAINT-ANDRÉ et A. BURNOD: Pemphigus bénin de Hailey et Hailey, non familial: aspects histologiques dyskératosiques de type Darier. Bull. Soc. franz. Derm. Syph. **67**, 555—556 (1960). — THAMBIAH, A. S., U. SRIDHAR RAO, R. ANNAMALAI, and C. M. DAVID: Darier's disease with cystic changes in the bones. Brit. J. Derm. **78**, 87—90 (1966). — THIEL: Erfolg mit Grenzstrahlenbehandlung bei Morbus Darier. Ref. Derm. Wschr. **121**, 545 (1950). — TOURAINE, A., et NÉRET: Maladie de Darier. Bull. Soc. franç. Derm. Syph. **46**, 17—18 (1939). — TRINKAUS: Morbus Darier. Ref. Zbl. Haut- u. Geschl.-Kr. **78**, 401 (1957). — TROW, E. J.: Darier's disease. Arch. Derm. Syph. (Chic.) **25**, 177 (1932). — TZANCK, A., R. ARON-BRUNETIÈRE et G. MELKI: Cytodiagnostic dans un cas de maladie de Darier. Bull. Soc. franç. Derm. Syph. **57**, 280—281 (1950).

URUEÑA, J. G.: Darier's disease with fetal radium dermatitis. Arch. Derm. Syph. (Chic.) **30**, 412—414 (1934).

VELTMANN, G.: Zur Behandlung von Keratosen mit hohen Dosen Vitamin A. Hautarzt **1**, 495—502 (1950). — VERO, F.: Darier's disease. Arch. Derm. Syph. (Chic.) **27**, 859—860 (1933). — VLAVSEK: Morbus Darier. Ref. Zbl. Haut- u. Geschl.-Kr. **70**, 498 (1943). — VOLLMER: Morbus Darier. Ref. Zbl. Haut- u. Geschl.-Kr. **91**, 125 (1955).

WAISMAN, M.: Verruciform manifestations of keratosis follicularis. Including a reappraisal of hard naevi (Unna). Arch. Derm. **81**, 39—52 (1960). — WASCILY: Morbus Darier. Ref. Derm. Wschr. **134**, 905 (1956). — WEISE, H.-J.: Morbus Darier, Hyperkeratosis follicularis vegetans. Z. Haut- u. Geschl.-Kr. **25**, Bildbericht (1958). — WEISSENBACH, R. J., et P. RENAULT: Maladie de Darier. Lésions confluentes des mains et des pieds à type de verrues planes. Kératodermie palmaire et plantaire. Lésions de la muqueuse vélopalatine.

Ann. Derm. Syph. (Paris) 49, 357 (1942). — WERNER: Morbus Darier (überraschende Besserung durch Goldbehandlung). Ref. Zbl. Haut- u. Geschl.-Kr. 53, 621 (1936). — WEST, C. O.: Darier's disease. Arch. Derm. Syph. (Chic.)28, 240 (1933). — WHITE, CH. J.: Darier's disease (keratosis follicularis (White)]. Arch. Derm. Syph. (Chic.) 35, 731—732 (1937). — WIEMERS: Morbus Darier. Ref. Derm. Wschr. 123, 419 (1951). — WIERSEMA, M. V.: 5. Morbus Darier. Ref. Derm. Wschr. 110, 416 (1940). — WILGRAM, G. F., J. B. CAULFIELD u. W.F. LEVER: Elektronenmikroskopische Untersuchungen bei Hauterkrankungen mit Akantholyse (Pemphigus vulgaris, Pemphigus familiaris benignus chronicus, Morbus Darier). Derm. Wschr. 147, 281—293 (1963). — WINER, L. H., and A. J. LEEB: Benign familial pemphigus. Cytology and nosology. Arch. Derm. Syph. (Chic.) 67, 77—83 (1953). — WORINGER, F.: Pemphigus débutant au cuir chevelu avec signes histologiques d'une maladie de Darier. Bull. Soc. franç. Derm. Syph. 61, 387—389 (1954). — WUCHERPFENNIG, V.: Zur Behandlung der Darierschen Erkrankung. Derm. Z. 59, 374—384 (1930). — Zur Strahlenbehandlung des Morbus Darier. Derm. Wschr. 113, 981—988 (1941). — Zur Thorium X-Behandlung des Morbus Darier und der Parapsoriasis. Derm. Wschr. 117, 471—473 (1943).

Dyskeratosen

ALKIEWICZ, J., u. J. LEBIODA: Zur Klinik und Histologie der Pachyonchis congenita. Arch. klin. exp. Derm. 212, 140—147 (1961). — APLAS, V.: Zur Kenntnis der Poikilodermie, Parapsoriasis und Atrophia cutis reticularis cum pigmentatione, dystrophia unguium et leukoplakia oris Zinsser — „Dyskeratosis congenita". Arch. klin. exp. Derm. 202, 224—237 (1956).

BAZEX, A., et A. DUPRÉ: Dyskératose congénitale (type Zinsser-Cole-Engman) associée à une myélopathie constitutionelle (purpura thrombopénique et neutropénie). Ann. Derm. Syph. (Paris) 84, 497—513 (1957). — BAZEX, A., R. SALVADOR, A. DUPRÉ, M. PARANT et L. BESSIÈRE: Kératodermie palmo-plantaire type Thost-Unna, pachyonychie et kératose hypertrophique du gland. Bull. Soc. franç. Derm. Syph. 64, 800—801 (1957). — BODALSKI, J., E. DEFECIŃSKA, L. JUDKIEWICZ, and M. PACANOWSKA: Fanconi's anaemia and dyskeratosis congenita as a syndrome. Dermatologica (Basel) 127, 330—342 (1963). — BREHM, G.: Ungewöhnliche striäre Palmar- und Plantarkeratose mit dorsalen Hyperkeratosen. Derm. Wschr. 134, 1173—1178 (1956). — BRYAN, H. G., and R. K. NIXON: Dyskeratosis congenita and familial pancytopenia. J. Amer. med. Ass. 192, 203—208 (1965). — BURCKHARDT, W.: Poikilodermie mit Hyperkeratose an den Fußsohlen. Dermatologica (Basel) 112, 556—557 (1956). — BUREAU, Y., H. BARRIÈRE et M. THOMAS: Hippocratisme digital congénital avec hyperkératose palmo-plantaire et troubles osseux. Ann. Derm. Syph. (Paris) 86, 611—622 (1959).

CALMETTES, L., F. DÉODATI et H. DARAUX: Zit. ORFANOS u. GARTMANN: Med. Welt, N.F. 17, 2589—2594, 2617 (1966). — COCKAYNE, E. A.: Inherited abnormalities of the skin and its appendages. London: Oxford University Press 1933. — COLE, H. N., J. E. RAUSCHKOLB, and J. TOOMEY: Dyskeratosis congenita with pigmentation, dystrophia unguis and leukokeratosis oris. Arch. Derm. Syph. (Chic.) 21, 71—95 (1930). — Dyskeratosis congenita with pigmentation, dystrophia unguium and leukokeratosis oris. Arch. Derm. Syph. (Chic.) 71, 451—456 (1955). — COLE, M. M., H. N. COLE, and W. LASCHEID: Dyskeratosis congenita. Relationship to poikiloderma atrophicans vasculare and to aplastic anaemia of Fanconi. Arch. Derm. 76, 712—719 (1957). — COSTELLO, M. J.: Dyskeratosis congenita with superimposed prickle-cell epithelioma on the dorsal aspect of the left hand. Arch. Derm. 75, 451 (1957). — COSTELLO, M. J., and C. M. BUNCKE: Dyskeratosis congenita. Arch. Derm. 73, 123—132 (1956).

DEGOS, R., et G. EBRARD: Leucokératose papillomateuse bucco-genitale familiale. Bull. Soc. franç. Derm. Syph. 65, 242—243 (1958). — DELACRÉTAZ, J., et J. D. GEISER: Kératodermie palmo-plantaire en ilots, pachyonychie et hyperkératose sous-unguéale, kératose pilaire, maladie de Dupuytren. Dermatologica (Basel) 121, 168—170 (1960). — DORN, H.: Keratoma palmare et plantare hereditarium Unna-Thost, Keratosis extremitatum hereditaria progrediens. Z. Haut- u. Geschl.-Kr. 25, 169—177 (1958). — DUTHIL, J., E. COUMARIANOS et J.-M. SEGRESTAA: Kératodermie palmo-plantaire de Thost-Unna avec porphyrinuries. Bull. Soc. franç. Derm. Syph. 64, 192—193 (1957).

ENGMAN: A unique case of reticular pigmentation of the skin with atrophy. Arch. Derm. Syph. (Chic.) 13, 685 (1926).

Fallbericht: Keratosis multiformis congenita in 3 Generationen. Univ. Berlin, 1953. Ref. Zbl. Haut- u. Geschl.-Kr. 88, 195 (1954). — FISCHER, E., u. U. W. SCHNYDER: Polykératose Touraine (keratodermia palmo-plantaris mit Hypotrichose und subungualen Keratosen). Dermatologica (Basel) 116, 364—365 (1958). — FRANCESCHETTI, A., u. C. J. THIER: Über Hornhautdystrophien bei Genodermatosen unter besonderer Berücksichtigung der Palmoplantarkeratosen (klinische, genetische und histologische Studien). Albrecht v. Graefes Arch. Ophthal. 162, 610—670 (1961).

Gahlen, W.: Keratosen. In: Dermatologie und Venerologie, einschließlich Berufskrankheiten, Dermatologischer Kosmetik und Andrologie. Hrsg. von H. A. Gottron u. W. Schönfeld, Bd. IV, Stuttgart 1960. — Garb, J.: Dyskeratosis congenita with pigmentation, dystrophia unguium and leukoplakia oris. Patient with evidence suggestive of Addison disease. Arch. Derm. Syph. (Chic.) 55, 242—250 (1947). — Dyskeratosis congenita with pigmentation, dystrophia unguium, and leukoplakia oris. A follow-up report of two brothers. Arch. Derm. 77, 704—712 (1958). — Dyskeratosis congenita with pigmentation, dystrophia unguium and leukoplakia oris. A follow-up report of two brothers with this syndrome. Proc. 11th Int. Congr. Dermatology Stockholm 1957, 3, 702—706 (1960). — Garb, J., and G. Rubin: Dyskeratosis congenita with pigmentation, dystrophia unguium and leukoplakia oris (Cole and others). Report of cases of two brothers with improvement in the leukoplakic patches in one with androgenic medication. Arch. Derm. Syph. (Chic.) 50, 190 (1944). — Georgouras, K.: Dyskeratosis congenita. Aust. J. Derm. 8, 36—43 (1965). — Grace, A. W.: Pachyonychia congenita. Arch. Derm. Syph. (Chic.) 36, 1255—1256 (1937). — Greither, A.: Keratosen und Dyskeratosen (Polykeratosen). Fortschr. prakt. Derm. Venereol. 4, 308—319 (1962). — Grekin, J. N., and O. D. Schwarz: Dyskeratosis congenita with pigmentation, dystrophia unguium and leukokeratosis oris. Arch. Derm. 85, 124—125 (1962). — Grimmer: Ein Fall von Keratosis palm. et plant. hereditaria mit dominantem Erbgang. Ref. Z. Haut- u. Geschl.-Kr. 8, 461 (1950). — Grimmer, H.: Ein Fall von Keratosis pamlaris et plantaris mit Nagel- und Schleimhautbeteiligung. Z. Haut- u. Geschl.-Kr. 9, 51—56 (1950).

Hadida, E., F. G. Marill, E. Timsit et R. Streit: Paronychie congénitale avec kératodermie et kératoses disséminées de la peau et des muqueuses (syndrome de Jadassohn et Lewandowski). Bull. Soc. franç. Derm. Syph. 59, 236—237 (1952). — Hoggins, G. S., and E. A. Marsland: An unusual case of microdontia associated with microcephaly. Brit. dent. J. 99, 230—232 (1955).

Jansen, L. H.: The so-called "dyskeratosis congenita" (Cole, Rauschkolb and Toomey) (Pigmentatio parvoreticularis cum leukoplakia et dystrophia unguium). Dermatologica (Basel) 103, 167—177 (1951).

Kaiser, L.: Keratoma hereditarium palmare et plantare vereint mit Keratodermia punctata disseminata symmetrica reg. dorsal digitorum et digitorum pedis. Ned.-Indie T. Geneesk. 71, 279—281 (1931). — Kienzler, L.: Keratoma palmare et plantare hereditarium in Korrelation mit anderen keimplasmatisch bedingten Anomalien. Derm. Wschr. 103, 1630—1635 (1936). — Kitamura, K., u. T. Hirako: Über zwei japanische Fälle einer eigenartigen reticulären Pigmentierung. Dermatologica (Basel) 110, 97—107 (1955). — Klüken, N.: Epidermodysplasia verruciformis, Cheilitis granulomatosa und Neurodermitis circumscripta. Hautarzt 3, 405—408 (1952). — Korting, G. W.: Zur Kenntnis der multiformen Keratosen. Z. Haut- u. Geschl.-Kr. 11, 241—244 (1951).

Laing, C. R., J. R. Hayes, and G. Scharf: Pachyonychia congenita. Amer. J. Dis. Child. 111, 649—652 (1966). — Lausecker, H.: Ungewöhnliche Veränderung einer Keratosis palmo-plantaris nach Bestrahlung. Dermatologica (Basel) 101, 172—177 (1950). — Lutz, W.: A propos de l'epidermodysplasie verruciforme. Dermatologica (Basel) 92, 30—43 (1946).

Maschkilleisson, L. N.: Ist die Epidermodysplasie verruciformis (Lewandowsky-Lutz) eine selbständige Dermatose? Ihre Beziehungen zur Verrucositas. Derm. Wschr. 92, 569—578 (1931). — Melki, G. R., P. Harter et Y.-N. Mercier: Kératodermie palmo-plantaire de type intermédiaire (syndrome de Thost-Unna) avec atteinte de la face dorsale). Bull. Soc. franç. Derm. Syph. 63, 387—388 (1956). — Merklen, F. P., et A. Guillard: Cas isolé de pachyonychie congénitale avec hyperkératoses cutanées et aspect leucoplasiforme de la langue (syndrome de Jadassohn-Lewandowsky, type Riehl), variété de la polykératose congénitale de A. Touraine. Bull. Soc. franç. Derm. Syph. 61, 11—12 (1954). — Milgrom, H., H. L. Stoll, Jr., and J. T. Crissey: Dyskeratosis congenita. A case with new features. Arch. Derm. 89, 345—349 (1964). — Morginson, W. J.: Discrete keratodermas over the knuckle and finger articulations. Arch. Derm. Syph. (Chic.) 71, 349—353 (1955).

Nadel: Keratoma palmare et plantare atypicum. Ref. Zbl. Haut- u. Geschl.-Kr. 57, 596 (1936). — Neuber, E.: Disseminierte Keratodermien der Handteller und Fußsohlen. Ref. Zbl. Haut- u. Geschl.-Kr. 37, 26 (1931). — Nicolau, S. G., et L. Balus: Sur un cas de génodermatose polydysplasique. Ann. Derm. Syph. (Paris) 88, 385—396 (1961). — Niebauer, G.: Pachyonychia congenita-Syndrom (Jadassohn und Lewandowsky) mit klinischen Erscheinungen der Dystrophia bullosa hereditaria. Z. Haut- u. Geschl.-Kr. 43, 35—36 (1968). Nockemann, P. F.: Erbliche Hornhautverdickung mit Schnürfurchen an Fingern und Zehen und Innenohrschwerhörigkeit. Med. Welt 1961, 1886—1887, 1894—1900. — Dominant vererbte Polykeratose mit Schnürfurchenbildung und Innenohrschwerhörigkeit. Med. Bildbericht La Roche 1964, 15—16.

Orfanos, C., u. H. Gartmann: Leukoplakien, Pigmentverschiebungen und Nageldystrophie. Zinsser-Cole-Engman-Syndrom. Med. Welt, N.F. 17, 2589—2594, 2617 (1966).

PASTINSZKY, I., J. VÁNKOS u. I. RÁCZ: Ein Beitrag zur Pathologie der „Dyskeratosis congenita" Cole-Rauschkolb-Toomey. Derm. Wschr. 135, 587—593 (1957).

RIMBAUD, P., CAZABAN et P. ÍZARN: Hyperkératose palmo-plantaire familiale intermittente avec troubles oculaires. Bull. Soc. franç. Derm. Syph. 61, 206—207 (1954).

ŠALAMON, T., u. B. MARINKOVIČ: Über einen Fall von Keratosis multiformis mit Atrophie der Handrücken, Pigmentationen und Mißbildungen am Skelett. Arch. klin. exp. Derm. 209, 243—257 (1959). — SCHÄFER, E.: Zur Lehre der kongenitalen Dyskeratosen. Arch. Derm. Syph. (Berl.) 148, 425—432 (1925). — SCHAMBERG, I. L.: Dyskeratosis congenita with pigmentation, dystrophic unguis, and leukokeratosis oris. Arch. Derm. 81, 266 (1960). — SCHOFF, CH. E.: Congenital keratoses. Arch. Derm. Syph. (Chic.) 24, 659 (1931). —SCHWANN, J.: Keratosis palmaris et plantaris cum surditate congenita et leuconychia totali unguium. Dermatologica (Basel) 126, 335—353 (1963). — A syndrome of hereditary palmar and plantar keratoma, hereditary deafness and total leukonychia. Ref. Zbl. Haut- u. Geschl.-Kr. 117, 285 (1964). — SOREL, BARDIER, BOUISSON, PALOUS et CLAVERIE: Dyskératose congénitale (type Zinsser-Cole-Engman), associée à une myélopathie constitutionelle (purpurathrombocytopénique et neutropénie). Soc. franç. de Pédiatrie 1956. Zit. CALMETTES, DÉODATI et DARAUX. — SORROW, J. M., jr., and J. M. HITCH: Dyskeratosis congenita. First report of its occurence in a female and a review of the literature Arch. Derm. 88, 340—347 (1963). — SPANLANG, H.: Beitrag zur Klinik und Pathologie seltener Hornhauterkrankungen. Z. Augenheilk. 62, 21—41 (1927). — STEINER, K.: Angeborene Anomalien der Haut. In: Handbuch der Haut- und Geschlechtskrankheiten von J. JADASSOHN, Bd. IV/1, S. 1 ff. Berlin: Springer 1932. — STRYKER, G. V.: Congenital alopecia totalis with unilateral keratosis palmaris and dystrophy of nails. Arch. Derm. Syph. (Chic.) 22, 915—916 (1930). — STÜTTGEN, G., H. H. BERRES u. J. SCHRUDDE: Exogene Lokalisationsfaktoren bei einer Polykeratosis congenita. Derm. Wschr. 151, 231—239 (1965). — SUZUKI, SH., u. I. NAKANO: Acne cornea mit inselförmiger Palmoplantarkeratose und Nagelverdickung. Ref. Zbl. Haut- u. Geschl.-Kr. 63, 377 (1940).

TAPPEINER, S.: Zur Klinik der idiopathischen diffusen palmoplantaren Keratodermien. Arch. Derm. Syph. (Berl.) 175, 453—466 (1937). — TEODORESCU, ST., A. COLTOUI, F. NICOLESCU u. J. DIACONU: Einige Aspekte der Polykeratosis congenita Touraine. Derm.-Vener. (Buc.) 10, 217—224 (1965). — TEXIER, L., et J. MALEVILLE: La symptomatologie cutanée de l'anaémie perniciosiforme de Fanconi: rapports avec la dyskératose congénitale de Zinsser-Cole-Engman. Ann. Derm. Syph. (Paris) 90, 553—568 (1963). — THIERS, H., et G. CHANIAL: Polykératose de Touraine. Kératodermie palmo-plantaire familiale héréditaire avec hyperhidrose, onychogryphose, hypotrichie, dystrophie osseuse et hypoplasie dentaire. Ann. Derm. Syph. (Paris) 84, 269—277 (1957). — TOURAINE, A.: Pachyonychie congénitale avec kératodermie et kératoses disséminées de la peau des muqueuses (syndrome de Jadassohn et Lewandowsky). Presse méd. 1937, 1569—1572. — Congenital polykeratosis. Brit. J. Derm. 66, 294—299 (1954). — La polykeratose congénitale. Presse méd. 1954, 1289—1292. — La polykératose congénitale. Bull. Soc. franç. Derm. Syph. 61, 202—206 (1954).

VAYRE, M. J.: Syndrome de Jadassohn-Lewandowsky. Bull. Soc. franç. Derm. Syph. 65, 141 (1958).

WARD, W. H.: Naevoid basal celled carcinoma associated with dyskeratosis of the palms and soles. A new entity. Aust. J. Derm. 5, 204—208 (1960). — WISE, F.: Pachyonychia congenita (keratosis palmaris et plantaris. Dystrophia unguium und leukoplakia oris). Arch. Derm. Syph. (Chic.) 60, 846 (1949).

ZINSSER: Atrophia cutis reticularis cum pigmentatione, dystrophia unguium et leukoplakia oris. Ikonogr. Derm. Kioto 1906, p. 214—223.

F. Keratotische Dysplasien

ANDERSON, N. P.: Epidermodysplasia verruciformis (Lewandowsky-Lutz). Arch. Derm. Syph. (Chic.) 58, 580 (1948). — ARRIGHI, F.: Acrokératose verruciforme avec kératodermie palmoplantaire prédominante. Bull. Soc. franç. Derm. Syph. 63, 109 (1956). — AUSTER, M. J. T. DE: Epidermodisplasia verrugosifore de Lewandowski y Lutz. Rev argent. Dermatosif. 38, 43—49 (1954).

BEAL, P. L.: Case for diagnosis: Acrokeratosis verruciformis (Hopf). Arch. Derm. 74, 109—110 (1956). — BILANCIA, A.: Considerazioni su una sindrome dermatologica molto discussa: la epidermo displasia verruciforme di Lewandowski e Lutz. Arch. ital. Derm. 32, 425—450 (1964). — BINAZZI, M.: Epidermodysplasia discreta, congenita; reperto di degenerazioni epiteliomatosa in lesione clinicamente non sospetta. Ann. ital. Derm. Sif. 11, 45—60 (1956). — BOLGERT, M., J. TABERNAT, M. DORRA et M. BEUST: Cas pour diagnostic: syndrome de Lutz-Lewandowsky associé a un éléphantiasis d'origine traumatique? Bull. Soc. franç. Derm. Syph. 65, 243—246 (1958). — BORELLI, S.: Hypotrichosis congenita hereditaria Marie Unna. Hautarzt 5, 18—22 (1954). — BORN: Acrokeratosis verruciformis Hopf. Ref. Zbl. Haut- u. Geschl.-Kr. 92, 395 (1955). — BRAUN-FALCO, O., u. W. GÜRTLER:

Klinische und histologische Besonderheiten bei einem sporadischen Fall von ektodermaler Dysplasie mit Anhidrosis. Derm. Wschr. 133, 289—297 (1956).— Burckhardt, W.: Epidermodysplasia verruciformis Lewandowski-Lutz. Verrucosis disseminata? Dermatologica (Basel) 96, 275—276 (1948). — Bureau, Y., H. Barrière, P. Litoux et L. Bureau: Acrokératose verruciforme. Discussion de son individualité à propos d'une observation. Ann. Derm. Syph. (Paris) 22, 269—276 (1965).

Carleton, A.: Epidermodysplasia verruciformis of Lutz-Lewandowsky. Proc. of the 10th Int. Congr. Dermatology London 1952, 457 (1953). — Chiale, G. F.: Polimorfismo clinico e monomorfismo istologico nel quadro della epidermodisplasia verruciforme. G. ital. Derm. 83, 303—328 (1942). — Costa, G. O., et F. de Oliveira Morais: Acrokératose verruciforme. Ann. Derm. Syph. (Paris) 8, 525—535 (1949).

Danbolt, N.: Dariersche Krankheit in Verbindung mit ausgebreiteter Keratodermie an Händen und Füßen (Acrokeratosis verruciformis Hopf) und zerstreutem Keratoma (Brauer) in familiärem Vorkommen durch drei Generationen. Norsk Mg. Laegevidensk. 96, 246—258 (1935). — Datovo, L., e L. Levi: Rilievi sulla displasia ectodermica congenita. G. ital. Derm. 98, 526—535 (1957). — Degos, R., O. Delzant et A. Baptista: Epidermoplasie verruciforme avec transformation bowénienne. Bull. Soc. franç. Derm. Syph. 64, 279—280 (1957). — Degos, R., P. Lefort et A. Baptista: Epidermodysplasia verruciforme (Lewandowsky-Lutz). Bull. Soc. franz. Derm. Syph. 64, 278—279 (1957). — Degos, R., E. Lortat-Jacob et P. Lefort: Epidermodysplasia verruciforme. Bull. Soc. franç. Derm. Syph. 60, 6—7 (1953). — Drake, J.: Acrokeratosis verruciformis (Hopf). Arch. Derm. Syph. (Chic.) 64, 661 (1951). — Düster, R.: „Poikilodermia" faciei bei Keratosis suprafollicularis. Derm. Wschr. 154, 200—202 (1968).

Eickstedt, v.: Dyskeratosis follicularis (Morbus Darier) und Akrokeratosis verruciformis (Hopf). Ref. Derm. Wschr. 137, 640 (1958).

Fettich, J., J. Franzot u. S. Pogačar: Hypohidrosis hypotrichotica cum hypodontia mit Symptomen von Seiten des Nervensystems. Derm. Wschr. 150, 313—319 (1964). — Franceschetti, A.: Les dysplasies ectodermiques et les syndromes héréditaires apparentés. Dermatologica (Basel) 106, 129—156 (1953). — Franceschetti, A., et W. Jadassohn: A propos de „l'incontinentia pigmenti" délimitation de deux syndromes différents figurant sous le même terme. Dermatologica (Basel) 108, 1—28 (1964). — Franceschetti, A., W. Jadassohn et R. Paillard: Incontinentia pigmenti. Dermatologica (Basel) 122, 48—52 (1961).

Gahlen, W.: Dermatopathia pigmentosa reticularis hypohidrotica et atrophica. Derm. Wschr. 150, 193—198 (1964). — Gate, J., et H. Terrier: Epidermodysplasie verruciforme de Lewandowski-Lutz. Bull. Soc. franç. Derm. Syph. 62, 71 (1955). — Götz, H., u. R. D. Azulay: Ein Beitrag zur hidrotischen ektodermalen Dysplasie. Hautarzt 6, 71—74 (1955). — González-Medina, R.: Epidermodisplasia verrugiforme. Act. dermo-sifiliogr. (Madr.) 40, 869—874 (1949). — Gorlin, R. J., L. H. Meskin, W. C. Peterson, Jr., and R. W. Goltz: Focal dermal hypoplasia syndrome. Acta derm.-venereol. (Stockh.) 43, 421—440 (1963). — Gottron, H. A.: Zit. Schnyder u. Klunker. Erbliche Verhornungsstörungen der Haut. In: Erg.-Werk zum J. Jadassohnschen Handbuch der Haut- und Geschlechtskrankheiten, Bd. VII, S. 861ff. Berlin-Heidelberg-New York: Springer 1966. — Greither, A.: Über eine mit Keratosen und Pigmentstörungen einhergehende erbliche Dysplasie der Haut. Hautarzt 9, 364—369 (1958). — Über drei Generationen vererbte, auf Frauen beschränkte Keratosis follicularis mit Alopecie, Hypidrose und abortiven Palmar-Plantar-Keratosen in ihren Beziehungen zur Hypotrichosis congenita hereditaria. Arch. klin. exp. Derm. 210, 123—140 (1960). — Keratosen und Dyskeratosen (Polykeratosen). Fortschr. prakt. Derm. Vener. 4, 308—319 (1962). — Greither, A., u. J. A. Köhler: Zähne und Haut. In: H. A. Gottron u. W. Schönfeld, Dermatologie und Venerologie, Bd. IV, S. 1050. Stuttgart: Georg Thieme 1960. — Greither, A., u. H. Tritsch: Über einen Fall von anhidrotischer ektodermaler Dysplasie mit nahezu vollständiger Alopecie, transgredienten Palmar-Plantar-Keratosen, Macula-Degeneration sowie anderen Augenstörungen, Zahnanomalien und einem Pseudo-Klinefelter-Syndrom. Arch. klin. exp. Derm. 216, 50—62 (1963). — Grüneberg, Th.: Die Akrogerie (Gottron). Arch. klin. exp. Derm. 210, 409—417 (1960).

Haeberlin, J. B., Jr., and St. Bielinski: Acrokeratosis verruciformis of Hopf with keratoderma palmaris et plantaris. Arch. Derm. 81, 464 (1960). — Hermann, H.: Über einen Fall von Epidermodysplasia verruciformis. Hautarzt 5, 134—135 (1954). — Epidermodysplasia verruciformis: Erb- und Erscheinungsbild. Z. menschl. Vererb.- u. Konstit.-Lehre 32, 409—417 (1955). — Hodgson-Jones, I. S.: Epidermodysplasia verruciformis with dysplasia of the lymphatic system. Brit. J. Derm. 68, 338 (1956). — Hoffmann, D. H., u. C. Schirren: Über Hornhautveränderungen bei der ektodermalen Dysplasie. Klin. Mbl. Augenheilk. 134, 413—416 (1959). — Hopf, G.: Zwei Fälle von warzenartigen Keratosen an Hand- und Fußrücken. Ref. Derm. Wschr. 91, 1575 (1930). — Hopf, G.: Acrokeratosis verruciformis. 8. Int. Kongr. Derm. und Syphilol. Kopenhagen 5.—9. 8. 1930. — Das Krankheitsbild der Acrokeratosis verruciformis in seiner systematischen Stellung zu den disseminierten Keratodermien. Derm. Wschr. **92**, 735—736 (1931). — Kératose disséminée non encore décrite (akrokératosis verruciformis). Rev. franç. Derm. Vénér. **7**, 335—342 (1931). — Über eine bisher nicht beschriebene disseminierte Keratose (Akrokeratosis verruciformis). Derm. Z. **60**, 227—250 (1931). — Morphologische und pathogenetische Untersuchungen über primäre Keratosen. Arch. Derm. Syph. (Berl.) **167**, 344—376 (1933). — Keratodermie mit circumscripten Keratosen am Handrücken. Ref. Zbl. Haut- u. Geschl.-Kr. **59**, 126 (1938).

JABŁOŃSKA, S., u. I. FORMAS: Weitere positive Ergebnisse mit Auto- und Heteroinokulation bei Epidermodysplasia verruciformis Lewandowsky-Lutz. Dermatologica (Basel) **118**, 86—93 (1959). — JABŁOŃSKA, S., u. B. MILEWSKI: Zur Kenntnis der Epidermodysplasia verruciformis Lewandowsky-Lutz (positive Ergebnisse der Auto- und Heteroinokulation). Dermatologica (Basel) **115**, 1—22 (1957). — JAQUETI, G., R. PUCHOL, N. BALLESTEROS, F. CORRIPIO y P. GONZÁLEZ: Epidermodisplasia verruciforme de Lewandowsky-Lutz con degeneración epitelial multiple. Act. dermo-sifiliogr. (Madr.) **57**, 267—278 (1966). — JORDAN: Diskussionsbemerkung zu BORN. Ref. Zbl. Haut- u. Geschl.-Kr. **92**, 395 (1955). — JORDAN u. SPIER: Morbus Darier-Veränderungen als Späterscheinungen bei Acrokeratosis verruciformis. Ref. Zbl. Haut- u. Geschl.-Kr. **73**, 177 (1949). — JUNG, E.-G., u. M. VOGEL: Anhidrotische Ektodermaldysplasie mit Hornhautdystrophie. Schweiz. med. Wschr. **96**, 1477—1483 (1966).

KLINGMÜLLER, G., u. J. K. J. KIRCHHOF: Über die erbliche ektodermale Dysplasie mit Anhidrosis und cerebellarer Heredoataxie im Sinn einer Friedreichschen Erkrankung. Hautarzt **5**, 351—357 (1954). — KOCH, W.: Gemeinsames familiäres Auftreten von Schüsselbildung an den Nägeln und Haarveränderungen. Derm. Wschr. **108**, 237—242 (1939). — KORTING, G. W.: Fehlbildungen der Haut. In: Handbuch der Haut- und Geschlechtskrankheiten, Erg.-Werk, Bd. III/1, S. 396—400, 400—408. Berlin-Göttingen-Heidelberg: Springer 1963. — Elastosis perforans serpiginosa als ektodermales Ransdymptom bei Cutis laxa. Arch. klin. exp. Derm. **224**, 437—446 (1966). — KOSZEWSKI, B. J., and T. F. HUBBARD: Congenital anemia in hereditary ectodermal dysplasia. Arch. Derm. **74**, 159—166 (1956). — KOVÁCS, S.: Akrokeratosis verruciformis Hopf. Ref. Zbl. Haut- u. Geschl.-Kr. **62**, 92 (1939). — KOVÁCS, S.: Ein Fall von Akrokeratosis verruciformis Hopf. Dermatologica (Basel) **81**, 6—11 (1940).

LANDES, E.: Epidermodysplasia verruciformis Lewandowsky-Lutz und Vitamin A. Derm. Wschr. **126**, 1130—1137 (1952). — LANDES, E., u. I. LANGER: Ein Beitrag zur Hypotrichosis congenita. Hautarzt **7**, 413—415 (1956). — LAUGIER, J., CH. GOMET et F. WORINGER: Acrogeria (Gottron) et kératose folliculaire serpigineuse (Lutz). Bull. Soc. franç. Derm. Syph. **66**, 80—92 (1959). — LAZZARO, C., A. GIARDINA e S. D. RANDAZZO: Sulla epidermodisplasia verruciforme di Lewandowski-Lutz. Minerva derm. **41**, 4—13 (1966). — LENARTOWICZ: Acrokeratosis verruciformis Hopf. Ref. Zbl. Haut- u. Geschl.-Kr. **58** 655 (1938). — LEWANDOWSKY, F., u. W. LUTZ: Ein Fall einer bisher nicht beschriebenen Hauterkrankung (Epidermodysplasia verruciformis). Arch. Derm. Syph. (Berl.) **141**, 193—203 (1922). — LOCKWOOD, J. H., and L. K. COWAN: Congenital ectodermal dysplasia (anhidrotic, hypotrichotic, anodontic type). Arch. Derm. **81**, 486—487 (1960). — LOMUTO, G.: A proposito di un caso di epidermodisplasia verruciforme con degenerazione epiteliomatosa. Rass. Derm. Sif. **8**, 175—186 (1955). LOPÉZ-GONZÁLEZ, J.: Acroqueratosis verruciforme. Arch. argent. Derm. **7**, 359—366 (1957). — LOVEMAN, A., and P. V. GRAHAM: Acrokeratosis verruciforme (Hopf). Arch. Derm. Syph. (Chic.) **43**, 971—979 (1941). — LUDWIG, E.: Hypotrichosis congenita hereditaria Typ M. Unna. Arch. Derm. Syph. (Berl.) **196**, 261—278 (1953). — LUTZ, W.: Zur Epidermodysplasia verruciformis. Dermatologica (Basel) **115**, 309—314 (1957).

MIDANA, A.: Sulla questione dei rapporti tra epidermodysplasia verruciformis e verrucosi generalizzata. Osservazioni su 4 casi di epidermodysplasia verruciformis a carattere famigliare. Dermatologica (Basel) **99**, 1—23 (1949). — MIESCHER, G.: Diskussionsbemerkung zu JORDAN u. SPIER. Ref. Zbl. Haut- u. Geschl.-Kr. **73**, 177 (1949). — MIURA, O.: Ein Fall von Epidermodysplasia verruciformis Lewandowsky. Ref. Zbl. Haut- u. Geschl.-Kr. **62**, 303 (1939).

NAEGELI, O.: Familiärer Chromatophorennaevus. Schweiz. med. Wschr. **57**, 48 (1927). — NATHAN, E.: Acrokeratosis verruciformis (Hopf). Arch. Derm. Syph. (Chic.) **66**, 750—751 (1952). — NIEDELMANN, M. L.: Acrokeratosis verruciformis (Hopf). Report of fourteen cases in one family in four generatons, with a review of the literature. Arch. Derm. Syph. (Chic.) **56**, 48—63 (1947). — NÖDL: Diskussionsbemerkung zu BORN. Ref. Zbl. Haut- u. Geschl.-Kr. **92**, 395 (1955).

OLIVEIRA-RIBEIRO, D. DE, J. A. SOARES y B. ZILBERBERG: Akrokeratosis verruciformis Hopf. Beobachtung eines 1. brasilianischen Falles. Ref. Zbl. Haut- u. Geschl.-Kr. **77**, 231 (1951/52). — OLLENDORFF-CURTH, H.: Genetik der mit Pigmentstörungen einhergehenden Dermatosen. In: Erg.-Werk zum J. JADASSOHNschen Handbuhc der Haut- und Geschlechtskrankheiten, Bd. VII, S. 750ff. Berlin-Heidelberg-New York: Springer 1966. — ORMEA, F.: Epidermodysplasia verruciformis und Hautcarcinome. Arch. Derm. Syph. (Berl.) **188**, 278—296 (1949).

PERABO, F., J. A. VELASCO u. A. PRADER: Ektodermale Dysplasie vom anhidrotischen Typus. 5 neue Beobachtungen. Helv. paediat. Acta 11, 604—639 (1956/57).
RABBIOSI, G.: Acrokeratosis verruciformis (Hopf). Ref. Derm. Wschr. 141, 585 (1960). — ROEDERER, E. NONCLERCQ et J.-CH. PETIT: Epidermodysplasia verruciforme. Bull. Soc. franç. Derm. Syph. 62, 381—382 (1955). — ROOK, A., and D. STEVANOVIC: Acrokeratosis verruciformis. Brit. J. Derm. 69, 450—451 (1957).
ŠALAMON, T., u. M. MILIČEVIČ: Über eine besondere Form der ektodermalen Dysplasie mit Hypohidrosis, Hypotrichosis, Hornhautveränderungen, Nagel- und anderen Anomalien bei einem Geschwisterpaar. Arch. klin. exp. Derm. 220, 564—575 (1964). — SBERNA, P.: Su un caso di epidermodisplasia verruciforme di Lewandowski-Lutz. Rass. Derm. Sif. 7, 349—356 (1954). — SCHAEFER: Epidermodysplasia verruciformis Lewandowsky-Lutz. Ref. Zbl. Haut- u. Geschl.-Kr. 76, 424 (1951). — SEDLÁČEK, V., and R. HAMBACH: Acrokeratosis verruciformis Hopf and Darier's disease. Ref. Zbl. Haut- u. Geschl.-Kr. 115, 248 (1964). — SIEMENS, H. W.: Studien über Vererbung von Hautkrankheiten. XII. Anidrosis hypotrichotica. Arch. Derm. Syph. (Berl.) 175, 565 (1937). — Diskussionsbemerkung zu JORDAN u. SPIER. Ref. Zbl. Haut- u. Geschl.-Kr. 73, 177 (1949). — SILVA, P. C. C. DE: Hereditary ectodermal dysplasia of anhydrotic type. Quart. J. Med. 8, 97—113 (1939). — SOUZA, A. R. DE: Epidermodysplasia verruciformis von Lewandowsky und Lutz. Ref. Zbl. Haut- u. Geschl.-Kr. 87, 244 (1954).
TÉMIME, P.: A propos d'un cas d'épidermodysplasie verruciforme (?). Bull. Soc. franç. Derm. Syph. 60, 385—386 (1953). — TEODORESCU, ST., M. FELLNER u. A. CONU: Zwei Fälle von Epidermodysplasia verruciformis Lewandowsky-Lutz. Arch. Derm. Syph. (Berl.) 188, 423—452 (1949). — THEISEN, H.: Hidrotische ektodermale Dysplasie mit assoziierten Palmoplantarkeratosen. Derm. Wschr. 147, 569—574 (1963). — TOURAINE, A.: L'hérédité en médicine. Paris: Masson & Cie. 1955. — TOURAINE, A., et ROUZAUD: Acrodermatite ponctuée kératogène. Bull. Soc. franç. Derm. Syph. 47, 405—410 (1940).
UNNA, M.: Über Hypotrichosis congenita hereditaria. Derm. Wschr. 81, 1167—1178 (1925).
VILANOVA, X., y C. CARDENAL: Epidermodisplasia verruciforme de Lewandowsky y Lutz con degeneración carcinomatosa. Act. dermo-sifiliogr. (Madr.) 41, 367—368 (1950). — VOGEL, F., u. H. DORN: Krankheiten der Haut und ihrer Anhangsgebilde. In: P. E. BECKER, Humangenetik, Bd. VI, S. 346 ff. Stuttgart: Georg Thieme 1964. — VUKAS, A.: Zur Kenntnis der Epidermodysplasia verruciformis. Dermatologica (Basel) 101, 37—41 (1950).
WITTEN, V. H., and A. W. KOPF: A case for diagnosis: verrucae planae? Adenoma sebaceum? Epidermodysplasia verruciformis? Arch. Derm. 76, 799—800 (1957). — WORTMANN, F.: Hypoplasien, Hyperplasien, Dysplasien, Tumoren. Dermatologica (Basel) 96, 56—72 (1945).

Die Elephantiasis

Von

Wilhelm Schneider und Herbert Fischer, Tübingen

Mit 40 Abbildungen

Einleitung

Wenn heute als Ergänzung zu der Darstellung von WIRZ die seither erzielten Fortschritte des Wissens um die Elephantiasiskrankheit zusammengefaßt werden sollen, so zeigt sich, daß die meisten Forschungsgebiete der allgemeinen Medizin auch auf diesem speziellen Teilsektor zu einer Reihe neuer Erkenntnisse geführt haben. Diese beziehen sich jedoch weniger auf das klinische Bild und den Krankheitsablauf, die als solche unveränderlich sind. Nicht zuletzt auf dieser Tatsache beruht der bleibende (dokumentarische) und dabei neben der theoretischen (Grundlagen-)forschung gleichberechtigte Wert der klinischen Krankenbeobachtung und -beschreibung und insoweit ist den Ausführungen von WIRZ nichts hinzuzufügen. Vielmehr eröffneten die Ergebnisse der Gefäß- und Kreislauf-, Ödem-, Stoffwechsel-, Hormon- und Bindegewebsforschung z. T. ganz neuartige Gesichtspunkte hinsichtlich der Ätiologie und insbesondere der Pathogenese der Elephantiasiskrankheit, und befruchteten die Vorstellungen vom Wesen dieses Krankheitssyndromes z. T. so entscheidend, daß sich auch andere Einteilungsprinzipien ergeben mußten, die eine bessere Abgrenzung von verwandten Zuständen ermöglichen.

Folgerichtig liegt der Schwerpunkt der nachstehenden Ausführungen überwiegend auf physiologischen und physiologisch-chemischen Tatsachen, aus denen dann die Pathologie und Pathogenese und nicht zuletzt auch neue Ansatzpunkte zur Therapie entwickelt werden. Dieses Vorgehen bedingt jedoch eine andere Gliederung des Stoffes als die vorwiegend klinisch orientierte Darstellung von WIRZ. Auf diese Weise soll neu gewonnenen Standpunkten Rechnung getragen werden und dieselben mehr zur Geltung gebracht werden. Nur so läßt sich eine Krankheitsbetrachtung überwinden, die OLIVIER mit den Worten gekennzeichnet hat: "on en connaît assez bien les lésions, mais on ignore complètement le mécanisme de la lésion". In diesem Sinne mögen die nachfolgenden Ausführungen eine Ergänzung des Kapitels von WIRZ darstellen.

A. Terminologie, Geschichte, Abgrenzung

Der Forderung von FR. G. M. WIRZ im 1. Teil dieses Handbuches, endlich festzulegen, welche Krankheitszustände nach Überlieferung und Übereinkunft zur sog. Elephantiasis gerechnet bzw. mit diesem Prädikat gekennzeichnet werden sollen und welche nicht, haben sich zwar alle einschlägigen Autoren angeschlossen (so u. a. QUERVAIN, STEINER, FRIBOES, BORST, KEHRER oder GOTTRON), eine verbindliche Entscheidung ist indessen nicht getroffen worden. Da es sich aber eingebürgert hat, alle Vergrößerungen umschriebener Körperabschnitte mehr oder weniger schlagwortartig als ,,Elephantiasis'' zu bezeichnen, wird wohl nichts anderes übrigbleiben, als den Ausdruck beizubehalten und die Zustände, bei denen die *Elephantiasis nur ein Symptom* einer genau definierten Grundkrankheit darstellt, von den Veränderungen abzutrennen, bei denen die *Elephantiasis* zwar als Folgekrankheit, aber doch als ein mehr oder weniger *selbständiges Krankheitssyndrom* auftritt, das von bestimmten Bindegewebsveränderungen geprägt wird (Sklerose und Fibrose). Die Abtrennung von der Stauung erscheint uns deshalb wesentlich, weil sich diese im Prinzip reversibel verhält, während die Elephantiasis, wenn überhaupt, sich nur in ihren Anfangszuständen unter einer zweckmäßigen Therapie zurückbilden kann, u. E. nämlich dann, wenn die Sklerose noch weitgehend im Vordergrund steht und eine Fibrosierung größeren Umfanges noch nicht eingetreten ist. Offenbar decken sich diese unsere Vorstellungen mit den früheren Bezeichnungen ,,weiche'' und ,,harte'' Elephantiasis.

Elephantiasis als Symptom wird bei Miß- und Neubildungen (einschließlich Morbus Recklinghausen), Angiomen (einschließlich Klippel-Trénaunay- oder Parkes-Weber-Syndrom), arterio-venösen Fisteln oder aber auch bei Ablagerungskrankheiten angetroffen.

Ferner gehören hierzu die sog. erbliche, angeborene (unkomplizierte) Extremitäten-Elephantiasis (Nonne-Milroy-Meige; s.u.), die sog. posturticariell-metödematöse (sekundäre) erbliche Extremitäten-Elephantiasis Kehrer; die akrocyanotisch-metödematöse (sekundäre) Extremitäten-Elephantiasis Sunder-Plassmann (einschließlich der sog. hypertrophischen Akrocyanose Cassirer) und schließlich auch das sog. cyanotische Säulenbein (Rotdickschenkel Albrecht-Homann). Alle diese Formen entwickeln, solange sie nicht kompliziert werden, keinerlei Wülste, Hyperkeratosen oder Papillomatosen, sondern weisen stets die ,,weiche'' Form mit gleichmäßiger Vergrößerung der befallenen Extremität und glatter Hautoberfläche auf.

Ebenso sind aber auch andere stauungsbedingte Schwellungszustände so lange noch als ,,symptomatische Elephantiasis'' anzusehen, als sie sich durch Beseitigung des Strombahnhindernisses als rückbildungsfähig erweisen.

Mit zunehmender Verbesserung der Diagnostik werden derartige Zustände von symptomatischer Elephantiasis immer präziser erkannt und von der Elephantiasis als Krankheit abgetrennt werden können. Damit wird dann fast von selbst eine exaktere Terminologie erreicht, durch die der Elephantiasis-Begriff auf seinen ursprünglichen Sinn wieder zurückgeführt und eingeschränkt wird. So lassen sich beispielsweise jetzt schon der sog. ,,chronische Armstau'', das postthrombotische Syndrom, die ,,chronische Beckenvenensperre'' oder das ,,venöse Bifurkationssyndrom'' mühelos als selbständige Krankheitsbilder absondern und als solche auch benennen.

Aber auch für die *Elephantiasis als Krankheit* trifft die Feststellung von Olivier nicht mehr vollständig zu, wonach es sich um eine ,,maladie mystérieuse'' handle. Schon Wirz hat klar herausgestellt, daß ein ausgesprochen polyätiologisches Syndrom vorliegt, das aber im wesentlichen erst durch das *Zusammenwirken von Stauung (Ödem) und Infektion* zustande kommt. In der Pathogenese muß der eine dieser Faktoren als mehr oder weniger gleichwertige Ursache zum anderen hinzutreten, wobei es offenbar dahingestellt bleibt, welcher von diesen beiden Faktoren im Krankheitsablauf der ,,primäre'' ist. Nach den klinischen Beobachtungen scheint es möglich, daß das Krankheitsgeschehen das eine Mal durch eine Infektion, das andere Mal durch eine Stauung eingeleitet wird. Der Krankheitsablauf erfährt demnach erst durch die Kombination der beiden ursächlichen Faktoren seine besondere Entwicklungsrichtung zur Elephantiasis-Krankheit hin, deren *kausale* Genese somit zwar different, deren *formale* aber dennoch weitgehend gleichartig erscheint.

Historische Bezeichnungen wie Elephantiasis tropica, arabum, graecorum oder nostras kennzeichnen demnach lediglich den Teil-Faktor der Infektion. Die so bezeichneten Krank-

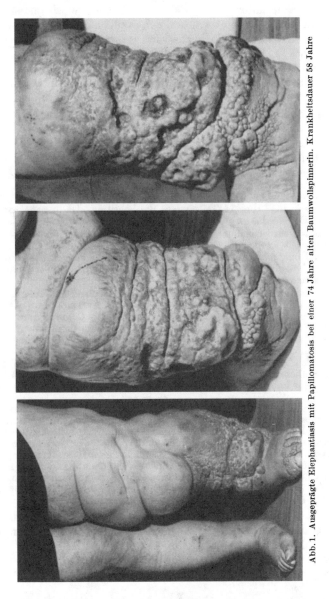

Abb. 1. Ausgeprägte Elephantiasis mit Papillomatosis bei einer 74 Jahre alten Baumwollspinnerin. Krankheitsdauer 58 Jahre

heitsformen stellen jedoch keine selbständigen Krankheitsbilder bzw. Krankheitsentitäten dar. Eine exaktere Terminologie wird demgegenüber die Infektionskrankheit bei ihrem wirklichen Namen nennen. Dabei wird sehr bald klar werden, daß die oben angeführten Benennungen für alle Infektionen, die ursächlich in Frage kommen können, bei weitem nicht mehr ausreichen. Noch weniger läßt sich mit dieser Terminologie die ganze Fülle der gegebenen ätiologischen Möglichkeiten erfassen, die zur Ausbildung des Krankheitsbildes der Elephantiasis führen können, wie die nachfolgenden Einteilungsschemata hinlänglich zum Ausdruck bringen.

Indessen kann auch der Ausdruck „Elephantiasis" als solcher nicht völlig kritiklos hingenommen werden. Wohl erscheint der Vergleich der monströsen Verunstaltungen der unteren (und bis zu einem gewissen Grade auch noch der oberen) Extremitäten mit der mächtigen Umfangsvermehrung und der Ausbildung überhängender Wülste, unter denen Füße und Zehen verschwinden können, den schmutzig-grauen Hyperkeratosen und den papillomatösen und warzigen Wucherungen mit einem Elephantenbein zunächst außerordentlich überzeugend und einleuchtend (Abb. 1). Es handelt sich dabei jedoch nur um eine Ähnlichkeit im äußeren Erscheinungsbilde, nicht aber im anatomischen Bau, was nicht eindringlich genug betont werden kann. Die gleiche Feststellung trifft auch für den Begriff der „Pachydermie" zu, die der Dickhäuterhaut keineswegs entspricht.

Wie beschränkt und unzulänglich dieser Vergleich ist, wird aber sofort klar, wenn er auf andere Körperregionen — wie beispielsweise das Gesicht — ausgedehnt werden soll, da hier jegliche Ähnlichkeit mit dem entsprechenden Körperteil des Elefanten verlorengeht.

Die Verwirrung der sprachlichen Begriffe beginnt anscheinend schon bei Constantinus Africanus (1020—1087), der durch seine Übersetzungen arabischer Medizinschriften von Monte Cassino aus den Aufstieg der Schule von Salerno begründet hat (Gesamtausgabe von H. Petrus, Basel, 1536. Der II. Teil umfaßt die Schriften „De humana natura", „De elephantia" und „De remediis ex animalibus"; s. auch Steinschneider).

„Elephantiastische" Gliedmaßenveränderungen waren schon im ägyptischen Altertum plastisch dargestellt worden (Statue des Königs Methuhotip, XI. Dynastie, 1900 v. Chr., bzw. Bote der Königin Hatschepsut, XVIII. Dynastie). Im Papyrus Ebers wird ein pflanzliches Heilmittel zur lokalen Anwendung beschrieben und Herodot erwähnt Blutbäder bei geschwollenen Beinen (s. bei El-Toraeii).

Nardelli hat nun neuerdings dargelegt, daß das im 9.—10. Jahrhundert für die Elefantenkrankheit geprägte arabische Wort dā-al-fil (Rhazis, Avianna, Abuleasis, Aly Abbas), verschiedene elephantiastische Zustände kennzeichnen sollte. Constantinus hat dieses Wort nun mit ἡ ἐλεφαντίασις (lat.: elephantiasis) übersetzt. Da diese Bezeichnung im Griechischen von Lucretius Aretaeus bzw. Galen u. a. bislang jedoch auf den damals recht gut bekannten Elephantenaussatz angewandt worden war (dem Morbus Hansen entspricht, s. bei Sticker), sah sich Constantinus gezwungen, das entsprechende arabische Wort ğudām nun mit ἡ λέπρα zu übersetzen, ein Begriff, der ursprünglich lediglich eine stark schuppende Dermatose bezeichnet haben soll, wie sie etwa unserer heutigen Psoriasis vulgaris entsprechen könnte.

Während aber Fuchs den Begriff der Elephantiasis dem (leprösen) Elephantenaussatz vorbehält und für das „Knollenbein" den Namen „Pachydermia" vorschlägt, wendet Moriz Kohn im Hebraschen Lehrbuch der Hautkrankheiten den Ausdruck „Elephantiasis Arabum" auf eine „auf einzelne Körperregionen beschränkte, durch örtliche Circulationsstörungen chronisch wiederkehrende Gefäß- und Lymphgefäßentzündung veranlaßte Hypertrophie des Cutisgewebes" an, die „zunächst das subcutane Bindegewebe umfaßt und damit in weiterer Entwicklung eine Massenzunahme aller örtlich mitbeteiligter, angrenzender Organe und Gewebe" nach sich zieht. (In der Gegenwart wird übrigens die Bezeichnung „Elephantenfuß" = Pada valmikum noch in Südamerika für das Mycetombein gebraucht.)

Aber auch andere Termini wie Trophödem oder Lymphödem, die sich im Zusammenhang mit dem Begriff der Elephantiasis eingebürgert haben, halten einer strengen Kritik nicht mehr stand. Die dazu nötigen Darlegungen finden sich in den entsprechenden Abschnitten des Beitrages, worauf hier nur verwiesen sei.

B. Ätiologie

Der Fortschritt, der seit dem Erscheinen des Beitrages von Wirz erzielt wurde, beruht zunächst auf der Vervollkommnung der klinischen, insbesondere aber der röntgenologischen *Untersuchungsmethoden*. Sodann konnten die Erkenntnisse der *Ödemforschung* mit der weiteren Aufklärung des Stoffaustausches zwischen Blut und Gewebe und der vielfältigen Regulationsmöglichkeiten derselben, der Krankheitslehre der Elephantiasis nutzbar gemacht werden, und nicht zuletzt trugen schließlich die zunehmenden Einsichten in die Physiologie und Pathologie des *Bindegewebes* zur weiteren Aufklärung der Pathogenese auch des Elephantiasis-syndroms bei.

Alle diese neuartigen Gesichtspunkte haben aber die Rolle des *Kreislaufes*, der *Gefäße* und der *Endstrombahn* in der Pathogenese des Elephantiasissymptoms und -syndroms keineswegs in den Hindergrund gedrängt. Im Gegenteil erfährt die Bedeutung der Kreislauffaktoren dadurch eine weitere Bestätigung und Ausweitung.

Mit der Anwendung solcher neugewonnener Erkenntnisse auf die Pathogenese des Elephantiasissyndroms kann nunmehr auch versucht werden, die Entwicklung dieses so außerordentlich polyätiologischen Syndroms unter einem einigermaßen einheitlichen Blickwinkel zu erfassen, woraus sich dann schließlich auch gewisse allgemein pathologisch bedeutsame Gesichtspunkte ergeben dürften. Zuvor bedarf es hierzu aber noch einer eingehenderen Analyse der verschiedenen ätiologischen Faktoren, wie sie im folgenden vorgenommen werden soll.

I. Stauung

Neue Erkenntnisse und Einsichten brachte zunächst die Vervollkommnung und vermehrte Anwendung der Phlebographie und der Lymphographie. Mit diesen Methoden sind aber nur die gröberen Abflußhindernisse jenseits der capillären Geflechte erfaß- und aufklärbar und damit vor allem Stauungszustände, die als solche lediglich eine symptomatische Elephantiasis bedingen können und deshalb von der eigentlichen Elephantiasiskrankheit abzusondern sind. Da dieselben jedoch eine wichtige Voraussetzung für die Entwicklung der Elephantiasis als Krankheit darstellen, so können diese Krankheitszustände — allein schon aus differentialdiagnostischen Erwägungen — nicht übergangen werden. Therapeutisch und prognostisch sei nochmals auf die wesentlichen Unterschiede hingewiesen: Die Stauung ist reversibel, die beginnende Elephantiasis bedingt reversibel (Sklerose), und der fibrotische Endzustand praktisch irreversibel.

Die Ergebnisse neuartiger Untersuchungsverfahren verführen allerdings dazu, die damit erfaß- und erklärbaren Krankheitsveränderungen etwas einseitig und ausschließlich nur unter diesem einen Gesichtspunkt zu deuten. Dabei werden dann andere Faktoren, wie hier bei der Elephantiasis solche von seiten des Nervensystems, der Lymphbahnen bei venösen Rückflußstörungen oder umgekehrt von Venenbeteiligung bei vorwiegend lymphatischen Stauungszuständen und nicht zuletzt auch genuine Störungen der Capillarfunktion nur allzu leicht übersehen oder zu wenig beachtet. Bei dem Versuch, die einzelnen Faktoren, die an einem bestimmten Krankheitsgeschehen ursächlich beteiligt sind, zu ermitteln, ist ein solches analysierendes Vorgehen aber nicht immer zu umgehen. In dem vorliegenden Falle erscheint es besonders bedeutsam, daß die Extremitäten zwar nur einen (arteriellen) Zufluß, aber zwei verschiedene Ausgänge, den venösen und den lymphatischen haben. Stauungszustände der Extremitäten können demnach grundsätzlich auch zwei verschiedene Ursachen haben, eine venöse und eine lymphatische.

1. Venöse Stauungszustände

Die verschiedenartigen Krankheitsbilder, die durch eine venöse Stauung bedingt werden, treten an den oberen Extremitäten klinisch vielleicht noch eindrucksvoller in Erscheinung als an den unteren, weil hier hydrostatische Einflüsse eine weitaus geringere Rolle spielen als an den unteren Extremitäten, so daß „reinere" Krankheitsbilder zustande kommen.

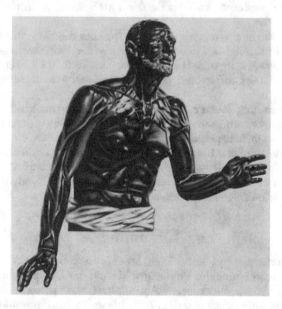

Abb. 2. „Der alte Fischer", das Werk eines unbekannten Meisters, wurde in Alexandrien gefunden. Es handelt sich um eine römische Skulptur nach der Art griechischer Plastiken, die arme Leute und Sklaven darstellen. (Aus: „Spectrum" [Pfizer, Karlsruhe], H. 8/II)

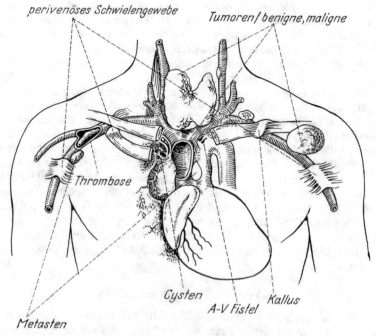

Abb. 3. Venenstau: obere Extremität/Thorax. (Nach Gumrich: in Naegeli-Matis, Die thromboembolischen Erkrankungen, 2. Aufl.)

a) Obere Einflußstauung

Das Symptom der „*oberen Einflußstauung*" bei Verschluß der Vena cava cranialis infolge Mediastinitis oder Mediastinaltumor wurde erstmals von W. HUNTER (1757) beschrieben (doch findet sich nach GUMRICH eine plastische Darstellung schon an einer römischen Marmorstatue im Louvre (Abb. 2), die ihrerseits wahrscheinlich die Kopie eines griechischen Originals darstellt).

Lokalisation und Ausdehnung des Ödems lassen hier weit mehr als an der unteren Extremität einen Schluß auf den Sitz des Venenverschlusses zu (Abb. 3); die Aufstellung bestimmter „Syndrome" (costoc101aviculäres Syndrom, Hyperabduktionssyndrom u.a.m.) dürfte sich indessen erübrigen.

v. BERGMANN fand die erste, klassische Schilderung des „*Stokesschen Kragens*" schon bei DIEULAFOIX (weitere Literatur s. bei KILIAN; MÜLLY; SAUERBRUCH; TUBBS; sowie WAGNER und BUCHHOLZ, ferner NEKACHYLOY oder ROSE, der einen Krankheitsfall mit einer Druckerhöhung auf 380 mm H_2O in der medialen Vena basilica bei chronischer Obstruktion der Vena cava cranialis vorstellte).

b) Paget-v.-Schroetter-Syndrom

Stauungsödem infolge eines plötzlichen Verschlusses der *Achselvene* ist das Leitsymptom beim *Paget-v.-Schroetter-Syndrom* (Abb. 4), das nicht nur bei akuter Überanstrengungs-

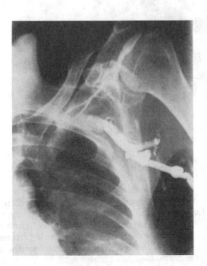 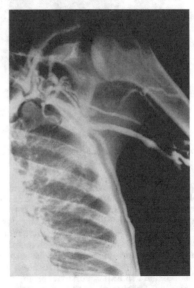

Abb. 4. Paget-v.-Schrötter-Syndrom. Aufstau des Kontrastmittels am „Schwachpunkt" (s. Text)   Abb. 5. Thrombose der Vv. axillaris und subclavia mit ausgeprägten Kollateralen

Thrombose zustande kommt (,,Thrombose par effort"; LÄWEN; BALAS und RANKAY), sondern auch infolge völligen oder teilweisen Venenverschlusses durch organisierte Thromben (Abb. 5; GUMRICH) und so wesensmäßig von der „Phlegmasia coerulea dolens" (GREGOIRE) bzw. der „fulminanten tiefen Venenthrombose" (NAEGELI und MATIS) zu unterscheiden ist (s. bei DREWES und SCHULTE, BELLMANN und SIEBER; GERVAIS oder SZIRMAI).

Darüber hinaus konnten LÖHR sowie WULSTEN bei bestimmten Schwellungszuständen des Armes, die ebenfalls unter dem Bilde der „Claudicatio venosa intermittens" verliefen, eine Reihe anderer Ursachen finden, die von außen her zu einer *Drosselung* der Gefäße führten, wie sklerosierte Gefäßscheiden oder Narbenschrumpfungen (Abb. 6) und sogar Pleurakuppenschwielen oder eine Periarthritis humero-scapularis (Duplay-Syndrom), einen Callus luxurians oder eine Halsrippe, aber auch substernale Strumen, Tumoren, Lymphknoten oder gar Metastasen (BERNHARD; BRANDT; EYLAU; FONTAINE; GUMRICH; HEINECKE; JUNGE; LJUNG-GREEN; LOOSE; NEIJ; OLLINGER und WANKE; WAGNER; Übersicht s. bei NAEGELI und GUMRICH).

Die Durchtrittsstellen der Vena axillaris bzw. subclavia zwischen Clavicula und 1. Rippe bzw. Musculus subclavius und Musculus scalenus anterior stellen nach BRANDT einen besonderen „Schwachpunkt" dar, der auch bei der *traumatischen Schädigung* mit nachfolgender aseptischer Entzündung der Venenwand oder deren primärer Schädigung von Bedeutung ist (Puhl; Henningsen). Dieses sog. „posttraumatische Armödem" war übrigens schon Cruveilhier (1816) bekannt. Steger, der dabei sogar noch verschiedene Krankheitsphasen sowie eine „falsche Intermittenz" vom echten intermittierenden Typ unterscheiden zu können glaubt, hat einen Venenstau bei einer anomalen Clavicula bifurcata sternalis durch Resektion derselben unmittelbar behoben. Jensen möchte ein „Scalenussyndrom" dem akuten Venenstau pathogenetisch ebenfalls überordnen.

In einigen Fällen von posttraumatischem Armödem, in denen das Phlebogramm einen plötzlichen fixierten Abbruch der Füllung mit deutlicher distaler Aufstauung und Kollateralenbildung gezeigt hatte, erwies sich das Gefäßlumen bei der operativen Revision aber als nicht verlegt. Selbst die Freilegung der Vene oder die Exstirpation vergrößerter Lymphknoten in der Nähe des Verschlusses änderten das Bild nicht, so daß die Vermutung eines *Gefäßkrampfes* sehr naheliegt und evtl. Wandveränderungen oder Thromben als sekundär entstanden anzusehen wären. Nach Brandt ist bei der Entstehung des primären Venenspasmus die erhöhte

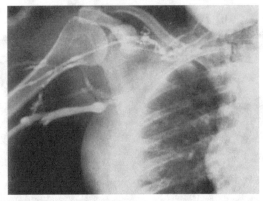

Abb. 6. Verschluß der Vv. axillaris und subclavia durch perivasale Schwielen. Kollateralkreislauf zur V. jugularis. Darstellung der Venenklappen

angeborene oder erworbene Reizbarkeit des Gefäßnervensystems am Schwachpunkt von größter Bedeutung. Im Tierversuch läßt sich allein durch Pinzettenzug ein erst nach 20 min sich wieder lösender Venenspasmus herbeiführen. Auch Lob mißt bei voller Anerkennung anatomischer Faktoren wie Anheftung der Vena axillaris an der 1. Rippe, Einengung durch die Fascia costocoracoidea oder intrathorakale Druckschwankungen, neben „allergischen" der manchmal schon makroskopisch sichtbaren *reflektorisch-spastischen Drosselung* der Strombahn größte ätiopathogenetische Bedeutung bei, nicht zuletzt aufgrund der schlagartigen Wiederherstellung des Kreislaufes nach Venenresektion in Analogie zur Arterienresektion. Selbst bei den 275 Fällen von stärkerem, gleichseitigem Armödem (unter insgesamt 3500 Frauen mit Mamma-Carcinom) wollte Marques und Cezar eine rein mechanische Erklärung für das Zustandekommen des Armstaues nicht ausreichen.

Daß indessen mechanisch entzündlich oder humoral ausgelöste *nervös-spastische* Zustände der Venen zur Ausbildung des Stauungs-Syndroms und anderer cervico-brachialer Symptome beitragen können, haben nicht nur die Erfolge der Venenresektion beim akuten Achselvenenstau gezeigt (Brandt; Eylau; Gumrich; Lob), sondern auch die guten Ergebnisse eines Eingriffes am vegetativen Nervensystem, die selbst bei chronischen Stauungszuständen noch angezeigt sind (Fontaine; Leriche, ferner u. a. Balas und Rankay; Brandt; de Takats; Henningsen; Ochsner und Bakey; Rappert; Tiwisina). Auch bei der Beobachtung eines Achselvenenstaues von Herbrand handelte es sich, wie die mikroskopische Untersuchung der Gefäße zeigte, um einen reinen Organisationsvorgang ohne Entzündung der Gefäßwände, und es ergab sich pathogenetisch auch in diesem Falle eine ganze Reihe von ursächlichen Bedingungen; Muskelüberanstrengung oder eine Infektion schieden aber mit Sicherheit aus.

c) Sogenannte Elephantiasis chirurgica

Selbst bei der sog. „*Elephantiasis chirurgica*" (Halsted), den symptomatisch-elephantiastischen Stauungszuständen des Armes nach Mamma-Amputation, die gemeinhin als reine Stauungszustände des Lymphsystems angesehen worden

waren, konnten GUMRICH und nachfolgend JUNGE sowie KÖRNER oder LOOSE im
Phlebogramm mehr oder weniger stark ausgeprägte Venenveränderungen nachweisen und durch die Operation bestätigen, während entsprechende Befunde bei
nach STEINTHAL operierten Frauen ohne Armstau nicht erhoben werden konnten
(Abb. 7). Die Armschwellung entsprach dabei weitgehend dem Grad der Venenverlegung und der Druckerhöhung in den Venen, wie das PARKER, RUSSOW und
DARROW im Gegensatz zu DEVENISH und JESSOP bestätigen konnten. Als Ursache
fand GUMRICH unter 32 Kranken nur bei 3 eine Thrombose und bei 2 eine Verlegung der Vene durch Metastasen, dagegen bei 27 Kranken eine perivenöse
Schwielenbildung, nach deren operativer Beseitigung sich die Schwellung zurück-
bildete. Neuerdings konnten neben diesen Veränderungen der Venen bei der
Lymphographie aber auch noch zusätzliche Veränderungen der Lymphgefäße

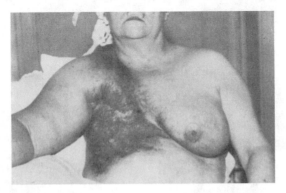

Abb. 7. Chronischer Armstau bei „Cancer en cuirasse" nach Mamma-Radikal-Operation

nachgewiesen werden (GERHARDT, Abb. 8a—c), so daß in diesem Zusammenhang
ältere Beobachtungen nicht verschwiegen werden sollen, bei denen sogar eine
Resektion der Achselvene bzw. der V. subclavia *nicht* zu einem Ödem führte
(HALSTEDT; TREVES; LOBB u. HARKINS, CONSTANTINI; NEUHOF; BANCROFT;
JENNINGS u. SIMKEN, sowie insbesondere MAC DONALD). Insgesamt stellte GUM-
RICH bei der Nachuntersuchung von 204 Kranken mit einseitiger Mamma-Amputation bei 45,6% geringgradige und bei 20,5% hochgradige Schwellungszustände
fest, darunter auch solche mit erheblichen Beschwerden bis zur Gebrauchsunfähig-
keit des Armes und dem klinischen Bilde der Elephantiasis mit puffärmelartig
überhängenden Gewebswülsten am Handgelenk und an den Fingergrundgelenken.
Als Ursache fanden sich in 80% perivenöse Verlegungen, in 10% Thrombosen und
nur in weiteren 10% Kompression durch Metastasen.

WATSON gibt die Häufigkeit des Armstaus nach Brustkrebsoperation in Übereinstimmung
mit WEST und ELLISON mit 50% an und fand bei $^1/_3$ der Kranken bei der Nachuntersuchung
eine Funktionseinschränkung des Armes (mit und ohne Ödem), TREVES ermittelte 41% bei
848 Fällen, STEINMETZ und O'BRIEN konnten dagegen nur eine Häufigkeitsrate von 4%
(nach Kobalt-Fernbestrahlung) feststellen. Außer dem ungünstigen Einfluß einer konventionellen Röntgen-Nachbestrahlung der Axilla konnte bei 600 Operierten eine andere Komponente, die die Schwellung auslöste, dabei angeblich nicht gefunden werden. NIAS dagegen, der
bei 36% von 305 Kranken ein Armödem nach der Operation beobachtete (das jedoch nur bei
55% der Befallenen mit Beschwerden einherging), fand eine deutliche Abhängigkeit von der
Operationsmethode (Mastektomie allein = 12%, Steinthal III = 41%) und führte den Einfluß
der Röntgenbestrahlung mit einer Komplikationsrate von 46% (gegenüber 14% bei unterlas-
sener Nachbestrahlung) eindeutig auf die Verschwielung des Achselhöhleninhaltes und die damit
verbundene Behinderung des venösen Rückstromes zurück, ohne allerdings eine gleichzeitige
Lymphstauung ganz abzulehnen. Zu den gleichen Ergebnissen kamen WANKE und EUFINGER,
sowie STILLE; BRITTON und NELSON sowie MACDONALD u. BARTLETT. Diese geben die Häufig-

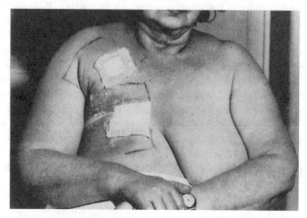

a

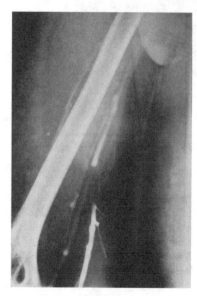

b

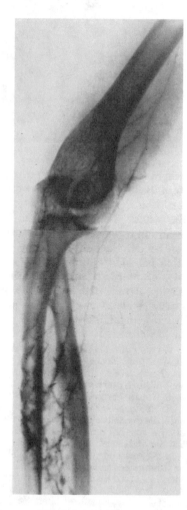

Abb. 8. a Chronischer Armstau nach Steinthal-III-Operation. b *Phlebographie* (von der
Beugeseite des Unterarmes aus): Unregelmäßige Darstellung der V. brachialis bei unge-
störtem Abfluß über die V. cephalica. c *Lymphographie.* Austritt des Kontrastmittels aus
den Lymphgefäßen mit stacheldrahtähnlichem
Bild. Lymphgefäße nach proximal nur bis zur
Mitte des Oberarmes zu verfolgen. (Lymphographie und Phlebographie: Doz. Dr. P. Gerhardt, Med. Strahleninstitut, Tübingen, Dir.
Prof. Dr. R. Bauer)

c

keit des Armstaus mit 13—57,5% an und weisen auf die Bedeutung der Röntgen-Sklerose und eines Venenverschlusses hin, besonders aber auch auf den Einfluß einer stattgehabten Infektion, während unmittelbare Carcinomrezidive nur bei 10 von 114 Frauen Ursache des Armstaus waren. Von 100 von HABERLIN, MILONE und COPELAND nachbestrahlten Frauen wiesen 38% Oberarm-, 32% (z. T. reversible) Unterarmödeme auf. SMEDAL und EVANS erblicken in einem postthrombophlebitischen Venenverschluß ebenfalls die hauptsächlichste Ursache des Armödems nach radikaler Mastektomie, WEST und ELLISON fanden demgegenüber einen Venenverschluß nur bei 1 von 10 untersuchten Frauen. (Hinsichtlich der Konsequenzen für die Operationstechnik s. u. a. GUMRICH, TREVES oder WANKE).

Es erscheint nicht unerheblich darauf hinzuweisen, daß bei derartigen (symptomatischen) Stauungszuständen selbst dann nicht von wiederholten Infektionen die Rede ist, wenn sie ausgesprochen elephantiastische Ausmaße angenommen haben und in das „harte Stadium" mit papillomatös-hyperkeratotischen Wucherungen übergegangen sind. Gegenteiliger Ansicht sind BRITTON und NELSON, TREVES sowie BAKER.

d) Untere Extremitäten, postthrombotisches Syndrom

An den *unteren Extremitäten* kommen hydrostatische Einflüsse schon physiologischerweise stärker zur Geltung, so daß hier die Verhältnisse oftmals weniger übersichtlich erscheinen als an den Armen (Abb. 9).

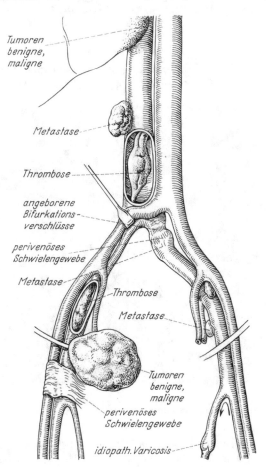

Abb. 9. Venenstau: untere Extremität/Becken. (Nach GUMRICH)

Eine Reihe beachtenswerter Beobachtungen von Stauungszuständen der Venen an den Extremitäten durch paravenöse Schwielen, aberrierende (arterielle) Gefäße sowie anlagemäßig bedingte *Venenanomalien und -atresien* hat Servelle in seiner ausführlichen Monographie mitgeteilt (s. auch Abschn. g und h). Venöse Stauungszustände sind an den unteren Extremitäten vornehmlich im Zusammenhang mit der *Thrombose* und ihren Folgen bzw. der *Varicosis* untersucht worden (Denecke; Payr, Homans; Frykholm), wobei nur nebenbei erwähnt werden soll, daß Popkin neuerdings die Ansicht geäußert hat, daß die Venenthrombose mit Extremitätenödem erst seit dem 13. Jahrhundert bekannt sein soll.

Als Frühsymptom einer Thrombose können gelegentlich flüchtige *Initialödeme* im Bereich des Fußrückens, der Malleolen und der Wade auftreten. Wesentlich häufiger sind Ödeme aber bei der klinisch ausgeprägten Thrombose nachweisbar.

Pathologisch-anatomisch fand Rössle in mehr als der Hälfte der Fälle den Sitz der Thrombose in den tiefen Wadenvenen und in der großen Oberschenkelvene und nur in 10% in den Iliacalvenen oder der Femoralisvene, was für die Ausdehnung und den Schweregrad eines thrombotischen Stauungsödems nicht ohne Bedeutung ist. Auf das Bild der Phlegmasia caerulea dolens (Grégoire, Oechslin) oder der fulminanten tiefen Beinvenenthrombose (Naegeli und Matis), das bis zur Gangrän führen kann (Grasset und Gautier), braucht hier ebensowenig näher eingegangen zu werden wie auf das der sog. Marschgangrän oder der Cellulitis orthostatica vagantium (Oppermann und Derlam; Landes und Matner).

e) Phlebographie

Durch den Ausbau der *Phlebographie* (Bekberisch und Hirsch, 1923; ferner Ratschow; Rüttimann; Frey und Zwerg, A.W. Fischer; Dos Santos; May und

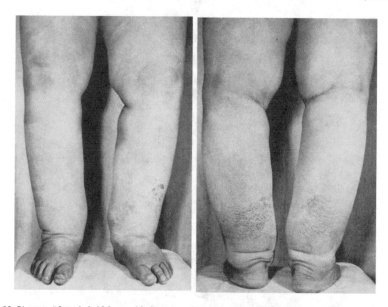

Abb. 10. Stauungsödeme bei phlebographisch nachgewiesener postthrombotischer, chronischer Beckenvenensperre (nach Pyelonephritis vor 15 Jahren). (51 Jahre alte Frau)

Nissl; ferner Rettig sowie Zsebök und Gergély) (intraspongiös), die auch die Beckenvenen mit einbezieht (Drasnar; Olssen; Moore; Übersicht bei Fuchs; Gumrich; Helander und Lindbom; bzw. Naegeli und Dortenmann), konnten thrombotische und postthrombotische Stauungszustände einschließlich des traumatischen und des posttraumatischen Spätödems als Folge einer Verlegung der tiefen Venen eingehender geklärt werden (Abb. 10 und 11).

Vor allem gelang GUMRICH der sichere Nachweis einer venösen Strömungsverlangsamung in Extremitäten mit *posttraumatischem Spätödem*. Ödeme und Indurationen als *Spätfolge einer Venenthrombose* (Abb. 12) stellte HALSE in 32% seiner Fälle fest, war jedoch rechtzeitig kausal behandelt worden, betrug dieser Anteil nur noch 9%. Treten in diesem Rahmen oberflächliche „Varicen" auf, so

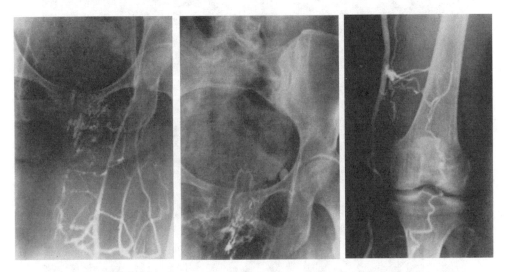

Abb. 11. Zustand nach Thrombose der V. femoralis und iliaca externa mit ausschließlicher Darstellung des oberflächlichen Venennetzes (einschließlich suprapubischen Kollateralen zur kontralateralen Seite)

kann es sich nur um sekundäre Venektasien handeln, die als Kollateralen diejenige Blutmenge aufnehmen müssen, der der Rückstrom durch die tiefen Venen verlegt ist.

BAUER beobachtete ebenso wie WANKE und GUMRICH nach tiefer Venenthrombose fast immer das Überdauern einer verschieden großen Beinschwellung, PŘEROVSKÝ sogar bei 44 von 45 Kranken.

Zu *trophischen Veränderungen* nach akuter Thrombose kam es meistens in den folgenden 4 Jahren, während Ulcera cruris bis nach 10 Jahren entstanden. Von 180 Frauen mit überstandener Thrombose aus dem Basler Frauenspital waren nur 4 völlig symptomenfrei (OJELALY). Nachkontrollen nach 6—31 Jahren durch HØJENSGAARD ergaben bei 80% Ödeme, 37% Indurationen, 28% Ulcera und 22% Varicen (BIRGER; JORPES; s. ferner KRIEG; MÜLLER; ZILLIACUS). SCHNEIDER und COPPENRATH fanden im Verein mit trophischen Störungen der Haut auch solche des Knochens (Sudeck-Syndrom).

Die bei postthrombotischem Syndrom durch die Venographie erfaßbaren anatomischen und funktionellen Störungen faßt RÜTTIMANN wie folgt zusammen:

a) Destruktion oder vollständiges Fehlen der Klappen, b) Unregelmäßigkeiten und Starre der Venenwand, c) fehlende Entleerung der tiefen Venen trotz Einsatz der Muskelpumpe bzw. Entleerung der tiefen in die oberflächlichen Venen infolge Klappeninsuffizienz der Vv. communicantes. Kommt es zur Rekanalisation thrombosierter Venen, zeigt die Venographie funktionell insuffiziente, kalibermäßig zu kleine Venen, die keine Klappen besitzen und unregelmäßige Wandkonturen aufweisen (s. auch FREY).

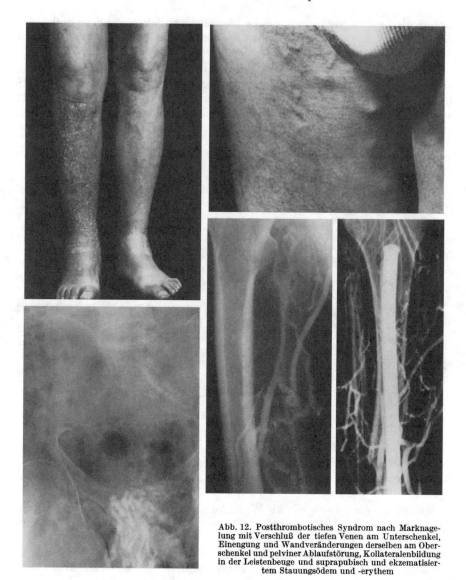

Abb. 12. Postthrombotisches Syndrom nach Marknage-
lung mit Verschluß der tiefen Venen am Unterschenkel,
Einengung und Wandveränderungen derselben am Oberschenkel und pelviner Ablaufstörung, Kollateralenbildung
in der Leistenbeuge und suprapubisch und ekzematisiertem Stauungsödem und -erythem

f) Primäre Varicosis

Aber auch bei *primärer (idiopathischer) Varicosis*, die mit der Ausbildung eines
„Privatkreislaufes" einhergeht (SCHMIEDEN-FISCHER), konnte GUMRICH Übergang in symptomatische Elephantiasis nachweisen (E. phlebectatica) und den Zustand durch operative Behandlung (Resektion der V. saphena magna) mit einer
Rezidivquote von nur 12,3% beheben, was in auffallendem Gegensatz zu den Angaben von KAPPERT mit einer Rezidivquote von 47,8% steht.

Die nachfolgende Krankenbeobachtung (Abb. 13) wird als Beispiel eines Krankheitsbildes
gebracht, das vorwiegend auf Venenstau beruht, im Aspekt der Elephantiasis ähnelt, nach
unserer gegebenen Definition aber nicht zugehörig ist (reversible, varicös bedingte Stauung).
Es handelt sich um einen 59 Jahre alten Mann, der mit 22 Jahren an beidseitigen Inguinal-
hernien operiert worden ist, seit 6 Jahren über Schwellung des rechten Unterschenkels klagt
und nie eine Thrombophlebitis oder ein Erysipel durchgemacht hat. Im rechten Unterschenkel

waren mehr tast- als sichtbare Varicen und Venenkonglomerate vorhanden, und bei der Phlebographie stellten sich bei guter Durchgängigkeit der Bein- und Beckenvenen besonders im Gebiet der V. saphena magna ausgedehnte Varicenkonvolute dar. Nach konsequent durchgeführter Hochlagerung war die Schwellung innerhalb von 3 Tagen in dem Ausmaße zurückgegangen, wie die Kontroll-Abbildung zeigt (beachte auch die Runzelung der Haut und Abschnitt g).

Ergänzend hierzu beobachtete PŘEROVSKÝ bei Kranken mit primären Varicen — die bei 80% von 157 Untersuchten vor dem 30. Lebensjahr aufgetreten waren — bei 22% ebenfalls schon nach kurzer Krankheitsdauer Ödeme. Nach einer Krankheitsdauer von 25 Jahren war der Anteil auf 79% angestiegen. Besonders beachtenswert ist bei dieser Untersuchung die Feststellung, daß es sogar zu trophischen Störungen und Sudek-Atrophie kommen kann, ohne daß die tiefen

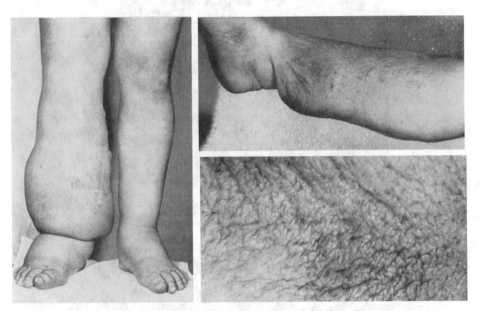

Abb. 13. Varicöses Stauungsödem, Rückbildung nach Hochlagerung des Beines innerhalb von 3 Tagen

Venen miterkrankt sind (SCHNEIDER und COPPENRATH). Auf die Untersuchungen von LINDVALL und LODIN über das angeborene Fehlen von Venenklappen sei in diesem Zusammenhang besonders aufmerksam gemacht, desgleichen auf die Ergebnisse von CURTIUS beim „Status varicosus" hingewiesen, die zur Herausstellung der allgemeinen ererbten Venenwanddysplasie (infolge angeborener „Bindegewebsschwäche"; BIER bzw. BAUER) führten. SCHNYDER fand auch beim Klippel-Trénaunay-Parkes-Weber-Syndrom meist ein venöses Stauungsödem. Daneben konnte dieser Untersucher aber auch Fälle mit trophischen Ödemen beobachten sowie solche, die mit Hypertrophie der Muskulatur und des subcutanen Fettgewebes einhergingen. Der Beobachtungsfall von CHARRY u. Mitarb. dürfte ebenfalls in diesen Zusammenhang einzuordnen sein.

g) Chronische Beckenvenensperre

Darüber hinaus fanden GUMRICH und WANKE elephantiastische Veränderungen an den Beinen (als Symptom) bei weiter proximal gelegener „*chronischer Beckenvenensperre*" infolge perivenöser Femoralis- bzw. Iliacaverlegung und ungenügendem Kollateralkreislauf. Nach operativer Beseitigung des Strombahnhindernisses stellten sich erhebliche Besserungen ein (s. u.; Abb. 14).

Von besonderer Bedeutung ist der Nachweis, daß noch eine ganze Reihe anderer, angeborener und erworbener *Veränderungen der V. iliaca* vorkommen, die

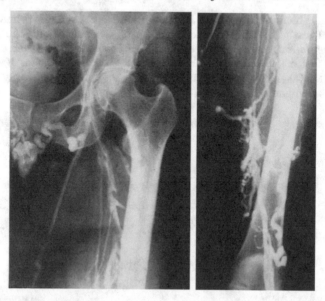

Abb. 14. Postthrombotisches Syndrom der tiefen Oberschenkel- und Beckenvenen mit unvollständiger Rekanalisation und suprapubischen Kollateralen zur kontralateralen Seite (59 Jahre alte Frau mit jahrzehntelang rezidivierenden Phlebitiden und Unterschenkelgeschwüren)

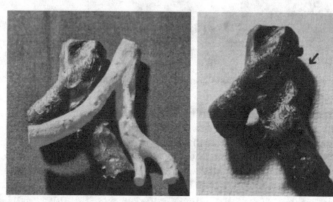

Abb. 15. Kompressionsstenose der linken V. iliaca durch die überkreuzende A. iliaca commun. dextra. (Präparat: H. Gumrich)

zu einer Verlegung des Gefäßlumens mit Rückflußstauung und evtl. symptomatischer Elephantiasis führen (Wanke und Gumrich). Nachdem McMurich als pathologischer Anatom im Jahre 1906 erstmals derartige Veränderungen an der V. iliaca aufgefunden hatte, machten Aschoff und nachfolgend Riedel auf die Möglichkeit einer teilweisen rein mechanischen Einengung der V. iliaca durch die sie überquerende A. iliaca dextra bzw. der linken V. iliaca externa durch die überkreuzende Arteria iliaca interna aufmerksam (s. auch Lev und Saphir; Olivier; Hilscher und Abb. 15 u. 16). Kommt es dabei, wie Gumrich feststellen konnte, gleichzeitig auch zu einer Teildrosselung der arteriellen Strombahn, so wird die Auswirkung der Venenverlegung in verhängnisvoller Weise verstärkt!

Zu diesen beiden — in Analogie zu denen der Axillarvenen ebenfalls so genannten — ,,Schwachpunkten der Vv. iliacae'' gesellen sich die durch ascendierende Tumoren oder Infektionen, Osteomyelitis oder Thrombosen entstandenen Einengungen, sowie die durch bindegewebige Narbenzüge im Anschluß an Röntgenbestrahlungen im Beckenraum erworbenen oder unmittelbar durch Metastasen entstandenen und die (selteneren) angeborenen Verlegungen der Bifurkation.

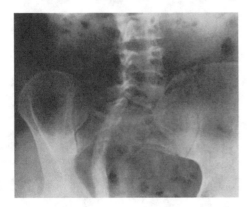
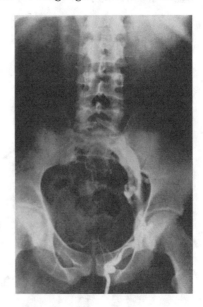

Abb. 16. Bifurkationsstenose infolge Kompression der linken V. iliaca durch die (rechte) Arterie mit ausgedehnten Kollateralen. Links ungehinderter Abfluß. (24 Jahre alter Mann mit ,,primären Varicen'')

Eine Besonderheit stellt wohl die Beobachtung von SMITH, GLUCK und KALLEN dar, bei der es durch eine Ektasie der Harnblase zur Obstruktion der Iliacalvene gekommen war.

EUFINGER, DIETHELM und MAY fanden unter 50 Kranken mit dem Symptom der chronischen Beckenvenensperre bei 37 als Ursache eine narbige Verschwielung der Gefäßscheide, bei 18 eine unspezifische Lymphadenitis, bei 5 eine carcinomatöse Lymphadenitis, bei 23 eine Phlebosklerose der Venenwand mit Einengung und Verlegung des Lumens der Beckenvenen, bei 5 einen vollständigen Verschluß des Venenlumens, bei 2 Venenfehlbildungen und bei 8 Spornbildungen am Beckenvenen-Cava-Übergang.

h) Venöses Bifurkationssyndrom

Der letztgenannte Befund einer *Spornbildung* erscheint ganz besonders deshalb bemerkenswert, weil nach GUMRICH sowie WANKE, EUFINGER und DIETHELM insbesondere den Zuständen, die in der Literatur bislang als ,,angeborenes oder jugendliches Lymphödem'' (,,status varicosus congenitus'') bezeichnet worden sind, in Wirklichkeit ein derartiges ,,*venöses Bifurkationssyndrom*'' zugrunde liegen kann. Bei flüchtiger Beurteilung werden diese Zustände nur allzu leicht dem Formenkreis der konstitutionellen Bindegewebsschwäche (BIER) bzw. dem ,,Status varicosus'' (CURTIUS) zugeordnet. Diese angeborenen Formen, die sich im klinischen und phlebographischen Bild von der erworbenen Form nicht unterscheiden lassen, konnte GUMRICH bei 4 von 10 Fällen operativ belegen.

Im Phlebogramm fanden sich bei diesen Krankenbeobachtungen bei leerer Anamnese hinsichtlich Verletzungen, Entzündungen oder durchgemachter Thrombosen eine vollständige

Verlegung der linken Bifurkationsseite und ein unterschiedlich ausgebildeter Umgehungs-
kreislauf zur gesunden Seite. Perivasale Verklebungen durch Bindegewebe oder ähnliche
extravasale Hindernisse konnten bei der Operation nicht festgestellt werden. Nach Abheben
der Arterie fand sich die Verschlußstelle in dem umschriebenen Bereich der Überkreuzungs-
stelle mit der A. iliaca communis dextra am Promontorium fest fixiert und die Vorderwand
der V. iliaca sinistra mit der Hinterwand innig verklebt. Ober- und unterhalb der örtlich um-
grenzten Verlegung waren die Gefäßwände dagegen zart und weich. Beim Eröffnen des
Gefäßes konnte keinerlei Lumen festgestellt werden. Nach der Anlegung einer End-zu-End-
Anastomose schwoll das linke Bein innerhalb von 2 Tagen ab; ähnliche Beobachtungen stammen auch von Didio.

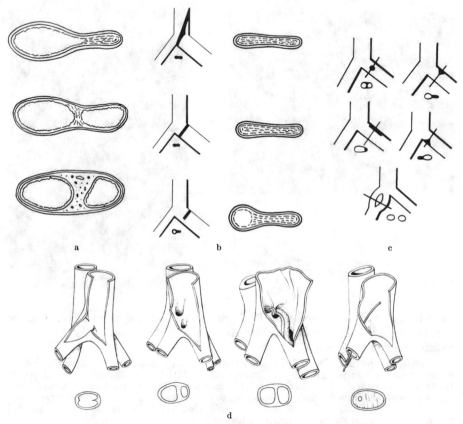

Abb. 17 a—d. Iliaca-Venenanomalien. a Nach Didio, b nach Gumrich, c nach McMurrich, d nach May
und Thurner

Weiter konnten Gumrich sowie May im Anschluß an J. P. McMurrich (1906)
an dieser Stelle aber auch *sporn- und septumartige Bildungen im Gefäßlumen* auffinden, die den Blutabfluß ebenfalls entscheidend behinderten. Segelartige Vorsprünge, Leisten und Verbindungen zwischen Vorder- und Hinterwand der linken
V. iliaca communis kurz vor ihrer Einmündung in die V. cava caudalis fanden
May und Thurner in 80 von 430 klinischen Fällen, Gumrich im Sektionsgut bei
20%. Breton, Gautier, Ponté, Dupuis und Lescut stellten eine segmentale
Hypoplasie der V. cava als Ursache eines „Bifurkationssyndroms" fest (Abbildung 17 a—d).

Die Entstehung derartiger Anomalien wird auf Störungen in der allerfrühesten
Entwicklung des Venensystems der unteren Körperhälfte zurückgeführt (Clara;
Fischel, van Geldern; Grünwald, May; Abb. 18). Diese Verhältnisse erklären

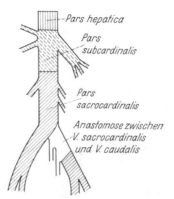

Abb. 18. Entwicklungsgeschichtliche Verhältnisse der V. cava inferior und der Beckenvenen. (Nach EUFINGER, DIETHELM u. MAY)

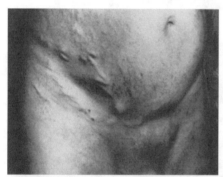

Abb. 19. (a) Caput medusae bei Verschluß der Vena cava caudalis (20 Jahre alter Mann mit beidseitigen Stauungsödemen der Beine und Ulcus cruris links. (b) Caput medusae der Vv. hypogastricae bei Verschluß der V. cava caudalis mit ausgedehnten varicösen Kollateralen im Oberschenkel (c) und im Becken sowie konkomittierenden Lymphangiektasien und -kollateralen (d)

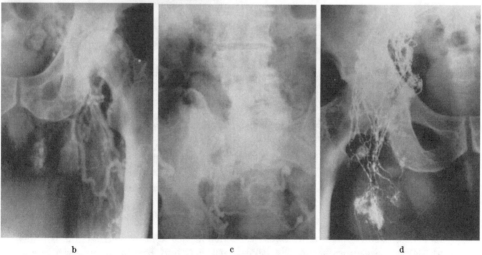

b   c   d

die Bevorzugung des linken Beines beim Auftreten von Thrombosen (NEUMANN; MAY), die VIRCHOW, ASCHOFF sowie ERICH und KRUMBHAAR schon aufgefallen war, und lassen die Eigenständigkeit des sog. kongenitalen Lymphödems (NONNE-MILROY-MEIGE), insbesondere die Formen mit Spätmanifestation in der Pubertät, z. T. in einem ganz neuen, anderen Lichte erscheinen, was bei der Differentialdiagnose dieses Syndroms nicht mehr unbeachtet bleiben darf. LINDVALL und

Lodin konnten überdies auch ein angeborenes Fehlen der Beinvenenklappen als Ursache einer „venösen Insuffizienz" nachweisen, die in der Pubertät manifest wurde.

Selbst die bislang als bloße Konstitutionsanomalien angesehenen „*Säulenbeine*" („Rot-Dick-Schenkel" nach Kehrer) bedürfen nunmehr einer diesbezüglichen Nachprüfung auf kongenitale Venen- oder Lymphgefäßanomalien mit latenten Rückflußstörungen.

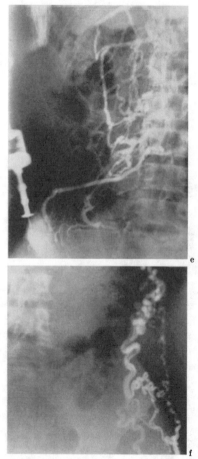

Abb. 19e u. f. Paralumbale und epigastrische Kollateralvaricen

i) Vena-cava-Unterbindung

Am eindrucksvollsten sind aber hinsichtlich des relativ geringen Ausmaßes (rein) venöser Stauungsödeme die Beobachtungen und Erfahrungen nach operativer *Unterbindung großer Venenstämme einschließlich der Vena cava* bei fortgeschrittenen Carcinomen im Beckenraum oder zur Verhütung drohender Lungenembolien (s. bei Payne oder Wanke). Sie entsprechen bis zu einem gewissen Grade den Zuständen nach *thrombotischem Verschluß der Vena cava* (Abb. 19). Solchermaßen verursachte Ödeme sind sogar wider alle Erwartung bis zu einem gewissen Grade wieder rückbildungsfähig! Wieweit es auf die *Dauer* aber dennoch zur Ausbildung eines symptomatisch-elephantiastischen Stauungsödems kommt, wie aus

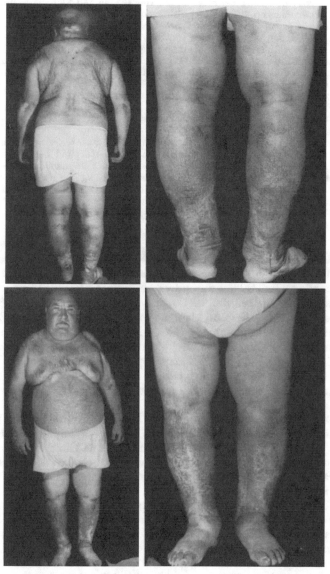

Abb. 20. Pickwickier-Syndrom mit chronischem Stauungsödem der Beine

den Untersuchungen von LERICHE oder BOWERS und LOB an 24 Kranken mit Vena-cava-Unterbindung hervorgeht, steht noch dahin. Auf die pathogenetischen Folge-rungen, die aus diesen Beobachtungen zu ziehen sind, wird im 3. Abschnitt noch näher eingegangen werden, desgl. auf die Begleitveränderungen am Lymphgefäß-system (s. Abb. 19d).

k) Pickwickier-Syndrom

Ein besonders bemerkenswerter Fall von Stauungsödem und -erythem bei zentraler Stauung kam in der Klinik schließlich jüngst noch zur Beobachtung. Es handelte sich um einen 60 Jahre alten Mann mit Adipositas, Hypoventilation und dekompensiertem Cor pulmonale bei *Pickwickier-Syndrom* (s. Abb. 20).

Das Körpergewicht betrug bei einer Größe von 162 cm 140,5 kg. Es bestanden eine erhebliche Gynäkomastie und ein adipöser Schürzenbauch, sowie eine deutliche zentrale und periphere Cyanose mit Ruhedyspnoe und Hustenanfällen infolge Tracheomalacie. Der Kranke schlief selbst beim Essen und auch sonst im Sitzen nach kürzester Zeit ein. Als Folge der alveolären Hypoventilation war die Sauerstoffsättigung des Blutes auf 67% herabgesetzt, der $P\ CO_2$ auf 48 mMol/Liter erhöht. Das EKG sprach bei einer peripheren Niedervoltage für das Vorliegen einer Rechtshypertrophie bzw. -dilatation, außerdem bestanden geringgradige, diffuse und uncharakteristische Veränderungen der Endschwankung, Zeichen einer Linksinsuffizienz konnten aber weder klinisch noch röntgenologisch nachgewiesen werden. RR 140/80 mm Hg, BSG 2/22 mm n.W., Hb 109%, Ery 5,12 Mill., Hämatokrit 62% (Polyglobulie als Stauungsfolge). Zeichen einer diabetischen Stoffwechselstörung oder eines Morbus Cushing lagen nicht vor.

Die Beine waren insgesamt säulenartig verdickt und ödematös, an den Unterschenkeln bestand ein ausgedehntes Stauungserythem mit Hämosiderose und beginnender Dermatosklerose, pflastersteinartiger Hyperkeratose und beginnender Papillomatose.

Nach Entfettungskur mit einer Gewichtsabnahme von 16 kg und wiederholten Aderlässen besserten sich die klinischen Erscheinungen erheblich und die Ödeme an den Beinen gingen fast vollständig zurück.

2. Stauungszustände von seiten der Lymphgefäße

Der bedeutsamste Faktor für die Ödembildung ist nächst der venösen Stauung zweifellos die Stauung im Lymphgefäßsystem.

Die Vorstellung, daß Ödeme durch Lymphstauung zustande kämen, geht schon auf Rudbeck und Bartolinus, die beiden Entdecker des Lymphgefäßsystems, zurück. Bestätigt schien diese Anschauung durch das gelegentliche Auftreten von Ektasien in der Peripherie von verschlossenen Lymphgefäßen oder in elephantiastisch veränderten Gliedmaßen und dem mikroskopischen Befund des ödematösen Bindegewebes mit der Auseinanderdrängung der kollagenen Fasern, die (fälschlicherweise) auf eine unmittelbare Imbibierung des Gewebes mit (rückgestauter, nicht abfließender) Lymphe zurückgeführt wurde („Lymphstation" von Virchow).

Inzwischen hat sich allerdings gezeigt, daß es sich dabei um Fehldeutungen handelte, denn die interstitielle Flüssigkeit und die Lymphe entsprechen sich keineswegs, und die Lymphbahnen beginnen auch nicht frei im Gewebe, stellen also keine unmittelbare Fortsetzung der Gewebsspalten dar, sondern sind durch die Membranen ihrer kleinsten Capillaren vom interstitiellen Raum ebenso abgetrennt wie die Blutcapillaren. Aus diesem Grunde sollte daher, da falsch und irreführend, ebensowenig von „Gewebslymphe" als auch von „Lymphspalten" gesprochen werden. Selbst bei den sog. perivasculären „Lymphspalten" der parenchymatösen Organe und den Disse'schen Räumen der Leber handelt es sich lediglich um einfache Gewebsspalten, die, wie Grau feststellt, nie mit Endothel ausgekleidet sind und Zwischenzellflüssigkeit und keine Lymphe enthalten, wie das am eindrucksvollsten wohl Servelle an zahlreichen klinisch beobachteten Beispielen auch lymphangiographisch dargestellt hat.

Stauungszustände im Lymphsystem können daher unter besonderen Umständen zwar zu Druckanstieg und Erweiterung der distal vorgeschalteten Gefäßabschnitte bis zum Platzen derselben führen, ein lokales Ödem mit Erweiterung der sog. interstitiellen Spalten braucht deshalb in dem entsprechenden Quellgebiet aber noch nicht unbedingt aufzutreten.

Bevor die Verhältnisse bei sog. Lymphstauung weiter besprochen werden, ist es daher notwendig, die neueren Erkenntnisse über die Anatomie und Physiologie des Lymphgefäßsystems (einschließlich der Untersuchungsmethoden) und die sich daraus ergebenden Vorstellungen von der Lymphbildung und -bewegung kurz zu schildern.

a) Anatomie des Lymphgefäßsystems

Die jahrzehntelange Diskussion um den *Ursprung* der erstmals von Kölliker (1813) beschriebenen Lymphcapillaren ist heute in dem Sinne entschieden, daß die Lymphcapillaren nicht frei in den „Saftlücken" des Gewebes münden (v. Recklinghausen, 1862; Ludwig), sondern ein geschlossenes endotheliales Röhrchennetz darstellen, das mit handschuhfingerartigen Endigungen im subepithelialen Bindegewebe der äußeren und inneren Körperoberflächen und im bindegewebigen Stützapparat der Organparenchyme beginnt. Vielfach sind die Oberflächennetze in zwei miteinander verbundenen Etagen angeordnet und mit sappenartig in die Peripherie vorgetriebenen kolben- oder säckchenförmigen, aber ebenfalls geschlossenen Fortsätzen versehen (Grau). Lymphgefäße finden sich aber, was für die Pathogenese des Elephantiasissyndroms ganz besonders bedeutsam erscheint, nur in fibrillären, d. h. *kollagenen* Bindegewebsbereichen, die über eine eigene Blutversorgung verfügen (McCallum, 1903), weshalb Grau das Lymphgefäßsystem schon als einen Sonderdrainageapparat der Bindegewebsräume bezeichnet hat. Bindegewebsbereiche mit retikulinen bzw. argyrophilen Fasern („weiches", lymphoretikuläres Gewebe nach Feyrter) scheinen dagegen regelmäßig frei von Lymphgefäßen zu sein. Ebenso besitzen das blutgefäßfreie Epithel der Haut und der Schleimhäute, die Parenchyme als solche, Knorpel, Sklera und Glaskörper sowie das gesamte Zentralnervensystem keine Lymphcapillaren.

Die Wand der Lymphcapillaren besteht nach Bucher aus einer geschlossenen Lage von Endothelzellen mit unregelmäßig gezackten Zellrändern und einem feinsten Gitterfasergeflecht, Pericyten fehlen (Bargmann). Gegenüber den Blutcapillaren erscheinen die *Endothelzellen der Lymphcapillaren* insgesamt etwas größer. Die Zementsubstanz setzt sich in der Grundsubstanz des die Lymphcapillaren umgebenden Bindegewebes fort, und die Zellgrenzen erscheinen deshalb stärker gezähnt (Shdanow), im übrigen ergeben sich aber keine grundsätzlichen Unterschiede gegenüber den Endothelien der Blutcapillaren und insbesondere kein Anhalt für die Ursache der „gerichteten Permeabilität" (s. u.). Ultramikroskopisch erweist sich die Basalmembran der Lymphcapillaren jedoch als weniger regulär, unterbrochen und fehlt z. T. ganz (Casley-Smith und Florey).

Die enge Beziehung der *Lymphcapillarwand* zu den umgebenden Bindegewebsfasern gewährleistet entgegen der unvoreingenommenen Erwartung die Eröffnung des Lumens bei Erhöhung des Gewebsdruckes (Clark und Clark; Pullinger und Florey); in histologischen Präparaten sind die Lymphcapillaren kollabiert und deshalb nicht zu erkennen, im ödematösen Gewebe dagegen schon aus mechanischen Ursachen keineswegs komprimiert, sondern im Gegenteil infolge Anspannung der mit der Wand verbundenen Bindegewebsfasern mehr oder weniger zwangsläufig maximal entfaltet!

Gegen die Annahme von *Poren oder Stomata* in der Wand der Lymphcapillaren (Henry, Clark) sprechen die Beobachtungen von Field und Drinker, Fresen, Randerath sowie Földi, Jellinek, Rusznyák und Szabó bzw. Földi und Jancsó, die in den Endothelzellen Phagocytose von corpusculären Elementen und Eiweiß bzw. dessen Speicherung nachweisen konnten. Die Geschwindigkeit, mit der übrigens verschiedene corpusculäre Teilchen wie Blutkörperchen, Bakterien und sogar Kunststoffteilchen in das Lumen der Lymphgefäße gelangen können, ist indessen mit einer Phagocytose nicht ohne weiteres zu vereinbaren (vgl. Clark und Clark). Die physiologische Bedeutung derartiger Beobachtungen ist aber noch nicht ganz geklärt. (Neuerdings scheinen Földi und Jellinek allerdings bei der Ratte wieder kelchartig offen beginnende Lymphcapillaren in Darmzotten, Lunge und im sog. periadventitiellen Raume beobachtet zu haben, worauf hier aber nur verwiesen werden kann.) Die Transportleistung der Lymphcapillarwand wird andererseits durch die ultramikroskopischen Befunde an der Basalmembran und die Annahme einer (latenten) mangelhaften Adhäsion zwischen zwei Endothelzellen (patent junctions) verständlich (Casley-Smith und Florey).

Ottaviani und Lupidi fanden schon bei menschlichen Foeten zwischen 29 und 37 mm Länge ein *erstes Lymphgefäßnetz* auftreten, das sich aus verschiedenen Lymphlacunen entwickelt und sich durch Verstärkung und Knospung netzartig ausbreitet. Bei einer Scheitel-Steißbeinlänge von 380 mm bestand schon ein feinstes, durch Kollateralen aufs engste miteinander anastomisierendes Lymphcapillarnetz hauptsächlich in den Papillen der Haut.

In der *Haut des Erwachsenen* beginnen die Lymphbahnen unmittelbar unter der Epidermis als blind endende Capillaren, die aus einer Endothelmembran bestehen und in größere Sammelkanäle münden, die die Haut und hernach die Unterhaut schräg durchlaufen. Sie sind gekennzeichnet durch unvermittelt auftretende, sinuöse und zylindrische Ausweitungen oder ihren plötzlichen Übergang von ziemlich engen in ganz weite Röhren mit „wasserhahnähnlichen" seitlichen Einmündungen (s. bei Herzberg).

Shdanow und Nadeshdin unterscheiden in der Haut ein oberflächliches und ein tiefliegendes Lymphgefäßnetz, Forbes sogar 3 *Plexus:* Der oberflächliche beginnt in der Mitte der Papillen. Er bildet an der Papillenbasis ein Netzwerk aus ziemlich gleichkalibrigen Gefäßen, die in der unteren Cutis in den mittleren Plexus übergehen. Dieser setzt sich aus

Gefäßen von stark wechselndem Kaliber zusammen, die aber noch keine Klappen besitzen. Derartige Einrichtungen treten erst in den großkalibrigen Gefäßen des tiefen Plexus auf, welcher sich an der Grenze von Corium und Subcutis in weiten Schichten ausbreitet und mit den über den tieferliegenden Fascien verlaufenden Gefäßstämmen Verbindung hat. Die erste Klappe kennzeichnet somit den eigentlichen Beginn des Lymphgefäßes. Das „Teichmannsche Gesetz", wonach die Lymphcapillaren kennzeichnenderweise in einer etagenmäßig tieferen Schicht liegen als die Blutcapillaren, konnte somit nicht bestätigt werden (Bartels).

Gewisse bauliche Unterschiede bestehen sowohl in den einzelnen Organen, als auch regional in der Haut. An Handtellern und Fußsohlen liegen die Lymphgefäße besonders dicht, im Armbereich findet Gray drei Lymphgefäßschichten: eine Capillarschicht in der Cutis, eine zweite am Übergang von der Haut zur Subcutis und eine dritte zwischen dem subcutanen Fett und der oberflächlichen Fascie.

Die einzelnen kleinen *Sammel-Lymphgefäße* der oberflächlichen klappenführenden Lymphbahnen an der Grenze zwischen Corium und Subcutis und in den Bindegewebssepten der Subcutis nehmen eine unterschiedliche Zahl von Lymphcapillaren auf („precolletori" nach Ottaviani, „Lymphgefäß im engeren Sinne" nach Hellmann). Ihre Wand läßt wie die der Blutgefäße eine Intima, eine muskelführende Media und eine Adventitia erkennen. Sie unterscheidet sich nach den Feststellungen von Pfleger-Schwarz von der der Blutgefäße durch die geflechtartige Anordnung der Muskulatur, eine weitaus geringere Ausbildung der Elastica, das kernarme, lockere Gefüge der Gefäßwand und die beträchtlichen Schwankungen des Kalibers. Auch Bucher findet die Lymphgefäße ähnlich wie dünnwandige Venen gebaut, Bargmann beschreibt in der Media eine innere, longitudinal oder schräg verlaufende Muskelschicht und eine äußere, zirkulär angeordnete.

Während die *Lymphgefäße* in ihrem feingeweblichen Bau an der oberen Extremität mit einer Wanddicke von 30—50 μ relativ einförmig erscheinen, fanden Pfleger-Schwarz u. Mitarb. bei ihren Untersuchungen am Fußrücken mindestens 4 Bautypen und Gefäßdurchmesser von 100—600 μ vor. Die starke Ausbildung der Muskelschicht beim Menschen brachte Ranvier schon 1873 mit dem aufrechten Gang in Verbindung. Im Anschluß an Ehrmann, Nobl und Zurhelle führte besonders Comparini noch eingehende mikroskopische Untersuchungen von Lymphgefäßen durch.

Für die *ableitenden Lymphbahnen* ist nach Shdanow vor allem das Auftreten von *Klappen* kennzeichnend. Diese stellen nur in den kleinsten Lymphgefäßen Intimaduplikaturen dar, in den größeren bestehen sie außerdem aus kollagenem Bindegewebe und elastischen Fasern (Pfleger-Schwarz, ferner Kampmeier). In den größeren Stämmen läßt sich manchmal sogar eine Elastica interna und externa unterscheiden, so daß der Aufbau hier mehr dem der Arterien ähnelt. Zuweilen ist sogar eine Dreiteilung mit innerer Längs-, mittlerer Ring- und äußerer Längsmuskelschicht nachweisbar.

Die Klappen lenken den Lymphstrom in eine zentripetale Richtung („Leitungsgesetz" von Bartels), dies schließt jedoch nicht aus, daß der Lymphstrom unter bestimmten Verhältnissen auch retrograd verlaufen kann, wie schon v. Recklinghausen oder Vogel aus dem Auftreten von retrograden Lymphinfarkten beim Carcinom geschlossen hatten und retrograde Injektionsversuche bestätigten. Bei der außerordentlichen Dehnbarkeit der Lymphgefäße ist es außerdem nicht verwunderlich, wenn es bei übermäßiger Erweiterung des Gefäßes häufiger zur Klappeninsuffizienz kommt als im Venensystem. Besondere Bedeutung erlangen die Klappen jedoch in den Anastomosen, die zwischen den tiefen und oberflächlichen Hauptstämmen bestehen. Hier lenken sie den Lymphstrom von den tiefen zu den oberflächlichen Gefäßen, weshalb eine Darstellung des tiefen Plexus von den oberflächlichen her mit Röntgenkontrastmitteln im allgemeinen nicht gelingt (Kaindl, Mannheimer, Pfleger-Schwarz und Thurnher).

Historisch gesehen waren die Lymphgefäße, die offenbar Hippokrates und Aristoteles schon bekannt gewesen waren, erst im 17. Jahrhundert von Asellius 1627 am Hunde, von Vesal (Ductus thoracicus — „vena alba thoracica") bzw. Pecquet und V. Horne, 1651 bzw. 1652 am Menschen (Chylusgefäße bzw. Ductus cysticus und Cysterna chyli) wiederentdeckt worden (s. bei His, Tigerstedt, Shdanow oder Rusznyák u. Mitarb.).

Das Lymphgefäßsystem als Ganzes hat als erster wohl Rudbeck (1650/51) vor Th. Bartolinus (1652) erkannt, doch ermöglichte erst die von Anton Nuck (1692) eingeführte Technik der Quecksilberinjektion die genauen anatomischen Untersuchungen von Mascagni und Cruikshank in allen Organen, während die moderne *Darstellung des Lymphgefäßsystems* durch Jossifow (1930) oder Rouvière (1932) auf der kombinierten Farb-Quecksilbermethode (Gerota, 1896) beruht (s. auch Bartels, 1909). Fischer verwandte (1933) Luft als Injektionsmittel, Ottaviani (1955) neuerdings Neopren.

Von den *intravitalen Darstellungsmethoden* der Lymphgefäße haben größere Bedeutung erlangt die Adrenalininjektion nach Dalmady/Zothe (1911/1942), die

„Autoinjektionsmethode des Lymphgefäßsystems mit Lymphe" durch Unterbindung nach KAISERLING und SOOSTMEYER (1939), besonders aber die Farbstoffmethode von McMASTER (1937), die neuerdings auch zur Auffindung von Lymphgefäßen für die *Röntgenkontrastdarstellung* benützt wird, eine besonders ergiebige Untersuchungsmethode, welche auf den englischen Chirurgen KINMONTH (1952) (in Anlehnung an FUNAOKA) zurückgeht und seither ausgedehnte klinische Verwendung gefunden hat (MALEK; KAINDL u. Mitarb.; JANTET; BOWLER; PELLEGRINI; TOSATTI; RÜTTIMANN u. Mitarb.; WALLACE u. Mitarb.; DOLAN und MOORE; COLLETTE; TJERNBERG; BATTEZZATTI u. Mitarb.; DEL BUONO u. Mitarb.; FUCHS; WALLACE, JACKSON, SCHAFFER, GOULD, GREENING, WEISS und KRAMER; PROKOPEC sowie zuletzt FEINE bzw. TAPPEINER und PFLEGER).

Danach entspringen die *tiefen (subfascialen) Lymphgefäße* der Extremitäten aus den Capillarnetzen der Muskeln und Knochen, der Gelenkkapseln, Sehnen, Bänder, Fascien und Nerven. Sie führen in den Arterienlogen am Bein zu den tiefen Leisten-Lymphknoten oder zu den oberflächlichen und tiefen hypogastrischen Lymphknoten, am Arm in die tiefen Axillarlymphknoten.

Die größeren Sammelrohre der *Hautlymphbahnen* mit einem Durchmesser von 0,25—1 mm sind meist zu Bündeln von 7—12 Einzelgefäßen gruppiert, so daß ihre Zahl die der Venen weit übersteigt. Sie bilden das *präfasciale (oberflächliche) Hauptgeflecht*, das sich in seinem Verlauf mehr den Venen anschließt und ebenfalls zahlreiche Anastomosen aufweist, die nach MÁLEK, BELÁN und KOLC sowie TOSATTI auch zu den tiefen Lymphgefäßen bestehen sollen.

Die Ansicht, daß die Lymphgefäße auf ihrem Wege mindestens einen, vielfach aber auch 8—10 Lymphknoten durchqueren, und daß die gesamte Lymphmenge aus einem Organ immer nur durch die gleiche Lymphknotengruppe fließt, kann heute in der ursprünglichen Ausschließlichkeit, wie sie das Gesetz von MASCAGNI beinhaltet, nicht mehr aufrechterhalten werden. KAINDL, MANNHEIMER, PFLEGER-SCHWARZ und THURNHER unterscheiden in Anlehnung an JOSSIFOW am *Bein* zwei große Gruppen von präfascialen Hauptstämmen, die in verschiedene inguinale Lymphknotengruppen einmünden:

1. Das *vordere* oder *innere präfasciale Längsbündel* (= Vena saphena magna-Gruppe, bei welcher JACOBSSON und JOHANNSSON noch eine *mediale und laterale Abteilung* unterscheiden) entspringt von den Zehen und vom inneren Fußrand und außerdem vom größeren Teil des Unterschenkels und mündet in die untere Gruppe der Lymphonoduli supra-inguinales superficiales. Vom Fußrücken aus wird offenbar nur die mediale Abteilung dargestellt, die oberflächlichen und tiefen suprainguinalen Lymphknotengruppen können infolge der zahlreichen zwischen ihnen und inguinalen (inferioren) Lymphknoten bestehenden Anastomosen funktionell jedoch als Einheit angesehen werden, von der aus der weitere Abfluß über die tiefen Gefäße des kleinen Beckens (entlang den Arterien) und die Trunci lumbales hauptsächlich zur Cysterna chyli erfolgt. Doch gibt es auch subcutane Lymphgefäße des Oberschenkels, die unter Umgehung der subinguinalen oder inguinalen Lymphknoten unmittelbar in die pelvinen Stationen einmünden (vgl. dazu aber JANTET, der in der Knöchelregion 6 verschiedene Lymphgefäßgruppen unterscheidet).

2. Das spärlichere *hintere (posteriore) präfasciale Bündel* geht von der Haut der Ferse, des äußeren Fußrandes und der Wade aus und folgt der Vena saphena parva in der Kniekehle in die Tiefe, wo es über die poplitealen Lymphknoten zu den medialen und tiefen Lymphgefäßen des Oberschenkels abgeleitet wird.

Am *Arm* beginnt die *äußere radiale Gruppe des präfascialen Plexus* im Bereich des I. und II. Fingers sowie im radialen und dorsalen Teil von Haut und Unterarm, schließt sich der Vena cephalica an und verläuft dann aber größtenteils in weitem Bogen zu den oberflächlichen axillären Lymphknoten.

Die *innere (ulnare) Lymphgefäß-Gruppe* folgt zunächst der Vena basilica, dann aber begleiten die Lymphstämme die Vene nur zum kleineren Teil in die Tiefe, sondern ziehen auf der Medialseite des Oberarmes präfascial weiter zu den oberflächlichen axillären und den supraclavicularen Lymphknoten.

Die *anorectalen* Lymphgefäße fließen in einem oberen und unteren Strom ab, dessen Grenze die Linea anorectalis bildet. Der obere Strom folgt den Ästen der A. haemorrhoidalis superior, der untere zieht zum Ende der Leistenlymphknoten (Cunéo, Hudack; Poirier).

Vom männlichen und vom äußeren weiblichen *Genitale* ziehen die Lymphbahnen vorwiegend zu den Leistenlymphknoten, vom inneren weiblichen Genitale zum Lymphknotensystem des inneren Beckens (Nesselrod).

Beim Manne sind genügend Anastomosen zur Ausbildung eines Kollateralkreislaufes bei inguinalem Block vorhanden — während bei der Frau zunächst die beiden Seiten an sich schon weitgehend voneinander getrennt sind und kaum Anastomosen aufweisen und so beim Bestehen eines Blockes auch nicht kompensatorisch kontralateral füreinander einspringen können. Alsdann gehören Vagina und Portio uteri zum Einzugsgebiet der höheren pelvinen anorectalen und iliacalen Lymphknotengruppen, die auch den übrigen Zufluß aus der Genital-, Anal- und Rectalgegend aufnehmen, so daß eine Blockierung zwangsläufig auch zur Stauung des (vorgeschalteten) inguinalen Abflußgebietes führt, auch wenn die inguinalen Lymphknoten selbst nicht befallen sind. Die von Cronquist beschriebenen Lymphstränge ziehen von der Vorsteherdrüse zu den Lymphknoten am Eingang des kleinen Beckens und sind bei der Mehrzahl der als Spermatocystitis beschriebenen Krankheitsbildern und auch bei der Deferentitis pelvica (Neumann) neben den Samenblasen als verdickte Stränge zu tasten (sog. Lymphangitis prostatoiliaca). Diese Verhältnisse gewinnen bei der Pathogenese der Esthiomène besondere Bedeutung (Einzelheiten s. Beitrag Henschler-Greifelt und Schuermann), sowie den zeitlichen Unterschieden zwischen Mann und Frau bei der Ausbildung der Infektabwehr.

b) Physiologie der Lymphgefäße

Embryologisch gesehen, sind die Lymphgefäße Derivate der Venen. Sie kommen nur bei den Wirbeltieren vor und bestehen bei den oberen Klassen aus dem Lymphcapillarnetz und den ableitenden Lymphgefäßen. Funktionell stellen diese ein den Blutgefäßen beigeordnetes Röhrensystem dar, in welchem die aus der interstitiellen Flüssigkeit resorbierte Lymphe, wie Drinker und Yoffey es ausdrücken, „vom Blut ins Blut" unterwegs ist.

Die Gewebe bzw. das interstitielle Plasma sind somit doppelt drainiert. Dies gilt in besonderem Maße für die Extremitäten, die bilanzmäßig gesehen bei einem (arteriellen) Zufluß zwei verschiedene Ausgänge besitzen. Diese Verhältnisse müssen bei der Aufklärung von sog. Stauungszuständen berücksichtigt werden, welche somit grundsätzlich mindestens zwei verschiedene Ursachen haben können.

Die *spezifische Funktion* des Lymphgefäßsystems besteht nach Drinker oder Yoffey und Courtice in der Rückresorption makromolekularer und kolloidaler Bestandteile der interstitiellen Flüssigkeit (und nicht, wie vielfach immer noch angenommen wird, des capillären Ultrafiltrates des Blutes, s. weiter unten).

Innerhalb von 24 Std verlassen nach Drinker normalerweise 50—100% der gesamten zirkulierenden Plasmaproteinmenge die Blutcapillaren. *Eiweißkörper*, die die Capillarbahn aber einmal verlassen haben, können durch diese nicht mehr rückresorbiert werden. Diese Aufgabe fällt dem Lymphgefäßsystem zu, das demzufolge auch sämtliche Eiweißfraktionen des Blutplasmas enthält (Perlman u. Mitarb.). Die Lymphe ist nur etwas ärmer an schweren Eiweißfraktionen, ihr Albumin: Globulin-Quotient beträgt daher 1,69 gegenüber 1,28 des Blutplasmas.

Nach Stary werden auch neutrale *proteingebundene Mucosaccharide* durch die Lymphgefäße abtransportiert. Außer großmolekularen Stoffen mit einem Molekulargewicht von 20000 und mehr werden körperliche (und damit z. B. auch Bakterien) ebenfalls im Lymphsystem abgeführt und in die Filterstation der Lymphknoten geschleust, deren Bedeutung auch für die Allergie und die Pathogenese des Ekzems immer mehr erkannt wird.

Wasser und Kristalloide werden nach Rusznyák und seiner Schule, insbesondere Földi und Papp, anscheinend nur aufgenommen, soweit sie osmotisch gebunden sind. Eine Resorptionsinsuffizienz der Lymphgefäße für Eiweiß muß daher auch zu einer Wasserretention führen.

Darüber hinaus scheinen aber auch die *Lipoide* über eine extravasculäre Zirkulation zu verfügen. So konnten bei hungernden Tieren auch in der Extremitätenlymphe Alpha-Lipoproteine mit einem Molekulargewicht von 20000 und Beta-Lipoproteine mit einem solchen von bis zu 1300000 und sogar Chylomikren nachgewiesen werden.

Das Lymphgefäßsystem wird von Grau daher auch als „Gewebsstoffwechsel-Apparat" bezeichnet. (Die Funktion der Lymphgefäße im Darm, in den parenchymatösen Organen oder in den großen Körperhöhlen kann hier nicht näher erörtert werden. Durch diese zusätzlichen Funktionen werden die Zusammensetzung und die Fortbewegung der Lymphe im Ductus thoracicus so entscheidend beeinflußt, daß die hier herrschenden Verhältnisse nicht ohne weiteres mit denen in den Extremitäten gleichgesetzt werden können.)

Das Problem, wie der *Übertritt von Eiweiß und Flüssigkeit* aus dem Interstitium durch die Wand der Lymphcapillare hindurch in das (zunächst „leere") Lumen derselben erfolgt, ist allerdings noch nicht vollständig gelöst. Selbst bei wesentlich höherem Gewebsdruck scheint eine „Abfiltration" von Flüssigkeit zunächst ebensowenig ohne weiteres möglich zu sein wie eine Diffusion. Die Möglichkeit einer aktiven Aufnahme durch Stomata oder Phagocytose wurde weiter oben schon diskutiert. Daneben müssen aber auch noch andere Kräfte am Werk sein, die vielleicht sogar außerhalb des Gefäßes liegen. Der besondere Bau der Lymphcapillaren könnte nämlich eine „doppelte Pumpwirkung" erlauben, indem bei Betätigung der Muskulatur oder Zunahme des Gewebsdruckes die Capillare entfaltet wird (und so ein negativer Druck im Lumen entsteht, s. o.), während die größeren klappenführenden Gefäße durch die gleichen Faktoren komprimiert und so (Richtung Herz) entleert werden (vgl. Pullinger und Florey).

Dieser Annahme würde die schon sehr alte Beobachtung entsprechen, daß im Ruhezustand keine Lymphe aus den peripheren Lymphgefäßen der Extremitäten abfließt (Genersich, 1871), bei aktiver oder passiver Bewegung des betreffenden Gebietes und selbst bei Massage aber kontinuierlich eine bestimmte Menge von Lymphe entleert wird, die demnach fortlaufend nachgebildet werden müßte (Drinker und Yoffey, 1942). Die täglich gebildete Lymphmenge, die durch den Ductus thoracicus fließt, gibt Földi mit 2 l, Engelhardt aber mit 50 l an, entsprechend 0,5% des gesamten Rückstromes zum Herzen. In dieser Menge ist allerdings auch die Lymphe aus den parenchymatösen Organen der Bauchhöhle enthalten, die ein Vielfaches der aus den Extremitäten stammenden Lymphe ausmacht. Földi und Papp konnten mit der sog. "Bubble flow"-Methode neuerdings das Lymphdurchflußvolumen im intakten Lymphgefäßsystem des Ductus thoracicus bestimmen.

Der *intravasale Druck* im Lymphgefäßsystem wird sehr unterschiedlich angegeben. McMaster bestimmte am Mäuseohr einen intracapillären Druck von 1,2 cm H_2O, im subcutanen Gewebe aber einen solchen von 1,9 cm H_2O. Drinker und Field hatten (1933) beim Hunde in das ableitende Lymphgefäß eines Fußes eine T-Kanüle eingebunden. Während im Ruhezustand fast kein Seitendruck meßbar war, stieg dieser nach kräftiger passiver Bewegung des Beines auf 68 cm H_2O; wurde das Gefäß aber verschlossen, so erhöhte sich der Druck auf 100 cm. Irisawa und Rushmer geben Druckwerte von + 2,5—12 cm H_2O an.

Der normale Enddruck im Ductus thoracicus beträgt nach den Messungen von Lee demgegenüber nur 35 cm H_2O, nach früheren Untersuchungen von Weiss oder Beck sogar nur 14—16 cm, Rouvière und Valette geben sogar noch niedrigere Werte an (6,4 cm H_2O). Im Lymphgefäß ist der Druck nach Blocker u. Mitarb. geringer als der atmosphärische, und in den Lymphcapillaren wurde er im Ruhezustand von McMaster mit kaum mehr als 1 cm H_2O bestimmt. In maximal erweiterten Lymphgefäßen, wie sie in ödematösem Gewebe auftreten, kann dagegen erhöhter Druck herrschen.

Für die *Fortbewegung* der Lymphe wirken nach Monteiro u. Mitarb. „intrinsic" und „extrinsic" Faktoren zusammen. Unter ersteren verstehen sie die Struktur der Lymphgefäße, die Dichte der Muskelfaserschicht und die Verteilung der parietalen Nerven mit ihren Plexus, unter den „extrinsic"-Faktoren werden die Spannung der Grundsubstanz und als „vis a tergo" mechanische Organbewegungen, Muskelkontraktionen, der Puls der nahen Gefäße (evtl. der Herzschlag) und schließlich die Aspirationsbewegungen des Brustkorbes zusammengefaßt. Dabei sind es in den Extremitäten vor allem die Muskelkontraktionen und die übertragenen Arterienpulsationen, die eine Lymphströmung hervorrufen (Cressman; Irisawa), im Mesenterium mehr automatische, intravasculär tensiorezeptiv ausgelöste Kontraktionen mit einer Frequenz von etwa 6 Kontraktionen/min (Mislin; Witte und Schricker), in den ableitenden Lymphstämmen zusätzlich noch der atmungsabhängige intrathorakale Druck (Malek; Zschiesche). Die Anwesenheit einer wandeigenen Muskulatur läßt eine diesbezügliche Eigenbewegung immerhin als möglich erscheinen. Die Erweiterung der Lymphgefäße unter der Wirkung von Novocain spricht weiter für eine sympathische Innervation derselben (Tosatti), worauf auch Földi hingewiesen hat. Die Entleerung des Ductus thoracicus erfolgt stoßweise im Inspirium unter Mitwirkung wandeigener Kontraktionen des Ductus (Málek, Belán und Kolc).

Die Bedeutung der *Klappen* für einen geordneten Abfluß der Lymphe läßt sich bei den Fällen am ehesten erkennen, bei denen ein (angeborener) Mangel besteht oder die Klappen (sekundär) insuffizient geworden sind, so daß die Lymphe, nur der Schwerkraft folgend, hin- und herpendelt (Drinker). Die Erweiterung der Strombahn bei der Ausbildung von Umgehungsbahnen im oberflächlichen und tiefen Gewebe führt nach dem „Stauseeprinzip" in dem weitverzweigten Netz von Lymphkanälen zur Strömungsverlangsamung (Colette). In den Versuchen von Drinker, Field und Homans erfolgt die Zirkulation von Lymphe zunächst ebenfalls noch nach dem Gesetz der Schwere, z.T. noch durch erweiterte endothelbekleidete Räume dicht unter der Oberhaut oder durch die feinsten Gefäße in ein weitläufiges klappenloses Geäst von „Teichen und Flüssen". Farbinjektionen ergeben rasche Entleerung der Gebilde beim Erheben des betreffenden Gliedes.

Die *Geschwindigkeit der Lymphströmung* ist im Experiment beim Säugetier meist schneller, als es den üblichen Vorstellungen entspricht. Sie wechselt überdies je nach der Art des injizierten Stoffes (vgl. auch die verschiedenen Strömungsgeschwindigkeiten wäßriger und öliger Kontrastmittel bei der Lymphangiographie bei Sheehan, Hresh-Chyshyn und Lessmann):

In den Fuß eines Hundes injiziertes Trypanblau gelangt nach Allen in 10 sec in das Receptaculum chyli, während Natriumsalicylat, an der gleichen Stelle injiziert, erst in 80 sec, nach Tschirwinsky sogar erst nach 1—3 min im Ductus thoracicus nachzuweisen ist. Indigocarmin, in das Lymphgefäß einer Extremität eingespritzt, gelangt in 10 min in den Ductus thoracicus, Pepton in 20 min (Shore). Evansblau oder mit radioaktivem Jod markiertes Albumin, i.v. injiziert, erscheinen schon nach 10 min in der Lymphe des Ductus thoracicus, etwas später in der Lymphe der größeren Lymphstämme (Courtice u.a.). Kubik sowie Höber bestimmten die Strömungsgeschwindigkeit in den wichtigsten Lymphgefäßstämmen mit etwa 0,5 cm/sec., Hudack und McMaster die in der Haut mit 2—3 cm/min. Röntgenkontrastmittel legen bei verschiedenen Versuchstieren etwa 5 cm in 15—20 min zurück. Geigyblau-Lösung, in das die V. saphena begleitende Lymphgefäß eines Hundes injiziert, war bei den Untersuchungen von Rusznyák u. Mitarb. jedoch erst frühestens nach 30 min in der Arteria carotis externa nachweisbar.

Druckanstieg in der Vena cava caudalis führt zur Beschleunigung, Phlebohypertonie in der Vena cava cranialis dagegen zur Verlangsamung der Lymphströmung (FÖLDI und PAPP bzw. FÖLDI, THURÁNSZKY und VARGA).

Der Lymphstrom ist nach ALLEN nicht nur bei Muskeltätigkeit des betreffenden Gliedes beschleunigt, sondern nach WITTE und SCHRICKER bei allen Zuständen einer gesteigerten Permeabilität der Blutgefäße, bei örtlicher oder allgemeiner Hyperthermie, nach Durchschneidung peripherer Nerven und sogar bei erhöhtem arteriellem Druck. Auch FÖLDI erblickt in einer Erhöhung des Lymphabflusses nur die Folge einer erhöhten Capillarfiltration. Völlige Ruhigstellung einer Extremität führt dagegen zu erheblicher Verlangsamung, wenn nicht zum völligen Sistieren der Lymphströmung (s. auch ,,couch leg", ,,deckchair disease", ,,Reise- oder Eisenbahnbein" und in neuerer Zeit auch das ,,Fernsehbein"). Besondere Beachtung verdienen Beobachtungen, die eine Rückdiffusion von Lymphe aus der Lymphbahn in den Blutstrom oder entsprechende Anastomosen (shunts) möglich erscheinen lassen.

Derartige Untersuchungen schließen jedoch das System des Ductus thoracicus oberhalb des Lymphozentrum mediastinale dorsale aus, da hier ausgedehnte Anastomosen zur anderen Körperhälfte und den cranialen Lymphbahnsystemen bestehen (DRINKER, SHDANOW und LUDWIG, KUBIK, ZSCHIESCHE).

Eine *Rückresorption von Bestandteilen der Lymphe durch die Blutcapillaren* in der Wand des Ductus thoracicus wurde aufgrund der außergewöhnlich reichen Capillarisation der Wände der ableitenden Trunci schon von SHDANOW vermutet, von RUSZNYAK unter physiologischen Verhältnissen beim Hunde experimentell nachgewiesen. Bei Injektion von Kongorot bzw. PAH in mesenteriale oder femorale Lymphgefäße trat bis zum Angulus venosus sinister ein Schwund von 13% ein[1]. FÖLDI u. Mitarb. konnten unter der Quarzlampe den Austritt fluorecenz-markierter Farbstoff-Eiweißkomplexe aus der Lymphgefäßbahn sogar unmittelbar beobachten. Bei gestörtem Abfluß kann es hierdurch zur Entwicklung eines eiweißreichen, sog. perilymphvasculären Ödems kommen (s. auch PRESSMANN und SIMON).

Ergänzend hierzu hat dann MALEK eine *spontane Diffusion von kristalloiden Röntgenkontrastmitteln* aus den Lymphgefäßen und deren Abtransport durch das Blutgefäßsystem unmittelbar beobachtet. Die Geschwindigkeit des Schwindens aus dem Lymphgefäßsystem betrug für Joduron 10 min, für Triopac 30 min. Ölige Kontrastmittel und Thorotrast verließen das Gefäß dagegen nicht. Bestand ein Ödem, so erfolgte der Schwund des kristalloiden Kontrastmittels aus der Lymphbahn rascher!

ZSCHIESCHE konnte bei akuter bis subakuter organisch-mechanischer Lymphstauung weiter eine ödematöse Aufquellung der Intima des Ductus thoracicus (mitunter mit Abhebung der Basalmembran) und später ein Wandödem nachweisen, das sich von den Durchtrittsstellen der Vasa ducti thoracici straßenförmig pericapillär auf die bindegewebig-muskulöse Schicht ausbreitete. Bevor ein Ödem morphologisch oder histochemisch jedoch nachweisbar war, konnte schon eine Vermehrung der Mastzellen festgestellt werden. In den ödematösen Intimabezirken wurden histochemisch vermehrt Glucoproteide festgestellt, nicht aber saure Mucopolysaccharide (weiterhin fanden sich Neutralfette, Phospholipide und gelegentlich auch Cholesterin und Cholesterinester).

Eine teilweise *Rückdiffusion von Wasser oder gelösten Substanzen* aus den Lymphbahnen scheint aber auch in den peripheren Abschnitten möglich zu sein, nicht jedoch eine solche von Eiweißkörpern. RUSZYNÁK und seine Schule, die dieser Frage sehr eingehend nachgegangen sind, kommen daher zu der Annahme, daß hier eine ,,gerichtete Permeabilität" der Lymphgefäßwand besteht, so daß es unter extremen Bedingungen allenfalls zu einer intravasalen Eindickung der Lymphe kommen kann (s. auch FÖLDI).

Unmittelbare Verbindungen zwischen Lymphgefäßen und Venen glauben YOFFEY und COURTINE sowie PRESSMAN und SIMON aufgezeigt zu haben, wodurch

---

[1] Ebenso fand GLENN Farbstoff, der in einen peripheren Lymphkanal injiziert worden war, im Blutstrom wieder, obwohl der Ductus thoracicus unterbunden war.

(beim Versuchstier) sogar der Übertritt von Zellen und Bakterien ermöglicht werden soll (s. auch Drinker bzw. Glenn).

c) Regeneration der Lymphgefäße und -knoten

Die weitreichenden Verzweigungen und die ausgesprochene Neigung zur Anastomosenbildung in den peripheren Plexus und ebenso in den größeren ableitenden Gefäßen bilden die Grundlage für die fast uneingeschränkten Möglichkeiten zur Ausbildung von lymphatischen Kollateralkreisläufen (Colette, Rouvière und Valette). Dazu kommt noch die große Regenerationsfähigkeit der Lymphgefäße. Diese beruht vielleicht mit auf der Tatsache, daß bei der Durchtrennung eines Lymphgefäßes keinerlei thrombotische Veränderung wie bei den Blutgefäßen auftritt. Die Lymphgefäßstümpfe können so unmittelbar wieder aussprossen und sich miteinander vereinigen.

Regenerierte Lymphgefäße konnte Reichert bei seinen Versuchen schon nach 7—10 Tagen mit Hilfe von Tuscheinjektionen nachweisen. Sympathicusblockade begünstigt die Regeneration der Lymphgefäße und die Ausbildung von Kollateralen (Monteiro, Rodrigues, de Souza Pareira und Silva Pinto), während Narbengewebe ein erhebliches Hindernis, insbesondere auch für die Wiedervereinigung durchtrennter Lymphgefäße darstellt.

Die Sprossung erreicht innerhalb von 8 Tagen ihre größte Ausdehnung. Sprossende Lymphgefäße können jedoch auch nur wenige Millimeter erreichen. Der adäquate Reiz für die Sprossung ist neben dem Durchtrennungsreiz der Flüssigkeitsdruck; eine unmittelbare Lymphströmung innerhalb des Stumpfes scheint nach den Untersuchungen von Gray bzw. Bellmann und Odén aber nicht erforderlich zu sein.

Bemerkenswert an den Feststellungen von Gray ist schließlich noch die Beobachtung, daß auch hypertrophierende Coriumpapillen einen starken Wachstumsreiz auf die Lymphgefäße ausüben. Auf Veränderungen in den Strömungsverhältnissen antworten die bestehenden akzessorischen und kollateralen Lymphbahnen ebenfalls mit Um- und Ausbauvorgängen, die jedoch erst im Verlaufe von 3 Wochen beträchtlichere Ausmaße erreichen.

Eine Ausnahme machen anscheinend die oberflächlichen Lymphbahnen, da sie nach den Angaben von Watson die Lymphe nicht ohne weiteres von einer Zone zur anderen umleiten können, so daß hier eine Obstruktion tatsächlich auch eine Stase im entsprechenden Gebiet hervorrufen könnte.

Die *Regeneration von Lymphknoten* ist entgegen früheren Anschauungen im Anschluß an Meyer sowie Ottaviani und Cavalli von Rouvière und Valette in dem Sinne entschieden worden, daß dieselbe nur dann erfolgt, wenn ein kleiner Rest des Lymphknotens zurückbleibt, radikal entfernte Lymphknoten regenerieren nicht.

Dagegen bilden sich auch um solche radikal entfernten oder durch Wucherungen blockierte Lymphknoten außerordentlich rasch lymphatische Kollateralkreisläufe aus, die beispielsweise nach Unterbindung des Ductus thoracicus in relativ kurzer Zeit entlang der lymphatischen Aortenkette auftreten oder sogar eine neue Verbindung mit dem Venensystem über die intercostalen oder lumbalen Venen herstellen können (Blalock, Robinson, Cunningham und Gray; Colette, Fischer und Zimmermann, Lee). Daneben soll auch unter normalen Verhältnissen zwischen Ductus thoracicus und Truncus lymphaticus dexter eine Verbindung durch kollaterale Kanäle bestehen (s. auch die Untersuchungen von Kubik oder Zschiesche).

d) Pathologie der Lymphgefäße

Schon vor der Einführung der Lymphangiographie hat es nicht an Versuchen gefehlt, in gestauten Extremitäten Störungen der Lymphbahnen oder zunächst der Lymphströmung nachzuweisen. So hat beispielsweise schon Homan Farbstoff in elephantiastisch veränderte Extremitäten injiziert. Butcher und Hoover konnten mit der Methode von Hudack und McMasters in der Umgebung von Ulcera cruris und „harten Lymphödemen" oberflächliche cutane Lymphbahnen nicht nachweisen, beim sog. „weichen Lymphödem" waren sie dilatiert und bei unkomplizierter Varicosis, bei kardialen und nutritiven Ödemen unauffällig. Kinmonth und Taylor fanden mit einer Farbstoffmethode bei allen untersuchten Fällen mit „idiopathischem Lymphödem" in der Haut ein Netz von dilatierten Lymphgefäßen und durch weitere Farbstoffinjektion während der Operation auch eine Erweiterung der tiefen Lymphgefäßstämme, die aber nur z. T. den Farbstoff enthielten, offensichtlich infolge einer Insuffizienz des Klappensystems. Die Feststellungen, daß der Inhalt der Lymphgefäße dabei je nach Lage sowohl vorwärts als auch rückwärts fließt und offenbar nur noch den Gesetzen der Schwerkraft folgt, erhärtete die Vorstellungen von der pathogenetischen Bedeutung des Lymphsystems und bestätigte darüber hinaus die zahlreichen klinischen Beobachtungen retrograder Lymphinfarkte bei malignen Tumoren, insbesondere Mammacarcinom (DRINKER, FIELD und HOMANS), ferner ZEIDMAN, COPELAND und WARREN).

Entscheidende Erkenntnisse über formale Veränderungen der Lymphgefäße bei elephantiastischen Zuständen waren mit diesen Methoden jedoch nicht zugewinnen. Hier brachte erst die Kinmonthsche Technik der *Lymphangiographie* (s. o.) eine Änderung.

Schon bei seinen ersten röntgenologisch untersuchten Fällen von „Lymphödem" konnte KINMONTH den zunächst überraschenden Nachweis führen, daß eine vollständige Verlegung der Lymphbahnen dabei nicht vorlag, wohl aber fanden sich deutliche Zeichen einer Klappeninsuffizienz. Bei der histologischen Untersuchung konnte dann nur eine Dilatation der Lymphgefäße festgestellt werden, deren Ausmaß etwa der Schwere des sog. Lymphödems entsprach.

Die nachfolgenden Untersuchungen, unter denen sich neben KINMONTH u. Mitarb. mehrere Forschergruppen wie SERVELLE und DEYSSON, TAYLOR, HARPER bzw. TRACY und MARSH, THERNBERG, KAINDL, MANNHEIMER, POLSTERER und THURNHER, COLLETTE, GERGELY, IMMINK, PROCOPEC und KOLIHOVA, JANTET, FUCHS, RÜTTIMANN und DEL BOUNO, JACOBSSON und JOHANSSON, DUPERRAT, BOURDON, DESPREZ-CURELY, PICARD und DANA, MÁLEK, WELIN, BELÁN und KOLC, RÜTTIMANN u. Mitarb., DEL BUONO, COCCHI, BOLLINI und MARLEY, BOWER, TZIROS, DEBBAS und HOWARD, WALLACE, JACKSON, SCHAFFER, GOULD, GREENING, WEISS und KRAMER, BORRIE und TAYLOR, FEINE, SCHÖN, TAPPEINER und PFLEGER auszeichneten (s. ferner das Symposion für Lymphographie beim IX. Internationalen Kongreß für Radiologie 1959 in München; Verhandlungsbericht erschienen 1961 bei Georg Thieme, Stuttgart und Urban & Schwarzenberg, München-Berlin), führten inzwischen zu recht einheitlichen Befunden und Ergebnissen (s. auch S. 331, 361 und 378):

Nach RÜTTIMANN können heute ein sog. primäres lymphatisches oder lymphogenes Ödem infolge Anomalien des Lymphgefäßsystems von einem sekundären auch objektiv unterschieden werden, welches nach erworbenen Lymphgefäß- und Lymphknotenveränderungen zustande kommt.

α) Das primäre lymphatische Ödem tritt in der 2. oder 3. Lebensdekade als „Lymphoedema praecox", seltener auch später als „Lymphoedema tardum" sowohl an den Beinen als auch an den Armen auf, möglicherweise auch im Gesicht (BORRIE und TAYLOR). Sehr oft führen erst an sich banale Infektionen, Traumata oder kleine operative Eingriffe zur Manifestation des Ödems, in anderen Fällen entwickelt sich die Schwellung aber auch spontan ohne erkennbare äußere Ursache bzw. auslösenden Faktor. KINMONTH, TAYLOR und HARPER haben zuweilen außerdem Vergesellschaftung mit Lymphknotenanomalien oder anderen Gefäßmißbildungen gefunden.

Lymphographisch finden sich in 55% (KINMONTH)- 65% (JANTET)- 70% (RÜTTIMANN) eine Hypoplasie, in 14—15% eine Aplasie und in weiteren 24—15% eine Ektasie des Lymphgefäßsystems.

Bei *Hypoplasie* sind die Sammelrohre, von denen sich normalerweise 5—10 zu einem Bündel vereinigen, auf 1—2 reduziert, das Kaliber ist ungleich weit, teilweise fehlen die Klappen. Die Ödembildung ist in dieser Gruppe nicht sehr stark ausgeprägt, meist auf Füße und Knöchel beschränkt, die Prognose daher gut. Einschränkend muß hierbei jedoch auf die histologischen Befunde von TURNHER aufmerksam gemacht werden, der dabei nicht, wie erwartet, eine anlagebedingte Unterentwicklung, sondern eine „Lymphangiopathia obliterans" mit Intimaverbreiterung bzw. -wucherung, fibrinoider und hyaliner Verquellung sowie Mediaatrophie aufgefunden hat (s. auch PFLEGER-SCHWARZ u. S. 344).

Bei der *Aplasie* weicht der subcutan injizierte Farbstoff sofort in die Gewebsspalten aus, so daß bei diesen Fällen eine Lymphographie meist nicht gelingt.
Klinisch wiesen diese Formen die schwersten, progressiven Ödeme auf, und histologisch waren nur unzusammenhängende Lymphräume in der Subcutis nachweisbar, fortlaufende Gefäße aber nicht zu erkennen.

Bei der *Lymphangiektasie* stellen sich erweiterte oder varicöse Lymphkanäle
dar, zuweilen auch ganze Kollateralen-Netze kleinster Lymphgefäße in der Haut.
Der Abtransport des Kontrastmittels ist deutlich verzögert, wenn es nicht sogar
zu einem sog. „cutanen Reflux" kommt. Die größeren Lymphstämme münden
meist in normale Lymphknoten und weisen keinerlei Anzeichen einer Obstruktion
auf. Diese Gruppe ist aber häufiger mit Anomalien der Blutgefäße, u. a. auch
arteriovenösen Fisteln vergesellschaftet (s. Abb. 23, S. 348 und 362).

Angeborenes Fehlen der Klappen beschrieben Lindvall und Lodin.

Isolierten cutanen Reflux („dermal backflow") bei normal angelegten Lymphgefäßen fanden Kinmonth bzw. Jantet in etwa 6% ihrer Fälle

Jantet vermutete hierbei eine Hypoplasie der Beckenlymphknoten oder -gefäße. Knap-
per berichtete schon im Jahre 1928 von einer Krankenbeobachtung mit abnormer Kommuni-
kation zwischen dem Chylussystem des Bauches und dem Lymphsystem der unteren Extremität mit Heilung nach operativer Beseitigung dieser Verbindung. Hierher dürfte auch die
Krankenbeobachtung von Gottron mit Chylurie gehören. Dem schließt sich die Einzelbeobachtung eines cutanen Refluxes bei einem 15jährigen Mädchen mit beidseitigem, seit der
Kindheit bestehendem Beinödem an, bei dem Wallace, Jackson und Greening eine Anomalie der Blutgefäße im Sinne eines kavernösen Lymphangioms zu beiden Seiten der Wirbelsäule in Höhe von L_{3-4} rechts bzw. T_{11-12} links nachweisen konnten mit Vermehrung der
Lymphbahnen in beiden Beinen.

Die seltenste Form des sog. Lymphödems der Beine stellen die Fälle mit *Reflux
von Chylus* in die peripheren Lymphgefäße über die dorsale Abdominalwand dar
(Servelle und Deysson; Jantet), die Kinmonth als Zeichen einer schweren
Insuffizienz der Lymphwege wertet. Die bei der Punktion eines Lymphraumes
am Bein erhaltene Flüssigkeit ist in diesen Fällen nicht klar, sondern milchig trüb.
Servelle hat eine Reihe derartiger Beobachtungen abgebildet, und Martorell
beschrieb einen Fall von chylösem Reflux, der mit einem Klippel-Trenaunay-
Syndrom und einer intraossalen arteriovenösen Fistel im 5. Lumbalwirbel einher-
ging, den er durch periiliacale Lymphangioektomie erfolgreich beeinflussen konnte.
Über einen selbst beobachteten Fall von chylösem „dermal backflow" in die
Scrotalhaut mit ausgedehnten Lymphangiektasien wird weiter unten berichtet
(S. 348 und 359).

Ganz besonders bemerkenswert erscheint die neuerdings festgestellte Tatsache,
daß die kennzeichnenden Veränderungen der Lymphgefäße bei primärem sog.
Lymphödem stets an *beiden* Extremitäten nachweisbar sind, auch wenn das Ödem
nur auf einer Seite vorhanden ist. Rüttimann erblickt in diesem Verhalten den
entscheidenden Unterschied zum sekundären einseitigen Lymphödem.

Diese Feststellungen dürfen bei der späteren Betrachtung der Ätiologie der
Elephantiasis nicht übersehen werden, denn sie weisen einmal darauf hin, daß ein
Faktor allein, wie hier das Lymphgefäßsystem, im allgemeinen nicht in der Lage
ist, auf die Dauer ein manifestes Ödem zu unterhalten. Zum anderen erscheint
aber nichts besser als diese Beobachtungen geeignet, um darzulegen, welch grundlegender Unterschied zwischen einer „Elephantiasis als Symptom" wie hier und
einer „Elephantiasis als Krankheit" besteht.

β) Das Syndrom von Nonne-Milroy-Meige. Die geschilderten Befunde an den
Lymphgefäßen, wie sie vor allem Servelle sehr ausführlich mitgeteilt hat, verstärken im Verein mit den neuen Befunden der Wankeschen Schule („Bifurkationssyndrom" von Gumrich) die Zweifel an der Einheitlichkeit des bisher sog. „Troph-

ödems" Nonne-Milroy-Meige [als dessen Erstbeschreiber von SCHROEDER und
HELWEG-LARSEN LETESSIER (1865) angegeben wird]. In allen einschlägigen Fällen
hat GUMRICH bisher irgendwelche Störungen des venösen Rückstromes nachweisen können (s. Abb. 21). (Lymphographische Untersuchungen s. o.)

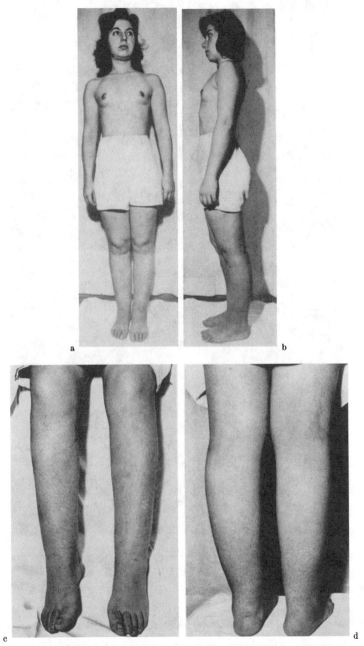

Abb. 21 a—h. „Milroy-Meige"-Syndrom mit idiopathischen Varicen. 25 Jahre alte Näherin, erkrankt in der
Menarche mit 12 Jahren: Schmerzen in den Beinen, Spannungsgefühl, synkopale vasomotorische Anfälle.
RR 125/66 mm Hg. Überschießende Wasserausscheidung beim Volhard-Versuch, intermenstruell Harnfluß und
Schlankerwerden der Beine. *Phlebographie:* idiopathische Varicen mit starker Erweiterung der Klappen bei guter
Durchgängigkeit der tiefen Venen

Die *Einteilung* der teils isoliert, teils familiär (Quincke, 1875), konnatal (Nonne, 1891; Milroy, 1892) oder peripuberal (Meige, 1899), beobachteten Krankheitsfälle mit allen ihren ,,Spielarten'' (Courtellemont) hatte ohnedies schon immer Schwierigkeiten bereitet. Meige hatte schließlich nur noch

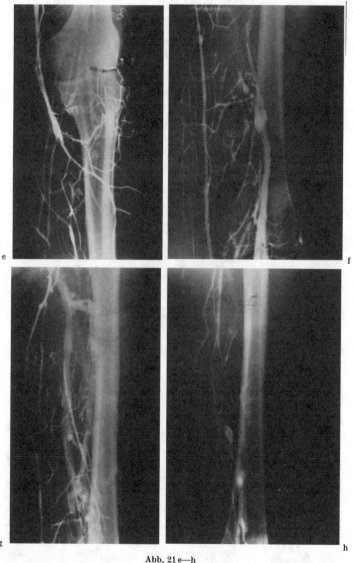

Abb. 21 e—h

a) heredofamiliäre, pubertäre,
b) kongenitale und
c) isolierte Fälle unterschieden,
während Courtellemont in

1. hereditäre, familiäre, nicht konnatale, meist während der Pubertät auftretende (Meige u. a.),

2. nicht hereditäre, nicht familiäre und nicht konnatale, in verschiedenem Alter auftretende, im Anschluß an ein Trauma, an Entzündungen oder ,,ohne Ursache'' entstandene,

3. hereditäre, familiäre und connatale (Nonne, Milroy und z. T. auch Meige) und

4. nicht hereditäre, nicht familiäre, jedoch konnatale Formen unterschied.

Im Anschluß an die Beobachtungen, die Pevny 1958 zusammenstellte, sind weitere ähnliche Mitteilungen erfolgt (s. auch Bloom):

Angeborene, familiäre Formen mit doppelseitigem Befall ohne (Watson, Steinke, Alslev, Pucinelli, Esterly und McKusik, Jones sowie Bologa, Sufleri, Danila und Deleanu) und mit Randsymptomen wie körperliche und geistige Unterentwicklung (Nonne: Anencephalie, Myopie, Debilität, Epilepsie, Manie und Dipsomanie, Akromegalie, vermehrte Behaarung: Alslev, Bloom, Hope und French, Sézary und Bolgert, Hering und Herklotz, Patzer, oder Ptosis der Augenlider und Schwachsinn: Bloom);

angeborene, nicht familiäre Formen ohne Randsymptome mit einseitigem (Lambrecht) oder doppelseitigem Befall (Kriner, Jones, Consiglio, Rollier), weiterhin angeborene, nicht familiäre Formen mit doppelseitigem (Allende, Bazex) oder einseitigem Befall (Runge, Storck), unter Einbeziehung von Gesicht und Händen (Greither, Stühmer, Jaeger, Osterland, sowie Einzelfälle von Drewes oder Radner), die von Kehrer dem erblichen Urticariasyndrom zugeordnet werden, die aber auch in Kombination mit anderen Anomalien bzw. familiärer Psoriasis gyrata beobachtet wurden.

Schließlich können angeborene, einseitige Formen mit anderen Gefäßmißbildungen einschließlich Lymphangiomen (Delacretaz und Geiser; Burstein; Enello; Kumer) und evtl. Entwicklungsstörungen (Bell) kombiniert sein, so daß wiederholt vermutet wurde, es lägen hierbei umschriebene Lymphangiome vor, die sozusagen das lymphatische Analogon zum Parkes- bzw. Sturge-Weber-Syndrom darstellten (vgl. auch Enell und Hahn). Bell diskutiert Beziehungen zur Ollierschen Krankheit (Dyschondroplasie, kombiniert mit multiplen kavernösen Hämangiomen) bzw. zu der von Inglis beschriebenen Kombination mit Neurofibromatosis, Hämangiomen und anderen kongenitalen Anomalien. Servelle, Albeaux-Fernet, Laborde, Chabot und Rougeulle nehmen neben einer durch eine fibro-vasculäre Mißbildung verursachten Venenkompression einer Extremität mit Zirkulationsstörung im Rahmen eines Klippel-Trénaunay-Syndroms auch eine Beeinflussung der tiefen Lymphwege an mit fallweise allerdings verschieden ausgebildeter lymphatischer Zirkulationsstörung, als deren Ausdruck ein evtl. auftretendes Ödem gewertet wird (s. auch Kumer).

Vom Vererbungsmodus her gesehen ist die Kombination mit Turner- bzw. Bonnevie-Ulrich-Syndrom besonders bemerkenswert (Joulia, Leuret, Texier und Maleville sowie Richart).

Auch unter den Krankheitsfällen mit späterer bzw. peripuberaler Manifestation im Sinne von Meige finden sich familiär auftretende Formen mit doppelseitigem (van der Molen, Mussler; Panos, Bourlond, Juchems) und einseitigem Befall (Consiglio; Lambrecht; Orfuss). Allerdings fällt dabei auch bei doppelseitigem Befall Bevorzugung einer Seite, meist der rechten auf, während bei einseitigem die linke Körperhälfte überwiegt, so daß hierbei der Verdacht auf ein kongenitales venöses Bifurkationssyndrom erweckt wird, obwohl auch Fälle bekannt sind, bei denen sich am scheinbar gesunden Bein die gleichen Lymphgefäßveränderungen fanden wie am manifest Kranken (s.o.).

Bei den Fällen von Levin bzw. Farber ist dagegen eine familiäre Dysproteinämie nicht ausgeschlossen, was von Whitfield und Arnott, Alslev und Franck sowie Osterland bei ihren Fällen aber nicht bestätigt werden konnte.

Ein nicht familiärer Fall mit Beteiligung beider Beine wird von Meyer beschrieben, ein ebensolcher mit einseitigem Befall von Janssen sowie Storck. Nicht familiäre Fälle mit weiteren Anomalien und ein- und doppelseitigem Befall beobachteten Wodniansky (Irisaplasie) Heinsen (Kolobom, Spina bifida), Alslev (Fehlbildung einer Rippe bzw. Dysplasia myodesmogonadica Günther), Sertoli (Desmesenchymopathie), Szarmach (Keratoma palmare et plantare, Pachyonychie) sowie Traub. Bei der von Peyri mitgeteilten Krankenbeobachtung mit Elephantiasis der Extremitäten und des Gesichtes bei allgemeiner Bindegewebsfibrose, die auch das Lungenparenchym mit einbezog, vermutete der Autor selbst eine systematisierte, möglicherweise sogar tuberkulotoxisch bedingte Gefäß- und Bindegewebskrankheit. Eine Bevorzugung einer bestimmten Körperseite ergibt sich bei diesen Fällen nicht (re:li = 5:5). Kombination mit Lymphcysten beschrieb Michnik.

Solange aber sowohl die Einzelfälle als auch die befallenen Familien nicht eingehend angiologisch und lymphangiographisch klassifiziert sind, wie es Blocker sowie Kinmonth mit ihren Arbeitsgruppen in Angriff genommen haben, erübrigen sich Diskussionen, die sich nur auf das äußere Erscheinungsbild stützen können.

Immerhin läßt sich bis jetzt aber erkennen, daß bei den hereditären Fällen der *Erbgang* irregulär-dominant ist. Nach Haldane erfolgt die Vererbung teils autosomal, teils x-gebunden dominant bzw. inkomplett geschlechtsgebunden. Schroeder und Helweg-Larsen fanden bei ihren kongenitalen Fällen einen Quotient ♀:♂ von 1,29 (mit einem Mendelindex von 0,47), bei den Tardaformen einen solchen von 1,58 (Mendelindex = 0,46). Das Verhältnis von Männern zu Frauen betrug bei den von Pevny zusammengestellten Fällen 39:64. 15 „angeborenen" Fällen (mit einem Geschlechtsverhältnis von 8:2) standen 29 „puberale" (mit einem Geschlechtsverhältnis von 8:18) und 18 Fälle mit anderen Manifestationsterminen gegenüber, bei 15 Fällen war kein Krankheitsbeginn angegeben. Langsteiner stellte 34% angeborene gegenüber 66% nicht angeborenen Formen fest (davon 16% pubertäre und 12% mit Entstehung im Beginn des Klimakteriums) Insgesamt waren Bloom schon 20 Familien mit mehr als 100 Befallenen bekannt. Schroeder und Herweg-Larsen sammelten von dem kongenitalen erblichen Typ 21 Familien, von dem präpuberalen 26. (Weitere Beobachtungen s. auch Whitfield und Arnott, Cook und Moore, Dencker und Gottfries, Kinmonth, Alslev und Franck oder Hagy und Danhof, ferner Steiner sowie Braham und Howell).

Die Beobachtungen von gleichartigen Lymphgefäßveränderungen an nicht befallenen Extremitäten der gleichen Person (Thurnher) oder von Familien, in denen sowohl ein- als auch doppelseitiger Befall vorkommt, stellt das Symptom der Manifestations*form* als zuverlässiges Kriterium ebenso in Frage wie der unterschiedliche Beginn mit oder ohne vorausgegangenes Trauma (bzw. Infektion) das der Manifestations*zeit*.

So fanden sich in der von Bloom untersuchten Familie unter 6 Kranken 3mal hochfieberhafter Beginn mit erst später nachfolgendem Ödem. Bemerkenswert erscheint die Beobachtung von Schröder und Helweg-Larsen, wonach die Manifestationszeit in bestimmten Familien sehr konstant (früh oder spät) ist (Individualfaktoren von Gottron), während in der „Originalfamilie" von Milroy mit 22 Fällen unter 97 Familien-Mitgliedern aus nunmehr 6 Generationen das Alter der Erstmanifestation variiert. Eine spätere Veröffentlichung zeigte unter 30 weiteren Nachkommen der 5., 6. und 7. Generation nur noch 2mal das Symptom auf, so daß die Möglichkeit nicht abgelehnt werden kann, daß durch die Ehen mit gesunden, nicht belasteten Gatten die Penetranz erheblich zurückgedrängt wurde.

Zurückhaltung ist auch gegenüber allen bisher angestellten ätiologischen Hypothesen zu bewahren. Wie vorsichtig man mit vorschnellen Interpretationen sein muß, zeigen Beobachtungen von Gumrich, bei denen sich als Ursache eines „idiopathischen" Ödems mit peripuberaler Manifestation ein Beckenvenenstau fand, der lediglich durch eine Kompressionswirkung zustande gekommen war und der sich nach dem Vorschlag von Dick durch Abmeißelung einer Wirbelkante am Promontorium bzw. Verlagerung der A. iliaca commun. vollständig beheben ließ. Die mechanische Ursache war damit bewiesen. Nach dem Geschlecht der Probandinnen und dem Krankheitsbeginn zu vermutende „hormonelle Faktoren" können in diesen Fällen nur noch indirekt über eine mit der Pubertät einhergehende Veränderung der Statik geltend gemacht werden (vgl. Amyot, Goldschlag, Hoffmann, Leven, M. Guire und Zeek, Moniz, Petracek, Rietti). Solche Beobachtungen machen ferner das Auftreten nicht erblicher Fälle wieder wahrscheinlich, nachdem beispielsweise Bloom das Bestehen einer nichthereditären Gruppe abgelehnt hatte mit der Begründung einer verschiedenen Expressivität des Merkmals.

Auf alle Fälle sollte jedoch der Ausdruck „Trophödem" endgültig ausgemerzt werden, da er auf die Annahme von MEIGE zurückgeht, die Ursache der Schwellungszustände beruhe auf einer Störung eines (hypothetischen) trophischen Zentrums im Rückenmark, was inzwischen nicht bestätigt werden konnte (s. auch MABILLE, RAPIN oder LÉRI).

Das schließt jedoch die *Mitwirkung vasomotorischer Störungen* nicht aus (MILROY, BOLTEN, BUMKE und FOERSTER, FABER und LUSIGNAA, MELLI, VALOBRA). In einem Beobachtungsfalle von GOTTRON, bei dem im Anschluß an eine operative Lähmung des linken Nervus radialis und medianus eine Elephantiasis auftrat, sind derartige Zusammenhänge zwischen Nervenläsion und Elephantiasisentwicklung sogar besonders offensichtlich. Insbesondere behalten vasomotorische Störungen auch Bedeutung bei den erblichen Formen, bei denen, wie von anderen

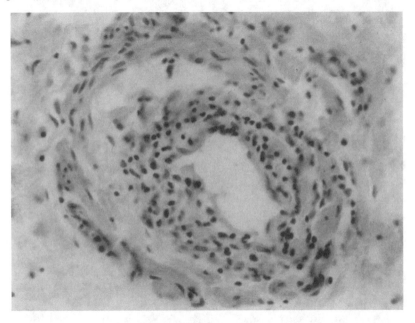

a

Abb. 22a—c. Lymphangitis acuta. [Nach TAPPEINER u. PFLEGER, Hautarzt **15**, 220 (1964).] a Entzündliche Infiltrate subintimal und um die Blutcapillaren der Lymphgefäßwand

erblichen Hautkrankheiten (z. B. der Oslerschen Krankheit) her bekannt ist, nach GOTTRON das Erbliche ebenfalls in einer gestörten Funktion gegeben ist, welche die Veränderung der Form erst bedingt. So nehmen auch SCHROEDER und HELLWEG-LARSEN eine mangelhafte Kontraktionsfähigkeit der Arteriolen infolge einer allgemeinen Dysplasie des elastischen Gewebes an, wodurch der Druck im arteriellen System bis weit in die Capillaren übertragen werden kann. Durchblutungsstörungen finden sich noch bei einer Reihe weiterer Krankheitszustände mit mesenchymalen Bildungsstörungen, wie beispielsweise beim Pseudoxanthoma elasticum bzw. Cutis laxa und Turner-Syndrom oder der idiopathischen Lungenhämosiderose (Übersicht s. bei H. FISCHER). Eine diencephal-hypophysäre Störung (SCHALTENBRAND; PATZER) ließ sich indessen ebenfalls nicht regelmäßig nachweisen.

Eine Sonderstellung nehmen schließlich noch die Fälle mit alleinigem Befall der oberen Extremitäten, des Gesichtes (und evtl. des Scrotums) ein, die KEHRER oder HERING und HERKLOTZ nicht mehr zur „erblichen Elephantiasis" rechnen, die jedoch gelegentlich zum

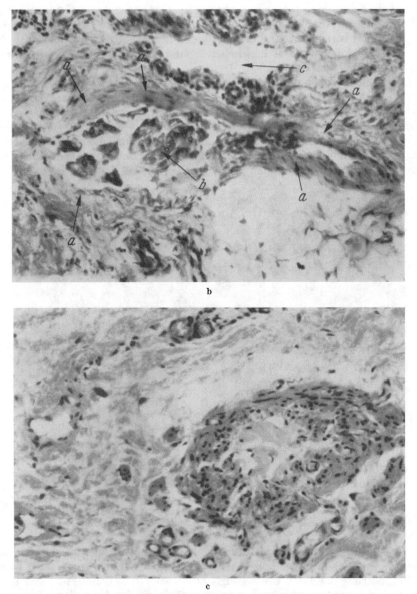

b

c

Abb. 22 b u. c. b Endolymphangitis proliferans. *a* Lymphgefäßwand, *b* epithelähnliche Zellen, *c* Lymphcapillare
c Lymphangitis chronica fibrosa obliterans (links im Bild erweiterte Lymphcapillaren)

Beweis dafür angeführt werden, daß es sich um eine Anlagestörung des Bindegewebes handle
(Lambrecht, Linke, Pucinelli). Allerdings scheinen andere Krankheitszustände, wie beispielsweise ein Melkersson-Rosenthal-Syndrom, nicht immer mit genügend großer Sicherheit
ausgeschlossen.

γ) **Sekundäre lymphatische Stauungsödeme** sind lymphangiographisch meist
dadurch gekennzeichnet, daß sich Abbrüche, d.h. Verschlüsse von Lymphbahnen
darstellen.

a) Bei entzündlichen Gefäßveränderungen, z.B. im Verlauf rezidivierender
Lymphangitiden, sind die subcutanen Lymphgefäße plötzlich unterbrochen, und

das Kontrastmittel fließt an diesen Stellen über Nebenkanäle rückwärts und weicht in die Lymphcapillaren der Haut aus (RÜTTIMANN) (s. S. 347).

Beim chronisch-rezidivierenden Erysipel der unteren Extremitäten fanden TAPPEINER und PFLEGER die Lymphgefäße nur bei 3 von 19 Kranken makroskopisch und histologisch normal. Bei den übrigen Kranken waren die zwischen Corium und Subcutis verlaufenden Lymphgefäße erweitert und entzündlich verändert (Lymphangitis acuta simplex) (Abb. 22a). Endothelwucherungen (Endolymphangitis proliferans) (reaktive ?, Abb. 22b) führten im Verein mit einer Fibroblastenvermehrung der Subintima bis zum Verschluß der Gefäßlichtung (Lymphangitis productiva). Wucherung, Homogenisierung, Induration und Sklerosierung des Bindegewebes der übrigen Wandschichten zeichnen die Endolymphangitis obliterans aus. Die Lymphangitis chronica fibrosa obliterans (Abb. 22c) geht schließlich mit vollständiger narbiger Gefäßobliteration einher. Daneben waren aber auch die kleineren Blutgefäße mit Erweiterung, Vermehrung und perivasculärer Zellinsuffizienz beteiligt. Eine feste Beziehung zwischen Art und Intensität der Lymphgefäßveränderungen und der Dauer der Erkrankung, der Häufigkeit der Rezidive und dem Ausmaß des Ödems war aber nicht herzustellen. Dagegen konnten aus der Verteilungsweise des injizierten Farbstoffes in der Haut schon wichtige Schlüsse auf die Beschaffenheit des Lymphgefäßsystems gezogen werden: Je weniger gut der Farbstoff resorbiert wurde, desto schwerer verändert erwiesen sich die Lymphgefäße. Bei vollständigem Verschluß entstand an der Injektionsstelle nicht wie gewöhnlich eine durchscheinende Quaddel, sondern der Farbstoff breitete sich sofort bis zur Größe einer Handfläche gleichmäßig aus mit unscharfer Begrenzung. In den angefärbten Hautarealen ließen sich bei Lupenbetrachtung zuweilen noch eine ganz zarte netzartige Zeichnung erkennen, die wohl den noch verbliebenen Lymphcapillaren entsprechen dürfte.

b) Hinzu kommt Lymphgefäßverschluß nach größeren chirurgischen Eingriffen an Lymphknotenstationen, beispielsweise im Rahmen einer Mammaamputation,

c) bei ausgedehnten Tumorinfiltrationen von Lymphknoten (ALLEN; MONTGOMERY),

d) nach Röntgenbestrahlung derselben oder

e) bei entzündlichen oder granulomatösen Lymphknotenerkrankungen.

f) KAINDL, MANNHEIMER, POLSTERER und THURNHER sehen auch Veränderungen der Lymphbahnen bei Phlebothrombose für die Entstehung einer ödematösen Schwellung als mitverantwortlich an.

Weiter ist auf die *Beteiligung des Lymphgefäßsystems bei der akuten Thrombophlebitis bzw. Phlebothrombose* und beim postphlebitischen Syndrom noch näher einzugehen. Die Ergebnisse der einzelnen Untersucher sind jedoch noch nicht einheitlich.

Nach den Feststellungen von KAINDL, MANNHEIMER, PFLEGER-SCHWARZ und THURNHER oder BOWER bzw. TOSATTI sollen bei Entzündungen in präfascialen Venen (z. B. Thrombophlebitis der Vena saphena magna) selbst bei vollständiger Thrombosierung keinerlei Veränderungen am Lymphgefäßsystem auftreten, ungeachtet des Verlaufes der Bahnen des präfascialen vorderen Längsbündels in der unmittelbaren Nachbarschaft der V. saphena magna. Demgegenüber fand COLLETTE bei akuter Entzündung eine teilweise Verlegung der Lymphbahnen und später eine lymphatische Hypervascularisierung. Desgleichen wies WALLACE als Besonderheit bei akuter Thrombophlebitis auf eine Dilatation der lokalen Lymphgefäße hin. Bei chronischer Thrombophlebitis des Beines fand der gleiche Untersucher eine Verminderung der Weite und der Zahl der Lymphgefäße. Diese Beob-

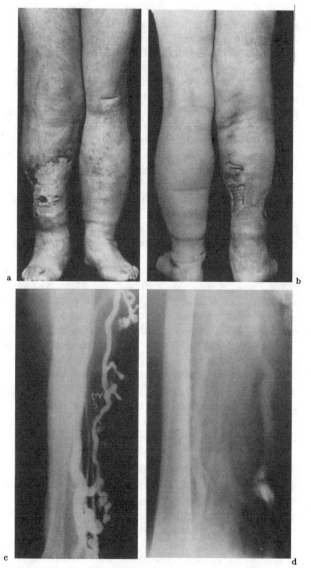

Abb. 23 a—k. Elephantiasis (a u. b) bei primärer Varicose (c, d) und rezidivierendem Erysipel, mit ausgedehnten Wandveränderungen der Lymphgefäße und Lymphangiektasien (e—k), sowie cutanem Reflux vom inneren Längsbündel am Oberschenkel zur Außenseite des Kniegelenks (g, h, i), wo noch nach 24 Std Kontrastmittelreste nachweisbar sind (k)

achtungen entsprechen im allgemeinen der klinischen Erfahrung, daß bei Thrombophlebitis der oberflächlichen Venen meist kein sog. Stauungsödem auftritt.

In einem eigenen Beobachtungsfalle von ausgedehnter Elephantiasis bei primärer Varicosis konnte Schön jedoch ebenfalls Kaliberveränderungen der Lymphgefäße am Unterschenkel nachweisen und außerdem einen back-flow von der Innenseite des Oberschenkels zur Außen- und Beugeseite des Knies, wobei hier das Kontrastmittel noch nach 24 Std nachweisbar war! (Abb. 23).

Bei der *tiefen Phlebothrombose* scheint nach Ansicht von Kaindl u. Mitarb. (ganz im Gegensatz zu den Verhältnissen bei der oberflächlichen Thrombophlebitis)

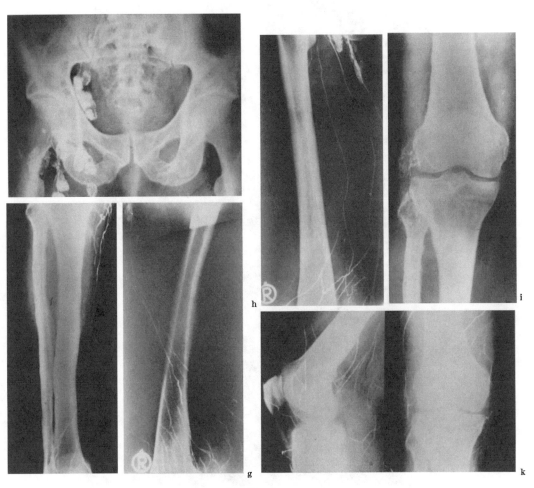

Abb. 23 e—k

im akuten Stadium der Entzündungsprozeß der Venen sehr leicht auf die unmittelbar benachbarten Lymphgefäße überzugreifen. Infolgedessen entstehen auch
in diesen ausgedehnte Thrombosen, die den Lymphstrom hemmen und zum Aus-
weichen in die präfascialen Bahnen zwingen (Abb. 24). In den Fällen, bei denen
sich keine Veränderungen an den Lymphgefäßen fänden, nehmen FÖLDI und seine
Schule an, daß ein reflektorischer Lymphangiospasmus die Insuffizienz des
Lymphgefäßsystems verursache, denn jedes bei einer Phlebitis beobachtete lokale
Ödem sei ein unzweifelbarer Beweis dafür, daß die Lymphströmung aus dem betroffenen Gebiet insuffizient geworden ist[1].

Daneben ist aber auch die Vorstellung möglich, daß der Entzündungsschmerz
zu einer reflektorischen Ruhigstellung der Muskulatur führt und ein evtl. vorhandenes (entzündliches) Ödem aufgrund des besonderen anatomischen Baues der
Lymphcapillaren (s. o.) eine zusätzliche fixierte Weitstellung der Lymphcapillaren

---

[1] *Anmerkung bei der Korrektur:* Neuerdings haben LOFFERER und MOSTBECK die lymphatische Resorptionsstörung der tiefen Lymphbahnen nach Thrombose mit radioaktivem Gold
szintigraphisch bewiesen.

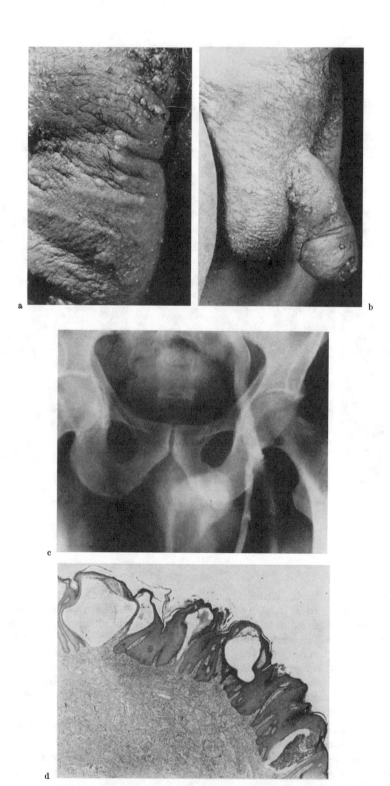

Abb. 24a—d. Stauungsödem des Penis und des Scrotums mit Lymphangiektasien nach Operation und Nachbestrahlung der Leistenlymphknoten vor 13 Jahren (a, b). Phlebographisch Verlegung der V. saphena in Höhe
der Einmündung in die V. femoralis (c). Ausgedehnte subepitheliale Lymphangiektasien (d). Besserung
(einschließlich der Lymphangiektasien) nach Phlebolyse (40 Jahre alter Maurermeister)

verursacht. Auf diese Weise wäre die „doppelte Pumpwirkung" (s. o.) wirksam ausgeschaltet, so daß der Lymphstrom sistieren müßte.

(Auf die gleiche Weise erklären übrigens Bower, Tziros, Debbas und Howard bestimmte sekundäre Lymphgefäßveränderungen im chronischen Stadium als Ödemfolge, wodurch dasselbe im Sinne eines Circulus vitiosus weiter verstärkt und unterhalten wäre.)

In späteren Stadien können thrombosierte Lymphbahnen wie die Venen rekanalisieren; daneben werden aber auch kennzeichnende Veränderungen an den präfascialen Lymphgefäßen nachweisbar, die jedoch stets auf den Bereich beschränkt sind, in dem die Entzündung der tiefen Venen abgelaufen ist (Kaindl u. Mitarb.; Malik u. Mitarb.).

Noch später gesellen sich mehr oder weniger zwangsläufig die wiederholt beschriebenen (sekundären) Lymphangiektasien bzw. Lymphvaricen hinzu (Abb. 23), die auf anatomischen, meist sklerosierenden Wandveränderungen beruhen und ihrerseits Veränderungen der Permeabilität der Lymphwand, des canaliculären Lymphrückflusses und der Lymphdiffusion bedingen (Drinker, Field und Homans; Bollini und Marley). Kaindl, Mannheimer, Pfleger-Schwarz und Thurnher haben die histologischen Unterschiede von primären und sekundären Lymphvaricen sehr eingehend geschildert. Collette kennzeichnet die postthrombotischen Folgezustände am Lymphgefäß mit der Symptomentrias: erworbene Lymphangiektasie, endoparietale Veränderungen und chronische Stase.

Die Einbeziehung der regionären Lymphknotengruppen bzw. die Beteiligung von pelvinen Lymphgefäßen scheint bei sekundären Lymphangiopathien für die Ausbildung eines Ödems ebenfalls von großer Bedeutung zu sein. Außer Kaindl u. Mitarb. haben Drinker, Field und Homans, Homans sowie Jantet entsprechende Beobachtungen mitgeteilt.

Die sog. „retrograde Lymphcapillarenfüllung" („dermal back flow") soll für einen derartigen hochsitzenden Verschluß der großen Lymphstämme so kennzeichnend sein, daß Kinmonth in diesem Falle sogar auf einen unmittelbaren Nachweis desselben verzichten zu können glaubt (s. auch Watson) (vgl. auch S. 359).

Demgegenüber konnten bislang nach Beckenvenenthrombose, operativer Unterbindung der Vena femoralis oder sogar der V. cava caudalis keine Veränderungen an den präfascialen Lymphgefäßen nachgewiesen werden, unabhängig davon, ob ein Ödem auftrat oder nicht (s. aber die eigene Beobachtung D. M., Abb. 19b).

g) Ganz besonders hervorzuheben sind die lymphangiographischen Befunde von Collette beim *posttraumatischen Ödem*, bei dem gleichzeitig aber auch Veränderungen an den tiefen Venen nachzuweisen waren. Damit dürfte bewiesen sein, daß auch diesem Syndrom eine kombinierte lymphatische *und* venöse Abflußstörung zugrunde liegt.

h) Schließlich hat Malek im Tierversuch bei unspezifischen und spezifischen Entzündungen (so u. a. bei experimentellen Staphylokokken- und Anthraxinfektionen) in den regionären Lymphknoten Veränderungen festgestellt, die er als „Symptom des zerstückelten Kontrastes" kennzeichnet und die für die Pathogenese der Elephantiasis (neben den Veränderungen der Lymphgefäße) von besonders großer Bedeutung erscheinen: So ergaben sich beispielsweise bei einem durch Staphylokokken-Entzündung veränderten Lymphknoten im Augenblick der maximalen Anfüllung mit Kontrastmittel gröbere Abweichungen in der Größe, der Kontur und Struktur des Knotens. In der Folgezeit wurde der Kontrast auffallend ungleichmäßig, und beim Vergleich mit den histologischen Veränderungen ergab sich, daß die „Zerstückelung des Kontrastes" dadurch entsteht, daß das

Kontrastmittel aus hyperämischen Stellen schneller verschwindet, während es aus thrombosierten und nekrotischen Stellen verzögert resorbiert wird.

Darüber hinaus gelang es diesem Untersucher mit der sog. zweizeitigen funktionellen Lymphographie, bei der zuerst ein kristalloider und nachher ein kolloidealer Kontraststoff injiziert wird, noch weitere pathologische Zustände festzuhalten. So zeigte beispielsweise ein Lymphophlebogramm bei Anthraxinfektion „die gleichzeitige Anfüllung der Lymphgefäße und Venen hinter dem Lymphknoten oder eine Stauung im Lymphgefäß, und zwar hinter dem entzündlich veränderten Knoten, oder eine Transport-Afunktion, wo das Lymphogramm an eine Blume am Stengel erinnert".

Die diagnostischen Möglichkeiten dieser lymphangiographischen Methoden sind indessen ebenfalls nicht uneingeschränkt. So kann in der Regel nur eines der größeren Lymphgefäßbündel einer Extremität dargestellt werden, während die tiefen Gefäße und erst recht die Oberflächen-Plexus, wie sie sich besonders bei der Hypoplasie nach s.c. Farbstoffinjektion darstellen (s. bei THURNHER), in der Regel nicht erfaßt werden. Übertritt von Kontrastmittel in das umgebende Gewebe durch Extravasat und Diffusion kann zudem die Beurteilung oft erschweren. Schließlich erscheint zumindest bei Verwendung öliger Kontrastmittel das Problem der Speicherung in der Lunge noch nicht befriedigend gelöst.

δ) Besonders bedeutsam wird schließlich die Störung des Lymphabflusses beim *genito-ano-rectalen* Syndrom (HUGUIER-JERSILD).

Historisch gesehen hat HUGUIER den Begriff Esthiomène zunächst für chronisch vegetierende und teilweise elephantiasische, fistelnde und ulcerierende Veränderungen des weiblichen Genitale geprägt, die lange Zeit dem Formenkreis des Lupus vulvae zugeordnet wurden. FOURNIER beschrieb die Beteiligung der Leistenlymphknoten beim Vulvaödem, ohne dieses Syndrom, das er zwar als luisch bedingt ansah, dem von ihm ebenfalls beschriebenen Syphilôme anorectal an die Seite zu stellen (das LARSEN schon 1849 als „entzündliche Rectumstriktur" beschrieben hatte).

KOCH fand dann auch beim nicht luischen ulcerierenden Vulvaödem fast regelmäßig eine Beteiligung der inguinalen Lymphknoten, deren Verödung bzw. operative Entfernung er für die Stauung im Zuflußgebiet verantwortlich machte. Er bemerkte zwar gelegentliches Auftreten einer Rectumstriktur, aber es blieb doch JERSILD vorbehalten, auf die Häufung dieser Kombination hinzuweisen und als gemeinsame Ursache der Elephantiasis genito-ano-rectalis die entzündliche Verlegung der Gerotaschen Anorectallymphknoten zu erkennen, deren Zusammenhang mit einer Infektion mit Lymphogranuloma inguinale jedoch erst FREI und KOPPEL nachwiesen. Schließlich stellten BARTHELS und BIBERSTEIN dem Esthiomène der Frau die Elephantiasis penis et scroti beim Manne gegenüber (s. auch BANDMANN).

Die besonderen anatomischen Gegebenheiten des Lymphabflusses aus dem männlichen und weiblichen Genitale, wie sie GEROTA, QUÉNU und HARTMANN, BRUHNS, sodann aber auch JERSILD sowie insbesondere BARTHELS und BIBERSTEIN untersucht haben, und die daraus sich ergebenden klinischen Unterschiede, finden sich in dem Beitrag HENSCHLER-GREIFELT und SCHUERMANN in Bd. VI/1, S. 560 dieses Handbuches im Rahmen der Spätmanifestationen des Lymphogranuloma inguinale ausführlich dargestellt, so daß auf eine Wiederholung verzichtet werden kann (s. auch Abb. 25).

Die anatomischen Besonderheiten bedingen auch den unterschiedlichen Befall von Elephantiasis ano-rectalis bei Mann und Frau (s. auch Handbuch VI/1, S. 572). Beim Manne bleibt die Infektion an den regionären inguinalen Lymphknoten hängen, während die Abwehr bereits anläuft. Bei der Frau geht die Infektion dagegen meist von der Vagina oder der Portio aus und unmittelbar zu den intrapelvikalen und ano-rectalen Lymphknoten, was deren häufigeren Befall erklärt (s. auch KEINING und BRAUN-FALCO: Dermatologie u. Venerologie; München, 1961, S. 48).

Lymphographische Befunde bei einem Fall von Elephantiasis des Penis und des Scrotums haben neuerdings DE PERRAT und seine Arbeitsgruppe vorgelegt. Nach MALEK besitzt der Hoden ein reiches lymphatisches Netz und abführende Gefäße, die über die Vasa spermatica zu den präcavalen und lateroaortalen Lymphknoten führen, die dicht unter der Abzweigung

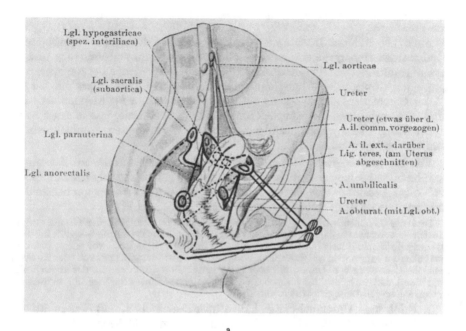

a

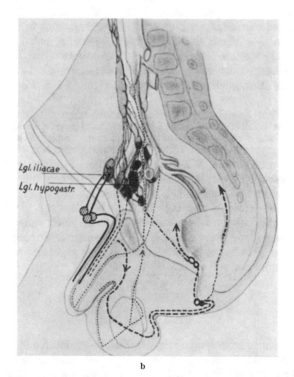

b

Abb. 25. a Schematische Zeichnung des Abflußgebietes des Penis und der Anastomosen (unter Zugrundelegung einer Zeichnung von BARTELS). b Schematische Zeichnung der Lymphgefäße und regionären Drüsen der weiblichen Geschlechtsorgane. Die geschlossenen Sperrkreise nach Verlegung der Lgl. iliacae und hypograstricae und der Lgl. anorectales sind ohne weiteres ersichtlich (unter Zugrundelegung einer Abbildung von BARTELS I. c) der Nierengefäße liegen und weiter in die Cysterna chyli und manchmal auch zum Ductus thoracicus führen.

Auch bei anderen Infektionen, die mit einer genitalen oder genito-analen Elephantiasis einhergehen, wird die Rolle der Lymphknotenbeteiligung und der daraus resultierenden lymphatischen Stauung immer wieder hervorgekehrt. So kann nach Gottron eine lymphonoduläre kolliquative *Tuberkulose* mit der sich daraus ergebenden Lymphstauung ein wesentlicher Faktor für Elephantiasis sein, „und dies auch gerade gelegentlich im Bereich des Genitale, was in Abgrenzung zu der durch das Lymphogranuloma inguinale verursachten Elephantiasis des Genitales hervorzukehren ist".

Von besonderer grundsätzlicher Bedeutung erscheinen in diesem Zusammenhang Krankenbeobachtungen von Gottron sowie Haschek, bei denen es im Verlaufe eines Prostata- bzw. metastasierenden Rectum-*Carcinoms* zur Ausbildung einer genitalen Elephantiasis gekommen ist.

Derartige Beobachtungen stellen aber im Vergleich zur Häufigkeit der Grundkrankheit offenbar eine Ausnahme dar. Es sind zudem aber auch Krankheitsverläufe bekannt, bei denen eine genitale Elephantiasis bei Lymphogranuloma inguinale, ohne bzw. vor einem Befall der Lymphknoten aufgetreten ist (Barthels, Gay-Prieto und Joffre, Kleeberg oder Rousset; wobei die Mitteilung von Jadassohn aber nicht verschwiegen werden soll, der klinisch nicht vergrößerte und unverdächtig erscheinende Inguinallymphknoten bei der mikroskopischen Untersuchung vollständig destruiert antraf).

Nachfolgende Untersuchungen haben überdies ergeben, daß den genito-ano-rectalen Erscheinungen bei Lymphogranuloma inguinale feingeweblich keineswegs nur Stauungserscheinungen, sondern stets auch als weitgehend spezifisch gedeutete, entzündlich-granulomatöse Veränderungen zugrunde liegen, wie dies in gleicher Weise bei der Tuberkulose der Fall ist. Und schließlich konnte die Rolle der *Lues* trotz des regelmäßigen Befalls des Lymphsystems in diesem komplexen pathogenetischen Geschehen als schädigendes Agens nie sicher bestätigt werden, so daß — wie Henschler-Greiffelt und Schuermann resigniert feststellen — die Zusammenhänge, falls solche überhaupt bestehen, einstweilen im Dunkeln bleiben müssen. (Bezüglich der Elephantiasis scroti bei Filarienbefall s. Abschnitt IIB, 4c).

Auf weitere, nicht bedeutungslose, offenbar nerval-segmentale Beziehungen zwischen Genitalgegend und dem Rectum hat neuerdings Eissner aufgrund einer Krankenbeobachtung von sog. Lymphoedema chronicum penis et scroti bei Enteritis regionalis aufmerksam gemacht (s. entsprechende Lymphverbindungen über Cronquistsche Stränge, vgl. S. 332).

Aus alledem geht hervor, daß der lymphatischen Stauung in der Pathogenese des genito-ano-rectalen Symptomenkomplexes zumal auch in der Ausprägung des klinischen Erscheinungsbildes und der Bevorzugung des weiblichen Geschlechtes eine wichtige, vielleicht sogar entscheidende, aber dennoch nicht die allein ausschlaggebende Rolle zukommt, sondern auch hierbei noch andere Faktoren wirksam werden müssen, wie sie u. a. in dem Auftreten einer Superinfektion oder der Ausbildung eines (spezifischen) Granulationsgewebes gegeben sind, worüber weiter unten noch zu berichten sein wird.

II. Infektion

Der andere ätiologische Faktor für das Zustandekommen eines Elephantiasissyndromes ist, wie Wirz schon ganz eindeutig herausgearbeitet hat, die *Infektion*. Dabei scheint es offenbar bedeutungslos zu sein, ob die Infektion primär auftritt und einen ödematösen Stauungszustand erst nach sich zieht, oder ob sie umgekehrt erst zu einem solchen hinzutritt, was durch die offensichtliche Abwehrschwäche (oder Infektionsbereitschaft) des ödematösen Gewebes außerordentlich begünstigt wird.

Bei der überragenden Rolle des *Erysipels* ist bei Vorliegen eines anderen spezifisch-granulomatösen oder parasitären infektiösen Krankheitszustandes darüber hinaus stets die Frage zu klären, wieweit diesem in der Pathogenese eine eigene, selbständige Bedeutung zukommt, oder ob es sich lediglich um eine assoziierte Infektion handelte, die den Erregern des Erysipels nur den Weg bereitete und als „Leitschiene" diente, wie es ähnlich bei der Aktinomykose der Fall ist (vgl. NETHERTON und CURTIS: sekundäre Streptokokken-Lymphangitis als Hauptursache einer sog. syphilitischen Elephantiasis).

CASTELLANI zählt als Ursache einer sog. Pseudoelephantiasis („Elephantiasis symptomatica") außer Syphilis, Frambösie, Tuberkulose, Poroadenose sogar Neoplasien oder chirurgische Maßnahmen auf; hinzu kommt evtl. auch noch die Leishmaniose (HIGOUMENAKIS), Gonorrhoe (?) oder das Ulcus molle (GOUGEROT).

1. Erysipel, Staphylo- und Streptokokkeninfektionen

Die Darlegungen von WIRZ über die Bedeutung der Strepto- und Staphylokokkeninfektion in der Pathogenese der Elephantiasis (als Krankheit) sind durch OCHSNER, LONGACRE und MURRAY aufgrund von 160 weiteren Literaturstellen ausführlich ergänzt worden (s. ferner BUCHAL; BIENECK; FERRARA; GONDESEN; GOUGEROT und CARTEAUD, JAEGER und DELACRÉTAZ; MERCADAL-PEYRI; MIETKE-UNNA; MILIAN; ORMSBY, RAMOND). Danach kann an der besonderen Rolle von Infektionen mit pyogenen Kokken kein Zweifel mehr bestehen. Es scheinen jedoch ganz bestimmte Infektions- und individuale Reaktionsformen zu sein, die zur Entwicklung eines Elephantiasissyndroms weiterführen, insbesondere solche, die, wie das Erysipel, mit Allgemeinerscheinungen einhergehen und auch entsprechende allgemeine humorale (und evtl. auch tissuläre) Abwehrreaktionen auslösen.

FLOCH hat (1935) von Kranken mit „endemischer Lymphangitis der warmen Länder" zwei Stämme von hämolytischen Streptokokken isolieren können, die zur Gruppe der A. Lancefield klassifiziert wurden, mit den serologischen Typen von GRIFFITH aber nicht in Einklang zu bringen waren. Der Untersucher weist darauf hin, daß die bei den menschlichen tropischen Lymphangitiden und elephantiasischen Veränderungen vorkommenden Streptokokken nur in den seltensten Fällen die für diese Erreger typischen Komplikationen wie Eiterungen u.a. verursachen. JAUSION fand bei Kranken mit Elephantiasis eine besondere Empfindlichkeit gegen Streptokokkentoxine, der er ebenfalls eine pathogenetische Bedeutung beimißt.

Aus dem Schrifttum hat PEVNY ferner 65 Fälle von Kranken mit sog. Nonne-Milroy-Meige-Syndrom zusammengestellt, bei denen die Veränderungen ihren Ausgang von unspezifischen Entzündungen genommen hatten. Dabei handelte es sich in mindestens 35 Fällen um nachweisbares rezidivierendes *Erysipel* oder Kranke mit Erysipel in der Anamnese. Bei den restlichen 27 Fällen lagen zum großen Teil „offene" Hautveränderungen oder Verletzungen (Hundebiß, Verbrennung) vor, so daß eine Superinfektion mit Strepto- oder Staphylokokken nicht ausgeschlossen werden kann.

Eine Superinfektion muß zunächst auch bei Beobachtungen einer Elephantiasis nach Pyorrhoea alveolaris chronica von GEORGIEFF oder an Fingern und Vorderarmen im Anschluß an schwere Mandelentzündungen angenommen werden, wobei HERZBERG allerdings einen allopathischen Prozeß auf der Grundlage einer besonderen Erbanlage annehmen möchte. Wie verwickelt die Verhältnisse im Zusammenspiel von Ödem und Infektion aber sein können, zeigt der von FÖLDI ausführlich dargestellte Fall einer Elephantiasis des Gesichtes nach Zahnextraktion.

Nach DARIER spielt die sekundäre Strepto- bzw. Staphylokokkeninfektion stets die Hauptrolle, was auch immer die Primärinfektion ist, sei es eine Lues (GOFFEIN, MARCIANO, NETHERTHON und CURTIS; SCHORR und COHEN), ein Ulcus

molle oder eine sonstige Infektion mit Bakterien, Pilzen, Hefen und Schimmel.
Gerade den letzteren dürfte in Gestalt des „Faltenkomplexes" der Zehen eine
beträchtliche Bedeutung als Eintrittspforte für Erysipel-Streptokokken zukommen. (Fall Davis nach Anwendung eines Carbolsäure und Campher enthaltenden Laienmittels gegen Interdigitalmykose.) Gottron sowie Rathiens beschrieben Fälle von Elephantiasis bei chronisch-rezidivierender Herpesinfektion, wobei
Gottron auch die Möglichkeit einer durch das Herpes-Virus ausgelösten Lymphangitis zur Diskussion stellt. Als Wegbereiter für einen Streptokokkeninfekt kann
ferner eine toxische Dermatitis infolge Novocain-Empfindlichkeit im Falle von
Vilanova und Cardenal angesehen werden, möglicherweise sogar eine Vaselinöl-
injektion am Fuß aus Simulationsgründen im Falle von Ponzoni.

Bemerkenswerterweise kommt es bei diesen Kokkeninfektionen *nicht* zur Einschmelzung oder Abscedierung, was möglicherweise ebenfalls auf einen konstitutionellen Faktor hinweist (vgl. Condoleon). Die einzige Ausnahme scheint
lediglich ein 2 Monate alter Säugling mit teilweise abscedierender Anschwellung
der Lymphbahnen darzustellen, den Werner beobachtet hat. Darüber hinaus
scheint es nur (äußerst) selten zur Entwicklung einer Elephantiasiskrankheit auf
dem Boden einer Osteomyelitis zu kommen. Ob hier der Abwehrwall des
Granulationsgewebes den entscheidenden Schutzfaktor darstellt ? (vgl. Vrijman).

Über die bei chronisch-rezidivierendem Erysipel auftretenden Veränderungen
an den Lymphgefäßen wurde oben schon ausführlich berichtet.

2. Filariosen

Von den Filaria-Arten, die bei der Entstehung einer tropischen Elephantiasis
mitwirken, sind Wuchereria Bancrofti, Brucia Malayi und evtl. noch Onchocerca
volvulus von Bedeutung. Hinsichtlich der Rolle einer bakteriellen (erysipelomatösen) Superinfektion sind die seinerzeitigen Ergebnisse der englischen Filarien-
kommission in der Zwischenzeit wiederholt bestätigt worden. Danach ist auch in
einer *Wuchereria-Infektion* lediglich ein prädisponierender Faktor zu erblicken, nicht
aber die alleinige Ursache einer Elephantiasis. Die Kommission glaubte sogar bewiesen zu haben, daß die Infektion mit Filaria s. Wuchereria Bancrofti an sich keine
elephantiastischen Symptome verursacht und daß alle mit einer Filariasis verbundenen Krankheitserscheinungen auf einer sekundären Infektion mit Eitererregern
beruhen. Der Zweifel an der ätiologischen Bedeutung der Filiariasis erweckte sogar
die Vermutung, daß es sich überhaupt um ein nur zufälliges Zusammentreffen von
Filariasis und Elephantiasis handle! Besonders Castellani weist darauf hin, wie
weitgehend sich die klinischen Bilder der „Elephantiasis nostras" und der „Elephantiasis tropica vel filarica" entsprechen.

Dieser Ansicht haben sich weiter u.a. Botreau-Roussel; Darier; Delom;
Lancefield; Mehta, Montel; Rousset, Coudert und Appiau; Serra sowie
Villaret oder Wordsworth (aus den verschiedensten tropischen Ländern) an-
geschlossen. Auch Greef, der über 100 Elephantiasisfälle operiert hat, ist von der
Rolle der Strepto- und „Dermokokken"-Infektion bei Befall mit Filaria Bancrofti,
Onchocerca volvulus und Brucia (s. Mikrofilaria) malayi überzeugt.

Die Befallsziffer der Elephantiasiskranken mit Wuchereria Bancrofti-Larven
scheint nämlich, wie sich allmählich herausstellt, in den entsprechenden Ländern
offenbar nicht größer zu sein als die der übrigen Bevölkerung, und Lapeyre sowie
Suarez oder Tisseul konnten bei einer Reihe von Kranken mit sog. Elephantiasis
tropica sogar überhaupt keine Filarien nachweisen.

Galliard stellte in den Südseeländern bei 58% der Kinder über 5 Jahren und 41% der
Erwachsenen Wuchereriainfektionen fest und macht dabei auf die bronchopulmonalen Sym-

ptome aufmerksam. IMBERT fand auf den Antillen Mikrofilarien im Blut bei 10 von 17 Kranken mit inguinaler Adenopathie, bei 4 von 15 Kranken mit Furunkeln und bei 1 von 4 mit Lymphangitiden der Glieder (vgl. auch FINLAY). In Venezuela fand LAPEYRE unter 82 Elephantiasiskranken nur bei einem 16jährigen, seit 4 Jahren kranken Knaben Mikrofilarien im Blut, DUBOIS, VITALE und BIRGER fanden im Kongo die als Erreger der Elephantiasis angeschuldigte Mikrofilaria streptocerca nicht häufiger bei Elephantiasiskranken als bei den sonst untersuchten 12000 Personen. Durchaus entsprechende Feststellungen machten sie bei *Onchocerca volvulus*. Zwar fiel die Häufigkeit der scrotalen Elephantiasis mit der regionalen Häufung der Funde von O. volvulus zusammen, trotz gründlichster Untersuchung war bei 56% aber keine Filariose nachweisbar. In beiden Infektionen sehen DUBOIS und seine Mitarbeiter dennoch nicht die Ursache der Elephantiasis, sondern lediglich einen begünstigenden Faktor.

Personen, die mit Wuchereria bancrofti infiziert waren, reagierten dementsprechend in den Untersuchungen von TYU (1940) auf Streptokokkenvaccine intracutan mit Fieber und Schwellungszuständen wie im akuten Erysipel-Anfall, FLOCH und LAJUDIE fanden alle an Elephantiasis Erkrankten in Franz.-Guyana stark gegen Streptokokken immunisiert, und SUAREZ brachte von 60 Kranken mit ,,Lymphangitis" auch die entsprechenden bakteriologischen Befunde bei.

LA TERZA hält 1942 unter Berufung auf CASTELLANI den Micrococcus metamyceticus für den tatsächlichen Erreger der Elephantiasis, HIGOUMENAKIS in besonderen Fällen Leishmanien bzw. den de Wrightschen Parasiten, während OLLINGER (1949) die Ursache in einem rheumatischen Infekt sucht.

3. Tuberkulose

Bei der *Tuberkulose* liegen die Verhältnisse zwar ähnlich, aber doch nicht ganz analog, denn es sind, wenn auch sehr seltene, Beobachtungen bekannt, bei denen ein Lupus vulgaris oder eine Tuberculosis subcutanea fistulosa (BEUTNAGEL, GOTTRON) als einzige Krankheitsursache sozusagen aus sich heraus durch spezifisch-granulomatöse Wucherungen ein Elephantiasissyndrom verursachten (s. auch MUNTEANU). Der Beweis, daß es sich dabei um eine ausschließlich spezifisch granulomatöse Wucherung handelt, ist allerdings sehr schwer zu führen, denn eine Beteiligung der Lymphgefäße ist bei der Hauttuberkulose zumindest in der unmittelbaren Umgebung des Krankheitsherdes so gut wie nie auszuschließen. Lediglich am Ohr, wo der Lupus vulgaris an sich zu vermehrter leukämieartiger Infiltration neigt, kann es einmal zu hypertrophischen und papillomatösen, elephantiastischen Bildungen kommen, die aus einem geschwulstartigen, spezifischen Granulationsgewebe aufgebaut sind (VOLK). Im übrigen konnten HÖRBST und LOOS von 9 Fällen einer Elephantiasis am Ohr nur 1 mit einem Lupus vulgaris in Verbindung bringen— aber auch in diesem Falle entstand die Elephantiasis nach dem Einstechen eines Ohrringes bei einem 4jährigen Mädchen.

Nach GOTTRON führt besonders der *Lupus vulgaris* hypertrophicus papillomatosus häufiger *ohne Erysipel* zur Elephantiasis als etwa der plane Lupus (Fall WALDECKER, ferner DOBOS, HALBERG, FLESCH).

Bei den Fällen, die als Tuberculosis cutis verrucosa bzw. fungosa vorgestellt wurden, ist außerdem die Frage zu entscheiden, ob es sich nicht um einen verrucösen Lupus vulgaris gehandelt hat (vgl. DOLLMANN v. OYE, PHOTINOS und VASSILIU, VOLAVSEK). WIRZ hatte schon festgestellt, daß Elephantiasis im Anschluß an schwere, ulcero-serpiginöse Lupusformen am Bein auftreten könne, entsprechende Beobachtungen machten auch BUTTERWORTH oder MIDZIC. In diesen Fällen gibt GOTTRON zu bedenken, daß der Lupus vulgaris am Bein nicht selten diese ulcero-serpiginöse Form annimmt.

In den von ENGST beschriebenen Behandlungsfällen eines jahrelang bestehenden Ödems der Augen-, Stirn- und Wangengegend infolge tuberkulöser Lymphangitis bei Lupus vulgaris des Kopfes und des Gesichtes bzw. eines Lupus vulgaris des Gesichtes waren keinerlei Zeichen eines rezidivierenden oder chronischen Erysipels vorhanden. Indessen dürfte der Krankheitsverlauf bei entsprechenden Fällen nicht immer so planmäßig beobachtet worden sein, daß ein Erysipel mit ziemlicher Sicherheit ausgeschlossen werden kann, wie in den Fällen von ENGST.

Mitbeteiligung der größeren Lymphbahnen oder der regionären Lymphknoten ist bei allen Formen der Hauttuberkulose als ein wesentlicher ödemfördernder Faktor zu berücksichtigen. Dagegen ist bei den 25 von Engst aus dem Schrifttum gesammelten Fällen von Elephantiasis bei Hauttuberkulose, die ohne begleitendes Erysipel aufgetreten seien, diese Entwicklung nicht ganz zweifelsfrei sichergestellt, zumal diesen Fällen nur 12 posterysipelomatöse gegenübergestellt werden konnten. (Über die besonderen Verhältnisse bei anogenitalem Befall s. weiter unten.)

Als indirekte Ursache für ein mächtiges Oedema perstans der Unterlider kann der Lupus vulgaris in dem von Pautrier und Jacob berichteten Falle angesehen werden, bei dem die

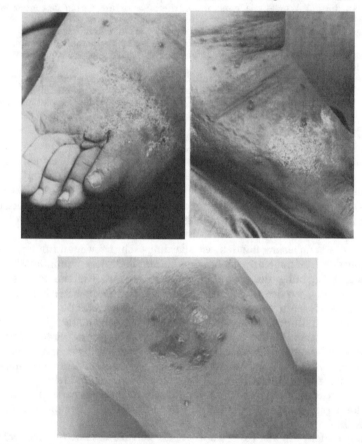

Abb. 26. Post-erysipelomatöse Elephantiasis auf Lupus vulgaris (vgl. Krankheitsherde am Ellbogen). (45 Jahre alter Knüpfer; mit 11 Jahren glanduläres Skrophuloderm, nach 2 Jahren Lupus vulgaris am Handgelenk und Fußrücken. Seit 9 Jahren rezidivierende Erysipele am linken Bein mit zunehmender Schwellung.) Intramedulläre Phlebographie: Tiefe Unterschenkelvenen bis auf ein thrombotisch verlegtes Gefäß durchgängig, Rückstau unterhalb des Leistenbandes, Klappenstauung, Verlegung des Gefäßlumens der Vv. femoralis und iliaca. Nach Phlebolyse Abschwellung um 7—10 cm Umfang.

vorausgegangene Röntgenbestrahlung zu einer starken Haut-Atrophie mit Behinderung der Blut- und Lymphzirkulation geführt hatte.

Indessen ist auch bei der tuberkulösen Hauterkrankung die bakterielle Superinfektion nicht ausgeschlossen, besonders wenn es sich um ulcerierte Formen handelt. Als Beispiel hierfür wird der Fall angeführt, den Schotola in der Breslauer Hautklinik behandelt hat. Engst hat dem noch weitere Beobachtungen aus der Tübinger Hautklinik hinzugefügt (s. auch Braun; Gustafson u. Mitarb.; Henting; Fahlbusch; Kittel; Zeisler und Abb. 26).

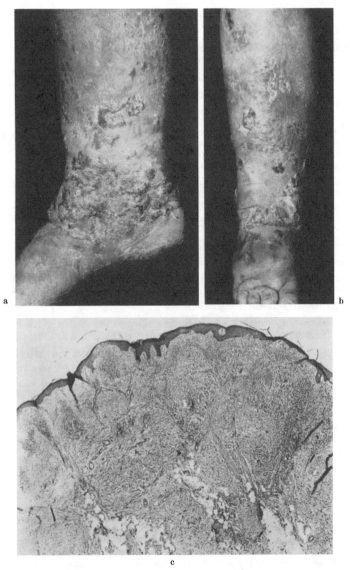

Abb. 27 a—c. Lupus vulgaris hypertrophicus papillomatosus (46 Jahre alte Hausfrau; s. Text)

Diese posterysipelomatöse Elephantiasis bei Hauttuberkulose dürfte daher besonders an der unteren Extremität ohne Zweifel die weitaus häufigere sein, wie auch die nachfolgende Krankenbeobachtung aus der Tübinger Hautklinik zeigt:

Es handelte sich um eine 46 Jahre alte Frau, die mit 6 Jahren an „multiplen Abscessen am Hals und in der linken Leistenbeuge" gelitten hatte und mit 32 Jahren wegen einer schmerzhaften tuberkulösen entzündlichen Knöchelschwellung rechts in einem ostdeutschen Krankenhaus operiert und anschließend 9 Monate lang mit Gipsverbänden behandelt worden war.

Seit dieser Zeit treten in Abständen von 3—4 Monaten hochrot-entzündliche flächenhafte Schwellungen des rechten Unterschenkels auf, die mit Schüttelfrösten und hohem Fieber einhergehen. Seit etwa 4—5 Jahren ging die Schwellung nach den Fieberattacken aber nicht mehr zurück, und der Unterschenkel hat laufend an Umfang zugenommen. Eine Krankenhausbehandlung vor 2 Jahren hatte nur einen vorübergehenden Erfolg gebracht.

Auf der wulstig-elephantiastischen Schwellung des rechten Unterschenkels fanden sich nun im Bereich des inneren Knöchels, über dem Sprunggelenk und auf dem Fußrücken münz- bis handtellergroße, gesättigt blaurote, scharf und wallartig, teils klein- teils großpolycyclisch begrenzte Infiltrate, die mit zottigen bis pflastersteinartigen, schmutziggrauen, warzigen Hyperkeratosen bedeckt waren, aus denen heraus zahlreiche einzelstehende und miteinander konfluierende, bis erbsgroße, glasig durchscheinende, frischrote Knötchen mit glatter, glänzender Oberfläche aufgeschossen waren (Abb. 27 a u. b). Umfangsmaße rechts : links unterhalb der Patella 39:35, in Wadenmitte 44:37, oberhalb des Knöchels 34:25 und am Fußrücken 29:23,5 cm. Am linken Unterschenkel bestand eine mäßige Varicose.

BSG 8/12 mm, ATK 10^{-8}—10^{-6} neg. Die Knochenaufnahmen ergaben keinen Anhalt für das Vorliegen einer spezifischen Osteomyelitis. Feingeweblich fand sich in den oberen Cutisschichten das kennzeichnende Bild eines Lupus vulgaris hypertrophicus papillomatosus, während die unteren Cutisanteile erheblich verdickt und fibrosiert waren, so daß selbst bei tiefer Schnittführung bei der Excision noch kein Fettgewebe erfaßt worden war (Abb. 27 c). Die *Gefäße* waren deutlich erweitert, die Wände verdickt und starr.

Klinisch kann demnach kein Zweifel bestehen, daß hier auf den Lupus vulgaris ein Streptokokkeninfekt aufgepfropft war, in dessen Folge sich ein chronisch-rezidivierendes Erysipel eingestellt hatte, welches nun seinerseits zur Entwicklung des Elephantiasissyndroms führte, und auch histologisch konnte rein etagenmäßig Lupus und Elephantiasis gegeneinander abgegrenzt werden.

Die Annahme einer „lupösen Elephantiasis", deren Existenz keineswegs bezweifelt werden kann, ist demgegenüber nur dann erlaubt, wenn Erysipel mit Sicherheit in der Anamnese ausgeschlossen werden kann (was in der Praxis oft schwerfallen dürfte), und sich die Gewebswucherungen ausschließlich aus spezifischem Granulationsgewebe aufbauen.

Eine zusätzliche Superinfektion mit Candida albicans bei Elephantiasis bei Lupus vulgaris bestand übrigens noch bei dem von Reidenbach vorgestellten Krankheitsfalle.

Lupus vulgaris als Vorläufer einer Elephantiasis stellten u. a. Horvath; Bernhardt und Bruner; Budlovsky, Schwarzwald und Piukovič sowie Photinos und Soutvatziden vor. Die Beteiligung von Lymphbahnen und -knoten stellt in diesen Fällen von Elephantiasis auf dem Boden einer tuberkulösen Hautinfektion nicht nur einen prädisponierenden, ödemfördernden, sondern auch einen infektionsbegünstigenden Faktor dar, besonders an der unteren Extremität. Entsprechende Fälle an den Armen sind aufgrund der günstigeren Abflußverhältnisse seltener (Hamann; Birnbaum).

Bezüglich der Häufigkeit einer Elephantiasis bei Lupus vulgaris fand Engst im Krankengut der Tübinger Klinik ein Verhältnis von 9:298, Vidal in dem seinigen ein solches von 5:550, Rost an der Freiburger Klinik 1,2% unter 800 Kranken. Frauen sind eindeutig häufiger befallen als Männer: in Tübingen kamen auf 135 Männer 1, auf 162 Frauen 8 Fälle. Nach dem Schrifttum berechnete Engst ein Verhältnis von 27:14, was mit der größeren Neigung der Frauen zur Varicosis und gleichzeitig zum Erysipel, besonders während der Menstruation (Gottron, Jaeger und Delacretaz, Jerusalem, Kuckuck, Lenhartz, Strasser) erklärt wird. Bei 37 genauer beschriebenen Fällen lag 9mal ein papillomatöser bzw. hypertrophisch-papillomatöser Lupus vulgaris vor — was — wie oben schon ausgeführt, der besonderen Erscheinungsform des Lupus vulgaris an den unteren Extremitäten entspricht, zweimal ein ulceröser bzw. ulcerös-serpiginöser Lupus vulgaris, zweimal eine Tuberculosis cutis verrucosa. Unter 18 Fällen mit Elephantiasis nach Hauttuberkulose erwähnt Pevny 11 mit Lupus vulgaris, 2 mit Tuberculosis cutis verrucosa.

Die zeitlichen Abstände zwischen dem Auftreten einer Hauttuberkulose und dem Elephantiasissyndrom werden von Engst mit 20—30 Jahren angegeben, in einem Fall mit einem Intervall von nur 6 Jahren handelte es sich um einen schweren ulcero-serpiginösen Lupus vulgaris. Bei Kranken mit rezidivierenden Erysipelen in der Vorgeschichte war der Abstand bedeutend kürzer, die Elephantiasis folgte dem Erysipel in Abständen von 2—20 Jahren, in welcher Zeit 15—25 Erysipelrezidive die Regel waren. Ganz ähnliche Verhältnisse wie bei der Tuberkulose sind auch bei Fällen von Chromomykose (Marchionini), Candidiasis (Thomas) oder Mycetom (Suarez) gegeben.

4. Der genito-ano-rectale Symptomenkomplex

Die Rolle der spezifischen Infektion wird vor allem bei der *genito-ano-rectalen Elephantiasis* deutlich.

Hier, und insbesondere bei der Esthiomène, galt die Verlegung der pelvinen Lymphstationen bislang als der entscheidende pathogenetische Faktor für die Ausbildung des Syndroms. Der besondere anatomische Bau der abführenden Lymphwege und ihrer Verbindungen (s. o.) schien den bevorzugten Befall des weiblichen Geschlechtes ebenso zu erklären, wie einige andere Besonderheiten im klinischen Verlauf (s. Beitrag Henschler-Greifelt und Schuermann).

a) Lymphogranuloma inguinale

Diese auf rein anatomisch-mechanischen Gesichtspunkten aufgebaute Lymphstauungstheorie allein konnte auf die Dauer jedoch nicht befriedigen. So führt ein chylöser Reflux („dermal backflow") in die Scrotalhaut mit intravasaler Druckerhöhung nicht zu einem Scrotalödem, sondern zu multiplen Lymphangiektasien.

Krankenbeobachtung Leo B., Zeitschreiber, 39 Jahre, Krbl.-Nr. 60911: Der Kranke, mit sonst unauffälliger Vorgeschichte bemerkte seit 8 Jahren, daß sich an der Scrotalhaut zunehmend bis reiskorngroße Bläschen ausbildeten (Abb. 28a), die in den letzten Jahren beim Gehen aufbrachen, wobei jedesmal große Mengen einer milchig-weißlich-trüben Flüssigkeit entleert wurde. Im Liegen sei die Sekretion sofort versiegt, und die Bläschen deutlich „eingefallen".

Diese Angaben bestätigten sich bei klinischer Beobachtung: Nach Eröffnung eines Bläschens tropften im Laufe einer Stunde im Stehen bis zu 100 ml chylöser Flüssigkeit ab. Die chemische Analyse derselben ergab bei wiederholter Untersuchung eine starke Erhöhung der Neutralfette und der Phosphatide, die nach Fettmahlzeit extrem hohe Werte erreichten (wie es

Tabelle 1. *Befunde der Med. Univ.-Klinik Tübingen* (*Direktor: Prof. Dr. H. E. Bock*)

BSG	Blut			Lymphe			Maßeinheit
	5/10	3/7					
Gesamteiweiß	7,2	7,9	7,0		8,6		g-%
Albumin	46	46	49	64	67		%
Alpha-I-Globulin	5	6	5	4	4		%
Alpha-II-Globulin	10	10	9	5	4		%
Beta-Globulin	13	13	13	10	10		%
Gamma-Globulin	26	25	24	17	15		%
Natrium	138			140			mval/l
Kalium	4,9			4,2			mval/l
Chlor				111			mval/l
Harnstoff	40			28	20	34	mg-%
Phosphatase							
alkal.	1,62			3,05			mMol I.E.
sauer	0,4			0,02			mMol I.E.
Diastase				8			WE
GOT				22	21,2		E
GPT				26	33		E
Lipoidphosphor	8,1			16,8			mg-%
Phosphatide	200,2			420	230	264	mg-%
Cholesterin	174			166	73	84	mg-%
frei	64,5			60	36	37	mg-%
verestert	109.5			106	37	47	mg-%
Quotient	63			64	51	56	%
Esterfettsäuren	296			3640	1287	1718	mg-%
Neutralfett (Tuolein)	48			3319	1128	1532	mg-%

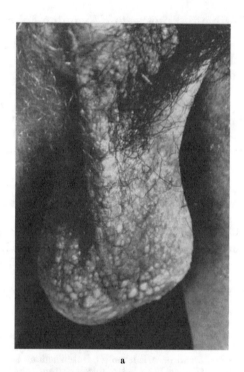

a

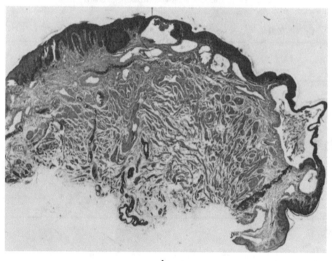

b

Abb. 28. a Lymphangiome des Scrotums bei chylösem Reflux. (Nach Schönfeld-Schneider, Lehrbuch der
Haut- und Geschlechtskrankheiten, 9. Aufl., Stuttgart 1965.) b Histologie

für chylöse Ergüsse kennzeichnend ist). Der Eiweißgehalt, die Ionen- und Fermentausstattung
entsprachen dagegen fast der des Blutserums (s. Tabelle 1).

Nachdem eine Lymphographie von einem Bläschen aus (Histologie s. Abb. 28 b) technisch
nicht möglich war, wurde die Lymphangiographie vom Fußrücken aus durchgeführt (Abb. 28 c).
Dabei füllten sich, links mehr als rechts, von der Leistenregion aus auch die Lymphgefäße
des Scrotums. Das zuführende Lymphgefäß erwies sich dabei deutlich erweitert und geschlän-
gelt, und im Bereich des linken Scrotums trat eine netzförmig geschummerte Gefäßzeichnung

auf. Auch das Kaliber der hypogastrischen Lymphgefäße war noch stark erweitert, während sich die Lymphgefäße cranial der Cysterna chyli, des Ductus thoracicus und die hilären, retrosternalen und mediastinalen Lymphgefäße unverändert darstellten.

24 Std nach der Untersuchung konnten im Bereich des Foramen obturatorium und der Leistenbeuge immer noch halbmondförmige Kontrastmittelansammlungen in erweiterten Lymphgefäßen festgestellt werden, ebensolche von der Größe eines Stecknadelkopfes in der Scrotalhaut. Die Lymphknoten waren sämtlich unauffällig, ebensowenig konnte sonst bei der klinischen Untersuchung (einschließlich Leberbiopsie) ein krankhafter Befund erhoben werden.

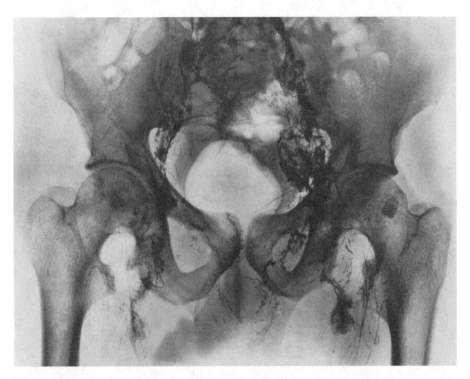

Abb. 28 c. Beiderseitige Lymphangiographie mit öligem Kontrastmittel von Fußrückengefäßen aus. Während der Füllungsphase (unmittelbar nach Beendigung der 2 Std dauernden Injektion) erkennt man, daß sich die Lymphgefäße des Scrotums von den inguinalen und iliacalen Lymphgefäßen, hauptsächlich der linken Seite, aus füllen: dermal backflow in das Scrotum. Die linksseitigen iliacalen Lymphgefäße sind erweitert. 24 Std nach der Injektion waren in der linken Leistenregion noch halbmondförmige Kontrastmittelseen in erweiterten Lymphgefäßen zu erkennen. Zum gleichen Zeitpunkt bestanden in der Scrotalhaut stecknadelkopfgroße Kontrastmittelstippchen

Es kommt hinzu, daß eine Lymphabflußstörung auch in der Genitalgegend zwar ein erhebliches Ödem verursachen kann, ohne daß es selbst bei längerem Bestand zu einer Induration oder gar zur Entwicklung eines Elephantiasissyndroms zu kommen braucht.

So wies ein 55 Jahre alter Landwirt mit erheblichen Lymphomen der inguinalen iliacalen und lumbalen Lymphknoten infolge (mehrfach histologisch gesicherter) plasmacellulärer retikulärer Hyperplasie ein erhebliches Ödem des Penis und des Scrotums auf, das vor einem Jahre „innerhalb weniger Stunden" aufgetreten war und seither nur unter längerer Bettruhe eine gewisse Rückbildungsneigung zeigte (Abb. 29a—c). Im Lymphogramm fand sich ein Lymphstau in den Oberschenkelgefäßen mit kleinen Lymphektasien und retrograder Füllung der kleineren Hautgefäße (ohne klinisches Ödem!), die Lymphknoten selbst wiesen größere Füllungs- bzw. Speicherdefekte und eine bandförmige Struktur auf, wie sie für Lymphosarkom kennzeichnend sein soll.

Bei der Rectoskopie erschien lediglich die Schleimhaut in der Ampulle des Rectums etwas samtig-kongestioniert, sonst konnte an Dünn- und Dickdarm ein krankhafter Befund

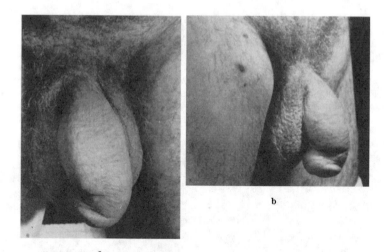

a   b

Abb. 29a u. b. Chronisches Genitalekzem bei Lymphabflußstörung in der Leiste (s. Text)

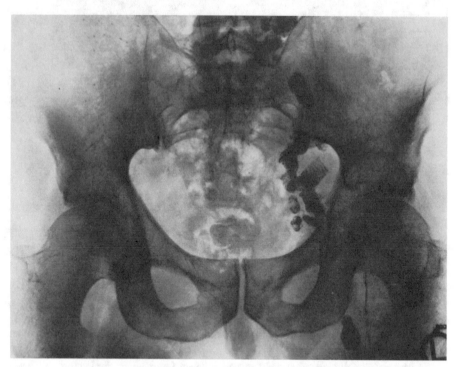

Abb. 29c. Linksseitige Lymphographie mit öligem Kontrastmittel

nicht festgestellt werden, wie auch alle Untersuchungen einschließlich der serologischen auf das Vorliegen eines spezifischen Granuloms negativ ausgefallen waren. Klinisch und anamnestisch war darüber hinaus auch kein Anhalt für Erysipel oder einen sonstigen (lokalen) Infekt zu gewinnen [1].

[1] Für die Durchführung der Lymphographien danken wir Herrn Doz. Dr. Schoen und für die Überlassung der Röntgen-Aufnahmen dem Direktor des Med. Strahleninstitutes, Herrn Prof. Dr. R. Bauer.

Schließlich konnten sowohl Dick als auch Mehta bei sicheren Fällen von genito-ano-rectaler Elephantiasis nach Lymphogranuloma-inguinale-Infektion durch Tusche- bzw. Methylenblauinjektionen und nachfolgende Kontrolle vor längerer Zeit schon den Nachweis erbringen, daß dabei zumindest ein Teil der abführenden Lymphbahnen durchgängig geblieben war!

Es kann daher keinem Zweifel mehr unterliegen, daß auch beim genito-ano-rectalen Syndrom analoge Verhältnisse bestehen müssen wie bei der Elephantiasis

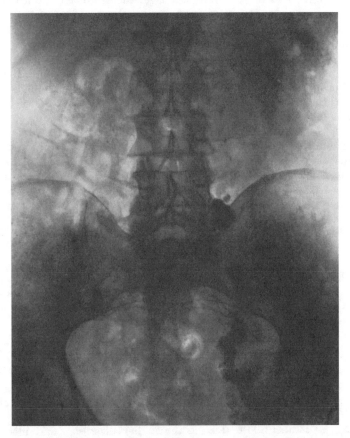

Abb. 29 d. Speicherphase (24 Std. p.i.). Vergrößerte Lymphknoten mit aufgelockerter Struktur in der Leistenbeuge (am unteren Bildrand sichtbar). Restfüllung eines Lymphgefäßes in der Leistenregion als Zeichen der Lymph-stauung. Auch im Bereich des Oberschenkels waren zum gleichen Zeitpunkt noch gefüllte Lymphgefäße und kleinere Lymphektasien vorhanden. Die Lymphknoten der iliacalen Gruppe sind teilweise vergrößert und zeigen eine aufgelockerte Struktur. Einer dieser Lymphknoten hat eine ausgesprochen bandartige Struktur, wie sie von Rüttimann als typisch für ein Lymphosarkom beschrieben wird

der Extremitäten. Beim Vorliegen einer nicht streptogenen Erstinfektion erhebt sich aber auch hier wieder die Frage, ob eine derartige Infektion für sich allein imstande ist, die verhängnisvolle Entwicklung zum voll ausgebildeten Elephantiasis-syndrom herbeizuführen bzw. zu bedingen, oder ob es hierzu in jedem Falle des Hinzutretens eines chronisch-rezidivierenden Erysipels bedarf.

Am bedeutsamsten ist im genito-ano-rectalen Bereich (außer der Filariasis) zweifelsohne die Infektion mit *Lymphogranuloma inguinale*. So fanden Nicolas, Favre, Lebeuf und Charpy bei der histologischen Untersuchung von genito-ano-rectaler Elephantiasis zwar ein Granulationsgewebe vor, das sie als weitgehend charakteristisch für Lymphogranuloma inguinale ansehen zu können glaubten. Desgleichen stellten Barthels und Biberstein bei ihrem Falle von Elephantiasis des Penis und des Scrotums ein Granulationsgewebe fest, das dem im regionären Lymphknoten vorhandenen außerordentlich ähnlich war. Selbst bei der Elephantiasis rectalis geben eine Reihe von Untersuchern an, daß das Granulationsgewebe eine für Lymphogranuloma inguinale spezifische Struktur aufweise (Übersicht s. bei Melczer).

Die Annahme, daß dieses Granulationsgewebe unmittelbar durch spezifische Infektion zustande gekommen sei, wird durch unbezweifelbare Übertragungen in Klinik und Experiment wesentlich gestützt (Löhe und Rosenfeld; Übersicht s. bei Hellerström).

Dennoch muß angesichts der häufigen Ulcerationen, die als Spätmanifestation einer Lymphogranuloma inguinale-Infektion insbesondere bei der genito-anorectalen Form auftreten, daran festgehalten werden, daß die Möglichkeit einer bakteriellen Superinfektion in jedem Falle gegeben war oder ist. Sieht man von den Mischinfektionen mit anderen Geschlechtskrankheiten ab, so sind nach Henschler-Greifelt und Schuermann in vielen Fällen die Mischinfektionen mit banalen Eitererregern auch für die massiven Einschmelzungen, insbesondere auch die der iliacalen Lymphknoten, und für die septischen Verlaufsformen verantwortlich zu machen. Bei der rectalen Elephantiasis, bei der größere Abscesse in keinem Falle fehlen, läßt sich nach Frei nicht mehr entscheiden, was hiervon der ursprünglichen lymphogranulomatösen und was der Mischinfektion zuzuschreiben ist.

So erblickt Coutts, der 20 Fälle mit Lymphogranuloma inguinale untersucht hat, in der Elephantiasis *stets* die Folge eines aktiv-entzündlichen infektiösen Prozesses, wobei es angesichts der Befunde eines angeblich für Lymphogranuloma inguinale spezifischen Granulationsgewebes noch offen bleiben muß, ob nur eine bakterielle Superinfektion den Anstoß zur Entwicklung eines Elephantiasis-Syndroms geben kann, oder ob die spezifische Lymphogranuloma inguinale-Infektion von sich allein aus ebenfalls dazu imstande ist.

b) Tuberkulose

Dieselbe Frage erhebt sich bei den *tuberkulösen* Formen: Genitale bzw. anogenitale Elephantiasis nach glandulärem Skrofuloderm beschrieben u. a. Arenas und Pepe; Dujarrier und Laroche oder Negroni und Zoppi. Die Tuberkulose kann auch einmal vom Knochen ausgehen (Michel). Die übrigen Erscheinungsformen der Hauttuberkulose (ausgenommen der ulcerösen und ulcerös-hypertrophischen Formen) scheinen nach den Feststellungen von Grüssner in dieser Gegend relativ selten vorzukommen mit Ausnahme der *Tbc. subcutanea fistulosa*, von der Gottron im Jahre 1940 einen entsprechenden Krankheitsfall vorgestellt hat. Auch die 2 Jahre zuvor in Breslau als Elephantiasis glutaealis et rectalis mit ausgedehnten papillomatösen Wucherungen vorgestellte Krankenbeobachtung erwies sich bei der nach Jahren vorgenommenen Sektion als eine Tuberkulose.

Bei dem von Gottron vorgestellten 30 Jahre alten Mann hatte die Krankheit 3 Jahre zuvor mit Schwellung und Geschwürsbildung im Bereich des Genitale und der Inguinalgegend begonnen. Später entwickelten sich tiefliegende Knoten in der Sitzhöckergegend. Der ganze Fall bot bei der Vorstellung ein ungewöhnliches Bild: Penis, Scrotum, Mons pubis-Gegend, Damm und Gesäßbacken (und hier besonders die Sitzhöcker und die perianalen Anteile) waren in die elephantiastische Pachydermie einbezogen; der Penis erreichte Unterarmdicke, im gleichen Ausmaße waren Scrotum und Damm verdickt. Auf den Gesäßbacken waren mehr plattenförmige Infiltrate vorhanden, zu denen sich tief cutan und subcutan gelegene Infiltrate gesellten, die z. T. erweicht waren und fistulierende Durchbrüche mit zähem, gelblichen Sekret aufwiesen. Fisteln hatten sich auch im Bereich von Penis, Scrotum,

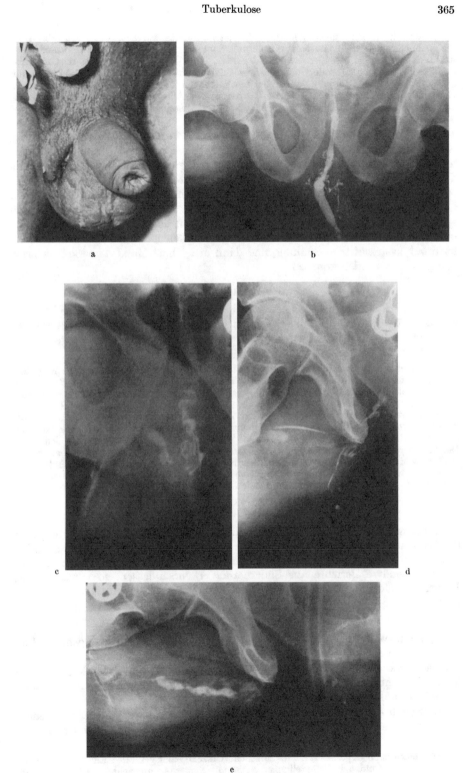

Abb. 30a—e. Tuberculosis subcutanea fistulosa (s. Text)

hauptsächlich am Penisansatz gebildet. Die Fistelöffnungen waren teilweise von erbsen- bis kleinbohnengroßen papillomatösen Wucherungen umsäumt. Darüber hinaus fanden sich vornehmlich im Bereich des Scrotums bald lichter, bald dichter angeordnete, reiskorngroße, halbkugelig sich vorwölbende Gebilde mit wäßrigem Inhalt, die als Lymphangiektasen aufgefaßt wurden. Die Lymphknoten in den Leistenbeugen waren lediglich bohnengroß. Keine Rectumstriktur, keine Geschlechtskrankheiten in der Anamnese, keine Darmtuberkulose. Lungen unauffällig. Tuberkulinreaktion stark positiv. Histologisch fand sich ein ausgeprägtes tuberkulöses Granulationsgewebe.

Nach Volk, Musger, Volavsek, Capelli, Gougerot und vor allem Popoff, die Beobachtungen von genito-ano-rectaler Elephantiasis tuberkulöser Genese mitgeteilt hatten ,beschrieb Beutnagel eine entsprechende Krankenbeobachtung der Tübinger Hautklinik, der eine weitere einschlägige Beobachtung mit zahlreichen Harnröhrenfisteln und über 6jährigem Krankheitsverlauf angefügt werden kann (Abb. 30a—c), bei der infolge der zahlreichen Verbindungen des Fistelsystems mit der Harnröhre und vielleicht auch mit dem Enddarm die Sekundärinfektion sowohl bakteriologisch als auch histologisch ganz im Vordergrund stand, bis durch systematische Spülung, und dann in reichem Maße, Tuberkelbakterien nachgewiesen werden konnten.

c) Filariosen

Diesen Feststellungen schließen sich die Untersuchungsergebnisse bei *Filariasis*-Kranken mit genitaler Elephantiasis an (Consiglio; Delom; Humphries), bei denen ebenfalls der bakteriellen Superinfektion die entscheidende pathogenetische Bedeutung zugemessen wird (s. oben).

Bei allen seinen Beobachtungen von genitaler Elephantiasis hat Delom eine infektiöse Periode in der Annamnese nie vermißt und z. T. selbst beobachtet. Bei 6 akuten Fällen fand er Kettenkokken in der aseptisch aufgefangenen Lymphe. Die Affektion beginnt nach diesem Untersucher stets an den distalen Teilen des Scrotums und des Penis in der Gegend der Endungen der Arteriolen und Nervengeflechte im subcutanen präaponeurotischen Bindegewebe. Testis, Tunica vaginalis oder Funiculus spermaticus waren in keinem Falle beteiligt, 60% der Fälle betrafen das Scrotum allein, 35% Scrotum und Glied und nur 3% den Penis. Der häufigere Befall der Männer wird von Delom mit besonderen Arbeitsgewohnheiten, beispielsweise auf den Reisfeldern, oder mit bestimmten Bekleidungsmoden in Verbindung gebracht, wodurch Mikrotraumen dieser Gegend entstehen, die eine *pyogene Superinfektion* begünstigen, wie das Tragen eines scheuernden Schurzes aus aufgefaserter Baumwolle.

d) Erysipel

Mit zunehmender Beachtung des rezidivierenden Erysipels in der Pathogenese der Elephantiasis als Krankheit nehmen entsprechende Beobachtungen auch bei genito-analem Sitz des Syndroms an Zahl immer mehr zu (Buchal; Parisi), wie insbesondere Berichte aus Südamerika erkennen lassen, so von Macedo; Firstater, Gomez und Bechis; Pavlovič und Karadžic; Shellow).

e) Sonstige Infektionen und Eintrittspforten

Was nun weitere (Primär-)Infektionen als Hilfsursache für eine genitale Elephantiasis betrifft, so fand Pevny im Schrifttum von 66 Elephantiasisfällen mit ausschließlich genitaler Lokalisation 22 mit Syphilis, 29 mit Lymphogranuloma inguinale, 9 mit Tuberkulose, 3 mit Gonorrhoe, 2 mit Ulcus molle und 1 mit Lues, Lymphogranuloma inguinale und Ulcus molle.

Daß auch hierbei eine bakterielle Superinfektion von entscheidender Bedeutung ist, zeigen die Beobachtungen von Eller, Gallego oder Gougerot und Duperat.

Eine bakterielle Superinfektion als letztliche Ursache einer genitalen Elephantiasis kann auch bei den folgenden Fallvorstellungen nicht mit Sicherheit abgelehnt werden: So beobachtete Wiedmann den Ausgang einer Elephantiasis von einer Verbrennung II. Grades, von

einem Herpes progenitalis FRITZ, von einer gonorrhoischen Posthitis LÖHE, von einem Anal-
ekzem HILLENBRAND sowie LINSER, von einer chronischen Harnröhrenfistel (bei gleichzeitigem
Leistenhoden) FERBER. TOURAINE, GOLÉ und FRANCESCOLI machen eine (innere) Kohabi-
tationsverletzung für das Auftreten einer Elephantiasis des Penis verantwortlich. Bei den
von EHLERS mitgeteilten Krankenbeobachtungen waren operative und radiologische Maßnahmen im Inguinalbereich bzw. ein Carcinom der Glans penis auf einer Kraurosis penis
vorausgegangen.

LILIENFELD-TOAL führt die schweren abscedierenden und fistelnden Infiltrate, die KRÜBER
im Gebiet des Viktoriasees in großer Zahl im Anschluß an Urethritis und Cystitis beobachtet
und als „Elephantiasis urogenitalis" beschrieben hat, auf die Manipulation der dortigen
Medizinmänner zurück (ohne klimat. Bubo, venerisches Granulom, Lues oder Tbc ganz
auszuschließen).

Differentialdiagnostisch sind bei Fällen genitaler „Elephantiasis als Symptom"
vor allem angeborene Mißbildungen, insbesondere auch der Lymphwege (STARO-

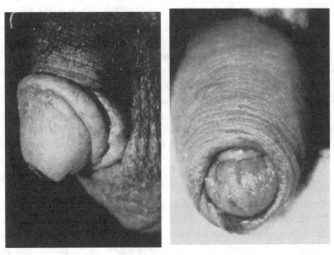

a   b
Abb. 31 a u. b. „Pseudoelephantiasis": Praeputium duplicatum

BINSKI; ZISCHKA; ZSCHAU) oder andere Hamartien sowie umschriebener Riesenwuchs ebenso auszuschließen wie die nicht venerische Kranzfurchenlymphangitis
(v. BREDE; H. R. FISCHER; HOFFMANN). Ein eigener Beobachtungsfall wies ein
Praeputium duplex auf (Abb. 31 a und b). Zu persistierendem Vorhautödem kann
es aber auch bei Arzneimittelunverträglichkeit kommen.

Bei Auftreten einer Elephantiasis der Vulva in der Schwangerschaft sind
Vulvavaricen auszuschließen, auch wenn es wie in den Fällen von D'ELIA oder
JENNINGS zur Sekundärinfektion kommt. Im Falle von SZYMANSKI und BECKER
handelte es sich um ein Parkes-Webersches Syndrom.

III. Statistik und Einteilungsversuche

Bei der entscheidenden Rolle der Infektion in der Ätiologie und Pathogenese
des Elephantiasissyndroms als Krankheit muß die Häufigkeit des Auftretens in
enger Beziehung zur Höhe der Zivilisation einer bestimmten Population, deren
soziologischen Verhältnissen und deren Sitten und Gebräuchen stehen, die eine
(Primär- oder Sekundär-)Infektion begünstigen oder weitgehend einschränken.
Dies wurde in letzter Zeit in Berichten aus dem ehemaligen belgischen Kongo
(SAVITSCH), aus Lambarene (RUTISBAUER), Liberia (JUNGE) oder Indien (KINI)
erneut bestätigt.

Die Häufung der Elephantiasis in tropischen Ländern hängt weitgehend von der dortigen Bekleidung (s. o.), den Sitten und sonstigen Gebräuchen ab, wozu auch das Schlafen unter einem Moskitonetz, der mangelhafte Gebrauch von Wasser und Seife oder das Barfußgehen zu zählen sind (Kini). So läßt sich auch erklären, daß z. B. in verschiedenen Teilen Indiens jeweils ganz andere Hautpartien bevorzugt befallen sind. Hinzu kommen aber auch die Einflüsse von Ernährung, Klima, Umwelt und allen anderen Lebensumständen. Lapeyre fand in Venezuela die tief gelegenen, sumpfigen und nassen Tropengegenden besonders verseucht und stellte ebenfalls Beziehungen zwischen Befallshäufigkeit und Beruf und sozialem Stande fest.

Die Bedeutung ärmlicher Lebensverhältnisse heben Condoleon und Lapeyre besonders hervor. Condoleon beobachtete das Leiden in Griechenland hauptsächlich bei Arbeitern, die am Meer leben und barfuß gehen. Die Unterschiede im Befall der Land- und Stadtbevölkerung dürften ganz vorwiegend ebenfalls auf derartigen äußeren Umständen beruhen.

Erblichkeitsmomente konnten nicht sicher festgestellt werden, auch wenn bei der echten elephantiastischen sog. Pachydermie das Hinzutreten eines noch unbekannten prädisponierenden Faktors, wie er ähnlich bei der Keloidneigung besteht, nicht abgelehnt wird. Dagegen kann über den Einfluß von rassisch bedingten Momenten noch nichts Sicheres ausgesagt werden, ebensowenig über altersmäßig bedingte Individualfaktoren. Nur der *Sitz* scheint von einem gewissen Einfluß zu sein, wie besonders die Befallshäufigkeit verschiedener Gesichtspartien aufzuzeigen vermag, die sich mit der Ödemneigung (Augenlider!) keineswegs deckt. Ähnliche Erwägungen sind übrigens schon im Zusammenhang mit dem Lupus vulgaris angestellt worden (s. dort).

In unseren zivilisierten Breiten ist ein erheblicher Rückgang des Krankheitssyndroms unverkennbar. Selbst in Griechenland sah ein so erfahrener Untersucher wie Condoleon in 25 Jahren nur 50 Fälle, Higoumenakis innerhalb von 8 Jahren in Athen 8. Unter mehr als 30000 Patienten einer amerikanischen urologischen Klinik stellte Bergman nur 2 mit einer Elephantiasis scroti fest. Dagegen machen im Krankengut von Schaller in Abessinien die Fälle mit Elephantiasis noch 8,6% bis 11,9% aus!

Im Verlaufe der letzten 15 Jahre konnten im eigenen klinischen Krankengut noch 36 Kranke mit symptomatischer und voll ausgebildeter Elephantiasis festgestellt werden (Seraphim). Davon waren 18 Männer und 18 Frauen. Nur bei 23 Kranken waren die unteren Extremitäten befallen, davon 6 beidseitig, 5 am rechten, 12 am linken Bein. Posterysipelomatös bedingt und damit als Elephantiasis im eigentlichen Sinne anzusehen waren aber nur 8 Fälle (7 links-, 1 rechtsseitig; — 4 nach Lupus vulgaris), dagegen 12 postthrombotisch bzw. varicös, und damit nicht der „Elephantiasis als Krankheit" zuzuordnen. Bei 2 Kranken handelte es sich um ein sog. „Trophödem" infolge idiopathischer Varicen mit starker Klappenerweiterung, bei einem Falle war es zu einem Stauungssyndrom nach Operation von Metastasen eines Scrotalcarcinoms in die Leistenlymphknoten gekommen.

Bei den 7 Fällen mit genitaler Elephantiasis handelte es sich um ein Lymphangioma circumscriptum cysticum, 2 sog. Lymphödeme beim seborrhoischen Ekzem, um eine Tuberculosis fistulosa, und um einen Kranken mit Enteritis regionalis. Nur 2 Kranke gaben eine Anamnese mit Erysipel an, 2 mit chronisch-ekzematösen Veränderungen.

Sämtliche 4 im Gesicht lokalisierten elephantiastischen Zustände waren nach rezidivierendem Erysipel aufgetreten, bei den restlichen Krankheitsfällen handelte es sich um 2 Frauen mit chronischem Armstau nach Mammaamputation.

Unter 300 Fällen der Mayo-Klinik fanden Allen und Ghormley überwiegend nicht entzündliche sog. Praecox-Formen (= 93). Dieser Zahl stehen nur 32 Fälle von sekundärem „Lymphödem" gegenüber, unter denen Lymphknotenmetastasen genitaler maligner Geschwülste den Hauptanteil ausmachen, und zu denen sich noch 61 Kranke mit „chirurgischem Lymphödem" der Arme nach Steinthal-Operation gesellen. Nur 13 Fälle der „entzündlichen Form" werden als postthrombotisch angesehen, 34 weitere infolge örtlicher entzündlicher Veränderungen.

LAMBRECHT (1950) fand bei den 23 Fällen seiner Klinik eine Bevorzugung der jüngeren Jahrgänge und des weiblichen Geschlechtes mit einer nochmaligen Häufung um die Zeit der Menopause. 75% der 200 Kranken von JANTET, TAYLOR und KINMONTH, 70% der von KINMONTH u. Mitarb. (1957) waren Frauen; bei 15 von 17 Fällen einheimischer Elephantiasis, die FARINA (1951) beobachtete, war das Leiden doppelseitig.

VAN DER MOLEN berichtete 1959 über 181 Elephantiasisfälle: davon waren 92 lymphatisch, 80 venös, 5 angiodysplastisch bedingt, bei 4 Kranken handelte es sich um Mischformen. Unter 82 Fällen mit „reinem Lymphödem" wiesen 188 „pussées" infolge Lymphangitis auf, bei 4 Kranken wurden als Ursache rezidivierende Infektionen und Erysipel festgestellt, bei 1 ein Lymphangiom, bei 5 bestand gleichzeitig eine Lipomatose. Unter den 80 venös bedingten Elephantiasisfällen waren 45 postthrombotisch entstanden, 3 mit Venenthrombose kombiniert, bei 26 lagen repetierende Varicophlebitiden vor und bei 6 bestand eine Veneninsuffizienz.

HURIEZ und DELESCLUSE (1960) behandelten in der dermatologischen Klinik in Lille im Laufe von 10 Jahren 74 Elephantiasiskranke, davon waren 55 Frauen, 14 unter 15 Jahre alt, 24 zwischen 15 und 40 Jahren und 36 über 40 Jahre. 16 Kranke wogen mehr als 80 kg.

Bilateral war das Symptom bei 44, rechtsseitig bei 13, linksseitig bei 17 Kranken vorhanden. Als Ursachen geben die Untersucher an: Primäre bei 13, postinfektiöse bei 31, venöse bei 27, Lymphknotenblockade bei 3 Kranken, nach einer vorausgehenden Mitteilung über 59 Fälle mit Lymphödem der unteren Extremitäten waren 7% hereditär, 44% postinfektiös und 45% venös bedingt und 4% sekundär infolge Lymphknotenblockade.

BORRIE und TAYLOR (1962) beobachteten am St. Bartholomew's Hospital in London 27, davon 26 primär lymphatische Elephantiasisfälle; 10 Kranke hatten die Veränderungen an den Beinen, davon wurden 6 als Lymphoedema praecox angesehen, 2 als Lymphoedema tardum. Eine Prävalenz des weiblichen Geschlechtes bestand nicht. 7 Beobachtungen wiesen ein Lymphödem der Arme auf; in dieser Gruppe fand sich der einzige Fall von sekundärem Lymphödem. 5 Kranke dieser Gruppe waren männlichen Geschlechtes. Die restlichen 10 Beobachtungsfälle, sämtlich Männer, wiesen Erscheinungen im Gesicht auf, bei 4 war das Leitsymptom eine „rekurrierende Cellulitis", die restlichen 6 Kranken boten lediglich ein persistierendes Lidödem.

Die Untersucher kommen schließlich zu dem Ergebnis, daß alle Kranken mit einer Ausnahme eine primäre Störung des Lymphsystems aufwiesen, und nur auf diesem Boden banale Reize bzw. Infektionen einschließlich rekurrierender Cellulitis (Erysipel) bei 12 Kranken zum krankheitsauslösenden Faktor wurden.

In einer jüngst von SMITH vorgelegten Untersuchung von 80 Fällen mit sog. sekundärem Lymphödem ergab sich ein gleich häufiger Befall von Männern und Frauen. Beginn vor dem 40. Lebensjahr war ungewöhnlich, beide Beine waren nur selten betroffen, außer durch Infektion. Als häufigste Ursachen fanden sich rekurrierende Lymphangitis und sog. Cellulitis, in diesen Fällen ging der Schwellung immer ein infektiöses Geschehen voraus. Die zweithäufigste Ursache waren neoplastische Erkrankungen, bei Männern überwiegend Prostatacarcinom, bei Frauen Lymphome. In einigen Fällen war das Ödem das erste klinische Symptom der Geschwulst.

Einteilungsversuche

Mit den eingangs erwähnten Einschränkungen sind auch die nachfolgend aufgeführten weiteren Einteilungsversuche des Elephantiasissyndroms zu werten, deren Vielzahl allein schon aufzeigt, wie schwierig eine exakte Klassifizierung und Gruppierung in Wirklichkeit ist. Häufig entscheidet der Standpunkt des Untersuchers über die Art der Einteilung. Dies gilt besonders für die ungarische Forschergruppe, die die Störung des Lymphabflusses ganz in den Vordergrund stellen möchte, während ALLEN mehr von klinischen Gesichtspunkten ausgeht.

KNUDSEN brachte 1927 folgende Einteilung:

A. *Hereditäre* Elephantiasis auf ererbter konstitutioneller Basis und *angeborene* Elephantiasis durch amniotische Abschnürungen.

B. *Erworbene* Elephantiasis.
  1. durch mechanische Ursachen oder Kreislaufstörungen
  2. infektiös bedingte Elephantiasis:
     a) Filariasis in ihren verschiedenen Formen
     b) Streptomykosen
     c) Lues, Tuberkulose
     d) Esthiomène
     e) andere, unspezifische Erreger
     f) traumatische

3. Elephantiasis nostras:
  a) unbekannter Genese
  b) neurogener Genese
  c) psychogener Genese
  d) endokriner Genese

Pratt unterscheidet demgegenüber nur 2 Typen mit 8 Gruppen:

  1. das primäre oder spezifische Lymphödem, das durch die Invasion des Filaria-Wurmes Wuchereria bancrofti oder von Mikroorganismen wie Mycobacterium tuberculosis oder Treponema pallidum zustande komme,

  2. das sekundäre oder infektiöse Lymphödem (Lymphstase durch entzündliche Prozesse bei nicht spezifischer Infektion mit Streptokokken, Pilzen o.ä.)

  3. Traumatisches Ödem bei Narben, Keloiden, Verbrennungen, Röntgenbestrahlungen Radium oder Isotopen

  4. Das kongenitale Lymphödem (z. B. auch als Folgezustand eines cystischen Hygroms)

  5. Das allergische Lymphödem

  6. Das maligne Lymphödem durch Lymphknotenmetastasen

  7. Das postthrombotische Lymphödem

  8. Das idiopathische oder essentielle Lymphödem

Rein nach der äußeren Gestalt teilt Junge dagegen ein in zylindrische (gleichmäßige) Formen, die ödematös, akut und fibrös auftreten können, und in die unregelmäßigen, gefurchten, gelappten oder knolligen Formen.

In Ergänzung hierzu seien noch einige weitere Einteilungsversuche mitgeteilt. Rein nach klinischen Gesichtspunkten geht beispielsweise Allen vor:

I. Nicht entzündliche Lymphödeme
  A. Primäre
    1. Lymphoedema praecox
    2. Kongenitales Lymphödem
      a) Hereditär oder familiär (Milroysche Krankheit)
      b) Einfach
  B. Sekundäre
    1. Maligne Obliteration
    2. Chirurgische Entfernung der Lymphknoten
    3. Druck
    4. Röntgen- und Radiumbestrahlung
II. Entzündliche Lymphödeme
  A. Primäre
  B. Sekundäre
    1. Insuffizienz des venösen Kreislaufs
    2. Trichophytosis
    3. Systematische Erkrankung
    4. Filiariasis
    5. Lokale Gewebsschädigung oder Entzündung

Juchems unterscheidet:

I. Primäres Lymphödem
  1. Hereditäre Form
    a) Typ Nonne-Milroy
    b) Typ Meige
  2. Nicht hereditäre Form
    a) angeboren
      essentielles angeborenes Lymphödem
      Lymphödem bei Frühgeburten
      Lymphödem bei Bonnevie-Ulrich-Syndrom
    b) nicht angeboren
      idiopathisches Lymphödem, Lymphoedema praecox
II. Sekundäres Lymphödem
  1. Nach Infektion (bakteriell und mykotisch)
    a) lokal
    b) allgemein (Typhus, Influenza, Malaria)
  2. nach parasitären Erkrankungen (Wuchereria Bancrofti)
  3. nach Thrombophlebitis
  4. nach akuter oder chronischer Lymphangitis
  5. neoplastisch
    a) nach Lymphangiosarkom (Stewart-Treves-Syndrom)
    b) nach anderen tumorösen Neubildungen bzw. Metastasierung
  6. iatrogen (nach chirurgischer Entfernung von Lymphknoten, Radium, Röntgen).

Demgegenüber legte die ungarische Arbeitsgruppe um RUSZNYÁK ihrer Einteilung die Insuffizienz des Lymphkreislaufes zugrunde und kommt daher zu dem folgenden Schema:

I. *Mechanische Insuffizienz*
  1. *Organisch* (anatomische Ursachen)
    a) Lymphgefäßverschluß
    b) Exstirpation von Lymphgefäßen oder Lymphknoten
  2. *Funktionell*
    a) ,,Hämodynamische Insuffizienz"
    b) Lymphangiospasmus
    c) ,,Akinetische Insuffizienz"
    d) ,,Valvuläre Insuffizienz"
II. *Dynamische Insuffizienz*
III. *Resorptionsinsuffizienz*
  1. Veränderung der Proteine?
  2. Veränderung des Interstitiums?
  3. Veränderung der Lymphcapillaren?

PIRNER gliedert schließlich sein Krankengut in kongenitale oder familiäre Fälle auf, in solche mit sog. Lymphoedema praecox, mit infektiösem, sekundärem oder traumatischem Lymphödem und schließlich solche mit chylösem Reflux.

Weitere Einteilungen stammen von SERFLING bzw. TELFORD und SIMMONS.

Gegenüber diesen verschiedenen Einteilungsversuchen wird der Vorteil erst ganz klar, der sich aus der Unterscheidung der ,,symptomatischen" von der ,,Elephantiasis als Krankheit" ergibt.

Damit gelingt eine Einordnung einer Reihe von Krankheitsformen, die bislang nur schwer klassifizierbar waren. Die Tatsache, daß sich die ,,Elephantiasis-Krankheit" aus einer symptomatischen entwickeln kann, aber definitionsgemäß immer ein ätiologisches Zusammentreffen von Stauung und Infektion zur Voraussetzung hat und demnach immer erworben sein muß, erleichtert weiterhin auch das Verständnis der letzteren.

Die Definition wird sich folgerichtig aus den jeweils vorliegenden Verhältnissen ergeben, wobei die Hauptursache als Epitheton eingesetzt werden kann, z.B.:

I. Elephantiasis als Symptom
  A. *angeboren:*
    1. Venöse Dysplasie:
      Klappendefekt
      primäre Varicosis
      venöses Bifurkationssyndrom
    2. Lymphgefäßdysplasie
      a) Hypoplasie
      b) Aplasie
      c) Angiektasie
      d) ,,cutaner Reflux"
    3. Sonstige Mißbildungen:
      gutartige Tumoren wie
      Angiomatosis
      Lipomatosis
      Neurofibromatosis
  B. *erworben:*
    entzündlich
      postinfektiös
      postthrombotisch, postlymphangitisch
      met-allergisch
    mechanisch
      Beckenvenensperre, Narben, Tumoren, Metastasen, postoperativ, postaktinisch
II. Elephantiasis als Krankheit:
  stets erworben
    a) als Komplikation eines Stauungssyndroms
    b) als Komplikation einer chronisch-granulierenden Infektion.

Termini wie Troph- oder Lymphödem müssen, wie später noch dargelegt wird, aus Gründen einer exakten Ausdrucksweise vermieden werden.

C. Pathogenese

Mit der Feststellung eines komplexen Zusammenwirkens von Stauung und Ödem zur Erklärung der vielfältigen Ätiologie der „Elephantiasis als Krankheit" ist indessen das Problem der Pathogenese noch nicht vollständig geklärt. So einfach die hier herausgestellten beiden Faktoren auch erscheinen mögen, so erweisen sie sich bei näherer Betrachtung jeweils doch wieder als außerordentlich vielgestaltig.

So können beispielsweise eine isolierte, rein mechanisch bedingte venöse Blutrücklaufstörung oder ein erhöhter Venendruck allein auf die Dauer ein Stauungsödem nicht unterhalten, wenn nicht noch andere Faktoren von seiten der Lymphgefäße, der Capillaren, oder aber von seiten des Ödems selbst bzw. Reaktionen des ödematösen Bindegewebes hinzutreten. Dennoch kann bei einer Analyse aller dieser Vorgänge immer nur ein Teilfaktor für sich allein betrachtet werden, bevor eine zusammenfassende Übersicht möglich wird, wie das z.B. bei der „Entzündung" als einer zusammengesetzten Reaktion des Organismus in gleicher Weise der Fall ist. Hinzu kommt im speziellen Falle der Elephantiasis als Krankheit der *Zeitfaktor*, der nicht hoch genug veranschlagt werden kann.

I. Der Venendruck

Es unterliegt keinem Zweifel, daß die Capillarfiltration zunimmt, wenn der Druck im venösen Schenkel der Capillare ansteigt, denn nach den Erkenntnissen von Starling und Schade wird die Bewegung des Wassers zwischen Blutplasma und interstitieller Flüssigkeit bestimmt durch das Gegenspiel zwischen dem *effektiven hydrostatischen Druck* (als der Differenz zwischen dem hydrostatischen Druck in den Capillaren und dem elastischen negativen Druck der Gewebe), der die Auswärtsfiltration fördert und dem *effektiven kolloidosmotischen Druck* (als der Differenz zwischen dem kolloidosmotischen Druck des Plasmas in den Capillaren und dem Gewebe), der den Rückstrom des Wassers in das Gefäßbett bedingt. Voraussetzung für diesen Mechanismus sind nach Govaerts der Druckabfall im capillaren Schenkel und die erschwerte Durchlässigkeit der Capillarwand für die Bluteiweißkörper.

Jede venöse Abflußstörung führt zu einer Druckerhöhung im venösen Capillarschenkel, der im Gegensatz zum arteriellen Teil desselben keinerlei sphincteren Schutzmechanismus besitzt, so daß sich die Druckerhöhung, falls keine anderen Regulationsmechanismen eingreifen (s. u.), ungehindert (retrograd) bis in die Capillarschleife fortsetzen kann. Die Erhöhung des hydrostatischen Druckes bedingt hier eine Einschränkung der Rückresorption und eine Steigerung der Filtration.

Krogh, Landis und Turner sowie Gibbon fanden die Capillarfiltration erhöht, wenn der Venendruck 12—15 cm H_2O übersteigt, und bei Venendruckwerten von 17 cm H_2O und mehr konnte Krogh die unmittelbare Abhängigkeit der Filtrationsrate an der oberen Extremität vom jeweiligen Venendruck aufzeigen. Doret und Chatillon bestätigten erneut diese Angaben, indem sie mittels des Landis-Testes zeigen konnten, daß die Transsudation erst oberhalb eines Druckes von 11 mm Hg (= 15 cm H_2O) einsetzt und zwischen Werten von 20—40 mm Hg (= 26—52 cm H_2O) und 80 mm Hg, als Maximum proportional dem venös-capillären Druck zunimmt (s. auch Brown, Hopper, Sampson und Mudrick sowie Henry, Hendrickson, Movitt und Meehan). Mit steigendem Venendruck steigt auch der interstitielle Gewebsdruck an (Guyton). Die Rolle des erhöhten capillärvenösen Druckes bei der Entstehung verschiedenartiger Ödeme haben mit anderer Methode u. a. PIRTKIEN bzw. HEUPKE und FISCHER ebenfalls nachgewiesen.

Die Filtration unterliegt jedoch einer Reihe von Regulationen und Steuerungen, durch welche dieser zunächst relativ einfach erscheinende Vorgang so vielfältig beeinflußt wird, daß er letztlich nicht mehr vollständig übersehbar ist. Die einfachste Form einer derartigen Regulation besteht wohl darin, daß infolge der vermehrten Flüssigkeitsabgabe aus der Gefäßbahn an das Gewebe das Plasma eingedickt wird, der onkotische Druck desselben also zunimmt, so daß nunmehr entsprechend dem Starlingschen Gesetz auch eine stärkere Rückresorption statthat. Auf diese Weise wird ein neues „Gleichgewicht" hergestellt und trotz des gesteigerten Umsatzes autoregulatorisch die Konstanz des interstitiellen Flüssigkeitsvolumens noch gewahrt (BROWN, HOPPER, SAMPSON und MUDRICK; FAVRE). BROWN, HOPPER und MUDRICK stellten dementsprechend fest, daß die Hauptmenge der filtrierten Flüssigkeit schon in den ersten 10—20 min nach venöser Druckerhöhung austritt, um dann nach Verlust von 3—10% des Blutvolumens zu sistieren. Diese Selbststeuerung dürfte neben der Regelung des capillären Druckes im präcapillären Sphincter (und damit der Zahl der durchströmten Capillaren) weiterhin mit der Grund dafür sein, daß es bei isolierter arterieller Hypertonie in der Regel nicht zur Ausbildung von Ödemen kommt.

Ein anderes Regulationsprinzip tritt (umgekehrt) bei Hypoonkie in Erscheinung: Nach der Theorie müßte so lange Transsudation aus den Capillaren in das Interstitium stattfinden, bis das Blut schließlich derart eingedickt ist, daß es einen dem normalen Capillardruck entsprechenden kolloidosmotischen Druck erreicht hat. Dies tritt aber fast niemals ein, und das Blutplasma bleibt gegebenenfalls auch über längere Zeit hypoonkotisch (RUSZNYÁK).

Entsprechend der erhöhten Capillarfiltration ist auch der Lymphabstrom bei erhöhtem Venendruck vermehrt. Dies konnten LUDWIG und THOMSA und danach EMMINGHAUS schon vor etwa 100 Jahren nachweisen. In der Folgezeit konnten diese Zusammenhänge zwischen Venen- bzw. Capillardruck und Flüssigkeitsfiltration immer wieder bestätigt werden (s. insbesondere die grundlegenden Untersuchungen von LANDIS u. Mitarb. oder PAPPENHEIMER).

GROSS fand die Lymphabsonderung bei venöser Stauung sogar um das 7,8fache vermehrt, nach den Untersuchungen von FÖLDI und seiner Schule steigt die Lymphströmung im Ductus thoracicus bei Phlebohypertonie der V. cava caudalis um das 4,6fache des Ausgangswertes. Allerdings ist diese Beobachtung neuerdings wieder in Frage gestellt worden, als der Verdacht entstand, es handle sich dabei um den Abfluß aufgestauter Lymphe, während erst im geschlossenen System die tatsächliche Verlangsamung der Lymphströmung auch bei Phlebohypertonie erkennbar wird (s. o., ferner WÉGRIA u. Mitarb.). Eine vermehrte Filtration, die das Ausmaß der capillären Rückresorption übersteigt, kann durch einen erhöhten Lymphabstrom zunächst aber ohne weiteres kompensiert werden. Ein Ödem erscheint demnach schon bei dieser rein mechanischen (und damit im Grunde unphysiologischen) Betrachtungsweise als das physikalische Zeichen eines Überschusses an extracellulärer Flüssigkeit infolge eines Mißverhältnisses von Bildung und Abtransport zuungunsten des letzteren im Sinne einer gestörten Bilanz.

Insoweit ist RUSZNIÁK, FÖLDI und SZABÓ zuzustimmen, die in jedem Ödem eine Insuffizienz des Lymphkreislaufes erblicken, der nicht mehr imstande ist, den nach der venösen Rückresorption verbleibenden Überschuß der capillaren Filtration (im Sinne eines Überlaufmechanismus) zu „drainieren" und abzutransportieren.

Indessen bestehen noch eine große Reihe anderer Regulations- und Kompensationsmechanismen eines erhöhten venösen Druckes und seiner Folgen auf das

Gleichgewicht der Kräfte an der Grenzschicht der Blutcapillaren und damit einer vermehrten Filtration. Diese können lokaler Art sein — wobei der Beschaffenheit des Ödems selbst, seinem Eiweiß- und Fermentgehalt und ganz besonders auch dem umgebenden Bindegewebe mit seinen physiko-chemischen Eigenschaften große Bedeutung zukommt. Ferner kann es aber auch zur Auslösung allgemeiner Reaktionen kommen, sei es im Rahmen des Niederdrucksystems des Kreislaufes oder der Osmo- und Volumenregulation (Henry und Gauer).

Diese Kompensationsmechanismen können unter Umständen die Folgen eines erhöhten Venendruckes so ausgleichen, daß ein Ödem entweder nicht oder aber nur vorübergehend zustande kommt.

Nur so sind letztlich beispielsweise die klinischen Beobachtungen bei Thrombose erklärbar. Geradezu als Modellfall (nicht nur hinsichtlich der Ödembildung, sondern auch grundsätzlich für die Rolle einer isolierten Blutrücklaufstörung für die Pathogenese der Elephantiasis überhaupt) können die Verhältnisse nach Unterbindung der V. cava und femoralis angesehen werden, die die Anschauungen von Leriche und Fontaine zu bestätigen scheinen, wonach es unmöglich sei, durch Exstirpation großer Venenstämme ein chronisches Ödem zu erzeugen.

Die ersten derartigen Eingriffe an der V. cava beim Tier zur Erzielung eines experimentellen Ödems wurden anscheinend schon im Jahre 1680 durch Lower vorgenommen und 1832 von Bouillaud wiederholt. Am Menschen gelang nach erfolglosen Versuchen von Kocher (1883) und Billroth (1885) als erstem wohl Bottini die Unterbindung der Vena cava, die Cossio und Perianes sogar zur Entlastung des insuffizienten Herzens empfehlen (s. auch Th. Hoffmann).

Bis zum Jahre 1952 waren 136 Fälle mit Unterbindung der V. cava in der Literatur bekannt (Zollinger und Teachnor), und Agrifoglio und Edwards überblickten 1962 aus eigener Erfahrung und 1- bis 10jähriger Nachbeobachtung allein 195 operierte Kranke.

Beim Hunde sinkt der Druck im rechten Vorhof unmittelbar nach Unterbindung der Vena cava, wenn sie unterhalb der Einmündung der Nierenvenen erfolgt, um 80—90 mm Wassersäule ab, die Rückflußzeiten nehmen um 2—3 sec. zu, und der Venendruck in den hinteren Gliedmaßen steigt deutlich an. Die präoperativen Verhältnisse stellen sich aber schon 2—3 Monate nach der Ligatur wieder her, wobei der Venendruck peripher von der Unterbindung im gleichen Maße abnimmt, wie der Druck im rechten Herzen wieder ansteigt: Benedetto und Poletti, Whittenberger und Huggins.

Zollinger und Teachnor fanden den Venendruck beim Menschen postoperativ ebenfalls erhöht, Schauble, Stickel und Anlyan konnten dagegen bei $^2/_3$ ihrer 40 Krankenbeobachtungen (davon 60% ohne periphere Thrombose) nach Ligatur der V. cava keine Änderung des Venendruckes in der Peripherie messen.

So hatten nach Unterbindung der Vena cava inferior zunächst alle 22 Kranken von Agrifoglio und Edwards und ebenso die von Vandecasteele und Legrand schwere Ödeme, während nach Unterbindung der V. femoralis communis bei 137 Krankenbeobachtungen keine Zunahme von Schwellungen beobachtet werden konnten, im Gegensatz zu den 21 Kranken, bei denen die V. femoralis superficialis unterbunden worden war und bei denen die Ödemrate von 15% vor der Operation auf 17% nach der Operation anstieg (davon 3 postoperativ gebessert und 5 verschlechtert). Polumbo und Paul fanden nur bei der Hälfte ihrer operierten Fälle, Zollinger und Teachnor bei 80% nach Unterbindung der V. cava caudalis minimale bis mäßige Beinödeme und konnten dabei keine feste Relation zwischen der Höhe des venösen Druckes und der Stärke des sich ausbildenden Ödems aufzeigen.

Schon einen Monat nach der Operation nehmen die Ödeme aber rasch wieder ab, obwohl nach den Beobachtungen von Burch und Winson der Venendruck noch bis auf 60 mm Hg und mehr ansteigen kann. Die Rückbildung setzt sich, wenn auch weniger stark, sogar noch bis in die 2. Hälfte des 1. postoperativen Jahres fort (Agrifoglio und Edwards). Die Spätergebnisse eines solchen Eingriffes an den großen Venen scheinen demzufolge insgesamt und insbesondere hinsichtlich eines Ödems überraschend günstig (BERTO und BACCAGLINI), doch fehlt es auch nicht an Gegenstimmen (ULRICH). LERICHE fand neben ausgedehnten Kollateralgefäßen auch viele große Varicenknäuel. Nach COPLAN bleiben sogar die Menstrual- und Ovarialfunktionen intakt, und spätere Schwangerschaften nehmen in der Regel einen normalen Verlauf. Spätödeme 5—10 Jahre nach Unterbindung der V. femoralis superfic. fanden AGRIFOGLIO und EDWARDS noch bei 9,5% ihrer Beobachtungsfälle und schwere und bilaterale Ödeme in der 1. Fünfjahresperiode nach Unterbindung der V. femoralis commun. nur bei 4 von 137, in der 2. Fünfjahresperiode nur noch bei einem Beobachtungsfall. Für die Cava caudalis-Unterbindung betrugen diese Zahlen 7 bzw. 2 (von 6 bis in die 2. Fünfjahresperiode nach der Operation verfolgten Fällen). Andere Berichte über die Frühergebnisse nach Cava caudalis-Ligatur entsprechen ungefähr den oben angeführten Zahlen, die über Spätergebnisse sind leider noch außerordentlich spärlich (BLALOCK, CRUM; DALE; MOZES und ADAR; OCHSNER; SHEA und ROBERTSON; ZOECKLER, ZOLLINGER und TEACHNOR).

Ähnliche Beobachtungen hinsichtlich einer gewissen Unabhängigkeit eines (reinen) Stauungsödems vom Venendruck konnten übrigens auch bei der konstriktiven Perikarditis gemacht werden, bei der die venöse Hypertension gewöhnlich wohl vor der Ödembildung auftritt, gelegentlich aber auch ein erheblich gesteigerter Venendruck nicht ohne weiteres zur Ödembildung führt (FISHMAN, FAVRE). Bei Herzkranken geht die Salzretention der venösen Drucksteigerung ebenfalls oft voraus (vgl. WARREN und STEAD; KATZ und COCKET; LE BRIE und MAYERSON).

Dessenungeachtet zeigen die Folgezustände der oben zitierten Unterbindungen von weiter peripher gelegenen größeren Venenstämmen sehr aufschlußreiche topographische Unterschiede hinsichtlich Manifestation, Ausdehnung, Schwere und Dauer eines venösen Stauungsödems, wie sie in ähnlicher Weise auch bei den verschiedenen Formen der ,,oberen Einflußstauung" (s.o.) in Erscheinung treten.

Derartige Erfahrungen lassen weiterhin eine Reihe von klinischen Beobachtungen bei akuter Thrombophlebitis eher verständlich erscheinen. Auch bei dieser Erkrankung kann sich das Frühödem nach einigen Wochen wieder größtenteils oder vollständig zurückbilden, obwohl die Thrombose (und damit der Verschluß des Gefäßes) noch lange bestehenbleibt und der Venendruck auf das 3—4fache der Norm gesteigert ist (ALLEN, BARKER und HINES). (Von dieser Feststellung bleibt die Tatsache unberührt, daß sowohl rekanalisierte als auch die Venen, bei denen die Phlebitis nicht zur vollständigen Obstruktion geführt hatte, infolge Ausfall des Klappenapparates funktionell minderwertig bleiben und über eine chronische Veneninsuffizienz zu schweren Zirkulationsstörungen und Spätödem führen können (BAUER; OLIVIER, FONTAINE, MANDEL und APPRIL).

Selbst beim Status varicosus der Beine können oft Venendruckwerte von 50 cm H_2O und mehr gemessen werden, ohne daß dieser venöse Hochdruck irgendein Ödem hervorruft. Dieselbe Feststellung gilt auch für das Syndrom von KLIPPEL-TRÉNAUNAY und sogar für bestimmte arterio-venöse Fisteln (MARTOREU). FAVRE vermutet einen Regulationsmechanismus der präcapillären Sphincter, durch den die transsudationsfähige Oberfläche des Capillarnetzes verkleinert wird, wenn es in ein Venensystem einmündet, das unter Überdruck steht.

Bei der Deutung derartiger Befunde ist ferner zu beachten, daß der Venendruck im Gegensatz zum arteriellen Blutdruck keine konstante, statische Größe darstellt, da das Niederdrucksystem des Kreislaufes vornehmlich der Volumenregulation dient. Die Bedeutung des Venendruckes für das Auftreten von Ödemen kann deshalb ohne die Beachtung des funktionellen Verhaltens und der Verteilung des Blutes nicht vollständig erfaßt werden.

Es sei hier nur auf das Ansteigen der Blutmenge in den Beinen im Stehen hingewiesen, wodurch das Volumen der Extremität vergrößert, die Blutstromgeschwindigkeit herabgesetzt und der Venendruck gesteigert werden (Asmussen; Burch; Holling u. Mitarb.; Scott und Radakowich; Waterfield; Wright).

Das Venensystem des Beckens kann das 4—5fache Blutvolumen der Arterien aufnehmen, und rasche Blutverschiebungen von 1—1,5 Liter bei Lagewechsel in der unteren Extremität sind durchaus möglich (Leger u. Mitarb.; Gauer und Henry).

Hinzukommt das funktionelle Verhalten des Venendruckes beim Gehen. Normalerweise sinkt dieser infolge der sog. Muskelpumpe ab. Eine Veneninsuffizienz kann sich allein dadurch anzeigen, daß der an sich normale Ruhedruck beim Gehen nicht abnimmt, sondern gleichbleibt oder gar noch steigt (95 cm H_2O im Vergleich zu normalerweise 20—30 cm H_2O: Beecher; Hooker; Mentha; Rutledge). Pedersen und Husby, Pollak, Taylor, Myers und Wood fanden bei einer Gruppe von Varicenträgern auf Höhe der Fußknöchel einen Saphenadruck von 8,5 (5,7—14) mm Hg im Liegen, 52 (31—61) mm Hg im Sitzen und 81 (63—89) mm Hg im ruhigen Stehen. Die Besonderheit der Druckverhältnisse wurde erst im Gehen manifest: Statt wie bei normalen Versuchspersonen auf 22 (11—31) mm Hg abzufallen, erreichte der Druck bei Kranken mit chronischer Veneninsuffizienz nur einen Durchschnittswert von 44 (34—56) mm Hg und war nach 2,8 (1,2—5,5) sec schon wieder zum Ausgangswert zurückgekehrt (normale Kontrollgruppe: 31 (8—57) sec).

Entsprechende Beobachtungen machten Prérovský und M. Greither; Kresbach und Steinacher; Rothschild, Jorda und Herrmann; ferner Schneewind sowie Santler, die besonders auf das unterschiedliche Verhalten bei oberflächlichen Varicen, das dem Gesunder entsprach, und Thrombosen bzw. Rückflußstörungen der tiefen Venen hinwiesen. Einer bewegungsbedingten Druckabnahme von 41—50% bei Gesunden und Kranken mit sog. primären Varicen stehen Werte von nur 6,3—30% bei sog. sekundären Varicen gegenüber, manchmal nimmt der Venendruck bei solchen Kranken im Gehen sogar noch zu. Fegan weist darüber hinaus auf die außerordentliche Schnelligkeit hin, mit welcher der Druck in den oberflächlichen und tiefen Beinvenen bei fortlaufender Kontrolle wechseln kann. Die Geschwindigkeit und Variabilität sei so groß, daß es eigentlich nicht einmal möglich sei, Mittelwerte anzugeben. Diese stark wechselnden Druckunterschiede pflanzen sich vor allem bei Insuffizienz der Vv. perforantes auch auf die subcutanen Venen fort.

Die Geschwindigkeit des Druckanstieges in den Knöchelvenen ist nach den Beobachtungen von Gauer aber auch von dem arteriellen Blutzufluß abhängig; er benötigt nach Bewegungsstillstand bei Kälteconstriction der Arteriolen 100 sec, bei Wärmedilatation dagegen nur 3 sec. (Diese Beobachtung vermag übrigens auch Licht in die Pathogenese der harmlosen Knöchelödeme bei warmem Wetter zu bringen.) Daraus erhellt aber weiter, daß der Venendruck ein Produkt aus Zu- und Abfluß ist. Analog dem Vorgehen in der Herzklinik bestimmten Naegeli und Matis die Decholinzeit vom Fußrücken aus. Die Zeit, die bis zum Auftreten eines bitteren Geschmackes auf der Zunge verstreicht (Fuß-Zungen-Zeit), beträgt etwa 30 sec — nach 10 Tagen Bettruhe aber schon fast das doppelte. Bandagen oder körperliche Bewegung vermögen diese Reaktion wirksam zu verhindern (Ludwig). Bei diesen Messungen dürfte auch noch die verschiedene Blutverteilung zwischen dem oberflächlichen und tiefen Venennetz von einem gewissen Einfluß sein, wie sie allein schon bei der Phlebographie mit erhobenem und gesenkten Bein in Erscheinung tritt, und wie sie Arenander auch mit radioaktivem Chrom nachwies. Als eine weitere Funktion der Durchströmungsgeschwindigkeit muß schließlich auch die Kohlensäure- und Sauerstoffbeladung des Blutes gelten. Bei arterio-venösen Anastomosen mit beschleunigtem bzw. kurz geschlossenem Blutumlauf entspricht die Sauerstoffspannung des venösen Blutes fast der des arteriellen. Ähnliche Befunde haben Blalock; Fontaine, Kayser und Riveaux; Greither; Hoffheinz; Pirner; Piulachs und Vidal-Barraquer sowie Schroth im Gegensatz zu Magnus, de Takats u. Mitarb. oder Liebich auch im Varicenblut bzw. in der V. saphena magna bei Varicenträgern erhoben. In eigenen Untersuchungen (H. Fischer und Schaub) wies das Venenblut in der unmittelbaren Umgebung varicöser Unterschenkelgeschwüre aber eine normale Sauerstoffspannung auf (pO$_2$), und bei aufrechter Körperhaltung sank der Sauerstoffdruck auf fast die Hälfte ab, jedoch nicht so tief, daß der Gasaustausch mit dem Gewebe wirksam beeinträchtigt worden wäre (was auch die Schmerzlosigkeit der venösen Ulcera im Gegensatz zu den arteriellen erklärt).

Daß die venöse Hypertension und die daraus folgende Transsudation aus den Capillaren nicht die alleinige Ursache eines Ödems sein kann, bestätigen auch die Beobachtungen bei der Entstehung von kardialen Ödemen. Dabei können bei einem Venendruck von 10 cm H$_2$O ausgedehnte Ödeme bestehen. während andere Patienten mit Druckwerten von 30 cm H$_2$O noch ödemfrei sind (Altschule; Schirk). Es bedarf also zur Entstehung eines kardialen Ödems ebenfalls noch einer ganzen Reihe anderer Faktoren, von denen, wie bekannt, neben der Druckerhöhung im Lymphsystem die Steigerung der tubulären Natriumresorption wohl der bedeutsamste sein dürfte (Warren und Stead bzw. Földi, Thuránszky und Varga).

Einen Einfluß übt dabei offenbar auch die Verteilung des „Gesamtblutvolumens" aus, auf die u. a. die Senkung der Wasser- und Salzausscheidung bei der aufrechten Körperhaltung zurückgeführt wird (Linossier und Lemoine, neuerdings Barazone und Fabre; Peters), Sie kann bemerkenswerterweise durch Kompressionsverbände der Beine verhindert werden (Lusk, Viar und Harrison). Anlage von Staubinden wirkt ebenfalls antidiuretisch infolge Verminderung des „peripher wirksam zirkulierenden Blutvolumens" (Fitzhugh), Die Wirkung auf die Hämodynamik und die Herzfrequenz untersuchte Arenander.

Ähnliche Verhältnisse liegen übrigens auch beim a-v-Aneurysma vor (Epstein, Post und McDowell). So konnten Bazek, Duprè und Bastide als einzige Ursache einer beidseitigen, monströsen symptomatischen Elephantiasis im Arteriogramm ausgeprägte arteriovenöse Anastomosen nachweisen. Allerdings dürfte auch in diesem Falle zu der venösen Drucksteigerung die Verminderung des „peripher wirksam zirkulierenden Blutvolumens" hinzukommen, die eine verminderte Saliurese bedingt, und außerdem eine Herzinsuffizienz, die ebenfalls auf die a-v-Fistel zurückgeführt wurde, denn trotz der oft enormen Hypertension ist die Frequenz der Ödembildung beim a-v-Aneurysma erstaunlich gering: Unter 69 Kranken mit kongenitalen a-v-Fisteln fanden Coursley. Ivins und Barker nur bei 11 Ödeme. (Auf die Frage der Varicenbildung bei a-v-Anastomosen kann hier nicht näher eingegangen werden.)

Derartige Verhältnisse einschließlich ihrer Kompensations- und Regulationsmechanismen spielen aber nicht nur bei der Entstehung einer symptomatischen Stauungs-Elephantiasis eine wichtige Rolle, sondern sie wirken auch bei der Weiterentwicklung zur eigentlichen Elephantiasiskrankheit und darüber hinaus fort. Dabei kann dann auch eine (zunächst nur) latente Störung insofern noch bedeutsam werden, als andere Faktoren die bislang evtl. noch aufrechterhaltene Kompensation beeinträchtigen oder gar aufheben und so — obwohl an sich, d.h.

isoliert ebenfalls relativ harmlos — eine „Katastrophe" einleiten bzw. den Ring eines Circulus vitiosus schließen.

Die Erörterung der eingangs angeführten venösen Stauungszustände im Rahmen der Pathogenese der Elephantiasis erschien demzufolge nicht entbehrbar. Zeigen sie doch, welch wichtige Rolle der Venendruck spielt. Darüber hinaus muß aber deutlich werden, in welch komplexem Zusammenhang ein derartiger relativ einfach erkenn- und erfaßbarer Einzelfaktor steht, so daß einerseits die isolierte Störung in der Regel so vollständig kompensiert werden kann, daß sie selbst eine Unterbindung der Vena cava auszugleichen vermag, andererseits aber subklinische Zustände dann einen beträchtlichen Krankheitswert erlangen, wenn die Kompensation versagt oder sie durch gleichgerichtete Begleitstörungen so verstärkt werden, daß sie tatsächlich zur manifesten Ödembildung führen.

II. Lymphstauung

Dieselbe Feststellung, wie sie für die isolierte Störung des venösen Systems getroffen wurde, gilt offenbar aber auch für die des lymphatischen. Nur so ist zu erklären, daß es lediglich unter extremen Bedingungen gelingt, durch isolierte Eingriffe an den Lymphgefäßen ein „reines" sog. Lymphstauungsödem künstlich zu erzeugen (s. die vergeblichen Unterbindungsversuche der großen Lymphgefäßstämme von Cohnheim). Dasselbe gilt auch für die Ausräumung von Lymphknoten, wie z.B. den iliacalen oder inguinalen als den vermeintlichen obligaten Schaltstellen der Lymphgefäße der unteren Extremitäten (Daseler, Anson und Reimann).

Überdies kommt es, woran unbedingt festgehalten werden muß, bei bloßer (mechanischer) Lymphstauung erst nach Versagen der Anastomosen infolge der Wandbeschaffenheit der Lymphgefäße zunächst und noch viel früher als im Venensystem zur Klappeninsuffizienz und zur Ektasie der peripheren Lymphgefäße und -geflechte, deren Wand erheblich dehnbar ist, aber nicht sofort zum Ödem (s. auch Szodoray).

Ein experimentelles, lymphatisches Stauungsödem entsteht, wie Reichert zeigte, in einer Gliedmaße beispielsweise erst dann, wenn sämtliche Weichteile (außer der Femoralarterie und -vene) auf Höhe des Oberschenkels durchtrennt und nur die Haut darüber vernäht wurde. Sogar das Periost muß in diesem Falle sorgfältig abpräpariert werden, da die hier verlaufenden Lymphbahnen den Rückfluß der Lymphe schon gewährleisten können. Blalock u. Mitarb. und insbesondere Homans, Drinker und Field bzw. Drinker, Field und Homans sowie Drinker und Joffey wiesen ergänzend nach, daß zur Erzeugung eines dauerhaften Lymphödems der Verschluß der vorhandenen Lymphbahnen nicht genügt, sondern daß es dazu der Obliteration sämtlicher, auch der neu sich nachbildenden Lymphgefäße bedarf. Die genannten Untersucher mußten, um dieses Ziel zu erreichen, beim Hunde wiederholt thrombosierende Stoffe (wie recalciniertes Oxalatblut, Chinin- oder Silicium-Lösungen) unmittelbar in die Lymphgefäße der hinteren Extremitäten injizieren, wobei das Auftreten fieberhafter Attacken und Nachweis von mäßig viel hämolytischen Streptokokken in der Gewebsflüssigkeit bei einem Tier als besonders bemerkenswert jetzt schon hervorgehoben seien.

Entsprechende Versuche mit Verödung der Lymphbahnen und Resektion von Lymphknoten hat Colette beim Schwein vorgenommen, das mit seinem Lymphsystem dem menschlichen noch am nächsten kommt. Kaindl, Lindner, Mannheimer, Pfleger und Thurnher erzielten durch Injektion einer solchen Menge von Phlebocid, die der lymphangiographisch bestimmten Kapazität des Lymphbahnsystems entsprach, zwar eine aseptische Lymphangitis mit nachfolgender

Obliteration der betreffenden Lymphbahnen und -knoten, aber ebenfalls keine bleibende Schwellung der Extremitäten. Selbst die Unterbindungen und Entfernung des Ductus thoracicus und des entsprechenden Lymphweges auf der rechten Seite in der Halsgegend, die intrathorakale Unterbindung und Verödung des Ductus thoracicus zusammen mit der Vena azygos und umgebendem Bindegewebe, der Cysterna chyli mit den einmündenden Lymphwegen und schließlich die Verödung der intraperitoneal gelegenen Lymphwege und Lymphknoten bei Hunden und Katzen (bei einigen Tieren auch die Unterbindung der Vena cava superior) durch BLALOCK, ROBINSON, CUNNINGHAM und GRA genügten in der Regel nicht, um ein dauerhaftes Lymphödem zu erzielen.

Nach operativer Ausräumung sämtlicher inguinaler Lymphknoten en bloc, Unterbindung der Vena saphena und der retroperitonealen Lymphknoten, Durchtrennung der tiefen epigastrischen und iliacalen Gefäße sowie des lymphatischen Gewebes der Aortenbifurkation mitsamt der Fascia iliaca reichte in den Untersuchungen von HOVNANIAN die Anlage einer elastischen Bandage beim Aufstehen nach dem 10. postoperativen Tag aus, um ein Ödem wirksam zu verhindern.

Lediglich PAPP scheint es gelungen zu sein, durch kombinierten Verschluß der cervicalen und thorakalen Lymphgefäße beim Hunde am Hals und an den Backen Ödeme zu erzeugen. Nach kombiniertem Verschluß der thorakalen und abdominalen Lymphgefäße traten hauptsächlich Ascites und Hydrothorax auf, aber auch Ödeme an Extremitäten und am Penis. Die Veränderungen des extracellulären (Rhodan-)Raumes dürfte aber auch bei den Tieren mit partiellem Lymphgefäßverschluß vorwiegend durch die Ergüsse in den Körperhöhlen bedingt gewesen sein, weniger durch das interstitielle Ödem der Extremitäten, wie auch ganz allgemein die Tiere, die den Eingriff nicht überstanden, erhebliche Höhlenergüsse entwickelten. BLALOCK u. Mitarb. konnten bei ähnlichen Experimenten bei den gestorbenen Tieren mit ausgedehnten Höhlenergüssen eine beträchtliche Erweiterung der Lymphbahnen in den Bauchorganen und darüber hinaus auch einen Austritt von Lymphe ins Gewebe infolge Platzens von Lymphgefäßen beobachten. Ansonsten kommt es bei erheblicher Lymphstauung zum perilymphvasculären Ödem (mit allen seinen Folgen s. u.).

Wenn es demgegenüber bei anatomisch völlig intaktem Lymphgefäßsystem beispielsweise allein durch völlige Ruhigstellung oder Lähmung einer Extremität infolge Lymphostase zur Ödembildung kommen kann (sog. couch leg, Reise- oder Eisenbahnbein, deckchair disease, „Fernsehbein"), so dürfte dieses Beispiel einer sog. akinetischen Insuffizienz der Lymphgefäße nach RUSZNYÁK genügen, um die Mitwirkung funktioneller Faktoren hinreichend zu belegen. Dabei ist es gleichgültig, ob die völlige Muskelruhe willkürlich herbeigeführt wurde oder pathologisch bedingt ist, z.B. infolge einer Nervenlähmung.

Selbst bei Fällen von Nonne-Milroy-Meige-Syndrom hängt die Ausbildung eines manifesten Ödems nicht nur von der Art und dem Ausmaß der Anomalie des Lymphsystems ab (s. auch die Beobachtungen von einseitigem Ödem bei doppelseitigen gleichartigen Anomalien der Lymphgefäße), sondern auch von der weiteren Entwicklung, insbesondere der Ausbildung einer Lymphgefäßsklerose (TISSEUIL; WALLACE) mit lokaler Asystolie des Lymphstromes bzw. Klappeninsuffizienz.

Insbesondere TISSEUIL weist auch auf die Bedeutung des die Lymphgefäße umgebenden Bindegewebes hin. Durch eine Sklerose desselben kommt es zur Dilatation der Lymphgefäße und dadurch zur mechanischen Insuffizienz. Dieser Mechanismus ist ganz besonders beim sog. perilymphvasculären Ödem zu beachten. Erinnert sei hier auch an die ganz verschiedenen ödematösen Zustände beim experimentellen Ödem, je nach Art des zur Ödemauslösung verwandten Stoffes.

Nach Pierer ist die allmähliche Entwicklung kennzeichnend für lymphatische Stauungsödeme im Gegensatz zu den venösen, die sich in wesentlich kürzerer Zeit entwickeln.

Beschleunigt wird die Ödembildung einerseits von allen Größen des Blut- und Lymphkreislaufes, die mit einem vermehrten Flüssigkeitsaustausch einhergehen, des weiteren aber auch allen jenen Faktoren, die eine Ausweitung des extracellulären Flüssigkeitsvolumens bedingen, und schließlich auch noch von banalen Infektionen oder Traumen, die bei normaler Funktion des Lymphsystems völlig belanglos wären und nur auf diesem Boden pathogenetische Bedeutung erlangen. Demzufolge scheint bei allen diesen Fällen der Zeitpunkt, zu dem sich ein Ödem manifestiert, mehr oder weniger zufällig zu sein. Es ist daher pathogenetisch von untergeordneter Bedeutung.

In diesem Zusammenhang soll nicht unerwähnt bleiben, daß Borrie und Taylor bei zweien ihrer Beobachtungsfälle den sicheren Ausgang rekurrierender Infektionen (Cellulitiden) von dem umschriebenen Bezirk eines cutanen Refluxes nachweisen konnten.

Auch diese Verhältnisse lassen wiederum erkennen, daß bei entsprechenden Untersuchungen wie denen von Blocker, Smith, Dunton, Protas, Cooley, Lewis und Kirby zwar immer wieder Beziehungen zwischen der Schwere der klinischen Veränderungen und der Höhe des Druckes im Lymphgefäßsystem festgestellt, aber nicht regelmäßig gesichert werden können.

Resorptionsversuche in elephantiastisch gestauten Extremitäten fallen ebenfalls nicht einheitlich aus und ergeben teils eine verzögerte, teils aber auch eine beschleunigte Resorption (wie bei kardialer Stauung: Rusznyák u. Mitarb., Bollini und Marley; Duperrat, Bourdon, Desprez-Curely, Picard und Dana; Hollander, Reilly und Burrows; Lang; Kinmonth und Taylor).

Abschließend sei indessen doch noch einmal auf die Einteilung der Lymphkreislaufinsuffizienz von Rusznyák hingewiesen, der ganz exakt mechanische, funktionelle, hämodynamische, akinetische, valvuläre und dynamische bzw. relative Formen sowie möglicherweise sogar eine sog. Resorptionsinsuffizienz als Vorbedingungen für die Entstehung eines Ödems voneinander zu unterscheiden weiß. Dem stehen Beobachtungen gegenüber, die zeigen, daß die Tätigkeit eines Organs durch Unterbindung der Lymphgefäße allein nur verhältnismäßig wenig beeinflußt wird. Unter pathologischen Bedingungen jedoch und ganz besonders bei einer gleichzeitig vorhandenen Blutkreislaufstörung geht die Lymphgefäßblockade mit ganz schweren Folgen einher bis zur vollständigen Nekrose des betreffenden Organs! (s. bei Rusznyák), wie es ähnlich auch bei der Kombination von Phlebothrombose und arterieller Durchblutungsstörung der Fall ist.

III. Die Capillarschädigung

Unter diesen Umständen ist es unerläßlich, bei der Pathogenese der geschilderten Stauungsödeme im venösen oder lymphatischen System noch nach anderen (zusätzlich wirksamen) Faktoren zu suchen.

Hier sind schon ältere Unterbindungsversuche aufschlußreich, die Eppinger durchgeführt hat, und deren Ergebnisse mit dem Starlingschen Schema nicht übereinstimmten. Eppinger kam deshalb zu dem Schluß, daß in allen Fällen, in denen infolge von Phlebohypertonie Ödem entsteht, auch die Permeabilität der Capillaren gesteigert sein muß. Diese Feststellung bezieht sich aber nicht nur auf den Austausch von Flüssigkeit, sondern auch auf den von Eiweiß, weshalb Eppinger von einer „Albuminurie ins Gewebe" sprach.

Den entscheidenden auslösenden Faktor der gesteigerten Capillarpermeabilität erblickte Büchner in der Capillar*hypoxie:* so komme es bei örtlicher venöser Hyperämie, z.B. infolge von Venenthrombose, mit erhaltenem kollateralen Abfluß venösen Blutes infolge Steigerung des hydrostatischen Druckes und einer Hypoxie an den Capillaren zum Austritt von Blutfüssigkeit durch Schädigung des Parenchyms zur Einwässerung und durch beide Vorgänge erst zum akuten Ödem.

Im Hinblick auf die Verhältnisse in der Pfortader werden die schweren Beinödeme bei stenosierender Organisation von Thromben der Vena femoralis ebenfalls noch als alleinige Folge eines distal des Abstromhindernisses gesteigerten hydrostatischen Druckes, einer venös-hyperämischen Hypoxie der Capillarwände und einer Hypoxie des Gewebes aufgefaßt, zu deren Ausbildung es einer primären Natriumretention nicht bedarf!

Auch Letterer stellt anhand der Verhältnisse bei Verlegung der Vena femoralis fest, daß Ödeme dabei erst durch Prästase und Erweiterung der gesamten Endstrombahn manifest werden. Nervale Einflüsse und ein erhöhter Venendruck führen zur Stromverlangsamung, die dadurch resultierende erhöhte CO_2-Spannung zu einer erhöhten Durchlässigkeit der Capillarwand mit vermehrtem Austritt von Eiweiß, einem erhöhten kolloidosmotischen Druck und so zu einer verminderten Rückresorption,

Indessen weisen auch die sog. vasomotorischen Ödeme kein einheitliches Bild auf: beim Raynaudschen Symptomenkomplex stellen sie eine Ausnahme dar, häufiger werden sie bei der Erythromelalgie (Weir-Mitchell) angetroffen. und regelmäßig dagegen bei Akrocyanose und submalleolärer Cyanose. Im übrigen führt der Sauerstoffmangel an sich schon zu einer Constriction der Venenmuskulatur (Rieker). So wird vielleicht auch erklärbar, daß selbst bei Lähmung oder völliger Ruhigstellung einer Extremität, die zu einer akinetischen Lymphbahninsuffizienz führt, gleichzeitig auch die Permeabilität der Blutcapillaren gesteigert und die Transsudation demzufolge ebenfalls erhöht ist.

Neben der Hypoxie messen Dienst, Riecker, Takats, Fischer und Schaub, desgleichen Jonckheere und Leclercq der *Gewebssäuerung* evtl. in Verbindung mit einer lokalen Intoxikation noch einen beachtlichen Einfluß auf das Ausmaß einer Capillarwandschädigung zu, wobei nach de Weese, Jones, McCoord und Mahonsey nicht nur der verringerte Durchfluß, sondern das zusätzliche Fehlen der Pufferkapazität der Erythrocyten eine Rolle beim Zustandekommen der Acidose spielen. Legrand u. Mitarb. betonen demgegenüber die Störung der *Enzymaktivitäten* in den Capillarendothelien. Die Gewebssäuerung braucht nach Dienst nur in der Umlagerung der Mineralien zum Ausdruck zu kommen und in einer vermehrten Bildung von NH_3, nicht aber in einer Änderung der aktuellen Wasserstoffionenkonzentration. Über den Einfluß biogener Amine und anderer sog. Gewebshormone auf die Gefäßpermeabilität s. bei Fekete; Gözsy und Kató, Illig sowie Spier u.a.

Bei erhöhter Capillarwandpermeabilität treten vermehrt Eiweißkörper aus, so daß das onkotische Druckgefälle ebenfalls vermindert und die Ödembildung allein dadurch weiter begünstigt wird. Der erhöhte extravasale Eiweißgehalt vermindert das Druckgefälle noch weiter.

(Eine Hauptrolle für die mangelnde Rückresorption spielt der herabgesetzte onkotische Druck in den Capillaren besonders bei den hypalbuminotischen Ödemen, die zuweilen ebenfalls als „Pseudoelephantiasis", d. h. Elephantiasis als Symptom, beschrieben wurden: so bei Nephrose, Epidemic Dropsy, exsudativer Enteropathie bzw. familiärer Hypoproteinämie mit Eiweißverlust in den Magen-Darm-Kanal: Combes, Dahme, Fujinami u. Mitarb.; Günther, Martini, Dölle und Petersen; Martini u. Mitarb. Hierher gehören wahrscheinlich auch die Beobachtungen von Elephantiasis der Extremitäten bei chylösem Ascites, die Blume mitgeteilt hat. Auf das Phänomen der Begrenzung der Transsudation bei hypoonkotischen

Ödemen wurde oben schon aufmerksam gemacht. Der hierfür verantwortliche Regelmechanismus ist jedoch noch nicht bekannt. Der niedere Eiweißgehalt der Ödemflüssigkeit bei Gestosen soll nach Friedberg darauf hinweisen, daß hierbei der onkotische Druck ohne Bedeutung sei.)

Eine entscheidende Rolle spielt die Capillarpermeabilität ferner bei den *entzündlichen Ödemen*.

Soweit die Funktion des Lymphsystems nicht gestört ist, das überschüssig diffundierte Eiweißkörper wieder aufnimmt und abtransportiert, ohne daß eine capilläre Rückresorption notwendig wird, kann demnach der *Eiweißgehalt der Ödemflüssigkeit* bis zu einem gewissen Grade als Maß für die Schwere der Capillarwandschädigung angesehen werden.

Dem entsprechen die Befunde von Fekete und Kalz, wonach die Durchlässigkeit der Capillaren für Wasser, Elektrolyte und Eiweiß verschieden ist. Röckl, Metzger und Spier nehmen aufgrund ihrer Untersuchungen mit einem erweiterten Landis-Test auch für die Serumeiweißfraktionen eine dissoziierte Capillarpermeabilität an, desgleichen (aufgrund immunelektrophoretischer Untersuchungen) Zimmer, Dub und Woringer.

Rusznyák u. Mitarb. errechneten den Eiweißgehalt der interstitiellen Flüssigkeit auf 0,7%. Dieser Wert ist niedriger als der der aus der hinteren Extremität abfließenden Lymphe, aber höher als der der aus neuen Stauungsödemen im Tierexperiment gewonnenen Flüssigkeit. (Bei anderen Untersuchungen der gleichen Autoren enthielt die Lymphe aber auch wesentlich mehr Eiweiß als die umgebende Ödemflüssigkeit, und zwar dann, wenn im histologischen Schnitt in den ödematösen Gebieten erweiterte Lymphgefäße gut zu sehen waren.)

In einem sog. Quinckeschen Ödem bestimmte Govaerts den Eiweißgehalt dagegen mit 31 g/100 ml, Koch in der Histaminquaddel sogar mit 50—55 g/100 ml.

In Stauungsödemen trafen Taylor, Kinmonth und Dangerfield einen durchschnittlichen Eiweißgehalt von 2,8 g/100 ml mit Streuwerten von 1—5,5 g/100 ml an. Die Untersucher konnten dabei eine deutliche Korrelation zur Schwere der klinischen Erscheinungen herstellen, die sogar noch im Proteingehalt der Lymphe erhalten war, der je nach Schwere des Ödems von 1—5 g-% anstieg (normal 0,69 g-% nach Drinker). Darüber hinaus wurden aber nicht nur der absolute Eiweißgehalt der Ödemflüssigkeit, sondern auch die Zusammensetzung derselben mit dem Grad einer Schädigung der Capillarwände in Zusammenhang gebracht im Sinne von Pappenheimer, wonach die Diffusion der Eiweißmoleküle umgekehrt proportional ihrer Größe erfolge. (Siehe auch Kinmonth und Taylor, Übersicht u. a. bei Auerswald u. Mitarb.). Native Ödemflüssigkeit enthält nach Zimmermann nur einzelne Proteinfraktionen (Albumin und angedeutet Alpha-1-Globulin), bei stärkerer Konzentration der Ödemflüssigkeit treten aber die gleichen Präcipitationslinien auf wie im Serum.

Freeman und Jockes fanden dementsprechend die Albuminkonzentration in Ödemflüssigkeiten verschiedener Genese mit einer Ausnahme um 11,4% höher als im Plasma (und entsprechend einen mittleren Abfall der Globulinkonzentration um 12,9%). Auch Fiehrer, Vieville und Vicario beobachteten im chronischen venösen Stauungsödem eine Tendenz zur Vermehrung der Beta-Globuline. Auerswald, Doleschel und Reinhardt fanden den Durchschnitt der Sf_3-Fraktion am wenigsten behindert, daneben konnte diese letzte Untersuchungsgruppe in neuen Stauungsödem aber auch die „schwere Komponente" des normalen Serums und Lipoproteine der Sf-Klassen 8,5 und 3 in der Ödemflüssigkeit nachweisen. Wuhrmann hält einen Übertritt von Proteinen mit hohem Molekulargewicht ebenfalls für möglich. Daß im übrigen Globuline und Fibrinogen auch ohne faßbare entzündliche Schädigungen des Capillarbereiches diffundieren können, erhellt allein schon aus der Gerinnbarkeit derartiger Ödeme (s. auch Sapirstein oder Zimmermann). Auerswald u. Mitarb. betonen jedoch, daß hinsichtlich der qualitativen Zusammensetzung der Ödeme beträchtliche Unterschiede bestünden.

In diesem Zusammenhang dürfen die Untersuchungen von Masshoff über den Eiweiß- und *Fermentgehalt* bestimmter Exsudate nicht unerwähnt bleiben. Letzterer spielt bei der Auslösung reaktiver reticulohistiocytärer und geweblicher Reaktionen ganz sicher eine große Rolle.

Bei den von Drinker, Field, Heim und Leigh experimentell durch Lymphbahnverödung ausgelösten Ödemen nahm der Eiweißgehalt auch bei völlig intaktem venösem Kreislauf ebenfalls ständig zu und erreichte Höchstwerte von über 5 g-%. In der Ödemflüssigkeit von „Lymphödem"-Kranken bestimmten Taylor, Kinmonth und Dangerfield den Eiweißgehalt mit 10—55 g/l (Durchschnitt = 28 g/l)! Auch bei diesen Untersuchungen konnte die Theorie von Pappenheimer (1953) bestätigt werden, wonach die Diffusion der Eiweißmoleküle umgekehrt proportional ihrer Größe erfolgt: Bei intakter Gefäßwand kamen nur klein-

molekulare Albumine und fast gleichgroße Beta-Globuline in der subcutanen Ödemflüssigkeit
vor, je schwerer die klinischen Erscheinungen waren, desto höher war auch der Eiweißgehalt
der Gewebsflüssigkeit. Bei einem Eiweißgehalt des Ödems von 2,5 g/100 ml betrug der Druck
14 cm Wasser. Die Untersucher kamen zu dem Schluß, daß die Gewebsflüssigkeitsbildung vom
osmotischen Druck abhänge, der durch die Höhe des Eiweißgehaltes des Plasmas bestimmt
werde.

Die Resorption von s.c. injiziertem, jodmarkiertem Serum ist aus diesen
Ödemen auch bei anatomisch intaktem Lymphgefäßsystem verzögert (DUPERRAT,
BOUDON, DESPREZ-CURLEY. PICARD und DANA sowie KINMONTH und TAYLOR,
ferner LANG).

Über die Durchblutung und Permeabilität der Endstrombahn sind außerdem
aber auch eine Reihe der mannigfaltigen *nervalen Einflüsse* bei der Pathogenese
des Ödems und die klinischen Erfolge von Novocaininfiltrationen oder Sympathi-
cusblockaden erklärbar, die weiter oben ausführlich erörtert wurden (s. auch
LERICHE, JONCKHEERE und LECLERQ, SCHOEMAKER, DUMONT und BOSSAERT).

Wieweit diesen funktionellen Störungen der Endstrombahn auch *gestaltliche
Veränderungen* der Capillargefäße entsprechen, die über eine bloße Erweiterung
hinausgehen, ist für die Frühstadien schwer zu entscheiden, beim gleichzeitigen
Vorliegen einer Infektion oft nicht mehr analysierbar. Bezeichnenderweise erwägen SCHROEDER und HELLWEG-LARSEN beim Nonne-Milroy-Meige-Syndrom
das Vorliegen einer angeborenen Fehlbildung der elastischen Fasern, wodurch die
Kontraktilität der Arteriolen eingeschränkt und die Filtration dadurch erhöht
würde. Dadurch ergeben sich weitere beachtliche Parallelen zu anderen angeborenen Störungen des Bindegewebes wie dem Pseudoxanthoma elasticum, dem
Turner-Syndrom oder der idiopathischen Lungenhämosiderose. die durch ihre
Blutungsneigung infolge Capillarinsuffizienz ebenfalls schon wiederholt aufgefallen sind (H. FISCHER, E. GOTTRON und KORTING; SCHUERMANN).

Auch LAMBRECHT nimmt als Ursache der Elephantiasis an den Beinen eine primäre
Minderwertigkeit des Bindegewebes an und erblickt in der sog. Lymphstauung eine Folge
der Bindegewebsalteration. Mit diesen Feststellungen werden weitere Gesichtspunkte aufgedeckt, die zwischen Gefäßwänden und Bindegewebe bestehen, insofern, als der bindegewebige Anteil *beider* Systeme in gleichem Sinne verändert sein kann, wie auch funktionell
eine Reihe derartiger gleichartiger Reaktionen bekannt sind. So beschleunigen beispielsweise
alle pharmakologischen Substanzen, die die Permeabilität der Capillaren erhöhen, auch die
Permeabilität des Bindegewebes (und umgekehrt)! Von diesem Funktionskreis dürften aber
auch die Lymphgefäße nicht ausgenommen sein, zumindest was den bindegewebigen Anteil
ihrer Gefäßwände anbetrifft. Gleicht doch der Aufbau des Lymphgefäßes schon rein anatomisch weitgehend dem des Blutgefäßsystems.

In späteren Entwicklungsstadien werden Capillarschädigungen und -verände-
rungen jedoch in keinem Falle mehr vermißt, worauf im Abschnitt „Pathologische
Anatomie" noch näher eingegangen werden soll. Entscheidend wichtig ist in dem
hier gegebenen Zusammenhang der Hinweis auf die überragende und selbständige
Rolle, die die Endstrombahn (Telereithron) sozusagen als dritter Faktor neben
„Stauung" und „Entzündung" in der Pathogenese der Elephantiasis einnimmt.

IV. Das „Ödem"

Die bisherigen Vorstellungen über den Flüssigkeitsaustausch gingen bei allen
Einschränkungen im wesentlichen von der sog. Membrantheorie aus. Danach
würden die „dialysierenden" (semipermeablen) und „osmotischen" Trennwände
der Capillaren und Zellen ein „Dreikammersystem der Körperflüssigkeiten" bilden,
wobei die Zellen dauernd in ein einheitliches sog. „milieu intérieur" im Sinne von
CLAUDE BERNARD eintauchen. Indessen hat sich bei weiteren Untersuchungen

schon sehr frühzeitig erwiesen, daß dieses auf Schade und Menschel zurückgehende Modell den tatsächlichen Verhältnissen nicht voll entsprechen kann.

Allein im extracellulären Raum werden aufgrund von Bilanzuntersuchungen
neuerdings mindestens vier verschiedene Flüssigkeitsphasen unterschieden (Edelmann und Leibman):
1. die Plasmaflüssigkeit,
2. die Flüssigkeit in Interstitium und Lymphe,
3. die Flüssigkeit im kollagenen Bindegewebe und im Knochen,
4. das transcelluläre Wasser.

Davon machen das Plasmavolumen und die leicht diffusible interstitielle
Flüssigkeit zwar 90% des sog. physiologisch aktiven Volumens der Extracellulär-
flüssigkeit aus. Diesem gehören auch noch etwa 25% der im dichten Bindegewebe
befindlichen Flüssigkeit an, die auf etwa 4,2 Liter geschätzt wird. Daneben besteht
aber auch ein physiologisch inaktiver, sehr träge reagierender, schwer diffusibler
Flüssigkeitsraum.

Bei der verhältnismäßig leichten methodischen Zugänglichkeit des extracellulären Anteils des Körperwassers mit verschiedenen Indicatorsubstanzen hat
sich das Hauptinteresse der klinischen Wasser- und Elektrolytforschung in den
letzten Jahren fast ausschließlich diesem Anteil zugewandt. So konnte der Eindruck entstehen, der extracelluläre Flüssigkeitsraum sei ein biologisch bedeut-
sames System, das weitgehend selbständig funktioniere und reguliert werde, und
in dem die leicht diffusible interstitielle Flüssigkeit sehr rasch ausgetauscht wird
(s. u.a. Edelman und Leibman; Favre; Mertz; Siegenthaler). Die interstitielle Flüssigkeit fungierte dabei lediglich als Plasma-Ultrafiltrat, das sich trotz
seines großen Volumens als „Film" entlang den Fasernetzen erstrecken und so
den Ionentransport und die Diffusion in die Zellen gewährleisten sollte (McMaster
und Parsons).

Über dem Salz- und Wasseraustausch wurden dabei aber zwei wichtige Gesichtspunkte zu wenig beachtet: daß nämlich diese Flüssigkeitsphase außerdem
noch eine Reihe anderer Bestandteile wie Eiweiß, Hormone, Fermente, Mucopolysaccharide (s.o.) enthält und letztendlich das Resultat von äußerer Stoff-
zufuhr und -ausscheidung sowie der intra-extracellulären Stoffverteilung darstellt
und darüber hinaus von vielen anderen biologischen Elementarfunktionen und
ihren Störungen abhängt (Letterer).

Zum anderen steht diese Flüssigkeitsphase aber in sehr enger Beziehung zur
Wasseravidität des Bindegewebes und der Wasseraufnahmefähigkeit und Hydratation der Grundsubstanz. Diese stellt ein stark hydratisiertes System dar, an
welchem neben dem quellfähigen Kollagen vor allem die sauren Mucopolysaccharide beteiligt sind. Auch Day sieht die Grundsubstanz als ein hydrophiles Kolloid
in einem nicht wäßrigen Kontinuum an, das sich von der Konzentration und Zusammensetzung der Neutralsalze als sehr abhängig erweist. Der Gehalt an Mucopolysacchariden bestimmt dabei vornehmlich die Viscosität, der an Hyaluronsäure die Wasserbindungskapazität (Braun-Falco).

Buddecke hat das „effektive hydrodynamische Volumen" der Hyaluronsäure
(als Maß für die Hydratisierung eines Makromoleküls in Lösung, welches besagt,
wieviel „gebundenes Wasser" das Teilchen in solvatisiertem Zustand enthält, das
ist das Volumen des Ellipsoids, welches das Molekül in Lösung wirklich hydro-
dynamisch ersetzt) auf 20—500 ml Wasser/g Trockensubstanz berechnet.

Ähnliche Werte ergaben sich bei vergleichender Bestimmung des Wasser- und
Hyaluronatgehaltes verschiedener Gewebe, wobei die Relation zwischen Hyalu-
ronat- und Wassergehlt bis zu einem Wert von 150 mg Hexosamin/100 g Trocken-
gewebe linear verlief (Rientis), was auf eine feste Beziehung hinweist.

(Die Hydratisierung hochpolymerer Fadenmoleküle erklärt sich z. T. aus ihrer geknäuelten dreidimensionalen Struktur (= random coil). Das zwischen den netzartig verhakten Molekülfäden liegende Lösungsmittel ist immobilisiert. Die molekulare Gestalt linearer Polyanionen hängt weiter von der Konzentration gleichzeitig anwesender Neutralsalze ab, die demnach die Fähigkeit zur Immobilisation von Lösungsmitteln ebenfalls beeinflussen, s. bei BUDDECKE).

Hyaluronsäure und Dermatansulfat (Chondroitinsulfat B) bilden zusammen die Hauptmenge der sauren Mucopolysaccharide in der Haut. Die Menge derselben in der Haut des erwachsenen Menschen bestimmten LOEWI und MEYER für die sauren Mucopolysaccharide mit 0,5—1,0% des Trockengewichtes, für die Hyaluronsäure mit 30, für Dermatansulfat mit 64 und für Chondroitin B-Sulfat mit 0,1%.

Die Wasserbindung von Chondroitinsulfat*proteinen* ist nach BUDDECKE u. Mitarb. indessen noch um das 10—100fache größer als die des freien Chondroitinsulfates und kann in Knorpelchondroitinsulfatproteinen Werte bis über 100 ml Wasser/g erreichen. Damit hat BUDDECKE auch wichtige funktionelle Unterschiede zwischen Chondroitinsulfatprotein und freiem Chondroitinsulfat erkannt.

Mit diesen Feststellungen sind auch die Befunde von GUYTON vereinbar, der mittels implantierter Kapseln zunächst einen negativen interstitiellen Gewebsdruck maß, welcher jedoch bei zunehmendem Venendruck, abfallendem arteriellem Druck und ganz besonders bei entzündlichem Ödem erheblich zunahm.

Diese Gegebenheiten lassen die Eiweißdiapedese in einer ganz neuen Bedeutung und Funktion erscheinen und dürften auch für die Pathogenese der Ödembildung und die nachfolgende (acelluläre) Sklerosierung dann noch besonders entscheidend werden, wenn sich Wasser- und Mucopolysaccharid-Eiweißgehalt gegenseitig so beeinflussen würden, daß auf die Dauer die Vermehrung *eines* Faktors regulatorisch eine solche des anderen nach sich ziehen würde mit dem Ziel, ein neues Gleichgewicht herzustellen.

In diesem Zusammenhang erscheint noch eine weitere Beobachtung von BUDDECKE bemerkenswert: Obwohl die meisten bindegewebigen Organe zwar unter den Bedingungen eines reduzierten Sauerstoffangebotes arbeiten und der Sauerstoffverbrauch von Haut, Bindegewebe und Sehnen nach FIELD, BELDING und MARTIN beispielsweise nur $^1/_{10}$—$^1/_{40}$ des der parenchymatösen Organe beträgt, liegen, worauf BUDDECKE hinweist, die Umsatzraten für Polysaccharide relativ hoch. Die gefundenen Halbwertzeiten von 2—4 Tagen für Hyaluronsäure und 7—10 Tagen für Chondroitinsulfat sind vor allem im Hinblick auf die viel längeren HWZ für Bluteiweißkörper oder Leberproteine schwer mit der Auffassung der „Bradytrophie" dieser Gewebe zu vereinbaren, die entsprechend ihrem Enzymverteilungsmuster ihre Energie allerdings meist anaerob gewinnen. Bei Berechnung auf gleiche Extraktpotentiale zeigt sich, daß die Bindegewebszelle zu ebenso intensiven Stoffwechselleistungen fähig ist wie die Muskel- oder Leberzelle. Der Pentose-P-Cyclus des Bindegewebes ist indessen nicht an den Embden-Meyerhoff-Weg gekoppelt (s. auch DELBRÜCK). Die Bildung von Mucopolysacchariden aus Bindegewebszellen ist in der Zellkultur inzwischen nachgewiesen (s. bei BUDDECKE).

Über weitere physikalisch-chemische und insbesondere auch hormonelle Einflüsse (insbesondere von Thyreoidin und Sexualhormonen) oder den von Vitaminen auf den Hexosamingehalt der Haut haben BUDDECKE sowie STARY ebenfalls eingehend berichtet (s. ferner ASTWOOD oder FABIANEK).

Das Bindegewebe erweist sich somit als ein überaus wichtiges Stoffwechselorgan, das nicht nur anatomisch, sondern, was besonders bedeutsam erscheint, auch *funktionell* zwischen die Transsudations- und die Resorptionsphase der Capillaren und der Parenchymzellen eingeschaltet ist. Hier spielen sich bei übermäßiger Durchtränkung oder Austrocknung die wesentlichen Änderungen im Wasser- und Salzhaushalt ab. Dadurch ist das empfindliche Protoplasma der Zelle vor weitgehenden Veränderungen wirksam geschützt.

Nach allen vorausgehenden Ausführungen ist es klar, daß die unmittelbar aus dem Blut kommende Transsudatflüssigkeit mit der Gewebsflüssigkeit ebensowenig gleichgesetzt werden kann wie die freie mit der gebundenen und dem Quellungswasser des Bindegewebes und der Zellen, dessen Menge von der aktuellen Reaktion des Milieus sowie der Konzentration und dem Dissoziationsgrad der Salze abhängt (Letterer), und weiterhin auch nicht mit der in den Gefäßen abfließenden Lymphe, Grund genug, die Bezeichnung „Lymphödem" endgültig auszumerzen (vgl. unten).

Im Rahmen des Gesamtorganismus erscheint die Haut zunächst zwar als wasserarmes Organ (ihr Wassergehalt wird von Herrmann und March mit 6—11% des Körpergewichtes angegeben, entsprechend 2,5—3 Liter; am wenigsten einheitlich ist nach den Untersuchungen von McLaughin und Theis der Wassergehalt des Coriums, indem er mit 74% in den obersten Schichten bis auf 25% in den untersten stetig abnimmt; am geringsten ist der Wassergehalt des Fettgewebes). — Dennoch stellt sie ein beträchtliches Wasserreservoir dar: bei besonderen Beanspruchungen können 8—14% Wasser ohne merkliche funktionelle Störung abgezogen werden und andererseits treten sichtbare Ödeme (bei Herzinsuffizienz) erst dann auf, wenn die Wasserretention 4—5 l überschreitet (Molenaar und Roller). Nach den Feststellungen von Drury und Jones kommt es erst dann zur Ausbildung eines manifesten Ödems, wenn die Stauungsmenge mehr als 8% des Extremitätenvolumens beträgt. Andererseits können nach dem Verschwinden aller kardialen Dekompensationserscheinungen, insbesondere nachweisbarer Ödeme und eines erhöhten Venendruckes noch 3—7 Liter Wasser (unmerklich) retiniert werden (Ferraro, Friedmann und Morelli).

Diese Wassermengen sind weniger in dem faserigen Anteil des Bindegewebes gespeichert, das eine begrenzte imbibitorische und lyotrope Quellbarkeit besitzt, als ganz besonders in der intercellulären Grundsubstanz, die, wie aufgezeigt wurde, keineswegs eine einheitliche Masse darstellt. Während aber über die Zusammensetzung derselben zahlreiche Untersuchungen vorliegen (s. Beitrag Stary in diesem Handbuch oder Lindner), ist über die Veränderungen beim Ödem, wenn die Bindungskapazität für Wasser überschritten wird und insbesondere über die Veränderung des Hyaluronsäuregehaltes oder die Rolle der Sulfatmucopolysaccharide und den Ionenaustausch sowie die sonstigen Einflüsse wie beispielsweise auch hormonelle, auffallend wenig bekannt geworden. Lediglich Ehrich, Seifter, Alburn und Begany bestimmten den Heparingehalt in einem elephantiastischen Scrotum mit 126 mg/kg Gewebe.

Auch die färberische (histochemische) Darstellung einer Grundsubstanzvermehrung im Rahmen eines Ödems stößt auf Schwierigkeiten, weil die Farbintensität der darzustellenden Bestandteile der Grundsubstanz mit der Zunahme des Ödems (infolge Verdünnung) immer geringer wird.

Dabei dürfte die „Abtropfbarkeit" eines Ödems fast ausschließlich von der „Grundsubstanzreserve" abhängen, insbesondere deren Gehalt an Hyaluronsäure. Die geringe Wasserkapazität erklärt den erheblichen Flüssigkeitsverlust aus bullösen Krankheitsherden der circumscripten Sklerodermie und umgekehrt wird jetzt auch die Plastizität des Myxödems verständlicher.

Bei allgemeiner Ödembereitschaft sollen manifeste Ödeme erst bei einer Zunahme der extracellulären Flüssigkeit um mehr als 10% des Normalen auftreten (die nach Edelmann und Leibman 27% des Körpergewichtes beträgt), was einer zusätzlichen Retention von mindestens 1,5 l entspricht mit einem Natriumgehalt von etwa 5 g bzw. 12,7 g Kochsalz (vgl. Holtmeier und Martini). Eine Ödembildung stärkeren Grades ist aber nur möglich, wenn die Zufuhr von Wasser, Natrium und Chlorid die Ausscheidung quantitativ übersteigt (Schwiegk). Daß Retention von Natrium Voraussetzung jeder zu Ödem neigenden Wasseransammlung im

Organismus ist, hatten STRAUSS sowie WIDAL und LEMIÈRE schon um die Jahrhundertwende erkannt.

Ob indessen der „funktionelle Salz- und Wasserverlust", der bei der Ausbildung von Ödemen durch den „capillaren Mechanismus" auftritt, ausreicht, um, wie beispielsweise beim nephrotischen Ödem, *zentrale Regulationen* auszulösen, ist beim elephantiastischen Ödem unseres Wissens noch nicht untersucht und nach den Ausführungen in Abschnitt C dieses Kapitels auch nicht unbedingt Voraussetzung. Ebenso wenig ist über das Ausmaß einer Reduktion des „peripher wirksamen Blutvolumens" (EPSTEIN, POST und McDOWELL) bekannt.

Die vielfältigen Faktoren, die somit bei der Entstehung eines Ödems mitwirken, erklären die zahlreichen, auch wesensmäßig verschiedenen klinischen (kardialen, nephrogenen, hepatogenen, hormonellen, dystrophischen, allergischen, polyarthritischen) Ödemformen, zu denen noch (entzündliche) Begleitödeme (so auch bei perniziöser Anämie) und seltene Sonderformen kommen (wie bei Sphingosintrihexosid-Thesaurismose Fabry oder der sog. Marschgangrän als Folge einer ischämischen Myositis).

Die Fülle und Verschiedenartigkeit dieser klinischen Formen zeigt die außerordentlich zahlreichen Einflüsse auf, denen das Bindegewebe mit seiner Wasserbindungsfähigkeit unterliegt. Aus diesem Grund sollte heute von „Ödem" schlechthin nicht mehr gesprochen werden, weil der Begriff zu unspezifisch geworden ist.

Es dürfte damit aber wiederum deutlich geworden sein, daß auch der Ödemfaktor bei der Pathogenese der Elephantiasis bei aller Bedeutsamkeit ebenfalls nur eine Teilursache darstellt, die als solche außerordentlich komplex zustande kommt und deshalb wohl auch entsprechend vielfältige Wirkungen ausüben und nach sich ziehen wird.

Endgültig ausgemerzt sollte der Begriff „Lymphödem" werden. Wie gezeigt wurde, ist der Terminus nicht nur unzutreffend, sondern geradezu irreführend. VIRCHOW hat von lymphatischem Ödem gesprochen. Ein erhöhter Druck im Lymphgefäßsystem, der sich bis in die kleinsten Capillaren zurückstaut, setzt eine Klappeninsuffizienz voraus und führt zu lymphangiektatischen Erweiterungen der Lymphcapillaren (wie beim sog. „dermal backflow" und im Verlaufe von bestimmten Fällen von chronischem Armstau oder Elephantiasis), die sogar platzen können, aber nicht primär zu Ödem. Auch gehen die retrograden Lymphinfarkte, beispielsweise beim Cancer en cuirasse, trotz paradoxer Lymphströmung meist ohne Ödem einher. Nicht einmal bei mechanischer Durchtrennung der Lymphbahnen kommt es zum Ödem, selbst wenn sich die Lymphe in das Gewebe ergießen sollte. Hierbei kommt es allenfalls zur Ausbildung einer Lymphorrhagie (ganz analog einer Hämorrhagie) oder eines sog. Seroms, wie wir es vor allem bei Retikulosen nach Exstirpation eines Lymphknotens wiederholt beobachten konnten oder zuletzt bei einem Melanom (s. Abb. 32). Auffallenderweise geht der Lympherguß hierbei eine unmittelbare Verbindung mit der Grundsubstanz oder dem Bindegewebe *nicht* ein, wie es bei latenten und manifesten Ödemen der Fall ist. Die Verhältnisse scheinen demnach viel eher denen zu entsprechen, die bei Injektion von Flüssigkeiten in das Bindegewebe vorliegen. Auch hierbei bleibt die Flüssigkeitsquaddel zunächst bestehen und verteilt sich nicht unmittelbar in der Grundsubstanz. Die Voraussetzungen hierfür sind durch den „spreading-effect" im Rahmen der Hyaluronidasewirkung deutlicher geworden. Ödem beruht demnach *nicht* auf einer bloßen Abpressung von Flüssigkeit ins Bindegewebe. Vielmehr treten auch hierbei Beziehungen zwischen Flüssigkeit und Grundsubstanz in Erscheinung, die bei der Pathogenese des Elephantiasissyndroms sehr sorgfältig und weit mehr als es bislang der Fall war, beachtet werden müssen.

Nach den Untersuchungen von RUSZNYÁK u. Mitarb. ist die Bindegewebspermeabilität (das ist die Diffusion von Wasser und gelösten Substanzen) sogar an bestimmte Stoffwechselleistungen geknüpft und demzufolge als passiver Vorgang nicht ausschließlich erklärbar. Die

Untersucher kommen aufgrund zahlreicher Befunde zu dem Schluß, daß diese Diffusions-
vorgänge allenfalls eine gewisse Ähnlichkeit mit bestimmten Erscheinungen in verschiedenen
Kolloidsystemen in vitro erkennen lassen. Die Permeabilität des lebendigen Bindegewebes
verändert sich jedoch unter bestimmten physiologischen oder pharmakologischen Einflüssen
oft ganz beträchtlich. Diese Veränderungen beruhen einesteils auf enzymatischen Einwirkungen (z. B. Hyaluronidase), oder aber auf Veränderungen des Stoffwechsels der Grundsubstanz
selbst bzw. der Struktur des Bindegewebes.

    In Anlehnung an diese Untersuchungen wurden daher an einigen Kranken mit Elephan-
tiasis und verschiedenen Stauungszuständen Diffusionsversuche mit subcutan injiziertem
Kongorot durchgeführt (s. Tabelle 2 und Abb. 33). Dabei bestätigte sich, daß die Ausbreitung
des Farbstoffes in Abhängigkeit von der Grundkrankheit ganz verschieden ist und außerdem

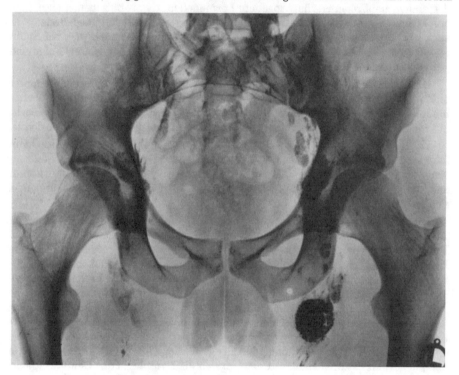

Abb. 32. Lymphorrhagie nach Lymphknotenexstirpation

Tabelle 2. *Ausbildung einer mit Kongorot markierten i. c. Quaddel nach Zusatz von Serum,
makromolekularen Substanzen, Hayluronidase oder Histamin in mm² (als Ellipse berechnet)*

	Normal	Erythrodermie, Unterschenkel- ödem	Post- thrombotisches Syndrom	Varicosis	Elephantiasis
NaCl	103	86	44	248	306
Periston N	150	120	94	150	565
Serum	103	63	63	70	78
Makrodex	78	55	47	77	92
Luronase	62	63	122	38	∅ ablesbar
Histamin	31	120	50	50	∅ ablesbar

von einzelnen kolloidal oder fermentativ wirksamen Substanzen ganz unterschiedlich beeinflußt wird. In der elephantiastischen Extremität erfolgt die Ausbreitung des Kongorotes aus einer i.c. Quaddel innerhalb von 2 Std ganz wesentlich rascher als in gesunden Gliedmaßen oder einer zwar ödematösen, aber nicht gestauten (Erythrodermie). Nach Zusatz von Hyaluronidase oder Histamin kann die Ausbreitung nach 2 Std schon nicht mehr abgelesen werden. Dagegen kommt durch Zusatz von Serum oder Makrodex offenbar auch im elephantiastischen Gewebe eine eindeutige Fixation zustande und die Ausbreitung des Farbstoffes unterscheidet sich kaum von der in normalem Bindegewebe. Der Antagonismus des Kongorotes gegen Hyaluronidase, den auch Rusznyák u. Mitarb. beobachteten, scheint im elephantiastischen Gewebe ebenfalls vollständig aufgehoben zu sein.

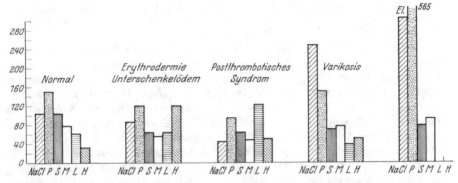

Abb. 33. Ausdehnung einer i.c. Kongorotquaddel 2 Std nach Injektion in Verbindung mit physiologischer Kochsalzlösung (NaCl), Periston N (P), Serum (S), Makrodex (M), Hyaluronidase (L) und Histamin (H). (In Anlehnung an Rusznyak u. Mitarb.)

Auch diese Untersuchungen zeigen, daß die Rolle der Wasserbindung des Bindegewebes bei der Erörterung der Pathogenese der Elephantiasis nicht außer acht gelassen werden kann.

V. Die Bindegewebsreaktion

In dem vorausgehenden Abschnitt wurde die Bedeutung des Bindegewebes mitsamt der Grundsubstanz im Rahmen der Ödembildung dargestellt. Die voll ausgebildeten Formen der Elephantiasis weisen darüber hinaus aber eine eindeutige Faservermehrung auf, die für die verschiedene Konsistenz des „weichen" (= Früh-) und des „harten" (Spät-)Ödems verantwortlich ist und die als das Wesentliche des Elephantiasissyndroms „als Krankheit" gegenüber der Elephantiasis „als Stauungssymptom" angesehen werden muß.

Eine derartige Faserneubildung kann auf verschiedene Art und Weise zustande kommen: acellulär und cellulär.

1. Die acelluläre Faserbildung („Sklerose")

Aus der allgemeinen Pathologie ist bekannt, daß in allen Geweben, die längere Zeit einer Stauung ausgesetzt sind, Bindegewebsvermehrung in Gang kommt, die zur Schrumpfung führt („*Stauungsinduration*", s. bei Rössle, Hellmann, Jäger, oder Gottron, Holder und Feitelberg). Die entscheidende Frage ist dabei, ob die Eiweißstauung im Gewebe diese Vorgänge auslöst und ob dabei eine Mitwirkung von Fibroblasten erforderlich ist oder nicht.

Als erster hat wohl Rössle gezeigt, daß sich auf dem Wege einer nicht nachweisbar von Zellen abhängigen Faserbildung Organsklerosen entwickeln können, d. h. Neubildung von Bindegewebsfasern zwischen Blutgefäß und Parenchymzellen statthat mit mehr oder weniger

starkem Schwund der letzteren („Ödemsklerose"). Dieser Anschauung haben sich vor allem
Eppinger sowie Doliansky und Roulet angeschlossen, und Popper konnte bei (experimen-
teller) seröser Entzündung beobachten, wie sich in den Disseschen Räumen der Leber an der
Stelle des ausgetretenen Plasmas acellulär Bindegewebsfibrillen entwickelten. Ganz ähnliche
Vorgänge konnten bei der Myokardsklerose festgestellt werden. Miller, Pick und Katz
beobachteten im Experiment bei Behinderung des kardialen Lymphabflusses, wie sich hierbei
die Anfangsstadien einer myoendokardialen Fibrose entwickelten. Auch in der Lunge ist die
Gerüstsklerose Folge einer Stauung, und Stender und Schermuly fanden das Auftreten der
sog. B-Linien im Röntgenbild unmittelbar vom Druck in den Pulmonalvenen und -capillaren
abhängig (mit einer kritischen Schwelle von 25 mm Hg), nicht dagegen vom Druck der
Pulmonalarterien. Selbst an der Linse des Auges steht die Trübung in einer unmittelbaren
Beziehung zur Hydropisierung (Krokowski), und in gestauten Incisionswunden entwickeln
sich breitere Narben mit mehr kollagenen Bindegewebsbündeln als in ungestauten (Findlay
und Howes, s. auch die Verhältnisse bei Sklerödem).

Diese klinischen Beobachtungen über das Auftreten acellulärer Faserbildung
wurden durch die modernen Erkenntnisse über die Beziehungen zwischen Grundsubstanz und Faserbildung, die auf Nageotte und Guyon zurückgehen, bestätigt (s. auch Graumann, Hartmann, Néméth-Csóka; Roulet, Wassermann
oder Stary), so daß die Möglichkeit einer acellulären Faserbildung im Sinne einer
gesteigerten Kollagenbildung ohne stärkere Fibroblastenvermehrung grundsätzlich als gesichert gelten kann (s. neuerdings auch wieder Korting, Cabré und
Holzmann), womit jedoch über die Qualität derselben im einzelnen noch nichts
ausgesagt ist (Korting, Holzmann und Kühn). Steigerung der Kollagenbildung
ohne stärkere Fibroblastenvermehrung wird auch bei der initialen Sklerodermie
immer mehr als wesentliches pathogenetisches Kriterium bewertet. Massenzunahme der einzelnen Bindegewebsfasern macht das Wesen der Sklerose aus. Wie
wichtig dabei physikalisch-chemische Einflüsse der Umgebung (beispielsweise im
Gegensatz zur Anetodermie) aber werden können — die bei der Elephantiasis u. a.
in der Beschaffenheit des Ödems gegeben sind, zeigt die Chemie des Kollagens nur
allzu deutlich. Auch die Anwesenheit bestimmter Polyanionen spielt eine Rolle.
Gesichert ist nach den Untersuchungen von Schmitt und Gross die Dicken-
zunahme der Kollagenfibrillen im Alter sowie eine geänderte Verlaufsrichtung
(Steigleder) parallel zur Oberfläche. Kühn hat überzeugend nachgewiesen, daß
Proteine und Glykoproteine der Haut die Schnelligkeit der Fibrillenbildung sowie
die Dicke der entstehenden Fasern steuernd beeinflussen können. Hyaluronsäure
und Chondroitinsulfat C lassen offenbar vorzugsweise feinere, Chondroitinsulfat B
mehr grobfaserige Kollagenbündel entstehen (weitere Angaben über die Kollagenbildung s. auch bei Korting, Holzmann und Kühn).

Im einzelnen bestehen in der menschlichen Pathologie über die dabei ablaufenden Vorgänge allerdings noch keine ganz einheitlichen Vorstellungen. Fest
steht, daß jeder Faservermehrung eine Flüssigkeitsvermehrung im Bindegewebe
vorausgeht und die sauren Mucopolysaccharide vorwiegend an Protein gebunden
in Stauungsödemen zwangsläufig vermehrt sind (vgl. auch Buddecke). Szodoray
nimmt für die Entwicklung einer Bindegewebssklerose eine Anreicherung von
Mucopolysacchariden infolge Hypoxie an, und auch Braun-Falco hat in der
Frühphase von Sklerosen (wie im lockeren Bindegewebe und in sog. bradytrophen
Geweben) Gewebsmetachromasie ohne Fibroblasten- bzw. Mastzellenansammlung
beobachtet, auf welche Asboe-Hansen in chronischen Stauungsödemen dagegen
besonders hinweist. Ebenso fand Montagna gelegentlich Metachromasie in ödematöser Haut (über den Stoffwechsel der Mucopolysaccharide s. ferner Dorfman,
Kodicek, Whistler und Olson oder Wolsten-Holme und O'Connor). Alt-
schuler, Kinsman und Bareta wiesen sogar in verschiedenen zellfreien mesenchymalen menschlichen Gewebsextrakten ein Enzymsystem nach, das eine unmittelbare Synthese von Hyaluronsäure aus Uridinnucleotiden bewirkte.

Darüber hinaus ist die Zusammensetzung der interfibrillären Grundsubstanz aber nicht nur für die Bildung der Fibrillen von Bedeutung, sondern in mindestens gleich großem Maße auch für die Packung der Fibrillenbündel (DELAUNAY; SCHWARZ und MERKER), wie dies bei der progressiven Sklerodermie oder aber auch bei der Kraurosis penis deutlich wird (H. FISCHER und NIKOLOWSKI), ferner beim Scleroedema adultorum und bei anderen primär oder hauptsächlich atrophisierenden Krankheitszuständen, wie etwa der Akrodermatitis chronica atrophicans, der Altersatrophie oder bestimmten Anetodermieformen (KORTING, HOLZMANN und KÜHN). Nach allem kann demnach die Möglichkeit einer acellulären Faserbildung aus Bestandteilen der Grundsubstanz sowie die Beeinflussung der Beschaffenheit und Lagerung der Fasern als gesichert gelten. RUSZNYÁK und seine Schule messen der nicht kompensierbaren Eiweißimbibierung infolge Insuffizienz der Lymphströmung (gleich welcher Art) dabei die größere Bedeutung zu. Wichtig erscheint noch die Feststellung von RÖSSLE, daß das extracelluläre Wachstum diskontinuierlich und nicht kontinuierlich erfolgt.

Es ist nun aber nicht einzusehen, daß von derartigen Vorgängen am Bindegewebe die Anteile desselben in den *Gefäßwänden* ausgeschlossen bleiben sollen. So weist LETTERER nicht nur auf die Zunahme der retikulären und kollagenen Fasern in Stauungsindurationen hin, sondern auch auf die Verdickung der Basalmembran der Capillaren. Demnach gebührt für die Entstehung derartiger Stauungsindurationen dem Telerheitron im Hinblick auf die „Ödematisierung" nicht nur das Primat, sondern die Endstrombahn ist auch in die nachfolgenden Veränderungen ganz entscheidend eingeschaltet, dies um so mehr, wenn es zur subendothelialen Imbibierung mit Mucopolysacchariden als Frühsymptom mit nachfolgenden Aufräumgranulomen kommt, wie sie W. SCHNEIDER und UNDEUTSCH bei subcutanen Vasculitiden auffinden konnten.

Am Lymphgefäßsystem führt die Sklerosierung eines perilymphvasculären Ödems ebenfalls zu schweren, nachfolgenden Funktionsstörungen bis zur lokalen Asystolie (SZODORAY).

Derartige *Gefäßveränderungen* sind neben der besonderen chemischen Zusammensetzung vielleicht mit verantwortlich für die unterschiedliche Entwicklung verschiedener Einlagerungen von Plasmabestandteilen in das Gewebe, wie sie an der Haut beispielsweise auch bei der Hyalinosis cutis et mucosae, beim Lupus erythematodes, der Dermatomyositis, Myxodermie und dem Skleromyxödem statthat (BRAUN-FALCO; BRAUN und WEYHBRECHT, KORTING, LAYMON und HILL, UNGAR und KATZENELLENBOGEN, WEYHBRECHT und KORTING).

Was nun die Vorgänge in ödematösen Extremitäten und insbesondere den Unterschenkeln betrifft, so scheint acelluläre Faserbildung Zuständen zugrunde zu liegen, wie sie als *Dermatosklerosen* beim varicösen Symptomenkomplex und auch in Verbindung mit Ulcerationen nicht allzu selten sind. Die Hämosiderineinlagerungen weisen dabei ganz unwiderlegbar auf den stattgehabten Austritt von Blutgefäßinhalt hin. Ganz besonders dürften diese Vorgänge aber dem Zustand zugrunde liegen, den PROPPE treffend als *Unterschenkelverschwielung* gekennzeichnet hat.

Alle Untersucher, die sich mit diesem Krankheitszustand befaßt haben, bemerken übereinstimmend, daß neben den bindegewebigen Veränderungen mit Umwandlung und Parallelisierung der kollagenen sowie Schwund der elastischen Fasern cellulär-entzündliche Vorgänge nicht oder nur in einem nicht ins Gewicht fallenden Ausmaß festgestellt werden können. Dagegen bestehen außerordentlich eindrucksvolle Veränderungen an der *Endstrombahn der Gefäße* und darüber hinaus an den *zuführenden Arterien*, deren Wand eine hochgradige Verdickung durch Muskelhypertrophie und Einengung des Lumens aufweist (GONIN, GOTTRON, HAUSER, KULWIN und HINES, LINSER, NÖDL, PETGES, PIERARD und KINT, PROPPE und NÜCKEL, ROTTER, SCHUPPENER). HAUSER glaubt diesen Zustand sogar der Pulmonalsklerose im Gefolge einer Mitralstenose an die Seite stellen zu können, bei der es darüber hinaus ebenfalls zur Erythrodiapedese kommt, die in diesem Falle unmittelbar durch die sog. Herzfehlerzellen im Sputum nachweisbar ist, in jenem durch die sich ausbildende Hämosiderose der Haut kenntlich wird. Nödl weist in diesem Zusammenhang auf den erhöhten Reizzustand des Gefäßnervensystems hin. Proppe erblickt darüber hinaus bei verlegtem Abfluß in der zunehmenden Plasmaimbibierung eines immer weniger dehnungsfähigen Bindegewebes einen echten Circulus vitiosus.

Histologisch erinnert dieser Zustand mit der Parallelisierung, Vermehrung und Verdickung der kollagenen Fasern, die besonders auch in der tiefen Cutis statthat, sogar z. T. an die Verhältnisse bei Sklerodermie, ohne jedoch diesem Krankheitsbilde zu entsprechen.

Ebenso ähnelt dieser Zustand mit der nach der Tiefe immer mehr zunehmenden Verschwielung Befunden, die auch bei der Elephantiasis immer wieder angetroffen werden. Trotz des Ursprungs der beiden Krankheitszustände aus Stauungsvorgängen erscheint das Endergebnis makroskopisch aber geradezu entgegengesetzt: Die straffe Atrophie der Dermatosklerose stellt das gerade Gegenteil der mächtigen monströsen Gewebswucherungen der Elephantiasis dar.

Dennoch können sklerotische Vorgänge auch in der Pathogenese der Elephantiasis nicht abgelehnt werden: Im Beginn finden sich diesbezügliche Veränderungen vornehmlich an den kollagenen Fasern in Subcutis und Cutis, die nach der Oberfläche zu fortschreiten. Daneben tritt eine Massenzunahme aller anderen Hautbestandteile und -schichten einschließlich der glatten Muskelfasern deutlich in Erscheinung. Eine mäßige Vermehrung der Gewebsmastzellen und bis zu einem gewissen Grade auch der -Plasmazellen könnte noch als Ausdruck einer gesteigerten Stoffwechselleistung angesehen werden (s. bei Nikolowski sowie Masshoff, Ehrich bzw. Nikolowski und Wiehl). Lediglich die elastischen Fasern verlieren schon frühzeitig ihre Färbbarkeit, wie das bei jedem Ödem der Fall ist (Kollagenisierung? s. bei Schwarz ferner bei Fischer und Nikolowski).

Die Wände der Gefäße bleiben von diesen Vorgängen nicht verschont, und es ist nicht ausgeschlossen, daß gerade diese frühzeitig eintretenden Veränderungen an den arteriellen und capillären Gefäßen der Endstrombahn die später nachfolgenden Krankheitsvorgänge beeinflussen und vielleicht sogar eine Voraussetzung für die Besonderheiten des späteren Entwicklungsganges darstellen. Diese Feststellungen bedeuten aber nicht, daß eine mehr oder weniger gesetzmäßige „Reihenfolge" besteht in dem Sinne, daß die Sklerosierung einer Fibrosierung durch celluläre Faservermehrung in jedem Falle vorausgehen müßte.

Entsprechende klinische Beispiele wie das Histiocytom oder das Keloid zeigen einen anderen Verlauf: Hier folgt die Fibrosierung bzw. Sklerosierung (infolge Massenzunahme der Einzelfaser und Änderung ihrer Lagerung und Packung) der (cellulären) Faserbildung nach. So scheinen auch bei der Elephantiasis in fortgeschrittenen Krankheitsphasen die cellulären Vorgänge wieder in den Hintergrund zu treten, und das histologische Bild zeigt nur noch eine homogene, hyalinisierte und sklerosierte fibröse Masse, in welcher sich nur noch vereinzelt celluläre Entzündungsreste finden und die Anhangsgebilde weitgehend atrophiert sind.

Die Beteiligung der Grundsubstanz bzw. Veränderungen derselben einschließlich eines vermehrten Peptid- und Aminosäurengehaltes werden auch bei diesen Veränderungen immer deutlicher (Nikolowski; Woringer und Zimmer). Nikolowski weist auf die acelluläre Faserbildung im Schweißdrüsenödem hin, welche — in gewisser Analogie zur Elephantiasis — ebenfalls zur „Verfestigung" desselben führt. Bemerkenswert sind in dieser Untersuchung insbesondere auch die Feststellungen über die Beteiligung und Wirkung glykolytischer Fermente, die zu einer Diffusionssteigerung des Gewebes *und* der Gefäßwände führt, welch letztere einen zunehmenden Eiweißreichtum des Ödems und seine Sklerosierung bedinge. Hier ist es offenbar, daß eine an Eiweiß angereicherte Grundsubstanz einer verstärkten Fibrillenbildung, Sklerosierung und Hyalinisierung Vorschub leistet. Korting u. Mitarb. fanden außerdem in der Sklerodermie-Leichenhaut eine Verringerung des Gesamtkollagens und eine fast um eine Zehnerpotenz höherliegende Vermehrung der neutralsalzlöslichen Kollagenfraktion bei nicht nachweisbarem säurelöslichem Kollagen.

Damit wird es auch offenbar, daß die Sklerosierung bei der Elephantiasis fortdauert, im Gegensatz zur Dermatosklerose aber noch mit einem weiteren Vorgang kombiniert bzw. verbunden sein muß, der zu einer Gewebswucherung infolge numerischer Faservermehrung führt. Es dürfte gerade in Gegenüberstellung zur

Dermatosklerose und zur Unterschenkelverschwielung nicht sehr fern liegen, die Ursache dieser Vorgänge in granulomatösen Wucherungen des reticulohistiocytären Systems zu erblicken, wie sie bei der Elephantiasis durch die rezidivierenden erysipelomatösen Schübe oder aber vielleicht auch aus anderen Ursachen ausgelöst werden, wie beispielsweise durch resorptive Anforderungen im Zusammenhang mit der Verarbeitung des Ödems und seiner evtl. Folgen oder dem verschiedenen etagenmäßigen Ausgangspunkt.

2. Die celluläre Faserneubildung (Bindegewebsfibrose)

Im Gegensatz zu der acellulären Faserbildung geht die celluläre von einem proliferativen Reiz zur Neubildung reticulohistiocytärer Elemente mit fibrocytärer Ausdifferenzierung aus. Dadurch tritt nicht nur eine *numerische* Vermehrung der Bindegewebsfasern ein, die das Wesen der *Fibrose* ausmacht, sondern es kann angenommen werden, daß die Tropokollagen-Moleküle, die als die kleinsten Einheiten des Kollagens zur Faserbildung unbedingt notwendig sind, vermehrt gebildet und in den extracellulären Raum abgegeben werden, wo nun die eigentliche Fibrillenbildung mit Übergang vom gelösten in den ungelösten Zustand vor sich gehen kann (KÜHN). Hieraus ergibt sich auch die funktionelle (und im Grunde wesensmäßig gleichartige) Einheit der cellulären und acellulären Faserbildung.

Nach den Feststellungen von GÖSSNER, SCHNEIDER, SIESS und STEGMANN scheint es ein allgemeines biologisches Gesetz zu sein, daß im Gefolge einer Hypertrophie alsbald auch eine Hyperplasie einsetzt (s. auch LINZBACH oder HENSCHEL). Umgekehrt kann, wie am Beispiel des Histiocytoms oder des Keloids gezeigt wurde, der Hyperplasie Hypertrophie folgen. Somit wird in dem besonderen Falle der Elephantiasis erkennbar, daß gerade das Zusammentreffen von Faktoren, die die Faserbildung auf verschiedene Weise induzieren, eine notwendige Bedingung für die Entwicklung dieses Krankheitszustandes darstellt.

Die Hyperplasie des reticulohistiocytären Systems kann bei der Elephantiasis aber wiederum durch verschiedene Ursachen ausgelöst werden.

a) Regenerativ. Mit der Massenzunahme von Ödem und Bindegewebe muß es mit der Zeit besonders dann zur Überschreitung der sog. ,,kritischen Schichtdicke" und damit zu Ernährungsstörungen und Degenerationsvorgängen mit Bildung knorpelähnlicher Zellen kommen (H. FISCHER und NIKOLOWSKI), wenn mit der Vermehrung des zu versorgenden Gewebes eine arteriell bedingte Kreislaufstörung einhergeht. Niedriger O_2- und hoher N-Gehalt stellen aber schon in der Fibroblastenkultur einen Wachstumsreiz dar (BASSET und HERRMANN). Ob dadurch, wie RÖSSLE annimmt, in vivo zusätzlich (gewebseigene) Wuchsstoffe oder nach MENKIN evokatorähnliche Induktionsstoffe entstehen, die außer dem Proliferationsreiz auf das histiocytäre System auch noch eine Modulation und Aussprossung von Capillaren bewirken, ist noch nicht endgültig sichergestellt. Die Bildung von Kollagen und sauren Mucopolysacchariden durch Fibroblasten und damit die Induktion einer (sekundären) Sklerose ist indessen auch im subcutane Gewebe des erwachsenen Menschen bewiesen (CORAZZA, MANCINI, PACOTTI; GHINES). Die Beachtung derartiger regressiver Vorgänge im Krankheitsgeschehen ist aber unerläßlich, denn sie können einen nicht unerheblichen proliferativen Reiz auf die umgebenden Mesenchymzellen darstellen und vielleicht die knotigen Wucherungen erklären, die im Verlaufe der Entwicklung zum Elephantiasissyndrom immer wieder zustande kommen. Es darf dabei nicht übersehen werden, daß echtes Wachstum im allgemeinen doch nur von ungeschädigten Zellen ausgehen kann, was in den späteren Krankheitsabschnitten die Prävalenz der Bindegewebszellen und der von ihnen abzuleitenden Strukturen erklärt. Je milder ein (unspezifischer) Entzündungsherd einwirkt und je länger er andauert, um so ausgeprägter muß nachher nach der Ansicht von Henschel das Wachstum sein, wofür u.a. auch die Vorgänge bei der Wundheilung sprechen (Grillo; Sethi und Houck).

b) Proliferativ. Hinzukommt eine mögliche proliferative Reizwirkung des Ödems an sich, wie sie u.a. als sog. „Ödemgranulomatose" beim Melkersson-Rosenthal-Syndrom auftritt [allerdings hier (infolge der Eiweißarmut des Ödems?) ausgesprochen ohne Faserneubildung; Übersicht s. bei Hornstein].

Schon Eppinger hatte angenommen, daß die Beseitigung von insudierten Eiweißkörpern im Interstitium auch Aufgabe phagocytierender, verdauender Gewebszellen sei, und Masshoff hat die Vermehrung reticulo-histiocytärer Zellelemente ebenfalls als Zeichen vermehrter Stoffwechseltätigkeit und erhöhter resorptiver Leistung gedeutet. Den (lymphoiden) Rund-, Plasma- und Mastzellen, wie sie auch in elephantiastischem Gewebe vermehrt angetroffen werden, scheint hier besondere Bedeutung zuzukommen. Bei Vasculitiden findet aber außerdem und vielleicht sogar wohl primär eine mucoide Imbibierung der subendothelialen Wandschichten mit nachfolgender Wucherung statt, wie W. Schneider und Undeutsch erst kürzlich nachgewiesen haben. Die Resorption des Eiweißes außerhalb der Gefäße oder der zerfallenden Zellelemente im Lumen bzw. in den Wänden ist nach Jablonska ebenfalls von einer Proliferation der Zellen und Fasern des Bindegewebes begleitet, wobei sich Granulome entwickeln, die eine verschiedene Anzahl von Fremdkörperriesenzellen enthalten. Auf ganz analoge Vorgänge haben H. Fischer und Nikolowski im Anschluß an Gottron bei der Pathogenese der Xanthome hingewiesen.

Wie Siegmund und E. Fischer stets betont haben, kann es an der sog. Blut- und Lymphschranke, dem Berührungsgebiet von Blut- und Lymphbahn, unter wechselnder Vermittlung der Gewebsflüssigkeit als Antwort auf verschiedenartige Reize wie Kreislaufstörungen, Permeabilitätsänderungen der terminalen Strombahn oder physiologische oder pathologische Resorptionssteigerung bevorzugt zu einer teils mehr diffus-circumvasalen, teils mehr herdförmig umschriebenen Mesenchymaktivierung kommen.

Bei derartigen perivasculären reticulo-histiocytären Zellentfaltungen handelt es sich mit größter Wahrscheinlichkeit um eine unspezifische Reaktion, da sie im Anschluß an Gottron, der sie erstmals bei der Purpura Majocchi feststellte, noch für eine ganze Reihe anderer Krankheitszustände nachgewiesen werden konnte (Fischer und Nikolowski, Hornstein, Nödl, Schuermann). Selbst die mesenchymalen Wucherungen beim Histiocytom oder beim Keloid gehen offenbar zunächst von einem netzförmig gebauten Gefäßsystem aus, wodurch die Wirbelform derartiger beginnender Veränderungen erklärt wird. Das Auftreten von Plasmazellen und Mastzellen (Nikolowski, Nödl) dürfte für die Veränderungen der Grundsubstanz und die nachfolgende Parallelisierung, Sklerosierung und Hyalinisierung der kollagenen Fasern sicher nicht ohne Bedeutung sein.

Entscheidend scheint hierbei jedoch wiederum die enge anatomische Bindung an das Gefäßsystem und an die Endstrombahn.

Die celluläre Reaktion kann bei diesen Vorgängen quantitativ und qualitativ erheblich wechseln. Für die Entwicklung mancher knötchenförmiger Reaktionen dürften nach den Untersuchungen von Kaiserling außerdem besondere Veränderungen in den Lymphbahnen von Bedeutung sein, was wiederum auf die komplexe Pathogenese derartiger Reaktionen hinweist. Nordmann hat darüber hinaus einen nicht unerheblichen Teil der sog. „peri-, para- und intravasculären Infiltrate" als proliferative Vorgänge im Bereich sog. „zellerfüllter Lymphbahnen" erkannt (mit der Möglichkeit zusätzlicher Zellreaktion in der Umgebung, beispielsweise in Form einer epitheloidzelligen Mesenchymaktivierung).

Diese Gedankengänge über das Auftreten einer reaktiven lymphoplasmocytären Hyperplasie im Stauungsgebiet der Blut-Lymphschranke führen weiter zu jenen Erscheinungen irreversibler Proliferationen, wie sie im Bereich chronischer Stauungszustände der Gliedmaßen, beispielsweise auf einem sog. „chronischen Armstau" nach Steinthal-III-Operation von Stewart-Treves beobachtet und seither in etwa 65—70 Fällen in der Literatur beschrieben wurden (Tappeiner). Trotz jahrelanger Bestandsdauer der Stauung erscheinen in derartigen Gliedmaßen Corium und Subcutis noch hochgradig ödematös, die kollagenen Bündel sind auseinandergedrängt, verquollen und teilweise homogenisiert. Daneben tritt aber auch vermehrte Faserbildung auf mit deutlicher Zunahme des fibrösen Gewebes; im Interstitium finden sich netzförmige Fibrinniederschläge. Im Fettgewebe können häufig herdförmige Untergangszonen festgestellt werden. Von den zelligen Bestandteilen sind vorwiegend die Fibroblasten vermehrt vor Plasma-, Mast- und kleinen Rundzellen.

Die Lymphgefäße sind nicht nur erweitert, sondern sie weisen sehr häufig eine Endothelproliferation auf, der herdförmig eine Aussprossung von schlauchartigen Gebilden mit wechselnd weitem Lumen und proliferierenden, atypischen Endothelien folgt, wodurch der Vergleich mit einem Morbus Kaposi naheliegt (vgl. AIRD, KNOTH, WEINBREN und WALTER oder THIERS u. Mitarb. bzw. VOS). Bei aller Analogie bezüglich der granulierenden Bindegewebs- und Gefäßwucherung handelt es sich aber um lymphogene Wucherungen, die infiltrierend wachsen (und nach WOLFF frühzeitig in die Lungen metastasieren können). Beachtlich ist ferner, daß es sich beim Stevart-Treves-Syndrom nicht um Metastasen des Primärtumors handelt (KÄRCHER), eine Krebsanamnese nicht in jedem Falle erforderlich ist und diese Komplikation auch bei Fällen von NONNE-MILROY-MEIGE bekannt geworden sind (s. bei WOLFF, ferner SCHNYDER).

Hinsichtlich der malignen Entartung ist schließlich noch darauf hinzuweisen, daß auch in diesem Falle der seit BUSCH und FEHLEISEN bekannte Antagonismus zwischen Erysipel (und desgl. anscheinend auch Filariasis) und Tumorwachstum zu bestehen scheint, was das fehlende Auftreten dieser Komplikation bei ,,echter" Elephantiasis im Gegensatz zum chronischen Armstau in gewissem Sinne erklären dürfte, zumal die Häufigkeit bei letzterem immerhin etwa $1/3$% beträgt (Übersicht s. bei WOLFF, ferner FERRARO; HILFINGER und EBERLE; KETTLE, LOFFERER, MARSHALL, MONTGOMERY, NELSON und MORFIT; REIN, JESSNER und ZAK, SCOTT, NYDICK und CONWAY; SCHNYDER).

Das Vorliegen eines erheblichen proliferativen Reizes in chronisch gestauten Geweben scheint durch derartige Beobachtungen aber erwiesen zu sein.

c) *Entzündlich.* Den stärksten Proliferationsreiz auf das reticulo-histiocytäre System stellt indessen zweifellos die *Entzündung* dar, z. B. schon nach einem Trauma, das bei der Pathogenese des Nonne-Milroy-Meige-Syndroms eine oft entscheidende Rolle spielt, ganz besonders aber im Rahmen einer bakteriellen Entzündung. Die in den vorhergehenden Abschnitten aufgezeigten Möglichkeiten für die Auslösung einer cellulären Faserbildung müssen demgegenüber lediglich als Hilfsursachen erscheinen. Es ist daher sicher kein Zufall, daß es weder streptogene (oberflächliche) Pyodermien — bzw. ,,einfache", unkomplizierte Ulcera crurum oder die tief gelegenen, einschmelzenden Phlegmonen sind, die in der Pathogenese der Elephantiasis eine besondere Rolle spielen, sondern ganz abgesehen von ihrem chronisch-rezidivierenden Charakter ausgesprochen die erysipelomatösen Reaktionen mit ihrer engen Beziehung zur Cutis und ihren Lymph- und Blutgefäßen. (Siehe auch die besondere thrombotische Komplikationsneigung des Erysipels.)

Im gleichen Sinne sind Infektionen mit Tuberkelbakterien zu werten (und vielleicht bis zu einem gewissen Grade auch solche mit Lymphogranuloma inguinale-Virus, soweit sie eine ,,spezifische" granulomatöse Reaktion bewirken).

Im Anschluß an die obigen Ausführungen erscheinen nun auch Beobachtungen von BABICS und RÉNYI-VÁMOS besonders bedeutungsvoll, wonach sich bakteriell-entzündliche Infiltrate nicht intralymphvasculär, sondern im Interstitium bzw. *entlang* der Lymphgefäße *perilymphvasculär* ausbreiten. (Auch die Tuberkulose des Nebenhodens soll nicht intralymphvasculär in den Hoden gelangen.) Dem Lymphgefäßapparat und der Lymphströmung scheint demgegenüber die Rolle eines schützenden Abwehrmechanismus zuzukommen, dessen Ausfall in seiner Art wiederum besondere fatale Folgen haben kann (s. bei FÖLDI).

Über dem Proliferationsreiz auf das reticulohistiocytäre System darf der auf das Capillarsystem durch solche (granulomatöse) Entzündungsvorgänge aber nicht übersehen werden. Dies gilt nicht nur für die Bildung neuer Capillaren, sondern auch für die Gefäßwände selbst. So haben W. SCHNEIDER und UNDEUTSCH eine Granulombildung im Rahmen einer Vasculitis im Anschluß an (bloße) Intimaquellung und mucoide Imbibition der subendothelialen Schichten beobachtet. Entzündungsreaktionen (darunter auch durch Viren ausgelöste) und traumatische Insulte spielen auch bei der Pathogenese des Keloids oft eine entscheidende Rolle (s. bei NIKOLOWSKI). Indessen scheint aber auch bei der Elephantiasis das *Terrain*, auf dem sich die Entzündung abspielt, ferner die *Etage*, und in diesem Falle ganz besonders das (eiweißreiche) Ödem von entscheidendem Einfluß zu sein.

Grundsätzlich geht auch der Entzündung eine Noxe voraus, die eine Milieustörung des Entzündungsbereiches zur Folge hat. Bei der bakteriellen Entzündung sind es neben den Stoffwechselprodukten vor allem aber auch die Exo- und Endotoxine der Bakterien sowie deren Fermente, die zu einer primären Gewebsalteration führen (Meier, Gross und Desaulles). Bei der Einleitung der Entzündung scheint die Aktivierung des fibrinolytischen Systems eine große Rolle zu spielen (vgl. Ungar). Eventuelle Antigen-Antikörperreaktionen setzen erst später ein, hierbei scheint besonders den typischen Exotoxinen der grampositiven Bakterien eine besondere Bedeutung zuzukommen, da sie eine starke Antikörperbildung bewirken (Letterer).

Den unmittelbaren Gewebsalterationen folgen dann auch sekundäre Entzündungsreaktionen (Ehrich) mit den kennzeichnenden Veränderungen des Gefäßbindegewebsapparates, bei deren Einleitung die gesteigerte Proteolyse (und evtl. Autolyse) mit der Freisetzung entzündungsfördernder Substanzen (Menkin) eine große Rolle spielen. Der entzündlichen Kreislaufstörung, Exsudation, Infiltration und Proliferation kann sich dann die Heilungsphase mit Narbenbildung anschließen.

Die Bedeutung der Infektion in der Pathogenese des Elephantiasissyndroms ist demnach vielfältig, sie kann

1. mittelbare Ursache eines Ödems sein:
   a) infolge Defektheilung einer Thrombophlebitis (bzw. Phlebothrombose), einer Lymphangitis oder einer Lymphadenitis,
   b) infolge mechanischer Verlegung von Lymph- oder Blutbahnen durch obliterierende und strangulierende postinflammatorische Narbenzüge,
2. unmittelbar zum Ödem führen:
   a) infolge Permeabilitätssteigerung der Capillarmembran im Rahmen der (allgemeinen) Entzündungsreaktion der Endstrombahn oder
   b) durch Einwirkung von Bakterien und ihren Toxinen auf die Gefäßdurchlässigkeit,
3. eine Gefäß-Bindegewebswucherung auslösen
   a) durch übermäßige Ausbildung eines „spezifischen" Granulationsgewebes,
   b) durch unspezifischen Proliferationsreiz,
   c) durch anatomische Veränderungen der Endstrombahn,
4. einer Zweitinfektion, welche ihrerseits zur Elephantiasis führt, den Weg bahnen.

Diese Zusammenstellung läßt erkennen, daß auch der Faktor „Entzündung" eine außerordentlich komplexe Rolle im Krankheitsgeschehen spielt, wobei sehr vielfältige und oft recht verschlungene Beziehungen wirksam oder bestimmend werden.

VI. Zusammenfassung

Nicht nur die Ätiologie, sondern auch die Pathogenese der Elephantiasis erweist sich somit in allen ihren Einzelheiten keineswegs so einfach, wie es zunächst den Anschein haben mag, sondern sie stellt sich bei näherem Zusehen immer mannigfaltiger und komplizierter dar. Aus der Fülle der einzelnen pathogenetisch tatsächlich wirksamen Faktoren gelingt es dann allenfalls noch, einige wenige zu nennen, aber kaum, einen derselben in allen seinen Korrelationen und Konditionen restlos zu erfassen. Dies trifft in noch stärkerem Maße auf die wechselseitigen Beziehungen der einzelnen Teilfaktoren unter-, mit- und gegeneinander zu, die sich teils bedingen, beeinflussen, fördern, z.T. sogar im Sinne eines echten Circulus vitiosus, oder aber auch hemmen. Schon hiervon ist es abhängig, ob eine reversible oder irreversible Schädigung zustande kommt oder nicht. Aber selbst ein erreichter irreversibler Zustand kann noch reversible Komponenten enthalten (z. B. Ödem).

Venen- und Lymphstauung müssen offenbar zusammenwirken, um ein bleibendes Ödem entstehen zu lassen, welches jedoch ohne gleichzeitige Capillarschädigung entweder nicht ausreichend zustande kommt, oder lange genug bestehen bleibt. Ebenso, wie durch das Ödem die Capillarschädigung verschlimmert wird, bedingen der Gefäßwandschaden eine Verstärkung des Ödems und die Stauung eine zunehmende Verstärkung der Prästase und der Hyperkapnie und Hypoxie des Blutes. Frühzeitig kommt es zu endothelialen Veränderungen an allen Gefäßabschnitten einschließlich der Lymphgefäße. Über die Beteiligung des Nervensystems herrscht noch ziemliche Unklarheit, sie kann aber, insbesondere was die Einflüsse von seiten des vegetativen Nervensystems (Blut- und Lymphbahn) betrifft, mit Sicherheit heute nicht mehr abgelehnt werden.

Die Störung der Endstrombahn bleibt darüber hinaus aber nicht ohne Rückwirkung auf die Strömungsverhältnisse in den nachgeordneten Gefäßabschnitten. Die Veränderung der örtlichen Wasser- und Elektrolytbilanz kommt wiederum nur unter Beteiligung des Bindegewebes und der Intercellularsubstanz — ihrerseits außerdem wichtige Bestandteile der Gefäßwände — zustande und bleibt nicht ohne Folgen für die chemisch-physikalischen Verhältnisse in der Grundsubstanz. Können diese Zustandsänderungen einerseits nicht ohne Einfluß auf die Faserbildung bleiben, so sind sie andererseits erst recht auf die vitalen und damit reaktionsbereiten, cellulären Bestandteile, die nunmehr zumindest resorptiv, aber auch regenerativ, wenn nicht sogar proliferativ tätig werden und dabei wiederum auch Faservermehrung zur Folge haben können.

Das chronische Ödem dieser Art setzt gleichzeitig aber auch die Infektionsresistenz herab, und so kommt es, wie gezeigt, zum Auftreten erneuter Reaktionen ödematös-entzündlicher und schließlich granulomatös-produktiver Art an Gefäßen und Bindegewebe, aber auch zur weiteren Capillarschädigung oder zu thrombotischen Komplikationen mit allen Folgen für den venösen und lymphatischen Rückstrom. In dieser Hinsicht kann die ,,Entzündung" sogar am Anfang des gesamten Krankheitsgeschehens stehen, sich an der eben besprochenen Stelle erneut in den verhängnisvollen Kreislauf einschalten oder sogar durch Ausbildung eines ,,spezifischen" Granulationsgewebes als solche krankheitsbestimmend werden, wobei eine Lymphstauung dann auch die (unter Umständen sogar retrograde) Ausbreitung und Ausdehnung der Infektion bestimmen kann. Die chronische Stauung führt andererseits zu wuchernden Bindegewebsreaktionen, isolierten Epithelveränderungen und solchen ekzematöser Art.

So komplex, verschlungen und vielgestaltig sich Ätiologie und Pathogenese der Elephantiasis aber auch darstellen, so entsteht im Endeffekt — nicht minder überraschend — als Ergebnis aller dieser Vorgänge dennoch ein so auffallend gleichmäßiges klinisches Krankheitsprodukt, daß es in der Tat als ein besonderes und nur der echten Elephantiasis eigentümliches Krankheitsbild in Erscheinung tritt. Damit ergeben sich grundlegende Beziehungen zu einer allgemeinen Krankheitslehre, in deren Rahmen sich ja ebenfalls sog. spezifische Entzündungen aus einer Reihe unspezifischer Vorgänge zusammensetzen.

Da alle diese ineinandergreifenden Störungen und Reaktionen erst zur Ausbildung des vollen Krankheitsbildes führen, erscheint es mit SERFLING abschließend heute nicht mehr angängig, die Elephantiasis einfach als Folge einer ,,Lymphstauung" mit einer eventuell hinzugetretenen Infektion anzusehen, auch wenn diese beiden Faktoren (sinngemäß) die wesentlichen Voraussetzungen darstellen. Liegen doch im ersteren Falle vorwiegend reversible, im letzteren vorwiegend irreversible Zustände vor.

D. Pathologische Anatomie

Der gestaltliche Aufbau des voll ausgebildeten Elephantiasissyndroms entspricht indessen doch weitgehend dem einer „Ödemsklerose". Dies besagt jedoch nicht, daß dieselbe ausschließlich primär und unmittelbar acellulär aus einem Stauungsödem entstanden ist (s. o.). Ebenso wie beim Histiocytom, beim sklerosierenden Angiom und erst recht beim Keloid kann sich dieselbe auch sekundär auf eine Fibrose aufgepfropft haben. Was die Sklerose des Elephantiasissyndroms jedoch von den genannten Zuständen und auch von der Dermatosklerose sowie anderen sklerosierenden Krankheitsveränderungen der Haut wie beispielsweise der Kraurosis, der Sklerodermie oder dem Skleromyxödem außer der eigentümlichen Kombination mit einer Fibrose hauptsächlich unterscheidet, ist ihre etagenmäßig tiefste Lage (im Sinne der „Kleinformenanatomie" von Gottron): Die qualitativ und quantitativ stärksten Veränderungen finden sich im tiefen subcutanen Fettgewebe mit besonderer Betonung der präfascialen Bezirke (was eine Beteiligung höhergelegener Cutisabschnitte jedoch nicht ausschließt. Im Gegensatz zu den obengenannten Krankheitszuständen neigen jedoch gerade die subcutan gelegenen Abschnitte eher zur Wucherung als zur Atrophie!).

Schon das Ödem zeigt diese etagenmäßige Prädilektion der tiefen Hautschichten und bezieht die oberflächlichen Cutisbereiche erst relativ spät mit ein (was überdies wiederum in gewisser Analogie zur Etage der Infektion steht). Dieses Verhalten muß als ein weiterer Hinweis auf die Bedeutung der Sklerosierung im Krankheitsgeschehen gelten.

Während Zwicker *makroskopisch* bei der Operation von Frühfällen an den Extremitäten nur eine allgemeine Verdickung der subcutanen Fettgewebsschicht fand, die von mehr oder weniger derben Bindegewebszügen durchsetzt war, hatte bei weiter fortgeschrittenen Fällen die bindegewebige Umwandlung in den tieferen Schichten des Fettgewebes und besonders zur darunterliegenden Muskelfascie hin so stark zugenommen, daß um die Fascie herum und gelegentlich ohne Grenze unmittelbar in dieselbe übergehend eine derbe, weißliche, sklerosierte Bindegewebsschwiele angetroffen wurde, die die Extremität gamaschenartig zirkulär umschloß und oft eine Mächtigkeit von mehreren Zentimetern aufwies, so daß sie Zwicker in erster Linie für die Umfangs- und Massenvermehrung des Gliedes verantwortlich schien. Auch in derartig fortgeschrittenen Fällen wurde das subcutane Fettgewebe zur Cutis hin zunehmend bindegewebsärmer. Hier fand sich oftmals noch Ödem, so daß beim Einschneiden „wäßrige Flüssigkeit" abtropfte. Castellani spricht von einer gelblichen, öligen, tranigen, fetten Substanz, die die Zwischenräume zwischen den dichten fibrösen Strängen im subcutanen Bindegewebe ausfüllt und „Lymphe" ausscheide.

Die Fascie selbst kann an der allgemeinen Bindegewebsvermehrung ebenfalls teilhaben, so daß es unmöglich wird, sie von der sklerosierenden Fettgewebsschicht zu trennen. Dagegen bleibt die innere Fascienfläche immer unbeteiligt. Mühelos und stumpf läßt sie sich bei der Operation von der darunterliegenden Muskulatur abheben und erscheint an der Unterfläche unverändert glatt und glänzend. Ebenso fand Zwicker die unter der verdickten Fascie gelegenen Weichteile wie die Muskulatur, die feinen Muskelfascien, das zwischen den Muskeln gelegene Bindegewebe einschließlich der Gefäße und Nervenstämme, sowie auch das Periost in allen Fällen völlig unverändert.

In den Fällen, in denen entgegen dieser Beobachtung dennoch Muskelhyperplasie, Periost- und Knochenveränderungen gefunden wurden (z. B. Fall Läwen), lag gewöhnlich noch eine andere Komplikation vor, die dafür verantwortlich zu machen war, wie ein Klippel-Trenaunay-Parkes-Weber-Syndrom (Schnyder) oder ein seit langem bestehendes infiziertes Ulcus (GUSZMAN). Derartige Veränderungen bei varicösem Symptomenkomplex mit Ulcus cruris sind von SCHNEIDER und COPPENRATH im Anschluß an HOBL, CASTRO, CASTELFRANCHI und BARETTI; FISHER, AGUZZI, JUCKER und UGGERI; CASABIANCA, BONNET und FLORENS sowie ZABEL eingehender beschrieben worden; KORTING und BREHM beobachteten partielle Hyperostosen und Periostosen ferner bei Neurofibromatose und Cutis laxa.

Histologisch haben diese Veränderungen in der Tiefe meist weniger Beachtung gefunden als die in der Cutis, scheint es sich dabei zunächst doch nur um ein schwieliges Narbengewebe zu handeln, das auch feingeweblich keinerlei Besonderheiten zu bieten vermag. Und doch hätte zumindest der unregelmäßige Aufbau auffallen sollen, der sich mit einer bloßen Ödemsklerose nicht ohne weiteres vereinbaren läßt. Anstatt einer Verdickung, Ausziehung und Parallelisierung der Bindegewebsfasern (wie bei Sklerodermie) verlaufen dieselben in unregelmäßigen Zügen und Bändern anscheinend völlig ungeordnet durcheinander, so daß schon hieraus der Verdacht entstehen muß, daß der Sklerosierung eine celluläre Faserbildung vorausgegangen sei.

In der Tat glaubte schon KUNTZEN beobachtet zu haben, daß sich aus den homogen oder leicht körnigen Trennungsmembranen der einzelnen Fettpfropfen im Fettgewebe anfänglich kaum sichtbare feinste Kollagenfasern ausdifferenzieren, die mehr und mehr an Dichte zunehmen und schließlich bei fast vollständigem Fettschwund zu einem dichten Filzwerk von derben Bindegewebsfasern werden. KUNTZEN nimmt demzufolge mehr eine Umbildung von Fett- in Bindegewebe an als eine Neubildung — d.h. die Speicherungsfunktion des Grundgewebes würde abgelöst von der der Faserbildung. Das durch Umwandlung von Fett entstandene Bindegewebe kann (nach der damaligen Auffassung von KUNTZEN) durch ,,Quellungsvorgänge" nachfolgend zu einer fast kompakten Gewebsmasse verschmelzen.

Derartige hypertrophisierende Vorgänge sind zunächst aber auch in den Septen des subcutanen Fettgewebes, die sich erheblich verbreitern, und vor allem auch in der Cutis bemerkt worden. So beobachtete RINDFLEISCH in unkomplizierten, ödematösen Fällen schon frühzeitig eine Hypertrophie aller Hautbestandteile einschließlich der kollagenen und sogar der glatten Muskelfasern, was u.a. von KRINER und BRUNSTEIN; MEYER und PEVNY; ROLLIER und DELON; SÉZARY und BOLGERT sowie WODNIANSKY bestätigt wurde. Zur Atrophie der Anhangsgebilde kommt es erst mit dem Vorrücken der Bindegewebsvermehrung in die cutanen Schichten.

Neben der Degeneration der elastischen Fasern, die ebenfalls eine allgemeine (unspezifische) Ödemfolge darstellt, fand WODNIANSKY auch eine mächtige Vermehrung der Gitterfasern. Daneben scheint aber das Auftreten geringgradiger rundzelliger Infiltrate um die Gefäße, die von sämtlichen Untersuchern in jedem Falle von Elephantiasis beschrieben werden, unmittelbare Ödemfolge zu sein. Der Gehalt derselben an Plasmazellen, Mastzellen und Makrophagen (JAEGER, DELACRETAL und LORÉTAN) kann mit MASSHOFF, EHRICH oder GANS und STEIGLEDER als Ausdruck erhöhter resorptiver Leistungen aufgefaßt werden. Diese perivasculären Infiltrate können mantelförmig angeordnet sein, häufig bilden sie aber auch Knötchen, wodurch sich bemerkenswerte Beziehungen zur sog. Ödemgranulomatose ergeben (s. bei HORNSTEIN sowie W. SCHNEIDER und UNDEUTSCH), besonders in den oberen Cutisschichten (s.u.) mit Weiterentwicklung zur Papillomatose (s. Abb. 34, F.M.).

Selbst in den narbig-scirrhösen Massen fortgeschrittener Krankheitsphasen finden sich auch im tiefen subcutanen Fettgewebe immer noch herdweise derartige

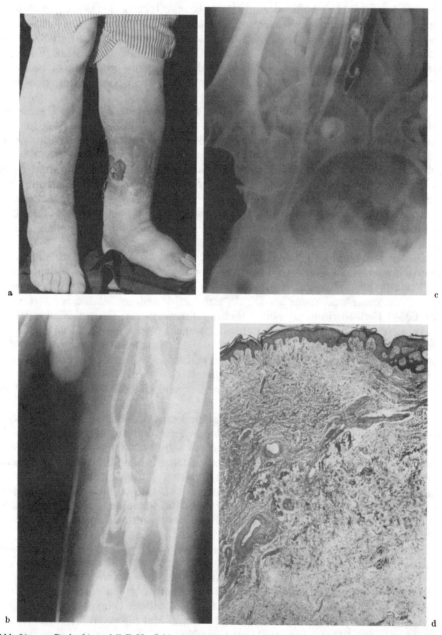

Abb. 34 a—p. Beobachtungsfall F. M., Schlosser, 80 Jahre, Krbl.-Nr. 61843. Linksseitige Unterschenkelfraktur vor 40 Jahren mit Thrombose. Seit 15—20 Jahren Varicen, seit 10 Jahren rezidivierende Ulcerationen mit hochgradiger Varicosis beider Unterschenkel, Ödemen, Hämosiderose und mäßiger Papillomatose (a). Phlebographisch Verschluß und teilweise Rekanalisation der Vena femoralis im mittleren Oberschenkeldrittel, Kollateralen zur nicht erweiterten V. saphena und von der Leistenbeuge über Bauchhaut und Scrotum zur Gegenseite (als Zeichen einer Rückflußstörung der Beckenvenen; b und c). Probeexcision aus der Streckseite des Unterschenkels: erhebliche Verschwielung in der Tiefe mit Rarefizierung und Aufsplitterung der kollagenen und elastischen Fasern. Cutane Gefäßplexus erheblich erweitert, Wand teilweise hypertrophiert (d—g, in einzelnen Arterien an der Cutis-Subcutisgrenze Endothelwucherung mit Verquellung der subintimalen Schichten und Einlagerung metachromatischer Substanzen (h und i). Derartiges Material läßt sich aber auch frei im Bindegewebe darstellen („mucoides Ödem", k und l). Zunächst keine gesteigerte Phosphataseaktivität (m), diese tritt erst auf, wenn es zu granulomatösen Reaktionen kommt, welche sich aber vorwiegend in der oberen Cutis und im Papillarkörper einstellen (n und o), wobei sich dann auch die Papillargefäße in dem ödematös erweiterten Papillarkörper stärker aufzweigen mit Vermehrung von Mastzellen in der Umgebung (p)

rundzellige Infiltrate mit Plasma- und Mastzellen und hauptsächlich aus histiogenen Zellen bestehende Resorptionsherde und celluläre Entzündungsreste, die gelegentlich auch Riesenzellen vom Fremdkörpertyp enthalten können und eine erhöhte Phosphataseaktivität aufweisen (Abb. 36, E. Sch., i—n, S. 409).

Es bedarf wohl keiner Betonung mehr, daß die Aktivierung des histiocytären Systems durch die immer wieder ablaufenden (erysipelomatösen und anderen) Entzündungsreize ihren stärksten Anstoß erfährt, wobei die besondere (nicht ein-

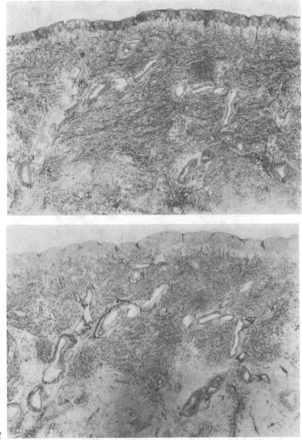

Abb. 34 e u. f

schmelzende, ,,diffuse") Entzündungsreaktion des Erysipels auch von besonderer pathogenetischer Bedeutung sein muß.

Ebenso wie bislang die bindegewebigen Veränderungen in der *Tiefe* hinter den mehr oberflächlich im Stratum papillare und in der Cutis ablaufenden Veränderungen zu wenig beachtet wurden, verhält es sich mit den *Gefäßveränderungen* dieser (tiefen) Hautschichten. Sie betreffen sowohl die größeren Arterien als auch die Venen und sind ebenfalls schon sehr frühzeitig nachzuweisen (JUCHEMS, SCHROEDER und HELLWEG-LARSEN, CASTELLANI), worauf schon WINIWARTER hingewiesen hatte und H. FISCHER mit W. SCHNEIDER jüngst nochmals ausführlich eingegangen sind (s. Abb. 34, F. M., d—i).

In den *Gefäßwänden* laufen gleichartige Veränderungen wie im umgebenden Bindegewebe ab: Die Elastica schwindet, die kollagenen Anteile und die Musku-

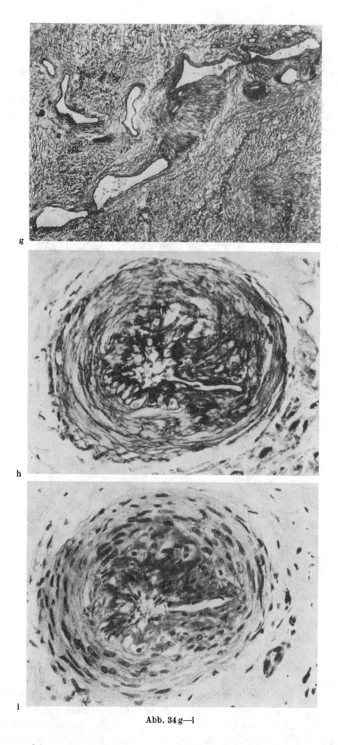

g

h

i

Abb. 34 g—i

latur hypertrophieren, so daß das Lumen erweitert und die Wände auffallend verdickt und fibrös erscheinen (ROLLIER und DELON).

Wie von GOTTRON und KORTING bei Amyloidosis und Calcinosis der Haut sowie von KORTING und WEBER neuerdings bei tuberöser Myxodermie konnten auch

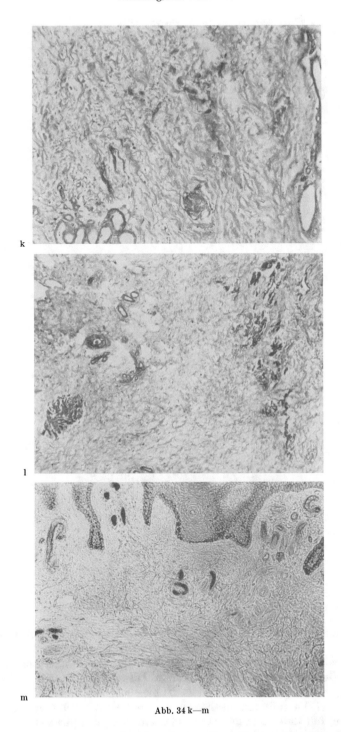

k

l

m

Abb. 34 k—m

bei der Elephantiasis in der Tiefe Arterien nachgewiesen werden, die entsprechend
den Befunden von W. SCHNEIDER und UNDEUTSCH bei Vasculitis Endothelwucherung und subintimale Verquellung mit Einlagerung metachromatischer Sub-

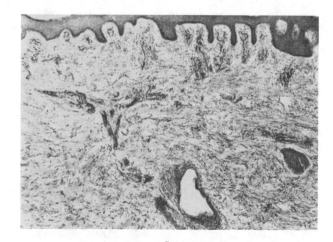

n

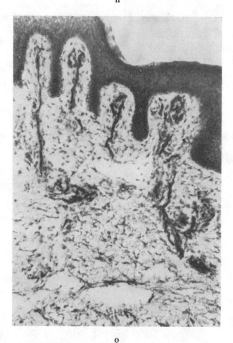

o

Abb. 34 n u. o

stanzen aufwiesen (Abb. 34 d, F.M., S. 400, h und i, sowie Abb. 35), was ein besonderes Licht auf den gestörten Stoffaustausch wirft. Über proliferative Endothelreaktionen haben ferner Castellani sowie Rollier und Delon berichtet. Verdickung der Gefäßintima hat John festgestellt. Die nachfolgenden granulomatösen Veränderungen sind prinzipiell ebenfalls die gleichen, wie sie W. Schneider und Undeutsch bei Vasculitiden nachgewiesen und als „Aufräumgranulome" gedeutet haben, nur daß sie in den etwas kleineren Gefäßen quantitativ etwas geringer ausgeprägt sind als bei den Vasculitiden.

Masshoff und Gumrich beschreiben schließlich hyaline Umwandlung und Obliteration der Arterien und Venen mit fortgeschrittener Zerstörung der Muskulatur und Abwandlung des elastischen Fasergerüstes. Darüber hinaus fand HELO wie seinerzeit schon von WINIWARTER, VIRCHOW, BIRCH-HIRSCHFELD oder VANLAIR (siehe bei UNNA) auch außerhalb der „akuten Attacken" Thromben in Arteriolen und Venen, die HELD und SANTA bis in die kleinsten Capillaren im Fettgewebe verfolgen konnten. GOTTRON und nachfolgend MEYER-ROHN sowie zuletzt aus-

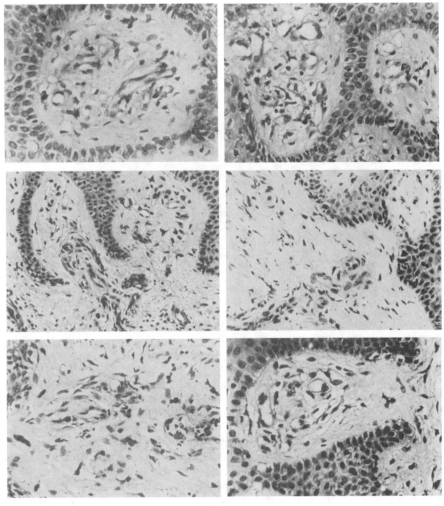

Abb. 34 p

führlich TAPPEINER und PFLEGER konnten aber auch an den Lymphgefäßen verschiedenartige entzündliche Veränderungen nachweisen, bestehend in Lymphangitis, Endolymphangitis proliferans, produktiver Lymphangitis sowie Endolymphangitis chronica obliterans mit proliferierenden Endothelwucherungen und schließlich auch einer fibrosierenden Lymphangitis obliterans. Auf die frühzeitigen und bis zu einem gewissen Grade analogen Gefäßveränderungen bei der Unterschenkelverschwielung wurde in dem gegebenen Zusammenhang schon hingewiesen.

Daß in derartigen Gefäßen, seien sie nun starrwandig weit klaffend oder weitgehend obliteriert, der Stoffwechsel am Gefäßendothel empfindlich gestört ist,

und die Gefäße selbst von jeglicher humoraler oder nervöser Regulation ausgeschlossen sind (Comel), bedarf wohl keiner besonderen Betonung mehr.

Die Temperatur ist in elephantiastischen Gliedmaßen deshalb auch erheblich
herabgesetzt. Mit der Zeit kommt es zu weiteren Veränderungen des kollagenen
Gewebes, bestehend in verringerter Färbbarkeit und Lockerung der Faserbündel
bis zur Erweichung und Zerfall.

Im Zusammenwirken derartiger Ödem-, entzündungs- und degenerativ bedingter Einflüsse muß es schließlich auch zur Entwicklung von Capillarsprossen
und zur Ausbildung granulomatöser Entzündungsherde in der Haut kommen mit
weiterer, zusätzlicher Neigung zur Faserbildung und Vernarbung, wie es Gottron
schon bei der Pathogenese der Purpura Majocchi dargestellt hat und wie es bei

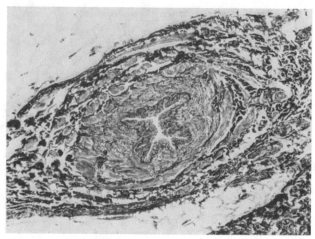

Abb. 35. „Phlebomyomatöse" tiefe Vene bei sog. Milroy-Meige-Syndrom

der gesamten Gruppe der sog. Purpura pigmentosa progressiva angetroffen wird
(Abb. 36, E. Sch.).

In einer solchen Sicht der Entwicklung des Elephantiasissyndroms aus der
Tiefe heraus und im Zusammenhang mit den andauernden proliferativen Induk-
tionen (der verschiedensten Ursachen) werden schließlich auch die Veränderungen
des Stratum papillare verständlich, die zunächst in auffallendem Gegensatz zu den
in der Tiefe ablaufenden sklerosierenden Veränderungen und insbesondere auch
zu den Verhältnissen bei der Dermatosklerose zu stehen scheinen (Abb. 36, E. Sch.,
S. 407ff.).

Gerade die Papillargefäße scheinen lange Zeit unbeteiligt zu bleiben, und es
muß offen bleiben, ob der Reiz zur papillomatösen Wucherung von der fortschreitenden Ödematisierung, den rezidivierenden erysipelomatösen Entzündungs-
reizen oder schließlich sogar von der (infolge mangelhafter Ernährung) hyperkeratotischen Epidermis ausgeht. Zu dieser Hyperkeratose — auf die, worauf ausdrücklich hingewiesen sei, die Definition „Pachydermie" ebenfalls nicht zutrifft,
haben Bucher und Hoover sowie Pieri, Témime und Privat nochmals Stellung
genommen und ebenso wie Craps sowie Held und Santa ursächlich auf den Verschluß der Lymphbahnen hingewiesen. Hyperkeratose als Zeichen einer mangelhaften Durchblutung ist indessen, wie u. a. Gottron und Schmitz zeigen konnten,
nichts Ungewöhnliches und stellt somit eine allgemein-pathologische und unspezifische Reaktion dar (s. auch Wertheim, Halter, Urbach oder Bauer;
H. Fischer u. Friederich beim Angiokeratom und Abb. 37).

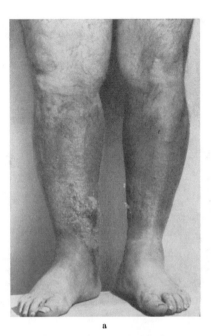

a

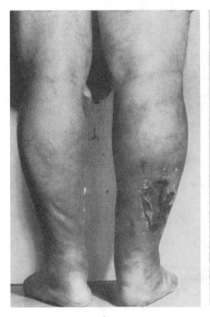

b

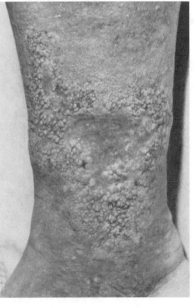

c

Abb. 36a—n. Beobachtungsfall E. Sch., 48 Jahre, Krbl.-Nr. 58157. Vor 27 Jahren Verkehrsunfall mit Schädel-
bruch. Seit 26 Jahren Varicen, vor 5 Jahren Thrombose am rechten Bein, seit 3 Jahren rezidivierende Ulcera.
Jetzt säulenförmige, derbe Schwellung der Unterschenkel mit ekzematisiertem Stauungserythem, flächenhafter
Hämosiderose und ausgedehnten Ulcerationen, sowie Papillomatose an der Medialseite des rechten Unterschenkels (a—c). Phlebographisch kompletter Verschluß der V. femoralis mit Ausbildung eines Kollateralkreislaufes, der sich im Beckenbereich auch noch zur kontralateralen Seite nach links erstreckt. V. iliaca in geringer
Kontrastdichte normal weit dargestellt.Tiefe Unterschenkelvenen durchgängig (d und e).Histologisch ausgedehntes
(mucoides) Ödem in der oberen Cutis mit erheblicher Papillomatose und (reaktiver) Acanthose. Granulombildung
mit fontänenartiger palmenähnlich bzw. fächerartig sich entfaltender Gefäßproliferation im Stratum papillare
und erhöhter Phosphataseaktivität im Bereich des (aktiven) Granulationsgewebes, das in den tieferen Schichten
auch Eisenspeicherung aufweist (f—n)

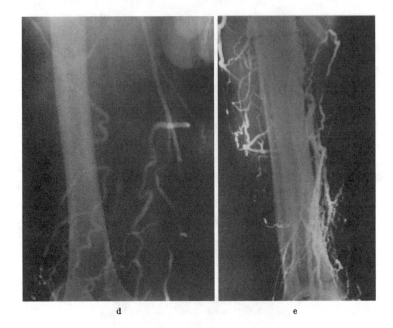

d   e

f

Abb. 36 d—f

Hier muß aber noch auf die papillomatösen Wucherungen näher eingegangen
werden, die in späten Krankheitsabschnitten das oberflächliche makroskopische
Bild oft beherrschen, und die, wie Wirz schon betonte, ebenfalls mit Gefäßveränderungen einhergehen (Abb. 38a und b). Es handelt sich dabei vor allem um
Gefäßaussprossungen, die sich, wie gemeinsam mit Gössner durchgeführte fer-

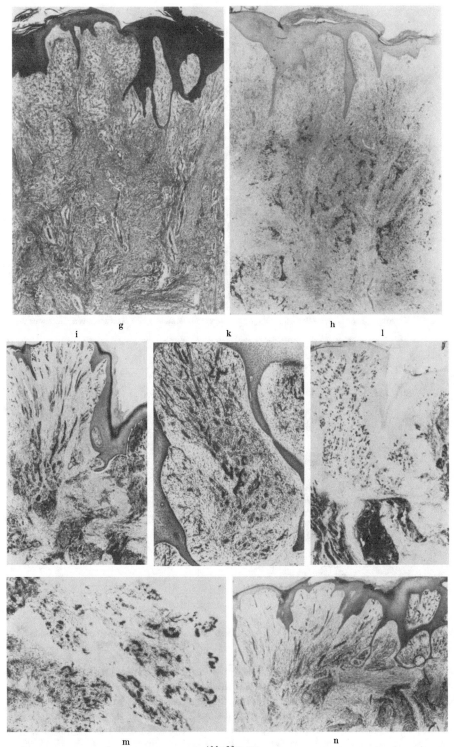

g   h
i   k   l

m   n

Abb. 36g—n

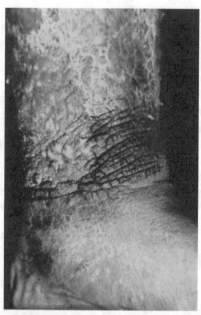

Abb. 37. Mächtige „reptilienhautähnliche" Hyperkeratosen am Rande einer ausgedehnten Dermatosklerose

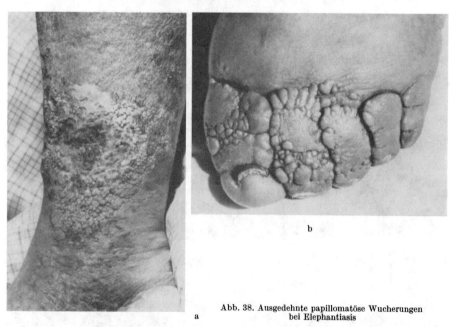

a

b

Abb. 38. Ausgedehnte papillomatöse Wucherungen
bei Elephantiasis

mentchemische Untersuchungen zeigten, aus jeweils einer Capillarschleife entwickeln. H. FISCHER und W. SCHNEIDER haben in diesem Zusammenhang gezeigt, wie sich aus den Papillarschleifen zunächst Schlingen bilden, die Gefäße sich
sodann aber immer mehr fontänenartig aufspalten (s. auch Abb. 34, F.M., S. 404,
n und o), Knäuel bilden (Abb. 34p) und so die Papille immer mehr ausweiten, bis
zuletzt palmenartig sich entfaltende Gefäßfächer entstehen (Abb. 36, E. Sch.,

S. 409, i—n), die von einem mäßig dichten (unspezifischen), oftmals außerordentlich mastzellenreichen Granulationsgewebe umgeben sind (Abb. 34, F.M., S.405,
p), das die Papille immer stärker zur Proliferation zwingt.

Das Auftreten dieser Mastzellen legt die Vermutung nahe, daß es sich auch
hierbei zunächst vornehmlich um eine Reaktion auf ein Ödem handelt, und
weniger um eine exsudativ-proliferative cellulär-entzündliche Erscheinung. Folgerichtig geht die weitere Entwicklung eher zum Papillom (BÜRGSTEIN und PLASUN)
und zur Papillomatosis cutis carcinoides Gottron (mit gleichzeitiger Wucherung
der interpapillären Retezapfen (s. auch BURCKHARDT; HILKENBACH und DORN
oder FINKLE. SCARDINO und MICHEL; PRINCE sowie ZABEL) als zum Fibrom
(RONCHESE), das nach SCHIFF bei der Elephantiasis eine ausgesprochene Seltenheit darstellt. (Über die gestaltliche Entwicklung der papillomatösen Wucherungen bei der Papillomatosis cutis carcinoides Gottron s. u.a. bei NIKOLOWSKI;
SCHIMPF und SELLER; ferner H. FISCHER und W. SCHNEIDER.)

Ausgesprochen papillomatöse Bildungen erwiesen sich indessen bei einem
eigenen Beobachtungsfalle als lupös-entzündlich bedingt, was darauf hinweist, daß
auch bei der Diagnose der Elephantiasis mit papillomatösen Wucherungen an
eine solche Ursache gedacht werden muß (Abb. 27, S. 357).

Herde von Granulationsgewebe mit erhöhter Phosphataseaktivität bilden sich allmählich
aber auch in den tieferen Cutisschichten (Abb. 36, E. Sch., S. 409, l und m). Hier kann außerdem Eisen gespeichert werden (Bild h), was als weiterer Hinweis auf die granulomatösen
Wucherungen bei der Purpura pigmentosa progressiva gelten kann (s. o.). Dieses Verhalten
steht in einem ausgesprochenen Gegensatz zu dem bei größeren Blutergüssen, welche vollständig aufgesaugt werden, ohne daß es zur Granulombildung oder gar zu einer Eisenspeicherung kommen muß.

Zusammenfassend läßt sich feststellen. daß auch die Histologie der Elephantiasis seit den frühen Untersuchungen von VIRCHOW, UNNA oder KYRLE eine bedeutende Ausweitung erfahren hat. Zukünftige Untersuchungen, die über die einer
gewissen Routineuntersuchung bei Elephantiasis-Operationen doch hinausgehen
sollten, müßten aber noch mehr als bisher die entsprechende Entwicklungsphase
berücksichtigen, sowie die Pathogenese, die durch vorherige Phlebo- und Lymphographie zu klären wäre. Außerdem sollte aber auch noch mehr als bisher auf die
etagenmäßigen Unterschiede geachtet und besonders die Krankheitsvorgänge an
den größeren Gefäßen und ganz allgemein die in der Tiefe mehr und eingehender
beobachtet werden. So müßte es schließlich möglich werden, Ordnung in die Vielfalt der bisher vorliegenden Befunde zu bringen, die WIRZ seinerzeit zu der Bemerkung veranlaßt hat, daß fast jede Veröffentlichung über einen Fall von Elephantiasis vor allem, wenn sie sich auf histologische Befunde stützen kann, mit der
wohlberechtigten Behauptung ende, daß der Fall einzigartig sei.

E. Differentialdiagnose und besondere Lokalisation

Da die Diagnose der Elephantiasis — wie eingangs schon dargelegt —
weitgehend eine Frage der Definition ist, bleibt es immer noch dahingestellt.
wo die Grenze dessen gezogen wird, was noch als Elephantiasis bezeichnet
werden soll, kann oder darf, und was nicht. Mit der Unterscheidung von ,,Ele-
phantiasis als Symptom'' und ,,Elephantiasis als Krankheit'' ist allein der letztere
Zustand einer kombinierten Sklerose und Fibrose mit entsprechenden epidermi-
dalen Veränderungen, wie oben dargestellt, als eigenes Krankheitsbild festgelegt.
Bei der symptomatischen Elephantiasis muß allerdings der Klarheit halber unterschieden werden zwischen den präliminatorischen und chronischen Stauungsödemen mit und ohne Übergang in das Elephantiasissyndrom und anderen Krank-

heitszuständen, die mit der Elephantiasis nur die umschriebene Vergrößerung eines bestimmten Körperteils bzw. Abschnittes gemeinsam haben, als solche aber auch wesensmäßig völlig andersartigen, selbständigen Krankheitsentitäten zugehören. Gegenüber den ausschließlich nur sklerotischen Krankheitszuständen erscheint somit gerade die Kombination von Sklerose mit Fibrose u. a. als ein außerordentlich wichtiges Kriterium.

Flüchtige ödematöse Zustände, wie Urticaria gigantea, scheiden in der Regel von der Definition der Elephantiasis auch als Symptom aus. Hierzu gehören ferner die schmerzhaften Fußrückenödeme der Frauen (Schwarzweller), soweit eine organische Ursache nicht gefunden werden kann. Webster, Huff und Yazdi sprechen (unrichtig) von „lokalisiertem Lymphödem". Auf die berufliche Tätigkeit beim Abfüllen und Verkorken von Flaschen führt Postovskij lokale „Elephantiasis" an den Fingern zurück.

Die *traumatischen und posttraumatischen Ödeme* sind häufig — wie der Erfolg einer Sympathektomie zeigt — nervaler Genese oder bilden sich infolge einer Thrombose der tiefen Venen aus (Brandt, Gumrich, Dortenmann und Kübler bzw. Hill oder Schörcher, ferner Gumrich; Telford und Simmons; sowie Wagner). Gottron hat ein elephantiastisches Armödem nach Radialis- und Medianuslähmung mit Ausbildung geschwürig zerfallender Granulome beobachtet, und Bolgert u. Mitarb. erwägen den traumatischen Ursprung bei einem Kranken, bei dem die venösen und lymphatischen linksseitigen Iliacalgefäße verlegt waren und dessen sonstige Hautveränderungen an ein Lewandowsky-Lutz-Syndrom (aber ohne Beteiligung von Nägeln, Palmae, Plantae und Mundschleimhaut) erinnerten. Zu beachten ist die Tatsache, daß derartige Ödeme, auch wenn es sich nicht um ein Sudeck-Syndrom handelt, gewöhnlich mit Knochen*atrophie* einhergehen. Bei dem von Gómez Durán beschriebenen Krankheitsfalle bestand neben dem chronischen Beinödem eine segmentäre Fettdystrophie, auch dieser Zustand konnte durch Gangliektomie geheilt werden.

Welche Ausmaße *Ödeme durch chronischen Selbststau* annehmen und so zu irrtümlichen Annahme einer „Elephantiasis" führen können, hat Gumrich wiederholt aufgezeigt. Hier sind der scharfe proximale Abschluß oder das Vorliegen einer Schnürfurche wichtige Hinweise. Williams berichtet von einem „hysterischen Ödem", das durch Hängenlassen des Armes über die Bettkante erzeugt wurde. Das wechselnde Ausmaß des Ödems in dem von Freeman und Engeler beschriebenen Beobachtungsfalle ist ebenfalls äußerst verdächtig auf ein Artifizium.

Mit *angeborenen Schnürfurchen* (und nicht etwa mit einer anulären circumscripten Sklerodermie) werden die Beobachtungen von Marziani bzw. Matzner in Zusammenhang gebracht, wobei im letzteren Falle noch andere multiple Mißbildungen vorhanden waren. Im Falle von Marziani konnte eine reaktive Lymph- und Blutgefäßwucherung aufgezeigt werden. Diese hyperplastischen Zustände stehen in eindeutigem Gegensatz zu den atrophischen Vorgängen beim *Ainhum-Syndrom,* bei der *anulären circumscripten Sklerodermie* und auch bei bestimmten ringförmigen Narbenbildungen bei *Lepra,* wobei es bemerkenswerterweise nicht regelmäßig zu Stauungszuständen distal des Schnürringes kommt!

Als besondere Lokalisationen eines Elephantiasissyndroms seien schließlich noch die *Ohren* und die Augenlider erwähnt. Obwohl diese Körperregionen zu ödematösen Schwellungszuständen und ebenso zu Infektionen mit Erysipel besonders neigen, scheinen, wie Gottron festgestellt hat, die Bedingungen zur Ausbildung eines Elephantiasissyndroms nicht sehr günstig zu sein, weshalb derartige Fälle relativ selten vorkommen. Im Falle von Link mit sog. Elephantiasis des äußeren Ohres war der Ausgang von einer Otitis media nachzuweisen, bei dem Kranken von Kuske, der nach rezidivierenden Erysipelen erkrankt war, wurde klinisch ein Lymphocytom vorgetäuscht, während Trautermann die Ätiologie bei seinem

Kranken mit doppelseitigem Befall nicht klären konnte. Eine Verwechslung mit *Otophym* sollte nicht vorkommen (s. bei ZIERZ). BECKER und THEISEN beschreiben einen solchen Fall bei Klippel-Trenaunay-Syndrom.

An den *Augenlidern* waren GROM im Jahre 1949 nur 30 Fallbeschreibungen von Elephantiasis bekannt (s. auch SCHRECK). Nicht allzu selten lassen sich dabei vorausgehende bakterielle Entzündungszustände (bzw. Ekzeme), Stirnhöhlenoperationen oder Orbital- und Kopfschwartenphlegmonen nachweisen (ANDERSEN und ASBOE-HANSEN, BOBB, VOGELSANG, ZENKER). Ödeme allein im Rahmen einer Urticaria gigantea (bzw. Quincke-Ödem) oder als Begleitödeme von Entzündungen der Nachbarorgane können gerade im Gesicht ebensowenig zum Formenkreis der Elephantiasis gezählt werden wie *spezifische Infiltrate*, z. B. bei Lepra, Morbus Boeck, Leukämie, Morbus Bäfverstedt, Retikulose oder Mycosis fungoides. Derartige Zustände sind mit dem Begriff der ,,Facies leonina" im übrigen zutreffender gekennzeichnet.

Das Rezidivieren und der Nachweis sonstiger Randsymptome sowie die Eigenart des Krankheitszustandes rechtfertigen es nicht, Fälle von *Melkersson-Rosenthal-Syndrom* als ,,Elephantiasis" zu bezeichnen, ganz gleich, wie ausgedehnt die Schwellungszustände an Augenlidern, Lippen oder im ganzen Gesicht auch sind und wie lange sie bestehen. Stets wird bei genauer Beobachtung aber doch eine wechselnde Intensität des Schwellungszustandes nachzuweisen sein. (Übersicht s. bei HORNSTEIN), ferner sind hier wohl auch die Krankenbeobachtungen von DORNUF, MACHACEK und ROBIN einzuordnen. Den Erscheinungen einer sog. Elephantiasis der Lippe ging bei der Beobachtung von CHANTRAINE eine chronische Sykosis barbae, in der von RUSSEL ein Hundebiß voraus, das histologische Bild wäre dagegen mit einem Melkersson-Rosenthal-Syndrom vereinbar.

Unbedingt von Elephantiasis oder Melkersson-Rosenthal-Syndrom abzutrennen sind schließlich Krankheitszustände, die SCHUERMANN zusammenfassend als *Plasmocytosis circumorificialis* bezeichnet (s. auch Fall BENINSON bzw. FERREIRA-MARQUES).

Auch wenn die sog. *myrtenblattartigen Wucherungen* von CLEMENT SIMON histologisch Endo- und Perilymphangitis aufweisen, sollte die Gewebsveränderung nicht als ,,elephantiastisch" beschrieben werden (GRACIANSKY und BOULLE).

Derartige Teilsymptome selbständiger und wohl definierter Krankheitseinheiten haben mit Elephantiasis im eigentlichen Sinne nichts mehr zu tun, weshalb diesbezüglich weitere Krankheitszustände mit ,,elephantiasiformen" Veränderungen nur kurz gestreift werden sollen. Es handelt sich hierbei um *Gefäßanomalien* wie Kavernome, venöse Rankenangiome, die sog. Angioelephantiasis Kaposi, das Klippel-Trenaunay-Parkes-Weber-Syndrom, diffuse Phlebarteriektasien und Lymphangiektasien, arterio-venöse Anastomosen und die angeborenen Hypertrophien (s. u.a. BAZEX, DUPRÉ und BASTIDE bzw. PARANT, BECKER und THEISEN, DITTMANN, KEHRER, HOFFMANN). Falls dabei Unterschenkelödeme auftreten, so sind sie ebenso wie die des Angiokeratoma corporis diffusum im Gegensatz zu reinen Stauungsödemen nicht eindrückbar (FESSAS u. Mitarb.), doch kann es sekundär auch hierbei zu Stauungsödemen kommen, wenn es an einem Zusammenfluß zweier Gefäße durch übermäßigen Zustrom aus dem einen zur Rückstauung im anderen kommt. Auch der von HOFFMANN beschriebenen Hypertrophia faciei et colli scheint eine Lymphangiomatosis zugrunde gelegen zu haben. Die Augenbindehaut wies eine chemosisartige Verdickung auf, mit der Spaltlampe konnte die Vermehrung und Hyperplasie unmittelbar sichtbar gemacht werden und an der Ohrmuschel bestand schließlich eine Lymphcyste. Auffallend war schließlich die Kombination mit Linkshändigkeit (bei rechtsseitigem Befall des Gesichtes).

Besonders groß wird der Verdacht einer angeborenen Mißbildung, wenn auch noch sonstige Mißbildungen vorliegen, so am Skelett, wie bei dem Fall von STAROBINSKI mit Elephantiasis penis et scroti.

Erst recht nicht sind schließlich *gutartige Tumoren* zur Elephantiasis zu zählen, insbesondere Lipome (KLEINE-NATROP: Daumen; REICH: Daumen und Zeigefinger; DE LESTRADE: flächenhaft an Hals, Brust, Schultern, Armen und Bauch oder multizentrische lipomatöse Sklerose nach Venenthrombosen des Fettgewebes: HELD und DELLA SANTA) oder Fälle, die sich als *Morbus Recklinghausen* erweisen, und für die sich der Begriff ,,Lappenelephantiasis" schon weitgehend eingebürgert hat (s. u.a. BOSMAN, BRUNNER, FOX, LEO, LAMANDE u. Mitarb. oder PHILOPOWICZ). unabhängig von Sitz oder Ausdehnung derselben. ,,*Lappenelephantiasis*" wird ferner irrtümlich diagnostiziert bei Pachydermoperiostitis, Cutis laxa (CARNEY und NOMLAND, Übersicht bei KORTING u. E. GOTTRON), hochgradiger seniler Elastose (KOCSARD und OFNER) oder Hyalinosis cutis et mucosae (HOLTZ).

Dieselbe Kritik trifft schließlich auch auf die Fälle von „Lappenelephantiasis" zu, die sich aus *Naevi flammei* im späteren Alter durch tuberöse Umwandlung und fibromatöse Wucherungen entwickeln (Angiokeratoma naeviforme).

Auf keinen Fall sollten aber *bösartige Tumoren* mit dem Prädikat einer „Elephantiasis" belegt werden, um insbesondere auch nichts zu verharmlosen, so daß evtl. notwendige Eingriffe unterbleiben. Krankheitszustände, die zu einer „*Facies leontina*" führen, wie Leukämie, Lymphogranulomatose, Boecksches Sarkoid, Lymphadenosis cutis benigna (s. Beitrag Tappeiner und Wodniansky in diesem Handbuch) oder Lepra sollten ebenfalls nicht mit dem Elephantiasisbegriff in Verbindung gebracht werden, am allerwenigsten aber, bevor die Grundkrankheit nicht einwandfrei erkannt ist. Azerad, Grupper, Kartun und Cohen beschreiben sogar einen diesbezüglichen Beobachtungsfall mit Veränderungen der unteren Extremitäten, dem sie das Prädikat einer Elephantiasis zugestehen, obwohl es sich um eine Lymphadenosis cutis benigna gehandelt hat.

Schließlich seien hier noch die *myxödematösen Zustände* kurz gestreift, soweit sie in der letzten Zeit ebenfalls als elephantiastisch bezeichnet wurden, wie von Bolgert und Amado oder Schuermann im Gesicht (s. auch Fälle von Skleromyxödem: Gottron sowie Gottron und Korting), als Diamondsche Trias mit Exophthalmus und Trommelschlegelfingern von Degos, Delort und Touraine oder an den Beinen (Azerad, Gropper und Loriat, ferner Grupper und Brux, ebenfalls mit hartnäckigem Exophthalmus, Jaeger, Delacrétaz und Lorétan als fragliche „Elephantiasis nostras" sowie Michel mit zahlreichen blumenkohlartigen Tumoren, s. auch Graciansky: 8 Fälle, sowie Linke. Auf die Gefäßveränderungen, die Azerad, Grupper und Coriat, Meyer-Hoffmann und insbesondere Korting und Weber, letztere bei einer solitären tuberösen Myxodermie des Handrückens, beobachtet haben, sei auch hier nochmals eigens aufmerksam gemacht. Nur andeutungsweise seien schließlich noch die Beobachtung einer retroperitonealen Fibrose bei Myxödem erwähnt (Pesch und Kracht), schließlich Myxodermien, die bei Kranken mit hypothalamischen Störungen aufgetreten sind (Charvat, Linke).

F. Therapie

Es bedarf keiner besonderen Begründung, daß für ein derartig polyätiologisches Krankheitsbild, wie es die Elephantiasis darstellt, ein spezifisch wirksames Heilmittel nicht vorhanden sein kann. Selbst die verschiedenen chirurgischen Eingriffe bis zu den ausgedehntesten plastischen Operationen sind in ihren Dauererfolgen auch heute noch z. T. recht zweifelhaft.

Wenn in der Erkrankungshäufigkeit aber dennoch ein grundlegender Wandel eingetreten ist, so ist dies — neben der Verbesserung der allgemeinen Hygiene — nichtsdestoweniger auf die Einführung einer Reihe neuer Methoden und Heilmittel zurückzuführen, die in ihrem jeweiligen Anwendungsbereich sehr wohl eine „spezifische" Wirkung entfalten. Allerdings erstreckt sich diese lediglich auf die Faktoren, in deren Zusammenwirken die Voraussetzung für die Entwicklung des Elephantiasissyndroms erkannt wurde, nämlich Ödem und Infektion. Somit stellen diese Maßnahmen dennoch eine, wenn auch nur mittelbare, kausale Therapie dar. Die unmittelbare therapeutische Wirkung, sei sie nun gegen die Stauung bzw. das Ödem oder gegen die Infektion gerichtet, erweist sich, wenn sie erfolgreich ist, als eine entscheidende Prophylaxe, die selbst dann die Entwicklung eines Elephantiasissyndroms verhütet, wenn die sonstigen Voraussetzungen hierfür gegeben wären.

Allerdings läßt sich bei dieser Sachlage eine Erfolgsstatistik nicht ohne weiteres aufstellen — entsprechende Mitteilungen sind daher spärlich — und der Fortschritt kann lediglich an der Morbiditätskurve aufgezeigt werden — während im Einzelfalle niemals genau gesagt werden kann, wie er sich ohne die betreffende therapeutische Maßnahme weiterentwickelt hätte, d. h. ob sich ohne die Intervention ein Elephantiasissyndrom mit Sicherheit ausgebildet hätte.

Angriffsmöglichkeiten für eine solche präventive Medizin ergeben sich an fast allen Punkten der Pathogenese.

I. Thromboseprophylaxe

Der Ausbildung postthrombotischer Stauungszustände wirkt schon die Thromboseprophylaxe entgegen, die immer planmäßiger ausgebaut wird. Neben medikamentösen Maßnahmen ist hier besonders noch auf den Kompressionsverband aufmerksam zu machen, wie er besonders von TOURNAY empfohlen und einer Behandlung mit Antikoagulantien sogar vorgezogen wird.

Bei eingetretener Thrombose stehen eine Reihe neuer antiphlogistisch wirksamer Arzneimittel, Venotonika Antikoagulantien und in jüngster Zeit auch fibrinolytisch wirkende Stoffe zur Verfügung (Übersicht s. bei R. GROSS oder KNOTH).

II. Therapie der Varicen
und des postthrombotischen Symptomenkomplexes

Postthrombotische und varicöse Stauungszustände lassen sich sowohl mechanisch durch Verbände als auch medikamentös durch Stoffwechselregulatoren und Saliuretica und schließlich aktiv durch die immer mehr ausgebaute Technik der Varicenverödung (LINSER) und der Venenchirurgie sehr weitgehend beheben oder zumindest beeinflussen (Übersicht s. u. a. bei BORIES-AZEAU und COLIN; GUMRICH; JAEGER; KRIEG; LINSER-VOHWINKEL-SCHNEIDER; NAEGELI, MATIS, GROSS, RUNGE, SACHS; PIRNER; PREROVSKY; SCHMITZ; SIGG; WENKE, ferner HAVEN und WELLES; HURIEZ und DELESCLUSE; „reduction élastique", NEEL oder KVEIM).

So konnten beispielsweise EUFINGER, DIETHELM und MAY von 50 Fällen mit chronischer Beckenvenensperre durch Befreiung des Gefäßes von der perivenösen, schwieligen Einengung in 83% einen guten Erfolg nach der Operation buchen, nach 2 Jahren betrug der Prozentsatz noch 57% und selbst nach 10 Jahren waren noch 37% der Kranken eindeutig gebessert. Über ähnliche Ergebnisse berichtet GUMRICH. Die Erfolge wären sicher noch zu verbessern, wenn es gelänge, den pathologisch veränderten Venenabschnitt durch eine Plastik (Bypass) zu ersetzen, wie es im arteriellen System z. T. bereits gelingt. Mit zunehmender Kenntnis der Venenchirurgie finden diese Maßnahmen eine immer breitere Anwendung. Auf technische Einzelheiten wird an anderer Stelle dieses Handbuches eingegangen.

Bei weiter fortgeschrittenen Stauungszuständen verwendet KNOTT in Abwandlung des Zinkleimverbandes (SAGLIO) zur Bandage absichtlich rauhe Binden, die er aus Badetuchleinen herstellt, legt darüber eine feste Kreppbinde und verklebt die Touren durch Dextrin, wobei er einen solch starken Druck ausübt, daß die Zehen (wie beim Fischer-Verband) cyanotisch werden. Der Verband soll 1—4 Wochen liegenbleiben und der Kranke dabei keine Bettruhe einhalten. VAN DER MOOLEN erreicht mit den von ihm empfohlenen Verbänden, die auch HURIEZ, AGACHE und DELESCLUSE anwandten, ebenfalls Druckwerte von 130—190 cm H$_2$O, NEEL kombiniert die elastischen Verbände mit Schaumgummiauflagen (s. auch ROTTER), Antikoagulantien und intraarteriellen Novocaininjektionen. Wir selbst bevorzugen unter den zahlreichen Verbandtechniken ob seiner einfachen Handhabung und der guten Dosierbarkeit des angewandten Druckes den von G. PÜTTER angegebenen Kreuzverband (s. bei LINSER-VOHWINKEL-SCHNEIDER).

Kompressionsverbände können ergänzt werden durch Verabreichung sog. Lymphagoga (Übersicht s. bei RUSZNYÁK u. Mitarb.), die überwiegend diuretisch wirken (bezüglich der Verwendung neuerer Saliuretika s. bei MATRAS, LOWENBERG oder PETTY; die intraarterielle Injektion von Glycerin nach BOWESMAN war ebenfalls als entwässernde Maßnahme gedacht (MEHTA).

Die Kompressionsbehandlung kann weiterhin mit wiederholten, über längere Zeit fort-geführten, flächenhaften Hyaluronidaseinfiltrationen kombiniert werden, worüber u.a. Bo-relli, Bories-Azeau und Čolin, Castelain, Hochstrasser und Horváth, Nastase, Spe-rentă, Carniol, Lazăr und Dobrescu, Orbaneja und Vargas, Resl und Wierer, Schwartz, Szabó und Magyar sowie Zabel eingehender berichtet haben. Diese Behandlungs-methode ist besonders angezeigt an Stellen, an denen kein Kompressionsverband angelegt werden kann, wie Gesicht, Oberlippe oder Vulva (Nastase u. Mitarb.), jedoch sind auch kritische Stimmen laut geworden (Dencker und Gottfries), und neuerdings wird wohl allgemein den Corticoiden der Vorzug gegeben werden, nachdem sich diese Stoffe auch bei Keloiden, Dupuytrenscher Kontraktur, Induratio penis plastica und nicht zuletzt auch bei der progressiven Sklerodermie besser bewährt haben.

Ebenso sollten die Erfolge einer Sympathektomie (Lowenberg, Lluesma-Uranga, Mon-teiro-Bastos, Neel, Pratt, Telford und Simmons) oder der sog. neuralen Segmenttherapie mit Impletol oder Novocain noch nicht zu sehr verallgemeinert werden (Schubert, Lowen-berg, Orbaneja, Sézary, Chapuis und Harmel-Tourneur).

Dagegen wird die gute Wirkung eines zweckmäßigen Sports zur Aktivierung der Muskelpumpe wie Wandern, Schwimmen oder Radfahren, einer geeigneten Gymnastik neben Massage, Unterwasser- und Elektrolyttherapie immer mehr er-kannt (Condoleon, Ellerbroeck; Krieg; Nágera; Junge; Scholtz) und auf ihre Bedeutung für die Bekämpfung eines Stauungsödems aufmerksam gemacht.

Wieweit die am venösen System gewonnenen Erfahrungen auch auf die Er-krankungen der Lymphgefäße übertragen werden können, wie es beispielsweise Tournay oder van der Molen mit der Gummischlauch-Druckbehandlung oder Kaindl, Lindner, Mannheimer, Pfleger und Thurnherr, Lowenberg oder Tisseuil durch sklerosierende Maßnahmen bzw. Antikoagulantientherapie ver-suchten, läßt sich noch nicht sicher abschätzen. Bei cutanem Reflux empfehlen Servelle und Deysson unbedingt die Lymphangiektomie an der Innenseite des Unterschenkels mit Resektion des Ganglion Cloquet und Verschluß des Crural-kanales an der Innenseite der Vena femoralis.

III. Verhütung und Therapie der Infektion

Noch bedeutungsvoller als die Prophylaxe und Behandlung des Ödems er-scheint indessen die der Infektion. Neben allgemein-hygienischen Maßnahmen, der Verhinderung der Verschmutzung und der besseren Behandlungsmöglichkeit der Ulcera und auch der Fußpilzinfektionen brachten hierbei schon die Sulfon-amide einen beträchtlichen Fortschritt, noch mehr aber die Antibiotica. Die Be-deutung dieser Arzneimittel für die Behandlung des Erysipels und die Verhütung von Rückfällen kann nicht hoch genug eingeschätzt werden (vgl. Condoleon, Orbaneja oder Resl und Wierer).

Löhe, Bumm sowie Orbaneja und Vargas wandten diese Mittel sogar auch dann an, wenn eine spezielle Erysipelanamnese nicht vorlag, und Huriez und Delescluse (Lille) konnten bei 23 von 59 Kranken mit sog. „Lymphödem" durch antibiotische Behandlung eine wesentliche Besserung erzielen, wobei Dejou auf die Langzeitbehandlung besonderen Wert legt. Die breite, großzügige und gezielte Anwendung der Antibiotica dürfte somit die beste Prophylaxe darstellen, und es erscheint nicht zufällig, daß es sich dabei um eine Maßnahme handelt, die gegen die Infektion und insbesondere das Erysipel gerichtet ist.

Unter die Erysipelprophylaxe und -therapie fallen auch die Vaccinebehandlung (Shellow), die allgemeine Umstimmungstherapie (Bumm) und bis zu einem gewissen Grade UKW- und Röntgenbestrahlung (Blumenthal, Condoleon, Haman, Matras, Pratt, Telford und Simmons).

IV. Proliferationsprophylaxe

Wirkt die Röntgenbestrahlung in sog. „Entzündungsdosen" schon ausge-sprochen antiphlogistisch und damit auch der reticulohistiocytären Zellwucherung und Faserbildung entgegen, so gilt dies noch mehr für die Corticoide (bzw. ACTH).

Über die Wirkung derselben auf das Wachstum der Fibroblasten, den Aufbau der Mucopolysaccharide, die Kollagenformation oder die Hyaluronidase haben STARY und PH. KELLER in diesem Handbuch und außerdem KORTING mit seinem Arbeitskreis ausführlich berichtet. SETHI, RAMEY und HOUCK sowie SMITH weisen auf die Abhängigkeit der Wirksamkeit vom Lebensalter hin, und KORTING betont in anderem Zusammenhang, wie sehr die Wirksamkeit dieser Substanzen von ihrer phasengerechten Anwendung im Krankheitsablauf abhängt, durch Unterbindung der Kollagenneubildung aus pathologisch überschießender Bereitstellung von Zwischensubstanz. Nur unter Berücksichtigung dieser Gesichtspunkte werden die widersprechenden Ergebnisse in der Literatur verständlich, die von überraschend guten (BORIES-AZEAU; LOWENBERG; PANOS), vorübergehenden (DENCKER und GOTTFRIES; MEYER und PEVNY; SHELLOW) oder negativen Ergebnissen berichten (ALLENDE, McFADZEAN; PANOS).

Es liegt im Wirkungsmechanismus der Corticoide begründet, daß sie gegen einen voll ausgebildeten elephantiatischen Krankheitszustand mit ausgedehnter Fibrose und Sklerose nichts mehr auszurichten vermögen, zur Verhinderung dieses Zustandes aber sehr wohl wesentlich beitragen können.

Unter die Proliferationsprophylaxe fällt aber auch die Vermeidung proliferativ wirkender operativer Maßnahmen, wie sie durch das Einnähen körpereigener oder körperfremder Gewebe oder Stoffe durch Auslösung von granulierenden und Fremdkörperreaktionen zwangsläufig und oft mehr oder weniger als Dauerreiz gesetzt wurden (KEYSSER; MADDEN und IBRAHIM; McDILL). Angesichts der genauen Kenntnis der Pathogenese der Elephantiasiskrankheit kann vor derartigen Eingriffen nur gewarnt werden, die doch nur auf sehr unkomplizierten und rein mechanischen pathogenetischen Vorstellungen beruhen.

V. Chirurgie

Bei Endstadien kommen schließlich die chirurgischen Methoden zu ihrem Recht. Nach GIBSON hat LARREY 1803 die erste Operation einer Elephantiasis des Scrotums beschrieben und DELPECH, der Pionier der plastischen Chirurgie in Frankreich, am 11. 9. 1820 in Montpellier vor über 300 Zuschauern eine entsprechende Operation ausgeführt. Die Versuche, die Elephantiasis zu heilen, sind dann zunächst an die Namen LISFRANC, CARNOCHAN (Unterbindung der Arteria iliaca externa: 1891), DIEFFENBACH und MIKULICZ geknüpft. KUSNEZOW empfahl 1905 die Ausführung tiefer Einschnitte. Bis zum Jahre 1929 waren nach KUNTZEN nicht weniger als 21 verschiedene Operationsverfahren zur Behandlung der Elephantiasis angegeben worden.

Bei den chirurgischen Verfahren lassen sich unterscheiden:
1. Die Methoden zur Rekonstruktion der Lymphabflußbahnen
2. Die Methoden zur Drainage des subcutanen Gewebes
3. Resektionsmethoden
4. Resektionsmethoden in Verbindung mit (plastischen) Hauttransplantationen.

KIRSCHNER, SCHUCHARDT und SCRIBA treffen (1955) dagegen folgende Gruppierung:
1. Ausschaltung übermäßiger Blutzufuhr (die nur noch von historischer Bedeutung sei)
2. Drainagemethoden (die eine unterschiedliche Beurteilung erführen)
3. Plastische Operationen (die meist ungenügend wären) und
4. Resektionsverfahren (die noch das Beste leisten würden).

Alle diese Verfahren sind reichlich modifiziert oder kombiniert worden, so daß in dem vorliegenden Rahmen nur ein allgemeiner Überblick gegeben werden kann (vgl. OESTERN, NATALI oder WINKELMANN bzw. SERVLING, ZWICKER oder ZWINGGI).

Drainageverfahren

Ausgehend von der Vorstellung einer „Lymphstauung" zogen Handley (1908) sowie Draudt 4 Seidenfäden der Länge nach durch die erkrankten Beine, Lexer führte sie sogar noch weiter durch die Leistengegend bis in die properitonealen Raum. Walther verwendete statt dessen Gummiröhrchen, und Lexer war es wohl auch, der die Fäden durch Fascienstreifen ersetzte, während Krogius Venen- und Arterienstücke bevorzugte (Fadendrainage bzw. Lymphangioplastik).

Dann versuchte Lanz (1911) die künstlichen Lymphbahnen nicht im subcutanen Gewebe zu schaffen, sondern nach der Tiefe zu führen, indem er die Fascien spaltete und sogar den Knochen trepanierte, während Oppel und Rosanow Fascienstreifen vom erkrankten Gewebe in die Muskulatur legten (desgl. Burk), Payr dagegen nur einen breiten Fascienstreifen des Muskelmantels entfernte.

Bei gleichzeitiger Varicosis verbindet Falk den Eingriff mit der Durchschneidung und Blockierung der Krampfadern des ganzen Gliedes.

Zur Kritik dieser Methoden stellte Homans fest, daß bei fortgeschrittener Elephantiasis auch die muskulären Lymphgefäße insuffizient seien und über den Schenkelgefäßen keine Lymphbahnen nachweisbar sind. Selbst im Becken wären die Lymphgefäße noch bindegewebig umgewandelt oder zumindest funktionslos. Ebenso sprechen sich Sézary, Horowitz und Harmel-Tourneur grundsätzlich gegen die Möglichkeit irgendeiner Drainage aus. Jede Behandlung, die Oberflächengewebe mit tieferen Schichten verbinden wolle, sei daher „unlogisch" und von vornherein zum Mißerfolg verurteilt. Darüber hinaus hat Dick darauf hingewiesen, was 2 Jahre später von Hartley und Harper bestätigt wurde, daß die Seidendochte zwar nicht resorbiert, aber auch nicht von der Lymphströmung benützt werden. Nach unseren heutigen pathogenetischen Vorstellungen ist sogar ein schädlicher Effekt zu befürchten, da durch die Auslösung einer Fremdkörperreaktion und die Ausbildung eines Granulationsgewebes die Entwicklung zur Elephantiasis dura eher begünstigt als verhütet wird. Keysser, Madden und Ibrahim sowie McDill fanden bei Rezidivoperationen nach sog. Lymphangioplastik die dabei eingelegten Seidenfäden mit einer derben, fibrösen Hülle umgeben, die außer dem Fremdkörper noch ein „eiterähnliches Sekret" einschloß! So ist es auch zu erklären, daß der Ersatz der Seidenfäden durch Nylon- bzw. Portex-Drains (Funder, Jantet, Taylor und Kinmonth, Winkler, Zieman) keinen wesentlichen Fortschritt bedeutete und Rau unter 14 Fällen mit der Nylon-Lymphangioplastik nur bei 3 ein „befriedigendes" Ergebnis erzielen konnte. Derartige „Besserungen" erklärt sich Keysser dadurch, daß die Seidenfäden durch evtl. entzündliche oder fermentative Vorgänge in ihrer Umgebung eine Erweichung und Resorption des sklerotischen Gewebes bewirkt haben könnten. Eine „Capillardrainage" wird aber allgemein nicht für möglich gehalten.

Die Vorstellung von Dick (s. auch weiter unten) oder Gillies und Fraser, eine „Lymphblockade" durch „Austauschplastik" eines gesunden, gestielten, lymphgefäßtragenden Netzzipfels oder eines Hautlappens zu überbrücken, wurde von Kimurá und neuerdings auch von Gumrich wieder aufgegriffen. Gumrich legt schon bei der Ausräumung der Achselhöhlen bei der Steinthaloperation prophylaktisch eine Muskelplastik zur Verhütung eines Armstaues an.

Excisionsmethoden

Massige Keilexcisionen größerer Gewebsstücke aus dem jeweils verdickten Glied mit dem Ziele einer weitgehenden Entfernung des krankhaft veränderten Gewebes gehen noch auf Lisfranc, Carnochan, Dieffenbach, Winiwarter und Schmidt-Mikulicz zurück. Am bekanntesten ist wohl die Methode von Kondoleon geworden (1912; — im ausländischen Schrifttum ist die Schreibweise Condoleon). In Deutschland wurde auch die Methode von Gaetano häufig angewandt.

Kondoleon nimmt zuerst an der Außenseite der betroffenen Gliedmaße eine große, 10—20 cm lange oder die ganze Extremität mit Ausnahme des Kniegelenks umfassende, 5—8 cm breite elliptische Hautexcision vor und entfernt nach Unterminierung der Umgebung einen großen Teil des subcutanen Fettgewebes mitsamt der Fascie. Die Muskulatur muß also völlig freigelegt werden. Unter dem Hautlappen muß aber eine fingerdicke Lage von Fettgewebe belassen werden, da sonst Hautnekrosen eintreten können. Die bei der teils scharfen, teils stumpfen Frei-

legung der Subcutis und Muscularis stattfindende Blutung in dem ödematös-
sulzigen Gewebe wird zwar von HAUBENREISSER als nicht stark und leicht be-
herrschbar bezeichnet, ist aber nach Erfahrungen von KAEHLER in anderen Fällen
oft erheblich (REICHEL). Nach 2 Tagen Bettruhe kann der Kranke in der Regel
mit elastischen Verbänden schon wieder aufstehen, die Wiederholung der Operation auf der Innenseite kann nach 1—4 Wochen erfolgen. KONDOLEON weist auf
die gute Heilungstendenz trotz offenbar latenter Streptokokkeninfektion der Gewebe hin. Nur bei einem Falle sei in der Vorpenicillinära eine tödlich endende
Septicämie aufgetreten.

KONDOLEON selbst gibt „reichlich Fehlschläge" bei 35 solchermaßen operierten Kranken
zu, TELFORD und SIMMONS erzielten von 5 Fällen nur bei einem eine „Heilung" und HURIEZ
und DELESCLUSE sahen nur Anfangserfolge (s. auch GARAVANO sowie ZENO und MAROTTOLI,
ferner PRATT). So verwundert es nicht, daß die Methode weiter modifiziert wurde, so u.a.
von PAYR (der die Fascienlücke durch Vernähen der Ränder noch vergrößert und die Muskeloberfläche durch Catgutnähte mit der Unterfläche der vorher von ihrem Unterhautzell-
gewebe entblößten Hautlappen flächenhaft vernäht), SISTRUNK (1918; 1927), ANCHINCLOSS,
ferner PRATT oder PEER und zuletzt von HOMANS (1936) sowie ZWICKER (1957). SISTRUNK
führte die Vorbehandlung mit Bettruhe und Hochlagerung sowie Bandagieren der Beine ein.
Die Operation wird in zwei Zeiten durchgeführt. Breite Streifen von Haut, elephantiastischem
Gewebe und Fascie werden freipräpariert und in einem Stück herausgeschnitten. Anschließend erhalten die Operierten Kochsalzlösung per rectum und Morphin. Die Beine werden
mäßig stark bandagiert, nach erfolgter Wundheilung müssen noch mindestens 1 Jahr lang
Gummistrümpfe getragen werden. GHORMLEY und OVERTON berichten von guten Erfolgen
mit dieser Methode bei 42% von 64 Fällen der Mayo-Klinik, von denen 55 nachuntersucht
werden konnten; von den 5 Kranken von JANTET wurden die Operationsergebnisse dagegen
nur bei 2 als gut bezeichnet, obwohl es sich um leichte Fälle gehandelt hatte. Nach der Sis-
trunkschen Methode operieren ferner ARENAS, GORTER sowie HAMM u. Mitarb., während sich
DRINKER und ZARAPICO-ROMERO der Methode von ANCHINCLOSS anschlossen: Aufklappung
einer möglichst dünnen Hautschicht und Excision des fibrösen subcutanen Gewebes einschließlich der Aponeurose, dann sofortiges Wiederauflegen des Hautlappens auf die Muskulatur.

Die vereinzelten und nach BUDDE im Ganzen doch wenig befriedigenden Dauererfolge mit
den angegebenen Methoden haben manche Chirurgen veranlaßt, die mehr oder weniger vollständige Entfernung des elephantiastisch veränderten Gewebes zu erstreben. Lange Zeit galt
die gestielte Hautlappenplastik nach GAETANO mit zirkulärer Exstirpation der Fascie von
langen, ovalären Excisionen an Außen- und Innenseite des Ober- und Unterschenkels aus
mit Unterminierung der Hautbrücken und Entfernung des subcutanen Fettgewebes sowie
Fixierung der Haut unmittelbar auf der Muskulatur als die Methode der Wahl. GREWE und
KREMER gehen folgendermaßen vor: Entfernung des erkrankten Subcutangewebes und der
Muskelfascie, oft in mehreren Sitzungen. Operation in Blutleere. An der Innenseite des Unter-
schenkels wird die Haut von der Fußinnenkante bis in die Kniegegend längs durchtrennt.
Schrittweise wird dann der ganze Hautlappen vom Unterhautfettgewebe scharf abgetrennt.
Es ist wichtig, diese Abtrennung mit großer Sorgfalt durchzuführen, da ein Verbleib von
Unterhautfettgewebe am Hautlappen zu Rezidiven führt. Von proximal aus wird nun das
Subcutangewebe bis zur Muskelfascie durchschnitten. Scharf erfolgt die Loslösung des ver-
änderten Subcutangewebes mit der Muskelfascie. Sämtliche Verbindungen des veränderten
Subcutangewebes in der Tiefe müssen durchtrennt werden. — Nachdem Muskulatur und
Sehnen vollständig freigelegt sind, wird die Blutleere entfernt. Besonderer Wert ist auf die
exakte Blutstillung zu legen. Sichtbare Gefäße werden ligiert, Sickerblutungen mit Hilfe von
heißen Kompressen zum Stehen gebracht. Durch Auflegen der Haut auf die Muskulatur wird
das Ausmaß der zu entfernenden Hautanteile bestimmt. Anschließend werden die überschüssigen Hautteile reseziert. Die Vereinigung der Haut erfolgt mit Einzelnähten. Am
höchsten und tiefsten Punkt werden für 48 Std zwei Sicherheitsdrains eingelegt. Beim Haut-
verschluß ist darauf zu achten, daß die Haut fest auf die Muskulatur zu liegen kommt. Mit
einem elastischen Verband wird das feste Anhaften der Haut gefördert und die Gefahr der
subcutanen Serombildung vermieden.

WINKELMANN konnte mit dieser „radikalen Methode" noch die besten Erfolge erzielen
(s. auch AIRD; HOMANS; KIRSCHNER, SCHUCHARDT und SCRIBA; LAMBRECHT; MARTIN;
ZWICKER).

JUNGE sowie POTH, BARNER und ROSS ergänzten die bislang bekannten Verfahren durch
Hauttransplantation mit Thiersch-Läppchen (3 Rezidive von 26 Fällen); die Weiterentwicklung in dieser Richtung und die Gewinnung größerer Epidermislappen zur Transplantation

setzte große Dermatome voraus, wie sie neuerdings überall zur Verfügung stehen. Nach
Jantet, Taylor und Kinmonth hat R. H. Charles im Jahre 1912 einen mit einem elek-
trischen Dermatom gewonnenen Rollhautlappen zur Deckung des Operationsfeldes verwandt
und dabei schon davor gewarnt, allzu dicke Lappen zu verwenden, da dabei der Hautlymph-
plexus zu sehr geschädigt würde. Blocker entnimmt deshalb höchstens 1 mm dicke Spalt-
hautlappen aus dem erkrankten Extremitätenteil. McKee und Edgerton verwenden je nach
Lage des Falles daher sowohl Spalt- als auch Vollhautlappen, und Campbell, Glas und
Musselman decken mit Epidermislappen vom Rumpf und von den Oberschenkeln. Inzwischen hat Nikolowski eine bessere Begründung gegeben, indem er aufzeigte, daß es vor
allem bei einer Verletzung der Gefäßdrüsenschicht zur Keloidbildung kommt. Bei 33 Operationen an 24 Kranken erzielten Jantet u. Mitarb. 11 gute, 12 befriedigende, 8 ausreichende
und nur 2 schlechte Ergebnisse. Diese Erfolge sind um so bemerkenswerter, als es sich dabei
durchweg um schwere Fälle gehandelt hat, da die leichteren nach den Methoden von Sistrunk,
Homans und sogar Handley (s. oben) behandelt worden waren. Als Indikation zur Operation
wurden angeführt: rezidivierende Phlegmonen oder Lymphangitiden in 18, Schweregefühl oder
Schmerzhaftigkeit in 15 und kosmetische (bzw. psychische) Gründe in 12 Fällen. Der gleichen
Methode haben sich angeschlossen: Pratt, Kirschner, Schuchardt und Scriba.

Harry B. Macey hat schließlich die Wegnahme der gesamten Haut und Subcutis mitsamt
der Fascie in mehreren Einzelsitzungen vorgeschlagen, bis kein Gewebe mehr vorhanden ist,
das ein Elephantiasissyndrom ausbilden könnte. Unter exaktester Blutstillung werden, beginnend an der Innenseite der Unterschenkel, große Epidermislappen unmittelbar auf die
Muskeloberfläche aufgelegt und an zahlreichen Stellen durch Stichincisionen gegen die Ab-
schwemmung durch ablaufende Gewebsflüssigkeit gesichert. Die Befestigung erfolgt durch
einfache Knopfnähte auf der Muskeloberfläche und an der Innenseite des Periosts des Schien-
beins. Der vorher losgelöste Haut-Fett-Fascienlappen wird sodann wieder über dieses Trans-
plantat zurückgeklappt und an den Schnitträndern mit Einzelnähten befestigt.

Nach 2—3 Wochen wird die alte, inzwischen verklebte Wunde wieder eröffnet und die
Oberfläche der in die Tiefe verlagerten Epidermis freigelegt. Die Haut vor dem Schienbein
wird sodann von der Subcutis entfernt und durch einzelne Knopfnähte mit den Rändern des
in die Tiefe verlagerten Epidermislappens verbunden. Die Naht kann außerdem in der Tiefe
noch verankert werden.

In gleicher Weise wird auf der Außenseite verfahren, so daß nur im Bereich der Vorder-
kante des Unterschenkels noch ein gewisser Teil der ursprünglichen Hautbekleidung erhalten
bleibt. Die übrige Bedeckung der Wade besteht nach Abschluß der Behandlung demnach
nur aus einer Epidermis, die unmittelbar der Muskulatur aufliegt. Zwischen der Wade und
dem immer noch etwas geschwollenen Hautgewebe am Fußrücken und im Bereich der Knöchel
entsteht so zwar ein gewisses Mißverhältnis, das aber im Hinblick auf die funktionellen
Ergebnisse und die relativ niedere Rezidivquote in Kauf genommen werden muß und von den
Kranken auch wird, da sie mit dem erzielten kosmetischen Erfolg meist zufriedener sind als
der Operateur (s. bei Struppler). Gelbke (1963) entfernt Haut, Unterhaut und Fascie von
Unterschenkel und Fußrücken, lediglich das Ligamentum cruciatum und transversum cruris
werden als Retinaculum für die Streckersehnen belassen. Wenn keine Voroperationen versucht worden sind, ist meistens die Epidermis des erkrankten Beines unverändert und kann
mit dem Dermatom als Spalt- oder Vollhaut entnommen und wieder replantiert werden.
Eignet sich in selteneren Fällen die Unterhaut nicht zur Replantation, dann müssen Hauttransplantate von anderen Körperstellen entnommen werden. Man kann so das ganze Bein
bis zur Leiste „schälen" und wieder mit Hauttransplantaten bedecken. Meistens aber genügt
es sowohl in kosmetischer wie in funktioneller Hinsicht, diese eingreifende Prozedur auf
Unterschenkel und Fußrücken zu beschränken. Schälung des ganzen Beines mit nachfolgender
Hautreplantation würde zudem nicht nur sehr große Operationsbelastungen für den Patienten
bedeuten, sondern auch gewisse Gefahren für das Kniegelenk, die in keiner Relation zum
funktionellen und kosmetischen Gewinn stünden. Transplantatnekrosen am Kniegelenk
könnten zur Narbenkontraktur, Kapselschrumpfung, ja sogar zur eitrigen Durchwanderungs-
infektion des Gelenkes führen. Die Volumeneinengung des Oberschenkels gelingt fast immer in
befriedigender Weise durch großzügige Excisionen von Apfelsinensegmenten, die aus Haut,
Fett, Fascie und gegebenenfalls auch Muskulatur bestehen. Nimmt man bei diesen longi-
tudinalen Keilexcisionen große Teile mit fort, dann kann der Lymphabfluß
über die massige Oberschenkelmuskulatur hergestellt werden.

Während Gaetano prinzipiell die oberflächlichen Venen an Ober- und Unterschenkel
unterbindet, nimmt Winkelmann zur Ausschaltung der Gefahr einer Luftembolie diesen Eingriff zu Beginn der Operation an der V. saphena hoch an der Einmündungsstelle in die V. femoralis vor und operiert dann in Blutleere.

Auch dieser Untersucher bezeichnet die funktionellen Ergebnisse gut bis sehr gut. Bei
noch radikalerem Vorgehen, das die Fuß- und Zehenrücken mit einbezog, hatte Farina —
unabhängig von der Genese der Erkrankung — in 14 von 15, z. T. doppelseitig operierten

Fällen einen sehr guten Enderfolg. KYLLÖI-ROHRER verbinden mit der Operation außerdem noch eine Sympathektomie.

In Deutschland hat PIERER (1958) ein verbessertes Pratt-Servellesches Verfahren entwickelt, nach welchem eine vollständige und sorgfältige Resektion der Subcutis und der indurierten Fascien in einer Sitzung möglich ist. HERGENROEDER entfernt in drei Sitzungen, die in Abständen von 2—3 Wochen durchgeführt werden, die gesamte Haut und Fascie des Unter-, gegebenenfalls auch des Oberschenkels und deckt die entstehenden Defekte mit Epithellappen nach THIERSCH (s. bei BUDDE).

Weitere Operationsberichte mit verschiedener Technik wurden u.a. von GIBSON und TOUGH, JACOBSSEN und NETTELBLAD, LINARI und PARODI, LINKE, MARCOZZI und PARIETE, NATALI, WENZEL, WINKLMANN sowie ZENO und MAROTTOLI erstattet.

Kann jedoch infolge ausgedehnter Ulcerationen und Narben kein genügend großer Hautlappen mehr gebildet werden, empfiehlt OESTERN die Anwendung der Thierschschen Läppchenplastik nach POTH, BARNES und ROSS. Nach dieser Methode sind in entsprechenden Fällen außerdem AIRD, BLOKKER, McINDOE, MOWLEM sowie OLDFIELD vorgegangen.

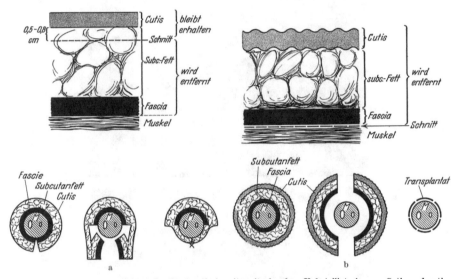

Abb. 39. a Operatives Vorgehen bei der Elephantiasis mit weitgehendem Unbeteiligtsein von Cutis und cutisnahem Subcutangewebe. b Operatives Vorgehen bei der Elephantiasis mit Beteiligtsein der Cutis und des cutisnahen Subcutangewebes. (Nach ZWICKER)

ZWICKER, der nicht schematisch vorgeht, entfernt in fortgeschrittenen Fällen ebenfalls die gesamte Fascie, das subcutane Fettgewebe und auch den größten Teil der Cutis (Abb. 39a und b). Unter der Epidermis verbleibt nur eine 0,5—0.8 cm dicke Gewebsschicht, die für die Ernährung ausreicht. Nur dann, wenn die Epidermis oder epidermisnahe Cutisgewebe stärker geschädigt sind, so daß eine Erhaltung nicht verantwortet werden kann, werden auch diese Gewebe entfernt und die Defekte mit freien Hauttransplantaten gedeckt, die von gesunden Hautpartien entnommen werden.

Bei 30 derartigen Operationen hat ZWICKER durchwegs gute Erfolge erzielt. Beachtenswert sind die Befunde an Gewebsproben, die der Untersucher gelegentlich länger ausgesetzter (mehrzeitiger) Ergänzungsoperationen am Oberschenkel aus den so behandelten Unterschenkelabschnitten entnehmen konnte. Ein Jahr nach der Operation war eine innige Verschmelzung der Muskulatur mit dem Hautlappen eingetreten, so daß eine stumpfe Trennung der beiden Schichten nicht mehr möglich war. Histologisch fand sich jedoch eine lymph- und blutgefäßreiche Grenzschicht zwischen Muskel- und Hautgewebe. Wenn makroskopisch ein weiteres Vordringen der elephantiastischen Veränderungen in und zwischen die Mus-

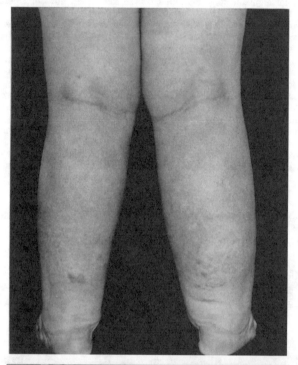

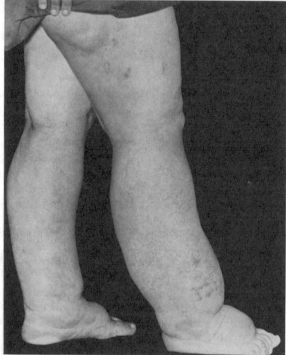

a

Abb. 40a—c. Operationsergebnisse. (Nach H. Gelbke: Wiederherstellende und plastische Chirurgie, Bd. I
Georg Thieme Verlag, Stuttgart 1963)

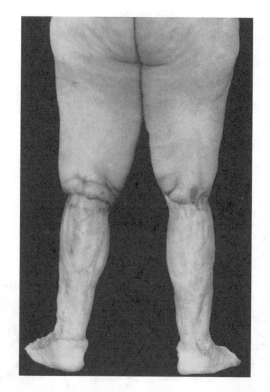

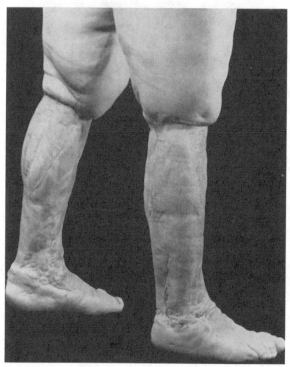

Zu a

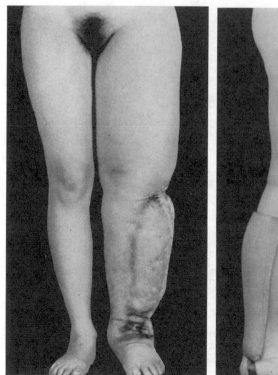
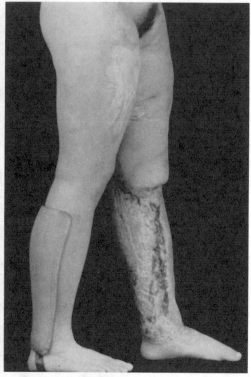
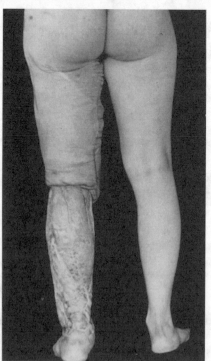

Abb. 40 b

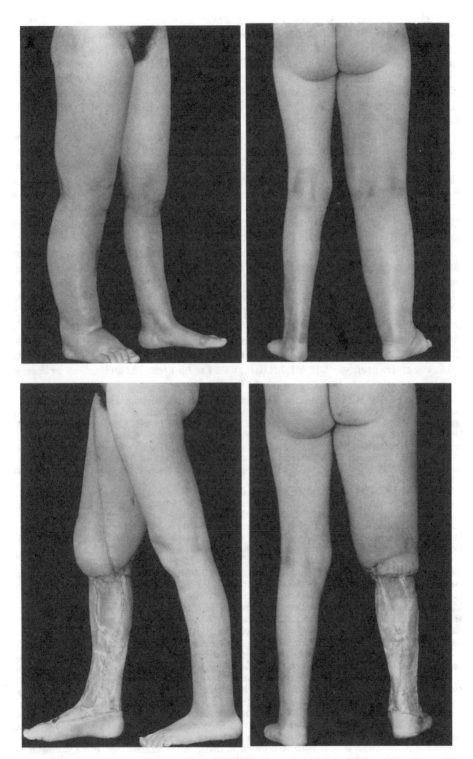

Abb. 40c

kulatur auch nicht nachzuweisen war, so waren histologisch die in jedem elephantiastischen Gewebe vorhandenen perivasculären Zellinfiltrate nunmehr jedoch auch in den zwischen den Muskelbündeln verdickten Bindegewegszügen und ebenfalls in Gefäßnähe nachzuweisen, so daß wohl zur endgültigen Erfolgsbeurteilung einer derartigen Operation ebenfalls noch mehrere Jahre abgewartet werden sollten. Nicht unwesentlich ist allerdings der Hinweis. daß die erysipelomatösen Schübe nach der Operation sistierten und (andererseits) Muskelhernien in keinem Falle aufgetreten sind (Abb. 40).

Für die Behandlung des Armstaus ergeben sich grundsätzlich ähnliche Methoden wie für die Elephantiasis der Beine. nur daß hier die deliberierenden Venenoperationen zur „Enthülsung" (Phlebolyse) eine fast noch größere Bedeutung besitzen. Zur Vermeidung derartiger Zustände nach operativer Ausräumung der Achselhöhlen haben u. a. Camerini, Gumrich oder Hutchins die plastische Verlagerung von Muskeln in die skelettierte Achselhöhle und auf die freiliegenden Rippen vorgeschlagen und vor allzu intensiver Röntgennachbestrahlung gewarnt (s. o.).

Die aufgeführten Operationsmethoden wurden schließlich sinngemäß auch auf die Genitalorgane übertragen, wobei die Erfolge insgesamt sogar besser zu sein scheinen als an den Beinen [Botreau-Russel; Rawson und Kirschbaum; Castro de Lemos; de Greef; 63% fieberlose Verläufe in der Vorpenicillinära, 9% Wundinfektionen infolge Urininfiltration, 8% Wundnekrosen; im Anschluß an hochfieberhafte Wundinfektionen traten 4 Rezidive auf; Virnicchi; Rutisbauer (Lambarene); Savitsch; Berger; Kirschner. Delom hatte (1936!) unter 246 Operationen nur 3 Todesfälle zu verzeichnen. Der Untersucher warnt damals noch vor zu frühzeitiger Operation, d. h., wenn noch neue „Attacken" zu erwarten sind].

McDonald und Huggins stellten eine breite Verbindung zwischen der Haut des Scrotums und der des Oberschenkels her und erreichten so eine Rückbildung der „Ödeme" des Penis und des Scrotums, während Straith und Rasi mit ebenso gutem Erfolg einen Rundstiellappen aus der seitlichen Bauchhaut bildeten und ihn mit seinem einen Ende in die Scrotalwurzel implantierten. Watson führte keilförmige Excisionen in Verbindung mit Hautplastiken durch; in einem Falle entfernten Farina, Campos-Freire und Macedo Gewebe im Gewicht von 6200 g (im Falle von Kini betrug das Gewicht eines elephantiastischen Scrotums sogar 28 Pfund).

Eine weitere, nicht nur therapeutisch, sondern auch erkenntnistheoretisch sehr bemerkenswerte Methode zur Entlastung des Penis- und Hodensackgewebes stammt von Dick: In 2 Fällen von Elephantiasis des Scrotums nach unspezifischer bzw. tuberkulöser Entzündung der Leistenlymphknoten mit Lymphfisteln und Intertrigo, bei denen wegen der damit verbundenen Infektionsgefahr Seidenplastiken oder eine freie Netzverpflanzung nach Sokolowski nicht möglich war, wurde ein Zipfel des großen Netzes durch eine kleine Laparotomiewunde in das elephantiastisch veränderte Gewebe verlagert. Der Erfolg war verblüffend: Schon nach wenigen Stunden ging die Schwellung (unter gleichzeitiger Harnflut) zurück. Nach einigen Tagen stellte sich das alte Zustandsbild vorübergehend wieder her, um nach einiger Zeit dann aber vollständig zu schwinden. Bei der wissenschaftlichen Klärung dieser klinischen Beobachtung konnte Dick nicht nur mit Hilfe der Silber-Imprägnation zur Darstellung der Endothel-Zellgrenzen erstmalig das Lymphgefäßsystem im Omentum majus beim Erwachsenen nachweisen, sondern auch durch Indigocarmineinspritzungen ins Netz am Lebenden den mikroskopischen Befund bestätigen und die Grundlage einer Lymphangioplastik mittels des großen Netzes schaffen. Der Beweis, daß das Netz die Fähigkeit besitzt, Lymphanastomosen mit denjenigen Geweben zu bilden, an die es adhaerent oder in die es eingewachsen ist, konnte an einem Stück Netz erbracht werden, das mit dem Peritoneum parietale verwachsen war und intra operationem zur Untersuchung herangezogen werden konnte: Das Stück Peritoneum wurde in Wasserstoffsuperoxyd eingetaucht und das Netz unter dem Mikroskop beobachtet. Infolge Katalasewirkung erschien abgespaltener Sauerstoff in den Lymphbahnen des Netzstückes, was nur der Fall sein konnte, wenn Lymphanastomosen zwischen Netz und Peritoneum parietale vorhanden waren. Ferner konnte Dick beweisen, daß der Abtransport aus dem gestauten Scrotum durch Anastomosen über das Lymphgefäßsystem des Netzes vonstatten geht und die günstige Wirkung des vorgenommenen Eingriffes nicht auf einer „Fascienfensterung" durch die Laparotomiewunde im Sinne der Kondoleon-schen Operation beruhte, als es bei dem einen Operierten zu einer Darmeinklemmung in den Bauchwandfenstern kam. Um einen zuverlässigen Verschluß der Bruchpforte zu erzielen, mußte der Netzzipfel durchtrennt werden. Schon am Nachmittag nach diesem Eingriff stellte sich die Schwellung von Penis und Scrotum wie früher wieder ein. Das unglückliche Ereignis der Hernienincarceration mit seinen Folgen für die Elephantiasis des Genitales und die Ergeb-nisse der Perhydrol-Methode nach MAGNUS erklären auch nach SERFLING hinreichend die Wirkungsweise der Lymphangioplastik von DICK: Die fast augenblicklich einsetzende günstige Beeinflussung der Ödeme nach Ausführung der Operation konnte noch nicht auf einer Ana-stomosenbildung zwischen den Lymphgefäßen der beiden Organe beruhen. Das Netz ist aber — wie auch Tierexperimente gezeigt haben — außerdem ein ausgezeichnetes Resorptionsorgan. Ob diese in der ersten Zeit stattfindende Resorption auf dem Blut- oder Lymphweg von-statten geht, ist damit allerdings noch nicht geklärt. Es ist auch nicht anzunehmen, daß die Ödemflüssigkeit in den ersten Tagen nach der Operation noch den Weg zwischen dem Netz-zipfel und dem Rande des Bauchdeckenfensters in die Bauchhöhle nimmt, denn gewöhnlich sind schon nach 2 Std dichte Verklebungen eingetreten. Da die Resorptionsfähigkeit des Netzes, die zunächst infolge eines gewissen entzündlichen Reizes erhöht gewesen sein mochte, sich nach einigen Tagen erschöpft hatte, trat wieder eine vorübergehende Verschlimmerung des Scrotalödemas auf, bis es zur Ausbildung wirksamer Lymphanastomosen zwischen dem subcutanen Gewebe und dem Omentum majus gekommen war.

Nach SERFLING, der eine eigene Operationsmethode mitgeteilt hat, kann ferner kein Zweifel darüber bestehen, daß dieses wohldurchdachte Verfahren von DICK in manchen Fällen von Elephantiasis des Scrotums und des Penis besonders bei lymphangiektatischen Formen Heilung bringen wird und mehr zur Anwendung gelangen sollte.

Nach der Methode von GAETANO operierten GELBKE, PIERER sowie FRITZ. Die Total-excision bis zur Fascie führten PAVLOVIĆ und KARADŽIC aus und deckten nachfolgend mit einem Hauttransplantat. KINI ersetzte die veränderte Haut des Penis aus dem Praeputium oder durch freie Transplantate nach THIERSCH. Das funktionelle und kosmetische Ergebnis ist aus verständlichen Gründen gerade in dieser Gegend mindestens so bedeutsam wie die vollständige Entfernung des krankhaften Gewebes an sich.

Über eine partielle Vulvektomie während der Schwangerschaft berichtete HELO.

Literatur

ADAM, W., K. BARBEY u. CH. OEHMICHEN: Die Druckmessung unter dem Gummistrumpf. Zbl. Phlebologie **3**, 170 (1964). — ADAM, W., W. NIKOLOWSKI u. R. WIEHL: Papillomatosis cutis carcinoides. Arch. klin. exp. Derm. **203**, 357 (1956). — AGRIFOGLIO, G., and E. A. ED-WARDS: Venous stasis after ligation of femoral veins or inferior vena cava. J. Amer. med. Ass. **178**, 1 (1961). — AGUZZI, A., C. JUCKER e B. UGGERI: Reperti scheletrici e flebografici in alcuni casi di ulcera varicosa. Bassini **2**, 5 (1957). — AIRD, I., K. WEINBREN, and L. WALTER: Angiosarcoma in a limb the seat of spontaneous lymphoedema. Brit. J. Cancer **10**, 424 (1956). — ALIBERT, J. L.: Monographie des dermatoses, p. 413. Paris 1835. — ALLEN, E. V.: Lymph-edema of the extremities. Classification, etiology and differential diagnosis: A study of three hundred cases. Arch. intern. med. **54**, 606 (1934). — ALLEN, E. V., N. W. BARKER, and E. A. HINES: Peripheral vascular diseases. Philadelphia and London: W. B. Saunders 1955. — ALLEN, E. V., and R. K. GHORMLEY: Lymphedema of the extremities: Etiology, classification and treatment; report of 300 cases. Ann. intern. Med. **9**, 516 (1935). — ALLENDE, M. F., and M. J. FRANZBLAU: Congenital lymphedema of extremities and face. Arch. Derm. **77**, 135 (1958). — ALSLEV, J.: Über die genuine erbliche Elephantiasis (NONNE-MILROY-MEIGE). Verh. dtsch. Ges. inn. Med. **63**, 611 (1957). — ALSLEV, J., u. H. FRANK: Klinische Bilder der genuinen erblichen Elephantiasis (NONNE-MILROY-MEIGE). Ärztl. Wschr. **1957**, 769. — ALTSCHULTE, M. D.: The pathological physiology of chronic cardiac decompensation. Medicine (Baltimore) **17**, 75 (1948). — ALTSHULER, CH. H., G. KINSMAN, and J. BARETA: Connective tissue meta-bolism. Arch. Path. **75**, 206 (1963). — AMYOT, R.: Trophoedème de Meige ou maladie de Milroy. Troubles vasomoteurs associés. Essai d'explication pathogénique. Ref. Zbl. ges. Neurol. Psychiat. **70**, 548 (1934). — ANDERSEN, S. R., and G. ASBOE-HANSEN: Elephantiasis of face; report of case treated with ACTH. Acta ophthal. (Kbh.) **29**, 487 (1951). — APLAS, V.: Weiterer Beitrag zur Ätiologie der Mycosis fungoides. Arch. klin. exp. Derm. **216**, 63 (1963). — ARENANDER, E.: Die Behandlung von Varizen der unteren Extremität sowie deren Einfluß auf die Hämodynamik. Zbl. Chir. **87**, 160 (1962). — ARENAS, N., u. A. L. PEPE: Elephantiasis der Vulva und des linken Beines. Chirurgische Behandlung. Ergebnis. Bol. Soc. Obstet. Ginec. B. Aires **17**, 806 (1938). — ASBOE-HANSEN, G.: Connective tissue in health and disease. Kopenhagen: Munksgaard 1954. — ASBOE-HANSEN, G., M. O. DYSBYE, E. MOLTKE, and O. WEGELIUS: Tissue edema — a stimulus of connective tissue regeneration. J. invest. Derm.

32, 501 (1959). — Aschoff, L.: Thrombose und Embolie. Dresden 1934. — Asellius, G.: De lactibus sive lacteis venis Quarto Vasorum Mesaraicum genere novo invento Gasp. Aselli Cremonensis Anatomici Ticinensis qua Sententiae Anatomicae multae, vel perperam receptae illustrantur. Mediolani, apud Jo. Baptistam Bidellium, 1627. Zit. nach Rusznyák u. Mitarb. — Asmussen, E.: The distribution of the blood between the lower extremities and rest of the body. Acta physiol. scand. **5**, 31 (1943). — Astwood, E. B.: A six-hour essay for the quantitative determination of estrogen. Endocrinology **23**, 25 (1938). — Auerswald, W., W. Doleschel u. F. Reinhardt: Zur Frage des Auftretens von Lipoproteinen in Ödemflüssigkeiten. Klin. Wschr. **36**, 941 (1958). — Azerad, E., Ch. Grupper, P. Kartun et R. Cohen: Lymphadenosis benigna cutis. Bull. Soc. franç Derm. Syph. **61**, 129 (1954). — Azerad, E., Ch. Grupper et L. Loriat: Myxoedème cutané à type éléphantiasique des membres inférieurs. Bull. Soc. franç. Derm. Syph. **62**, 495 (1955).

Baeckeland, E.: Influence d'implantats sanguines et fibrineux sur le nombre des mastocystes et tactisme de ces cellules. C. R. Soc. Biol. (Paris) **144**, 1005 (1950). — Balas, A., u. L. Rankay: Zit. nach Naegeli u. Gumrich. — Balas, A., J. Stefanics, L. Ranky u. P. Görgö: Klinik und Behandlung des Paget-Schroetterschen Syndroms. Chirurg **1953**, 241. — Bancroft, F. W.: Proximal ligation and excisions of veins for septic phlebitis. Ann. Surg. **106**, 308 (1937). — Barazzone, J., et J. Fabre: L'influence de la position, de la disgestion et d'autres facteurs sur l'épreuve de Volhard. Rev. méd. Suisse rom. **74**, 193 (1954) — Bargmann, W.: Lehrbuch der Histologie und mikroskopischen Anatomie des Menschen. Stuttgart: Georg Thieme 1951. — Bartels, P.: Das Lymphgefäßsystem des Menschen. In: Bardeleben, Handbuch der Anatomie des Menschen. Jena: Gustav Fischer 1909. — Barthels, C., u. H. Biberstein: Zur Ätiologie der „entzündlichen" Rektumstrikturen (Lymphogranulomatosis inguinalis als Grundkrankheit). Bruns' Beitr. klin. Chir. **152**, 161 (1931). — Elephantiasis penis et scroti und Lymphogranulomatosis inguinalis. Bruns' Beitr. klin. Chir. **152**, 325 (1931). — Zur Histogenese der nach Lymphogranulomatosis inguinalis auftretenden Rektumstrikturen. Bruns' Beitr. klin. Chir. **152**, 464 (1931). — Bartlett, E. L.: History of the operative treatment of cancer of the breast. West. J. Surg. **63**, 483 (1955). — Bartolinus, T.: Vasa lymphatica nuper Hafniae in Animalibus inventa, et Hepatis exsequiae. Hafniae 1653. — De lacteis thoracis in homine brutisque nuperime observatis. Hafniae 1657. Zit. nach Rusznyák. — Bassett, C. A., and J. Herrmann: Influence of oxygen concentration and mechanical factors on differentiation of connective tissues in vitro. Nature (Lond.) **190**, 460 (1961). — Battezzati, M., I. Donini, A. Tagliaferro e L. Rossi: Considerazioni su quadri adenografici normali e pathologici. Minerva chir. **16**, 733 (1961). — Bauer, G.: Roentgenological and clinical study of the sequels of thrombosis. Acta chir. scand. **86**, Suppl. 74 (1942). — Principles of therapy of thrombosis. Nord. Med. **32**, 2323 (1946). — Pathophysiology and treatment of the lower leg stasis syndrome. Angiology **1**, 1 (1950). — Sequels of postoperative venous thrombosis. J. int. Chir. **11**, 205 (1951). — Rationale and results of popliteal vein division. Angiology **6**, 169 (1955). — Bauer, H.: Ein Fall von Thrombose der V. cava inferior mit generalisierter Thrombangitis. Münch. med. Wschr. **104**, 456 (1962). — Bazex, A.: Erythrocyanose et hypertrophie acromégaloide des mains et des pieds; génodermatose transmise en dominance: 5 cas en 3 générations: cas pour diagnostic. Bull. Soc. franç. Derm. Syph. **63**, 74 (1956). — Bazex, A., A. Dupré et G. Bastide: Communications artério-veineuses découvertes par l'artériographie dans un cas de mal parforant plantaire et dans un cas d'éléphantiasis. Bull. Soc. franç. Derm. Syph. **64**, 39 (1957). — Bazex, A., A. Dupré et M. Parant: Oedème chronique de la face (fibroedème de Stewens). Bull. Soc. franç. Derm. Syph. **67**, 371 (1960). — Bazin, P. A. E.: Leçons sur les affections cutanées, p. 372. Paris 1862. — Beck, C. S.: A study of lymph pressure. Bull. Johns Hopk. Hosp. **35**, 206 (1924). — Becker, W., u. H. Theisen: Otophym beim Klippel-Trénaunay-Syndrom. Z. Laryng. Rhinol. **41**, 489 (1962). — Beecher, H. K.: Adjustment of the flow of tissue fluid. J. clin. Invest. **16**, 733 (1937). — Bell, R. C.: An unusual case of congenital elephantiasis. Brit. J. plast. Surg. **5**, 98 (1952). — Bellman, G., u. F. Sieber: Ein Beitrag zur Schlüsselbein-Achselvenensperre (Paget-v. Schroetter-Syndrom). Med. Mschr. **14**, 248 (1960). — Bellman, S., and B. Odén: Regeneration of surgically divided lymph vessels. An experimental study on the rabbit's ear. Acta chir. scand. **116**, 99 (1959). — Benedetto, V., e T. Poletti: Studio sperimentale sulla legatura della vena cava inferiore. Cuore e Circol. **35**, 344 (1951). — Beninson, J.: Circumoral elephantiasis nostras. Arch. Derm. **85**, 125 (1962). — Bennek, J.: Mycosis fungoides innerer Organe. Zbl. Haut- u. Geschl.-Kr. **60**, 1 (1938). — Berde, K. v.: Weitere Beiträge zur Kenntnis der nichtvenerischen Genitalerkrankungen. Derm. Wschr. **105**, 1532 (1937). — Berger, J. C.: The surgical treatment of elephantiasis of the scrotum. Plast. reconstr. Surg. **19**, 67 (1957). — Bergman, R. T.: Significant scrotal swellings. J. Amer. med. Ass. **142**, 875 (1950). — Bergmann, G. v.: Zit. nach Mülly. — Bernard, Cl.: Leçons sur les propriétés physiologiques et les altérations pathologiques des liquides de l'organisme. Paris: Baillère 1859. — Bernhard, J.: Zur Differentialdiagnose des Achsel-Venenstaues. Zbl. Chir. **87**, 1130 (1962). — Bernhardt, R., u. E. Bruner: Tuberculosis luposa elephantiastica (Elephantiasis tuberosa) Tuberculosis cutis micropapulosa. Ref. Zbl. Haut- u. Geschl.-Kr. 49, 110 (1935). — BERTO, R., u. G. BACCGLINI: Spätergebnisse der Ligatur der V. cava inf. bei der Behandlung der Herzdekompensation. Minerva med. 43, 645 (1952). — BESNIER, E.: Sur les erythrodermies du mycosis fongoide. Ann. Derm. Syph. (Paris) s. 3, 987 (1892). — BEUT-NAGEL, J.: Tuberculosis subcutanea fistulosa. Tuberk.-Arzt 4, 18 (1950). — BIENEK: Ele-phantiasis nach recidivierendem Erysipel der Unterschenkel. Arch. Derm. Syph. (Berl.) 180, 305 (1940). — BIRGER, I.: The chronic (second) stage of thrombosis in the lower extremities. Lund: Lindstedts 1947. — BIRNBAUM: Lupus und Elephantiasis. Ref. Zbl. Haut- u. Geschl.-Kr. 44, 141 (1933). — BIRT, ED.: Zur Terminologie und Behandlung der Elephantiasis. Tung-Chi 14, 205 (1939). Ref. Zbl. Haut- u. Geschl.-Kr. 64, 347 (1940). — BLALOCK, A.: Oxygen content of blood in patients with varicose veins. Arch. Surg. 19, 898 (1929). — BLA-LOCK, A., C. S. ROBINSON, R. S. CUNNINGHAM, and M. E. GRAY: Experimental studies on lymphatic blockage. Arch. Surg. 34, 1049 (1937). — BLOCKER, T. G.: Surgical treatment of elephantiasis of the lower extremities. Plast. reconstr. Surg. 4, 407 (1949). — BLOCKER jr., T. G., J. R. SMITH, E. F. DUNTON, J. M. PROTAS, R. M. COOLEY, ST. R. LEWIS, and E. J. KIRBY: Studies of ulceration and edema of the lower extremity by lymphatic cannulation. Ann. Surg. 149, 884 (1959). — BLOOM, D.: Hereditary lymphoedema (NONNE-MILROY-MEIGE). N.Y. St. J. Med. 41, 856 (1941). — BLUM, L., and B. E. HERMAN: The "tourniquet shock syndrome" in lower limb gangrene of venous origin. J. Amer. med. Ass. 172, 1919 (1960). — BLUME, CH.: Über Ascites chylosus beim Säugling, seine Heilungsaussichten und seine Be-ziehung zur Elephantiasis. Kinderärztl. Prax. 6, 345 (1935). — BOBB JR., A. A.: Elephan-tiasis nostras; report of case. Amer. J. Ophthal. 40, 730 (1955). — BÖHM, P., F. H. FRANKEN u. K. IRMSCHER: Beitrag zum Problem des idiopathischen Ödems. Klin. Wschr. 41, 1155 (1963). — BOLGERT, M., et R. AMADO: Eléphantiasis de la face. Hypithyroidie. Etiologie pro-fessionelle probable. Bull. Soc. franç. Derm. Syph. 68, 341 (1961). — BOLGERT, M., J. TABER-NAT, M. DORRA et M. BEUST: Cas pour diagnostic: syndrome de Lutz-Lewandowsky associé à un eléphantiasis d'origine traumatique? Bull. Soc. franç. Derm. Syph. 65, 243 (1958). — BOLLINI, V., e A. MARLEY: La linofografia negli stati edematosi degli arti inferiori con disturbi trofici dei tegumenti. Minerva derm. 36, 152 (1961). — BOLOGA, E. I., E. SUFLERI, G. DANILA e E. DELEANU: Consideratii asupra unui caz de sindrom Nonne-Milroy-Meige (Trofedem cronic congenital). Derm.-Vener. (Buc.) 8, 359 (1963). — BORELLI, S.: Elephantiasis und Hyal-uronidase. Therapeutische Kasuistik. Hautarzt 7, 39 (1956). — Zur Therapie der Elephantiasis mit Hyaluronidase. Derm. Wschr. 139, 5 (1956). — BORIES-AZEAU, A., et R. COLIN: Du com-portement lymphatique en pathologie veineuse. Ann. Chir. 12, 665 (1958). — BORRIE, P., and G. W. TAYLOR: Lymphoedema presenting in the skin department. Brit. J. Derm. 74, 403 (1962). — BORST, M.: Das pathologische Wachstum. In: L. ASCHOFF, Pathologische Ana-tomie, 8. Aufl., Bd. I, S. 596. Jena: Gustav Fischer. — BOSER, H., u. F. FRIEF: Tier-versuche zur Beeinflussung der Blutgerinnung durch Esberiven. Med. Klin. 1960, 1557. — BOSMANN, F. J.: Lappen-Elephantiasis. Ned. T. Geneesk. 1934, 3135. — BOSNJAKOVIC: Ele-phantiasis faciei, Erysipelas recidivans. Ref. Zbl. Haut- u. Gesch.-Kr. 67, 528 (1941). — BOTREAU-ROUSSEL: "Eléphantiasis Arabum". Lymphangite éléphantiasique à rechutes. J. Chir. (Paris) 49, 821 (1937). — BOTTINI: Zit. nach BENEDETTO u. POLETTI. — BOUILLARD, M.: De l'obliteration des veines et de son influence sur la formation des hydropsies partielles: Considération sur les hydropsies passives en général. Arch. gén. Méd. 2, 188 (1823). — BOUR-LOND, A.: Lymphoedème géant des membres inférieurs. Arch. belges Derm. 15, 325 (1959). — BOWER, D., D. TZIROS, J. N. DEBBAS, and J. M. HOWARD: Radiographic studies on the lym-phatic system. Surgery 49, 59 (1961). — BOWESMAN, CH.: Intra-arterial glycerin treatment of elephantiasis. Brit. J. Surg. 26, 86 (1938). — BRAHAM u. HOWELL: Fall von Milroyscher Krankheit. Brit. med. J. 1948 I, 830. — BRANDT, H.: Der Achsel-Venenstau. Bruns' Beitr. klin. Chir. 177, 231 (1948). — BRAUN: Elephantiasis beider Beine und Lupus tumidus. Arch. Derm. Syph. (Berl.) 191, 699 (1950). — BRAUN, W.: Zur Frage der trophischen Hyperkera-tosen. Z. Haut- u. Geschl.-Kr. 22, 42 (1957). — BREHM, G.: Zur Permeation der Serum-eiweiße in die Haut und ihrer quantitativen Bestimmung am Modell der Cantharidenblase. Klin. Wschr. 1964, 1232. — BRETON, A., B. GAUTIER, C. PONTÉ, C. DUPUIS et J. LESCUZ: Oedème des membres inférieurs, thrombose iliaque et hypoplasie du segment de la veine cave. Presse méd. 68, 1544 (1960). — BRITTON, R. D., and P. A. NELSON: Causes and treatment of postmastectomy lymphedema of the arm. J. Amer. med. Ass. 180, 95 (1962). — BROWN, E., J. HOPPER JR., J. J. SAMPSON, and CH. MUDRICK: The loss of fluid and protein from the blood during a systematic rise of venous pressure produced by repeated valsalva maneuvers in man. J. clin. Invest. 37, 1465 (1958). — BRUHNS, C.: Über die Lymphgefäße der weiblichen Genitalien nebst einigen Bemerkungen über die Topographie der Leistendrüsen. Arch. Anat. u. Physiol. Anat. 1898, 57. — Über die Lymphgefäße der äußeren männlichen Genitalien und die Zuflüsse der Leistendrüsen. Arch. Anat. u. Physiol. Anat. 1900, 281. — BRUNNER, W.: Beitrag zur Elephantiasis neuromatodes. Dtsch. Z. Chir. 246, 751 (1936). — BUCHAL: Ele-phantiasis nach chronisch recidivierendem Erysipel. Ref. Derm. Wschr. 116, 340 (1943). —

Budde, W., E. Rehn, H. Bürkle de la Camp u. M. Lange: Die Operationen an der unteren Extremität. In: Bier-Braun-Kümmell, Chirurgische Operationslehre, 7. Aufl., Bd. VI, S. 350. Leipzig: Johann Ambrosius Barth 1958. — Buddecke, E., W. Kröz u. E. Lanka: Chemische Zusammensetzung und makromolekulare Struktur von Chondroitinsulfat-Proteinen. Hoppe-Seylers Z. physiol. Chem. 331, 196 (1963). — Budlovsky, G.: Lupus vulgaris mit Elephantiasis des linken Beines und Lues. Ref. Zbl. Haut- u. Geschl.-Kr. 51, 250 (1935). — Büchner, F.: Allgemeine Pathologie. München 1950. — Bürgstein, A.: Elephantiasis und Papillombildung. Dtsch. Z. Chir. 256, 369 (1942). — Bumke, O., u. O. Foerster: Das akute umschriebene Ödem. In: Handbuch der Neurologie, Bd. XVII, S. 394. Berlin: Springer 1935. — Bumm, E.: Zur Behandlung der Extremitäten-Elephantiasis. Dtsch. Gesundh.-Wes. 6, 84 (1951). — Formenkreis der Extremitäten-Elephantiasis. Dtsch. Gesundh.-Wes. 6, 1149 (1951). — Burch, G. E.: Primer of venous pressure. Philadelphia: Lea & Febiger 1950. — Burch, G. E., and T. Winsor: Physiological studies on 5 patients following ligation of inferior vena cava. Proc. Soc. exp. Biol. (N.Y.) 53, 135 (1943). — Burckhardt, W.: Vegetierende Dermatose (Elephantiasis verrucosa?). Dermatologica (Basel) 86, 249 (1942). — Bureau, Y., H. Barrière, R. Guihard et G. Nicolas: Résultats obtenus par les infiltrations péri-arterielles, dans des syndromes sympathiques succédant à un traumatisme minime. Bull. Soc. franç. Derm. Syph. 67, 989 (1960). — Burk, W.: Die operative Behandlung der Elephantiasis. Zbl. Chir. 79, 263 (1954). — Burstein, H. J.: Lymphangioma Circumscriptum with congenital unilateral lymphedema. Arch. Derm. 74, 689 (1956). — Butterworth, Th.: Results of treatment of lupus serpiginosus and elephantiasis by electrocoagulation and plastic surgery. Ref. Zbl. Haut- u. Geschl.-Kr. 56, 696 (1937).

Camerini, R.: Gli edemi elefantiasici del braccio nel cancro della mammella. Radiobiol. Radioter. Fis. III, N. s. 6, 161 (1939). — Canizares, O.: Otophyma. Arch. Derm. 73, 633 (1956). — Cappelli, E.: Elefantiasi genito-anorettale di natura tubercolare. Dermosifilografo 12, 49 (1937). Ref. Zbl. Haut- u. Geschl.-Kr. 56, 634 (1937). — Carney, R. G., and R. Nomland: Acquired loose skin (Chalazoderma). Arch. Derm. Syph. (Chic.) 56, 794 (1947). — Casabianca, J., J. Bonnet et A. Florens: Lésions osseuses et ulcères de jambes. Bull. Soc. franç. Derm. Syph. 62, 211 (1955). — Casley-Smith Jr., and H. W. Florey: The structure of normal small lymphatics. Quart. J. exp. Physiol. 46, 101 (1961). — Castelain, P.-Y.: Heureux effects d'injections répétées d'hyaluronidase sur un oedème constitutionnel du membre inférieur type éléfantiasis de Milroy. Bull. Soc. franç. Derm. Syph. 64, 96 (1957). — Castellani, A.: Micrococcus (Cocobacillus) metamyceticus. J. trop. Med. Hyg. 36, 249 (1933); 37, 257 (1934). — Observations on three little-known microorganisms with remarks on the clinical conditions they are capable of producing. J. trop. Med. Hyg. 55, 5 (1952). — Elephantiasis nostras. Dermatologica (Basel) 110, 215 (1955). — Castro De Lemos, P.: Behandlung der Elephantiasis des Penis durch freie Hauttransplantation. An. Soc. Med. Pernambuco 4, 85 (1952). — Castro, R. M. de, P. L. Castellfranchi u. B. N. Barretti: Varicöse Ulcera und Knochenveränderungen. Rev. Med. (S. Paulo) 36, 209 (1952). — Cechieri, E.: Su di un caso di micosi fungoide con localizzazione negli organi interni. Arch. ital. Derm. 8, 137 (1932). — Chantraine, R.: Eléphantiasis de la lèvre supérieure avec sycosis chronique. Arch. belges Derm. 14, 118 (1958). — Charpy, J., G. Tramier et P.-Y. Castelain: Eléphantiasis bilateral des membres inférieurs évoluant depuis l'age de 4 ans, chez un malade âgé de 75 ans. Bull. Soc. franç. Derm. Syph. 59, 500 (1952). — Charvát, J.: Ungewöhnliche Elephantiasis der Beine. Čas. Lék. česk. 1935, 485. — Clara, M.: Entwicklungsgeschichte des Menschen. Leipzig: Quelle & Mayer 1940. — Clark, E. R., and E. L. Clark: Further observations on living lymphatic vessels in the transparent chamber in the rabbit's ear. Their relation to the tissue spaces. Amer. J. Anat. 52, 273 (1933). — Observations on living mammalian lymphatic capillaries — their relation to the blood vessels. Amer. J. Anat. 60, 253 (1936/37). — Collette, J. M.: Envahissements ganglionnaires inguino-ilio-pelviens par lymphographie. Acta radiol. (Stockh.) 49, 154 (1958). — Collette, J. M., et R. Toussaint: Etude radiologique de la circulation plasmo-tissulaire par injections sous-cutanée de substance de contraste. Rev. méd. Liège 8, 24 (1953). — Lymphographie expérimentale après lymphadénectomie. Zbl. ges. Radiol. 49, 33 (1956). — La lymphographie dans les lymphostases acquises. Ann. Radiol. 1, 211 (1958). — Etude radiologique de la circulation lymphatique superficielle et des relais ganglionnaires correspondants. Considérations expérimentales et cliniques. Les diagnostics lymphographiques. Brux. méd. 49, M 1869. — La lymphographie dans les lymphostases acquises. La lymphoadénographie dans les envahissements ganglionnaires d'origine neoplasique. IXth Int. Congr. of Radiology, Abhandl. Bd. I, S. 393. Stuttgart-München-Berlin: 1961. — Combes, F. C.: Edema due to hypoproteinemia. Arch. Derm. 60, 1024 (1949). — Comel, M.: Les facteurs histo-angiques (vasculo-tissulaires) dans les troubles trophiques phlébopathiques des membres inférieurs. Bull. Soc. franç. Derm. (Syph.) 63, 97 (1956). — Comparini, L.: La minuta struttura dei colletori linfatice superficiali e profundi degli arti nell'uomo. Siena: Tipografia nuova 1958. — Condoléon, E.: La pathogénie et le traitement de l'éléphantiasis. Arch. ital. Chir. 51, Donati-Festschr. 2, 464 (1938). — Consiglio, V.:

Contributo allo studio dell'elefantiasi congenita linfangiectasica non ereditaria. Clin. chir., N. s. **16**, 707 (1940). — L'elefantiasi acquisita del pene (Anatomia patologica, etiopatogenesi e clinica: Con una osservazione personale). Arch. ital. Derm. **16**, 379 (1940). — COOK, W., and A. T. MOORE: Milroy's disease. J. Amer. med. Ass. **147**, 650 (1951). — COPLAN, R. S.: A review of the use of inferior vena cava ligation in the treatment of suppuarative pelvic thrombophlebitis. Sinai Hosp. J. (Baltimore) **8**, 15 (1959). Ref. Zentr.-Org. ges. Chir. **159**, 70 (1960) — CORAZZA, R., A. M. MANCINI, and C. PALLOTTI: Morphogenesis and histomechanics of the benign connective tissue new-growths of the skin. J. invest. Derm. **34**, 239 (1960). — CORT, J. H., u. W. FENGL: Physiologie der Körperflüssigkeiten. Jena: Gustav Fischer 1958. — COSTA, G.: Eléphantiasis névromateuse, manifestation de la maladie de Recklinghausen. Ann. Derm. Syph. (Paris) **78**, 456 (1951). — COSTELLO, M. J.: Sarcoid (Boeck) with solid edema of the eyelids rembling lupus erythematosus. Arch. Derm. Syph. (Chic.) **59**, 351 (1949). — COTTINI, G. B.: Sul quadro cutaneo e glandolare in un caso di linfogranuloma maligno varietà inguinale. Arch. ital. Derm. **13**, 644 (1937). — COURSLEY, G., J. C. IVINS, and N. W. BARKER: Congenital arteriovenous fistulas in the extremities. Angiology **7**, 201 (1956). — COUTTS, W. E.: Elephantiasis of the penis and scrotum and lymphogranuloma venereum infection. Dermatologica (Basel) **93**, 337 (1946). — CRAPS, L.: Papulose atrophiante maligne (Degos). Arch. belges Derm. **15**, 188 (1959). — CRESSMAN, R. W., and A. BLALOCK: The effect of the pulse upon the flow of lymph. Proc. Soc. exp. Biol. (N.Y.) **41**, 140 (1939). — CRONQUIST, C.: Über Lymphangitis prostato-iliaca. Arch. Derm. Syph. (Berl.) **134**, 374 (1921). — CRUIKSHANK, W.: Geschichte und Beschreibung der einsaugenden Gefäße oder Saugadern des menschlichen Körpers. Leipzig 1789. — CUNÉO: Zit. nach J. P. NESSELROD, Ann. Surg. **104**, 905 (1936).

DAHME, A.: Über Epidemic-Dropsy. Arch. Schiffs- u. Tropenhyg. **42**, 55 (1938). — DAVIS, P. L.: Elephantiasis nostras verrucosa. Arch. Derm. Syph. (Chic.) **71**, 644 (1955). — DEGOS, R., J. DELORT et R. TOURAINE: Myxoedème éléphantiasique avec exophthalmie et hippocratisme digital. Bull. Soc. franç. Derm. Syph. **68**, 155 (1961). — DELACRÉTAZ, J., et J. D. GEISER: Oedème congénital du membre supérieur gauche avec dilatation de la veine basilique du méme côté et lymphangiome circonscrit de la région sous-axillaire postérieure gauche. Dermatologica (Basel) **122**, 39 (1961). — DELAUNAY, A., et S. BAZIN: Combinaisons in vitro collagène-mucopolysaccharides et modifications apportées à ses combinaisons par des sels et des polyosides bactériens. In: R. E. TUNBRIDGE, Connective tissue. Oxford et Paris 1957. — DELBRÜCK, A.: Untersuchungen über Enzyme des Energie-Stoffwechsels im Bindegewebe. Klin. Wschr. **1962**, 677. — DEL BUONO, M. S., W. A. FUCHS e A. RÜTTIMANN: La linfografia. Tecnica, indicazione, diagnostica. Radiologia (Roma) **15**, 1045 (1959). — D'ELIA, O.: Sulla elefantiasi vulvare. Riv. Ostet. Ginec. prat. **37**, 39 (1955). — DELOM, P.: Contribution à l'étude de l'éléphantiasis dit "Tropical". Mém. Acad. Chir. **62**, 697 (1936). — DENCKER, S. J., and I. GOTTFRIES: Cortisone in the treatment of chronic hereditary oedema (Milroy's disease). Acta med. scand. **150**, 277 (1954). — DENECKE, K.: Der Plantarschmerz als Frühsymptom einer beginnenden Thrombose der unteren Extremitäten. Münch. med. Wschr. **1929**, 1912. — DEVENISH and JESSOP: Zit. nach TREVER. Cancer (Philad.) **10**, 444 (1957). — DICK, W.: Über entzündliche Rektumstrikturen. Bruns' Beitr. klin. Chir. **160**, 303 (1934). — Über die Lymphgefäße des menschlichen Netzes, zugleich ein Beitrag zur Behandlung der Elephantiasis. Bruns' Beitr. klin. Chir. **162**, 296 (1935). — Zur Pathogenese der Elephantiasis genitoanorectalis. Bruns' Beitr. klin. Chir. **162**, 609 (1935). — DIENST, C.: Gewebssäuerung und Ödem. Klin. Wschr. **1939** II, 1516. — DIHLMANN, W.: Strahlenspätschäden im ZNS und ihre Beziehungen zu Strahlenschädigungen in anderen Organen. Med. Welt **1961**, 1375. — DIMTZA, A.: Tuberkulose und Bedeutung der Venographie der Extremitäten. Radiol. clin. (Basel) **20**, 198 (1951). — DITTMANN: Elephantiasis li. Unterschenkel mit sekundären Lymphangiektasen und streifenförmiger Schwielenbildung. Zbl. Haut- u. Geschl.-Kr. **76**, 319 (1951). — DJELALY, D.: Spätresultate nach konservativ behandelter tiefer Thrombose der unteren Extremitäten. Diss. Basel: Benno Schwabe & Co. 1949. — DOBOS, A.: Lupus hypertrophicus. Ref. Zbl. Haut- u. Geschl.-Kr. **64**, 4 (1940). — DODD, H., and F. B. COCKETT: The pathology and surgery of the veins of the lower limb. Livingstone: Williams & Wilkins 1956. — DOLAN, P. A., and E. B. MOORE: Improved technique of lymphangiography. Amer. J. Roentgenol. **88**, 110 (1962). — DOLJANSKI, L., u. FR. ROULET: Studien über die Entstehung der Bindegewebsfibrille. Virchows Arch. path. Anat. **291**, 260 (1933). — DOLLMANN v. OYE, W.: Elephantiasis bei Tuberculosis cutis verrucosa. Zbl. Haut- u. Geschl.-Kr. **63**, 107 (1940). — DORET, J. P., and J. CHATILLON: Zit. nach FAVRE. — DORFMAN, A.: Metabolism of the mucopolysaccharides of connective tissue. Pharmacol. Rev. **7**, 1 (1955). — DORNUF, P.: Elephantiasis der Oberlippe. Arch. Ohr-, Nas.- u. Kehlk.-Heilk. **151**, 67 (1942). — DOS SANTOS, J. C.: La phlébographie directe. Conception. Technique. Premiers résultats. J. int. Chir. **3**, 625 (1938). — DRASNAR: Zit. nach HELANDER u. LINDBOM. — DREWES, J.: Hereditäre Elephantiasis. Erbarzt **6**, 70 (1939). — Die Phlebographie der oberen Körperhälfte. Berlin-Göttingen-Heidelberg: Springer 1963. — DREWES, J., u. F. J. SCHULTE: Die Phlegmasia coerulea dolens. Dtsch. med.

Wschr. **1958**, 1997. — Drinker, C. K.: The lymphatic system. Its past in regulating composition and volume of tissue fluid. In: Lane medical lectures. Stanford, Calif.: Stanford University Press 1942. — Drinker, C. K., and M. E. Field: Lymphatics, lymph and tissue fluid. Baltimore: Williams & Wilkins 1933. — Drinker, C. K., M. E. Field, J. W. Heim, and O. C. Leigh: The composition of edema fluid and lymph in edema and elephantiasis resulting from lymphatic obstruction. Amer. J. Physiol. **109**, 572 (1934). — Drinker, C. K., M. E. Field, and J. Homans: The experimental production of edema and elephantiasis as a result of lymphatic obstruction. Amer. J. Physiol. **108**, 509 (1934). — Elephantiasis and the clinical implications of its experimental reproduction in animals. Ann. Surg. **100**, 812 (1934). — Drinker, C. K., and J. M. Yoffey: Lymphatics, lymph and lymphoid tissue: Their Physiology and clinical significance. Cambridge, Mass.: Harvard University Press 1941. — Drury, A. N., and N. W. Jones: Observations upon the rate at which oedema forms when the veins of the human limb are congested. Heart **14**, 55 (1927). — Dubois, A.: L'éléphantiasis congolais. Bull. Acad. roy. Méd. Belg., VI. s. **5**, 364 (1940). — Dubois, A., et M. Forro: Contribution à l'étiologie de l'éléphantiasis congolais. Le rôle de O. volvulus étudié au Nepoko. Ann. Soc. belge Méd. trop. **19**, 13 (1939). — Dubois, A., S. Vitale et Ch. Birger: Contribution à l'étiologie de l'éléphantiasis congolais. Région de Betongwe. Chefferie Medjeje. Ann. Soc. belge Méd. trop. **19**, 27 (1939). — Dujarrier und Laroche: Zit. nach Engst. — Duperrat, B., R. Bourdon, J. P. Desprez-Curely, J. D. Picard et Dana: Intérêt de la lymphographie en dermatologie (à propos de quelques observations). Bull. Soc. franç. Derm. Syph. **67**, 932 (1960). — Duperrat, B., R. Bourdon, Puissant et Desprez-Curely: Lymphographie d'un éléphantiasis péno-scrotal. Bull. Soc. franç. Derm. Syph. **68**, 21 (1961). — Duperrat, M., Golé et Bader: Deux cas d'épithélioma bronchiques survenus chez les malades atteints de mycosis fungoide et traité par la cortisone. Bull. Soc. franç. Derm. Syph. **64**, 678 (1957). — Dvorszky, K., G. Cseplak u. F. Faust: Zwei Fälle von Lymphoedema praecox. Derm. Wschr. **149**, 410 (1964).

Edelman, J. S., and J. Leibman: Anatomy of bodywater and electrolytes. Amer. J. Med. **27**, 256 (1959). — Egeberg, O.: The effect of edema drainage on the blood clotting system. Scand. J. clin. Lab. Invest. **15**, 14 (1963). — The effect of venous congestion on the blood clotting system. Scand. J. clin. Lab. Invest. **15**, 20 (1963). — Ehlers, G.: Über die Elephantiasis papillaris des Genitale unter besonderer Berücksichtigung des Krankheitsbegriffes Esthiomène. Z. Haut- u. Geschl.-Kr. **29**, 73 (1960). — Ehrich, W. E.: Die Entzündung. In: Handbuch der allgemeinen Pathologie, hrsg. von Büchner, Letterer u. Roulet, Bd. VII/1. Berlin-Göttingen-Heidelberg: Springer 1956. — Ehrich, W. E., and E. B. Krumbhaar: Frequent obstructive anomaly of mouth of left common iliac vein. Amer. Heart J. **23**, 737 (1943) — Ehrich, W. E., J. Seifter, H. E. Alburn, and A. J. Begamy: Heparin and heparinocytes in elephantiasis scroti. Proc. Soc. exp. Biol. (N.Y.) **70**, 183 (1949). — Eissner, H.: Lymphoedema chronicum penis et scroti bei Enteritis regionalis. Arch. klin. exp. Derm. **210**, 558 (1960). — Skrofulöser Bubo. Med. Welt **1961**, 1310, 1347. — Eller, J. J.: Esthiomene (Elephantiasis of penis and scrotum). Arch. Derm. Syph. (Chic.) **65**, 247 (1952). — Ellis, L. B., and F. C. Hall: Chronic hereditary edema (Milroy's disease); its clinical aspects and nature of its production. New Engl. J. Med. **209**, 934 (1933). — El-Toraehi, I.: Die Elephantiasis Arabum. In: M. Ratschow, Angiologie. Stuttgart: Georg Thieme 1959. — Emminghaus: Über die Abhängigkeit der Lymphabsonderung vom Blutstrom. Arb. physiol. Anst. Leipzig **8**, 51 (1873). — Enell, H., u. B. Hahn: Elephantiasis congenita angiomatosa. Acta paediat. (Uppsala) **42**, 416 (1953). — Engelhardt, A.: Die Rückwege des Blutes aus der Peripherie zum Herzen. Medizinische **1958**, 914. — Engst, M.: Die Elephantiasis in ihren Beziehungen zur Hauttuberkulose. Inaug.-Diss. Tübingen 1949. — Eppinger, H.: Permeabilitätspathologie. Wien: Springer 1939. — Epstein, E. H., R. S. Post, and M. McDowell: The effect of an arteriovenous fistula on renal hemodynamics and electrolyt excretion. J. clin. Invest. **32**, 233 (1953). — Esterly, J. R., and V. A. McKusick: Genetic and physiological studies on Milroy's disease. Clin. Res. **7**, 263 (1959). — Eufinger, H. L. Diethelm u. E. May: Röntgenologische und Operationsbefunde bei chronischer Beckenvenensperre und ihre Bedeutung für die Operationsindikation. Bruns' Beitr. klin. Chir. **203**, 152 (1961). — Eylau, O.: Die primär spastische Venensperre der oberen Extremität. Med. Klin. **52**, 1291 (1957).

Faber, H. K., and H. R. Lusignan: Hereditary elephantiasis. Amer. J. Dis. Child. **46**, 816 (1933). — Fabianek, J., A. Herp, and W. Pigman: Permeability of dermal connective tissue in normal and scorbutic guinea pigs. Nature (Lond.) **197**, 906 (1963). — Fabre, J.: Die Oedeme. Basel u. Stuttgart: Benno Schwabe & Co. 1960. — Fahlbusch: Lupus vulgaris, Elephantiasis. Ref. Zbl. Haut- u. Geschl.-Kr. **56**, 513 (1937). — Falk: Die operative Technik bei der Behandlung der Elephantiasis des Beines. Z. Orthop. **67**, Beil.-Heft, 150 (1938). — Farber, E. M., and J. N. Aaron: Lymphedema praecox? Associated with eczema or familial idiopathic dysproteinemia. Arch. Derm. **75**, 465 (1957). — Faria, De, J. L., and I. N. Moraes: Histopathology of the teleangiectasia associated with varicose veins. Dermatologica (Basel) **127**, 321 (1963). — Farina, R.: Elephantiasis of the lower limbs. Treatment by dermofibro-lipectomy followed by free skin grafting. Plast. reconstr. Surg. 8, 430 (1951). — FARINA, R., G. DE CAMPOS FREIRE, and O. A. MACEDO: Elephantiasis of the male genitalia. Phallus-oscheo-plasty. Urol. int. (Basel) 6, 50 (1958). — FEGAN, W. G.: Continous compression technique of injecting varicose veins. Lancet 1963 I, 109. — FEGAN, W. G., D. F. FITZGERALD, and B. BEESLEY: Valvular defect in primary varicose veins. Lancet 1964 I, 491. — FEJÉR, A.: Beiträge zur Kenntnis der Lymphogranulomatose vom dermatologischen Standpunkt (Fall-demonstration). Zbl. Haut- u. Geschl.-Kr. 47, 459 (1934). — FEKETE, Z., and F. KALZ: Studies in capillary permeability. Dermatologica (Basel) 127, 289 (1962). — FERBER, CHR.: Ein Beitrag zur Elephantiasis des männlichen äußeren Genitale bei chronischer Harnröhren-fistel. Zbl. Chir. 82, 1913 (1957). — FERRARO, A.: L'elefantiasi nostrana. Da un caso di recidiva elefantiasica. Minerva med. 1957, 3886. — FERRARO, L. R.: Lymphangiosarcoma in post-mastectomy lymphadema. A case report. Cancer (N.Y.) 3, 511 (1950). — FESSAS, P., M. M. WINTROBE, and G. E. GARTWRIGHT: Angiokeratoma corporis diffusum universale (FABRY); first American report of rare disorder. Arch. intern. Med. 95, 469 (1955). — FESSLER, J. H.: Water and mucopolysaccharide as structural components of connective tissue. Nature (Lond. 179, 426 (1957). — FIEHRER, A., R. VIEVILLE et A. VICARIO: Electrophorèse des proteides chez les malades veinaux chroniques. Phlébologie 12, 19 (1959). — FIELD, M. E., and C. K. DRINKER: Permeability of capillaries of dog to protein. Amer. J. Physiol. 97, 40 (1931). — Conditions governing the removal of protein deposited in the subcutaneous tissue of the dog. Amer. J. Physiol. 98, 66 (1931). — FINALY, R.: Beitrag zur Behandlung der Elephantiasis. Zbl. Chir. 1936, 389. — FINDLAY JR., CH. W., and E. L. HOWES: The effect of edema on the tensile strength of the incised wound. Surg. Gynec. Obest. 91, 666 (1950). — FINKLE, A. L., P. L. SCARDINO, and CH. L. PRINCE: Surgical treatment of genital elephantiasis. Arch. Surg. 68, 713 (1954). — FIRSTATE, M., J. M. GÓMEZ y H. J. BECHIS: Elefantiasis genital masculina. Tratamiento quirúrgico. Rev. argent. Urol. 28, 301 (1959). — FISCHEL, A.: Grundriß der Entwicklung des Menschen. Berlin: Springer 1937. — FISCHER, A. H.: Zit. nach JÄGER, Krampfadern. 1941. — FISCHER, E.: Eine einfache Methode zur Darstellung der Lymph-gefäße durch parenchymatöse Injektion von Luft. Langenbecks Arch. klin. Chir. 176, 17 (1933). — FISCHER, H.: Klinische Beziehungen zwischen Haut und Lungen. In: GOTTRON-SCHÖNFELD, Dermatologie und Venerologie, Bd. V/1, S. 247. Stuttgart: Georg Thieme 1963. — FISCHER, H., u. W. NIKOLOWSKI: Kollagenes und reticulo-histiocytäres Gewebe bei Kraurosis penis. Arch. klin. exp. Derm. 205, 605 (1958). — Zur familiären Genese der hyperlipidämischen Xanthome. Arch. klin. exp. Derm. 210, 141 (1960). — FISCHER, H., u. R. SCHAUB: Venöse Sauerstoffspannung in der Umgebung von varikösen Unterschenkelgeschwüren. Med. Welt 1964, 1883. — FISCHER, H., u. W. SCHNEIDER: Die Endstrombahn in der Pathogenese der Elephantiasis. Derm. Wschr. 152, 657 (1965). — FISCHER, H. R.: Nicht-venerische Kranz-furchenlymphangitis. Z. Haut- u. Geschl.-Kr. 9, 370 (1950). — FISCHER, H. W., and G. R. ZIMMERMANN: Roentgenographic visualization of lymph nodes and lymphatic channels. Amer. J. Roentgenol. 81, 517 (1959). — FISHER, B. K.: Subcutaneous ossification of the legs in chronic venous insufficiency. J. Amer. med. Ass. 176, 376 (1961). — FISHMAN, A. P., J. STAM-LER, L. N. KATZ, E. N. SILBER, and L. RUBINSTEIN: Mechanism of edema formation in chronic experimental pericarditis with effusion. J. clin. Invest. 29, 521 (1950). — FITZHUGH, F. W., R. L. MCWHORTER, E. H. ESTES, J. V. WARREN, and A. J. MERRIL: The effect of application of tourniquets to the legs on cardiac output and renal function in normal human subjects. J. clin. Invest. 32, 1163 (1953). — FLESCH: Lupus vulgaris hypertrophicus et elephantiasticus. Ref. Zbl. Haut- u. Geschl.-Kr. 64, 370 (1940). — FLOCH, H.: Etude de souches de strepto-coques isolées de cas lymphangite endémique des pays chauds. Bull. Soc. Path. exot. 31, 888 (1938). — FLOCH, H., u. P. DE LAJUDIE: Zit. nach MONTEL. — FÖLDI, M.: Physiologie und Pathologie des Lymphkreislaufes. Verh. dtsch. Ges. inn. Med. 66, 531 (1960). — FÖLDI, M., H. JELLNEK, I. RUSZNYÁK u. G. STABO: Untersuchungen über die Funktion der Lymph-kapillaren. IV. Eiweißspeicherung in den Endothelzellen der Lymphkapillaren. MTA Biol. Orvostud. Oszc. közl. 5, 89 (1954). Zit. nach RUSZNYÁK u. Mitarb. — FÖLDI, M., A. G. B. KOVÁCH, L. VARGA u. Ö. T. ZOLTÁN: Die Wirkung des Melilotus-Präparates Esberiven auf die Lymphströmung. Ärztl. Forsch. 16 (I), 99 (1962). — FÖLDI, M., and N. PAPP: The role of lymph circulation in congestive heart failure. Jap. Circulat. J. 25, 703 (1961). — FÖLDI, M., K. THURÁNSZKY u. L. VARGA: Neue Untersuchungen über die Rolle der Lymphströmung in der Pathogenese des kardialen Ödems. Klin. Wschr. 40, 424 (1962). — FONTAINE, R., CH. KAYSER et R. RIVEAUX: Contribution à la pathogénie des scléroses cutanées et des ulcères de jambe d'origine postphlebique et variqueuse. Rev. Chir. (Paris) 1951, 357. — FONTAINE, R., P. MANDEL et G. APPRIL: Contribution à l'étude biochimique des thromboses veineuses en vue de leur traitement médical et chirurgical. Ann. Soc. angéiol. histopath. 1 (1948). — FONTAN, VERGES, Mlle ETCHEVERRY, BOURGEOIS et SANDLER: Volumineux oedème des extrémités inférieures chez un nouveau-nè. Syndrome de MEIGE-MILROY-NONNE. Arch. franç. Pédiat. 18, 127 (1961). — FORBES, G.: Lymphatics of the skin, with a note of lymphatic watershed areas. J. Anat. (Lond.) 72, 399 (1938). — FORSSMANN, W. G., H. HOLZMANN u.

J. Cabré: Elektronenmikroskopische Untersuchungen der Haut beim Lichen sclerosus et atrophicans. Arch. klin. exp. Derm. 220, 584 (1964). — Fortnoy, B.: Mycosis fungoides d'emblée. Lancet 1937 I, 1015. — Fournier, A.: Leçon sur la syphilis. Paris 1873. — Leçon sur la syphilis tertiaire. Bureau du Journal de l'école de Médecine. Paris: Porak 1875. — Fox, S. A.: Ptosis with elephantiasis and ectropion. Amer. J. Ophthal. 33, 1144 (1950). — Freeman, H. E., and J. E. Engeler: Factitial elephantiasis. Arch. Derm. Syph. (Chic.) 43, 578 (1941). — Freeman, T., and A. M. Joekes: Differential protein pattern in serum and fluid in patients with various causes of oedema. Acta med. scand. 153, 243 (1956). — Frei, C.: Lymphogranulomatosis (Paltauf-Sternberg) mit starker Lymph. ing.-ähnlicher Iliakaldrüsenschwellung. Derm. Wschr. 95, 1771 (1932). — Frei, F.: Die Elephantiasis genitoanorectalis. In: Spezielle Pathologie und Therapie innerer Krankheiten, Erg.-Bd. 11, S. 113. 1936. — Fresen, O.: Die Bedeutung des Lymphgefäßsystems der menschlichen Niere. Klin. Wschr. 22, 664 (1943). — Frey, E.: Technik und Möglichkeiten der Phlebographie des Beines. Praxis 52, 1274 (1963). — Frey u. Zwerg: Die Embolie. Leipzig 1933. — Friboes, W.: In: E. Riecke, Lehrbuch der Haut- und Geschlechtskrankheiten, 7. Aufl., S. 421. Gustav Fischer 1923. — Friedberg, V.: Zur Frage des Eiweiß- und Elektrolytgehaltes der Ödemflüssigkeit bei Gestosen. Klin. Wschr. 34, 37 (1956). — Fritz, R.: Über die Elephantiasis des Penis und Skrotums. Z. Urol. 56, 149 (1963). — Frykholm, R.: The pathogenesis and mechanical prophylaxis of venous thrombosis. Surg. Gynec. Obstet. 71, 307 (1940). — Fuchs, C. H.: Die krankhaften Veränderungen der Haut und ihrer Anhänge. Göttingen: Verl. d. Dieterichschen Buchhandlung 1840. — Fuchs, W. A.: Der diagnostische Wert der Cavographie. Radiol. clin. (Basel) 30, 129 (1961). — Complications in lymphography with oily contrast media. Acta radiol. (Stockh.) 57, 427 (1962). — Fuchs, W. A., and G. Böök-Hederström: Inguinal and pelvic lymphography. Acta radiol. (Stockh.) 56, 340 (1961). — Fuchs, W. A., A. Rüttimann u. M. S. Del Buono: Klinische Indikationen für Lymphographie. Schweiz. med. Wschr. 89, 755 (1959). — Zur Lymphographie bei chronischem sekundärem Lymphödem. Fortschr. Röntgenstr. 92, 608 (1960). — Fuhs, H.: Knoten- und tumorförmige Lymphogranulomatose der Haut. Zbl. Haut- u. Geschl.-Kr. 63, 403 (1940). — Hauterscheinungen bei Lymphogranulomatosis (Paltauf-Sternberg). Zbl. Haut- u. Geschl.-Kr. 65, 4 (1940). — Tumorbildung bei Lymphogranulomatosis (Paltauf-Sternberg). Zbl. Haut- u. Geschl.-Kr. 68, 147 (1942). — Über Hauterscheinungen bei chronischen Leukosen und der Lymphogranulomatosis (Paltauf-Sternberg). Wien. klin. Wschr. 1942, 121. — Lymphogranulomatosis (Paltauf-Sternberg) mit unreifen Übergangsformen und spezifischen Hauterscheinungen. Derm. Wschr. 118, 145 (1944). — Fujinami, Shuichi, and R. Fusaoka: Elephantiasis gastrointestinalis. Arch. jap. chir. (Kyoto) 16, 414 (1939). — Funaoko, S.: Der Mechanismus der Lymphbewegung. Arb. aus der 3. Abt. d. Anat. Inst. d. Kaiserl. Univ. Kyoto, Ser. D., H. 1, 1930, 1. — Funder, R.: Lymphödem-Elephantiasis. T. norske Lœgeforn. 78, 784 (1958).

Gaines Jr., L. M.: Synthesis of acid mucopolysaccharides and collagen in tissue cultures of fibroblasts. Bull. Johns Hopk. Hosp. 106, 195 (1960). — Gallego y Burin, M.: Elephantiasis genitalis und Nicolas-Favresche Krankheit [Spanisch]. Rev. ibér. Parasit. 1, 185 (1941). — Galliard, H.: Etiologie filarienne de l'éléphantiasis. Intérêt de son étude dans les régions d'hyperendémicité. Phlébologie 11, 103 (1958). Ref. Ann. derm. Syph. (Paris) 88, 219 (1961). — Gamble, J. L.: Companionship of water and electrolytes in the organisation of body fluids. Stanford: Lane Medical Lectures, Stanford University Press 1951. — Gans, O., u. G. K. Steigleder: Histologie der Hautkrankheiten. Berlin-Göttingen-Heidelberg: Springer 1955 u. 1957. — Garavano, P. A.: Elephantiasis der unteren Glieder. Semana méd. 1938 II, 1. — Gaté, J., et D. Colomb: Hypertrophie des lobes des deux oreilles chez un sujet atteint de "Rhinophyma" (acné hypertrophique à localisation atypique). Bull. Soc. franç. Derm. (Syph.) 64, 414 (1957). — Gauer, O. H.: Physiologische Grundlagen des Ödems. In: Das Ödem. Darmstadt: Dr. Dietrich Steinkopff 1959. — Gay-Prieto, J., u. J. Jofre: Die reinen Hautformen der Lymphogranulomatosis inguinalis. Chronische elephantiasisartige Vulvageschwüre ohne Drüsenveränderungen. Act. dermo-sifilogr. (Madr.) 25, 693 (1933). — Gelbke, H.: Penishautplastiken. Zbl. Chir. 79, 935 (1954). — Plastische Chirurgie des Penis und der männlichen Urethra. Unsere Indikationen, Erfahrungen, Techniken und Resultate. Langenbecks Arch. klin. Chir. 298, 965 (1961). — Wiederherstellende und plastische Chirurgie, Bd. I, S. 267 ff. Stuttgart: Georg Thieme 1963. — Geldern, Chr. van: Zur vergleichenden Anatomie der Vv. cardinales posteriores, der V. cava inferior und der Vv. azyos (vertebrales). Anat. Anz. 63, 49 (1927). — Georgieff, G.: Elephantiasis der Oberlippe. Ref. Zbl. Haut- u. Geschl.-Kr. 60, 293 (1938). — Gergely, R.: Die Bedeutung der Lymphangiographie in der Chirurgie. Chirurg 29, 49 (1958). — Gerota, D.: Zur Technik der Lymphgefäßinjektion. Eine neue Injektionsmasse der Lymphgefäße. Anat. Anz. 12, 216 (1896). — Gervais, M.: La phlegmatia caerulea dolens. Quatre observations dont trois avec gangrène. Phlébologie 13, 191 (1960). — Ghormley, Ra. K., and L. M. Overton: The surgical treatment of severe forms of lymphedema (elephantiasis) of the extremities. A study of end-results. Surg. Gynec.

Obstet. 6, 183 (1935). — GIBSON, TH.: Delpech his contribution to plastic surgery and the astonishing case of scrotal elephantiasis. Brit. J. plast. Surg. 9, 4 (1956). — GIBSON, TH., and J. SC. TOUGH: The surgical correction of chronic lymphoedema of the legs. Brit. J. plast. Surg. 7, 195 (1954). — A simplified one-stage operation for the correction of lymphedema of the leg. Arch. Surg. 71, Sect. I, 809 (1955). — GILLIES, H., and F. R. FRASER: Treatment of lymphoedema by plastic operation (A prelim. report). Brit. med. J. 1935, Nr. 3863, 96. — GLENN, W. W. L., S. L. CRESSON, F. X. BAUER, F. GOLDSTEIN, O. HOFFMAN, and J. E. HEALY: Experimental thoracic duct fistula. Surg. Gynec. Obstet. 89, 200 (1949). — GÖLDNER: Mycosis fungoides. Zbl. Haut- u. Geschl.-Kr. 57, 4 (1938). — GÖSSNER, W.: Histochemischer Nachweis hydrolytischer Enzyme. Acta histochem. (Jena) 2, 286 (1955/56). — Methoden der Enzymhistochemie und ihre Bedeutung für die morphologische Forschung. Dtsch. med. Wschr. 1958, 1752. — Histochemischer Nachweis hydrolytischer Enzyme mit Hilfe der Azofarbstoffmethode. Untersuchung zur Methodik und vergleichenden Histotopik der Esterasen und Phosphatasen bei Wirbeltieren. Z. Zellforsch., Abt. Histochem. 1, 48 (1958). — GÖSSNER, W., G. SCHNEIDER, M. SIESS u. H. STEGMANN: Morphologisches und humorales Stoffwechselgeschehen in Leber, Milz und Blut im Verlauf der experimentellen Amyloidose. Virchows Arch. path. Anat. 320, 326 (1951). — GÖZÜ, N.: Elephantiasis palpebral. Türk. oftalm. gaz. 7, 210 (1939). — GÖZSY, B., and L. KÁTÓ: The role of histamine and serotonin in alterations of capillary permeability following injury. Dermatologica (Basel) 127, 403 (1963). — GOFFIN, J.: Trophödem bei Syphilis congenita. Ref. Zbl. Haut- u. Geschl.-Kr. 28, 743 (1929). — GOLDSCHLAG, F.: Über eine Kombination von Trophödem Meige mit Melorheostose Léri. Derm. Wschr. 89, 1761 (1929). — GÓMEZ DURÁN, M.: Segmentäre Fettdystrophie und trophisches Ödem des Beines, geheilt durch Gangliektomie. Medicine (Madr.) 10, 460 (1942). — GONDESEN: Elephantiasis nach recidivierendem Erysipel. Ref. Zbl. Haut- u. Geschl.-Kr. 72, 262 (1949). — GONIN, R.: Atrophie blanche et ulcère de jambe à douleurs intolérables. Ann. Derm. Syph. (Paris) 8. s. 10, 633 (1950). — GOODMAN, R. M.: Familial lymphedema of the Meige's type. Amer. J. med. 32, 651 (1962). — GORDON, A. J., E. C. HOLDER, and S. FEITELBERG: Quantitative approach to study of splenomegaly. Arch. Path. 46, 320 (1948). — GORTER, A. J.: Die operative Behandlung von Elephantiasis der unteren Extremitäten. Geneesk. T. Ned.-Ind. 1937, 1236. — GOTTRON, H. A.: Ausgedehnte, ziemlich symmetrisch angeordnete Papillomatosis cutis beider Unterschenkel. Derm. Z. 63, 409 (1932). — Krankheitszustände des subcutanen Fettgewebes. Medizinische 1952, 1211. — Zur Pathogenese des Myxoedema circumscriptum. Arch. Derm. Syph. (Berl.) 195, 625 (1953). — Zur Pathogenese rheumatischer Hautreaktionen. Derm. Wschr. 132, 1007 (1955). — Präkanzerosen und Pseudokanzerosen. Dtsch. med. Wschr. 1954, 1250, 1331. — Hauttuberkulose. In: DEIST u. KRAUSS, Die Tuberkulose, 2. Aufl. Stuttgart 1959. — Elephantiasis glutaealis et rectalis mit ausgedehnten papillomatösen Wucherungen nach Lymphogranuloma inguinalis. Ref. Zbl. Haut- u. Geschl.-Kr. 60, 376 (1938). — Elephantiasis nach Nervenlähmung sowie Ausbildung von geschwürig zerfallenden Granulomen im Bereich der Elephantiasis. Ref. Zbl. Haut- u. Geschl.-Kr. 61, 322 (1939). — Sekundäre Hautmetastasen eines Prostata-Carcinoms. Zbl. Haut- u. Geschl.-Kr. 62, 258 (1939). — Elephantiasis des Handrückens nach Herpes simplex recidivans. Arch. Derm. Syph. (Berl.) 180, 305 (1940). — Derm. Wschr. 110, 444 (1940). — Ferner Zbl. Haut- u. Geschl.-Kr. 60, 376 (1938). — Metastatisches Adenocarcinom am Damm. Zbl. Haut- u. Geschl.-Kr. 67, 121 (1941). — Tbc. subcutanea fistulosa cum elephantiasi. Ref. Derm. Wschr. 112, 132 (1941). — Elephantiasis nach recidivierendem Herpes simplex. Ref. Derm. Wschr. 112, 133 (1941). — Elephantiasis nach recidivierendem Herpes simplex. Ref. Derm. Wschr. 118, 140 (1944). — GOTTRON, H. A., u. G. W. KORTING: Über Ablagerung körpereigener Stoffe (Amyloidisis, Calcinosis) bei Morbus Osler. Arch. klin. exp. Derm. 207, 177 (1958). — GOTTRON, H. A., u. W. NIKOLOWSKI: Pfeifer-Christian-Webersche Krankheit in ihrer Nosologie und Pathogenese. Hautarzt 3, 530 (1952). — GOTTRON, H. A., u. R. SCHMITZ: Hautkrankheiten in ihrer Abhängigkeit von Durchblutungsstörungen. Nauheimer Fortbild.-Lehrg. 18, 63 (1952). — GOTTRON, H. A., STRASSER, JERUSALEM, KUCKUCK u. LENNHARTZ: Recidive des Erysipels während der Menstruation. Zit. bei ENGST. — GOUGEROT, H.: Syndrome de Huguier — Nouvelle observation d'éléphantiasis anal et peri-anal tuberculeux. Bull. Acad. Méd. (Paris) 127, 542 (1943). Ref. Ann. Soc. Derm. franç. 1945, 200. — Tuberculoses et nocardoses éléphantiasiques ulcéreuses et fistuleuses. Ref. Zbl. Haut- u. Geschl.-Kr. 14, 224 (1924). — GOUGEROT, H., et A. CARTEAUD: Eléphantiasis stretococcoque guéri par les sulfamides. Bull. Soc. franç. Derm. Syph. 48, 703 (1941). — Eléphantiasis streptococcique guéri par les sulfamides. Bull. Acad. Méd. (Paris) III, s., 125, 316 (1941). — GOUGEROT, H., et J.-B. DUPERRAT: Eléphantiasis vulvaire récidivant partiel. Bull. Soc. franç. Derm. Syph. 48, 501 (1941). — GOVAERTS, P.: Du rôle de la pression osmotique des protéines du sang dans la pathogénie des oedèmes. Presse méd. 32, 950 (1924). — GRASSET, J., J. SENÈZE et R. GAUTHIER: A propos de deux cas de gangrène des membres inférieurs consécutifs à des thrombophlébites du post-partum. Gynéc. et Obstét. 58, 27 (1959). — GRAU, H.: Prinzipielles und Vergleichendes über das Lymphgefäßsystem. Verh. dtsch. Ges. inn. Med. 1960, 518. —

Graumann, W.: Kohlenhydrathistochemie der Bindegewebsfasern. Acta histochem. (Jena) 3, 226 (1956/57). — Gray, J. H.: Studies of the regeneration of lymphatic vessels. J. Anat. (Lond.) 74, 309 (1940). — Greef, R. de: Quelques considérations sur 101 cas d'éléphantiasis ou adénolymphocèle opérés à Buta (Belg. Kongo). Ann. Soc. belge Méd. trop. 18, 5 (1938). Ref. Zbl. Haut- u. Geschl.-Kr. 60, 343 (1938). — Grégoire, R.: La phlébite bleue (Phlegmasia caerulea dolens). Presse méd. 46, 1313 (1938). — Greither, A.: Über die Pathogenese der Krampfaderfolgen. Dtsch. med. Wschr. 1956, 1797. — Greitz, T.: The technique of ascending phlebography of the lower extremity. Acta chir. scand. 42, 421 (1954). — Phlebography of the normal leg. Acta radiol. scand. 44, 1 (1955). — Grewe, H. E., u. K. Kremer: Chirurgische Operationen, Bd. I, S. 350. Stuttgart: Georg Thieme 1963. — Grillo, H. C.: Origin of fibroblasts in wound healing: An autoradiographic study of inhibition of cellular proliferation by local X-irradiation. Ann. Surg. 157, 453 (1963). — Grogg, E., and A. G. E. Pearse: Enzymic and lipid histochemistry of experimental tuberculosis. Brit. J. exp. Path. 33, 567 (1952). — Grom, H.: Elephantiasis of the eyelids. Trans. ophthal. Soc. U. K. 68, 255 (1949). — Gross, H.: Mechanismus der Lymphstauung. Dtsch. Z. Chir. 138, 348 (1916). — Grünwald, P.: Entwicklung der Vena cava caudalis beim Menschen. Z. mikr.-anat. Forsch. 43, 275 (1938). — Grünwald, P., u. W. Kornfeld: Ein Fall von Elephantiasis lymphangiectatica bei einem vier Monate alten menschlichen Fetus. Beitr. path. Anat. 96, 341 (1936). — Grüssner, H.: Die Tuberkulose der Vulva. Inaug.-Diss. Breslau 1940. — Grupper, Ch., et J. de Brux: Myxoedème cutané circonscrit à forme éléphantiasique. Bull. Soc. franç. Derm. Syph. 63, 392 (1956). — Günther, K. H., G. A. Martini, W. Dölle u. F. Petersen: Familiäre Hypoproteinämie mit Eiweißverlust in den Magen-Darm-Kanal. Dtsch. med.Wschr. 1962, 2613. — Gumrich, H.: Zur Diagnostik der Venensperre. Langenbecks Arch. klin. Chir. 282 (1955). — Begutachtung und Nachweis des Selbststaus. Dtsch. med. Wschr. 1958, 18/9. — Genese und Behandlung der Ödeme — Elephantiasis. Verh. dtsch. Ges. inn. Med. 66, 567 (1960). — Gumrich, H., S. Dortenmann u. E. Kübler: Das klinische und röntgenologische Bild des posttraumatischen Spätödems. Dtsch. med. Wschr. 1953, 1404. — Gumrich, H., u. E. Kübler: Zur Klärung der Genese des Armstaus nach Mammaradikaloperation und seine chirurgische Bedeutung. Chirurg 1955, 204. — Das phlebographische Bild der Beckenvenensperren und deren Ursachen. Fortschr. Röntgenstr. 82, 757 (1955). — Gumrich, H., E. Kübler u. S. Dortenmann: Der Wert der Phlebographie für die Begutachtung. Medizinische 1953, 1659. — Gustafson, M. H., E. H. Jones, and M. Utterbach: Lymphangiectasis of vulva, secondary to probable tuberculous salpingitis. Pulmonary tuberculosis, moderately advances. Arch. Derm. Syph. (Chic.) 60, 910 (1949). — Guszman, J.: Lymphogranulomatosis cutis. Derm. Wschr. 102, 468, 555 (1936). — Lymphogranulomatosis cutis (Hodgkin). Zbl. Haut- u. Geschl.-Kr. 53, 375 (1936). — Die Wirkung der Hautleiden des Unterschenkels auf die Unterschenkelknochen. Orv. Hetil. 1939, 633. Ref. Zbl. Haut- u. Geschl.-Kr. 63, 440 (1940). — Guyton, A. C.: A concept of negative interstitial pressure based on pressures in implanted perforated capsules. Circulat. Res. 12, 399 (1963). — Gysin, T.: Zwei granulomatöse Grenzfälle der Mycosis fungoides. Dermatologica (Basel) 129, 370 (1964).

Haas, G.: Das postphlebitische oder postthrombotische Syndrom der unteren Extremität. Dtsch. med. Wschr. 1962, 2370. — Haberlin, J. P., F. P. Milone, and M. M. Copeland: A further evaluation of lymphedema of the arm following radical mastectomy and postoperative X-ray therapy. Amer. Surg. 25, 285 (1959). — Haensch, R., u. W. Blaich: Zur Frage der unterschiedlichen Kapillarpermeabilität der Haut der Arme und Beine bei Gesunden und Hautkranken. (Untersuchungen mit dem Landis-Test). Derm. Wschr. 139, 409 (1959). — Hagy, G. W., and I. Danhoff: Genetic and physiological aspects of a family with chronic hereditary lymphedema (Nonne-Milroy-Meige's disease) and hereditary angioneurotic edema. Amer. J. hum. Genet. 10, 141 (1958). — Halberg: Lupus hypertrophicus verrucosus elephantiasticus. Ref. Zbl. Haut- u. Geschl.-Kr. 58, 241 (1938). — Halse, Th., u. K. Bätzner: Das postthrombotische Kreislaufsyndrom. Ätiologie, Diagnostik und Therapie. Medizinische 1951, 1243. — Halsted, W. St.: The swelling of the arm after operations for cancer of the breast — elephantiasis chirurgica — its cause and prevention. Bull. Johns Hopk. Hosp. 32, 309 (1921). — Halter, K.: Haemangioma verrucosa mit Osteoatrophie. Derm. Z. 75, 271 (1937). — Haman: Heilerfolg mit allgemeinen Lichtbädern bei Elephantiasis nach Lupus vulgaris. Ref. Zbl. Haut- u. Geschl.-Kr. 61, 327 (1939). — Hamm, W. G., F. F. Kanthak, and Ch. P. Yarn: Elephantiasis of the lower extremity. Case report. Amer. Surg. 20, 1222 (1954). — Hartley, H., and R. A. Kemp-Harper: Lymphangioplasty — the fate of silk. Brit. med. J. 1937, No 4012, 1066. — Hartmann, F.: Die biochemischen und makromolekularen Grundlagen einer Pathologie der Bindegewebe. Internist (Berl.) 2, 403 (1961). — Haschek, H.: Über einen Fall von Elephantiasis scroti et penis bei Carcinoma prostatae. Wien. med. Wschr. 1951, 750. — Haubenreisser, W.: Lymphdrainage bei Elephantiasis cruris. Zbl. Chir. 48, 42 (1921). — Hauser, W.: Zur Kenntnis der Atrophie blanche als Stauungsdermatose. Derm. Wschr. 138, 934 (1958). — Hauss, W. H., u. H. Losse: Struktur und Stoffwechsel des Bindegewebes. Stuttgart: Georg Thieme 1960. — Haven, E., et W. Wel-

LENS: Traitement d'ulcères atones du genre éléphantiasis par la méthode de compression progressive. Arch. belges Derm. **16**, 116 (1960). — HEBRA, F. v.: Hautkrankheiten II. In: R. VIRCHOW, Handbuch der speziellen Pathologie und Therapie, Bd. 3. Stuttgart 1876. — HEILESEN, B.: Unilateral elephantiasis in a 6 year old child. Acta derm.-venerol. (Stockh.) **35**, 192 (1955). — HEINEKE: Thrombosen an der oberen Extremität. Zbl. Chir. **38**, 110 (1911). — HEINTZ, R., H. BRASS, F. BRAUMANN u. U. PAUL: Untersuchungen mit schwerem Wasser (D_2O) über die Geschwindigkeit der enteralen Wasserresorption bei gesunden Personen und Ödemkranken. Klin. Wschr. **41**, 359 (1963). — HEITE, H.-J.: Überden cutanen Lymphfluß, seine Darstellung und sein Verhalten in verschiedenen Bädern. Derm. Wschr. **119**, 385 (1947). — HELANDER, C. G., and A. LINDBOM: Retograde pelvic venography. Acta radiol. (Stockh.) **51**, 401 (1959). — Venography of the inferior vena cava. Acta radiol. (Stockh.) **52**, 257 (1959). — HELD, D., et R. DELLE SANTA: Sclérose-lipomatose multicentrique par thromboses veinulaires du tissu adipeux. Dermatologica (Basel) **120**, 145 (1946). — HELLER, J.: Die Klinik der wichtigsten Tierdermatosen (Elephantiasis). In: JADASSOHN, Handbuch der Haut- und Geschlechtskrankh., Bd. XIV/1, S. 879. Berlin: Springer 1930. — HELLERSTRÖM, S.: Lymphogranuloma inguinale. In: JADASSOHN, Handbuch der Haut- und Geschlechtskrankh., Erg.-Werk, Bd. VI/1, S. 441. Berlin-Göttingen-Heidelberg: Springer 1964. — HELLMANN, T.: Lymphgefäße, Lymphknötchen und Lymphknoten. In: MÖLLENDORFs Handbuch der mikroskopischen Anatomie des Menschen, Bd. VI/4. Berlin: Springer 1943. Zit. nach RÖSSLE. — HELO, A.: Über einen Fall von Elephantiasis vulvae. Ann. Chir. Gynaec. Fenn. **47**, Suppl. 81, 30 (1958). — HENNINGEN, A.: Venenwandverletzungen als Ursache der akuten Axillarvenenstauung. Langenbecks Arch. klin. Chir. **199**, 439 (1940). — HENRY: Zit. nach FAVRE. — HENRY, C. G.: Studies on the lymphatic vessels and on the movement of lymph in the ear of the rabbit. Anat. Rec. **57**, 263 (1933). — HENRY, J. P., I. HENDRICKSON, E. MOVITT, and J. P. MECHAN: Estimations of the decrease in effective blood volume when pressure breathing at sea leve. J. clin. Invest. **27**, 700 (1948). — HENSCHEL, E.: Über Muskelfasermessungen und Kernveränderungen bei numerischer Hyperplasie des Myocard. Virchows Arch. path. Anat. **321**, 283 (1952). — HENSCHLER-GREIFELT, A., u. H. SCHUERMANN: Klinik des Lymphogranuloma inguinale. In: JADASSOHN, Handbuch der Haut- und Geschlechtskrankh., Erg.-Werk, Bd. VI/1, S. 564 ff. Berlin-Göttingen-Heidelberg-New York: Springer 1964. — HENTING, P.: Das chronisch rezidivierende Erysipel und seine Beziehungen zur Elephantiasis, insbesondere des Gesichts. Inaug.-Diss. Münster 1932. — HERBRAND, J.: Das posttraumatische Ödem des Armes. Bruns' Beitr. klin. Chir. **164**, 492 (1936). — HERGENRODER, F.: Zur Frage über die Resultate der operativen Behandlung der Elephantiasis der unteren Gliedmaßen und die totale Excision der Haut des Unterschenkels mit Verschluß des Defekts nach THIERSCH als Behandlungsmethode der Elephantiasis. Vestn. Khir. **55**, 603 (1938). — HERING, H., u. R. HERKLOTZ: Beitrag zur Klinik des Trophödem Nonne-Milroy-Meige. Derm. Wschr. **129**, 729 (1954). — HERMANN, H.: Mikroskopische Beobachtungen an menschlichen Lumbalganglien bei Elephantiasis nach Erysipel. Virchows Arch. path. Anat. **320**, 58 (1951). — HERRMANN, F., and C. MARCH: Some physiological and clinical aspects of the water and electrolyte contents of the skin. Med. Clin. N. Amer. **43**, 635 (1959). — HERZBERG, E.: Idiopathic lymphoedema. Proc. roy. Soc. Med. **33**, 330 (1940). — HERZBERG, J. J.: Das Verhalten der cutanen Lymphgefäße beim malignen Melanom. Arch. klin. exp. Derm. **220**, 129 (1964). — HEUPKE, W., u. H. FISCHER: Der hydrodynamische Druck in den Kapillaren der Beine, ein Beitrag zur Entstehung der kardialen Ödeme. Z. Kreisl.-Forsch. **40**, 656 (1951). — HILFINGER JR., M. F., and R. D. EBERLE: Lymphangiosarcoma in postmastectomy lymphedema. Cancer (Philad.) **6**, 1192 (1953). — HIGOUMENAKIS, G. K.: Beitrag zur Studie der Beziehungen zwischen Haut- und Eingeweide-Leishmaniose (Orientbeule und Kala-azar). Arch. Derm. Syph. (Berl.) **178**, 133 (1939). — Contributions à l'étude de l'étiopathogénie de l'oedème éléphantiasique. Ann. Derm. Syph. (Paris) **78**, 714 (1951). — HILKENBACH, G., u. H. DORN: Elephantiasis crurum papillaris et verrucosa! Z. Haut- u. Geschl.-Kr. **15**, 99 (1961). — HILL, L. C.: Traumatic oedema. A pitfall in physical medicine. Brit. med. J. **1936**, 623. — HILLENBRAND, H.-J.: Beitrag zum Krankheitsbild der Elephantiasis penis. Z. Haut- u. Geschl.-Kr. **3**, 114 (1947). — HILSCHER, W. M.: Die Phlebographie der tiefen Beckenvenen einschließlich der V. cava inferior. (Ein Erfahrungsbericht.) Fortschr. Röntgenstr. **82**, 741 (1955). — HIS, W.: Über das Epithel der Lymphgefäßwurzeln und über die v. Recklinghausenschen Saftkanälchen. Z. wiss. Zool. **13**, 455 (1863). — Über die Entdeckung des Lymphsystems. Z. Anat. Entwickl.-Gesch. **1**, 128 (1874). — HOBL, E.: Pathologische Röntgenbefunde an Tibia und Fibula beim venösen Stauungsulcus. Derm. Wschr. **134**, 746 (1956). — HOCHSTETTER: Die Entwicklung des Blutgefäßsystems. In: Handbuch der vergleichenden und experimentellen Entwicklungsgeschichte der Wirbeltiere. Jena: Gustav Fischer 1902. — HOCHSTRASSER, H., et G. HORVÁTH: Elephantiasis kezelése hyaluronidaseval. Börgyógy. vener. Szle **36**, 201 (1960). — Ref. Zbl. Haut- u. Geschl.-Kr. **109**, 22 (1961). — HÖBER, R.: Physikalische Chemie der Zelle und der Gewebe, 6. Aufl. Leipzig: Wilhelm Engelmann 1926. — HÖRBST, L., u. H. O. LOOS: Über Elephantiasis der Ohrmuschel. Arch. Derm. Syph. (Berl.) **166**, 342 (1932). —

Hoffheinz, H.: Gasanalytische Untersuchungen bei Varizen. Zbl. Chir. 87, 161 (1962). — Hoffmann, E.: Vortäuschung primärer Syphilis durch gonorrhoische Lymphangitis (gonorrhoischer Pseudoprimäraffekt). Münch. med. Wschr. 1923, 1167. — Über nicht venerische plastische Lymphangitis im Sulcus coronarius penis mit umschriebenem Ödem. Derm. Z. 78, 24 (1938). — Über Hemihyperatrophia faciei et colli (halbseitiges Großgesicht). Arch. Derm. Syph. (Berl.) 187, 85 (1949). — Hoffmann, Th.: Die chirurgische Behandlung dekompensierter Herzleiden durch Unterbindung der Vena cava inferior. Dtsch. med. Wschr. 1951, 1624. — Høiensgaard, M. D.: Sequelae of deep thrombosis in the lower limb. Angiology 3, 42 (1953). — Hollander, W., P. Reilly, and B. A. Burrews: Lymphatic flow in human subjects as indicated by the disappearnace of I¹³ʹ-labeled albumin from the subcutaneous tissue. J. clin. Invest. 40, 222 (1961). — Holling, H. E., H. K. Becker, and R. R. Linton: Study of the tendency to oedem formation associated with incompetence of the valves of the communicating veins of the leg. J. clin. Invest. 17, 555 (1938). — Holtmeier, H. J., u. P. Martini: Die Ausscheidung von Natrium, Chlorid und Wasser bei Ödemkranken während diätetischer und medikamentöser Behandlung. Dtsch. med. Wschr. 84, 1208 (1951). — Holtz, K. H.: Über Gehirn- und Augenveränderungen bei Hyalinosis cutis et mucosae (Lipoidproteinose) mit Autopsiebefund. Arch. klin. exp. Derm. 214, 289 (1962). — Holzmann, H., G. W. Korting, F. Hammerstein, P. Iwangoff u. K. Kühn: Quantitative Bestimmungen der einzelnen Kollagenfraktionen von Haut nach Anwendung von Resochin und Progesteron. Naturwissenschaften 51, 310 (1964). — Homans, J.: The treatment of elephantiasis of the legs. A preliminary report. New Engl. J. Med. 215, 1099 (1936). — Deep quiet venous thrombosis in the lower limb. Surg. Gynec. Obstet. 79, 70 (1944). — Homans, J., C. K. Drinker and M. E. Field: Elephantiasis and the clinical implications of its experimental reproductions in animals. Ann. Surg. 100, 812 (1934). — Hooker, D. R.: The effect of exercise upon the venous blood pressure. Amer. J. Physiol. 28, 235 (1911). — Horne, J. van: Novus ductus chyliferus. Nunc primum delineatus, descriptus eruditorium examini expositas. Lugd. Batav, 1652. Zit. nach Rusznyák u. Mitarb. — Hornstein, O.: Klinische und histologische Untersuchungen über "Cheilitis granulomatosa". Hautarzt 6, 433 (1955). — Über die Pathogenese des sog. Melkersson-Rosenthal-Syndroms (einschließlich der „Cheilitis granulomatosa" Miescher). Arch. klin. exp. Derm. 212, 570 (1960). — Horváth, K.: Elephantiasis nach Lupus vulgaris. Ref. Zbl. Haut- u. Geschl.-Kr. 68, 508 (1942). — Houck, J. C., and R. A. Jacob: The chemistry of local dermal inflammation. J. invest. Derm. 36, 451 (1961). — Hovnanian, A. P.: Radical ilio-inguinal lymphatic excision. Ann. Surg. 135, 520 (1952). — Hudack, S. S., and P. D. McMaster: The lymphatic participation in human cutaneous phenomena. J. exp. Med. 57, 751 (1933). Zit. nach Nesselrod, Ann. Surg. 104, 905 (1936). — Hugier, P. L.: Mémoire sur l'esthiomène ou dartre rougeante de la région vulvoanale. Mém. Acad. Méd. (Paris) 1848. — Humphries, S. V.: Elephantiasis of the scrotum. Report of a case. S. Afr. med. J. 1955, 712. — Huriez, Cl., et R. Delescluse: 59 lymphoedèmes des membres inférieurs observés en 10 ans à la Clinique de Lille. Angéiologie 1959, 27. — 74 éléphantiasis du membre inférieur observés en plus de 10 ans à la Clinique dermatologique de Lille. Maroc méd. 39, 742 (1960). Ref. Ann. Derm. Syph. (Paris) 88, 676 (1961). — Huriez, Cl., P. Agache et R. Delescluse: Série de 15 éléphantiasis. Bull. Soc. franç. Derm. (Syph.) 67, 961 (1960). — Hutchins, E.: A method for the prevention of elephantiasis chirurgica. Surg. Gynec. Obstet. 69, 795 (1939).

Imbert, A.-L.: Adéno-lymphangites et éléphantiasis tropicaux. Phlébologie 11, 103 (1958). Ref. Ann. Derm. Syph. (Paris) 88, 219 (1961). — Imdahl, H., u. W. Richter: Ein Beitrag zur Klinik und Therapie der Phlegmasia caerulea dolens. Bruns' Beitr. klin. Chir. 197, 488 (1958). — Immink, E.: L'influence des vaisseaux lymphatiques dans la maladie ulcéreuse des jambes. Phlébologie 11, 197 (1958). — Irisacra, A., and R. F. Rushmer: Relationship between lymphatic and venous pressure in the leg of dog. Amer. J. Physiol. 196, 495 (1959). — Ishikawa, H., u. G. Klingmüller: Capillardarstellungen im Papillarkörper, insbesondere bei Psoriasis vulgaris durch die Leucin-aminopeptidase-Reaktion. Arch. klin. exp. Derm. 217, 340 (1963).

Jablonska, S.: Hyperergische Gefäßkrankheiten in der Dermatologie. Z. Haut- u. Geschl.-Krkh. 33, 37 (1962). — Jacobsson, St., and S. Johansson: Normal roentgen anatomy of the lymph vessels of upper and lower extremities. Acta radiol. (Stockh.) 51, 321 (1959). — Jacobsson, St., and S. C. Nettelblad: Surgical treatment of lymphoedema. Three cases of giant lymphoedema of the lower limb. Acta chir. scand. 122, 187 (1961). — Jäger, E.: Über Stauungsmilz. Verh. dtsch. path. Ges. 26, 334 (1931). — Jaeger, F.: Ätiologie und Therapie der Varizen und des variküsen Symptomenkomplexes. Leipzig: Johann Ambrosius Barth 1936. — Jaeger, H., et J. Delacrétaz: Trophœdème segmentaire de la main. Dermatologica (Basel) 104, 333 (1952). — Elephantiasis nostras. Dermatologica (Basel) 108, 429 (1954). — Jaeger, H., J. Delacrétaz et H. Chapuis: Elephantiasis nostras. Dermatologica (Basel) 110, 387 (1955). — Jaeger, H., J. Delacrétaz et R. M. Lorétan: Un cas d'éléphantiasis des membres inférieurs. Elephantiasis nostras ou Myxœdème éléphantiasique? Dermatologica

(Basel) 115, 534 (1957). — JANSEN, G.: Zur Kenntnis der primären Elephantiasis. Kinderärztl. Prax. 20, 193 (1952). — JANTET, G. H.: Lymphangiography. IXth Int. Congr. of Radiology, Abhandl., Bd. I, S. 371. Stuttgart, München u. Berlin 1961. — JANTET, G. H., G. W. TAYLOR, and J. B. KINMOTH: Operations for primary lymphoedema of the lower limbs. Results after 1—9 years. J. cardiovasc. Surg. (Torino) 2, 27 (1961). — JAUSION, M.: Aussprache zu G. MILIAN: Eléphantiasis de la face guérie par les sulfamides. Ann. Derm. Syph. (Paris) 8 (2), 108 (1942). — JENNET, J. H.: Zit. nach SCHROEDER u. HELWEG-LARSEN. — JENNINGS, A. F.: Elephantiasis vulvae during pregnancy. J. Amer. med. Wom. Ass. 9, 153 (1954). — JENNINGS, J. E.: Discussion of paper by H. NEUHOF. Ann. Surg. 108, 18 (1938). — JENSEN, W.: Venöse Stauungszustände am Oberarm und in der Achselhöhle. Zbl. Chir. 1940, 1198. — JERSILD, O.: Contribution à l'étude de la pathogénie du soi-disant syphilome anorectale (Fournier). Ann. Derm. Syph. (Paris) 1920, 62. — Note supplémentaire sur l'éléphantiasis ano-rectal(syphilome ano-rectal de Fournier). Ann. Derm. Syph. (Paris) 1921, 433 — Elephantiasis genito-ano-rectalis. Derm. Wschr. 96, 433 (1933). — JOHN: Elephantiasis. Ref. Zbl. Haut- u. Geschl.-Kr. 63, 472 (1940). — JOHNE, H. O.: Experimentelle und klinische Untersuchungen mit dem Melilotuspräparat Esberiven. Ärztl. Forsch. 14 (I), 473 (1960). — JONCKHEERE, F., et R. LECLERCQ: Physiologie pathologique et traitement des oedèmes chirurgicaux des membres. J. Chir. (Brux.) 5, 102 (1936). — JONES, H. E.: Symmetrical peripheral oedema in infants. Arch. Dis. Childh. 35, 192 (1960). — JORPES, J. E.: Die spezifische Thrombosebehandlung. Schweiz. med. Wschr. 77, 51 (1947). — JOSSIFOR, G. M.: Das Lymphgefäßsystem des Menschen. Jena: Gustav Fischer 1930. — JOULIA, LEURET, TEXIER und MALEVILLE: Eléphantiasis nostras du membre inférieur et syndrome de Turner chez un garçon. Bull. Soc. franç. Derm. Syph. 67, 982 (1960). — JOUVE, A., et C. BOURDE: Connées actuelles sur la pathologie des communications artérioveineuses des membres. Angéiologie, N. s. 9, 2 (1957). — JUCHEMS, R.: Das hereditäre Lymphödem, Typ Meige. Klin. Wschr. 41, 328 (1963). — JUNGE, H.: In: R. WANKE, Chirurgie der großen Körpervenen. Stuttgart: Georg Thieme 1956. — JUNGE, W.: Die operative Behandlung der Elephantiasis des Beines. Arch. Schiffs- u. Tropenhyg. 44, 549 (1940). — Zur Frage der Ätiologie und Therapie der Elephantiasis der Extremitäten. Dtsch. med. Wschr. 1949, 78.

KAEHLER: Payrsche Lymphdrainage bei Elephantiasis cruris. Zbl. Chir. 53, 475 (1926). — KÄRCHER, K. H.: Zum Bilde der kutanen Metastasierung am ödematösen Arm Mastekto-mierter. Z. Haut- u. Geschl.-Kr. 31, 237 (1961). — KAINDL, F.: Technik der Lymphangiographie und Lymphadenographie (mit klinischen Aspekten). Verh. dtsch. Ges. inn. Med. 66, 556 (1960). — KAINDL, F., A. LINDNER, E. MANNHEIMER, L. PFLEGER u. B. THUMLER: Tier-experimenteller Beitrag zur künstlichen Verödung von Lymphbahnen in Extremitäten. Z. Kreisl.-Forsch. 47, 189 (1958). — KAINDL, F., E. MANNHEIMER, P. POLSTERER u. B. THUMLER: Zur Ätiologie von Ödemen in Extremitäten. Z. Kreisl.-Forsch. 46, 296 (1957). — KAINDL, F., E. MANNHEIMER u. B. THUMLER: Lymphangiographie und Lymphadenographie am Menschen. Fortschr. Röntgenstr. 89, 1 (1958). — KAISERLING, H., u. T. SOOSTMEYER: Die Bedeutung des Nierenlymphgefäßsystems für die Nierenfunktion. Wien. klin. Wschr. 52, 1113 (1939). — KAMPMEIER, O. F.: Ursprung und Entwicklungsgeschichte des Ductus thoracicus nebst Saccus lymphaticus jugularis und Cisterna chyli beim Menschen. Morph. Jb. 67, 157 (1931). — KATZ, Y., and A. T. COCKETT: Elevation of inferior vena cava pressure and thoracic lymph and urine flow. Circulat. Res. 7, 118 (1960). — KEHRER, F. A.: Über konstitutionelle Vergrößerungen umschriebener Körperabschnitte. Med. Klin. 1955, 26. — KEIPEL-FRONIAS, E., u. G. KOCSIS: Klinischer Beitrag zum Krankheitsbilde der iliacalen Lymphadenitis im Kindesalter. Ann. paediat. (Basel) 168, 169 (1947). — KETTLE, J. H.: Lymphangiosarcoma following post-mastectomy lymphoedema. Brit. med. J. 1957, 193. — KEYSSER: Zur operativen Behandlung der Elephantiasis. Dtsch. Z. Chir. 203/204, 357 (1927). — KIEFER: Elephantiasis genito-anorectalis durch Lymphogranulomatosis inguinalis. Münch. med. Wschr. 1935 II, 1638. — KILLIAN, H.: Die Chirurgie des Mediastinums und des Ductus thoracicus. Leipzig: Georg Thieme 1940. — KINI, M. G.: Filarial lympoedema. Indian J. Surg. 12, 98 (1950). — KINMONTH, J. B.: Lymphangiography in man. A method of outlining lymphatic trunks at operation. Clin. Sci. 11, 13 (1952). — Lymphography in clinical surgery and particulary in the treatment of lymphoedema. Ann. roy. Coll. Surg. Engl. 53, 300 (1954). — KINMONTH, J. B., and G. W. TAYLOR: The lymphatic circulation in lymphedema. Ann. Surg. 139, 129 (1954). — KINMONTH, J. B., G. W. TAYLOR, and R. A. K. HARPER: Lymphangiography. A technique for the clinical use in the lower limb. Brit. med. J. 1955 I, 940. — KINMONTH, J. B., G. W. TAYLOR, and H. R. KEMP: Lymphangiography. A technique for the clinical use in the lower limb. Brit. med. J. 1955 I, 940. — KINMONTH, J. B., G. W. TAYLOR, G. D. TRACY, and J. D. MARSH: Lymphoedema. Clinical and lymphangiographic studies of a series of 107 patients in which the lower limbs were affected. Brit. J. Surg. 45, 1 (1957). — KIRSCHNER, H.: Beitrag zur chirurgischen Behandlung der Elephantiasis des Penis und des Scrotums. Chirurg 29, 77 (1958). — KIRSCHNER, H., K. SCHUCHARDT u. K. SCRIBA: Zur chirurgischen Behandlung und Pathologie der Elephantiasis der unteren Extremitäten. Chirurg 26, 512 (1955). —

Kittel, H.: Tuberculosis cutis luposa + Elephantiasis. Frankfurt. Dermat. Ver.gg v. 26. 5. 1936. Zbl. Haut- u. Geschl.-Kr. **54**, 214 (1937). — Kleeberg: Elephantiasis vulvae et ani als Folgeerscheinung des Lymphogranuloma inguinale. Ref. Zbl. Haut- u. Geschl.-Kr. **36**, 160 (1931). — Kleine-Natrop: Elephantiasis (Lipomatosis) pollicis. Zbl. Haut- u. Geschl.-Kr. **74**, 348 (1950). — Klüken, N.: Tropische Dermatologie — Bericht über dermatologische Beobachtungen in Westafrika. Hautarzt **13**, 552 (1962). — Knappe, R. C.: Über das Chylangiom und die Chylusfistel der unteren Gliedmaßen und der äußeren Geschlechtsorgane. Langenbecks Arch. klin. Chir. **150**, 202 (1928). — Knoth, W.: Zur Fibrinolysin-Streptokinase-Behandlung von Thrombophlebitiden, Thrombosen und Thromboembolien. Z. Haut- u. Geschl.-Kr. **32**, 305 (1962). — Knott, J.: The treatment of filarial elephantiasis of the leg by bandaging. Trans. roy. Soc. trop. Med. Hyg. **32**, 243 (1938). — Koch, F.: Über das Ulcus vulvae (chronicum elephantiasticum etc.). Arch. Derm. Syph. (Berl.) **34**, 205 (1896). — Kocsard, E., u. F. Ofner: Leontiasis actinica (hochgradige senile Elastose). Hautarzt **13**, 325 (1962). — Kodicek, E.: Mucopolysaccharides of connective tissue: Eight colloquia on clinical pathology, presented at the third international congress of clinical pathology. Presses Académiques européennes, Bruxelles, 1958, p. 729. — Kölliker, A.: Handbuch der Gewebelehre, 4. Aufl. Leipzig 1863. Zit. nach Rusznyak. — Kondoléon, E.: Die Lymphableitung als Heilmittel bei chronischen Ödemen nach Quetschung. Münch. med. Wschr. **1912**, 529. — Die chirurgische Behandlung der elefantiastischen Oedeme durch eine neue Methode der Lymphableitung. Münch. med. Wschr. **1912**, 2726. — Die Dauerresultate der chirurgischen Behandlung der elefantiastischen Lymphödeme. Münch. med. Wschr. **1915**, 541. — Die operative Behandlung der elephantiastischen Ödeme. Zbl. Chir. **39**, 1022 (1952/II). — Korting, G. W.: Über keloidartige Sklerodermie nebst Bemerkungen über das etagenmäßig differente Verhalten von einigen sklerodermischen Krankheitszuständen. Arch. Derm. Syph. (Berl.) **198**, 306 (1954). — Einige Aspekte des Sklerodermie-Problems. Med. Welt **1961**, 939. — Korting, G. W., u. G. Brehm: Über partielle Hyperostosen und Periostosen bei Neurofibromatose und Cutis laxa. Arch. Derm. Syph. (Berl.) **199**, 183 (1955). — Korting, G. W., J. Cabré u. H. Holzmann: Zur Kenntis der Kollagenveränderungen bei der Anektodermie vom Typus Schweninger-Buzzi. Arch. klin. exp. Derm. **218**, 274 (1964). — Korting, G. W., u. H. Holzmann: Zur Hydroxyprolin-Ausscheidung im Harn von Hautkranken. Klin. Wschr. **1965**, 361. — Korting, G. W., H. Holzmann u. K. Kühn: Elektronenmikroskopische Untersuchungen über das Verhalten der Perjodat-empfindlichen Substanzen der Kollagenfibrillen bei der progressiven Sklerodermie. Arch. klin. exp. Derm. **209**, 66 (1959). — Biochemische Bindegewebsanalysen bei progressiver Sklerodermie. Klin. Wschr. **1964**, 247. — Korting, G. W., u. G. Weber: Bericht über eine solitäre tuberöse Myxodermie des linken Handrückens. Arch. klin. exp. Derm. **216**, 354 (1963). — Kotscher, E.: Gibt es Knochenveränderungen bei Mykosis fungoides? Derm. Wschr. **149**, 471 (1964). — Kovach, A. G. B., M. Földi, A. Erdélyi, M. Kellner u. L. Fedina: Die Wirkung eines Melilotusextraktes und des reinen Cumarins auf die Blutversorgung des Kopfes, des Koronargebietes und der hinteren Extremität beim Hunde. Ärztl. Forsch. **14** (I), 469 (1960). — Kresbach, H., u. J. Steinacher: Untersuchungen zur medikamentösen Beeinflussung des Venensystems. Zugleich ein Beitrag zur Physiologie und Pathologie des Venendruckes und zur Prüfung der Capillarpermeabilität. Arch. klin. exp. Derm. **214**, 319 (1962). — Krieg, E.: 1. Deutsche Arbeitstagg für Phlebologie in Frankfurt a.M. Med. Klin. **1957**, 1315. — Die Behandlung der sogenannten Beinleiden in der Praxis. Stuttgart: J. K. Schattauer 1963. — Kriner, J., y S. Braunstein: Linfedema congénito (enfermdad de Milroy). Arch. argent. Derm. **10**, 66 (1960). — Krogh, A., E. M. Landis, and A. H. Turner: The movement of fluid through the human capillary wall in relation to venous pressure and to the colloid osmotic pressure of the blood. J. clin. Invest. **11**, 63 (1932). — Krug, H., u. L. Schlicker: Die Dynamik des venösen Rückstroms. Leipzig 1960. — Kubik, I.: Beiträge zum Mechanismus des Lymphkreislaufes. Kisérl. Orvostud. **2**, 182 (1950). Zit. nach Rusznyak. — Kubik, I., u. J. Szabo: Die Innervation der Lymphgefäße im Mesenterium. Acta morph. Acad. Scil hung. **6**, 25 (1956). — Kubik, I., u. T. Tömböl: Über die Abflußfolge der regionären Lymphknoten der Lunge des Hundes. Acta anat. (Basel) **33**, 116 (1958). — Kuckuck, W.: Die Disposition zum Gesichtserysipel. Inaug.-Diss. Frankfurt a.M. 1927. — Kügelgen, A. v.: Weitere Mitteilungen über den Wandbau der großen Venen des Menschen unter besonderer Berücksichtigung ihrer Kollagenstrukturen. Z. Zellforsch. **44**, 121 (1956). — Kühn, K.: Die Struktur des Kollagens. Leder **13**, 73 (1962). — Kühn, K., M. Durrutti, P. Iwangoff, Fr. Hammerstein, K. Stecher, H. Holzmann u. G. W. Korting: Untersuchungen über den Stoffwechsel des Kollagens. I. Hoppe-Seylers Z. physiol. Chem. **336**, 4 (1964). — Kühn, K., H. Holzmann u. G. W. Korting: Quantitative Bestimmungen der löslichen Kollagenvorstufen nach Anwendung einiger Bindegewebstherapeutika. Naturwissenschaften **49**, 134 (1962). — Kühn, K., P. Iwangoff, Fr. Hammerstein, K. Stecher, M. Durrutti, H. Holzmann u. G. W. Korting: Untersuchungen über den Stoffwechsel des Kollagen. II. Hoppe-Seylers Z. physiol. Chem. **337**, 249 (1964). — Küllöi-Rhorer, L.: Beiträge zur chirurgischen Behandlung der Elephantiasis. Zbl. Chir. **82**, 326

(1957). — KULWIN, M. H., and E. A. HINESS: Blood vessels of the skin in chronic venous insufficiency. Arch. Derm. Syph. (Chic.) 62, 293 (1950). — KUMER, L.: Chronisches Trophödem und Naevus varicosus. Derm. Z. 63, 129 (1932). — KUNTZEN, H.: Die chirurgische Behandlung der Elephantiasis. Ergebn. Chir. Orthop. 22, 431 (1929). — Zur Ursache der Elephantiasis an den Beinen. Bruns' Beitr. klin. Chir. 179, 219 (1950). — KURZ, R.: Über Hautveränderungen, insbesondere Stauungskeratosen an Amputationsstümpfen. Derm. Wschr. 137, 473 (1958). — KUSKE, H.: Lymphocytom des Ohrläppchens. Dermatologica (Basel) 110, 60 (1955). — KVEIM, A.: Über Elephantiasis, inbesondere Elephantiasis nostras. Norsk Mag. Lœgevidensk. 96, 1093 (1935).— KYRLE, J.: Histo-Biologie, Bd. I. Berlin: Springer 1925.

LÄWEN, A.: Über Thrombektomie bei Venenthrombose und Arteriospasmus. Zbl. Chir. 1937, 961. — LAMBRECHT, W.: Radikaloperation bei Elephantiasis. Chirurg 20, 232 (1949). — Zur Ursache der Elelphantiasis an den Beinen. Bruns' Beitr. klin. Chir. 179, 219 (1950). — LANDES, E., u. TH. MATNER: Cellulitis orthostatica vagantium. Z. Haut- u. Geschl.-Kr. 34, 267 (1963). — LANDIS, E. M.: The movement of fluid through the human capillary wall in relation to venous pressure and to colloid osmotic pressure of the blood. J. clin. Invest. 11, 63 (1932). — Capillary permeability and the factors affecting the composition of capillary filtrate. Ann. N.Y. Acad. Sci. 46, 713 (1946). — LANDIS, E. M., and J. H. GIBBON JR.: The effects of temperature and of tissue pressure on the movement of fluid through the human capillary wall. J. clin. Invest. 12, 105 (1933). — LANDIS, E. M., L. JONAS, H. ANGEWINE, and W. ERB: The passage of fluid and protein through the human capillary wall during venous congestion. J. clin. Invest. 11, 717 (1932). — LANG, N.: Bedeutung der Radioisotopen-Gewebsclearance für Diagnostik und Therapie. Med. Welt 1961, 1754. — LAPEYRE, J. L.: Contribution à l'étude de l'éléphantiasis tropicale. J. Chir. (Paris) 49, 682 (1937). — LARMANDE, A., E. TIMSIT u. M. THOMAS: Zit. nach SCHRECK. — LARSEN, S. E.: Praktiske bemaerkingen over strictures i masttarmen. Hospitals-Meddelelser 2, 289 (1849). Zit. nach HENSCHLER-GREIFELT. — LA TERZA, E.: Osservazioni e ricerche sulla patogenesi della elefantiasis. Med. trop. e subtrop. 2, 49 (1942). — LAUSECKER, H.: Beitrag zum chronischen Trophödem. Dermatologica (Basel) 99, 357 (1949). — LAZARESCU, I.: Sindrom anogenito-rectal. Derm.-Vener. (Buc.) 8, 463 (1963). — LE BRIE, S. J., and H. S. MAYERSON: Influence of elevated venous pressure on flow and composition of renal lymph. Amer. J. Physiol. 198, 1037 (1960). — LEE, F. C.: Establishment of collateral circulation following ligation of the thoracic duct. Bull. Johns Hopk. Hosp. 33, 21 (1922). — Some observations on lymph pressure. Amer. J. Physiol. 17, 498 (1923/24). — LEGER, L., PH. DÉTRIE, M. DEGEORGES et C. BOELY: Le déséquilibre de posture dans les varices volumineuses. Presse méd. 68, 1237 (1960). Ref. Zbl. Haut- u. Geschl.-Kr. 108, 255 (1960/61). — LEGER, L., et C. FRILEUX: Les phlébites. Paris: Masson & Cie. 1950. — LEGRAND, R., H. WAREMBOURG et J.-F. MERLEN: L'oedème dans les angiopathies. Angéiologie 1959, 13. — LEIPERT, TH.: Zur Problematik der Ödeme. Materia Med. Nordmark 1963, 1. Maiheft. — LEMKE, G.: Die Unterschenkelverschwielung im Röntgenbild. Hautarzt 10, 208 (1959). — LENHARTZ: Zit. nach ENGST. — LEO, E.: Elefantiasi in sede rara. Arch. ital. Chir. 38, 227 (1934). — LÉRI, A.: Contribution à l'étude du rôle du système nerveux dans la pathogénie des oedèmes: Trophoedèmes chroniques et spina bifica occulta. Ref. Zbl. ges. Neurol. Psychiat. 29, 288 (1922). — LÉRI, A., et N. PÉRON: Le syndrome trophoedème: trophoedème nerveux, trophoedème lymphatique. Ref. Zbl. Haut- u. Geschl.-Kr. 14, 88 (1924). — LERICHE, R.: Traitement chirurgical des suites éloignés des phlébites et des grands oedèmes non médicaux des membres inférieurs. Bull. Soc. nat. Chir. 53, 187 (1927). — Betrachtungen über die chirurgische Behandlung der Phlebitis der Beine und ihrer Spätfolgen. J. int. Chir. 3, 585 (1938). — Traitement des séquelles postphlébitiques. Progr. méd. (Paris) 77, 243 (1949). — LERICHE, R., u. J. KUNLIN: Zit. nach GUMRICH. — LESTRADE, DE: Adéno-lipomatose progressive avec lipomes en nappes. Bull. Soc. franç. Derm. Syph. 67, 978 (1960). — LETTERER, E.: Allgemeine Pathologie. Stuttgart: Georg Thieme 1959. — Über normergische und hyperergische Entzündung. Dtsch. med. Wschr. 78, 759 (1953). — Die allergisch-hyperergische Entzündung. In: Handbuch der allgemeinen Pathologie, Bd. VII/1. Berlin-Göttingen-Heidelberg: Springer 1956. — LEV, M., and O. SAPHIS: Endophlebohypertrophy and phlebosclerosis; external and common iliac veins. Amer. J. Path. 28, 401 (1952). — LEVEN: Zur Kenntnis des Trophödems Meige-Milroy. Derm. Wschr. 96, 777 (1933). — LEVIN, O. L.: Hereditary edema of the legs. Arch. Derm. Syph. (Chic.) 57, 765 (1948). — LEWIS, D.: Elephantiasis. In: LEWIS-WALTERs Practice of surgery, vol. III, chapt. 9, p. 27ff. Hagerstown, Maryland: W. F. Prior Co., Inc. 1963. — LILIENFELD-TOAL, O. v.: Zur Ätiologie der „Kröberschen Krankheit" (Elephantiasis urogenitalis). Inaug.-Diss. Kiel 1939. — LIMBOSCH, J.: Lymphoedème précoce. Acta chir. belg. 57, 66 (1958). — LINARI, O., u. L. M. PARODI: Zur chirurgischen Behandlung der Elephantiasis. Rev. Chirurg. (B. Aires) 17, 177 (1938). — LINDENBERG, R.: Die Gefäßversorgung und ihre Bedeutung für Art und Ort von kreislaufbedingten Gewebsschäden und Gefäßprozessen. In: Handbuch der speziellen pathologischen Anatomie und Histologie, Bd. 13/1, Bandteil A u. B, S. 1071—1164. Berlin-Göttingen-Heidelberg: Springer 1957. — LINDNER, H.: Vergleichende histochemische und papierchromatographische Untersuchungen bei Entzündungsvorgängen an der Haut. Arch. klin. exp. Derm. 206, 379 (1957). — Lindvall, N., and A. Lodin: Congenital absence of valves in venous insufficiency; Part II: Roentgenologic investigations Acta derm.-venerol. (Stockh.) 41, Suppl. 45 (1961). — Link, R.: Elephantiasis des äußeren Ohres. Hals-, Nas. u. Ohrenarzt, I. Teil 31, 167 (1940). — Linke, H.: Die Elephantiasis und ihre Behandlung. Ärztl. Wschr. 1954, 337. — Linossier, G., et G. H. Lemoine: Influence de l'orthostatisme sur le functionnement du rein. C. R. Soc. biol. (Paris) 1, 466 (1903). — Linser, K.: Elephantiasis penis et scroti. Ref. Zbl. Haut- u. Geschl.-Kr. 78, 413 (1952). — Die durch venöse Stauung bedingte kutane bzw. subkutane Unterschenkelsklerose. Ihre Prophylaxe und ihre Therapie. Münch. med. Wschr. 103, 1745 (1961). — Linzbach, A. J.: Vergleichende phasenmikroskopische Untersuchungen am Deckepithel der Leberkapsel und am Aortenendothel. Z. Zellforsch. 37, 554 (1952). — Quantitative Biologie und Morphologie des Wachstums. In: Handbuch der allgemeinen Pathologie, Bd. VI/1, S. 223ff. Berlin-Göttingen-Heidelberg: Springer 1955. — Ljunggren, E.: Über die sog. traumatische Venenthrombose der oberen Extremität. Acta chir. scand. 77, 111 (1935). — Lloyd, D. J., and M. Garrod: A contribution to the theory of the structure of protein fibers with special reference to the so-called thermal shrinkage of collagen. Trans. Faraday Soc. 44, 441 (1948). — Lloyd, D.J., and A. Shore: Chemistry of the proteins. London 1938. Zit. nach Rothman. — Lluesma, E.: Tratamiento qurirurgico de al elefantiasis de la pierna con la simpatectomia lumbar y la flebectomia poplitea simultaneas. J. int. Chir. 11, 20 (1951). — Lob, A.: Venöse Durchblutungsstörungen an den Armen. (Claudicatio venosa und Axillarvenenthrombose). Zbl. Chir. 72, 702 (1947). — Loble, A. W., and H. N. Harkins: Postmastectomy swelling of the arm, with a note on the effect of segmental resection of the axillary vein at the time of radical mastectomy. West. J. Surg. 57, 550 (1949). — Löhe: Elephantiasis lymphangiectatica posterysipeltica. Ref. Zbl. Haut- u. Geschl.-Kr. 74, 285 (1950). — Löhe, H.: Antwort auf die Rundfrage: Welche Behandlung ist bei Elephantiasis nach rezidivierendem Erysipel zu empfehlen? J. med. Kosmet. 1954, 55—58, 135—138. Ref. Zbl. Haut- u. Geschl.-Kr. 89, 240—241 (1954). — Löhr, W.: Über die sogenannte „traumatische" Thrombose der Vena axillaris und subclavia (Thrombose der oberen Extremität nach Anstrengungen, thrombose par effort). Dtsch. Z. Chir. 214, 263 (1929). — Die Claudicatio venosa intermittens der oberen Extremität. — Ein kritischer Beitrag zur sog. traumatischen Thrombose der Vena axillaris und subclavia (Thrombose par effort). Langenbecks Arch. klin. Chir. 176, 701 (1933). — Die Claudicatio intermittens der oberen Extremität (akuter Venenstau), ihre operative Behandlung und ihre Heilergebnisse. Langenbecks Arch. klin. Chir. 186, 596 (1936). — Loewi, G., and K. Meyer: The acid mucopolysaccharides of embryonic skin. Biochem. biophys. Acta (Amst.) 27, 453 (1958). — Lofferer: Lymphangiosarkom bei Lymphödem nach Ablatio mammae (Stewart-Treves-Syndrom). Ref. Z. Haut- u. Geschl.-Kr. 35, 260 (1963). — Loose, K. E.: Beitrag zum Krankheitsbild des Achselvenenstaus. Medizinische 1952, 220. — Lopez, E. A.: Tratamiento quirugico del limfedema congenital hereditaria. An. med. (argent.) 49, 16 (1963). — Lowenberg, E. L.: Edema and lymphedema of lower extremities. Virginia med. Mth. 79, 351 (1952). — Lower, R.: Tractatus de corde, 4. ed., p. 81. London 1680. Zit. nach Favre. — Ludwig, H.: Venöse Rückstromgeschwindigkeit beim alten Menschen und deren Beeinflussung durch einfache Maßnahmen. Zbl. Phlebol. 1, 1 (1962). — Ludwig, K., u. W. Thomsa: Die Anfänge der Lymphgefäße im Hoden. S.-B. Wien. Akad. Wiss. 44, 155 (1861). — Lusk, J. A., W. N. Viar, and T. R. Harrison: Further studies on the effects of changes in the distribution of extracellular fluid on sodium excretion. Observations following compression of the legs. Circulation 6, 911 (1952).

Mabille, H.: Observation de trophoedème. Nouv. Iconogr. Salpêt. 14, 503 (1901). — MacCallum, W. G.: Die Beziehungen der Lymphgefäße zum Bindegewebe. Arch. Anat. Physiol., Anat. Abt. 1902, 273. — On the mechanism of absorption of granular materials from the peritoneum. Bull. Johns Hopk. Hosp. 14, 105 (1903). — MacDonald, I.: Resection of the axillary vein in radical mastectomy, its relation to the mechanism of lymphedema. Cancer (Philad.) 1, 618 (1948). — Macey, H. B.: Surgical procedure for lymphedema of extremities; follow-up report. J. Bone Jt Surg. A30, 339 (1948). — Machacek, G. F.: Chronic lymphedema of the face. Arch. Derm. Syph. (Chic.) 62, 913 (1950). — MacIndoe, A.: Discussion on treatment of chronic oedema of leg. Proc. roy. Soc. Med. 43, 1043 (1950). — Madden, F. C., A. Ibrahim, and A. R. Ferguson: On the treatment of elephantiasis of the legs by lymphanioplasty. Brit. med. J. 1912 II, 1212. — Makmull, G., and S. D. Weeder: Congenital lymphedema. Case report with results of surgical correction. Plast. reconstr. Surg. 5, 157 (1950). — Málek, P.: Physiologische, pathophysiologische und anatomische Grundlagen ker Lymphographie. IXth Int. Congr. Radiol., Abhandl. Bd. I, S. 384. Stuttgart, München d. Berlin 1961. — Málek, P., A. Belán, J. Kolc: Der Ducutus thoracicus in der Röntgenuinematographie. Fortschr. Röntgenstr. 93, 723 (1960). — Das oberflächliche und tiefe lymphatische System der unteren Extremität im lymphographischen Bild. Radiol. diagn. (Berl.) 2, 15 (1961). — Málek, P., A. Belán, Fr. Kriegel u. J. Kole: Lymphangio- und Lymphadenographie der unteren Extremität bei Polyarthritis progressiva. Fortschr. Röntgenstr. 92, 620 (1960). — MÁLEK, P., J. KOLE u. F. ZÁK: Zur Frage der Beschädigung der Lymphknoten durch Kontrastmittel bei der Lymphographie. Fortschr. Röntgenstr. 91, 46 (1959). — MÁLEK, P., J. KOLE, F. ZÁK u. J. FISCHER: Veränderungen in den Lymphknoten im Bilde der funktionellen zweizeitigen Lymphographie. Fortschr. Röntgenstr. 91, 34 (1959). — MANCINI, R. G., S. G. STRINGA, J. A. ANDRADE y P. G. AGUERRE: Efectos histológicos e histoquímicos en el linfedema de Nonne-Milroy-Meige. Arch. argent. Derm. 10, 91 (1960). — MARCIANO, A.: Chronisches Trophödem „Meige" (Pluriglanduläre Dysendokrinie durch Lues hereditaria). Ref. Zbl. Haut- u. Geschl.-Kr. 6, 473 (1923). — MARCOZZI, G., e R. PARIETE: Terapia chirurgica radicale della elefantiasis degli arti inferiori con plastica cutanea. Gazz. int. Med. Chir. 61, 1787 (1956). — MARGHESCU, S., u. M. HETTLER: Zur Frage des Lymphoedema praecox. Derm. Wschr. 149, 15 (1964). — MARQUES, M. F., and S. CEZAR: Edema of the arms in cancer of the breast. J. Amer. med. Wom. Ass. 5, 143 (1950). — MARSHALL, J. F.: Lymphangiosarcoma of the arm following radical mastectomy. Ann. Surg. 142, 871 (1955). — MARTIN, H.: Beiträge zur Klinik und Histologie der Mycosis fungoides d'emblée. Arch. Derm. Syph. (Berl.) 149, 425 (1925). — MARTINI, G. A., G. STROHMEYER u. P. BÜNGER: Exsudative Enteropathie. Dtsch. med. Wschr. 1960, 586. — MARTORELL, F.: Hypertensive ulcer of the leg. Angiology 1, 133 (1950). — Chronic edema of the lower limbs. Angiology 2, 434 (1951). — MARTORELL, F., J. PALCU y J. MONSERRAT: Linfedema por reflujo quiloso y su tratamiento por la linfangiectomia. Angioloy 14, 188 (1963). — MARZIANI, R.: Contributo alla cura chirurgica dell'elefantiasi secondaria a solco amniotico. Arch. Ortop. (Milano) 56, 555 (1941). — MASCAGNI, P.: Vasorum lymphaticorum corporis humani descriptio ed iconographia. Siena 1787. Zit. nach RUSZNYAK u. Mitarb. — MASSHOFF, W., u. W. GRANER: Zur biologischen Bewertung von Ergüssen. Klin. Wschr. 27, 730 (1949). — MASSHOFF, W., W. GRANER u. H. HELLMANN: Experimentelle Untersuchungen über Transsudat und Exsudat. Virchows Arch. path. Anat. 317, 114 (1949/50). — MATRAS, A.: Die Lymphogranulomatose der Haut. In: GOTTRON-SCHÖNFELD, Dermatologie und Venerologie, Bd. III/2, S. 1234. Stuttgart: Georg Thieme 1959. — MATZNER, R.: Über angeborene Schnürungen an den Extremitäten. Arch. orthop. Unfall-Chir. 46, 48 (1953). — MAY, E.: Die chronische Beckenvenensperre und ihre Operationsbefunde. Zbl. Phlebol. 2, 106 (1963). — MAY, R., u. R. NISSL: Die Phlebographie der unteren Extremität. Fortschr. Röntgenstr. Erg.-Bd. 84 (1959). — MAY, R., u. J. THURNER: Ein Gefäßsporn in der Vena iliaca communis sinsitra als Ursache der überwiegend linksseitigen Beckenvenenthrombosen. Z. Kreisl.-Forsch. 45, 912 (1956). — McDILL, J. R.: Zit. nach OESTERN. — McDONALD, D. F., and C. HIGGINS: The surgical treatment of elephantiasis. J. Urol. (Baltimore) 63, 187 (1950). — McFAUZEAN, J. A.: The effect of adrenocorticothropic hormone on elephantiasis of the lower limb. Trans. roy. Soc. trop. Med. (London) 47, 561 (1953). — McGUIRE, J., and P. ZEEK: Pathogenesis of chronic hereditary edem of the extremities (Milroy's disease). J. Amer. Med. Ass. 98, 870 (1932). — McKEE, D. M., and M. T. EDGARTON JR.: The surgical treatment of lymphedema of the lower extremities. Plast. Reconstr. Surg. 23, 480 (1959). — McLAUGHIN, G. D., and E. R. THEIS: Zit. nach BRAUN-FALCO. — McMASTER, PH. D.: Changes in the cutaneous lymphatics of human beings and in the lymph flow under normal and pathological conditions. J. Exper. Med. 65, 347 (1937). — The pressure and interstitial resistance prevailing in the normal and edematous skin of animals and man. J. Exper. Med. 84, 473 (1946). — McMASTER, PH. R., and R. J. PARSONS: Physiological conditions existing in connective tissues. II. The state of fluid in the intradermal tissues. J. Exper. Med. 69, 258 (1939). — The movement of substances and the state of the fluid in the intradermal tissue. Ann. N.Y. Acad. Sci. 52, 992 (1950). — McMURRICH, J. P.: The valves of the iliac vein. Brit. Med. J. 1906 II, 1699. — MEHTA, V. P.: Treatment of filarial lymphoedema and elephantiasis. Indian J. Surg. 12, 89 (1950). — MEIER, R., F. GROSS u. P. DESAULLES: Biochemische Kausalzusammenhänge des Entzündungsvorganges. In: Medizinische Grundlagenforschung, Bd. II. Stuttgart: Georg Thieme 1959. — MEIGE, H.: Dystrophie oedèmateuse héréditaire. Presse méd. 6, 341 (1898). — Le trophoedème chronique héréditaire. Nouv. Iconagr. Salpêt. 12, 453 (1899). — MELCZER, N.: Pathologische Anatomie des Lymphogranuloma inguinale. In: JADASSOHN, Handbuch der Haut- u. Geschlechtskrankheiten, Erg.-Werk Bd. VI/1, S. 516ff. Berlin-Göttingen-Heidelberg- New York: Springer 1964. — MEMMESHEIMER, A. M.: Zur Kasuistik und Ätiologie des Trophödems Meige. Derm. Z. 55, 23 (1928). — MENDE, F.: Über Hyperämie und Ödem bei der Hemmung des Rückflusses des venösen Blutes durch die Staubinde. Dtsch. Z. Chir. 150, 379 (1919). — MENKIN, V.: Modern views on inflammation. Int. Arch. Allergy 4, 131 (1953). — Biochemical mechanisms in inflammation. Brit. med. J. 1960 II, 1521. — MENTHA, C.: Zit. nach FAVRE. — MER, C. L., and D. R. CAUSTON: Carbon dioxide: a factor influencing cell division. Nature (Lond.) 199, 360 (1963). — MERCADAL PEYRI, J.: Elephantiasis nostras. Beitrag zu ihrer Pathogenese. Act. dermo-sifilogr. (Madr.) 32, 594 (1941). — MERKEL, H.: Verdauungsorgane. In: KAUFMANN-STAEMMLER, Lehrbuch der speziellen pathologischen Anatomie, Bd. I. Berlin: W. de Gruyter & Co. 1955. — MERTZ, D. P.: Die extracelluläre Flüssigkeit (Biochemie und Klinik).

Hrsg. von G. Weitzel u. N. Zöllner. Stuttgart: Georg Thieme 1962. — Métraux, H. R.: Über das chronische Lymphödem der Beine. Inaug.-Diss. Zürich 1960. — Meyer, A. W.: An experimental study on the recurrence of lymphatic glands and the regeneration of lymphatic vessels in the dog. Bull. Johns Hopk. Hosp. 17, 185 (1906). — Meyer, H., u. J. Pevny: Über die Behandlung eines Trophödems Nonne-Milroy-Meige mit Methyl-Prednisolon (Kristall-Suspension). Derm. Wschr. 146, 185 (1962). — Meyer, K.: The biological significance of hyaluronic acid and hyaluronidase. Physiol. Rev. 27, 335 (1947). — Meyer-Hofmann, G.: Lokalisierte Elephantiasis, eigenes Krankheitsbild oder Symptom im Sinne des Myxoedema tuberosum. Ref. Zbl. Haut- u. Geschl.-Kr. 96, 338 (1956). — Lokalisierte Elephantiasis und Myxoedema tuberosum, Symptomenkomplex oder selbständige Allgemeinkrankheit? Dtsch. med. Wschr. 1956, 1641. — Michel, P. J.: „Elephantiasis nostras" avec curieuses néoformations conjonctives. Bull. Soc. franç. Derm. Syph. 63, 196 (1956). — Un cas de myxoedème cutané circonscrit à type d'éléphantiasis du membre inférieur droit. Bull. Soc. franç. Derm. Syph. 64, 54 (1957). — Eléphantiasis scrotal avec état verruqueux consécutif à des ostéites tuberculeuses du bassin. Bull. Soc. franç. Derm. Syph. 64, 423 (1957). — Michel, P. J., J. Coudert, M. Prunieras, Monnet et M. Vial: Parapsoriasis lichénoide ancien ayant abouti à un processus tumoral pseudomycosique. Evolution rapidement mortelle avec fièvre élévée et importante localisation tumorelle pulmonaire. Bull. Soc. franç. Derm. Syph. 61, 384 (1954). — Michnik: Elephantiasis mit Lymphcysten. Ref. Zbl. Haut- u. Geschl.-Kr. 75, 303 (1950/51). — Midzík: Lupus vulgaris et Elephantiasis extremitatis inferioris sinistrae. Ref. Zbl. Haut- u. Geschl.-Kr. 67, 524 (1941). — Mietke-Unna: Elephantiasis. Ref. Zbl. Haut-u. Geschl.-Kr. 72, 261 (1949). — Mikhail, G. R., and M. S. Falk: Filariasis in Egypt. Arch. Derm. Syph. (Chic.) 65, 32 (1952). — Milian, G.: Eléphantiasis de la face guéri par les sulfamides. Ann. Derm. Syph. (Paris) VIII s. 2, 106 (1942). — Miller, A. J., R. Pick, and L. N. Katz: Ventricular endomyocardial pathology produced by chronic cardiac lymphatic obstruction in the dog. Circulat. Res. 8, 941 (1960). — Milroy, W. F.: An undescribed variety of hereditary oedema. N.Y. med. J. 56, 505 (1892). — Chronic hereditary edema: Milroy's disease. J. Amer. med. Ass. 91, 1172 (1928). — Mir, C. J.: Elephantiasis nostras beider Beine, des Anus und der Vulva. Act. dermo-sifiliogr. (Madr.) 33, 478 (1942) [Spanisch]. Ref. Zbl. Haut- u. Geschl.-Kr. 69, 245 (1943). — Mislin, H.: Experimenteller Nachweis der autochthonen Automatik der Lymphgefäße. Experientia (Basel) 17, 29 (1961). — Molen, H. R. van der: Lymphoedème précoce ou éléphantiasis lymphogène spontané. Indications étendues du traitement conservateur. A propos de 24 cas. Phlébologie 9, 163 (1956). — Lymphoedème des membres inférieurs. Clinique et thérapie. Angéiologie 1959, 33. — Lymphoedeme der unteren Gliedmaßen — Klinik und Therapie. Anthologia phlebologica — Ausgewählte phlebologische Neudrucke, Haarlem 1962. — La thérapeutique conservatrice des conditions post-thrombotiques. Folia angiol. (Pisa) 9, fasc. III-Iv (1962). — La thérapeutique conservatrice de l'éléphantiasis. Folia angiol. (Pisa) 9, fasc. III—IV (1962). — Molenaar, H., u. D. Roller: Die Bestimmung des extracellulären Wassers beim Gesunden und Kranken. Z. klin. Med. 136, 1 (1939). — Moniz, E.: Sur le trophoedème chronique de Meige. — Nouveaux cas. Considérations sur leur étiologie. Rev. neurol. 28, 1086 (1921). — Montagna, W.: The structure and function of skin, II. ed., New York and London 1962. — Monteiro, H., A. Rodrigues, A. de Souza Pereira et M. da Silva Pinto: Investigations sur la physiopathologie neurolymphatique. O Hospital 55, 73 (1959). Ref. Ann. Derm. Syph. (Paris) 88, 676 (1961). — Monteiro Bastos, J.: Eléphantiasis vulvaire douloureux. Gangliectomie lombaire. Lyon chir. 35, 300 (1938). — Montel, M.: Diskussionbemerkung zu: Sézary u. Mitarb., Eléphantiasis nostras. Ann. Derm. Syph. (Paris) 1945, 291, 292 bzw. Bull. Soc. franç. Derm. Syph. 1945, 128, 129. — Montgomery, H.: Lymphedema of the extremities caused by invasion of lymphatic vessels by cancer cells. Arch. intern. Med. 57, 1145 (1932). — Moulonguet-Dolaris, P., N. Arvay, J. D. Picard et G. Manlot: La lymphographie: techniques, indications et résultats. J. Radiol. Electrol. 42, 281 (1961). — Mowlem, R.: Lymphatic oedema — an evaluation of surgery in its treatment. Amer. J. Surg. 95, 216 (1958). — Mucha, V., u. Fr. Mras: Der variköse Symptomenkomplex (Elephantiasis). In: Jadassohn, Handbuch der Haut- und Geschlechtskrankheiten, Bd. VI/2, S. 440. Berlin: Springer 1928. — Müller, K.: Vermeidung der Gefahren bei Behandlung von Thrombosen und Myokardinfarkten mit Antikoagulantien (Heparin, Cumarine) durch erfolgreiche Anwendung von Butazolidin. Schweiz. med. Wschr. 87, 617 (1957). — Mülly, K.: Die Erkrankungen und Geschwülste des Mediastinums, Geschwülste der Lungen, Pleura und Brustwand. In: Handbuch der inneren Medizin, 4. Aufl., Bd. IV/4. Berlin-Göttingen-Heidelberg: Springer 1956. — Munk, J.: Zit. nach Engelhardt. — Munteanu, M.: Riesige Flüssigkeitsansammlung in den Weichteilen des rechten Unterschenkels bei einem Kranken mit tuberkulösen Gummata und Elephantiasis. Derm.-vener. (Buc.) 3, 75 (1958) [Rumänisch]. Ref. Zbl. Haut- u. Geschl.-Kr. 102, 99 (1958/59). — Murrich: Zit. nach Gumrich. — Musger: Elephantiasis anorectalis. Ref. Zbl. Haut- u. Geschl.-Kr. 50, 554 (1935). — Mussler: Trophoedema Meige. Ref. Zbl. Haut-u. Geschl.-Kr. 92, 392 (1955).

NAEGELI, TH., u. S. DORTENMANN: Grundlagen der Diagnostik. In: NAEGELI, GROSS, RUNGE u. SACHS, Die thromboembolischen Erkrankungen und ihre Behandlung. Stuttgart: F. K. Schattauer 1955. — NAEGELI, TH., u. P. MATIS: Die Thromboembolie als Krankheit. In: NAEGELI, MATIS, GROSS, RUNGE u. SACHS, Die thromboembolischen Erkrankungen und ihre Behandlung. Stuttgart: F. K. Schattauer 1955. — NAGEOTTE, I., et L. GUYON: Considérations générales sur la trame conjonctive. Arch. Biol. (Liège) 41, 1 (1931). — NÁGERA, J. M.: Kinesiterapia de la elefantiasis. Ses. Dermatol. en Homenaje al Prof. LUIS E. PIERINI, p. 517 (1950). Ref. Zbl. Haut- u. Geschl.-Kr. 77, 347 (1951/52). — NARDELLI, L.: Zur Philologie der „Elephantiasis". Hautarzt 10, 555 (1959). — NĂSTASE, GH., GH. SPERANTĂ, M. CARNIOL, M. LAZĂR et A. DOBRESCU: La hyaluronidase dans le traitement des états éléphantiasiques. Derm.-vener. (Buc.) 1, 346 (1956). — NATALI, J.: Traitement de l'oedème chronique des membres inférieurs d'origine lymphatique. Concours méd. 79, 3475 (1957). — NEEL, J. L.: L'oedème chronique d'origine veineuse (postphlébitique). Vie méd. 39, 789 (1958). — NEGRONI u. ZOPPI: Zit. nach ENGST. — NEIJ, S.: Traumatisk armstas. Nord. Med. 20, 1956 (1943). — NEKACHALOW, V. V.: Calcified thrombus of the superior vena cava. Arkh. Pat. 24, 74 (1962). — NELSON, W. R., and H. M. MORFIT: Lymphangiosarcoma in the lymphedematous arm after radical mastectomy. Cancer (Philad.) 9, 1189 (1956). — NÉMETH-CSÓKA, M.: Untersuchungen über die kollagenen Fasern. I. Teil: Über die submikroskopische Struktur der in vitro präparierten kollagenen Fasern und die stabilisierende Rolle der sauren Mukopolysaccharide. Acta histochem. (Jena) 9, 282 (1960). — Untersuchungen über die Kollagenfasern. Acta histochem. (Jena) 12, 255 (1961). — Untersuchungen über die Kollagenfasern. Acta histochem. (Jena) 16, 70 (1963). — NEMETSCHEK, TH.: Elektronenmikroskopische Struktur der Haut. Intercellularsubstanzen des Bindegewebes. Arch. klin. exp. Derm. 211, 35 (1960). — NESELROD, J. P.: An anatomic restudy of the pelvic lymphatics. Ann. Surg. 104, 905 (1936). — NETHERTON, E. W., and G. H. CURTIS: Elephantiasis of penis and scrotum; congenital haemolytic jaundice; cirrhosis of liver. Arch. Derm. Syph. (Chic.) 39, 166 (1939). — Elephantiasis of the lip and of the male genitalia. With special reference to syphilis and lymphogranuloma venereum as etiologic factors. Arch. Derm. Syph. (Chic.) 41, 11 (1940). — NEUHOFF, N.: Excision of the axillary vein in the radical operation for carcinoma of the breast. Ann. Surg. 108, 15 (1938). — NEUMANN, R.: Ursprungszentren und Entwicklungsformen der Bein-Thrombosen. Virchows Arch. path. Anat. 301, 708 (1938). — NIAS, A. H. W.: Incidence of chronic arm oedems after treatment for breast cancer. Brit. med. J. 1960 I, 1005. — NICOLAS, J., M. FAVRE, L. LEBEUF et J. CHARPY: Intradermo-réactions positives dans la maladie de Nicolas-Favre (trois cas) avec un antigène tiré d'une forme ano-rectale éléphantiasique de la maladie. Bull. Soc. franç. Derm. Syph. 39, 24 (1932). — NICOLAU, G., and A. BĂDĂNOIU: Observations concerning the proteolytic activity and the antitryptic potency of the blood serum in some dermatoses. Dermatologica (Basel) 126, 76 (1963). — NIKOLOWSKI, W.: Pathogenese, Klinik und Therapie des Keloids. Arch. klin. exp. Derm. 212, 550 (1961). — NIKOLOWSKI, W., u. R. WIEHL: Pareiitis und Balanitis plasmacellularis. Arch. klin. exp. Derm. 202, 347 (1956). — NISHIYAMA, SH.: Capillarstellung durch die alkalische Phosphatase-Färbung bei verschiedenen Dermatosen. Hautarzt 14, 114, 210 (1963). — NOBL, G.: Pathologie der blenorrhoischen und venerischen Lymphgefäßerkrankungen. Wien u. Leipzig 1901. — NÖDL, F.: Zur Histo-Pathogenese der Atrophie blanche Milian. Derm. Wschr. 121, 193 (1950). — Die Bedeutung des Mesenchyms für die Wuchsform und die Strahlenempfindlichkeit des Basalioms. Strahlentherapie 88, 206, 217, 228 (1952). — Über mesenchymale und epitheliale Neubildungen bei Xeroderma pigmentosum. Arch. Derm. Syph. (Berl.) 199, 287 (1955). — NONNE, M.: Vier Fälle von Elephantiasis congenita hereditaria. Virchows Arch. path. Anat. 125, 189 (1891).

OCHSNER, A., and M. DE BAKEY: Therapy of phlebothrombosis. Arch. Surg. 40, 208 (1940). — Postphlebitic sequelae. J. Amer. med. Ass. 139, 423 (1949). — OCHSNER, A., A. LONGACRE, and S. D. MURRAY: Progressive lymphedema associated with recurrent erysipeloid infections. Surgery 8, 383 (1940). — OECHSLIN, R.: Phlegmasia caerulea dolens. Schweiz. med. Wschr. 93, 27 (1963). — OESTERN, H.-FR.: Über die Elephantiasis. Dtsch. med. Wschr. 1954, 744. — OLIVIER, C.: Etude critique des données nouvelles sur l'éléphantiasis. Méd. trop. 1947, 439. — Les varices profondes existent-elles? Presse méd. 58, 688 (1950). — OLIVIER, C., et C. SURREAU: Origine des séquelles phlébitiques au membre inférieur; leur traitement par ligature de veines profondes est-il justifié? Sem. Hôp. Paris 28, 2225 (1952). — OLLINGER, P.: Die „nichtthrombotische Venensperre der oberen Extremität" und die Bedeutung der Venendruckmessung für die Frage der Diagnose und Ätiologie. Langenbecks Arch. klin. Chir. 260, 277, 318 (1948). — Rheumatismus nodosus und Elephantiasis. Langenbecks Arch. klin. Chir. 260, 557 (1948). — OPPERMANN, H. J., u. G. DERLAM: Leitsymptom „Fuß- und Beinödeme". Münch. med. Wschr. 1962, 2551. — ORBANZA, J. G., y E. VARGAS: Consideraciones sobre el tratamiento de un caso de linfoedema. Act. dermo-sifilogr. (Madr.) 45, 450 (1954). — ORFANOS, C., u. G. STÜTTGEN: Elektronenmikroskopische Beobachtungen bei der Mycosis fungoides. Arch. klin. exp. Derm. 215, 438 (1963). — ORFUSS JR., A. J.: Familial edema of the legs. Milroy's disease. Arch. Derm. Syph. (Chic.) **66**, 752 (1952). — Ormby, O. S.: Elephantiasis nostras. Arch. Derm. Syph. (Chic.) **57**, 463 (1948). — Orsini, O., u. O. G. Costa: Durch Streptokokken bedingte sekundäre Elephantiasis bei kongenitalen Briden. Hautarzt **5**, 163 (1954). — Osterland, G.: Beobachtungen zum Nonne-Milroy-Meige-Syndrom. Z. menschl. Vererb.- u. Konstit.-Lehre **35**, 108 (1961). — Ottaviani, G.: Modalità di decorso della linfa respetto a linfo nodi disposti a catena. Monit. zool. ital. **43**, 311 (1932). — Osservazioni anatomo-biologiche sui vasi linfatici. Monit. zool. ital. **56**, 54 (1947). — Ottaviani, G., e M. Cavalli: Effetti della estirpazione dei linfonodi del collo nel cane. Atti Soc. med.-chir. Padova **1933**, 661. — Ottaviani, G., e I. Lupidi: Ricerche sullo sviluppo dei vasi linfatici dell'uomo. Arch. ital. Anat. Embriol. **45**, 123 (1951).

Pabst, H. W., u. H. Klemm: Experimentelle Untersuchungen zur Wirkung von Extrakten aus Melilotus offizinalis L. Med. Mschr. **14**, Sept. (1960). — Paget, J.: Clinical lectures in essays, p. 292ff. London 1875. — Palumbo, L. T., and R. E. Paul: Effects of ligation of major veins. Angiology **4**, 337 (1953). — Panos, Th. C.: Prednisone in the management of idiopathic hereditary lymphedema (Milroy's disease). J. Amer. med. Ass. **161**, 1475 (1956). — Papp, M.: Zit. nach Rusznyak, Földi u. Szabo. — Die Veränderungen des intralymphatischen Druckes in den großen Lymphstämmen unter experimentellen Bedingungen. Acta med. Acad. Sci. hung. **18**, 59 (1962). — Pappenheimer, J. R.: Passage of molecules through capillary walls. Physiol. Rev. **33**, 389 (1953). — Pappenheimer, J. R., and A. Soto-Rivera: Effective osmotic pressure of plasma proteins and other quantities associated with the capillary circulation in the hindlimbs of cats and dogs. Amer. J. Physiol. **152**, 471 (1948). — Parisi, P.: Linfangectasia ed elefantiasi vulvare da erisipela. Arch. ital. Derm. **23**, 38 (1950). — Parivar, A.: Lokalisation der venösen Erkrankungen an der oberen und unteren Extremität (Ergebnisse der phlebographischen Untersuchungen an 573 Fällen der Jahre 1952—1961). Inaug.-Diss. Tübingen 1964. — Parker, J. M., P. E. Russo, and F. E. Darrow: Elephantiasis chirurgica: cause and prevention. Amer. Surg. **21**, 345 (1955). — Paseler, E. H., B. J. Anson, and A. F. Reimann: Radical excision of the inguinal and iliac lymph glands. Surg. Gynec. Obstet. **87**, 679 (1948). — Patzer, H.: Chronisches Trophödem und hypophysärdiencephale Entwicklungsstörung im Kindesalter. Z. Kinderheilk. **75**, 596 (1955). — Pavlovič, D., and A. Karadžić: Elephantiasis of the penis. Srpski Arkh. tselok. Lek. **89**, 771 (1961). Ref. Zbl. Haut- u. Geschl.-Kr. **111**, 248 (1961/62). — Payne, J. R.: Indications for ligation of the inferior vena cava in venous thrombosis. Arch. Surg. **67**, 902 (1954). — Payr, E.: Gedanken und Beobachtungen über die Thrombo-Emboliefrage, Anregung zu einer Sammelforschung. Zbl. Chir. **57**, 961 (1930). — Pecquet, J.: Experimenta nova anatomica, quibus incognitium chyli receptaculum et ab eo per thoracem in ramos usque subclavios vasa lactea deteguntur 1651. Zit. nach Rusznyak u. Mitarb. — Pedersen, A., and J. Husby: Venous pressure measurement. A new technic for the direct venous pressure measurement using an electric condensor manometer. Acta med. scand. **141**, 317 (1952). — Peer, L. A., M. Shagheli, J. C. Walker Jr., and A. Mancusi-Ungaro: Modified operation for lympedema of the legs and arms. Plast. reconstr. Surg. **14**, 347 (1954). — Pein, H. v.: Die physikalisch-chemischen Grundlagen für Ödementstehung. Ergebn. inn. Med. Kinderheilk. **56**, 461 (1939). — Pellegrini, P., F. Margiotta e L. M. Alberotanze: Esperienze in tema di linfografia. Gazz. int. Med. Chir. **63**, 183 (1958). — Pesch, K. J., u. J. Kracht: Retroperitoneale Fibrose bei Myxödem. Frankfurt. Z. Path. **73**, 97 (1963). — Peters, J. P.: Problem of cardiac edema. Amer. J. Med. **12**, 66 (1952). — Petges, A.: Sklerodermie en bandes auf indurierten Varizensträngen. Bull. Soc. franç. Derm. Syph. **67**, 978 (1960). — Petty, M. I.: Die intramuskuläre Anwendung des Salyrgans in der Behandlung der lokalisierten Ödeme traumatischen Ursprungs. Semana méd. **1938** II, 607. — Pevny, J.: Über das Trophödem Nonne-Milroy-Meige. Inaug.-Diss. Würzburg 1958. — Peyri, M. J.: Elephantiasis nostras. Beitrag zu ihrer Pathogenese (Span.). Act. dermo-sifilogr. (Madr.) **32**, 594 (1941). Ref. Ann. Soc. franç. Derm. **1944**, 265. — Pfleger, L.: Histologie und Histopathologie cutaner Lymphgefäße der unteren Extremitäten. I. Mitt.: Morphologie der cutanen Lymphgefäße. Arch. klin. exp. Derm. **221**, 1 (1964). — II. Mitt.: Pathologie der cutanen Lymphgefäße. Arch. klin. exp. Derm. **221**, 23 (1964). — Pfleger-Schwarz, L.: Histologische Untersuchungen bei Lymphangiographie. Verh. dtsch. Ges. inn. Med. **66**, 561 (1960). — Philipowicz, I.: Ein Fall von besonders großer Lappenelephantiasis. Zbl. Chir. **1934**, 2041. — Photinos u. Soutvatziden: Zit. nach Engst.— Photinos, G., u. Vassiliu: Tuberculosis verrucosa und Elephantiasis. Ref. Zbl. Haut- u. Geschl.-Kr. **46**, 692 (1933). — Pierard, J., et A. Kint: A propos de l'histologie de la dermatosclérose des membres inférieures. Arch. belges Derm. **16**, 259 (1960). — Pierer, H.: Zur chirurgischen Behandlung der Elephantiasis. Med. Kosmet. **7**, 308 (1958). — Die chirurgische Behandlung der Elephantiasis der unteren Extremitäten und des männlichen Genitales. Langenbecks Arch. klin. Chir. **290**, 483 (1959). — Das krankhafte dicke Bein. Aesthet. Med. **10**, 54 (1961). — Piéri, J., P. Témime et Y. Privat: Hyperkératose nigricante d'un membre inférieur après opération d'un éléphantiasis par blocage lymphatique. Bull. Soc. franç. Derm. Syph. **67**, 275 (1960). — Pirner, F.: Der variköse Symptomenkomplex. Stuttgart: Ferdinand

Enke 1957. — Gesichtspunkte bei der Therapie sekundärer Varizen. 7. int. Tgg Dtsch.Arbeits-gem. Phlebologie, Hamburg, 19.—21. Okt. 1962. — Pirtkien, R.: Über den intrakapillären Druck, seine Bedeutung und die ihn beeinflussenden Größen. Medizinische 1955, 490. — Piucović: Lupus vulgaris faciei et nasi. Elephantiasis et Tbc. luposa cutis hypertrophica extrem. inf. dex. (Lupus elephantiasticus). Ref. Zbl. Haut- u. Geschl.-Kr. 67, 523 (1941). — Piulachs, P. M. D., and F. Vidal-Barraqueur: Pathogenic study of varicose veins. Angio-logy 4, 59 (1953). — Plasun: Papillome. Ref. Derm. Wschr. 145, 618 (1962). — Plotnick, H., and D. Richfield: Tuberous lymphangiectatic varices secondary to radical mastectomy. Arch. Derm. 74, 466 (1956). — Poirier: Zit. nach Nesselrod. Ann. Surg. 104, 905 (1936). — Polano, M. K., u. F. J. Prius: Lymphangiektasien und sekundäre Xanthomatosis. Haut-arzt 16, 86 (1965). — Ponzoni, A.: Su di un caso di elefantiasi dell'arto inferiore. Minerva ortop. 2, 260 (1951). — Popkin, R. J.: Venous thrombosis with edema of the extremity: is it a new disease? Angiology 9, 238 (1958). — Popoff, L.: La tuberculose génitale externe de la femme; esthiomène tuberculeux et autres formes cliniques. Rev. franç. Derm. Vénér. 14, 259 (1938). Ref. Zbl. Haut- u. Geschl.-Kr. 61, 683 (1939). — Portnoy, B.: Mycosis fungoides d'emblée. Lancet 1937 II, 1014. — Postovskij, D.: Lokale Elephantiasis der Finger bei Ver-korkerinnen und Füllerinnen einer Spiritus- und Branntweinfabrik. Sovet. vestn. venerol. i dermat. 3, 27 (1934). — Poth, E. J., S. R. Barnes, and Gr. T. Ross: A new operative treatment for elephantiasis. Surg. Gynec. Obstet. 84, 642 (1947). — Pratt, G. H.: Surgical correction of lymphedem. With observations on use of electrice dermatome. J. Amer. med. Ass. 147, 1121 (1951). — Surgical correction of lymphedema. Application of a new operative technique in lymph stasis and allied conditions. J. Amer. med. Ass. 151, 888 (1953). — Pratt, G. H., and I. S. Wright: The surgical treatment of chronic lymphedema (Elephantiasis). Surg. Gynec. Obstet. 72, 244 (1941). — Prerovsky, I., J. Linhart u. R. Dejdar: Krank-heiten der tiefen Venen der unteren Gliedmaßen. Jena: Gustav Fischer 1960. — Pressman, J. J., and M. B. Simon: Experimental evidence of direct communication between lymph nodes and veins. Surg. Gynec. Obstet. 113, 537 (1961). — Pressman, J. J., M. B. Simon, R. T. Hand, and J. Miller: Passage of fluid, cells and bacteria via direct communications between lymph nodes and veins. Surg. Gynec. Obstet. 115, 207 (1962). — Procopec, J., u. E. Kolihová: Die Lymphadenographie in der klinischen Praxis. Fortschr. Röntgenstr. 89, 417 (1958). — Procopec, J., V. Svab u. E. Kolihová: Lymphographie und Lymphadeno-graphie in der klinischen Praxis. IXth Int. Congr. Radiology, Abhandl. I, S. 408, Stutt-gart. München u. Berlin 1961. — Proppe, A., u. M. Mückel: Über Unterschenkelverschwie-lung. Derm. Wschr. 135, 466 (1957); — Hautarzt 8, 346 (1957). — Puccinelli, V. A.: Elefantiasi e trofoedema (A proposito di un caso clinico). G. ital. Derm. 82, 988 (1941). — Pütter, G.: Privatklinik und Sanatorium 1952, H. 4. Zit. nach Linser-Vohwinkel-Schnei-der. — Puhl, H.: Zur Frage der sogenannten Thrombose der Vena axillaris. Langenbecks Arch. klin. Chir. 190, 569 (1937). — Pullinger, B. D., and H. W. Florey: Some observations on the structure and functions of lymphatics; their behaviour in local oedema. Brit. J. exp. Path. 16, 49 (1935).

Quénu, H., et N. Hartmann: Chirurgie du rectum. Paris 1895. — Quervain: Spezielle Chirurgie und Diagnostik, 9. Aufl. Leipzig 1931. — Quincke, H.: Über fetthaltige Trans-sudate. Dtsch. Arch. klin. Med. 16, 121 (1875).

Radaeli: Zit. nach Paltauf u. v. Zumbusch. — Radner, S.: Chronic hereditary edema of extremities (Milroy's disease). Acta derm.-venereol. Stockh. 26, 261 (1944). — Ramond, L.: Oedème chronique d'un membre inférieur. Presse méd. 1939 I, 887. — Randerath, E.: Über die Morphologie der Paraproteinosen. Verh. dtsch. Ges. Path. 32 (1948). — Ranvier, L.: Du système lymphatique. Progr. méd. (Paris) 1, 25, 51, 73, 99, 145, 181, 206 (1873). — Rapin, E.: D'une forme d'hypertrophie des extrémités. Nouv. Iconogr. Salpêt. 14, 473 (1901). — Rappert, E.: Thrombektomie: die chirurgische Therapie der manifesten Phlebothrombose. Wien. med. Wschr. 100, 243 (1950). — Die Bedeutung der Vasomotoren für die Erkrankung der Venen. Med. Welt 1961, 2106. — Rathjens, B.: Herpes simplex recidivans mit konseku-tiver Elephantiasis. Derm. Wschr. 128, 860 (1953). — Rau, N. M.: Lymphangioplasty for filarial lymphoedema. J. Surg. 20, 40 (1958). — Recklinhausen, F. v.: Über die venöse Embolie und den retrograden Transport in den Venen und in den Lymphgefäßen. Virchows Arch. path. Anat. 100, 503 (1885). — Reich, B.: Elephantiasisartige Extremitätenver-dickung mit Wachstumsvermehrung infolge Lipombildung. Dtsch. Z. Chir. 247, 555 (1936). — Reichel, P.: Die Chirurgie des Kniegelenkes und Unterschenkels. In: Garré, Küttner u. Lexer, Handbuch der praktischen Chirurgie, 6. Aufl., Bd. VI, S. 560. Stuttgart: Ferdinand Enke 1929. — Reichert, F. L.: The recognition of elephantiasis and of elephantoid conditions by soft tissue roentgenograms with a report on the problem of experimental lymphedema. Arch. Surg. 20, 543 (1930). — Reidenbach: Lupus vulgaris + Elephantiasis + Candida-mykose (Paronychia candida mycetica und Erosio interdigitalis candidamycetica). Ref. Zbl. Haut- u. Geschl.-Kr. 104, 13 (1959). — Rein, Ch. R., M. Jessner, and F. G. Zak: Lymph-angiosarcoma in postmastectomy lymphedema (Stewart-Treves-syndrom). Arch. Derm.

Syph. (Chic.) **63**, 538 (1951). — Renkin, E. M.: Stofftransport durch die Wände der Blutkapillaren. Mitt. Ges. Dtsch. Naturforsch. Ärzte **1962**, 2. — Resl, V., and A. Wierer: Contributions to the problem of treatment of elephantiasis nostras. Čs. Derm. **36**, 169 (1961) [Tschechisch]. Ref. Zbl. Haut- u. Geschl.-Kr. **111**, 74 (1961/62). — Rettig, H.: Eine intraspongiöse Venendarstellung bei Kontrastfüllung eines Fistelganges mit Per-Akrodil. Dtsch. med. J. **11**, 143 (1960). — Richart, R. M., and K. Benirschke: Diagnosis of gonadaldysgenesis in newborn infants. Obstet. and Gynec. **15**, 621 (1960). — Riecker, G.: Zur Pathophysiologie der Herzinsuffizienz. Dtsch. med. Wschr. **1962**, 1610. — Riedel: Zit. nach Gumrich. — Rientis, K. G.: The acid mucopolysaccharides of the sexual skin of apes and monkeys. Biochem. J. **74**, 27 (1960). — Rietti, F.: Chronic trophedema (Meige). Policlinico, Sez. med. **31**, 520, 608 (1924). — Rimbaud, P., J. Ravoire et F. Duntze: Ostéonécrose fémorale et humérale au cour d'un mycosis fongoide érythrodermique traité par la corticothérapie. Bull. Soc. franç. Derm. Syph. **69**, 263 (1962). — Rindfleisch: Zit. nach Gans u. Steigleder. — Ritzenfeld, P.: Über das histologische Bild der obersten Cutis bei Erkrankungen des Hautbindegewebes. Arch. klin. exp. Derm. **216**, 365 (1963). — Robertson, W. V., F. W. Dunihue, and A. B. Novikoff: Metabolism of connective tissue; absence of alkaline phosphatase in collagen fibres during formation. Brit. J. exp. Path. **31**, 545 (1950). — Robin, M.: Solid edema. Arch. Derm. **78**, 268 (1958). — Röckl, H., M. Metzger u. H. W. Spier: Zur Frage der dissoziierten Eiweißpermeabilität der Capillaren. Klin. Wschr. **32**, 253 (1954). — Rössle, R.: Über wenig beachtete Formen der Entzündung von Parenchymen und ihre Beziehungen zu Organsklerosen. Verh. dtsch. path. Ges. **27**, 152 (1934). — Über die Bedeutung und die Entstehung der Wadenvenenthrombosen. Virchows Arch. path. Anat. **300**, 180 (1937). — Rollier, R., et J. Delon: Maladie de Milroy. Bull. Soc. franç. Derm. Syph. **65**, 533 (1958). — Ronchese, F.: Verrucous elephantiasis of lower extremities with papillomatosis. Arch. Derm. Syph. (Chic.) **67**, 115 (1953). — Rose, L. B.: Obstruction of the superior vena cava of twenty-five years' duration. J. Amer. med. Ass. **150**, 1198 (1952). — Rothschild, L., V. Jorda, and B. Herrmann: Directly measured venous pressure in the diagnosis of abnormalities of the venous circulation in the lower extremities. Čs. Derm. **32**, 301 (1957). Ref. Zbl. Haut- u. Geschl.-Kr. **100**, 146 (1958). — Rotter, H.: Die Schlüsselstellung lokaler Fibrosen für das Entstehen hypostatischer Beinleiden. Z. ärztl. Fortbild. **50**, 203 (1961). — Roulet, F.: Studien über Knorpel- und Knochenbildung in Gewebekulturen. Arch. exp. Zellforsch. **17**, 1 (1935). — Über das Verhalten der Bindegewebsfasern unter normalen und pathologischen Bedingungen. Ergebn. allg. Path. path. Anat. **32**, 1 (1937). — Rousset, J.: Lymphogranulomatose inguinale subaiguë à début d'éléphantiasis vulvaire. Bull. Soc. franç. Derm. Syph. **61**, 59 (1954). Ref. Zbl. Haut- u. Geschl.-Kr. **89**, 212 (1954). — Rousset, J., J. Coudert et A. Appeau: Eléphantiasis streptococcique tropicale sans filariose. Bull. Soc. franç. Derm. Syph. **87**, 356 (1960). — Rouvière, H., et G. Valette: La pression lymphatique. C. R. Soc. Biol. (Paris) **118**, 1398 (1935). — Physiologie du système lymphatique. Paris: Masson & Cie. 1937. — Rudbeck, O.: Nova exercitatio anatomica exhibens ductus hepaticos aquasos et vasa glandularum serosa, nunc primum inventa, aeneisque figuris delineata. Arosiae 1653. — Rüttimann, A.: Venographie und Lymphographie. Schweiz. med. Wschr. **92**, 849 (1962). — Rüttimann, A., u. M. S. del Buono: Die Lymphographie mit öligem Kontrastmittel. Fortschr. Röntgenstr. **97**, 551 (1962). — Rüttimann, A., M. S. del Buono u. U. Cocchi: Neue Fortschritte in der Lymphographie. Schweiz. med. Wschr. **91**, 1460 (1961). — Runge: Angeborene Elephantiasis des linken Beines. Arch. Derm. **189**, 463 (1949). — Russell, B.: Elephantiasis nostras. Proc. roy. Soc. Med. **50**, 18 (1957). — Rusznyák, J.: Die Insuffizienz des Lymphgefäßsystems. Verh. dtsch. Ges. inn. Med. **66**, 544 (1960). — Rusznyák, J., M. Földi u. G. Szabo: Physiologie und Pathologie des Lymphkreislaufes. Jena 1957. — Rutisbauer, A.: Beitrag zur Operation der Scrotumelephantiasis. Erfahrungen aus dem Spital von Dr. Schweitzer in Lambarene, Gabon. (Afrique équatoriale française). Dtsch. tropenmed. Z. **45**, 436 (1941). — Rutledge, D. I.: Studies on venous pressure. Inaug.-Diss. Minnesota 1941. Zit. nach Favre.

Saglio, H.: A propos du traitement des éléphantiasis post-phlébiques. Bull. Soc. franç. Derm. Syph. **63**, 101 (1956). — Sanchez Covisa, J., u. L. de la Cuesta: Elephantiasis von Penis und Hodensack im Verlauf einer malignen Granulomatose nach Paltauf-Sternberg. Act. dermo-sifiliogr. (Madr.) **28**, 734 (1936). — Sapirstein: Zit. in S. R. M. Reynolds and B. W. Zweifach, The microcirculation. Urbana, Ill. 1959. — Sarre, H.: Nierenkrankheiten. Physiologie, Pathophysiologie, Klinik und Therapie. Stuttgart: Georg Thieme 1958. — Savitsch, Eu. de: Surgical treatment of elephantiasis of the scrotum and penis. J. Urol. (Baltimore) **45**, 216 (1941). — Sauerbruch, F.: Chirurgie der Brustorgane. Berlin 1925. — Schade, H.: Über Quellungsphysiologie und Oedementstehung. Ergebn. inn. Med. Kinderheilk. **32**, 425 (1927). — Schade, H., and H. Menschel: Law of hydration of tissues and its significance for water exchange in tissues, lymph formation and genesis of edema. Z. klin. Med. **96**, 279 (1923). — Schaller, K. F.: Hautkrankheiten in Äthiopien. Hautarzt **13**, 293 (1962). — Schaltenbrand, G.: Die Nervenkrankheiten. Stuttgart: Georg Thieme 1951. — Schauble, J. F., D. L. Stickel, and W. G. Anlyan: Vena cava ligation for thromboembolic

SCHAUBLE, J. F., D. L. STICKEL, and W. G. ANLYAN: Vena cava ligation for thromboembolic disease. Arch. Surg. **84**, 17 (1962). — SCHEICHER-GOTTRON, E.: Papillomatosis mucosae carcinoides der Mundschleimhaut bei gleichzeitigem Vorhandensein eines Lichen ruber der Haut. Z. Haut- u. Geschl.-Kr. **24**, 99 (1958). — SCHIMPF, A.: Ungewöhnliche Schwellungen beim Melkersson-Rosenthal-Syndrom. Derm. Wschr. **147**, 105 (1963). — SCHIMPF, A., u. H. SELLER: Zum Formenkreis der Papillomatosis cutis carcinoides Gottron. Arch. klin. exp. Derm. **217**, 377 (1963). — SCHIRGER, A., E. G. HARRISON, and J. M. JANES: Idiopathic lymphoedema, review of 131 cases. J. Amer. med. Ass. **182**, 14. — SCHLICHT, L., u. TH. POHLMEYER: Behandlung des chronischen Lymphödems am Bein. Münch. med. Wschr. **105**, 1761 (1963). — SCHMITZ, R.: Indikationen für physikalische und medikamentöse Behandlung bei Stauungserkrankungen der Beine. Therapiewoche **10**, 105 (1959). — SCHNEEWIND, J. H.: The walking venous pressure test and its use in peripheral vascular disease. Ann. Surg. **140**, 137 (1954). — SCHNEIDER, W.: Bearb. von LINSER-VOHWINKEL, Moderne Therapie der Varicen, Hämorrhoiden und Varicocele, 3. Aufl. Stuttgart: Ferdinand Enke 1955. — SCHNEIDER, W., u. R. COPPENRATH: Knochenveränderungen einschließlich des Sudeckschen Syndroms beim varicösen Symptomenkomplex. Hautarzt **13**, 206 (1962). — SCHNEIDER, W., u. W. UNDEUTSCH: Vasculitiden des subcutanen Fettgewebes. Arch. klin. exp. Derm. **221**, 600 (1965). — SCHNYDER, U. W.: Hämangiome. In: JADASSOHN, Handbuch der Haut- und Geschlechtskrankheiten, Erg.-Werk Bd. III/1, S. 534. Berlin-Göttingen-Heidelberg: Springer 1963. — SCHÖRCHER, H.: Das traumatische Ödem der Hand. Bruns' Beitr. klin. Chir. **171**, 176 (1940). — SCHOLTZ, H.-G.: Die physikalische Therapie des varikösen Symptomenkomplexes. Arch. phys. Ther. (Lpz.) **11**, 91 (1959). — SCHORR, H., and D. COHEN: Syphilis with elephantiasis? Arch. Derm. Syph. (Chic.) **57**, 440 (1948). — SCHOTOLA: Lupus vulgaris elephantiasticus und Lupus vulgaris serpiginosus. Zbl. Haut- u. Geschl.-Kr. **65**, 331 (1940). — SCHRECK, E.: Veränderungen des Sehorganes bei Haut- und Geschlechtskrankheiten. In: GOTTRON-SCHÖNFELD, Dermatologie und Venerologie, Bd. IV, S. 903. Stuttgart: Georg Thieme 1960. — SCHROEDER, E., and H. FR. HELWEG-LARSEN: Chronic hereditary lymphedema (Nonne-Milroy-Meige's disease). Acta med. scand. **87**, 198 (1950). — SCHROETTER, L.: Erkrankungen der Gefäße. In: NOTHNAGELS Handbuch der Pathologie und Therapie. Wien 1884. — SCHROTH, R.: Die arteriovenöse Sauerstoffdifferenz bei primären Varizen. Langenbecks Arch. klin. Chir. **297**, 325 (1961). — Über die Verkürzung der arterio-venösen Zirkulationszeit bei Varicenträgern. Langenbecks Arch. klin. Chir. **300**, 280 (1962). — SCHUERMANN, H.: Über Hauterscheinungen mit Beziehung zum Myxödem und Basedowscher Krankheit. Arch. Derm. Syph. (Berl.) **176**, 544 (1938). — SCHUPPENER, H. J.: Zur Kenntnis der Atrophia alba (Atrophie blanche Milian). Arch. klin. exp. Derm. **204**, 500 (1957). — SCHUPPLI, R.: Erythrodermien, Atrophien, Sklerosen, Elephantiasis. (Lit. Übers. 1946/47). Dermatologica (Basel) **96**, 321 (1948). — Erythrodermien, Atrophien, Sklerosen, Induratio penis plastica, Elephantiasis. (Lit.-Übers. 1949.) Dermatologica (Basel) **100**, 196 (1949). — Erythrodermien, Atrophien, Sklerosen, Elephantiasis (Lit.-Übers. 1950). Dermatologica (Basel) **102**, 185 (1951). — SCHWARTZ, M. ST.: Use of hyaluronidase by iontophoresis in treatment of lymphedema. Arch. intern. Med. **95**, 662 (1955). — SCHWARTZKOPFF, W., u. H. PICKERT: Nachweis von Austauschvorgängen zwischen Ascites und Blutbahn mittels Evans-Blue. Klin. Wschr. **34**, 255 (1956). — SCHWARZ, J.: Carcinomentstehung im Lupus erythematodes chronicus. Z. Haut- u. Geschl.-Kr. **14**, 187 (1953). — SCHWARZ, W.: Die Zwischensubstanzen des Bindegewebes. In: Capillaren und Interstitien, hrsg. von BARTELHEIMER u. KÜCHMEISTER. Stuttgart: Georg Thieme 1955. — SCHWARZ, W., u. H.-J. MERKER: Die Fibrillogenese in verschiedenen Bindegewebsformen des menschlichen Embryos. Beitr. Silikose-Forsch., Sonderbd. Grundfragen Silikoseforsch. **4**, 231 (1960). — SCHWARZWALD: Lupus vulgaris disseminatus lymphogenes. Lupus vulgaris elephantiasticus. Ref. Zbl. Haut- u. Geschl.-Kr. **67**, 527 (1941). — SCHWARZWELLER, F.: Über das schmerzhafte Fußrückenödem bei Frauen. Münch. med. Wschr. **104**, 2051 (1962). — SCHWIEGK, H.: Mineralstoffwechselstörungen bei Herzinsuffizienz. Verh. dtsch. Ges. inn. Med. **61**, 428 (1955). — SCOTT, M., and M. RADAKOVICH: Venous and lymphatic stasis in the lower extremities. Test for incompetence of the perforating vein. Surgery **26**, 970 (1949). — SCOTT, R. B., I. NYDICK, and H. CONCRAY: Lymphangiosarcoma arising in lymphedema. Amer. J. Med. **28**, 1008 (1960). — SELYE, H.: Studies on adaptation. Endocrinology **21**, 169 (1937). Zit. nach v. RECKENBERG. — SERFLING, H.-J.: Über die Elephantiasis mit einem Beitrag zur Behandlung der äußeren männlichen Genitale. Bruns' Beitr. klin. Chir. **177**, 569 (1948). — SERRA, G.: L'elefantiasi fra gli indigeni di razza nera. Ann. pat. trop. parasit. **2**, 385 (1941). — SERTOLI, P.: Un caso di lymphedema praecox (degli AA. americani) constituzionale non congenito. Dermosifilografo **25**, 343 (1950). — SERVELLE, M.: A propos de 2 cas d'éléphantiasis étudiés par lymphographie. Mém. Acad. Chir. **71**, 142 (1945). — Oedèmes chroniques des membres. Paris: Masson & Cie. 1962. — SERVELLE, M., M. ALBEAUX-FERNET, S. LABORDE, J. CHABOT et J. ROUGEULLE: Lésions des vaisseaux lymphatiques dans les lésions congénitales des veines profondes. Press méd. **65**, 531 (1957). — SERVELLE, M., C. CORNU, P. LAUREUS, J. FORMAN, F. BOUCHARD et Y. THÉPOT: L'hypertension veineuse des membres. Sem. Hôp. Paris **36**, 2580 (1960). — SERVELLE and DEYSSON: Reflux of the intestinal chyle in the lymphatics of the leg. Ann.Surg. **133**, 234 (1951). — Sethi, P., and J. C. Houck: Dermal collagen response to injury. J. invest. Derm. **37**, 85 (1961). — Ševkunenko, V.: Die gegenwärtigen Aufgaben der Untersuchungen am Venensystem. Festschr. z. 50jähr. Jubelfeier d. Staatl. Inst. f. ärztl. Fortbild., Leningrad **1935**, 249. Ref. Zentr.-Org. ges. Chir. **81**, 689 (1937). — Sézary, A., et M. Bolgert: Trophoedème congénital et familial (histologie et nosologie). Bull. Soc. franç. Derm. Syph. **48**, 472 (1941). — Sézary, A., J. L. Chapuis et Harmel-Tourneur: Eléphantiasis nostras. Bull. Soc. franç. Derm. Syph. **1945**, 128. — Shdanow, D. A.: Zit. nach Rusznyák u. Mitarb. — Sheehan, R., M. Hreshchyshyn, R. K. Lin, and F. P. Lessmann: The use of lymphography as a diagnostic method. Radiology **76**, 47 (1961). — Shellow, H.: Elephantiasis nostras of the male external genitalia. Arch. Derm. **83**, 1037 (1961). — Shore, L. E.: On the fate of peptone in the lymphatic system. J. Physiol. (Lond.) **11**, 528 (1890). — Siegenthaler, W.: Klinische Physiologie und Pathologie des Wasser- und Salzhaushaltes mit Aldosteron, Ödeme, Diuretica. In: Pathologie und Klinik in Einzeldarstellungen, hrsg. v. R. Hegglin, F. Leuthart, R. Schoen, H. Schwiegk u. H. N. Zollinger, Bd. 9. Berlin-Göttingen-Heidelberg: Springer 1961. — Sigg, K.: Varicen, Ulcus cruris und Thrombose, 2. Aufl. Berlin-Göttingen-Heidelberg: Springer 1962. — Simpson, S. A., J. F. Tait, A. Wettstein, R. Neher, J. v. Euw u. T. Reichstein: Isolierung eines neuen kristallisierten Hormons aus Nebennieren mit besonders hoher Wirksamkeit auf den Mineralstoffwechsel. Experentia (Basel) **9**, 333 (1953). — Sistrunk, W. E.: Elephantiasis treated by kondoleon operation. Surg. Gynec. Obstet. **26**, 388 (1918). — Plastic surgery; removal of scars by stages; open operation for extensive laceration of anal sphincter; Kondoleon operation for elephantiasis. Ann. Surg. **85**, 185 (1927). — Slegers, J. F. G.: The mechanism of eccrine sweat-gland function in normal subjects and in patients with mucoviscidosis. Dermatologica (Basel) **127**, 242 (1963). — Smedal, M. I., and J. A. Evans: The cause and treatment of edema of the arm following radical mastectomy. Surg. Gynec. Obstet. **111**, 29 (1960). — Smirk, F. H.: Observations on causes of oedema in congestive heart failure. Clin. Sci. **2**, 317 (1936). — Smith, C. A., M. C. Gluck, and R. G. Kallen: Bladder distension causing iliac-vein obstruction in the adult male. N. Engl. J. Med. **268**, 1261 (1963). — Smith, J. W., L. M. Rankin, and S. P. Pechin: Lymphedema praecox. Angiology **4**, 33 (1953). — Smith, Q. T.: Effects of cortisone administration on cutaneous collagen and hexosamine in rats of various ages. J. invest. Derm. **39**, 219 (1962). — Smith, R. D.: Secondary lymphedema of the leg: its characteristics and diagnostic implications. J. Amer. med. Ass. **185**, 80 (1963). — Spier, H. W.: Allergie der Haut. In: Gottron-Schönfeld, Dermatologie und Venerologie, Bd. I/1, S. 613ff. Stuttgart: Georg Thieme 1961. — Staemmler, M.: In: Kaufmann-Staemmler, Lehrbuch der speziellen pathologischen Anatomie, Bd. I. Berlin: W. de Gruyter & Co. 1955. — Starobinski, A.: Elephantiasis penis et scroti. Dermatologica (Basel) **97**, 93 (1948). — Stary, Z.: Chemistry of the skin. In: Handbuch der Haut- und Geschlechtskrankheiten, Erg.-Werk, Bd. I/3. Berlin-Göttingen-Heidelberg: Springer 1963. — Stefenelli, N., F. Wewalka, A. Zängl, M. Fischer u. H. Frischauf: Enteraler Eiweißverlust bei Lymphangiopathie. Dtsch. med. Wschr. **1965**, 874. — Steger, C.: Beitrag zum Syndrom der Venenstauung der oberen Extremität. Helv. chir. Acta **23**, 487 (1956). — Steiner, K.: Elephantiasis congenita. In: Angeborene Anomalien der Haut. In: Jadassohn, Handbuch der Haut- und Geschlechtskrankheiten, Bd. IV/1. Berlin: Springer 1932. — Angeborene Fehlbildungen der Haut. In: Pfaundler u. Schlossmann, Handbuch der Kinderheilkunde, 4. Aufl., Bd. X, S. 123. Berlin: F. C. W. Vogel 1935. — Steinke, W.: Trophoedema (Milroy-Meige). Ref. Zbl. Haut- u. Geschl.-Kr. **105**, 85 (1959/60). — Steinmetz, W. H., u. F. W. O'Brien: Die Behandlung des Mamma-Karzinoms und die Komplikationen der Kobaltfernbestrahlung. Fortschr. Röntgenstr. **96**, 670 (1962). — Steinschneider, M.: Constantinus Africanus und seine arabischen Quellen. Virchows Arch. path. Anat. **37**, 351 (1866). — Stender, H. St., u. W. Schermuly: Das interstitielle Lungenödem im Röntgenbild. Fortschr. Röntgenstr. **95**, 461 (1961). — Stewart, F. W., and N. Treves: Lymphangiosarcoma in postmastectomy lymphedema. Cancer (Philad.) **1**, 64 (1948). — Sticker, G.: Entwurf einer Geschichte der ansteckenden Geschlechtskrankheiten. In: Jadassohn, Handbuch der Haut- und Geschlechtskrankheiten, Bd. XXIII, S. 264. Berlin: Springer 1931. — Stille, E.: Oedema of the arm following the radical operation for cancer of the breast. Trans. North Surg. Ass. **1951**, 278. — Storck, H., U. W. Schnyder u. K. Schwarz: Trophödem Meige. Dermatologica (Basel) **122**, 338 (1961). — Familiäre Psoriasis gyrata, Trophödem Meige. Dermatologica (Basel) **122**, 341 (1961). — Strässle, B.: Venöse Gangrän: Extremitätengangrän durch akuten, massiven, venösen Verschluß. Z. klin. Med. **155**, 418 (1958). — Straith, Cl. L., and H. Rasi: Genital elephantiasis corrected by a plastic procedure. J. int. Coll. Surg. **23**, 29 (1955). — Strasser: Zit. nach Engst. — Strauss, H.: Zur Behandlung und Verhütung der Nierenwassersucht. Ther. d. Gegenw. **5**, 193 (1903). — Struppler, V.: Spezielle plastische Operationen. In: B. Breitner, Chirurgische Operationslehre, Bd. II, S. 92. Wien u. Innsbruck: Urban & Schwarzenberg 1955. — Suarez, J.: A preliminary report on the clinical and bacteriological findings in 60 cases of lymphangitis associated with elephantoid fever in Porto Rico. Amer.

J. trop. Med. **10**, 183 (1930). — Mycetome (Madura foot). Med. Bull. Veterans' Adm. (Wash.) **15**, 302 (1939). — SZABO, G., u. S. MAGYAR: Die Wirkung der Hyaluronidase auf die Capillarpermeabilität und Lymphbildung. Z. ges. exp. Med. **130**, 129 (1958). Ref. Zbl. Haut- u. Geschl.-Kr. **102**, 88 (1958/59). — SZABÓ, G., Z. MAGYAR u. Ö. T. ZOLTÁN: Über die Wirkung der Venenstauung und Hypoproteinämie auf den transkapillaren Eiweißaustausch. Acta med. Acad. Sci. hung. **18**, 219 (1962). — SZARMACH, H.: Some remarks on clinical picture of Nonne-Meige-Milroy's disease. Przegl. derm. **48**, 103 (1961). Ref. Zbl. Haut- u. Geschl.-Kr. **110**, 289 (1961). — SZÉP, J.: Elephantiasis rectalis und Dermatitis atrophicans. Ref. Zbl. Haut- u. Geschl.-Kr. **65**, 196 (1940). — SZIRMAI, E. A.: Phlegmasia caerulea dolens im Puerperium. Dtsch. med. Wschr. **1961**, 2228. — SZODORAY, L.: Lymphangiektasie mit Elephantiasis. Ref. Derm. Wschr. **112**, 76 (1941). — Disk.-Bemerkung 5. Kongr. Dtsch. Ges. für Aesthet. Medizin und ihre Grenzgebiete, Wien, 1960. Ref. Aesthet. Med. **9**, 329 (1960). — Blutkreislaufstörungen der Unterschenkel. Aesthet. Med. **9**, 382 (1960). — SZYMANSKI, F. J., and L. A. BECKER: Lymphangiectasis of external genitalia with elephantiasis of right lower extremity associated with nevus flammeus of the torso and right lower extremity. Arch. Derm. **72**, 587 (1955).

TAKATS, G. DE, and G. W. GRAUPNER: Division of the popliteal vein in deep venous insufficiency of the lower extremities. Surgery **29**, 342 (1951). — TAKATS, G. DE, H. QUINT, B. I. TILLOTSON, and P. J. C. RITTENDEN: Impairment of circulation on varicose extremity. Arch. Surg. **18**, 671 (1929). — TAPPEINER, J., u. L. PFLEGER: Zur Histopathologie cutaner Lymphgefäße beim chronisch-rezidivierenden Erysipel der unteren Extremitäten. Hautarzt **15**, 218 (1964). — TAYLOR, G. W., J. B. KINMOUTH, and W. G. DANGERFIELD: Protein content of oedema fluid in lymphoedema. Brit. med. J. **1958**, No 5080, 1159. — TELFORD, E. D., and H. T. SIMMONS: Chronic lymphoedema. Brit. J. Surg. **25**, 765 (1938). — THIERS, H., D. COLOMB, G. MOULIN u. P. MIRAILLET: Ein Fall kryptogenetischer Elephantiasis mit Lymphektasien, einen Morbus Kaposi vortäuschend. Bull. Soc. franç. Derm. Syph. **68**, 117 (1961). — THOMAS, B. A.: Monilial granuloma. Elephantiasis nostras. Syphilitic lymphoedema of lip. Cervicofacial melanosis. Brit. J. Derm. **63**, 264 (1951). — THURNHER, B.: Neuere Erkenntnisse auf dem Gebiete der Lymphangio- und Lymphadenographie. IXth Int. Congr. Radiology, Abhandl. Bd. I, S. 403. Stuttgart: Georg Thieme 1961. — TIGERSTEDT, R.: Die Entdeckung des Lymphgefäßsystems. Skand. Arch. Physiol. **5**, 89 (1895). — TISSEUIL. J.: Essais de traitement de l'éléphantiasis par injections sclérosantes intra-lymphatiques et cutanées. Bull. Soc. Path. exot. **34**, 107 (1941). — Essai d'une nouvelle pathogénie de l'éléphantiasis: stase par insuffisance vasculaire lymphatique, par asystolie lymphatique. Bull. Soc. franç. Derm. Syph. **57**, 323 (1950). — TIWISINA, R.: Der Achselvenenstau, seine Erkennung, Behandlung und Begutachtung. Chirurg **24**, 292 (1953). — TJERNBERG, B.: Lymphography as an aid to examination of lymph nodes. Acta Soc. Med. upsalien. **61**, 207 (1956). — TOSATTI, E.: I linfatici ed i linfedemi degli arti inferiori. Minerva cardiongiol. **6**, 49 (1958). — TOURAINE, A., L. GOLÉ et R. FRANCESCOLI: Eléphantiasis traumatique du fourreau de la verge. Bull. Soc. franç. Derm. Syph. **46**, 305 (1939). — TRAUB, E. F.: Atopic eczema; congenital abnormalities. Vascular nevus; elephantiasis. Undescended tests. Arch. Derm. Syph. (Chic.) **60**, 1011 (1949). — TRAUTERMANN, H.: Histologische Untersuchungen bei der Elephantiasis der Ohrmuscheln. Hals-, Nas.- u. Ohrenarzt, 1. Teil **32**, 397 (1942). — TREVES, N.: The management of the swollen arm in carcinoma of the breast. Amer. J. Cancer **15**, 271 (1931). — Prophylaxis of postmammectomy lymphedema by use of gelfoam laminated rolls: preliminary report, with review of theories on etiology of elephantiasis chirurgica and summary of previous operations for its control. Cancer (Philad.) **5**, 73 (1952). — An evaluation of the etiological factors of lymphedema following radical mastectomy. An analysis of 1,007 cases. Cancer (Philad.) **10**, 444 (1957). — TREVES, N., and A. I. HALLET: A report of 549 cases of breast cancer in women 35 years of age or younger. Surg. Gynec. Obstet. **107**, 271 (1958). — TSCHIRWINSKY, S. O.: Zur Frage über die Schnelligkeit des Lymphstroms und der Lymphbildung. Zbl. Physiol. **9**, 49 (1895). — TUBBS, O. S.: Superior vena cava obstruction due to chronic mediastinities. Thorax (Lond.) **1**, 247 (1946). — TYU, B. J.: The etiological investigation of endemic elephantiasis in Southern Korea. J. Chosen Med. Ass. **30**, 53 (1940). Ref. Zbl. Haut- u. Geschl.-Kr. **66**, 612 (1941).

ULRICH, P., R. TOURNAY, VANDECASTEELE et LEGRAND: Trois cas de ligature de la veine cave inférieur pur phlébites embolisantes chez des malades gynécologiques. Phlébologie **3**, 90 (1950). — UNGAR, G.: The fibrinolytic system and inflammation. In: The mechanism of inflammation. Acta Inc., Montreal, 1953. — UNNA, P. G.: Hautkrankheiten. In: J. ORTH, Lehrbuch der speciellen pathologischen Anatomie, 8. Liefg, Erg.-Bd., Theil II. Berlin 1894. — Histopathologie der Hautkrankheiten. Berlin: August Hirschwald 1894. — URBACH: Konnatal auftretendes Angiokeratoma permagnum Mibelli. Zbl. Haut- u. Geschl.-Kr. **41**, 423 (1932).

VAERISCH, J., u. M. PAERISCH: Messung der Schichtstärke des menschlichen Unterhautfettgewebes mit dem Ultraschall-Impulsecho-Verfahren. Pflügers Arch. ges. Physiol. **276**, 437 (1963). — VALOBRA: Zit. nach PEVNY. — VANDECASTEELE et LEGRAND: Zit. nach P. ULRICH, R. TOURNAY, VANDECASTEELE et LEGRAND. — VIDAL, E., et L. BROCQ: Etude sur le mycosis fungoide. France méd. **1895 II**, 79. — Vilanova, X., y C. Cardenal: Elefantiasis peneana linfogranulomatosa con intolerancia a la novocaina. Act. dermo-sifiliogr. (Madr.) **45**, 406 (1954). — Villaret, B.: Conférence sur la filariose et l'éléphantiasis. Sem. méd. (Paris) (Suppl. à Semaine Hôp.) **1952**, 270. — Virchow, R.: Zit. nach Kehrer. — Zit. nach Wirz. — Virnicchi, T.: Sul trattamento chirurgico dell'elefantiasis scrotale. Riv. Chir. **5**, 453 (1939). Ref. Zbl. Chir. **98**, 393 (1940). — Vogel, L.: Über die Bedeutung der retrograden Metastase innerhalb der Lymphbahn für die Kenntnis des Lymphgefäßsystems der parenchymatösen Organe. Virchows Arch. path. Anat. **125**, 495 (1891). — Vogelsang (Berlin): Klinischer Beitrag zur Elefantiasis der Lider. Klin. Mbl. Augenheilk. **107**, 220 (1941). — Volavsek, W.: Über Tuberculosis subcutanea fistulosa cum elephantiasi. Arch. Derm. Syph. (Berl.) **178**, 288 (1939). — Volk, R.: Tuberkulose der Haut. In: Jadassohn, Handbuch der Haut- u. Geschlechtskrankheiten, Bd. X/1, S. 1. Berlin: Springer 1931. — Vos, P. A.: Lymphangiosarcome in postmastectomy lymphoedema. Arch. chir. neerl. **4**, 197 (1952). — Vrijman, L. H.: Elephantiasis und Ulcera cruris nach Osteomyelitis. Ref. Derm. Wschr. **112**, 399 (1941).

Wagner, R., u. W. Buchholz: Zur Frage der diagnostischen Bedeutung des peripheren Venendruckes bei intrathorakalen Tumoren. Dtsch. med. Wschr. **77**, 837 (1952). — Wagner W.: Beobachtungen und Behandlung bei der sogenannten Achselvenenthrombose. Zbl. Chir. **65**, 2169 (1938). — Über das posttraumatische Ödem. Bruns' Beitr. klin. Chir. **171**, 261 (1940). — Waldecker: Lupus vulgaris hypertrophicus papillomatosus mit Elephantiasis, hervorgerufen durch tuberkulöse Erkrankung der Lymphgefäße. Ref. Zbl. Haut- u. Geschl.-Kr. **57**, 563 (1938). — Wallace, S., L. Jackson, and R. R. Greening: Clinical applications of lymphangiography. Amer. J. Roentgenol. **88**, 97 (1962). — Wallace, S., L. Jackson, B. Schaffer, J. Gould, R. R. Greening, A. Weiss, and S. Kramer: Lymphangiograms: their diagnostic and therapeutic potential. Radiology **76**, 179 (1961). — Wanke, R.: Chirurgie der großen Körpervenen. Dtsch. Z. Chir. **282**, 703 (1955). — Wanke, R., H. Eufinger u. L. Diethelm: Anatomie und Chirurgie der Vena iliaca communis sinistra, zugleich ein Beitrag zum sog. Status varicosus congenitus. Dtsch. med. Wschr. **85**, 640, 645 (1960). — Wanke, R., u. H. Gumrich: Chronische Beckenvenensperre. Zbl. Chir. **75**, 1302 (1950). — Wanke, R., H. Junge u. H. Eufinger: Chirurgie der großen Körpervenen. Stuttgart: Georg Thieme 1956. — Warren, J. V., and E. A. Steal: The protein content of edema fluid in patients with acute glomerulonephritis. Amer. J. med. Sci. **208**, 618 (1944). — Fluid dynamics in chronic congestive heart failure. An interpretation of the mechanism producing the edema, increased plasma volume and elevated venous pressure in certain patients with prolonged congestive failure. Arch. int. Med. **73**, 138 (1944). — Wassermann, F.: The intercellular components of connective tissue; origin, structure and interrelationship of fibers and ground substance. Ergebn. Anat. Entwickl.-Gesch. **35**, 240 (1956). — Waterfield, R. L.: The effect of posture on the volume of the leg. J. Physiol. (Lond.) **72**, 121 (1931). — Watson, E. M.: The surgery of genital elephantiasis (nontropical). J. Urol. (Baltimore) **36**, 786 (1936). — Watson, J.: Lymphedema precox and some experiences in its treatment. Brit. J. plast. Surg. **8**, 224 (1955). — Watson, T. A.: Swelling and dysfunction of the upper limb following radical mastectomy. Surg. Gynec. Obstet. **116**, 99 (1963). — Webster, J., St. Huff, and H. M. Yazdi: Localized lymphedema. Arch. Derm. **77**, 605 (1958). — Weese, J. A. de, T. I. Jones, A. McCord, and E. B. Mahoney: The beneficial effects of coronary perfusion on the hypothermic myocardium during caval occlusion. Surgery **46**, 733 (1959). — Wégria, R., H. Zekert, K. E. Walter, R. W. Entrup, Chr. de Schryver, W. Kennedy, and D. Paiewonsky: Effect of systemic venous pressure on drainage of lymph from thoracic duct. Amer. J. Physiol. **204**, 284 (1963). — Weinstein, G. D., and R. J. Boucek: Collagen and elastin of human dermis. J. invest. Derm. **35**, 227 (1960). — Weiss, W.: Experimentelle Untersuchungen über den Lymphstrom. Arch. Path. Anat. **22**, 525 (1861). — Welin, S.: Lymphographie. IXth Int. Congr. Radiology, Abhandl. Bd. I, S. 378. Stuttgart-München-Berlin 1961. — Wenzel, M.: Chirurgische Maßnahmen bei Ödem, Anasarka, Aszites. Mkurse ärztl. Fortbild. **1**, 34 (1958). — Werner, S.: Eigenartiger Verlauf einer staphylogenen Lymphangitis bei einem 2 Monate alten Säugling. Arch. Kinderheilk. **114**, 98 (1938). — Werth, J.: Über Lungenröntgenbefunde bei Mykosis fungoides. Arch. Derm. Syph. (Berl.) **181**, 299 (1941). — Wertheim, L.: Zur Kenntnis der verrukösen Hämangiome der Haut und des Angiokeratoma Mibelli sowie ihrer Beziehungen zueinander. Arch. Derm. Syph. (Berl.) **147**, 433 (1924). — Hämangiome. In: Handbuch der Haut- u. Geschlechtskrankheiten v. J. Jadassohn, Bd. XII/2, S. 375. Berlin: Springer 1932. — Wesener, G.: Zur Kenntnis der Atrophie blanche (Milian). Hautarzt **9**, 322 (1958). — West, J. P., and J. B. Ellison: A study of the causes and prevention of edema of the arm following radical mastectomy. Surg. Gynec. Obstet. **109**, 359 (1959). — Westcott, R. J., and L. V. Ackerman: Elephantiasis neuromatosa (a manifestation of von Recklinghausen's disease). Arch. Derm. Syph. (Chic.) **55**, 233 (1947). — Westenholme, G. S. W., and M. O'Connor: Chemistry and biology of mucopolysaccharides. 1958 Ciba Foundation Symposium. Boston: Little, Brown & Co. 1958. — Wetzel, G.: Die Gewebe. In: K. Peter, G. Wetzel u. F. Heidrich, Handbuch der Anatomie des Kindes. München: J. F. Bergmann 1938. — WEYHBRECHT, H., u. G. W. KORTING: Zur Pathogenese der Hyalinosis cutis et mucosae. Arch. Derm. Syph. (Berl.) **197**, 459 (1954). — WHISTLER, R. L., and E. J. OLSON: The biosynthesis of hyaluronic acid. Advanc. Carbohyd. Chem. **12**, 299 (1957). — WHITFIELD, A. G., and W. M. ARNOTT: Chronic and unexplained oedema. Lancet **1949** II, 225. — WHITTENBERGER, J. L., and CH. HUGGINS: Ligation of the inferior vena cava. Arch. Surg. **41**, 1334 (1940). — WIDAL, F., et A. LEMIERRE: Pathogénie de certains oedèmes brightiques. Action du chlorure de sodium ingéré. Bull. Soc. méd. Hôp. Paris **20**, 678 (1903). — WIEDEMAN, M. P.: Dimensions of blood vessels from distributing artery to collecting vein. Circulat. Res. **12**, 375 (1963). — WIEDMANN, A.: Ein Fall von Elephantiasis penis bei 61jährigem Patienten nach Verbrennungen 2. Grades. Ref. Zbl. Haut- u. Geschl.-Kr. **78**, 389 (1952). — WILHELMI, G., u. R. DOMENIOZ: Zit. nach H. K. v. RECHENBERG, Butazolidin. Stuttgart: Georg Thieme 1961. — WILLIAMS, C.: Hysterical edema of the hand and forearm. Ann. Surg. **111**, 1056 (1940). — WINKLER, E.: Zur chirurgischen Behandlung des chronischen Lymphödems der unteren Extremität. Langenbecks Arch. klin. Chir. **297**, 29 (1961). — WINELMANN, M.: Über die radikale Operation der Elephantiasis nach GAËTANO. Langenbecks Arch. klin. Chir. **270**, 428 (1951). — Zur chirurgischen Behandlung der Elephantiasis der Extremitäten. Med. Kosmet. **6**, 225 (1957). — Zur chirurgischen Behandlung der Elephantiasis der Extremitäten. In: Ärztliche Kosmetik, Regensburger Kongr. 1957. Heidelberg: Hüthig 1958. — WINTERSTEINER, O., and J. J. PFEIFFNER: Chemical studies on the adrenal cortex. III. Isolation of two new physiologically inactive compounds. J. biol. Chem. **116**, 291 (1936). — WITTE, S., u. K. TH. SCHRICKER: Mikroskopische Lebendbeobachtungen an Lymphgefäßen. Verh. dtsch. Ges. inn. Med. **66**, 572 (1960). — WODNIANSKY, P.: Primäres Trophödem aus dem Formenkreis des Morbus Nonne-Milroy-Meige. Hautarzt **7**, 377 (1956). — Die pseudoepitheliomatösen Hyperplasien in klinischer und differentialdiagnostischer Sicht. Dermatologica (Basel) **120**, 1 (1960). — WOLFF, K.: Das Stewart-Treves-Syndrom. Arch. klin. exp. Derm. **216**, 468 (1963). — WORINGER, F., u. J. ZIMMER: Untersuchungen über das Keloidgewebe. Hautarzt **9**, 341 (1958). — WRIGHT, H. P., S. B. OSBORN, and D. E. EDMONS: Rate of flow of venous blood in the legs. Lancet **1948** I, 767. — Effect of posture on venous velocity measured with 24 NaCl. Brit. Heart J. **14**, 325 (1952).

YOFFEY, J. M., and F. C. COURTICE: Lymphatics, lymph and lymphoid tissue. Cambridge, Mass.: Harvard University Press 1956 bzw. London: Arnold Press 1958.

ZABEL, R.: Behandlungserfolg bei monströser Pachydermia vegetans mit partiellen Periostosen bei Ulcera crurum. Derm. Wschr. **140**, 874 (1959). — ZARAPICO-ROMERO, M.: Resultados del tratamiento de la elefantiasis nostras del miembro inferior por el procedimiento de Aucinclos. Cirug. Ginec. Urol. **3**, 19 (1952). — ZEIDMAN, I., B. E. COPELAND, and S. WARREN: Experimental studies on spread of cancer in lymphatic system. III. Absence of lymphatic supply in carcinoma. Cancer (Philad.) **8**, 123 (1955). — ZEISSLER: Zit. nach HENTING. — ZENKER, C.: Elephantiasis nostras aller Augenlider. Klin. Mbl. Augenheilk. **102**, 430 (1939). — ZENO, L., u. O. R. MAROTTOLI: Die chirurgisch-orthopädische Behandlung der Elephantiasis der unteren Extremität. Bol. Soc. Cirug. Rosario **6**, 10 (1939) [Span.]. Ref. Zbl. Haut- u. Geschl.-Kr. **64**, 478 (1940). — ZIEMAN, ST. A.: Re-establishing lymph drainage for lymphedema of extremities. J. int. Coll. Surg. **15**, 328 (1951). — Das Lymphödem. Stuttgart: Hippokrates 1964. — ZIERZ, P.: Haut und Ohr — Ohr und Haut. In: GOTTRON-SCHÖNFELD, Dermatologie und Venerologie, Bd. IV, S. 995. Stuttgart: Georg Thieme 1960. — ZIMMER, M. J., M.-TH. DUB et M. FR. WORINGER: Contribution à l'étude des protéines solubles du derme à l'aide de l'immuno-électrophorèse en gélose. Bull. Soc. franç. Derm. Syph. **67**, 172 (1960). — ZIMMERMANN, S.: Immunelektrophoretische Untersuchung von Ödemflüssigkeit. Klin. Wschr. **39**, 150 (1961). — ZISCHKA, W.: Elephantiasis congenita lymphangiectatica praeputii. Arch. Kinderheilk. **122**, 150 (1941). — ZOLLINGER, R., and W. H. TEACHNOR: Late results of inferior vena caval ligations. Arch. Surg. **65**, 31 (1958). — ZOTHE, H.: Zur Pathogenese des Oedems. Dtsch. Arch. klin. Med. **189**, 253 (1942). — ZSCHAU, H.: Angeborene Elephantiasis penis et scroti. Dtsch. Z. Chir. **245**, 312 (1935). — ZSCHIESCHE, W.: Kompensationsmechanismen des menschlichen Ductus thoracicus bei Lymphabflußstörungen. Fortschr. Med. **81**, 869 (1963). — ZSEBÖK, Z., u. R. GERGELY: Die osteomedulläre Phlebographie. Dtsch. med. Wschr. **1958**, 106, 109, 113. — ZURHELLE, E.: Die Syphilis der Lymphgefäße und Lymphdrüsen. In: JADASSOHN, Handbuch der Haut- u. Geschlechtskrankheiten, Bd. XVII/3, S. 1. Berlin: Springer 1928. — ZWICKER, M.: Zur Klinik und Therapie der Elephantiasis der unteren Gliedmaßen. Langenbecks Arch. klin. Chir. **283**, 493 (1956). — Beitrag zur operativen Behandlung der Elephantiasis. Med. Kosmet. **6**, 220 (1957). — Zur Pathologie der unbehandelten und operativ angegangenen Elephantiasis der unteren Extremitäten. Zbl. Chir. **82**, 227 (1957). — Beitrag zur operativen Behandlung der Elephantiasis. In: Ärztliche Kosmetik, Regensburger Kongreß 1957, S. 119. Heidelberg: Hüthig 1958. — Elephantiasis der unteren Gliedmaßen. Chir. Praxis **1959**, 321. — Über Behandlungsmöglichkeiten des chronischen Lymphödems an den unteren Extremitäten. Verh. dtsch. Ges. inn. Med. **66**, 564 (1960).

Atrophien der Haut

Von

Hans Götz und **Hans-Joachim Schuppener,** Essen

Mit 29 Abbildungen

I. Altersatrophie (Atrophia senilis)

Die Atrophia senilis wird zumeist (OPPENHEIM, 1931; BRÜNAUER, 1935; PET-
GES und LECOULANT, 1936; GANS und STEIGLEDER, 1955; HAUSER, 1958; QUIROGA
und GUILLOT, 1935; WAGNER, 1960; u.a.) aufgeteilt in die senil-primitive (einfache) Atrophie, die lediglich eine Folgeerscheinung des physiologischen Alterns-
prozesses der Haut darstellt, und in die senil-degenerative Atrophie, deren Veränderungen z.T. durch äußere, zumeist klimatische Schäden (Licht, Luft), aber
auch durch protrahierte Mikrotraumen (Staub, Waschmittel, Mikroläsionen u.a.)
hervorgerufen werden.

1. Senil-primitive Atrophie

Klinik

Die senil-primitive oder einfache Atrophie entwickelt sich im 4. Lebensjahrzehnt ohne äußere Einflüsse und betrifft das gesamte Integument. Da frei-
getragene Hautpartien in viel stärkerem Maße Umweltreizen ausgesetzt sind, die
Anlaß zu degenerativen Altersvorgängen geben, dürfen entsprechende Untersuchungen nur an Körperstellen erfolgen, die normalerweise durch die Kleidung
geschützt sind. Da aber diese Forderung gelegentlich unberücksichtigt bleibt, ist
das entsprechende Schrifttum nicht immer zu verwerten.

Die senil-primitive Atrophie entsteht sehr langsam und meist ohne Beschwerden. Flächenhafter Fettschwund und Verdünnung des Coriums sind ihre
Hauptkriterien. Nach GOTTRON (1950) behält die atrophische Haut ihre Flächen-
ausdehnung bei. Als sichtbares Zeichen einer Abnahme der Elastizität wird das
Integument schlaff und bildet Falten, die nach Anheben nur sehr langsam wieder
verstreichen. Es ist trocken, welk, gelegentlich pityriasiform schuppend (Pityriasis
senilis) und infolge der Atrophie der Talgdrüsen fettarm. Die apokrinen Drüsen
verschwinden im Alter sogar völlig, während andererseits die Schweißdrüsen noch
lange erhalten bleiben. Die Follikel verkleinern sich, das Haarkleid wird schütterer;
statt straffer Haare wachsen mit zunehmender Schrumpfung der Follikel Lanugohärchen. Es entwickeln sich kleine knopfförmige, senile Angiome (points rubis) und
die mit fettiger Schuppung bedeckten, schmutzig graubraunen, breit aufsitzenden,
papillomatösen Verrucae seniles (Basalzellpapillome), die nur selten eine maligne
Umwandlung erfahren. Bei sehr hohem Lebensalter der Greise kann die gesamte
Körperhaut atrophisch werden: sie erscheint glatt, glänzend, dünn und extrem
gegen die Unterlage verschieblich. Es bleibt jedoch immer die Frage offen, ob bei
derartig stark ausgeprägten Atrophieerscheinungen nicht doch externe oder interne
Faktoren mit im Spiel waren, die — über die rein regressiven Altersveränderungen
hinausgehend — zusätzliche degenerative Schäden am Hautorgan bedingten.

Eine Wasserverarmung im Greisenalter sei nach neueren Untersuchungen nicht nachweisbar, was für eine festere Bindung des Wassers an die Kolloide der Altershaut spräche (GOTTRON). OBERSTE-LEHN und NOBIS (1959) demonstrierten die Atrophie des Papillarkörpers im epidermalen Grenzflächenbild.

Die Muster der Haaranordnung erfahren während des Alterns eine Änderung in ihrer Häufigkeitsverteilung. Dabei kommt es zu einer Abnahme der gruppiert stehenden Follikel, so daß aus Vierhaargruppen solche aus Dreihaar- und weiter Zweihaargruppen werden. Die Zahl der Zweihaargruppen und der Einzelhaare im Follikel nimmt also im Alter laufend zu. Die Feinfaserfestigkeitsprüfwerte der Haare sinken nach Untersuchungen von FRIEDERICH zusammen mit RUTHA GRAVELLIS (1959) im Alter erheblich ab. Auch die Melanocyten sind nicht mehr voll leistungsfähig. Sie vermögen das Melanin nicht mehr in normaler Weise zu bilden. Auf diese Weise entwickeln sich die depigmentierten und hyperpigmentierten fleckigen Veränderungen der Altershaut. Ferner werden die Nägel brüchig und verlieren wegen Fehlens des harten Keratins ihre physiologische Form (COCHRANE, 1960). MIYAZAKI (1959) fand im Kochsalz-, Adrenalin-, Coffein- und Morphintest eine zunehmende Reaktivität in Relation zum Alter. Während in der Kindheit Knaben und Mädchen noch gleich reagierten, ergab sich im höheren Alter ein unterschiedliches Verhalten der Geschlechter. Die Latenzzeit bis zur Entstehung eines positiven Dermographismus nahm proportional zum Alter zu. HELLON und LIND (1956) stellten bei älteren Patienten eine verzögerte Reaktionszeit nach Wärmeeinwirkung fest.

Pathogenese

Was im Endstadium als Atrophie der Haut imponiert, ist im wesentlichen bedingt durch eine Alteration des Coriums im Sinne veränderter struktureller und kolloidchemischer Zusammensetzung seiner Bindegewebszellen und -fasern sowie seiner Grundsubstanz (SCOLARI, 1956). Die Verschiebung des Verhältnisses von interstitiellen Gefäßen zum Parenchym sei kennzeichnend für den Altersprozeß der Haut, in dem BERRES (1956) eine optimale Einstellung der einzelnen Gewebselemente auf ein reduziertes Gefäßsystem erblickt. Durch Schwund der elastischen und kollagenen Fasern im Corium verliert die Haut ihre Elastizität. Das subcutane Fett nimmt ab, die Blutgefäße treten stärker hervor und geben, vom darunterliegenden Gewebe ungeschützt, besonders an leicht verletzbaren Stellen Anlaß zu Hämorrhagien im Sinne der senilen Purpura (SCOLARI). RASPONI (1955) stellte im Capillar-Resistenz-Test (Methode nach LUNEDI) eine bedeutende Verstärkung der Blutungsneigung bei älteren Leuten fest und deutete dies als Folge degenerativer Veränderungen der kleinen Blutgefäße bzw. des gesamten Mesenchyms. Die Lebensdauer der einzelnen Epidermiszellen sinkt nach Schätzung von KATZBERG (1952) mit zunehmendem Lebensalter ab. Die Regenerationskraft der Basalzellschicht reicht dann nicht mehr, den beachtlichen Abschilferungsvorgang auszugleichen. Aus diesem Mißverhältnis resultiere allmählich die Verdünnung der Epidermis. Nach BAKER und BLAIR (1968) läßt im höheren Alter die Mitosefähigkeit der Epidermis als Ausdruck des verminderten Stoffwechsels nach. Die Folge ist eine längere Regenerationszeit der Hornschichtzellen bei Männern mit zunehmendem Lebensalter. Merkwürdigerweise soll das für ältere Frauen nicht zutreffen, deren Regenerationswerte eher denen von jüngeren Menschen entsprechen. Durch Rarefizierung der Epithelleisten wird der dermo-epidermale Zusammenhalt geschwächt (PINAL, 1958). Hieraus erklärt sich die Disposition alter Menschen zur blasigen Variante verschiedener Dermatosen (Lichen ruber pemphigoides, Alterspemphigus, Lichen sclerosus et atrophicans usw.).

Bei alten Menschen sind elastische Fasern zwar noch reichlich vorhanden, doch sind sie verkürzt und liegen unregelmäßig verteilt. Daher wird die Haut schlaff und läßt sich stärker dehnen (Evans, Cowdry und Nielson, 1943). Oberhalb einer gewissen Grenze steigt allerdings der Widerstand sehr rasch an, was so zu deuten ist, daß nunmehr die verhältnismäßig starren kollagenen Fasern, die im Ruhezustand leicht gewellt sind, der weiteren Dehnung Einhalt gebieten. Veränderte Spannungsverhältnisse des Kollagens im Alter gaben auch Banga u. Mitarb. (1954) an. Nach Weinstein und Boucek (1960) verschiebt sich aber der prozentuale Anteil des Kollagens und des Elastins nicht. Partien der Haut, die üblicherweise von der Kleidung bedeckt sind, enthalten selbst in höheren Jahrzehnten 4% Elastin und 77% Kollagen in der fettfreien Trockensubstanz. Durch die altersatrophischen Vorgänge wird jedoch das physiologische Reaktionsvermögen der Hautoberfläche als Grenzmembran eingeengt. Auch ändert sich die von Region zu Region verschiedene Zusammensetzung der Fette der Haut und der Talgdrüsen hinsichtlich ihres Emulsionstyps, wofür eine veränderte Zusammensetzung des Lipoid- bzw. Cholesterinanteils verantwortlich zu machen ist. Der Säure- und Fettmantel der Haut reduziert sich infolge der Drüsenatrophie (Woringer, 1951). Zwar verringert sich um das 6. Lebensjahrzehnt die Säurebindungsfähigkeit, das Alkali-Neutralisationsvermögen aber bleibt erhalten (Joseph, Molimard und Bouliere, 1957). Nach Scolari (1956) wirke sich die Verminderung der androgenen und oestrogenen Hormone ungünstig auf das Sulfhydrilpotential aus. Die Störung der Cystin-Cystein-Korrelation bewirke morphologisch eine Parakeratose bei gleichzeitiger Resistenzminderung. Auch ein herabgesetzter Vitamin A-Haushalt hemme den normalen Keratinisierungsprozeß. Nach Sobel u. Mitarb. (1958) nimmt in der alternden Haut das Verhältnis von Hexosamin zum Kollagen ab. Canizares (1956) stellte ein Ansteigen des Natrium- und Kalium-Gehaltes und ein Absinken des Schwefelgehaltes fest.

Salfeld (1966) beschäftigt sich mit der Frage des energieliefernden Stoffwechsels der alternden Haut (Mamma-, Oberschenkelregion). Nach den erhaltenen Resultaten dürfte die Stoffwechselleistung vor allem auf dem Weg der Glykolyse verlaufen, im Gegensatz zu der der Rattenleber, in der die Fermente des Citronensäurecyclus etwa 20mal höhere Aktivität aufweisen. Bei einem Vergleich (Salfeld, 1966) mit der Epidermis Jugendlicher ergab sich eine Aktivitätsabnahme im Alter der meisten geprüften Enzyme um 15—25%, der Hexakinase um 60%.

Histologie

Histologisch soll sich nach Woringer (1951) bedeckt getragene Haut eines alten Menschen kaum von der eines jungen unterscheiden. Die Untersuchungsbefunde hinsichtlich des Epithels differieren aber bei den einzelnen Autoren nicht unerheblich. Das ist nicht verwunderlich, da die Epidermis je nach Entnahmeort, Ernährungszustand, Geschlecht und Rasse verschieden stark entwickelt ist. Im Alter finden wir nach Steigleder (1961) eine verschmälerte Epidermis. Dies ist jedoch mit großer Wahrscheinlichkeit nicht nur bedingt durch eine echte Abnahme der Epithelzellagen, sondern wird z. T. auch durch ein Nachlassen der Straffheit und Elastizität des Bindegewebes hervorgerufen. Die Teilungsfähigkeit des Stratum germinativum bleibt bis ins hohe Alter hinein erhalten. Als gesichert kann gelten, daß eine Zellverkleinerung, Abnahme der Mitochondrien und Vermehrung der Keratohyalingranula eintritt, andererseits seien aber häufigere Karyokinesen bei längerer Lebensdauer der Zellen zu beobachten (Scolari). Nach Cochrane (1960) wird die senile Haut dünn, weil die Epidermis, besonders das Stratum corneum, an Volumen verliert, obwohl einige Bezirke sich auch durch Hyperkeratose verdicken können. Nach GANS und STEIGLEDER (1955) beschränken sich die histologischen Veränderungen bei der senil-primitiven Atrophie auf einen gewissen Faserzerfall und das Auftreten einer körnigen Trübung im subepithelialen Bereich. Nach STRÖBEL (1948) spielen sich die Veränderungen vorwiegend am Kollagen ab (nach Untersuchungen an der Bauchhaut), wobei es zu einer allmählich fortschreitenden Degeneration der kollagenen Fasern und einer Aufsplitterung des kollagenen Fasernetzes in einzelne, gestreckt verlaufende Bündel kommen soll. Von der Mitte des 4. Lebensjahrzehnts ab findet sich eine zunehmende Atrophie, Rarefizierung und Parallelisierung der kollagenen Fasern. Da diese Veränderungen nur an bedeckt getragener Haut nachgewiesen werden, sind sie als rein altersbedingt anzusehen.

MA und COWDRY (1950) beobachteten einen Schwund des subepidermalen Fasergewebes und Aufsplitterung der elastischen Fasern. An zahlreichen, vorwiegend bekleidet getragenen Körperpartien ergaben sich Veränderungen der elastischen Fasern in Form von Verdickung und Verklumpung, irregulärer Fragmentierung und Aufsplitterung bei Personen jenseits des 65. Lebensjahres (DICK, 1951). Nach EVANS, COWDRY und NIELSON (1943) sind bei alten Menschen die elastischen Fasern zwar noch in größerer Zahl vorhanden, doch sind sie verkürzt, z. T. degeneriert und unregelmäßig verteilt. Sie lassen morphologisch eine völlige Überdehnung, d. h. Parallelisierung und Längsstreckung erkennen (STRÖBEL, 1948). SCOLARI (1956) fand eine Intimaproliferation an den Gefäßen, wobei auch die Venen mitbeteiligt waren. HILL und MONTGOMERY (1940) untersuchten bedeckt getragene Haut (Zehenzwischenfalten) alter Menschen. Sie beobachteten keine Veränderungen des elastischen und des kollagenen Gewebes, im Gegensatz zu EJIRI (1937), der solche bei exponierter Haut des Körpers nachwies. Diese Arbeiten stellen einen Beitrag zur Frage dar, inwieweit Altersveränderungen der Haut durch äußere Einflüsse mitverursacht werden. Keine Unterschiede ergaben sich bei der Zahl der aktiven Schweißdrüsen in der Palmar- und anderer Lokalisationen bei 54—57jährigen gegenüber einem Kollektiv von 20jährigen (HELLMAND und LIND, 1956), wohl aber fand SILVESTRI (1960), der die Haut 80jähriger und älterer Menschen auf die Häufigkeit von Sulfhydrilgruppen untersuchte, eine Abnahme letzterer in den Hautdrüsen, im Gefäßendothel, an den Arrectores pilorum und in den Bindegewebszellen des Coriums, im Fettgewebe sowie im Haar.

Besondere Aufmerksamkeit verdienen hier die Untersuchungen von BERRES (1956), die an der Bauchhaut durchgeführt wurden. Mit zunehmendem Alter ist eine kontinuierliche Dickenabnahme der Epidermis und des Coriums zu finden. Bereits zwischen dem 30. und 40. Lebensjahr setzen die atrophischen Vorgänge ein. Sie beziehen sich auf herdförmigen Schwund der kollagenen Faserbündel bei gleichzeitigem Zusammenrücken der elastischen Fasern. Eine Atrophie des Papillarkörpers, Verminderung der Bindegewebskerne, der elastischen Fasern und der subpapillären Gefäße, Vakatwucherung des Fettgewebes und eine Körnelung der elastischen Membran der Gefäße kennzeichnen die Altersveränderungen der Lederhaut. Auch die Epidermis zeigte umschriebene Atrophie der Epithelleisten, Verdünnung des Stratum granulosum und spinosum, Verbreiterung der interepithelialen Spalten und Verminderung der Jugendformen im Stratum basale.

Differentialdiagnose

Differentialdiagnostisch wäre klinisch die Acrodermatitis chronica atrophicans PICK-HERXHEIMER abzugrenzen. Aus der Lokalisation, der häufig anzutreffenden Umschriebenheit des Prozesses (Acren), vor allem aufgrund der entzündlichen Veränderungen und aus der Kombination mit Pseudosklerosen lassen sich Unterscheidungsmerkmale ableiten. Götz (1954) hat auf die Klopfempfindlichkeit des Periosts bei der Acrodermatitis chronica atrophicans aufmerksam gemacht, die bei der senilen Atrophie der Haut fehlt.

Zu erwähnen sind ferner die hereditär bedingten Hypoplasien, bzw. die isolierte Degeneration einzelner Gewebsbestandteile sowie die präsenilen Krankheitsbilder, die einen vorzeitigen Alternsprozeß der Haut darstellen, der durch zusätzliche äußere und innere Noxen ausgelöst wird. Diese Zustände bereiten zwar gelegentlich differentialdiagnostische Schwierigkeiten, doch lassen sie sich meist durch Anamnese und Gesamtbefund von der senil-primitiven Atrophie abgrenzen. Die degenerative Altersatrophie (senile Elastose) mit ihrer elfenbeinfarbenen bis gelblichen, weichen Hautverdickung und ihren charakteristischen Lokalisationen an frei getragenen Hautpartien oberhalb der Schultern ist morphologisch leicht zu erkennen. Schwieriger, wenn nicht unmöglich, ist es hingegen, bei der mit starker Hautverdünnung einhergehenden Altersatrophie (z.B. der Handrücken) zu entscheiden, wie groß der Anteil der physiologisch bedingten Altersinvolution und der extern bedingten, sekundär-degenerativen Schädigungen ist, der sich bei der Entwicklung des atrophischen Endzustandes auswirkte.

Therapie

Eller und Eller (1949) wiesen nach Anwendung oestrogenhaltiger Salben bei altersatrophischer Haut eine Proliferation des Epithels nach, die sich proportional zur Oestrogenkonzentration und zur Dauer der Behandlung verhielt. Die Zellagen vermehrten sich in der Epidermis, es traten wieder Retezapfen auf und ließen eine Vergrößerung der Zellkerne und des Zellprotoplasmas erkennen. Der Effekt stellte sich aber nur bei klimakterischen, nicht bei jungen, endokrinologisch normalen Frauen ein. Günstige Wirkungen mit einer Dien-oestroldiacetat-Salbe auf die Altershaut wurde auch von Pockrandt (1954) histologisch bestätigt. An der männlichen Altershaut war indessen der Erfolg schwächer ausgeprägt als an der Greisinnenhaut.

Goldzieher u. Mitarb. (1952) beobachteten nach lokaler Anwendung von Steroiden (besonders Oestrogenen) außer proliferativen Effekten am Epithel auch eine Zunahme der Vascularisation und Neubildung von elastischen Fasern. Klinisch günstige Auswirkungen mit lokal applizierten Oestrogenen teilten Peck und Klarman (1954), Blank (1957) und auch Antoine (1959) mit. Fleck (1955) betont aber, daß bei jungen geschlechtsreifen Frauen die Wirkung von Hormoncrems auf die Haut gering sei. Von anderen Autoren wird die Anwendung oestrogenhaltiger Externa bei der Altershaut im Hinblick auf ihren unsicheren Erfolg und die Möglichkeit unerwarteter Nebeneffekte infolge resorptiver Allgemeinwirkung überhaupt abgelehnt.

In dieser Hinsicht ungefährlich sind jedoch Placenta-Extrakt-Salben. Diese haben einen so geringen Oestrogengehalt, daß sie keine resorptiven Nebenwirkungen entfalten können (Zabel, 1961; Gohlke, 1953). Soltermann (1960) berichtete über eine günstige Beeinflussung der Altershaut nach mehrjähriger Erfahrung mit einer Creme, die Nicotinsäureamid und Pregnenolon enthielt. Woringer (1951) schlägt vor, zu „verjüngenden" Cremes Lichtschutzmittel zuzusetzen, da die äußeren Noxen (z.B. Licht) für die Alterung der Haut einen wesentlichen Faktor darstellten.

Chieffi (1950) sah bei Frauen, die mit Oestradiolbenzoat in Olivenöl massiert worden waren, eine deutliche Besserung der Hautelastizität. Hingegen ließen Männer, die regelmäßig mit Testosteronpropionat eingerieben worden waren, entsprechende günstige Effekte im Testbereich vermissen. Reiss u. Mitarb. (1954)

prüften klinisch und histologisch den Einfluß einer Vitamin A-haltigen Salbe auf die senile Haut. Verminderung der Trockenheit und Verschwinden der Schuppung waren die hervorstechendsten Merkmale der Besserung. ARJONILLA (1958) empfahl gegen die schädlichen Sonnenstrahlen Schutzsalben, die Antipyrin und Kupfersalze enthalten. Zur Allgemeinbehandlung der Altershaut kämen Vitamine, Androgene und Novocainkuren (2%iges Novocain, jeden 2. Tag 5,0 ml i.m., Pause nach 10 Injektionen) in Frage. H. W. SCHMIDT (1958) rät zur Anwendung eines labilen Milcheiweißes in Form eines Hydrogels, das sich durch gutes Eindringvermögen auszeichnet (Labilin). Zur Regeneration der Altershaut sollen durchblutungsfördernde Maßnahmen angewendet werden und prophylaktisch häufige heiße Vollbäder und starke Sonnenexpositionen vermieden werden.

Über Erfahrungen mit Methoden zur Wertbestimmung kosmetischer Therapeutica berichteten u. a. BEHRMANN (Placeboversuche — 1954), WEBER (Faltenmessungen an Gipsabdrücken — 1959) sowie TRONNIER und WAGNER (Messung der Frequenz-Leitfähigkeit an der Altershaut — 1954). KLEINE-NATROP (1959) wendete bei erforderlichen therapeutischen Eingriffen an der Altershaut möglichst schonende und doch ausreichend wirksame Methoden an, wobei er besonders die Chlor-Zink-Schnellätzung und die Vereisung mit flüssigem Stickstoff hervorhob.

Nach dem heutigen Stand unserer Kenntnisse ist aber TRONNIER (1966) zuzustimmen, daß der Prophylaxe und insbesondere der Therapie mit den von der kosmetischen Industrie hochgepriesenen Präparaten Grenzen gesetzt sind. Entscheidend für den Alterungsprozeß der Haut ist die von den Eltern ererbte Konstitution. Die Aufgabe des Arztes besteht daher vorwiegend darin, vor den uns bereits bekannten externen Schäden zu warnen.

2. Senil-degenerative Atrophie

Die senil-degenerative Atrophie spielt sich, im Gegensatz zur senil-primitiven Atrophie, ausschließlich an den frei getragenen Hautpartien ab. Sie entwickelt sich langsam und ist besonders anzutreffen bei hellhäutigen Menschen, die chronischen Licht- und Witterungseinflüssen ausgesetzt sind.

Klinik

Die geschädigte Haut ist fahlgelb, welk, schlaff, runzelig und gefurcht, außerdem fleckig hyper- und depigmentiert, trocken und schuppend (Abb. 1). Teleangiektasien können hinzutreten, die Behaarung schwindet. Erytheme und proliferative Epidermiswucherungen (Keratomata senilia) werden weniger angetroffen, jedenfalls erheblich seltener als bei der Landmanns- oder Seemannshaut (s. dort).

Neben einfach senil-atrophischen Vorgängen finden sich zusätzliche degenerative Veränderungen am elastischen und kollagenen Gewebe im Sinne der kolloiden Degeneration. Sie sind morphologisch als weiche Verdickung faßbar, vor allem an der Stirn (Abb. 2 und 3), an den Schläfen, an den Wangen und im Nacken. Durch zusätzliche Lipoideinlagerungen erhält das Integument ein opakes, gelblich-weißes Kolorit. Da die kolloiden Massen knötchenförmig angeordnet sind, wird die Hautoberfläche citronenschalenartig uneben. Als Beginn einer derartigen Gewebsalterung nimmt VILANOVA (1958) das 25. Lebensjahr an, eine Angabe, die allerdings geographische, berufliche sowie insbesondere individuelle Faktoren unberücksichtigt läßt, auf die GOTTRON wiederholt in früheren Publikationen hingewiesen hat. Bestimmte Zustände der senilen Hautdegeneration spielen als Elastome diffus de la peau (DUBREUILH, 1913) und als peau citréine (MILIAN, 1921) in der französischen dermatologischen Literatur eine Rolle.

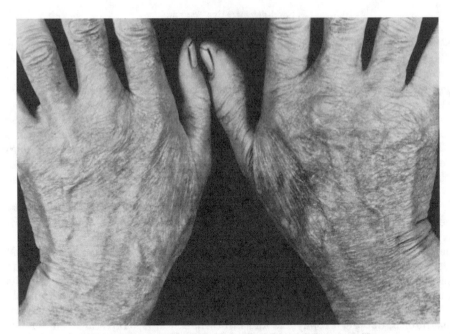

Abb. 1. Senil-degenerative Atrophie der Handrücken mit Purpura senilis

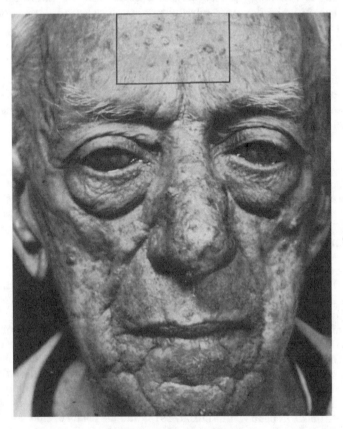

Abb. 2. Senil-degenerative Atrophie

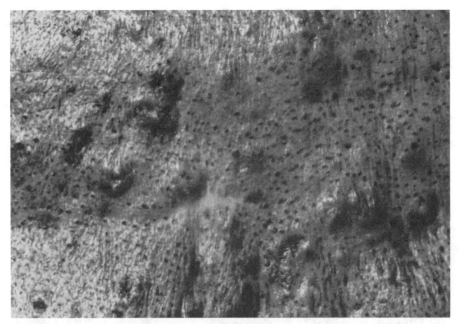

Abb. 3. Senil-degenerative Atrophie, Stirnhaut (Ausschnitt aus Abb. 2)

a) Landmannshaut (Seemanns-, Farmershaut)

Sie beginnt meist mit einem cyanotischen Erythem (entzündlichem Vor-stadium) an den chronisch-intensiven Witterungsreizen ausgesetzten Partien wie Gesicht, Ohren, Handrücken. Allmählich entwickelt sich durch stärkere Pigment-flecke und umschriebene Depigmentierung ein scheckiges Bild. Die Verdünnung der Haut erreicht erhebliche Grade. Sie ist trocken, rauh, dabei wie Zigaretten-papier fältelbar. Die auf Druck leicht verletzbaren Gefäße, vor allem Teleangiekta-sien, scheinen hindurch. So entstehen leicht fleckförmige Blutungen, die sich unter Bildung straffer, gelblicher, linien- und netzförmiger narbiger Atrophien zurück-bilden. Das initiale Erythem verschwindet später und proliferative Veränderungen treten im Bereich der schon erwähnten Pigmentflecke anfangs als gering hyper-keratotische Rauhigkeiten, später als derbe, harte, hornige Excrescenzen hervor (Keratomata senilia). Da sich die senilen Keratome jederzeit in Stachelzell-carcinome weiter differenzieren können, entspricht dieser Hautzustand einer fakultativen Präcancerose. Auf die senil-degenerativen Veränderungen des Lippen-saumgebietes hat u. a. K. Linser (1957) hingewiesen. Infolge der stärkeren Lichtexposition bei meist senkrechtem Lichteinfall finden sich nämlich derartige atrophisch-degenerative Veränderungen in erster Linie an der balkonartig vor-stehenden Unterlippe, während die Oberlippe kaum beteiligt ist.

b) Cutis rhomboidalis nuchae

Die Cutis rhomboidalis nuchae (Jadassohn, 1925) stellt eine Sonderform der senil-degenerativen Atrophie dar, die sich — ebenso wie die Seemanns- oder Landmannshaut — von letzterer durch prodromale blande chronische Entzün-dungen (Gottron, 1950) unterscheidet. Die Haut im Nacken ist graubräunlich bzw. bräunlich-gelblich verfärbt, verdickt und läßt zahlreiche feine sowie unterschiedlich tiefe Furchen erkennen, die zu einer Aufteilung in rhombische Felder führen (Abb. 4). Die teils großen, teils kleinen Rauten von weiß-gelblichem Farbton verschmälern sich nach den Seitenpartien zu.

Bei Frauen ist das Krankheitsbild weit seltener anzutreffen, wahrscheinlich bedingt durch einen besseren Lichtschutz (Nackenhaarknoten, langes Haar, Kopftücher usw.). Dem Lichtfaktor wird eine entscheidende Bedeutung beigemessen. So sollen photosensibilisierende Substanzen (Teer: Loos, 1932; Kogoj, 1941; Acridin: Oppenheim, 1932) die Entwicklung der Affektion begünstigen. Sie tritt im allgemeinen aber nicht vor dem 30. Lebensjahr auf und nimmt mit dem Alter an Häufigkeit und Intensität zu. Kogoj (1941), der 860 männliche Landbewohner

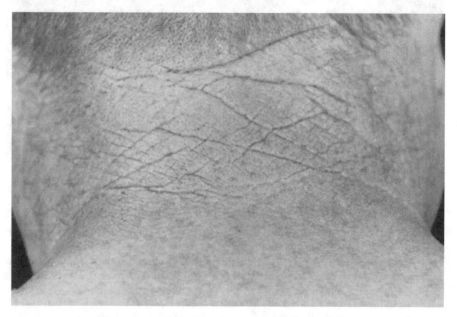

Abb. 4. Cutis rhomboidalis nuchae bei 57 Jahre altem Bauarbeiter

aller Altersstufen untersuchte, beobachtete diese charakteristische Nackenhautveränderung bei 72,2% der Männer, die über 80 Jahre, und bei 60% der Männer, die zwischen 70 und 80 Jahre alt waren. Loos (1932) diagnostizierte sie bei 70 Teerarbeitern in 15,7% der Fälle. Es zeigte sich, daß eine Abhängigkeit von der Dauer der geleisteten Teerarbeit und zusätzlichen thermischen Reizen bestand. Hauser (1958) fand die Anomalie bei Erhebung an 2000 Patienten der Würzburger Universitätsklinik weit häufiger bei Männern als bei Frauen: bei letzteren in 2,2% der Fälle, bei Männern in 11,1% der Fälle. Die Landmannshaut wurde bei beiden Geschlechtern etwa gleich häufig (in 10% der Fälle) beobachtet. Izaki (1959) konnte die Cutis rhomboidalis nuchae bei japanischen, über 50 Jahre alten Dorfbewohnern in 51,5% der Fälle aufdecken, während er sie bei einer gleichaltrigen Durchschnittsbevölkerung nur in 14,9% der Fälle antraf.

Weitere Sonderformen der senilen Degeneration sind die Elastéidose cutanée nodulaire à kystes et a comèdons (Favre-Racouchot, 1951) (S. 467) und z. T. auch die infolge stärkster kolloider Degeneration des Bindegewebes entstehenden Kolloid-Milien. Gottron hat 1950 auf die follikuläre Verhornungsneigung (Hyperkeratosis follicularis senilis) hingewiesen, die sich nicht selten durch kleine

Cysten bei der Cutis rhomboidalis nuchae bemerkbar macht, ebenso auch schon GANS und STEIGLEDER (1955), wodurch bereits Kriterien gegeben sind, die auf einen engen Zusammenhang mit dem Favre-Racouchotschen Syndrom hindeuten.

Pathogenese

Die senil-degenerative Atrophie entwickelt sich an den exponierten Hautpartien (GANS und STEIGLEDER, 1955; OPPENHEIM, 1932; PETGES-LECOULANT, 1936; HAUSER, 1958 u. a.). Hierbei steht die Wirkung des Sonnenlichtes, besonders sein U.V.-Anteil, an erster Stelle, aber auch thermische Faktoren (Hitze, Kälte, ständiger Temperaturwechsel), ferner Wind und Nässe sind für den degenerativen Prozeß von wesentlicher Bedeutung. Dieser ist gekennzeichnet durch anatomische, physiologische und chemische Alteration des belasteten Gewebes. Dispositionelle Faktoren sind insofern sicher bedeutsam, als rötlich-blonde, helläugige Menschen in bevorzugtem Maße betroffen werden. Unzureichendes Hautpigment und exzessive Sonnenlichteinwirkungen werden von MACKIE und McGOVERN (1958) angeschuldigt. Nach diesen australischen Untersuchern sowie nach HOWELL (1960) zeige der Grad der entstandenen Bindegewebsdegeneration eine Abhängigkeit von der Dicke der Hornschicht und von der Menge des natürlichen Pigments bzw. dem Vermögen der Haut, auf Lichtreize mit Melaninproduktion zu reagieren. Außer den genannten externen Faktoren ist es denkbar, daß auch interne Faktoren (Toxine ?) auf das Gefäßbindegewebe der Haut einwirken. Mit dem physiologischen Altern der Haut geht ja ein Rückgang aller Organfunktionen einher. So weisen TRAGANT und CARLÉS (1958) auf die Veränderungen der Hydratation und auf Verschiebungen im pH- und Redox-System hin. IZAKI (1959) untersuchte das elektrische Leitvermögen an senil-degenerierter Haut. Bei Fischern und Bauern wurde ein höherer Hautleitwiderstand gemessen als bei der Durchschnittsbevölkerung, und TRONNIER und WAGNER (1954) fanden eine altersbedingte Beeinflussung der Frequenzleitfähigkeit.

SALFELD (1965) stellte fest, daß mit zunehmendem Alter der pH-Wert der Hautoberfläche nach dem 70. Lebensjahr durch Minderung der Neutralisationsfähigkeit in den sauren Bereich verschoben wird, besonders in der lichtexponierten Haut. Analysen von Hornhautgeschabseln (SALFELD, 1965) von Rücken und Dorsalseite der Hände bei Menschen verschiedener Altersstufen zeigten mit steigendem Alter eine Abnahme der ätherlöslichen Anteile (freie Fettsäuren, veresterte Fettsäuren und nicht hydrolysierbare Bestandteile). Das Wasserlösliche (freie Aminosäuren, Urocainsäure, Milchsäure u. a.) nahm hingegen zu, besonders deutlich an lichtexponierten Regionen (Handrücken). SALFELD (1966) prüfte auch das funktionelle Verhalten der Altershaut vermittels der Bestimmung der Quaddel (QRZ)- und Fluoresceinresorptionszeit (FRZ). Das Verhalten der FRZ (nach HEITE) zeigt bevorzugt die Filtrationsgröße und damit auch den interstitiellen Saftstrom an. Das Fluorescein dringt wahrscheinlich in die Bindegewebsfasern mehr oder weniger ein und kann erst nach und nach durch den Lymphstrom wieder ausgewaschen werden. Die Quaddelresorptionszeit (nach HEITE) gibt Auskunft über die Diffusions- und Resorptionsmöglichkeiten im Gewebe. SALFELD fand, daß sich die Ergebnisse in Lokalisationen mit senil-primitiver Haut (Rückenhaut) anders verhielten (QRZ und FRZ nahmen stark zu), als wenn die Messungen in senil-degenerativer Haut (Handrücken) vorgenommen würden. In letzterem Fall verkürzte sich die QRZ, während die FRZ gleich blieb. Der Autor folgert hieraus, daß sich die Struktur und die Gefäßpermeabilität lichtexponierter Haut offenbar andersartig entwickeln als in nicht lichtexponierten Regionen.

Histologie

Neben den geschilderten Veränderungen der senil-primitiven Atrophie ist die senil-degenerative Atrophie vor allem durch die basophile Degeneration des Kollagens (bei Färbung mit Hämatoxylin-Eosin) bzw. durch eine senile Elastosis (bei Färbung mit Elastica-affinen Farbstoffen) gekennzeichnet. Das Bindegewebe zeigt feinkörnige Trübung und hyaline Aufquellung. Die Cutis ist verdünnt, der Papillarkörper flacht ab und schwindet. Da die elastischen Fasern im oberen Corium bei gleichzeitiger Verminderung des kollagenen Gewebes unregelmäßig aufgequollen sind, erscheinen sie vermehrt. Unmittelbar unter einem frei bleibenden subepithelialen, schmalen Grenzstreifen bilden sie ein wirres Geflecht von aufgequollenen und verklumpten Massen. Das veränderte Bindegewebe verliert seinen ursprünglich acidophilen Charakter immer mehr und zeigt schließlich eine ausgesprochene Basophilie. Mit Elastica-Farbstoffen läßt sich der gesamte degenerierte Anteil als ein eindrucksvolles, etwa $1/2$ mm breites, manchmal homogenisiertes Band darstellen, das sich im oberen Corium hinzieht (Abb. 5). Unna, der den Begriff der basophilen Degeneration prägte, nannte die veränderte Elastica Elacin, das degenerierte Kollagen Kollacin und sprach von Kollastin, wenn beide Grundsubstanzen beteiligt waren. Hierbei handelt es sich nach Gans und Steigleder (1955) um Begriffe, die entbehrlich sind, da offenbar Adsorptionsfärbungen zweier verschiedener Gewebe vorliegen. In den basophilen Zellmassen fanden Weidman (1931), desgleichen Percival, Hannay und Duthie (1949) u. a. lipoide Ablagerungen.

Die Capillaren sind erweitert; perivasculäre lymphoidzellige, entzündliche Veränderungen treten hinzu, auch schwache obliterative Veränderungen in einigen Gefäßen können vorhanden sein (Hill und Montgomery, 1940). Die Talgdrüsenausführungsgänge sind oft erweitert oder mit Hornpfröpfen ausgefüllt (Abb. 6), die Haarbälge verkürzt. Die Hautmuskeln lassen eine granuläre Trübung und hyaline Degeneration erkennen. Nach Horstmann (1961) gestaltet sich der degenerative Altersprozeß wie folgt: Die intercelluläre Grundsubstanz des Bindegewebes wird vermehrt, die elastischen Fasern werden verringert, die kollagenen Fibrillenbündel gröber. In zunehmendem Maße lagert sich ungeordnetes Elastoid ab. Die Greisenhaut zeigt schließlich ein breites subepitheliales Band intercellulären Materials. Andrew (1951) beobachtete in seniler Rattenhaut keine Verdünnung der Epidermis, auch keine Alteration des Bindegewebes; lediglich im Stratum germinativum waren einige Veränderungen nachweisbar. Die Basalzellen hatten kleinere granulierte und variationsreichere Kerne als das Stratum germinativum jugendlicher Versuchstiere. Nach elektronenoptischen Untersuchungen (Teller, Vester und Pohl, 1956) sind die kollagenen Fasern nur bei sehr alten Leuten etwas verschmälert.

Ejiri (1936) sah neben der Verdünnung der Altershaut eine Zunahme elastischen Materials auf Kosten des Kollagens. Als Hinweis auf die Elastica-Natur des bei seniler Elastose anzutreffenden elastotisch anfärbbaren Materials deutet Findlay (1954) dessen fermentative Auflösbarkeit durch Elastase. Da das degenerierte Gewebe zwar mit den meisten Elasticafarbstoffen tingierbar ist, aber nicht mit allen, sollte statt von Elasticadegeneration besser von „elastotisch degenerierten Fasern" gesprochen werden (Gillman u. Mitarb., 1954).

Elektronenoptisch fanden Ma und Cowdry (1950) bei der senilen Elastose Aufsplitterung der elastischen Fasern; die degenerative Bindegewebsveränderung beruhe auf einer Depolymerisation elastomucinöser Substanzen. Bahr und Huhn (1952) machten für das veränderte färberische Verhalten z. T. die amorphe Kitt- und Grundsubstanz verantwortlich. Berger und Walter (1967) führten gleich-

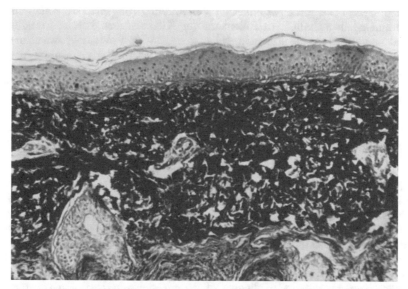

Abb. 5. Senile Elastose (elastotisch degenerierte Fasern, gleiche Biopsie wie Abb. 6)

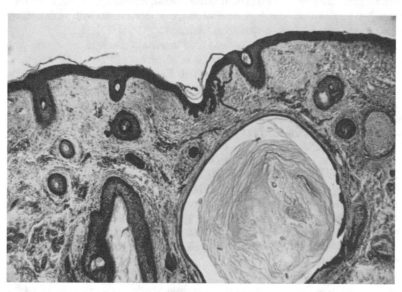

Abb. 6. Histologische Veränderungen bei senil-degenerativer Atrophie: follikuläre Hornpfröpfe und Epidermiscysten
sind reichlich vorhanden

falls elektronenoptische Studien durch und zogen lichtoptische Untersuchungen
vergleichsweise heran. Nach Anwendung von Elasticafärbungen ließen sich vier
verschiedene Degenerationsprodukte erkennen. Aufgrund morphologischer Ähn-
lichkeiten sehen die Autoren die Elastica als Ausgangsmaterial für die senile
Elastose an.

Nun gibt es manche Hinweise, die dafür sprechen, daß durch Transformation
des Kollagens Gewebsstrukturen mit den Eigenschaften elastischer Fasern entstehen können. TELLER, VESTER und POHL (1956) diagnostizierten elektronenmikroskopisch in degenerativ-seniler Haut eine Vermehrung verdünnter Kollagen-

fibrillen, Störungen ihrer periodischen Versilberung (ungeordnete Außenversilberung) und einen auffallenden Reichtum der Kittsubstanz. Letztere umgibt teils schmal-mantelförmig die Fibrillen, teils ist sie see- oder netzartig zwischen diesen eingelagert. Eine Vermehrung des elastischen Fasermaterials wurde nicht beobachtet. Alle diese Befunde sprechen mehr für eine Beteiligung des Kollagens an den altersatrophischen Veränderungen. Nach Zambal (1966) äußert sich die degenerative Atrophie zuerst durch Unfähigkeit zur Bildung elastischer Fasern, später durch Unfähigkeit zur Bildung normaler kollagener Fasern, außer degenerierten Retikulinfasern. Die Retikulinfasern bei der degenerativen Hautatrophie sind das von der aktinischen Fibroblastenschädigung bedingte Produkt, das durch Störungen in der fibrogenetischen Differenzierung entsteht.

Hasselmann (1954) wies nach, daß mit Salzsäure vorbehandelte Mikrofibrillen des Kollgens spiralige Windungen annehmen, wie sie die Fibrillen der elastischen Fasern aufweisen. Durch Einwirkung von alkalischen Lösungen und Pankreasenzymen (Trypsin, Chymotrypsin) auf Kollagenfasern kommt es zu Umwandlungen, bei denen Strukturen entstehen, die elastischen Fasern ähnlich werden (Burton, Hall et al., 1955). Unter diesen Umständen sehen viele Untersucher (Turnbridge u. Mitarb., 1952; Wells, 1954; Gillman u. Mitarb., 1954; Winer, 1955; Teller u. Mitarb., 1957 u. a.) in der senilen Elastosis eher einen degenerativen Prozeß des Kollagens, bei dem sich ein elastotisch anfärbbares Substrat bildet. Braun-Falco (1956) faßte die folgenden Argumente verschiedener Untersucher zusammen, die für die Entstehung der elastotisch sich anfärbenden Gewebsmassen aus Kollagen sprechen könnten:

1. Unter Pepsineinwirkung nimmt die normale Dermis in einem größeren Maße Elasticafarbstoff auf (Turnbridge u. Mitarb., 1952).

2. Wenn eine Lösung von hydrolysiertem Kollagen evaporiert wird, färben sich die präcipitierten Fibrillen mit Elasticafarbstoffen an (Lansing u. Mitarb., 1953).

3. In vitro gelingt es, durch Blockierung polarer Gruppen oder vorherige Sulfonierung der Gewebsschnitte kollagene Fasern für Elastica-Farbstoffe affin zu machen (Fullmer und Lillie, 1956; Braun-Falco, 1956).

4. Das gleiche Phänomen wird auch nach Alkalipuffervorbehandlung demonstrierbar (Burton et al., u. a.). Dieses Ergebnis konnte jedoch bei Nachuntersuchungen durch Braun-Falco (1956) nicht reproduziert werden.

5. Röntgenanalytisch (Astbury, 1950) und elektronenoptisch (Turnbridge u. Mitarb.; Teller u. Mitarb., u. a.) erweist sich das elastotisch anfärbbare Material der senilen Elastose als eine degenerative Modifikation von Kollagen. Elektronenoptisch findet man nach Trypsin- und Alkalipuffervorbehandlung von Kollagen elastinartige Fibrillenstrukturen mit freiwerdenden größeren Mengen amorphen Materials.

Nach den Untersuchungen von Montgomery (1955) weist basophil degeneriertes Kollagen — im Vergleich zu normalem Kollagen — vermehrt Lipide und Tyrosin auf sowie freie Aldehyd- und Carbonylgruppen. Unspezifische Esterase zeigte sich vermindert, und die Reaktion auf Calcium fiel schwach positiv aus, während sie mit normalem Kollagen stark positiv verläuft. Mikrospektrographisch erwies sich, daß basophiles Kollagen die Lichtenergie (Wellenlängen von 250 bis 310 mμ) fast vollständig absorbierte, während bei normalem Kollagen keine signifikante Absorption erfolgte. Demnach verhalten sich normales und basophil degeneriertes Kollagen histochemisch und histospektrographisch recht unterschiedlich.

Das Auftreten fettartiger Stoffe bei der senilen Elastose erklärt Braun-Falco (1957) durch das Freiwerden von Lipoiden, die als normale Elasticabestandteile gelten können. Demnach wäre ihr Erscheinen nicht als fettige Degeneration aufzufassen, sondern als Hinweis, daß die Elastica als hauptsächliches Substrat der senilen Elastose in Frage kommt. BRAUN-FALCO gibt zwei Entstehungsmechanismen für die senile Elastose an:

1. Eine Vermehrung von anscheinend elastischen Fasern mit möglicherweise anschließender kolloider Degeneration.

2. Primär-degenerative Veränderungen an der Elastica unter Atrophie von Kollagen. Histochemisch und histofermentativ zeigt sich eine sehr enge Beziehung des Fasermaterials der senilen Elastose mit normalen elastischen Fasern, während sich das Kollagen völlig unterschiedlich verhält. Demnach läge kein Beweis für die Annahme vor, daß die im Sinne der Elastica tingierbaren Massen der senilen Elastose als degeneriertes Kollagen anzusprechen seien.

Die Diskussion über den Ursprung der dicken Fasern, die bei der senilen Elastose auftreten, ist noch nicht verstummt (FELSHER, 1961). Nach vergleichenden physiologisch-chemischen, phasenkontrastmikroskopischen und elektronenoptischen Untersuchungen vermutet der Autor, daß die elastotischen Fasern, die bei der senilen Elastose anzutreffen sind, vom elastischen Gewebe abstammen, räumt aber ein, daß auch seinen Untersuchungsbefunden keine absolute Beweiskraft zukäme. FEYRTER und NIEBAUER (1966) hingegen zweifeln nicht, daß es sich tatsächlich um elastisches Fasernmaterial handelt. Mit Hilfe der Janusgrün-Neutralrot-Einschlußfärbung fanden sie völlig eindeutige Übergänge der pathischen Strukturen in unverkennbar wohlgeformte elastische Fasern.

Prognose

Die Altersvorgänge der Haut stellen irreversible Prozesse dar. Durch Einwirkung zusätzlicher Klimareize, namentlich intensiver Besonnung, verläuft die degenerative Atrophie progredient unter Zunahme der besonders auf der sog. Landmannshaut zu beobachtenden präcancerösen Proliferationen. Auf einem solchen Terrain können sich senile Keratome, Spinaliome, aber auch Keratoakanthome, Basaliome, Sarkome und Melanomalignome entwickeln. Infolge der Bindegewebsdegeneration wird das Epithel unzureichend ernährt. In diesem Umstand sehen MACKIE und McGOVERN (1958) die Ursache für die proliferativen Prozesse der Oberhaut. Fachärztliche Überwachung und Behandlung sind erforderlich, prophylaktisch aber Lichtschutzmittel anzuwenden. Ärztlicherseits wäre, vor allem im Hinblick auf die modisch bedingte Sucht nach intensiver Besonnung, mehr als bisher auf deren Gefahren aufmerksam zu machen, darf doch das Sonnenlicht als ein nicht zu unterschätzender cancerogener Faktor gelten (u. a. LINSER, 1957; BRUCE, MACKIE und McGOVERN, 1958; HOWELL, 1960).

α) Die Elastéidose cutanée nodulaire à kystes et à comédons (Favre und Racouchot)

Die Elastéidose cutanée nodulaire à kystes et à comédons ist als Sonderform der senil-degenerativen Atrophie zu betrachten. Von FAVRE wurde bereits 1932 die knotige Hautelasteidose mit Cysten und Komedonen beschrieben. Weitere Veröffentlichungen erfolgten später von RACOUCHOT (1937), PIÉRARD und FONTAINE (1953), HELLIER (1953), DEGOS, DELORT und DURANT (1954), KRÜGER, DORN und WEISE (1958), KUNZE (1960), HELM (1961), MARAGNANI (1961), RODERMUND (1966), die die Kenntnisse der klinischen und histologischen Merkmale dieses Krankheitsbildes vervollständigten. Klinisch handelt es sich um eine weiche, schlaffe, runzelige, leicht gelbliche Haut mit unterschiedlich zahlreichen und verschieden großen weißen und gelblichen, halbkugeligen Knoten (Abb.7). Neben diesen

Knoten und in ihnen sind multiple Comedonen anzutreffen, die sich nur schwer exprimieren lassen und aus einer trockenen, bröckeligen Masse bestehen. Als Prädilektionsstellen gelten die periorbitalen und retroauriculären Regionen, Nacken und Augenlider. Aktinische Reize bei entsprechender Disposition, aber auch Pech und Teer (Götz und Bill, 1969) können insbesondere für die periorbitale Comedonenbildung von Bedeutung sein.

Oberlippe und Kinn (Hellier, 1953) können gleichfalls betroffen sein. Befall von traumatisierten Stellen der Extremitäten teilen Degos, Delort und Durant mit. Histologisch zeigen sich außer dem typischen Bild der senilen Elastose zahl-

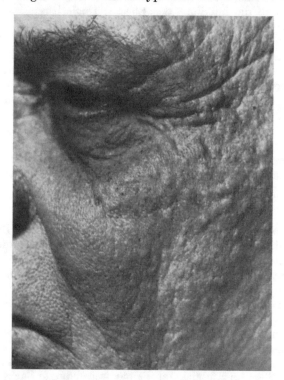

Abb. 7. Elastéidose cutanée nodulaire à kystes et à comédons (Favre et Racouchot)

reiche cystisch erweiterte Haarfollikel mit strangförmiger Proliferationsneigung des umgebenden Epithels, Umwandlung zu gelegentlich voluminösen Cysten der Haarbälge und Talgdrüsen. Es kann zu Knospenbildungen der äußeren Wurzelscheide kommen. Stellenweise sind die Talgdrüsen vermindert und atrophiert. Desgleichen können die Schweißdrüsen cystisch verändert, aber auch normal sein. Wenn auch bisher nur wenige Veröffentlichungen vorliegen, so handelt es sich doch nicht um ein seltenes Leiden. Eine zusammenfassende Darstellung über 51 Fälle aus der Literatur (47 Männer, 4 Frauen) gibt Ugo (1963).

Gelegentlich tritt es, neueren Mitteilungen zufolge, schon in jüngeren Jahren auf. Durch thermische Reize provoziert beobachtete es Kunze bei Büglerinnen, von denen die eine erst 32, die andere 36 Jahre alt waren. Das Krankheitsbild wurde ferner von Pizarro u. Mitarb. (1958) bei einem 34jährigen Alkoholiker mit Porphyria cutanea tarda beschrieben. Rodermund berichtete über eine Frau und sechs Männer mit den typischen Symptomen. Offensichtlich kommen sie häufiger bei Männern als bei Frauen vor, was sich mit unseren eigenen Erfahrungen im

Industriegebiet deckt. In Kombination sind gelegentlich Epitheliome der Haut anzutreffen (HELM). Knotenbildung durch kolloidentartetes Bindegewebe sind indessen seltener nachweisbar. Die noduläre Komponente ist vorwiegend durch die Cysten bedingt. Differentialdiagnostisch sind das Trichoepitheliom und das Syringom in Erwägung zu ziehen. Bei ersterem treffen wir basalzellige Wucherungen an, bei letzterem zweireihiges Epithel. Echte Milien sind kleiner. Beim Pseudomilium colloidale bilden sich keine Cysten. Aufgrund histochemischer Untersuchungen (Orceinophilie, PAS-Positivität, Metachromasie, Vorliegen leicht argyrophiler Fasern) sind die Erscheinungen nach MARAGNANI unter die senilen Atrophien einzuordnen.

β) Das Kolloidmilium

Synonyma: Pseudomilium colloidale (PELLIZARI, 1898), Hyalom (LELOIR und VIDAL), Elastosis colloidalis conglomerata (FERREIRA-MARQUES und VAN UDEN, 1950).

Das Kolloidmilium (WAGNER, 1886) ist erheblich seltener anzutreffen als die vorgenannten Sonderformen der senilen Elastose [84 publizierte Fälle seit 1886 (GUIN und SEALE, 1959)]. Es findet sich ebenfalls nur an exponierten Hautpartien, und da den Veränderungen degenerative Vorgänge zugrunde liegen, sei es hier angeführt. Eine Ausnahme hinsichtlich der exponierten Lokalisation stellt allerdings der von REUTER und BECKER (1942) publizierte Fall dar, der auch Rumpfherde bei einer 75jährigen Diabetikerin aufwies.

Klinik

Der bevorzugte Sitz sind Handrücken, Nase (Abb. 8), Jochbeingegend, Stirn, Nacken, seitliche Halspartien. Es handelt sich um stecknadelspitz- bis erbsgroße, gelb-bräunliche, goldgelbe, auch bernsteingelbe (SPILLMAN u. Mitarb., 1958), derbe, transparente Einlagerungen, die als isolierte rundliche Knötchen oder leistenartige Gebilde imponieren, aber auch dicht aneinandergelagert sind und dann der Hautoberfläche eine chagrinlederartige Beschaffenheit geben. Juckreiz besteht nicht. Ritzt man die Haut über den transparenten Knötchen, so entleert sich auf Druck eine weiche gallertige Masse. Mit der Kongorotprobe nach MARCHIONINI und JOHN (1936) tritt Rotfärbung der Knötchen ein, die allerdings nur 2 Tage anhält und dann wieder verschwindet.

In Anlehnung an PERCIVAL und DUTHIE (1948) sind 4 Varianten zu unterscheiden:

1. Die juvenile Form: Es liegt meist eine familiäre Belastung vor. Die Erscheinungen treten vor der Pubertät auf und sind histologisch durch die Beschränkung der kolloiden Massen auf die Gegend der Papillen gekennzeichnet.

2. Die adulte Form: Beginn im frühen Erwachsenenalter ohne erkennbare familiäre Belastung. Gleichzeitig besteht eine vorzeitige senile Elastose.

3. Die Form der erheblich an seniler Elastose gealterten Menschen.

4. Auftreten der Herde solitär oder auf bedeckt getragener Haut bei anderen mit kolloiden Veränderungen einhergehenden Dermatosen.

Als unterste Altersgrenze gibt WAY (1942) das 7. Lebensjahr an. Das Auftreten von Kolloidmilien ist vorwiegend in Ländern mit besonders sonnigem Klima beobachtet worden (u.a. in Texas: GUIN und SEALE, 1959; in Portugal: FERREIRA-MARQUES und UDEN, 1950; in der Türkei: MARCHIONINI und AYGÜN, 1941). Auf das familiäre Auftreten wiesen MARCHIONINI und AYGÜN, LANGHOF (1960), HARRIS (1960) u.a. hin. Gerade in den familiären Fällen handelt es sich meist um jugendliche Patienten (ROSSELINI, 1906: 9- und 12jährig; ANDREWS, 1940:

9jährig; Langhof u. Mitarb., 1961: 8-, 17-, 19- und 24jährig). Außer dem Lichtfaktor spielt offensichtlich die Disposition eine wesentliche Rolle (Jager, 1925;
Labadie, 1927; Marchionini und Aygün, 1941; u. a.). Die Kolloidmilien gehören
insofern aber nur bedingt zu den senil-degenerativen Atrophien, als sie auch in
Narben entstehen können: in Verbrennungsnarben des Gesichtes (Marson, 1958),
ferner bei Lupus vulgaris, Erythematodes, bei der Lichturticaria (Langhof, 1960).
Auf die Kombination mit einer Porphyria cutanea tarda machte Ferrari (1954)
aufmerksam.

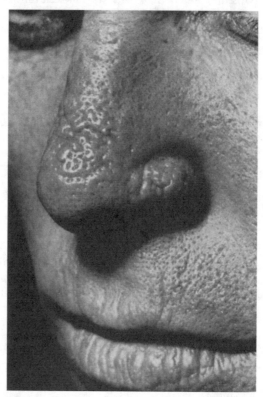

Abb. 8. Kolloidmilium

Pathogenese

Prakken (1951) beobachtete, daß das Kollagen, bevor es sich zu Kolloid
umwandelt, offenbar ein Stadium basophiler Degeneration durchläuft. Als Ent-
artungsprozeß vorwiegend des Kollagens wird das Kolloidmilium auch von Bergamasco (1940) u. a. gedeutet. Die Entstehung aus Kollagen oder Elastin oder
aus beiden vermuten hingegen Monacelli (1934), ferner Reuter und Becker
(1942). Ferreira-Marques zusammen mit van Uden (1950) sehen die Erscheinungen als Endzustand eines Degenerationsprozesses an, der sich ausschließlich
an den elastischen Fasern abspielt. Die Herkunft der kolloiden Substanz ist daher
noch eine umstrittene Frage.

Becker u. Mitarb. (1956) fanden chromatographisch im kolloiden Material
die gleichen Aminosäuren wie im menschlichen Serum, und Allison und Allison
(1957) vermuten sogar, in Anlehnung an Zoon u. Mitarb. (1955), daß das Kolloid
aus Serum hervorgeht (sie wiesen chromatographisch im Kolloid Aminosäuren

nach, die weder im Kollagen noch in der Elastica anzutreffen sind). WORINGER (1952) zählt 3 Theorien auf, nach denen es zur Entstehung hyaliner Substanzen kommen kann:

1. Durch Vermehrung elastischer Fasern.
2. Durch Transformation kollagener Fasern.
3. Durch Neubildung interstitieller Stoffe.

Nach PERCIVAL und DUTHIE (1948) sei es gut möglich, daß das Kolloid — ebenso wie das Amyloid — eher eine Ablagerung als ein degeneriertes Produkt des Kollagens darstellt. Auf die Verminderung der Zahl der Mastzellen parallel zum Grade der degenerativen Veränderungen (BINAZZI, 1959) und auf die Kombination mit cystisch erweiterten Talgdrüsen (LABADIE, 1927) sei hingewiesen. Das Kolloidmilium zeigt kaum Ähnlichkeit mit den von GÖTZ und KOCH (1956) unter dem Namen ,,Dorsalcysten'' beschriebenen großen Knötchen im Bereich der Endphalangen der Finger. Diese ,,Cysten'' hat GOTTRON beobachtet bei alten Leuten. In seinem Handbuchbeitrag (1963) über Granuloma anulare erwähnt er sie als periartikuläre Myxomatosis nodularis cutanea. Spaltenförmige Räume konfluieren in eine große mucinöse (vorwiegend Hyaluronsäure enthaltende) cystenähnliche Höhle, die keine Epithel- oder Endothelbekleidung aufweist.

Histologie

Das Kolloidmilium ist charakterisiert durch die Bildung einer homogenen Substanz: das sog. Kolloid. Dieses tritt in Schollen auf, die in Herden zusammenliegen und das obere Coriumdrittel einnehmen. Von der Epidermis, die Hyperkeratose und Atrophie des Stratum spinosum zeigt, sind diese Konglomerate (große, fast rundlich gestaltete kolloide Massen) durch eine schmale Bindegewebsschicht getrennt. Das Kollagen ist kreisförmig um die Herde herum gelagert (passive Veränderung?). Das Kolloid färbt sich mit Hämatoxylin-Eosin gewöhnlich eosinophil, wenn auch in geringerem Grade als normales Kollagen. Gelegentlich erscheint es schwach basophil. WORINGER beobachtete eine Anfärbung der hyalinen Massen mit Elastica-Farbstoff nur in der Peripherie, während im Zentrum keine Tingierung erfolgte. Nach LEVER (1958) sind im Kolloid Fibroblasten nachweisbar. Bei der Elasticafärbung zeigen sich elastische Fasern in den kolloiden Massen, die jedoch zerbrochen sind und weniger zahlreich als im normalen Kollagen auftreten.

Prognose

Unter intensiver Sonnenbestrahlung (Sommer) vergrößern sich die Herde. In den Wintermonaten kann daher, namentlich bei jüngeren Menschen, eine leichte Besserung einsetzen. Im nächsten Sommer jedoch kommt es bei ungenügendem Lichtschutz erneut zu progredientem Verlauf. Andererseits wurde von ANDREWS (1940) eine Rückbildung bei zwei weiblichen Geschwistern beobachtet, was indessen extrem selten sein dürfte.

Therapie

Sonnenschutzcremes sowie Handschuhe bei Befall der Handrücken von Autofahrern empfiehlt TRAUB (1956). WAY (1942) hatte auf das Vorliegen eines Vitamin C-Defizits hingewiesen. Auch PRAKKEN (1951) fand den Vitamin C-Blutspiegel erniedrigt. Die von WAY als günstig erprobte Vitamin C-Behandlung konnte in ihren Erfolgen von späteren Behandlern jedoch nicht bestätigt werden (HAILEY, 1948; PERCIVAL und DUTHIE, 1948; LYELL und WHITTLE, 1950; FERREIRA-MARQUES und VAN UDEN, 1950; ALLISON und ALLISON, 1957). Nach KNOX

(1966) läßt sich die allmähliche Entwicklung zur trockenen, runzeligen und welken Altershaut nicht verhindern, wohl aber durch Lichtschutzpräparate hinauszögern. Indessen entspräche noch keines der zahlreichen, in den letzten 35 Jahren auf den Markt gebrachten Lichtschutzmitteln allen Erwartungen. Trotzdem sei die vorbeugende Anwendung eines Lichtschutzpräparates besser als jede Unterlassung eines Lichtschutzes.

II. Pseudoaltersatrophie

Gottron (1950) trennt von der senilen Atrophie die präsenilen und die pseudosenilen Krankheitsbilder ab. Von den präsenilen Atrophien ist ein Teil erblich determiniert und zeigt sich bereits schon im Kindesalter. Es handelt sich hierbei um Veränderungen, die weitgehend denen entsprechen, wie sie bei der physiologischen Alterung der Haut angetroffen werden. So ist z. B. die vorzeitige Senilität der Haut ein kennzeichnendes Symptom des Xeroderma pigmentosum und der Hydroa vacciniformia, vielleicht auch des Pechhautleidens. Die Seemanns- oder Landmannshaut, auch die Cutis rhomboidalis, wären strenggenommen eigentlich hier anzuführen, bei denen stärkste klimatische Einflüsse ein vorzeitiges Altern hervorrufen.

Sezary u. Mitarb. (1934) beschrieben einen bemerkenswerten Fall hochgradiger universeller Hautatrophie bei einem 44jährigen Manne mit Pigmentierung, vasculärer Purpura und zigarettenpapierartiger Fältelbarkeit der Haut. Die Veränderungen waren bei 7jähriger Freilufttätigkeit am Mittelmeer aufgetreten. Nur die von der Badehose geschützten Regionen blieben unverändert.

Zu den Pseudoalterserscheinungen zählt Gottron die Progerie und die von ihr an den Acren bedingte Sonderform der Akrogerie. Ihnen liegt eine die gesamte Haut betreffende Hypoplasie zugrunde. Ferner gehören hierher die Anhidrosis hypotrichotica mit Hypodontie, die Dermatochalasis und ihre lokalisierte Sonderform, die Blepharochalasis (gekennzeichnet durch eine Hypoplasie der Elastica), das Pseudoxanthoma elasticum (Elasticadegeneration) und die Cutis laxa (bei der universell der kollagene Anteil des Bindegewebes geschädigt ist). Letztlich ist hier auch die Acrodermatitis chronica atrophicans zu erwähnen, bei der aber *entzündliche* Vorgänge zu Pseudoalterserscheinungen führen. Unter diesen Begriff wären des weiteren die Myotonia dystrophica, die Poikilodermia congenita, das Werner- und das Rothmund-Syndrom zu subsummieren (Touraine, 1952; Bazex und Dupré, 1955), Krankheitsbilder, die an anderen Stellen dieses Ergänzungswerkes abgehandelt werden. Man kann unterschiedlicher Meinung sein, ob Battaglinis Fall (1947) einer infantilen Zwergin mit ausgedehnter, einfacher, präseniler, diffuser Atrophie (und Haarausfall), die gegen Ende des 3. Lebensjahrzehntes auftrat (histologisch Epidermisatrophie, Schwund der Hautanhangsorgane, schwere Schäden am kollagenen und elastischen Fasersystem), im Hinblick auf die endokrine Komponente zu den Pseudoalterserscheinungen oder zu den präsenilen Atrophien zu zählen ist.

III. Inanitionsatrophie (Hungeratrophie)

Im Hungerzustand — so bei Kachexie, z.B. infolge langdauernder Tuberkulose, maligner Geschwülste, chronischer Krankheiten des Verdauungstraktes u.a. — ist die Haut welk, blaßgelb, auch grau-gelblich verfärbt. Da aber ihr bindegewebiger Anteil ziemlich unverändert bleibt, wirkt sie weder besonders verdünnt noch gefältelt. Die Hauterscheinungen spielen sich an der Epidermis und am subcutanen Fettgewebe ab. Das welke Aussehen beruht auf einem Wasserverlust, aber auch auf einem Schwund des subcutanen Fettes. Nach GANS und STEIGLEDER (1955) dürfte eigentlich von einer reinen Inanitionsatrophie der Haut nicht gesprochen werden, da gleichzeitig meist Vitaminmangelzustände vorliegen. Außerdem wäre mit dem Auftreten toxischer Produkte zu rechnen, die durch die Unterernährung entstehen und die Haut zusätzlich schädigen. Die Veränderungen am Epithel zeigen sich nach außen auch in Gestalt einer verstärkten Abschilferung der Hornschicht (Pityriasis tabescentium). Histologisch charakterisierte schon v. FLEMMING (1871) die Hauptformen der Fettgewebsatrophie wie folgt:

1. Einfache oder normale Atrophie (Fettzelle wird im ganzen kleiner, kein Binnenraum in der Zelle).

2. Seröse Atrophie (um den schwindenden Fettpropfen entsteht ein Raum, der sich mit Flüssigkeit füllt; später verengt sich die Hülle).

3. Wucheratrophie (Proliferation, d.h. Kernwucherung, Übergang in Bindegewebe).

Nach SCHIDACHI (1908) werden drei Grade der Atrophie des Fettgewebes unterschieden, die bei extrem abgemagerten, an akuten oder chronischen Krankheiten verstorbenen Patienten gefunden werden. Beim 1. Grad findet sich eine mehr oder weniger ausgesprochene einfache und seröse Atrophie bei fehlender oder nur spärlicher „Wucherung", beim 2. Grade ist eine starke Verkleinerung der Fettzellen sowie neben der serösen Atrophie eine von der Peripherie des Fettläppchens zum Zentrum fortschreitende „Wucheratrophie" zu erkennen. Beim 3. Grade zeigt sich endlich eine spindel- bis strang- oder streifenförmige Anordnung der Fettläppchen, die mit Kernen dicht besät sind und schließlich bindegewebsähnlich umgewandelt werden können. Bemerkenswert ist, daß maligne Tumoren einen wesentlich geringeren Einfluß auf die Atrophie des Fettgewebes ausüben sollen als beispielsweise eine chronische Tuberkulose.

Ähnlich wie der Hungerzustand zu einer minderen Ernährung der Haut mit anschließender Verdünnung aller Schichten führt, pflegt sich auch eine langanhaltende Inaktivität beispielsweise einer Extremität am Integument ungünstig auszuwirken (Inaktivitätsatrophie). Es spielen sich Abbauvorgänge ab, die uns physiologischerweise aus Altersprozessen der Haut bekannt sind. Auch anhaltender Druck von außen oder innen führt unter bestimmten Bedingungen zu einer Verdünnung der Haut (Druckatrophie).

IV. Striae cutis atrophicae

Es existieren zahlreiche Synonyma: Striae cutis distensae (KÖBNER), vergetures (verge = Gerte, Peitschenhieb), Striae cutaneae (NARDELLI, 1952), Striae ab atrophia cutis (D. BORELLI, 1952), Striae cutaneae graviditatis, pubertatis, post infectionem, adipositatis u. a. Die Striae cutis atrophicae stellen in der Mehrzahl auftretende atrophische Hautstreifen dar, die anfangs hochrot oder lividrötlich verfärbt sind, später aber abblassen. Nach NARDELLI (1952) sei die Bezeichnung Striae cutaneae richtiger, da es manche Fälle gäbe, bei denen mit Sicherheit jede Dehnung (Distension) ausgeschlossen werden kann. Jedenfalls fehlen in der Vorgeschichte dieser Patienten abnorme Dehnungen, insbesondere was ihre Dauer und Intensität anbelangt.

Klinik

Bei den Striae cutis atrophicae handelt es sich um leicht gebogene oder gewellte, unregelmäßig begrenzte, an den Enden oft spindelförmig auslaufende, atrophische Streifen der Haut, die infolge des Schwundes elastischer Fasern im Corium entstehen. Sie sind unterschiedlich breit (meist 3—10 mm) und durchschnittlich 2—10 cm lang. Nur in schweren Fällen können sie eine Breite bis zu mehreren Zentimetern erreichen (Rolleston, 1932: 4,0 cm; Midana, 1932: 3,5 cm). Ausnahmsweise wurden Striae atrophicae aber auch schon bis zu 24 cm Länge beobachtet (Dekker, 1930). Oft liegen sie parallel zueinander, wobei sie gern den Verlauf der Langerschen Spaltlinien der Haut berücksichtigen (Nardelli, 1956). Sie können auch fächerförmig auseinander streben, in schweren Fällen sich im spitzen Winkel kreuzen, stets aber liegen sie senkrecht zur Dehnungsrichtung des Integumentes. Sie entwickeln sich ohne vorausgehende Entzündung und bevorzugen bestimmte Lokalisationen, wobei Hautpartien mit mechanischer Überbeanspruchung (besonders im Sinne einer Dehnung von innen her, z. B. bei der Gravidität) Prädilektionsstellen darstellen. Bevorzugt finden wir sie auf den Schultern, an den Hüften und auf der Bauchhaut, an den Brüsten, ferner Oberarmen und Oberschenkeln. Hier verlaufen sie gelegentlich auf der Innen- bzw. Beugeseite in Längsrichtung. An den Unterschenkeln beobachten wir sie seltener, bisweilen in Querlage (Grütz, 1934). Auch in der Kreuzbeingegend und an den Knien quer oberhalb der Patella können sie auftreten. Eine seltene Lokalisation auf der Nase beschrieb Cornbleet (1951) bei 5 Mädchen.

Anfangs sind die Streifen rotviolett und können gelegentlich über das Hautniveau hinausragen: hypertrophe Striae (Gerbel, 1929; Wirz, 1929; Ebert, 1935; Fontana, 1939). Nur ausnahmsweise sind sie hämorrhagisch. Mit zunehmendem Alter wechselt ihr Farbton zu gelblich-weiß bis weiß, und manchmal nimmt er sogar einen perlmutterartigen Charakter an. In diesem Stadium zeigt sich bisweilen ein matter Glanz. Über Schmerzhaftigkeit in entstehenden Striae berichtete Brain (1939); Juckreiz in urticariell geschwollenen Streifen teilte Pfeiffer (1960) mit. Die Haut im Bereich der Läsion ist verdünnt und häufig rinnenförmig eingefallen. Oft zeigt sie eine zigarettenpapierartige Fältelung, die leitersprossenartig quer verläuft. Manchmal wölbt sich auch in den atrophischen Hautspalten das Fettgewebe hernienartig vor. Als Charakteristikum gilt die weiche lückenartige Beschaffenheit, so daß bei der Palpation der Finger leicht einsinkt. Teleangiektasien können sich hinzugesellen (Götz, eigene Beobachtungen).

Die Striae cutis atrophicae können im Verlauf verschiedener physiologischer oder pathologischer Veränderungen des Organismus auftreten. Häufiger entwickeln sie sich bei einer raschen Volumenzunahme des Körpers, gegebenenfalls aber auch bei Vergrößerung nur einzelner Körperpartien, wobei eine gewisse Dehnung der entsprechenden Hautbezirke erfolgt.

Striae cutaneae graviditatis

Am bekanntesten sind die Striae, die in der Schwangerschaft zur Entwicklung kommen. Ihre Häufigkeit wird von Rodecurt (1928) mit 86% angegeben. Nach diesem Autor treten Dammrisse seltener auf, wenn die Zahl der Graviditätsstriae gering wäre. Bei ihrer Entstehung scheinen nach Shin und Ebata (1938) folgende sechs Faktoren eine Rolle zu spielen: a) Konstitution, b) Vergrößerung des Volumens der Bauchhöhle, c) Elastizität der Haut, d) Fettablagerung, e) Alter, f) Rasse. Vor allem besteht eine gewisse Abhängigkeit vom Alter, denn junge Gravide werden öfter befallen als ältere. Wenn es auch Fälle mit umgekehrtem Verhalten gibt (Nardelli), läßt schließlich ihre Neubildung mit der 4. Gravidität doch deutlich nach. Ausgesprochen selten sind sie jedenfalls bei alten Erstgebärenden. Nach de Maria (1933) werden die mehr virilen Typen stärker verschont. Im allgemeinen bilden sie sich erst ab 6. Schwangerschaftsmonat, sehr selten nur in der ersten Hälfte der Gravidität (WEILL und BERNFELD, 1950). Das Auftreten im 6. Schwangerschaftsmonat fällt zusammen mit dem höchsten Gipfel der Ausscheidung von 11-Hydroxysteroiden und 17-Ketosteroiden (WEILL und BERNFELD, 1950, 1951; s. Pathogenese).

Striae graviditatis entwickeln sich meist seitlich am Unterbauch (Abb. 9a), von wo aus sie sich über die Hüften zu den Oberschenkeln hinziehen, ferner an den Mammae, wo sie radiär gestellt sind. Kleinere Streifen werden auch gelegentlich in der Kniekehle und in der Ellenbogenregion angetroffen. Am häufigsten sind sie jedoch symmetrisch an beiden Seiten des Bauches lokalisiert, auf dem sie etwa von der Leistenbeuge aus in medial-konkav em Bogen verlaufen. Die den Nabe

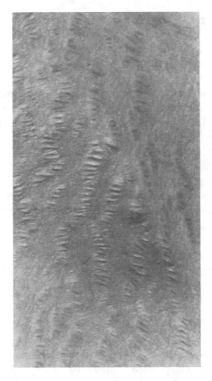

Abb. 9a. Striae atrophicae der Bauchhaut

direkt umgebende Hautpartie bleibt meist frei, und auch am Oberbauch sind sie seltener. Hier liegen sie meist parallel zum Rippenbogen (BOHNSTEDT, 1959; u. a. Autoren).

Nach SHIN und EBATA (1938) bilden sie sich an Bauch, Brust und Oberschenkel in 58,7% der Fälle gleichzeitig. Die Mammae seien in 20,5% der Fälle beteiligt (RODECURT, 1928). In 1,8% der Fälle fand der gleiche Autor nur die Mammae befallen, wobei kleine Brüste stärker disponiert waren als große. NARDELLI beobachtete eine Lokalisation an den Mammae bei 64% der Frauen und eine solche am Oberarm bei 47%. SHIN und EBATA wiesen auf unterschiedliche rassische Dispositionen hin. So diagnostizierten sie Striae bei Koreanerinnen häufiger (94,9%) als bei Japanerinnen (72,6%). Bei diabetischer Hyperlipidämie sah ASBOE-HANSEN (1959) eine xanthomatöse Imbibition der Striae graviditatis. Sie trat unmittelbar vor dem Partus auf und bildete sich 6 Wochen nach erfolgter

Geburt wieder zurück. Poidevin (1959) bemerkte die Affektion häufiger bei Frauen, die an einer Schwangerschaftsintoxikation litten. Auch hier spielt die vermehrte Corticosteroid-Ausschüttung eine entscheidende Rolle.

Striae cutaneae adolescentiae (pubertatis)

Die Adoleszentenstriae entstehen, wie schon der Name besagt, vor allem bei jugendlichen Menschen, nach Strakosch (1955) zwischen dem 13. und dem 16. Lebensjahr, nach Gasper (1933) etwa um die zwanziger Jahre. Bei jugendlichen Patienten mit pulmonaler Tuberkulose sah Macrae-Gibson (1952) diese Störung bei 45% der Fälle zwischen dem 16. und 26. Lebensjahr. Shirai (1959) beobachtete sie bei Mädchen in 21,3% und bei Knaben in 6,6% der Fälle. Während sie bei den Mädchen zum Zeitpunkt der Menarche schon deutlich ausgeprägt war, traf dies bei Knaben erst vom 19. bis zum 20. Lebensjahr zu. Das gleichzeitige Absinken der Blut-Eosinophilen und die Erhöhung der 17-Ketosteroid-Ausscheidung wies auf eine Hyperfunktion der Nebennierenrinde hin. Diese Symptome wurden nicht beobachtet, wenn keine Pubertäts-Striae vorlagen. Nach Strakosch sei die rotblonde Pyknikerin bevorzugt befallen, vor allem Oberschenkel, Gesäß, seltener Rücken oder Mammae. Im Gegensatz zu den Schwangerschaftsstriae sind die Striae pubertatis fast nie auf der Bauchhaut ausgeprägt. Besonders häufig fand sie Niethammer (1939) bei Angehörigen des weiblichen Arbeitsdienstes. Bei Nulliparae ließen sich nach Strakosch Striae pubertatis immerhin in 73% der Fälle nachweisen. Nach Satke und Winkler (1929) lokalisieren sich die Veränderungen bei Frauen mehr im Beckenbereich, bei Männern mehr am Schultergürtel. Während früher ein rasches, kräftiges Wachstum in der Pubertät (Parkes-Weber, 1936) als Entstehungsfaktor angeschuldigt wurde, wies Nardelli auf die Bedeutung einer eher gestörten Pubertät hin.

Striae cutaneae post infectionem

Allgemein ist bekannt, daß es im Verlauf oder nach Infektionskrankheiten in der Rekonvaleszenz zur Bildung von Striae kommen kann. Besonders treten sie auf nach Typhus und Paratyphus (Goldschlag, 1935; Gertler, 1942; Grütz, 1934), nach Scharlach (Goldschlag), Grippe, Varicellen (Weill und Bernfeld), bei Lepra (Midana, 1932), Fleckfieber (Glaubersohn und Schechter, 1931), ferner nach Ruhr, Pneumonien (Nardelli), akutem Gelenkrheumatismus (Rolleston, 1932, Mierzecki, 1931), Appendicitis sowie Nephrose (Bruusgaard, 1929) und vor allem nach Tuberkulose (Nardelli, Macrae-Gibson, 1952; Radenbach u. Mitarb., 1954; Wildhack, 1958; Pfeiffer, 1960; u. a.). Lawrence u. Mitarb. (1953) beobachteten die Affektion im Verlauf einer tuberkulösen Peritonitis. Unter ACTH- und Cortisontherapie dehnten sich die Striae so stark aus, daß sogar die Bauchwand rupturierte. Oppenheim (1929) fand sie bei Lungenkranken einseitig lokalisiert: Der mechanischen Vorstellung folgend, erklärte er ihre Ausbildung in der Weise, daß sie sich über der sich stärker ausdehnenden gesunden Lunge eher entwickeln konnten als auf der kranken, also der weniger kräftig durchatmeten Seite. Bei Rückenlokalisation ist immer an vorausgehende Lungenkrankheiten zu denken, wobei die Veränderungen bei einseitiger Lungenerkrankung trotzdem symmetrisch angetroffen werden können.

Striae cutaneae adipositatis

Striae bei Fettsucht treten mit zunehmendem jugendlichen Alter um so intensiver auf. Dem weiblichen Geschlecht ist hierbei eine größere Tendenz zur Entwicklung eigen als männlichen Personen.

Striae cutaneae post faminem

Nach WEILL und BERNFELD kann es auch nach langer Unterernährung bzw. im Hungerzustand zur Ausbildung der Striae kommen, ohne daß irgendwelche mechanischen Belastungen des Hautorgans vorausgegangen sein müssen. Bei Autopsien von Patienten, die im Hungerzustand gestorben sind, war zwar eine Atrophie der inkretorischen Drüsen vorhanden, dagegen fand sich oft eine Hypertrophie der Nebennieren. Nach WEILL und BERNFELD ist bei Mensch und Tier im Hungerzustand eine vermehrte Ausscheidung der 11-Hydroxysteroide nachzuweisen (s. Pathogenese).

Striae cutaneae post medicamentum

Erst seit einigen Jahren wissen wir, daß die so segensreichen Corticosteroidsalben oder -Cremes gelegentlich auch bei langwährender lokaler Anwendung das

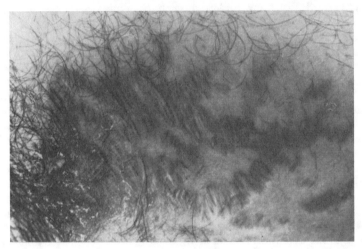

Abb. 9b. Striae atrophicae der Inguinalregion nach vielmonatiger lokaler Corticosteroidsalbenapplikation (eigene Beobachtung)

Bild der Striae atrophicae hervorrufen können. In der Essener Dermatologischen Gesellschaft stellten wir einige Fälle vor (s. Abb. 9b). Bemerkenswert ist, daß es sich fast stets um das Auftreten in der Leistenregion bzw. an intertriginösen Stellen handelt (GÖTZ). Immer liegt eine mehrmonatige Applikation einer Corticosteroidcreme oder -Salbe vor. Das trifft auch für die Publikation von EPSTEIN u. Mitarb. (1963) zu. Jüngst beobachtete CARR (1966) Striae atrophicae am Rücken, nachdem mehrere Monate lang bei einem Patienten mit Hidradenitis eine Corticosteroidtherapie vorausgegangen war.

Pathogenese

Die Affektion tritt in der Schwangerschaft und in der Pubertät, ferner bei endokrinen Störungen, die mit Gewichtszunahme einhergehen sowie im Verlauf einer langen hochdosierten ACTH- bzw. Corticosteroid-Therapie auf. Auch nach kurgerechter antituberkulöser INH-Medikation bei Phthisis pulmonum kann sie sich entwickeln (RADENBACH u. Mitarb., 1954; PFEIFFER, 1960; u. a.). Sie wird ebenso in der Rekonvaleszenz, unter Hungerbedingungen und nach schweren Infektionskrankheiten wie Typhus, Fleckfieber, Pneumonien u. a. beobachtet. Nach neueren Gesichtspunkten haben die Striae trotz den angeführten differenten

Ursachen eine gemeinsame Pathogenese (Hauser, 1958). In all diesen Fällen findet sich nämlich ein erhöhter Glucocorticosteroid-Spiegel (Hypercortizismus). Dieser entsteht entweder durch eine gesteigerte Aktivität der NNR oder durch eine therapeutische Hormonzufuhr. Sind die Streifen sehr breit und länger als gewöhnlich, tiefrot gefärbt, so erweckt das den Verdacht, daß der Hypercortizismus noch andauert oder zumindest erst vor kurzem vorlag. Während der Bildung der Läsionen sind die 17-Hydroxysteroide im Blut und Harn und die 17-Ketosteroide im Harn vermehrt (Winkler, 1962).

Ältere Autoren (Wirz, 1929; de Maria, 1933; Gasper, 1933; Zieler, 1941), aber auch spätere wie Macrae-Gibson (1952), Strakosch (1955) u. a. sehen indessen in mechanischen Faktoren eine wesentliche Teilursache der Striaeentwicklung (z. B. durch disproportioniertes Wachstum zwischen Haut und Skelet in der Pubertät). Andererseits können selbst bei enorm großen Bauchtumoren mit Ascites die atrophischen Streifen vermißt werden (Weill und Bernfeld), und nach Satke und Winkler bilden sie sich bei einer Mastfettsucht keineswegs immer. Die Pathogenese als rein mechanischen Vorgang zu erklären, ist also sicher nicht haltbar. Als Kompromiß wurde von Zieler (1940) die Auffassung vertreten, daß bei der Entstehung der Affektion teils mechanische (Pubertäts-), teils endokrine (Graviditäts-), teils toxische (Infektionsstriae) Momente entscheidend seien. Auch Satke und Winkler, Glaubersohn und Schechter, Nardelli u. a. hielten bereits mehrere Faktoren wie Überdehnung, Toxine und konstitutionelle Momente für bedeutsam. Eine Schwäche des elastischen Gewebes als dispositionelles Moment haben Leven (1932), Ebert, Gasper u. a. hervorgehoben. Brünauer (1933) nahm eine familiäre keimplasmatisch bedingte Widerstandsschwäche an. Eine Kombination von neurogenem Einfluß und konstitutioneller Minderwertigkeit der Haut vermuteten Satke und Winkler bei Striae, die über einer Spina bifida occulta lagen.

Erst in den dreißiger Jahren tauchten dann Hinweise von Klinikern auf, daß bei der Entstehung endokrine Faktoren eine besondere Bedeutung spielen dürften (Wieth-Pedersen, 1931; Brünauer, 1933; Leszczynski, 1935; Schilling, 1936; u. a.). Auf den Einfluß von Hormonen als die den Striae allein zugrunde liegenden gemeinsamen Faktoren deuten schon die experimentellen Untersuchungen von Horneck (1936) und von Musger (1937) hin. Horneck gelang es, bei endokrin belasteten Menschen durch wiederholte intravenöse Verabreichung von NNR-Extrakt (Cortin) die charakteristischen Veränderungen auszulösen. Musger erzielte eine lokale striaeartige Atrophie durch subcutane Unterspritzung mit Cortin (adrenalinfreiem Lipoidauszug aus der NNR). Bei den mit Striae-Bildung einhergehenden Prozessen wie Schwangerschaft, Pubertät und Morbus Cushing kommt es zu einer erhöhten Glucocorticosteroid-Produktion der NNR. Desgleichen kann diese endokrine Situation hervorgerufen werden durch therapeutische Gaben von ACTH und Corticosteroiden. Im Verlauf schwerer Infektionskrankheiten bildet sich erst ein Hypocortizismus aus, der in der Rekonvaleszenz von einem hypophysär bedingten Hypercortizismus abgelöst wird. Dieser Zustand entspricht klinisch einem poly- oder oligosymptomatischen Cushing-Syndrom (übrigens hält es Kalkoff, 1951, für möglich, daß die Striae beim Morbus Cushing via Beeinflussung des Hyaluronsäure-Hyaluronidase-Systems durch die Corticosteroide gefördert werden).

In der Pubertät erlangen die Nebennieren eine gewisse Reife, die sich nicht selten in einem erhöhten NNR-Hormonspiegel äußert. Da der jugendliche Organismus über eine funktionstüchtigere Nebennierenrinde verfügt als ältere Menschen, ist es erklärlich, warum Striae vorwiegend bei jugendlichen Menschen aufzutreten pflegen. Striae, die sich nach einem Volvulus entwickelten (Goldschlag, 1935), lassen sich als Folge einer Stress-Situation deuten, die mit einer Nebennieren-rinden-Aktivierung einhergeht. Ihre Bildung unter INH-Therapie (RADENBACH u. Mitarb., PFEIFFER, u. a.) erklärt sich durch die stimulierende Wirkung der Tuberculostatica auf die Nebennierenrinde. Wie aus dieser Darstellung hervorgeht, hat das Dehnungsmoment in erster Linie Bedeutung für die Lokalisation und die Verlaufsrichtung der Striae. Primär entwickeln sie sich aber unter dem Einfluß der verstärkt funktionierenden Nebennierenrinde (HAUSER). Auf die Bedeutung lokaler Traumen als auslösende Faktoren (z. B. durch Korsett) wies WINKLER hin. So seien Striae bei unbekleideten farbigen Eingeborenenfrauen auch nach mehreren Graviditäten nicht anzutreffen. Die Disposition des Bindegewebes zur Bildung der Läsionen und die Intensität eines Hypercortizismus stehen hierbei in einem reziproken Verhältnis. Die eiweißkatabole Wirkung der Corticosteroide macht sich insofern ungünstig bemerkbar, als diese einen zerstörenden Einfluß auf die elastischen Fasern ausüben. Warum gerade die elastischen Fasern betroffen werden und nicht die kollagenen, erklärt NARDELLI durch den Umstand, daß die elastischen Fasern als phylogenetisch und ontogenetisch differenziertere Elemente der Lederhaut am anfälligsten auf Noxen seien.

Histologie

Das histologisch wichtigste Kriterium ist in einer Verminderung bzw. dem völligen Fehlen der elastischen Fasern in den Herden zu sehen. Die Grenze der elastikaleeren Zonen ist nicht scharf. Im Corium kommt es anfänglich zu einer Streckung der elastischen Fasern wie auch der kollagenen Bündel. Die elastischen Fasern aber zerreißen schließlich (GANS und STEIGLEDER) und gehen zugrunde. In frischen Herden sind sie in zahlreiche sich schwach anfärbende Fibrillen aufgesplittert (LEVER, 1958). In den Randzonen erscheinen sie kolbig aufgetrieben und zusammengerollt. Das papilläre und subpapilläre Fasernetz bleibt indessen erhalten. Die elastikaarme oder elastikafreie Zone im mittleren und vor allem im tieferen Corium kann die Gestalt eines nach unten schmaler werdenden Keils annehmen. BRAIN (1939) fand eine Verdünnung oder ein Fehlen der Elastika in den oberen und unregelmäßige Anordnung in tieferen Coriumpartien. Gelegentlich werden geringe perivasculäre entzündliche Infiltrate angetroffen (FONTANA, 1939). Nach älteren Autoren seien die Rundzellinfiltrate der Gefäße Folge des Dehnungsreizes. Geringe Zeichen einer primären produktiven Entzündung wurden von WIRZ (1929) und von EBERT (1933) beobachtet. Auch BLAICH (1937) fand entzündliche Veränderungen bei Striae, die nach schwerem Kopftrauma entstanden waren. Ein eindeutiger entzündlicher Charakter ist aber den Zellinfiltraten in den Herden nicht beizumessen (HAUSER). Falls histologisch Entzündungssymptome vorliegen, sei nach EBERT eine besondere Rückbildungsneigung zu erwarten.

Eine unregelmäßige Anordnung der kollagenen Bündel ist häufig nachweisbar, die nach BRAIN selbst Schwellung und Ödem aufweisen können. Eine ödematöse Durchtränkung des Herdes erwähnte auch schon FONTANA, besonders bei hypertrophen Striae. In späteren Stadien produziert das Kollagen schließlich nach GANS und STEIGLEDER in Übereinstimmung mit HAUSER parallel zur Oberfläche liegende Bindegewebsplatten mit zahlreichen kleinen und großen Spaltbildungen. Während zu Beginn des Prozesses das Epithelband noch normale Breite zeigt, verschmälert es sich im weiteren Verlauf. Schließlich besteht die Deckschicht nur noch aus wenigen Zellagen. Sein Pigmentgehalt fällt besonders auf. Die Gefäße, die atrophischen Follikel und die Hautdrüsen sind nach BRÜNAUER im Endstadium parallel zur Oberfläche ausgerichtet. Die histologischen Veränderungen erlauben indessen keine histomorphologische Unterscheidung verschiedener Typen von Striae bzw. von Striae unterschiedlicher Genese.

Differentialdiagnose

Die Striae bereiten differentialdiagnostisch im allgemeinen keine Schwierigkeiten, da es kaum andere Krankheitsbilder gibt, die mit ihnen verwechselt werden könnten. Petges (1936) führt hier u. a. folgende Krankheitszustände an: lineare narbige Atrophien, Anetodermie, Sklerodermie en bande und gegebenenfalls White spot disease.

Therapie

Schuppius (1960) vertritt die Auffassung, durch prophylaktische Massage mit einer Salbe, die zahlreiche Vitamine enthält, Striae in der Gravidität verhindert zu haben. Poidevin (1959) nimmt zu den häufig applizierten Einreibungen mit Olivenöl Stellung. Es hat den Anschein, als ob sich die Massage als rein mechanische Maßnahme sehr ungünstig auswirkt, während dem Olivenöl überhaupt kein Einfluß auf die Entwicklung von Striae zukommt. Prophylaktische Gaben von Chlorpromazin (Megaphen) verhindern nach Fotherby u. Mitarb. (1959), besonders bei intramuskulärer Anwendung, vorübergehend die Ausschüttung von ACTH bzw. Nebennierenrinden-Hormonen. Dieses Vorgehen wäre prophylaktisch vor einem Stress bei Patienten mit familiärer Neigung zu Striae zu empfehlen, z. B. vor Operationen, bei Infektionskrankheiten, bei einem psychischen Schock. Weill und Bernfeld sehen die kausale Therapie in einer Regulierung der gestörten Nebennierenrindenfunktion. Das dürfte aber praktisch kaum möglich sein. Die Beseitigung eines schon ausgeprägten Hypercortizismus wird wenig nützen, weil sich dann die Affektion schon gebildet hat. Auch ist die Überfunktion der Nebennierenrinde oft schon im Abklingen, wenn der Patient den Arzt aufsucht. Einmal eingetretene Striae sind irreversibel. Dem Patienten kann jedoch eine günstige Prognose insofern gestellt werden, als die Striae mit zunehmendem Alter immer blasser und unauffälliger werden. Therapeutisch empfiehlt Winkler Anabolika. Diese sind jedoch in der Gravidität abzulehnen, da sie auf die Frucht virilisierend einwirken könnten.

V. Anetodermie

Von diesem Krankheitsbild liegen mehrere Synonyma vor: Dermatitis atrophicans maculosa (Oppenheim, 1939), Atrophia cutis maculosa, Anetodermia erythematosa Jadassohn, Anetoderma erythematosum, Atrophodermia erythematosa maculosa, Eritema orticato atrofizzante (Pellizzari), umschriebene Atrophodermie von Schweninger-Buzzi, Macular atrophy, multiple benigne tumor-like new growth of the Schweninger-Buzzi-Type.

Definition: Die Anetodermie ist eine umschriebene Atrophodermie mit langsamem und chronischem Verlauf, die durch lentikuläre bis münzengroße erythematöse Flecke charakterisiert ist. Unter dem Einfluß einer mehr mikroskopisch als klinisch nachweisbaren entzündlichen Komponente entwickeln diese eine schlaffe Atrophie. Die Anetodermie wird teils als eine idiopathische Krankheit aufgefaßt, teils als Veränderung, der verschiedenartige Ursachen zugrunde liegen. Alle makulösen Atrophien haben weder den gleichen Ursprung, noch stellen sie allesamt Anetodermien dar, wie es Petges (1936) ausdrückte.

Klinik

Die Anetodermie (griechisch: ἄνετος = schlaff) ist klinisch durch rundliche oder ovale, scharf begrenzte atrophische Herde von Linsen- bis Münzengröße gekennzeichnet. Sie entstehen vereinzelt oder zu mehreren in unregelmäßiger Verteilung am Rumpf oder an den Extremitäten. Die atrophisch verdünnte Haut der Herde läßt sich zigarettenpapierartig fälteln. Ein solcher Herd kann auch hernienartig vorgestülpt (Abb. 10) oder eingesunken sein. Im Schrifttum werden vorwiegend drei Sonderformen der idiopathischen Anetodermie angeführt:

1. Die Anetodermia erythematosa JADASSOHN. Es handelt sich um anfangs rötliche, bisweilen auch leicht geschwollene, entzündlich-papulöse Herde, die später in eine weißliche schlaffe Atrophie übergehen.

2. Die Anetodermia Typus PELLIZZARI. Hier läuft der Anetodermie ein urticarielles Stadium voraus.

3. Die Anetodermia Typus SCHWENINGER-BUZZI. Die Haut atrophiert primär an umschriebener Stelle ohne prodromales Erythem. Infolge eines vom sub-

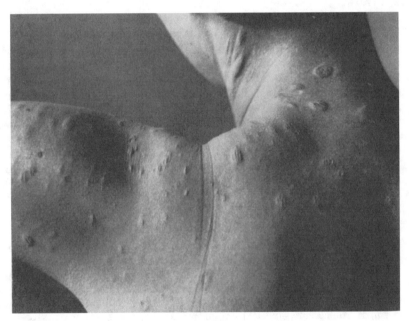

Abb. 10. Anetodermie

cutanen Fettgewebe ausgehenden Druckes wölbt sich die Haut bald hernienartig vor. Bei dieser Sonderform ist im angelsächsischen Schrifttum häufig von Pseudotumoren die Rede.

Von den drei Bildern der „idiopatischen" Anetodermie ist die sekundäre Anetodermie (SCULL und NOMLAND, 1937) als Deuteropathie nach vorausgehenden Krankheiten zu unterscheiden. Das Bemerkenswerte ist hier, daß bei bestimmter Disposition im Anschluß an primäre Störungen anetodermische Veränderungen auftreten können. Eine strenge Trennung der verschiedenen Formen der Anetodermie erscheint jedoch heute, namentlich im Hinblick auf den Schweninger-Buzzi-Typ, nicht mehr sinnvoll (GROSS, 1952).

Nach OPPENHEIM (1939) verläuft der chronisch progressive Prozeß in drei Stadien ab:

1. Stadium: erythematöse Flecken,
2. Stadium: ringartige Herde mit schlaffer Atrophie und erythematösem Saum,
3. Stadium: hernienartiger Endzustand ohne weitere Progredienz.

Wichtig ist, daß die verschiedenen Stadien beim gleichen Patienten meist nebeneinander angetroffen werden (Leszczinski, 1939; Buchal, 1941; Fleck und Schuppener, 1958; u. a.).

1. Stadium: Erythematöse Flecken.

Ohne subjektive Symptome treten gerötete, z. T. auch papulöse Flecken auf, die bisweilen an luische Roseolen erinnern (anuläre Roseola Photinos, 1939). Ihr Farbton variiert von hellrot bis lividrot. Die Herde von rundlicher oder ovaler Form können mit ihren Längsachsen in der Spaltrichtung der Haut liegen, wobei sie sich durch langsames zentrifugales Wachstum vergrößern. In 3 Wochen erreichen sie etwa Linsengröße, später auch Münzengröße (Hühnereigröße: Kirishima, 1939).

2. Stadium: Schlaffe Atrophie mit anulärem Randerythem.

Der hellrote bzw. livide Saum blaßt zur Mitte hin ab, wo die Haut sich deutlich zu verdünnen beginnt. Die Peripherie des Herdes ist durch den rötlichen Randsaum und eine feine Fältelung gekennzeichnet, wobei der atrophische Prozeß nach Müller (1936) am Rande oder auch zentral einsetzen kann. Bei der Palpation gibt die verdünnte Haut dem Druck des Fingers nach, der ohne Widerstand in ein schlaffes Gewebe einfällt. Subjektiv entsteht der Eindruck eines Loches, das von einem derben Ring begrenzt wird, was die Bezeichnung „Lochnärbchenbildung" verständlich macht. Der Tastbefund entspricht etwa dem Eindruckphänomen bei der Neurofibromatosis Recklinghausen. In den Herden lassen sich dünne Falten aufheben, die infolge der fehlenden Elastizität nur langsam wieder verstreichen.

3. Stadium: Terminale Atrophie mit sekundärer Degeneration.

Wenn sich der erythematöse Saum zurückbildet, ist der atrophische Prozeß abgeschlossen. Die dünn gefältete Oberfläche des Herdes nimmt dann die Gestalt eines welken Säckchens an, das ein weiches Substrat enthält (wie Radiergummi — Kaminsky und Kriner, 1954). Teleangiektasien, Schuppen (Rosen, 1936) und Pigmentierungen (Panconesi, 1955) können in den Herden entstehen. In seltenen Fällen wurde auch schon eine Blasenbildung beschrieben (Wolfram, 1942). Über den Fall einer bullösen, dann suppurativen Anetodermie mit Ulcerationen an den Unterschenkeln im Verlauf einer chronischen Phlebitis berichteten Colomb, Prunieras und Müller (1954).

An Anetodermie erkranken nach dem Schrifttum vorwiegend Frauen, wobei sich die männlichen zu den weiblichen Patienten wie 1:4 verhalten. Die Krankheit wird in allen Altersklassen angetroffen, und zwar nicht nur das Terminalstadium der Anetodermie, sondern auch beim gleichen Patienten — wie schon erwähnt — initiale Effflorescenzen des Prozesses (60jährige Frau, Neumann und Fieschi, 1956; 68jähriger Mann, Steppert, 1956; 70jährige Frau, Buchal, 1941; 83jährige Frau, Kirishima, 1939). Das Auftreten der Anetodermie bereits im ersten oder um das erste Lebensjahr ist durchaus nicht ungewöhnlich, wie das Fälle von Craps (1960) (connatal), von Ronzani (1940) (im 1. Lebensjahr), von Pierini (1951) (etwa seit Geburt), ferner von Ruggeri (1940) (1½ Jahre alter Knabe) beweisen. Weitere Publikationen liegen vor von Grupper und Bonparis (1959) über ein 4- und von Butterworth (1934) über ein 6jähriges Mädchen. Jünger als 10 Jahre waren auch die Patienten von Postma (1933), von Umansky (1955) und von Panconesi (1955). Um ein 11 Jahre altes Kind handelte es sich bei Roederer und Woringer (1953).

Vorwiegend befallen sind Stamm, Schultern, Rücken, Brust und Gürtelgegend, ferner die Streckseiten der Arme und Beine. Aber auch das Gesicht (BASCH und MARTINEAU, 1937; GROSS, 1952; UMANSKY, 1955; FERRARA, 1959; McCLEARY, 1960; u. a.), der behaarte Kopf (RUGGERI, 1940; CRAPS, 1960; u. a.) und die Ohrläppchen (RUGGERI) können Sitz des Leidens sein. Eine Beteiligung des Halses (SUTORIUS, 1940; u. a.) und der Axillen (HOLLANDER, 1951; NEUMANN und FIESCHI, 1956; LE COULANT u. Mitarb., 1960; u. a.) wird wiederholt erwähnt. Über eine seltene lineare Anordnung der Herde in der Clavicular- und Scapularregion liegt eine Mitteilung von TOBIAS (1934) vor.

Die Zahl der atrophischen Läsionen kann recht hoch sein. Während ACHTEN (1954) nur 6—8 Stück zählte, berichtete GARNIER (1939) von 20, TOBIAS (1934) von 81, CHAVERIAT u. Mitarb. (1952) von mehr als 100, KAMINSKY (1954) und auch GOUGEROT (1940) von über 200 bei je einem Patienten.

Subjektive Symptome werden im allgemeinen vermißt. Juckreiz gaben CHARGIN und SILVER (1931) an, und solchen bei starkem Schwitzen BUTTERWORTH (1933). In seltenen Fällen wird nach PETGES (1936) auch über rheumatoide und brennende Schmerzen in den Herden geklagt. Zumeist sind letztere blasser als die umgebende Haut (perlmutterfarben, nach TOBIAS schiefergrau). Auch bei Farbigen wird die Anetodermie gefunden (FELDMAN, 1938 und HOLLANDER, 1951). Ersterer weist darauf hin, daß die Affektion auf der dunklen Haut durch ihre Depigmentierung besonders auffällt. Andererseits hat PANCONESI (1955) eine leichte Pigmentierung nach Sonnenbestrahlung gesehen. Erwähnenswert ist noch das Fehlen der Schweißabsonderung in den Herden.

Pathogenese

Unter Berücksichtigung eines Krankengutes von über 200 Fällen, vorwiegend des französischen und angelsächsischen Schrifttums, teilt DELUZENNE (1956) die Anetodermien nach pathogenetischen Gesichtspunkten in zwei Gruppen ein: in die primären, isoliert kryptogenetischen und in die sekundären Formen. Letztere treten a) sekundär bei einer Allgemeinkrankheit (meist chronischen Infekten), b) in der Folge isolierter Dermatosen (Erythematodes, Acrodermatitis chronica atrophicans Herxheimer usw.) auf. Nach neuerer Auffassung bleibt zu berücksichtigen, daß die Herxheimersche Akrodermatitis nicht mehr als ausschließliche Krankheit der Haut, sondern vielmehr als Allgemeinkrankheit gelten kann (GÖTZ, 1954; HAUSER, 1954).

Die Unterscheidung, ob eine primäre oder sekundäre Anetodermie vorliegt, kann sehr schwierig sein, zumal auch histologisch keine Anhaltspunkte gegeben sind. SULZBERGER (1936) hält es für unmöglich, das Endstadium der sekundären maculösen Atrophie von der primären Atrophie zu unterscheiden. Auch die primären Formen seien ja nicht im strengen Sinne des Wortes primär, wobei er auf die mit einem initialen Erythem beginnende Anetodermia erythematosa JADASSOHN verweist. Nach PERSON (1949) liegen nämlich den sog. primären Formen bisweilen Ernährungsstörungen, Traumen und Entzündungen zugrunde, wobei auch an initiale Arzneiexantheme zu denken wäre. NEUMANN und VACÁTKO (1959) fanden eine cutane Arteriitis als Substrat initialer Läsionen. Bei einer Allgemeinkrankheit, bei der Toxine frei werden, ist die Anetodermie wahrscheinlich immer als sekundär anzusehen, da die cutane Elastica im Sinne einer herdförmigen Degeneration geschädigt wird. Von gleichzeitigen Elasticaschäden an inneren Organen ist allerdings bisher nichts bekannt geworden (FERRARA, 1959). Das Auftreten nach Fieberschüben erwähnt EVANS (1949).

Manches spricht dafür, daß den Anetodermien eine bestimmte Disposition zugrunde liegt. LE COULANT u. Mitarb. (1960) machen auf eine allgemeine Bindegewebsschwäche bei ihrer 34jährigen Patientin aufmerksam, bei der bereits die Gesichts- und Bauchhaut welk zu werden begann. Als dermales Symptom einer Systemerkrankung des gesamten Stützgewebes sind auch die Fälle zu werten, die zugleich neben der Anetodermie Knochenwachstumsstörungen erkennen lassen, wie z. B. bei Patienten von Grupper und Bonparis (1959, Verkürzung eines Beines) und von Craps (1960, Blockbildung der Halswirbelsäule, Fehlen von Suturen, Spina bifida bei 4jährigem Mädchen). Als primären mesenchymalen Bildungsfehler, der sich durch Mangel an Stützsubstanz auszeichnet, deuten Grimalt und Korting (1957) die Kombination einer Osteopsatyrose mit Anetodermie bei zwei Schwestern. Es handelt sich hierbei um das bei der Erstbeschreibung (1922) als Blegvad-Haxthausen bezeichnete Syndrom. Die Anetodermie sei nach Pozzo (1955) das Ergebnis eines meist infektiösen Insultes bei besonderer Prädisposition des Mesenchyms (Kollagenose). Wenn Obermayer (1935) gleichfalls eine kongenitale Disposition für die Atrophie von elastischem und kollagenem Bindegewebe vermutet, so spielte doch in seinem Fall ein syphilitischer Prozeß möglicherweise eine wichtige Rolle. Es soll sich indessen um das Nebeneinander eines ulcerösen Syphilids und einer in drei Stadien verlaufenen typischen maculösen Atrophie gehandelt haben. Das Vorliegen einer Lues ohne eindeutigen Zusammenhang mit der Anetodermie beschrieben ferner Cornejo und Abulafia (1955, Lues latens), Rabut und Duperrat (1950) sowie Milian und Douhet (1939, Lues connata). Bei 7 von 12 Fällen einer sekundären Anetodermie fanden Scull und Nomland (1937) eine Lues. Diese Autoren betonen, daß die Atrophien nicht etwa den luischen Läsionen folgten, sondern sie bestanden z. T. gleichzeitig neben den anetodermischen Herden. Ursächlich sehen die Autoren daher den prädisponierenden Faktor in einem entzündlichen Infiltrat der Cutis. Dieses kann subklinischen Charakter haben, aber trotzdem die Anetodermie hervorrufen. Andererseits ist ein eindeutiger pathogenetischer Zusammenhang der Anetodermie mit Syphilis in den Fällen von Chargin und Silver (1931), Parounagian (1934), Touraine und Solente (1933), Dobos (1940), Duperrat, Sablet und Fontaine (1958) gegeben. Den Herden gingen nämlich luische Efflorescenzen voraus.

Auf die ätiologische Bedeutung einer schweren Fokalinfektion wies Ferrara (1959) hin. Eine lepromatös bedingte Anetodermie (Anetodermia lepromatosa) führten Remolar u. Mitarb. (1958) an. Für einen tuberkulösen Ursprung bei einem einschlägigen Fall entschieden sich Gougerot, Meyer und Weill (1932), während Teodorescu, Conu und Muresan (1960) die Beziehungen zur Tuberkulose für fraglich hielten. Über eine Lungentuberkulose bei Anetodermie berichteten Colomb und Cajfinger (1956) wie auch Garnier (1939). Die Tuberkulintestungen waren teils positiv (Muñuzuri und González, 1935; Pina und Grau, 1939; Teodorescu u. Mitarb., 1960), teils negativ (Kirishima, 1939; Sutorius, 1940). Hinweise auf ein gemeinsames (Ramel, 1934) bzw. sekundäres Auftreten (Sannicandro, 1933) nach Sarkoidose finden sich gelegentlich im Schrifttum. Häufiger wurden hingegen Beziehungen der Anetodermie zum Erythematodes beobachtet. Usváry, Orlik und Kiss (1963) betonen das Auftreten der Anetodermie *vor* einem subakuten Erythematodes. Simultanes Vorliegen beider Morphen, also des Erythematodes und der Anetodermie, wurde mitgeteilt von Rosen (1936), Margarot u. Mitarb. (1939), Flarer (1940), Cipollaro (1951), Duperrat (1954). Während Milian und Douhet (1939) ihren Fall von Anetodermie gleichfalls als Restzustand nach Erythematodes auffassen, bezweifelte Gougerot (1940) aber entsprechende Zusammenhänge.

Zahlreich sind die Berichte über eine Anetodermie bei der Acrodermatitis chronica atrophicans Herxheimer (Sweitzer und Laymon, 1935; Scull und Nomland, 1937; Wolfram, 1942; Fleischmann, 1943; Spier, 1948 [die Anetodermie ging der flächenhaften Herxheimerschen Dermatose 3 Jahre voraus]; TEXIER, 1955; WORINGER, WILHELM und HIRSCH, 1959; TEODORESCU, CONU und MURESAN, 1960; u. a.). Nachdem wir heute bei der Acrodermatitis chronica atrophicans Herxheimer begründet eine Infektion vermuten dürfen, wäre der Zusammenhang mit einer Anetodermie gut verständlich (GÖTZ, 1954).

Folgende weitere interessante Beobachtungen liegen vor: nach Kneiftrauma entwickelten sich lymphocytäre Infiltrate an den Schultern, wo sich während einer späteren Schwangerschaft typische Anetodermieherde ausprägten. Zugleich bestand noch eine Psoriasis (WILKINSON, 1957). WODNIANSKY (1958) beschrieb ein Nebeneinander von Anetodermie, Lymphocytom, Sklerodermie (Fall von MERENLENDER, 1933) und Acrodermatitis chronica atrophicans, TEXIER (1955) von Sklerodermie-Plaques an den Unterschenkeln und Anetodermie an den Oberschenkeln. Über eine sekundäre Anetodermie nach urticariellen Schüben berichtete PERSON (1949) und FIOCCO (1942) nach rezidivierender Menstrualurticaria. Das Leiden wurde auch nach Panniculitis (CHARPY und TRAMIER, 1955), Xanthoma mollusciforme (STEIGER-KAZAL, 1941) und nach Amyloidose (GOTTRON, 1937 und 1950; RUSZCZAK und WOZNIAK, 1961) gefunden. Der im Gottronschen Artikel (1950) über Amyloidosis cutis nodularis atrophicans diabetica beschriebene atrophische Folgezustand ist vergleichbar mit der Anetodermie, nur liegt er oberflächlicher und erfaßt nicht wie die Anetodermie die gesamte Cutis und Subcutis. Es ist schwer zu entscheiden, inwieweit hier die Grundkrankheiten den Boden für den atrophischen Prozeß abgegeben haben, oder wann es sich um nichtkausale Zufallsbefunde gehandelt hat. Gelegentlich wird die Ätiologie der Anetodermie in Beziehung gesetzt zu hormonellen Störungen (MILBRADT, 1937 [pluriglanduläre Insuffizienz]). Auf das Vorliegen eines Hypoadrenalismus macht PANCONESI (1955) aufmerksam. Eine Dysfunktion der Hypophyse vermuten FOERSTER u. Mitarb. (1936) sowie KONRAD (1937). Auch RABUT u. Mitarb. (1950) führten die Bedeutung endokriner Faktoren (Graviditas) an. Schließlich wären noch auf die thrombocytopenischen und leukopenischen Befunde bei einer Anetodermie von ZAVARINI (1956) und auf den Typus Pellizzari mit einem Syndrom der blauen Skleren (LANGHOF, 1963) hinzuweisen.

Histologie

Das histologische Bild ist durch primäre Gefäßveränderungen mit perivasculären Zellproliferationen gekennzeichnet. In der Folge kommt es dann zu einer Degeneration, Einschmelzung und zu einem Schwinden des elastischen Fasernetzes. Unter Berücksichtigung des 3-Stadien-Verlaufes ergeben sich zeitlich etwa folgende histopathologischen Vorgänge:

1. Entzündliches Erythem: eine diskrete perivasculäre Rundzelleninfiltration findet sich im oberen Corium, später auch eine Beteiligung der Gefäße im Papillarkörper und im tieferen Corium. FOERSTER u. Mitarb. (1936) gaben eine Verschmälerung der subpapillären Gefäße mit mäßig starken Rundzellinfiltraten an, während ACHTEN (1954) eine dichte perivasculäre Zellansammlung, die aus Lympho- und Fibrocyten bestand, beobachtete. Entzündliche papulo-urticarielle Effloreszenzen bei einer Anetodermia erythematosa Jadassohn führten zu Veränderungen im Sinne einer cutanen Arteriitis, die durch dichte perivasculäre Infiltrate polynucleärer Zellen (mit Leukoklasie), von Lympho- und Fibrocyten sowie durch fibrinoide Degeneration der Gefäßwände gekennzeichnet war (NEUMANN und VACÁTKO).

2. Degeneration des Bindegewebes: die degenerativen Vorgänge am Bindegewebe spielen sich am deutlichsten im Bereich der perivasculären Infiltrate ab,

Die elastischen Fasern färben sich hier nur noch schlecht an, strecken sich, verdicken, zerbrechen und verschwinden allmählich unter körnigem Zerfall. Stellenweise bleiben unregelmäßige Anhäufungen von Elastin zurück. Die Degeneration
des elastischen Gewebes betrifft indessen nicht die gesamte Elastica, sondern
spielt sich herdweise ab. Die Degenerationszone kann als konisches Gebilde
imponieren, dessen Basis im oberen Corium (McCleary, 1960; Le Coulant u.
Mitarb., 1960; u. a.), aber auch im unteren Anteil liegt (Tobias, 1934). Völliges
Fehlen der Elastica in höheren, aber auch tieferen Partien der Lederhaut erwähnt
Achten (1954). Während somit Elasticaschäden immer angetroffen werden, sind
die Veränderungen des Kollagens inkonstant. Homogenisierung beobachteten
Pierini, ferner Neumann und Vacátko. Von Kondensierung und Zertrümmerung
des Kollagens sprechen Foerster u. Mitarb. (1936).

3. Terminale Atrophie mit sekundärer Degeneration: das Epithel ist atrophisch. Eine Vacuolisierung des Stratum basale erwähnen Le Coulant, Texier
und Maleville (1960), und leichte Hyperkeratose sowie Pigmentreichtum der
Basalzellschicht fanden Bottrich und Corti (1957). Der Papillarkörper ist unter
weitgehendem Verlust der Elastica, des Kollagens und seines zelligen Substrates
abgeflacht. In der Nähe einiger Gefäße, der Talg- und Schweißdrüsen und nahe
der Subcutis sind zwar einige elastische Fasern noch erhalten, doch sind sie bereits
degenerativ verändert. Im oberen Corium bestehen Inseln von Fettgewebe, was
sich aus einer Umwandlung des degenerierten Bindegewebes in Fett erklärt.
Gelegentlich liegen diese sekundär (ex vacuo Oppenheim) entstandenen Fettläppchen ganz dicht unter der stark verdünnten Epidermis. Die kollagenen Bündel
sind teils schmal, teils geschwollen (Tobias), teils verdickt und homogenisiert
(Feldman, 1938; Ronzani, 1940; Duperrat u. Mitarb., 1958). Eine Verdünnung
der Kollagenbündel, die durch weite Zwischenräume voneinander getrennt seien,
geben Bottrich und Corti (1957) an. Weitere Besonderheiten sind Gefäßerweiterungen (Feldman), Wasserreichtum des oberen Coriums (Foerster u. Mitarb.;
Feldman; Tobias) und Ödem der tieferen Cutisschichten (Le Coulant, Texier
und Maleville). Die Talgdrüsen und Haarfollikel werden in die entzündlichen
und degenerativen Vorgänge gleichfalls einbezogen, so daß sie sich allmählich
zurückbilden und schwinden.

Ein ausführliches Literaturverzeichnis über die Anetodermie vom Typus
Schweninger-Buzzi führen Korting u. Mitarb. (1964) an. Anhand eines einschlägigen Falles wünschen sie, diesem Typus eine größere Sonderstellung als bisher
zu geben. Histologisch fehle vor allem die zellige Reaktion bei im Vordergrund
stehenden Verquellungen des Kollagens.

Differentialdiagnose

Differentialdiagnostisch sind in erster Linie narbige Atrophien (Abb. 11) und
Pyodermien, Herpes zoster, Lues etc. auszuschließen. Oppenheim (1939) glaubt,
daß eine Pigmentierung wohl bei sekundärer, aber nicht bei primärer Anetodermie
anzutreffen sei. Er erblickt hierin ein Symptom, dem eine differentiadiagnostische
Bedeutung zur Unterscheidung der primären und sekundären Anetodermie zukäme. Mestdagh (1952) erwog bei einem einschlägigen Fall auch einen Lichen
ruber atrophicans. Histologisch wurde der Verdacht aber insofern ausgeschlossen,
als sich feingeweblich die so charakteristischen Lichen ruber-Veränderungen nicht
nachweisen ließen. Bei Wangenherden diskutierten Weissenbach, Basch und
Martineau (1937) einen Erythematodes, aber auch eine Sklerodermie. Bei einer
symmetrisch an beiden Schläfen auftretenden Sonderform familiärer, dominant

erblicher Anetodermie bei 6 Familienmitgliedern (BATTAGLINI, 1940) wurde über-
legt, ob nicht vielleicht Naevi atrophici vorlägen. Hieran war um so eher zu denken, als die Herde eine für die Anetodermie ungewöhnlich ausgeprägte Pigmentierung aufwiesen. Die beim Schweninger-Buzzi-Typ gelegentlich in Betracht zu
ziehende Neurofibromatosis Recklinghausen läßt sich histologisch einwandfrei
abgrenzen, da in den Hauthernien das neurofibromatöse Substrat fehlt. Auf die
engen Beziehungen zur Acrodermatitis chronica atrophicans Herxheimer wurde
bereits eingegangen. Bei kleineren Herden dürfte eine Unterscheidung histologisch
unmöglich sein. Schließlich wäre noch ein Bild abzugrenzen, das jüngst von
GOLTZ u. Mitarb. (1962) als „fokale dermale Hypoplasie" beschrieben wurde und

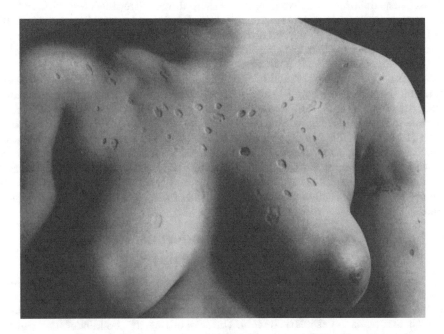

Abb. 11. Zur Differentialdiagnose der Anetodermie: wie ausgestanzt wirkende Narben nach Periporitis im
Säuglingsalter

mit einer gewöhnlichen Anetodermie verwechselt werden könnte. In den geschilderten Fällen bestanden die Läsionen seit dem Säuglingsalter und zeichneten
sich teils durch völliges Fehlen, teils durch Atrophie des Coriums aus, was stellenweise zur Bildung von Fettgewebshernien geführt hatte. Gleichzeitig bestanden
weitere ektodermale und mesodermale Abwegigkeiten.

Prognose

Eine Heilung im Sinne der restitutio ad integrum ist bei der Anetodermie nie
beobachtet worden (STEPPERT, 1956). Zwar ist sie keine ernste Krankheit, doch
stellt sie namentlich für jugendliche weibliche Patienten u. U. eine erhebliche
kosmetische Störung und somit eine psychische Belastung dar. Sollte die Anetodermie gegebenenfalls als Teilerscheinung einer anderen Krankheit (Erythematodes, Lues, Tuberkulose, Acrodermatitis chronica atrophicans Herxheimer usw.)
auftreten, dann muß sich die Prognose nach den bei diesen Krankheiten gesammelten Erfahrungen richten.

Therapie

Die Therapie ist kausal durchzuführen. Sollte eine chronische Infektion vorliegen, wäre die Behandlung mit entsprechenden Antibiotica oder Chemotherapeutica angezeigt. Ein Effekt ist jedoch nur im Sinne eines Stillstandes des chronisch atrophischen Prozesses zu erwarten. Rückbildungsfähig wären nur Initialläsionen wie Erytheme, Papeln, Urticae, Bullae. Die anetodermischen Atrophien selbst sind irreversibel. Über die günstige Wirkung einer antituberkulösen Behandlung (INH und Streptomycin) auf die Initialefflorescenzen berichteten Teodorescu u. Mitarb. (1960) bei einer Anetodermie, die mit einer Polyadenopathie und histologisch gesicherten Verkäsung eines Lymphknotens einherging. Nach ausgedehnter Sanierung einer oralen, durch Streptococcus viridans bedingten Fokalinfektion traten keine neuen Herde mehr auf (Ferrara, 1959). Auch antiluische Kuren wirken sich günstig aus (Parounagian, 1934). Über die paradoxe Wirkung einer antiluischen Behandlung bei rezenter Lues berichteten jedoch Obermayer (1935) nach einer Wismutkur sowie Duperrat, Sablet und Fontaine (1958) nach Penicillin. Einen Therapieversuch mit Placentaextrakt unternahmen Neumann und Fieschi (1956). Während von Ehrmann (1952) sowie von Steppert (1956) eine Penicillinkur im entzündlichen Stadium der Anetodermie günstig beurteilt wurde, blieb diese nach Person (1947) und auch Zavarini (1956 [Penicillin, 15 Mega]) ohne Effekt. Unseres Erachtens kommt es aber hierbei sicher auf das Alter der Läsionen an. Panconesi (1955) berichtete über gewisse Erfolge einer Corticosteroid-Therapie. Das deckt sich mit Ergebnissen von Neumann und Vacátko, die einen Stillstand der Herde nach einer Cortisonkur (Gesamtdosis 1200 mg, 50 mg als Einzeldosis) erreichten. Ein Rezidiv blieb aus.

VI. Poikilodermie (Poikilodermia atrophicans vascularis Jacobi)

Mit Ausnahme der kongenitalen und infantilen Poikilodermie (Buntdarrsucht nach E. Hoffmann, 1943; ποικίλος = bunt, veränderlich) gibt es nach Gottron (1929, 1954), Petges (1930), Schuermann (1958) u. a. keine selbständige Poikilodermia atrophicans vascularis Jacobi. Unter dem Begriff „Poikilodermie" werden vielmehr heute Veränderungen der Haut verstanden, die einen buntscheckig atrophischen Endzustand ursächlich sehr verschiedenartiger Krankheiten darstellen. Nur mit wenigen Ausnahmen wurde dieser sich weitgehend durchgesetzten Ansicht widersprochen, wie z. B. von Dowling und Freudenthal (1938), Dowling, Edelstein und Fitzpatrick (1947), die sich für die Eigenständigkeit der Poikilodermia atrophicans vascularis Jacobi aussprachen. Auch Steigleder (1952) faßt das Leiden als eine selbständige Genodermie bzw. als eine Genodermatose im Sinne Bettmanns (1922) auf. Marchionini und Besser (1932) unterscheiden zwischen der echten Poikilodermia atrophicans vascularis Jacobi und dem Ausgang in ein poikilodermieartiges Krankheitsbild.

Oppenheim (1931), Petges und Petges (1936), Wodniansky (1957) sowie Steigleder haben sich bemüht, die verschiedenen Poikilodermie-Formen nach charakteristischen Gesichtspunkten einzuteilen. Im wesentlichen wird heute folgende Gruppierung anerkannt:

1. Die kongenitale Poikilodermie: sie tritt angeboren oder in den ersten Lebensjahren auf und ist meist von anderen Mißbildungen begleitet.

2. Die erworbene Poikilodermie: sie entwickelt sich meist erst im späteren Lebensalter primär unter dem typischen Bild.

3. Die Poikilodermie als Folgezustand anderer vorausgegangener Krankheiten.

Klinik
Die wichtigsten Kriterien dieser Klassifizierung lauten:

1. Die kongenitalen Poikilodermien

Die von WODNIANSKY in zwei Gruppen eingeteilten kongenitalen Poikilodermien unterscheiden sich durch den Zeitpunkt des Auftretens der Hauterscheinungen und durch ihre Morphologie. Der Autor kennzeichnet das Hautbild der
ersten Gruppe, bei der die poikilodermatischen Veränderungen erst einige Jahre
nach der Geburt einsetzen, wie folgt: ,,In mäßig scharf umschriebenen, entzündlich geröteten, eventuell leicht geschwollenen und geringgradig schuppenden
Arealen werden teleangiektatische Netze und depigmentierte Fleckchen sichtbar.
Die entzündliche Komponente tritt später in den Hintergrund. Retikuläre Pigmentation und kleinfleckige oder striäre, anetodermieartige Atrophien werden
deutlich. Die Veränderungen zeigen sich zuerst an den Wangen, Ohren und am
Gesäß, später am Nacken und an den Streckseiten der Extremitäten. Meist kommt
der kontinuierliche, seltener schubweise ablaufende Prozeß nach einigen Monaten
und Jahren zum Stillstand, doch können in vielen Jahren auch allmählich weitere
Partien des Integumentes in Mitleidenschaft gezogen werden.''

Hierher gehören:

a) Das *Poikiloderma congenitale* (THOMSON). Nach KINDLER (1954), TAYLOR
(1957) u. a. handelt es sich um strichförmige Rötungen vor allem des Gesichtes
mit nachfolgender narbig-atrophischer Umwandlung. Es besteht eine Neigung
zur Bildung von Hyperkeratosen unter bevorzugtem Befall der Fußsohlen. Auch
inkomplette Formen wurden beschrieben (SZABO, 1967).

b) Das *Rothmund-Syndrom* (Dysplasia congenita). Hierbei liegt eine Kombination von Thomsonscher Poikilodermie mit juveniler Kataraktbildung vor
(GREITHER, 1955; HABERMANN und FLECK, 1955 u. a.). Das Rothmund-Syndrom
sei nach TAYLOR mit der Thomsonschen Affektion zu identifizieren. SCHIRREN,
C. G., und NASEMANN (1962), REHTIJÄRVI (1964), BARREIRO, CONTRERAS und
CONTRERAS RUBIO (1962), KOBLENZER und CHAPLINSKY (1964) und viele andere
sprechen daher bei ihren Fällen nur noch vom Rothmund-Thomson-Syndrom.

c) Die von ZINSSER (1911) beschriebene *Atrophia cutis reticularis cum pigmentatione*, Dystrophia unguium et Leukoplakia oris und weitere Fälle von
COSTELLO und BUNCKE (1956), WODNIANSKY (1957) u. a.

Die zweite Gruppe der kongenitalen Poikilodermien ist durch den Umstand
gekennzeichnet, daß das bunt-atrophische Bild schon bei der Geburt vorliegt.
WODNIANSKY charakterisiert es wie folgt: ,,Es finden sich maculöse, retikuläre
und striär angeordnete Pigmentverschiebungen und Atrophien sowie Teleangiektasien. Vorwiegend sind Stamm und Extremitäten befallen, doch kann auch die
Gesichtshaut beteiligt sein. Die Hauterscheinungen sind deutlich in der Spaltrichtung der Haut ausgerichtet. Sie zeigen große Ähnlichkeit mit generalisierten
systematisierten Naevusbildungen.''

Gleichzeitig sind mit den kongenitalen Poikilodermien fast immer verschiedene
ekto- und mesodermale Mißbildungen kombiniert.

Eine Übersicht über die häufigsten Defekte, die bei den kongenitalen Poikilodermien angetroffen werden, hat TAYLOR (1957) aufgestellt. Diese Mißbildungen
betreffen Haut, Haare, Nägel, Schleimhaut und Zähne, Augen, Knochensystem
und Endocrinium. U. a. handelt es sich dabei um Cyanose und Hautatrophien an
Händen und Füßen, Lichtsensibilität, Blasenbildungen, palmare und plantare
Keratosen, Sklerodaktylie, ferner um schüttere und fehlende Behaarung, Schäden

an Nägeln und Zähnen sowie um Leukoplakien und papillomatöse Wucherungen an der Mundschleimhaut sowie am Genitale, Mikrophthalmie, juvenile Kataraktbildung, Colobom, Mikrocephalie, fehlende oder rudimentäre Knochenbildung, Dysostosen, Spalthand und Keimdrüsenfunktionsstörungen.

Über fibromatös-papillomatöse Geschwülste der Haut und Schleimhaut bei kongenitaler Poikilodermie berichteten u. a. Marchionini und Besser. Das segmental angeordnete Leiden, das kurz nach der Geburt aufgetreten war, wurde in einem Fall von Pincelli (1957) als angeborener Naevus gedeutet. Ferner sind hier eine Anzahl weiterer, schwer einzuordnender Fälle kongenitaler Poikilodermie anzuführen, wie z. B. die kongenitalen angiektatischen Lupus erythematodesartigen Zwergtypen (Korting und Adam, 1958).

Ein weiterer Versuch zur Analyse der kongenitalen Poikilodermien geht von Marghescu und Braun-Falco (1965) aus. Die Autoren schlagen 6 Typen vor, die sich durch eine gewisse Eigenständigkeit auszeichnen.

1. Das Rothmund-Syndrom: konsanguine Eltern, familiäre Häufung, kleine Hände und Füße mit plumpen Fingern und Zehen.

2. Die kongenitale ektodermale Dysplasie mit Katarakt: Katarakt bald nach der Geburt auftretend, oder bereits angeboren. Strabismus, Zahndefekte, Hypo- bis Atrichose, Anhidrose.

3. Das Thomson-Syndrom: die vorstehend skizzierten Merkmale fehlen, Dreieck-Gesicht.

4. Die kongenitale Dyskeratose: hier entwickeln sich die poikilodermatischen Veränderungen erst vom 5. Lebensjahr ab. Auch liegt eine Onychatrophie vor.

5. Die kongenitale Poikilodermie mit Blasenbildung: nach der Geburt treten rezidivierende Blasenbildungen auf. Die Finger laufen spitz zu und weisen eine atrophische Haut auf.

6. Die kongenitale Poikilodermie mit warzigen Hyperkeratosen: ist mit dem Thomson-Syndrom so eng verwandt, daß erst das Auftreten weniger Hyperkeratosen die Typeneinordnung gestattet.

Daß es sich übrigens bei den kongenitalen Formen keinesfalls ausschließlich um ektodermal-autochthone Krankheitsbilder handelt, zeigt nach Korting (1958) z. B. ein Bericht von Costello und Buncke (1956) über zwei Kranke (Dyskeratosis congenita), die an einem Hypersplenismus bzw. anorectalem Carcinom starben. Dowling und Rees (1953) teilten einen Fall mit, bei dem wegen einer maligne entarteten Hyperkeratose auf poikilodermatisch veränderter Haut eine Oberschenkelamputation erforderlich wurde. Solche Fälle weisen nach Korting auf die Syntropie derartiger primärer Poikilodermien mit einem malignen Grundleiden hin, wie sie relativ häufig bei der Dermatomyositis anzutreffen ist.

2. Die primäre Poikilodermie im späteren Lebensalter

Dieser chronische, meist progressive, zu universellem Befall führende atrophisierende Hautprozeß tritt bei älteren Jugendlichen und Erwachsenen auf. Er kann sich aus unscheinbaren erythematösen, squamösen Anfängen heraus entwickeln und sich über mehrere Jahrzehnte hin erstrecken (Steigleder, 1952; Tritsch und Kiessling, 1955; Forman, 1957; Müller, 1959; u. a.). Das buntscheckige Hautbild hat im Stadium der vollen Entwicklung Ähnlichkeit mit einem Röntgenoderm, worauf schon Jacobi hingewiesen hat. Die Hauptsymptome sind außer der Atrophie vor allem netzförmige und gruppierte Pigmentierungen und Depigmentierungen, Teleangiektasien und gelegentlich mäßige Schuppung (Abb. 12). Wenngleich eine feine Fältelbarkeit der Haut eintreten kann, ist die Atrophie doch nie so ausgeprägt, wie etwa bei einer Acrodermatitis chronica

atrophicans Herxheimer. Der Fall von BOUDIN, DUPERRAT, PÉPIN und GOET-
SCHEL (1966) scheint offenbar doch eine Acrodermatitis chronica atrophicans Pick-
Herxheimer zu sein, der die erstmalig von HOFF (1966) in einer Monographie her-
ausgearbeiteten neurologischen Symptome entwickelte. Größere Venenstämme
pflegen bei der Poikilodermie durch das Integument nicht hindurch zu schimmern.
Nur ausnahmsweise werden im Verlauf des Leidens anetodermieartige Hautver-
dünnungen beobachtet (SZILAGYI, 1931; APLAS, 1956). Ferner kann Juckreiz vorhanden sein; gelegentlich werden auch intracutane Kalkablagerungen (STEIG-
LEDER, 1952; WISKEMANN, 1955; u. a.) nachgewiesen, die aber immer etwas
suspekt sind auf eine Dermatomyositis.

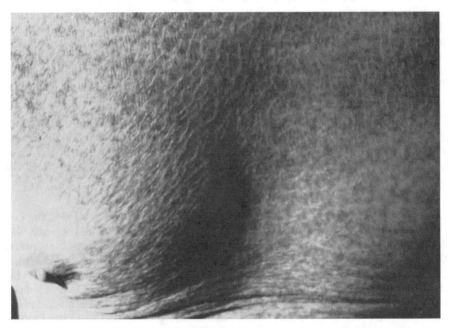

Abb. 12. Poikilodermia vascularis atrophicans Jacobi (Brustausschnitt)

Die manchmal bei der Buntdarrsucht anzutreffenden lividen kleinpapulösen
Elemente sind nach GOTTRON keine Primärefflorescenzen (GOUGEROT-ELIASCHEFF,
1929). Vielmehr stellen sie eine mögliche Reaktionsform der Haut bei der Dermatomyositis (nach unseren Erfahrungen allerdings nicht nur bei dieser) dar und
können sich zurückbilden, ohne eine Atrophie zu hinterlassen. Auf einem derartig
veränderten Terrain gesellen sich bei einer im späteren Leben erworbenen Poikilodermie gelegentlich sekundäre Ulcerationen hinzu. Auch bilden sich maligne
Tumoren (LINDSAY, 1936: Carcinom im Bereich des Oberschenkels bei einer sich
seit 20 Jahren entwickelnden Poikilodermie eines 58jährigen Seemannes).

3. Die sekundäre Poikilodermie nach vorausgegangenen Krankheiten

Hierbei kann sich die Affektion mit den Symptomen der vorausgehenden Erkrankung kombinieren und zu weiterer Vielgestaltigkeit Anlaß geben. Als vorausgehende Krankheiten wären u. a. zu nennen: Mycosis fungoides, Lymphogranulomatosis maligna, Retikulosen, Dermatomyositis, Amyloidose, Erythematodes,
Lichen ruber, Parapsoriasis (s. auch unter Pathogenese).

4. Die Poikilodermie réticulée pigmentaire du visage et du cou (Civatte)

Dieses Bild wird heute zur Melanosis Riehl gerechnet (Kinnear, 1935). Nach Kuske (1958) sei sie vermutlich als Pigmentstörung aufzufassen und stelle ein Residuum einer Photosensibilisierungsdermatitis dar. Engles (1963) schildert eine typische Krankengeschichte.

Pathogenese

Der Formenreichtum, unter dem sich die Poikilodermie manifestiert, ist außerordentlich groß, und oft ist es schwierig, einen Einzelfall überhaupt einzugliedern. Manchmal kann dies erst nach sehr langer Beobachtungsdauer möglich sein, wenn es sich nämlich gezeigt hat, daß die Veränderungen beispielsweise Ausdruck einer Stoffwechsel- oder System-Erkrankung waren. Bisweilen wird das Bild erst autoptisch geklärt (Poikilodermie nach über 20 Jahre langem Verlauf als Lymphogranulomatose diagnostiziert — Tritsch und Kiessling). Darüber hinaus gibt es aber Fälle, die selbst nach langjähriger Dauer trotz Autopsie nicht zu deuten sind.

1. Die kongenitale Poikilodermie.

Die in Kombination mit ihr anzutreffenden Defekte und Entwicklungsstörungen weisen darauf hin, daß es sich hierbei um keimplasmatisch bedingte Krankheitsbilder handelt. Eine Heredität ist meist nachweisbar (s. auch Korting: „Fehlbildungen einschließlich Embryopathien", Handbuch für Haut- und Geschlechtskrankheiten, Ergänzungswerk Bd. III).

2. Poikilodermien, die im späteren Lebensalter primär auftreten.

Bei der überwiegenden Zahl der hierher gehörigen Fälle dürfte es sich um eine Dermatomyositis (Polymyositis) handeln. In diese Gruppe sind auch die von Jacobi und von Petges und Clejat (1906) beschriebenen Patienten einzuordnen. Daß die Hautveränderungen jener Kranken tatsächlich Ausdruck einer Dermatomyositis waren, wurde erst später von Gottron und Petges, unabhängig voneinander, erkannt. Petges schlug daher vor, statt von Poikilodermia atrophicans vascularis von Poikilodermatomyositis zu sprechen. Die französischen Dermatologen pflegen dieser Empfehlung auch nachzukommen (z. B. Le Coulant, Texier, Malville, Tamisier, Geniaux, Denef, 1966; u. a.). Gottron bevorzugt aber den Ausdruck Dermatomyositis als Begriff, weil letztere nicht immer mit den Hauterscheinungen einer Poikilodermie einhergeht. Nur bei einem Teil der Fälle tritt sie, wenn auch manchmal erst nach sehr langer Krankheitsdauer, auf (siehe unter 3). Die Beurteilung wird weiterhin durch den Umstand kompliziert, daß die Buntdarrsucht nicht nur bei der Dermatomyositis, sondern auch bei anderen Krankheiten beobachtet wird. Oft gehen die poikilodermatischen Hautveränderungen, namentlich bei chronischem Verlauf der Dermatomyositis, lange voraus, bevor sich überhaupt die charakteristischen Muskelsymptome bemerkbar gemacht haben. Wir können festhalten: Wenn eine Poikilodermie mit Gesichtsödem, Liderythem, Müdigkeit, Muskelschwäche, Gelenkschwellungen, Abmagerung einhergeht, muß immer an eine Dermatomyositis gedacht werden.

Der poikilodermatische Prozeß erstreckt sich progredient oft über Jahrzehnte. Der Patient kann daher interkurrent ad exitum kommen, ohne daß erkannt wurde, welcher pathogenetische Prozeß dem Leiden tatsächlich zugrunde lag (beispielsweise fanden Dowling, Edelstein und Fitzpatrick bei der Sektion einer generalisierten Poikilodermie von 6jähriger Entwicklungsdauer keine besonderen Veränderungen innerer Organe). Bei einem Teil dieser protrahiert verlaufenden Fälle mag die Naevus-Genese erwogen werden, zumal wenn sie in generalisierter Form mit einem Keratoma palmare et plantare verbunden ist (wie bei einem Fall von W. MÜLLER, 1959).

Nach STEIGLEDER ist die Poikilodermie als Genodermie entweder angeboren, oder die genodermatisch beeinflußte Cutis *muß* auf jeden entsprechenden Reiz mit einer Poikilodermie reagieren. Bei dem Leiden als Genodermatose dagegen *kann* es zu einer Poikilodermie oder zu einer poikilodermieartigen Reaktion kommen, wobei die Art und die Stärke der irritierenden Noxe von wechselndem Einfluß sind. Die Begriffe „Genodermie und Genodermatose" lassen sich aber letztlich nicht scharf voneinander abgrenzen, da sie keine eigentlichen Gegensätze darstellen, vielmehr Übergänge vorhanden sind.

3. Die Poikilodermie nach vorausgegangenen Krankheiten.

WISKEMANN (1955) sieht in der Poikilodermie allgemein eine sekundäre Erscheinung auf dem Boden eines atrophisch veränderten bzw. stoffwechselgestörten Gewebes. Das ist immer dann anzunehmen, wenn eine zur Atrophie führende Krankheit zum Zeitpunkt der Untersuchung noch nicht faßbar ist. So könnte die Affektion nicht nur Folge plasmatischer Ablagerungen in die Haut sein, sondern auch durch granulomatöse Veränderungen hervorgerufen werden (GOTTRON). Dabei mag es manchmal unmöglich sein zu entscheiden, ob wirklich die Poikilodermie oder ein allgemeiner Krankheitsprozeß vorausging. So erwähnt KREIBICH (1932) einen Fall, bei dem erst Jahre später eine Xanthomatose bei diabetischer Hyperlipämie folgte. Außer der Lymphogranulomatose (TRITSCH und KIESSLING, VAN DER MEIREN und KENIS, 1956) kann auch die Mycosis fungoides als Vorläufer eine Buntdarrsucht aufweisen (DOSTROVSKI und SAGHER, 1945: erst nach 14jähriger Poikilodermie-Dauer entwickelten sich klassische Tumoren einer Mycosis fungoides). Weitere einschlägige Mitteilungen stammen u. a. von WADDINGTON (1953), TRITSCH und ENDRES (1958), WORINGER, BURGUN und MANDRY (1958). STÜTTGEN (1962) stellte einen Fall in Kombination mit einer Leberverfettung vor und läßt die weitere Entwicklung in Richtung einer Mycosis fungoides offen. Von CANNATA (1953), POZZO und HOFMANN (1954), LAUGIER (1958) und weiteren Autoren wird das Leiden mehr zu den Retikulosen in Beziehung gebracht. So berichtet HAZEL (1939) über ein Lymphoblastom unter dem Bilde einer Poikilodermie.

Die Beziehungen der verschiedenen Parapsoriasisformen zur Buntdarrsucht sind bemerkenswert eng, so daß es überhaupt naheliegt, sie als klinische Verlaufsform einer Parapsoriasis aufzufassen. Die seltene von UNNA, SANTI und POLITZER beschriebene Parakeratosis variegata wird von GOTTRON (1929) als Endausgang einer Pityriasis lichenoides chronica aufgefaßt. Die Poikilodermie zeigt im Unterschied zur Parakeratosis variegata im Bereich der atrophischen Stellen die Follikel als stecknadelkopfgroße, scharf begrenzte, rotbraune Punkte sowie sklerodermieartige Veränderungen. Entsprechende Beobachtungen sind daher außerordentlich zahlreich [NEKAM jr. (1938): Parapsoriasis lichenoides; SANNICANDRO (1938): Parapsoriasis Brocq; ISSLER (1938): Parapsoriasis lichenoides chronica varietas verrucosa; WIEDMANN (1940): Parapsoriasis guttata; FORMAN (1957): Parapsoriasis lichenoides; SAKURANE, SUGAI, SHINAGAWA (1960): Pityriasis lichenoides et varioliformis acuta Mucha-Habermann]. BRUNSTING, KIERLAND, PERRY und WINKELMANN (1962) schildern den Fall eines 16jährigen Mädchens, bei dem sich im Anschluß an Varicellen im 6.Lebensjahr die typischen Hautveränderungen entwickelten. Ferner können die Acrodermatitis chronica atrophicans, der Lichen ruber planus (W. MÜLLER, 1950), die Amyloidose (MARCHIONINI und JOHN, 1936) sowie die Salvarsandermatitis (COVISA und BEJARANO, 1933; NOBL, 1935) zum Bilde einer Poikilodermie führen. Strahlenschäden, zu denen auch prolongierte Sonnenbäder zu rechnen sind (DOWLING, EDELSTEIN und FITZPATRICK), haben gelegentlich schon Anlaß zu poikilodermatischen Veränderungen gegeben. Hierher gehört auch eine Mitteilung von Tomassini (1964) über einen 61jährigen Mann, bei dem sich das typische Krankheitsbild nach 12jährigem ständigen Kontakt mit Teerprodukten in heißem Milieu entwickelt haben soll. Auf die Entstehung des Leidens aus einer desquamativen Erythrodermie unter Methyl-Prednisolon-Behandlung machte in einem Fall Kiessling aufmerksam.

Im Verlauf einer Dermatomyositis kann sich das Bild einer Poikilodermie (Poikilodermatomyositis) entwickeln. Izzo (1962) schilderte jüngst drei einschlägige Fälle. Übergänge vom Erythematodes und von der progressiven Sklerodermie zur Poikilodermie sollten immer den Verdacht hervorrufen, ob nicht eine Dermatomyositis vorliegt, zumal diese Züge des Erythematodes wie auch der Sklerodermie besitzen kann. Andererseits wird eine progressive Sklerodermie bisweilen mit poikilodermieartigen Hautveränderungen angetroffen (Kanee, 1944). Derartige Fälle publizierte K. Jaffé (1930) unter dem Namen Sklero-Poikilodermie, der von Arndt geprägt wurde. Diesen Hinweis verdanken wir H. Gottron.

Histologie

Bei der kongenitalen Poikilodermie zeigen sich stellenweise neben Akanthose und Hyperkeratose atrophische Partien mit Verlust der Papillen und Verwaschensein der Epidermis-Cutisgrenze. Ferner werden Pigmentverschiebungen erwähnt, die u. U. Incontinentia pigmenti-artigen Charakter haben können. Auch finden sich Capillarerweiterungen und geringe perivasculäre lymphocytäre Infiltrate. Die Haarfollikel können fehlen. Rook und Whimster (1949) gaben eine Rarefizierung und stellenweise ein Fehlen der elastischen Fasern an. Wodniansky beschrieb eine etwas verschmälerte, sonst normale Epidermis bei abgeflachtem Papillarkörper. Zeichen einer Entzündung lagen nicht vor. Die kollagenen, elastischen und argyrophilen Fasern erwiesen sich intakt. Subpapillär zeigten sich umschriebene Ansammlungen von Melanophoren. Korting und Adam schilderten bei Zwergwuchs und Erythematodes-artiger Poikilodermie gruppiert stehende Gefäßerweiterungen sowie verstärkte Verhornung mit säulenartiger Parakeratose. Das Bindegewebe war in diesem Fall kolloid degeneriert und ließ einen auffallenden Pigmentreichtum erkennen. Hierbei handelte es sich um PAS-positives Lipopigment.

Bei einer atypischen, seit Geburt bestehenden kongenitalen Poikilodermie beschrieben Gadrat, Bazex, Dupré und Parant (1955) granulomatöse Veränderungen.

Bei der ,,idiopathischen" und der bei anderen Krankheiten auftretenden Poikilodermie stimmen die histologischen Veränderungen weitgehend überein. Allein Dowling und Freudenthal meinen, die idiopathische Form aufgrund der klinischen und histologischen Kriterien abgrenzen zu können. Bei der Poikilodermia atrophicans vascularis Jacobi handele es sich mehr um entzündliche Vorgänge, bei der Dermatomyositis aber um einen degenerativen Prozeß. Bei dem primären Leiden bildet sich ein bandförmiges, dichtes, zelliges Infiltrat in der Cutis, und zwar unmittelbar unter der Epidermis, an dessen Aufbau Lymphocyten, Histiocyten und Fibroblasten beteiligt sind (Abb. 13). Viele Melanophoren können darin vorkommen. Der untere Rand der Infiltrate ist in der Regel scharf horizontal begrenzt (Abb. 14). So kommt es u. a. zur Entwicklung von Papeln, die denen des Lichen ruber planus sehr nahe kommen. Die Ähnlichkeit gehe nach Dowling und Freudenthal bisweilen so weit, daß auch bei der Poikilodermie subepitheliale Spaltbildungen entstehen können (hydropische Degeneration des Stratum basale). Im Bereich des Infiltrates sind erweiterte Capillargefäße zu

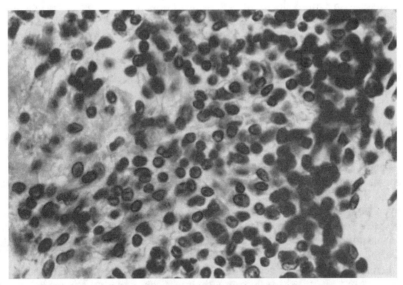

Abb. 13. Ausschnitt aus Abb. 14. Vorwiegend lymphocytäres Infiltrat

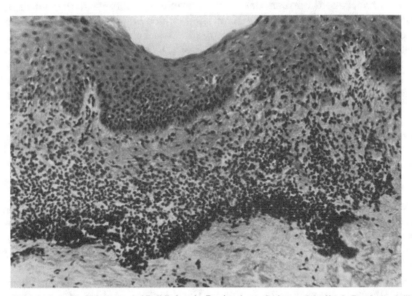

Abb. 14. Histologische Veränderungen bei Poikilodermie. Das im oberen Corium anzutreffende Rundzelleninfiltrat ist zur Tiefe hin relativ scharf begrenzt, ähnlich wie bei einem Lichen ruber planus

finden. Die Kollagenbündel sind gelegentlich ödematös geschwollen und können hyaline Degeneration aufweisen. Die Elastica ist rarefiziert bzw. weitgehend zerstört (HORN, 1941). Die über dem Cutisinfiltrat liegende verdünnte Epidermis verläuft gradlinig. In der Umgebung ist die Epidermis gelegentlich acanthotisch gewuchert, während die Reteleisten im Bereich des Infiltrates meist geschwunden sind. Im späteren Stadium ist die Epidermis atrophiert, und unter Rückgang des entzündlichen Infiltrates zeigt sich eine zunehmende Sklerosierung des Kollagens. Die Hautadnexe fehlen.

Histologische Unterschiede zwischen der kongenitalen und erworbenen Form einer Buntdarrsucht beobachteten Bazex, Dupré und Parant (1958). Ihre kongenitalen Fälle wiesen eine Atrophie der Epidermis, Pigmentvermehrung der Chromatophoren und verstärkte Vascularisation auf, dazu Capillaren, die erweitert waren und einen Schwund der Endothelkerne erkennen ließen. Die Gefäße waren leer oder nur mit einer fibrinösen Masse gefüllt. Letzteren Befund hätten die Autoren bei vier Fällen erworbener Poikilodermie nicht erheben können.

Differentialdiagnose

Die seltene kongenitale Poikilodermie ist im Hinblick auf ihre Anamnese (Beginn in früher Jugend, Heredität und familiäres Auftreten gegeben), namentlich wenn sie mit zahlreichen Mißbildungen kombiniert ist, gut zu diagnostizieren, wobei es nicht immer möglich sein mag, die zahlreich beschriebenen Sonderformen streng zu unterscheiden. Die Thomsonsche Poikilodermie und das Rothmund-Syndrom sind nicht immer klar gegeneinander abzugrenzen. Nach amerikanischen Autoren (Taylor) seien sie sogar identisch. Die eingehende Differentialdiagnostik des Rothmund- und des Werner-Syndroms hat Greither ausführlich geschildert. Die Dermatomyositis kann zwar bereits in sehr jungen Jahren auftreten, läßt sich aber dann durch die schweren Allgemeinsymptome (Fieber, Hinfälligkeit, Muskelschwund, Kontrakturen usw.) diagnostisch von der kongenitalen Buntdarrsucht befriedigend differenzieren.

Die erworbenen Formen der Poikilodermie können nach der vorliegenden Kasuistik kaum als selbständige Krankheitsbilder angesprochen werden. In den Fällen, in denen sie sich als Initialsymptom entwickeln, wie z. B. bei Retikulosen, insbesondere aber bei der Mycosis fungoides (Dostrovski und Sagher) und bei der malignen Lymphogranulomatosis (Tritsch und Kiessling), treten die betreffenden Grundkrankheiten u. U. erst zu einem sehr späten Zeitpunkt auf. Eine neuere klinische Arbeit über die verschiedenen poikilodermatischen Formen und ihre differentialdiagnostischen Erwägungen stammt von Le Coulant und Texier (1959). Die Autoren diskutieren insbesondere die Poikilodermatomyositis, die retikuläre pigmentierte Poikilodermie des Gesichtes und Halses von Civatte und ihre Beziehung zur Riehlschen Melanose, ferner die Poikilodermie beim Erythematodes und bei der Parapsoriasis-Gruppe.

Prognose

Während sich bei jenen Fällen von Poikilodermia congenitale, in denen die typischen Hautveränderungen erst Monate und Jahre nach der Geburt auftreten, jugendliche Katarakte rasch ausbilden können — und zwar meist im Alter von etwa 4—6 Jahren — (Wodnianskys erste Gruppe), stellen sich bei den Formen der kongenitalen Polikilodermie, die die buntscheckigen Hautveränderungen schon bei der Geburt aufweisen oder bei denen sie in den ersten Lebenstagen auftreten (Wodnianskys zweite Gruppe), fibromatöse, papillomatöse und hyperkeratotische Hautwucherungen ein, die gelegentlich maligne entarten können (Dowling und Rees, 1953; Costello und Buncke, 1956). Auch eine erhöhte Knochenbrüchigkeit kann auftreten (Reid, 1967).

Die erworbenen Formen der generalisierten Poikilodermie haben eine ernste Prognose, wenn sich auch der Krankheitsprozeß oft über Jahrzehnte hinzieht. Das trifft besonders zu für die Parapsoriasis-, Mycosis fungoides-, Lymphogranulomatose-Gruppe (Lindsay, 1936; Nekam jr., 1938; Dostrovski und Sagher, 1945; Dowling und Waddington, 1953; Tritsch und Kiessling, 1955; Forman, 1957). Auf der atrophisch veränderten Haut auch dieser Patienten können sich aber gelegentlich einmal maligne Tumoren entwickeln (Lindsay).

Therapie

Die kongenitalen Formen der Poikilodermie sind therapeutisch nicht zu beeinflussen. Bei den erworbenen Formen richtet sich verständlicherweise die Therapie nach dem Krankheitsprozeß, der dem Hautleiden jeweils zugrunde liegt. Auch bei der allmählich kleiner werdenden Gruppe von Fällen, die scheinbar „idiopathischer" Natur sind, stellen Vitamine (Vitamin E), Corticosteroide, Antibiotica und Strahlenbehandlungen Möglichkeiten therapeutischen Vorgehens dar. Eine einmal eingetretene Atrophie ist jedoch ein irreversibler Zustand. Bei der idiopathischen Form der Poikilodermie pflegen jedenfalls Penicillin in Kombination mit Vitamin A (3mal täglich 100000 E) oder auch andere Breit-

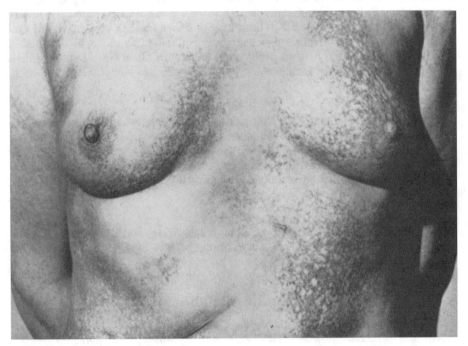

Abb. 15. Wie Fall Abb. 12. Weitgehende Besserung nach Penicillin und Vitamin A

bandantibiotica den Zustand wesentlich zu bessern (Fall Götz, 1968; s. Abb. 15). Das trifft nicht zu, wenn dem Prozeß eine wenn auch unterschwellige Dermatomyositis zugrunde liegt. In unserem Fall konnten wir durch Muskelbiopsien u. a. diese Diagnose ausschließen.

VII. Lokalisierte benigne Poikilodermie der Extremitäten

Die Sonderform einer meist erst um das 50. Lebensjahr auftretenden lokalisierten, benigne verlaufenden Poikilodermie, die auf die Extremitäten (Beuge- und Streckseiten) beschränkt bleibt, wird neuerdings von SAMMAN, CALVERT und TILLMAN (1951), RUITER (1955), ALLISON (1958), SANDERINK (1959) u. a. beschrieben.

Klinik

Es handelt sich hierbei um leicht schuppende, rotbraune bis braune Herde, die netzartig miteinander verknüpft sind und vorwiegend unveränderte Hautfelder umschließen. Die atrophische Note ist meist nur gering ausgeprägt. Ruiter beschreibt die Hautläsionen als flache, kaum fühlbar infiltrierte, rötliche bis braunrote, retikuliert angeordnete, maculopapulöse Herde. Daneben liegen blasse glänzende Fleckchen. Teleangiektasien sind nicht immer vorhanden und die befallenen Hautareale auffallend weich. Die für die Buntdarrsucht typischen Symptome einer Röntgenatrophie sind bei der benignen Sonderform der Extremitäten weniger deutlich ausgeprägt. Das übrige Integument bleibt unbeteiligt. Lediglich Samman u. Mitarb. wiesen noch auf einen zusätzlichen halsbandartigen poikilodermatischen Herd hin, der sich weiter auf die Sternalregion erstreckte.

Die benigne lokalisierte Poikilodermie macht keine Beschwerden. Calvert (1958) spricht von einem selbständigen Krankheitsbild. Allerdings gibt Ruiter an, daß sein Patient über Ermüdbarkeit in den Armen klagte. Bei der relativ kurzen Beobachtungszeit von 2 Jahren mag es daher fraglich sein, ob dieser Fall auf die Dauer in der Gruppe der benignen Poikilodermie eingegliedert bleibt. Differentialdiagnostisch müssen bei solchen Fällen vor allem eine Melanodermitis toxica lichenoides und ein Lichen ruber planus atrophicans ausgeschlossen werden.

Histologie

Nach Samman, Calvert und Tillman (1951) sind mehr oder weniger deutliche Bindegewebsveränderungen zu erkennen. Ruiter beschrieb ein bandförmiges, vorwiegend lymphocytäres Infiltrat im Stratum papillare und subpapillare mit Ödem, wobei zwischen Infiltrat und Epidermis eine schmale zellfreie Zone erhalten blieb. Die Capillaren waren erweitert und wiesen eine Endothelschwellung auf.

Prognose

Die lokalisierte, auf die Extremitäten beschränkte Form der Poikilodermie wird nach den bisher vorliegenden Erfahrungen trotz langjährigem Verlauf als benigne betrachtet.

VIII. Atrophie blanche (Milian)

Weitere Synonyma sind: Atrophia alba, Capillaritis alba (Ellerbroeck, 1953) und Spontanatrophie beim varicösen Symptomenkomplex (Gottron, 1940).

Klinik

Milian unterschied 1929 bei seiner Erstbeschreibung eine Atrophie blanche ,,en plaques" und ,,segmentaire". Bei der ,,Atrophie blanche en plaques" handelt es sich um einen glatten, eingesunkenen, weißen, atrophischen Herd, der unter allmählicher Progredienz bis kinderhandtellergroß werden kann. Die Läsion wird von einem mehrere Millimeter breiten pigmentierten Saum umgeben, der ramöse und punktförmige Teleangiektasien sowie feine Blutaustritte enthält (Abb. 16). Bei der ,,Atrophie blanche segmentaire" sind das untere Unterschenkeldrittel und die Fußrücken manschettenartig befallen. Die Haut zeigt neben den z. T. retikulär angeordneten Atrophien ebenfalls Zeichen einer vasculären Purpura und meist etwas Schuppung. Manchmal geht diese Affektion mit einer gewissen Sklerosierung des Gewebes einher (Abb. 17).

Die Herde treten spontan auf. Gerade das Fehlen irgendwelcher vorausgehender ulcerösen Prozesse ist nach Milian für dieses narbenähnliche Krankheitsbild kennzeichnend. Charakteristisch ist die Lokalisation im unteren Unterschenkeldrittel mit Bevorzugung der Innenknöchelregion. Auch die Fußrücken gehören zu den Prädilektionsstellen. Bemerkenswert ist die Farbe der Veränderungen. Teils sind sie elfenbeinweiß, teils bläulichweiß oder perlfarben. Das Integument ist dünn und geringgradig zerknittert, aber weder eindrückbar, noch auch so weich wie bei den Striae atrophicae. Die Atrophien, die schüssel- und rinnenförmig, aber auch in rundlicher, ovaler und polygonal begrenzter Gestalt auftreten, zeigen sich häufig in netzartiger Anordnung. Wechseln strich- und furchenartige, fleck- und sternchenförmig eingesunkene weiße Herde mit purpurisch-teleangiektatischen Arealen ab, so entstehen auf der Haut weißrote, kraterähnliche Landschaften (WESENER, 1958). MILIAN wies bereits auf ein bei sonstigen Atrophien nicht an-

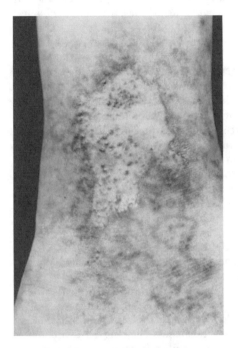
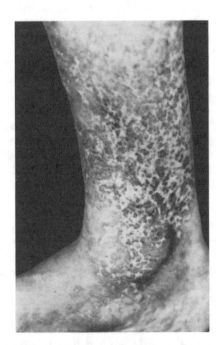

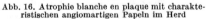

Abb. 16. Atrophie blanche en plaque mit charakteristischen angiomartigen Papeln im Herd   Abb. 17. Atrophie blanche segmentaire (mit kausalgieartigen Schmerzen)

zutreffendes typisches Symptom hin: In den weißlichen Atrophieherden werden rötliche punkt- bis glasstecknadelkopfgroße Knötchen angetroffen, bei denen es sich um kalottenförmige angiomatöse Papeln handelt. Die typischen Plaques haben eine sehr unterschiedliche Entwicklungsdauer, die wenige Wochen bis zu mehreren Jahren umfaßt. Manchmal vergrößern sich die Herde durch Konfluenz mehrerer kleinerer. Meist verursacht der Zustand keinerlei Beschwerden und wird, namentlich wenn es sich um die häufig anzutreffenden kleinen retikulierten Läsionen handelt, nur von dem aufmerksamen Untersucher als Nebenbefund an einem varicös veränderten Bein gefunden.

Etwa ein Drittel der Atrophieherde exulceriert (GONIN, 1950; NELSON, 1955). FOURNIER (1952) unterscheidet hierbei zwei Ulcustypen:

1. kleine, äußerst schmerzhafte Ulcera, die durch Gefäßdilatation entstehen und

2. große, ebenfalls sehr schmerzhafte flache Ulcera, die sich durch massive Mumifikation der Epidermis entwickeln.

Diese Geschwüre verursachen häufig Klagen. Auffallend schmerzhafte Ulcerationen, namentlich in der Submalleolar-Region, der Prädilektionsstelle der Atrophie blanche, sollten daher den Verdacht auf das primäre Vorliegen dieser Affektion hervorrufen. Die Beschwerden seien nach Gonin immer durch die sekundäre Ulceration der Atrophie-Herde bedingt. Nach Schuppener (1957) entstehen aber gelegentlich auch bei völlig intakten Herden erhebliche Schmerzen, die sich zu kausalgieartiger Intensität steigern können. Ein weiteres charakteristisches Merkmal des Krankheitsbildes ist ihre herabgesetzte Heilungstendenz.

Bei den meisten Patienten handelt es sich um Frauen mittlerer und älterer Jahrgänge (Nelson, 1955), während Männer erheblich seltener betroffen sind. Die Krankheit wurde aber auch schon bei recht jungen Patientinnen beobachtet (Bettley und Calnan, 1953: 18jährige; Nödl, 1950: 23jährige Patientin; Schuppener: junge Frau, die bei Beginn des atrophischen Prozesses im 18. Lebensjahr stand).

Die Atrophie blanche findet sich überwiegend bei Varicenträgern, von denen die Mehrzahl an vorausgehenden Thrombophlebitiden litt. Gelegentlich entwickelt sie sich auf dem Boden einer Stauungsdermatose der Unterschenkel, doch nur sehr selten auf einem jedenfalls äußerlich gesund erscheinenden Bein. Sämtliche 20 Patienten von Gonin waren Varicenträger, und 48 der 55 Fälle von Fournier gaben eine Venenentzündung in ihrer Anamnese an. van der Molen (1954) beobachtete die Affektion unter 1283 Fällen von Unterschenkelgeschwüren 110mal, und Wesener 38mal unter 425 Patienten mit varicösem Symptomenkomplex. Dabei handelte es sich um 37 Frauen, aber nur um einen Mann.

Milian, Mulzer (1937), Keining (1937) u. a. fanden bei jungen Mädchen oder Frauen ohne gleichzeitig bestehendes Krampfaderleiden Neigung zu Acrocyanose, Perniosis und andere auf Durchblutungsanomalien beruhende Symptome. Monro und Meara (1953), die eine Patientin 20 Jahre lang beobachteten, wiesen darauf hin, daß sich zunächst weiße atrophische Herde an den Unterschenkeln entwickelten, die von roten Flecken umgeben waren. Erst später bildeten sich Krampfadern, auf deren Boden dann im weiteren Verlauf Ulcera entstanden. Schuppener sah als Primärläsion braunrötliche Flecke einer progressiven (vasculären) Pigmentpurpura und fand die typischen Herde in Kombination mit einer Cutis marmorata, Acrocyanose, Livedo racemosa, Neigung zu Ohnmachten und kalten Händen und Füßen, alles Zeichen, die als allgemeine Gefäßstörungen im Sinne einer angiopathischen Reaktionslage (Ratschow, 1953) aufzufassen sind. Die Capillarresistenz war bei diesen Patienten vermindert, und im Blutbild bestand eine Tendenz zur Eosinophilie. Im Gerinnungsmechanismus lagen aber keine pathologischen Abweichungen vor. Eine Patientin litt an Diabetes. Follmann (1940) beobachtete eine Atrophie blanche bei schwerer Arteriosklerose mit Nephrosklerosis maligna und Myodegeneratio cordis, Nödl bei Hypotonie und spastischer Gefäßneurose der Beine.

Pathogenese

Das von Milian als idiopathische „Atrophie blanche" bekannt gemachte morphologische Bild gehört als Sonderform einer peripheren Durchblutungsstörung in die Gruppe der Angiolopathien (Schuppener). Die Krankheit stellt einen terminalen Zustand dar, der durch organische Endgefäßalterationen mit konsekutiver Gewebsatrophie gekennzeichnet ist. Bei den Angiolopathien liegen nach Ratschow Regulationsstörungen im Endstromgebiet vor, die anfangs ohne organische Befunde einhergehen. Bei falscher zentraler Steuerung sind die peripheren Erfolgsorgane in ihrer Ansprechbarkeit verändert. Hält der hierdurch bedingte Dysfunktionszustand der Arteriolen oder der Venolen längere Zeit an,

so führt die einseitige Weit- oder Engstellung zu Ernährungsstörungen der Gefäßwände, bis sich schließlich manifeste Schäden an den Endstrombahngefäßen
entwickeln.

Daß Angiolopathien mit einer Atrophie einhergehen können, wurde bereits
am Beispiel der Purpura Majocchii ersichtlich und ist seit der Jahrhundertwende
bekannt. Aus dem teleangiektatischen und hämorrhagisch-pigmentären Stadium
entsteht bei den Krankheitsbildern der Schamberg-Majocchii-Gruppe ein wenn
auch meist wenig eindrucksvoller atrophischer Endzustand. Viele Hypothesen
und Theorien wurden aufgestellt, um den Krankheitsablauf zu erklären. MILIAN
selbst faßte die Atrophie blanche als Sekundärveränderung chronischer Infektionskrankheiten auf, vorwiegend der Lues, aber auch der Tuberkulose. Es läge weniger
eine atrophische Störung als ein Entzündungsprozeß vor. Die Lues als pathogenetischer Faktor wurde jedoch von keinem Nachuntersucher bestätigt. TOURAINE
(1937) deutete die Affektion als primäre Capillaritis. Von GOUGEROT u. Mitarb.
(1936) wurde eine allgemeine Gefäßbrüchigkeit bei Fehlen von Entzündungserscheinungen hervorgehoben.

Mehrere Autoren stellen nervöse Einflüsse in den Vordergrund. So soll es sich
nach FOLLMANN (1940) um die Folge zentraler Zirkulationsstörungen und der
Wirkung von Gefäßtoxinen verschiedenen Ursprungs handeln. NÖDL nimmt an,
daß im Rahmen neurovegetativ-dyshormonaler Störungen bei einem abwegigen
Erregungszustand der Gefäße chronische Infekte eine reizauslösende Funktion
ausüben. Aufgrund der Experimente von LAPLANE und BROCARD (1937), die im
Tierversuch durch Reizung sympathischer Nerven Entzündung, Nekrose und
hyaline Degeneration an arteriellen und venösen Gefäßen hervorriefen, sehen
auch RAJKA und KOROSSY (1955) in primären Nervenveränderungen einen
wichtigen Faktor. Von entscheidender Bedeutung für die Entwicklung der
Atrophie blanche dürfte sicher ein primär lokaler Gefäßschaden sein. NELSON
(1955) weist in diesem Zusammenhang darauf hin, daß die Affektion nicht nur
primär entsteht, sondern gelegentlich auch einmal Folge vesiculöser, bullöser und
hämorrhagischer Prozesse sein kann. Ein infektiöses Geschehen sei aber unwahrscheinlich. Nach SCHUPPENER läßt sich bei fast allen Patienten eine angio-
pathische Reaktionslage nachweisen, die es neben anderen pathogenetischen
Faktoren zu berücksichtigen gilt. In vielen Fällen spielt indessen der varicöse
Symptomenkomplex eine entscheidende Rolle (GONIN, HAUSER, 1958; WESENER).
PROPPE und NÜCKEL (1957) setzten sich in einer ausgedehnten Studie mit der
Pathogenese von nichtentzündlichen Unterschenkelverschwielungen auseinander,
die sowohl bei NOBLs varicösem Symptomenkomplex als auch bei der Atrophie
blanche angetroffen werden können. Einer Verlegung des venösen Abflusses wird
ursächliche Bedeutung beigemessen, weil durch sie die nunmehr im Gewebe entstehende Ödemsklerose zur Zerstörung der Venen führt. Der einmal angestoßene
Prozeß entwickelt sich dann von selbst progredient weiter.

Pathogenetisch üben nach SCHUPPENER hämodynamische Faktoren einen
wesentlichen Einfluß aus, und auch HAUSER mißt der venösen Stauung eine besondere Bedeutung bei. Durch die Erhöhung des hydrostatischen Druckes im
venösen Anteil der entsprechenden Gefäßabschnitte entwickelt sich nicht nur eine
Erweiterung der großen, sondern auch der mittleren und kleinen Venen. Die
Capillaren erweitern sich angiomartig, ohne daß sich jedoch hierbei entzündliche
Vorgänge abspielen. Schließlich verändern sich die dem ektasierten venösen
Gefäßabschnitt vorgeschalteten Arteriolen bei dem Bemühen, den durch erhöhten
hydrostatischen Druck bestehenden Kreislaufwiderstand zu überwinden. Im
Sinne einer Arbeitshypertrophie kommt es zur Wandverdickung der Arteriolen
mit Einengung ihrer Lumina. Als Stauungsfolge resultieren Blutaustritte aus den

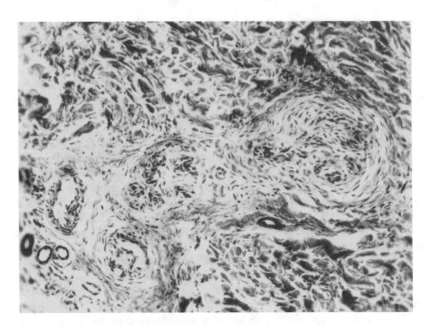

Abb. 18. Atrophie blanche: Histologisch eine Gruppe zugrunde gehender Capillaren im mittleren Corium

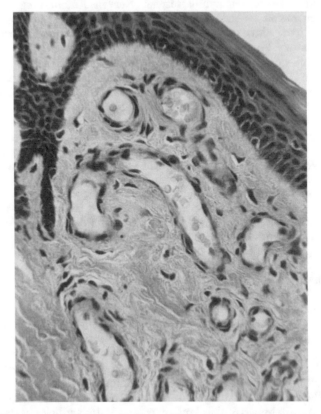

Abb. 19. Atrophie blanche: Innerhalb des atrophischen Herdes finden sich teleangiektatische Capillaren, die
klinisch einem angiomartigen Knötchen entsprechen

Gefäßen und eine Alteration des interstitiellen Bindegewebes im Sinne einer Sklerosierung und Atrophie. Bei der Atrophie blanche ohne sichtbare Varicosis wäre nach HAUSER zu diskutieren, ob der Prozeß nicht auch durch tiefe Varicen bedingt sein könnte, oder ob die zur Varicosis führenden Faktoren wie Konstitution, Gravidität, arterio-venöse Anastomosen sich ausschließlich auf den peripheren Gefäßabschnitt beschränken. Nach anfänglicher Wucherung der Capillaren und Schwellung ihrer Wände entsteht eine Wucherung adventitieller Zellen (SCHUPPENER), aus denen sich jugendliches Bindegewebe entwickelt. Unter zunehmender Faserbildung entsteht schließlich die narbenähnliche Atrophie blanche.

Histologie

Feingeweblich fand MILIAN gruppierte Capillarwucherungen. Die Mehrzahl dieser Gefäße ließ zu Obliteration neigende Endothelschwellungen erkennen. Bei späteren Fällen beobachtete er eine Verdünnung der Epidermis mit Verlust des Papillarkörpers. Hinzu traten sklerosierende Veränderungen des Coriums, erweiterte Lymphbahnen, vermehrte und klaffend verdickte Blutgefäße. In der Tiefe zeigten sich Arteriolen mit sklerosierten Gefäßwänden und Endothelproliferation, jedoch ohne Neigung zur Obliteration. GONIN beschrieb unter dem atrophischen Herd eine Gefäßverminderung, am Rande aber Neubildung erweiterter Capillaren, die verdickte Wände aufwiesen. Von wenigen Histiocyten abgesehen, fehlten entzündliche Zellansammlungen. Die Arterien ließen eine ausgesprochene Mesoarteriitis mit gewaltiger Verdickung der Arterienwände erkennen, die mit Intimaschwellung einhergingen.

Aus Serienschnitten ging hervor, daß diese Veränderungen nur abschnittsweise am gleichen Gefäß vorhanden waren, wobei perivasculäre Infiltrate fehlten. WILSON (1953) sah in einem Fall fibrinoide Gefäßwandnekrosen und JAQUET (1956) eine Intimaentzündung der Arterien mit Einengung des Lumens. Während nach GONIN das Kollagen stellenweise zerbröckelt war, schien bei NÖDL das Bindegewebe homogen hyalinisiert zu sein. Teils fehlte die Elastika, teils war sie verklumpt, aber noch vorhanden. SCHUPPENER beobachtete im Bereich der Atrophie zugrunde gehende Capillaren mit kompensatorischer Capillarektasie in der Nachbarschaft (Abb. 18—19). Erhebliche Schäden zeigten sich auch an den Arteriolen und Venolen sowie an den Arterien und Venen der Cutis-Subcutis-Grenze einschließlich ihrer Vasa vasorum. Der Strombahneinengung auf der arteriellen Seite entsprachen hier und da Ektasien ihres venösen Schenkels, analog den Vorgängen im Capillarbereich. Ansonsten deckten sich seine Befunde mit denen der vorstehend zitierten Autoren. SANTLER (1966), der die gleiche Gefäßarmut im Bereich der Atrophie blanche-Herde (er hebt besonders den Verlust in den unteren Cutis-Schichten hervor), sah wie schon ältere Untersucher vor ihm, verzeichnete bei erneuten histologischen Untersuchungen nach der Therapie zahlreiche neue Capillaren, vor allem im Papillarkörper.

Differentialdiagnose

Nach geschwürigen Unterschenkelprozessen können sich bisweilen Narben entwickeln, die dem Bilde der Atrophie blanche ähnlich sehen. Bei Unterschenkelverschwielung auftretende depigmentierte Inseln unterscheiden sich aber insofern, als sie eine schüsselförmige Vertiefung wie auch die charakteristischen angiomartigen Papeln vermissen lassen. Natürlich kann sich im späteren Verlauf der typische Krankheitsaspekt dahingehend ändern, daß sich die teleangiektatisch-purpurische Randzone zurückbildet, wodurch die Affektion nicht mehr unter dem Hautniveau zu liegen scheint und so die weiß-rote „Kraterlandschaft" (WESENER) einer mehr gleichförmigen weiß-sklerotisch-atrophischen Fleckbildung weicht. Ferner sind die Nekrobiosis lipoidica diabeticorum und die Granulomatosis tuberculoides pseudo-sklerodermiformis symmetrica progressiva Gottron bzw. die Granulomatosis disciformis chronica et progressiva Miescher zu erwägen, doch dürfte hier eine feingewebliche Abgrenzung keinerlei Schwierigkeiten bereiten. Die Elastica-Färbung gestattet es auch, einen gewöhnlichen, von elastischen Fasern freien Narbenherd von der Atrophie blanche zu differenzieren.

Prognose

Die Atrophie blanche zeigt allmähliche Progredienz, doch kann der Zustand lange Zeit stationär bleiben. Unter Zunahme der teleangiektatisch-hämorrhagischen Veränderungen treten eines Tages Spontanschmerzen auf. Das Gewebe zerfällt und es entstehen äußerst dolente und hartnäckige Ulcerationen. Kleinere Ulcera können zwar in kurzer Zeit spontan abheilen, doch zeigen besonders größere Geschwüre eine auffallend schlechte Heilungstendenz. Unter zunehmender Sklerosierung des Gewebes verändert sich das morphologische Bild in der Weise, daß porzellanartige, weißliche Flecke resultieren, die sich deutlich gegen die meist graugelblich pigmentierte Unterschenkelverschwielung absetzen.

Therapie

Gehstützverbände, Varicenverödungen und eine kardiale Therapie werden zur Beeinflussung des meist zugrunde liegenden, pathogenetisch bedeutungsvollen Stauungszustandes empfohlen. Zur Gefäßabdichtung eignen sich Roßkastanien-extrakte, Vitamin C und P. Die Dämpfung des Vegetativum und der Großhirnrinde durch entsprechende Pharmaka soll nicht ohne Einfluß sein. Bindegewebs- und Segmentmassage wirken sich gleichfalls günstig aus. Eindrucksvolle Effekte konnte Schuppener bei akuten Beschwerden durch Corticosteroide erzielen. Gonin behandelte Mikroulcera mit gutem Erfolg galvanokaustisch nach vorausgehender Anästhesie. Die auf dem Boden der Atrophie blanche entstehenden Makroulcera werden jedoch durch diese Behandlung verschlimmert (Fournier). Da die Mikroulcera aber nicht selten bereits unter entstauenden Maßnahmen gute Spontanheilungstendenz entwickeln, ist nach unserer Erfahrung Galvanokaustik nicht notwendig. Nach Wesener (1966) sollte wegen der Neigung zum ulcerösen Zerfall der Herde auch dann eine Therapie eingeleitet werden, wenn noch keine Beschwerden bestehen. Unter gezielter massiver Schaum- oder Schaumgummi-kompression gelingt es in wenigen Monaten, die Rückbildung der angiomartigen Knötchen und eine Revaskularisierung der atrophischen Bezirke zu erreichen. Begünstigt wird diese Behandlung durch gleichzeitige Varicenverödung, wobei jedoch vor einer direkten Verödung im Bereich der Atrophie blanche gewarnt wird.

IX. Atrophodermia vermiculata

Erstmalig wurde das Krankheitsbild von Unna (1896) als Ulerythema acneiforme, kurze Zeit später von Thibierge (1900) als Acné vermoulante beschrieben. Im amerikanischen Schrifttum setzten sich MacKee und Parounagian (1918) mit der Affektion unter der Bezeichnung Folliculitis ulerythematosa reticulata auseinander. 1920 grenzte Darier die Atrophodermie vermiculée des joues avec Kératoses folliculaires von den Akneformen ab. Weitere Synonyme sind: Atrophodermia reticulata symmetrica faciei (Mendes da Costa, 1927), Atrophodermia vermicularis (Zoon, 1930), Atrophoderma vermiculatum (Bruck, 1930), Atrophia vermiculata (LUTZ, 1957). BRUCK stellte ferner die Bezeichnung Naevus vermiculatus zur Diskussion. Im deutschen Schrifttum hat sich die Bezeichnung Atrophodermia vermiculata durchgesetzt (OPPENHEIM, 1931), während wir in der angloamerikanischen Literatur auch die Termini honey-comb bzw. worm-eaten atrophy finden.

Klinik

Bei der Atrophodermia vermiculata liegt eine verhältnismäßig seltene, meist symmetrisch auftretende Hautaffektion vor, die beschwerdelos verläuft und sich überwiegend vor Eintritt der Pubertät entwickelt. GLINGANI (1933) teilt alle Fälle, ähnlich wie OPPENHEIM, in vier verschiedene Gruppen ein:

1. Patienten mit vorangegangenen oder begleitenden Follikelveränderungen,
2. mit Comedonen oder Pseudocomedonen,
3. mit Erythem oder Depigmentation,
4. ohne Follikulitis, Comedonen, Erythem oder Depigmentation.

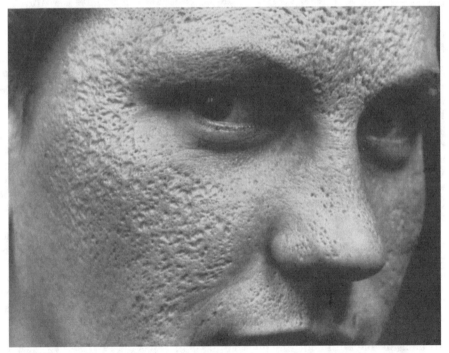

Abb. 20. Atrophodermia vermiculata

BRUCK nimmt an — wie auch später HÖFS (1957) sowie SCHULZ u. Mitarb. (1959) aufgrund langdauernder Beobachtung eines Falles —, daß die voneinander abweichenden Befunde dieser vier Varianten lediglich graduell bedingt sind und verschiedene Entwicklungsstadien desselben pathogenetischen Prozesses darstellen.

Die Veränderungen treten oft schon in frühester Kindheit auf (u. a. GOLDBERG, 1936: angeboren). Es entwickeln sich an umschriebener Stelle, meist etwas unterhalb der Jochbögen auf beiden Wangen, anfangs unauffällige reaktionslose Vertiefungen, die sich allmählich deutlicher ausprägen und zu denen immer neue hinzutreten. Schließlich resultieren stecknadelkopf- bis linsengroße rundliche, polygonale, gezackte Grübchen bzw. bis zu mehreren Millimetern tiefe lochförmige Reste normaler Haut (die auch serpiginös gestaltet sein können), so daß ein wurmstichartiges Bild entsteht (Abb. 20). Die Läsionen können nur linsen- bis münzengroß sein, aber auch in flächenhafter Ausdehnung die Wangen befallen, ja sich von den Schläfen bis zum Kinn erstrecken. Des weiteren gelten Stirn, Präaurikularregion, Oberlid (MacKee und Cipollaro, 1948), Ohrläppchen (Unna, 1936), Oberlippe, Mundwinkel und Kinnpartie als Sitz der Krankheit. Eine Beteiligung des Gesichtes und der Streckseiten der Arme und Beine beschrieben Carol u. Mitarb. (1940), ferner Prakken (1941) sowie Kooij und Venter (1959). Gelegentlich ist ein Erythem vorhanden. Follikuläre hyperkeratotische Pfröpfe können mehr oder minder deutlich in den Grübchen liegen, am Rande sich Mulden bilden (Sibirani, 1949). In einem Fall von Drouet u. Mitarb. (1931) ging bei der Geburt ein Pigmentfleck voraus. Auf eine herabgesetzte Sensibilität und Verminderung der Talgdrüsen bei ungestörter Schweißsekretion wies Groneberg (1941) hin. Zugleich machte er darauf aufmerksam, daß die Herde zumeist im Versorgungsgebiet der Trigeminusäste II und III liegen. Der Autor schilderte die Affektion als blaß-kühl mit weiß-bläulicher Verfärbung in den Grübchen. Das Kolorit der die Vertiefungen umgrenzenden Wälle sei mit gelb-weißlichem Porzellan zu vergleichen. Insgesamt wirke ein solcher Krankheitsherd wie mit Lack überzogen.

Da es sich fast immer — wie schon erwähnt — um symmetrischen Befall handelt, ist unilateralen Fällen (Corson und Knowless, 1924; Jörimann, 1939) möglicherweise eine Sonderstellung einzuräumen (Höfs). Die Herde entwickeln sich nur sehr langsam. Hornpfröpfe und entzündliche Reizungen sowie Bläschenbildung (Schönknecht, 1961) gehen bisweilen voraus. Eine Kombination mit ausgesprochener Erythembildung fand sich in den Fällen von Pautrier (1922), Brünauer (1930) und Matras (1937). Eine auffallende Rötung durch Teleangiektasien sah Mendes da Costa (1927). Von Leven (1931), Glingani (1933), Winer (1936), Groneberg (1941) u. a. wird zwar eine Närbchenbildung ohne vorausgehende Läsionen angegeben, doch ist zu berücksichtigen, daß bei dem schon in früher Jugend einsetzenden und protrahiert verlaufenden Prozeß die anamnestischen Angaben der Patienten meist nicht zuverlässig sind.

Typische Veränderungen der Atrophodermia vermiculata auf den Wangen von etwa 20jährigen Mädchen mit Beginn zwischen dem 5. und 11. Lebensjahr beschreiben Vigne (1929), Klepper (1934), Kauczynski (1935), Gasper (1957), Costea und Dobrescu (1957), Einecke (1958), Gold (1958), Pierini und Mazzini (1958) und Rollier (1960). Botezan (1957) erwähnt die Affektion bei einer generalisierten Neurodermitis. Weitere Beobachtungen bei 11—17jährigen Knaben liegen vor von Matras (1937), Fülöp (1938) sowie Témime (1955).

Kombiniertes Vorkommen mit anderen Krankheitszeichen ist nicht selten. Als anlagebedingte Fehlbildung ist wohl der Fall von Kriner (1955) zu deuten, bei dem — wie auch bei anderen Familienmitgliedern — von Geburt an gleichzeitig eine totale Alopecie bestand. Gemeinsames Auftreten mit einer Kopfhauterkrankung (Folliculitis decalvans) wurde außerdem von Barber (1936) beobachtet. Zugleich fanden sich ein Lichen spinulosus und epidermale Cysten. Möglicherweise hat es sich um ein Graham-Little-Syndrom gehandelt. Mendes da Costa beschrieb als Begleitstörungen verlangsamten Haarwuchs und mangelhaftes Gebiß bei mongoloidem Erscheinungsbild. Carol u. Mitarb. (1940) berichteten von einer Familie, in der zugleich noch kongenitale Herzfehler, Neurofibromatose und Mongolismus auftraten. Ein ähnlicher Fall betrifft einen 18jährigen Knaben mit mongoloidem Schwachsinn und kongenitalem Herzfehler (Eisenmenger-Syndrom), der die Atrophodermie nicht nur im Gesicht, sondern auch an den Extremitäten aufwies (Kooij und Venter). Bei dem Fall von Jörimann bestanden zugleich Pigmentmäler, Fibromata pendula und sog. weiche Warzen, bei einem 12jährigen Mädchen von GOLDBERG eine hochgradige Keratosis pilaris an Stamm und Extremitäten.

Pathogenese

Die Atrophodermia vermiculata stellt weder klinisch-morphologisch ein einheitliches Krankheitsbild dar, noch können Ätiologie und Pathogenese als geklärt gelten. Die Affektion tritt in mehreren Varianten auf, die durch unterschiedliche Ausprägung bzw. Vorliegen von Pseudocomedonen, Comedonen, atrophischen Lanugohärchen, Cysten, mäßigen entzündlichen Rötungen, Teleangiektasien, Pigmentierungen und durch eine geringe sklerotische Note gekennzeichnet sind. Möglicherweise gibt es:

1. eine erbliche, zur Naevusgruppe gehörende Form,
2. eine entzündliche, mit Comedonen und Follikulitiden einhergehende Abart,
3. nur bedingt hierher gehörende symptomatische Fälle, eine sog. Pseudoatrophodermia vermiculata (d. h. Zustände nach Erythematodes, nach Acne toxica u. a.).

Von der Mehrzahl der Autoren wird die Atrophodermia vermiculata als Naevus aufgefaßt, so von MACKEE und CIPOLLARO, die sie in die Gruppe der kongenitalen keratotischen Anomalien einordnen. WINER betrachtet die Affektion als eine Entität, die durch eine Kombination naevoider, degenerativer und atrophischer Faktoren charakterisiert ist. Er vermutet einen Naevus mit atrophischem Endausgang. Nach MENDES DA COSTA soll es sich um eine zugrunde liegende unvollkommene Entwicklung des peripheren Anteils des Follikelapparates handeln, nach PRAKKEN um ein Syringohamartom. JÖRIMANN sieht die Naevusnatur des Leidens besonders in dem Umstand, daß die Veränderungen in der frühen Kindheit auftreten, in ihrem Erscheinungsbild stabil bleiben und häufig zugleich andere Naevi vorhanden sind. Ein weiterer Hinweis auf die naevogene Natur wäre u. a. in dem wiederholt familiären Auftreten zu erblicken. MENDES DA COSTA beobachtete die Atrophodermia vermiculata bei Mutter und Tochter, SCOMAZZONI (1933) bei zwei Schwestern. BRUCK, MATRAS, MACKEE und CIPOLLARO berichteten jeweils über zwei Brüder, CAROL u. Mitarb. über eine Familie, in der Mutter, Tochter und Sohn gleichzeitig erkrankt waren. SEVILLE und MUMFORD (1956) sprechen in einem mit Leukokeratosis kombinierten Fall von einem kongenitalen ektodermalen Defekt.

Bei einer Publikation von VOGEL (1950) über vier Geschwister läßt die kurze Anamnese, der gleiche Entstehungsbeginn und der Befall der übrigen Körperhaut mit Follikulitiden, Pusteln und Comedonen vermuten, daß eine Acne toxica mit einem atrophodermischen Endzustand vorlag. Den gleichen Verdacht erweckt der Fallbericht von EBRARD (1955: akutes Auftreten im 8. Lebensjahr nach entzündlich-ödematösem Gesichtsbefall).

Nach UNNA beginnt die Atrophodermia vermiculata mit einem entzündlichen Prozeß der Cutis, der zur Schrumpfung des perifollikulären Gewebes führt und mit einem Schwund der Lanugohaare einhergeht. DARIER betrachtet die immer vorhandenen degenerativen Elastikaveränderungen als Folgeerscheinungen der naevogenen, auch nach SIBIRANI primären Follikelkeratosen. Die Hyperkeratose war übrigens OPPENHEIM in späteren Jahren Veranlassung, Beziehungen zur Ichthyosis follicularis anzunehmen. Das häufige Fehlen der Talgdrüsen im Erkrankungsbereich beurteilt BRUCK gleichfalls als primäre Erscheinung, im Gegensatz zu UNNA, der den Talgdrüsenschwund als sekundäres Ereignis auffaßt. Von DUCKWORTH (1943) wurden ätiologisch toxische und hormonelle Störungen in Erwägung gezogen. Unter mancher im Schrifttum mitgeteilten Atrophodermia vermiculata können sich auch Fälle von Ölacne verbergen (Höfs, 1957). Lutz (1957) sah die charakteristische Affektion als Folge einer sog. Keratosis follicularis „epidemica" an.

Histologie

Die histologischen Veränderungen betreffen den Follikelapparat und seine Umgebung sowie das elastische Gewebe. Die Verdünnung des Epithels ist unterschiedlich ausgeprägt. Vielfach zeigt es einen gestreckten Verlauf mit verstrichenen oder kümmerlich entwickelten Reteleisten. Die Follikel sind meist verformt (s. z. B. Groneberg, 1941). Nach der Tiefe zu können sie verlängert sein, unregelmäßigen Aufbau und in die Umgebung reichende Sprossen aufweisen. Bisweilen finden sich perlartige Horncysten. Die Follikelöffnungen sind erweitert und mit zersplittertem, dünnem, brüchigem Haar oder lamellös geschichtetem Hornmaterial ausgefüllt (ostiofollikuläre Keratose, Pseudocomedonen). Im allgemeinen ist das Stratum papillare und subpapillare abgeflacht, doch sind Veränderungen des Kollagens nicht sehr ausgeprägt (Basophilie — Winer; fibrilläre Struktur verwaschen bzw. aufgehoben — Goldberg). Eine Sklerosierung des Bindegewebes sahen Darier (1920), Mendes da Costa (1927) und Lutz (1957). Die Talgdrüsen fehlen (Bruck, 1930; Goldberg, 1936) oder sind nur abortiv angelegt. Die Elastika ist immer geschädigt: sie ist verquollen oder gar kompakt zusammengesintert, subepitheliale elastomartige Verklumpungen treten auf (u. a. Darier, Zoon, Jörimann sowie Groneberg), Rarefizierung oder Fehlen im gesamten Corium werden angegeben, was besonders für die Nähe der Follikel zutrifft (Caballero und Bosq, 1958). Wiederholt wurden auch entzündliche, mehr oder weniger dichte Rundzellinfiltrate unterschiedlicher Lokalisation (perivasculär, perifollikulär und diffus) im Corium angetroffen. Degenerative Veränderungen der Haarbildung (u. a. Bruck), durch Verhornung der Haarfollikel entstandene Haarcysten (u. a. Schönknecht) werden angeführt. Nach Winer fehlen 'die Lanugohaare. Prakken beobachtete Follikelmißbildungen, Konvolute von Cysten und Strängen in Verbindung mit der Epidermis und den Schweißdrüsen, Veränderungen, die offenbar durch Störungen in der Entwicklung der Schweißdrüsenanlagen entstanden sind.

Differentialdiagnose

Abzugrenzen sind der unregelmäßig dominant vererbbare Naevus aplasticus symmetricus systematisatus (Brauer, 1929) und der Naevus comedonicus (Naevus follicularis keratosus). Letzterer tritt nicht symmetrisch auf. Er enthält leicht ausdrückbare Comedonen und zeigt mitunter auch Vereiterung. Histologisch zeigt sich nie eine Bindegewebsdegeneration, im Gegensatz zur Atrophodermia vermiculata. Ferner sind in Erwägung zu ziehen: das Ulerythema ophryogenes (Augenbrauen!), vermiculäre Restzustände nach Erythematodes (Musumeci, 1955), die Acne vulgaris sowie ein Zustand nach Acne toxica, die nach externer Applikation von Vaseline, Seifen und Ölen sowie interner Aufnahme von gechlorten Paraffinen und Kunstwachsen (die Pseudoatrophodermia vermicularis nach Ölacne von Höfs) auftritt. Eine gründliche Anamnese hilft hier weiter.

Prognose

Das einmal ausgeprägte Krankheitsbild ändert sich nicht mehr, fällt aber im höheren Alter weniger auf, wenn die Haut allgemein schlaffer und welker geworden ist. Eine Gefahr zur malignen Degeneration besteht nicht.

Therapie

Eine therapeutische Beeinflussung des chronischen Prozesses ist kaum möglich. Unter Vitamin A beobachtete SIBIRANI indessen Besserung, während DARIER Licht- und Lufteinfluß für wichtig erachtete, weshalb er die Heliotherapie empfahl. Von überzeugenden Besserungen ist aber nichts bekannt geworden. Ist erst einmal der atrophische Endzustand erreicht, so dürfte jede Behandlung ergebnislos verlaufen. Bei gleichzeitiger konnataler Lues sahen DROUET u. Mitarb. unter der antiluischen Behandlung ein Abblassen der Herde. Eine gewisse Besserung erzielte GRONEBERG durch Anwendung einer Cyren-B-forte-Salbe, der er eine durchblutungsfördernde Wirkung zuschreibt. Die früher verschiedentlich vorgeschlagene Röntgentherapie wird heute abgelehnt. Bei groben, kosmetisch sehr störenden Veränderungen dürfte gegebenenfalls der Versuch mit der Schreusschen Fräse oder eine plastische Deckung erwogen werden.

X. Atrophodermia idiopathica Pasini-Pierini

Die Krankheit ist noch unter den folgenden Synonymen bekannt geworden: progressive idiopathische Atrophodermie (PASINI, 1923), Atrophoderma idiopathica PASINI-PIERINI (CANIZARES u. Mitarb., 1958), morpheic atrophy of the subcutaneous tissue, sclérodermie atrophique d'emblée, variation dyschromique et atrophique de la sclérodermie, Morphaea atrophica (?).

Klinik

Das 1923 von PASINI beschriebene Krankheitsbild fand lange Zeit nur Widerhall im argentinischen Schrifttum. Vorwiegend von PIERINI u. Mitarb. (1936) wurde es in seinen Besonderheiten bestätigt. Erst seit der Veröffentlichung von CANIZARES, SACHS, JAIMOVICH und TORRES (1958) im amerikanischen Archiv für Dermatologie erwachte plötzlich das Interesse an dieser Sonderform (PIRAINO, 1958; POST, 1958; GARB, 1959; u. a.). Nach der inzwischen bekannt gewordenen Kasuistik scheint die Atrophodermia idiopathica nicht allzu selten zu sein. So sah PIERINI (1958) allein 50 Fälle im Verlauf von 20 Jahren.

Die Veränderungen entstehen vorwiegend bei Kindern und Teenagern, zumeist also zwischen dem 10. und 20. Lebensjahr. Das weibliche Geschlecht ist etwas häufiger befallen. Lediglich eine Patientin von JABLONSKA (1961) erkrankte erst im 60. Lebensjahr. Bei der Affektion bilden sich meist zahlreiche verstreut liegende, vorwiegend am Rumpf lokalisierte, gegen die gesunde Umgebung scharf begrenzte Herde von graubräunlichem, livid-bräunlichem oder bläulich-violettem Farbton (z. B. Fall von STEVANOVIĆ, 1963), ähnlich dem bei Maculae coeruleae. Auch eine schieferfarbene Tönung kommt vor. Die Herde sind nicht induriert und lassen eine leichte Einsenkung von 1—2 mm unter das Hautniveau erkennen. Oft stellt der Rand eine Art steile Böschung dar. Die Läsionen sind münzen- bis handtellergroß, haben eine runde, ovale oder unregelmäßige Gestalt, größere Herde eine konvexbogige Begrenzung und neigen zu peripherer Vergrößerung und Konfluenz. Bei ovalären Läsionen liegt die Längsachse häufig in der Spaltrichtung der Haut (Beobachtung Götz, Abb. 21).

Zeichen einer Entzündung fehlen durchweg, und weder sind Infiltrate noch sklerodermiforme Verhärtungen nachweisbar. Auch die an sich für die idiopathische Atrophie typische zigarettenpapierartige Fältelbarkeit fehlt. Lediglich der Turgor ist etwas herabgesetzt, wodurch die Haut in den Herden eine gewisse Weichheit erkennen läßt, auch wird die Zahl der Follikel gelegentlich als vermindert angegeben. Das Oberhautrelief bleibt erhalten, die Lanugo-Behaarung wird in den

Krankheitsprozeß nicht einbezogen, die Verhornung verläuft normal. Durch die verdünnte Haut schimmern manchmal, besondern deutlich nach Betupfen der Oberfläche mit Olivenöl, die tieferen, mit venösem Blut gefüllten Gefäße. Tele-angiektasien gehören im allgemeinen nicht zum Krankheitsbild. Auch ein lilac-ring wird niemals angetroffen.

Als Prädilektionsstelle gelten die Rückenhaut, ferner Hüften und Gürtellinie, Bauchhaut, Brust und die proximalen Teile der Extremitäten. Das Gesicht bleibt immer frei, auch Hände und Füße werden nur selten befallen (Canizares, 1959: Herde an Zehen und Fingern; Pomposiello, 1954: an den Handrücken). Eine

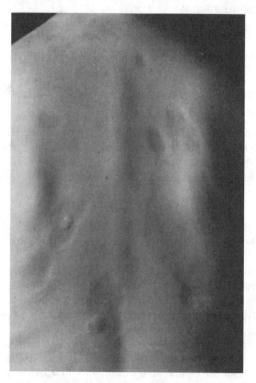

Abb. 21. Atrophodermia idiopathica Pasini-Pierini bei 13jährigem Mädchen

Ausnahme von der Regel, daß das Gesicht immer frei bliebe, zeigt eine Mitteilung von Jankowski (1967), der unter 3 Fällen einmal einen atrophischen Fleck auf der Gesichtshaut beobachtete.

Die Atrophie entwickelt sich unmerklich. Jedenfalls werden Beschwerden nicht angegeben. Nur ein Patient von Canizares (1958) empfand Kribbeln und Wärmegefühl in den Händen. Auf Parästhesien wies Grupper (1959) hin. Ein Patient von Kogoj (1961) klagte anfangs über Juckreiz, eine Patientin von Barker (1960) zusätzlich über Brennen. Bei der Progredienz des Leidens können zu alten Herden neue hinzutreten. Nach Jahren kommt der Prozeß zwar zum Stillstand, doch bilden sich die Veränderungen nicht mehr zurück. Die längste Krankheitsdauer gab Epstein (1958) an (mehr als 65 Jahre bei einer farbigen Frau). Spätere zentrale leichte Sklerosierung in Gestalt weißlicher Flecken be-schrieben Cordero und Noussitou (1946), ferner Canizares u. Mitarb. beim gleichen Patienten. Bemerkenswert ist, daß sich bei einem 22jährigen Patienten von KEE u. Mitarb. (1960) 18 Monate nach Beginn der Affektion außerhalb der Atrophien Morphaea-Herde entwickelten. ZAMBAL (1965) berichtet in einer Diskussionsbemerkung vom gleichzeitigen Auftreten einer Atrophodermia PASINI-PIERINI und Herden einer nicht pigmentierten circumscripten Sklerodermie. Über weitere Begleitkrankheiten s. „Pathogenese".

Auf eine mögliche Keloidbildung machten PIERINI und PIERINI (1952) aufmerksam, doch ist es fraglich, ob in Anbetracht des meist jugendlichen Alters der Patienten diesem Befund eine spezielle Bedeutung zukommt. Ferner wurden hypertrophe Excisionsnarben beobachtet (GARB, 1959; WEINER und GANT, 1959). Letzteren fiel außerdem eine ungewöhnlich intensive Schrumpfung des ausgestanzten Gewebsstückchens bei der Biopsie auf. Der Dermographismus zeigt in den Herden keine Abweichung vom Verhalten der intakten Umgebung (GÖTZ und SCHUPPENER, 1962).

Pathogenese

Die Atrophodermia idiopathica PASINI-PIERINI bietet als Sonderform einer idiopathischen Atrophie keinen sicheren Hinweis auf eine infektiös-toxisch-entzündliche Ursache. Sie tritt im allgemeinen ohne erkennbaren Anlaß bei Jugendlichen auf, die sich in gutem Allgemeinzustand befinden. In der einschlägigen Literatur findet sich zwar eine Reihe von Deutungsmöglichkeiten, ohne daß aber einer von ihnen eine überzeugende Beweiskraft zukäme. So läßt die gelegentlich beobachtete zosteriforme Lokalisation der Herde (PIERINI und VIVOLI, EPSTEIN, 1958; POST, HECKMANN, 1965) an einen ursächlichen nervalen Faktor denken, und aus dem gleichen Grunde vermutet BARKER bei dem Fall von POST eine Naevus-Genese. Von einer naevoiden Fehlbildung sprechen auch KOGOJ sowie EPSTEIN. Familiäres Auftreten beschrieben WEINER und GANT (1959: zwei 17 bzw. 19 Jahre alte Brüder).

PASINI erwog eine infektiöse, d. h. tuberkulöse Ätiologie, und tatsächlich boten einige Patienten von PIERINI entsprechende anamnestische Hinweise. Vier Wochen nach fieberhafter, mit Penicillin behandelter Angina (Fokaltoxikose?) traten die Veränderungen bei einem Patienten von KOGOJ auf. Ob sich hinter dem Krankheitsbild ein allergisches Geschehen verbirgt, ist fraglich, doch beobachteten PIERINI und VIVOLI das Leiden nach einer Serumurticaria. Auch hormonelle Dysfunktionen wurden diskutiert. In einem Fall von CANIZARES bestand ein Diabetes. Stoffwechselanomalien sind nicht auszuschließen, denn bei einer Patientin von JABŁONSKA lagen ein Leberleiden und eine Arteriosklerose vor.

Neben der primären, also idiopathischen Form, sind auch Fälle sekundärer Entwicklung bekannt geworden. PIERINI untersuchte die idiopathische Atrophodermie und ihre möglichen Beziehungen zur circumscripten Sklerodermie. Die Entstehung im Verlauf einer solchen umschriebenen Sklerodermie schilderten GRINSPAN u. Mitarb. (1953), ferner POMPOSIELLO sowie RUPEC (1962), und gleichzeitiges Auftreten gaben GRUPPER (1959) und KEE u. Mitarb. an. RAMOS E SILVA (1966) sah im Gefolge circumscripter Sklerodermieherde typische Läsionen einer Atrophodermia PASINI-PIERINI, aber letztere Affektion auch bei zwei Patienten von Geburt an. Der Autor betrachtet daher einen Teil der in der Literatur publizierten Atrophodermien als „Genodermatose". In anderer Kombination fand sich ein Lichen sclerosus et atrophicans (BORDA, 1962; GROSS, 1958). Nach CANIZARES u. Mitarb. ist die Atrophodermia idiopathica ein Begriff, der nicht nur auf einige bisher nicht klassifizierbare Atrophien anwendbar ist, sondern auch auf die atypische primär-atrophische Sklerodermie. Inwieweit der Fall von KLÜKEN und GEIB (1955) als Atrophodermie einen Morbus sui generis unter dem Bilde einer nichtentzündlichen Panatrophia cutis localisata darstellt und hierher gehört, ist eine noch offene Frage. Kogoj erblickt in der Affektion nicht das Ergebnis eines pathogenetisch einheitlichen Prozesses, so daß die Ätiologie noch als unbekannt bezeichnet werden muß.

Während einige Autoren die Eigenständigkeit der Affektion überhaupt bezweifeln und ihr nur eine atypische Variante der Sklerodermie (schon aufgrund der morphologisch-histologischen Angaben wie feine Fältelung der Herde, neben sehr leichter Atrophie der Herde auch Hyperkeratose, im Corium zahlreiche(!) Kollagenfasern, Atrophie der Hautanhangsgebilde dürfte es sich u. E. bei dem Fall von Elas Sosacamacho und Ruy Pérez-Tomayo (1965) um eine tatsächliche Sklerodermie handeln), zumindest aber enge Verwandtschaft zu ihr, annehmen (u. a. Ellis, 1958; Gross, 1958; Hymann, 1958; Torres, 1958; Garb, 1959; Pascher, 1959; Grupper, 1959; Quiroga und Woscoff, 1961; Brunauer, 1964; Gianotti, 1964; Miller, 1965, der von einer abortiven, d. h. d'emblée-Form einer Morphea spricht), sieht Jabłonska (1961) — nach kritischer Würdigung des Krankheitsverlaufes, des klinischen und des histologischen Bildes — in der Prüfung der Chronaxie eine Möglichkeit, die Atrophodermia idiopathica von der primär-atrophischen Sklerodermie abzugrenzen, da nur bei letzterer pathologisch verlängerte Chronaxie-Werte gemessen wurden. Dieser Unterschied sei u. a. ein Hinweis auf die verschiedene Pathogenese beider Krankheitsbilder. Vor allem spreche das Ergebnis dieser Studien dafür, daß das Nervensystem bei der Atrophodermie nicht in gleicher Weise beteiligt sei wie bei der Sklerodermie. In späteren Untersuchungen zusammen mit Szczepanski (1962) betont die Autorin aber gleichfalls die enge Verwandtschaft zur Sklerodermie, wenn auch bei der Atrophodermie die Chronaxiewerte im ganzen Hautbereich normal blieben. Flegel und Reink (1965) halten indessen eine klare Abgrenzung von der Sklerodermie für gerechtfertigt. Dieser Auffassung schließen sich gleichfalls Salomon und Miličević (1968) an.

Histologie

Die histologischen Veränderungen sind minimal und reichen nicht aus, um die Diagnose unter dem Mikroskop sicher stellen zu können. Die Follikel, Talg- und Schweißdrüsen bleiben erhalten. Entzündliche Veränderungen, auch um die Follikel herum, wurden von Post (1958) gefunden. Geringgradige lympho-histiocytäre perifolliculäre und perivasculäre Infiltrate gab Barker (1960) an. In dem ersten von Pasini beschriebenen Fall betraf die Atrophie ausschließlich das mittlere und tiefere Corium, was in einer deutlichen Verschmälerung des Stratum reticulare zum Ausdruck kam. Die Epidermis und das subcutane Fettgewebe waren nach dem Autor normal, und das Kollagen sowie die Elastica wiesen keine degenerativen Zeichen auf. Auch in 2 von 4 Fällen von Salomon und Miličević (1968) war die Epidermis von normaler Dicke, stellenweise sogar hypertrophisch. Das kollagene Bindegewebe war in 3 Fällen vermehrt. Lediglich in der Gegend der Corium-Verschmälerung schien die Elastica vermehrt zu sein. Von einer Verschmälerung des Coriums sprechen auch Cipollaro, Pierini und Pierini, Pierini und Bosq, Pierini und Basso (1944). Letztere beobachteten gleichfalls keinerlei Elasticaveränderungen. Im Gegensatz hierzu beschrieben Canizares, Weiner und Gant, Kogoj teils Verklumpung, Zeichen amorpher Auflösung, Zerbröckelung vorwiegend im tieferen Corium, teils zeigte sich eine Rarefizierung und eine Aufsplitterung der vorhandenen elastischen Fasern (Jabłonska). Bei der 66jährigen Patientin von Jabłonska ist allerdings das Alter zu berücksichtigen. Wiederholt wurde auf eine geringe Homogenisierung des Bindegewebes hingewiesen (Pierini und Vivoli, 1936; Piraino, 1958; Jabłonska u. a.) bzw. auf leichte Hyalinisierung des Kollagens (Pierini und

PIERINI), was CANIZARES als intrakollagenes Ödem ansieht. Zeichen einer eindeutigen Sklerosierung sind jedoch nicht vorhanden. BARKER spricht von einer
stellenweisen Irregularität der kollagenen Faserstruktur und leichter Basophilie.
Die PAS-Färbung ergibt keine Vermehrung PAS-positiver Substanzen (WEINER
und GANT). Bei der Gomori-Färbung war die Zahl der Reticulumfasern vermindert
(KOGOJ). Schließlich wurde u. a. von CANIZARES und POST ein vermehrter Pigmentgehalt der Basalzellschicht und im Corium verteilte Chromatophoren vermerkt.

Differentialdiagnose

Das klinische Bild ist so charakteristisch, daß die Diagnose in den meisten
Fällen leicht gestellt werden kann. Schwierigkeiten treten erst dann auf, wenn
die Affektion im Spätstadium gelegentlich eine fleckförmige Sklerosierung erkennen läßt (CORDERO und NOUSSITOU, 1946), oder wenn sie gar in Kombination
mit einer Sklerodermia circumscripta oder einem Lichen sclerosus et atrophicans
einhergeht. Inwieweit QUIROGA und WOSCOFF die Atrophodermia idiopathica mit
GOUGEROTS „sclérodermie atypique lilacée non indurée" (1933) berechtigt
identifizieren, ist noch eine offene Frage.

Im französischen Schrifttum (PER, GOUGEROT u. a.) dargestellte Fälle von
primär-atrophischer Sklerodermie (Morphaea plana atrophica, sclérodermie
atrophique de la sclérodermie) seien nach CANIZARES u. Mitarb., JABŁONSKA
sowie auch KOGOJ am besten unter dem Bgriff der idiopathischen Atrophodermie
zu subsummieren.

Eine Anetodermie weist zigarettenpapierartige Fältelbarkeit mit meist hernienartiger Vorwölbung der Epidermis auf, während bei der hier zur Diskussion stehenden Affektion stets nur eine seichte Eindellung ohne extreme Hautverdünnung
vorliegt. Die Elastica ist bei der Anetodermie völlig geschwunden, bei der idiopathischen Atrophodermie aber zumeist intakt, scheinbar vermehrt oder nur
stellenweise geringfügig alteriert. Ohne Kenntnis der Vorgeschichte mag es gelegentlich schwierig sein, das atrophische Endstadium einer Sklerodermia circumscripta abzugrenzen, wobei aber histologisch u. a. kennzeichnend ist, daß die
Hautanhangsgebilde bei dem Morbus Pasini-Pierini erhalten bleiben, nicht aber
bei der Sklerodermie im Spätstadium. Desgleichen würde letztere eine stärkere
Epidermisverschmälerung, Sklerosierung des Kollagens und stärkere Elastica-
schäden aufweisen.

In der Bestimmung der sensiblen Chronaxie an der nicht veränderten Körperhaut sieht JABŁONSKA eine weitere Unterscheidungsmöglichkeit gegenüber der
primär-atrophischen Morphaea: Nur letztere weist pathologisch verlängerte
Werte auf. Gelegentlich wurde bei Falldemonstrationen auch eine Toxikodermie
erwogen. Zu differenzieren sind ferner die Naevi atrophiques d'Hallopeau und die
Atrophies cutanées primitives congénitales. Der von NÖDL (1950) publizierte Fall
einer pseudosklerodermiformen maculösen Atrophie der Unterschenkel mit Mundschleimhautbefall ist nicht mit der Atrophodermia idiopathica zu identifizieren.

Prognose

Es handelt sich um einen progredient verlaufenden Prozeß, der erst nach einer
Reihe von Jahren zum Stillstand kommt, geringe Besserungen zeigen kann,
jedoch nicht verschwindet. Nach heutiger Kenntnis liegt eine benigne Hauterkrankung vor ohne Anhalt für eine Mitbeteiligung innerer Organe oder
Systeme.

Therapie

Bisher hat sich das Leiden therapeutischen Maßnahmen gegenüber nicht als zugänglich erwiesen. Pierini und Vivoli behandelten beispielsweise einen Fall mit Hypophysenextrakten, wodurch eine Hemmung der Progredienz eingetreten sei. Jabłonska gab Vitamin C und Calcium. Eine gewisse, nach 6jähriger Dauer eingetretene Besserung wird von ihr jedoch als spontan entstanden beurteilt.

XI. Hemiatrophia facialis progressiva idiopathica

Das Leiden wurde von Romberg bereits um die Mitte des vorigen Jahrhunderts beschrieben. Nach heutiger Auffassung unterscheiden wir zwei Formen:

1. Hemiatrophia facialis idiopathica,
2. Hemiatrophia facialis als Teilsymptom einer Sklerodermie.

Sicher ist, daß die meisten in der Literatur veröffentlichten Fälle Patienten der Gruppe 2 betreffen, wozu wir auch den Fall von Dawson (1966) hinzuzählen, bei dem sich ein initiales Ödem auf beiden Seiten des Gesichtes entwickelte, nach dessen Abklingen rechts ein Schwund der Subcutis hervortrat. Im vorliegenden Kapitel wollen wir die idiopathische Form abhandeln, also jenen Typ, der nur durch atrophische Vorgänge charakterisiert ist. Nach Zatloukal (1937) dürfen wir von einer Hemiatrophie sprechen, wenn die folgenden drei charakteristischen Merkmale gegeben sind: 1. ein atrophischer Prozeß, der die Weichteile und das Splanchnocranium umfaßt, 2. Betroffensein der gesamten Gesichtshälfte, 3. Asymmetrie des Gesichtes. Die Hemiatrophia facialis wird auch als Trophoneurosis facialis bezeichnet. In diesem Zusammenhang weisen wir auf die im alten Jadassohnschen Handbuch (Bd. VIII/2) von Oppenheim angeführten neurotisch bedingten Atrophien wie „Atrophia striata neurotica" und „glossy skin and fingers" hin, bei denen es aber bisher selten gelungen ist, die Rolle des nervalen Faktors klar zu erfassen. Der Begriff der „neurotischen Atrophie" bleibt daher umstritten.

Klinik

Das Leiden beginnt gewöhnlich in früher Jugend, im allgemeinen im 2. Lebensjahrzehnt. Dabei wird das weibliche Geschlecht offenbar bevorzugt. Im Gegensatz dazu berichtet Glass (1964) über 6 Fälle mit vorwiegender Beteiligung des männlichen Geschlechtes (4 männliche, 2 weibliche), deren Krankheit sämtlich im ersten Lebensjahrzehnt begann, d. h. zwischen dem 2. und 7. Lebensjahr. Vorwiegend im Versorgungsgebiet des Nervus trigeminus kommt es, gelegentlich unter neuralgiformen Schmerzen (Tauber und Goldman, 1939; Franceschetti u. Mitarb., 1953) zu einer Rückbildung nicht nur der Haut, sondern aller darunterliegenden Gewebsschichten. In einigen Fällen bleibt die Epidermis, manchmal auch das Corium, noch eine Zeitlang vom atrophischen Prozeß ausgeschlossen (Fall von Tauber und Goldman, 1939). Das Gesicht zeigt melaninärmere oder gelbbräunliche Flecken, die allmählich zusammenfließen, schließlich aber einem auffallend blassen Hautkolorit weichen. Die Tela subcutanea verliert beträchtlich an Stärke; Muskulatur und Knochen werden dünner. Das Auge sinkt in die Orbita zurück. Es kann zum Bilde des Hornerschen Symptomenkomplexes kommen (Ptosis, Miosis, Enophthalmus). Bemerkenswert sind in weiteren Fällen atrophische Veränderungen an der Uvula oder einer Zungenhälfte (über eine Hemiatrophie der Zunge berichtete Paal, 1932). Ausnahmsweise wurden auch bilaterale Atrophien beobachtet (Archambault und Fromm, 1932; Finesilver und Rosow, 1938). Über dieses seltene Krankheitsbild bei einem 14jährigen Knaben liegt

ferner eine Publikation von STIEFLER (1934) vor. Gleichzeitig bestand übrigens
eine Epilepsie, was mehr beachtet werden sollte, denn auch ein jugendlicher
Patient von BRAGMAN (1935) sowie zwei Kinder von MERRITT u. Mitarb. (1937)
litten an epileptiformen Anfällen.

Bei einer 20jährigen Patientin von BERNSTEIN (1930) hatte sich eine Atrophie
nur des kontralateralen linken Beines entwickelt, und POLLAK (1930) schilderte
eine 37jährige Frau mit einer rechtsseitigen Verdünnung der Haut nur im Bereich
von D_{12} bis L_5. Wir führen diese Beispiele nur an, weil auch hier die Bedeutung
des vegetativen Nervensystems für die Entwicklung der Atrophie von den
Autoren hervorgehoben wurde. Die Hemiatrophia facialis breitet sich im allgemeinen nicht diffus aus, sondern von einer bestimmten Stelle wie Augenhöhle,
Backenknochen, Mundwinkel, Nasenhälfte. Der Verlauf erfolgt teils rasch, teils
protrahiert. Auch kann er aus uns nicht bekannten Gründen in jeder Entwicklungsphase anscheinend zum Stillstand kommen. Die Asymmetrie des Gesichtes
ist das schon von weitem sichtbare Charakteristikum, wobei die Medianlinie meist
streng gewahrt bleibt. Die Vorsprünge der Knochen und Muskulatur verstreichen.
Im Endzustand ist die Haut trocken, verdünnt und nicht adhärent. Wie bei
anderen atrophischen Prozessen scheinen die oberflächlichen Gefäße hindurch,
wodurch sich verständlicherweise die Haut wärmer als die gesunde Umgebung
anfühlt (SALUS, 1930). Nirgends lassen sich Zellinfiltrate, Ödeme oder Verhärtungen (von Sklerodermiefällen abgesehen) tasten. Die Haare der betroffenen Kopf-
hälfte werden heller oder fallen aus. Bisweilen werden die Augenbrauen und Wimpern
gleichfalls in den Krankheitsprozeß einbezogen. Vom Kopf aus kann in manchen
Fällen die Krankheit auf die Schultern und den Brustkorb übergreifen, ja, bei
einigen Patienten wurde sogar die gesamte Körperhälfte erfaßt. Sensibilitäts-
störungen, Schmerzen, Muskelkrämpfe und Durchblutungsanomalien sowie
pathologisches Verhalten der Talgdrüsen- (COTTINI, 1952) und Schweißdrüsensekretion sind beobachtet worden (Anidrosis nach Pilocarpininjektion: SPRINZ,
1932).

Pathogenese

Die Ursache ist nicht bekannt und beschränkt sich auf Hypothesen. In vielen
Fällen entwickelt sich das Leiden, ohne daß überhaupt greifbare Erklärungen gefunden werden. In anderen Casus wirkte ein nachweisliches Trauma auslösend
(VINAR, 1934; EHLERS, 1961). Syringomyelie und Lues wurden als konditionelle
Faktoren angeschuldigt, vor allem von früheren Autoren (s. altes Handbuch,
Bd. VIII/2). Andere Infektionen wie Typhus, Erysipel, Diphtherie, Tuberkulose
sollten gleichfalls bedeutsam sein. Viele Untersucher erblickten in Störungen des
sympathischen Nervensystems bzw. in den vegetativen Zentren des Zwischenhirns
den eigentlichen Beginn des Leidens (BRÜCKNER und OBSTÄNDER, 1932; VINAR,
1934; RAKONITZ, 1935; MONTANARO und PIERINI, 1937; HOLTSCHMIDT, 1954).
JONESCO-SISESTI (1934) ventilierte vier Ursachen der Hemiatrophia facialis:

1. Bei kongenitalen Fällen könnten vegetative Zentren und motorische Bahnen
erkrankt sein.

2. Manche Fälle seien auf Störungen des peripheren Sympathicus zurückzuführen.

3. Es können Schädigungen des zentralen Trigeminusneurons gegeben sein
(Hemiatrophia facialis trigeminalen Ursprungs).

4. Schließlich führte nach eigener Beobachtung eine Schädigung motorischer
Kerne des Hirnstamms gleichfalls zum Bilde der Hemiatrophia facialis.

Andere Forscher glauben eher an eine kongenitale, naevoide Krankheit
(Werdesheim, 1934). Franceschetti und Koenig (1952) denken aufgrund
verschiedener Beobachtungen an eine heredodegenerative Pathogenese, die sich
durch eine relativ schwache Penetranz des abiotrophischen Gens auszeichnen soll.
Auch fehlt es nicht an Stimmen, die in der Hemiatrophie überhaupt nur ein
Symptom der circumscripten Sklerodermie sehen wollen (O'Leary und Nomland,
1930).

Histologie

Die verschiedenen Schichten der Epidermis sind in ihrer Dicke unterschiedlich
stark reduziert, je nach dem Stadium der Krankheit. Im ausgeprägt atrophischen
Zustand ist der Papillarkörper verstrichen. Nach Ehlers (1961) erscheint der
subepidermale Grenzstreifen verbreitert, abschnittsweise homogenisiert. Die
kollagenen Fasern sind unterschiedlich breit, stellenweise hyalinisiert. Teleangiektatisch erweiterte Capillaren finden sich im Stratum reticulare, indessen keine
Hinweise für entzündliche Vorgänge. Die Elastica färbt sich metachromatisch an.
Jabłonska u. Mitarb. (1958) betonen die Atrophie der Cutis und Subcutis ohne
ausgesprochene Sklerose und ohne Atrophie der Hautdrüsen.

Differentialdiagnose

Im Gegensatz zur Sklerodermie, der eine Atrophie folgt, fehlt nach Jabłonska
u. Mitarb. (1958) das Ödem- und Verhärtungsstadium. Primär atrophiert bei der
idiopathischen Form die Subcutis; die Verdünnung der Muskeln und der Haut ist
weit auffallender. Während bei der Sklerodermie die sensible Chronaxie verlängert
ist, bleibt sie bei der Hemiatrophia facialis normal.

Abzugrenzen wäre ferner die Panniculitis non suppurativa, die durch weitgehende Umwandlung der Tela subcutanea manchmal das Bild einer Hemiatrophie nachahmt, sofern sich der Prozeß im Gesicht abspielt. Der andersartige histologische Befund (Haut nicht atrophisch, entzündliches Infiltrat zwischen den
Fettzellen, Schaumzellen) deckt jedoch die Natur der tatsächlich vorliegenden
Krankheit rasch auf. Eine Facialislähmung könnte durch die hervorgerufene
Asymmetrie eine Hemiatrophie vortäuschen.

Es wäre noch die Lipodystrophie anzuführen, die aber zum völligen Verlust
des Fettgewebes führt, wobei im allgemeinen große Körperabschnitte ergriffen
werden. Verwechslungen dürften daher kaum möglich sein.

Therapie

Nicht bewährt hat sich die Auffüllung der atrophischen Gewebsschichten durch
Paraffineinlagerungen. Fetttransplantationen haben gleichfalls versagt (Bøe,
1934). Dieser Autor empfahl von Zeit zu Zeit anzupassende Prothesen für Ober-
und Unterkiefer, die dem Gesicht die alte Form zurückbringen und das Gewebe
zur Regeneration reizen sollen. Inwieweit plastische Operationen den Substanz-
verlust zu decken vermögen, muß von Fall zu Fall durch spezielle Rücksprachen
mit fachkundigen Chirurgen geklärt werden (Zatloukal, 1937). Nach den Erfahrungen von Glass (1964) bietet überhaupt nur eine plastische Operation Aus-
sicht auf Besserung des Erscheinungsbildes. Über ein fast normales Aussehen der
Haut nach $1^1/_2$jähriger Beobachtungszeit berichtete Slesinger (1965), nachdem
die Haut im Bereich einer linksseitigen Hemiatrophie des Gesichtes bei einem
5jährigen Mädchen durch einen Hautlappen vom Bauch ersetzt worden war. Auf
die offenbar wichtige Bedeutung der Unterhaut für die Hauttrophik wird besonders
aufmerksam gemacht.

XII. Kraurosis vulvae et penis, ihre Beziehungen zum Lichen sclerosus et atrophicans

1. Kraurosis vulvae

a) Historische Entwicklung

Im Jahre 1931 wurde OPPENHEIMs Beitrag „Kaurosis vulvae" im Jadassohnschen Handbuch der Haut- und Geschlechtskrankheiten dem Begriff der entzündlichen Atrophien subsummiert. Studiert man zur Klärung dieser Frage die vor und nach 1931 diesbezüglich erschienenen Publikationen, dann begegnet dem Leser eine verwirrende Fülle von Auffassungen (auf die Referate von KORTING und E. GOTTRON (1953), GEHRELS (1953), HAUSER (1958) sei hier verwiesen). Insbesondere aus zwei Gründen vermag aber dieser Tatbestand nicht zu überraschen.

Einmal wird der Begriff „Atrophie" unterschiedlich in der Literatur verwendet, wobei nicht immer deutlich zwischen schlaffer und straffer Atrophie unterschieden wird. HYMAN und FALK (1958) fragen mit Recht, ob man im Hinblick auf die Kraurosis vulvae unter Atrophie etwa nur die Rückbildung der Labien oder des Praeputiums der Klitoris verstehen soll, oder ob dieser Terminus die Rigidität und Stenosierung des Introitus vaginae bedeutet. Oder bezieht sich die „Atrophie" nur auf eine zigarettenpapierartige Verdünnung der gesamten Genitalhaut, ähnlich wie wir das bei der Acrodermatitis chronica atrophicans PICK-HERXHEIMER kennen? Schließlich könnte das Wort „Atrophie" eine Kombination der vorstehend aufgeführten Möglichkeiten beinhalten. Zum anderen ist die statistische Auswertung der in der Literatur im Verlaufe von Jahrzehnten mitgeteilten „Kaurosis vulvae"-Fälle problematisch, weil es bislang keine allgemein anerkannten Kriterien gibt, die eine zweifelsfreie Abgrenzung der einen von der anderen verwandten Affektion im Genitalbereich gestatten.

Nach der Definition, die BREISKY seiner Zeit (1885) von der Kaurosis vulvae gegeben haben soll (s. OPPENHEIM im Jadassohnschen Handbuch, 1931), handelt es sich um eine eigentümliche, allmählich fortschreitende Schrumpfung des äußeren Genitales alter Frauen, die gewöhnlich nach dem Klimakterium einsetzt. Sie führt zum teilweisen oder völligen Schwunde der kleinen Labien, der Klitoris, der großen Labien und zur Stenosierung des Introitus vaginae".

Vergleicht man die Originalarbeit von BREISKY aus dem Jahre 1885 mit der von OPPENHEIM aus dieser Arbeit abgeleiteten Definition, so trifft nicht zu, daß BREISKY die Kraurosis vulvae als eine Genitalerkrankung „alter Frauen, gewöhnlich nach dem Klimakterium einsetzend", dargestellt haben soll. Ganz im Gegenteil handelt es sich bei BREISKY um 12 Patientinnen zwischen dem 19. und dem 50. Lebensjahr, von denen die meisten eher jünger und noch im gebärfähigen Alter waren. Als Sitz der „atrophischen Schrumpfung werden das Vestibulum, die kleinen Labien mit dem frenulum und praeputium clitoridis, die Innenflächen der großen Labien bis an die hintere Commissur und die nächst angrenzende Dammhaut" angegeben. „An den Stellen der stärksten Schrumpfung erscheint die Haut weißlich und trocken, mitunter mit einer dicken, etwas rauhen Epidermis versehen, so nächst der Clitoriseichel, an der Hautplatte zwischen Clitoris und Urethra und nächst dem frenulum labiorum, während die benachbarten herangezogenen Hautpartien glänzend und trocken, blaßrötlich-grau, wohl auch mit verwaschenen weißlichen Flecken besetzt und stellenweise von ektatischen Gefäßästchen gezeichnet sind."

Der Juckreiz war nur bei 4 Patientinnen ausgeprägt, doch machte sich bei allen die Rigidität des Gewebes beim Coitus und bei der Geburt nachteilig bemerkbar. Nachweisliche Entzündungen seien in keinem der 12 Fälle vorausgegangen. Histologisch wurde von Breisky nur ein Fall untersucht (25jährige Patientin). Die Biopsie des Dammes zeigte stellenweise eine Acanthose, jedoch eine in die Tiefe reichende Sklerosierung des Bindegewebes. Nach der beigefügten Zeichnung der Originalarbeit ist unterhalb der Sklerosierung offenbar ein Zellinfiltrat vorhanden.

Spätere Untersucher (z. B. Jayle, 1906) sind der Auffassung, daß Breiskys weißliche Flecke Leukoplakieherde dargestellt haben, die nicht unbedingt dazu gehören, möglicherweise aber einem Teil der Kraurosis vulvae-Fälle vorausgehen, oder aber auch folgen können. Eine reine Form der Kraurosis vulvae wird also anerkannt. Darier (1928) schloß sich der Meinung von Jayle an und gab für den von Breisky geprägten Begriff „Kraurosis vulvae" folgende weit schärfer abgegrenzte Definition: „Der Terminus Kraurosis (Breisky) sollte der progressiven sklerosierenden Atrophie des mucocutanen Gewebes der Vulva vorbehalten bleiben, die langsam zur Stenose der Vaginalöffnung, zum Verlust der kleinen Labien, des Frenulums und der Clitoris führt und eine Abflachung der großen Labien bedingt. Die Schleimhaut der betroffenen Partien ist immer glatt, glänzend und trocken. Die Farbe ist weiß, wachsgelb, rot oder gefleckt. Leukoplakie tritt häufig komplizierend hinzu, was die Gefahr einer Krebsentwicklung heraufbeschwört."

In England waren es besonders Berkeley und Bonney (1909), die sich mit den Beziehungen zwischen der Leukoplakie und der Kraurosis der Vulva auseinandergesetzt haben. Die Autoren trennen die beiden Zustände scharf voneinander ab. Wenn sie besonders auf die Bedeutung der senilen Involution für die Ausbildung der Kraurosis vulvae hinweisen, so deckt sich klinisch deren Auffassung mit jener der zitierten französischen Autoren weitgehend, d. h. also: Anerkennung einer von der Leukoplakie unabhängigen „essentiellen" Kraurosis vulvae.

Der Stand der Forschung bis etwa zum Jahre 1940 läßt sich in kurzen Zügen wie folgt wiedergeben: Eine reine Form der Kraurosis vulvae, sozusagen eine „idiopathische Kraurosis" wird anerkannt. Komplizierend kann eine Leukoplakie hinzutreten, die nicht selten zum Vulvacarcinom führt. Andererseits wurde besonders von einigen französischen Autoren (z. B. Louste, Thibaut und Bidermann, 1924) eine primäre Leukoplakie als Schrittmacher der atrophischen Schrumpfung des Genitale angesehen. Von deutscher Seite glaubten noch jüngst Stoeckel (1947) und auch Gehrels (1953) an eine solche Zusammengehörigkeit (sog. Leukoplakie-Atrophie). Dieser Auffassung möchten wir die Beobachtungen von Taussig (1930) entgegenhalten, der bei 18 von 40 seiner Leukoplakie-Fälle der Vulva keinerlei Schrumpfung der Vulva gesehen hat, was zeigt, daß die Leukoplakie sicher keine conditio sine qua non für atrophische Vorgänge im Genitalbereich darstellt. Wallace (1963) lehnt einen solchen Zusammenhang überhaupt ab.

Montgomery und Hill (1940) führten dann einen neuen Gesichtspunkt in die Diskussion über die Kriterien der Kraurosis vulvae ein (von Montgomery, Concellor und Craig wurde zwar schon 1934 bei Vulvaaffektionen differentialdiagnostisch ein Lichen sclerosus et atrophicans (sprachlich richtig muß es heißen: atrophicans, nicht atrophicus, wie es sich neuerdings vielfach in die Literatur eingeschlichen hat) erwähnt, indessen nicht näher diskutiert). Diese amerikanischen Autoren hatten das Krankheitsbild des Lichen sclerosus et atrophicans bearbeitet und waren zu interessanten Feststellungen gekommen. Anhand der Befunde von 46 Fällen wurde der Lichen sclerosus et atrophicans als eine eigene Krankheit anerkannt, die keine Beziehungen zur Morphaea guttata oder zum Lichen ruber planus erkennen ließ (weitere Literaturhinweise s. Thies des folgenden

Bandes), doch fiel klinisch die ungewöhnliche Beteiligung der Vulva auf: von den 38 Frauen (Durchschnittsalter 50 Jahre) zeigten 20 gleichzeitig Lichen sclerosus et atrophicans-Herde am Körper und an der Vulva, 6 Patientinnen nur in der Genitoanalregion. Zudem stellten Montgomery und Hill fest, daß die histologischen Veränderungen beim Lichen sclerosus et atrophicans und bei der Kraurosis vulvae sehr ähnlich seien.

Offenbar wurde in den folgenden Jahren diesen Beobachtungen keine starke Beachtung geschenkt, mit Ausnahme in einer weiteren amerikanischen Arbeit von Wallace und Nomland (1948) (17 Fälle). Lutz (1946), ferner Gonin (1945), auch Miescher (1935, 1948) setzten sich zwar mit der Zugehörigkeit des Lichen sclerosus et atrophicans zu einer bestimmten Krankheitsgruppe auseinander, gingen jedoch nicht auf die Frage der Beziehungen zur Kraurosis vulvae ein. Gelegentliche Fallvorstellungen über Schrumpfungsvorgänge mit und ohne weißliche Flecken am weiblichen Genitale erfolgten unter der Diagnose ,,Kraurosis vulvae", ohne daß nähere Klärung möglich schien. Erst 1951 waren es einerseits Laymon, der aufgrund persönlicher Erfahrungen betonte, wie schwer die Abgrenzung der ,,idiopathischen" Kraurosis vulvae von dem nur auf die Vulva beschränkten Lichen sclerosus et atrophicans allein anhand histologischer Kriterien sei, andererseits insbesondere Wallace und Whimster (1951), die in einer gründlichen klinischen und histologischen Studie an über 100 Patienten erneut der Frage nach den Beziehungen zwischen Atrophie und weißlichen Fleckbildungen an der Vulva nachgingen. Sie grenzten vier Krankheitsbilder gegeneinander ab: 1. eine primäre Atrophie der Vulva (entspricht der idiopathischen oder essentiellen Kraurosis vulvae), 2. Lichen sclerosus et atrophicans, 3. Leukoplakie und 4. senile Genitalatrophie.

Es ist bemerkenswert, daß bei den jüngsten Untersuchungen über Schrumpfungsvorgänge am Genitale eine weitere Tendenz zur Vereinfachung erkennbar wurde. Die Existenz des von Breisky geschaffenen, von Jayle-Darier aber präzisierten Begriffes der Kraurosis vulvae, d. h. der reinen oder idiopathischen Form, wurde verneint und alle diesbezüglichen Symptome wurden dem Lichen sclerosus et atrophicans zugeschrieben. Anhand des Literaturstudiums und der Untersuchungsbefunde an 22 Patientinnen mit Lichen sclerosus et atrophicans zieht Oberfield (1961) so den Schluß, daß die Kraurosis vulvae nur ein klinischer Begriff sei und nichts anderes beinhalte als die Schrumpfung der Vulva bei Frauen im Postmenstruum. Was bisher in der Literatur als Kraurosis vulvae beschrieben wurde, sei in Wirklichkeit ein Lichen sclerosus et atrophicans der Vulva gewesen.

In der Tat ist die Möglichkeit nicht gänzlich abwegig, wenn man die Originaldarstellung von Breisky liest (Patientinnen jüngeren bis mittleren Lebensalters betroffen, u. a. hintere Commissur und angrenzender Damm ergriffen, Haut weißlich, verdickt, rauh), anzunehmen, der Autor habe 1885 in Wirklichkeit auch Lichen sclerosus et atrophicans-Fälle beobachtet. Weder Jayle (1906) noch später Darier (1928), die eher an eine verkannte Leukoplakie dachten, haben damals das Vorliegen eines Lichen sclerosus et atrophicans an der Vulva überhaupt erwogen, obwohl er schon — allerdings als zum Lichen ruber planus gehörig — bekannt war.

Aufgrund unserer eigenen Beobachtungen pflichten wir Oberfield bei, daß sehr wahrscheinlich viele bisherige Publikationen über eine Kraurosis vulvae in Wirklichkeit auf den Genitoanalbereich beschränkte Lichen sclerosus et atrophicans-Fälle darstellten, wobei wir aber die Existenz einer reinen, also idiopathischen Kraurosis vulvae noch nicht verneinen können. Unwahrscheinlich dünkt uns, wie Streitmann (1954) vermutet, daß diese Krankheit in Amerika häufiger zur Beobachtung gelangen sollte als in Europa. Die Befunde einer typischen, uns als „Kraurosis vulvae" überwiesenen Patientin seien hier wiedergegeben:

Fall. Unverheiratete, 67jährige Patientin. Keine ernsteren Krankheiten durchgemacht, stets regelmäßige Menses gehabt. Menopause im 44. Lebensjahr. 1 Jahr später beginnender Juckreiz am Genitale, immer nur nachts mit zunehmendem Alter stärker werdend. Der Patientin selbst fiel die allmählich sich entwickelnde Starrheit des Gewebes auf. *Befund:* Die gesamte Körperhaut ist frei von krankhaften Veränderungen. Die kleinen Labien sind fast völlig verschwunden, ihre äußere Begrenzung gegenüber den großen Labien durch eine feine Furche abgegrenzt. Die Haut der kleinen und großen Labien, insbesondere der Clitoris sowie des stark geschrumpften Frenulums, ist weißlich verfärbt, trocken, gefältelt, unelastisch, stellenweise mehr hyperkeratotisch. Der Scheideneingang ist bis auf 1 Fingerdurchmesser

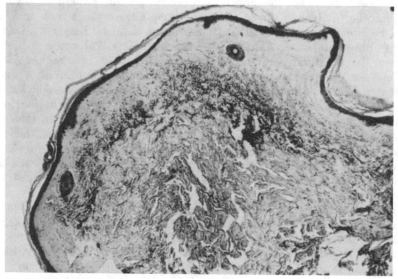

Abb. 22. Lichen sclerosus et atrophicans der Vulva. Typischer histologischer Befund (s. Text)

verengt. Die juckenden Veränderungen schieben sich in Richtung der hinteren Commissur vor. Am Anus weißliche Verfärbung und beginnende Atrophie am Rande. Vereinzelte Excoriationen und Erosionen in der vorderen Hälfte der Vulva.

Histiologie (Abb. 22). Biopsie aus dem rechten Labium. Mäßige Hyperkeratose, Atrophie des Stratum corneum, die Reteleisten sind verstrichen, so daß die untere Epidermis gegen das Corium nur noch eine leicht gewellte Linie zeigt. Im oberen Corium findet sich ein subepidermales, homogenisiertes, kernarmes Kollagen sowie unterhalb davon ein mäßiges, entzündliches Rundzellinfiltrat. Die Elastica ist bis auf geringfügige Reste geschwunden.

Diagnose. Lichen sclerosus et atrophicans der Vulva.

b) Lichen sclerosus et atrophicans

Der Lichen sclerosus et atrophicans wurde zuerst als Lichen plan scléreux von Hallopeau im Jahre 1889 publiziert, von Darier (1892) histologisch beschrieben (s. die ältere Literatur in Oppenheims Beitrag im Jadassohnschen Handbuch, Bd. VIII/2 — 1931). Kindler (1953) macht auf die Literaturübersicht der klassischen Arbeit von Montgomery und Hill sowie auf die schon 1936 erschienene Arbeit von Miescher über die „Weißfleckenkrankheit" (s. Thies des folgenden Bandes) aufmerksam. Drei Anschauungen über die mögliche Zugehörigkeit dieses Leidens zu anderen Krankheitsbildern standen sich gegenüber: 1. Es liegt eine Variante des Lichen ruber planus vor. 2. Es handelt sich um eine kleinfleckige Variante der Sklerodermie. 3. Die Affektion stellt einen Morbus sui generis dar.

Tabelle 1. *Vergleich der Befunde bei Lichen sclerosus et atrophicans und bei Sklerodermia circumscripta nach* STEIGLEDER *und* RAAB

Lokalisation	Lichen sclerosus et atrophicans	Sklerodermia circumscripta
Epidermis:	Atrophisch, Verhornung gestört, im Frühstadium acanthotisch	Weniger atrophisch, eher gedehnt
Basalmembran	In Fasern und PAS-positives Material gespalten, gekräuselt, aufgesplittert, im Endstadium z. T. fehlend	Im allgemeinen normal
Corium:		
1. Oberer Anteil	Charakteristisch verändert	Erst im späteren Stadium betroffen, gleiche Veränderungen wie in den anderen Coriumschichten oder schwächer ausgebildet
Hale-positives und Alcianblaues Material	Nur leicht gefärbt, relativ vermehrt	Im frischen Herd vermehrt, in alten vermindert
PAS-positives Material	Bei Pseudosklerose vermindert	Im Kollagenbündel vermehrt
Reticulumfasern	Degeneriert, keine Einzelfasern bei Pseudosklerose	Zahl vermehrt
Kollagene Fasern	Wie bei den Reticulumfasern	Dicker als normal, sklerosiert
Elastische Fasern	Durch Ödem zur Seite gedrängt; Zerstört bei Pseudosklerose	Vorwiegend normal
Röntgenstrahlenabsorption	Herabgesetzt	Erhöht oder nicht vermindert
2. Mittlerer Anteil	Betontes schalenartiges Infiltrat um Pseudosklerose	In gleicher Weise betroffen wie andere Schichten des Coriums, früheste Veränderungen
3. Tieferer Anteil	Gelegentlich mitbetroffen, wenn oberes Corium verändert	Immer ausgeprägte Veränderungen vorhanden
Blutgefäße	Normal	Pathologische Veränderungen nachweisbar
Infiltrate	Fehlen	Vorhanden
Epitheliale Anhangsgebilde:		
1. Haarfollikel	Nachweisbar, follikuläre Hyperkeratose und Hornpfropfbildung	Atrophisch, zugrunde gegangen
2. Ekkrine Schweißdrüsen	Erhalten	Von sklerosiertem Kollagen umgeben, oft atrophisch

Nach Kenntnis der Literatur (s. dazu weitere Angaben bei FLEGEL, 1958; STEIGLEDER und RAAB, 1961) läßt sich feststellen, daß die überwiegende Mehrzahl aller Dermatologen des In- und Auslandes heute den Lichen sclerosus et atrophicans als eigenes Krankheitsbild anerkennt.

Bei Frauen soll die Affektion 5mal (nach BARKER und GROSS, 1962, 6mal) häufiger beobachtet werden als bei männlichen Patienten (MONTGOMERY und HILL), und OBERFIELD sah unter 23 Kranken überhaupt nur einen Mann. Allerdings kann das Leiden bei Mädchen vor der Pubertät wohl keineswegs als so selten bezeichnet werden, wie ursprünglich angenommen, denn LAYMON (1945) sah

3 Mädchen unter 6 Jahren, Kindler (1953) in einem verhältnismäßig kurzen Zeitraum 8 (6 davon mit Genitoanalveränderungen), Crissey, Osborne und Jordon (1955) publizierten 3 die Vulva betreffende weitere Fälle, denen 5 von Oberfield und ein 7jähriges Mädchen von Hauser (1958) hinzugefügt seien. Weitere Beobachtungen finden sich verstreut, z. T. auch in der gynäkologischen und pädiatrischen Literatur, so bei Lawrence (1955; 4 Jahre altes Mädchen), Ditkowsky, Falk, Baker und Schaffner (1956; 8 Jahre altes Mädchen), Svendsen (1954; 4 Jahre altes Mädchen). Bei 5 von Barclay, Macey und Reed (1966) zitierten Fällen handelt es sich um Negermädchen zwischen 4 bis zu 13 Jahren. Allerdings kann bei einem Teil dieser Patientinnen nicht mehr von präpubertalen Veränderungen gesprochen werden, zumal sich im allgemeinen farbige Mädchen durch frühere Menarche auszeichnen als weiße. Hochleitners Patientin (1966) war 24 Jahre alt, doch sollen sich erstmalige Veränderungen eines Lichen sclerosus et atrophicans schon mit dem 10. Lebensjahr am Körper gezeigt haben. Erst 9 Jahre später sei die Ano-Genitalregion ergriffen worden. Einen Überblick über die bei Kindern bis 1957 beobachteten Lichen sclerosus et atrophicans-Fälle gaben Chernosky, Derbes und Burks (1957). Zwei weitere Beschreibungen bei kleinen Mädchen wurden jüngst von Aaronson u. Mitarb. (1962) durchgeführt. Bei den weiblichen Fällen von Montgomery und Hill ergab sich ein Durchschnittsalter von 50 Jahren, Kindler errechnete anhand von 51 weiteren Literaturfällen 45 Jahre, und bei Oberfield ergab sich bei 20 Patienten ein solches von 40 Jahren. Verständlicherweise liegt das Durchschnittsalter höher, wenn die präpubertalen Kinder unberücksichtigt bleiben (so 54 Jahre bei Oberfield).

Die Ätiologie ist unbekannt. Hinsichtlich der Pathogenese ist gegen die Zugehörigkeit zum atrophischen Lichen ruber vor allem die schon frühzeitige Rarefizierung der Elastica neben dem andersartigen Verhalten des Rete Malpighii anzuführen. Durch Anwendung moderner histologischer und histochemischer Verfahren haben Steigleder und Raab jüngst demonstriert, daß der Lichen sclerosus et atrophicans auch nicht dem Formenkreis der Sklerodermie zugerechnet werden kann. Die Tabelle 1 gibt einen Vergleich ihrer Befunde bei Lichen sclerosus et atrophicans und bei circumscripter Sklerodermie wieder.

Klinik

Die ziemlich charakteristischen Herde werden nach unseren Erfahrungen häufiger am Körper als nur an der Vulva (oder am Penis) beobachtet. Nach Haustein und Sönnichsen (1968) zeichnen sie sich durch eine Verlängerung der Chronaxiewerte aus, verglichen mit der gesunden Haut. Der Primärherd ist eine flache, elfenbeinfarbene Papel, die bei multiplem Auftreten und Confluens allmählich einen größeren Herd entstehen läßt. Drückt man diesen mit den Fingern seitlich zusammen, wird nach Involution der primären Efflorescenzen eine feine Fältelung sichtbar, die aber bisweilen auch schon spontan zu beobachten ist. Als charakteristisch gelten ferner kleine follikuläre Hornpfröpfe, die manchmal der Gesamtläsion einen schmutzig-grauen Farbton verleihen oder aber auch stecknadelkopfgroße Dellungen hinterlassen. Als Prädilektionsstellen gelten der Hals, die Regionen über den Schlüsselbeinen, zwischen und unter den Brüsten sowie die Beugeseiten der Unterarme. Letztlich können die Veränderungen aber an jeder Körperstelle auftreten (s. Thies des folgenden Bandes).

An der Vulva greift der Prozeß in der Mehrzahl der Fälle auf die umgebende Haut bis zum Damm und After (Abb. 23 und 24) oder zu den Oberschenkeln über, kann aber — meist anfänglich nur — auf das Genitale beschränkt bleiben (in

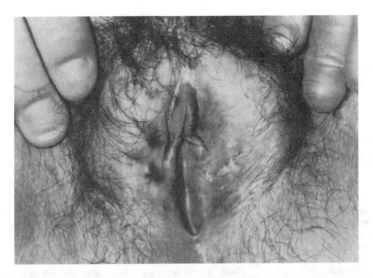

Abb. 23. Lichen sclerosus et atrophicans der Vulva (Körperherde vorhanden)

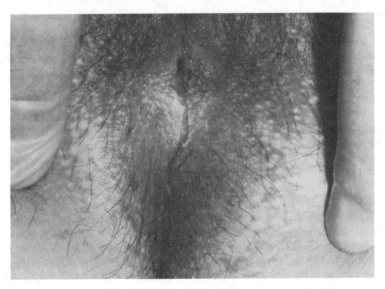

Abb. 24. Lichen sclerosus et atrophicans der Vulva. Mitbeteiligung der Perianalregion und des Dammes

9 von 40 Fällen von SUURMOND, 1964). Die Haut ist dünn und zeigt zigaretten-papierartige Fältelung. Die am Körper charakteristischen weißlichen Papeln mit Hornpfröpfen sind am Genitale viel weniger deutlich ausgeprägt, sondern eher besteht eine Tendenz zur Koaleszenz der Plaques. Einzelefflorescenzen sind in der Peripherie zu suchen und bisweilen markanter. Die Stenosierung des Introitus vaginae ist weniger ausgeprägt als bei der essentiellen Kraurosis vulvae. Subjektive Symptome sind Juckreiz, bei stärkerer Schrumpfung der Vulva Dyspareunie.

Histologie

Das histologische Bild ist recht charakteristisch. Die Epidermis zeigt eine Hyperkeratose, obwohl das Rete Malpighii verdünnt ist und die Retezapfen

Tabelle 2. *Differentialdiagnostische Erwägungen*

Diagnose	Einfluß des Alters	Lokalisation
I. Lichen sclerosus et atrophicans	Jedes Lebensalter betroffen, jedoch seltener zwischen Menarche und Menopause	Vulva fast nie isoliert, sondern auch Umgebung ergriffen. Oft Körperherde vorhanden
II. Essentielle Kraurosis vulvae	Vorwiegend nach dem Klimakterium oder im Kindesalter	Gesamte Vulva betroffen, Stenosierung ausgeprägter als bei I
III. Leukoplakie der Vulva (als Ursache einer Genitalatrophie umstritten)	Vorwiegend höheres Lebensalter	Nur Schleimhaut und Übergangsepithel ergriffen (Cave Lichenifizierung der Umgebung)
IV. Senile Atrophie	Nach der Menopause	Vulva und Umgebung gleichzeitig betroffen

verstreichen. Die Follikelostien weisen aber Erweiterungen auf, angefüllt mit Hornpfröpfen. Die Basalmembran wird schwer geschädigt (Steigleder und Raab), was zur Lockerung der Kontinuität der Epidermis-Coriumgrenze führt und Blasenbildungen provoziert. Während die Elastica schwindet, vermindern sich die kollagenen Fasern, die subepidermal kernarm, homogenisiert und ödematös werden. Unterhalb dieses veränderten subepidermalen Bindegewebsstreifens liegt ein entzündliches Zellinfiltrat, vorwiegend aus Lymphocyten und Histiocyten (am Genitale noch aus Plasmazellen) bestehend. Auf elektronenmikroskopische Untersuchungen der Haut beim Lichen sclerosus et atrophicans von Forssmann, Holzmann und Cabré (1964) sei hier nur hingewiesen.

Prognose und Therapie

Die Ätiologie ist unbekannt. Auch gibt es keine zuverlässige Therapie. Weder Antibiotica, noch Hormone oder Vitamine haben das Bild ändern können. Besonders bei jugendlichen weiblichen Individuen besteht aber eine Tendenz zur Rückbildung. Corticosteroide haben sich hierbei als nützlich erwiesen (Ditkowski u. Mitarb.), besonders Corticosteroidsalben gegen den Juckreiz. Während Wallace und Whimster, vor allem aber ersterer, die Auffassung vertreten, daß sich in einem hohen Prozentsatz zum Lichen sclerosus et atrophicans eine Leukoplakie der Vulva hinzugesellt, scheint nach den übrigen Autoren eine solche Entwicklung seltener einzutreten. Die Gefahr der Malignität besteht beim Lichen sclerosus et atrophicans primär kaum, doch sind vereinzelte Fälle bekannt geworden. Eine sekundäre Leukoplakie kann natürlich später carcinomatös entarten (Höfs, 1964).

Das skizzierte Bild des Lichen sclerosus et atrophicans muß nun gegen die folgenden in der Tabelle 2 dargestellten Krankheiten abgegrenzt werden.

c) Essentielle Kraurosis vulvae

Schwer zu beurteilen ist vor allem die Frage, inwieweit sich unter dem Bilde eines isolierten Lichen sclerosus et atrophicans der Vulva eine „essentielle *bei Genitalstenosen des Weibes*

Farbe, Konsistenz	Histologie	Gefahr der Malignität	Komplikationen
Elfenbeinfarbene, seltener bläulich-weiße, hyper- keratotische Papeln und Plaques. Hornpfröpfe am Genitale selten. Meist straffe Atrophie	Im frühen Stadium erkenn- bar, später identisch mit essentieller Kraurosis vulvae	Primär gering	Leukoplakie, Carcinom
Gesprenkelt, weiß, wachs- farben oder gerötet, mehr flächenhafte Ausbreitung, straffe Atrophie	Im frühen Stadium erkenn- bar, später identisch mit Lichen sclerosus et atrophicans	Nein	Leukoplakie, Carcinom
Bläulich-weiß, scharfer oder verwaschener Rand, derb	Typisch im hyper- plastischen Stadium	Ja, im all- gemeinen aber über- schätzt	Carcinom
Hyperpigmentiert, gleich- mäßig weich, schlaffe Atrophie	Verdünnung aller Gewebs- schichten	Nein	./.

Kraurosis vulvae" verbirgt (primäre Atrophie der Vulva von WALLACE und WHIMSTER). Die Ätiologie dieses Leidens steht wahrscheinlich mit hormonalen Einflüssen in Verbindung, denn betroffen sind vor allem Frauen jenseits des Klimakteriums, möglicherweise aber auch Mädchen vor der Pubertät. Auch auf die älteren Hypothesen bei OPPENHEIM im alten Jadassohnschen Handbuch sei verwiesen. Nach unserer heutigen Kenntnis müssen wir die essentielle Kraurosis vulvae sicher als selten bezeichnen, verglichen mit der Frequenz des Lichen sclerosus et atrophicans. Die Gefahr einer carcinomatösen Entartung ist eher gering, wie HADIDA, COULIER, SAYAG und TASSO (1963) formulierten.

Klinik

Die subjektiven Beschwerden sind gering (Juckreiz oder Schmerzen beim Coitus oder auch Urinieren), im allgemeinen sehr wechselhaft. Hier liegt ein essentieller atrophischer Prozeß vor, der immer mit entzündlichen Veränderungen einhergeht, seien diese nun unbekannter primärer oder bekannter sekundärer Natur (WALLACE und WHIMSTER). Klinisch handelt es sich um das Bild einer Schrumpfung der Vulva mit gesprenkelter, weißlich oder rötlich verfärbter Haut in flächenhafter Anordnung (Abb. 25). Nach MONTGOMERY und HILL soll diese Form der „essentiellen" Kraurosis vulvae vorwiegend durch den makroskopischen Befund von dem Lichen sclerosus et atrophicans abzugrenzen sein: 1. Die Außen- seiten der großen Labien werden nicht in den Krankheitsprozeß einbezogen, im Gegensatz zum Lichen sclerosus et atrophicans. 2. Die verdünnte Haut geht all- mählich in die gesunde Haut über; beim Lichen sclerosus et atrophicans finden sich hingegen in der Peripherie Effloreszenzen. 3. Kein Übergreifen der „essen- tiellen" Kraurosis vulvae auf den Damm oder die Oberschenkel. 4. Stenosierung des Vaginaleinganges bei der „essentiellen"Kraurosis vulvae sei immer vorhanden. SUURMOND (1964), der 55 Fälle eines Lichen sclerosus et atrophicans der Vulva untersuchte, hält allerdings die geschilderten klinischen Unterscheidungsmerkmale für unzuverlässig.

Sicher läßt sich die Beobachtung nicht verallgemeinern, daß der Lichen sclerosus et atrophicans der Vulva nicht jucke, im Gegensatz zur essentiellen Kraurosis vulvae. Auch unsere eigenen Lichen sclerosus et atrophians-Patienten klagten über Juckreiz. Die Histologie vermag nach Wallace und Whimster nur im Anfangsstadium im Sinne der essentiellen Kraurosis vulvae zu sprechen (Clark [1957] kommt anhand von 147 Fällen allerdings zu dem Schluß, auch histologisch lasse sich von Anfang an die Kraurosis vulvae nicht von dem Lichen sclerosus et atrophicans trennen, seien also identisch).

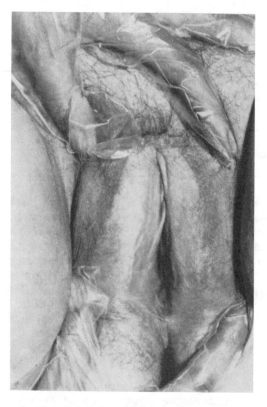

Abb. 25. Essentielle Kraurosis vulvae (kein weiterer klinischer Anhalt für Lichen sclerosus et atrophicans)

Histologie

Die Epidermis ist mehr oder weniger verdünnt, ihr unterer Rand abgeflacht. Die Neigung zur Verhornung ist vermindert oder normal. Im oberen Corium findet sich ein Ödem, die elastischen Fasern sind rarefiziert oder fehlen, das Kollagen hingegen noch nicht homogenisiert. Direkt unterhalb der Epidermis findet sich ein chronisch-entzündliches Zellinfiltrat, das bisweilen eine Anordnung wie bei der Bildung von Lymphfollikeln zeigt. Der Auffassung von Montgomery und Hill sowie einiger anderer Autoren, daß sich nur bei der „essentiellen" Kraurosis vulvae in der Tiefe stärkere Gefäßveränderungen zeigen, wurde lebhaft widersprochen (Hyman und Falk). Im späteren Stadium verschwindet schließlich das subcutane Fett (besonders das der Labia majora), die Epidermisanhangsgebilde wie auch die Nervenendbahnen schwinden. Das Endstadium ist von jenem des Lichen sclerosus et atrophicans der Vulva nicht mehr zu unterscheiden.

Prognose und Therapie

Eine wirksame Therapie ist nicht bekannt. Bei sehr starkem Juckreiz ist bisweilen eine Vulvektomie durchgeführt worden, doch ist diese etwa wegen der Gefahr der Malignität nicht erforderlich, da die Prognose quoad vitam als gut zu bezeichnen ist. Nur wenn leukoplakische Veränderungen hinzutreten, ist bei drohender carcinomatöser Entartung eine solch eingreifende Operation indiziert.

Die Röntgenstrahlentherapie hat die ursprünglichen Erwartungen nicht erfüllt, da früher oder später der gefürchtete Juckreiz wieder einsetzt. KNIERER (1954) empfahl Atebrin (später auch Resochin) mit gutem Resultat. Wir selbst versuchen, bei Vulvaatrophien — gleich welcher Genese — durch Ovestin (täglich 1 Injektion i.m.) und Resochin (2—3mal täglich 0,25 g oral) sowie lokal Corticosteroidsalben Besserung zu erzielen, teilweise aber nur mit vorübergehendem Erfolg.

d) Leukoplakie der Vulva

Klinik

Die Leukoplakie ist eine Affektion der Schleimhaut. Durch fortgesetzte bekannte oder unbekannte Irritationen (denken wir an die Leukoplakie des Pfeifenrauchers) bilden sich bei disponierten Individuen dicke weiße bis bläulich-weiße Plaques, deren Ränder scharf oder verwaschen sind. Die Veränderungen sind in der älteren Literatur vielfach als „leukoplakische Vulvitis" bezeichnet worden. Der Juckreiz ist meist ausgeprägt, unterliegt jedoch Schwankungen, mit oder ohne Therapie (WALLACE und WHIMSTER). Echte Herde bilden sich auf der Schleimhaut oder Übergangshaut, jedoch nicht in der Umgebung. In letzterem Falle liegt vielmehr, durch den Juckreiz bedingt, eine Lichenifizierung vor. Die Leukoplakie kann sekundär der „essentiellen" Kraurosis vulvae oder dem Lichen sclerosus et atrophicans folgen, kann aber auch selbständig und unabhängig von diesen beiden Krankheiten auftreten. Das höhere Lebensalter ist sicher bevorzugt.

Histologie

Sofern nur ein lichenifiziertes Areal vorliegt, bietet sich das Bild der chronischen Dermatitis (stellenweise Parakeratose, Granulosis, Akanthose, also stark ausgebildete Reteleisten). Das Stratum basale ist unverändert, darunter ein entzündliches Rundzellinfiltrat (Lymphocyten, auch einige Plasmazellen sind nicht ungewöhnlich). Als Kriterien der Leukoplakie haben WALLACE und WHIMSTER nur Biopsien verwendet, die sie aus der Nähe carcinomatös veränderten Gewebes entnahmen, doch ziehen andere Autoren davon abweichende Merkmale heran (so z. B. GANS und STEIGLEDER, 1955). Es zeigte sich bei geringer bis mäßiger Hyperplasie der Epidermis eine große Unregelmäßigkeit der Begrenzung gegen das Corium sowie eine mächtige Hyperkeratose. Im allgemeinen ist aber eine Akanthose nur mäßig ausgebildet. Solange keine maligne Umwandlung erfolgt, bieten die Zellen des Rete Malpighii ein normales Aussehen, im Gegensatz zum Lichen sclerosus et atrophicans, dessen Stratum basale eine Verflüssigungsdegeneration zeigt (LEVER, 1961). Im Stratum papillare ist ein wechselnd starkes, chronisch entzündliches Zellinfiltrat anzutreffen.

e) Zur Frage der Malignität leukoplakischer Veränderungen bei der Kraurosis vulvae

Bei der Leukoplakie liegt eine prämaligne Veränderung vor, weshalb die Umwandlung in ein Carcinom möglich ist. Anhaltender Juckreiz mit Excoriationen, Erosionen, Ulcera sind Warnungssymptome, die eine Biopsie angezeigt erscheinen lassen. Im Zusammenhang mit der Kraurosis vulvae erscheint die Frage nach der Häufigkeit eventueller maligner Umwandlung sekundärer leukoplakischer Veränderungen wichtig zu sein. Laufende Beobachtung des Falles ist zwar geboten, doch dürfte nach neuerer Auffassung keineswegs jede dieser Komplikationen entarten. Taussig untersuchte 79 Fälle einer Leukoplakie der Vulva (40 reine Formen, 39 Kombinationen von Carcinom mit Leukoplakie) histologisch und folgerte aus diesen Beobachtungen, daß sich in etwa 50% aller Vulvaleukoplakien ein bösartiges Wachstum entwickele. Parks (1957) führte Werte zwischen 12 bis 50% an, und Langley u. Mitarb. (1951) errechneten 24%. An diesem hohen Prozentsatz einer wahrscheinlichen Krebsentwicklung aus Leukoplakien übt Oberfeld Kritik. Dem Sinne nach bringt dieser Autor zum Ausdruck, daß der gleichzeitige Nachweis leukoplakischer Veränderungen der Vulva bei vorliegendem Carcinom noch nicht unbedingt den Schluß zuläßt, die bösartige Geschwulst habe sich aus der Leukoplakie entwickelt. Vielmehr übe ein Carcinom einen starken örtlichen Reiz aus, der sekundär in der Umgebung eines Carcinoms wiederum eine Leukoplakie hervorrufen könne. Daß nämlich auch andere Resultate erhalten werden, zeigen die Untersuchungen von McAdams und Kistner (1958). Diese Autoren haben 20 Patienten mit reinen Leukoplakien der Vulva zwischen 3 bis 25 Jahren nachbeobachtet und nur in 2 Fällen tatsächlich die Entwicklung eines Carcinoms erlebt. Das würde eine Carcinomhäufigkeit bei Leukoplakie der Vulva von nur 10% bedeuten. Auch uns scheint, daß nur dieser Weg — nämlich die langjährige Weiterbeobachtung im Frühstadium diagnostizierter leukoplakischer Veränderungen an der Vulva (oder am Penis) mit oder ohne Schrumpfung — wirklich Aufschluß über die Neigung zur carcinomatösen Umwandlung gibt. Unter Hinweis auf 18% Malignität bei den Leukokeratosis-Kraurosis-Penis-Fällen von Genner und Nielsen (1931) führt Gottron (1954) an, daß nach seinen eigenen Beobachtungen die Carcinomhäufigkeit weit niedriger liege. Einige Jahre später (1960) betonen Gottron und Nikolowski den mitgestaltenden Faktor mesenchymaler Veränderungen bei der Carcinogenese. Interessant ist, daß Suurmond (1964) niemals Leukokeratosen oder Leukoplakien im Anogenitalbereich ohne gleichzeitiges Vorliegen eines Lichen sclerosus et atrophicans fand. Eine „primäre" Leukoplakie nach Untersuchung von 55 Frauen mit „LSA" habe er nie aufgedeckt.

f) Atrophia vulvae senilis

Von den geschilderten straffen Schrumpfungsprozessen am Genitale muß letztlich noch abgegrenzt werden die „senile Genitalatrophie". Wir finden sie nur bei Frauen nach der Menopause. Die subjektiven Symptome werden im allgemeinen nicht als bedeutsam angesehen. Klinisch bietet sich eine in allen Teilen gleichmäßig geschrumpfte Vulva. Die Haut ist nicht sklerosiert und zeigt auch keine weißen flächenhaften Verfärbungen. Histologisch liegt eine Verdünnung aller Gewebsschichten vor ohne Neigung zur malignen Entartung. Die senile Genitalatrophie wird nach Wallace und Whimster bei etwa 5% alter Frauen gefunden. Die Kenntnis dieses Bildes ist wichtig, da es bisweilen mit der „essentiellen" Krausosis vulvae verwechselt und hinsichtlich der Prognose wegen der größeren Neigung zur Leukoplakie bei letzterer fehlbeurteilt wird.

g) Folgerungen

Abschließend ergibt sich, daß die Diagnose „Kraurosis vulvae" in der Vergangenheit in mannigfaltiger Interpretation angewandt worden ist. Um zu einem besseren Verständnis in der Beurteilung von Schrumpfungsvorgängen am Genitale mit und ohne Kombination weißlicher Verfärbungen zu kommen, bedarf es einer exakten Analyse aller klinischen und histologischen Befunde (wobei der Wert der genauen Lokalisation einer Biopsie nicht genug betont werden kann), vor allem aber der langjährigen Nachbeobachtung reiner Fälle. Nur auf diese Weise scheint es uns möglich, noch umstrittene Probleme wie die der Existenz einer „idiopathischen" Kraurosis vulvae, oder deren völlige Identität mit dem Lichen sclerosus et atrophicans (die Neigung hierzu ist vor allem bei den amerikanischen Untersuchern sehr groß), die Frage der tatsächlichen Häufigkeit des Auftretens von Leukoplakien bei den verschiedenen Formen der Genitalatrophien, primär oder sekundär, sowie der Häufigkeit zur malignen Entartung zu klären. Nach Ansicht von HOCHLEITNER (1966) sei es jedenfalls aufgrund der noch ungeklärten Ätiologie des Lichen sclerosus et atrophicans und der Kraurosis vulvae nicht gerechtfertigt, beide Krankheiten als identisch bzw. verschiedene Entwicklungsstadien des gleichen Leidens zu betrachten.

2. Kraurosis penis

a) Historische Entwicklung

In gleicher Weise wie beim Weibe finden sich auch beim Manne Schrumpfungsvorgänge am Genitale, die mit einer Sklerosierung und weißlichen Verfärbung einhergehen. Die ersten entsprechenden Fälle stellte DELBANCO (1908) vor und bezeichnete sie als „Kraurosis glandis et praeputii penis". Wie der Autor schon damals erkannte, „handelt es sich mikroskopisch und makroskopisch um Veränderungen, welche mit dem atrophischen Stadium der Kraurosis vulvae identisch sind". Neben diesen Schrumpfungsvorgängen war den Ärzten jener Zeit gleichfalls die Leukoplakie des Penis bekannt (PERRIN, 1892; PERRIN und LEREDDE, 1897; sowie KRAUS, 1897; ferner FUCHS, 1908; u. a.). Es bestand keine Einigkeit, welche Beziehungen zwischen diesen beiden Krankheitsbildern existieren sollten. 1928 (eine ergänzende Mitteilung erfolgte 1932) veröffentlichte STÜHMER seine Beobachtungen über eine Krankheit an der Eichel, die, wie er glaubte, gegen die Kraurosis penis abgegrenzt werden müßte. Er belegte sie mit dem Namen „Balanitis xerotica obliterans" und charakterisierte sie als einen atrophischen Schrumpfungsprozeß der Glans und des Praeputiums des Penis, der zur Urethralstenose führe. Unter Berücksichtigung weiterer Fälle [amerikanische Autoren sprachen auch dann von Balanitis xerotica obliterans, wenn die von STÜHMER ursprünglich geforderte Circumcision fehlte. Fälle von SOBEL (1948), von CANNON (1949), von FARRINGTON und GARVEY (1947), LEIFER (1944) u. a. gehören hierher] ergibt sich das folgende klinische Bild:

Klinik

Die Krankheit betrifft alle Altersklassen (ein Patient von WEISSENBACH und FERNET (1941) war erst 17 Jahre alt, ein eigener Fall 20 Jahre), tritt aber offenbar erst nach der Pubertät auf. Es bilden sich erythematöse Herde auf der Glans oder am Praeputium, wobei es zum Brennen, Stechen, Jucken, auch zum Ausfluß kommen kann. Schmerzen beim Coitus werden gleichfalls bisweilen angegeben (Erektion!), doch wechseln die Klagen je nach dem Verlauf der Krankheit. Der Prozeß ist chronisch und läuft in Monaten bis zu vielen Jahren ab. Allmählich wird die Haut der Eichel weiß bis weißblau, elfenbeinfarben und fühlt sich bei der Palpation pergamentartig an (Abb. 26). Sie zeigt Fältelungen und wird im Laufe der Zeit stetig dünner, Feinere Einrisse sind nicht ungewöhnlich. Teleangiektasien entstehen nur gelegentlich. Schließlich schrumpfen und sklerosieren das Präputium und das Frenulum. Die Urethralmündung verfärbt sich weißlich

und wird immer enger (Abb. 27). Über die Fossa navicularis hinausreichende
höhere Partien der Harnröhre werden seltener einbezogen, was unter Umständen
zu Komplikationen führt. Der Sulcus coronarius verstreicht.

Histologie

Im Frühstadium stehen uncharakteristische entzündliche Veränderungen im
Vordergrund (Ödem im Papillarkörper, Lymphocyten, Plasmazellen, auch Histio-

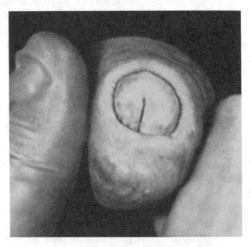

Abb. 26. Kraurosis penis post balanitidem

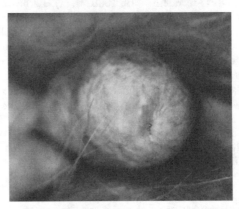

Abb. 27. Meatusstriktur bei Kraurosis penis spontanea

cyten). Charakteristisch ist hingegen das spätere Stadium. Die Epidermis ist verdünnt, wobei eine Hyperkeratose nachweisbar wird. Das Stratum basale ist meist
stärker aufgelockert. Als auffallendstes Merkmal tritt eine subepidermale, ödematöse, homogenisierte kernarme Kollagenzone hervor. Die Elastica schwindet oder
liegt nur noch in Resten vor. Unterhalb dieser Zone findet sich fast stets ein
bandartiges, chronisch-entzündliches Zellinfiltrat, im Ganzen also ein Bild wie
bei der Kraurosis bzw. dem Lichen sclerosus et atrophicans der Vulva. Hermann
und Stüttgen (1954) wiesen degenerative Veränderungen des vegetativen Nervensystems im atrophierten Praeputium nach, die sie jedoch als unspezifisch, d. h.
von sekundärer Natur betrachten.

b) Beziehungen zur Balanitis xerotica obliterans (Stühmer)

STÜHMER führte drei Gründe an, die ihn seiner Zeit zur Abgrenzung gegen die Kraurosis penis ermutigten:

1. Das Leiden rufe nur geringen oder keinen Juckreiz hervor.
2. Die Krankheit trete nur im Anschluß an eine Phimoseoperation auf (nach LANDES und MENSE soll die Zahl bis zur beginnenden Atrophie zwischen $^1/_2$ bis zu 22 Jahren schwanken).
3. Das jüngere Lebensalter sei bevorzugt.

Wir wollen hier nicht im einzelnen auf die in der Literatur niedergelegten Fallbeschreibungen eingehen, die seit 1928 über die Balanitis xerotica obliterans erschienen sind. Zusammenfassend läßt sich aber sagen, daß sich keiner der von STÜHMER für so wichtig erachteten Gründe für eine Abgrenzung seines Krankheitsbildes gegen die Kraurosis penis halten ließ (s. auch GRÜTZ, 1937; jüngst FARTASCH, 1963). Eine überzeugende Darstellung gab schon im Jahre 1938 BEEK. Anhand des Schrifttums und eigener Beobachtungen schält sich hinsichtlich der klinischen Symptome, der Histologie und des Verlaufs eine weitgehende Übereinstimmung der Kraurosis penis mit der Balanitis xerotica obliterans heraus. Da sich andererseits spontane Kraurosis penis-Fälle nicht leugnen ließen, empfahlen die Autoren, folgende Differenzierungen aufrecht zu erhalten:

1. Kraurosis (Atrophia progressiva glandis et praeputii spontanea (Typus Delbanco).
2. Kraurosis post balanitidem.
3. Kraurosis post operationem (Typus Stühmer).

c) Beziehungen zum Lichen sclerosus et atrophicans

1941 schlossen sich die amerikanischen Dermatologen FREEMAN und LAYMON der Auffassung von BEEK an (s. auch GANS und STEIGLEDER, 1957). In dieser Arbeit kommen FREEMAN und LAYMON (1941) auf weitere Krankheiten der männlichen Genitalregion zu sprechen und diskutieren die differentialdiagnostischen Überlegungen. Es wird nunmehr die Frage aufgeworfen, ob die Balanitis xerotica obliterans (bzw. die Kraurosis penis) und der Lichen sclerosus et atrophicans miteinander in enger Beziehung stehen. Sind die Beobachtungen über gleichzeitiges Vorkommen dieser Krankheiten zufällig? Die Autoren zitieren aus der Literatur eine diesbezügliche Beobachtung von J. FABRY aus dem Jahre 1928. Sicher gehört auch der Fall von NICHOLSON und BECKER (1941) hierher. Drei Jahre später ziehen LAYMON und FREEMAN (1944) anhand des Studiums von 6 weiteren Balanitis xerotica obliterans-Fällen den Schluß, daß in der Tat diese Krankheit mit dem Lichen sclerosus et atrophicans identisch sei. Diese Auffassung stützen sie auf die Identität der histologischen Bilder der beiden Affektionen. WELTON und NOWLIN (1949) sind der gleichen Meinung.

Um Wiederholungen zu vermeiden, verweisen wir auf unsere Darstellung des Lichen sclerosus et atrophicans im Abschnitt über die Kraurosis vulvae. Ersterer befällt zwar vorwiegend die Rumpfhaut, doch wird er auch am männlichen Genitale beobachtet, allerdings auffallend seltener als beim weiblichen Geschlecht. In einem Fall von MONTGOMERY und HILL war der Penisschaft von zahlreichen weißlichen Herden überzogen. Das deckt sich mit einer Beobachtung von GÖTZ (s. Abb. 28 und 29). Bei den Kranken von LAYMON und FREEMAN zeigte sich ein stenosierendes Band um das Praeputium mit Herden an der Eichel und einer Urethralstenose. Weitere Beobachtungen liegen vor von BIZZOZERO (1943), RUSSELL (1953), RAVITS und WELSH (1957). Ein anderer Patient wurde von JAEGER, DELACRÉTAZ und CHAPUIS (1955) in Lausanne vorgestellt, doch fehlt

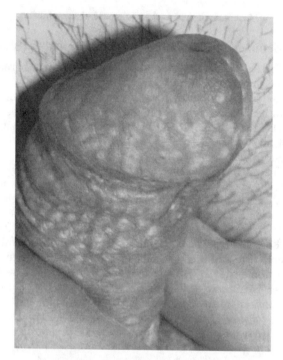

Abb. 28. Lichen sclerosus et atrophicans des Penis

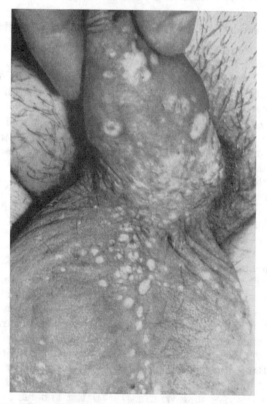

Abb. 29. Lichen sclerosus et atrophicans des Penis mit Übergreifen auf das Scrotum

dort die histologische Untersuchung. Die Urethralstenose ist bei allen Formen sklerosierender Schrumpfungsprozesse am Penis zu fürchten, auch bei einer circumscripten Sklerodermie der Glans penis und des Praeputium, wie wir das bei einem 38jährigen Patienten finden konnten. Die Striktur kann unterschiedlich hoch sein, wie in einem Fall von SCHUERMANN (1958), bei dem die Verengung 8 cm lang war. Eine analoge Komplikation wurde von FRÜHWALD beschrieben (1958). Schwierigkeiten beim Wasserlassen, Urinretention, Stauungsbeschwerden mit Schädigung der Blase und selbst der Niere erwähnt GAYET (1938).

Weitere Gefahren bei der Kraurosis penis bzw. Balanitis xerotica obliterans (oder auch des Lichen sclerosus et atrophicans) ergeben sich grundsätzlich, wenn sich zu den besagten Affektionen Leukoplakien hinzugesellen, die carcinomatös entarten können. Auf die Arbeit von GENNER und NIELSEN (1930) sei hingewiesen. Bei 51 von diesen Autoren aus der Literatur zusammengestellten Patienten (einschließlich dreier eigener Fälle dieser Autoren) entwickelte sich 9mal, also bei 18% der Kranken, ein Carcinom. Es ist unmöglich zu beurteilen, wieviele der Carcinome sich davon primär, also ohne den Schrittmacher Leukoplakie, entwickelt haben, da in der Mehrzahl der Fälle aus der Anamnese und den Befunden der Schreiber der exakte Krankheitsablauf nicht mehr zu erfassen ist. Für die weitere Forschung gelten hier in gleicher Weise die dem Kapitel Kraurosis vulvae angefügten Folgerungen.

d) Die Bedeutung der Phimose für Schrumpfungsprozesse am Penis

Es bliebe noch die Bedeutung der Phimose für die Entwicklung von Schrumpfungsprozessen am männlichen Genitale zu diskutieren. Wie schon angeführt, hatte STÜHMER gerade deren operativer Beseitigung für die Entwicklung der Balanitis xerotica obliterans einen entscheidenden Wert beigemessen. Sicher ist aber nicht die Phimektomie als Ursache für die Kraurosis penis verantwortlich zu machen (GRÜTZ, BEEK, FREEMAN und LAYMON, HERMANN und STÜTTGEN, eigene Beobachtungen u. a.), sondern der jahre- und jahrzehntelange Reiz der Glans durch angeborene oder erworbene Vorhautverengung. Es ist SCHUERMANN (1951) beizupflichten, daß die Abtragung oder Spaltung des verengten Praeputiums in solchen Fällen nur der letzte Anstoß zur Entartung eines entzündlichen Prozesses ist, der schon vor der Operation bestanden und die Veranlassung zur Circumcision gegeben hat. Ist also keine Gelegenheit zur Entwicklung eines jahrzehntelangen Reizzustandes durch eine Phimose gegeben (z. B. dann, wenn die Knaben aus religiösen Gründen schon im Kindesalter circumcidiert werden, was in der Türkei nach MARCHIONINI (1953) im 7.—12. Lebensjahr der Fall ist), dann kann die nach unserer heutigen Kenntnis mit der Kraurosis penis wohl identische Balanitis xerotica obliterans schwerlich auftreten. Auf diese Weise erklärt sich die Mitteilung von MARCHIONINI (1951), er habe unter 250000 Kranken der Hautklinik in Ankara niemals einen Fall einer Balanitis xerotica obliterans post operationem gesehen. Die Bedeutung der Phimose für Entartungsprozesse an der Glans geht auch aus den Angaben von BAUER (1963) hervor, nach der es bei Juden, die schon in den ersten Lebenstagen beschnitten werden (nach MARCHIONINI, 1953; am 8. Tag) niemals zu einem Carcinom käme. Indessen ist es nicht nur die zu einem chronisch-entzündlichen Reizzustand führende Phimose, sondern auch das carcinogene Smegma, das sich ungünstig auswirkt. Smegmastauung und entzündliche Folgeerscheinungen der Phimose sind nach MARCHIONINI (1953) — der unter 38 Peniscarcinomen 31mal eine Phimose erwähnt — die krebsbegünstigenden Faktoren. Man muß hinzufügen, daß diese gleichen Faktoren sehr wahrscheinlich auch die Kraurosis penis fördern, wenn auch bisher noch keine größere Statistik über die Frage vorliegt, wie oft sich bei einer Kraurosis penis in der Anamnese tatsächlich eine vorausgehende Phimose findet (nach den Fällen von Landes und Mense [1956] war dies bei 20% der Patienten der Fall). Der Versuch einer größeren Aufstellung anhand der Fälle in der Literatur scheiterte mangels dort niedergelegter detaillierter Angaben. Irritantien verschiedener Art im Praeputialsack (Zucker, Zersetzungsprodukte des Urins, Bakterien, Pilze) vermögen ohne Zweifel Entzündungen und sekundäre Sklerosierungen des Gewebes zu bedingen. Beispielsweise wurde sogar bei einem nur 2jährigen Knaben von Gierthmüller (1926) nach Balanitis und nachfolgender Phimoseoperation eine allerdings auf den Meatus urethrae beschränkte Schrumpfung des Gewebes beobachtet.

Daß andererseits aber die Phimose oder die Balanitis keine conditio sine qua non für die Entwicklung einer Kraurosis penis sind, geht jüngst aus einer Falldemonstration von Griebel (1955) hervor. Ohne vorherige entzündliche oder phimotische Symptome atrophierten innerhalb von Wochen bei einem 41jährigen Patienten die Glans und die Urethra mit Stenose, und ähnliche Beispiele gaben Farrington und Garvey (1947) an. Solche Fälle müssen wir daher mit Recht als „essentielle" Kraurosis penis bezeichnen. Beisenherz (1961) beobachtete unter 11 Fällen (bei Nichtberücksichtigung eines 5jährigen Knaben) nur ein einziges Mal eine bis in die Jugend zurückreichende Vorhautverengung. Aus einer Bilddemonstration der Zeitschrift für Haut- und Geschlechtskrankheiten (Bd. 16, 1954) geht aus Abb. 99 hervor, daß sich bei einem 55jährigen Mann am inneren Praeputialblatt innerhalb von 4 Wochen im Anschluß an eine Balanitis eine Leukokeratose entwickelte. Ob sich aber aus solchen hyperkeratotischen Epidermisprozessen sekundär eine Kraurosis penis entwickeln kann, in Analogie zu den Verhältnissen beim Weibe (wie Gehrels [1953] meint), erscheint uns zweifelhaft.

Prognose und Therapie

Die Prognose der Kraurosis penis-Fälle ist offensichtlich besser als jene der Kraurosis vulvae-Fälle. Leukoplakien und vor allem Carcinome werden nach der Literatur doch weit seltener beobachtet, als dies beim Weibe zutrifft. Ernstere Komplikationen durch Harnretention infolge einer Meatusstriktur gehören zu den extremen Raritäten. Die Therapie hat zum Ziele, das besonders bei der Erektion als beengend und schmerzhaft empfundene Praeputium abzutragen (Mestdagh und Achten, 1954) und die stenosierende Harnröhrenmündung zu weiten (evt. Meatotomie). Farrington und Garvey führen die Elektrokoagulation der sklerosierten Meatusportion durch. Erfahrungsgemäß pflegt aber in einem Teil der Fälle nach wechselnd langer Zeit das pergamentartig verhärtete und geschrumpfte Gewebe zu erweichen und sich in eine schlaffe Atrophie umzuwandeln. Wir haben eine solche Umwandlung bei einem 23jährigen Studenten im Anschluß an eine Circumcision innerhalb eines halben Jahres beobachtet. Bei starken Beschwerden hat Beisenherz die Vorhautresektion, zirkuläre Ablösung der ganzen Penishaut vom Sulcus coronarius bis zur Radix mit sorgfältigem zirkulären Abtrennen des meist derben sklerosierten Bindegewebes von der Fascia penis durchgeführt. Anschließendes Wiederhochstreifen der Penishaut und Annähen am Restsaum des inneren Vorhautblattes beenden die Operation. In 12 Fällen habe der Autor nur gute Resultate gesehen. Von manchen Untersuchern wurden hochdosierte Vitamin A-Gaben oder Hormone (Testosteron, Oestrosteron) verabfolgt, ohne daß sich solche aber allgemein bewährt hätten. Bisweilen gute Resultate haben sich nach Vitamin E-Applikation ergeben (400 mg täglich, Guillaud, 1955). Nicht nur gegen die entzündlichen Prozesse im Glans-Praeputialbereich des Penis werden — in Kombination mit Antibiotica — Corticosteroide empfohlen (KIESSLING, 1957), sondern auch bei Schrumpfungsprozessen in Kombination mit und ohne Hyaluronidaseinjektionen (BUREAU, JARRY und BARRIÈRE, 1955). Röntgenbestrahlungen können gleichfalls versucht werden (s. SCHIRREN, 1959).

e) Folgerungen

Nach heutiger Auffassung ist die Kraurosis penis von DELBANCO in ihren Grundzügen sicher identisch mit der von STÜHMER beschriebenen Balanitis xerotica obliterans. Der idiopathischen Kraurosis vulvae steht beim Manne eine idiopathische Kraurosis penis gegenüber, die der von BEEK als Kraurosis spontanea (Atrophia progressiva glandis et praeputii) bezeichneten Form entspricht. Die Kraurosis penis — in Analogie zur Kraurosis vulvae — ist also der Endausgang verschiedener Schädigungsprinzipien. In allen Fällen erfolgt pathogenetisch offenbar die gleiche Stoffwechselstörung mit identischen histologischen Befunden (nach FISCHER und NIKOLOWSKI, 1958: Verschiebungen des Gleichgewichtes Hyaluronsäure — Hyaluronidase). Für die Auffassung von GEHRELS, die Balanitis xerotica obliterans sei letztlich nichts anderes als der Endausgang einer ursprünglichen Leukoplakie des Penis, haben sich bisher keine überzeugenden Beweise finden lassen. Als gesichert darf aber gelten, daß der Lichen sclerosus et atrophicans seinem Wesen nach als atrophischer Prozeß zu betrachten ist. Wenn er daher bei Lokalisation am Penis dort analoge Veränderungen wie die spontane, nach Balanitis oder Operation auftretende Kraurosis bewirkt, wäre das verständlich. Es liegen aber noch zu wenige einschlägige Beobachtungen, insbesondere befriedigende Kriterien vor, um den Schluß einer sicheren Zusammengehörigkeit aller beschriebenen atrophischen Penisveränderungen (Kraurosis spontanea, post balanitidem, post operationem, post inflammatoria) unter der Leitdiagnose „Lichen sclerosus et atrophicans" — ganz in Parallele zu den Schrumpfungsprozessen an der Vulva — zu gestatten.

Literatur

Senil-primitive Atrophie

ANTOINE, L.: Unblutige Behandlung von Falten und Runzeln der Haut. Med. Klin. **54**, 1507 (1959). — ARJONILLA, L. F.: Aspectos higienicos y terapeuticos de la piel senil. Act. dermo-sifiliogr. (Madr.) **49**, 91 (1958).

BAKER, H., and C. P. BLAIR: Cell replacement in the human stratum corneum in old age. Brit. J. Derm. **80**, 367 (1968). — BANGA, I., J. BALÓ, and D. SZABÓ: Contraction and relaxation of collagen. Nature (Lond.) **174**, 788 (1954). — BEHRMANN, H. T.: Hormon creams and the facial skin. J. Amer. med. Ass. **155**, 119 (1954). — BERRES, H. H.: Histologie der Altersveränderungen der menschlichen Haut. (23. Tagg der Dtsch. Derm. Ges., Wien 24.—27. 5. 1956.) Arch. klin. exp. Derm. **206**, 751 (1957). — BLANK, J. H.: Action of emollient creams and their additives. J. Amer. med. Ass. **164**, 412 (1957). — BRÜNAUER, ST. R.: Atrophien. In: ARZT-ZIELER, Haut- und Geschlechts-Krankheiten, S. 707. Berlin u. Wien: Urban & Schwarzenberg 1953.

CANIZARES, O.: Dermatology and geriatric medicine. N.Y. St. J. Med. **56**, 2967 (1956). — CHIEFFI, M.: An investigation of the effects of parenteral and topical administration of steroids on the elastic properties of the senile skin. J. Geront. **5**, 17 (1950). — COCHRANE, TH.: The skin in old age. Med. Press **244**, 253 (1960).

DICK, J. C.: Tension and resistance to stretching of human skin and other membranes, with results of normal and oedematous cases. J. Physiol. (Lond.) **112**, 102 (1951).

EJIRI, J.: Studien über die Histologie der menschlichen Haut. III. Mitt. Über die regionären- und Altersunterschiede der verschiedenen Hautelemente mit besonderer Berücksichtigung der Altersveränderung der elastischen Fasern. Jap. J. Derm. Urol. **41**, 8 (1937). — ELLER, J. J., and W. D. ELLER: Estrogenic ointments: Cutaneous effects of topical applications of natural estrogens with report of 321 biopsies. Arch. Derm. Syph. (Chic.) **59**, 449 (1949). — EVANS, R., E. V. COWDRY, and P. E. NIELSON: Ageing of human skin. Anat. Rec. **86**, 545 (1943).

Fleck, F.: Grundsätzliches zur Hormonbehandlung der Hautkrankheiten. Dtsch. Gesundh.-Wes. 10, 401 (1955). — Friedrich, H. C., u. R. Gravellis: Diskussionsbemerkung. J. med. Kosmet. 8, 181 (1959).

Gans, O., u. G. K. Steigleder: Histologie der Hautkrankheiten, Bd. I, S. 15. Berlin-Göttingen-Heidelberg: Springer 1955. — Götz, H.: Die Akrodermatitis chronica atrophicans Herxheimer als Infektionskrankheit. Hautarzt 5, 491 (1954). — Gohlke, H.: Anwendung von Placenta-Extrakten in der Kosmetik. J. med. Kosmet. 2, 224 (1953). — Goldzieher, J. W., I. S. Roberts, W. B. Rawls, and M. A. Goldzieher: Local action of steroids on senile human skin. Arch. Derm. Syph. (Chic.) 66, 304 (1952). — Gottron, H. A.: Veränderungen der Haut im Alter. Neue med. Welt 1, 13, 54 (1950).

Hauser, W.: Atrophien. In: Gottron-Schönfeld, Dermatologie und Venerologie, Bd. II/2, S. 836. Stuttgart: Georg Thieme 1958. — Hellon, R. F., and A. R. Lind: Observations on the activity of sweat glands with special reference to the influence of ageing. J. Physiol. (Lond.) 133, 132 (1956). — Hill, W. R., and H. Montgomery: Regional changes and changes caused by age in normal skin. J. invest. Derm. 3, 231 (1940).

Joseph, N. R., R. Molimard, and F. Bourliere: Ageing of skin. I. Titration curves of human epidermis in relation to age. Gerontologia (Basel) 1, 18 (1957).

Katzberg, A.: The influence of age on the rate of desquamation of the human epidermis. (Amer. Ass. Anatomists, 65. Jahressitzg, Providence 19.—21. 3. 1952.) Zit. bei Wagner. Ref. Anat. Rec. 112, 418 (1952). — Kleine-Natrop, H. E.: Über chemochirurgische und physikochirurgische Behandlungsmethoden an der Altershaut. J. med. Kosmet. 8, 119 (1959).

Ma, C. K., and E. V. Cowdry: Ageing of elastic tissue in human skin. J. Geront. 5, 203 (1950). — Mackie, B. C., and V. J. McGovern: The mechanism of solar carcinogenesis. Arch. Derm. (Chic.) 78, 218 (1958). — Miyazaki, H.: Studies on age differences of skin reaction. Jap. J. Derm. 69, 1530 (1959).

Oberste-Lehn, H., u. A. Nobis: Beobachtungen am Papillarkörper und an den Haarfollikeln während der Alterung des Menschen. J. med. Kosmet. 8, 176 (1959). — Oppenheim, M.: Atrophien. In: Jadassohns Handbuch der Haut- und Geschlechts-Krankheiten, Bd. VIII/2. Berlin: Springer 1931.

Peck, S. M., and E. G. Klarmann: Hormone cosmetics. Practitioner 173, 159 (1954). — Petges, G., et P. Lecoulant: Atrophie et dégénérescence séniles de la peau. In: Nouvelle pratique dermatologique, vol. VI, p. 195. Paris: Masson & Cie. 1936. — Pinal, J.: La piel senil en la patologia cutanea. Act. dermo-sifiliogr. (Madr.) 49, 102 (1958). — Pockrandt, H.: Histologische Untersuchungen der Haut bei örtlicher Anwendung von Östrogensalbe. Zit. bei Winkler. Zbl. Gynäk. 76, 1889 (1954).

Quiroga, M. I., u. C. F. Guillot: Dermatologia Geriatrica 1955, Editado por Productos Roche S.A.

Rasponi, L.: Rilievi sul comportamento della resistenza dei piccoli vasi cutanei nell'età senile. G. Geront. 5, 289 (1955). — Reiss, F., and R. M. Campbell: The effect of topical application of vitamin A with special reference to the senile skin. Dermatologica (Basel) 108, 121 (1954). — Rutha Gravellis: Zit. bei H. C. Friederich. J. med. Kosmet. 8, 181 (1959).

Salfeld, K.: Zur Frage des energieliefernden Stoffwechsels und des Aminosäuremetabolismus der alternden Haut. I. Methodischer Teil. Enzymatische Aktivität der Epidermis bei Jugendlichen und Erwachsenen mittleren Alters. Arch. klin. exp. Derm. 225, 82 (1966). — II. Enzymatische Aktivität der Epidermis Erwachsener im höheren Alter in Abhängigkeit von der Lokalisation. Arch. klin. exp. Derm. 225, 93 (1966). — Schmidt, H. W.: Betreuung der Altershaut mit Labilin und Östrogen (Überblick). Z. Alternsforsch. 11, 223 (1958). — Scolari, E. G.: Gerontodermia. Rass. Derm. Sif. 9, 2 (1956). — Silvestri, U.: In tema di istochimica della cute senile. Ricerca dei gruppi sulfidrilici legati alle proteine. Arch. ital. Derm. 30, 307 (1960). — Sobel, H., S. Bagay, E. T. Wright, J. Lichtenstein, and N. H. Nelson: The influence of age upon the hexosamine-collagen ratio of dermal hiopsies from men. J. Geront. 13, 128 (1958). — Soltermann, W.: Erfahrungen mit einer neuen Hautcréme. Praxis 49, 18 (1960). — Steigleder, G. K.: Atrophie. In: Gottron-Schönfeld, Dermatologie und Venerologie, Bd. I/1, S. 283. Stuttgart: Georg Thieme 1961. — Ströbel, H.: Die Gewebsveränderungen der Haut im Verlaufe des Lebens. Arch. Derm. Syph. (Berl.) 186, 636 (1948).

Tronnier, H.: Prophylaxe und Therapie der alternden Haut. Aesthet. Med. 15, 381 (1966). — Tronnier, H., u. H. H. Wagner: Über den Einfluß von Altersveränderungen auf die Frequenzleitfähigkeit der menschlichen Haut. Hautarzt 5, 312 (1954).

Wagner, G.: Altersveränderungen der Haut. In: Gottron-Schönfeld, Dermatologie und Venerologie, Bd. IV, S. 797. Stuttgart: Georg Thieme 1960. — Weber, G.: Zur Frage der Faltenbeseitigung alternder Haut durch organextrakt- oder hormonhaltige Cremes. Fette, Seifen, Anstrichmittel 61, 35 (1959). — Weinstein, G. D., and R. J. Boucek: Collagen and elastin of human dermis. J. invest. Derm. 35, 227 (1960). — Winkler, K.: Hormonbehandlung in der Dermatologie. Berlin: W. de Gruyter & Co. 1962. — WORINGER, F.: La sénescence de la peau. Strasbourg méd. **2**, 696 (1951).

ZABEL, R.: Tierexperimentelle Studie zur Klärung der Frage einer Hormonwirksamkeit von Placenta-Salben. Hautarzt **12**, 494 (1961).

Senil-degenerative Atrophie

ANDREW, W.: Age changes in the skin of Wistar Institute rats with particular reference to the epidermis. Amer. J. Anat. **89**, 283 (1951). — ASTBURY, W. T.: The molecular structure of skin, hair and related tissues. Brit. J. Derm. **62**, 1 (1950).

BAHR, G. F., u. K. J. HUHN: Über den Einfluß der Kittsubstanzen bei der Färbung des kollagenen und elastischen Gewebes. Arch. Derm. Syph. (Berl.) **194**, 400 (1952). — BANGA, J., J. BALÓ, and D. SZABÓ: Metacollagen as the apparent elastin. J. Geront. **11**, 242 (1956). — BERGER, H., u. M. WALTER: Zur Frage des Ausgangsmaterials der senilen Elastose. Aesthet. Med. **16**, 121 (1967). — BRAUN-FALCO, O.: Histochemie des Bindegewebes. (23. Tagg Dtsch. Derm. Ges., Wien 24.—27. 5. 1956.) Arch. klin. exp. Derm. **206**, 319 (1957). — Über das Wesen der senilen Elastosis. Derm. Wschr. **134**, 1021 (1956). — BURTON, D., D. A. HALL, M. K. KEECH, R. REED, H. SAXL, R. E. TUNBRIDGE, and J. WOOD: Apparent transformation of collagen fibrils into "Elastin". Nature (Lond.) **176**, 966 (1955).

EJIRI, I.: Studien über die Histologie der menschlichen Haut, besonders über das Wesen der Altersveränderung der Haut. Jap. J. Derm. Urol. **39**, 98 (1936). Ref. Zbl. Haut- u. Geschl.-Kr. **55**, 428 (1937). — Studien über die Histologie der menschlichen Haut: I. Mitt. Über den regionären Unterschied der elastischen Fasern der Haut. Jap. J. Derm. Urol. **40**, 173 (1936). Zit. bei W. R. HILL u. H. MONTGOMERY. — II. Mitt. Über die Alters- und Geschlechtsverschiedenheit der elastischen Fasern der Haut. Jap. J. Derm. Urol. **40**, 216 (1936). Zit. bei HILL. — III. Mitt. Über die regionären- und Altersunterschiede der verschiedenen Hautelemente mit besonderer Berücksichtigung der Altersveränderungen der elastischen Fasern. Jap. J. Derm. Urol. **41**, 8 (1937). Zit. bei HILL. — IV. Mitt. Über das Wesen der Altersveränderungen der Haut. Jap. J. Derm. Urol. **41**, 64 (1937). Zit. bei HILL. — V. Mitt. Über die Histologie der menschlichen Haut bei verschiedenen Hautkrankheiten mit Berücksichtigung der Altersveränderungen der elastischen Fasern. Jap. J. Derm. Urol. **41**, 95 (1937). Zit. bei HILL.

FAVRE, M., et J. RACOUCHOT: L'élastéidose cutanée nodulaire à kystes et à comédons. Ann. Derm. Syph. (Paris) **78**, 681 (1951). — FELSHER, Z.: Observations on senile elastosis. J. invest. Derm. **37**, 163 (1961). — FERREIRA-MARQUES, J., u. N. VAN UDEN: Elastosis colloidalis conglomerata. Arch. Derm. Syph. (Berl.) **192**, 2 (1950). — FEYRTER, F., u. G. NIEBAUER: Zur Frage der degenerativen senilen Atrophie der Haut. Derm. Wschr. **152**, 1176 (1966). — FINDLAY, G. H.: On elastase and the elastic dystrophies of the skin. Brit. J. Derm. **66**, 16 (1954). — FULLMER, H. M., u. R. D. LILLIE: Zit. bei BRAUN-FALCO. J. Histochem. Cytochem. **4**, 64 (1956).

GANS, O., u. G. K. STEIGLEDER: Histologie der Hautkrankheiten, Bd. I, S. 13. Berlin-Göttingen-Heidelberg: Springer 1955. — GILLMAN, TH., J. PENN, D. BRONKS u. M. ROUX: Zit. bei BRAUN-FALCO. Nature (Lond.) **174**, 789 (1954). — GOTTRON, H. A.: Veränderungen der Haut im Alter. Neue med. Welt **1**, 13, 54 (1950).

HASSELMANN, H.: Über bisher unbekannte Kollagenstrukturen. Verh. Anat. Ges., 51. Verslg in Mainz Jan. 1954. Zit. bei BRAUN-FALCO. — HAUSER, W.: In: GOTTRON-SCHÖNFELD, Dermatologie und Venerologie, Bd. II/2, S. 389. Stuttgart: Georg Thieme 1958. — HILL, W. R., and H. MONTGOMERY: Regional changes and changes caused by age in normal skin. J. invest. Derm. **3**, 231 (1940). — HORSTMANN, E.: In: GOTTRON-SCHÖNFELD, Dermatologie und Venerologie, Bd. I/1, S. 59. Stuttgart: Georg Thieme 1961. — HOWELL, J. B.: The sunlight factor in aging and skin cancer. (5. Symp. of Comitt. on Cosmet. at the Clin. Meet. Amer. Med. Ass., Dallas, Tx. 2. 12. 1959.) Arch. Derm. **82**, 865 (1960).

IZAKI, M.: Some observations on senile changes in the skin (Symposium). Jap. J. Derm. **69**, 134, 674 (1959). Ref. Zbl. Haut- u. Geschl.-Kr. **105**, 177 (1959/60).

KNOX, J. M.: Sunlight and the skin. J. chron. Dis. **13**, 391 (1961). — The aging skin. J. Amer. med. Wom. Ass. **21**, 659 (1966). — KOGOJ, F.: Cutis rhomboidalis nuchae. Acta derm. venereol. (Stockh.) **21**, 631 (1940). Ref. Derm. Wschr. **113**, 588 (1941).

LANSING, A. L., Z. COOPER, and F. B. ROSENTHAL: Zit. bei BRAUN-FALCO. Proc. Anat. Rec., Suppl. **115**, 340 (1953). — LINSER, K.: Die Bedingtheit der Kanzerogenese durch Teere und Teerprodukte, eine tierexperimentelle und klinische Studie. (Derm. Ges. der Humboldt-Univ. Berlin 14. 12. 1957.) Derm. Wschr. **140**, 1328 (1959). — LOOS, H. O.: Über gehäuftes Auftreten von Cutis rhomboidalis nuchae bei Teerarbeitern. Arch. Derm. Syph. (Berl.) **166**, 408 (1932).

MACKIE, B. S., and V. J. McGOVERN: The mechanism of solar carcinogenesis. Arch. Derm. **78**, 218 (1958). — MIYAKE, J., K. NARAHARA u. J. TAKATA: Cutis rhomboidalis nuchae mit kolloider Degeneration. Jap. J. Derm. **31**, 34 (1931). Ref. Zbl. Haut- u. Geschl.-Kr. **38**, 254

(1931). — Montgomery, P. O. B.: A characterization of basophilic degeneration of collagen by histochemical and microspectroscopic procedures. J. invest. Derm. 24, 107 (1955).

Oppenheim, M.: Cutis rhomboidalis nuchae. (Diskussionsbemerkung: Wien. Derm. Ges. 28. 4. 1932.) Ref. Zbl. Haut- u. Geschl.-Kr. 42, 165 (1932).

Percival, G. H., P. W. Hannay, and D. A. Duthie: Fibrous changes in the dermis, with special reference to senile elastosis. Brit. J. Derm. 61, 269 (1949).

Salfeld, K.: Zur Funktion der Altershaut. I. Über das funktionelle Verhalten der Hautoberfläche der alternden Haut. Aesthet. Med. 14, 313 (1965). — II. Über das Verhalten des Str. corneum der alternden Haut. Aesthet. Med. 14, 332 (1965). — IV. Quaddel- und Fluoreszeinresorptionszeit. Aesthet. Med. 15, 52 (1966). — Steigleder, G. K.: Atrophie. In: Gottron-Schönfeld, Dermatologie und Venerologie, Bd. I/1, S. 283. Stuttgart: Georg Thieme 1961.

Teller, H., G. Vester u. L. Pohl: Elektronenmikroskopische Untersuchungsergebnisse an der Interzellularsubstanz des Coriums bei Altersatrophie. Z. Haut- u. Geschl.-Kr. 22, 67 (1957). —Trangant y Carlés, J.: Senilidad cutanea. (Breve estudio clinico.) Act. dermosifiliogr. (Madr.) 49, 82 (1958). Ref. Zbl. Haut- u. Geschl.-Kr. 101, 248 (1958). — Tronnier, H., u. H. H. Wagner: Über den Einfluß von Altersveränderungen auf die Frequenzleitfähigkeit der menschlichen Haut. Hautarzt 5, 312 (1954). — Tunbridge, R. E., R. N. Tattersall, D. A. Hall, W. T. Astbury, and R. Reed: The fibrous structure of normal and abnormal human skin. Clin. Sci. 11, 315 (1952). Ref. Zbl. Haut- u. Geschl.-Kr. 87, 6 (1954).

Vilanova, X.: La piel senil. (Generalidades.) Act. dermo-sifiliogr. (Madr.) 49, 65 (1958). Ref. Zbl. Haut- u. Geschl.-Kr. 101, 248 (1958).

Weidman, F. D.: The pathology of the yellowing dermatoses. Arch. Derm. Syph. (Chic.) 24, 954 (1931). — Wells, G. C.: Zit. bei Steigleder. J. Amer. Geriat. Soc. 2, 535 (1954). — Winer, L. H.: Elastic fibers in unusual dermatosis. Arch. Derm. Syph. (Chic.) 71, 338 (1955).

Zambal, Z.: Histochemische Untersuchungen der Haut mit besonderem Hinblick auf die Retikulinfasern. Jugosl. Akad. znan. i umjetn., Zagreb 1966.

Die Elastéidose cutanée nodulaire à kystes et à comédons
(Favre et Racouchot)

Degos, R., J. Delort et J. Durant: Forme à topographie atypique d'élastéidose cutanée nodulaire à kystes et à comédons. (Maladie de Favre et Racouchot.) Bull. Soc. franç. Derm. Syph. 61, 27 (1954).

Favre, M.: Sur une affection kystique des appareils pilo-sébacés localisée à certaines régions de la face. Bull. Soc. franç. Derm. Syph. 39, 93 (1932). — Favre, M., et J. Racouchot: L'élastéidose cutanée nodulaire à kystes et à comédons. Ann. Derm. Syph. (Paris) 78, 681 (1951).

Gadrat, J., et A. Bazex: Élastéidose localisée nodulaire à kystes et à comédons. Cutis rhomboidalis (Dubreuilh-Jadassohn). Bull. Soc. franç. Derm. Syph. 45, 1737 (1938). — Götz, H., u. S. Bill: Schädigungen der Haut durch Pech und Teer. Hautarzt (im Druck) (1969).

Hellier, F. F.: Nodular cutaneous elastosis with cysts and comedones. Brit. J. Derm. 65, 101 (1953). — Helm, F.: Ein Beitrag zum Favre-Racouchotschen Syndrom. Hautarzt 12, 265 (1961).

Krüger, H., H. Dorn u. H. J. Weise: Maladie de Favre et Racouchot. Z. Haut- u. Geschl.-Kr. 24, 83 (1958). — Kunze, E.: Beitrag zur Elastéidose cutanée nodulaire à kystes et à comédons. (Maladie de Favre et Racouchot.) Z. Haut- u. Geschl.-Kr. 29, 190 (1960).

Maragnani, U.: Contributo allo studio clinico ed istologico della elasteidosi cutanea nodulare a cisti e comedoni di Favre et Racouchot. Minerva derm. 36, 55 (1961). Ref. Zbl. Haut- u. Geschl.-Kr. 110, 163 (1961).

Piérard, J., et A. Fontaine: Élastéidose nodulaire à kystes et à comédons. Arch. belges Derm. 9, 42 (1953). — Pizarro, R. J., A. J. Carvalho y S. Rosner: Porfiria ampollar erosiva y pigmentada del adulto y sindrome de Favre-Racouchot. Arch. argent. Derm. 7, 109 (1957). Ref. Zbl. Haut- u. Geschl.-Kr. 99, 255 (1958).

Racouchot, J.: L'élastéidose localisée nodulaire à kystes et à comédons. Thèse de Lyon 1937. — Rodermund, O.-E.: Zur Elasteidosis cutis nodularis cystica et comedonica (Favre-Racouchot). Z. Haut- u. Geschl.-Kr. 41, 417 (1966).

Ugo, A.: Elastosi cutanea a cisti e a comedoni (Sindrome di Favre e Racouchot). Minerva derm. 38, 375 (1963).

Kolloidmilium

Allison, J. R., and J. R. Allison, Jun.: Colloid milium. Arch. Derm. 76, 218 (1957). — Andrews, G. C.: Colloid milium. (Falldemonstration. New York Derm. Soc. 24. 10. 1939.) Arch. Derm. Syph. (Chic.) 41, 788 (1940).

BECKER, J. F., and H. T. H. WILSON: Colloid milium. Brit. J. Derm. **68**, 345 (1956). — BERGAMASCO, A.: Pseudomilio colloide. Arch. ital. Derm. **16**, 465 (1940). Ref. Zbl. Haut- u. Geschl.-Kr. **70**, 454 (1943). — BINAZZI, M.: Sul comportamento dei mastociti nella dermatosi attinica cronica e nello pseudo-milio colloide. Ann. ital. Derm. **14**, 133 (1959). Ref. Zbl. Haut- u. Geschl.-Kr. **108**, 232 (1960/61). — BOSSELINI, P. L.: Sur deux cas de pseudomilium colloide familial. Ann. Derm. Syph. (Paris) **7**, 751 (1906).

FERRARI, A. V.: Pseudocolloid milium e porphyria. Minerva derm. **29**, 104 (1954). — FERREIRA-MARQUES, J., u. N. VAN UDEN: Die Elastosis colloidalis conglomerata. Arch. Derm. Syph. (Berl.) **192**, 2 (1950/51).

GÖTZ, H., u. R. KOCH: Zur Klinik, Pathogenese und Therapie der sogenannten „Dorsalcysten". Hautarzt **7**, 533 (1956). — GOTTRON, H. A.: Granuloma anulare. In: GOTTRON-SCHÖNFELD, Dermatologie und Venerologie, Bd. V/1, S. 242. Stuttgart: Georg Thieme 1963. — GUIN, J. D., and E. R. SEALE: Colloid degeneration of the skin (Colloid milium). Arch. Derm. **80**, 533 (1959).

HAILEY, H.: Colloid milium. Arch. Derm. Syph. (Chic.) **58**, 675 (1948). — HARRIS, R. V.: Falldemonstration. Brit. J. Derm. **72**, 324 (1960).

JAGER, T.: Socalled colloid degeneration of the skin. Arch. Derm. Syph. (Chic.) **12**, 629 (1925).

LABADIE, J. H.: Colloid degeneration of the skin. Arch. Derm. Syph. (Chic.) **16**, 156 (1927). — LANGHOF, H.: Familiäre Lichturticaria. Z. Haut- u. Geschl.-Kr. **28**, 353 (1960). — LANGHOF, H., H. MÜLLER u. L. RIETSCHEL: Untersuchungen zur familiären, protoporphyrinämischen Lichturticaria. Arch. klin. exp. Derm. **212**, 506 (1961). — LEVER, W. F.: Histopathologie der Haut, S. 164. Stuttgart: Gustav Fischer 1958. — LYELL, A., and C. H. WHITTLE: Colloid milium: Colloid pseudomilium. Brit. J. Derm. **62**, 334 (1950).

MARCHIONINI, A., u. K. S. AYGÜN: Untersuchungen über das Kolloidmilium in Anatolien. Derm. Wschr. **113**, 897 (1941). — MARCHIONINI, A., K. S. AYGÜN u. K. TURGUT: Weitere Untersuchungen über das Kolloidmilium in Anatolien nach Beobachtung von 5 Fällen. Devi Hastali Klari ve Frengi klin. Assivi (Türkei) **8**, 2488 (1941). Ref. Z. Haut- u. Geschl.-Kr. **69**, 453 (1942). — MARCHIONINI, A., u. F. JOHN: Über lichenoide und poikilodermieartige Hautamyloidose. Arch. Derm. Syph. (Berl.) **173**, 545 (1936). — MARSON, G.: Su di un caso di pseudomilio colloide. Minerva derm. **33**, 281 (1958). Ref. Z. Haut- u. Geschl.-Kr. **103**, 185 (1959). — MONACELLI, M.: Sur un cas de pseudo-milium colloide. Ann. Derm. Syph. (Paris) **5**, 29 (1934).

PELLIZZARI, C.: Pseudo-milio colloide. G. ital. Mal. vener. VI, 692 (1898). — PERCIVAL, G. H., and D. A. DUTHIE: Notes on a case of colloid pseudo-milium. Brit. J. Derm. **60**, 399 (1948). — PRAKKEN, J. R.: Colloid and senile degeneration of the skin. Acta derm.-venereol. (Stockh.) **31**, 713 (1951).

REUTER, M. J., and S. W. BECKER: Colloid degeneration (Collagen degeneration) of the skin. Arch. Derm. Syph. (Chic.) **46**, 695 (1942).

SPILLMANN, L., J. WATRIN et R. WEILLE: Un cas de colloid milium. Bull. Soc. franç. Derm. Syph. **45**, 535 (1938).

TRAUB, E. F.: Colloid degeneration. (New York Derm. Soc. 24. 5. 1955.) Arch. Derm. **74**, 100 (1956).

WAGNER, E.: Das Colloid-Milium. Arch. Heilk. **8**, 463 (1886). — WAY, ST. C.: Colloid milium (a vitamin deficiency disease?). Arch. Derm. Syph. (Chic.) **45**, 1148 (1942). — WORINGER, F.: Un cas de pseudo-milium colloide. Bull. Soc. franç. Derm. Syph. **59**, 186 (1952).

ZOON, J. J., L. H. JANSEN, and A. HOVENKAMP: The nature of colloid milium. Brit. J. Derm. **67**, 212 (1955).

Pseudoaltersatrophie

BATTAGLINI, S.: Atrofodermia diffusa senile semplice precoce in soggetto con infantilismo constituzionale. Arch. ital. Derm. **20**, 168 (1947). — BAZEX, A., et A. DUPRÉ: Acrogerie (Type Gottron). A propos d'une observation. Place de «l'acrogerie» dans le cadre des atrophies cutanées congénitales. Ann. Derm. Syph. (Paris) **82**, 604 (1955).

GOTTRON, H. A.: Familiäre Akrogerie. Arch. Derm. Syph. (Berl.) **181**, 571 (1940). — Veränderungen der Haut im Alter. Neue med. Welt **1**, 13, 54 (1950).

SÉZARY, A., R. JOSEPH et M. BOLGERT: Atrophie cutanée après action prolongée des rayons solaires. Bull. Soc. franç. Derm. Syph. **41**, 1685 (1934).

TOURAINE, A.: Les états héréditaires d'atrophies cutanées avec sénescence prématurée. (Syndromes de Rothmund etc.) Nouvelle chaîne héréditaire. Ann. Derm. Syph. (Paris) **79**, 446 (1952).

Inanitionsatrophie

FLEMMING: Über die Veränderungen der Fettgewebe bei Atrophie und Entzündung. Virchows Arch. path. Anat. **52** (1871). Zit. bei T. SCHIDACHI.

Gans, O., u. G. K. Steigleder: Histologie der Hautkrankheiten, Bd. I, S. 21. Berlin-Göttingen-Heidelberg: Springer 1955.
Schidachi, T.: Über die Atrophie des subcutanen Fettgewebes. Arch. Derm. Syph. (Berl.) 90, 97 (1908).

Striae cutis atrophicae

Asboe-Hansen, G.: Diabetic hyperlipemia with eruptive xanthomatosis and lipid deposition in striae gravidarum. Acta derm.-venereol. (Stockh.) 39, 344 (1959). Ref. Zbl. Haut- u. Geschl.-Kr. 107, 52 (1960).
Blaich, W.: Striae distensae (Morbus Cushing?). — Demonstrationsnachmittag der Münch. Derm. Ges. 19. 3. 1937. Zbl. Haut- u. Geschl.-Kr. 56, 290 (1937). — Bohnstedt, R. M.: Veränderungen der Haut in der Schwangerschaft. In: Gottron-Schönfelds Dermatologie und Venerologie, Bd. III/2, S. 1040. Stuttgart: Georg Thieme 1959. — Borelli, D.: Patogénesis de las estriás cutáneas. Rev. Policlin. Caracas 18, 311 (1950). Ref. Excerpta med. (Amst.), Sect. XIII 141, 681 (1952). — Brain, R. T.: Striae atrophicae. Dyspituitarism. (Sect. of derm., London, 22. 6. 1939.) Proc. Roy. Soc. Med. 32, 1578 (1939). Ref. Zbl. Haut- u. Geschl.-Kr. 66, 45 (1941). — Brünauer, St. R.: Dermatitis atrophicans diffusa progressiva. Hautstriae. Cutis rhomboidalis nuchae. (Wien. Derm. Ges. Sitzg vom 22. 6. 1933.) Ref. Zbl. Haut- u. Geschl.-Kr. 46, 412 (1934). — Atrophien. In: Handbuch Arzt-Zieler, Bd. II, S. 718. Berlin: Urban & Schwarzenberg 1935. — Bruusgaard, E.: Ausgedehnte Striae distensae. Forh. norske med. Selsk. 125 (1929). Ref. Zbl. Haut- u. Geschl.-Kr. 31, 594 (1929).
Carr, R. D.: Transverse atrophic stria of the back. Arch. Derm. 93, 588 (1966). — Cornbleet, Th.: Transverse nasal stripe at puberty. Arch. Derm. Syph. (Chic.) 63, 70 (1951).
Dekker, H.: Über Entstehung und pathognomonische Bedeutung der Striae cutis „distensae". Münch. med. Wschr. 1, 677 (1930). — De Maria, G.: Contributo allo studio sulla genesi delle Striae gravidarum. Riv. ital. Ginec. 15, 152 (1933). Ref. Zbl. Haut- u. Geschl.-Kr. 47, 66 (1934).
Ebert, M. H.: Hypertrophic striae distensae. Arch. Derm. Syph. (Chic.) 28, 825 (1933). — Striae distensae, associated with endocrine disturbance. (Chic. Derm. Soc. 16. 5. 34.) Arch. Derm. Syph. (Chic.) 31, 146 (1935). — Epstein, N. N., W. L. Epstein, and J. H. Epstein: Atrophic striae in patients with inguinal intertrigo. Arch. Derm. 87, 450 (1963).
Fontana, G.: Aspetto macroscopico e microscopico di alcune strie gravidiche. Ann. Ostet. Ginec. 61, 1245 (1939). Ref. Zbl. Haut- u. Geschl.-Kr. 65, 242 (1940). — Fotherby, K., A. D. Forrest, and S. G. Laverty: The effect of chlorpromazine on adrenocortical function. Acta endocr. (Kbh.) 32, 425 (1959). Zit. bei Winkler.
Gans, O., u. G. K. Steigleder: Histologie der Hautkrankheiten, Bd. I. Berlin-Göttingen-Heidelberg: Springer 1955. — Gasper, W.: Striae cutis distensae. Leipzig Diss. 1933. Ref. Zbl. Haut- u. Geschl.-Kr. 47, 231 (1934). — Gerbel, G.: Striae distensae (toxischer Natur). (Wien. Derm. Ges. 14. 3. 1929.) Ref. Zbl. Haut- u. Geschl.-Kr. 31, 565 (1929). — Gertler, W.: Striae nach Typhus abdominalis. (Falldemonstration: Schles. Derm. Ges., Breslau 25. 4. 1942.) Ref. Zbl. Haut- u. Geschl.-Kr. 69, 61 (1942). — Glaubersohn, S. A., and A. D. Schechter: Further contribution to the etiology of atrophic striations of the skin. Urol. Rev. 35, 639 (1931). Ref. Zbl. Haut- u. Geschl.-Kr. 40, 332 (1932). — Goldschlag, F.: Striae der Haut. Pol. Gaz. lek. 184 (1935). Ref. Zbl. Haut- u. Geschl.-Kr. 51, 199 (1935). — Grütz, O.: Striae patellares distensae posttyphosae. (Frühjahrstagg der Vereinigg Rhein.-Westf. Dermatologen, Wuppertal-Elberfeld 27. 5. 1934.) Ref. Zbl. Haut- u. Geschl.-Kr. 49, 299 (1935).
Hauser, W.: Zur Frage der Entstehung der Striae cutis atrophicae. Derm. Wschr. 138, 1291 (1958). — Striae cutis atrophicae. In: Gottron-Schönfelds Dermatologie und Venerologie, Bd. II/1, S. 844. Stuttgart: Georg Thieme 1958. — Horneck, K.: Über das Auftreten und Entstehen der Striae cutis distensae. Med. Welt 1936, 1071.
Kalkoff, K. W.: Hauterscheinungen beim Cushing-Syndrom. Z. Haut- u. Geschl.-Kr. 10, 361 (1951).
Lawrence, S. A., D. Salkin, J. A. Schwartz, and H. C. Forster: Rupture of abdominal wall through striae distensae during Cortisonetherapy. J. Amer. med. Ass. 152, 1526 (1953). — Leszczynski, R. v.: Striae distensae. (Lemberger Derm. Ges. 10. 10. 1935.) Ref. Zbl. Haut- u. Geschl.-Kr. 53, 65 (1936). — Leven: Streifenzeichnung der Regio sacrolumbalis. Derm. Wschr. 94, 333 (1932). — Lever, W. F.: Histopathologie der Haut. Stuttgart: Gustav Fischer 1958.
Macrae-Gibson, N. K.: Red lineae distensae. Brit. J. Derm. 64, 315 (1952). — Midana, A.: Striae distensae cutis infectiosae bei einem Leprösen. Boll. Sez. region. Soc. ital. Derm. 3, 182 (1932). Ref. Zbl. Haut- u. Geschl.-Kr. 43, 323 (1933). — Mierzecki, H.: Striae distensae bei einem Mann. (Lemberger Derm. Ges. 17. 12. 1931.) Ref. Zbl. Haut- u. Geschl.-Kr. 41, 430 (1932). — Musger, A.: Experimenteller Beitrag zur Frage der Entstehung der Striae cutis atrophicae. Arch. Derm. Syph. (Berl.) 177, 233 (1937).

NARDELLI, L.: Le „striae cutis atrophicae". G. ital. Derm. Sif. **76**, 607 (1935). Ref. Zbl. Haut- u. Geschl.-Kr. **52**, 429 (1936). — Importanza semeiologica delle „striae cutis atrophicae". Boll. Sez. region. Soc. ital. Derm. **1**, 46 (1936). Ref. Zbl. Haut- u. Geschl.-Kr. **55**, 205 (1937). — Il segno delle strie cutanee. Minerva med. **1**, 203 (1952). Ref. Zbl. Haut- u. Geschl.-Kr. **82**, 20 (1953). — Strie cutanee e tipo constituzionale dermico. Ann. Derm. Sif. **11**, 145 (1956). Ref. Zbl. Haut- u. Geschl.-Kr. **100**, 9 (1958). — NIETHAMMER, M.: Über gehäuftes Auftreten von Striae cutis distensae. Med. Klin. **1939**, 1627.

OPPENHEIM, M.: Striae distensae des Wachstums. (Wien. Derm. Ges. 14. 3. 1929.) Ref. Zbl. Haut- u. Geschl.-Kr. **31**, 561 (1929).

PETGES, G.: Vergetures. In: Nouvelle Pratique Dermatologique, vol. 6, p. 50. Paris: Masson & Cie. 1936. Zit. bei DARIER, SABOURAUD u. a. — PFEIFFER, R.: Striae atrophicae als Ausdruck tuberkulo-allergischer Fernreaktion an der Haut im Verlauf von Knochen-Gelenktuberkulosen. Münch. med. Wschr. **102**, 2389 (1960). — POIDEVIN, L. O. S.: Striae gravidarum. Their relation to adrenal cortial hyperfunction. Lancet **1959** II, No 7100, 436.

RADENBACH, K. L., H. ROSENOW u. J. EISENBLÄTTER: Striae cutis atrophicae im Rahmen innersekretorischer Störungen bei der Tuberkulosebehandlung mit INH. Med. Wschr. 8, 13, 89 (1954). — RODECURT, M.: Über Striae gravidarum. Arch. Frauenheilk. u. Konstitut.-Forsch. **14**, 199 (1928). — ROLLESTON, J. D.: Two cases of striae atrophicae following typhoid fever. Proc. Roy. Soc. Med. **25**, 213 (1931). Ref. Zbl. Haut- u. Geschl.-Kr. **41**, 71 (1932). — Striae atrophicae following rheumatic fever. Proc. Roy. Soc. Med. **25**, 803 (1932). Ref. Zbl. Haut- u. Geschl.-Kr. **42**, 195 (1932).

SATKE, O., u. W. WINKLER: Striae distensae cutis. I. Mitt. Morphologie und Ätiologie der Striae sowie Zustände und Erkrankungen, bei denen Striae bisher beschrieben wurden. Wien. Arch. inn. Med. **19**, 351 (1929). — Striae distensae cutis. II. Mitt. Striae bei Gelenkerkrankungen, insbesondere bei der Spondylosis deformans. Wien. Arch. inn. Med. **19**, 383 (1929). — SCHILLING, V.: Striae distensae als hypophysäres Symptom bei basophilem Vorderlappenadenom (Cushing-Syndrom) und bei Arachnodaktylie (Marfanscher Symptomenkomplex) mit Hypophysentumor. Med. Welt **183**, 219, 259 (1936). — SCHUPPIUS, A.: Vorbeugende Maßnahmen zur Verhinderung von Striae graviditatis. Ther. d. Gegenw. **99**, 520 (1960). — SHIN, Y., u. A. EBATA: Über die Schwangerschaftsstriae. Mitt. jap. Ges. Gynäk. **33**, H. 12, dtsch. Zus.fass. 93 (1938). Ref. Zbl. Haut- u. Geschl.-Kr. **61**, 575 (1939). — SHIRAI, Y.: Studies on striae cutis at puberty. Hiroshima J. med. Sci. 8, 215 (1959). Ref. Zbl. Haut- u. Geschl.-Kr. **107**, 52 (1960). — STRAKOSCH, W.: Über Striae pubertatis. Zbl. Gynäk. **77**, 1957 (1955).

WEBER, F. P.: "Idiopathic" striae atrophicae of puberty. Lancet **1935** II, 1347. — WEILL, J., et J. BERNFELD: Le problème des vergetures. Bull. Soc. franç. Derm. Syph. **57**, 573 (1950). — Le problème des vergetures. Sem. Hôp. Paris **1951**, 1011. Ref. Zbl. Haut- u. Geschl.-Kr. **79**, 304 (1952). — WIETH-PEDERSEN, G.: Ein Fall von Nebennierentumor und ein Fall von Hypophysentumor mit Nebennierenhyperplasie, beide mit Dehnungsstreifen in der Haut. Hospitastidende 2, 1231 (1931) [Dänisch]. Ref. Zbl. Haut- u. Geschl.-Kr. **41**, 604 (1932). — WILDHACK, R.: Striae atrophicae bei pleuropulmonaler Erkrankung. Ärztl. Wschr. **1958**, 916. — WINKLER, K.: Hormonbehandlung in der Dermatologie, S. 157. Berlin: W. Gruyter & Co. 1962. — WIRZ, F.: Über Striae atrophicae. Arch. Derm. Syph. (Berl.) **159**, 124 (1929).

ZIELER, K.: Bemerkungen zur Arbeit: Über Striae atrophicae von Prof. Dr. F. Wirz. Arch. Derm. Syph. (Berl.) **159**, 663 (1930). — Über gehäuftes Auftreten von Striae cutis distensae. Bemerkungen zu der unter gleicher Überschrift erschienenen Mitteilung von M. NIETHAMMER. Med. Klin. 1, 540 (1940).

Anetodermie

ACHTEN, G.: Anétodermie de Jadassohn. (Serv. de Derm. Hôp. St.-Pierre, Univ. Bruxelles. Soc. Belge de Derm. et Syph., Bruxelles 14. 2. 1954.) Arch. belges Derm. **10**, 207 (1954).

BARREIRO, J., F. CONTRERAS y F. CONTRERAS RUBIO: Poiquilodermia congenita del recien nacido (Syndrom Rothmund-Thomson). Actas dermo-sifiliogr. (Madr.) **53**, 355 (1962). — BATTAGLINI, S.: Über einen Fall von familiärer symmetrischer pigmentierter Anetodermie von dominierendem Vererbungstyp (Naevusform). Dermosifilografo **15**, 685 (1940). Ref. Derm. Wschr. **112**, 198 (1941). — BÖTTRICH, H., y R. N. CORTI: Anetodermie de Schweninger-Buzzi. (I. Cát. Derm., Buenos-Aires.) Rev. argent. Dermatosif. **41**, 284 (1957). Ref. Zbl. Haut- u. Geschl.-Kr. **107**, 75 (1960). — BOUDIN, G., B. DUPPERRAT, B. PEPIN et G. GOETSCHEL: Etat poikilodermique avec manifestations neurologiques dominantes. Bull. Soc. franç. Derm. Syph. **73**, 464 (1966). — BRUNSTING, L. A., R. R. KIERLAND, H. O. PERRY, and R. K. WINKELMANN: Poikiloderma. Arch. Derm. **85**, 671 (1962). — BUCHAL: Anetodermie. (Falldemonstration Schles. Derm. Ges. 16. 10. 1940.) Ref. Derm. Wschr. **112**, 136 (1941). — BUTTERWORTH, T.: Macular atrophy of the skin (anetodermia of Schweninger and Buzzi). (Philadelphia Derm. Soc. 19. 5. 1933.) Arch. Derm. Syph. (Chic.) **29**, 133 (1934).

Chargin, L., and H. Silver: Macular atrophy of the skin. Arch. Derm. Syph. (Chic.) 24, 614 (1931). — Charpy, J., et G. Tramier: Anétodermie. Bull. Soc. franç. Derm. Syph. 62, 462 (1955). — Chaveriat, Rollier et M. Pelbois: Anétodermie maculeuse, type Schweninger et Buzzi. Bull. Soc. franç. Derm. Syph. 59, 22 (1952). — Cipollaro, A. C.: Macular atrophy (Schweninger-Buzzi type); chronic discoid lupus erythematosus. (New York Acad. of Med., Sect. of Derm. and Syph. 6. 3. 1951.) Arch. Derm. Syph. (Chic.) 65, 507 (1952). — Colomb, D., u. H. Cajfinger: Anetodermie von Pelizzari bei einem Lungentuberkulösen. Bull. Soc. franç. Derm. Syph. 63, 177 (1956). — Colomb, D., M. Prunieras et J. Muller: Anétodermie type Pellizzari a forme bulleuse, puis suppurative chez un ancien phlébitique. Bull. Soc. franç. Derm. Syph. 61, 243 (1954). — Cornejo, A., y J. Abulafia: Anetodermia de Schweninger y Buzzi. Arch. argent. Dermatosif. 5, 335 (1955). Ref. Zbl. Haut- u. Geschl.-Kr. 96, 330 (1956). — Craps, L.: Anétodermie congénitale. (Clin. Derm. Univ. Bruxelles 6. 3. 1960.) Arch. belges Derm. 16, 193 (1960).

Deluzenne, R.: Les anétodermies maculeuses. Ann. Derm. Syph. (Paris) 83, 618 (1956). — Dobos, A.: Anetodermale Narben nach Lues. (Falldemonstration.) Derm. Wschr. 110, 41 (1940). — Duperrat, B.: Anétodermie type Schweninger-Buzzi. Bull. Soc. franç. Derm. Syph. 61, 11 (1954). — Duperrat, B., M. de Sablet et A. Fontaine: Anétodermie syphilitique incipiens. Bull. Soc. franç. Derm. Syph. 65, 22 (1958).

Ehrmann, G.: Atrophia cutis maculosa. (Falldemonstration, Öst. Derm. Ges. 24. 4. 1952.) Zbl. Haut- u. Geschl.-Kr. 81, 120 (1952). — Evans, C. D.: Multiple atrophic lesions. Brit. J. Derm. 61, 101 (1949).

Feldman, S.: Macular atrophy (Schweninger and Buzzi type). (Bronx Derm. Soc. 27. 1. 1938.) Arch. Derm. Syph. (Chic.) 38, 117 (1938). — Ferrara, R. J.: Macular atrophy following infection. Arch. Derm. 79, 516 (1959). — Fiocco, G. B.: Falldemonstration. Derm. Wschr. 115, 627 (1942). — Flarer, F.: Anetodermie und Lupus erythematodes. Derm. Wschr. 110, 365 (1940). — Fleck, M., u. H. J. Schuppener: Anetodermie (Falldemonstration, Berl. Derm. Ges. 15. 12. 1956.) Zbl. Haut- u. Geschl.-Kr. 100, 166 (1958). — Fleischmann, G.: Dermatitis chron. atrophicans kombiniert mit Anetodermie. (Falldemonstration.) Zbl. Haut- u. Geschl.-Kr. 70, 291 (1943). — Foerster, O. H., H. R. Foerster, and L. M. Wieder: Anetoderma erythematodes Jadassohn (Dermatitis atrophicans maculosa with ballooning). (Chicago Derm. Soc. 15. 1. 1936.) Arch. Derm. Syph. (Chic.) 34, 725 (1936).

Garnier, G.: Un cas d'anétodermie de Jadassohn. Bull. Soc. franç. Derm. Syph. 45, 906 (1938). — Götz, H.: Die Akrodermatitis chronica atrophicans Herxheimer als Infektionskrankheit. Hautarzt 5, 491 (1954). — Goltz, R. W., W. C. Peterson, J. R. Gorlin, and H. G. Ravits: Focal dermal hypoplasia. Arch. Derm. 86, 708 (1962). — Gottron, H. A.: Großknotige unter dem Erscheinungsbild einer Anetodermie abheilende Amyloidose der Haut. (Schles. Derm. Ges. 12. 12. 1936.) Ref. Zbl. Haut- u. Geschl.-Kr. 57, 7 (1937). — Amyloidosis cutis nodularis atrophicans diabetica. Dtsch. med. Wschr. 75, 19 (1950). — Gougerot, H.: Atrophies cutanées maculeuses, violacées, ou téléangiectasiques, ou blanches, isolées ou confluentes en plaques, et nodules dermiques préatrophiques. Discussion avec le lupus érythémateux. Bull. Soc. franç. Derm. Syph. 47, 300 (1940). — Gougerot, H., J. Meyer et Weill-Spire: Atrophie cutanée maculeuse d'origine tuberculeuse. Bull. Soc. franç. Derm. Syph. 39, 523 (1932). — Grimalt, F., u. G. W. Korting: Anetodermie und Osteopsathyrose (Syndrom von Blegvad-Haxthausen). Z. Haut- u. Geschl.-Kr. 22, 361 (1957). — Gross, P.: Macular atrophy (Schweninger-Buzzi type). (Atlantic Derm. Conf. 3. 3. 1951.) Arch. Derm. Syph. (Chic.) 65, 492 (1952). — Diskussionsbemerkung zu Cipollaro: Macular atrophy. Arch. Derm. Syph. (Chic.) 65, 508 (1952). — Grupper, Ch., et A. Bonparis: Anetodermie bei einem Mädchen. Begleitende Knochenstörung. Bull. Soc. franç. Derm. Syph. 66, 270 (1959).

Hauser, W.: Zur Kenntnis der Akrodermatitis chronica atrophicans. Arch. Derm. Syph. (Berl.) 199, 350 (1955). — Hoff, H. Ch.: Acrodermatitis chronica atrophicans (Herxheimer) und Nervensystem. Berlin-Heidelberg-New York: Springer 1966. — Hollander, M.: Schweninger-Buzzi type of primary macular atrophy; multiple benign new growths of the skin. (Baltimore-Washington Derm. Soc., Host 25. 3. 1950.) Arch. Derm. Syph. (Chic.) 63, 659 (1951).

Kaminsky, A., y J. Kriner: Anetodermia de Schweninger y Buzzi. (Cát. de Derm., Policlin. Rawson, Buenos Aires, 11. 6. 1953.) Arch. argent. Derm. 4, 64 (1954). Ref. Zbl. Haut- u. Geschl.-Kr. 92, 258 (1955). — Kirishima, M.: Dermatitis atrophicans maculosa. (Derm. Kais. Univ. Klin., Kyoto.) Ikonogr. derm. (Kyoto) 49, 294 (1939). Ref. Zbl. Haut- u. Geschl.-Kr. 63, 585 (1940). — Koblenzer, P., and L. Chaplinsky: Rothmund-Thomson syndrome (Poikiloderma congenitale). Arch. Derm. 90, 114 (1964). — Konrad, J.: Atrophia maculosa. Zbl. Haut- u. Geschl.-Kr. 54, 67 (1937). — Korting, G. W., J. Cabré u. H. Holzmann: Zur Kenntnis der Kollagenveränderungen bei der Anetodermie vom Typus Schweninger-Buzzi. Arch. klin. exp. Derm. 218, 274 (1964).

Langhof, H.: Anetodermia muculosa Typus Pellizzari mit Syndrom der blauen Skleren. Derm. Wschr. 148, 616 (1963). — Le Coulant, R., L. Texier et J. Maleville: Anétodermie

maculeuse type Schweninger-Buzzi. Bull. Soc. franç. Derm. Syph. **67**, 59 (1960). — LE COU-
LANT, P., L. TEXIER, J. MALVILLE, J.-M. TAMISIER, M. GENIAUX et J. P. DENEF: Poikilodermatomyosite. Bull. Soc. franç. Derm. Syph. **73**, 74 (1966). — LESZCZYNSKI, R. v.: Anetodermia erythematosa. (Falldemonstration — Lemberger Derm. Ges. 22. 10. 1938.) Ref. Zbl.
Haut- u. Geschl.-Kr. **61**, 624 (1939).

MARGAROT, J., G. RIMBAUD u. J. RAVOIRE-MONTPELLIER: Erythematodes und Anetodermie (Jadassohn). (Sitzg Lyon 8. 6. 1939.) Bull. Soc. franç. Derm. Syph. **46**, 1003 (1939).
Ref. Derm. Wschr. **115**, 577 (1942). — MARGHESCU, S., u. O. BRAUN-FALCO: Über die kongenitalen Poikilodermien. Ein analytischer Versuch. Derm. Wschr. **151**, 9 (1965). — McCLEARY,
J. E.: Anetoderma of Jadassohn. (Falldemonstration.) Arch. Derm. **81**, 1024 (1960). —
MERENLENDER, J. J. (i): Sur l'étiologie de l'atrophie idiopathique de la peau. Un cas d'atrophie
maculeuse chez une malade atteinte de sclérose en plaques. Ann. Derm. Syph. (Paris) **4**, 593
(1933). — MESTDAGH, CH.: Un cas d'anétodermie. (Serv. Univ. de Derm. Bruxelles. Soc.
belge de Derm. et de Syph. 8. 6. 1952.) Arch. belges Derm. **8**, 397 (1952). — MILBRADT, W.:
Auftreten von Anetodermia erythematosa, Vitiligo und Alopecia areata auf dem Boden einer
pluriglandulären Insuffizienz. Derm. Wschr. **104**, 180 (1937). — MILIAN u. DOUHET: Fleckförmige Anetodermie und Lupus erythematodes. (Falldemonstration.) Derm. Wschr. **108**, 116
(1939). — MÜLLER, F.: Anetodermia erythematosa (Jadassohn). Orv. Hetil. **1936**, 926 [Unga-
risch]. Ref. Zbl. Haut- u. Geschl.-Kr. **95**, 205 (1937). — MUÑUZURI, G. J., u. S. C. GONZÁLEZ:
Ein Fall von Anetodermia Jadassohn. (Dispens. Of. Antivenér. No I, Sevilla.) Act. dermo-
sifiliogr. (Madr.) **28**, 270 (1935). Ref. Zbl. Haut- u. Geschl.-Kr. **54**, 90 (1937).

NEUMANN, A., et A. FIESCHI: Sur un cas d'atrophie cutanée d'un type particulier, à
classer dans le chapitre des anétodermies (Paris 13. 12. 1956). Bull. Soc. franç. Derm. Syph.
63, 471 (1956). — NEUMANN, E., u. ST. VACÁTKO: Kutane Form der Arteriitis als Vorläufer
einer Atrophia maculosa. Derm. Wschr. **140**, 1008 (1959).

OBERMAYER, M. E.: Anetoderma erythematosum Jadassohn in a patient with nodulo-
ulcerative syphilis. (Chicago Derm. Soc. 16. 1. 1935.) Arch. Derm. Syph. (Chic.) **32**, 527
(1935). — OPPENHEIM, M.: Diskussionsbemerkung zur Atrophia cutis maculosa. Arch. Derm.
Syph. (Chic.) **40**, 1029 (1939).

PANCONESI, E.: Le atrofodermie idiopatiche maculose. (A proposito di un caso di atrofia
musculosa tipo Schweninger-Buzzi.) (Clin. Derm., Univ. Firenze.) Rass. Derm. Sif. **8**, 1 (1955).
Ref. Zbl. Haut- u. Geschl.-Kr. **93**, 221 (1955/56). — PAROUNAGIAN, M. B.: Atrophia cutis
maculosa. (Manhattan Derm. Soc., 11. 4. 33.) Arch. Derm. Syph. (Chic.) **29**, 919 (1934). —
PERSON, G.: Case of anetoderma. (Trans. of Swed. Derm. Soc. for the year 1947, Stockholm
7. 5. 1947.) Acta derm.-venereol. (Stockh.) **29**, 523 (1949). — PETGES, G.: Anétodermie. In:
Nouvelle pratique dermatologique, vol. VI, p. 95. Paris: Masson & Cie. 1936. — PHOTINOS, P.:
Anetodermie bei 40jährigem Mann. Derm. Wschr. **108**, 426 (1939). — PIERINI, L. E., u.
N. S. BASSO: Atrophierendes urticarielles Erythem (Pellizzari). Beitrag zum Studium der
idiopathischen primären fleckigen Atrophien. (Hosp. de Ninos Expósitos, Buenos Aires.)
Rev. argent. Dermatosif. **20**, 49 (1936). Ref. Zbl. Haut- u. Geschl.-Kr. **55**, 205 (1937). —
PIERINI, O. D.: Atrofia maculosa idiopathica del tipo Schweninger-Buzzi. Rev. argent. Der-
matosif. **34**, 91 (1950). Ref. Zbl. Haut- u. Geschl.-Kr. **77**, 231 (1951/52). — PINA, J., u. J. GRAU:
Über einen Fall von Anetodermia erythematosa. Vida nuova **12**, 550 (1939). Ref. Derm.
Wschr. **108**, 323 (1939). POSTMA, C.: Dermatitis atrophicans maculosa. (Niederld. Derm.
Ver.igg, Amsterdam, Sitzg v. 26. 3. 1933.) Ned. T. Geneesk. **1933**, 4836. — POZZO, G.:
Anetodermia di Pellizzari-Jadassohn. Considerazioni cliniche e patogenetiche. (Clin. Derm.,
Univ. Milano.) G. ital. Derm. Sif. **96**, 240 (1955). — PUSEY, W. A.: Diskussionsbemerkung
zu Anetoderma. Arch. Derm. Syph. (Chic.) **34**, 726 (1936).

RABUT, R., H. LOUIS et B. DUPERRAT: Anétodermie, type Schweninger-Buzzi. Bull. Soc.
franç. Derm. Syph. **57**, 294 (1950). — RAMEL, E.: Syndrome de Besnier-Boeck, à nodules
miliares, associés à une anétodermie maculeuse. Inoculation positive des lésions cutanées et
du sédiment urinaire au cobaye (Meerschweinchen). (Clin. Derm., Univ. Lausanne.) Bull.
Soc. franç. Derm. Syph. **41**, 1122 (1934). — REHTIJÄRVI, K.: Poikiloderma congenitale
Rothmund-Thomson. Report of 4 cases in a family. Ann. Paediat. Fenn. **10**, 288 (1964). —
REMOLAR, J., A. MARTINEZ MARCHETTI, R. SCHIAVELLI y M. O. TIFFEMBERG: Lepra lepro-
matosa con lesiones en anetodermia. Arch. argent. Derm. **8**, 71 (1958). Ref. Zbl. Haut- u.
Geschl.-Kr. **103**, 29 (1959). — ROEDERER, J., et F. WORINGER: Deux cas d'anétodermie de
Jadassohn, l'un du type Pellizzari, l'autre du type Schweninger-Buzzi. Bull. Soc. franç. Derm.
Syph. **60**, 111 (1953). — RONZANI, M.: Atrofia maculosa idiopatica tipo Schweninger-Buzzi.
(Clin. Dermosifilopat. Univ. Milano.) G. ital. Derm. Sif. **81**, 441 (1940). Ref. Zbl. Haut- u.
Geschl.-Kr. **65**, 687 (1940). — ROSEN, I.: Primäry macular atrophy (Schweninger-Buzzi).
Lupus erythematosus. (New York Acad. of Derm. and Syph., 7. 5. 1935.) Arch. Derm. Syph.
(Chic.) **33**, 580 (1936). — RUGGERI, R.: Anetodermia idiopatica maculare del tipo Schweninger-
Buzzi in un bambino di un anno e mezzo. (Clin. Dermosifilopat. Univ. Milano.) G. ital. Derm.

Sif. 81, 463 (1940). Ref. Zbl. Haut- u. Geschl.-Kr. 65, 687 (1940). — Ruszcak, Z., u. L. Wózniak: Amyloidosis cutis localisata nodosa cum Anetodermia. Hautarzt 12, 254 (1961). Sannicandro, G.: Atrophies maculeuses sui generis. Cause consecutive à des sarcoides tubereuses de Boeck. Zit. bei Petges. Ann. Derm. Syph. (Paris) 1933, 515. — Schirren, C. G., u. Th. Nasemann: Poikiloderma congenitum Rothmund-Thomson. Hautarzt 13, 536 (1962). — Scull, R. H., and R. Nomland: Secundary macular atrophy. Arch. Derm. Syph. (Chic.) 36, 809 (1937). — Spier, H. W.: Falldemonstration. Arch. Derm. Syph. (Berl.) 189, 448 (1948). — Steiger-Kazal, D.: Xanthoma mollusciforme et generalisatum bei einem Kleinkind mit Ausgang in Anetodermie. Derm. Wschr. 112, 125 (1941). — Steppert, A.: Die Anetodermie beim Manne. Derm. Wschr. 133, 213 (1956). — Stüttgen, G.: Sitzgsber. Ver.igg. Düss. Dermat. v. 28. 11. 1962: Poikilodermie bei Leberverfettung. Ref. Zbl. Haut- u. Geschl.-Kr. 114, 64 (1963). — Sulzberger, M. B.: Diskussionsbemerkung. Arch. Derm. Syph. (Chic.) 33, 580 (1936). — Sutorius, J.: Falldemonstration. Derm. Wschr. 110, 527 (1940). — Sweitzer, S. E., and C. W. Laymon: Acrodermatitis chronica atrophicans. Arch. Derm. Syph. (Chic.) 31, 196 (1935). — Szábo, E.: Zur Frage der mit dem Thomson-Syndrom einhergehenden Poikilodermie. Z. Haut- u. Geschl.-Kr. 42, 71 (1967).

Teodorescu, St., A. Conu u. D. Muresan: Atrophierende Eruption anetodermischen Typus. Bazilläre Adenopathie. Günstige Wirkung der antituberkulösen Behandlung. Derm.-Vener. (Buc.) 5, 43 (1960). Ref. Zbl. Haut- u. Geschl.-Kr. 108, 328 (1960). — Texier, L.: Association chez la même malade de lésions de sclérodermie et d'anétodermie des membres inférieurs sur un fond érythématocyanotique. Maladie de Pick-Herxheimer? Bull. Soc. franç. Derm. Syph. 62, 404 (1955). — Tobias, N.: Multiple benign tumor-like new growths of the Schweninger-Buzzi type. Report of a case. (Dep. of Derm., St. Louis, Univ. St. Louis.) Arch. Derm. Syph. (Chic.) 29, 219 (1934). — Tomassini, M.: Poikilodermia vascularis atrophicans (Esposizione di due case clinici). Rass. Derm. Sif. 17, 263 (1964). — Touraine, A., et G. Solente: Anétodermie au début chez un syphilitique. Zit. bei Petges. Bull. Soc. franç. Derm. Syph. 40, 819 (1933).

Umansky, M.: Case of idiopathic macular atrophy. (Bronx Derm. Soc., Bronx, 17. 2. 1955.) Arch. Derm. 72, 76 (1955). — Usváry, E., I. Orlik u. B. Kiss: Subakuter Erythematodes kombiniert mit Anetodermie Typ Pellizzari unter dem Bilde einer Chalodermie und Dermatitis atrophicans. Derm.-Vener. (Buc.) 8, 447 (1963).

Weissenbach, R. J., G. Basch et J. Martineau: Atrophie cutanée à type d'anétodermie érythémateuse de Jadassohn, ou atrophie érythémateuse en plaque à progression excentrique. Bull. Soc. franç. Derm. Syph. 44, 619 (1937). — Wilkinson, D. S.: Lymphocytic infiltration of the skin with secondary anetoderma. Brit. J. Derm. 69, 453 (1957). — Wodniansky, P.: Lymphocytome in atrophischer Haut, Anetodermie, Sklerodermie. (Öst. Derm.) Ges., Wiss. Sitzg 7. 3. 1957.) Hautarzt 9, 280 (1958). — Wolfram, St.: Atrophia cutis idiopathica cum anetodermia. (Falldemonstration.) Derm. Wschr. 114, 448 (1942). — Woringer, F., E. Wilhelm et Ch. Hirsch: Dermatite chronique atrophiante avec anétodermie et tumeurs cutanées. Bull. Soc. franç. Derm. Syph. 66, 816 (1959).

Zavarini, G.: Atrofodermia idiopatica di Schweninger-Buzzi. (Clin. Dermosifilopat. Univ. Ferrara.) Dermatologia (Napoli) 7, 17 (1956). Ref. Zbl. Haut- u. Geschl.-Kr. 95, 142 (1956).

Poikilodermie

Allison, J. H.: A benign variant of poikiloderma. Trans. St. John's Hosp. derm. Soc. (Lond.) 40, 55 (1958). Ref. Zbl. Haut- u. Geschl.-Kr. 104, 71 (1959). — Aplas, V.: Zur Kenntnis der Poikilodermie, Parapsoriasis und Atrophia cutis reticularis cum pigmentatione, dystrophia unguium et leukoplakia oris Zinsser-,,Dyskeratosis congenita". Arch. klin. exp. Derm. 202, 224 (1956).

Bazex, A., A. Dupré et M. Parant: Poikilodermies congénitales et poikilodermies acquises: existe-t-il des lésions vasculaires spécifiques permettant de différencier ces deux types? Bull. Soc. franç. Derm. Syph. 65, 112 (1958). — Bettmann, S.: Über Genodermatosen. Zbl. Haut- u. Geschl.-Kr. 4, 481 (1922).

Calvert, H. T.: Poikiloderma: a benign variant. Trans. St. John's Hosp. derm. Soc. (Lond.) 40, 52 (1958). Ref. Zbl. Haut- u. Geschl.-Kr. 104, 71 (1959). — Cannata, C.: Considerazioni sulla Poikilodermia vascularis atrophicans de Jacobi con particolare riguardo a un'interpretazione reticolo-istiocitaria. Minerva derm. 28, 221 (1953). Ref. Zbl. Haut- u. Geschl.-Kr. 88, 174 (1954). — Costello, M. J., and C. M. Buncke: Dyskeratosis congenita. Arch. Derm. 73, 123 (1956). — Covisa, J. S., u. J. Bejarano: Atrophisierende vasculäre Poikilodermie nach Salvarsan-Erythrodermie. Act. dermo-sifiliogr. (Madr.) 25, 233 (1933). Ref. Zbl. Haut- u. Geschl.-Kr. 45, 268 (1933).

Dostrovsky, A., and F. Sagher: Poikiloderma as the initial stage of mycosis fungoides. Arch. Derm. Syph. (Chic.) 51, 182 (1945). — Dowling, G. B., and W. Freudenthal: Dermatomyositis and poikilodermia atrophicans vascularis: A clinical and histological comparison. Brit. J. Derm. 50, 519 (1938). — Dowling, G. B., and D. L. Rees: Poikiloderma congenita

(Thomson). Proc. 10th Int. Congr. of Derm. London 1952, 528 (1953). Ref. Zbl. Haut- u. Geschl.-Kr. 89, 325 (1954). — DOWLING, G. B., and E. WADDINGTON: Poikiloderma atrophicans vasculare (Lane type) with mycosis fungoides. Proc. 10th Int. Congr. of Derm. London 1952, 487 (1953). Ref. Zbl. Haut- u. Geschl.-Kr. 89, 325 (1954). — DOWNING, J. G., J. M. EDELSTEIN, and T. B. FITZPATRICK: Poikiloderma vasculare atrophicans. Arch. Derm. Syph. (Chic.) 56, 740 (1947).

FORMAN, L.: Parapsoriasis lichenoides en plaque with necrotic nodules showing features of poikiloderma. Sect. of Derm. 25. 4. 1957. Proc. Roy. Soc. Med. 50, 773 (1957). Ref. Zbl. Haut- u. Geschl.-Kr. 100, 246 (1958).

GADRAT, J., A. BAZEX, A., A. DUPRÉ et M. PARANT: Poikilodermie congénitale atypique. Bull. Soc. franç. Derm. Syph. 62, 428 (1955). — GOTTRON, H. A.: Beitrag zur nosologischen Stellung der Parakeratosis variegata. Z. Derm. 56, 139 (1929). — Zur Dermatomyositis nebst Bemerkungen zur Poikilodermie. Derm. Wschr. 130, 923 (1954). — GOUGEROT, H., et R. BURNIER: Poikilodermie de Petges-Jacobi (forme complète) ayant débuté par des larges placards érythématosquameux de parapsoriasis. Discussion des rapports de la poikilodermie et des parapsoriasis (II. Mém.). Arch. derm.-syph. (Paris) 1, 386 (1929). — GOUGEROT, H., et O. ELIASCHEFF: La petite papule rouge, lésion élémentaire et initiale de la poikilodermie réticulée de Petges-Jacobi. Contribution à l'étude des dermatoses à petites papules et à tendance atrophique. (I. Mém.). Arch. derm. syph. (Paris) 1, 137 (1929). — GREITHER, A.: Über das Rothmund- und das Werner-Syndrom. III. Mitt.: Die Abgrenzung beider Zustände gegeneinander. Arch. klin. exp. Derm. 201, 431 (1955).

HABERMANN, P., u. M. FLECK: Über das Rothmund-Syndrom. Z. Kinderheilk. 77, 306 (1955). — HAZEL, O. G.: Poikiloderma atrophicans vasculare. Arch. Derm. Syph. (Chic.) 40, 776 (1939). — HOFFMANN, E.: Die Behandlung der Haut- und Geschlechts-Krankheiten, 8. Aufl. Berlin: Marcus & Weber 1943. — HORN, R. C., JR.: Poikilodermatomyositis. Arch. Derm. Syph. (Chic.) 44, 1086 (1941).

ISSLER, J.: Poikilodermia vascularis atrophicans im Verlaufe von Pityriasis lichenoides chron. varietas verrucosa. Przegl. Derm. Wener. 33, 39 (1938). Ref. Zbl. Haut- u. Geschl.-Kr. 60, 674 (1938). — IZZO, L.: In tema di poichilodermatomiosite. Studio su tre casi. Minerva derm. 37, 330 (1962).

JACOBI, E.: Fall zur Diagnose (Poikilodermia atrophicans vascularis). Verh. dtsch. Derm. Ges. 9, 321 (1907). (IX. Kongr. Bern 12. 9. 1906.) Ikonograph. derm. (Kioto) 3, 95 (1908). — JAFFÉ, K.: Zwei Fälle von Sklero-Poikilodermie. Arch. Derm. Syph. (Berl.) 159, 257 (1930).

KANEE, B.: Skeropoikiloderma with calcinosis cutis Raynaud- like syndrome and atrophoderma. Arch. Derm. Syph. (Chic.) 50, 254 (1944). — KIESSLING, W.: (Falldemonstration.) Poikilodermia atrophicans vascularis Jacobi. Südwestdtsch. Derm. Vereinigg. 82. Tagg Heidelberg 9. u. 10. 5. 1959. Ref. Zbl. Haut- u. Geschl.-Kr. 104, 10 (1959). — KINDLER, TH.: Congenital poikiloderma with traumatic bulla formation and progressive cutaneous atrophy. Brit. J. Derm. 66, 104 (1954). — KINNEAR, J.: A case of Riehl's melanosis: With notes on the classification of the poikilodermias. (Roy. Infirm. Dundee.) Brit. J. Derm. 47, 191 (1935). — KORTING, G. W.: Poikilodermie und die Stellung der so bezeichneten Fälle im System der Dermatosen. In: GOTTRON-SCHÖNFELD, Dermatologie und Venerologie, Bd. II/1, S. 581. Stuttgart: Georg Thieme 1958. — KORTING, G. W., u. W. ADAM: Eine seltene Poikilodermie-Form: Lupus-erythematodes-artige Hautveränderungen bei Minderwuchs. Arch. klin. exp. Derm. 207, 508 (1958). — KREIBICH, C.: Poikilodermie Jacobi, Xanthomatosis, Serumwerte. Arch. Derm. Syph. (Berl.) 166, 466 (1932). — KUSKE, H.: In Dermatologie und Venerologie von GOTTRON-SCHÖNFELD, Bd. IV, S. 187. Stuttgart: Georg Thieme 1960.

LAUGIER, P.: Reticulose tumorale apparue tardivement sur poikilodermie. Bull. Soc. franç. Derm. Syph. 65, 622 (1958). — LE COULANT, P., et L. TEXIER: L'atrophie poikilodermique. Minerva derm. 34, 281 (1959). — LINDSAY, H. C. L.: Poikiloderma atrophicans vasculare of the Jacobi type complicated by cancer of the thigh. (Los Angeles Derm. Soc. 13. 10. 1936.) Arch. Derm. Syph. (Chic.) 35, 1165 (1937).

MARCHIONINI, A.: Diskussionsbemerkung S. u. W. KIESSLING. Zbl. Haut- u. Geschl.-Kr. 104, 10 (1959). — MARCHIONINI, A., u. F. BESSER: Poikilodermia atrophicans vascularis Jacobi. Arch. Derm. Syph. (Berl.) 165, 431 (1932). — MARCHIONINI, A., u. F. JOHN: Über lichenoide und poikilodermieartige Hautamyloidose. Arch. Derm. Syph. (Berl.) 173, 545 (1936). — MEIREN, VAN DER L., et Y. KENIS: État poikilodermique. Hodgkin cutané et ganglionnaire. Traitement par le Thio — T.E.P.A. Arch. belges Derm. 12, 196 (1956). — MÜLLER, W.: Falldemonstration. Hamburg. Derm. Ges. 28./29. 1. 1950. Hautarzt 1, 283 (1950). — Casus pro diagnosi: Poikilodermia atrophicans vascularis. Falldemonstration. Hamburg. Derm. Ges. 4. 5. 1958. Derm. Wschr. 139, 210 (1959).

NEKAM, L., JR.: A propos des difficultés de diagnostic entre le parapsoriasis lichénoide et la poikilodermie. (Clin. Dermatol. Univ. Strasbourg). Ann. Derm. Syph. (Paris) 9, 31 (1938). — NOBL, G.: Salvarsan-bedingte Poikilodermie. Wien. med. Wschr. 85, 1050 (1935).

OPPENHEIM, M.: Poikilodermia vascularis atrophicans. In: J. JADASSOHN, Handbuch der Haut- und Geschlechts-Krankheiten, Bd. VIII/2, S. 635. Berlin: Springer 1931.

Petges, A.: Poikilodermie et Poikilodermatomyosite. Thèse, No 113, Bordeaux 1930. — Petges, G., et C. Cléjat: Sclérose atrophique de la peau et myosite généralisée. Ann. Derm. Syph. (Paris) 7, 550 (1906). — Petges, G., et A. Petges: Poikilodermatomyosite dans la jeunesse et l'enfance. Ann. Derm. Syph. (Paris) 1, 441 (1930). — Pincelli, L.: Contributo allo studio delle poichilodermie (a propositi di un caso di poichilodermia congenita a carattere nevico). (Clin. Derm., Univ. Modena.) Arch. ital. Derm. 29, 33 (1957). Ref. Zbl. Haut- u. Geschl.-Kr. 102, 142 (1958/59). — Pozzo, G., e M. F. Hofmann: Poikilodermia vascularis atrophicans diffusa tipo Jacobi. Osservazioni su die un caso con grave quadro disprotidemico. G. ital. Derm. Sif. 95, 160 (1954). Ref. Zbl. Haut- u. Geschl.-Kr. 90, 253 (1954/55).

Reid, J.: Congenital poikiloderma with osteogenesis imperfecta. Brit. J. Derm. 79, 243 (1967). — Rook, A., and J. Whimster: Congenital cutaneous dystrophy (Thomson type). Brit. J. Derm. 61, 197 (1949). Zit. bei G. K. Steigleder. — Ruiter, M.: Eine ungewöhnliche namentlich auf die Extremitäten beschränkte Form von Poikilodermie. Hautarzt 6, 247 (1955).

Sakurane, Y., T. Sugai, and T. Shinagawa: A case of pityriasis lichenoides chronica et varioliformis acuta complicated with poikilodermia atrophicans vascularis. Jap. J. Derm. 70, 353 (1960). Ref. Zbl. Haut- u. Geschl.-Kr. 108, 328 (1961). — Samman, P. D., H. T. Calvert, and W. G. Tillman: Transactions of the St. John's Hospital Derm. Soc., Oct. 1951. Zit. bei M. Ruiter. — Sanderink, J. F. H.: A rare form of poikiloderma. Ned. T. Geneesk. 103, 2610 (1959). Ref. Zbl. Haut- u. Geschl.-Kr. 107, 76 (1960). — Sannicandro, G.: Le parapsoriasi di Brocq e i loro rapporti colla poichilodermia atrofizzante vascolare e la micosi fungoide. Studi sassaresi 16, 57 (1938). Ref. Zbl. Haut- u. Geschl.-Kr. 60, 154 (1938). — Schuermann, H.: Dermatomyositis (Polymyositis). In: Gottron-Schönfeld, Dermatologie und Venerologie, Bd. II/1, S. 543. Stuttgart: Georg Thieme 1958. — Steigleder, G. K.: Die Poikilodermien-Genodermien und Genodermatosen? Arch. Derm. Syph. (Berl.) 194, 461 (1952). — Stoughton, R., and G. Wells: A histochemical study on polysaccharides in normal and diseased skin. J. invest. Derm. 14, 37 (1950). — Szilágyi, St.: Poikiloderma. Ung. Derm. Ges. Budapest 11. 12. 31. Ref. Zbl. Haut- u. Geschl.-Kr. 41, 200 (1932).

Taylor, W. B.: Rothmund's syndrome-Thomson's syndrome. Arch. Derm. 75, 236 (1957). — Thomson, M. S.: Poikiloderma congenitale. Brit. J. Derm. 48, 221 (1936). — Tritsch, H., u. H.J. Endres: Über die Poikilodermia atrophicans vascularis bei Mycosis fungoides mit Hinweis auf Behandlung durch radioaktives Yttrium (Y 90). Derm. Wschr. 137, 479 (1958). — Tritsch, H., u. W. Kiessling: Poikilodermia atrophicans vascularis bei maligner Lymphogranulomatose. Paltauf-Sternberg. Arch. klin. exp. Derm. 202, 10 (1955).

Unna, Santi u. Politzer: Siehe Gottron 1929.

Waddington, E.: Beziehungen zwischen der Poikilodermia atrophicans vascularis und der Mycosis fungoides. Hautarzt 4, 282 (1953). — Wiedmann, A.: Poikilodermia vascularis und Parapsoriasis guttata. (Falldemonstration — Wien. Derm. Ges. 1. 6. 1939.) Zbl. Haut- u. Geschl.-Kr. 63, 401 (1940). — Wiskemann, A.: Calcinosis cutis universalis und Poikilodermie. Arch. Derm. Syph. (Berl.) 199, 507 (1955). — Wodniansky, P.: Über die Formen der congenitalen Poikilodermie. Arch. klin. exp. Derm. 205, 331 (1957). — Woringer, F., R. Burgun et J. Mandry: Evolution d'un état poikilodermique. Bull. Soc. franç. Derm. Syph. 64, 734 (1957).

Zinsser, F.: Zit. bei P. Wodniansky. Arch. klin. exp. Derm. 205, 331 (1957).

Atrophie blanche

Bettley, F. R., and C. D. Calnan: Atrophie blanche des jambes. Proc. 10th Intern. Congr. of Derm., London 1952, 465 (1953). Ref. Zbl. Haut- u. Geschl.-Kr. 89, 340 (1954).

Ellerbroeck, U.: 7 Fälle von Capillaritis alba (Atrophie blanche Milian). Falldemonstration der 34. Tagg der Nordwestdtsch. u. Frühjahrstagg der Hamburg. Derm. Ges. 3.—5. 7. 1953. Ref. Derm. Wschr. 128, 1208 (1953).

Follmann, I.: Atrophia alba (Milian). Falldemonstration: Sitzg der Ungar. Derm. Ges. 18. 4. 1940. Ref. Derm. Wschr. 111, 988 (1940). — Fournier, A.: Weiße Atrophie, sklerosierende Hypodermitis und Unterschenkelgeschwüre. X. Int. Dermatologenkongr. London 1952. Ref. Derm. Wschr. 128, 818 (1953).

Gonin, R.: Atrophia alba und Ulcus cruris mit unerträglichen Schmerzen. Ann. Derm. Syph. (Paris) 10, 633 (1950). Ref. Derm. Wschr. 124, 997 (1951). — Gottron, H. A.: Spontanatrophie bei varikösem Symptomenkomplex. 19. Tagg der Dtsch. Derm. Ges. 19.—21. 8. 1939. Ref. Derm. Wschr. 110, 441 (1940). — Gougerot, H., E. Lortat-Jacob et J. Hamburger: Capillarite téléangiectasique et atrophiante. (Atrophie blanche.) Bull. Soc. franç. Derm. Syph. 43, 1792 (1936).

Hauser, W.: Zur Kenntnis der Atrophie blanche als Stauungsdermatose. Derm. Wschr. 138, 934 (1958).

Jaquet, M.: Étude anatomo-pathologique de six cas d'atrophie blanche en plaques. Angéiologie 8, 4 (1956). Ref. Zbl. Haut- u. Geschl.-Kr. 95, 297 (1956).

KEINING, E.: Kleinfleckige Atrophie (sog. Capillaritis alba) oder Purpura Majocchi im Gebiet der äußeren und inneren Malleolen bei 32jähriger Patientin. Tagg der Derm. Ver.gg Groß-Hamburg 29.—30. 5. 1937. Ref. Derm. Wschr. **106**, 197 (1938).

LAPLANE, R., et H. BROCARD: Le rôle du sympathique dans la pathogénie des capillarites. Données expérimentales. Bull. Soc. franç. Derm. Syph. **44**, 1638 (1937).

MILIAN, G.: L'atrophie blanche. (Atrophia alba.) Bull. Soc. franç. Derm. Syph. **36**, 865 (1929). — MOLEN, H. R. v. D.: Revascularisatie van de l'atrophie blanche van Milian. Ned. T. Geneesk. **97**, 2194 (1953). Ref. Excerpta med. (Amst.), Sect. XIII 8, 138 (1954). — MONRO, A., and R. H. MEARA: Atrophie blanche (Weiße Atrophie). Proc. 10th int. Congr. of Derm., London 1952. Ref. Zbl. Haut- u. Geschl.-Kr. **87**, 340 (1954). — MULZER, P.: Capillaritis alba (Purpura Majocchi?) bei 32jähriger Frau. Falldemonstration: XVIII. Tagg der Dtsch. Derm. Ges. Stuttgart 1937. Ref. Derm. Wschr. **106**, 306 (1938).

NELSON, L. M.: Atrophie blanche en plaque. (75. Ann. Meet., Amer. Derm. Ass. Inc., Belleair 18. 4. 1955.) Arch. Derm. **72**, 242 (1955). — NÖDL, F.: Zur Histopathogenese der Atrophie blanche Milian. Derm. Wschr. **121**, 193 (1950).

PROPPE, A., u. M. NÜCKEL: Über Unterschenkelverschwielung; zugleich eine Stellungnahme zu Nobls varicösem Symptomenkomplex und zu Milians Atrophie blanche. Hautarzt **8**, 346 (1957).

RAJKA, E., et S. KOROSSY: Nouvelle entité clinique de certaines maladies des petits vaisseaux de la jambe. Neuroangiosis cruris haemosiderosa. L'étiopathogénie de l'ulcère de la jambe. Acta med. Acad. Sci. hung. **6**, 77 (1954). Ref. Excerpta med. (Amst.), Sect. IX 9, 361 (1955). — RATSCHOW, M.: Die peripheren Durchblutungsstörungen, S. 270. Dresden u. Leipzig. Theodor Steinkopf 1953.

SANTLER, R.: Atrophie blanche. Histologische Untersuchungen vor und nach der Behandlung. Hautarzt **17**, 346 (1966). — SCHUPPENER, H. J.: Zur Kenntnis der Atrophia alba (Atrophie blanche Milian). Arch. klin. exp. Derm. **204**, 500 (1957).

TOURAINE, A.: Les capillarites en dermatologie. Bull. Soc. franç. Derm. Syph. **44**, 838 (1937).

WESENER, G.: Zur Kenntnis der Atrophie blanche (Milian). Hautarzt **9**, 322 (1958). — Die Atrophie blanche in der phlebologischen Praxis (Symp.). Arch. klin. exp. Derm. **227**, 788 (1966).

WILSON, J. F.: Atrophie blanche et ulcère de jambe. (Philadelphia Derm. Soc. 19. 9. 1952.) Arch. Derm. Syph. (Chic.) **67**, 227 (1953).

Atrophodermia vermiculata

BARBER, H. W.: Zit. bei L. H. WINER. Brit. J. Derm. **40**, 24 (1928). Arch. Derm. Syph. (Chic.) **34**, 982 (1936). — BOTEZAN, E.: Ein Fall von Atrophodermia vermiculata. Derm.-Vener. (Buc.) **2**, 561 (1957). Ref. Zbl. Haut- u. Geschl.-Kr. **101**, 125 (1958). — BRAUER, A.: Hereditärer symmetrischer systematisierter Naevus aplasticus bei 38 Personen. Derm. Wschr. **89**, 1163 (1929). — BRUCK, W.: Atrophoderma vermiculatum bei 2 Brüdern. Arch. Derm. Syph. (Berl.) **162**, 108 (1930). — BRÜNAUER, S.: Atrophodermie vermiculée des joues. (Falldemonstration, Wien. Derm. Ges. 31. 1. 1930.) Zbl. Haut- u. Geschl.-Kr. **34**, 23 (1930).

CABALLERO, H. J. S., y P. BOSQ: Atrofodermia vermiculata discreta en un adulto. Rev. argent. Dermatosif. **42**, 77 (1958). Ref. Zbl. Haut- u. Geschl.-Kr. **109**, 188 (1961). — CAROL, W. L. L., E. G. GODFRIED, J. R. PRAKKEN u. J. J. G. PRICK: v. Recklinghausensche Neurofibromatosis, Atrophodermia vermiculata und kongenitale Herzanomalie als Hauptkennzeichen eines familiär-hereditären Syndroms. Dermatologica (Basel) **81**, 345 (1940). — CORSON, E. F., and F. C. KNOWLES: Folliculitis ulerythematosa reticulata. (Fallbericht.) Arch. Derm. Syph. (Chic.) **10**, 293 (1924). — COSTEA, A., u. A. DOBRESCU: Atrophodermia vermicularis der Wangen. Derm.-Vener. (Buc.) **2**, 255 (1957). Ref. Zbl. Haut- u. Geschl.-Kr. **99**, 260 (1957/58).

DARIER, P.: Atrophodermie vermiculée des joues avec kératoses folliculaires. (Séance de la Soc. derm. 9. 12. 1920.) Bull. Soc. franç. Derm. Syph. **9**, 345 (1920). — DROUET, E., et P. LOUOT: Acné vermoulante. Bull. Soc. franç. Derm. Syph. **38**, 95 (1931). — DUCKWORTH, G.: Zit. bei G. W. KORTING u. E. GOTTRON, Sklerosen und Atrophien. Brit. J. Derm. **55**, 57 (1943).

ÉBRARD, G.: Atrophodermie vermiculée de tout le visage. Bull. Soc. franç. Derm. Syph. **62**, 408 (1955). — EINECKE, H.: Atrophodermia vermiculata. (Hamburg. Derm. Ges. 4. 5. 1958.) Derm. Wschr. **139**, 228 (1959).

FÜLÖP, J.: Atrophodermia vermiculata. Zbl. Haut- u. Geschl.-Kr. **60**, 595 (1938).

GASPER: Falldemonstration: Vereinigte Südwestdtsch. Derm. Ges., 80. Tagg 4. bis 5. 5. 1957 in Stuttgart. Ref. Zbl. Haut- u. Geschl.-Kr. **99**, 354 (1957/58). — GLINGANI, A.: Atrofia cutanea a tipo vermicolare. G. ital. Derm. Sif. **74**, 1319 (1933). Ref. Zbl. Haut- u. Geschl.-Kr. **49**, 145 (1935). — GOLD, S. C.: Folliculitis ulerythematosa reticulata (Atrophodermia vermicularis). Brit. J. Derm. **70**, 220 (1958). — GOLDBERG, L. C.: Atrophodermia vermiculata. Arch. Derm. Syph. (Berl.) **174**, 591 (1936). — Groneberg, H.: Zur Atrophodermia vermiculata. Arch. Derm. Syph. (Berl.) **181**, 495 (1941).

Höfs, W.: Zur Morphogenese der (Pseudo-)Atrophodermia vermicularis. Arch. klin. exp. Derm. **204**, 384 (1957).

Jörimann, A.: Atrophodermia vermiculata unilateralis. Derm. Wschr. **108**, 377 (1939). Kauczynski, K.: Atrophodermia vermiculata Darier. Zbl. Haut- u. Geschl.-Kr. **49**, 3 (1935). — Klepper, C.: Atrophodermia vermiculata. Zbl. Haut- u. Geschl.-Kr. **47**, 289 (1934). — Kooij, R., and J. Venter: Atrophodermia vermiculata with unusual localisation and associated congenital anomalies. Dermatologica (Basel) **118**, 161 (1959). — Kriner, J.: Atriquia congénita familiar con lesiones papulosas y atrofodermia vermiculada de las mejillas. Arch. argent. Derm. **5**, 196 (1955). Ref. Zbl. Haut- u. Geschl.-Kr. **95**, 125 (1956).

Leven, L.: Zur Kenntnis der Atrophodermia vermiculata. Derm. Z. **60**, 250 (1931). — Lutz, W.: Lehrbuch der Haut- und Geschlechtskrankheiten, 2. Aufl., S. 132. Basel: Karger 1957.

MacKee, G. M., and A. C. Cipollaro: Folliculitis ulerythematosa reticulata. Arch. Derm. Syph. (Chic.) **57**, 281 (1948). — MacKee, G. M., and M. B. Parounagian: Folliculitis ulerythematosa reticulata. J. cutan. Dis. **36**, 339 (1918). Zit. bei L. H. Winer. Arch. Derm. Syph. (Chic.) **34**, 980 (1936). — Matras, A.:Atrophodermia vermiculata. Zbl. Haut- u. Geschl.-Kr. **54**, 69 (1937). — Atrophodermia vermiculata (Typus Pautrier). Falldemonstration. Zbl. Haut- u. Geschl.-Kr. **56**, 5 (1937). — Mendes da Costa, S.: Atrophodermia reticulata. (74. Verslg der niederländischen Derm.) Zbl. Haut- u. Geschl.-Kr. **22**, 216 (1927). — Musumeci, V.: Su varianti evolutive non comuni dell' erythematodes. Nota III: Sull' evoluzione in atrofodermia vermicolare dell' erythematodes cronico (E. vermicolare). Arch. ital. Derm. **27**, 246 (1955). Ref. Zbl. Haut- u. Geschl.-Kr. **94**, 336 (1956).

Oppenheim, M.: In: J. Jadassohns Handbuch der Haut- und Geschlechtskrankheiten, Bd. VIII/2, S. 649. Berlin: Springer 1931. — Ichthyosis follicularis mit Atrophodermia vermiculata faciei. (Wien. Derm. Ges. 20. 10. 1932.) Zbl. Haut- u. Geschl.-Kr. **44**, 501 (1933).

Pautrier, L. M.: Atrophodermie vermiculée des joues sans kératose folliculaire apparente et s'accompagnant d'érythème. — (Réunion dermatologique de Strasbourg, 8. 1. 1922.) Bull. Soc. franç. Derm. Syph. **29**, 21 (1922). Zit. bei L. H. Winer: Arch. Derm. Syph. (Chic.) **34**, 980 (1936).

Pierini, D. O. ,y R. H. E. Mazzini: Atrofodermia vermiculada de mejillas. Arch. argent. Derm. **8**, 327 (1958). Ref. Zbl. Haut- u. Geschl.-Kr. **105**, 5 (1959). — Prakken, J. R.: Nederl. Vereenig. van Dermatol. 1941. (Falldemonstration.) Derm. Wschr. **113**, 910 (1941).

Rollier, E.: Atrophodermie vermiculée des joues. — (Falldemonstration: Soc. Belg. de Dermat. et de Syph., Bruxelles.) Arch. belges Derm. **16**, 238 (1960).

Schönknecht, F.: Atrophodermia vermiculata. (Falldemonstration.) Z. Haut- u. Geschl.-Kr. **30**, 357 (1961). — Schulz, T., E. Botezan u. N. Ganea: Bemerkungen zu einem Fall von Atrophodermia vermiculata. Derm. Wschr. **140**, 1346 (1959). — Scomazzoni, T.: Due casi di atrophodermia vermiculata. Boll. Sez. region. Soc. ital. Derm. **1**, 121 (1933). Ref. Zbl. Haut- u. Geschl.-Kr. **46**, 65 (1934). — Seville, R. H., and Mumford: Congenital ectodermal defect. Atrophodermia vermicularis with leukokeratosis oris. Brit. J. Derm. **68**, 310 (1956). — Sibirani, M.: Sulle atrophodermie a tipe vermicolare. Arch. ital. Derm. **21**, 323 (1949). Ref. Zbl. Haut- u. Geschl.-Kr. **77**, 234 (1951).

Témime, P.: Atrophodermie vermiculée. Bull. Soc. franç. Derm. Syph. **62**, 462 (1955). — Thibierge, G.: La pratique dermatologique, vol. I, p. 207. Paris: Masson & Cie. 1900. Zit. bei L. H. Winer. Arch. Derm. Syph. (Chic.) **34**, 980 (1936).

Unna, P. G.: Histopathologie der Hautkrankheiten, S. 1102. Berlin: August Hirschwald 1894. Zit. bei L. H. Winer. Arch. Derm. Syph. (Chic.) **34**, 980 (1936).

Vigne, P.: Atrophodermie vermiculée des joues. Bull. Soc. franç. Derm. Syph. **36**, 852, 877 (1929). — Vogel, L.: Atrophodermia vermiculata. Derm. Wschr. **122**, 669 (1950).

Winer, L. H.: Atrophoderma reticulatum. Arch. Derm. Syph. (Chic.) **34**, 980 (1936).

Zoon, J. J.: Atrophodermia vermicularis der Backen. Derm. Wschr. **90**, 710 (1930).

Atrophodermia idiopathica Pasini-Pierini

Barker, L. P.: Idiopathic atrophoderma of Pasini and Pierini. Arch. Derm. **82**, 465 (1960). — Borda, J. M.: Atrofodermia idiopática progressiva (Pasini) y liquen escleroso y atrófico. Arch. argent. Derm. **2**, 134 (1952). Ref. Zbl. Haut- u. Geschl.-Kr. **84**, 81 (1953). — Brunauer, St. R.: Zur Terminologie der sog. „idiopathischen progressiven Atrophodermie von Pasini und Pierini" sowie über die Stellung dieser Affektion im System der Dermatosen. Hautarzt **15**, 108 (1964).

Canizares, O.: Atrophoderma of Pasini. (Falldemonstration, Manhattan Derm. Soc. 12. 3. 1957.) Arch. Derm. **77**, 236 (1958). — Idiopathic atrophoderma of Pasini and Pierini. (Falldemonstration, New York Derm. Soc. 25. 2. 1958.) Arch. Derm. **79**, 614 (1959). —

CANIZARES, O., P. M. SACHS, L. JAIMOVICH, and V. M. TORRES: Idiopathic atrophoderma of Pasini and Pierini. Arch. Derm. 77, 42 (1958). — CIPOLLARO, A. C.: Diskussionsbemerkung zu CANIZARES, SACHS, JAIMOVICH u. TORRES. Arch. Derm. 77, 59 (1958). — CORDERO, A. A., y F. NOUSSITOU: Atrofodermia idiopática con esclerodermia circumscripta. Rev. argent. Derm. 30, 350 (1946). Ref. CANIZARES, SACHS, JAIMOVICH u. TORRES. Arch. Derm. 77, 42 (1958).

ELAS SOSA-CAMACHO, y R. PÉREZTAMAYO: Atrofodermia idiopática de Pasini-Pierini. Presentación de un caso clinico. Dermatología (Méx.) 8, 273 (1965). — ELLIS, F. A.: Diskussionsbemerkung. Siehe bei CANIZARES, SACHS, JAIMOVICH u. TORRES: Arch. Derm. 77, 60 (1958). — EPSTEIN, E.: Diskussionsbemerkung. Siehe bei CANIZARES, SACHS, JAIMOVICH u. TORRES. Arch. Derm. 77, 60 (1958).

FLEGEL, H., u. H. REINK: Idiopathische Atrophodermie Pasini-Pierini. Z. Haut- u. Geschl.-Kr. 39, 268 (1965).

GARB, J.: Idiopathic atrophoderma of Pasini and Pierini. (Falldemonstration, Bronx. Derm. Soc. 19. 2. 1959.) Arch. Derm. 80, 599 (1959). — GIANOTTI, B.: Osservazioni sulla posizione nosografica della atrofodermia idiopatica progressive di Pasini e Pierini, e descrizione di un caso clinico. Rass. Derm. Sif. 17, 253 (1964). — GÖTZ, H., u. H. J. SCHUPPENER: Falldemonstration. Essener Derm. Ges. 5. 11. 1961. Z. Haut- u. Geschl.-Kr. 33, 191 (1962). — GOUGEROT, H.: Trois formes de sclérodermies atypiques. Arch. derm.-syph. (Paris) 5, 231 (1933). Ref. bei CANIZARES, SACHS, JAIMOVICH u. TORRES. Arch. Derm. 77, 42 (1958). — GRINSPAN, D., R. CALANDRA y J. ABULAFIA: Atrofodermia de Pasini secundaria a esclerodermias localizadas. Arch. argent. Derm. 3, 526 (1953). Ref. bei CANIZARES, SACHS, JAIMOVICH u. TORRES. Arch. Derm. 77, 42 (1958). — GRINSPAN, D., y A. ZURITA: Atrofodermía idiopática progressiva de Pasini con teleangiectasías, secundaria a esclerodermía en placas. Arch. argent. Derm. 3, 256 (1953). — Ref. bei CANIZARES, SACHS, JAIMOVICH u. TORRES. Arch. Derm. Syph. (Chicago) 77, 42 (1958). — GROSS, P.: Lichen sclerosus et atrophicus associated with Pasini's Atrophoderma. Arch. Derm. 77, 354 (1958). — GRUPPER, M. CH.: La maladie de Pasini-Pierini avec la sclérodermie en plaques. Bull. Soc. franç. Derm. Syph. 66, 433 (1959).

HECKMANN, E.: Idiopathische progressive Atrophodermie von Pasini und Pierini. Derm. Wschr. 151, 1416 (1965). — HYMAN, A. B.: Diskussionsbemerkung. Siehe bei P. GROSS. Arch. Derm. 77, 355 (1958).

JABŁONSKA, S.: Die idiopathische Atrophodermie von Pasini-Pierini. Derm. Wschr. 143, 33 (1961). — JABŁONSKA, S., and A. SZCZEPÁNSKI: Atrophoderma Pasini-Pierini: is it an entity? Dermatologica (Basel) 125, 226 (1962). — JANKOWSKI, W.: Atrophoderma Pasini-Pierini. Przegl. derm. 54, 377 (1967).

KEE, CH. E., W. S. BROTHERS, and W. NEW: Idiopathic atrophoderma of Pasini and Pierini with coexistant morphea. Arch. Derm. 82, 100 (1960). — KLÜKEN, N., u. K. H. GEIB: Kasuistischer Beitrag zur Panatrophia cutis localisata. Hautarzt 16, 422 (1965). — KOGOJ, F.: Atrophie de la peau en plaques pigmentées. Bull. Soc. franç. Derm. Syph. 7, 7 (1929). — Qu'est-ce que c'est la maladie de Pasini-Pierini? Ann. Derm. Syph. (Paris) 88, 247 (1961).

MILLER, R. F.: Idiopathic atrophoderma. Report of a case and nosologic study. Arch. Derm. 92, 653 (1965).

NÖDL, F.: Zur Histo-Pathogenese der pseudosklerodermiformen makulösen Atrophie. Derm. Wschr. 121, 385 (1950).

PASCHER, F.: Diskussionsbemerkung. Siehe bei J. GARB. Arch. Derm. 80, 600 (1959). — PASINI, A.: Atrofodermia idiopatica progressiva. G. ital. Derm. Sif. 58, 785 (1923). Zit. bei CANIZARES, SACHS, JAIMOVICH u. TORRES. Arch. Derm. 77, 42 (1958). — PER, M.: Note rélative à un cas de sclérodermie superficielle circonscrite en plaques (variété dyschromique et atrophique d'emblée). Acta derm.-venereol. (Stockh.) 9, 155 (1928/29). — PIERINI, L. E.: Persönliche Mitteilung. Zit. bei O. CANIZARES u. Mitarb. Arch. Derm. 77, 42 (1958). — PIERINI, L. E., y N. O. S. BASSO: Atrofodermía idiopática de Pasini. Rev. argent. Derm. 28, 538 (1944). Ref. bei CANIZARES u. Mitarb. Arch. Derm. 77, 42 (1958). — PIERINI, L. E., y P. BOSQ: Atrofodermía idiopática progressiva Pasini. Ref. argent. Derm. 25, 480 (1941). Ref. bei CANIZARES u. Mitarb. Arch. Derm. 77, 42 (1958). — PIERINI, L. E., y D. O. PIERINI: Atrofodermía idiopática de Pasini con queloides. Arch. argent. Derm. 2, 243 (1952). Zbl. Haut- u. Geschl.-Kr. 86, 694 (1953/54). — PIERINI, L. E., e D. VIVOLI: Atrofodermia idiopatica progressiva Pasini. G. ital. Derm. Sif. 77, 403 (1936). Ref. Zbl. Haut- u. Geschl.-Kr. 55, 10 (1937). — PIRAINO, A. F.: Idiopathic atrophodermia (Falldemonstration, The Cleveland Derm. Soc. 27. 3. 1958.) Arch. Derm. 79, 597 (1959). — POMPOSIELLO, I. M.: Atrofodermía idiopática progressiva de Pasini con evolución esclerodérmica. Arch. argent. Derm. 4, 187 (1954). Ref. Zbl. Haut- u. Geschl.-Kr. 92, 344 (1954). — Atrofodermía idiopática progressiva de Pasini. Dos observaciones. Arch. argent. Derm. 4, 200 (1954). Ref. Zbl. Haut- u. Geschl.-Kr. 92, 177 (1955). — POST, CH. F.: Idiopathic atrophoderma of Pasini-Pierini. (Falldemonstration, Metropolit. Derm. Soc. of New York 16. 10. 1958.) Arch. Derm. 80, 256 (1959).

Quiroga, M. I., et A. Woscoff: L'atrophodermie idiopathique progressive (Pasini-Pierini) et la sclérodermie atypique lilacée non indurée (Gougerot). Leurs rapports. Ann. Derm. Syph. (Paris) 88, 507 (1961).

Ramos e Silva, J.: Sindrome di Pasini-Pierini. G. ital. Derm. 107, 1179 (1966). — Rupec, M.: Über die Beziehungen der zirkumskripten Sklerodermie zum Morbus Pasini-Pierini. Zbl. Haut- u. Geschl.-Kr. 33, 114 (1962).

Salomon, T., u. M. Milličević: Über vier Fälle der idiopathischen Atrophodermie von Pasini und Pierini. Dermatologica (Basel) 136, 479 (1968). — Stevanović, D. C.: L'atrophodermie idiopathique (Pasini et Pierini). Ann. Derm. Syph. (Paris) 90, 163 (1963).

Torres, V.: Diskussionsbemerkung. Siehe bei P. Gross. Arch. Derm. 77, 355 (1958).

Weiner, M. A., and J. Q. Gant: Idiopathic atrophoderma of Pasini and Pierini occurring in two brothers. Arch. Derm. 80, 195 (1959).

Zambal, Z.: Siehe Heckmann 1965.

Hemiatrophia facialis progressiva idiopathica

Archambault, L., and N. K. Fromm: Progressive facial hemiatrophy. Arch. Neurol. Psychiat. (Chic.) 27, 529 (1932).

Bernstein, E.: Hemiatrophia alternans facialis progressiva mit halbseitiger Alopecia, Pigmentverschiebung und Hautatrophie. Derm. Wschr. 1930 I, 235. — Bøe, H. W.: A case of hemiatrophia facialis progressiva treated with expansion prothesis in the mouth. Acta psychiat. (Kbh.) 9, 1 (1934). — Bragman, L. J.: Progressive facial hemiatrophy. Report of an early case. Arch. Pediat. 52, 686 (1935). — Brückner, St., u. E. Obständer: Über einen Fall von sog. Hemiatrophia faciei. Psychiat.-neurol. Wschr. 448 (1932).

Cottini, G. B.: Zur Kenntnis der Hemiatrophia facialis (Rombergsche Krankheit). Hautarzt 3, 84 (1952).

Dawson, T. A. J.: Facial hemiatrophy (Parry-Romberg-Syndrome). Brit. J. Derm. 78, 545 (1966).

Ehlers, G.: Hemiatrophia faciei progressiva nach Hirntrauma. Derm. Wschr. 144, 958 (1961).

Finesilver, B., and H. M. Rosow: Total Hemiatrophy. J. Amer. med. Ass. 110, 366 (1938). — Franceschetti, A., F. Bamatter, H. Koechlin, W. Jadassohn et R. Paillard: Hémiatrophie faciale. Dermatologica (Basel) 106, 279 (1953). — Franceschetti, A., et H. Koenig: L'importance du facteur hérédo-dégéneratif dans l'hémiatrophie faciale progressive (Romberg). Etude des complications oculaires dans ce syndrome. J. Génét. hum. 1, 27 (1952).

Glass, D.: Hemifacial atrophy. Brit. J. Oral. Surg. 1, 194 (1964).

Holtschmidt, J.: Sympathicus-Heterochromie und Hemiatrophia facialis progressiva. Hautarzt 5, 255 (1954).

Jabłonska, S., B. Lukasiak u. B. Bubnow: Zusammenhang zwischen der Hemiatrophia faciei progressiva und der Sklerodermie. Hautarzt 9, 9 (1958). — Jonesco-Sisesti, N.: Contribution à la pathogénie de l'hémiatrophie faciale. J. belge Neurol. Psychiat. 34, 705 (1934).

Merritt, K. K., H. K. Faber, and H. Bruch: Progressive facial hemiatrophy. Report of two cases with cerebral calcification. J. Pediat. 10, 374 (1937). — Montanaro, J. C., u. L. E. Pierini: Fortschreitende Hemiatrophie des Gesichtes. Rev. argent. Dermatosif. 21, 670 (1937). — Fortschreitende Hemiatrophie des Gesichtes. Semana méd. I, 704—710 (1938). Ref. Zbl. Haut- u. Geschl.-Kr. 60, 252 (1938).

Paal, H.: Über Hemiatrophia linguae. Dtsch. Arch. klin. Med. 172, 335 (1932). — Pollak, F.: Ein eigenartiger Fall von einseitiger Hemiatrophie und seine Beziehungen zum vegetativen Nervensystem. Arch. Derm. Syph. (Berl.) 159, 188 (1930).

Rakonitz, J.: Schweißabsonderung bei der progressiven Gesichtsatrophie nach Romberg. Orv. Hetil. 1369 (1935).

Salus, F.: S.-B. Dtsch. Derm. Ges. Prag 26. 2. 1930. Ref. Zbl. Haut- u. Geschl.-Kr. 33, 777 (1930). — Šlesinger, M.: Hemiatrophy of the face and its treatment. Čs. Derm. 40, 239 (1965). — Sprinz: S.-B. Berl. Derm. Ges. 8. 3. 1932. Ref. Zbl. Haut- u. Geschl.-Kr. 41, 297 (1932). — Stiefler, G.: Über die Hemiatrophia faciei progressiva bilateralis. Jb. Psychiat. Neurol. 51, 277 (1934).

Tauber, E. B., and L. Goldman: Hemiatrophia faciei progressiva. Arch. Derm. Syph. (Chic.) 39, 696 (1939).

Vinař, J.: Hemiatrophia faciei (Romberg). Čas. Lék. čes. 865 (1934). Ref. Zbl. Haut- u. Geschl.-Kr. 50, 480 (1935).

Werdesheim: S.-B. Öst. Derm. Ges. 8. 11. 1934. Ref. Zbl. Haut- u. Geschl.-Kr. 50, 551 (1935).

Zatloukal, F.: Die Gesichtshemiatrophien und ihre Behandlung. Cas. Lék. čes. 553 (1937). Ref. Zbl. Haut- u. Geschl.-Kr. 58, 637 (1938).

Kraurosis vulvae et penis
Ihre Beziehungen zum Lichen sclerosus et atrophicans

AARONSON, L. D., G. R. BALER, and B. L. SCHIFF: Lichen sclerosus et atrophicus occuring in childhood. Arch. Derm. **85**, 746 (1962).
BARCLAY, D. L., H. B. MACEY, JR., and R. J. REED: Lichen sclerosus et atrophicus of the vulva in children. A review and report of 5 cases. Obstet. and Gynec. **27**, 637 (1966). — BARKER, L. P., and P. GROSS: Lichen sclerosus et atrophicus of the female genitalia. Arch. Derm. **85**, 362 (1962). — BAUER, K. H.: Das Krebsproblem. Berlin-Göttingen-Heidelberg: Springer 1963. — BEEK, C. H.: Über die Kraurosis glandis et praeputii und die Balanitis xerotica obliterans und über ihre Beziehungen zueinander. Acta derm.-venereol. (Stockh.) **19**, 603 (1938). — BEISENHERZ, D.: Operative Behandlung der Balanitis xerotica obliterans (Stühmer). Aesthet. Med. **10**, 222 (1961). — BERKELEY, C., and V. BONNEY: Leukoplakic vulvitis and its relation to kraurosis vulvae and carcinoma vulvae. J. Obstet. Gynaec. Brit. Emp. **16**, 423 (1909). — BIZZOZERO, E.: Sclerodermia guttata, Lichen sclerosus, Kraurosis penis. Arch. Derm. Syph. (Berl.) **183**, 493 (1943). — BREISKY: Über Kraurosis vulvae, eine wenig beachtete Form von Hautatrophie am pudendum muliebre. Z. Heilk. **6**, 69 (1885). — BUREAU, Y., A. JARRY et H. BARRIÈRE: Balanite interstitielle de Fournier ou „Kraurosis penis". Bull. Soc. franç. Derm. Syph. **62**, 239 (1955).
CANNON, A. B.: Falldemonstration. Arch. Derm. Syph. (Chic.) **60**, 1027 (1949). — CHERNOSKY, M. E., V. J. DERBES, and J. W. BURKS: Lichen sclerosus et atrophicus in children. Arch. Derm. **75**, 647 (1957). — CLARK, W. H.: Histological study of kraurosis vulvae, LSA, and leukoplakia of the vulva. A preliminary report. Bull. Tulare Univ. Med. Fac. **16**, 123 (1957). — CRISSEY, J. T., E. D. OSBORNE, and J. W. JORDON: Lichen sclerosus et atrophicus in children. N.Y. St. J. Med. **55** II, 2912 (1955).
DARIER, J.: Lichen plan scléreux. Ann. Derm. Syph. (Paris) **23**, 833 (1892). — Précis de dermatologie, ed. 4, Paris: Masson & Cie. 1928. — DELBANCO, E.: Kraurosis glandis et praeputii penis. Arch. Derm. Syph. (Berl.) **91**, 384 (1908). — DITKOWSKY, S. P., A. B. FALK, N. BAKER, and M. SCHAFFNER: Lichen sclerosus et atrophicus in childhood. Amer. J. Dis. Child. **91**, 52 (1956).
FABRY, J.: Über einen Fall von Kraurosis penis bei gleichzeitigem Bestehen von Weißflecken am Skrotum. Derm. Wschr. **86**, 7 (1928). — FARRINGTON, J., and F. K. GARVEY: Balanitis xerotica obliterans. A report of two cases. Urol. cutan. Rev. **51**, 96 (1947). — FARTASCH, K.: Balanitis xerotica obliterans post operationem (Stühmer) und deren Identität mit Kraurosis penis et praeputii (Delbanco). Z. Haut- u. Geschl.-Kr. **35**, 107 (1963). — FISCHER, H., u. W. NIKOLOWSKI: Kollagenes und reticulo-histiocytäres Gewebe bei Kraurosis penis. Arch. Derm. Syph. (Berl.) **205**, 605 (1958). — FLEGEL, H.: Histogenetische Studie zum Lichen sklerosus. Derm. Wschr. **138**, 771 (1958). — FORSSMANN, W. G., H. HOLZMANN u. J. CABRE: Elektronenmikroskopische Untersuchungen der Haut beim Lichen sclerosus et atrophicans. Arch. klin. exp. Derm. **220**, 584 (1964). — FREEMAN, CH., and C. W. LAYMON: Balanitis xerotica obliterans. Arch. Derm. Syph. (Chic.) **44**, 547 (1941). — FRÜHWALD, R.: Peniscarcinom nach Balanitis xerotica obliterans (Stühmer). Zbl. Haut- u. Geschl.-Kr. **50**, 98 (1935). — Ein Urethrogramm bei Balanitis xerotica obliterans. Z. Haut- u. Geschl.-Kr. **24**, 157 (1958). — FUCHS, B.: Zur Kenntnis der Leukoplakia penis. Arch. Derm. Syph. (Berl.) **91**, 91 (1908).
GANS, O., u. G. K. STEIGLEDER: Histologie der Hautkrankheiten, 2. Aufl., Bd. 1, S. 47. Berlin-Göttingen-Heidelberg: Springer 1955. — Histologie der Hautkrankheiten, Bd. II. Berlin-Göttingen-Heidelberg: Springer 1957. — GAYET, G.: A propos de la „balanitis xerotica obliterans". Lyon méd. **161**, 25 (1938). — GEHRELS, P. E.: Die stenosierenden Genitalatrophien. I. Mitt.: Kraurosis vulvae. Zbl. Haut- u. Geschl.-Kr. **15**, 332 (1953). — II. Mitt.: Kraurosis penis. Zbl. Haut- u. Geschl.-Kr. **16**, 129 (1953). — GENNER, V., and J. NIELSEN: Leukokeratosis and Kraurosis of penis. Acta derm.-venereol. (Stockh.) **12**, 195 (1931). — GIERTHMÜLLER, F.: Erworbene Struktur des Meatus urethrae externus beim Kleinkind. Arch. Kinderheilk. **77**, 303 (1926). — GONIN, R.: Lichen plan atrophique ou Weißfleckenkrankheit. Dermatologica (Basel) **91**, 125 (1945). — GOTTRON, H. A.: Präkanzerosen und Pseudokanzerosen der Haut. Dtsch. med. Wschr. **79**, 1331 (1954). — GOTTRON, H. A., u. W. NIKOLOWSKI: Karzinom der Haut. In: Dermatologie und Venerologie, Bd. IV, S. 295. Stuttgart: Georg Thieme 1960. — GRIEBEL: Falldemonstration. Zbl. Haut- u. Geschl.-Kr. **92**, 394 (1955). — GRÜTZ, O.: Beiträge zur Klinik der Balanitis xerotica obliterans (Stühmer). Derm. Wschr. **105**, 1206 (1937). — GUILLAUD: Kraurosis pénis chez un jeune homme de 27. (Falldemonstration.) Bull. Soc. franç. Derm. Syph. **62**, 120 (1955).
HADIDA, E., L. COULIER, J. SAYAG et F. TASSO: Kraurosis vulvae avec leucokératose et épithélioma spinocellulaire. Bull. Soc. franç. Derm. Syph. **70**, 905 (1963). — HALLOPEAU, H.: Lichen plan scléreux. Ann. Derm. Syph. (Paris) **20**, 447 (1889). — HAUSER, W.: Kraurosis vulvae et penis. In: Dermatologie und Venerologie, Bd. II/Teil 2, S. 867. Stuttgart: Georg

Thieme 1958. — Haustein, U. F., u. N. Sönnichsen: Klinische und pathophysiologische Befunde bei Lichen sclerosus et atrophicus. Arch. klin. exp. Derm. 231, 187 (1968). — Hermann, H., u. G. Stüttgen: Über die Histogenese atrophischer Vorgänge am phimotischen Praeputium des Menschen. Arch. Derm. Syph. (Berl.) 198, 601 (1954). — Hochleitner, H.: Lichen sclerosus et atrophicus. Kasuistische Mitt. Derm. Wschr. 152, 391 (1966). — Höfs, W.: Lichen sclerosus et atrophicus, Kraurosis vulvae und Balanitis xerotica obliterans. Derm. Wschr. 149, 217 (1964). — Hyman, A. B., and H. C. Falk: White lesions of the vulva. Discussion of lichenification (lichen chronicus simplex), leukoplakia, Bowen's disease, "kraurosis vulvae", lichen sclerosus et atrophicus and senile and essential atrophies of the vulva. J. Obstet. Gynaec. Brit. Emp. 12, 407 (1958).

Jaeger, H., J. Delacrétaz et H. Chapuis: Balanitis xerotica obliterans (Falldemonstration). Dermatologica (Basel) 110, 383 (1955). — Jayle, F.: Le Kraurosis vulvae. Rev. Gynéc. 10, 633 (1906).

Kiessling, W.: Eine neuzeitliche Behandlung der Balanitis, Posthitis, Balanoposthitis und akut-entzündlichen Phimose. Derm. Wschr. 135, 29 (1957). — Kindler, T.: Lichen sclerosus et atrophicus in young subjects. Brit. J. Derm. 65, 269 (1953). — Knierer, W.: Zur Behandlung der Craurosis vulvae mit Atebrin. Vorläufige Mitt. Münch. med. Wschr. 1954, 169. — Korting, G. W., u. E. Gottron: Atrophien. Zbl. Haut- u. Geschl.-Kr. 84, 113 (1953). — Kraus, A.: Über Leukoplakia (Leukokeratosis) penis. Arch. Derm. Syph. (Berl.) 86, 137 (1907).

Landes, E., u. K. J. Mense: Balanitis xerotica obliterans (post operationem) (Stühmer). Hautarzt 7, 193 (1956). — Langley, I. I., A. J. Hertig, and G. V. Smith: Relationship of leukoplakic vulvitis to squamous carcinoma of the vulva. Amer. J. Obstet. Gynec. 62, 167 (1951). — Lawrence, W. D.: Lichen sclerosus et atrophicus of the vulva. Report of a case. J. Obstet. Gynaec. Brit. Emp. 14, 65 (1955). — Laymon, C. W.: Lichen sclerosus et atrophicus and related diseases. Arch. Derm. Syph. (Chic.) 64, 620 (1951). — Laymon, C. W., and Ch. Freeman: Relationship of balanitis xerotica obliterans to lichen sclerosus et atrophicus. Arch. Derm. Syph. (Chic.) 49, 57 (1944). — Leifer, W.: Balanitis xerotica obliterans. Arch. Derm. Syph. (Chic.) 49, 118 (1944). — Lever, W. F.: Histopathology of the skin, p. 205. Philadelphia: J. B. Lippincott 1961. — Louste, A., Thibaut et Bidermann: Leucoplasie et Kraurosis vulvae en dégénérescence néoplasique. Bull. Soc. franç. Derm. Syph. 6, 308 (1924). — Lutz, W.: Lichen sclerosus — White spot disease — kartenblattähnliche und circumscripte Sklerodermie. Dermatologica (Basel) 92, 199 (1946).

Marchionini, A.: Diskussionsbemerkung. Hautarzt 2, 557 (1951). — Ethnologie und Dermatologie. I. Mitt. Die Bedeutung der Beschneidung für die Dermatologie. Hautarzt 4, 408 (1953). — McAdams, A. J., and R. W. Kistner: The relationship of chronic vulvar disease, leukoplakia, and carcinoma in situ to carcinoma of the vulva. Cancer (Philad.) 11, 740 (1958). — Mestdagh, Ch., et G. Achten: Kraurosis du prèpuce (balanitis xerotica obliterans). Arch. belges Derm. 10, 72 (1954). — Miescher, G.: Weißfleckenkrankheit (Lichen sclerosus — White spot disease — kartenblattähnliche Sklerodermie). Arch. Derm. Syph. (Berl.) 171, 419 (1935). — Über die Beziehungen der Weißfleckenkrankheit zur weißfleckigen Sklerodermie. Dermatologica (Basel), Suppl. 97, 75 (1948). — Montgomery, H., V. S. Councellor, and W. Mck. Craig: Kraurosis, leukoplakia, and pruritus vulvae. Arch. Derm. Syph. (Chic.) 30, 80 (1934). — Montgomery, H., and W. R. Hill: Lichen sclerosus et atrophicus. Arch. Derm. Syph. (Chic.) 42, 755 (1940).

Nicholson, M. A., and F. T. Becker: Lichen sclerosus et atrophicus. Arch. Derm. Syph. (Chic.) 43, 430 (1941).

Oberfield, R. A.: Lichen sclerosus et atrophicus and kraurosis vulvae. Are they the same disease? Arch. Derm. Syph. (Chic.) 83, 806 (1961). — Oppenheim, M.: Die entzündlichen Atrophien. In: Jadassohns Handbuch der Haut- und Geschlechts-Krankheiten, Bd. VIII/2, S. 546. Berlin: Springer 1930.

Parks, J.: Pruritus, kraurosis, and leukoplakia of the vulva. In: Progress in gynecology, ed. by J. V. Meigs and S. H. Sturgis, vol. 3, p. 451. New York: Grune & Stratton Inc. 1957.— Perrin, L.: Posthite chronique d'aspect leucoplasique. Ann. Derm. Syph. (Paris) 3, 22 (1892). — Perrin, L., et Leredde: Balanoposthite chronique leukoplasique. Ann. Derm. Syph. (Paris) 8, 1286 (1897).

Ravits, H. G., and A. L. Welsh: Lichen sclerosus et atrophicus of the mouth. Arch. Derm. 76, 56 (1957). — Russell, B.: Lichen sclerosus et atrophicus of trunk and penis (early balanitis xerotica obliterans?). Brit. J. Derm. 65, 224 (1953).

Schildkraut, J. M.: Balanosclerosis with beginning epithelioma. Arch. Derm. Syph. (Chic.) 49, 205 (1944). — Schirren, C. G.: Handbuch Haut- und Geschlechts-Krankheiten von J. Jadassohn, Erg.-Werk, Bd. V/2, S. 599. Berlin-Göttingen-Heidelberg: Springer 1959. — Schuermann, H.: Diskussionsbemerkung. Hautarzt 2, 557 (1951). — Ref. W. Hauser: Kraurosis penis. In: Dermatologie und Venerologie. Bd. II/2, S. 872. Stuttgart: Georg Thieme 1958. — Sobel, N.: Falldemonstration. Arch. Derm. Syph. (Chic.) 58, 607

(1948). — STEIGLEDER, G., u. W. P. RAAB: Lichen sclerosus et atrophicus. Arch. Derm. **84**, 219 (1961). — STOECKEL, W.: Lehrbuch der Gynäkologie, 11. Aufl. Leipzig: S. Hirzel 1947. — STREITMANN, B.: Lichen sclerosus und Vulvaatrophie. Arch. Derm. Syph. (Berl.) **198**, 199 (1954). — STÜHMER, A.: Balanitis xerotica obliterans (post operationem) und ihre Beziehungen zur „Kraurosis glandis et praeputii penis". Arch. Derm. Syph. (Berl.) **156**, 613 (1928). — Weitere Beiträge zur Kenntnis der Balanitis xerotica obliterans post operationem. Arch. Derm. Syph. (Berl.) **165**, 343 (1932). — SUURMOND, D.: Lichen sclerosus et atrophicus der Vulva. Arch. Derm. **90**, 143 (1964). — SVENDSEN, I. B.: Lichen sclerosus et atrophicus of the anogenital region in a girl aged four years. Acta derm.-venereol. (Stockh.) **34**, 321 (1954).

TAUSSIG, F. J.: Leukoplakia and cancer of the vulva. Arch. Derm. Syph. (Chic.) **21**, 431 (1930).

WALLACE, E. G., and R. NOMLAND: Lichen sclerosus et atrophicus of the vulva. Arch. Derm. Syph. (Chic.) **57**, 240 (1948). — WALLACE, H. J., and I. W. WHIMSTER: Vulval atrophy and leukoplakia. Brit. J. Derm. **63**, 241 (1951). — WEISSENBACH, R. J., et P. FERNET: Phimosis scléreux („Kraurosis penis"). Bull. Soc. franç. Derm. Syph. 48, 10 (1941). — WELTON, D. G., and P. NOWLIN: Balanitis xerotica obliterans. Arch. Derm. Syph. (Chic.) **59**, 633 (1949).

Grönblad-Strandberg-Syndrom

(Pseudoxanthoma elasticum [Darier], Elastorrhexis systematisata [Touraine])

Von

Theodor Grüneberg und Joachim Theune, Halle (Saale)

Mit 7 Abbildungen, davon 6 farbige

Einleitung

Der Handbuchartikel von W. FREUDENTHAL im 3. Teil des 4. Bandes des JADASSOHNschen Handbuches (S. 475—486) wurde 1927 fertiggestellt. Im Juni 1932 erhielt er einen kurzen Nachtrag mit einer Ergänzung des Literaturverzeichnisses. Das war erforderlich, weil sich der Krankheitsbegriff des Pseudoxanthoma elasticum inzwischen wesentlich ausgeweitet hatte.

BALZER hatte 1884 einen Fall als besondere Xanthelasma-Art (Xanthoma elasticum) beschrieben und der Internist CHAUFFARD im Jahre 1889 in einer Sitzung der Société médicale des Hôpitaux de Paris einen weiteren Fall als symmetrisch disseminiertes Xanthelasma vorgestellt. Später wurde er von DARIER histologisch untersucht und als neuartiges durch Elastorrhexis gekennzeichnetes Krankheitsbild mit der Bezeichnung Pseudoxanthoma elasticum von der Gruppe der Xanthomatosen abgesondert (1896). Schon an diesem Fall erwies sich — damals noch nicht eindeutig erfaßt — der Systemcharakter der Erkrankung (wiederholt Hämatemesis, Augenhintergrundveränderungen). HALLOPEAU u. LAFITTE stellten eine Chorioretinitis der zentralen Gebiete einschließlich der Macula mit sekundärer Atrophie der Sehnervenpapille fest. Nach FREUDENTHAL wurden bis 1927 57 Fälle von Pseudoxanthoma elasticum bekannt. Es ist das Verdienst von ESTER GRÖNBLAD und von J. STRANDBERG (1929), Beziehungen zwischen dieser Hautaffektion und eigenartigen Veränderungen am Augenhintergrund klar erkannt zu haben. Es handelt sich dabei um die von DOYNE (1889) erstmals beschriebenen, von O. PLANGE (1891) als Pigmentstreifenerkrankung der Netzhaut infolge von Aderhaut-Netzhautblutungen gedeuteten und von KNAPP (1892) als „angioid streaks" bezeichneten und auf Gefäßveränderungen zurückgeführten Streifenbildungen, die später von KOFLER (1917) als Brüche und Risse in der Bruchschen Membran (Lamina vitrea chorioideae) aufgefaßt wurden. Bei zwei von ihren Patienten stellten GRÖNBLAD und STRANDBERG auch Herz- und Gefäßveränderungen fest, was sie veranlaßte, das Vorliegen einer allgemeinen Erkrankung des elastischen Systems anzunehmen. Unabhängig von ihnen wurde 1931 von MARCHESANI u. WIRZ auf die Zusammengehörigkeit der sich an Haut, Augen und Gefäßen abspielenden Vorgänge im Archiv für Augenheilkunde ausführlicher hingewiesen. Der Sektionsbefund des von URBACH u. WOLFRAM publizierten Falles bestätigte (1937) diese Konzeption überzeugend. So war es nur konsequent, daß TOURAINE (1940) für den derart erweiterten Krankheitsbegriff die Bezeichnung élastorrhexie systématisée (Elastorrhexis systematisata) in Vorschlag brachte. Er unterscheidet 3 Typen dieser Systemerkrankung, einen kompletten mit Pseudoxanthom, angioiden Streifen und Veränderungen an den Gefäßen, einen inkompletten mit zwei und einen inkompletten mit nur einer dieser Komponenten. Hinzu kamen dann im Laufe der Jahre Beobachtungen, die an Zusammenhänge des Pseudoxanthoma elasticum bzw. Grönblad-Strandberg-Syndroms mit anderen Erkrankungen denken ließen, und zwar nicht nur auf der Basis der durch Elastica-Degeneration bewirkten Gefäßstörungen. Mit Recht forderte deshalb Schuermann in einer gemeinsam mit Woeber (1960) publizierten zusammenfassenden Arbeit über dieses Thema, daß die Kenntnis des Krankheitsbildes über Dermatologie und Ophthalmologie hinausreichen müsse. Auch Internisten, Chirurgen, Angiologen u. a. sollten das Syndrom kennen, weil es in manchen Fällen über das Wesen unklarer oder nicht deutbarer interner Befunde allein Aufschluß zu geben vermag. An sich wäre es im Interesse der Vermeidung von Eigennamen bei Syndrom-Bezeichnungen am besten, von Elastorrhexis systematisata zu sprechen. Da aber noch immer mit gewichtigen Gründen von namhafter Seite das Kollagen als Ausgangspunkt des degenerativen Prozesses in Anspruch genommen wird, sollte die Bezeichnung „Grönblad-Strandberg-Syndrom" vorläufig beibehalten werden, zumal diese Autoren auch schon auf Gefäßveränderungen hingewiesen haben.

I. Die Erscheinungen an der Haut

(Pseudoxanthoma elasticum im engeren Sinne)

1. Klinisches Bild

Das Pseudoxanthoma elasticum gehört zu den seltenen Dermatosen, sicher zum Teil auch deswegen, weil es vielfach gar nicht erfaßt wird. Es pflegt schon in den ersten beiden Lebensjahrzehnten zu beginnen und sich langsam, meist im Laufe von Jahren, zu entwickeln. Gelegentlich geschieht das auch in Schüben (Bartelheimer u. Piper u.a.). Daß das Pseudoxanthoma elasticum mehr oder weniger lange unbemerkt zu bleiben pflegt, ist auch auf das Fehlen subjektiver Beschwerden zurückzuführen. Es ist allerdings gelegentlich von starkem Juckreiz (John) und bei einem „ungewöhnlichen Fall von Pseudoxanthoma elasticum" mit eruptivem Beginn sogar von Brennen (Schuppli) berichtet worden. Das sind aber nur seltene Ausnahmen. Die Erscheinungen, die in der Regel eine gewisse Tendenz zur Zunahme beibehalten, sind im übrigen durch weitgehende Stabilität gekennzeichnet. Bei einem Fall von Carpentier, Fassotte u. Lakaye bestanden sie seit der Geburt. Pautrier u. Woringer hatten ein 8jähriges Kind mit seit dem 6. Lebensmonat bestehenden Herden am linken Unterbauch und verstreuten Efflorescenzen am ganzen Körper beobachtet. Es sei auch auf Freudenthals (1932) Angaben verwiesen. In Touraines Zusammenstellung (1940) waren unter 103 Fällen 26 weniger als 10 Jahre alt. Die Frage eines zeitlichen Zusammenhanges mit Infektionen oder endokrinen Vorgängen wird bei der Erörterung der Ätiopathogenese Berücksichtigung finden. Es scheint, daß das weibliche Geschlecht etwas häufiger befallen wird. So waren unter Touraines (1940) 92 Haut- und Augenfällen 52 und unter den auf die Haut beschränkten 73 ebenfalls 52 Frauen. Dieses Überwiegen des weiblichen Geschlechts kommt auch in vielen anderen (namentlich größeren) Zusammenstellungen zum Ausdruck.

Die Hautveränderungen sind im allgemeinen weniger an sich bedeutsam, denn als „Fährte" für die diagnostische Erfassung des Gesamtzustandes (Schuermann u. Woeber), doch besteht hinsichtlich ihrer Ausdehnung und Stärke eine beträchtliche Variationsbreite. Daß es fast generalisierte Fälle gibt, beweist die Beobachtung von Shaffer, Copelan u. Beerman. Die Erscheinungen können aber auch außerordentlich geringfügig sein, ja es sind Fälle bekannt geworden, die an der Haut fast oder überhaupt nur histologisch faßbar waren [z. B. 4 bzw. 2 Fälle von VAN EMBDEN ANDRES (zit. MCKUSICK)].

Das Pseudoxanthom elasticum ist ein sehr einförmiges Krankheitsbild. Die Herde bestehen aus meist nur wenig erhabenen, fahlgelben [grau- oder mehr bräunlich-gelblichen (,,altes Elfenbein", Chamois)] papulösen Efflorescenzen von Stecknadelkopf- bis Linsengröße (selten größer) mit glatter Oberfläche und von unauffälliger, in der Regel teigig-weicher, selten etwas derber Konsistenz. Sie pflegen sich ,,wie feuchter Samt" anzufühlen (DARIER).

Der gelbliche Farbton wurde von GREENBAUM bei einer Negerin an den pigmentierten fleckförmigen Herden vermißt. Die flachen Knötchen stehen in

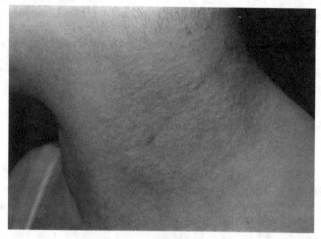

Abb. 1. Pseudoxanthoma elasticum bei 18jährigem Mädchen an der linken Halsseite

meist größerer Zahl (mitunter perifollikulär) mehr oder weniger dicht beieinander oder fließen zu wellenförmigen, den Hautfalten bzw. Spaltlinien parallelen Gebilden von unterschiedlicher Länge oder auch zu Flächenherden von netzförmiger Gestalt zusammen, wobei die ,,Wellentäler" bzw. das die Einzelherde umfassende ,,Maschenwerk" ein leicht atrophisches Aussehen haben können. Hier kann eine schwache rötliche bzw. mehr violette Tönung hervortreten, wie sie manchmal auch an den Einzelefflorescenzen als schmaler Saum festzustellen ist. Auch Teleangiektasien sind gelegentlich einmal in die Herde eingestreut. Der rötliche Beiton kann wechseln. NELLEN u. JACOBSON bemerkten an den Krankheitsherden eine Rötung während der Episoden, in denen es zu Bluterbrechen kam. Beim Fall CHAUFFARDs war vorübergehend an der Peripherie der Herde ,,eine enorm gefäßreiche Zone" (als entzündlicher Hof imponierend) festzustellen. GOTTRON machte bei dem von ihm vorgestellten Brüderpaar auf die erweiterten und napfförmig vertieften Follikelostien im Bereich der breitbandigen gelblichen Herde aufmerksam. BRUUSGAARD sah in der atrophischen Haut zwischen den Papeln und Flecken tiefe punktförmige Narben. Ein weniger ausgebildeter Krankheitsherd bestand aus parallelen, wenig erhabenen, bläulichen, an Striae distensae erinnernden Linien, in denen erst bei Glasdruck Einzelefflorescenzen sichtbar wurden. Auffällig ist meist eine gewisse Schlaffheit der betroffenen Bezirke (auch außerhalb der sichtbaren Herde), die sie krepppartig erscheinen läßt. Sie kann auch dem Bild einer Dermatolysis entsprechen. So hing bei einem Fall von BEESON die veränderte Haut in Falten herunter. Auch KEINING beobachtete wulstförmige Fältelungen und Runzelungen bei hochgradigem Verlust der Elastizität. Daß man hier nicht von Cutis laxa sprechen darf, weil bei dieser die Elastizität erhalten ist und demgemäß die gedehnte Haut wieder zurückschnellt, wurde von FREUDENTHAL (1932) bereits hervorgehoben. Auf jeden Fall kann es später bei Rückbildung der Herde zu *Atrophie* der Haut (BARTELHEIMER u. PIPER u. a.) und bei *sekundärer Calcinose* mit Abstoßung krümeliger Massen auch zu Narbenbildung kommen. Ein Fall von WAKABAYASHI war durch hochgradige Atrophie in Kombination mit typischen Herden gekennzeichnet.

Befallen werden vor allem die starker Dehnung ausgesetzten Partien der Haut, in erster Linie die Seitenteile des Halses, die großen Hautfalten des Rumpfes (Achsel- und Inguinalfalten) und die großen Gelenkbeugen (Ellenbeugen, Kniekehlen), deren Hautfläche sich bei der Beugung verkleinert (MARCHESANI u.

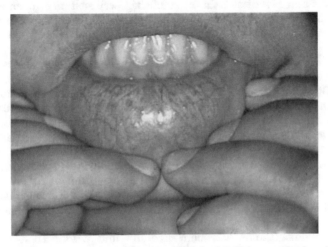

Abb. 2. Pseudoxanthoma elasticum an der Unterlippenschleimhaut in Form von stippchenartigen Herden

WIRZ). Auch die Bauchhaut, insbesondere die Nabelgegend, ist öfter betroffen, gelegentlich auch die Clavicula-Gegend. Bei dem einen Patienten GOTTRONs war, wie bei dem Fall von CHAUFFARD, auch der Penis befallen. HEILESEN stellte Herde zu beiden Seiten der Vulva und VENKEI-WLASSICS bei zwei Patienten alleinigen Befall der Anogenital-Region fest. Die Herde können auf die Umgebung der großen Falten und Beugen übergreifen und auch andere Körperstellen mit einbeziehen. Daß fast völlige Generalisierung vorkommen kann, wurde bereits erwähnt (SHAFFER, COPELAN u. BEERMAN). Bei einem Patienten von SWEITZER u. LAYMON begann der Prozeß an den Handrücken. Es muß besonders hervorgehoben werden, daß *symmetrische Anordnung* der Herde die Regel ist.

Das *Gesicht* ist nach FREUDENTHAL (von DARIERs geringfügigem Befund abgesehen) stets frei, während es McKUSICK unter den bevorzugten Lokalisationen an erster Stelle nennt. Der Fall VANNI hatte auch Herde im Gesicht, der Fall FOERSTER auch an der Stirn. Bei SCHUPPLIs „ungewöhnlichem Fall von Pseudoxanthoma elasticum" glich die Wangenhaut einer Orangenschale (Verdickung mit vergröbertem Relief und rötlicher Verfärbung). Man wird bei gelblichen Herden im Gesicht stets in erster Linie an die *senile Elastose* denken müssen (vgl. Differentialdiagnose), die allerdings allem Anschein nach gar nicht so selten in Kombination mit Pseudoxanthoma elasticum vorkommt. Bei dem Kranken von SCHUPPENER u. MEITINGER-STOBBE war das der Fall. Die Kombination ist auch von anderen Autoren beobachtet worden und könnte als Ausdruck eines lokalen

Strahlenschadens bei konstitutioneller Minderwertigkeit der Elastica (bzw. des Bindegewebsapparates) gedeutet werden.

Beteiligung der *Schleimhaut* bzw. *Übergangshaut* ist seit Abschluß des Freudenthalschen Handbuchartikels (CHAUFFARD bzw. DARIER und RAMEL hatten Lippen- bzw. Mundschleimhautbefall beobachtet) recht häufig registriert worden: Mund- und Nasenschleimhaut (LEWIS u. CLAYTON), weicher Gaumen, Uvula, Pharynx (KERL), Lippe und Glans penis (FOERSTER), weicher Gaumen (URBACH u. NÉKÁM jr.), Unterlippe [MATRAS (1938), Unterlippe und Zahnfleisch (1943)], Unterlippe (KÖSSLING-JACOB), Unterlippe und Gingiva (SÖNNICHSEN), um nur einige Mitteilungen zu nennen. Die am meisten befallene Schleimhautstelle scheint die Pars mucosa der Lippen zu sein (MCKUSICK). SCHUERMANN (1958) fand unter mehr als 300 Fällen der Literatur nur zehnmal Lippen-Mundschleimhaut-Beteiligung erwähnt und hält diese Zahl für zu niedrig, weil sich im eigenen Krankengut schon makroskopisch bei den meisten, histologisch bei allen entsprechend untersuchten Patienten deutliche Veränderungen im Sinne eines Pseudoxanthoma elasticum im Bereich der Unterlippenschleimhaut fanden. Er erwähnt auch Zunge, Zahnfleich, Kehlkopf, Innenseite der Labia maiora, Vagina, Glans penis und Rectum. SCHUPPENER u. MEITINGER-STOBBE stellten Knötchen auch an Conjuctiva und Blasenschleimhaut fest. Bei den Schleimhautherden handelt es sich ebenfalls um gelbliche Efflorescenzen, doch meist von kleinerem Kaliber (z. T. nur Stippchen). Sie sind in der Regel von Teleangiektasien umgeben (z. B. GOTTRONs Fälle, von denen der ältere Patient strichförmig angeordnete, stecknadelspitz- bis stecknadelkopfgroße, gelbliche Knötchen an der Unterlippe, der jüngere gelbliche Knötchen an Unterlippe und Zahnfleisch zusammen mit Teleangiektasien aufwies). Der Fall URBACH u. NÉKÁM jr. hatte netzförmige Veränderungen am weichen Gaumen. SCHUPPLI stellte eine diffuse gelbliche Verfärbung der Gaumenschleimhaut fest. Von der Beteiligung seröser Häute wird später noch die Rede sein.

Beim Pseudoxanthoma elasticum sind hin und wieder an der Haut auch *Blutungen* und *Nekrosen* beobachtet worden. SCHUERMANN u. WOEBER sahen im eigenen Krankengut linsen- bis handtellergroße Hämorrhagien von bläulich-roter Farbe, teils im Niveau der Haut gelegen und schmerzlos (Diapedeseblutung ?), teils vorgewölbt und schmerzhaft (Rhexisblutung ?) in einzelnen oder wenigen bis zahlreichen Exemplaren. In ihrem Bereich bildeten sich gelegentlich schmerzhafte Nekrosen, die an jene der Endangiitis obliterans oder der Periarteriitis nodosa erinnerten. Der Patient von FOERSTER hatte eine Purpura, die am linken Fußknöchel begann und sich dann auch in der rechten Knöchelgegend, am ganzen linken Bein und am linken Vorderarm einstellte. Es war ein Grönblad-Strandberg-Syndrom mit Netzhautblutung. Leber und Milz waren palpabel. Ein Patient von MCKUSICK machte mit 16 Jahren „hämorrhagische Masern" durch. Auf jeden Fall treten beim Grönblad-Strandberg-Syndrom Blutungen an der Haut gegenüber Blutungen an anderen Organen an Bedeutung und Häufigkeit wesentlich zurück (vgl. Abschnitt II).

In den ersten Jahrzehnten nach Beschreibung des Pseudoxanthoma elasticum sind eine ganze Reihe von Fällen unter dieser Diagnose beschrieben worden, deren Zugehörigkeit zum mindesten fraglich erscheinen mußte. ARZT hatte sie 1913 als „atypische Fälle" zusammengefaßt und FREUDENTHAL (1932) die Ansicht vertreten, daß man sie „von den typischen" bis zum Bekanntwerden etwaiger Übergangsbilder weiter abrücken müsse. KRANTZ (1952) hat die Fälle von DÜBENDORFER, DOHI, JULIUSBERG, BOSELLINI, 2 Fälle von ARZT, die Fälle von KAUFMANN-WOLF u. HEINRICHSDORFF, von FREUDENTHAL (1924) und von HERXHEIMER u. HELL als Beispiele der in den ersten 3 Jahrzehnten der Geschichte des

Pseudoxanthoma elasticum verhältnismäßig häufigen Fehldiagnosen zusammengestellt und die Existenz „atypischer Fälle" bestritten. Die Ende der 20er Jahre erfolgte Entdeckung einer Beteiligung anderer Organe an den für Pseudoxanthoma elasticum charakteristischen Elastica-Veränderungen hat die Veröffentlichung atypischer bzw. zweifelhafter Fälle in der Folgezeit ganz erheblich verringert. Unter den „atypischen Fällen" sind bezeichnenderweise Patienten mit Veränderungen im Gesicht stark vertreten (FREUDENTHAL, 1932).

2. Histologie

Epidermis, Stratum papillare und subpapillare sind in der Regel unverändert. Geringgradige Befunde sind jedoch hin und wieder zu erheben. So stellte GOTTRON eine gewisse Verschmälerung der Epidermis mit nur angedeuteten Retezapfen, geringe follikuläre Hyperkeratose, starkes intercelluläres Ödem im Stratum spino-

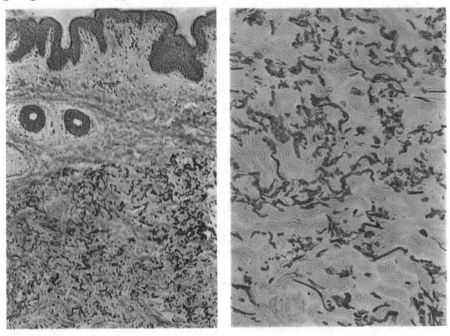

Abb. 3   Abb. 4

Abb. 3. Pseudoxanthoma elasticum, histologische Übersicht. 40fach

Abb. 4. Pseudoxanthoma elasticum. Elastische Fasern sind geschwollen, zeigen Zersplitterung, Zerfall und Zusammenballung. Weigerts Elasticafärbung. 80fach

sum mit Schrumpfung und Deformierung der Kerne und bezirksweise auch Ödem der Basalzellen fest. Papillär und subpapillär fanden sich feinkörnige Pigmentmassen und reichlich Chromatophoren. Die krankhaften Veränderungen sind beim Pseudoxanthoma elasticum im mittleren und unteren Abschnitt des Corium zu finden. Die Subcutis pflegt nicht oder nur unwesentlich beteiligt zu sein. Es handelt sich um umschriebene, aber unregelmäßig begrenzte Anhäufungen ungeordneter, plumper, septierter bzw. körnig zerfallener, vacuolisierter, aufgesplitterter, verknäuelter oder verklumpter elastischer Fasern (*Elastoclasis* und *Elastorrhexis* [DARIER]), die sich mit saurem Orcein schwächer anfärben (Verlust der Acidophilie). Basophile und acidophile Strecken können an der gleichen Faser miteinander abwechseln (GANS u. STEIGLEDER). Der Übergang der normalen, durch Zartheit und Gleichmäßigkeit der Verästelungen und Windungen gekennzeichneten Elastica in den Degenerationsherd erfolgt unvermittelt. In der näheren Umgebung sind die elastischen Fasern allerdings meist mehr oder weniger deutlich vermehrt. Es hat den Anschein, daß dem Pseudoxanthoma elasticum gelegentlich ein *frühes hyperplastisches Stadium* vorangeht, das wohl nur während des Säuglingsalters und der Kindheit vorhanden ist (LEVER). Dabei sind die elastischen Fasern vermehrt und verdickt ohne Spuren von Degeneration. Auch der ausgeprägte Krankheitsherd ist ja nicht nur durch schwere degenerative Elastica-Veränderungen charakterisiert, sondern entspricht einer manchmal fast tumorösen Vermehrung des elastischen Gewebes. Nach PAUTRIER wandelt sich das Bild mit dem Alter der pathologischen Erscheinungen bis zur Elastorrhexis, wobei die Elastica durch Hinzukommen einer neuen Substanz verändert zu werden scheine. McKUSICK möchte bezweifeln, daß die von WEIDMAN, ANDERSON u. AYRES als *„juveniles Elastom"* bezeichneten Elastica-Veränderungen als Vorstufe des Pseudoxanthoma elasticum aufzufassen sind.

Wie weit das *kollagene Gewebe* an den für das Pseudoxanthoma elasticum charakteristischen Vorgängen beteiligt ist, wird sehr unterschiedlich beurteilt. Nach FREUDENTHAL (1932) ist es nur selten ganz unverändert, meist vermindert, die fibrilläre Struktur undeutlicher und nur noch ein zartes Netzwerk übrig, häufig mit Vermehrung der Kerne. HAYASHI stellte auch Degeneration kollagener Fasern fest. JENNER berichtete über ausgedehnte Degeneration des kollagenen Gewebes im Stratum reticulare. HANNAY möchte sogar das Wesentlichste des histologischen Bildes nicht in den Elastica-Veränderungen, sondern in einer Hypertrophie chemisch-physikalisch veränderter kollagener Fasern sehen. Nach LEVER sind die kollagenen Fasern unverändert, nach GANS u. STEIGLEDER treten die Veränderungen des Kollagens denen des elastischen Gewebes gegenüber an Bedeutung völlig zurück. Ein Zerfall sei kaum festzustellen, doch weise die Beobachtung, daß die einzelnen Balken dicker und plumper als unter normalen Verhältnissen seien, auf eine, wenn auch ganz geringgradige Beteiligung dieses Gewebes hin. Die von HANNAY vertretene Auffassung ist in jüngster Zeit erneut zur Diskussion gestellt worden (McKUSICK). Sie wird als aktuelle und zudem sehr wesentliche Frage im Anschluß an die klinische und pathologisch-anatomische Beschreibung des Grönblad-Strandberg-Syndroms noch in einem besonderen Abschnitt (V) besprochen werden.

Das degenerierte Gewebe verfällt zum Teil der Verkalkung. Über diese sekundäre, auch an betroffenen Gefäßen auftretende *Calcinosis*, die gelegentlich röntgenologisch nachweisbar ist (SCHUERMANN u. WOEBER), gibt es zahlreiche Angaben (OGAWA; HAYASHI; FINNERUD u. NOMLAND; ARAI, 1939; GOTTRON; GRÖNBLAD, 1948; LOBITZ u. OSTERBERG; SAIPT u.a.). Sie ist für das Pseudoxanthoma *weitgehend charakteristisch*. Mit der v. Kossaschen Färbung lassen sich im Bereich der degenerierten Elastica massenhaft grobkörnige Ablagerungen von phosphorsaurem Kalk nachweisen (FINNERUD u. NOMLAND).

OGAWA stellte in Pseudoxanthom-Haut einen 17—30mal größeren Kalkgehalt als in normaler Haut fest. Auch LOBITZ u. OSTERBERG haben die Ca-Vermehrung quantitativ nachgewiesen. BEESON berichtete sogar über Knochenbildung. FINNERUD, der bei den von ihm untersuchten Fällen 5—6% Kalk im Pseudoxanthom-Herd gegenüber 1% in normaler Haut fand, bezweifelte in der Diskussion, daß es sich um Knochenbildung gehandelt habe. Nach SCHUERMANN u. WOEBER kommt sie vor.

Die Anhäufung von Elastica-Trümmern mit teilweiser Verkalkung kann eine mehr oder weniger deutliche (meist aber nur angedeutete) Resorptionsgranulomatose mit Fremdkörperriesenzellen (GRÖNBLAD, 1948; SAIPT u.a.) hervorrufen. Hin und wieder sind tuberkuloide Strukturen auch mit Riesenzellen vom Langhans-Typ beobachtet und die ursächliche Mitwirkung einer tuberkulösen oder syphilitischen Infektion in Erwägung gezogen worden (WELTI; TOMINAGA, HARADA u. HASHIMOTO). In der Regel ist die entzündliche Begleitreaktion beim Pseudoxanthoma elasticum kaum angedeutet. Sie pflegt sich auf höchstens ganz geringe perivasculäre Lymphoidzell-Infiltrate und Auftreten einiger Mastzellen zu beschränken.

Die Adnexe sind bis auf eventuell feststellbare degenerative Veränderungen an den feineren elastischen Fasern der Haarfollikel, Talgdrüsen und Ausführungsgänge der Schweißdrüsen (VENKEI-WLASSICS) unbeteiligt. Auch an kleinen und größeren Gefäßen ist oft eine Elastica-Degeneration deutlich ausgeprägt (BRILL u. WEIL; WAKABAYASHI; VENKEI-WLASSICS u.a.).

Die Elastica-Veränderungen des Pseudoxanthoma elasticum beschränken sich nicht nur auf die sichtbaren Krankheitsherde. Auch in äußerlich normaler Haut haben sich feingeweblich Elastica-Veränderungen nachweisen lassen (COTTINI, 1948; MESCON u.a.). VENKEI-WLASSICS stellte in der gesund erscheinenden Haut eines Patienten eine Elastica-Degeneration etwas geringeren Grades und zugleich starke Anschwellung der kollagenen Fasern mit mäßiger Basophilie fest.

3. Differentialdiagnose

Differentialdiagnostisch ist vor allem die *senile Elastose (senile degenerative Atrophie, kolloide Degeneration)* abzutrennen, die fast ausschließlich an lichtexponierten Körperstellen, also in erster Linie im Gesicht und am Nacken zu finden ist. Es handelt sich, ähnlich wie beim Pseudoxanthoma elasticum, um weißlich-gelbe, manchmal aber mehr zitronengelbe Knötchen in mosaikartiger, der Hautfelderung angepaßter Anordnung in meist stärker gefurchter Haut. Cutis rhomboidalis nuchae, diffuses Elastom (DUBREUILH) und Peau citréine (MILIAN) gehören als verwandte Affektionen hierher. Auch die Knötchen der senilen Elastose entstehen langsam und verändern sich dann kaum noch. Sie sind das Resultat degenerativer Vorgänge *im oberen Drittel des Corium*, also in einem Teil der Lederhaut, der beim Pseudoxanthoma elasticum frei zu sein pflegt. Es handelt sich um Material, das sich wie Elastin mit Orcein anfärbt, aber nach neueren Untersuchungen sehr wahrscheinlich degeneriertem Kollagen entsprechen dürfte („kolloide Degeneration"). So kann es im Gegensatz zu Elastin durch Behandlung mit Trypsin aus den Schnitten entfernt werden (TATTERSALL u. SEVILLE). Das elastinähnliche Material der senilen Elastose liegt weniger in Schollen und Faserknäueln im Gewebe, wie das Elastin des Pseudoxanthoma elasticum, als vielmehr in dichten, amorphen Massen. Außerdem nimmt es die Calcium-Färbung nicht an (LEVER). Es besteht ferner ein hochgradiger Schwund des kollagenen Gewebes, das sich schwach basophil anfärbt.

Das *Pseudomilium colloidale* entspricht etwa stecknadelkopf- bis erbsgroßen, flach halbkugeligen, transparenten, eventuell einzeln oder in Gruppen zusammenstehenden, hautfarbenen bis zitronengelben Knötchen an Licht ausgesetzten Hautstellen, insbesondere an der Stirn. Nach Incision kann eine gallertige Masse ausgedrückt werden. Histologisch handelt es sich um unter verdünnter Epidermis, eventuell noch einer Schicht gut erhaltenen Bindegewebes liegende, homogene, kernarme Blöcke, die sich stellenweise färberisch wie Elastin verhalten (GANS u. STEIGLEDER).

Eine Abgrenzung gegenüber dem *Naevus elasticus* (LEWANDOWSKY) könnte Schwierigkeiten machen. Bei einem von PAUTRIER u. WORINGER 1936 veröffentlichten Fall von Pseudoxanthoma elasticum glaubte Woringer später an das Vorliegen eines Naevus elasticus, da trotz Bestehens seit der Geburt im Alter von 8 Jahren nurmehr wesentliche Verdickung der elastischen Fasern, aber keine Elastorrhexis festzustellen war, die McManus-Färbung negativ ausfiel und die Efflorescenzen atypisch (Abdomen, Fossa iliaca) lokalisiert und ungewöhnlich groß waren. Der Naevus elasticus gehört zu den Bindegewebsnaevi, an denen die verschiedenen Komponenten des Bindegewebes in unterschiedlichem Ausmaß beteiligt sind, so daß man zwischen einem fast nur das kollagene Gewebe und einem ganz überwiegend das elastische Fasersystem betreffenden Typ als Extremen unterscheiden kann. Bei letzterem ist mehr oder weniger ausgeprägter Mangel und auch Zerstörung des elastischen Gewebes, zuweilen mit einzelnen gröberen,

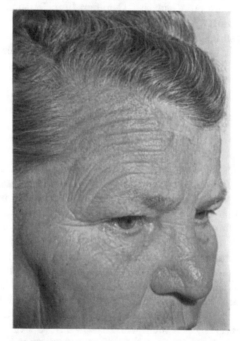

Abb. 5. Senile Elastose der Gesichtshaut bei 61jähriger Patientin mit weißlich-gelblichen Knötchen in mosaikartiger, der Hautfelderung angepaßter Anordnung

bzw. unregelmäßigen Faserbündeln und -knäuelen, insbesondere im Stratum papillare und subpapillare, festzustellen (Gans u. Steigleder). Klinisch handelt es sich um zu Gruppierung neigende, rundliche oder polygonale, flache Knötchen, teils solitär, teils streifenförmig oder auch disseminiert angeordnet, von weißlicher oder mehr gelblich-weißer Farbe. Das Bestehen seit frühester Jugend und ihre Stabilität sind zusammen mit der oberflächlichen Lokalisation der Veränderungen im Corium und dem Fehlen anderer auf eine Erkrankung des gesamten elastischen Systems deutender Veränderungen differentialdiagnostisch entscheidend. Sofern man wie McKusick das ,,juvenile Elastom" (Weidman et al.) als mögliche Vorstufe des Pseudoxanthoma elasticum nicht anerkennt, wäre es mit dem Naevus elasticus en tumeurs disséminées zu identifizieren. Für den Naevus elasticus regionis mammariae sind nach Lewandowsky die Lokalisation und die Beschränkung auf die alleroberste Cutisschichten charakteristisch.

Gegenüber *Xanthomen* dürften beim Pseudoxanthoma elasticum schon klinisch nur selten differentialdiagnostische Schwierigkeiten bestehen.

Verkalkte Pseudoxanthoma-elasticum-Herde können fehlgedeutet werden. Man sollte stets daran denken, daß sich eine Calcinose der Haut nicht nur auf dem Boden einer Dermatomyositis oder Sklerodermie entwickeln kann, sondern daß sie auch für das Pseudoxanthoma elasticum weitgehend charakteristisch ist.

II. Die Erscheinungen des Grönblad-Strandberg-Syndroms an anderen Organen

Die Kombination des Pseudoxanthoma elasticum mit Veränderungen gleicher Art am Auge ist außerordentlich häufig — man kann sagen, die Regel —, während die Beteiligung der Gefäße in anderen Organen bzw. der Peripherie wohl vor allem nur deshalb nicht in gleichem Ausmaße festgestellt wurde, weil sie der Beobachtung weniger zugänglich ist. Es mag sein, daß, wie es oligosymptomatische Formen gibt, die nur an Haut und Auge Erscheinungen zeigen, so auch auf das Gefäßsystem beschränkte Formen existieren (SCHUERMANN u. WOEBER). Zur Orientierung über die Häufigkeit kombinierter Bilder sei zunächst eine Zusammenstellung einer großen Klinik aus neuerer Zeit angeführt. CONNOR et al. berichteten 1961 über 106 Fälle, die 1931—1958 in der Mayo-Klinik erfaßt wurden. 63 hatten Pseudoxanthoma elasticum und gefäßähnliche Streifen zugleich, 11 nur Pseudoxanthom und 32 nur gefäßähnliche Streifen am Augenhintergrund. Bei 12 (= 16%) der 74 Patienten mit Pseudoxanthoma elasticum wurden an den peripheren Gefäßen vorzeitige Verengung bzw. Verschluß festgestellt. Bei Hinzurechnung nachgewiesener Coronar- und Cerebralgefäßerkrankungen betrug der Prozentsatz der Gefäßstörungen 26%. Er muß jedoch höher angesetzt werden, weil nur ein Teil der Erfaßten in dieser Richtung gründlich durchuntersucht wurde.

1. Die Augenveränderungen

Die Kombination von Haut- und Augenveränderungen (GRÖNBLAD-STRANDBERG, MARCHESANI-WIRZ) — auf GRÖNBLADs eingehende monographische Darstellung (1932) sei verwiesen — wurde in den 30er Jahren durch zahlreiche, vorwiegend Einzelbeobachtungen behandelnde Publikationen und Demonstrationen bestätigt und erweitert (KRANTZ, 1932; BRUUSGAARD; ASCHER; BRILL u. WEIL; ISHIKAWA; MURATA; MAYEDA; JONES, ALDEN u. BISHOP [5 Fälle und 2 ohne Pseudoxanthoma elasticum, davon einer mit seniler Elastose]; LOUWS; LOESCHER bzw. GRÜNEBERG; HAACK u. MINDER; HAXTHAUSEN; NOMLAND u. KLIEN; POSTMA; LEWIS u. CLAYTON; BONNET, 1933, 1935; DYKMAN; JACOBY; FOERSTER; SUGG u. STETSON; MATRAS, 1935, 1936; BENEDICT u. MONTGOMERY; ARAI, 1935; KRISTANOW; ISAYAMA; KOCH, 1936, 1937; JOHN; HIRANO; KERL; BLOBNER; YAMAZAKI; HEGGS u. WILLIAMSON-NOBLE; FRANCESCHETTI u. ROULET; MATSUZAWA; P. W. SCHMIDT; URBACH u. NÉKÁM jr. bzw. URBACH; GREENBAUM; FINNERUD u. NOMLAND; DENTI; KAWASHIMA, 1938, 1939; HÜBERT u. NYQUIST; GOEDBLOED; CORRADO; BERNSTEIN, ANDERSON, CAREY u. ELLIS; HAGEDOORN; FLEISCHMANN u.a.).

Größere zusammenfassende Arbeiten stammen von SANDBACKA-HOLMSTRÖM (1939) (100 Fälle: 87 mit angioid streaks, 4 mit chorioidalen Veränderungen, 9 ohne Augenveränderungen) und GRASSI (1941) (164 Fälle: 113 Pseudoxanthoma elasticum und angioid streaks, 9 Pseudoxanthoma elasticum mit Chorioidea- bzw. Retina-Veränderungen, 10 ohne Augenveränderungen und 32 Fälle mit angioid streaks ohne Hautveränderungen).

Die für Pseudoxanthoma elasticum charakteristischen *Augenhintergrundsveränderungen* manifestieren sich meist erst nach dem 2. Lebensjahrzehnt, wobei Traumen eine Rolle spielen können, und in der Regel nach den Hauterscheinungen. Unter den von Böck beschriebenen Fällen mit gefäßähnlichen Streifen befand sich ein 9jähriges Mädchen ohne Hauterscheinungen. Die Augenhintergrundsveränderungen treten fast immer bilateral auf. Da sie *nicht einheitlicher Natur* sind und in ihrer Deutung lange Zeit große Unsicherheit herrschte, haben sie im Schrifttum auch recht verschiedene Bezeichnungen erhalten. So wurden sie als angioide Streifen der Netzhaut, der Aderhaut oder einfach des Augenhintergrundes, als angioid streaks schlechthin, als Striae retinae, angioide Pigmentstreifen oder nur Pigmentstreifen bezeichnet. Das gilt auch hinsichtlich der übrigen Augenhintergrundsveränderungen (Pietruschka).

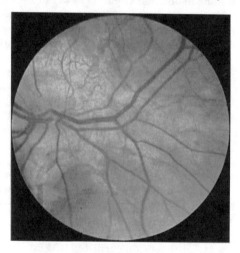

Abb. 6. Linker Augenhintergrund (Retinophot der Firma Zeiss, Jena). Es kommt das Gebiet unterhalb der Papille zur Darstellung: zirkulärer Conus, Angioid streaks, Blutungen und Degenerationen. (Univ.-Augenklinik Halle, Direktor: Prof. Dr. Badtke †)

Die *angioiden Streifen,* die bis fünfmal so breit sein können wie normale Venen des Augenhintergrundes (McKusick), haben in manchen Fällen eine rötliche, in anderen eine bräunliche oder sogar schwarzbraune, meist jedoch eine mehr graubraune Farbe, wobei die mittleren Partien heller und die Streifenränder etwas dunkler zu sein pflegen. Sie entspringen in Papillennähe und verlaufen kontinuierlich radiär (z.T. auch konzentrisch), um nach starker Verschmälerung an der mittleren Fundusperipherie zu enden. Den Bulbus-Äquator erreichen sie meistens nicht. Wenn sie mehr rötlich oder rot gefärbt sind, könnte man schon geneigt sein, sie als durchschimmernde Chorioideagefäße zu deuten. So hielt sie Denti für anormale kongenitale Gefäßbildungen, möglicherweise mit Verbindung zum Venensystem der Aderhaut und Jacoby für wahrscheinlich pathologisch veränderte (kollaterale) venöse Gefäße der Netzhaut. Es sei in diesem Zusammenhang auch erwähnt, daß Berlyne, Bulmer u. Platt bei 6 von 7 Familien mit Auftreten von Pseudoxanthoma elasticum in mehreren Fällen (bei Fehlen angioider Streifen) „anomale Sichtbarkeit der Chorioidealgefäße" konstatiert haben, wie dies im Zusammenhang mit Pseudoxanthoma elasticum vereinzelt beschrieben worden ist.

Bei ausgesprochenem Pigmentstreifen-Charakter sind diese Bildungen wesentlich schmäler und können dabei von einem hellen Saum eingefaßt sein (Pie-

TRUSCHKA). Nach BÖCK sind die angioiden Streifen zuerst immer hellrot und werden erst später von Begleitstreifen und Pigmentflecken umsäumt. RIZZUTI hatte Gelegenheit, bei einem Patienten über 27 Jahre die Entwicklung der gefäßähnlichen Streifen mit Hilfe der Fundusphotographie zu kontrollieren. Sie ging mit einer fortschreitenden Veränderung des Netzhautzentrums einher, welche schließlich dem Bild der senilen scheibenförmigen Macula-Degeneration entsprach.

Über die *Natur der angioiden Streifen* dürfte jetzt weitgehende Einigkeit bestehen. Es handelt sich, wovon sich URBACH u. WOLFRAM und HAGEDOORN bei verstorbenen, autoptisch untersuchten Patienten überzeugen konnten, um degenerative Veränderungen an der Lamina vitrea chorioideae, der Bruchschen Membran, und zwar um Risse bzw. Sprünge. URBACH u. WOLFRAM fanden außer Elastica-Schäden in den Aderhautgefäßen Lamina vitrea-Defekte mit sekundärer

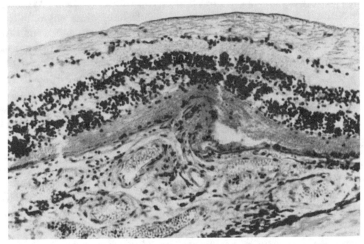

Abb. 7. Angioid streaks. Lücke in der Glashaut — Hernienartige Vorwölbung der Lamina basalis zur Netzhaut hin mit Einwuchern von Granulationsgewebe von der Chorioidea her. (Fixierung: Formalin, Einbettung: Paraffin. Horizontalschnitt, Schnittdicke 10—12 μ, HE-Färbung, 150fach). (Univ.-Augenklinik Halle, Direktor: Prof. Dr. BADTKE †)

Granulombildung in der Umgebung des Sehnerveneintrittes. HAGEDOORN stellte außer Verdickung und Basophilie, besonders in der Nähe der Papille, zahlreiche, wie mit dem Messer geschnittene Defekte in der Bruchschen Membran fest, die in der Macula-Region auf beträchtlichen Strecken ganz fehlte. Eine anatomische Beschreibung der Streifen lieferte auch BÖCK. KOFLER wurde damit in seiner Deutung bestätigt. Allerdings hat sich neuerdings wieder COWPER für die ältere Auffassung, daß es sich primär um Degeneration und Sklerose der Chorioidea-Arterien handle, ausgesprochen. Vor kurzem konnte von DOMKE u. TOST bei einem Patienten der Universitäts-Augenklinik Halle, der Suicid beging, ebenfalls autoptisch die Deutung KOFLERs bestätigt werden (vgl. Abb. 7).

Man kann bei den Augenhintergrundsveränderungen *3 Entwicklungsstadien* unterscheiden, das 1. Stadium der *Streifenbildung,* das 2. Stadium, in dem *Ödem, Exsudation und Blutungen* hinzutreten, die Visusbeeinträchtigungen hervorrufen können, und ein 3., das durch *Organisation dieser Veränderungen und Narbenbildung* gekennzeichnet ist (BADTKE).

Macula-Entartung und andere chorioretinale Veränderungen, Blutungen und arteriosklerotische Fundusveränderungen kommen beim Grönblad-Strandberg-Syndrom bereits im mittleren Lebensalter und relativ häufig schon bei Jugendlichen zur Beobachtung. Während bei jüngeren vom Grönblad-Strandberg-Syndrom befallenen Patienten der Charakter eines heredo-degenerativen Leidens offensichtlich ist, scheint bei älteren Patienten die Arteriosklerose völlig im Vordergrund zu stehen, so daß sich recht unterschiedliche Bilder ergeben (PIETRUSCHKA). Infolge Elastica-Erkrankung der Retina-Gefäße kann es zu angedeuteten Blutungen kommen, die allmählich aufgesaugt bzw. organisiert werden, während früher oder später neue Blutungen hinzukommen. Am Fundus treten auch *Pigmentflecke* auf, die KAWASHIMA (1938) bei einem seiner Fälle ohne angioide Streifen als Vorstufe des typischen Bildes deutete. Ferner kann man *atrophische bzw. weiße Flecke* an der Chorioidea mit Verminderung und Verdünnung ihres Gefäßnetzes bzw. Umwandlung der Gefäße in *weißliche Stränge* sehen (BONNET, 1938; LEBRAND; BUREAU u. PASQUIE u.a.). VOISIN fand außer typischen Streifen und Pigmentflecken an Chorioidea und Retina Veränderungen von leicht verrukösem Charakter, bei Fällen von LIEGL, ZEEMAN, WOLFF, STOKES u. SCHLESINGER u.a. waren nur Drusen der Aderhaut ohne angioide Streifen zu sehen. FRANÇOIS u. VERRIEST fassen die Augenveränderungen wegen der neben den angioiden Streifen bestehenden sonstigen chorioretinalen Veränderungen im Sinne einer Chorioideasklerose als eine tapetoretinale Degeneration des hinteren Poles auf.

Wesentlich und für die Einschränkung des Sehvermögens fast ausschließlich entscheidend sind die *Macula-Veränderungen.* Sie können partielle, gewöhnlich aber sehr erhebliche Abnahme der Sehschärfe gelegentlich *bis zur Erblindung* zur Folge haben. Es handelt sich dabei um *zentrale Skotome*, während das periphere Sehen einigermaßen erhalten bleibt (BRAUNER). Gelegentlich entspricht die Papille dem klassischen Typ der Opticusatrophie. Die Macula-Degeneration, die BRONNER nicht zum Krankheitsbild gehörig ansehen wollte, hat nach GRÖNBLAD (1932) interessante Beziehungen zu der „scheibenförmigen Entartung der Netzhautmitte" (JUNIUS-KUHNT), die aber das Senium bevorzugt und hinsichtlich der Beeinflussung des Sehvermögens ungünstiger zu beurteilen ist.

Daß beim Pseudoxanthoma elasticum chorioidale bzw. retinale Veränderungen gar nicht so selten *auch ohne angioide Streifen* vorkommen, beweist die Zusammenstellung von GRASSI. Man sollte sich stets vergegenwärtigen, daß die gefäßähnlichen Streifen wohl das markanteste Kennzeichen des Syndroms am Auge sind, aber *gar nicht so selten* eine *weniger spezifische zentrale Chorioretinitis* (McKUSICK) gefunden werden kann, wie es wahrscheinlich bei dem Patienten CHAUFFARDs der Fall war. Die Streifen können auch beim Fortschreiten der allgemeinen atrophischen Prozesse am Augenhintergrund oder infolge Hinzukommens einer Retinitis proliferans externa wieder verschwinden (BARTELHEIMER u. PIPER).

Von den angioiden Streifen müssen ähnliche Bilder, insbesondere die von SIEGRIST (1899) beschriebenen perlschnur- oder rosenkranzartigen Pigmentstreifen des Augenhintergrundes, unterschieden werden. Die Siegristschen Streifen finden sich niemals bei Pseudoxanthoma elasticum. Sie verlaufen wie die gefäßähnlichen Streifen, aber nicht kontinuierlich und immer in Anlehnung an Aderhautgefäße (Macula-Beteiligung selten, doch meist stärkere arteriosklerotische Fundus-Veränderungen). Vielfach sind Hypertonie und Albuminurie dabei festgestellt worden. Wie beim Grönblad-Strandberg-Syndrom soll häufig Myopie bestehen (vgl. PIETRUSCHKA). Es gibt auch noch andersartige Pigmentstreifenbildungen am Fundus, über die in kurzer Form die der ophthalmologischen Differentialdiagnose des Grönblad-Strandberg-Syndroms gewidmete, schon mehrfach zitierte Arbeit von PIETRUSCHKA orientiert.

2. Miterkrankung der Blutgefäße

Waren es zunächst allein die Augenveränderungen, die in der Verbindung mit dem Pseudoxanthoma elasticum besondere Beachtung fanden, so lag in der Literatur der letzten beiden Jahrzehnte über das Grönblad-Strandberg-Syndrom das Schwergewicht mehr auf der zusätzlichen Kombination mit Gefäß- bzw. Organerkrankungen.

Die Beteiligung der *Arterien* kann sich vielseitig äußern: *Anormales Verhalten des Pulses*, leichte Ermüdbarkeit, *intermittierendes Hinken* oder Zeichen von Coronarinsuffizienz *(Angina pectoris)* in relativ frühem Lebensalter, *Hypertonie* und psychisch-neurologische Symptome, wie sie beim Hochdruck bzw. Arteriosklerose vorkommen, sehr *frühe Media-Verkalkungen* in zentralen und peripheren Arterien, Dilatation bzw. *Aneurysmenbildung*, besonders an der *Aorta*, und *Blutungen* in den verschiedensten Organen, insbesondere im Bereich des *Intestinaltraktes* und des *Gehirns* sind typische Komponenten des Grönblad-Strandberg-Syndroms. Auch die *Venen*, bei denen allerdings das elastische Gewebe als Baumaterial erheblich zurücktritt, können beteiligt sein. Verschiedentlich wurde eine Kombination mit anderen Erkrankungen (Epilepsie, Diabetes u.a.) beobachtet, die man als Folge der dem Syndrom eigentümlichen Gefäßveränderungen zu deuten vermag, da ja jedes Organ bzw. Organsystem gefäßabhängig ist und daher unter den beim Grönblad-Strandberg-Syndrom gegebenen Verhältnissen mehr oder weniger stark in Mitleidenschaft gezogen werden kann. Man wird hier aber besonders kritisch sein müssen.

a) Funktionelle und organische Gefäßveränderungen

Nach McKusick wurden verminderte Pulswellenlängen, verminderte Pulsamplituden und atypische Form der Pulskurven bei einer Mehrzahl der Patienten registriert (Carlborg; van Embden Andres, 1953 u.a.). Manchmal verschwinde die Zweigipfeligkeit der Welle im indirekten Arteriogramm und der Hauptgipfel scheine mitunter langsamer als in der Norm erreicht zu werden (Bäfverstedt u. Lund; Shaffer, Copelan u. Beerman). Dabei kann das direkte Arteriogramm normal sein. Die Häufigkeit der Kombination mit *Bluthochdruck* scheint auf jeden Fall groß genug zu sein, um ihn als echte Komponente des Syndroms zu betrachten. Er könnte vielleicht auch Folge der sich in den Nierengefäßen abspielenden Prozesse sein. Auf jeden Fall wird er die Blutungsneigung erhöhen (McKusick). Auch *Angina pectoris* dürfte sich bei diesem Syndrom häufiger als in der gleichalterigen Gesamtbevölkerung finden.

Hinsichtlich der Gefäßsymptome beim Grönblad-Strandberg-Syndrom ist folgendes zu bedenken: Der wesentliche Spannungsträger der Gefäßwand ist ihr elastisches Material, das in den *Arterien elastischen Typs* (Aorta und herznahe Arterien) besonders stark ausgeprägt ist, in denen *muskulären Typs* aber ebenfalls ein strukturell-funktionell maßgebliches Element (insbesondere Lamina elastica interna und externa und elastische Fasernetze und Membranen zwischen den Muskelschichten der Media) darstellt. Die normale Lamina elastica vermag infolge ihres relativ hohen Elastizitätsmoduls einen großen Teilbetrag der Druckkraft des Blutes in Form elastischer Wandspannung aufzunehmen. Wenn eine Zerstörung der Lamina elastica interna — Aufsplitterung und Frakturierung können schon (unterschiedlich in den verschiedenen Arterientypen) in frühem Alter beginnen — nicht von der Media kompensiert werden kann, dann resultiert eine Ausweitung der Gefäße mit wesentlich anderen intramuralen Druckgradienten. Wird bei den degenerativen Frühveränderungen, die mit herdförmiger oder mehr diffuser Verdickung der Gefäßwände einhergehen, die kritische Schichtdicke überschritten, so kommt es zu lokalisierter Ernährungsinsuffizienz mit mehr oder weniger schnell eintretenden Nekrosen im Zentrum der verdickten Gefäßwandschichten (vgl. Linzbach).

Bei Vorliegen eines Grönblad-Strandberg-Syndroms beginnt dieser Prozeß wesentlich früher und nimmt ein erheblich größeres Ausmaß an. Es kommt also gewissermaßen zu einer *vorverlegten und gesteigerten Alterung der Gefäße*. Selbstverständlich wird eine *Hypercholesterinämie*, die bei dieser frühzeitigen Gefäßerkrankung pathogenetisch keine wesentliche Rolle spielt, dann, wenn sie vorhanden ist, auf die pathologischen Strukturveränderungen als zusätzliches Moment erschwerend einwirken (McKusick). Bei 5 von 7 Fällen, über die Barteiheimer u. Piper berichteten, waren die Cholesterin-Nüchternwerte erhöht.

Ester Grönblad selbst gab zusammen mit Carlborg (1940) 16 Fälle ihres Syndroms bekannt, von denen 4 Angina pectoris, 2 Claudicatio intermittens, eine Hypertonie, 5 ausgeprägte oscillometrische Veränderungen, 4 Aortenveränderungen wie bei Arteriosklerose und 2 — die eine Patientin war erst 27 Jahre alt — Calcification der Wadengefäße hatten. Der erst 49jährige Patient von Lebrand, Bureau u. Pasquier mit Hypertension litt an intermittierendem Hinken am linken Bein und hatte lineäre Verkalkungen an den Arterien. Claudicatio intermittens hatten auch 2 Schwestern mit Pseudoxanthoma elasticum, von denen die eine auf dem Internationalen Kongreß in Stockholm vorgestellt wurde (starke periphere Arteriosklerose) [Zbl. Haut- u. Geschl.-Kr. *102*, 300 (1959)]. Über ähnliche Fälle berichteten Woringer u. Gerhard (Hochdruck, Beinkrampf, Kalkeinlagerungen in den Arterien der Extremitäten), Schuppener (Oscillogramm: Beiderseits ausgebreitete Form der Femoralis-Obliteration), Capusan et al. (1959) (Fall 1: Hypertension, Verminderung der peripheren arteriellen Durchblutung [oscillometrisch], intermittierendes Hinken, arterielle Verkalkung an den unteren Extremitäten; Fall 2 [14jähriges Mädchen]: Akrocyanose, Hypertension, Livedo reticularis), Shaffer, Copelan u. Beerman (schwere Gefäßveränderungen mit Gangrän an distalen Partien und Verkalkung der größeren Gefäße), Greenbaum (Hypertonie), Matsuzawa (Hypertonie, Angiosklerose), Brain (Gefäßverkalkungen an Armen und Beinen bei 11¹/₂jährigem Jungen), Bäfverstedt u. Lund (abnorme plethysmographische Pulskurven an Fingern und Zehen bei 9jährigem Knaben), Jung (Durchblutungsstörungen besonders an den Händen mit erniedrigten Hauttemperaturen bei 23jähriger Patientin) u.a. Carlborg stellte besonders im Bereich der Beinarterien Gefäßverkalkungen fest, bei Schädelaufnahmen auch Plexusverkalkungen und Kalkablagerungen in der Chorioidea. Verkalkungen der Arm- und Beinarterien wurden röntgenologisch auch von Sandbacka-Holmström, Silvers, Silvers u. Wolfe, Scheie u. Freeman, Wolff, Stokes u. Schlesinger (9jähriges Kind mit intermittierendem Hinken) u.a. festgestellt. Zentmayer und McKusick berichteten über Calcifizierung der Carotis interna, Nellen u. Jacobson über Verkalkung der Coronararterien (auch der Falx cerebri und der Zirbeldrüse). Bei Fall 2 von Schuermann u. Woeber mit Schwellung und livider Verfärbung des linken Unterschenkels, mit Nekrose und Purpuraherden auch an anderer Stelle, Fehlen der Fuß-, Poplitea- und Femoralispulse kam es zu schwersten Schmerzanfällen, die sich bei Kälteanwendung und Hängenlassen des Beines besserten. Bei Fall 3 mit geringen Erscheinungen eines Pseudoxanthoma elasticum an der unteren labialen Gingiva und der Unterlippenschleimhaut fanden sich im Bereich der Coronargefäße, an den großen Unterarmarterien und im Bereich der Weichteile beider Unterschenkel Verkalkungen. Bei einem weiteren Patienten (Fall 1), der wegen eines „luetischen Aorten-Aneurysmas" überwiesen worden war, konnten Schuermann u. Woeber Syphilis ausschließen und als Erklärung für die Aneurysmenbildung ein ausgedehntes Pseudoxanthoma elasticum mit angioiden Streifen feststellen. LORTAT-JACOB u. BRÉGEAT stellten bei ihrem Patienten an Aorta und Pulmonalis röntgenologisch Verdichtungen fest. Eine ungewöhnlich stark von Pseudoxanthoma elasticum befallene Patientin von MARCHIONINI u. TURGUT hatte Endokarditis, Mitralinsuffizienz und (wie ein Fall von JOFFE u. JOFFE) Aortenverbreiterung, für die andere Ursachen nicht ermittelt werden konnten. Auch der Fall von URBACH u. NÉKÁM jr. hatte bei niedrigem Blutdruck eine nicht syphilitisch bedingte Dilatation der Aorta. *Jedenfalls sollte man bei den überaus seltenen Fällen nichtsyphilitischer Aneurysmenbildung an der Aorta stets genauestens auf das Vorliegen eines Grönblad-Strandberg-Syndroms fahnden.* Bei einem 29jährigen Patienten von DIXON entwickelte sich gleichzeitig mit den typischen Erscheinungen des Syndroms ein intracraniales Sackaneurysma, bei einem Fall von CARLBORG waren die Jugularvenen auffällig erweitert.

b) Blutungen

Wie in der Haut und am Augenhintergrund kommen auch an anderen Organen mehr oder weniger starke Blutungen beim Grönblad-Strandberg-Syndrom zur Beobachtung, *am häufigsten wohl im Bereich des Magen-Darmtraktes.* Bei einem Patienten von EDWARDS gingen gastrointestinale Blutungen dem Grönblad-Strandberg-Syndrom um viele Jahre voraus. MCKUSICK sah sie einmal bei einem Patienten von 18 Jahren. Ein Patient von VAN EMBDEN ANDRES hatte bei normalem Röntgenbefund des Magen-Darmkanals viermal Magenblutungen. Auch REVELL u. CAREY, KAPLAN u. HARTMAN, ROBERTSON u. SCHRODER, KATZ u. CURTIS u.a. beobachteten gastrointestinale Blutungen. Bei einer der beiden von BERLYNE untersuchten Schwestern traten teerfarbene Stühle und Erbrechen von dunklem Blut auf bei röntgenologisch normalem Magen-Darmtrakt und ohne Schmerzen im Abdomen. In einer zusammenfassenden Arbeit von A. u. N. E. MAZALTON werden Blutungen des Verdauungstraktes beim Grönblad-Strandberg-Syndrom als selten bezeichnet (bis 1940 nur 4 Fälle). Die seither hinzugekommenen 24 Fälle werden kritisch analysiert. Es handelt sich überwiegend um jüngere Personen (70% unter 30 Jahren). Das weibliche Geschlecht ist stärker vertreten. Die Blutungen können sehr erheblich sein, führen jedoch nur selten zum Tode. Die visceralen Gefäße — beteiligt sind vor allem die kleinen und mittleren — weisen die gleichen degenerativen Veränderungen der elastischen Fasern auf wie die Hautgefäße. In einer Zusammenstellung von WHITCOMB jr. u. BROWN werden 12 Fälle massiver gastrointestinaler Blutungen besprochen. KAPLAN u. HARTMAN stellten bei einer 23jährigen Frau mit gastrointestinalen Blutungen nach Gastrektomie degenerative Veränderungen an den Magengefäßen mit perlenartigen Mikroaneurysmen fest. Während einer Schwangerschaft, die auch auf das Pseudoxanthoma elasticum ungünstig zu wirken scheint (vgl. Ätiopathogenese), traten bei 3 Patientinnen von MCCANGHEY, ALEXANDER u. MORRISH massive Magen-Darmblutungen auf. Daß die Erkrankung der Arterien Blutungen aus Magen- oder Darmgeschwüren begünstigen kann, ist anzunehmen (MCKUSICK). LORIA, KENNEDY, FREEMAN u. HENINGTON berichteten über einen Fall, bei dem dies zugetroffen haben dürfte. Es kommt gar nicht selten vor, daß Patienten mit Grönblad-Strandberg-Syndrom wegen ihrer gastrointestinalen Blutungen eine Klinik nach der anderen aufsuchen und Probelaparotomien unterzogen werden.

Auch *Nasen-, Zahnfleisch-, Uterus-, Blasen- und Gelenkblutungen* kommen vor. Eine der häufigsten Todesursachen sind subarachnoidale Blutungen. Bei dem 2. Fall von SCHUERMANN u. WOEBER kam es nach einem Herzinfarkt im Abstand von einem Jahr zweimal zu Kleinhirnblutungen. Außerdem hatte die Patientin Intestinalblutungen und Lungenblutungen, die allem Anschein nach früher fälschlicherweise als Tuberkulose aufgefaßt worden waren. Zwei Schwestern dieser Patientin, die ebenfalls Pseudoxanthoma elasticum hatten, starben an Hirnblutung bzw. nach mehrfachen internen und Augenblutungen an Milzblutung. *Lungenveränderungen* sind auch von BALZER, WOLFF, STOKES u. SCHLESINGER, McKUSICK u. a. festgestellt worden. Bei Fleckung im Röntgenbild eines Patienten mit Grönblad-Strandberg-Syndrom sind außer Tuberkulose *Blutungen bzw. Hämosiderinablagerungen* oder Verkalkung kleinster Lungengefäße infolge Elastica-Dystrophie in Frage zu ziehen. Fibrocalcifikationsherde wurden von LOMUTO in der Lunge festgestellt.

III. Die Kombination des Grönblad-Strandberg-Syndroms mit anderen Symptomen bzw. Krankheitsbildern

Zusammentreffen mit beiderseitiger Varicocele, Atonie und Ptosis des Magens und Colons (NOTO), mit Varicen und Hämorrhoiden läßt sich zweifellos mit dem Grundleiden in Zusammenhang bringen. Das gilt auch für Bronchiektasien (FASSOTTE). Die Kombination mit *Epilepsie* [BEZECNY (2 Brüder, 1935), BLOBNER (2 Brüder), RABUT u. HUDELO (außerdem Adie-Syndrom) u.a.], mit *Diabetes mellitus* [SUGG u. STETSON (2 Schwestern), FRANCESCHETTI u. ROULET, SCHUERMANN u. WOEBER u.a.] oder *Morbus Basedow* [FRANCESCHETTI u. ROULET, KAT u. PRICK (Elastica-Veränderungen an Strumagefäßen) u.a.] könnte ebenfalls als Ausdruck der dem Grönblad-Strandberg-Syndrom eigenen Gefäßveränderungen gedeutet werden. Über einen Fall mit erhöhtem Grundumsatz berichteten CAPUSAN et al. (1959). Leicht erhöhten Grundumsatz und einen Glucose-Toleranztest vom „Thyreotoxikose-Typ" beobachtete GADEHOLT (1960) bei einem Patienten mit Pseudoxanthoma elasticum. Die Schwester mit hypophysärem Infantilismus hatte einen ähnlichen Glucose-Toleranztest. Sie stammten aus einer Familie, von der zwei weitere Mitglieder die gleichen Hautveränderungen hatten. Neun wurden untersucht. Es sei noch erwähnt, daß mit einer Ausnahme bei allen Familienmitgliedern Hyperglobulinämie mit Anstieg der α_2-Globulin-Fraktion bei leichter Hypalbuminämie bestand (Manifestation des Syndroms ?).

Hypercholesterinämie wurde von BARTELHEIMER u. PIPER bei 5 von 7 Fällen, von SCHUPPENER u. MEITINGER-STOBBE, McKUSICK u.a. nachgewiesen. Auch VILANOVA u. CARDENAL (mäßige Hypercholesterinämie, Hyperglykämie) seien hier erwähnt. Charakteristisch für das Grönblad-Strandberg-Syndrom sind derartige Befunde nicht, doch für den Verlauf mehr oder weniger bedeutungsvoll.

Geistesstörungen scheinen beim Grönblad-Strandberg-Syndrom ebenso wie neurologische Symptome ungewöhnlich häufig vorzukommen, doch ist es schwer zu entscheiden, ob sie mit intracranialen Gefäßveränderungen zusammenhängen oder eine andere Ursache haben. Diese psychisch-nervösen Störungen unterscheiden sich im allgemeinen kaum von denen bei fortgeschrittener Arteriosklerose bzw. Bluthochdruck (McKUSICK).

Aber es sind noch andere Kombinationen beobachtet worden, die schwerer zu deuten sind. Hier wäre in erster Linie das Zusammentreffen mit der *Ostitis deformans* PAGET zu nennen. WOODCOCK's Patient mit Haut- und Augenerscheinungen hatte eine extrem starke Kyphose, eine bemerkenswerte Vergrößerung des Kopfes, Schwellung des Unterkiefers mit Zahnfleischfistel und röntgenologisch an Wirbelsäule, Becken, Schädel und Brustkorb für Ostitis deformans typische

Veränderungen. Knochen-Paget in Kombination mit Grönblad-Strandberg-Syndrom beobachteten auch SHAFFER, COPELAN u. BEERMAN und MAZALTON u. MESSIMY (Becken- und Femurbereich). GROSS hat sich eingehend mit dieser Kombination auseinandergesetzt. Das Gemeinsame sei der Befall des Stützgewebes und die bevorzugte Lokalisation an statisch und funktionell belasteten Körperstellen. Zwei seiner Fälle hatten Ostitis deformans mit angioiden Streifen. Bei einer weiteren Patientin mit Grönblad-Strandberg-Syndrom war die Ostitis nicht ganz sicher. Wenn auch Pagetsche Knochenerkrankung und Pseudoxanthoma elasticum absolut verschiedene Krankheitseinheiten ohne ätiologische Beziehungen darstellten, ist es nach McKusick doch bemerkenswert, daß eine so integrierende Komponente einer Bindegewebsstörung, wie es die angioiden Streifen für Pseudoxanthoma elasticum seien, auch bei der Ostitis deformans gefunden werden könnte. Der primäre Defekt dieser Erkrankung sei bisher mit der erhöhten Vascularität der Knochen in Verbindung gebracht worden, sie sei aber doch wohl ihrem Wesen nach eine Abiotrophie der Kollagenmatrix und die Gefäßphänomene seien sekundärer Natur. CAPUSAN et al. (1962) stellten bei einer 24jährigen Patientin mit der Trias des Grönblad-Strandberg-Syndroms eine *Osteopetrosis Albers-Schönberg* fest, d.h. eine zu Verhärtung und Sprödigkeit führende Knochenerkrankung, die nach McKusick sehr wahrscheinlich keiner allgemeinen Bindegewebsstörung entspricht.

Zu erwähnen ist ferner die Kombination mit Gelenkrheumatismus bzw. destruierender Arthritis (SCHUERMANN u. WOEBER, McKusick, LOMUTO u. a.). Der Fall von ODEBERG (Pseudoxanthoma elasticum) war mit sarkoidoseartiger Polymyositis, Nephropathie und Hypercalciurie kombiniert. COTTINI (1948, 1949) stellte bei Vorliegen einer Syphilis zugleich mit dem Grönblad-Strandberg-Syndrom ein Ehlers-Danlos-Syndrom fest (abnorme Dehnbarkeit der Haut, Überstreckbarkeit der Gelenke). PELBOIS u. ROLLIER berichten über die gleiche Kombination. Bei dieser Erkrankung handelt es sich, wie bereits kurz ausgeführt wurde, um etwas ganz anderes als bei den Faltenbildungen des Pseudoxanthoma elasticum. Wir haben es nach KORTING mit einer besonderen Beschaffenheit des Kollagens (mangelhafte Verflechtung bzw. Entflechtung der normalerweise straffen Netzstruktur des kollagenen Gewebes) mit sekundären Elastica-Veränderungen zu tun. Es liegt nicht eine Hypo-, sondern Hyperelastizität vor. Wenn dabei auch der Elastica-Befund recht verschieden sein kann, so scheint doch ein stärkeres Hervortreten der elastischen Elemente (Vermehrung und Verdickung der Fasern), möglicherweise als Reaktion auf stärkeres Zerren und Reißen, zu überwiegen (McKusick). Ein Zusammentreffen mit dem Grönblad-Strandberg-Syndrom hält McKusick im Hinblick auf die Beobachtung eines unterschiedlichen Erbganges für zufällig.

TOURAINE (1940, 1941) wies auf Beziehungen zu Teleangiektasien, Naevi vasculosi und der Oslerschen Krankheit hin. BEZECNY (1932) sah ein Pseudoxanthoma elasticum zusammen mit einem Naevus anaemicus, der in einem Naevus flammeus lag. MIESCHERs Fall eines halbseitig segmental angeordneten Angioms in Kombination mit Pseudoxanthoma elasticum war nicht eindeutig, da histologisch auch ein Naevus elasticus in Frage kam. Einen kombinierten Fall von Pseudoxanthoma elasticum und Naevus flammeus hat auch HEILESEN publiziert. JOHN stellte einen Fall mit Xanthelasmen der Augenlider, JENNER mit Ichthyosis und Keratosis pilaris vor. SCHUPPENER u. MEITINGER-STOBBE fielen bei einem Patienten zahlreiche Komedonen und pastillenförmige gelbe Talgretentionscysten (cystische Erweiterung von Talgdrüsen-Ausführungsgängen) infolge Schädigung des follikelnahen Stützgewebes auf. Comedonen-Acne mit Narbenbildung im Nacken fand sich auch bei dem 27jährigen Patienten von FASSOTTE.

IV. Autopsiebefunde

Schon der Fall BALZER kam zur Sektion. Es fanden sich unter anderem weiße Verdickungen im Endokard und Perikard, in deren Bereich sich ebenso wie an den Lungenalveolen histologisch Degeneration wahrscheinlich elastischer Elemente nachweisen ließ. Ein Fall von McKUSICK bot hinsichtlich des Herzens einen ähnlichen Befund. Das Endokard war im rechten Vorhof stark verdickt und die Kanten der Trabekel knötchenartig angeschwollen. Die Ränder des hinteren Segels der Tricuspidalklappe waren verdickt und etwas eingerollt. Ein ähnliches Bild bot das vordere Segel der Mitralklappe, nur daß an ihrem Ansatz deutliche Verkalkung zu sehen war. Die Veränderungen des subendokardialen Gewebes des rechten Vorhofes entsprachen histologisch dem Pseudoxanthoma elasticum. Auch an den Skleren wurde ein gleicher histologischer Befund erhoben. Weder bei dem von URBACH u. WOLFRAM (Korsakowsches Symptomenbild ohne Pyramidenzeichen, cerebrale Erweichungsherde), noch bei dem von PRICK (Apoplexie) autoptisch untersuchten Falle war Degeneration des elastischen Lungengewebes festzustellen, worauf McKUSICK besonders hinweist. Der gegenteilige Befund im Falle BALZER sei als zweifelhaft zu bewerten, da der Patient an einer ausgedehnten Lungentuberkulose zugrunde gegangen sei. Bei einem zweiten autoptisch untersuchten Fall (48jährige Negerin) von McKUSICK, bei dem gleichzeitig eine Tuberkulose des Peritoneums mit käsigem Verschluß des Ductus thoracicus vorlag, beherrschte eine verfrühte und rasch fortgeschrittene Zerstörung und Funktionsuntüchtigkeit des Gefäßsystems das Bild (schwere allgemeine Arteriosklerose, arteriosklerotische Nierenveränderungen vom Kimmelstiel-Wilson-Typ, Coronarsklerose mit zahlreichen Myokard-Narben). URBACH u. WOLFRAM wiesen an der Arteria brachialis, tiefcutanen arteriellen Gefäßen unveränderter Haut und cerebralen Arterien Elastica-Veränderungen nach (in geringem Maße auch an Venen). An der Aorta, also dem in erster Linie den elastischen Arterien-Typ repräsentierenden Gefäß, wurde an Stellen ohne die geringsten Intimaveränderungen (im Sinne einer Atheromatose) schwerste Elastica-Degeneration festgestellt. PRICK fand sie in den Coronar-, Nieren-, Pankreas-, Uterus-, Haut- und Mesenterialarterien, in den Milztrabekeln, den Lebervenen und wie URBACH u. WOLFRAM auch in der Lamina vitrea der Chorioidea. Sektionsbefunde standen auch CARLBORG und KLEIN zur Verfügung.

V. Zur Frage des Primärschadens

Die Frage, ob es sich beim Grönblad-Strandberg-Syndrom bzw. dem Pseudoxanthoma elasticum tatsächlich um eine Erkrankung des elastischen Gewebes handelt, die Konzeption DARIERs (1896) in der erweiterten Fassung als systematisierte Elastorrhexis (TOURAINE) also zu Recht besteht, bedarf noch einer besonderen Besprechung. Es mehren sich die Befunde, die für enge Wechselbeziehungen zwischen kollagenen und elastischen Fasern sprechen. Kollagen scheint auf verschiedenen Wegen an der Elastofibrogenese teilzunehmen und die extracellulären Komponenten des Bindegewebes keineswegs die unabhängigen Stoffe zu sein, für die sie früher allgemein gehalten wurden (McKUSICK). Diese Erkenntnis macht auf jeden Fall eine sorgfältige Überprüfung des bisherigen Standpunktes erforderlich.

Der Versuch, den Sitz des Primärschadens beim Grönblad-Strandberg-Syndrom elektronenmikroskopisch zu erfassen, hat nicht zu einheitlichen Ergebnissen geführt. TUNBRIDGE, TATTERSALL, HALL, ASTBURY u. REED haben sich als erste aufgrund elektronenmikroskopischer Befunde der Auffassung HANNAYs (vgl.

Abschnitt „Histologie") angeschlossen, daß es sich beim Pseudoxanthoma elasticum um eine primäre Abnormität der Kollagenfasern handle.

TELLER u. VESTER konnten nach Aufarbeitung des Materials mit der Schnitt-Schallmethode eine Abnahme der durchschnittlichen Fibrillendicke, Neigung der kollagenen Fibrillen zu ungeordneter Außenversilberung sowie eine vermehrte Darstellung der amorphen Kittsubstanz feststellen. Die histochemische Untersuchung ergab Anreicherung der Kittsubstanz mit Mucopolysacchariden und Glykoproteiden. Die erhöhte Metachromasie deutete auf ein hochpolymeres Substrat. Es wurde von beiden Autoren auf die Möglichkeit hingewiesen, daß das veränderte Kollagen zur Anhäufung der mit Elasticafarbstoffen angefärbten Fasersubstanz in den Erkrankungsherden beiträgt.

LORIA, KENNEDY, FREEMAN u. HENINGTON stellten am elastischen Gewebe schwere degenerative Veränderungen — auch in makroskopisch nicht erkrankter Haut — fest, während die kollagenen Fasern keinen pathologischen Befund aufwiesen. Daß die Elastica primär betroffen sei, ist im Hinblick auf ihre elektronenmikroskopischen, fluorescenzmikroskopischen und histochemischen Befunde auch die Ansicht von FISHER, RODNAN u. LANSING.

SCHUERMANN u. WOEBER erwähnten die am eigenen Material von WESSEL durchgeführten elektronenmikroskopischen Untersuchungen, die deutliche und schwere Alterationen des Elastins ergaben.

Trotzdem ist es nach McKUSICK nicht ausgeschlossen, daß das elektronenmikroskopisch, fluorescenzmikroskopisch und histochemisch festgestellte Verhalten Ausdruck der Fähigkeit degenerierten Kollagens ist, Elastica vorzutäuschen, wie es sich ja auch mit Orcein anfärbt. Er begründet seine Vermutung, daß es sich beim Grönblad-Strandberg-Syndrom um eine Abiotrophie des Kollagens und nicht der elastischen Fasern handelt, im wesentlichen mit den folgenden Überlegungen: Die normale Haut enthalte so wenig Elastin (2% zu 72% Kollagen), daß die unfangreichen Gewebsveränderungen im Corium unmöglich allein auf den normalen Gehalt an elastischen Fasern bezogen werden könnten. Die Möglichkeit einer prädegenerativen Elastica-Hyperplasie gibt er aber zu. Zweitens seien vorwiegend die Arterien vom muskulären Typ, deren Media viel mehr kollagenes Material und wenig elastische Fasern enthalte, befallen und drittens ihre Lamina elastica interna, von einer Ausnahme abgesehen, intakt befunden worden. Man kann dem nicht zustimmen, denn gerade die Hauptvertreterin des elastischen Arterientyps, die Aorta, hat sich häufig als in typischer Weise verändert erwiesen. Weiterhin spricht nach McKUSICK die Breite der Fasern trotz ihrer Orceinophilie mehr für ihren ursprünglichen Kollagen-, als für ihren Elastica-Charakter. Es sei ferner bemerkenswert, daß die degenerierten Fasern, wie elektronenmikroskopisch nachgewiesen sei (TUNBRIDGE et al), die für Kollagenfasern typische 640 Å-Periodizität besäßen. Und schließlich lägen weder klinische, noch pathologische Beweise für eine Schädigung des elastischen Anteils des Lungengewebes vor.

So hatte VAN EMBDEN ANDRES (zit. Mc KUSICK) bei seinen Patienten für Residualluft, Vitalkapazität und Komplementärluft normale Werte festgestellt. Bei einem eigenen Fall von McKUSICK mit röntgenologischem Lungenbefund waren weder Zeichen eines erhöhten Druckes im Lungenkreislauf noch einer gestörten Lungenfunktion nachweisbar. Im übrigen sei auf den Abschnitt „Autopsie-Befunde" verwiesen!

Das degenerierte Material des Pseudoxanthoma elasticum läßt sich durch Elastase aus den Gewebsschnitten beseitigen (FINDLEY), doch wird die absolute Spezifität dieses Ferments bestritten. Trotz aller Einwände gegen das Vorliegen eines primären Elastica-Schadens ist McKUSICK doch der Ansicht, daß es schwer zu verstehen sei, warum die Kollagenmatrix beim Grönblad-Strandberg-Syndrom von Veränderungen verschont bleibe, wenn es sich tatsächlich um eine Dystrophie des Kollagengewebes handle. Es ist ja auch zu bedenken, daß die Erscheinungen an der Haut ganz zweifellos vor allem in den Bezirken lokalisiert sind, deren elastische Eigenschaften besonders beansprucht werden. Das trifft wohl auch für die Lamina vitrea der Chorioidea zu, die einer Zugwirkung durch die äußere bzw. innere Augenmuskulatur ausgesetzt sein dürfte (BARTELHEIMER u. PIPER). Die relativ häufig beobachtete Dilatation bzw. Aneurysmenbildung an der Aorta ist, wie schon gesagt, im gleichen Sinne zu verwerten.

VI. Ätiopathogenese

Es handelt sich beim Grönblad-Strandberg-Syndrom um eine *Erbkrankheit*, von der sich zusammenfassend sagen läßt, daß wahrscheinlich mehr als ein Genotyp die phänotypischen Merkmale hervorbringen kann, daß die am häufigsten vorkommende Art auf autosomal-recessivem Erbgang beruht, der sich teilweise auf die weiblichen Nachkommen beschränkt, daß das Syndrom nur selten den Nachweis eines autosomal-dominanten Erbganges erlaubt und daß die beiden Genotypen sich phänotypisch nicht trennen lassen (McKUSICK).

Nach COCKAYNE enthielt die Literatur bis 1933 5 Sippen mit mehreren erkrankten Mitgliedern. Es waren 25 Personen erfaßt, von denen 13 von der Krankheit befallen waren. TOURAINE (1940) hat 46 Familien mit mehr als einem Erkrankten (insgesamt 104) verfolgen können. Geschwisterfälle wurden von KRANTZ, LOUWS, SUGG u. STETSON, BEZECNY (1935), MATRAS (1935 [2]), HÜBERT u. NYQUIST, CORRADO (3 Schwestern), GOTTRON, LÓPEZ GONZÁLEZ, ALSINA u. AZAR, FASSOTTE, CASTELAIN, BERLYNE u. a., zwei aufeinander folgende Generationen betreffende Fälle von JONES, ALDEN u. BISHOP (Geschwisterpaar und Tante mütterlicherseits), POSTMA (Vater und 2 Töchter), KOCH (Mutter und 2 Kinder) (1936), DENTI (Mutter und Tochter), KAT u. PRICK (Vater und 2 Töchter), MARCHIONINI u. TURGUT (Mutter und sämtliche 3 Kinder), OSBOURN u. OLIVO (Mutter und Tochter) u.a. bekannt gegeben. Bis 1940 war nach TÉMINE im Schrifttum siebenmal Auftreten bei einem Elternteil und dessen Kind und zweimal in drei aufeinanderfolgenden Generationen vermerkt. Unter den von SCHUERMANN u. WOEBER erwähnten Beobachtungen waren einmal in 3 Generationen 3, zweimal in 2 Generationen 3 bzw. 4 und einmal 3 Schwestern Merkmalsträger. Blutsverwandtschaft der Eltern stellten ISAYAMA, MATRAS (1935 [1]), FRANCESCHETTI u. ROULET, MARCHIONINI u. TURGUT, BARTELHEIMER u. PIPER, PELBOIS u. ROLLIER, SCHUERMANN u. WOEBER u.a. fest.

Es ist relativ häufig auf *degenerative Zeichen* in Familien mit Grönblad-Strandberg-Syndrom hingewiesen worden: Trunksucht, Intelligenzstörungen bzw. gewisse geistige Abnormitäten, Krämpfe, Klumpfuß u.a. Beim Fall LOESCHER-GRÜNEBERG wurden familiäre Schielamblyopie, hoher Grad von Astigmatismus und ausgesprochener Schwachsinn diagnostiziert.

Nach BARTELHEIMER u. PIPER und auch JUNG beruht das Syndrom auf einer Genabwandlung von polytropem Charakter, da neben der genetischen Minderwertigkeit des elastischen Gewebes gleichzeitig eine solche der Steuerungssysteme auftauche. Sie fanden bei ihren Fällen eine erhöhte vegetative Erregbarkeit, ohne daß endokrinologische Syndrome typischer Art nachweisbar waren.

Nach HERMANN sind für die Manifestation des Syndroms *peristatische Einflüsse hormoneller Natur* von Bedeutung. Dem kann nach den vorliegenden Beobachtungen des Schrifttums nur mit Einschränkung zugestimmt werden, da, wie wir sahen, Störungen endokriner Organe auch als Folge der für das Grönblad-Strandberg-Syndrom charakteristischen Gefäßveränderungen zu deuten sind.

Verschiedentlich ist Verschlimmerung oder Beginn in der Pubertät (WAKA-
BAYASHI) bzw. synchron mit der Menarche (MARCHIONINI u. TURGUT) oder im
Klimakterium bzw. mit der Monopause (WELTI, JOHN) und auch bei Schwanger-
schaften (WAKABAYASHI) beobachtet worden.

MARCHIONINI u. TURGUT glaubten im Hinblick auf einen erhöhten Calcium-
Blutspiegel möglicherweise einem Hyperparathyreoidismus ursächliche Bedeutung zusprechen zu können. Im Falle SCHUPPENER u. MEITINGER-STOBBE (Weich-
teilverkalkungen) war der Serum-Calciumspiegel normal, aber geringe Osteoporose festzustellen. BERGER u. SUGÁR stellten bei einem Patienten ein chromo-
phobes Adenom der Hypophyse fest, dem sie als Stütze für die Annahme eines
neuro-endokrinen Ursprungs für Entwicklung und Verlauf des Grönblad-Strandberg-Syndroms eine wesentliche Rolle zusprechen möchten. SÁ PENELLA u.
ESTEVES haben bei ihrer Patientin mit Syphilis connata, röntgenologischen Veränderungen am Vorderlappen der Hypophyse, Amenorrhoe, Dysmenorrhoe,
Sterilität und Hypocholesterinämie eine syphilitische Erkrankung des Hypo-
physenvorderlappens mit Wirkung auf die Sexualorgane und Nebennierenrinde
ursächlich verantwortlich gemacht. Von GADEHOLT (1959) wurde eine Erhöhung
des 17-Hydroxycorticosteron im Plasma bei einem Fall mit geringfügigen Erscheinungen eines Pseudoxanthoma elasticum als besonders bemerkenswert erwähnt. ROBINSON jr. (1957) berichtete von einer Patientin, bei der unter der
Corticosteroidbehandlung eines Lupus erythematodes, der später in eine viscerale
Form überging, ein Pseudoxanthoma elasticum auftrat.

Ursächliche Beziehungen zu einer zugleich vorliegenden *syphilitischen Infektion* sind verschiedentlich vermutet, aber durch den therapeutischen Effekt einer
entsprechenden Behandlung nicht (COTTINI, 1949) oder nur unzulänglich (SÁ
PENELLA u. ESTEVES) gestützt worden. WELTI berichtete zwar von einem starken
Rückgang unter Wismutbehandlung, doch war infolge ungenügender Unter-
suchungsmöglichkeiten der wegen starker Granulationsbildung in den Pseudoxanthoma elasticum-Herden gehegte, aber doch wohl unbegründete (vgl. Histologie) Verdacht auf eine Kombination mit Syphilis oder Tuberkulose nicht zu
bestätigen gewesen. Die ersten Erscheinungen des Pseudoxanthoma elasticum
waren im Anschluß an einen Typhus aufgetreten, das voll ausgebildete Krankheitsbild aber erst zur Zeit der Menopause. Daß in einigen Fällen gleichzeitig *Tuberkulose* vorlag, kann nicht als auffällig gelten (BALZER, TOMINAGA u. HARADA,
McKUSICK, HENNIG u.a.). Malaria hatte bei den Fällen von MARCHIONINI u.
TURGUT nicht provozierend gewirkt.

Daß auch *äußere Reize* einmal eine Bedeutung haben können, zeigte sich bei
einer Frau, bei der das Pseudoxanthoma elasticum nach einem blasigen Sonnen-
brand auftrat, in zunächst langsamer Entwicklung, später nach einer Becken-
operation rasch zunehmend (SUTTON u. MELLA).

VII. Prognose und Therapie

Da beim Grönblad-Strandberg-Syndrom therapeutisch so gut wie nichts zu
erreichen ist, ist die Prognose quod sanationem absolut schlecht. An Augen und
Gefäßsystem ist die Progressivität eine ernste Gefahr. Man kann damit rechnen,
daß bei zwei Drittel der Kranken im Sinne eines zentralen Skotoms eine langsam
zunehmende Einschränkung der Sehkraft eintritt, die allerdings kaum jemals zu
völliger Erblindung führt. Kopftraumen können den Abfall der Sehleistung beschleunigen (BRAUNER). Die Gefäßveränderungen führen zu früher Arteriosklerose
bzw. früher „Vergreisung". Die Blutungen stellen das große Problem dar. Meist
handelt es sich, wie in dem Abschnitt über Gefäßveränderungen besprochen wurde,

um Magen-Darmblutungen, die tödlich verlaufen können, oder Apoplexie. Die Prognose ist also bei voller Ausbildung der Symptomen-Trias auch quod vitam nicht günstig, zumindest aber zweifelhaft.

Therapeutisch kommen für die Hautveränderungen allenfalls Röntgenbestrahlungen in Frage. LEWIS u. CLAYTON stellten Verkleinerung der Herde fest, wobei die Haut glatter wurde und wieder eine normale Farbe annahm. JUNG konstatierte Stillstand des Hautprozesses nach intravenösen Novocain-Injektionen.

Bei Faltenbildungen kommt unter Umständen aus kosmetischen Gründen ein operatives Vorgehen in Frage. VILANOVA u. CARDENAL stellten nach einer solchen Operation Keloidbildung fest.

McKUSICK wies darauf hin, daß Tokopherol (Vitamin E) nach Angabe einiger Autoren zu dramatischer Besserung des Haut- und Augenbefundes geführt habe. PALICH-SZÁNTÓ behandelte mit Vitaminen der B-Gruppe.

Im Krankengut von SCHUERMANN u. WOEBER blieb Tokopherol ohne Erfolg. Sie erwähnen das bei Bemerkungen über die Therapie der Durchblutungsstörungen und Blutungen. Ein Teil der Patienten habe anamnestisch Grenzstrangresektionen und ähnliche operative Eingriffe aufgewiesen. Nach Angabe einer Kranken war dadurch nur temporär Besserung zu erzielen. Corticosteroide seien noch am wirksamsten gewesen (im Hinblick auf zum Teil mächtige Schwellungen der unteren Extremitäten Ausschwemmung mit Acetazolamid). Die Schmerzen waren teilweise beträchtlich und medikamentös kaum zu beheben. Auch intravenöse Novocain-Injektionen versagten.

Auf jeden Fall ist die Behandlung des Grönblad-Strandberg-Syndroms in erster Linie Sache des Ophthalmologen und Internisten.

Literatur

ARAI, S.: Zwei Fälle von Pseudoxanthoma elasticum mit Retinalveränderungen. Hihu-to-Hitunyo **3**, 146 (1935). Ref. Zbl. Haut- u. Geschl.-Kr. **52**, 154 (1936). — Ein Fall von Pseudoxanthoma elasticum mit Angioid-Streaks. Jap. J. Derm. **45**, 91 (1939). Ref. Zbl. Haut- u. Geschl.-Kr. **63**, 292 (1940). — ARZT, L.: Zur Pathologie des elastischen Gewebes der Haut. Arch. Derm. Syph. (Berl.) **118**, 465 (1913). — ASCHER, K.: Über die Beziehungen des Pseudoxanthoma elasticum zu den gefäßähnlichen Pigmentstreifen der Netzhaut. Klin. Mbl. Augenheilk. **88**, 685 (1932).

BADTKE, G.: Der Augenarzt, Bd. IV. Leipzig 1961. — BÄFVERSTEDT, B., and F. LUND: Pseudoxanthoma elasticum and vascular disturbances. With special reference to a case in a nine-year-old child. Acta derm.-venereol. (Stockh.) **35**, 438 (1955). — BALZER, F.: Zit. FREUDENTHAL 1932. — BARTELHEIMER, H., u. H. F. PIPER: Angioid Streaks, Pseudoxanthoma elasticum und Durchblutungsstörungen als Trias im Strandberg-Grönblad-Syndrom. Wiss. Z. Univ. Greifswald, math.-nat. Reihe, H. 3—6, **1**, 29 (1951/52). — BEESON, B. B.: Pseudoxanthoma elasticum (Darier) associated with formation of bone. Arch. Derm. Syph. (Chic.) **34**, 729 (1936). — BENEDICT, W. L., and H. MONTGOMERY: Pseudoxanthoma elasticum and angioid streaks. Amer. J. Ophthal., III. S., **18**, 205 (1935). Ref. Zbl. Haut- u. Geschl.-Kr. **51**, 487 (1935). — BERGER, M., u. J. SUGÀR: Beiträge zu dem gemeinsamen Vorkommen des Groenblad-Strandberg-Syndroms (Pseudoxanthoma elasticum Darier) und des Hypophysentumors. Arch. klin. exp. Derm. **208**, 33 (1958/59). — BERLYNE, G. M.: Pseudoxanthoma elasticum. Lancet **1960Ⅰ**, 77. Ref. Zbl. Haut- u. Geschl.-Kr. **107**, 60 (1960). — BERLYNE, G. M., M. G. BULMER, and R. PLATT: The genetics of pseudoxanthoma elasticum. Quart. J. Med., N.S. **30**, 201 (1961). Ref. Zbl. Haut- u. Geschl.-Kr. **111**, 256 (1961). — BERNSTEIN, J. C., F. B. ANDERSON, T. N. CAREY and F. A. ELLIS: Cases of pseudoxanthoma elasticum with angioid streaks of the retina. Arch. Derm. Syph. (Chic.) **39**, 898 (1939). — BEZECNY, R.: Naevus anaemicus Vörner in einem N. flammeus. Pseudoxanthoma elasticum. Zbl. Haut- u. Geschl.-Kr. **40**, 23 (1932). — Pseudoxanthoma elasticum bei 2 Brüdern. Zbl. Haut- u. Geschl.-Kr. **51**, 248 (1935). — BLOBNER, F.: Pigmentstreifenerkrankung, Pseudoxanthoma elasticum und Epilepsie bei zwei Brüdern. Ein heredodegeneratives Syndrom. Klin. Mbl. Augenheilk. **95**, 12 (1935). — BÖCK, J.: Zur Klinik und Anatomie der gefäßähnlichen Streifen im Augenhintergrund. Z. Augenheilk. **95**, 1 (1938). — BONNET, P.: Les stries angioïdes de la rétine. Arch. Ophtal. (Paris) **50**, 721 (1933). Ref. Zbl. Haut- u. Geschl.-Kr. **47**,

612 (1934). — Evolution des altérations de la macula dans les „stries angioïdes de la rétine". Son analogie avec le processus de la rétinite exsudative maculaire sénile. Arch. Ophtal. (Paris) 52, 225 (1935). Ref. Zbl. Haut- u. Geschl.-Kr. 51, 553 (1935). — Stries angioïdes de la rétine vergetures de la lame vitrée de la choroïde; leurs relations avec le pseudoxanthome élastique de la peau et avec la dégénérescence vasculaire de la choroïde. Les altérations évolutives de la macula. Bull. Soc. franç. Ophtal. 51, 516 (1938). Ref. Zbl. Haut- u. Geschl.-Kr. 68, 435 (1942). — BOSELLINI, P. L.: Pseudoxanthoma elasticum? Arch. Derm. Syph. (Berl.) 95, 3 (1909). — BRAIN, R. T.: Pseudo-xanthoma elasticum. Proc. roy. Soc. Med. 30, 199 (1937). Ref. Zbl. Haut- u. Geschl.-Kr. 56, 460 (1937). — BRAUNER, H.: Die ernste prognostische Bedeutung des Pseudoxanthoma elasticum (Darier). Derm. Wschr. 120, 348 (1949). BRILL, E. H., u. R. WEIL: Angioide Streifenbildung des Fundus und Pseudoxanthoma elasticum der Haut. Z. Augenheilk. 77, 319 (1932). — BRONNER, A.: Considérations sur le syndrome de Groenblad et Strandberg. Bull. Soc. franç. Derm. Syph. 61, 78 (1954). Ref. Zbl. Haut- u. Geschl.-Kr. 89, 170 (1954). — BRUUSGAARD: Pseudoxanthoma elasticum. Verh. norweg. derm. Vergg 1931. Norsk Mag. Lægevidensk. 93, 903 (1932). Ref. Zbl. Haut- u. Geschl.-Kr. 43, 554 (1933).

CĂPUŞAN, I., J. FAZAKAS, E. GHERMAN, O. POP, C. PRECUP et M. SCHWARTZ: Elastorrhexie systématisée et ostéopétrose d'Albers-Schönberg. Ann. Derm. Syph. (Paris) 89, 142 (1962). Ref. Zbl. Haut- u. Geschl.-Kr. 113, 232 (1962). — CĂPUŞAN, I., F. VERESS, O. POP, E. BERCZELLER, H. RADU, V. TOMA, P. PINTEA, S. FĂRĂIANU, M. VASINCA u. N. ANDRONESCU: Systematisierte Elastorrhexis (Erweiterung des Begriffes des elastischen Pseudoxanthoms und des Grönblad-Strandberg-Syndroms). Derm.-Vener. (Buc.) 4, 497 (1959). Ref. Zbl. Haut- u. Geschl.-Kr. 107, 1950 (1960). — CARLBORG, U.: Study of circulatory disturbances, pulse wave velocity and pressure pulses in larger arteries in cases of pseudoxanthoma elasticum and angioid streaks. A contribution to the knowledge of the function of elastic tissue and the smooth muscles in larger arteries. Acta med. scand., Suppl. 151, 1 (1944). Zit. McKUSICK. — CARPENTIER, E., CH. FASSOTTE et G. LAKAYE: Quatre cas de pseudo-xanthome élastique. Arch. belges. Derm. 7, 140 (1951). Ref. Zbl. Haut- u. Geschl.-Kr. 81, 182 (1952). — CASTELAIN, P.-Y.: Pseudoxanthome élastique avec signes oculaires réalisant le syndrome de Grönblad-Strandberg chez deux soeurs. Bull. Soc. franç. Derm. Syph. 66, 137 (1959). Ref. Zbl. Haut- u. Geschl.-Kr. 105, 36 (1959). — CHAUFFARD, A.: Bull. Soc. med. Hôp. Paris 1889, 412. Zit. FREUDENTHAL 1932. — COCKAYNE, E. A.: London 1933, Oxford University Press and Humphrey Milford, p. 319. Zit. McKUSICK. — CONNOR, P. J., JR., J. L. JUERGENS, H. O. PERRY, R. W. HOLLENHORST, and J. E. EDWARDS: Pseudoxanthoma elasticum and angioid streaks. A review of 106 cases. Amer. J. Med. 30, 537 (1961). Ref. Zbl. Haut- u. Geschl.-Kr. 110, 126 (1961). — CORRADO, M.: Strie angioidi e pseudo-xantoma elastico. Ann. Ottal. 66, 801 (1938). Ref. Zbl. Haut- u. Geschl.-Kr. 63, 149 (1940). — COTTINI, G. B.: Association des syndromes de Groenblad-Strandberg et d'Ehlers-Danlos dans le même sujet. Acta derm.-venereol. (Stockh.) 29, 544 (1949). — Contributo allo studio delle distrofie sistemiche del tessuto elastico. G. ital. Derm. 89, 604 (1948). Ref. Zbl. Haut- u. Geschl.-Kr. 77, 128 (1951/52). — COWPER, A. R.: Arch. Ophthal. 51, 762 (1954). Zit. McKUSICK.

DARIER, J.: Mh. prakt. Derm. 23, 610 (1896). Zit. FREUDENTHAL 1932. — DENTI, A. V.: Sindrome di Groenblad e Strandberg sive strie angioidi della retina e pseudo xantoma elastico di Darier. Ann. Ottal. 65, 93 (1937). Ref. Zbl. Haut- u. Geschl.-Kr. 58, 102 (1938). — DIXON, J. M.: Amer. J. Ophthal. 34, 1322 (1951). Zit. McKUSICK. — DOHI, SH.: Über „Pseudoxanthoma elasticum" und über „kolloide Degeneration" der Haut. Arch. Derm. Syph. (Berl.) 84, 179 (1907). — DOMKE, H., u. M. TOST: Zur Histologie der Angioid streaks. Klin. Mbl. Augenheilk. 145, 18 (1964). — DOYNE, R. W.: Trans. ophthal. Soc. U.K. 9, 129 (1889). Zit. McKUSICK. — DÜBENDORFER, E.: Über „Pseudoxanthoma elasticum" und „colloide Degeneration in Narben". Arch. Derm. Syph. (Berl.) 64, 175 (1903). — DYKMAN, A. B.: Angioid streaks of the retina. A report concerning two cases associated with pseudoxanthoma elasticum. Arch. Ophthal. 11, 283 (1934). Ref. Zbl. Haut- u. Geschl.-Kr. 48, 393 (1934).

EDWARDS, H.: Haematemesis due to pseudoxanthoma elasticum. Gastroenterologia (Basel) 89, 345 (1958). Ref. Zbl. Haut- u. Geschl.-Kr. 102, 199 (1959). — EMBDEN ANDRES, G. H. VAN: Interne Veränderungen bei Pseudoxanthoma elasticum. Dermatologica (Basel) 107, 123 (1953).

FASSOTTE, CH.: Pseudo-xanthome élastique avec stries angioïdes et bronchictasie. Arch. belges. Derm. 13, 104 (1957). Ref. Zbl. Haut- u. Geschl.-Kr. 99, 60 (1957/58). — FINDLAY, G. H.: Brit. J. Derm. Syph. 66, 16 (1954). Zit. McKUSICK. — FINNERUD, C. W.: Diskussion zu B. B. BEESON. Arch. Derm. Syph. (Chic.) 34, 729 (1936). — FINNERUD, C. W., and R. NOMLAND: Pseudoxanthoma elasticum. Proof of calcification of elastic tissue; occurrence with and without angioid streaks of the retina. Arch. of Dermat. 35, 653 (1937). — FISHER, E. R., G. P. RODNAN, and A. I. LANSING: Identification of the anatomic defect in pseudoxanthoma elasticum. Amer. J. Path. 34, 977 (1958). Ref. Zbl. Haut- u. Geschl.-Kr. 103, 193

(1959). — FLEISCHMANN, A. G.: Pseudoxanthoma elasticum. Zbl. Haut- u. Geschl.-Kr. **63**, 474 (1940). — FOERSTER, O. H.: Pseudoxanthoma elasticum and associated purpura with angioid streaks. Arch. Derm. Syph. (Chic.) **30**, 280 (1934). — FRANCESCHETTI, A., et E. L. ROULET: Le syndrome de Groenblad et Strandberg (stries angioïdes de la rétine et pseudo-xanthome élastique) et ses rapports avec les affections de mésenchyme. Arch. Ophtal. (Paris) **53**, 401 (1936). Ref. Zbl. Haut- u. Geschl.-Kr. **55**, 278 (1937). — FRANCOIS, J., et G. VERRIEST: Ann. Oculist. (Paris), **187**, 113 (1954). Zit. PIETRUSCHKA. — FREUDENTHAL, W.: Handbuch der Haut- und Geschlechtskrankheiten von J. JADASSOHN, Bd. IV/3, S. 475. Berlin: Springer 1932. — Ein Fall von Pseudoxanthoma elasticum. Arch. Derm. Syph. (Berl.) **147**, 228 (1924).

GADEHOLT, H.: Pseudoxanthoma elasticum. A case with minimal cutaneous lesion and increased 17-hydroxycorticosterone in plasma. Acta derm.-venereol. (Stockh.) **39**, 247 (1959). — Pseudoxanthoma elasticum. Study of a family. Acta derm.-venereol. (Stockh.) **40**, 324 (1960). — GANS, O., u. G. K. STEIGLEDER: Histologie der Hautkrankheiten, Bd. 1. II. Aufl., Berlin-Göttingen-Heidelberg: Springer 1955. — GOEDBLOED, J.: Arch. Ophthal. **19**, 1 (1938). Zit. McKUSICK. — GOTTRON, H. A.: Zbl. Haut- u. Geschl.-Kr. **70**, 470 (1943). — GRASSI, A.: Elasto-distrofia ereditaria (Sindrome di Groenblad-Strandberg). G. ital. Derm. **82**, 810 (1941). Ref. Zbl. Haut- u. Geschl.-Kr. **68**, 293 (1942). — GREENBAUM, S. S.: Pseudoxanthoma elasticum with angioid streaks of the retina. Arch. Derm. Syph. (Chic.) **35**, 348 (1937). — GRÖNBLAD, E.: Angioid streaks — Pseudoxanthoma elasticum. Acta opthal. (Kbh.) **7**, 329 (1929). Ref. Zbl. Haut- u. Geschl.-Kr. **33**, 377 (1930). — Angioid streaks — Pseudoxanthoma elasticum. Der Zusammenhang zwischen diesen gleichzeitig auftretenden Augen- und Haut-veränderungen. Acta ophthal. (Kbh.) **10**, Suppl. H 1 (1932). Ref. Zbl. Haut- u. Geschl.-Kr. **42**, 502 (1932). — Calcinosis cutis in pseudoxanthoma elasticum. Acta derm.-venerol. (Helsinki) **28**, 270 (1948). Ref. Zbl. Haut- u. Geschl.-Kr. **74**, 263 (1950). — GRÖNBLAD, E., u. U. CARLBORG: Pseudoxanthoma elasticum, eine Gefäßerkrankung. Nord. Med. **1940**, 579. Ref. Zbl. Haut- u. Geschl.-Kr. **66**, 168 (1941). — GROSS, P.: Pseudoxanthoma elasticum, angioid streaks. Arch. Derm. **85**, 781 (1962). — GRÜNEBERG, TH.: Diskussionsbemerkung zu LOESCHER. Münch. med. Wschr. **1933 I**, 161.

HAACK, K., u. E. MINDER: Zur Kasuistik des Pseudoxanthoma elasticum (Darier) mit Pigmentstreifenerkrankung des Augenhintergrundes. Arch. Derm. Syph. (Berl.) **167**, 717 (1933). — HAGEDOORN, A.: Angioid streaks. Report of a case of the syndrome of Grönblad and Strandberg. Arch. Ophthal. **21**, 746, 935 (1939). Ref. Zbl. Haut- u. Geschl.-Kr. **64**, 416 (1940). — HALLOPEAU et LAFITTE: Ann. Derm. Syph. (Paris) **4**, 595 (1903). Zit. FREUDENTHAL 1932. — HANNAY, P. W.: Some clinical and histopathological notes on pseudoxanthoma elasticum. Brit. J. Derm. **63**, 92 (1951). Ref. Zbl. Haut- u. Geschl.-Kr. **78**, 289 (1952). — HAXTHAUSEN: Pseudoxanthoma elasticum + angioid streaks. Zbl. Haut- u. Geschl.-Kr. **46**, 534 (1933). — HAYASHI, R.: Fall von Pseudoxanthoma elasticum. Jap. J. Derm. **34**, 16 (1933). Ref. Zbl. Haut- u. Geschl.-Kr. **46**, 607 (1933). — HEGGS, G. M., and A. WILLIAMSON-NOBLE: Pseudoxanthoma elasticum with angioid streaks in the retina. Proc. roy. Soc. Med. **29**, 294 (1936). Ref. Zbl. Haut- u. Geschl.-Kr. **54**, 504 (1937). — HEILESEN, BJ.: Pseudo-xanthoma elasticum. Acta derm.-venereol. (Stockh.) **35**, 216 (1955). — HENNIG, K.: Zum Erscheinungsbild des Pseudoxanthoma elasticum (Darier) mit Angioid Streaks (Knapp) am Augenhintergrund. Z. ges. inn. Med. **15**, 647 (1960). — HERMANN, H.: Das Grönblad-Strandberg-Syndrom in erbbiologischer Betrachtung. Z. Haut- u. Geschl.-Kr. **20**, 314 (1956). HERXHEIMER, K., u. F. HELL: Ein Beitrag zur Kenntnis des Pseudoxanthoma elasticum. Arch. Derm. Syph. (Berl.) **111**, 761 (1912). — HIRANO, T.: Ein Fall von Pseudoxanthoma elasticum mit Striae pigmentosae retinae. Zbl. Haut- u. Geschl.-Kr. **53**, 661 (1936). — HÜBERT, K., u. B. NYQUIST: Das Grönblad-Strandbergsche Syndrom: Striae angioideae fundi oculi — pseudoxanthoma elasticum cutis. Norsk Mag. Lægevidensk. **99**, 201 (1938). Ref. Zbl. Haut- u. Geschl.-Kr. **60**, 158 (1938).

ISAYAMA, H.: Über einen Fall von Stria angioidea retinae mit Pseudoxanthoma elasticum (Darier) der Haut. Acta Soc. opthal. jap. **39**, 2109 (1935). Ref. Zbl. Haut- u. Geschl.-Kr. **53**, 620 (1936). — ISHIKAWA, F.: Über einen Fall vom gemeinsamen Vorkommen der Pigment-streifenbildung der Netzhaut und des Pseudoxanthoma elasticum der Haut. Acta Soc. ophthal. jap. **36**, 1197 (1932). Ref. Zbl. Haut- u. Geschl.-Kr. **43**, 554 (1933).

JACOBY, M. W.: Pseudoxanthoma elasticum and angioid streaks. Report of a case. Arch. Ophthal. **11**, 828 (1934). Ref. Zbl. Haut- u. Geschl.-Kr. **49**, 674 (1935). — JENNER, F. J.: Pseudoxanthoma elasticum with angioid streaks in the retinae (Groenblad-Strandberg). Brit. J. Derm. **62**, 275 (1950). Ref. Zbl. Haut- u. Geschl.-Kr. **76**, 257 (1951). — JOFFE, E., u. M. JOFFE: Zur Ätiologie des Pseudoxanthoma elasticum (Darier). Arch. Derm. Syph. (Berl.) **165**, 713 (1932). — JOHN: Pseudoxanthoma elasticum. Zbl. Haut- u. Geschl.-Kr. **52**, 200 (1936). — JONES, J. W., H. S. ALDEN, and E. L. BISHOP: Pseudoxanthoma elasticum. Report of five cases illustrating its association with angioid streaks of the retina. Arch. Derm. Syph. (Chic.) **27**, 424 (1933). — JULIUSBERG, F.: Über „colloide Degeneration" der

Haut speciell in Granulations- und Narbengewebe. Arch. Derm. Syph. (Berl.) **61**, 175 (1902).
JUNG, H. D.: Zum Pseudoxanthoma elasticum Darier. Hautarzt **5**, 402 (1954).
KAPLAN, L., and S. W. HARTMAN: Zit. McKUSICK. — KAT, W., and J. J. G. PRICK:
A case of pseudoxanthoma elasticum with anatomo-pathological irregularities of the thyroid
arteries. Psychiat. Bl. **44**, 417 (1940). Ref. Zbl. Haut- u. Geschl.-Kr. **67**, 144 (1941). —
KATZ, L., and G. CURTIS: Pseudoxanthoma elasticum with gastric melena. Arch. Derm. **85**,
651 (1962). — KAUFMANN-WOLF, u. HEINRICHSDORFF: Derm. Z. **37**, 193 (1922). Zit. FREUDEN-
THAL 1932. — KAWASHIMA, K.: Zwei Fälle von Pseudoxanthoma elasticum mit Veränderungen des Augenhintergrundes. Hihuto-Hitunyo **6**, 489 (1938). Ref. Zbl. Haut- u. Geschl.-Kr.
61, 681 (1939). — Ein Fall von Pseudoxanthoma elasticum mit abnormer Pigmentation des
Augenhintergrundes. Jap. J. Derm. **45**, 42 (1939). Ref. Zbl. Haut- u. Geschl.-Kr. **63**, 676
(1940). — KEINING, E.: Pseudoxanthoma elasticum am Hals mit Cutis rhomboidalis im
Nacken. Zbl. Haut- u. Geschl.-Kr. **57**, 571 (1938). — KERL, W.: Erythrasma und Pseudo-
xanthoma elasticum. Zbl. Haut- u. Geschl.-Kr. **53**, 149 (1936). — KLEIN, B. A.: Amer. J.
Ophthal. **30**, 955 (1947). Zit. McKUSICK. — KNAPP, H.: Arch. Ophthal. **21**, 289 (1892). Zit.
McKUSICK. — KOCH: Pseudoxanthoma elasticum. Zbl. Haut- u. Geschl.-Kr. **52**, 194
(1936). — Pseudoxanthoma elasticum. Zbl. Haut- u. Geschl.-Kr. **54**, 569 (1937). — KÖSSLING-
JACOB, I.: Pseudoxanthoma elasticum. Zbl. Haut- u. Geschl.-Kr. **115**, 53 (1963). — KOFLER,
A.: Arch. Augenheilk. **82**, 134 (1917). Zit. McKUSICK. — KORTING, G. W.: Cutis laxa und
mandibulofaziale Dysostose. Derm. Wschr. **124**, 1073 (1951). — KRANTZ, W.: Pseudoxanthoma elasticum (Darier) und Pigmentstreifenerkrankung des Augenhintergrundes bei
zwei Brüdern. Derm. Wschr. **94**, 233 (1932). — Beitrag zur Geschichte des Pseudoxanthoma
elasticum (Darier). Hautarzt **3**, 176 (1952). — KRISTANOW, Z.: Elastisches Pseudoxanthom
und Veränderungen des Augenhintergrundes. Sovetsk. Vestn. Venerol. Derm. **4**, 895 (1935).
Ref. Zbl. Haut- u. Geschl.-Kr. **53**, 396 (1936).
LEBRAND, Y. BUREAU et PASQUIER: Elastorrhexie systématisée avec atrophie optique.
Bull. Soc. franç. Derm. Syph. **69**, 85 (1962). Ref. Zbl. Haut- u. Geschl.-Kr. **113**, 172 (1962). —
LEVER, W. F.: Histopathologie der Haut. Stuttgart: Gustav Fischer 1958. — LEWAN-
DOWSKY, F.: Über einen eigentümlichen Naevus der Brustgegend. Arch. Derm. Syph. (Berl.)
131, 90 (1921). — LEWIS, G. M., and M. B. CLAYTON: Pseudoxanthoma elasticum and
angioid streaks. A disease syndrome with comments on the literature and the report of a case.
Arch. Derm. Syph. (Chic.) **28**, 546 (1933). — LIEGL, O.: Pseudoxanthoma elasticum mit
Drusen am Augenhintergrund ohne Pigmentstreifen. Klin. Mbl. Augenhk. **128**, 467
(1956). — LINZBACH, A. J.: Pathologische Anatomie der Blutgefäße. In: M. RATSCHOW,
Angiologie. Stuttgart: Georg Thieme 1959. — LOBITZ, W. C., JR., and A. E. OSTERBERG:
Pseudoxanthoma elasticum: microincineration. J. invest. Derm. **15**, 297 (1950). Ref. Zbl.
Haut- u. Geschl.-Kr. **78**, 346 (1952). — LOESCHER, H.: Über angioide Pigmentstreifenbildung
am Augenhintergrund und Pseudoxanthoma elasticum der Haut als Systemerkrankung.
Münch. med. Wschr. **1933I**, 161. — LOMUTO, G.: La sindrome di Groenblad-Strandberg
(a proposito di un caso clinico). Dermatologia (Napoli) **12**, 107 (1961). Ref. Zbl. Haut- u.
Geschl.-Kr. **112**, 232 (1962). — LÓPEZ GONZÀLEZ, G., A. ALSINA y A. AZAR: Seudoxantoma
elástico. Sindrome de Grönblad-Strandberg. Arch. argent. Derm. **6**, 389 (1956). Ref. Zbl.
Haut- u. Geschl.-Kr. **98**, 288 (1957). — LORIA, P. R., C. B. KENNEDY, J. A. FREEMAN, and
V. M. HENINGTON: Pseudoxanthoma elasticum (Grönblad-Strandberg syndrome). A clinical,
light-, and electron-microscopic study. Arch. Derm. **76**, 609 (1957). — LORTAT-JACOB, E., et
P. BRÉGEAT: Pseudoxanthome et stries angioïdes ayant succédé à une dégénérescence
choriorétinienne du pôle postérieur. Bull. Soc. franç. Derm. Syph. **56**, 493 (1949). Ref. Zbl.
Haut- u. Geschl.-Kr. **78**, 170 (1952). — LOUWS: Pseudoxanthoma elasticum mit Angioid
streaks. Zbl. Haut- u. Geschl.-Kr. **43**, 258 (1936).
MARCHESANI, O., u. F. WIRZ: Die Pigment-Streifenerkrankung der Netzhaut — das
Pseudoxanthoma elasticum der Haut, eine Systemerkrankung. Arch. Augenheilk. **104**, 522
(1931). — MARCHIONINI, A., u. K. TURGUT: Über Pseudoxanthoma elasticum hereditarium.
Derm. Wschr. **1942I**, 145. — MATRAS, A.: (1) Pseudoxanthoma elasticum. Zbl. Haut- u.
Geschl.-Kr. **50**, 280 (1935). — (2) Pseudoxanthoma elasticum und gefäßähnliche Streifen im
Augenhintergrund. Wien. klin. Wschr. **1935I**, 198. — (3) Pseudoxanthoma elasticum und
Angioid streaks (2 Fälle). Zbl. Haut- u. Geschl.-Kr. **52**, 274 (1936). — (4) Pseudoxanthoma
elasticum mit Schleimhautveränderungen. Zbl. Haut- u. Geschl.-Kr. **59**, 376 (1938). —
MATSUZAWA, S.: Ein Fall von Stria angioidea retinae, Pseudoxanthoma elasticum und
Degeneratio maculae luteae disciformis. Chuo-Ganka-Iho **28**, 40 (1936). Ref. Zbl. Haut- u.
Geschl.-Kr. **56**, 110 (1937). — MAYEDA, T.: Ein Fall von Stria angioidea retinae und Pseudo-
xanthoma elasticum der Haut. Acta Soc. ophthal. jap. **37**, 525 (1933). Ref. Zbl. Haut- u.
Geschl.-Kr. **45**, 746 (1933). — MAZALTON, A., et N. E. MAZALTON: Les hémorragies digestives
du syndrome de Grönblad-Strandberg. Sem. Hôp. Paris **38**, 2318 (1962). Ref. Zbl. Haut- u.
Geschl.-Kr. **113**, 104 (1962). — MAZALTON, A., et R. MESSIMY: Maladie de Paget et syndrome
de Grönblad-Strandberg. Sem. Hôp. Paris **37**, 3591 (1961). Ref. Zbl. Haut- u. Geschl.-Kr.

113, 232 (1962). — McCanghey, R. S., L. C. Alexander, and J. H. Morrish: Zit. Mc-Kusick. — McKusick, V. A.: Vererbbare Störungen des Bindegewebes. VI. Pseudoxanthoma elasticum. Stuttgart: Georg Thieme 1959. — Mescon, H.: Diskussionsbemerkung zu L. S. Wright u. D. Tschan. Arch. Derm. 81, 275 (1960). — Miescher, G.: Fall von halbseitig segmentär angeordnetem Angiom mit Veränderungen vom Charakter des Pseudoxanthoma elasticum. Zbl. Haut- u. Geschl.-Kr. 46, 17 (1933). — Murata, M.: Ein Fall von Pseudoxanthoma elasticum mit Stria angioidea retinae. Jap. J. Derm. 33, 485 (1933). Ref. Zbl. Haut- u. Geschl.-Kr. 45, 746 (1933).

Nellen, M., u. M. Jacobson: S. Afr. med. J. 32, 649 (1958). Zit. Schuermann u. Woeber. — Nomland, R., and B. Klien: Pseudoxanthoma elasticum of the skin; angioid streaks of the retina; old chorioretinitis. Arch. Derm. Syph. (Chic.) 27, 849 (1933). — Noto, P.: Elastorexi sistemica di Touraine. A proposito di un caso clinico. G. ital. Derm. 89, 1037 (1948). Ref. Zbl. Haut- u. Geschl.-Kr. 76, 137 (1951).

Odeberg, B.: Pseudoxanthoma elasticum combined with sarcoid-like polymyositis, hypercalcuria and nephropathy. Nord. Med. 68, 923 (1962). Ref. Zbl. Haut- u. Geschl.-Kr. 113, 170 (1962). — Ogawa, H.: Über einen Fall von Pseudoxanthoma elasticum. Jap. J. Derm. 31, 1482 (1931). Ref. Zbl. Haut- u. Geschl.-Kr. 40, 525 (1932). — Osbourn, R. A., and M. A. Olivo: Pseudoxanthoma elasticum in mother and daughter. Arch. Derm. Syph. (Chic.) 63, 661 (1951).

Palich-Szántó, O.: Über die gefäßartigen Streifen des Augenhintergrundes. Klin. Mbl. Augenheilk. 119, 251 (1951). — Pautrier, L.-M.: A propos de deux affections de l'élastine du revêtement cutané, témoins d'affections généralisées de l'élastine de tout l'organisme. Arch. belges Derm. 4, 259 (1949). Ref. Zbl. Haut- u. Geschl.-Kr. 77, 129 (1951/52). — Pautrier, L.-M., et Fr. Woringer: Pseudo-xanthome élastique. Bull. Soc. franç. Derm. Syph. 43, 864 (1936). Ref. Zbl. Haut- u. Geschl.-Kr. 54, 409 (1937). — Pelbois, F., et Rollier: Association d'un syndrome d'Ehler-Danlos et d'un syndrome de Groenblad Strandberg. Bull. Soc. franç. Derm. Syph. 59, 141 (1952). Ref. Zbl. Haut- u. Geschl.-Kr. 84, 62 (1953). — Pietruschka, G.: Zur Differentialdiagnose des Grönblad-Strandbergschen Syndroms und der Pigmentstreifenbildung nach Siegrist. Klin. Mbl. Augenheilk. 136, 635 (1960). — Plange, O.: Arch. Augenheilk. 23, 78 (1891). Zit. Pietruschka. — Postma, C.: Pseudoxanthoma elasticum. Ned. T. Geneesk. 1933, 4835. Ref. Zbl. Haut- u. Geschl.-Kr. 47, 83 (1934). — Prick, J. J. G.: Diss. Maastricht 1938. Zit. McKusick.

Rabut, R., et A. Hudelo: Pseudo-xanthome élastique familial avec syndrome d'Adie. Ann. Derm. Syph. (Paris) 81, 289 (1954). — Ramel: Schweiz. med. Wschr. 1927, 46. Zit. Freudenthal 1932. — Ref. Zbl. Haut- u. Geschl.-Kr. 90, 126 (1954/55). — Revell, S. T. R., Jr., and T. N. Carey: Zit. McKusick. — Rizzuti, A. B.: Angioid streaks with pseudoxanthoma elasticum. A case followed by fundus photography over a period of 27 years. Amer. J. Ophthal. 40, 387 (1955). Ref. Zbl. Haut- u. Geschl.-Kr. 95, 35 (1956). — Robertson, M. G., and J. S. Schroder: Pseudoxanthoma elasticum. A systemic discorder. Amer. J. Med. 27, 433 (1959). Ref. Zbl. Haut- u. Geschl.-Kr. 105, 305 (1959). — Robinson, H. M., Jr.: Diskussionsbemerkung zu Shaffer, Copelan and Beerman. Arch. Derm. 76, 631 (1957).

Saipt, O.: Zur Histologie des Pseudoxanthoma elasticum. Derm. Wschr. 128, 1071 (1953). Sandbacka-Holmström, I.: Das Grönblad-Strandbergsche Syndrom. Pseudoxanthoma elasticum-angioid streaks-Gefäßveränderungen. Acta derm.-venereol. (Stockh.) 20, 684 (1939). Sá Penella u. J. Êsteves: Ein Fall von Pseudoxanthoma elasticum. Act. dermo-sifiliogr. (Madr.) 31, 392 (1940). Ref. Zbl. Haut- u. Geschl.-Kr. 67, 555 (1941). — Scheie, H. G., and N. E. Freeman: Arch. Ophthal. 35, 3 (1946). Zit. McKusick. — Schmidt, P. W.: Pseudoxanthoma elasticum. Zbl. Haut- u. Geschl.-Kr. 54, 296 (1937). — Schuermann, H.: Krankheiten der Mundschleimhaut und der Lippen, 2. Aufl. München: Urban & Schwarzenberg 1958. — Schuermann, H., u. Kh. Woeber: Pseudoxanthoma elasticum. Dtsch. med. Wschr. 85, 413 (1960). — Schuppener, H. J.: Pseudoxanthoma elasticum (systematisierte Elastorhexis Touraine). Zbl. Haut- u. Geschl.-Kr. 104, 345 (1959). — Schuppener, H. J., u. E. Meitinger-Stobbe: Systematisierte Elastorrhexis. Dtsch. med. Wschr. 80, 1723 (1955). — Schuppli, R.: Über einen ungewöhnlichen Fall von Pseudoxanthoma elasticum. Dermatologica (Basel) 115, 382 (1957). — Shaffer, B., H. W. Copelan, and H. Beerman: Pseudoxanthoma elasticum. A cutaneous manifestation of a systemic disease: report of a case of Paget's disease and a case of calcinosis with arteriosclerosis as manifestations of this syndrome. Arch. Derm. Syph. (Chic.) 76, 622 (1957). — Siegrist, A.: IX. Int. Ophthalm.-Kongr. in Utrecht 1899, S. 131. Zit. Pietruschka. — Silvers, S.: Zit. McKusick. — Silvers, S., and H. E. Wolfe: Zit. McKusick. — Sönnichsen, N.: Pseudoxanthoma elasticum. Zbl. Haut- u. Geschl.-Kr. 115, 53 (1963). — Strandberg: Pseudoxanthoma elasticum. Zbl. Haut- u. Geschl.-Kr. 31, 689 (1929). — Sugg, E. S., and D. D. Stetson: Pseudoxanthoma elasticum associated with angioid streaks of the retina and diabetes mellitus in sisters. J. Amer. med. Ass. 102, 1369 (1934). Ref. Zbl. Haut- u. Geschl.-Kr. 49, 147 (1935). — Sutton, R. L., and S. E. Mella: Pseudoxanthoma elasticum. Arch. Derm. Syph. (Chic.) 28, 419 (1933). — Sweitzer, S. E., and C. W. LAYMON: Pseudoxanthoma elasticum. Brit. J. Derm. **45**, 512 (1933). Ref. Zbl. Haut- u. Geschl.-Kr. **47**, 730 (1934).

TATTERSALL, R. N., and R. SEVILLE: Senile purpura. Quart. J. Med. **19**, 151 (1950). Zit. W. F. LEVER. — TELLER, H., u. G. VESTER: Elektronenmikroskopische Untersuchungsergebnisse an der kollagenen Interzellularsubstanz des Koriums beim Pseudoxanthoma elasticum. Derm. Wschr. **136**, 1373 (1957). — TÉMINE, P.: Zit. McKUSICK. — TOMINAGA, B.,u.S.HARADA: Über einen Fall von Pseudoxanthoma elasticum mit besonderer Berücksichtigung in Verbindung mit einer tuberkuloiden Granulationsbildung. Jap. J. Derm. **26**, 47 (1934). Ref. Zbl. Haut- u. Geschl.-Kr. **49**, 512 (1935). — TOMINAGA, B., S. HARADA u. T. HASHIMOTO: Über einen Fall von Pseudoxanthoma elasticum mit besonderer Berücksichtigung in Verbindung mit einer tuberkuloiden Granulationsbildung. Jap. J. Derm. **36**, 79 (1934). Ref. Zbl. Haut- u. Geschl.-Kr. **50**, 48 (1935). — TOURAINE, A.: L'élastorrhexie systématisée. Bull. Soc. franç. Derm. Syph. **47**, 255 (1940). — Une maladie peu connue: L'élastorrhexie systématisée. (Extension du syndrome de Groenblad-Strandberg). Presse méd. 1941I, 361. Ref. Zbl. Haut- u. Geschl.-Kr. **67**, 312 (1941). — TUNBRIDGE, R. E., R. N. TATTERSALL, D. A. HALL, W. T. ASTBURY, and R. REED: Clin. Sci. **11**, 315 (1952). Zit. McKUSICK.

URBACH, E.: Groenblad-Strandbergsches Syndrom. (Pseudoxanthoma elasticum und Pigmentstreifenerkrankung des Auges). Zbl. Haut- u. Geschl.-Kr. **57**, 9 (1938). — URBACH, E., u. L. NÉKÁM JR.: Zur Pathogenese des Groenblad-Strandbergschen Syndroms (Pseudoxanthoma elasticum + Augioid streaks). Klin. Wschr. **15**, 857 (1936). — URBACH, E., u. ST. WOLFRAM: Über Veränderungen des elastischen Gewebes bei einem autoptisch untersuchten Falle von Groenblad-Strandbergschem Syndrom. Arch. Derm. Syph. (Berl.) **176**, 167 (1938).

VANNI, A.: Pseudoxanthoma elastico di Darier. Boll. Sez. region. Soc. ital. Derm. **4**, 222 (1932). Ref. Zbl. Haut- u. Geschl.-Kr. **46**, 489 (1933). — VENKEI-WLASSICS, T.: Über Pseudoxanthoma elasticum. Derm. Wschr. **107**, 1396 (1938). — VILANOVA, X., u. C. CARDENAL: Pseudoxanthoma elasticum und Keloid. Hautarzt **6**, 150 (1955). — VOISIN, J.: Stries angioïdes et taches chorio-rétiniennes chez un jeune garçon atteint de pseudo-xantome élastique: peut-on parler d'élastorrhexie chorioïdienne? Bull. Soc. Ophtal. Fr. **1953**, 227. Ref. Zbl. Haut- u. Geschl.-Kr. **90**, 234 (1954/55).

WAKABAYASHI, K.: Zwei Fälle von Pseudoxanthoma elasticum. Mitt. med. Akad. Kioto **22**, 473 (1938). Ref. Zbl. Haut- u. Geschl.-Kr. **59**, 276 (1938). — WEIDMAN, F. D., N. P. ANDERSON, and S. AYRES: Juvenile elastoma. Arch. Derm. Syph. (Chic.) **28**, 183 (1933). — WELTI, M. H.: Pseudoxanthoma elasticum (Darier) in Verbindung mit einer tuberkuloiden Granulationsbildung. Arch. Derm. Syph. (Berl.) **163**, 427 (1931). — WHITCOMB, F. F., JR., and CH. H. BROWN: Pseudoxanthoma elasticum. Report of twelve cases: massive gastrointestinal hemmorrhage in one patient. Ann. intern. Med. **56**, 834 (1962). Ref. Zbl. Haut- u. Geschl.-Kr. **115**, 97 (1963). — WOLFF, H. H., J. STOKES, and B. SCHLESINGER: Arch. Dis. Childh. **27**, 82 (1952). Zit. McKUSICK. — WOODCOCK, C. W.: Pseudoxanthoma elasticum, angioid streaks of retina and osteitis deformans. Arch. of Derm. Syph. (Chic.) **65**, 623 (1952). WORINGER, FR.: Sur deux aspects histo-pathologiques différents du pseudoxanthome élastique. Bull. Soc. franç. Derm. Syph. **61**, 80 (1954). Ref. Zbl. Haut- u. Geschl.-Kr. **89**, 171 (1954). — WORINGER, FR., et J. P. GERHARD: Syndrome de Groenblad-Strandberg chez deux soeurs. Bull. Soc. franç. Derm. Syph. **64**, 726 (1957). Ref. Zbl. Haut- u. Geschl.-Kr. **102**, 44 (1958/59).

YAMAZAKI, J.: Zwei Fälle von Pseudoxanthoma elasticum mit Stria angioidea retinae. Jap. J. Derm. **39**, 73 (1936). Ref. Zbl. Haut- u. Geschl.-Kr. **54**, 229 (1937).

ZEEMAN, W. P. C.: Ned. T. Geneesk. **77**, 1938 (1933). Zit. PIETRUSCHKA. — ZENTMAYER, W.: Arch. Ophthal. **35**, 541 (1946). Zit. McKUSICK.

Retikulosen

Von

Joseph Kimmig und Michael Jänner, Hamburg

Mit 87 Abbildungen

I. Problemstellung

Der Begriff „Retikulose" ist seit seiner Prägung im Jahre 1924 differenten Krankheitszuständen des reticuloendothelialen Systems (RES) zugeordnet worden. LETTERER beschrieb damals einen an eine akute Leukämie erinnernden, aber aleukämisch verlaufenden Krankheitszustand bei einem Säugling, für den er die Bezeichnung Retikulose im Sinne einer proliferativen Erkrankung des reticuloendothelialen Apparates wählte. EWALD hat 1 Jahr davor eine „leukämische Reticuloendotheliose" beschrieben. DEGOS bezeichnet auch heute noch die Letterer-Siwesche Krankheit als den reinen und kompletten Typ der akuten diffusen Retikulose des Säuglingsalters. In der pädiatrischen Literatur scheint diese Auffassung noch allgemein gültig zu sein (s. hierzu auch ALTHOFF, 1967). Die Meinungen des Schrifttums der Pathologie und der Dermatologie gehen überwiegend dahin, die Letterer-Siwesche Krankheit als einen akuten entzündlich-granulomatösen Prozeß zu sehen, der trotz seiner infausten Prognose von den geschwulstartigen Krankheiten abgegrenzt werden soll (GOTTRON, HORNSTEIN, LENNERT, FEYRTER). Die weitere Entwicklung der Retikuloseforschung ging jedoch nicht den Weg, der zur Abgrenzung klinisch gut darstellbarer Krankheitseinheiten führte, sondern dehnte sich fast bis ins Uferlose aus und versuchte um eine Zeit alles zu umfassen, was sich in irgendeiner Form im RES abspielt: Speicherungskrankheiten, Morbus Besnier-Boeck-Schaumann, granulomatöse Prozesse wie die Mycosis fungoides, die Lymphogranulomatose, das Retothelsarkom, ja sogar Krankheiten mit sicher bekannter Ätiologie wie die Tuberkulose wurden in den Begriff der Retikulosen eingegliedert. Es besteht kein Zweifel, daß es sich bei den erwähnten Prozessen um krankhafte Veränderungen handelt, die sich im RES abspielen. Es ist nicht zu verstehen, wie eine solche weitgehende Zusammenfassung heterogenen Geschehens zur ätiopathogenetischen Klärung der einzelnen Krankheitszustände beitragen könnte.

Sieht man das einschlägige Schrifttum durch, steht man vor einer kaum auflösbaren Begriffsverwirrung. Sicherlich ist die Retikuloseforschung noch im Fluß, aber ätiologisch Bekanntes oder klinisch gut umreißbare und histologisch differente Prozesse sollten abgetrennt werden. Nach GOTTRON ist eine Begrenzung des Begriffes Retikulose durch Übereinkunft Sachverständiger auf enger Zusammengehöriges reticulohistiocytären Aufbaus zu erstreben, „soweit diesbezüglich Zusammengehöriges beim derzeitigen Stand des Wissens erfaßbar ist. Dies ist bei der ätiologischen und pathogenetischen Ungeklärtheit der in Frage kommenden Krankheitszustände schwierig. Jederzeit wird die Neuaufdeckung von Tatbeständen, Abänderungen der nosologischen Gruppierung nach sich ziehen müssen". Um uferlosen Ausweitungen und Verwechslungen vorzubeugen, ist es zweckmäßig, den Begriff der Retikulose vor Beginn weiterer Ausführungen zu definieren. Für das Wort Retikulose werden synonym auch die Bezeichnungen: maligne und chronische Retikulose, Reticuloendotheliose, Reticulohistiocytose, Histiocytomatose, Retotheliose, reticulose histiomonocytaire, reticulose histiocytaire, blastomatöse Retikulose und selbst Reticulosarkomatose verwendet. Sie sind im strengen Sinne des Wortes keine Synonyme, weil wegen des Fehlens einer allgemeingültigen Definition auch keine Einigkeit darüber erreicht werden konnte, welche Krankheiten mit der Bezeichnung „Retikulose" belegt werden können. Die rein morphologische Betrachtung und Systematisierung kann und muß am Anfang des Weges zum Verständnis der proliferativen Vorgänge des RES stehen. Sie reicht jedoch zur sinnvollen und gültigen Klassifizierung des Wesens dessen, was wir unter Retikulose verstehen wollen, nicht aus. Methoden und Diktion des Pathologen, des Hämatologen und des Dermatologen bzw. des Klinikers ganz allgemein sind zu verschieden, um hier auf Grund rein morphologischer Betrachtungsweisen zu einer gleichlautenden und gleichsinnigen Bezeichnung der cellulären Proliferation des RES gelangen zu können. Eine brauchbare Klassifizierung ist aber ohne die Zusammenarbeit des Dermatologen, des Hämatologen und des Pathologen nicht möglich. LENNERT (1964) fordert die „wesensmäßige", „pathogenetische" Einordnung der Proliferationen; erst sie gäbe die Möglichkeit einer sinnvollen Benennung. Er betrachtet das ganze Problem vom hämato-pathologischen Standpunkt und ist der Auffassung, daß man für eine Reihe von retikulären Proliferationen mit einiger Sicherheit sagen kann, daß sie irreversibel-progressiv und nicht etwa reaktiv sind. Er will den Begriff Retikulose nur für diese Reticulumzellproliferation angewendet wissen. Als ausgezeichneter Sachkenner scheut er nicht davor zurück, zu betonen, daß es in einigen seltenen Ausnahmefällen auch einmal unmöglich sein kann, gut- und bösartige Reticulumzellproliferationen zu unterscheiden. Das sei aber keineswegs ein schwerwiegender Grund, der zur Aufweichung des Begriffes Retikulose verwendet werden soll.

Von den „Retikulosen im engeren Sinne" (ROTTER und BÜNGELER, 1955), den „malignen Retikulosen", wie andere Autoren sie nennen (DEELMAN, 1949; DEGOS), grenzt LENNERT ab: Die reaktive, oft entzündlich bedingte Reticulumzellvermehrung, die man besser Reticulocytose (LENNERT und ELSCHNER, 1953), reticulumzellige Hyperplasie oder Reticulomatose (SÉZARY, 1948) nennen sollte, die Lipoidspeicherungskrankheiten und die malignen Tumoren des Reticulums. Für die reaktive Vermehrung der Reticulumzellen haben LENNERT und ELSCHNER in Analogie zum „Begriffspaar Leukocytose/Leukose" (Leukocytose reaktives, Leukose irreversibel-neoplastisches Geschehen) die Bezeichnung Reticulo-cytose gewählt. Andere Autoren bevorzugen für den gleichen Prozeß die Benennung „Reticulitis" (CAZAL), worauf noch zurückzukommen sein wird. Die Lipoidspeicherungskrankheiten (Morbus Gaucher, Morbus Niemann-Pick) werden abgegrenzt, weil ihnen ein gen-bedingter Fermentmangel der Reticulumzellen und nicht eine Proliferation derselben zugrunde liegt und es sich primär um ein Stoffwechselleiden handelt.

Als maligner Tumor des RES und damit wesensverschieden von der Retikulose im engeren Sinne muß das Retothelsarkom (ROULET, 1930, 1932; ROESSLE, 1939) abgegrenzt werden (GRIEDER, 1956; GOTTRON, 1960; LENNERT, 1964). Die Abgrenzung ist, wie besonders LENNERT hervorhebt, auf cytologischer Basis allein im Einzelfall nicht möglich. Knotenförmig infiltrierend-destruierendes Wachstum, fehlende Systematisierung in RES, in dem nur mehr oder weniger große und viele umschriebene Tumorknoten (Metastasen) zu finden sind, ähnliches Verhalten im Knochenmark, mit einem Wort, der klinische bzw. makroskopische Befund und der Verlauf werden in manchen Fällen erst entscheiden können, ob das histologische Substrat einer Retikulose oder einem Retothelsarkom bzw. einer Retothelsarkomatose zugeordnet werden muß. Auch die Ausschwemmung von Retikulosezellen ins periphere Blut, die leukämische Retikulose, gilt als wichtiges differentialdiagnostisches Symptom zur Abgrenzung der Retikulose vom Retothelsarkom. Beide können aber auch mal miteinander verknüpft sein. Lennert spricht dann von der tumorbildenden Retikulose.

Um der Verwirrung zu entgehen, die durch die unterschiedlichen Auffassungen und Ausdeutungen des Begriffes Retikulose entstanden sind, um die Nivellierung des Begriffes der Retikulose zu vermeiden, fordert Gottron die Ausklammerung bestimmter Krankheitseinheiten aus dem Begriff der „Retikulose im engeren Sinne". Das sind:

1. Die reversiblen, reaktiven Retikulosen, die durch infektiöse, toxische oder hormonale Reize induziert werden. Nach Gottron sollten sie besser als „retikuläre Hyperplasie" bezeichnet werden. Sie sind in etwa mit der „Retikulitis" von Cazal identisch.

Die reaktiven, reizabhängigen Zustände des RES sind wie die Retikulosen aus den Zellelementen des reticuloendothelialen Systems aufgebaut. Über infektbedingte retikuläre Hyperplasien hat Gertler (1962, Tuberkulose, Lepra, Brucellose, Syphilis) berichtet. Kitamura (1954) sah entsprechende Veränderungen bei der Filariasis; medikamentös bedingte reaktive Hyperplasien des RES wurden von Degos, Ossipovski, Civatte und Touraine, 1957 (β-Naphthol, Sulfanilamid, Cortison, Röntgenstrahlen) sowie Korting und Denk (1966, Hydantoin-Derivat) mitgeteilt.

Gottron geht an dieser Stelle auch auf den Inhalt der Begriffe Hyperplasie und Proliferation ein und fordert eine klare terminologische Trennung. Hyperplasie sei begriffsinhaltlich eine auf einen Reiz hin erfolgende reversible Zellvermehrung. Die Bezeichnung Proliferation darf mit der Bezeichnung Hyperplasie nicht synonym verwendet werden, und man sollte die Bezeichnung Proliferation demnach auch nur dann verwenden, wenn eine Gewebswucherung autonom, ohne erkennbaren Reiz entsteht und irreversibel bleibt. Die Proliferation, in dem erwähnten Sinne, wäre dann der adäquate Vorgang der Zellvermehrung des RES bei den „Retikulosen im engeren Sinne", oder, wie Rotter und Büngeler sie nennen, bei den „essentiellen Retikulosen".

2. Die Granulomatosen, das sind die Mycosis fungoides und die Lymphogranulomatosis maligna. Flarer (1930) und Zinck (1936) hatten die Mycosis fungoides in die Gruppe der Retikulosen (im weiteren Sinne) eingeordnet, weil der Aufbau der Granulome ohne Zweifel aus reticulo-histiocytären Zellen besteht, ihr aber eine mehr hyperplastische als proliferative Zellvermehrung zugrunde liegt. Die Granulationsgeschwulst, so Gottron, ist ein reversibles, Gefäßneubildungen aufweisendes, zunächst banal-entzündliches, leukocytär also aus höhergradig polymorpher Zellvermehrung sich zusammensetzendes Krankheitsgeschehen von phasischem Verlauf und daher von der Retikulose im engeren Sinne unterschieden. Auch die gelegentlich anzutreffende Vermehrung von Blutmonocyten ist kein Beweis für die Zugehörigkeit der Granulomatosen zur Retikulose. Sie ist allenfalls Ausdruck der Aktivierung des reticuloendothelialen Systems. Bei der Mycosis fungoides fanden wir in unserem Krankengut (79 Patienten) bei etwas mehr als der Hälfte der Fälle normale Monocytenzahlen, in 35% mäßig und nur in 4% deutlich erhöhte Werte. Lediglich in 2 Fällen wurden je 16% Monocyten im peripheren Blut beobachtet.

3. Die Speicherretikulosen, die Gottron lieber als retikuläre Hyperplasien mit Speicherung bezeichnet haben will. Gemeint sind der Morbus Gaucher, die Niemann-Picksche Krankheit, das Xanthom und der Morbus Hand-Schüller-Christian.

Gottron zählt den von Letterer 1924 als aleukämische Retikulose beschriebenen Krankheitszustand, dem man insbesondere in der pädiatrischen Literatur unter der Bezeichnung Letterer-Siwe- oder Abt-Letterer-Siwesche Krankheit begegnet, zum Morbus Hand-Schüller-Christian, der keine Retikulose im engeren Sinne ist. Für Degos (1953) und Krug (1961) ist der Morbus Abt-Letterer-Siwe die akute Retikulose des Kindesalters, die sich aber durch die im Vordergrunde stehende Mannigfaltigkeit des klinischen Erscheinungsbildes in ihrer Symptomatologie klinisch von dem unterscheidet, was man als Retikulose (im engeren Sinne) bezeichnen soll. Es finden sich immer Hepatosplenomegalie, Schwellung der thorakalen, abdominalen und peripheren Lymphknoten, und die Haut zeigt häufig zuerst hämorrhagische Veränderungen. Sehr oft besteht eine sekundäre Anämie und nie fehlen Infektion oder Zeichen allgemeiner Intoxikation (Otitis, Rachenentzündungen und anderes). Terminal kommt es sehr oft zu Bronchopneumonien. Feyrter will, wie Gottron die Abt-Letterer-Siwesche Krankheit, das eosinophile Granulom des Knochens und den Morbus Hand-Schüller-Christian in ihrer Genese unitaristisch als Erscheinungsformen (Syndrome) einer einheitlichen Krankheit sehen, die er als granuläre Retikulose bezeichnet, deren Wesen wohl in einer cellulären Störung des Fett- und Lipoidstoffwechsels der befallenen „retikelzelligen Elemente" zu erblicken ist, ohne daß bisher geklärt wäre, ob sie durch eine äußere belebte Noxe induziert wird oder durch einen endogenen Fermentschaden zustande kommt. Letzten Endes also ein granulomatöser Prozeß, der keineswegs mit der gegebenen Definition der Retikulosen („im engeren Sinne") in Einklang gebracht werden kann.

Gottron hat an Hand eigener Fälle schon 1941 zur Problematik der Schüller-Christianschen Krankheit unter besonderer Berücksichtigung der Hautveränderungen Stellung genommen. Er lehnt 1960 in seinem Handbuchartikel die nosologische Einheit der aleukämischen Retikulose Letterers ab und zählt sie zur Hand-Schüller-Christianschen Krankheit, bei der, wie er zeigen konnte, die Hyperplasie des reticulohistiocytären Gewebes der Speicherung vorausgeht.

4. Die gutartigen und bösartigen Tumoren des RES, das sind die Histiocytome und das Retothelsarkom. Histiocytome speichern meist Eisen oder Fett (Gans und Steigleder), eine Eigenschaft, die man bei den Retikulosen und beim Retothelsarkom nur selten antrifft.

Hierher gehören auch die nicht retikulären Leukosen, die man nicht zu den Retikulosen im engeren Sinne rechnen kann. Sie sind durch eine Wucherung selbständiger Zellreihen gekennzeichnet, die letztlich zwar auch aus dem Reticulum stammen, sich aber aus sich selbst bzw. einer Mutterzelle regenerieren und des Nachschubes aus dem Reticulum nicht bedürfen (Lennert). Beispiel: lymphatische und myeloische Leukämien.

Auch das großfollikuläre Lymphoblastom, den Morbus Brill-Symmers, will Lennert unter allen Umständen aus der Einheit der Retikulosen ausgeklammert wissen, weil es sich bei den gewucherten Zellen nicht um retikuläre Elemente handelt; sie bilden keine Gitterfasern. Unabhängig von den Meinungen, die die Bezeichnungen Lymphoblasten, Germinoblasten oder Lymphocyten bzw. Germinocyten bevorzugen, handele es sich auf keinen Fall um eine retikuläre Proliferation. Gottron ist der Auffassung, daß das großfollikuläre Lymphoblastom eine maligne Erkrankung von Hämoblastoseart sei und es noch überprüft werden muß, „ob und wieweit es sich im Einzelfall bei der Entartung des Brill-Symmers um einen malignen Tumor handelt, oder ob nicht einfach ein kontinuierlich in den einzelnen Lymphknoten auftretendes infiltrierendes und destruierendes Wachstum der proliferierenden Retikulose gegeben ist, bei der lediglich eine Wucherung der Reticulumzellen der zentralen Follikelabschnitte vorliegt, ohne daß es zur Metastasierung auf dem Blut- und Lymphwege kommt", ein Vorgang, der dann wieder nach der gegebenen Definition des Retikulose-begriffes zu den Retikulosen im engeren Sinne gezählt werden müßte.

Auch CAZAL (1964) trennt die Neoplasien des reticulohistiocytären Systems von der Gruppe der Retikulosen ab, gibt seinem Retikulosebegriff aber einen weiteren Umfang und nennt den am weitesten gespannten Bogen „maligne Reti-kulosen sensu latissimo", in dem er die Hämoblastosen (Leukosen und Erythro-blastosen) mit einschließt. Dem mittleren Bogen entspricht die Bezeichnung „maligne Retikulosen sensu lato", der die Lymphogranulomatose, das maligne Plasmocytom retikulären Ursprungs, die retikulären Lipoidosen und die Angio-retikulosen umfaßt. Zu dieser Gruppe konzentrischer Bögen gehört als innerster und engster schließlich auch die „maligne Retikulose sensu stricto". Den gesamten Komplex nennt CAZAL Paraplasien. Er unterteilt die Erkrankungen des reticulo-histiocytären Systems in 3 große Abschnitte.

I. Die entzündlichen Retikulosen (Reticulitis — reaktive Retikulosen).

II. Die Paraplasien (Retikulosen sensu stricto, lato und latissimo).

III. Die Neoplasien.

Die bisherigen Ausführungen waren in der gewählten Form notwendig, um die Vielschichtigkeit und Widersprüchlichkeit des Retikuloseproblems schon zu Beginn der Besprechung des eigentlichen Themas aufzuzeigen.

II. Das reticuloendotheliale (reticulohistiocytäre) System

Das tissuläre Substrat des RES ist das retikuläre Bindegewebe (r.B.). Reticulo-endotheliales System und retikuläres Bindegewebe sind identische Begriffe (TRITSCH, 1957). Nach HUECK (1941) gilt das Mesenchym als Keimgewebe für alle nicht neuroepithelialen Füllgewebe; das embryonale Bindegewebe ist die Quelle des gesamten Bindegewebsapparates. Beim Erwachsenen kommt es noch in Form der sog. „reifen Dauerformation" als retikuläres Bindegewebe vor (v. ALBER-TINI, 1955). Seine Anordnung um den Gefäßbaum begründet eine fast allseitige Verbreitung im Organismus. ASCHOFF und LANDAU haben den systemartigen Charakter und Ausbreitung des r.B. erkannt, das sich durch die Eigenschaft der Stoffaufnahme und der Speicherung und durch sein gleiches färberisches Verhalten als funktionelle Einheit darstellt. ASCHOFF nannte es reticuloendotheliales System (RES) und glaubte es orthologisch an bestimmte Organe wie Lymph-knoten, Milz und Knochenmark sowie an das Zellsystem der v. Kupfferschen Sternzellen der Leber gebunden. Die endotheliale Komponente hat man später ausgeklammert, nachdem bekannt war, daß nicht die Endothelien der Gefäße funktionell zum r.B. gehören, sondern nur die Endothelien der Sinusoide der Lymphknoten und der Milz (FRESEN). FRESEN spricht vom retothelialen System. Nach CAZAL und ROHR ist es richtiger, von einem reticulohistiocytären System (RHS) zu sprechen, eine Bezeichnung, die auf die Schule FERRATAs zurückgeht.

Es ist u. E. müßig, zu streiten, ob RES oder RHS, man muß nur wissen, daß sich die Bezeichnung „reticuloendotheliales System" nicht auf das allgemeine Gefäßendothel bezieht, das sich färberisch und funktionell anders verhält, sondern daß damit die Reticulumzellen erfaßt werden sollen, die sich einem Gitterfasernetz endothelartig anlagern. FRESEN (1945) sieht das RHS als ein reticulumzelliges Gewebe, das unabhängig von seiner Lokalisation feingeweblich durch ein argyro-philes Fasernetz in Form einer plasmafibrillären Differenzierung ausgezeichnet ist. In diese retikuläre Struktur seien endothelartige Zellen gewisser Blut- und Lymph-strombahnabschnitte organisch einbezogen, die als retikuläre Uferzellen die

Sinusoide in Knochenmark, Milz, Leber und Lymphknoten auskleiden. Durch das Fehlen des kollagenen Grundhäutchens unterscheiden sie sich wesentlich vom gewöhnlichen Gefäßendothel. FRESENs Meinung hat weit verbreitete Anerkennung gefunden. Nach ihm erübrigt sich die Bezeichnung RHS, da das Verhalten der Reticulumzellen dem der Histiocyten formal und funktionell entspreche.

In der Haut findet man Zellen des RES bzw. des retikulären Bindegewebes, um Blut- und Lymphgefäße sowie im Bereich der Adnexe der Oberhaut. Unter normalen orthologischen Verhältnissen tritt es hier quantitativ nur sehr wenig in Erscheinung. Es entfaltet sich erst durch gewisse Reize, dann aber lagern sich Zellgebilde, wie Lymphocyten, in die Maschen des RES ein. SCHALLOCK (1954) sah sich dadurch veranlaßt, von einem „potentiellen lympho-retikulären Gewebe" zu sprechen und bringt damit die enge funktionelle und cytogenetische Verknüpfung des Lymphatischen mit dem Retikulären zum Ausdruck. KNOTH bevorzugt die Bezeichnungen RHS (reticulohistiocytäres) und RS (retotheliales System). Den Zellen des RES — RHS, RS oder auch r.B. genannt — kommen noch undifferenzierte gestaltungskräftige Potenzen zu. Nach MAXIMOW (1927) sind im menschlichen Organismus pluripotente mesenchymale Zellen erhalten geblieben. FRESEN (1945) sieht im RES den formal undifferenziert gebliebenen Rest des fetalen pluripotenten Bindegewebes, dessen Zellen durch cytoplasmatische Ausläufer in retikulärer Verbindung stehen und die Fähigkeit besitzen, argyrophile Fasern zu bilden. In der Haut liegen die Elemente des RES im periadventitiellen Raum als ein lockeres zelliges Stroma (Perithelien, Adventitialzellen), dem Gefäßverlauf folgend, vor. Durch nicht näher bestimmbare Reize kommt es erst zur Netzbildung, in dessen Maschenwerk neben einer serumähnlichen Flüssigkeit freie Zellen liegen können, die Lymphocyten, Histiocyten und Plasmazellen. Das Maschenwerk selbst ist aus Reticulumzellen aufgebaut, die aus dem Verband gelöst zu Histiocyten werden, für die eine ganze Reihe von Bezeichnungen geprägt wurden (z.B. Gewebsmonocyt, Wanderzelle, Clasmatocyt). MARCHAND wies schon 1897 nach, daß es sich bei phagocytierenden Wanderzellen nicht um aus der Blutbahn ausgetretene Zellen, sondern um Elemente handeln muß, die sich vom adventitiellen Gewebe herleiten.

Reticulumzellen und Histiocyten sind funktionell und morphologisch nicht scharf zu trennen. Gestaltliche Unterschiede zwischen den beiden Zelltypen werden nach AKAZAKI (1952) nur durch die Besonderheiten ihrer Umgebung möglich. Besonders amerikanische Autoren pflegen zwischen Reticulumzellen und Histiocyten nicht zu unterscheiden und sprechen bei beiden Formen von Histiocyten. Die Bezeichnung „Reticulumzelle" verwenden sie nur für unreife atypische Formen, wie sie bei den Neoplasien der RES auftreten. Die synonyme Verwendung beider Bezeichnungen ist in der einschlägigen Literatur nicht zu selten anzutreffen.

Die Frage der Cytogenese der cellulären Elemente des RES hat, wie erwähnt, MARCHAND aufgegriffen. Ihm und HERZOG (1914, 1923), die auf die pluripotenten Adventitialzellen als die Bildungszellen des nach SIEGMUND so bezeichneten aktiven Mesenchyms hingewiesen haben, sind die wichtigsten Kenntnisse dieses cytogenetischen Problems zu verdanken. HERZOG konnte durch experimentelle Untersuchungen zeigen, daß das gesamte Geschehen, wie es bei der akuten, chronischen, proliferierenden und auch der granulomatösen Entzündungen abläuft, mit von den Adventitialzellen abstammenden Elementen erklärbar ist. Seine Experimente zeigen zwanglos, daß in der Haut ein Gewebe aufgebaut werden kann, das hämatopoetische, lymphocytopoetische und reticulo-histiocytäre Potenzen besitzt. HERZOG (1915) konnte durch Fremdkörpereinpflanzungen zeigen, daß diese Zellen sich vermehren und Elemente der lympho- und myelopoetischen Reihe sowie Makrophagen bilden können. Im einzelnen hat er die

Bildung von Lymphoblasten, Lymphocyten, Myeloblasten, neutrophilen und eosinophilen Leukocyten, histiocytäre Zellen und Riesenzellen als Antwort auf den gesetzten Reiz beobachten können. Die Pluripotenz der Adventitialzellen ist im entzündungsfreien, nicht gereizten Zustand der Haut kaum zu erkennen, zumal sich Gitterfasern an ihnen fast nicht darstellen lassen, im Gegensatz zum reticulumzelligen Anteil der Milz und der Lymphknoten. Ihre Pluripotenz, ihre Existenz überhaupt wird erst deutlich wahrnehmbar, wenn sie Zellen bilden, die nicht durch die Gefäßwand emigriert sein können. Knoth (1958) weist auf die bei feingeweblichen Untersuchungen der verschiedensten Dermatosen so häufig genannten perivasculären, chronisch entzündlichen Infiltrate hin, die ebenfalls als Beweis angesehen werden können, daß im perivasalen, adventitiellen Raum Zellen gewuchert und differenziert sind, die von den unscheinbaren Zellen der gefäßumgebenden Indifferenzzone abstammen; deren Hyperplasie und Differenzierung aber erst auf einen Reiz oder ein Stoffangebot hin in Gang kommen konnte. Es ließe sich für die Entwicklung der Zellen der chronischen, proliferierenden und granulomatösen Entzündung der Haut und damit auch zur Erklärung der Cytogenese bei den Hautretikulosen auf eine Zelle, und zwar auf die pluripotente Adventitialzelle, zurückgreifen, von ihr alle anzutreffenden Formen ableiten.

Die unter pathologischen Bedingungen in der Indifferenzzone der Gefäße, der ekkrinen Hautdrüsen und des Haarfollikelapparates sich entwickelnden Zellen können schematisch auf die Pluripotenz der Adventitialzellen zurückgeführt werden; unter besonderen krankhaften Verhältnissen kann sogar die Erythropoese hiervon ihren Ausgang nehmen.

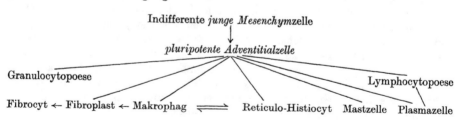

Das von Knoth gegebene Schema zeigt, wie aus der embryonalen indifferenten Mesenchymzelle sich die pluripotente Adventitialzelle bildet und sich dann auch weiter differenzieren kann:

1. Granulocytopoese (z. B. bei banaler Entzündung).
2. Lymphocytopoese (bei chronischer Entzündung, Lymphocytom usw.).
3. Direkte Entwicklung in Fibroplast — Fibrocyt, in Makrophag (= wandernder Histiocyt) in Reticulo-Histiocyt (= fixer Histiocyt mit Gitterfasern), in Mastzelle und in Plasmazelle.

Ein Schema kann das funktionelle Geschehen natürlich nicht genügend zum Ausdruck bringen, es kann aber andererseits das Verständnis der Herkunft und der Entwicklungsmöglichkeit der hier zur Debatte stehenden Zellen anschaulich unterstützen. Methodische Möglichkeiten und Ergebnisse experimenteller Untersuchungen zur Cytogenese und zur Verhaltensweise der lymphocytären, reticulohistiocytären und fibroplastischen Elemente hat Knoth (1959/60) zusammen- und in eigenen Untersuchungen dargestellt.

Über die Cytogenese der aus dem Adventitialraum der Gefäße stammenden Elemente wurde von Macher (1964) im Abschnitt „Das entzündliche Hautinfiltrat" in Band I, 2. Teil, S. 473 berichtet. Die retikulären Fasern unter pathologischen Bedingungen wurden auf S. 576 von Braun-Falco (1964) ausführlich besprochen.

Mit Hilfe der Karyometrie war LENNERT (1961) durch vergleichende cytologische Analyse von Ausstrich und Schnittpräparaten des Lymphknotens
bemüht, Morphologie und Nomenklatur der retikulären Zellen in ein geordnetes
System zu bringen. Auf Grund der Volumina der Kerne, die sich wie 1:2:4 verhalten, unterscheidet er kleine, mittlere und große Reticulumzellen. Der Begriff
lymphoide Reticulumzellen kommt den kleineren Zellen zu, deren Kern etwa die
Größe des Lymphocytenkernes hat. Aus ihnen können metaplastisch Plasmazellen und Gewebsmastzellen entstehen. Im Knochenmark seien sie vielleicht in
der Lage, der Regeneration des blutbildenden Parenchyms zu dienen und ent-
sprächen dann etwa dem „Lymphocyten" von YOFFEY, der ein zerstörtes leeres
Mark wieder bevölkern soll. LENNERT rechnet zur mittleren Form der Reticulumzellen auch den Blutmonocyten. Die mittelgroße Reticulumzelle (Histiocyt) unterscheidet sich von der großen und stimmt (BESSIS, 1954) mit den Monocyten weitgehend „oder ganz!?" (LENNERT) überein.

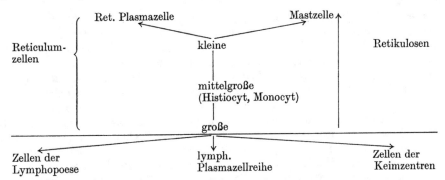

Abb. 1. Schematische Übersicht der Reticulumzellen nach LENNERT (unter Weglassung der im Originalschema
dargestellten Zeichnungen), ihre Funktionsformen und ihre Abkömmlinge

Im Lymphknoten leiten sich aus den Reticulumzellen außerdem die Zellen
der Lymphopoese (basophile Stammzellen, Lymphoblasten, Lymphocyten), die
lymphatische Plasmazellreihe (Proplasmoblast, Plasmoblast, Proplasmazelle,
Plasmazelle) und die Zellen der Keimzentren (Germinoblasten, Germinocyten) ab
(LENNERT).

III. Umgrenzung des Retikulosebegriffes

Wie im obenstehenden Schema angedeutet, wendet LENNERT den Begriff der
Retikulose ausschließlich auf die Proliferation von Reticulumzellen (incl. Monocyten) und ihre metaplastisch entstehenden Funktionsformen (retikuläre Plasmazellen, Gewebsmastzellen) an. Alle systematisierten Neoplasien des lympho-
retikulären Gewebes schließt er aus der Gruppe der Retikulosen aus; also alle
durch eine Wucherung selbständiger Zellreihen charakterisierte Prozesse, die
zwar letztlich auch auf das Reticulum zurückzuführen sind, sich aber aus sich
selbst bzw. ihren eigenen Mutterzellen regenerieren und eines Nachschubes aus
dem Reticulum nicht bedürfen. LENNERT rechnet, wie bereits ausgeführt, hierher
nicht nur die lymphatische und myeloische Leukämie, sondern auch das großfollikuläre Lymphoblastom (BRILL-SYMMERS). Nosologische Beschreibung und
Definition von Krankheitszuständen sind um so vollständiger, je mehr Kliniker
und Pathologe in verständnisvoller Diskussion sich der jeweiligen Problematik
gewidmet haben. Bestimmte Grundbegriffe der pathologischen Anatomie wie
andererseits auch Verlaufsbeobachtung der Klinik sind zu berücksichtigen. Wir

glauben, zum gegebenen Thema in der Abhandlung des Hämatopathologen Lennert (1964) „Pathologische Anatomie der Retikulosen" eine Plattform zu sehen, die bei den weiteren Darlegungen zum Thema Retikulosen begangen werden kann, obwohl sich Befunde und Ergebnisse auf die retikulären Proliferationen der Lymphknoten und nicht der Haut beziehen.

Aus der vom Autor gegebenen cytologischen Begriffsbestimmung ergibt sich die folgende Klassifizierungsmöglichkeit der Retikulosen.

Lennert unterscheidet nach der Zellgröße: a) Kleinzellige („lymphoide") von den kleinen Reticulumzellen ausgehende undifferenzierte Retikulosen. b) Mittelgroßzellige, vor allem als Monocytenleukämien auftretende, von den Histiocyten und Monocyten ausgehende Retikulosen. c) Großzellige (basophile und neutrophile) Retikulosen.

Diesen 3 Hauptformen oder Grundformen der Retikulose fügt er an: d) assoziierte Retikulosen, e) polyplastische Retikulosen, f) Plasmazellen- und Mastzellenretikulose.

Der Begriff lymphoide Reticulumzelle ist jedoch keineswegs allgemein anerkannt und üblich, so daß in den entsprechenden Einflußzonen die Diagnose einer lymphoiden Retikulose nicht erwartet werden darf. Lennert stellt die Frage, ob die lymphoide Retikulose überhaupt von anderen kleinen und rundzelligen Leukosen, wie Paraleukoblastenleukämie des Kindesalters, Mikromyeloblastenleukämie des Erwachsenen und der Leukosarkomatose abgegrenzt werden kann, oder ob hier für eine und dieselbe Leukoseform nur mehrere Begriffe vorliegen. Vom pathologisch-anatomischen Standpunkt sei eine Klärung aber noch nicht möglich, weil die vielfach behaupteten morphologischen Unterschiede viel zu gering sind, „falls sie überhaupt bestehen", um überhaupt regelmäßig reproduzierbar werden zu können. Lennert und Nagai (1964) glauben aber auf Grund ihres Faserstudiums an klinisch diagnostizierten Paraleukoblastenleukämien, Mikromyeloblastenleukämie und Leukosarkomatosen sagen zu können, daß die 3 erwähnten Krankheitsbilder eine mehr oder weniger starke Gitterfaservermehrung und vor allem eine völlig übereinstimmende Faseranordnung aufzuweisen haben. Den Gitterfasern liegen die lymphoiden Zellen dabei dicht an, so wie es sonst nur bei „histiomonocytären Retikulosen" zu sehen ist. Lennert glaubt daraus folgern zu können — fordert aber gleichzeitig noch weitere cytologische Untersuchungen an Blut- und Organausstrichen, Berücksichtigung des Verlaufs und anderer klinischer Besonderheiten —, daß die erwähnten Leukosen als retikulogen angesehen und damit auch als „lymphoide" Retikulosen zu bezeichnen wären. Seiner Meinung nach entspricht die kleinzellige Form der Retikulose der „undifferenzierten Retikulose" von Brücher (1962). Lennert und Nagai fanden darüber hinaus bei ihrem Faserstudium bei einem Teil der kleinzelligen Retikulosen im Knochenmark das Bild einer „Osteomyelosklerose" (Spongiosaverbreiterung und Vermehrung, Markfibrose). Von der Gruppe der „lymphoiden Retikulosen" konnten andererseits durch das Faserbild die Makroglobulinämie Waldenström unterschieden werden. Ihre Fasermenge und vor allem auch ihre Faseranordnung entsprachen dem Faserbild der chronischen lymphatischen Leukämie. Nach Lennert (1955, 1964) ist im Gegensatz zu anderen Autoren die retikuläre Natur der der Makroglobulinämie Waldenström zugrunde liegenden Wucherung noch nicht erwiesen. Bessis, Breton-Gorius und Binet (1963) nennen die an Hand von 9 Fällen von Makroglobulinämie gewonnenen elektronenmikroskopischen Eindrücke eine Proliferation lymphocytären Aussehens. Die mittelgroßzelligen und großzelligen Retikulosen faßt Lennert unter der von Cazal geprägten Bezeichnung „histiomonocytäre Retikulose" oder unter der Bezeichnung „reticulohistiocytäre Retikulose" zusammen, weil große Reticulumzellen und Monocyten oft miteinander proliferiert seien und oft auch zusammen ausgeschwemmt werden, wie z. B. bei den Monocytenleukämien. LENNERT weist aber darauf hin, daß es auch reine Formen von großzelligen Retikulosen ohne Monocytenbildung gibt. Die Monocytenleukämie (SCHILLING) konnte lange nicht von der monocytoiden Paramyeloblastenleukämie (NAEGELI) abgegrenzt werden. Erst der fermenthistochemische Nachweis unspezifischer Esterasen in den normalen und leukämischen Monocyten ließ die Paramyeloblasten, in denen keine unspezifischen Esterasen nachweisbar sind, abgrenzen (LENNERT, LÖFFLER und GRABNER, 1962; LÖFFLER, 1963). Im Schnittpräparat können durch den Esterasennachweis bei den Monocytenleukämien neben den Monocyten auch große esterasenpositive Reticulumzellen vorhanden sein. Mittels der Esterasereaktion läßt sich auch nachweisen, daß Monocytenleukämien auch mit einem Monoblastenschub enden können. Es treten in solchen Fällen in späteren Krankheitsstadien myeloblastenartige Rundzellen mit schmalem basophilen esterasenegativem Plasma auf (LENNERT). Den Fermentreaktionen gleiche Bilder kann man auch, wie MARSHALL (1956) im Blut und LENNERT, LÖFFLER und LEDER (1963) im Gewebe zeigen konnten, durch die Versilberungsmethode nach WEIL-DAVENPORT gewinnen.

Die großzellige Retikulose unterteilt LENNERT in eine basophile und eine neutrophile Form. Die Zellen der basophilen Retikulose sind durch ein schmales bis mäßig breites, tief basophiles Plasma und einen ovalen hellen Kern mit großen basophilen Nucleolen gekennzeichnet. Die Esterasen und Versilberungsreaktionen sind meist negativ. Die Zellen gleichen den basophilen Stammzellen. In der angelsächsischen Literatur (GALL und MALLORY, 1942) würde nach LENNERT die Bezeichnung Stammzellenlymphom dafür gebraucht werden. Die nicht seltene Ausschwemmung ins Blut, die ausgeprägte leukämische Reaktion trübt die Prognose. Das Plasma der Zellen der neutrophilen großzelligen Retikulose färbt sich bei Giemsa-Färbung schwach rötlich an, die Kerne sind rund-oval oder gekerbt, besitzen ein feines Chromatingerüst und kleine bis mittelgroße Nucleolen. Esterasereaktionen und Versilberung fallen immer stark positiv aus. Die Ausschwemmung in das periphere Blut erfolgt nur äußerst selten, die Prognose ist offenbar besser als bei der basophilen Form. Im Gegensatz zu dieser, die zur tumorbildenden Retikulose (Kombination mit einem Reticulosarkom) werden kann, sind nach LENNERT bei der neutrophilen großzelligen Retikulose derartige Kombinationen nicht beobachtet worden.

Zur Abgrenzung reticulohistiocytärer Proliferationen von nicht retikulären Gewebewucherungen wird im allgemeinen die Darstellung der Gitterfaserbildung herangezogen. LENNERT und NAGAI konnten zeigen, daß eine Faservermehrung jedoch noch nicht notwendig ein Beweis für die retikuläre Genese einer Neubildung sein muß. So kann unter Umständen eine chronische lymphatische Leukämie mehr Fasern aufweisen als eine Retikulose oder ein Retothelsarkom. Auch das Fehlen der Faserbildung kann erst durch kritische Beurteilung richtig gedeutet werden. Ein nicht vorhandenes Gitterfasernetz beweist noch nicht den Ausschluß einer retikulären Proliferation. Die Faserbildungsfähigkeit ist nicht abhängig vom Reifegrad der Zellen. LENNERT legt, wie auch andere Autoren, größten Wert auf die Faseranordnung, sie erst kann entscheidend für die Annahme oder Ablehnung einer retikulären Genese einer Neubildung werden. Einen engen Kontakt der Fasern mit den proliferierten Zellen findet man nur bei den Retikulosen und bei den Reticulosarkomatosen. Die Zellen sitzen den Fasern „weidenkätzchenartig" oder „wie die Kirschen am Stiel" auf (FRESEN, 1954).

Ort der reticulo-monocytären Zellproliferation, der Proliferation der Reticulumzelle, ist das RHS (RES), gleich ob im Knochenmark, Leber, Milz, Lymphknoten, Tonsille usw. oder in der Haut. Die Haut kann primär, alleiniger oder vorwiegender Sitz der Retikulose sein. Bevor nun der dermatologische Standpunkt dargestellt werden soll und kann, ist es u. E. zweckmäßig, zunächst die Stellungnahme der Pathologie darzulegen. Gemeint ist jedoch nicht die Richtung, die alles, ätiologisch geklärt oder ungeklärt, dem Begriff Retikulose unterordnen möchte (Pliess, 1959). Lennert (1964) sieht in der sog. Reticulosarcomatosis cutis Gottron ein klinisch und histologisch weitgehend definiertes Krankheitsbild, das durch den relativ raschen Verlauf und die Cytologie eine gewisse Ähnlichkeit mit den Paramyeloblastenleukämien zeigt. Die histologisch monotone Proliferation relativ kleiner Zellen entspricht dem von Lennert gegebenen Typ der klein- und mittelgroßzelligen Retikulosen. Schon durch diese Cytologie ist, wie Lennert Gottron zustimmend hervorhebt, die sog. Reticulosarkomatosis vom typischen Retothelsarkom zu unterscheiden. In der chronisch nodulären Retikulose sieht Lennert noch einen Sammeltopf für die verschiedensten gut- und bösartigen entzündlichen und neoplastischen Proliferationen des Reticulo-histiocytären Systems. Das „Sézary-Syndrom", gekennzeichnet durch Erythrodermie in Kombination mit einer leukämischen Retikulose, hat noch keine cytologische Definition innerhalb der verschiedenen Retikuloseformen. Von der reticulohistiocytären Retikulose muß vorläufig auch die sog. Histiocytosis X abgegrenzt werden. Sie umfaßt den Morbus Abt-Letterer-Siwe (sog. Säuglingsretikulose), den Morbus Hand-Schüller-Christian (Lipoidgranulomatose) und das eosinophile Granulom der Knochen. Die bei diesen Krankheitseinheiten anzutreffende Zellrasse ist von den Zellen der histiomonocytären Retikulosen in ihrem Wesen verschieden. Sie neigen zur Bildung „endothelialer" osteoclastenartiger Riesenzellen und haben eine auffallende Beziehung zu den Sinusendothelien der blutbildenden Organe, lagern außerdem gerne Cholesterinester ein, eine Eigenschaft, wie man sie auch bei Zellen gutartiger Geschwülste findet. Oberbegriffe wie Histiocytosis X (Lichtenstein, 1953), Reticulogranulomatose, Lipoidgranulomatose mit und ohne Cholesterinverfettung (Übersicht bei Uehlinger, 1963) weisen auf die grundsätzlich gleiche Art der Wucherung aller 3 Syndrome hin. Während aber die Abt-Letterer-Siwesche Krankheit rasch verläuft, nimmt der Morbus Hand-Schüller-Christian einen langsameren Verlauf. Sind bei der Abt-Letterer-Siweschen Krankheit nur spärlich eosinophile Leukocyten zu finden, sind sie beim Morbus Hand-Schüller-Christian und beim eosinophilen Granulom reichlich eingelagert. Die Unterschiede liegen also im Verlauf, in der Gewebseosinophilie und in der Cholesterineinlagerung, die beim Hand-Schüller-Christian quantitativ am stärksten ausgeprägt ist.

Der Sammelbegriff *Retikulose* ist auf eine scharf definierte *Gruppe von systembezogenen irreversiblen, progressiven Proliferationen des Reticulums und seiner Funktionsformen einzuengen.*

IV. Synoptische Darstellung der bisher bekannt gewordenen Einteilungsmöglichkeiten der Retikulose

Die Bezeichnung „retikuläre Erkrankungen" trat erst nach dem Bekanntwerden des Begriffes des RES bzw. RHS auf. Man fragt sich heute, wo diese Krankheitsbilder bis dahin eingeordnet waren. Hier bieten sich neben der Mycosis fungoides, auf die Steigleder und Hunscha (1958) hinwiesen, nach den morphologischen Beschreibungen in „Histologie der Hautkrankheiten" von Gans (1926), die primären multiplen Hautsarkome, die Lymphadenosis cutis, das Kundratsche Lymphosarkom und die Paramyeloblastenleukämie an. Unter dem damals sehr ausgedehnten Begriff Leukosarcomatosis cutis (STERNBERG) haben schon BUSCHKE und HIRSCHFELD (1911) einen Fall publiziert, bei dem die Autoren das primäre Ergriffensein der Haut bei aleukämischem Beginn und die ausschließlich „lymphoide" perivasculäre Infiltration des gesamten Coriums herausstellten und damit die Sonderstellung dieser Erkrankungsform betonten. In Anlehnung daran beschrieben WALTHER und STROCKA (1932) ein Krankheitsbild unter dem Titel „Akute leukämische Reticuloendotheliose unter dem Bild einer Leukosarcomatosis cutis". Infolge der von RESCHAD und SCHILLING (1913) publizierten Beobachtung, die die Monocytenleukämie der Hämatologen inaugurierte, blieb aber die Leukämie im Blickpunkt der Forschung. Die Hautmanifestationen gerieten darüber fast in Vergessenheit. Die Bedeutung dieser Publikation, die insbesondere in hämatologischen Kreisen heute kaum zitiert wird, hat GOTTRON (1959) anläßlich der 40. Jahrestagung der Nordwestdeutschen Dermatologischen Gesellschaft vom 13.—15. 11. 1958 in Hamburg ausführlich dargelegt und gewürdigt. Er sagte: „ . . . hier in Hamburg (hat) im Jahre 1912 der türkische Dermatologe RESCHAD in der Arningschen Klinik die Besonderheit eines Krankheitszustandes der Haut erkannt, von dem heute fest steht, daß damit erstmalig jene Krankheit erfaßt wurde, die wir heute Retikulose (der Haut) benennen. In Zusammenarbeit mit dem damals gleichfalls in Hamburg tätigen Hämatologen VIKTOR SCHILLING wurde an Hand des Reschadschen Kranken durch SCHILLING der Trialismus in der Hämatologie durch Aufstellung der Monocytenleukämie begründet. Die Lehre eines dritten selbständigen leukocytären Systems auch von der genetischen Seite her, d.h. der Monocytenabstammung von den Reticulumzellen, wurde durch SCHILLING in harten Kämpfen vor allem NAEGELI, dem Vertreter des Dualismus in der Leukocytenlehre, gegenüber gestützt. Auf die retikuläre Zellorganisation hat der Hamburger Pathologe SIMMONDS (1913), der den Fall RESCHAD-SCHILLING pathologisch-anatomisch bearbeitete, die Monocytenleukämie als erster bezogen. Für die Dermatologie, d.h. für den Ausbau der Erscheinungswelt im Bereich der Haut, und vornehmlich für den Ausbau des Wissens um die spezifisch aufgebauten Veränderungen der Retikulose, nicht aber für die Krankheitslehre an sich war es bedauerlich, daß es sich in RESCHADs Fall von vornherein um eine leukämische Retikulose und nicht um eine aleukämische, die häufiger ist, gehandelt hat, weil dadurch die Leukämie in den Vordergrund der Retikuloseforschung getreten ist." Besonders der italienischen Dermatologie, vor allem der Schule von MARIANI (1915), FLARER (1930), FIESCHI (1933) und BACCAREDDA (1939) und den Franzosen SÉZARY (1938) und CAZAL(1941), ist die Kenntnis der primär in der Haut entstehenden Retikulosen zu verdanken. BARNEWITZ (1921) sowie GOLDSCHMID und ISAAC (1922) berichteten zuvor aber schon von Krankheitsfällen, die sie als Systemerkrankungen des RES klassifizierten.

Die Bezeichnung LETTERERs (1924), „aleukämische Retikulose", ist, worauf GOTTRON (1960) hinweist, ein Pleonasmus. LETTERER hat den Begriff Retikulose eigentlich als Analogon zum Begriff Leukose eingeführt, den COHNHEIM (1865) als aleukämische Leukämie bzw. Pseudoleukämie definiert hatte. Weitere Veröffentlichungen erfolgten unter den verschiedensten Titeln von SCHULTZ, WERMBTER und PUHL (1924), SACHS und WOHLWILL (1927), TSCHISTOWITSCH und BYKOWA (1928), BOCK und WIEDE (1930) und RUSCH (1930, 1932). Bei STERNBERG (1936) findet sich dann eine erste Zusammenstellung der bis dahin bekannt gewordenen Literatur.

Einteilungsversuche nach dem jeweiligen Wissensstand ihrer Zeit und den jeweils den Retikulosen zugeordneten morphologischen Veränderungen bzw. Krankheitsbildern sind von zahlreichen Autoren unternommen worden. Das Ergebnis solcher Bemühungen muß aber zwangsläufig so lange unbefriedigend bleiben, solange die Ätiologie bzw. die Ätiopathogenese des Krankheitsgeschehens nicht ergründet werden kann. Die Klassifizierung der Retikulosen und die Festlegung der nosologischen Zugehörigkeit wird so lange auch ein Problem der Konvention bleiben müssen, bis allgemein anerkannte und reproduzierbare Erkenntnisse die ätiologisch begründbare Einteilung und Zuordnung der Retikulosen ermöglichen werden. Die bisher bekannt gewordenen Einteilungsmöglichkeiten und Einteilungsprinzipien sind hier am zweckmäßigsten in chronologischer Folge darzustellen (DAMMERMANN, 1968). Aus dieser Sicht zeichnen sich im Verlaufe der letzten 40 Jahre eindeutig Tendenzen einer zunehmenden Einengung und Präzision des Begriffes Retikulose ab, so daß Versuche späterer Autoren, wie z.B. ROBB-SMITH (1938, 1944, 1947), ABULAFIA (1959), BRIL (1962), PLIESS (1959), SAMMAN (1964) und ANGHELESCU (1964), den Retikulosebegriff wieder auszuweiten, anachronistisch anmuten, während von anderer Seite das Bemühen weitergeht, die Bezeichnung Retikulose nur für eine ganz bestimmte Krankheitseinheit zu gebrauchen.

EPSTEIN (1925) hat unseres Wissens als erster die Proliferationen der retikulären und histiocytären Zellen unter dem Oberbegriff der Histiocytomatosen zusammengefaßt und in Gruppen gegliedert:

1. Speicherungs-Histiocytomatosen
2. Entzündliche proliferative Histiocytomatosen, sog. Granulomatosen (Lymphogranulomatose Paltauf-Sternberg, Mycosis fungoides, Typhus abdominalis und andere mehr)
3. Hyperplastische Histiocytomatose (Endothelzellenhyperplasie nach GOLDSCHMID und ISSAC, aleukämische Retikulose)
4. Dysplastische Histiocytomatose (maligne Tumoren)

UEHLINGER (1930) hat dieses Schema modifiziert. Er unterscheidet:

1. Speicherungsretikulosen
2. Infektiös-reaktive Retikulosen. Dazu rechnet er die Letterer-Siwesche Krankheit und gewisse entzündliche Fälle bei Erwachsenen (Fall UGRIUMOW, 1928; Fall SCHULTZ, WERMTBER und PUHL, 1924), ferner Reaktionen des RES bei Typhus abdominalis, Endocarditis lenta u.a.
3. Hyperplastische Retikulosen (Vegetationsstörungen im Sinne KUNDRATS, die Fälle UEHLINGER, 1930; TSCHISTOWITSCH und BYKOWA, 1928, u.a.)
4. Dysplastische Retikulosen

SÉZARY (1941) gibt folgende Einteilung der Retikulosen:

1. Speicherungsretikulosen
2. Hyperplastische Retikulosen
3. Neoplastische Retikulosen
4. Maligne Retikulosen

OBERLING und GUÉRIN (1934) wandten ein, daß Schemata dieser Art auf zu verschiedenen Gesichtspunkten beruhen (Ätiologie, Pathogenese und Morphologie), und daß die Gruppen 2 und 3 in der Einteilung nach UEHLINGER bei dem gegebenen Stand des Wissens gar nicht voneinander abzugrenzen seien. Nach Ausschluß aller Speicherungsretikulosen, welche durch Stoffwechselstörungen verursacht sind, aller infektiös bedingten Retikulosen bekannter Ätiologie und aller Neoplasien schlagen sie die folgende Klassifizierung vor:

1. Reine Retikulosen (Letterer-Siwesche Krankheit, akute und chronische Retikulose der Erwachsenen)
2. Begleitretikulosen (réticuloses associées mit leukämischem Syndrom bei Morbus Hodgkin, bei perniziöser Anämie und Reticulosarkom)

DUSTIN und WEIL (1936) teilen die reinen Retikulosen dann weiter auf in:

1. Überwiegend histiocytäre Formen: akute bei Kindern (LETTERER-SIWE), akute bei Erwachsenen (Typ Ugriumow) und chronische (Typ Uehlinger)
2. Histiosyncytiale Formen (Typ Dustin und Weil)
    GRACIANSKY und PARAF (1949) unterscheiden:
1. Orthoplastische Retikulosen von langsamer Entwicklung und Hautretikulosen vom Typ Sézary
2. Monocytenleukämie (Typ Schilling)
3. Akute und subakute metatypische und maligne Retikulosen, z.B. der Morbus Letterer-Siwe
    WALTHARD (1951) versucht die Retikulosegruppe folgendermaßen zu ordnen:
1. Einfache undifferenzierte Formen vom lymphoiden Typ (akut: Morbus Letterer-Siwe, chronisch: Retikulose des Erwachsenen mit Übergang in eine Monocytenleukämie)
2. Ausdifferenzierte Formen mit Speicherung von Stoffwechselprodukten (Morbus Gaucher, Morbus Niemann-Pick, Morbus Hand-Schüller-Christian)
3. Ausdifferenzierte Formen mit Vorherrschen von Blutzellen (leukämoide Reaktionen, leukämische und aleukämische Leukosen)
    ROBB-SMITH (1938, 1944, 1947) verwendet dagegen — in Anlehnung an ROSS (1933) — die Bezeichnung Retikulose als histologischen Gattungsbegriff und bezeichnet damit alle progressiven Hyperplasien des retikulären Gewebes. Damit werden auch die Lymphadenosen, die Myelose, die Lymphogranulomatosis maligna zu den Retikulosen gezählt, da ROBB-SMITH als Unitarier retikuläre lymphoide und myeloide Zellen in gleicher Weise von ein und derselben mesenchymalen Stammzelle ableitet. Er gibt folgende Gliederung seines Retikulosebegriffes:

A. Folliuläre Retikulose der Lymphknoten und der Milz, häufig auch follikuläre Hyperplasie im Knochenmark und im periportalen Gewebe der Leber
    1. Lymphoid (follikuläres Lymphoblastom Brill-Symmers)
    2. Myeloid (nur im Experiment)
    3. Lympho-histiocytär (reaktive follikuläre Hyperplasie mit großen Reaktionszentren und lymphohistiocytäre medulläre Retikulosen)
    4. Riesenzelligfibrillär
B. Sinus-Retikulosen (Endotheliosen der Lymphknoten, Milz, Leber und Knochenmark. In manchen Fällen sind auch Histiocyten beteiligt)
    1. Histiocytär
    2. Riesenzellig-histiocytär (riesenzellige Sinus-Retikulose), möglicherweise Lymphknotenmanifestationen der Hechtschen Riesenzellenpneumonie
    3. Histio-syncytial nach DUSTIN und WEIL
    4. Lipomelanotische Retikulose nach PAUTRIER-WORINGER
C. Medulläre Retikulosen (Hyperplasie undifferenzierter Mesenchymzellen im Lymphknoten, Milz, periportalen Gewebe der Leber und unter Umständen im interstitiellen Gewebe des ganzen Körpers. Die undifferenzierten Mesenchymzellen der Follikel und der Sinus können auch miteinbezogen sein)
    1. Lymphoid (lymphoide Retikulose)
    2. Myeloid (myeloide Leukose-myeloide Metaplasie)
    3. Monocytär (Monocytenleukämie)
    4. Lymphoretikulär
    5. Reticulumzellig (essentielle oder genuine Retikulose)
    6. Speicher- und reticulumzellig (Lipoidosis)
    7. Histiocytär
    8. Prohistiocytär-fibrillär
    9. Fibromyeloid (Lymphogranulomatose)

Eine Einteilung, die sich besonders in der amerikanischen Literatur durchgesetzt hat, ist von Gall und Mallory (1942) angegeben worden. Lever (1954) hat sie weitgehend unverändert übernommen:

1. Stammzellen-Lymphom
2. Clasmatocytisches Lymphom
3. Lymphoblastisches Lymphom
4. Lymphocytisches Lymphom
5. Hodgkin-Lymphom
6. Hodgkin-Sarkom
7. Follikuläres Lymphom

Israels (1953) hat das Schema von Robb-Smith wie folgt eingeschränkt:

1. Follikuläre Lymphoretikulose (Brill-Symmers)
2. Lymphoide Retikulose
   a) Mit Knochenmarks- und Blutbildveränderungen und Lymphknotenschwellungen
   b) Ohne Blutbildveränderungen, mit Lymphknotenschwellungen und möglicher Knochenmarksbeteiligung
3. Riesenzellenretikulose (Robb-Smith, 1939), histiocytär-reduläre Retikulose
4. Reticulumzell-Retikulose

Symmers (1951) legt seiner Aufgliederung der Retikuloseformen das Merkmal der Prognose zugrunde:

1. Prognostisch gutartige Formen
2. Potentiell maligne Formen (Morbus Brill-Symmers)
3. Maligne Formen (Sarkome)

In den 37. Verhandlungen der Deutschen Gesellschaft für Pathologie wurde das Problem der Retikulosen in 4 großen Referaten behandelt. Versuche einer Einteilung des Retikulosekomplexes trugen vor Fresen, Rohr und Roulet.

Fresen (1954) nennt Erkrankungen des retikulären Gewebes nicht allgemein Retikulosen, sondern reserviert diesen Begriff für die neoplastisch generalisierten Formen. Er beschreibt beispielhafte gestaltliche Äußerungen des RHS nach folgendem Einteilungsprinzip:

I. Lokalisiert
   1. Metabolisch: Speicherung von endogenen und exogenen Pigmenten (Hämosiderose, Anthrakose u.a.) von Neutralfetten und Lipoiden (Lipämie und Xanthelasmen, Morbus Whipple und Lipomelanose), von Eiweiß (Paraproteine, antigene Proteine)
   2. Entzündlich:
      a) Einfache Reaktion (reticulumzelliger Sinuskatarrh)
      b) Reticulohistiocytäres Granulom (Fremdkörperknötchen, Lipogranulom, sog. Histiocytom, Chalazion, Lipoidgranulomatosen, Tuberkulose, Morbus Boeck, Histoplasmose, Mykose, rheumatisches Knötchen, Hepatitis epidemica, Lymphogranulomatose, Mycosis fungoides u.a.
      c) Neoplastisch follikuläre Retikulosen, Plasmocytom, Retothelsarkom und Morbus Brill-Symmers
II. Generalisiert
   1. Metabolisch (Lipoidosen, Morbus Gaucher, Morbus Niemann-Pick, Cystinspeicherung)
   2. Entzündlich (lymphotrope Viruskrankheiten, Mononucleosis infectiosa)
   3. Neoplastisch (Retikulose)
      a) Reine Retikulose
      b) Assoziierte Retikulose
      c) Hämoblastische Retikulose

ROHR (1954) sprach von:

1. Reticuloendotheliosen, wenn sich die Proliferation des RES auf Retothelien, Monocyten und Makrophagen beschränkt
2. Reticulohistomatosen, die auch Plasmazellen, Mastzellen und Riesenzellenformen umfassen
3. Reticulogranulomatosen, die das reticulohistiocytäre Granulationsgewebe, Granulocyten, Lymphocyten, Angioblasten und Fibroblasten miteinschließen

ROULET (1954) unterscheidet:

1. Reine Retikulosen (akute Retikulosen des Säuglings und des Erwachsenen selten!), Symptome: Lymphknotenschwellungen, Leber- und Milzvergrößerung, Anämie, diffuse Infiltration mit Reticulumzellen meist ohne Atypie, beim Säugling blastomatöser Charakter, grundverschieden vom eosinophilen Granulom und von den Lipogranulomatosen
2. Retikulosen mit Ausschwemmung monocytoider Zellen ins periphere Blut (ähnlich den akuten Leukämien, oft gastrointestinale Ausbreitung, aleukämische, schleichende erste Phase mit frühzeitiger Durchsetzung der Organe, Störungen im Eiweißstoffwechsel [Parallelen zum Plasmocytom, das auch dazu gerechnet wird, weil auch das Plasmazellensystem im RHS eingeordnet wird])
3. Retikulosen, die mit umschriebener Geschwulst auftreten (entweder geht das Auftreten der Geschwulst voraus, oder es entwickelt sich zuerst die Retikulose)
4. Retothelsarkomatose (sowohl mit Infiltration als auch mit knötchenförmigen Neubildungen). Zellbild polymorph, Riesenzellen möglich. Es ist nicht ohne weiteres zu unterscheiden, wann eine Systemerkrankung vorliegt, und wann Metastasen für die Veränderungen verantwortlich zu machen sind

Von pädiatrischer Seite stammt ein Einteilungsvorschlag von ROHMER (1954):

1. Reaktive Retikulosen
2. Idiopathische Retikulosen
   a) benigne Formen (Sarkoidosis)
   b) maligne Formen (Lipoidosen, Leukosen, Morbus Letterer-Siwe, maligne Granulomatosen und Neoplasien des RHS

GELIN (1954) brachte eine Einteilung nach histopathologischen Gesichtspunkten:

1. Maligne Adenopathien, die von undifferenzierten Reticulumzellen ausgehen (Retothelsarkom, maligne und histiomonocytäre Retikulosen nach CAZAL, Histioleukämie nach DI GUGLIELMO (1953)
2. Maligne Adenopathien, die vom makrophagen Typ der Reticulumzelle ausgehen und von einer entzündlichen Reaktion begleitet sind. (Morbus Hodgkin: Paragranulom, Granulom und Sarkom)
3. Maligne Adenopathien, die vom lymphoiden Gewebe ausgehen (Morbus Brill-Symmers, diffuse Lymphomatose vom Typ Frühling, Lymphosarkom und lymphoide Leukämie)

BURCKHARDT-ZELLWEGER (1954) legt seiner Einteilung der Retikulosen histopathologische Merkmale zugrunde:

1. Monomorphe Retikulosen (Mastzellenretikulose, Lymphadenosis cutis benigna, Morbus Brill-Symmers, Sarcoma idiopathicum haemorrhagicum Kaposi, tumorförmige Retikulosen)
2. Polymorphe Retikulose (Mycosis fungoides, Morbus Hodgkin, eosinophiles Granulom, réticulose histiomonocytaire (SÉZARY bzw. CAZAL)

Zu dieser letzten Gruppe sei noch bemerkt, daß in der französischen Literatur die monomorphe Zellwucherung gerade als das charakteristische Merkmal der réticulose histiomonocytaire angesehen wird (Degos u. Mitarb., 1957; Cazal, 1946; Sézary, 1947).

Rotter und Büngeler (1955) kommen nach ausführlicher Diskussion der wesentlichen Arbeiten zu folgendem Einteilungsschema, das zur Grundlage späterer Bearbeitungen wurde:

1. Reaktive Retikulosen und Granulomatosen bekannter Ätiologie
2. Lipoidspeicherretikulosen
3. Essentielle Retikulosen bzw. Granulomatosen unbekannter Ätiologie
   a) Essentielle Retikulosen (Retikulosen im engeren Sinne)
   b) Begleitretikulosen, Granulomatosen usw.
4. Reticulosarkomatose

Musger (1965) erscheint diese Einteilung zu schematisch, da viele Fälle vom klinischen Standpunkt aus Übergangsformen darstellen, die sich einer exakten Einordnung entziehen. Er bezeichnet die Erkrankungen des RHS als Reticulopathien und teilt sie folgendermaßen ein:

1. Reticulopathien mit bekannten Ursachen (einfache Gewebsreaktionen auf infektiös-toxische und andere Reize; granulomartige Zellproliferationen bei Infektionskrankheiten, bei entzündlich-allergischen Prozessen, Fremdkörpern und Wucherungen speichernder Reticulumzellen bei Thesaurismosen)
2. Reticulopathien mit unbekannten Ursachen (Retikulosen, Reticulogranulomatosen und Reticuloblastome)   ✔

Musgers Definition der Retikulosen lautet — in Anlehnung an Heilmeyer und Begemann (1951) —: Primär progressive systemartige hyperplastisch-metaplastische Proliferation des RHS. 1967 reiht er die Retikulosen neben den Lymphadenosen und Myelosen bei den Leukohämoblasten ein und versteht darunter „ursächlich ungeklärte, systembezogene, multizentrisch beginnende, irreversibel fortschreitende Proliferationen unreifer Zellen des reticulohistiocytären Systems". Grobdestruierendes Wachstum und Metastasenbildung gehören nicht zum Wesen der Retikulosen.

Degos, Ossipowski, Civatte und Touraine (1957) haben auf dem XI. Internationalen Dermatologen-Kongreß in Stockholm eine Einteilung vorgelegt, die ihre Gültigkeit im französischen Sprachraum bis heute behalten hat. Sie trennen die Speicherungskrankheiten und darüber hinaus auch die Granulomatosen, wie Wätjen (1950), Rotter und Büngeler (1955) und Mundt (1957) gefordert hatten, ab. Granulomatosen zeigen zwar in ihrer ersten Phase gelegentlich nur eine reticulohistiocytäre Proliferation, später aber regelmäßig mehr oder weniger dichte, aus Lymphocyten, Histiocyten, Plasmazellen, neutrophilen und eosinophilen Granulocyten bestehende Herde, hinterlassen schließlich nicht selten das Bild einer unspezifischen Narbe und sind damit in ihrer Gesamtheit als chronisch granulierende Entzündung zu deuten, wobei die reticulohistiocytäre Komponente zunächst nur als Teil oder Begleiterscheinung (Wätjen) aufgefaßt werden kann. Man sollte in ihrem Erscheinungsbild fest umrissenen Krankheitsbildern (Mycosis fungoides, Lymphogranulomatosis maligna) ihre nosologische Selbständigkeit daher nicht nehmen. Gottron bemerkt treffend, daß die Einfügung der Granulomatosen in den Retikulosenkomplex den Begriff Retikulose nur „verschwommen gestalten" würde (1960). Für eine nosologische Krankheitseinheit der Mycosis fungoides haben sich in letzter Zeit wieder eine Reihe von Autoren ausgesprochen (Brandenburg und Peiser, 1959; Lennert, 1964; Jänner, 1965, u.a.).

Degos, Ossipowski, Civatte und Touraine unterteilen die Retikulosen in:

1. Hyperplastische Retikulosen
2. Maligne Retikulosen (Reticulosarkomatosen)
3. Leukämische Formen

a) „leucémies histio-monocytaire" (häufigere Form)

b) „leucémies lympho-monocytaire" (seltenere Form)

DEGOS hat den Begriff Hautretikulose wieder weiter gefaßt und rechnet dazu alle Proliferationen normaler oder maligner Elemente reticulohistiocytärer Herkunft mit Einbeziehung ihrer Entstehung in der Haut, die dichte homogene beständige Hautinfiltrate bilden und die Tendenz zur Ausbreitung zeigen. Darunter sind einerseits hyperplastische benigne Formen, andererseits auch das Retothelsarkom miteinbezogen, wobei, wie schon 1953 hervorgehoben, besonders auf Übergänge gutartiger in bösartige Formen hingewiesen wurde. DEGOS lehnt die nach seiner Ansicht spekulativ aufgebaute Trennung in metaplastische und neoplastische Prozesse (GOTTRON, 1960) ab.

In ihrer Abhandlung „Bösartige Geschwülste nach Art des indifferenten Bindegewebes" (1957) haben GREITHER und TRITSCH den Begriff der Retikulose im Gegensatz zu DEGOS u. Mitarb. wieder enger gefaßt. Sie unterscheiden:

1. Retikulose
2. Melanodermische Kachexie mit Lymphknotenschwellungen
3. Sogenannte Reticulosarcomatosis Gottron
4. Großfollikuläres Lymphoblastom (BRILL-SYMMERS)
5. Retothelsarkom

Damit wurde die Retikulose neben das Retothelsarkom und die von GOTTRON (1949) beschriebene Reticulosarcomatosis gesetzt und ihr eine Stellung innerhalb der Geschwülste nach Art des indifferenten Bindegewebes zugewiesen.

Eine ähnliche, fast gleiche Auffassung wird auch von KNOTH (1958, 1959) vertreten.

STEIGLEDER und HUNSCHA (1958) haben auf die in der amerikanischen Literatur gebräuchliche Bezeichnung „Lymphoma" zurückgegriffen, sie einerseits befürwortet, „da sich bei diesen Erkrankungen typenmäßig alle in Frage kommenden Elemente im Formenkreis der Lymphocytenentstehung und -weiterentwicklung finden lassen", andererseits aber doch für nicht sehr glücklich gehalten, da die Beziehung zum lymphatischen Gewebe keineswegs in allen Fällen bewiesen ist. Der Ausdruck Lymphom ist in der deutschsprachigen Literatur darüber hinaus auch schon mit der Vorstellung des geschwollenen Lymphknotens schlechthin, besonders aber mit dem Begriff der tuberkulösen Lymphknoten assoziativ verbunden.

Der von GANS und STEIGLEDER (1957) inaugurierte Oberbegriff Reticulosarkomatosen, unter dem die Retikulose, Reticuloendotheliose, Retothelsarkomatose und die sog. Reticulosarcomatosis cutis Gottron zusammengefaßt werden sollen, hat sich ebensowenig wie die enge Beschränkung der Retikulose auf ein einziges Krankheitsbild durchzusetzen vermocht. Aber auch das andere Extrem, d. h. Versuche, die Bezeichnung Retikulose als übergeordneten Gattungsbegriff einzuführen, der auch die Speicherungskrankheiten umfassen sollte (JANSSEN, 1958; FLARER, 1960), blieb ohne anhaltenden Erfolg.

Als richtungweisende Publikation in der Dermatologie wird im einschlägigen deutschen Schrifttum im allgemeinen der Handbuchartikel von GOTTRON (1960) angesehen. Er definiert die Retikulose (1958, 1959) als eine generalisierte, irreversible Proliferation des retikulären Gewebes. Dabei versteht er, wie bereits erwähnt, unter Proliferation, wie in der allgemeinen Pathologie üblich, eine Zellvermehrung aus sich heraus, ohne feststellbaren Reiz, und grenzt sie damit gegen die Hyperplasie ab, die als Zellvermehrung auf einen nachweisbaren Reiz hin aufzufassen ist. Es sollen hier noch einmal die Krankheitszustände aufgeführt werden, die nach GOTTRON nicht zur Retikulose im Sinne der gegebenen Definition gehören:

1. Reaktive Retikulosen, die besser als retikuläre Hyperplasien zu bezeichnen wären
2. Granulomatosen (Mycosis fungoides, Morbus Paltauf-Sternberg)
3. Speicherretikulosen
4. Gutartige und bösartige Tumoren des RES

Die cutanen Retikulosen im engeren Sinne, die „Retikulosen der Haut", umfassen nach GOTTRON:

1. Sogenannte Reticulosarcomatosis cutis Gottron
2. Chronisch noduläre Retikulosen
3. Plasmoretikulose
4. Monocytose
5. Lymphoidzellige Retikulose
6. Plasmocytom

Als Grenzfall zur retikulären Hyperplasie wertet GOTTRON die eosinophile Retikulose, weil die reticulogene Entstehung myeloider Zellen noch nicht als bewiesen angesehen werden kann.

Aus letzterer Zeit stammen schließlich die Einordnungsvorschläge der Krankheiten des retikulären Bindegewebes von LENNERT (1964) und CAZAL (1964). Obwohl wir anläßlich der Aufzeigung des Retikuloseproblems die Meinung beider Autoren bereits dargestellt haben, sollen an dieser Stelle die Einordnungsvorschläge noch einmal kurz angeführt werden.

LENNERT (1964) kam auf Grund vergleichender cytologischer Analysen von Ausstrich- und Schnittpräparaten zu folgender Erkenntnis und Einteilung der Retikulosen:

1. Großzellige, baso- und neutrophile Retikulosen (Fall EHRLICH und GERBER, 1935). Die Zellen dieser Form entsprechen den Stammzellen von GALL und MALLORY (1942). Sie haben eine Größe von 15—35 μ und sind durch ihre syncytiale Anordnung und durch große Nucleolen gekennzeichnet
2. Mittelgroßzellige Retikulosen, eine Form, die dem clasmatocytischen Lymphom von GALL und MALLORY gleichzusetzen sind (z.T. = Monocytäre Leukämie)
3. Kleinzellige „lymphoide", „undifferenzierte Retikulose"
4. Assoziierte Retikulosen (Lympho-Retikulose, Myelo-Retikulose)
5. Plasmazellen-Retikulose
6. Mastzellen-Retikulose

Die Zugehörigkeit der polyblastischen Retikulose bzw. ihre Existenz überhaupt bleibt umstritten. Noch fraglich in ihrer Zuordnung zu den Retikulosen sind auch die Osteomyelosklerose, der Morbus Waldenström und die „Histiocytosis X" (Morbus Letterer-Siwe, Morbus Hand-Schüller-Christian und die eosinophile Granulomatose). Das großfollikuläre Lymphoblastom (BRILL-SYMMERS) wird klar ausgegliedert.

CAZAL (1964) gab in einem Handbuchartikel eine übersichtliche tabellarische Gliederung, die die nosologische Stellung der Retikulosen im System der Erkrankungen des retikulären Gewebes gut erkennen läßt.

Mit der ausführlichen Darstellung der Einteilungsschemata der letzten 40 Jahre sind die außerordentlichen Schwierigkeiten demonstriert, mit denen man sich bis zum heutigen Tage bei der Beschäftigung mit diesem Thema konfrontiert sieht. Aus den angeführten Meinungen zahlreicher Autoren schälen sich 2 grundsätzlich verschiedene Richtungen in der Retikuloseauffassung heraus. Die einen, vor allem ROBB-SMITH (1938, 1947), wollen unter Retikulose jede Erkrankung verstehen, die mit einer Vermehrung retikulärer oder reticulogener Zellen einhergeht, ohne Charakter und Pathogenese der Krankheitszustände zu berücksichtigen. Die anderen Autoren, die überwiegende Zahl (ZELDENRUST, 1952; FRESEN, 1953,

Tabelle 1. *Stellung der Retikulosen im engeren Sinne in der Gruppe der Erkrankungen des reticulohistiocytären Systems.* (Nach CAZAL, 1964)

I. *Entzündliche Retikulosen*
   „Reticulitiden" = „reaktive Retikulosen" unspezifisch
   spezifisch (z. B. Sarkoidose)

II. *Paraplasien*
1. *Maligne Retikulosen sensu stricto*
2. Lymphogranulomatose
3. Maligne Plasmocytose retikulären Ursprungs
4. Retikuläre Lipoidosen
5. Angioretikulose
6. Andere Hämoblastosen (Leukosen, maligne Erythroblastosen)

   „Maligne Retikulosen" sensu lato

   „Maligne Retikulosen" sensu latissimo

III. *Neoplasien*
   Reticulosarkome

1954; MEESSEN, 1955; GOTTRON, 1960; LENNERT, 1964), setzen sich für die Einengung des Begriffes ein und verstehen unter Retikulose ein systemartiges Blastom des Reticulums und der reticulogenen Zellen und betonen diese Eigenschaft z. T. durch das Attribut „maligne" (CAZAL, 1946; DEELMAN, 1949). Die retikulären Hyperplasien werden von dieser Form scharf getrennt. ROBB-SMITH hat 1963 allerdings nicht mehr nach rein morphologisch-histologischen Gesichtspunkten das Problem betrachtet, sondern gab eine neue, nach pathogenetischen Gesichtspunkten ausgerichtete Definition und Aufgliederung seines Retikulosebegriffes. Sie lautet (s. LENNERT, 1964):

1. Leukosen (lymphatisch, myeloisch, monocytär)
2. Myelomatosen einschließlich Plasmazellenleukämie und Makroglobulinämie
3. Lymphoide follikuläre Retikulose (BRILL-SYMMERS)
4. Riesenzellig-fibrilläre retikuläre Retikulose (Mikrogliomatosen)
5. Lymphoretikuläre medulläre Retikulose (z. T. dem Paragranulom entsprechend)
6. Morbus Hodgkin
7. Mycosis fungoides
8. Myelosklerose
9. Histiocytäre medulläre Retikulose
10. Fibrilläre histiocytäre medulläre Retikulose
11. Reticulumzellige medulläre Retikulose (Morbus Letterer-Siwe, Morbus Hand-Schüller-Christian)

Diese Prozesse des lymphoretikulären Gewebes nennt er progressiv, irreversibel hyperplastisch und trennt sie von den reaktiven reversiblen Hyperplasien und von den Tumoren des RES ab.

Angesichts der unbekannten Ätiologie der Retikulosen kann eine z. Z. gegebene Definition nur sinnvoll werden, wenn ihr eine allgemein annehmbare Konvention zugrunde liegt. Die hier aufgezählten Schemata, die alle auf einer Vielfalt von willkürlich gewählten Kriterien basieren, zeigen das nur zu deutlich.

Zum Abschluß der Darstellung der historischen Entwicklung des Retikulosebegriffes sei noch eine tabellarische Übersicht aus einer Arbeit von PLIESS (1957) erwähnt, in der er Möglichkeiten einer Definition des Begriffes Retikulose zusammengestellt hat.

Deskriptive Kriterien

Histologisch: indifferente Retikulose, differenzierte Retikulosen, Lympho-Granulo-, Speicherretikulosen u. a.

Histiogenetisch: Startpunkt im RHS, allgemein oder follikulär, sinusmedullär
Organbefall: lokalisiert, generalisiert, myelo-hepatolienal, adeno-hepato-lienal
　　Klinische Kriterien
Verlauf: akut, subakut, chronisch
Dignität: benigne, potentiell maligne, maligne
　　Kausale Kriterien
Ätiologie: nicht infektiös (chemisch-toxisch, exo- oder endogen-allergisch),
　　infektiös (Viren, tuberculo-toxisch, „rheumatisch")
Pathogenese (Abgrenzung des Retikulosebegriffes):
1. Metabolisch (Lipoidspeicherung)
2. Entzündlich (reaktiv)
3. Neoplastisch, autonom, essentiell
　　a) Reine oder essentielle Retikulosen
　　b) Assoziierte oder Begleitretikulosen
　　c) Hämoblastische Retikulosen
4. Reticulosarkomatose

V. Definition und Nosologie der Retikulosen

Unter Retikulose versteht man eine autonome irreversible Proliferation retikulärer Zellen unbekannter Ätiologie und variabler Malignität, gekennzeichnet durch multizentrische Entstehung und systembezogener nichtmetastatischer Generalisation. Diese Definition schält sich aus der überwiegenden Zahl der Publikationen heraus, z.B.: Gottron (1960), Musger (1960), Lennert (1964), um nur einige zu nennen.

Durch Reticulumzellwucherung entstehende Krankheiten, die dieser Definition nicht entsprechen, müssen, sofern man sich der gegebenen Definition anschließt, aus der Krankheitsgruppe der Retikulosen ausgeschlossen werden. So schließt z.B. Gottron (1960) folgende Krankheitseinheiten vom Retikulosebegriff aus:
1. Die reaktive Reticulumzellvermehrung, retikuläre Hyperplasie (Gottron, 1960), Reticulocytose (Lennert, 1964)
2. Die Lipoidspeicherkrankheiten
3. Die Reticulo-Granulomatosen
4. Die gutartigen und bösartigen Neoplasien des retikulären Gewebes
5. Die medullären Leukosen

1. Retikuläre Hyperplasie

Unter retikulären Hyperplasien sind alle Reticulumzellvermehrungen zu verstehen, die sich auf einen bekannten kausalen Reiz zurückführen lassen und reversibel sind. Auf Gottrons Hinweis, zwischen Hyperplasie und Proliferation streng zu unterscheiden, wurde schon verwiesen. Büchner (1962) nennt die Hyperplasien eine Überentwicklung der Struktur durch Vermehrung von Zellen bzw. spezifischer Strukturelemente, wobei es nach Hamperl (1954) zu einer örtlichen reversiblen Überschußbildung geringen Grades kommt. Gottron (1960) versteht unter Proliferation die autonome irreversible Zellwucherung, die sich nicht auf einen erkennbaren ursächlichen Reiz zurückführen läßt. Mach (1966) stellt den Begriff der Proliferation zwischen die Hyperplasie und das Wachstum maligner Tumoren. Statt retikulärer Hyperplasie werden vielfach, wie schon erwähnt, die Bezeichnungen Reticulitis (Chaptal u. Mitarb., 1953; Cazal, 1964), Reticulomatose (Sézary, 1941) und Reticulocytose (Lennert und Elschner, 1954) verwendet. Rohr (1952) lehnt Cazals „Reticulitis" mit der Begründung ab, daß sich das RHS als eigentliches Entzündungsgewebe nicht selbst entzünden kann. Die reticulohistiocytäre Reaktion, die sich vorwiegend periadventitiell abspielt, sei vielmehr schon der Ausdruck der Entzündung eines bestimmten Organs oder Organsystems.

Wie schwierig die Abgrenzung der retikulären Hyperplasie von der Proliferation der echten Retikulose werden kann, zeigt der von GOTTRON (1954b) publizierte Fall einer 45jährigen Frau mit mäßig generalisierten klein- und großknotigen Hautveränderungen, die histologisch als Plasmoretikulose imponierten. Nachdem die Herde Zerfallsneigung zeigten, konnte der bakteriologische Nachweis einer Brucellose geführt werden. Auch die Gitterfaserbildung kann in derartigen Zweifelsfällen nicht als verläßliches Unterscheidungsmerkmal herangezogen werden (KNOTH, 1958; GOTTRON, 1960). Gitterfasern findet man auch bei mit retikulärer Hyperplasie einhergehenden Infektionskrankheiten, so z.B.: Typhus abdominalis, Tuberkulose, Hepatitis epidemica (FRESEN, 1949), Lepra, Lupus vulgaris, Rhinosklerom, Lues, Sarkoidose, Sklerodermie (GUARDALI, 1923), Cheilitis granulomatosa (HORNSTEIN, 1954). Auch MARCHIONINI u. Mitarb. (1953) wiesen auf die Gitterfaserbildung beim Lupus vulgaris hin. LENNERT (1964) hat auf die Lagerung und Zuordnung der Fasern zu den proliferativen Zellen besonders aufmerksam gemacht. Neben infektiösen Agentien kann auch die hormonelle Stimulation zur retikulären Hyperplasie führen, wie die Fälle von DONTENWILL und WULF (1956) sowie GOTTRON (1960) zeigen, bei denen es zu einer lympho-retikulären Infiltration gekommen war, wobei im Falle von DONTENWILL und WULF die inneren Organe, im Falle von GOTTRON die Haut im Sinne der von SPIEGLER (1894) und FENDT (1900) beschriebenen Krankheitszustände befallen waren. Hierzu zu rechnen sind auch die von BÄFVERSTEDT (1943) als Lymphadenosis benigna cutis zusammengefaßten Krankheitsbilder, die in der Literatur bis dahin unter den Bezeichnungen: Sarkoid Spiegler-Fendt, Lymphadenosis cutis circumscripta, Lymphoblastom, benignes Lymphom, benignes solitäres Lymphocytom, Lymphocytoma tumidum faciei, gutartiges lymphadenoides Granulom der Haut aufgetaucht waren. Auch die sog. Sarcomatosis cutis im Säuglingsalter (GERTLER und SCHIMPF, 1955) gehört hierher.

Bei der Lymphadenosis cutis Bäfverstedt handelt es sich klinisch um isolierte oder in Gruppen stehende indolente flach- bis halbkugelig vorgewölbte Knötchen und Knoten von rot-livider bis braun-rot-gelber Farbe. BÄFVERSTEDT (1953) nennt 3 klinische Varianten:

1. Lymphadenosis benigna cutis regionalis.
2. Lymphadenosis benigna cutis dispersa.
3. Lymphadenosis benigna cutis in atrophischer Haut.

KALKOFF (1952) unterscheidet vom histologischen Aspekt zwischen der Lymphadenosis benigna cutis follicularis (Infiltrat mit Reaktionszentrum) und der Lymphadenosis benigna cutis nonfollicularis. Die letzte soll in jedem Falle Anlaß einer gründlichen Exploration des lymphatischen Systems, des Blutbild des und des Knochenmarks sein und eine langzeitige Kontrolle des Patienten veranlassen. Maligne Umwandlung wurde beschrieben. BÄFVERSTEDT (1960) erkennt eine maligne Transformation nur in dem von GERTLER (1955) publizierten Fall an. Später haben auch DUGOIS u. Mitarb. (1964) über die maligne Umwandlung eines Lymphocytoms berichtet. Zeichen beginnender Malignität führt CALAS (1958) an. Auf ein wichtiges differentialdiagnostisches Kriterium, das Verhalten der Zellwucherung zum präexistenten Gewebe, hat MACH (1966) aufmerksam gemacht. Bei der Lymphoplasie, unter der MACH (1965) die Lymphadenosis benigna cutis und die „lymphocitic infiltration of the skin" (JESSNER und KANOF, 1953) versteht, werden die kollagenen Fasern durch den Wachstumsdruck der wuchernden Zellen auseinandergedrängt, so daß die in der Peripherie sie umgebenen Fibrocyten der unmittelbaren Umgebung zirkulär oder tangential angeordnet zu liegen kommen. Bei der echten Retikulose ziehen die Faserbündel senkrecht zum Herd und werden unmittelbar vor dem Herd infolge fibrinolytischer Potenzen der Reticulumzellen spinnwebartig aufgebrochen.

An dieser Stelle muß auch zum Problem der „lipomelanotischen Retikulose" (Pautrier und Woringer, 1932, 1937) Stellung genommen werden, die keine Retikulose im engeren Sinne ist, sondern eine retikuläre Hyperplasie darstellt. Das Syndrom, das mit verschiedenen Krankheiten kombiniert sein kann, wird in der Literatur mit einer Reihe von Synonymen belegt, wie: lipomelanotische Lymphadenitis, lipomelanotische Granulomatose, Lipomelanose, dermatopathische Lymphadenitis (Hurwitt, 1942), Lymphadenitis melanotica, pigmentiertes Lymphogranulom (Löblich und Wagner, 1951, 1953), lipomelanotische Reticulocytose (Lennert und Elschner, 1954). Der Ausdruck „lipomelanotische Reticulocytose" wird dem reaktiven Geschehen, das man heute als gesichert ansieht, am ehesten gerecht (Lennert, 1964). Man kann daher die lipomelanotische Reticulocytose auch nicht als das Vorstadium eines malignen Prozesses des RES ansehen, wie behauptet wurde (Pisani und Santojanni, 1958; Likchachev, 1965). Auch ein Übergang in eine Lymphogranulomatose wurde behauptet (Fisher, 1955). Dhom (1955) publizierte einen Fall, der mit Plasmazellvermehrung im Sternalmark und einer erheblichen Dysproteinämie (γ-Globuline 43,7 rel.-%) einherging und innerhalb von 2 Jahren letal endete. Leinbrock (1959) bezweifelt daher die Deutungen als reaktives Geschehen und hält den Vorgang als systematisierte Retikulose von labilmalignem Charakter im Sinne von Degos u. Mitarb. (1957) für wahrscheinlicher und glaubt darin auch eine Bestätigung für die Theorie des allmählichen Überganges der reaktiven Vorgänge in eine maligne Retikulose (Degos) zu sehen.

Mit dem großfollikulären Lymphoblastom, dem Morbus Brill-Symmers, mit dem sie häufig verwechselt wurde (Symmers, 1938, 1948; Fieschi, 1939; Rubenfeld, 1940; Combes und Bluefarb, 1941; Rost, 1949; Grütz, 1953), hat die lipomelanotische Reticulocytose nichts zu tun. Die histologische Unterscheidung beider Krankheitszustände ist leicht. Bei der lipomelanotischen Reticulocytose wuchern breitleibige Reticulumzellen, und es lassen sich in den Herden Fasern nachweisen. Beim Lymphoblastom wuchern die Germinoblasten, und die Herde sind faserfrei (Lennert, 1946).

Ursächlich liegen der lipomelanotischen Reticulocytose oft chronische Dermatitiden (Erythrodermie) und chronische Dermatosen (Pemphigus vulgaris, Pemphigus foliaceus, Lichen planus, Ichthyosis) zugrunde (Lennert, 1964). Auch die erythrodermatische Retikulose, die Mycosis fungoides, der Morbus Paltauf-Sternberg und das Lymphosarkom können mit einer lipomelanotischen Reticulocytose kombiniert sein. Zar (1963) beschrieb den Verlauf einer lipomelanotischen Reticulocytose, die über das Stadium des Ekzems und einer generalisierten universellen Erythrodermie letal verlief. Eine maligne Umwandlung einer lipomelanotischen Reticulocytose konnte im Experiment bisher jedoch nicht beobachtet werden. Wie Hohenadl und Paola (1958) zeigen konnten, läßt sich die Krankheit bei Ratten sehr gut nachahmen. Von pathogenetischem Interesse erscheint die Beobachtung von Dugois u. Mitarb. (1960), daß auch bei banalen Dermatosen das Auftreten der lipomelanotischen Reticulocytose gehäuft auftreten soll, wenn vorher eine übergroße therapeutische Corticosteroid-Applikation zur Anwendung gekommen war. Mit histologischen Eigenheiten der „lipomelanotischen Reticulocytose" haben sich viele Autoren beschäftigt: Jadassohn (1891, 1892), Pau-

TRIER und WORINGER (1932, 1937), NICOLAU und MAISLER (1938), SULZBERGER (1939), SOLOFF (1941), HURWITT (1942), LARKIN, DI SANKT AGNESE und RICHTER (1944), ROBB-SMITH (1944, 1947), OLIVER und GREENBERG (1946), LAIPPLY (1948), WOLFRAM (1948, 1950), OBERMAYER und FOX (1949), NÉKAM (1949), AGRESS und FISHMAN (1950), BLUEFARB und WEBSTER (1950), W. ST. C. SYMMERS (1950), LAIPPLEY und WHITE (1951), JARRELT und KELLETT (1951), LÖBLICH und WAGNER (1951, 1953), KELLER und STAEMMLER (1952), NEUHOLD und WOLFRAM (1952), RANDERATH und ULBRICHT (1952), MEESSEN (1952, 1955), KIESSLING und TRITSCH (1954), KLÄRNER und KRÜCKEMEYER (1954), SCHNYDER u. SCHIRREN (1954), DHOM (1955), LINDNER und KÄRCHER (1955), MARSHALL (1956), HERING (1958), DUGOIS u. Mitarb. (1959), FRÜHWALD (1960), SCOTTI (1964), LENNERT (1964).

Die Reticulumzellvermehrung beginnt in der Peripherie der Lymphknoten, breitet sich aus und wandelt den gesamten Lymphknoten reticulumzellig um. Die Reticulumzellen enthalten reichlich PAS-positive Substanzen (LINDNER und KÄRCHER, 1955). Man findet im Lymphknoten außerdem manchmal in herdförmiger Anordnung eosinophile Leukocyten und auch mal Plasmazellen und Mastzellen. Sehr unterschiedlich ist die Faserbildungsfähigkeit der Reticulumzellherde. Pathognomonisch ist die Ablagerung von Melanin und Fett, die aber auch mal fehlen kann (JARRET und KELLET, 1951). Das Melanin liegt meist am Rande der hyperplastischen Reticulumzellherde. Hier, aber meist zentripetal von der Melaninablagerung, sind auch die Fette eingelagert, die andererseits nicht immer vorhanden sein müssen. Doppelbrechende Lipoide haben RANDERAT und ULBRICHT (1952) sowie LINDNER und KÄRCHER (1955) beschrieben. Außer Melanin kann in den lipomelanotischen Lymphknoten auch Hämosiderin zu finden sein.

Es sei hier noch einmal auf die Auffassung von DEGOS verwiesen, der den allmählichen Übergang von hyperplastischen Retikulosen (Retikulocytosen) in eine maligne Retikulose (Retikulose im engeren Sinne) für gegeben hält. Auch LEINBROCK (1959), FLARER (1960), ARUTJUNOW (1961) und HORNSTEIN (1960) halten eine derartige Umwandlung für möglich unter Hinweis auf die regressiven Tendenzen bis zur scheinbaren Abheilung, bis dann eine neue Evolution die Retikulose schließlich doch noch manifest werden läßt. Die retikuläre Hyperplasie als Ausdruck eines reaktiven Prozesses ist von ersten beginnenden Veränderungen der dann chronisch verlaufenden Retikulose (im engeren Sinne) *histologisch* nicht immer zu trennen. Das histologische Substrat beider Krankheitszustände wird als orthoplastische Retikulose (GRACIANSKY und PARAF, 1948; CORTI u. Mitarb., 1954) oder als réticulose protoplasique bzw. Reticulomatose (SÉZARY, 1941, 1949) angesprochen.

Die klinische Abgrenzung wird möglich, wenn man lange über Jahre gehende Beobachtungszeiten einhält, eine Forderung, die leider nicht allen Publikationen zugrunde gelegt wird. Besonders sog. Spontanheilungen sind in dieser Hinsicht zu überprüfen (CAZAL, 1964).

2. Lipoidspeicherungskrankheiten

Lipoidspeicherkrankheiten liegt keine echte Proliferation von Reticulumzellen zugrunde. Primär handelt es sich um einen Gen-bedingten Fermentmangel der Reticulumzellen (LENNERT, 1964), der zu einer Lipoidablagerung in den Reticulumzellen führt und sekundär auch zu einer Vermehrung der Reticulumzellen selbst und zu erneuten Lipoidspeicherungen Anlaß gibt. Ursache ist hier die Stoffwechselstörung und nicht die primäre Neubildung von Zellen.

3. Reticulo-Granulomatosen

Reticulo-histiocytäre, hyperplastische Vorgänge spielen beim Aufbau der Granulomatosen ohne Zweifel eine wichtige Rolle. Diese Erkenntnis führte um eine Zeit dazu, die Mycosis fungoides und die Lymphogranulomatosis maligna den Retikulosen zuzuschlagen. Dem Granulom liegt aber ein reversibles, neue Gefäße bildendes Geschehen zugrunde, das einen ausgesprochen entzündlich polymorphen Charakter aufweist, nicht zuletzt auch durch eine leukocytäre Komponente, die der Retikulose im engeren Sinne nicht zukommt (Gottron, 1960). Generalisiert ein solches Granulom, handelt es sich auch noch nicht um eine Retikulose, sondern um eine systematisierte Granulomatose. Natürlich kann im weiteren Krankheits-verlauf der reticulohistiocytäre Faktor in den Vordergrund treten, Fasern bilden und als großzellig-retikuläres Infiltrat imponieren. Einen solchen Vorgang findet man bei dem von Jackson und Parker (1947) so bezeichneten Paragranulom, das schließlich sogar zum Hodgkin-Sarkom werden kann. Die Lymphogranulo-matose wird von Jackson und Parker in Paragranulom, Granulom (klassische Lymphogranulomatose) und Hodgkin-Sarkom unterteilt. Lennert weist darauf hin, daß das Paragranulom, das von Robb-Smith auch als lympho-retikuläre medulläre Retikulose bezeichnet und vom Morbus Paltauf-Sternberg als Krank-heitseinheit abgetrennt wird, lange Zeit symptomarm und relativ gutartig verläuft und durch seine Morphologie und Bevorzugung des männlichen Geschlechtes von der klassischen Lymphogranulomatosis unterschieden werden kann. Das Hodgkin-Sarkom darf nach Lennert nicht mit dem Retothel-Sarkom identifiziert werden. Es ist größerzellig und besteht aus dicht gepackten, tumorartig wachsenden Hodgkin-Zellen und Sternbergschen Riesenzellen. Auch seine Prognose sei schlechter als die des Retothelsarkoms. Gottron glaubt, daß es sich zumindest in bestimmten Fällen primär um ein Retothelsarkom handle, und nicht um eine sarkomatös gewordene Lymphogranulomatose.

4. Gutartige und bösartige Neoplasien

Histiocytom als gutartiger Tumor und Retothelsarkom als maligne Geschwulst des RES werden desgleichen von den meisten Autoren nicht zu den Retikulosen gerechnet. Infolge der synonymen Verwendung von Histiocyt und Reticulumzelle hat sich auch im deutschen Schrifttum die Bezeichnung Reticulom mehr und mehr eingebürgert (Greither und Tritsch, 1957; von Albertini, 1955), die 1936 schon von Borst verwendet wurde. Das Histiocytom bzw. Reticulom ist klinisch ein gutartiger solitärer, oft auch multipler (Rentiers und Montgomery, 1959; Piérard und Pirnay, 1952) hautfarbener oder blaßroter bis walnußgroßer (Woringer und Kwiatkowski, 1932) Tumor, wie er auch von Sézary und Levy-Coblentz (1933), Trapl (1951), Gottron (1953) und anderen Autoren beschrieben wurde. Argyrophile Fasern sind im Histiocytom nachweisbar (Weise, 1958). Über maligne Entartung, die äußerst selten zu beobachten ist, haben Gougerot und Dreyfus (1933) und Dupont (1933) berichtet. Varianten des reinen Histiocytoms sind die speichernden (Hämosiderin, Fett) Histiocytome.

Hierher gehört auch die von Allen (1948) Reticulohistiocytose genannte gut-artige Geschwulst, die sich aus speichernden Histiocyten, Riesenzellen und argyrophilen Fasern zusammensetzt, möglicherweise eine Abart der gutartigen Riesenzellengeschwülste der Sehnenscheiden. Dieser Krankheitszustand der Haut wurde unter den verschiedensten Namen in der Literatur bekannt. Siehe: Tar-gett (1897), Fleissig (1913), Montgomery und O'Leary (1934), Portugal u. Mitarb. (1948), Allington (1950), Zak (1950), Caro und Senear (1952), Mont-

GOMERY (1952), GOLTZ u. LAYMON (1954), NÖDL (1958), MONTGOMERY u. Mitarb. (1958), WARIN und EVANS (1960), CRAMER (1963).

Nevoxanthoendotheliome (McDONAGH, 1912) und Xanthome können hier eingruppiert werden.

BORN (1956) teilt die gesamte Gruppe in:

Reine Histiocytome	nicht speichernd
Xanthomatöse Histiocytome	partiell fettspeichernd
Xanthom	gleichmäßig fettspeichernd
Hämosiderin-speicherndes Histiocytom	nur Fe-speichernd

Das Naevoxanthoendotheliom wird von WORINGER und STIEGER (1956) als Retikulose gedeutet, wobei sie Parallelen ziehen zu den spontan sich zurückbildenden Efflorescenzen der Urticaria pigmentosa. Histologisch besteht das Naevoxanthoendotheliom aus Fibrocyten und rundovalen Histiocyten, von denen viele ein schaumiges Plasma aufweisen, das z.T. doppelbrechende Lipoide und in mäßiger Zahl auch Riesenzellen vom Touton- und Fremdkörpertyp enthält.

Retothelsarkom

Das *Reticulosarkom* (OBERLING, 1928), der bösartige Tumor des RES, eine sarkomatöse Geschwulst des retikulären Bindegewebes, geht in seiner histogenetischen Ableitung auf die Arbeiten von ROULET (1930, 1932) zurück, nachdem es von GOORMAGHTIGH (1925) gewissermaßen schon gefordert worden war. Später folgten Publikationen unter Bezeichnungen wie *Retothelsarkom* (GOTTRON, 1929 — Beobachtung und Vorstellung eines Retothelsarkoms in Berlin —; ROULET, 1930; RÖSSLE, 1939), *Retikelzellsarkom* (AHLSTRÖM, 1941) und *Sternzellensarkom* (HUECK, 1941). Das Retothelsarkom (Reticulosarkom) nimmt seinen Ausgang meist vom lymphoretikulären Gewebe, wurde aber schon früh auch an der Haut beschrieben, wo es sich perivaculär, periglandulär und perifollikulär aus den Adventitialzellen ableiten läßt. PAUTRIER und WORINGER (1933) haben wohl als erste über ein primäres Retothelsarkom der Haut bei einem 38jährigen Mann berichtet. Weitere Beobachtungen sind dann von EHRLICH und GERBER (1935), FRASER und SCHWARTZ (1936), MEDINA (1947), LINSER (1952), STEPPERT und WOLFRAM (1952), HERZBERG und LEPP (1954), WINKLER (1956) u.a. mitgeteilt worden.

Der meist solitäre Tumor wächst schnell bis Apfelgröße, um bald geschwürig zu zerfallen. Der maligne Tumor führt lokal zur Destruktion des präexistenten Gewebes und zum Einbruch in die Gefäße, so daß eine sehr frühzeitige lymphogene und auch hämatogene Aussaat der Geschwulst möglich wird. Primäre Sarkome der Lymphknoten, der Nasennebenhöhlen, der Tonsillen u.ä. können natürlich auch per contiguitatem zu einem Sekundärbefall der Haut führen (GOTTRON und NIKOLOWSKI, 1960). Nach RÖSSLE (1939) umfaßt das Retothelsarkom gleichmäßig alle Altersstufen. Bevorzugte Lokalisation des Retothelsarkoms der Haut zeichnet sich nicht ab (KNOTH, 1958). Klinisch ist es gekennzeichnet durch die meist rote, bisweilen auch strohgelbe bis dunkelbraune Farbe der Knoten, die mitunter einen lividen Farbton besitzen, der wohl auf eine angioplastische Komponente (GOTTRON und NIKOLOWSKI, 1960) zurückzuführen ist, wie dies beim Fall STEPPERT und WOLFRAM gedeutet wurde. Die feingewebliche Struktur des Retothelsarkoms der Haut entspricht dem Aufbau des gleichen Tumors anderer Organe. RÖSSLE (1939) unterscheidet nach dem histologischen Aspekt:

Unreif-celluläre (afibrilläre)
Reifzellig-fibrillenbildende   } Retothelsarkome
Gemischtzellige (AHLSTRÖM, 1938)

Bei der gemischtzelligen Form finden sich häufig Riesenzellen, die sich von den Langhans-Zellen durch die unmittelbar der Cytoplasmawand anliegenden Kerne unterscheiden. Andere Riesenzellen gleichen dem Sternberg-Typ, der für die Lymphogranulomatose ja nicht unbedingt spezifisch ist. Bei dieser Form des Retothelsarkoms wird außerdem auch eine Kollagenisierung der argyrophilen Fasern beobachtet (Gottron und Nikolowski, 1960). Die Zellhaufen bestehen aus meist undeutlich voneinander abgrenzbaren runden bis ovalen Elementen, deren Kerne rundoval sind oder auch gekerbt bis völlig unregelmäßig gestaltet sein können. Sie haben eine deutliche Kernmembran sowie staubförmig bis klumpig angeordnetes Chromatin sowie einen oder mehrere Nucleolen. Bei anderen Formen können aber auch überwiegend kleine, gut begrenzte Reticulumzellen das Feld beherrschen.

Über leukämische Einschwemmung retikulärer Zellen in das Blut (Sarkoleukämie nach Borst, 1950) beim Reticulosarkom wurde berichtet (Rotter und Büngeler, 1955), obwohl infolge des syncytial-fibrillären Aufbaus und der Größe der Zellen das Erscheinen dieser Elemente im peripheren Blut zu den Raritäten zu zählen ist. Der Verlauf des Retothelsarkoms bleibt im allgemeinen aleukämisch. Die von Sternberg (1936) unter dem Titel „Leukosarkomatosen" beschriebenen Fälle werden heute als zufälliges Zusammentreffen eines Reticulosarkoms mit einer Leukose interpretiert (Gottron und Nikolowski). Rössle (1939) lehnt den genetischen Zusammenhang ab, weil nach seiner Auffassung die Stammzellen der Lymphocyten einerseits und der Reticulumzellen andererseits post partum irreversibel determiniert seien. Auch nach Fresen (1952, 1953) ist dem malignen Geschwulstwachstum innerhalb des reticulohistiocytären Gewebes keine hämatopoetische Potenz mehr eigen. Einen gegensätzlichen Standpunkt vertritt hingegen Ahlström (1938).

Die cytologische Abgrenzung des Reticulosarkoms kann von der Retikulose, wie erwähnt, mitunter schwierig, manchmal unmöglich sein. Die ausgeprägte Tendenz zur Destruktion des präexistenten Gewebes, die höhere Mitoserate, die Kernatypien und Kernpolymorphien sowie die Größe der Tumoren sind differentialdiagnostisch richtungweisend (Gottron und Nikolowski, 1960). Auch die bei der Retikulose sehr viel häufigeren Blutbildveränderungen werden als wesentliches und differentialdiagnostisch verwertbares Kriterium (Lennert, 1964) angesehen.

Die „sog. Sarcomatosis cutis Gottron", die in der deutschsprachigen Literatur zu den Retikulosen gerechnet (Eva Gottron, 1949; Gottron, 1950, 1953, 1959, 1960, 1963) und als akute Form den chronischen Retikulosen gegenübergestellt wird (Lindner und Meyer, 1956; Gertler, 1962), gilt im französischen Schrifttum (Degos, 1957) im Hinblick auf ihre bindegewebsbildende Potenz als präsarkomatös und wird daher vom Reticulosarkom nicht abgetrennt.

Unterschiedliche, abgrenzbare Merkmale der Retikulose und des Retothelsarkoms hat Winkler (1963) gegenübergestellt (Tab. 2):

Pat. L. W., weiblich, geb. 31. 7. 1897, Retothelsarkom.
Familienanamnese unauffällig. *Eigene Vorgeschichte:* Mit 55 Jahren doppelseitige Lungenentzündung, mit 64 Jahren Thrombophlebitis, mit 65 Jahren trockene Rippenfellentzündung. *Beginn und Entwicklung des Hautleidens:* Im Alter von 65 Jahren (1962) bemerkte die Patientin über dem rechten medialen Malleolus einen kleinen Tumor der Haut, aus dem relativ schnell sich eine gamaschenartig lokalisierte, proximal sich ausdehnende, bis zum Kniegelenk reichende, knollige tumoröse Hautveränderung entwickelte. Keine Schmerzen, kein Juckreiz. *Lokalbefund:* Bei der Klinikaufnahme war der rechte Unterschenkel in toto leicht geschwollen, wenig gerötet und fühlte sich etwas wärmer an als der linke Unterschenkel. Zwischen dem Knöchel und dem Knie ist ein strumpfförmiger Bezirk mit knolligen, livid-roten, teils glatten, teils groblamellös schuppenden bohnen- bis walnußgroßen, z.T. auch flächigen, indolenten, derben Tumoren bedeckt. Die Geschwülste sind gegen ihre Unterlage verschieblich. Bei der stationären Aufnahme keine reg. Lymphknotenschwellungen. *Histologischer Befund*

Tabelle 2. *Abgrenzbare, unterschiedliche Merkmale der Retikulose und des Retothelsarkoms*

Retikulose	Retothelsarkom (Reticulosarkom)
1. Keine Zerfallsneigung der Herde	1. Zerfallsneigung
2. Durchmesser der einzelnen Herde bis Münzgröße	2. Unbeschränktes Wachstum
3. Proliferation perivasculär, follikulär, freier subepidermaler Streifen, überwiegend infiltrierendes Wachstum	3. Neoplastisches, destruierendes Wachstum (Einbruch in die Gefäße, Zerstörung der Hautmuskeln, Epidermis wird vom Sarkom angenagt)
4. Lange Zeit hautbeschränktes Wachstum	4. Metastasen zunächst in die regionären Lymphknoten
5. BSG meist stark erhöht, ausgeprägte Dysproteinämie meist mit γ-Globulin-vermehrung	5. Kaum Bluteiweißveränderungen
6. Therapeutische Beeinflußbarkeit durch Corticosteroide	6. Keine therapeutische Beeinflußbarkeit durch Corticosteroide

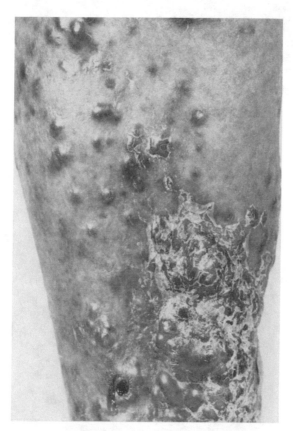

Abb. 2. Retothelsarkom (Pat. L.W., weiblich, geb. 31. 7. 1897). Zwischen Knöchel und Kniegelenk in strumpf-förmiger Anordnung zahlreiche, knollige livid-rote, bohnen- bis über walnußgroße Tumoren, teils mit glatter, teils mit groblamellös schuppender Oberfläche

(Nr. 17606): Epidermis und ein sehr schmaler subepidermaler Streifen relativ frei von patho-logischen Veränderungen. Das gesamte Corium ist von äußerst mitosereichen, polymorphen Zellen durchsetzt. Das präexistente Bindegewebe ist destruiert. Deutliche Gitterfaserbildung (Gomori). *Verlauf und Therapie:* Besserung auf Strahlentherapie. Trotz Einschmelzung der

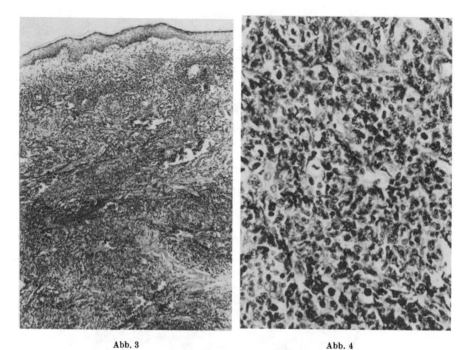

Abb. 3   Abb. 4

Abb. 3 u. 4. Retothelsarkom. Ausgeprägte Zellpolymorphie, zahlreiche Mitosen, fehlende Retezeichnung.
(Vergr. 4 × 10 bzw. 25 × 10)

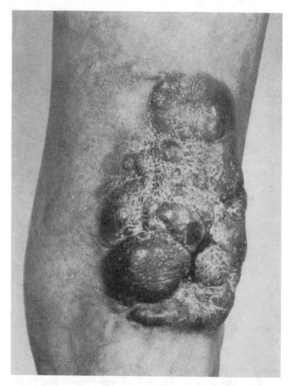

Abb. 5. Retothelsarkom. An der Beugeseite des rechten Oberschenkels, im unteren Drittel gelegen, dicht oberhalb
der Kniekehle beginnend, liegt ein knolliger, höckeriger, indolenter, derber cutaner Tumor von rot-livider Färbung

im Lokalbefund beschriebenen Tumoren, kam es zu einer rapiden Verschlimmerung des Allgemeinzustandes. Klinisch bestand der Verdacht auf Metastasierung in die Lungen und den Oberbauch. Anfang Januar 1963 Bronchopneumonie, der die Patientin am 7. 1. 1963 erlag. *Sektionsbefund* (29/1963): Retothelsarkom des rechten Unterschenkels mit ausgedehnter Metastasierung, besonders in Leber und Lungen. Hirsekorngroße Metastasen fanden sich darüber hinaus in der Milz, kastaniengroße in den paratrachealen, mesenterialen und rechts inguinalen Lymphknoten. Die Lungen waren von zahlreichen bis kirschgroßen Metastasen, die Leber von ausgedehnten Einlagerungen von bis kirschgroßen, knotigen Metastasen durchsetzt.

Pat. G.B., männlich, geb. 1.4.1906, Retothelsarkom.

Familien- und Eigenanamnese unauffällig. *Beginn und Verlauf des Hautleidens:* Mit 56 Jahren (1960) traten erstmalig in der linken Leistenbeuge gerötete, etwas juckende, das Haut-

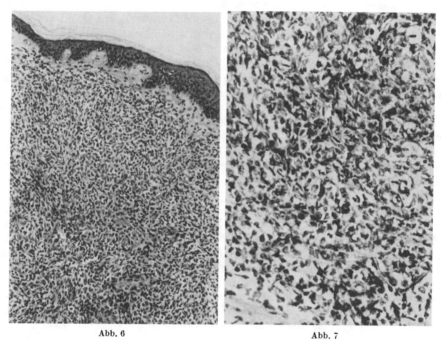

Abb. 6   Abb. 7

Abb. 6 u. 7. (Pat. G.B.; Vergr. 10×10 bzw. 25×10.) Retothelsarkom. Das gesamte Corium ist von atypischen retikulären Zellelementen durchsetzt, die bei ausgeprägter Polymorphie offenbar einer einzigen Zellart angehören. Kernteilungsfiguren

niveau überragende Knoten auf. Die Histologische Untersuchung ergab ein Retothelsarkom (Befund Nr. 14002). *Verlauf und Therapie:* Durch die Bestrahlung mit 300 R 0,5—1 mm Al bildeten sich die Hautveränderungen völlig zurück. Beschwerdefrei bis Mai 1965. Am rechten Oberschenkel waren zu diesem Zeitpunkt neue Tumoren aufgetreten (s. Abb. 5). Es erfolgte stationäre Aufnahme am 18. 5. 1965 zur erneuten Bestrahlung. *Allgemeinbefund:* Pat. befand sich in gutem Allgemeinzustand und ausreichendem Ernährungszustand. Leber und Milz waren nicht palpabel vergrößert. *Lokalbefund:* Wie bei der Abb. 5 beschrieben knotiger Hauttumor an der Beugeseite des rechten Oberschenkels. In der rechten Leistenbeuge war ein taubeneigroßer, derber, indolenter Lymphknoten zu tasten. *Therapie:* Die Tumoren wurden am Betatron mit schnellen Elektronen fraktioniert mit Oberflächendosen von 2400—4000 R bestrahlt. Unter dieser Therapie bildeten sich die pathologischen Veränderungen völlig zurück.

GOTTRON und NIKOLOWSKI (1960) machen in ihrem Handbuchartikel auf das Lymphocytosarkom der Haut wieder aufmerksam, das in der dermatologischen Literatur hinter dem sicher zahlenmäßig überwiegenden Retothelsarkom in den Hintergrund getreten ist. Sie schildern das Beispiel einer sekundären Lymphosarkomatose der Haut, die als Folge einer primären Lymphknoten-Lymphocytosarkomatose entstanden war. Zunächst hatte sich die Haut über den befallenen

Lymphknoten verändert, dann traten im Gesicht und an den oberen Extremitäten im Bereich der Cutis gelegene protuberierende Knoten von Erbs- bis Münzgröße auf, die bläulich bzw. gesättigt rot und mäßig derb waren, bald ulcerierten, so daß scharf umschriebene, wie ausgestanzt aussehende Geschwüre entstanden. Histologisch bot sich ein monomorphes Bild dar von kleinen und größeren cytoplasmaarmen Zellen mit chromatinreichem Kern, reichlich Kernverklumpung und Mitosen, jedoch keine Retikulinfaserneubildung. Die subleukämischen Leukocytenwerte um 10000 bestanden zu 40—70% aus Lymphocyten. Der Patient verstarb nach $1^1/_2$jähriger Erkrankung.

Die Krankheitseinheit Lymphosarkom wurde durch Kundrat 1893 aus dem großen Reservoir der Lymphknotenerkrankungen herausgehoben. Eine Hautbeteiligung des Lymphosarkoms kann per contiguitatem, ausgehend von einem Lymphosarkom eines hautnahen Lymphknotens, entstehen, die Haut kann primär Sitz eines autochthonen Lymphosarkoms sein oder auf metastatischem Wege Sitz einer Lymphosarkomatose werden (Gottron und Nikolowski, 1960). Über eine primäre Hautlymphosarkomatose haben Steppert u. Wolfram (1952), Gertler (1949) und Miescher (1935) berichtet.

Die morphologische Ähnlichkeit zwischen Lymphosarkom und Retothelsarkom wird in der Literatur immer wieder hervorgehoben; sie stammen jedoch aus verschiedenen Blutlinien (die eine Funktionsgemeinschaft bilden) und Übergänge zwischen den beiden Tumorarten sind daher nicht möglich (Gottron). Sie können allerdings nebeneinander bei ein und demselben Patienten vorkommen. Gottron hat auf einen derartigen von Rössle beschriebenen Fall aufmerksam gemacht.

von Albertini (1955) lehnt andererseits den cytogenetischen Dualismus mit seiner Einteilung in Geschwülste des lymphatischen Gewebes und solche des Reticulums ab. Er vertritt die Auffassung, daß das lymphatische Gewebe im gesamten Ausgangspunkt bestimmter Geschwülste ist, wobei diese einmal mehr in Richtung der reinen Retikulose, das andere Mal mehr in Richtung des lymphatischen Gewebes differenziert sind, so daß beim Lymphosarkom lymphatische und auch retikuläre neoplastische Zellen in wechselnder Menge anzutreffen sind. Nach Gottron kann in diesem Sinne der von Gertler mitgeteilte Fall einer metastasierenden lymphoblastischen Lymphosarkomatose interpretiert werden.

5. Medulläre Leukosen

Die Frage, ob eine Umwandlung retikulärer Elemente zu Zellen der myeloischen, lymphatischen und erythroblastischen Reihe möglich ist, muß jeder Diskussion über die Existenz primär in der Haut entstehender Leukämien zwangsläufig zugrunde gelegt sein. Apitz (1939) nennt 2 Möglichkeiten der Blutbildung bei pathologischen Veränderungen des retikulären Gewebes. Alle Blutzellen lassen sich von einer gemeinsamen Stammzelle ableiten, von Hämocytoblasten (Polyblast nach Maximow), oder jede Blutzellreihe muß auf eine eigene determinierte Stammzelle zurückgeführt werden. Rohr (1948, 1949) und Brücher (1956) bezeichnen das Reticulum des Knochenmarks als Stroma des hämatopoetischen Apparates, das sich während der embryonalen Entwicklung aus dem embryonalen Mesenchym differenziert hat, so daß in den hämatopoetischen Organen ein Nebeneinander von Reticulumzellen und Blutzellen anzutreffen ist. Man kann sich so leicht vorstellen, daß eine Kombination pathologischer Vorgänge beider Systeme möglich sein kann, die beim Zusammentreffen von Myelose und Retikulose, Myelo-Retikulose (Klump und Evans, 1936; Forkner, 1937; Jacobsen, 1942), bei der Kombination von Lymphadenose und Retikulose, Lympho-Retikulose (Loesch,

1933; RAYBAUD, 1937; CIONI, 1938; APITZ, 1940; JAVICOLI, 1940; HODLER, 1950) bezeichnet werden können (FRESEN, 1952, 1953, 1954; LENNERT, 1964). Entsprechend wäre die allerdings äußerst seltene Verknüpfung einer Erythroblastose bzw. Erythroleukose mit einer Retikulose als Erythro-Retikulose zu bezeichnen. Wie RÖSSLE, so sind auch FRESEN und GOTTRON der Meinung, daß beide pathologische Vorgänge genetisch unabhängig voneinander sind. Leider wird die Bezeichnung Lymphoretikulose auch für die lymphoidzellige Retikulose (SCHALLOCK, 1954, u. a.) verwendet. Um derartige Prozesse schon durch die Benennung als ein voneinander unabhängiges Geschehen zu kennzeichnen, hat GOTTRON (1960) Wucherungen dieser Art als „assoziierte Lympho- bzw. Myeloretikulosen" bezeichnet. Im französischen Schrifttum findet sich mit der gleichen Bedeutung die Bezeichnung „réticulose associée (OBERLING und GUÉRIN, 1934), die bei uns nun wieder auch als „Begleitretikulose" (PLIESS, 1957, 1959; HITTMAIR, 1942; ROHR, 1949, u. a.) bekannt geworden ist. Es handelt sich dabei in den allermeisten Fällen um eine retikuläre Hyperplasie (WIENBECK, 1938, 1942; STEIGLEDER, 1964), die nach Ausheilung der Grundkrankheit spontan zur Rückbildung kommt. Gelegentlich liegt aber auch mal eine echte Retikulose vor (SCHULTEN, 1936). Eine noch weiter gehende Beobachtung stammt von BENECKE (1940), der über eine Myelose mit Begleitretikulose berichtet hat, bei der sich an einer Stelle zusätzlich noch Veränderungen fanden, die er als Reticulosarkom deutete. LORENZ (1950) sah ein Reticulosarkom, das klinisch mit einer Paramyeloblastleukämie und nach dem Sektionsbefund auch mit einer Retikulose von Milz, Leber und Lunge kombiniert war. Auffällig ist hier, daß trotz intensiven Suchens keine Übergangsformen zwischen den Paramyeloblasten und den übrigen Zellen der myeloischen Reihe gefunden werden konnten, so daß diese Diagnose nicht genügend gesichert erscheint. Es könnte sich auch um eine Monocytenleukämie vom Typ Schilling und damit um eine tumorbildende Retikulose (ROULET, 1954) gehandelt haben. Bei der echten Begleitretikulose muß der Nachweis gefordert werden, daß Reticulumzellen an der leukotischen Proliferation als zweite Zellrasse teilnehmen. Unspezifische Esterasen sind bei normalen und leukämischen Monocyten nachweisbar, fehlen bei Paramyeloblasten (LENNERT, LÖFFLER und GRABNER, 1962; LÖFFLER, 1963).

Das Problem der reticulogenen Myelose ist mit der Frage nach der Myelo-, Lympho- und Erythropoese aus Reticulumzellen eng verknüpft. FRESEN hat diesen Fragekomplex wohl am ausführlichsten behandelt (1945, 1948, 1952, 1953, 1954, 1957 und 1960). Er führt vermeintliche autochthone Wucherungen auch im Bereich der ortsfremden Absiedlungen der Leukämien auf eine im pathologisch-anatomischen Substrat nachgewiesene Retikulose zurück. Nach FRESEN (1952) gibt es keine histomorphologischen Beziehungen von leukotischer Wucherung zum vorhandenen Retothel, weder im physiologischen Milieu noch innerhalb heterotoper Herde. Die Systematisierung der Leukose erfolgt durch Absiedlung infolge hämatogener Verschleppung der primären, am physiologischen Ort wuchernden Blutzellen. Die leukämische Monocytose, bei der sich als pathologisch-anatomisches Substrat eine Retikulose nachweisen läßt, ist nach FRESEN die primäre histohomologe leukämische Entartung der physiologischen reticulohistiocytären Monocytopoese. Stellungnahmen zu dieser Auffassung der Leukämie findet man bei ARZT und FUHS (1929), GOTTRON (1937) und MATRAS (1959). FRESEN hat auch auf plasmazellig differenzierte Neoplasien retothelialer Genese hingewiesen (KLÜKEN und PREU, 1952), 1948 eine reticulogene Erythroblastose beschrieben und einzelne Fälle myeloischer (EWALD, 1923; GITTINS und HAWKSLEY, 1933; BYKOWA, 1934; BRASS, 1941) sowie lymphatischer (UNGAR, 1933; SEMSROTH, 1934; STASNEY und DOWNEY, 1935; SUNDBERG, 1947) Leukämien durch ihr spezifisches histomorpho-

logisches Substrat auf entsprechend differenzierte retotheliale Wucherungen zurückgeführt und als retotheliale Hämoblastosen (retikuläre Myelosen, retikuläre
Lymphadenosen und Erythroblastosen) den Kombinationen von retikulären und
leukotischen Prozessen gegenübergestellt. Fresen führt dann noch die polyblastischen Retikulosen (Lübbers, 1939; Chevallier und Bernard, 1943;
Cazal, 1946) an, bei denen sowohl Zellen der weißen als auch der roten Reihe
reticulogen gewuchert sind. Cazal (1946) nennt sie „leucose dysarcique".

Die retothelialen Hämoblastosen stellen nach Fresen das pathologische
Spiegelbild der orthologischen mesodermalen Blutzellentstehung dar, so daß ihr
Determinationspunkt über den der gewöhnlichen Leukosen zurückreicht, weil
diese auch mit ihren dysplastischen Formen von bereits spät fetal isolierten Stammzellen ausgehen. Sie führen damit zur Aufstellung eines durch das polyblastisch
retikuläre System überbrückten Unitarismus, der die Eigenständigkeit der von
den spät fetal gebildeten Stammzellen ausgehenden Blutzellreihen auch für den
Bereich der gewöhnlichen Leukosen ebenso wahrt, wie er den Polyphyletismus
ausschließt (Fresen, 1952, 1957).

Über das Auftreten spezifischer Infiltrate in der Haut mit myeloischer,
lymphatischer und/oder erythroblastischer Differenzierung, die nicht metastatisch erklärbar waren, haben auch Gottron (1959/60), Trubowitz (1962),
Gates (1938) und Bluefarb (1960) berichtet. Gottron (1959/60) hat hierzu den
Begriff der „Dermoleukohämoblastosen" geprägt, ausführlich erläutert und abgegrenzt.

Primäre Lymphadenosen der Haut wurden 1899 von Pinkus vermutet,
von Zumbusch hat 1917 über eine spezifische Erythrodermie berichtet, der erst
später eine leukämische Lymphadenose folgte. Einen nur auf die Haut beschränkten Fall von Lymphadenose bei einer 61jährigen Frau teilte Rössle in Zusammenarbeit mit Lutz (1929) mit. Obwohl die Gewebe der Organe, die in üblicher Weise
an der leukämischen Wucherung und Ausschwemmung beteiligt sind, nicht
befallen waren, fanden sich bis 158000 Leukocyten im peripheren Blut, wovon
91,6% Lymphocyten und 1% Monocyten waren. Von den Lymphknoten waren
nur die der linken Axilla vergrößert, die gesamte Haut aber von einem dichten
lymphocytären Infiltrat durchsetzt. Mit Knoth (1958) kann man in dieser Beobachtung den Beweis sehen, daß es die primäre lymphocytäre „Hyperplasie" der
Haut gibt, die in zunehmendem Maße ihre Zellen in die Blutbahn entläßt und
schließlich das Vollbild der leukämischen Lymphadenose erreicht. Über primäre
universelle Lymphadenosen der Haut mit oder ohne leukämischen Blutbefunden
haben unter anderen berichtet: Hirschfeld (1912), Bertaccini (1921), Sulzberger (1932), Gattwinkel (1937). Auch die von Gottron (1928) beobachtete
hautbeschränkte aleukämische Paramyeloblastoleukämie gehört hierher. Gottron
läßt aber die Frage noch offen, ob es sich dabei nicht doch um Paramyeloblasten
handelt, deren Mutterzellen in (rückwärtsentwickelten) Reticulumzellen gesehen
werden müssen.

Die Pluripotenz der Bindegewebszelle, also die Bildung von Monocyten,
Granulocyten, Lymphocyten und Erythrocyten aus einer Zelle wird von der
Mehrzahl der deutschen Autoren als nicht sicher nachgewiesen betrachtet (Steigleder, 1964; Lennert (1964), Brücher, 1962, 1966, u.a.). Brücher (1956)
bezweifelt z.B. in den Fällen Ewald, Gittins und Hawksley und Lübbers die
Berechtigung der Aussage einer Differenzierung in myeloische Zellen und hält
diese Fälle für Monocytenleukämien. In seiner Ablehnung der von Fresen so
bezeichneten retothelialen Hämoblastosen beruft er sich auf Rohr (1948), nach
dem die Leukotisierung von teildifferenzierten Elementen ausgeht und nicht von
einer schlummernden inaktiven Zellgeneration. Der leukotische Prozeß nimmt

z. B. bei der Myelose seinen Ausgang beim Myelocyten, aus dem sich im weiteren Verlauf wohl Paramyeloblasten zu entwickeln vermögen. Nach Rohr liegen bei der Retikulose aus dem gleichen Grunde auch keine jugendlichen, sondern entdifferenzierte Formen vor, Retikulosezellen (nicht Reticulumzellen), denen ausgesprochene Entwicklungspotenzen nicht mehr zugesprochen werden können. Diese Auffassung läßt nach Brücher (1956, 1958, 1962) eine exakte Abgrenzung der unreifen Formen der Hämoblastosen von den unreifen Retikulosen nicht mehr zu. In so gelagerten Fällen spricht er von einer „undifferenzierten Wucherung des hämoretikulären Gewebes".

Undifferenzierte Wucherungen

Blutzellig-differenzierte Wucherungen (Hämoblastosen)   Zunehmende Differenzierung   Retothelial-differenzierte Wucherungen (Retikulosen)

Mit zunehmender Differenzierung wird die Einordnung der Prozesse möglich (z. B. mit Hilfe des Nachweises von unspezifischen Esterasen).

Man kann sich nun die Auffassung zu eigen machen, daß man es mit Wucherungen zweier verschiedener Zellsysteme zu tun hat, die aber wegen ihrer Ableitung von gemeinsamen embryonalen Mesenchymzellen natürlicherweise eng verwandt sind. Da aber beide Krankheitszustände auch klinisch sich durchaus verschieden verhalten, ist die Gleichsetzung beider Vorgänge kein Gewinn. Mit Lennert (1964) sind die in der Literatur zitierten Fälle von retothelialen Hämoblastosen daher nach dem neuesten Stand der Wissenschaft erneut zu durchforschen und einer Überprüfung ihrer nosologischen Stellung zu unterziehen.

VI. Nosologie der Retikulosen

In den vorausgegangenen Abschnitten wurde die nosologische Stellung der Retikulosen und ihre Abgrenzung von anderen krankhaften Vorgängen des retikulären Bindegewebes aufgezeigt. Es bleibt trotzdem noch eine mannigfaltige Vielgestaltigkeit des klinischen Bildes übrig, die nicht zuletzt auch durch die unterschiedlichsten Lokalisationsmöglichkeiten der reticulotischen Veränderungen des RES bedingt ist. Sichtet man die einschlägige Literatur, stößt man fast nur auf Kasuistiken. Zusammenfassende Angaben finden sich bei Fresen (1954, 1957), Cazal (1952), Gottron (1966), Begemann (1964). Die uneinheitliche Konzeption des Begriffs der Malignität ist nicht selten Anlaß von Differenzen in Definition, Beurteilung und Prognose der Retikulosen. Er wird in der Literatur recht unterschiedlich angewendet (Musger, 1960). Malignität wird einmal aus histomorphologischen Veränderungen abgeleitet, wie: infiltrierendes Wachstum, Gewebsdestruktion, Kernatypien, Mitosen, Basophilie, Verschiebung der Kernplasmarelation zugunsten des Kernes. Betrachtet man die Hämoblastosen nach solchen Gesichtspunkten, wird man die Retikulose als eine mehr gutartige Erkrankung ansprechen müssen. Hier darf noch einmal an das Schema von Rössle (1939) erinnert werden, das Steigleder (1964) im Band I/2, S. 710 dieses Handbuches bereits angeführt hat, das auch von Hittmair (1942) und Knoth (1958, 1959) übernommen wurde. In der Modifikation von Heilmeyer und Begemann (1951) ist die Aussage über Gut- oder Bösartigkeit vermieden worden.

Zum andern wird der Begriff der Malignität klinisch im Sinne einer infausten Prognose verwendet und führt somit zu weiteren Verständigungsschwierigkeiten in der Diskussion (FRESEN, 1953; KLEMPERER, 1954; LENNERT und ELSCHNER, 1954; LENNERT, 1960; BRÜCHER, 1962).

FRESEN stützt sich 1957 auf Erfahrungstatsachen, die er bei 114 (66,2% Männer, 33,8% Frauen) autoptisch gesicherten Fällen gewinnen konnte. Dabei ergab sich eine durchschnittliche Verlaufsdauer der Erkrankung von 7,1 Monaten. Die ausgesprochene Androtropie der Krankheit wurde von anderen Autoren bestätigt (KNOTH, 1958; MUSGER, 1966). Insgesamt scheinen die Retikulosen um ein Vielfaches seltener als die Lymphogranulomatose und etwa halb so häufig wie die Leukämie zu sein. Der Prozentsatz des Organbefalls ist nach den Angaben von FRESEN in der nachstehenden Tabelle zusammengefaßt.

Tabelle 3. (FRESEN, 1957)

Organ	%	Organ	%
Milz	91	Schädel	8,7
Leber	87	Thymus	7,9
Knochenmark	72,1	Genitale	6,2
Lymphknoten:			
abdominal	63,1	Femur	6,1
thorakal	58,9	Hirnhäute	5,2
inguinal	54,2	Wirbelsäule	3,5
retroperitoneal	52,7	Schilddrüse	3,5
cervikal	51,5	Obere Extremitäten	2,6
axillär	49,9	Becken	1,8
Lunge	30,7	Gefäße	1,8
Niere	28,9	Hypophyse	1,8
Haut	20,2	Gehirn	1,7
Nasen-Rachen-Raum	20,2	Tibia	0,9
Magen, Darm	19,2	Fibula	0,9
Herz	15,8	Mamma	0,9
Nebennieren	13,8		
Pankreas	12,3		

Die Retikulosen können sich in 2 differenten, durch den bevorzugten Organbefall charakterisierte Manifestationsformen äußern:

a) die viscerale Form der Retikulose,
b) die cutane Form der Retikulose.

Die viscerale Retikulose befällt in typischen Fällen Milz, Leber, Lymphknoten und Knochenmark, die cutane Retikulose primär die Haut und bleibt im weiteren Verlauf auch lange Zeit oder doch wenigstens im wesentlichen auf die Haut beschränkt (CAZAL, 1952, 1964; BEGEMANN, 1964; MUSGER, 1966). Die Haut kann natürlich auch bei der visceralen Form sekundär befallen werden (WINKLER, 1963), wie auch bei der primären, aber fortgeschrittenen Form der Hautretikulose auch ein Befall innerer Organe verzeichnet wird.

Als dritte Retikuloseform wird von vielen Autoren (DEGOS) außer der visceralen und der cutanen Retikulose, die Säuglingsretikulose, der Morbus Abt-Letterer-Siwe als Sonderform herausgestellt (DEGOS, ROULET, 1954; FRESEN, 1957; CAZAL, 1964). GOTTRON (1931, 1942, 1960) trennt dieses Krankheitsbild scharf von den Retikulosen ab. LENNERT (1964) bezeichnet die nosologische Stellung der Abt-Letterer-Siweschen Krankheit als noch fraglich.

a) Die viscerale Retikulose

Der Beginn der Erkrankung ist uncharakteristisch und äußert sich bei fast allen Patienten in leichter Ermüdbarkeit, Leistungsunfähigkeit, Konzentrationsschwierigkeiten, manchmal auch im Juckreiz. Bei einem großen Teil der Patienten setzt schon zu Beginn der Erkrankung langsam ansteigendes Fieber ein (CAZAL, 1952; BEGEMANN, 1964), so daß man zunächst geneigt ist, an einen Infekt zu denken. Bei den akuten und subakuten Verlaufsformen der Retikulose gehört die Temperatursteigerung zur obligaten Symptomatik. Es kann sich dabei um ein gleichmäßiges Fieber handeln, das selten 38,5° C übersteigt, oder es handelt sich um eine unregelmäßig wechselnde Temperaturerhöhung, oder es resultieren undulierende Fieberkurven, wie man sie auch bei den Brucellosen und bei der Lymphogranulomatosis Paltauf-Sternberg zu sehen bekommt. Zeiten erhöhter Temperatur, hohen Fiebers, septische Bilder und fieberfreie Intervalle können sich während des Verlaufs besonders bei den akuten und subakuten Formen ablösen. Auch über fieberfreie Fälle wurde berichtet (CAZAL, 1952).

In 25% der Fälle (CAZAL, 1964), insbesondere aber bei den akut verlaufenden visceralen Retikulosen findet man eine Purpura, Hämorrhagien der Schleimhäute, Blutungen der Gingiva, Epistaxis, Hämoptoe (CUSTER und PROPP, 1933) und Blutungen in der Retina (RITCHIE und MEYER, 1936; DUSTIN und WEIL, 1936).

Die Senkungsgeschwindigkeit der roten Blutkörperchen kann extreme Werte erreichen (FUNK, 1955), eine Anämie ist in den späteren Stadien praktisch immer nachzuweisen.

Die akute viscerale Retikulose ist den akuten Leukosen vergleichbar. Ihre Krankheitsdauer liegt nach CAZAL (1952) im allgemeinen unter 6 Wochen oder nach den Beobachtungen von FRESEN (1957) 8 Wochen. Fieber, Anämie, Hämorrhagien, Adenopathien und Hepato-Splenomegalie bestimmen das klinische Bild. Es können entweder die Hepato-Splenomegalie (UGRIUMOW, 1928; DUSTIN und WEIL, 1936; CATHALA und BOULENGER, 1942) im Vordergrunde stehen oder auch die Adenopathie (KRAHN, 1926), oder beide Organsysteme mehr oder weniger gleichmäßig befallen sein (BYKOWA, 1929). Etwa 25% der Fälle der visceralen Retikulose verlaufen akut (CAZAL, 1964; BEGEMANN, 1964), 50% subakut (CAZAL, 1964). Die Krankheitsdauer der subakuten Formen errechnete FRESEN mit 2—6 Monate, CAZAL mit 6 Wochen bis zu 1 Jahr.

Milz, Leber und Lymphknoten sind bei dieser Verlaufsform so gut wie immer beteiligt; es besteht eine Anämie (Splenomegalie). Entsprechende Fälle haben ISAAC (1922), LUPU und BRAUNER (1935), UEHLINGER (1930) u.a. publiziert. Die subakute viscerale Retikulose pflegt meist in 2—3 Schüben zu verlaufen.

Die chronisch verlaufende viscerale Retikulose umfaßt nach CAZAL 25% der Fälle. Im Vordergrunde steht der Befall der Lymphknoten, die sich unter Körpertemperatursteigerung schubweise vergrößern, so daß der Kliniker nicht selten zuerst an die häufiger vorkommende Lymphogranulomatose denkt. Die bioptische Untersuchung der Lymphknoten sichert die Diagnose. Der chronische Verlauf der visceralen Retikulose kann sich im Einzelfalle über viele Jahre hinziehen. So haben BOURONCLE und WISEMAN (1958) über einen Krankheitsverlauf (Fall Nr. 8) von 15 Jahren und 10 Monaten berichten können. Im allgemeinen wird die 5-Jahresgrenze aber nur in Einzelfällen überschritten werden.

Die pathologisch-anatomischen Veränderungen der visceralen Retikulose wurden von zahlreichen Autoren beschrieben. Die *Milz* ist bei 90% der Erkrankten befallen (FRESEN, 1957; CAZAL, 1964; BEGEMANN, 1964), zeigt aber nur selten das excessive Wachstum, wie man es bei der Osteomylosklerose und den chronischen Myelosen anzutreffen pflegt. ZELDENRUST (1952) konnte andererseits in einem Falle ein Milzgewicht von 2135 g beobachten. Ähnlich wie bei der myeloischen Leukämie zeigt die Schnittfläche der Milz bei der Retikulose eine diffuse graurötliche Farbe. Wie bei den Leukämien werden leukämische Nekrosen beobachtet (ZELDENRUST, 1952).

Die *Leber* ist bei der visceralen Retikulose häufig befallen und vergrößert. ZELDENRUST konnte auch an diesem Organ eine Gewichtszunahme von 3360 g feststellen. Die Häufigkeit des Leberbefalls wird mit 50% (CAZAL) bis 85% (FRESEN) angegeben. Die Schnittfläche zeigt keine makroskopisch erkennbaren Besonderheiten, außer gelegentlichen grau-weißen Flecken und Streifen. Noch seltener sind grau-weiße tumoröse Knoten, die dann aber auch in der Milz anzutreffen sind. Die Zellproliferation geht von den v. Kupfferschen Sternzellen und/ oder vom periportalen Gewebe aus. Pigment und Fettablagerungen in der Leber wurden beobachtet (CAZAL, 1964). Ein Ikterus kann im Verlauf der Krankheit auf dem Boden einer sekundären hämolytischen Anämie auftreten, durch die rasche Zerstörung transfundierter Erythrocyten (SHERLOCK, 1965) oder durch eine Schädigung der Leberzellen infolge einer cytostatischen Behandlung der Retikulose (AMROMIN, DELIMAN und SHANBROM, 1962).

Das *Knochenmark* ist nach FRESEN zu 72,1%, nach CAZAL und BEGEMANN bei 50 von 100 der Erkrankungsfälle befallen. Es finden sich dabei morphologisch ähnliche Zellen, wie sie auch im peripheren Blut angetroffen werden. Nur ist die direkte Untersuchung der Knochenmarksherde aufschlußreicher, zumal hier gelegentlich auch die Darstellung des argyrophilen Fasernetzes im Markausstrich gelingt (UNDRITZ, 1946; HECKNER und VOTH, 1955; BRÜCHER, 1957), wobei aber gesagt sei, daß das histologische Schnittpräparat dieser Methode doch weit überlegen ist. Im histologischen Schnitt findet man außer monomorphen retikulären Infiltraten auch Sternberg-Zellen und deren Vorstufen (SCOTT und ROBB-SMITH, 1939). DUSTIN und WEIL (1936) beschrieben extrem große Zellen mit einem Durchmesser von 200 μ und 30—40 Kernen, sog. Symplasten. Auch CAZAL (1964) erwähnt ähnliche Fälle, die bei einem Durchmesser von 90—100 μ bis zu 900 Kerne enthalten. Er nennt sie mikropolynucleäre Plasmoden. BRÜCHER (1956, 1963) läßt dieser Polyploidisierung keine pathologische Bedeutung zukommen.

Lymphknoten sind häufig (90%), aber nicht obligat befallen, erreichen, bei ähnlichem Tastbefund, aber nicht die Größe der Lymphknotenpakete der Lymphogranulomatose. Von den sehr derben Lymphknotenmetastasen der malignen Geschwülste lassen sie sich schon palpatorisch differenzieren. In fortgeschrittenen Fällen ist der gesamte Lymphknoten von gewucherten Retikulosezellen durchsetzt, das lymphatische Gewebe völlig verdrängt. Gelegentlich setzt sich die Proliferation auch über die Kapsel hinaus bis in das benachbarte Gewebe fort (LENNERT, 1964). Mitosen finden sich im proliferierten Gewebe häufig. Retroperitoneal gelegene abdominelle Lymphknoten können längere Zeit die einzigen Herde der visceralen Retikulose sein. Ihr diagnostischer Nachweis ist schwierig. Er bedarf einer besonderen Untersuchungstechnik (BEGEMANN, 1964). BETHOUX u. Mitarb. (1944) konnten einen Fall beschreiben, bei dem als einziges Symptom lange Zeit nur eine Dysphagie nachweisbar war, die schließlich auf einen mediastinalen Lymphknotenbefall zurückgeführt werden konnte. Einige Zeit später gesellten sich zum primären Befall der Lymphknoten reticulotische Proliferationen in der Milz, Leber, Haut und in den Mammae hinzu.

Im *Knochen* führt die Retikulose zu lokalen Destruktionen (FOOT und OLCOTT, 1934), zur diffusen Osteoporose (NORDENSON, 1933) oder auch zu circumscripten cystenartigen Aufhellungen, z. B. im Humerus (GUIZETTI, 1931), im Femur (GOLD-ZIEHER und HORNICK, 1931), im Becken (SYMMERS und HUTCHESON, 1939), in der Wirbelsäule (CREMER, 1937) und in der Schädelkalotte (SCHULTZ, WERMBTER und PUHL, 1924; WALLGREN, 1939; SAINI, 1942). Der gesamte *Magen-Darmtrakt* kann bei der visceralen Retikulose pathologische Veränderungen beherbergen. Am häufigsten handelt es sich um follikuläre Infiltrate, die häufig ulcerieren und perforieren können (UEHLINGER, 1930; NIENHUIS, 1927; BONNE und LODDER, 1929; KLOSTERMEYER, 1934; HAMBURGER u. Mitarb., 1948). Knotige Veränderungen, z. B. in Form eines Tumors, im Rectum (HAINING, KIMBALL und JANES, 1935) kommen seltener vor. *Pleuropulmonale Veränderungen* wurden wiederholt beschrieben, wenn auch am häufigsten bei der akuten Säuglingsretikulose, dem Morbus Abt-Letterer-Siwe, den wir mit GOTTRON im Gegensatz zu FRESEN und CAZAL von den Retikulosen im engeren Sinne allerdings abtrennen möchten.

CAZAL (1964) unterscheidet 4 differenzierbare Formen des pleuropulmonalen Befalls der visceralen Retikulose. Bei der *„interstitiellen Pneumoretikulose"* beschränkt sich die Proliferation auf die interalveolären Trabekel (BREDNOW, 1962); die klinische Symptomatik bleibt unauffällig. Im Röntgenbild sichtbare Veränderungen sind infolge des meist nicht sehr dichten Infiltrates selten. Bei der *„mikronodulären Pneumoretikulose"* findet man gelbliche linsengroße Knötchen über das Lungenparenchym verstreut, wobei einzelne Knötchen bis an die Pleura heranziehen können (NIENHUIS, 1927; BONNE und LODDER, 1929). Die „mikronoduläre Pneumoretikulose" kommt viel seltener vor als die „interstitielle Pneumoretikulose". Als dritte Form gilt die *„massiv infiltrierte Pneumoretikulose"*. Die Proliferation der Retikulosezellen geht vom Hilus aus und befällt meist ganze Lungenlappen (BREDNOW, 1962). Im Röntgenbild imponiert sie als massive Verschattung mit unscharf begrenzten Rändern. Häufig besteht eine Schwellung der Lymphknoten des Mediastinums (BETHOUX, SEIGNEURIN, CAZAL und FABRE, 1944; JANBON, BÉTOULIÈRES und CAZAL, 1944; DRIESSENS, CORNILLOT, GAUTHIER und HERBEAU, 1944). Als vierte Form der Pneumo-Retikulose führt CAZAL schließlich die *„bullöse Pneumoretikulose"* an, die vor allem J. MARIE (MARIE, SALET, HEBERT und ELIACHOV, 1952) beschrieben wurde. Sie kommt wohl nur im Rahmen der Abt-Letterer-Siweschen Erkrankung vor. Das pathologisch-anatomische Substrat der „bullösen Pneumoretikulose" ist ein dichtes reticulohistiocytäres Infiltrat mit Emphysemblasen, die durch Ruptur zum Mediastinalemphysem und zum Pneumothorax führen können (SIWE, 1933; GUIZETTI, 1931; VAN CREVELD und TER POORTEN, 1935; MARIE, ENORMAND, MALLET, SALET, 1941). Ist bei der Pneumoretikulose die Pleura mitbefallen, kommt es zur exsudativen Reaktion und man findet dann im hartnäckig rezidivierenden citronenfarbenen Erguß, der mitunter auch mal hämorrhagisch sein kann, normale und atypische reticulohistiocytäre Zellen (TSCHISTOWITZ und BYKOWA, 1928; JANBON, CHAPTAL und CAZAL, 1944).

Drüsenbeteiligung der visceralen Retikulose kommt vor, scheint aber doch recht selten zu sein. MOUQUIN, CATINAT und RAULT (1944) beschreiben ein Mikulicz-Syndrom bei einer 58jährigen Frau mit beidseitiger Tumorbildung durch eine retikuläre Infiltration der Parotis, der Glandulae submaxilares und der Tränendrüsen. BONNE und LODDER (1929) sahen eine entsprechende Infiltration der Hypophyse, SCHULTZ u. Mitarb. (1924), BONNE und LODDER (1929), BYKOWA (1929), PARKS (1934), HÖRHOLD (1937), AHLSTRÖM (1941) der Nebennieren, SCHULTZ, WERMBTER und PUHL (1924), BENEDETTI und FLORENTIN (1931), WALTHER und STROCKA (1932), PARKS (1934), PENZOLD (1937), HÖRHOLD (1937) des Pankreas, KLOSTERMEYER (1934), GALEOTTI und PARENTI 1934) des Thymus, BONNE und LODDER (1929) der Ovarien und des Uterus, und SCHABAD und WOLKOFF (1932) sowie BETHOUX u. Mitarb. ein Infiltrat der Mammae. Reticulotische Infiltration der Testes haben wir im Krankengut unserer primär cutanen Retikulosen wiederholt gesehen.

Das *Herz* (SCHÄFER, 1953; GOTTRON, 1960; BROUSTET u. Mitarb., 1960), die *Augen* (WAITZ und HOERNER, 1938) und selbst *Gefäße* (BOULET u. Mitarb., 1951) können gelegentlich an der Systemerkrankung Retikulose teilhaben.

Retikulosen mit Befall des *Nervensystems* wurden von Chaptal, Mourrut und Cazal (1944), Hewer und Heller (1949), Di Guglielmo u. Mitarb. (1951), Gadrat, Bazex und Parant (1953), Duperrat, Golé und Penot (1954) beschrieben. Je nach der Lokalisation der Infiltrate ergibt sich eine Symptomatik, die von geringgradigen Ausfallserscheinungen bis zur Tetraplegie und zur Bewußtlosigkeit reichen kann. Als pathologisch-anatomisches Substrat der Retikulosen des ZNS gilt die von Hortega (1932) beschriebene Mikroglia. Ihre von ihm postulierte mesodermale Genese wurde von Kershman (1939) sichergestellt. Nach Ostertag (1964) übt sie im Gehirn die Funktionen mobiler retothelialer Elemente aus. Der Sitz der Retikulosen des ZNS ist uneinheitlich, selten diffus und nur selten den Faserbahnen folgend, wie Wilke (1950) beobachtet hat. Mitunter ist die Abgrenzung unscharf. Die Ausbreitung der Infiltration erfolgt nicht selten auch subependymär. Die Infiltrate bleiben praktisch immer auf den Gefäßbaum bzw. den Adventitialraum der Gefäße beschränkt. Selten bleibt die Retikulose nur auf die Hirnhäute bezogen, meist dringt sie den Gefäßen folgend in das Gehirn ein. Stoffwechselbeeinflussungen des Gehirns selbst sind, soweit uns bekannt, nicht beschrieben worden. Die Gehirnschwellung wird erst durch den Zerfall der Retikuloseherde induziert.

Veränderungen des Blutes

Bei der autochthonen, irreversiblen systemartigen retikulären Proliferation sind unspezifische und spezifische Veränderungen des Blutes zu erwarten.

Unter den *unspezifischen hämatologischen Veränderungen* steht bei fast allen Retikulosen eine während des Verlaufs zunehmende *Anämie* an erster Stelle, die sub finem hochgradige Ausmaße annehmen kann (Dustin und Weil, 1936; Schulz, Jänner u. Wex, 1967, u.a.). Im allgemeinen läßt sich die Anämie durch den meist ausgeprägten Befall des Knochenmarks erklären. Es scheint aber auch eine splenogene Komponente zumindest in einem Teil der Fälle eine depressorische Rolle zu spielen. In vielen Fällen kommt natürlich auch der Faktor Infekt und Tumoranämie (Begemann, 1964) hinzu. Blutungsanämien durch eine hämorrhagische Diathese dürften seltener zustande kommen. Brednow (1962) hat über eine hämolytische Anämie vom immunologischen Typ berichtet.

Eine *Thrombocytopenie* pflegt im Decursus mit ziemlicher Regelmäßigkeit aufzutreten und wird bei beträchtlichem Plättchenmangel zur Ursache von Blutungen (Cazal, 1964). Wieweit auch bei den Retikulosen eine gesteigerte fibrinolytische Aktivität auftreten kann, ist noch nicht genügend abgeklärt. Ob in den gewucherten Reticulumzellen bzw. Monocyten Plasmininaktivatoren vorhanden sind, wie sie von Jürgens (1963) für die Leukosezellen nachgewiesen wurden, ist nicht bekannt (Begemann, 1964).

In 30% aller Retikuloseerkrankungen findet man nach Cazal (1952) eine *Leukopenie* (2000—3000 Leukocyten/mm³), die bis zum völligen Verschwinden der Granulocyten im peripheren Blut gehen kann (Plum und Thomsen, 1938; Klostermeyer, 1934). Dieser Zustand sollte nicht mit der echten Agranulocytose verwechselt werden, bei der es sekundär zu einer reticulohistiocytären Reaktion kommt (Cazal, 1964). Die aleukämischen Retikulosen sind meist durch eine *Lymphocytose* gekennzeichnet. Schmidt (1948) berichtete andererseits über eine leukämische Verlaufsform, die bei 100000 Leukocyten 86% Eosinophile aufzuweisen hatte.

Unter *spezifischen Blutbildbefunden* sind das Erscheinen von reticulohistiocytären Zellen im peripheren Blut zu verstehen. Das bekannteste hierher gehörige Beispiel ist der 1913 von dem Dermatologen Reschad und dem Hämatologen Schilling beobachtete und publizierte Fall. Die Autoren sahen im peripheren

Blut Zellen, die sog. Splenocyten, die man heute als Monocyten von mehr oder weniger typischer Art deutet. Diese Beobachtung veranlaßte in der Folge eine Reihe von Feststellungen, die unter Vernachlässigung der Hautveränderungen zum Begriff der Monocytenleukämie geführt haben. 2 Jahre vor der erwähnten Publikation haben BUSCHKE und HIRSCHFELD (1911) bei einer 22jährigen Frau ein Krankheitsgeschehen beobachtet, das sie unter der Bezeichnung „Leucosarcomatosis cutis" beschrieben und als bis dahin einzigartig herausgestellt haben. Im peripheren Blut fanden sie Zellen, die sie als Lymphoidocyten bezeichneten. Auch im Falle von BUSCHKE und HIRSCHFELD waren, wie in dem von RESCHAD und SCHILLING, die ersten pathologischen Veränderungen an der Haut aufgetreten. Das Integument ist nach FRESEN (1957) und nach GOTTRON (1960) in 20 von 100 aller Monocytenleukämien mitbeteiligt. BUSCHKE und HIRSCHFELD hatten in ihrem Fall in Anbetracht des Zellcharakters, der in ihrer Arbeit in seltener Klarheit zeichnerisch dargestellt wurde, die Interpretation als Tumorzellen abgelehnt. Auch WALTHER und STROCKA (1932) haben diesen Fall als den einzigen bezeichnet, der ihrem eigenen entspräche, einem Casus, der heute als sog. Reticulosarcomatosis cutis Gottron anerkannt (KNOTH, 1958) wird. GOTTRON und NIKOLOWSKI (1960) haben die Beobachtung von BUSCHKE und HIRSCHFELD als Retothelsarkomatose gedeutet. Die ausführliche Beschreibung des histologischen Befundes, in der es heißt, daß das präexistente Gewebe „einfach verdrängt und durch den wachsenden Tumor zum Schwund gebracht" wird, Gefäßeinbrüche und eine destruierende Infiltration der Epidermis und ihrer Anhangsgebilde trotz intensiven Suchens nicht zu beobachten waren, könnte u. U. Anlaß geben, diesen Fall als zu den Retikulosen gehörig zu betrachten (DAMMERMANN, 1968). Der von BORISSOWA (1903) beobachtete Fall wird im allgemeinen als Retikulose nicht anerkannt.

Die Monocytenleukämien, bei denen ja die Proliferation des RES den entscheidenden pathologischen Vorgang darstellt, sind mit GOTTRON (1960) besser als monocytär-leukämische Retikulosen zu bezeichnen. CAZAL (1964) konnte in einer statistischen Zusammenstellung zeigen, daß bei etwa 20% der Fälle bis zu 90% Monocyten im peripheren Blut gefunden werden. Das Blutbild der Retikulosen kann erhöhte, normale oder auch erniedrigte Leukocytenzahl aufweisen, wobei der Monocytenanteil meist zwischen 10 und 30% liegt. FRESEN fand bei 114 gesicherten Retikulosen 57,9% aleukämische Formen. Es muß hier aber betont werden, daß bei ein und demselben Falle erhebliche Schwankungen der Leukocytenzahlen auftreten können, so daß der Einzelfall oft nicht leicht als leukämisch oder aleukämisch einzuordnen ist (GOTTRON, 1960; CAZAL, 1964).

Tabelle 4 zeigt die oft erstaunlichen Schwankungen der Leukocytenzahlen des peripheren Blutes, wobei der Zeitraum zwischen den extremen Werten oft sehr kurz ist und nur einige Wochen betragen kann.

Die echten Monocytenleukämien — Typ Schilling — (HOFF, 1926; FOORD, PARSONS und BUTT, 1933; BOCK und WIEDE, 1930; BÖHNE und HUISMANS, 1932; MONTGOMERY und WATKINS, 1937; HITTMAIR, 1942; FRESEN, 1945, 1951; HERBUT und MILLER, 1947; SCHILLING, 1950; INAMA, 1951; RICHTER, 1957, u.a.), auch leukämische Reticuloendotheliose (BOURONCLE und WISEMAN, 1958) oder monocytäre leukämische Retikulose (GOTTRON, 1960) sowie Histiocytenleukämie (STEIGLEDER, 1964) genannt, sind in ihrem cellulären Substrat nicht immer leicht von der monocytoiden Paramyeloblastenleukämie — Monocytenleukämie Typ Nägeli —, die lange Zeit im Vordergrunde des Interesses stand (FLEISCHMANN, 1916; KRUMMEL und STODTMEISTER, 1937; CAMPBELL, HENDERSON und CROONI, 1936; FRESEN, 1945; HITTMAIR, 1963), zu unterscheiden. Es ist erst in den letzten Jahren zur Kenntnis genommen worden, daß die echte Monocytenleukämie, die

Tabelle 4. *Zahl der Gesamtleukocyten im peripheren Blut bei Retikulosen (im engeren Sinne)*

Autor	Leukocytenzahlen im peripheren Blut
Barantchik (1928)	0— 29 600
Swirtschewskaja (1928)	6 630—416 600
Walther u. Strocka (1937)	250—100 000
Sedat (1935)	3 250— 11 750
Klumpp und Evans (1936)	
Fall 1	46 250— 1 000
Fall 2	6 100— 78 000
Fall 3	8 000—326 000
Plum und Thomsen (1938)	525— 29 000
Janbon, Chaptal, Cazal und Bertrand (1947)	6 750—105 000
Eigene Fälle:	
W. Zie.	10 500— 4 700
E. Her.	40 000— 2 200
E. Mey.	5 800— 16 700
A. Kuhe.	49 800— 8 600
E. Meh.	8 500— 12 800
W. Dor.	350 000— 2 600
B. Kun.	3 800— 1 900
A. Pel.	3 900— 13 100

monocytäre leukämische Retikulose, viel häufiger vorkommt, als man in der europäischen Hämatologie anzunehmen geneigt war (Begemann, 1964). Die phänotypisch-monocytären Zellen der Paramyeloblastenleukämie zeigen eine Peroxydase-positive Reaktion. Eine histogenetische Beziehung dieser Zellen zu dem jeweils ortsständigen Retothel besteht weder im Knochenmark noch in den extramedulär entwickelten Herden (Fresen, 1957). Die normalen und leukämischen Monocyten enthalten unspezifische Esterasen und sind von Esterasen-negativen monocytoiden Paramyeloblasten unterscheidbar (Lennert, Löffler und Grabner, 1962; Lennert, 1963). Im Schnittpräparat läßt sich durch diesen Ferment-histochemischen Nachweis der Esterasen außerdem zeigen, daß neben den schwächer positiven Monocyten auch die sehr stark positiven Reticulumzellen vermehrt sind (Lennert, 1964). Gleich gut verwertbare Ergebnisse sind, wie schon erwähnt, auch durch die Versilberungsmethode nach Weil-Davenport im Blut (Marshall, 1956) und im Gewebe (Lennert, Löffler und Leder, 1963) zu erhalten.

Der Übergang einer Monocytenleukämie in das cytomorphologische Bild einer Paramyeloblastenleukämie scheint möglich und wird von Lennert (1964) als weitere Entdifferenzierung der Zellen zu Monoblasten, die, wie Paramyeloblasten, Esterase-negativ sein sollen, angesehen. Fresen (1960), Hittmair (1963) und Begemann (1964) glauben hierbei doch eher an einen Übergang in eine echte Paramyeloblastenleukämie, zumal Begemann auch auf das spätere Auftreten von typischen Promyelocyten im peripheren Blut hinweisen kann. Zur Differential-diagnose dieser Leukosezellen werden neuerdings auch PAS-Färbungen angegeben (Bruhn, 1965). Schwierig ist die Abgrenzung der aleukämischen Formen der Monocytenleukämie von den reaktiven Monocytosen (z.B. infektiöser Genese), da die fermenthistochemische Trennung zwischen normalen Monocyten und atypischen retikulären Elementen nicht gelingt.

Unter den im peripheren Blut auftretenden Zellen der leukämischen Retikulose sind nach Cazal (1964) monocytämische und reticulocytämische Formen zu unter-scheiden. Die monocytämischen Zellen sind normale oder kaum atypische Mono-

cyten mit einem wolkigen, feinste Granula enthaltenden, zur Pseudopodien-
bildung neigenden Cytoplasma. Die Peroxydase-positiven Körnchen sind wesentlich feiner und in kleinerer Zahl vorhanden als bei den Zellen der myeloischen
Reihe. Negativ fällt die Peroxydase-Reaktion bei den Promonocyten (CAZAL, 1964)
aus, deren Plasmastruktur der der Monocyten gleicht. Es handelt sich um Übergangsformen von Reticulocyten (Histiocyten) zu Monocyten. Der Kern enthält
wie bei den Histiocyten Vacuolen. Die reticulocytämischen Zellen des peripheren
Blutes sind atypische Formen, die nur andeutungsweise an Monocyten erinnern.
Die reifen Typen dieser Zellform, die sog. Paramonocyten, auch als reticuloendotheliale Zellen oder anormale Monocyten bezeichnet, unterscheiden sich von den
Monocyten durch ihre Größe, die von 20—40 μ reichen kann, und durch ihre
unregelmäßigeren Kerne. Enthalten sie Vacuolen, nennt sie CAZAL auch Para-
promonocyten. Der unreife Zelltyp ist kleiner und enthält keine azurophilen
Granulationen. Er entspricht den Monoblasten von LENNERT bzw. der sog.
blastoiden Zelle von CAZAL oder der basophilen blastischen Zelle von BRESSEL
(1963). Die retikuläre Genese dieser Zellen wird allgemein anerkannt.

Quantitative und qualitative *Veränderungen der Serumeiweißkörper* sind bei
den Retikulosen weder spezifisch noch pathognomonisch. Bei der primären Retikulose der Haut können sie auch mal völlig fehlen. Im Verlaufe des Krankheitsgeschehens kommt es meistens aber doch zu einer Vermehrung der α_2-Globuline,
wie man es sonst bei den akuten Entzündungen zu sehen bekommt (BEGEMANN,
1964). Mit Zunahme der Verlaufsdauer und der Ausdehnung des Prozesses rückt
das Ansteigen der γ-Globuline und der Abfall der Albuminfraktion in den Vordergrund (EMMRICH und PERLICK, 1953; HAAS, 1954; LINDNER und MEYER, 1956;
FANINGER und ISVANESKI, 1957; REISSMANN, 1961). Erhebliche γ-Globulin-
vermehrung, sowohl mit breitbasigen als auch mit schmalbasigen Zacken, wie
beim Plasmacytom, können aber auch schon im Beginn der Erkrankung auffällig
sein (MOESCHLIN, 1961; WUHRMANN und MÄRKI, 1963; BEGEMANN, 1964). Veränderungen des Elektropherogramms der beschriebenen Art findet man sowohl
bei der echten retikulären Proliferation als auch bei der reaktiv retikulären Hyperplasie (EMMRICH und PERLICK, 1953; DHOM, 1955; KNOTH, 1958). Die elektrophoretisch erfaßbaren Eiweißveränderungen können immerhin differentialdiagnostisch zur Abgrenzung der Lymphadenose herangezogen werden, bei der
das Elektropherogramm einen normalen Kurvenverlauf zeigt. MOESCHLIN (1961)
und BĂDĂNOIU (1964) halten bei den Retikulosen eine Paraproteinämie für möglich,
eine Auffassung, die nach GOTTRON (1960), WUHRMANN und MÄRKI (1963), BEGE-
MANN (1964) noch nicht bewiesen ist. Der Fall von BĂDĂNOIU ist immerhin beachtenswert, die Sia-Reaktion auf Makroglobuline, die Reaktion auf Kryoglobuline
und der direkte Coombs-Test und die Untersuchung über die Cytotoxicität des
Serums gegen normale Leukocyten fielen positiv aus. BĂDĂNOIU wertet seinen Fall
als Bestätigung der Moeschlinschen Hypothese der Antigen-Antikörper-Reaktion
als pathogenetisches Prinzip im Entstehungsmechanismus der Retikulose.

b) Cutane Retikulosen

Klinik, Verlauf und Prognose der cutanen Retikulosen weichen vom Bilde der
visceralen Form in einigen Punkten so weit ab, daß die Forderung einer polaren
Gegenüberstellung der beiden Formen (CAZAL, 1964; MUSGER, 1966) gerechtfertigt
erscheint. Die Haut ist bei der Retikulose unterschiedlich häufig befallen. Die
Angaben gehen von 20,2% bei FRESEN (1957) über 25% bei CAZAL (1964) bis 50%
bei BEGEMANN (1964). Die visceralen und die cutanen Retikulosen unterscheiden
sich am deutlichsten durch ihren auf das Erkrankungsalter bezogenen Morbiditäts-

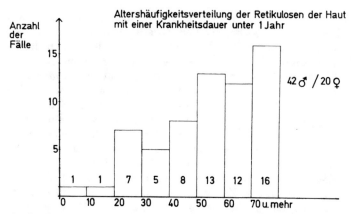

Abb. 8. Altershäufigkeit der Retikulosen mit einer Verlaufsdauer unter 1 Jahr. Nach Geschlechtern verteilt ergab sich keine abweichende Relation der Altersverteilung

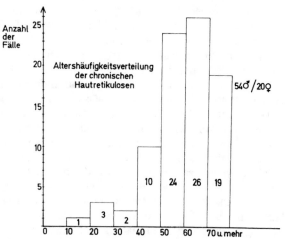

Abb. 9. Altershäufigkeit der chronischen Hautretikulosen. Nach Geschlechtern aufgeteilt ergab sich keine Abweichung der Relationsänderung der Altersverteilung

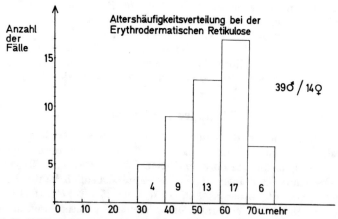

Abb. 10. Morbiditätsverteilung in Abhängigkeit vom Alter bei der erythrodermatischen Retikulose

gipfel und durch ihren Verlauf. Bei FRESEN (1957) und bei ROULET (1954) findet man die Angabe, daß der Krankheitsbefall aller Altersgruppen etwa gleich ist, bei FRESEN und bei CAZAL den Hinweis, daß 75% der Fälle aller Retikulosen einschließlich der Hautretikulosen innerhalb von einem Jahr letal verlaufen. Die letztere Feststellung, allein auf die Hautretikulosen bezogen, weicht von dieser Annahme ab. Von 136 in der uns erreichbaren Literatur gesichteten, diagnostisch haltbaren Fällen primärer cutaner Retikulose verstarben innerhalb eines Jahres nur 46%.

Von den erwähnten 136 Fällen gehörten 70,4% dem männlichen Geschlecht an.

Vergleicht man die in der Literatur erreichbaren Altersangaben über Fälle cutaner Retikulose, fällt eine Morbiditätszunahme im mittleren Lebensalter auf. Nach dem 50. Lebensjahr kommt die cutane Retikulose häufiger vor und scheint im 6. und 7. Dezennium den Gipfel ihrer Morbidität zu erreichen. Vergleicht man Verlaufsformen unter einem Jahr mit solchen, die sich länger als ein Jahr hinzogen, gewinnt man doch den Eindruck, daß die akuten und subakuten cutanen Retikulosen jüngere Jahrgänge häufiger befallen als die chronischen Hautretikulosen. Berücksichtigt man nur die Altershäufigkeitsverteilung, z. B. der erythrodermatischen Retikulosen, findet man in den ersten 3 Lebensjahrzehnten keine Erkrankungsfälle und einen Morbiditätsgipfel im 7. Dezennium. Konnatale und perinatale Retikulosen kommen offenbar sehr selten vor. Über angeborene Retikulosen und Leukosen haben GAILLARD, MOURIQUAND, DELPHIN und BRUGIÈRE (1961), über eine Retikulose im Säuglingsalter haben u. a. SCHULZ, JÄNNER und WEX (1967) berichtet.

Der Verlauf kann bei den cutanen Retikulosen ausgesprochen chronisch sein. MUSGER (1954) beobachtete einen Casus über 14 Jahre. Im Gegensatz zur visceralen Retikulose ist auch das Allgemeinbefinden bei der primär cutanen Form bis zur terminalen Phase meist wenig oder kaum beeinträchtigt. Anders verhält sich natürlich die Retikulose mit sekundärem Hautbefall; die beiden Formen sind daher auch aus prognostischen Gründen zu differenzieren.

Die unterschiedlichen Formen der primären Retikulose der Haut werden am zweckmäßigsten nach ihrem Verlaufscharakter oder nach ihrer klinischen Symptomatik klassifiziert. So unterscheidet LINDNER und MEYER (1956) zwischen akuten, subakuten und chronischen Retikulosen der Haut. Eine solche Einteilung erfordert zunächst aber Beachtung der Zeitläufe, die allgemein als akut, subakut oder chronisch anzuerkennen wären. Hautretikulosen mit einem akuten Verlauf von 6—8 Wochen (WALTHER und STROCKA, 1932) und subakuten Verlauf bis zu 6 Monaten sind dann doch recht selten (GADRAT u. Mitarb., 1953; DEGOS, 1953; GERTLER, 1956 und 1962).

Die primär cutanen Retikulosen neigen zum chronischen Verlauf, die Klassifizierung ihrer Erscheinungsformen nach klinisch-symptomatischen Gesichtspunkten erscheint daher sinnvoller. Entsprechende Einteilungen stammen von DEGOS (1957), GOTTRON (1960), GERTLER (1962) und CAZAL (1964).

Die Begriffe akute Retikulose und sog. Reticulosarcomatosis cutis Gottron werden nicht selten als identisch betrachtet. Es ist nicht zu bezweifeln, daß ein beträchtlicher Anteil der Fälle der sog. Reticulosarcomatosis cutis Gottron zumindest einen subakuten Verlauf nehmen. Andererseits sind aber auch Fälle dieses gut definierten Krankheitsbildes bekannt geworden, die eine Verlaufszeit von $4^1/_2$ Jahren belegen ließen (MUSGER, 1960). Verwirrend und unnötig ist die Etikettierung akut verlaufender Retikulosen mit der Bezeichnung ,,maligne Retikulose", zumal andere Autoren diese Benennung mit dem Begriff der Retikulosen im engeren Sinne identifizieren, um diese von den reaktiven Hyperplasien schon sprachlich eindrucksvoll abzugrenzen. Hinzu kommt noch, daß DEGOS die sog.

Reticulosarcomatosis cutis Gottron und auch das Retothelsarkom „réticulose maligne" nennt.

Ein Gespräch mit dem Hämatologen und dem Pathologen kann nur dann möglich und fruchtbar werden, wenn eine allgemeingültige Terminologie erarbeitet wird, die dann selbstverständlich auch in der Dermatologie konsequent angewendet werden muß. Eine klinisch-morphologisch brauchbare Einteilung der Hautretikulosen stammt von Degos u. Mitarb. (1957), die später auch von Gertler (1962) übernommen wurde. Sie unterscheiden:

1. Formen mit plattenartigen Infiltraten.
2. Fleckförmig kleinknotige exanthematische Formen.
3. Großknotige Formen.
4. Primär progressive hyperplastische Erythrodermien.

Cazal (1964) führt in einem ähnlichen Schema Papeln, ulcerierende Knoten und Tumoren, fleckförmige Infiltrate, intradermale Tumoren und Erythrodermien als mögliche Hautmanifestationen an. Die von Degos erarbeitete Einteilungsmöglichkeit der cutanen Retikulose ist jedoch umfassend genug, um einzelne Formen abgrenzen zu können. Andererseits liegt es im Wesen eines jeden Schemas, der einen oder anderen Variante einer Sache nicht gerecht werden zu können. Es können selbstverständlich die einzelnen Retikuloseformen auch miteinander kombiniert sein, oder die großknotige Retikulose wird z.B. bei einem neuen Schub zumindest vorübergehend auch mal eine Aussaat von kleineren Knoten aufzuweisen haben. Auf dem Boden einer Erythrodermie können sich einzelne mehr oder weniger große Infiltrate und Tumoren bilden (Musger, 1954, 1956; Sézary und Bouvrain, 1938; Steigleder und Hunscha, 1958). Das eine oder andere Merkmal pflegt jedoch im allgemeinen augenfälliger zu sein, so daß die klinische Einordnung des Krankheitsbildes doch möglich wird.

Plattenartige Infiltrate bilden meist das spezifische Substrat der sog. Reticulosarcomatosis cutis Gottron, eine Krankheit des RES, deren Eigentümlichkeit und Definition von Eva Gottron (1949) und H. A. Gottron (1951, 1953, 1960) klar herausgestellt wurden. Erste Beobachtungen dieser Retikuloseform liegen vor von Buschke und Hirschfeld (1911), Rusch (1930, 1932), Walther und Strocka (1932), Mayer und Wolfram (1940). Später wurde dieses Thema meist an Hand von eigenen Beobachtungen auch von anderen Autoren bearbeitet. Um nur einige Verfasser zu nennen, z.B. von: Burckhardt und Zellweger (1954), Kühl (1954), Funk (1955), Gottron (1955), Vilanova (1955), Warzecha (1955), Lindner und Meyer (1956), Faninger und Isvanevski (1957), Musger (1958), Gertler (1958), Come u. Mitarb. (1958), Steigleder und Hunscha (1958, Fall 9), Keining und Theisen (1959), Teller (1959), Tritsch und Kiessling (1959), Degos u. Mitarb. (1959), Stäps (1960), Gertler (1962), Mach (1962, Fall 12), Klempt (1963), Bohnenstengel (1963), Miedzinski (1963), Gracianski, Grupper und Timsit (1964), Jung (1965), Rosner und Nowak (1966).

Klinisch-morphologische Merkmale der sog. Reticulosarcomatosis cutis Gottron sind die plattenartigen, anulären, seltener mal knotenförmig das Hautniveau überragenden oder auch tiefer in der Haut gelegenen Infiltrate, die entweder primär multipel auftreten, oder die sehr schnell nach dem Auftreten einzelner Herde generalisieren und so zu einem außerordentlich dichten Nebeneinander der Infiltrate führen. Die Haut ist in das Infiltrat mit einbezogen, nicht abhebbar, ihre Oberfläche durch stärkere Reliefzeichnung gekennzeichnet und kann mit einer feinen Schuppung reagieren (Gottron, 1960). Die braun-roten bis grau-blauen Infiltrate gehen unter dem Druck des Glasspatels in ein blaßgelbes Braun über (Keining und Theisen, 1959).

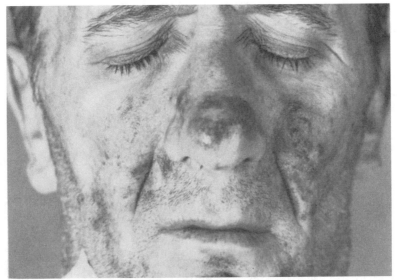

Abb. 11

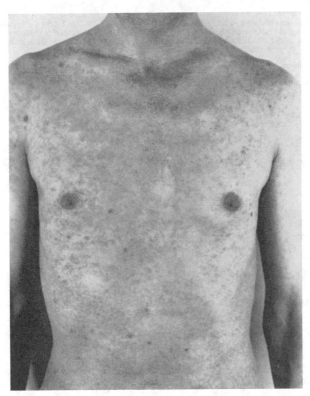

Abb. 12

Abb. 11 u. 12. Sog. Reticulosarcomatosis cutis Gottron (Pat. W. Zie.). Knotenförmige, meist im Niveau der Haut gelegene, aber die Oberfläche vielfach auch überragende braunrote dichtstehende bis linsengroße Infiltrate, die über der Nasenspitze und im Bereich der linken Wange plattenartig konfluiert sind und hier mit punktförmigen Hämorrhagien einhergehen

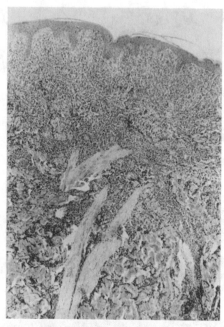

Abb. 13. Sog. Reticulosarcomatosis cutis Gottron (Pat. W. Zie.; Vergr. 4 × 10). Unter der im wesentlichen unauffälligen Epidermis liegt ein relativ infiltratfreier Streifen. Das dichte, fast das gesamte Corium ausfüllende Infiltrat
hat das präexistente kollagene Gewebe weitgehend verdrängt. Die Mm. arrect. pil. sind, wenn auch stellenweise
vom Infiltrat angenagt, doch im ganzen gesehen nicht destruiert

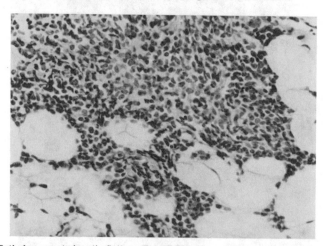

Abb. 14. Sog. Reticulosarcomatosis cutis Gottron (Pat. W. Zie.; Vergr. 25 × 10). Das Infiltrat reicht bis weit in
die Subcutis

Pat. W. Zie., männlich, geb. 22. 8. 1917, sog. Reticulosarcomatosis cutis Gottron.
Familienanamnese unauffällig. Zur *eigenen Vorgeschichte:* 1941 Granatsplitterverletzung.
Beginn und Entwicklung des Hautleidens: Plötzlich einsetzende Erkrankung, deren Beginn
mit dem 13. 8. 1959 (im Alter von 42 Jahren) angegeben wird. Es war am Kinn innerhalb
von 24 Std eine schmerzhafte, etwa pflaumengroße Schwellung aufgetreten, so daß der
Patient seinen Urlaub unterbrechen mußte und sich in Behandlung einer Zahnklinik begab.
Durch 6 Penicillin-Injektionen bildete sich die Schwellung zurück. Von einer Gebißsanierung
wurde wegen einer noch bestehenden eitrigen Angina Abstand genommen. Nach wenigen
Tagen rezidivierte die Schwellung im Kinnbereich, so daß am 31. 8. 1959 stationäre Aufnahme
in der Zahnklinik erfolgen mußte. Bei der Incision der Schwellung entleerte sich Eiter.

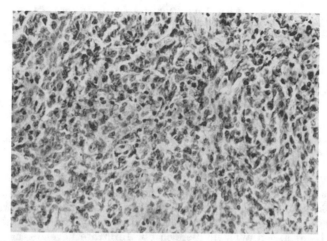

Abb. 15. Sog. Reticulosarcomatosis cutis Gottron (Pat. W.Zie.; Vergr. 25×10). In dem durchwegs aus mittel-großen Reticulumzellen bestehenden Infiltrat erkennt man mehrere Mitosen. Neben dem erwähnten Zelltyp finden sich auch kleinere dunkelkernige lymphoide Elemente

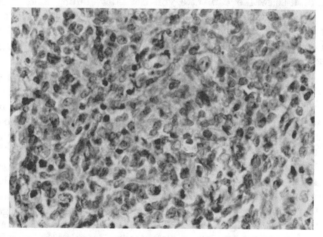

Abb. 16. Sog. Reticulosarcomatosis cutis Gottron (Pat. W.Zie.; Vergr. 40×10). Vergrößerung aus Abb. 15

Während des bisherigen Verlaufes waren in der zweiten Augusthälfte im Gesicht flache, gerötete Hautinfiltrate aufgetreten, die außerhalb als Symptome einer Penicillinallergie angesehen wurden. Nach der Entlassung aus der Zahnklinik (nach einem Aufenthalt von einer Woche) traten an der Haut der oberen Extremitäten und des Stammes zunehmend kleine flache Knoten auf. Retroauriculär bildeten sich zu diesem Zeitpunkt gut tastbare indolente Lymphknotenschwellungen aus. Geringfügiges Nasenbluten bei heftigem Aus-schnauben. Allgemeinzustand verschlechterte sich, 15 Pfund Körpergewichtsabnahme in 2 Wochen. Am 16. 9. 1959 wurde der Kranke in der Univ.-Hautklinik stationär aufgenommen. *Allgemeinbefund:* Allgemeinzustand und Ernährungszustand stark reduziert. Alle hautnahen Lymphknoten sind vergrößert. Die vergrößerten Tonsillen enthalten Eiterpfröpfe. Die Leber ist am Rippenbogen palpabel. Obwohl die Milz nicht zu tasten ist, werden bei der Palpation des linken Oberbauches Schmerzen angegeben. *Lokalbefund:* Fast am gesamten Integument sind multiple derbe, indolente, runde, braunrote, z.T. im Hautniveau gelegene, z.T. dieses kuppenförmig überragende, bis linsengroße Knoten zu sehen und zu palpieren. Über der Nasenspitze und der linken Wange sind die Infiltrate plattenartig konfluiert und weisen punktförmige Hämorrhagien auf. *Histologischer Befund* (Nr. 12604): Etwas schmale, teils abgeflachte Epidermis. Dichte subbasale, mantelförmig die Gefäße umscheidende und die Hautanhangsgebilde umgebende, konfluierende und bis in die Subcutis vordringende Zell-ansammlungen, die sich durchwegs aus mittelgroßen Reticulumzellen zusammensetzen und reichlich Mitosen aufweisen. Neben dem erwähnten Zelltyp sind auch kleinere, dunkelkernige lymphoide Elemente zu erkennen. Die präexistenten Gewebsstrukturen sind verdrängt, argyrophile Fasern in typischer Lagerung nachweisbar. *Blutbild* (16. 9. 1959): Hb. 15,2 g-%, Ery. 4,0 Mill., Leukocyten 10500, Eos. 2%, Stabk. 2%, Segm. 64%, Lymph. 30%, Mono. 2%. (29. 9. 59): Hb. 13,6 g-%, Ery. 4,2 Mill., Leukocyten 4700, Bas. 1%, Eos. 2%, Stabk. 17%, Segm. 39%, Lymph. 37%, Mono. 4%. *Sternalmark:* Im Sternalmark fanden sich stellenweise reichlich lymphoretikuläre Zellen, z.T. mit Doppelkernen. *Therapie und Verlauf:* Die Lymphknotenpakete im Bereich beider Unterkieferwinkel, beiderseits supraclaviculär und beiderseits inguinal, wurden unter Halbtiefentherapiebedingungen bestrahlt. Innerlich erhielt der Kranke täglich 25 mg Prednison. Trotz aller therapeutischer Maßnahmen (einschließlich roborierender Medikation) verschlechterte sich der lokale Befund und der Allgemeinzustand, die anfänglich normalen Körpertemperaturen stiegen schon eine Woche nach der Krankenhausaufnahme remittierend an und führten sehr bald zu einer Continua um 39°C. Am 18. 10. 1959 Exitus letalis. Eine Obduktion wurde leider nicht erlaubt.

Gelegentlich sind auch einige punktförmige Hämorrhagien zu sehen, die Gottron als Ausdruck eines prästatischen lokalen Kreislaufzustandes interpretierte. Er betont aber, daß die hochgradigen hämorrhagischen Veränderungen der Hautherde der myeloischen Leukämie nie erreicht werden. Funk (1955) und Gertler (1958) haben auch im Bereich der Infiltrate liegende, baumartig verzweigte, relativ kaliberstarke Teleangiektasien beschrieben. Neben den erwähnten Veränderungen, die im allgemeinen nur Münzgröße erreichen, konnten auch schiefergrau-blau-schwarze Infiltrate von der Ausdehnung einer kleinen Handfläche beobachtet werden (Keining und Theisen, 1959). Die Größe der Einzelefflorescenz der sog. Reticulosarcomatosis cutis Gottron ist von differentialdiagnostischer Bedeutung, besonders dann, wenn es sich um die Abgrenzung der Reticulosarkomatose handelt.

Die sog. Reticulosarcomatosis cutis Gottron kann ihren Beginn am gesamten Integument nehmen. Schuermann (1958) sowie Woringer u. Mitarb. (1959) berichteten über einen Befall der Mundschleimhaut, den Rosner und Nowak (1966) bei einem 18jährigen unter dem Bilde einer Stomatitis aphthosa verlaufen sahen. In einem Falle von Gaté u. Mitarb. (1956) trat als erstes Symptom eine Schwellung der Gingiva auf.

Die sog. Reticulosarcomatosis cutis Gottron nimmt im allgemeinen einen subakuten Verlauf (Gottron), das Geschehen kann sich aber auch gar nicht so selten zu einer chronischen Krankheit entwickeln, in dem sie lange Zeit auf die Haut beschränkt bleibt und erst allmählich und zunächst auch nur mit geringen Allgemeinbeschwerden einhergeht, die der Symptomatik der visceralen Retikulose gleicht. Ziemlich konstant scheint die monocytäre Reaktion des peripheren Blutes zu sein, die sowohl leukämisch als auch aleukämisch verlaufen kann.

Lymphknotenbefall und Hepatosplenomegalie sind häufige Begleiterscheinungen der sog. Reticulosarcomatosis cutis Gottron (Grana, 1955; Gaté u. Mitarb., 1956; Teller, 1959; Bohnenstengel, 1963; Poilheret u. Mitarb., Fall 2, 1964). Andererseits kann die reticulotische Proliferation auch mal bis zum Tode auf die Haut beschränkt bleiben, ohne daß an den inneren Organen entsprechende Veränderungen nachzuweisen wären (Burckhardt und Zellweger, 1954; Vilanova u. Mitarb., 1955; Faninger u. Isvanevski, 1957; Musger, 1960; Gracianski, Grupper und Timsit, 1964). Fast immer sind die hautnahen Lymphknoten beteiligt. Das wichtigste diagnostische Merkmal liefert bei der sog. Reticulosarcomatosis cutis Gottron aber der histologische Befund. Die Oberhaut ist in der Regel nicht pathologisch verändert oder zeigt allenfalls eine mäßige Akanthose. Unter ihr liegt ein schmaler infiltratfreier Streifen anscheinend normalen Bindegewebes. Dieser „freie subepidermale Streifen" gewinnt differentialdiagnostische Bedeutung bei der Abgrenzung des Granuloma fungoides und des Retothelsarkoms. Im Beginn der Erkrankung treten im Corium perivasculär und periadnexiell syncytial zusammenhängende, gewucherte retikuläre Zellelemente auf, die sich allmählich ausbreiten und im Verlaufe des proliferativen Prozesses schließlich konfluieren und sich zu flächenhaften Infiltraten vereinigen. KNOTH (1964) weist darauf hin, daß für die sog. Reticulosarcomatosis cutis Gottron das Vordringen der Infiltrate in das Fettgewebe besonders charakteristisch ist. Das Fettgewebe wird ja auch dem retikulären Gewebe zugerechnet (GOTTRON, 1960). Diese Lokalisation kann, wie GRACIANSKI u. Mitarb. (1964) beobachtet haben, sogar allein für sich vorkommen, oder die Herde im Corium und in der Subcutis entwickeln sich gleichzeitig. Über Gefäßeinbrüche haben MUSGER (1958), GOTTRON (1960) berichtet. Schwer zu beurteilen sind umschriebene Destruktionszonen, Auflösung der Grundsubstanz des retikulären Fasersystems (GRIEDER, 1956) sowie die Zeichen infiltrativen Wachstums, z. B. in Haarbalgmuskeln. Sie sind nach LINDNER und MEYER (1956) keine sicheren Zeichen der Malignität, man könne diese Destruktionstendenz auch bei länger bestehenden retikulären Wucherungen auch gutartiger und entzündlicher Natur beobachten. Selbst die intravasale Zelleinschwemmung ist allein für sich noch kein absolut verläßliches Zeichen der Malignität. Dieses Phänomen wurde auch bei gutartigen Tumoren, wie z. B. dem Histiocytom, beschrieben (NÖDL, 1958).

Die Zellen der sog. Reticulosarcomatosis cutis Gottron entsprechen den kleinen bis mittelgroßen undifferenzierten Reticulumzellen nach LENNERT. Zu den Charakteristika des histologischen Bildes der sog. Reticulosarcomatosis cutis Gottron gehört die Infiltratmonomorphie (GOTTRON, 1953, 1960; TRITSCH und KIESSLING, 1959; MUSGER, 1960) mit mehr oder weniger deutlicher Zellmonomorphie; ein Merkmal, das sich von der Polymorphie des Infiltrates und der Zellen (Kernatypie) des Retothelsarkoms meist gut unterscheiden läßt (STEIGLEDER und HUNSCHA, 1958) und auch von den „bunten" Infiltraten der Mycosis fungoides und der Lymphogranulomatosis Paltauf-Sternberg abgegrenzt werden kann. Polynucleäre Neutrophile gehören nicht zum histomorphologischen Bild der sog. Reticulosarcomatosis cutis Gottron. Andererseits entsprechen die gewucherten Reticulumzellen dieses Krankheitsbildes nicht ganz den normalen retikulären Zellen. Sie lassen sich von ihnen durch deutliche Anomalien unterscheiden, wie z. B. durch verbildete Kerne, unterschiedlichen Chromatingehalt, enthalten oft mehrere Nucleolen und mäßig viele Zellteilungsfiguren. Man hat es, nach GOTTRON (1960) formuliert, nicht mit einer monomorphen ausgereiften Zelle zu tun, sondern wie im Knochenmark mit einem in Entwicklung begriffenen Gewebe, bei dem in dem proliferierenden Zellsystem eine Entwicklungsreihe vorhanden ist, so daß aus einer gewissen Unreife vorhandener Zellen, und so aus einer möglichen Zellpolymorphie, nicht ein malignes Geschehen im Sinne einer Neoplasie angenommen werden kann. Ein Retikulinfasernetz ist meist vorhanden. Die histologischen Befunde entsprechen etwa den metaplastischen Hautretikulosen von GRACIANSKI und PARAF und den „réticuloses deuteroplasique" von SÉZARY. Es scheint notwendig, zu sagen, daß histologische Untersuchungen immer vor Beginn der Therapie (z. B. Röntgenstrahlen) zu erfolgen haben, denn die iatrogen induzierten, oft ausgedehnten Gewebszerstörungen lassen eine Beurteilung der Zellstruktur meist nicht mehr zu (BUSCHKE und HIRSCHFELD, 1911; POCHE und STÜTTGEN, 1956; STEIGLEDER, 1957).

BRAUN-FALCO, PETZOLDT, RASSNER und VOGELL (1966) haben bei der sog. Reticulosarcomatosis cutis Gottron elektronenoptische und histochemische Untersuchungen vorgenommen und konnten zeigen, daß einkernige Zellen und riesenzellartige Elemente nebeneinander vorkommen, Beobachtungen, wie sie auch von DUSTIN und WEIL (1936) und CAZAL (1964) vorliegen. Die Genese dieser sog. Plasmoden wird durch den Verlust des Plasmalemms der Einzelzelle und Verschmelzung mit der sie umgebenden riesenzellartigen Zellformationen erklärt. Die enzymatischen Untersuchungen deuten auf eine geringe Differenzierung der Zellen hin, die keine spezifische Zellfunktion zu erfüllen haben, sondern sich in der Synthese zelleigenen Proteins erschöpfen. Die hohe Ribosomenzahl spricht für eine hohe Stoffwechselzelleistung dieser Elemente. Die Reaktion auf Lactatdehydrogenase war stark vermehrt, was auf einen hohen glykolytischen Umsatz hinweist. Die mitochondrial lokalisierten Enzyme scheinen vermindert zu sein. Wie BRÜCHER (1962) sprechen BRAUN-FALCO u. Mitarb. nicht von entwicklungsgehemmten, sondern von entdifferenzierten Retikulosezellen. Daß plattenartige Hautveränderungen auch mal Ausdruck einer chronischen Retikulose sein können, zeigt ein Fall GOTTRONs (1960), bei dem das Infiltrat aber im Corium dicht unterhalb der Epidermis lag.

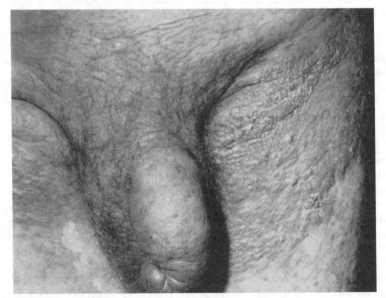

Abb. 17. Plattenartige cutane chronische Retikulose

Pat. Th. Alb., männlich, geb. 27. 1. 1900, plattenartige cutane chronische Retikulose.
Familienanamnese unauffällig. *Eigene Vorgeschichte:* Angeblich nie krank gewesen. Wegen einer eiternden Affektion am rechten Auge 1959 in einer Augenklinik behandelt worden; seither rechts nur hell und dunkel unterscheidbar. *Beginn und Entwicklung des Hautleidens:* Im Alter von 63 Jahren trat im Januar 1963 eine Schwellung beider Beine auf. Wegen einer angeblichen Thrombose wurde vom Hausarzt eine 4wöchige Bettruhe angeordnet, wonach sich der Patient soweit beschwerdefrei fühlte, daß er wieder zu arbeiten begann. Etwa Mitte Mai 1963 fiel erstmalig eine stärkere Schwellung in beiden Leistenbeugen und eine höckerige Verdickung der Haut im Genitalbereich auf. Allgemeinzustand gut, Gewichtszunahme. Wegen der erneuten Schwellung der Beine wurde wieder der Hausarzt aufgesucht, der die Einweisung in die Klinik verfügte, die am 18. 11. 1963 erfolgte.
Allgemeinbefund. Relativ guter Allgemeinzustand, geringfügige Belastungsdyspnoe. Leber unter dem Rippenbogen palpabel, Milz nicht tastbar vergrößert. Ausgeprägtes Ödem beider Beine, Pterygium am rechten Auge mit Überwucherung der Cornea. *Lokalbefund:* Die Haut des Unterbauches, der Genitocruralgegend und Anteile der Innen- und Streckseiten der Oberschenkel ist plattenartig, derb infiltriert. Die Oberfläche ist höckerig und braunrot tingiert. Scrotum und Praeputium sind ödematös verquollen. Hals- und Achsellymphknoten sind palpabel vergrößert, indolent, nicht miteinander verbacken und gut verschieblich. *Histologischer Befund* (Nr. 19522): Unter der normalen Epidermis liegt ein infiltratfreier Streifen, unter dem ein dichtes, bis in die Subcutis reichendes Infiltrat folgt. Dieses setzt sich aus mittleren und kleinen Reticulumzellen zusammen und weist im Blickfeld 1—2 Mitosen auf. Das prä-

Abb. 18. Plattenartige, cutane chronische Retikulose (Pat. Th. Alb.; Vergr. 4×10). Unter der normalen Epidermis folgt unterhalb eines freien Streifens ein dichtes, bis in die Subcutis reichendes Infiltrat; präexistente Strukturen sind weitgehend verdrängt. Man erkennt noch einen Schweißdrüsenausführungsgang

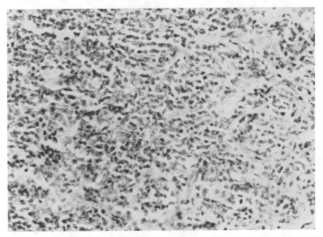

Abb. 19. Plattenartige, cutane chronische Retikulose (Pat. Th. Alb.; Vergr. 25×10). Das Infiltrat setzt sich aus mittelgroßen und kleinen Reticulumzellen zusammen. Im Blickfeld sind einzelne Mitosen erkennbar. Die präexistenten Strukturen des Coriums sind verdrängt

existente Gewebe ist weitgehend verdrängt. Während vom Schweißdrüsenkörper nur mehr Reste zu sehen sind, sind die Schweißdrüsenausführungsgänge noch gut erhalten. Die Färbung nach GOMORI läßt eindeutig argyrophile Fasern erkennen. *Sternalmark* (Dr. PAPAGEORGIOU, I. Med. Klinik, Direktor: Prof. Dr. BARTELHEIMER): In den Ausstrichen sind etwa 50% lymphoide Zellen enthalten, die durch ihr ungemein verletzliches Cytoplasma und eine lockere retikuläre Chromatinstruktur der Kerne charakterisiert sind, so daß eine kleinzellige (lymphoidzellige) Retikulose angenommen werden muß. *Blutbild:* Hb. 14 g-%, Ery. 3,7 Mill., Leukocyten 20000, Eos. 2%, Segmentk. 33%, Lymphocyten (und Lymphoide) 62%, Mono. 3%. *Verlauf und Therapie:* Die Therapie wurde mit 3mal 4 mg 6-Methylprednisolon (Urbason®) eingeleitet. Unter dieser Behandlung heilten die Hautveränderungen schon nach einigen

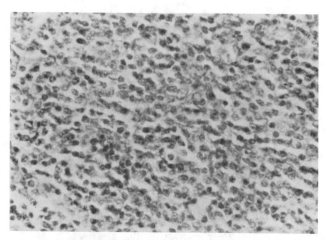

Abb. 20. Plattenartige, cutane chronische Retikulose (Pat. Th. Alb.; Vergr. 40 × 10). Vergrößerte Darstellung der Zellen des in Abb. 19 beschriebenen Infiltrates

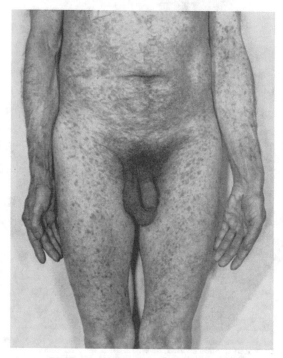

Abb. 21. Akute, leukämische (retikulämische) primär cutane Retikulose (Monocyten-Leukämie Typ Reschad-Schilling)

Wochen vollständig ab. Wir haben den Patienten zuletzt am 29. 5. 1967 gesehen. Die Hauterscheinungen, die zu Beginn der Erkrankung im Bild festgehalten worden waren (s. Abb. 17), waren zu diesem Zeitpunkt völlig abgeheilt. Patient nimmt noch täglich 2mal 4 mg 6-Methylprednisolon. Im Bereich der Beine waren auch keine Ödeme mehr nachweisbar. Bis auf ein deutliches Schwächegefühl in den Beinen fühlt sich der Patient relativ wohl.

Fleckförmig kleinknotige exanthematische Infiltrate findet man oft bei akut verlaufenden Fällen, die meist schon frühzeitig von einer Retikulämie begleitet sind. Als klassisches Beispiel kann hier der von Reschad und Schilling beschriebene

Fall gelten. Weitere Beobachtungen stammen von SACHS und WOHLWILL (1927), SANNICANDRO (1934), LYNCH (1936), JACOBSEN (1942), WINKLER (1960) und BROUSTET (1960).

Pat. E. Her., männlich, geb. 16. 12. 1893, Abb. 21—23.

Flache Hautinfiltrate von etwa Linsengröße in exanthematischer Aussaat. Die Herde sind blaß-grau-rot tingiert und meist von einem schmalen roten Saum umgeben, der sich mit dem Glasspatel wegdrücken läßt.

Familienvorgeschichte unauffällig. *Eigene Anamnese:* Im ersten Weltkrieg Hepatitis und Syphilis (Patient bekam Salvarsan-Spritzen und intramuskuläre Injektionen [Wismut?]). Nach einer Kur angeblich negativ. Vor 30 Jahren Rippenbrüche rechts durch Hufschlag. 1945 arbeitete er in einer Mühle. Durch Inhalation von Mehlstaub will er sich eine chronische Bronchitis zugezogen haben. Seither Husten mit festem Auswurf. Längere Therapie mit Codein. *Beginn und Entwicklung des Hautleidens:* 6—7 Wochen vor der Klinikaufnahme (28. 11. 1961) im Alter von 68 Jahren, Auftreten von rot-blauen Flecken an den Oberschenkeln, die sich bald auf den Stamm und die Extremitäten ausbreiteten. Seither Inappetenz und zunehmende Leistungsminderung. *Allgemeinbefund:* 68jähriger Patient in leidlich gutem Allgemein- und Ernährungszustand. Die Leber ist um 2 Querfinger verbreitert, Milz und

Tabelle 5. *Übersicht der in kurzer Zeit ablaufenden Blutbildverschiebungen, insbesondere der Gesamtzahl der Leukocyten und ihres Anteils der monocytoiden Zellen*

Datum	28.11. 1961	1.12. 1961	5.12. 1961	8.12. 1961	12.12. 1961	19.12. 1961	20.12. 1961	22.12. 1961	28.12. 1961	4.1. 1962	
Hb.	12	12,8	12,8	13	12,8	11,0		10,6	10,1	9,6	g-%
Ery.	3,8	3,9	4,0	3,6	4,0	2,9		2,9	2,8	3,2	Mill.
Leuko.	4800	4400	4200	10100	13300	26400	40000	30500	22000	2200	
Bas.				1							%
Eos.							2	1	1		%
Stabk.	11	6	4	6	1	3	4	2	4		%
Segmk.	17	28	10	11	2	2	19	4	18	3	
Lymph.	72	47	44	53	51	28		23	20		%
Mono- cyten und Mon- cytoide		19	42	29	46	67	75	70	57	97	%
Thrombo- cyten			76000					38000	39000	30000	

Lymphknoten sind nicht palpabel. *Lokalbefund:* Flache Hautinfiltrate von Linsengröße, teils auch kleiner oder größer, von blaß-grau-roter Farbe. Die Infiltrate sind von einem roten schmalen Saum umgeben, der sich mit dem Glasspatel wegdrücken läßt. Betroffen sind vor allem die Oberschenkelinnenseiten und die ventralen Rumpfpartien. An der Haut der Oberschenkel stehen die Infiltrate mehr gruppiert, sonst in mehr generalisierter Anordnung. Mehr oder weniger Herde sind am gesamten Integument zu finden. Am Capilitium sind in den letzten Tagen mehrere größere tast- und sichtbare Herde entstanden, die keine Tingierung der Hautoberfläche erkennen lassen. *Histologischer Befund* (Nr. 16027): Die Epidermis zeigt eine unregelmäßige Akanthose mit Vergröberung der Reteleisten. Subepidermal ist ein infiltratfreier Streifen nachweisbar. Das gesamte Corium ist bis in die Subcutis hinein von einem monomorphen, vorwiegend aus kleinen Reticulumzellen bestehenden Infiltrat durchsetzt, das zu einer Auflösung der kollagenen Faserbündel innerhalb des präexistenten Bindegewebes führte. Die Infiltratzellen zeigen einen auffälligen retikulären Bau mit deutlichen Cytoplasmaverzweigungen. Die Mehrzahl dieser Zellen weisen rund-ovale bis unregelmäßige Kerne mit lockerer Chromatinstruktur und deutlicher Kernmembran auf. Andere besitzen ein dichteres Chromatingerüst. Kernteilungsfiguren sind mäßig reichlich nachweisbar (2—5 Mitosen im Blickfeld bei der 250fachen Vergrößerung). Im Gomori-Präparat kommt eine mäßige Gitterfaserbildung zum Ausdruck. *Dermogramm:* Sehr selten eine 6mal Erythrocytengröße erreichende Zelle mit grobscholligem Chromatin, großem runden Kern und einem von Azurgranula gefüllten schmalen Cytoplasma. *Blutbilder:* s. obenstehende Tabelle.

Sternalpunktat (Dr. ROSALECK, Prof. Dr. NOWAKOWSKI, II. Med. Klinik, Direktor: Prof. Dr. JORES): Die sehr zellarmen Ausstriche sind stark mit peripherem Blut durchtränkt. Man sieht häufig Zellen mit monocytoider Kernform. Soweit beurteilbar, besteht in der Leukopoese eine geringe Linksverschiebung. Einzelne Zellen sind sehr unreif und erinnern an Paramyelo-blasten. Eine auffällige Vermehrung des lymphoiden und plasmacellulären Reticulums ist nicht erkennbar. Eindeutige diagnostische Hinweise lassen sich aus dem Markbild nicht ableiten. Die im Sternalmark zu erkennenden unreifen Zellformen sind nicht mit genügender Sicherheit anzusprechen und könnten evtl. auch in die lymphatische Reihe gehören. *Immun-elektrophorese:* Kein Hinweis für Antikörpermangel, γ-Globuline gut ausgebildet β-2 M eher betont. *Serologische Reaktionen* auf Syphilis: Meinicke-Reaktion zweifach positiv, Citochol einfach positiv; bei Kontrolle alle serologischen Reaktionen negativ; bei einer weiteren Kontrolle Meinicke-Reaktion einfach positiv.

　　Therapie und Verlauf. Patient bekam 40 mg 6-Methylprednisolon pro die, davon die Hälfte parenteral, den Rest peroral. Wegen ziehender Nierenschmerzen wurde Buscopan com-positum (®) verabreicht. Unter dieser Therapie verringerten sich die Infiltrate zunächst deutlich. Nach einigen Tagen trat jedoch eine hämorrhagische Komponente in den Vorder-grund, die den Herden ein mehr purpurisches Aussehen verlieh. Im ganzen flachten die Er-scheinungen aber ab, ohne vollständig zu verschwinden. Auch das Allgemeinbefinden besserte sich zunächst zufriedenstellend. Nach kaffeesatzartigem Erbrechen und ziehenden Schmerzen im Epigastrium wurde der Patient mit Verdacht auf eine hämorrhagische Gastritis in die I. Med. Klinik (Direktor: Prof. Dr. BARTELHEIMER) verlegt. Trotz weiterer Therapie mit 6-Methylprednisolon (bis zu 80 mg pro die), Endoxan (200 mg pro die), 4 Bluttransfusionen zu je 500 ml gruppengleichen Blutes, sowie symptomatischen Gaben von Supracillin (®), Reverin (®), Megaphen (®), Atosil (®), Dolantin (®) und Syntrogel (®) war der letale Ausgang nicht mehr aufzuhalten. Der Patient verstarb am 4. 1. 1962. *Sektion* (Nr. 28/62, Doz. Dr. GU-SEK, Dr. ARMBORST): Ausgedehnte leukämische Infiltration der Haut und der äußeren Organe. Zeichen der hämorrhagischen Diathese. Toxische Schädigung der parenchymatösen Organe. Hirnödem, Zeichen des erhöhten Hirndruckes und des Herzversagens. Weitere Auszüge aus dem Sektionsprotokoll: Leukämische hämorrhagische Infiltrate fanden sich im Zungengrund und in Verbindung mit fleckförmigen Blutungen im rechten Hoden. Die histologische Unter-suchung der Organe ergab folgende Befunde: Rechtes Herz: in der breiten subepikardialen Fettgewebsschicht sieht man einige kleine leukämische Infiltrate. Linke Lunge: Am Präparat-rand umschriebene Herdpneumonie und hochgradige Blutfülle der Organe. Perivasculäre und interstitielle leukämische Infiltrate. Leber: In den wenig verbreiterten Glissonschen Feldern stärkere Zellinfiltration. Überwiegend handelt es sich um größerkernige rundzellige Elemente vom lymphoiden oder vom bohnenförmigen monocytoiden Zelltyp. Geringe Infiltration der Sinusoide. Rechte Niere: In der Rinde mehrere große leukämische Infiltrate. Pankreas: Deutliche interstitielle und stellenweise auch interparenchymatöse leukämische Infiltration. Colon: Einige leukämische Infiltrate mit diffuser Durchsetzung der Submucosa und der tieferen Wandschichten. In ihrem Bereich größere frische Blutung. Aortenbogen: Außer einer erheblichen Atherosklerose deutliche Mesaortitis syphilitica. Rippe: Neben einer partiellen leukämischen Metaplasie zeigen sich kleine Nekrosen der Knochenbälkchen. Zunge: Aus-gedehnte leukämische Infiltration mit Blutungen und Untergang der durchsetzten Muskel-fasern. Axilläre Lymphknoten: Leukämische Metaplasie des lympho-retikulären Gewebes. Femurmark: Geringe herdförmige leukämische Metaplasie.

　　Die Hautsymptome bestehen aus fleckförmigen und papulösen, linsen- bis fingernagelgroßen Efflorescenzen, sie sind rund-oval, scharf begrenzt, meist von purpurroter Farbe, mal auch mehr livide (VILANOVA, 1950) oder mit einer hämor-rhagischen Komponente (ANDERSON, 1944) und im Niveau der Haut gelegen, z. T. mit einer feinen Schuppung einhergehend. Die Knötchen sind meist rund, pro-tuberierend, derb, sitzen fast unmittelbar unter der Epidermis und sind steck-nadelkopf- bis kirschkerngroß, braun-rot tingiert und oft durch eine hämor-rhagische Note kompliziert. Der Glasspateldruck läßt ein flächenhaftes Infiltrat erkennen. Bei der fleckförmig kleinknotig exanthematischen Form werden schon sehr früh auch innere Organe, insbesondere aber das Knochenmark, befallen, früher als bei der sog. Reticulosarcomatosis cutis Gottron. Dadurch läßt sich wohl auch die oft hochgradige Leukämie und der rasche Ablauf der Erkrankung erklären, deren unspezifische Allgemeinsymptome mit denen der visceralen Reti-kulose auffällig übereinstimmen.

　　Pat. E. Mey., weiblich, geb. 5. 11. 1905, Abb. 24—32.

　　Familienanamnese unauffällig. *Eigene Anamnese:* 1932 Appendektomie, 1936 Gallen-blasenerkrankung, 1959 Descensus uteri operiert, 1962 Coxitis links. Körpergewichtsabnahme von 15 kg innerhalb von 2 Jahren. Oberbauchbeschwerden, Obstipation. *Beginn und Ent-wicklung des Hautleidens:* Etwa im 58. Lebensjahr Juckreiz und Schwellungen links sub-

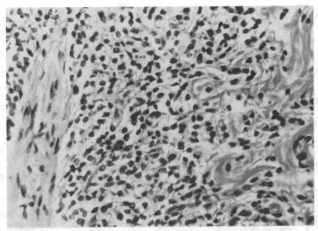

Abb. 22. (Pat. E. Her.; Vergr. 25 × 10.) Monomorphes, aus kleinen Reticulumzellen bestehendes Infiltrat, das zur weitgehenden Auflösung des präexistenten kollagenen Gewebes geführt hat

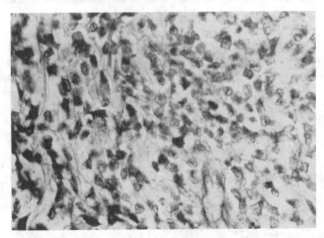

Abb. 23. Ausschnittsvergrößerung aus demselben Präparat. Deutlicher retikulärer Bau mit Cytoplasmaverzweigungen. Die Kerne zeigen im allgemeinen ein lockeres Chromatingerüst. Mitosen

manidullär, prä- und retroauriculär sowie im Bereich beider Oberlider. Etwa zu gleicher Zeit auch axillär und inguinal palpable Lymphknoten beobachtet. Pat. klagt seit dieser Zeit über Kopfschmerzen und Spannungsgefühl im Capillitium. Im Februar 1964 kam es zur Ausbildung eines Exanthems, das sich aus zahlreichen hirse- bis linsengroßen Flecken zusammensetzte und sich auf den Stamm, das Gesicht und die Extremitäten ausbreitete. Eine außerhalb durchgeführte histologische Untersuchung eines exstirpierten Lymphknotens zeigte eine unspezifische Entzündung. Blutbild und BSG sollen zu diesem Zeitpunkt unauffällig gewesen sein. Aufnahme in unsere Klinik erfolgte am 8. 9. 1964. *Allgemeinbefund:* Leber 2 Querfinger unterhalb des Rippenbogens palpabel und druckempfindlich, die Milz war tastbar vergrößert. *Lokalbefund:* Ein kleinfleckiges maculopapulöses Exanthem erstreckt sich fast auf das gesamte Integument. Die Einzeleflorescenzen sind punkt- bis linsengroß, rot bis livid-rot tingiert, z. T. von kleinsten punktförmigen Hämorrhagien begleitet (Ellenbeugen) und an der einen oder anderen Stelle der Haut konfluiert. Am Rücken ist ein etwa doppelhandgroßes Areal weitgehend frei von pathologischen Hautveränderungen. Auch die Gesichtshaut ist befallen und über das Exanthem hinaus angedeutet ödematös verquollen. *Histologischer Befund* (Nr. 21 146): Unter der normalen Epidermis liegt in allen Schichten des Coriums ein vorwiegend perivasculäres und in besonderer Dichte um die Adnexe angeordnetes Infiltrat, das sich aus lymphoiden Zellen, Histiocyten und Zellen mit großem blassen, gebuchtetem Kern zusammensetzt. Innerhalb der Infiltrate erkennt man ein argyrophiles Fasernetz. *Sternalmark* (Dr. PAPAGEORGIOU, I. Med. Klinik, Direktor: Prof. Dr. BARTELHEIMER): Kein verwertbarer patho-

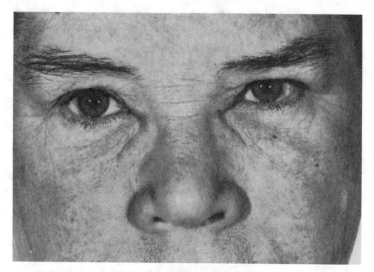

Abb. 24

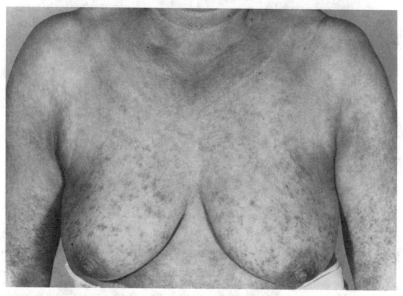

Abb. 25

Abb. 24—27. (Pat. E.Mey., weiblich, geb. 5. 11. 1905.) Kleinfleckig maculo-papulöses Exanthem als Ausdruck einer cutanen Retikulose. Die Veränderungen erstrecken sich fast auf das gesamte Integument, befallen sind insbesondere Gesicht, Stamm und obere Extremitäten. Während die Einzelefflorescenzen im Gesicht weniger dicht und im ganzen diskreter aussehen, sind sie an der Rückenhaut dichtstehend und konfluieren im Bereich der Ellenbeugen. Sie sind punkt- bis z.T. etwas über linsengroß, rot bis livid-rot tingiert und z.B. in den Ellenbeugen von punktförmigen Petechien begleitet

logischer Befund. *Beckenkammbiopsie* (Prof. PLIESS, Path. Institut des UKE, Direktor: Prof. Dr. KRAUSPE): Auffällige Basophilie des dichten Cytoplasmas der leukopoetischen Reifungsformen sowie vermehrter Glykogengehalt dieser Zellen. Keine Hyperplasie der Reticulumzellen. Faserfärbung ergibt einen regelrechten Befund. *Blutbilder* (8. 9. 64): Hb. 18,2 g-%, Ery. 4,19 Mill., Leuko. 9500, Baso. 1%, Stabk. 1%, Eos. 1%, Segmentk. 63%, Lympho. 25%, Mono. 9%. Schon nach kurzer Zeit traten im strömenden Blut lymphoide bzw. monocytoide Zellen auf, die schließlich einen Anteil von 34% erreichten. Thrombocyten 200000. Im Verlauf

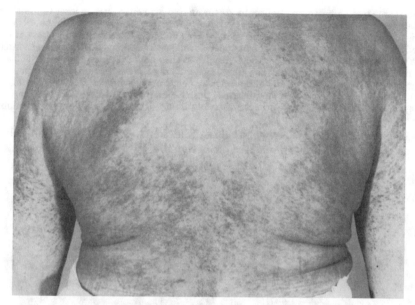

Abb. 26

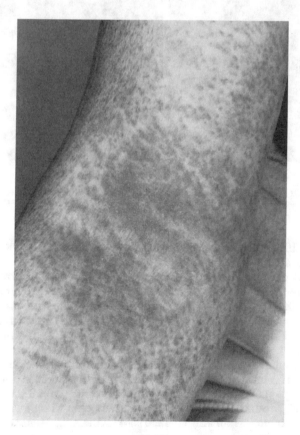

Abb. 27

der stationären und ambulanten Beobachtung schwankten die Leukocyten in ihrer Gesamtzahl zwischen 5800 und 16700. *Therapie und Verlauf:* Unter der Therapie mit Velbe ® (Vinblastinsulfat, zunächst 10 mg pro Woche, später 10 mg in 2monatigen Abständen) kam es zur Rückbildung der Hauterscheinungen, nicht aber zur völligen Abheilung derselben. Die Lymphknoten wurden etwas kleiner. Die Leukocytenzahlen stiegen im Verlauf bis maximal 16700 an. Die erwähnte Therapie wurde mit Gaben von 4, später 20 mg 6-Methylprednisolon kombiniert. Anfang des Jahres 1966 kam es zu einer schnellen Verschlimmerung der Hauterscheinungen und Zunahme der Lymphknotenschwellungen, peripheren Facialisparese, Verschlechterung des Allgemeinzustandes, Gewichtsverlust. Exitus letalis am 26. 4. 1966. Eine Sektionserlaubnis wurde nicht erteilt.

Das exanthematische maculo-papulöse Bild kann bei flüchtiger klinischer Diagnostik gelegentlich zur Annahme einer Syphilis (Winkler, 1956; Reschad

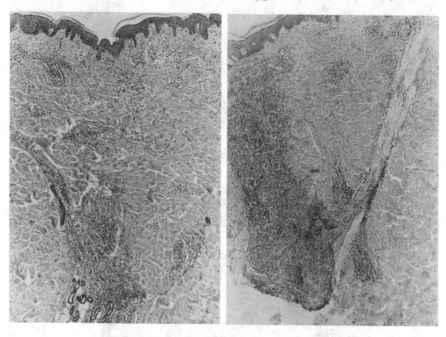

Abb. 28   Abb. 29

Abb. 28 u. 29. (Pat. E. Mey.; Vergr. 4 × 10.) Die Epidermis ist im wesentlichen unauffällig und vom Infiltrat nicht tangiert. Im Corium liegt ein um Gefäße und besonders ausgeprägt und dicht um Adnexe gelagertes Infiltrat, das, wie Abb. 29 zeigt, offenbar in einen M. arrect. pil. eingedrungen ist

und Schilling, 1913) verleiten. Die größeren Knötchen und die hämorrhagischen Phänomene sind aber, wenn man nur daran denkt, richtungweisend. Das histologische Substrat der maculo-papulösen Form der Retikulose findet sich in Form von perivasculären, perifollikulären und periglandulären Infiltraten des Coriums, die in ihrem cellulären Aufbau dem der sog. Reticulosarkomatose der Haut (Gottron) entsprechen. Die Herde zeigen eine gewisse Epidermotropie und erreichen nur im Falle größerer Knötchen auch die Subcutis. Die meisten Fälle nehmen einen akuten Verlauf, subakute und chronische Verlaufsformen sind aber nicht ausgeschlossen. Die papulösen Efflorescenzen sind einzeln oder auch gruppiert angeordnet. Im allgemeinen ist eine Anzahl größerer Knötchen kleineren beigemengt. Maculo-papulöse Formen der Retikulose wurden von Jacobsen (1942), Lindemayr (1956), Joulia u. Mitarb. (1957), Thiers et al. (1958), Laugier et al. (1959), Gracianski und Grupper (1962, 1964), Kreysel, Gerlach und Hermanns (1965) u. a. mitgeteilt.

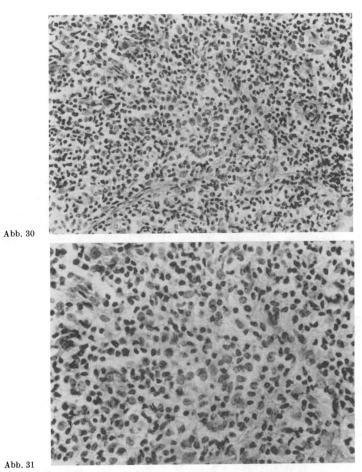

Abb. 30

Abb. 31

Abb. 30 u. 31. (Pat. E.Mey.; Vergr. 25×10 und 40×10.) Das meist sehr dichtgelagerte Infiltrat setzt sich aus Lymphoiden, Histiocyten und größeren Zellen mit großem blassen, gebuchtetem bzw. geschlitztem Kern zusammen. Es sind nur wenig Kernteilungsfiguren zu sehen

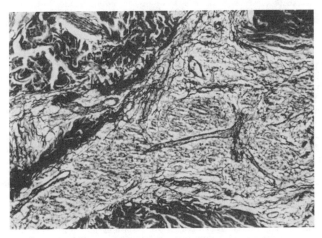

Abb. 32. (Pat. E.Mey.; Vergr. 25×10.) Durch die Gomori-Technik sind im Infiltrat argyrophile Fasern nachweisbar

Spontane und therapeutisch bedingte Rückbildungen kommen bei mehr chronisch verlaufenden Formen vor. Die in der Literatur bekannt gewordenen Fälle sind aber kaum länger als 1 Jahr nachbeobachtet worden. Im weiteren Verlauf kommt es immer zu neuen Exacerbationen, die mit Aussaat neuer papulöser Efflorescenzen einhergehen und schließlich letal enden. Die histologischen Veränderungen dieser Verlaufsform entsprechen denen mit akutem Verlauf, lediglich Kernanomalien und Mitosen kommen seltener vor.

Pat. A. Kuhl., männlich, geb. 2.2.1895, Abb. 33—40.

Familienanamnese unauffällig. *Eigene Vorgeschichte:* Als Kind an Masern erkrankt. 1915 schwere Verwundung durch Granatsplitter an der linken Gesäßhälfte und am linken Oberschenkel. Seither nie krank gewesen. *Beginn und Entwicklung des Hautleidens:* Etwa im März

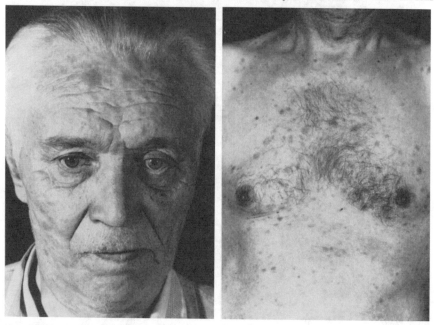

Abb. 33   Abb. 34

Abb. 33 u. 34. Kleinknotige, partiell plattenartig konfluierende, primär cutane, leukämische (retikulämische) Retikulose. An der Thoraxhaut sieht man zahlreiche kleine, das Hautniveau überragende, braunrote bis graulivide in der Haut gelegene Knoten. Im Gesicht konfluieren die Veränderungen plattenartig. (Pat. A.Kuhl., männlich, geb. 2.2.1895)

1965, im Alter von 70 Jahren, traten an der Haut der Stirn und etwas später auch am Stamm kleine indolente und nicht juckende Knoten auf. 2 Wochen vor der stationären Aufnahme, die am 27. 9. 1965 erfolgte, kam es zum erneuten Aufschießen von Knötchen, die den Patienten nun veranlaßten, einen Arzt aufzusuchen, der nach Anfertigung eines Blutbildes den Kranken sofort in unsere Poliklinik schickte. Seit Bestehen der Hauterscheinungen fühlte sich der Patient nicht mehr wohl, klagte über zunehmende Leistungsabnahme und Verschlechterung des Appetits. *Allgemeinbefund:* Reduzierter Allgemeinzustand. Leber und Milz ca. 2 Querfinger unterhalb des Rippenbogens palpabel. Keine tastbaren Lymphknoten. *Lokalbefund:* An der Haut des Gesichtes und des Stammes sieht und tastet man linsen- bis pfennigstückgroße Infiltrate von derber Konsistenz, die das Hautniveau etwas überragen und eine blaß-blau-rote Farbe zeigen. Im Gebiet der Wangen sind die im allgemeinen solitär stehenden Knoten plattenartig konfluiert, die Haut fühlt sich hier höckerig an. Vereinzelte Knötchen der gleichen Art und Größe finden sich auch an beiden Oberschenkeln. An der Wangenschleimhaut erkennt man mehrere bis linsengroße weiß-grau tingierte Knötchen. *Histologischer Befund* (Nr. 22980): Die Epidermis zeigt eine unregelmäßige Akanthose, ist sonst aber unauffällig. Subepidermal liegt ein infiltratfreier Streifen. Das Corium ist in seiner ganzen Breite Sitz eines dichten monomorphen Infiltrates, das sich aus mittelgroßen Zellen mit hellen, blasigen Kernen (z.T. mit mehreren Nucleoli), die durch eine deutliche Kernmembran begrenzt sind, zusammensetzt. Die Kernform erscheint vorwiegend rund-oval, z.T. auch gebuchtet, und erinnert an monocytoide Zellen. Daneben finden sich kleinere Zellen mit dichterem Chromatingerüst, die kleinen Reticulumzellen entsprechen dürften. Das Infiltrat ist vorwiegend perivasculär sowie um die Hautanhangsgebilde angeordnet und hat zur Auflösung des präexistenten kollagenen Fasersystems geführt. 2—4 Mitosen im Blickfeld. Deutliche Gitterfaserbildung bei entsprechender Färbetechnik erkennbar. Im ganzen bietet sich das Bild der klein- bis mittelgroßzelligen Retikulose dar. *Blutbild:* Hb. 8,6 g-%, Ery. 3,19 Mill., Leukocyten 49800, davon 51% Monocytoide mit gebuchtetem Kern, 7% Stabkernige, 12% Segmentkernige, 10% Monocyten und 5% Lymphocyten. Einzelne Erythroblasten. 180000 Thrombocyten. *Abstrich eines Beckenkammcylinders:* Massive Infiltration des Knochenmarks mit unreifzelligen stammzellartigen Elementen, die z.T. auch als monocytoide Formen nach peripher ausgeschwemmt worden sind (Dr. TRESKE, I. Med. Klinik, Direktor: Prof. Dr. BARTELHEIMER). *Sternalpunk-*

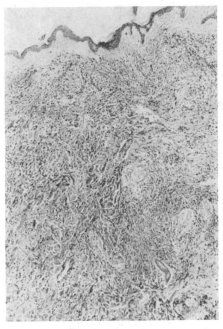

Abb. 35. (Pat. A.Kuhl.; Vergr. 4 × 10.) Histologischer Schnitt durch einen Knoten einer cutanen, kleinknotigen leukämischen (retikulämischen) Retikulose. Unter der im wesentlichen unauffälligen Epidermis liegt ein infiltratfreier Streifen unter dem sich, das gesamte Corium ausfüllend, ein dichtes Infiltrat findet

tion: Bei mehrfachen Versuchen stets Punctiones siccae. *Immunelektrophorese* ergab keine pathologischen Befunde. *Verlauf und Therapie:* Beginn der Therapie mit 40 mg 6-Methylprednisolon und täglich 2mal 1 Kapsel Hostacyclin 500 ®. Wegen der raschen Verschlimmerung des Allgemeinzustandes wurde der Patient in die Medizinische Klinik verlegt. Unter der Therapie mit 6-Mercaptopurin (100 mg/die) und Urbason ® (40 mg/die) bildeten sich die Hautinfiltrate zurück, ohne vollständig zu verschwinden. Die Leukocytose war vorübergehend auf 8600 Zellen pro mm³ zurückgegangen. Eine Woche vor dem Tode stieg die Gesamtleukocytenzahl und ihr pathologischer Anteil an Monocytoiden wieder an. Trotz mehrfacher Gaben von gewaschenen Erythrocyten war der maligne Verlauf der Erkrankung nicht aufzuhalten, präfinal kam es zum Kreislaufversagen mit Rest-N-Anstieg. Exitus letalis am 5. 11. 1965. *Sektion* (Nr. 1385/65, Doz. Dr. GUSEK, Dr. SEEMAN, Pathologisches Institut des UKE, Direktor: Prof. Dr. SEIFERT): Ausgedehnte knotige Hautinfiltrationen, diffuse Infiltration der Leber, der Nieren und Hoden, graurote Regeneration des Fettmarks von Femur, Sternum und Wirbelkörpern. Nephrolithiasis beiderseits mit multiplen kleinen Harnsäurekonkrementen. Zeichen der Urämie. Spodogener Milztumor. *Histologische Befunde aus dem Sektionsprotokoll:* *Haut:* In der Cutis finden sich besonders in der Nachbarschaft der Anhangsgebilde knötchenförmige Wucherungen von Reticulumzellen mit einer deutlichen Zell- und Kernpolymorphie und einer etwas unscharfen Begrenzung gegenüber der Nachbarschaft. Die Epidermis ist atrophisch. *Hoden:* Es zeigt sich eine hochgradige diffuse und knotenförmige Infiltration durch großkernige Reticulumzellwucherungen. Das Hodenparenchym ist nur noch in Spuren

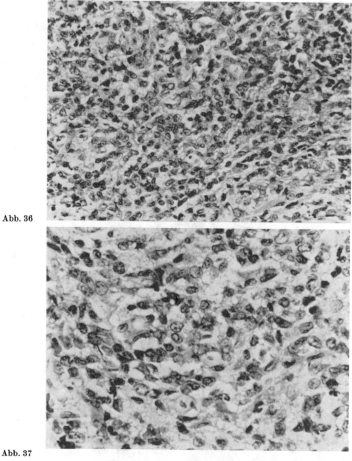

Abb. 36

Abb. 37

Abb. 36 u. 37. (Pat. A. Kuhl.; Vergr. 25 × 10 und 40 × 10.) Das Infiltrat setzt sich hauptsächlich aus mittelgroßen atypischen Reticulumzellen zusammen. Es sind aber auch kleinere retikuläre Elemente zu erkennen. Mehrere Mitosen im Blickfeld (Abb. 37). Die blasigen Kerne mit feinem, staubförmigen Chromatingerüst besitzen zum Teil auch mehrere Nucleolen (Abb. 37)

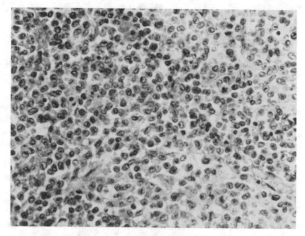

Abb. 38. (Pat. A. Kuhl.; Vergr. 25 × 10.) Im Knochenmark zeigt sich das gleiche Zellbild, das in den Hautinfiltraten zu beobachten war. Auch hier atypische, mittelgroße Reticulumzellen mit mehreren Kernteilungsfiguren im Blickfeld

erhalten, hochgradig destruiert und atrophiert. Es zeigt sich im Infiltrat der Hoden besonders ausgeprägt eine Zell- und Kernpolymorphie mit zahlreichen Mitosen. Einblutungen in das Gewebe. *Femurmark:* Hochgradige, stellenweise fibrosierte retikulotische Infiltration. *Brustwirbelkörper:* Auch hier ähnlicher Befund. *Milz:* Deutliche Zellaktivierung sowie einige atypische Zellelemente und auch gewucherte riesenkernige Zellen nach Art von Megakaryocyten. Es scheint eine heterotope Blutbildung vorzuliegen, zumal auch andere, meist Vorstufen der weißen Reihe, zu erkennen sind. *Zungengrund:* Auch hier sieht man knotenförmige infiltrierend wachsende Infiltrationen mit atypischen Reticulumzellen. *Leber:* Insgesamt

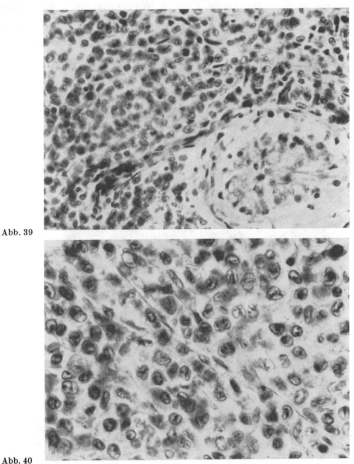

Abb. 39

Abb. 40

Abb. 39 u. 40. (Pat. A. Kuhl.; Vergr. 25 × 10 und 40 × 10.) Im Hoden mittelgroßzelliges retikuläres Infiltrat, das auch hier aus atypischen Elementen besteht. Blasige, gebuchtete, geschlitzte Kerne mit staubförmiger feiner Chromatinstruktur, deutlicher Kernmembran, mehreren Nucleolen und Zellteilungsfiguren im Blickfeld. Atrophischer Tubulus semnif.

handelt es sich um eine abgelaufene Cholangiolithis mit Gerüstsklerose. Für eine Infiltration mit atypischen Reticulumzellen bieten die histologischen Schnitte keinen Anhalt. *Niere:* Neben einer Arteriosklerose mit entsprechenden Narben sind in der Rinde kleine Infiltrate von Reticulumzellen zu sehen.

Pat. E. Meh., weiblich, geb. 5. 12. 1900, klein- bis großknotige cutane Retikulose.

Familienanamnese: Mutter der Patientin starb an Lungentuberkulose. *Eigene Anamnese:* Mit 20 Jahren wegen „Nervenschock" in stationärer neurologischer Behandlung (Bewußtlosigkeit, Erbrechen, Schaum vor dem Munde, angeblich keine Krämpfe). Mit 21 Jahren in stationärer Behandlung wegen starker Kopfschmerzen. Mit 31 Jahren Extrauteringravidität. 1932 Entwicklung einer Lungentuberkulose, die durch therapeutischen Pneumothorax über 2 Jahre behandelt wurde. 1944 erneute Einweisung in eine Lungenheilstätte. Mit 51 Jahren Rippenfellentzündung rechts. Mit 60 Jahren Magen- und Gallenblasenbeschwerden. *Beginn und Entwicklung des Hautleidens:* Im Alter von 55 Jahren bemerkte die Patientin eine Lichtung des Haupthaares im Bereich des Hinterkopfes, die langsam fortschritt und die übrigen Partien des Kopfes miteinbezog. Behandlung in der Haarsprechstunde mit ACTH ohne therapeutischen Effekt. Ende 1959 traten im Gesicht und exanthematisch an den Oberarmen und am Stamm kleine blaurote indolente Knoten auf, die langsam an Größe zunahmen und bei der Lokalisation im Gesicht die Patientin störten. Kein Juckreiz, keine Schmerzen. *Allgemeinbefund:* Guter Allgemeinzustand ohne Anhalt für krankhafte Veränderungen innerer Organe. *Lokalbefund:* Diffuse Alopecie mit z.T. neuem Haarwuchs etwa in der Mitte des Capillitiums und der temporalen Anteile links. Disseminierte reiskorngroße, braun-rote Knoten in der Haut des Gesichtes, des Halses und der Ohrmuscheln. Über der Nasenwurzel und in den Augenbrauen sieht man größere, gut kirschkerngroße rot-livide, auf der Unterlage gut verschiebliche Knoten. Keine Ulceration, kein Berührungsschmerz. An beiden Armen und Beinen, besonders an den Streckseiten, sieht man zahlreiche erbsen- bis haselnußgroße ähnliche Tumoren der Haut. In

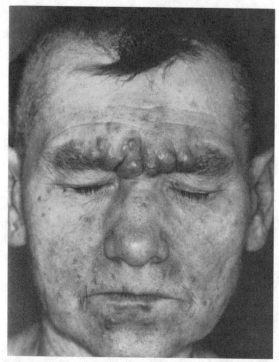

Abb. 41. Klein- bis großknotige, cutane Retikulose (Pat. E.Meh., weiblich, geb. 5. 12. 1900). Diffuse Alopecie mit z.T. neuem Haarwuchs in der Mitte des Capillitiums. Disseminierte reiskorngroße, braun-livid-rote Knotenbildungen in der Gesichtshaut, im Bereich des Halses und der Ohrmuscheln. Über der Nasenwurzel und in den Augenbrauen sieht man größere, bis kirschkerngroße knotige Tumoren von blau-roter Farbe und glatter Oberfläche. Die Knoten sind indolent und auf der Unterlage gut verschieblich. Keine Neigung zu geschwürigem Zerfall

der rechten Supraclaviculargrube liegt ein bohnengroßer, in der rechten Axilla ein kirschgroßer indolenter, gut verschieblicher Lymphknoten. In den Leistenbeugen sind keine pathologisch vergrößerten Lymphknoten zu tasten. *Blutbild* (21. 3. 1960): Hb. 12,0 g-%, Ery. 4,4 Mill., Leuko. 8500, Eos. 4%, Segmentk. 42%, Lympho. 48%, Mono. 6%. (3. 5. 1961): Hb. 14,4 g-%, Ery. 4,2 Mill., Leuko. 12800, Eos. 3%, Stabk. 2%, Segmentk. 70%, Lympho. 20%, Mono. 5%. *Histologischer Befund* (Nr. 13061): Von der unauffälligen Epidermis durch einen praktisch infiltratfreien Streifen getrennt, liegt im Corium ein monomorphes Infiltrat aus klein- bis mittelgroßen Reticulumzellen, das bis in die Subcutis hinabreicht. Es ist vorwiegend herdförmig um die Gefäße und um die Hautanhangsgebilde angeordnet, mehrfach konfluieren die Herde aber auch zu Infiltratplatten. Am Rande dieser Infiltrate ist eine Verdrängung und Aufsplitterung der kollagenen Faserbündel zu beobachten. In der Gomori-Färbung stellt sich eine mittelmäßig starke Neubildung von argyrophilen Fasern dar. In der Kopfhaut findet sich eine sekundäre Alopecia mucinosa umgeben von einem spezifischen perifollikulären Infiltrat. Im ganzen gesehen handelt es sich bei den vorliegenden Präparaten um das histologische Bild der klein- bis mittelzellgroßen Retikulose. *Therapie und Verlauf:* Besserung unter der Therapie mit Röntgenstrahlen (Dermopan Stufe I je 300 R für 4 Felder vorne, hinten und an den

Seiten). Im Stirnbereich 300 R mit 1 mm Al-Filter. Zusätzlich wurde täglich bis zu einer Gesamtdosis von 8 mg, 0,5—1 mg Dexamethason verabreicht. Nach Abschluß der Therapie waren die Hautveränderungen völlig verschwunden. Nach der Entlassung aus der stationären Behandlung wurde die eingeleitete Dexamethason-Therapie in der Dosierung von 0,5 mg pro die über 9 Monate fortgesetzt. Etwa 1 Jahr nach der Entlassung traten Lymphknotenschwellungen in beiden Leistenbeugen und Knoten an der Haut der Zehen auf, so daß erneut klinische Behandlung erforderlich wurde. Der Allgemeinzustand war zu diesem Zeitpunkt deutlich reduziert, Leber und Milz waren ca. 3—4 Querfinger unterhalb des Rippenbogens palpabel. In beiden Leistenbeugen waren mehrere etwa taubeneigroße Lymphknoten zu tasten. Unter erneuter Bestrahlung (Dermopan Stufe IV, jeweils 300 R für die Hautherde und Lymphknoten, Siebbestrahlung der Milz mit insgesamt 400 R) kam es wieder zur Verkleinerung der Knoten. Daneben traten aber an nicht entsprechend behandelten Hautpartien neue Tumoren auf, die bestrahlt werden mußten. Patientin wurde auf Wunsch am 6. 9. 1961 in ambulante Behandlung entlassen. Der Allgemeinzustand verschlechterte sich weiter, es kam zu diffusen Oberbauchbeschwerden und Juckreiz. Am 6. 9. 1961 war eine Aufnahme in klinische Behandlung nicht mehr zu umgehen. Die Milz war jetzt 3 Querfinger, die Leber um mehr als Handbreite unterhalb des Rippenbogens palpabel. In den Leistenbeugen sind eine Reihe von kirschgroßen Lymphknoten zu tasten. Die neurologische Untersuchung ermittelte einen rechtsseitigen temporalen Prozeß und einen in Ohrnähe links liegenden Herd, ein dritter Herd wurde vestibulär oder cerebellar vermutet, ein vierter tief parietal. Die Haut war zu diesem Zeitpunkt diffus braun pigmentiert. Es bestand eine totale Alopecie und am gesamten Integument waren multiple, in Größe und Form unterschiedliche Knoten zu tasten und zu sehen. Trotz Behandlung mit Trenimon ® (0,1 mg i.v. jeden 2.—3. Tag, bis insgesamt 0,9 mg, Strophanthin, Supracillin, Lävulose, Vitamin C, Acedicon u.a., sowie Bluttransfusionen war der Verlauf nicht mehr aufzuhalten. Exitus letalis am 2. 10. 1961 unter den Zeichen des akuten Kreislaufversagens. *Sektion* (Nr. 903/61, Doz. Dr. PLIESS, Dr. JUNGKLAUS, Path. Institut des UKE, Direktor: Prof. Dr. KRAUSPE): Generalisierter Befall der Lymphknoten und Lungen. Ausgedehnte verfettende Desquamationspneumonie. Frische hämorrhagische Infarzierung der linken Herzkammer. Kachexie. Histologische Befunde: Rechte Lunge: Multiple kleinere und größere tumoröse Infiltrationsherde. Die Tumorzellen sind größtenteils abgerundet und zeigen unterschiedliche Größe, Form und Färbbarkeit. Einige Kernteilungsfiguren. Das Cytoplasma ist unterschiedlich reichlich entwickelt. Ein Teil der Zellen zeigt verzweigte Cytoplasmastruktur nach Art des retikulären Bindegewebes. Stellenweise reichlich Faserentwicklung zwischen den Zellen. Die linke Lunge bietet einen gleichartigen Befund. Leber: Die periportalen Felder sind durch Infiltration mit Tumorzellen unterschiedlich verbreitert. Milz: An Stelle der Follikel finden sich Infiltrationen mittelgroßer Tumorzellen, auch in den Sinus. Zwischen den Zellen reichlich Faserentwicklung. Inguinaler Lymphknoten: Lymphatisches Gewebe vollständig ersetzt durch Geschwulstzellwucherung von kleinzelligem Typus. Zunge und Oesophagus: Kleine Schleimhautulcerationen. In diesem Bereich histiocytäre Infiltrate, die sich nicht sicher von den beschriebenen Geschwulstzellen abgrenzen lassen. Linke Nebenniere: In der Marksubstanz auffällige Ansammlung histiocytärer Elemente in lockerer Ausbreitung, die sich stellenweise nicht von den erwähnten Geschwulstzellen differenzieren lassen. Sternum: Fettmark. Darin kleine erythro- und leukopoetische Herde. Es überwiegen aber die großen und mittelgroßen Zellelemente mit Kernpolychromasie, die den beschriebenen Zellen entsprechen.

Pat. W. Dav., männlich, geb. 3. 5. 1889, cutane, retikulämische Retikulose, Abb. 46—52.

Familienanamnese unauffällig. *Eigene Anamnese:* Vor dem ersten Weltkrieg offenbar Lymphangitis im rechten Bein. 1918 Lungenentzündung. Seit 1912 rezidivierend Ischias rechts, weswegen 1945 klinische Behandlung erfolgen mußte. 2 Jahre vor Auftreten der Hautveränderungen Vertigo-Zustände. *Beginn und Entwicklung des Hautleidens:* Im Alter von 76 Jahren traten ca. 2 Wochen vor Beginn der klinischen Behandlung am Stamm, weniger an den Extremitäten, zahlreiche gerötete Flecke und kleine Knoten auf. Zu gleicher Zeit setzte plötzlich Inappetenz ein. *Allgemeinbefund:* Allgemeinzustand und Ernährungszustand gut. Leber etwa 4 Querfinger vergrößert, Milz 2 Querfinger vor dem Rippenbogen palpabel. In der rechten Axilla mehrere bis kirschgroße Lymphome. *Lokalbefund:* Am Stamm, weniger an den Extremitäten, sieht man zahlreiche gerötete Flecke, stecknadelkopf- und erbsgroße sowie vereinzelte bis pflaumengroße, teils im Niveau der Haut, teils die Haut überragende Knötchen und Knoten. Die Knoten sind teils rot, teils mehr lividrot gefärbt. *Blutbild* (16. 6. 1965): Hb. 12 g-%, Ery. 3,2 Mill., Leuko. 34000, Eos. 2%, Segm. 8%, Lympho. 7%, Mono. 83%. (24. 6. 65): Hb. 12,5 g-%, Ery. 3,02 Mill., Leuko. 24000, Stabk. 1%, Segm. 5%, Lympho. 28%, Mono. 66%. (30. 6. 65): Hb. 7,5 g-%, Ery. 2,07 Mill., Leuko. 2600, Segm. 6%, Lympho. 10%, Mono. 84%. Thrombocyten 40000.

Histologischer Befund (Nr. 22473): Epidermis unauffällig. Unterhalb eines subepidermal gelegenen freien Streifens liegt ein monomorphes, lockeres syncytial zusammenhängendes Infiltrat, das bis in die Subcutis reicht. Es setzt sich aus mittelgroßen Reticulumzellen mit

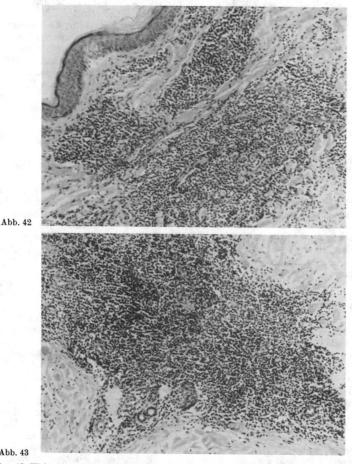

Abb. 42

Abb. 43

Abb. 42 u. 43. Klein- bis mittelgroßzellige, nicht differenzierte cutane Retikulose. Die unauffällige Epidermis ist durch einen schmalen infiltratfreien Streifen vom zelligen Infiltrat des Coriums getrennt. Dieses liegt perivasculär, periadnexiell und fließt stellenweise auch zu größeren Plaques zusammen. (Pat. E. Meh.; Vergr. 10 × 10)

blasigen Kernen, deutlicher Kernmembran und staubförmigem Chromatin zusammen. Die Kerne sind rund-oval, z.T. gebuchtet und weisen vielfach 2—3 Nucleolen auf. Zahlreiche Kernteilungsfiguren (bis zu 12 im Blickfeld). Das präexistente kollagene Gewebe ist durch das Infiltrat aufgesplittert, die Bindegewebsbündel brechen am Rande der Infiltrate unvermittelt ab. Die Hautanhangsgebilde sind von Infiltratzellen teils verdrängt, teils durchsetzt. Eigentliche Destruktionen sind allerdings nicht sicher nachzuweisen. Faserbildung ist vorhanden. *Sternalpunktat:* In den Ausstrichen sieht man bis zu 90% Zellen vom undifferenzierten Stammzelltyp. Erhebliche Anisocytose und Polychromasie. Zum Teil ausgesprochene monocytoide Kernlappung. Auer-Stäbchen nicht nachweisbar. Der Untersucher (Dr. TRESKE, I. Med. Klinik, Direktor: Prof. Dr. BARTELHEIMER) stellte die Diagnose undifferenzierte Leukose vom monocytoiden Typ und glaubte die Frage, ob Retikulose, cytologisch nicht entscheiden zu können. *Abstrich vom Beckenkammcylinder:* Sehr selten eine Zelle der Granulo- und Erythropoese. Man sieht überwiegend atypische, an große Reticulumzellen erinnernde Elemente mit graublauem Cytoplasma und großen, locker strukturierten, meist monocytoiden Kernen. Starke Polymorphie. Einzelne Plasmazellen und Megakaryocyten. Die Untersucher (Dr. TRESKE, I. Med. Klinik, Direktor: Prof. Dr. BARTELHEIMER) sprechen sich für eine akute Retikulose aus. Urteil des Path. Institutes (Prof. Dr. PLIESS, Direktor: Prof. SEIFERT): Das Knochenmark besteht im wesentlichen aus kleinen und mittelgroßen Reticulumzellen mit aufgehellten, z.T. gekerbten oder nierenförmigen Kernen. Bei PAS-Reaktion sind diese Zellen negativ. Angenommen wird eine generalisierte Retikulose mit Knochenmarkbeteiligung. *Immunelektrophorese:* γ-Globuline vermehrt, γ₁-A sehr stark, γ₁-M ebenfalls beträchtlich vermehrt,

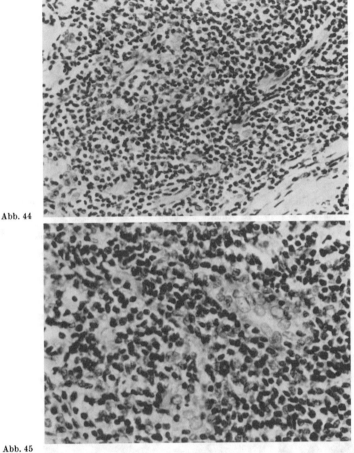

Abb. 44

Abb. 45

Abb. 44 u. 45. Klein- bis mittelgroßzellige, nicht differenzierte cutane Retikulose. (Pat. E.Meh.; Vergr. 25 × 10 und 40 × 10.) Neben kleinen lymphoiden Zellen erkennt man auch mittelgroßzellige Reticulumzellen (Abb. 45)

α_2-M sehr stark vermehrt. *Therapie und Verlauf:* 40 mg 6-Methylprednisolon, 100 mg 6-Mercaptopurin pro die, Reverin, Furadantin und 8 Bluttransfusionen mit gewaschenen Erythrocyten konnten den Verlauf nicht beeinflussen. Unter Rest-N-Anstieg und zunehmender Kachexie, sowie Verschlechterung des weißen Blutbildes trat am 27. 8. 65 der Tod ein.

Sektion (Nr. 1093/65, Dr. BAGHIRZADE/Dr. RUFFMANN, Path. Institut des UKE, Direktor: Prof. Dr. SEIFERT): In der Haut sieht man histologisch kleine herdförmige Ansammlungen von mononucleären Reticulumzellen, die z.T. intrakorial, z.T. aber auch in der Subcutis liegen. Schnitte aus der rechten und linken Niere zeigen diffuse, unscharf begrenzte Zellinfiltrate im Rinden- und Markbereich. Die Infiltrate bestehen aus mittelgroßen Zellen und unterschiedlich geformten Zelleibern und relativ großen, meist runden bis längsovalen Kernen. An mehreren Stellen sind auch Kernpolymorphie und hyperchromatische, unregelmäßig geformte Mitosen zu erkennen. Sehr oft sieht man auch eingebuchtete Kerne, die an Monocyten erinnern. Die normale Organstruktur der Milz ist weitgehend aufgehoben, die Pulpa enthält nur wenige unscharf begrenzte Follikel und besteht im übrigen aus diffusen Wucherungen atypischer Reticulumzellen, deren Zell- und Kernstruktur den oben beschriebenen Zellen entspricht. Schnitte aus dem Wirbel- und Sternalmark zeigen eine diffuse Retikulose, wobei monocytoide Elemente vorherrschen. Das blutbildende Knochenmark ist verdrängt. Die cervicalen und paratrachealen Lymphknoten haben ihre normale histologische Struktur verloren und sind von mittelgroßen Reticulumzellen durchsetzt. Auch im Interstitium des im übrigen atrophischen und fibrosierten Hodengewebes sieht man diffuse retikuläre monocytoide Zellinfiltrate, die das restliche Hodengewebe ersetzt haben.

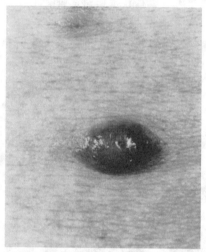

Abb. 46. Cutane, retikulämische Retikulose. Klinisch Mischbild von exanthematisch angeordneten Maculae, stecknadelkopf- bis erbsen- und, wie die Abbildung zeigt, bis über kirschgroßen Knoten der Haut. Die größeren Tumoren hatten eine glatte Oberfläche und waren braun-rot-livide tingiert. (Pat. W.Dav., männlich, geb. 3. 5. 89)

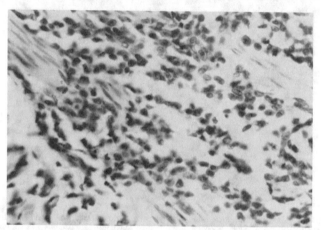

Abb. 47. (Pat. W.Dav.; Vergr. 40 × 10.) Das präexistente Gewebe des Coriums ist durch das Infiltrat durchsetzt, verdrängt und z.T. wohl auch destruiert. Die Infiltratzellen sind hier in einen Musc. arrect. pil. eingedrungen und haben ihn aufgesplittert

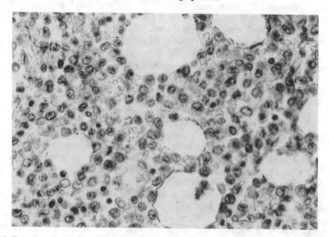

Abb. 48. Das Gewebe des Knochenmarks ist durch retikuläre Zellelemente weitgehend ersetzt

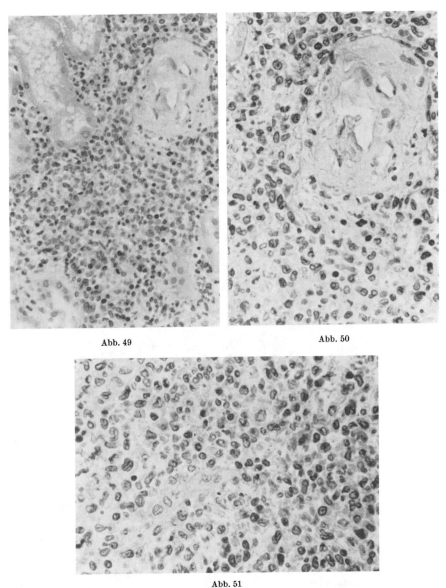

Abb. 49   Abb. 50

Abb. 51

Abb. 49—51. Diffuses Infiltrat im Rindenbereich der Niere, das aus mittelgroßzelligen, verschieden geformten retikulären Zellen besteht. (Pat. W.Dav.; Vergr. 25 × 10 bzw. 40 × 10)

Ob eine Retikulose akut, subakut oder chronisch verlaufen wird, kann auf Grund des klinischen Gesamtbildes zwar vermutet, aber im Einzelfalle nicht mit Sicherheit vorausgesagt werden. So verläuft die *großknotige oder tumoröse* Form im allgemeinen zwar chronisch oder subakut, kann im individuellen Falle aber auch einen akuten Decursus nehmen. Über mehr akut verlaufende großknotige Retikulosen haben BYKOWA (1934), MAYER u. WOLFRAM (1940), GARZA-TOBA (1957), VAN DER MEIREN (1958), MARILL und STREIT (1959), SCHIMPF (1965), SCHULZ, JÄNNER und WEX (1967) berichtet. Auffällige morphologische Veränderungen des peripheren Blutes waren im Falle von GARZA-TOBA (77% Monocyten), Schimpf (70% Monocyten) und von Schulz u. Mitarb. (100% Monocyten) zu beobachten, Befunde, die zur Abgrenzung der klinisch-morphologisch ähnlich aussehenden Reticulosarkomatose (Retothelsarkomatose) von differentialdiagnostischer Bedeutung sind.

Pat. F. Fi., männlich, geb. 29. 7. 1889, großknotige, cutane Retikulose, Abb. 53—55.

Familienanamnese ohne Besonderheiten. *Eigenanamnese:* 1942 perforierende Appendicitis, 1943 Ileus. *Beginn und Entwicklung des Hautleidens:* Im Februar 1960, im Alter von 70 Jahren, traten in der Gesichtshaut, beginnend im temporalen Anteil, zunehmend sich vergrößernde rot-livide Knoten auf, die alsbald auch am Halse, den oberen Anteilen des Rückens, den Oberarmen und in der Inguinalregion in Erscheinung traten. Am 31. 5. 1960 begab sich der Patient in unsere klinische Behandlung. *Allgemeinbefund:* Guter Allgemeinzustand und Ernährungszustand. Leber und Milz nicht palpabel vergrößert. Submental sind bis haselnußgroße, axillär und inguinal beiderseits bis walnußgroße Lymphknoten zu tasten. *Lokalbefund:* In der Haut des Gesichtes liegen mehrere bis pflaumengroße rot-livide, derbe, indolente, auf der Unterlage gut verschiebbare Knoten. Keine Tendenz zur Ulceration. An der Haut des Halses sieht man ähnliche, jedoch mehr flache, etwa erbsgroße Knoten. An den Schultern

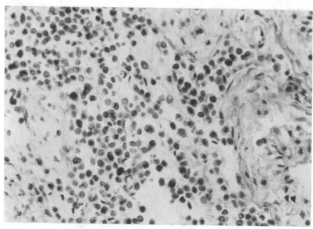

Abb. 52. Mit retikulotischem Gewebe infiltrierter Hoden. Man erkennt noch einen sklerosierten und atrophischen Tubulus. (Pat. W. Dav.; Vergr. 40×10)

und oberen Rückenpartien erkennt man flache, bis etwa münzgroße livid-rote verschiebliche cutane Knoten. *Histologie* (Nr. 13507): Normale bis schmale unauffällige Epidermis mit subbasalem freien Streifen der Pars papillaris des Coriums. Im retikulären Anteil desselben liegt ein perivasculär und periadnexiell angeordnetes dichtes Infiltrat, dessen größter Teil der Zellen ziemlich große, etwas polymorphe Bläschenkerne besitzt. In der Peripherie der Infiltrate sind auch kleinere, dunkelkernige lymphoide Zellen zu registrieren. Reichlich Mitosen. Das präexistente Gewebe ist verdrängt bzw. auseinandergedrängt. Ein argyrophiles Fasernetz ist deutlich vorhanden. *Blutbild:* Hb. 15,2 g-%, Ery. 4,8 Mill., Leuko. 7400, Baso. 2%, Eos. 1%, Stabk. 2%, Segmk. 53%, Lympho. 35%, Mono. 7%. *Sternalmark:* Bei wiederholter Markpunktion aus dem Sternum kein Markgewebe zu gewinnen (Doz. Dr. Remy, II. Med. Klinik, Direktor: Prof. Dr. Jores). *Therapie und Verlauf:* Durch Röntgenbestrahlungen (teils unter Tiefenbedingungen, teils Oberflächenbestrahlung, teils Chaoultechnik) und peroralen Gaben von Prednison (20 mg pro die) kam es zur Besserung der Hautveränderungen. Über das weitere Schicksal des Patienten konnte leider keine Auskunft erhalten werden.

Pat. B. Kun., weiblich, geb. 29. 8. 1965, noduläre cutane Retikulose, Abb. 56—62.

Familienanamnese nach Angabe der Eltern unauffällig. Die *Eigenanamnese* verlief bis zur Erkrankung der Haut desgleichen ohne Besonderheiten. Das Mädchen war nach einer komplikationslosen Schwangerschaft der Mutter normalgewichtig geboren worden. In den ersten Lebensmonaten entwickelte es sich, abgesehen von einer von den Eltern als „leichter Milchschorf" bezeichneten Affektion, gut. Die wenige Tage nach der Geburt vorgenommene BCG-Impfung verlief ohne auffällige Folgen. *Beginn und Entwicklung des Hautleidens.* Im Alter von 4½ Monaten waren der Mutter des Kindes einzelne blaurote Flecke und Knoten im Bereich des Oberschenkels und des Unterbauches aufgefallen, die sich in den folgenden Wochen vermehrten und vergrößerten. *Allgemeinbefund:* Bei der Klinikaufnahme am 17. 2. 1966 befand sich das gut entwickelte Kind in regelrechtem altersentsprechenden Allgemein- und

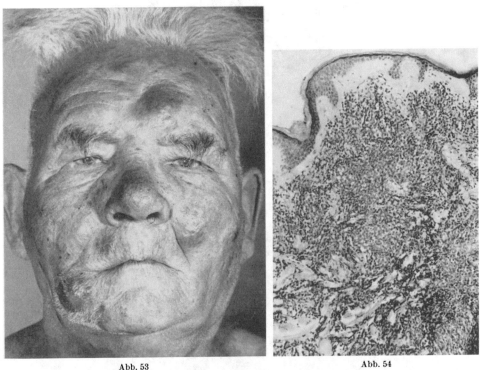

Abb. 53   Abb. 54

Abb. 53. Großknotige cutane Retikulose (Pat. F.Fi., männlich, geb. 29. 7. 1889)

Abb. 54. Großknotige cutane Retikulose. Unter der im wesentlichen nicht veränderten Epidermis liegt in der Pars papillaris des Corium ein infiltratfreier Streifen. Darunter folgt ein sehr dichtes Infiltrat, das sich aus mittelgroßen Reticulumzellen und kleinen lymphoiden Elementen zusammensetzt. (Pat. F.Fi.; Vergr. 10 × 10)

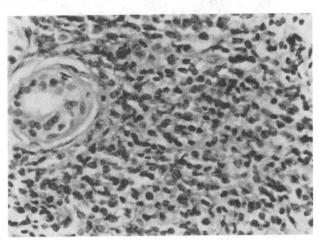

Abb. 55. Vergrößerung aus Abb. 54 (Vergr. 40 × 10). Schweißdrüsen ummauerndes retikuläres Infiltrat

Ernährungszustand. Außer einer palpablen Vergrößerung von Leber und Milz, die den Rippen-bogen etwa 1—2 Querfinger überragten, konnten bei der klinischen Untersuchung keine pathologischen Befunde erhoben werden, insbesondere waren hautnahe Lymphknoten nicht zu tasten. *Lokalbefund:* Die Veränderungen der Haut erstrecken sich auf das Capillitium, die Streckseiten der Oberarme, das Abdomen, Mons pubis, die lateralen Anteile der Oberschenkel und auf die Fußsohlen. Sie bestanden aus multiplen flachen, derben knotenförmigen Infil-

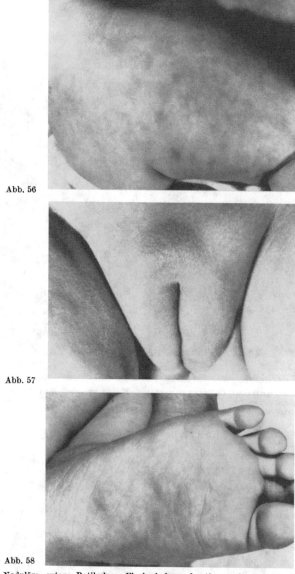

Abb. 56

Abb. 57

Abb. 58

Abb. 56—58. Noduläre, cutane Retikulose. Flacherhabene, knotige, meist livid tingierte, derbe Infiltrate am Oberschenkel, Mons pubis und an der Fußsohle. (Pat. B. Kun., weibl., geb. 29. 8. 1965)

traten von Erbs- bis Kirschgröße und runder bis ovaler Form. Die größeren Knoten überragten leicht das Niveau der Haut und wiesen einen lividen Farbton auf. Die zahlreichen kleineren Knoten waren optisch kaum, palpatorisch sehr deutlich wahrnehmbar. Die Oberfläche selbst war intakt, zeigte weder Schuppen- noch Krustenbildung. Hämorrhagische Phänomene im Sinne von petechialen oder punktförmigen Blutungen waren weder im Bereich der beschriebenen Hautveränderungen noch am übrigen Integument zu beobachten. Eine in der Univ.-Augenklinik (Direktor: Prof. Dr. SAUTTER) vorgenommene ophthalmologische Untersuchung ließ im temporalen Lidspaltbereich des linken Auges eine Verdickung erkennen, die möglicherweise zur Symptomatik der Grundkrankheit zu rechnen war. Augenhintergrund sowie übrige Anteile der Augen waren unauffällig. *Röntgenuntersuchungen:* Thoraxorgane und Skeletsystem einschließlich Schädel ohne pathologische Befunde. *Histologie* (Nr. 23 742): Epidermis ohne pathologischen Befund. Unter einem subepidermalen infiltratfreien Streifen finden sich

Blutbild

Datum	18. 2. 66	3. 3. 66	14. 3. 66	24. 3. 66	31. 3. 66	26. 4. 66	
Hb.	12,4	11,8	11,8			5,2	g-%
Ery.	4,5	3,6	3,4	3,2	2,8	2,6	Mill.
Leuko.	3600	3800	3800	3100	3200	1900	
Eos.	2						%
Stabk.		1					%
Segmk.	5	6					%
Lympho.	84	88	97	92	98		%
Mono.	5	4	1	3		⎫	%
Mono-Cytoide	4	1	2	5	2	⎬ 100[a]	%
						⎭	
Thrombo-cyten	310000		162000			91000	

[a] Zu diesem Zeitpunkt herrschten im strömenden Blut Zellen vor mit lockerem großen Kern und dunklem basophilen Cytoplasma, die sich nicht exakt einordnen ließen (atypische Reticulumzellen ?).

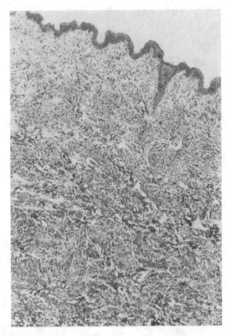

Abb. 59. Noduläre cutane Retikulose (Pat. B.Kun.; Vergr. 4×10). Normale Epidermis mit relativ infiltratfreiem subbasalen Streifen. Unterhalb dieser Zone sieht man ein nach der Tiefe hin an Dichte zunehmendes Infiltrat

im oberen Corium mehrere herdförmige, vorwiegend perivasculär angeordnete Infiltrate, die nach der Tiefe zu an Dichte und Umfang zunehmen, so daß auch die mittleren und tiefen Coriumschichten und große Abschnitte der Subcutis von zusammenhängenden dichten Zellansammlungen eingenommen werden. Das präexistente Gewebe ist verdrängt und z.T. wohl auch destruiert. Hautadnexe sind gut erhalten, wenngleich das Infiltrat bis dicht an diese heranreicht und sie gewissermaßen einmauert. Die Gefäßwände sind im wesentlichen unauffällig. Das Zellbild ist relativ monomorph, obgleich sich zwei Zelltypen unterscheiden lassen. Mittelgroße bis große Elemente mit hellen, mäßig chromatinreichen Kernen von runder,

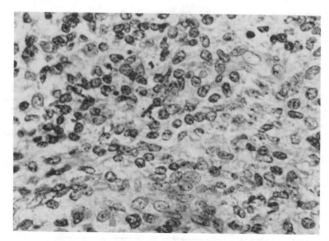

Abb. 60. Aus der Abb. 59 entnommene 40 × 10fache Vergrößerung. Man erkennt relativ gleichförmige Zellkomplexe, bestehend aus zwei Zellformen: größere Reticulumzellen mit hellen chromatinarmen, daneben kleinere mit intensiver gefärbten Kernen

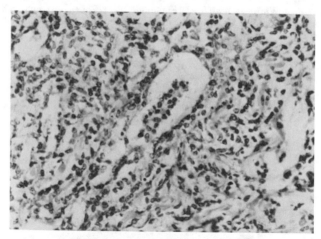

Abb. 61. Aus demselben Präparat stammende 25 × 10fache Vergrößerung mit syncytialem Verband von Reticulumzellen in einer erweiterten Lymphcapillare

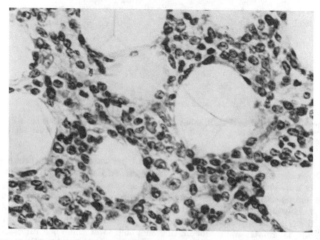

Abb. 62. 40 × 10fache Vergrößerung: Diffuse Durchsetzung der Subcutis mit Reticulumzellen

ovaler oder auch nierenförmiger Gestalt, die z.T. auch mehrere Nucleolen enthalten, herrschen vor. Einige der Kerne sind eingekerbt (Schlitzbildung). Der zweite Zelltyp, an Zahl mehr in den Hintergrund tretend, ist kleiner und durch kompaktere, intensiver gefärbte, runde bis ovale Kerne gekennzeichnet. Im gesamten Infiltrat erkennt man relativ viele normale und atypische Zellteilungsfiguren. Vereinzelt sind auch Kerntrümmer zu sehen. Die Tingierung nach GOMORI stellt ein feines, nicht sehr dichtes, mit den Zellen in Kontakt stehendes argyrophiles Gitterfasernetz dar, das auch in den in der Subcutis liegenden Infiltrationen deutlich erkennbar wird.

Knochenmark (Univ.-Kinderklinik, Direktor: Prof. Dr. SCHÄFER): Im aus der Tibia entnommenen Knochenmark waren Lymphocyten, Reticulumzellen und atypische mononucleäre Zellen zu beobachten, die in ihren Fermentreaktionen an Monocyten erinnerten. Zellen der Erythro- und Granulopoese fehlten fast vollständig. *Immunelektrophoretisch* waren keine Paraproteine nachzuweisen. *Therapie und Verlauf:* Allgemeinzustand unter Corticosteroiden (16—8 mg 6-Methylprednisolon pro die) zunächst gut, aber ohne überzeugende Änderung des dermatologischen Befundes. Später kamen neue kleinere Knoten an den Oberarmen und an den Beinen hinzu. Im April 1966 rapide Verschlechterung des Allgemeinzustandes (s. auch Blutbildveränderungen) und trotz Erhöhung der Corticosteroiddosis (24 mg 6-Methylprednisolon pro die) und Bluttransfusionen Exitus letalis am 6. 5. 1966. Autoptische Befunde liegen nicht vor. (Zu diesem Fall s. auch Publikation SCHULZ, JÄNNER u. WEX, 1967.)

Ein ähnliches klinisches Bild mit letalem Verlauf innerhalb von einem halben Jahr mit Ausschüttung von monocytoiden Zellen (sub finem 100%) bei einer maximalen Leukocytenzahl von 13100 in das periphere Blut und mit den gleichen monocytoiden Elementen im Knochenmark haben wir kürzlich (1968) bei einem weiteren Säugling, einem 10 Monate alten Mädchen, beobachtet. Die Hautinfiltrate waren zusammen mit Fieberschüben im 4. Lebensmonat aufgetreten.

Die chronisch verlaufenden nodulären Formen, die in der Literatur als „chronisch noduläre Retikulose" bezeichnet werden, kommen häufiger vor. Dabei haben Einzelknoten (BUREAU, GOUIN und BARRIÈRE, 1959; WORINGER, WAITZ und WILHELM, 1960; KROEPFLI, 1957; CAIRNS, 1957; DUVAL, 1958; LAUGIER, 1958; PASCHOUD, 1958, u.a.) die Tendenz, sich spontan oder auch unter Therapie zu bessern oder gar zurückzubilden (POINSO, POURSINES und DELPIN, 1945; MEZZADRA, 1966, u.a.). Gleiche Erscheinungen hat auch CAZAL (1964) beschrieben und sie auf fibroplastische Transformation anomaler Zellelemente zurückgeführt. Dazu muß gesagt werden, daß die sichere Abgrenzung gegenüber retikulären Hyperplasien histologisch nicht immer möglich ist. Die Diagnose Retikulose wird allein durch den Verlauf bestätigt. Auch die „chronisch noduläre Retikulose" ist durch Rezidive gekennzeichnet, die zwangsläufig zum Tode des Patienten führen. Unter Umständen muß die endgültige Diagnose so lange offen bleiben. In manchen Fällen wird allein die Verlaufsbeobachtung Klarheit bringen können. Diese oft mehr- bis langjährigen Nachbeobachtungszeiten werden bei vielen Publikationen leider nicht berücksichtigt. Unter dem Bilde der Einzelknoten verbergen sich, wenn man LENNERT (1964) folgen will, wahrscheinlich eine Reihe noch zu differenzierender Krankheitsbilder.

Am häufigsten sind bei der chronisch nodulären Retikulose Eruptionen von multiplen Knoten, die walnuß- bis handtellergroß blau-violett tingiert und mit der Oberhaut verbacken, auf der Unterlage aber verschieblich sind (GOTTRON, 1960). Die Epidermis kann dabei normal, sehr dünn oder auch entzündlich gerötet sein. Einige Knoten ulcerieren (ROSS, 1933; MAYER und WOLFRAM, 1940; BETHOUX u. Mitarb., 1944; TASEI u. Mitarb., 1950; MARILL und TIMSITT, 1959; HALTER, 1962). Die Mitbeteiligung innerer Organe kommt besonders im fortgeschrittenen Stadium vor. So berichtet über Herzbefall SCHÄFER (1953), Lebervergrößerung PASCHOUD (1958), Mageninfiltration, osteolytische und osteoplastische Herde der Lendenwirbelsäule DUPONT und VANDAELE (1959).

Histologisch zeigt die chronisch-noduläre Retikulose ausgesprochene Ähnlichkeit mit der orthoplastischen bzw. hyperplastischen Retikulose von GRACIANSKI und PARAF (1949) und SÉZARY, d.h. die Zellen sind den normalen Reticulumzellen sehr ähnlich und lassen kaum Atypien und Kernteilungsfiguren erkennen. Nach längerer Bestandsdauer pflegt im Infiltrat eine plasmacelluläre Differenzierung und eine fibroblastische Note (Gottron, 1960; Cazal, 1964) aufzutreten, die, wie Gottron meint, einer malignen Umwandlung in Richtung Retothelsarkom förderlich sein kann. Er hält diesen Vorgang aber für wenig wahrscheinlich, immerhin nicht für ganz ausgeschlossen, während Degos u.a. (1957) und auch Leinbrock (1959) dieser Hypothese das Wort sprechen. Abgelehnt wird aber einhellig die Reticulomatose von Sézary, d.h. der pseudotumorale benigne Verlauf der Retikulose. Schwierig kann die Unterscheidung zwischen chronisch nodulärer Retikulose, die histologisch eine lymphoretikuläre Struktur haben kann, und der nonfollikulären Lymphadenosis benigna cutis Bävferstedt werden.

Seit Flarer im Jahre 1930 eine unter dem Bilde einer Erythrodermie verlaufende Retikulose beschrieben hat, sind in der uns zugänglichen Weltliteratur 60 klinisch und histologisch gleiche, meist „primär progressive Erythrodermien" genannte Fälle mitgeteilt worden. Dammermann (1968) hat diese Fälle zusammengestellt, unter denen sich 32 befinden, die Musger (1966) bereits zitiert hat. Bei 53 Fällen war das Geschlecht und das Alter der Kranken angegeben (s. Abb. 10). Auffällig ist auch hier die Androtropie und die Bevorzugung der höheren Altersklassen. Autoren, die die erwähnten Fälle mitgeteilt haben, seien im folgenden genannt; mehr als ein Fall wird in Klammern angeführt: Flarer (1930), Flarer und Fieschi (1933), Wayson u. Weidman (1936), Montgomery u. Watkins (1937), Sézary u. Bouvrain (1938), Sézary, Horowitz u. Mashas (1938), Sézary u. Bolgert (1942), Robb-Smith (1944), Hadida u. Mitarb. (1949), Sézary (1949) (4), Degos u. Mitarb. (1951), Degos u. Mitarb. (1952), Degos u. Mitarb. (1953), Wilson u. Fielding (1953), Gaté u. Mitarb. (1953), Duverne, Bonnayme u. Mournier (1953/54), Musger (1954), Morel u. Mitarb. (1954) (2), Musger (1954/55), Dugois u. Colomb (1955), Bureau, Jarry u. Barrière (1955), Violette u. Barety (1955), Musger (1956/57), Vayre u. Guiliot (1956), Alderson u. Mitarb. (1955), Tritsch u. Kiessling (1956), Deschamps u. Lemènager (1956), Degos u. Mitarb. (1957), Joulia u. Mitarb. (1957), Steigleder u. Hunscha (1958), Bureau u. Mitarb. (1959), Joulia u. Mitarb. (1960), Gottron (1960, S. 564), Lapière u. Renkin (1960), Gertler (1961), Taswell u. Winkelmann (1961) (7), Mazzini (1961), Mach (1962), Brody u. Mitarb. (1962), Bureau u. Mitarb. (1963), Bădănoiu (1964), Fleischmayer u. Eisenberg (1964), Garcia u. Mitarb. (1964), Stewart u. Mitarb. (1965), Tedeschi u. Lansinger (1965), Musger (1966).

Fraglich in ihrer Einordnung bleiben die Fälle von Baccaredda (1939), Löblich und Wagner (1951/53), Neuhold und Wolfram (1952), Hauser (1952), Frühwald (1952), die unter der Diagnose „Reticulohistiocytosis Baccaredda" 1956 in Wien vorgestellten Fälle, Thiers u. Mitarb. (1959), Main, Goodwall und Swanson (1959), Kaboth (1962) sowie Thiers u. Mitarb. (1964). Hierbei ist durch die vorwiegend granulomatösen Infiltrate eine histologische Abgrenzung von der Mycosis fungoides nicht sicher gegeben. Als Retikulosen werden sie von den meisten Autoren daher auch nicht anerkannt (Tritsch, 1957; Knoth, 1958; Leinbrock, 1959; Musger, 1966, u.a.). Ihre Stellung muß noch offenbleiben, was besonders für den Fall von Baccaredda (1939) gilt, den Gottron (1960) anerkannt hat. Auch der Fall von Merklen, Melki und Defranoux (1956), bei dem unter heftigem Juckreiz an den unteren Extremitäten und an Teilen des Stammes erythrodermatische Hautveränderungen aufgetreten waren, ist infolge der kurzen Beobachtungszeit nicht sicher einzuordnen.

Die erythrodermatische Retikulose, die „primär progressive Erythrodermie", beginnt meist mit unterschiedlich großen erythemato-squamösen, psoriasiformen

oder an ein Ekzem oder eine Parapsoriasis en plaques erinnernden Hautveränderungen, die zunächst einzeln stehen, später generalisieren oder a priori
generalisiert auftreten können. Vorübergehende Regressionen einzelner Herde
sind möglich. Die Tendenz der Erkrankung führt aber doch progredient im Laufe
von Wochen bis Jahren (MUSGER, 1954) zum Befall des gesamten Integuments.
Mit dem Auftreten der Hautveränderungen, gelegentlich auch schon vorher,
pflegt ein intensiver Pruritus (MUSGER, 1966) einherzugehen. Nach längerer
Krankheitsdauer kommt es schließlich auch zur Schwellung der hautnahen
Lymphknoten, die im Beginn histologisch nur eine banale Reaktion zeigen. Sieht
man vom Juckreiz ab, so ist das Allgemeinbefinden nur wenig beeinträchtigt
(SÉZARY und BOUVRAIN, 1938; DUVERNE u. Mitarb., 1953, 1954; MOREL u.a.,
1954; DUGOIS u. COLOMB, 1955; BUREAU u. Mitarb., 1955). Fieber kommt in
diesem Stadium vor, ist aber doch recht selten zu beobachten (VAYRE und
GUILLOT, 1956). MUSGER (1966) unterscheidet zwei Typen der reticulotischen
Erythrodermie:
    a) den trocken-desquamativen Typ,
    b) den ödematös-nässenden Typ.
    Bei der trocken-desquamativen Form ist die Haut gerötet und geschwollen,
klinisch ohne eigentliches Ödem, näßt andererseits an umschriebenen Stellen und
zeigt eine psoriasiforme oder auch mal eine mehr fettige seborrhoische Schuppung.
Die Farbtönung der Haut reicht von gelb-rot bis kupferfarben. Im französischen
Schrifttum haben sich für diese charakteristische Tingierung der Haut die Be-
zeichnungen „homme rouge" (JOULIA u. Mitarb., 1957, 1960) und „homme orange"
(BUREAU u. Mitarb., 1959) eingebürgert. In der roten Haut treten nicht selten
vegetierende Knötchen (KNOTH, 1958; DUVERNE u. Mitarb., 1953; MUSGER, 1954;
TRITSCH und KIESSLING, 1956; STEIGLEDER u. HUNCHA, 1958) auf, die auch
geschwürig zerfallen können (DESCHAMPS und LEMÉNAGER, 1956).
    In einigen Fällen wird Melanin eingelagert und es kommt zur Ausbildung einer
Melanodermie (MUSGER, 1966). Gelegentlich kann das Krankheitsgeschehen auch
unter dem Bilde einer Dermatitis exfoliativa generalisata Wilson-Brocq verlaufen,
wie MUSGER (1954), TASWELL und WINKELMANN (1961) und GERTLER (1961)
berichtet haben. Erhebliche Schuppenbildung, Hyperkeratosen der Fußsohlen
und Handteller sowie Haarausfall und Nageldystrophie wurden von den gleichen
Autoren beschrieben. Veränderungen der Gesichtshaut im Sinne einer Facies
leontina wurden von TASWELL und WINKELMANN (1961) beobachtet. GOTTRON
(1960) und HERZBERG (1963) haben auf das eigentümliche, unmotivierte Freibleiben einzelner Hautbezirke inmitten des sonst generalisierten Prozesses, auf das
sog. Kreibichsche Zeichen, aufmerksam gemacht. Einen unter dem Bilde einer
Pityriasis rubra pilaris verlaufenden Casus sah MUSGER (1956), der auch auf
präfinal auftretende Punktblutungen (1954) hingewiesen hat.
    Beim ödematös nässenden Typ der erythrodermatischen Retikulose steht die
exsudative Note im Vordergrunde des Geschehens. Ödembildung und mehr oder
weniger ausgedehnte nässende Epitheldefekte im Gesicht, in der Anogenitalregion
und an der Haut der unteren Extremitäten sind auffällig. Die übrige Haut ist
wie bei der anderen Form gerötet und mit Schuppen bedeckt. Mitunter ist eine
scharfe Trennung beider Formen gar nicht möglich. Knötchenbildung und Pigmentierung kann in beiden Fällen hinzukommen (WAYSON und WEIDMAN, 1936;
MUSGER, 1954; TASWELL und WINKELMANN, 1961). Die Knötchen treten schubweise auf und bleiben bis zum letalen Ausgang in Bewegung. Das Auftreten und
spontane Verschwinden einzelner Knötchen wird von CAZAL (1964) als gewichtiges
Argument gegen die Deutung der Erkrankung als Neoplasie angesehen. Auftreten
von ausgesprochen großen Knoten bei der erythrodermatischen Retikulose wurde

von Wayson und Weidman (1963) beobachtet und mitgeteilt. Wie bei den Reti-kulosen überhaupt, kann es auch bei der erythrodermatischen cutanen Retikulose zur Ausschüttung von retikulären Zellen in das strömende Blut kommen, die sowohl peripher durch Gitterfaseraufbrüche (Mach, 1962) und/oder durch die Infiltration des Knochenmarks zu verstehen ist. Dabei unterscheidet man auch hier nach dem Vorschlag von Degos u. Mitarb. (1957) die häufiger vorkommende histio-monocytäre und die seltener vorkommende lympho-monocytäre Leukämie.

Man nennt *die leukämische Reaktion der Retikulose* auch *Histioleukämie* (Fieschi, 1942; Flarer, 1948; Di Guglielmo, 1953) oder *Retikulämie* (Sézary und Bouvrain, 1938).

Lapière und Renkin (1960) unterscheiden bei der Histioleukämie 4 mögliche Formen:

1. Die leukämische primär viscerale Retikulose führt sekundär zu Haut-erscheinungen, die spezifisch oder unspezifisch sein können.

2. Haut und blutbildende Organe sind gleichzeitig befallen (z. B. Fall Reschad und Schilling).

3. Die primär cutane Retikulose geht im Zuge der Generalisierung mit einer Ausschwemmung von Zellen ins strömende Blut einher.

4. Die auf die Haut beschränkte Retikulose (ohne Beteiligung innerer Organe) führt zur Ausschwemmung von Zellen ins Blut (z. B. bei der erythrodermatischen Form).

Bei den in das periphere Blut ausgeschütteten Zellen handelt es sich meistens um histio-monocytäre Typen und selten um lympho-monocytäre Formen (Degos u. Mitarb., 1957; Degos, 1953), die sich durch kleinere Zellen auszeichnen und den kleinen Reticulumzellen Lennerts entsprechen dürften. Histioleukämische Retikulosen wurden von Graps u. Mitarb. (1950), Degos u. Mitarb. (1953), Warzecka (1955), Gaté u. Mitarb. (1956), Gertler (1956), Winkler (1956), Poche und Stüttgen (1956), Joulia u. Mitarb. (1957), Mamie u. Delacrétaz (1958), Come, Palla u. Damilla (1958), Degos u. Mitarb. (1959), Lapière u. Renkin (1960), Gertler (1952b), Medras u. Mitarb. (1964) mitgeteilt. Nach Mamie und Delacrètaz sind 90% Monocyten der Gesamtleukocytenzahl bei diesen Formen keine Ausnahme. (Die Morphologie dieser Zellen wurde weiter oben bereits beschrieben.)

Sézary u. Bouvrain (1938), Sézary u. Mitarb. (1938), Sézary u. Bolgert (1942), Hadida (1949), Wilson (1953), Morel (1954) und Bureau u. a. (1959) berichteten über histiomonocytäre Leukämien, wobei z. B. Befunde von 65000 Leu-kocyten mit 90% atypischen Monocyten (Tedeschi und Lansinger, 1965) genannt werden konnten. Lymphomonocytäre Leukämie haben Degos (1952, 1953) sowie Lapière und Renkin (1960) veröffentlicht. Degos (1953) fand in einem Fall 58000 Leukocyten, unter denen sich 70% Lymphoide und 10% Monocyten befanden, und in einem anderen Fall (1952) sogar 100000 Leukocyten. Bei dem Fall von Gertler (1956), bei dem 60000 Leukocyten aufgetreten waren, die sich überwiegend aus Lymphoiden und Lymphocyten zusammensetzten, lag entweder eine (assoziierte) Lymphoretikulose im Sinne Fresens, eine leucémie lympho-monocytaire Degos oder eine leukämische lymphoide Retikulose nach Lennert vor. Die hohe Lymphocytenzahl im peripheren Blut veranlaßten Gertler, am ehesten eine assoziierte Lymphoretikulose anzunehmen. Von den Erstbeschreibern des Phänomens der retikuläre Zellen in das strömende Blut ausschüttenden erythrodermatischen Retikulose (Sézary u. Bouvrain, 1938) wurde insbesondere in der amerikanischen Literatur diesem Krankheitsbild die Bezeichnung „*Sézary-Syndrom*" gegeben. In den nachfolgenden Publikationen wurde dann allerdings die Abgrenzung des Syndroms gegen andere Wucherungen des retikulären Ge-

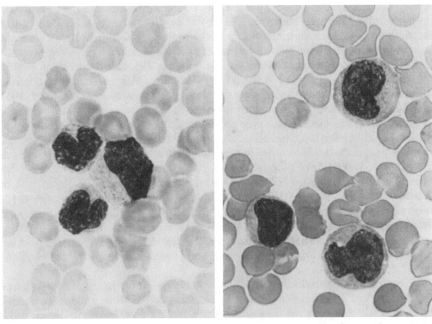

Abb. 63   Abb. 64

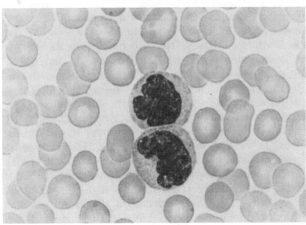

Abb. 65

Abb. 63—65. Histio-monocytäre Zellen im strömenden Blut bei Retikulämie (leukämischer Retikulose)

webes, insbesondere der granulomatösen Prozesse des RES (Mycosis fungoides), nicht mehr exakt durchgeführt, so daß das Sézary-Syndrom vor allem in Amerika zu einem neuen Sammeltopf geworden ist, obwohl SÉZARY und BOLGERT schon 1942 die leukämische erythrodermatische Retikulose gegenüber der Mycosis fungoides, dem Morbus Paltauf-Sternberg und den gutartigen Erythrodermien klar abgegrenzt haben. Die Histologie der leukämischen erythrodermatischen Retikulose (Sézary-Syndrom im Sinne der Erstbeschreiber) zeigt Infiltrate in den oberen Coriumschichten, die den bisher bei der Retikulose beschriebenen im Aufbau und Cytologie gleichen. Die bei dieser Form gelegentlich zu beobachtende Infiltration der Epidermis läßt stets nur einzelne durchwandernde Zellen erkennen, so daß die Feststellung von Pautrierschen Mikroabscessen immer Grund zum Zweifel an der Diagnose sein soll. Die in der erythrodermatischen Haut auftretenden Knoten setzen sich histologisch aus massiven Zellinfiltraten zusammen, die von der Oberhaut bis tief in die Subcutis reichen können. Die vegetierenden Herde zeigen außer der stärkeren Infiltration auch Akanthose und Papillomatose (Musger, 1966). Die Pigmentierung ist auf vermehrte Melanineinlagerung zurückzuführen. In den hautnahen Lymphknoten, die meist vergrößert und untereinander und mit ihrer Umgebung nicht verbacken sind und nicht einzuschmelzen pflegen, findet man histologisch eine retikuläre Infiltration, so daß ihre eigentliche Struktur vollständig aufgehoben erscheint. In seltenen Fällen können sie aber auch das unspezifische Bild einer lipomelanotischen Reticulocytose bieten (Robb-Smith, 1944; Wilson u. Fielding, 1953). In fortgeschrittenen Fällen der erythrodermatischen Retikulose werden auch die Milz, die Leber, die Lungen und das Knochenmark befallen, wie durch Punktion und Sektion mehrfach gezeigt werden konnte (Duverne u. Mitarb., 1954; Musger, 1954; Deschamp u. Leménager, 1956; Tritsch u. Kiessling, 1956; Musger, 1956; Bureau u. Mitarb., 1963).

Die Serumeiweißverhältnisse sind auch beim Sézary-Syndrom unspezifisch, spiegeln aber den phasenartigen Verlauf mit Remissionen und Exacerbationen wider (Musger, 1966).

Wenn auch im Einzelfalle durch therapeutische Maßnahmen länger dauernde Remissionen erreicht und der Gesamtverlauf hinausgeschoben werden kann, so ist der stets letale Ausgang der Krankheit doch nicht zu verhindern. Der chronisch sich hinziehende Verlauf führt im Durchschnitt nach 5 Jahren zum Tode, wobei die Patienten häufig in einen hochgradig kachektischen Zustand geraten, der zusammen mit einem Versagen der Kreislauffunktionen letztlich zur Todesursache wird. Komplikationen, infolge der erheblich beeinträchtigten Abwehrkraft des Organismus, die Bureau u. Mitarb. (1955) als mangelnde Antikörperbildung interpretiert haben, stellen sich im Stadium der Kachexie ein, wie z.B. ein Zoster gangraenosus, der bei der Retikulose sonst nur selten vorkommen soll (Conrad, 1962). Neben der durchschnittlichen Verlaufsdauer können im Einzelfalle auch mal Verläufe bis zu 15 Jahren (Musger, 1954) beobachtet werden.

Die primären Hautretikulosen können als Systemerkrankung (außer der cutanen Lokalisation) wie die visceralen Retikulosen auch praktisch überall im Organismus in ihrem Verlauf von reticulotischen Herden begleitet werden. So wurden Knochenveränderungen durch Margarot u. Mitarb. (1951) und Wayson u. Weidman (1936), kleinknotige Lungenaffektionen durch Bonne u. Lodder (1929) beobachtet. Bei der cutanen digestiven Form (Cazal) der Retikulose sind die knotigen ulcerierenden Hautveränderungen häufig mit gleichen Läsionen im Magen-Darm-Trakt vergesellschaftet (Nienhuis, 1927; Bonne u. Lodder, 1929; Hamburger u. Mitarb., 1948). Die Mitbeteiligung der Muskulatur kann unter dem Bilde einer Dermatomyositis in Erscheinung treten (Sheldon, Young u. Dyke, 1939; Schwartz u. Mitarb., 1937).

Der Differenzierung der cutanen Retikulosen werden außer morphologischen auch histologische Eigenheiten zugrunde gelegt, wie z.B. in jüngster Zeit von Knoth u. Sandritter (1965), die von der histologischen Einteilung der Retikulosen nach Lennert (1964) ausgehen, bei der insbesondere die Aufstellung einer *lymphoiden Retikulose* begriffliche Klarheit in eine bestimmte Form des Krankheitsgeschehens bringt. Diese läßt sich klinisch durch ihre typischen Hautveränderungen den Retikulosen zuordnen, ist histologisch auch durch retikuläre Proliferation gekennzeichnet, durch ihren auffallenden Reichtum an Lymphocyten und/oder lymphoiden Reticulumzellen aber in typischer Weise charakterisiert. Man hat diese Form bisher mit verschiedenen Bezeichnungen belegt: Lympho-

cytäre Retikulose (MARTINA, 1962; GRACIANSKI u. GRUPPER, 1964), lympho-
blastische Retikulose (CORTI u. Mitarb., 1954), lymphohistiocytäre Retikulose
(ROEDERER et al., 1954), histiolymphocytäre Retikulose (BUREAU u. Mitarb.,
1963b), lymphoidzellige Retikulose (FITTING u. MUNDT, 1956; CONRAD, 1962;
GERTLER, 1965) und Lymphoretikulose (GATÉ u. Mitarb., 1953; FABRY, 1954;
GOTTRON, 1957; CRACIUN u. Mitarb., 1959). Besonders die letzte Bezeichnung
kann sehr leicht zur Verwechslung führen mit der gleichlautenden, von FRESEN
verwendeten Bezeichnung, der unter Lymphoretikulose eine Retikulose mit einer
unabhängig davon entstandenen Lymphadenose versteht.

Auf Grund histologischer Merkmale basiert auch die von GOTTRON (1956)
beschriebene und so benannte eosinophile Retikulose, die er aber später (1960)
wegen der bis dahin nicht anerkannten retikulären Genese der eosinophilen
Granulocyten, obwohl sie schon mehrfach behauptet wurde (NEUMANN u. HOM-
MER, 1951) und wegen des bis dahin auch gutartigen Verlaufes in die Gruppe der
(eosinophilen) retikulären Hyperplasie eingeordnet hat[1].

KNOTH und SANDRITTER (1965) machten den interessanten Versuch, Retikulose, sog. Reticulosarcomatosis cutis Gottron und Hodgkin-Sarkom durch die
Bestimmung des DNS-Gehaltes zu unterscheiden. Bei der cytophotometrischen
Messung des DNS-Gehaltes der Zellkerne fanden sie bei einer Retikulose vom
chronisch nodulären Typ einen diploiden und bei der sog. Reticulosarcomatosis
cutis Gottron und beim Hodgkin-Sarkom einen tetraploiden DNS-Gehalt. Auf
Grund dieser Untersuchung fordern die Autoren für die sog. Reticulosarcomatosis
cutis Gottron eine Sonderstellung und damit Abtrennung von den Retikulosen.

Diese Auffassung hat KNOTH (1967) später allerdings widerrufen und bei der
Differenzierung dieser Krankheitsbilder wieder Berücksichtigung des klinischen
Bildes gefordert.

VII. Beziehungen der Retikulose zu anderen Dermatosen

DEGOS hat wiederholt (DEGOS u. Mitarb., 1953, 1954, 1959) auf Beobachtungen hingewiesen, die eine Beziehung der Retikulose zu anderen ihr gewissermaßen vorauseilenden Dermatosen wahrscheinlich machen. So konnte er 1965
nachweisen, daß bei 46 an einer Retikulose erkrankten Patienten der speziellen
Erkrankung fünfmal eine Psoriasis und einmal ein Ekzem vorausgegangen waren.
Eine aus einem Ekzem hervorgegangene Retikulose wurde auch von SUURMOND
(1964) beschrieben. JUNG (1965) sah bei einer sog. Reticulosarcomatosis cutis
Gottron als Begleitkrankheit eine Psoriasis. MUSGER (1966) belegte bei den
erythrodermatischen Retikulosen als vorausgehende Dermatosen eine Schuppenflechte und ein rezidivierendes Ekzem seborrhoischen Typs. Das klinische Bild
der Parapsoriasis, das wir als Erythrodermie pityriasique en plaques disseminées
BROCQ bei 78 Mycosis fungoides-Patienten 14mal der klinisch und histologisch
verifizierbaren Mycosis fungoides vorausgehen sahen (JÄNNER, 1965), wurde auch
als Vorläufer der Retikulose beobachtet (ROLLIER und PELBOIS, 1957; LAPIÈRE,
1957; LAPIÈRE und CARPENTIER, 1957; JOULIA u. Mitarb., 1957). Hier sind wir
mit GOTTRON der Meinung, daß es sich dabei nicht um die Brocqsche Krankheit
als solche handelt, sondern um „Brocq-ähnliche Krankheitszustände". WILSON
(1954) stellte bei 50 Fällen viermal eine Dermatitis exfoliativa als prodromale
Dermatose fest. Die Frage, ob die erwähnten Dermatosen schon als erste, jedoch

---

[1] Bei der von GOTTRON beschriebenen Patientin haben sich, wie uns persönlich mitgeteilt
wurde (1967), alle Infiltrate zurückgebildet unter Hinterlassung einer zarten oberflächlichen
Atrophie. Es handelte sich dabei also nicht um eine Retikulose, sondern um eine retikuläre
Hyperplasie mit retikulogenem, eosinophilem Infiltrat.

noch uncharakteristische Manifestation der Retikulose anzusehen sind, oder ob eine tatsächliche langsame Umwandlung chronischer Dermatosen in eine Retikulose erfolgen kann, wird von Degos und Leinbrock (1959) im Sinne der zuletzt genannten Möglichkeit beantwortet. Ein zufälliges Zusammentreffen hält Degos für unwahrscheinlich.

Über gleichzeitiges Bestehen von Retikulose und anderen Dermatosen bzw. Neoplasien wurde wiederholt in der Literatur berichtet. So hat Teller (1959) auf die gleichzeitige Entstehung eines sklerodermiformen Basalioms bei einer sog. Reticulosarcomatosis cutis Gottron hingewiesen. Literaturhinweise zum gleichzeitigen Vorkommen eines Carcinoms bei Retikulose, Mycosis fungoides und Leukämien findet man bei Piñol Aquade u. Grau Gilabert (1966).

In letzter Zeit wurde wiederholt über das gleichzeitige Auftreten von Retikulosen und noch häufiger von Granulomatosen mit einer *Mucinosis follicularis* (Alopecia mucinosa Pinkus) berichtet. Das Krankheitsbild der Mucinosis follicularis geht, wie Tappeiner, Pfleger und Holzner (1962) zeigen konnten, bis auf Kreibich (1926) zurück, der unter dem Titel „Mucin bei Hautkrankheiten" über eine follikuläre Dermatose berichtete und dabei intra- und perifollikulär Schleimstoffe nachwies, seine Beobachtung jedoch als eine atrophische Form der Parapsoriasis en plaques Brocq deutete. Gougerot und Blum haben 1932 über eine „Dermatose inominée" berichtet und als Krankheitseinheit abgegrenzt, die das gleiche klinische und histopathologische Substrat bot (Degos u. Mitarb., 1962). 13 Jahre später beschrieben Lehner und Szodoray (1939) einen zweiten, dem Fall Kreibich identischen Casus. Unabhängig davon und ohne Kenntnis dieser Arbeiten hat dann Pinkus (1957) an Hand von 6 Beobachtungen das gleiche Krankheitsbild klinisch und histologisch dargestellt, ihm den Namen Alopecia mucinosa gegeben und in den Vordergrund des Interesses gerückt. Seither sind eine Reihe von Publikationen erschienen, die sich mit der Problematik der Alopecia mucinosa Pinkus befassen. Im gleichen Jahre wie Pinkus (1957) hat Braun-Falco (1957) 4 Fälle unter dem Titel „Mucophanerosis intrafollicularis et seboglandularis" publiziert. Durch histochemische Untersuchungen kam er zu dem Ergebnis, daß es sich bei der eingelagerten mucinösen Substanz um ein Acido-Glykoproteid handelt, das in verschiedenen epithelialen Mucinen zu finden ist. Braun-Falco unterschied als erster eine idiopathische und eine symptomatische Form. Die bisher genannten Autoren halten ätiologisch eine Virusinfektion für möglich. Jablonska, Chorzelski und Lancucki (1959) empfahlen, den Krankheitsprozeß besser als Mucinosis follicularis zu bezeichnen und zählen ihn zu den Myxodermien ohne Schilddrüsenstörungen. Haber (1961) sowie Korting und Brehm (1960) deuten die Pathogenese der Mucinosis follicularis als ekzematöse Reaktion der Follikel und der Talgdrüsen, entweder selbständig oder im Verlauf anderer Dermatosen. Gottron hat anläßlich der Dresdener Akademie-Vorträge aufmerksam gemacht, daß es zu Mucinablagerungen auch bei lange bestehendem Erythem kommen kann.

Es haben über das Zusammentreffen von Mucinosis follicularis und Mycosis fungoides Brunsting et al. (1962) und später Wells (1963) über ein „Lymphoma" mit follikulärer Mucinose berichtet. Aus demselben Jahr stammt auch die Publikation von Vermenouze und Stephanopoli (1963), die 3 Jahre nach dem ersten histologischen Verdacht einer Mycosis fungoides bei einer follikulären Mucinose eine „maligne Retikulose" feststellten. Plotnick und Abbrecht (1965) sichteten die bis dahin bekanntgewordene Literatur und fanden 90 Fälle (53 männliche, 37 weibliche Patienten) zwischen 6 und 72 Jahren, bei denen eine Mucinosis follicularis diagnostiziert worden war. Von den 90 Fällen verliefen 82 klinisch benigne (idiopathische Form), 6 waren mit einer Mycosis fungoides oder einem „Lymphoma" vergesellschaftet (BRAUN-FALCO, 1957; HYMAN, BRAUER und LE GRAND, 1962; KIM und WINKELMANN, 1962; DOMONKOS, 1964) und 2 Fälle begannen als follikuläre Mucinose und mündeten in eine Mycosis fungoides (BRUNSTING u. Mitarb., 1962) bzw. in ein „Lymphoma" (WELLS, 1963) ein. Alle 8 Fälle von symptomatischer Mucinosis follicularis stammten aus dem Kollektiv der über 40 Jahre alten Patienten. Von den beiden eigenen Patienten (PLOTNICK und ABBRECHT) war in einem Fall (80jähriger Mann) die follikuläre Mucinose mit einer Mycosis fungoides vergesellschaftet, im anderen (50jährige Frau) Fall von einem „malignen Lymphoma" gefolgt. GROSSHANS und BASSET (1965) berichten über eine follikuläre Mucinose bei einer Retikulose eines 66jährigen Mannes. Eine weitere Beschreibung einer Mucinosis follicularis symptomatica bei cutaner Retikulose stammt von MEINHOF (1966). Anläßlich der Demonstration des (77jährigen) Patienten wurde von KNOTH (1966) die Frage aufgeworfen, ob die symptomatische Mucinosis follicularis auf Grund der Epidermotropie der granulomatösen Veränderungen zur Oberhaut und Follikelwandung nicht differentialdiagnostisch mehr in Richtung Mycosis fungoides als in Richtung Retikulose weise, zumal TRITSCH (1961) bei der gleichen Gelegenheit mitteilte, in 24 histologisch untersuchten Fällen von Mycosis fungoides 6mal eine follikuläre Mucinose gesehen zu haben.

VIII. Differenzierte Retikulosen

(Systemartige Proliferationen der Funktionsformen der Zellen des RES)

Während die bisher beschriebenen maculo-papulös exanthematischen, nodulären, plattenartigen und erythrodermische Formen der cutanen Retikulose im allgemeinen histopathologisch mit einem mehr monomorphen undifferenzierten Zellbild einhergehen, sind differenzierte Zellbilder, d.h. Proliferationsformen des RES, keineswegs als inexistent zu betrachten.

a) Plasmacelluläre Retikulose

Die Plasmazelle ist als echter Abkömmling der Reticulumzelle anerkannt (MASSHOFF, 1947; ROHR, 1949; FRESEN, 1951; ROULET, 1954; GRUNDMANN, 1958; LENNERT, 1960, 1964; GOTTRON, 1960; LINDNER, 1961; STEIGLEDER, 1964). Die autochthone Entstehung der Plasmazellen im RES war 1929 schon von LUBARSCH vermutet worden. ASCHOFF und KIYONO (1913) hatten die Plasmazelle als Abkömmling der adventitiellen Zellen entgegen der Auffassung von MARCHAND, PAPPENHEIM und STERNBERG abgelehnt. Die systematisierte Proliferation der Plasmazelle dürfte ohne große Schwierigkeiten als Retikulose anzusprechen sein, wenn auch andere Autoren, wie z.B. MAIER (1964), nur die Proliferation der sog. undifferenzierten Reticulumzellen als Retikulose gelten lassen, und solche, die von differenzierten, schon mit besonderer Bezeichnung belegbaren Reticulumzellen von diesem Begriff ausnehmen möchten. CAZAL (1964) spricht in diesem Zusammenhang schon von den Retikulosen „sensu lato". Es kann auch nicht unerwähnt bleiben, daß LENNERT (1964) unter „undifferenzierten Reticulumzellen" nicht ausgereifte Reticulumzellen versteht. Nach LENNERT (1960) können zwei Wege der Entstehung der Plasmazellen aufgezeigt werden. So können sich einmal die kleinen (lymphoiden) Reticulumzellen metaplastisch ohne Zwischenstufen in Plasmazellen umwandeln und stellen somit nur eine besondere Erscheinungsform der Reticulumzellen dar, die ROHR (1949) als retikuläre Plasmazellen bezeichnet. Zum anderen führt die Entstehung der Plasmazellen über die großen und mittleren Reticulumzellen, wobei verschiedene Vorstufen (Plasmoblasten, Proplasmazellen) zu den sog. lymphatischen Plasmazellen reichen (MOESCHLIN, 1941, 1947). ROHR (1960) bezeichnet die nach der ersten Entstehungsmöglichkeit auftretenden Zellen auch als Gewebsplasmazellen, die nach dem zweiten Modus entstehen auch als Blutplasmazellen. Die reifen Plasmazellen haben ein basophiles Plasma, einen exzentrisch gelagerten Kern, der dicke Chromatinbrocken (sog. Radspeichenstruktur) und einen Nucleolus aufweist, welch letzteren man aber unter den Bedingungen allgemeiner Untersuchungsmethoden kaum mal zu Gesicht bekommt (GRUNDMANN, 1958).

Die Proliferation der lymphatischen Plasmazellen wird auch als *lymphatische Plasmazellenleukämie* (LENNERT, 1964), extramedulläres Plasmocytom (JAEGER, 1942; FORSTER und MOESCHLIN, 1954; BLUEFARB, 1955), lymphatisches Plasmocytom oder lymphatische plasmacelluläre Retikulose (BRÜCHER und WEICKER, 1955) bezeichnet. Diese Form weist nicht den syncytialen fibrillären Bau auf, wie er in typischer Weise bei den Retikulosen gegeben ist (BRÜCHER u. WEICKER) und wird daher auch nicht als Retikulose anerkannt. Es handelt sich vielmehr analog um eine Leukose mit eigenständiger Zellreifungsreihe, die etwa mit der chronischen myeloischen oder lymphatischen Leukämie zu vergleichen ist. Diese extramedullären Plasmocytome haben eine besondere Vorliebe für Schleimhäute, z.B. Mundhöhle (SCHUERMANN, 1958), Nase, Rachen, Oesophagus und Vulva, kommen aber auch als spezifische Veränderungen an der Haut vor (BLOCH, 1910; KREIBICH, 1914; DUVOIR u.a., 1938; DUVERNE u.a., 1958; LEINBROCK, 1958). Hierbei kommt der Hautbefall stets sekundär zustande (LEINBROCK), und diese Formen gehen nicht mit einer Paraproteinämie einher (SNAPPER u. Mitarb., 1953).

Im Gegensatz zu den lymphatischen Plasmazellen zeigen, wie schon erwähnt, die retikulären Plasmazellen (Plasmazellenretikulosen) einen syncytial-fibrillären Aufbau (FRESEN, 1951) und ihre Proliferation äußert sich in monotonen Wucherungen von kleinen Plasmazellen in Knochenherden, Leber, Milz und Lymphknoten, aber auch überall da, wo Gewebe des RES zu finden ist. Die dabei auftretenden Größendifferenzen und Riesenzellen kommen durch Polyploidisierung zustande und sind keine Vorstufen, wie sie bei der lymphatischen Form beschrieben wurden. Bei der *Plasmazellenretikulose* sind Leber- und Milzschwellung obligat. Beschrieben wurden sowohl leukämische als auch aleukämische Verlaufsformen (GHON und ROMAN, 1913; OSGOOD und HUNTER, 1934; PATEK und CASTLE, 1936; MIMISSALE und BATOLO, 1955; WAGNER und NEUN, 1955; POPESCU und MARINESU, 1960; VAN LESSEN und GELISSEN, 1961). Über einen spezifischen Befall der Haut berichteten KLÜKEN und PREU (1952), der sich in Form von Knotenbildungen äußerte. Eine ausführliche Zusammenstellung der unspezifischen Hautveränderungen findet man bei BLUEFARB (1955). Wie beim Plasmocytom, das als echtes Neoplasma (wie auch das Retothelsarkom) von den Retikulosen abzugrenzen ist (LENNERT, 1964), findet man mit großer Regelmäßigkeit eine Hyperproteinämie mit ausgeprägter Paraproteinämie. Eine umfassende Darstellung der komplexen proteinchemischen Befunde bei den verschiedenen Formen der Plasmazellwucherungen haben WUHRMANN und MÄRKI (1963) in einer Monographie zusammengestellt.

Die Plasmazellenretikulose ist vom reifzelligen Plasmocytom und (im Falle einer Lymphknotenbiopsie) auch von der Plasmazellenhyperplasie differentialdiagnostisch abzugrenzen. Bei der Plasmazellenhyperplasie ist die Wucherung der Zellen durch die Lymphknotenkapsel begrenzt (LENNERT, 1964); beim Plasmocytom und bei der Plasmazellenretikulose ist die Lymphknotenstruktur zerstört und die Unterscheidung zwischen beiden wird schwierig und gelingt nur schwer. Als differentialdiagnostische Kriterien dienen hier die größere Plasmocytomzelle mit Kernatypien und die schwächere Gitterfaserbildung des Plasmocytoms (NA-

THAN, 1957). Die Plasmazellenretikulose, auch histioplasmacytäre Retikulose (ROHR, 1952) genannt, kommt insgesamt sehr selten vor (ROHR, 1949; LEIN-BROCK, 1959).

Das *Myelom*, die Neoplasie der retikulären Plasmazelle, 1873 von v. RUSTITZKY als besondersartige Knochenmarkserkrankung erkannt, wurde in seiner klinischen Symptomatik erstmals 1889 von KAHLER beschrieben. Die Bezeichnung „Plasmocytom" geht auf die Beobachtungen WALLGRENS (1920) zurück, die später von GESCHICKTER und COPELAND (1928) bestätigt wurden und die Einheitlichkeit des Geschwulstcharakters dieser Erkrankung feststellten. Als Plasmazellabkömmlinge wurde diese Zellart von APITZ (1937) erkannt.

Das *Plasmocytom* stellt eine klinisch umrissene Einheit einer Trias mit kennzeichnenden markcellulären eiweißchemischen und ossären Veränderungen dar, die in unmittelbaren pathologischen Beziehungen zueinander stehen (KANTHER, 1956). LEINBROCK (1958) gab einen Überblick über morphologische Hautveränderungen bei Plasmocytomkranken und erörtert die Frage, ob die beim Plasmocytomkranken gleichzeitig auftretenden Hauterscheinungen als Teilsymptom des Plasmocytoms zu werten sind, oder ob die Haut auf der Basis einer Plasmocytomerkrankung sich sekundär unter verschiedenartigen dermatologischen Erscheinungsbildern verändern kann. Pathologische Hautveränderungen bei Plasmocytomkranken werden selten beobachtet (MAGNUS-LEVY, 1932). Dabei handelt es sich sowohl um spezifische Erscheinungen, die als Tumoren extramedullär an der Haut und den Schleimhäuten auftreten bei gleichzeitig vorliegender medullärer Plasmocytose und um unspezifische Hautveränderungen (BLUEFARB, 1955). Es gibt zwei Hypothesen (LEINBROCK, 1958) über die Entstehung extramedullärer Haut- oder anderer Organ-Plasmocytome: die des autochthonen Wachstums und die der metastatischen Ausbreitung.

Als erste Beobachtung eines extramedullären cutanen Plasmocytoms gilt die Beobachtung einer „Bence-Jonesschen Dermatitis mit körniger Elastolyse" von BLOCH (1910). Es fanden sich dabei am Stamm, den Oberschenkeln, den oberen Extremitäten teils solitäre, teils gruppierte stecknadelkopf- bis linsengroße, anfangs rosarote Flecken, die relativ schnell in gelb-weiße derbe Knötchen und diese weiter in flache Papeln übergingen. Diese schuppten leicht und transformierten sich nach 3—5 Wochen in rundliche, etwas gezackte, leicht eingesunkene, atrophische bzw. narbige, braun pigmentgesäumte Stellen. An den Unterschenkeln bestanden gleichzeitig ekzematöse Veränderungen, die Haut war diffus hell bis grau-rot tingiert, atrophisch glatt und spiegelnd oder narbig. Ektatische Venen schienen durch. Spannungsgefühl und Juckreiz. Die Sektion der Patienten ergab multiple Myelome in der linken Pleura, der Magenserosa, im Herzen, in Wirbelkörpern und Rippen. Über einen ähnlichen Fall hat später GLAUS (1917) berichtet. Derbe Infiltrate an Nase, Oberlippe, Wangen, harten Gaumen und Oberarmen bei einem Hautplasmocytom wurden von KREIBICH (1914) beobachtet. Hautplasmocytome wurden in der Folgezeit mehrfach diagnostiziert: McLEOD (1918, 1926) blauschwarze Flecke in der linken Axilla, NICHOLLS (1927) multiple, wenig erhabene Hautknoten in der Taille, ARAGONA (1936) Knoten im Nacken, NEWNS und EDWARDS (1944) subcutane Knoten im Brustkorb, neben dem Auge, gleichzeitig große Nierenmetastase, SWITZER, MOSELEY und CAMMON (1950) zahlreiche rosafarbene, weiche, gestielte Tumoren am Capillitium, im Gesicht, am Brustkorb, am Scrotum, am rechten Bein, HAYES, BENNET und HECK (1952) Hautknoten bei primärem Pankreastumor.

SCHUERMANN (1955) fand in der Literatur etwa 200 Plasmocytombeschreibungen der Mundschleimhaut und der oberen Luftwege. In einer Gruppe dieser Fälle war die Mundhöhlen-Lokalisation eine Teilmanifestation von multipler

Myelomatose (ein Drittel mit Lokalisation am Unterkiefer), in der zweiten Gruppe handelte es sich um solitäre Plasmocytome der Mundhöhlenweichteile und in einer dritten Gruppe bestand ein Zusammenhang der Tumoren mit den anliegenden Knochen ohne sonstige Zeichen eines multiplen Plasmocytoms. Lymphknoten-metastasen wurden bekannt. Auch die Conjunctiven können von extramedullären Tumoren befallen sein (Schwiegk und Jores, 1949). Ein fleischfarbenes extra-medulläres Plasmocytom im Genitalschleimhautbereich, an der kleinen Labie, mit Lymphknotenmetastasierung beschrieb Berger (1956).

Die von ossären Plasmocytomherden ausgehenden metastatisch entstandenen Hautplasmocytome sind, wie Bluefarb (1955) berichtet, weich, oft nekrotisch zerfallend, ähnlich dem Typ der Mycosis fungoides à tumeurs d'emblées. Derartige Tumoren wurden beschrieben von Christian (1907) im Sternalbereich und am Rücken, Hedinger (1911) auf der Kopfschwarte, im Bereich des Schlüsselbeines und am Unterarm, Kin (1939) im Gesicht und am Rücken, Snapper, Turner und Moscovitz (1953) mit subcutanen Knoten bei visceraler Plasmocytose und 9 Fälle von Bluefarb (1955) mit Hauttumoren, die sich unter 88 Fällen mit multiplen Myelosen fanden.

Zu den unspezifischen Hautveränderungen zählt Bluefarb (1955) alle nicht tumorartigen cutanen Veränderungen beim Plasmocytomkranken. Sie sind im wesentlichen eine Folge der Dysparaproteinämie. Hierbei sind nicht nur die spezifischen Paraproteine des Plasmocytoms, sondern auch das Amyloid bzw. Par-amyloid der Kryoglobuline von wesentlicher Bedeutung, die beim Plasmocytom gleichzeitig auftreten können (Leinbrock, 1958).

Nach Magnus-Levy (1932), Volland (1937), Randall (1939), Rosenheim und Wright (1933), Stadler (1939) und Engel (1947) kann die primäre syste-matisierte Amyloidose mit einem Plasmocytom vergesellschaftet sein. Bluefarb fand unter 88 Myelompatienten 3mal diese Kombination. In 15% der Fälle soll es beim Plasmocytom zu Amyloidablagerungen kommen. Es ist in den meisten Fällen nicht mehr ersichtlich, ob die Amyloidose primär auftrat und ein Plasmocytom folgte oder umgekehrt. Nach Engel ist das gleichzeitige unabhängige Auftreten beider Krankheiten unwahrscheinlich, da beide Krankheitsbilder Teile derselben, noch ungeklärten Systemerkrankung wären. Gans und Steigleder (1955) ver-muten, daß das Paraprotein des Plasmocytoms evtl. als Amyloid in verschiedenen Organen, auch in der Haut abgelagert oder in solches umgewandelt werden könnte. Das Auftreten eines Paramyloids beim Plasmocytom erwähnen Lubarsch (1929), Gottron (1932), Engel (1947), Snaper et al. (1953). Wie beim reinen Plasmo-cytom (Heilmeyer, 1950) kann auch bei der Kombination Plasmocytom-Par-amyloidose durch Gefäßbrüchigkeit und Gefäßquellung (Engel) eine hämor-rhagische Diathese entstehen.

Auch der Mehrzahl der bekanntgewordenen Fälle von Kryoglobulinämie lag ein Plasmocytom zugrunde (Hellwig, 1943; Waldenström, 1937; Hansen und Faber, 1947). Beim Kryoglobulin handelt es sich um ein kältepräcipitierbares Serumglobulin, das bei Erwärmung löslich wird (Lerner und Watson, 1947). Diese Fälle gehen meist mit auffallender dermatologischer Symptomatik einher: Raynaud-Syndrom, Purpura, Cutis marmorata, Kälte-Urticaria, Nekrosen und Gangrän der Haut (Wintrobe und Buell, 1933; Flemberg und Lehmann, 1944; Lerner und Watson, 1947; Barr, Reader und Wheeler, 1950; Rörvik, 1950; Cugudda, 1952; Hutchinson und Howell, 1953; Snapper, Turner und Moscovitz, 1953; Pelzig, 1953; Steinhard und Fisher, 1953; Wirtschaftler, Gaulden und Williams, 1958).

Eine hypochrome, seltener hyperchrome Anämie (Heilmeyer) mit z.T. stark verminderten Erythrocyten- und Hb-Werten findet man in der überwiegenden

Zahl der Fälle im peripheren Blut. Normo- und Erythroblasten als Ausdruck der Knochenmarksschädigung sind desgleichen mitunter zu beobachten. Am weißen Blutbild sind gelegentlich mäßige Leukocytose mit Linksverschiebung, aber auch Leukopenie und nicht selten eine Lymphocytose zu beobachten. Leukämische Zellausschwemmungen von Plasmazellen der tumorösen Plasmocytome sind an sich zu erwarten und auch tatsächlich beschrieben worden. So konnten im strömenden Blut 70—80% Plasmazellen bei Leukocytenwerten bis zu 80000 gesehen werden von: Gluzinski und Reichenstein, Heilmeyer (1950), Osgood und Hunter (1934), Patek und Castle (1934).

Bei der intravitalen Untersuchung des Knochenmarkes findet sich ein aus einer einzigen Zellart bestehender einheitlicher Aufbau des Plasmocytoms (Wall-gren, 1920; Heilmeyer, 1950; Rohr, 1951). Die Zellen des Plasmocytoms können bis zu 50% der Knochenmarkszellen ausmachen. Sie gehören dem seßhaften Reticulumzellsystem an und sind, wie schon ausgeführt, die neoplastische Variante der retikulären Plasmazellen. Ihre morphologischen Besonderheiten sind bereits weiter oben erwähnt worden.

Über eine thrombopenische Purpura in Form von punktförmigen und konfluierenden petechialen Blutungen hat Russel und Jacobson (1945) berichtet. Blutgerinnungsstörungen (Heilmeyer, Keilhack, 1943; Huber und Bauer, 1953; Wercker, Breddin, Röttger, 1956) scheinen beim Plasmocytom in engem Zusammenhang mit der Paraproteinämie zu stehen. Die Viscositäts-erhöhung des Blutes (Magnus-Levy, 1932; Esser, 1950; Boecker und Knedel, 1953) führt zu kompensatorischer Gefäßerweiterung (Morawitz und Dennecker, 1926; Naegeli, 1931) und zu einer Verlangsamung der Blutströmung (Magnus-Levy, 1932) mit Ernährungs- und Funktionsstörungen der Gefäßendothelien. Die normale Gefäßabdichtung ist gestört. Es folgen hämorrhagische Diathese (Heil-meyer, 1950; Esser, 1950; Huber und Bauer, 1953), schnelle Gelierung des Blutes (Boecker und Knedel, 1953), schnelles Festwerden des Blutes (Keil-hack, 1943; Huber und Bauer, 1953), Agglutination der Erythrocyten (Keil-hack, 1943) und Thrombusbildung (Huber und Bauer, 1953). Blutungs- und Gerinnungszeit sind verändert, die Blutkuchen-Retraktionszeit evtl. stark vermindert (Weicker, Bréddin, Röttger, 1956; Magnus-Levy, 1932). Heil-meyer (1950) sah bei einem β-Plasmocytom sogar ein hämophilieartiges Krankheitsbild. Nach seiner Vermutung hat das Paraprotein hierbei Schutzkolloidwirkung, die den Übergang von Profibrin in Fibrin verhindert.

Die unspezifischen Hautveränderungen beim Plasmocytom dürften wenigstens z.T. als toxische, durch die Paraproteine ausgelöste Erscheinungen anzusehen sein. So wurden beschrieben: Rötung und Pruritus im Gesicht, Cyanose an Händen, Füßen (Nonne, 1921), blasse trockene Haut mit follikulären, nicht konfluierenden, reiskorngroßen und blaßroten Papeln an beiden Unterschenkeln und spröden, aufgesplitterten Nägeln (Heidenström und Tottie, 1943), ichthyosiforme Haut-atrophie in 3 Fällen durch Bluefarb (1955), symmetrisches Exanthem mit stecknadelkopfgroßen Bläschen und Knötchen (Franke und Baumann, 1951) an beiden Armen und Handrücken, Rötung und Lichenifikation der Haut im Ellbogenbereich, Aussaat multipler kleiner rötlicher verruköser Herde im Gesicht bei einem Fall mit generalisierter Lymphknotenschwellung nach einer Tonsillektomie (Switzer et al., 1950), xanthomartige gelbe Maculae (Engel, 1947), sklerodermieartige Hauterscheinungen mit gleichzeitiger Polyneuritis (Scheinker, 1938), multiple ulcero-gangränöse Abscesse an einem Bein, Zoster bei spinalem Plasmocytom (Clarke, 1956; Hoffmann, 1956; Bomhard, Anders und Boston, Wall-gren, 1920).

Den Zellen des Plasmocytoms wird die Fähigkeit unterstellt, hochmolekulare abartige Serumproteine zu bilden, die ebenso wie das Paramyloid (Müller-Eberhard, 1956) des Plasmocytoms aus Glykoproteiden aufgebaut sein sollen. Sie werden von den tumorartig proliferierenden Plasmazellen in das Blut abgegeben. Darüber hinaus werden von ihnen aber auch normale Serumproteine gebildet. Nach Randerath (1941) kommt es bei dieser endogen bedingten Paraproteinose zur Entgleisung der Blutproteinsynthese. Die Paraproteine sind für den Organismus nicht verwertbar; es muß daher zwangsläufig eine Paraproteinämie entstehen, die wieder zur Transsudation ins Gewebe führt. Küchmeister spricht von einer „Proteinurie ins Gewebe". Das transsudierte Paraprotein kann im Gewebe zu irreversiblen Organauswirkungen (Leber, Milz, Niere z.B., paraproteinämische Nephrose) führen. Das Serumeiweißspektrum wird durch die Dysproteinämie verschoben, zur Hypalbuminämie und reaktiven Hyperglobulinämie mit α-, β- oder γ-Globulinerhöhung unterschiedlichen Grades. Man bezeichnete die jeweiligen Veränderungen bis vor kurzem entsprechend als α-, β- oder γ-Plasmocytom (Wuhrmann, Wunderly und Hugentobler, 1949). Diese Globulinfraktionen sind aus homogenen Paraproteinen aufgebaut, die im Elektropherogramm schmalbasige Gradienten aufweisen. Die Veränderungen der Bluteiweißkörper, für die die maximale Beschleunigung der BSG schon erster Hinweis ist, sind für das Plasmocytom typisch. Man findet schon bei orientierender Untersuchung in der Mehrzahl der Fälle eine Hyperproteinämie mit Gesamteiweißwerten von 8—10 g-%, gelegentlich bis zu 20 g-%. Die erhebliche Gesamteiweißvermehrung fehlt eigentlich nur in den seltenen Fällen des isolierten Plasmocytoms. Wie zu erwarten, sind auch die Serumlabilitätsproben verändert, Takata-Reaktion, Cadmiumsulfatreaktion und Thymolprobe fallen in auffälliger Weise pathologisch aus. Der Ausfall des Weltmannschen Koagulationsbandes gibt einen ersten groben Hinweis auf die Art des Plasmocytoms. Je nach Art der Paraproteinämie kommt es zu einer Verbreiterung (γ-Plasmocytom) oder zu einer Verkürzung (β- oder α-Plasmocytom) des Koagulationsbandes. Im Diagramm der Elektrophorese findet man, je nach dem vorliegenden Typ, meist eine maximale Vermehrung der γ- oder β-Globuline. Die α-Plasmocytome sind seltener. Die Albumine sind entsprechend vermindert. Plasmocytome mit uncharakteristischem oder gar normalem Elektropherogramm kommen nur vereinzelt vor. Hierbei handelt es sich meist um Myelome mit Bence-Jones-Protein, das nur aus L-Ketten besteht, ein niedriges Molekulargewicht von etwa 22000 aufweist und daher extrem rasch durch die Nieren ausgeschieden wird. Hinsichtlich der Differenzierung der einzelnen Plasmocytomtypen können die Ergebnisse der Immunelektrophorese verwendet werden. Auf Grund der immunelektrophoretischen Trennung lassen sich ein γ_G-, γ_A- und γ_U-Plasmocytom differenzieren. Nomenklatur der Immunglobuline:

$$\gamma_G \text{ oder } I_{gG} \quad = \quad 7\,S\gamma\text{-Globulin}$$
$$= \gamma_2\text{-Globulin}$$
$$= \gamma_{SS}\text{-Globulin}$$
$$\gamma_A \text{ oder } I_{gA} \quad = \quad \gamma_{1A}\text{-Globulin}$$
$$= \beta_{2A}\text{-Globulin}$$
$$\gamma_M \text{ oder } I_{gM} \quad = \quad \gamma_{1M}\text{-Globulin}$$
$$= \beta_{2M}\text{-Globulin}$$
$$= 19\,S\gamma\text{-Globulin}$$
$$= \gamma\text{-Makroglobulin}$$
$$\gamma_U \qquad\qquad = \quad \gamma_L = \text{Gamma related urinary protein}$$
$$\sim \text{ Bence-Jones-Protein}$$

Die Moleküle der Immunglobuline (γ_G-, γ_A- und γ_M-Globuline) setzen sich aus 4 Polypeptidketten zusammen. Zwei werden als L-Ketten („light chain") und zwei als H-Ketten („heavy chain") bezeichnet. Man gelangt zu diesen Ketten durch Aufspaltung der Disulfidbindungen mittels Reduktion durch Mercaptan und Alkylierung der entstehenden SH-Gruppen. Durch die Einwirkung von Papain entstehen ähnliche Untereinheiten der Immunglobulinmoleküle:

Das sog. S- („slow") und F- („fast") Fragment. Das F-Fragment ist dem H- und das S-Fragment dem L-Fragment nahe verwandt. Die Polypeptidketten setzen sich beim Plasmocytom wahrscheinlich (BEGEMANN und HARWERTH, 1967) wie folgt zusammen: Bence-Jones-Paraprotein (γU- oder L-Ketten-Protein) aus L_I oder L_{II} (L-Kette), γG-Paraprotein aus L_I oder L_{II} (L-Kette) und $H\gamma_g$ (H-Kette), γ_A-Paraprotein aus L_I oder L_{II} (L-Kette) und $H\gamma_G$ (H-Kette).

Allgemein bekannt ist das ziemlich häufige Symptom der Ausscheidung eines als Bence-Jonesscher Eiweißkörper bezeichneten Proteins im Urin. Es kommt in ca. 30—65% der Fälle im Urin vor (CANIZARES, 1952; BOECKER und KNEDEL, 1953). Das Bence-Jones-Protein tritt im Urin Plasmocytomkranker zusammen mit Albumin oder anderen Globulinen auf (BELL, 1950). Auch sollen Normalserumproteine der Bence-Jones-Proteinurie vorausgehen können (CHESTER, HALLAY und ODOR). Das Fehlen der Bence-Jones-Proteinurie erklärt man mit einer Komplexbildung dieses Proteins mit der großen Menge hochmolekularen Eiweißes im Plasma (ADAMS ALLING, LAWRENCE, 1949; MEHL, 1950). Elektrophoretisch wandert der Bence-Jones-Eiweißkörper des Serums zwischen dem β- und γ-Globulin (WUHRMANN, WUNDERLY und HUGENTOBLER, 1949). Man vermutet das Bence-Jones-Protein in einer kleinen M-Zacke im φ-Globulinbereich des Serumpherogramms (GUTMAN, MOORE und GUTMAN, 1941; RUNDLESS, COOPER und WILLET, 1951) mit einem Molekulargewicht im Serum von 120000—200000, im Urinprotein von 24000—90000. Ein quantitativer Zusammenhang zwischen Serum- und Urineiweiß (WUHRMANN) besteht nicht. Stärkere Ausscheidung des Bence-Jones-Proteins wurde bei Plasmocytomkranken auch bei normalem Serumeiweißspektrum beobachtet (BRÜDIGAM und MOELLER, 1957).

Therapeutisch kann man beim lokalisierten Plasmocytom eine Röntgenbestrahlung mit Tumordosen applizieren oder in günstig gelagerten Fällen auch chirurgisch vorgehen. Beim multiplen Plasmocytom gibt es noch keine Therapie der Wahl. Die Ergebnisse sind unterschiedlich und ein Teil der Fälle bleibt unbeeinflußbar. Im allgemeinen werden Cytostatica und hiervon besonders die alkylierenden Substanzen therapeutisch eingesetzt. Oft werden die Cytostatica auch mit Corticosteroiden kombiniert. Bei stärkerer Anämie, Leukopenie und Thrombocytopenie sowie beim Antikörpermangelsyndrom müssen Bluttransfusionen und γ-Globulingaben eingesetzt werden.

b) Mastzellenretikulose

Der Nachweis von Mastzellen in der Haut ist im allgemeinen noch kein pathologischer Befund. Man findet sie in der Haut normalerweise in der Umgebung der Haarfollikel, der Endstücke der ekkrinen Schweißdrüsen (STEIGLEDER, 1964) und immer im Granulationsgewebe (LENNERT, 1961). Es ist wohl so, daß nicht alle metachromatischen Granula, die sich bei der Neubildung von Bindegewebsfasern finden, als Mastzellen angesprochen werden können. Teilweise dürfte es sich dabei wohl um Fibroblasten handeln, in denen unter besonderen funktionellen Bedingungen metachromatische Granula vorkommen (LINDNER, 1961; SZWEDA u. Mitarb., 1962; STEIGLEDER, 1964). Zwei Zelltypen lassen sich auch histologisch unterscheiden. Mastzellen mit schaumigem Plasma, die Naevuszellen ähnlich sehen können, und Mastzellen von histiocytenähnlicher Struktur. Proliferieren diese Zellen im Sinne der Definition der Retikulose, entsteht das Krankheitsbild der *Mastzellenretikulose,* die synonym auch Urticaria mit systemartiger Reticuloendotheliose bzw. generalisierte Mastocytose, systemic mast cell disease, Gewebsmastzellenleukämie, Gewebsbasophilom und Mastocytose genannt wird. Der Begriff Mastocytose soll nach Lennert (1961) jedoch für die gutartige hautbeschränkte Form reserviert bleiben, während man die generalisierte systematische Proliferation Mastzellenretikulose nennen sollte, zumal damit die Terminologie der übrigen Retikulosen angepaßt wäre.

Unter Hinweis auf die von Gottron gegebene Definition der Retikulosen sind nach Fischer (1962) von der Mastzellenretikulose alle diejenigen Zustände abzugrenzen, bei denen es zu einer bloßen reaktiven Vermehrung mastocytoider Zellen im Bindegewebe kommt, also überall dort, wo Bindegewebe und speziell Bindegewebsfasern neugebildet werden oder wo Entmischungsvorgänge der Grundsubstanz ablaufen, infolge Aufnahme und Umformung höhermolekularer Bestandteile derselben, wie z.B. bei der lipomelanotischen Reaktion, nach Glucosamin-Injektionen (Paschoud, 1954) oder bei hyperergischen Entzündungen und im Granulationsgewebe. In Analogie zur Gewebseosinophilie könnten derartige Zustände als Gewebsbasophilie bezeichnet werden, wenn dieser nicht schon für andere metachromatische Veränderungen des Bindegewebes verwandt würde. Spricht man von Gewebsmastocytose, so ist auch begrifflich eine Unterscheidung dieser Bindegewebszellen mit metachromatischer Granulation von den Blutbasophilen vollzogen (Fischer, 1962). Von der Mastzellenretikulose abzugrenzen sind auch die gutartigen und die bösartigen Neoplasien mit mastocytärer Differenzierung. Die grundsätzliche Unterscheidung der retikulären Wucherungen nicht neoplastischer Art in reversibel und gutartig verlaufende retikuläre Hyperplasie und irreversible retikuläre Proliferation, d.h. retikuläre Hämoblastose mit quoad vitam schlechter Prognose kann zwanglos auch auf die Klinik der Mastocytosen angewendet werden, ja die Nosologie der mastocytären retikulären Wucherungen bestätigt somit in überraschender Weise die von Gottron für die gesamte Krankheitsgruppe der Retikulosen getroffene Unterscheidung von Hyperplasie und Proliferation. Siehe hierzu auch die Ausführungen von H. Fischer „Zur Pathogenese der Urticaria pigmentosa" (1962).

Die Mastzellenretikulose als bösartige Systemerkrankung wurde erst in den vergangenen 2 Jahrzehnten aus dem Reservoir der schon lange bekannten Urticaria pigmentosa abgegrenzt und herausgehoben.

Ehrlich hat 1877 die Mastzelle entdeckt und ihr den Namen gegeben, Unna hat 1887 die ersten Mastzellenwucherungen der Haut beschrieben und den klinischen Beobachtungen, die auf Nettleship (1869), Baker (1875) und Fox (1875) zurückgehen, zugeordnet. Die Bezeichnung Urticaria pigmentosa wurde von Sangster 1878 eingeführt, der Begriff Mastocytose von Sézary u. Mitarb. 1936. Ausführliche historische Übersicht zur Urticaria pigmentosa findet man bei Schadewaldt (1960). Wegen des Übertrittes von Mastzellen ins periphere Blut haben schon Little (1905), Bizzozero (1910), Jeanselme u. Touraine (1913) Beziehungen zwischen der Urticaria pigmentosa und den Hämoblastosen erörtert. Erste Beobachtungen einer Ausbreitung der Mastzellen in andere Organe finden sich bei Touraine, Solente u. Renault (1933), später bei Bertelotti (1943), Ellis (1949) und Balbi (1949), die Todesfälle durch das Krankheitsbild der Urticaria pigmentosa beobachten konnten. Im Jahre 1952 haben dann Sagher, Cohen und Schorr auf Knochenveränderungen hingewiesen und damit eine Flut ähnlicher Mitteilungen in Gang gebracht (Clyman u. Rein, 1952; Asboe-Hansen, 1953; Calnan, 1953; Edelstein, 1956; Hasselmann u. Scholder-Oemichen,

1957; JENSEN u. LASSER, 1958; BEAVE, 1958; RÜRGEL u. OLECK, 1959; LERNER u. LERNER, 1960; CONRAD, 1962; BENDEL u. RACE, 1963; BARRIÈRE u. GOUIN, 1964; HERZBERG, 1961). Außer diesen Formen wurden auch Verläufe bekannt, die neben den Skeletveränderungen auch eine Beteiligung der inneren Organe aufwiesen und in mehreren Fällen zu Tode führten.

Zwei weitere Beobachtungen (FISCHER, 1957; MICHEL u. Mitarb., 1956) können an Hand der bisherigen Ausführungen noch nicht sicher als Mastzellenretikulosen gedeutet werden. Bei dem Fall von FISCHER (3jähriger Junge) bestand eine Hepatosplenomegalie und eine generalisierte Urticaria pigmentosa, die Hauterscheinungen verschwanden jedoch nach der Incision und Drainage eines paraphrenalen Abscesses. Ebenso unklar ist der Fall von MICHEL u. Mitarb. (63jähriger Mann), nach einer neuen Bearbeitung, bei dem bei der ersten Publikation der Verdacht einer „malignen Mastzellretikulose" geäußert worden war. Unklar ist auch der Fall von LE COULANT und TEXIER (1956), die eine Erythrodermie bei einem 52jährigen Mann beschrieben, der eine Hepatomegalie hatte, 11,2% Monocyten bei 16000 Leukocyten und im Infiltrat histologisch lymphoide Reticulumzellen und Mastzellen aufwies. Der Patient konnte leider nicht weiter beobachtet werden.

Wichtig ist der Hinweis von SAGHER und SCHORR (1956) sowie TEICHERT (1962), daß sich bei einem Drittel aller Urticaria pigmentosa-Fälle Knochenveränderungen finden. Dadurch ist eine Unterscheidung von gutartigen und bösartigen Mastzellwucherungen erforderlich, die auf histochemischer und cytologischer Basis auch möglich wird. Die Histogenese der Mastzellen wird nicht einheitlich erklärt. Ein Teil der Autoren sieht die Mastzellen eng mit den Reticulumzellen verwandt und direkt von diesen abgeleitet (MICHELS, 1938; ROHR, 1949; BEAVE, 1958; REMY, 1962; LENNERT, 1964). Nach LENNERT leitet sich die Mastzelle ebenso wie die Plasmazelle vom kleinen lymphoiden Typ der Reticulumzelle ab. BARGMANN (1964) glaubt andererseits an die Differenzierung der ersten Mastzellen aus dem embryonalen Mesenchym und die später folgende mitotische Teilung der Mastzellen.

In der nachstehenden Tabelle sind diejenigen Fälle zusammengestellt, die nach den angegebenen pathologischen Veränderungen den allgemeinen Retikulosenbedingungen (Retikulose im engeren Sinne) genügen. Eine Erklärung der verwendeten Abkürzungen findet sich am Schluß der Tabelle.

Unter den histochemischen Besonderheiten der Mastzellen rangiert zeitlich an erster Stelle der Nachweis von Heparin (JORPES u. Mitarb., 1937). Danach wurden verschiedene andere Substanzen nachgewiesen: Hyaluronsäure, Chondroitinsulfat, Histamin und von LAGUNOFF u. BENDITT (1963) ein proteolytisches Enzym, die Mastzellenenchymase. Der Serotoninnachweis für die menschliche Mastzelle steht noch aus. Serotonin wurde von BENDITT, WONG, ARASE und ROEPER (1955) in mesenterialen Mastzellen der Ratten festgestellt. Beim Menschen, selbst bei Patienten mit ausgesprochener Flush-Symptomatik, wurde kein Anhaltspunkt für das Vorhandensein von Serotonin gefunden (DEMIS u. Mitarb., 1961; BIRT u.a., 1961), obwohl hier auch das Histamin für diesen Vorgang, wie HERXHEIMER (1958) durch Histaminfusionen gezeigt hat, nicht verantwortlich gemacht werden kann. Einzelheiten über histochemische Bearbeitung dieses Themas findet man bei BRAUN-FALCO u. JUNG (1961), LINDNER (1961) und REMY (1962), elektronenmikroskopische Befunde bei GUSEK (1961) und REMY (1962). Die Ergebnisse der bisherigen Mastzellforschung sind in den Monographien von SELYE (1965) und von SAGHER u. EVEN-PAZ (1967) niedergelegt.

Die Abgrenzung der verschiedenen Formen der Mastocytose ist, wie schon erwähnt, aus klinischen und prognostischen Erfordernissen notwendig. Sie kann nach LENNERT (1962) durch cytologische Gesichtspunkte, das Verhalten in der

Tabelle 6

Lfd. Nr.	Autoren	Alter, Geschlecht	Verlauf	Haut	Leber	Milz	Lymphknoten	Knochenmark	Skeletveränderungen	Mz im peripheren Blut	Bemerkungen
1	Bertelotti (1943)	49 M (43)	L	Mak.-pap.	+ Mz	+	+	Mz	∅	∅	
2	Ellis (1949)	1 M (Geb.)	T (A)	Mak.-pap.	+ Fibr.	+ Mz.	+ Mz	Mz	∅	∅	erster Fall mit Autopsie
3	Balbi (1949)	8 M (1)	T	Mak.-pap.	+ Mz	+ Mz	+ Mz	Mz ?	∅		akute Hämocytoblastenleukämie, Anämie
4	Degos u. Mitarb. (1951); Hissard et al. (1951)	47 M	T	Eryth. nod.	+	+	+	Mz		bis 15%	Ca 15 mg.-%
5	Sagher et al. (1952)	53 M (49)	T (A)	Mak.-pap.	+ Mz, Fibr.	+ Mz	+ Mz	Mz	+		myeloische Leukämie, Chlorom
6	Reilly et al. (1955)	34 M	L	Mak.-pap.	+ Mz	+ Mz		Mz	+		
7	Berlin (1955); Loewenthal et al. (1957)	71 M	T (A)	Mak.-pap. nod.	+ Fibr.		Mz	Mz	+	∅	
8	Sagher et al. (1956)	55 W (50)	T (A)	Mak.-pap.	+ Mz	+ Mz	+ Mz	Mz	+		Monocytenleukämie
9	Asboe-Hansen et al. (1956); Asboe-Hansen (1960, 1961, 1964)	35 M (34)	T (A)	Mak.-pap.	+ Mz	+ Mz	+ Mz	Mz	+		bis 31% Blutbasophile, Spruesymptome
10	Lennert (1956)	61 M (59)	T (A)	∅	Mz, Fibr.	+ Mz.	+ Mz.	Mz	+		
11	Albov u. Sergel (1956)	54 M	T	∅	+ Mz.	+ Mz.	+ Mz.	Mz			Diarrhoen
12	Brodeur u. Gardner (1956)	5 Mo. M (2 Mo.)	L	Mak.	+	+	Mz	Mz		+	

Nr.	Autor	Alter Geschl. (Fall)	Typ	Haut				Mz		bis %	Bemerkungen
13	REMY (1957)	50 M (21)	L	Mak.	+	+		Mz	+		Cholesterin 178 mg-%
14	ZAK et al. (1957)	58 W (52)	L	Mak.-pap.	+	+		Mz	+		Diarrhoen, Cholesterin 98 mg-%
15	RIDER et al. (1957)	2 W (Geb.)	L	Mak.	+Mz	+		Mz	+		Diarrhoen
16	EFRATI et al. (1957)	52 W (51)	T (A)	Mak.-pap.	+Mz	+Mz	Mz	Mz	+	bis 80%	Cholesterin 80 mg-%
17	WATERS u. LACSON (1957)	5 Mo. M (1 Wo.)	T (A)	Diff. Eryth.	+Mz	+Mz	+Mz	Mz	+	+	
18	FRIEDMAN et al. (1958)	34 W (34)	T (A)	∅	+Mz	Mz	Mz	Mz	+	bis 64%	
19	ENDE u. CHERNISS (1958)	35 W (33)	L	∅	+Mz	+Mz	+Mz	Mz	+		
20	POPPEL (1959)	45 W (19)	L	Mak.-pap. Tel.	+	+	+	Mz	+		
21	HAVARD u. SCOTT (1959)	67 W	L	Mak.-pap.	+	+	+	Mz	+		
22	TEMPSKI (1959)	56 W	T	?	+Mz	+Mz		Mz	+	bis 80%	80000 Leukocyten
23	STOBBE (1959)	49 W		?	+	+		Mz	+		
24	BRINKMANN (1959)	51 W (50)	T (A)	∅	+Mz, Fibr. / Mz	+Mz	+	Mz	+	bis 30%	7000 Thrombocyten, 70000 Leukocyten, 30% Eos.
25	McKELLAR u. HALL (1960)	47 W (36)	L	Mak. Tel.	+			Mz	+	+	70000 Thrombocyten
26	BLOOM et al. (1960)	47 W (42)	T (A)	∅	+Mz	+Mz	+Mz	Mz	+		Mz im Ascites, Cholesterin 84 mg-%
27	STUTZMAN et al. (1960)	60 M (50)	L.	Mak.	+Mz	+Mz		Mz	+		Cholesterin 111 mg-%

Tabelle 6 (Fortsetzung)

Lfd. Nr.	Autoren	Alter, Geschlecht	Verlauf	Haut	Leber	Milz	Lymphknoten	Knochenmark	Skeletveränderungen	Mz. im peripheren Blut	Bemerkungen
28	LISSIA (1960)	80 M (79)	T	Diff. Eryth.	+	+	+	Mz		bis 8%	16% Monocyten
29	FOGEL u. BURGOON (1960)	2 W (Geb.)	L	Diff.	+Mz		+Mz				Mz in Muskelbiopsie
30	ROBINSON et al. (1962)	5 Mo. M (Geb.)	L	Diff.	+Mz	+	+Mz	Mz			
31	SZWEDA et al. (1962)	42 M (14)	L	Mak. Tel.	+Mz	+Mz	+	Mz			Cholesterin 62 mg.%
32	SZWEDA et al. (1962)	50 W (40)	T (A)	∅	+Mz	+Mz	+Mz	Mz (25%)			
33	SZWEDA et al. (1962)	51 M (41)	L	Mak.-pap.	+	+	+	Mz			
34	MALASKOVÁ u. NOUZA (1962)	52 M (40)	L	Mak.-pap.	+	+		Mz			
35	REMY (1962)	51 W	L	Diff.	+	+		Mz (20%)	+		Gleichzeitig Morbus Hodgkin
36	SANCHO (1962)	1 Mo. M (Geb.)	T	Diff.	+Mz	+Mz	+Mz		+		
37	WEIDMAN u. FRANKS (1963)	64 M (52)	T	Mak.	+	+	+Mz	Mz	+		Gleichzeitig Morbus Hodgkin
38	MUTTER et al. (1963)	58 M (56)	T (A)	Pap.	+Mz	+Mz	+Mz	Mz	+	10%	
39	RABINOVICH u. LEY (1963)	46 W (32)	L	Mak.	+	+	+	Mz	+		
40	SIROIS (1963)	27 M (6 Mo.)	T (A)	Mak.	+Mz	+Mz	+Mz	Mz	+		

41	Gonella u. Lipsey (1964)	49 W (48)	L	∅	+Mz	+	+		Mz	
42	Sandler u. Purtschar (1964)	41 M (17)	L	Mak.	+Mz	+	+Mz	+		+
43	Holti (1964)	55 W (51)	T (A)	Mak. Tel.	Mz +	+	+			
44	Temka u. Stypulkowski (1965)	56 W (53)	L	Mak.	+	+	+		Mz (20%)	
45	Treske et al. (1968)	32 W (30)	T (A)	Mz	+Mz, Fibr. Mz	+Mz	+Mz	+	Mz (90%)	einzelne

Zeichenerklärung: Zahlen in Klammern bedeuten das Alter bei Ausbruch der Krankheit. Mak. = maculäre Hauterscheinungen; nod. = noduläre Hauterscheinungen; Tel. = Teleangiektasien; Eryth. = Erythrodermie; Diff. = diffuse Hautbeteiligung; L = lebend; T = gestorben; (A) = Autopsie; Mz = Mastzellen gefunden; + = vergrößert; M = männlich; W = weiblich; Fibr. = Fibrose.

Toluidinblau-pH-Reihe, die Wasserlöslichkeit der Granula und die Art und das Verhalten der Skeletveränderungen der Urticaria pigmentosa erfolgen. Hierzu siehe auch FISCHER (1962) und GRÜNEBERG u. MAY (1967).

Bei den Mastzellenretikulosen zeigen die proliferierten Zellen alle Zeichen der Malignität (Verschiebung der Kern-Plasma-Relation zugunsten des Kerns, Unreife der Zellen, die sich in verminderter Granulation und geringerer Anfärbbarkeit äußert, Kernpolymorphie mit riesen- und mehrkernigen Elementen, Mitosen (FRIEDMAN u. Mitarb., 1958; BRINKMANN, 1959; MALLARMÉ, 1955).

Mit der von SCHUBERT (1955) und LENNERT und SCHUBERT (1959, 1960) angegebenen Methode der Toluidinblau-pH-Reihe gelingt es, den SO_4-Veresterungsgrad der sauren Mucopolysaccharide der Mastzellgranula zu erfassen, der wieder eine Aussage zuläßt, wieviele Mastzellen mit wenig sulfatierten und wie viele mit hochsulfatierten Mucopolysacchariden ausgestattet sind. LENNERT (1962) fand bei der Urticaria pigmentosa das gleiche Zellverhalten wie bei den normalen Mastzellen des Knochenmarkes, während die Zellen der Mastzellretikulose deutlich weniger sulfatiert sind. Dieses Verhalten findet seinen Ausdruck auch in der mehr oder weniger ausgeprägten Wasserlöslichkeit, die sonst nur bei den Blutmastzellen nachzuweisen ist. Ein solches Verhalten kann bei der Urticaria pigmentosa nicht beobachtet werden.

Während die Skeletveränderungen bei der Urticaria pigmentosa im üblichen klinischen Sinne mit einer Bildung von osteoiden Säumen um die präexistenten Knochenbälkchen einhergehen, trifft diese Beobachtung für die Mastzellenretikulose nicht zu (LENNERT, 1962). SAGHERs große Erfahrung bei 21 Patienten mit Urticaria pigmentosa und Skeletveränderungen zeigt anläßlich der Nachuntersuchung dieser Fälle eine deutliche Instabilität dieser Erscheinungen, die sich in Vermehrung oder auch Abnahme der Knochenveränderungen darstellt.

Eine weitere Differenzierungsmöglichkeit ist der ausgeprägte Peroxydasegehalt der Blutmastzellen, der bei den Gewebsmastzellen fehlt. Ist nun die Differenzierung verschiedener Mastzellwucherungen möglich, so muß auch die klinische Unterscheidung verschiedener Formen gerechtfertigt sein (LENNERT, 1961; GRÜNEBERG, 1962; SCHAUR, 1964). Die früher und jetzt noch häufig verwendete Gruppierung in juvenile und adulte Formen ist sicher nicht ausreichend. Die Urticaria pigmentosa kommt auch bei Erwachsenen als hautbeschränkte Mastocytose vor (BEERMANN und HAMBRICK, 1960).

Tabelle 7. *Unterteilung der Mastzellenwucherungen*

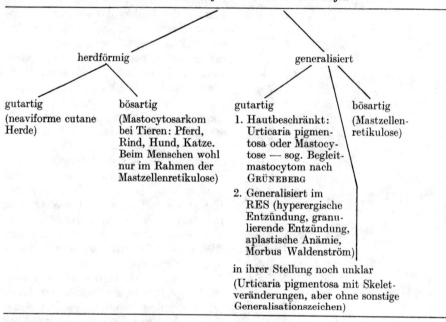

herdförmig		generalisiert	
gutartig	bösartig	gutartig	bösartig
(neaviforme cutane Herde)	(Mastocytosarkom bei Tieren: Pferd, Rind, Hund, Katze. Beim Menschen wohl nur im Rahmen der Mastzellenretikulose)	1. Hautbeschränkt: Urticaria pigmentosa oder Mastocytose — sog. Begleitmastocytom nach GRÜNEBERG	(Mastzellenretikulose)
		2. Generalisiert im RES (hyperergische Entzündung, granulierende Entzündung, aplastische Anämie, Morbus Waldenström)	
		in ihrer Stellung noch unklar (Urticaria pigmentosa mit Skeletveränderungen, aber ohne sonstige Generalisationszeichen)	

Mastzellenanhäufungen findet man auch, abgesehen von der Urticaria pigmentosa, nicht selten, und zwar nicht nur beim Morbus Waldenström, sondern auch bei anderen Systemerkrankungen, wie z.B. bei der Paltauf-Sternbergschen Krankheit (WEIDMANN u. FRANKS, 1963) und beim Morbus Recklinghausen (BINAZZI u. LANDI, 1961).

Die klinische Symptomatik der Mastzellretikulose ist im folgenden zusammengestellt:

a) Nach DEMIS (1963) an Hand von 113 Fällen

Hautläsionen	99%
Flush	36%
Gastro-intestinale Beschwerden	23%
Tachykardien	18%
Müdigkeit, Schwäche, Gewichtsverlust	12%
Milzvergrößerung	11%
Kopfschmerz	10%
Atembeschwerden	6%
Duodenalulcus	4%

b) Nach MUTTER u. Mitarb. (1963) an Hand von 28 Fällen

Hautmanifestationen	26 Fälle
Leibschmerzen	14 Fälle

Übelkeit, Erbrechen	13 Fälle
Schwäche	12 Fälle
Gewichtsverlust	12 Fälle
Fieber	11 Fälle
Diarrhoe	8 Fälle
Flush	8 Fälle
Knochenschmerzen	8 Fälle
Hämatemesis	6 Fälle
Anorhexie	5 Fälle
Melaena	5 Fälle
Kopfschmerzen	5 Fälle
Ekchymosen	4 Fälle
Hämatologische Befunde:	
Anämie	23 Fälle
Thrombocytopenie	9 Fälle
Leukocytose	15 Fälle
Leukopenie	6 Fälle
Eosinophilie > 4%	12 Fälle
Basophilie > 2%	3 Fälle
Mastzellen >10%	6 Fälle
Mastzellen <10%	4 Fälle
Mastzellen im Knochenmark	21 Fälle
Mastzellenleukämie	2 Fälle
Akute Leukämie	1 Fall
Monocytenleukämie	1 Fall
Chronisch myeloische Leukämie	1 Fall
Kongenitale Kugelzellanämie	1 Fall

Bei den *Mastzellretikulosen* können, wie aus der obigen Zusammenstellung ersichtlich ist, verschiedene Organe befallen sein. Der häufigste und diagnostisch verläßlichste Befund ist der Befall der Haut, die Urticaria pigmentosa, die in 26 von 28 Fällen (MUTTER u. Mitarb.) bzw. bei 99% (DEMIS) der Patienten nachweisbar war. Die Hauterscheinungen können, unabhängig von den Befunden der übrigen Organe (ähnlich wie bei den gutartigen Formen), nach DEGOS (1956) sich äußern als:

1. Urticaria pigmentosa (häufigste Form)
2. Mastocytom
3. Multinoduläre Mastocytose
4. Bullöse Mastocytose (ROBBINS, 1954; DRIESSEN, 1959)
5. Diffuse Mastocytose als Sonderform: erythrodermatische Mastocytose (DEGOS, 1952)

DEGOS hat die Unterscheidung dieser Formen des Hautbefalles 1962 modifiziert und unterscheidet seither:

1. Urticaria pigmentosa
   a) Beim Kind: große, juckende, hellbraune Flecke
   b) Bei Erwachsenen: bläulich-braune, selten juckende Maculae
2. Polymorphe Mastocytosen
   a) Xanthelasmoide Form
   b) Multinoduläre globöse Form (Pigmentation fehlt)
   c) Nodulär opalescierende Form

GRÜNEBERG (1962) beschreibt an Hautveränderungen:

1. Pigmentierte oder unpigmentierte Urticaria pigmentosa
2. Solitäre, disseminierte, diffuse Hautherde

3. Maculo-papulöse und kleinknotig-großknotige Formen
4. Bullöse Veränderungen
5. Hämorrhagische Formen
6. Teleangiektasia macularis eruptiva perstans

Bei 30 Fällen der tabellarisch zusammengestellten Mastzellenretikulosen wurde eine durch Mastzelleninfiltration bedingte *Lebervergrößerung* beobachtet, die bei der Sektion auch schon makroskopisch als kleine hellgraue Herde erkennbar sind. Bei einem Drittel der Fälle bestand eine Fibrose der Leber, die bis zur Laenecschen Cirrhose fortgeschritten sein konnte. Fibrose und Mastzellinfiltration spielen sich in den periportalen Feldern ab, dringen von hier in die Läppchensinusoide vor und zerstören z.T. auch die Struktur der peripheren Läppchenanteile (LENNERT, 1962). ELLIS (1949) hat auch Gallengangswucherungen, Infiltrate von Eosinophilen, Lymphocyten, Plasmazellen und Makrophagen beschrieben. Bei einem Fall von WATERS und LACSON (1957) hatte ein Kapselhämatom zur Ruptur und zum Exitus letalis geführt.

Die *Milz* war in 29 Fällen vergrößert. EFRATI u. Mitarb. (1957) fanden einmal das allerdings ungewöhnliche Milzgewicht von 2080 g. Die Vergrößerung dieses Organs resultiert aus der Mastzelleninfiltration und der durch eine Cirrhose bedingten portalen Stauung. Die Mastzelleninfiltration erstreckt sich vor allem auf die Pulpa, kann diffus aber auch herdförmig angeordnet sein, und kommt auch in den Trabekeln vor (LENNERT, 1956). Die Milzpunktion bei klinischem Verdacht kann zu einer unstillbaren Blutung führen (ENDE u. CHERNISS, 1958). Histamin- und Heparingehalt entsprechen der Mastzelleninfiltration.

Bei 16 Fällen wurden *Lymphome* festgestellt, die aber auch nur eine mäßige Vergrößerung aufwiesen. Mastzelleninfiltrationen waren in der Pulpa, aber auch in den Sinus und in der Kapsel nachweisbar.

Außer in der Haut findet sich die Mastzellenproliferation im *Knochenmark*, wie aus der tabellarischen Zusammenstellung ersichtlich bei 32 Fällen. Hierbei ist noch zu berücksichtigen, daß die Granulation einiger Zellen durch die Wasserlöslichkeit nicht zur Darstellung kommt (LENNERT, 1961). FRIEDMANN u. Mitarb. (1958) fanden im Knochenmark bis zu 90% Mastzellen. In enger Beziehung zu den Markveränderungen scheinen die Skeletalterationen zu stehen, die bei 23 Fällen beobachtet wurden. SAGHER und SCHORR (1956) fanden überwiegend osteosklerotische Prozesse, osteoporotische kommen vor. Ob die Knochenveränderungen bei der hautbeschränkten Form der Mastocytose durch die osteoiden Säume in jedem Falle von den ohne osteoiden Säumen einhergehenden Knochenbefunden bei der Mastzellenretikulose zu unterscheiden sind (LENNERT, 1962), hängt vom Ergebnis der Beobachtung weiterer Fälle ab.

Mastzellinfiltrationen wurden weiterhin in folgenden inneren Organen beobachtet und beschrieben: Lungen, Nieren, Pankreas, Thymus, Hypophysenkapsel, Epikard, Aorta, Ovar, Umgebung der Nebennieren und in der Submucosa des Magen-Darmtraktes. Von den aufgezählten Patienten waren (bis zum Erscheinen der Publikationen) 10 ihrer Krankheit erlegen, 5 aus anderen Gründen gestorben.

IX. Krankheiten, deren Zuordnung zu den Retikulosen noch umstritten ist

Ungeklärt im System der retikulären Erkrankungen ist bis heute noch die Stellung des großfollikulären Lymphoblastoms (Morbus Brill-Symmers), der Abt-Letterer-Siweschen Krankheit, der Osteomyelosklerose und der Makroglobulinämie Waldenström.

Der *Morbus Brill-Symmers*, das großfollikuläre Lymphoblastom, wird in fast allen Publikationen den Retikulosen zugeordnet (DEELMANN, 1949; TRITSCH, 1957; GOTTRON, 1960, u.a.). Die zur Diskussion stehenden Lymphknotenveränderungen wurden wohl zuerst von LE COUNT (1899) und BECKER (1901) beschrieben. BRILL, BAEHR und ROSENTHAL (1925) und BAEHR, KLEMPERER und ROSENTHAL (1931) erkannten die Veränderungen als Lymphknotenerkrankung von präsakomatösem Geschwulstcharakter (giant follicular lymphoblastoma). SYMMERS (1938) legte eine zusammenfassende Arbeit vor und seither hat sich für das großfollikuläre Lymphoblastom die Bezeichnung Morbus Brill-Symmers mehr und mehr eingebürgert. Im deutschen Schrifttum wurde diese Krankheit durch die Arbeiten von v. ALBERTINI und RÜTTNER (1950) und von BILGER (1954) bekannt. Ihre hervorstechenden klinischen Merkmale sind Lymphknoten-, Milz- und Leberschwellung. Die in der Literatur zu findenden Berichte über spezifische Hautveränderungen (ca. 10%) in Form von Erythrodermien (COMBES und BLUEFARB, 1941; ROST, 1949; GRÜTZ, 1953, 1955; GOTTRON, 1960) halten strenger Kritik nicht stand (TRITSCH, 1957; HAUSER, 1964). In den meisten Fällen dürfte es sich um lipomelanotische Reticulocytosen gehandelt haben. Der Verlauf der Krankheit ist protrahiert, endet aber meistens — wenn auch nicht immer — in einem Retothelsarkom, Grund, weshalb der Morbus Brill-Symmers auch als Präsarkomatose bezeichnet werden kann. Im histologischen Schnitt erkennt man schon makroskopisch die erheblich vergrößerten Follikel, insbesondere in der unter Umständen auf 500—1000 g angeschwollenen Milz (BÜCHNER, 1964). Weitaus den größten Raum nehmen die Follikelzentren ein, die argyrophilen Fasern des lymphoretikulären Grundgewebes sind zwischen ihnen zusammengedrängt. Die Zellen im Inneren der Follikel enthalten unterschiedlich große, helle, feingezeichnete Kerne und besitzen nur ein schmales, kaum sichtbares Cytoplasma. Es handelt sich dabei um Vorstufen bzw. Abarten der Lymphocyten-Germinoblasten (LENNERT, 1964), Germinocyten oder auch Lymphoblasten, die ihre Fähigkeit zur Weiterdifferenzierung verloren haben und sich nur autoreproduktiv vermehren. Insofern liegt dem Prozeß eine Wucherung einer selbständigen Zellreihe zugrunde, die eines Nachschubs aus dem Reticulum nicht bedarf, ein dem Pathomechanismus der lymphatischen und myeloischen Leukämie vergleichbarer Vorgang. LENNERT (1964) trennt aus diesem Grunde, zumal die Germinoblasten auch keine Gitterfasern bilden, das großfollikuläre Lymphoblastom scharf von den Retikulosen ab. Es handelt sich beim Morbus Brill-Symmers — so LENNERT — keineswegs um eine retikuläre Proliferation.

Dagegen steht die Auffassung, die GOTTRON und NIKOLOWSKI (1960) in ihrem Handbuchartikel über das Sarkom der Haut niedergelegt haben. Sie sind der Meinung, daß beim Brill-Symmers die fragliche sarkomatöse Entartung nicht von einem Retikulom, d.h. von einem Histiocytom ausgeht, sondern, wenn überhaupt, von einer reticulohistiocytären Proliferation des lymphatischen Gewebes. Beim Morbus Brill-Symmers handele es sich wohl um eine maligne Erkrankung, aber mehr von Hämoblastoseart, wofür auch häufige Remissionen sprächen, und daß es noch zu überprüfen sei, ob und wieweit es sich im Einzelfall bei der Entartung des Brill-Symmers um einen malignen Tumor handelt, oder ob nicht einfach ein kontinuierlich in den einzelnen Lymphknoten auftretendes infiltrierendes und destruierendes Wachstum der proliferierenden Retikulose vorliegt, bei der allerdings nur eine Wucherung der Reticulumzellen der zentralen Follikelabschnitte gegeben sei, ohne daß es zur Metastasierung auf dem Blut- und Lymphwege kommt. Sie nennen den Morbus Brill-Symmers eine großfollikuläre lymphonoduläre Retikulose.

Auf die *Abt-Letterer-Siwesche* Krankheit wurde in diesem Artikel schon eingegangen. Der besseren Übersicht halber soll sie an dieser Stelle noch einmal kurz zusammenfassend abgehandelt werden. Die von Letterer 1924 als aleukämische Retikulose vorgestellte Krankheit wurde von Akiba (1926), Potvinec und Terplan (1931), Guizetti (1931) und Ungar (1933) beschrieben. Siwe (1933) gab schließlich eine zusammenfassende Darstellung des Krankheitsgeschehens. In der amerikanischen Literatur wurde die von Letterer herausgeschälte Krankheitseinheit durch die Publikation von Abt und Denenholz (1936) bekannt und auch zum ersten Male von den Retikulosen im engeren Sinne abgetrennt. Seit Glanzmann (1940) wurde die Bezeichnung Morbus Abt-Letterer-Siwe üblich. Es scheint uns ein müßiger Streit, ob man die Krankheit Abt-Letterer-Siwe oder nur Letterer-Siwe nennen soll. Man sollte vielmehr Wert darauf legen, sie, wie Gottron vorschlägt, von den Retikulosen im engeren Sinne zu trennen und sie nicht, wie es bis 1950 üblich war und noch heute geschieht, zusammen mit dem Morbus Hand-Schüller-Christian und dem eosinophilen Granulom der Knochen als Speicherretikulose den Retikulosen zuordnen.

Gottron hat zu diesem Problem am Beispiel der Hand-Schüller-Christianschen Krankheit schon 1931 und 1942 Stellung genommen und darauf hingewiesen, daß beim Morbus Hand-Schüller-Christian primär eine retikuläre Hyperplasie vorliegt, bei der es erst sekundär zur Fetteinlagerung kommt. Für Gottron stellt die Abt-Letterer-Siwesche Krankheit nur eine so akut verlaufende Form des Morbus Hand-Schüller-Christian dar, daß es nicht mehr zu einer Fetteinlagerung in die Zellen kommen kann. Lichtenstein (1953) faßte schließlich die Abt-Letterer-Siwesche Krankheit, den Morbus Hand-Schüller-Christian und das eosinophile Granulom der Knochen unter der Bezeichnung „*Histiocytosis X*" zusammen (das verbindende Element ist die zum Histiocyten differenzierte Reticulumzelle) und trennt sie von den Retikulosen ab, nachdem er vorher schon auf die entzündliche Genese aufmerksam gemacht hatte (Jaffé und Lichtenstein, 1944). Eine sich auf 117 Patienten der Mayo-Klinik stützende klinische Studie der „Histiocytosis X" haben kürzlich Enriquez, Dahlin, Hayles u. Henderson (1967) publiziert. Auf die zooparasitäre Ursache des eosinophilen Granuloms weisen die Befunde von Pliess (1952, 1954) hin. Nicht unwichtig scheint die cytologische Gegenüberstellung von Morbus Abt-Letterer-Siwe und Retothelsarkom (Steigleder, 1964), bei der sich gezeigt hat, daß eine scharfe Abgrenzung der Zelltypen bei diesen Krankheitsprozessen nicht immer ohne weiteres möglich ist. Hier muß man sich aber auf Rotter und Büngeler (1955) berufen und feststellen, daß Isomorphie nicht schon Isogenie und Isogenie nicht ohne weiteres Isomorphie bedeuten muß.

Der Morbus Abt-Letterer-Siwe befällt ausschließlich Kinder in den ersten 4 Lebensjahren und verläuft um so maligner, je früher er auftritt. Besonders während der beiden ersten Jahre ist die Prognose infaust. Marie u. Mitarb. (1952) unterscheiden drei klassische Verlaufsformen:

1. Akute Verlaufsform, hochfebril, leukopenische Anämie, hämorrhagische Diathese, Hepatosplenomegalie, Adenopathie, maculopapulöses Exanthem und sehr häufig infektiös-eitrige Komplikationen. Der Verlauf gleicht sehr dem der akuten Leukose und führt in kürzester Zeit zum Tode.

2. Akute, aber nicht foudroyant verlaufende Form mit überwiegender Beteiligung des Skelets, die eine infektiöse Ostitis, ein Osteosarkom, eine Xanthomatose oder auch mal ein eosinophiles Granulom vortäuschen kann (Siwe, Quizetti, van Creveld, Ter Poorten).

3. Pulmonale oder cutaneopulmonale Form. Sie geht zwar oft ohne Fieber einher, verläuft aber meist rasch. Im Vordergrunde stehen Hauterscheinungen und retikuläre pulmonale Prozesse mit oft ausgedehntem bullösen Emphysem

(bullöse Pneumoretikulose J. MARIE). Spontanpneumothorax und/oder Mediastinalemphysem sind zu fürchtende Komplikationen (MARIE u. Mitarb., 1952).

Ein anderes Krankheitsbild, dessen Zugehörigkeit zu den Retikulosen diskutiert wird, ist der *Morbus Waldenström*. Nach der Herausstellung dieser Krankheitseinheit (1944), die besonders durch die Makroglobulinämie (γM-Makroglobulin mit einem Molekulargewicht von über 1 Million) charakterisiert ist und damit dem Plasmocytom nahe steht, wurden die Zellen des pathologisch-anatomischen Substrates häufig untersucht und interpretiert. Ein Teil der Autoren nennt sie lymphoide Reticulumzellen (ROHR, 1949; HEILMEYER u. BEGEMANN, 1951) und erklärt damit auch das aleukämische Verhalten. Die Mehrzahl der Autoren kann diese Zellen jedoch nicht von echten Lymphocyten unterscheiden (WALDENSTRÖM, LENNERT, 1955; LENNERT und NAGAI, 1965). Das von LENNERT durchgeführte Studium der Anordnung der Gitterfasern zeigt, daß der Morbus Waldenström in Fasermenge und Faseranordnung mit der chronischen Lymphadenose übereinstimmt, so daß die retikuläre Natur dieser Erkrankung nicht für erwiesen gelten kann (KEISER, 1961). In 9 Fällen durchgeführte elektronenoptische Untersuchungen (BESSIS u. Mitarb., 1963) bestätigten nur die Proliferation lymphocytärer Zellen. Einzelheiten über das chemisch-physikalische Verhalten des beim Morbus Waldenström produzierten Makroglobulins wurden von WUHRMANN und MÄRKI (1963) sowie TISCHENDORF und HARTMANN (1950, 1951) publiziert. ORFANOS u. STEIGLEDER (1967) haben über die tumorbildende cutane Form des Morbus Waldenström berichtet und auf die einschlägige Literatur (GOTTRON et al., 1960; RÖCKL et al., 1962; BOTHIER, 1961; REVOL et al., 1962; BOREAU et al., 1963) verwiesen.

Auch die *Osteomyelosklerose* gilt in ihrer Beziehung zur Retikulose als nicht genügend abgeklärt. Nach der Aufdeckung der Erkrankung durch HEUCK (1879) und ASSMANN (1907) wurde sie unter verschiedenen Bezeichnungen wie: Osteomyelofibrose, Osteomyelosklerose, Osteomyeloretikulose beschrieben, bis sich die Symptomatik dieser Krankheitseinheit herausgeschält hatte. Mit ROHR (1949, 1960) vertreten die meisten Autoren (GRAF u. Mitarb., 1957; MOESCHLIN, 1961; HITTMAIR, 1963) die Ansicht, daß es sich bei der Osteomyelosklerose um eine retikuläre Systemerkrankung handelt, bei der Differenzierungsmöglichkeiten primitiver Mesenchymzellen zu beobachten sind. Andere Autoren, wie PERLICK und CONRAD (1966), diskutieren als ätiologische Möglichkeit auch eine chronisch sklerosierende Entzündung. Auch die Annahme einer Dysfunktion der Milz mit embryonalem Blutbild und nachfolgender Mesenchymreaktion kann nach HITTMAIR (1963) die Symptomatik der Osteomyelosklerose erklären.

Klinisch wird die Osteomyelosklerose durch Veränderungen der Milz (Splenomegalie, auch mal Hepatomegalie, vor allem nach vorausgegangener Splenektomie), des Knochenmarks (Markfibrose mit endostaler Osteosklerose) und durch ein typisches Blutbild charakterisiert. Bei der endostalen Osteosklerose lassen sich drei Entwicklungsphasen (OECHSLIN, 1956) unterscheiden:

In der *fibrooesteoklastischen Phase* kommt es zur Bildung von Retikulinfasern, die in ein kollagenes Netz umgewandelt werden. Im Bereich der Faserbildung setzt gleichzeitig Knochenabbau ein.

In der *osteoidoplastischen Phase* steht die Metaplasie des fibrosierten Markes mit Bildung trabekulären Osteoids im Vordergrunde. Schließlich findet in einer *3. osteoplastischen Phase* mit der Umwandlung des Osteoids in Faserknochen der Sklerosierungsprozeß seinen Abschluß.

Das typische Blutbild der Osteomyelosklerose wird als leukoerythroblastisch (VAUGHAN und HARRISON, 1939) bzw. embryonal geschildert. Die Anämie wird sowohl auf vermehrte Hämolyse als auch auf eine verminderte Erythrocytenbildung zurückgeführt (Brunner, 1965). Andererseits kann in einer frühen Phase auch eine Erhöhung der Erythrocytenzahlen festgestellt werden. Rohr (1960) spricht geradezu von einem polycythämischen Vorstadium der Osteomyelosklerose. Eine Leukocytose kann ausgeprägt sein, so daß differentialdiagnostisch auch die chronische Myelose abgegrenzt werden muß, wozu die bei der Osteomyelosklerose erhöhte alkalische Leukocytenphosphatase Dienste leisten kann. Die Knochenveränderungen machen trockene Punktionen verständlich und können differentialdiagnostisch verwendet werden. Neben der chronischen Osteomyelosklerose sind auch akut-subakut verlaufende Formen bekannt geworden (Lewis u. Mitarb., 1963), die mit progredienter Anämie, Thrombocytopenie und niedrigen Reticulocytenzahlen und geringer Splenomegalie in 2—12 Monaten zum letalen Ausgang führten.

Die Ätiologie der primären Osteomyelosklerose ist nicht bekannt. Die sekundären Osteomyelosklerosen mit bekannter, eruierbarer Ursache, müssen von ihr scharf getrennt werden. Hierher zählt man Osteomyelosklerosen nach Röntgenbestrahlungen, Kohlenwasserstoffvergiftungen, Intoxikationen mit Fluor, Phosphor, Anilinfarben, Quecksilber, Antimetabolite und durch Infekte.

Das *Skleromyxödem Arndt-Gottron* wurde in den letzten Jahren als paraproteinämische Erkrankung erkannt. Kanzow (1956, 1961) hat für die mit Paraproteinämie einhergehenden Krankheitszustände die Benennung „paraproteinämische Retikulosen" vorgeschlagen. Daß das Skleromyxödem Arndt-Gottron nicht als eine cytologisch prinzipiell gutartige Retikulose aufzufassen ist, zeigen die Fälle dieser Dermatose, die mit einem sicher nachgewiesenen Plasmocytom einhergegangen sind (Perry, Montgomery und Stickney, 1960; Proppe, 1964).

Das Skleromyxödem ist nach Arndt ein seltenes Krankheitsbild der Haut, welches durch flächenhafte, elephantiasisähnliche Hautverdickung mit einer Aussaat lichenoider Knötchen und durch die Ablagerung einer schleimigen Substanz in der Haut gekennzeichnet ist. Die Erstbeschreibung dieses Krankheitsbildes geht auf Dubreuilh (1906) zurück. Gottron (1954) hat schließlich an Hand eines eigenen Falles eine grundlegende Darstellung des Skleromyxödems gegeben. Nach Piper, Hardmeier und Schäfer (1967) sind in der einschlägigen Literatur bisher 39 Fälle mitgeteilt worden. Zusammenfassende Arbeiten stammen von: Tappeiner (1955), Keining u. Braun-Falco (1956), Lever (1963), Colomb und Creyssel (1965), Rudner, Mehregan und Pinkus (1966). Piper u. Mitarb. (1967) haben in jüngster Zeit über 3 Patienten mit typischem Skleromyxödem, das sich sowohl von der Sklerodermie als auch vom Myxödem abgrenzen läßt, berichtet. Die Aufdeckung der gleichzeitig bestehenden Paraproteinämie bei allen 3 Fällen und die bisher bekannten Berichte der Literatur legen die Annahme einer kausalen Beziehung zwischen Skleromyxödem und Paraproteinämie nahe. In allen 3 Fällen fanden die Autoren eine Paraproteinämie vom Typ γG, wobei jedes der Paraproteine bei der immunelektrophoretischen Untersuchung individuelle Besonderheiten aufwies, die darauf schließen lassen, daß es sich keineswegs um identische Paraproteine handelt. Zwei der gefundenen Paraproteine zeigten etwa die gleiche elektrophoretische Charakteristik wie die langsamste γ-Globulinfraktion, das dritte entsprach den mittelschnell wandernden γ-Globulinen. Wichtig scheint der Hinweis zu sein, daß allein durch die Papierelektrophorese und die BSG in 2 Fällen kein Indiz für ein Paraprotein gegeben war und der Paraproteinnachweis nur mit hochtitrigen Antihumanseren geführt werden konnte.

Nun ist aber die Bedeutung der Paraproteinämie noch keineswegs einer allgemeingültigen Beurteilung zuführbar. Paraproteine wurden bei zahlreichen Personen gefunden, ohne daß Anzeichen eines Myeloms, einer Makroglobulinämie Waldenström oder einer anderen malignen Erkrankung des reticulo-lymphoplasmocytären Systems nachweisbar waren. Man spricht dann von atypischer (HUHNSTOCK, 1963; HUHNSTOCK u. Mitarb., 1964; SCHEURLEN, 1963), kryptogenetischer (SCHOBEL und WEWALKA, 1961), benigner (WALDENSTRÖM, 1964) oder auch rudimentärer (MÄRKI und WUHRMANN, 1963, 1965) Paraproteinämie. Interessant hierzu ist die Studie von AXELSSON, BACHMANN und HÄLLÉN (1966), die bei 6995 Personen über 25 Jahren in 64 Fällen (0,9%) Paraproteine nachweisen konnten, von denen aber nur 3 einen myelomverdächtigen klinischen Befund aufzuweisen hatten, eine 4. litt an chronischer Lymphadenose und 2 andere Personen waren an sonstigen Tumoren erkrankt. Die Typenverteilung der ermittelten Paraproteine war γG 61%, γA 27% und γM 8%. Gestützt auf die Mitteilung von NORGAARD (1964), der bei 5 Patienten, die anfangs nur das Symptom der Paraproteinämie zeigten, ein typisches Myelom mit Anämie, Plasmazellvermehrung und Knochenherde nach 6, 10, 13, 13 und 17 Jahren entstehen sah, fordern PIPER, HARDMEIER und SCHÄFER (1967) die Langzeitbeobachtung solcher Fälle, die allein die Frage beantworten kann, ob es tatsächlich einerseits gutartige und andererseits neoplastische Paraproteinämien gibt. Bei ihren Patienten mit ausgeprägtem Skleromyxödem konnten die genannten Autoren im Serum Paraproteine vom Typ γG, aber zunächst noch keine klinischen und hämatologischen Zeichen eines Myeloms feststellen. Da aber die Paraproteinämie ein obligates Symptom und zugleich entscheidender pathogenetischer Faktor des Skleromyxödems (Lichen myxoedematosus) ist, wollen sie das Skleromyxödem in den Formenkreis der paraproteinämischen Retikulosen eingeordnet wissen.

X. Therapie der Retikulosen

Die Therapie ätiologisch ungeklärter Krankheiten kann nur eine symptomatische sein und die in der einschlägigen Literatur empfohlene Polypragmasie ist der Ausdruck unserer therapeutischen Rat- und Hilflosigkeit. Heilung im echten Sinne des Wortes kann bei den Retikulosen (im engeren Sinne) durch kein uns zur Verfügung stehendes Therapeuticum erreicht werden. Man kann aber den Eindruck gewinnen, daß durch bestimmte Maßnahmen Remissionen herbeigeführt werden können, die den Kranken das Leben wenigstens vorübergehend erträglicher gestalten. Wieweit eine echte Lebensverlängerung zustande kommt, mag dahingestellt sein. Unter der Therapie auftretende Remissionen können zufällig mit Spontanremissionen zusammenfallen, eine Tatsache, der man sich bei der Beurteilung seiner Behandlungsergebnisse bewußt sein muß (HEILMEYER u. BEGEMANN, 1951; MOESCHLIN, 1961; CAZAL, 1964).

Reaktive Hyperplasien, also benigne Prozesse, bedürfen im allgemeinen keiner Therapie (DEGOS u. Mitarb., 1957; LEINBROCK, 1959), da diese Prozesse durch ionisierende Strahlen und Cytostatica — die unter Umständen „cancerogen" sind — in ein malignes Geschehen transformiert werden können.

Retikulosen (im engeren Sinne) sollen im Gegensatz zu den reaktiven hyperplastischen Reaktionen des RES nach bestimmten, wenn auch noch unvollkommenen, Methoden behandelt werden.

Handelt es sich um einen streng umschriebenen Herd, kann die Excision, die weit im Gesunden zu erfolgen hat, und auch die Anwendung ionisierender Strahlen in nicht zu kleiner Feldgröße, gelegentlich eine längere Remission erreichen, da damit die Neigung der Retikulose zur satellitenartigen Sukzessiventwicklung in der Nachbarschaft des primären Herdes, die man gar nicht so selten sieht, unterbunden werden kann (GOTTRON, 1960). BOCK (1953) befürwortet auch die chirurgische Exstirpation der exzessiv vergrößerten reticulotischen Milz.

Unsere wichtigste Behandlungsmethode im therapeutischen Repertoir der Retikulosen ist nach wie vor die Anwendung der Röntgenstrahlen, die ja nach Lokalisation, Ausdehnung und Infiltratbeschaffenheit bei den cutanen Retikulosen unterschiedlich zu handhaben ist. Ausgedehnte flächenhafte Infiltrate können in Einzelfelder aufgeteilt und mit adäquaten Dosen in mehreren Sitzungen bestrahlt werden. Degos empfiehlt für große Flächen eine Einteilung in Bestrahlungsfelder von 30 × 30 cm und Einzeldosen von 300 R bei 120 kV und einem FHA von 60 cm. Gottron gibt für die Behandlung eines kleinen Einzeltumors eine Dosis von 200 R unter den Bedingungen des Chauoul-Gerätes und einem Bestrahlungs- intervall von 5 Tagen an. Lymphome brauchen größere Tiefenwirkung der Strahlen und sind adäquat härter zu bestrahlen. Begemann (1964) glaubt, mit Gesamtdosen von 2000—4000 R Rezidive vermeiden zu können.

Die erstmanifestierten Hauterscheinungen der Retikulose sind meist ver- blüffend strahlensensibel, so daß schon nach einigen Hundert R ein buchstäbliches Wegschmelzen der Herde zu beobachten ist. Die Rezidive sind im allgemeinen weniger leicht durch Röntgenstrahlen zu beeinflussen. Nach Gottron ist besonders bei der erythrodermatischen Retikulose die Großfeldbestrahlung und die Weich- strahltechnik wenig erfolgreich. Wir (Wiskemann, 1959) bestrahlen die Reti- kulosen mit kleinen Dosen. Im allgemeinen reichen 200—300 R, 1—3mal in 2—3wöchigen Abständen appliziert, aus, um eine Rückbildung der Infiltrate zu erreichen, wenn die Dosis an der Basis des Herdes noch mindestens 50% der Oberflächendosis beträgt. Die Großfeldbestrahlung mittels der Weichstrahltechnik mit berylliumgefensterten Röhren wenden wir (wie wir glauben, mit ausreichend gutem Erfolg) bei den generalisierten exanthematischen, flachen, kaum erhabenen Infiltraten am Stamm an, wobei pro Feld 300 R (FHA 120 cm, Dermopan-Stufe I, GHWT 1 mm) in 3wöchigen Abständen 2—3mal eingestrahlt werden. Aus- führliche Abhandlung über Röntgentherapie von Hautveränderungen bei maligner Retikulose s. bei C. G. Schirren, Band V, 2. Teil, S. 427 dieses Handbuches.

Vor der Applikation von radioaktiven Isotopen, wie z. B. P^{32}, muß gewarnt werden. Ihre Anwendung in den notwendigen hohen Dosen kann nicht selten neue Schübe und unheilvolle Verschlimmerung des Allgemeinzustandes hervorrufen (Leinbrock, 1959).

Wirkungsvoll und in Anbetracht der schlechten Prognose brauchbar, ist die in jeder Hinsicht leidenmildernde ACTH- und noch besser Corticosteroid-Therapie (Kimmig, 1963). Bock (1953) nennt den Einsatz der NNR-Hormone geradezu eine „Notbremse", da sie bei den akuten Verlaufsformen und den finalen Exacerba- tionen subakuter und chronischer Fälle den foudroyanten Verlauf noch einmal aufzuhalten vermögen. Sie sind eigentlich auch das Mittel der Wahl in der Behand- lung der erythrodermatischen Retikulosen. Moeschlin (1961) glaubt den thera- peutischen Effekt der Corticosteroide in der Beeinflussung wahrscheinlich patho- genetisch bedeutsamer Antigen-Antikörperreaktionen zu sehen. Gottron (1960) und Begemann (1964) empfahlen die Kombination der NNR-Hormone mit Salicylaten und Phenylbutazon [z. B. Medikamente vom Typ des Deltabutazo- lidins ®]. Der gute therapeutische Effekt der Corticosteroide spricht differential- diagnostisch für die Eigenständigkeit des Krankheitsbildes der Retikulosen und Abtrennung von der Reticulosarkomatose.

Empfohlen werden immer wieder Cytostatica. Sie sind kein spezifisches Thera- peuticum, sie wirken mehr oder weniger intensiv auf alle Zellen des Organismus. Das sollte man sich bei der Aufstellung des Therapieplanes vor Augen halten. Unangenehm ist auch die häufig zu beobachtende Resistenzentwicklung unter der Therapie. Andererseits lassen sich Cytostatica mit brauchbarem Effekt gut mit Corticosteroiden kombinieren. Die Unterbrechung einer laufenden cytostatischen

Therapie gilt als gefährlich, da es zu einer kaum beherrschbaren Exacerbation kommen kann (BOHNENSTENGEL, 1963). BEGEMANN (1964) berichtet über gute Erfahrungen mit N-LOST und Endoxan ®, letzteres besonders bei der intravenösen Applikation (SÖNNICHSEN, 1963), während sich TEM und Urethan nicht so gut bewährt haben. Das Endoxan ® wird vor allem mit gutem symptomatischen Erfolg bei den leukämischen Retikulosen eingesetzt werden können. Die unreifzelligen Formen sollen andererseits besser auf 6-Mercaptopurin ansprechen (BEGEMANN, DEGOS). Das Actimonycin C [Sanamycin ®] wird im französischen Schrifttum als wirksam empfohlen, bei uns wird es weniger verwendet, weil man seine toxischen Nebenwirkungen fürchtet (TELLER, 1959). In letzter Zeit sollen Retikulosen mit dem üblichen Palliativeffekt auch mit Methylhydrazinderivaten [Natulan ®] und einem Alkaloid der Vinca rosea, dem Vincalenkoblastin [Velbe ®] behandelt worden sein. Übersichtsreferate über Wirkungsweise, Indikation und Chemie der Cytostatica findet man bei MEYER-ROHN (1962) und SCHMIDT (1967).

Zusätzliche lokale Maßnahmen werden im Einzelfall notwendig werden. Wir schließen uns hier der Applikationsempfehlung von blanden, indifferenten Externa (GOTTRON) an.

Der zum Tode führende irreversible proliferative Krankheitsprozeß kann natürlich mit allen Komplikationen des Malignoms schlechthin einhergehen, und man wird therapeutisch die symptomatische Behandlung der Anämie, Dysproteinämie, Vitaminmangelzustände, Kreislaufdysfunktionen, bakteriellen, mykotischen oder virotischen Sekundärinfekte nicht vergessen dürfen.

XI. Sarcoma idiopathicum multiplex haemorrhagicum (Kaposi) (Haemangiomatosis Kaposi)

Unter der Überschrift Sarcoma idiopathicum haemorrhagicum Kaposi hat KREN (1933) im Handbuch der Haut- und Geschlechtskrankheiten (J. JADASSOHN) im XII. Band, 3. Teil, S. 891 die bis heute in ihrer nosologischen Stellung noch rätselhafte Krankheit in extenso dargestellt.

KAPOSI hat dieses Krankheitsbild offenbar im Jahre 1868 in der Klinik von HEBRA zum ersten Male gesehen. Es handelte sich um einen 68jährigen Mann mit eigenartigen Knotenbildungen der Haut, die histologisch als Sarcoma melanodes bezeichnet wurden. Ein zweiter Fall der Klinik HEBRA datiert aus dem Jahre 1869, der desgleichen mit der Bezeichnung Sarcoma melanodes belegt wurde. Die erste zusammenfassende Arbeit KAPOSIs, in der insgesamt 5 sichere und 1 fraglicher Fall beschrieben werden, erschien im Jahre 1872. In ihr erhielt die Krankheit zum ersten Mal den Namen Sarcoma idiopathicum multiplex pigmentosum. 1877 berichtet TANTURRI über Fälle, die dem Morbus Kaposi zuzurechnen sind. 1882 folgt eine Publikation von DE AMICIS über 12 Fälle, die er als Dermopolymelanosarcom bezeichnet und mit dem von KAPOSI beschriebenen Krankheitsbild identifiziert. Der erste aus Amerika bekannt gewordene Fall wurde von HARDAWAY (1884) unter der Bezeichnung Sarcoma cutis publiziert (KREN), der erste aus Deutschland stammende Casus von KÖBNER (1886) beobachtet und veröffentlicht. Auf dem Kongreß zu Rom (1894) hat KAPOSI das von ihm entdeckte Krankheitsbild, um es besser gegen die Einheit des Melanosarkoms abzugrenzen, nicht mehr mit dem Adjektiv „pigmentosum", sondern „haemorrhagicum" versehen. Für die Abgrenzung vom echten Sarkom trat er mit der Begründung ein, spontane Rückbildung, Atrophie und Vernarbung der Tumoren beobachtet zu haben. Andere Autoren stimmten schon damals dieser Auffassung zu. Auf dem Kongreß in

Moskau konnte DE AMICIS 1897 schon über 50 eigene Fälle berichten. Das in seiner Pathogenese nach wie vor unklare Krankheitsbild trifft man in der Literatur unter den verschiedensten Bezeichnungen an. BECKER und THATCHER konnten schon 1938 folgende Synonyma zusammenstellen:

1868	KAPOSI	Primäres idiopathisches Hautsarkom
1872	KAPOSI	Sarcoma idiopathicum multiplex pigmentosum
1878	TANTURRI	Sarcoma idiopathicum telangiectoides
1883	HARDAWAY	Sarcoma cutis
1884	BABES	Angiosarcoma peritheliale fusocellulare
1889	FUNK	Sarcomatosis gummatoides
1891	KÖBNER	Sarcoma idiopathicum multiplex haemorrhagicum der Extremitäten
1894	KAPOSI	Sarcoma idiopathicum multiplex haemorrhagicum
1894	UNNA	Acrosarcoma multiplex cutaneum teleangiectoides
1897	DE AMICIS	Dermo-Poliomelano-Sarcoma idiopathicum
1897	JACKSON und ELLIOT	Angiosarcoma pigmentosum
1898	TOMMASOLI	Primitives hämorrhagisches Acrosarcoid
1899	BERNHARDT	Sarcomata idiopatica multiplicia pigmentosa cutis
1899	GILCHRIST	Angiosarcoma
1899	POSPELOW	Acroangioma haemorrhagicum
1899	SELLEI	Granuloma multiplex haemorrhagicum
1901	RADAELI	Angioendothelioma cutaneum
1902	LIEBERTHAL	Multiple idiopathic hemorrhagic Sarcoma
1902	PELEGATTI	Acrosarcoma
1910	SEQUEIRA	Granuloma angiomatodes
1912	RASCH	Sarcoma cutaneum telangiectaticum multiplex
1912	STERNBERG	Kaposi's Sarcoma
1913	MARTINOTTI	Sarcoma haemangioendotheliale intravasculare
1915	SIBLEY	Granuloma multiplex haemorrhagicum
1917	GAUCHER	Sarcomatosis primitiva telangectosica
1922	BERTACCINI	Angioendothelioma cutaneum
1925	GUIFFRE	Sarcomatosis telangiectatica cutanea idiopathica generalisata
1926	GUARINI	Multiple Angiosarcoma
1927	HAMDI und HALIL	Perithelioma multiplex nodulosum cavernosum lymphangiectoides cutaneum
1928	HUDELO, CAILLIAU und CHENE	Pseudosarcomatosis telangiectatica
1928	PAUTRIER und DIESS	Pseudosarcoma (Kaposi) myoneurovascular dysgenesis
1928	NICOLAS und FAVRE	Sarcomatose telangiectatique pigmentaire
1931	TRAMONTANO und FITTIPALDI	Haemangioendothelioma cutaneum
1932	HAMDI und RESAT	Acroperithelioma idiopathicum multiplex cavernosum lymphangiectoides cutaneum
1934	KUSNEZOW	Endoperithelioma sarcomatodes multiplex idiopathicum (Typus Kaposi)
1935	LANG und HASLHOFER	Systematized Angiomatosis

GERTLER (1959) beschreibt die Erkrankung im Handbuch von GOTTRON und SCHÖNFELD unter dem Titel Angiomatosis Kaposi (Sarcoma Idiopathicum multiplex haemorrhagicum Köbner).

TEDESCHI konnte bis 1958 aus der ihm greifbaren Literatur 600 Fälle von Morbus Kaposi ermitteln, womit sicher nicht alle Erkrankungsfälle erfaßt sein können. Nicht jeder Casus wurde publiziert und nicht wenige Fälle dürften diagnostisch nicht erfaßt worden sein (McCARTHY und PACK, 1950). Von einer Beschränkung der Krankheit auf bestimmte Rassen oder bestimmte Länder, glaubt GERTLER (1959), könne kaum mehr die Rede sein, zumal Publikationen über das Vorkommen bei Deutschen, bei Afrikanern, bei Chinesen, Ungarn, Australiern (TEDESCHI, 1958) bekannt geworden sind. DEGOS hält aber an der Auffassung fest, daß es offenbar doch bestimmte geographische Räume gibt, in denen die Krankheit gehäuft vorkommt (Zentraleuropa, Mittelmeerbecken, Zentralafrika). In der von BECKER und THATCHER (1938) angegebenen tabellarischen Aufstellung rangieren an erster Stelle Italiener, dann folgen Juden und Russen und schließlich in deutlich geringerer Fallzahl Polen, Amerikaner, Österreicher, Deutsche, Litauer, Ungarn, Griechen, Araber und Armenier. LOTHE (1963) hat in einer Monographie über 211 Fälle von Morbus Kaposi in Uganda berichtet. O'BRIEN und BRASFIELD (1966) glauben Umgebungsfaktoren neben genetischen Dispositionen annehmen zu können und auch der hohen Incidenz des Morbus Kaposi mit anderen Krebsen Bedeutung zumessen zu müssen. Sie konnten unter 63 in den Jahren zwischen 1935—1963 im Memorial Hospital for Cancer and Allied Diseases in New York beobachteten Patienten über 34 (54%) Juden, 18 (29%) Italiener und 11 Patienten verschiedener Herkunft berichten. Von den 356 bei DÖRFFEL (1932) erwähnten Fällen waren 111 Italiener, 50 Russen, 20 Polen, 45 Juden, 12 Österreicher verschiedener Nationalität und Rasse, 8 Armenier, 7 Ungarn und 5 Deutsche. Nicht zufällig scheint die hohe Zahl der gleichzeitigen Zweiterkrankungen an einer der verschiedenen Krebsformen. 18 von 63 Patienten (O'BRIEN und BRASFIELD) starben nicht primär an Morbus Kaposi, sondern an der Zweiterkrankung (5 Hodgkin, 3 Lymphosarkom, 3 Colon-Carcinom, 1 Brustkrebs, 1 Myelom, 1 malignes Melanom, 1 Prostata-Carcinom, 1 Zungenkrebs, 1 Tonsillenkrebs und 1 Pankreas-Carcinom). Auch die Kombination mit Diabetes mellitus erscheint beachtenswert. HURLBUT und LINCOLN (1949) fanden unter 13 Fällen von Morbus Kaposi 6mal einen Diabetes mellitus. Weitere Beobachtungen liegen vor von FISCHER und COHEN (1951), RONCHESE und KERN (1953) sowie von SILVER (1941). Es muß aber auch erwähnt werden, daß andererseits unter den 116 Patienten mit Morbus Kaposi des „Mulago hospital" (LOTHE, 1963) die Kombination mit Diabetes mellitus nicht gegeben war.

Auffällig ist die Androtropie. KAPOSIS 27 Fälle waren ausschließlich Männer. Nach DÖRFFEL sowie BLUEFARB erkranken nur 6 bzw. 9,6% Frauen. Unter den durch O'BRIEN und BRASFIELD bekannt gewordenen Fällen waren 51 Patienten männlichen und 12 Patienten weiblichen Geschlechts. Die Krankheit nahm bei Frauen im allgemeinen einen benigneren Verlauf als bei Männern.

Die meisten Erkrankungsfälle beginnen zwischen dem 50. und 70. Lebensjahr. BECKER und THATCHER (1938) zeigen eine Altersverteilungskurve, deren Morbiditätsgipfel vom 50. Lebensjahr an steil ansteigt, im 70. Jahr kulminiert, um dann wieder steil abzufallen. Kinder erkranken selten (DENZER und LEOPOLD, 1936). THIJS (1957) beschreibt Lymphknotenbefall bei 3 und Haut- und Lymphknotenbefall bei weiteren 3 Kindern zwischen $1\frac{1}{2}$ und 10 Jahren (Belgisch Kongo und Ruanda-Urundi). Aus Südafrika berichtet KESSEL (1952), aus Französisch-Äquatorialafrika PELLISSIER (1953) über Lymphknotenbefall und QUENUM (1957) aus Französisch-Westafrika über Haut- und Lymphknotenbefall bei Kindern bis zu

10 Jahren. Lothe (1960) fand in Uganda 7 Kinder im Alter von 2—9 Jahren mit Hauterscheinungen bzw. Hauterscheinungen und Lymphknotenläsionen. Berichte über Erkrankungsbeginn in der Adoleszenz liegen vor von Hedge (1927), Kocsard (1949), McCarthy und Pack (1950) sowie Tedeschi, Folsom und Carnicelli (1947). Chargin konnte den Fall der Erkrankung eines 6 Monate alten Säuglings mitteilen.

Die ersten zum Morbus Kaposi gehörenden Veränderungen beginnen fast immer an der Haut, zunächst an den Füßen, selten an den Händen, und zwar sowohl am Dorsum pedis, am Handrücken als auch an der Planta pedis und den Handflächen („Akrosarkom"). Von hier kommt es zur langsamen Ausbreitung über Extremitäten, Stamm und Gesicht, wo besonders Ohrmuscheln, Lippen und Nase befallen werden. Auch das Genitale kann mitbefallen werden. Sehr selten sind die Unterschenkel, die Unterarme, die Ohrmuscheln und die Genitalien Sitz der Primärläsion. Typische Knotenbildungen kommen im Verlauf der Erkrankung auch an der Schleimhaut des Mundes, des Larynx, Pharynx, der Trachea und des Magen-Darmtraktes (Dorn und Schmarson, 1959) vor. Funk sieht im Befall der Mundschleimhaut prognostisch ein ungünstiges Zeichen, was Kren (1933) nur bedingt anerkennen will. Nach Schuermann (1955) können sich Mundschleimhautveränderungen des Morbus Kaposi auch spontan zurückbilden. Differentialdiagnostisch und bei der Beurteilung derartiger Involutionen muß bei dieser Lokalisation aber ganz besonders das Hämangiom und das Granuloma teleangiectaticum abgegrenzt werden. Unter 502 Fällen fand Schuermann bei 52 Männern und einer Frau Lippen- und Mundschleimhaut befallen. Nach seiner Erfahrung wird diese Lokalisation erst bei vollentwickeltem Krankheitsbild und nur ausnahmsweise frühzeitig manifestiert. Primäres Auftreten an der Mundschleimhaut ist offenbar eine Rarität. Berichte darüber liegen vor von Feit (1928) und Feldmann (1933). Am häufigsten scheint bei der Generalisation des Morbus Kaposi der harte Gaumen (Gross, 1934; Kusnezon, 1933; Paolini, 1928) befallen zu sein. Über Herde am weichen Gaumen konnten Bernhardt (1899, 1902) und Gahlen (1952), am Gaumenbogen Bernhardt (1899), Halle (1904), im Bereich der Uvularegion Arauz, Pessani und Mosto (1935), an der Wangenschleimhaut Hufnagel und Dupont (1931), Schoenstein (1928), Semenow (1897), an der Gingiva Dalla Favera (1911), Kaposi, Schoenstein (1928), der Zunge Aranz, Pessoni u. Mosto (1935), Combes (1929), Kennedy (1928), Wise (1928), am Zungenboden und Frenulum linguae Dorn und Schmarson (1959), im Pharynx Jirmanskaja und Ciocia (1937), Syrop und Krantz (1952), an den Tonsillen Philipsson (1902), Wise (1928) und an den Lippen Alderson und Way (1930), Gross (1934), Kusnezow (1933) und Mierzecki (1932) berichten.

Der Krankheitsprozeß wird oft durch ein Ödem eingeleitet, das gewöhnlich die unteren Extremitäten zuerst befällt. Die lockere weiche Schwellung umfaßt symmetrisch oder auch mal einseitig entweder die Füße allein oder auch die Unterschenkel, um hier dicht unterhalb des Kniegelenkes meist abrupt aufzuhören oder sich allmählich ins gesunde Gewebe zu verlieren. Die Oberschenkel werden nur ausnahmsweise miteinbezogen. Vom Stauungsödem unterscheidet sich das Initialödem des Morbus Kaposi nur durch die therapeutische Unbeeinflußbarkeit. Es kann schließlich in einen elephantiastischen Zustand übergehen, in dem sich die noch zu besprechenden Krankheitsveränderungen auszubreiten pflegen. Das einleitende Ödem kann auch mal spontan verschwinden und gelegentlich rezidivieren. Dem teigig weichen, lockeren Initialödem ist das derbe, oft bretthart, praktisch nicht eindrückbare, sklerodermatische, infiltrierende Ödem gegenüberzustellen, das häufiger sekundär beim schon ausgeprägten Krankheitsbild entsteht, beide Unterschenkel oder auch nur einen, oder z. B. nur einen Fuß befällt. Die Farbe der

Haut ist in diesen Fällen dunkelbraun, im Gegensatz zum weichen Initialödem, das eher blaß wirkt. Die Beweglichkeit der unter dem Ödem liegenden Gelenke wird eingeschränkt. An den oberen Extremitäten kommt das weiche Initialödem seltener vor und wenn, dann meist an den Handrücken. Das derbe, infiltrierende, im Decursus der Krankheit auftretende Ödem ist an den oberen Extremitäten noch weit seltener zu beobachten.

Die Erstlingserscheinungen des Morbus Kaposi sind nicht unbedingt charakteristisch. Sie bestehen entweder aus cutan oder subcutan gelegenen Veränderungen der Haut. Die cutanen sind leicht infiltriert und imponieren als maculöse bis nodulöse Erscheinungen. Gelegentlich sind auch kleine, hanfkorngroße Cysten zu beobachten. Die einzelnen mitunter solitär auftretenden Herde sind linsen- bis münzgroß, unscharf begrenzt, sehr flach, auch mal mit einzelnen kurzen pseudopienähnlichen Ausläufern versehen, haben anfangs eine lebhaft rote, meist aber eine mehr blaurote, weinrote, auch graurote bis livide Farbtönung, die auch als mißfarbig-cyanotisch (Kaposi) beschrieben wurde. Außer gelegentlichem geringen Juckreiz machen sie keine Beschwerden. Ihre Konsistenz nimmt allmählich zu und wird dann etwas derb. In diesem Stadium kann die Infiltration längere Zeit verharren. Kaposi beobachtete, daß Knötchen in derartigen Flecken erst nach einem Jahr auftraten. Krassnoglasow (1914) sah hellroten, kaum infiltrierten Maculae Teleangiektasien vorausgehen. Das Stadium der Fleckenbildung ist in der Regel aber kurz und wird bald von diffusen oberflächlichen plattenförmigen oder knotigen cutanen Infiltraten abgelöst. Diese können, worauf Kren hinweist, einem bestimmten, protuberierende Fibrosarkome einleitenden Stadium gleichen, sind jedoch immer von blaulivider oder grau- bis graubrauner Farbe.

Häufiger ist die initiale Läsion ein wenig das Hautniveau überragendes Knötchen, das sich langsam aus scheinbar normaler Haut oder aus braunen Flecken entwickelt und von Hanfkorngröße zu einer kirschkerngroßen, ja selbst walnußgroßen knotigen Elevation werden kann, die in einer muldenförmigen Vertiefung der Haut eingelassen ist oder pilzförmig, mehr oder weniger breit gestielt, der Haut aufsitzt (Literatur s. bei Kren). Die Farbe dieser Veränderungen wird im allgemeinen mit dunkelrot, weinrot, purpurrot, kupferrot, braunrot bis braun, braunviolett, bläulichrot, rotgrau, bläulichbraun, blaurot, mißfarben und blauschwärzlich angegeben (Kren). Die erwähnten Farbnuancen resultieren aus der sehr wechselhaften Beteiligung der Blutgefäße und Hämorrhagien im Einzelknoten. Wie die Tingierung ist auch die Konsistenz der Tumoren äußerst verschieden und reicht von ausgesprochen weich und ausdrückbar bis zur derben soliden Struktur. Kren hat in der ersten Auflage des Handbuches alle möglichen Varianten mit Nennung der sie beschreibenden Autoren eindrucksvoll geschildert.

Der Initialherd des Morbus Kaposi kann nicht nur als Fleck oder Knoten imponieren, sondern auch unter dem Bilde von angiomähnlichen oder lymphcystenähnlichen Primärläsionen auftreten, d.h. wie schrot- bis reiskorngroße Varicen blau aus der Haut herausschimmern. Solche Veränderungen können durch Glasspateldruck noch völlig zum Verschwinden gebracht werden. Gelegentlich sieht man auch dem Lymphgefäßsystem angehörende Ektasien, wie z.B. stecknadelkopf- bis erbsengroße Cysten, die meist ganz oberflächlich gelegen sind und einen trüben, sanguinolenten Inhalt enthalten.

Neben den beschriebenen cutanen Veränderungen kann die Primärläsion auch in subcutanen Knoten bestehen, die, zunächst nicht sichtbar, nur palpatorisch zu erfassen sind, bald aber zu größeren, flachen oder knotigen Infiltraten auswachsen, ohne die darüberliegende Haut schon zu tangieren und zu verändern. Die Cutis wird in den Prozeß später natürlich einbezogen und kann alle Änderungen des Farbtones und der Konsistenz umfassen, wie sie für die cutanen Erstmanifestationen beschrieben wurden. Die subcutanen Knoten und Platten liegen wie die cutanen Formen entweder in gesunder Haut oder zeigen wie diese in ihrer Umgebung Hämorrhagien und zusätzlich deutliche Zusammenhänge mit größeren Venen (Literatur bei Kren). Je nach Lokalisation und Krankheitsdauer können die einzelnen Infiltrate isoliert, aggregiert oder zu größeren Plaques konfluiert sein. So findet man sie an den Acren der Extremitäten oft schon von Beginn an aggregiert, am Stamm selbst im fortgeschrittenen Stadium disseminiert, am Genitale und im Gesicht meist einzelstehend vor. Im allgemeinen haben die Infiltrate die Tendenz zu konfluieren, sich infolge gegenseitigen Druckes abzuplatten, sich zentrifugal auszudehnen und münzen- bis handgroße Herde zu erreichen. Ältere, größere Herde können sich auch spontan zurückbilden, im Zentrum sogar völlig ausheilen, an der Peripherie mit einem neuen Randsaum von Knötchen und Knoten weitergehen und zu bogenförmigen, serpiginösen und anulären Bildern führen. Auffällig ist die Tendenz, cutanen und subcutanen Gefäßen zu folgen, so daß zentimeterlange, mehrere Millimeter breite, walzenförmige braunviolette Infiltrate der Haut entstehen können. Ganze Stränge können größeren Gefäßen oder Nervenscheiden folgen (Kren). Cutane oder subcutane Knoten erreichen mitunter Walnuß-, ja Hühnereigröße. Noch größere Geschwülste setzen sich aus kleineren zusammengeflossenen Tumoren zusammen. In fortgeschrittenen Fällen können sie ulcerieren und sekundär infiziert werden. Charakteristisch für den Morbus Kaposi ist die spontane Involution einzelner Knoten, die in jedem Stadium der Krankheit erfolgen kann. Die Rückbildung der Geschwulst kann unter Hinterlassung einer umschriebenen pigmentierten atrophischen Hautstelle total sein. Diese charakteristische Eigenschaft ist ein wesentliches Merkmal und speziell bei der Abtrennung des Krankheitsbildes gegenüber den Sarkomen von großer Bedeutung. Die fast stets symmetrisch angeordneten Hautveränderungen haben schon dem klinischen Aspekt nach Hämangiom- bzw. Fibrom-Charakter, wobei die eine oder andere Komponente, meist die hämangiomatöse, im Vordergrunde steht. Ähnliches, wenn auch quantitativ weit weniger ausgeprägt, gilt auch für die lymphatischen Veränderungen. Von ihnen wieder hängt Aussehen und Konsistenz der Efflorescenzen ab. Kaposis klassische erste Beschreibung des Krankheitsbildes ist bei Kren (1933) wörtlich zitiert worden. Auch heute ist ihr nicht viel mehr hinzuzufügen.

Aus der Familienanamnese der in den Abb. 66—68 dargestellten Patientin (M. Kiau., geb. 28. 6. 1892 in Ostpreußen) ist zu erfahren, daß der Vater an einer Prostataerkrankung und ein Bruder an Lungenkrebs verstorben sind und eine Schwester an einer Knochenkrankheit gelitten hat. Die Patientin selbst hat dreimal entbunden, leidet seit 1957 an Arthritis beider Kniegelenke und bemerkt seit ihrem 59. Lebensjahr (1951) an beiden Unterschenkeln Auftreten von mehreren blauroten, später sich dunkler verfärbenden bis walnußgroßen, zunächst weichen, später fester werdenden Knoten, mit denen zusammen auch pfennig- bis markstückgroße rote, schuppende Flecke aufschießen. Im Laufe der Jahre nahmen die Knoten und Flecke an Zahl zu, traten auch an den Oberschenkeln und seit einigen Jahren auch an den Handrücken und den Streckseiten beider Oberarme auf. Seit 5 Jahren besteht an beiden Unterschenkeln ein ausgeprägtes Ödem.

BSG 14/30, Blutbild: Hb. 14 g %, Ery. 4,03 Mill., Leuko. 10000, Eos. 13%, Segm. 54%, Lymph. 31%, Mono. 2%, Wa.R. und NR negativ. Orientierende Röntgenuntersuchung der Thoraxorgane und des Magen-Darmtraktes ohne dem Grundleiden zurechenbare Befunde. Blutdruck RR 190/80 mm Hg.

Innere Organe werden bei primärem Beginn der Erkrankung an der Haut nach Tedeschi (1958) in etwa 10% befallen. In erster Linie ist der Verdauungstrakt, von der Mundhöhle bis zum Rectum, Sitz solcher Veränderungen. Diarrhoen und Magen-Darmblutungen gehören zur klinischen Symptomatik. Leber, Lungen, Lymphknoten, Milz und Knochenmark können befallen sein. Cajaffa (1951) hat Knochenherde beschrieben, die als umschriebene Osteoporose imponierten.

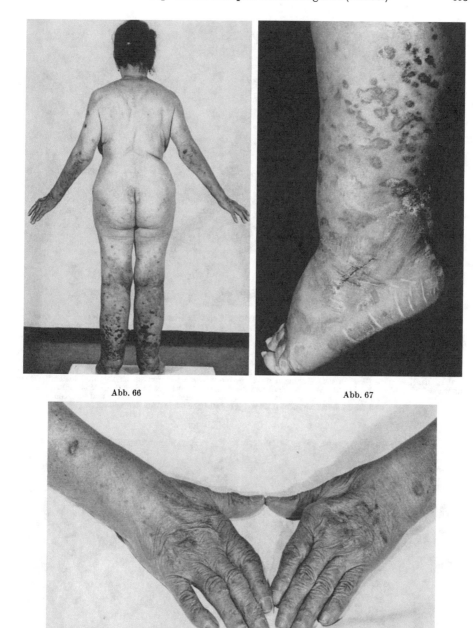

Abb. 66   Abb. 67

Abb. 68

Abb. 66—68. Sarcoma idiopathicum multiplex haemorrhagicum Kaposi. An den ödematös verdickten Beinen und an den Armen erkennt man kleine flache, umschriebene und größere flächenhafte Infiltrate sowie Knötchen und Knoten in der Ausdehnung von Linsen- bis fast Walnußgröße von teils roter, teils braunroter, teils dunkelbraun-livider bis fast braun-grau-schwarzer Tingierung. Die Konsistenz der Hautveränderungen reicht von weich über ausdrückbar bis zur soliden, fast derben Struktur

Primärer Beginn des Morbus Kaposi im extracutanen Bereich ist, wie schon ausgeführt, nicht die Regel, wurde jedoch wiederholt beobachtet. PEARCE und VALKER (1936) berichteten über einen Casus, bei dem eine Knotenbildung am

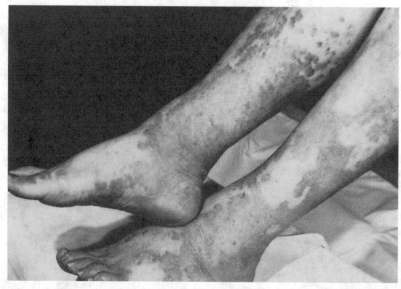

Abb. 69. Sarcoma idiopathicum multiplex haemorrhagicum Kaposi. Etwa im Alter von 51 Jahren aufgetretene, seit 20 Jahren bestehende Hautveränderungen (Pat. H. Bol., 71 Jahre alt) von mehr großflächigem Aspekt. Befallen sind Fußrücken, Zehen, Fußsohlen, Unterschenkel und darüber hinaus in wesentlich geringerem Umfang auch die Oberschenkel und die Hände. Die Läsionen bestehen in infiltrierten großen flächenhaften Herden und livid-blauen Knötchen und Knoten. Die Plaques sind von unterschiedlicher Größe, unregelmäßig, aber scharf begrenzt mit zungenartigen oder pseudopienartigen Ausläufern, über das Hautniveau etwas erhaben und meist von mehr grau-livider Tingierung. Stellenweise zeigen sie eine deutliche Randbetonung hinsichtlich Farbintensität und Infiltration sowie Oberhautveränderungen im Sinne einer feinen Schuppung. Knoten und kleinere Flecke finden sich in größerer Zahl in der Nachbarschaft der Plaques, im Bereich der Füße und Unterschenkel. Sie sind von blaß-blauer Farbe und etwa kirschkern- bis haselnußgroß. Im Bereich der Fußrücken und der Knöchel sieht und tastet man eine mehr oder weniger deutliche ödematöse Schwellung

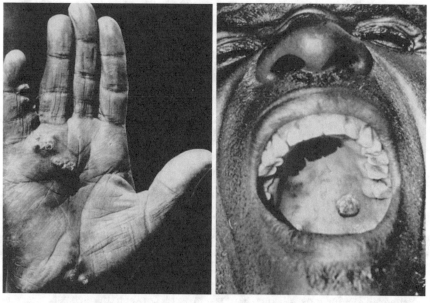

Abb. 70   Abb. 71

Abb. 70 u. 71. Sarcoma idiopathicum multiplex haemorrhagicum Kaposi an der Vola manuus und am Gaumen bei einem aus Äthiopien stammenden Patienten. (Die Aufnahmen verdanken wir Herrn Priv.-Doz. Dr. Schaller)

Zahnfleisch den Hautveränderungen vorausging. Initiale Veränderungen des Morbus Kaposi in den inguinalen Lymphknoten haben GOLDSCHLAG (1935, 1951), VAN CLEVE und HELLWIG (1935) beschrieben, intestinale Symptomatik Monate vor Auftreten der Hauterscheinungen wurden in einem Fall von PAOLINI (1927) gesehen, bei dem Casus von BILANCIONI (1932) waren Pharynx und Larynx vor der Haut befallen. GREPPI und BETTONI (1932) berichteten über einen Fall, bei dem ein cutaner Herd lediglich an der Glans penis bestand, bei dem aber autoptisch entsprechende Veränderungen an den Lymphknoten, in den Lungen und im Psoas festgestellt werden konnten. Bei dem, von NESBITT, MARK und ZIMMERMANN (1945) beschriebenen Casus waren das Netz, der Verdauungstrakt, das Herz, die Lungen, die Leber, die Milz, die Nieren, die Lymphknoten, Teile der Wirbelsäule, die Schilddrüse und das Gehirn befallen, ohne daß Hautmanifestationen bestanden hätten. TEDESCHI, FOLSOM und CARNICELLI (1947) sahen bei normalem Hautbefund in einem Falle Leber, Nieren und Dünndarm, in einem zweiten das Mediastinum und in einem dritten Falle Lymphknoten, Leber und den Darm befallen. Auch das Auge (GRAHAM, 1942), Ohr, Nase und Nasopharynx (SEAGRAVE, 1948) können Sitz der Initialläsion des Morbus Kaposi sein.

Funktionelle, durch den lokalen Befund bedingte Beschwerden werden von den Erkrankten kaum mal angegeben, es sei denn Behinderung durch das Ödem beim Gehen oder bei Handbewegungen, selten Juckreiz, Parästhesien und Neuralgien und nur in Ausnahmefällen Schmerzen. PAUTRIER (1944) hat über einen solchen Fall berichtet, dessen Infiltrate äußerst schmerzhaft waren und im histologischen Schnitt Bilder zeigten, die an diejenigen des Glomus neuro-myo-arterialis erinnerten und reichlich mit Nervenfasern versehen waren. Blutungen aus traumatisierten Knoten sind möglich, äußern sich gelegentlich auch als Nasenbluten (SEMENOW, 1897), Blutungen aus dem Verdauungstrakt (KAPOSI, 1872) bilden Hämatome und purpurische Flecken (PHILIPPSON, 1902). Blutungen der Schleimhäute stammen immer aus ulcerierten Knoten (STATS, 1946). Hämorrhagische Phänomene können der Knotenbildung aber auch vorauseilen (DÖRFFEL, 1932; PHILIPPSON, 1902).

Der Allgemeinzustand bleibt lange Zeit gut. Eine Anämie meist mäßigen Grades kann sich wohl sekundär infolge von Hämorrhagien und bakteriellen Sekundärinfekten ausbilden. LOTHE (1963) fand bei 39 untersuchten Fällen im Durchschnitt Hämoglobinwerte um 11 g % (der Mittelwert der Normalbevölkerung in Kampala beträgt 15 g %; HOLMES und GEE, 1951), einen niedrigsten Wert von 6,5 g %. Über eine bei der Hämangiosis Kaposi selten vorkommende hämolytische Anämie haben MÅRTENSSON und HENRIKSON (1954) berichtet. Die Gesamtzahl der Leukocyten des peripheren Blutes scheint sich beim Morbus Kaposi in Normgrenzen zu bewegen, geringfügige Erhöhung ihrer Zahl wurde beschrieben. Relative Monocytosen des peripheren Blutes (DALLA FAVERA, 1911) wurden von einigen Autoren gesehen, von den meisten aber als obligates Symptom nicht bestätigt. Das gleiche dürfte für die gelegentlich zu beobachtende Eosinophilie (BERTACCINI, 1939; GRIGORJEW, 1924; HURLBUT und LINCOLN, 1949; MARNEFFE, 1954) gelten, die im einzelnen Falle unter Umständen hoch sein kann, ihre Ursache aber nicht unbedingt im Morbus Kaposi selbst haben muß. In der terminalen Phase des Krankheitsverlaufes sind fortschreitende Anämien und beträchtliche Verschlechterung des Allgemeinzustandes bis hin zur Kachexie zu erwarten und zu beobachten. Während das Knochenmark beim Morbus Kaposi im allgemeinen keine oder keine sicheren pathologischen Veränderungen zeigt (BUREAU, DELAUNAY, JARRY und BARRIÈRE, 1953; STATS, 1946), wurde in einigen Fällen über eine reaktive reticulo-monocytäre Hyperplasie (BERTACCINI, 1939; STICH, EIBER, MORRISON und LOEWE, 1953) berichtet, BERTACCINI (1940) sah pathologische Riesenzellen im Knochenmark. Eine Vermehrung der Erythroblasten und histiomonocytäre Elemente im Sternalmark beschrieben Olmer, Monges und Badier (1952) bei gleichzeitiger Leukopenie im peripheren Blut. Bluefarb und Webster (1953) fanden bei einem Kombinationsfall von Morbus Kaposi und Lymphosarkom im Knochenmark das Bild eines Lymphoblastoms, Cuillert und Gallet (1945) bei einer Kombination mit myeloischer Leukämie neutrophile Polynukleäre, Metamyelocyten, Myelocyten und Promyelocyten. Zelger und Leibetseder (1961) möchten im Hinblick auf die erwähnten Knochenmarksbefunde der im peripheren Blut mitunter zu sehenden wechselnden hohen Monocytose (Dörffel, 1932; Kern, 1933; Bertaccini, 1939; Bolay, 1953; Cox und Helwig, 1959) mehr Bedeutung zumessen, zumal auch über „Übergangsformen", d.h. abnorme Monocyten mit Übergängen zur lymphocytären Reihe (Flarer, Grigorjew, 1924; Dalla-Favera, 1911; Giuffrè, 1925) und über atypische Lymphocyten und Monocyten (Dupont, 1934) im peripheren Blut berichtet wurde. Lothe (1963) hat in seinem Kollektiv bei 7 Patienten Knochenmarksuntersuchungen vorgenommen und keine verwertbaren pathologischen Veränderungen feststellen können. Zelger und Leibetseder (1961) berichten an Hand eines eigenen Falles über Knochenmarkveränderungen. Bei einem Patienten mit klinisch sicherem und histologisch verifizierten Morbus Kaposi fanden sie im peripheren Blut eine Erhöhung der Leukocytenzahl mit deutlicher Lymphocytose und im Knochenmarkspunktat ein Bild wie bei lymphoblastischer Umwandlung. Keine entsprechenden Veränderungen sahen sie im Lymphknoten und bei der Knochenmarksbiopsie. Sie diskutieren die Frage, ob es sich bei ihrem Falle um eine lymphatische Reaktion oder um eine chronische Lymphadenose gehandelt hat.

Kaposi (1872) war zunächst der Meinung, daß beim Sarcoma idiopathicum haemorrhagicum nach einem Verlauf von 3 Jahren mit dem Ableben der Patienten zu rechnen ist. Diese düstere Prognose besteht nicht ganz zu Recht, da (auch schon Kaposi selbst) Fälle bekannt geworden sind, deren Krankheit einen längeren Verlauf, sogar von 10—48 Jahren, genommen hat. Ronchese und Kern (1953) sahen eine Verlaufszeit von 17 Jahren, Forman (1939) von 28 und Kren (1933) von 48 Jahren. Cox und Helwig (1959) stützen sich auf die Auswertung von 50 Fällen und sind andererseits der Meinung, daß viele Patienten doch schon nach 3 oder noch weniger Jahren nach Beginn der Erkrankung sterben. Nach den Erfahrungen von Degos tritt der Tod beim Morbus Kaposi nach 2—20 und mehr Jahren durch Kachexie, interkurrente Erkrankungen, Anämie, viscerale Ausbreitung des Leidens oder aus nicht zu klärender Ursache ein. Von den 25 letalen der von Cox und Helwig (1959) beobachteten Fälle starben 14 ohne daß ein direkter Zusammenhang der Todesursache und der Grundkrankheit zu erkennen war.

Die feingeweblichen Veränderungen der Haut wurden von Kren schon 1933 klar und vollständig wie folgt beschrieben: „Die kardinalen Veränderungen, die das Sarcoma Kaposi histologisch kennzeichnen, bestehen in Neubildung und Ektasierung der Capillaren, in Hämorrhagien und Wucherung von Bindegewebszellen. Die Veränderungen an den Gefäßen betreffen hauptsächlich das Blut-, viel weniger das Lymphgefäßsystem. Sekundär kommt es zur Pigmentbildung aus den Hämorrhagien, zu Reaktionsvorgängen an den Gefäßen und am Bindegewebe, schließlich zu Zeichen der Involution und Ausheilung mit narbenähnlichem Gewebe. Trotzdem sind die histologischen Bilder äußerst different, je nachdem, ob die Gefäßveränderungen oder die Vorgänge am Bindegewebsapparat mehr in den Vordergrund treten, oder ob es zu circumscripten oder zur diffusen Zellwucherung kommt. Der ganze Prozeß spielt sich in der Cutis ab. Die Epidermis beteiligt sich nur passiv daran. Tieferes Vordringen entlang der Gefäße, Gefäß- und Nervenscheiden kommt selten zustande."

VON ALBERTINI (1955) nennt das histologische Bild des Morbus Kaposi als dasjenige einer exquisit angioplastischen Neubildung, wobei die undifferenzierten Geschwulstabschnitte das Bild eines zellreichen Spindelzellsarkoms vortäuschen, tatsächlich aber einen mesenchymalen Schwamm bilden, aus dem durch differenzierte Umformung ein feinporöses Capillarnetzwerk hervorgeht, in dem jedoch keine Zirkulation zustande kommt und die Erythrocyten daher in den Maschen liegen bleiben und hämolysieren. Über die Bedeutung der größeren arteriellen und venösen Gefäße äußert sich VON ALBERTINI nicht, da es nicht feststeht, ob diese vorbestehen oder Geschwulstprodukte sind. Er zählt den Morbus Kaposi nicht ohne weiteres zu den Sarkomen, obwohl sich die Erkrankung bösartig verhält, und sieht keinen Grund, die Originalbezeichnung von KAPOSI zu verlassen, schlägt aber vor, das Hauptmerkmal dieser Neubildung in den Namen aufzunehmen und von einem multiplen angioplastischen Pigmentsarkom (KAPOSI) zu sprechen.

Im Gegensatz zur Auffassung des Morbus Kaposi als echte Neoplasie sehen andere Autoren in ihm ein chronisch infektiöses, entzündliches Granulationsgewebe oder vermuten das Primäre der Erkrankung in morphologischen oder funktionellen, nervösen Veränderungen (NÖDL, 1950).

GANS und STEIGLEDER (1957) sehen die wesentlichsten feingeweblichen Kennzeichen des Morbus Kaposi in der Neubildung und Erweiterung von capillaren Gefäßen mit Auftreten von Blutungen und Bildung von Blutpigment und wechselnd ausgedehnter Bindegewebswucherung. Mehr oder weniger ausgeprägte entzündliche Vorgänge begleiten die Blut- und Lymphgefäßveränderungen. In den älteren Krankheitsherden herrscht im histologischen Bild eine Spindelzellenwucherung vor, die von GANS und STEIGLEDER als wichtigsten und wesentlichsten Bestandteil im geweblichen Aufbau betrachtet werden. Die Knotenbildungen können im oberen, tieferen oder in beiden Schichten des Coriums zu gleicher Zeit beginnen. Sie können gegen ihre Umgebung scharf abgesetzt sein oder sich in diese allmählich und in unregelmäßigen Zügen verlieren. Überwiegt der Zellreichtum, herrschen echte Sarkombilder vor. Steht der Gefäßreichtum im Vordergrunde, bietet sich mehr das Bild des zellreichen Angioms oder des Angiosarkoms an. Beiden gemeinsam ist die durch die Hämorrhagien entstandene Hämosiderinablagerung.

Bei der Darstellung der Histologie des Morbus Kaposi folgen wir im wesentlichen den Ausführungen von GANS und STEIGLEDER (1957) und unterscheiden entsprechend den klinischen Grundvarianten, die sich als flache, infiltrierte, diffuse Herde oder gut begrenzte Knoten darstellen, auch histologisch zwei verschiedene Formen. Einmal die diffuse Infiltration des Coriums mit Geschwulstzellen und als zweite histologische Form die Bildung gut abgesetzter Herde. Als Grundlagen beider Formen gelten in jedem Falle die Wucherung der Blut- und vereinzelt auch der Lymphcapillaren, die Blutung ins Gewebe und die Neubildung des jungen zellreichen Gewebes. Kleine, stecknadelkopfgroße, gut begrenzte frische Herde des Morbus Kaposi bestehen histologisch im wesentlichen aus einer Proliferation von Blutcapillaren, die gegen das umgebende Gewebe gut, oft sogar durch eine kapselartige Verdickung des kollagenen Gewebes abgegrenzt sind. Die gewucherten Capillaren sind eingebettet in ein Gewebe, das aus ovalen oder fusiformen Zellen und dünnen Bindegewebsfasern besteht. Gelegentlich kommt es jetzt auch schon zum Blutaustritt in das umliegende Gewebe entweder durch die lockeren Gefäßwände per diapedesin oder durch rupturierte Gefäße per rhexin.

Die Proliferation der Capillaren geht von den Gefäßen des subpapillären Blutgefäßplexus und/oder von dem tiefen Horizontalnetz des Coriums aus. Sie kann

ihren Ausgang aber auch von großen Gefäßen nehmen, wobei dann die Endothelwucherung beträchtlich sein und zum Verschluß des Gefäßes führen kann. Die
Endothelwucherung führt nicht immer zur Ausbildung neuer lumenführender
Capillaren, sondern kann auch solide Endothelsprossungen zur Folge haben. Diese
stehen einerseits in Zusammenhang mit dem Blutgefäßsystem, gehen andererseits
oft auch in die Spindelzellmassen des Bindegewebsstromas über. Stehen entsprechend dem klinischen Bilde die Wucherungen der Lymphgefäße im Vordergrunde, wird auch das histologische Substrat von Wucherungen und Erweiterungen der Lymphgefäße beherrscht, so daß Bilder entstehen können, die an
ein mehr oder weniger kavernöses Lymphangiom erinnern. Die Entscheidung, ob
man es mit einem Ödem und Ektasie der Lymphbahnen oder mit neugebildeten
Lymphcapillaren zu tun hat, fällt dabei oft nicht leicht.

Werden die klinisch sichtbaren Herde der Haut älter, tritt die angiomatöse
Komponente zugunsten der Wucherungsvorgänge im Bindegewebe zurück. Mit
Zunahme der Bindegewebsneubildung werden die Hauterscheinungen derber. Die
das Bindegewebsstroma durchsetzenden Spindelzellen sind groß, langgestreckt und
besitzen helle, bläschenförmige, chromatinarme, ovale Kerne. Neben den fusiformen Zellen sind Lymphocyten, Plasmazellen und auch mal Mastzellen zu sehen.
Das lymphocytäre, bisweilen auch plasmacelluläre Infiltrat findet man diffus im
Gewebe oder herdförmig, meist aber in der Umgebung der Blut- und Lymphgefäße. Es kann nicht mit Sicherheit entschieden werden, ob diese Änderung des
normalen Gewebes Ausdruck der Abwehr gegen die Geschwulstzellen oder Reaktion auf die lokalen Gewebsschädigungen durch Blutung und Ödem oder ob es
eine der Spindelzellbildung parallel laufende Antwort auf eine gemeinsame Ursache ist.

Die Spindelzellen dürften nach Auffassung der meisten Autoren aus den pluripotenten Bindegewebszellen der perivasculären Räume abzuleiten sein. Ihre Her-
leitung von wuchernden Blutgefäßendothelien oder von den Perithelien ist kaum
wahrscheinlich. Erwähnt sei auch die Auffassung, die die Entwicklung des histopathologischen Substrates des Morbus Kaposi vom Nervensystem herleiten
möchte (SAPHIER, 1913; CAMPANA, 1908; SEMENOW, 1897) und den Ursprung der
Erkrankung z. B. in einer Proliferation von Nervenendigungen (PAUTRIER und
DISS, 1928) vermuten. NÖDL (1950) glaubt, daß ein pathischer Reiz auf dem Wege
des Gefäßnervensystems einen peristatischen Zustand (RICKER) auslöst, der zur
Angiomatosis und zusammen mit zusätzlichen Störungsfaktoren im Sinne neuro-
vegetativ-hormonaler Fehlsteuerung zur Auslösung des Krankheitsbildes der
Angiomatosis Kaposi führt.

Nimmt die Gefäßwucherung in älteren Herden weiter ab, kommt es mehr und
mehr zur fibrösen Umwandlung der Knoten, so daß sie schließlich aus einem
faserigen Grundgewebe bestehen, zellarm, gefäßreich und ödematös sind. Führen
die wuchernden Geschwulstmassen zu Gefäßverschlüssen, wird es zu Nekrosen
und Gewebseinschmelzungen kommen, die wieder von einem chronischen entzündlichen, mitunter auch Riesenzellen enthaltenden Granulationsgewebe begleitet werden. Die Epidermis selbst wird durch das pathologisch-anatomische
Substrat des Morbus Kaposi nicht angegriffen. Epidermale Veränderungen
kommen hier nur mittelbar (Nekrosen usw.) zustande.

Die klinisch morphologische Variationsbreite der Hautveränderungen des
Morbus Kaposi spiegelt sich in den histologischen Beschreibungen der verschie-
denen Autoren wider. KAPOSI (1872) beschreibt die feingeweblichen Veränderungen
als kleinzelliges Sarkom mit extracellulärem Pigment, Rundzelleninfiltration und
Hämorrhagien. KÖBNER (1883) spricht vom vasculären Spindelzellensarkom mit
Rundzelleninfiltration und PHILIPPSON (1902) in seiner Übersichtsarbeit von neu-

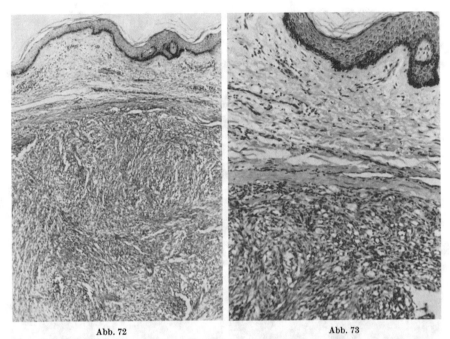

Abb. 72   Abb. 73

Abb. 72 [1] u. 73 [1]. Sarcoma idiopathicum multiplex haemorrhagicum Kaposi. Hämatoxylin-Eosin, Vergr. 4 × 10 bzw. 10 × 10, Hist.-Nr. 26348 (65jähriger Mann aus dem nördlichen Sudan, erkrankt seit $3^{1}/_{2}$ Jahren, mit Läsionen an beiden Unterschenkeln, Oberschenkeln, am Stamm, den oberen Extremitäten, am Kopf und im Gesicht). Unter der nicht pathologisch veränderten Epidermis liegt im mittleren und unteren Corium ein ausgesprochen vasoformativer Tumor, in dem aber auch Züge nichtdifferenzierter Geschwulstanteile zu erkennen sind. Der Tumor selbst ist vom präexistenten Bindegewebe des Coriums relativ gut, fast kapselartig abgesetzt

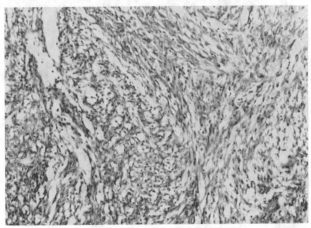

Abb. 74 [1]. Sarcoma idiopathicum haemorrhagicum Kaposi. Ausschnitt aus demselben histologischen Schnitt wie in Abb. 72 u. 73. Neben dem angioplastischen Anteil des Tumors liegen weniger differenzierte Geschwulstanteile, die an das Bild eines zellreichen, andeutungsweise wirbelbildenden Spindelzellsarkoms erinnern

gebildeten blutgefüllten Capillaren mit Ansammlung von Spindelzellen. Die Rundzellen wurden als Lymphocyten und Plasmazellen (MEYERS und JACOBSON, 1827), Histiocyten, Lymphocyten und Plasmazellen, Monocyten und große Zellen

---

[1] Die den Abb. 72—79 zugrunde liegenden histologischen Schnitte verdanken wir der Freundlichkeit von Herrn Prof. Dr. H. H. SCHUMACHER, Tropeninstitut Hamburg.

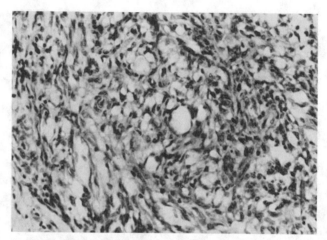

Abb. 75[1]. Sarcoma idiopathicum multiplex haemorrhagicum Kaposi. Hämatoxylin-Eosin, Vergr. 25 × 10, Hist.-Nr. 26348. Mesenchymaler Schwamm mit feinporösem Capillarnetz, dessen Lumina z.T. optisch leer, z.T. mit oft schon hämolytischen Erythrocyten angefüllt sind

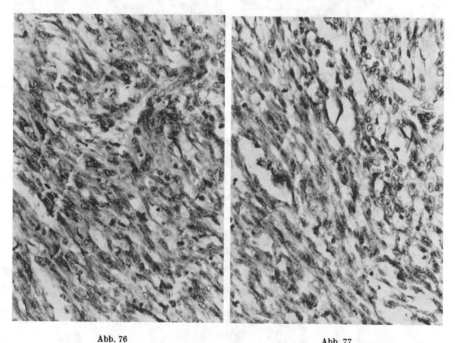

Abb. 76   Abb. 77

Abb. 76[1] u. 77[1]. Sarcoma idiopathicum multiplex haemorrhagicum Kaposi. Hämatoxylin-Eosin, Vergr. 40 × 10, Hist.-Nr. 26348. Proliferation der Blut- und Lymphcapillaren, endotheliale und peritheliale Wucherung, fusiforme Zellen mit großen chromatinarmen Kernen, atypische Zellen und Kernteilungsfiguren

mit azidophilem Cytoplasma (Dörffel, 1932) oder einfach als mononucleäre Elemente (Cox und Helwig, 1959) beschrieben. Lothe (1963) fand bei fast allen seinen in Uganda untersuchten Fällen das entzündliche Infiltrat aus Lymphocyten, Plasmazellen und einigen wenigen Monocyten, neutrophilen und eosino-

---

[1] Die in Abb. 72—79 zugrunde liegenden histologischen Schnitte verdanken wir der Freundlichkeit von Herrn Prof. Dr. H. H. Schumacher, Tropeninstitut Hamburg.

philen Leukocyten und großen mononucleären Zellen zusammengesetzt. Das Infiltrat selbst war unregelmäßig, sowohl um Capillaren als auch um größere Gefäße in der Peripherie und auch im Zentrum des Tumors gelagert.

Trotz des anfänglichen sarkoiden, entzündlich-granulierenden Gewebsbildes und der lokalen Spontanregressionen (wie sie auch beim Granuloma fungoides zu beobachten sind) kann es zu irgendeinem Zeitpunkt des Krankheitsverlaufes zu einer neoplastischen Transformation, zu einer autonom irreversibel wachsenden Gewebeproliferation kommen (CHOISSER und RAMSEY, 1939; COX und HELWIG, 1959). Beachtenswert sind Beobachtungen über Metastasierung und unmittel-

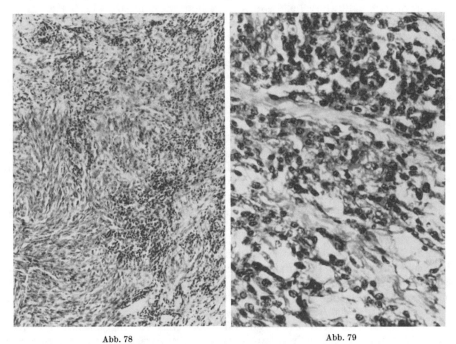

Abb. 78   Abb. 79

Abb. 78[1] u. 79[1]. Sarcoma idiopathicum multiplex haemorrhagicum Kaposi. Hämatoxylin-Eosin, Vergr. 10 × 10 bzw. 40 × 10, Hist.-Nr. 26348. Der hier vorwiegend von spindelzelligen Elementen gebildete Tumor ist herdförmig durchsetzt von einem aus Lymphocyten, Plasmazellen und einzelnen Mastzellen bestehenden Infiltrat, das sich mit Vorliebe in der Umgebung von Blut- und Lymphgefäßen festgesetzt hat

baren Übergang des Morbus Kaposi in ein Retothelsarkom (C. G. SCHIRREN und BURCKHARDT, 1955; SZÜCS, BALACH und KOSA, 1965; BERTACCINI, 1959; TEDESCHI, 1958; UYS und BENETT, 1959).

Der Morbus Kaposi hat bis zum heutigen Tage noch keinen gesicherten Platz im System der Dermatosen erlangt. KAPOSI deutete die Hautgeschwülste zuerst als Sarkome. Er stellte dabei die bindegewebliche Komponente mit ihrem Zellreichtum in den Vordergrund. Nachdem er aber spontane Rückbildung der Hautveränderungen und relativ gutartige Verläufe über 10 Jahre sah und eine günstige Beeinflussung durch Arsenmedikation beobachten konnte, reihte er den Tumor in die Gruppe der sarkoiden Geschwülste ein. Dessenungeachtet hielten UNNA (1894), METSCHERSKI (1900), PHILLIPSON (1902), BALZER, MERLE, RUBENS und DUVAL (1907), SELHORST und TALANO (1906), LIEBERTHAL (1902, 1908), JUSTUS (1910, 1926), KUSNEZWO (1933), MACKEE und CIPOLLARO (1936) und andere Autoren den

[1] Die den Abb. 72—79 zugrunde liegenden histologischen Schnitte verdanken wir der Freundlichkeit von Herrn Prof. Dr. H. H. SCHUMACHER, Tropeninstitut Hamburg.

Morbus Kaposi für ein Rund- oder Spindelzellsarkom, BERNHARDT (1902), HALLE (1904), BABES sowie AEGERTER und PEALE (1942), WIGLEY, REES und SYMMERS (1955) u.a. für ein Angiosarkom und DE AMICIS (1882) für ein sarkomatös entartetes Granulom, GILCHRIST und KETRON (1916) für einen als Angiom beginnenden, durch Proliferation des interstitiellen Bindegewebes und der Endothelien solid werdenden Tumor. KLEIN (1952) glaubt, die Veränderungen der Haut und der inneren Organe beim Morbus Kaposi an Hand einer Beobachtung bei einer 75jährigen Frau als Hamartome betrachten zu können, die multizentrisch zur malignen Entartung unter dem Bilde des sarkomatösen Hämangioendothelioms geführt hatten. Eine ähnliche Meinung hat schon STERNBERG (1912) vertreten, der Ektasien von Blut- und Lymphgefäßen beschrieb mit Proliferation von glatten Muskelzellen und ein Hamartom im Sinne E. ALBRECHTs annahm. BERNHARDT (1899, 1902) sowie HAMDI und RESAT (1932) sehen im Morbus Kaposi eine maligne Proliferation der Perithelien. RADAELI (1905, 1930) und BERTACCINI (1924) halten die endothelialen Elemente für den Ausgangspunkt der neoplastisch angiomatösen Proliferation. Nach GRZYBOWSKI (1934), NICOLAS und FAVRE (1928), LANG und HASLHOFER (1935) handelt es sich beim Morbus Kaposi um eine systematisierte Angiomatose. PAUTRIER und DISS (1928, 1929) fanden histologisch kein Sarkom, sondern Proliferation der Gefäße mit neuromuskulären Strukturen und ein feines Netzwerk von Nervenfasern, Proliferation der Schwannschen Zellen mit Formationen vom Typ Wagner-Meissner (Dysgenesie der Gefäße mit ihren neuromuskulären Adnexen). Sie sehen im Morbus Kaposi das vasculäre Pendant zum Morbus von Recklinghausen. HUDELO und CAILLIAU (1931) rücken den Tumor in die Nähe der Proliferationen des perivasculären sympatischen Nervengewebes. DUPONT (1934) spricht sich für eine Angioretikulose aus.

Die Ansichten über den cellulären Ursprung der Angiomatosis Kaposi gehen weit auseinander. Am häufigsten werden Endothelien, Perithelien, Fibroblasten, Elemente des neuromyoarterialen Apparates (Glomus), die neuroektodermalen Schwannschen Zellen, die mesenchymalen Zellen, die Zellen des RES ganz allgemein als Ausgangspunkte des Morbus Kaposi genannt. Die meisten Autoren der letzten Jahre glauben im Morbus Kaposi eine Erkrankungsform des RES sehen zu müssen. Offen bleibt die Frage, ob es sich dabei um eine angioplastische Hyperplasie oder um eine echte Proliferation wie bei der Retikulose im engeren Sinne handelt. Auffällig ist der multizentrische Beginn, der sich besonders auf die Organe bezieht, in denen das RES primär stärkere Reaktionsbereitschaft zeigt wie Haut, Milz, Lymphknoten, Lungen, lymphatische Gewebe des Verdauungstraktes (COX und HELWIG, 1959; ECKLUND, 1962), die nicht selten zu beobachtende gleichzeitige unspezifische reaktive Hyperplasie der Reticulumzellen und ein Teil ihrer Funktionsformen, die sich meist auf Lymphknoten, Milz, Knochenmark erstrecken und auch wohl gelegentlich zur Lymphocytose und mehr oder weniger deutlicher Monocytose führen kann (HUFNAGEL und DUPONT, 1931; MARIANI, 1909) und schließlich die häufige Koincidenz mit malignen Geschwülsten: Reticulo-Granulomatosen, nicht retikuläre Leukosen, Retothelsarkom (BERTACCINI, 1959; TEDESCHI, 1958; UYS und BENETT, 1959), Lymphosarkom, Granuloma fungoides, Lymphogranulomatosis maligna, Lymphadenose, Myelose, großfollikuläres Lymphoblastom (ABRAHAMSEN und WETTELAND, 1959; FRENKEL, HAMPE und VON DER HEIDE, 1953; SACKS, 1956; ZELGER und LEIBETSEDER, 1961). Gewebekulturen (OSBORNE, JORDON, HOAK und PSCHIERER, 1947; SPENCE, 1962; BECKER u. THATCHER, 1938) sprechen für die mesenchymale Genese des Morbus Kaposi. BECKER und THATCHER sahen in der Gewebekultur Spindelzellen wachsen, die nicht als Fibroblasten zu identifizieren waren und die keine Zeichen der Malignität erkennen ließen. Sie übertrugen die in vitro gezüchteten Zellen auf Meerschweinchen und implantierten sie subcutan bei ihrem Patienten. Während die Versuchstiere keine Reaktion zeigten, trat bei dem Patienten ein Fleck auf, der bioptisch als zum Morbus Kaposi zugehörig angesehen wurde. Die Autoren kommen zu dem Schluß, daß es sich beim Morbus Kaposi primär um einen multizentrisch entstehenden gutartigen Tumor handeln muß, der seinen Ausgang von den embryonalen Mesenchymzellen des perithelialen Gewebes nimmt, dessen Zellen erst nach einer Anzahl von Jahren eine Umwandlung zum malignen sarkomatösen Wachstum erfahren, und der dann lymphogen metastasiert und zum Tode des Patienten führt. Ähnliche Ansichten findet man bei TEDESCHI (1958), OSBORNE u. Mitarb. (1947), ORSÓS (1934) und Szücs u. Mitarb. (1965). Letztere schließen aus dem pleiomorphen Charakter des Morbus Kaposi, daß die Geschwulst von einer pluripotenten, primitiven Zellart ausgeht, im Verlaufe der Erkrankung aus unbekannten Gründen zur multizentrischen Mobilisation, Proliferation und zur Differenzierung der perivasculären mesenchymalen Zellen, anfangs in typische Gefäßwucherungen, kombiniert mit Fibroblasten und Makrophagen (entzündlich-granulomatöses Stadium), führt, und später eine Strukturverschiebung in neoplastischer Richtung mit Auftreten von atypischen, spindelförmigen Zellen und abortiven Gefäßbildungen erfährt. So kann die Differenzierung des pluripotenten Mesenchyms in Richtung Reticulumzelle gehen und in eine Reticulumzell-wucherung mit ausgeprägter aggressiver Potenz in ein Reticulosarkom einmünden. Pathologische Reaktionen des hämatopoetischen Systems kommen beim Morbus Kaposi, wenn auch nur relativ selten beobachtet, vor, und passen zu der Auffassung vieler Autoren, daß dieser Erkrankung primär pathologische Vorgänge im RES zugrunde liegen. AZULAY (1958) hält den Morbus Kaposi z.B. für eine hyperplastische Ausdrucksform des RES im Sinne einer Angioretikulose, die gelegentlich sarkomatös werden kann, deren Ausgangspunkt aber die perivasculären Histiocyten seien. Dieser Meinung vergleichbar sind die Auffassungen von BLUEFARB und WEBSTER (1953) sowie DÖRFFEL (1932). BUCCELLATO (1954) spricht sich für eine allgemeine Beteiligung des RES aus, PARDO-VILLALBA (1953) für eine Reticuloendotheliose mit angioblastischer Tendenz und BURCKHARDT-ZELLWEGER (1954) zählt die Erkrankung zu den monomorphen Reticuloendotheliosen, DUPONT (1934) nennt den Morbus Kaposi eine gutartige systematisierte Geschwulst (Angioreticulomatose), wie auch BERTACCINI (1939) sich für eine systematisierte Reticuloendotheliose hyperplastischen oder dysplastischen, aber nicht neoplastischen Charakters ausspricht. Dazu im Gegensatz ISVANEVSKY (1958), der an eine neoplastische Wucherung der pluripotenten Mutterzelle des RES denkt. PUHR (1930) faßt den Morbus Kaposi als Systemerkrankung des RES oder des histiocytären Apparates auf im Sinne einer den Hämoblastosen vergleichbaren Krankheit, ähnlich den leukämischen Hautveränderungen. Er spricht von einer aleukämischen Gewebsveränderung der dritten Leukocytenart, d.h. des monocytären Systems. In ähnlicher Weise zählt auch PALAZZI (1954) den Morbus Kaposi zu den Hämoblastopathien. Als Begründung, daß der Morbus Kaposi kein Neoplasma im üblichen Sinne, sondern primär eine multizentrische hyperplastische Wucherung eines bestimmten Gewebesystems ist, die im Endstadium allerdings in eine echte maligne Form einmünden kann, führen ZELGER und LEIBETSEDER (1961) folgende Besonderheiten an: Alle Herde sind einander äquivalent, treten zeitlich und räumlich unabhängig voneinander multizentrisch und oft symmetrisch auf. Beim Morbus Kaposi kommen akut verlaufende, sehr schnell zum Tode führende und chronische, über viele Jahre (FISCHER und COHEN, 1951) gehende Fälle vor. Allgemeinremissionen und spontane lokale Involutionen (NICOLAS-FAVRE, 1928) wurden beobachtet. Andererseits besteht kein Zweifel, daß das Leiden unaufhaltsam progredient ist. Nach MIESCHER (1952) soll eine

Heilung durch Röntgenstrahlen (3 Fälle) nicht ausgeschlossen sein. Excision des Primärherdes hat bisher jedoch noch zu keiner Dauerheilung geführt. Echte Metastasierung wurde selten (Schirren, Burckhardt, 1955) und nur final beobachtet. Im allgemeinen fehlt aggressives Wachstum. Diese Verlaufsform findet man nicht nur beim Morbus Kaposi, sondern auch bei anderen allgemein als Systemerkrankungen anerkannten Leiden. Um so mehr verdienen hier Beobachtungen besonderer Aufmerksamkeit, die über Koinzidenz von Morbus Kaposi mit einer anderen Krankheit mit gleichem klinischen Verlauf berichten. Die Kombination chronische Lymphadenose und Morbus Kaposi wurde gesehen von: Cole und Crump (1920), Hufnagel und Dupont (1931), Rosen (1934), Sachs und Gray (1945), Conejo-Mir (1949), Fischer und Cohen (1951), Syrop und Krantz (1951), Sachs (1956), Bluefarb (1957), Cox und Helwig (1959). Berichte über die Kombination mit myeloischer Leukämie stammen von Tedeschi, Folsom und Carnicelli (1947) sowie Cuilleret-Gallet (1945), mit Mycosis fungoides von Lane und Greenwood (1933), Lapowski (1936), Winer (1947), Cox und Helwig (1959), mit Morbus Hodgkin von Goldschlag (1935), Wolf, Talbott (1947), Osborn, Jordon, Hoak und Pschierer (1947), Greenstein und Conston (1949), Erf, McCarthy und Pack (1950), Cox und Helwig (1959), mit großfollikulärem Lymphoblastom (Brill-Symmers) von McCarthy und Pack (1950), Pack und Davis (1954) und mit Lymphosarkom von Belloni (1949), McCarthy u. Pack (1950), Higgins (1951), Bluefarb u. Webster (1953), Pack und Davis (1954) sowie Malkinson und Stone (1955).

Die den proliferativen Prozeß in Gang setzende Ursache ist nicht bekannt. Nach Degos kann jede entzündliche Affektion, mikrobieller Natur oder nicht, Ausgangspunkt einer reticuloendothelialen Proliferation werden. Auch mechanische Irritation, Traumen (Kren, 1933; Bluefarb, 1957), Kältereize (Semenow, 1897) u.a., ja auch eine lokale Hämorrhagie (Dillard und Weidman, 1925) wurden als Proliferationsstimulans der Zellen des RES angeschuldigt. Bei der barfußgehenden Bevölkerung von Uganda wären natürlich Mikrotraumen zumindest als Lokalisationsfaktoren an den Füßen denkbar. Primäre Herde in den Tonsillen, im Dünndarm und der Nebenniere lassen sich ätiopathogenetisch durch diesen Faktor jedoch nicht erklären (Lothe, 1963). Auch sieht man in Indien, in China und im Sudan bei einer Bevölkerung, die unter ähnlichen Bedingungen lebt, die Krankheit nur sehr selten.

Das endemische Vorkommen bzw. die geographische Lokalisierbarkeit der Erkrankung und die durch Antibiotica mitunter zu erreichenden Remissionen haben immer wieder auch an ein infektiöses Agens als Ursache des Morbus Kaposi denken lassen. Frisches Tumorgewebe wurde in die verschiedensten Nährmedien gebracht und Versuchstieren injiziert (Alderson und Way, 1930; Choisser und Ramsey, 1940; Dalla Favera, 1911; Mariani, 1909; Nesbitt, Mark und Zimmermann, 1945), ohne daß ein gesicherter Erreger der Krankheit zu ermitteln war. Lothe (1963) hat Tumormaterial von 4 Patienten auf Mäuse, Meerschweinchen, Affen, Ratten und Kaninchen ohne Erfolg übertragen. Andere Autoren sahen ätiologische Faktoren in einer vorausgehenden allergischen Arteriitis (McGinn, Ricca und Currin, 1955), Polyvasculitis (Coburn und Morgan, 1955) und in einer hereditären vasculären Dysplasie (McCarthy und Pack, 1950).

Die Behandlung des Morbus Kaposi ist unbefriedigend. Die therapeutische Palette reicht vom Arsen (Köbner, 1883) über chirurgische Maßnahmen (McCarthy und Pack, 1950), Antibiotica (Pierini und Grienspan, 1948), Oestrogene (Hurlbut und Lincoln, 1942), cytostatisch wirkende Substanzen, wie Urethan (Michelson, 1949), Stickstofflost (Osborne, Jordon, Hoak und Pschierer, 1947) bis zur Röntgenbestrahlung (Bulkley, 1906). Mit Ausnahme der Strahlentherapie haben so gut wie alle therapeutischen Maßnahmen nicht immer befriedigt. COOK (1959) sowie MONACO und AUSTEN (1959) glauben, durch die intraarterielle Applikation von N-Lost-Derivaten über vielversprechende Resultate berichten zu können. Durch chirurgische Entfernung von 3 Initialherden sah DUPERRAT einen Verlaufsstop von 5 Jahren, DEGOS nach der palliativen Amputation eines Fußes diffus verteilte Körperherde verschwinden.

Destruierende Prozesse, Gangrän, schwere Sekundärinfekte können zur Amputation eines Fußes oder einer Hand zwingen. DEGOS konnte in einigen Fällen auch eine günstige therapeutische Wirkung des Arsens registrieren.

Antimalariamittel und Nebennierenrindenhormone haben bei der Behandlung des Morbus Kaposi versagt.

Die zur Zeit am häufigsten verwendeten Behandlungsmethoden sind die Strahlentherapie und die Applikation von Antibiotica. Radiosensibel sind besonders die frischen, oberflächlichen Hautveränderungen. DEGOS sah komplette Regressionen dieser Läsionen unter der Bestrahlung mit 150—300 R (50 kV). Ältere und stärker infiltrierte Herde wurden der Oberflächenbestrahlung (100 kV) zugeführt und mit einem FHA von 20—30 cm fraktioniert bestrahlt, wobei Einzeldosen von 100 R im Abstand von 8—10 Tagen bis zu Gesamtdosen von 1000 bis 2000 R appliziert wurden. Tiefe Knoten und visceral lokalisierte Läsionen müssen unter Bedingungen und mit Dosen der Carcinomtherapie behandelt werden. Der therapeutische Effekt ist vorübergehend; immerhin können mehr oder weniger lange Latenzperioden erzielt werden. Strahlenresistenz ist nach DEGOS seltener und später zu erwarten als bei den Reticulosen im engeren Sinne und beim Granuloma fungoides. KORTING (1967) macht darauf aufmerksam, daß die Extremitätenprädilektion besonders ungünstige strahlentherapeutische Verhältnisse bietet. Mit BODE empfiehlt er, ähnlich wie DEGOS, stärkere Fraktionierung und Protraktion der Strahlendosen.

PIERINI und GRIENSPAN (1948) empfahlen die Penicillintherapie des Morbus Kaposi, die jedoch wegen ihrer Unzuverlässigkeit keine wesentliche Resonanz fand. DEGOS empfiehlt 3 Kuren von je 20 Mill. E Penicillin (Penicillin G wäßrig oder Depot-Penicillin) bei täglichen Gaben von 1 Mill. E im Abstand von 1—3 Monaten. PIERINI und GRINSPAN (1960) überprüften später die Ergebnisse der Weltliteratur und empfehlen Penicillin G in wäßriger Lösung, 200000 E alle 4 Std während 15—20 Tagen zu injizieren. Nach KORTING kann die Penicillin-Therapie durchaus versucht werden. Er empfiehlt 1 Mill. E pro die, insgesamt 12—16 Mill. E pro Serie mit einer Wiederholung der Kur nach 6—8 Wochen. Andere Antibiotica wie Tetracyclin, Chlortetracyclin und ähnliche können versucht werden. LOTHE (1963) sah bei seinem Krankengut in Uganda von der antibiotischen Therapie des Morbus Kaposi keine überzeugenden therapeutischen Effekte.

XII. Angioplastisches Sarkom bei chronischem Lymphödem (Stewart-Treves-Syndrom)

STEWART und TREVES berichteten 1948 an Hand von 6 eigenen Beobachtungen über ein Krankheitsbild, das sich im chronischen Lymphödem der oberen und, wie später beobachtet wurde, auch in den chronisch-lymphödematösen unteren Extremitäten entwickeln kann. Im Schrifttum sind bis 1963 über 80 Fälle publiziert worden (BRUNNER, 1963). WOLFF (1963) hat in einer Arbeit über dieses Syndrom bekannt gewordene Fälle tabellarisch zusammengestellt. Die überwiegende Mehrzahl der Publikationen findet man in der amerikanischen Literatur.

Die Zahl der im Zeitraum von ca. 15 Jahren publizierten Fälle erscheint gering. Das tatsächliche Vorkommen des Stewart-Treves-Syndroms (STS) dürfte höher anzuschlagen sein. Nach Wolff (1963) sind eine Reihe von Fällen nicht publiziert und noch mehr nicht richtig diagnostiziert worden. Stewart selbst hat 1947 bei seinem ersten Fall die histologische Diagnose eines Kaposi-Sarkoms gestellt. Erst nach Durchsicht ihrer 6 Fälle kamen Stewart und Treves (1948) zu dem Schluß, daß es sich bei ihren Sarkomatosen um einen speziellen, vorwiegend lymphangiomatösen Tumor handeln müsse. Reichlich lymphocytäre Infiltrate mit follikelähnlicher Massierung, mit Lymphocyten gefüllte Sinusoide, lymphangiomatöse Wucherungen in der Adventitia großer Venen mit thrombotischem Verschluß derselben und die Zuordnung auch blutgefüllter Capillarektasien zum Lymphgefäßsystem gaben ihnen Anlaß, von einem Lymphangiosarkom zu sprechen. Stewart und Treves postulierten auf Grund histogenetischer Betrachtungen die Ableitung eines Lymphgefäßtumors aus einer chronischen Lymphgefäßerkrankung, während in morphogenetischer Hinsicht der rein lymphangiomatöse Charakter der Geschwulst tatsächlich gar nicht erwiesen ist.

Sicher scheint, daß das jahrelang bestehende Lymphödem den Boden bildet, auf dem es zur Entwicklung des angioplastischen Sarkoms kommen kann. Es ist die Voraussetzung, ohne die das Stewart-Treves-Syndrom nicht zur Ausbildung kommt. Zunächst war es das postoperative Lymphödem nach Mastektomie und Röntgenbestrahlung des Mamma-Carcinoms, das hier als Basis der Geschwulst bekannt wurde. Nach Treves (1957) soll es in 41% aller operablen Mamma-Carcinome zur Entwicklung kommen und besonders durch die Röntgenbestrahlung gefördert werden. Der Nachweis desselben Krankheitsbildes bei kongenitalen, postlymphangiitischen und anderen postoperativen Ödemen der oberen und unteren Extremität brachte aber den Beweis, daß auf dem Boden aller Lymphödeme, ungeachtet ihrer Pathogenese, sich ein angioplastisches Sarkom, ein Stewart-Treves-Syndrom entwickeln kann. Brunner (1963) hat derartige in der Literatur bekannt gewordene Fälle in einer Tabelle zusammengestellt. Interessanterweise wurde bereits 1918 durch Kettle an den unteren Extremitäten ein vergleichbarer Fall beschrieben, worauf Schirger und Harrison (1962) und Brunner (1963) besonders hinweisen. Das dem Stewart-Treves-Syndrom zugrunde liegende Lymphödem verschiedenster Genese wurde von Martorell (1951) als „tumorigenic lymphoedema" bezeichnet. Es sei erwähnt, daß nach Rüttimann und Del Buono (1963) zwischen einer primären Gruppe von Lymphödem mit kongenitaler Aplasie, Ektasie oder obliterierender Angiopathie (Kaindl, Mannheimer, Thurnheer und Pfleger-Schwarz (1960) und einer sekundären Gruppe von Lymphödem entzündlicher, neoplastischer oder parasitärer Genese mit normal angelegtem Lymphgefäßsystem zu unterscheiden ist. Brunner (1963) beschrieb einen Fall von STS auf dem Boden eines hypoplastisch-varicösen Lymphödems und führt an, daß damit bewiesen scheint, daß eine selektive Bevorzugung einer Untergruppe des Ödems nicht gegeben ist, wenn auch bei der Milroyschen familiären Erkrankung und bei der filarienbedingten Elephantiasis das STS noch nicht beschrieben wurde. Das chronische Lymphödem als lokale Insuffizienz des Lymphkreislaufes ist schlechthin das pathologische Substrat, in dem sich nach Jahren der Tumor entwickeln kann. Brunner weist an dieser Stelle auf die konservativen und chirurgischen Maßnahmen hin, die zur Verringerung der Lymphostase führen und im Hinblick auf das STS prophylaktische Bedeutung erlangen.

Die Ähnlichkeit des klinischen Verlaufes und der histopathologischen Veränderungen des Stewart-Treves-Syndroms mit dem von Kaposi beschriebenen Sarcoma idiopathicum multiplex haemorrhagicum sind auffällig. In der nachstehenden Tabelle, die wir der Publikation von BRUNNER (1963) entnommen haben, werden die klinischen Merkmale der beiden Krankheitsbilder gegenübergestellt:

Tabelle 8. *Gegenüberstellung von Kaposi-Sarkom und Stewart-Treves-Syndrom.* (BRUNNER, 1963)

	Sarcoma idiopathicum haemorrhagicum multiplex Kaposi	Stewart-Treves-Syndrom
Hautläsion	eruptive Angio-Sarkomatose	eruptive Angio-Sarkomatose
Geschlecht	vorwiegend Männer	vorwiegend Frauen
Lebensalter bei Ausbruch des Sarkoms	alle Altersstufen, vorwiegend 6.—7. Dekade	5.—7. Dekade für Lymphödem nach radikaler Mastektomie, 2.—7. Dekade für kongenitale und andere Lymphödeme
Rassische und geographische Prädilektion	Juden, Italiener, Mittelmeerbecken, Afrika (?)	keine
Extremitätenbefall	bilateral, symmetrisch	unilateral, beschränkt auf lymphödematische Extremität
Lymphödem	charakteristische Früh- oder Späterscheinung	während Jahren vorbestehend als chronisches Sklerödem
Organbefall	Magen-Darmtrakt — äußeres Genitale — retroperitoneale Lymphknoten — Leber-Lunge (eher systematisierte Sarkomatose)	paraaortale Lymphknoten, Lungen, Leber, Milz (eher metastasierende Sarkomatose)
Prognose	unsicher, Überlebensdauer wenige Monate bis 25 Jahre	stürmischer Verlauf, Überlebensdauer 5 Monate bis 4 Jahre, durchschnittlich $1^1/_2$ Jahre
Therapie	Röntgenbestrahlung als Methode der Wahl	radikale Exartikulation als Methode der Wahl

Geschlechts- und Altersverteilung, Symmetrie und Prognose sind demnach die auffallendsten und wohl auch die signifikanten differentialdiagnostisch verwertbaren Kennzeichen der beiden Krankheitsbilder. Der Geschlechtsunterschied findet seine Erklärung in dem hohen Anteil des weiblichen Geschlechts am Lymphödem, der nach TAYLOR (1961) 80%, nach HURIEZ und DELESCLUSE (1959) für die unteren Extremitäten 77% beträgt. Das Erkrankungsalter entspricht beim postoperativen Armödem (50—70 Jahre) dem Erkrankungsalter des Brustdrüsenkrebses (40—60 Jahre). Die Entwicklung eines angioplastischen Sarkoms auf dem Boden des kongenitalen Lymphödems wurde zwischen dem 17. und 65. Lebensjahr beobachtet. Während beim Morbus Kaposi vom Krankheitsbeginn bis zum letalen Ausgang Jahrzehnte verstreichen können, tritt bei STS bei 50% der Kranken innerhalb von $1^1/_2$—2 Jahren der Tod ein. Damit ist beim STS die Prognose bedeutend schlechter als bei Morbus Kaposi. Während beim letzteren auch geographische und möglicherweise auch rassische Prädilektionen zu erkennen sind und die Veränderungen meistens an den unteren Extremitäten beginnen und hier in symmetrischer Anordnung lokalisiert sind, sind beim STS weder geographisch noch rassisch bedingte Eigenheiten, noch symmetrische Anordnung hervorstehende Merkmale des Tumors. Den charakteristischen Früh- und Späterscheinungen des Ödems beim Morbus Kaposi steht bei STS stets das chronische, über

Jahre präexistente Lymphödem gegenüber. McConnel und Haslam (1959) fanden in einer Gruppe von 45 schweren Armödemen 4 Angiosarkomatosen. Nach Stewart und Treves erkranken 0,45% aller operierter Mammacarcinom-Patientinnen und 10% der Patientinnen mit schweren lymphödematischen Folgezuständen. Die mittlere Dauer des Lymphödems bis zum Ausbruch der Angiosarkomatose wird von Brunner (1963) mit 9 Jahren ($1^4/_{12}$—24 Jahre) angegeben. Servelle (1962) fand unter 150 Patienten mit Lymphödem der unteren Extremität das STS in 1,5% der Fälle, wobei es nach durchschnittlich 20 Ödemjahren (8—37 Jahre) im Mittel im 40. Lebensjahr (17—65 Jahre) zur Ausbildung des Angiosarkoms gekommen war.

Berücksichtigt man bei der Darstellung des Krankheitsbildes nur das Angiosarcoma in elephantiasi bracchii post ablationem mammae, handelt es sich bei den Erkrankten ausschließlich um weibliche Patienten (Wolff, 1963). Werden aber die aus dem angeborenen oder postinfektiösen Lymphödem hervorgegangenen Fälle von STS mitverwertet, sind sowohl Frauen als auch Männer erkrankt. Brunner (1963) konnte aus der Literatur bei der Lokalisation der Veränderungen am Bein über 6 Frauen und 5 Männer, bei der Lokalisation am Arm über 1 Frau und 1 Mann berichten.

Nach meist jahrelangem Bestand eines Lymphödems (im Durchschnitt 9 Jahre) tritt in der Haut ödematöser Extremitäten als klinisch erkennbare Erstmanifestation ein kleines, kaum erbsgroßes, gut begrenztes, flaches, lividrotes, cutanes Knötchen auf. Diese Initialveränderung liegt beim Befall der oberen Extremität merkwürdigerweise vorwiegend im Bereich der distalen Oberarm- oder proximalen Unterarmregion (Wolff, 1963). Das anfangs nahezu maculöse Knötchen zeigt auffallend rasches Wachstum und in seiner Umgebung Teleangiektasien und feine petechiale Blutungen. In der Umgebung dieser Läsion treten sehr bald in satellitenartiger Ausbreitung neue konfluierende, aber auch isolierte Herde auf, die sich weiter entwickeln und schließlich zu flachen, nuß- bis pflaumengroßen, relativ scharf begrenzten Tumoren von cystischer oder schwammiger Konsistenz werden können. Durch mechanische Insulte, gelegentlich auch spontan, kommt es zum geschwürigen Zerfall und zur Entleerung einer blutig-serösen Flüssigkeit. Mit dem raschen Wachstum und der schnellen Ausbreitung des Tumors geht auch eine frühzeitige Metastasierung, besonders in die Lungen, einher, so daß schon nach einigen Monaten, bestenfalls 1—2 Jahren, die Geschwulst das Leben der Patienten beendet. Nach Fry, Campbell und Coller (1959) sterben 60% der Erkrankten an Lungenmetastasen. Tochtergeschwülste wurden aber auch in den Lymphknoten, in der Pleura, im Perikard, im Mediastinum, in der Aorta, in der Dura mater und in den Tonsillen gefunden (McConnel und Haslam, 1959; McSwain und Stephenson, 1960). Nelson und Morfit (1956), McSwain u. Stephenson (1960), Boss u. Urka (1961) berichteten über Fälle, bei denen es durch lokal destruierendes Wachstum zum Einbruch der Tumormassen durch die Fascien in die Muskulatur, bzw. auch zum Durchbruch der Thoraxwand bis in die Pleura kam (McSwain und Stephenson, 1960; Sternby, Gynning u. Hogemann, 1961). Stewart und Treves (1948) sahen den Tumor den tiefen Hautvenen folgen und deren Wand durch neoplastisches Gewebe ersetzen. McConnel und Haslam (1959) wieder sind der Meinung, daß in diesem Falle der Tumor in der Venenwand entstanden und hier möglicherweise vom Lymphödem und den Vasa vasorum ausgegangen sei.

Die histologischen Veränderungen des Tumors glauben wir am besten durch die von Wolff (1963) gegebene Beschreibung charakterisiert, die im folgenden zitiert wird: „Histologisch bauen sich die Tumoren aus proliferierenden, kleinsten Gefäßschläuchen in der Cutis und Subcutis auf, die von hyperplastischen, oft polyedrischen, sich ins Lumen vorwölbenden Endothelien ausgekleidet werden. Ein Teil dieser Gefäße enthält Erythrocyten, andere wieder erwecken den Eindruck, von Lymphgefäßen abzustammen. Daneben finden sich jedoch auch solide Zellstränge und Haufen, die aus spindeligen Zellen mit hyperchromatischen Kern und geringem Cytoplasma oder großen, einen blassen bläschenförmigen Nucleus aufweisenden Zellen aufgebaut sind. Man sieht in diesen Formationen nicht selten Vacuolisierung mit intercellulären Spaltbildungen, die den vasoformativen Charakter der Tumorzellen manifestieren. Das Wachstum der Knoten ist ein ausgeprägt aggressiv-infiltrierendes. Ausgedehnte Erythrocytenextravasate stellen das histologische Substrat für die schon makroskopisch auffallende Blutungsneigung dieser Veränderungen dar."

Die allgemeine Auffassung geht dahin, daß es sich beim STS um einen zunächst unilokulär entstehenden Tumor handelt, der dann allerdings eine rasche metastatische Aussaat erfährt. Eine möglicherweise multizentrische Entstehung im Lymphödem kann aber nicht ausgeschlossen werden (WOLFF, 1963). Der rein lymphangioblastischen Natur der Geschwulst wird nicht von allen Autoren zugestimmt. Sie glauben vielmehr, daß auch die Blutcapillaren des Tumors am Aufbau der Neoplasie aktiv beteiligt sein müssen (JESSNER, ZAK und REIN, 1952; McCONNEL und HASLAM, 1959). Massive Hämorrhagien, die zur braunschwarzen Verfärbung der Geschwulst geführt hatten, veranlaßten CRUSE, FISHER und USHER (1951) in einem Falle zunächst ein Melanoblastom zu diagnostizieren; erst der färberische Nachweis von Eisen klärte die Sachlage. Große Mengen extra- und auch intravasaler Erythrocyten beschreibt auch WOLFF (1963), die allerdings in jenen neugebildeten Gefäßen fehlen, die relativ jung erscheinen. Er konnte sich nicht entschließen, im STS eine reine Lymphgefäßgeschwulst zu sehen, sondern glaubt, daß es sich eher um sehr unreife Neubildungen handelt, die mal mehr blutführende neoplastische Kanäle bilden können, mal mehr lymphangioformative Tendenzen zeigen. Die Bezeichnung Lymphangiosarkom ist daher nicht allgemein gültig und die nichts präjudizierende Bezeichnung Angiosarkom, wie sie auch von anderen Autoren bevorzugt wird, als zweckmäßiger vorzuziehen.

Viele Autoren weisen ausdrücklich auf die klinisch-morphologische Ähnlichkeit des STS mit dem Morbus Kaposi hin, die so weitgehend sein kann, daß eine Reihe von Fällen, wie schon erwähnt, zunächst auch als Sarcoma idiopathicum haemorrhagicum Kaposi diagnostiziert wurden. Es ergeben sich jedoch bestimmte, schon anamnestisch auffallende Abweichungen, die, wenn man sie nur berücksichtigt, eine klinische Unterscheidung zwischen dem Stewart-Treves-Syndrom und dem Morbus Kaposi ermöglichen. Mastektomie mit folgendem, über Jahre bestehendem Lymphödem (aber auch jahrelanges Bestehen eines Lymphödems anderer Ursache), bevorzugter Befall von Frauen mit Lokalisation an der oberen Extremität (Mastektomie-bedingt) im Gegensatz zum Morbus Kaposi, der eine ausgesprochene Androtropie zeigt und meist an der unteren Extremität beginnt, ohne daß ein über Jahre bestehendes Lymphödem vorausgegangen war, das Fehlen der Spontaninvolution einzelner Herde beim STS, die häufigeren Ulcerationen und die ausgeprägtere Neigung zu Hämorrhagien und zur baldigen und oft ausgedehnten Metastasierung sind differentialdiagnostisch verläßliche Argumente zur Abgrenzung der beiden Syndrome. Die Abgrenzung des STS von lokalen lymphogenen Metastasen des Mamma-Carcinoms ist zu berücksichtigen. Morphologischer Aspekt, schwammige Konsistenz und hämorrhagische Komponente lassen hier eine klinische Abgrenzung zu. In die differentialdiagnostischen Erwägungen sind natürlich auch die Hautveränderung der Retikulosen, der Hämoblastosen, des Morbus Paltauf-Sternberg und der Lymphadenosis cutis benigna mit einzubeziehen. In den meisten Fällen wird eine Differenzierung schon klinisch möglich

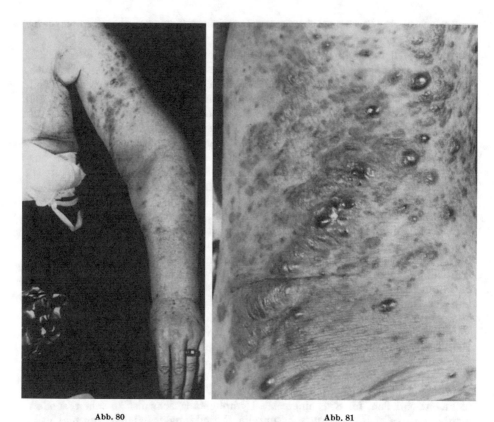

Abb. 80   Abb. 81

Abb. 80. Stewart-Treves-Syndrom. Pat. F. Ker., Ablatio mammae im Februar 1958, Lymphödem (Aufnahme vom 10. 5. 1966) und Knotenbildung im gestauten Arm seit März 1966

Abb. 81. Stewart-Treves-Syndrom. Pat. F. Ker. Detailaufnahme von der Beugeseite des linken Oberarms dicht oberhalb der Ellenbeuge mit zahlreichen bis über kirschgroßen, derben, gelb-braunen Knoten (Aufnahme vom 13. 6. 1966)

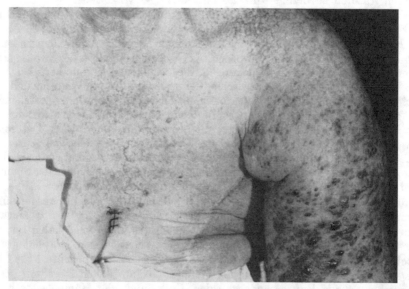

Abb. 82. Stewart-Treves-Syndrom. Pat. F. Ker. Rasche Zunahme der Knotenbildung (Aufnahme vom 13. 6. 1966) im Lymphödem des linken Arms und metastatische Aussaat im angrenzenden Thorax. Am Ansatz der rechten Mamma wurde ein solcher Knoten zur histologischen Untersuchung excidiert (s. Abb. 83—87). Im Bereich der Schulter und der Regio supra- et infraclavicularis erkennt man Teleangiektasien nach Röntgenbestrahlung

sein, die selbstverständlich durch den histopathologischen Befund zu veri-
fizieren ist.

Patientin F.Ker., 73 Jahre, vorgestellt anläßlich der Frühjahrstagung der Hamburger
Dermatologischen Gesellschaft am 21./22. Mai 1966 (SCHULZ und HUNDERTMARK).

Mutter und Schwester der Kranken starben an Krebs. Die Patientin selbst war 1916 an
Lymphknotentuberkulose erkrankt und mußte sich im Februar 1958 einer linksseitigen
Mamma-Amputation wegen eines derben Knotens im oberen äußeren Quadranten der Mamma
nach entsprechender Vorbestrahlung unterziehen. Der Ablatio mammae folgte eine Nachbestrahlung. Die histologische Untersuchung des Operationspräparates ergab eine Mastopathia
chronica cystica ohne sicheren Anhalt für Malignität (MACKH, 1967). Vor der Erstbestrahlung
war eine Probeexcision nicht durchgeführt worden, so daß die Frage, ob tatsächlich ein

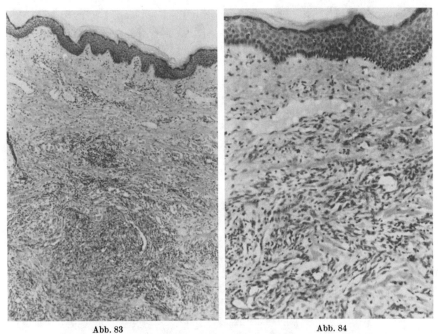

Abb. 83   Abb. 84

Abb. 83. Stewart-Treves-Syndrom. Pat. F.Ker., Hist.-Befund-Nr. 24184, Probeexcision aus dem linken Oberarm, Formalinfixierung, Hämatoxylin-Eosin-Färbung. Vergr. 4 × 10. Im wesentlichen unauffällige Epidermis,
wenn man von einer gewissen orthokeratotischen Hyperkeratose absehen will. Die Lymphgefäße des Coriums
sind erweitert. In Coriummitte liegt in knotenförmiger Anordnung ein gefäßreiches Tumorgewebe, das im ortsständigen Gewebe eine entzündliche, lymphocytäre Reaktion induziert hat

Abb. 84. Vergrößerung (10 × 10) aus demselben histologischen Schnitt wie Abb. 83. Deutliche Lymphgefäß-
erweiterung, vasoformativer maligner Tumor im Corium

Mammacarcinom vorgelegen hat oder nicht, nicht exakt beantwortet werden kann. 6 Monate
post operationem et radiationem trat in dem seither geringgradig verdickten linken Arm ein
Erysipel auf, das durch Penicillin zum Abklingen gebracht wurde, ohne daß aber die Schwellung
des Armes beeinflußt werden konnte. Das Lymphödem nahm im Gegenteil noch zu. Im März
1965 Magenresektion wegen akuter Magenblutung aus einem seit 1953 röntgenologisch verifizierten Ulcus ventriculi. Der resezierte Magen bot histologisch keinen Anhalt für Malignität
(MACKH, 1967). Nach weiterer Zunahme des Lymphödems bemerkte die Patientin etwa im
März 1966 an der Innenseite des linken Oberarms ein kleines derbes, blaurotes Knötchen, in
dessen Umgebung innerhalb kurzer Zeit ähnliche Herde von blaulivider, roter oder auch gelber
Farbe satellitenartig auftraten, so daß schon nach 6 Wochen der in den Abb. 80—81 dargestellte Befund zustande gekommen war. Nach weiteren 2 Wochen waren gleiche Veränderungen auch an der Thoraxwand festzustellen. In diesem Stadium wurde die Patientin
in unserer Poliklinik vorgestellt. Die klinische Verdachtsdiagnose eines Stewart-Treves-
Syndroms konnte histologisch bestätigt werden (Probeexcision aus dem linken Arm und vom
Ansatz der rechten Mamma). Zu einer Amputation des linken Arms entschied sich die Patientin nicht. Die innerhalb von wenigen Wochen einsetzende Metastasierung machte schließ-

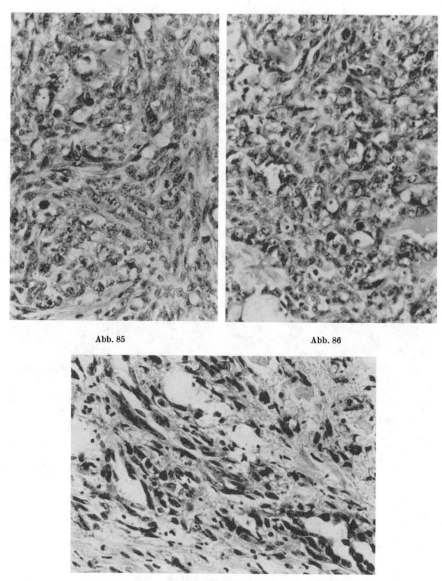

Abb. 85   Abb. 86

Abb. 87

Abb. 85 u. 86 (Hämatoxylin-Eosin, Hist.-Nr. 24184, PE vom linken Oberarm) und Abb. 87 (Hämatoxylin-Eosin, Hist.-Nr. 24359, PE vom Ansatz der rechten Mamma, s. Abb. 82) stellen zahlreiche Gefäßschläuche dar, die teils optisch leer sind, teils Erythrocyten enthalten und von proliferierten Zellen (Endothelien, Perithelien) ausgekleidet bzw. umgeben sind, deutliche Polymorphie, Polychromasie und pathologische Mitosen erkennen lassen. Solide Zellansammlungen, in denen die einzelnen Elemente mehr strang- oder wirbelförmig imponieren, sind in der Abb. 85 zu erkennen. Aus den polymorphen und polychromatischen Zellen treten zwei Typen hervor, einmal Zellen mit großem rund-ovalen, blassen, chromatinarmen Kern mit deutlicher Chromatinstruktur und einem bis mehreren Nucleoli sowie Zellen mit spindelförmigem, chromatinreichem Kern. Herdweise sind, wie z.B. in Abb. 87, auch Erythrocytenextravasate zu erkennen

lich chirurgische Maßnahmen illusorisch. Trotz radiologisch-cytostatischer Therapie verstarb die Patientin am 3. 1. 1967.

Laborbefunde: BSG 14/30, Blutbild: Hb. 6,5 g-%, Ery. 2,73 Mill., Leukocyten 6400, Stabk. 2%, Segmentk. 46%, Lympho. 49%, Mono. 3%.

Histologischer Befund (Nr. 24184): Epidermis im wesentlichen unauffällig. Im Corium sieht man durch Ödem auseinandergedrängte, verquollene Bindegewebsbündel und eine Reihe von erweiterten Lymphgefäßen. In knotenförmiger Anordnung ist im Corium und in der Sub-cutis ein gefäßreiches Tumorgewebe zu erkennen, das sich aus Zellen zusammensetzt, die alle Anzeichen der Malignität aufweisen. Man hat den Eindruck, daß sich die Geschwulst geradezu aus proliferierten Gefäßschläuchen aufbaut. Die Lumina der Gefäße sind unter-schiedlich weit, teils optisch leer, teils mit Erythrocyten angefüllt und werden von morpho-logisch atypischen Endothelzellen ausgekleidet. Neben den vasoformativen Elementen liegen auch solide Zellstränge, deren z.T. fusiforme Einzelzellen teils ungeordnet, teils wirbelförmig konfiguriert sind. Neben den spindelförmigen Elementen sind auch Zellen mit großen, blassen, bläschenförmigen, ovalen Kernen vorhanden. Auffällig ist die unterschiedliche Anfärbbarkeit der Kerne, die ausgesprochene Polymorphie und die große Zahl der meist atypischen Kern-teilungsfiguren. Lockere Rundzellinfiltrate und Extravasate von Erythrocyten sind in unregel-mäßiger Verteilung im Tumorgewebe anzutreffen. In den Randpartien des Geschwulst-knotens positive Berlinerblau-Reaktion mäßiger Intensität. Feinste Faserbildung ist durch die Gomori-Technik in den Zellhaufen nachweisbar.

An der angioblastischen Natur der Geschwulst ist kaum zu zweifeln, ungeklärt ist aber noch die Herkunft der Tumorzellen. STEWART und TREVES fanden Über-gänge von gestauten und erweiterten Lymphgefäßen über mit atypischen Endo-thelien ausgekleideten Spalten bis zu soliden Tumorzellhaufen und glauben, daraus einen lymphogenen Ursprung des Tumors ableiten zu müssen und halten die oft massiven Erythrocytenextravasate für ein sekundäres Ereignis. Eine Reihe von Autoren schloß sich dieser Interpretation an (HERRMANN u. GRUHN, 1957, u.a.). Die große Ähnlichkeit des histologischen Substrates des STS mit dem des Morbus Kaposi ist mitunter so weitgehend, daß Autoren, wie z.B. McCARTHY und PACK, das Angiosarkom des lymphadenomatösen Arms mit dem Sarcoma idiopathicum haemorrhagicum gleichsetzen. Daß es im histologischen Substrat beider Erkran-kungen doch erkennbare Unterschiede gibt, wird meistens nicht bestritten. So sprechen nach WOLFF (1963) die beim Morbus Kaposi ausgesprochen entzündlich granulomatöse Komponente in den frischen Läsionen und die fibroblastischen Strukturen älterer Herde gegen das Angiosarkom (STS), bei dem wieder die Endo-thelzellen eine stärkere intravasale Proliferation und deutlichere Atypie aufweisen. Während man beim Morbus Kaposi ältere und frische Herde nebeneinander findet, verläuft das STS gleichmäßig progredient und metastasiert immer. Findet man um die Zellen des Angiosarkoms noch eine geringgradige Rundzelleninfiltration, eine Begleiterscheinung fast jeden malignen Wachstums, so fehlen sie bei den Metastasen des STS vollständig, ein verwertbares Unterscheidungsmerkmal zur Abgrenzung von frischen Läsionen des Morbus Kaposi. Hämosiderin kommt hin-gegen in mehr oder weniger großer Quantität bei beiden Tumorformen vor. Die Auffassung, daß es sich beim STS nicht um ein Angiosarkom im lymphadeno-matösen Gewebe, sondern um eine Lymphangiosis carcinomatosa (LAFFARGUE, PINET und LEGO, 1960; TOOLAN und KIPP, zit. nach JESSNER et al., 1952; MARTIN u. VILLAIN, 1961; GIANNARDI, PELÚ und ZAMPI, 1960) handelt, wird von den meisten Autoren abgelehnt (WOLFF, 1963).

Ätiopathogenetisch werden beim STS zwei Wege diskutiert, die zur Aus-bildung des Angiosarkoms führen. STEWART und TREVES (1948) glauben, dafür einen „systemic carcinogenic factor" verantwortlich machen zu müssen, gestützt auf die Beobachtung, daß bei einer ihrer Patientinnen außer dem Mamma-carcinom und dem Angiosarkom auch noch ein Plattenepithelkrebs der Haut bestanden hat. Dieser Beobachtung sind Erfahrungen anderer Autoren anzu-reihen, die, wie z.B. HERRMANN und GRUHN (1957), bei einer Patientin neben-einander Mammacarcinom, Bronchialkrebs und Angiosarkom sahen, oder LIS-ZAUER u. ROSS (1957), die eine Kombination des Brustkrebses und des STS mit einem Nieren-Carcinom beobachteten, oder HALLSMITH und HABER (1954) sowie HERRMANN und GRUHN (1957), die über bilateralen primären Brustkrebs berichten konnten. Nach BRUNNER (1963) beträgt die Zahl des STS-Patienten mit einem dritten malignen Tumor 10%, wogegen die Relation für primär multiple Tumoren nach Walther nur 5,1% beträgt. Wolff (1963) führt hier mit Recht aber auch einen anderen Casus von Stewart und Treves (1948) an, bei dem die Mastektomie irrtümlicherweise wegen eines benignen Knotens der Brust erfolgt war und sich im Lymphödem des Armes dennoch ein Angiosarkom entwickelt hatte. Er schreibt daher auch dem Lymphödem in der Genese des Angiosarkoms die wesentlichere Rolle zu, und glaubt die Voraussetzung für die Geschwulstgenese in den durch das chronisch indurative Ödem hervorgerufenen Degenerationserscheinungen am Bindegewebsapparat zu sehen. Eine sehr ähnliche Auffassung wird von Brunner (1963) vertreten, der über Fälle berichtet hat, bei denen das Angiosarkom im Lymphödem verschiedener Genese aufgetreten war. Er erwähnt die Vorstellung von Dannenberg (1958), nach der es denkbar erscheint, daß in der Intercellularflüssigkeit des Lymphödems Spaltprodukte körpereigener Substanzen entstehen, die als Reizfaktor die endogene Krebsentstehung induzieren könnten.

Prognose und Therapie des Stewart-Treves-Syndroms finden ihren Ausdruck in der lapidaren Feststellung von Wolff (1963): „Die Prognose des St.T.S. ist, wie eingangs erwähnt, infaust und die Erkrankten erliegen innerhalb kurzer Zeit ihrem Leiden. Sowohl chirurgische als auch radiologische Maßnahmen waren in den bisher mitgeteilten Fällen im allgemeinen von wenig Erfolg gekrönt." Wolff (1963) fand bei 22 in der Literatur mitgeteilten, röntgenbestrahlten Fällen, von denen bei 4 zusätzlich noch amputiert wurde, 9 im ersten, 2 im zweiten, 3 im dritten und 1 im vierten Jahr nach Beginn der Behandlung verstorben. In 6 Fällen war der Ausgang unbekannt geblieben. Lediglich Southwick und Slaughter (1955) konnten eine Patientin durch Röntgenbestrahlung heilen, d.h. sie war 13 Jahre nach Auftreten des Angiosarkoms am Leben und erscheinungsfrei (Wolff, 1963). Wie bei der Strahlentherapie ergeben beim STS auch die chirurgischen Maßnahmen, selbst wenn verstümmelnde Operationen wie die interscapulothorakale Amputation vorgenommen wird, keine befriedigenden Ergebnisse. Wolff berichtet aus der Literatur über 21 entsprechend chirurgisch therapierte Fälle, von denen 6 im ersten, 4 im zweiten und 2 im vierten Jahr nach der Operation verstarben. Bei 5 Fällen konnte der Ausgang nicht ermittelt werden. Andererseits kann die obere Quadrantenresektion nicht in jedem Falle als ein zu heroischer Eingriff angesehen werden. Immerhin waren die Fälle von Dembrow und Adair (1961), Bowers, Shear und Legolvan (1955) sowie ein nicht publizierter Fall von Southwick (Wolff, 1963) nach 10, 6 bzw. 3 Jahren nach der interscapulothorakalen Amputation am Leben und erscheinungsfrei. Von den nur palliativ behandelten Fällen, deren Los bekannt wurde (Wolff), lebten von 12 Patienten nur 3 länger als 1 Jahr, die übrigen starben schon innerhalb der ersten 12 Monate nach Stellung der Diagnose. Heilungen durch den Einsatz von Cytostatica (Andrews u. Machanek, 1958; Scott und Nydick, 1960; Sternby, Gynning, Hogeman, 1961), die teils oral, teils intravenös, teils intraarteriell verabfolgt wurden, sind bisher nicht bekannt geworden.

Literatur

Abt, A. F., and E. J. Denenholz: Letterer-Siwe's disease; splenohepatomegaly associated with widespred hyperplasia of nonlipoidstoring makrophages; discussion of so-called reticulo-endothelioses. Amer. J. Dis. Child. **51**, 499 (1936). — Abulafia, J.: Histopathologia de la réticulosis cutanées. Arch. argent. Derm. **9**, 95 (1959). — Adams, W. S., E. L. Alling, and J. S. Lawrence: Multiple myeloma; its clinical and laboratory diagnosis with emphasis on electrophoretic abnormalities. Amer. J. Med. **6**, 141 (1949). — Agress, C. M., and H. C. Fishman: Lipomelanic reticulosis. J. Amer. med. Ass. **143**, 957 (1950). — Ahlström, C. G.: Gleichzeitiges Vorkommen eines Retikelzellsarkoms und einer lymphatischen Leukämie. Virchows Arch. path. Anat. **301**, 49 (1938). — Vom Retikelzellsarkom zur Retikulose. Ein Beitrag zur Kenntnis der Natur der Retikulose. Beitr. path. Anat. **106**, 54 (1942). — Aka-

ZAKI, K.: Acta path. jap. **2**, 113 (1952). Zit. nach K. TRITSCH, Über Geschwülste und geschwulstartige Krankheiten mit Ausgang vom reticulären Bindegewebe der Haut. Hautarzt 8, 1, 49 (1957). — AKAZAKI, K., u. K. KURWIWA: Über die multizentrische Entstehung des lymphatischen Reticulosarkoms. Gann **36**, 134 (1942). — AKIBA: Über Wucherung der Retikulo-Endothelien in Milz- und Lymphknoten und ihre Beziehung zu den leukämischen Erkrankungen. Virchows Arch. path. Anat. **260**, 262 (1926). — ALBERTINI, A. v.: Die „Flemming'schen Keimzentren". Beitr. path. Anat. **89**, 183 (1932). — Histologische Geschwulstdiagnostik. Stuttgart: Georg Thieme 1955. — ALBERTINI, A. v., u. J. R. RÜTTNER: Über das Wesen des großfollikulären Lymphoblastoms (Brill-Symmers-Disease). Dtsch. med. Wschr. **75**, 27 (1950). — ALBOV, N. A., u. O. S. SERGEL: K woprosou o podostrom alaykemi cheskom basofilom laykose. (Zum Problem der subakuten aleukämischen basophilen Leukämie.) Klin. Med. (Mosk.) **34**, 88 (1956). — ALLEN, A. C.: Survey of pathologic studies of cutaneous diseases during world war 2. Arch. Derm. Syph. (Chic.) **57**, 19 (1948). — ALLINGTON, H. U.: A case for diagnosis (Ganglioneuroma? Histiocytoma? Myoblastoma?). Arch. Derm. Syph. (Chic.) **62**, 452 (1950). — ALTHOFF, M.: Retikulose im Kindesalter (sog. essentielle Reticulogranulomatosen bzw. Retikulosen). In: Handbuch der Kinderheilkunde, Bd. 6, S. 1096—1115. Berlin-Heidelberg-New York: Springer 1967. — AMBS, E., P. BIREN u. G. KLINGMÜLLER: Über eine angeborene Retikulose. Hautarzt **17**, 63 (1966). — AMROMIN, G. D., R. M. DELIMAN, and E. SHANBROM: Liver damage after chemotherapy for leukemia and lymphoma. Gastroenterology **42**, 401 (1962). — ANDERSON, R. G.: Histiocytic medullary reticulosis with transient skin lesions. Brit. med. J. **1944**I, 220. — ANGHELESCU, M., u. O. BOTINI: Zur Einteilung der Hautretikulosen. Derm.-Vener. (Buc.) **9**, 509 (1964). — APITZ, K.: Über die Bildung Russelscher Körperchen in den Plasmazellen multipler Myelome (2. Beitrag zur Pathologie des Zellkernes). Virchows Arch. path. Anat. **300**, 113 (1937). — Über eine leukämische Lymphoreticulose (Kombination lymphatischer Leukämie mit leukämischer Reticulose). Virchows Arch. path. Anat. **304**, 65 (1939). — Allgemeine Pathologie der menschlichen Leukämie. Ergebn. allg. Path. path. Anat. **35**, 1 (1940). — ARAGONA, P.: Arch. ital. Anat. Istol. pat. **7**, 544 (1936). Zit. nach LEINBROCK 1958. — ARNDT: Zit. nach H. A. GOTTRON 1954. — ARUTJUNOW, W., P. GOLEMBA u. ODINOKOVA: Hautveränderungen bei Retikulopathien. Derm. Wschr. **143**, 537 (1961). — ARZT, L., u. H. FUHS: Hauterscheinungen bei Leukosen und Leukoblastosen sowie verwandten Zuständen. In: Handbuch der Haut- und Geschlechtskrankheiten, hrsg. von J. JADASSOHN, Bd. VIII, 1/1. Berlin: Springer 1929. — ASBOE-HANSEN, G.: Urticaria pigmentosa with bone lesions. Acta derm.-venereol. (Stockh.) **33**, 471 (1953). — Urticaria pigmentosa with generalised tissue mastocytosis and blood basophilia. Arch. Derm. **81**, 198 (1960). — Urticaria pigmentosa and generalised mastocytosis. Polymyxine B treatment. Arch. Derm. **83**, 893 (1961). — ASBOE-HANSEN, G., and O. KAALUND-JØRGENSEN: Systemic mast cell disease involving skin, liver, bone marrow and blood associated with disseminated xanthomata. Acta haemat. (Basel) **16**, 273 (1956). — ASCHOFF, L.: Ein Beitrag zur Lehre von den Makrophagen. Verh. dtsch. path. Ges. **16**, 107 (1913). — Das retikuloendotheliale System. Ergebn. inn. Med. Kinderheilk. **26**, 1 (1924). — ASCHOFF, L., u. F. KIYONO: Zur Frage der großen Mononucleären. Folia haemat. (Lpz.) **15**, 383 (1913). — ASCHOFF, L., u. LANDAU: Zit. nach H. TRITSCH 1957. — ASSMANN, H.: Beiträge zur osteosklerotischen Anämie. Beitr. path. Anat. **41**, 565 (1907). — AXELSSON, U., R. BACHMANN, and J. HÄLLÉN: Frequency of pathological proteins (M-components) our 6,995 sera from an adult population. Acta med. scand. **179**, 235 (1966).

BACCAREDDA, A.: Reticulo-histiocytosis cutanea hyperplastica benigna cum melanodermia. Beitrag zum Studium der peripheren Reticulohistiocytosen. Arch. Derm. Syph. (Berl.) **179**, 209 (1939). — BACCAREDDA, A., D. SCOPINARO, and E. CHITI: Ona cutaneous chronic hyperplastic reticulo-histio-cytosis with universal erythromelanoderma. Proc. 11th Int. Congr. Derm. Acta derm.-venereol. (Stockh.) **2**, 99 (1957). — BĂDĂNOIU, A.: Einige klinische, histologische und immuno-pathologische Bemerkungen über einen Fall von histio-monocytärer bösartiger Reticulose erythrodermischer Form. Arch. klin. exp. Derm. **220**, 443 (1964). — BÄFVERSTEDT, B.: Über Lymphadenosis benigna cutis. Acta derm.-venereol. (Stockh.) **24**, Suppl. 11 (1943). — Lymphadenosis benigna cutis as a symptom of malignant tumour. Acta derm.-venereol. (Stockh.) **33**, 171 (1953). — Lymphadenosis benigna cutis its nature, course and prognosis. Acta derm.-venereol. (Stockh.) **40**, 10 (1960). — BAEHR, G., P. KLEMPERER, and N. ROSENTHAL: Follicular lymphoblastoma. Amer. J. Path. **7**, 558 (1931). — BAKER, M.: Trans. clin. Soc. Lond. **8**, 51 (1875). Zit. nach SCHADEWALD 1960. — BALBI, E.: Riserche intorno alla patogenesi dell'urticaria pigmentosa. G. ital. Derm. **90**, 82 (1949). — BARANTCHIK: Medizinskoie Obozr. **32** (1928). Zit. nach CAZAL 1964. — BARGMANN, W.: Histologie und mikroskopische Anatomie des Menschen, 5. Aufl. Stuttgart: Georg Thieme 1964. — BARGMANN, W., u. A. KNOOP: Elektronenmikroskopische Untersuchungen an Plazentarzotten des Menschen (Bemerkungen zum Syncytialproblem). Z. Zellforsch. **50**, 472 (1959). — BARNEWITZ: Atypische Leukämie. Dtsch. med. Wschr. **47**, 796 (1921). — BARR, D. P., G. G. READER, and C. H. WHEELER: Cryoglobulinemia; report of 2 cases with discussion of clinical manifestations, incidence and significance. Ann. intern. Med. **32**, 6 (1950). — BARRIÈRE, H., et J.-L. GOUIN: Mastocytose cutanée de l'adulte avec atteinte destructive d'une vertèbre l'ombraire. Bull. Soc. franç. Derm. Syph. **71**, 505 (1964). — BARTA, I.: Die Erkrankungen des retikulo-histiozytären Systems und die Retikulosen. Folia haemat. (Lpz.) **82**, 45 (1964). — BEAVE, M.: Urticaria pigmentosa and allied disorders. Brit. J. Derm. **70**, 418 (1958). — BECKER, E.: Ein Beitrag zur Lehre von den Lymphomen. Dtsch. med. Wschr. **27**, 726, 750 (1901). — BEERMAN, H., and G. W. HAMBRICK: Urticaria pigmentosa. Arch. Derm. **81**, 277 (1960). — BEGEMANN, H.: Die Klinik der Retikulosen. In: Krebsforschung und Krebsbekämpfung, Bd. V, S. 68. München u. Berlin: Urban & Schwarzenberg 1964. — BEGEMANN, H., u. H.-G. HARWERTH: Praktische Haematologie. Stuttgart: Georg Thieme 1967. — BELL, E. T.: Renal. Dis. London 1950. Zit. nach LEINBROCK 1958. — BENDEL, W. L., JR., and G. J. RACE: Urticaria pigmentosa with bone involvement. J. Bone Jt Surg. **45**, 1043 (1963). — BENDITT, E. P., R. L. WONG, M. ARASE, and M. ROEPER: 5-Hydroxytryptamin in mast cell. Proc. Soc. exp. Biol. (N.Y.) **90**, 303 (1955). — BENECKE, E.: Über Retikulosarkomatose. Virchows. Arch. path. Anat. **286**, 693 (1932). — Über leukämische Myoretikulose mit Übergang in Retothelsarkom. Virchows Arch. path. Anat. **306**, 491 (1940). — BENEDETTI, R. DE, et P. FLORENTIN: Étude des rapports entre la monocytose sanguine et le tissue réticulo-endothélial, à propos d'un cas d'endothéliite généralisée. Bull. Soc. méd. Hôp. Paris **47**, 739 (1931). Zit. nach CAZAL 1952 — BERGER, J.: Extramedulläres Plasmocytom der Vulva. Hautarzt **7**, 168 (1956). — BERLIN, C.: Urticaria pigmentosa as a systemic disease. Arch. Derm. **71**, 703 (1955). — BERNHEIM, M., et R. FRANÇOIS: La reticulose histiomonocytaire maligne de l'enfance. Pédiatrie **1952**, 509. — BERTACCINI, G.: G. ital. Derm. Zit. nach KNOTH 1958. — BERTELOTTI, L.: L'urticaria pigmentosa come reticuloendoteliosi sistemica ad orientamento monomorfo. G. ital. Derm. **184**, 698 (1943). — BESSIS, M.: Traité de cytologie sanguin. Paris 1954. — BESSIS, M., J. BRETON-GORIUS et J. L. BINET: Étude comparée du plasmocytome et du syndrome de Waldenström. Examen au microscope électronique. Nouv. Rev. franç. Hémat. **3**, 159 (1963). — BETHOUX, L., R. SEIGNEURIN, P. CAZAL et A. FABRE: Réticulose histiocytaire aiguë à localisations médiastinales, cutanées et mammaires. Sang **16**, 414 (1944). — BILGER, R.: Das großfollikuläre Lymphoblastom (die Brill-Symmers'sche Krankheit). Ergebn. inn. Med. Kinderheilk. **5**, 641 (1954). — BINAZZI, M., e G. LANDI: Studio dei mastociti nella neurogliamatosi di Recklinghausen. G. ital. Derm. **102**, 208 (1961). — BIRT, A. R., P. HAGEN, and E. ZEBROWSKI: Amino and decarboxylase of urticaria pigmentosa mast cells. J. invest. Derm. **37**, 273 (1961). — BIZZOZERO, E.: Sur l'urticaire pigmentaire (urticaria pigmentosa). Ann. Derm. Syph. (Paris) **7**, 385 (1911). — BLOCH, B.: Über eine bisher nicht beschriebene, mit eigentümlichen Elastinveränderungen einhergehende Dermatose bei Bence-Jonesscher Albuminurie; ein Beitrag zur Lehre von den Stoffwechseldermatosen. Arch. Derm. Syph. (Berl.) **99**, 9 (1910). — BLOOM, G., S. FRANZÉN, and M. SIRÉN: Malignant systemic mast cell disease (mastocytoma) in man. Acta med. scand. **168**, 95 (1960). — BLOOM, W.: Über die Verwandlung der Lymphocyten der Lymphe des Ductus thoracicus des Kaninchens in Polyblasten (Makrophagen in Gewebskulturen). Zbl. allg. Path. path. Anat. **40**, 3 (1927). — The origin and nature of monocyte. Folia haemat. (Lpz.) **37**, 1 (1928). — Mammalian lymph in tissue culture, from Lymphocyte to Fibroblast. Arch. exp. Zellforsch. **5**, 269 (1928). — Transformation of lymphocytes in granulocytes in vitro. Anat. Rec. **69**, 99 (1937). — BLUEFARB, S. M.: Cutaneous manifestation of multiple myeloma. Arch. Derm. **72**, 506 (1955). — Leukemia cutis. Springfield (Ill.): Ch. C. Thomas 1960. — BLUEFARB, S. M., and M. R. SALK: Urticaria pigmentosa with bone lesions, gastrointestinal symptoms and splenomagaly. Arch. Derm. Syph. (Chic.) **70**, 376 (1954). — BLUEFARB, S. M., and J. R. WEBSTER: Lipomelanotic reticulosis. Arch. Derm. Syph. (Chic.) **61**, 830 (1950). — BOCK, H. E.: Klinik und interne Therapie der Retikulosen unter besonderer Berücksichtigung der Lymphogranulomatose. Strahlentherapie **91**, 46 (1953). — BOCK, H. E., u. K. WIEDE: Zur Frage der leukämischen Reticuloendotheliosen (Monocytenleukämien). Virchows Arch. path. Anat. **276**, 553 (1930). — BOECKER, W., u. M. KNEDEL: Diagnostik und klinische Verlaufsformen des Plasmocytoms. Münch. med. Wschr. **95**, 504 (1953). — BOEHNE, C., u. L. HUISMANS: Beiträge zur Kenntnis der chronischen leukämischen Reticuloendotheliosen. Virchows Arch. path. Anat. **283**, 575 (1932). — BOHNENSTENGEL, G.: Über die Behandlung der sog. Reticulosarcomatose (Gottron) mit Trenimon (Triäthyliminobenzochinon). Dtsch. med. Wschr. **147**, 33 (1963). — BOMHARD, ANDERS u. BOSTON: Zit. nach LEINBROCK 1958. — BONNE, C., u. J. LODDER: Über eine eigentümliche, dem Lymphogranulom und der Mycosis fungoides verwandte Allgemeinerkrankung. Beitr. path. Anat. **83**, 521 (1929). — BORN, R. C.: Zur Klinik und Histologie der hämosiderinspeichernden Histiocytome der Haut. Arch. klin. exp. Derm. **203**, 101 (1056). — BORRISSOWA, A.: Beiträge zur Kenntnis der Banti'schen Krankheit und Splenomegalie. Virchows Arch. path. Anat. **172**, 108 (1903). — BORST, M.: Pathologische Anatomie, 2. Aufl., Bd. 1, S. 599. Jena: Gustav Fischer 1936. — Pathologische Anatomie. München: J. F. Bergmann 1950. — BOULET, P., H. SERRE, G. VALLAT, J. MIROUZE et A. PAGES: Soc. Sci. méd. Montpellier (1951). Zit. nach BEGEMANN 1964. — BOUNET: Les réticulites diffuses infectieuses d'origine

viral; nouveaux aspects de la pathologie réticulo-histiocytaire. Sang 24, 712 (1953). — BOU-
RONCLE, B. A., B. K. WISEMAN, and C. A. DOAN: Leukemic reticuloendotheliosis. Blood 13,
609 (1958). — BRASS, K.: Über polymorphzellige neoplastische Hämoblastosen. Frankfurt.
Z. Path. 55, 132 (1941). — BRAUN-FALCO, O.: Mucophanerosis intrafollicularis et seboglandu-
laris. Derm. Wschr. 136, 1289 (1957). — Pathologische Veränderungen an Grundsubstanz,
Kollagen und Elastica. In: J. JADASSOHN, Erg.-Werk zum Handbuch der Haut- und Ge-
schlechtskrankheiten, S. 519. Berlin-Göttingen-Heidelberg: Springer 1964. — BRAUN-FALCO,
O., u. J. JUNG: Über klinische und experimentelle Beobachtungen bei einem Fall von diffuser
Hautmastozytose. Arch. klin. exp. Derm. 213, 639 (1961). — BRAUN-FALCO, O., D. PETZOLDT,
G. RASSNER u. W. VOGELL: Klinisch-experimentelle Untersuchungen bei sog. Reticulosarcomatose der Haut (Gottron). I. Mitt. Klin. Wschr. 44, 1092 (1966). — BREDNOW, W.: Zur
klinisch-röntgenologischen Differentialdiagnose seltener Lungengerüsterkrankungen. Internist (Berl.) 3, 339 (1962). — BREMEERSCH, F. VAN: Réticulose histio-monocytaire submaligne
du nourrisson, type Julien Marie. Bull. Soc. franç. Derm. Syph. 69, 277 (1962). — BRESSEL,
D.: Über selten vorkommende Zellen im peripheren Blut. Folia haemat. (Frankfurt), N.F. 8,
97 (1963). — BRIL, M. T.: Mycosis fungoides in the light of study concerning skin reticulosis.
Vestn. Derm. Vener. 36, 14 (1962). — BRILL, N. E., G. BAEHR, and N. ROSENTHAL: Generalized giant lymphfollicle hyperplasia of lymphnodes and spleen (a hithere undescribed type).
J. Amer. med. Ass. 84, 668 (1925). — BRINKMANN, E.: Mastzellenretikulose (Gewebsbasophilom) mit histaminbedingten Flush und Übergang in Gewebsbasophilenleukämie. Schweiz.
med. Wschr. 84, 1046 (1959). — BRODEUR, P., and L. I. GARDNER: Urticaria pigmentosa as
a problem in diagnosis report of two cases, one with systemic involvement. New Engl. J. Med.
254, 1165 (1956). — BRODY, J. L., E. CYPRESS, S. G. KIMBALL, and D. McKENZIE: The
Sézary syndrome; a unique cutaneous reticulosis. Arch. intern. Med. 110, 205 (1962). —
BROUSTET, LE COULANT, BRICAUD, CABANIEU, MALEVILLE et FONTANILLE: Reticuloses maligne. Localisations cutanées, osseuses et troubles de la conduction cardiaque. Bull. Soc. franç.
Derm. Syph. 67, 45 (1960). — BRÜCHER, H.: Zur Differentialdiagnose von Retothelsarkom
und Retikulose. Dtsch. Arch. klin. Med. 202, 746 (1956). — Über Riesenzellen bei Retikulosen
und Retothelsarkom. Dtsch. Arch. klin. Med. 203, 21 (1956). — Zur Abgrenzung der Retikulosen von den Leukosen bzw. Hämoblastosen. Dtsch. Arch. klin. Med. 203, 152 (1956). —
Die haematologische Darstellung des retikulären Gewebsverbandes bei Retikulosen. Acta
haemat. (Basel) 18, 148 (1957). — Reticuläres System und Retikulosen in hämatologischer
Sicht. Dtsch. med. Wschr. 83, 1784 (1958). — Systematik der Retikulosen. Internist (Berl.) 3,
95 (1962). — Haematologische Befunde bei Retikulosen. Folia haemat. (Frankfurt), N.F. 8,
234 (1963). — BRÜCHER, H., u. H. WEICKER: Ein Fall von lymphatischer plasmazellulärer
Retikulose. Ärztl. Wschr. 10, 283 (1955). — BRÜDIGAM, B., u. J. MOELLER: Über ein atypisches
Plasmocytom mit einer schweren Überempfindlichkeitsreaktion auf Perabrodil. Klin. Wschr.
35, 280 (1957). — BRUHN, H. D.: Zur Anwendung der PAS-Reaktion bei der Diagnose der
unreifzelligen Monozytenleukämie. Blut 11, 306 (1965). — BRUNNER, H. E.: Die Osteomyelofibrose; Untersuchung der Ferro- und Erythrocytenkinetik mit radioaktivem Eisen. Acta
haemat. (Basel) 34, 257 (1965). — BRUNSTING, L. A., R. R. KIERLAND, H. O. PERRY, and
R. K. WINKELMANN: Sézary-syndrome (reticulemic erythroderma). Arch. Derm. 85, 675
(1962). — Alopecia mucinosa with transition to mycosis fungoides. Arch. Derm. 85, 683
(1962). — BÜCHNER, F.: Allgemeine Pathologie, 4. Aufl. München u. Berlin: Urban & Schwarzenberg 1962. — Spezielle Pathologie. Pathogenese und Ätiologie wichtiger
Krankheitsbilder, 4. Aufl. München u. Berlin: Urban & Schwarzenberg 1965. — BÜRGEL, E.,
u. H. G. OLECK: Skelettveränderungen bei der Urticaria pigmentosa. Fortschr. Röntgenstr.
90, 185 (1959). — BURCKHARDT-ZELLWEGER, V. E.: Zur Kenntnis der Hautretikulosen. Dermatologica (Basel) 109, 370 (1954). — BUREAU, Y., H. BARRIÈRE et B. BONHOUR: Réticulose
avec réticulémie évoluant depuis trois ans. Bull. Soc. franç. Derm. Syph. 70, 275 (1963). —
BUREAU, Y., H. BARRIÈRE et J. GUENEL: La réticulose érythrodermique avec réticulémie de
Sézary, à propos de trois observations „d'Homme rouges". Presse méd. 67, 2276 (1959). —
BUREAU, Y., H. BARRIÈRE, P. LITOUX et B. BUREAU: Réticulose histio-lympho-monocytaire
à forme tumorale. Bull. Soc. franç. Derm. Syph. 70, 276 (1963). — BUREAU, Y., J. GOUIN et
H. BARRIÈR: Réticulose maligne à localisation tumoral unique, traité par ablation et greffe
libre. Bon état après un recul de sept mois. Bull. Soc. franç. Derm. Syph. 66, 775 (1959). —
BUREAU, Y., A. JARRY et H. BARRIÈRE: Zona sévère avec éruption vésiculeuse généralisée au
cours d'une réticulose à forme érythrodermique. Bull. Soc. franç. Derm. Syph. 62, 149 (1955).—
Réticulose cutanée, effet très éphère de la caryolisine, action de la cortisone. Bull. Soc. franç.
Derm. Syph. 62, 237 (1955). — BUREAU, Y., A. JARRY, H. BARRIÈRE et J. GUENEL: À propos
d'hommes rouges; le problème des réticuloses avec réticulémie des Sézary. Bull. Soc. franç.
Derm. Syph. 66, 76 (1959). — BUSCHKE, A., u. H. HIRSCHFELD: Über Leucosarcomatosis cutis.
Folia haemat. (Lpz.) 12, 73 (1911). — BYKOWA, O.: Zur Frage der Systemretikulosen. Vir-
chows Arch. path. Anat. 273, 255 (1929). — Retikulo-endotheliale Leukosen (mit Affektion
der Haut). Folia haemat. (Lpz.) 51, 96 (1934).

Cairns, R. J.: Reticulosis cutis. Trans. St. John's Hosp. derm. Soc. (Lond.) No 59, 71 (1957). Ref. Zbl. Haut- u. Geschl.-Kr. 104, 63 (1959). — Calas, E.: À propos d'une réticulose lymphocytaire bénigne à lymphocytome unique. Bull. Soc. franç. Derm. Syph. 65, 293 (1958). — Calnan, C. D.: Urticaria pigmentosa with bone lesions; two cases. Proc. roy. Soc. Med. 46, 544 (1953). — Campbell, A. C. P., J. L. Henderson, and J. H. Crooni: Monocytic leukemia with myeloid hyperplasia and localized tumour formation. J. Path. Bact. 42, 617 (1936). — Canizares, O.: Bullous dermatosis associated with hyperglobulinemia, proteinuria and plasmocytosis of bone marrow; Drug-sensivity reactions(?); Multiple myeloma(?). Arch. Derm. Syph. (Chic.) 65, 503 (1952). — Cardama, J. E., J. C. Gatti y M. Kleimans: Mastocytosis multinodular. Rev. argent. Dermatosif. 44, 54 (1960). — Caro, M. R., and F. E. Senear: Reticulohistiocytoma of the skin. Arch. Derm. Syph. (Chic.) 65, 701 (1952). — Cathala, J., et P. Boulenger: La réticulose histiocytaire aiguè à évolution maligne. Presse méd. 49, 103 (1941). — Cazal, P.: Les réticulopathies et le système réticulohistiocytaire. Paris: Vigot Frères 1942. — Réticulose polyblastique ou leucose dysarchique. Sang 17, 147 (1946). — La réticulose histiomonocytaire. Paris: Masson & Cie. 1946. — Aspects cliniques et hématologique de la réticulose maligne. Acta haemat. (Basel) 7, 65 (1952). — Die maligne Retikulose. In: Handbuch der gesamten Hämatologie, Bd. V, Spezielle Hämatologie, Teil 3, 1. Halbband, S. 52. München u. Berlin: Urban & Schwarzenberg 1964. Original in franz. Sprache, S. 90, hier auch Literaturangaben. — Chaptal, J., P. Cazal, R. Jean, C. Campe, R. Loubatière et H. Bounet: Les réticulites diffuses infectieuses d'origine viral; nouveaux aspects de la pathologie réticulo-histiocytaire. Sang. 24, 712 (1953). — Chaptal, J., E. Mourrut et P. Cazal: Réticulose histiomonocytaire subaiguë à forme hépato-splénique débutant par une paraplégie spasmodique. Sang 16, 421 (1944). — Chester, W., Hallay, and Odor: Zit. nach F. Hartmann 1949. — Chevallier et Bernard (1943): Zit. nach Fresen 1957. — Christian, H. A.: Multiple myeloma; a histological comparrson of six cases. J. exp. Med. 9, 325 (1907). — Defects in membranous bones, exophthalmos and diabetes insipidus; an unusual syndrome of dyspituitarism. Med. Clin. N. Amer. 3, 849 (1920). — Cioni, C.: Arch. Path. Clin. Med. 18, 189 (1938). Zit. nach Fresen 1957. — Clarke, E.: Neurologische Symptome der multiplen Myelomatose. Dtsch. med. Wschr. 81, 1472 (1956). — Clendenning, W., G. Brecher, and E. J. van Scott: Mycosis fungoides. Arch. Derm. 89, 785 (1964). — Clyman, S. G., and C. R. Rein: Urticaria pigmentosa associated with bone lesion. A survey and report of 8 cases. J. invest. Derm. 19, 179 (1952). — Cohnheim: Ein Fall von Pseudoleukämie. Virchows Arch. path. Anat. 33, 451 (1865). — Cole, H. N., J. W. Reagan, and H. K. Lund: Hemangiopericytoma. Arch. Derm. 72, 328 (1955). — Colomb, D., et R. Creyssel: Étude électrophorétique d'une globuline sérique anormale dans la mucinose pepulense du type scléro-myxoedème d'Arndt-Gottron. A propos de 2 observations. Ann. Derm. Syph. (Paris) 92, 499 (1965). — Combes, F. C., and S. M. Bluefarb: Giant follicular lymphadenopathy and its polymorphous cell sarcoma derivatiue, Symmers disease, with lesions of the skin. Arch. Derm. Syph. (Chic.) 44, 409 (1941). — Come, A., G. Pallà u. P. P. Dämillà: Über zwei Fälle von maligner generalisierter histiomonocytärer Retikulose. Derm.-Vener.(Buc.) 3, 273 (1958). — Conrad, M.: Mastocytose mit Skelettbeteiligung. Zbl. Haut- u. Geschl.-Kr. 112, 53 (1962). — Herpes Zoster gangraenosus generalisatus (während Arsenbehandlung einer lymphoidzelliger Retikulose). Zbl. Haut- u. Geschl.-Kr. 112, 276 (1962). — Corti, R. N., J. E. Cardama y L. M. Balina: Reticulosis linfoblastica. Rev. argent. Dermatosif. 38, 182 (1954). — Craciun, E., N. Demetriu u. M. Constantinescu: Die Lympho-Reticulose. Derm.-Vener. (Buc.) 4, 5 (1959). — Cramer, H. J.: Reticulohistiocytome (paraxanthomatöse System-Histiozytose, Lipoid-Dermato-Arthritis). Derm. Wschr. 148, 621 (1963). — Craps, M. L., van der Meiren et R. Delcourt: Réticulose histiomonocytaire à localisations cutanée; mort rapide par généralisation viscerale. Arch. belges Derm. 6, 189 (1950). — Cremer, J.: Retikulose mit Leberxanthomatose. Zbl. allg. Path. path. Anat. 68, 289 (1937). — Creveld, S. van, and F. H. Ter Poorten: Infective reticulo-endotheliosis chiefly localized in lungs, bone-marrow and thymus. Arch. Dis. Childh. 10, 125 (1935). — Cugudda, E.: Plasmocitoma con crioglobulinemia e trombosi arteriose e venose multiple. Minerva med. 2, 205 (1952). — Custer, R. P., and S. Propp: Med. Clin. N. Amer. 17, 775 (1933). Zit. nach Cazal 1952.

Dammermann, R.: Die kutane Retikulose. Inaug.-Diss. Med. Fakultät Universität Hamburg 1968. — Deelman, H. T.: Über die Retikulosen und das Problem der Leukämien. Schweiz. Z. Path. 12, 137 (1949). — Degos, R.: Dermatologie. Paris: Flammarion 1953. — Les mastocytoses. Extrait volume des rapports et communications IX. Congr. Ass. Derm. et Syph. de Langue Franç., Lausanne, June 1—3, 1956. Genève: Èdition Méd. et Hyg. 1956. — Les mastocytoses. Bull. Soc. méd. Hôp. Paris 72, 111 (1956). — Aspects cliniques des mastocytoses. Proc. XII. Int. Congr. Derm. Washington, D. C., vol. II, p. 1195 (1962). — Degos, R., A. Carteau, E. Lortat-Jacob, A. Puissant et A. Lockhart: Réticulose histiocytaire maligne cutaneo-ganglionaire avec hépato-splénomégalie. Bull. Soc. franç. Derm. Syph. 66, 272-(1959). — Degos, R., J. Civatte et A. Poiares Baptista: Mucinose folliculaire: La „dermatose innominée" alopéciante de H. Gougerot et P. Blum (1932) en est-elle le premier cas?

Bull. Soc. franç. Derm. Syph. **69**, 228 (1962). — DEGOS, R., J. CIVATTE, R. TOURAINE, B. OSSIPOWSKI et A. GONZALES-MENDOZA: Confrontation anatomo-clinique de 129 Hémoréti-culopathies malignes cutanées. Ann. Derm. Syph. (Paris) **92**, 121 (1965). — DEGOS, R., J. DELORT, J. CIVATTE, B. OSSIPOWSKI et A. PUISSANT: Réticulose histiocytaire maligne précédé d'une dermatose psoriasiforme évoluant depuis 28 ans. Signes de malignité cliniques (dermogramme) plus précoces que les signes histologiques. Bull. Soc. franç. Derm. Syph. **66**, 272 (1959). — DEGOS, R., J. DELORT, B. OSSIPOWSKI et R. LABET: Réticulose histiocytaire maligne à forme érythematosquameuse (psoriasiforme) et ulcérovégétante. Bull. Soc. franç. Derm. Syph. **60**, 253 (1953). — DEGOS, R., J. DELORT, R. TOURAINE et J. DURAND: Mycosis fungoides et réticuloses précédés de lésions psoriasiques. Bull. Soc. franç. Derm. Syph. **61**, 122 (1954). — DEGOS, R., É. LORTAT-JACOB, J. HEWITT et B. OSSIPOWSKI: Réticulose à masto-cytes; forme cutanée diffuse. Bull. Soc. franç. Derm. Syph. **59**, 247 (1952). — DEGOS, R., É. LORTAT-JACOB, J. HEWITT, B. OSSIPOWSKI et P. LEFORT: Réticulose histio-lymphocytaire maligne cutanée avec monocytémie et lymphocytémie de type leucémique. Bull. Soc. franç. Derm. Syph. **59**, 445 (1952). — DEGOS, R., É. LORTAT-JACOB, J. MALLARMÉ et R. SAUVAN: Réticulose à mastocytes. Bull. Soc. franç. Derm. Syph. **58**, 435 (1951). — DEGOS, R., É. LOR-TAT-JACOB, B. OSSIPOWSKI, J. CIVATTE et R. TOURAINE: Réticulose histiomonocytaire à plaque unique. Passage du stade lymphoplasique au stade dysplasique. Bull. Soc. franç. Derm. Syph. **64**, 12 (1957). — DEGOS, R., É. LORTAT-JACOB, B. OSSIPOWSKI et D. CLEMENT: Leucémie lymphomonocytaire, ou réticulose histiomonocytaire, forme érythrodermique. Bull. Soc. franç. Derm. Syph. **60**, 417 (1953). — DEGOS, R., B. OSSIPOWSKI, J. CIVATTE et R. TOU-RAINE: Réticuloses cutanées (réticuloses histiomonocytaires). Ann. Derm. Syph. (Paris) **84**, 125 (1957). — Les réticuloses cutanées malignes (réticuloses histiomonocytaires). Proc. 11th Int. Congr. of Derm., Stockholm 1957. Acta derm.-venereol. (Stockh.) **2**, 92 (1960). — Réti-culose cutanées (réticuloses histiomonocytaires). III. Congr. ib. lat. Amer. Derm. **1959**, 95 (1959). — DEGOS, R., R. RABUT, G. GARNIER, J. HEWITT et G. LEPERCQ: Réticulose histio-cytaire maligne à forme érythrodermique et ulcéreuse. Bull. Soc. franç. Derm. Syph. **58**, 537 (1951). — DEGOS, R., R. RABUT, E. LORTAT-JACOB, B. OSSIPOWSKI et D. CLEMENT: Réti-culose cutanée maligne multinodulaire. Bull. Soc. franç. Derm. Syph. **60**, 254 (1953). — DEGOS, R., e R. TOURAINE: Scritti medici in onore die Franco Flarer. III. Mycosis fungoides et réti-culoses cutanées précédés des dermatoses chroniques. Minerva derm. **34**, 161 (1959). — DEGOS, R., R. TOURAINE, J. CIVATTE et G. RPOSSÉ: Réticulose histiomonocytaire maligne du nou-risson. La forme cutanée multinodulaire profonde. Bull. Soc. franç. Derm. Syph. **69**, 233 (1962). — DEMIS, D. J.: The mastocytosis syndrome: clinical and biological studies. Ann. intern. Med. **59**, 194 (1963). — DEMIS, D. J., M. D. WALTON, D. WOOLEY, N. WILNER, and G. McNEIL: Further studies of histidine and histamine metabolism in urticaria pigmentosa. J. invest. Derm. **37**, 513 (1961). — DENNIS, J. W., and P. D. ROSAHN: Primary reticuloendo-thelial granulomas with report of atypical case of Letterer-Siwe's disease. Amer. J. Path. **27**, 627 (1951). — DESCHAMPS et LEMÉNAGER: Reticulose histiocytaire maligne à forme érythro-dermique ulcérée. Bull. Soc. franç. Derm. Syph. **63**, 520 (1956). — DEUTSCH, E., H. ELLEGAST u. L. NOSKO: Knochen- und Blutgerinnungsveränderungen bei Urticaria pigmentosa. Hautarzt **7**, 257 (1956). — DHOM, G.: Lipomelanotische Retikulose. Verh. dtsch. Ges. Path. **38**, 204 (1955). — DOBKÉVITCH, S., et G. FERREIRA-MARQUES: À propos de deux cas d'histocytomes pigmentés. Bull. Soc. franç. Derm. Syph. **46**, 1388 (1939). — DOMONKOS, A. N.: Follicular mucinosis with lymphoma. Arch. Derm. **89**, 303 (1964). — DONTENWILL, W., u. H. WULF: Lymphoretikulose und Follikelhormonbehandlung. Zbl. allg. Path. path. Anat. **95**, 138 (1956). — DRIESSEN, F. M. L.: A rare form of diffuse cutaneous mastocytosis. Ned. T. Geneesk. **103**, 1300 (1959). — DRIESSENS, J., M. CORNILLOT, P. GAUTHIER et HERBEAU: Bull. Soc. méd. Nord. 1941. Zit. nach CAZAL 1952. — DUBREUILH, W.: Fibromes miliaires folliculaires; sclérodermie consécutive. Ann. Derm. Syph. (Paris) **7**, 569 (1906). — DUGOIS, P., H. CHA-TARD, L. COLOMBE et J. GAGNAIRE: Un cas de réticulose lipomelanique de Pautrier-Woringer. Bull. Soc. franç. Derm. Syph. **66**, 731 (1959). — DUGOIS, P., H. CHATARD, L. COLOMBE et C. GAUTHIER: Un nouveau cas de réticulose lipomelanique après corticothérapie prolongée. Bull. Soc. franç. Derm. Syph. **67**, 138 (1960). — DUGOIS, P., et L. COLOMBE: Réticulose histio-monocytaire à forme érythrodermique. Bull. Soc. franç. Derm. Syph. **62**, 172 (1955). — DUGOIS, P., P. COUDERS et P. AMBLARD: Évolutions vers la réticulose maligne d'une lympho-cytose cutanée apparement benigne. Bull. Soc. franç. Derm. Syph. **71**, 611 (1964). — DUGOIS, P., H. RICARD et L. COLOMBE: Réticulose parahodgkienne. Bull. Soc. franç. Derm. Syph. **63**, 251 (1956). — DUPERRAT, B., GOLÉ et PENOT: Réticulomatose cutanée avec localisation cérébrale; état précomateux. Effet spectaculaire de la radiothérapie. Bull. Soc. franç. Derm. Syph. **61**, 485 (1954). — DUPERRAT, B., D. LEROY et J.-M. MASCARO: Éruption de Kaposi-Juliusberg faisant découvrir une hypoalbuminémie grave avec réticulose cutanée maligne. Bull. Soc. franç. Derm. Syph. **72**, 193 (1965). — DUPONT, A.: Langsam verlaufende und kli-nisch gutartige Retikulopathie mit höchst maligner histologischer Struktur. Hautarzt **16**, 284 (1965). — DUPONT, A., A. THULLIEZ et BROSENS: Réticulose histio-monocytaire et mycosis fungoides; remarques à propos de quatre observations. Arch. belges Derm. **12**, 263 (1956). — Dupont, A., et R. Vandaele: Réticulose cutanée épidermotrope et lésions gastriques. Bull. Soc. franç. Derm. Syph. **66**, 178 (1959). — Réticulose cutanée épidermotrope accompagnée de lésions gastriques et vertébrales. Arch. belges Derm. **15**, 267 (1959). — Dustin, A. P., et O. Weil: La réticulose syncytiale. Forme particulière de réticulo-endothéliose avec anémie grave. Sang **10**, 1 (1936). — Duval, G.: Disparation d'une tumeur unique de réticulose maligne aprèsbiopsiegreffe. Bull. Soc. franç. Derm. Syph. **65**, 301 (1958). — Duverne, J., R. Bonnayme et R. Mournier: Réticulose cutanée à forme érythrodermique histiomonocytaire. Bull. Soc. franç. Derm. Syph. **60**, 182 (1953). — Duverne, J., R. Bonnayme, R. Mournier et Percot: Fin d'évolution d'une réticulose cutanée histio-monocytaire à forme érythrodermique. Bull. Soc. franç. Derm. Syph. **61**, 63 (1954). — Duverne, J., M. Prunieras, R. Bonnayme et H. Volle: Plasmocytome cutanée malin à tumeur unique. Bull. Soc. franç. Derm. Syph. **65**, 132 (1958). — Duvoir, M., L. Pollet, F. Layani, M. Dechaume et M. Gauthier: Myélomes multiples avec tumeurs cutanées. Bull. Soc. franç. Derm. Syph. **54**, 687 (1938).

Edelstein, A. J.: Urticaria pigmentosa with bone changes. Arch. Derm. **74**, 676 (1956). — Efrati, P., A. Klajman, and H. Spitz: Mast cell leukemia? Malignant mastocytosis with leukemia-like manifestations. Blood **12**, 869 (1957). — Ehrlich, J. C., and J. E. Gerber: Histogenesis of lymphosarcomatosis. Amer. J. Cancer **24**, 1 (1935). — Ehrlich, P.: Beiträge zur Kenntnis der Anilinfärbungen und ihrer Verwendung in der mikroskopischen Technik. Arch. mikr. Anat. **13**, 263 (1877). — Ellis, J. W.: Urticaria pigmentosa: report of case with autopsy. Arch. Path. **48**, 426 (1949). — Emmrich, R., u. E. Perlick: Zytomorphologische Veränderungen des Knochenmarks und Veränderungen des Bluteiweißbildes bei Retikulosen. Z. ges. inn. Med. **8**, 401 (1953). — Ende, N., and E. J. Cherniss: Mast cells, histamine and serotonine. Amer. J. clin. Path. **30**, 35 (1958). — Splenic mastocytosis. Blood **13**, 631 (1958). — Engel, R.: Amyloid macroglossia. Lancet **1947 I**, 535. — Enriquez, P., D. C. Dahlin, A. B. Hayles, and E. D. Henderson: Histiocytosis X: A clinical study. Proc. Mayo Clin. **42**, 88 (1967). — Epstein, E.: Die generalisierten Affektionen des histiocytären Zellsystems (Histiozytomatosen). Med. Klin. **40**, 1501 (1925); **41**, 1542 (1925). — Esser, H.: Über seltene Befunde beim Plasmocytom (Beitrag zur Purpura hyperglobulinaemica). Z. klin. Med. **146**, 535 (1950). — Esser, H., u. F. E. Schmengler: Über Serumeiweißveränderungen bei Retikulo-Endotheliosen. Dtsch. med. Wschr. **74**, 1323 (1949). — Ewald: Leukämische Retikuloendotheliose. Dtsch. Arch. klin. Med. **1923**, 142. — Ewald, Frehse u. Hennig: Akute Monocyten- und Stammzellenleukämien. Dtsch. Arch. klin. Med. **138**, 353 (1922).

Fabry: Lymphoretikulose. Zbl. Haut- u. Geschl.-Kr. **89**, 112 (1954). — Faninger, A., u. M. Isvanevski: Maligne Hautretikulose. Hautarzt **8**, 81 (1957). — Fendt, H.: Beiträge zur Kenntnis der sogenannten sarcoiden Geschwülste der Haut. Arch. Derm. Syph. (Berl.) **53**, 213 (1900). — Ferrata, A., e E. Storti: Sulla diagnosi del mieloma multiplo meliante la sola puntura sternale. Minerva med. **1**, 1 (1937). — Feyrter, F.: Über die Beziehungen zwischen der Abt-Letterer-Siweschen Erkrankung, dem eosinophilen Granulom des Knochens (der eosinophilen Granulomatose) und der Hand-Schüller-Christianschen Erkrankung. Medizinische Nr 29/30, 1019 (1955). — Fieschi, A.: Istioleucemia (Retoteliose leucemica). Haematologica **24**, 751 (1942). — Fieschi, S.: Die follikulär-hyperplastische Lymphopathie. Klin. Wschr. **18**, 1498 (1939). — Fischer, H.: Zur Pathogenese der Urticaria pigmentosa. Derm. Wschr. **145**, 237—252 (1962). — Fisher, A. A.: Urticaria pigmentosa with hepato-splenomegaly. Arch. Derm. **76**, 798 (1957). — Fisher, I.: Hodgkin's disease and lipomelanotic reticulosis. Arch. Derm. **72**, 379 (1955). — Fitting, W., u. E. Mundt: Über Klinik und Pathologie der Retikulosen. Ärztl. Wschr. **34**, 393 (1956). — Flarer, F.: Sull istogenesi della micosi fungoide e della eritrodermia linfadenica. Monografia, Tipografia Cooperativa Pavia 1930. — Das Hautbild der Histioleukämien. Arch. Derm. Syph. (Berl.) **186**, 32 (1948). — Réticuloses systémiques. Proc. 11. int. Congr. Derm. (Stockh.) 1957, **2**, 73 (1960). — Flarer, F., e A. Fieschi: Reticulo-endoteliosi cutanea sistemica con eritrodermia ed emoistiosi lenta. Haematologica (Palermo) I, **14**, 125 (1933). — Fleischmann, P.: Der zweite Fall von Monozytenleukämie. Folia haemat. (Lpz.) **20**, 17 (1916). — Fleischmayer, R., and S. Eisenberg: Sézary's reticulosis (Its relationship with neoplasias of the lymphoreticular system). Arch. Derm. **89**, 95 (1964). — Fleissig, J.: Über die bisher als Riesenzellsarkome (Myelome) bezeichneten Granulationsgeschwülste der Sehnenscheiden. Dtsch. Z. Chir. **122**, 239 (1913). — Flemberg, T., u. J. Lehmann: Nord. Med. **23**, 1565 (1944). Zit. nach A. Leinbrock 1958. — Fogel, N. A., and C. F. Burgoon, Jr.: Systemic mastocytosis with bullous urticaria pigmentosa. Arch. Derm. **82**, 298 (1960). — Follmann, E., y L. M. Balina: Histiocytoma pigmentado hémosiderinico Presentatión de un caso. Rev. argent. Dermatosif. **36**, 292 (1952). — Foord, A. G., L. Parsons, and E. M. Butt: Leukemic reticulo-endotheliosis (Monocytic leukemia) with report of cases. J. Amer. med. Ass. **101**, 1859 (1933). — Foot, N. L., and C. T. Olcott: Report of a case of non-lipoid histiocytosis (reticuloendotheliosis) with autopsy. Amer. J. Path. **10**, 81 (1934). — Forkner, C. E.: Classification and terminology of leukemia and allied disorders. Arch. intern. Med. **60**, 582 (1934). — Forster, G., u. S. Moeschlin:

Extramedulläres, leukämisches Plasmocytom mit Dysproteinämie und erworbener hämolytischer Anämie. Schweiz. med. Wschr. **84**, 1106 (1954). — Fox, T.: Trans. clin. Soc. Lond. **8**, 53 (1875). Zit. nach Svhadewaldt 1960. — Franke, R., u. R. Baumann: Lymphknotenplasmocytom mit Hautveränderungen. Arch. Derm. Syph. (Berl.) **192**, 564 (1951). — Fraser, J. F., and H. J. Schwartz: Neoplastic disease of the reticuloendothelial system. Arch. Derm. Syph. (Chic.) **33**, 1 (1936). — Fresen, O.: Zur normalen und pathologischen Histologie des RES; Retikulose — Monozytenleukämie. Habil.-Schr. Düsseldorf 1945. — Die Histologie der Erythroblastosen (chronische Erythroblastose Typ Heilmeyer-Schöner). Virchows Arch. path. Anat. **315**, 672 (1948). — Untersuchungen zur Struktur und Genese des Tuberkels als Beitrag zur tuberkulösen Entzündung. Virchows Arch. path. Anat. **317**, 491 (1949/50). — Die formale Genese des Plasmocytoms. Verh. dtsch. Ges. Path. **35**, 171 (1951). — Die Histomorphologie monocytärer Leukosen. Acta haemat. (Basel) **6**, 290 (1951). — Die Beziehungen der Hämoblastosen zum retothelialen System. Acta haemat. (Basel) **7**, 172 (1952). — Pathologische Anatomie und Abgrenzung der Hämoblastosen und Retikulosen. Strahlentherapie **91**, 1 (1953). — Die retothelialen Hämoblastosen. Virchows Arch. path. Anat. **323**, 312 (1953). — Die Pathomorphologie des retothelialen Systems. Verh. dtsch. Ges. Path. **37**, 26 (1954). — Bemerkungen zur Nosologie der Mykosis fungoides. Hautarzt **6**, 111 (1955). — Das retotheliale System; seine physiologische Bedeutung, morphologische Bestimmung und Stellung in der Hämatologie. In: Handbuch der gesamten Hämatologie, hrsg. v. L. Heilmeyer u. A. Hittmair, Bd. 1/1, S. 489. München-Berlin-Wien: Urban & Schwarzenberg 1957. — Orthologie und Pathologie der heterotopen Haemopoese. Ergebn. allg. Path. path. Anat. **40**, 139 (1960). — Untersuchungen des retothelialen Systems mit Isotopen. Klin. Wschr. **45**, 277 (1967). — Friedmann, B. I., J. J. Will, D. G. Freiman, and H. Braunstein: Tissue mast cell leukemia. Blood **13**, 70 (1958). — Frühwald, R.: Reticulohistiocytosis cutanea cum melanodermia. Derm. Wschr. **125**, 217 (1952). — Retikulinfasern bei Erythrodermien. Proc. 11. int. Congr. Derm. (Stockh.) 1957, **3**, 446 (1960). — Fulle, G.: Sog. Reticulosarkomatosis cutis Gottron. Derm. Wschr. **140**, 1253 (1959). — Funk: Sog. Reticulosarkomatose. Zbl. Haut- u. Geschl.-Kr. **91**, 230 (1955). — Funk, F., u. A. Stammler: Generalisierte Reticulose mit ungewöhnlicher Beteiligung des Nervensystems. Fortschr. Neurol. Psychiat. **28**, 237 (1960).

Gadrat, A., Bazex et Parant: Réticulose maligne avec lymphozytose à determination nerveuse. Bull. Soc. franç. Derm. Syph. **60**, 396 (1953). — Gaillard, L., C. Mouriquand, D. Delphin et J. Brugière: Leucoses et réticuloses histiomonocytaires aiguës congénitales. Sem. Hôp. Paris **37**, 255 (1961). — Galeotti-Flori, A., e G. C. Parenti: Reticuloendotheliosi iperplastica infettiva ad evoluzione granuloxanthomatosa (tipa) Hand-Schüller-Christian. Riv. Clin. pediat. **35**, 193 (1937). — Gall, E. A., and T. B. Mallory: Malignant lymphoma. A clinicopathologic survey of 618 cases. Amer. J. Path. **18**, 381 (1942). — Gans, O.: Histologie der Hautkrankheiten, Bd. 1. Berlin: Springer 1925. — Gans, O., u. G. K. Steigleder: Histologie der Hautkrankheiten, 2. Aufl., Bd. 1 u. 2. Berlin-Göttingen-Heidelberg: Springer 1957. — Garcia, E. L., K. R. Guedes, H. O. Aldamiz, B. B. Lucerga, N. Berastegui y M. S. Rios: Eritrodermia maligna con reticulemia (Sindrome de Sézary); commentario de un caso. Rev. clin. esp. **95**, 21 (1964). — Garin: Haematologica **25**, 27 (1943). Zit. nach Cazal 1952. — Garza-Toba, M.: Reticulosis maligna con estudiado in méxico. Dermatología (Méx.) **1**, 323 (1957). — Gaté, J., D. Colombe, P. Morel et A. Tissot: Réticulose maligne subaiguë dépistée par une hyperplasie gingivale pseudotumoral. Bull. Soc. franç. Derm. Syph. **63**, 253 (1956). — Gaté, J., J. Conders, J. Kayre, M. Prumier et M. Saint-Cyr: Réticulose à type d'érythrodermie. Bull. Soc. franç. Derm. Syph. **60**, 177 (1953). — Gaté, J., J. Pellerat, P. Morel et L. Cotte: Réticulose à forme ganglionaire. Bull. Soc. franç. Derm. Syph. **60**, 312 (1953). — Gates, O.: Cutaneous tumours in leukemia and lymphoma. Arch. Derm. Syph. (Chic.) **37**, 1015 (1938). — Gattwinkel, W.: Leukämie der Haut und Erythrodermie. Arch. Derm. Syph. (Berl.) **175**, 578 (1937). — Gay Prieto, J.: Reticular erythrodermas and benign reticulosis. Proc. 11th Int. Congr. Derm. Acta derm.-venereol. (Stockh.) **2**, 88 (1957). — Gelin, G.: Sarcome de Hodgkin et „lymphoma malins". Bull. Soc. méd. Hôp. Paris, sér. IV, 259 (1954). — Gerhartz, H.: Zur Problematik der reaktiven und leukämischen Retikulosen. In: Krebsforschung und Krebsbekämpfung, Bd. 5, S. 123. München u. Berlin: Urban & Schwarzenberg 1964. — Gertler, W.: Retothelsarkom (nach Gumma der Tonsille?). Derm. Wschr. **120**, 262 (1949). — Retikulosarkomatöse Umwandlung tumorartiger Lymphocytome. Derm. Wschr. **132**, 1035 (1955). — Mit solitären Hauttumoren beginnende systematisierte sub finem leukämische Retotheliose. Derm. Wschr. **134**, 815 (1956). — Aleukämische Reticulosis cutis. Derm. Wschr. **138**, 820 (1958). — Leukämische erythrodermische Retikulose (assoziierte Lymphoretikulose). Derm. Wschr. **144**, 1378 (1961). — Hämoblastosen, Retikulosen und Retikulogranulomatosen. In: Lehrbuch der Haut- und Geschlechtskrankheiten, hrsg. von Bode Korting, 9. Aufl. Stuttgart: Gustav Fischer 1962. — Sog. Retikulosarkomatosis cutis (Gottron) mit terminaler Monocytenleukämie. Derm. Wschr. **146**, 386 (1962). — Chronische Retikulose bei 12jährigem Jungen. Derm. Wschr. **151**, 65 (1965). — Knotige Retikulose nach frühem Sarkom. Derm. Wschr. **151**, 66 (1965). — Koinzidenz von lymphoidzelliger Retikulose und metastasierendem Plattenepithelcarcinom. Derm. Wschr. 151, 66 (1965). — GERTLER, W., u. A. SCHIMPF: Sogenannte Sarkomatosis cutis im Säuglingsalter. Derm. Wschr. 131, 252 (1955). — GESCHICKTER, C. F., and M. M. COPELAND: Multiple myeloma. Arch. Surg. 16, 807 (1928). — GHON, A., u. B. ROMAN: Über pseudoleukämische und leukämische Plasmazellenhyperplasie. Folia haemat. (Lpz.) 15, 72 (1913). — GITTINS, R., and J. HAWKSLEY: Reticulo-endotheliomatosis, ovarian endothelioma and monocytic (histiocytic) leukemia. J. Path. Bact. 36, 115 (1933). — GLANZMANN, E.: Infektiöse Retikuloendotheliose (Abt-Letterer-Siwe'sche Krankheit) und ihre Beziehungen zum Morbus Schüller-Christian. Ann. paediat. (Basel) 155, 1 (1940). — GLAUS: Virchows Arch. path. Anat. 223, 301 (1917). Zit. nach A. LEINBROCK 1958. — GLOGGENGIESSER, W.: Generalisierte Retothelsarkomatose. Virchows Arch. path. Anat. 306, 506 (1940). — GLUZINSKI u. REICHENSTEIN: Zit. nach LEINBROCK 1958. — GOLDSCHMID, E., u. S. ISAAC: Endothelhyperplasie als Systemerkrankung des hämatopoetischen Apparates, zugleich ein Beitrag zur Kenntnis der Splenomegalie. Dtsch. Arch. klin. Med. 138, 291 (1922). — GOLDZIEHER, M., u. O. S. HORNICK: Reticulosis. Arch. Path. 12, 773 (1931). — GOLTZ, R. W., and C. W. LAYMON: Multicentric reticulohistiocytosis of the skin and synovia. Reticulohistiocytoma or ganglioneuroma. Arch. Derm. Syph. (Chic.) 69, 717 (1954). — GOORMAGHTIGH, N.: C. R. Soc. Biol. Syph. (Paris) 1925. Zit. nach DE OLIVEIRA 1936/37. — GOTTRON, E.: Sogenannte Retikulosarkomatose der Haut. Inaug.-Diss. Med. Fakultät Tübingen 1949. — GOTTRON, H. A.: Hautveränderungen bei Leukämie und Lymphogranulomatose (Sammelreferat aus dem Jahre 1926). Folia haemat. (Lpz.) 36, 434 (1928). — (1929) Beobachtung und Vorstellung von Retothelsarkom. Persönliche Mitteilung vom 30. 8. 1967. — Berl. Derm. Ges., Sitzg v. 9. 6. 1931. Derm. Z. 62, 287 (1931). — Systematisierte Haut-Muskel-Amyloidose unter dem Bilde eines Skleroderma amyloidosum. Arch. Derm. Syph. (Berl.) 166, 584 (1932). — Die Leukämie der Haut. Med. Klin. 33, 373 (1937). — Schüller-Christian'sche Krankheit unter besonderer Berücksichtigung der Hautveränderungen. Berl. Derm. Ges., Sitzg vom 9. 6. 1941. Arch. Derm. Syph. (Berl.) 182, 691 (1942). — Sogenannte Retikulosarkomatose der Haut. Hautarzt 2, 42 (1951). — Sarkom der Haut. Hautarzt 4, 1 (1953). — Skleromyxödem. (Eine eigenartige Erscheinungsform von Myxothesaurodermie.) Arch. Derm. Syph. (Berl.) 199, 71 (1954). — Eosinophile Retikulose. Derm. Wschr. 134, 1108 (1956). — Plasmazelluläre Retikulose. Derm. Wschr. 134, 1109 (1956). — Plasmazelluläre Retikulose. Zbl. Haut- u. Geschl.-Kr. 96, 73 (1956). — Sog. Retikulosarkomatose. Zbl. Haut- u. Geschl.-Kr. 94, 372 (1956). — Lymphoretikulose, lokale lympho-retikuläre Hyperplasie. Zbl. Haut- u. Geschl.-Kr. 97, 314 (1957). — Retikulosen der Haut. Derm. Wschr. 140, 1226 (1959). — Dermoleucohaemoblastosen. Regensburg. Jb. ärztl. Fortbild. 8, 1—12 (1959/60). — Tumorartige chronische Retikulose. Derm. Wschr. 141, 275 (1960). — Chronische plattenartige Retikulose. Derm. Wschr. 141, 275 (1960). — Retikulosen der Haut. In: H. A. GOTTRON u. W. SCHÖNFELD, Dermatologie und Venerologie, Bd. IV. Stuttgart: Georg Thieme 1960. — Retikulosen. Jap. J. Derm. 73, 99 (1963). Ref. Zbl. Haut- u. Geschl.-Kr. 116, 39 (1964). — Dresdener Akademie-Vorträge. Persönliche Mitteilung vom 30. 8. 1967. — GOTTRON, H. A., u. W. NIKOLOWSKI: Sarkom der Haut. In: Dermatologie und Venerologie, hrsg. von H. A. GOTTRON u. E. SCHÖNFELD, Bd. IV. Stuttgart: Georg Thieme 1960. — GOUGEROT, H., et P. BLUM: Dermatose innominée. Disque papuleux érythematosquameux centrifuges, récidivants, des joues. Macules érythemato-squameuses alopéciques du cou, cuir chevelu, bras. Arch. Derm.-Syph. (Paris) 4, 520 (1932). Zit. nach R. DEGOS, J. CIVATTE and A. POIARES BABTISTA. — GOUGEROT, H., et B. DREYFUSS: Histiocytome malin, ulcéro-végétant; posttraumatique; le traumatisme ayant fait dégénérer un „fibrom" ancien. Bull. Soc. franç. Derm. Syph. 44, 1699 (1937). — GOWANS, K. L.: The life-history of lymphocytes. Brit. med. Bull. 15, 50 (1959). — GRACIANSKY, P., et CH. GRUPPER: Réticulose cutanée d'apparence orthoplasique avec atteinte ganglionnaire maligne et précédée d'une amyloïdose érythemateuse. Bull. Soc. franç. Derm. Syph. 69, 188 (1962). — Réticulose maligne papuloéruptive. Bull. Soc. franç. Derm. Syph. 71, 44 (1964). — GRACIANSKY, P., CH. GRUPPER et E. TIMSIT: Réticulose maligne à localisation strictement hypodermique. Bull. Soc. franç. Derm. Syph. 71, 577 (1964). — GRACIANSKY, P., CH. GRUPPER, E. TIMSIT et C. ALLANEAU: Mastocytose généralisée de l'adulte avec troubles sanguins. Bull. Soc. franç. Derm. Syph. 71, 432 (1964). — GRACIANSKY, P., et H. PARAF: Les hématodermies, vol. I. Paris: Masson & Cie. 1949. — GRAF, F., T. WERNER u. J. SIPOS: Zur Frage der Pathogenese und Therapie der Osteomyelosklerose. Verh. 6. Kongr. Ges. Haemat. Copenhagen 1957, S. 315. Basel u. New York: S. Karger 1958. — GRANA, A.: Reticulosi maligna. A proposito di un caso clinico. Minerva derm. 30, 101 (1955). — GREITHER, A., u. H. TRITSCH: Die Geschwülste der Haut. Stuttgart: Georg Thieme 1957. — GRIEDER, H. R.: Über die Beziehungen zwischen Retikulose und Retothelsarkom. Virchows Arch. path. Anat. 328, 442 (1956). — GROSSHANS, E., et A. BASSET: Mucinose folliculaire de l'adulte symptomatique d'une réticulose. Bull. Soc. franç. Derm. Syph. 72, 814 (1965). — GRÜNEBERG, TH.: Die Urticaria pigmentosa (Mastocytose der Haut) als allgemein-medizinisches Problem. Hautarzt 13, 231 (1962). — GRÜNEBERG, TH., u. W. MAY: Der Reifegrad der Mastzellen-Granula bei juveniler und adulter

Urticaria pigmentosa. Derm. Wschr. **153**, 1187—1191 (1967). — GRÜTZ, O.: Zur Klinik und Histologie der Brill-Symmers'schen Erkrankung. Proc. 10th Int. Congr. Dermat. London 1952, p. 320 (1953). — Neue Beiträge zur Klinik und Histologie der Haut beim Morbus Brill-Symmers. Arch. Derm. Syph. (Berl.) **200**, 440 (1955). — GRUNDMANN, E.: Die Bildung der Lymphocyten und Plasmazellen im lymphatischen Gewebe der Ratte. Beitr. path. Anat. **119**, 217 (1958). — Cytologische Untersuchungen über Formen und Orte der Lymphocytenreifung bei der Ratte. Verh. dtsch. Ges. Path. **41**, 261 (1958). — GUARDALI, G.: Studio sulla parte fibrillare del sistema reticulo-istiocitario in alcune dermatosi. Zbl. Haut- u. Geschl.-Kr. **42**, 51 (1932). — GÜRTLER, W.: Mycosis fungoides als Vorstadium einer Hautretikulose. Derm. Wschr. **136**, 1325 (1957). — GUGLIELMO, G. DI: La patologia e la clinica del sistema reticulo-endoteliale. Haematologica **9**, 349 (1928). — GUGLIELMO, G. DI, FASANOTTI, GIGANTE e FERRARA: C. R. 3. Congr. Soc. int. Europ. Hémat. 1951, p. 380. Zit. nach FRESEN 1957. — GUGLIELMO, G. DI, A. MORELLI e C. MANREA: Istioleucemia cronica. Haematologica **37**, 1 (1953). — GUIZETTI, H. U.: Zur Frage der infektiös bedingten Systemerkrankungen des retikulo-endothelialen Apparates im Kindesalter. Virchows Arch. path. Anat. **282**, 194 (1931). — GUSEK, W.: Elektronenoptische Untersuchungen über die Ultrastruktur von Mastzellen. Arch. klin. exp. Derm. **213**, 573 (1961). — GUTMAN, A. B., D. H. MOORE, and E. B. GUTMAN: Fractionation of serum proteins in hyperproteinemia, with special reference to multiple myeloma. J. clin. Invest. **20**, 765 (1941).

HAAS, W.: Über die Grenzen der Knochenmarkspunktion und den Wert der Knochenmarkstrepanation für die Diagnose der Retikulosen. Z. ges. inn. Med. **9**, 431 (1954). — HABER, H.: Follicular mucinosis (Alopecia mucinosa, Pinkus). Brit. J. Derm. **73**, 313 (1961). — HADIDA, E., P. LAFFARQUE et Y. CHAMBON: Réticulohistiocytose maligne leucémique. Bull. Soc. franç. Derm. Syph. **56**, 360 (1949). — HADIDA, E., ED. TIMSIT et J. SAYAG: Réticulose maligne. Bull. Soc. franç. Derm. Syph. **72**, 162 (1965). — HAINING, R. B., T. S. KIMBALL, and O. W. JANES: Leukemic sinus reticulosis (monocytic leukemia) with intestinal obstruction; report of a case with partial autopsy. Arch. intern. Med. **55**, 574 (1935). — HALPERN, B.: Immunität und reticuloendotheliales System. Triangel (Sandoz) **6**, Nr 5, 174 (1964). — HALTER, K.: Reticulose. Z. Haut- u. Geschl.-Kr. **33**, 271 (1962). — HAMBURGER, J., J. BARBIZET et J. MARTINI: Réticulose maligne à manifestations cutanées et digestives. Bull. Soc. méd. Hôp. Paris **64**, 841 (1948). — HAMPERL, H.: Lehrbuch der allgemeinen Pathologie und der pathologischen Anatomie, 20. u. 21. Aufl. Berlin-Göttingen-Heidelberg: Springer 1954. — HAND, A.: Amer. med. Sci. **162**, 509 (1921). Zit. nach F. FEYRTER 1955. — HANSEN, P. F., u. M. FABER: Acta med. scand. **129**, 81 (1947). — HARTMANN, F.: Dtsch. Arch. klin. Med. **196**, 161 (1949). Zit. nach A. LEINBROCK 1958. — HASSELMANN, C. M., u. C. SCHOLDER-OEMICHEN: Zum Problem der Urticaria pigmentosa. Arch. klin. exp. Derm. **205**, 261 (1957). — HAUSER, W.: Scabies norwegica bei einem Patienten mit kutaner Retikulose. Derm. Wschr. **125**, 442 (1952). — Die Cytodiagnostik in der Dermatologie. In: Handbuch der Haut- und Geschlechtskrankheiten, hrsg. von J. JADASSOHN, Erg.-Werk, Bd. I/2, S. 738. Berlin-Göttingen-Heidelberg: Springer 1964. — HAVARD, C. W. H., and R. B. SCOTT: Urticaria pigmentosa with visceral and skelet lesions. Quart. J. med. **28**, 459 (1959). — HAYES, D. W., W. A. BENNET, and F. J. HECK: Extramedullary lesions in multiple myeloma; review of literature and pathologic stadios. Arch. Path. **53**, 262 (1952). — HECKNER, F., u. H. VOTH: Cytologische Begriffsbestimmung der Reticulumzellen; Ergebnisse am Knochenmarkspunktat. Dtsch. Arch. klin. Med. **201**, 511 (1954). — HEDINGER, E.: Zur Frage des Plasmazytoms (Granulationsplasmocytom in Kombination mit einem krebsig umgewandelten Schweißdrüsenadenom des behaarten Kopfes). Frankfurt. Z. Path. **7**, 343 (1911). — HEIDENSTRÖM, N., u. M. TOTTIE: Haut- und Gelenkveränderungen bei multiplem Myelom. Acta derm.-venereol. (Stockh.) **24**, 192 (1943). — HEILMEYER, L.: Innere Medizin und Hautkrankheiten. Arch. Derm. Syph. (Berl.) **191**, 27 (1950). — HEILMEYER, L., u. H. BEGEMANN: Blut und Blutkrankheiten. In: Handbuch der inneren Medizin, hrsg. von G. v. BERGMANN u. W. FREY, Bd. 2, S. 713. Berlin-Göttingen-Heidelberg: Springer 1951. — HELLWIG, C. A.: Extramedullary plasma cell tumors as observed in various locations. Arch. Path. **36**, 95 (1943). — HERBUT, P. A., and F. R. MILLER: Histopathologie of monocytic leukemia. Amer. J. Path. **23**, 93 (1947). — HERING: Seborrhoische Erythrodermie mit lipomelanotischer Retikulose der Lymphknoten. Derm. Wschr. **138**, 1411 (1958). — HERRATH, V., u. N. DETTMER: Elektronenmikroskopische Untersuchungen an Gitterfasern. Z. wiss. Mikr. **60**, 282 (1951/52). — HERXHEIMER, A.: Urticaria pigmentosa with attack of flushing. Brit. J. Derm. **70**, 427 (1958). — HERZBERG, J. J.: Erythrodermien. In: Dermatologie und Venerologie, hrsg. von H. A. GOTTRON u. W. SCHÖNFELD, Bd. II/1, S. 514. Stuttgart: Georg Thieme 1959. — Eruptive, symmetrisch angeordnete eosinophile Granulome der Haut (Reticulogranuloma eosinophilicum cutis simplex). Arch. klin. exp. Derm. **212**, 282 (1961). — Mastzellig differenzierte Reticulose mit Knochenveränderungen. Arch. klin. exp. Derm. **213**, 914 (1961). — Die Haut bei Leukosen und Reticulosen. Proc. 8th Congr. europ. Soc. Haemat. Vienna 1961, **3**, 302 (1963). — HERZBERG, J. J., u. F. H. LEPP: Manifestation der Reticulosarkomatose in der Mundhöhle. Zahnärztl. Welt **9**, 414 (1954). — HERZOG, G. G.: Über adventitielle Zellen und über die Entstehung von granulierten Elementen. Verh. Dtsch. Ges. Path. 17. Tagg München 1914, S. 562. — Experimentelle Untersuchungen über die Einheilung von Fremdkörpern. Beitr. path. Anat. 61, 325 (1915). — Über die Bedeutung von Gefäßwandzellen in der Pathologie. Klin. Wschr. 2, 684, 730 (1923). — Experimentelle Zoologie und Pathologie. Ergebn. allg. Path. path. Anat. 21, 182 (1925). — Heuck, G.: Zwei Fälle von Leukämie mit eigentümlichen Blut- resp. Knochenmarksbefund. Virchows Arch. path. Anat. 78, 475 (1879). — Hewer, T. F., and H. Heller: Non-lipoid reticuloendotheliosis with diabetes insipidus; report of case with estimation of posterior pituitary hormons. J. Path. Bact. 61, 499 (1949). — Hirschfeld, H.: Über isolierte aleukämische Lymphadenose der Haut. Z. Krebsforsch. 11, 397 (1912). — Hissard, R., L. Moncourier et J. Jacquet: Étude d'une nouvelle hématodermie: la mastocytose. Presse méd. 59, 1765 (1951). — Hittmair, A.: Die Monocytenleukämie und die leukämischen Retikuloendotheliosen. Folia haemat. (Lpz.) 66, 1 (1942). — Autochthone und metastatische, metaplastische Blutbildung. In: Handbuch der gesamten Hämatologie, hrsg. von L. Heilmeyer u. A. Hittmair, Bd. I, S. 545. München-Berlin-Wien: Urban & Schwarzenberg 1957. — Die myeloische Monocytenleukämie. In: Handbuch der gesamten Hämatologie, hrsg. von L. Heilmeyer u. A. Hittmair, Bd. IV/2, S. 177. München-Berlin-Wien: Urban & Schwarzenberg 1963. — Hodler, J.: Beitrag zur Mannigfaltigkeit retikulärer Wucherungsformen (Lymphoreticulose, lymphoidzellige Retikulosarkomatose, fibrilläre Retikulosarkomatose). Schweiz. Z. Path. 13, 297 (1950). — Höfer, W.: Multiple Retikulohistiocytome der Haut bei Gelenkveränderungen. Derm. Wschr. 149, 643 (1964). — Hörhold, K.: Zur Frage der Reticuloendotheliosen unter besonderer Berücksichtigung eines Falles von aleukämischer Reticuloendotheliose. Virchows Arch. path. Anat. 299, 686 (1937). — Hoff, F.: Beiträge zur Pathologie der Blutkrankheiten. Virchows Arch. path. Anat. 261, 142 (1926). — Hoffmann, K.: Zoster bei Leukämien, Lymphogranulomatose, Lymphosarkom und Plasmocytom. Münch. med. Wschr. 1956, 1693. — Hohenadl, L., u. D. de Paola: Über Gewebsreaktionen nach parenteraler Zufuhr von Melanin unter besonderer Berücksichtigung der lipomelanotischen Retikulose. Frankfurt. Z. Path. 69, 374 (1958). — Hornstein, O.: Beteiligung des lymphatischen Systems am Komplex der „Cheilitis" („Pareitis" etc.) granulomatosa. Arch. Derm. Syph. (Berl.) 198, 396 (1954). — Reticulosen der Haut. In: Fortschritte der praktischen Dermatologie und Venerologie, Bd. 3, S. 124. Berlin-Göttingen-Heidelberg: Springer 1960. — Hortega, P. del Rio: Microglia. In: W. Penfield, Cytology and cellular pathology of the central nervous systeme, vol. II. New York 1932. — Huber, H., u. H. Bauer: Beeinflussung der haemorrhagischen Diathese bei β-Plasmocytom durch Methionin-Cholin. Klin. Wschr. 31, 256 (1953). — Hubler, W. R., and E. W. Netherton: Cutaneous manifestations of monocytic leukemia. Arch. Derm. Syph. (Chic.) 56, 70 (1947). — Hueck, W.: Morphologische Pathologie. Leipzig: Georg Thieme 1941. — Huhnstock, K.: Contribution to the diagnosis of atypical paraproteinemias by examination of uroproteins. Folia haemat. (Frankfurt), N.F. 8, 333 (1963). — Huhnstock, K., J. Meiser u. H. Weicker: Biochemische und cytologische Kontrolluntersuchungen bei symptomarmen Paraproteinosen. Verh. dtsch. Ges. inn. Med. 70, 227 (1964). — Hurwitt, E.: Dermatopathic lymphadenitis; focal granulomatous lymphadenitis associated with chronic generalizes skin disorders. J. invest. Derm. 5, 197 (1942). — Hutchinson, J. H., and R. A. Howell: Cryoglobulinemia: report of case associated with gangrene of digits. Ann. intern. Med. 39, 350 (1953). — Hyman, A. B., E. W. Brauer, and R. le Grand: Mycosis fungoides with features of Alopecia mucinosa. Arch. Derm. 85, 805 (1962).

Inama, K.: Beitrag zur morphologischen Pathologie der Monocytenleukämie. Beitr. path. Anat. 111, 426 (1951). — Israels, M. C. G.: The reticuloses. A clinicopathological study. Lancet 1953 II, 525. Ref. Zbl. Haut- u. Geschl.-Kr. 89, 70 (1954).

Jablonska, St., T. Chorzelski u. J. Lancucki: Mucinosis follicularis. Hautarzt 10, 27 (1959). — Jackson, H., Jr., and F. Parker, Jr.: Hodgkin's disease and allied disorders. Oxford and New York 1947. — Jacobsen, K. M.: Reticuloendotheliosen — Monocytenleukosen. Mitteilung von drei Fällen. Acta med. scand. 111, 30 (1942). — Jadassohn, J.: Über die Pityriasis rubra (Hebra) und ihre Beziehungen zur Tuberkulose (nebst Bemerkungen über Pigmentverschleppungen aus der Haut. Arch. Derm. Syph. (Berl.) 23, 941 (1891). — Über die Pityriasis rubra (Hebra) und ihre Beziehungen zur Tuberkulose (nebst Bemerkungen über Pigmentverschleppungen aus der Haut). Arch. Derm. Syph. (Berl.) 24, 463 (1892). — Jaeger, E.: Extramedulläres Plasmocytom. Z. Krebsforsch. 52, 349 (1942). — Jänner, M.: Mykosis fungoides (Granuloma fungoides). Habil.-Schr. Med. Fakultät Hamburg 1965. — Jaffé, H. L., and L. Lichtenstein: Eosinophilic granuloma of bone condition affective one, several or many bones, but apparently limited to the skeleton, and representing mildest clinical expression of the peculiar inflammatory histiocytosis also underlying Letterer-Siwe's disease and Schüller-Christian disease. Arch. Path. 37, 99 (1944). — Janbon, M., P. Bétoulières et P. Cazal: Soc. Sci. méd. Montpellier 1944. Zit. nach Cazal 1952. — Janbon, M., J. Chaptal et P. Cazal: Réticulose histiomonocytaire subaigue. Determination splénique du type Dustin-Weil, pleurale du type Oberling et ganglionaire du type Borissowa. Étude cytologique de l'action des rayons. Sang 16, 314 (1944). — JANBON, M., J. CHAPTAL, P. CAZAL et BERTRAND: Sang 18, 535 (1947). Zit. nach FRESEN 1957. — JANSSEN, W.: Morphologie und Systematik der Retikulosen. Z. ärztl. Fortbild. 52, 1016 (1958). — JARRELT, A., and H. S. KELLETT: The association of generalized erythrodermia with superficial Lymphadenopathy (lipomelanotic reticulosis). Brit. J. Derm. 63, 343 (1951). — JAVICOLI: G. med. Alto Adige 12, 153 (1940). Zit. nach FRESEN 1957. — JEANSELME, E., et A. TOURAINE: Urticaria pigmentosa (étude de la formule sanguine). Bull. Soc. franç. Derm. Syph. 24, 426 (1913). — JENSEN, W. N., and E. C. LASSER: Urticaria pigmentosa associated with widespread sclerosis of the spongiosa of bone. Radiology 71, 826 (1958). — JESSNER, M., and N. B. KANOF: Lymphocytic Infiltration of the skin. Arch. Derm. Syph. (Chic.) 68, 447 (1953). — JOPPICH, G., u. I. RICH-TERING: Zur Klinik der Retikulosen im Kindesalter. Arch. Kinderheilk. 174, 146 (1966). — JORPES, E., H. HOLMGREN u. O. WILANDER: Über das Vorkommen von Heparin in den Gefäßwänden und in den Augen. Ein Beitrag zur Physiologie der Ehrlich'schen Mastzellen. Z. mikr.-anat. Forsch. 42, 279 (1937). — JOULIA, LE COULANT, BESSIÈRE, TEXIER et MALE-VILLE: Réticulose histiomonocytaire. Bull. Soc. franç. Derm. Syph. 67, 49 (1960). — JOULIA, LE COULANT, LEONARD, REGNIER et M. PACCALIN: La femme orange; réticulose histiomono-cytaire. Bull. Soc. franç. Derm. Syph. 64, 98 (1957). — JOULIA, LE COULANT, SOURREIL et TEXIER: Réticulose maligne aprês 10 ans d'évolution d'un parapsoen plaques. Bull. Soc. franç. Derm. Syph. 64, 99 (1957). — JOULIA, LE COULANT, TEXIER, MALEVILLE, FOUQUEY-CHENOUX et LABAT-LABOURDETTE: Réticulose subaiguë cutanée et médullaire à tendance lymphocytaire «hommes oranges». Bull. Soc. franç. Derm. Syph. 67, 46 (1960). — JOULIA, P., P. LE COULANT, L. TEXIER, REGNIER et SAGARDILLUZ: Réticulose cutanée histiomonocytaire; leucose à monocytes terminale. Bull. Soc. franç. Derm. Syph. 64, 792 (1957). — JÜRGENS, J.: Das Verhalten des fibrinolytischen Systems bei der Leukämie. Folia haemat. (Frankfurt), N.F. 8, 52 (1963). — JUILLARD, P., P. H. BONNEL, B. MAUPIN et H. PERROT: Un cas de réticulose à manifestations cutanées et sanguines. Sang 20, 535 (1941). — JUNG: Sog. Reti-kulosarkomatose der Haut (Gottron). Derm. Wschr. 151, 91 (1965). — JUVIN, H., et P. DU-GOIS: Réticulose maligne par pussées successives au niveau de la peau, avec lésion osseuses et musculaire, ayant fait penser cliniquemenet, à leur début, à une maladie de Besnier Boeck. Bull. Soc. franç. Derm. Syph. 62, 254 (1965). — JUVIN, H., P. DUGOIS et J. GAGNAIRE: Réticulose maligne à terminaison paraplegique. Bull. Soc. franç. Derm. Syph. 70, 84 (1963). KABOTH, W.: Die cutane Reticulohistiocytose mit Melanodermie. Z. Haut- u. Geschl.-Kr. 33, 69 (1962). — KAHLER, O.: Zur Symptomatologie des multiplen Myeloms; Beobachtung von Albumosurie. Prag. med. Wschr. 14, 33, 45 (1889). — KALKOFF, K. W.: Zur Abgrenzung der Lymphadenosis cutis von Hautmanifestationen der chronischen Lymphadenose. Derm. Wschr. 126, 1146 (1952). — Über eine primäre, isolierte Reticulumzellsarkomatose. Z. Haut-u. Geschl.-Kr. 14, 3 (1953). — Lymphadenosis benigna cutis Bäfverstedt. Derm. Wschr. 129, 81, 82 (1954). — KANTHER, R.: Ärztl. Forsch. 1956, 533. Zit. nach LEINBROCK 1958. — KAN-ZOW, U.: V. Kongr. Europ. Ges. Hämat., Freiburg i. Br. 1955. Berlin-Göttingen-Heidelberg: Springer 1956. — Dtsch. med. Wschr. 86, 2437 (1961). — KEILHACK, H.: Dtsch. Arch. klin. Med. 191, 36 (1943). Zit. nach A. LEINBROCK 1958. — KEINING, E., u. O. BRAUN-FALCO: Zur Klinik und Pathogenese des Skleromyxoedems (gleichzeitig ein histochemischer Beitrag zur Natur der mucinösen Einlagerungen). Acta derm.-venereol. (Stockh.) 36, 37 (1956). — KEI-NING, E., u. H. THEISEN: Die sog. Reticulosarkomatose der Haut als ein besonderes Erschei-nungsbild der Erkrankungen des RES. Hautarzt 10, 439—442 (1959). — KEISER, G.: Reti-culosen. Z. klin. Med. 157, 14 (1961). — KEIZER, D. P. R.: La réticulose maligne infantile. Arch. franç. Pédiat. 7, 270 (1950). — KELLER, P., u. M. STAEMMLER: Erythrodermie und Brill-Symmers'sche Krankheit. Hautarzt 3, 101 (1952). — KERSHMAN, J.: Genesis of micro-glia in human brain. Arch. Neurol. Psychiat. (Chic.) 41, 24 (1939). — KIESSLING, W., u. H. TRITSCH: Lymphknotenveränderungen bei Hautkrankheiten verschiedener Herkunft unter besonderer Berücksichtigung der sog. „lipomelanotischen Reticulose" (Pautrier-Woringer). Arch. Derm. Syph. (Berl.) 199, 56 (1954). — KIM, R., and R. K. WINKELMANN: FOLLICULAR mucinosa (Alopecia mucinosa). Arch. Derm. 85, 490 (1962). — KIMMIG, J.: Hormone. In: Dermatologie und Venerologie, hrsg. von GOTTRON u. SCHÖNFELD, Bd. V, Teil 1, S. 51. Stuttgart: Georg Thieme 1963. — KIN, S. S.: Arch. jap. Chir. 16, 79 (1939). Zit. nach LEINBROCK 1958. — KLOSTERMEYER, E.: Über eine sogenannte aleukämische Reti-culose mit besonderer Beteiligung des Magen-Darm-Traktes. Beitr. path. Anat. 93, 1 (1934). — KLÜKEN, N., u. U. PREU: Zu Histomorphologie einer Retikulose mit besonderer Beteiligung der Haut. Beitr. path. Anat. 112, 470 (1952). — KLUMP, T. G., and T. S. EVANS: Monocytic leukemia; report of 8 cases. Arch. intern. Med. 58, 1048 (1936). — KNOTH, W.: Die diagno-stische Bedeutung des Gitterfasernachweises bei Dermatosen. Arch. klin. exp. Derm. 206, 744 (1957). — Erkrankungen des retikulohistiozytären Systems der Haut. Habil.-Schr. zur Er-langung der venia legendi an der Med. Fakultät der Justus Liebig-Universität Gießen 1958. — Retikulosarkomatose auf dem Boden von Akrodermatitis chronica atrophicans und Serum-eiweißuntersuchungen bei blastomatösen retikulo-histiocytären Erkrankungen der Haut.

Hautarzt 9, 456 (1958). — Zur Cyto- und Histogenese und zur klinischen Einteilung der reticulo-histiocytären Erkrankungen der Haut. Arch. klin. exp. Derm. 209, 130 (1959). — Zur Histotopographie der Retikulosen, Retikulosarkomatosen und Granulomatosen. Arch. klin. exp. Derm. 219, 138 (1964). — Diskussionsbemerkung zu MEINHOF 1966. Derm. Wschr. 152, 1288 (1966). — Zur Nosologie und Einteilung der Retikulosen, Retikulosarkomatosen und verwandter Krankheitsbilder unter Berücksichtigung cytophotometrischer Untersuchungen. Vortrag auf dem XIII. Congr. int. Dermatologiae, München 31. 7.—5. 8. 1967. — KNOTH, W., u. W. SANDRITTER: Cytophotometrische Untersuchungen des DNS-Gehaltes und morphologische Untersuchungen bei Reticulose, Reticulosarkomatose und Hodgkin-Sarkom der Haut. Arch. klin. exp. Derm. 223, 217 (1965). — KÖRNYEY, E.: L'atteinte du systéme nerveux dans la réticulose systèmique. In: Livre jubilaire Dr. L. v. BOGAERT, p. 447. Brüssel: Les éditions Acta méd. belg. 1962. — KOJIMA, M.: A study of réticuloendotheliosis. Acta path. jap. 1, 156 (1951). Ref. Zbl. Haut- u. Geschl.-Kr. 87, 368 (1954). — KORTING, G. W., u. G. BREHM: Vakuoläre Follikeldegeneration bei einer Lichénification géante. Derm. Wschr. 144, 1261 (1960). — KORTING, G. W., u. R. DENK: Retikuläre Hyperplasie der Haut durch ein Hydantoin-Derivat. Derm. Wschr. 152, 257 (1966). — KRAHN, H.: Reticuloendotheliale Reaktion oder „Reticuloendotheliose" (3. Leukämieform?) Dtsch. Arch. klin. Med. 152, 179 (1926). — KREIBICH, C.: Plasmocytom der Haut. Folia haemat. (Lpz.) 18, 94 (1914). — Mucin bei Hauterkrankung. Arch. Derm. Syph. (Berl.) 150, 243 (1926). — KREYSEL, H. W., u. M. GERLACH u. U. HERMANNS: Beitrag zur Diagnostik und Klinik der malignen Retikulosen der Haut. Arch. klin. ex. Derm. 222, 296 (1965). — KROEPFLI, P.: Umschriebene Retikulosen. Dermatologica (Basel) 111, 241 (1955). — KRUG, H.: Über Reticulose im Kindesalter. Z. Kinderheilk. 85, 83 (1961). — KRUMMEL, E., u. R. STODTMEISTER: Über die klinische Bedeutung von Knochenmark- und Blutbild. III. Mitt.: Über sog. „Monocytenleukämie". Dtsch. Arch. klin. Med. 179, 273 (1937). — KÜCHMEISTER: Zit. nach A. LEINBROCK 1958. — KÜHL: Retikulosarkomatose. Zbl. Haut- u. Geschl.-Kr. 89, 112 (1954). — KUNDRAT: Über Lymphosarkomatosis. Wien. klin. Wschr. 6, 211, 234 (1893).

LAGUNOFF, D., and E. P. BENDITT: Proteolytic enzymes of mast cells. Ann. N.Y. Acad. Sci. 103, 185 (1963). — LAIPPLY, T. C.: Lipomelanotic reticular hyperplasia of lymph. nodes. Report of 6 cases. Arch. intern. Med. 81, 19 (1948). — LAIPPLY, T. C., and C. J. WHITE: Dermatitis with lipomelanotic reticular hyperplasia of lymph. nodes. Arch. Derm. Syph. (Chic.) 63, 611 (1951). — LANG, F. J.: Experimentelle Untersuchungen über die Histogenese der extramedullären Myelopoese. Z. mikr.-anat. Forsch. 4, 417 (1926). — LAPIÈRE, S.: Réticulose histiomonocytaire se developant sur parapsoriasis en plaques. Arch. belges Derm. 13, 95 (1957). — Quelques cas de réticuloses cutanées histiomonocytaires lentement évolutives et de réticulomatoses. Bull. Soc. franç. Derm. Syph. 64, 21 (1957). — LAPIÈRE, S., et E. CARPENTIER: Réticulose histiomonocytaire. Arch. belges Derm. 13, 95 (1957). — LAPIÈRE, S., u. A. RENKIN: Übergang einer chronischen histiomonozytären Hautretikulose nach einer Dauer von Jahren in eine monocytäre, mehr lymphocytoide Leukämie. Hautarzt 11, 204 (1960). — LARKIN, P. V. DE, P. A. DI SANT AGNESE, and M. N. RICHTER: Dermatopathic lymphadenitis in infantile eczema. J. Pediat. 24, 442 (1944). — LAUGIER, P.: Réticulose tumorale apparue tardivement sur poïkilodermie. Bull. Soc. franç. Derm. Syph. 65, 622 (1958). — LAUGIER, P., M. BIA et R. LENYS: Réticuloses maligne, forme multinodulaire. Bull. Soc. franç. Derm. Syph. 66, 388 (1959). — LE COULANT et TEXIER: Un homme orange: réticulose mastocytaire maligne. Bull. Soc. franç. Derm. Syph. 63, 492 (1956). — LE COUNT, E. R.: Lymphoma a benigne tumour representing a lymph. gland in structure. J. exp. Med. 4, 559 (1899). — LEHNER, E., u. L. SZODORAY: Ein ungewöhnlicher, sich durch entzündliches Follikelödem auszeichnender Hautausschlag. Derm. Wschr. 108, 679 (1939). — LEINBROCK, A.: Plasmozytome mit Hautveränderungen. The eleventh Int. Congr. of Dermatology, Stockholm 1957, Proceedings. Acta derm.-venereol. (Stockh.) (1960). — Das Plasmozytom und seine pathologischen Hautveränderungen. Hautarzt 9, 249 (1958). — Reticulosen der Haut. In: Aktuelle Probleme der Dermatologie, hrsg. von R. SCHUPPLI, S. 382. Basel u. New York: S. Karger 1959. — LENNERT, K.: Die pathologische Anatomie der Makroglobulinämie Waldenström. Frankfurt. Z. Path. 66, 201 (1955). — Eine mastocytoide Osteomyeloretikulose (Mastzellenretikulose). V. Kongr. Europ. Ges. Hämat. Freiburg 1955, S. 573. Berlin-Göttingen-Heidelberg: Springer 1956. — Über Morphologie, Funktion und maligne Neoplasien der Lymphocyten. Z. Haut- u. Geschl.-Kr. 28, 389 (1960). — Lymphknoten, Diagnostik in Schnitt und Ausstrich. In: HENKE-LUBARSCH, Handbuch der speziellen pathologischen Anatomie, Bd. I, 3A. Berlin-Göttingen-Heidelberg: Springer 1961. — Zur pathologischen Anatomie der „Mastocytosen" mit einigen Bemerkungen zur Cytochemie der Mastzelle. Arch. klin. exp. Derm. 213, 606 (1961). — Zur pathologischen Anatomie von Urticaria pigmentosa und Mastzellenretikulose. Klin. Wschr. 40, 61 (1962). — Pathologische Anatomie der Retikulosen. In: Krebsforschung und Krebsbekämpfung, Bd. V, 8. Tagg des Dtsch. Zentralausschusses für Krebsbekämpfung und Krebsforschung e.V. in Mainz vom 26. bis 28. 9. 1963, hrsg. von H. A. GOTTRON, bearbeitet von K. J. HEMPEL, S. 48. München u. Berlin: Urban & Schwarzenberg 1964. — LENNERT,

K., u. H. ELSCHNER: Zur Kenntnis der lipomelanotischen Reticulo-(cyt)-ose. Frankfurt. Z. Path. **65**, 559 (1954). — LENNERT, K., H. LÖFFLER u. F. GRABNER: Fermenthistochemische Untersuchungen des Lymphknotens. IV. Esterasen im Schnitt und Ausstrich. Virchows Arch. path. Anat. **335**, 491 (1962). — LENNERT, K., H. LÖFFLER u. L.-D. LEDER: Fermenthistochemische Untersuchungen am lymphoretikulären Gewebe. In: Zyto- und Histochemie, S. 363. Berlin-Göttingen-Heidelberg: Springer 1963. — LENNERT, K., u. K. NAGAI: Quantitative und qualitative Gitterfaserstudien im Knochenmark. 3. Chronisch lymphatische Leukämie. Virchows Arch. path. Anat. **340**, 25 (1964). — LENNERT, K., u. J. C. F. SCHUBERT: Untersuchungen über die sauren Mucopolysaccharide der Gewebsmastzellen im menschlichen Knochenmark. Frankfurt. Z. Path. **69**, 579 (1959). — Zur Cytochemie der Blut- und Gewebsmastzellen. Verh. dtsch. Ges. inn. Med. **66**, 1061 (1960). — LERNER, A. B., and C. J. WATSON: Studies of cryoglobulins; unusual purpura associated with presence of high concentration of cryoglobulins (cold precipitable serum globulins). Amer. J. med. Sci. **214**, 410 (1947). — LERNER, M. R., and A. B. LERNER: Urticaria pigmentosa with systemic lesions and otosclerosis. Arch. Derm. **81**, 203 (1960). — LESSEN, H. VAN, u. K. GELISSEN: Plasmazelluläre Retikulose und Osteosklerose. Z. Krebsforsch. **64**, 200 (1961). — LETTRE, E.: Aleukämische Retikulose (ein Beitrag zu den proliferativen Erkrankungen des Reticuloendothelialenapparates). Frankfurt. Z. Path. **30**, 377 (1924). — LEVER, W. F.: Histopathology of the skin, 2nd ed. Philadelphia: J. B. Lippincott Co. 1954. Dtsch. Übersetzung, Stuttgart: Gustav Fischer 1958. — Histopathology of the skin, 3. edit. Philadelphia: J. B. Lippincot Co. 1961. — In: Handbuch der Haut- und Geschlechtskrankheiten, Erg.-Werk, Bd. III/1, S. 81. Berlin-Göttingen-Heidelberg: Springer 1963. — LEWIS, S. H., and L. SZUR: Malignant myelosclerosis. Brit. med. J. **1963**, No 5355, 472. — LICHTENSTEIN, L.: Histiocytosis X: integration of eosinophilic granuloma of bone, „Letterer-Siwe disease" and Schüller-Christian disease" as related manifestations of a single nosologic entity. Arch. Path. **56**, 84 (1953). — LIKCHACHEV, Y. P.: Transition of lipopigmentary Pautrier-Woringer's reticulosis into reticulosarcoma. Vestn. Derm. Vener. **37**, 13 (1963). — LINDEMAYR: Retikulose. Hautarzt **7**, 474 (1956). — LINDNER, H., u. K. H. KÄRCHER: Zum Problem der lipomelanotischen Retikulose. Derm. Wschr. **131**, 385 (1955). — LINDNER, H., u. R. MEYER: Zum Problem der Reticulosarkomatose. Arch. klin. exp. Derm. **203**, 409 (1956). — LINDNER, J.: Die Mastzelle. Arch. klin. exp. Derm. **213**, 588 (1961). — LINSER, K.: Reticulosarkomatosis der Haut. Zbl. Haut- u. Geschl.-Kr. **78**, 411 (1952). — LITTLE, E. G.: A contribution to the study of urticaria pigmentosa. Brit. J. Derm. **17**, 355, 393, 427 (1905); **18**, 16 (1906). — LÖBLICH, H. J., u. G. WAGNER: Das pigmentierte Lymphogranulom mit generalisierenden Hauterscheinungen. Hautarzt **2**, 250 (1951). — Das pigmentierte Lymphogranulom mit generalisierenden Hauterscheinungen. 11. Mitt. Arch. Derm. Syph. (Berl.) **196**, 33 (1953). — LÖFFLER, H.: Zur Differenzierung unreifzelliger (akuter) Leukosen mit zytochemischen Methoden. Folia haemat. (Frankfurt), N.F. **8**, 112 (1963). — LOESCH, J.: Systematische reticulo-endotheliale Hyperplasien mit tumorähnlichen Bildungen in einem Falle von chronisch lymphatischer Leukämie. Frankfurt. Z. Path. **44**, 351 (1933). — LOEWENTHAL, M., R. J. SCHEU, C. BERLIN, and L. WECHSLER: Urticaria pigmentosa with systemic mast cell disease; an autopsy report. Arch. Derm. **75**, 512 (1957). — LORENZ, W.: Über die Beziehungen zwischen Retothelsarkom (Reticulosarkom) und Leukämien (Leukosen). Strahlentherapie **82**, 155 (1950). — LUBARSCH, O.: Über Phagocytose und Phagocyten. Klin. Wschr. **4**, 1248 (1925). — Zur Kenntnis ungewöhnlicher Amyloidablagerungen. Arch. path. Anat. (Berl.) **271**, 867 (1929). — LUCCHERINI, T.: Leucemia acuta monocitica o reticuloendoteliosi leucemia. Minerva med. **2**, 188 (1933). — LÜBBERS, P.: Leukämische polyblastische Retotheliose. Virchows Arch. path. Anat. **303**, 21 (1939). — LUPU, G., et R. BRAUNER: Bull. Soc. méd. Hôp. Bucarest **17**, 117 (1935). Zit. nach CAZAL 1952. — LYNCH, F. W.: Cutaneous lesions associated with monocytic leukemia and reticuloendotheliosis. Arch. Derm. Syph. (Chic.) **34**, 775 (1936).

MACH, K.: Pathologische Zustände des retothelialen Systems der Haut. Hautarzt **13**, 390 (1962). — Die gutartigen Lymphoblasien der Haut (zur Nosologie und Klassifizierung der sog. Lymphocytome). Arch. klin. exp. Derm. **222**, 325 (1965). — Zur histologischen Differentialdiagnose der Retikulosen der Haut. Dermatologica (Basel) **132**, 1 (1966). — MACHER, E.: Das entzündliche Haut-Infiltrat. In: J. JADASSOHN, Erg.-Werk, Bd. I, Teil 2, S. 473. Berlin-Göttingen-Heidelberg-New York: 1964. — MÄRKI, H. H., u. F. WUHRMANN: Rudimentäre Paraproteinämie. Eine Frühform des multiplen Myeloms? Schweiz. med. Wschr. **93**, 1381 (1963). — Häufigkeit und klinische Bedeutung der Paraproteinämie. Klin. Wschr. **43**, 85 (1965). — MAGNUS-LEVY, A.: Multiple Myelome; der Stoffwechsel außerhalb der Proteinurie. Z. klin. Med. **120**, 313 (1932). — Über die Myelomkrankheit; vom Stoffwechsel; die Bence-Jones-Proteinurie. Z. klin. Med. **119**, 307 (1932). — MAIER, C.: Neoplasien der blutbildenden Organe. Die morphologische Diagnostik der Hämoblastosen. Schweiz. med. Wschr. **94**, 1711 (1964). — MAIN, R. A., H. B. GOODWALL, and W. C. SWANSON: Sézary's syndrome. Brit. J. Derm. **71**, 335 (1959). — MALLARMÉ, J.: L'adenogramme des sarcomes ganglionaires. Sang **26**, 535 (1955). — MAMIE, M., et J. DELACRÉTAZ: Sur un cas de réticulose histiomonocytaire à évolution leucémique. Dermatologica (Basel) 116, 265 (1958). — MARCHAND, F. (1897): Zit. nach H. TRITSCH 1957. — (1899) und (1902): Zit. nach MAXIMOW 1927. — Über die Herkunft der Lymphocyten und ihre Schicksale bei der Entzündung. Verh. dtsch. Ges. Path. 16, 5 (1913). — MARCHIONINI, A., H. W. SPIER u. H. RÖCKL: Klinische, experimentelle und histologische Untersuchungen zur Behandlung der Hauttuberkulose mit Isonicotinsäurehydrazid. Hautarzt 4, 497 (1953). — MARGAROT, J., P. RIMBAUD, P. CAZAL et P. IZARN: Réticulosarcome cutanée à cellules polymorphes. Bull. Soc. franç. Derm. Syph. 58, 547 (1951). — MARIANI, G.: Klinischer und pathologisch-anatomischer Beitrag zum Studium der kutanen Leukämide der fibroepitheloiden Polylymphomatosen (Hodgkinsche Krankheit) und der Mykosis fungoides. Arch. Derm. Syph. (Berl.) 120, 781 (1918). — MARIE, J., R. ENORMAND, MALLET et J. SALET: Presse méd. 1941, 1146. Zit. nach O. FRESEN 1957. — MARIE, J., J. SALET, S. HEBERT et E. ELIACHOR: La réticulose cutanée et pulmonaire du nourisson (variété clinique de la maladie de Letterer-Siwe). Sem. Hôp. Paris 28, 2800 (1952). — MARILL, F. C., et R. STREIT: Réticulo-histiocytose maligne. Bull. Soc. franç. Derm. Syph. 66, 319 (1959). — MARILL, F. C., et E. TIMSITT: Réticulose maligne métaplasique chez un homme de trente ans. Bull. Soc. franç. Derm. Syph. 66, 111 (1959). — MARK, I., u. F. KIRÁLY: Blastomatöse Retikulose mit generalisierter Kalzinose. Zbl. allg. Path. path. Anat. 106, 37 (1964). — MARSHALL, A. H. E.: An outline of cytology and pathology of the reticular tissue. Edinburgh and London: Oliver & Boyd. 1956. — MARTINA, G.: Aspetti clinici della reticolosi linfocitaria. Minerva derm. 37, 68 (1962). — MASSHOFF, W.: Isoliertes extramedulläres Plasmozytom. Dtsch. med. Wschr. 72, 489 (1947). — MASSHOFF, W., u. B. FROSCH: Untersuchungen über den Reaktionsablauf im Lymphknoten. Virchows Arch. path. Anat. 331, 666 (1958). — MATRAS, A.: Leukämie der Haut. In: Dermatologie und Venerologie, hrsg. von H. A. GOTTRON u. W. SCHÖNFELD, Bd. III/2, S. 1207. Stuttgart: Georg Thieme 1959. — MAXIMOW, A.: Experimentelle Untersuchungen über die entzündlichen Neubildungen von Bindegewebe. Beitr. path. Anat., Suppl. 5 (1902). — Über die Zellformen des lockeren Bindegewebes. Arch. mikr. Anat. 67, 680 (1906). — Bindegewebe und blutbildende Gewebe. In: Handbuch der mikroskopischen Anatomie des Menschen, Bd. II/1, hrsg. von W. v. MÖLLENDORFF. Berlin: Springer 1927. — Über die Histiogenese der entzündlichen Reaktion mit Nachprüfung der von Möllendorff'schen Trypanblauversuche. Beitr. path. Anat. 82, 1 (1929). — MAYER, J., u. S. WOLFRAM: Zur Kenntnis der Reticulosarkomatose. Arch. Derm. Syph. (Berl.) 181, 327 (1940). — MAZZINI, M. A., and A. SCALETSKY: Reticulosis erythroderma (Sézary-Baccaredda). Rev. argent. Dermatosif. 45, 51 (1961). — McDONAGH, J. E. R.: Brit. J. Derm. 24, 85 (1912). Zit. nach KNOTH 1958. — McKELLAR, M., and G. F. HALL: Systemic mast cell disease with hereditary spherocytosis. Report of a case. N. Z. med. J. 59, 151 (1960). — McLEOD, J. M. H.: Proc. roy. Soc. Med. 19, 16 (1925/26). Zit. nach A. LEINBROCK 1958. — MEDINA, G.: Act. dermo-sifiliogr. (Madr.) 38, 416 (1947). Zit. nach KNOTH 1958. — MEDRAS, K., B. ZAWIRSKA, L. HIRNLOWA u. B. HALAWA: Reticulohistiocytosis leucaemica. Zbl. allg. Path. path. Anat. 106, 385 (1964). — MEESSEN, H.: Lipomelanotische Reticulose. Zbl. allg. Path. path. Anat. 89, 42 (1952). — Zur Pathomorphologie des retikulären Gewebes unter besonderer Berücksichtigung der lipomelanotischen Retikulose. Hautarzt 6, 1 (1955). — MEHL, J. W.: Cancer symposium; electrophoretic studies of plasma protein changes in neopl. diseases. Tex. Rep. Biol. Med. 8, 169 (1950). — MEINHOF, W.: Mukophanerosis intrafollicularis et seboglandularis symptomatica (Mucinosis follicularis symptomatica) bei kutaner Retikulose. Derm. Wschr. 152, 1287 (1966). — MEIREN, L. VAN DER, R. VAN BREUSEGHEN et J. ROBERT: Réticulose tumorale de la face. Arch. belges Derm. 14, 270 (1958). — MERKLEN, F. P., G.-R. MELKI et A. DEFRANOUX: Mélanodermie prurigineuse infiltrée, nettement délimitée, avec adenopathies généralisées et sans monstruositées cellulaires sanguines actuelles: réticulose maligne à forme d'érythrodermie pigmentogène. Bull. Soc. franç. Derm. Syph. 63, 130 (1956). — MEYER-ROHN, J.: Cytostatica. In: Handbuch der Haut- und Geschlechtskrankheiten, hrsg. von J. JADASSOHN, Erg.-Werk, Bd. V, Bandteil B, Teil 1, S. 1318. Berlin-Göttingen-Heidelberg: Springer 1962. — MEZZADRA, G.: Reticulosis a lenta evoluzione. G. ital. Derm. 107, 911 (1966). — MICHEL, P. J.: Réticulose nodulaire à évolution mortelle (note rectificative à propos d'une cas publié à la séance du 24. 2. 1956 sous le titre «un cas d'allergides nodulaires généralisées pseudotumorales»). Bull. Soc. franç. Derm. Syph. 64, 65 (1957). — MICHEL, P. J., P. MOREL et R. CREYSSEL: Urticaire pigmentaire généralisée maculeuse et papuleuse lichénoide particuliérement intense. Polymorphisme lésionel. Mastocytose médullaire temporaire; évolution vers une réticulose mastocytaire maligne? Essai de traitement par la métacortandracine et le 6-mercaptopurine. 9. Congr. Ass. Derm. Syph. 1956, 64. — MICHELS, N. A.: The mast cells. In: Handbook of hematology, ed. by H. DOWNEY, p. 235. New York: P. B. Hoeber inc. 1938. Zit. nach MUTTER, TANNENBAUM u. ULTMANN 1963. — MIEDZINSKI, F., H. SZARMACH u. H. KREJCZY: Zur Klinik der „sog. Reticulosarkomatose". Hautarzt 14, 393 (1963). — MIESCHER, G.: Fall von primären, multiplen Lymphosarkomen der Haut. Zbl. Haut- u. Geschl.-Kr. 49, 122 (1935). — MIMISSALE, F., e D. BATOLO: Un caso di reticulo-istiocitosi diffusa plasmocellulare aleucemica. Riv. Anat. pat. 9, 421

(1955). — MOESCHLIN, S.: Beitrag zur Morphologie der retikuloendothelialen Zellen des intravitalen Lymphknotenpunktates. Folia haemat. (Lpz.) 65, 181 (1941). — Die Milzpunktion. Basel: Benno Schwabe & Co. 1947. — Klinik der Retikulosen mit speziellem Hinweis auf Sensibilisierungserscheinungen durch die gebildeten Proteine. Helv. med. Acta 28, 306 (1961). — MONTGOMERY, H.: Benign and malignat dermal neoplasmas. J. Amer. med. Ass. 150, 1182 (1952). — MONTGOMERY, H., and P. A. O'LEARY: Multiple ganglioneuromas of the skin. Arch. Derm. Syph. (Chic.) 29, 26 (1934). — MONTGOMERY, H., H. F. POLLEY, and D. G. PUGH: Reticulohistiocytoma (reticulohistiocytic granuloma). Arch. Derm. 77, 61 (1958). MONTGOMERY, H., and C. H. WATKINS: Monocytic leukemia: Cutaneous manifestations of the Naegeli and Schilling types. Hemocytologic differentiation. Arch. intern. Med. 60, 51 (1937). — MORAWITZ, P., u. G. DENNECKER: Handbuch der inneren Medizin, Bd. IV, S. 26, hrsg. von GUSTAV V. BERGMANN u. RUDOLF STAEHLIN. Berlin: Springer 1926. — MOREL, P., J. PELLERAT, D. COLOMBE et J. MULLER: À propos de deux cas de réticulose histiomonocytaire. Bull. Soc. franç. Derm. Syph. 61, 228 (1954). — MOUQUIN, CALINAT et RAULT: Bull. Soc. méd. Hôp. Paris. Zit. nach CAZAL 1952. — MÜLLER-EBERHARD, H. J.: Das Kohlenhydrat der γ-Globuline des menschlichen Serums. Klin. Wschr. 34, 693 (1956). — MUNDT, E.: Die Klinik der retikulären Erkrankungen. Dtsch. med. Wschr. 82, 1856 (1957). — MUSGER, A.: Zur Morphogenese und Differentialdiagnose einer Hautretikulose, die unter dem Bild einer eigenartigen Erythrodermie ohne Melanodermie verlief. Wien. klin. Wschr. 39, 749 (1954). — Weiterer Beitrag zur Kenntnis der Retikulohistiocytose der Haut. Zbl. Haut- u. Geschl.-Kr. 88, 23 (1954). — Zur Kenntnis der Reticulohistiocytosen der Haut. Hautarzt 5, 56 (1954). — Zum Problem der Retikulosen in dermatologischer Sicht. Hautarzt 7, 466 (1956). — Weiterer Beitrag zur Kenntnis der Retikulohistiocytosen der Haut. Arch. Derm. Syph. (Berl.) 200, 520 (1955). — Erythrodermatische Retikulose der Haut mit analogen feingeweblichen Veränderungen der hautnahen Lymphknoten und subleukämischem Blutbild. Wien. klin. Wschr. 41, 403 (1956). — Erythrodermatische Reticulose der hautnahen Lymphknoten und subleukämischem Blutbild (Bildbericht). Hautarzt 8, 35 (1957). — Retikulose und Retothelsarkom. Hautarzt 9, 355 (1958). — Zur nosologischen Stellung der Retikulosarkomatose Gottron. Derm. Wschr. 142, 865 (1960). — Erythrodermatische Hautretikulosen (Vorkommen, Krankheitsbild, Pathogenese). Hautarzt 17, 148 (1966). — Hautretikulosen. Med. Klin. 62, 1157—1160 (1967). — MUTTER, R. D., M. TANNENBAUM, and J. E. ULTMANN: Systemic mast cell disease. Ann. intern. Med. 59, 887 (1963).

NAEGELI, O.: Blutkrankheiten und Blutdiagnostik. Berlin: Springer 1923. — NATHAN, SH.: Untersuchungen über die Beziehungen zwischen Plasmazellen und Gitterfasernetz. Ärztl. Wschr. 68, 403 (1957). — NÉKAM, L., JR.: Un cas de pityriasis rubra de Hebra amélioré par un traitement à la vitamine D. Ann. Derm. Syph. (Paris), sér. VIII, 9, 410 (1949). — NETTLESHIP, E.: Brit. med. J.1899 II, 323. Zit. nach SCHADEWALDT 1960. — NEUHOLD, R., u. S. WOLFRAM: Über Reticulohistiozytosen der Haut. Beitr. path. Anat. 112, 137 (1952). — NEUMANN, H., u. E. HOMMER: Versuche zur experimentellen Auslösung eosinophiler Metaplasien. Dtsch. Arch. klin. Med. 198, 189 (1951). — NEWNS, G. R., and J. L. EDWARDS: Case of plasma-cell myelomatosis with large renal metastasis and widespread renal tubular obstruction. J. Path. 56, 259 (1944). — NICHOLIS, A. G.: Canad. med. Ass. J. 17, 301 (1927). Zit. nach LEINBROCK 1958. — NICOLAU, S., et A. MAISLER: Erythrodermie exfoliative généralisée melanodermique; état subleucémique du sang et lymphocytose relative, et en plus, dégénérescence graisseuse massive du pancréas et adénome de la capsule surrénale gauche. Bull. Soc. franç. Derm. Syph. 45, 1333 (1938). — NIENHUIS, J. N.: Sarkom der Haut und Granuloma fungoides d'emblée. Z. Krebsforsch. 24, 450 (1927). — NÖDL, F.: Zur Histogenese der riesenzelligen Reticulohistiocytome. Arch. klin. exp. Derm. 207, 275 (1958). — NONNE, M.: Beitrag zur Klinik der Myelom-Erkrankung. Arch. Derm. Syph. (Berl.) 131, 250 (1921). — NORDENSON, N. G.: Reticulo-endotheliosis; report of case. Acta path. microbiol. scand., Suppl. 16, 255 (1933). — NORGAARD, O.: Acta med. scand. 176, 137 (1964). Zit. nach W. PIPER, TH. HARDMEIER u. E. SCHÄFER.

OBERLING, C.: Les réticulosarcomes et les réticulo-endothéliosarcomes de la moelle osseuse (sarcomes d'Ewing). Bull. Ass. franç. Cancer 17, 259 (1958). — OBERLING, C., et M. GUÉRIN: Les réticuloses et les réticuloendothéliosis; étude anatomo-clinique et expérimentale. Sang 8, 892 (1943). — OBERMAYER, M. E., and E. T. FOX: Lipomelanotic reticulosis of lymph nodes in a case of lichen planus. Arch. Derm. Syph. (Chic.) 60, 609 (1949). — OECHSLIN, R. J.: Osteomyelosklerose und Skelett. Acta haemat. (Basel) 16, 214 (1956). — OFFERHANS, L.: Borderline cases of Hodgkin disease. Proefschrift Med. Fak. Amsterdam 1957. — OLIVEIRA, G. DE: Über die Stellung der Retothelsarkome im System der Lymphdrüsengeschwülste. Virchows Arch. path. Anat. 298, 464 (1936/37). — OLIVER, E. A., and A. GREENBERG: Generalized erythroderma with lipomelanotic reticulosis (Pautrier-Woringer). Arch. Derm. Syph. (Chic.) 54, 621 (1946). — ORFANOS, C., u. G. K. STEIGLEDER: Die tumorbildende kutane Form des Morbus Waldenström. Dtsch. med. Wschr. 92, 1449—1454, 1475—1477 (1967). — ORKIN, M., and R. W. GOLTZ: A study of multicentric reticulohistiocytosis. Arch.

Derm. **89**, 640 (1964). — ORSOS, F.: Das Bindegewebsgerüst des Knochenmarks in normalem und pathologischem Zustand. Beitr. path. Anat. **76**, 36 (1926). — OSGOOD, E. E., and W. C. HUNTER: Plasma cell leukemia. Folia haemat. (Lpz.) **52**, 369 (1934). — OSTERTAG, B.: Die Retikulosen des Nervensystems. In: Krebsforschung und Krebsbekämpfung, Bd. V, S. 81. München: Urban & Schwarzenberg 1964.

PAPE, R., u. A. PIRINGER-KUCHINKA: Über die Wiederherstellung des lympho-retikulären Gewebes nach Strahlenschäden (nach Untersuchungen am Follikelapparat der Rattenmilz). Strahlentherapie **101**, 523 (1956). — PARKS, A. E.: Kasuistisches zur Frage der Reticulo-Endotheliose. Beitr. path. Anat. **94**, 245 (1934). — PASCHOUD, J. M.: Mastzellen nach Glukosamin-Injektionen. Dermatologica (Basel) **108**, 361 (1954). — Réticulose cutanée chronique. Dermatologica (Basel) **116**, 356 (1958). — PATEK, A. J., JR., and W. B. CASTLE: Plasma cell leukemia: a consideration of the literature with the report of a case. Amer. J. med. Sci. **191**, 788 (1936). — PAUTRIER, L. M., et F. WORINGER: Note préliminaire sur un tableau histologique particulier de lésions ganglionnaires accompagnant des éruptions dermatologiques généralisées, prurigineusses, de type cliniques différents. Bull. Soc. franç. Derm. Syph. **39**, 947 (1932). — Réticulo-sarcome de la joue. Bull. Soc. franç. Derm. Syph. **40**, 1147, 1659 (1933). — Contribution à l'étude de l'histo-physiologie cutanée; à propos d'un aspect histopathologique nouveau du ganglion lymphatique; la réticulose lipo-melanique accompagnant certaines dermatoses généralisées; les échanges entre la peau et la ganglion. Ann. Derm. Syph. (Paris) **8**, 256 (1937). — PAUTRIER, L. M., F. WORINGER et TH. CHORAZACK: Le mycosis fongoïde à tumeurs d'emblée. Bull. Soc. franç. Derm. Syph. **44**, 1323 (1937). — PEISER, B., u. W. BRANDENBURG: Beitrag zur Klinik und Histopathologie der Mykosis fungoides: granulomatöse Reticulohistiocytose mit Übergang in Reticulosarkom. Z. Haut- u. Geschl.-Kr. **26**, 61 (1959). — PELZIG, A.: Essential cryoglobulinemia with purpura. Arch. Derm. Syph. (Chic.) **67**, 429 (1953). — PENZOLD, H.: Über die Reticulose als eine Systemerkrankung des Reticuloendothelapparates. Dtsch. Arch. klin. Med. **180**, 88 (1937). — PERLICK, E., u. E. CONRAD: Hämatologie. Münch. med. Wschr. **108**, 2249 (1966). — PERRY, H. O., H. MONTGOMERY, and J. M. STICKNEY: Further observations on lichen myxedematosus. Ann. intern. Med. **53**, 955 (1960). — PIÉRARD, J., et R. PIRNAY: Histiocytomes xanthomateuses multiples de la peau. Arch. belges Derm. **8**, 122 (1952). — PINKUS, F.: Über die Hautveränderungen bei lymphatischer Leukämie und bei Pseudoleukämie. Arch. Derm. Syph. (Berl.) **50**, 37 (1899). — PINKUS, H.: Alopecia mucinosa. Arch. Derm. **76**, 419 (1957). — PINKUS, H., u. R. J. SCHOENFELD: Weiteres zur Alopecia mucinosa. Hautarzt **10**, 400 (1959). — PIÑOL AGUADE, J., y J. L. GRAU GILABERT: Asociación de reticulosis maligna y carcinoma. Act. dermo-sifiliogr. No 5—6, 3 (1966). — PIPER, W., TH. HARDMEIER u. E. SCHÄFER: Das Skleromyxödem Arndt-Gottron: eine paraproteinämische Erkrankung. Schweiz. med. Wschr. **97**, 829 (1967). — PISANI, M., e P. SANTOJANNI: Reticulosi lipomelanici; su due casi a tipo ti eritrodermia. Minerva derm. **33**, 482 (1958). — PLIESS, G.: Das eosinophile Knochengranulom. Virchows Arch. path. Anat. **321**, 355 (1952). — Das Granuloreticulom der Skelettmuskulatur. Virchows Arch. path. Anat. **325**, 249 (1954). — Über kryptogene tumorartige Begleitretikulosen. Zbl. allg. Path. path. Anat. **96**, 571 (1957). — Die Stellung der Retikulose in Biologie und Nosologie. Derm. Wschr. **140**, 1228 (1959). — PLOTNICK, H., and M. ABBRECHT: Alopecia mucinosa and lymphoma. Arch. Derm. **92**, 137 (1965). — PLUM, P., and S. THOMSEN: Three causes of monocytic leukemia (reticuloendotheliosis). Ugeskr. Lag. **100**, 755 (1938). — POCHE, R., u. G. STÜTTGEN: Beitrag zur Monocytenleukämie. Arch. klin. exp. Derm. **202**, 358 (1956). — PODVINEC, E., u. K. TERPLAN: Zur Frage der sogenannten akuten aleukämischen Retikulose. Arch. Kinderheilk. **93**, 40 (1931). — POILHERET, P., F. PIROT, R. ANSQUER, G. DELETTRE et J. F. FOURTELIER: Deux cas de réticulose maligne. Bull. Soc. franç. Derm. Syph. **71**, 553 (1964). — POINSO, R., Y. POURSINES et A. DELPIN: Marseille-méd. **82**, 113 (1945). Zit. nach CAZAL 1945. — POPESCU, I., u. S. MARINESCU: Klinische Beiträge zum Problem der plasmacytären Retikulosen. Folia haemat. (Lpz.) **77**, 60 (1960). — PORTUGAL, H., F. FIALHO y A. MILIANO: Histiocitomatosis gigantcitaria generalizada. Rev. argent. Dermatosif. **28**, 121 (1944). — PROPPE, A.: Diskussionsbemerkung zu J. DELACRÉTAZ. Arch. klin. exp. Derm. **219**, 972 (1964). — PUCHOL, J. R.: Réticulo-histiocytomatoses cutanées. Bull. Soc. franç. Derm. Syph. **62**, 417 (1955).

RANDALL: Amer. J. Cancer **19**, 838 (1939). Zit. nach A. LEINBROCK 1959. — RANDERATH, E.: Nephrose — Nephritis. Klin. Wschr. **20**, 281, 305 (1941). — RANDERATH, E., u. H. ULBRICHT: Über die sog. lipomelanotische Reticulose (zugleich ein Beitrag zur Differentialdiagnose der Brill-Symmers'schen Krankheit. Frankfurt. Z. Path. **63**, 60 (1952). — RAYBAUD, A., et A. JONNE: À propos d'un cas de leucémie aiguë lymphoide avec réticulose et hémogénie; présence d'un streptocoque dans le sang. Bull. Soc. méd. Hôp. Paris **53**, 42 (1937). — REBUCK, J. W., C. B. BAYD, and J. M. RIDDLE: Skin windows and the action of the reticuloendothelialsystem in man. Ann. N.Y. Acad. Sci. **88**, 30 (1960). — REILLY, E. B., J. SHINTANI, and J. GOODMAN: Systemic mast cell disease with urticaria pigmentosa. Arch. Derm. Syph. (Chic.) **71**, 561 (1955). — REISSMANN, G.: Das Serumeiweißbild bei malignen Retikulosen. Folia haemat. (Lpz.) **78**, 113 (1961). — REMY, D.: Die Mastocytose. Dtsch. med. Wschr. **82**, 719

(1957). — Gewebsmastzellen und Mastzellenretikulose. Funktionelle Zytologie und Klinik. Ergebn. inn. Med. Kinderheilk., N.F. **17**, 133 (1962). — Rentiers, P. L., and H. Montgomery: Nodular subepidermal fibrosis (dermatofibroma versus histiocytoma). Arch. Derm. Syph. (Chic.) **59**, 568 (1949). — Reschad, H., u. V. Schilling: Über eine neue Leukämie durch echte Übergangsformen (Splenozytenleukämie) und ihre Bedeutung für die Selbständigkeit dieser Zellen. Münch. med. Wschr. **60**, 1981 (1913). — Richter, M. N.: The leukemias — their scope. In: The leukemias, etiology, pathophysiology and treatment, p. 195. New York 1957. — Rider, T. L., A. A. Stein, and J. W. Abduhl: Generalized mast cell disease and urticaria pigmentosa; report of case. Pediatrics **19**, 1023 (1957). — Ritchie, G., and O. O. Meyer: Reticulo-endotheliosis. Arch. Path. **22**, 729 (1936). — Robbins, J. G.: Bullous urticaria pigmentosa (report of an unusual case). Arch. Derm. Syph. (Chic.) **70**, 232 (1954). — Robb-Smith, A. H. T.: Hyperplasia and neoplasia of the lymphoreticular tissue. J. Path. Bact. **47**, 457 (1938). — Reticulosis and reticulosarcoma; histological classification. J. Path. Bact. **47**, 457 (1938). — Reticular tissue and skin. Brit. J. Derm. **56**, 151 (1944). — The lymph node biopsy. In: Recent advances in clinical pathology, p. 350. London: J. A. Churchill Ltd. 1947. — Persönliche Mitteilung an Lennert 1964. Zit. nach Lennert 1964. — Röckl, H., H. Borchers u. F. Schröpl: Lymphoretikulose der Haut mit Makroglobulinämie als Sonderform der Makroglobulinämie Waldenström? Hautarzt **13**, 491 (1962). — Roederer, J. A. H., E. Nonclercq et J. Milfort: Réticulose à type clinique inhabituel. Bull. Soc. franç. Derm. Syph. **61**, 390 (1954). — Rörvik, K.: Cryoglobulinemia, survey and case report. Acta med. scand. **137**, 390 (1950). — Rössle, R.: Lymphatische Leukämie ohne Systemerkrankung der Lymphknoten. Virchows Arch. path. Anat. **275**, 310 (1929). — Das Retothelsarkom der Lymphdrüsen; seine Formen und Verwandtschaften. Beitr. path. Anat. **103**, 385 (1939). — Rohmer, P.: Les réticuloses. Acta paediat. belg. **8**, 281 (1954). — Rohr, K.: Zum Problem der Differenzierungspotenzen der Leukosezellen. Schweiz. med. Wschr. **78**, 991 (1948). — Das menschliche Knochenmark. Stuttgart: Georg Thieme, 2. Aufl. 1949 u. 3. Aufl. 1960. — C. R. Congr. Soc. Int. Europ. Haematol. 1951. Zit. nach Leinbrock. — Reaktive Retikulosen des Knochenmarkes (Entzündliche retikulohistiocytäre Reaktionen, Markgranulome, histioplasmocytäre Retikulosen, Osteomyelosklerosen). Acta haemat. (Basel) **7**, 321 (1952). — Das retikulohistiocytäre System und seine Erkrankungen vom klinischen Standpunkt. Verh. dtsch. Ges. Path. **37**, 127 (1954). — Myelofibrose und Osteomyelosklerose (Osteomyeloretikulose-Syndrom). Acta haemat. (Basel) **15**, 209 (1956). — Rollier, R., et F. Pelbois: Réticulomatose histiomonocytaire à tumeur unique et parapsoriasis en plaque étandu. Maroc. méd. **36**, 825 (1957). — Rosenheim, M. L., and G. P. Wright: Case of multiple myelomatosis with generalised amyloid-like deposits and unusual renal changes. J. Path. Bact. **37**, 332 (1933). — Rosner, J., u. Z. Nowak: Maligne Hautretikulose mit aphthösen Munderscheinungen. Dermatologica (Basel) **133**, 205 (1966). — Ross, J. M.: Pathology of reticular tissue illustrated by two cases of reticulosis with splenomegaly and case of lymphadenoma. J. Path. Bact. **37**, 311 (1933). — Rost, H.: Die Symmers'sche Erkrankung. Arch. Derm. Syph. (Berl.) **187**, 351 (1949). — Rotter, W., u. W. Büngeler: Blut und blutbildende Organe. In: Kaufmann u. Staemmler, Lehrbuch der speziellen pathologischen Anatomie, 11./12. Aufl., Bd. I/1, S. 414. Berlin 1955. — Knochenmarksinsuffizienz; die Systemhyperplasien der blutbildenden Gewebe und Organe. In: Lehrbuch der speziellen pathologischen Anatomie, hrsg. von E. Kaufmann u. M. Staemmler, Bd. I/1, S. 459 u. 526. 1955. — Roulet, F. C.: Das primäre Retothelsarkom der Lymphknoten. Virchows Arch. path. Anat. **277**, 15 (1930). — Weitere Beiträge zur Kenntnis des Retothelsarkoms der Lymphknoten und anderer lymphoiden Organe. Virchows Arch. path. Anat. **286**, 702 (1932). — Die ausgesprochen blastomatösen Retikulosen. Verh. dtsch. Ges. Path. **37**, 105 (1954). — Rubenfeld, S.: Radiation treatment of giant follikular lymphadenopathy and its polymorphous cell sarcoma derivative (Symmers disease). Amer. J. Roentgenol. **44**, 875 (1940). — Rudner, E. J., A. Mehregan, and H. Pinkus: Scleromyxedema. Arch. Derm. **93**, 3 (1966). — Rundless, R. W., G. R. Cooper, and R. W. Willet: Multiple myeloma; abnormal serum components and Bence Jones proteins. J. clin. Invest. **30**, 1125 (1951). — Rusch, H.: Fall zur Diagnose. Zbl. Haut- u. Geschl.-Kr. **34**, 412 (1930). — Reticuloendotheliose der Haut. Zbl. Haut- u. Geschl.-Kr. **41**, 39 (1932). — Russel, H. K., u. B. M. Jacobson: Naval. Med. Bull. **45**, 967 (1945). Zit. nach Leinbrock. — Rustitzky, J.: Dtsch. Z. Chir. **3**, 162 (1873). Zit. nach A. Leinbrock 1958.

Sabin, Doan and Cunningham: Zit. nach Cazal 1952. — Sachs, F., u. F. Wohlwill: Systemerkrankungen des reticuloendothelialen Apparates und Lymphogranulomatose. Virchows Arch. path. Anat. **264**, 640 (1927). — Sacrez, R., L. Fruhling, G. Heumann et R. Cahn: Réticulohistiocytose maligne à forme cutanée et hématologique chez un nouveau-né. Arch. franç. Pédiat. **11**, 141 (1954). — Sagher, F.: Systemic involvement in urticaria pigmentosa. Proc. 11. int. Congr. Derm. (Stockh.) 1957, **2**, 115 (1960). — Sagher, F., C. Cohen, and S. Schorr: Concomitant bone change in urticaria pigmentosa. J. invest. Derm. **18**, 425 (1952). — Sagher, F., and Z. Even-Paz: Mastocytosis and the mast cell. Basel and New York: S. Karger 1967. — Sagher, F., E. Liban, H. Ungar, and S. Schorr: Urticaria pigmentosa with bone involvement. Mast cell aggregates in bones and myelosclerosis found at autopsy in a case dying of monocytic leukemia. J. invest. Derm. 27, 355 (1956). — Sagher, F., and S. Schorr: Bone lesions in urticaria pigmentosa. Report of a central registry on skeletal X-ray survey. J. invest. Derm. 26, 431 (1956). — Saini: Clin. Pediat. (N.Y.) 24, 339 (1942). Zit. nach Fresen 1957. — Samman, P. D.: Survey of reticuloses and premycotic eruptions. A preliminary report. Brit. J. Derm. 76, 1 (1964). — Sancho, I.: Un caso de mastocitosi diffusa cutaneo-visceral. Act. dermo-sifiliogr. (Madr.) 53, 219 (1962). — Sangster, A.: An anomalous mottled rash, accompanied by pruritus, factitious urticaria, and pigmentation, "Urticaria pigmentosa (?)". Trans. clin. Soc. Lond. 11, 161 (1878). — Sannicandro, G.: Reticuloendoteliosi leucemica con manifestazione cutanee purpuriche papulose ed echimoliche. Haematologica 15, 433 (1934). — La manifestazioni cutanee della leucemia monocitica. Arch. ital. Derm. 13, 263 (1937). — Schabad, L. M., u. K. Wolkoff: Über leukämische Retikulose und ihre blastomatöse Form. Beitr. path. Anat. 90, 285 (1932). — Schadewaldt, H.: Die ersten Mitteilungen über Urticaria pigmentosa. Hautarzt 11, 177 (1960). — Schäfer, G.: Generalisierte essentielle Reticulohistiocytose. Virchows Arch. path. Anat. 323, 269 (1953). — Schallock, G.: Neuere Untersuchungen über kollagenes und lymphoretikuläres Gewebe der Haut. Arch. Derm. Syph. (Berl.) 198, 567 (1954). — Die experimentellen Retikulosen. Verh. dtsch. Ges. Path. 37, 86 (1954). — Schaur, A.: Die Mastzelle. Veröffentl. aus der morpholog. Path., H. 68. Stuttgart: Gustav Fischer 1964. — Scheinker, I.: Myelom und Nervensystem; über eine bisher nicht beschriebene, mit eigentümlichen Hauterscheinungen einhergehende Polyneuritis bei einem plasmazellulären Myelom des Sternums. Dtsch. Z. Nervenheilk. 147, 247 (1938). — Scheurlen, P. G.: Atypische Gamme-Globuline bei nicht-hämatologischen Erkrankungen. Verh. dtsch. Ges. inn. Med. 69, 451 (1963). — Schilling, V. v.: Klinik der Retikuloendotheliosen und Mastocytosen. Z. ges. inn. Med. 5, 506 (1950). — Schimpf: Primärblastomatöse Retikulose der Haut unter dem Bilde der Morphea. Arch. klin. exp. Derm. 222, 1 (1965). — Schirren, C. G.: Röntgentherapie von Hautveränderungen bei Leukosen und malignen Retikulosen. In: Handbuch der Haut- u. Geschlechtskrankheiten (J. Jadassohn), Erg.-Werk., Bd. 5, Teil 2, S. 427. Berlin-Göttingen-Heidelberg: Springer 1959. — Schmidt, C. G.: Derzeitiger Stand und Wirkungsmechanismen der Zytostatikabehandlung. In: Krebsforschung und Krebsbekämpfung, Bd. 6, S. 309. München: Urban & Schwarzenberg 1967. — Schmidt, H. W.: Akute Retikulose mit hochgradiger Eosinophilie. Dtsch. Arch. klin. Med. 193, 264 (1948). — Schnyder, U. W., u. C. G. Schirren: Über die lipomelanotische Retikulose und ihre Beziehungen zu anderen Lymphknotenerkrankungen. Dermatologica (Basel) 108, 319 (1954). — Schobel, B., u. F. Wewalka: Paraproteinämie. Plasmocytom oder Morbus Waldenström. Dtsch. Arch. klin. Med. 207, 85 (1961). — Schubert, J. C. F.: Differenzierungsmethode metachromatischer Zellen nach ihrem Säuregrad. Experientia (Basel) 12, 346 (1956). — Schüller, A.: Über ein eigenartiges Syndrom von Deppituitarismus. Wien. med. Wschr. 1921, 510. — Schuermann, H.: Krankheiten der Mundschleimhaut und Lippen. München: Urban & Schwarzenberg 1955, 2. Aufl. 1958. — Schulten, H.: Zur Diagnose des multiplen Myeloms mit Hilfe der Sternalpunktion. Münch. med. Wschr. 83, 642 (1936). — Schultz, A., F. Wermbter u. H. Puhl: Eigentümliche granulomartige Systemerkrankungen des hämatopoetischen Apparates (Hyperplasie des reticulo-endothelialen Apparates). Virchows Arch. path. Anat. 252, 519 (1924). — Schulz, K. H., M. Jänner u. O. Wex: Akute Retikulose bei einem Säugling. Dermatologica (Basel) 135, 392 (1967). — Schwartz, M. G., E. Greviliot et L. Gery: Essai provisoire de classification de granulomatoses malignes. À propos d'un cas de réticulo-granulomatose maligne à prèdominance cutanée et musculaire («dermatomyosite») avec état leucémique terminal. Bull. Soc. franç. Derm. Syph. 44, 1498 (1937). — Schwiegk, H., u. A. Jores: Lehrbuch der inneren Medizin, Bd. 2, S. 385. Berlin-Göttingen-Heidelberg: Springer 1949. — Scott, R. B., and A. H. T. Robb-Smith: Histiocytic medullary reticulosis. Lancet 1939, 237, 194. — Scotti, G.: Su di un caso di reticulosis lipomelanica a tipo eritrodermico. Dermatologica (Napoli) 15, 269 (1964). — Sedat, H.: Un cas de réticuloendothéliose leucémique (leucémie à monocates). Schweiz. med. Wschr. 65, 232 (1935). — Selye, H.: The mast cells. Washington: Butterworth 1965. — Semsroth, K.: Leukemic reticuloendotheliosis, its relation to the blood picture of lymphatic leukemia. Folia haemat. (Lpz.) 52, 132 (1934). — Sézary, A.: Nosologie de l'urticaire pigmentaire. Bull. méd. (Paris) 50, 211 (1936). — À propos de la nosologie de l'urticaire pigmentaire. Les mastocytomes. Bull. Soc. franç. Derm. Syph. 43, 357 (1936). — Classification des réticulo-endothélioses. Presse méd. 49, 666 (1941). — Une forme cutanée de la réticulose aiguë maligne. Presse méd. 49, 800 (1941). — Conception générale des réticuloses et de leurs formes cutanées. Presse méd. 50, 593 (1948). — Une nouvelle réticulose cutanée. (La réticulose maligne leucémique à histio-monocytes monstrueux et à forme d'érythrodermie oedémateuse et pigmentée). Ann. Derm. Syph. (Paris) 9, 5 (1949). — Sézary, A., et M. Bolgert: Réticulose érythrodermique avec réticulémie. Bull. Soc. franç. Derm. Syph. 49, 355 (1942). — Sézary, A., et Y. Bouvrain: Érythrodermie avec présence de cellules monstrueueses dans le derme et dans le sang circulant. Bull. Soc. franç. Derm. Syph. 45, 254 (1938). — Sézary, A., A. Horowitz et H. MASHAS: Érythrodermie avec présence des celles monstrueuses dans le derme et dans le sang circulant (second cas). Bull. Soc. franç. Derm. Syph. **45**, 395 (1938). — SÉZARY, A., et G. LEVY-COBLENTZ: De l'histiocytome au xanthome. Bull. Soc. franç. Derm. Syph. **40**, 798 (1933). — SHELDON, J. H., F. YOUNG, and S. C. DYKE: Acute dermatomyositis associated with reticulo-endothelious, with node on histological findings. Lancet **1939**, I 82. — SHERLOCK, S.: Krankheiten der Leber und Gallenwege, 3. Aufl., S. 605. München: J. F. Lehmann 1965. — SIEGMUND, H.: Untersuchungen über Immunität und Entzündung. Ein Beitrag zur Pathologie des Endothelapparates. Verh. dtsch. Ges. Path. **19**, 114 (1923). — Über einige Reaktionen der Gefäßwände und des Endokards bei experimentellen Allgemeininfektionen. Verh. dtsch. Ges. Path. **20**, 260 (1925). — SIMMONDS (1913): Zit. nach H. A. GOTTRON 1959. — SIWE, S. A.: Die Retikuloendotheliose, ein neues Krankheitsbild unter den Hepatosplenomegalien. Z. Kinderheilk. **55**, 212 (1933). — SNAPPER, I., L. B. TURNER, and H. L. MOSCOVITZ: Multiple myeloma. New York: Grune & Stratton Inc. 1953. Zit. nach BLUEFARB 1958. — SÖNNICHSEN, N.: Reticulosarkomatose Gottron. Zbl. Haut- u. Geschl.-Kr. **115**, 53 (1963). — SOLOFF, L. A.: Lipomelanotic reticular hyperplasia of lymph nodes; report of case. J. Labor. clin. Med. **27**, 343 (1941). — SPIEGLER, E.: Über die sogenannte Sarkomatosis cutis. Arch. Derm. Syph. (Berl.) **27**, 163 (1894). — STADLER, L.: Ein Beitrag zum Bild des multiplen Myelom mit Amyloidose. Folia haemat. (Lpz.) **61**, 353 (1939). — STÄPS, R.: Retikulosarkomatose Typ Gottron. Zbl. Haut- u. Geschl.-Kr. **112**, 51 (1962). — STARK, E., F. W. v. BUSKIZ, and J. F. DALY: Radiologic and pathologic bone changes associated with urticaria pigmentosa. Arch. Path. **62**, 143 (1956). — STASNEY, J., and H. DOWNEY: Subacute lymphatic leukemia; histogenetic study of case with 3 biopsies. Amer. J. Path. **11**, 113 (1935). — STEIGLEDER, G. K.: Histologische und histochemische Veränderungen von Karzinomgewebe nach Anwendung von E 39. Derm. Wschr. **136**, 1174 (1957). — Neoplastisch wuchernde Zellen der Cutis und Subcutis. In: Handbuch der Haut- und Geschlechtskrankheiten, hrsg. von J. JADASSOHN, Erg.-Werk I/2, S. 687. Berlin-Göttingen-Heidelberg: Springer 1964. — STEIGLEDER, G. K., u. H. G. HUNSCHA: Die Reticulosarkomatosen der Haut. Arch. klin. exp. Derm. **205**, 435 (1958). — STEINHARDT, M. J., and G. S. FISHER: Cold urticaria and purpura as allergic aspects of cryoglobulinemia. J. Allergy **24**, 335 (1953). — STEPPERT, A., u. ST. WOLFRAM: Über das Sarkom der Haut. Arch. Derm. Syph. (Berl.) **193**, 566 (1952). — STERNBERG, C.: Lymphogranulomatose und Retikuloendotheliose. Ergebn. allg. Path. path. Anat. **30**, 1 (1936). — STEWART, M., J. HEMET et DELAUNAY: Érythrodermie; réticulose maligne subleucémie. Bull. Soc. franç. Derm. Syph. **72**, 418 (1965). — STUTZMAN, L., S. ZSOLDOS, J. C. AMBRUS, and O. ASBOE-HANSEN: Systemic mast cell disease; physiologic considerations in report of a patient treated with nitrogen-mustard. Amer. J. Med. **29**, 894 (1960). — SULZBERGER, M. B.: A case for diagnosis (melanoderma as result of a chronical eczematous process?). Arch. Derm. Syph. (Chic.) **40**, 337 (1939). — SUNDBERG, R. D.: Lymphocytogenesis in human lymph nodes. J. Lab. clin. Med. **32**, 777 (1947). — SUURMOND, D.: Eczema or on early stage of a reticulosis. Dermatologica (Basel) **128**, 98 (1964). — SWIRTSCHEWSKAJA, B.: Über leukämische Retikuloendotheliose. Virchows Arch. path. Anat. **267**, 456 (1928). — SWITZER, P. K., V. MOSELEY, and W. M. CAMMON: Extramedullary plasmocytoma involving pharynx, skin and lymph nodes. Arch. intern. Med. **86**, 402 (1950). — SYMMERS, D.: Giant follicular lymphadenopathy with or without splenomegaly; its transformation into polymorphous cell sarcoma of lymph follicles and its association with Hodgkin's disease, lymphatic leukemia and apparently unique disease of lymph nodes and spleen — Disease entity believed hereofore undescribed. Arch. Path. **26**, 603 (1938). — SYMMERS, D., and W. HUTCHESON: Reticuloendotheliomatosis. Arch. Path. **27**, 562 (1939). — SYMMERS, W. S. T.: Reticulosis (some comments on pathology of reticuloses). Brit. J. Radiol. **24**, 469 (1951). — SZWEDA, J. A., J. P. ABRAHAM, G. FINÉ, and R. K. NIXON: Systemic mast cell disease. A review and report of three cases. Amer. J. Med. **32**, 227 (1962).

TAPPEINER, J.: Zur Pathogenese des Lichen myxoedematosus (Mucinosis papulosa cutis). Arch. klin. exp. Derm. **201**, 160 (1955). — TAPPEINER, J., L. PFLEGER u. H. HOLZNER: Zur Mucinosis follicularis (Alopecia mucinosa Pinkus). Arch. klin. exp. Derm. **215**, 209 (1962). — TARGETT, J. H.: Giant-celled tumours of the integument. Transact. path. Soc. Lond. **48**, 230 (1897). — TASEI, A., P. LE COULANT et J. FAURE: Réticulose histiomonocytaire à manifestations cutanées tumorales, nécrotiques et ulcéreuses. Ann. Derm. Syph. (Paris) **10**, 125 (1950). — TASWELL, H. F., and R. K. WINKELMANN: Sézary syndrome — a malignant reticulemic erythroderma. J. Amer. med. Ass. **177**, 465 (1961). — TEDESCHI, L. G., and D. T. LANSINGER: Sézary syndrome (A malignant leukemic reticuloendotheliosis). Arch. Derm. **92**, 257 (1965). — TEICHERT, G.: Spongiosklerose bei der Mastzellenretikulose. Dtsch. med. Wschr. **87**, 1242 (1962). — TELLER, H.: Zur Kasuistik der Retikulosarkomatosen. Derm. Wschr. **139**, 153 (1959). — Zur Kasuistik der Retikulosarkomatosen. Derm. Wschr. **140**, 1232 (1959). — THIERS, H., D. COLOMB, J. FAYOLLE, F. ARCADIO et NORE-JOSSERAND: Réticulose histiomonocytaire à plaque unique; récidive malgré ablation chirurgicale précose large. Bull. Soc. franç. Derm. Syph. **66**, 214 (1959). — THIERS, H., D. COLOMB, J. FAYOLLE et G. MOULIN:

Réticulose cutanée nodulaire d'allure éruptive évoluant avec poussées spontanement régressive. Bull. Soc. franç. Derm. Syph. 65, 138 (1958). — THIERS, H., D. COLOMB, J. FAYOLLE et PELLET: Atrophie cutanée à type de poikilodermie aparaissant au cours de l'évolution d'une réticulose à forme érythrodermique stabilisée par le cortancyl. Bull. Soc. franç. Derm. Syph. 66, 732 (1959). — THIERS, H., J. FAYOLLE, G. PICOT et P. MEUNIER: Réticulose histiomonocytaire à début psoriasiforme; embolie pulmonaire massive terminale. Bull. Soc. franç. Derm. Syph. 71, 107 (1964). — TISCHENDORF, W., u. F. HARTMANN: Makroglobulinämie (Waldenström) mit gleichzeitiger Hyperplasie der Gewebsmastzellen. Acta haemat. (Basel) 4, 374 (1950). — Zur Dysproteinämie bei reaktiven und blastomatösen Blutkrankheiten. Acta haemat. (Basel) 6, 140 (1951). — TOURAINE, A., G. SOLENTE et P. RENAULT: Urticaire pigmentaire avec réaction splénique et myélémique. Bull. Soc. franç. Derm. Syph. 40, 1691 (1933). — TRAPL, J.: Čs. Derm. 26, 198 (1951). Zit. nach KNOTH 1958. — TRESKE, U., E. ALTENÄHR u. J. LINDNER: Histomorphologische und cytologische Befunde bei einem Fall von Gewebsmastzell-Retikulose mit akutem leukämieartigem Verlauf. Blut 17, 287 (1968). — TRITSCH, H.: Über Geschwülste und geschwulstartige Krankheiten mit Ausgang vom reticulären Bindegewebe der Haut. Teil I u. II. Hautarzt 8, 1, 49 (1957). — Diskussionsbemerkung zu MEINHOF 1966. Derm. Wschr. 152, 1288 (1966). — TRITSCH, H., u. W. KIESSLING: Beitrag zu den geschwulstartigen Erkrankungen des retikulären Bindegewebes der Haut. Arch. klin. exp. Derm. 203, 83 (1956). — Zur Differentialdiagnose der Geschwülste und geschwulstartigen Krankheiten des retikulären Bindegewebes der Haut. Hautarzt 10, 117 (1959). — TSCHISTOWITSCH, T., u. O. BYKOWA: Retikulose als eine Systemerkrankung der blutbildenden Organe. Virchows Arch. path. Anat. 267, 91 (1928). — TRUBOWITZ, S., and C. F. SIMS: Subcutaneous fat in leukemia and lymphoma. Arch. Derm. 86, 520 (1962).

UEHLINGER, E.: Aleukämische Retikulose. Beitr. path. Anat. 83, 719 (1930). — Das eosinophile Knochengranulom. In: Handbuch der gesamten Hämatologie, 2. Aufl., Bd. IV, S. 56. München u. Berlin: Urban & Schwarzenberg 1963. — UGRIUMOW, B.: Ein Fall von akuter Reticulo-Endotheliose. Zbl. allg. Path. path. Anat. 42, 103 (1928). — UNDRITZ, E.: Die nicht zur Blutkörperchenbildung gehörenden Zellen intravitaler Knochenmarkspunktate nebst Auszählungsschema für Myelogramme. Schweiz. med. Wschr. 76, 333 (1946). — UNGAR, H.: Ein Fall von subleukämischer lymphocytärer Reticuloendotheliose mit Übergang in reticuloendotheliales Sarkom des Humerus. Beitr. path. Anat. 91, 59 (1933). — UNNA, P. G.: Beiträge zur Anatomie und Pathogenese der Urticaria simplex und pigmentosa. Mh. prakt. Derm. 6, Erg.-Heft, Beitr. I/1 (1887).

VAUGHAN, J. M., and C. K. HARRISON: Leuco-erythroblastic anaemia and myelosclerosis. J. Path. Bact. 48, 339 (1939). — VAYRE, J., et M. GUILLOT: Réticulose histiomonocytaire. Bull. Soc. franç. Derm. Syph. 63, 248 (1956). — VERMENOUZE, P., et J. STEPHANOPOLI: Mucinose folliculaire de Pinkus avec réticulose maligne. Bull. Soc. franç. Derm. Syph. 70, 500 (1963). — VILANOVA, X., et F. DE DULANTO: Réticulose histio-monocytaire chronique avec manifestations cutanées. Presse méd. 58, 1442 (1950). — VILANOVA, X., J. PIÑOL, C. ROMAGUERA y A. CASTELLS: Reticulosarcomatosis cutanea tipo gottron. Act. dermosifiliogr. (Madr.) 46, 273 (1955). — VIOLETTE, G., et N. BARETY: Réticulose monocytaire maligne. Bull. Soc. franç. Derm. Syph. 62, 120 (1955). — VOLLAND, W.: Zur Kenntnis der atypischen und lokalen Amyloidose. (Mit der Wiedergabe eines Falles von atypischer Amyloidose bei multiplen Myelomen. Virchows Arch. path. Anat. 298, 660 (1937).

WÄTJEN: Reticuloendotheliales System und Reticuloendotheliosen. Z. ges. inn. Med. 5, 500 (1950). — WAGNER, K., u. H. NEUN: Retikulose mit Übergang in diffuses Plasmocytom und Plasmazellenleukämie. Krebsarzt 10, 34 (1955). — WAITZ, R., et G. HOERNER: Syndrome agranulocytaire avec myéloblastémie et prolifération réticulo-endothéliale médullaire, viscérale, oculaire. Intérêt diagnostique de celle prolifération. Sang 12, 801 (1938). — WALDENSTRÖM, J.: Advanc. intern. Med. 5, 398 (1937). Zit. nach A. LEINBROCK 1958. — Incipient myelomatosis or "essential" hyperglobulinemia with fibrinogenopenia, — a new syndrome? Acta med. scand. 117, 216 (1947). — Die Myelomkrankheit. Vorkommen und Verlauf in einer Stadtbevölkerung. Med. Klin. 59, 413 (1964). — WALLGREN, A.: Upsala. Läk.-Fören. Förh. 25, 113 (1920). Zit. nach LEINBROCK 1958. — WALTHER, M., u. G. STROCKA: Akute leukämische Reticuloendotheliose unter dem Bild einer Leukosarkomatosis cutis. Arch. Derm. Syph. (Berl.) 166, 699 (1932). — WARIN, R. P., and C. D. EVANS: Reticulohistiocytosis (histochemical investigations). Proc. 11. int. Congr. Derm. (Stockh.) 1957, 2, 135 (1960). — WARIN, R. P., and R. C. W. HUGHES: Diffuse cutaneous mastocytosis. Brit. J. Derm. 75, 296 (1963). — WARZECHA: Monozytäre Reticulose mit Beteiligung des Knochenmarkes. Arch. Derm. Syph. (Berl.) 200, 611 (1955). — WATERS, W. J., and P. S. LACSON: Mast cell leukemia presenting as urticaria pigmentosa. Report of case. Pediatrics 19, 1033 (1957). — WAYSON, J. T., and F. D. WEIDMAN: Aleukemic reticulosis. Arch. Derm. Syph. (Chic.) 34, 755 (1936). — WEICKER, B., K. BRÉDDIN u. K. RÖTTGER: Zur Problematik des Plasmocytoms. Dtsch. med. Wschr. 81, 655 (1956). — WEIDMANN, A. I., and A. G. FRANKS: Hodgkin's disease concurrent with urticaria pigmentosa. Arch. Derm. 85, 167 (1963). — WEISE, H. J.: Das klinische und feingewebliche Bild des Histiocytoms. Z. Haut- u. Geschl.-Kr. **24**, 288 (1958). — WELLS, G. L.: Lymphoma presenting with follicular mucinosis. Proc. roy. Soc. Med. **56**, 729 (1963). — WIEN-BECK, J.: Das Retikuloendothel bei Leukämien. Folia haemat. (Lpz.) **61**, 15 (1938). — WILKE, G.: Über primäre Reticulo-endotheliosen des Gehirns. Mit besonderer Berücksichtigung bisher unbekannter eigenartiger granulomatöser Hirnprozesse. Dtsch. Z. Nervenheilk. **164**, 332 (1950). — WILSON, H. T. H., and J. FIELDING: Sézary's reticulosis with exfoliative dermatitis. Brit. J. Derm. **1**, 1087 (1953). — WINKLER, K.: Neoplastische Wucherung des RES der Haut. Z. Haut- u. Geschl.-Kr. **20**, 9 (1956). — Über die Retikulosen der Haut. Z. ärztl. Fortbild. (W.-Berlin) **52**, 369 (1963). — WINTROBE, M. M., and M. V. BUELL: Bull. Johns Hopk. Hosp. **52**, 156 (1933). Zit. nach LEINBROCK. — WIRTSCHAFTLER, Z. T., E. C. GAULDEN, and D. W. WILLIAMS: Arch. Derm. **74**, 302 (1956). — WISKEMANN, A.: Die Röntgenbestrahlung der Hautretikulosen. Derm. Wschr. **140**, 1233 (1959). — WOLFRAM, S.: Periphere kutane Retikulose mit Melanodermie unter dem Bild einer schuppenden Erythrodermie. Klin. Wschr. **3**, 235 (1948). — WORINGER, F., et S. L. KWIATKOWSKI: L'histiocytome de la peau. Ann. Derm. Syph. (Paris) **3**, 998 (1932). — WORINGER, F., et J. P. STIEGER: Naevo-xanthome de Mac Donagh. Bull. Soc. franç. Derm. Syph. **63**, 267 (1956). — WORINGER, F., R. WAITZ et E. WIL-HELM: Réticulose cutanée et ganglionnaire. Bull. Soc. franç. Derm. Syph. **67**, 159 (1960). — WORINGER, F., A. WASNER, R. RENARD et J. FOUSSEREAU: Réticulose cutanée. Bull. Soc. franç. Derm. Syph. **66**, 386 (1959). — WUHRMANN, F., u. H. H. MÄRKI: Dysproteinämien und Paraproteinämien, 4. Aufl. Basel u. Stuttgart: Schwabe & Co. 1963. — WUHRMANN, F., C. WUNDERLY u. F. HUGENTOBLER: Über die Kombination der Weltmann-Kalziumchlorid-hitzekoagulation mit der Kadmiumsulfattrübungsreaktion zur Abschätzung der Globulin-fraktionen α, $β_1$, $β_2$ und γ. Dtsch. med. Wschr. **1949**II, 976, 1263, 1563.

YOFFEY: Zit. nach LENNERT 1964.

ZAK, F. G.: Reticulohistiocytoma ("ganglioneuroma") of the skin. Brit. J. Derm. **62**, 351 (1950). — ZAR, E.: Reticuloistiocitosi cutaneo linfoghiandolare eritrodermico-pigmentaria. Atti Soc. ital. Derm. Sif. **1963**, 422. — ZELDENRUST, J.: Die Pathologie der Retikulosen. Acta haemat. (Basel) **7**, 161 (1952). — ZINCK, K. H.: Die Neubildung lymphoiden Gewebes bei der Mycosis fungoides. Virchows Arch. path. Anat. **296**, 318 (1936). — ZUMBUSCH, L. v.: Erythrodermia (pseudo)leucaemica (Riehl). Arch. Derm. Syph. (Berl.) **124**, 57 (1917).

Sarcoma idiopathicum multiplex haemorrhagicum Kaposi und STS-Syndrom

ABRAHAMSEN, A. M., and P. WETTELAND: Kaposi's sarcoma and myelogenous sarcoma. Nord. Med. **62**, 51 (1959). — AEGERTER, E. E., and A. R. PEALE: Kaposi's sarcoma. A critical survey. Arch. Path. **34**, 413 (1942). — ALBERTINI, A. v.: Histologische Geschwulstdiagnostik. Stuttgart: Georg Thieme 1955. — ALBRECHT, E.: Zit. nach R. H. JAFFÉ, S. 50 in: H. MONTGOMERY and P.-A. O'LEARY, Multiple ganglioneuromas of the skin. Arch. Derm. Syph. (Chic.) **29**, 26 (1934). — ALDERSON and WAY: Sarcomatosis (multiple idiopathic hemorrhagic Kaposi). Arch. Derm. Syph. (Chic.) **21**, 671 (1930). — ANDREWS, G. C., and C. F. MACHACEK: Stewart-Treves syndrome. Arch. Derm. **77**, 364 (1958). — ARAUZ, S., J. PESSANO u. D. MOSTO: Ein Fall von Kaposi's Sarkomatose mit frühzeitigen Metastasen in Mund und Pharynx. Rev. argent. Dermatosif. **18**, 152 (1934). Ref. Zbl. Haut- u. Geschl.-Kr. **50**, 311 (1935). — AZULAY, R.: Morbus Kaposi (Angioreticulosis). Hautarzt **9**, 230 (1958).

BABES, V.: Sarkom der Haut. In: ZIEMSSEN's Handbuch der speziellen Pathologie und Therapie, Bd. 14, 2. Hälfte, S. 473. Zit. nach KREN. — BALZER, MERLE, RUBENS et DUVAL: Sarcomatose primitive multiple de la peau. Rectification de diagnostic. Bull. Soc. franç. Derm. Syph. **18**, 12 (1907). — BECKER, S. W., and H. W. THATCHER: Multiple idiopathic hemorrhagic sarcoma of Kaposi; historical review, nomenclature and theories relative to the nature of the disease with experimental studies of 2 cases. J. invest. Derm. **1**, 379 (1938). — BELLONI, C.: Maladie de Kaposi à évolution lymphosarcomateuse (Contribution à l'étude des mésenchymopathies hyperplastico-néoplasiques). Ann. Derm. Syph. (Paris) **9**, 45 (1949). — BERNHARDT, R.: Sarcomata idiopathica multiplicia pigmentosa cutis (Kaposi). Arch. Derm. Syph. (Berl.) **49**, 207 (1899). — Weitere Mitteilungen über Sarcoma idiopathicum multiplex pigmentosum cutis. Arch. Derm. Syph. (Berl.) **62**, 237 (1902). — Sarcoma idiopathicum multiplex en plaques pigmentosum et lymphangiectodes. Arch. Derm. Syph. (Berl.) **63**, 239 (1902). — BERTACCINI, G.: Studio istologico sopra una forma particolare e poco commune di rammollimento dei noduli nel sarcoma idiopatico di Kaposi (Angioendothelioma cutaneo di Kaposi). G. ital. Mal. vener. **65**, 1132 (1924). — Ancora sulla sarcomatosi cutanea di Kaposi (angio-endothelioma cutaneo di Radaeli). G. ital. Derm. Sif. **80**, 631 (1939). — Sul quadro ematologico nella cosiddetta sarcomatosi cutanea di Kaposi (angioendothelioma cutaneo di Radaeli). Bull. Soc. ital. Biol. Sperim. **15**, 291 (1940). — Reticulosarcoma superimposed upon on earlier typical sarcoma of Kaposi. Dermatologia (Napoli) **10**, 6 (1959). — BILANCIONI, G.: Sarcoma di Kaposi con manifestazioni faringo-laringee. Rass. int. Clin. Ter. **13**, 1135 (1932). — BLUEFARB, S. M.: Kaposi's sarcoma. Springfield (Ill.): Ch. C. Thomas 1957. — BLUEFARB,

S. M., and J. R. WEBSTER: Kaposi's sarcoma associated with lymphosarcoma. Arch. intern. Med. **91**, 97 (1953). — BODE, H. G.: Zit. nach KORTING 1967. — BOLAY, G.: Maladie de Kaposi. Dermatologica (Basel) **106**, 310 (1953). — BOSS, J. H., and J. URKA: Stewart-Treves syndrome, angiosereoma in postmestectomy lymphedema associated with disseminated fibrinoid vascular lesions. Amer. J. Surg. **101**, 248 (1961). — BOWERS, W. F., E. W. SHEAR, and P. C. LE GOL-VAN: Lymphangiosarcoma in postmastectomy lymphedematous arm. Amer. J. Surg. **90**, 682 (1955). — BRUNNER, U.: Über das angioplastische Sarkom bei chronischem Lymphödem (Stewart-Treves-Syndrom). Schweiz. med. Wschr. **93**, 949 (1963). — BUCCELLATO, G.: Mallatia di Kaposi a tumori d'emblée ed iperplasia sistemica de S.R.E., a propositio di un caso clinico. Kaposi's disease with tumors d'emblee and systemic hyperplasia of the reticulo-endothelial system; report of the case. Ann. ital. Derm. Sif. **9**, 213—222 (1954). — BULKLEY, L. D.: Multiple idiopathic sarcoma; hands, feet and ears (Kaposi's type). Subsidence of the disease under X-ray treatment. J. cutan. Dis. **22**, 530 (1906). — BURCKHARDT-ZELLWEGER, V. E.: Zur Kenntnis der Hautretikulosen. Dermatologica (Basel) **109**, 370 (1954). — BUREAU, Y., DELAUNAY, JARRY et BARRIÈRE: Maladie de Kaposi. Bull. Soc. franç. Derm. Syph. **60**, 390 (1953). — BYRNE, J. J.: Kaposi's sarcoma. New Engl. J. Med. **266**, 337 (1962).

CAJAFFA, E.: Alterazioni ossee nel morbo di Kaposi Atti del XXXV Congr. della Soc. Ital. di Ortopedia e Traumatologia, Oct. 1951. — CAMPANA: Alcune dermatosi neuropatiche, Genova 1885. Discussion of Radaeli Reun. Soc. ital. Derm. Roma 16. December 1908. — Diskussion zu RADAELI: Neuer Beitrag zur Kenntnis des Angio-Endothelioma cutaneum Kaposi. Arch. Derm. Syph. (Berl.) **97**, 332 (1909). — CHARGIN, L.: Zit. nach S. M. BLUEFARB 1957. — CHOISSER, R. M., and F. M. RAMSEY: Angioreticuloendothelioma, Kaposi's disease of the heat. Amer. J. Path. **15**, 2, 155 (1939). — CLEVE, J. V. VAN, and C. A. HELLWIG: Case of idiopathic hemorrhagic sarcoma (Kaposi) with autopsy findings. Urol. cutan. Rev. **39**, 246 (1935). — COBURN, J. G., and J. K. MORGAN: Multiple idiopathic hemorrhagic sarcoma of Kaposi. Arch. Derm. **71**, 618 (1955). — COLE, H. N., and E. S. CRUMP: Report of two cases of idiopathic hemorrhagic sarcoma (Kaposi), the first complicated with lymphatic leukemia. Arch. Derm. Syph. (Chic.) **1**, 283 (1920). — COMBES: Idiopathic multiple hemorrhagic sarcoma. Arch. Derm. Syph. (Chic.) **19**, 498 (1929). — CONEJO-MIR: Enfermedad de Kaposi. Act. dermo-sifiliogr. (Madr.) **41**, 69 (1949). — COOK, J.: Kaposi's sarcoma treated with nitrogen mustard. Lancet **1959 I**, 25. — COX, F. H., and A. B. HELWIG: Kaposi's sarcoma. Cancer (Philad.) **12**, 289 (1959). — CRUSE, R., W. C. FISHER, and F. C. USHER: Lymphangiosarcoma in postmastectomy lymphedema; case report. Surgery **30**, 565 (1951). — CUILLERET, P., et J. GALLET: Angio-sarcoma de Kaposi au début. Bull. Soc. franç. Derm. Syph. **5**, 103 (1945).

DALLA FAVERA, G. B.: Über das sog. Sarcoma idiopathicum multiplex haemorrhagicum (Kaposi). Klinische und histologische Beiträge. Arch. Derm. Syph. (Berl.) **109**, 387 (1911). — DANNENBERG, H.: Über die endogene Krebsentstehung. Dtsch. med. Wschr. **83**, 1726 (1958). — DE AMICIS: Studio clin. e anatomopat. su dodici nouve osserv. di Dermatopolimelanosarcoma idiop. Napoli 1882. Zit. nach PINI, Sarkome und Sarkoide der Haut. Bibl. med. **2**, H. 9 (1901), H. 11 (1905). Zit. nach O. KREN 1933. — 1897 Kongreß Moskau. Zit. nach O. KREN 1933. — DEGOS, R.: Dermatologie. Paris: Flammarion 1953. — DEMBROW, V. D., and F. A. ADAIR: Lymphangiosarcoma in the postmastectomy lymphedematosis arm. A case report of a 10-year survivor treated by internapulothoracic amputation and excision of local recurrence. Cancer (Philad.) **14**, 210 (1961). — DENZER, B. S., and H. C. LEOPOLD: Idiopathic hemorrhagic sarcoma (Kaposi). Amer. J. Dis. Child. **52**, 1139 (1936). — DILLARD, G. J., and F. D. WEID-MAN: Multiple hemorrhagic sarcoma of Kaposi. Histologic studies of two cases, one disclosing intestinal lesions at necropsy. Arch. Derm. Syph. (Chic.) **11**, 203 (1925). — DÖRFFEL, J.: Histogenesis of multiple idiopathic hemorrhagic sarcoma of Kaposi. Arch. Derm. Syph. (Chic.) **26**, 608 (1932). — DORN, H., u. F. L. SCHMARSOW: Veränderungen der Mundschleimhaut beim Sarcoma idiopathicum Kaposi. Z. Haut- u. Geschl.-Kr. **27**, 138 (1959). — DUPERRAT: Zit. nach R. DEGOS 1953. — DUPONT, A.: Note sur la maladie de Kaposi (sarcomatose multiple idiopathique pigmentaire. Bull. Ass. franç. Cancer **23**, 487 (1934).

ECKLUND, R. E.: Kaposi's sarcoma of lymph nodes. Arch. Path. **74**, 3 (1962). — ERF, L.: Zit. nach S. M. BLUEFARB. — EWING: Zit. nach CATSARAS u. ELEFFTHERIOU 1942/43.

FEIT: Sarcoma (Kaposi). Arch. Derm. Syph. (Chic.) **18**, 611 (1928). — FELDMANN, S.: Hemorrhagic sarcoma of Kaposi. Arch. Derm. Syph. (Chic.) **27**, 692 (1933). — FISCHER, J. E., and D. M. COHEN: Simultaneous occurence of Kaposi's sarcoma, leukemia and diabetes mellitus. Amer. J. clin. Path. **21**, 586 (1951). — FLARER, F.: Zit. nach S. M. BLUEFARB 1957. — FORMAN, L.: Kaposi's idiopathic multiple pigment sarcoma. Proc. roy. Soc. Med. **32**, 1033 (1939). — FRENKEL, M., J. F. HAMPE, and R. M. VAN DER HEIDE: Lymphatic leukemia and Kaposi's sarcoma in the same patient. Ned. T. Geneesk. **97**, 30 (1953). — FRY, W. J., D. A. CAMPBELL, and F. A. COLLER: Arch. Surg. **79**, 440 (1959). Zit. nach K. WOLFF 1963. — FUNK: Klinische Studien über Sarkome der Haut. Mh. Derm. **8**, 19 (1889).

GAHLEN: Morbus Kaposi? Zbl. Haut- u. Geschl.-Kr. **81**, 408 (1952). — GANS, O., u. G. K. STEIGLEDER: Histologie der Hautkrankheiten, 2. Aufl., Bd. II, S. 515. Berlin-Göttingen-

Heidelberg: Springer 1957. — GERTLER, W.: Angiomatosis Kaposi. In: GOTTRON u. SCHÖN-
FELD, Dermatologie und Venerologie, Bd. III, Teil 2, S. 1306. Stuttgart: Georg Thieme 1959.
GIANNARDI, G. F., G. PELÚ e G. ZAMPI: Arch. De Vecchi Anat. pat. 34, 361 (1960). Zit. nach
WOLFF 1963. — GILCHRIST, T. C., and L. W. KETRON: Report of two cases of idiopathic
hemorrhagic sarcoma (Kaposi) one presenting unusual features with special methods of
treatment and investigation. J. cutan. Dis. 34, 429 (1916). — GILCHRIST: Zit. nach KREN
1933. — GIUFFRÉ, M.: Sopra due casi di sarcomatosi teleangectasica cutanea idiopatica
generalizzata. Tumori 11, 336 (1925). — GOLDSCHLAG, F.: Über einen Fall von Sarcoma idiopathicum haemorrhagicum Kaposi mit ungewöhnlichem Vorstadium. Derm. Wschr. 100, 204
(1935). — Case of sarcoma idiopathicum haemorrhagicum Kaposi. Aust. J. Derm. 1, 69
(1951). — GOTTRON, H. A.: Sarkom der Haut. Hautarzt 4, 1 (1953). — GRAHAM, T. N.:
Idiopathic multiple hemorrhagic sarcoma (Kaposi): Report of an unusual case in which
initial lesion was on eyelid. Arch. Ophthal. 27, 1188 (1942). — GREENSTEIN, R. H., and A. S.
COSTON: Co-existent Hodgkin's disease and Kaposi's sarcoma; report of case with unusual
clinical features. Amer. J. med. Sci. 218, 384 (1949). — GREPPI, E., e I. BETTONI: Spleno-
megalia emolitica ed angioendothelioma cutaneo tipo Kaposi con associazione di agranulo-
citosi e sepsi orale: Sindrome complessa di reticuloendoteliosi iperplastico-neoplastica. Arch.
Ist. biochem. ital. 4, 403 (1932). — GRIGORJEW, P. S.: Zur Kenntnis des multiplen idiopathischen hämorrhagischen Sarkoms (Kaposi). Arch. Derm. Syph. (Berl.) 146, 384 (1924). —
GROSS, P.: Multiple idiopathic hemorrhagic sarcoma (Kaposi) with lesions in the month.
Arch. Derm. Syph. (Chic.) 30, 153 (1934). — GRZYBOWSKI, M.: Contribution à l'étude de
l'histogenese de la maladie de Kaposi. Ann. Derm. Syph. (Paris), VII. ser. 5, No 2 (Febr.
1934).

    HALLE, A.: Ein Beitrag zur Kenntnis des Sarcoma idiopathicum multiplex haemorrha-
gicum (Kaposi). Arch. Derm. Syph. (Berl.) 72, 373 (1904). — HALL-SMITH, S. P. H., and
H. HABER: Lymphangiosarcoma in postmastectomy lymphoedema (Stewart-Treves syndrome).
Proc. roy. Soc. Med. 47, 174 (1954). — HAMDI, H., et H. RESAT: Sur le histologie de la Sarcomatose de Kaposi (acroperitheliomatosa idiopathicum multiplex cavernosum lymph-
angiectoides cutaneum). Ann. Anat. path. 9, 593 (1932). — HARDAWAY: A case of sarcoma of
the skin, with a supplementary account of a case previously reported. J. cutan. vener. Dis. 2,
289 (1884). — HEDGE, H. M.: Sarcoma (Kaposi). Arch. Derm. Syph. (Chic.) 16, 94 (1927). —
HIGGINS, C. K.: Brooklyn Hosp. J. 9, 187 (1951). Zit. nach ZELGER u. LEIBETSEDER. —
HERRMANN, J. B., and J. G. GRUHN: Surg. Gynec. Obstet. 105, 665 (1957). Zit. nach K. WOLFF
1963. — HOLMES, E. G., and F. L. GEE: The blood counts of male Africans in and around
Kampala. E. Afr. med. J. 28, 297 (1951). — HUDELO, L., et F. CAILLIAU: La sarcomatose
idiopathique pigmentaire multiple de Kaposi et ses interpretations histologiques. Ann. Derm.
Syph. (Paris), VII. ser. No 4 (April 1931). — HUFNAGEL, L., et A. DUPONT: Sarcomatose
idiopathique de Kaposi et leucémie lymphoide. Bull. Soc. franç. Derm. Syph. 38, 656 (1931). —
HURIEZ, CL., et R. DELESCLUSE: Angiology 11, 27 (1959). Zit. nach BRUNNER 1963. — HURL-
BUT, W. B., and C. S. LINCOLN: Multiple hemorrhagic sarcoma and diabetes mellitus. Review
of a series, with report of 2 cases. Arch. intern. Med. 84, 738 (1949).

    IŠVANESKI, M., u. A. FANINGER: Über einen Fall von Morbus Kaposi (Sarcoma idio-
pathicum multiplex haemorrhagicum). Dermatologica (Basel) 116, 192 (1958).

    JESSNER, M., F. G. ZAK, and C. R. REIN: Angiosarcoma in postmactectomy lymphedema
(Stewart-Treves-syndrome). Arch. Derm. Syph. (Chic.) 65, 123 (1952). — JIRMANSKAJA, CL.,
e K. CIOCIA: Sul sarcoma idiopathico multiplo emorragico e.d. cancro Leningrado. Ref. Zbl.
Haut- u. Geschl.-Kr. 54, 304 (1937). — JUSTUS: Über Übertragung von Sarcoma idiopathicum
haemorrhagicum Kaposi auf Tiere. Arch. Derm. Syph. (Berl.) 99, 446 (1910). — Demonstration
von Moulagen verschiedener Formen der Hautsarkomatosen. Arch. Derm. Syph. (Berl.) 151,
436 (1926).

    KAINDL, F., E. MANNHEIMER, B. THURNHEER u. L. PFLEGER-SCHWARZ: Lymphangio-
graphie und Lymphadenographie der Extremitäten. Stuttgart: Georg Thieme 1960. — KA-
POSI, M.: Idiopathisches multiples Pigmentsarkom der Haut. Arch. Derm. Syph. (Berl.) 4,
265 (1872). — Zur Nomenklatur des idiopathischen Pigmentsarcoms Kaposi. Arch. Derm.
Syph. (Berl.) 29, 164 (1894). — Sarcoma multiplex pigmentosum. Arch. Derm. Syph. (Berl.)
49, 135 (1899). — KENNEDY, D.: Sarcoma Kaposi. Zbl. Haut- u. Geschl.-Kr. 30, 695 (1928). —
KESSEL, I.: A case of Kaposi's haemangiosarcoma. Arch. Dis. Childh. 27, 153 (1952). —
KETTLE, E. H.: Proc. roy. Soc. Med. 11, 19 (1918). Zit. nach BRUNNER 1963. — KLEIN, G.:
Zur Kasuistik der Haemangiomatosis multiplex sarkomatosum (Kaposi). Arch. Derm. Syph.
(Berl.) 194, 527 (1952). — KOCSARD, E.: Kaposi sarcoma in a Chinese boy (aged 16 years) with
localisation on the left lower extremity and on the right caruncula lacrimalis. Dermatologica
(Basel) 99, 43 (1949). — KÖBNER, H.: Heilung eines Falles von allgemeiner Sarcomatose der
Haut durch subcutane Arseninjectionen. Berl. klin. Wschr. 20, 21 (1883). — Dtsch. med.
Wschr. 12, 112 (1886). Zit. nach O. KREN 1933. — KORTING, G. W.: Therapie der Hautkrank-
heiten. Stuttgart: F. K. Schattauer 1967. — KRASSNOGLASOV: Ver.igg Ärzte Mjasnitzki-

Krankenhaus Moskau 22. Jan. 1914. Ref. Derm. Wschr. **58**, 351 (1914). — KREN, O.: Sarcoma idiopathicum haemorrhagicum (Kaposi). In: J. JADASSOHN, Handbuch der Haut- und Geschlechtskrankheiten, Bd. XII, Teil 3, S. 891—1004. Berlin: Springer 1933. — KUSNEZOW, W. N.: A case of sarcoma multiplex idiopathicum (Kaposi) with fatal outcome. Urol. cutan. Rev. **37**, 230 (1933). Ref. Zbl. Haut- u. Geschl.-Kr. **45**, 482 (1933).

LAFFARGUE, P., F. PINET, and LEGOR: Stewart-Treves syndrome (epitheliomatous metartoses or angiosarcoma of the upper arm couplicating mammectomy). Presse méd. **68**, 1506 (1960). — LANE, C. G., and A. M. GREENWOOD: Lymphoblastoma (Mycosis fungoides) and hemorrhagic sarcoma of Kaposi in the same person. Arch. Derm. Syph. (Chic.) **27**, 643 (1933).— LANG, F., u. L. HASLHOFER: Über die Auffassung der Kaposi'schen Krankheit als systematisierte Angiomatose. Z. Krebsforsch. **42**, 68 (1935). — LAPOWSKI, B.: Idiopathic multiple pigment sarcoma (Kaposi). Arch. Derm. Syph. (Chic.) **33**, 170 (1936). — LIEBERTHAL, D.: Sarcomatosis cutis. J. Amer. med. Ass. **39**, 1454 (1902). — Idiopathic multiple hemorrhagic sarcoma (Kaposi). J. Amer. med. Ass. **151**, 1205 (1908). — LISZAUER, S., and R. C. ROSS: Lymphangiosarcoma in lymphoedema. Canad. med. Ass. J. **76**, 475 (1957). — LOTHE, F.: Kaposi's sarcoma in Uganda Africans. Acta path. microbiol. scand., Suppl. 161 (1963).

MACKH, G.: Das Stewart-Treves-Syndrom (Lymphangiosarkom auf dem Boden eines chronischen Lymphödems nach Ablatio mammae). Bruns' Beitr. klin. Chir. **214**, H. 2, 235 (1967). — MALKINSON, F. D., and B. STONE: Kaposi sarcoma, lymphoblastoma and herpes zoster. Arch. Derm. **72**, 79 (1955). — MARIANI, G.: Sarkomatosis Kaposi mit besonderer Berücksichtigung der viszeralen Lokalisationen. Arch. Derm. Syph. (Berl.) **98**, 267 (1909). — MARNEFFE, V.: Notes cliniques sur quatre cas c'angiosarcomatose de Kaposi découverts en Urundi. Ann. Soc. belge Méd. trop. **34**, 1019 (1954). — MARTENSSON, J., and H. HENRIKSON: Immuno-hemolytic anemia in Kaposi's sarcoma with visceral involvement only. Acta med. scand. **150**, 175 (1954). — MARTIN, E., u. R. VILLAIN: Anatomische Diskussion über einen Fall von Stewart-Treves-Syndrom. Ber. allg. spez. Path. **49**, 33 (1961). — MARTORELL, F.: Tumorigenic lymphedema. Angiology **2**, 386 (1951). — McCARTHY, W. D., and G. T. PACK: Malignant blood vessels tumors: A report of 56 cases of angiosarcoma and Kaposi's sarcoma. Surg. Gynec. Obstet. **91**, 465 (1950). — McCONNEL, E. M., and P. HASLAM: Angiosarcoma in postmastectomy lymphoedema; a report of 5 cases and a review of the literature. Brit. J. Surg. **46**, 322 (1959). — Brit. J. Surg. **46**, 649 (1960). Zit. nach U. BRUNNER 1963. — McGINN, J. T., J. J. RICCA, and J. F. CURRIN: Kaposi's sarcoma following allergic angiitis. Ann. intern. Med. **42**, 921 (1955). — McKEE, G. M., and A. C. CIPOLLARO: Idiopathic multiple hemorrhagic sarcoma (Kaposi). Amer. J. Cancer **26**, 1 (1936). — McSWAIN, B., and S. STEPHENSON: Lymphangiosarcoma of the edematous extremety. Ann. Surg. **151**, 649 (1960). — METSCHERSKI: Ref. Mh. Derm. **30**, 516 (1900). — MICHELSON, H. E.: In discussion on J. H. MITCHELL, Mycosis fungoides treted with sodium paraaminobenzoic acid. Arch. Derm. Syph. (Chic.) **60**, 885 (1949). — MIERZECKI, H.: Sarcoma idiopathicum multiplex Kaposi. Zbl. Haut- u. Geschl.-Kr. **42**, 618 (1932). — MIESCHER, G.: Spätresultate nach Röntgenbehandlung von Sarcoma haemorrhagicum idiopath. Kaposi. Dermatologica (Basel) **104**, 318 (1952). — MONACO, A. P., and W. G. AUSTEN: Treatment of Kaposi's sarcoma of the lower extremity by extracorporeal perfusion with chemotherapeutic agents. New Engl. J. Med. **261**, 1045 (1959).

NELSON, W. R., and H. M. MORFIT: Lymphangiosarcoma in the lymphedematous arm after radical mastectomy. Cancer (Philad.) **9**, 1189 (1956). — NESBITT, S., P. F. MARK, and H. M. ZIMMERMAN: Disseminated visceral idiopathic hemorrhagic sarcoma (Kaposi's disease): Report of a case with necropsy findings. Ann. intern. Med. **22**, 601 (1945). — NICOLAS, J., et M. FAVRE: À propos de l'interpretation de l'affection dite sarcomatose teleangiectasique de Kaposi. Bull. Soc. franç. Derm. Syph. **35**, 152 (1928). — NÖDL, F.: Zur Histogenese der Angiomatosis Kaposi. Arch. Derm. Syph. (Berl.) **190**, 373 (1950).

O'BRIEN, P. H., and R. D. BRASFIELD: Kaposi's sarcoma. Cancer (Philad.) **19**, 1497 (1966). — OLMER, J., A. MONGES et M. BADIER: Sem. Hôp. Paris **1952**, 1973. Zit. nach ZELGER et al. — ORSÓS, F.: Gefäßsproßgeschwulst, Gemmangioma. Beitr. path. Anat. **93**, 121 (1934). — OSBORNE, E. D., J. W. JORDON, F. C. HOAK, and F. J. PSCHIERER: Nitrogen mustard therapy in cutaneous blastomatoses disease. J. Amer. med. Ass. **135**, 1123 (1947).

PACK, G. T., and J. DAVIS: Concomitant occurrence of Kaposi's sarcoma and lymphoblastoma. Arch. Derm. Syph. (Chic.) **69**, 604 (1954). — PALAZZI, D.: Contributo alla sistemazione nosografica della malatti di Kaposi. Riv. Anat. pat. **5**, 1101 (1952). — PAOLINI, R.: Sul sarcoma molteplice primitivo di Kaposi con speciale rigardo alle localizzazioni viscerali: Studio clinico-anatomo-istopatologico e bacteriologico. Rass. int. Clin. Ter. **8**, 514 (1927). — PARDO-VILLALBA, G.: Un caso de sarcomatosi hemorrágica de Kaposi. An. Soc. Biol. Bogotá **5**, 153 (1952). — PAUTRIER, L. M.: Les formes douloureuses de l'angiomatose de Kaposi. Dermatologica (Basel) **89**, 1 (1944). — PAUTRIER, L. M., et A. DISS: Sur les lésions vasculonerveuses de la pseudosarcomatose de Kaposi. Bull. Soc. franç. Derm. Syph. **35**, 145 (1928). — À propos de la pseudosarcomatose. Bull. Soc. franç. Derm. Syph. **35**, 722 (1928). — Kaposi's idiopathic sarcoma is not a genuin sarcoma, but a neurovascular dysgenesis. Brit. J. Derm. **41**, 93 (1929). — PEARCE, C. T., and L. E. VALKER: Multiple hemorrhagic sarcoma of skin (Kaposi). Ohio St. med. J. **32**, 137 (1936). — PELLISSIER, A.: La maladie de Kaposi en Afrique Noire (angio-reticulo-endothelio-fibro-sarcomatose). À propos de 18 cas. Bull. Soc. Path. exot. **46**, 832 (1953). — PHILLIPSON, L.: Über das Sarcoma idiopath. cutis Kaposi: Ein Beitrag zur Sarcomlehre. Virchows Arch. path. Anat. **167**, 58 (1902). — PIERINI, L., y D. GRINSPAN: Resultados obtenidos en el tratamiento de la sarcomatosis de Kaposi par la penicilina. Rev. argent. Dermatosif. **32**, 3 (1948). — 1960: Zit. nach R. DEGOS. — PUHR, L.: Beitrag zur Kenntnis der Hautsarkoide. Derm. Wschr. **91**, 1815 (1930).

QUENUM, A.: La maladie de Kaposi en Afrique Noire. Union Française d'Impression 185, Cours de la Marne, Bordeaux 1957.

RADAELI, F.: Contributio alla conoscenza del sarcoma multiplo idiopatico emorragico della cuta. G. ital. Mal. vener. **43**, 536 (1902). — Nuovo contributio alla conoscenza dell angioendothelioma cutaneo (Sarc. idiop. mult.) di Kaposi. G. ital. Mal. vener. **46**, 373 (1905). — Sul processo anatomo-patologico del Sarcoma idiop. di Kaposi (angioendothelioma cutaneo di Kaposi). G. ital. Derm. Sif. **1**, 1501 (1930). — REYNOLDS, W. A., R. K. WINKELMANN, and E. H. SOULE: Kaposi's sarcoma: a clinicopathologic study with particular reference to its relationship to the reticuloendothelial system. Medicine (Baltimore) **44**, 419 (1965). — RONCHESE, F., and A. B. KERN: Kaposi's sarcoma and diabetes mellitus. Arch. Derm. Syph. (Chic.) **67**, 95 (1953). — Kaposi's sarcoma (angioreticulomatosis). Postgrad. Med. **14**, 101 (1953). — ROSEN, I.: Idiopathic hemorrhagic sarcoma and lymphatic leukemia. Arch. Derm. Syph. (Chic.) **48**, 566 (1943). — RÜTTIMANN, A., u. M. S. DEL BUONO: In: Ergebnisse der medizinischen Strahlenforschung, N.F., Bd. I. Stuttgart: Georg Thieme 1963.

SACHS, W.: In der Diskussion zu G. C. ANDREW u. G. F. MACHACEK. Arch. Derm. **73**, 303 (1956). — SACHS, W., and M. GRAY: Kaposi's sarcoma and lymphatic leukemia. Arch. Derm. Syph. (Chic.) **51**, 325 (1945). — SACKS, I.: Kaposi's disease manifesting in the eye. Brit. J. Ophthal. **40**, 9 (1956). — SAPHIER, J.: Zur Kenntnis des Sarcoma idiopathicum multiplex haemorrhagicum Kaposi. Arch. Derm. Syph. (Berl.) **118**, 671 (1913). — SCHIRGER, AA., and E. G. HARRISON: In: Blood vessels and lymphatics. New York and London: Academic Press 1962. — SCHIRREN, C. G., u. L. BURKHARDT: Ein Sarcoma idiopathicum multiplex haemorrhagicum (Kaposi) mit Hirnmetastasen. Arch. klin. exp. Derm. **201**, 99 (1955). — SCHÖNSTEIN, A.: Zwei Fälle von Sarcomatosis idiopathica haemorrhagica (Kaposi). Zbl. Haut- u. Geschl.-Kr. **26**, 120 (1928). — SCHUERMANN, H.: Erkrankungen der Mundschleimhaut. München u. Berlin: Urban & Schwarzenberg 1955. — SCHULZ, K. H., u. R. HUNDERTMARK: Stewart-Treves-Syndrom (Angiosarkoma in elephantiasi brachii post ablationem mammae). Falldemonstration. Frühjahrstagg der Hamburger Derm. Ges. 21./22. Mai 1966. — SCOTT, R. B., J. NYDICK, and H. CONWAY: Lymphangiosarcoma arising in lymphedema. Amer. J. Med. **28**, 1008 (1960). — SEAGRAVE, K. H.: Kaposi's disease: Report of a case with unusual visceral manifestations. Radiology **51**, 248 (1948). — SELHORST, S. B., u. M. F. TALANO: Ein Fall von Sarc. idiop. mul.ham. Kaposi. Arch. Derm. Syph. (Berl.) **82**, 33 (1906). — SEMENOW, T. V.: Zehn Fälle des Sarcoma idiopathicum pigmentosum multiplex cutis. Mh. prakt. Derm. **25**, 539 (1897). — SERVELLE, M.: Des oedèmes chroniques des membres chez l'enfant et l'adulte. Paris: Masson & Cie. 1962. — SILVER, H.: Kaposi's sarcoma with involvement of the eye. Arch. Derm. Syph. (Chic.) **44**, 711 (1941). — SOUTHWICK, H. W., and D. P. SLAUGHTER: Lymphangiosarcoma in postmastectomy lymphedema; 5-year survival with irradiation treatment. Cancer (Philad.) **8**, 158 (1955). — STATS, D.: The visceral manifestations of Kaposi's sarcoma. J. Mt Sinai Hosp. **12**, 971 (1946). — STERNBERG, C.: Über das Sarcoma multiplex haemorrhagicum (Kaposi). Arch. Derm. Syph. (Berl.) **111**, 331 (1912). — STERNBY, N. H., I. GYNNING, and K. E. HOGEMAN: Postmastectomy angiosarcoma. Acta chir. scand. **121**, 420 (1961). — STEWART, F. W., and N. TREVES: Lymphangiosarcoma in postmastectomy lymphedema. A report of six cases in elephantiasis chirurgia. Cancer (Philad.) **1**, 64 (1948). — STICH, M. H., H. B. EIBER, M. MORRISON, and L. LOEWE: Cytology of Kaposi's sarcoma. Arch. Derm. Syph. (Chic.) **67**, 85 (1953). — SYROP, H. M., and S. KRANTZ: Kaposi's disease. Report of a case with unusual oropharyngial manifestations occury in a full-bloded negro. Oral. Surg. **4**, 337 (1951). — SZÜCS, L., É. BALOCH u. D. KOSA: Terminal in Reticulumzellsarkom übergehendes Kaposi-Sarkom. Z. Haut- u. Geschl.-Kr. **38**, 253 (1965).

TALBOTT, J. H.: Clinical manifestations of Hodgkin's disease. N.Y. St. J. Med. **47**, 1883 (1947). — TANTURRI: Del sarcoma idiopatico parvicellulare telangettasico pigmentato della pelle. Morgagni (1877). Ref. Arch. Derm. Syph. **10**, 461 (1878). — TAYLOR, G. W.: Lymphography in changes of the lymphatic vessels of the limbs. Minerva chir. **16**, 704 (1961). — TEDESCHI, C. G.: Some considerations concerning the nature of the so-called sarcoma of Kaposi. Arch. path. **66**, 656 (1958). — TEDESCHI, C. G., H. F. FOLSOM, and T. J. CARNICELLI: Visceral Kaposi's disease. Arch. Path. **43**, 335 (1947). — THIJS, A.: L'Angiosarcomatose de Kaposi au Congo Belge et au Ruanda-Urundi. Ann. Soc. belge Méd. trop. **37**, 295 (1957). — TOOLAN, H. W., and J. G. KIDD: Zit. nach M. JESSNER, F. G. ZAK and C. R. REIN 1952. — TREVES,

N.: An evoluation of the etiological factors of lymphedema following radical mastectomy; an analysis of 1007 cases. Cancer (Philad.) 10, 444 (1957).

Unna, P. G.: Histopathologie der Hautkrankheiten. In: J. Orth, Lehrbuch der speziellen pathologischen Anatomie, Bd. 3. Berlin: August Hirschwald 1894. — Uys, C. J., and M. B. Benett: Kaposi's sarcoma a neoplasm of reticular origin. S. Afr. J. Lab. clin. Med. 5, 1 (1959). Zit. nach Szücs, Baloch u. Kosa 1965.

Walther, H. E.: Krebsmetastasen. Basel: Benno Schwabe & Co. 1948. — Wigley, J. E. M., D. L. Rees, and W. St. C. Symmers: Kaposi's idiopathic haemorrhagic sarcoma. Proc. roy Soc. Med. 48, 449 (1955). — Winer, L. H.: Mycosis fungoides. Benign and malignant reticulum cell dysplasia. Arch. Derm. Syph. (Chic.) 56, 480 (1947). — Wise, F.: Sarcoma of Kaposi. Arch. Derm. Syph. (Chic.) 18, 982 (1928). — Wolf, J.: Zit. nach S. M. Bluefarb. — Wolff, K.: Das Stewart-Treves-Syndrom (Angiosarcoma in elephantiasi brachii post ablationem mammae. Arch. klin. exp. Derm. 216, 468 (1963).

Zelger, J., u. F. Leibetseder: Über Knochenmarksveränderungen beim Sarcoma idiopathicum multiplex haemorrhagicum Kaposi. Hautarzt 12, 498 (1961).

Experimenteller Krebs

Von

Joseph Kimmig und Michael Jänner, Hamburg

Mit 21 Abbildungen

Weit vor der Zeitrechnung wurde der Begriff Carcinoma von HIPPOKRATES für eine Geschwulstkrankheit des Menschen eingeführt, die nach wie vor den Arzt und die Patienten gleichermaßen beunruhigt. Gestützt auf die Beobachtung erneut auftretender Tumoren im Operationsbereich entfernter Krebsgeschwülste, drängte sich schon früh die Frage nach den Bedingungen und nach der Natur der Faktoren auf, die eine Übertragbarkeit des Krebses möglich machen. ENGEL-REIMERS und REINCKE teilten 1870 Befund und Verlauf zweier Fälle von Impfrezidiven in Punktionskanälen bei carcinomatöser Peritonitis mit. E. HAHN (1888) transplantierte bei einer Frau mit einem inoperablen Mamma-Carcinom gesunde Haut und verpflanzte auf die Entnahmestelle die exstirpierte carcinomatöse Haut und mußte nach 6 Wochen feststellen, daß die Geschwulstknötchen in das gesunde Gewebe hineinwucherten. Über zwei ähnliche Versuche eines anonymen Chirurgen berichten CORNIL (1891) unter berechtigtem Protest vieler Mitglieder der Akademie der Wissenschaft in Paris.

Obwohl oder gerade weil ein eigentlicher Erreger des Krebses nicht bekannt war, bemühte man sich auf experimentellem Wege durch Inoculation von Tumorgewebe die Übertragbarkeit des Krebses zu beweisen. Ob im Altertum Impfversuche vom Menschen auf das Tier oder von Tier zu Tier vorgenommen wurden, ist nicht sicher bekannt. BERNARD PEYRILHE, ein französischer Krebsforscher des 18. Jahrhunderts (1735—1804) war wohl der erste, der die Frage nach dem spez. Krebsvirus mittels eines Tierexperimentes zu klären versuchte. Er infizierte einen Hund durch eine Rückenwunde mit Krebsflüssigkeit aus einem Mammacarcinom. Sein Experiment mißglückte. Die Versuche DUPUYTRENs, der Krebsmaterial in den Magen von Tieren einbrachte oder in deren Venen injizierte, und von ALIBERT und BIETT (1806), die sich im Hôpital St. Louis Krebsjauche einimpften, führten zu einem negativen Ergebnis. Über das erste angeblich mit Erfolg durchgeführte Experiment der Übertragung von menschlichem Krebs auf das Tier konnte LANGENBECK im Jahre 1840 berichten. Er injizierte frischen Krebssaft in ein Blutgefäß eines Hundes und konnte 2 Monate später nach Tötung des Tieres Krebsknoten in den Lungen des Versuchstieres nachweisen. Auch VELPEAU (1854) injizierte frische Carcinomteile in die Venen von Hunden und will bei der Sektion der Tiere in deren Herzwandung kleine Tumoren mit Krebszellen gefunden haben. Diese Mitteilungen blieben jedoch nicht unwidersprochen. VIRCHOW kritisierte das Langenbecksche Experiment mit Recht. Er stellte aufgrund der von LANGENBECK angefertigten Zeichnungen über den mikroskopischen Aufbau der beobachteten Lungenknoten des Versuchstieres eher eine Ähnlichkeit mit spontanen Krebsformen fest, wie er selbst sie bei Hunden öfters beobachten konnte.

Durch diese kritischen Hinweise VIRCHOWs wird bereits die Frage nach dem Vorkommen des Spontankrebses beim Tier aufgeworfen. Während man bis zum 18. Jahrhundert die Meinung vertrat, Tiere seien krebsfrei, weiß man heute, daß bei praktisch allen Tierarten Spontantumoren benignen und malignen Charakters auftreten. Die bösartigen Geschwülste der Tiere lassen sich in ihrer Malignität mit den Krebsgeschwülsten des Menschen durchaus vergleichen.

I. Spontantumoren der Haustiere

In Band XIV/1 des Handbuches der Haut- und Geschlechtskrankheiten von JADASSOHN hat JULIUS HELLER im Kapitel „Die Klinik der wichtigsten Tierdermatosen" bereits einen sehr guten Überblick über die Symptomatik der gutartigen und bösartigen spontanen Tiertumoren gegeben. Das am häufigsten an Spontantumoren erkrankende Haustier ist der Hund. Nach STICKER kommen auf 766 krebskranke Hunde, 332 krebskranke Pferde, 78 Rinder, 21 Katzen, 12 Schweine und 8 Schafe. Bei 6325 obduzierten Hunden fand STÜNZI in 304 Fällen Krebsgeschwülste. Während man beim Hund fast alle beim Menschen bekannte, gut- und bösartigen Tumoren findet, sind es bei der Katze hauptsächlich das Mamma- und das Gallenblasencarcinom. Das letztere ist wohl auf den häufigen Befall der Katzen mit Opisthorchis felineus (Leberegel der Katze) zurückzuführen. Bei Pferden fand DOBBERSTEIN (1955) in 0,5—0,8% der in tabula untersuchten Tiere Geschwülste, unter denen die Tumoren der Nase und des Kiefers am häufigsten hervorstachen. An Melanomen und Melanosarkomen erkranken hauptsächlich Schimmel. Bei über 20 Jahre alten Pferden sollen 80% der Schimmel Melanome bzw. Melanorsarkome bekommen. Unter den wenigen beim Schwein beobachteten Tumoren finden sich häufig Teratome. Beim Rind sind am bekanntesten die Tumoren des Urogenitaltraktes. Der häufige parasitäre Befall der Verdauungswege führt mitunter zur Entstehung von Lebertumoren. Bekannt ist beim Rind weiterhin das Carcinom im Bereich der Brandzeichen, und in den Ländern, wo das Rind auch als Zugtier verwendet und an den Hörnern eingespannt wird, das Epitheliom der Hornwurzel, das BURGGRAAF beschrieben hat. Bemerkenswert ist auch die Tatsache, daß beim Hund und beim Rind Hautsarkome relativ häufig vorkommen.

Die in der Literatur angegebenen Zahlen über die Frequenz der Tumoren bei unseren Haustieren sind sehr unterschiedlich. Bindende Aussagen sind auch nicht zu erwarten, weil ein Teil der Haustiere ihre natürliche Altersgrenze nicht erreicht.

Die Tumoren gehören zu den entwicklungsgeschichtlich ältesten Krankheiten der Wirbeltiere (DOBBERSTEIN, 1955). Angefangen bei den Knorpelfischen findet man sie über alle Entwicklungsstufen hinweg bis zu den höchstentwickelten Primaten, unabhängig ob es sich um domestizierte oder in freier Wildbahn lebende Arten handelt. Ein sicherer Unterschied zwischen fleischfressenden und pflanzenfressenden Tieren ist nicht erkennbar. TAKAHASHI und SCHARRER beschrieben Geschwülste bei Fischen und bei Wirbellosen (GERSCH). Wenig Hinweise findet man in der Literatur über Tumoren bei Crustaceen, Mollusken, Insekten und Pflanzen. Eine tabellarische Übersicht über die Geschwulstbildung bei wirbellosen Tieren und bei den Vertebraten und der wichtigsten hierhergehörenden Literaturhinweise haben GRAFFI und BIELKA (1959) gegeben. Ob der phylogenetische Determinationspunkt der Geschwulstbildung vor der Grenze Vertebraten zu Avertebraten liegt, wie TEUTSCHLÄNDER (1920) meint, wird von DOBBERSTEIN und TAMASCHKE (1958) als noch nicht sicher erwiesen angesehen. Versuche größeren Umfangs zur experimentellen Geschwulstbildung mit Hilfe cancerogener Substanzen stehen bei Wirbellosen noch aus.

II. Spontantumoren der Laboratoriumstiere

Einer der zahlreichen in der Krebsforschung möglichen, oft irreführenden Faktoren ist das spontane Auftreten von Geschwülsten bei den im Laboratorium gehaltenen Versuchstieren.

GUÉRIN (1954) hat in seiner Monographie „Tumeurs spontanées des animaux de laboratoire" wesentliche Beobachtungen über die von ihm in 20 Jahren beobachteten Spontantumoren bei der Maus, der Ratte und beim Huhn zusammengetragen und ausführlich geschildert. Eine ausgezeichnete Übersicht über die Geschwülste der kleinen Laboratoriumstiere stellten DOBBERSTEIN und TAMASCHKE (1958) im Kapitel „Tumoren" des zweiten Bandes der von COHRS, JAFFÉ und MEESSEN herausgegebenen „Pathologie der Laboratoriumstiere" zusammen.

1. Mäuse

Unter 9000 Mäusen fand GUÉRIN 327 Spontantumoren (112 Geschwülste des Bindegewebes, 120 epitheliale Tumoren, 94 Geschwülste der inneren Organe, 13 der Adnexe des Verdauungstraktes, 32 Lungentumoren, 41 des Urogenitaltraktes, 1 Tumor des endokrinen Systems. MAUD SLYE konnte bei 75000 Zuchtmäusen in 7% der Fälle Spontantumoren beobachten. Bei 3jährigen Mäusen (entspricht etwa dem Greisenalter des Menschen) sind 31% der Männchen und 49% der Weibchen geschwulstkrank. An der Spitze der Spontantumoren der Mäuse steht das Mamma-Carcinom mit 90%. Bei einem Inzuchtstamm konnte SLYE bei 82% der weiblichen Tiere Brustdrüsenkrebs feststellen. Eingehende histologische Untersuchungen über den Bau des Brustdrüsenkrebses der Maus (Adenocarcinom) liegen in den umfangreichen Arbeiten von APOLANT (1906) und von EHRLICH (1906) vor. Ähnlich wie GUÉRIN fand auch MAUD SLYE außer dem Adenocarcinom der Mamma bei der Maus Plattenepithelcarcinome der Haut, Lungentumoren, Geschwülste der Leber, der Ovarien, der Testes, des Uterus, der Nieren, des Pankreas, der Schilddrüsen und des hämatopoetischen Apparates. BASHFORD (1906) fand unter 30000 Mäusen nur 12 Spontantumoren, hat seine Tiere aber nicht bis zu ihrem physiologischen Lebensende beobachtet. Das umfangreichste Material an spontanen Neoplasmen der Maus überblickt CLOUDMAN (1941) mit 20000 Tumoren. Als erster dürfte CRISP (1854) eine maligne Geschwulst bei der Maus beobachtet und beschrieben haben. Die großen und systematischen Mäusezuchten von MAUD SLYE bewiesen erst viele Jahrzehnte später, daß auch bei der Maus praktisch alle bei den übrigen Säugern und beim Menschen vorkommenden Tumorformen beobachtet werden können. In der folgenden Tabelle, die DOBBERSTEIN und TAMASCHKE in ihrem Beitrag zur Pathologie der Laboratoriumstiere publiziert haben, sind Spontantumoren der Maus zusammengestellt, die ähnlich wie bei anderen Säugetieren und auch beim Menschen eine deutliche Organdisposition zur Geschwulstbildung erkennen lassen.

Nicht unerwähnt bleiben darf die Beobachtung des gehäuften Auftretens von Geschwülsten bei Mäusen, die aus Inzuchtstämmen von im Laboratorium gehaltenen Tieren stammen. Die ersten diesbezüglichen Beobachtungen stammen wohl von APOLANT, HAALAND, HEIDENHAIN, TEUTSCHLÄNDER u.a., die eine Zunahme des Mammacarcinoms bei ihren aus Inzuchtstämmen hergeleiteten Laboratoriumstieren feststellen konnten. BORREL und HAALAND, KLINGER und FOURMAN registrierten bei Inzuchtmäusen auch eine Zunahme der Geschwülste der Haut. Während HENKE, KLINGER und FOURMAN zunächst von einer Endemie sprechen, EHRLICH u.a. Autoren an eine infektiöse Ursache dachten, BORREL, HAALAND u.a. ätiologisch parasitäre Erreger vermuteten, haben MURRAY, TYZZER und auch

Tabelle 1. *Aufgliederung von 645 näher untersuchten Tumoren der Maus.*
(Dobberstein und Tamaschke, 1958)

	Carci-nom	Adenom	Sar-kom	Fi-brom	Chon-drom	Leio-myom	Carcino-sarkom	Misch-ge-schwül-ste	Teratom
Digestions-apparat	42	22							
Respirations-apparat	63	56							
Urogenital-system	20	42	15			13		36	4
Mamma	zahl-reiche	zahl-reiche							
Haut und Unterhaut	197	41	30	1					
Sonstige Organe	9	29	19		1		5		
Zusammen	331	190	64	1	1	13	5	36	4

M. Slye bereits die Frage einer hereditär bedingten Disposition zur Geschwulst-bildung ventiliert. Systematische Züchtungsversuche führten später zu Auslese-stämmen, bei denen in ganz bestimmten Organen bestimmte Tumoren gewisser-maßen vorausberechenbar auftreten. Bei der Maus sind es in erster Linie Mamma-Carcinome, aber auch Geschwülste der Haut und der Lungen. Hackmann (1954) konnte sogar über ein gehäuftes Vorkommen eines Carcinoms des Magens, das bei der Maus nur selten zu beobachten ist, berichten.

Während die Maus in der älteren Literatur als ausgesprochenes „Carcinomtier" bezeichnet wird, muß aufgrund der zahlreichen Beobachtungen von Spontan-sarkomen der Maus (M. Slye fand in manchen Mäusestämmen eine Sarkom-häufigkeit von 7—8%) dieser Begriff besser fallen gelassen werden. Wie es Mäuse-inzuchtstämme mit einer hohen Carcinomrate gibt, existieren auch Inzucht-stämme mit hereditär bedingter hoher Sarkomhäufigkeit. Loeb berichtet schon im Jahre 1909, daß es transplantable Mäusecarcinome gibt, die sich nach längeren Impfserien endgültig in ein Sarkom umwandeln.

Betrachtet man das Erkrankungsalter der Geschwulstmäuse, so findet man es durchaus vergleichbar mit dem anderer Tierarten und dem des Menschen. Das sog. „krebsfähige" Alter der Maus beginnt mit $1^1/_2$—2 Jahren. Dies gilt insbeson-dere für das Carcinom der Maus. Primäre Nierensarkome (wahrscheinlich embryo-nale Nephrome), wie Slye zeigen konnte, und andere dysontogenetische Ge-schwulstbildungen treten bei der Maus wie auch beim Menschen in jugendlicherem Alter auf.

Während Apolant (1906) in seinen Versuchsserien keine Tumoren männlicher Mäuse erwähnt, konnte schon M. Slye unter 87 Sarkomfällen 57 weibliche und 30 männliche Mäuse aufzählen. Unter 160 Geschwulsterkrankungen der Lunge fand sie 42,6% männliche und 57,4% weibliche Tiere. Bei primären Lebertumoren war ein geschlechtsbedingter Unterschied zahlenmäßig nicht gegeben. Es erkran-ken demnach sowohl weibliche als auch männliche Mäuse, wobei bei der Häufig-keit der Geschwülste der Brustdrüsen das weibliche Geschlecht zahlenmäßig überwiegt.

Die Vergleichbarkeit des Mäusekrebses mit dem Krebs des Menschen wurde vielfach angezweifelt. Diese Meinungen stützen sich meist auf ältere Literatur-angaben, wie z.B. Jensen (1903), der bei seinen Mäusen keine Metastasen beob-achtet hat. Auch Apolant (1912) registriert bei 221 Spontantumoren der Maus

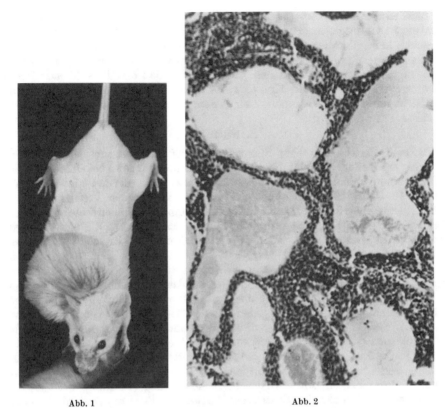

Abb. 1   Abb. 2

Abb. 1. Spontantumor der weißen Maus (eigene Beobachtung), der sich histologisch als Adenocarcinom (s. Abb. 2 u. 3), wahrscheinlich der Mamma, erwiesen hat

Abb. 2. Cystisch-adenoide Struktur des in Abb. 1 dargestellten Spontantumors (Vergr. 40fach)

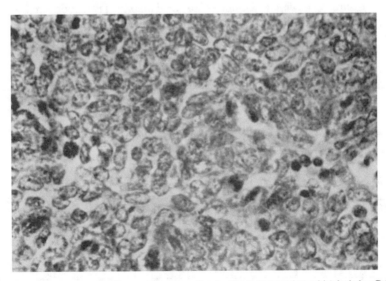

Abb. 3. Adenocarcinom. Ausschnittsvergrößerung aus dem in Abb. 2 demonstrierten histologischen Präparat (Vergr. 400fach)

nur 6mal eine Geschwulstmetastasierung. Er tritt aber schon der Behauptung von v. Hansemann entgegen, der zwischen den Tumoren der Mäuse und denen des Menschen keine Parallele sehen wollte. Besonders Haaland konnte zeigen, daß die Metastasierung beim spontanen Mäusekrebs genau so verläuft wie bei anderen Tierarten und auch beim Menschen, vorausgesetzt, daß die Maus ihr natürliches Alter erreicht. Der gesamte Komplex des Spontankrebses der Maus ist ohne Zweifel in seiner Art und seinem Ablauf dem Spontankrebs des Menschen vergleichbar.

2. Ratten

Der erste Bericht über einen Spontantumor der Ratte stammt, soweit aus der Literatur ersichtlich, aus dem Jahre 1889 von Hanau. Er fand bei einer Ratte ein Vulvacarcinom mit dem histologischen Bau eines verhornenden Plattenepithelkrebses. Im Jahre 1909 berichtet McCoy, daß anläßlich einer Vertilgungsaktion wilder Ratten unter 100000 Tieren 103 Spontantumoren gesehen wurden. Weitere Berichte über spontane Rattentumoren finden sich bei: Lewin, Beatti, Auler und Neumark, Cohrs, Arai, Bullock und Rohdenburg, Bullock und Curtis und anderen Autoren.

Guérin konnte bei 16500 Ratten 567 Spontantumoren beobachten. Darunter waren 18 vom Bindegewebe ausgehende Geschwülste, 56 Tumoren des retikulären und hämatopoetischen Systems, 76 der Brustdrüsen, der Haut und Schleimhaut, 26 des Verdauungstraktes, 69 der Leber und des Bauchfelles, 24 pleuro-pulmonale Geschwülste, 96 Tumoren des Urogenitalsystems und 193 Neoplasmen des Bereichs der endokrinen Drüsen und des Nervensystems. Lieblingssitz der Geschwülste ist bei der Ratte die Leber. Während bei Ratten unter einem Alter von 8 Monaten Tumoren selten sind, pflegen sie am häufigsten im Alter von $1^1/_2$ Jahren aufzutreten. Makroparasiten, wie die Spiroptera neoplastica (Fibiger), die Eier der Taenia crassicollis oder der Cysticercus fasciolaris (Borrel) sind nicht selten Ursache der Neubildungen. Bridré und Conseil (1910) fanden bei einer Rattenvertilgungsaktion in Tunesien bei den erlegten wilden Ratten ausschließlich Lebercarcinome in Zusammenhang mit Cysticercusbefall der Tiere.

Bei bestimmten Inzuchtstämmen ist ähnlich wie bei der Maus eine genetisch bedingte Häufung gewisser Tumoren zu beobachten (Bullock und Curtis; Curtis, Bullock und Dunning; Curtis, Dunning und Bullock).

Wie für die Maus haben Dobberstein und Tamaschke auch für die Ratte Art und Lokalisation der Geschwülste tabellarisch zusammengestellt.

Tabelle 2. *Aufgliederung von 184 Rattentumoren.* (Dobberstein und Tamaschke, 1958)

	Carci-nom	Adenom	Sar-kom	Fi-brom	Carcino-sarkom	Misch-ge-schwül-ste	Lipom	Häm-an-giom	Pa-pillom
Digestions-apparat	4	1	41	2				1	
Respirations-apparat			1						
Urogenital-system	11	10	3			1			3
Mamma	10	27							
Haut- und Unterhaut	3		2	23			2		
Sonstige Organe	4	15	19		1				
Zusammen	32	53	66	25	1	1	2	1	3

Das Verhältnis Sarkom zu Carcinom beträgt bei der Ratte nach DOBBERSTEIN und TAMASCHKE 1:0,5, wobei $^2/_3$ aller Sarkome dieses Tieres auf die Leber entfallen. Klammert man die Lebersarkome aus, so wird das Verhältnis Sarkom zum Carcinom fast ausgeglichen (1:1,3). Bei einigen Inzuchtstämmen der Ratte überwiegt aber ohne Zweifel das Sarkom (DUNNING und CURTIS). Die Altersangaben der Ratten sind in der Literatur meist nur mit jung, erwachsen oder alt angegeben. Gelegentlich findet man exakte Angaben, die bis zu einem Alter von $3^1/_2$ Jahren reichen. Auch bei der Ratte scheinen spontane Krebse in vorgerücktem Alter, etwa ab $2^1/_2$ Jahren, häufiger aufzutreten (RATCLIFFE).

3. Meerschweinchen

Außer den von STERNBERG und SPRONCK beschriebenen Bronchialgeschwülsten und den von LOEB beobachteten chorionepithelartigen Tumoren in den Ovarien kommen Spontantumoren beim Meerschweinchen sehr selten vor. APOLANT sah bei zahlreichen („Riesenmaterial") Meerschweinchen im Laufe von 6 Jahren nur 2mal Geschwülste der Brustdrüse bei Meerschweinchen auftreten. Eine Zusammenstellung der Spontantumoren des Meerschweinchens aus der Literatur bis 1931 gab MAURY. Auch er konnte nur über 4 Carcinome, 4 Sarkome, 1 Teratom und 2 Leukosen(?) berichten. Weitere Angaben zum einschlägigen Schrifttum stammen von COURTEAU (1935), DUMAS (1953), WILLIS (1953) und TAMASCHKE (1955). Wie bei den meisten unserer Laboratoriumstiere spielt bei der Feststellung der Krebshäufigkeit des Meerschweinchens das Alter der untersuchten Tiere eine erhebliche Rolle. Für die verschiedenen Fragestellungen der Laboratorien werden im allgemeinen jüngere Tiere bevorzugt. In diesem Kollektiv sind naturgemäß dann auch kaum Spontantumoren zu erwarten. Meerschweinchen können aber bei entsprechender Haltung über 6 Jahre alt werden (HABERLAND). PAPANICOLAOU und OLCOTT führen die Tatsache, bei 7000 Meerschweinchen autoptisch 90 Primärgeschwülste nachgewiesen zu haben, auf das meist erhöhte Alter der von ihnen untersuchten Tiere zurück, von denen viele bis zu ihrem natürlichen Tode gehalten worden waren. DOBBERSTEIN und TAMASCHKE (1958) haben aus der Literatur bekanntgewordene Meerschweinchentumoren in der folgenden Tabelle 3 zusammengestellt.

Tabelle 3. *Aufgliederung von 28 Tumoren des Meerschweinchens.* (DOBBERSTEIN und TAMASCHKE, 1958)

	Carcinom	Adenom	Sarkom	Teratom	Rhabdomyom	Leiomyom	Schwannom	Mischgeschwülste
Mamma	7	3	1					
Ovarien				3				
Herz			1		1			
ZNS				1				
Unterhaut			2					
Sonstige Organe	1	1	4			1	1	1
Zusammen	8	4	8	4	1	1	1	1

4. Kaninchen

Kaninchentumoren konnten bis zum Jahre 1927 nur 66 in der Literatur ausfindig gemacht werden (POLSON). Es handelte sich dabei in erster Linie um Geschwülste des Uterus. Ein nach einer Kaninchensyphilis aufgetretener Leberkrebs wurde von NIESSEN (1927) und ein spontanes Carcinom der Bronchien von DOERR

Tabelle 4. *Aufgliederung von 98 Kaninchentumoren.* (Dobberstein und Tamaschke, 1958)

	Carcinom	Adenom	Sarkom	Leiomyom	Pa-pillom	Tera-tom	Mischge-schwülste
Digestions-apparat	3		1	1	1		
Respirations-apparat	3						
Urogenitalsystem	29	13	1	3			13
Mamma	4						
Haut und Unterhaut	3		2				
Sonstige Organe	2	3	14			2	
Zusammen	44	16	18	4	1		13

(1952) mitgeteilt. Zusammenfassende Darstellungen über das Geschwulstvorkommen beim Kaninchen findet man bei Courteau (1935) und in einem kurzen Überblick auch bei Dumas (1953). Auch die Tumoren der Kaninchen wurden von Dobberstein und Tamaschke, soweit sie aus der Literatur zusammengetragen werden konnten, tabellarisch zusammengefaßt.

5. Affen

Bei Affen ist die Tumorfrequenz nach Fox, der ein beachtliches, aus dem zoologischen Garten Philadelphia stammendes Sektionsmaterial übersieht, auffallend gering. Ratcliffe setzte die Beobachtungen von Fox fort und konnte bis 1932 unter 971 obduzierten Primaten 8 Tiere mit zusammen 10 Tumoren feststellen. Es handelte sich dabei 9mal um epitheliale und einmal um einen mesenchymalen Tumor. Der Autor weist aber ausdrücklich darauf hin, daß das Lebensalter der in der Gefangenschaft verstorbenen und obduzierten Tiere im Vergleich zu wild lebenden der gleichen Art nur sehr kurz war. Er konnte später (1940) unter 95 obduzierten Rhesusaffen 4 Nierentumoren beobachten. In allen Fällen handelte es sich dabei um Mitglieder einer Familie, die alle 4 ein hohes Alter erreicht hatten. Ratcliffe nimmt an, daß die für Affen relativ hohe Zahl von Krebsträgern durch hereditäre Faktoren und die Altersdisposition bedingt war. Weitere Literaturhinweise sind bei O'Connor Halloran (1955) zu finden.

6. Huhn

Die Spontantumoren des Huhnes, das als Laboratoriumstier eine bedeutende Rolle spielt, sind mehrfach untersucht und in der Literatur zusammengestellt worden, so z. B. von Péchenard, Makower, Abels, Eber und Malke, Ehrenreich und Michaelis, Gheorghiu, Heim und nicht zuletzt von Guérin. Letzterer fand unter 6500 Laboratoriumstieren 161 Tumoren, die histologisch untersucht sich in 65 mesenchymale Geschwülste (einschließlich 29 Tumoren des hämatopoetischen Systems), 20 Tumoren der Thorax- und Abdominalorgane, 41 Neoplasmen des Urogenitalapparates und 35 weitere verschiedene Tumoren (Geschwülste des endokrinen und des Nervensystems, der Haut, des Peritoneums und embryonale Tumoren aufgliedern.

III. Erbveranlagung und Krebs

Die Rolle der Erbveranlagung kann in der experimentellen Krebsforschung insbesondere dann, wenn mit Inzuchtstämmen gearbeitet wird, nicht unberücksichtigt bleiben. Die Frequenz des Carcinoms ist nach Loeb für bestimmte Stämme geradezu charakteristisch und kann zwischen Null und 100% liegen. Bei Stämmen mit hoher Krebshäufigkeit traten die Geschwülste früher auf. In solchen mit niedriger Frequenz werden sie im allgemeinen erst später beobachtet. Eine Maus, die im Alter von 2 Jahren noch tumorfrei ist, kann als erbgesund angesehen werden. Die Beobachtungen von LOEB wurden durch die umfassenden Untersuchungen von MAUD SLYE bestätigt. Es wurden von ihr die verschiedensten Mäusestämme untersucht und jedes Individuum bis zu seinem natürlichen Tode beobachtet. Auch SLYE fand neben praktisch tumorfreien Stämmen solche mit ausgesprochen hoher Tumorfrequenz. Die Beeinflußbarkeit des Erbganges durch geeignete Kreuzungen, durch die nicht nur die Höhe des Carcinomprozentsatzes, sondern auch die Art des Tumors und sogar seine Lokalisation (DOBROVOLSKAJA-ZAVADSKAJA) bestimmend gelenkt werden kann, ist sicher an mehrere Faktoren (Mutationen der Gene im Zellkern und Veränderungen in bestimmten Plasmaanteilen) gebunden. Plasmafaktoren sollen nach MICHAELIS sogar die maßgebenden Ursachen der Carcinombildung sein. Einen Überblick über die Relationen zwischen Geschwulstbildung und genetischen Problemen bei Inzuchtstämmen von tumorbelasteten Mäusen und Ratten hat KRÖNING in seinem Handbuchbeitrag über die Erbpathologie der Geschwülste zusammengestellt.

Interessant ist auch die Feststellung von LETTRÉ, der zeigen konnte, daß ein auf einem homozygoten Tier entstandener Spontantumor sich 100%ig nur auf homozygoten Tieren transplantieren läßt. Auf heterozygoten Tieren wächst er nicht, auf F-2-Tieren, die durch Kreuzung mit dem homozygoten Stamm erhalten werden, nur zu einem gewissen Prozentsatz. Eine erblich bedingte hohe Anfälligkeit zur Geschwulsterkrankung ist nicht unbedingt gleichzusetzen mit einer Erbanlage für Krebs, sondern stellt lediglich eine Anhäufung verschiedener Erbanlagen dar, welche die im Säugetierorganismus vorhandene Fähigkeit zur Geschwulstbildung allerdings in hohem Maße steigern kann (DOBBERSTEIN u. TAMASCHKE). Hereditäre, die Geschwulstentstehung fördernde Faktoren können sich beim Tier aufgrund der kurzen Generationsfolge und der intensiv betreibbaren Inzucht wesentlich stärker durchsetzen als beim Menschen, so daß der experimentellen Onkologie heute Inzuchtstämme von ausgesprochen hoher Tumorfrequenz zur Verfügung stehen.

IV. Alter, Geschlecht, Hormone, Ernährung

Abgesehen von neugeborenen und sehr alten Mäusen ist bei der experimentellen Tumorerzeugung durch subcutane Zufuhr oder Verfütterung des Cancerogens ein Einfluß des Alters der Tiere unbedeutend (GRAFFI und BIELKA). Onkogenen Viren gegenüber sind andererseits junge Tiere anfälliger als Erwachsene. Das gleiche gilt auch für die Übertragbarkeit von Impftumoren, die bei jüngeren Individuen leichter als bei älteren angehen, deren Abwehrreaktionen im Gegensatz zum jüngeren Organismus stärker ausgeprägt sind.

Die Beziehungen hormonaler Faktoren zur Cancerogenese sind vielseitig. Während das Geschlecht auf die Krebsbildung der Haut durch lokale Einwirkung cancerogener Kohlenwasserstoffe (BONSER) keine eindeutige Auswirkung hat, ist der Einfluß der Geschlechtshormone auf die Entstehung des Mammacarcinoms der Maus groß (LACASSAGNE). Am Mammacarcinom der Maus erkranken praktisch nur weibliche Tiere. Exstirpation der Ovarien hemmt, Entfernung der Testes und gleichzeitige Gaben von weiblichem Sexualhormon fördert die Geschwulstbildung. Auch wiederholte hormonale Stimulation weiblicher Mäuse durch häufige Schwangerschaften haben den gleichen Effekt. Hormonale Stimulation und eine genetisch fixierte Disposition genügen nach Mühlbock zur Manifestation des Mammacarcinoms der Maus. Nach seiner Meinung ist der Milchfaktor für die Geschwulstbildung nicht unbedingt notwendig. Während sich bei weiblichen Ratten durch Acetylaminofluoren neben Lebertumoren auch Mammatumoren hervorrufen lassen, entstehen bei männlichen Tieren leichter Leber- und Blasentumoren (Bielschowsky). Die Rolle des männlichen Sexualhormons bei der Bildung bestimmter Geschwülste ist bei der Genese und dem Wachstum des Prostatacarcinoms des Menschen augenfällig. Über das Verhalten des gegengeschlechtlichen Hormons und seine therapeutische Brauchbarkeit beim Prostatacarcinom berichteten u.a. Huggins u. Mitarb.

Der hormonale Einfluß der Hypophyse auf die Geschwulstentstehung und das Geschwulstwachstum ließ sich durch zahlreiche Untersuchungen eindeutig klären. Die durch Exstirpation der Hypophyse einsetzende Hemmung des Geschwulstwachstums gilt für alle Geschwülste, gleich ob sie durch Methylcholanthren (Moon u. Mitarb.), andere Cancerogene oder durch Inoculation von Teilen von Impftumoren entstanden sind (Talalay, Takano und Huggins). Die Hemmung der Geschwulstbildung und des Geschwulstwachstums wird durch den Ausfall des somatotropen (STH) und des adrenocorticotropen Hormons (ACTH) erklärt. Die Substitution beider Hormone ist in der Lage, den Effekt der Hypophysektomie aufzuheben (Robertson, Griffin u. Mitarb.). Die Hemmung des Mammacarcinoms der Maus durch Hypophysektomie dürfte in erster Linie aber durch den Ausfall des Gonadotropins zustande kommen (Bittner).

V. Impftumoren

Nachdem Autoinoculationen beim Menschen beobachtet worden waren, auf dieser Beobachtung basierende Experimente am Krebskranken aber unter keinen Umständen zu rechtfertigen sind, und die Übertragung des menschlichen Krebses auf das Tier nicht überzeugend gelingen wollte, versuchte man die spontanen Geschwülste erkrankter Tiere auf gesunde Individuen der gleichen Art zu überimpfen. Die experimentelle Tumorforschung war bemüht, durch Transplantation von spontan entstandenen Tumoren innerhalb derselben Tierart einen Modellversuch zu schaffen, um einen gangbaren Weg zum Wesen des Krebses zu finden. Einer der ersten Untersucher, der behauptete, ein Carcinom der Nase von einem Hund auf 42 andere Hunde übertragen und zweimal ein positives Ergebnis erzielt zu haben, war Novinsky (1876). Bei seinem Versuch war die krebsige Natur der transplantierten Geschwulst histologisch jedoch nicht genügend gesichert, so daß sein Experiment einer objektiven Kritik nicht standhalten konnte. Auch die von Wehr durchgeführte Transplantation eines Tumors von Hund zu Hund kann, weil sich die angegangenen Tumoren bald wieder zurückbildeten, nicht als erfolgreich angesehen werden. Den ersten allseits anerkannten Beweis für die Verimpfbarkeit des Krebses auf Tiere der gleichen Art lieferte Hanau (1889). Das Material zu seinen Versuchen stammte von einem spontanen „Cancroidgeschwür" der Vulva einer weißen Ratte, das in den beiderseitigen Inguinal- und den gleichseitigen Axillarbereich metastasiert war. Histologisch handelte es sich um ein zellreiches, stark verhornendes Plattenepithelcarcinom. Hanau transplantierte mehrere Stunden nach dem Tode des Tieres je einen etwa hirsekorngroßen Partikel in die Tunica vaginalis testiculi von zwei alten Ratten. Ein Tier starb 7 Wochen nach der Implantation des Krebsgewebes und zeigte bei der Sektion eine ausgebreitete Carcinose des Peritoneums. Das zweite Tier wurde nach 8 Wochen getötet. Dabei fanden sich nur zwei kleine Tumoren. Bei beiden Versuchstieren

erwiesen sich die Geschwülste histologisch als vollkommen übereinstimmend mit
dem zur Impfung verwendeten Material. Selbst in der 2. Passage konnte noch die
histologische Diagnose eines verhornenden Plattenepithelcarcinoms gestellt
werden. MORAU (1890) gelang es, ein Mäusecarcinom, das den histologischen Bau
eines Cylinderzellencarcinoms zeigte, bis zur 17. Generation zu transplantieren.
Er sah im Verlaufe des Experimentes die Tumoren während der Gravidität
stationär bleiben, um nach dem Wurf schneller zu wachsen. Auf Ratten ließ sich
sein Mäusetumor nicht transplantieren. HANAU und MORAU sind die ersten erfolgreichen Experimentatoren auf dem Gebiet der Impftumoren. Eigentliche systematische Tumorverpflanzungen wurden aber erst von JENSEN, LOEB, EHRLICH,
APOLANT, BASHFORD, MICHAELIS u.a. vorgenommen. Die anfänglich geringen
Prozentzahlen der gelungenen Übertragungsversuche von Spontantumoren, die
EHRLICH mit 2% angab, konnten von ihm selbst durch Züchtung geeigneter Mäusestämme bis zu einer Ausbeute von 100% bei einem Carcinom, einem Sarkom und
einem Chondrom der Maus gesteigert werden.

Experimentelle Tumorstudien werden in erster Linie an Mäusen und Ratten
durchgeführt. Bei der *Maus* überwiegen die epithelialen (fast nur Adenocarcinome
der Mamma) Geschwülste, die nach APOLANT mindestens 95% aller beobachteten
Mäusetumoren ausmachen. Von den in vielen Generationen gezüchteten Tumor-
stämmen der Maus leiteten sich nur ein Chondrom (EHRLICH) und ein Chondrosarkom (BASHFORD) von einem primär nicht epithelialen Tumor ab. Die übrigen
Sarkomstämme haben sich erst sekundär im Laufe von zahlreichen Transplantationen herausgebildet. Bei den Impftumoren der Ratte überwiegen im Gegensatz zur Maus die Sarkome. Die biologische Verhaltensweise der Rattentumoren
wurde besonders von LOEB, JENSEN, FLEXNER und JOBLING und von LEWIN
beobachtet und beschrieben.

Die von den meisten Experimentatoren geübte *Impftechnik* bestand in der
subcutanen Inoculation von kleinen Tumorstückchen oder von Tumorbrei, der
mit oder ohne Zusatz von physiologischer Kochsalzlösung vorbereitet wurde. Im
Institut PAUL EHRLICHs wurde er ohne Zusatz subcutan oder auch intraperitoneal
injiziert. Durch mechanische Zerstörung der Geschwulstzellen geht die, wie JEN-
SEN, LOEB, STICKER und APOLANT feststellten, Transplantationsfähigkeit der
Tumoren verloren. Hohe Temperaturen wirken zerstörender als niedere. JENSEN
beobachtete völlige Abtötung der Tumorzellen nach 5 min langer Einwirkung von
47°C. Eine gleichlange Einwirkung von 46° soll die Transplantierbarkeit seiner
Impftumoren nicht aufgehoben haben. Nach LOEB werden Temperaturen von
43—44° 40 min lang vertragen. Nicht toleriert wird nach LOEB aber eine 24 Std
anhaltende Brutschranktemperatur. Andererseits gelang ihm die Verimpfung
eines 12 Std bei Zimmertemperatur im toten Tier verbliebenen Sarkoms. Tiefe
Temperaturen werden im Gegensatz zu hohen gut vertragen. So berichtet EHRLICH
über die erfolgreiche Transplantation eines Mäusecarcinoms, das volle 2 Jahre bei
minus 8 bis minus 12°C aufbewahrt worden war. Selbst die 3tägige Aufbewahrung
eines Mäusechondroms bei der Temperatur der flüssigen Luft konnte nur eine
Retardierung des Wachstums, jedoch keine Abtötung aller Tumorzellen hervorrufen.

Wie EHRLICH und APOLANT bereits ausführten, kommt es mitunter im Anschluß an über Generationen gehende Transplantationen zur Ausbildung neuartiger Geschwülste, den sog. Mischtumoren, die aus einem carcinomatösen und
einem sarkomatösen Anteil bestehen. Schließlich kann das Sarkomgewebe das
Carcinom völlig verdrängen. Ähnliche Beobachtungen wurden auch von LEWIN
mitgeteilt, der nach mehreren Generationen eines verimpfbaren Adenocarcinoms
der Maus im Tumor Plattenepithelzellnester feststellen konnte.

VI. Impfgeschwülste der Maus

1. Das Ehrlichsche Mäuse-Ascites-Carcinom

Zu den in der ganzen Welt am meisten verwendeten Transplantationstumoren der Maus gehört das relativ leicht verimpfbare Mäuse-Ascites-Carcinom. Histologisch handelt es sich bei diesem Tumor der Maus um ein von der Brustdrüse ausgehendes Adenocarcinom. Der Tumor läßt sich subcutan am Rücken oder in der Leistenbeuge der Hinterpfote der Maus mittels Stückchen- oder Breiimpfung

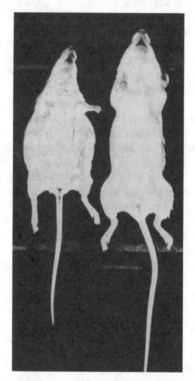

Abb. 4. Ascitesform des Ehrlichschen Mäuse-Ascitescarcinoms. Man erkennt deutlich das im Vergleich zu einer Normalmaus aufgetriebene Abdomen

transplantieren. Es kann im allgemeinen ein nahezu 100%iges Angehen der Tumoren erwartet werden. Eine Verbesserung dieser Überimpfungsmethode wurde durch die Untersuchungen von Loewenthal und Jahn erreicht, denen es durch intraperitoneale Übertragungsversuche gelang, eine carcinomatöse Ascitesflüssigkeit zu gewinnen, die nicht nur zu einer Tierersparnis in der Fortzüchtung des Geschwulststammes führte, sondern die auch den Vorteil der exakteren Dosierbarkeit der zu überimpfenden Geschwulstzellen besitzt. Loewenthal und Jahn gingen von den Untersuchungen von Koch und Hesse aus, die an Ratten nach intraperitonealer Implantation von Tumorbrei, bzw. Ascitesflüssigkeit von Flexner-Jobling-Tumoren das pathologisch-anatomische Bild der carcinomatösen Bauchfellerkrankung der Ratte studierten. Loewenthal und Jahn stellten fest, daß auch bei der Maus das Krankheitsbild der Peritonitis carcinomatosa hervorgerufen wird, wenn man den Tieren Tumorbrei des Ehrlichschen Mäusecarcinoms intraperitoneal injiziert. Die so entstehende zellhaltige Ascitesflüssigkeit ist noch in sehr hohen Verdünnungen in der Lage, neue Tumoren zu bilden. Diese Eigenschaft bleibt bei Aufbewahrung im Kühlschrank, wie wir uns in eigenen Versuchen überzeugen konnten, wochenlang erhalten. Die Tumorzellen sind wenig empfindlich gegen Schädigungen physikalischer und chemischer Natur und lassen sich auch in der Gewebekultur züchten. Sie behalten dabei die Fähigkeit, nach Rückverimpfung in die Maus einen Tumor bzw. Tumorascites zu erzeugen. Mit zellfreier

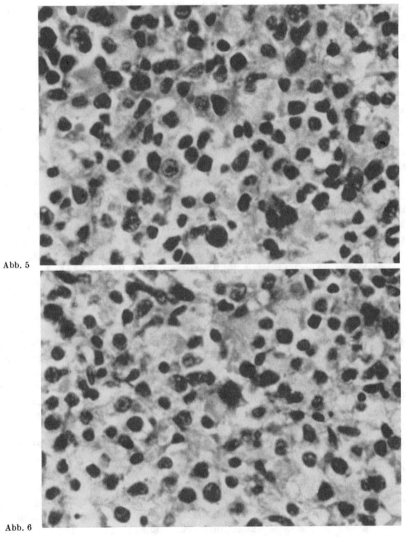

Abb. 5

Abb. 6

Abb. 5 und 6. Atypische Zellen und Mitosen aus der soliden Tumorform des Ehrlichschen Mäuseascitescarcinoms (Vergr. 40fach)

Ascitesflüssigkeit gelang uns die Tumorerzeugung nicht. Nach intraperitonealer Injektion von 0,2—0,5 ml zellhaltigen Ascites läßt sich in der Bauchhöhle der Maus bald eine Ansammlung von Ascitesflüssigkeit feststellen. Der Leibesumfang des Tieres nimmt rasch zu. Im Stichkanal ist meistens ein kleiner Tumor zu tasten. Nach 8—10 Tagen kann man in der Tiefe des Peritonealraumes oft kleine Knötchen fühlen.

Etwa zu dieser Zeit wird auch das Allgemeinbefinden der Mäuse deutlich beeinträchtigt. Die Tiere sterben durchschnittlich etwa 12 Tage (10—14 Tage) nach der Implantation. Die Menge des grau-weißen, mitunter auch gelblichen Ascites erreicht in Einzelfällen über 10 ml, im Durchschnitt 6—8 ml Flüssigkeit. Stärkere Blutbeimischungen zum Ascites scheinen seine Virulenz herabzusetzen. Relativ oft beobachteten wir eine ikterische Verfärbung der Abdominalorgane und des Peritoneums. Das charakteristische Bild der Peritonitis carcinomatosa weist dicke rundliche Stränge im Mesenterium, die carcinomatös infiltrierten Lymphbahnen auf. Spritzt man Tumorascites in die Schwanzvene der Maus (Wibeau), treten u.a. typische Carcinomnester in der Lunge auf. Loewenthal und Jahn konnten aufgrund eingehender Versuche nachweisen, daß zellfreier Ascites nicht mehr in der Lage ist, neue Tumoren hervorzurufen. Versuche mit verdünnter Ascitesflüssigkeit führen zu einer Verzögerung des Ablaufes der Krankheit, die mit dem Grade der Verdünnung zunimmt. Die Zellzählung in der Thoma-Zeissschen Zählkammer ergibt in 1 ml der 1:2000 verdünnten Ascitesflüssigkeit zwischen 40000 und 90000 Zellen. Aderhold ermittelte die Mindestzahl der Tumorzellen, die beim Ehrlichschen Mäuseascitescarcinom zur Transplantation notwendig sind. Bei der intraperitonealen Verimpfung benötigte er mindestens 125 Zellen, bei der Implantation in die vordere Augenkammer genügten 30 Zellen, bei der subduralen Injektion sogar schon 5 Zellen.

Wie bereits ausgeführt, bleibt der Tumorascites des Mäusecarcinoms im Kühlschrank bei Temperaturen zwischen minus 2 und plus 4° längere Zeit virulent. Loewenthal bewies, daß nach einer 31tägigen Aufbewahrung des Ascites bei den angeführten Bedingungen die Verimpfung und das Angehen der Tumoren in der üblichen Weise verlief. Obwohl die Temperatur des Brutschrankes von Carcinomzellen im allgemeinen nicht gut vertragen wird, gelang es Wrba nach Aufbewahrung des Mäuseascites-Carcinoms bei 37°C in vitro und unter Luftabschluß noch nach 24 Std, virulente Zellen nachzuweisen. Auch die Vermischung des Ascites mit mehrfachem Volumen destillierten Wassers und mehrstündiges Stehen im Eisschrank sowie eine 5 min dauernde Einwirkung von 1%iger Methylenblaulösung (zu gleichen Teilen) kann die Virulenz der Tumorzellen nicht sonderlich beeinflussen. Nach 4maliger Quellung der Zellen in Aqua destillata, nach Filtration durch bakteriendichte Seitz-Filter und nach Zertrümmerung der Zellen im Mikrohomogenisator gelingt die Weiterimpfung nicht mehr (Domagk). Der Mäuseascitestumor (Ehrlich, Loewenthal und Jahn), der letzten Endes mit einer Zellkultur in vivo vergleichbar ist, wurde in Deutschland hauptsächlich durch die Arbeiten von Lettré bekannt. Bei der intraperitonealen Transplantation können bis zu 95,7% positive Resultate erwartet werden (Junkmann).

Putnocky gelang es, das Ehrlichsche Mäuseascitescarcinom auf weiße Ratten zu überimpfen und auf diesen Tieren über viele Passagen lebensfähig zu erhalten. Der Tod der Ratten, die in 78% Tumoren bekamen, die zwischen 19 und 48 g schwer wurden, trat im Durchschnitt nach 15 Tagen ein. Es gelang, das Carcinom aus der 10. und der 20. Passage wieder auf weiße Mäuse zu übertragen und somit zu beweisen, daß das gezüchtete Carcinom für Mäuse und Ratten in gleicher Weise virulent ist.

2. Das Crocker-Sarkom oder Mäuse-Sarkom 180

ist ein schnell wachsender, 90—100%ig transplantabler solider, dem Wirtsorganismus gegenüber anspruchsloser Tumor mit einer niedrigen Regressionsrate (6%) und mittlerer Ansprechbarkeit auf die verschiedenen im Experiment geprüften chemischen Substanzen (Stock und Rhoads). Die Transplantation des

Tumors erfolgt mittels eines kleinen Troicarts, mit dem 1—2 mm³ große Stückchen in die Regio axillaris implantiert werden können. 4—5 Tage nach der Überimpfung werden die Tumoren tastbar, am 6. Tage sichtbar und erreichen in den folgenden Tagen oft eine beträchtliche Größe. Etwa zwischen dem 12. und 14. Tag beginnen sie mit der Haut zu verwachsen und nach außen durchzubrechen. Die Mäuse sterben nach 14—28 Tagen.

3. Transplantierbare Mäuseleukämie

Mäuseleukämien, die sich auf Individuen der gleichen Art übertragen lassen, findet man bei verschiedenen Inzuchtstämmen mit relativ hoher Hämoblastosenbelastung. Ein solcher Stamm ist der AKR-Stamm (synonym: Ak, Akm, Rockefeller Institute Leukemia, Afb, R.I.L., RIL). — Eine Zusammenstellung der standardisierten Nomenklatur für die üblichen Inzuchtstämme der Mäuse nahmen im übrigen CARTER, DUNN, FALCONER u. Mitarb. vor. — Durch intraperitoneale Injektion von Milzbrei leukämischer Tiere auf Mäuse des gleichen Stammes kann die Krankheit übertragen werden. Die Mäuse sterben etwa 10 Tage nach der Inoculation. Über die in der experimentellen Onkologie verwendeten Mäuseleukämien hat u.a. Autoren C. CHESTER STOCK bemerkenswerte Erfahrungen mitgeteilt. Beispiele einiger Mäuseleukämiestämme: Ak 1394, Ak 4, FT 13 line 15, FT 8 line 291 (s. auch unter Virustumoren der Maus).

BICHEL berichtete über eine spontan entstandene transplantable *Plasmazellenleukämie* der Maus. Nach subcutaner Inoculation kommt es praktisch in 100% der Fälle nach 6—8 Tagen zur Ausbildung eines palpablen Tumors. Gleichzeitig sind im Blut bis 20% Plasmazellen nachweisbar.

4. Transplantable Mäusemelanome

Spontane gutartige und maligne Melanome der Maus wurden bisher nur bei schwarzen und braunen Inzuchtstämmen beobachtet (COHRS, JAFFEÉ, MEESEN). HAALAND (1911) beschrieb bereits ein Melanom am Ohr einer weiblichen schwarzen Maus, dessen Transplantation ihm allerdings nicht gelang. Möglicherweise war aber die von ihm innegehaltene Nachbeobachtungszeit von 4 Wochen auch zu kurz, so daß sein Experiment vielleicht auch nur aus diesem Grunde mißlingen mußte.

Von besonderem Interesse für die experimentelle Krebsforschung ist das von HARDING und PASSEY (1930) entdeckte und beschriebene transplantable Melanom der Maus. Ursprünglich handelt es sich dabei um einen sehr kleinen, rasch wachsenden Tumor an der Rückenhaut einer braunen Laboratoriumsmaus. Bei dem getöteten Tier waren außer Pigmentzellen im regionalen Lymphknoten keine Metastasen festzustellen. Auch nach jahrelanger Arbeit mit diesem Tumor sind sichere Metastasen nicht gesehen worden. Diese Tatsache entspricht auch unseren Erfahrungen an 2500 mit dem Harding-Passey-Melanom beimpften Mäusen (ROHDE). Nach der Implantation des Tumorstückchens bedarf es einer Latenz von 3—6 Monaten bis zur Ausbildung der Geschwülste. Mitunter entwickeln sich noch 1 Jahr nach der Verimpfung melanotische Tumoren. Andererseits kann die Wachstumsintensität so erheblich zunehmen, daß, wie wir aus eigener Erfahrung wissen, nach 5 Wochen bereits überimpfbare Melanome herangewachsen sind. Die Impfausbeute beträgt im allgemeinen bis ca 90%.

ROHDE konnte in Züchtungsserien in der Zellkultur und durch Transplantationsversuche auf die auffallende Röntgenstrahlenresistenz des Tumors aufmerksam machen. HARDING und PASSEY, aber auch ALGIRE sahen im Verlaufe

von Transplantationsserien aus den stark pigmentierten Impftumoren weitgehend
ungefärbte, amelanotische Geschwülste hervorgehen.

Ein anderer transplantabler pigmentierter Tumor ist das zu ausgedehnter
Metastasierung neigende, von Cloudman (1937) an der Schwanzwurzel einer
braunen Inzuchtmaus ermittelte maligne *Melanom S 91:* Der Tumor wird schon
12—15 Tage nach der Transplantation erkennbar. Die Überlebenszeit der Mäuse
beträgt 30—50 Tage. Spontanregressionen wurden nicht beobachtet. Ergebnisse
über experimentelle Untersuchungen am Melanom S 91 wurden von Algire

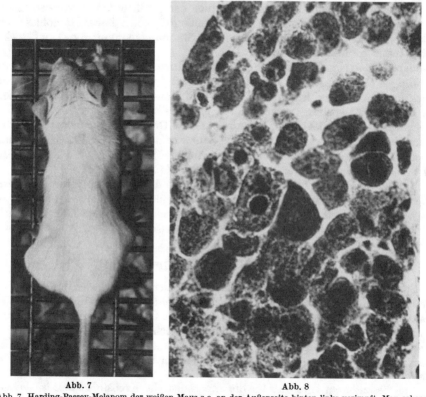

Abb. 7   Abb. 8

Abb. 7. Harding-Passey-Melanom der weißen Maus s.c. an der Außenseite hinten links verimpft. Man erkennt
die starke Vorwölbung des Tumors

Abb. 8. Histologisches Bild des in Abb. 7 beschriebenen Tumors. Die insbesondere in ihrer Größe außerordentlich verschiedenen Zellen sind dicht mit Melanin beladen

(1944) publiziert. Ihm gelang auch die Adaptation des malignen Melanoms S 91
auf Albinomäuse. Im Gegensatz zu dem von Harding und Passey entdeckten
Melanom der Maus handelt es sich beim Melanom S 91 um eine Geschwulst mit
einem ausgesprochen malignen Verlauf. Die einzelnen Tumoren können eine
beträchtliche Größe erreichen und zu einer ausgedehnten Metastasierung besonders
in die Lungen führen.

VII. Impfgeschwülste der Ratte

1. Flexner-Jobling-Tumor

Der Flexner-Jobling-Tumor nahm seinen Ausgang von einem spontanen
Tumor der Samenblase einer weißen Ratte. Flexner und Jobling (1907)

beschrieben den Tumor zunächst als ein polymorphzelliges Sarkom. Nach mehrfachen Implantationen bekam er aber immer mehr das Aussehen eines Adenocarcinoms (1910). Nachträgliche Untersuchungen des Primärtumors bestätigten
den Autoren, daß es sich nicht um ein reines Sarkom gehandelt hat. Zwischen dem
sarkomatösen Gewebe ließen sich in dem in Serienschnitten explorierten Tumor
einwandfrei auch epitheliale Elemente nachweisen. FLEXNER und JOBLING neigten
schließlich zu der Annahme, daß es sich primär um ein ,,Embryom" der Samenblase gehandelt haben dürfte. Die Transplantation gelang zunächst in 20—30%
der Fälle. Der Tumor ließ sich subcutan, intramuskulär und intraperitoneal verimpfen. Die Geschwülste neigen in 25% zu Regressionen. Die tumortragenden
Ratten sterben nach 17—70 Tagen.

2. Jensen-Sarkom

Beim Jensen-Sarkom (JENSEN, 1909) handelt es sich um einen spontan aufgetretenen, von peritonealen und metastatischen Geschwulstknoten ausgehenden
Tumor. Er läßt sich in 80—98% verimpfen und macht selten Metastasen. Regressionen der Geschwülste treten etwa bei 18% der infestierten Tiere auf (DUNHAM
und STEWART). Histologisch handelt es sich um ein Spindelzellensarkom.

3. Walker-Carcino-Sarkom 256

Das Walker-Carcino-Sarkom 256 geht auf den Tumor Nr. 256 zurück, den
G. WALKER (zit. nach BEVERWIJK) 1928 in der Brustdrüse einer weiblichen Ratte
seiner Zucht fand. Ursprünglich handelte es sich histologisch wahrscheinlich um

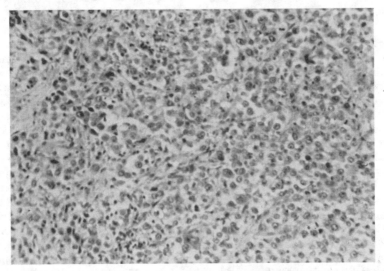

Abb. 9. Beim Walker-Tumor 256 ist es histologisch meist schwer, zwischen Carcinom und Sarkom zu differenzieren, aus welchem Grunde auch die Bezeichnung Carcino-Sarkom vorgezogen wird (Vergr. 100fach)

ein Carcinom. Neuerdings wird die Bezeichnung Carcino-Sarkom vorgezogen, weil
eine klare histologische Entscheidung, ob Carcinom oder Sarkom, praktisch nicht
möglich ist. Nach DUNHAM und STEWART gehen die transplantierten Tumorstückchen (2—3 mm große Stückchen eines 10—14 Tage alten Tumors werden mit
einem Troicart durch eine kleine Incisionsstelle der Rattenhaut subcutan implantiert) in 80—100% der Fälle an. Nach 2—10 Tagen werden die Tumoren manifest.

Die Wirtstiere sterben nach 14—70 Tagen. Es kann zu einer lokalen Infiltration und zu einer Invasion der Tumorzellen in die regionären Lymphknoten kommen. Gelegentlich werden Lungenmetastasen beobachtet. Eine spontane Remission der Geschwülste kommt selten vor.

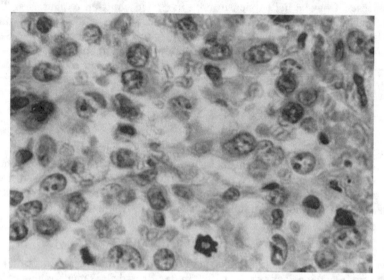

Abb. 10. Ausschnittsvergrößerung aus dem in Abb. 9 dargestellten histologischen Schnitt (Vergr. 400fach)

4. Yoshida-Sarkom der Ratte

Das Yoshida-Sarkom der Ratte wurde 1943 in Nagasaki bei einer Ratte beobachtet, die zu einer Gruppe von 20 Tieren gehörte, die 3 Monate lang mit 4'-Amino-2,3'-dimethylazobenzol gefüttert und anschließend 3mal wöchentlich mit einer Kaliumarsenitlösung im Bereich der Rückenhaut gepinselt wurden. Etwa 3 Monate nach den Kaliumarsenitpinselungen trat bei einem Tier eine Geschwulst auf. Die Sektion dieser Ratte ergab einen vom Scrotum ausgehenden, durch die Bauchhöhle in das retroperitoneale Gewebe sich ausbreitenden Tumor. In der Bauchhöhle selbst fand man eine Suspension von Tumorzellen in Form eines dicken, milchigen Ascites. Einer gesunden Ratte intraperitoneal injiziert, war sie in der Lage, das gleiche pathologisch-anatomische Bild, das der Ursprungstumor bot, erneut hervorzurufen. Das Rundzellensarkom, als das sich der massive Tumor der Ursprungsratte histologisch erwies, ließ sich gleichfalls transplantieren und führte bei subcutaner Inoculation zu einem soliden, bei intraperitonealer Injektion zu einem flüssigen Tumor. Die subcutane Instillation des Tumorascites rief andererseits wieder eine solide Geschwulst hervor. Das pathologisch-anatomische Bild der Geschwulst, die heute in der internationalen experimentellen Onkologie die gleiche Rolle wie das Ehrlichsche Mäuse-Ascites-Carcinom spielt, hängt demnach von dem Ort der Einimpfung in den Wirtsorganismus ab. Yoshida selbst ist der Ansicht, daß es sich bei dem Ursprungstumor nicht um einen Spontantumor gehandelt hat. Seiner Meinung nach soll der Ursprung dieser Geschwulst vielmehr in Beziehung zu der Entwicklung der Azofarbstoff-Hepatome stehen. Er glaubt, daß das Yoshida-Sarkom möglicherweise von den v. Kupfferschen Sternzellen der Leber abstammt. Dieses Postulat findet eine gewisse Stütze in der Tatsache, daß es durch Fütterung mit o-Aminoazotoluol gelang, ein als Ascitestumor vermehrbares Hepatom zu erzeugen, dessen Transplantation ebenso wie die des Yoshida-Sarkoms durchgeführt werden kann. In diesem Ascites-Hepatom sind die Tumorzellen jedoch nie getrennt, wie beim Yoshida-Sarkom, sondern in Gruppen vorhanden, die YOSHIDA als „Hepatominseln" bezeichnet hat. Das Ascites-Hepatom konnte mit Erfolg zu 90% transplantiert werden. Die Ratten starben 2—3 Wochen nach der Injektion.

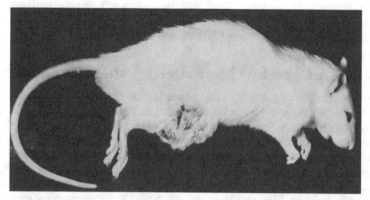

Abb. 11. Yoshida-Sarkom der Ratte. Solider Tumor nach subcutaner Verimpfung von Tumor-Ascites

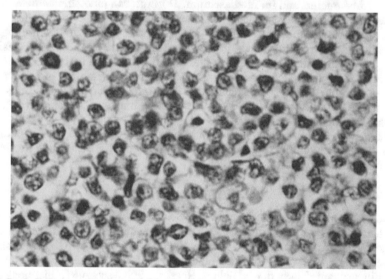

Abb. 12. Rundzellensarkom. Histologischer Schnitt aus dem vorstehend abgebildeten Tumor (Vergr. 400fach)

Eine ausführliche Arbeit über das Yoshida-Sarkom der Ratte, die aufgrund der Publikationen YOSHIDAs und eigener Erfahrungen zusammengestellt wurde, findet man in der deutschsprachigen Literatur bei LETTRÉ. Das ursprüngliche Yoshida-Sarkom ist nach DUNHAM und STEWART zu 91—100% übertragbar. Wird eine einzige Tumorzelle implantiert, beträgt die Erfolgsrate, wie SCHLEICH zeigen konnte, noch 55%. SCHMÄHL und MECKE konnten durch Injektion von je einer Tumorzelle bei 9 neugeborenen Ratten in 6 Fällen einen positiven Übertragungserfolg verzeichnen. Bei der Reproduktion dieses Versuches kam es allerdings bei einer Gruppe von 36 Tieren nur in einem Falle zur Ascitesbildung (2,8%). Durch Injektion von 10 Zellen gelang bei 20 Ratten die Übertragung des Ascites-

Sarkoms 7mal. Implantiert man 100 und mehr Zellen, kann das Angehen des Tumors praktisch immer erwartet werden. Durch intraperitoneale Injektion von 1 ml unverdünnten Ascites (ca. 100 Millionen Zellen) kommt es in 95% der Fälle zur Ausbildung eines sarkomzellenhaltigen Ascites im Empfängertier. Die Ratten sterben 10—15 Tage nach einer massiven Invasion der Sarkomzellen in das Abdomen. Tiere mit subcutan implantierten soliden Tumoren sterben, wie wir selbst beobachten konnten, zwischen dem 29. und 82. Tag. Spontane Regressionen der soliden Geschwülste wurden gelegentlich beobachtet.

VIII. Impfgeschwülste weiterer Laboratoriumstiere

Der von Brown-Pearce (1923) beschriebene Tumor (Plattenepithelzellen-carcinom der Scrotalhaut) entwickelte sich bei einem Kaninchen 4 Jahre nach einer Syphilisinfektion der Hoden. Er hat eine bemerkenswerte Virulenz und Neigung zur Metastasenbildung. 1—2 Wochen nach der Implantation eines Tumorstückchens in den Kaninchenhoden entwickelt sich eine etwa walnußgroße Geschwulst. Über die Lymphbahnen des Samenstranges kommt es zu einer Aussaat von Metastasen in die regionären Lymphknoten, die selbst oft eine beträchtliche Größe erreichen können. Mesenterium und Diaphragma werden infiltriert. Relativ häufig beobachtet man auch Metastasen in der Leber, den Lungen, den Nieren, Nebennieren und im Mediastinum. Domagk sah eine Milzmetastase. Nach Dunham und Stewart sterben die Tiere nach 10—100 Tagen an einer ausgedehnten Metastasenbildung. Der Tumor läßt sich durch Hodenimpfung, aber auch sub- und intracutan sowie intravenös transplantieren. Die Metastasierung erfolgt auf dem Lymph- und Blutwege. Während der Hodentumor mehr einen alveolären Bau zeigt, erinnern die Metastasen histologisch an ein polymorphkerniges Sarkom oder Spindelzellsarkom (Domagk). Der Brown-Pearce-Tumor kann nach Domagk auf Mäuse, Meerschweinchen und in das Gehirn von Ratten mit Erfolg transplantiert werden.

Watson berichtete über einen transplantablen *Tumor des Meerschweinchens*, der in der experimentellen Carcinomforschung jedoch die Bedeutung der Mäuse-, Ratten- und Kaninchentumoren nicht erreichte.

1. Virus-Tumoren

Die Möglichkeit, daß für verschiedene Geschwulstbildungen auch ein Virus als kausaler Faktor in Frage kommen kann, wurde schon im Jahre 1903 von Borel erwogen. Ellermann und Bang gelang 1908 die subcelluläre Übertragung einer Hühnerleukose. Peyton Rous transplantierte 1910 ein Hühnersarkom durch zellfreie Filtrate auf Tiere der gleichen Rasse. Die Geschwulst, histologisch ein stellenweise myxomartiges Spindelzellensarkom, wurde im Unterhautgewebe eines jungen Huhnes entdeckt. Durch fortgesetzte Passagen ließ sich seine Virulenz erheblich steigern. Die Transplantation erfolgt im allgemeinen durch Injektion von Tumorfiltraten in die Brustmuskulatur junger Hühner. Das Tumorfiltrat gewinnt man durch Zerreiben der Geschwulst mit Sand und Filterung des Zentrifugates durch Berkefeld-Filter. Das Virus, das bei pH 6 unwirksam wird, kann ein alkalisches Milieu bis pH 8—9 vertragen. Bei 55°C wird es in 15 min inaktiviert, bei 37° in 24 Std. Über konzentrierte Schwefelsäure im Vakuum 48 Std getrocknetes Material bleibt infektiös. Auch die Aufbewahrung in 50% Glycerin wird bis zu einem Monat ohne Einbuße der Virulenz toleriert. Der Erreger des Rous-Sarkoms besteht hauptsächlich aus einem Nucleoproteid, das nach Claude eine Nucleinsäure vom Ribosetyp enthält. Der Lipoidgehalt (im wesentlichen Phosphorlipoide), er beträgt ca. 30—40% der Trockensubstanz, ist relativ hoch. Die Virulenz des Virus ist offenbar an die komplexe Zusammensetzung Lipoide und Nucleoproteid gebunden. Jede der beiden Fraktionen ist für sich allein unwirksam.

CLAUDE, PORTER und PICHELS (1947) fanden in einigen wenigen Zellen einer Gewebekultur des Rous-Sarkoms elektronenoptisch runde, ziemlich gleichförmige Teilchen von etwa 70 mμ Durchmesser, eine Beobachtung, die von OBERLING, BERNHARD, GUÉRIN und HAREL (1950) bestätigt werden konnte. Sie fanden die erwähnten Partikel allerdings nur in 0,13% der Zellen. Wurden die Zellen vorher röntgenbestrahlt, konnte die Ausbeute bis 0,38% gesteigert werden. EPSTEIN konnte die gleichen 70 mμ großen Partikel in Zellen der Ascitesform des Rous-Sarkoms in etwa 0,7% der elektronenoptisch untersuchten Zellen sehen. Auch unter Zuhilfenahme der Feinschnittechnik, wie sie von OBERLING, BERNHARD u. a. angewendet wurde, konnte das Agens immer nur in einem Teil der Zellen nachgewiesen werden. Den beiden erwähnten Autoren gelang es immerhin, recht beachtliche und eindrucksvolle Abbildungen der Erreger des Rous-Sarkoms zu gewinnen. Die Viruspartikel finden sich in diesen Bildern teils an der Zelloberfläche, teils in ovalen oder schlauchförmigen Hohlräumen des Cytoplasmas dargestellt. Fein strukturierte Gebilde wurden als Vorstufen des Agens gedeutet. Es bleibt offen, ob die Viren nur zeitweise in den Zellen vorkommen, oder ob sie in bestimmten Entwicklungsstadien nur morphologisch noch nicht nachgewiesen werden können.

Das Myxosarkom 14 (d) 7 ist ein Virustumor, dessen Herkunft auf die subcutane Inoculation von Zellen des Rous-Sarkoms auf Peking-Enten zurückzuführen ist. Es geht auf jungen Tieren 100%ig an und führt in 5—20 Tagen zu deren Tod. Lokale Invasion der Geschwulst und Metastasenbildung wurden beobachtet. Während beim Hühnersarkom (ROUS) gelegentlich Regressionen gesehen wurden, sind solche beim Sarkom der Ente unseres Wissens noch nicht bekannt geworden. Die zellfreie Übertragung des Tumors ist wie beim Rous-Sarkom möglich.

Weitere Virustumoren des Huhns sind die in einer zusammenfassenden Arbeit von DUNHAM und STEWART erwähnten *lymphoiden Tumoren:* „lymphoid tumors RPL 12 = Olson lymphoid tumor" und die „lymphoid tumors RPL 14 bis RPL 21 (BURMESTER, BURMESTER und DENINGTON; BURMESTER und PRICKETT).

Das Roussche Sarkom und eine Reihe weiterer Hühnersarkome unterschiedlicher histologischer Struktur sind heute wichtige Objekte der experimentellen Forschung zur Problematik des Themas Virus und Krebsbildung.

Viren als onkogene Agentien wurden 1932 und 1933 durch zellfreie Übertragungen auch bei einem *Kaninchenfibrom* und einem *Kaninchenpapillom* von SHOPE und 1934 beim *Nierencarcinom des Leopardenfrosches* von LUCKÉ nachgewiesen. Ob es sich beim *Shope-Papillom* des Cottontail-Wildkaninchens um einen echten Krebs handelt, ist zweifelhaft. Wird aber das Shope-Virus von Wildkaninchen auf zahme Tiere übertragen, können durch maligne Entartung der sonst gutartigen Papillome echte Hautcarcinome entstehen (SHOPE und HURST). Aus diesen Hautkrebsen ist das Virus nicht mehr zu isolieren; das Filtrat des Tumormaterials ist nicht mehr in der Lage, bei sonst empfindlichen Kaninchen die Hautpapillome zu verursachen (KIDD; SYVERTON, WELLS, KOOMEN, DASCOMB und BERRY). GRAFFI und BIELKA sprechen in diesem Zusammenhang von einer „Virusmaskierung" und setzen dieses Phänomen mit geschwulstimmunologischen Vorgängen in Beziehung. ROUS und KIDD bzw. KIDD und ROUS sowie ROUS und FRIEDEWALD versuchten mit Hilfe des Shope-Papilloms des Kaninchens die Natur der Beziehungen zwischen onkogenen Viren und chemischen cancerogenen Substanzen aufzuklären. Sie behandelten umschriebene Anteile der Kaninchenhaut

zunächst mit Cancerogenen und injizierten kurze Zeit später intravenös virus-
haltige Filtrate des Shope-Papilloms und konnten feststellen, daß die Tumorbildung ausschließlich auf die vorbehandelten Areale beschränkt blieb und das
Wachstum und die maligne Entartung der Tumoren beschleunigt wurde. Damit
läßt sich die Frage, ob das Cancerogen ein latentes Virus aktivieren kann, aber
keineswegs entscheiden. Den gleichen Effekt kann man nämlich auch mit unspezifischen, die Haut reizenden Mitteln wie Terpentin oder Crotonöl erreichen,
wohl durch eine durch die Entzündung (Hyperämie) bedingte Anreicherung der
Viren im vorgeschädigten Hautfeld.

Der ursprüngliche Tumor des Shope-Papilloms geht also von der Haut aus,
ist zu 100% transplantabel, macht keine Metastasen, zeigt Regressionserschei-
nungen und ist durch zellfreie Filtrate überimpfbar. Die Viruspartikel sind rund
und haben aufgrund elektronenoptischer Untersuchungen und den Ergebnissen
von Versuchen mit der Ultrazentrifuge einen Durchmesser von ca. 45 mµ. Es wird
im Gegensatz zu den meisten anderen onkogenen Viren erst bei einer Temperatur
von 70°C inaktiviert. Gegen UV- und Röntgenstrahlen ist es relativ resistent und
läßt sich ohne Einbuße seiner Virulenz in hochprozentigem Glycerin jahrelang
konservieren (Kidd; Syverton, Berry und Warren; Fischer und Green). Es
enthält 8,7% Desoxyribonucleinsäuren und nur 1,5% Lipoide. In Hydrolysaten
sind mindestens 18 Aminosäuren nachgewiesen worden (Taylor, Beard, Sharp
und Beard; Knight).

Der durch Seitz-Filter filtrierbare *Bittner-Faktor* (Dmochowski, 1952; Moore,
1960) wird bei einigen erblich belasteten Mäusestämmen mit der Milch übertragen
(Bittner, 1936). Er läßt sich jedoch nicht nur durch Milch, sondern auch durch
Organextrakte der erkrankten Tiere überimpfen. Gesunde neugeborene Mäuse,
die Muttertieren eines belasteten Stammes angelegt werden, bekommen später
ein Mammacarcinom. Werden Neugeborene einer belasteten Mutter aber von
Anfang an von einem gesunden Muttertier gesäugt, gelingt es im Laufe von
Generationen, das infektiöse Agens zu eliminieren. Bittner konnte die Krebshäufigkeit durch diese Maßnahme innerhalb von 10 Generationen von 97,4% auf
1,9% reduzieren. Ließ er andererseits neugeborene Mäuse eines unbelasteten
Stammes von einer belasteten Amme säugen, nahm das Auftreten von Brust-
drüsentumoren zu. Das Agens, dessen corpusculäre Natur bewiesen ist und das
aufgrund elektronenoptischer Untersuchungen einen Partikeldurchmesser von
50—70 mµ (Bernhard; Bernhard, Bauer, Guérin und Oberling) aufweist,
wurde auch, wie erwähnt, in zellfreien Extrakten anderer Organe der Maus nachgewiesen. Auch Männchen belasteter Stämme können mit dem Sperma den Erreger
auf unbelastete Weibchen übertragen (Mühlbock, 1950, 1952), die ihn dann auf
dem Milchwege an die nächste Generation weitergeben.

Faßt man die bisher bekannten Ergebnisse zusammen, muß man annehmen,
daß an der Erzeugung eines Mammacarcinoms der Maus der Milchfaktor, die hormonale Stimulation der Brustdrüse (Lacassagne, Murray, Shabad) und eine
genetisch bedingte Disposition der Milchdrüse zur malignen Entartung (Bittner;
Murray und Little; Dmochowski) beteiligt sind.

Das brustdrüsenkrebserzeugende Agens wird in der Milch zwischen 61 und
66°C in 30 min inaktiviert. Mehrstündiges Stehen bei 37°C führt ebenfalls schon
zur Zerstörung des Erregers. Unter +10° bleibt es in der Milch einige Wochen
aktiv; desgleichen auch in Glycerin. Es ist stabil im pH-Bereich zwischen 5,5 und
10,2 und wird bei höheren Säuregraden inaktiviert (zit. nach Graffi und Bielka).
Oberling, Bernhard, Guérin und Harel konnten schon lichtmikroskopisch
eosinophile Einschlüsse im Cytoplasma beim milchfaktorbehafteten Mäusestamm
JC nachweisen. Die Einschlüsse bestehen aus 50—70 mµ großen Elementen. Sie

besitzen eine Doppelmembran und scheinen Beziehungen zum Golgi-Apparat der Zelle zu haben. Gelangen die Einschlüsse in den extracellulären Raum, sind sie mit einer Hülle zelleigenen Materials umgeben und erreichen dadurch einen Durchmesser von 95—105 mμ. Die elektronenmikroskopische Darstellung der erwähnten Partikel gelang GRAFF u. Mitarb. (1947), PORTER und THOMPSON (1948) und KILHAM (1952).

Während die Wirksamkeit des Virus (Bittner-Faktor) auf verschiedene Stämme von Laboratoriumsmäusen nachgewiesen ist, gelang die Übertragung auf andere Säugetiere wie Kaninchen, Goldhamster und Meerschweinchen nicht (ANDERVONT; AMBRUS und HARRISSON). Weitere ergänzende Angaben zum Wesen des Bittner-Faktors findet man u. a. bei BITTNER (1948); PASSEY, DMOCHOWSKI, ASSBURRY und REED (1950); MANN und DUNN (1949) sowie GYE (1949).

Lymphatische Mäuseleukämien lassen sich bei bestimmten Inzuchtstämmen ebenfalls zellfrei übertragen. Während sich die Leukämien nach cellulären Übertragungen meist innerhalb von wenigen Wochen entwickeln, kommt es nach zellfreier Infektion erst nach 8—11 Monaten zur Ausbildung der Blastose. Subcelluläre Übertragung einer lymphatischen Leukämie auf leukämiebelastete Tiere des C3H-Stammes gelang GROSS (1951). Ihm gelang auch, durch Filtratübertragung aus AK-Leukämien (Extrakte aus AK-Embryonen führen auch zur Ausbildung einer lymphatischen Leukämie) Leukämien und/oder Parotistumoren hervorzurufen, die histologisch einen carcino-sarkomatösen Charakter haben. GROSS diskutiert diesen Effekt und glaubt, entweder eine onkogene Wirkung des gleichen Virus auf verschiedene Gewebsarten oder verschiedene onkogene Agentien im selben Extrakt annehmen zu müssen. Erhitzung der zellfreien Filtrate auf 65°C führt zur Inaktivierung; tiefe Temperaturen werden hingegen längere Zeit vertragen. Das Virus, dessen Partikelgröße von GROSS mit einem Durchmesser von 30—60 mμ angegeben wird, läßt sich durch hohe Tourenzahl sedimentieren. DMOCHOWSKI und GREY konnten virusartige Partikel in Leukämiezellen von Mäusen im Feinschnitt nachweisen. STEWART u. Mitarb. gelang schließlich auch die Züchtung des Leukämie-Virus aus AKR-Leukämien und aus der Parotisgeschwulst auf Affennierenepithel und normalem Embryonalgewebe der Maus. Durch Verimpfung der Kulturmedien ließen sich, oft schon nach kurzer Latenzzeit, auch beim Hamster und bei der Ratte verschiedene Tumoren erzeugen. Die vielfältige Wirkungsweise des Agens soll durch die Bezeichnung *SE-Polyoma-Virus* (EDDY, STEWART und BERKELEY) zum Ausdruck gebracht werden.

Weiteres über Bildung maligner Tumoren durch Virusarten s. auch bei NASEMANN im Band IV, 2. Teil dieses Handbuches.

Zur Frage einer von außen kommenden Infektion mit dem Tumor-Virus glaubt DOMAGK sagen zu können, daß es noch völlig offen ist, ob alle sog. Virus-Tumoren durch ein irgendwann von außen eingeschlepptes autoreproduktives Agens verursacht werden. Nach seiner Meinung ist in den zellfreien Filtraten der verimpfbaren Geflügeltumoren die an sich in jeder Tumorzelle vorhandene autoreproduktive „virusartige" Substanz herausgelöst vorhanden, und kann deshalb auf andere Individuen übertragen und tumorbildend wirksam werden. DOMAGK nimmt weiter an, daß bei den übrigen Säugetiertumoren dieser Faktor so empfindlich ist, daß er bisher nur in der ganzen, intakten Zelle überimpfbar bleibt.

Nicht bewiesen ist die Virusätiologie für das Ehrlichsche Mäuseascitescarcinom (ADAMS u. Mitarb., 1957) und das Melanom S 91 (SIEGEL und WELLINGS, 1962), bei denen elektronenoptisch virusähnliche Partikel gesehen wurden, die aber auch in 3,4-Benzpyren-induzierten Hautcarcinomen der Maus (THIERY, 1959) zu beobachten sind. Es könnte sich hier durchaus um unspezifische Reaktionsprodukte der Zelle und nicht um virusartige Agentien handeln.

Die Durchbrechung des natürlichen Wirtsspektrums eines Virus kann ein ungewöhnliches Krankheitsbild zur Auslösung bringen. Trentin, Yabe und Tayler (1962) sahen nach intrapulmonaler Injektion von Suspensionen des menschenpathogenen Adeno-Virus Typ 12, das zu Tonsillitiden, Pharyngitis, Pneumonie und Conjunctivitis führt, bei neugeborenen Hamstern intrathorakale Tumoren auftreten. Auch das in der Gewebekultur von Nierenzellen einiger Affenarten gefundene Simian 40-Virus führt nach Infektion neugeborener Hamster zur Sarkombildung (Eddy, Borman, Grubbs und Young, 1962). Dieser Befund ist erwähnenswert, weil dieses Virus in früheren Chargen von Poliomyelitis- und Adeno-Virus-Impfstoffen gefunden wurde (Gerber, Hottle und Grubbs, 1961; Sweet und Hilleman, 1960). Mit der subcutanen bzw. intramuskulären Impfung haben sicher zahlreiche Menschen dieses Virus injiziert bekommen. Angaben über Tumorbildungen nach derartigen Injektionen liegen beim Menschen allerdings nicht vor.

Virusähnliche Partikel in menschlichen Tumoren wurden elektronenoptisch zwar gesehen, z.B. unter anderen bei der Lymphogranulomatose (Heine, Krautwald, Helmcke und Graffi, 1958), bei Leukämien und beim Mammacarcinom (Braunsteiner, Fellinger und Pakesch, 1959; Haguenau, 1959) und bei der Mycosis fungoides (Orfanos und Stüttgen, 1963), eine Krebsübertragung von Mensch zu Mensch gilt jedoch als nicht erwiesen. Unbeabsichtigte Übertragungen von Leukämieblut blieben ohne entsprechenden Effekt. Auch Gewebeextrakte und Zellaufschwemmungen von leukämischer Milz, Rückenmark und Lymphknoten wurden nach Thiersch (1946) intravenös, subcutan oder intrasternal bei inoperablen Kranken implantiert, ohne daß nach einer maximalen Beobachtungszeit von 2 Jahren eine Leukämie zur Beobachtung gekommen wäre. Southam, Moore und Rhoads (1957) gelang ebensowenig die Übertragung eines Tumors an freiwilligen Versuchspersonen.

Die Virusätiologie des menschlichen Krebses, die nach den zahlreichen bemerkenswerten Tierversuchen vermutet werden kann, es sei hier auch an die Möglichkeit der malignen Entartung von virustransformierten Kulturen menschlicher Zellen durch das Simian 40-Virus (Koprowski, 1964) erinnert, ist bis zum heutigen Tage in keiner Weise schlüssig bewiesen (Schmähl und Krischke).

2. Heterologe Transplantation

Die Überimpfung von Krebszellen vom Menschen auf das Tier, wie sie von Langenbeck, Velpeau, Lewin und Dagonet bereits versucht wurde, sowie die Transplantation von Tiertumoren auf Individuen einer anderen Species gelingt nur selten. Putnocky berichtet, daß es ihm gelungen sei, das Ehrlichsche Mäuseascitescarcinom mit einer Ausbeute von 78% auf weiße Ratten zu überimpfen. Bei der ebenfalls geglückten Rückimpfung auf Mäuse soll der Tumor mit der Ausgangsgeschwulst identisch gewesen sein. Das Gehirn und die vordere Augenkammer erwiesen sich als die geeignetsten Organe für die heterologe Transplantation von Säugetiertumoren. So läßt sich der Brown-Pearce-Tumor im Gehirn von Ratten, Mäusen und Meerschweinchen züchten. Das Roussche Hühnersarkom (Virus) läßt sich auf Enten (Duran-Reynals) und Tauben (Borges und Duran-Reynals) verimpfen. Über erfolgreiche heterologe Transplantation von menschlichem Tumorgewebe berichtet Greene. Hegner und auch Keyser gelang es, menschliche Sarkome in Rattenaugen zu transplantieren. Nach Boutwell und Rusch soll die Transplantation von menschlichen Geschwulstzellen unter Cortisonbehandlung fast immer zu einem positiven Erfolg führen. Eigene Versuche mit intraperitonealer Injektion von Tumorzellen eines Mammacarcinoms des Menschen unter gleichzeitiger und vorausgehender Cortisonbehandlung der Versuchsmäuse führten in keinem Falle zu einer erfolgreichen Überimpfung des Tumorgewebes.

IX. Künstliche Erzeugung maligner Geschwülste

Die Entdeckung, daß sich manche Tiertumoren über Generationen mit der Sicherheit einer bakteriellen Infektion übertragen lassen, gab der experimentellen Krebsforschung zum erstenmal ein Modell in die Hand, an dem sich eine Reihe von Carcinomfragen studieren ließen. Trotz mancher interessanter Einzelbefunde blieb die Erkenntnis vom Wesen des menschlichen Krebses unvollständig. Die Verhältnisse bei den Impftumoren und beim Krebs des Menschen sind nach BLOCH immerhin verschieden und nicht ohne weiteres vergleichbar. Einen großen und fundamentalen Fortschritt nennt BLOCH die von FIBIGER inaugurierte Variante der Krebsforschung, die darin besteht, ,,daß es nun gelungen ist, Geschwülste, die sich in der Entstehung und in den Wachstumsbedingungen, in ihrem Schicksal, mit einem Wort in ihrem ganzen Wesen, von einem typischen spontanen Krebs des Menschen nicht unterscheiden, willkürlich beim Versuchstier zu erzeugen''. Beim experimentell erzeugten Krebs ist dabei die Ursache in jedem Falle, beim menschlichen Krebs hingegen nur in vereinzelten Fällen bekannt.

FIBIGER nennt drei Methoden, ,,die eine systematische Erzeugung von Geschwülsten typischer und zweifelsohne bösartiger Natur'' ermöglichen. Es gelang ihm, bei über 100 Ratten (in einer Versuchsreihe bei 54 von 102 Tieren) durch Verfütterung von mit Spiroptera neoplastica-Larven befallener Muskulatur der großen amerikanischen Schabe (Periplaneta americana) Carcinome im Vormagen zu erzeugen. In 18% der Fälle wurden Lungenmetastasen gesehen. In den Metastasen und in den transplantierten Tumoren waren nie Larven oder Eier der Nematode nachzuweisen.

Mit der Übertragung der Eier, der im Dünndarm der Katze schmarotzenden Taenia crassicolis, gelang es BULLOCK und CURTIS, bei 55 von 230 Ratten Lebersarkome zu induzieren. Das Sarkomgewebe ging aus Wandanteilen der meist multiplen Cysticercuscysten (Cysticercus fasciolaris) hervor. Die Tumoren setzten Metastasen und ließen sich transplantieren. Die experimentelle Erzeugung des Teerkrebses ist die dritte FIBIGER bekannte Methode zur systematischen Induktion maligner Tumoren.

1. Teerkrebs

Der englische Arzt PERCIVAL POTT beobachtete im Jahre 1775, daß Scrotalcarcinome bei Schornsteinfegern auftreten, die durch Ruß, der bei der Reinigung der Kamine sich in den Beinkleidern sammelt, hervorgerufen sein mußten. Diese Feststellung sowie Beobachtungen anderer Autoren über Teer- und Paraffinkrebse veranlaßten schon früh mehrere Forscher, experimentell zu ergründen, ob und unter welchen Bedingungen es möglich wird, durch längeren Kontakt der Haut mit Teer, Ruß oder Paraffin einen Hautkrebs zu erzeugen. Die um die Jahrhundertwende von HANAU und von CAZIN durchgeführten Versuche, durch Teerpinselungen Krebs zu erzeugen, mußten fehlschlagen, weil die Experimente zu früh abgebrochen wurden. Die ersten Mitteilungen über erfolgreiche Versuche stammen aus Japan von YAMAGIWA und ITCHIKAWA (1914, 1916). Sie pinselten die Innenflächen von Kaninchenohren jeden 3. oder 4. Tag mehrere Monate bis zu einem Jahr mit Steinkohlenteer. YAMAGIWA berichtet in einer Arbeit über 275 an der Innenfläche der Ohren mit Steinkohlenteer gepinselten Kaninchen. Bei 16 Tieren entstand ein Cancroid, bei 25 ein beginnendes Cancroid und in 22 Fällen handelte es sich histologisch um einen Übergang eines Folliculoepithelioms in ein Cancroid. Geschwüriger Zerfall, Metastasen in den regionären Lymphknoten und Kachexie sind neben den histologischen Merkmalen die Charakteristica des Teerkrebses.

Tsutsui (1948) konnte durch wiederholte Teerpinselungen auch an der Maus Hautkrebs experimentell erzeugen. Bei 35 von 67 Mäusen entwickelten sich (zit. nach Bloch) papillomatöse Geschwülste. Davon waren 16 Tumoren Carcinome, einer ein Sarkom. Bei 2 Mäusen waren Lungenmetastasen aufgetreten. Bloch konnte diese Resultate durch eigene Untersuchungen bestätigen. Er beschreibt bereits ausführlich die bei der Krebsentstehung zu beobachtenden klinischen Veränderungen. Als erstes kam es bei den Mäusen am Orte der Teerpinselung zum Ausfall der Haare, zur Abschilferung der Haut, Bildung von Fissuren und Krusten, Entzündungserscheinungen und Verdickung der Haut. Später traten diffuse Keratosen, hornartige Warzen und Papillome auf. Diese Veränderungen waren vielfach von riesigen Massen verhornenden Epithels, die ungewöhnlich große Hauthörner bilden können, überdeckt. Aus derartigen Hautveränderungen entwickelten sich schließlich die malignen Geschwülste. Bloch gelang es in 3 Fällen, die so erzeugten malignen Tumoren zu transplantieren; ein durch Teerpinselung entstandenes Sarkom sogar über 17 Generationen. Weitere Autoren, die diese Versuche aufgriffen und bestätigen konnten, sind: Fibiger, Lipschütz, Mertens, Deelman und Döderlein. Etwas später gelang es Yamagiva, durch intramammäre Einspritzung von Teer oder einer Mischung von Teer und Lanolin beim Kaninchen von den Milchgängen ausgehende Mamma-Carcinome zu erzeugen. Bei 23 von 188 Tieren (12,23%) konnten durch 1—2malige Injektion pro Monat (5 Jahre lang) von 0,3—0,5 ml eines wäßrigen Teerextraktes, Gemisches von Teer und Lanolin, teerhaltigem flüssigen Paraffin oder Olivenöl, Cancroide und Adenocancroide hervorgerufen werden. Lynch berichtet über einen primären Lungenkrebs bei Mäusen, deren Haut mit Teer gepinselt wurde. Bemerkenswert ist die Tatsache, daß im Gegensatz zur Maus und zum Kaninchen, Ratten auf Teerpinselung ganz selten mit einer Tumorbildung reagieren. Lubarsch hat z.B. an Ratten Teerpinselungen erfolglos vorgenommen. Gottron wies mit Recht auf diese Versuche mit den Worten hin: „Hätte Lubarsch nicht die falschen Tiere genommen, dann wäre er der Entdecker des experimentellen Teerkrebses und nicht die Japaner." Andererseits konnte Möller berichten, daß 6 von 24 Ratten, die über 300 Tage 3mal in der Woche an der Rückenhaut mit Teer gepinselt wurden, primär verhornende Plattenepithelkrebse der Lungen bekamen. An der Meerschweinchenhaut läßt sich durch Teerpinselung kein Krebs erzeugen. Ähnlich wie Mäuse verhalten sich bei der Teerkrebserzeugung einige Affenarten (Heine, Parchwitz und Graffi). Über experimentellen Hautkrebs beim Tier durch Pinselung mit Extrakten aus Ruß berichten Passey, durch Applikation von Druckerschwärze Steinbrück und Carl, von Tabaksteer Teutschländer, Roffo, Wynder, Kopf und Ziegler und andere Autoren. Auch auf die Versuche von Lipschütz muß hier hingewiesen werden, der durch Teerinjektionen Melanome — allerdings nur gutartige (Ullmann) — bei grauen und weißen Mäusen erzeugt hat.

Bloch und Dreifuss stellten fest (s. auch Wegelin, 1932), daß nicht alle Fraktionen des Teeres cancerogene Eigenschaften besitzen. Der krebserzeugende Stoff ist, wie durch Pinselungsversuche ermittelt wurde, in der oberhalb von 300°C siedenden, stickstofffreien Teerfraktion zu suchen. Benzolische Lösungen dieser Fraktion riefen bei allen damit gepinselten Mäusen Tumoren hervor. Kennaway konnte Untersuchungen veröffentlichen, nach deren Ergebnis die Bloch-Dreifussche Fraktion aus aromatischen Kohlenwasserstoffen, die nur C- und

H-Atome enthalten, besteht. Ihm gelang es, auch kurze Zeit später weitere teer-
verwandte, z.T. chemisch einheitliche Substanzen, in die Reihe der Cancerogene
einzuordnen, wie z.B. erhitztes Acetylen, erhitztes Isopren, erhitzte Hefe und
erhitzte menschliche Haut. Die krebserzeugende Steinkohlenfraktion konnte er
weiter einengen und feststellen, daß es sich um den Anteil des Teers handelt, der
zwischen 450 und etwa 1250°C siedet. Die weiteren Untersuchungen dieser Teerfraktion durch BARRY, COOK, HIEGER, KENNAWAY u.a. führten schließlich zur
Auffindung von mehreren chemisch einheitlichen Stoffen. Es handelt sich dabei
um die Gruppe der Benzanthracene und die Gruppe der Benzpyrene.

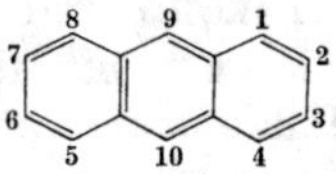

Anthracen

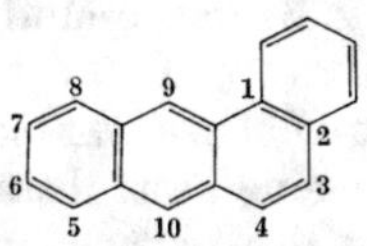

1,2-Benzanthracen

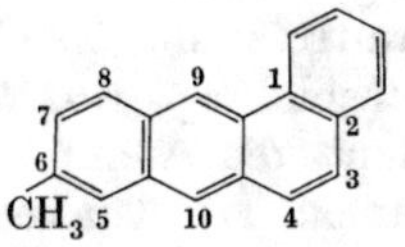

6-Methyl-1,2-Benzanthracen

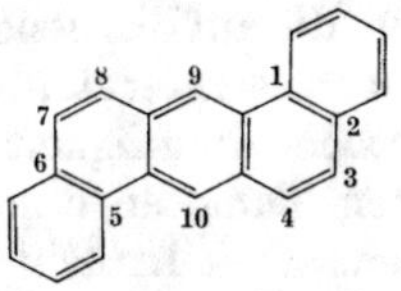

1,2,5,6-Dibenzanthracen

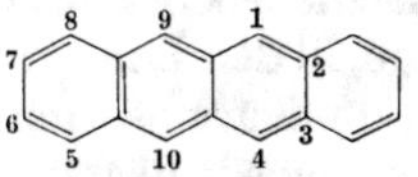

2,3-Benzanthracen

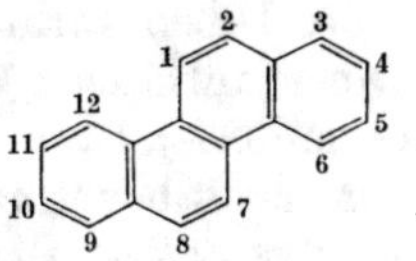

Chrysen

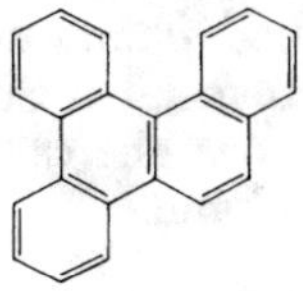

1,2-3,4-Benz-phenanthren

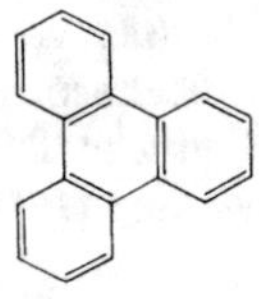

Triphenylen

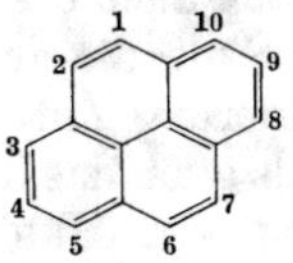

Pyren

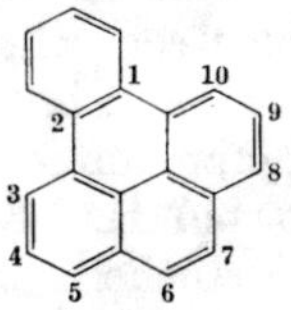

1,2-Benzpyren

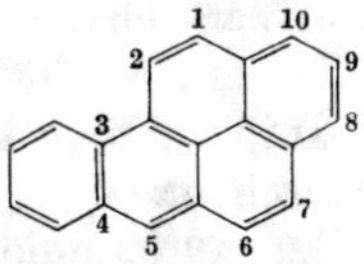

3,4-Benzpyren

Abb. 13. Strukturformeln der in den Abschnitten „Benzanthracene" und „Benzpyrene" erwähnten Substanzen

a) Die Benzanthracene

Das 1,2-Benzanthracen, die erste im Steinkohlenteer gefundene cancerogene Substanz, die zwar eine eindeutige, aber schwache Wirkung im Experiment zeigt, wird in ihrer krebserzeugenden Eigenschaft vom Dibenzanthracen erheblich übertroffen. Es wurde in Deutschland von CLAR und in den USA von FIESER und DIETZ und in England von KENNAWAY synthetisiert. BURROWS, HIEGER und KENNAWAY konnten mit dieser Substanz im Tierexperiment vom Bindegewebe herzuleitende Tumoren erzeugen. Mit dem 1,2,5,6-Dibenzanthracen war eine chemisch definierte Substanz gefunden, mit der man experimentell obligat maligne Tumoren induzieren konnte. Andere vom Benzanthracen abzuleitende Substanzen, wie z.B. das 6-Methyl- oder das 5-Methyl-1,2-Benzanthracen, wie sie von COOK, HIEGER, KENNAWAY und MAYNEORD untersucht wurden, übertrafen das 1,2,5,6-Dibenzanthracen nicht. Seit man mit diesen chemisch wohldefinierten Stoffen eine Testsubstanz in den Händen hat, wurde es möglich, andere variable Faktoren der experimentellen Krebserzeugung näher kennenzulernen. Die Untersuchungen von ANDERVONT führten so zur Auslese von Inzuchtstämmen von Versuchstieren, die auf das cancerogene Agens besonders stark reagieren, sei es durch ein relativ kurzes Intervall bis zum Auftreten der Geschwülste oder durch eine besonders große Anfälligkeit zur Krebsbildung. ANDERVONT konnte die artefiziell erzeugten Tumoren dann transplantieren, wenn Spender- und Empfängertiere aus demselben Inzuchtstamm kamen. Wurden verschiedene Stämme oder nicht reinrassige Händlermäuse verwendet, gelang die Übertragung der Geschwülste nur zu einem geringen Prozentsatz oder gar nicht. CHALMERS berichtet über das Verhalten des Dibenzanthracens nach Injektion in die Muskulatur von Hühnern. 1,2,5,6-Dibenzanthracen an verschiedenen Körperstellen gleichzeitig injiziert (0,8 mg Gesamtdosis), ist in der Lage, in den Lungen von Mäusen maligne Tumoren zu erzeugen, noch bevor an den Applikationsorten sich solche gebildet haben (GRADY und STEWART). Die cancerogene Substanz wird, wenn sie in organischen Lösungsmitteln oder Fett gelöst injiziert wurde, über die Gewebsflüssigkeit rasch über den gesamten Organismus verteilt. Die Alveolarepithelien nehmen bevorzugt kolloidal verteiltes Fett und damit auch das lipoidgelöste Cancerogen auf. Die Speicherung des krebserzeugenden Stoffes in den Lungenalveolen führt schließlich zur Tumorbildung, noch ehe es am Ort der Injektion zur malignen Entartung des Gewebes kommen kann.

b) Die Benzpyrene

Das 1,2-Benzpyren und das 3,4-Benzpyren wurden von COOK, HEWETT und HIEGER aus Steinkohlenteer isoliert. Ihnen gelang auch die Synthese dieser Substanzen. FIESER und FIESER beschrieben eine Synthese des 1,2-Benzpyrens aus Ketotetrahydrobenzpyran durch Dehydrogenisierung mit Zinkstaub und Selen als Katalysatoren. Sowohl das 1,2-Benzpyren als auch das 3,4-Benzpyren wurden von zahlreichen Untersuchern zur Erzeugung von Hauttumoren verwendet. SHEAR berichtet über experimentelle Untersuchungen mit dem Fieserschen Produkt. Autoren, die mit Benzpyren Untersuchungen anstellten, sind u.a. OBERLING, SANNIÉ und GUÉRIN. Sie konnten bei ihren Versuchstieren (Mäuse, Ratten, Meerschweinchen, Hühner) durch die verschiedensten Methoden, wie z.B. Pinselung, subcutane Injektion, Verfütterung und Implantation kleiner Benzpyrenstückchen, Tumoren erzeugen. Über experimentell erzeugte Krebse berichtete weiterhin MAISIN, der durch Pinselung mit Benzpyren und Dibenzanthracen Hautcarcinome und durch Injektion von wäßrig kolloidalen und fettigen Benzpyrenlösungen Sarkome bei Ratten induzieren konnte. MAISIN u. Mitarb. sahen durch Einwirkung von Sonnenlicht eine Verstärkung und durch Ozonisation der

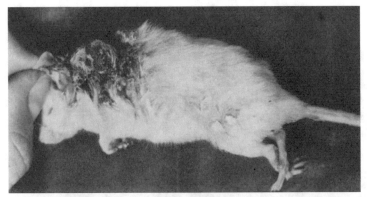

Abb. 14. Benzpyrenkrebs der Maus. Das Tier wurde 50mal mit einer 0,5%igen 3,4-Benzpyrenlösung gepinselt, wonach das abgebildete verhornte, papillomatöse Hautcarcinom entstand

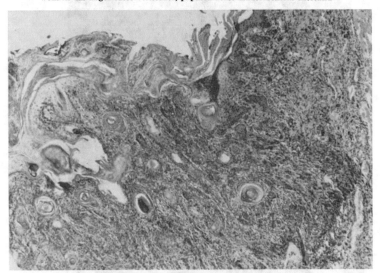

Abb. 15. In das Corium vordringende Zapfen des verhornenden Plattenepithelcarcinoms des in Abb. 14 dargestellten Tumors

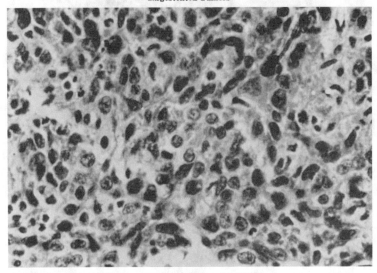

Abb. 16. Detailaufnahme zu Abb. 15

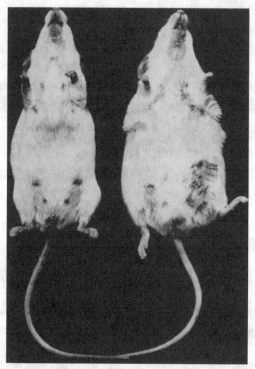

Abb. 17. Benzpyrentumor nach 8maliger subcutaner Injektion einer 0,5%igen 3,4-Benzpyren-Lösung (in Lutrol) im Abstand von je einer Woche. Vergleich zu einer Normalmaus

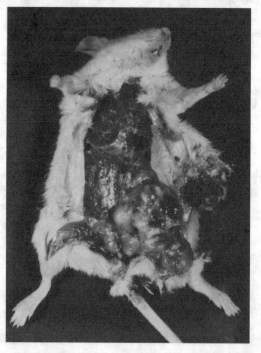

Abb. 18. Derselbe Tumor (Sarkom) nach präparativer Entfernung der Haut

Luft eine Abschwächung der cancerogenen Wirkung des Benzpyrens. KOCH und
MAISIN erklären den Einfluß der ozonisierten Luft durch die Bildung von unwirk-
samen Peroxyden des Benzpyrens. VASSILIADES studierte in seinen Versuchs-
anordnungen die Beeinflussung des Benzpyrens durch Organextrakte, die den
Versuchstieren zusammen mit Benzpyren injiziert oder verfüttert wurden. Sowohl
die orale als auch die parenterale Zufuhr der Organextrakte war wirksam und ließ
erkennen, daß je nach der Wahl des geprüften Extraktes sowohl eine hemmende
als auch eine fördernde Wirkung auf die Entwicklung der Tumoren zu erkennen war.

Andere cancerogene Kohlenwasserstoffe sind das 1,2-Benzanthracen, das
1,2—3,4-Benzphenanthren und das Chrysen. Bei diesen Substanzen handelt es
sich um 3 der 6 möglichen isomeren Kohlenwasserstoffe aus 4 kondensierten
aromatischen Ringen. Die anderen 3 Isomere, nämlich das 2,3-Benzanthracen, das
Pyren und das Triphenylen, wirken nicht krebserzeugend. SCHÜRCH und WINTER-
STEIN konnten zeigen, daß auch schon eine geringe Veränderung des 3,4-Benz-
pyrenmoleküls die krebserzeugende Wirkung abschwächen oder sogar aufheben
kann (z. B. teilweise Hydrierung oder Methylierung).

c) Methylcholanthren

Ein weiterer aus mehreren kondensierten Ringen bestehender cyclischer
Kohlenwasserstoff ist das Methylcholanthren, eine Substanz, die nicht aus Teer
isoliert wurde. WIELAND und DANE (1933) berichteten in einer Arbeit, die der
Strukturanalyse der Gallensäuren gewidmet ist, aus 12-Ketocholansäure über die
Zwischenstufe des Dehydronorcholons, welches durch thermische Zersetzung der
12-Ketocholansäure und durch anschließende Dehydrogenation mit Selen entsteht, eine Substanz dargestellt zu haben, die sie Methylcholanthren nannten.
COOK und HASLEWOOD (1934) stellten unter Benutzung der Wieland-Daneschen
Methode Methylcholanthren aus Desoxycholsäure her. Die Verbindung wurde auf
krebserzeugende Eigenschaft geprüft. Sie erwies sich als hochaktiv. Eine sehr
interessante Feststellung, weil hier zum erstenmal ein cancerogener Stoff gefunden
wurde, dessen Darstellung aus körpereigenen Substanzen (Desoxycholsäure und
Cholsäure) chemisch möglich geworden war. Ob diese chemische Umwandlung
auch im Organismus vonstatten gehen kann, ist nicht erwiesen, wird aber theoretisch für möglich gehalten (OBERLING, SANNIÉ und GUÉRIN). Es ist bisher allerdings noch nicht gelungen, das Methylcholanthren im Organismus oder seinen
Ausscheidungsprodukten nachzuweisen. BÜRGER vertritt aber den Standpunkt,
Krebs könne wahrscheinlich doch durch endogen entstehende Cancerogene am
Orte ihrer Ausscheidung aus dem Körper durch das hier konzentrierte Auftreten
hervorgerufen werden. BOYLAND und WATSON konnten eine Bestätigung dieser
Auffassung liefern, indem es ihnen gelang, im menschlichen Harn z. B. normale
Stoffwechselprodukte des Tryptophans festzustellen, die eine cancerogene Wir-
kung entfalten, nämlich die 3-Hydroxy-antranilsäure und das 1,3-Hydroxy-
kynurenin.

Über experimentelle Hautcarcinome durch Methylcholanthren hat u.a.
v. ALBERTINI (1958) berichtet. Er verwendete für seine Versuche zuerst C57-Mäuse
und später C3H-Mäuse. Männlichen Tieren im Alter von 2—3 Wochen wurde die
Rückenhaut geschoren und in einem 5×3 cm großen Streifen einmal wöchentlich
mit einer 0,25%igen Methylcholanthren-Benzollösung bepinselt. Über eine Hyperplasie der Epidermis kommt es nach 15 Pinselungen zur Ausbildung von Pa-
pillomen und Carcinomen der Haut. KOECKE konnte die hohe Empfindlichkeit
der Alveolarepithelzellen der Mäuselunge gegen Methylcholanthren experimentell
belegen. Er verwendete Tiere eines Mäusestammes, bei dem Spontantumoren
(6jährige Beobachtung im zoologischen Institut der Universität Köln) nur äußerst

selten vorkommen und spontane Lungentumoren überhaupt nicht zu beobachten waren. Die Anwendung des Methylcholanthrens erfolgte in Form von Agar-Depots. Einem 1%igen Agar wurde nach Erwärmen 1% feinpulverisiertes Methylcholanthren hinzugefügt, erneut sterilisiert und im Wasserbad bei 50°C flüssig gehalten. Die flüssige Mischung wurde schließlich den Tieren unter die Nackenhaut injiziert (0,1 ml = 1 mg Methylcholanthren), wo sie rasch erstarrte. Die Tumorhäufigkeit in der Lunge betrug 14%, am Ort der Implantation 100%. Daß das Methylcholanthren aus dem Agar-Implantat an die Umgebung abgegeben wird, ist durch die Entstehung der malignen Tumoren (Fibro- und Myxosarkome) am Implantationsort erwiesen. Da die Löslichkeit cancerogener Kohlenwasserstoffe

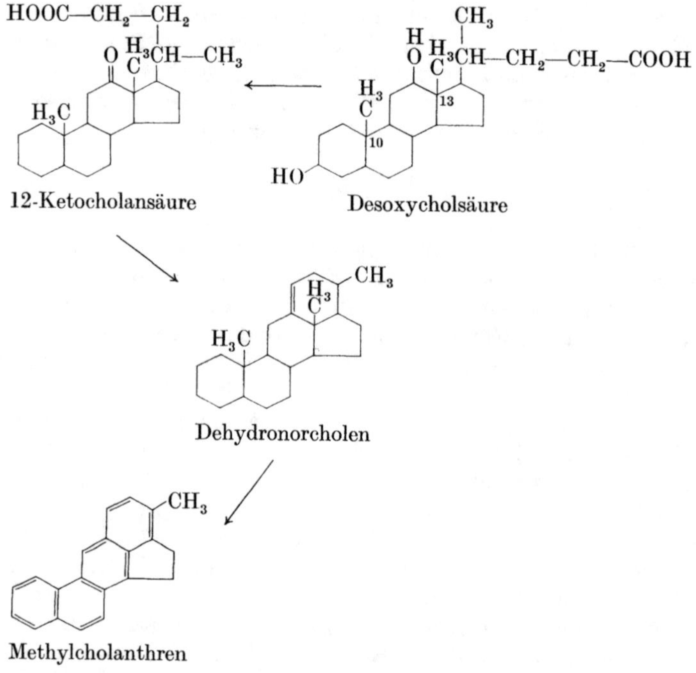

Abb. 19. Strukturformeln der im Abschnitt „Methylcholanthren" erwähnten Substanzen

unter normalen Bedingungen in Körperflüssigkeiten nur sehr gering ist, muß angenommen werden, daß die tatsächlich in der Lunge zur Wirkung kommenden Mengen äußerst gering, hingegen die Lungen der Maus als Testorgan zur Feststellung cancerogener Aktivitäten außerordentlich empfindlich sein müssen (Andervont und Shimkin; Lorenz und Shimkin; Heston; Kuhn und Koecke). Die Empfindlichkeit der Alveolarepithelien der Maus auf cancerogene Substanzen wird besonders auch durch die kurze Latenzzeit bis zum Auftreten der Malignome unterstrichen. Während die ersten Lungenveränderungen schon nach 15 Tagen auftreten, bilden sich am Ort der Implantation des Cancerogens erst nach 80 Tagen die ersten Ulcerationen mit präcancerösen Epithelveränderungen und erst später maligne Geschwülste des Bindegewebes, der Muskulatur und der Mamma (Koecke, 1958). Kuhn und Koecke sahen nach der Implantation von Methylcholanthren-Agar zwischen Leber und Magenwand der Maus nach 83—295 Tagen zwar Sarkome im Implantationsbereich auftreten, die sich ausschließlich aus Bindegewebszellen der Kapsel herleiten ließen, aber keine Beeinflussung des Leberparenchyms.

d) Fluorescenz und Nachweis cancerogener Kohlenwasserstoffe

Teerähnliche, krebserzeugende Stoffe fluorescieren. Unter den von KENNAWAY dargestellten Verbindungen fand MAYNEORD (zit. nach K. H. BAUER) nur solche Kohlenwasserstoffe cancerogen, die im Fluorescenzspektrum bestimmte Absorptionsbanden aufweisen. Benzpyren, Dibenzanthracen und andere Verbindungen haben solche Absorptionsbanden bei 4040 und 4270 sowie 4540 Å (MAYNORD und ROE). MIESCHER, ALMASY und KLÄUI konnten mit Hilfe der Fluorescenzmethode im Steinkohlenteer das 1,2-Benzpyren bis zu einer Genauigkeit von 10^{-8} ml nachweisen. Auch der histologische Nachweis von Benzpyren im tierischen Gewebe ist mit Hilfe dieser Methode möglich (GÜNTHER). GRAFFI stellte unter Verwendung dieser Methodik genaue Untersuchungen über den Verbleib des auf die Mäusehaut getropften Benzpyrens an. Im Falle höherer Konzentration beträgt demnach die Verweildauer des Benzpyrens in der Haut 6—8 Tage, im Falle geringerer Konzentration läßt sich schon nach 2—3 Tagen keine Fluorescenz mehr nachweisen. Diese Untersuchungen stimmen mit der Verweildauerbestimmung von C_{14}-markiertem cancerogenen Wasserstoff in der Haut (HEIDELBERGER) ausreichend überein.

e) Minimaldosen cancerogener Substanzen zur Erzeugung experimenteller Tumoren

Der sichere Nachweis der krebserzeugenden Eigenschaften und die z.T. weite Verbreitung der oben angeführten Substanzen ließ die Frage nach den notwendigen Mengen, die erforderlich sind, um das Entstehen einer malignen Geschwulst zu induzieren, nicht lange im Hintergrunde warten. CRAMER und STOWELL brauchten zur Induktion einer Geschwulst dann weniger Substanz des Cancerogens, wenn sie nicht täglich, sondern in größeren Abständen, etwa einmal in 2—4 Wochen, die fragliche Substanz applizierten. POEL griff diese Versuche auf. Er gab einer Gruppe von Mäusen eine einmalige Gabe von 125 mg Benzpyren, einer anderen 120 mg, jedoch in Einzeldosen von je 1 mg. Während sich in der ersten Gruppe keine Tumoren entwickelten, entstanden in der zweiten Gruppe bei 9 von 42 Mäusen Geschwülste. BERENBLUM gab zur Erzeugung maligner Tumoren mit kleinen Dosen cancerogener Stoffe eine andere Methode an. Er kombinierte die krebserzeugende Substanz mit einem Stoff, der allein zwar nicht in der Lage ist, einen malignen Tumor hervorzurufen, der aber eine entzündliche Reaktion des Gewebes verursacht. Mit diesen Hilfssubstanzen, die man Cocarcinogene nennt, gelingt es, mit kleineren Dosen der krebserzeugenden Stoffe maligne Tumoren zu induzieren. BERENBLUM verwendete als Cocarcinogen Croton-Harz. MOTTRAM gab seinen Versuchstieren eine unterschwellige Carcinogendosis und behandelte im Anschluß daran nur mit Crotonöl und konnte auf diese Weise Geschwülste erzeugen. Crotonöl kann aber nur dann als Cocarcinogen angesprochen werden, wenn es in einem parallellaufenden Kontrollversuch ohne Kombination mit einem echten Carcinogen keine Tumoren hervorruft. BERENBLUM und HARAN konnten nämlich durch Verfütterung von Crotonöl an Mäuse nach 30 Wochen bei ca. 15% der Versuchstiere Papillome im Vormagen feststellen.

POEL und KAMMER konnten bei dem Mäuseinzuchtstamm C57Bl/6 mit insgesamt 18 mg 3,4-Benzpyren, bei Einzeldosen von 0,2 mg Hauttumoren hervorrufen. KLEIN gelang es, mit einer Gesamtdosis von 1,2 mg 9,10-Dimethyl-1,2-Benzanthracen pro Maus Tumoren zu erzeugen. In seinen Versuchen wurde auf die mechanisch enthaarte Nackenhaut weißer Mäuse 0,02 ml einer 0,00006%igen Lösung von 9,10-Dimethyl-1,2-Benzanthracen 10 Monate lang alle 4 Wochen appliziert.

Agentien, die allein in der Lage sind, eine maligne Geschwulst zu induzieren und zu realisieren, werden als Vollcancerogene bezeichnet. Ihr Prototyp sind die cancerogenen Kohlenwasserstoffe und die aromatischen Amine. Stoffe, die ausschließlich den Initialvorgang der Cancerisierung bewirken, zur Realisierung des Krebses aber eines zweiten Reizes bedürfen, werden zum Begriff der imperfekten oder inkompletten Cancerogene zusammengefaßt. Als Paradigma gilt das Urethan, das allein auf die Haut appliziert praktisch unwirksam ist (GRAFFI; GRAFFI u. Mitarb.; BERENBLUM und HARAN; HARAN und BERENBLUM). Die Krebsrealisierung und eine Besprechung dieses Vorganges werden von GRAFFI und BIELKA in ihrem Buch ,,Probleme der experimentellen Krebsforschung'' ausführlich behandelt.

f) Wirkung der krebserzeugenden Substanzen des Teers

BIERICH und MÖLLER beobachteten schon zu Beginn der Teerkrebsforschung, daß unter dem Einfluß der Teerpinselungen in den Epidermiszellen vorher nicht beobachtete Granula auftreten. Sie waren der Meinung, daß die krebsige Entartung der Zellen durch eine Änderung des Kolloidzustandes des Zellplasmas erklärt werden kann. PICARD und LADURON konnten toxische Schädigungen am Knochenmark, am reticuloendothelialen System, an den Lymphknoten, an der Milz und am Thymus durch Benzpyrenhautpinselungen nachweisen. GRAFFI untersuchte den Verbleib des Benzpyrens im Gewebe mit Hilfe der Fluorescenzmikroskopie. In Benzol gelöstes Benzpyren dringt schon nach einmaliger Tropfung auf die Mäusehaut bis auf die unter der Subcutis liegende Muskelschicht vor. Die Verteilung des Benzpyrens entsprach dem Lipoid- und Fettgehalt der Haut. Eine Speicherung des Benzpyrens findet in den Epithelzellen, Talgdrüsen, Fettgewebszellen, im Talgdrüsensekret und in geringerem Maße im Bindegewebe statt. In den Zellen selbst findet man das Benzpyren vor allem in Form von Granula. Durch hochtouriges Zentrifugieren konnten diese Granula getrennt und isoliert werden. GRAFFI ist der Meinung, daß vom Zellkern nur die Kernmembran Benzpyren aufnehmen kann. Die Umwandlung einer normalen Zelle in eine Krebszelle ist seiner Meinung nach auf eine Schädigung des Cytoplasmas zurückzuführen. Auch der allmählich und sich im Verlaufe mehrerer Zellgenerationen vollziehende Übergang von der Normal- zur Tumorzelle spräche gegen eine chromosomale Mutation. Indessen konnten CHAYEN, LACOUR und GAHAN zeigen, daß auch die Kernsubstanz in der Lage ist, Benzpyren aufzunehmen. Die Aufnahme des Benzpyrens ist an das Vorhandensein eines bestimmten Phospholipoides geknüpft. Diese Untersuchungen, die an Pflanzenzellen, Kalbsthymus- und Mäuseleberzellen durchgeführt wurden, könnten wiederum als eine Stütze der Mutationstheorie angesehen werden.

g) Aromatische Amine

Die auffällige Häufung des Blasenkrebses bei Anilinarbeitern, der zum erstenmal von REHN im Jahre 1895 beschrieben wurde, war die Ursache systematischer Untersuchungen, die schließlich die krebserzeugenden Eigenschaften vieler aromatischer Amine entlarvten.

Während Anilin nach DRUCKREY bei der Ratte selbst keine krebserzeugende Wirkung hat, nimmt nach BUTENANDT und DANNENBERG die cancerogene Eigenschaft mit zunehmender Größe des aromatischen Systems (β-Naphthylamin, β-Anthramin, 2-Aminofluoren) zu. Auch das Benzidin und das o-Toluidin hat bereits eine schwache krebserzeugende Wirkung. Über Blasentumoren beim Hund durch β-Naphthylamin berichtet HUEPER und WOLFE, über Sarkome und Hepatome bei der Maus nach subcutaner Injektion HACKMANN, BONSER, CLAYSON, JULL und PYRAH.

FISCHER-WASELS konnte durch Injektion von Scharlachrot, einem Azo-farbstoff, am Kaninchen Geschwülste erzeugen. HAYWARD fand als erster den wirksamen Anteil dieses Farbstoffes im o-Aminoazotoluol.

SASAKI und YOSHIDA konnten mit dieser Substanz bei Ratten Lebergeschwülste hervorrufen. KINOSITA wies im Rattenversuch auf die noch stärkere krebserzeugende Wirkung des verwandten 4-Dimethylaminoazobenzol = Buttergelb hin.

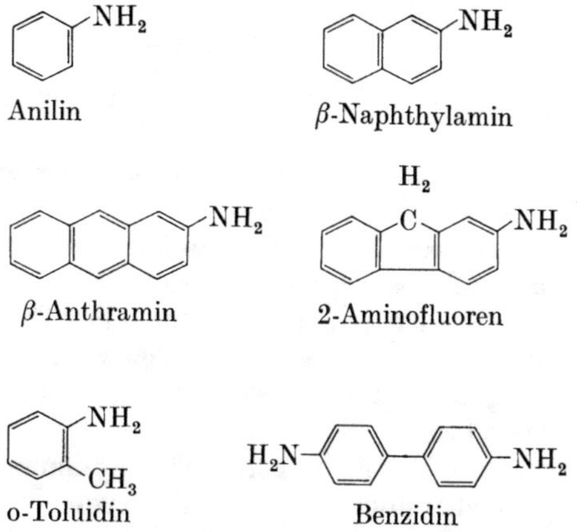

Anilin   β-Naphthylamin

β-Anthramin   2-Aminofluoren

o-Toluidin   Benzidin

Abb. 20. Strukturformeln der im Abschnitt „Aromatische Amine" erwähnten Stoffe

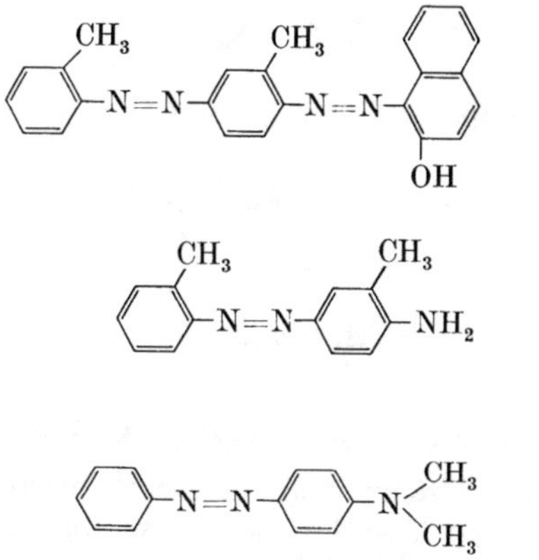

Abb. 21. Scharlachrot, o-Aminoazotoluol und 4-Dimethylaminoazobenzol = Buttergelb

Wie die krebserzeugenden Kohlenwasserstoffe, so enthalten auch die cancero-genen aromatischen Amine ein System konjugierter Doppelbindungen, dem selbst jedoch keine spezifische Bedeutung zukommt. Für die krebserzeugende Wirkung ist vielmehr die Anwesenheit sog. funktioneller Gruppen (basische Aminogruppen) erforderlich.

h) Substanzen mit alkylierender Wirkung

Das von LOMMEL und STEINKOPF dargestellte *Bis-(2-chloräthyl)-sulfid* (Senf-gas, Gelbkreuz, Lost, Mustardgas) hat biologische Eigenschaften, die den ioni-sierenden Strahlen ähnlich sind. Man bezeichnet diese Gruppe daher auch als

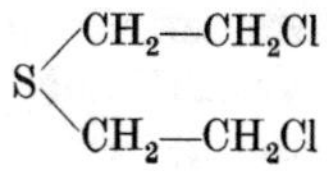

$$S \begin{cases} CH_2-CH_2Cl \\ CH_2-CH_2Cl \end{cases}$$

radiomimetische Substanzen. Heston und Levillain konnten bei Mäusen sowohl durch intravenöse Injektion als auch durch Inhalation des Gases Lungentumoren erzeugen. Bei subcutaner Injektion entstehen an der Injektionsstelle bei Mäusen (Haddow) und bei Ratten (Heston) Tumoren.

Das *Methyl-bis-(2-chloräthyl)-amin* (Stickstofflost, Nitrogenmustard) ruft,

$$H_3C—N\begin{cases} CH_2—CH_2—Cl \\ CH_2—CH_2—Cl \end{cases}$$

wie Boyland sowie Boyland und Horning zeigten, bei Mäusen ebenfalls Geschwülste hervor.

Nach Butenandt und Dannenberg ist die krebserzeugende Wirkung des Stickstofflostes stärker als die des Senfgases.

Über die wachstumshemmende Wirkung des Senfgases und seiner Homologen bei Tumoren wird im Kapitel über die Cytostatica im Band V/1 von Meyer-Rohn ausführlich berichtet. Die Entdeckung der cytostatischen Eigenschaften des Stickstofflostes geht auf die Beobachtungen Berenblums zurück, der bei Mäusen durch die Vorbehandlung der Haut mit Lost die krebserzeugende Wirkung des 3,4-Benzpyrens aufgehoben sah.

Andere krebserzeugende Verbindungen mit alkylierender Wirkung (Ross) findet man unter den Äthyleniminen und den Epoxyden.

Das *Äthylenimin* erzeugt bei Ratten am Ort der Injektion Sarkome. Walpole,

$$H—N\begin{cases} CH_2 \\ | \\ CH_2 \end{cases}$$

Roberts u. Mitarb. konnten bei Mäusen und Ratten auch mit *1,2,3,4-Diepoxybutan*

$$\begin{array}{ccc} & H & H \\ H_2C—C—C—CH_2 \\ \diagdown O \diagup & | & | \\ & O \diagup \end{array}$$

Geschwülste induzieren und realisieren.

i) Weitere krebserzeugende Verbindungen

Die krebserzeugende Potenz des seit Schmiedeberg bekannten *Urethans* (Äthylcarbamat) wurde erst im Jahre 1943 durch die Untersuchungen von Nett-

$$H_3C—CH_2—O—C\begin{cases} NH_2 \\ \diagdown O \end{cases}$$

leship und Henshaw bekannt, die bei Mäusen mit Urethan Lungentumoren erzeugen konnten. Über das gleiche Ergebnis bei Ratten berichten Mostofi und Larsen. Cowen gelang die Erzeugung von Lungentumoren mit Urethan bei Hühnern und bei Meerschweinchen nicht. Bei der Maus konnte er andererseits zeigen, daß Urethan seine krebserzeugende Wirkung nicht nur bei oraler und intraperitonealer Applikation, sondern auch nach Pinselung der Haut entfalten kann.

Tetrachlorkohlenstoff ruft bei einigen Mäuseinzuchtstämmen Hepatome (Edwards) hervor, wobei kleine Dosen, mehrmals angewendet, wirksamer als einzelne große sind. Eschenbrenner und Miller, die über diese Feststellung publizierten, konnten auch durch wiederholte Verfütterung von *Chloroform* bei Mäusen eines bestimmten Stammes Hepatome erzeugen.

Über die Entstehung von Sarkomen nach Implantation von Bakelit, Cellophan, Polyamiden, Polyäthylen, Polymethacrylat und anderen Kunststoffen und sogar von Silber, Gold und Platin finden sich Berichte bei TURNER, OPPENHEIMER, OPPENHEIMER und STOUT, DRUCKREY und SCHMÄHL, ZOLLINGER, NOTHDURFT und anderen Autoren.

In jüngster Zeit haben SCHMÄHL und DRUCKREY (1959, 1963) auf eine Stoffklasse mit auffallend starkem cancerogenem Effekt hingewiesen. Es handelt sich dabei um chemisch einfach gebaute aliphatische Verbindungen, die *Nitrosamine*, die durch Untersuchungen von MAGEE und BARMES in England sowie DRUCKREY, PREUSSMANN, SCHMÄHL und MÜLLER; SCHMÄHL und PREUSSMANN; DRUCKREY und STEINHOFF; SCHMÄHL, PREUSSMANN und HAMPERL in Deutschland gefunden wurden. Bis heute haben sich etwa 20 Verbindungen der Gruppe der Nitrosamine als cancerogen erwiesen. Nach SCHMÄHL und KRISCHKE lassen sich durch orale oder parenterale Zufuhr kleinster Dosen dieser Stoffe maligne Tumoren in den verschiedensten Organen hervorrufen. Ganz besonders interessant und für die Onkologie von größter Wichtigkeit ist die Organotropie der Geschwulstbildung durch Nitrosamine. Es gelingt mit diesen Substanzen, ein Tumorspektrum mit der gleichen Geschwulstlokalisation und der gleichen Art der Tumoren zu erzeugen, die auch in der menschlichen Pathologie häufig vorkommen. Eine Anzahl von cancerogenen Substanzen mit der besonders den Nitrosaminen eigenen ganz spezifischen Organotropie haben SCHMÄHL und KRISCHKE in einer Tabelle zusammengestellt.

Tabelle 5. *Organotropie der krebserzeugenden Wirkung einiger Substanzen bei der Ratte.* (Nach SCHMÄHL und KRISCHKE, 1963)

Krebslokalisation	Substanz
Leber	4-Dimethylamino-azobenzol
Gehörgang	4-Dimethylamino-stilben
Brust	4-Dimethylamino-diphenyl
Speiseröhre	Äthylbutylnitrosamin
Leber, Blase	Dibutyl-nitrosamin
Pharynx	Dinitroso-piperazin
Leber, Niere	Dimethyl-nitrosamin
Leber	Diäthyl-nitrosamin
Magen	4-Nitro-stilben
Magen	N-Nitroso-N-methy-urethan (oral)
Lunge	N-Nitroso-N-methyl-urethan (intravenös)
Lunge	Urethan
Brust	20-Methyl-cholanthren
Schilddrüse	Radioaktives Jod

Bei der Bevölkerung von Guam, die häufig Cycaden-Nüsse konsumiert, kommt Leberkrebs auffällig häufig vor. Es gelang LAQUEUR, aus der Cycas circinalis L., deren neurotoxische und hepatotoxische Wirkung bekannt war, ein Glykosid, das Cycasin zu isolieren. Chemisch handelt es sich um β-D-glucosyl-oxy-azoxymethan. Das Aglykon dieses Glykosides ist das Methylazoxymethanol. Es ruft im Tierversuch Lebertumoren hervor und führt zu einer Hyperplasie der Nierentubuli. Die toxischen, biologischen und cancerogenen Wirkungen des Cycasins oder seines Aglykons sind den durch Dimethylnitrosamin hervorgerufenen Veränderungen praktisch identisch. LAQUEUR sah bei intraperitonealer Applikation des Aglykons Lebertumoren auftreten, jedoch nicht bei der auf gleichem Wege erfolgten Verabreichung des Cycasins. Das Glykosid kann erst durch Einwirkung einer β-Glucosidase, die aus der Schleimhaut oder aus den Bakterien stammen mag, seine cancerogene Wirkung (durch das freigewordene Aglykon) entfalten. Laqueur konnte zeigen, daß keimfrei aufgezogene Ratten durch Verfütterung von Cycasin im Gegensatz zu nicht keimfreien Ratten keine Tumoren bekamen. Die β-Glucosidase stammt demnach aus den Bakterien und nicht aus dem Epithel.

Die typischen Krebslokalisationen beim Menschen lassen aufgrund der erwähnten Experimente die Vermutung aufkommen, daß möglicherweise ganz spezifische Noxen zur Induktion der jeweiligen Organkrebse führen (Schmähl u. Mitarb.).

2. Krebserzeugende Wirkung ultravioletter Strahlen

Der ursächliche Zusammenhang zwischen Sonnenlicht und Hautkrebs des Menschen ist seit langer Zeit bekannt. Findlay gelang 1928 der experimentelle Nachweis, daß nur der ultraviolette Strahlenmantel des Sonnenlichtes in der Lage ist, bei Mäusen Krebs hervorzurufen. Durch kontinuierliche Bestrahlung mit UV-Licht kommt es, wie Holtz und Putschar gezeigt haben, bei Ratten nach 37 Monaten zur Krebsbildung. Größe der Einzeldosis, Größe der Gesamtdosen, aber auch die Anpassungsfähigkeit der Haut (Miescher) sind die Faktoren, von denen die Krebsentstehung durch Sonnenlicht bzw. ultraviolette Strahlen abhängig sind. Putschar und Holtz fanden bei weißen Ratten eine größere Empfindlichkeit als bei pigmentierten Versuchstieren. Vom Durchdringungsvermögen der ultravioletten Strahlen (Kirby-Smith, Blum und Grady) hängt es ab, ob die Geschwülste von der Cutis oder der Epidermis ausgehen, es zur Sarkom- oder zur Carcinombildung kommt. Wellenlängen um 290 mμ, die im Sonnenlicht vorkommen, rufen eine maximale Tumorbildung hervor. Bei der Maus kommt es nach der Exposition bei einer Wellenlänge von 297 mμ zur Erythem- und Tumorbildung (Friedrich). Mit 253,7 mμ und 313 mμ konnten keine Tumoren induziert werden. Für monochromatisches Licht der Wellenlänge 297 mμ wurden für die gezielte Tumorerzeugung am Mäuseohr als Minimaldosis 2mal 10^7 Erg/cm², bei Einzeldosen von 300000—400000 Erg/cm² ermittelt. Es ist bisher noch nicht bekannt, welche photodynamischen oder photochemischen Vorgänge in der Haut zur Krebsbildung führen.

Über die Theorien der Entstehung des Lichtkrebses (photochemische Bildung cancerogener Substanzen, Fehlregulation, UV-Mutation) berichten Kimmig und Wiskemann im Band V/1 dieses Handbuches.

3. Krebserzeugende Wirkung ionisierender Strahlen

Bloch konnte im Tierexperiment am Kaninchen zeigen, daß die Krebsentstehung durch Röntgenstrahlen von der Größe der Gesamtstrahlendosis abhängig ist. Tägliche Gaben von ca. 9 R über mehrere Monate (Lorenz, Eschenbrenner, Heston und Uphoff) rufen bei Mäusen Lungentumoren, Mammacarcinome und maligne Lymphome hervor.

Radium, ein natürliches radioaktives Element, das bei seinem Zerfall (Halbwertzeit 1580 Jahre) α-, β- und γ-Strahlen aussendet, ruft bei exogener Einwirkung hauptsächlich Hauttumoren, nach Aufnahme in den Organismus, z.B. Radiumsalze, die in den Knochen gespeichert werden, Knochengeschwülste hervor. Daels und Baeten haben bei Ratten, Mäusen, Meerschweinchen und Hühnern mit Radiumsalzen experimentell maligne Geschwülste erzeugt. Durch Dauereinwirkung von Radon (Radiumemanation) konnten Rajewsky u. Mitarb. bei weißen Mäusen Lungentumoren hervorrufen, und so die krebserzeugende Eigenschaft der Radiumemanation, bei deren Zerfall α-Strahlen frei werden, nachweisen.

HENSHAW, SNIDER und RILEY induzierten bei Ratten durch äußerliche Applikation von radioaktivem P³² Tumoren der Haut und des subcutanen Gewebes. Knochentumoren nach innerlicher Anwendung von P³² wurden von KOLETSKY, BONTE und FRIEDELL beschrieben. GOLDBERG und CHAIKOFF sahen bei Ratten nach intraperitonealer Injektion von radioaktivem J¹³¹ Schilddrüsentumoren auftreten.

X. Stoffwechsel der Tumoren

PAUL EHRLICHs Forderung, bei Tieren künstliche Krankheiten zu erzeugen und diese dann in spezifischer Weise durch eine experimentelle Therapie der Heilung zuzuführen, führte auf dem bis zu dieser Zeit noch wenig erforschten Gebiet der Krebskrankheit zu zahlreichen und vielfältigen experimentellen Studien. Es stellte sich bald heraus, daß eine gezielte und spezifische Chemotherapie einer Krankheit nur dann zu inaugurieren war, wenn es gelang, den Erreger zu finden und seine Lebensgewohnheiten zu studieren. Es ist also beim Krebs nach einem Erreger zu suchen, bzw. im übertragenen Sinne sind die Faktoren zu finden, durch die sich die Krebszelle von der normalen (gesunden) Zelle des Organismus unterscheidet. Eine Flut von Untersuchungen versucht seit Beginn des Jahrhunderts das Wesen des Krebses zu ergründen. Einige Ergebnisse hat z.B. HESS in dem Abschnitt „Stoffwechsel der Tumoren" im Lehrbuch des Stoffwechsels und der Stoffwechselkrankheiten THANNHAUSERs in gedrängter, aber übersichtlicher Form zusammengefaßt. Besonders verwiesen sei auf den Artikel „Die Biochemie der Geschwülste" von BUTENANDT und DANNENBERG im Handbuch der allgemeinen Pathologie (6. Band, 3. Teil, Springer-Verlag 1956) und auf die „Einführung in die Biochemie der Krebszelle" von H. BUSCH.

HESS geht davon aus, daß die Tumorzelle, wie jede normale Zelle, nur bei kontinuierlicher Zufuhr von Energie leben kann. WARBURG entdeckte 1923 das Besondere der energieliefernden Reaktion im Stoffwechsel der Tumoren, die hohe Glykolyse.

In den Tumorzellen gehen komplexe, biochemisch schwer zu übersehende chemische Synthesen und Umlagerungen vor sich. Die beiden energieliefernden Prozesse, Atmung und Gärung, findet man wie in allen Körperzellen auch in der Krebszelle. In den Zellen des Ehrlichschen Mäuseascitescarcinoms, das, wie bereits ausgeführt, von LOEWENTHAL und JAHN entwickelt und von LETTRÉ auf breiterer Basis in die Krebsforschung eingeführt wurde, stand ein reines und einheitliches Tumormaterial zur Verfügung, an dem nicht nur quantitative Messungen zur Frage des Verhaltens der energieliefernden Prozesse in der Geschwulstzelle gemacht werden konnten. CHANCE fand in der Tumorzelle des Mäuseascitescarcinoms, der alle Eigenschaften einer entdifferenzierten, malignen Krebszelle zukommt, genauso wie in den normalen Körperzellen alle Fermente der Atmungskette. Der Citronensäurecyclus ist in der gleichen Weise wie in jeder anderen Körperzelle angelegt. Unterschiede der Atmungsregulation durch das ATP-System bestehen im Prinzip nicht. Vergleicht man aber den Umsatz der Zellatmung von Ascitescarcinomzellen mit dem Umsatz der normalen Zellen unter Berücksichtigung des Sauerstoffverbrauches, so ergeben sich doch auffallende Unterschiede. Der Umsatz der Atmung und damit die Ausbeute an nutzbarer Energie ist bei der Krebszelle etwa um 50% erniedrigt. Der Unterschied zwischen der Zellatmung der normalen und der krebsig entarteten Zelle ist also kein qualitativer, sondern ein quantitativer. WARBURG konnte 1947 zeigen, daß kristallisierte Glykolysefermente vom Muskel und von Tumoren in ihrer kinetischen Eigenschaft übereinstimmen und daß die Zuckerspaltung in der Krebszelle von den gleichen

Fermenten katalysiert wird. Wie bei den Umsätzen der Atmung besteht auch bei den glykolytischen Umsätzen ein erheblicher quantitativer Unterschied zwischen der Krebszelle und den normalen Zellen des Organismus. Zieht man die ATP-Ausbeute zum Vergleich heran, so findet man, daß bei den glykolytischen Vorgängen in den Tumorzellen 60mal mehr als bei der Glykolyse der normalen Leber- bzw. Nierenzelle und mehr als das Doppelte wie bei den embryonalen Zellen umgesetzt wird.

Während die Atmung mit geringem Substratverbrauch große Energien freimachen kann (38—42 mol ATP pro mol Glucose), liefert aber die Glykolyse bei gleichem Substratverbrauch erheblich kleinere Energiemengen (2 mol ATP pro mol Glucose). Die Krebszelle ist daher gezwungen, in der Zeiteinheit mehr Zucker umzusetzen als die Normalzelle, weil sie ihre benötigte Energie aus der Glykolyse im wesentlichen bestreiten muß. Es ist der Weg der Energieproduktion zwischen der normalen und der Krebszelle verschieden. Stellt man unter Errechnung der Gesamtausbeute der Energie die Atmungs- und die Glykolysewerte von normalen und krebsigen Zellen gegenüber, sieht man, daß die nutzbare Energie in der gleichen Größenordnung liegt. Klinische Beobachtungen bei Zuckerkranken, daß der Urin zuckerfrei wird, wenn es zur Ausbildung eines Carcinoms gekommen war, können nach C. und G. Cori dadurch erklärt werden, daß das Carcinom den überschüssigen Traubenzucker verbraucht. Sie verglichen bei einem an einem Unterarmsarkom erkrankten Patienten die Glucose- und die Milchsäurekonzentrationen in den abführenden Venen des sarkomerkrankten und des gesunden Arms.

Die energieerzeugenden Stoffwechselvorgänge führen bei der Atmung zu Wasser und Kohlendioxyd, bei der Glykolyse zu Milchsäure und Brenztraubensäure als Endprodukte.

Tumorzellen wachsen unkontrolliert und ungeordnet, die embryonalen und regenerierenden Zellen geordnet. Die Reaktionen des Wachstums, die Vorgänge der Zellteilung und die Synthesen (Eiweißkörper, Polysaccharide, Nucleinsäuren, Lipoide) sind die energieaufnehmenden Faktoren der Geschwulstzelle. Warburg ist der Meinung, daß die energieliefernden Reaktionen sich nur quantitativ und nicht qualitativ unterscheiden, und das Wachstum daher durch einen Mechanismus kontrolliert wird, der mit dem Vorherrschen der Sauerstoffatmung gekoppelt ist. Wird die Atmung geschädigt, können Bedingungen auftreten, die zu einem Verlust der Kontrolle über die Wachstumsvorgänge führen. Nach seiner Zweiphasentheorie über die Entstehung der Krebszelle wird in der ersten Phase die Atmung einer normalen Körperzelle durch irgendein Carcinogen irreversibel geschädigt. Er sah z. B., daß sich aus Embryonen bei Sauerstoffmangel Teratome entwickelten. Goldblatt und Cameron konnten zeigen, daß durch chronischen Sauerstoffmangel in Gewebekulturen Krebszellen entstehen. Hess führt unter den bekanntesten Atmungsgiften mit krebserzeugender Wirkung Teer, Arsen, mechanische Reize, Farbstoffe, Urethan und Röntgenstrahlen an. Die irreversible Schädigung der Atmung hat eine Verkleinerung der Atmungskapazität der Zelle zur Folge. Ist die Schädigung der Atmung tatsächlich eine irreversible, dann muß sie unabhängig vom Zellkern durch Zellteilung auf die Tochterzellen übertragbar sein. Die Untersuchungen von Darlington lassen eine solche Möglichkeit, die die Autonomie der Mitochondrien voraussetzt, wahrscheinlich werden. In der zweiten Phase der Krebsentstehung kommt es dann zur Anpassung der Zelle an die Bedingungen, die durch die irreversible Schädigung der Atmung entstanden sind. Diese Adaptation besteht im Anstieg der Glykolyse. So konnte Burg beobachten, daß die Glykolyse von Buttergelbtumoren der Ratte in 200 Tagen allmählich auf den Maximalwert ansteigt. Die durch die Atmungsschädigung ausfallende Energie wird durch die verstärkte Glykolyse kompensiert. Die Zeit, die von der ersten Schädigung der Atmung bis zum Auftreten der malignen Geschwulst vergeht, ist die Adaptationszeit oder die Latenzzeit. Daß sie beim Menschen sehr lange ist, glaubt WARBURG mit der niedrigen normalen Glykolyse des gesunden Menschen erklären zu können.

Lange Zeit war man der Meinung, die Glykolyse folge in Tumoren einem anderen Mechanismus als demjenigen der phosphorylierenden Glykolyse von MEYERHOF-EMBDEN. Daß das nicht der Fall ist, geht aus den Arbeiten von LEPAGE hervor, der in Transplantations- und Spontantumoren die gleichen Mengen phosphorylierter Zwischenprodukte des Glykolyseschemas nachweisen konnte, wie sie auch im normalen Gewebe anzutreffen sind.

Die Milchsäurebildung, also die Glykolyse, erfolgt, wie Untersuchungen an Zellfraktionen des Flexner-Jobling-Carcinoms zeigten, im „Überstand" (BUTENANDT und DANNENBERG). Setzt man zum „Überstand" die Fraktion der Mitochondrien und Mikrosomen, die allein unwirksam sind, hinzu, wird eine starke Zunahme der Milchsäureproduktion und eine Abnahme des Verhältnisses P:Milchsäure verursacht. Die Glykolyse des „Überstandes" muß demnach durch das Vorhandensein von Phosphatacceptoren begrenzt sein (LEPAGE und SCHNEIDER). In Tumoren ist im Gegensatz zu normalem Gewebe die Aktivität der Adenosintriphosphatase der Aktivität der Hexokinase stark überlegen. Vom Gleichgewicht beider Enzyme hängt aber die Glykolyserate in Homogenaten ab. In Homogenaten von Tumoren ist eine stetige Glykolyse nur durch Zusatz von Hexokinase oder durch Hemmung der ATP-ase (z. B. durch Octylalkohol) zu erzielen. Dem stark gesteigerten Kohlenhydratumsatz der Tumoren steht, wie bereits ausgeführt, ein relativer Mangel an Atmungsfermenten gegenüber. Nach LETTRÉ ist die unvollständige Oxydation für den Tumorstoffwechsel charakteristisch. Sie schafft die Voraussetzung für das lebhafte Wachstum der Geschwülste. Der relative Mangel an Atmungsfermenten führt zu einer vermehrten Ansammlung von unvollständig oxydierten Zwischenprodukten im Citronensäurecyclus, die zum Aufbau der Zelle verwendet werden können. Die Milchsäurebildung ist dabei wahrscheinlich nur eine Nebenreaktion.

An Enzymen der Glykolyse kommen in Tumoren vor: die *Hexokinase*, welche Glucose in Gegenwart von ATP in Glucose-6-phosphat (Robinson-Ester) überführt. Die *Aldolase*, sie spaltet Hexose-1,6-diphosphat in 2 Moleküle Triosephosphat, zeigt beim Walker-Carcinosarkom 256 die gleiche Aktivität wie in normalem Gewebe mit Ausnahme der Muskulatur, die besonders reich an Aldolase ist. Die Aktivitäten für die *Milchsäuredehydrase*, welche zur Brenztraubensäure-Milchsäure-Umwandlung als Coenzym NAD (Nicotinamid-adenin-dinucleotid = DPN = Diphosphopyridinnucleotid = Codehydrase I) benötigt, sind in Tumoren untereinander ähnlich und entsprechen denjenigen der meisten normalen Gewebe (MEISTER).

Der oxydative Abbau der Brenztraubensäure erfolgt in der Krebsgeschwulst genauso wie in normalem Gewebe über den Citronensäurecyclus, dessen sämtliche Enzyme im Geschwulstgewebe enthalten sind. Nach WENNER, SPIRTES und WEINHOUSE soll die Aktivität der *Aconitase* und der *Bernsteinsäuredehydrase* allerdings verringert sein. Als begrenzender Faktor der Oxalessigsäureoxydation im Homogenat von Tumoren gilt nicht, wie POTTER meinte, das Fehlen eines Schlüsselenzyms des Citronensäurecyclus („kondensierendes Enzym"), das tatsächlich im Tumorgewebe in gleichen Mengen wie im normalen Gewebe vorhanden ist (WENNER, SPIRTE und WEINHOUSE), sondern das Nicotinamid-adenin-dinucleotid (NAD). Es ist noch nicht geklärt, ob im Tumor ein Mangel an NAD besteht oder ob das NAD vielleicht einem schnellen Abbau unterliegt. BERNHEIM und v. FELSOVANY sowie KENSLER, SUGIURE und RHOADS fanden andererseits den Gehalt an

Nicotinamid-adenin-dinucleotid in verschiedenen menschlichen und experimentellen Tumoren relativ niedrig. Nicht unwichtig scheint in diesem Zusammenhang auch die Beobachtung von Bernheim und v. Felsovany, die nach der Verfütterung von Dimethylaminoazobenzol an Ratten eine stetige Abnahme von NAD in der Leber der Versuchstiere feststellen konnten. Dabei sinkt auch die Aktivität der Bernsteinsäuredehydrase bis auf niedrige Werte ab (Hoch-Ligeti), ein Vorgang, der andererseits nicht nach der Verfütterung von Acetaminofluoren an Ratten aufzutreten pflegt.

Die Enzyme des Citronensäurecyclus sind in den Mitochondrien der Zelle lokalisiert. Die Mitochondrien der Tumoren besitzen eine geringere Oxydationsfähigkeit als solche normalen Gewebes. Die geringere Oxydationsfähigkeit wird durch Zusatz von NAD zur Höhe der Aktivität der Mitochondrien normaler Zellen angehoben. Es scheint sich dabei um einen spezifischen Effekt zu handeln, denn NADP (Nicotinamid-adenin-dinucleotid-phosphat = TPN = Triphosphopyridinnucleotid = Codehydrase II) ist nicht in der Lage, die Oxydationsfähigkeit von Mitochondrien der Tumorzellen zu stimulieren. Die Mitochondrien der Krebszellen unterscheiden sich von denjenigen normaler Zellen durch das weniger stark ausgeprägte Bindevermögen von NAD. Das wäre ein Grund für die Erhöhung der NAD-Konzentration in der Zellfraktion „Überstand", welche die Enzyme der Glykolyse enthält, was eine Förderung der Glykolyse bedeuten würde (Butenandt und Dannenberg).

Die für die biologische Oxydation notwendigen Enzyme sind in allen malignen Geschwülsten enthalten, so daß der Wasserstoff- und Elektronentransport offensichtlich wie in der normalen Zelle ablaufen kann. Die Atmung, d.h. Sauerstoffaufnahme der Tumoren ist stets maximal, es fehlt die Leistungsreserve. Die Enzyme der biologischen Oxydation (die Atmungskette: Substrat → Dehydrasen → Flavinenzyme → Cytochrome → Cytochromoxydase → O_2) sind erst in der Lage, den von den Cofermenten des Citronensäurecyclus aufgenommenen Wasserstoff an Sauerstoff abzugeben; eine direkte Abgabe durch NAD und NADP ist nicht möglich. Während alle normalen Gewebe über eine große Leistungsreserve des *Cytochrom-Cytochromoxydase-Systems* verfügen, ist der geringe Gehalt von Cytochrom und Cytochromoxydase (Warburgsches Atmungsferment) für alle Tumoren charakteristisch. Auch die *Katalase* ist in allen Tumoren nur in geringen Mengen oder überhaupt nicht vorhanden (Greenstein, Jenrette und White; Greenstein, Jenrette, Mider und Andervont; Greenstein, Edwards, Andervont und White; Greenstein und Leuthardt).

Die Aufspaltung von energiereichem Phosphat ist die unmittelbare Energiequelle für alle Zelleistungen (Butenandt und Dannenberg). Neben Kreatinphosphosäure ist vor allem die *Adenosintriphosphorsäure* der wichtigste Energiespeicher der Zelle. Sie entsteht durch Phosphorylierung von Adenosindiphosphorsäure. Die oxydative Phosphorylierung, gebunden an die Mitochondrien, läuft auch in der Tumorzelle wie im normalen Gewebe ab. Das System ist in malignen Tumoren jedoch labiler als in normalen Zellen und hat einen größeren Bedarf an NAD (Williams-Ashman und Kennedy).

Nachdem Kögl und Erxleben über das Vorkommen von d-Aminosäuren berichtet haben, wurde versucht, im Tumorgewebe spezifische *d-Peptidasen* nachzuweisen. Die d-Peptidaseaktivität ist im Gewebe maligner Geschwülste von gleicher Größenordnung wie im normalen Gewebe.

Die *Glutaminsäure-Oxalessigsäure-Transaminase* kommt auch in Tumoren vor, wenn auch nicht in der gleichen Größenordnung wie im normalen Gewebe. Die *Glutaminsäure-Brenztraubensäure-Transaminase* zeigt in Tumoren nur geringe Aktivität oder fehlt ganz (v. Euler, Günther und Forsman; Braunstein und

AZARKH; COHEN und HEKHUIS). Andererseits fanden KIT und AWAPARA eine hohe Aktivität beider Transaminasen im Lymphosarkom der Maus. Die Aktivitäten *nucleinsäurespaltender Enzyme* scheinen in Tumoren von der gleichen Größenordnung zu sein wie in vielen anderen Organen (BUTENANDT und DANNENBERG). *Lipasen* sind offenbar in den meisten Geschwülsten, auch in zahlreichen menschlichen Tumoren, vermindert (GREENSTEIN; COHEN, NACHLAS und SELIGMAN). Auch die Aktivität der *Cholinesterase* ist in Impftumoren von Ratten und Mäusen und bösartigen Gehirntumoren des Menschen herabgesetzt (GOVIER, FEENSTRA, PETERING und GIBBONS; YOUNGSTROM, WOODHALL und GRAVES). Die *saure Phosphatase* ist in Ratten- und Mäusetumoren gegenüber gesundem Gewebe etwas vermindert (GREENSTEIN) beim transplantablen Hepatom der Ratte und der Maus, im osteogenen Sarkom der Maus und in menschlichen Tumoren (LEMON und WISSEMANN) erhöht, besonders aber in Prostatatumoren und ihren Metastasen (GUTMAN, SPROUL und GUTMAN). Die *alkalische Phosphatase* kommt beim osteogenen Sarkom und bei osteoplastischen Metastasen menschlicher Tumoren in reichlicher Menge vor. Der *Hyaluronidasegehalt* der malignen Geschwülste steht in keinem Zusammenhang mit der Tendenz zum infiltrierenden Wachstum, wie früher vermutet wurde.

Sowie der Allgemeinzustand des tumorbehafteten Organismus das Wachstum der Geschwulst beeinflußt, wird andererseits auch der Organismus selbst durch den wachsenden Tumor alteriert. Hierher gehört insbesondere die Beeinflussung des Energie- und Stickstoffstoffwechsels des Tumorwirtes (FENNINGER und MIDER, 1954).

Die am leichtesten einer auch klinisch verwertbaren Kontrolle zugängigen Veränderungen sind die des Blutes und Serums. Nach ADDINK (1950) soll der Zinkgehalt des Blutes Krebskranker erhöht sein. Beim Jensen-Sarkom findet man im Blut der erkrankten Tiere eine erhöhte Brenztraubensäurekonzentration. Die allgemein bekannte Tumoranämie ist auch beim Tier, z.B. beim Walker-Carcinosarkom und beim Jensen-Sarkom (BEGG), nachweisbar. Besonders bei fortgeschrittener Krebskrankheit ist der Gehalt an Gesamt-Eiweiß auf Kosten der Albumine vermindert, während die Globuline erhöht sind. Lediglich beim Plasmocytom sind die Gesamtproteine vermehrt.

Vermehrt sind im Serum Krebskranker bestimmte *Enzyme*. So ist die Aldolase auch beim Jensen-Sarkom (WARBURG und CHRISTIAN, 1943) und beim Ehrlichschen Mäuseascitestumor (SCHADE, 1953) auffallend vermehrt. Beim Menschen soll nur in 20% der Krebskrankheitsfälle eine erhöhte Aktivität dieses Enzyms festzustellen sein (SIBLEY und LEHNINGER, 1949), wobei das Prostatacarcinom allerdings eine Ausnahme bildet und in 75% der Fälle eine abnormal hohe Aktivität der Aldolase aufweist (BAKER und GOVAN, 1953). Beim Jensen-Sarkom und beim Ehrlichschen Mäuseascitestumor sind auch die a-Glycerophosphat-dehydrase und die Phosphohexoisomerase (SCHADE; WARBURG und CHRISTIAN) vermehrt. Die Isomerase soll nach BRUNS und JACOB (1954) auch beim krebskranken Menschen erhöht sein. Das Verhalten der *sauren Phosphatase* beim metastasierenden Prostatakrebs ist allgemein bekannt. Sie ist, wenn die Metastasierung eingesetzt hat, im Serum beträchtlich erhöht (GUTMAN und GUTMAN, 1938; GRÜNING, 1950; DAMMERMANN und KIRBERGER, 1951). Die *alkalische Phosphatase* ist im Serum nur dann vermehrt, wenn Knochenmetastasen mit einer osteoblastischen Tätigkeit einhergehen. Die Aktivität der *Lipase* bzw. *Esterase* und der *Cholinesterase* ist im Serum Krebskranker herabgesetzt (GREEN und JENKINSON, 1943; FABER, 1943; SCHMIDT, 1947).

Faßt man alle im Abschnitt „Experimenteller Krebs" angestellten Betrachtungen und Ausführungen zusammen, resultiert lediglich die Erkenntnis, daß zwar zahlreiche Details bearbeitet und bekannt geworden sind, der Mechanismus der Krebsentstehung und das Wesen der Malignität aber nach wie vor unaufgeklärt geblieben ist.

Literatur

ABELS, H.: Die Geschwülste der Vogelhaut. Z. Krebsforsch. **29**, 183 (1929). — ADAMS, W. R., and A. M. PRINCE: An electron microscope study of the morphology and distribution of the intra cytoplasmatic „virus-like" particles of Ehrlich ascites tumor cells. J. biophys. biochem. Cytol. **3**, 161 (1957). — ADDINK, N. W. H.: A possible correlation between the zinc content of liver and blood and the cancer problem. Nature (Lond.) **166**, 693 (1950). — ADER-HOLD, K.: Zur Frage der zelligen oder nichtzelligen Übertragbarkeit des Ehrlichschen Ascites-Carcinoms der weißen Maus. Arch. Geschwulstforsch. **3**, 319 (1951). — ALBERTINI, A. V.: Studien zur Karzinogenese. II. Schweiz. Z. allg. Path. **21**, 773 (1958). — ALGIRE, G. H.: Microscopic studies of the early growth of a transplantable melanoma of the mouse, using the transparent-chamber technique. J. nat. Cancer Inst. **4**, 13 (1943). — ALIBERT, J. L.: Maladies des peaux, p. 118. Paris 1806. Zit. nach J. WOLFF, Die Lehre von der Krebskrankheit, Teil I. — ANDERVONT, H. B.: The production of dibenzanthracene tumors in pure strain mice. Publ. Hlth Rep. (Wash.) **49**, 620 (1934). — Further studies on the production of dibenzanthracene tumors in pure strain and stock mice. Publ. Hlth Rep. **50**, 1211 (1935). — ANDERVONT, H. B., and M. B. SHIMKIN: Biologing testinc of carcinogens. II. Pulmonary-tumorinduction technique. J. nat. Cancer Inst. **1**, 225 (1940). — APOLANT, H.: Die epithelialen Geschwülste der Maus. Arb. Staatsinst. exp. Ther. Frankfurt, H. 1, 7 (1906). — Referat über die Genese des Carcinoms. Verh. dtsch. Ges. Path. **12**, 3 (1908). — Über künstliche Tumorgemische. Z. Krebsforsch. **5**, 251 (1908). — Über die biologisch wichtigen Ergebnisse der experimentellen Krebsforschung. Z. allg. Physiol. **9**, 535 (1909). — Über die Immunität bei Doppelimpfungen von Tumoren. Z. Immun.-Forsch. **10**, 103 (1911). Ref. Arch. Derm. Syph. (Berl.) **112**, 334 (1912). — Über eine seltene Geschwulst der Maus. Arch. Derm. Syph. (Berl.) **113**, 39 (1912). — Über die Natur der Mäusegeschwülste. Berl. klin. Wschr. **1912**, 495. — Experimentelle Geschwulstforschung. In: KOLLE u. WASSERMANN, Handbuch der pathogenen Mikroorganismen. Jena: Gustav Fischer 1913. — APOLANT, H., u. P. EHRLICH: Über Krebsimmunität. Dtsch. med. Wschr. **1911**, 1145. — APOLANT, H., P. EHRLICH u. M. HAALAND: Experimentelle Beiträge zur Geschwulstlehre. Berl. klin. Wschr. **1906**, 37. — APOLANT, H., u. L. H. MARKS: Zur Frage der aktiven Geschwulstimmunität. Z. Immun.-Forsch. **10**, 1/2 (1911). Ref. Arch. Derm. Syph. (Berl.) **112**, 334 (1912). — ARAI, M.: Über die spontanen Geschwülste bei weißen Ratten. Gann **34**, 137 (1940). — AULER, H., u. E. NEUMARK: Spontane Sarkomatose bei einer Zuchtratte des städtischen Gesundheitsamtes. Z. Krebsforsch. **22**, 404 (1925).

BAKER, R., and D. GOVAN: The effect of hormonal therapy of prostatic cancer on serum aldolase. Cancer Res. **13**, 141 (1953). — BARRY, G., I. W. COOK, G. A. HAZLEWOOD, C. L. HEWETT, I. HIEGER, and E. L. KENNAWAY: The production of cancer by pure hydrocarbone. Proc. roy. Soc. B **117**, 318 (1935). — BASHFORD, E. F.: The problems of cancer. Brit. med. J. **1903 II**, 1927. — The zoological distribution, the limitations in the transmissibility, and the comparative histological and cytological characters of malignant new growths. Scientific Reports on the investigations of the Cancer Research Fund. London: Taylor & Francis 1904. — Reports on the investigations of the imperial cancer research fund. Kurzes Referat von RIBBERT in: Literaturbeilage der Dtsch. med. Wschr. Nr 36, 1441 (1905). — The growth of cancer under natural and experimental conditions. Ref. Z. Krebsforsch. **4**, 151 (1906). — Einige Bemerkungen zur Methodik der experimentellen Krebsforschung. Berl. klin. Wschr. **43**, 477 (1906). — Das Krebsproblem. Dtsch. med. Wschr. **39**, 4 (1913). — Das Krebsproblem. Dtsch. med. Wschr. **39**, 55 (1913). — BASHFORD, E. F., J. A. MURRAY u. W. H. BOWEN: Die experimentelle Analyse des Carcinomwachstums. Z. Krebsforsch. **5**, 417 (1907). — BASHFORD, E. F., J. A. MURRAY u. M. HAALAND: Ergebnisse der experimentellen Krebsforschung. Berl. klin. Wschr. **44**, 1194, 1238 (1907). — BAUER, K. H.: Das Krebsproblem, 2. Aufl. Berlin-Göttingen-Heidelberg: Springer 1963. — BEATTI, M.: Spontantumoren bei wilden Ratten. Z. Krebsforsch. **19**, 207 (1923). — BEGG, R. W.: Systemic effects of tumors in rats. Cancer Res. **11**, 341 (1951). — BERENBLUM, I.: Carcinogenetic action of crotonresin. Cancer Res. **1**, 44 (1941 a). — Mechanism of carcinogenesis. Study of significance of cocarcinogenesis action and related phenomena. Cancer Res. **1**, 807 (1941 b). — The carcinogenic action of 9,10-Dimethyl-1,2-Benzanthracene on the skin and subcutaneous tissues of the mouse, rabbit, rat and guinea pig. J. nat. Cancer Inst. **10**, 167 (1949). — Carcinogenesis and tumour pathogenesis. Advanc. Cancer Res. **2**, 129 (1954). — BERENBLUM, I., and N. HARAN: Initiating action of ethyl carbamate (urethane) on mouse skin. Brit. J. Cancer **9**, 453 (1955). — BERENBLUM, I., and N. HARAN-GHERA: A quantitative study of the systemic initiating action of urethane (ethylcarbamate) in mouse skin carcinogenesis. Brit. J. Cancer **11**, 77 (1957). — BERNHARD, W.: Die Anwendung des Elektronenmikroskopes zum Studium cellularpathologischer

Vorgänge. Klin. Wschr. **35**, 251 (1957). — Electron microscopy of tumor cells and viruses. A review. Cancer Res. **18**, 491 (1958). — The detection and study of tumor viruses with the electron microscope. Present facts and problems as seen by a morphologist. Cancer Res. **20**, 712 (1960). — BERNHARD, W., A. BAUER, M. GUÉRIN et CH. OBERLING: Étude au microscope électronique de corpuscules d'aspect virusal dans des épitheliomas mammaires de la spuris. Bull. Cancer **42**, 163 (1955). — BERNHEIM, F., and A. v. FELSOVANY: Coenzyme concentration of tissues. Science (Lancaster, Pa.) **91**, 76 (1940). — BEVERWIJK, A. VAN: Züchtung von Walker-Rattenkarzinom Nr. 256 in vitro. Arch. exp. Zellforsch. **16**, 151 (1934). — BICHEL, J.: A transplantable plasma-cell leukemia in mice. Preliminary report. Acta path. microbiol. scand. **29**, 464 (1951). — BIELKA, H., u. A. GRAFFI: Untersuchungen über die leukämogene Wirkung von Nukleinsäuren aus virusinduziertem Leukämiegewebe. Acta biol. med. germ. **3**, 515 (1959). — BIELSCHOWSKY, F.: Distant tumors produced by 2-amino and 2-acetyl-aminofluorene. Brit. J. exp. Path. **25**, 1 (1944). — BIERICH, R.: Über den experimentellen Teerkrebs. Klin. Wschr. Nr 46, 2272 (1922). — BIERICH, R., u. E. MOELLER: Bemerkungen zur experimentellen Erzeugung von Teercarcinomen. Münch. med. Wschr. **42**, 1361 (1921). — BITTNER, J. J.: Some possible effects of nursing on the mammary gland tumor incidence in mice. Science (Lancaster, Pa.) **84**, 162 (1936). — Mammary tumors in mice in relation to nursing. Amer. J. Cancer **30**, 530 (1937). — Breast cancer in mice. Amer. J. Cancer **36**, 44 (1939). — Possible relationshipe of estrogenic hormones, genetic susceptibility, and milk influence in production of mammary cancer in mice. Cancer Res. **2**, 710 (1942). — Propagation of mammary tumor milk agent in tumors from C57 black mice. Proc. Soc. exp. Biol. (N.Y.) **67**, 219 (1948). — Transfer of agent for mammary cancer in mice by male. Cancer Res. **12**, 387 (1952). — Tumor-inducing properties of mammary tumor agent in young and adult mice. Cancer Res. **12**, 510 (1952). — Studies on inherited susceptibility and inherited hormonal influence in genesis of mammary cancer in mice. Cancer Res. **12**, 594 (1952). — Das filtrierbare Mamma-Ca der Maus. Ann. N.Y. Acad. Sci. **68**, 636 (1957). — BLOCH, B.: Die experimentelle Erzeugung von Röntgen-Carcinomen beim Kaninchen, nebst allgemeinen Bemerkungen über die Genese der experimentellen Carcinome. Schweiz. med. Wschr. **1924**, 857. — Der experimentelle Krebs. Schweiz. med. Wschr. **8**, 1218 (1927). — BLOCH, B., u. W. DREIFUSS: Über die experimentelle Erzeugung von Carcinomen mit Lymphdrüsen- und Lungenmetastasen durch Teerbestandteile. Schweiz. med. Wschr. **2**, 1033 (1921). — BONSER, G. M.: Induction of tumours by injected methylcholanthrene in mice of strain especially sensitive to carcinogenic agents applied to skin, and comparison with some other strains. Amer. J. Cancer **38**, 319 (1940). — BONSER, G. M., D. B. CLAYSON, J. W. JULL, and L. N. PYRAH: The carcinogenic properties of 2-amino-1-naphthol-hydrochloride and its parent amine, 2-naphthylamine. Brit. J. Cancer **6**, 412 (1952). — BORGES, P. R. F., and F. DURAN-REYNALS: On the induction of malignant tumors in pigeons by a chicken sarcoma virus after previous adaption of the virus to ducks. Cancer Res. **12**, 55 (1952). — BORREL, A.: Les theories parasitaires du cancer. Ann. Inst. Pasteur **15**, 49 (1901). — Epithélioses infectieuses et epithéliomas. Ann. Inst. Pasteur **17**, 81 (1903). — Observations étiologiques. I. Verh. Int. Konf. Krebsforsch. v. 25.—27. 9. 1906 zu Heidelberg und Frankfurt a. M. Z. Krebsforsch. **5**, 106 (1907). — BORREL, A., et M. HAALAND: Les tumeurs de la souris. C. R. Soc. Biol. (Paris) **19**, 14 (1905). — BOUTWELL, and H. P. RUSCH: The effect of cortison on the development of tumors. Proc. Amer. Ass. Cancer Res. **1**, 5 (1953). — BOYLAND, E.: Different types of carcinogens and their possible modes of action: A review. Cancer Res. **12**, 77 (1952). — BOYLAND, E., and E. S. HORNING: The induction of tumors with nitrogen mustards. Brit. J. Cancer **3**, 118 (1949). — BOYLAND, E., and G. WATSON: 3-hydroxyanthranilic acid, a carcinogen produced by endogenous metabolism. Nature (Lond.) **177**, 837 (1956). — BRAUNSTEIN, A. E., and R. M. AZARKH: Transamination of l- and d-amino acids in normal muscle and in malignant tumors. Nature (Lond.) **144**, 669 (1939). — BRAUNSTEINER, H., K. FELLINGER u. F. PAKESCH: Über die Anwesenheit virus-ähnlicher Einschlüsse in menschlichen leukämischen Geweben. Wien. Z. inn. Med. **40**, 384 (1959). — BRIDRÉ, J., et E. CONSEIL: Sarcomes à cysticerque (2. note). Plusieurs tumeurs primitives chez le même rat. Bull. Ass. franç. Cancer **3**, 318 (1910). — BROWN, W. M., and L. PEARCE: Studies based on malignant tumor of the rabbit. J. exp. Med. **37**, 60 (1923). — BRUNS, F. H., u. W. JACOB: Studien über Serumenzyme bei Erkrankungen der Leber. Klin. Wschr. **1954**, 1041. — BÜRGER: Zit. nach G. WÜST, Die Krebsentstehung durch endogen gebildete cancerogene Substanzen. Dtsch. Z. Verdau.- u. Stoffwechselkr. **17**, 20 (1957). — BULLOCK, F. D., and M. R. CURTIS: Spontaneous tumors of the rat. J. Cancer Res. **14**, 1 (1930). — BULLOCK, F. D., and G. L. ROHDENBURG: Spontaneous tumors of the rat. J. Cancer Res. **2**, 39 (1917). — BURGGRAAF: Horn-core disease of cattle. Ned. T. Geneesk. **1935**, Nr 21. Zit. nach G. DOMAGK, Die experimentelle Geschwulstforschung. In: Handbuch der allgemeinen Pathologie, Bd.6, Teil 3, Die Geschwülste, S. 242. Berlin-Göttingen-Heidelberg: Springer 1956. — BURK, D.: On specificity of glycolysis in malignant liver tumors as compared with homologous adult or growning liver tissues. Symposium on Respiratory Enzyms Wisconsin 1942, p. 235. — BURMESTER, B. R.: Studies on the transmission of avion visceral lymphomatosis. II. Propagation of lymphomatosis with cellular and cellfree preparations. Cancer Res. 7, 786 (1947). — Burmester, B. R., and E. M. Denington: Studies on the transmission of avion visceral lymphomatosis. I. Variation in transmissibility of naturally occurring cases. Cancer Res. 7, 779 (1947). — Burmester, B. R., C. O. Prickett, and T. C. Belding: A filtrable agens producing lymphoid tumors and osteopetrosis in chickens. Cancer Res. 6, 189 (1946). — Burrows, H., I. Hieger, and E. L. Kennaway: Experimental production of tumours of connective tissue. Amer. J. Cancer 16, 57 (1932). — Experiments in carcinogenesis: effect of subcutaneous and intraperitoneal injection of lard olive oil and other fatty materials in rats and mice. J. Path. Bact. 43, 419 (1936). — Busch, H.: An introduction to the biochemistry of the cancer cell. New York and London: Academic Press 1962. — Butenandt, A., u. H. Dannenberg: Untersuchungen über die krebserzeugende Wirksamkeit der Methylhomologen des 1,2-Cyclopentenophenanthrens. Arch. Geschwulstforsch. 6, 1 (1953). — Die Biochemie der Geschwülste. In: Handbuch der allgemeinen Pathologie, Bd. 6, Teil 3, „Geschwülste". Berlin-Göttingen-Heidelberg: Springer 1956.

Carter, T. C., L. C. Dunn, D. S. Falconer, H. Grüneberg, W. E. Heston, and G. D. Snell: Standarized nomenclature for inbred strain of mice. Cancer Res. 12, 602 (1952). — Cazin, M.: Des origines et des modes de transmission du cancer. Paris: Société d'éditions scientifiques 1894. — Chalmers, J. G.: The role of 1,2,5,6-dibenzanthracene in the production of fowl tumors. Biochem. J. 28, 1214 (1934). — Chance, B., and B. Hess: On the control of metabolism in ascites tumor cell suspensions. Ann. N.Y. Acad. Sci. 63, 1008 (1956). — Chayen, J., L. F. La Cour, and P. B. Gahan: Uptake of benzpyrene by a chromosomal phospholipid. Nature (Lond.) 180, 652 (1957). — Clar, E.: Zur Kenntnis mehrkerniger aromatischer Kohlenwasserstoffe und ihrer Abkömmlinge. Ber. dtsch. chem. Ges. 62, 350 (1929). — Claude, A.: Particulate components of normal and tumor cells. Science (Lancaster, Pa.) 91, 77 (1940). — Particulate components of cytoplasm. Cold Spr. Harb. Symp. quant. Biol. 9, 263 (1941). — Claude, A., K. R. Porter, and E. G. Pickels: Electron microscope study of chicken tumor cells. Cancer Res. 7, 421 (1947). — Cloudman, A. M.: Effect of extra-chromosomal influence upon transplanted spontaneous tumors in mice. Science 93, 380 (1941). — Kap. 4 „Spontaneous neoplasms in mice." In: Biology of the laboratory mouse, by the staff of the Roscoe B. Jackson Memorial Laboratory. Philadelphia: P. Blakiston Son & Co. 1941. — Cohen, P. P., and G. L. Hekhuis: Transamination in tumors, fetal tissues, and regenerating liver. Cancer Res. 1, 620 (1941). — Cohrs, C.: Spontane Sarkomatose bei einer zahmen weißen Ratte. Z. Krebsforsch. 22, 549 (1925). — Cohrs, P., R. Jaffé u. H. Meessen: Pathologie der Laboratoriumstiere, Bd. 2. Berlin-Göttingen-Heidelberg: Springer 1958. — Cook, J. W., and G. A. Haslewood: The synthesis of 5,6-dimethyl-1,2-benzanthraquinone degradation product of desoxycholic acid. J. chem. Soc. 1934, 428. — Cook, J. W., C. L. Hewett, and I. Hieger: Isolation of 1,2- and 4,5-benzpyrene, perylene and 1,2-benzanthracene. J. chem. Soc. 1933, 396. — Cook, J. W., I. Hieger, E. L. Kennaway, and W. V. Mayneord: The production of cancer by pure hydrocarbons. Proc. roy. Soc. B No 111, 455 (1932). — Cori, C. F., and G. T. Cori: The carbohydrate metabolism of tumors. II. Changes in the sugar, lactic acid, and CO_2-combining power of blood passing throug a tumor. J. biol. Chem. 65, 397 (1925). — Cornil: Bull. Acad. Méd. (Paris) 24. 6. 1891. Zit. Zbl. allg. Path. path. Anat. 3, 164 (1892). — Courteau, R.: Pathologie comparée des tumeurs chez les mammiféres domestiques. Monographies sur les tumeurs. Paris: Lefrançois 1935. — Cowen, P. N.: Straine differences in mice to the carcinogenic action of urethane and its non-carcinogenicity in chicks and guinea-pigs. Brit. J. Cancer 4, 245 (1950). — The absorptions of urethane from mouse skin. Brit. J. Cancer 4, 337 (1950). — Cramer, W., and R. E. Stowell: On the quantitative evoluation of experimental skin carcinogenesis by methylcholanthrene. J. nat. Cancer Inst. 3, 668 (1943). — Crisp: Malignant tumor on the muscle of a mouse. Trans. path. Soc. Lond. 1854, 368. Zit. J. Wolff, Die Lehre von der Krebskrankheit, T. III, 1. Abt. Jena: Gustav Fischer 1913. — Curtis, M. R., F. D. Bullock, and W. F. Dunning: Statistical study of the occurrence of spontaneous tumors in a large colony of rats. Amer. J. Cancer 15, 67 (1931). — Curtis, M. R., W. F. Dunning, and F. D. Bullock: Genetic factors in relation to the etiology of malignant tumors. Amer. J. Cancer 17, 894 (1933).

Daels, F., et G. Baeten: Production d'épithéliomas experimentales au moyen de substances radioactives. Bull. Ass. franç. Cancer 15, 162 (1926). — Dagonet, G.: Übertragbarkeit des Krebses. Arch. Med. exp. 1904, No 3. — Dammermann, H. J., u. E. Kirberger: Die „saure" Serumphosphatase bei der Diagnose und Therapie des Prostatacarcinoms. Dtsch. med. Wschr. 1951, 886. — Deelman, H. T.: Über die Bedeutung des Teerkrebses für die Krebsfrage. Klin. Wschr. 29, 1455 (1922). — Quelques remarques sur le cancer expérimental du goudron. a.) La méthode des scarification. b.) Les recherches chimiques sur le goudron. Bull. Ass. franç. Cancer 12, 24 (1923). — Über die Histogenese des Teerkrebses. Z. Krebsforsch. 19, 125 (1923). — Über die Histogenese des Teerkrebses. Z. Krebsforsch. 48, 125 (1923). — Die Entstehung des experimentellen Teerkrebses und die Bedeutung der Zellenregeneration. Z. Krebsforsch. 21, 220 (1924). — Dmochowski, L.: Mammary tumour inducing factor and genetic constitution. Brit. J. Cancer 2, 94 (1948). — Behavior of the mammary tumor inducing agent in a transplantable mammary tumor in mice. Brit. J. Cancer 6, 249 (1952). — The milk agent in the origin of mammary tumours in mice. Advanc. Cancer Res. 1, 103 (1953). — Viruses and tumors in the light of electron microscope studies: A rewiew. Cancer Res. 20, 977 (1960). — The electron microscopic view of virus-host relationship in neoplasia. Progr. exp. Tumor. Res. (Basel) 3, 35 (1963). — DMOCHOWSKI, L., and C. E. GREY: Subcellular structures of possible viral origins in some mammalion tumors. Ann. N.Y. Acad. Sci. 68, 559 (1957). — DOBBERSTEIN, J.: Über Tumoren bei Haustieren. S.-B. Dtsch. Akad. Wiss. Berlin 1953. Strahlentherapie 96, 259 (1955). — DOBBERSTEIN, J., u. CH. TAMASCHKE: Tumoren. In: COHRS, JAFFÉ, MEESEN, Pathologie der Laboratoriumstiere. Berlin-Göttingen-Heidelberg: Springer 1958. — DOBROVOLSKAJA-ZAVADSKAJA, N.: Sur une lignée de souris, riche en adénocarcinome de la mamelle. C. R. Soc. Biol. (Paris) 104, 1191 (1930). — Über den Erblichkeitsfaktor bei der Entstehung des Krebses. Mschr. Krebsbekämpf. 2, 161 (1934). — DÖDERLEIN, G.: Der Teerkrebs der weißen Maus. Z. Krebsforsch. 23, 241 (1926). — DOERR, W.: Über ein spontanes Bronchuscarcinom beim Hauskaninchen. Frankfurt. Z. Path. 63, 82 (1952). — DOMAGK, G.: Experimentelle Geschwulstforschung. In: Handbuch der allgemeinen Pathologie, Bd. 6, Teil 3, S. 242. Berlin-Göttingen-Heidelberg: Springer 1956. — DRUCKREY, H.: Die Pharmakologie krebserzeugender Substanzen. Z. Krebsforsch. 57, 70 (1950b). — Die Grundprobleme der Krebsentstehung und des Krebswachstums. Neue med. Welt 1950, 1613. — Beiträge zur Pharmakologie cancerogener Substanzen. Versuche mit Anilin. Naunyn-Schmiedebergs Arch. exp. Path. Pharmak. 210, 137 (1950). — Die Pharmakologie der krebserzeugenden Substanzen. Strahlentherapie 83, 597 (1950). — Experimentelle Beiträge zum Mechanismus der cancerogenen Wirkung. Arzneimittel-Forsch. 1, 383 (1951). — Die Grundlagen der Krebsentstehung. Symposium: Grundlagen und Praxis der chemischen Tumorbehandlung Freiburg 1953. — DRUCKREY, H., and R. PREUSSMANN: N-Nitroso-N-methyl-urethan: a potent carcinogen. Nature (Lond.) 195, 1111 (1962). — DRUCKREY, H., R. PREUSSMANN, D. SCHMÄHL u. M. MÜLLER: Chemische Konstitution und carcinogene Wirkung bei Nitrosaminen. Naturwissenschaften 48, 134 (1961). — DRUCKREY, H., u. D. SCHMÄHL: Cancerogene Wirkung von Kunststoffolien. Z. Naturforsch. 7b, 353 (1952). — DRUCKREY, H., D. SCHMÄHL u. P. DANNENBERG: Konstitution und Wirkung cancerogener aromatischer Substanzen. Naturwissenschaften 39, 393 (1952). — DRUCKREY, H., u. D. STEINHOFF: Erzeugung von Leberkrebs an Meerschweinchen. Naturwissenschaften 49, 497 (1962). — DUMAS, J.: Les animaux de laboratoire. Collection de l'Institut Pasteur. Paris: Éditions méd. Flammarion 1953. — DUNHAM, L. J., and H. L. STEWART: A survey of transplantable and transmissible animal tumors. J. nat. Cancer Inst. 13, 1299 (1953). — DUNNING, W. F., and M. R. CURTIS: The respective roles of longevity and genetic specifity in the occurence of spontaneous tumors in the hybrids between two inbred lines of rats. Cancer Res. 6, 61 (1946). — DUPUYTREN, G.: Zit. J. WOLFF, Die Lehre von der Krebskrankheit, Teil I, S. 169. — DURAN-REYNALS, M. L.: Combined effects of chemical carcinogenic agents and viruses. Progr. exp. Tumor Res. (Basel) 3, 148 (1963).

EBER, A., u. E. MALKE: Geschwulstbildung beim Hausgeflügel. Zusammenfassender Bericht über 392 bei 16460 Geflügelsektionen ermittelten Neubildungen. Z. Krebsforsch. 36, 178 (1932). — EDDY, B. E., G. S. BORMAN, G. E. GRUBBS, and R. D. YOUNG: Identification of the oncogenic substance in rhesus monky kidney cell culture as simian virus 40. Virology 17, 65 (1962). — EDDY, B. E., S. E. STEWART, and W. BERKELEY: Cytopathogenicity in tissue cultures by a tumor virus from mice. Proc. Soc. exp. Biol. (N.Y.) 98, 848 (1958). — EDWARDS, J. E.: Hepatomas in mice induced with carbon tetrachloride. J. nat. Cancer Inst. 2, 197 (1941). — EHRENREICH, M.: Weitere Mitteilungen über das Vorkommen maligner Tumoren bei Hühnern. Med. Klin. 1907, Nr 21. — EHRENREICH, M., u. L. MICHAELIS: Über Tumoren bei Hühnern. Z. Krebsforsch. 4, 586 (1906). — EHRLICH, P.: Experimentelle Carcinomstudien an Mäusen. Z. ärztl. Fortbild. 3, 205 (1906). — Über ein transplantables Chondrom der Maus. Arb. Kgl. Inst. exp. Ther. H. 1, 63 (1906). — Experimentelle Carcinomstudien an Mäusen. Arb. Kgl. Inst. exp. Ther. zu Frankfurt a. M., H. 1, 75 (1906). — Experimentelle Studien an Mäusetumoren. Z. Krebsforsch. 5, 59 (1907). — Referat über die Genese des Carcinoms. Verh. dtsch. Ges. Path. 12, 13 (1908). — Aus Theorie und Praxis der Chemotherapie. Folia serol. 7, 7 (1911). Ref. Arch. Derm. Syph. (Berl.) 112, 603 (1912). — EHRLICH, P., u. H. APOLANT: Beobachtungen über maligne Mäusetumoren. Berl. klin. Wschr. 42, 871 (1905). — Über spontane Mischtumoren der Maus. Berl. klin. Wschr. 44, 1399 (1907). — ELLERMANN, V., u. O. BANG: Experimentelle Leukämie bei Hühnern. Zbl. Bakt. (Orig.) 46, 595 (1908). — ENGEL-REIMERS: Zit. J. REINCKE, Zwei Fälle von Krebsimpfung in Punctionskanälen bei carcinomatöser Peritonitis. Virchows Arch. path. Anat. 51, 391 (1870). — EPSTEIN, M. A.: Effects of cold and desication on tumorproducing activity of cells and virus of Rous no. 1 fowl sarcoma. Brit. J. Cancer 5, 317 (1951). — ESCHENBRENNER, A. B., and E. MILLER: Studies on hepatomas. I. Size and spacing of multiple doses in the induction of carbon tetrachlorid hepatomas. J. nat. Canc. Inst. 4, 385 (1944). — Induction of hepatomas in mice by repeated oral administration of chloroform with observations of sex differences. J. nat. Canc. Inst. 5, 251 (1945). — EULER, H. v., G. GÜNTHER u. N. FORSMAN: Zur Biochemie der Tumoren. Enzymsysteme im Jensen-Sarkom. Z. Krebsforsch. 49, 46 (1940).

FABER, M.: Serum cholinesterase in diseases. Acta med. scand. 114, 59 (1943). — FENNINGER, L. D., and G. B. MIDER: Energy and nitrogen metabolism in cancer. Advanc. Cancer Res. 2, 229 (1954). — FIBIGER, J.: Untersuchungen über eine Nematode (Spiroptera sp. n.) und deren Fähigkeit, papillomatöse und carcinomatöse Geschwulstbildungen im Magen der Ratte hervorzurufen. Z. Krebsforsch. 13, 217 (1913). — Weitere Untersuchungen über das Spiroptera-Carcinom der Ratte. Z. Krebsforsch. 14, 295 (1914). — Untersuchungen über das Spiroptera-Carcinom der Ratte und der Maus. Z. Krebsforsch. 17, 1 (1920). — Virchows Reiztheorie und die heutige experimentelle Geschwulstforschung. Dtsch. med. Wschr. 1921, 1449, 1481. — FIESER, L. F., u. E. M. DIETZ: Beitrag zur Kenntnis der Synthese von mehrkernigen Anthrazenen. Ber. dtsch. chem. Ges. 62, 1827 (1929). — FIESER, L. F., and M. FIESER: „1,2-benzpyrene." J. Amer. chem. Soc. 57, 782 (1935). — FINDLAY, G. M.: Ultraviolett light and skin cancer. Lancet 1928 II, 1070. — FISCHER, R. G., and R. G. GREEN: Viability of the rabbit papilloma virus. Proc. Soc. exp. Biol. (N.Y.) 64, 452 (1947). — FISCHER-WASELS, B.: Die experimentelle Erzeugung atypischer Epithelwucherungen und die Entstehung bösartiger Geschwülste. Münch. med. Wschr. 1906, 2041. — Die Erblichkeit in der Geschwulstentwicklung. Fortschr. Erbpath., Rassenhyg. u. Grenzgeb. 2, 221 (1938). — FLEXNER, S., and J. W. JOBLING: Infiltrating and metastasing sarcoma of the rat. J. Amer. med. Ass. 48, 420 (1907). — Infiltrierendes und metastasenbildendes Sarkom der Ratte. Zbl. allg. Path. path. Anat. 18, 257 (1907). — Studies upon a transplantable rat tumor. Monogr. Rockefeller Inst. Med. Res. 1, 8 (1910). — FOX, H.: Observations upon neoplasms in wild animals in the Philadelphia zoological Gardens. J. Path. 17, 217 (1912). — Disease in captive wild mammals and birds. Philadelphia: J. B. Lippincott Co. 1923. — FRIEDRICH, W.: Licht und Krebs. Arch. Geschwulstforsch. 1, 137 (1949).

GERBER, P., G. A. HOTTLE, and R. E. GRUBBS: Inactivation of vacuolating virus (SV-40) by formaldehyde. Proc. Soc. exp. Biol. (N.Y.) 108, 205 (1961). — GERSCH, M.: Das Tumorproblem bei wirbellosen Tieren. Forsch. Fortschr. dtsch. Wiss. 29, 65 (1955). — GHEORGHIU, I.: Recherches sur les tumeurs spontanées chez les poules. C. R. Soc. Biol. (Paris) 112, 835 (1933). — GOLDBERG, R. C., and I. L. CHAIKOFF: Development of thyroid neoplasms in the rat following a single injection of radioactive iodine. Proc. Soc. exp. Biol. (N.Y.) 76, 563 (1951). — GOLDBLATT, H., and G. CAMERON: Induced malignancy in cells from rat myocardium subjected to intermittend anaerobiosis during long propagation in vitro. J. exp. Med. 97, 525 (1935). — GOVIER, W. M., E. S. FEENSTRA, H. G. PETERING, and A. J. GIBBONS: Cholinesterase in experimental tumors. Arch. Biochem. 39, 276 (1952). — GRADY, H. G., and H. L. STEWART: Histogenesis of induced pulmonary tumors in strain A mice. Amer. J. Pat. 16, 417 (1940). — GRAFFI, A.: Intrazelluläre Benzpyrenspeicherung in lebenden Normal- und Tumorzellen. Z. Krebsforsch. 50, 196 (1940). — Fluoreszenzmikroskopische Untersuchungen der Mäusehaut nach Pinselung mit Benzpyren-Benzollösungen. Z. Krebsforsch. 52, 165 (1942). — Spätveränderungen an der Mäusehaut nach 1—5maliger Benzpyrentropfung. Z. Krebsforsch. 54, 360 (1944). — Beitrag zur Wirkungsweise cancerogener Reize und zur Frage des chemischen Aufbaus normaler und maligner Zellen. Arch. Geschwulstforsch. 1, 61 (1949). — Beitrag zur Analyse der Kanzerogene. Z. ges. inn. Med. 7, 882 (1952). — Über den Mechanismus der Geschwulstbildung. Schweiz. med. Wschr. 83, 865 (1953). — Beitrag zur Morphogenese des Benzpyrenkrebses der Mäusehaut. Zit. W. MEINHOF, Diss. med. Fak. Hamburg 1958. — Urania 14, 150 (1951). Zit. A. GRAFFI u. H. BIELKA, Probleme der experimentellen Krebsforschung. Leipzig: Geest & Portig 1959. — Abh. Dtsch. Akad. Wiss. Berlin 1, 1 (1953). Zit. A. GRAFFI u. H. BIELKA, Probleme der experimentellen Krebsforschung. Leipzig: Geest & Portig 1959. — GRAFFI, A., u. H. BIELKA: Probleme der experimentellen Krebsforschung. Leipzig: Geest & Portig 1959. — GRAFFI, A., H. BIELKA u. F. FEY: Leukämieerzeugung durch ein filtrierbares Agens aus malignen Tumoren. Acta haemat. (Basel) 15, 145 (1956). — GRAFFI, A., U. HEINE, J. G. HELMCKE, D. BIERWOLF u. A. RANDT: Über den elektronenmikroskopischen Nachweis von Viruspartikeln bei der myeloischen Leukämie der Maus nach Injektion zellfreier Tumorinfiltrate. Klin. Wschr. 38, 254 (1960). — GRAFF u. Mitarb. (1947): Zit. K. H. BAUER, Das Krebsproblem, 2. Aufl. Berlin-Göttingen-Heidelberg: Springer 1963. — GRAFFI, A., E. VLAMYNCK, F. HOFFMANN u. J. SCHULZ: Untersuchungen über die geschwulstauslösende Wirkung verschiedener chemischer Stoffe in der Kombination mit Crotonöl. Arch. Geschwulstforsch. 5, 110 (1953). — GREEN, H. N., and C. N. JENKINSON: Changes in the esterase and fat content of the serum induced by cancer and cancer-producing agents. Brit. J. exp. Path. 15, 1 (1934). — GREENE, H. S. N.: Heterologous transplantation of human and other mammalian tumors. Science 88, 357 (1938). — The significance of the heterologous transplantability of human cancer. Cancer (Philad.) 5, 24 (1952). — GREENSTEIN, J. P.: Esterase (butyric esterase) activity of normal and neoplastic tissues of mouse. J. nat. Cancer Inst. 5, 31 (1944). — Biochemistry of cancer, 2. ed. New York: Academic

Press. Inc. 1954. — GREENSTEIN, J. P., J. E. EDWARDS, H. B. ANDERVONT, and J. WHITE: Comparative enzymic activity of transplanted hepatomas and of normal, regenerativy and fetal liver. J. nat. Cancer Inst. 3, 7 (1942). — GREENSTEIN, J. P., W. V. JENRETTE, G. B. MIDER, and H. B. ANDERVONT: Relative enzymic activity of certain mouse tumors and normal control tissue. J. nat. Cancer Inst. 2, 293 (1941). — GREENSTEIN, J. P., W. V. JEN-RETTE, and J. WHITE: The relative activity of xanthine dehydrogenase, catalase and amylase in normal and cancerous hepatic tissues of the rat. J. nat. Cancer Inst. 2, 17 (1941). — GREEN-STEIN, J. P., and F. M. LEUTHARDT: Enzymic activity in primary and transplanted rat hepatoma. J. nat. Cancer Inst. 6, 211 (1946c). — GROSS, L.: Spontaneous ,,Leukemia" developing in C3H mice fallowing inoculation in infancy with AK-leukemic extracts or AK-embryos. Proc. Soc. exp. Biol. (N.Y.) 76, 27 (1951). — Pathogenic properties and vertical transmission of the mouse leukemia agent. Proc. Soc. exp. Biol. (N.Y.) 78, 342 (1951). — Neck tumors, or leukemia, developing in adult C3H mice following inoculation in early infancy, with filtered (Berkefeld N) or centrifugated (144000 xg), AK-leukemic extracts. Cancer (Philad.) 6, 948 (1953). — A filterable agent, recovered from AK leukemia extracts, causing salivary gland carcinomas in C3H mice. Proc. Soc. exp. Biol. (N.Y.) 8, 414 (1953). — Viral (egg-borne) etiology of mouse leukemia; filtered extracts from leukemic C58 mice, causing leukemia (or parotid tumors) after inoculation into newborn C57 brown or C3H mice. Cancer (Philad.) 9, 778 (1956). — GRÜNING, W.: Die Serumphosphatase bei der Prostatacarcinom. Klin. Wschr. 1950, 644. — GÜNTHER, W. H.: Über den histologischen Nachweis des Benz-pyrens. Z. Krebsforsch. 52, 57 (1942). — GUÉRIN, M.: Tumeurs spontanées des animaux de laboratoire (Souris-Rat-Poule). Paris: Amédée Legrand & Cie. 1954. — GUTMAN, A. B., and E. B. GUTMAN: An ,,acid" phosphatase occuring in the serum of patients with metastasing carcinoma of the prostate gland. J. clin. Invest. 17, 473 (1938b). — GUTMAN, E. B., E. E. SPROUL, and A. B. GUTMAN: Significance of increased phosphatase activity of bone at the site of osteoplastic metastases secondary to carcinoma of the prostate gland. J. Amer. Cancer 28, 485 (1936). — GYE, W. E.: Propagation of mouse tumors by means of dried tissue. Brit. med. J. 1949I, 511.

HAALAND, M.: Les tumeurs de la souris. Ann. Inst. Pasteur 19, 165 (1905). — Über Metastasenbildung bei transplantierten Sarkomen der Maus. Berl. klin. Wschr. 43, 1126 (1906). — Die Metastasenbildung bei transplantierten Sarkomen der Maus. Intern. Konf. f. Krebsf. Sept. 1906 zu Heidelberg und Frankfurt a. M. Z. Krebsforsch. 5, 122 (1907). — Ein Chondrosarkom der Maus. Z. Krebsforsch. 5, 207 (1907). — Spontaneous tumors in mice. Fourth scientific report on the investigations of the Imperial Cancer Research Fund. London: Taylor and Francis Ltd. 1911. Pp. 45, 1—113. — HABERLAND, H. F. O.: Die operative Technik des Tiefexperiments. Berlin: Springer 1926. — HACKMANN, CH.: Beitrag zur Kenntnis der cancerogenen Wirkungen des Beta-Naphthylamins. Z. Krebsforsch. 58, 56 (1951). — Beitrag zur vergleichenden Onkologie der bösartigen Geschwülste des Magens. Beobachtungen über ein gehäuftes Vorkommen von Magenkrebs bei Inzuchtmäusen. Zbl. allg. Path. path. Anat. 91, 317 (1954). — HADDOW, A.: Mechanisms of carcinogenesis. In: The physiopathology of cancer by F. HAMBURGER and W. H. FISHMAN. New York 1953. — HAGUENAU, F.: Signi-ficance of ultrastructure in virus-induced tumors. In: Symposium on Phenomena of the Tumor Viruses. N.C.I. Monography No 4, 211 (1960). — HAHN, E.: Brief an die Redaktion. Berl. klin. Wschr. 1888, 21; — Dtsch. med. Wschr. 1891, 933. — HANAU, A.: Experimentelle Übertragung von Carcinom von Ratte auf Ratte. Langenbecks Arch. klin. Chir. 39, 678 (1889). — Erfolgreiche Übertragung von Carcinom. Fortschr. Med. 7, 321 (1889). — HANSE-MANN, VON: Zit. H. APOLANT, Über die Natur der Mäusegeschwülste. Berl. klin. Wschr. 1912, 495. — HARAN, N., and I. BERENBLUM: Induction of iniating phase of skin carcinogenesis in mouse by oral administration of urethane (ethyl-carbamate). Brit. J. Cancer 10, 57 (1956). — HARDING, H. E., and R. D. PASSEY: A transplantable melanoma of the mouse. J. Path. Bact. 33, 417 (1930). — HAYWARD, E.: Weitere klinische Erfahrungen über Anwendung der Scharlachfarbstoffe und deren Komponenten zur beschleunigten Epithelisierung granu-lierender Flächen. Münch. med. Wschr. 1909, 1836. — HEGNER, C. A.: Über experimentelle Übertragung von Tumoren auf das Auge. Münch. med. Wschr. 60, 2722 (1913). — HEIDEL-BERGER, C.: Applications of radioisotopes to studies of carcinogenesis and tumor metabolism. Advanc. Cancer Res. 1, 273 (1953). — HEIDENHAIN, L.: Über das Problem der bösartigen Geschwülste. Berlin: Springer 1928. — HEIM, F.: Hühnergeschwülste. Z. Krebsforsch. 33, 76 (1930). — HEINE, U., A. KRAUTWALD, J. G. HELMCKE u. A. GRAFFI: Zur Ätiologie der Lymphogranulomatose. Naturwissenschaften 45, 369 (1958). — HEINE, U., E. PARCHWITZ u. A. GRAFFI: Vergleichende Untersuchungen an explantierter Haut verschiedener Säugetiere nach Behandlung mit cancerogenen Kohlenwasserstoffen. Arch. Geschwulst-Forsch. 6, 101 (1954). — HENKE, FR.: Zur pathologischen Anatomie der Mäusecarcinome. Z. Krebsforsch. 5, 112 (1907). — Über die Bedeutung der Mäusecarcinome. Münch. med. Wschr. 59, 237 (1912). — Beobachtungen bei einer kleinen Endemie von Mäusecarcinomen. Z. Krebsforsch. 13, 303 (1913). — HENSHAW, P. S., R. S. SNIDER, and E. F. RILEY: Aberrant tissue developments in rats exposed to bete rays. Radiology **52**, 401 (1949). — Hess, B.: Stoffwechsel der Tumoren. In: Thannhauser, Lehrbuch des Stoffwechsels und der Stoffwechselkrankheiten, 2. Aufl. Stuttgart: Georg Thieme 1957. — Hesse, F.: Über experimentellen Bauchfellkrebs bei Ratten. Mit Angabe eines einfachen und bequemen Weges der Krebsübertragung. Nach Versuchen mit dem Flexner-Jobling-Tumor. Zbl. Bakt., I. Abt. Orig. **102**, 367 (1927). — Heston, W. E.: Lung tumors and heredity. I. The susceptibility of four inbred strains of mice and their hybrids to pulmonary tumors induced by subcutaneous injection. J. nat. Cancer Inst. **1**, 105 (1940). — Induction of pulmonary tumors in strain a mice with methyl-bis-(β-chlorethyl) amine hydrochloride. J. nat. Cancer Inst. **10**, 125 (1949). — Carcinogenic action of the mustards. J. nat. Cancer Inst. **11**, 415 (1950). — Occurence of tumors in mice injected subcutaneously with sulfur mustard and nitrogen mustard. J. nat. Cancer Inst. **14**, 131 (1953). — Heston, W. E., and M. K. Deringer: Induction of pulmonary tumors in Guinea pigs by intravenous injection of Methylcholanthrene an Dibenzanthracene. J. nat. Cancer Inst. **13**, 705 (1952). — Heston, W. E., and W. D. Levillain: Pulmonary tumors in strain. A mice exposed to mustard gas. Proc. Soc. exp. Biol. (N.Y.) **82**, 457 (1953). — Hieger, I.: The isolation of a cancerproducing hydrocarbon from coal tar. Part. I. Concentration of the active substance. J. chem. Soc. **1933**, 395. — Hoch-Ligeti, C.: Changes in the succinic oxidase activity of livers from rats during the development of hepatic tumors on feeding p-dimethylaminoazobenzene. Cancer Res. **7**, 148 (1947c). — Holtz, F., u. W. Putschar: Über experimentellen Hautkrebs durch ultraviolettes Licht. Münch. med. Wschr. **1930**, 1039. — Hueper, W. C., and H. D. Wolfe: Experimental production of aniline tumors of the bladder in dogs. Amer. J. Path. **13**, 656 (1937). — Huggins, C.: Prostatic secretion. Harvey Lect. **42**, 148 (1946/47). — Huggins, C., and P. J. Clark: Quantitative studies of prostatic secretion: effect of castration and of oestrogen injection on normal and on hyperplastic prostate glands of dogs. J. exp. Med. **72**, 747 (1940). — Huggins, C., and R. A. Stevens: Effect of castration on benign hypertrophy of prostata in man. J. Urol. (Baltimore) **43**, 705 (1940).

Jensen, C. O.: Hospitalstidende No 19 (1902). Zit. J. Wolff, Die Lehre von der Krebskrankheit, Teil I. Jena: Gustav Fischer 1907. — Experimentelle Untersuchungen über Krebs bei Mäusen. Zbl. Bakt., I. Abt. Orig. **43**, 122 (1903). — Übertragbare Rattensarkome. Z. Krebsforsch. **7**, 45 (1909). — Junkmann, K.: Einiges über Impftumoren. Naunyn-Schmiedebergs Arch. exp. Path. Pharmak. **205**, 276 (1948).

Karrer, K.: Ergebnisse der intravenösen Implantation von Impftumoren. Wien. klin. Wschr. **12**, 205 (1957). — Kennaway, E. L.: The formation of a cancer producing substance from isoprene. J. Path. Bact. **27**, 233 (1924). — Experiments on cancer producing substances. Brit. med. J. **1925 II**, 1. — Further experiments on cancer producing substances. Biochem. J. **24**, 497 (1930). — Kensler, C. J., K. Sugiura, and C. P. Rhoads: Coenzyme I and riboflavin content of livers of rats fed butter yellow. Science (Lancaster, Pa.) **91**, 623 (1940). — Kidd, J. G.: Complement-fixation reaction involving rabbit papilloma virus (Shope). Proc. Soc. exp. Biol. (N.Y.) **35**, 612 (1937). — The cours of virus-induced rabbit papillomas as determined by virus, cells and host. J. exp. Med. **67**, 551 (1938). — Immunological reactions with virus causing papillomas in rabbits; antigenicity and pathogenicity of extracts of prowths of wild and domestic species: general discussion. J. exp. Med. **68**, 733 (1938). — Kidd, J. G., and P. Rous: The carcinogenic effect of a papilloma virus on the tarred skin of rabbits. II. Major factors determining the phenomenon. The manifold effects of tarring. J. exp. Med. **68**, 529 (1938). — Kilham, L.: Isolation in suckling mice of virus from C3H mice harboring Bittner milk agent. Science **116**, 391 (1952). — Kimmig, J., u. A. Wiskemann: Lichtbiologie und Lichttherapie. In: Handbuch der Haut- und Geschlechtskrankheiten von J. Jadassohn, Erg.-Werk, Bd. V, Teil 2, S. 1021. Berlin-Göttingen-Heidelberg: Springer 1959. — Kinosita, R.: Researches on cancerogenesis of various chemical substances. Gann **30**, 423 (1936). — Kirby-Smith, J. S., H. F. Blum, and H. G. Grady: Penetration of ultraviolett radiation into skin, as a factor in carcinogenesis. J. nat. Cancer Inst. **2**, 403 (1942). — Kit, S., and J. Awapara: Free amino acid content and transaminase activity of lymphatic tissues and lymphosarcomas. Cancer Res. **13**, 694 (1953). — Klein, M.: Induction of skin tumors in strain DBA mice following intermittent treatment with 9,10-dimethyl-1,2-benzanthracene and croron oil. J. nat. Cancer Inst. **15**, 1685 (1955). — Induction of skin tumors in the mouse with minute doses of 9,10-dimethyl-1,2-benzanthracene alone or with croton oil. Cancer Res. **16**, 123 (1956). — Klinger, R., u. F. Fourman: Beobachtungen über eine Krebsepidemie unter Mäusen. Z. Krebsforsch. **16**, 231 (1919). — Knight, C. A.: Amino acids of the Shope papilloma virus. Proc. Soc. exp. Biol. (N.Y.) **75**, 843 (1950). — Koch, J.: Welche Tatsachen und Schlußfolgerungen ergeben sich aus der Infektiosität des Aszites beim Bauchfellkrebs der Ratte. Zbl. Bakt., I. Abt. Orig. **107**, 332 (1928). — Kann eine parasitäre Ursache die gesicherten Ergebnisse der Lehre von der Krebskrankheit befriedigend erklären? 6. Mitteilung über die parasitäre Entstehung des Krebses. Zbl. Bakt., I. Abt. Orig. **124**, 417 (1932). — Koch, M., et J. Maisin: Influence des peroxydes organiques sur la prophylaxie du cancer expérimental de la souris. C. R. Soc. Biol. (Paris) **120**, 106 (1935). — KOECKE, H. U.: Untersuchungen zur Empfindlichkeit der Alveolarepithelienzellen in der Mäuselunge gegen cancerogene Stoffe (Methylcholanthren). Z. Zellforsch. **47**, 331 (1958). — KÖGL, F., u. H. ERXLEBEN: Zur Ätiologie der malignen Tumoren. 1. Mitt. Über die Chemie der Tumoren. Hoppe-Seylers Z. physiol. Chem. **258**, 57 (1939). — KOLETZKY, S., F. J. BONTE, and H. L. FRIEDELL: Production of malignant tumors in rats with radioactive phosphorus. Cancer Res. **10**, 129 (1950). — KOPROWSKI, H.: Fortschritte der Tumorvirusforschung. Triangel (Sandoz) **6**, 252 (1964). — KRÖNING, F.: Erbpathologie der Geschwülste. Genetik der Krebsgeschwülste der Tiere. In: Handbuch der Erbbiologie, Bd. 4, Teil II, S. 1079. Berlin: Springer 1940. — KUHN, O., u. H. U. KOECKE: Über die Entstehung von Primärtumoren und praecancerösen Stadien in der Mäuselunge nach Implantation cancerogener Stoffe unter die Rückenhaut. Photogr. u. Forsch. **7**, 17 (1956).

LACASSAGNE, A.: Hormonal pathogenesis of adenocarcinoma of breast. Amer. J. Cancer **27**, 217 (1936). — Statistique des différets cancers constatés dans des lignées sélectionnées de souris, après action prolongée d'hormones oestrogènes. Bull. Ass. franç. Cancer **27**, 96 (1938). — LANGENBECK, B.: Über die Entstehung des Venenkrebses und die Möglichkeit, Carcinome von Menschen auf Tiere zu übertragen. Schmidts Jb. ges. Med. **25**, 99 (1840). Zit. J. WOLFF, Die Lehre von der Krebskrankheit, Teil I. Jena: Gustav Fischer 1907. — LAQUEUR, G. L.: The induction of intestinal neoplasms in rats with the glycoside cycasin and its aglycone. Laboratory of experimental Pathology National Institut of Arthritis and Metabolic Diseases, National Institut of Health, Public Health Service United States Department of Health, Education, and Welfare, Bethesda, Maryland 20014, 1965. — LEMON, H. M., and C. L. WISSEMANN: Acid phosphomonesterase activity of human neoplastic tissue. Science (Lancaster, Pa.) **109**, 233 (1949). — LEPAGE, G. A.: Phosphorylated intermediates in tumor plycolysis. I. Analysis of tumors. Cancer Res. **8**, 193 (1948a). — Phosphorylated intermediates in tumor glycolysis. II. Isolation of phosphate esters from tumors. Cancer Res. **8**, 197 (1948b). — Phosphorylated intermediates in tumor glycolysis. III. Cancer Res. **8**, 201 (1948c). — LEPAGE, G. A., and W. C. SCHNEIDER: Centrifugal fractionation of glycolytic enzymes in tissue homogenates. J. biol. Chem. **176**, 1021 (1948). — LETTRÉ, H.: Einige Versuche mit dem Mäuse-Ascitestumor. Z. Krebsforsch. **56**, 1 (1950). — Über das Verhalten von Bestandteilen von Tumorzellen bei der Transplantation. II. Mitt. Verhalten homogenisierter Tumoren. Z. Krebsforsch. **57**, 121 (1950). — Über das Verhalten von Bestandteilen von Tumorzellen bei der Transplantation; Zellkerne, Plasmagranula und gequollene Zellen. Z. Krebsforsch. **57**, 1 (1951). — Über das Verhalten von Bestandteilen von Tumorzellen bei der Transplantation. III. Mitt. Zellkerne, Plasmagranula und gequollene Zellen. Z. Krebsforsch **57**, 345 (1951). — V. Mitt. Gemische von granulafreien Zellen und Plasmagranula. Z. Krebsforsch. **57**, 661 (1951). — Zellstoffwechsel und Zellteilung. Z. Krebsforsch. **58**, 621 (1952). — Das Yoshida-Sarkom der Ratte. Z. Krebsforsch. **59**, 287 (1953). — Biochemie der Tumoren. Fiat Rev. **40**, 137 (1953). — LETTRÉ, H., u. R. LETTRÉ: Kern-Plasma-Mitochondrien-Relation als Zellcharakteristikum. Naturwissenschaften **40**, 203 (1953). — LEWIN, C.: Über experimentell bei Hunden erzeugte verimpfbare Tumoren nach Übertragung von menschlichem Krebsmaterial. Z. Krebsforsch. **4**, 55 (1906). — Über Versuche, durch Übertragung von menschlichem Krebsmaterial verimpfbare Geschwülste bei Tieren zu erzeugen. Z. Krebsforsch. **5**, 208 (1907). — Demonstration eines transplantablen Rattencarcinoms. Berl. klin. Wschr. **44**, 320 (1907). — Experimentelle Beiträge zur Morphologie und Biologie bösartiger Tumoren. Berl. klin. Wschr. **44**, 1602 (1907). — Experimentelle Beiträge zur Morphologie und Biologie bösartiger Geschwülste bei Ratten und Mäusen. Z. Krebsforsch. **6**, 267 (1908). — Versuche über die Biologie der Tiergeschwülste. Berl. klin. Wschr. **50**, 147 (1913). — LIPSCHÜTZ, B.: Zur Frage der experimentellen Erzeugung der Teerkarzinome. Wien. klin. Wschr. **51**, 613 (1921). — LOEB, L.: On transplantations of tumors. J. med. Res., N. S. **6**, 28 (1901). — Über Transplantation eines Sarcoms der Thyreoidea bei einer weißen Ratte. Virchows Arch. path. Anat. **167**, 175 (1902). — Über Transplantation von Tumoren. Virchows Arch. path. Anat. **172**, 345 (1903). — Krebserkrankungen beim Tier. Z. Krebsforsch. **4**, 128 (1906). — On some conditions determining variations in the energy of tumorgrowth. Ref. Z. Krebsforsch. **4**, 150 (1906). — Über Sarkomentwicklung bei einem drüsenartigen Mäusetumor. Berl. klin. Wschr. **43**, 798 (1906). — Über einige Probleme der experimentellen Tumorforschung. Z. Krebsforsch. **5**, 451 (1907). — Über die Entwicklung eines Sarkoms nach Transplantation eines Adenocarcinoms einer japanischen Maus. Z. Krebsforsch. **7**, 80 (1909). — LOEWENTHAL, H., u. G. JAHN: Übertragungsversuche mit carcinomatöser Mäuse-Ascitesflüssigkeit und ihr Verhalten gegen physikalische und chemische Einwirkungen. Z. Krebsforsch. **37**, 439 (1932). — LORENZ, E.: Zit. GREENSPAN. J. nat. Cancer Inst. **10**, 1295 (1950). — LORENZ, E., and M. B. SHIMKIN: Disappearance of intravenously injected methylcholanthrene in mice of different susceptibility to pulmonary tumors. J. nat. Cancer Inst. **2**, 291 (1942). — LORENZ, E. A., B. ESCHENBRENNER, W. E. HESTON, and D. UPHOFF: Mammary-tumor incidence in female C3Hb mice following longcontinuet gamma irradiation. J. nat. Cancer Inst. **11**, 947 (1957). — LUCKÉ, B.: Neoplastic disease of kidney of frog. Rana pipiens. Amer. J. Cancer **20**, 352 (1934). — Neoplastic disease of kidney of frog. Rana pipiens; on occuence of metastasis. Amer. J. Cancer **22**, 326 (1934). — Carcinoma in the leopard frog: Its probable causation by a virus. J. exp. Med. **68**, 457 (1938). — LYNCH, C. I.: Strain differences in susceptibility to tarinduced skin tumors in mice. Proc. Soc. exp. Biol. (N.Y.) **31**, 215 (1933).

MAGEE, P. N., and J. M. BARNES: Production of malignant primary hepatic tumours in rat by feeding dimethylnitrosamine. Brit. J. Cancer **10**, 114 (1956). — MAISIN, J., et M. L. COOLEN: Production de sarcomas chez le rat à l'aide d'injectiones 1,2,5,6-dibenzanthracène et de 1,2-benzopyrène. C. R. Soc. Biol. (Paris) **117**, 109 (1934). — MAISIN, J., A. MAISIN et A. DE JONGHE: Au sujet de l'action de la lumière et de l'ozone sur certains corps cancérgènes. C. R. Soc. Biol. (Paris) **117**, 11 (1934). — MAISIN, J., et P. LIÈGEOIS: Au sujet de pouvoir cancérigène du bezopyrène. C. R. Soc. Biol. (Paris) **115**, 733 (1934). — MAKOWER, L.: Les tumeurs spontanées chez les oiseaux. Étude critique. Thèse doctorat médecine Paris 1931. — MANN, I.: Effect of low temperatures on Bittner virus of mouse carcinoma. Brit. med. J. **1949** II, 251. — Effect of repeated freezing and thawing on mouse carcinoma tissue. Brit. med. J. **1949** II, 253. — MANN, I., and W. J. DUNN: Propagation of mouse carcinoma by dried tumour tissue. Brit. med. J. **1949** II, 255. — MAURY, A.: Les tumeurs chez le cobaye. Zit. J. DOBBERSTEIN u. CH. TOMASCHKE, Tumoren. In: COHRS, JAFFÉ, MEESSEN, Pathologie der Laboratoriumstiere. Berlin-Göttingen-Heidelberg: Springer 1958. — MAYNORD, W. V.: Zit. K. H. BAUER, Das Krebsproblem, 2. Aufl. Berlin-Göttingen-Heidelberg: Springer 1963. — MAYNORD, W. V., and E. M. F. ROE: The ultraviolet absorption spectra of some complex aromatic hydrocarbons. Proc. roy. Soc. (Lond.) **152**, 299 (1935). — McCOY, G. W.: A preliminary report on tumors found in wild rats. J. med. Res. **16**, 285 (1909). — MEISTER, A.: Lactic dehydrogenase activity of certain tumors and normal tissue. J. nat. Cancer Inst. **10**, 1263 (1950). — MERTENS, U. E.: Beobachtungen an Teertieren. Z. Krebsforsch. **20**, 217 (1923). — MEYERHOF-EMBDEN: Zit. A. BUTENANDT u. H. DANNENBERG. In: Biochemie der Geschwülste. In: Handbuch der allgemeinen Pathologie, Bd. VI/3. Berlin-Göttingen-Heidelberg: Springer 1956. — MEYER-ROHN, J.: Cytostatica. In: J. JADASSOHN, Erg.-Werk V/1, Teil B. Berlin-Göttingen-Heidelberg: Springer 1962. — MICHAELIS, L.: Experimentelle Untersuchungen über den Krebs der Mäuse. Med. Klin. **1**, 203 (1905). — Experimentelle Untersuchungen zur Übertragung des Mäusekrebses. Dtsch. med. Wschr. **1905**, 1129. — Über den Krebs der Mäuse. Z. Krebsforsch. **4**, 1 (1906). — Ein transplantables Rattencarcinom. Versuche zur Erzielung einer Krebsimmunität bei Mäusen. Z. Krebsforsch. **5**, 189 (1907). — MICHAELIS, L., u. C. LEWIN: Über ein transplantables Rattencarcinom. Berl. klin. Wschr. **44**, 419 (1907). — MIESCHER, G.: Bedeutet Licht- und Sonnenbehandlung Krebsgefahr? Schweiz. med. Wschr. **67**, 1168 (1937). — Lichtgewöhnung und Lichtkrebs bei der weißen Maus. Z. Krebsforsch. **49**, 399 (1939). — Besteht ein Zusammenhang zwischen dem Benzpyrengehalt und der cancerogenen Wirkung des Teers? Schweiz. med. Wschr. **71**, 1002 (1941). — Fluoreszenzmikroskopische Untersuchungen zur Frage der Penetration von fluoreszierenden Stoffen in die Haut. Dermatologica (Basel) **83**, 50 (1941). — Wirkt der Ruß der Ölfeuerung karzinogen? Schweiz. med. Wschr. **72**, 1081 (1942). — Experimentelle Untersuchungen über Krebserzeugung durch Photosensibilisierung. Schweiz. med. Wschr. **72**, 1082 (1942). — Weitere Untersuchungen über den Benzpyrenkrebs. Bull. schweiz. Akad. med. Wiss. **2**, 151 (1946). — MIESCHER, G., F. ALMASY u. K. KLÄUI: Über den fluoreszenzspektrographischen Nachweis des 1,2-Benzpyrens. Biochem. Z. **287**, 189 (1936). — MÖLLER, P.: Carcinome pulmonaire primaire chez les rats pie badigeonnés au goudron. Acta path. microbiol scand. **1**, 412 (1924). — MOON, H. D., and M. E. SIMPSON: Effect of hypophysectomy on carcinogenesis: inhibition of methylcholanthrene carcinogenesis. Cancer Res. **15**, 403 (1955). — MOON, H. D., M. E. SIMPSON, and H. M. EVANS: Inhibition of methylcholanthrene carcinogenesis by hypophysectomy. Science **116**, 331 (1952). — MORAU, H.: Inoculation en série d'une tumuer épithéliale de la souris blanche. C. R. Soc. Biol. (Paris) **3**, 289 (1891). — Recherches expérimentales sur la transmissibilité de certains néoplasme. Arch. Méd. exp. **6**, 677 (1894). — MOSTOFI, F. K., and C. D. LARSEN: Carcinogenic and toxic effects of urethane in animals. Amer. J. clin. Path. **21**, 342 (1951). — MOTTRAM, J. C.: A developing factor in experimental blastogenesis. J. Path. Bact. **56**, 391 (1944). — MÜHLBOCK, O.: Mammary tumor-agent in the sperm of high-cancer-strain male mice. J. nat. Cancer Inst. **10**, 861 (1950). — Note on the influence of the number of litters upon the incidence of mammary tumors in mice. J. nat. Cancer Inst. **10**, 1259 (1950). — Studies on transmission of mouse mammary tumors agent by male parent. J. nat. Cancer Inst. **12**, 819 (1952). — The hormonal genesis of mammary cancer. Advanc. Cancer Res. **4**, 371 (1956). — Hormonal aspects in the genesis of mammary cancer. Cancer (Philad.) **10**, 731 (1957). — Karzinogenese, Endogenese und Exogenese. Krebsforsch. u. Krebsbekämpf. **2**, 13 (1957). Sonderband zu Strahlentherapie, Bd. 37. — MURRAY, J. A.: The zoological distribution of cancer 3. Scient. Rep. Imp. Canc. Res. Found. **41** (1908). — Spontaneous cancer in the mouse. Histology, metastases, transplantability and the relation of malignant new growths to spontaneously affected animals. 3. Scient. Rep. Imp. Cancer Res. Found. **69** (1908). — Erblichkeit des Mäusekrebses. 17. int. Kongr. Med. London 1913. Zit. J. DOBBERSTEIN u. CH. TAMASCHKE, Tumoren. In: COHRS, JAFFÉ, MEESSEN, Pathologie der Laboratoriumstiere. Berlin-Göttingen-Heidelberg: Springer 1958. — MURRAY, W. S.: Ovarian secretion and tumor incidence. J. Cancer Res. **12**, 18 (1928). — MURRAY, W. S., and C. C. LITTLE: Chromosomal and extra-chromosomal influence in relation to incidence of mammary tumors in mice. Amer. J. Cancer **37**, 536 (1939).

NASEMANN, TH.: Die Viruskrankheiten der Haut und die Hautsymptome bei Rickett-siosen und Bartonellosen. In: JADASSOHN, Erg.-Werk, Bd. IV/2. Berlin-Göttingen-Heidelberg: Springer 1961. — NETTLESHIP, A., P. S. HENSHAW, and H. L. MEYER: Induction of pulmonary tumors in mice with ethylcarbamat (urethan). J. nat. Cancer Inst. **4**, 309 (1943). — NIESSEN, V.: Ein Fall von Krebs beim Kaninchen. Dtsch. tierärztl. Wschr. **1913**, 637. — Ein Fall von Leberkrebs beim Kaninchen auf experimenteller Grundlage. Z. Krebsforsch. **24**, 272 (1927). — NOTHDURFT, H.: Die experimentelle Erzeugung von Sarkomen bei Ratten und Mäusen durch Implantation von Rundscheiben aus Gold, Silber, Platin oder Elfenbein. Naturwissenschaften **42**, 75 (1955a). — Über die Sarkomauslösung durch Fremdkörper-implantation bei Ratten in Abhängigkeit von der Form der Implantata. Naturwissenschaften **42**, 106 (1955b). — NOVINSKY: Zit. J. WOLFF, Die Lehre von der Krebskrankheit, Teil I. Jena: Gustav Fischer 1907.

OBERLING, CH., W. BERNHARD, M. GUÉRIN et J. HAREL: Bull. Ass. franç. Cancer **37**, 97 (1950). Zit. A. GRAFFI u. H. BIELKA, Probleme der experimentellen Krebsforschung. Leipzig: Geest & Portig 1959. — OBERLING, CH., W. BERNHARD et P. VIGIER: Bull. Ass. franç. Cancer **43**, 407 (1956). Zit. N. A. GRAFFI u. H. BIELKA, Probleme der experimentellen Krebsforschung. Leipzig: Geest & Portig 1959. — OBERLING, CH., and M. GUÉRIN: The role of viruses in the production of cancer. Advanc. Cancer Res. **2**, 353 (1954). — OBERLING, CH., CH. SANNIÉ et M. GUÉRIN: Recherches sur l'action cancérigène du 1,2-benzopyrène. Bull. Ass. franç. Cancer **25**, 156 (1936). — OETTEL, H., u. G. WILHELM: Wege zur Chemotherapie des Krebses. Arznei-mittel-Forsch. **4**, 691 (1954). — O'CONNOR HALLORAN, P.: A bibliography of references to diseases in wild mammals and birds. Amer. J. vet. Res., part 2 (Okt.-Heft 1955). — OPPEN-HEIMER, B. S., E. T. OPPENHEIMER, and A. P. STOUT: Sarcomas induced in rats by implanting cellophane. Proc. Soc. exp. Biol. (N.Y.) **67**, 33 (1948). — ORFANOS, C., u. G. STÜTTGEN: Elek-tronenmikroskopische Beobachtungen bei der Mycosis fungoides. Nachweis von cytoplasma-tischen „Zelleinschlüssen". Arch. Derm. Syph. (Berl.) **215**, 438 (1963).

PAPANICOLAOU, G. N., and C. T. OLCOTT: Studies of spontaneous tumors in guinea pigs. I. A fibromyoma of the stomach with adenoma (focal hyperplasia) of the right adrenal. Amer. J. Cancer **40**, 310 (1940). — PASSEY, R. D., L. DMOCHOWSKI, R. REED, and W. T. ASTBURY: Biophysical studies of extracts of tissues of high- and low-breast-cancer-strain mice. Biochim. biophys. Acta (Amst.) **4**, 391 (1950). — PÉCHENARD, M.: Les tumeurs chez les oiseaux. Étude critique et recherches expérimentales. Thèse Doctorat Médecin Paris 1926. — PEYRILHE, B.: Dissertatio academica de Cancro, quam duplici praemio donavit illustris Academia Scien-tiarum etc. Beantwortung der Frage „Qu'est-ce que le Cancer?" (1773). Zit. J. WOLFF, Die Lehre von der Krebskrankheit, Teil I. Jena: Gustav Fischer 1907. — PICARD, E., et H. LA-DURON: Recherches sur la toxicité du 1—2-benzène-pyrène sur l'organism de la souris blanche. C. R. Soc. Biol. (Paris) **117**, 838 (1934). — POEL, W. E.: Cocarcinogenes and minimal carcino-genic doses. Science **123**, 588 (1956). — POEL, W. E., and A. G. KAMMER: Suceptibility of mice to tumor induction with marginal doses of 3,4-benzpyrene. Proc. Amer. Ass. Cancer Res. **1**, 38 (1954). — POLSON, C. J.: Tumour of the rabbit. J. Path. Bact. **30**, 603 (1927). — PORTER u. THOMPSON: Zit. K. H. BAUER, Das Krebsproblem, 2. Aufl. Berlin-Göttingen-Heidelberg: Springer 1963. — POTT, P.: Chirurgical observations relative to the cataract, the polypos of the nase, the cancer of the scrotum, the different kinds of ruptures, and the morti-fication of the toes and feet. London 1775. — POTTER, R. VAN: Neue Aspekte der Biochemie maligner Tumoren. Med. Prisma **13**, 3 (1963). — POTTER, R. VAN, and G. A. LEPLAGE: Meta-bolism of oxalacetate in glycolyzing tumor homogenates. J. biol. Chem. **177**, 237 (1949). — PUTNOCKY, J.: Über die heteroplastische Transplantation des Ehrlich'schen überimpfbaren Mäusecarcinoms. Z. Krebsforsch. **32**, 520 (1930). — PUTSCHAR, W., u. F. HOLTZ: Erzeugung von Hautkrebsen bei Ratten durch langdauernde Ultraviolettbestrahlung. Z. Krebsforsch. **33**, 219 (1931).

RAJEWSKI, B., A. SCHRAUB u. G. KAHLAU: Experimentelle Geschwulsterzeugung durch Einatmung von Radiumemanation. Naturwissenschaften **31**, 170 (1943). — RATCLIFFE, H. L.: Cancer in animals. Trans. Coll. Phycns Philad. **54**, 152 (1932). — Tumors in captive primate. Amer. J. Path. **8**, 117 (1932). — Spontaneous tumors in two colonies of rats of the Wistar Institute of Anatomy and Biology. Amer. J. Path. **16**, 237 (1940). — Familial occurence of renal carcinoma in rhesus monkeys (Macaca mulatta). Amer. J. Path. **16**, 619 (1940). — REHN, L.: Blasengeschwülste bei Fuchsin-Arbeitern. Langenbecks Arch. klin. Chir. **50**, 588 (1895). — REINCKE, J.: Zwei Fälle von Krebsimpfung in Punctionskanälen bei carcinomatöser

Peritonitis. Virchows Arch. path. Anat. **51**, 391 (1870). — ROBERTSON, C. H., M. A. O'NEAL, A. C. GRIFFIN, and H. L. RICHARDSON: Pituitary and adrenal factors involved in azo dye liver carcinogenesis. Cancer Res. **13**, 776 (1953). — ROFFO, A.: Krebserzeugende Einheit der verschiedenen Tabakteere. Dtsch. med. Wschr. **1939**, 963. — ROHDE, B., u. A. WISKEMANN: Über das Wachstum röntgenbestrahlter Melanomalignome in der Gewebe-kultur und im Transplantationsversuch. Strahlentherapie **123**, 534 (1964). — ROSS, W. C. J.: The chemistry of cytotoxic alkylating agents. Advanc. Cancer Res. **1**, 397 (1953). — ROUS, P.: A transmissible avian neoplasm. J. exp. Med. **12**, 696 (1910). — ROUS, P., and W. F. FRIEDEWALD: Effect of chemical carcinogens on virus-induced rabbit papil-lomas. J. exp. Med. **79**, 511 (1944). — ROUS, P., and J. G. KIDD: The carcinogenic effect of a papilloma virus on the tarred skin of rabbits. I. Description of the phenomenon. J. exp. Med. **67**, 399 (1938). — Conditional neoplasms and subthreshold neoplastic states. A study of the tar tumors of rabbits. J. exp. Med. **73**, 365 (1941).

SASAKI, T., u. T. YOSHIDA: Experimentelle Erzeugung des Lebercarcinoms durch Füt-terung mit o-Amido-azotoluol. Virchows Arch. path. Anat. **295**, 175 (1935). — SCHADE, A. L.: Enzymic studies on ascitic tumors and their host's blood plasmas. Biochim. biophys. Acta (Amst.) **12**, 163 (1953). — SCHARRER, B., and M. S. LOCHHEAD: Tumors in invertebrates. Cancer Res. **10**, 403 (1950). — SCHLEICH, A.: Wachstum einzelner explantierter Zellen des Yoshida-Tumors. Naturwissenschaften **2**, 50 (1955). — SCHMÄHL, D.: Die Metastasierung der Tumoren und ihre Beeinflussung. Med. Welt **1964**, 544. — SCHMÄHL, D., u. J. v. EINEM: Experimentelle Prüfung von Krebsmitteln. Dtsch. med. Wschr. **81**, 293 (1956). — SCHMÄHL, D., u. W. KRISCHKE: Krebsentstehung und Krebswachstum. Internist (Berl.) **4**, 71 (1963). — SCHMÄHL, D., u. R. MECKE, JR.: Quantitative Transplantationsversuche mit dem Yoshida-Ascitessarkom der Ratte. Z. Krebsforsch. **60**, 711 (1955). — SCHMÄHL, D., R. PREUSSMANN u. H. HAMPERL: Leberkrebserzeugende Wirkung von Diäthylnitrosamin nach oraler Gabe bei Ratten. Naturwissenschaften **47**, 89 (1960). — SCHMÄHL, D., u. A. REITER: Prüfung von Räuchereiprodukten auf krebserzeugende Wirkung. Z. Krebsforsch. **59**, 397 (1953). — SCHMIDT, H. W.: Untersuchungen über die Cholinesterase bei Krebskranken und Tumor-mäusen. Schweiz. med. Wschr. **1947**, 458. — SCHMIEDEBERG, O.: Über die pharmakologischen Wirkungen und die therapeutische Anwendung einiger Carbaminsäureester. Naunyn-Schmiede-bergs Arch. exp. Path. Pharmak. **20**, 203 (1886). — SCHÜRCH, O., u. A. WINTERSTEIN: Über krebserzeugende Wirkung aromatischer Kohlenwasserstoffe. Hoppe-Seylers Z. physiol. Chem. **236**, 79 (1935). — SHABAD, L. M.: Zit. A. GRAFFI u. H. BIELKA, Probleme der experimentellen Krebsforschung. Leipzig: Geest & Portig 1959. — SHEAR, M. J.: Studies in carcinogenesis. I. The production of tumors in mice with hydrocarbons. Amer. J. Cancer **26**, 322 (1936a). — Studies in carcinogenesis. V. Methyl-derivatives of 1,2-benzanthracene. Amer. J. Cancer **33**, 499 (1938b). — Studies in carcinogenesis. VII. Compounds related to 3,4-benzpyrene. Amer. J. Cancer **36**, 211 (1939). — SHOPE, R. E.: A transmissible tumor-like condition in rabbits. A filtrable virus causing a tumor-like condition in rabbits and its relationship to virus myxo-matosis. J. exp. Med. **56**, 793 (1932). — Infectious papillomatosis of rabbits. J. exp. Med. **58**, 607 (1933). — Serial transmission of virus of infectious papillomatosis in domestic rabbits. Proc. Soc. exp. Biol. (N.Y.) **32**, 830 (1935). — SIBLEY, J. A., and A. L. LEHNINGER: Aldolase in the serum and tissues of tumor-bearing animals. J. nat. Cancer Inst. **9**, 303 (1949). — SIE-GEL, B. V., and S. R. WELLINGS: Occurrence of virus-like particles in cultured Cloudman S-91 melanoma. Experientia (Basel) **18**, 80 (1962). — SLYE, M.: The incidence and inheritatility of spontaneous cancer in mice. Z. Krebsforsch. **13**, 500 (1913). — The inheritability of spon-taneous tumors. J. Cancer Res. **1**, 479 (1916). — The influence of heredity in determining tumor metastasis. J. Cancer Res. **6**, 139 (1921). — SLYE, M., H. F. HOLMES, and H. G. WELLS: The primary spontaneous tumors of the lungs in mice. J. med. Res. **30**, 417 (1914). — Spon-taneous primary tumors of the liver in mice. J. med. Res. **33**, 171 (1915). — Primary spon-taneous tumors of the liver in mice. J. Cancer Res. **1**, 107 (1916). — Spontaneous sarcoma in the mouse. J. Cancer Res. **1**, 360 (1916). — Primary spontaneous tumors in the kidney and adrenal of mice. J. Cancer Res. **6**, 305 (1921). — SOUTHAM, C. M., A. E. MOORE, and C. P. RHOADS: Homotransplantation of human cell lines. Science **125**, 158 (1957). — SPRONCK: Über Bronchitis destruans. Ned. T. Geneesk. **1907**, 1033. — STEINBRÜCK u. CARL: Künstliche Krebserzeugung durch Druckerschwärze. Berl. Münch. tierärztl. Wschr. **1930**, 161. — STERN-BERG, C.: Adenomartige Bildungen in der Meerschweinchenlunge. Verh. Dtsch. Ges. Path. 1903. — STEWART, S. E., B. E. EDDY, and N. G. BORGESE: Neoplasms in mice inoculated with a tumor agent carried in tissue culture. J. nat. Cancer Inst. **20**, 1223 (1958). — STEWART, S. E., B. E. EDDY, A. M. GOCHENOUR, N. G. BORGESE, and A. G. GRUBBS: The induction of neoplasms with a substance released from mouse tumor by tissue culture. Virology **3**, 380 (1957). — STEWART, S. E., B. E. EDDY, C. H. HAAS, and N. G. BORGESE: Lymphocytic choriomeningitis virus as related to chemotherapy studies and to tumor induction in mice. Ann. N.Y. Acad. Sci. **68**, 419 (1957). — STICKER, A.: Transplantables Lymphosarkom des Hundes. Z. Krebsforsch. **1**, 413 (1904). — Transplantables Rundzellensarkom des Hundes.

Z. Krebsforsch. 4, 227 (1906). — STOCK, C. CH., and C. P. RHOADS: Evaluation of chemo-therapeutic agents, p. 181. New York: Columbia University Press 1949. — STÜNZI, H.: Ver-gleichende Betrachtungen zum Krebsproblem der Tiere. Schweiz. Arch. Tierheilk. 91, 5 (1949). — SWEET, B. H., and M. R. HILLEMAN: The vacuolating virus, S.V. 40. Proc. Soc. exp. Biol. (N.Y.) 105, 420 (1960). — SYVERTON, J. T., G. P. BERRY, and S. L. WARREN: The Roentgen radiation of papillom virus (Shope). II. The effect of X-rays upon papilloma virus in vitro. J. exp. Med. 74, 223 (1941). — SYVERTON, J. T., E. B. WELLS, J. KOOMEN, H. E. DASCOMB, and G. BERRY: The virus-induced rabbit papillomato-carcinoma sequence. III. Immunological tests for papilloma virus in cottontail carcinomas. Cancer Res. 10, 474 (1950).

TAKAHASHI, K.: Studie über Fischgeschwülste. Z. Krebsforsch. 29, 1 (1929). — TALALAY, P., G. M. V. TAKANO, and CH. HUGGINS: Studies on the Walker tumor. II. Effects of adrenal-ectomy and hypophysectomy on tumor growth in tube-fed rats. Cancer Res. 12, 838 (1952). — TAMASCHKE, CH.: Die Spontantumoren der kleinen Laboratoriumsäuger in ihrer Bedeutung für die experimentelle Onkologie. Strahlentherapie 96, 150 (1955). — TAYLOR, A. R., D. REARD, D. G. SHARP, and J. W. BEARD: Nucleic acid of rabbit papilloma virus protein. J. infect. Dis. 71, 110 (1942). — TEUTSCHLÄNDER, O.: Beiträge zur vergleichenden Onkologie mit Berück-sichtigung der Identitätsfrage. Z. Krebsforsch. 17, 284 (1920). — Die Reizkrebse, ihre Ent-stehung und Verhütung. Wiss. Woche Frankf. a. M. 2, 8 (1934). — THIERSCH, J. B.: Attempts to transmit leukemia from man to man. Proc. roy. Aust. Coll. Phycns 2, 44 (1947). — TRENTIN, J. J., Y. YABE, and G. TAYLOR: The quest for human cancer viruses. Science 137, 835 (1962). — TSUTSUI, H.: Über das künstlich erzeugte Kankroid bei der Maus. Gann 12, 17 (1918). — TURNER, F. C.: Sarcomas at sites of subcutaneously implanted bakelitt disks in rats. J. nat. Cancer Inst. 2, 81 (1941). — TYZZER, E. E.: Series of spontaneous tumors in mice. Proc. Soc. exp. Biol. (N.Y.) 4, 4 (1907). — A study of inheritance in mice with reference to their susceptibility to transplantable tumors. J. med. Res. 21, 519 (1909).

VASSILIADES, H.: Au sujet de substances organiques activantes la pousse de cancérs experimentaux. C. R. Soc. Biol. (Paris) 118, 1483 (1935). — VELPEAU, A. A. L. M.: Traite des maladies du sein, p. 544. Paris 1854. — VIRCHOW, R.: Geschwülste, Bd. I, S. 87. Zit. J. WOLFF, Die Lehre von der Krebskrankheit, Teil I. Jena: Gustav Fischer 1907.

WALKER, G.: Zit. A. von BEVERWIJK, Züchtung von Walker-Rattenkarzinom Nr. 256 in vitro. Arch. exp. Zellforsch. 16, 151 (1934). — WALPOLE, A. L., D. C. ROBERTS, F. L. ROSE, J. A. HENDRY, and R. F. HOMER: Cytotoxic agents. IV. The carcinogenic actions of some monofunctional ethylenimine derivatives. Brit. J. Pharmacol. 9, 306 (1954). — WARBURG, O.: Über Milchsäurebildung beim Wachstum. Biom. Z. 160, 307 (1925). — Über den Stoff-wechsel der Tumoren. Berlin: Springer 1926. — Notiz über den Stoffwechsel der Tumoren. Biochem. Z. 228, 257 (1930). — Ideen zur Fermentchemie der Tumoren. Berlin: Akademie-Verlag 1947. — Über die Entstehung der Krebszellen. Naturwissenschaften 42, 401 (1955). — Über die Entstehung der Krebszellen. Oncologia (Berl.) 9, 75 (1956). — On the origin of cancer cells. Science 123, 309 (1956). — WARBURG, O., u. W. CHRISTIAN: Isolierung der prosthetischen Gruppe der d-Aminosäureoxydase. Biochem. Z. 298, 150 (1938). — WATSON, A. F.: The Daels and Biltris transplantable sarcoma of the guinea-pig. Brit. J. exp. Path. 17, 122 (1936). — WEGELIN, C.: Einleitung zu den Tumoren der Haut. In: J. JADASSOHN, Handbuch der Haut- und Geschlechtskrankheiten, Bd. XII, Geschwülste der Haut I. Berlin: Springer 1932. — WEHR: Weitere Mitteilungen über die positiven Ergebnisse der Carcinom-Überimpfung von Hund auf Hund. Langenbecks Arch. klin. Chir. 39, 226 (1889). Zit. J. WOLFF, Die Lehre von der Krebskrankheit, Teil I. Jena: Gustav Fischer 1907. — WENNER, C. E., M. A. SPIRTES, and WEINHOUSE: Metabolism of neoplastic tissue. II. A survey of enzymes of the citric acid cycle in transplanted tumors. Cancer Res. 12, 44 (1952). — WENNER, C. E., and S. WEIN-HOUSE: Metabolism of neoplastic tissue. III. Diphosphopyridine nucleotide requirements for oxidations by mitochondria of neoplastic and nonneoplastic tissues. Cancer Res. 13, 21 (1953). — WIELAND, H., u. E. DANE: Untersuchungen über die Konstitution der Gallen-säuren. III. Mitt. Über die Haftstellen der Seitenketten. Hoppe-Seylers Z. physiol. Chem. 219, 240 (1933). — WILLIAMS-ASHMAN, H. G., and E. P. KENNEDY: Oxidative phosphorylation catalyzed by cytoplasmic particles isolated from malignant tissues. Cancer Res. 12, 415 (1952). — WILLIS, R. A.: Pathology of tumors, 2. ed. London: Butterworth & Co. 1953. — WOLFF, J.: Die Lehre von der Krebskrankheit, Teil I. Jena: Gustav Fischer 1907. — WRBA, H.: Notiz über die Überlebenszeit der Zellen des Mäuseascitestumors in vitro unter anaeroben Bedingungen. Z. Krebsforsch. 59, 495 (1953). — WYNDER, E. L., and E. A. GRAHAM: Tobacco smoking as possible etiologic factor in bronchiogenic carcinoma; study of 684 proved cases. J. Amer. med. Ass. 143, 329 (1950). — WYNDER, E. L., P. KOPF, and H. ZIEGLER: A study of tobacco carcinogenesis. II. Dose-response studies. Cancer (Philad.) 10, 1193 (1957). — WYNDER, E. L., and G. WRIGHT: A study of tobacco carcinogenesis I. The primary fractions. Cancer (Philad.) 10, 255 (1957).

Yamagiwa, K.: Über die künstliche Erzeugung von Teercarcinom und -Sarkom. Virchows Arch. path. Anat. **233**, 235 (1921). — Yamagiwa, K., u. K. Itchikawa: Pathogenese der Epithelgeschwülste. Hervorrufung von Carcinomen am Kaninchenohr durch Teerpinselung. Gann **8**, 132 (1914). — Yoshida, T.: Über den experimentellen Leberzellenkrebs durch Fütterung mit o-Aminoazotoluol. Klin. Wschr. **16**, 215 (1937). — A histological study on the spontaneous tumors occurring in inbred mice with remarks on two new strains of the transplantable tumor. Gann **43**, 417 (1952). — Studies on an Ascites (reticuloendothelial cell?) Sarcoma of the rat. J. nat. Cancer Inst. **12**, 947 (1952). — Youngstrom, K. A., B. Wood-Hall, and R. W. Graves: Acetylcholine esterase content of brain tumors. Proc. Soc. exp. Biol. (N.Y.) **48**, 555 (1941).

Zollinger, H. O.: Experimentelle Erzeugung maligner Nierenkapseltumoren bei der Ratte durch Druckreiz (Plastic-Kapseln). Schweiz. Z. Path. **15**, 666 (1952).

Mastzellenretikulose (Mastocytose)

Von

Theodor Grüneberg, Halle (Saale)

Mit 18 Abbildungen

Einleitung

Seit Töröks Handbuchbeitrag (Bd. VI/2, S. 216—259) hat der Krankheits-begriff der Urticaria pigmentosa (U.p.) eine erhebliche Ausweitung erfahren (s. auch Schadewaldt, 1960, 1961). Es hat sich nämlich gezeigt, daß das mit dieser Bezeichnung klinisch einigermaßen zutreffend charakterisierte Krankheits-bild nur *einen*, wenn auch den weitaus häufigsten (pigmentierten) Typ der Erkrankung repräsentiert, dem pigmentfreie, tumoröse, pemphigoide, erythro-dermische und visceral komplizierte, also dem alten Namen nur wenig ent-sprechende Formen gegenüberstehen. Jedenfalls sind — z.T. noch als U.p. benannte — Krankheitsfälle veröffentlicht worden, bei denen die Hauterschei-nungen einen von der gewöhnlichen Form völlig abweichenden Charakter hatten, oder der Nachweis der Beteiligung anderer Organe bzw. Organsysteme diese Bezeichnung als viel zu eng gefaßt erscheinen lassen mußte. Da das Wesent-liche und allen Formen Gemeinsame in einer mehr oder weniger hochgradigen Hyperplasie der Gewebsmastzellen besteht — im folgenden auch kurz ,,Mast-zellen" genannt —, sind in den letzten Jahren die Bezeichnungen Mastzellen-retikulose (Touraine, Solente u. Renault) bzw. Mastocytose (Hissard, Moncourier u. Jacquet (1950, 1951) und Mastocytom (Sézary) mehr und mehr gebräuchlich geworden. Hingewiesen sei auch auf den Klassifizierungsversuch von Degos (1955, 1956), der zwischen einer der U.p. entsprechenden Mastocytosis pigmentaria eruptiva, Mastocytomen, nodulärer bzw. papulöser, bullöser, diffuser (erythrodermischer) und extracutaner Mastocytosis unterscheiden möchte. In den Vereinigten Staaten scheint sich die Auffassung der U.p. als einer System-erkrankung mit einer gutartigen, zeitbegrenzten Form der früheren Kindheit und einer Erwachsenen-Form mit Mastzellenbefunden in Knochen und inneren Organen durchgesetzt zu haben (Callomon). Nickel stellt der oft Teleangiekta-sien aufweisenden, systemartigen Variante des Erwachsenenalters noch einen ,,malignen" Typ gegenüber, der ebenfalls gewöhnlich erst im späteren Leben ,,erworben" werde. Auf jeden Fall ist es gerechtfertigt, diese vielgestaltigen Bilder ,,Mastocytosen" zu nennen. Aber man sollte das dann nicht nur mit Beschrän-kung auf die selteneren Formen tun, sondern auch bei der gewöhnlichen Form des Leidens die alte Bezeichnung U.p. aufgeben. Zwischen der banalen U.p. und den erst neuerdings bekanntgewordenen, ausgeprägteren Mastocytosen bestehen ja fließende Übergänge bzw. mannigfache Kombinationsformen, so daß eine klare Abgrenzung kaum durchführbar ist. Auch die Abgrenzung der malignen Form, der fortschreitenden, letal endenden Mastzellenretikulose von neoplastischem Charakter, zum Teil mit leukämischer Ausschwemmung von Gewebsmastzellen (irreversible Mastzellenproliferation [= mastocytäre Hämoblastose]) von der einer reversiblen Mastzellenhyperplasie (im Sinne GOTTRONs, 1960) entsprechenden Mastocytose macht oft große Schwierigkeiten. Ob die Mastzellen auch das Muttergewebe einer bösartigen Geschwulst abgeben können, muß bei ihrem hohen Ausreifungsgrad fraglich erscheinen (FISCHER). Bei Tieren kommen — spontan und experimentell erzeugt — maligne Mastzelltumoren vor. Sie dürften zum Teil wohl entzündlichen Granulomen, zum Teil lokalisierten Mastzellenretikulosen entsprechen.

I. Die Gewebsmastzelle und ihre Funktion

1. Allgemeiner Teil

Die Symptomatik der U.p. und ihrer Varianten ergibt sich aus den spezifischen Funktionen der *Gewebsmastzelle*, auf die deshalb zunächst näher eingegangen werden soll. Die Gewebsmastzelle (Gewebsbasophiler) muß von den (auch Blutmastzelle genannten) *Blutbasophilen* (im folgenden kurz als „Basophile" bezeichnet) streng unterschieden werden. Dabei ist zu beachten, daß in Aufbau und Funktion der Gewebsmastzelle bei verschiedenen Species und selbst bei der gleichen ganz erhebliche Unterschiede bestehen, ja daß sogar bei der Urticaria pigmentosa mit variablen Verhältnissen zu rechnen ist.

Die Gewebsmastzellen des Menschen sind je nach Standort und Lage sehr verschieden geformt, ihr Kern ist im Gegensatz zu dem des Basophilen weder segmentiert, noch gelappt, sondern rundlich. Die meist dichter angeordneten *Granula* haben recht unterschiedliche Größe. Frühere Angaben, sie seien mit Methanol nicht auswaschbar, wie die der Blutbasophilen [„Basophile mit unlöslicher Granulation" und „Basophile mit löslicher Granulation" (UNDRITZ, 1946 b)], jedoch bei beiden Mastzellarten wasserlöslich, erfuhren eine Korrektur. Die Untersuchungen von LENNERT u. SCHUBERT (1961) haben nämlich ergeben, daß nicht Methanol, sondern Wasser die Granula der Blutbasophilen herauslöst. Die Granula der Gewebsmastzellen sind wasserunlöslich, es sei denn, es handelt sich um neoplastische Formen. Auch nach SCHAUER sind die Granula der Blutbasophilen leichter wasserlöslich. Ein weiteres Unterscheidungsmerkmal ist die verschiedene metachromatische Anfärbbarkeit der Granula bei unterschiedlichem pH der Färbelösung (LENNERT, 1961).

Die *metachromatische Reaktion* ist weitgehend spezifisch und an Schwefelsäureester von Polysacchariden gebunden. Je nach dem Reifegrad der Gewebsmastzellen sind hinsichtlich Zahl, Größe und Färbbarkeit der Granula recht erhebliche Unterschiede festzustellen. Selbst die Granula einundderselben Zelle verhalten sich verschieden (RABBIOSI, 1959a, b). Man sieht hellrote bis dunkelviolette und, namentlich in weitgehend degranulierten Zellen, sogar orthochromatische Granula. Während die Gewebsmastzellen durchweg peroxydasenegativ sind, ist das bei den Blutbasophilen nur zum Teil der Fall.

Die Granula der Mastzellen sollen aus den *Mitochondrien* entstehen. Nach LINDNER findet sich zwischen diesen Hauptfermentträgern der Zelle und den Granula hinsichtlich des Fermentgehalts eine prinzipielle Übereinstimmung. Außerdem fand GUSEK elektronenoptisch in zahlreichen Granula die gleichen osmiophilen Körnchen wie in den Mitochondrien und Übergangsstufen von geschwollenen und rupturierten Mitochondrien zu laufend dichter werdenden, granulierten und lamellierten Mastzellgranula. Wie in Tumor-Mastzellen fiel auch in Mastocytose-Mastzellen häufig ein großer lamellärer *Golgi-Komplex* auf. Nach SCHAUER erlaubt der Nachweis großer Golgi-Felder bei sich entwickelnden Mastzellen von Embryonen und Golgi-Zonen in regenerierenden Mastzellen nach

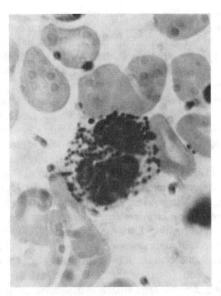

Abb. 1. Basophiler im Blut

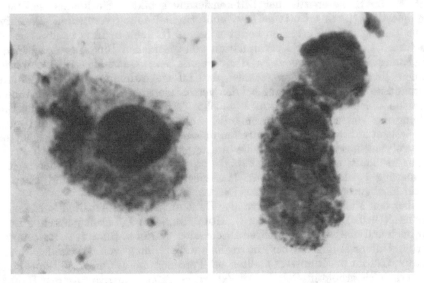

Abb. 2   Abb. 3

Abb. 2 u. 3. Gewebsmastzellen in CO₂-Blasen einer diffus-cutanen Mastocytose

Zerstörung durch die Substanz 48/80 den sicheren Schluß, daß sowohl beim Tumor, als auch in der Normalzelle an der Granulabildung diese Zellorganellen beteiligt sind.

An normalen, ruhenden Mastzellen verschiedener Tierspecies und des Menschen lassen sich nach SCHAUER mit histochemischen Methoden (s. auch BRAUN-FALCO u. SALFELD) Leucinaminopeptidase, saure Phosphatase, ATPase, unspezifische Esterase, Beta-Glucuronidase und ein Benzoyl-Arginin-Beta-Naphthylamid-spaltendes („Trypsin-ähnliches") Ferment (Mensch, Hund) in teils starker Aktivität nachweisen, während mitochondrial gebundene Enzyme wie Dehydrogenasen, Diaphorasen und Monoaminoxydase nicht feststellbar sind. Die Enzyme sind zum Teil an die Granula gebunden (peptidspaltende und phosphatspaltende Enzyme normaler, ruhender Mastzellen). In den Mastzellen der U.p. ist die Aktivität verschiedener Enzyme stärker als in normalen menschlichen Mastzellen.

An einer *genetischen Trennung* beider Mastzellarten ist festzuhalten, wenn auch im früheren Embryonalstadium und bei vielen niederen Vertebraten meist eine identische Genese direkt aus dem Mesenchym angenommen wird (BREMY). Die Möglichkeit eines Übergangs der einen in die andere Mastzellart muß in Betracht gezogen werden. Die Blutbasophilen sind myeloischer Herkunft. Dagegen ist die mit Lymphocyten, Plasmazellen und Monocyten gemeinsame Bildungsstätte der Gewebsmastzellen das nicht nur in Lymphknoten und Milz, sondern auch in den Gefäßscheiden des ganzen Körpers vorhandene retikuläre Gewebe (pluripotente Adventitialzellen). Nach HUDELO u. CAILLIAU ist das reticuloendotheliale Gewebe der Lederhaut, das sich unter normalen Verhältnissen als nur schwach entwickelt erweise, bei der U.p. in hohem Maße ausgebildet. Dabei fänden sich auch besonders häufig granulierte Monocyten. Die Gewebsmastzellen entwickeln sich (Untersuchungen an fetalem Gewebe und während der Regeneration nach Zerstörung) durch Abschnürung undifferenzierter Zellen des Capillarmesenchyms (SCHAUER). Es werden jedoch nicht alle Mastzellen postfetal im Sinne spezifischer Differenzierung gebildet. Sie können sich auch homoplastisch durch mitotische bzw. amitotische Teilung vermehren. Die mitotische Teilung reifer Mastzellen konnten ASBOE-HANSEN u. LEVI nachweisen. Zu beachten ist, daß bei der Degranulation von Mastzellen Bindegewebszellen der Umgebung infolge Phagocytose der Granula zu „Quasi-Mastzellen" werden können. Ferner ist damit zu rechnen, daß infolge Aufnahme höhermolekularer Bestandteile der Grundsubstanz bei den verschiedensten Entmischungszuständen mastoide Zellen entstehen. LINDNER möchte deshalb eine nicht einheitliche Entstehung der Mastzelle für wahrscheinlich halten, es erscheint ihm jedoch nicht klar, welche Faktoren zusammentreffen müssen, um eine Zelle nach Phagocytose von Polysacchariden zur Mastzelle umzugestalten. Die Mastzellen sind vorwiegend seßhaft, obwohl sie die Fähigkeit zu amöboider Formveränderung und Wanderung besitzen (J. LEHNER). Mastzellen mit 2—3 Kernen und Kerneinschnürungsfiguren sahen DÖRFFEL, BERRES u.a.

Über den Mastzellengehalt normaler Haut unterrichten Arbeiten von ASBOE-HANSEN (1950b) und HELLSTRÖM u. HOLMGREN. Im 1. Lebensjahrzehnt ist er sehr hoch und nimmt mit fortschreitendem Alter stark ab. BINAZZI u. RAMPICHINI führten Untersuchungen über die regionale Verteilung von Mastzellen durch. SÉZARY, CAROLI u. HOROWITZ stellten bei Personen mit Dermographismus einen sehr erheblich erhöhten Gehalt fest (abortive diffuse Mastocytose der Haut?). Auch bei einem Fall mechanischer Späturticaria traf das zu (ENGELHARDT). Hinsichtlich des Mastzellengehalts normaler Organe sei auf MICHELS verwiesen. Auch ELLIS bringt Angaben darüber.

Die *Funktion der Mastzellen* wird durch die Bezeichnung „Heparinocyt" oder „Histaminocyt" nur einseitig charakterisiert. HOLMGREN u. WILANDER bzw. JORPES, HOLMGREN u. WILANDER haben im Jahre 1937 die metachromatische Substanz der Mastzellengranula mit dem von McLEAN im Laboratorium von HOWELL in der Hundeleber entdeckten und von diesem dann genauer analysierten *Heparin* identifiziert. Es ist ein Polymerisationsprodukt eines Disaccharids, das aus Glucuronsäure und Glucosamin besteht. JORPES u. GARDELL bzw. JORPES, WERNER u. ÅBERG fanden später in den Granula noch einen Heparinmonoschwefelsäureester, den sie als Vorstufe des höher sulfurierten Heparins auffaßten. Untersuchungen mit radioaktivem Schwefel S³⁵ (JORPES, ODEBLAD u. BERG-STRÖM; ASBOE-HANSEN, 1953) ergaben, daß die mit der Reifung der Granula verbundene Zunahme der Metachromasie ein Index der die Wirksamkeit steigern-den Sulfurierung des Heparins ist. Die intragranuläre Biosynthese des Heparins wurde 1959 von KORN mit C¹⁴- und S³⁵-markierten Substanzen nachgewiesen. An isolierten Mastzellgranula ließ sich eine antikoagulierende Aktivität feststellen (KÖKSAL). Je nach dem Polymerisationsgrad und dem Gehalt an Sulfatgruppen, der mit zunehmender Reifung ansteigt, sind verschiedene Heparine von unter-schiedlicher Aktivität und unterschiedlichem metachromatischem Verhalten in der Mastzelle vorhanden (NIEBAUER, 1960). Deshalb fällt die PAS-Reaktion, bei der sich, abgesehen von Glykogen, Glykoproteiden u.a., höchstens Heparin-vorstufen (Monoschwefelsäureester) färben, Heparin jedoch nicht, nur bei jüngeren Zellen positiv aus. Während nach DRENNAN die U.p.-Mastzellen fast immer eine positive PAS-Färbung (inaktive Heparin-Vorstufe?) geben, hatte BRAUN-FALCO (1955) bei wiederholten Untersuchungen den Eindruck, daß die PAS-Affinität bei einem guten Teil der Mastzellen fehlt.

Zwischen dem Mastzell- und dem Heparingehalt menschlichen und tierischen Gewebes ergab sich eine ausgesprochene Korrelation (vgl. RILEY, 1954). Ins-besondere erwiesen sich die Mastocytome der Hunde als außerordentlich reich an Heparin. Auch in den basophilen Granulocyten eines Falles von chronischer myeloischer Leukämie wurde Heparin nachgewiesen (MARTIN u. ROKA).

Die Frage einer *Histaminsekretion* der Mastzellen wurde erstmalig von CAZAL aufgeworfen. Der Pepton-Schock des Hundes beruht bekanntlich auf Freisetzung von Histamin und Heparin. Da das Schockorgan, die Leber, bei dieser Species an Mastzellen außerordentlich reich ist, bestand berechtigter Grund zu der Annahme, daß auch das Histamin seinen Ursprung in diesen Zellen habe. Dafür schien auch das Reizphänomen an den Mastzelltumoren der U.p. zu sprechen. RILEY (1953, 1955) hat dann nachgewiesen, daß peritoneale Mastzellen (Ratte) nach Injektion eines Histamin freisetzenden Stoffes („histamine liberator") zer-rissen werden, nachdem sich in ihnen zuvor gewisse Diamidine — durch ihre Fluorescenz im ultravioletten Licht sichtbar — konzentriert haben. FAWCETT (1954) konnte nach i.p.-Injektion des Histaminliberators 48/80 (eines Konden-sationsproduktes von p-Methoxyphenyläthylmethylamin mit Formaldehyd) eine Entgranulierung der Mastzellen mit Anstieg des Histamingehalts der Peritoneal-flüssigkeit nachweisen. Die Histamin-Freisetzung blieb aus, wenn die peritonealen Mastzellen zuvor durch i.p. injiziertes Wasser zum Verschwinden gebracht worden waren. Auf ergänzende Versuche von BRAUN-FALCO (1955) sei verwiesen. Daß auch hinsichtlich der Histaminwerte normalen und pathologischen Gewebes eine ausgesprochene Korrelation zum Mastzellgehalt besteht, ist von RILEY u. WEST (1953) festgestellt worden. Sie ließ sich auch dann konstatieren, wenn bei der Maus durch wiederholtes Bestreichen der Haut mit einem carcinogenen Kohlen-wasserstoff der Mastzellgehalt erhöht worden war. Den endgültigen Beweis aber lieferten die an Mastzelltumoren erhobenen Befunde (U.p. und Mastocytome von Hunden). So hatte die U.p.-Einzelläsion eines Kindes einen Histamingehalt von 950 µg/g. Auch BRAUN-FALCO (Stockh. 1957) fand in U.p.-Effloreszenzen eine sehr stark vermehrte Histaminmenge. Hohe Histamin-Werte in der U.p.-Haut stellten später auch LINDELL, RORSMAN u. WESTLING; DEMIS, WALTON, WOOLEY, WILNER u. MCNEIL; ZACHARIAE u.a. fest. Die Aktivität der Histidin-Dekar-boxylase erwies sich in der erkrankten Hautpartie als 10mal so hoch wie in der gesunden (DEMIS u. BROWN). Es sei in diesem Zusammenhang auch erwähnt, daß die basophilen Granulocyten die an Histamin reichsten Zellen des Blutes sind (Graham et al.).

Wie das Heparin ist auch das Histamin in den Granula der Mastzellen lokalisiert. So traten bei der Ratte fluorescierende, Histamin freisetzende Stoffe zunächst mit Teilchenfraktionen des Cytoplasmas der Mastzellen in Reaktion (Riley, 1955). Doch zeigte sich bei reversibler Degranulation durch einen Histamin freisetzenden Stoff, daß der Histamingehalt nur dann fiel, wenn die Granula verschwanden, und daß er bei Regranulation der Zellen wieder stieg (Riley u. West, 1955). Es sei auch auf die Untersuchungen von Mota, Beraldo, Ferri u. Junqueira verwiesen. Daß die Mastzellen das Histamin nicht nur speichern, sondern auch bilden, ergab sich aus den Untersuchungen von Schayer, die zeigten, daß C^{14} markiertes Histamin nicht aufgenommen wurde, wohl aber C^{14}markiertes Histidin. Die Histidindekarboxylierung erfolgt im ungeformten Cytoplasma, während das Dekarboxylierungsprodukt, das Histamin, dann in die Granula aufgenommen und gebunden wird (Schauer).

Die naheliegende Annahme, daß die Säure Heparin und die Base Histamin in den Granula in Form eines Salzes vorliegen (Histamin-Heparinat), bezeichnet Riley (1955) als nicht völlig befriedigend. Man müsse beide als Teil einer komplizierteren Struktur ansehen, an der Phospholipoide, Protein und möglicherweise andere Stoffe beteiligt seien. Die Feststellungen hinsichtlich der Freisetzung von Histamin aus den Mastzellen stützten die Annahme, daß es in den Granula als loser Komplex gehalten werde und nur eine Komponente dieses Komplexes gestört zu werden brauche, um es freizusetzen. Werle u. Amann zogen aus den Ergebnissen ihrer papierchromatographischen Untersuchungen und Dialyse-Studien mit Heparin-Histamin-Gemischen den Schluß, daß das Histamin der Mastzellen und so der weitaus überwiegende Teil des Gewebshistamins als Heparinat vorliegt. Eine von Species zu Species stark wechselnde Stabilität der Bindung des Heparins an die Proteine der Mastzellgranula sei der Grund dafür, daß die Verdrängung und Ausschüttung des Mastzellhistamins nicht mit einer gleichzeitigen Abgabe von Heparin an das Blut verbunden sein müsse. Die weitgehende Übereinstimmung zwischen der Mucopolysaccharidreifung und dem Verhalten des Gewebshistaminspiegels stellt nach Schauer eine wesentliche Voraussetzung für die Annahme eines intragranulären Histamin-Heparin-Komplexes dar.

Aufgrund dieser weitgehenden Übereinstimmung kann die wesentlich stärkere Neigung der juvenilen U.p. zu Blasen- und Quaddelbildung im Vergleich zur adulten Form nicht nur mit einer größeren Massierung der Mastzellen, sondern auch damit erklärt werden, daß bei ihr der Anteil der reifen Mastzellen im Durchschnitt signifikant erhöht und demgemäß mit einem höheren Histamingehalt der Granula zu rechnen ist (Diss. May; Grüneberg u. May). Ein entsprechender Unterschied war auch zwischen der Haut gesunder Kinder und Erwachsener festzustellen.

Man hat die Mastzellen, die enge Beziehungen zum Gefäßsystem haben, als „einzellige drüsige Organe" des Bindegewebes (Staemmler) aufgefaßt, deren Funktion mit der Bildung der Fibrillen bzw. der mukösen interfibrillären Substanz in Zusammenhang steht. Jedenfalls unterliegen sie einem cyclischen Wechsel, verschwinden im Bereich akuter Gewebsschädigung und erscheinen wieder, wenn Bindegewebsfibrillen abgelagert werden und die Grundsubstanz schrumpft. Dieses Verhalten deutet darauf hin, daß sie die Mucopolysaccharide der Grundsubstanz abwechselnd speichern und wieder freisetzen (Riley, 1955). Die Ansicht von Asboe-Hansen (1950b, c), daß die Mastzellen Hyaluronsäure bilden, wird nicht allgemein geteilt. Daß Hyaluronidase die Granula nicht verändert, stellten Prakken u. Woerdeman (1952, 1953); Cordero; Cawley,

MOWRY, LUPTON jr. u. WHEELER u. a. fest, nachdem LAVES u. THOMA das gleiche bereits hinsichtlich der basophilen Granulocyten konstatiert hatten. Mit gereinigtem Heparin ließen sich aus gelöstem Kollagen Fibrillen niederschlagen (MOR-RIONE) und durch Zugabe von Mastzellen zu einer Gewebskultur von Fibrinoblasten die Bildung von Fibrillen begünstigen (McDOUGALL).

Andererseits ist nach RILEY u. WEST (1955) die durch Histaminfreisetzung bewirkte Aktivierung des reticuloendothelialen Systems, die in einer erhöhten phagocytotischen Kapazität der Endothelzellen zum Ausdruck kommt (BIOZZI, MENÉ u. OVARY), nur ein Teil einer weitgehenden Mobilisierung des gesamten Mesenchyms, die von den kleinen Gefäßen ihren Ausgang nimmt. Dabei kommt es infolge gesteigerter Gefäßdurchlässigkeit zu einer Durchflutung des Gewebes mit proteinreicher Ödemflüssigkeit (FELDBERG).

Jedenfalls scheinen die Mastzellen bei den meisten Species nicht so sehr für die Blutgerinnung wie für die funktionelle Steuerung der Grundsubstanz bzw. des Bindegewebes maßgebend zu sein. Sie dürften als periphere Überträger hormonaler Einflüsse auf das Bindegewebe fungieren (ASBOE-HANSEN, 1950 b, c). Innersekretorisch werden sie in erster Linie vom Hypophysen-Nebennieren-System und von der Thyroidea kontrolliert. Die Beziehungen dieser endokrinen Organe zum Mesenchym bzw. zu mesenchymalen Reaktionen sind ja hinreichend bekannt und bedürfen deshalb keiner besonderen Erörterung. Wichtig ist ferner, daß nach den Untersuchungen von WIEDMANN u. NIEBAUER auch dem peripheren neurovegetativen System eine bedeutende Regulationswirkung auf die Gewebsmastzellen zuzusprechen ist. Sie müssen als „neurohormonale Zellen" aufgefaßt werden (Zugehörigkeit zu dem von WIEDMANN in der menschlichen Haut nachgewiesenen argyrophilen, granulären Zellsystem, dessen histochemische Eigenschaften auf inkretorische Funktion schließen lassen). Näheres bei NIEBAUER (1961). STACH stellte nur für einen Teil der Mastzellen enge räumliche Zuordnung zur vegetativen Endformation fest.

Bezüglich der Physiologie der Mastzellen sei auch auf REMY (1961), AMANN, CRAPS, LINDNER, bezüglich ihrer Ultrastruktur auf GUSEK verwiesen. Elektronenmikroskopische Befunde an menschlichen Mastzellen bei HIBBS, PHILLIPS u. BURCH; ORFANOS u. STÜTTGEN; HASEGAWA.

2. Die Funktion der Gewebsmastzelle in Beziehung zur Symptomatik der Mastocytose

Die durch ihre Neigung zu *Urticarisation* und *Pigmentierung* charakterisierte U.p. hat insbesondere in ihrer bullösen Form zu eingehenden klinisch-experimentellen Studien Gelegenheit gegeben. Ihre Ergebnisse deuten darauf hin, daß die U.p.-Mastzelle möglicherweise eine unausgereifte Form mit nicht vollwertigem Sekretionsprodukt darstellt (KORTING). So konnten CACCIALANCA u. CAMPANI mit dem wäßrigen Extrakt eines excidierten U.p.-Herdes wohl die Gerinnungszeit normalen Blutes verlängern, die Viscositätsabnahme eines Hyaluronsäure-Hyaluronidase-Gemisches jedoch nicht beeinflussen. Die für Heparin charakteristische Inhibitorwirkung auf die Hyaluronidase fehlte also. Es ist dabei allerdings zu bedenken, daß sich auch die üblichen Handelspräparate hinsichtlich der Inaktivierung von Hyaluronidase unterscheiden (KORTING). Auch MELCZER erzielte durch Zugabe von Gewebssaft aus U.p.- Herden eine Verlängerung der Gerinnungszeit. KONRAD u. WINKLER stellten nach Zugabe von Blaseninhalt ihres bullösen Falles eine 2,6—20fache Verlängerung fest. Diese Wirkung, die sich durch Toluidinblau aufheben ließ, nahm bei längerer Aufbewahrung der Blasenflüssigkeit ab. Eine gegenüber Normalblut 2—10mal so starke Heparin-

aktivität des aus einem U.p.-Herd gewonnenen Blutes wurde von Berlin festgestellt. Grüneberg, Kaiser u. Müller konnten bei ihrer diffus-cutanen
Mastocytose mit CO_2-Blasenserum die Recalcifizierungszeit von Citratblut
beträchtlich verlängern, doch war die Resorptionsgeschwindigkeit von Hyaluroni-
dase-Quaddeln im Bereich der dichten Mastzellinfiltrate gegenüber normaler
Haut nicht verringert. Ormea, Zina u. Bonu wiesen ebenfalls eine anscheinend
nicht mit Heparin identische gerinnungshemmende Substanz im Mastzelltumor
nach. Dagegen war es Sagher, Cohen u. Schorr nicht gelungen, in 2 über U.p.-
Herden gesetzten Cantharidenblasen Heparin bzw. heparinoide Stoffe nachzuweisen. Ein negatives Ergebnis hatte auch Cordero. Weder in der Haut, noch
im Blut konnte er eine Erhöhung der anticoagulierenden Substanz feststellen.
Während Cornbleet mit U.p.-Hautextrakten die Gerinnung nicht beeinflussen
und durch Frottieren der Haut die Gerinnungszeit des Patientenblutes nicht
ändern konnte, stellten Urbach, Bell u. Jacobson bei 6 von 8 U.p.-Patienten
nach Frottieren einen kurz dauernden Anstieg der titrierbaren heparinähnlichen
Substanz fest.

   Von Konrad u. Winkler ist auf einen diffusionsbeschleunigenden Effekt des
Heparins und des Blaseninhalts ihres U.p.-Falles (Kaninchenohr) hingewiesen
worden. Grüneberg, Kaiser u. Müller konnten diese Ergebnisse bestätigen.
Bei längerem Aufbewahren der Blasenflüssigkeit bei 4° verschwand der Dif-
fusionsfaktor allmählich. Konrad u. Winkler haben ferner darauf hingewiesen,
daß sie mittels intracutaner Testungen eine hochgradige Allergie bzw. lokale
Anaphylaxie gegen Heparin an den U.p.-Herden feststellen konnten. Auch
Melczer hatte Überempfindlichkeit gegenüber Heparin konstatiert. Gulden u.
Niebauer berichteten ebenfalls davon (erhöhte Empfindlichkeit auch gegenüber
Glucosaminhydrochlorid). Demgegenüber ergaben entsprechende Versuche von
Grüneberg, Kaiser u. Müller wohl eine gewisse Empfindlichkeit der U.p.-
Herde gegen i.c.-appliziertes Heparin, doch ließ sich mit der intravenösen
Belastung eine ausgesprochene Überempfindlichkeit mit Sicherheit ausschließen.
Auch im Falle Thewes fehlten Anhaltspunkte für das Vorliegen einer Heparin-
allergie.

   Meneghini (1949, 1950) konnte mit i.c.-Injektionen von Heparin und Nabel-
schnurmucin Mastzellanhäufung und Metachromasie erzeugen und möchte die
U.p. als ,,Reticulohistiocytosis mesomucinica dysembryoplastica" auffassen.
Paschoud (1954a) erzielte ähnliche Ergebnisse mit Glucosamin-Injektionen. Der
Heparin-Effekt war demgegenüber viel geringer (U.p. Glucosaminkrankheit?).
Herdförmige Mastzellansammlungen nach Heparin-Einspritzungen sahen auch
Balbi; Ormea, Zina u. Bonu u.a. Bădănoiu, Fulga u. Gogoneață stellten bei
U.p. nach lokaler Injektion von Heparin das Auftreten heparinophiler Zellen
(Makrophagen) und nach Injektion von Histamin stärkste Veränderungen an den
Mastzellen (Degranulation, Mastocytoclasie) fest.

   Als *Heparin-Symptome* der U.p. sind Störung der Blutgerinnung — auch
geringfügige Thrombopenien können auf die Hyperheparinämie bezogen werden —, Veränderungen des Lipoproteidstoffwechsels und, obwohl allein schon
Zellwucherungen am Endost zu Knochenneubildungen oder -abbau führen,
möglicherweise auch die beobachteten Knochenveränderungen (Bedeutung des
Heparins für die Strukturbildung im Bindegewebe!) aufzufassen (Remy, 1957).
Besonders sei dabei auf die Beziehungen des Heparins zum Lipoidstoffwechsel
hingewiesen (Heparinklärfaktor!), die bezüglich der Atherosklerose von größtem
Interesse sind, aber auch im Hinblick auf die gelegentlich beobachtete Kombination von U.p. und Xanthomen (Fall Asboe-Hansen u. Kaalund-Jørgensen.
1956, 1959, und Asboe-Hansen, 1960 u.a.) Beachtung verdienen.

Der Gehalt an sauren Mucopolysacchariden wurde in Serum und Urin von Mastocytose-Patienten mit unterschiedlichen Ergebnissen geprüft (ASBOE-HANSEN, 1964; ASBOE-HANSEN u. CLAUSEN, 1964a; ZIMMER, MCALLISTER u. DEMIS u.a.). Von ASBOE-HANSEN u. CLAUSEN (1964b) wurden bei 11 von 12 Mastocytose-Patienten 2 mit Chondroitinsulfat bzw. Hyaluronsäure identische Fraktionen in erhöhter Menge, bei einem Kind nur Hyaluronsäure im Urin nachgewiesen, dagegen in keinem Falle Heparin.

Nach MELCZER lassen sich die Erscheinungen der U.p. durch einen Antagonismus von Heparin und Histamin erklären. Zur Neutralisierung des ersteren sei eine große Histaminmenge örtlich gebunden, die bei mechanischer Reizung freigesetzt werde und die Urtikarisation bewirke. GRÜNEBERG, KAISER u. MÜLLER stellten bei ihrer universellen diffus-cutanen Mastocytose in den CO_2-Blasen (bei schwächster Vereisung tiefgreifende destruktive Gewebsreaktion mit anschließender Narbenbildung!) sehr hohe Histaminwerte fest, nicht aber in Spontanblasen In der CO_2-Blasenflüssigkeit war das Histamin nach 24 Std nicht mehr nachweisbar (Bindung an Heparin bzw. Heparinvorstufe?). KONRAD u. WINKLER hatten in Spontanblasen ebenfalls ein negatives Ergebnis. HISSARD u. JACQUET suchten an 67 Normalpersonen mittels intracutaner Injektion zu ermitteln, inwieweit Heparin und Histamin für das Reizphänomen, insbesondere den Juckreiz, verantwortlich zu machen seien. Lokale Rötung, Reflexerythem und Quaddelbildung entstanden zu 87% auf Heparin, zu 91% auf Histamin und zu 96% auf Heparin-Histamin-Mischung, Jucken zu 36%, 54 bzw. 57%. Auffälligerweise läßt sich das Reizphänomen durch Antihistaminica nicht aufheben. Das ist immer wieder festgestellt worden. GRUPPER u. DE BRUX konnten die Urticarisation mit den verschiedensten Substanzen, darunter auch Antihistaminica, nicht unterdrücken. Nur mit 1% Novocainlösung gelang es am Injektionsort. Es läßt sich aber mit Histamin eine Potenzierung der Erscheinungen erzielen. GRÜNEBERG, KAISER u. MÜLLER konstatierten bei i.c.-Histamintestung starke örtliche Reaktionen, doch blieben sowohl die urticariell-pemphigoiden Erscheinungen, als auch das Reizphänomen von den angewandten Antihistaminica unbeeinflußt.

Daß bei der U.p. nicht unerhebliche Mengen von Histamin frei werden können, geht schon aus einer älteren Mitteilung von BORY hervor, der bei einem 15jährigen Mädchen im Anschluß an die Vereisung mehrerer Herde das Auftreten von Schockerscheinungen beobachtet hat. In jüngster Zeit berichteten BLOOM, DUNÉR, PERNOW, WINBERG u. ZETTERSTRÖM über das Auftreten spontaner Histaminschocks bei einem Kleinkind mit U.p. Der Histamingehalt zweier U.p.-Herde und die Histaminausscheidung im Harn waren deutlich erhöht. Nach operativer Entfernung von 2 großen mastocytomähnlichen Herden klangen alle Symptome spontaner Histamin-Freisetzung ab. Die Autoren erwähnen HAMRIN, der bei einer jungen Frau mit U.p. und osteosklerotischen Veränderungen nach 0,25 g Acetylsalicylsäure einen als Histamineffekt aufzufassenden Schock beobachtete.

Mit *Histaminausschüttung* lassen sich auch die bei U.p. festgestellten Capillarveränderungen mit Weitstellung der Endstrombahn, Endothelablösungen und Verquellung der Gefäßwände und ein Teil der gastroenteritischen Symptome erklären (REMY, 1957). Das zu beobachtende *Flush-Syndrom* (Gesichts- und Thoraxrötung mit Tachykardie, präcardialem Druck, Übelkeit etc.), das dem Flush des Carcinoid-Syndroms (Darmcarcinoid) sehr ähnelt, ist ein Histamin-Effekt (BRAUNSTEINER).

Erhöhte Histaminausschüttung im Urin, die in zweifelhaften Fällen diagnostische Bedeutung haben soll (CRAMER), wurde bei U.p. verschiedentlich festgestellt (DEMIS, WALTON u. HIGDON; SUTTER, BEAULIEU u. BIRT; BROGREN, DUNER, HAMRIN, PERNOW, THEANDER u. WALDENSTRÖM; DEMIS u. ZIMMER u.a.).

Da die alleinige Berücksichtigung von Heparin- und Histaminwirkungen für das Verständnis der Symptomatologie der U.p. nicht auszureichen scheint, wird neuerdings die Mitwirkung weiterer Stoffe in Frage gezogen, insbesondere des durch Decarboxylierung des 5-Hydroxytryptophan entstehenden *Serotonin* (5-Hydroxytryptamin). Es wurde bei einigen Species in den Mastzellen gefunden, doch nicht beim Menschen. Jedenfalls besteht bei ihm keine Korrelation zwischen Mastzell- und 5-Hydroxytryptamin-Gehalt (West, 1957a, b). Trotzdem sind bei Mastocytose-Fällen an das Carcinoid-Syndrom erinnernde Symptome beobachtet worden (Braun-Falco u. Jung).

Die ,,enterochromaffinen`` Zellen des Darmes sind die physiologische Bildungsstätte des Serotonins (,,Enteramin``). Bei ihrer geschwulstartigen Umwandlung, dem ,,metastasierenden Darmcarcinoid``, kommt es infolge Überproduktion dieses Stoffes zu den für die Erkrankung charakteristischen, oft jahrelang bestehenden Durchfällen. Der Flush des Carcinoid-Syndroms wurde bereits erwähnt. Serotonin gehört zu den biogenen Aminen, die an vegetativ innervierten glattmuskeligen Organen nicht nur ,,direkte`` (muskuläre), sondern auch ,,indirekte`` (nervale) Wirkung besitzen (Holtz). Es wird in den Thrombocyten gebunden und gespeichert. Die beim Darmcarcinoid gebildeten und zur Resorption gelangenden großen Serotoninmengen überschreiten jedoch deren Bindungs- und Speicherungsfähigkeit, so daß das Amin nunmehr als ein die wesentlichen Symptome der Erkrankung bestimmendes ,,Pharmakon`` zur Wirkung gelangt (Holtz). Übrigens gibt es auch zwischen Heparin und Thrombocyten wechselseitige quantitative Beziehungen, wobei eine heparininaktivierende Wirkung der Thrombocyten im Vordergrund steht (vgl. Gross, Heuer u. Solth).

Die Untersuchungen von Benditt, Wong, Arase u. Roeper an Ratten haben ergeben, daß in ihren Mastzellen Serotonin enthalten ist. Sie reagieren auf Serotonin empfindlicher mit Pfotenödem als auf Histamin (Benditt u. Rowley). Über die pharmakologische Wirkung des Serotonins an der menschlichen Haut berichteten Stüttgen u. Schippel.

Braun-Falco (Stockholm 1957) konnte bei einem Fall von U.p. bullosa in der Blasenflüssigkeit neben Histamin auch Serotonin, und zwar in der beachtlichen Konzentration von 0,1—0,5 µg/ml, nachweisen. Damit sei ein erster Anhalt dafür gefunden, daß für die urticarielle Reaktion der U.p. auch 5-Hydroxytryptamin von wesentlicher Bedeutung ist, und die Unbeeinflußbarkeit dieser Reaktion durch Antihistamine erklärt. Er hat fernerhin bei einer diffus-cutanen Mastocytose nach urticariogenem Reiz eine deutliche Verstärkung der Eisenchloridprobe auf 5-Hydroxyindolessigsäure (burgunderrote Farbintensivierung) feststellen können, die für vermehrte Ausscheidung dieses 5-Hydroxytryptaminabbauproduktes spricht (Braun-Falco u. Jung). Auch das gute symptomatische Ansprechen der klinischen Erscheinungen auf 5 Hydroxytryptamin-Inhibitoren (z.B. Megaphen — [Atosil]) weise in gleicher Richtung (Braun-Falco u. Jung).

Gardner u. Tice, die in der mit Mastzellen infiltrierten Leber und Milz eines Kindes mit U.p. einen mehrhundertfach höheren Histamingehalt als in normalem Gewebe feststellten, fanden weder in diesen Organen noch in der Haut Serotonin, so daß sie bezweifeln möchten, daß in der menschlichen Mastzelle eine Decarboxylierung des 5-Hydroxytryptophans zu Serotonin stattfindet. Es gelang Birt, Hagen u. Zebrowski nicht, im Gewebeextrakt eines solitären Mastocytoms 5-Hydroxytryptophandecarboxylase nachzuweisen. Fischer konnte im Urin von U.p.-Kranken weder spontan, noch nach Provokation vermehrte Ausscheidung des Serotonin-Stoffwechselproduktes 5-Hydroxyindolessigsäure feststellen. Es liegen auch noch weitere negative Befunde vor (Allegra; Hasegawa u. Bluefarb; Demis, Walton u. Higdon; Sturm u. Stüttgen u.a.).

ASBOE-HANSEN u. WEGELIUS nahmen die Tatsache, daß es beim Darm-carcinoid auch zu Fibrose — so unter anderem zu einer charakteristischen Endo-carditis fibroplastica — kommt, zum Anlaß, den Einfluß des Serotonins auf die Mastzelle zu prüfen. Sie stellten bei ihren Untersuchungen, die an FELDBERG u. SMITH (Serotonin als Histaminfreisetzer) anknüpften, eine degranulierende Wirkung fest.

Erhebliche Unklarheit besteht auch noch bezüglich der Frage, warum es bei der U.p. zu so ausgesprochener Pigmentierung kommt. Sie ist recht verschieden beantwortet worden. Die Quaddelbildung ist nach L. W. BECKER dafür nicht verantwortlich zu machen, da bei einem U.p.-Fall wiederholte Histamin-Quaddeln nur von leichter Pigmentierung gefolgt waren. PAUTRIER u. WORINGER haben die Pigmentierung mit der Blockierung des reticulo-endothelialen Systems der ober-flächlichen Cutis durch die Mastzellgranula erklären wollen. WORINGER hat später diese Frage bei verschiedenen Dermatosen vergleichend geprüft und sich davon überzeugen können, daß Hyperpigmentierung auch ohne Mastzellen vorkommt, ihre Anwesenheit aber Verstärkung der Melanogenese bewirkt. Daß Heparin in vitro die Pigmentbildung aus Dopa beschleunigt und bei Kaninchen, i.c. injiziert, Pigmentation hervorruft, ist von SCHUPPLI berichtet worden. PASCHOUD (1954a), dessen Versuche bereits erwähnt wurden, hat nach wiederholten Injektionen von Glucosaminhydrochlorid, das dem Heparin chemisch nahesteht, nicht nur ver-stärkte Mastzell-Reaktion, sondern auch eine stärkere Bildung von Melanin als nach Heparin-Injektionen festgestellt. Nach COTTENOT (Diss. Paris 1954) beruht die Pigmentierung auf der Bindung der freien Sulfhydrylgruppen der Cutis durch die Mucopolysaccharide der Mastocyten. Bei der Dopapigmentbildung in vitro stellte STÜTTGEN fest, daß Histamin Farbe und Morphe des Pigments wesentlich beeinflußt. FISCHER meint, daß sich aus dem Vorhandensein von Serotonin über den Stoffwechsel bestimmter Indolderivate und Tryptophan Beziehungen zur Pigmentvermehrung der U.p. ergeben könnten, soweit diese nicht mit einer Änderung des Alaninstoffwechsels einschließlich Tyrosin und Histidin oder über eine Bindung von SH-Gruppen durch Heparin bzw. Hyaluron-säure zu erklären wäre.

II. Die cutane Mastocytose

1. Das gewöhnliche Bild der Urticaria pigmentosa

Es handelt sich um durchschnittlich linsen- bis münzengroße, gelegentlich auch wesentlich größere, im Niveau der Haut liegende oder mehr oder weniger erhabene, manchmal flachtumoröse, bräunliche Herde bzw. ein Gemisch macu-löser und papulöser bzw. nodulärer Herde. UDOVIKOFF fand unter 92 Fällen des Schrifttums 47 (51%) mit flachen, 14 (15,3%) mit nodulären und 31 (33,7%) mit gemischten Efflorescenzen. Die Herde sind umschrieben, meist jedoch nicht sehr scharf begrenzt, sondern in ihren Grenzen eher etwas verwaschen. Der Farbton geht von hellem Braun bis zu schwärzlichbraunen Tönen, je nach der Beigabe erythematöser bzw. urticarieller Veränderungen mehr oder weniger stark rot bzw. weißlich untermischt. An den abhängigen Partien bzw. Extremitätenenden können bläuliche Töne hinzukommen. Die Pigmentierung pflegt in der Mitte der Herde am stärksten zu sein, kann aber auch, wie bei einem Fall von LEONE, ein gelblich-weißes Zentrum als Pigmenthof umgeben. Gelegentlich lassen die Herde — selbst bei Glasspateldruck — klinisch jede Pigmentierung vermissen (Fälle von NOLTE; SÉZARY, CAROLI u. HOROWITZ; GOUGEROT, WELL-SPIRE u. ELIASCHEFF u.a.). Das dürfte vor allem zu Beginn des Prozesses hin und wieder vorkommen. Wenn das Mastzelleninfiltrat sehr umfangreich ist, haben die Herde bei Pigmentmangel eine ausgesprochen gelbliche Farbe. Man hat die durch ihren an Xanthome erinnernden Farbton und voluminöse Knotenbildung charakterisierte Form *Urticaria xanthelasmoidea* genannt (T. Fox). Wie eingangs erwähnt, hat Sézary derartige Fälle der pigmentierten banalen U.p. als „Mastocytome" gegenübergestellt. Nach Degos (1956) ist die xanthelasmoide Form im großen und ganzen mit der multinodulären Mastocytose identisch.

Bei einem Fall von Racinowski waren die Efflorescenzen am Hals gelb, am Rumpf dagegen lebhaft rot bzw. braunrot. Bei einem Fall von Koppel bestand

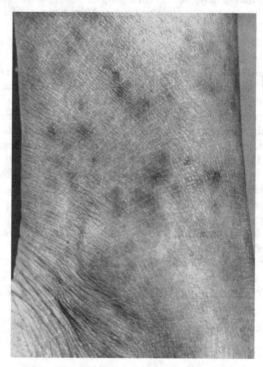

Abb. 4. Maculöse adulte U.p. (Handgelenksbeuge)

im Gesicht eine xanthelasmoide Form vom Aussehen kolloider Degenerationsprodukte und an den übrigen Stellen eine typische U.p. Degos, Hewitt u. Mortier stellten bei einem 6 Monate alten Säugling eine ausgedehnte U.p. mit einem $3 \times 3 \times 0,8$ cm großen Mastocytom am Rücken fest. Von dem Nebeneinander banaler U.p. und anderer Formen cutaner Mastocytose wird noch verschiedentlich die Rede sein.

Zuweilen haben die braunen Flecke bzw. Knoten der U.p. einen roten Hof bzw. Randsaum. Eine nennenswerte Konsistenzvermehrung gegenüber der normalen Umgebung ist in der Regel nicht nachzuweisen. Sie dürfte vor allem von der Interferenz erythematös-urticarieller Erscheinungen bestimmt werden. Manchmal haben die Herde Ähnlichkeit mit eindrückbaren weichen Fibromen. Das trifft namentlich für ältere mit etwas verdünntem, leicht fältelbarem bzw. runzeligem Epidermisüberzug zu. Die Oberfläche pflegt glatt zu sein, nur selten ist — zum Teil erst auf Kratzen — Schuppung festzustellen. Leichte Hyperkeratose erwähnen Woringer, Sacrez u. Scheppler bei einem juvenilen Fall.

Manchmal fällt deutliche Chagrinierung auf. Eine verstärkte Felderung im Herdbereich kann ausgesprochene Lichen-Ähnlichkeit bedingen. So waren bei einem fast universellen Fall von GOTTRON (1940) bei seitlicher Beleuchtung in den flächenhaften Herden dichtstehende, glänzende, plane Knötchen zu sehen. Bei einem Fall von KISSMEYER standen die Felderchen vielfach in Reihen (unter Glasdruck wachsgelb). GOUGEROT u. LOTTE beschrieben einen Fall mit lichenoiden Papeln an Handtellern und Fußsohlen. Auch SCOLARI und ORMEA, ZINA u. BONU sahen lichenoide U.p. Gelegentlich haben die Herde einen mehr oder weniger

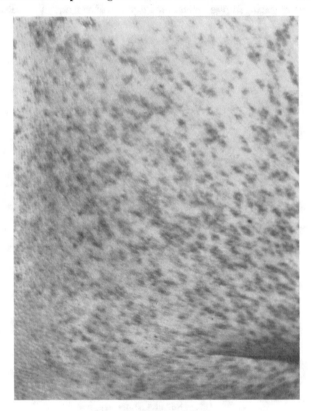

Abb. 5. Kleinfleckige adulte U.p.

deutlichen papillomatösen Charakter (Mastocytose-Fall von GATÉ, COLOMB, PRUNIERAS u. TISSOT).

Die Herde der U.p. können außerordentlich dicht stehen, so daß kaum noch normale Haut vorhanden ist — GOTTRON (1938) stellte eine Frau mit fast vollkommenem Ergriffensein der gesamten Hautdecke vor —, sie können aber auch unregelmäßig verstreut sein und sich auf ganz wenige Exemplare beschränken. Manchmal ist eine den Spaltlinien entsprechende Anordnung, zum mindesten stellenweise, zu konstatieren. Durch Konfluieren entstehen unter Umständen unregelmäßig geformte Herde. Bandförmige Gestalt, Gruppierung und netziges Zusammenfließen bzw. Marmorierung wurden des öfteren erwähnt. WISE (1930) sah bei einem 6jährigen Mädchen schmale Pigmentstreifen am Hals. Auch bei einem Fall von WAGNER u. BEZECNY fanden sich am Hals Streifen. Eine U.p. von livedoracemosa-ähnlicher Zeichnung wurde von STALDER vorgestellt. Netzförmige Veränderungen sahen auch FREUDENTHAL; WIGLEY u. HEGGS; ROTHMAN u.a. An-

ordnung der Knötchen in Reihen, einfachen und konzentrischen Kreislinien beobachtete Werther. Segmentale Anordnung fand sich bei einem Fall von
W. Richter.

Die Erscheinungen, die die gesamte Körperhaut befallen können, sind in der
Regel an Brust, Bauch und Rücken am ausgeprägtesten. An den Extremitäten
pflegen sie distalwärts abzunehmen, doch haben nach Little (1905/06) adulte
Fälle eine besondere Neigung, auf diese überzugreifen. Gesicht, behaarter Kopf,
Handteller und Fußsohlen gelten als selten befallen und sollen, wenn sie beteiligt
sind, meist nur geringfügige Erscheinungen aufweisen. Von Pulvermüller

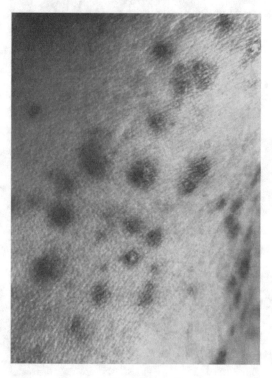

Abb. 6. Noduläre adulte U. p.

wurden Fälle der Berliner Klinik vorgestellt, die beweisen, daß diese Regel nur
beschränkte Gültigkeit hat. Bei einem Kind hatte die Affektion kurz nach der
Geburt an den Fußsohlen begonnen. Auch sonst ist verschiedentlich auf das
Mitbefallensein der genannten Regionen ausdrücklich hingewiesen worden
(Brünauer; Schmidla u. Hesse [ungewöhnliche Beteiligung des Gesichts und
der Ohrmuscheln], Goldschlag; K. Linser; Winkler u. Hittmair; Niebauer,
1956 u. a.). Bei einem adulten Fall von Kinebuchi (1934) war ausschließlich das
Gesicht befallen. Ziemlich selten ist die Lokalisation an Hand- und Fingerrücken
(Fälle von Gottron [Diss. Udovikoff]). Tumoröse Herde der Kopfhaut können
das Haarwachstum beeinträchtigen (Diss. Pipping).

Eine *Mitbeteiligung der Mundschleimhaut* kann als Seltenheit gelten. Schon
Little (1905/06) hatte Fälle mit schmalen, bräunlich-gelben, scheinbar leicht
erhabenen Flecken an der Mundschleimhaut gesehen. Ercoli hatte bei einem
adulten Fall an hartem Gaumen und Wange linsengroße, leicht erhabene, rötlich-

gelbe Herde festgestellt. BERKOWITZ sah bei einem 21jährigen Mann mit einer Aussaat erbsgroßer, makulo-papulöser, kupferfarbener Efflorescenzen an der linken Seite der Unterlippe und an der Mundschleimhaut scharf begrenzte weiße Flecke, KERL (1930) bei einem 72Jährigen, dessen ausgebreitete U.p. 8 Jahre zuvor begonnen hatte, auch an der Mundschleimhaut tiefbraune Flecke in großer Zahl. An der Schleimhaut beider Wangen und der Unterlippe eines jungen Burschen mit ausgedehnter U.p. fand SAMACHOWSKY regellos verstreut linsengroße und größere, unregelmäßig gestaltete bzw. rundliche, unscharf begrenzte, flache Herde von hellgrauer Farbe mit einem leicht bräunlichen Ton. Nach

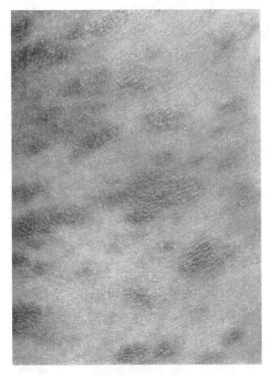

Abb. 7. Lichenoide juvenile U.p.

Reibung mit einem Spatel schwollen sie an. Die histologische Untersuchung ergab Mastzellanhäufung, aber keine Pigmentablagerung. Veränderungen an der Wangenschleimhaut stellte auch PIPPING bei einem adulten Fall in Gestalt einiger zartbrauner Pigmentierungen fest.

Das Bild der ausgeprägten U.p. entsteht entweder allmählich, ohne daß genaue Angaben über den Beginn gemacht werden können, unter gleichmäßiger oder schubweiser Verstärkung, oder es geht ein akutes Stadium voraus, das auch spätere Nachschübe immer wieder mehr oder weniger auffällig einleitet. In der Regel sind die ersten Erscheinungen der U.p. nicht braune Flecke bzw. flache Knoten, sondern *urticarielle oder mehr erythematöse Eruptionen.* Auf dieses akut einsetzende Rötungs- und Schwellungsstadium, das fehlen, aber auch unbemerkt bleiben kann, folgt manchmal sehr schnell die Pigmentierung. Bei einem juvenilen lichenoiden Fall von SCOLARI kam es zunächst unter Fieber zu einer masernähnlichen Eruption. Im allgemeinen wird von roten bzw. hochroten Flecken,

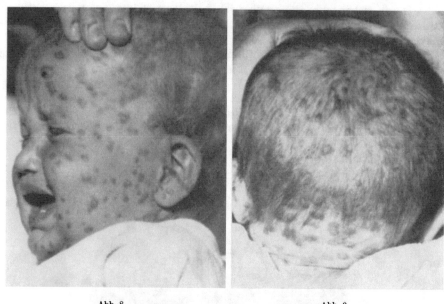

Abb. 8   Abb. 9

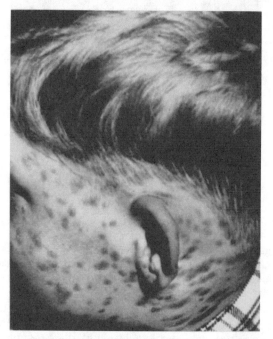

Abb. 10

Abb. 8—10. Noduläre juvenile U.p. mit starkem Befall des Gesichts und des behaarten Kopfes bei der ersten Untersuchung und 3 Jahre später

exanthemartigen Rötungen, Quaddeln bzw. roten Quaddeln mit ganz unterschiedlichem Juckreiz und einem allmählichen Übergang in das Pigmentstadium berichtet. Manchmal entwickeln sich papulöse Herde ohne vorausgehende urticariell-erythematöse Erscheinungen (primär-papulöse Form).

Der Quaddelcharakter der Affektion bleibt auch nach Sistieren der Nachschübe in gewissem Umfange erhalten, insofern er an den Herden zeitweilig wieder deutlich in Erscheinung treten kann, vor allem aber fast stets während der ganzen Dauer der Affektion künstlich reproduzierbar zu sein pflegt (*Reizphänomen, Urticaria factitia focalis*). Dieses Phänomen hat große diagnostische Bedeutung. Daneben ist meist auch an klinisch normaler Haut eine Urticaria factitia festzustellen. Das Reizphänomen besteht in einem Anschwellen bzw. stärkerem Hervortreten der Efflorescenzen mit weißlicher oder rötlicher Verfärbung recht unterschiedlichen Grades, unter Umständen sogar unter Auftreten vesiculöser bzw. bullöser Veränderungen, und der Bildung eines rötlichen Hofes. Es ist durch Reibung, zuweilen auch durch Wärme oder Kälte auszulösen und hält einige Minuten oder auch Stunden an. Manchmal, namentlich bei schon länger bestehenden Erwachsenen-Fällen, kann es fehlen. Die adulten Fälle von WISE (1933); LENARTOWICZ; WIGLEY u. HEGGS; BAMBER und der juvenile Fall von BONDET sind Beispiele dafür. Die Urticaria factitia der normalen Haut wird wesentlich häufiger vermißt. Auf jeden Fall zeichnen sich die U.p.-Kranken durch eine große Labilität des Gefäßapparates der Haut aus (BRUNS). Manchmal sind die Herde schon durch sehr schwache mechanische Reize zu urticarisieren. Dann kann es stellenweise zu einer stärkeren Untermischung der gelblich-bräunlichen Flecke mit rötlichen Farbtönen kommen, so daß ein recht buntes Bild entsteht. Frische bzw. schiebende Fälle neigen besonders dazu. Der bereits erwähnte Erwachsenen-Fall von GOTTRON (1938) bot infolge des Farbwechsels der Herde ein poikilodermisches Bild. Namentlich bei stärker ausgeprägten U.p.-Fällen kann, wie schon in anderem Zusammenhang erwähnt wurde, in mehr oder weniger großen Intervallen anfallsweise ein *Flush-Syndrom* (ausgedehnte Rötungen der Haut, Hitzewallungen, Tachykardie, Übelkeit, Schwindelgefühl u.a.) auftreten (Fälle von HERXHEIMER; BIRT u. NICKERSON; BLAICH; WALKER; SANCHO; KRESBACH u. NEUBOLD u.a.).

Juckreiz fehlt selbst in den ausgesprochen urticariellen Phasen der Affektion recht oft. Manchmal tritt er anfallsweise auf. Nur selten wird starkes Jucken beobachtet. SCHUERMANN (1938) (vgl. auch PIPPING) wies darauf hin, daß von 70 Fällen der Universitäts-Hautklinik Berlin die Hälfte gar keinen Juckreiz hatte (von UDOVIKOFF an den Fällen der Tübinger Klinik bestätigt), bei den anderen war er durchweg gering und nur ganz vereinzelt hochgradig. Intensives, die Nachtruhe störendes Jucken bestand bei einem juvenilen Fall von GATÉ, MASSIA, TREPPOZ u. CHARPY, der sich auch durch den tumorartigen Charakter der meisten Herde als atypisch auszeichnete. Über Jucken nach Genuß von Alkohol oder Schwitzen (DANEL), nach Genuß von Erdbeeren, eingemachtem Obst u.a. unter Intensivierung der übrigen Erscheinungen (JUNG), nur abends im Bett (GAY PRIETO u. LANZENBERG) und bei Warmwerden (WAUGH, 1928; WEGNER [zunehmende Rötung der Herde im Sommer]) ist berichtet worden. Bei den genannten Fällen handelte es sich um Erwachsene. Auf Hitzeeinwirkungen sah SUTTON einmal eine erschreckende Reaktion. Demgegenüber gingen bei einem adulten Fall von SCHMIDT-LA BAUME, der mit Kälteurticaria kombiniert war, alle Erscheinungen in der Bettwärme zurück. Angeblich täglich um die Mittagszeit bzw. nach leichten Anstrengungen kam es bei dem nichtpigmentierten Fall von NOLTE unter Anschwellung der Efflorescenzen zu starkem Jucken. Es sei im übrigen auf den Abschnitt „Konditionelle Faktoren" verwiesen.

Die U.p. kann schon bei der Geburt vorhanden sein. Fälle mit intrauterinem Beginn sind von FABRY; RAAB; LITTLE (1905/06); ULICZKA; DOWLING (1925); LANDESMANN; E. LEHNER; ELLIS u.a. publiziert worden. Am häufigsten beginnt sie in den ersten 6 Lebensmonaten. Von 62 Fällen der Berliner Universitäts-

Hautpoliklinik entfielen 32 (37,1%) auf das 1. Lebensjahr — die Mehrzahl der Fälle begann im 2.—3. Lebensmonat —, 9 (14,5%) auf die Zeit vom 2. Lebensjahr bis zur Pubertät und 30 Fälle (48,4%) auf die spätere Lebenszeit mit Häufung im 3. Lebensjahrzehnt (Pipping). Bei 127 Fällen der Literatur stellte Udovikoff zu 42% Beginn im 1. Lebensjahr (33% im 1. Halbjahr), zu 15% im 2.—16. Lebensjahr und zu 43% in späteren Jahren fest. Von 282 juvenilen Fällen (Ray u. Kiyasu) hatten 10,6% schon bei der Geburt Erscheinungen, während bei 54,6% der Beginn in die ersten 6 Lebensmonate fiel. Nach einer Statistik von Randazzo tritt die U.p. in 77% der Fälle im 1. und 2. Lebensjahr und in 33% nach dem 30. Lebensjahr auf. Daß sämtliche von 1919—1928 an der Straßburger Klinik beobachteten U.p.-Fälle erst spät begannen (Pautrier, Diss u. Walter), muß als ganz ungewöhnlich registriert werden. Verschiedentlich ist Beginn im hohen bzw. fortgeschrittenen Alter festgestellt worden: mit 64 und 48 Jahren (Kerl, 1930, 1931), mit 70 Jahren (Lunsfort), 68 Jahren (Wigley u. Heggs), 74 Jahren (Rothman), 46 Jahren (Krementchousky), 48 Jahren (Gaté, Colomb u. Tissot). Bei einer Patientin von Lieberthal trat die U.p. mit der Menarche, bei einer Patientin von Wertheim mit dem Klimakterium (mit 49 Jahren) auf. Über 2 Fälle mit Beginn in den Wechseljahren berichtete Pipping, von denen der eine im Alter von 56 Jahren erkrankte (C. A. Hoffmann). 2 Fälle der Tübinger Hautklinik sind in der Dissertation von Udovikoff angeführt.

Relativ oft scheint zur Zeit der Pubertät ein Rückgang der Erscheinungen zu erfolgen. Touton hat auf die diesbezügliche Analogie zum Strophulus aufmerksam gemacht und die ursächliche Beteiligung banaler Bestandteile der kindlichen Ernährung infolge Idiosynkrasie in Erwägung gezogen. Nach Zieler heilt die U.p. meist erst im 3. Lebensjahrzehnt spontan ab. Auf jeden Fall ist es sehr auffällig, wie gering der Prozentsatz der aus der Kindheit stammenden Erwachsenen-Fälle ist. Da die einen relativ kurzen Lebensabschnitt betreffende juvenile U.p. die mehrere Jahrzehnte umfassende Erwachsenen-U.p. an Häufigkeit übertrifft, muß der geringe Anteil adulter Fälle mit Beginn in der Kindheit als auffällig und ein Hinweis darauf vermerkt werden, daß die kindliche U.p. jenseits der Reifejahre zur Rückbildung zu kommen oder doch wesentlich unauffälliger zu werden pflegt. Es liegen Einzelbeobachtungen (Little, 1930b u.a.) und Beobachtungsreihen vor, die das bestätigen. Bei 6 von 26 an U.p. leidenden Kindern kam es zu vollkommener, bei 14 zu teilweiser Rückbildung und bei den restlichen 6 kamen keine neuen Erscheinungen dazu (Klaus u. Winkelmann). Caplan konnte bei mehr als der Hälfte von 72 juvenilen U.p.-Fällen zur Zeit der Pubertät Rückbildung konstatieren. Andererseits ist über Fälle berichtet worden, deren Erscheinungen Jahrzehnte bestanden [z. B. 46jähriger Bestand (Touraine)]. Little hat in seiner 4teiligen Arbeit 1905/06, in der über 154 U.p.-Fälle berichtet wird, 19 Fälle mit 14—50jährigem Bestand der Erkrankung tabellarisch zusammengestellt. Wenn auch der U.p.-Herd weitgehende „naevoide" Stabilität aufzuweisen pflegt, so ist doch verschiedentlich neben Auftreten neuer Herde Verschwinden älterer, also ein Wechsel der Erscheinungen einwandfrei nachgewiesen worden. Von Pulvermüller wurde ein solcher Fall (Kind des Klinikspförtners) vorgestellt. Auch Schuermann (1940) hat sich bei diesem Kinde mit Sicherheit davon überzeugt, daß bei der U.p. Herde neu auftreten und wieder verschwinden können.

Gelegentlich ist *Atrophie* (Wertheimer, 1925; Simon u. Bralez; Chargin u.a.) als Endausgang des Prozesses konstatiert worden. Unter 70 Berliner Fällen zeigte nur einer Atrophie (Schuermann, 1938). In der Dissertation Pipping ist wahrscheinlich in bezug auf diesen Fall von Abheilung mit stecknadelkopfgroßer zart atrophischer Narbenbildung die Rede. Bei einem Fall von van der Meiren,

MORIAMÉ, ACHTEN u. LEDOUX-CORBUSIER hatten sich anetodermieartige Veränderungen gebildet. Wie schon erwähnt, ist manchmal bereits am ausgebildeten U.p.-Herd Andeutung von Atrophie festzustellen (z.B. Fall von STILLIANS). Vereinzelt wird auch über *Narbenbildung* berichtet (LEBENSTEIN; SWEITZER; Fall der Hautklinik Bad Cannstatt [E. SCHMIDT] u.a.), doch dürfte es sich dabei wohl nur um Residuen von Excoriationen infolge starken Juckreizes gehandelt haben. Weniger selten finden sich Narben bei der bullösen Variante der U.p., von der noch die Rede sein wird.

Die U.p. kommt bei Menschen der verschiedensten Hautfarbe vor. Sie ist auch bei Negern beobachtet worden (H. FOX, 1929; EBERT, LEAF u. SICKLEY). Nach HIGAKI wurden in Japan bis 1933 43 Fälle von U.p. beschrieben. LASSUEUR hat darauf hingewiesen, daß sie in der Schweiz sehr selten sei. Er sah in 25 Jahren nur 2 Fälle. Eine Häufigkeitsdifferenz im Befall der beiden Geschlechter scheint nicht zu bestehen.

Die zunächst viel erörterte Frage, ob juvenile und adulte Fälle so charakteristische Unterschiede zeigen, daß man 2 verschiedenartige Typen der U.p. voneinander abgrenzen oder gar die adulte Form im Sinne OPPENHEIMS (1921, 1923) als besondere Krankheitsindividualität mit der Bezeichnung Urticaria c. pigmentatione völlig abtrennen müsse, ist zu verneinen (vgl. TÖRÖK, 1928a, b). Weder nach klinischen (Größe, Farbe und Zahl der Herde, Vorstadium, Begleiterscheinungen, Reizphänomen, Urticaria factitia), noch histologischen (Mastzellenbefund) Gesichtspunkten läßt sich eine strenge Unterscheidung rechtfertigen, obwohl zugegeben werden muß, daß sich im Kindesalter nicht nur die ausgeprägtesten Erscheinungen, sondern fast ausschließlich auch die Abweichungen vom gewöhnlichen Bild finden, die im folgenden besprochen werden sollen. Das gilt jedoch nicht für die teleangiektatische Variante, die in der Regel nur bei Erwachsenen zu beobachten ist. Bei den spätmanifestierten Mastocytosen herrscht die kleinfleckige, primär pigmentierte Form vor. Die extracutanen Erscheinungen treten bei der vulgären U.p. des Kindesalters ganz in den Hintergrund. Sie kommen in stärkerem Ausmaß vorwiegend bei adulten Fällen vor, bei denen sie dann das Krankheitsbild zu beherrschen pflegen.

2. Solitärherde

Vereinzelt sind vor allem in den letzten Jahren Solitärherde (z.T. als Mastocytome) beschrieben bzw. demonstriert worden. Bezeichnenderweise wurde dabei in der Diskussion verschiedentlich das Vorliegen eines *Naevus* in Betracht gezogen. WISE (1932) sah bei einem 2½jährigen Knaben einen seit ca. 7 Monaten bestehenden rundlichen, wenig erhabenen, leicht infiltrierten, dunkelbraunen Herd von etwa 2 cm Durchmesser (Reizphänomen ∅). NOVY jr. demonstrierte einen 1jährigen Knaben mit einem juckenden Knoten von 3 cm Durchmesser an der rechten Schulter (Mastzellanhäufung, Reizphänomen und Urticaria factitia). Von FELKE wurden 2 Fälle von Einzelherden bei einem 1¼- bzw. 1jährigen Kinde von großfleckigem, juvenilem Typ vorgestellt. TEXIER sah bei einem fast 2jährigen Mädchen ein seit dem 2. Lebensmonat bestehendes Mastocytom an der linken Gesäßbacke und ein kleineres, erst kurz bestehendes am linken Arm. GATÉ, TERRIER u. PRUNIÉRAS stellten bei einem Kind von 3 Monaten auf der Dorsalseite des linken Daumens einen braungelben Mastzellentumor fest. Auch ein Fall von ASBOE-HANSEN (1955) sei hier erwähnt. Es handelte sich um einen 12jährigen Knaben, bei dem seit Geburt am Nacken eine vor allem nachts juckende Gruppe bräunlicher Knötchen (Reizphänomen +) und außerdem auch Knochenveränderungen bestanden. Relativ oft zeigen derartige Fälle spontan

oder auf Reizung Blasenbildung. Bei einem Fall von Carpentier traten kurz
nach der Geburt an Thorax und Schulter 2 bräunliche Flecke auf, bei denen das
Reizphänomen zuweilen in zentraler Blasenbildung bestand. Scott u. Lewis
sahen bei einem 5 Monate alten Kind am Unterarm einen pigmentierten Herd
(typisches histologisches Bild), der wiederholt vorübergehend bullösen Charakter
annahm. Chargin u. Sachs haben unter Verwendung von 7 eigenen und 3 Beobachtungen des Schrifttums die Frage der solitärknotigen Variante der U‚p.
behandelt. Es seien plattenartige bzw. knotige Infiltrate von überwiegend bräunlicher Farbe mit rötlicher bzw. gelblicher Tönung (Mastzellentumor). Sie seien
angeboren oder entwickelten sich in den ersten Lebenswochen und bevorzugten
die Gliedmaßen. Öfters sei spontane Rückbildungsneigung festzustellen. Schon
auf geringste Irritation käme es häufig zu bullöser Reaktion. Von Drennan u.
Beare (1954) wurden im gleichen Jahre 3 weitere Fälle beschrieben. Burks jr.
u. Chernosky berichteten über 2 Geschwister mit nodulärer U.p. an der Vulva.
Beide Kinder hatten auf der einen Seite an gleicher Stelle einen Knoten, das
jüngere einen weiteren korrespondierenden an der anderen großen Labie. Jacobs
sah bei Mutter und Tochter je einen U.p.-Fleck auf der linken Gesäßhälfte, doch
nicht an gleicher Stelle. Marshall, Walter, Lurie, Hansen u. Mackenzie
beobachteten 2 Fälle mit generalisierten Erythemschüben, die nach Exstirpation
der Mastocytome ausblieben. Neuere Beobachtungen stammen von Arrighi;
Tirlea, Feodorovici u. Schneider (nach Masern); Mariotti; Grupper u.a.
Unter den 86 U.p.-Fällen von Johnson u. Helwig waren 14 mit Solitärherden.

Besonderes Interesse beanspruchen zwei als Mastocytom bzw. Mastocytose
bezeichnete Fälle. Von de Graciansky, Loewe-Lyon, Grupper u. Traieb
wurde über ein Kind berichtet, bei dem bald nach der Geburt am rechten Bein
ein einem Naevus pigmentosus ähnelnder Herd auftrat (Reizphänomen, Mastzellentumor). Als es 6 Wochen bzw. 6 Monate alt war, wandelte sich der Herd
jeweils unter Auftreten eines *allgemeinen Blasenschubs* bullös um. Es bestanden
außerdem kleinknotige Lungenveränderungen. Der 2. Fall stammt von Degos,
Delort, Verliac u. Civatte: 3 Tage nach der Geburt trat über dem rechten
Handgelenk ein punktförmiger roter Fleck auf, der sich allmählich vergrößerte
und gelbliche Farbe annahm. Als das Kind 3 Jahre alt war, verdickte sich dieser
Herd plötzlich unter Blasenbildung. Die übrige Haut nahm dabei, ohne daß
Juckreiz auftrat, eine intensive rötliche Farbe an. Nachdem sich das zweimal in
gleicher Weise wiederholt hatte, schwoll der Herd noch wesentlich an.

Die durch Auftreten eines Einzelherdes gekennzeichnete Variante mit manchmal fast täuschender Naevus-Ähnlichkeit kann also ausgesprochen pigmentiert
einer banalen U.p. entsprechen, wie auch nicht pigmentiert und damit mehr oder
weniger xanthelasmoid als Mastocytom imponieren, wobei Übergänge in die
bullöse bzw. diffus-cutane Form der Mastocytose (z.B. auch Fall Blaich)
vorkommen.

3. Vesiculöse bzw. bullöse Formen und die diffus-cutane Mastocytose

Wie Schuermann (1940) in der Diskussion zu dem bereits mehrfach zitierten
Vortrag von Pulvermüller bemerkt hat, entspricht die bei der U.p. gelegentlich
zu beobachtende vesiculöse bzw. bullöse Umwandlung der Herde der bei Kindern ganz allgemein bestehenden größeren Neigung zu blasiger Reaktion. Auf
jeden Fall werden vesiculöse bzw. bullöse Abwandlungen, von wenigen Ausnahmen
abgesehen, nur bei der juvenilen U.p. beobachtet, und zwar neigen besonders die
xanthelasmoide bzw. die ausgeprägteren Formen, insbesondere die *diffus-kutane
Mastocytose*, dazu, die auch abortiv und klinisch unbemerkt neben nodulären bzw.

tumorösen Mastocytosen bestehen kann (vgl. vorigen Abschnitt). Bei Erwachsenen scheint eine blasige Reaktion — sofern sie überhaupt einmal auftritt — kaum je das Ausmaß kindlicher Fälle zu erreichen.

Kombination mit *Bläschenbildung* ist bei U.p.-Erstausbrüchen oder späteren Schüben von TOLMAN (1935); SCHMIDLA u. HESSE; KINEBUCHI (1938); WOLFRAM (1943a, b); DEWAR u. MILNE u.a. festgestellt worden. Auch das Auftreten von *Blasen* als einmaliges oder sich wiederholendes Vorkommnis ist gar nicht so selten auf einzelnen bzw. mehr oder weniger zahlreichen Herden oder auch im Bereich normal erscheinender Haut beobachtet worden (WISE u. MCKEE; HUDELO,

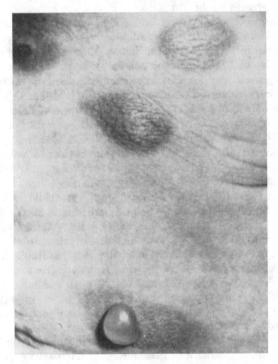

Abb. 11. Nodös-bullöse juvenile U. p.

DUMET, CAILLIAU u. BOISSAU [seröse bzw. hämorrhagische Bläschen und Blasen]; PIPPING [linsen- bis erbsgroße Blasen]; GONZALES; SIEMENS [erbsgroße Blasen]; TOLMAN, 1935, 1941; KIERLAND u. STEGMAIER; OBERMAYER u. ROSMAN; DEWAR u. MILNE; HAXTHAUSEN u.a). Nach ROBINSON jr., KILE, HITCH u. ROBINSON sollen die Blasen niemals vor Entwicklung der eigentlichen U.p.-Herde auftreten. Das trifft nicht zu. Manchmal sind zunächst nur vesiculöse oder bullöse Elemente vorhanden und erst im weiteren Verlauf entwickeln sich aus ihnen typische U.p.-Herde. WOLFRAM (1943a, b) sah in seinem Falle das unter heftigem Juckreiz auftretende kleinvesiculöse Exanthem in bräunlich-rote Knötchen übergehen. Auch F. HESSE stellte eine U.p. vor, die mit Bläschen begann. Blasen als Primärefflorescenzen beobachteten BOENKE; O'DONOVAN u.a. Auch das Umgekehrte kann einmal vorkommen: Rückbildung der Herde an den Stellen der Blaseneruption (STRASSER). Erwähnt sei in diesem Zusammenhang auch der als U.p. pemphigoides bezeichnete Fall STÜHMERS. Bei dem 7 Monate alten Kind erschienen zunächst wasserklare Bläschen mit ganz spärlich gerötetem Hof, deren Grund sich innerhalb von 14 Tagen in harte, gelbbraune Knoten umwandelte. Reiben ließ auf diesen Knoten unter Ausbildung eines urticariellen Hofes neue Blasen entstehen. Auch spontan bildeten sich weiterhin Blasen. Die Erscheinungen verstärkten sich in der Kälte. Als besonders auffallend bezeichnete STÜHMER die Tatsache, daß neben dem Auftreten neuer Herde eine spurlose Abheilung alter erfolgte.

Ein sehr eindrucksvoller Fall bullöser U.p. ist von WINKLER u. HITTMAIR beschrieben worden. Er gab KONRAD u. WINKLER Gelegenheit zu eingehenden Studien über die Pathogenese der U.p. Seit Geburt bestand eine überaus reiche Aussaat flacher bzw. wenig erhabener Herde von Kleinlinsen- bis Fingernagelgröße und zunächst hellrosa bis dunkelroter Farbe, die erst nach 14 Tagen in ein bräunliches Kolorit überging. Über diesen Herden traten vereinzelt hirsekorn- bis erbsengroße klare Bläschen auf. Außerdem bestand ein halbwalnußgroßer dunkelroter Knoten mit Ulceration am linken Oberschenkel. Es folgten dann in Abständen von 7—14 Tagen Bläschenschübe mit einigen Exemplaren bis zu Haselnußgröße, jedoch nur an den typischen Herden, die unter vermehrtem Juckreiz stärker hervortraten. Dabei kam es auch zu leichtem Temperaturanstieg.

Diffus-cutanen Mastocytosen entsprechen die folgenden Fälle: Im Jahre 1925 demonstrierte DOWLING ein 5 Wochen altes Kind, bei dem bei der Geburt ein universelles Erythem bestanden hatte, das in den nächsten Tagen stellenweise verschwand. Auf den zurückgebliebenen erythematösen Flecken traten dann massenhaft Blasen auf. Nach Abblassen dieser Flecke, z.T. mit bräunlichem Farbton, traten zahlreiche erbsengroße und größere Knötchen, Blasen und flache Infiltrate verschiedener Größe auf. Die Eruption war schließlich blasser als die umgebende Haut und hier und da bläulich tingiert (dichte Mastzelleninfiltration). Auch ein Fall von DEGOS, DELORT u. TOURAINE gehört hierher. Bei einem Kinde traten unter Blasenbildung und starkem Juckreiz erythematöse Reaktionen von 2—3 min Dauer auf, nach deren Abklingen die Haut auffällig blaß wurde. Im Alter von 1 Monat zeigten sich über die ganze Haut verstreut rosafarbene, später mehr blaß-blaue Knötchen mit wasserhellen, z.T. auch auf normaler Haut sitzenden Bläschen. Skelet (röntgenologisch) und Blutbild waren unauffällig. ROBBINS berichtete 1954 über ein 6 Monate altes Kind, bei dem sich neben urticariellen Efflorescenzen auf unveränderter Haut Blasen und Blasenreste fanden. Die Diagnose wurde histologisch gestellt. Eine sich nur in urticariellen Erscheinungen und vereinzelten Blasen äußernde generalisierte Mastocytose (13 Monate altes Kind) beobachteten BASSET u. MONFORT. Auch der folgende Fall gehört hierher: Bei einem Kinde mit stärkerem Juckreiz konstatierte S. W. BECKER als Folge des Kratzens Auftreten linear angeordneter Bläschen und Blasen. Bei dem von Bläschen- und Blasenschüben (z.T. hämorrhagisch) begleiteten U.p.-Fall von KRAUS, PLACHY u. VORREITH wies die gesamte Körperhaut einen gelbbräunlichen Farbton und einen langanhaltenden urticariellen Dermographismus auf.

In ihrer klassischen, trotz Fehlens typischer U.p.-Herde oder xanthelasmoider Knoten auch klinisch erkennbaren Form wurde die diffus-cutane Mastocytose etwa gleichzeitig von DEGOS, DELORT u. HEWITT und von GRÜNEBERG, KAISER u. MÜLLER beschrieben. Die französischen Autoren stellten ein 13 Monate altes Kind vor, dessen Haut verdickt und unter Betonung der Furchen und Felderzeichnung oberflächlich gekörnt war. Sie hatte die gelbliche Farbe alten Elfenbeins und weich-elastische Konsistenz. Bei starkem Juckreiz und intensivem Dermographismus traten hin und wieder einmal Blasen auf. Das von GRÜNEBERG auf der Mitteldeutschen Dermatologen-Tagung in Jena 1953 erstmals demonstrierte Kind hatte eine auffällig succulente, nur ganz leicht bräunlich getönte Haut mit starker Markierung der Furchen und Felder (Abb. 12). Auf dem Rücken, wo das in besonderem Maße der Fall war, entsprach sie einem kopfsteinpflaster-

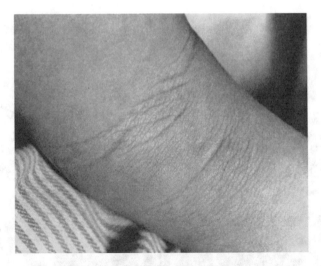

Abb. 12. Diffus-cutane juvenile Mastocytose (Ellenbeugengegend)

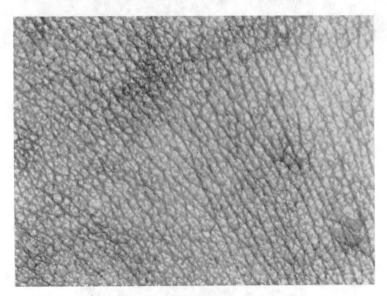

Abb. 13. Diffus-cutane juvenile Mastocytose (Rücken) „Kopfsteinpflaster"

artigem Mosaik (Abb. 13). Bis ca. walnußgroße Blasen fanden sich vor allem an den aufliegenden Partien des Körpers (Abb. 14 und 15). Die kleineren von ihnen waren z.T. strichförmig bzw. perlschnurartig angeordnet. Als Basis oder Fortsetzung dieser Gebilde bzw. in ihrer unmittelbaren Nachbarschaft waren urticarielle Veränderungen gleicher oder mehr flächiger Gestalt zu sehen. Das Reizphänomen ließ sich in blasig-urticarieller Form an der gesamten Hautoberfläche auslösen. Innere Organe o.B. Geringgradige allgemeine Lymphknotenschwellung. Skelet röntgenologisch o.B. Dieser schon mehrfach erwähnte Fall konnte bis in die jüngste Zeit nachbeobachtet werden (GRÜNEBERG, 1953, 1962, 1963). Das Kind entwickelte sich völlig normal. Die Blasenschübe ließen allmählich nach. In den folgenden Jahren normalisierte sich die kopfsteinartig gefelderte Haut,

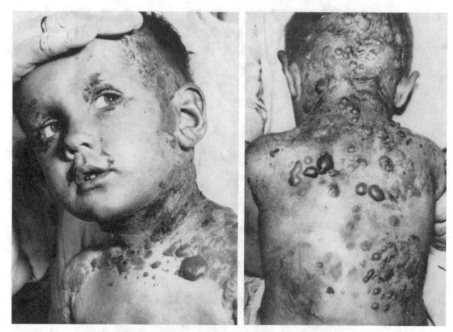

Abb. 14   Abb. 15

Abb. 14 u. 15. Pemphigoide diffus-cutane juvenile Mastocytose

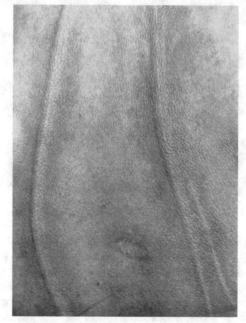

Abb. 16. Diffus-cutane juvenile Mastocytose (einige Jahre später) mit urticariellem Dermographismus und einer
Narbe nach kurzer CO₂-Vereisung

wobei der blasige in einen rein urticariellen Dermographismus überging (Abb. 16). Inzwischen sind noch einige ähnliche Fälle beschrieben worden (Driessen; Fogel u. Burgoon jr.; A. Smith u.a.).

Wie bereits erwähnt wurde, sind vesiculöse bzw. bullöse Erscheinungen bei adulter U.p. eine große Seltenheit. Ein Erwachsenenfall von DOWLING (1930) mit vereinzelten großen Blasen begann in frühester Kindheit. Er ähnelte einer Dermatitis herpetiformis, doch fehlte jeglicher Juckreiz. Bei einem 71jährigen Patienten von HELLER traten außer unregelmäßigen Quaddelschüben auch Blaseneruptionen auf. MILIAN u. GARNIER stellten bei einer 55jährigen Frau mit pelerinenförmig angeordneter, seit 1 Jahr bestehender U.p. lediglich Andeutung von Blasenbildung fest.

Daß es bei der bullösen Variante eher einmal als bei der banalen U.p. zu Narbenbildung kommt (ZINSSER; GOUGEROT u. LOTTE; DOWLING, 1930, u.a.), kann nicht überraschen.

4. Hämorrhagische und teleangiektatische Formen

Durch Auftreten von Blutungen und Teleangiektasien im Herdbereich kann das typische Bild der banalen U.p. eine mehr oder weniger starke Abwandlung erfahren. Das kommt fast ausschließlich bei der ins Erwachsenenalter persistierenden juvenilen und der eigentlichen adulten Form vor, während bei Kindern lediglich einmal einige hämorrhagische Blasen beobachtet werden. Daß sich in U.p.-Efflorescenzen durch Kneifen Blutaustritte hervorrufen lassen, ist gelegentlich festgestellt worden, z.B. bei dem adulten Fall von BALASSA. ALDERSON stellte eine Erwachsenen-U.p. mit zahlreichen Teleangiektasien und Blutaustritten z.Z. des Auftretens vor. Bei einer 35jährigen Patientin von BALBAN mit ausgedehnter, sehr dichter Aussaat flach-papulöser U.p. hatten die Herde, besonders an den Stammseiten, hämorrhagisches Aussehen. Auch ein adulter Fall von BOLGERT u. LE SOURD mit leichten Ekchymosen gehört hierher. Bei einem 3jährigen, von CUMMINS unter der Diagnose U.p. mit Purpura demonstrierten Kind mit braungelben Flecken ohne Reizphänomen waren einige Monate zuvor unter Fieber zahlreiche Hämorrhagien aufgetreten. ASBOE-HANSEN beschrieb (1950a) 2 Fälle hämorrhagischer U.p.:

Bei einer 67jährigen Frau, deren U.p. seit der Menopause bestand, waren im Exanthembereich petechiale Hämorrhagien festzustellen, die an den seitlichen Bauchpartien und unter den Brüsten zu flächenhaften Blutungen zusammenflossen (Thrombocyten 165000). Bei einer 35jährigen, deren U.p. in der Kindheit begonnen hatte, fanden sich im Exanthembereich sehr dichtstehende Petechien unter Konfluenz an den äußerem Druck ausgesetzten Partien (normale Blutwerte). Eisenhaltiges Pigment war in beiden Fällen reichlich nachzuweisen. Von einem letal endenden Fall von U.p. haemorrhagica (mit Paramyeloblastenleukämie?) berichteten TENBERG u. HERMANS. Gewebsmastzellen waren nur spärlich vorhanden. Der Sektionsbefund (polymorphe und Sternberg-Zellen in Milz, Mediastinum und Femurmark) ließ eine Kombination von maligner Reticulose mit U.p. vermuten.

Der schon erwähnte Fall von WERTHEIMER (1925) wies im Bereich der Herde erweiterte Capillaren auf. MEIROWSKY stellte eine von Jugend an bestehende U.p. vor, bei der innerhalb konfluierter Herde erweiterte Blutgefäße zu sehen waren. Bei einer Patientin von WAUGH (1925, 1928) waren lediglich an den Gesichtsherden Teleangiektasien vorhanden. Sie traten z.Z. der Periode stärker hervor. Teleangiektasien im Bereich der Pigmentherde und verstreut in deren Umgebung stellte KOJIMA bei einem 22jährigen Mädchen fest. Die Herde eines adulten Falles von GRÜTZ ließen auf Glasspateldruck eine feine Gefäßzeichnung erkennen. Bei einer 55jährigen Patientin PAUTRIERS (1939) bestanden Blutgefäßerweiterungen angiomatösen Charakters. MEYER-BULEY berichtete über das Zusammentreffen von teleangiektatischen Flecken, die auf Glasspateldruck bräunliche Farbe zurückließen und als essentielle Teleangiektasien bezeichnet wurden, mit U.p. (ohne Mastzellen) und isolierter Lymphadenose der Haut. Zu erwähnen ist ferner ein als teleangiektatischer Typ der U.p. imponierender, aus der Kindheit stammender, adulter Fall von Bluefarb u. Salk mit Knochenveränderungen, gastrointestinalen Symptomen und Splenomegalie. Ein juveniler, teleangiektatischer Fall von Eller wurde in der Diskussion von McKee angezweifelt.

Weber u. Hellenschmied beschrieben 1930 unter der Bezeichnung „Teleangiektasia macularis eruptiva perstans" ein Krankheitsbild, das in seit 20 Jahren persistierenden, z.T. konfluierenden roten Flecken bestand. Weber (1930a, b, 1931) wollte es mit der von Osler (1906) beschriebenen Teleangiectasia circumscripta universalis identifizieren und als eine außerordentlich seltene, teleangiektatische, relativ pigmentarme Form der Erwachsenen-U.p. ansehen (Reizphänomen +). Auch nach Ansicht von Little (1930a) handelte es sich bei diesem Fall um U.p., doch stieß die Einführung der neuen Bezeichnung in der Diskussion auf allgemeinen Widerspruch. Als teleangiektatische Varietät der U.p. wurden von Weber später (1932a, b) weitere Fälle vorgestellt: Eine 30jährige Frau mit leicht erhabenen, stellenweise konfluierenden, braun-rötlichen Flecken (keine Mastzellenvermehrung, im Blutbild 45% Lymphocyten) und eine 56jährige Frau mit leicht erhabenen, teleangiektatischen, teilweise konfluierenden Maculae (Reizphänomen +), deren Krankheitsbild im Hinblick darauf, daß die Herde mehr teleangiektatisch als pigmentiert waren, eine Zwischenstellung zwischen der U.p. der Erwachsenen und der Teleangiektasia macularis eruptiva perstans gegeben wurde. Moynahan hat später auch bei einem Kind, einem 10jährigen Mädchen, dessen U.p. 6 Monate nach der Geburt aufgetreten war, ein der Teleangiektasia macularis eruptiva perstans der Erwachsenen entsprechendes Bild festgestellt (mäßige Mastzellenansammlung), Cramer bei einer 17jährigen, deren Hautveränderungen seit der Geburt bestanden haben sollen.

III. Das histologische Bild der Urticaria pigmentosa

Man kann bei der U.p. Formen mit starkem Mastzellengehalt (Mastzellentumor [Typ Unna]), mit perivasculären Mastzelleninfiltraten (Typ Rona-Jadassohn) und mit nur vereinzelten oder gar fehlenden Mastzellen unterscheiden (vgl. Török, 1928a, S. 242—247). Die Mastzellenanhäufung pflegt unter Aussparung eines schmalen, subepidermalen Grenzstreifens — bei der tumorartigen Form kann er fehlen — im obersten Teil des Corium am stärksten zu sein. Die Papillen können dabei kuppenförmig aufgetrieben sein. Eine Beschränkung auf diese Zone findet sich nur bei Kranken im frühesten Lebensalter, tieferreichende Wucherungen kommen erst nach längerer Krankheitsdauer hinzu (Fischer). Im späteren Lebensalter sind meist nur perivasculäre Mastzellenansammlungen oder eine unregelmäßige Vermehrung in einzelnen Abschnitten des cutanen Bindegewebes festzustellen. Keinesfalls aber kann im Sinne von Blumer eine durch Mastzellentumor charakterisierte juvenile Form einer durch geringen Mastzellengehalt charakterisierten adulten Form gegenübergestellt werden, denn es gibt juvenile Fälle mit nur vereinzelten oder gar ohne nachweisbare Mastzellen (Typ Quinquaud) und adulte mit Mastzellentumor (E. Lehner, Pautrier, Diss u. Walter; Kren; Koch u.a.) Juvenile Fälle mit nur verstreut bzw. perivasculär angeordneten Mastzellen publizierten Frola und Leone, einen ohne Mastzellen Wiener. Immerhin kann bei Kindern im allgemeinen mit stärkerer Mastzellenanhäufung gerechnet werden als bei Erwachsenen, insbesondere den eigentlichen adulten Fällen mit Beginn nach der Pubertät.

Die Feststellung Töröks (1928b), daß das Fehlen von Mastzellen die Diagnose U.p. nicht ausschließe, hat auch heute noch Gültigkeit. In diesem Sinne haben sich auch HIGHMAN (1924, 1927, 1930); LITTLE (1925); WILLIAMS; GOTTRON (1954) u.a. geäußert. Über U.p. ohne Mastzellenbefund berichteten TRAUB; CORSI; GRÜTZ (adulter Fall mit feiner Gefäßzeichnung in den Herden); GOUGEROT, DE GRACIANSKY u. ELIASCHEFF; TOURAINE; KOJIMA u.a. Nach SCHREUS fehlen die Mastzellen bei 50% der U.p.-Fälle. Dabei ist allerdings zu berücksichtigen, daß ein geringer Mastzellengehalt bzw. ihr Fehlen nur vorgetäuscht sein oder

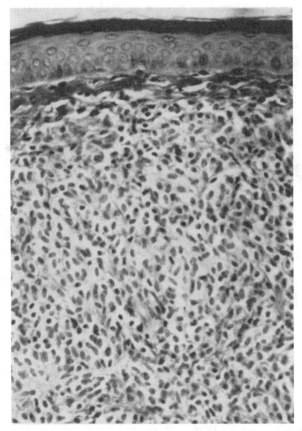

Abb. 17. „Mastzellenpanzer" mit schmalem subepidermalem Grenzstreifen (HE-Färbung)

auf unzweckmäßiger bzw. falscher Untersuchungstechnik beruhen kann. So ist von FINNERUD mit Recht darauf hingewiesen worden, daß sich, falls nicht Schnitte aus der Mitte des eingebetteten Materials untersucht werden, hinsichtlich der Mastzellen unter Umständen ein ganz falsches Bild ergibt. Ferner ist zu bedenken, daß die Art der Fixierung und Färbung unterschiedliche Eregbnisse bedingen kann. Von WILLIAMS wurde Alkoholfixierung empfohlen. DÖRFFEL hatte bei einem Fall mit polychromem Methylenblau nur ein undeutliches Ergebnis. Erst Kresylviolettfärbung brachte die Granula klar heraus. Auch CAROL gelang die Mastzellenanfärbung in einem Falle nicht mit Methylenblau, sondern erst mit Toluidinblau. Wegen der starken Labilität der Granula empfahl HOLMGREN Fällung der Metachromasie bildenden Substanz mit 4% basischem Bleiacetat.

Kierland u. Stegmaier konnten bei einem Fall die Diagnose nur mit Hilfe der Giemsa-Färbung stellen. Schuermann (1954) empfahl zur Auffindung von Mastzellen die Thionin-Weinsteinsäure-Einschlußfärbung nach Feyrter. Da sich an den Mastzellen hinsichtlich Menge und Größe der Granula zum mindesten zeitweilig ein schneller Wechsel vollzieht, kommt es sehr auf den Zeitpunkt der histologischen Untersuchung an. Deshalb sind im Zweifelsfalle wiederholte Untersuchungen nötig. Dabei sollte nicht gerade der Höhepunkt der Urticaria gewählt werden, wie Grupper u. de Brux empfehlen, denn bei urticarieller Reaktion kommt es nicht zur Vermehrung, sondern zum Untergang der Mastzellen (Földes). Man sieht in urticariellen Herden deutliche Degenerationserscheinungen

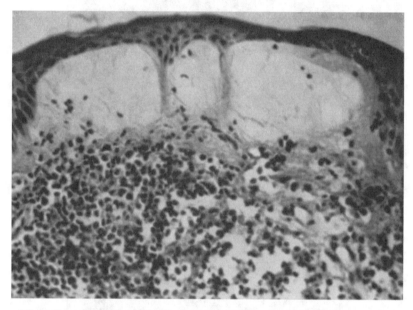

Abb. 18. Urticarisiertes Mastzelleninfiltrat mit subepidermaler Bläschenbildung (HE-Färbung)

(Geringer- und Feinerwerden der Granula, Vacuolenbildung infolge ihrer Ausstoßung, Auflösung des Kerns, schwächere Färbbarkeit des Protoplasmas und schließlich Zerfall). Auch nach Röntgenbestrahlungen stoßen die Mastzellen ihre Granula aus (Caccialanca u. Campini; Novaro u.a.). Die Granulaausstoßung wird als „Clasmatose" bezeichnet. Der Verlust der Körnelung kann die Zahl der Mastzellen sehr viel geringer erscheinen lassen. Immerhin muß aber damit gerechnet werden, daß im Rückbildungsstadium der U.p. die Mastzellen auch einmal völlig fehlen können. Kissmeyer stellte bei einem aus frühester Kindheit stammenden Erwachsenenfall degenerative Mastzellenveränderungen fest, die er als Endstadium der perivasculären Proliferation auffaßte.

Andererseits ist bei der histologischen Diagnose zu bedenken, daß es eine mastzellige Begleitreaktion gibt. Eine „Gewebsmastocytose" (Fischer) findet sich in der Umgebung von Tumoren, in Granulationsgewebe und bei chronisch-hyperergischer Entzündung, während für die akute Entzündung Verminderung oder Fehlen der Mastzellen im Bereich des Entzündungsfeldes als typisch gelten. Über die Mastzellenbefunde bei verschiedenen Hautkrankheiten, bei Morbus Recklinghausen, im Stroma und in der Umgebung gutartiger und bösartiger Tumoren und in der Haut von Diabetikern liegen eine Reihe von Arbeiten vor, die, weil auch sie hinsichtlich der histologischen Erfassung mastzellenarmer U.p.-Formen gewisse Bedeutung haben könnten, in diesem Zusammenhang erwähnt seien: BERTOLOTTO; LE COULANT, TEXIER u. CHÉROUX; TITSCHACK; BINAZZI u. LANDI; CAWLEY u. HOCH-LIGETI; LANDI; MIKHAIL u. MILLER-MILINSKA; SZABÓ u. MÉSZÁROS (s. auch bei BREMY). Die Beobachtung, daß in typischen pigmentierten Zellnaevi Mastzellen manchmal in erheblicher Zahl vorhanden sein können, deutet keinesfalls auf engere Beziehungen zwischen pigmentierten Muttermälern und der U.p. hin, wie TÖRÖK (1927) angenommen hat. Im Hinblick auf eine Beobachtung von RUKAVINA, DICKISON u. CURTIS sei auch die Vermehrung der Mastzellen in amyloidotischen Organen erwähnt: Bei einem 73jährigen Mann trat gleichzeitig mit den Symptomen einer Paramyloidose eine U.p. auf. Die Knötchen waren zunächst nur aus Mastzellen aufgebaut, später fanden sich Herde, die daneben auch ausgedehnte Amyloidablagerungen aufwiesen.

Im Mastzellentumor der U.p. sind die zusammengedrängten, oft in Reihen angeordneten Zellelemente kubisch, polygonal oder säulenförmig, während freiliegende Mastzellen runde, ovale, langgestreckte oder dendritische Gestalt haben. Dazwischen können freie oder undeutlich umgrenzte Granula-Haufen zu sehen sein. Die Mastzellenkonglomerate lehnen sich ganz offensichtlich an die Gefäße an und pflegen demgemäß auch in der Umgebung des Follikelapparates und der Schweißdrüsen angereichert zu sein. Bei Fällen mit geringem Mastzellengehalt und in den Randgebieten der tumorösen Form tritt die mantelartige, perivasculäre Anordnung besonders deutlich hervor. Auch in der Epidermis kommen Mastzellen vor (MARZIANI u. a.). PAUTRIER, DISS u. WALTER sahen zwischen den Zellen der Epidermis mit Granula versehene Mastzellenfortsätze und in der Basalschicht Zellen vom Langerhans-Typ mit metachromatischen Körnchen. Umgekehrt waren im Corium Pigment führende Mastzellen festzustellen. Pigmentierte Mastzellen sahen auch PRIETO, GAY u. LANZENBERG; ROEDERER u. WORINGER u. a. GRASSI konnte in U.p.-Mastzellen Fetttröpfchen, doch keine Lipoidgranula nachweisen. Je nach der Stärke der Ödembildung sind die Mastzellenverbände mehr oder weniger aufgelockert. Bevorzugte Lagerung der Mastzellen in den erweiterten Lymphräumen gab SUTEJEV an. Bei dem pemphigoiden Fall STÜHMERs schienen die stark erweiterten Lymphbahnen Flußmündungen vergleichbar, die in den großen See des Blaseninhalts einströmten. HASSELMANN u. SCHOLDER-OEHMICHEN stellten Mastzellenthromben in Capillaren fest, halten die Möglichkeit einer Täuschung jedoch nicht für ausgeschlossen.

An den Infiltraten erweisen sich, namentlich bei geringerem Mastzellengehalt, auch andere Zellarten in stärkerem Maße beteiligt: Bindegewebszellen, Lymphocyten, Plasmazellen, Chromatophoren — auf eine perivasculäre Anhäufung pigmentführender Bindegewebszellen wiesen FRASER u. RICHTER hin — und Leukocyten. W. JADASSOHN, der gereizte und ungereizte U.p.-Herde histologisch untersuchte, stellte nach Reizung intra- und extravasculäre Leukocytose mit auffallend vielen Eosinophilen fest. Differente Leukocyten- bzw. Eosinophilenbefunde ergeben sich also ebenso wie eine mehr oder weniger ausgeprägte Rarefizierung des Gewebes aus unterschiedlicher Urticarisation. Nach PRAKKEN u. WOERDEMAN (1952, 1953) soll ganz allgemein eine hochgradige Mastzellenvermehrung auf ein vermehrtes Auftreten von Eosinophilen schließen lassen. Eosinophile werden vor allem dann gefunden, wenn die Mastzellen im Begriff sind, zerstört zu werden, und scheinen eher in Zusammenhang mit der Entgiftung und Zersetzung von Histamin, als mit dessen Bildung zu stehen (RILEY, 1955). Destruktion des elastischen Gewebes sah FRASER. Es sei hier schon erwähnt, daß nach LENNERT (1956) eine rege Gitter- und Kollagenfaserbildung an den Orten der Mastzellenproliferation auffälligster pathologisch-anatomischer Befund der (malignen) *Mastzellenretikulose* ist (s. dort!). In neuester Zeit ist verschiedentlich auf deutliche Gefäßveränderungen bei der U.p. hingewiesen worden. Pautrier, Diss u. Walter sprechen in ihrem Bericht von zahlreichen neugebildeten Capillaren. Bei einem Fall angiomatösen Typs erwiesen sich hauptsächlich die Capillaren beteiligt (Erweiterung und Endothelverdickung). Bei dem Fall von Remy (1957) waren die Capillaren schwer verändert (z.T. knopfförmig vorspringende, die Gefäßlichtung einengende Endothelkerne). Die Venolen waren entsprechend verändert und zeigten Pericytenproliferation, Capillar-Rupturen mit Austritt großer Mengen roter Blutkörperchen (Turnbull-Blau- und Berliner-Blau-Reaktion negativ). Perivasculäre Blutpigmenteinlagerung stellten Hadida, Béranger, Timsit u. Streit fest.

Die Epidermis ist bei der U.p. relativ wenig beteiligt, kaum je verbreitert, wie bei einem Fall von Postma, eher verdünnt. Abgesehen von einem nur gelegentlich deutlicheren inter- und intracellulären Ödem mit entsprechenden Zell- und Kernveränderungen ist vor allem ein stärkerer Pigmentreichtum auffällig. Die Vermehrung melaninhaltiger Zellen kann einer Negerhaut entsprechen (Bureau, Delauney, Jarry u. Barrière), sich aber auch auf die Basalschicht beschränken Dabei findet sich jedoch keine graduelle Übereinstimmung zwischen Mastzellen-Vermehrung und Pigmentation (Kissmeyer u.a.). Scolari fand das Epidermispigment nur in den Abschnitten zwischen den Mastzellentumoren vermehrt, in ihrem Bereich dagegen vermindert. Nach Fischer scheinen Pigmentkörnchen nur dort vermehrt aufzutreten, wo die Mastzellenwucherung nicht unmittelbar an die Epidermis anstößt.

Blasen sind in der Regel subepidermal lokalisiert und enthalten vor allem Neutrophile und Eosinophile, vielfach aber auch Mastzellen, die hier eine rundliche Gestalt haben. Lymphocyten treten im Gegensatz zum Blutbild in der Blasenflüssigkeit völlig zurück (vgl. Fall Grüneberg et al.). Bei dem Fall von Kraus, Plachý u. Vorreith wurden im Blaseninhalt 13—277 Eosinophile pro cm³ gezählt (Blut: 2—4% Eosinophile).

IV. Die Mastocytose als Systemerkrankung

Wie visceral-ossale Symptome bei der juvenilen U.p. viel seltener vorkommen als bei der adulten, so werden allem Anschein nach von reversibler Mastzellenhyperplasie (benigner Mastocytose) bevorzugt Kinder, von irreversibler Mastzellenproliferation (maligner Mastzellenretikulose) bevorzugt Erwachsene befallen. Lennert hat 1961 die begriffliche Trennung zwischen gutartiger und bösartiger Form als einfach bezeichnet. Dem muß hinzugefügt werden, daß sie es zum mindesten in praxi nicht ist, wie seine eigene Zusammenstellung beweist. In allen klinischen Symptomen gibt es fließende Übergänge. Selbst die banale U.p. kann extracutane bzw. viscerale Erscheinungen aufweisen. Lennert will eine in diesem Sinne „generalisierte" U.p. im Begriff der Mastzellenretikulose aufgehen lassen (1962), ohne allerdings sichere und unsichere „Generalisationszeichen" unterscheiden zu können. Jedenfalls ist die klinische Abgrenzung oft recht schwierig, es sei denn, das Vorliegen einer mastocytischen Leukämie sensu strictiori (leukämische Mastzellenretikulose) ermögliche die hämatologische Entscheidung. Im folgenden sei zunächst eine Aufstellung der bei den verschiedenen Formen der Mastocytose beobachteten Organbeteiligung gegeben. Nach Fischer ist die mangelnde Beteiligung der normalerweise mastzellenreichsten Organe wie Zunge, Magen-Darmschleimhaut, Uterus, Mamma und Lunge bei diesen systematisierten Formen auffällig (vgl. auch die Tabellen von Lennert, 1962). Über die internen

Veränderungen bei U.p. mit einer Tabelle der in den Jahren vor 1958 publizierten einschlägigen Fälle gibt eine Arbeit von BEARE Auskunft. Eine tabellarische Übersicht der wichtigsten Befunde bei 113 Mastocytose-Fällen findet sich bei DEMIS.

1. Extracutane Erscheinungen

a) Lymphknoten

Schon bei der banalen U.p. finden sich in vielen Fällen multiple, gelegentlich allgemeine Lymphknotenschwellungen geringen bis mäßigen Grades. Die Knoten sind derb bzw. hart und indolent. In erster Linie pflegen die Inguinal-, Cervical- und Axillarlymphknoten beteiligt zu sein. Nur vereinzelt wird stärkere Vergrößerung angegeben (z.B. von GRAY bei einem 15jährigen Knaben). Daß oft gerade sehr ausgeprägte Mastocytosen nur geringfügige oder überhaupt keine deutliche Lymphknotenbeteiligung aufweisen — so der Fall von HISSARD, MONCOURIER u. JACQUET (1951), einige Fälle von DEGOS et al. (1952, 1955, 1957), der Fall von GRÜNEBERG, KAISER u. MÜLLER und eine Reihe anderer — sei besonders vermerkt.

Die histologische Untersuchung eines vergrößerten axillären Lymphknotens ergab bei einer seit über 30 Jahren bestehenden U.p. (PASCHOUD, 1954b) lediglich Hyperplasie des lymphatischen Gewebes. Es sind aber auch, wie zum Teil schon erwähnt wurde, verschiedentlich auffällige Mastzellbefunde in Lymphknoten erhoben worden (BERTELOTTI; BALBI; DEWAR u. MILNE; BRODEUR u. GARDNER, KRESBACH u. NEUBOLD u.a.) ELLIS stellte bei dem zur Autopsie gekommenen juvenilen Fall in den Lymphknoten metastasenartig wirkende Mastzellenanhäufungen fest. Bei dem schließlich als Monocyten-Leukämie imponierenden Fall von SAGHER, LIBAN, UNGER u. SCHORR war die normale Lymphknotenstruktur durch Monocyteninfiltrate mit Mastzellen ersetzt. Bei den von LENNERT (1962) zusammengestellten Fällen von Mastzellenretikulose waren die Lymphknoten nur in 7 Fällen vergrößert, in 10 Fällen war in den Lymphknoten Mastzellenproliferation und in 3 Fällen Fibrose festzustellen. Die abdominalen Lymphknoten schienen etwas stärker befallen zu sein als die peripheren.

b) Skelet

Auf eine Beteiligung des Knochensystems ist erstmals von SAGHER, COHEN u. SCHORR hingewiesen worden. Sie stellten in Rippen, Schädeldach und Becken ihres 53jährigen Kranken röntgenologisch Knochenveränderungen fest, die in ihrer Anordnung und Verteilung den Hautherden ähnelten. In den Rippen ließ sich eine diffuse bzw. fleckige Osteoporose mit Verdickung der Knochenbälkchen erkennen. Die Autoren nahmen an, daß die Veränderungen lokalisierten Mastzellenansammlungen entsprachen. CLYMAN u. REIN, die daraufhin 8 eigene Fälle untersuchten, konnten bei einer Erwachsenen Kalkablagerungen und Vergrößerungen der Markhöhle und bei einem 3jährigen Kinde multiple Osteochondrome nachweisen. CALNAN stellte bei 2 Frauen mit seit einigen Jahren bestehender U.p. röntgenologisch nicht eindeutig diagnostisch verwertbare Defekte im knöchernen Schädel und SOBEL in 3 Fällen (1 Kind, 2 Erwachsene) bereits verkalkte Knochenveränderungen fest. Bei dem schon genannten juvenilen Fall von ASBOE-HANSEN (1955) mit lokalisierter U.p. waren in der Epiphyse des linken Capitulum humeri, des Olecranon und der Trochlea röntgenologisch unregelmäßige Aufspaltungen nachzuweisen. CORDERO konnte bei einem 18jährigen (U.p. juvenilis perstans) Osteoporose der Schädelknochen feststellen. Bei 3 von 9 röntgenologisch untersuchten U.p.-Fällen wurden von Grupper Kalkablagerungen gefunden (1 Kind, 2 Erwachsene). Bluefarb u. Salk konstatierten bei ihrem adulten Fall generalisierte cystische Osteoporose mit Vergrößerung und Verdickung der Trabekel, besonders am medialen Ende der Clavicula und in den Wirbelkörpern der Brust- und Lendenwirbelsäule. Auch bei dem adulten Fall von Reilly, Shintani u. Goodman lag cystische Osteoporose vor (im Mark von Sternum und Rippen Mastzellenansammlungen). Edelstein stellte bei einem Knaben mit U.p. periostale Verdickung der Femora, Humeri und des proximalen Endes des einen Radius fest. Gulden u. Niebauer bzw. Niebauer (1956) berichteten über ein 2jähriges Mädchen mit röntgenologisch nachweisbaren Veränderungen an den metaphysären Enden der großen Extremitätenknochen. Der als Monocytenleukämie ad exitum gekommene Fall von Sagher, Liban, Ungar u. Schorr zeigte neben Osteoporose osteosklerotische Umwandlung in langen Röhrenknochen, Rippen und anderen Knochen. Der adulte Fall von Stark, van Buskirk u. Daly mit teleangiektatischer U.p. hatte generalisierte osteoporotische Veränderungen in Humeri, Femora, Lumbalwirbeln und Rippen. Knochenbiopsie ergab ,,Mastzellengranulome". Schorr, Sagher u. Liban berichteten 1956 nochmals über die von ihnen unter 15 auf Skeletveränderungen untersuchten U.p.-Patienten erfaßten beiden Fälle mit generalisierter progredienter Osteosklerose. Von Sagher u. Schorr stammt außerdem ein Bericht über 19 von 52 U.p.-Patienten, bei denen röntgenologisch Knochenveränderungen festgestellt wurden. Es handelte sich um Osteoporose und Osteosklerose in generalisierter (4 Erwachsene) oder lokalisierter (3 Kinder und 12 Erwachsene) Form. Eine größere Übersicht gab Sagher in Stockholm (1957): Auf 72 U.p.-Fälle kamen 21 mit Knochenveränderungen, die wie die Nachbeobachtung ergab, sich nicht als stabil erwiesen (Vermehrung und Abnahme). Deutsch, Ellegast u. Nosko fanden bei einem von 8 Kranken Knochenveränderungen. Unter Einbeziehung von Beobachtungen aus dem Schrifttum wiesen sie darauf hin, daß bei der U.p. sowohl Strukturvermehrung, wie auch Strukturdefekte und osteoporotische Bilder vorkommen. Der von Nosko (1956b) demonstrierte Fall hatte ein pflaumengroßes Endostom im 2. Lendenwirbelkörper und Verdichtungsherde im Darmbein und in der Compacta der Femora und der Tibien. Es käme bei der U.p. gelegentlich zu multiplen, verschieden konfigurierten endostalen Knochenbildungen, die zu Compactainseln, Enostomen oder zur Einengung des Markraumes führten oder zu Strukturdefekten durch endostalen Knochenabbau. Zak, Covey u. Snodgrass stellten bei ihrer Patientin osteolytische und osteoblastische Veränderungen an Wirbelsäule, Thorax und Becken fest (Knochenbiopsie: zahlreiche Mastzellen). Sie fanden unter 53 Fällen der Literatur 21 mit Knochenbeteiligung. Remy (1957) konstatierte in seinem Fall allgemeine Osteosklerose sowohl an der Wirbelsäule, wie auch im Becken-Bereich. Die Röhrenknochen wiesen ebenfalls Zunahme und Verdichtung der Compacta und geringe Einengung des Markraumes auf. Dagegen waren an den Schädelknochen keine wesentlichen Veränderungen sichtbar. Auch Hasselmann u. Scholdner-Oehmichen; Bürgel u. Oleck; Jensen u. Lasser; Lerner u. Lerner (mit Otosklerose); Conrad; Barrière u. Gouin (teilweise Zerstörung eines Lumbalwirbels); Havard u. Scott; McKellar u. Hall; Teichert; Kresbach u. Neubold u.a. berichteten von Knochenveränderungen. Lennert (1961), dem Schnitte der Knochenveränderungen des Falles von Sagher, Liban, Ungar u. Schorr überlassen wurden, möchte sich danach die Knochenneubildung bei der U.p. folgendermaßen vorstellen: Durch die Mastzellenwucherung würde eine starke Fibrose induziert — der Einfluß normaler und neoplastischer Mastzellen auf die Faserbildung sei allerdings noch nicht aufgeklärt —, die Fasern lägen peritrabeculär am dichtesten und würden hier mit den aus den Mastzellen stammenden, anflutenden sauren Mucopolysacchariden umspült. So entständen die osteoiden Säume, aus denen dann durch Einlagerung von Kalksalzen zuerst Faserknochen, später lamellärer Knochen gebildet werde.

Bei 2 Fällen von U.p. mit Skeletveränderungen, die histologisch untersucht wurden (SAGHER, LIBAN, UNGAR u. SCHORR; STARK, VAN BUSKIRK u. DALY) war weitgehende Übereinstimmung festzustellen, insbesondere hinsichtlich des Auftretens *osteoider Säume* an den benachbarten Knochenbälkchen. Bei den histologisch untersuchten 3 Fällen von Mastzellenretikulose (LENNERT, 1956; EFRATI, KLAJMANN u. SPITZ; BRINKMANN, 1959, 1962) fanden sich dagegen keine osteoiden Säume. Wenn die Veränderungen bei diesen 3 Fällen auch nicht einheitlich waren, so zeigten sie doch übereinstimmend eine nahe morphologische Beziehung zur Osteomyosklerose, von der die beiden U.p.-Fälle deutlich abwichen (LENNERT, 1962).

Daß ein Teil der im Schrifttum angegebenen ossalen Befunde bei U.p. dieser Erkrankung nicht zugehören, ist durchaus möglich. SAGHER et al. (1952) bemerken dazu, daß bei 2 von ihren 19 Fällen die Knochenveränderungen wahrscheinlich nicht in Beziehung zur U.p. standen. NICKEL hat in seiner Zusammenstellung zwischen in dieser Hinsicht fraglichen und sicheren ossal kompliziertenFällen unterschieden. Während die generalisierten Skeletveränderungen bioptisch oder autoptisch als Folge einer Mastzellenproliferation des Knochenmarks erwiesen werden könnten, steht für die lokalisierten dieser Beweis noch aus (LENNERT, 1962).

c) Knochenmark

Unter normalen Verhältnissen sind die Gewebsmastzellen im Knochenmark so selten, daß man sie selbst bei sorgfältigster Durchmusterung nur ausnahmsweise antrifft (BREMY). Als erster hat BERTELOTTI bei der U.p. im Knochenmark Mastzelleninfiltrate nachgewiesen. Bei dem autoptisch untersuchten Fall von ELLIS fanden sich Mastzellen im Knochenmarkparenchym nur vereinzelt, dagegen außerordentlich reichlich in der Nähe des Endosteums. HISSARD, MONCOURIER u. JACQUET (1951) fanden bei ihrem Fall 5—10% Mastzellen im Sternalmark. HAUSER führte bei verschiedenen Dermatosen systematische Sternalmarkuntersuchungen durch und konnte bei 6 U.p.-Fällen mehrfach Gewebsmastzellen feststellen. Sie fanden sich im Bereich dichterer Stromazellen in Haufen, im Markparenchym hingegen nur vereinzelt in meist runder Form. Verschiedentlich war zugleich auch eine mäßige Hyperplasie vor allem des plasmacellulären Reticulums und von Eosinophilen, die vielfach in unmittelbarer Nähe der Mastzellen lagen, auffällig. Auch im Falle BERLIN wurden reichlich Mastzellen (35%) im Knochenmark gefunden. Die positiven Befunde von REILLY, SHINTANI u. GOODMAN wurden bereits erwähnt. DEUTSCH, ELLEGAST u. NOSKO sowie BRODEUR u. GARDNER berichteten ebenfalls über Mastzellenbefunde. ASBOE-HANSEN u. KAALUND-JØRGENSEN (1956, 1959) fanden bei ihrem Patienten im Knochenmark reichlich basophile Granulocyten [∼Mast cells] (4,7—10,3%). Die Autoren waren geneigt, die Markbefunde als Beweis für eine beginnende myeloische Leukämie zu deuten, nahmen jedoch im Hinblick auf die sonstigen Befunde einen Zusammenhang mit der U.p. an. Im Falle REMY (1957) fanden sich im Knochenmark sowohl bandförmige Ansammlungen, als auch diffuse Durchsetzung mit einzelnen Mastzellen. Wie bereits erwähnt, wurden von STARK, VAN BUSKIRK u. DALY und VON ZAK, COVEY u. SNODGRASS durch Knochenbiopsie Mastzellen und von SAGHER, LIBAN, UNGAR u. SCHORR bei ihrer Kranken mit Monocytenleukämie durch Punktion und autoptisch Mastzelleninfiltrate im Knochen nachgewiesen. NISHIWAKI konstatierte bei 6 von 14 U.p.-Fällen erhöhte Mastzellzahlen im Sternalmark. Von den 23 Mastzellenretikulosen der Lennert-Tabelle (1962) hatten 20 Mastzellenvermehrung im Knochenmark.

d) Leber und Milz

Verhältnismäßig oft sind Leber und Milz beteiligt, wobei Erwachsenen-Fälle deutlich überwiegen. Erwähnt seien:

Hepato-Splenomegalie:

Juvenile Fälle

Cuccia; Liebner; Ellis; Waters u. Lacson (1956, 1957); Brodeur u. Gardner; Rider, Stein u. Abbuhl; Ehmann („angeborene Mastzellenretikulose"); Sancho; Warin u. Hughes.

Adulte Fälle

Marziani; Touraine; Hissard, Moncourier u. Jacquet (1951); Degos, Lortat-Jacob, Hewitt u. Ossipowski; Reilly, Shintani u. Goodman; Sagher, Liban, Ungar u. Schorr; Zak, Covey u. Snodgrass; Barker; Berlin; Loewenthal, Schen, Berlin u. Wechsler (Sektionsbericht des Falles Berlin); Remy (1957); Jensen u. Lasser; Stützman, Zsoldos, Ambrus u. Asboe-Hansen; de Graciansky, Grupper, Timsit u. Allaneau; Ultmann, Mutter, Tannenbaum u. Warner; Szweda, Abraham, Fine, Nixon u. Rupe; u.a.

Hepatomegalie:

Frola; Fogel u. Burgoon

Sagher, Cohen u. Schorr; Asboe-Hansen u. Kaalund-Jørgensen (1956, 1959); Hadida, Béranger, Timsit u. Streit u.a.

Splenomegalie:

Bertelotti; Touraine, Solente u. Renault; Touraine u. Renault; Bluefarb u. Salk; Grüneberg (1963) u. a.

Die klinischen Befunde wurden verschiedentlich durch bioptische oder autoptische Mastzellenbefunde in Leber und Milz ergänzt (Ellis; Balbi; Hissard, Moncourier u. Jacquet 1951; Berlin; Reilly, Shintani u. Goodman; Asboe-Hansen u. Kaalund-Jørgensen, 1956, 1959, u.a.).

Unter den 23 Reticulosefällen der Zusammenstellung von Lennert war 16mal die Leber und 19mal die Milz vergrößert, Mastzellenvermehrung wurde in der Leber 12mal und in der Milz 10mal, Fibrose-Cirrhose in der Leber 8mal und Fibrose in der Milz 2mal festgestellt. Die Mastzellenanreicherungen in der Leber waren gelegentlich bereits makroskopisch als kleine hellgraue Herde erkennbar. In der Milz war das nur selten der Fall (Näheres bei Lennert, 1962).

e) Magen und Darm

Auch gastroenteritische Erscheinungen werden häufiger einmal angegeben. Man wird geneigt sein, sie, sofern sie nicht Ausdruck einer Mitbeteiligung des Intestinums sind, als Fernsymptom der Mastocytose zu deuten (Histamin- oder Serotonineffekt?). Allerdings wäre im Hinblick auf den in einigen Fällen erwiesenen Einfluß von Nahrungsstoffen auf den Verlauf der U.p. auch daran zu denken, daß eine Gastroenteritis für das Zustandekommen der mastocytären Reaktion ursächliche (konditionelle) Bedeutung haben könnte (vgl. Ätiopathogenese!). SCHÄFER beobachtete bei einer kindlichen U.p. Magen-Darm-Störungen, CAUSSADE u. WATRIN hielten bei einem adulten Fall Verdauungsstörungen für die Ursache der Affektion. Auch FÖLDVARY berichtete von Magen-Darm-Störungen. Bei einem juvenilen Fall von ROBBA bestanden starke Diarrhoen, bei einem juvenilen Fall von MERCADAL wurde eine gastrointestinale Dyspepsie als ursächliches Moment in Frage gezogen. UDOVIKOFF erwähnt einen Kranken mit Colitis mucosa nach Ruhr, der seine U.p. mit den Darmerscheinungen in Zusammenhang brachte. Im Falle ELLIS traten Diarrhoen auf. Bei dem Patienten von SAGHER, COHEN u. SCHORR begann die U.p. nach geringer Magenstörung. Der adulte Fall von BLUEFARB u. SALK hatte seit der Kindheit gastrointestinale Symptome (Flatulenz, Obstipation im Wechsel mit diarrhoischen Phasen). Es konnte eine Proktitis und Sigmoiditis mit starker Schleimentwicklung festgestellt werden. Zu erwähnen sind ferner die adulten Fälle von CANIZARES (hartnäckige Magenbeschwerden), BERLIN (zunehmende Diarrhoe), REILLY, SHINTANI u. GOODMAN (Gastroenteritis) und DEUTSCH, ELLEGAST u. NOSKO (unbestimmte abdominale Beschwerden). Auch bei dem Fall von GRÜNEBERG, KAISER u. MÜLLER kam es zu anhaltenden anteritischen Erscheinungen. Der 5jährige Junge, über den BRODEUR u. GARDNER berichteten, wurde wegen Magenschmerzen aufgenommen. Bei dem Patienten von REMY (1957) bestanden seit längerer Zeit Oberbauchbeschwerden. Röntgenologisch wurden ein Ulcus duodeni und eine polypöse Schleimhautschwellung im Bulbus nachgewiesen. In einer größeren Arbeit aus dem Jahre 1962 geht er auf die Frage eines möglichen Befalls der Intestinalschleimhaut näher ein. Die 55jährige Patientin von ZAK, COVEY u. SNODGRASS hatte eine schwere Gastroenteritis. Bei einem adulten Fall von FITZPATRIK mit intestinalen Erscheinungen fanden sich im Dünndarm Knötchen und die Probeexcision ergab eine starke Infiltration mit Eosinophilen und Mastzellen. LENNERT gibt in seiner Tabelle (1962) 2 Fälle mit Mastzellinfiltraten in der Submucosa des Magen-Darmtraktes an.

f) Lunge

An visceralen Erscheinungen, die wie Autopsie-Befunde gezeigt haben, wohl sämtliche Organe betreffen können, ist noch die gelegentlich beobachtete Lungenbeteiligung anzuführen. Bei dem bereits genannten Fall von DE GRACIANSKY, LOEWE-LYON, GRUPPER u. TRAIEB (einzelnes Mastocytom mit Blasenschüben) fanden sich bei negativer Tuberkulin-Reaktion besonders in der rechten Lunge kleinknotige Veränderungen. BARKER stellte bei einem adulten Fall an den Lungen eine beiderseitige diffuse Netzzeichnung fest, die unter der auch sonst erfolgreichen Meticorten-Behandlung verschwand. Unter den von LENNERT (1962) zusammengestellten Fällen von Mastzellenreticulose wurde 4mal Mastzelleninfiltration in der Lunge nachgewiesen.

g) Blutbild

Einigen Beobachtungen mit myeloischer (HALKIN; TOURAINE, SOLENTE u. RENAULT; TOURAINE u. RENAULT u.a.) stehen so zahlreiche mit mehr oder weniger starker lymphocytärer Reaktion gegenüber, daß man *Lymphocytose* als ein relativ häufig zu konstatierendes Merkmal der U.p. ansehen kann. Das gilt sowohl für adulte wie juvenile Fälle. Über einen Erwachsenenfall mit einer Lymphocytose von 56% haben PAGÈS u. QUÉNARD berichtet. Die Erhöhung der Lymphocytenwerte kann selbst über die wesentlich höher liegende physiologische Grenze des Kindesalters sehr weit hinausgehen. So lag bei dem juvenilen Fall von TOL-

MAN (1935) eine Lymphocytose von 80% vor (12400 Leukocyten). Bei dem Fall von GRÜNEBERG, KAISER u. MÜLLER war die Tendenz zu lymphoider Reaktion beim Auftreten enteritischer Erscheinungen vorübergehend sogar so excessiv, daß an eine Lymphocytosis infectiosa acuta (SMITH) gedacht werden mußte. Bei Leukocyten-Gesamtwerten von 67000 bzw. 92600 betrugen die Lymphocyten 92% bzw. 84% (51—55% Gumprechtsche Schollen). In den nächsten Monaten schwankten die Leukocyten-Werte dann zwischen 6600 und 21700. Der Eosinophilenwert betrug dabei im Durchschnitt 3% und der der Lymphocyten 57%, während in den Blasen, die auch Mastzellen und Monocyten in wechselnder Zahl enthielten, durchschnittlich 22% Eosinophile, 64% Segmentkernige und nur 4% Lymphocyten festgestellt wurden.

Das Blutbild hat bei U.p. bzw. Mastocytose auch eine deutliche Tendenz zu *monocytärer Reaktion*. Bei einem adulten Fall gaben PAUTRIER, DISS u. WALTER 12% große Monocyten, 8% mittlere und 10% Lymphocyten an. LIEBNERs juveniler Fall hatte bei 13000 Leukocyten 53% Lymphocyten und 7% Monocyten. Bei einer seit 46 Jahren bestehenden U.p. (TOURAINE) betrugen die Lymphocyten 22% und die Monocyten 36% (11200 Leukocyten). Auch MONTILLI stellte bei einem juvenilen Fall außer Lympho- noch Monocytose fest. Bei dem Patienten von HISSARD, MONCOURIER u. JACQUET (1951) bestand eine Monocytose bis zu 20%. Der juvenile Kranke mit diffuser Mastzellenreticulose von DEGOS, DELORT u. OSSIPOWSKI hatte 9% große Monocyten, 29% mittlere und 14% Lymphocyten. Es wurde sogar Übergang in *Monocyten-Leukämie* beobachtet: Der bereits erwähnte adulte U.p.-Fall von SAGHER, LIBAN, UNGAR u. SCHORR kam unter diesem Bilde ad exitum.

Gar nicht so selten ist auch das Verhalten der *Blutbasophilen* auffällig. Außer bei einigen hämatologischen Krankheiten (z.B. myeloischer Leukämie [Basophilen-Leukämie]) kann es auch bei chronisch-entzündlichen Erkrankungen analog der Vermehrung der Gewebsmastzellen im Gewebe zu einer Erhöhung der Blutbasophilen kommen. Zu diesen Erkrankungen mit Blutbasophilie gehört auf dermatologischem Gebiet in erster Linie die U.p. So stellten erhöhte Basophilen-Werte fest: GOLDSCHLAG 4%; GLAUBERSON 4% (nicht 40% wie in der deutschen Zusammenfassung der Arbeit und im Referat des Zentralblattes angegeben ist); LIONETTI 6%; ASBOE-HANSEN u. KAALUND-JØRGENSEN (1956, 1959) 3,0—9,5% [ASBOE-HANSEN (1960) bei dem gleichen Fall 12—14%] u.a. Derartige Beobachtungen könnten die Annahme stützen, daß es sich bei Blutbasophilen und Gewebsmastzellen um den gleichen Zelltyp handelt. Daß bei gewissen Tieren die Gewebsmastzelle in die Zirkulation gelangt, steht fest. Nach UNDRITZ (1946a) ist beim Menschen wie bei verschiedenen Säugern auf jeden Fall im Embryonalstadium mit dieser Möglichkeit zu rechnen. Bei der leukämischen Form der Mastzellenreticulose trifft dies zu (s. Abschnitt IV, 2). Dabei wird die Unterscheidung zwischen Blutbasophilem und Gewebsmastzelle dadurch erleichtert, daß die sonst wasserunlöslichen Granula dieses Typs wasserlöslich werden können, wie die der Blutbasophilen, und die resultierende schüttere Granulierung eine Unterscheidung nach der Kernform ermöglicht. Trotzdem kann es Schwierigkeiten geben, weil bei der Mastzellenreticulose mit einer gewissen Tendenz zu Kerneinbuchtung gerechnet werden muß (vgl. BRINKMANN, 1959).

Außer erhöhten Lymphocyten- und Monocytenwerten, Vermehrung der Blutbasophilen und ganz vereinzelt beobachtetem Auftreten von Gewebsmastzellen im peripheren Blut ist noch das gelegentliche Vorkommen einer mehr oder weniger starken *Eosinophilie* zu erwähnen. Sie entspricht der auffälligen Beteiligung eosinophiler Zellen an den feingeweblichen Vorgängen der U.p. (vgl. Abschnitt Histologie).

In einer Reihe von Fällen bestand *Leukopenie* (HISSARD, MONCOURIER u. JACQUET, 1951; BERLIN; REILLY, SHINTANI u. GOODMAN; DEUTSCH, ELLEGAST u. NOSKO; HASSELMANN u. SCHOLDER-OEHMICHEN u.a.).

h) Blutgerinnung

Mit Blutgerinnungsstörungen ist vor allem bei umfangreichen Hautveränderungen zu rechnen. Während PAGÈS u. QUÉNARD bei einem adulten U.p.-Fall keine Gerinnungsabwegigkeit nachweisen konnten, haben unter anderem HERZBERG (1959) über Thrombocytopenie, MONTILLI über Verlängerung der Gerinnungszeit und Störung der Heparintoleranz und BOLGERT u. LE SOURD über Verlängerung der Blutungs- und Gerinnungszeit, Prothrombin-Erniedrigung und leichte Thrombocytopenie bei geringer Anämie und Auftreten von Ekchymosen berichtet. DEGOS, LORTAT-JACOB, MALLARMÉ u. SAUVAN stellten bei der Mastzellenreticulose, über die zunächst HISSARD, MONCOURIER u. JACQUET (1951) berichtet hatten, eine Blutungszeit von 13 min und eine Gerinnungszeit von 20 min fest (190000 Thrombocyten). CERUTTI u. MONTAGNANI, die bei Hautgesunden und bei verschiedenen Dermatosen die Heparintoleranz prüften, erhielten bei einem U.p.-Fall eine abnorm hohe und verlängerte Kurve der Blutgerinnungszeit im Sinne einer Heparin-Hyperreaktivität. Auch GRÜNEBERG, KAISER u. MÜLLER konnten bei der von ihnen eingehend untersuchten universellen Mastocytose sowohl in vitro wie in vivo eine deutliche Herabsetzung der Heparin-Toleranz nachweisen. Bei einer adulten U.p. hatten sie beim intravenösen Heparintoleranztest ein ähnliches Ergebnis. Bei der universellen Mastocytose war die Blutungszeit zeitweilig erheblich verlängert. Die Capillarresistenz war stark herabgesetzt. Auch BERLIN und REILLY, SHINTANY u. GOODMAN stellten bei ihren adulten Fällen Thrombocytopenie fest. DEUTSCH, ELLEGAST u. NOSKO konnten bei 8 genauer untersuchten U.p.-Patienten auf die Vermehrung heparinähnlicher Substanzen im Blut hinweisende Befunde erheben: Geringfügige Verlängerung der Gerinnungszeit, Verringerung des Prothrombinverbrauchs, stärkere Herabsetzung der Heparintoleranz und Verschiebung der Heparin-Protamin-Titration. Zeitweilig war auch eine Thrombocytopenie festzustellen. Bei dem Patienten von ASBOE-HANSEN u. KAALUND-JØRGENSEN (1956, 1959; vgl. auch ASBOE-HANSEN, 1960) waren die Prothrombinwerte vermindert. Im Fall REMY (1957) ergab sich ebenfalls eine Verschiebung des Gleichgewichts zwischen Gerinnungs- und Hemmfaktoren zugunsten der letzteren: Faktor VII leicht vermindert, Prothrombinverbrauch erhöht, Recalcifizierungszeit verlängert, Heparintoleranztest deutlich pathologisch (mit zunehmender Heparinkonzentration erheblich verlängerte Gerinnungszeiten). Der Verlauf des Plasmathrombokinase-Bildungstestes war für die Antithrombokinase-Wirkung des Heparins charakteristisch. Es bestand auch geringfügige Thrombocytopenie. MENEGHINI u. HOFMANN konnten bei 14 Fällen von U.p. (davon 8 juvenile) keine Zeichen hämorrhagischer Diathese feststellen. Alle Laboratoriumsbefunde waren normal (Coagulationszeit, Heparin-Toleranz, Prothrombinzeit etc.). Die Capillarresistenz war in keinem Fall vermindert. 15minütiges energisches Reiben der ganzen Hautoberfläche änderte die Gerinnungszeit nicht signifikant. Zunahme der gerinnungshemmenden Faktoren bei der U.p. wird von diesen Autoren auch im Hinblick auf die Angabe der Literatur als selteneres Phänomen gewertet. Sehr eingehende gerinnungsanalytische Untersuchungen wurden von LANDBECK an 7 Fällen ohne sicheren Hinweis auf eine Blutungsstörung durchgeführt. Bei allen Patienten war eine leichte Aktivitätsminderung und sehr rasche Inaktivierung der gebildeten Plasmathrombokinase nachzuweisen. Die Heparintoleranz-Prüfung fiel bei allen, die Heparin-Protamin-Titration fast bei allen pathologisch aus. Es war also mit einer Vermehrung heparinartiger Anticoagulantien zu rechnen. Herzberg (1959), der einen Fall mit klinisch latenter Hyperheparinämie eingehend durchuntersuchte, möchte auf Grund seiner Befunde Kompensationsmechanismen für das Ausbleiben einer hämorrhagischen Diathese verantwortlich machen. Vilanova, Castillo u. Pinol Aguade stellten bei Probeexcision (schwere Blutung) eine Coagulations-störung fest, die sich nach 3 Wochen wieder normalisierte. Auf Gerinnungsstörun-gen wurde auch in neuerer Zeit gelegentlich hingewiesen (Diegner u. Krüger; de Graciansky, Grupper, Timsit u. Allaneau u.a.).

i) Lipoproteid- und Proteinstoffwechsel

Auch die Veränderungen im Lipoproteidstoffwechsel sprechen eindeutig dafür, daß bei der Mastocytose eine *Hyperheparinämie* vorliegt. Remy (1957) stellte bei seinen Patienten eine deutliche Hypercholesterinämie, Verminderung der Phospho-lipoide, einen hohen Anteil der α_1-Fraktion der Lipoproteide und dazu ein relativ hohes Gesamteiweiß im Serum ohne wesentliche Veränderung der Eiweißfraktio-nen fest, ein gerade umgekehrtes Verhalten, wie es bei der Arteriosklerose beob-achtet zu werden pflegt. Gegen einen wesentlichen Einfluß auf den Fettstoff-wechsel bzw. eine ausgeprägte Heparinämie sprechen Untersuchungen von Braunsteiner bei Mastocytose-Patienten. Insbesondere konnte keine Aktivie-rung des Klärfaktors (Lipoproteidlipase) festgestellt werden. Bei dem adulten Fall von Michel, Morel u. Creyssel ergab die Elektrophorese eine leichte Er-höhung der α_2- und β-Fraktion der Globuline. Asboe-Hansen u. Kaalund-Jørgensen (1956, 1959) berichteten von einer beträchtlichen Hyperglobulin-ämie und einer Hypalbuminämie (adulter Fall).

2. Die (maligne) Mastzellenretikulose

Im Hinblick auf die relativ häufige Beteiligung der Lymphknoten und ge-legentlich beobachtete Blutveränderungen ist schon in frühen Jahren daran gedacht worden, daß es sich bei der U.p. um eine allgemeine Bluterkrankung (Little, 1905/1906) bzw. eine „Pseudoleukämie" (Darier, 1905; Jeanselme u. Touraine) handeln könne (vgl. Török, 1928a). In einem Bericht über einen adulten U.p.-Fall mit Blutbildveränderungen und Milztumor wurde von Tou-raine, Solente u. Renault unter Hinweis auf Hudelo u. Cailliau und Weissenbach von „Réticulose mastocytaire" gesprochen.

Aufgrund autoptischer Feststellungen an einem 1jährig verstorbenen Neger-mädchen mit knotigen Hautveränderungen und Hepatosplenomegalie kam Ellis zu der Auffassung, daß es sich bei der U.p. analog den Vorstellungen von Tou-raine, Solente u. Renault um eine System-Krankheit (canceröses Masto-cytom) handle. Es fanden sich bei der Autopsie in den verschiedensten Organen Mastzellinfiltrate, die in den Lymphknoten und im Knochenmark metastasen-artig wirkten. Unmittelbare Todesursache war Lungenödem mit Aspiration von Mageninhalt als Folge einer extremen Kachexie gewesen. Noch größere Bedeu-tung ist dem 1951 von Hissard, Moncourier u. Jacquet veröffentlichten Fall einer neuen als „Mastocytose" bezeichneten Hämatodermie beizumessen. Sie stellten bei einem 51jährigen Mann ein persistierendes, fast generalisiertes Ery-them geringen Grades, multiple knotige, z.T. tumoröse Veränderungen am Stamm und im Gesicht und Hepatosplenomegalie fest. Es kam — meist nachts — zu Anfällen von Tachykardie, Präcordialschmerz, Juckreiz und Anschwellung der Haut von etwa 15—30 min Dauer. Sternal- und Milzpunktion ergaben hohe

Mastzellwerte. Das Besondere dieses Falles war die Feststellung von Gewebsmastzellen im Blut, und zwar zu 1—2% bei wiederholter Untersuchung. Nach Provokation (Adrenalininjektion bzw. Milzpunktion) betrug ihr Anteil sogar bis zu 47%. Dieser Fall wurde später von DEGOS, LORTAT-JACOB, MALLARMÉ u. SAUVAN nochmals eingehend untersucht („Reticulose á mastocytes"). Die Haut war im ganzen beträchtlich verdickt, stärker gefurcht und gefeldert und fahlgelblich gefärbt mit einem geringen lila Beiton an Stamm und Unterschenkeln. In ihr lagen verstreut zahlreiche z.T. erodierte Knoten, während sie im Bereich der Leistenbeugen und Axillen scrotumähnlich pachydermisch bzw. papillomatös verändert war. Die Leber war nur wenig, die Milz stark vergrößert, in Knochenmark, Lymphknoten und Milz beträchtliche Mastzellenbefunde. Der Kranke starb 6 Jahre nach Auftreten der Erscheinungen.

Diese beiden Fälle entsprechen nach DEGOS, DELORT u. OSSIPOWSKI der *bösartigen Form der Mastocytose*, die durch Mastzellenproliferation in Haut, Lymphknoten, Knochenmark, Blut und verschiedenen Eingeweiden (Milz, Leber etc.) charakterisiert sei. NICKEL rechnet zum „malignen" Typ Fälle mit wirklich *eindeutigen* ossalen Veränderungen, vor allem aber mit Eingeweide-Beteiligung und leukämischen Erscheinungen. Lymphknotenschwellungen und nicht sicher zu beurteilende Knochenveränderungen — wir haben bei Aufzählung der extracutanen Erscheinungen der U.p. Lymphnoten und Knochen deshalb auch an den Anfang gestellt — sind jedenfalls als Malignitätszeichen nicht zu verwerten, während mit der U.p. in Zusammenhang stehende Knochenveränderungen und *vor allem viscerale Erscheinungen* mit der Möglichkeit eines Übergangs in einen malignen Verlauf rechnen lassen.

Nach LENNERT (1962) ist die Bewertung der U.p. mit Skeletveränderungen, jedoch ohne weitere Generalisationszeichen schwierig. Skeletbeteiligung könne nicht ohne weiteres als Generalisationszeichen im Sinne eines malignen Prozesses gelten, da bei U.p. Knochenveränderungen festgestellt worden seien, die sich von denen bei Mastzellenretikulose unterschieden. Nur wenn noch andere Zeichen der Generalisation vorlägen, könne man derartige Fälle zur Retikulose rechnen. Diese Aussage über die histologische Unterscheidbarkeit der Knochenveränderungen stützt sich bisher nur auf ein sehr kleines Material. In seiner Tabelle der Mastzellenretikulose-Fälle sind als „sicher" außer den bereits genannten von ELLIS und HISSARD et al. 17 Fälle angeführt (16 adulte, 1 juveniler), von denen 6 keine U.p. aufwiesen (2 lediglich flush). Genannt seien: Fall BLUEFARB u. SALK: 30jähriger mit teleangiektatischer U.p., die gleichzeitig mit Magen-Darm-Störungen im Alter von 11—12 Jahren aufgetreten war; schwere Gastroenteritis, Splenomegalie, cystische Osteosklerose. Fall REILLY, SHINTANI u. GOODMAN: Adulte U.p.; schwere Gastroenteritis, Hepatosplenomeglie, cystische Osteoporose. Fall BERLIN: Maculopapulöse bzw. nodulöse U.p. mit Schleimhautbeteiligung, hartnäckigen Diarrhoen, Hepatosplenomegalie, 35% Mastzellen im Sternalmark, Blutungsneigung (Thrombocytopenie [50000]); Sektionsbefund (LOEWENTHAL, SCHEN, BERLIN u. WECHSLER): Mastzellenanhäufungen in Milz, Leber, Knochenmark und Nieren. Fall BRODEUR u. GARDNER: 5jähriger mit U.p., Hepatosplenomegalie, Blutungsneigung und Magenschmerzen, Mastzellen im Sternalmark, in Lymphknoten und im peripheren Blut. Fall STARK, VAN BUSKIRK u. DALY: 54jähriger mit teleangiektatischer maculöser U.p. und osteosklerotischen Knochenmarkveränderungen. Fall DEUTSCH, ELLEGAST u. NOSKO: 50jähriger mit Skeletveränderungen und Knochenmarkinfiltration. Fall SAGHER, LIBAN, UNGAR u. SCHORR: 55jährige mit U.p. von 5jähriger Dauer; kam als Monocyten-Leukämie ad exitum. Schon einige Jahre zuvor hatte die Monocytose 17% betragen. Röntgenologisch ließen sich osteoporotische und osteosklerotische Knochenver-

änderungen nachweisen. Es bestanden Lymphknotenschwellungen und Hepatosplenomegalie. Bei Leukocytenwerten von 430000—248000 betrug der Monocytenanteil 50—78%. Frisch entstandene bläulich-weiße Knötchen erwiesen sich
als Monocyteninfiltrate. Die Autopsie ergab außer Mastzelleninfiltraten in Haut
und Knochen Monocyten-Leukämie mit Beteiligung der Haut, Lymphknoten,
Tonsillen, des Knochenmarks, der Leber, Milz, Niere, des Pankreas, Epi- und
Myokards, der Lungen, des Magens und Darms, der Nebennieren und der Augen.
Fall Asboe-Hansen u. Kaalund-Jørgensen (1956, 1959): 35jähriger, bei dem
aus voller Gesundheit ein aus U.p.-Herden, disseminierten Xanthomen und
Histiocytomen bestehendes Exanthem auftrat, Mastzellenvermehrung in Haut,
Leber und Knochenmark (ergänzender Bericht von Asboe-Hansen, 1960). Fall
Remy (1957) mit U.p., Hepatosplenomegalie, Skeletveränderungen und Mastzelleninfiltration des Knochenmarks. Fall Zak, Covey u. Snodgrass: 55jährige
mit seit 6 Jahren bestehender maculöser U.p., schwerer Gastroenteritis, Hepatosplenomegalie und ossalen Veränderungen. Fall Waters u. Lacson (1957).
9 Monate alter Säugling mit U.p., Hepatosplenomegalie, Lymphknotenschwellung, Mastzelleninfiltration in Leber, Milz, Lymphknoten und Knochen und
einzelnen Mastzellen im Blut.

Von den Fällen ohne bzw. ohne charakteristische Hauterscheinungen seien
der Fall von Lennert (1956), der Fall von Efrati, Klajman u. Spitz mit bis
50360 Mastzellen pro mm³ im Blut, der Fall Friedman, Will, Freiman u.
Braunstein mit 64% Mastzellen (bis 100000 Leukocyten) im Blut und der Fall
Brinkmann (1959, 1962), mit terminal 20000—25000 Mastzellen und Eosinophilen (über 70000 Leukocyten) im Blut und ein Fall von Gonnella u. Lipsey
erwähnt.

Außer den von Lennert (1962) angeführten unsicheren Fällen (vgl. Tabelle)
seien noch genannt: ein adulter Fall von Degos, Lortat-Jacob, Hewitt u.
Ossipowski mit sehr ausgeprägten diffus-cutanen, teils vegetierenden Hauterscheinungen mit Hepatosplenomegalie und diskreten Lymphknotenveränderungen, der als Mastzellenretikulose bezeichnete adulte Fall mit lentikulären
U.p.-Herden, dunkelroten bzw. bräunlichen erythrodermischen Veränderungen
und starkem Juckreiz von Degos, Delort u. Ossipowski, ein Fall von Michel,
Morel u. Creyssel mit fleckförmiger, teilweise betont lichenoid-papulöser
generalisierter U.p. und zeitweiliger Markmastocytose (Übergang in maligne
Retikulose?), ein adulter Fall von Hadida, Beranger, Timsit u. Streit mit
stärkeren, Teleangiektasien aufweisenden Hautveränderungen, leichter Lebervergrößerung (Cirrhose), osteoporotischen Knochenveränderungen und reichlich
Mastzellen im Knochenmark, ein adulter Fall von Havard u. Scott, eine adulte
Mastzellenretikulose ohne Hauterscheinungen (G. Bloom, Franzén u. Sirén),
ein adulter Fall von Grüneberg (1963) mit Splenomegalie und Lymphknotenschwellungen, ein adulter Fall von Mutter, Tannenbaum u. Ultmann bzw.
Ultman et al. mit Mastzelleninfiltration in den verschiedensten Organen und
ein adulter Fall von Kresbach u. Neubold. Nach Lennert (1961) müssen
4 Bedingungen erfüllt sein, wenn man eine Mastzellenretikulose diagnostizieren
will:

1. Es darf keine Grundkrankheit bestehen, die zu einer reaktiven Mastocytose
geführt haben könnte.

2. Die Proliferation muß mehr oder weniger generalisiert sein, d.h. wenigstens
Knochenmark, Leber und Milz sowie eventuell Lymphknoten betreffen.

3. An den gewucherten Zellen müssen Malignitätszeichen nachweisbar sein:
Zell- und Kernatypien, Verschiebungen der Kern-Plasmarelation zugunsten der
Kerne, große Nucleolen etc. Außerdem sind — im Gegensatz zur reaktiven

Mastocytose — nicht selten Mitosen, z.T. sogar in großer Zahl (auch atypische Mitosen), nachweisbar, gelegentlich Auftreten ein- und mehrkerniger mastocytärer Riesenzellen (Polyploidisierung). Die wasserunlöslichen Granula können wasserlöslich werden (vgl. BRINKMANN, 1959, 1962). Die Toluidinblau-pH-Reihe (SCHUBERT; LENNERT u. SCHUBERT, 1959, 1961; LENNERT u. BACH) zeigt Unreife an (SO_4-Veresterung der sauren Mucopolysaccharide unvollständig [vgl. demgegenüber die entsprechenden Unterschiede zwischen juveniler und adulter U.p. (Diss. MAY; GRÜNEBERG u. MAY)].

4. Die Erkrankung führt trotz etwaiger Remissionen in relativ kurzer Zeit zum Tode.

Der pathologisch-anatomisch auffälligste Befund der Retikulose sei die rege Gitter- und Kollagenfaserbildung an den Orten der Mastzellproliferation (LENNERT, 1956): Lebercirrhose, Milzfibrose, Lymphknotenfibrose, Knochenmarkfibrose, Spongiosklerose.

In diesem Zusammenhang seien auch die *Mastocytome der Hunde* erwähnt, die solitär und dann meist gutartig oder multipel und dann offensichtlich bösartig vorkommen (Literatur bei BREMY bzw. NICKEL). Die malignen Mastocytome setzen sich vorwiegend aus unreifen Zellen mit spärlichen, staubförmigen, wenig färbbaren Granula zusammen und weisen Zellpolymorphie, gelegentlich Mitosen und vor allem ektoplasmatische Zelleinschlüsse auf. Ob es sich dabei wirklich um echte Geschwülste handelt, erschien KÖHLER noch nicht genügend abgeklärt. Die in Hundemastocytomen beobachteten cytoplasmatischen Strukturen wurden von ELLIS bei seinem juvenilen Fall von Mastzellenretikulose nicht festgestellt. Auch bei Mäusen, beim Pferd und bei anderen Tieren kommen Mastzellentumoren vor (Arbeiten über Tier-Mastocytome: F. BLOOM; BLOOM, LARSSON u. ÅBERG, 1958a, b; HEAD; ORKIN u. SCHWARTZMAN). Hinsichtlich experimentell erzeugter maligner Mäuse-Mastocytome sei auf SCHAUER verwiesen, der zu seinen Untersuchungen über die Mastzelle unter anderem das von DUNN u. POTTER 1957 mit Methylcholantren und das von FURTH, HAGEN u. HIRSCH 1957 durch Röntgenbestrahlung hervorgerufene Mastocytom verwendete. Eine eingehende elektronenmikroskopische Studie über das transplantable, maligne Furthsche Mäusemastocytom stammt von G. BLOOM.

V. Ätiopathogenese

Eine Mastocytose, d.h. eine Mastzellenhyperplasie von reversiblem, doch weitgehend stabilem Charakter dürfte auf *erblicher Anlage* beruhen. Für Auftreten und Ablauf scheinen aber *Faktoren verschiedenster Art* bestimmend zu sein. Nach MENEGHINI u. HOFMANN könnte es sich um einen metabolischen Fehler des Bindegewebes handeln, der sowohl frühzeitig, wie auch im Erwachsenenalter auftreten könnte und unter dem Aspekt einer Haut-Thesaurismose seinen Ausdruck fände (auslösende Faktoren: anaphylaktische Krise? Infektion?). REMY (1957) meint, daß man die U.p. als das bisher noch fehlende Paradigma einer genuinen Mastocytose den symptomatischen Mastocytosen mit Mastzellenvermehrung im Knochenmark gegenüberstellen kann, die bestimmte Formen aplastischer bzw. hämolytischer, aregeneratorischer Anämien kennzeichnen und auf chronisch-entzündliche Veränderungen im reticulo-histiocytären System hinweisen. Nach LENNERT (1961, 1962) tritt die gutartige diffuse Mastzellenproliferation (Mastocytose) — reversible Mastzellenhyperplasie im Sinne GOTTRONS (1960) — im allgemeinen reaktiv auf (lokalisiert oder generalisiert in weiten Teilen des RHS). Die Mastocytose bei Makroglobulinämie Waldenström und bei aplastischen Anämien bedürfe noch der Interpretation. Die Mastzellenretikulose stelle die Hämoblastose der Gewebsmastzelle dar (maligne Neoplasie einer Funktionsform des Reticulum).

1. Familiäres Vorkommen

Zwillingserkrankungen beobachteten außer ROSENTHAL (eineiig) und HALLÉ u. DECOURT, SÉZARY u. HOROWITZ (eineiig) — bei einem 2eiigen Paar war nur der eine Zwilling befallen — DOMMARTIN und TEJEIRO-DE-AUSTER u. BONAFINA. Daß die U.p. bei eineiigen Zwillingen sowohl konkordant, wie auch diskordant auftreten kann, beweist ein Fall von NÉKAM jr. (ein Zwilling befallen). Auch im Falle BRODEUR u. GARDNER war nur ein Zwilling befallen (eineiig?). Bei einem zweieiigen Paar von LYNCH hatte nur ein Zwilling U.p. DARIER (1905) sah bei 3 von 4 Geschwistern U.p. Familiäres Auftreten beobachteten auch BEHREND; BEATTY; KYRLE (vgl. TÖRÖK, 1928a). Der Vater eines von RACINOWSKI beobachteten Kindes hatte in der Jugend ebenfalls U.p. RYGIER-CEKALSKA sah die Erkrankung bei 2 Geschwistern, deren verstorbener Vater sie auch gehabt hatte. Über U.p. bei Schwestern, Bruder und Sohn der Schwester berichteten VAN DER MEIREN, MORIAMÉ, ACHTEN u. LEDOUX-CARBUSIER und über eine Erkrankung von Vater und Tochter GROSS u. HASHIMOTO. Wie schon erwähnt, sahen BURKS jr. u. CHERNOSKY bei 2 Geschwistern an der Vulva 1 bzw. 2 U.p.-Knoten (der eine der beiden an gleicher Stelle) und JACOBS bei Mutter und Tochter einen Solitärherd auf der gleichen Gesäßseite.

Erwähnenswert sind auch folgende familiäre Kombinationen: Kind U.p. — Vater und Bruder der Mutter Heufieber (GREENBAUM), Kind U.p. — Mutter gesteigerte Reaktion auf Insektenstiche (KINEBUCHI, 1938), Mutter U.p., Heuschnupfen und Asthma — ein Kind Urticaria, ein zweites starb an Ekzem (MULZER), Kind mit diffuser Mastocytose — beide Eltern hatten urticariellen Dermographismus (BRAUN-FALCO u. JUNG). Auf jeden Fall spricht die gelegentliche familiäre Häufung der recht seltenen U.p. für Erblichkeit mindestens der Krankheitsbereitschaft (HOEDE).

Da das familiäre Vorkommen der U.p. immer wieder als ein Argument für ihre Naevus-Natur herangezogen worden ist, sei auf diese Frage hier kurz eingegangen. Die Deutung der U.p. als Naevus bzw. naevoide Affektion ist im älteren Schrifttum vorherrschend (ULICZKA: „Urticaria naeviformis"), doch auch in neuerer Zeit vertreten worden. Nach TÖRÖK (1927), auf den verwiesen sei, handelt es sich um einen pigmentierten Naevus („Naevus pigmentosus urticans" bzw. „Chromelasma urticans"). MELCZER, der die Bezeichnung „Heparinoderma" vorschlug, möchte die Mastzelleninfiltrate als Mastzellennaevi ansehen. SZAUBERER spricht von „Naevi besonderen Typs". Die weitgehende Stabilität der Erscheinungen — ORMSBY sah dieselben Herde an gleicher Stelle bis über das 30. Lebensjahr bestehen — ist als ein weiteres Argument für die Auffassung der Affektion als Naevus in Anspruch genommen worden — so in neuerer Zeit u.a. von JAEGER, DELACRÉTAZ u. CHAPIUS. Daß der von ihm selbst bei einer U.p. einwandfrei festgestellte Wechsel der Erscheinungen die Naevus-Natur nicht unbedingt widerlege, hat SCHUERMANN (1940) betont. IKEDA widersprach der Naevus-Auffassung unter Hinweis darauf, daß sich gerade beim Unna-Typus neue Herde mit Mastzellenhyperplasie künstlich erzeugen ließen. Sie wurde auch von STÜHMER; FÖLDES u.a. abgelehnt.

2. Konditionelle Faktoren

Daß sich die Erscheinungen der U.p. unter *thermischen Reizen* verstärken können, wurde bereits erwähnt. Auch Anstrengungen und psychische Einflüsse machen sich unter Umständen geltend. Nach intensiver *Sonnen-* bzw. *Höhensonnenbestrahlung* sind Erstausbrüche beobachtet worden (DÖRFFEL; v. HUSEN). Vielfältige Beobachtungen weisen auf die ursächliche Bedeutung von *Ernährungseinflüssen* hin: Schübe nach bestimmten Erdbeer- bzw. Birnensorten (HÖLZER), nach Bananen (PIPPING), Verstärkung der Erscheinungen nach Erdbeeren, eingemachtem Obst u. a. (JUNG), Beginn ungefähr gleichzeitig mit Magenoperation, Abnahme unter fleischarmer Diät (Fall der Hautklinik Bad Cannstatt, E. SCHMIDT), Besserung nach Ausschaltung von Möhren, Vaughan-Test positiv (MEMMESHEIMER), Ausbleiben der urticariellen Reaktion bei fleischfreier Diät (OZSGYANYI), Auftreten der U.p. bei Absetzen der Muttermilch (v. GRUNDHERR), gleichzeitiges Bestehen einer adulten U.p. mit einem durch Alkoholabusus bedingten Magenleiden mit Leberschwellung (GOÉKOWSKI), u.a. Bei einem 14monatigen Mädchen bestand nutritive Allergie gegenüber allen Milcharten, außer Eledon-Milch, bei deren alleiniger Anwendung sich die U.p. zeitweilig besserte (WILDE). Bei einem 5jährigen Kinde (Tübinger Klinik) soll sich nach Angaben der Mutter die U.p. bei extremem Fettentzug etwas gebessert haben (UDOVIKOFF). Bei einer 42jährigen Mulattin trat die U.p. nach 14tätiger Einnahme von Amidopyrin und Aspirin auf (H. FOX, 1929). Allergie gegen Erbsen und Erdnüsse bestand bei einem 40jährigen U.p.-Patienten von BEERMAN, ZINSSER u. SOLOMON. DARIER (1923) hat als erster die Vermutung ausgesprochen, daß Verdauungsstörungen für die U.p. ursächliche Bedeutung haben könnten. Wir haben diese Frage gelegentlich der Besprechung der extracutanen Erscheinungen der U.p. schon kurz gestreift. Unter Hinweis auf die dort angeführten Beobachtungen sei nochmals betont, daß die soeben aufgezählten, zum Teil recht überzeugenden Beispiele einer gelegentlich festzustellenden Abhängigkeit der mastocytären Reaktion von Ernährungseinflüssen daran denken lassen, daß die insbesondere bei ausgeprägten Mastocytosen vorkommende Gastroenteritis auch einmal ein konditioneller Faktor der Affektion sein könnte und nicht nur als Effekt gesteigerter Mastzellenfunktion bzw. als Ausdruck einer Mitbeteiligung des Intestinum zu deuten wäre.

Man hat die U.p. auch mit anderen Erkrankungen ganz verschiedener Art in einen ursächlichen Zusammenhang bringen wollen bzw. eine Aufeinanderfolge beobachtet. Dabei wurden auch Krankheiten der Mutter mit einbezogen: Lipoidstoffwechselstörungen während der Schwangerschaft (GONZALEZ), Verstärkung einer chronischen Rhinitis während des Stillens (RANDAZZO), vor allem aber Cervix-Gonorrhoe während der Schwangerschaft und Syphilis. Bei dem schon mehrfach genannten Fall von ELLIS hatte die Mutter eine Cervix-Gonorrhoe durchgemacht. Es wurde deshalb die Frage eines ursächlichen Zusammenhangs in Erwägung gezogen. DUPERAT u. GRUPPER und DEGOS et al. (1952, 1957) berichteten über gleiche Beobachtungen. GRUPPER u. DE BRUX haben sich dann anhand von 5 Fällen der Literatur über die Frage des ursächlichen Zusammenhangs zwischen mütterlicher Gonorrhoe und kindlicher U.p. geäußert. Es sei ferner auf SOBEL verwiesen. Auch im Falle LAUGIER u. DELAFIN hatte bei der Mutter während der Schwangerschaft eine Cervicitis gonorrhoica bestanden. Syphilis der Mutter bzw. connatale Syphilis wurden von JERSILD bzw. LIONETTI angegeben. JONQUIERES möchte in den meisten Fällen von U.p. Syphilis connata als Ursache annehmen.

Neuerdings wurde über ein Kind mit connataler Mastocytose berichtet, dessen Mutter eine Dermatitis herpetiformis hatte (Nichtübereinstimmung der Rh-Faktoren) (DALION, AMIEL-TISON u. NUNEZ).

Adulte Fälle mit nicht bzw. ungenügend behandelter Syphilis in der Anamnese sind von MICHAEL und von TOURAINE u. RENAULT beobachtet worden.

Man hat U.p. im Verlauf einer typhösen Erkrankung (SIMON u. BRALEZ), nach Varicellen (WERTHEIMER, 1926), nach Meningitis (H. FOX, 1927), nach Scharlach (FUCHS), nach Masern (TIRLEA, FEODOROVICI u. SCHNEIDER; CARDAMA, GATTI u. KLEIMANS), nach penicillinbehandelter Pneumonie (JENSEN u. LASSER), nach Furunkulose (DIEGNER u. KRÜGER), nach Injektion von Keuchhusten-(MICHELSON), von Tetanus-Serum (TOURAINE u. RENAULT) und nach Aureomycingabe (VANDAELE) auftreten sehen. Bei einem adulten Fall von SCHÄFER lag eine Gallenblasenentzündung vor, bei einem Fall von PIPPING kam es im Anschluß an Gallenkoliken zum Ausbruch der U.p. Er erwähnt auch Auftreten nach Angina und nach Gasvergiftung. Bei einem adulten Fall von GÓMEZ-ORBANEJA, MORALES u. RODA fiel die Intradermo-Reaktion mit Enterokokken und Coli stark positiv aus. Behandlung mit Autovaccine führte zu vorübergehender Besserung. Abheilung einer U.p. nach operativer Entfernung eines Darmkrebses beobachteten COHEN, RAISBECK u. BAER). Es seien noch einige Kombinationen angeführt: U.p. mit Pigmentcirrhose (MICHEL, BOUVIER u. MONNET), mit Retothelsarkom (BÜRGEL u. OLECK), mit Morbus Hodgkin (WEIDMAN u. FRANKS), mit einem als Teratom gedeuteten bösartigen Mediastinaltumor (ALLEGRA, 1965) und — wohl als zufällige Koinzidenz — U.p. mit dem Klippel-Trénauney-Syndrom (v. ZEZSCHWITZ).

Überzeugender sind einige Beobachtungen auf endokrinem Gebiet. So hat BUTLER (1926, 1929) jahrzehntelang einen Kranken nachkontrolliert, dessen U.p. nach Kropfoperation vollständig verschwand. SAINZ DE AJA konnte eine Frau mit U.p., Quinckeschem Ödem und Neurodermitis, die Zeichen einer Schilddrüsen- und Ovarialinsuffizienz bot, mit Thyreoidin und Ovarialextrakt heilen. LYNGYEL brachte bei einer Frau mit totaler Amenorrhoe und uteriner Hypoplasie die U.p. durch Ovarialpräparate in kurzer Zeit zur Rückbildung. Eine ovarielle Störung lag auch bei Fällen von PIPPING und SCHOCH vor. Eine Patientin von SWEITZER hatte in 5 Schwangerschaften eine mit dem 2. Schwangerschaftsmonat beginnende U.p. Ein ähnlicher Fall wurde von KÄRCHER vorgestellt. Bei Fällen von PAUTRIER (1925); SPILLMANN, DROUET u. CARILLON und UDOVIKOFF traten die ersten Erscheinungen nach einer Geburt auf. SCHOCH demonstrierte einen U.p.-Fall mit pluriglandulären Störungen. Das gelegentlich beobachtete Erstauftreten im Klimakterium wurde bereits erwähnt. Bei einem Kleinkinde traten gleichzeitig U.p. und Myelosis erythroleukaemica chronica vom Typus Cooley auf und ließen sich in gleichem Maße durch Röntgenbestrahlungen beeinflussen (GATTO). Die Hauterkrankung wurde als mögliche Folge der Einwirkung abnormer, durch die Erythroleukämie bedingter Stoffwechselprodukte gedeutet. Auf die Bedeutung von Amyloidablagerungen für das Zustandekommen einer mastzelligen Reaktion wurde bereits hingewiesen und der Fall RUKAVINA, DICKISON u. CURTIS genannt (s. unter Histologie).

Abschließend sei noch erwähnt, daß von WALTHER 2 im gleichen Hause wohnende und die gleiche Küche benutzende Frauen vorgestellt wurden, die etwa 1 Jahr nacheinander das Auftreten einer U.p. beobachteten.

VI. Differentialdiagnose

Die U.p. kann mit der Urticaria chronica c. pigmentatione verwechselt werden. Diese ist nach FUHS von ihr dadurch zu unterscheiden, daß bei völligem Fehlen von Mastzellen reichlich Pigment vorwiegend in der Papillarschicht des Corium gefunden wird. Die Differentialdiagnose kann allerdings so große Schwierigkeiten machen — HANNAY; MALJATZKY u.a. hielten eine scharfe Abgrenzung sogar für unmöglich —, daß in Zweifelsfällen *wiederholt* histologisch untersucht werden muß. Die Urticaria c. pigmentatione ist als eine pigmentierende Urticaria haemorrhagica und nicht als eine mit verstärkter Melaninbildung einhergehende banale Urticaria aufzufassen. Deshalb spricht das Vorhandensein von Hämorrhagien und Leukocyten bei Fehlen von Mastzellen gegen die Diagnose U.p., wie beispielsweise bei einem Fall von MOUNT. Außerdem besteht die durch Hämorrhagie entstandene Pigmentierung der Urticaria c. pigmentatione nicht lange. Eisennachweisreaktionen wären heranzuziehen. WISE (1931) hat gelegentlich einer Diskussion zum Ausdruck gebracht, daß man bei der Urticaria c. pigmentatione die einzelnen Entwicklungsstadien stets unterscheiden könne. Das Fehlen des Reizphänomens spricht auf jeden Fall nicht unbedingt gegen U.p. und bezüglich des Mastzellbefundes sei auf das im Abschnitt „Histologie" Gesagte verwiesen.

Schon so mancher Fall von U.p. ist mit einem syphilitischen Exanthem verwechselt, ja, wie der Fall LOEB, jahrelang als Syphilis behandelt worden. Daß es namentlich dann, wenn, wie im Falle CHIAROLINI, noch diffuser Haarausfall hinzukommt oder die Handteller betroffen sind, zu Verwechslungen mit Syphilis, zum mindesten zunächst, kommen kann, ist verständlich, zumal ja die U.p. manchmal auch deutliche Lymphknotenschwellungen aufweist. Histologie und Serologie werden die richtige Diagnose ermöglichen, sofern nicht schon der Charakter der Effloreszenzen bzw. das Reizphänomen die Entscheidung nahelegen. Die Gefahr einer Verwechslung mit Syphilis ist bei der primär-papulösen Form der U.p. naturgemäß am größten.

Die Abgrenzung gegenüber disseminierten Syringomen (Hidradénomes éruptifs) — sie lassen entzündliche Symptome vermissen! —, der Parapsoriasis-Gruppe, Pityriasis versicolor, Arzneiexanthemen (insbesondere Phenolphthalein- und As-Exanthemen) dürfte im allgemeinen keine Schwierigkeiten machen. Die Pityriasis lichenoides chronica (Deckelschuppe! Leukoderm!) läßt sich u.U. auch etwas urticarisieren. Eine netzige U.p. kann der oft ausgesprochen lichenoiden Parakeratosis variegata sehr ähnlich sein, wie auch ein Lichen ruber planus vorgetäuscht werden kann. Einen Lichen ruber verrucosus neben typischer U.p. sah ANDREWS.

Von LAPOWSKI wurde ein früher als Xanthom demonstrierter U.p.-Fall, von H. FOX (1930) ein der U.p. ähnliches Xanthoma multiplex, von GOUGEROT, BURNIER u. ELIASCHEFF eine U.p. mit einigen xanthomähnlichen Effloreszenzen und von GRINSPAN, MOSTO u. BARNATAN wurden 2 Fälle von U.p. unter dem Bilde eines Naevoxanthoendothelioms (Mc. Donagh) — bei Diaskopie hat U.p. bräunliche, Naevoxanthoendotheliom gelbliche Farbe — vorgestellt. Über einen juvenilen Fall, der, U.p., Xanthelasma palpebrarum und Xanthomknötchen gleichzeitig aufwies, berichteten MILIAN, CAROLI u. CARTAUD. Ein weiterer Kombinationsfall ist der schon mehrfach erwähnte Fall von ASBOE-HANSEN u. KAALUND-JØRGENSEN (1956, 1959) (adulte U.p. und disseminierte Xanthome). Schon 1932 hatte WEIDMAN in einer Diskussionsbemerkung einen zwischen Xanthom und U.p. stehenden Fall erwähnt, bei dem sich Xanthomzellen fanden und den er als Naevoxanthoendotheliom (MCDONAGH) deutete. Im Hinblick auf die Xanthomähnlichkeit der als Urticaria xanthelasmoidea bezeichneten Variante der U.p. beanspruchen „Übergangsfälle" differentialdiagnostisch besondere Aufmerksamkeit. DE GRACIANSKY u. BOULLE erwähnen einen solchen Fall von GADRAT, der durch das Nebeneinander von flächenhaft angeordneten Mastzellen und von Herden histiocytärer Schaumzellen in dem Infiltrat bemerkenswert war. PIPPING sah Kombination mit Pflasterstein-Naevus und weichen Fibromen. Daß U.p.-Herde sehr selten einmal so weich und eindrückbar wie ein weiches Fibrom sein können (NOBL), ist zu beachten. DÖRFFEL berücksichtigte bei der Differentialdiagnose seines Falles das seltene Ganglioneuroma cutis. Beim Auftreten von Bläschen bzw. Blasen kann gelegentlich sehr weitgehende Ähnlichkeit mit Dermatitis herpetiformis, Pemphigus vulgaris, Pemphigus neonatorum, Epidermolysis bullosa hereditaria (z.B. Fall Grüneberg et al.), bullöser Urticaria und evtl. auch Incontinentia pigmenti bestehen. Das gerade bei diesen Formen sehr stark ausgeprägte Reizphänomen und der massive Mastzellenbefund ermöglichen die richtige Diagnose. Bei Abheilung mit Atrophie ist die von Gottron beschriebene, bei Porphyrie vorkommende Melanosis circumscripta atrophicans differentialdiagnostisch auszuschließen (vgl. Gottron u. Ellinger).

VII. Prognose

Bezüglich der banalen U.p. des Kindesalters kann man zusammenfassend sagen, daß Heilung nicht mit Sicherheit, aber wohl meist schließlich eine Abschwächung der Erscheinungen zu erwarten ist. Insbesondere scheint es in der Pubertät bzw. den darauf folgenden Jahren in der Regel zur Rückbildung zu kommen. Auf jeden Fall kann die Prognose für die juvenile U.p. quoad sanationem als relativ günstig gelten, auch hinsichtlich stärker ausgeprägter Mastocytose-Formen, obwohl wir therapeutisch kaum etwas erreichen können. Bei Beginn der U.p. vor dem 2. Lebensjahr soll die Prognose günstiger sein, als bei späterem Beginn (Niordson). Tritt die U.p. erst im Erwachsenenalter auf, ist die Vorhersage nur mit größter Vorsicht zu stellen. Ossale, vor allem aber viscerale Symptome verschlechtern sie. Stärkerer Mastzellenbefund im Knochenmark bedeutet gewöhnlich eine ungünstige Prognose (Fadem). Bei sicherer Feststellung einer Mastzellenreticulose (insbesondere der leukämischen Form) muß mit letalem Ausgang in relativ kurzer Zeit gerechnet werden. In Lennerts Zusammenstellungen (1961, 1962) betrug die Lebenserwartung nach Diagnostizierung 2—48 Monate.

VIII. Therapie

Therapeutisch ist bei der U.p. nur in einzelnen Fällen oder in sehr beschränktem Umfange (Beeinflussung von Juckreiz, Neigung zu Urticarisation und Blasenbildung) etwas zu erreichen. So ist über einige Erfolge mit Vitamin C berichtet worden (Kinebuchi, 1938; Nakamura). Bolgert u. le Sourd stellten nach Behandlung mit Milzextrakt und Vitamin K Besserung vor allen des Juckreizes und z.T. auch des funktionellen Blutbefundes fest. Toluidinblau (tgl. 100 mg peroral in Kapseln) soll eine Juckreiz stillende Wirkung haben (Lorincz). Dauertropfinfusion von Toluidinblau hatte sich nach Drennan u. Beare (1951) allerdings als unwirksam erwiesen. Chiarolini glaubt, daß durch kleine Histamin-Dosen Besserung zu erreichen sei. Mit Antihistaminica ist kein Effekt zu erzielen, wenn auch vereinzelt geringe Erfolge beobachtet wurden (A. Smith; Szodoray u.a.). Antihistaminica können allenfalls den Juckreiz mildern, gegen das Flush-Syndrom sind sie in der Regel wirkungslos (Braunsteiner). Auch Hyaluronidase (Degos, 1963) und Heparin (Stringa u. Cordero) wurden zur Therapie herangezogen. Protaminsulfat-Injektionen in den Herd bewirken Abblassung (Gulden u. Niebauer). Protaminsulfat-Gaben empfiehlt Remy (1962) bei starker Blutungsneigung. Über einen Erfolg bzw. Teilerfolg mit Terpentinbehandlung ist von Hachez, mit 2mal wöchentlich verabfolgten Bi-Injektionen (fast völlige Heilung einer bullösen, adulten Form innerhalb 6 Wochen) von Milian u. Garnier und mit Autohämotherapie von Caussade u. Watrin berichtet worden. An der Klinik Gottron wurden mit dem bei reticulären Hyperplasien allgemein bewährten Resochin bei Fällen in den ersten Lebensjahren nach $^1/_2$—1jähriger Behandlungs-

dauer befriedigende Besserungen erzielt (FISCHER). Neuerdings wurde bei U.p.
verschiedentlich Reserpin (1 mg/die 1 Woche lang), das ein starker Serotonin-
antagonist ist, mit gewissem Erfolg angewandt (BAER, BERSANI u. PELZIG;
HARBER, HYMAN, MORRILL u. BAER; DEGOS, 1963). Mit dem Antibioticum Polymyxin B erzielten bei generalisierter Mastocytose ASBOE-HANSEN (1961) und
NAMÊCHE u. MORIAMÉ vorübergehende Besserung.

Da gelegentlich endokrine Zusammenhänge bestehen — vgl. Abschnitt „Konditionelle Faktoren" — läßt sich unter Umständen auch einmal hormonell etwas
erreichen (z.B. Fall LENGYEL und Fall TRÝB: Ovarialpräparate).

Einen nur geringen Fortschritt hat die Einführung der Corticosteroide bzw. des
übergeordneten adrenocorticotropen Hypophysenvorderlappenhormons (ACTH)
in die Therapie der U.p. gebracht. ROBBINS hatte bei einer bullösen U.p. (6 Monate
altes Mädchen) mit ACTH Erfolg. Unterdrückung der Blasenschübe mit ACTH
gelang auch KRAUS, PLACHY u. VORREITH. ASBOE-HANSEN (1950d, 1952) der bei
den verschiedensten Erkrankungen die Wirkung von ACTH auf mesenchymale
Gewebe studierte, konstatierte eine Verminderung der Zahl der Mastzellen und
zugleich auch ein Absinken der histochemisch nachweisbaren Hyaluronsäure.
GRUPPER u. DE BRUX hatten mit Cortison (wie mit Thyroxin) negative Ergebnisse. URBACH, JACOBSON u. BELL haben mit Desoxycorticosteron (DOCA)
(mehrere Monate tgl. 4 mg sublingual) anhaltende Besserung erzielen können
(s. auch bei SCHREINER). BLUEFARB u. SALK sowie REILLY, SHINTANI u. GOOD-
MAN halten die Corticosteroide für unwirksam. NOSKO (1956a) erreichte mit
Hydrocortison (insgesamt 400 mg) lediglich eine geringgradige Herabsetzung des
Dermographismus. Auch Prednison wirkt allenfalls auf Juckreiz und Allgemeinbefinden (MICHEL u. MICHEL, 1956; u.a.). DAVIS, LAWLER u. HIGDON stellten
sogar eine Überlegenheit der Antihistaminica gegenüber den Steroidhormonen fest.

Anders ist eine lokale Anwendung zu bewerten. THEWES erzielte durch Unterspritzung der Herde mit Hydrocortison Untergang der Gewebsmastzellen. Auch
BLOOM, DUNER, PERNOW, WINBERG u. ZETTERSTRÖM stellten nach lokaler Anwendung von Hydrocortison an den Mastzellen regressive Veränderungen fest.
Sie waren aber weniger auffällig, als die früher an Hunde-Mastocytomen beobachteten. Immerhin ist von lokaler Corticosteroidbehandlung etwas zu erwarten.
So konnte GRUPPER bei 3 Kindern solitäre Mastocytome durch wiederholte intra-
fokale Triamcinolon-Injektionen zum Verschwinden bringen.

Abschließend noch zwei zusammenfassende Äußerungen aus neuerer Zeit.
HERZBERG (1961) beobachtete bei Verabfolgung von Glucocorticoiden in kleinen
Dosen Unterdrückung bzw. Milderung einzelner Symptome sowie der krankhaften
Veränderungen an der Haut. Außer prophylaktischen Maßnahmen (z.B. Vermei-
dung von Hitze- und Kältereizen) empfiehlt BRAUNSTEINER, bei schweren Ver-
laufsformen einen Versuch mit Cortisonpräparaten zu machen. Der Erfolg sei
allerdings begrenzt und von Fall zu Fall verschieden. Über die Einwirkung von
Hormonen auf Mastzellen finden sich Angaben bei LINDNER.

Diätetisch konnten in einigen Fällen Besserungen erzielt werden, z.B. durch
Milchdiät (BREDA) und strenge Rohkost (E. HESSE).

Man hat verschiedentlich über die Frage diskutiert, ob es sinnvoll ist, die U.p.
mit Röntgenstrahlen zu behandeln. MICHAEL berichtete 1924 über einen adulten
Fall, der nach Röntgenbehandlung (pro Feld $2^1/_4$—$2^3/_4$ HED fraktioniert zu je
$1/_4$ HED in unregelmäßigen Abständen) abheilte, doch nach einem $3/_4$ Jahr rezidivierte. Auf den temporären Charakter der Röntgen-Erfolge ist auch von H. FOX
(1926); McKEE; ORMSBY u.a. hingewiesen worden. IKEDA sah bei der U.p. juvenilis eines 18jährigen Mädchens nach 10 Wochen Abheilung. Auf jeden Fall kann
starkes Jucken, das bei der U.p. ja gelegentlich vorkommt, mit Röntgenbestrah-

lungen günstig beeinflußt werden. KERL (1931) konstatierte vorübergehende
Besserung intensiven Juckreizes unter Bucky-Allgemeinbestrahlungen. Bei der
Strahlentherapie kommen aber auch Versager vor (z. B. Fall von W. JADASSOHN
u. PAILLARD). Daß unter ionisierender Bestrahlung die Mastzellen an Zahl ab-
nehmen und funktionell verändert werden, wurde von BRUNI u. MAZZA tier-
experimentell (Ratte) festgestellt. Es sei abschließend noch erwähnt, daß PIERINI;
TOURAINE u. RENAULT u. a. klinische Heilung nach Röntgenbestrahlung der
Milz, HIRAYAMA Besserung nach 3 Bestrahlungen des Zwischenhirns sahen.

Literatur

ALDERSON: A case of urticaria pigmentosa with numerous telangiektatic and purpuric
lesions at the time of onset thirteen years ago. Arch. Derm. Syph. (Chic.) 18, 919 (1928). —
ALLEGRA, F.: Le mastocitosi dell'uomo. Contributo clinico-sperimentale. Arch. ital. Derm.
30, 238 (1960). — AMANN, R.: Zur Physiologie und Biochemie der Mastzellen. Arch. klin.
exp. Derm. 213, 565 (1961). — ANDREWS, G. C.: Urticaria pigmentosa and lichen planus
of simultaneous onset. Arch. Derm. Syph. (Chic.) 44, 500 (1941) — ARRIGHI, F.: Mastocytome
solitaire. Bull. Soc. franç. Derm. Syph. 67, 111 (1960). — ASBOE-HANSEN, G.: Urticaria
pigmentosa haemorrhagica. Acta derm.-venereol. (Stockh.) 30, 159 (1950a). — A survey of
the normal and pathological occurence of mucinous substances and mast cells in the dermal
connective tissue in man. Acta derm.-venereol. (Stockh.) 30, 338 (1950b). — La "mastzelle", facteur important dans la formation de la substance fondamentale conjonctive et
de la synovie. Bull. histol. Techn. micr. 27, 5 (1950c). — Effect of the adrenocorticotropic
hormone of the pituitary on mesenchymal tissues. Scand. J. clin. Lab. Invest. 2, 271 (1950d) —
The mast cell an object of cortisone action on connective tissue. Proc. Soc. exp. Biol. (N.Y.)
80, 677 (1952). — Autoradiography of mast cells in experimental skin tumors of mice with
radioactive sulphur. Cancer Res. 13, 587 (1953). — Localized urticaria pigmentosa with
affection of the bones. Acta derm.-venereol. (Stockh. 35, 241 (1955). — Urticaria pigmentosa
with generalized tissue mastocytosis and blood basophilia. Arch. Derm. 81, 198 (1960). —
Urticaria pigmentosa and generalized mastocytosis. Polymyxin B treatment. Arch. Derm.
83, 893 (1961). — Dermatologic aspects of mast cell activity. Dermatologica (Basel) 128,
51 (1964). — ASBOE-HANSEN, G., and J. CLAUSEN: Mastocytosis (urticaria pigmentosa) with
urinary excretion of hyaluronic acid and chondroitin sulfuric acid. Changes induced by polymyxin B. Amer. J. Med. 36, 144 (1964a). — Urinary excretion of acid mucopolysaccharides
in twelve cases of mastocytosis (urticaria pigmentosa). J. invest. Derm. 43, 81 (1964b). —
ASBOE-HANSEN, G., and O. KAALUND-JØRGENSEN: Systematic mast cell disease involving
skin, liver, bone marrow, and blood associated with disseminated xanthomata. Acta haemat.
(Basel) 16, 273 (1956). — Urticaria pigmentosa with systemic mastocytosis and disseminated
xanthomas. Acta derm.-venereol. (Stockh.) 39, 129 (1959). — ASBOE-HANSEN, G., and
H. LEVI: Mitotic division of tissue mast cells as indicated by the uptake of tritiated thymi-
dine. Acta path. microbiol. scand. 56, 241 (1962). — ASBOE-HANSEN, G., and O. WEGELIUS:
Serotonin and connective tissue. Nature (Lond.) 178, 262 (1956).
BĂDĂNOIU, A., E. FULGA u. V. GOGONEAŢĂ: Einige Beobachtungen über die Reaktionsbereitschaft der Mastzellen bei Urticaria pigmentosa. Derm.-Vener. (Buc.) 6, 225 (1961)
[Rumänisch]. Ref. Zbl. Haut- u. Geschl.-Kr. 111, 295 (1961/62). — BAER, R. L., R. BERSANI,
and A. PELZIG: The effect of reserpine on urticaria pigmentosa. Preliminary report. J. in-
vest. Derm. 32, 5 (1959). — BALASSA, B.: Urticaria pigmentosa. Demonstrationen der dermatologischen Abteilung des Israelitischen Hospitales in Budapest, Sitzg v. 10. 1. 1925. Zbl.
Haut- u. Geschl.-Kr. 19, 349 (1926). — BALBAN: Urticaria pigmentosa. Wien. Derm. Ges.,
Sitzg v. 22. 6. 1933. Zbl. Haut- u. Geschl.-Kr. 46, 411 (1933). — BALBI, E.: Richerche
intorno alla patogenesi dell'urticaria pigmentosa. G. ital. Derm. 90, 82 (1949). — BAMBER,
G.: Urticaria pigmentosa. Proc. roy. Soc. Med. 30, 1059 (1937). — BARKER, L. P.: Urticaria
pigmentosa with possible systemic manifestations. Arch. Derm. 75, 447 (1957). — BARRIÈRE,
H., et J. L. GOUIN: Mastocytose cutanée de l'adulte avec atteinte destructive d'une vertèbre
lombaire. Bull. Soc. franç. Derm. Syph. 71, 505 (1964). — BASSET, A., et J. MONFORT: Masto-
cytose généralisée (forme du nourrisson). Bull. Soc. franç. Derm. Syph. 98, 60 (1956). —
BEARE, M.: Urticaria pigmentosa and allied disorders. Brit. J. Derm. 70, 418 (1958). —
BEATTY, W.: Chronic urticaria, associated with an eruption consisting of extremely itchy
papules followed by ringed pigmentation. Brit. J. Derm. 3, 135 (1891). — BECKER, L. W.:
Aussprache zu LIEBERTHAL. — BECKER, S. W.: Urticaria pigmentosa. Arch. Derm. Syph.
(Chic.) 69, 760 (1954). — BEERMAN, H., ZINSSER and L. M. SOLOMON: Mastocytosis, ich-
thyosis vulgaris, mitral valvular disease. Arch. Derm. 91, 186 (1965). — BEHREND: Zit.
L. TÖRÖK 1928a. — BENDITT, E. P., u. D. A. ROWLEY: Zit. P. HOLTZ. — BENDITT, E. P.,

R. L. Wong, M. Arase, et E. Roeper: 5-Hydroxytryptamine in mast cells. Proc. Soc. exp. Biol. (N.Y.). **90**, 303 (1955). — Berkowitz: Urticaria pigmentosa. Arch. Derm. Syph. (Chic.) **15**, 745 (1927). — Berlin, Ch.: Urticaria pigmentosa as a systemic disease. Arch. Derm. Syph. (Chic.) **71**, 703 (1955). — Berres, H. H.: Die Diagnostik der Urticaria pigmentosa. Arch. klin. exp. Derm. **202**, 273 (1956). — Bertelotti, L.: Zit. K. Lennert 1961. — Bertolotto, R.: Mastzellen e tumori melanotici. Riv. Anat. pat. **12**, 983 (1957). — Binazzi, M., e G. Landi: Studio dei mastociti nella neurogliomatosi di Recklinghausen. G. ital. Derm. **102**, 208 (1961). — Binazzi, M., and L. Rampichini: Investigations on the regional distributions of mastcells in human skin. Ital. gen. Rev. Derm. **1**, 17 (1959). — Biozzi, G., G. Mené e Z. Ovary: Ricerche sui rapporti tra istamina e granulopoesia dell'endoteliovascolare. I. Sul meccanismo della granulopoesia dell'endotelio vascolare provocata da varie sostanze. II. Sulla granulopoesia dell' endotelio vascolare nella reazione cutanea locale della cavia. Sperimentale **99**, 341, 352 (1949). — Birt, A. R., P. Hagen, and E. Zebrowski: Amino acid decarboxylase of Urticaria pigmentosa mast cells. J. invest. Derm. **37**, 273 (1961). — Birt, A. R., and M. Nickerson: Generalized flushing of the skin with urticaria pigmentosa. Arch. Derm. **80**, 311 (1959). — Blaich, W.: Solitäres tuberöses Mastocytom mit generalisierten Gefäßkrisen. Z. Haut- u. Geschl.-Kr. **28**, 326 (1960). — Bloom, F.: Spontaneous solitary and multiple mast cell tumors ("Mastocytoma") in dogs. Arch. pat. Anat. **33**, 661 (1942). — Bloom, G. D.: Electron microscopy of neoplastic mast cells: a study of the mouse mastocytoma mast cell. Ann. N.Y. Acad. Sci. **103**, 53 (1963). — Bloom, G. D., H. Dunér, B. Pernow, J. Winberg, and R. Zetterström: Spontaneous histamine shocks in urticaria pigmentosa. Acta paediat. (Uppsala) **47**, 152 (1958). — Bloom, G. D., S. Franzén, and M. Sirén: Malignat systemic mast cell disease (mastocytoma) in man. Acta med. scand. **168**, 95 (1960). — Bloom, G. D., B. Larsson, and B. Åberg: Heparin and histamine in canine mastocytome. Acta allerg. (Kbh.) **12**, 199 (1958a). — Canine mastocytoma. Zbl. Vet.-med. **5**, 443 (1958b). — Bluefarb, S. M., and M. Salk: Urticaria pigmentosa with bone lesions, gastrointestinal symptoms and splenomegalie. Arch. Derm. Syph. Chic. **70**, 376 (1954). — Blumer: Beitrag zur Kenntnis der Urticaria pigmentosa. Mh. prakt. Derm. **34**, 213 (1902). — Boenke: Urticaria pigmentosa. Arch. Derm. Syph. (Chic.) **17**, 748 (1928). — Bolgert, M., et M. Le Sourd: Urticaire pigmentaire avec altérations hematologiques discrètes. Bull. Soc. franç. Derm. Syph. **56**, 353 (1949). — Bondet, P.: Urticaire pigmentaire sans urticarisme. Bull. Soc. franç. Derm. Syph. **62**, 69 (1955). — Bory, L.: Urticaire pigmentaire; crises nitritoides occasionnées par des applications cryotherapiques. Bull. Soc. franç. Derm. Syph. **34**, 75 (1927). — Braun-Falco, O.: Morphologische und pharmakologische Untersuchungen zur Frage der Histaminabgabe durch Mastzellen. Gleichzeitig ein Beitrag zum Pathomechanismus der Erektilität der Effloreszenzen bei Urticaria pigmentosa. Arch. Derm. Syph. (Berl.) **199**, 197 (1955). — Diskussionsbemerkung zum Vortrag G. Asboe-Hansen u. O. Wegelius, Mast cells and histamine (Nr 44). Proc. XI. Int. Congr., Stockholm 1957, **2**, 164 (1960). — Braun-Falco, O., u. J. Jung: Über klinische und experimentelle Beobachtungen bei einem Fall von diffuser Haut-Mastocytose. Arch. klin. exp. Derm. **213**, 639 (1961). — Braun-Falco, O., and K. Salfeld: Leucine aminopeptidase activity in mast cells. Nature (Lond.) **183**, 51 (1959). — Braunsteiner, H.: Das Mastocytose-Problem. Dtsch. med. Wschr. **89**, 573 (1964). — Breda, A.: Orticaria pigmentosa. G. ital. Derm. **66**, 1289 (1925). — Bremy, P.: Die Gewebsmastzellen im menschlichen Knochenmark. Stuttgart: Georg Thieme 1950. — Brinkmann, E.: Mastzellenretikulose (Gewebsbasophilom mit histaminbedingtem Flush und Übergang in Gewebsbasophilen-Leukämie). Schweiz. med. Wschr. **1959**, 1046. — Funktion und Krankheiten der Mastzellen. Berl. Med. **13**, 85 (1962). — Brodeur, P., and L. I. Gardner: Urticaria pigmentosa as a problem in diagnosis. Report of two cases, one with systemic involvement. N. Engl. J. Med. **254**, 1165 (1956). — Brogren, N., H. Duner, B. Hamrin, B. Pernow, G. Theander, and J. Waldenström: Urticaria pigmentosa (mastocytosis). A study of nine cases with spezial referance to the excretion of histamine in urine. Acta med. scand. **163**, 223 (1959). — Brünauer, St. R.: Urticaria pigmentosa. Öst. Derm. Ges., Sitzg v. 14. 5. 1936. Derm. Wschr. **104**, 89 (1937). —Bruni, L., e A. Mazza: Sulle modificazioni numeriche e tintoriali delle mastzellen del connettivo cutaneo del ratto albino, in rapporto all'irradiazione ionizzante (plesioterapia). Minerva derm. **37**, 220 (1962). — Bruns: Ein Beitrag zur Frage der Urticaria pigmentosa. Derm. Wschr. **115**, 1057 (1942). — Bürgel, E., u. H.-G. Oleck: Skeletveränderungen bei der Urticaria pigmentosa. Fortschr. Röntgenstr. **90**, 185 (1959). — Bureau, Y., Delaunay, Jarry et Barrière: Urticaire pigmentaire (trois malades). Bull. Soc. franç. Derm. Syph. **61**, 178 (1954). — Burks, J. W., Jr., and M. E. Chernosky: Nodular urticaria pigmentosa of the vulva in siblings. Arch. Derm. **75**, 812 (1957). — Butler: Aussprache zu Freeman, Urticaria pigmentosa Arch. Derm. Syph. (Chic.) **13**, 578 (1926). — Aussprache zu Klein, Urticaria pigmentosa. Arch. Derm. Syph. (Chic.) **19**, 856 (1929).

Caccialanca, P., u. M. Campani: Die Bedeutung des Heparins in seiner Beziehung zur Urticaria pigmentosa. Hautarzt **2**, 356 (1951). — Callomon, F. T.: Neuere Arbeiten des amerikanischen Schrifttums. II. Urticaria pigmentosa — eine Systemerkrankung? Hautarzt **9**, 49 (1958). — Calnan, C. D.: Urticaria pigmentosa with bone lesions. Two cases. Proc. roy. Soc. Med. **46**, 544 (1953). — Canizares, O.: Urticaria pigmentosa. Arch. Derm. Syph. (Chic.) **67**, 327 (1953). — Caplan, R. M.: The natural course of urticaria pigmentosa. Analysis and follow-up of 112 cases. Arch. Derm. **87**, 146 (1963). — Cardama, J. E., J. C. Gatti y M. Kleimans: Mastocytosis multinodular. Rev. argent. Dermatosif. **44**, 54 (1960). Ref. Zbl. Haut- u. Geschl.-Kr. **112**, 205 (1962). — Carol: Diskussionsbemerkung zu H. W. Siemens, Urticaria pigmentosa bullosa. Niederländ. Derm. Ver.gg Leiden, Sitzg v. 12. 6. 1938. Ned. T. Geneesk. **1938**, 5823. Ref. Zbl. Haut- u. Geschl.-Kr. **62**, 408 (1939). — Carpentier, E.: Urticaire pigmentaire en tumeur? Arch. belg. Derm. **8**, 105 (1952). — Ref. Zbl. Haut- u. Geschl.-Kr. **85**, 81 (1953). — Caussade, L., et Watrin: Un cas d'urticaire pigmentaire. Bull. Soc. franç. Derm. Syph. **35**, 57 (1928). — Cawley, E. P., and C. Hoch-Ligeti: Association of tissue mast cells and skin tumors. Arch. Derm. **83**, 92 (1961). — Cawley, E. P., R. W. Mowry, C. H. Lupton, Jr., and C. E. Wheeler: The remarkable tissue mast cells. With observations on mast cell acid polysaccharides in the cutaneous lesions of urticaria pigmentosa. Arch. Derm. **80**, 725 (1959). — Cazal, P.: Un nouvel aspect de la médecine tissulaire, les réthiculopathies et le système réthiculohistiocytaire. Paris: Vigot 1942. — Cerutti, P., e A. Montagnani: Il carico eparinico in individui normali ed in dermopazienti. G. ital. Derm. **94**, 295 (1953). — Chargin, L.: Urticaria pigmentosa with macular atrophy. Arch. Derm. Syph. (Chic.) **24**, 1101 (1931). — Chargin, L., and P. M. Sachs: Urticaria pigmentosa appearing as a solitary nodular lesion. Arch. Derm. Syph. (Chic.) **69**, 345 (1954). — Chiarolini, G.: Qualche precisazione sulla patogenesi dell'orticaria pigmentosa. Presentazione di casi clinici. Minerva derm. **30**, Suppl. 1, 27 (1955). — Clyman, S. G., and C. R. Rein: Urticaria pigmentosa associated with bone lesions. A survey and report of eight cases. J. invest. Derm. **19**, 179 (1952). — Cohen, H. J., M. J. Raisbeck, and R. L. Baer: Acquired (adult) urticaria pigmentosa. Disappearance after removal of intestinal carcinoma. Dermatologica (Basel) **121**, 386 (1960). — Conrad, M.: Mastocytose mit Skeletbeteiligung (Demonstration). S.-B. 20. Sitzg der Derm. Ges. Berlin am 16./17. 9. 1960. Zbl. Haut- u. Geschl.-Kr. **112**, 53 (1962). — Cordero, A.: Ricerche clinico-sperimentale in un caso di „urticaria pigmentosa". Minerva derm. **24**, 55 (1954). — Cornbleet, Th.: Negative test for heparin in mast cells of urticaria pigmentosa. Arch. Derm. Syph. (Chic.) **70**, 347 (1954). — Corsi, H.: Urticaria pigmentosa. Proc. roy. Soc. Med. **24**, 102 (1930). — Cottenot, F.: Zit. P. De Graciansky und S. Boulle. — Cramer, H. J.: Teleangiectasia macularis eruptiva perstans, eine Sonderform der Urticaria pigmentosa. Hautarzt **15**, 370 (1964). — Craps, L.: Verhalten der cutanen Mastzellen unter physikalischen, chemischen, entzündlichen und allergischen Einflüssen. 25. Tagg Dtsch. Derm. Ges., Hamburg 18.—22. 5. 1960. Arch. klin. exp. Derm. **213**, 582 (1961). — Cuccia, V.: Sopra un caso di urticaria pigmentosa. Dermosifilografo **1**, 366 (1926). — Cummins, L. J.: Urticaria pigmentosa with purpura. Arch. Derm. Syph. (Chic.) **25**, 1143 (1932). —

Dalion, M. J., C. Amiel-Tison et C. Nunez: Mastocytose chez un nouveau-né. Incompatibilité Rh foeto-maternelle, maladie de Duhring chez la mère. Bull. Soc. franç. Derm. Syph. **72**, 351 (1965). — Danel, L.: Urticaire pigmentaire „in adulto". Bull. Soc. franç. Derm. Syph. **34**, 183 (1927). — Darier, J.: Quelques remarques sur l'urticaire pigmentaire. Ann. Derm. Syph. (Paris) Ser. 4, **6**, 339 (1905). — Urticaria pigmentosa. Précis de dermatologie, p. 906. Paris: Masson & Cie. 1923. — Davis, M. J., J. C. Lawler, and R. S. Higdon: Studies on an adult with urticaria pigmentosa. Report of a case. Arch. Derm. **77**, 224 (1958). — Degos, R.: Urticaria pigmentaria y otros tipos de mastocitosis (Ensayo de clasificacion de las mastocitosis cutaneas). Act. dermo-sifiliogr. (Madr.) **46**, 759 (1955). — Ref. Zbl. Haut- u. Geschl.-Kr. **95**, 126 (1956). — Les mastocytoses. Bull. Soc. méd. Hôp. Paris, Sér. 4, **72**, 111 (1956). — Urticaire pigmentaire et mastocytoses. Rev. Prat. (Paris) **13**, 601 (1963). — Degos, R., et F. Cottenot: Héparine et collagène. Bull. Soc. franç. Derm. Syph. **60**, 229 (1953). — Degos, R., J. Delort et J. Hewitt: Réticulose à mastocytes. Forme cutanée diffuse sans urticaire pigmentaire. Bull. Soc. franç. Derm. Syph. **61**, 97 (1954). — Degos, R., J. Delort et B. Ossipowski: Réticuloses á mastocytes (à propos de deux cas nouveaux.) Bull. Soc. franç. Derm. Syph. **60**, 156 (1953). — Degos, R., J. Delort et R. Touraine: Mastocytose multinodulaire bulleuse avec poussées vaso-motorices généralisées (nouveau cas). Bull. Soc. franç. Derm. Syph. **64**, 150 (1957). — Degos, R., J. Delort, F. Verliac et J. Civatte: Mastocytose à plaque unique du nourrisson. Poussées bulleuses locales associées à une vaso-dilatation généralisée des tégumants. Bull. Soc. franç. Derm. Syph. **62**, 135 (1955). — Degos, R., J. Hewitt et M. Mortier: Mastocytome et urticaire pigmentaire. Essai d'injections „in situ" d'hyaluronidase. Bull. Soc. franç. Derm. Syph. **59**, 6 (1952). — Degos, R., Et. Lortat-Jacob, J. Hewitt et B. Ossipowski: Réticulose à mastocytes. Forme cutanée diffuse. Bull. Soc. franç. Derm. Syph. **59**, 247 (1952). — Degos, R., Et. Lortat-Jacob, J. Mallarmé et R. Sauvan: Réticulose à mastocytes. Bull. Soc. franç. Derm. Syph. **58**, 435 (1951). — Demis, D. J.: The mastocytosis syndrome: clinical and biological studies.

Ann. intern. Med. **59**, 194 (1963). — DEMIS, D. J., and D. D. BROWN: Histidine metabolism in urticaria pigmentosa. J. invest. Derm. **36**, 253 (1961). — DEMIS, D. J., M. D. WALTON, and R. S. HIGDON: Histaminuria in urticaria pigmentosa. A clinical study and review of recent literature with definition of the mastocytosis syndrome. Arch. Derm. **83**, 127 (1961). — DEMIS, D. J., M. D. WALTON, D. WOOLEY, N. WILNER, and G. McNEIL: Further studies of histidine and histamine metabolism in urticaria pigmentosa. J. invest. Derm. **37**, 513 (1961). — DEMIS, D. J., and J. G. ZIMMER: Histaminuria in mastocytosis. The effect of α-methyldopa on urinary excretion of free histamine. Arch. intern. Med. **111**, 309 (1963). — DEUTSCH, E., H. ELLEGAST u. L. NOSKO: Knochen- und Blutgerinnungsveränderungen bei Urticaria pigmentosa. Hautarzt **7**, 257 (1956). — DEWAR, W. A., and J. A. MILNE: Bullous urticaria pigmentosa. Summary of literature and report of two cases. Arch. Derm. Syph. (Chic.) **71**, 717 (1955). — DIEGNER, S., u. H. KRÜGER: Zur Kasuistik des teleangiektatischen Typs der Urticaria pigmentosa. Z. Haut- u. Geschl.-Kr. **32**, 181 (1962). — DÖRFFEL, J.: Urticaria pigmentosa (Mastzellengenese). Nordostdtsch. Derm. Ver.gg, Königsberg, Sitzg v. 8.—9. 12. 1934. Zbl. Haut- u. Geschl.-Kr. **51**, 328 (1935). — DOMMARTIN, Y.: Zit. M. F. TEJEIRO-DE-AUSTER u. O. A. BONAFINA. — DOWLING, G. B.: Urticaria pigmentosa. Proc. roy. Soc. Med. **18**, 43 (1925). — Urticaria pigmentosa. Proc. Roy. Soc. Med. **23**, 1637 (1930). — DRENNAN, J. M.: The mast cells in urticaria pigmentosa. J. Path. Bact. **63**, 513 (1951). — DRENNAN, J. M., and J. M. BEARE: Investigations in a case of urticaria pigmentosa. Brit. J. Derm. **63**, 257 (1951). — Solitary mast-cell naevus. J. Path. Bact. **68**, 345 (1954). — DRIESSEN, F. M. L.: A rare form of diffuse cutaneous mastocytosis. Ned. T. Geneesk. **103**, 1300 (1959). Ref. Zbl. Haut- u. Geschl.-Kr. **105**, 42 (1959/60). — DUNN, T. B., and M. POTTER: A transplantable mast-cell neoplasm in the mouse. J. Nat. Cancer Inst. (Bethesda) **18**, 587 (1957). — DUPERRAT et CH. GRUPPER: Y a-t-il un lieu entre l'urticaire pigmentaire de nouveau-né et la gonococcie maternelle? Bull. Soc. franç. Derm. Syph. **58**, 459 (1951).

EBERT, M., V. LEAF, and J. F. SICKLEY: Urticaria pigmentosa. Arch. Derm. Syph. (Chic.) **67**, 531 (1953). — EDELSTEIN, A. J.: Urticaria pigmentosa with bone changes. Arch. Derm. Syph. (Chic.) **74**, 676 (1956). — EFRATI, P., A. KLAJMAN, and H. SPITZ: Mast cell leukemia. Malignant mastocytosis with leukemia-like manifestations. Blood **12**, 869 (1957). — EHMANN, B.: Die angeborene Mastzellenretikulose. Z. Kinderheilk. **87**, 282 (1962). — ELLER: Urticaria pigmentosa? Arch. Derm. Syph. (Chic.) **15**, 720 (1927). — ELLIS, J. M.: Urticaria pigmentosa. A report of a case with autopsy. Arch. Path. **48**, 426 (1949). — ENGELHARDT, A. W.: Zur Kenntnis der mechanischen Späturticaria. Derm. Wschr. **144**, 1084 (1961). — ERCOLI: Zit. L. TÖRÖK 1928a.

FABRY, J.: Über Urticaria pigmentosa xanthelasmoidea und Urticaria chronica perstans papulosa. Arch. Derm. Syph. (Berl.) **34**, 21 (1896). — FADEM, R. S.: Tissue mast cells in human bone marrow. Blood **6**, 614 (1951). — FAWCETT, D. W.: Cytological and pharmacological observations on the release of histamine by mast cells. J. exp. Med. **100**, 217 (1954). — FELDBERG, W.: On some physiological aspects of histamine. J. Pharm. Pharmacol. **6**, 281 (1954). — FELDBERG, W., and A. N. SMITH: Release of histamine by tryptamine and 5-hydroxytryptamine. Brit. J. Pharmacol. **8**, 406 (1953). — FELKE, J.: Einzelherd einer Urticaria pigmentosa (großfleckige juvenile Form). Verslg Südwestdtsch. Dermatologen, Sitzg v. 25. u. 26. 10. 1952 in Würzburg. Zbl. Haut- u. Geschl.-Kr. **86**, 94 (1953/54). — FEYRTER, F.: Über ein sehr einfaches Verfahren der Markscheidenfärbung, zugleich eine neue Art der Färberei. Virchows Arch. path. Anat. **296**, 645 (1936). — FINNERUD: Aussprache zu OLIVER, Urticaria pigmentosa. Arch. Derm. Syph. (Chic.) **20**, 385 (1929). — FISCHER, H.: Zur Pathogenese der Urticaria pigmentosa. Derm. Wschr. **145**, 237 (1962). — FITZPATRIK, T. B.: Urticaria pigmentosa with small-bowel involvement. Arch. Derm. **83**, 515 (1961). — FÖLDES, E.: Ist die Urticaria pigmentosa ein Naevus oder nicht? Magy. orv. Arch. **42**, 208 (1941) [Ungarisch]. Ref. Zbl. Haut- u. Geschl.-Kr. **68**, 175 (1942). — FÖLDVÁRI, F.: Urticaria pigmentosa (Demonstration). Ungar. Derm. Ges., Budapest, Sitzg am 13. 4. 1934. Ref. Zbl. Haut- u. Geschl.-Kr. **50**, 12 (1935). — FOGEL, N. A., and C. F. BURGOON, JR.: Systemic mastocytosis with bullous urticaria pigmentosa. Arch. Derm. **82**, 298 (1960). — FOX, H.: Urticaria pigmentosa in an adult. Arch. Derm. Syph. (Chic.) **14**, 97 (1926). — Extensive urticaria pigmentosa beginning in infancy and persisting twenty-seven years. Arch. Derm. Syph. (Chic.) **15**, 754 (1927). — Urticaria pigmentosa in an adult negress. Arch. Derm. Syph. (Chic.) **20**, 567 (1929). — Xanthoma multiplex resembling urticaria pigmentosa. Arch. Derm. Syph. (Chic.) **21**, 896 (1930). — FOX, T.: Xanthelasmoidea (an undescribed eruption). Trans. clin. Soc. Lond. **8**, 53 (1875). — FRASER, J. E.: Aussprache zu H. Fox 1926. — FRASER, J. F., and M. N. RICHTER: Urticaria pigmentosa. Arch. Derm. Syph. (Chic.) **17**, 489 (1928). — FREUDENTHAL, W.: Urticaria pigmentosa (Demonstration). Schles. Derm. Ges., Breslau, Sitzg v. 19. 2. 1927. Zbl. Haut- u. Geschl.-Kr. **24**, 586 (1927). — FRIEDMAN, B. I., J. J. WILL D. G. FREIMAN, and H. BRAUNSTEIN: Tissue mast cell leukemia. Blood **13**, 70 (1958). — FROLA, G.: Contributo alla conoscenza del morbo di Nettleship (Orticaria pigmentosa). Studio clinico ed istopatologico. Arch. ital. Pediat. **3**, 439 (1935). — FUCHS, F.: Urticaria pigmentosa adultorum (Demonstration). Med.-Wiss. Ges. für Dermatologie an der Universität Leipzig, Sitzg v. 9. 12. 1950 in Zwickau. Derm. Wschr. 124, 1011 (1951). — FUHS, H.: Urticaria pigmentosa im weiteren Sinne. (Demonstration.) Wien. Derm. Ges., Sitzg v. 29.1.1942. Derm. Wschr. 115, 661 (1942). — FURTH, J., P. HAGEN, and E. J. HIRSCH: Transplantable mastocytoma in the mouse containing histamine, heparine, 5-hydroxytryptamine. Proc. Soc. exp. Biol. (N.Y.) 95, 824 (1957).

GADRAT, J.: Sur le naevo-xanthome de McDONAGH. Bull. Soc. franç. Derm. Syph. 59, 372 (1952). — GARDNER, L. I., and A. A. TICE: Histamine and related compounds in urticaria pigmentosa: analyses of tissues having mast-cell infiltration. Pediatrics 21, 805 (1958). GATÉ, J., D. COLOMB, M. PRUNIÉRAS et A. TISSOT: Processus cutané abdominal pseudopapillomateux en relation avec une mastocytose. Bull. Soc. franç. Derm. Syph. 64, 413 (1957). — GATÉ, J., D. COLOMB et A. TISSOT: Urticaire pigmentaire apparue á l'age de 48 ans. Bull. Soc. franç. Derm. Syph. 63, 233 (1956). — GATÉ, J., MASSIA, TREPPOZ et CHARPY: Urticaire pigmentaire généralisée, atypique par l'intensité du prurit et par le caractère pseudotumoral de la plupart des éléments. Bull. Soc. franç. Derm. Syph. 38, 126 (1931). — GATÉ, J., H. TERRIER et M. PRUNIÉRAS: Tumeur à mastocytes chez un enfant de trois mois. Bull. Soc. franç. Derm. Syph. 61, 57 (1954). — GATTO, I.: Orticaria pigmentosa in bambina con mielosi eritroleucemica cronica a tipo di Cooley. Pediatria Riv. 46, 429 (1938). — GAY PRIETO, J., et LANZENBERG: Urticaire pigmentaire à début tardif. Bull. Soc. franç. Derm. Syph. 33, 326 (1926). — GLAUBERSON, S.: Urticaria pigmentosa. Venerol. i derm. (Mosk.) 4, 586 (1926). [Russisch]. Ref. Zbl. Haut- u. Geschl.-Kr. 24, 481 (1927). — GOÉKOWSKI: Urticaria pigmentosa (Demonstration). Warschauer Derm. Ges., Sitzg v. 11. 4. 1934. Zbl. Haut- u. Geschl.-Kr. 54, 3 (1937). — GOLDSCHLAG: Urticaria pigmentosa Nettleship (Demonstration). Lemberger Derm. Ges., Sitzg v. 2. 4. 1925. Zbl. Haut- u. Geschl.-Kr. 18, 748 (1925). — GÓMEZ-ORBANEJA, J., M. MORALES u. E. RODA: Urticaria pigmentosa tarda, aufgetreten bei einem Menschen von 45 Jahren. Rev. clin. esp. 6, 425 (1942) [Spanisch]. Ref. Zbl. Haut- u. Geschl.-Kr. 70, 358 (1943). — GONNELLA, J. S., and A. I. LIPSEY: Mastocytosis manifested by hepatosplenomegaly. Report of a case. New Engl. J. Med. 271, 533 (1964). — GONZALEZ, M.: Urticaria pigmentosa bullosa. Act. dermo-sifiliogr. (Madr.) 28, 151 (1935) [Spanisch]. Ref. Zbl. Haut- u. Geschl.-Kr. 53, 395 (1936). — GOTTRON, H.: Zit. S. UDOVIKOFF. — Urticaria pigmentosa von dichtester Aussaat (Demonstration). Schles. Derm. Ges., Breslau, Sitzg v. 2. 7. 1938. Zbl. Haut- u. Geschl.-Kr. 60, 375 (1938). — Urticaria pigmentosa xanthelasmoidea (Demonstration). 1. Großdtsch. (19.) Tagg Dtsch. Derm. Ges., Breslau v. 19.—21. 8. 1939. Derm. Wschr. 110, 440 (1940). — Aussprache zum Fall 27 Urticaria pigmentosa adultum. Ver.gg Südwestdtsch. Dermatologen. Sitzg am 18. u. 19. 4. 1953 in Marburg. Derm. Wschr. 129, 88 (1954). — Retikulosen der Haut. In: GOTTRON-SCHÖNFELD, Dermatologie und Venerologie, Bd. IV, S. 501. Stuttgart: Georg Thieme 1960. — GOTTRON, H., u. F. ELLINGER: Beitrag zur Klinik der Porphyrie. Arch. Derm. Syph. (Berl.) 164, 11 (1931). — GOUGEROT, H., BURNIER et O. ELIASCHEFF: Urticaire « pigmentaire » avec lésions d'aspect xanthomateux. Derm. Wschr. 93, 1488 (1931). — GOUGEROT, H., P. DE GRACIANSKY et O. ELIASCHEFF: Urticaires pigmentaires cliniquement typiques, histologiquement sans mastocytes. Arch. derm-syph. (Paris) 10, 97 (1938). — GOUGEROT, H.: Urticaire pigmentaire bulleuse avec lésions papuleuses lichénoides palmo-plantaires. Arch. derm.-syph. (Paris) 1, 833 (1929). — GOUGEROT, H., WELL SPIRE et O. ELIASCHEFF: Urticaire pigmentaire, atypique cliniquement non pigmentée, typique histologiquement. Bull. Soc. franç. Derm. Syph. 8, 1453 (1939). — GRACIANKY, P. DE, u. S. BOULLE: Mastocytosen der Haut. In: Atlas der Dermatologie, Bd. 4. Stuttgart: Gustav Fischer 1954. — GRACIANSKY, P. DE, CH. GRUPPER, E. TIMSIT et C. ALLANEAU: Mastocytose généralisée de l'adulte avec troubles sanguins. Bull. Soc. franç. Derm. Syph. 71, 432 (1964). — GRACIANSKY, P. DE, LOEWE-LYON, CH. GRUPPER et R. TRAIEB: Mastocytome unique avec poussée bulleuse. Bull. Soc. franç. Derm. Syph. 61, 104 (1954). — GRAHAM, H. T., F. WHEELWRIGHT, H. H. PARISH, JR., A. R. MARKS, and O. H. LOWRY: Distribution of histamine among blood elements. Fed. Proc. 11, 350 (1952). — GRASSI, A.: Le mastzellen nell'orticaria pigmentosa. Boll. Sez. ital. Soc. ital. Derm. 4, 361 (1935). — GRAY, A. M. H.: Urticaria pigmentosa. Proc. roy. Soc. Med. 31, 1174 (1938). — GREENBAUM: Quiescent form of urticaria pigmentosa. Arch. Derm. Syph. (Chic.) 12, 747 (1925). — GRINSPAN, D., S. J. MOSTO y M. BARNATÁN: Urticarias pigmentarias que recuerdan el nevo-xantoendotelioma (McDonagh). Arch. argent. Derm. 2, 238 (1952). Ref. Zbl. Haut- u. Geschl.-Kr. 87, 361 (1954). — GROSS, B. G., and K. HASHIMOTO: Hereditary urticaria pigmentosa. Arch. Derm. 90, 401 (1964). — GROSS, R., J. HEUER u. K. SOLTH: Quantitative Beziehungen zwischen Heparin und Thrombocyten. Acta haemat. (Basel) 16, 147 (1956). — GRÜNEBERG, TH.: Krankendemonstration. Mitteldtsch. Derm.-Tgg Jena, Oktober 1953. Bericht nicht erschienen. — Die Urticaria pigmentosa (Mastocytose der Haut) als allgemeinmedizinisches Problem. Hautarzt 13, 231 (1962). — Urticaria pigmentosa. Ernst-Kromayer-Tagg d. Derm. Ges. Sachsen-Anhalts am 2. u. 3. 11. 1962 in Halle. Derm. Wschr. 148, 217 (1963). — GRÜNEBERG, TH., W. KAISER u. U. MÜLLER: Zur Pathogenese der Urticaria pigmentosa. (Untersuchungen bei einem Fall universeller mastzelliger Retikulose der Haut mit pemphigoiden Schüben.) Hautarzt **6**, 342 (1955). — GRÜNEBERG, TH., u. W. MAY: Der Reife-grad der Mastzellen-Granula bei juveniler und adulter Urticaria pigmentosa. Derm. Wschr. **153**, 1187 (1967). — GRÜTZ, O.: Urticaria pigmentosa (Demonstration). Ver.gg rhein.-westf. Dermatologen in Wuppertal-Elberfeld, Sitzg v. 27. 5. 1934. Zbl. Haut- u. Geschl.-Kr. **49**, 300 (1935). — GRUNDHERR, F. v.: Urticaria pigmentosa (Demonstration). Derm. Ges. Hamburg-Altona, Sitzg v. 16. 11. 1930. Derm. Wschr. **92**, 778 (1931). — GRUPPER, CH.: Mastocytose à forme de tumeur solitaire. Effet thérapeutique de la triamcinolone en injections locales. A propos de 3 cas. Bull. Soc. franç. Derm. Syph. **70**, 387 (1963). — GRUPPER, CH., et J. DE BRUX: Urticaire pigmentaire. Quelques acquisitions récentes. Bull. Soc. franç. Derm. Syph. **59**, 363 (1952). — GULDEN, K., u. G. NIEBAUER: Vor-läufige Mitteilung zum Urticaria pigmentosa-Problem. Wien. klin. Wschr. **68**, 52 (1956). — GUSEK, W.: Elektronen-optische Untersuchungen über die Ultrastruktur von Mastzellen. 25. Tagg Dtsch. Derm. Ges., Hamburg 18.—22. 5. 1960. Arch. klin. exp. Derm. **213**, 582 (1961).

HACHEZ, E.: Urticaria pigmentosa (Demonstration). Ver.gg rheinisch-westfälischer Dermatologen in Düsseldorf. Sitzg v. 8. 11. 1925. Zbl. Haut- u. Geschl.-Kr. **19**, 19 (1926). — HADIDA, E., J. BÉRANGER, E. TIMSIT et R. STREIT: Mastocytose cutanée diffuse. Bull. Soc. franç. Derm. Syph. **63**, 33 (1956). — HALKIN: Urticaire pigmentaire. Scalpel (Brux.) **1929 II**, 816. — HALLÉ et DECOURT: Urticaire pigmentaire. Bull. Soc. pédiat. Paris **22**, 188 (1924). — HAMRIN, B.: Release of histamine in urticaria pigmentosa. Lancet **1957 I**, 867. — HANNAY, M. G.: Urticaria pigmentosa in adults. Brit. J. Derm. Syph. **37**, 1 (1925). — HARBER, L. C., A. B. HYMAN, S. D. MORRILL, and R. L. BAER: Urticaria pigmentosa, effects of reser-pine. Arch. Derm. **83**, 199 (1961). — HASEGAWA, T.: Electronmiscroscopic observations of mast cells in the lesions of urticaria pigmentosa. Acta derm. (Kyoto) **58**, 132 (1963). Ref. Zbl. Haut- u. Geschl.-Kr. **116**, 153 (1964). — HASEGAWA, T., and S. M. BLUEFARB: Urticaria pigmentosa (mastocytosis). Arch. intern. Med. **106**, 417 (1960). — HASSELMANN, C. M., u. C. SCHOLDER-OEHMICHEN: Zum Problem der Urticaria pigmentosa. Arch. klin. exp. Derm. **205**, 261 (1957). — HAUSER, W.: Zur Kenntnis der Gewebsmastzelle im Knochenmark unter besonderer Berücksichtigung ihres Vorkommens bei Dermatosen. Arch. Derm. Syph. (Berl.) **195**, 514 (1952/53). — HAVARD, C. W. H., and R. B. SCOTT: Urticaria pigmentosa with visceral and skeletal lesions. Quart. J. Med., N.S. **28**, 459 (1959). — HAXTHAUSEN, H.: Urticaria pigmentosa with bullae and massive mast-cell tumours looking like keloids. Acta derm.-venereol. (Stockh.) **39**, 148 (1959). — HEAD, K. W.: Cutaneous mast-cell tumours in the dog, cat and ox. Brit. J. Derm. Syph. **70**, 389 (1958). — HELLER, J.: Urticaria pigmentosa (Demonstration). Berl. Derm. Ges., Sitzg v. 11. 11. 1930. Derm. Wschr. **92**, 706 (1931). — HELLSTRÖM, B., and H. HOLMGREN: Numerical distribution of mast cells in the human skin and heart. Acta anat. (Basel) **10**, 81 (1950). — HERXHEIMER, A.: Urticaria pigmentosa with attacks of flushing. Brit. J. Derm. Syph. **70**, 427 (1958). — HERZBERG, J. J.: Die Störungen der Blutgerinnung und der Bedeutung für die Pathogenese der cutanen Mastocytose. Arch. klin. exp. Derm. **208**, 559 (1959). — Aussprache zu LENNERT 1961. — HESSE, E.: Aussprache zu GRÜTZ. — HESSE, F.: Urticaria pigmentosa (Demonstration). Berl. Derm. Ges., Sitzg v. 5. 7. 1936. Derm. Wschr. **103**, 1134 (1936). — HIBBS, R. G., J. H. PHILLIPS, and G. E. BURCH: Electron microscopy of human tissue mast cells. J. Amer. med. Ass. **174**, 508 (1960). — HIGAKI, R.: Über Urticaria pigmentosa. Okayama-Igakkai-Zasshi **45**, 733, dtsch. Zus.fass. 733 (1933). Ref. Zbl. Haut- u. Geschl.-Kr. **46**, 55 (1933). — HIGHMAN: Aussprache zu WILLIAMS 1924. — Aussprache zu ELLER 1927. — Aussprache zu TRAUB 1930. — HIRAYAMA, M.: Ein Fall von Urticaria pigmentosa adultorum. Jap. J. Derm. **45**, 16 (1939). Ref. Derm. Wschr. **109**, 882 (1939). — HISSARD, R., et J. JACQUET: Héparine, histamine et prurit. Presse méd. **1956**, 559. — HISSARD, R., L. MONCOURIER et J. JACQUET: Une nouvelle affec-tion hémodermique, la mastocytose. C. R. Acad. Sci. (Paris) **1950**, 231, 153, 1178. — Étude d'une nouvelle hématodermie: la mastocytose. Presse méd. **1951**, 1765. — HOEDE, K.: Erb-pathologie der menschlichen Haut. In: Handbuch der Erbbiologie, Bd. III, S. 441. Berlin: Springer 1940. — HÖLZER: Urticaria pigmentosa (Demonstration). Frankfurt. Derm. Ver.gg, Sitzg v. 29. 1. 1935. Zbl. Haut- u. Geschl.-Kr. **50**, 557 (1935). — HOFFMANN, C. A.: Urticaria pigmentosa beim Erwachsenen (Demonstration). Berl. Derm. Ges., Sitzg v. 11. 5. 1920. Derm. Z. **33**, 87 (1921). — HOLMGREN, H.: Studien über die Verbreitung und Bedeutung der chromotropen Substanz. Z. mikr.-anal. Forsch. **47**, 489 (1940). — HOLMGREN, H., u. O. WILANDER: Beitrag zur Kenntnis der Chemie und Funktion der Ehrlichschen Mastzellen. Z. mikr.-anat. Forsch. **42**, 242 (1937). — HOLTZ, P.: Über den gegenwärtigen Stand der Serotoninforschung. Medizinische **16**, 681 (1958). — HOWELL, W. H.: Zit. E. WERLE u. R. AMANN. — HUDELO et CAILLIAU: Le tissu réticulo-endothélial à l'état normal et pathologique. A propos d'un cas d'urticaire pigmentaire. (I. mém.) I. Le tissu réticulo-endothélial à l'état normal. Ann. Derm. Syph. (Paris) **9**, 19 (1928). — HUDELO, DUMET, CAILLIAU et BOISSAU: Un cas d'urticaire pigmentaire à forme bulleuse. Bull. Soc. franç. Derm. Syph. **34**, 197 (1927). — HUSEN, H. v.: Urticaria pigmentosa (Demonstration). Ver.gg Düsseldorfer Dermatologen, Sitzg v. 30. 11. 1936. Zbl. Haut- u. Geschl.-Kr. **57**, 82 (1938).

IKEDA, K.: Ein kasuistischer Beitrag zur Urticaria pigmentosa. Hifu-to-Hitsunyo 2, H.1, dtsch. Zus.fass. 1—2 (1934) [Japanisch]. Ref. Zbl. Haut- u. Geschl.-Kr. 49, 219 (1935). — JACOBS, P. H.: Urticaria pigmentosa. Arch. Derm. 77, 112 (1958). — JADASSOHN, W.: Zur Histologie der Urticaria pigmentosa. Arch. Derm. Syph. (Berl.) 167, 704 (1933). — JADASSOHN, W., et R. PAILLARD: Urticaire pigmentaire. Démonstrations de la Clinique universitaire de Dermatologie de Genève. Dermatologica (Basel) 106, 283 (1953). — JAEGER, H., J. DELACRÉTAZ u. H. CHAPIUS: Urticaria pigmentosa. Dermatologica (Basel) 110, 377 (1955). — JEANSELME, E., et A. TOURAINE: Urticaire pigmentaire (étude de la formule sanguine). Bull. Soc. franç. Derm. Syph. 6, 427 (1913). — JENSEN, W. N., and E. C. LASSER: Urticaria pigmentosa associated with widespread sclerosis of the spongiosa of bone. Radiology 71, 826 (1958). — JERSILD: Urticaria pigmentosa (Demonstration). Dän. Derm. Ges., Sitzg v. 7. 11. 1928. Zbl. Haut- u. Geschl.-Kr. 29, 257 (1929). — JOHNSON, W. C., and E. B. HELWIG: Solitary mastocytosis (urticaria pigmentosa). Arch. Derm. 84, 806 (1961). — JONQUIERES: Aussprache zu CORTELEZZI u. BARANI: Urticaria pigmentosa. Rev. Asoc. méd. argent. 49, 813 (1935) [Spanisch]. Ref. Zbl. Haut- u. Geschl.-Kr. 52, 649 (1936). — JORPES, J. E., and S. GARDELL: On Heparin monosulfuric acid. J. biol. Chem. 176, 267 (1948). — JORPES, J. E., H. HOLMGREN u. O. WILANDER: Über das Vorkommen von Heparin in den Gefäßwänden und in den Augen. Z. mikr.-anat. Forsch. 42, 279 (1937). — JORPES, J. E., E. ODEBLAD, and H. BERGSTRÖM: An autoradiographie study on the uptake of S³⁵-labelledsodium sulphate in the mast cells. Acta haemat. (Basel) 9, 273 (1953). — JORPES, J. E., B. WERNER, and B. ÅBERG: The fuchsin-sulfurous acid test after periodate oxidation of heparin and allied polysaccharides. J. biol. Chem. 176, 277 (1948). — JUNG: Urticaria pigmentosa (Demonstration). Berl. Derm. Ges., Sitzg v. 18. 2. 1938. Zbl. Haut- u. Geschl.-Kr. 59, 249 (1938).

KÄRCHER, K.: Urticaria pigmentosa? (Demonstration). Klin. Demonstrationsabend Mannheimer und Ludwigshafener Dermatologen, Sitzg v. 28. 1. 1937. Zbl. Haut- u. Geschl.-Kr. 56, 162 (1937). — KERL, W.: Urticaria pigmentosa (Demonstration). Wien. Derm. Ges., Sitzg v. 20. 6. 1929. Zbl. Haut- u. Geschl.-Kr. 32, 178 1930. — Urticaria pigmentosa (Demonstration). Wien. Derm. Ges., Sitzg v. 20. 3. 1930. Zbl. Haut- u. Geschl.-Kr. 35, 38 (1931). — KIERLAND, R. R., and O. C. STEGMAIER: Urticaria pigmentosa (large nodular type). Report of a case. Arch. Derm. Syph. (Chic.) 62, 28 (1950). — KINEBUCHI, Z.: Fall von Urticaria pigmentosa. Jap. J. Derm. 36, 101 (1934). Ref. Zbl. Haut- u. Geschl.-Kr. 50, 482 (1935). — Ein Fall von Urticaria pigmentosa und ihre Vitamin C-Therapie. Jap. J. Derm. 43, 138 (1938). Ref. Zbl. Haut- u. Geschl.-Kr. 60, 156 (1938). — KISSMEYER, A.: Über eine kleinpapulöse Form der Urticaria pigmentosa mit eigentümlichen Degenerationsformen der Mastzellen. Derm. Z. 44, 93 (1925). — KLAUS, S. N., and R. K. WINKELMANN: Course of urticaria pigmentosa in children. Arch. Derm. 86, 68 (1962). — KOCH, F.: Urticaria pigmentosa (Demonstration). Kölner Derm. Ges., Sitzg v. 27. 11. 1936. Derm. Wschr. 104, 407 (1937). — KÖHLER, H.: Zum sogenannten Mastocytom beim Hund. Schweiz. Z. allg. Path. 19, 249 (1956). — KÖKSAL, M.: Extraction of a heparin-like substance from mast cell granules in mouse connective tissue. Nature (Lond.) 172, 733 (1953). — KONRAD, J., u. A. WINKLER: Zur Pathogenese der Urticaria pigmentosa im Zusammenhang mit der Mastzellenfunktion. Hautarzt 4, 119 (1953). — KOJIMA, R.: Ein Fall von Urticaria pigmentosa mit Teleangiektasie. Zugleich über die Klassifikation der Urticaria pigmentosa sowie den Zusammenhang derselben mit der Teleangiektasie. Jap. J. Med. Sci., Trans. XIII. Derm. 2, 15 (1940). Ref. Zbl. Haut- u. Geschl.-Kr. 67, 606 (1941). — KOPPEL, A.: Zwei Fälle von Urticaria pigmentosa (Demonstration). Schles. Derm. Ges., Breslau, Sitzg v. 28. 5. 1927. Zbl. Haut- u. Geschl.-Kr. 25, 174 (1928). — KORN, E. D.: The isolation of heparin from mouse mast cell tumor. J. biol. Chem. 234, 1325 (1959). — KORTING, G. W.: Mucopolysaccharidstoffwechsel im Rahmen der Dermatologie. Hautarzt 4, 493 (1953). — KRAUS, Z., V. PLACHÝ u. M. VORREITH: Urticaria pigmentosa vesiculosa et bullosa. Čs. Derm. 31, 78 mit engl. Zus.fass. (1956) [Tschechisch]. Ref. Zbl. Haut- u. Geschl.-Kr. 96, 44 (1956). — KREMENTCHOUSKY: Urticaire pigmentaire apparue à 46 ans. Bull. Soc. franç. Derm. Syph. 55, 387 (1949). — KREN, O.: Aussprache zu GEIGER, Urticaria chronica cum pigmentatione? (Demonstration). Wien. Derm. Ges., Sitzg v. 24. 1. 1929. Zbl. Haut- u. Geschl.-Kr. 31, 29 (1929). — KRESBACH, E., u. R. NEUBOLD: Chronische Mastzellenretikulose mit Histaminanfällen. Wien. med. Wschr. 115, 344 (1965). — KYRLE, J.: Urticaria chronica cum pigmentatione? (Demonstration). Verh. Wien. Derm. Ges., Sitzg v. 20. 2. 1919. Arch. Derm. Syph. (Berl.) 133, 63 (1921).

LANDBECK, G.: Zum Thema „Klinik und Therapie der Mastocytose". 25. Tagg Dtsch. Derm. Ges., Hamburg 18.—22. 5. 1960. Arch. klin. exp. Derm. 213, 582 (1961). — LANDESMANN, A.: Urticaria pigmentosa congenita. Russk. vestn. derm. 3, 911 (1925) [Russisch]. Ref. Zbl. Haut- u. Geschl.-Kr. 20, 569 (1926). — LANDI, G.: Studio dei mastociti e della cromotropia nella cute di soggetti diabetici. Rass. Derm. Sif. 15, 175 (1962). — LAPOWSKI: Urticaria pigmentosa. Arch. Derm. Syph. (Chic.) 9, 791 (1924). — LASSUEUR: Urticaire pigmentaire (Demonstration). 11. Kongr. der Schweiz. Dermato-Venerologen, Lausanne,

Sitzg v. 28.—29. 5. 1927. Zbl. Haut- u. Geschl.-Kr. 28, 248 (1929). — LAUGIER, P., et J. J. DELAFIN: Urticaire pigmentaire chez un enfant de 2 ans. Bull. Soc. franç. Derm. Syph. 63, 508 (1956). — LAVES, W., u. K. THOMA: Histoencymatische Untersuchungen an den Mastzellen des Blutes. Klin. Wschr. 28, 95 (1950). — LEBENSTEIN: Urticaria pigmentosa (Demonstration). Köln. Derm. Ges., Sitzg v. 27. 6. 1928. Zbl. Haut- u. Geschl.-Kr. 28, 753 (1929). — LE COULANT, TEXIER et CHÉROUX: Contribution à l'étude des réactions mastocytaires cutanés dans maladie de Recklingshausen (note préliminaire). Bull. Soc. franç. Derm. Syph. 65, 331 (1958). — LEHNER, E.: Beiträge zur Klinik und Histologie der Urticaria pigmentosa. Derm. Z. 46, 87 (1926). — LEHNER, J.: Das Mastzellen-Problem und die Metachromasie-Frage. Z. Anat. — Erg. Anat. 25, 67 (1924). — LENARTOWICZ: Urticaria pigmentosa adultorum. Lemberg. Derm. Ges., Sitzg v. 8. 2. 1934. Zbl. Haut- u. Geschl.-Kr. 48, 280 (1934). — LENGYEL, N.: Ein Fall von Urticaria pigmentosa ovariellen Ursprungs. Clujul. med. 12, 285 u. dtsch. Zus.fass. 293 (1931) [Rumänisch]. Ref. Zbl. Haut- u. Geschl.-Kr. 40, 208 (1932). — LENNERT, K.: Eine mastocytoide Osteomyeloreticulose (Mastzellenretikulose). V. Kongr. Europ. Ges. f. Hämatol., Freiburg Sept. 1955, S. 573. Berlin-Göttingen-Heidelberg: Springer 1956. — Zur Pathologischen Anatomie der „Mastocytose", mit einigen Bemerkungen zur Cytochemie der Mastzellen. 25. Tagg Dtsch. Derm. Ges., Hamburg 18.—22. 5. 1960. Arch. klin. exp. Derm. 213, 606 (1961). — Zur pathologischen Anatomie von Urticaria pigmentosa und Mastzellenretikulose. Klin. Wschr. 40, 61 (1962). — LENNERT, K., u. G. BACH: Eine verfeinerte Technik der Toluidinblau-pH-Reihe zur Mastzellendarstellung. Klin. Wschr. 39, 1026 (1961). — LENNERT, K., u. J. C. F. SCHUBERT: Untersuchungen über die sauren Mucopolysaccharide der Gewebsmastzellen im menschlichen Knochenmark. Frankfurt. Z. Path. 69, 579 (1959). — Zur Cytochemie der Blut- und Gewebsmastzellen. Verh. dtsch. Ges. inn. Med. 66, 1061 (1961). — LEONE, R.: Su una particolare forme die urticaria pigmentosa. Dermosifilograf. 12, 422 (1937). — LERNER, M. R., and A. B. LERNER: Urticaria pigmentosa with systemic lesions and otosclerosis. Arch. Derm. 81, 203 (1960). — LIEBERTHAL, E. P.: Urticaria pigmentosa. Arch. Derm. Syph. (Chic.) 22, 1090 1930). — LIEBNER, E.: Urticaria pigmentosa (Demonstration). Ungar. Derm. Ges., Sitzg v. 11. 1. 1935. Derm. Wschr. 101, 898 (1935). — LINDELL, S. E., H. RORSMAN, and H. WESTLING: Histamine formation in urticaria pigmentosa. Acta derm.-venereol. (Stockh.) 41, 277 (1961). — LINDNER, J.: Die Mastzelle. 25. Tagg Dtsch. Derm. Ges., Hamburg 18.—22. 5. 1960. Arch. klin. exp. Derm. 213, 588 (1961). — LINSER, K.: Urticaria pigmentosa (Demonstration). Verein Dresd. Dermatologen, Sitzg v. 9. 4. 1930. Zbl. Haut- u. Geschl.-Kr. 34, 657 (1930). — LIONETTI, G.: Urticaria pigmentosa maculosa e xantelasmoidea in eredoluetica. Arch. ital. Derm. 11, 215 (1935). — LITTLE, E. G.: A contribution to the study of urticaria pigmentosa. Brit. J. Derm. 17, 355, 393, 427 (1905); 18, 16 (1906). — Case of urticaria pigmentosa without mastcells. Proc. roy. Soc. Med. 18, Nr. 4, sect. of Derm. 20. 11. 1924, 30 (1925). — Aussprache zu WEBER 1930a. — Urticaria pigmentosa in an adult. Proc. roy. Soc. Med. 24, 100 (1930b). — LOEB, H.: Urticaria pigmentosa (Demonstration). 57. Tagg Ver.igg Südwestdtsch. Dermatologen in Mannheim, Sitzg v. 5. u. 6. 3. 1932. Zbl. Haut- u. Geschl.-Kr. 41, 546 (1932). — LOEWENTHAL, M., R. J. SCHEN, CH. BERLIN, and L. WECHSLER: Urticaria pigmentosa with systematic mast-cell disease. An autopsy report. Arch. Derm. 75, 512 (1957). — LORINCZ: Aussprache zu EBERT, LEAF u. SICKLEY, Urticaria pigmentosa. Arch. Derm. Syph. (Chic. 67, 531 (1953). — LUNSDORF, C. J.: Urticaria pigmentosa. Arch. Derm. Syph. (Chic.) 23, 397 (1931). — LYNCH, F. W.: Urticaria pigmentosa (formerly bullous, accompanied by transient urticaria). Arch. Derm. Syph. (Chic.) 71, 668 (1955).

MALJATZKY, R.: Über die Beziehungen zwischen Urticaria pigmentosa und Urticaria cum pigmentatione. Inaug.-Diss. Hamburg 1930. — MARIOTTI, F.: Mastocitoma solitario congenito in un neonato. Dermatologia (Napoli) 11, 159 (1960). — MARSHALL, J., J. WALKER, H. I. LURIE, J. D. L. HANSEN, and D. MACKENZIE: Solitary mastocytoma and the mastocytoses and a report of two cases of solitary mastocytoma showing an unusual phenomenon of generalized flushing. S. Afr. med. J. 1957, 867. Ref. Ber. allg. spez. Path. 39, 23 (1958). — MARTIN, H., u. L. ROKA: Zur Frage des Heparingehaltes der Blutmastzellen des Menschen. Acta haemat. (Basel) 10, 26 (1953). — MARZIANI, A.: Contributo allo studio dell'orticaria pigmentosa. Ateneo parmense, II. s., 4, 436 (1932). Ref. Zbl. Haut- u. Geschl.-Kr. 43, 749 (1933). — MAY, W.: Untersuchungen über den Reifegrad menschlicher Gewebsmastzellen mit Hilfe der Toluidinblaufärbung in fallender Wasserstoffionenkonzentration bei Urticaria pigmentosa, Urticaria und an gesunder Haut. Inaug.-Diss. Halle 1966. — McDOUGALL, J. D. B.: Experimental studies on neoplastic mast cells cultivated in vitro. Verh. ant. Ges. (Jena) 52, 322 (1954). — McKEE: Aussprache zu FRASER, Urticaria pigmentosa in an adult. Arch. Derm. Syph. (Chic.) 14, 97 (1926). — McKELLAR, M., and G. F. HALL: Systemic mast cell disease with hereditary spherocytosis. Report of a case. N.Z. med. J. 59, 151 (1960). — McLEAN, J.: The thromboplastic action of cephalin. Amer. J. Physiol. 41, 250 (1916). — MEIREN, L., VAN DER, G. MORIAMÉ, G. ACHTEN et M. LEDOUX-CORBUSIER: Mastocytose de caractére familial. Etat anétodermique secondaire. Arch. belges Derm. 18, 221 (1962). —

MEIROWSKY, E.: Urticaria pigmentosa (Demonstration). Köln. Derm. Ges., Sitzg. v. 29. 10. 1926. Zbl. Haut- u. Geschl.-Kr. **22**, 598 (1927). — MELCZER, N.: Beiträge zur Ätiologie und Pathogenese der Urticaria pigmentosa. Derm. Wschr. **129**, 5 (1954). — MEMMESHEIMER, A. M.: Urticaria pigmentosa (Demonstration 3 Fälle). Essen. Derm. Ges., Sitzg v. 27. 6. 1955. Derm. Wschr. **133**, 283 (1956). — MENEGHINI, C. L.: Urticaire pigmentaire et héparine. Étude pathogénique. Bull. Soc. franç. Derm. Syph. **56**, 405 (1949). — Nuovi orientamenti sul problema patogenetico dell'urticaria pigmentosa. G. ital. Derm. **91**, 93 (1950). — MENEGHINI, C. L., u. M. F. HOFMANN: Urticaria pigmentosa. Klinische und pathogenetische Beobachtungen bei 14 Fällen. 25. Tagg Dtsch. Derm. Ges., Hamburg 18.—22. 5. 1960. Arch. klin. exp. Derm. **213**, 624 (1961). — MERCADAL, P. J.: Urticaria pigmentosa. In einem kürzlich beobachteten Fall. Act. dermo-sifilogr. **33**, 77 (1941) [Spanisch]. Ref. Zbl. Haut- u. Geschl.-Kr. **69**, 90 (1943). — MEYER-BULEY, H.: Über das Zusammentreffen von essentiellen Teleangiektasien mit Urticaria pigmentosa und isolierter Lymphadenose der Haut. Arch. Derm. Syph. (Berl.) **167**, 81 (1932). — MICHAEL, J. C.: Urticaria pigmentosa in adults treated by the roentgen ray. Report of a case. Arch. Derm. Syph. (Chic.) **9**, 746 (1924). — MICHEL, P. J., J. BOUVIER et R. MONNET: Cirrhose pigmentaire associée à une urticaire pigmentaire. Bull. Soc. franç. Derm. Syph. **64**, 674 (1957). — MICHEL, P. J., et A. G. MICHEL: Urticaire pigmentaire confluente et papuleuse sans signes d'hyperhéparinemia. Essai de traitement par le cortancyl (photos en couleurs). Bull. Soc. franç. Derm. Syph. **63**, 240 (1956). — MICHEL, P. J., P. MOREL et R. CREYSSEL: Urticaire pigmentaire généralisée maculeuse et papuleuse lichénoide particulièrement intense. Polymorphisme lésionnel. Mastocytose médullaire temporaire. Evolution vers une réticulose mastocytaire maligne? Essai de traitement par la métacortandracine et le 6-mercaptopurine. 9. Congr. Ass. des Dermatol. et Syphiligr. de Langue Franç. 1956, p. 64. — MICHELS, N : The mast cell in the lower vertebrates. Cellule **33**, 339 (1923). — MICHELSON: Urticaria pigmentosa. Arch. Derm. Syph. (Chic.) **11**, 122 (1925). — MIKHAIL, G. R., and A. MILLER-MILINSKA: Mast cell papulation in human skin. J. invest. Derm. **43**, 249 (1964). — MILIAN, G., CAROLI et CARTAUD: Xanthome papuleux et urticaire pigmentaire. Rev. franç. Derm. Vénér. **7**, 36 (1931). — MILIAN, G., et G. GARNIER: Urticaire pigmentaire bulleuse à localisation en pèlerine, améliorée par le traitement spécifique. Bull. Soc. franç. Derm. Syph. **43**, 1801 (1936). — MONTILLI, G.: Über einen Fall von Urticaria pigmentosa. Ann. ital. Derm. Sif. **9**, 309 (1954). — MORRIONE, T. G.: The formation of collagen fibers by the action of heparin on soluble collagen. J. Exp. Med. **96**, 107 (1952). — MOTA, J., W. T. BERALDO, A. G. FERRI, and L.-C. U. JUNQUEIRA: Intracellular distribution of histamine. Nature (Lond.) **174**, 698 (1954). — MOUNT, L. B.: Urticaria pigmentosa. Arch. Derm. Syph. (Chic.) **14**, 715 (1926). — MOYNAHAN, E. J.: Urticaria pigmentosa (teleangiectasia macularis eruptiva perstans). Brit. J. Derm. **61**, 425 (1949). — MULZER, P.: Urticaria pigmentosa adultorum (Demonstration). Derm. Ges. Hamburg-Altona, Sitzg v. 23.—24. 2. 1929. Zbl. Haut- u. Geschl.-Kr. **30**, 164 (1929). — MUTTER, R. D., M. TANNENBAUM, and J. E. ULTMANN: Systemic mast cell disease. Ann. intern. Med. **59**, 887 (1963).

NAKAMURA, I.: Ein Fall von Urticaria pigmentosa. Hiu-to Hizunyo **7**, 231 u. dtsch. Zus.-fass. 21 (1939) [Japanisch]. Ref. Zbl. Haut- u. Geschl.-Kr. **66**, 392 (1941). — NAMÈCHE, J., et G. MORIAMÉ: Mastocytose bulleuse. Arch. belges Derm. **18**, 211 (1962). Ref. Zbl. Haut- u. Geschl.-Kr. **114**, 179 (1963). — NÉKÁM, JR., L.: Urticaria pigmentosa an dem einen Mitglied eines eineiigen Zwillingspaares (Demonstration). Ungar. Derm. Ges., Budapest, Sitzg v. 8. 2. 1941. Zbl. Haut- u. Geschl.-Kr. **67**, 219 (1941). — NICKEL, W. R.: Urticaria pigmentosa. Arch. Derm. Syph. (Chic.) **76**, 476 (1957). — NIEBAUER, G.: Urticaria pigmentosa (Demonstration). Öst. Derm. Ges., Sitzg v. 1. 12. 1955. Hautarzt **7**, 377 (1956)). — Der gegenwärtige Stand der Mastzell-Forschung. Klin. Wschr. **38**, 673 (1960). — Die Bedeutung der Mastzellen innerhalb des neurovegetativen Systems. 25. Tagg Dtsch. Derm. Ges., Hamburg 18.—22. 5. 1960. Arch. klin. exp. Derm. **213**, 557 (1961).—NIORDSON, A. M.: Urticaria pigmentosa. Age of conset and prognosis. Acta derm.-venereol. (Stockh.) **42**, 433 (1962). — NISHIWAKI, M.: Urticaria pigmentosa. Studies on infant type and adult type with special reference to symptoms and signs of urticaria pigmentosa. Jap. J. Derm. **72**, 780 mit engl. Zus.fass. (1962). [Japanisch]. Ref. Zbl. Haut- u. Geschl.-Kr. **114**, 299 (1963). — NOBL, G.: Zur Kenntnis der Urticaria xanthelasmoidea. Arch. Derm. Syph. (Berl.) **75**, 73, 163 (1905). — NOLTE, H.: Urticaria pigmentosa sine pigmentatione (Demonstration). 60. Tagg der Ver.gg Südwestdtsch. Dermatologen in Freiburg i. Br., Sitzg v. 4.—5. 5. 1935. Zbl. Haut- u. Geschl.-Kr. **52**, 201 (1936). — NOSKO, L.: Urticaria pigmentosa (Demonstration). Öst. Derm. Ges., Sitzg v. 13. 10. 1955. Derm. Wschr. **133**, 306 (1956a). — Knochen- und Gerinnungsveränderungen bei Urticaria pigmentosa. Öst. Derm. Ges., Sitzg v. 1. 12. 1955. Derm. Wschr. **133**, 510 (1956b). — NOVARO, A.: L'effetto delle irradiazioni roentgen sulle cellule granulose basofile connettivali della cute dell'uomo. Radioter. Radiobiol Fis. med. **8**, 69 (1952). — NOVY, F. G., JR.: Single lesion of urticaria pigmentosa (nevus?). Arch. Derm. Syph. (Chic.) **61**, 514 (1950).

OBERMAYER, E. M., and D. ROSMAN: Urticaria pigmentosa bullosa. Arch. Derm. Syph. (Chic.) **69**, 626 (1954). — O'DONOVAN, W. J.: Urticaria pigmentosa. Proc. roy. Soc. Med.

26, 1304 (1933). — OPPENHEIM, M.: Urticaria pigmentosa oder cum pigmentatione (Demonstration). Wien. Derm. Ges., Sitzg v. 24. 2. 1921. Zbl. Haut- u. Geschl.Kr. **1**, 220 (1921). — Urticaria cum pigmentatione oder Urticaria pigmentosa? (Demonstration). Wien. Derm. Ges., Sitzg v. 26. 10. 1922. Zbl. Haut- u. Gesch.-Kr. **7**, 243 (1923). — ORFANOS, C., u. G. STÜTTGEN: Elektronenmikroskopische Beobachtungen zur Mastzellendegranulation bei der diffusen Mastocytose des Menschen. Arch. klin. exp. Derm. **214**, 521 (1962). — ORKIN, M., and R. M. SCHWARTZMAN: A comparative study of canine and human dermatology. II. Cutaneous tumors, the mast cell and canine mastocytoma. J. invest. Derm. **32**, 451 (1959). — ORMEA, F., G. ZINA e G. BONU: Osservazioni e ricerche sperimentali a proposito di un caso di urticaria pigmentosa lichenoide. Minerva derm. **24**, 46 (1954). — ORMSBY, O. S.: Aussprache zu OLIVER, Urticaria pigmentosa. Arch. Derm. Syph. (Chic.) **26**, 520 (1932). — OSLER, W.: Zit. F. P. WEBER, 1930a, b, 1931. — OZSGYÁNYI, Á.: Urticaria pigmentosa (Demonstration). Ungar. Derm. Ges., Sitzg v. 9. 11. 1940. Derm. Wschr. **112**, 195 (1941).

PAGÈS, F., et R. QUÉNARD: Étude hématologique d'un cas d'urticaire pigmentaire. Bull. Soc. franç. Derm. Syph. **57**, 577 (1950). — PASCHOUD, J. M.: Experimentelle Untersuchungen zur Heparingenese der Urticaria pigmentosa. 35. Kongr. Schweiz. Ges. Dermatol. u. Venereol., Basel, Sitzg v. 24. u. 25. 10. 1953. Dermatologica (Basel) **108**, 361 (1954a). — Urticaria pigmentosa. 35. Kongr. Schweiz. Ges. Dermatol. u. Venereol., Basel, Sitzg v. 24. u. 25. 10. 1953. Dermatologica (Basel)**108**, 438 (1954b). — PAUTRIER, L. M., Urticaire pigmentaire à début tardif. Bull. Soc. franç. Derm. Syph. **32**, 57 (1925). — Urticaire pigmentaire remarquablement intense, ayant débuté vers la quarantaine, et à type angiomateux. Bull. Soc. franç. Derm. Syph. **46**, 511 (1939). — PAUTRIER, L. M., A. DISS et WALTER: Urticaire pigmentaire á début tardif. Mastocytes et échanges dermo-épidermiques. Bull. Soc. franç. Derm. Syph. **35**, 254 (1928). — PAUTRIER, L. M., et FR. WORINGER: Urticaire pigmentaire remarquablement intense et confluente. Bull. Soc. franç. Derm. Syph. **45**, 119 (1938). — PIERINI, L. E.: Urticaria pigmentosa. Prensa méd. argent. **16**, 845 (1929) [Spanisch]. Ref. Zbl. Haut- u. Geschl.-Kr. **34**, 54 (1930). — PIPPING, W.: Das klinische Bild der Urticaria pigmentosa. Inaug.-Diss. Berlin 1935. — POSTMA, C.: Urticaria pigmentosa. Ned. T. Geneesk. **1931** II, 3639 [Holländisch]. Ref. Zbl. Haut- u. Geschl.-Kr. **39**, 170 (1932). — PRAKKEN, J.-R., and M. J. WOERDEMAN: Mast cells in diseases of the skin; their relation to tissue eosinophilia. Dermatologica (Basel) **105**, 116 (1952). — Mast cells in tissue eosinophilia. Proc. 10th Int. Congr. of Dermatol. London **1953**, p. 382. — PULVERMÜLLER, K.: Urticaria pigmentosa beim Kinde. Berl. Derm. Ges., Sitzg v. 28. 5. 1940. Zbl. Haut- u. Geschl.-Kr. **65**, 585 (1940).

RAAB: Ein Fall von Urticaria pigmentosa. Arch. Derm. Syph. (Berl.) (Erg.-Band). Festschrift Kaposi 1900, S. 645. — RABBIOSI, G.: Contributo allo studio istochimico delle mastocitosi. I. Osservazioni circa il comportamento delle mastcellule di fronte alle reazioni multiple contemporanee. Boll. Soc. med.-chir. Pavia **1959**a, 1477. Ref. Zbl. Haut- u. Geschl.-Kr. **113**, 3 (1962). — Contributo allo studio istochimico delle mastocitosi. II. Il potere cromotropo delle mastcellule. Boll. Soc. med.-chir. Pavia **1959**b, 1483. Ref. Zbl. Haut- u. Gschl.-Kr. **113**, 3 (1962). — RACINOWSKI: Urticaria pigmentosa (Demonstration). Warschauer Derm. Ges., Sitzg v. 11. 1. 1933. Zbl. Haut- u. Geschl.-Kr. **47**, 292 (1934). — RANDAZZO, S. D.: Beitrag zum Studium der Urticaria pigmentosa. (An Hand eines klinischen Falles.) Ann. ital. Derm. Sif. **9**, 424 (1954). Ref. Derm. Wschr. **133**, 460 (1956). — RAY, H. H., and K. KIYASU: Urticaria pigmentosa in children. Report of a nodular case and review of the literature. Amer. J. Dis. Child. **38**, 1020 (1929). — REILLY, E. B., J. SHINTANI, and J. GOODMAN: Systemic mast-cell disease with urticaria pigmentosa. Arch. Derm. Syph. (Chic.) **71**, 561 (1955). — REMY, D.: Die Mastocytose. Dtsch. med. Wschr. **82**, 719 (1957). — Die Physiologie der Mastzellen. 25. Tagg Dtsch. Derm. Ges., Hamburg 18.—22. 5. 1960. Arch. klin. exp. Derm. **213**, 645 (1961). — Gewebsmastzellen und Mastzellen-Retikulose. Funktionelle Cytologie und Klinik. Ergebn. inn. Med. Kinderheilk. N.F. **17**, 133 (1962). — RICHTER, W.: Über einen Fall von Urticaria pigmentosa naeviformis. Arch. Derm. Syph. (Berl.) **162**, 771 (1930). — RIDER, T. L., A. A. STEIN, and J. W. ABBUHL: Generalized mast cell disease and urticaria pigmentosa. Pediatrics **19**, 1023 (1957). — RILEY, J. F.: The effects of histamine-liberators on the mast cells of the rat. J. Path. Bact. **65**, 571 (1953). — The riddle of the mast cells. Lancet **1954** I, 841. — Pharmacology and functions of the mast cells. Pharmacol. Rev. **7**, 267 (1955). — RILEY, J. F., and G. B. WEST: The presence of histamine in tissue mast cells. J. Physiol. (Lond.) **120**, 528 (1953). — Tissue mast cells. Studies with a histamine-liberator of low toxicity (compound 48/80). J. Path. Bact. **69**, 269 (1955). — ROBBA, G.: Urticaria pigmentosa infantum. Contributo clinico-istologico. G. ital. Derm. **11**, 215 (1935). — ROBBINS, J. G.: Bullous urticaria pigmentosa. Report of an unusual case. Arch. Derm. Syph. (Chic.) **70**, 232 (1954). — ROBINSON, H. M., JR., R. L. KILE, J. M. HITCH, and R. C. V. ROBINSON: Bullous urticaria pigmentosa. Arch. Derm. Syph. (Chic.) **85**, 346 (1962). — ROEDERER, J., et FR. WORINGER: Urticaire pigmentaire. Bull. Soc. franç. Derm. Syph. **38**, 1390 (1931). — ROTHMAN, ST.: Urticaria pigmentosa (Demonstration). IX. Int. Derm.-Kongr. Budapest am 21. 9. 1935. Derm. Wschr. **102**, 560 (1935). — ROSENTHAL, F.: Zwillingspaar mit Urticaria pigmentosa. Berl. Derm. Ges., Sitzg v. 14. 11. 1922. Zbl. Haut- u.

Geschl.-Kr. 7, 301 (1923). — Rukavina, J. G., G. Dickison, and A. C. Curtis: The simultaneous occurrence of urticaria pigmentosa and primary systemic amyloidosis: Report of a case with autopsy findings. J. invest. Derm. 28, 243 (1957). — Rygier-Cekalska: Urticaria pigmentosa (Demonstration). Pamietnik Kliniczny Szpitala Sw. Lazarza, 5, Nr 1 u. 2 (1937). Ref. Derm. Wschr. 108, 254 (1939).

Sagher, F.: Systemic involvement in urticaria pigmentosa. Proc. XI. Int. Congr. Derm. Stockholm 1957, 2, 115 (1960). — Sagher, F., C. Cohen, and S. Schorr: Concomitant bone changes in urticaria pigmentosa. J. invest. Derm. 18, 425 (1952). — Sagher, F., E. Liban, H. Ungar, and S. Schorr: Urticaria pigmentosa with bone involvement. Mast cell aggregates in bones and myelosclerosis found at autopsy in a case dying of mastocytic leukemia. J. invest. Derm. 27, 355 (1956). — Sagher, F., and S. Schorr: Bone lesions in urticaria pigmentosa. Report of a central registry on skeletal x-ray survey. J. invest. Derm. 26, 431 (1956). — Sáinz de Aja, E. A.: Urticaria pigmentosa, akutes Quinckesches Ödem und Neurodermitis geheilt durch Schilddrüseneierstocktherapie. Act. dermo-sifiliogr. (Madr.) 22, 473 (1930). Ref. Zbl. Haut- u. Geschl.-Kr. 36, 772 (1931). — Samachowsky, D. M.: A case of urticaria pigmentosa involving the skin and mucous membranes. Urol. cutan. Rev. 37, 242 (1933). — Sancho, I.: Un caso de mastocitosis difusa cutáneo-visceral. Act. dermo-sifiliogr. (Madr.) 53, 219 (1962). Ref. Zbl. Haut- u. Geschl.-Kr. 114, 304 (1963). — Schadewaldt, H.: Die ersten Mitteilungen über Urticaria pigmentosa. Hautarzt 11, 177 (1960). — Zur Terminologie einiger dermatologischer Begriffe. Hautarzt 12, 236 (1961). — Schäfer, E.: Über Urticaria pigmentosa und das Mastzellenproblem. Acta derm.-venereol. (Stockh.) 8, 161 (1927). — Schauer, A.: Die Mastzelle. Stuttgart: Gustav Fischer 1964. — Schayer, R. W.: Formation and binding of histamine by free mast cells of rat peritoneal fluid. Amer. J. Physiol. 186, 199 (1956). — Schmidla, W., u. F. Hesse: Urticaria pigmentosa (Demonstration). Berl. Derm. Ges., Festsitzg am 5. u. 6. 12. 1936. Derm. Wschr. 104, 574 (1937). — Schmidt, E.: Urticaria pigmentosa bei 32jähr. Mann (Fall der Hautklinik Bad Cannstadt). 18. Tagg Dtsch. Derm. Ges. Stuttgart v. 18.—22. 9. 1937. Derm. Wschr. 106, 310 (1938a). — Urticaria pigmentosa bei 31-jähr. Mann (Fall der Hautklinik Bad Cannstatt). 18. Tgg. Dtsch. Derm. Ges. Stuttgart v. 18.—22. 9. 1937 Derm. Wschr. 106, 311 (1938b). — Schmidt-La Baume, F.: Urticaria pigmentosa und Kälte-Urticaria (Demonstration). Frankfurt. Derm. Vergg., Sitzg v. 26. 9. 1929. Zbl. Haut- u. Geschl.-Kr. 33, 536 (1930). — Schoch, U.: Urticaria pigmentosa perstans bei schweren pluriglandulären Störungen. Schweiz. med. Wschr. 1936 II, 946. — Schorr, S., F. Sagher, and E. Liban: Generalized osteosclerosis in urticaria pigmentosa. The radiologic aspect. Acta radiol. (Stockh.) 46, 575 (1956). — Schreiner, H. E.: Das adrenocorticotrope Hormon (ACTH), die Hormone der Nebenniere (Cortison, Adrenalin), das Insulin, sowie die Hormone der Schilddrüse und Nebenschilddrüse. In: J. Jadassohn, Handbuch der Haut- und Geschlechtskrankheiten, Erg.-Werk, Bd. V/1, Teil A, S. 550. Berlin-Göttingen-Heidelberg: Springer 1962. — Schreus, H. T.: Aussprache zu Grütz. — Schubert, J. C. F.: Differenzierungsmethode metachromatischer Zellen nach ihrem Säuregrad. Experientia (Basel) 12, 346 (1955). — Schuermann, H.: Aussprache zu Jung 1938. — Aussprache zu Pulvermüller 1940. — Aussprache zu Knoth, Urticaria pigmentosa adultorum (Demonstration). Ver.gg Südwestdtsch. Dermatologen, Sitzung v. 18. u. 19. 4. 1953. Derm. Wschr. 129, 88 (1954). — Schuppli, R.: Weitere Untersuchungen über die Pigmentgenese. Dermatologica (Basel) 104, 231 (1952). — Scolari, E., Urticaria pigmentosa lichenoide. Osservazioni e ricerche. G. ital. Derm. 75, 1207 (1934). — Scott, M. J., and G. M. Lewis: Urticaria pigmentosa. Report of a case with solitary lesion. Arch. Derm. Syph. (Chic.) 66, 618 (1952). — Sézary, A.: A propos de la nosologie de l'urticaire pigmentaire. Les mastocytomes. Bull. Soc. franç. Derm. Syph. 43, 357 (1936). — Sézary, A., J. Caroli et A. Horowitz: Urticaire pigmentaire sans pigmentation. Dermographisme et mastocytes. Bull. Soc. franç. Derm. Syph. 43, 78 (1936). — Sézary, A., et A. Horowitz: Urticaire pigmentaire et gémellité. Bull. Soc. franç. Derm. Syph. 44, 2098 (1937). — Siemens, H. W.: Urticaria pigmentosa bullosa. Ned. T. Geneesk. 1938, 5823 [Holländisch]. Ref. Zbl. Haut- u. Geschl.-Kr. 62, 408 (1939). — Simon et Bralez: Un cas d'urticaire pigmentaire apparue chez un homme de 52 ans. Bull. Soc. franç. Derm. Syph. 30, 66 (1923). — Smith, A.: Diffuse mast-cell infiltration of the skin. Brit. J. Derm. 77, 160 (1965). — Sobel, N.: Urticaria pigmentosa. Arch. Derm. Syph. 69, 109 (1954). — Spillmann, L., Drouet et Carillon: Un cas d'urticaire pigmentaire. Bull. Soc. franç. Derm. Syph. 32, 46 (1925). — Stach, W.: Morphologische Beziehungen zwischen Mastzellen und vegetativer Endformation. Z. mikr. anat. Forsch. 67, 257 (1961). — Staemmler, M.: Untersuchung über Vorkommen und Bedeutung der histiogenen Mastzellen im menschlichen Körper unter normalen und pathologischen Verhältnissen. Frankfurt. Z. Path. 25, 391 (1921). — Stalder, W.: Urticaria pigmentosa von eigenartiger, Livedo racemosa-ähnlicher Zeichnung (Demonstration). 25. Tagg Schweiz. Ges. für Dermat. u. Venereol. am 10. u. 11. 7. 1943 in Lausanne. Derm. Z. 89, 72 (1944). — Stark, E., F. W. van Buskirk, and J. F. Daly: Radiologic and pathologic bone changes associated with urticaria pigmentosa. Report of a case. Arch. Path. 62, 143 (1956). — Stillians, A. W.: Urticaria pigmentosa. Arch. Derm. Syph. (Chic.) 22, 338 (1930). —

Strasser, E.: Zur Kasuistik der Urticaria pigmentosa pemphigoides. Hautarzt 10, 123 (1959). — Stringa, S. G., et A. A. Cordero: Mastocitosis cutáneas. Arch. argent. Derm. 9, 237 (1959). Ref. Zbl. Haut- u. Geschl.-Kr. 108, 236 (1960/61). — Stühmer, A.: Urticaria pigmentosa pemphigoides mit wechselnder Lokalisation. Derm. Wschr. 109, 939 (1939). — Stüttgen, G.: Über die Aktivierung und Behandlung endogener Hautpigmente. Arch. Derm. Syph. (Berl.) 196, 279 (1953). — Stüttgen, G., u. M. Schippel: Die pharmakologische Serotoninwirkung an der menschlichen Haut unter verschiedenen Applikationsformen. Arch. klin. exp. Derm. 212, 180 (1961). — Sturm jr., A., u. G. Stüttgen: Nachweis von 5-Hydroxy-tryptophan in menschlichen Mastzellen. Klin. Wschr. 40, 199 (1962). — Stutzman, L., S. Zsoldos, J. L. Ambrus, and G. Asboe-Hansen: Systemic mast cell disease. Physiologic considerations in report of a patient treated with nitrogen mustard. Amer. J. Med. 29, 894 (1960). — Sutejev, G. O.: Zur Kasuistik der Urticaria pigmentosa der Kinder. Venereol. i dermat. (Mosk.) 1925, 38 [Russisch]. Ref. Zbl. Haut- u. Geschl.-Kr. 18, 561 (1926). — Sutter, M. C., G. Beaulieu, and A. R. Birt: Histamine liberation by codeine and polymyxin B in urticaria pigmentosa. Arch. Derm. Syph. (Chic.) 86, 217 (1962). — Sutton, R.: Aussprache zu Stokes u. Weidman, Urticaria pigmentosa. Arch. Derm. Syph. (Chic.) 14, 614 (1926). — Sweitzer, S. E.: Urticaria pigmentosa. Arch. Derm. Syph. (Chic.) 24, 1122 (1931). — Szabó, E., u. Cs. Mészáros: Die Rolle der Mastocyten in der Histogenese der Psoriasis. Z. Haut- u. Geschl.-Kr. 36, 373 (1964). — Szauberer, M.: Fälle von Urticaria pigmentosa. Orv. Hetil 1942, 167 [Ungarisch]. Ref. Zbl. Haut- u. Geschl.-Kr. 69, 388 (1943). — Szodoray, L.: Über einige Fragen der Mastocytosen. Börgyógy. vener. Szle 39, 49 mit dtsch. u. franz. Zus.fass. (1963) [Ungarisch]. Ref. Zbl. Haut- u. Geschl.-Kr. 115, 99 (1963). — Szweda, J. A., J. P. Abraham, G. Fine, R. K. Nixon, and C. E. Rupe: Systemic mast cell disease. A review and report of three cases. Amer. J. Med. 32, 227 (1962).

Teichert, G.: Spongiosklerose bei der Mastzellenretikulose. Dtsch. med. Wschr. 87, 1242 (1962). — Tejeiro-de-Auster, M. J., y O. A. Bonafina: Urticaria pigmentaria en gemelos univitelinos. Rev. argent. Dermatosif. 37, 75 (1953). Ref. Zbl. Haut- u. Geschl.-Kr. 89, 172 (1954). — Ten Berg, J. A. G., et E. H. Hermans: Un cas mortel d'urticaria pigmentosa haemorrhagica. 9. Congr. Ass. des Dermatol. et Syphiligr. de Langue Franç. 1956, p. 68. — Texier, L.: Sur un cas de mastocytome chez l'enfant. Bull. Soc. franç. Derm. Syph. 60, 205 (1953). — Thewes, A.: Klinischer Beitrag zur Pathogenese der Urticaria pigmentosa. Derm. Wschr. 134, 1007 (1956). — Tirlea, P., St. Feodorovici u. I. Schneider: Zu den Mastzelleninfiltraten der Haut. Derm.-Vener. (Buc.) 5, 507 mit franz., engl. u. dtsch. Zus.-fass. (1960) [Rumänisch]. Ref. Zbl. Haut- u. Geschl.-Kr. 110, 56 (1961). — Titschack, H.: Beobachtungen über das Vorkommen von Mastzellen in der Stromareaktion bei Hauttumoren der Augenlider und der Haut der oberen Gesichtsteile. Z. Haut- u. Gsschl.-Kr. 26, 287 (1959). — Török, L.: Urticaria pigmentosa. Gyógyászat Jg. 67, 1134 (1927) [Ungarisch]. Ref. Zbl. Haut- u. Geschl.-Kr. 26, 810 (1927). — Urticaria pigmentosa. In: J. Jadassohn, Handbuch der Haut- und Geschlechtskrankheiten, Bd. VI/2, S. 216. Berlin: Springer 1928a. — Pathology of urticaria pigmentosa. Urol. cutan. Review 32, 449 (1928b). Ref. Zbl. Haut- u. Geschl.-Kr. 29, 502 (1928). — Tolman, M. M.: Urticaria pigmentosa with vesicular lesions. Arch. Derm. Syph. (Chic.) 32, 656 (1935). — Urticaria pigmentosa, mixed type (nodular and macular lesions). Arch. Derm. Syph. (Chic.) 43, 562 (1941). — Touraine, A.: Urticaire pigmentaire datant de 46 ans. Hypersplénomégalie persistante.Bull. Soc. franç. Derm. Syph. 46, 52 (1939). — Touraine, A., et P. Renault: Urticaire pigmentaire (forme tardive à poussée unique). Bull. Soc. franç. Derm. Syph. 41, 1911 (1934). — Touraine, A., Solente et P. Renault: Urticaire pigmentaire avec réaction splénique et myélémique. Bull. Soc. franç. Derm. Syph. 40, 1691 (1933). — Touton, K.: Aussprache zu Markert, Urticaria pigmentosa (Demonstration). Verslg südwestdtsch. Dermatologen zu Würzburg, Sitzg v. 25. u. 26. 10. 1924. Zbl. Haut- u. Geschl.-Kr. 16, 165 (1925). — Traub: Urticaria pigmentosa (child). Arch. Derm. Syph. (Chic.) 21, 485 (1930). — Trýb: Urticaria pigmentosa (Demonstration). Cecho-slovakische wissenschaftliche dermato-venerologische Ges., Brünn, Sitzg v. 22. 5. 1926. Zbl. Haut- u. Geschl.-Kr. 22, 180 (1927).

Udovikoff, S.: Über Urticaria pigmentosa. Inaug.-Diss. Tübingen 1949. — Uliczka, St.: Zwei bemerkenswerte Fälle von Urticaria xanthelasmoidea. Derm. Wschr. 78, 497 (1924). Ultmann, J. E., R. D.Mutter, M.Tannenbaum, and R. R. P. Warner: Clinical, cytologic and biochemical studies in systemic mast cell disease. Ann. intern. Med. 61, 326 (1964). — Undritz, E.: Les cellules sanguines de l'homme et dans la série animale. Schweiz. med. Wschr. 76, 88 (1946a). — Die nicht zur Blutkörperchenbildung gehörenden Zellen intravitaler Knochenmarkpunktate nebst Auszählungsschema für Myelogramme. Schweiz. med. Wschr. 76, 333 (1946b). — Urbach, F., W. Bell, and C. Jacobson: Studies on urticaria pigmentosa: I. Release of a heparinoid material into the circulation following direct stimulation of urticaria pigmentosa lesions. J. invest. Derm. 25, 211 (1955). — Urbach, F., C. Jacobson, and W. Bell: Urticaria pigmentosa treated with desoxycorticosterone. Arch. Derm. Syph. (Chic.) 70, 675 (1954).

Vandaele, R.: Mastocytose généralisée purement bulleuse. Suppression des manifestations par la corticothérapie. Bull. Soc. franç. Derm. Syph. 68, 203 (1961). — Vilanova, X.,

R. CASTILLO, and J. PINOL AGUADE: Mastocytosis with coagulation defects induced by biopsy. Arch. Derm. Syph. (Chic.) **84**, 603 (1961). — WAGNER u. BEZECNY: Urticaria pigmentosa (Demonstration). Dtsch. derm. Ges. in der tschechoslowakischen Republik, Sitzg v. 10. 5. 1931. Derm. Wschr. **93**, 1563 (1931). — WALKER, J.: A case of widerspread urticaria pigmentosa with episodes of flushing. S. Afr. med. J. **34**, 348 (1960). Ref. Zbl. Haut- u. Geschl.-Kr. **107**, 162 (1960). — WALTHER, D.: Zwei Fälle von Urticaria pigmentosa adultorum (Demonstration). Frankfurt. Derm. Vergg, Sitzg v. 9. 6. 1954. Derm. Wschr. **130**, 1138 (1954). — WARIN, R. P., and R. C. W. HUGHES: Diffuse cutaneous mastocytosis. Brit. J. Derm. **75**, 296 (1963). — WATERS, W. J., u. P. S. LACSON: Zit. W. LUTZ, Durch akzidentelle ektogene Ursachen bedingte Hautveränderungen. Dermatologica (Basel) **115**, 73 (1956). — Mast-cell leucemia presenting as urticaria pigmentosa. Report of a case. Petriatrics **19**, 1033 (1957). — WAUGH: A case for diagnose. Arch. Derm. Syph. (Chic.) **12**, 414 (1925). — Urticaria pigmentosa. Arch. Derm. Syph. (Chic.) **18**, 304 (1928). — WEBER, F. P.: Teleangiectasia macularis eruptiva perstans — probably a teleangiectatic variety of urticaria pigmentosa in an adult. Proc. roy. Soc. Med. **24**, 96 (1930a). — A note on Osler's "teleangiectasis circumscripta universalis". Brit. J. Derm. **42**, 574 (1930b). — Osler's "teleangiectasis circumscripta universalis" and urticaria pigmentosa of adults. Int. Clin. **2**, Ser. 41, 131 (1931). — Urticaria pigmentosa (telangiectatic variety) in an adult. Proc. roy. Soc. Med. **25**, 665 (1932a). — Urticaria pigmentosa of the telangiectatic type in an adult. Proc. roy. Soc. Med. **26**, 126 (1932b). — WEBER, F. P., u. R. HELLENSCHMIED: Telangiectasia macularis eruptiva perstans. Brit. J. Derm. **42**, 374 (1930). — WEGNER, H.: Urticaria pigmentosa (Demonstration). Frankfurt. Derm. Vergg, Sitzg v. 18. 6. 1935. Zbl. Haut- u. Geschl.-Kr. **52**, 8 (1936). — WEIDMAN: Aussprache zu KING-SMITH, TROW u. DIXON, Urticaria pigmentosa. Arch. Derm. Syph. (Chic.) **25**, 180 (1932). — WEIDMAN, A. I., u. A. G. FRANKS: Hodgkin's disease concurrent with urticaria pigmentosa. Arch. Derm. Syph. (Chic.) **85**, 167 (1963). — WEISSENBACH, J.: Zit. A. TOURAINE, SOLENTE und P. RENAULT, Urticaire pigmentaire avec réaction splénique et myélémique. Bull. Soc. franç. Derm. Syph. **40**, 1691 (1933). — WERLE, E., u. R. AMANN: Zur Physiologie der Mastzellen als Träger des Heparins und Histamins. Klin. Wschr. **34**, 624 (1956). — WERTHEIM: Urticaria pigmentosa (Demonstration). Wien. Derm. Ges., Sitzg v. 28. 4. 1927. Zbl. Haut- u. Geschl.-Kr. **24**, 743 (1927). — WERTHEIMER: Urticaria pigmentosa. Arch. Derm. Syph. (Chic.) **11**, 271 (1925). — Urticaria pigmentosa (aequired). Arch. Derm. Syph. (Chic.) **14**, 593 (1926). — WERTHER, J.: Urticaria pigmentosa adultorum (Demonstration). Verein Dresdener Dermatologen, Sitzg v. 6. 2. 1929. Zbl. Haut- u. Geschl.-Kr. **30**, 433 (1929). — WEST, G. B.: 5-HT, tissue mast cells and oedema. Trans. St. John's Hosp. derm. Soc. (Lond.) **38**, 21 (1957a). — 5-Hydroxytryptamine, tissue mast cells and skin oedema. Int. Arch. Allergy **10**, 257 (1957b). — WIEDMANN, A.: Über das Vorkommen von neurohormonalen Zellen in der menschlichen Haut. Acta neuroveg. (Wien) **1**, 617 (1950). — WIEDMANN, A., u. G. NIEBAUER: Die Beeinflussung der chronisch-ekzematösen Reaktion durch die Neurosekretion der Haut. Hautarzt **10**, 16 (1959). — WIENER, E.: Urticaria pigmentosa. Ned. T. Geneesk. **1933**, 4840 [Holländisch]. Ref. Zbl. Haut- u. Geschl.-Kr. **47**, 145 (1934). — WIGLEY, J. E. M., and G. HEGGS: Urticaria pigmentosa with telangiectasis occurring in an elderly adult. Proc. roy. Soc. Med. **27**, 585 (1934). — WILDE, H.: Urticaria pigmentosa (Demonstration). Essener Derm. Ges., Sitzg v. 2. 6. 1948. Z. Haut- u. Geschl.-Kr. **5**, 306 (1948). — WILLIAMS: A case for diagnosis: Lesions on the trunk. Arch. Derm. Syph. (Chic. **10**, 84 (1924). — WINKLER, A., u. M. HITTMAIR: Zur Kenntnis der Urticaria pigmentosa bullosa partim nodosa. Öst. Z. Kinderheilk. **7**, 283 (1952). — WISE, F.: Urticaria pigmentosa. Arch. Derm. Syph. (Chic.) **21**, 893 (1930). — Aussprache zu ABRAMOWITZ, Urticaria pigmentosa or pigmented urticaria ? Arch. Derm. Syph. (Chic. **23**, 763 (1931). — Urticaria pigmentosa neviformis ? Arch. Derm. Syph. (Chic.) **26**, 183 (1932). — Urticaria pigmentosa beginning in an adult. Arch. Derm. Syph. (Chic.) **28**, 450 (1933). — WISE, F., and McKEE: Urticaria pigmentosa. Arch. Derm. Syph. (Chic.) **13**, 707 (1926). — WOLFRAM, ST.: Urticaria pigmentosa (Demonstration). Wien. Derm. Ges., Sitzg v. 12. 3. 1942. Zbl. Haut- u. Geschl.-Kr. **69**, 53 (1943a). — Urticaria pigmentosa (Demonstration). Wien. Derm. Ges., Sitzg v. 30. 4. 1942. Zbl. Haut- u. Geschl.-Kr. **69**, 308 (1943b). — WORINGER, FR.: Mastocytes et pigmentation cutanée. Bull. Soc. franç. Derm. Syph. **62**, 31 (1955). — WORINGER, FR., R. SACREZ et E. SCHEPPLER: Mastocytomes cutanés. Bull. Soc. franç. Derm. Syph. **67**, 158 (1960).

ZACHARIAE, H.: Skin histamine in urticaria pigmentosa. Spectrofluorometric assay. Acta derm.-venereol. (Stockh.) **43**, 125 (1963). — ZAK, F. G., J. A. COVEY, and J. J. SNODGRASS: Osseous lesions in urticaria pigmentosa. New Engl. J. Med. **256**, 56 (1957). — ZEZSCHWITZ, K.-A. v.: Syndrom Klippel-Trénaunay und Urticaria pigmentosa. Hautarzt **9**, 324 (1958). — ZIELER, K.: Aussprache zu NOLTE. — ZIMMER, J. G., B. M. McALLISTER, and D. J. DEMIS: Mucopolysaccharides in mast cells and mastocytosis. J. invest. Derm. **44**, 33 (1965). — ZINSSER, F.: Urticaria pigmentosa (Demonstration). Köln. Derm. Ges., Sitzg. v. 25. 6. 1926. Zbl. Haut- u. Geschl.-Kr. **21**, 400 (1927).

Namenverzeichnis

Die *kursiv* gesetzten Seitenzahlen beziehen sich auf die Literatur

Sachverzeichnis

Universitätsdruckerei H. Stürtz AG Würzburg